橡胶工业原材料与装备简明手册

原材料与工艺耗材分册

橡胶工业原材料与装备简明手册　编审委员会◎编著

北京理工大学出版社
BEIJING INSTITUTE OF TECHNOLOGY PRESS

图书在版编目（CIP）数据

橡胶工业原材料与装备简明手册．原材料与工艺耗材分册/橡胶工业原材料与装备简明手册编审委员会编著．—北京：北京理工大学出版社，2019.1

ISBN 978-7-5682-6274-3

Ⅰ．①橡…　Ⅱ．①橡…　Ⅲ．①橡胶加工-原料-手册②橡胶加工-化工设备-手册　Ⅳ．①TQ330.3-62②TQ330.4-62

中国版本图书馆CIP数据核字（2018）第198876号

出版发行／北京理工大学出版社有限责任公司
社　　址／北京市海淀区中关村南大街5号
邮　　编／100081
电　　话／(010) 68914775（总编室）
(010) 82562903（教材售后服务热线）
(010) 68948351（其他图书服务热线）
网　　址／http：//www.bitpress.com.cn
经　　销／全国各地新华书店
印　　刷／北京富达印务有限公司
开　　本／880毫米×1230毫米　1/16
印　　张／85.5
字　　数／3821千字
版　　次／2019年1月第1版　2019年1月第1次印刷
定　　价／491.00元

责任编辑／高　芳
文案编辑／赵　轩
责任校对／周瑞红
责任印制／李志强

《橡胶工业原材料与装备简明手册》
编审委员会

（按姓名拼音字母排序）

（一）编审委员会

1.1　橡胶工业原材料分编委会

陈秋发　全国橡标委摩托车自行车轮胎轮辋标准化分技术委员会主任
陈朝晖　华南理工大学副教授
陈志海　中国橡胶工业协会力车胎分会秘书长
代传银　中橡集团炭黑工业研究设计院
董毛华　陕西延长石油集团橡胶有限公司半钢总工程师
杜孟成　山东阳谷华泰化工股份有限公司副总经理、国家橡胶助剂工程技术研究中心副主任
范福宏　北京中海顺达科技有限公司总经理
官同华　阿郎新科高性能弹性体（常州）有限公司
华　军　江苏远境国际贸易有限公司董事长
郝喜庆　山纳合成橡胶有限责任公司高级工程师
黄恒超　广州市白云化工实业有限公司副总经理
黄　顺　上海道氟实业有限公司副总经理
黄耀民　广州市钻石车胎有限公司总工程师
黄耀鹏　广州飞旋橡胶有限公司副总经理
姜景波　漯河利通液压科技股份有限公司技术副总经理
蒋绮云　际华3517橡胶制品有限公司总工程师
李　航　日本普利司通
李　惠　广州市橡胶学会高级工程师
李书琴　中国橡胶工业协会骨架材料专业委员会分会秘书长
李　输　四川省金迪科贸有限公司董事长
李书静　苏州硕宏高分子材料有限公司总经理
李松峰　河南开封铁塔橡胶（集团）有限公司副总经理
李玉平　杭州科利化工股份有限公司副总经理
李晓银　中石油石油化工研究院高级工程师
李忠东　青岛森麒麟轮胎股份有限公司总工程师
刘万平　广州金昌盛科技有限公司高级工程师
罗吉良　山东丰源轮胎制造股份有限公司总工程师
孟　健　辽宁省铁岭橡胶工业研究设计院教授级高级工程师
潘清江　中国平煤神马集团工程师
钱爱东　辽宁省铁岭橡胶工业研究设计院教授级高级工程师
覃小伦　中国橡胶工业协会乳胶分会秘书长
曲成东　无锡宝通带业股份有限公司副总经理
任　灵　航天材料及工艺研究所高级工程师
荣继纲　时代新材料科技股份有限公司轨道交通事业部副总经理兼总工程师、教授级高级工程师
桑仲跃　江苏中宏环保科技有限公司副总工程师
唐凤满　天津万源金德汽车科技有限公司董事长
谭　锋　中国液压气动密封件协会橡塑密封分会副秘书长
涂智明　重庆长寿捷圆化工有限公司
王　兵　中国船舶重工集团公司第七二五研究所高级工程师
王定东　南京利德东方橡塑科技有限公司副总经理
王海义　上海安诺芳胺化学品有限公司技术顾问
王立坤　大金氟化工（中国）有限公司
王晓辉　陕西科隆能源科技股份有限公司技术总监
王小萍　华南理工大学副教授
吴　毅　全国橡胶与橡胶制品标委会合成橡胶分技术委员会秘书长
吴贻珍　无锡贝尔特胶带有限公司副总经理、全国带轮与带标准化技术委员会副主任委员

徐玉福　山东尚舜化工有限公司副总经理
徐金光　青岛伊科思技术工程有限公司常务副总经理
谢志水　广州市橡胶学会高级工程师
叶庆林　广州英珀图化工有限公司总经理
袁国洪　江苏通用股份有限公司总工程师
姚晓辉　申华化学工业有限公司
曾凡伟　青岛茂林橡胶制品有限公司
詹正云　赞南科技（上海）有限公司
赵纪湘　河北三河市长城橡胶有限公司总工程师、北京鑫万友橡胶塑料技术研究所所长
张瑞造　天津中和胶业股份有限公司总工程师
张彦成　广州市橡胶学会高级工程师
张兆庆　宁波顺泽橡胶有限公司总经理
周志平　广东江门恒通橡塑制品有限公司总工程师
朱建军　中石化巴陵石化分公司合成橡胶事业部

1.2　橡胶工厂装备分编委会

主　编：黄爱华
编　委：陈宝华　广州市程翔机械有限公司总经理
陈维芳　中国化工装备协会橡胶机械专业委员会秘书长
高彦臣　青岛万龙高新科技集团有限公司董事长
韩帮阔　大连橡胶塑料机械有限公司
胡永芳　万力轮胎股份有限公司副总经理
江建平　中国化学工业桂林工程有限公司总经理
李东平　中国化工装备有限公司副总经理
林　立　广州橡胶企业集团有限公司总经理
梁国彰　桂林橡胶机械有限公司总工程师
刘海涛　桂林市君威机电科技有限公司董事长
刘尚勇　北京敬业机械设备有限公司副总经理
刘润华　广州市橡胶学会高级工程师
马晓林　青岛海福乐机械设备有限公司总经理
欧哲学　桂林中昊力创机电设备有限公司总经理
宋瑞彬　青岛德尔菲科技发展有限公司总经理
吴志勇　江苏中宏环保科技有限公司总工程师
徐宗亮　青岛方圆程锦工业有限公司总经理
杨宥人　大连橡胶塑料机械有限公司总经理
王炳峰　软控股份有限公司副总经理
赵冬梅　青岛科技大学信息与控制技术应用研究所所长
赵春平　中化化工科学技术研究总院有限公司高级顾问
钟洪伟　近江度量衡设备（上海）有限公司

1.3　检验检测分编委会

主　编：王慧敏　广州橡胶工业制品研究所有限公司董事长
编　委：卜继玲　时代新材料科技股份有限公司博士、教授级高级工程师
陈跟平　国家合成橡胶质检中心副主任
陈　迅　汕头市浩大轮胎测试装备有限公司总经理
岑　兰　广东工业大学副教授
陈毅敏　北京万汇一方科技发展有限公司董事总经理

（二）专家委员会

前　言

（2016 版）

1915 年，中国橡胶工业在广州发端。为纪念中国橡胶百年，作为献礼，广州市汉朴利牧企业管理咨询有限公司、华南理工大学材料科学与工程学院、广州市橡胶学会等单位联合编撰了本手册。

橡胶制品是以橡胶为主要原料，经过一系列加工制得的成品的总称。橡胶制品的共同特点是具有高弹性以及优异的耐磨、减振、储能、绝缘和密封等性能。橡胶制品没有统一的分类方法，习惯上分为轮胎、工业制品和生活卫生用品。

轮胎类橡胶制品有：①机动车轮胎，包括汽车轮胎、工程机械轮胎、工业轮胎、农业和林业机械轮胎、摩托车轮胎等；②非机动车轮胎，包括电瓶车轮胎、自行车轮胎、人力车胎、畜力车（马车）轮胎、搬运车轮胎等；③特种轮胎，包括航空轮胎、火炮轮胎、坦克轮胎等。

工业制品类橡胶制品有：①胶带，包括输送带、传动带等；②胶管，包括夹布胶管、编织胶管、缠绕胶管、针织胶管、特种胶管等；③模型制品，包括橡胶密封件、减振件等；④压出制品，包括纯胶管、门窗密封条、各种橡胶型材等；⑤胶布制品，包括生活和防护胶布制品（如雨衣）、工业用胶布制品（如矿用导风筒）、交通和储运制品（如油罐）、救生制品（如救生筏）等；⑥胶辊，包括印染胶辊、印刷胶辊、造纸胶辊等；⑦硬质橡胶制品，包括电绝缘制品（蓄电池壳）、化工防腐衬里、微孔硬质胶（微孔隔板）等；⑧橡胶绝缘制品，包括工矿雨靴、电线电缆等；⑨胶乳制品，包括浸渍制品、海绵、压出制品、注模制品等。

生活卫生用品类橡胶制品有：①生活文体用品，包括胶鞋、橡胶球、擦字橡皮、橡皮绳等；②医疗卫生用品，包括医疗器材（避孕套、医用手套、指套、各种导管、洗球）、防护用品、医药包装配件、人体医用植入橡胶制品等。

其中，产值和耗胶量占重要地位的是轮胎、胶鞋、胶带和胶管橡胶制品，有时把这四大类橡胶制品以外的称为橡胶杂品。

橡胶制品还可以按橡胶原料分为干胶制品及胶乳制品两大类。凡以干胶为原料制得的橡胶制品统称为干胶制品，如轮胎、胶带、胶管等，这类产品的产量占橡胶制品产量的 90%以上。凡从胶乳制得的产品统称为胶乳制品，如手套、气球、海绵等，这类产品的产量不到橡胶制品总产量的 10%。

橡胶制品还可以按生产方法分为模型制品和非模型制品。凡在模型中定型并硫化的制品，统称为模型制品，如轮胎、橡胶密封制品及橡胶减振制品等，但在橡胶工业中又习惯将模型制品理解为除轮胎以外的橡胶制品。凡不在模型中定型并硫化的产品，统称为非模型制品，如胶带、胶管、胶布、胶辊等。有的橡胶制品（如胶鞋等）可用模型法和非模型法生产。

橡胶制品的性能取决于其结构和材料。多数橡胶制品如轮胎、胶带、胶管、胶布等，采用橡胶与纤维帘线、钢丝帘线、钢丝绳、纤维帘布、纤维帆布等的复合结构。纤维帘线、钢丝帘线、钢丝绳、纤维帘布、纤维帆布等起骨架作用，保证制品的强度和刚度。因此，橡胶制品的原材料，除各种橡胶和橡胶配合剂外，还有纺织物和金属线材等。主要原料橡胶根据制品的要求选用，如一般的轮胎、胶鞋、运输带、三角带、胶管等主要使用天然橡胶、丁苯橡胶、顺丁橡胶、丁腈橡胶等通用橡胶；有特殊性能要求的橡胶制品，则主要使用特种橡胶，如聚氨酯橡胶、硅橡胶、氟橡胶等。近年来，不需要硫化的热塑性弹性体得到迅速发展。

许多橡胶制品可作为最终产品直接用于日常生活、文体活动和医疗卫生等方面，常见的如胶鞋、雨衣、擦字橡皮、橡皮玩具、热水袋、防毒面具、气褥子、充气帐篷等。更多的橡胶制品被用作各种机械装备、仪器仪表、交通运输工具、建筑物等的零部件。以汽车为例，一辆汽车中使用的橡胶制品有近二百件，包括轮胎、坐垫、门窗密封条、雨刷胶条、风扇带、水箱胶管、刹车胶管、防尘套、密封件、减振件等。又如液化气罐减压阀中有橡胶膜片，电子计算器中有导电橡胶按钮，冰箱门密封要用磁性橡胶条，彩色电视机中也有十余件橡胶制品。总之，橡胶制品对日常生活、国防和国民经济各部门都有重要的意义。

自中国第一家橡胶企业——广东兄弟树胶公司创立，中国橡胶工业已有整整 100 年的历史。如果以美国固特异先生发明橡胶硫化作为世界橡胶工业的起点，则中国橡胶工业的起步，较世界橡胶工业晚了75年。自20世纪80年代中期开始的轮胎结构子午化，对中国橡胶工业、原材料产业、装备产业的迅猛发展起到了极大的拉动作用。国产子午线无内胎轿车轮胎迟至1985年由上海正泰橡胶厂首先投产，而法国米其林公司1945年已工业化生产子午线轮胎，我国较世界橡胶工业晚了40年。

经过百年的艰辛发展，到2014年，中国橡胶工业已是橡胶制品年产销量达3 000万吨以上，年耗胶量超过1 030万吨（占全球年耗胶量2 870万吨的35.9%），年产值超过1万亿，拥有8 000多家企业，职工达百万人的现代化工业体系。其中，轮胎年产11.14亿条（占全球29亿条的38.7%），汽车轮胎年产5.62亿条（占全球17亿条的33.1%）；鞋类产品年产约142亿双（占全球200亿双的71%）；其他各种橡胶工业制成品约有60%以上占据全球产量的前列。橡胶工业原料方面，天然橡胶产量已达85.6万吨（占全球1 190万吨的7.1%），逼近世界前三位；合成橡胶产量520万吨（占全球1 680万吨的30.9%），从2010年起已居全球首位；炭黑产量500万吨（占全球1 300万吨的38.5%），白炭黑产量112万吨（超过全球220万吨的一半）；橡胶助剂产量105万吨，为全球120万吨的75%；纤维帘线产量约50万吨（占全球120万吨的41.6%），钢丝帘线产量200万吨（占全球240万吨的83.3%）。橡胶机械年产值150亿元以上（占全球的45.9%），机头模具产值也达100亿元以上（超过全球的一半多）。

近年来，互联网、机器人技术、人工智能、3D打印和新型材料等科技成果正在引发一场新的工业革命。特别对于化工行业，法律法规在环境保护、人身安全与健康、公共安全等方面提出了更高的要求。编撰本手册的目的，在于逐步汇集国内国际上有关橡胶工业原材料与装备方面的知识资源与信息资源，从一个侧面逐步响应新技术革命带来的新挑战。编撰者有意持续修编本手册，以达成上述目的。

尽力减少橡胶制品企业与原材料、装备供应商在信息上的不对称，是编撰本手册的另一目的。对于手册中组成、作用、外观、技术参数相同的不同企业制造的产品，编撰者并不认为它们是同样的商品。以工装设备为例，采用不同的金属配件、电器元件、气动部件、工业控制系统，会对生产效率、设备精度、维护保养带来巨大的差异；有机化学反应的复杂性，更使得各种助剂的质量稳定性更多地依赖生产商的工艺技术水平与意愿，比如反应过程中的压力、温度、时间、酸碱度等控制水平。标准是供方与用户集体谈判妥协的产物，是工业水平的直接体现，包含大量有意义的信息，本手册尽其所能地征引了当前有效的相关国内、国际标准。此外，除国际标准（如ISO的相关标准）、国家标准、各种行业标准、企业的相关标准外，天然橡胶的品种、级别以及每一品种级别的各种型号均载于《各种级别的天然橡胶的国际质量标准及国际包装标准》（The international standards of Quality and Packing of Natural Rubber grades）（简称“绿皮书”），其由橡胶生产者协会出版。国际合成橡胶生产者协会（ⅡSRP）的出版物中列有各种实际可买到的合成橡胶和胶乳的资料。美国材料试验学会（ASTM）橡胶及橡胶类似物分会D－11拟定的实验室用典型配方及混炼规程、测试方法以及其他标准，可参阅其每年出版的《ASTM标准手册》。

本手册涉及与橡胶工业有关的化学物质，化学物质国际通行的管控方法是化学品注册、评估、授权与限制。本手册在编撰过程中，对于危害健康、危害环境、具有安全隐患的有毒有害化学品大部分作出了警示，部分予以删除。

使用本手册的人员应熟悉有关橡胶工业原材料与装备的安全操作规程，本手册无意涉及因使用本手册可能出现的所有安全问题。

本手册中刊载的各项指标、参数以及对事实的描述中的错漏之处，请读者予以指正，我们将在今后逐年更新版次的过程中予以改正。

因时间关系，本手册目前仅编入了部分国内外品牌的相关产品，我们希望在今后各版次的修订中，得到更多有力者的支持。

本手册在编撰过程中，得到全国橡胶与橡胶制品标委会合成橡胶分技术委员会、阿朗新科高性能弹性体（常州）有限公司、申华化学工业有限公司、山东美晨科技股份有限公司、广州金昌盛科技有限公司、海福乐密炼系统集团（HF Mixing Group，合并了W&P、Farrel、Pomini）、大连橡胶塑料机械有限公司、中国化学工业桂林工程有限公司、飞迈（烟台）机械有限公司（VMI）、中国化工装备有限公司、桂林橡胶机械有限公司、益阳橡胶塑料机械集团有限公司、桂林中昊力创机电设备有限公司、北京敬业机械设备有限公司、美国Steelastic公司等单位的实际帮助，在此一并予以感谢！

编撰者

前　言

（原材料与工艺耗材分册）

《橡胶工业原材料与装备简明手册》（以下简称“本手册”）分为三个分册，其中本册为原材料与工艺耗材分册，其余两册为橡胶工厂装备分册和检验检测分册。

相比2016版，本手册的内容从原约150万字扩编至382万字，并做了如下改动，增加了如下内容：

1）扩写了目录，使其具有一定的索引功能。

2）将“第一部分：橡胶工业原材料·第一章　生胶”由原九节改写为十节，在该章的“第三节　合成橡胶”中增编了“3.21　特殊牌号的合成橡胶”的内容，集中介绍了具有重大借鉴意义的国内外部分合成橡胶生产企业有突出特点的合成橡胶产品；并大幅增编了“第一部分：橡胶工业原材料·第一章　生胶·第四节　橡胶基本物化性能”的有关内容，使作为工具书的特点更加突出。

3）将原2016版附录一的相关内容增编为本手册第一部分的第九章，即“第一部分：橡胶工业原材料·第九章　受限化学品及其替代品”。

4）引用了2016年度至2017年度发布、实施或者公开征求意见的相关国家标准、行业标准，详见附录五。

此外，各章节都有相应的改、扩写内容，力求体现橡胶工业的相关技术进步与最新技术发展动向。

本手册中“合成橡胶技术现状及其进展”的内容由艾纯金撰写，“氯化聚乙烯橡胶”部分由李玉平撰稿，其他特种橡胶的有关内容主要由张庆虎撰写，“集成橡胶”的内容由侯永振撰写，“第三章　交联剂、活性剂、促进剂”由陈朝晖编写，“第四章　防护体系”由曾凡伟编写，“第五章　补强填充材料”由刘运春编写，“第八章　其他功能助剂”由蒋智杰编写。

辽宁省铁岭橡胶工业研究设计院是集混炼胶研发生产、密封制品研发生产、橡胶制品检测于一体的具有60余年历史的科研机构，致力于服务中国橡胶工业的发展，与广州市汉朴利牧企业管理咨询有限公司共同推动了本手册的编辑、出版、发行工作。

本手册在编撰过程中，也得到了全国橡胶与橡胶制品标委会合成橡胶分技术委员会、阿朗新科高性能弹性体（常州）有限公司、山纳合成橡胶有限责任公司、广州金昌盛科技有限公司、北京中海顺达科技有限公司、大金氟化工（中国）有限公司、山东阳谷华泰化工股份有限公司、杭州科利化工股份有限公司等单位的实际帮助，在此一并予以感谢！

在本书的编写过程中，由于数个新国标GB/T、新行标尚未颁布，故书中借用“新国标（GB/T ××××—××××）”等的方法表示，请各位读者谅解。

编撰者

目　　录

第一部分　橡胶工业原材料

第二部分 工艺耗材与外购件

第一部分　橡胶工业原材料

第一章　生　胶

第一节　概　　述

材料与社会生活、经济建设、国防建设密切相关。20 世纪 70 年代，人们把信息、材料和能源誉为当代文明的三大支柱。近年来勃发的新技术革命，又把新材料、信息技术、人工智能、3D 打印和生物技术并列为高技术群的重要内容。

材料是指人类用于制造物品、器件、构件、机器或其他产品的各种物质。材料是物质，但不是所有物质都可以称为材料。如燃料和化学原料、工业化学品、食物和药物，一般都不称为材料。但是这个定义并不那么严格，如燃料、炸药、固体火箭推进剂等，也可称为“含能材料”。材料按物理化学属性来分，大致包括以下类别：

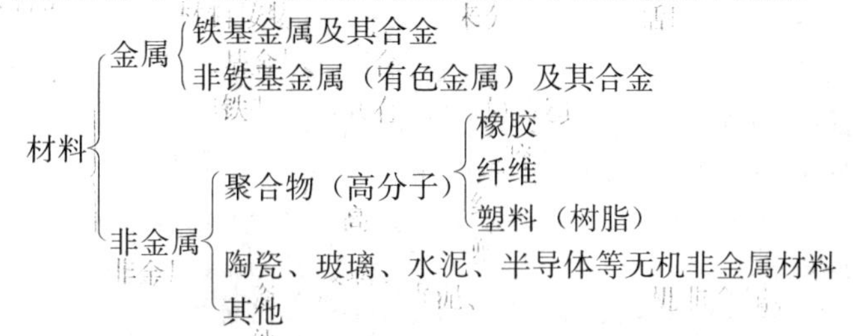

橡胶是高分子材料的一种，常温下具有高弹性是橡胶材料的独有特征，因此橡胶也被称为弹性体。与橡胶相比，弹性体作为一种概念其更侧重在物理学和材料学上的含义，它的范畴更为广泛，弹性体中除橡胶外，还包括众多弹性变形迥异、大分子链交联方式多样化的高分子材料，橡胶是弹性体中最富有代表性的一类。由于一些历史原因，早期在国内当谈到弹性体的时候，所指的通常是热塑性弹性体，而并不包含橡胶的含义，这也影响到了一些具体的技术交流。随着弹性体合成技术的发展及性能的提高，橡胶和弹性体的概念日益相通，习惯上两者已被视为同义词，经常互相代用。

ASTM D1566 对橡胶的定义为：橡胶是一种材料，它在大的变形下能迅速而有力地恢复其变形，能够被改性（硫化）。改性的橡胶实质上不溶于（但能溶胀于）沸腾的苯、甲乙酮、乙醇-甲苯混合物等溶剂中。改性的橡胶在室温下（18～29℃）被拉伸到原来长度的 2 倍并保持一分钟，除掉外力后，能在一分钟内恢复到原来长度的 1.5 倍以下。具有上述特征的材料称为橡胶。

国际标准化组织（ISO）对橡胶的定义包括以下内容：①在较小的外力作用下（橡胶的弹性模量只有钢的 1/200 000）就具有较大的伸长能力（一般为 50%～1 000%）；去除外力后，能迅速（数秒内）恢复到接近它的初始尺寸，所谓接近是指不会超出原始尺寸的百分之几。②保持橡胶一定伸长的应力随温度的升高而增加，这与大多数固体材料不同。③橡胶如欲达到使用性能要求，须经过硫化改性工序；硫化是为了将线型、无定形的大分子通过交联转变为网络状结构。

橡胶按形态可以分为固体块状橡胶（又称干胶）、粉末橡胶、橡胶胶乳（胶体）与液体橡胶；按交联方式可以分为化学交联的传统橡胶、热塑性弹性体与可逆交联橡胶。

橡胶按化学结构可以分为：

- 碳链橡胶
  - 不饱和非极性橡胶：NR、SBR、BR、IR
  - 不饱和极性橡胶：NBR、CR
  - 饱和非极性橡胶：EPM、EPDM、IIR
  - 饱和极性橡胶：CM、CSM、EVM、ACM、FKM 等
- 元素有机橡胶：MVQ
- 杂链橡胶：AU、EU、CO、ECO 等

橡胶按来源与用途可以分为：

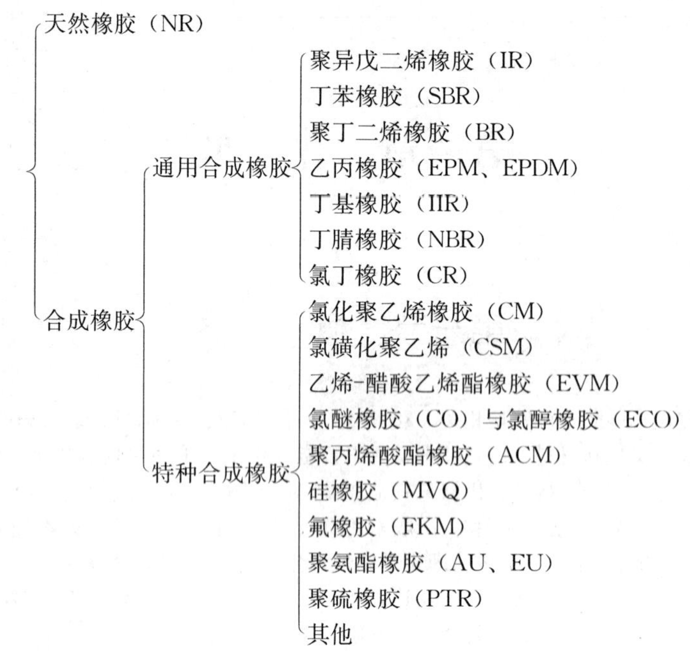

此外，按照单体组分，合成橡胶可以分为均聚物、共聚物以及带有第三组分的共聚物；共聚物按照单体结构单元排列顺序又可分为无规共聚、嵌段共聚、交替共聚以及接枝共聚。

按照聚合条件，合成橡胶又可以分为本体聚合、悬浮聚合、乳液聚合及溶液聚合。其中，乳液聚合有冷聚与热聚之分，乳液聚合常为无规共聚；溶液聚合有阴离子聚合与阳离子聚合之分，阴离子聚合多为定向聚合，可以合成各种有规立构橡胶，有规立构橡胶有顺式-1，4-橡胶和反式-1，4-橡胶，前者又可细分为高顺式、中顺式和低顺式橡胶。

合成橡胶还可以按照稳定剂（防老剂）对橡胶的变色程度分为 NST（不变色）、ST（变色）和 NIL（无稳定剂）三种。

按照商品橡胶中填充材料的种类，通用橡胶还可以分为充油橡胶、充炭黑橡胶、充油充炭黑橡胶，充油量一般为 25 份、37.5 份、50 份。

橡胶按照加工工艺特点，以门尼黏度（橡胶分子量大小的宏观表征之一）的高低，可以分为低门尼黏度（30～40）、标准门尼黏度（40～60）、高门尼黏度（70～80）、特高门尼黏度（80～90）以及超高门尼黏度（100 以上）几种。随着门尼黏度的增高，加工难度增大，橡胶的物理机械性能提高。低门尼黏度橡胶多用于海绵以及与其他橡胶并用改性。高门尼黏度橡胶主要用来制造胶黏剂，并可进行高填充。

橡胶还可分为自补强橡胶与非自补强橡胶，前者又称为结晶橡胶（如 NR、CR 等），后者又可分为微结晶橡胶（如 IIR）和非结晶橡胶（如 SBR）。

橡胶根据分子的极性，又可分为极性橡胶（耐油）和非极性橡胶（不耐油）。

根据橡胶的工业用途，结合橡胶种类及交联键形式，以橡胶的软硬程度可分为：一般橡胶、硬质橡胶、半硬质橡胶、微孔橡胶、海绵橡胶、泡沫橡胶等；以耐热及耐油性等性能可分为：普通橡胶、耐热橡胶、耐油橡胶、耐热耐油橡胶以及耐天候老化橡胶、耐特种化学介质橡胶等。

橡胶需要交联（硫化）才有使用价值。未交联的橡胶称为生胶，其由线型大分子或者带有支链的线型大分子构成，随着温度的变化，呈现玻璃态、高弹态、黏流态，分别对应从低温到高温的三种形态。生胶的玻璃态、高弹态和黏流态都属于聚合物的力学状态，其差别是形变能力不同，如图 1.1.1-1 所示。

玻璃态指物质的组成原子不存在结构上的长程有序或平移对称性的一种无定形固体状态。当聚合物处于玻璃态时，链段运动处于被冻结的状态，只有键长、键角、侧基、小链节等小尺寸运动单元能够运动，当聚合物材料受到外力作用时，只能通过改变主链上的键长、键角去适应外力，因此此时聚合物表现出的形变能力很小，形变量与外力大小成正比，外力一旦去除，形变立即恢复。该状态下聚合物表现出的力学性质与小分子玻璃很相似，所以将聚合物的这种力学状态称为玻璃态。

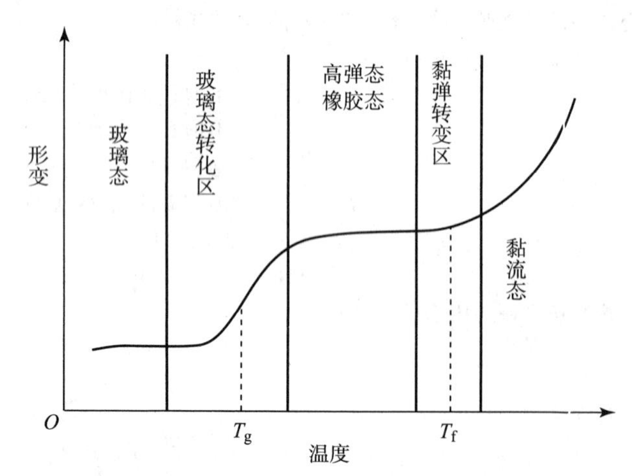

图 1.1.1-1　无定形聚合物的形变-温度曲线

T_g—玻璃化转变温度；T_f—黏流温度

聚合物由玻璃态受热升温，随着温度的升高，分子热运动能量增加，当达到某一温度时，分子热运动能量足以克服内旋转位能，这时链段运动受到激发，链段可以通过主链上单键的内旋转来不断改变构象，甚至部分链段可以产生滑移，可以观察到链段的运动，但整个分子仍不可能运动。这时聚合物处于高弹态，这个温度称为玻璃化转变温度，即 T_g。在玻璃化转变温度，聚合物的比热容、热膨胀系数、黏度、折光率、自由体积以及弹性模量等都要发生一个突变。在高弹态下，聚合物受到外力作用，分子链通过单键的内旋转和链段的改变构象来适应外力的作用。一旦外力消失，分子链通过单键内旋转和链段运动恢复原来的蜷曲状态，这在宏观上表现为弹性回缩。聚合物分子链从蜷曲状态到伸直，所需的外力小，而形变很大。这是两种不同尺度的运动单元处于两种不同的运动状态的结果：就链段运动来看，它们是液体，就整个分子链来看，它们是固体，所以这种聚集态是双重性的，既表现出液体的性质，又表现出固体的性质。并且，物质处于固态和气态是可以压缩的，而液态是不可压缩的，高弹态下的聚合物虽然因高黏度的原因呈现固状，但其泊松比为 0.495，接近液体的 0.5，具有不可压缩性；处于固态的物质其形状受限于晶格能、分子间作用力等基本固定，液体和气体则可以自由流动，一定量的气体还可以在任意空间均匀分布，所以 IIR、BR 等生胶的冷流性也是无定形聚合物具有液体属性的重要特征之一。

聚合物继续受热，当达到某一更高温度时，聚合物在外力作用下发生黏性流动，这就是黏流态，它是整个分子链互相滑动的宏观表现，这种流动与低分子液体流动相似，是不可逆的变形，外力去除后，变形不可能自发恢复。这个温度称为黏流温度，即 T_f。

从分子结构上讲，玻璃化转变温度是聚合物无定形部分从冻结状态到解冻状态的一种松弛现象，它不像相转变那样有相变热，因此 T_g 和 T_f 都不是相变温度，它是一种二级相变，这种二级相变与固态、液态、气态之间的相态转变伴随着吸热、放热过程不同，高分子动态力学称之为主转变。

橡胶在室温下处于高弹态，T_g 是橡胶的最低使用温度。橡胶的高弹性本质上是由橡胶大分子的构象变化带来的熵弹性，这种高弹性不同于由晶格、键角、键长变化带来的普弹性，形变量可高达 1 000%，比普弹形变的 0.01%～0.1%大得多。高弹性材料的形变模量低，只有 10^5～10^7 N/m^2（10^6～10^8 dyn/cm^2），比普弹性材料（如金属材料）的模量 10^{10}～10^{11} N/m^2（10^{11}～10^{12} dyn/cm^2）小得多。

橡胶材料除具有高弹性、黏弹性外，还具有绝缘性、易老化、硬度低、密度小，对流体的渗透性低等特点。

第二节　天然橡胶

自从 20 世纪初汽车工业成规模地生产并迅速发展以来，天然橡胶就发挥着重要的作用，当前，其年消费量已超过 1 300 万 t。

如图 1.1.2-1 所示，2010—2015 年 5 年间，全球合成橡胶产量增长已明显趋缓，而天然橡胶近 20 年来大体上比较平稳地保持平均每 5 年 200 万 t 左右的绝对量增长。这首先归因于天然橡胶优良的综合性能，强度高、生热低、加工性能优良的天然橡胶至今仍是生产载重子午线胎和大型轮胎的首选材料。另外，依靠科技进步不断提高质量和胶原产出率，也为天然橡胶的长期增产提供了保证。然而天然橡胶的发展严重地受自然条件和社会环境的制约，是一种典型的资源约束型产业。

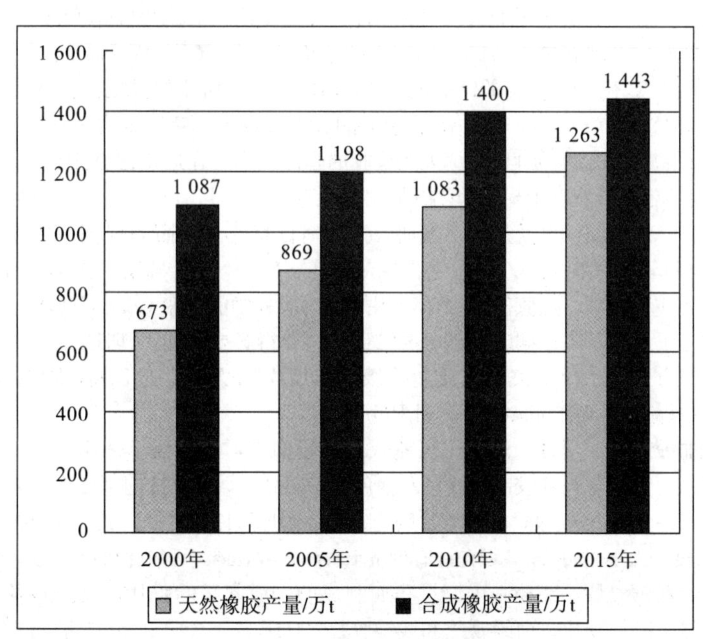

图 1.1.2-1　天然橡胶与合成橡胶的产量

数据来源：合成橡胶工业协会

天然橡胶是从天然植物中采集的一种弹性材料。在自然界中含橡胶成分的植物不下 2 000 种，天然橡胶的主要来源有三叶橡胶树、橡胶草、银色橡胶菊、蒲公英、杜仲树等。除三叶橡胶外，银色橡胶菊橡胶也有较小规模的生产，其余有待在基因工程、种质筛选、种植技术以及高效提取技术等方面的继续研究，进一步提高采集价值。

东南亚地区是三叶橡胶树种植的集中区，种植面积占全球的 90%以上。橡胶树对气象条件的要求主要是光、温、水和风。橡胶生产的适宜温度是 18～40℃，高产还需要充足的光照，同时橡胶耗水比较多，年降水量 2 000 mm 以上适合生长，但是降水量过多也会引发胶原病，影响产胶量。

天然橡胶的分类如下：

- NR
  - 三叶橡胶
    - 一般品种：风干胶、绉片胶、烟片胶、标准胶（颗粒胶）
    - 特制品种：充油橡胶、轮胎橡胶、胶清橡胶、易操作橡胶、粉末橡胶、纯化胶、恒黏橡胶、低黏橡胶
    - 改性类：氧化胶、环氧化胶、卤化胶、氢卤化胶、液体胶、热塑性胶
  - 野生橡胶：古塔波胶、马来树胶、杜仲胶、巴拉塔胶

2.1　通用天然橡胶

NR 的组成如下。

- 橡胶烃：92%～95%
- 非橡胶成分：约 7%
  - 蛋白质：2%～3%
  - 丙酮抽出物，1.5%～4.5%
  - 灰分：0.2%～0.5%
  - 水分：0.3%～1.0%

天然橡胶的结构单元为：

$$-CH_2-\overset{\displaystyle CH_3}{\overset{|}{C}}=CH-CH_2-$$

绝大多数的三叶橡胶分子量为（$\overline{Mn}$）3 万～3 000 万，分子量分布指数为 2.8～10，平均相对分子质量接近 30 万。国产 PB86 无性系树橡胶的$\overline{Mn}$为 21.6 万，国产实生树橡胶的$\overline{Mn}$为 26.7 万，分布指数为 7。天然橡胶中的大分子链主要由顺式异戊二烯结构单元组成，其中顺式-1，4-异戊二烯聚合的结构单元含量占 97%以上，顺式-3，4-异戊二烯聚合的结构单元含量约占 2%。天然橡胶大分子链的末端一端为二甲基烯丙基，另一端为焦磷酸酯基。大分子链上有数量不多的醛基，正是醛基在储存中发生缩合或与蛋白质分解产物发生反应形成支化、交联，储存中产生凝胶且使黏度增加。凝胶不能被溶剂溶解。生胶中的凝胶可以分为松散凝胶与紧密凝胶，塑炼后松散凝胶可以破坏变成可溶橡胶；紧密凝胶不能被破坏，以大约 120 nm 的尺寸分散在可溶性橡胶中。凝胶含量受树种、产地、季节等多种因素的影响。

橡胶中的丙酮抽出物主要由胶乳中残留下的脂肪、蜡类、甾醇、甾醇酯和磷脂等类酯及其分解产物构成，也包含胶乳保存过程中加氨后脂类分解产生的硬脂酸、油酸、亚油酸、花生酸等混合物。灰分中主要含磷酸镁、磷酸钙等盐类，也有少量的铜、锰、铁等重金属化合物，因为这些变价金属离子能促进橡胶老化，所以对它们的含量需严格控制。橡胶中的蛋白质有较强的吸水性，可引起橡胶吸潮发霉，并引起电绝缘性下降，对轮胎的动态生热等指标有显著的影响，如生产过程中所包含的原乳中的蛋白质成分，通过停放以自然发酵方式分解与洗涤之后，蛋白质含量极低，适合制造高性能的汽车轮胎。天然橡胶中的蛋白质成分，还影响发泡剂 H 的分解；抽提除去蛋白质的天然橡胶，蠕变速度比未抽提的慢许多。

三叶橡胶在常温下是无定形的高弹态物质，在 10℃以下开始结晶，在−25℃结晶最快；杜仲胶是反式聚异戊二烯，在常温下就有较高的结晶度，在 40℃有 40%左右的结晶度，所以杜仲胶在室温下是硬的非弹性体。

天然橡胶生胶的玻璃化温度为−75～−68℃，黏流温度为 130℃，开始分解温度为 200℃，激烈分解温度为 270℃。其长期使用温度为 90℃，短期最高使用温度为 110℃。天然橡胶的弹性较高，在通用橡胶中仅次于聚丁二烯橡胶。拉伸结晶是天然橡胶最为重要的性质，拉伸 70%以上时发生结晶，拉伸到 650%时，可产生 35%的结晶，拉伸结晶度最大可达 45%，所以天然橡胶是一种自补强橡胶，也就是说不需加入补强剂自身就有较高的强度。生胶拉伸时放热，收缩时吸热。NR 也是一种绝缘性很好的材料，如电线接头外包的绝缘胶布就是纱布浸 NR 胶糊或压延而成的。

天然橡胶的平均相对分子质量较高，生胶塑性很低，例如 1＃烟片的可塑度（威）不到 0.1，门尼黏度为 95～120，难以加工，必须塑炼，使相对分子质量下降，同时使部分凝胶破坏，获得必要的加工塑性。

通用天然橡胶有两种分级方法，一种是按外观质量分级，如烟片胶及皱片胶 RSS（Ribbed Smoked&Crepes Sheets）；另一种是按理化指标分级，如标准胶（Standard Natural Rubber）。

烟片胶由天然橡胶乳经加酸凝固、压片、烟熏干燥制成。不经烟熏，加入催干剂用空气干燥制成的称为风干胶（Air Dried Sheets，ADS），颜色较浅，可代替绉片胶制造浅色及艳色橡胶制品。烟片胶按国家标准《天然生胶烟胶片、白绉胶片和浅皱胶片》（GB/T 8089—2007）分为 1～5 级，各级烟片胶均有标准胶样，以便参照，其中 1 级质量最高，要求胶片无霉、无氧化斑点，无熏不透，无熏过度，无不透明等；2 级允许有少量干霉、轻微胶锈，无氧化斑点，无熏不透等；以后质量逐级下降。

皱片胶是由天然橡胶乳的新鲜凝块，经控制生产过程而制成的表面起皱的胶片，按原料及制法不同，分为胶乳皱片、杂皱片两种。国家标准《天然生胶烟胶片、白绉胶片和浅皱胶片》（GB/T 8089—2007）将国产皱片胶分为 6 个等级，分别是特 1 和 1 级薄白绉胶片、特 1、1～3 级薄浅色绉胶片。

RSS 含非橡胶成分多，且波动较大（4%～10%），因而品质不够均一；其硫化时间也长短不同，不易掌握，有些国家的 RSS 1 号标出硫化速率，称为 TC 橡胶，以蓝、黄、红三种圆印显示硫化速率的快、中、慢；其物理机械性能差异较大，风干胶和绉片胶的拉伸和耐老化性能不佳。

胶清橡胶由天然橡胶乳离心浓缩过程中分离出来的胶清经加工制成，按压片形式及干燥方法的不同，分为胶清烟胶与胶清绉胶两种。其橡胶成分不足 80%，但生胶及硫化橡胶的强度仍然较高；由于含蛋白质多，橡胶在储存中易霉变；硫化速度快，易焦烧；橡胶内铜、锰等有害金属含量高，易老化。

标准胶也称颗粒胶（Crumb Rubber），按机械杂质、塑性初值、塑性保持率、氮含量、挥发分含量、灰分含量、颜色

指数等理化指标进行分级，ISO 2000将标准胶分为5级，国家标准《天然生胶技术与绿橡胶（TSR）规格导则》（GB/T 8081—2008）将之分为4级。标准胶相比烟片胶及绉片胶等，质量差异性小，性能比较稳定；其分子量与门尼黏度均较烟片胶低，塑性初值为烟片胶的75%左右，故一般经过简短塑炼即可，有的甚至可直接加工；其硫化速率较低，焦烧时间比烟片胶要长25%～50%，对轮胎等要经多次加工的胶料十分有利；其力学强度在纯胶时低于烟片胶，但加入炭黑补强之后又高于烟片胶。

由于生产工艺不同，几种商品天然橡胶的化学组分略有不同，见表1.1.2-1。

表1.1.2-1 几种商品天然橡胶的化学组分

橡胶	橡胶烃/%	非橡胶成分/%	橡胶	橡胶烃/%	非橡胶成分/%
5#标胶	94.0	6.0	薄白绉胶片	94.6	5.4
一级烟片胶	92.8	7.2	褐绉胶片	93.6	6.4
五级烟片胶	92.4	7.6	风干胶片	92.4	7.6

2.2 特种及改性天然橡胶

特种及改性天然橡胶包括恒黏橡胶与低黏橡胶等多种，分别介绍如下。

2.2.1 恒黏橡胶与低黏橡胶（Viscosity Stabilized Natural Rubber、Low Viscosity Natural Rubber）

恒黏橡胶在制造时加入了占干胶重量0.4%的中性盐酸羟胺或中性硫酸羟胺或氨基脲等贮存硬化抑制剂，使之与天然橡胶烷烃分子链上的醛基作用，从而抑制了生胶储存过程中门尼黏度的升高，保持了门尼黏度的稳定，其分为恒黏度、低黏度和固定黏度三种。低黏橡胶，是在制造恒黏橡胶时再另加入4份非污染环烷油，使天然橡胶的门尼黏度为50±5。恒黏橡胶与低黏橡胶的特点是生胶门尼黏度在贮存过程中一直保持稳定，一般可不经塑炼，使炼胶时间大大缩短；其硫化速率较慢，需调整硫化体系；烟片胶和标准胶均可调制，目前以标准胶居多。其常用于轮胎及一些高级工业制品。其主要牌号为马来西亚的SMR-CV、SMR-LV与印度尼西亚的SIR-5CV、SIR-5LV，详见表1.1.2-13。

2.2.2 充油天然橡胶（Oil-Extended Natural Rubber）

充油天然橡胶是通过在胶乳中加入大量填充油，经凝固、造粒、干燥制得；也可将油直接喷洒在凝固的胶粒上，经混合、压块制得。前者质量均匀，但工艺复杂，成本较高。

填充油一般为环烷油或芳烃油，充油量分别为25%、30%、40%（质量分数），其相应的标志为OE75/25、OE70/30、OE60/40，主要由马来西亚、印度尼西亚生产。充油天然橡胶操作性、抗滑性好，可提高轮胎的耐磨性能；但抗撕裂性能下降，永久变形增大。适用于乘用轮胎胎面、管带及胶板等产品，尤其适用于雪地防滑轮胎。

充油天然橡胶的产品牌号规格见表1.1.2-2。

表1.1.2-2 充油天然橡胶的产品牌号规格

牌号	OE75/25	OE70/30	OE60/40
橡胶（质量分数）	75	70	60
填充油（质量分数）	25	30	40
主要用途	轮胎	胶管	其他

2.2.3 易操作橡胶（Superior Processing Natural Rubber）

易操作橡胶（简称SP橡胶）是用20%硫化胶乳与80%新鲜胶乳混合后再凝固，经干燥、压片制得。近年来，还出现了由80%硫化胶乳与20%新鲜胶乳制得的PA橡胶（Processing Air Rubber，PA）以及添加40份环烷油的PA充油胶，它们是SP橡胶的改进产品。SP橡胶有预交联成分，压出、压延加工时表面光滑，挤出、压延速度快，收缩小；硫化时模型制品可减少气泡，非模型制品则不易变形，尺寸稳定；其可以单独使用，但多与其他橡胶并用。其常用于要求收缩变形小、尺寸严格的压出、压延制品以及裸露硫化的各种非模型制品。SP橡胶主要由马来西亚生产，其产品牌号规格见表1.1.2-3。

表1.1.2-3 SP橡胶与PA橡胶的产品牌号规格

名称	代号	原料组分（质量分数）			特性与用途
		硫化胶乳	新鲜胶乳	环烷油	
易操作烟片胶	SP-RSS	20	80	—	变形小，挤出、压延尺寸稳定，主要用于压出型材，如医疗用品、胶管等
易操作风干胶	SP-ADS				
易操作浅绉胶	SP-PC				
易操作褐绉胶	SP-EBC				
易操作PA胶	PA80	80	20	—	表面光滑，保形性好；硫化速度快，多用于纯胶配合
易操作充油胶	PA57	80	20	40	适于高填充配合，多用于填料配合

注：详见于清溪，吕百龄，等．橡胶原材料手册［M］．2版．北京：化学工业出版社，2007：20-21.

2.2.4 纯化天然橡胶（Purified Natural Rubber）

纯化天然橡胶是将新鲜胶乳经过三次离心浓缩，去除橡胶中的非橡胶烃组分后制成的固体橡胶。纯化天然橡胶纯度高（橡胶烃含量可达97%以上），丙酮抽出物、水溶物、氮及灰分等非橡胶成分可降低到2.62%以下。

纯化天然橡胶的特点是：含蛋白质和水溶物少，吸水性很低，电绝缘性提高、容易老化、硫化速率慢。其适于制造电绝缘制品及医疗制品。

纯化天然橡胶分为纯化天然橡胶、轻度纯化天然橡胶及完全纯化天然橡胶三种，主要由马来西亚生产。轻度纯化天然橡胶（Partially Purified Crepe Rubber）简称PP绉片胶，其蛋白质含量及灰分比普通绉片胶少一半，常用作各种卫生用品；完全纯化天然橡胶也叫脱蛋白橡胶（Deproteinized Rubber），有CD绉片胶和LC烟片胶之分。脱蛋白橡胶的制法与一般纯化天然橡胶不同，系用霉菌处理胶乳使其蛋白质降解为水溶物，然后滤除、凝固而成，杂质可降低到0.006%，灰分可降低到0.06%以下，氮含量可降低到0.07%，约为纯化天然橡胶的40%，为普通绉片胶的1/40左右。

2.2.5 轮胎橡胶（Tyre Natural Rubber）

原马来西亚生产的轮胎橡胶使用各占30%的胶乳凝固胶、未熏烟片、胶园杂胶为原料，再加入10%芳烃油或环烷油制成。其特性为：门尼黏度保持为60±5，适合轮胎工业，可不经塑炼直接使用；具有恒黏橡胶的特性，贮存硬化速率慢；结晶性小，约为普通橡胶的一半；杂质少，性能稳定。

国产轮胎橡胶包括子午线轮胎橡胶与航空轮胎标准橡胶。《天然生胶 子午线轮胎橡胶》（NY/T 459—2011）适用于以鲜胶乳、胶园凝胶及胶片为原料生产的天然生胶子午线轮胎橡胶，其技术要求见表1.1.2-4。

表1.1.2-4 子午线轮胎橡胶的技术要求

质量项目	指标			试验方法
	5号 SCR RT 5	10号 SCR RT 10	20号 SCR RT 20	
颜色标志	绿	褐	红	
留在45 μm筛上的杂质 w（≤）/%	0.05	0.10	0.20	GB/T 8086—2008
塑性初值[a]（≥）	36	36	36	GB/T 3510—2006
塑性保持率（≥）/%	60	50	40	GB/T 3517—2014
氮含量 w(≤)/%	0.6			GB/T 8088—2008
挥发物含量 w(≤)/%	0.8			GB/T 24131—2009（烘箱法，105±5℃）
丙酮抽出物 w(≤)/%	2.0～3.5			GB/T 3516—2013
灰分含量 w(≤)/%	0.6	0.75	1.0	GB/T 4498
门尼黏度[b]［ML，(1+4) 100℃］	83±10	83±10	83±10	GB/T 1232.1—2016
硫化胶拉伸强度（≥）/MPa	21.0	20.0	20.0	GB/T 528—2009

注：a. 交货时不大于48；b. 有关各方也可同意采用另外的黏度值。

《天然生胶 航空轮胎标准橡胶》（NY/T 733—2003）适用于以鲜胶乳、胶园凝块为原料生产的航空轮胎标准橡胶，其技术要求见表1.1.2-5。

表1.1.2-5 航空轮胎标准橡胶的技术要求

质量项目	指标	试验方法
留在45 μm筛上的杂质 w(≤)/%	0.05	GB/T 8086—2008
塑性初值[a](≥)	36	GB/T 3510—2006
塑性保持率（≥）%	60	GB/T 3517—2014
氮含量 w(≤)/%	0.5	GB/T 8088—2008
挥发物含量 w(≤)/%	0.8	GB/T 6737
灰分含量 w(≤)/%	0.6	GB/T 4498
丙酮抽出物[b] w(≤)/(mg·kg^{-1})	3.5	GB/T 3516—2013
铜含量（Cu）[b] w(≤)/(mg·kg^{-1})	8	GB/T 7043.2—2001
锰含量（Mn）[b] w(≤)/(mg·kg^{-1})	10	GB/T 13248—2008
门尼黏度[b]［ML，(1+4) 100℃］	83±10	GB/T 1232.1—2016

续表

质量项目	指标	试验方法
硫化胶拉伸强度[c](≥)/MPa	21.0	GB/T 528—2009
硫化胶拉断伸长率[c](≥)/%	800	GB/T 528—2009

注：a. 交货时不大于48；b. 丙酮抽出物含量、铜含量、锰含量为非强制性项目；c. 硫化胶拉伸性能的测定使用GB/T 15340—1995 附录 A 中规定的 ACS 1 纯胶配方：橡胶 100.00、氧化锌 6.00、硫黄 3.50、硬脂酸 0.50、促进剂 M（MBT）0.50；硫化条件：140℃×20 min、30 min、40 min、60 min 和混炼程序；使用GB/T 528 规定的 1 号裁刀。

2.2.6 共沉天然橡胶

炭黑共沉橡胶，是将炭黑制备成水性分散体，将其与浓缩胶乳充分混合后，再共沉、脱水、干燥而成。

木质素共沉橡胶，是指将木质素制备成水性分散体，将其与浓缩胶乳充分混合后，再共沉、脱水、干燥而成；与炭黑共沉橡胶、黏土共沉橡胶相比，木质素制备分散体时不需加入表面活性剂。

黏土共沉橡胶，是指将黏土制备成水性分散体，将其与浓缩胶乳充分混合后，再共沉、脱水、干燥而成。

2.2.7 难结晶橡胶（Anticrystalline Natural Rubber）

难结晶橡胶，是指在胶乳中加入硫代苯甲酸，使天然橡胶部分顺式-1，4-异戊二烯异构化为反式-1，4-异戊二烯，天然橡胶结晶性下降，从而改善天然橡胶的耐低温性能。

在天然橡胶生胶中加入丁二烯砜和腈氯化环己基偶氮，在高温下用密炼机或挤出机（170℃左右）加工，也可获得难结晶橡胶。也可通过添加增塑剂如 10～20 份葵二酸二辛酯（DOS）等长链脂肪酸酯，有效降低橡胶的玻璃化转变温度。

难结晶橡胶专用于低温下使用的橡胶制品，如航空及寒冷地区用的橡胶配件等。

2.2.8 接枝天然橡胶（Graft Natural Rubber）

接枝天然橡胶的可聚合单体主要是烯类单体，包括甲基丙烯酸甲酯（MMA）、苯乙烯（ST）、丙烯腈（AN）、醋酸乙烯酯（VAC）、丙烯酸（AA）、丙烯酸甲酯（MA）、丙烯酰胺（AM）、丙烯酸乙酯（EA）、丙烯酸丁酯（BA）等。天然橡胶除接枝改性外，也可用马来酸酐及硫代酸等进行加成反应改性，效果类似。

商品化的天然橡胶接枝共聚产品只有马来西亚生产的天甲胶乳，天甲胶乳是甲基丙烯酸甲酯与天然橡胶的接枝共聚物，目前主要有两种，一种是甲基丙烯酸甲酯含量为 49%的，称为 MG49；另一种是甲基丙烯酸甲酯含量为 30%的，称为 MG30。它是将含有引发剂（过氧化异丙苯）的甲基丙烯酸甲酯的乳浊液在不断搅拌下加入含氨胶乳中，使胶乳与甲基丙烯酸甲酯共聚，最后加入防老剂水分散体，制成天甲胶乳。

接枝天然橡胶有较大的自补强能力，可提高拉伸应力与拉伸强度，硫化胶的抗冲击、震动吸收性好，耐屈挠龟裂，动态疲劳性能好，黏着性、耐气透也均较好，加工过程中不易焦烧，模流动性好。接枝天然橡胶主要用来制造抗冲击要求较高的坚韧制品，无内胎轮胎内衬层以及纤维与橡胶的黏合剂等。

近年来，天然橡胶接枝改性的热塑性天然橡胶（TP－NR）也得到了一定的发展，如与含有偶氮二羧酸酯的聚苯乙烯化学接枝、与聚丙烯共混接枝等，其用于制造汽车零部件、鞋类及电线电缆。

2.2.9 环氧化天然橡胶（Epoxidized Natural Rubber）

环氧化天然橡胶，简称 ENR，是天然橡胶乳在一定条件下与过氧乙酸反应得到的产物，也可使用天然橡胶溶液以过氧化有机酸处理制取。其结构如下：

$$\left[-CH_2-\underset{\diagdown O \diagup}{\overset{CH_3}{\overset{|}{C}}-CH}\diagdown CH_2-CH_2\diagup \overset{CH_3}{\overset{|}{C}}=CH\diagdown CH_3 - \right]_n$$

目前商品化生产的有环氧化程度达 10%、25%、50%、75%（摩尔比）的 ENR-10、ENR-25、ENR-50、ENR-75。随着环氧化程度的增加，其性能变化增大。ENR-50 的气密性接近丁基橡胶；黏合性能、耐油性能、阻尼性能优良，耐油性接近中等丙烯腈含量的丁腈橡胶；抓着力强，防滑性能高，湿路面抓着性能优于充油丁苯橡胶（OE SBR）。ENR 的玻璃化温度 T_g 随环氧化程度的增加而呈线性提高，ENR-50 的玻璃化转变温度大幅提高至－20℃左右，低温性能变差。

在无填充剂时，ENR 硫化胶仍能保持 NR 所具有的高模量和拉伸强度。ENR 可与极性填充剂（如白炭黑）强烈结合，类似地，环氧化丁腈橡胶和具有氢氧基的丁苯橡胶与白炭黑的相互作用也非常大，可以削弱白炭黑混炼胶的结构化倾向。用于轮胎胎面胶时，在没有偶联剂的情况下，ENR 与白炭黑强的相互作用是平衡轮胎滚动阻力和湿路面抓着力的重要因素。ENR-25 与白炭黑/炭黑填充剂混合可获得最佳的耐磨性能。

ENR 可用常规硫化体系硫化，拉伸强度与定伸应力均高，但压缩变形增大。

环氧化天然橡胶主要用于要求气密性与耐油性的制品，供应商包括华南热带农产品加工设计研究所、马来西亚个别胶园。

2.2.10 环化天然橡胶（Cyclized Natural Rubber）

环化天然橡胶又称热异橡胶（商品牌号：Thermoprene），是以氧化剂或用其他方法处理天然橡胶，使橡胶分子链异构化成环状制得。其结构如下：

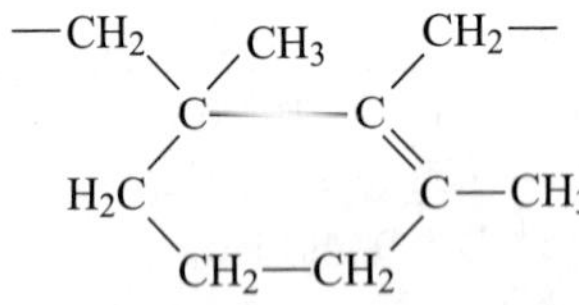

```
—CH2     CH3     CH2—
     \   /       /
      C ———— C
     /        \\
  H2C          C—CH3
     \        /
      CH2—CH2
```

环化天然橡胶的原料可以是天然橡胶乳、橡胶溶液或固体橡胶。以天然橡胶乳为例，在60%的离心胶乳中，加入7.5%对苯磺酸与环氧乙烷的缩合物作为稳定剂，然后加入浓度在70%以上的浓硫酸，在100℃下保温2～2.5小时，使天然橡胶大分子链环化。

其他环化方法包括：橡胶与金属氯化物作用、橡胶与非金属卤化物或氧化卤化物作用、橡胶高温（在催化剂存在下250℃以上）加热、橡胶紫外线照射、氢氯化橡胶脱氯化氢等。

按照环化方法及反应条件的不同，可制得从柔软到坚硬块状的各种产品。环化天然橡胶分为单环化天然橡胶与多环化天然橡胶。单环化天然橡胶中两个异戊二烯单元中有一个双键，呈类似古塔波胶的块状，多环化天然橡胶中四个异戊二烯单元中有一个双键，呈类橡胶状物。

环化天然橡胶分子链为环状结构，呈棕色树脂状态；环化使天然橡胶的不饱和度降低（大约降至57%）；其相对密度随环化度的增加而增大，环化度与体积收缩呈线性相关，即环化度增加，体积缩小；软化点提高、折射率增大。环化天然橡胶的耐酸碱性非常好，几乎不受各种酸碱的影响；耐水蒸气性特别好，耐气透性很好；耐溶剂性强，不溶于苯、醚、汽油及乙醇等溶剂。

环化天然橡胶主要用于鞋底等坚硬的模压制品、机械衬里、海底电缆、胶黏剂以及防湿性涂料等，对金属材料、聚乙烯、聚丙烯有较大的黏着力；还可作为天然橡胶的补强剂，提高硬度、定伸应力及耐磨耗等性能。

用干胶在溶液状态下制造的环化天然橡胶，可溶于苯及氯化烃，溶解程度随环化条件差异很大，为了将其与胶乳为原料的环化天然橡胶相区别，也称其为磺化橡胶，主要用作胶黏剂。

环化天然橡胶的性能参数见表1.1.2-6。

表1.1.2-6 环化天然橡胶的性能参数

环化天然橡胶的技术指标			
平均分子量$\overline{Mn}$	2 000～14 500	拉断伸长率/%	1～30
相对密度/(g·cm^{-3})	0.96～1.12	硬度（邵尔A）	85～90
线膨胀系数（T_g以上）/(10^{-4}·℃$^{-1}$)	0.75～0.80	介电常数 1 kHz 1 MHz	 2.68 2.6～2.7
热导率/[W·(cm·℃)$^{-1}$]	约11.5×10^{-4}		
软化温度/℃	80～130		
流动点/℃	110～160	介电损耗角正切 50 Hz 1 kHz～1 MHz	 0.006 0.002
分解温度/℃	280～300		
吸水性（70℃×20 h）/(mg·cm^{-2})	0.5～0.8		
拉伸强度/MPa	4.5～35.0	绝缘破坏强度/(kV·mm^{-1})	37～55
弯曲强度/MPa	11.0～65.0	体积电阻率/(10^{16} Ω·cm)	1～7
环化天然橡胶硫化胶的物理机械性能			
项目	古塔波胶型	硬巴拉塔型	高硬巴拉塔型
相对密度（25℃）/(g·cm^{-3})	0.980	1.016	0.993
拉伸强度（20℃）/MPa	18.2	33.6	32.8
拉断伸长率/%	27	1.3	1.7
压缩破坏强度/MPa	37.8（21℃）	74.2（24℃）	60.2（32℃）
冷流性（11 000 kg负荷）/%	38.6（21℃）	17.3（24℃）	30.4（24℃）
绝缘破坏强度/（V·mm^{-1}）	47 500	50 000	55 200
制造特点	浅绉胶用对苯磺酸加热处理	浅绉胶用浓硫酸加热处理	浅绉胶用63%对甲苯磺酸加热处理

注：详见于清溪，吕百龄，等. 橡胶原材料手册［M］. 2版. 北京：化学工业出版社，2007：26-27.

2.2.11 氯化天然橡胶（Chlorinated Natural Rubber）及氢氯化天然橡胶（Hydro-chlorinated Natural Rubber）

氯化天然橡胶的制法包括乳液法与溶液法。乳液法是将天然橡胶乳加入稳定剂后再加入盐酸进行酸化，然后直接通入氯气进行氯化。溶液法是将天然橡胶溶于CCl_4、二氯乙烷等溶剂中，吹入氯气制得氯化天然橡胶。如将氯气改用HCl，可制得氢氯化天然橡胶。氢氯化天然橡胶为白色粉末。

氯化天然橡胶（CNR）视氯含量的大小，性能有所不同。氯化天然橡胶的氯含量为50%～65%，氢氯化天然橡胶则控制在29%～33.5%。氯化天然橡胶与氢氯化天然橡胶的特性为：耐酸碱性非常好；氯化天然橡胶的耐氧化性尤好，而氢氯化天然橡胶次之；有阻燃性；常温下稳定，高温时可分解出氯化氢，氢氯化天然橡胶比氯化天然橡胶的热稳定性好；气透性小，可以成膜；易溶于芳烃、氯化烃，不易解聚合。

氯化天然橡胶与氢氯化天然橡胶具有优良的成膜性、耐磨性、黏附性、抗腐蚀性及突出的防水性和速干性，主要用于胶黏剂、耐酸碱耐老化薄膜、清漆涂料、包装薄膜以及印刷油墨用的载色剂，用作建筑上用的油毡及道路铺装材料，氢氯化天然橡胶还可用作食品包装材料。CNR依其相对分子质量或黏度划分为不同品种牌号，低黏度的产品一般用于喷涂漆和油墨添加剂；中黏度的产品主要用于配制涂料（如耐化学腐蚀漆、喷涂漆、阻燃漆、集装箱漆等）；高黏度产品用于配制黏合剂和刷涂漆。

氯化天然橡胶与氢氯化天然橡胶的性能参数见表1.1.2-7。

表1.1.2-7 氯化天然橡胶与氢氯化天然橡胶的性能参数

氯化天然橡胶与氢氯化天然橡胶的技术指标		
项目	氯化天然橡胶	氢氯化天然橡胶
氯含量/%	50～65 65.4%（完全氯化物）	29～33.5
平均分子量$\overline{Mn}$/(10^4)	10～40	
相对密度	1.58～1.69 1.63～1.64（65%Cl）	1.14～1.16
比热容/[J·(g·℃)$^{-1}$]	约1.67	
线膨胀系数（T_g以上）/(10^{-4}·℃$^{-1}$)	1.25	
热导率/[10^{-4}W·(cm·℃)$^{-1}$]	12.6	
折射率n_D	1.55～1.60 1.595（65%Cl）	1.533
氯化天然橡胶与氢氯化天然橡胶硫化胶的物理机械性能		
项目	氯化天然橡胶	氢氯化天然橡胶
弹性模量/MPa	980.7～3 922.7	
拉伸强度/MPa	28.0～45.0	
拉断伸长率/%	约3.5	
硬度（Brinell)/MPa	98.1～147.1	
介电系数 50 Hz 1 kHz～1 MHz	3 2.5～3.5	2.7～3.7
介电损耗角正切 50 Hz～1 kHz 1 MHz	0.003（非塑化） 0.006（非塑化）	0.004～0.056
绝缘破坏强度（0.1 mm厚试样)/(kV·mm^{-1})	>80（非塑化） 16～20（塑化）	5.3～7.5
体积电阻率/（Ω·cm）	$2.5\times10^{13}\sim7\times10^{15}$	$10^{14}\sim10^{15}$

氯化天然橡胶与氢氯化天然橡胶的供应商有：上海氯碱化工集团、无锡化工集团、江苏江阴西苑化工集团、广州天昊天化工集团、湖南洪江化工和浙江新安江化工集团等。

国外供应商有：英国Duroprene、Alloprene、Raolin，美国Parion、Paravar，美国固特异公司的Pliofilm（氢氯化天然橡胶），德国Tornesit、Pergut、Tegofan，意大利Dartex、Protex、Clortex，荷兰Rulacel，日本Adekaprene CP（旭电化工业）、Super chloron CR（山阳国策纸浆）等。

2.2.12 解聚天然橡胶（Depolymerized Natural Rubber）

解聚天然橡胶，简称DNR，是将天然橡胶胶乳以苯肼等解聚处理而得，按分子量大小分为1.1万、4万、8万、15.5

万等多种。其特性为：根据分子量的大小，呈油膏至黏稠液体；可以浇注成型硫化；物理机械性能大幅降低。解聚天然橡胶主要用作密封材料、填缝材料、建筑防护涂层、黏合剂以及软质模制品等。

其性能参数见表 1.1.2-8。

表 1.1.2-8 解聚天然橡胶的性能参数

项目	分子量 9 000	分子量 20 000
拉伸强度/MPa	10.5	15.3
拉断伸长率/%	380	400
300%定伸应力/MPa	8.0	12.4
撕裂强度/(kN·m^{-1})	60	75
硬度（邵尔 A）	70	73

分子量低于 20 000 的称为液体天然橡胶，简称 LNR，其分子量在 1 万～2 万范围，为黏稠液体，可浇注成型，现场硫化，已广泛应用于火箭固体燃料、航空器密封、建筑物粘接、防护涂层等领域。关于液体天然橡胶的内容详见本章第四节（二）。

用裂解方法制得的更低分子量的液体橡胶称为橡胶油，一般以废橡胶生产，可作为橡胶的软化增塑剂、燃料及润滑油使用。中国台湾地区有年产 3 万吨的废橡胶工业裂解装置生产橡胶油。

2.3 其他来源的天然橡胶

2.3.1 银菊胶（Guayule Rubber）

银菊胶又称戈尤拉橡胶、墨西哥橡胶，是将银色橡胶菊的枝干、根磨碎，浮选抽提出树脂后，把其中的橡胶成分用溶剂溶解，滤去杂质，经闪蒸、干燥而得。银菊胶是天然橡胶的另一个来源，也称第二天然橡胶，它同赫薇亚科（三叶橡胶树）天然橡胶相比，化学结构完全相同，只是胶乳组成物中的树脂含量较大，达 15%～26%，必须加以脱除。

银菊胶的特性为：分子量略低，分子量分布较窄，不同地区品种差异很大；不结晶，贮存过程中不会产生硬化现象；基本无蛋白质，树脂含量视制法不同高低相差悬殊；硫化速率非常慢；物理机械性能接近由三叶橡胶树制取的天然橡胶。

类似银菊胶，苏联曾在哈萨克斯坦等中亚地区大量种植橡胶草，称为蒲公英橡胶（Dandelion Rubber），该橡胶的分子量为 30 万左右，含有大量的树脂成分（10%～12%），橡胶容易老化。

我国新疆地区也野生着大量含橡胶成分的蒲公英类植物，其中青胶蒲公英和山胶蒲公英最有利用价值，橡胶含量可达 10%～15%，分子量为 30 万～35 万，1950—1953 年，中国科学院和轻工业试验所都曾分别提炼出橡胶，并用来试制轮胎。

2.3.2 古塔波胶（Guttapercha Rubber）

古塔波胶产自赤铁科属的 Palaquium gutta 橡胶树，树干直径为 60～90 cm，是高达 30 m 的高大树种，野生于马来半岛、苏门答腊及加里曼丹各岛，1885 年以后在爪哇种植成功。其流出的乳胶黏度非常高，遇阳光立即变为褐色，采用通常橡胶树的切口取胶方式取胶极为困难。

古塔波橡胶树种，橡胶含量只有三叶橡胶树的 1/3～2/3，其凝固物的组成有 50%～70%为橡胶分，以反式-1，4 结构为主；树脂占 20%～40%，其余为纤维素、蛋白质、灰分及挥发分等。

其特性为：热塑性橡胶，呈灰白至红褐色；常温下表面很硬，一加热即软化，在 100℃变为黏稠状；树脂含量视制法不同而波动极大，低至 1%，高至 50%，棕色树脂状质地坚硬的叫作 Allane，黄色柔软皮革状的称为 Flauvill；在空气中容易氧化，置于水中则可保持长期使用寿命；溶于芳烃、氯化烃、热的脂肪烃，难溶于酯类，不溶于乙醇。

古塔波胶主要用于高尔夫球皮、牙科填料、绝缘电缆以及造纸用黏合剂等，其在历史上曾是重要的海底电缆绝缘材料。

其性能参数见表 1.1.2-9。

表 1.1.2-9 古塔波胶的性能参数

项目	普通产品	精制产品
平均分子量$\overline{Mn}$/(10^4)	3.7～20	
相对密度/(g·cm^{-3})	0.945～0.955	
玻璃化转变温度 T_g/℃	−68～−53	
脆化温度/℃	约−60	
熔点/℃	65～74	
折射率/n_D	1.523	
吸水性/%	<0.2	

续表

项目	普通产品	精制产品
介电常数	约 3.2	约 2.6
介电损耗正切	0.002～0.005	<0.002
体积电阻率/(Ω·cm)	0.3×10^{15}～2.5×10^{15}	>10^{17}

2.3.3 巴拉塔胶

巴拉塔胶（Balata Rubber），白色至红色的热塑性橡胶，呈皮革状，产自西印度群岛、南美，特别是在圭亚那生长的赤铁科属的 Mimusops Balata，其由从树上割胶流下的胶乳在阳光下自行凝固后经干燥制得。

块状巴拉塔胶含橡胶烃 60%（以反式-1，4 结构为主）、树脂 20%、水分 17%、灰分等杂质 3%。巴拉塔胶按外观颜色分为红、白两种，白色的含固状物高，红色的加热时黏度大。其以溶剂萃取可制成树脂含量为 3%、水分和灰分各为 1% 以下的精制巴拉塔胶，称为 Refined Balata。

巴拉塔胶主要用作高尔夫球皮、耐水胶带等的材料。

巴西和委内瑞拉产的巴拉塔胶为块状，圭亚那产的为片状。

2.3.4 杜仲胶（Eucommiaulmoides Rubber）

杜仲胶，也称为中国古塔波胶，为淡黄色至深褐色热塑性弹性体，与古塔波胶的化学结构相同，性能相近。杜仲产自我国四川、贵州、湖南一带，历史上长期作为中药材使用。人们在 1950 年开始研究用其制造天然橡胶，人们摘取杜仲树上的枝叶及割口处的自然凝固物，经洗涤、煮沸、压炼、干燥制得杜仲胶。

杜仲胶也是高树脂含量的橡胶，在使用上按软化点的大小（树脂含量高低）分类：杜仲 60，软化温度为 59～60℃，树脂含量为 7%～12%；杜仲 63，软化温度为 62～63℃，树脂含量为 2%～6%。其特性为：分子量低，一般只有 16 万左右；常温下为皮革状的结晶硬块，在 50℃时表现出弹性，在 100℃塑化；相对密度为 0.95～0.98g·cm^{-3}；极易氧化，变为脆性粉末；吸水性很小，耐酸碱性和绝缘性优良；溶于芳烃、氯化烃，微溶于丙酮、乙醇，难溶于汽油，不溶于醚类。

杜仲胶主要用作电工绝缘材料、耐酸碱容器材料、牙科填料、电线电缆材料，可与其他橡胶并用等。

2.3.5 齐葛耳胶（Chicle Rubber）

齐葛耳胶为黄褐色易碎块状热塑性弹性体，系以树脂为主要成分的顺反式天然橡胶，即顺式与反式聚异戊二烯并存橡胶（Cis-Trans-Natural Rubber），其组成为橡胶烃 10%～14%，树脂 36%～56%，其余为蛋白质、水溶物、灰分等。其橡胶烃的顺反式结构比例为顺式-1，4：反式-1，4=25：75。

齐葛耳胶主要产自墨西哥、危地马拉和洪都拉斯等地，系属赤铁科的 Achraszapote。其制法大体与古塔波胶类似，即将树干上流出的乳液通过煮沸的办法脱去部分水分，然后将浓缩胶乳风干制成块状橡胶。

2.3.6 吉尔通胶（Jelutong Rubber）

吉尔通胶为灰白色块状热塑性弹性体，产自马来西亚、印度尼西亚等地，产品含 22%的橡胶烃和 78%的树脂，与齐葛耳胶均为顺反式天然橡胶。

吉尔通胶含杂质较多，产地不同，品质不一，使用前必须充分洗涤、干燥。

吉尔通胶主要用作口香胶的原料，还可利用其黏性用作胶带布层的黏合剂、橡皮膏以及黏性带等，其也可与天然橡胶并用以降低成本。

2.4 天然橡胶的技术标准与工程应用

2.4.1 天然橡胶的基础配方

天然橡胶的基础配方见表 1.1.2-10、表 1.1.2-11。

表 1.1.2-10 天然橡胶（NR）的基础配方（一）

原材料名称	ASTM	ISO 与 ASTM 标准		原材料名称	纯胶配合	炭黑配合	无硫配合
NR	100.00	100	100	NR（RSS3）	100	100	100
氧化锌	5.00	6	5	氧化锌	3	5	5
硬脂酸	2.00	0.5	2	硬脂酸	2	3	3
硫黄	2.50	3.5	2.25	硫黄	2.5	2.5	—
炭黑（HAF）	—	—	35	促进剂 MBTS（DM）	0.7	0.7	—
防老剂 PBN	1.00	—	—	促进剂 TT	—	—	3
促进剂 MBTS（DM）	1.00	M0.5	TBBS0.7	防老剂 D	1	1	1
				HAF	—	50	50
				芳烃油	—	3	3
硫化条件	140℃×10 min、20 min、40 min、80 min			硫化条件	138℃×60 min		

表 1.1.2-11 天然橡胶（NR）的基础配方（二）

原材料名称	烟片、皱片胶检验配方[a]	基本配方	天然橡胶（NR）· 试验方法（JIS K6352—2005）试验配方	试验配方	试验配方
	纯胶配合	纯胶配合	纯胶配合	纯胶配合	炭黑配合
NR（SCR）	100	100	100	100	100
氧化锌	5	5	6	6	5
硬脂酸	0.5	1.5	0.5	0.5	2
硫黄	3	2.5	3.5	3.5	2.25
促进剂 MBT（M）	0.7	—	0.5	—	—
促进剂 CBS	—	0.5	—	—	—
促进剂 TBBS	—	—	—	0.7	0.7
HAF（N378）	—	—	—	—	35
合计	109.2	109.5	110.5	110.7	144.95
硫化条件	142±1℃×20 min、30 min、40 min、50 min，压力 2 MPa 以上。				

注：a. 开炼机辊温 50～60℃。

2.4.2 天然橡胶的技术标准

《天然生胶 技术分级橡胶（TSR）规格导则》（GB/T 8081—2008）IDT ISO 2000—2003 的规定，技术分级橡胶 TSR（Technically Specified Rubber）的分级根据 TSR 的性能和生产 TSR 的原料而定。

TSR 的分级见表 1.1.2-12。

表 1.1.2-12 TSR 的分级

原料	特征	级别
全鲜胶乳	黏度有规定	CV
	浅色橡胶，有规定的颜色指数	L
	黏度或颜色没有规定	WF
胶片或凝固的混合胶乳	黏度或颜色没有规定	5
胶园凝胶和（或）胶片	黏度没有规定	10 或 20
	黏度有规定	10CV 或 20CV

标准胶、烟片胶、绉片胶、胶清胶、恒黏胶、低黏胶的技术要求见表 1.1.2-13。

表 1.1.2-13 各国天然橡胶标准与 ISO 标准

质量项目	国产各级标准橡胶的极限值					印度尼西亚标准橡胶（SIR）规格，于 1977 年生效						泰国检验橡胶（TTR）规格					
	SCR 5	SCR 10	SCR 20	SCR 10CV	SCR 20CV	5CV	5LV	5L	5	10	20	50	5 L	5	10	20	50
留在 45 μm 筛上的杂质含量（≤）/%	0.05	0.10	0.20	0.10	0.20	0.05	0.05	0.05	0.05	0.10	0.20	0.50	0.05	0.05	0.10	0.20	0.50
塑性初值（≥）	30	30	30	—	—	—	—	30	30	30	30	30	30	30	30	30	30
塑性保持率[a]（≥）/%	60	50	40	50	40	60	60	60	60	50	40	30	60	60	50	40	30
氮含量（≤）/%	0.6					0.6							0.65				
挥发物含量（≤）/%	0.8					1.0						1.00					
灰分含量（≤）/%	0.6	0.75	1.0	0.75	1.0	0.50	0.50	0.5	0.5	0.75	1.00	1.50	0.6	0.6	0.75	1.00	1.50

续表

质量项目	国产各级标准橡胶的极限值					印尼标准橡胶（SIR）规格，于1977年生效							泰国检验橡胶（TTR）规格				
	SCR 5	SCR 10	SCR 20	SCR 10CV	SCR 20CV	5CV	5LV	5L	5	10	20	50	5 L	5	10	20	50
颜色指数（≤）	—	—	—	—	—	—	—	6	—	—	—	—	6	—	—	—	—
级别标志颜色	绿	褐	红	褐	红	—	—	—	—	—	—	—	浅绿	浅绿	褐	红	黄
ML（1+4）100℃	60±5[a]	—	—	b	b	①	②	—	—	—	—	—	—	—	—	—	—
加速储存硬化试验P③（≤）	—	—	—	—	—	8	8	—	—	—	—	—	—	—	—	—	—
丙酮抽出物/%	—	—	—	—	—	—	—	6～8	—	—	—	—	—	—	—	—	—
备注	a. 有关各方也可同意采用另外的黏度值； b. 没有规定这些级别的黏度，因为这会随着储存时间和处理方式等而变化，但一般是由生产方将黏度控制在65^{+7}_{-5}，有关各方也可同意采用另外的黏度值。 详见《天然生胶 技术分级橡胶（TSR）规格导则》（GB/T 8081—2008）IDT ISO 2000—2003					①恒黏胶的门尼黏度范围为45～75，分5级； ②低黏胶的门尼黏度范围为40～70，分5级； ③华莱士塑性增值，各种5号胶只能用控制凝固的胶乳来制备							—				

质量项目	马来西亚标准胶（SMR）规格（1991年10月1日起执行）									美国天然橡胶标准规格（ASTM D2227－80）				新加坡标准橡胶（SSR）规格			
	SMR CV④	SMR LV	SMR L	SMR WF	SMR 5	SMR GP	SMR 10	SMR 20	SMR 50	等级5	等级10	等级20	等级50	5	10	20	50
	胶乳（恒黏）		胶乳		胶片	掺和	胶园级的原料										
留在45 μm筛上的杂质含量（≤）/%	0.03		0.02		0.05	0.08	0.08	0.16	0.50	0.05	0.10	0.20	0.50	0.05	0.10	0.20	0.50
塑性初值（≥）	—	—	35		30					40	40	35	30	30	30	30	30
塑性保持率[a]（≥）/%	60	60	60	60	60	50	50	40	30	60	50	40	30	60	50	40	30
氮含量（≤）/%	0.60									0.60				0.6			
挥发物含量（≤）/%	0.80									0.80				0.8			
灰分含量（≤）/%	0.50	0.60	0.50	0.50	0.60	0.75	0.75	1.00	0.60	0.60	0.75	1.0	1.5	0.60	0.75	1.00	1.50
颜色指数（≤）	—	—	6.0	—	—	—	—	—	—	—	—	—	—	—	—	—	—
ML（1＋4）100℃	⑤	45～55	—	—	—	65^{+7}_{-5}	58～72	—	—	—	—	—	—	—	—	—	—
级别标志颜色	黑	黑	淡绿	淡绿	淡绿	蓝	褐	透明	黄					浅绿	褐	红	黄
加速储存硬化试验P（≤）	—	—	—	—	—	—	—	—	—	—	—	—	—	—	—	—	—
丙酮抽出物/%	—	6～8	—	—	—	—	—	—	—	—	—	—	—	—	—	—	—
铜含量（≤）/%	—	—	—	—	—	—	—	—	—	0.000 8				—	—	—	—
锰含量（≤）/%	—	—	—	—	—	—	—	—	—	0.001	0.001 2	0.001 5	0.002 5	—	—	—	—
备注	④含4份轻质非污染的矿物油； ⑤有3个副级，即SMR CV50（门尼黏度为45～55）、SMR CV60（门尼黏度为55～65）、SMR CV70（门尼黏度为65～75）。 注：早期的SMR胶为同传统的烟片胶、绉片胶等以外观分类为标准的RSS胶相区别，称为技术分级橡胶（Technically Specified Rubber），又称TSR									—	—	—		—			

续表

<table>
<tr><th rowspan="2">质量项目</th><th colspan="3">国产各级烟胶片、白绉胶片和浅色绉胶片的极限值</th><th colspan="2">国产各级胶清橡胶⑥限值</th><th>国际标准（ISO 2000—2003）天然橡胶规格</th></tr>
<tr><th>1～3级烟片、特1和1级薄白绉胶片、特1～3级薄浅色绉胶片</th><th>4级烟片</th><th>5级烟片</th><th>1级</th><th>2级</th><td rowspan="11">同《天然生胶 技术分级橡胶（TSR）规格导则》（GB/T 8081—2008）。</td></tr>
<tr><td>留在45 μm筛上的杂质含量（≤）/%</td><td>0.05</td><td>0.10</td><td>0.20</td><td>0.05</td><td>0.10</td></tr>
<tr><td>塑性初值（≥）</td><td colspan="3">40</td><td colspan="2">25</td></tr>
<tr><td>塑性保持率[a]（≥）/%</td><td>60</td><td>55</td><td>50</td><td>30</td><td>16</td></tr>
<tr><td>氮含量（≤）/%</td><td colspan="3">0.6</td><td>2.4</td><td>2.6</td></tr>
<tr><td>挥发物含量（≤）/%</td><td colspan="3">0.8</td><td>1.8</td><td>1.8</td></tr>
<tr><td>灰分含量（≤）/%</td><td>0.6</td><td>0.75</td><td>1.0</td><td>0.8</td><td>1.0</td></tr>
<tr><td>拉维邦颜色指数（≤）</td><td>—</td><td>—</td><td>—</td><td>—</td><td>—</td></tr>
<tr><td>拉伸强度（≥）/MPa</td><td>19.6</td><td>19.6</td><td>19.6</td><td>—</td><td>—</td></tr>
<tr><td>级别标志颜色</td><td>—</td><td>—</td><td>—</td><td colspan="2">黑色</td></tr>
<tr><td>备注</td><td colspan="3">详见GB/T 8089—2007</td><td colspan="2">⑥天然胶乳浓缩过程中分离出来的胶清经加工而成的橡胶，详见NY/T 229—2009</td></tr>
</table>

注：a. 塑性保持率、塑性保持指数，又称抗氧指数（PRI），是指生胶在140℃×30 min的热烘箱老化前后，华莱氏可塑度的比值，PRI $=P/P_0\times100\%$。PRI值越高，表明生胶抗热氧老化性能越好。

2.5 天然橡胶的供应商

据2013年IRSG（国际橡胶研究组织）发布的统计数据，天然橡胶全球总种植面积约1 280万 hm^2，其中东南亚的种植面积约为1 200万 hm^2。其中，非洲、缅甸、柬埔寨、老挝等地区、国家几年前大规模开发种植的橡胶树开割，天然橡胶产量增长迅速；泰国东北、北部近年来有较大面积开发种植，5～7年后产量会有较大提升。全球橡胶种植从业人员约为2 400万人，其中泰国约600万、中国约300万，伴随近年来各国经济发展和劳动力成本上升，单位割胶成本大幅增加，产区割胶工人出现不足。

天然橡胶主产国种植面积统计见表1.1.2-14。

表1.1.2-14 天然橡胶主产国种植面积统计表

国别	2003年/hm^2	2013年/hm^2	10年复合增长率/%
泰国	201.9	308.4	4.3
印度尼西亚	329	349.2	0.6
马来西亚	132.6	106.7	−2.1
印度	57.6	77.6	3.0
越南	44.08	92	7.6
中国	66.1	116.7	5.8
斯里兰卡	11.48	13.62	1.7
柬埔寨	6.6	32.87	17.4
菲律宾	8.05	19.69	9.4
缅甸	22.6	59.4	10.1
老挝	0.9	22.6	38.0
合计	889.01	1 198.78	3.1

IRSG的预计，2014—2022年，全球天然橡胶种植面积的复合增长率约为0.6%，如图1.1.2-2所示。

天然橡胶的市场供应量随停割时间、开割时间周期性波动。此外，特殊气象条件，比如厄尔尼诺、拉尼娜等异常气候也对天然橡胶的产量有重大影响。

国内天然橡胶停割时间自东北季风开始的时候，从北向南，首先中国云南地区在11月中旬左右开始进入停割期；然后是12月中旬或月底中国海南省进入停割期。东南亚气候湿热，胶树一年四季都能割胶，但产量在一年中有周期性的波动变化。次年的1月底2月初越南、泰国北部进入停割期；2月中旬开始泰国南部、马来半岛、印度尼西亚的赤道以北地区，

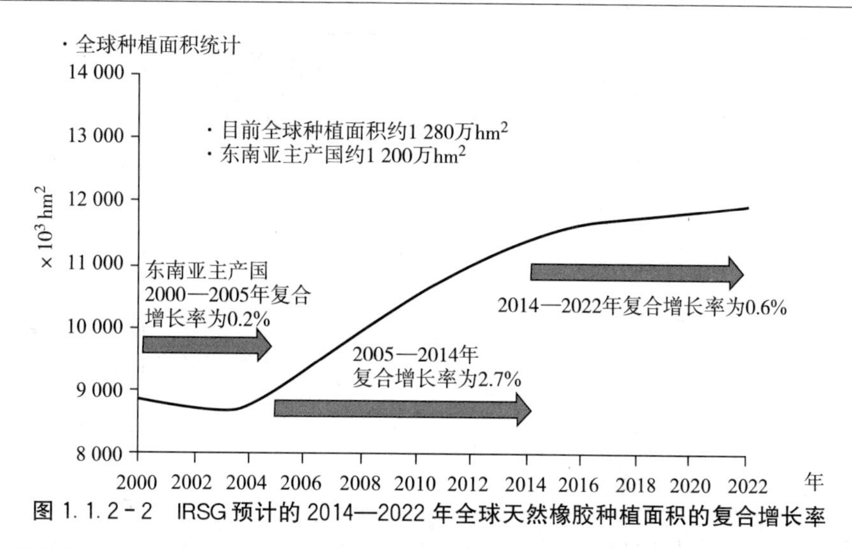

图 1.1.2-2 IRSG预计的2014—2022年全球天然橡胶种植面积的复合增长率

主要是棉兰一带进入停割期；印度尼西亚的赤道以南地区主要是巨港区域，因处于南半球有所差别，停割期从9月底开始，10月、11月停割。

国内天然橡胶开割时间也是自北向南开始，中国云南省在每年3月中下旬首先开割，4月初海南省陆续开割。东南亚地区，4月中旬越南、泰国北部地区陆续进入开割期；到4月底5月初泰国南部地区、马来半岛、印度尼西亚的赤道以北地区，主要是棉兰一带陆续开割；南半球的印度尼西亚巨港地区在当年的12月中旬便开始陆续开割了。

全球天然橡胶产量在2～5月期间产量最低，主产区都处于停割期，此时，全球的天然橡胶消费消耗的基本是库存。

2.5.1 泰国

（1）年产量在330万t左右，接近全球总产量的三分之一，主要品种为RSS、STR10、STR20等，生产的烟片胶中RSS3占81%、RSS4占16%，生产的标准胶中STR20占70%、STR10占10%。全部产量的90%出口，其中烟片胶的出口占47%，标准胶约占36%，乳胶约占17%。

（2）主产区：泰国胶林主要分布在南部和中部，其中南部的产量占全国总产量的70%以上。近年来，泰国新增加的胶林主要在东北部和北部，其种植面积占比已达25%以上。

（3）停割期：北部为12月、次年1月；东部1月、2月；南部3月、4月。

（4）泰国三大原料市场是宋卡的合艾、素叻、洛坤，泰国较大的橡胶公司有宏曼丽、诗董、泰华、联谊、同泰、美莱等，其中宏曼丽约占泰国总产量的15%。

2.5.2 印度尼西亚

（1）印度尼西亚是种植面积最大、产量第二的产胶国，SIR20占印度尼西亚出口总量的88%，主要的出口地区是欧美，我国主要是从其加里曼丹岛进口。

（2）主产区：苏门答腊岛、加里曼丹岛、爪哇岛、苏拉威西岛等，其中产量最大的是苏门答腊岛；印度尼西亚赤道以南的种植面积约占总面积的60%。

（3）停割期：赤道以北的是3月、4月，赤道以南的是7月、8月。

2.5.3 马来西亚

（1）产量仅次于泰国，位居第二，主要品种为SMR20，占其出口量的80%以上，其生产特点是随橡胶、棕榈油市场价格波动而替代种植。

（2）主产区：主要的种植地区是西部以及靠近泰国的南部地区，如吉达州的Kedah、玻璃市的Perils、森美兰州的Negeri Sembilan、霹雳州的Perak和槟城的Penang等。

（3）停割期：3月、4月。

（4）马来西亚标准胶享有盛誉。

2.5.4 越南

（1）主要品种有SVR3L、SVR10、SVR20等，其中SVR3L占其出口量的40%左右。

（2）主产区：东南部和中部高原地区，南部是其传统种植区。

（3）停割期：1～3月。

（4）越南橡胶总公司是越南最大的橡胶生产商，产量占越南橡胶总产量约70%。

2.5.5 中国

我国满足天然橡胶生产条件的有海南、云南、广东、广西和福建等省部分地区，种植面积仅约800万亩，包括海南、云南、广东三大垦区。其中云南农垦是目前国内单产最高的种植区，在国际上也处于前列。

生产企业中，海南天然橡胶产业集团股份有限公司除SCR5、SCR10、CSR20、子午线轮胎橡胶（SCR RT10、SCR RT20）、胶清橡胶执行国家与行业标准外，其余天然橡胶产品执行企业标准，见表1.1.2-15。

表 1.1.2－15　海南天然橡胶产业集团股份有限公司企标产品[e]

质量项目	技术分级天然橡胶			浅色恒黏天然橡胶	航空轮胎胶 SCR－AT	高弹减震天然橡胶[a]	改性胶清橡胶	共沉天然橡胶					复合胶		白皱片胶
	恒黏胶 SCR CV	浅色胶 SCR L	全胶乳 SCR WF					白炭黑母炼胶	纳米黏土天然橡胶	环保型炭黑母炼胶	高强度填充胶 GT 01	湿法纳米母胶	98＃复合胶	88＃[d]复合胶	
补强填充剂含量/份	—	—	—	—	—	—	—	10～60[b]	5±0.1[c]	30	40～50	5	—	—	—
留在 45 μm 筛上的杂质含量（≤）/%	0.05	0.05	0.05	0.05	0.05	0.05	0.10	2.0	2.0	—	—	0.05	0.20	—	0.05
塑性初值（≥）	—	30	30	—	30	30	30	—	—	—	—	30	30	—	30
塑性保持率[a]（≥）/%	60	60	60	60	60	60	40	—	—	—	—	40	50	—	60
氮含量（≤）/%	0.6	0.6	0.6	0.6	0.5	0.35	0.6	—	—	—	—	—	0.6	—	0.6
挥发物含量（≤）/%	0.8	0.8	0.8	0.8	1.0	0.8	2.0	—	—	—	—	—	0.8	—	0.8
灰分含量（≤）/%	0.5	0.5	0.5	0.5	0.6	0.6	1.0	—	—	—	—	—	1.0	—	0.6
颜色指数（≤）	—	6	—	6	—	—	—	—	—	—	—	—	—	—	—
级别标志颜色	绿	绿	绿	—	—	—	黑色	—	—	—	—	—	—	—	—
ML（1＋4）100℃	60±5	—	—	60±5	—	75±5	—	—	—	—	70±10	60±5	55±5	—	—
硫化胶硬度	—	—	—	—	—	—	—	—	—	49±3	—	—	—	—	—
硫化胶 300%定伸应力/MPa	—	—	—	—	—	—	—	—	—	8.0±1	—	—	—	—	—
硫化胶拉伸强度（≥）/MPa	—	—	—	—	23.0	21.0	—	25.0	19.6	20.0	13.5	21.0	—	—	21.0
硫化胶扯断伸长率（≥）/%	—	—	—	—	—	—	—	600	600	450	400	600	—	—	—
硫化胶撕裂强度（≥）/（KN·m^{-1}）	—	—	—	—	—	—	—	35.0	35.0	—	—	35.0	—	—	—
回弹性（≥）/%	—	—	—	—	—	—	—	—	—	50	—	—	—	—	—

注：a. 由优质新鲜胶乳经过特殊加工的全胶乳工艺制造而成，具有杂质少、强度高、生热低、黏度稳定及质量一致性好等特点，主要用于列车、汽车减震制品及轮胎行业。

b. 可定制。

c. 含量。

d. 参照复合胶新标准制作。

e. 除执行国标与本表标准产品外，该供应商还有：①绿色环保橡胶复合材料，环保无味，适用于酒店、宾馆室内及汽车内垫等橡胶制品；②纳米胶清母胶，适用于海绵、高品质鞋底等橡胶制品。

国内天然橡胶的供应商还有：广东省广垦橡胶集团有限公司、云南农垦集团有限责任公司、云南省农垦工商总公司、云南高深橡胶有限公司、西双版纳中景实业有限公司、海南华加达投资有限公司、金莲花贸易制造有限公司、广州泰造橡胶有限公司等。

此外，柬埔寨、老挝等国也随着天然橡胶的价格持续高位运行，种植面积不断扩大。

第三节　合成橡胶

3.1　合成橡胶技术现状及其进展

3.1.1　概述

（一）合成橡胶的定义、分类和命名

合成橡胶传统上指用化学方法合成制得的橡胶，即人工合成的高弹性聚合物，以区别于从橡胶树生产出的天然橡胶，也称合成弹性体。在高分子材料中，其产量仅低于合成树脂（或塑料）、合成纤维。各种合成橡胶的性能因单体不同而异，少数品种的性能与天然橡胶相似。

合成橡胶生产不受地理条件限制。

合成橡胶的分类没有统一的标准，较为普遍接受的分类方法是按聚合用主要单体性质分为烃类橡胶和含有杂原子或官能团的橡胶两大类。烃类橡胶包括二烯烃类橡胶和烯烃类橡胶：二烯烃类橡胶包括丁二烯橡胶、异戊二烯橡胶、丁苯橡胶、丁腈橡胶、氯丁橡胶等；烯烃类橡胶包括乙丙橡胶、丁基橡胶、氯化聚乙烯橡胶等。含有杂原子或官能团的橡胶，包括硅橡胶、氟橡胶、聚氨酯橡胶、聚硫橡胶、聚醚橡胶、丙烯酸酯橡胶、羧基橡胶等。

合成橡胶传统上还根据合成橡胶的使用性能、范围和数量，分为通用合成橡胶和特种合成橡胶两大类别。通用合成橡胶系指主要用于生产轮胎等大宗产品的原料橡胶，特种橡胶系指主要用于生产特种性能橡胶制品的原料橡胶。

此外，合成橡胶还可以根据化学结构分为烯烃类、二烯烃类和元素有机类等；按形态可分为固体橡胶、胶乳、液体橡胶和粉末橡胶等；按橡胶制品形成过程可分为热塑性橡胶（如可反复加工成型的三嵌段热塑性丁苯橡胶）、硫化型橡胶（需经硫化才能制得成品，大多数合成橡胶属此类）；按生胶充填的其他非橡胶成分可分为充油母胶、充炭黑母胶和充木质素母胶等。也有按分子链饱和程度分为饱和性橡胶和不饱和性橡胶的，前者如乙丙橡胶、丁基橡胶等；后者如丁苯橡胶、丁腈橡胶等。大多数不饱和性橡胶经氢化处理，可变为饱和性橡胶。

《橡胶和胶乳命名法》（GB/T 5576—1997）IDT《橡胶和胶乳——命名法》（ISO 1629—1995），为干胶和胶乳两种形态的基础橡胶建立了一套符号体系，该符号体系以聚合物链的化学组成为基础。其中：

M，具有聚亚甲基型饱和碳链的橡胶；

N，聚合物链中含有碳和氮的橡胶；

O，聚合物链中含有碳和氧的橡胶；

Q，聚合物链中含有硅和氧的橡胶；

R，具有不饱和碳链的橡胶；

T，聚合物链中含有碳、氧和硫的橡胶；

U，聚合物链中含有碳、氧和氮的橡胶；

Z，聚合物链中含有磷和氮的橡胶。

橡胶分组命名见表 1.1.3－1。

表 1.1.3－1　橡胶分组命名

分组符号	代号	橡胶名称
M组	ACM	丙烯酸乙酯（或其他丙烯酸酯）与少量能促进硫化的单体的共聚物（通称丙烯酸酯类橡胶）
	AEM	丙烯酸乙酯（或其他丙烯酸酯）与乙烯的共聚物
	ANM	丙烯酸乙酯（或其他丙烯酸酯）与丙烯腈的共聚物
	CM	氯化聚乙烯
	CSM	氯磺化聚乙烯
	EPDM	乙烯、丙烯与二烯烃的三聚物，其中二烯烃聚合时，在侧链上保留有不饱和双键
	EPM	乙烯、丙烯共聚物
	EVM	乙烯-乙酸乙烯酯的共聚物
	PEPM	四氟乙烯和丙烯的共聚物
	FFKM	聚合物链中的所有取代基是氟、全氟烷基或全氟烷氧基的全氟橡胶
	FKM	聚合物链中含有氟、全氟烷基或全氟烷氧基取代基的氟橡胶
	IM	聚异丁烯
	NBM	完全氢化的丙烯腈-丁二烯共聚物

续表

分组符号		代号	橡胶名称
Q组		FMQ	聚合物链中含有甲基和氟两种取代基团的硅橡胶
		FVMQ	聚合物链中含有甲基、乙烯基和氟取代基团的硅橡胶
		MQ	聚合物链中只含有甲基取代基团的硅橡胶
		PMQ	聚合物链中含有甲基和苯基两种取代基团的硅橡胶
		PVMQ	聚合物链中含有甲基、乙烯基和苯基取代基团的硅橡胶
		VMQ	聚合物链中含有甲基和乙烯基两种取代基团的硅橡胶
R组	普通橡胶	ABR	丙烯酸酯-丁二烯橡胶
		BR	丁二烯橡胶
		CR	氯丁二烯橡胶
		ENR	环氧化天然橡胶
		HNBR	氢化丙烯腈-丁二烯橡胶
		IIR	异丁烯-异戊二烯橡胶（丁基橡胶）
		IR	合成异戊二烯橡胶
		MSBR	α-甲基苯乙烯-丁二烯橡胶
		NBR	丙烯腈-丁二烯橡胶（丁腈橡胶）
		NIR	丙烯腈-异戊二烯橡胶
		NR	天然橡胶
		PBR	乙烯基吡啶-丁二烯橡胶
		PSBR	乙烯基吡啶-苯乙烯-丁二烯橡胶
		SBR E—SBR S—SBR	苯乙烯-丁二烯橡胶 乳液聚合 SBR 溶液聚合 SBR
		SIBR	苯乙烯-异戊二烯-丁二烯橡胶
	链中含羧基的橡胶	XBR	羧基-丁二烯橡胶
		XCR	羧基-氯丁二烯橡胶
		XNBR	羧基-丙烯腈-丁二烯橡胶
		XSBR	羧基-苯乙烯-丁二烯橡胶
	链中含卤素的橡胶	BIIR	溴化-异丁烯-异戊二烯橡胶（溴化丁基橡胶）
		CIIR	氯化-异丁烯-异戊二烯橡胶（氯化丁基橡胶）
T组		OT	聚硫链间含有$—CH_2—CH_2—O—CH_2—O—CH_2—CH_2—$基，或偶尔含有R基的橡胶（R为脂族烃）
		EOT	聚硫链间含有$—CH_2—CH_2—O—CH_2—O—CH_2—CH_2—$基和R基的橡胶（R通常为$—CH_2—CH_2—$或其他脂族基）
U组		AFMU	四氟乙烯-三氟硝基甲烷和亚硝基全氟丁酸的三聚物
		AU	聚酯型聚氨酯
		EU	聚醚型聚氨酯
Z组		FZ	在链中含有—P=N—链和接在磷原子上的氟烷基的橡胶
		PZ	在链中含有—P=N—链和接在磷原子上的芳氧基（苯氧基和取代的苯氧基）的橡胶

按照《合成橡胶牌号规范》（GB/T 5577—2008）的规定，合成橡胶牌号一般由2～3个字符组构成。第一个字符组：橡胶品种代号信息组，应符合GB/T 5576—1997的规定；第二个字符组：橡胶特征信息组，如果采用数字表示特征信息，那么根据需要列出的特征信息的多少，由2～4位阿拉伯数字组成，可以用一位数表示一个特征信息，也可以用两位数字表示一个特征信息；第三个字符组：橡胶附加信息组，附加信息与特征信息之间可以用半字线“-”连接。

合成橡胶牌号格式如下：

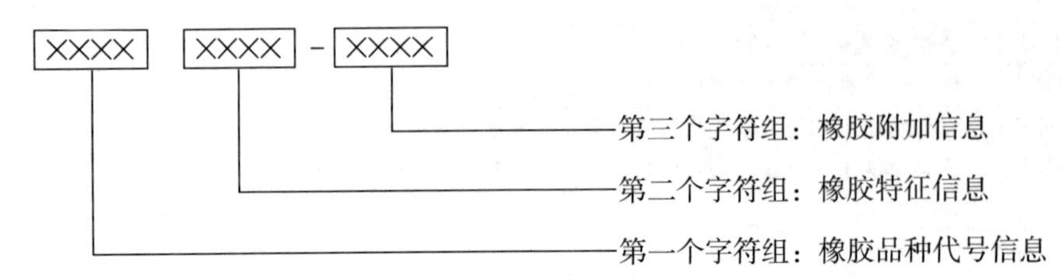

示例：

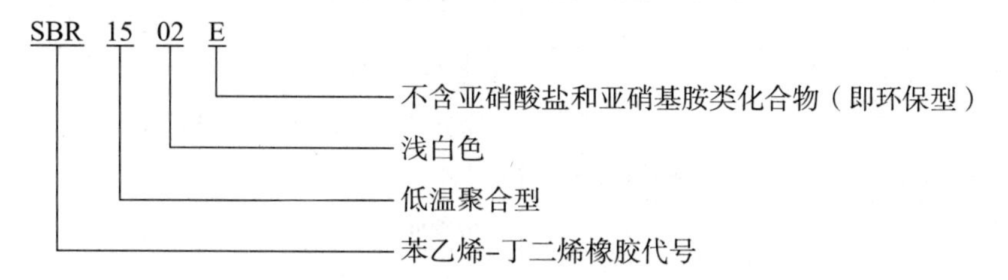

合成橡胶主要特征信息见表 1.1.3-2。

表 1.1.3-2　合成橡胶主要特征信息

橡胶代号	橡胶名称	主要特征信息
SBR	苯乙烯-丁二烯橡胶（即丁苯橡胶）	聚合温度、填充信息、松香酸皂乳化剂等，与国际合成橡胶生产者协会（IISRP）规定的系列相同 通常，SBR 1000 系列表示热聚橡胶；SBR 1500 系列表示冷聚橡胶；SBR 1600 系列表示充炭黑橡胶；SBR 1700 系列表示充油橡胶；SBR 1800 系列表示充油充炭黑橡胶
S−SBR	溶液聚合型苯乙烯-丁二烯橡胶（即溶聚丁苯橡胶）	结合苯乙烯含量、乙烯基含量、生胶门尼黏度、充油信息等
PSBR	乙烯基吡啶-苯乙烯-丁二烯橡胶（即丁苯吡橡胶）	结合苯乙烯含量、生胶门尼黏度等
SBS	苯乙烯-丁二烯嵌段共聚物	结构类型、苯乙烯与丁二烯嵌段比、充油信息等
SEBS	氢化苯乙烯-丁二烯嵌段共聚物	结构类型、苯乙烯与丁二烯嵌段比、不饱和度等
BR	丁二烯橡胶	顺式-1，4 结构含量、生胶门尼黏度、填充信息、镍系催化等，通常：90——高顺式，65——中顺式，35——低顺式
CR	氯丁二烯橡胶（即氯丁橡胶）	调节形式、结晶速度、生胶门尼黏度或旋转黏度等。 通常： 调节类型数码：1——硫调节，2——非硫调节，3——混合调节； 结晶速度数码：0——无，1——微，2——低，3——中，4——高
NBR	丙烯腈-丁二烯橡胶（即丁腈橡胶）	结合丙烯腈含量、生胶门尼黏度等
HNBR	氢化丙烯腈-丁二烯橡胶（即氢化丁腈橡胶）	不饱和度、结合丙烯腈含量、生胶门尼黏度等
XNBR	丙烯酸或甲基丙烯酸-氢化丙烯腈-丁二烯橡胶（即羧基丁腈橡胶）	结合丙烯腈含量、生胶门尼黏度等
NBR/PVC	丁腈橡胶/PVC 共沉胶	NBR 与 PVC 的比例、结合丙烯腈含量、生胶门尼黏度等
EPM	乙烯-丙烯共聚物（即二元乙丙橡胶）	乙烯含量、生胶门尼黏度等
EPDM	乙烯-丙烯-二烯烃共聚物（即三元乙丙橡胶）	第三单体类型及含量、生胶门尼黏度、充油信息等
IR	异戊二烯橡胶	顺式-1，4 结构含量、生胶门尼黏度等
IIR	异丁烯-异戊二烯橡胶（即丁基橡胶）	不饱和度、生胶门尼黏度等
CIIR	氯化异丁烯-异戊二烯橡胶（即氯化丁基橡胶）	氯元素含量、不饱和度、生胶门尼黏度等
BIIR	溴化异丁烯-异戊二烯橡胶（即溴化丁基橡胶）	溴元素含量、不饱和度、生胶门尼黏度等
MQ VMQ PMQ PVMQ NVMQ FVMQ	甲基硅橡胶 甲基乙烯基硅橡胶 甲基苯基硅橡胶 甲基乙烯基苯基硅橡胶 甲基乙烯基腈乙烯基硅橡胶 甲基乙烯基氟基硅橡胶	硫化速度、取代基类型等 通常 硫化温度数码为：1——高温硫化，3——室温硫化； 取代基数码为：0——甲基，1——乙烯基，2——苯基，3——腈乙烯，4——氟烷基
FPM FPNM AFMU	氟橡胶 含氟磷腈橡胶 羧基亚硝基氟橡胶	生胶门尼黏度、密度、特征聚合体等 对于含氟烯烃类的氟橡胶通常数码为：2——偏氟乙烯，3——三氟氯乙烯，4——四氟乙烯，6——六氯丙烯
CSM	氯磺化聚乙烯	氯含量、硫含量、生胶门尼黏度等

续表

橡胶代号	橡胶名称	主要特征信息
CO ECO GECO	聚环氧氯丙烷（即氯醚橡胶） 环氧氯丙烷-环氧乙烷共聚物（即二元氯醚橡胶、氯醇橡胶） 环氧氯丙烷-环氧乙烷-烯丙基缩水甘油醚共聚物	氯含量、生胶门尼黏度、相对密度等
T	聚硫橡胶	硫含量、平均相对分子质量等
AU EU	聚酯型聚氨酯橡胶 聚醚型聚氨酯橡胶	制品加工方式等 通常数码为：1——混炼型，2——浇注型，3——热塑型
ACM	聚丙烯酸酯	聚合类型、生胶门尼黏度、耐油耐寒型

注：多羟基化合物种类用下列数值表示：1——聚己二酸-乙二醇-丙二醇，2——聚己二酸-丁二醇，3——聚己内酯，4——聚丙二醇，5——聚四氢呋喃，6——聚四氢呋喃-环氧乙烷，7——聚四氢呋喃-环氧丙烷。

2015 年国际合成橡胶生产者协会（IISRP）针对二烯烃橡胶（丁二烯、异戊二烯的均聚物及共聚物）制定了新的命名体系，根据单体组成及聚合物结构、催化体系、门尼黏度范围及填充油类型不同，采用四位数字进行命名，各位数字所代表的含义及具体数字表征见表 1.1.3-3。

表 1.1.3-3　IISRP 对二烯烃橡胶的命名规则

数字位数	含义	数字及表征
第一位数	单体组成及聚合物结构	1：丁二烯均聚物 2：异戊二烯均聚物 3：丁二烯-异戊二烯共聚物 4：丁二烯-异戊二烯-苯乙烯共聚物
第二位数	催化体系	1：Co 系；2：Nd 系；3：Ni 系； 4：Ti 系；5：Li 系；6：其他
第三位数	门尼黏度范围	3：30～39；4：40～49；5：50～59； 6：60～69；7：70～79
第四位数	填充油类型	1：MES；2：TDAE；3：PAR； 4：DAE；5：NAPH；6：RAE； 7：S/T－RAE；0：其他/Hi－AR

例如：我国镍系顺丁橡胶 BR9000 按照 IISRP 新的命名体系命名为 1340；稀土顺丁橡胶按照 IISRP 新的命名体系命名为 1240、1250 等；锂系低顺橡胶按照 IISRP 新的命名体系命名为 1530、1540 等。

（二）各类合成橡胶结构、特点及用途[14]

各类合成橡胶的结构、特点及用途见表 1.1.3-4。

表 1.1.3-4　各类合成橡胶结构、特点及用途[2]

橡胶		分子链结构组成	优缺点	主要用途
不饱和碳链橡胶	顺式聚异戊二烯橡胶（IR）	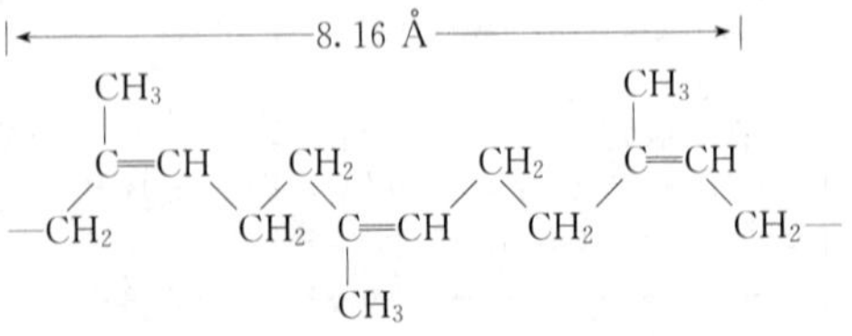 ←8.16 Å→ $-CH_2-C(CH_3)=CH-CH_2-CH_2-C(CH_3)=CH-CH_2-CH_2-C(CH_3)=CH-CH_2-$	优点：具有 NR 的大部分优点，与 NR 相比，IR 凝胶含量少，无杂质，质量均一，吸水性低，电绝缘性好；不需塑炼，未硫化胶的流动性好于 NR；不饱和度低，耐老化性能好于 NR；硫化胶回弹性与天然橡胶相同，在高温下的回弹性比天然橡胶稍高，生热及压缩永久变形、拉伸永久变形都较天然橡胶低。 缺点：成本较高；结晶能力比 NR 差，生胶强度较低，有冷流倾向，易发生降解；硫化速度较慢；与 NR 硫化胶相比，IR 硫化胶的硬度、定伸应力和拉伸强度都比较低，扯断伸长率稍高	天然橡胶的替代领域

续表

橡胶		分子链结构组成	优缺点	主要用途
不饱和碳链橡胶	反式聚异戊二烯（TPI）	α型： $—CH_2$、CH_3、$C=C$、H、$CH_2—CH_2$、CH_3、$C=C$、H、$CH_2—CH_2$、CH_3、$C=C$、H、$CH_2—$ |←0. 88 nm→| β型： $—CH_2$、CH_3、$C=C$、H、CH_2、CH_2、CH_3、$C=C$、H、$CH_2—$ |←0. 47 nm→|	杜仲胶、巴拉塔胶、古塔波胶都是反式的聚异戊二烯（TPI），人工合成高反式TPI也已实现，但是催化效率低，价格昂贵	TPI无生理毒性，可以直接在身体上模型固化，也可以捏塑成型，随体性好，轻便、卫生，可以重复使用，可作为医用夹板、绷带、矫形器件、假肢等，可以用酒精直接消毒
	顺式-1，4-聚丁二烯橡胶（BR）	|←8. 6 Å→| $—CH_2—CH=CH—CH_2—CH_2—CH=CH—CH_2—CH_2—CH=CH—CH_2—$	优点：滞后损失小、动态生热低，弹性与耐低温性能在通用橡胶中是最好的；动态下抗裂口生成性好，耐屈挠性优异，耐磨性优于NR和SBR。 缺点：BR生胶冷流性大，包辊性较差，难塑炼，黏着性差；压延压出时对温度敏感，速度不宜过快，压出时适应温度范围较窄；硫化胶拉伸强度和撕裂强度均低于天然橡胶及丁苯橡胶，耐刺穿差；与湿路面之间的摩擦系数低，抗湿滑性差；老化性欠佳，硬度随老化时间的增长比SBR快	用于轮胎、制鞋、高抗冲聚苯乙烯以及ABS树脂的改性等方面，其中轮胎制造业的需求量占总需求量的70%以上
	1，2-聚丁二烯橡胶	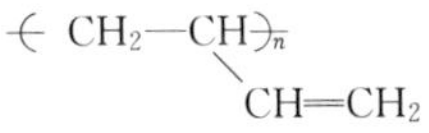 $-(CH_2—CH)_n-$，侧基 $CH=CH_2$　（占70%以上）	一般认为聚丁二烯橡胶中乙烯基含量在72%以上时，滚动阻力与湿抓着性能比普通聚丁二烯橡胶更好，更适应汽车对轮胎性能的要求	—
	丁苯橡胶（SBR）	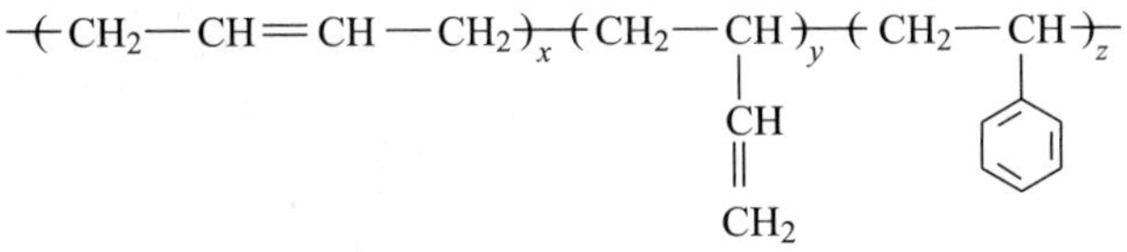 $-(CH_2—CH=CH—CH_2)_x-(CH_2—CH)_y-(CH_2—CH)_z-$ y 单元侧基：$CH=CH_2$；z 单元侧基：苯环	优点：硫化平坦性好，硫化安全；耐老化、耐热性和耐磨性比天然橡胶优良。 缺点：硫化速度慢；加工时生热大，收缩变形大，表面不光滑；弹性比天然橡胶低，滞后损失大，硫化胶生热大；黏性和自黏性差	主要用于轮胎胎面胶、胎侧胶，也广泛用于胶带、胶管、胶辊、胶布、鞋底、医疗用品等，少量用于电线电缆行业
	丁腈橡胶（NBR）	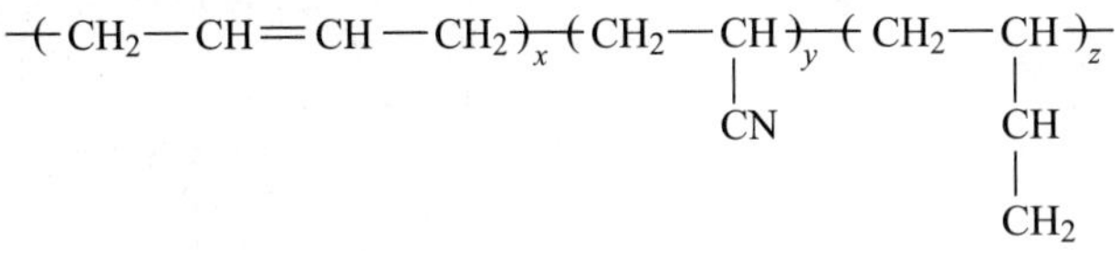 $-(CH_2—CH=CH—CH_2)_x-(CH_2—CH)_y-(CH_2—CH)_z-$ y 单元侧基：CN；z 单元侧基：$CH=CH_2$	优点：优秀的耐油、耐非极性溶剂性能；气密性好，仅次于IIR；抗静电性在通用橡胶中是独一无二的；与极性物质如PVC、酚醛树脂、锦纶的相容性好；耐热性、耐臭氧性比NR、SBR、BR好，但比EPM、EPDM、IIR、CR差。 缺点：弹性、耐寒性差	丁腈橡胶主要用作耐油制品，如耐油胶管、胶辊、各种密封件、大型油囊等，还可以作为PVC的改性剂及与PVC并用作阻燃制品，与酚醛树脂并用作结构胶黏剂，抗静电的导电橡胶制品等

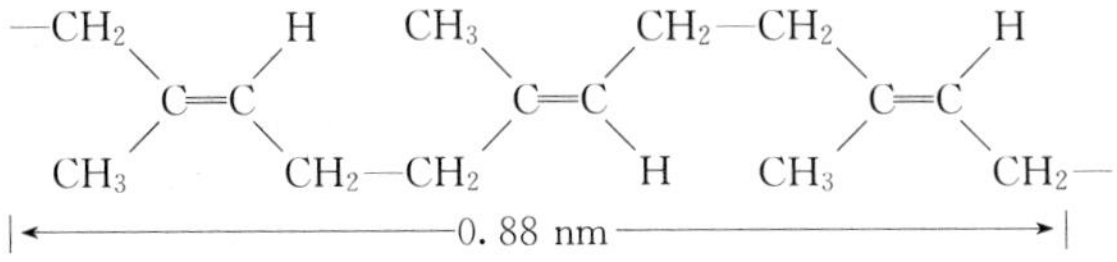

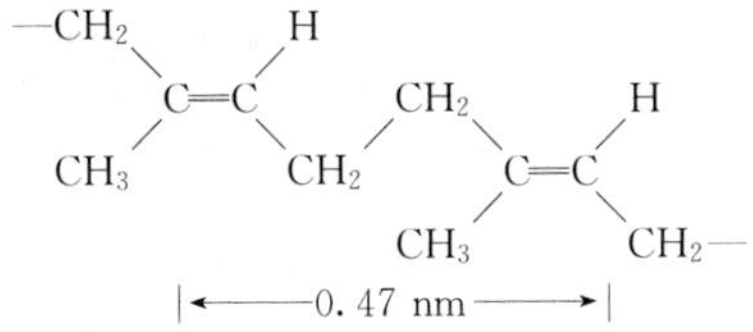

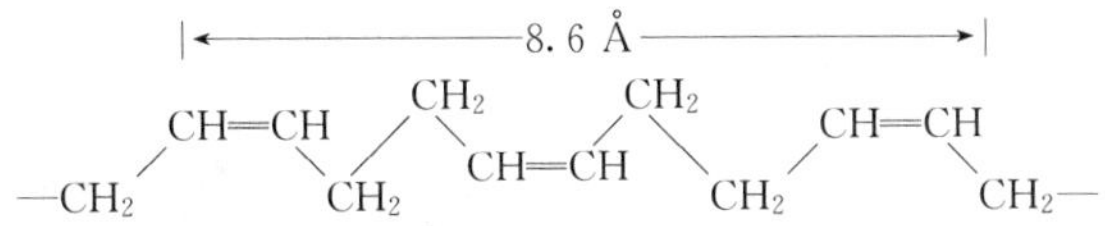

续表

橡胶		分子链结构组成	优缺点	主要用途
不饱和碳链橡胶	氯丁橡胶（CR）	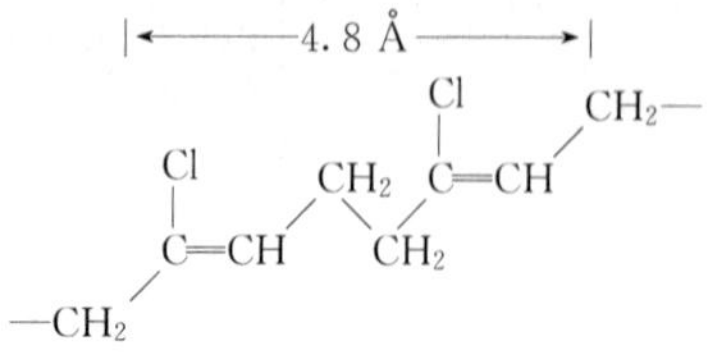 $-CH_2-C(Cl)=CH-CH_2-CH_2-C(Cl)=CH-CH_2-$（重复距离 4.8 Å）	优点：物理机械性能高、抗疲劳、耐油、耐候、耐热空气老化、耐臭氧、抗紫外线，良好的耐化学药品性能，较高的气密性，良好的耐磨性与良好的阻燃性，在宽广温度下良好的动态性能；具有较好的自黏性和互黏性。 缺点：储存稳定性差；硫黄调节型可塑解，硫化快，易焦烧；非硫黄调节型不可塑解，硫化慢；较差的低温性能；电绝缘性能差；相对密度较大，混炼容量应适当减小	广泛地应用于暴露在空气中，且需耐油、高力学性能、曲挠性能好的橡胶制品，如：如汽车、家电、模压制品及其他工业制品等领域，包括增强型胶管、胶辊、皮带（传动带和输送带）、防尘罩、波纹管、空气弹簧、减震器、低压电缆的护套和绝缘层、海绵橡胶（包括开孔和闭孔海绵橡胶）、防腐衬里、汽车雨刷条以及布上涂胶和鞋靴等
饱和碳链橡胶	氢化丁腈橡胶（HNBR）	$\lbrace CH_2-CH=CH-CH_2 \rbrace_{L'} \lbrace CH_2-CH_2-CH_2-CH_2 \rbrace_{L''}$ $\lbrace CH_2-CH(CH_2-CH_3) \rbrace_m \lbrace CH_2-CH(CN) \rbrace_n$	优点：优异的耐油、耐热性能；优异的物理机械性能，并在高温下有良好的保持率；优异的耐化学介质性能；优异的低温性能；优良的耐臭氧性能，抗高温辐射性能以及耐热水性；在宽广温度下具有良好的动态性能等。 缺点：价格昂贵	特别适于汽车、航空航天、油田及其他工业制造部门要求耐高温耐油的各种高性能关键橡胶制品
	丁基橡胶（IIR）	$\lbrace C(CH_3)_2-CH_2 \rbrace_x \lbrace CH_2-C(CH_3)=CH-CH_2 \rbrace_n$（0.6%～3.0%）	优点：在通用橡胶中的气密性是最好的；具有优良的化学稳定性、耐水性、高绝缘性，耐热性、耐候性好，耐酸碱、耐腐蚀，这些性能在通用橡胶中仅略逊于 EPDM；为结晶自补强橡胶，拉伸强度较高。 缺点：IIR 硫化胶的弹性在通用橡胶中是最低的；IIR 比不饱和橡胶难以硫化、自黏性及与其他橡胶的互黏性差、配合剂溶解度低、包辊性不好，且不能用过氧化物硫化、一般炭黑对它的补强性差、与一般二烯类橡胶的相容性差、对设备的清洁度要求高；IIR 不易塑炼，压延压出比天然橡胶困难得多，需防止焦烧；厚制品硫化时应注意丁基橡胶的传热速度比天然橡胶慢	丁基橡胶在内胎、水胎、硫化胶囊、气密层、胎侧、电线电缆、防水建材、减震材料、药用瓶塞、食品（口香糖基料）、橡胶水坝、防毒用具、黏合剂、内胎气门芯、防腐蚀制品、码头船舶护舷、桥梁支撑垫以及耐热运输带等方面具有广泛的用途

续表

橡胶		分子链结构组成	优缺点	主要用途
饱和碳链橡胶	乙丙橡胶（EPM与EPDM）	二元乙丙胶 EPM： 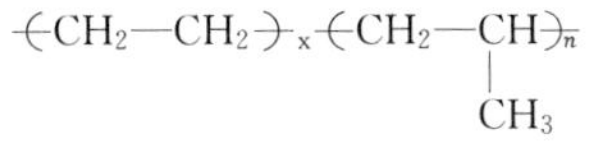 $-(CH_2-CH_2)_x-(CH_2-CH(CH_3))_n-$ 三元乙丙胶 EPDM： 1，4-己二烯型三元乙丙橡胶（HD—EPDM）： 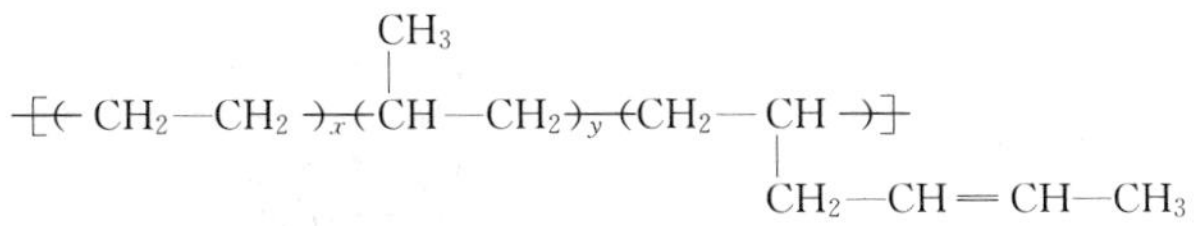 $-[(CH_2-CH_2)_x-(CH(CH_3)-CH_2)_y-(CH_2-CH(CH_2-CH=CH-CH_3))]-$ 双环戊二烯型三元乙丙橡胶（DCPD—EPDM）： 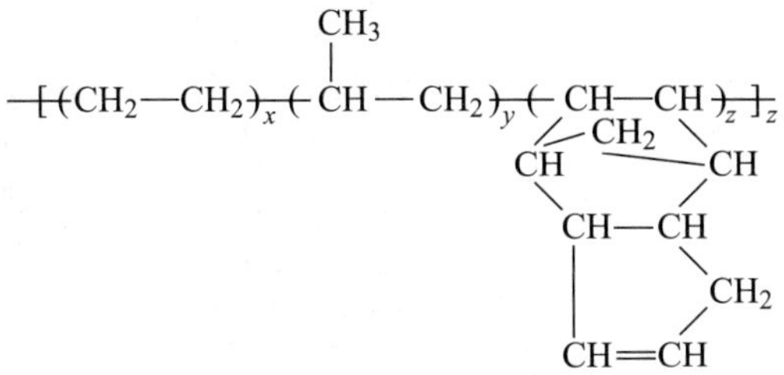 $-[(CH_2-CH_2)_x-(CH(CH_3)-CH_2)_y-(CH-CH)_z]_z-$ （环：CH、CH_2、CH、CH—CH、CH_2、CH=CH） 1，1-亚乙基降冰片烯型三元乙丙橡胶（ENB—EPDM）： 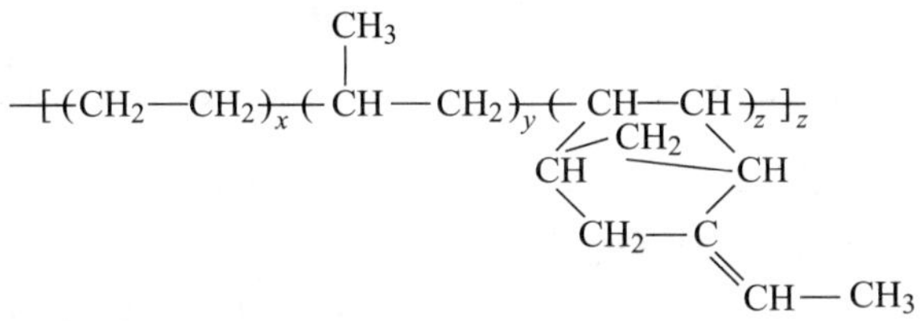 $-[(CH_2-CH_2)_x-(CH(CH_3)-CH_2)_y-(CH-CH)_z]_z-$ （环：CH、CH_2、CH、CH_2—C、=CH—CH_3）	优点：饱和的非极性橡胶，耐热、耐老化、耐臭氧、耐候、耐化学品（非极性溶剂除外）和电绝缘性能良好；对气体具有良好的不渗透性；密度是所有橡胶中最小的，填料和增塑剂的填充量大。 缺点：乙丙橡胶的自黏性及与其他材料的黏着性均不好；不建议用于与食品接触用途	广泛应用于非轮胎橡胶制品，包括汽车（密封条、散热器水管、刹车件、减震件等）、建筑（密封条、防水卷材、饮用水密封件、铁路和轨道交通用轨枕垫和伸缩缝）、工业橡胶制品（家用电器密封件、胶管、V带、胶辊）、电线电缆、塑料改性（TPO、动态硫化热塑性弹性体TPV）、轮胎和内胎、润滑油改性等，如用于高温水蒸气环境之密封件；卫浴设备密封件或零件；制动（刹车）系统中的橡胶零件；散热器（汽车水箱）中的密封件等
	氯化聚乙烯橡胶（CM）	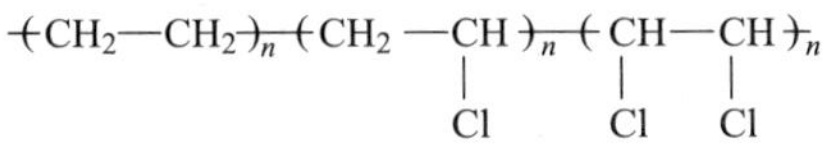 $-(CH_2-CH_2)_n-(CH_2-CH(Cl))_n-(CH(Cl)-CH(Cl))_n-$	优点：具有优良的耐油、耐热、耐臭氧、耐候性、着色稳定性和难燃自熄性，保持了聚乙烯的化学稳定性和良好的电性能。 缺点：较难硫化。因硫化程度有限，其拉伸强度、撕裂强度、耐磨性较差	主要用于制造电线电缆护套、胶管内外层胶等，也是PVC的重要改性剂
	氯磺化聚乙烯橡胶（CSM）	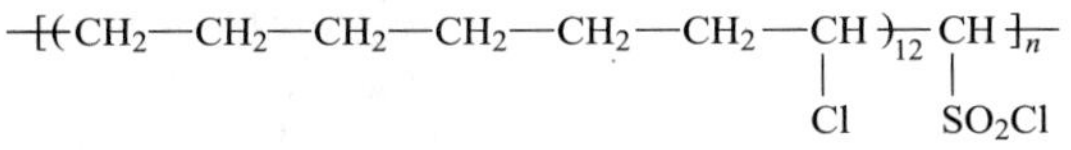 $-[(CH_2-CH_2-CH_2-CH_2-CH_2-CH_2-CH(Cl))_{12}-CH(SO_2Cl)]_n-$	优点：具有优异的耐臭氧性、耐候性、耐热性、难燃性、耐水性、耐化学药品性、耐油性、耐磨性、不变色性等；耐热性好，连续使用温度120～140℃，间歇使用温度可达140～160℃；硫化胶的介电性能优良。 缺点：耐低温性差；溶于芳香烃及卤代烃	CSM广泛应用于橡胶制品、耐腐蚀涂料、耐腐蚀衬里，各种发动机专用电缆、矿用电缆、船用电缆的绝缘层等
	聚丙烯酸酯橡胶（ACM）	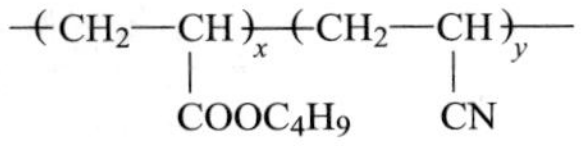 $-(CH_2-CH(COOC_4H_9))_x-(CH_2-CH(CN))_y-$	优点：耐热性能仅次于硅橡胶和氟橡胶；优异的耐油性能；对多种气体具有耐透过性。 缺点：耐水性、耐寒性差；加工性能稍差，不安全，硫化工艺有锈蚀模型的缺点	车用橡胶品种

续表

橡胶		分子链结构组成	优缺点	主要用途
饱和碳链橡胶	氟橡胶（FPM/FKM）	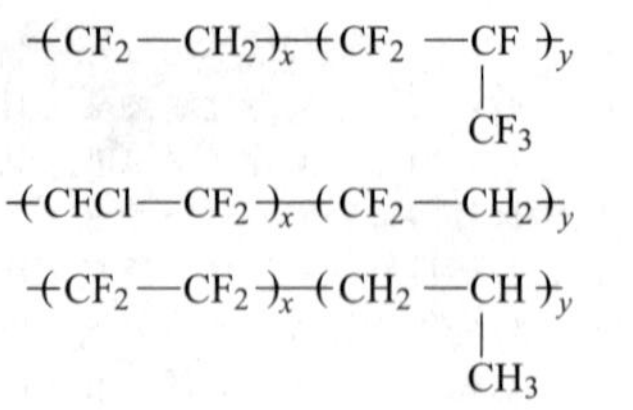 $\left(CF_2-CH_2\right)_x\left(CF_2-\underset{CF_3}{\underset{\mid}{CF}}\right)_y$　(Viton A) $\left(CFCl-CF_2\right)_x\left(CF_2-CH_2\right)_y$　(Kel-F) $\left(CF_2-CF_2\right)_x\left(CH_2-\underset{CH_3}{\underset{\mid}{CH}}\right)_y$　(Aflas)	优点：具有优异的耐老化、耐候、耐臭氧、耐中等剂量辐射、耐过热水与蒸汽、耐燃性、气透性能较低、耐高真空性能、压缩永久变形等性能，并有优良的物理机械性能和电性能；耐高温性能优异，氟橡胶的耐高温性能在橡胶中是最好的，250℃下可以长期工作，320℃下可以短期工作；耐油性能优异，其耐油性能在橡胶材料中也是最好的；耐化学药品及腐蚀介质性能优异，氟橡胶耐化学药品及腐蚀介质性能在橡胶中也是最好的，可耐王水的腐蚀。 缺点：弹性较差；其耐低温性能差，耐水等极性物质性能差，加工性差，价格昂贵	广泛应用于汽车和石油化工等领域，在汽车上主要应用在加油口管、燃油胶管、加油口盖密封、燃油泵密封、燃油喷射器“O”形圈、氧传感器衬套、曲轴油封、阀杆油封、汽缸垫片、进气歧管密封、涡轮增压管、动力电池盖板的密封等处
杂链橡胶	聚氨酯橡胶	聚酯型（AU）： 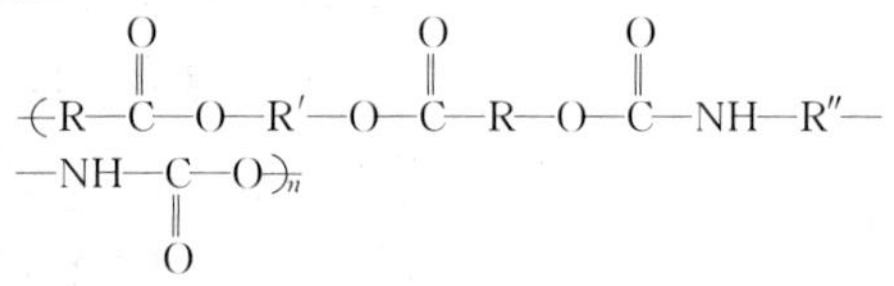 $\left(R-\overset{O}{\overset{\|}{C}}-O-R'-O-\overset{O}{\overset{\|}{C}}-R-O-\overset{O}{\overset{\|}{C}}-NH-R''-NH-\underset{O}{\underset{\|}{C}}-O\right)_n$ 聚醚型（EU）： 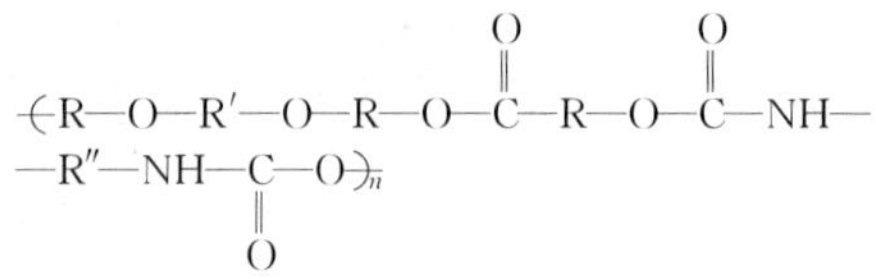 $\left(R-O-R'-O-R-O-\overset{O}{\overset{\|}{C}}-R-O-\overset{O}{\overset{\|}{C}}-NH-R''-NH-\underset{O}{\underset{\|}{C}}-O\right)_n$	优点：可在较宽的硬度范围具有较高的弹性及强度、优异的耐磨性、耐油性、耐疲劳性及抗震动性，具有“耐磨橡胶”之称。 AU机械强度更高；耐热老化性、耐臭氧性、耐化学药品性好；但耐寒性不如聚醚类聚氨酯弹性体。 EU制品硬度范围宽；物理机械性能特别是拉伸强度、耐磨性好，但稍逊于聚酯类聚氨酯弹性体；耐热老化性、耐臭氧性、耐化学药品性优良；但耐热水性差	AU主要用来制作鞋底和后跟、运动鞋、实心轮胎、输送带、输送管道、胶辊、筛板和滤网、轴衬和轴套、泵和叶轮包覆层、汽车防尘罩、电缆护套、传动带、薄壁制品、膜制品、垫圈、油封、曲杆泵衬里、泥浆泵活塞，还可用于坦克履带板挂胶以及海绵泡沫制品等。 EU主要用于汽车部件，特别是缓冲器等大型部件，以及电气制品、土木建筑行业，泡沫制品等
	聚醚橡胶	均聚氯醚橡胶（CO）： 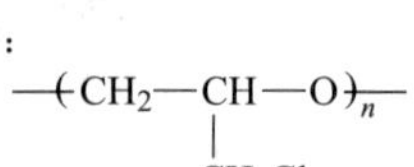 $\left(CH_2-\underset{CH_2Cl}{\underset{\mid}{CH}}-O\right)_n$ 共聚氯醚橡胶（ECO）： 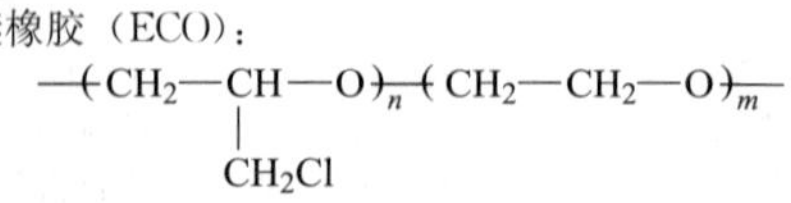 $\left(CH_2-\underset{CH_2Cl}{\underset{\mid}{CH}}-O\right)_n\left(CH_2-CH_2-O\right)_m$ 二元不饱和型氯醚橡胶（GCO）： 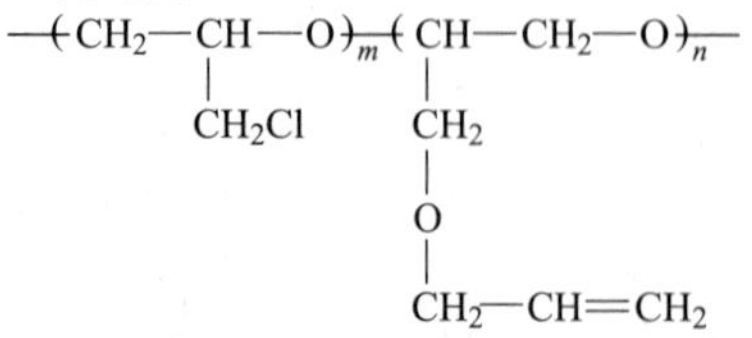 $\left(CH_2-\underset{CH_2Cl}{\underset{\mid}{CH}}-O\right)_m\left(\underset{CH_2-O-CH_2-CH=CH_2}{\underset{\mid}{CH}}-CH_2-O\right)_n$ 三元不饱和型氯醚橡胶（GCO）： 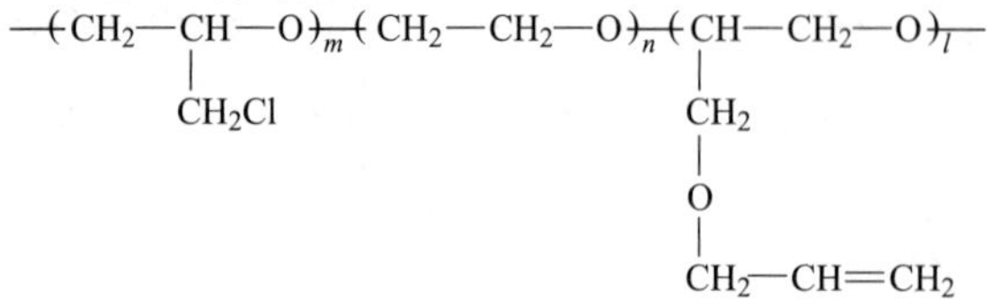 $\left(CH_2-\underset{CH_2Cl}{\underset{\mid}{CH}}-O\right)_m\left(CH_2-CH_2-O\right)_n\left(\underset{CH_2-O-CH_2-CH=CH_2}{\underset{\mid}{CH}}-CH_2-O\right)_l$	优点：耐热性能与氯磺化聚乙烯相当，介于聚丙烯酸酯橡胶与中高丙烯腈含量的丁腈橡胶之间，优于天然橡胶，热老化后变软；氯醇橡胶与某一丙烯腈含量的丁腈橡胶耐油性相当时，其耐寒性好于该丁腈橡胶，脆性温度可降低20℃；耐臭氧老化性能介于二烯类橡胶与烯烃橡胶之间；氯醚橡胶的气密性是IIR的3倍，特别耐制冷剂氟利昂；耐水性氯醚橡胶与丁腈橡胶相当，氯醇橡胶介于聚丙烯酸酯橡胶与丁腈橡胶之间；导电性氯醚橡胶与丁腈橡胶相当或略大，氯醇橡胶比丁腈橡胶大两个数量级；黏着性与氯丁橡胶相当	主要用作汽车、飞机及各种机械的配件，如垫圈、密封圈、“O”形圈、隔膜等，也可用作耐油胶管、燃料胶管、包装材料、印刷胶辊、胶板、衬里、充气制品等

续表

橡胶		分子链结构组成	优缺点	主要用途
杂链橡胶	聚硫橡胶（T）	Thiokol FF： $\left(CH_2CH_2SSCH_2CH_2OCH_2OCH_2CH_2SS \right)_m$	优点：分子链饱和，在主链中含有硫原子，因而耐油性、耐溶剂性、耐候性、耐臭氧性优良，具有低透气性、低温屈挠性和对其他材料的黏结性。 缺点：加工性能和物理机械性能欠佳	Thiokol A 主要用于大型汽油罐的衬里、耐油胶管，也用作硫黄水泥和耐酸砖的增韧剂以及路标漆等。聚硫橡胶 T2000 可配制不干性腻子和各种耐油胶管，也可与丁腈橡胶并用以改善丁腈橡胶的耐油性和低温屈挠性。Thiokol FA 可配制不干性腻子和制造印刷胶辊、耐油胶管等耐油制品。Thiokol ST 则用作飞机油箱衬里，铆钉、螺钉连接处的密封，各种耐油密封圈及其他模压制品
元素有机高聚物	硅橡胶	加热硫化硅橡胶 Q： 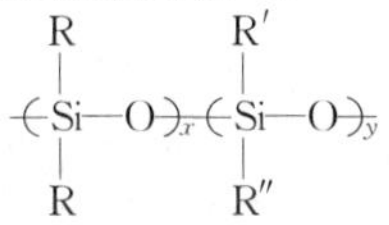 $\left(\underset{R}{\overset{R}{\mid}}\!\!Si-O \right)_x \left(\underset{R''}{\overset{R'}{\mid}}\!\!Si-O \right)_y$（Si 上取代基为 R、R 及 R′、R″） R、R′、R″：全为$-CH_3$　　（称 MQ） R、R′：$-CH_3$；R″：$-CH{=}CH_2$　　（称 MVQ） R：$-CH_3$；R′：$-CH_3$ 或$-CH{=}CH_2$ R″：$-C_6H_5$（苯基）　　（称 MPVQ） 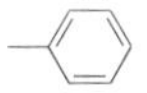 室温硫化硅橡胶 RTV： 缩合型： 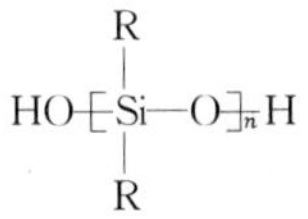 $HO\left[Si(R)_2-O \right]_n H$ 加成型： 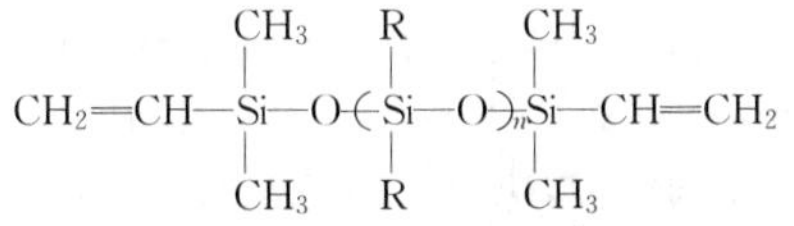 $CH_2{=}CH-Si(CH_3)_2-O\left(Si(R)_2-O \right)_m Si(CH_3)_2-CH{=}CH_2$ R：$-CH_3$ 或$-CH{=}CH_2$	优点：耐高温、低温性能好，使用温度范围$-100\sim300$℃，高温性能与氟橡胶相当，工作范围广，耐低温性能在所有橡胶材料中是最好的；优异的耐臭氧老化、热氧老化和天候老化性能；优异的电绝缘性能；具有优良的生理惰性和生理老化性；表面张力低，对绝大多数材料都不黏，可起隔离作用；具有低吸湿性，长期浸于水中物理性能不下降，防霉性能良好；有适当的透气性，对气体渗透具有选择性。 缺点：拉伸强度和撕裂强度在所有的橡胶材料中是最低的，且价格昂贵	硅橡胶应用广泛，可用作高级绝缘制品，植入体内的医学橡胶制品，保鲜材料等，如家电行业中用作电热壶、电熨斗、微波炉等的橡胶零件，电子行业中用作手机按键、DVD 内的减震垫、电缆线接头内的密封件等，食品卫生领域用作水壶、饮水机的密封件等

1．主链的化学组成及化学键

主链（包括侧链）含 C═C 者，可使用硫黄硫化。

虽然 C—C 键能（264 $kJ\cdot mol^{-1}$）小于 C═C 键能（418 $kJ\cdot mol^{-1}$），但前者远没有后者那么大的化学活性，饱和碳链橡胶具有比不饱和碳链橡胶无法比拟的耐老化（耐天候、耐 O_3、耐热、耐氧化）性能与耐化学腐蚀性（耐酸、碱、强氧化剂）。杂链饱和橡胶耐老化性能同饱和碳链橡胶不相上下，但含有醚基者因—C—O—容易受 O_2 攻击断裂，耐热空气老化较差。大气中的微量 O_3，可使含 C═C 的主链断裂急剧龟裂，但含醚基或硫醚基的主链几乎不发生龟裂。

一般来说，不饱和碳链橡胶由于含有刚性的双键（C═C），隔开了相邻原子 C—C 内旋转的干扰，降低了分子内旋转的位垒，从而使不饱和碳链橡胶的耐寒性、弹性都比取代基性质相同的饱和橡胶好，如 NR 比 EPDM 玻璃化温度低、弹性好。主链含有大量—Si—O—、—C—N—、—C—O—时，在 C、Si 原子上的$-CH_3$ 或－H 的内旋转活化能比之—C—C—上的要低约 2 倍，如$-CH_3$ 前者为 5.44 $kJ\cdot mol^{-1}$，后者为 18.83 $kJ\cdot mol^{-1}$，因此，杂链橡胶、元素有机高聚物一般都具有较好的耐寒性，比含同类侧基的饱和碳链橡胶（M 类）要好，甚至比含同类侧基的不饱和碳链橡胶（R 类）要好。杂链橡胶不但比含同类侧基的 M、R 类橡胶更耐寒，也更耐热（FKM 除外），如硅橡胶的 T_g 为-80℃，耐热为 250℃；氯醚橡胶 CO 的 T_g 为-26℃，耐热性优于 NBR 和 CR。氟橡胶（偏氟乙烯-六氟丙烯）主链上引入全氟烷基乙烯基醚链节（氟醚橡胶）与 C—O 单键，柔顺性提高（内旋转位垒比 C—C 低），这是由于含醚基团取代$-CF_2$，降低了分子间力，使低温柔顺性得到改进。

杂链橡胶主链中含有O、N、S、P之类元素，耐油性也会获得较大改进。

杂链橡胶中的AU、EU，主链含有酯基或醚基，又含有氨基甲酸酯基或苯（萘）核、脲基，这两类基团往往有序交替排列（嵌段），前者视作柔性链段，使大分子易于内旋转，从而有较好的耐寒性；后者视作刚性链段，加上内聚能高，如—CH_3（2.85 kJ·mol^{-1}）、—O—（36.57 kJ·mol^{-1}）、—C(=O)—O—（12.13 kJ·mol^{-1}）、—⟨苯环⟩—（16.32 kJ·mol^{-1}）、—NH—C(=O)—（35.56 kJ·mol^{-1}）、—NH—C(=O)—O—（36.57 kJ·mol^{-1}），使橡胶具有很高的拉伸强度（可达28～42 MPa）与耐磨性，但在使用过程中生热量大。AU与EU的分子间存在氢键，是其拉伸强度高的另一个原因，吸水后的拉伸强度降低，正是水使AU、EU分子间氢键减弱之故。为了改进MQ的拉伸强度（不足10 MPa）的缺点，在主链上嵌入四甲基-对-硅苯基-硅氧烷（—O—Si$(CH_3)_2$—⟨苯环⟩—Si$(CH_3)_2$—）使主链带刚性链段，增大分子间作用力，可得到较高的拉伸强度（19 MPa）。

饱和碳链橡胶与不饱和碳链橡胶并用时，较难调整硫化系统达到同步硫化以及界面共硫化，并用胶的物理机械性能难以理想；当饱和碳链橡胶侧基含有卤素取代基时，与不饱和碳链橡胶的并用性能可以得到改善。

黏度反映分子间作用力的大小。凡增大分子链刚性及分子间作用力的主链化学结构诸因素都增大黏度。通过共聚、端基中止之类方法变动大分子主链组成使极性增大时，T_g增大，零切变黏度η_0急剧增大，临界剪切速率（表征流体从牛顿流体转变为非牛顿流体）γ_c移向更低值，粘流活化能E_γ增大，预示黏度对温度的变化更加敏感。

2. 取代基

橡胶大分子主链上的取代基对主链的柔顺性、分子间作用力等方面有重要影响，有时比主链的化学组成、化学键类型还重要，赋予橡胶具有特殊的性能。

—Cl（14.22 kJ·mol^{-1}）、—CN、—F（8.62 kJ·mol^{-1}）、—SO_2Cl、═O等均为极性取代基，—H（5.44 kJ·mol^{-1}）、—CH_3（7.45 kJ·mol^{-1}）、—C_2H_5、—⟨苯环⟩等均为非极性取代基。大分子链带有极性取代基的橡胶，常称为极性橡胶，具有好的耐油性与耐非极性溶剂性能，对金属具有强的黏结强度，且导电性好。由于分子间作用力比相应的非极性橡胶大，其一方面，耐气透、耐热性好；另一方面，动态生热大，耐寒性与回弹性差。由于极性取代基的引入，使流动活化能E_γ及零切变黏度η_0增大，加工时需严格控制温度。

含有—F、—Cl、—Br卤素取代基的橡胶，具有好的阻燃性及耐延燃性，还可改进与金属、纤维的黏结，可用胺类、硫脲类、金属氧化物等来硫化。饱和碳链橡胶即使含有少量此类取代基，也可改进与不饱和碳链橡胶的互黏性及并用胶性能，因此常用含卤素取代基的橡胶作饱和碳链橡胶与不饱和碳链橡胶的过渡层使两者相互黏合。对主链含—C—O—的杂链橡胶如CO、ECO，引入含—CH_2Cl的取代基可改进耐水性，提高耐气透性。

主链上的C═C称为内双键，悬挂侧基—CH═CH_2（SBR、NBR、BR、CR及1，2－PBD均带此类基团）称为外双键，外双键与O_2的反应比内双键慢许多。但在无O_2时受热，则内双键反应弱；外双键相互作用，形成的键合使大分子联结成凝胶，变硬（老化时外双键也使SBR、NBR等变硬）。如3，4－异戊橡胶中3，4－结构含量超过75%时，主链活动性降低，饱和度提高，耐O_3性能大大改进。外双键的存在也使滞后损失增大，可以改进橡胶制品对路面的抓着和抗湿滑性能。饱和橡胶合成时引入形成外双键的单体，大多能采用硫黄硫化体系硫化，有助于与不饱和橡胶并用取得同步硫化。如MQ与MVQ相比，引入少量的CH═CH_2，硫化活性和交联效率得到改进，高温压缩永久变形降低。

以NBR为例，丙烯腈含量增多，分子的极性增大，分子间作用力增大，取代基间距缩短，使分子链柔顺性进一步下降，耐寒性与弹性变差，耐油性与耐气透性提高。丁苯橡胶中的结合苯乙烯量的增大，也有类似的影响。氯化聚乙烯中随着Cl含量的增大，氯化聚乙烯从塑料CPE转变为橡胶CM，随后又转变为皮革态的树脂。从耐油性情况看，FKM>CR>CSM，也体现了取代基数量的效应。

IIR的—CH_3多（且不在同一平面上交替排列），弹性远不及NR，但耐气透性则很好。NR环氧化且环氧化程度高时（如ENR－50、ENR－75），耐气透性便可同IIR媲美。FKM不仅有强极性的—F，且数量多，从而具有其他橡胶不可比的耐油性，于真空状态下（如高空中）的耐热性、耐腐蚀性、耐气透性（尤其是高温时的耐气透性）极好。

—CN、Cl均为吸电子基团，但NBR的—CN不在双键碳原子上，而CR的—Cl则在双键碳原子上，—Cl一方面降低了双键的化学活性，同时也使外界因素对双键的攻击强度减弱（屏蔽作用），因此CR具有不饱和碳链橡胶中最优的耐天候性。NR双键碳原子上带有推电子的—CH_3，提高了双键的化学活性，使NR双键更易受O_2、O_3的攻击而发生断链。

对比SBR、NR、BR，SBR中的—⟨苯环⟩体积大，增大了分子链段运动的空间位阻，使大分子链段活动困难，T_g升高，且动态生热大。NR与BR双键碳原子上的取代基分别为—CH_3和—H，内聚能密度—CH_3>—H，体积—CH_3>—H，BR的T_g为－105℃，NR的T_g为－70℃，弹性与耐寒性BR>NR。此外，主链同一原子上的取代基体积相近时，有利于结晶。

3. 大分子链的立体结构

无规、间同、全同结构以及共聚物中各单体单元链节长度及其排列，均对橡胶性能有重大影响。

NR、IR、BR的结构规整（97%以上为顺式1，4结构），CR大部分规整（81%～86%为反式1，4结构），都能在适当温度范围内，或在应力作用下结晶，有自补强作用，MQ、CSM、AU、EU等也有此种倾向。

SBR、NBR既有顺式1，4结构，又有反式1，4以及1，2结构，还间有苯乙烯或丙烯腈单体单元，这些单元在主链中的排列位置毫无规则，不具备立体结构的规整性，不会结晶，需要用炭黑等补强剂补强才具有使用价值。

IIR 由于—CH_3 多且互相排斥，主链碳原子不在同一平面上，只能螺旋盘绕，结构不规整，冷冻时不结晶。但在拉伸达 500%时，主链因伸长展开成规整结构而结晶，此时具有自补强性。

从等同周期的长度看，BR（8.6Å）>NR（8.16Å）>GP（古塔波胶）（4.8Å），低温结晶的难易程度与此顺序相反。GP 为热塑性弹性体，常温下表现为塑料；NR 的最快结晶温度为−26℃，而 BR 则在−30℃时才能结晶。

总之，拉伸结晶使橡胶具有较高的拉伸强度（定向也有类似作用）。但是，冷冻结晶使橡胶部分丧失弹性，使用的温度下限升高，耐寒性相应削弱。

破坏链的规整性使之不结晶，可以使部分塑料转作橡胶使用。如，乙烯/丙烯以适当比例共聚得到 EPM，或者 PE 改性得到 CM、CSM 等。MQ 的 T_g 为−120℃，在−60℃时结晶，若以—C_6H_5 部分取代—CH_3，结晶温度下降至−90℃，从而获得耐寒性最优的 MPVQ。ECO 比 CO 耐寒，也是同样的道理。

回弹、耐寒性、生热，1，4 结构比 1，2 结构好，顺式 1，4 结构又比反式 1，4 结构稍好些，如前所述，高、中 1，2 结构的聚丁二烯表现出较好的对路面的抓着力和抗湿滑性能。图 1.1.3－1 说明了聚丁二烯橡胶中顺式 1，4 结构、反式 1，4 结构与 1，2 结构同拉伸强度的关系。

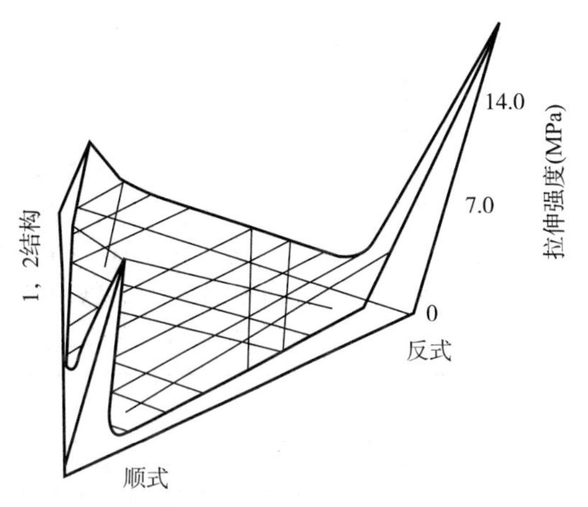

图 1.1.3－1　聚丁二烯纯胶硫化胶在 25℃时的拉伸强度

另外，SBR 中的丁二烯单元其 1，2 结构分别占 18%～22%、26%～33%、57%～80%时的 T_g 分别为−57℃、−46℃、−27℃；结合苯乙烯比例增大，则 $\tan\delta$ 增大。对于聚丁二烯，1，2 结构含量增加，0℃的 $\tan\delta$ 增大改善轮胎胎面抗湿滑性；而 50℃的 $\tan\delta$ 同 1，2 结构占 50%者相比变化甚少，不会使轮胎滚动阻力增大。

4. 分子量与分子量分布

调节分子量与分子量分布（MWD）是控制橡胶性能的一种方法。分子量达到一定值后，大分子才体现出橡胶特有的高弹性。分子量大者，黏度高，构象增多，主链柔软而富有弹性，高弹态温度范围相应扩大。如，聚硅氧烷，分子量为 10^5～10^6 才为橡胶，低于此则为硅油、树脂。就同种橡胶而言，拉伸强度随分子量增大而增大，并逐渐趋向相对稳定值。分子量的增大，也减少了有损橡胶性能的“末端效应”，表现为：弹性增大，滞后降低，疲劳生热与磨耗减小。如，高分子量的 SBR 比低分子量的耐磨耗高约 23%。特别是，分子量大而分子量分布窄时，拉伸强度大，生热小。数均分子量为低滞后橡胶的关键参数，增大数均分子量可降低轮胎胎面的滚动阻力。

一般来说，分子量增大使加工流动性变差，使临界剪切速率 γ_c 减小，在更低的剪切速率下开始出现非牛顿流动；同时，使零切变黏度 η_0 增大，有利于获得挤出过程中需要的“挺性”。

在平均分子量相近时（如门尼黏度相近时），拓宽分子量分布，不但使 η_0 增大，又使 γ_c 减小，更明显地体现出流体的非牛顿行为，黏度 η_s 随剪切速率 γ 增大而下降的程度加剧，可以获得更好的挤出流动性，但是，挤出膨胀必然相应增大。此外，MWD 的拓宽，不利于缓解熔体断裂，有损于挤出的表面光滑，不利于提高挤出速度。总体来说，大分子分布曲线的高分子量端对橡胶的流动行为起关键性的作用。

就相近平均分子量而言，线型与支化大分子的流变行为也不相同。支化链分子尚未形成纠结时，支化有利于改进流动性；但支化分子链大到足以形成纠结之后，支化有助于改善挤出挺性，也有利于中、高剪切速率加工时（如压延、挤出）有比线型大分子更好的流动性。星型（双峰分布）的 Br－IIR（门尼黏度 38）比线型（单峰分布）Br－IIR（门尼黏度 46）的生胶强度高、松弛快，压出膨胀减少 50%。中乙烯基的聚丁二烯，星型比线型的 η_0 高，η_s 随 γ 的变化大。预交联型 CR，增大了凝胶组分的交联密度，降低挤出时的黏度，减小挤出膨胀，改进了表面光洁度。负离子聚合法（锡偶联）合成的星型橡胶同线型者相比，0℃的 $\tan\delta$ 大，轮胎抗湿滑性能好；50℃的 $\tan\delta$ 小，滚动阻力小。

3.1.2　合成橡胶的应用领域

合成橡胶与合成树脂、合成纤维并列为三大合成高分子材料，在国民经济中起着极为重要的作用。它不仅为人们提供日常生活不可或缺的日用、医用等轻工橡胶产品，而且向采掘、交通、建筑、机械、电子等重工业和新兴产业的生产设备提供各种橡胶制品或橡胶部件。

早期合成橡胶的研发主要是为了替代天然橡胶。今天，合成橡胶产量早已超越天然橡胶。合成橡胶与天然橡胶在价格/性能比方面存在着相互制约、相互促进的关系，社会变革、自然条件和战争也都是影响合成橡胶与天然橡胶相对发展速度的因素。

（一）汽车工业

汽车工业是国民经济的主要支柱产业，50%左右的合成橡胶用于制造汽车橡胶制品，某些通用合成橡胶的这个比例甚至达到 70%。每个汽车轮胎的耗胶量，小则 3～5 kg，巨型工程轮胎可达 150 kg 以上。2000 年，在全世界范围内，有 500 万 t 合成橡胶和 400 万 t 天然橡胶制造了大约 12 亿个轮胎；2015 年，该数据达到 17.87 亿个，所用橡胶量也相应提高。作为汽车主要部件的轮胎，从一个侧面反映出合成橡胶工业的生产技术水平，而一代又一代的环保节能型与高性能轮胎则推动着汽车工业的现代化发展。表 1.1.3－5 是 1980—2015 年汽车产量与合成橡胶消费量大体上同步增长的情况。

表 1.1.3-5 1980—2015 年世界汽车产量与合成橡胶消费量[2][4]

年份	汽车产量/万辆	合成橡胶消费量/万 t	单位汽车表观耗胶系数
1980	3 851	869	0.225
1985	4 481	900	0.201
1990	4 835	997	0.206
1995	4 984	950	0.190
1997	5 230	1 011	0.193
2000	5 754	1 079	0.187
2005	6 597.1	1 187	0.179
2010	7 785.7	1 384.5	0.177
2015	9 078.1	1 456.4	0.160

汽车用非轮胎橡胶制品包括胶管、胶带、密封减震构件、防尘罩、挡泥板等，占汽车用橡胶总量的 30%～40%。每辆汽车用的橡胶配件有 300～500 种，质量可达数十千克，其产值占汽车部件总产值的 6%左右。这些橡胶制品对耐热、耐油、耐老化以及表观等性能的要求越来越高。从整个历史趋势看，合成橡胶的使用总量随汽车产量增大而提高，而合成橡胶的高性能化以及汽车的轻量化，则使单位汽车的平均耗胶系数有所下降。

非轮胎汽车橡胶制品使用材料的趋势见表 1.1.3-6。

表 1.1.3-6 非轮胎汽车橡胶制品使用材料的趋势

制品	汽车系统	名称	通行的材料	要求	新材料	趋势
胶管	发动机	燃油胶管	FKM/ECO/GECO	—	—	降成本
		排气污染控制胶管	NBR/CR，ECO，ACM	—	—	—
		空气输送管	NBR+PVC	耐热	TPO，ACM	耐热
		水管（散热器等）	EPDM（聚酯增强）	耐热	EPDM	
	车体	燃油胶管	NBR/CR	低渗透性	FKM/ECO/ECO、锦纶	低渗透性
		加油管	NBR+PVC	—	—	
		空调用胶管	NBR/CR	低渗透性	PA6/CIIR	
	底盘	A/T 机油散热器胶管	ACM	—	—	—
		动力转向胶管	NBR/CR	—	—	—
		刹车胶管	SBR/NR/CR+EPDM	水渗透性	EPDM	—
		离合器胶管	SBR/NR/CR+EPDM	水渗透性	EPDM	—
		主真空管	NBR/CR	耐热	ECO	—
密封件	发动机	曲轴后端	VMQ	长寿命	FKM	—
		曲轴前端	ACM	长寿命	FKM	—
		膜片	ECO，NBR，FVMQ	—	—	—
		阀杆密封	FKM	—	—	—
		气缸垫片	NBR	耐热	ACM	—
	车体	密封条	EPDM	—	—	长寿命
		加油口盖“O”形圈	NBR+PVC	—	—	—
	底盘	齿轮油密封	NBR	耐热	ACM	—
		动力转向装置油封	NBR	—	—	耐热
		球头节防尘密封	CR，U	—	—	—
		等速万向节防尘套	CR	耐热、耐臭氧	TPEE	—
		齿条齿轮防尘套	CR	耐热、耐臭氧	TPO、TPEE	—
		制动总泵罩	SBR	耐热、长寿命	EPDM	—
		片盘柱塞密封	SBR	耐热、长寿命	EPDM	—
其他	发动机	同步带	CR	耐热、长寿命	HNBR	耐热、长寿命
	—	辅助传动带	CR	—	—	—
	车体	油箱内泵垫胶	NBR+PVC	—	—	—
	—	排气消声器悬架胶件	EPDM	—	—	—
	—	雨刮器	CR，NR	—	—	长寿命
	底盘	发动机支座	NR（SBR、BR）	—	—	耐热

（二）其他领域

合成橡胶在建筑、机电、信息、航天航空、新材料、医疗卫生及生活用品等部门都有广泛的应用。在医疗卫生方面，不但那些不与机体组织直接接触的器械需要它，有些长期植入人体内部的器官，如心脏、角膜、尿道、乳房等也可用硅橡胶制造。合成橡胶在胶鞋中的用量也颇大，目前世界鞋底用料中，橡胶材料约占30%，以中国为例，2015年产鞋162亿双，2010年产鞋130亿双，2005年产鞋25亿双，2000年产鞋12亿双，其中2000年制鞋耗胶量约20万t，合成橡胶约占40%。另外，在被视为新技术革命的基础和先导的新材料领域，合成橡胶也占有不可替代的地位，据统计，目前每年约有200万t的合成橡胶用于塑料的增韧改性以及制取工程材料、功能材料或热塑性弹性体。橡胶在塑料改性方面的应用情况见表1.1.3-7。

表1.1.3-7　合成橡胶在塑料改性方面的应用[2-3]

合成橡胶	树脂	共混改性产品	应用领域
乙丙橡胶	聚丙烯	增韧材料	保险杠等
乙丙橡胶	聚丙烯	热塑性弹性体	垫片、密封材料
丁二烯橡胶	聚苯乙烯	抗冲聚苯乙烯（HIPS）	包装材料
丁二烯橡胶	ABS	高抗冲ABS	装备、家具
乙丙橡胶	聚酰胺	锦纶材料	电器
丁基橡胶	聚丙烯	热塑性弹性体	医药
丁腈橡胶	聚丙烯	热塑性弹性体	管药
丁腈橡胶	聚氯乙烯	热塑性弹性体	阻燃

特别需要指出的是，合成橡胶在制备过程中可以人为地被赋予某些特殊性能，如阻尼性、耐热性、耐油及耐溶剂性、生理相容性、形状记忆性等，这些是天然橡胶所无法比拟的；正因为如此，合成橡胶在非轮胎部门中的应用领域远比天然橡胶广泛。

3.1.3　合成橡胶技术现状及进展

（一）合成橡胶技术发展脉络

因合成橡胶对天然橡胶的一定程度上的替代作用，伴随着汽车工业的蓬勃发展，军用、民用等领域的巨大需求，合成橡胶技术不断进步，产业发展壮大。另一方面，橡胶作为重要的战略物资，合成橡胶工业的发展也与两次世界大战、世界政治经济格局的变化息息相关。总的来说，合成橡胶技术发展经历了萌芽期、初创期、发展期、繁荣期、波折期、成熟期，具体发展脉络如表1.1.3-8所示。

表1.1.3-8　合成橡胶技术发展编年表

发展阶段	年份	纪要
萌芽期	19世纪至20世纪初	由于天然橡胶的发现和应用在先，科学家们最初试图合成与天然橡胶组分相仿的橡胶。期间对天然橡胶进行分析表征确定了其基本结构单元为异戊二烯，随着对天然橡胶需求量的不断增加，化学家通过其他途径合成异戊二烯，德国主要研究由乙炔合成丁二烯，俄国则研究以乙醇为原料的合成方法
	1826	M. Faraday进行了天然橡胶的元素分析，测得其组成为C_5H_8
	1838	J. Dumnas再次证实了这一结论
	1860	G. Williams从天然橡胶的干馏中分离出低沸点的C_5H_8，命名为异戊二烯
	1879	G. Bouchardat将来自天然橡胶的异戊二烯用盐酸处理得到了橡胶状弹性固体物
	1884	W. A. Tilden由松节油裂解得到了异戊二烯
	1887	O. Wallach发现异戊二烯在空气中会逐渐变黏，长期置于密闭容器中会自然变成坚韧的橡胶状团块；若将其置于空气中则会变硬
	1887	德国H. Euler用β-甲基吡咯烷酮合成了异戊二烯
	1889	Bayer公司的F. Hofmann开始了合成异戊二烯的研究
	1903	Bayer公司的F. Hofmann和Coutella将p-甲酚加氢产物甲基环己醇进行氧化，用β-甲基己二酸合成出异戊二烯
	1915	Ostromixlensky以乙醇为原料合成出了丁二烯，次年发表了乙炔经由乙醛、醛醇、1，3-丁二醇制备丁二烯的合成方法
	1916	由于丁二烯在常温下为气体，聚合研究进展缓慢，故又转向了对二甲基丁二烯的研究。因为它可以相当容易地由丙酮还原、脱水制取

续表

发展阶段	年份	纪要
初创期	为20世纪初期至20世纪30年代	第一次世界大战期间对合成橡胶的巨大需求促进了合成橡胶技术的发展，Bayer公司开始生产W型和H型甲基橡胶，W型用于软橡胶制品，H型则用于硬橡胶制品。BASF公司则以金属钠为催化剂生产出少量的B型甲基橡胶。德国的甲基橡胶生产能力已达到150t/月，从开始生产到战争结束共生产甲基橡胶2.35 kt。同时催生了丁苯橡胶、丁腈橡胶、氯丁橡胶、丁基橡胶以及聚硫橡胶等产品
		甲基橡胶和丁钠橡胶的诞生
	1900	科学家KOH. KOB发现，在钾存在下加热二甲基丁二烯可得到橡胶状物质，其聚合速度比异戊二烯和丁二烯的快
	1906	Bayer公司的F. Hofmann提出了有关合成橡胶研究的建议书，1909年申请了异戊二烯热聚合的专利
	1910	英国Mathews发现用钠作催化剂可以进行异戊二烯聚合，德国的C. Harries也发现了同样的方法，并申请了专利
	1910	C. Harries发现用钠催化聚合二甲基丁二烯可得到甲基橡胶
	1910	科学家列别捷夫报道了加热丁二烯可得到橡胶状物质的研究结果
	1919	合成橡胶用的单体由二甲基丁二烯转向丁二烯，德国的合成橡胶取了一个至今为世人熟悉的通用名称Buna
	1926	合成橡胶的开发重点转至美国和苏联
	1926	合成橡胶工业化生产的可能性，并于1928年审查了美国Ostromixlensky的研究成果，确定首先研究开发醇类脱水、脱氢一步制备丁二烯，再用金属钠引发聚合的列别捷夫方法来制取合成橡胶；研究开发将石油馏分在高温、减压下热裂解制备丁二烯、再用偶氮苯胺引发聚合的贝佐夫法
	1930	列宁格勒建设了采用贝佐夫法和列别捷夫方法生产橡胶的试验工厂，1931年生产了200 kg的橡胶产品。很快便开始工业规模生产以乙醇为原料的丁二烯橡胶CKB
		丁苯橡胶和丁腈橡胶的诞生
	1930	美国Standard Oil公司与德国的IG公司开始了以石油为原料的合成橡胶工业化的研究开发
	1933	德国E. Tschunker和W. Bock在有机过氧化物存在下于50℃将丁二烯和苯乙烯进行乳液共聚，开发出性能更好的当时称之为热法Buna S橡胶（即丁苯橡胶），IG公司于1934年建成了中试生产装置并成功地进行了轮胎里程试验
	1934	美国Goodrich化学公司和Goodyear轮胎与橡胶公司独立开发Buna S橡胶，并在1936年开始中试装置的运转
	1937	IG公司陆续建设了3套生产装置，计划在Auschwitz建设第四套装置，由于德国战败而未能实现
	1938	Goodrich化学公司开发丁腈橡胶，并于1940年开始以1t/d的规模生产
	1940	Goodrich化学公司用甲基丙烯酸甲酯取代SBR中的苯乙烯，建成了2 kt/a的装置
		聚硫橡胶的问世
	1839	首次有烷基酯和碱性硫化物反应的报道
	1922	美国J. C. Patrick将硫化钠和1，2-二氯乙烷混合加热，制得了聚硫橡胶
	1926	瑞士J. Baer用多硫化碱和二卤代烃制备出了聚硫橡胶
	1930	Thiokol公司开始生产聚硫橡胶，当年产量为2 t，1935年达到500 t
		氯丁橡胶的诞生
	1906	J. A. Nieuwland将乙炔通入氯化亚铜溶液时发现其产生了特殊的气味，但当时无法将这些物质分离出来，直至1922年才制备出二乙烯乙炔
	1923	J. A. Nieuwland发现用氯化硫将其处理可获得柔软的橡胶
	1930	Du Pont公司获得该方法后，用乙烯基乙炔直接和氯化氢反应合成了氯丁二烯，继而进行乳液聚合开发出了氯丁橡胶
	1931	Du Pont公司建成了试验装置，1932年大约生产了3.25 kt的氯丁橡胶，其商品名称为Duprene，后改名为Neoprene
	1932	氯丁二烯类合成橡胶，两年后建立了1 t/a的实验装置
		聚异丁烯和丁基橡胶的问世
	1825	Faraday首次在实验室获得了异丁烯
	1837	A. M. Bytepob等以三氟化硼催化聚合异丁烯得到了油状液体
	1927	Standard Oil公司进行异丁烯-丁二烯的共聚合研究
	1931	IG公司在实验室合成了聚异丁烯，Standard Oil公司将其作为电机油的黏度指数改性剂使用

续表

发展阶段	年份	纪要
初创期	1935	IG公司以乙烯为溶剂用低温聚合法制备出了具有弹性的固体聚异丁烯，商品名称为Opanol B，1943年生产了5 kt
	1937	Standard Oil公司的R. M. Thomas和W. J. Sparks开发出了丁基橡胶，即在异丁烯中混入8%的异戊二烯，以液体乙烯作为冷剂在－100℃下共聚，制得可硫化的丁基橡胶，并在Louisiana的Baton Rouge建成了生产装置，于1943年开始工业化生产
发展期		美国合成橡胶工业的发展
	1940	美国的罗斯福总统宣布把橡胶作为战略性物资
	1941	美国制定了橡胶的进口许可证制度，并开始大规模地研究合成橡胶
	1942	Standard Oil公司成功地用石油的裂解制得了丁二烯。Dow化学公司和Monsanto公司用来自天然气和炼制气的乙烯和苯制得的乙苯进行脱氢制备了苯乙烯，从此确定了美国利用其石油资源大批量生产丁苯橡胶的工艺路线
	1944	美国开始采用连续聚合工艺生产丁苯橡胶
	1945	美国SBR71.9万t，CR4.5万t，IIR4.7万t，NBR0.8万t，合计82万t
	1948	I. M. Kolthoff和E. Meehau采用葡萄糖和过氧化对孟烷，开发出了松香皂系列聚合配方
	1950	美国开始增产合成橡胶，丁苯橡胶的耗用量达到697 kt，合成橡胶总耗量达845 kt
	1950	Goodyear轮胎与橡胶公司开始生产含有18%炭黑的充炭黑母炼胶
	1951	美国通用轮胎公司和Goodrich化学公司开始生产充油量为25%～30%的充油橡胶，同年Goodyear轮胎与橡胶公司开始生产充油、充炭黑母炼胶
	1953	朝鲜战争后，美国废除了对橡胶的国家管理体制，生产装置转让给了民间
	1954	美国的合成橡胶耗用产量又一度下降到620 kt
	1954	在美国生产的ESBR中，2/3是冷法橡胶
	1954	美国SBR和IIR生产能力的80%由Goodyear轮胎与橡胶公司、Firestone轮胎与橡胶公司、Goodrich化学公司和美国橡胶公司以及Shell、Phillips和Esso Standard Oil三大石油公司所控制。管理体制改变后，市场竞争促进了合成橡胶工业的发展
	1960	美国的合成橡胶耗用产量恢复增长至143.6万t
		德国合成橡胶工业的发展
	1935—1944	德国在此期间详细研究了Buna S乳液共聚体系，并以丙烯腈取代苯乙烯制备出了Buna N，即丁腈橡胶。德国对Buna橡胶的总投资额约10亿马克，共生产Buna橡胶470 kt
	1937	O. Bayer利用二异腈酸酯合成高分子化合物，开创了聚氨酯工业的历史
	1939	德国合成橡胶的产量达22 kt
	1941	德国的R. G. R Bacon在共聚合过程中发现了氧化还原反应，但在战争末期为了缩短聚合反应时间，氧化还原引发体系未能完全实现工业化
	1943	德国合成橡胶的产量达118 kt，Buna S的产量占合成橡胶总产量的94%
	1948	6月30日，根据波茨坦公约，联邦德国被禁止生产合成橡胶
	1951	解除禁令后，Huls公司以6 kt/a的规模开始生产丁二烯系合成橡胶
	1954	Huls公司从Firestone轮胎与橡胶公司购买了ESBR生产装置
	1955	Huls、Bayer、BASF和原IG公司合资成立了Buna Werke Huls公司

续表

发展阶段	年份	纪要
发展期	1958	Buna Werke Huls公司开始建设120 kt/a的冷法ESBR生产装置
	1959	Buna Werke Huls公司开始生产5种ESBR和3种胶乳
	1960	Buna Werke Huls公司以石油裂解丁二烯为原料生产ESBR约80 kt
		日本合成橡胶工业的发展
	1941	日本合成橡胶的工业化最初由三井化学公司开始生产丁腈橡胶，1941—1945年间，日本NBR的产量约300 t
	1942	日本轮胎开始了氯丁橡胶的生产。1941—1945年间，日本CR的产量仅为56.57 t。由于日本距离天然橡胶主要产地东南亚地区较近，故对合成橡胶的需求不如德国那样迫切，因此，日本在此期间合成橡胶的发展速度也较慢
	1955	20世纪50年代初期，日本主要从美国进口合成橡胶。进口量从1950年的140t增至1959年的42 kt
	1955	日本化学工业的原料路线开始由煤向石油转变，从而推进了合成橡胶工业的发展
	1957	12月，日本合成橡胶公司成立，次年从Goodyear轮胎与橡胶公司引进了ESBR生产技术，在四日市建厂生产ESBR和丁苯橡胶乳
	1959	日本合成橡胶消耗量达到196 kt
		其他国家合成橡胶工业的发展
	1955	英国Dunlop公司开始建设合成橡胶的半工业化生产装置
	1956	Dunlop、Firestone、Goodyear等公司合资成立了ISR公司，1958年建成50kt/a的ESBR生产装置，1960年产量达80 kt
	1958	意大利ANIC公司在亚得里亚海附近的天然气产区建成了30kt/a的ESBR生产装置
	1959	法国由5家公司合资建设了60kt/a的ESBR生产装置，1960年开始投产
	1960	荷兰Shell化学公司建成50 kt/a的ESBR生产装置
繁荣期		合成橡胶工业空前繁荣
	1959	SOCABU公司开始生产IIR，另外由5家公司合资创立SES公司，在巴黎60 kt/a的ESBR生产装置，于1960年投产
	1960	荷兰Shell化学公司建成50 kt/a的ESBR生产装置
	1961	Firestone轮胎与橡胶公司的法国分公司开始生产丁苯橡胶乳
	1961	澳大利亚成立Australian合成橡胶公司生产ESBR
	1962	Polymer公司开始生产丁苯橡胶乳和NBR
	1962	巴西成立Petrobras Quimica公司生产ESBR
	1963	Huls公司与Bayer公司合资建设生产SSBR的SteereoKartschuk-Werke公司
	1963	印度成立Synthetics & Chemicals公司生产ESBR
	1963	Compagnie Francaise Goodyear轮胎与橡胶公司6 kt/a的NBR生产装置投产
	1963	比利时Polysar Belgium公司开始生产IIR
	1966	英国Distillers公司与法国的3家石油化学公司共同成立了Distugil公司，开始生产CR，产能力为20 kt/a
	1966	墨西哥成立Hüels Mexicao公司生产ESBR
	1959—1970	日本先后成立Zeon公司、JSR公司、Asahi公司、日本弹性体公司、住友化学公司、三菱化成公司、宇部合成橡胶公司，从Goodrich、Goodyear、Firestone、Phillips、Polysar、Texas US Chemical、Goodrich-Gulf等公司引进技术及装置，生产ESBR和BR
	1959—1970	日本在1959年、1960年和1962年先后实现了NBR、SSBR和CR的国产化。随后又实现了丙烯酸酯橡胶、氯丁橡胶、顺丁橡胶、丁基橡胶、氯醚橡胶、乙丙橡胶、异戊橡胶的工业化
	1970	日本实现七大胶种产品产业化覆盖，合成橡胶产能达67.1万t

续表

发展阶段	年份	纪要
繁荣期	1970	合成橡胶产品是 IR，先后建立尼日卡姆斯克厂、斯捷尔里达玛克厂和雅罗斯拉夫厂，合成橡胶总产能达 103.5 万 t
		异戊二烯橡胶（IR）
	1952	Firestone 轮胎与橡胶公司采用金属锂为催化剂，以本体聚合法合成了顺式 1，4-构型含量大于 94%的 IR，并于同年开始中试
	1954	Firestone 轮胎与橡胶公司改用丁基锂为催化剂生产 IR。Goodrich 化学公司也参加了 IR 的工业化开发
	1954	Phillips 石油公司采用钛-烷基铝催化剂制备出了顺式-1，4-IR，用作轿车轮胎和拖拉机轮胎获得成功
	1957	Goodrich 化学公司开发了钴-铝配位催化剂，Bridgestone 公司开发出了镍系催化剂
	1959	Shell 化学公司开始在半工业化装置上生产高顺式 IR
		乙丙橡胶（EPM）
	1955	12 月，意大利的 Natta 将 Ziegler 催化剂发展成为 Ziegler-Natta 催化剂，合成出乙烯-丙烯共聚物弹性体，开始了 EPM 的发展史
	1959	Montedison 公司（原 Montecatini 公司）建设了 EPM 中试装置
	1961	Du Pont 公司发表以 1，4-己二烯为第三单体合成乙丙橡胶的专利，同年 7 月开始半工业化生产，1963 年建成 13 kt/a 的工业装置
	1963	Montedison 公司以自行开发的技术建成溶液聚合生产装置，最早生产以双环戊二烯为第三单体的乙丙橡胶
	1961—1971	美国 Uniroyal 公司、英国 Dunlop 公司、荷兰 DSM 公司、美国 Copolymer 橡胶化学公司、日本三井石油化学工业公司、英国 TSR 公司、日本住友化学工业公司、日本合成橡胶公司、联邦德国 Bunawerke Huls 公司先后建成溶液聚合乙丙橡胶生产装置
	1965	Uniroyal 最早披露了溶液聚合工艺流程和活性剂在工业生产中的应用
	1967	Union Carbide 公司则最早研究亚乙基降冰片烯作为 EPDM 第三单体，首先建成 2268 t/a 1，1-亚乙基降冰片烯（旧称乙叉降冰片烯）装置，随后数次扩大其生产能力
	1968	1，1-亚乙基降冰片烯已成为合成乙丙橡胶的主要第三单体
		溶聚丁苯橡胶（SSBR）
	1959	Phillips 石油公司 Soiprene X-40 问世（后改称为 Soiprene 1205）是一种丁二烯与苯乙烯的嵌段共聚物，用于非轮胎制品
	1964	Phillips 石油公司开始生产无规溶聚丁苯橡胶 Soiprene X-30（后改称为 Soiprene 1204）可用于轮胎制品，标志着其工业化的开始
	1964	Firestone 公司也报道了牌号为 Duradene 的 SSBR，并于 1969 在美国建成 120kt/a 的生产装置
	1965	日本、墨西哥、西班牙、意大利、比利时和澳大利亚等国采用 Phillips 的技术，日本和法国采用 Firestone 的技术分别建成并投产 SSBR 生产装置
	1966	Shell 化学公司也开发成功 SSBR 和 SBS，并实现工业化生产
波折期	20 世纪 70 年代至 90 年代初	在这一时期，世界合成橡胶工业生产出现了三次低谷，但全球性的产业及产品结构调整和合成橡胶技术却有了长足进展
	一次波折	70 年代，世界合成橡胶生产在 1973 年达到一个高峰值之后，受石油危机的影响经历了第一次波折，产量连续两年下降，1976 年才开始回升，而美国和西欧的合成橡胶产耗量直到 1979 年才基本恢复 1973 年的水平。与此相反，苏联未受到能源危机的影响。该时期合成橡胶产量增长缓慢的同时，合成橡胶生产工艺、产品质量和品种结构的改善却有了明显进步，热塑性弹性体、官能化橡胶以及丁基橡胶等技术大幅提升
	1971	Goodrich 化学公司和 Montedison 公司先后建成悬浮聚合工艺制 EPM 装置
	1972	Shell 化学公司开发出氢化 SBS
	1972	Uniroyal 公司推出了第三类热塑性弹性体，即热塑性聚烯烃
	1972	Du Pont 公司实现了第四类热塑性弹性体（即聚酯类热塑性弹性体）的工业化生产
	1973	英国合成橡胶公司采用丁基锂催化剂开始生产牌号为 Intolene-50 的产品，它保持了低生热、高耐磨和高弹性的优点
	1974	Du Pont 公司研制成功聚丙烯酸酯橡胶
	1975	日本合成橡胶公司开始生产低结晶度间规-1，2-聚丁二烯热塑性弹性体

续表

发展阶段	年份	纪要
波折期	70 年代	苏联却未受到能源危机的影响，加之大力发展汽车业和石油化学工业，并且大量引进先进技术，促进了轮胎工业和合成橡胶工业的发展
	1970	苏联尼日卡姆斯克厂和陶里亚蒂厂相继开始生产 IIR
	1971	Goodrich 化学公司的溴化 IIR 投入市场
	1971	Exxon 化学公司的氯化 IIR 开始生产
	1976	全世界 IIR 生产能力达 560 kt
	二次波折	80 年代，发达国家的汽车工业长期不景气，加之轮胎生产的子午化和小型化，合成橡胶的需求量明显下降，世界合成橡胶消耗量在 1980—1982 年间步入下滑阶段，随后在 1983 — 1989 年间虽连续增长，但 20 世纪 80 年代合成橡胶的年均增长率已明显低于 20 世纪 70 年代和 20 世纪 60 年代。该时期激烈的技术垄断和市场竞争导致一场全球性的、空前的产品结构调整与公司之间的大兼并。技术进步主要体现在乙丙橡胶、溶聚丁苯橡胶、热塑性弹性体、丁基橡胶等工艺技术
	1986	美国先后有 7 家公司关闭了 ESBR 生产装置，使生产能力减少 500 kt/a，美国的 ESBR 生产能力利用率仍不到 60%
	1986	日本合成橡胶公司、Firestone 轮胎和橡胶公司、Phillips 石油公司等相继关闭了 3 家 ESBR 生产厂和 1 家 BR 生产厂，使其 ESBR 和 BR 生产能力分别减少了 335 kt/a 和 65 kt/a
	1986	加拿大 Polysar 公司关闭了 1 套 150 kt/a 的 ESBR 装置，法国 Michelin 公司关闭了其唯一的 1 套 IR 生产装置
	1986	UCC 公司和 Himont 公司开始开发乙丙橡胶气相聚合新工艺
	1986	Dutral 公司则已开发出高效钛系催化的悬浮聚合工艺，使聚合工艺大大简化，降低了投资和生产成本
	1986	意大利 Montedison 公司开发的铝-钛系高效催化剂，其效率比工业上通常使用的钒-铝催化体系高出近 10 倍
	1986	Exxon 化学公司和 Uniroyal 公司仍在不断改进钒-铝催化体系以改善产品的使用质量
	1986	日本合成橡胶公司和 Shell 化学公司合资在日本四日市建设的 13 kt/a 的 SSBR 装置于 1 月正式投产
	1987	Shell 化学公司和 Dunlop 轮胎公司共同开发了溶聚丁苯橡胶 Carifles—S—1215，其乙烯基含量为 50%，苯乙烯结合量为 23.5%。该产品滚动阻力低，抗湿滑性能好
	1988	Himont 公司采用 Spheripol 工艺与 Catalloy 技术生产出聚烯烃热塑性弹性体（RTPO）Exxtral 和 Hifax。Himont 公司采用同一种催化剂，通过改变工艺条件就可生产不同性能和用途的 RTPO。此外，Genisis 聚合物公司和 Quantum 公司先后推出了不同牌号的 RTPO[10—11]
	1989	热塑性弹性体发展速度大大超过一般合成橡胶，年均需求增长率超过了 10%，消耗总量已超过 600 kt
	1989	美国 Exxon 化学公司研究在合成丁基橡胶的聚合系统中加入兼有亲液和憎液组成的接枝或嵌段低分子共聚物作为界面稳定剂，可使淤浆中聚合物的浓度由原来的 28%增至 35%，提高生产能力 15%，降低能耗 30%
	80 年代后期	生产和消费格局继续向发展中国家转移，新增生产能力主要集中于中国、巴西、墨西哥、印度、韩国等发展中国家地区以及苏联和东欧等国家和地区
	三次波折	90 年代，世界合成橡胶工业生产再次出现了连续四年的大幅度回落，主要原因是许多发达国家经济不景气，而苏联解体后合成橡胶产耗量急剧下降的影响则更大。与此同时，产业与产品结构调整却在 20 世纪 80 年代的基础上进一步向纵深发展，各大合成橡胶公司的投资倾向集中于可根据市场需求变化产品类型的多功能生产装置。全世界多功能化合成橡胶生产装置有近 60 套。技术进步标志是茂金属催化剂在聚烯烃橡胶领域的应用
	1996	Du Pont 公司与 Dow 化学公司各出资 50%成立 Du Pont-Dow 弹性体公司，将 Du Pont 公司的 EPDM、氯磺化聚乙烯、CR、氟弹性体和热塑弹性体等装置和技术与 Dow 化学公司的茂金属催化聚烯烃弹性体专利技术结合起来，成为世界上最具实力的特种弹性体公司
	1996	Bayer 公司已实现稀土系 BR、SSBR 和其他锂系合成橡胶在同一装置上的生产
	1996	Goodyear 轮胎与橡胶公司有 1 套 354 kt/a 的乳聚橡胶多功能生产装置和 1 套 318 kt/a 的溶聚橡胶多功能生产装置，前者可兼产 ESBR、丁苯橡胶乳和 NBR，后者可兼产 SSBR、BR 和 IR
	1990	Himont 公司合成热塑性聚烯烃的气相聚合技术实现工业化，产品牌号为 Hifax
	1992	UCC 公司气相法合成 EPM 中试装置开始运行
	1993	Bayer 公司建成 2000 t/a 的气相法 BR 中试装置
	1993	美国 Du Pont-Dow 弹性体公司采用茂金属催化剂合成的乙烯辛烯共聚物弹性体（Engage），和乙丙橡胶（Nordel）的工艺技术有了突破

续表

发展阶段	年份	纪要
成熟期	21 世纪	该时期美国、欧洲、日本的合成橡胶技术趋于成熟、创新较慢，产能产量处于平稳，合成橡胶新兴产业向亚太地区转移，中国、印度、新加坡等国家地区产能扩大，亚洲合成橡胶生产消费量激增，中国稳居合成橡胶产量、消费量第一。2010 年以后，亚太地区陆续有多套合成橡胶装置新建或者扩建投产
	2013	朗盛在新加坡新建 10 万 t/a 丁基橡胶装置
	2014	朗盛在新加坡新建 14 万 t/a 钕系顺丁橡胶 Nd—BR 装置
	2014	日本旭化成在新加坡建成 10 万 t/a 溶聚丁苯橡胶装置
	2014	日本住友在新加坡建成 4 万 t/a 溶聚丁苯橡胶装置
	2014	印度石油公司乳聚丁苯橡胶扩能至 20 万 t/a
	2014	印度诚信公司新建 15 万 t/a 乳聚丁苯橡胶装置
	2014	印度诚信公司新建 4 万 t/a 顺丁橡胶装置
	2014	印度诚信公司新建 10 万 t/a 丁基橡胶装置
	2014	印度 GALL 公司新建 9 万 t/a 顺丁橡胶装置
	2014	中国石油四川石化责任有限公司新建的 15 万 t/a 顺丁橡胶装置
	2014	台橡实业有限公司位于南通的 2.5 万 t/a 苯乙烯-异戊二烯-苯乙烯装置
	2014	上海中石化三井弹性体有限公司在上海化工区新建的 7.5 万 t/a 三元乙丙橡胶（EPDM 生产）装置
	2014	新疆独山子天利实业总公司新建的 3 万 t/a 稀土异戊橡胶装置
	2014	浙江赞昇新材料公司年产 2 000t 氢化丁腈橡胶装置
	2014	浙江维泰橡胶有限公司新建 10 万 t/a 丁苯橡胶装置
	2014	中石化北京燕山石油化工公司新建 9 万 t/a 丁基橡胶装置
	2014	中国石化巴陵石油化工公司新建 3 万 t/a 溶聚丁苯橡胶装置
	2014	浙江宁波金海德旗化工有限公司新建 3 万 t/a 异戊橡胶装置
	2015	由韩国 SK 集团与宁波石化经济技术开发区共同投资的宁波爱思开合成橡胶有限公司建成 5 万 t/a 乙丙橡胶生产装置
	2015	朗盛公司位于江苏常州滨江经济开发区 16 万 t/a 三元乙丙橡胶（EPDM）生产装置
	2015	辽宁北方-戴纳索橡胶有限公司于辽宁盘锦建成 10 万 t/a 溶聚丁苯橡胶多功能装置，可生产 SSBR、SBS 以及 LCBR
	2015	镇江奇美化工有限公司于江苏镇江建成 4 万 t/a 溶聚丁苯橡胶多功能装置，可生产 SSBR、LCBR
	2015	台塑合成橡胶工业（宁波）有限公司于浙江宁波建成 5 万 t/a 丁基橡胶 IIR 生产装置
	2015	山东京博石油化工公司采用意大利 Conser 公司技术于山东滨州建成 5 万 t/a 丁基橡胶 IIR 生产装置
	2015	亚太地区合成橡胶产能突破 1000 万 t/a，占世界产能 50%以上

中国合成橡胶的科研开发始于 20 世纪 50 年代初，合成橡胶工业则创立于 20 世纪 50 年代末至 20 世纪 60 年代初，经过 50 年的发展，已成为全球合成橡胶生产和消费大国。合成橡胶作为战略物资，国外对中国技术封锁严密，中国合成橡胶技术的发展荆棘满路，其发展经历了四个阶段：早期经过试验探索形成的丁苯橡胶和氯丁橡胶中试技术成为合成橡胶工业发展的基础；科技攻关阶段又对该技术进行了丰富和完善，形成了规模化工业装置；改革开放后合成橡胶工业开始引进吸收再创新的过程。详见表 1.1.3－9。

表 1.1.3－9 中国合成橡胶技术发展编年表

发展阶段	年份	纪要
探索期	1950—1960	东北科学院（中国科学院长春应用化学研究所的前身）进行了氯丁橡胶、丁苯橡胶和聚硫橡胶的研制
	1950	东北科学院开始乙炔法合成氯丁橡胶的研究
	1953	在 100 L 聚合釜中制得通用型及苯溶性两种氯丁橡胶，对于丁苯橡胶则采用高温乳液聚合方法，建成了 1 t/a 的扩试装置
	1956	氯丁橡胶试验装置迁往四川长寿，并改建为月产 1 t 的新装置
	1956	丁苯橡胶装置迁往兰州并改建成全流程的以乙醇法丁二烯为原料的全流程扩试装置
	1957	在辽宁葫芦岛建成了生产规模为 20 t/a 的固态胶和液态胶的聚硫橡胶扩试装置
	1958	在四川长寿依据自有技术和苏联引进技术建成 2 000 t/a 的氯丁橡胶生产装置
	1959	东北科学院开始顺丁橡胶的研制工作
	1960	北京化工研究院进行乙烯、丙烯共聚乙丙橡胶的研究开发工作

续表

发展阶段	年份	纪要
攻关期	1960—1980	这20年间，中国对主要合成橡胶品种的生产技术进行了全面的科技攻关。涉及丁苯橡胶、丁腈橡胶、氯丁橡胶、异戊橡胶、丁基橡胶、顺丁橡胶、乙丙橡胶等胶种
	1962	兰州化学工业公司合成橡胶厂引进苏联技术建成1.35万t/a丁苯橡胶装置
	1962	兰州化学工业公司合成橡胶厂引进苏联技术建成0.15万t/a丁腈橡胶装置，生产高温乳聚丁腈橡胶
	1965	兰州化学工业公司合成橡胶厂丁苯橡胶装置的技术攻关，淘汰了以拉开粉为乳化剂的高温丁苯橡胶的旧生产工艺。开始生产以歧化松香酸皂为乳化剂的低温丁苯软胶
	1965	国内组织了对长寿化工厂氯丁橡胶装置的技术攻关。在此基础上，大同与青岛的2 500 t/a的氯丁橡胶装置分别于1965年和1966年建成投产
	1965	兰州化学工业公司研究院和锦州石油六厂建立镍系顺丁橡胶（Ni—BR）中试装置
	1965	中国科学院长春应用化学研究所开始钛催化体系合成异戊橡胶的研究。并与吉林化工研究院合作建成100 t/a中试装置
	1966	兰州化学工业公司研究院开始丁基橡胶的试验研究，建设100 t/a中试装置，进行IIR合成及CIIR研究
	1970	中国石化燕山石化分公司采用自行研发的Ni催化体系聚合技术建立万吨级顺丁橡胶装置并于次年投产
	1971	兰州化学工业公司依据北京化工研究院乙丙橡胶合成技术建成2 000 t/a DCPD—EPDM生产装置
	1970	稀土催化体系顺丁橡胶（Nd—BR）中科院长春应化所技术在锦州石化分公司完成中试，在中国石油独山子石化分公司工业生产
	1986	镍系顺丁橡胶成套技术获首届国家科技进步特等奖
引进期	1980—2000	在改革开放形势的促进下，自20世纪80年代以来，引进国外技术及装置的速度明显加快，国内在引进技术的基础上进行创新研究，负离子活性聚合及乳液聚合技术等方面的开发取得重要进展，促使中国合成橡胶工业进入一个快速发展时期
		丁苯橡胶（SBR）
	1983	吉林化学工业公司有机合成厂引进日本合成橡胶公司技术建成8万t/a丁苯橡胶装置
	1987	齐鲁石化公司橡胶厂引进日本瑞翁公司技术建成8万t/a丁苯橡胶装置
	1997	燕山石化分公司研究院与大连理工大学等科研院校合作研究溶聚丁苯橡胶SSBR技术，建成3万t/a生产装置
	1997	中国石化茂名石化分公司引进比利时FINA技术与装备建成3万t/a溶聚丁苯橡胶SSBR生产装置
		聚丁二烯橡胶（PBR）
	1997	低顺式聚丁二烯橡胶（LCBR）在燕山石化分公司研制成功并进行工业化生产
	1997	中国石化茂名石化分公司引进1万t/a低顺式聚丁二烯橡胶（LCBR）技术和装置
		氯丁橡胶（CR）
	1997	青岛氯丁橡胶装置关闭。国内长寿化工氯丁橡胶装置产能2.8万t/a，山西合成橡胶厂氯丁橡胶产能2.5万t/a
		丁腈橡胶（NBR）
	1994	吉林化学工业公司引进日本JSR公司技术在原乳聚丁苯橡胶装置侧线上改造建成1万t/a丁腈橡胶生产线，生产低温乳聚丁腈橡胶
	2000	兰州化学工业公司引进日本瑞翁Zeon公司技术建成1.5万t低温乳聚丁腈橡胶生产装置
		丁基橡胶（IIR）
	1999	中国石化燕山石化分公司引进意大利PI（Pressindustria）公司的技术建成3万t/a丁基橡胶生产装置
		乙丙橡胶（EPM）
	1997	吉林化学工业公司引进日本三井油化技术和成套技术建成2万t/a乙丙橡胶生产装置
		热塑丁苯橡胶（SBCs）
	1997	中国石化茂名石化分公司引进比利时FINA技术与装备建成1万t/a热塑丁苯橡胶SBCs生产装置
扩能期	2000至今	经过对引进技术消化吸收再创新后形成具有自主知识产权的技术并形成新的产能。中国实现合成橡胶主要产品的全覆盖，合成橡胶产能位居世界第一
	2003	台湾南帝公司在镇江建成1.2万t/a丁腈橡胶生产装置，后扩能至3万t/a
	2006	中国石化高桥石化分公司建成10万t/a锂系多功能溶聚丁苯橡胶装置，能够生产PBR、SSBR等
	2006	中国石油独山子石化分公司建成18万t/a锂系多功能溶聚丁苯橡胶装置，能够生产PBR、SSBR以及SBCs等
	2006	台橡股份有限公司参股的台橡宇部南通化学工业公司建成5万t/a钴系顺丁橡胶装置
	2008	吉林石化分公司利用自有技术扩建2.5万t/a乙丙橡胶生产线

续表

发展阶段	年份	纪要
扩能期	2008	燕山石化分公司将普通丁基橡胶生产线扩能到 4.5 万 t/a
	2009	兰州石化分公司消化吸收引进技术之后，建成 5 万 t/a 低温乳聚丁腈橡胶生产装置
	2010	山西合成橡胶厂与亚美尼亚合资建设 3 万 t/a 乙炔法氯丁橡胶生产装置
	2010	燕山石化分公司新建 3 万 t/a 溴化丁基橡胶生产装置
	2010	浙江信汇合成新材料有限公司建成 5 万 t/a 丁基橡胶装置
	2010	茂名鲁华化工公司建成 1.5 万 t/a 异戊橡胶生产装置
	2010	青岛伊科思新材料有限公司建成 3 万 t/a 异戊橡胶生产装置
	2011	宁波顺泽橡胶有限公司建成 5 万 t/a 丁腈橡胶生产装置
	2014	中国石油四川石化责任有限公司新建 15 万 t/a 顺丁橡胶装置
	2014	台橡实业有限公司于南通建成 2.5 万 t/a 苯乙烯-异戊二烯-苯乙烯 SIBS 装置
	2014	上海中石化三井弹性体有限公司在上海化工区新建 7.5 万 t/a 三元乙丙橡胶装置
	2014	新疆独山子天利实业总公司新建 3 万 t/a 稀土异戊橡胶装置
	2014	浙江赞昇新材料公司年产 2 000 t 氢化丁腈橡胶装置
	2014	浙江维泰橡胶有限公司新建 10 万 t/a 丁苯橡胶装置
	2014	中石化北京燕山石油化工公司新建 9 万 t/a 丁基橡胶装置
	2014	中国石化巴陵石油化工公司新建 3 万 t/a 溶聚丁苯橡胶装置
	2014	浙江宁波金海德旗化工有限公司新建 3 万 t/a 异戊橡胶装置
	2015	由韩国 SK 集团与宁波石化经济技术开发区共同投资的宁波爱思开合成橡胶有限公司建成 5 万 t/a 乙丙橡胶生产装置
	2015	朗盛公司位于江苏常州滨江经济开发区 16 万 t/a 三元乙丙橡胶（EPDM）生产装置
	2015	辽宁北方-戴纳索橡胶有限公司于辽宁盘锦建成 10 万 t/a 溶聚丁苯橡胶多功能装置，可生产 SSBR、SBS 以及 LCBR
	2015	镇江奇美化工有限公司于江苏镇江建成 4 万 t/a 溶聚丁苯橡胶多功能装置，可生产 SSBR、LCBR
	2015	台塑合成橡胶工业（宁波）有限公司于浙江宁波建成 5 万 t/a 丁基橡胶 IIR 生产装置
	2015	山东京博石油化工公司采用意大利 Conser 公司技术于山东滨州建成 5 万 t/a 丁基橡胶 IIR 生产装置
	2015	国内合成橡胶产能达 500 余万 t，居世界第一

（二）合成橡胶生产消费现状

1. 主要国家或地区合成橡胶生产装置能力与消费情况

2015 年全球合成橡胶生产能力约 1 950 万 t，产量为 1 443.50 万 t，消费量约 1 417.90 万 t。主要国家或地区合成橡胶生产装置能力见表 1.1.3－10，主要合成橡胶生产国的产销及进出口情况如表 1.1.3－11 所示。

表 1.1.3－10 世界合成橡胶分胶种生产装置能力 （万 t/a）

国家或地区	ESBR	SSBR	BR	IR	EPM/EPDM	IIR	CR	SBCs	合计
美国	66.0	42.0	63.7	9.0	36.5	27.5	10.0	34.4	289.1
加拿大	—	—	—	—	—	15.0	—	—	15.0
北美合计	66.0	42.0	63.7	9.0	36.5	42.5	10.0	34.4	304.1
阿根廷	5.4	—	—	—	—	—	—	—	5.4
巴西	26.2	2.5	9.0	—	3.5	—	—	3.8	45.0
墨西哥	12.0	5.5	1.5	—	—	—	—	4.0	23.0
拉美合计	43.6	8.0	10.5	0.0	3.5	0.0	0.0	7.8	68.0
亚美尼亚	—	—	—	—	—	—	0.5	—	0.5
比利时	—	—	—	—	—	13.0	—	—	13.0
捷克	9.5	—	—	—	—	—	—	—	9.5
法国	4.5	9.5	17.5	—	8.5	5.6	—	8.7	54.3
德国	11.8	10.7	13.6	—	7.0	—	10.0	9.5	62.6

续表

国家或地区	ESBR	SSBR	BR	IR	EPM/EPDM	IIR	CR	SBCs	合计
意大利	12.0	—	4.0	—	8.5	—	—	9.0	33.5
荷兰	—	—	—	1.5	16.5	—	—	1.8	19.8
波兰	12.2	—	—	—	—	—	—	—	12.2
俄罗斯	47.4	4.0	34.0	51.2	2.0	16.8	—	3.5	158.9
塞尔维亚	4.0	—	—	—	—	—	—	—	4.0
西班牙	—	—	—	—	—	—	—	12.0	12.0
土耳其	2.7	—	1.4	—	—	—	—	—	4.1
英国	7.5	3.0	8.0	—	—	11.0	—	—	29.5
欧洲合计	111.6	27.2	78.5	52.7	42.5	46.4	10.0	44.5	413.4
以色列	4.0	—	2.5	—	—	—	—	—	6.5
南非	3.5	0.9	4.7	0.4	—	—	—	—	9.5
中东非洲合计	7.5	0.9	7.2	0.4	0.0	0.0	0.0	0.0	16.0
中国[b]	145.5	39.7	154	32.0	37.0	41.0	8.8	92.0	550.0
印度[b]	36.0	—	20.3	—	1.0	10.0	—	—	67.3
印度尼西亚	6.0	—	—	—	—	—	—	—	6.0
日本	32.5	18.5	29.2	8.6	19.6	10.5	12.0	16.3	147.2
韩国[b]	62.6	12.9	56.1	—	26.0	—	—	13.5	171.1
中国台湾省	10.0	2.0	10.4	—	—	—	—	28.4	50.8
新加坡[b]	—	14.0	14.0	—	—	—	—	—	28.0
泰国	7.2	—	12.2	—	—	—	—	—	19.4
亚太合计	299.8	87.1	296.2	40.6	83.6	61.5	20.8	150.2	1 039.8
世界合计	528.5	165.2	456.1	102.7	166.1	150.4	40.8	236.9	1 846.7

注：a. 资料主要来源于国际橡胶研究组织（IRSG）2009 年数据；
b. 中国、印度、韩国、新加坡为新增产能较大国家，数据为 2015 年数据。

表 1.1.3-11　2015 年世界主要国家或地区合成橡胶统计[a]　（万 t）

国家或地区	产量		消费量		出口量		进口量	
	2015 年	2014 年	2015 年	2014 年	2015 年	2014 年	2015 年	2014 年
美国	238.62	231.18	196.33	185.51	112.89	118.60	70.59	72.93
巴西	42.11	33.12	52.45	49.99	10.91	8.68	21.25	25.55
墨西哥	16.17	17.45	22.36	20.82	12.42	13.55	18.62	16.92
加拿大	7.98	11.25	17.95	18.45	14.44	17.71	24.41	24.91
阿根廷	2.41	4.05	5.32	6.20	1.03	1.89	3.94	4.04
拉美其他国家	—	—	11.91	12.07	—	—	12.02	12.18
南非	5.93	5.98	6.92	6.69	2.24	2.43	3.22	3.15
中国	280.25	289.46	406.72	422.72	19.03	19.63	145.51	152.90
日本	166.42	159.90	89.42	95.60	82.33	81.30	17.21	16.90
韩国	149.58	151.72	25.34	27.93	144.55	141.03	18.59	17.24
中国台湾	72.66	68.32	38.38	35.10	49.17	47.16	14.89	13.95
泰国	24.40	22.89	47.87	47.87	18.05	15.58	41.52	40.55
印度	19.38	13.41	55.57	52.12	—	—	36.49	39.50
马来西亚	10.17	11.55	43.35	35.47	6.75	10.28	39.92	34.20
新加坡	8.70	9.11	1.96	1.60	20.86	14.23	14.12	6.47
伊朗	6.50	6.50	7.54	8.08	1.84	1.02	2.88	2.61
印度尼西亚	5.52	5.78	31.92	30.32	2.26	3.24	29.14	27.78
越南	—	—	17.31	15.81	—	—	21.89	18.04
斯里兰卡	—	—	6.02	3.48	—	—	6.02	3.48
澳大利亚	—	—	3.53	3.49	—	—	3.57	3.54
巴基斯坦	—	—	2.69	3.33	—	—	2.25	3.33

续表

国家或地区	产量		消费量		出口量		进口量	
	2015年	2014年	2015年	2014年	2015年	2014年	2015年	2014年
亚太其他国家	—	—	6.43	6.57	—	—	9.81	10.38
俄罗斯	140.48	131.58	53.91	55.89	93.92	83.09	7.35	7.39
德国	86.80	88.08	60.10	58.28	84.66	85.20	57.96	55.40
法国	56.81	53.08	24.79	25.07	36.35	33.96	29.45	29.79
意大利	20.55	19.30	17.11	16.24	19.24	18.26	27.96	26.59
波兰	16.77	17.42	22.99	20.84	26.72	24.80	32.87	28.71
捷克	15.41	15.67	12.39	12.17	15.48	15.42	12.47	11.93
荷兰	14.08	14.19	10.19	10.31	28.62	28.04	14.59	15.45
比利时/卢森堡	12.81[b]	10.52[b]	10.64	9.83	54.93	54.84	50.36	51.34
英国	10.70	14.31	15.60	14.01	9.33	10.24	12.83	12.87
西班牙	9.48	9.62	20.15	20.34	15.96	14.39	26.63	25.11
塞尔维亚	2.29	1.84	5.41	4.02	1.09	1.14	4.21	3.32
罗马尼亚	0.05	0.09	9.72	9.34	1.48	1.76	11.15	11.02
匈牙利	—	—	9.55	8.01	—	—	17.17	15.50
斯洛伐克	—	—	8.00	8.25	—	—	8.60	8.67
葡萄牙	—	—	6.69	6.52	—	—	7.16	7.03
斯洛文尼亚	—	—	4.20	4.05	—	—	4.68	4.63
白俄罗斯	—	—	3.99	4.88	—	—	4.00	4.89
瑞典	—	—	3.05	3.74	—	—	4.01	4.80
欧洲其他国家	—	—	13.62	14.55	—	—	15.74	16.76
世界合计	1 443.03	1 417.37	1 409.39	1 395.56	886.55	867.47	907.05	891.75

注：a. 资料来源2016年《橡胶统计公报》；
b. 仅比利时。

2. 国内合成橡胶生产装置能力与消费情况

经过半个多世纪的发展，我国合成橡胶工业走过了一条国内自主研发和引进国外先进技术相结合的道路。目前，我国已经形成较为完整的合成橡胶工业体系。尤其是近几年，随着我国轮胎工业以及基础建设步伐加快，包括丁苯橡胶（ESBR和SSBR）、聚丁二烯橡胶（PBR）、氯丁橡胶（CR）、丁腈橡胶（NBR）、丁基橡胶（IIR）、聚异戊二烯橡胶（IR）、乙丙橡胶（EPM）和热塑丁苯橡胶（SBCs）在内的8大合成橡胶品种均实现工业化生产，是世界上最大的合成橡胶生产国。

截至2015年12月，我国8大合成橡胶的年总生产能力达到578万t，其中中国石化集团公司（含所属合资企业）的年产能合计达到150.5万t，约占总年产能26.0%；中国石油天然气集团公司的年产能为122.5万t，约占总生产能力21.2%；台资、外资、独资和民营企业的年产能力为305万t，约占总生产能力的52.7%。具体见表1.1.3-12。

表1.1.3-12 2015年末国内合成橡胶装置产能汇总[a]

公司	生产企业	装置能力	主要产品 产能/万t								
			ESBR	SSBR	BR	SBC/SEBS	NBR	IIR/HIIR	IR	CR	EPM
中国石化	燕山石化	40.5	—	3	15	6	—	13.5	3	—	—
	齐鲁石化	30	23	—	7	—	—	—	—	—	—
	高桥石化	22	—	6.7	15.3	—	—	—	—	—	—
	巴陵石化	37	—	3	6	24+4	—	—	—	—	—
	茂名石化	21	—	3	10	8	—	—	—	—	—
	小计	150.5	23	15.7	53.3	42	—	13.5	3	—	—
中国石油	吉林石化	22.5	14	—	—	—	—	—	—	—	8.5
	兰州石化	22.5	15.5	—	—	—	7	—	—	—	—
	锦州石化	5	—	—	5	—	—	—	—	—	—
	大庆石化	16	—	—	16	—	—	—	—	—	—
	独山子石化	21.5	—	10	3.5	8	—	—	—	—	—
	抚顺石化	20	20	—	—	—	—	—	—	—	—
	四川石化	15	—	—	15	—	—	—	—	—	—
	小计	122.5	49.5	10	39.5	8	7	—	—	—	8.5

续表

公司	生产企业	装置能力	主要产品　产能/万 t								
			ESBR	SSBR	BR	SBC/SEBS	NBR	IIR/HIIR	IR	CR	EPM
其他	申华化学	18	18	—	—	—	—	—	—	—	—
	福橡化工	15	10	—	5	—	—	—	—	—	—
	杭州浙晨	10	10	—	—	—	—	—	—	—	—
	天津陆港	10	10	—	—	—	—	—	—	—	—
	南京扬金	20	10	—	10	—	—	—	—	—	—
	普利司通	5	5	—	—	—	—	—	—	—	—
	宁波维泰	10	10	—	—	—	—	—	—	—	—
	北方戴纳索	10	—	10	—	—	—	—	—	—	—
	镇江奇美	4	—	4	—	—	—	—	—	—	—
	华宇橡胶	16	—	—	16	—	—	—	—	—	—
	浙江传化	10	—	—	10	—	—	—	—	—	—
	台橡宇部	7.2	—	—	7.2	—	—	—	—	—	—
	新疆天利	8	—	—	5	—	—	—	3	—	—
	山东华懋	5	—	—	5	—	—	—	—	—	—
	山东万达	3	—	—	3	—	—	—	—	—	—
	惠州李长荣	20	—	—	—	20	—	—	—	—	—
	乐金渤天	6	—	—	—	6	—	—	—	—	—
	南通台橡	6	—	—	—	6	—	—	—	—	—
	宁波科元	7	—	—	—	7	—	—	—	—	—
	山东聚圣	3	—	—	—	3（SIS）	—	—	—	—	—
	台橡朗盛	3	—	—	—	—	3	—	—	—	—
	镇江南帝	5	—	—	—	—	5	—	—	—	—
	黄山华兰	0.3	—	—	—	—	0.3	—	—	—	—
	宁波顺泽	6.5	—	—	—	—	6.5	—	—	—	—
	浙江赞昇	0.2	—	—	—	—	0.2	—	—	—	—
	金浦-KUO	6	—	—	—	—	6	—	—	—	—
	浙江信汇	11.5	—	—	—	—	—	11.5	—	—	—
	辽宁盘锦	12	—	—	—	—	—	6	6	—	—
	台塑	5	—	—	—	—	—	5	—	—	—
	山东京博	5	—	—	—	—	—	5	—	—	—
	伊科思	7	—	—	—	—	—	—	7	—	—
	山东神驰	3	—	—	—	—	—	—	3	—	—
	濮阳林氏	0.5	—	—	—	—	—	—	0.5	—	—
	鲁华泓锦	6.5	—	—	—	—	—	—	6.5	—	—
	金海德旗	3	—	—	—	—	—	—	3	—	—
	重庆长寿	2.8	—	—	—	—	—	—	—	2.8	—
	山纳公司	3	—	—	—	—	—	—	—	3	—
	山橡集团	3	—	—	—	—	—	—	—	3	—
	中石化三井	7.5	—	—	—	—	—	—	—	—	7.5
	宁波 SK	5	—	—	—	—	—	—	—	—	5
	朗盛中国	16	—	—	—	—	—	—	—	—	16
	小计	305	73	14	61.2	42	21	27.5	29	8.8	28.5
共计		578	145.5	39.7	154	92	28	41	32	8.8	37

注：a. 数据来源，合成橡胶工业协会。

在产能快速增长的同时，我国合成橡胶的产量和装置开工率却在不断减少。2015 年我国合成橡胶的产量同比（下同）下降约 4.76%，延续 2014 年产量下降趋势。装置开工率在 2014 年创新低之后，2015 年进一步降低，整体装置开工率不到 50%，其中聚丁二烯橡胶约为 45.3%，丁苯橡胶约为 53.7%，丁基橡胶约为 30%，聚异戊二烯橡胶不足 15%。

据统计，2015 年我国合成橡胶总进口量 130.40 万 t，增长约 3.62%。从进口品种看，聚丁二烯橡胶、丁苯橡胶、乙丙橡胶和丁基橡胶依然保持较高的进口量，进口量均超过 20 万 t。其中丁苯橡胶进口量增长 12.58%，聚丁二烯橡胶增长 11.65%。而乙丙橡胶和丁基橡胶由于产能和产量的增加，导致进口量分别下降约 12.06% 和 7.44%。变化最大的品种是热塑丁苯橡胶，2015 年进口量有较大的变化，增长约 69.58% 。在进口的同时，我国合成橡胶也有一定量的出口，2015 年的总出口量为 11.48 万 t，下降约 16.93%。丁苯橡胶、聚丁二烯橡胶、丁基橡胶和热塑丁苯橡胶依然是最主要出口品种，其中丁苯橡胶出口量下降约 29.89%，聚丁二烯橡胶下降约 10.48%，热塑丁苯橡胶下降约 27.15%，而丁基橡胶的出口量却增长约 50.88%。近几年我国合成橡胶各胶种的进出口情况见表 1.1.3-13。

表 1.1.3-13 我国合成橡胶各胶种的进出口情况[7—8]

橡胶品种	2013 年		2014 年		2015 年	
	进口量	出口量	进口量	出口量	进口量	出口量
丁苯橡胶	36.00	8.73	32.82	6.39	36.95	4.48
聚丁二烯橡胶	23.32	3.37	20.69	2.48	23.10	2.22
乙丙橡胶	25.23	0.31	30.11	0.44	26.48	0.52
丁腈橡胶	7.89	0.53	7.42	0.67	8.25	0.69
氯丁橡胶	2.00	0.35	1.97	0.31	1.77	0.18
丁基橡胶	25.17	1.57	26.89	1.14	24.89	1.72
热塑丁苯橡胶	4.31	1.20	3.78	2.21	6.41	1.61
聚异戊二烯橡胶	3.98	0.26	2.17	0.18	2.55	0.06
合计	127.90	16.32	125.85	13.82	130.40	11.48

2015 年国内外合成橡胶产能按胶种分布情况[9]如图 1.1.3-2、图 1.1.3-3 所示。

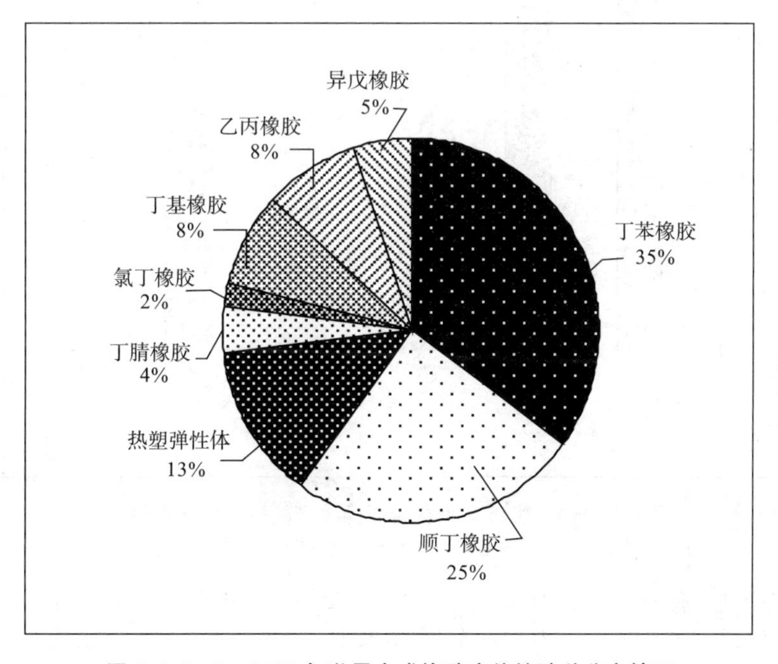

图 1.1.3-2 2015 年世界合成橡胶产能按胶种分布情况

数据来源：世界合成橡胶生产商协会（IISRP）2015 年数据

基于汽车行业的推动，世界合成橡胶工业发展至今已经形成了以丁苯橡胶、顺丁橡胶为主，而丁基橡胶作为汽车内胎不可或缺的原材料也占有 8%的产能。热塑弹性体广泛用于汽车及制鞋领域，也占有较大的比例。总的来看，国内合成橡胶产能按胶种分布情况与国外同行业的分布情况基本相似，产业结构基本合理。

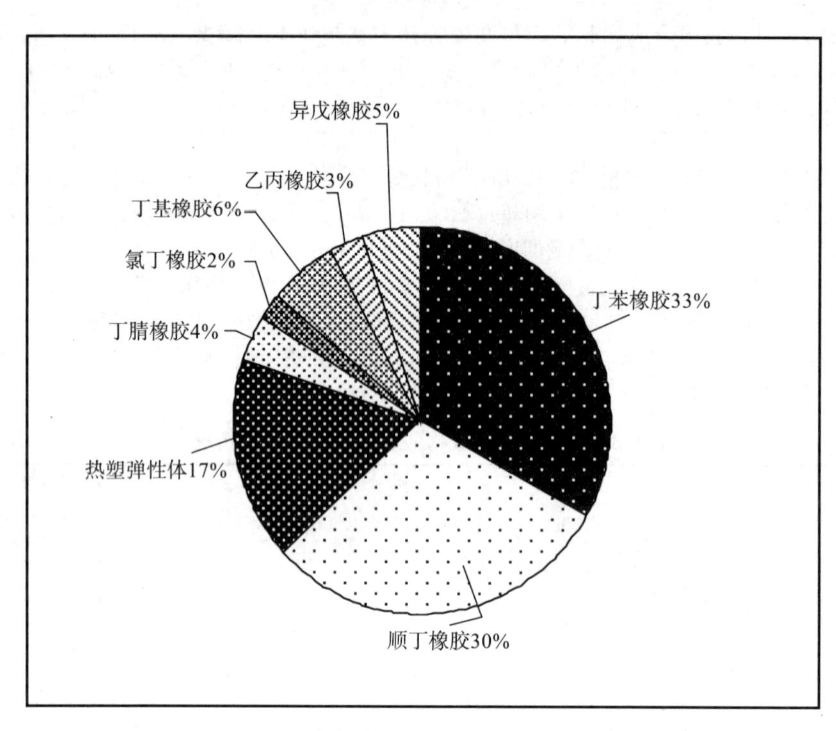

图 1.1.3-3　2015 年中国合成橡胶产能按胶种分布情况

数据来源：世界合成橡胶生产商协会（IISRP）2015 年数据

2015 年合成橡胶产能按地区分布情况[9]见图 1.1.3-4。

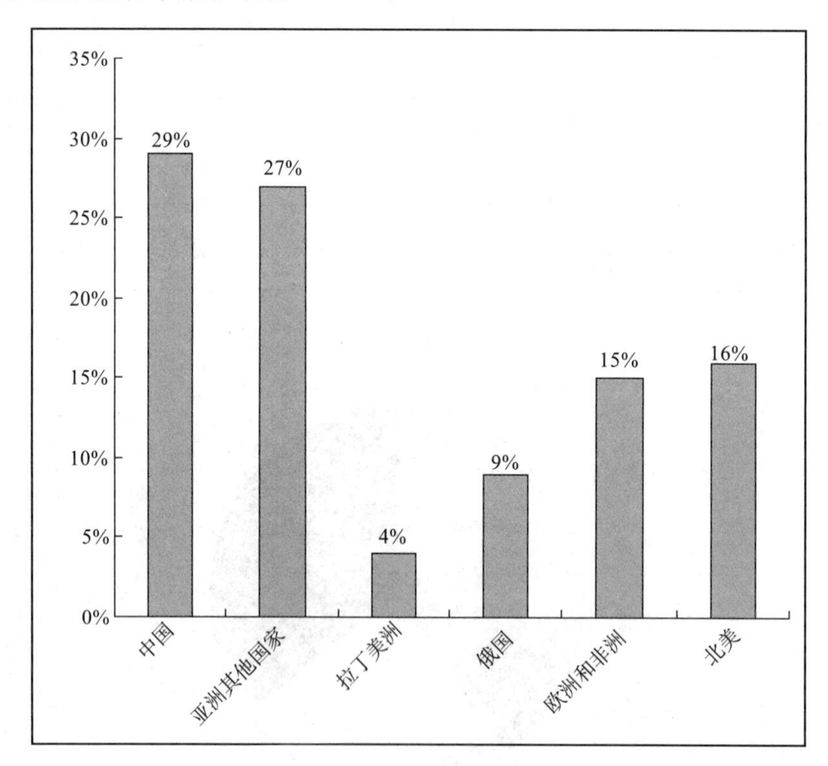

图 1.1.3-4　2015 年世界合成橡胶产能按地区分布情况

数据来源：世界合成橡胶生产商协会（IISRP）2015 年数据

近年来世界合成橡胶工业产能向亚太地区转移，亚太地区合成橡胶产能已占世界产能总量一半以上，未来亚太地区势必面临产能过剩、产业结构大幅调整的局面，届时，合成橡胶技术升级换代、过剩装置关停、同类装置兼并重组势在必行。从图 1.1.3-4 可见，中国合成橡胶产能位居世界第一，与亚洲其他国家总量基本相当。经过近 10 年的高速发展，我国 2010 年前后各民营、合资企业兴建的合成橡胶装置产能集中释放，产能过剩局面已经形成。

（三）合成橡胶技术发展方向

世界合成橡胶技术的发展日益成熟，各大胶种的工业生产模式趋于固化，原料供应、产品应用渠道日臻完善，合成橡胶作为汽车轮胎的主要耗材，其需求量稳中有增，但目前合成橡胶产能已趋于过剩，合成橡胶产品面临升级换代、增强竞争力的要求。未来合成橡胶技术发展方向或者主要体现在以下几个方面。

1. 合成橡胶产品的高性能化

主要是汽车技术的发展与环保要求的提高，对合成橡胶提出了各种高性能化的要求，促使合成橡胶以聚合催化体系为中心，展开一系列高性能化的研究，出现了大量新型的高性能与专用型合成橡胶。主要包括：

通用合成橡胶方面，主要是围绕高性能和超高性能轮胎特别是双B级（在燃油效率、湿滑路面抓地力两方面达到欧盟的B级标准）轮胎的开发，包括：①溶聚丁苯（SSBR）橡胶分子链中的官能化技术，主要是开发不同的催化体系，生产具有不同特性的SSBR，在不损害其他性能的前提下，降低SSBR的滚动阻力、提高其抗湿滑性、提高与炭黑的结合能力、提高生胶强度以适应子午线轮胎的发展要求等；②丁二烯橡胶方面，主要为高顺式聚丁二烯橡胶（耐磨耗、抗疲劳、低滚动阻力、低生热等）与乙烯基聚丁二烯橡胶的开发等；③聚异戊二烯橡胶方面，以高牵引性的3，4-聚异戊二烯为主要开发方向等；④星型支化丁基/溴化丁基橡胶技术和关键设备、长寿命胶囊工程化技术则是近年来丁基橡胶发展的热点方向。此外，还包括发展集成橡胶等。

通用合成橡胶在非轮胎应用方面的发展热点还包括：①环保型、粉末型、氢化型以及化学改性乳聚丁苯（ESBR）等系列产品的开发成为SBR发展的一个重要方面。②NBR通过化学改性和共混改性，开发多种高性能、高附加值的新产品，如HNBR、PNBR、XNBR、预交联NBR及采用动态硫化技术制备的NBR/PVC与NBR/PP共混型TPV材料、NBR/聚酰胺共混型TPE与NBR/EPDM共混物等。

特种合成橡胶方面，如开发高氟含量的氟橡胶材料，要求门尼黏度30～60，拉伸强度≥12 MPa，断裂伸长率≥120%；275℃老化后：拉伸强度≥10 MPa，断裂伸长率≥100%，耐甲醇质量增重≤5%，以适应航空航天、化工行业的要求。

2. 合成橡胶材料的功能化

合成橡胶材料功能化就是通过物理或化学的手段，如合成、共混、接枝改性、与新型材料复合或混合及新型加工方法等使合成橡胶材料在保持弹性体自身特性的基础上，获得原来不具备的某些特殊性能。这些特殊性能包括：热学性能方面的导热、热敏变色；电学性能方面的导电、电磁波屏蔽和吸收；光学性能方面的光敏、光蓄；生物学性能方面的仿生；其他方面有磁性、亲水性、形状记忆和富氧等特性。兼备两种以上功能的称之为Dynamic Function（D-功能），材料本身所固有的功能称之为Static Function（S-功能），由于形态而产生的功能称之为Shaping Function（Sh-功能）。近年来，各种功能性橡胶材料及制品不断涌现，其开发和应用方兴未艾，有理由相信，21世纪的橡胶技术将向着功能化方向继续深入发展。功能弹性体的分类见表1.1.3-14。

表1.1.3-14　功能弹性体的分类

分类	功能性	主要性质（性能）	用途或目的	典型结构	方法
S-功能	力学（物理）	形状记忆	人体保护	HTPI	立体规整性聚合
		压敏黏结	黏合剂	SBS、SIS	嵌段聚合
		低滞后	精密齿轮	聚醚嵌段聚氨酯	嵌段聚合
		选择性吸附	离子交换	氨基甲酰基SIS	高分子反应
D-功能	化学	固定化载体	催化、生理活性	端羟基PBD	高分子反应
		界面活性	乳化剂	PEO、聚硅氧烷	聚合
	水（湿）敏性	感水性	密封吸水、含水	含硅甲氧基聚合物	高分子反应
		亲水性	止水	含羟基聚合物	共混、高分子反应
	光敏性	感光性	耐酸皮膜	含苯乙烯基聚合物	复合、高分子反应
			折曲板、发泡	SBS、SIS、PU	
	热敏性	温度指示	热变色橡胶	—	共混
	辐射敏感	交联、降解	高清集成电路	环化PBD、PIP	高分子反应
	导电或磁性	半导体	抗静电	改性聚氨酯	高分子反应
		导体	压敏导电、固体电解质	硅橡胶/金属	复合
		—	电磁波屏蔽	—	共混
		—	电磁波吸收	—	共混
	生物医用	抗血栓 药理活性	人工脏器	改进PU、改性聚酯 纤维素、硅橡胶	高分子反应
			人工血管		
			体外回路		
			缓释		

续表

分类	功能性	主要性质（性能）	用途或目的	典型结构	方法
Sh-功能	力学-化学	膜	保鲜	HS-1，2-PBD	立体规整性聚合
		选择性透过	气体分离	硅橡胶	高分子反应
	物理-化学	捕捉性	金属离子分离	含冠醚聚合物	高分子反应

注：HTPI—高反式聚异戊二烯，PBD—聚丁二烯，PEO—聚环氧乙烷，HS-1，2-PBD—高间同1，2聚丁二烯。

3. 催化体系的发展

现代合成橡胶工业中七大通用橡胶产品的聚合机理见表 1.1.3-15。合成橡胶工业的发展不仅要求合成特定结构的产品，而且还要求催化剂生产的橡胶产品系列化和多样化，采用溶液聚合工艺，从丁二烯、异戊二烯和苯乙烯出发生产合成橡胶的催化剂见表 1.1.3-16。

表 1.1.3-15　合成橡胶工业的聚合机理和产品

聚合机理	产品
自由基聚合机理	乳聚丁苯橡胶、氯丁橡胶、丁腈橡胶
阳离子聚合机理	丁基橡胶
阴离子聚合机理	低顺式聚丁二烯、高顺式聚异戊二烯、溶聚丁苯橡胶
配位聚合机理	高顺式聚丁二烯、高顺式聚异戊二烯、乙丙橡胶

表 1.1.3-16　溶液聚合技术生产橡胶的催化剂体系

催化剂	锂	钛	钴	镍	稀土（钕）
丁二烯	低顺式 PBD	中顺式 PBD	高顺式 PBD	高顺式 PBD	高度立构规整性 PBD
	中乙烯基 PBD	反式 PBD	—	—	—
	高乙烯 PBD	—	—	—	—
异戊二烯	顺式 PIP	高顺式 PIP	—	—	高顺式 PIP
	3，4-PIP	—	—	—	—
BD-IP	高 1，2-BIC	—	—	—	高顺式-BIC
	低 Tg-BIC	—	—	—	—
BD-St	溶聚丁苯橡胶	—	—	—	—
	苯乙烯-丁二烯-苯乙烯嵌段共聚物	—	—	—	—
IP-St	苯乙烯-异戊二烯-苯乙烯嵌段共聚物	—	—	—	—
St-IP-BD	SIBR	—	—	—	—

因为阴离子聚合和配位聚合机理可对聚合物的分子结构进行设计，制备有规立构高性能的橡胶材料，而成为现代橡胶工业的主要聚合方法。这两种聚合机理的工业化实施方式主要采用溶液聚合工艺，也就是采用目前我国生产镍系顺丁橡胶的工艺技术。

(1) 锂系阴离子聚合橡胶

按阴离子聚合机理的锂系催化剂可以生产多种合成橡胶产品，是当前合成橡胶工业重点发展方向，其代表产品有 SSBR、SBS、SIBR（集成橡胶）等。锂系阴离子聚合具有温和的工艺条件，优越的引发体系，方便的溶剂系统，单体转化率高，品种、牌号众多，产品变换灵活，后加工简便，填充物份额高，环境保护易行，用途广泛以及物理机械性能优异的特点。

用阴离子聚合得到的 SSBR 作轮胎的胎面胶时，抗湿滑性强、滚动阻力低，因而节能、安全。英国 Dunlop 公司和荷兰 Shell 公司共同开发的 Cariflex—S—1215 和全天候 SSBR、日本 JSR 公司和 Bridgestone 公司生产的新型锡偶联型 SSBR 以及 Zeon 公司的胺类化合物改性 SSBR，抗滑性强、滚动阻力小、耐磨性能高，比其他胶种节能，成为目前子午线轮胎的首选材料。

以苯乙烯、异戊二烯和丁二烯为原料，采用阴离子聚合制得的 SIBR（集成橡胶）兼有 SSBR、顺丁橡胶和异戊橡胶的优点，弥补了它们原先各自的不足，同时更好地满足了轮胎胎面胶的低温性能、抗湿滑性能及安全性能的要求，未来可能成为轮胎胎面胶的主体材料。

鉴于阴离子聚合理论现有的深度及发展，分子设计和改性工艺必然达到新的高度，理想高分子材料中的相当一部分，可能首先由锂系聚合物提供。

(2) 稀土催化体系橡胶

按配位聚合机理的钛、钴、镍和稀土催化剂，在设计合成高度立构规整性的聚合物方面具有锂系催化剂无可比拟的优势，特别是稀土催化剂在制备高度立构规整的聚丁二烯橡胶、可替代天然橡胶的高顺式聚异戊二烯橡胶和高顺式丁二烯-异戊二烯共聚合橡胶方面，具有独特的反应特征。因此，在顺丁橡胶、异戊橡胶、丁戊橡胶的工业化方面，均向高活性高顺式稀土定向催化聚合工艺方向发展。

稀土钕系 BR 顺式-1，4-结构含量高，分子链立构规整度高，加工性能、硫化胶物理性能以及抗湿滑性能均优于其他催化体系催化合成的 BR。稀土钕系 BR 具有以下优点：①稀土钕系催化剂属于非氧化型催化剂，残留物不会引发聚合物降解，合成中无须脱除，有利于简化工艺和节能；②可很容易地调整聚合物门尼黏度或生产高门尼黏度的充油基础胶；③采用脂肪烃溶剂，有利于环境保护；④聚合反应具有准活性特征，分子链末端可进一步进行化学改性；⑤有利于实现用气相聚合法生产，完全符合现代合成橡胶工业节能降耗、保护生态环境和产品高性能化的发展趋势。

(3) 茂金属催化聚合弹性体将成为发展重点

20 世纪 90 年代实现工业化突破的茂金属催化烯烃聚合技术，从聚乙烯（PE）生产技术延伸到了弹性体产业，使塑料和橡胶生产技术变得几乎没有区别，不仅乙丙橡胶实现了产品无催化剂残留、工艺简单、产品高度清洁、生产成本降低的工业化生产，而且茂金属催化剂用于 SBS、SIBR 等锂系聚合物的加氢反应也具有工业应用前景，是乙丙橡胶乃至合成橡胶技术的一个里程碑，正在产生自 Ziegler Natta 催化剂问世以来对高分子产业最大的冲击。

EPDM 一直使用齐格勒·纳塔（Zigler Natta）型催化剂生产，它存在一些问题，如残余催化剂较多、门尼黏度及各组分比例难以恒定等，因此影响其充分发挥性能。20 世纪 90 年代初，美国陶氏化学公司使用Ⅳ B族过渡金属作催化剂（即限定几何结构型催化剂，Constrained Geometry Catalyst，简称 CGC），研制成功乙烯-辛烯共聚物（商品名为 Engage，已推向我国市场，应用于汽车保险杠 PP/Engage 及高级运动鞋发泡中底）以及乙烯丙烯 ENB 型 EPDM，该公司称这种合成技术为“Insite 技术”。1997 年美国 DDE 公司（杜邦-陶氏弹性体公司）推出新一代 EPDM，商品名为 Nordel IP，即茂金属（Metallocene）催化 EPDM，这是 EPDM 生产技术的一个划时代的革命，立即引起世界橡胶行业的重视。Nordel IP 生产过程由于使用 CGC，质量指标都能严格控制，所以批次之间质量稳定；分子量分布窄，在分子量相当的情况下，Nordel IP 的强度比普通 EPDM 高，而且流动性优异。

茂金属催化剂由茂金属化合物（主催化剂）及助催化剂，如甲基铝氧烷（MAO）构成。茂金属化合物是指过渡金属如锆、钛、铪等与环状不饱和基团茂环（环戊二烯基或取代的环戊二烯负离子）配位形成的过渡金属有机化合物如 Cp_2TiCl_2 等，包括普通型、桥联型、限定几何构型及载体型等不同结构。茂金属催化剂由于含有配位体的不同、取代模式的差异以及结构、金属种类和载体的不同，在体系构成上较为复杂。常见的茂金属催化剂有：Cp_2ZrCl、Et（IndH4）$_2ZrCl_2$、rac－Et（Ind）$_2ZrCl_2$、{［3，5-(CF_3)$_2$Ph］Ind}$_2ZrCl_2$、(2Phlnd)$_2ZrCl_2$、(IndMe)$_2ZrCl_2$ 等。目前，工业生产上应用的茂金属催化剂主要为限定几何构型类催化剂，具体分为茂钛（生产商为美国 Dow 化学公司，采用 Insite 技术）和茂锆（生产商为 Exxon Mobil 公司，采用 Exxpol 技术）2 种催化剂。因聚合过程中催化剂用量很少，不必脱除产物中残留催化剂。

该类催化剂具有使烯烃与空间位阻大的单体进行共聚的能力，可以通过溶液、淤浆和气相聚合法合成性能优良的聚烯烃塑性体和弹性体。与钒系、钛系催化剂体系相比，茂金属催化剂合成的乙丙橡胶具有很多优点：催化剂活性中心单一，催化中心 100%有活性，聚合活性高、用量少、催化效率高，不需脱除催化剂；可在高温下进行溶液聚合，聚合后液相中 EPDM 质量分数高达 16.4%，产物的结构和链长度均一，生成的聚合物立体规整度高，共聚单体之间结合均匀，可实现单体间规聚合，对工艺适应性强；既可生产二元乙丙橡胶，也可生产 EPDM；而且还可以通过改变茂金属催化剂的结构，准确调节聚合物中乙烯 、丙烯和二烯烃的组成，精确调控聚合物的微观结构，合成相对分子质量及其分布、组成分布、侧链支化度、晶体结构和熔点等参数不同的聚合物，从而得到新型链结构的聚合物；其长链呈支化，相对分子质量呈双峰分布，得到的聚合物可用于各种不同用途，且具有优异的力学性能和良好的加工性能。所谓分子量的双峰分布，是指在低分子量部分再出现一个较窄的峰，并且减少极低分子量部分的含量，通过这种方式既可以提高 EPDM 的力学性能，又可以改善其流动性和发泡率，其应用优势在于可以弥补普通 EPDM 由于门尼黏度高而导致的加工性能差的不足。

4. 产品与生产过程的环保化

合成橡胶的生产，除了继续千方百计设法降低能耗，提高橡胶转化率，克服工艺堵塞和设备腐蚀，延长装置使用运转周期外，也越来越重视产品与生产过程的环保化。橡胶生产过程的环保化，包括采用环保型的生产装置与所用原料的环保化。如，丁苯橡胶从聚合助剂到填充油均已改为无毒无害的物质，并且力求减少废气污水的排量。

生橡胶中列入高关注物质（SVHC）的，包括丙烯腈残留单体、多环芳烃、壬基酚、多环芳烃、N-亚硝基化合物、壬基酚聚氧乙烯基醚、有害金属元素等，对人体造成的潜在危害已引起人们的高度重视。近年来，已开发出一系列环保型的合成橡胶类产品，如 SBR 1500E、SBR 1502E 等，环保型合成橡胶正在成为橡胶的主流。

全氟辛酸及其盐（PFOA）是氟橡胶聚合使用的经典分散剂，但 PFOA 也是目前世界上发现的最难降解的有机污染物之一，2004 年美国杜邦公司“特氟龙”事件引发了国际社会对 PFOA 的禁令危机，目前一些发达国家和非政府组织已将 PFOA 等全氟有机化合物对环境及人体健康可能造成的危害作为热点问题加以关注，并进行环境监测和人群健康安全性评价的研究，降低氟聚合物产品中 PFOA 含量和 PFOA 替代产品开发已成为世界各氟化工企业、研究机构竞相研究的焦点技术问题，目前国外不含 PFOA 的氟橡胶已经问世。

氯丁橡胶是七大合成橡胶中“三废”与安全问题最多的胶种，其中的有机氯对人及环境造成相当大的危害，存在难以克服的污染问题，许多国家都尽量减少或不生产。用简单氯化物（非氯气）对顺丁橡胶进行氯化，得到类似氯丁橡胶的弹性体，在相当大的领域里可以代替氯丁橡胶而又不造成或极少造成污染。

5. 热塑性弹性体及其改性产品成为发展热点

热塑性弹性体（TPE）是近年来发展最快的一种新型材料，未来10年内，其增长率将达到橡胶和塑料的3～8倍。在各类型TPE中，苯乙烯类约占50%、聚烯烃类约占27%、聚氨酯类约占11%、共聚酯类占5%、聚酰胺类及其他占7%。

近年来TPE的性能也在不断改进，如改善了压缩永久变形，提高了耐热性，改进了流动性和抗冲击性，增加了可喷涂性，开发了较软品级和可发泡的牌号。例如无污染环境之虞的聚苯乙烯类热熔型黏合剂正在飞速发展，将占据未来压敏胶的主导地位；氢化、环氧化等高功能化苯乙烯类TPE成为开发热点；反应型和茂金属系聚烯烃类TPE发展迅速，对传统的机械共混型聚烯烃类TPE构成强烈冲击，典型产品有Montell公司的Adflex（反应器型改性聚丙烯）、联碳公司的Flexomers（乙烯-丁烯共聚物）、美国埃克森美孚化学公司的Exact（茂金属系乙烯-辛烯共聚物）、杜邦-道弹性体公司的Engage（茂金属系乙烯-辛烯共聚物）。聚酯类、共聚酯类、聚酰胺类TPE与其他弹性体的复合化或合金化也是研究开发的重要方向之一。

6. 生产装置的多功能化和高产能化

合成橡胶生产装置实现多功能化和高产能化已成为国外各大公司的发展战略和投资倾向。如，采用溶液聚合技术，既可以用锂系催化剂合成橡胶，也可以用配位聚合型催化剂（如镍系或稀土系催化剂）生产顺丁橡胶等。

据统计，全球多功能化合成橡胶装置有近60套，如阿朗新科公司已实现稀土系BR、SSBR和其他锂系SBR在同一装置上的生产。

7. 分子设计工程将得到广泛应用

分子设计工程技术是根据使用性能的要求对合成橡胶聚合物分子链、组成、微观结构进行设计与合成，对网络结构、超分子结构和界面性质进行调控的技术，该技术越来越广泛地应用于合成橡胶工业。如SIBR的集成橡胶概念，采用新型催化体系的可控长链支化技术开发的CLCB EPDM等，其中CLCB技术的创新点是同时实现支化度可控与窄分子量分布（MWD），而且抑制离子副反应。

8. 气相聚合技术将成为今后的主要方向

弹性体气相聚合技术是近几年国外研究开发的热点，虽然目前还存在一些需要完善的技术问题（如产品通用性差等），但其优点突出：一是不使用溶剂，有利于生态环保；二是投资和生产成本低；三是可合成塑性、屈挠性和弹性聚合物。这些优点使得弹性体气相聚合技术已成为国外大型石化公司竞相开发的热点。

随着原材料、能源和劳动工资、企业管理等费用的不断上涨，以及产品市场竞争的不断加剧，橡胶生产成本和销售价格已成为攸关企业生存的一大问题。除采取节能降耗、提高设备运转率、聚合转化率等传统的措施之外，对橡胶进行充油，发展充油胶已是重要的产品发展方向，另外还有加有炭黑、白炭黑等填料的母胶。现在越来越多的合成橡胶企业甚至自办CMB工厂，把橡胶进一步加工成各种混炼胶供应给非轮胎橡胶制品等零散企业，以方便用户使用。

3.2 聚异戊二烯橡胶

3.2.1 顺式聚异戊二烯（Cis-1，4-Polyisoprene Rubber）

顺式聚异戊二烯橡胶（IR）的物理机械性能和天然橡胶相似，也称为“合成天然橡胶”，其颜色透明光亮。IR按催化体系的不同，分为锂系、钛系、稀土系。俄罗斯SKI—3及日本瑞翁2200产品为钛系，俄罗斯SKI—5PM及我国产品均为稀土系。

不同催化体系的IR与NR在微观与宏观结构上的区别见表1.1.3-17。

表1.1.3-17 不同催化体系的IR与NR在微观与宏观结构上的区别

IR与NR	化学结构				宏观结构				
	顺式-1，4结构含量/%	反式-1，4结构含量/%	1，2结构含量/%	3，4结构含量/%	重均分子量$\overline{Mw}/\times10^4$	数均分子量$\overline{Mn}/\times10^4$	分子量分布指数$\overline{Mn}/\overline{Mw}$	支化	凝胶含量/%
NR	98	0	0	2	100～1000		1.89～2.54	支化	15～30
钛系IR	96～97	0	0	2～3	71～135	19～41	2.4～3.9	支化	3.7～30
烷基锂IR	93	0	0	7	122	62	2.0	线型	0
稀土IR	94～95	0	0	5～6	250	110	<2.8	支化	0～2

IR主要用作天然橡胶的替代品，具有优良的弹性、耐磨性、耐热性和抗撕裂性，其拉伸强度与伸长率等与天然橡胶接近。其广泛用于医疗、医用橡胶制品；轮胎的胎面胶、胎体胶及胎侧胶；胶鞋、胶带、胶管、胶黏剂、工艺橡胶制品等。

与天然橡胶相比，IR凝胶含量少，无杂质，质量均一，其化学结构中顺式含量低于天然橡胶，即分子规整性低于天然橡胶，其结晶能力比天然橡胶差。IR不需塑炼，冬季不用保温，未硫化胶的流动性好于天然橡胶，加工容易；不饱和度和生胶强度较低，有冷流倾向，易发生降解；硫化速度较慢，配合时硫黄用量应比天然橡胶少10%～15%，促进剂用量要比天然橡胶增加10%～20%。IR硫化胶的震动吸收性和电性能好，与天然橡胶硫化胶相比，IR硫化胶的硬度、定伸应力和拉伸强度都比较低，扯断伸长率稍高，回弹性与天然橡胶相同，在高温下的回弹性比天然橡胶稍高，生热及压缩永久变形、拉伸永久变形都较天然橡胶低。

杜仲胶、巴拉塔胶、古塔波胶都是反式的聚异戊二烯（TPI），人工合成高反式 TPI 也已实现，但是催化效率抵，价格昂贵。

反式-1，4 的结构分为 α 型和 β 型两种，前者熔融温度为 56℃，后者熔融温度为 65℃，而顺式-1，4 结构的熔融温度为 28℃。反式-1，4 结构与顺式-1，4 结构的微观区别见表 1.1.3-18。

表 1.1.3-18 反式-1，4 结构与顺式-1，4 结构的微观区别

橡胶结构形式	结构单元链节的大小
反式-1，4 加成结构 α 型（古塔波胶）	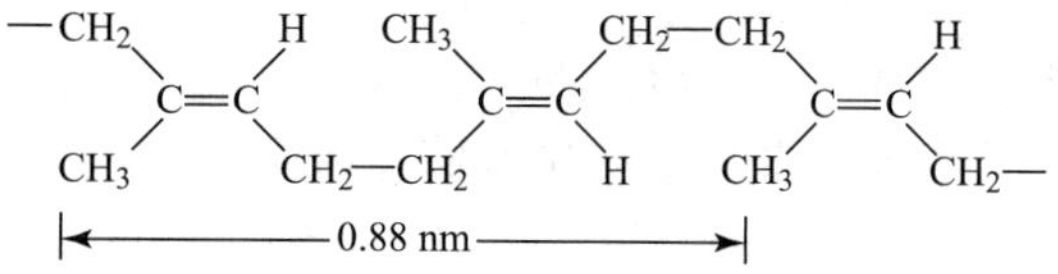 $—CH_2$ H CH_3 $CH_2—CH_2$ H C=C C=C C=C CH_3 $CH_2—CH_2$ H CH_3 $CH_2—$ ← 0.88 nm →
反式-1，4 加成结构 β 型	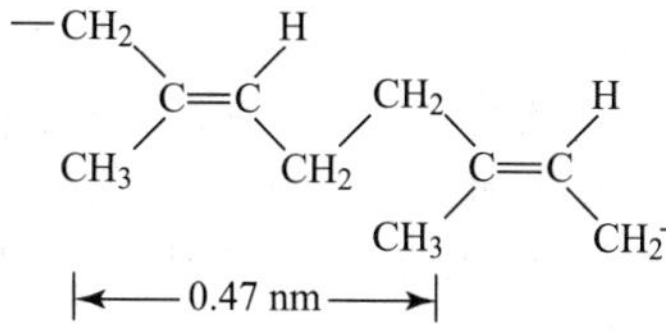 $—CH_2$ H C=C CH_2 H CH_3 CH_2 C=C CH_3 $CH_2—$ ← 0.47 nm →
顺式-1，4 加成结构（三叶橡胶）	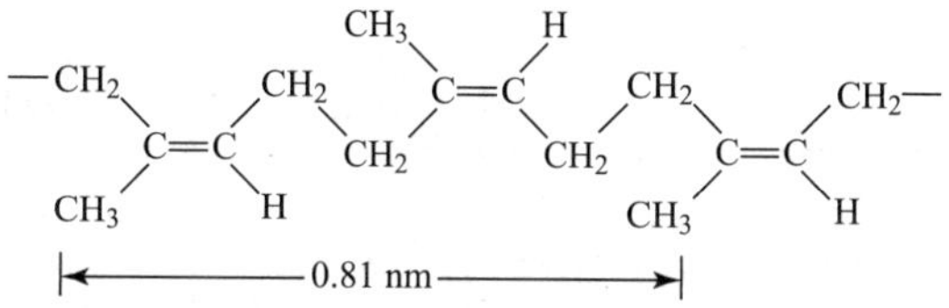 CH_3 H $—CH_2$ CH_2 C=C CH_2 $CH_2—$ C=C CH_2 CH_2 C=C CH_3 H CH_3 H ← 0.81 nm →

TPI 与 NR 不同，为反式-1，4 结构，其性能也与 NR 有明显不同，表现如下：

（1）在 60℃以下迅速结晶，结晶度为 25%～45%，在常温下呈非橡胶态，具有高硬度和高拉伸强度；随温度升高，结晶度下降，硬度和拉伸强度急剧下降。

（2）温度高于 60℃时，TPI 表现出橡胶的特性，可以硫化。借此特性其可以用作形状记忆材料。

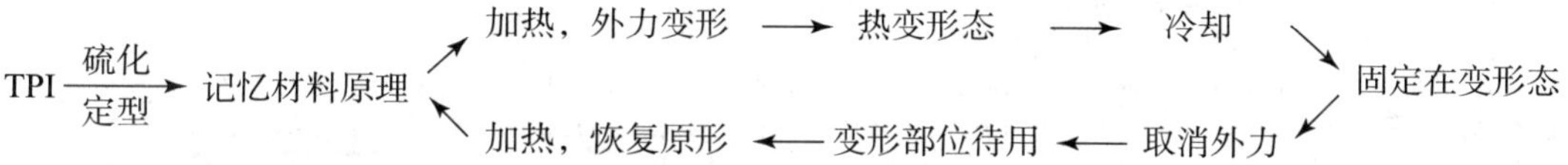

TPI —硫化/定型→ 记忆材料原理 → 加热，外力变形 → 热变形态 → 冷却 → 固定在变形态 → 取消外力 → 变形部位待用 → 加热，恢复原形 → 记忆材料原理

（3）硫化过程表现出明显的三阶段特征。

①未硫化阶段：属于典型的热塑性材料，强度、硬度高，冲击韧性极好，软化点低（60℃），可在热水或热风中软化，TPI 无生理毒性，可以直接在身体上模型固化，也可以捏塑成型，随体性好，轻便、卫生，可以重复使用，可作为医用夹板、绷带、矫形器件、假肢等，可以用酒精直接消毒。

②低中度交联阶段：交联点间链段仍能结晶，表现为结晶型网络结构高分子。因其在室温下具有热塑性，受热后具有热弹性，可以用作形状记忆功能材料。

③交联度达到临界点：表现为典型的弹性体特性，耐疲劳性能优异，滚动阻力小，生热低，是发展高速节能轮胎的一种理想材料。

TPI 塑炼和混炼温度不能低于 60℃，半成品挺性好，易喷霜。

3.2.2 聚异戊二烯橡胶的技术标准与工程应用

（一）聚异戊二烯橡胶的标准试验配方

评价聚异戊二烯橡胶的标准试验配方见表 1.1.3-19。

表 1.1.3-19 评价聚异戊二烯橡胶的标准试验配方

材料	质量分数
聚异戊二烯橡胶（IR）	100.00
硬脂酸	2.00
氧化锌	5.00
硫黄	2.25
工业参比炭黑（N330）[a]	35.00

续表

材料	质量分数
TBBS[b]	0.70
总计	144.95

注：a. 可用目前使用的通用工业参比炭黑代替 N330；

b. N-叔丁基-2-苯并噻唑次磺酰胺（TBBS）参见 ISO 6472；TBBS 应为粉末状，按照 ISO 11235 测定最初不溶物，其含量应低于 0.3%。在室温下应储存在密闭容器内，并每 6 个月应测定一次不溶物的含量。如果不溶物的含量超过 0.75%，则应丢弃。TBBS 也可以通过再提纯处理，比如采用重结晶的方法。

硫化时间：135℃×20 min、30 min、40 min、60 min。

（二）聚异戊二烯橡胶的硫化试片制样程序

聚异戊二烯橡胶硫化试片制样程序见表 1.1.3-20，详见《非充油溶液聚合型异戊二烯橡胶（IR）评价方法》（GB/T 30918—2014）MOD《异戊二烯橡胶（IR）非充油、溶液聚合型橡胶评价方法》（ISO 2303—2011）。《橡胶—评价 IR（异戊橡胶）标准方法》（ASTM D 3403—2007）规定有 4 种混炼程序，分别是：小型密炼机法、全密炼法、初密炼-终开炼法和开炼法。《异戊二烯橡胶（IR）非充油、溶液聚合型橡胶评价方法》（ISO 2303—2011）2011 主要规定了 2 种开炼法（混炼时间不同），密炼法给出了方法概要，以示例给出了密炼法混炼程序，示例为其他通用合成橡胶评价方法中的小型密炼机混炼程序，标准密炼机的两段混炼程序为全密炼法混炼程序和先密炼后开炼混炼程序。

试样制备、混炼和硫化所用的设备及程序应符合《橡胶试验胶料的配料、混炼和硫化设备操作程序》（GB/T 6038）的规定。

表 1.1.3-20 聚异戊二烯橡胶硫化试片制样程序

1. 开炼机混炼程序		
概要：① 规定了方法 A 和方法 B 两种开炼机混炼方法。方法 B 的混炼时间短于方法 A。 ② 两种方法不一定得到相同的结果。在任何情况下，实验室间的验证或一系列评价都应该采用相同的程序。 ③ 两种方法中，标准实验室开炼机投料量（以 g 计）都应为配方量的 4 倍。混炼过程中辊筒的表面温度应保持在 70±5℃。 ④ 混炼期间，应保持辊筒间隙上方有适量的滚动堆积胶，如果按规定的辊距达不到该要求，应对辊距稍作调整		
程序	持续时间/min	累计时间/min
方法 A		
a）调节辊距为 0.5±0.1 mm，使橡胶不包辊连续通过辊筒间两次。	2.0	2.0
b）调节辊距为 1.4 mm，使橡胶包辊，从每边作 3/4 割刀两次。	2.0	4.0
注：某些类型的异戊二烯橡胶会黏到后辊上，这种情况下，应当添加硬脂酸，加入硬脂酸后，通常情况下橡胶就会被传送到前辊。另外，对于某些韧性较好异戊二烯橡胶，在添加其他物质之前，破胶可能需要较长时间。		
c）调节辊距为 1.7 mm，加入硬脂酸，从每边作 3/4 割刀一次。	2.0	6.0
d）加入氧化锌和硫黄。从每边作 3/4 割刀两次。	3.0	9.0
e）沿辊筒等速均匀地加入炭黑。当加入约一半炭黑时，将辊距调至 1.9 mm，从每边作 3/4 割刀一次，然后加入剩余的炭黑。务必将掉入接料盘中的炭黑加入混炼胶中。当炭黑全部加完后，从每边作 3/4 割刀一次。	13.0	22.0
f）使辊距保持在 1.9 mm，加入 TBBS，从每边作 3/4 割刀三次。	3.0	25.0
g）下片。调节辊距至 0.8 mm，将胶料打卷，从两端交替纵向薄通六次。	3.0	28.0
h）将胶料压成厚约 6 mm 的胶片，检查胶料质量（见 GB/T 6038），如果胶料质量与理论值之差超过+0.5%或−1.5%，则弃去此胶料并重新混炼。		
i）取足够的胶料，按 GB/T 16584 或 GB/T 9869 评价硫化特性，如果可能测试之前按 GB/T 2941 规定的标准温度和湿度调节试样 2～24 h。		
j）将胶料压成厚约 2.2 mm 的胶片用于制备试片；或者制成适当厚度的胶片按照 GB/T 528 规定制备环形试样。		
k）胶料在混炼后硫化前调节 2～24 h。如有可能，在 GB/T 2941 规定的标准温度和湿度下调节		
方法 B		
a）将辊距设定为 0.5±0.1 mm，使橡胶不包辊通过两次，然后将辊距逐渐增至 1.4 mm，将橡胶包辊。	2.0	2.0
b）加入硬脂酸，从每边作 3/4 割刀一次。	2.0	4.0
c）加入硫黄和氧化锌。从每边作 3/4 割刀两次。	3.0	7.0
d）加入一半炭黑。从每边作 3/4 割刀两次。	3.0	10.0
e）加入剩余的炭黑和掉入接料盘中的炭黑。从每边作 3/4 割刀三次。	5.0	15.0
f）加入 TBBS。从每边作 3/4 割刀三次。	3.0	18.0
g）下片。辊距调节至 0.5±0.1 mm，将胶料打卷，从两端交替纵向薄通六次。	2.0	20.0
h）将胶料压成约 6 mm 的厚度，检查胶料质量（见 GB/T 6038），如果胶料质量与理论值之差超过+0.5%或−1.5%，废弃此胶料，重新混炼。		
i）取足够的胶料，按 GB/T 16584—1996 或 GB/T 9869 评价硫化特性，如果可能，测试之前按 GB/T 2941 规定的标准温度和湿度调节试样 2～24 h。		
j）将胶料压成约 2.2 mm 厚度的胶片用于制备试片；或者制成适当厚度的胶片，按照 GB/T 528 的规定制备环形试样。		
k）混炼后硫化前将胶料调节。如有可能，在 GB/T 2941 规定的标准温度和湿度下调节		

续表

2. 实验室密炼机（LIM）混炼程序		
概要：通常情况下实验室密炼机的容积从 65 cm^3 到 2 000 cm^3 不等，投料量应等于额定密炼机容积（以 cm^3 表示）乘以胶料的密度。在制备一系列相同的胶料期间，对每个胶料的混炼，实验室密炼机的混合条件应相同。在一系列混炼试验开始之前，可先混炼一个与试验配方相同的胶料来调整密炼机的工作状态。密炼机温度在一个试样混炼结束之后和下一个试样开始前冷却到 60℃。在一系列混炼试验期间，密炼机温度的控制条件应保持不变		
程序	持续时间/min	累计时间/min
微型密炼机混炼程序 微型密炼机（MIM）额定混炼容积为 64±1 mL。凸轮头 MIM 混炼投料系数为 0.5，班伯里头 MIM 混炼投料系数为 0.43。混炼后出料温度不应超过 120℃，如有必要，通过调节投料量、机头温度或转子转速来满足此条件。 注：如果将橡胶、炭黑和油以外的其他配料预先按配方比例混合，再加入到微型密炼机的胶料中，会使加料更准确、方便。配料的混合可使用研钵和研杵完成，也可在带增强旋转棒的双锥形掺混器皿里掺混 10 min，或在一般掺混器皿里混合 5 次（3 s/次），每次混合后都要刮掉黏附在内壁上的物料。韦林氏搅拌器适用于该混合方法。注意：如果混合时间超过 3 s，硬脂酸可能会融化，导致分散性不好。		
a）装入橡胶，放下上顶栓，塑炼橡胶。	1.0	1.0
b）升起上顶栓，加入预先混合的氧化锌、硫黄、硬脂酸和 TBBS，谨慎操作以免损失，然后加入炭黑，清扫加料口，放下上顶栓。	1.0	2.0
c）混炼胶料。	7.0	9.0
d）关掉电机，升起上顶栓，打开混炼室，卸下胶料。记录所卸胶料的最高温度。 e）卸下胶料后，将开炼机温度设为 70±5℃，辊距调至 0.5 mm，使胶料通过一次；然后将辊距调至 3.0 mm，再通过两次。 f）将胶料压成约 6 mm 的厚度，检查胶料质量（见 GB/T 6038），如果胶料质量与理论值之差超过+0.5%或−1.5%，则弃去此胶料，重新混炼。 g）取足够的胶料，按 GB/T 16584 或 GB/T 9869 评价硫化特性，如果可能，测试之前按 GB/T 2941 规定的标准温度和湿度调节试样 2～24 h。 h）将胶料压成厚约 2.2 mm 的胶片用于制备试片；或者制成适当厚度的胶片，按照 GB/T 528 的规定制备环形试样。 i）将胶料在混炼后硫化前调节 2 h～24 h。如有可能，在 GB/T 2941 规定的标准温度和湿度下调节		
3. 两段混炼程序（包括开炼法终混炼程序）		
概要：实验室密炼机应能在密炼结束之后，在下一次密炼之前将温度降至 60℃。实验室密炼机额定混炼容积为 1 170±40 mL，投胶量（以 g 计）按 10 倍配方量（即 10×144.95 g=1449.5 g）		
程序	持续时间/min	累计时间/min
①密炼机初混炼程序 混炼应使所有组分达到均匀分散 混炼后胶料的终出料温度应为 150～170℃，如有必要，通过调节投料量、机头温度或转子速度来达到此条件。 a）调节实验室密炼机的初始温度为 60±3℃，关闭卸料口，设定电机转速为 77 r/min，开启电机，升起上顶栓。		
b）装入一半橡胶，所有的炭黑、氧化锌和硬脂酸，然后装入剩下的橡胶。放下上顶栓。	0.5	0.5
c）混炼胶料。	3.0	3.5
d）升起上顶栓，清扫密炼机加料口和上顶栓顶部，放下上顶栓。	0.5	4.0
e）当混炼温度达到 170℃或总混炼时间达到 6 min，满足其中一个条件即可卸下胶料。	2.0	6.0
f）检查胶料质量（见 GB/T 6038—2006），如果胶料质量与理论值之差超过+0.5%或−1.5%，废弃此胶料，重新混炼。 g）将胶料压成约 6 mm 的厚度，在温度为 70±5℃的开炼机上通过三次。 h）放置胶料 0.5～24 h，如有可能，在 GB/T 2941 规定的标准温度和湿度下调节。 ②终混炼程序 在终混炼之前，将胶料放置 30 min 或将其温度降至室温，混炼应使所添加的配合剂分散较好。混炼之后胶料的终温度不应超过 120℃。 使用实验室密炼机（LIM）时，如有必要，可通过调节投料量、机头温度和（或）转子速度来达到此条件。使用开炼机时，将辊筒温度设置为 70±5℃，在整个混炼过程中要保持该温度；标准实验室开炼机投料量（以 g 计）应为试验配方量的 3 倍，在混炼过程中，辊筒间应有适量的堆积胶，如果达不到下面规定的要求，应调节开炼机的辊距。 ②−1. 密炼机终混炼程序 a）设定密炼机温度为 40±5℃，设置转速为 8.1 rad/s（77 r/min），升起上顶栓。		
b）装入母炼胶、硫黄和促进剂，放下上顶栓。	0.5	0.5
c）混炼胶料，当胶料温度达到 120℃或时间为 2 min，满足其中一个条件即可卸下胶料。	2.0	2.5
d）将开炼机的辊温调至 70±5℃、设辊距为 0.8 mm，将胶料打卷，从两端交替加入纵向薄通四次。	0.5	3.0
e）将胶料压成约 6 mm 的厚度，检查胶料质量（见 GB/T 6038），如果胶料质量与理论值之差超过+0.5%或−1.5%，废弃此胶料，重新混炼		

续表

程序	持续时间/min	累计时间/min
f）取足够的胶料，按 GB/T 16584—1996 或 GB/T 9869 评价硫化特性，如果可能，测试之前按 GB/T 2941 规定的标准温度和湿度调节试样 2～24 h。		
g）将胶料压成约 2.2 mm 厚度的胶片用于制备试片，或者制成适当厚度的胶片按照 GB/T 528 的规定制备环形试样。		
h）混炼后硫化前将胶料调节 2～24 h。如有可能，在 GB/T 2941 规定的标准温度和湿度下调节。		
②－2. 开炼机终混炼程序		
a）设定辊温为 70±5℃，辊距为 1.9 mm，将母炼胶在慢速辊上包辊。		
b）加入促进剂，等促进剂完全分散后，从每边作 3/4 割刀三次。	3.0	3.0
c）加入硫黄，等硫黄完全分散后，从每边作 3/4 割刀一次。	3.0	6.0
d）辊距调节至 0.8 mm，将胶料打卷，从两端交替加入纵向薄通六次。	2.0	8.0
e）将辊距调节至约 6 mm，将胶料打卷，从两端交替加入纵向薄通六次，下片。	1.0	9.0
f）检查胶料质量（见 GB/T 6038），如果胶料质量与理论值之差超过＋0.5%或－1.5%，废弃此胶料，重新混炼。		
g）取足够的胶料，按 GB/T 16584 或 GB/T 9869 评价硫化特性，如有可能，测试之前按 GB/T 2941 规定的标准温度和湿度调节试样 2～24 h。		
h）将胶料压成约 2.2 mm 厚度的胶片用于制备试片；或者制成适当厚度的胶片，按照 GB/T 528 的规定制备环形试样。		
i）混炼后硫化前将胶料调节，如有可能，在 GB/T 2941 规定的标准温度和湿度下调节		

（三）聚异戊二烯橡胶的技术标准

1. 聚异戊二烯橡胶

聚异戊二烯橡胶的典型技术指标见表 1.1.3-21。

表 1.1.3-21　聚异戊二烯橡胶的典型技术指标

聚异戊二烯橡胶的典型技术指标				
项目		指标	项目	指标
聚合形式		加成	门尼黏度［ML（1+4）100℃］	40～96
聚合方法		负离子、配位负离子	相对密度	0.91～0.9
聚合体系		溶液	T_g/℃	－72～－63
化学结构		顺式-1，4 结构含量 91.0%～98.7%	脆性温度/℃	－56～－67
平均分子量	$\overline{Mn}$/×10⁴	7.7～250	热分解温度/℃	300～400
	$\overline{Mw}$/×10⁴	5～580	折射率（25℃）	1.521
聚异戊二烯橡胶硫化胶典型技术指标				
项目		指标	项目	指标
弹性模量 剪切（动态）（60 Hz，100℃）/MPa		1.37～2.05	拉断伸长率/%	430～670
			撕裂强度/（kN·m^{-1}）	53.9～83.3
内部摩擦 （60 Hz，25℃） （60 Hz，100℃）/kPa		9 2.5	硬度（JIS，A）	56～58
			压缩永久变形 （70℃，22 h） （100℃，22 h）	18～24 53～62
拉伸强度/MPa		22.5～28.4		
300%定伸应力/MPa		8.8～14.7	磨耗（Akron)/[cm^3·（1 000 r）$^{-1}$]	0.4

注：详见于清溪，吕百龄，等．橡胶原材料手册［M］.2 版．北京：化学工业出版社，2007：40.

SH/T XXXX－XXXX 适用于稀土催化体系下经溶液聚合制得的聚异戊二烯橡胶，将聚异戊二烯橡胶分为工业用异戊橡胶和浅色制品用异戊橡胶，其技术指标见表 1.1.3-22、表 1.1.3-23。

表 1.1.3-22　工业用异戊橡胶的技术指标

项目	IR60		IR70		IR80		IR90	
	优等品	合格品	优等品	合格品	优等品	合格品	优等品	合格品
生胶门尼黏度 ML［（1+4）100℃］	60±4		70±4		80±4		90±4	
挥发分（质量分数）(≤)/%	0.60	0.80	0.60	0.80	0.60	0.80	0.60	0.80
灰分（质量分数）(≤)/%	0.50							
300%定伸应力/MPa	报告值							
拉伸强度（40 min）(≥)/MPa	25.0		26.0					
拉断伸长率（30 min）(≥)/%	450		460					

表 1.1.3-23　浅色制品用异戊橡胶的技术指标

项目	IR60F		IR70F		IR80F		IR90F	
	优等品	合格品	优等品	合格品	优等品	合格品	优等品	合格品
生胶门尼黏度［ML（1+4）100℃］	60±4		70±4		80±4		90±4	
挥发分（质量分数）(≤)/%	0.60	0.80	0.60	0.80	0.60	0.80	0.60	0.80
灰分（质量分数）(≤)/%	0.50							
防老剂（质量分数）/%	报告值							
铁含量（质量分数）(≤)/%	0.002							
铜含量（质量分数）(≤)/%	0.000 1							
丙酮抽出物（质量分数）(≤)/%	2.0							
拉伸强度（40 min）(≥)/MPa	报告值							
拉断伸长率（30 min）(≥)/%	报告值							

2. 反式聚异戊二烯

反式聚异戊二烯的典型技术指标见表 1.1.3-24。

表 1.1.3-24　反式聚异戊二烯的典型技术指标

项目	指标	项目	指标
透明性	白色半透明	拉伸强度/MPa	26.5～30.4
相对密度	0.96	拉断伸长率/%	420～472
熔点/℃	67	撕裂强度/（kN·m^{-1}）	78～98
维卡软化温度/℃	53～58	硬度（JIS A） （邵尔 D）	77～82 44～48
100%定伸应力/MPa	8.2～8.8		
300%定伸应力/MPa	18.6～20.6		

3.2.3　聚异戊二烯的供应商

聚异戊二烯橡胶的供应商见表 1.1.3-25 至表 1.1.3-28。

表 1.1.3-25　聚异戊二烯橡胶的供应商（一）

序号	供应商	生产能力/（万 t·a^{-1}）	技术路线
1	青岛伊科思新材料股份有限公司	3	稀土系
2	抚顺伊科思新材料股份有限公司	4	稀土系
3	山东神驰石化有限公司	3	稀土系
4	中石化燕山分公司	3	稀土系

表 1.1.3-26　聚异戊二烯橡胶的供应商（二）

供应商	项目	Nd—IR01 合格品	Nd—IR02 合格品	试验方法
中石化燕山分公司	门尼黏度［ML（1+4）100℃］	70±5	80±5	GB/T 1232.1—2000
	挥发分（质量分数）(≤)/%	0.6	0.6	GB/T 24131—2009 辊筒法
	灰分（质量分数）(≤)/%	0.5	0.5	GB/T 4498—1997A 法
	拉伸强度（40′）(≥)/MPa	25	25	非充油溶液聚合型异戊二烯橡胶（IR）评价方法（国标报批稿）
	300%定伸应力（40′）(≥)/MPa	8	9	
	拉断伸长（40′）(≥)/%	550	500	

注：混炼胶和硫化胶的性能指标均采用 ASTM IRB No.8 进行评价

日本瑞翁（Nippon Zeon Co. Ltd）的聚异戊二烯橡胶使用铝钛引发剂，含高顺式，具体牌号见表 1.1.3-27。

表 1.1.3-27　聚异戊二烯橡胶的供应商（三）

牌号	门尼黏度［ML（1+4）100℃］	防老剂	用途
Nipol IR 2200	82	非变色	主要用于汽车轮胎、自行车胎、飞机轮胎、翻新、输送带、V 带、油封、密封件、鞋、橡胶丝、织物涂层、模压与挤出制品等，可与 NR、SBR、BR 等并用，可用于透明和浅色橡胶制品
Nipol IR 2200L	70	非变色	Nipol IR 2200 的低门尼型

表 1.1.3-28　聚异戊二烯橡胶的供应商（四）

供应商	牌号	门尼黏度［ML（1+4）100℃］	一批最大黏度差	可塑性	一批最大可塑度差	抗氧剂类型	挥发分（≤）/%	灰分（≤）/%	硬脂酸含量（≤）/%	300%定伸应力/MPa	拉伸强度/MPa	扯断伸长率（≥）/%	应用领域
俄罗斯N-厂[a]	SKI-3-1	75～85	8	0.30～0.35	0.05	—	0.60	0.50	0.60～1.40	—	—	800	—
	SKI-3-2	65～74				—				—	—		
俄罗斯西布尔集团（SIBUR）	IR SKI-3-1	76～85	证书：REACH			变色	—	0.6	0.6～1.4	7.0	27.5	500	轮胎及橡胶制品
	IR SKI-3-2	67～76				变色	—	0.6	0.6～1.4	7.0	27.0	500	
	IR SKI-3 NST-1	75～85	证书：REACH、EDA 和、FC EU、RoHS			具有光稳定性的抗氧剂	—	0.5	0.5～1.5	7.0	27.5	500	医疗制品、日用消费品、传送带、鞋类及彩色橡胶制品
	IR SKI-3 NST-2	64～74				具有光稳定性的抗氧剂	—	0.5	0.5～1.5	7.0	27.0	500	

注：a. 俄罗斯 N-厂即 NKNK 工厂。

国产聚异戊二烯橡胶与反式聚异戊二烯（TPI）的供应商还有：中石油吉林公司、淄博鲁华鸿锦化工股份有限公司、盘锦和运实业集团有限公司、青岛第派新材有限公司、茂名鲁华化工有限公司、辽宁盘锦振奥化工有限公司、天津陆港石油橡胶公司等。

国外的供应商与牌号有：俄罗斯 Volzhski 合成橡胶公司、SkPremyer 公司、Togliatti 合成橡胶公司等的 SKI－3、SKI－3S、SKI－5PM 等，日本合成橡胶公司（Japan Synthetic Rubber Co.）、德国壳牌化学公司（Shell chemicals）、美国固特异轮胎和橡胶公司（Goodyear Tire&Rubber Co.）等。

3.3 丁苯橡胶

丁苯橡胶的分类如下。

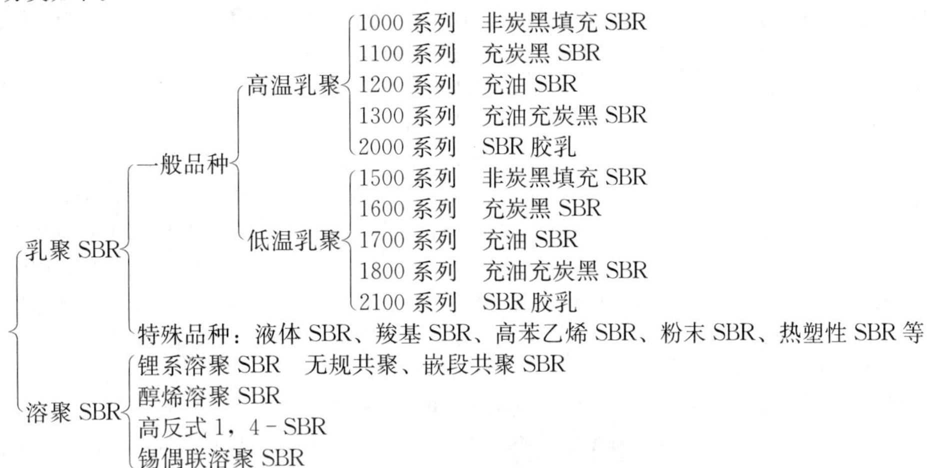

丁苯橡胶按聚合方式，分为乳聚丁苯和溶聚丁苯，其结构式如下。

$$-\!\!\left(CH_2-CH=CH-CH_2\right)_x\!\!\left(CH_2-\underset{\underset{\underset{CH_2}{\|}}{CH}}{\underset{|}{CH}}\right)_y\!\!\left(CH_2-\underset{C_6H_5}{\underset{|}{CH}}\right)_z\!\!-$$

在乳聚丁苯橡胶中，丁二烯顺式-1，4 聚合链段占 10%，反式-1，4 聚合链段占 70%，1，2 聚合链段占 20%；其乙烯基含量为 15%～18%，基本上是恒定的。溶聚丁苯橡胶中，丁二烯顺式-1，4 聚合链段比乳聚高，其乙烯基含量为 10%～90%，可调控。

2016 年全球 SBR 总产能已达到 747.3 万 t/a。其中 ESBR 为 563.2 万 t/a，SSBR 为 184.1 万 t/a，分别占总产能的 75.4%和 24.6%。

3.3.1 乳聚丁苯橡胶（Emulsion Polymerized Styrene Butadiene Rubber 或 Emulsion Styrene－Butadiene Rubber）

乳聚丁苯橡胶，简称 E－SBR。丁苯橡胶具有较低的滚动阻力、较高的抗湿滑性和较好的综合性能，其应用广泛，已成为产量最大的合成橡胶。其主要产品系列包括：

高温乳聚丁苯橡胶（Hot Styrene－Butadiene Rubber），是丁苯橡胶的最老品种，聚合温度为 50℃左右，结合苯乙烯含量一般为 23.5%±1.0%，也有高达 30%～48%和低至 10%的。由于聚合温度高、转化率高，聚合物胶乳粒子交联生成的凝胶较多，聚合物支链较多，低分子量聚合物含量高，所以高温乳聚丁苯橡胶的物理机械性能差。目前，它的产量占整个丁苯橡胶的 20%以下，主要用于胶带、胶管、胶鞋、机械制品等。高温乳聚丁苯橡胶典型的结构参数见表 1.1.3－29。

表 1.1.3－29 高温乳聚丁苯橡胶的结构参数

聚合形式：加成聚合		聚合体系：乳液				
聚合方法：自由基		共聚物组成比：1.8～40［通常 13.5～15（摩尔比）即 23.5%～25%（质量分数）］				
高温乳聚丁苯橡胶的化学结构（丁二烯单元）						
顺式-1，4 结构含量/%		反式-1，4 结构含量/%			1，2 结构含量/%	
16.6		46.3			13.7	
宏观结构						
$\overline{Mn}$	$\overline{Mn}/\overline{Mw}$	结合苯乙烯含量/%	支化	凝胶	相对密度	玻璃化温度 T_g/℃
100 000	7.5	23.4%	大量	多	0.92～0.96	－46

低温乳聚丁苯橡胶（Cold Styrene－Butadiene Rubber）在 5℃左右的温度下聚合，转化率为 60%～70%，经凝聚制得。低温乳聚丁苯橡胶结合苯乙烯含量为 9.5%～46%，一般为 23.5%，其中结合苯乙烯含量大于 40%的有自补强能力；聚合物的分子量较高、分布较窄，支链较少，其物理机械性能优于高温乳聚丁苯橡胶，一般除特别指明，丁苯橡胶就是指低温乳聚丁苯橡胶。其特性为：硫化速度慢，平坦性好，硫化安全；耐老化、耐热性和耐磨性比天然橡胶优良；加工时生热大，收缩变形大，表面不光滑；弹性比天然橡胶低，滞后损失大，硫化胶生热大；黏性和自黏性差。其主要用于轮胎胎面

胶、胎侧胶，也广泛用于胶带、胶管、胶辊、胶布、鞋底、医疗用品等，少量用于电线电缆行业。

充油丁苯橡胶（Oil Extended Cold Styrene - Butadiene Rubber）是在丁苯橡胶的聚合过程中，往胶乳中加入矿物油（如环烷油、芳烃油），胶乳凝固后吸收大量矿物油而制成。与非充油丁苯橡胶相比，它具有良好的工艺性能，胶料收缩性小，表面光滑，加工过程无焦烧现象，在多次变形时生热比较小。充油丁苯橡胶合成时的相对分子质量一般较非充油的大。

充炭黑丁苯橡胶（Cold SBR Black Master Batch）是在丁苯橡胶凝聚前，加入一定量的炭黑，使其均匀地分散在胶乳中，然后经凝聚而得的产品。

充油充炭黑丁苯橡胶（Oil-Black Extended Cold Styrene-Butadiene Master Batch）是在乳液聚合过程中，往胶乳中加入油（5～12.5 份）和炭黑（40～62.5 份），经凝聚制得的丁苯橡胶。这种橡胶的优点是：可缩短混炼时间 25%～30%，炼胶温度低，焦烧危险性小，便于连续混炼；改善了炼胶的劳动条件，简化了工艺操作；炭黑分散均匀，补强性能好；压延压出性好；硫化胶的强力、耐老化性、耐磨性、耐疲劳性等均有所提高，在多次形变下生热小。

高温共聚丁苯胶乳和低温共聚丁苯胶乳商品化的主要产品是高温共聚丁苯胶乳，其固含量适中，可用于制造泡沫橡胶、加工纸张及涂料等。

高苯乙烯丁苯橡胶，也称高苯乙烯橡胶（High Styrene Rubber），这种橡胶中的苯乙烯含量为 40%～85%，性状似塑料，可作为丁苯橡胶和天然橡胶的补强剂，用以提高胶料硬度，降低相对密度，减小压延、压出收缩率，使制品表面光滑，改善耐老化性、耐磨耗性和电绝缘性等；当用量增加时，硫化胶的定伸应力、拉伸强度和撕裂强度有提高，但压缩变形和耐屈挠龟裂性能下降。当结合苯乙烯达到 70%～90%时，则称为高苯乙烯树脂（High Styrene Resin）。由于高苯乙烯树脂与橡胶共混时能耗大，商品化的多为高苯乙烯树脂胶乳与丁苯橡胶胶乳混合后共凝聚，凝聚的母炼胶干燥后，经粉碎或挤压造粒制得的高苯乙烯树脂母炼胶（High Styrene Resin Master Batch）；高苯乙烯树脂母炼胶中每 100 份基础胶中含高苯乙烯树脂 25～400 份，基础胶一般为 SBR 1502。

苯乙烯类热塑性弹性体（SBS）是苯乙烯与丁二烯的嵌段共聚物，以线型聚丁二烯链段为母体，在其两端都连接着聚苯乙烯链段，而没有自由的丁二烯链段，这样就构成了聚苯乙烯-聚丁二烯-聚苯乙烯热塑性弹性体，高分子链端的聚苯乙烯嵌段能发生缔合作用，从而使分子链之间形成网状结构。SBS 在常温下为两相体系，其中聚丁二烯链段相当于橡胶相（连续相），聚苯乙烯链段相当于结晶相，分散于橡胶连续相中。聚丁二烯链段决定着材料具有高弹性能、良好的低温性能、耐磨性能和耐屈挠性能。聚苯乙烯嵌段缔合形成的网状结构也会因溶解于某些溶剂而被破坏，当温度降低到它的玻璃化温度以下或溶剂挥发掉时，其网状结构又能重新形成。这种网状结构的可逆性是决定热塑性弹性体具有热塑性的根本原因。SBS 的自补强程度与苯乙烯的含量有关，聚苯乙烯嵌段的含量必须小于 40%才不至于使 SBS 丧失高弹性。

丁苯橡胶的 T_g 比天然橡胶高约 15℃，这主要是因为丁苯橡胶分子链上的侧基是苯基及乙烯基，它们的摩尔体积要大于天然橡胶大分子链上的侧基甲基，使丁苯橡胶的大分子链内旋转位垒增高而不易旋转；另一方面，以 SBR 1500 为例，其内聚能密度为 297.9～309.5 MJ/m^3，大于天然橡胶的 266.2～291.4 MJ/m^3，分子间作用力大，分子的内旋转运动所受的约束力也大。

丁苯橡胶随分子链中结合苯乙烯含量的增加，玻璃化温度上升、硬度上升、模量上升，弹性下降；压出收缩率下降，压出制品光滑；耐低温性能下降；在空气中热老化性能变好。

丁苯橡胶玻璃化温度 T_g 与结合苯乙烯含量有如下经验公式：

$$T_g=(-78+128\times S)/(1-0.5S)$$

式中，S——结合苯乙烯的质量分数。

目前使用最广泛的低温乳聚丁苯橡胶结合苯乙烯质量分数的典型值为 23.5%，相当于 1 mol 的苯乙烯与 6.3 mol 的丁二烯共聚。

丁苯橡胶中含有一些非橡胶烃成分，特别是乳聚丁苯橡胶中非橡胶烃成分约占 10%，这些非橡胶烃物质包含松香酸、松香皂、防老剂、灰分、挥发分，溶聚丁苯只含少量残留催化剂，非橡胶烃成分较少。丁苯橡胶配合中可以不加硬脂酸。

丁苯橡胶的加工性能、物理机械性能和制得的橡胶产品的使用性能均接近天然橡胶，其耐磨性优于天然橡胶，聚丁二烯橡胶也只有在苛刻的路面条件下才显示出比丁苯橡胶好的耐磨性能。丁苯橡胶的弹性低于天然橡胶，滞后损失大，硫化胶生热高，但在橡胶中仍属较好的。丁苯橡胶的耐起始龟裂优于天然橡胶，但裂口增长比天然橡胶快。丁苯橡胶对湿路面的抓着力比聚丁二烯橡胶大，抗湿滑性能较好。在加工性能方面，相比天然橡胶，丁苯橡胶的收缩变形大，表面不光滑，黏性和自黏性也较天然橡胶差。

丁苯橡胶的化学反应活性比天然橡胶稍低，表现在硫化速度稍慢，其耐老化性能比天然橡胶稍好，其使用的上限温度大约可比天然橡胶提高 10～20℃。这主要是因为丁苯橡胶分子链上的侧基是弱的吸电子基团，而天然橡胶的侧基是推电子基团，前者对于 C=C 及双键上的 α 氢的反应性有钝化作用，后者有活化作用；其次，丁苯橡胶分子链上的侧基摩尔体积较大，对化学反应有一定的位阻作用；另外，丁苯橡胶中的双键浓度也比天然橡胶稍低。

相比天然橡胶配方体系，丁苯橡胶的硫黄硫化体系中的硫黄用量要比天然橡胶少，一般为 1.0～2.5 份，对比表 1.1.3 - 38与表 1.1.2 - 10、表 1.1.2 - 11 中丁苯橡胶与天然橡胶的标准试验配方，丁苯橡胶的硫黄用量为 1.75 份，而天然橡胶中的硫黄用量为 2.25～3.5 份。若硫黄用量过多，则会使不稳定的多硫键、悬挂结合硫、未结合游离硫增加，对硫化胶的性能有不利影响，特别是对耐老化性能不利。丁苯橡胶所用促进剂的用量要比天然橡胶略多。

3.3.2 溶聚丁苯橡胶（Solution Polymerized Styrene-Butadiene Rubber）

溶液聚合丁苯橡胶，简称溶聚丁苯（S-SBR），是丁二烯和苯乙烯单体采用锂或烷基锂催化剂或其他有机金属催化体系，以烷烃或环烷烃为溶剂，以四氢呋喃（THF）为无规剂，以醇类为终止剂来进行合成的。工业生产方法主要有 Phillips 法和 Firestone 法两种，前者以间歇聚合为主，后者以连续聚合为主，其他技术都是在这两种技术的基础上发展起来的。连续聚合法具有生产能力大、产品质量均一性好、劳动强度低、仪表控制系统简单以及设备投资少等优点，是今后的发展方向。通过控制聚合条件，SSBR 的苯乙烯含量可在 0%～90%，1，2 结构的乙烯基含量可在 10%～80%范围内自由调节，可以嵌段，亦可以无规聚合，可以是线型，也可以是星型。根据不同的性能要求，具有不同结构特点的 SSBR 产品得到蓬勃发展，产品主要有乙烯基 SSBR、苯乙烯-异戊二烯-丁二烯橡胶（SIBR）、高反式 SSBR 及各种新技术聚合物等。

拟定中的国家标准《溶聚丁苯橡胶（SSBR）》适用于以丁二烯、苯乙烯为聚合单体，以烷基锂为引发剂，在有机溶剂中进行阴离子聚合得到的丁二烯-苯乙烯共聚物 SSBR 2557S、SSBR 2564S、SSBR 2003、SSBR 2000R。该标准将溶聚丁苯橡胶按用途分为轮胎用溶聚丁苯橡胶与非轮胎用溶聚丁苯橡胶。

其中轮胎用溶聚丁苯橡胶的命名方式为：

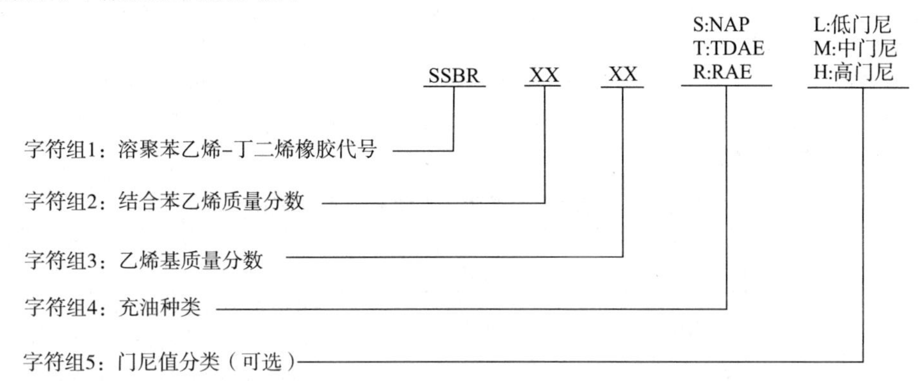

注：结合苯乙烯质量分数和乙烯基质量分数均取中值；字符组 5 为门尼值分类：取门尼值中值，门尼值中值小于等于 40 为低门尼；门尼值中值在 40～60 为中门尼；门尼值大于等于 60 为高门尼。

非轮胎用溶聚丁苯橡胶的命名方式为：

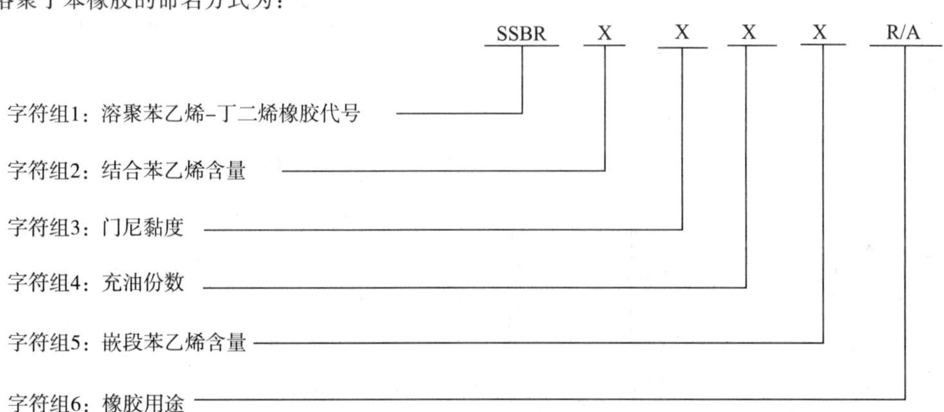

注：字符组 2，结合苯乙烯含量，0%～9.9%——0，10.0%～19.9%——1，20.0%～29.9%——2，以此类推。字符组 3，门尼黏度，＜49——0（低门尼），门尼≥50——1（高门尼）。字符组 4，充油份数，非充油为 0，1.0%～9.9%——1，10.0%～19.9%——2，20.0%～29.9%——3，以此类推。字符组 5，嵌段＜7%——0，属于微嵌段橡胶；嵌段≥7%——3，属于嵌段橡胶。字符组 6，橡胶用途，R 为橡胶制品（包括制鞋），A 为塑料改性。

溶液聚合丁苯橡胶的特性为：混炼胶收缩小，表面光滑；硫化起步较乳聚丁苯橡胶快，硫化平坦性好；动态性能优良；抗屈挠龟裂和裂口增长性好；低温性能优良；具有抗滑性、滚动阻力和耐磨耗三者的较佳平衡。溶聚丁苯橡胶典型技术指标见表表 1.1.3－30。

表 1.1.3－30　溶聚丁苯橡胶典型技术指标

溶聚丁苯橡胶典型技术指标			
聚合形式：	加成聚合	化学结构：顺式-1，4 结构/%：	12～36
聚合方法：	负离子	反式-1，4 结构/%：	40.5～68.5
聚合体系：	溶液	1，2 结构/%：	13～72.5
共聚物组成比： 苯乙烯（摩尔分数）/%：	18～40	门尼黏度［ML（1＋4）100℃］：	32～90
		相对密度：	0.93～0.95
溶聚丁苯橡胶硫化胶典型技术指标			
300%定伸应力/MPa	7.8～11.5	压缩永久变形（JIS K 6301）/%	13～69

续表

溶聚丁苯橡胶硫化胶典型技术指标			
拉伸强度/MPa	14.9～23.5	回弹性/%	25～65
拉断伸长率/%	480～720	耐磨性 (Picp)/[cm^3 · (80 r)$^{-1}$]	0.017～0.031
撕裂强度/(kN · m^{-1})	48～58.8	耐屈挠龟裂（德墨西亚 10 mm 长裂口因数）	(9～80)×10^3
硬度（JIS）	59～86	耐老化性（100℃×96 h）伸长率变化率/%	−58～−49

在轮胎胎面胶配方中使用白炭黑、硅烷偶联剂，硫化胶在 50～80℃附近（或者 100 Hz）具有较低的滞后损耗因子（tanδ），可以降低轮胎的滚动阻力，但是会使轮胎的抗湿滑能力降低。研究认为，橡胶分子主链中较高的乙烯基含量可以提高轮胎胎面硫化胶在 0℃附近（或者 10 000 Hz）的滞后损耗因子（tanδ），使轮胎胎面具有较高的湿滑路面抓着力。为此，胎面胶配方需要使用 SSBR（溶聚丁苯橡胶）、Nd‑BR（钕系聚丁二烯橡胶），以平衡轮胎的滚动阻力与抗湿滑能力。低温乳聚丁苯橡胶的$\overline{Mn}$为 8 万～11 万，分布指数为 4～6。溶聚丁苯橡胶（无规）的$\overline{Mw}$为 20 多万，分布指数为 1.5～2。一般认为，乳聚丁苯的湿滑路面抓着力、耐磨性、耐轮胎花纹沟底的疲劳龟裂不如溶聚丁苯，滚动阻力也高于溶聚丁苯。

溶聚丁苯橡胶与低温乳聚丁苯橡胶的区别见表 1.1.3‑31。

表 1.1.3‑31 溶聚丁苯橡胶与低温乳聚丁苯橡胶的区别

项目	低温乳聚丁苯橡胶 ESBR	溶聚丁苯橡胶 SSBR	对性能的影响
聚合方式	自由基乳液聚合	阴离子溶液聚合	SSBR 的橡胶烃的质量分数大，胶质成分含量高，配方中可添加更多的油和填料，以降低成本
相对分子质量分布	宽	窄	分布窄可改善耐磨性、滚动阻力，加工性能变差
结合苯乙烯含量/%	0～60	0～45	结合苯乙烯含量增加，T_g 增大，生胶强度与硫化胶强度、硬度、湿抓着力提高，加工性能改善；生热增大，低温和耐磨性减弱，滚动阻力增加
顺式‑1，4 结构/%	～14	5～50	—
反式‑1，4 结构/%	～67	30～90	—
乙烯基含量/%	15～18，恒定	2～95，可控	乙烯基含量增加，胶料硫化速度变慢，湿抓着力、耐磨性提高；滚动阻力当乙烯基提高到一定程度时才明显提高
苯乙烯空间分布	无规	无规、长链段微嵌，可控	无规分布可改善滚动阻力
支化	长链支化，支化度高	星型支化，可控	ESBR 加工性能优于 SSBR
乳化剂含量/%	6	0.5	—

SSBR 因为支化较低，无乳化剂，更有利于炭黑补强网络形成互穿网络。

溶聚丁苯橡胶主要用于轮胎（尤其用作胎面胶），其次用于聚苯乙烯改性、制鞋及各种浅色橡胶制品。

多数低滚动阻力胎面胶配方选用苯乙烯含量为 20%～30%的溶聚丁苯，此时丁苯橡胶的物性仍属不错，同时通过调高乙烯基含量可保证较好的湿地抓着力。高苯乙烯含量的丁苯橡胶在获得良好湿滑性能的同时，需要将乙烯基含量控制在较低水平以保证胶料的耐寒性能、低滚阻性能。

科研人员从改善溶聚丁苯与炭黑、白炭黑相互作用的实际需求出发，将优选的官能团引入到 SSBR 的分子链上。如 JSR 公司溶聚丁苯通过改进聚合工艺用锡偶联制成星型产品，并发展出分子末端‑SiOR 改性、双官能团‑N/Sn 改性的新产品。改性 SSBR 与非改性产品相比，在降低滚动阻力、提高湿抓地力、平衡胶料性能方面更具优势。

3.3.3 丁苯橡胶的技术标准与工程应用

按照《合成橡胶牌号规范》(GB/T 5577—2008)，国产乳聚丁苯橡胶的主要牌号见表 1.1.3‑32。

表 1.1.3‑32 国产乳聚丁苯橡胶的主要牌号

牌号	门尼黏度 [ML (1+4) 100℃]	结合苯乙烯质量分数/%	防老剂对橡胶的变色性	乳化剂	其他	备注
SBR 1500	46～58	22.5～24.5	变色	松香酸皂	—	—
SBR 1502	45～55	22.5～24.5	不变色	混合酸皂	—	—
SBR 1507	35～45	22.5～24.5	不变色	混合酸皂	—	—
SBR 1516	45～55	22.5～24.5	不变色	混合酸皂	高结合苯	—
SBR 1712	44～54	22.5～24.5	变色	混合酸皂	高芳烃油 37.5 份	—

续表

牌号	门尼黏度[ML(1+4)100 ℃]	结合苯乙烯质量分数/%	防老剂对橡胶的变色性	乳化剂	其他	备注
SBR 1714	45～55	22.5～24.5	变色	混合酸皂	高芳烃油 50 份	—
SBR 1721	49～59	22.5～24.5	变色	混合酸皂	高芳烃油 37.5 份	—
SBR 1723	45～55	22.5～24.5	变色	混合酸皂	环保型 高芳烃油 37.5 份	—
SBR 1778	44～54	22.5～24.5	不变色	混合酸皂	环烷油 37.5 份	—
SBR 1739	46～58	22.5～24.5	变色	混合酸皂	环保型 高芳烃油 37.5 份	—
SBR 1500E	46～58	22.5～24.5	变色	松香酸皂	—	不含亚硝酸盐及亚硝基胺类化合物
SBR 1502E	45～55	22.5～24.5	不变色	混合酸皂	—	
SBR 1712E	44～54	22.5～24.5	变色	混合酸皂	高芳烃油 37.5 份	
SBR 1778E	44～54	22.5～24.5	不变色	混合酸皂	环烷油 37.5 份	

油品对应的充油乳聚丁苯橡胶的主要牌号见表 1.1.3-33。

表 1.1.3-33　油品对应的充油乳聚丁苯橡胶的主要牌号

油品名称		对应 ESBR 牌号	基础胶化学结构
芳烃油	DAE	SBR 1712	结合苯乙烯含量 23.5%
环保芳烃油	TDAE（芳烃油的再精制，去除多环芳烃；加工工艺有加氢和溶剂抽提，后者居多）	SBR 1723	
浅抽油	MES（以石蜡基原油馏分为原料，溶剂浅度精制后脱蜡而成，或加氢浅度精制）	SBR 1753	
残余芳烃抽提油	RAE（以常压残油为原料，经过真空蒸馏、脱沥青、溶剂抽提精制而成）	SBR 1783	
重质环烷油	HNAP（环烷基原油馏分经溶剂精制或加氢精制而成）	SBR 1763 SBR 1762	
环烷油	NAP	SBR 1778	
芳烃油	DAE	SBR 1721	结合苯乙烯含量 40%
环保芳烃油	TDAE	SBR 1739	
浅抽油	MES		
残余芳烃抽提油	RAE	SBR 1789	
浅抽油	MES	SBR 1732	结合苯乙烯含量 32%

橡胶填充油类型不同、结合苯乙烯含量不同，其充油丁苯橡胶的命名不同，国际合成橡胶生产商研究会（IISRP）对乳聚充油丁苯橡胶 1700 系列的命名规则见表 1.1.3-34。

表 1.1.3-34　IISRP 对乳聚充油丁苯橡胶 1700 系列的命名规则

油品类型	备注	T_g 范围	
		中 T_g	高 T_g
T—DAE（非标识）	欧盟—IISRP 共同规定	1723（St=23.5%）	1739（St=40%）
MES（非标识）	欧盟—IISRP 共同规定	1732（St=31.5%）	1740（St=40%）
黑色重环烷油 （根据 IISRP 规格，赛氏黏度为 3200）	2010 年定稿	1753（St=23.5%） 1756（St=31.5%）	1759（St=40%）
黑色重环烷油 （根据 IISRP 规格，赛氏黏度为 3200）	2010 年定稿	1763（St=23.5%） 1766（St=31.5%）	1769（St=40%）
环烷油	1700～1799 系列	1778（St=23.5%）	1779
RAE	IISRP2008 年规定	1783	1789
T/S—RAE	2010 年定稿	1793	1799
DAE（标识）		1712（St=23.5%）	1721（St=40%）

与SBR的相容性，MES比TDAE差。一般地，用TDAE替代DAE是顺利的，但用MES替代有较大困难；环保填充油应用于SBR 1721比应用于SBR 1712困难大一些，因为前者的结合苯乙烯含量高。研究认为，用低PAH含量的油品如TDAE、MES/RAE/以及环烷油取代高芳烃油，用于充油SBR或在橡胶配方中用作操作油，其对胶料的黏弹性能影响程度不大，同样对胶料的动态黏弹性能影响也在较低的范围内，基于此观点，通常用低PAH含量的油品取代DAE是可行的。但是胶料性能的微小变化对轮胎的影响都需要大量的实验进行论证，这方面已经开展了大量工作，不同油品对胶料性能的影响见表1.1.3-35。

表1.1.3-35 不同油品对胶料性能的影响

项目	环烷油NAP	MES	TDAE	DAE
密度/(g·cm^{-3})	0.924	0.915	0.950	1.013
黏度（40℃)/(mm^2·s^{-1})	370	189.9	410	1170
黏度（100℃)/(mm^2·s^{-1})	19.2	14.71	18.8	25.4
PCA/%	2.0	<2.9	<2.8	>3
闪点/℃	245	262	272	207
苯胺点/℃	96	92.2	68	24.5
Ca/Cn/Cp	12/34/54	12/27/62	25/60/45	Ca>0.35 0.20<Cn<0.40 0.20<Cp<0.35
拉伸强度/MPa	17.98	17.19	17.46	17.61
扯断伸长率/%	484	471	499	512
300%定伸应力/MPa	11.03	10.63	10.27	10.20
硫化胶密度/(g·cm^{-3})	1.135	1.143	1.149	1.153
硬度（邵尔A)	71	70	71	72
回弹性/%	17	18	16	16
压缩生热/℃	38.8	40.7	42.8	47.5
撕裂强度/(kN·m^{-1})	27	23	29	32
60℃ $\tan\delta$	0.203	0.214	0.224	0.232
0℃ $\tan\delta$	0.238	0.250	0.253	0.242
T_g/℃	−38	−40	−37.9	−33.9

国产溶聚丁苯橡胶的主要牌号见表1.1.3-36。

表1.1.3-36 国产溶聚丁苯橡胶的主要牌号

牌号	总苯乙烯质量分数/%	乙烯基质量分数/%	门尼黏度[ML (1+4) 100℃]	防老剂对橡胶的变色性	结构特点	用途
S-SBR 1534	14.5~19.5	11~13	39.0~51.0	不变色	低苯乙烯含量充油胶	轮胎及工业制品
S-SBR 1530	15.0~20.0	11~13	31.0~43.0	不变色	低苯乙烯含量充油胶	
S-SBR 1524	14.5~19.5	11~13	55.0~69.0	不变色	低苯乙烯含量充油胶	
S-SBR 2530	22.5~27.5	11~13	34.0~46.0	不变色	中苯乙烯含量充油胶	
S-SBR 2535	25.0~30.0	11~13	48.0~62.0	不变色	中苯乙烯含量充油胶	
S-SBR 2535L	23.0~29.0	11~13	40.0~54.0	不变色	中苯乙烯含量充油胶	
S-SBR 2003	22.5~27.5	11~13	27.0~39.0	不变色	直链嵌段苯乙烯	制鞋及工业制品
S-SBR 1000	15.0~20.0	11~13	39.0~51.0	不变色	低苯乙烯含量	轮胎、制鞋及工业制品
S-SBR 2000A	23.5~26.5	11~13	39.0~51.0	不变色	中苯乙烯含量，极低的杂质和凝胶含量	MBS树脂（透明型HIPS）的抗冲改性剂
S-SBR 2000R	22.5~27.5	11~13	39.0~51.0	不变色	中苯乙烯含量的非充油胶	轮胎、制鞋及工业制品
S-SBR 2100R	22.5~27.5	11~13	68.0~88.0	不变色	中苯乙烯含量的非充油胶	轮胎、制鞋及工业制品

（一）丁苯橡胶的标准试验配方

丁苯橡胶生胶的类型见表 1.1.3－37，详见《乳液和溶液聚合型乙烯-丁二烯橡胶（SBR）评价方法》（GB/T 8656—1998）IDT《丁苯橡胶（SBR）乳液和溶液聚合型评定方法》（ISO 2322—1996）的规定。

表 1.1.3－37　丁苯橡胶生胶的类型

橡胶（充油非充油）		共聚物类型	苯乙烯总含量/%	嵌段苯乙烯含量/%
A 系列	乳聚 SBR	无规	＜50	0
	溶聚 SBR	无规	＜50	0
	溶聚 SBR	部分嵌段	＜50	＜30
B 系列	乳聚 SBR	无规	＞50	0
	溶聚 SBR	无规	＞50	0
	溶聚 SBR	部分嵌段	＜50	＞30

丁苯橡胶标准试验配方见表 1.1.3－38，详见《乳液和溶液聚合型乙烯-丁二烯橡胶（SBR）评价方法》（GB/T 8656—1998）IDT《丁苯胶（SBR）乳液和溶液聚合型评定方法》（ISO 2322—1996）、《包括混合物和油的 SBR（苯乙烯合金橡胶）的橡胶评估的标准试验方法》（ASTM D 3185—2006）的规定。

表 1.1.3－38　丁苯橡胶（SBR）标准试验配方

原材料名称	A 系列	B 系列	充油 SBR 的其他试验配方					
			原材料名称	充油量 25 phr	充油量 37.5 phr	充油量 50 phr	充油量 62.5 phr	充油量 75 phr
SBR（含充油 SBR 中的油）	100	—	—	—	—	—	—	—
ESTSBR 1500 类型[a]	—	65	充油橡胶	125	137.5	150	162.5	175
B 系列 SBR	—	35	—	—	—	—	—	—
氧化锌	3	3	氧化锌	3	3	3	3	3
硬脂酸	1	1	硬脂酸	1	1	1	1	1
硫黄	1.75	1.75	硫黄	1.75	1.75	1.75	1.75	1.75
通用工业参比炭黑[b]	50	35	通用工业参比炭黑[b]	62.5	68.75	75	81.25	87.50
促进剂 TBBS[c]	1	1	促进剂 TBBS[c]	1.25	1.38	1.5	1.63	1.75

注：a. SBR 1500 EST 由 Enichem Elastomeri，Strada 3，Palazzo B1，20090 ASSARGO，Milan Italy 提供，是市场上可购得的适用产品的一例；给出这一信息是为了给使用者提供方便，并非指定产品，如果能够证明其他产品可得到同样的结果，也可以将之作为等效产品使用。

b. 在 125±3 ℃下干燥 1 h，并于密闭容器中储存。

c. N-叔丁基-2-苯并噻唑次磺酰胺，以粉末形态供应，按 ISO 11235 的规定测定其最初不溶物含量应小于 0.3%。该材料应在室温下储存于密闭容器中，每 6 个月检查一次不溶物含量，若超过 0.75%，则应弃去或重结晶。

修订中的《乳液和溶液聚合型苯乙烯-丁二烯橡胶（SBR）评价方法》GB/T 8656 拟修改采用《苯乙烯-丁二烯橡胶（SBR）乳液-溶液聚合的类型评估程序》（ISO 2322—2014）。修订中的《乳液和溶液聚合型苯乙烯-丁二烯橡胶（SBR）评价方法》对丁苯橡胶生胶的类型基本未作调整，其提出的标准试验配方见表 1.1.3－39 与表 1.1.3－40。

表 1.1.3－39　标准试验配方

材料	质量分数	
	A 系列	B 系列
苯乙烯-丁二烯橡胶（SBR）（含充油 SBR 中的油）	100.00	—
标准 SBR 1500[a]	—	65.00
B 系列 SBR	—	35.00
硫黄	1.75	1.75
硬脂酸	1.00	1.00
工业参比炭黑[b]	50.00	35.00
氧化锌	3.00	3.00
TBBS[c]	1.00	1.00
合计	156.75	141.75

注：a. 如果以前使用的 SBR 1500 EST 不能再获取，也可使用其他商用的 SBR 1500。这种类型的 SBR 1500 应该被相关利益方所接受。

b. 使用通用工业参比炭黑。炭黑应在 125±3 ℃下干燥 1 h，并储存于密闭容器中。

c. N-叔丁基-2-苯并噻唑次磺酰胺，粉末状。按 GB/T 21184—2007 规定测定，其最初不溶物含量应小于 0.3%。该材料应在室温下储存于密闭容器中，每六个月检查一次不溶物含量，若超过 0.75%，则应弃去或重结晶。

表 1.1.3 - 40 中所示为《乳液和溶液聚合型苯乙烯-丁二烯橡胶（SBR）评价方法》提供的可供选择的充油型配方，采标自 ASTM D 3185 规定的按不同油含量评价通用充油 SBR 的试验配方，这些配方可代替表 1.1.3 - 39 中的试验配方。

表 1.1.3 - 40　可供选择的充油型配方

配方号	数量（质量分数）					
	1B	2B	3B	4B	5B	6B
油份数	25	37.5	50	62.5	75	Y[a]
充油橡胶	125.00	137.50	150.00	162.50	175.00	100＋Y
氧化锌	3.00	3.00	3.00	3.00	3.00	3.00
硫黄	1.75	1.75	1.75	1.75	1.75	1.75
硬脂酸	1.00	1.00	1.00	1.00	1.00	1.00
工业参比炭黑[b]	62.5	68.75	75.00	81.25	87.50	(100＋Y)/2
TBBS[c]	1.25	1.38	1.50	1.63	1.75	(100＋Y)/100
合计	194.50	213.38	232.25	251.13	270.00	
开炼机混炼投料系数	2.4	2.2	2.0	1.9	1.7	
小型密炼机混炼投料系数						
凸轮头	0.37	0.34	0.31	0.29	0.27	
班伯里头	0.328	0.298	0.273	0.252	0.234	

注：a. Y＝充油橡胶中每 100 份基础聚合物中油的质量分数。

b. 使用当前的工业参比炭黑。炭黑应在 125±3 ℃下干燥 1 h，并于密闭容器中贮存。

c. N-叔丁基-2-苯并噻唑次磺酰胺，粉末状，按 GB/T 21184 规定测定其最初不溶物含量应小于 0.3%。该材料应在室温下贮存于密闭容器中，每六个月检查一次不溶物含量，若超过 0.75%，则弃去或重结晶。

《乳液和溶液聚合型苯乙烯-丁二烯橡胶（SBR）评价方法》规定应使用符合国家标准或国际标准的参比材料；如果无法获得标准参比材料，应使用有关团体认可的材料。

（二）丁苯橡胶的硫化试片制样程序

丁苯橡胶的硫化试片制样程序见表 1.1.3 - 41，详见《乳液和溶液聚合型苯乙烯-丁二烯橡胶（SBR）评价方法》（GB/T 8656—1998）IDT ISO 2322—1996。

表 1.1.3 - 41　丁苯橡胶的硫化试片制样程序

方法 A：开炼机混炼操作步骤				
概述：标准试验室开炼机投胶量（以 g 计）应为配方量的 4 倍（即 4×156.75 g＝627 g 或 4×141.75 g＝567 g）。辊筒表面温度保持在 50±5℃，混炼期间，辊筒间应保持适量的堆积胶。如果在规定的辊距下得不到这种效果，应对辊距稍作调整。				
程序	A 系列		B 系列	
	持续时间/min	累计时间/min	持续时间/min	累计时间/min
a）将开炼机辊距设定为 1.1 mm，在 100±5℃辊温下均化 B 系列橡胶。	—	—	1	1
b）将辊距设定为 1.1 mm，辊温为 50±5℃，使橡胶包辊，每 30 s 交替地从每边作 3/4 割刀。	7	7	—	—
SBR 1500 包辊后，加入 a）的均化胶，每 30 s 两边作 3/4 割刀。	—	—	8.0	9.0
c）沿辊筒缓慢而均匀地加入硫黄。	2.0	9.0	2.0	11.0
d）加入硬脂酸，每边作 3/4 割刀。	2.0	11.0	2.0	13.0
e）以恒定的速度沿辊筒均匀地加入炭黑，当加入大约一半炭黑时，将辊距调至 1.4 mm，从每边作 3/4 割刀一次，然后加入剩余炭黑，要确保散落在接料盘中的炭黑都加入胶料中。当炭黑加完后，辊距调至 1.8 mm，从每边作 3/4 割刀。	12.0	23.0	12.0	25.0
f）加入氧化锌和 TBBS。	3.0	26.0	3.0	28.0
g）从每边作 3/4 割刀三次。	2.0	28.0	2.0	30.0
h）下片。将辊距调至 0.8 mm，将混炼胶打卷纵向薄通 6 次。	2.0	30.0	2.0	32.0
i）调节辊距，使胶料折叠通过开炼机四次，将胶料压制成厚约 6 mm 的胶片，检查其质量（见 GB/T 6038—2006），如果胶料质量与理论值之差超过＋0.5%或－0.5%，则弃去此胶料并重新混炼。取足够的胶料供硫化仪试验用。				
j）按 GB/T 的规定，将胶料压制成厚约 2.2 mm 的胶片用于制备硫化试片或压制成适当厚度用于制备环形试样。				
k）胶料在混炼后硫化前，调节 2～24 h。如有可能，按 GB/T 2941—2006 的规定在标准温度、湿度下进行。				

续表

方法 B：初混炼用密炼机和终混炼用开炼机		
程序	持续时间/min	累计时间/min
B1 密炼机初混炼操作步骤：		
概述：① A1 密炼机（见 GB/T 6038—2006）的额定容量为 1170±40 mL。A 系列橡胶投胶量（以 g 计）按 8.5 倍配方量（即 8.5×156.75 g=1 332.37 g）；B 系列橡胶投胶量（以 g 计）按 9.5 倍配方量（即 9.5×141.75 g=1 346.62 g）是合适的。快辊转速应设定在 77±10 r/min。		
② 混炼 5 min 后，卸下的胶料最终温度应为 150～170℃。如有必要，调节投胶量以达到规定的温度。		
③ 在开炼机终混炼期间，辊筒间应保持适量堆积胶。如果在规定的辊距下得不到这种效果，应对辊距稍作调整。		
a）将密炼机初始温度设定为 50±3℃。关闭卸料口，固定转子，升起上顶栓。		
b）加入橡胶，放下上顶栓，塑炼橡胶。	0.5	0.5
c）升起上顶栓，装入氧化锌、硬脂酸、炭黑，放下上顶栓。	0.5	1.0
d）混炼胶料。	2.0	3.0
e）升起上顶栓，清扫密炼机入口和上顶栓的顶部，放下上顶栓。	0.5	3.5
f）混炼胶料。	1.5	5.0
g）卸下胶料。		
h）立即用合适的测量设备，检查胶料的温度。若温度不为 150～170℃，则弃去此胶料。将胶料在辊距为 2.5 mm，辊温为 50±5℃的开炼机上薄通 3 次，压制成约 10 mm 胶片，检查胶料质量（见 GB/T 6038—2006）并记录，如果胶料质量与理论值之差超过+0.5%或－1.5%，则弃去此胶料并重新混炼。		
i）取下胶料，调节 30 min～24 h。如有可能，按 GB/T 2941—2006 的规定在标准温度、湿度下进行。		
B2 终混炼用开炼机操作步骤：		
a）标准实验室用开炼机的投胶量（以 g 计）应是配方量的 3 倍。		
b）辊距为 1.5 mm，辊温为 50±5℃。		
c）将母炼胶包在慢辊上。	1.0	1.0
d）加入硫黄和促进剂，待其分散完成后，再割刀。	1.5	2.5
e）每边作 3/4 割刀三次，每刀间隔 15 s。	2.5	5.0
f）下片。将辊距调至 0.8 mm，将混炼胶打卷，交替地从每一端加入，纵向薄通 6 次。	2.0	7.0
g）按 GB/T 528—2009 的规定，将胶料压制成厚约 2.2 mm 的胶片用于制备硫化试片或压制成适当厚度用于制备环形试样，检查胶料质量（见 GB/T 6038—2006）并记录，如果胶料质量与理论值之差超过+0.5%或－1.5%，则弃去此胶料。		
h）胶料在混炼后硫化前，调节 2～24 h。如有可能，按 GB/T 2941—2006 的规定在标准温度、湿度下进行。		

方法 C：小型密炼机混炼操作步骤		
概述：①小型密炼机的额定容量为 64 mL，A 系列橡胶投胶量为配方量的 0.47 倍（即 0.47×156.75 g=73.67 g）；B 系列橡胶投胶量为配方量的 0.49 倍（即 0.49×141.75 g=69.46 g）是合适的。 ②小型密炼机的机头温度保持在 60±3℃，空载时转子速度为 6.3～6.6 rad/s（60～63 r/min）。 ③辊温为 50±5℃，辊距为 0.5 mm，使橡胶通过开炼机 1 次，将胶片剪成宽约 25 mm 的胶条。 注：如果将橡胶、炭黑和油以外的其他配料预先按配方需要的比例掺合，再加入到小型密炼机的胶料中，会使加料更方便、准确。这种掺合物可用研钵和研杵完成，也可在带增强旋转棒的双锥形掺混器里混合 10 min，或在一般掺混器里混合 5 次（3 s/次），每次混合后都要刮下黏附在内壁的胶料。已有适用于本方法的报警掺混器。使用此法时，若每次混合时间超过 3 s，硬脂酸会熔融，使分散性变差。		
程序	持续时间/min	累计时间/min
a）加入橡胶，放下上顶栓，塑炼橡胶。	1.0	1.0
b）升起上顶栓，加入预先混合好的氧化锌、硫黄、硬脂酸、TBBS，小心避免任何损失，然后加入炭黑，清扫进料口，并放下上顶栓。	1.0	2.0
c）混炼胶料。	7.0	9.0
d）关掉电机，升起上顶栓，打开混炼室，卸下胶料。记录胶料的最高温度。9 min 后，胶料温度不得超过 120℃。如果达不到上述条件，需调节胶料质量或顶部温度。		
e）辊温为 50±5℃，辊距为 0.5 mm，使橡胶通过开炼机一次，然后将辊距调至 3.0 mm，再通过两次。		
f）检查胶料质量（见 GB/T 6038—2006）并记录。如果胶料质量与理论值之差超过 0.5%，则弃去此胶料。		
g）如果需要，按 GB/T 9869—2014 的规定裁取试片供硫化特性试验用，试验前，试片在 23±3℃下调节 2～24 h。		
h）为获得开炼机的方向效应，在辊温为 50±5℃、合适的辊距下，将胶料折叠通过开炼机四次，如果需要，按 GB/T 528—2009 的规定将胶料压制成厚约 2.2 mm 的胶片，用于制备硫化试片或压制成适当厚度用于制备环形试样。将胶片放在平整、干燥的表面上冷却。		
i）胶料在混炼后硫化前，调节 2～24 h。如有可能，按 GB/T 2941—2006 的规定在标准温度、湿度下进行。		

ASTM D 3185－2006 规定的丁苯橡胶硫化试片的开炼机混炼制样方法见表 1.1.3－42。

表 1.1.3-42　ASTM D 3185－2006 丁苯橡胶硫化试片制样程序

开炼机混炼作步骤		
概述：混炼期间，开炼机辊温保持在 50±5℃，并尽量保持规定的辊距，辊筒间应保持适量的堆积胶，否则应适当调整辊距。		
	持续时间/min	累计时间/min
a）调节开炼机辊距为 1.15 mm，使橡胶包裹慢辊，每 30 s 交替每边作 3/4 割刀。	7	7
b）以恒定的速率沿辊筒缓慢、均匀地加入硫黄。	2	9
c）加入硬脂酸，加完后每边作 3/4 割刀 1 次。	2	11
d）以恒定的速度沿辊筒均匀地加入炭黑，当加入大约一半炭黑时，将辊距调整为 1.25 mm，从每边作 3/4 割刀 1 次，然后加入剩余炭黑，当炭黑全部加完后，将辊距调整为 1.40 mm，从每边作 3/4 割刀 1 次。	10	21
e）在辊距为 1.40 mm 时加入氧化锌和 TBBS。		
f）从每边作 3/4 割刀 3 次，下片。	3	24
g）调节辊距至 0.8 mm，将混炼胶打卷，纵向薄通 6 次。	2	26
h）调节开炼机辊距，对折通过开炼机 4 次，将混炼胶压制成厚约 6 mm 的胶片。	2	28
i）检查胶料的质量，如果胶料质量与理论值之差大于 0.5%，则弃去该胶料。	1	29
j）切取胶料，用于测定混炼胶门尼黏度和硫化特性。		
k）将胶料压制成厚约 2.2 mm 的胶片，用于测定拉伸应力应变性能。		
l）混炼后硫化前，将胶料调节 2～24 h，如有可能，按 GB/T 2941—2006 规定的标准实验室温度和湿度下进行。		

（三）丁苯橡胶的技术标准

1. SBR 1500 的技术标准

SBR 1500 的技术要求和试验方法见表 1.1.3-43，详见《苯乙烯-丁二烯橡胶（SBR）1500》（GB/T 8655—2006）。

表 1.1.3-43　SBR 1500 的技术要求和试验方法

项目		指标			试验方法
		优级品	一级品	合格品	
挥发分的质量分数（≤）/%		0.60	0.80	1.00	作废热辊法
灰分的质量分数（≤）/%		0.50			作废方法 A
有机酸的质量分数/%		5.00～7.25			作废 A 法
皂的质量分数（≤）/%		0.50			
结合苯乙烯的质量分数/%		22.5～24.5			作废
生胶门尼黏度［ML（1+4）100℃］		47～57	46～58	45～59	GB/T 1232.1—2016
混炼胶门尼黏度（≤）［ML（1+4）100℃］		88			GB/T 1232.1—2016 使用 ASTM IRB No. 7 炭黑
300%定伸应力（145℃×）/MPa	25 min	11.8～16.2	10.7～16.3	—	GB/T 8656—1998 方法 A 使用 ASTM IRB No. 7 炭黑
	35 min	15.5～19.5	14.4～20.0	14.2～20.2	
	50 min	17.3～21.3	16.2～21.8	—	
拉伸强度（145℃×35 min)(≥) /MPa		24.0	23.0	23.0	GB/T 528—2009 使用Ⅰ型裁刀
扯断伸长率（145℃×35 min)(≥)/%		400			

2. SBR 1502 的技术标准

SBR 1502 的技术要求和试验方法见表 1.1.3-44，详见《苯乙烯-丁二烯橡胶（SBR)1502》(GB/T 12824—2002)。

表 1.1.3-44　SBR 1502 技术指标和试验方法

项目	指标			试验方法
	优等品	一等品	合格品	
挥发分的质量分数/%	≤0.60	≤0.75	≤0.90	作废热辊法
炭分的质量分数/%	≤0.50			作废 A 法
有机酸的质量分数/%	4.50～6.75			作废 A 法
皂的质量分数/%	≤0.50			
结合苯乙烯的质量分数/%	22.5～24.5			作废
生胶门尼黏度［ML（1+4）100℃］	45～55	44～56		GB/T 1232.1—2016
混炼胶门尼黏度［ML（1+4）100℃］	≤93			

续表

项目		指标			试验方法
		优等品	一等品	合格品	
300% 定伸应力（145℃×）/MPa	25 min	M±2.0	GB/T 8656—1998 A法		M±2.5
	35 min	20.6±2.0			20.6±2.5
	50 min	21.5±2.0			21.5±2.5
拉伸强度（145℃×35 min）/MPa		≥25.5			≥24.5
扯断伸长率（145℃×35 min）/%		≥340			≥330

注：1. 表中列出的是使用 ASTM IRB No. 7 的混炼胶和硫化胶性能指标。
注 2. M 值由供需双方协商确定。

使用不同的参比炭黑，SBR 1502 的技术指标有所不同，如使用 ASTM IRB No. 6 炭黑、国产 No. 3 参比炭黑（SRB No. 3），其混炼胶门尼黏度与硫化胶的指标分别需要按表 1.1.3－45 调整。

表 1.1.3－45　SBR 1502 的技术指标和试验方法（使用 ASTM IRB No. 6 炭黑、国产 No. 3 参比炭黑）

项目		使用 ASTM IRB No. 6 炭黑		使用国产 No. 3 参比炭黑
		指标		差值
混炼胶门尼黏度［ML（1+4）100℃］		≤90		4.4
300%定伸应力（145℃×）/MPa	25 min	M±2.0	M±2.5	3.7
	35 min	16.4±2.0	16.4±2.5	3.8
	50 min	17.5±2.0	17.5±2.5	3.7
拉伸强度（145℃×35 min）/MPa		≥23.7	≥22.7	1.9
扯断伸长率（145℃×35 min）/%		≥415	≥400	−50
注：使用 ASTM IRB No. 7 的修正值等于 SRB No. 3 的测定值加差值。				

拟定中的国家标准《苯乙烯-丁二烯橡胶（SBR）1500、1502》拟合并取代 GB/T 8655—2006 与 GB/T 12824—2002，《苯乙烯-丁二烯橡胶（SBR）1500、1502》提出的对 SBR 1500 与 SBR 1502 的技术要求见表 1.1.3－46。

表 1.1.3－46　丁苯橡胶（SBR）1500、1502 的技术要求和试验方法

项　　目	技术要求				试验方法
	SBR 1500		SBR1502		
	优等品	合格品	优等品	合格品	
外观	淡色块状胶，不含焦化颗粒、泥沙及机械杂质				
防老剂类型	变色型		非变色型		
挥发分（质量分数）　（≤）/%	0.60	0.90	0.60	0.90	GB/T 24131—2009，热辊法 A
灰分（质量分数）　（≤）/%	0.40		0.40		GB/T 4498.1—2013，方法 A
有机酸（质量分数）/%	5.00～7.25		4.50～6.75		GB/T 8657—2014，A 法
皂（质量分数）　（≤）/%	0.40		0.40		
结合苯乙烯/%（质量分数）	22.5～24.5		22.5～24.5		GB/T 8658—1998
生胶门尼黏度［ML（1+4）100℃］	47～57	45～59	45～55	44～56	GB/T 1232.1—2016，过辊法
300%定伸应力（145℃，35 min）/MPa	15.5～19.5	15.0～20.0	M^{a}±2.0	M^{a}±2.5	GB/T 8656—××××，方法 A ASTM IRB No. 8 炭黑 GB/T 528—2009，Ⅰ型裁刀
拉伸强度（145℃，35 min）（≥）/MPa	25.0	24.0	24.5	23.5	
拉断伸长率（145℃，35 min）（≥）/%	390	380	350	340	
混炼胶门尼黏度［ML（1+4）100℃］	由供方提供		由供方提供		GB/T 8656—××××，方法 A ASTM IRB No. 8 炭黑 GB/T 1232.1—2016
硫化特性（160℃，30 min）	由供方提供				GB/T 8656—××××，方法 A ASTM IRB No. 8 炭黑 GB/T 9869—2014 或 GB/T 25268—2010
仲裁检验应采用 ASTM IRB No. 8					

注：a. 技术指标的中值，由供方提供。

3. SBR 1712 的技术标准

SBR 1712 的技术要求见表 1.1.3 - 47，详见 SH/T 1626—2017《苯乙烯-丁二烯橡胶（SBR）1712》。

表 1.1.3 - 47　SBR 1712 的技术指标

项目	指标	
	优等品	合格品
挥发分（质量分数）(≤)/%	0.60	0.80
灰分（质量分数）(≤)/%	0.40	
有机酸（质量分数）/%	3.90～5.70	3.65～5.85
皂（质量分数）(≤)/%	0.50	
油含量（质量分数）/%	25.3～29.3	24.3～30.3
结合苯乙烯（质量分数）/%	22.5～24.5	
生胶门尼黏度 [ML（1+4）100℃]	44～54	43～55
300%定伸应力（145℃×35 min）[c]/MPa	M[a]±2.0	M[a]±2.5
拉伸强度（145℃×35 min）(≥)/MPa	19.4	18.4
扯断伸长率（145℃×35 min）(≥)/%	460	
混炼胶门尼黏度 [ML（1+4）100℃](≤)	70	
硫化特性[b]	实测值	

注：a. 技术指标的中值，由供方提供。

b. 用户需要时由供方提供。

c. 原标准 300%定伸应力有 25′、35′、50′三个硫化时间（即欠硫点、正硫化点、过硫点）对应的数值，因改用 8＃参比炭黑，硫化速度较快，所以新标准只列示了 35′一个正硫化点的数值。

（四）SBR 1723 的技术标准

2010 年 1 月，欧盟发布了 2005/69/EC 指令，要求橡胶制品中稠环芳烃（PAHs）不得大于 200 mg/kg，其中的苯并芘不得大于 20 mg/kg。普通充油丁苯橡胶 SBR 1712 一般使用高芳烃橡胶填充油，充油丁苯橡胶 SBR 1723 则使用低稠环芳烃橡胶填充油。SBR 1723 与 SBR 1712 相比，拉伸性能略低，但环保性能较好。SBR 1723 的技术要求见表 1.1.3 - 48，详见 SH/T 1813—2017《低稠环芳烃充油 苯乙烯-丁二烯橡胶（SBR）1723》。

表 1.1.3 - 48　SBR 1723 的技术指标

项目	指标	
	优等品	合格品
挥发分（质量分数）(≤)/%	0.60	0.80
灰分（质量分数）(≤)/%	0.40	
有机酸（质量分数）/%	3.90～5.70	
皂（质量分数）(≤)/%	0.50	
油含量（质量分数）/%	25.3～29.3	24.3～30.3
结合苯乙烯（质量分数）/%	22.5～24.5	
生胶门尼黏度 [ML（1+4）100℃]	44～54	43～55
300%定伸应力（145℃×35min）/MPa	M[a]±2.0	M[a]±2.5
拉伸强度（145℃×35min）(≥)/MPa	17.6	
扯断伸长率（145℃×35min）(≥)/%	420	
混炼胶门尼黏度 [ML（1+4）100℃]（≤）	由供方提供	
硫化特性[b]	报告值	

注：a. 技术指标的中值，由供方提供。

b. 用户需要时由供方提供。

拉伸性能和硫化特性技术指标是采用 ASTM IRB No. 8 参比炭黑的技术指标。也可使用其他标准参比炭黑。

5. 溶聚丁苯橡胶的技术标准

拟定中的国家标准《溶聚丁苯橡胶（SSBR）》对轮胎用溶聚丁苯橡胶的技术要求见表 1.1.3 - 49。

表 1.1.3-49 SSBR 2557S、SSBR 2564S 技术要求

项 目	技术要求			
	SSBR 2557S		SSBR 2564S	
	优等品	合格品	优等品	合格品
外观	黄色块状固体，无异物			
挥发分（质量分数）(≤)/%	0.50	1.00	0.50	1.00
灰分（质量分数）(≤)/%	0.2		0.2	
生胶门尼黏度［ML（1+4）100℃］	50～58	48～60	46～54	44～56
油含量（质量分数）/%	24.3～29.3		24.3～29.3	
结合苯乙烯含量（质量分数）/%	23.0～27.0		23.0～27.0	
乙烯基含量/%（1，3-丁二烯）（质量分数）	53.0～61.0		60.0～68.0	
300%定伸应力（在 145℃下硫化 35 min）/MPa	8.0～16.0		8.0～16.0	
拉伸强度（在 145℃下硫化 35 min）(≥)/MPa	15.0		15.0	
拉断伸长率（在 145℃下硫化 35 min）(≥)/%	350		350	
硫化特性（160℃，30 min）	由供方提供			

拟定中的国家标准《溶聚丁苯橡胶（SSBR）》对非轮胎用溶聚丁苯橡胶的技术要求见表 1.1.3-50。

表 1.1.3-50 SSBR 2003、SSBR 2000R 技术要求

项 目	SSBR 2003		SSBR 2000R	
	优等品	合格品	优等品	合格品
外观	无色或浅黄色的半透明固体，无异物			
挥发分（质量分数）(≤)/%	0.75	1.30	0.75	1.30
灰分（质量分数）(≤)/%	0.2		0.2	
生胶门尼黏度［ML（1+4）100℃］	29～37	37～39	41～49	39～51
结合苯乙烯含量（质量分数）/%	23.5～26.5	22.5～27.5	23.5～26.5	22.5～27.5
嵌段苯乙烯含量（质量分数）/%	由供方提供		由供方提供	

3.3.4 丁苯橡胶的牌号与供应商

2016 年，国内 SBR 生产厂家 17 家，总生产能力为 173.6 万 t/a。其中 ESBR 生产厂家 11 家，总生产能力为 145.5 万 t/a，约占国内 SBR 总生产能力的 84%；SSBR 生产厂家 6 家，总生产能力为 28.1 万 t/a，约占 SBR 总生产能力的 16%。

（一）低温乳聚丁苯橡胶的供应商

低温乳聚丁苯橡胶的牌号与供应商见表 1.1.3-51 至表 1.1.3-53。

表 1.1.3-51 低温乳聚丁苯橡胶的牌号与供应商（一）

供应商或标准号	牌号	结合苯乙烯/%	门尼黏度	充油份数	300%定伸/MPa (145℃×35′)	拉伸强度(≥)/MPa	伸长率(≥)/%	防老剂类型	说明
GB/T 8655—2006	1500	22.5～24.5	45～59	—	14.2～20.2	23.0	400	—	分 3 级
GB/T 12824—2002	1502	22.5～24.5	44～56	—	20.6±2.5	24.5	330	—	分 3 级
申华化学工业有限公司（产品均通过 RoHS 及亚硝胺类化合物含量测试）[a]	1500E	22.5～24.5	47～57	—	15.5～19.5	24.0	400	深色	—
	1502	22.5～24.5	45～55	—	18.6～22.6	25.5	340	浅色	—
	1712E	22.5～24.5	44～54	37.5	10.3～14.2	19.6	410	深色	高芳烃油
	1721	38.5～41.5	50～60	37.5	9.3～13.2	18.6	420	深色	高芳烃油
	1723	22.5～24.5	44～54	37.5	8.8～12.7	17.6	420	深色	低稠环芳烃油
	1739	38.5～41.5	47～57	37.5	9.3～13.2	18.6	420	深色	低稠环芳烃油
	1763	22.5～24.5	44～54	37.5	10.3～14.2	17.6	420	深色	低稠环重质环烷油

续表

供应商或标准号	牌号	结合苯乙烯/%	门尼黏度	充油份数	300%定伸/MPa (145℃×35′)	拉伸强度(≥)/MPa	伸长率(≥)/%	防老剂类型	说明
中石化齐鲁分公司	1500	23.5	52		—	—	—	污染	—
	1502	23.5	50		—	—	—	非污染	—
	1712	23.5	51	37.5	—	—	—	污染	高芳油
	1778	23.5	46		—	—	—	非污染	环烷油
	1779/31	31.0	54		—	—	—	污染	高芳油
	1779/35	35.0	54		—	—	—	污染	高芳油
	1721	40.0	54		—	—	—	污染	高芳油
中石化吉林分公司	1500	23.5	52	—	—	—	—	污染	—
	1502	23.5	52	—	—	—	—	非污染	—
	1712	23.5	54	37.5	—	—	—	污染	高芳油
中石油兰州分公司	1500	23.5	52	—	—	—	—	污染	—
	1502	23.5	52	—	—	—	—	非污染	—
	1712	23.5	54	37.5	—	—	—	污染	高芳油

注：a. 充油牌号检验配方均采用表 1.1.3－38 之“充油 SBR 的其他试验配方”。

表 1.1.3－52　低温乳聚丁苯橡胶的牌号与供应商（二）

供应商	牌号	结合苯乙烯/%	门尼黏度	充油		乳化剂	凝聚剂	稳定剂	主要用途
				类型	份数				
意大利埃尼	Europrene 1500	23.5	52	—	—	松香酸	酸＋助凝剂	非污染	轮胎、翻新、传送带、胶管、机械制品
	Europrene 1502	23.5	52	—	—	脂肪—松香酸			轮胎、鞋材、板材、浅色机械制品、地板、黏合剂
	Europrene 1502F	23.5	52	—	—				与食品接触的制品
	Europrene 1509	23.5	35	—	—				鞋材、发泡鞋底、注射模压、地毯背衬、挤出压延制品
	Europrene 1723	23.5	50	TDAE	37.5				轮胎、翻新、传送带、胶管、机械制品
	Europrene 1732	32	49	MES	32.5				高滞后轮胎胎面，具有改进的湿路面抓着力
	Europrene 1739	40	52	TDAE	37.5				鞋材、地板、发泡材料、胶管、浅色制品
	Europrene 1778	23.5	49	NAPH	37.5				轮胎、翻新、传送带、胶管、机械制品
	Europrene 1783	23.5	50	RAE	37.5				高滞后轮胎胎面，具有改进的湿路面抓着力
	Europrene 1789	40	55	RAE	37.5				
	Europrene HS 630	63	56	—	—				通过胶乳共沉法将高苯乙烯树脂乳液与非污染型丁苯橡胶 1502 胶乳混合后共凝聚而制成的一种高苯乙烯树脂橡胶。高硬度鞋底与板材、发泡板材、地板、胶管、高硬度高技术制品
日本瑞翁	Nipol 1500	23.5	52	—	—	比重：0.94		微变色	适用于轮胎、减震、鞋底等黑色橡胶制品
	Nipol 1502	23.5	52	—	—	比重：0.94		非变色	适用于轮胎、减震、鞋底以及各种通用浅色胶制品
	Nipol 1723	23.5	47	HA[a]	37.5	比重：0.95		变色	用于胎面胶，适合注射以及挤出成型
	Nipol 1739	40.0	53	HA	37.5	比重：0.98		变色	用于高性能轮胎的胎面胶
	Nipol 9548	35.0	68	HA	37.5	比重：0.97		变色	

续表

供应商	牌号	结合苯乙烯/%	门尼黏度	充油		乳化剂	凝聚剂	稳定剂	主要用途
				类型	份数				
韩国锦湖石油化学公司(Kosyn)	SBR 1500	23.5	52	—	—	松香皂	—	变色	1500 系列
	SBR 1500NF	23.5	51	—	—	松香皂	—	非变色	
	SBR 1500S	23.5	52	—	—	混合皂	—	非变色	
	SBR 1502	23.5	52	—	—	混合皂	—	非变色	
	SBR 1502LL	23.5	44	—	—	混合皂	—	非变色	
	SBR 1502NF	23.5	52	—	—	混合皂	—	非变色	
	SBR 1502G	23.5	50	—	—	混合皂	—	非变色	
	SBR 1507L	23.5	30	—	—	混合皂	—	非变色	
	SBR 1507	23.5	35	—	—	混合皂	—	非变色	
	SBR 1507H	23.5	40	—	—	混合皂	—	非变色	
	SBR 1712P	23.5	35	石蜡油	—	混合皂	—	变色	1700 系列
	SBR 1712L	23.5	44	芳烃油	—	混合皂	—	变色	
	SBR 1712C	23.5	49	芳烃油	—	混合皂	—	变色	
	SBR 1712	23.5	49	芳烃油	—	混合皂	—	变色	
	SBR 1712H	23.5	54	芳烃油	—	混合皂	—	变色	
	SBR 1712G	23.5	70	芳烃油	—	混合皂	—	变色	
	SBR 1712NF	23.5	49	芳烃油	—	混合皂	—	变色	
	SBR 1721	40	54	芳烃油	—	混合皂	—	变色	
	SBR 1723L	23.5	35	TDAE	—	混合皂	—	变色	
	SBR 1723C	23.5	44	TDAE	—	混合皂	—	变色	
	SBR 1723	23.5	49	TDAE	—	混合皂	—	变色	
	SBR 1723G	23.5	49	TDAE	—	混合皂	—	变色	
	SBR 1739	40	54	TDAE	—	混合皂	—	变色	
	SBR 1745T	45	70	TDAE	—	混合皂	—	变色	
	SBR 1753	23.5	49	重质环烷油（黑色）	—	混合皂	—	变色	
	SBR 1759	40	54	重质环烷油（黑色）	—	混合皂	—	变色	
	SBR 1763	23.5	50	重质环烷油	—	混合皂	—	变色	
	SBR 1769	40	50	重质环烷油	—	混合皂	—	变色	
	SBR 1783	23.5	49	RAE	—	混合皂	—	变色	
	SBR 1789	40	54	RAE	—	混合皂	—	变色	
	SBR 1793	23.5	49	T—RAE	—	混合皂	—	变色	
	SBR 1799	40	54	T—RAE	—	混合皂	—	变色	
	SBR 1778K	23.5	46	环烷油	—	混合皂	—	非变色	
	KHS 68	68	61	比重 1，疏松颗粒					HSR 系列，在含苯乙烯 23.5%的胶乳中，加入高苯乙烯树脂胶乳，混合制造出的产品。增硬剂，高温下可作为增塑剂，改善可加工性。混炼胶耐磨损、耐撕裂和耐弯曲性能卓越，即使加入大量的填料，也能保持良好的性能
	RM 21L	21	22	比重 0.92					
	RM 21	21	41	比重 0.92					

注：a. HA——高芳香油。

表 1.1.3－53　低温乳聚丁苯橡胶的牌号与供应商（三）

供应商	牌号	门尼黏度［100℃］	结合苯乙烯含量/%］	抗氧剂类型	300%定伸应力/MPa	拉伸强度/MPa	扯断伸长率/%	油类型	油含量/%	证书
俄罗斯西布尔集团（SIBUR）	SBR－1500 等级 B	51±5	23.5±1.0	非变色	13.0	≥22.5	≥420	—	—	REACH
	SBR－1502 等级 C	53±5	23.5±1.0	非变色	13.0	≥22.5	≥420	—		
	SBR－1705 HI－AR 等级 B	50±4	23.5±1.5	—	10.8	≥21.6	≥400	HI－AR	14～17	—
	SBR－1705 TDAE 等级 B	50±4	23.5±1.5	—	10.8	≥21.6	≥400	TDAE	14～17	REACH
	SBR－1712 HI－AR 等级 B	50±4	23.5±1.5	—	9.8	≥18.0	≥380	HI－AR	27.5±2.5	—
	SBR－1712 TDAE 等级 B	50±4	23.5±1.5	—	9.8	≥18.0	≥380	TDAE	27.5±2.5	REACH
	SBR－1705 HI－AR Ⅰ级	42±4	21～24 甲基苯乙烯	—	9.8	≥21.0	400～650	HI－AR	14～17	—
	SBR－1705 HI－AR Ⅱ级	51±5	21～24 甲基苯乙烯	—	9.8	≥21.6	400～650	HI－AR	14～17	—
	SBR－1712 HI－AR Ⅰ级	42±4	21～24 甲基苯乙烯	—	9.8	≥21.0	400～650	HI－AR	26～29	—

乳聚丁苯橡胶的其他供应商还有：中石化燕山分公司、中石化茂名分公司、中石化高桥分公司、中石油抚顺公司、南京扬子石化金浦橡胶有限公司、天津市陆港石油橡胶有限公司、杭州浙晨橡胶有限公司、福建福橡化工有限公司、山东华懋新材料有限公司、普利司通（惠州）合成橡胶有限公司、中国兵器集团中国北方化学工业集团有限公司 245 厂、中化国际合成胶事业总部市场发展部、台湾合成橡胶公司（Taipol）等。

乳聚丁苯橡胶的国外供应商有：美国 Ameripol Synpol 公司、美国固特异轮胎和橡胶公司（Goodyear Tire&Rubber Co.）、美国 DSM 共聚物公司（COPO）、道/BSL Olefinerund 公司（Buna SB）、日本合成橡胶公司（JSR 乳聚丁苯橡胶与高苯乙烯橡胶）、日本住友化学公司（Sumitomo SBR）、韩国现代石油化学公司（Seetec）、波兰（KER）、巴西（Petroflex）、南非（Afpol）、印度（Synaprene）、俄罗斯（ARKM 与 ARKPN）等。

（二）溶聚丁苯橡胶的供应商

目前，我国共有 6 套溶聚丁苯橡胶装置，年总产能为 26.5 万 t。其中，中国石油独山子石化公司产能为 10 万 t/a，2009 年 11 月投产，2012 年起开始生产环保型 SSBR，主要牌号为 2557S 和 2564S；中国石化上海高桥石油化工有限公司设计产能为 6 万 t/a，2006 年 8 月投产，主要牌号：非充油型 T2000R、T1000 等、充油型 T2530、T1530 等，主要用于胶管、胶带、鞋料等制品行业，仅少量 T1530 用于轮胎行业；中国石化巴陵石化公司为 3 万 t/a，2014 年 6 月建成投产，将主要用于生产轮胎用牌号产品；中国石化北京燕山石油化工公司为 3 万 t/a，现已改建为 SBS 装置；中石化茂名石油化工公司为 3 万 t/a，近几年一直满负荷生产 SBS；双惠橡胶南通公司 1.5 万 t/a 食品级 SSBR 装置，于 2013 年 11 月投产，主要生产食品级 SSBR 1027、SSBR 1028，暂无工业级 SSBR 生产计划。

溶聚丁苯橡胶的牌号与供应商见表 1.1.3－54 至表 1.1.3－56。

表 1.1.3－54　溶聚丁苯橡胶的牌号与供应商（一）

供应商	项　目	SSBR 2636	SSBR 2506	试验方法
中国石化燕山分公司	外观	浅黄色至褐色无机械杂质	乳白色，无机械杂质	目测
	挥发分（质量分数）（≤）/%	0.75	0.75	GB/T 24131—2009
	灰分（质量分数）（≤）/%	0.20	0.20	GB/T 44982—2017
	生胶门尼［ML（1+4）100℃］	57±5	60±5	GB/T 1232.1—2016
	乙烯基含量（质量分数）/%	63±3	55±3	核磁法、红外法
	结合苯乙烯含量（质量分数）/%	25±2	26±2	核磁法、红外法
	玻璃化转变温度/℃	－27±3	－26±3	差热法

表 1.1.3-55 溶聚丁苯橡胶的牌号与供应商（二）

供应商		牌号	门尼黏度	充油量份数	微观结构	基团含量/%					300%定伸/MPa	拉伸强度/MPa	说明
						顺式-1，4	反式-1，4	乙烯基	结合苯乙烯	嵌段苯乙烯			
中国石化茂名分公司		F1204	56	0	星型无规	25	47	28	25	—	—	—	$SnCl_4$ 偶联
		F1205	48		线性嵌段	35	54	11		17.5	—	—	$SiCl_4$ 偶联
		F1206	33		星型无规	—	—	—		—	—	—	$SnCl_4$ 偶联
		F410	47		线性嵌段	—	—	—	—	—	—	—	$SiCl_4$ 偶联
		F375	46	37.5	星型无规	—	—	—	25	—	—	—	$SnCl_4$ 偶联
		F376	47	50	星型无规	—	—	—		—	—	—	$SnCl_4$ 偶联
		F377	50	37.5	星型无规	—	—	—		—	—	—	$SnCl_4$ 偶联
阿朗新科		VSL 4526-2	50	37.5	—	—	—	44.5	26	—	T_g：−30℃		—
		VSL 5025-2 HM	62	37.5	—	—	—	50	25	—	T_g：−29℃		—
		VSL 4526-2 HM	62	37.5	—	—	—	44.5	26	—	T_g：−30℃		—
		VSL 5228-2	50	37.5	—	—	—	52	28	—	T_g：−20℃		—
		VSL 2538-2	50	37.5	—	—	—	25	38	—	T_g：−31℃		—
		VSL 2438-2 HM	80	37.5	—	—	—	24	38	—	T_g：−32℃		—
		VSL 3038-2 HM	80	37.5	—	—	—	30	38	—	T_g：−26℃		—
		SL 4525—0	45	—	—	—	—	—	25	—	T_g：−69℃		—
		SL 4518—3	45	37.5（HN）	—	—	—	—	18	—	T_g：−69℃		—
意大利埃尼	部分嵌段型	Europrene SOL 1205	53	—	—	—	—	—	25	18	5%甲苯溶液 25℃运动黏度：10cP		压延挤出制品、电线电缆、片材、地板、胶黏剂、改性沥青、高抗冲聚苯乙烯
		Europrene SOL B 183	65	—	—	—	—	—	11	7	5%甲苯溶液 25℃运动黏度：32cP		专用于 ABS、HIPS（高抗冲聚苯乙烯）
	无规	Europrene SOL R C2525	54	—	—	—	—	24	26	—	—		低滚动阻力炭黑轮胎胎面胶料、机械制品、鞋材
		Europrene SOL R 72613	60	—	—	—	—	64	25	—	—		低滚动阻力白炭黑轮胎胎面胶料、冬季轮胎胎面
		Europrene SOL R 72612	—	—	—	—	—	67	25	—	充 MES 36.8 份		低滚动阻力白炭黑轮胎胎面胶料、冬季轮胎胎面
		Europrene SOL R 72614	—	—	—	—	—	64	25	—	充 TDAE 37.5 份		低滚动阻力白炭黑轮胎胎面胶料、冬季轮胎胎面
		Europrene SOL R C2564-T	—	—	—	—	—	64	25	—	充 TDAE 37.5 份		改进抗湿滑的低滚动阻力白炭黑轮胎胎面胶料、机械制品
		Europrene SOL R C3737	—	—	—	—	—	38	37	—	充 TDAE 37.5 份		低滚动阻力、高抓着力（高压）白炭黑轮胎胎面胶料
		Europrene SOL R C3737-HV	—	—	—	—	—	43	37	—	充 TDAE 37.5 份		高抓着力、低滚动阻力（高压）白炭黑轮胎胎面胶料

续表

供应商		牌号	门尼黏度	充油量份数	微观结构	基团含量/%					300%定伸/MPa	拉伸强度/MPa	说明
						顺式-1，4	反式-1，4	乙烯基	结合苯乙烯	嵌段苯乙烯			
日本瑞翁	非充油	Nipol NS116R	45	—	—	—	—	—	21.0	—	非变色防老剂		具有优异的抗湿滑性与滚动阻力的平衡，适用于轮胎、防震制品
		Nipol NS210	56	—	—	—	—	—	25.0	—	非变色防老剂		具有高回弹性，良好的抗湿滑性与低温性能，适用于鞋底、轮胎、皮带，以及浅色橡胶制品
		Nipol NS310S	10[a]	—	—	—	—	—	22.0	—	非变色防老剂		苯乙烯-丁二烯嵌段共聚物，主要用作聚苯乙烯及ABS等塑料的抗冲改性剂
	充油	Nipol NS460	49	—	—	—	—	—	25	—	充高芳油HA37.5份		具有优异的抗湿滑性与滚动阻力的平衡，适用于高性能轮胎胎面胶
		Nipol NS522	62	—	—	—	—	—	39	—	充高芳油HA37.5份		
锦湖石油化学公司（Kosyn）	非充油	SOL 5150	73	—	—	—	—	39	10	—	T_g：−65℃		—
		SOL 5250H	74	—	—	—	—	56	20	—	T_g：−35℃		—
		SOL 5251H	70	—	—	—	—	55	21	—	T_g：−34℃		—
		SOL 5270M	50	—	—	—	—	63	21	—	T_g：−25℃		—
		SOL 5270S	50	—	—	—	—	63	21	—	T_g：−25℃		—
		SOL 5220M	54	—	—	—	—	26	26.5	—	T_g：−48℃		—
		SOL 5260H	75	—	—	—	—	55	28.5	—	T_g：−26℃		—
		SOL 5270H	67	—	—	—	—	63	21	—	T_g：−25℃		—
	充油	SOL 6270M	47	TDAE	—	—	—	63	25	—	T_g：−28℃		—
		SOL 6270SL	47	TDAE	—	—	—	63	25	—	T_g：−25℃		—
		SOL C6270L	63	TDAE	—	—	—	63	25	—	T_g：−28℃		—
		SOL 6360SL	47	TDAE	—	—	—	48	33	—	T_g：−32℃		—
		SOL C6450SL	53	TDAE	—	—	—	40	35	—	T_g：−30℃		—

注：a. 在25℃、5%甲苯溶液中黏度，$MPa \cdot s^{-1}$。

表 1.1.3-56 溶聚丁苯橡胶的牌号与供应商（三）

供应商	牌号	门尼黏度 [ML(1+4)100℃]	1，2-乙烯链节含量/%	苯乙烯含量/%	油类型	油含量 phr	300%定伸应力/MPa	拉伸强度/MPa	扯断伸长率/%	证书
俄罗斯西布尔集团（SIBUR）	SSBR-2560 等级 B	65±4	62～70	25±2			11.0	≥18.0	≥360	REACH
	SSBR-2560 TDAE 等级 AA	50±4	61～67	25±1	TDAE	26～29	8.8	≥15.0	≥350	
	SSBR-2560 TDAE HV 等级 A	60±4	61～67	25±2	TDAE	25～30	8.8	≥15.0	≥350	
	SSBR-4040 TDAE 等级 A	50±4	36～44	39±2	TDAE	26～29	10.0	≥16.0	≥400	

溶聚丁苯的国外供应商与牌号有：美国固特异轮胎和橡胶公司（Solflex）、美国费尔斯通合成橡胶和胶乳公司（Duradene、Stereon 嵌段溶聚丁苯橡胶）、美国陶氏化学公司（Dow Chemical Company）、日本旭化成公司（Tufdene 和 Asaprene 溶聚丁苯橡胶、Tufdene E 和 Asaprene E 系列溶聚丁苯橡胶、Tufdene E 和 Asaprene E 系列硅偶联母炼胶）、日本合成橡胶公司（JSR、JSR Dynaron 氢化丁苯橡胶）、巴西（Copelflex）、西班牙（Calprene）、意大利（Europrene SOL）、南非（Alsol）、墨西哥（Solprene）、俄罗斯（DSSK）等。

3.4 聚丁二烯橡胶（Polybutadiene Rubber）

聚丁二烯橡胶的分类如下：

- 聚丁二烯橡胶
  - 溶聚
    - 超高顺式聚丁二烯橡胶（顺式 98%以上）
    - 高顺式聚丁二烯橡胶（顺式 96%～98%，钴、钛、锂、镍、稀土钕系催化剂）
    - 低顺式聚丁二烯橡胶（顺式 35%～40%，锂催化剂）
    - 高乙烯基聚丁二烯橡胶（乙烯基 70%以上）
    - 中乙烯基聚丁二烯橡胶（乙烯基 35%～55%）
    - 低乙烯基聚丁二烯橡胶（乙烯基 8%，顺式 91%）
    - 低反式聚丁二烯橡胶（反式 9%，顺式 90%）
    - 高反式聚丁二烯橡胶（反式 95%以上，室温下非橡胶态）
  - 乳聚：乳聚聚丁二烯橡胶
  - 本体聚合：丁钠橡胶（已淘汰）

聚丁二烯橡胶的结构式为：

$$-\!\!\left(CH_2-CH=CH-CH_2\right)_x\!\!\left(CH_2-\underset{\underset{\displaystyle CH_2}{\|}}{\underset{\displaystyle CH}{|}}{CH}\right)_y$$

乳聚锂系聚丁二烯橡胶顺式-1，4 聚合链段含量约为 38%，1，2 聚合链段含量约为 11%。乳聚 BR 的分子量分布宽，支化和凝胶也较多，加工性能相对较好。

溶聚聚丁二烯分子量分布比乳聚窄，一般分布系数为 2～4，特别是烷基锂型催化剂聚合的橡胶分子量分布更窄，一般为 1.5～2，支化和凝胶少，加工性能相对较差。稀土钕系顺式-1，4 聚合链段含量为 96%～98%，1，2 聚合链段含量小于 1%；钴系顺式-1，4 聚合链段含量为 96%～98%，1，2 聚合链段含量约为 2%；钛系顺式-1，4 聚合链段含量约为 92%；镍系顺式-1，4 聚合链段含量为 96%～98%。

同其他催化体系制得的 BR 相比，锂系 BR 具有优异的耐寒性和低温屈挠性，还具有色泽浅、透明、不含凝胶和纯度高等优点，是优异的塑料抗冲击改性材料，也可用于制造子午线轮胎和其他橡胶制品。锂系 BR 可同 SSBR、高乙烯基 BR、中乙烯基 BR、SIBR 以及 SBS 在同一套装置上生产。

稀土系橡胶体系，可形成系列化的产品并在聚丁二烯的基础上发展新的高分子材料。稀土顺丁橡胶可按照门尼黏度和分子结构特征分成多种牌号的产品。中门尼黏度（40～50）的基础胶主要作为目前顺丁橡胶的替代品，偏低门尼黏度（40 左右）的稀土顺丁橡胶即具有与镍系顺丁橡胶相当的性能，但加工性能更为优异。与镍系催化剂不易制备高低门尼黏度聚丁二烯相比，稀土催化剂极易制备高门尼黏度（50 以上）和低门尼黏度（40 以下）的聚丁二烯。高门尼黏度稀土顺丁橡胶制备充油橡胶，是我国最早开发的产品，具有较镍系顺丁橡胶更为优异的实用性能。低门尼黏度或低溶液黏度的稀土聚丁二烯可用于塑料增韧改性等方面。

传统的稀土催化剂是多活性中心的，极易制备宽分子量分布的聚丁二烯（Mw/Mn 大于 3.0）。现在通过对催化剂活性中心生成过程的控制，可以获得单一活性中心，制备窄分子量分布（Mw/Mn 小于 3.0）的聚丁二烯。值得一提的是，窄分子量分布稀土顺丁橡胶具有良好的加工性能和优异的使用性能，突破了只有宽分子量分布顺丁橡胶才能加工应用的传统认识。

按照聚合反应特点和产物的结构特点，稀土系聚丁二烯还可以通过改性提高性能和发展新的高分子材料：与异戊二烯共聚合获得具有优异耐低温性能的丁戊共聚橡胶；与极性单体共聚合或进行末端极性化改性，可提高性能并改善与白炭黑的相容性；可与高间同聚丁二烯“原位”共混制备高性能橡胶材料；可进行“原位”环化反应，制备环化顺丁橡胶等。

聚丁二烯除做轮胎用橡胶材料外，还有很大的用途是做塑料增韧改性材料。低黏度窄分子量分布的聚丁二烯可用来制作高抗冲聚苯乙烯。稀土催化剂体系甚至可以在苯乙烯溶液中选择性地先聚合丁二烯，然后以“原位”方式引发苯乙烯的自由基聚合，直接制备高抗冲聚苯乙烯。稀土催化剂还可发展合成具有支化结构的聚丁二烯以制备丙烯腈-丁二烯-苯乙烯共聚物（ABS）树脂。

采用 Ziegler－Natta 催化剂制得顺丁橡胶产品特点比较见表 1.1.3－57。

表 1.1.3－57 Ziegler－Natta 催化剂制得顺丁橡胶产品特点比较

项目	钛	钴	镍	稀土（钕）
顺式 1，4/%	93	96	97	98
玻璃化转变温度/℃	－103	－106	－107	－109
产品线性	线型	可调节	支化	高线型
分子量分布	窄	中	宽	宽
冷流性	高	可调节	低	高
凝胶含量	中	变化，可以非常低	中	非常低
颜色	有色	无色	无色	无色
用于轮胎	有	有	有	有
用于 HIPS	无	有	无	有
用于 ABS	无	有	无	无

近年来，全球聚丁二烯橡胶的生产能力稳步增长。2008 年全球聚丁二烯橡胶的总生产能力为 312.5 万 t/a，2013 年增加到 470.3 万 t/a，同比增长约 6.4%。2008—2013 年生产能力的年均增长率达到约 8.5%。生产装置主要集中在北美和亚太地区。2014 年，聚丁二烯橡胶的消费结构为：用于汽车轮胎，约占总消费量的 70.1%；低顺式聚丁二烯橡胶、高乙烯基聚丁二烯橡胶、中乙烯基聚丁二烯橡胶主要用作塑料抗冲改性，约占 10.7%（其中 ABS 树脂中约占 2%，其余用于高抗冲聚苯乙烯（HIPS）改性）；制鞋领域约占总消费量的 9.1%；胶管胶带领域占 7.0%；用于其他方面（包括火箭推进器的专用黏结剂、高尔夫球芯等非轮胎橡胶制品以及其他专业密封剂和防水膜以及专业的黏合剂等）的消费量约占 3.1%。

3.4.1 顺式-1，4-聚丁二烯橡胶（Cis－1，4－Polybutadiene Rubber）

顺式-1，4-聚丁二烯橡胶，简称顺丁橡胶。聚丁二烯橡胶中顺、反 1，4-结构与全同、间同 1，2 结构都能结晶。顺式-1，4 结构的结晶温度为 3℃，结晶最快的温度为－40℃，但是结晶能力比 NR 差，自补强性比 NR 低很多，所以 BR 需要用炭黑进行补强。随着非顺式结构含量的增加，结晶速度将下降；顺式含量越高，结晶速度越快，自补强性越好，故超高顺式聚丁二烯橡胶的拉伸强度比一般的顺丁橡胶高。BR 的结晶对应变的敏感性比 NR 低，而对温度的敏感性较高。

聚丁二烯橡胶的玻璃化温度 T_g 主要取决于分子中所含乙烯基的量。经差热分析发现，顺式聚丁二烯的玻璃化温度为－105℃，1，2 结构的为－15℃。随着 1，2 结构的量的增大，分子链柔性下降。其 T_g 与乙烯基含量有如下的经验关系式：

$$T_g = 91V - 106$$

式中 V——乙烯基含量。

聚丁二烯橡胶 T_g 为－85～－102℃，滞后损失小、动态生热低，弹性与耐低温性能在通用橡胶中是最好的；动态下抗裂口生成性好，耐屈挠性优异，耐磨性优于天然橡胶和丁苯橡胶；其拉伸强度和撕裂强度均低于天然橡胶及丁苯橡胶，耐刺穿差，表现为用于胎面胶时容易崩花、掉块；吸水性低于天然橡胶与丁苯橡胶，但与湿路面之间的摩擦系数低，抗湿滑性差；老化性欠佳，硬度随老化时间的增长比 SBR 还快。BR 生胶冷流性大，包辊性较差，难塑炼，黏着性差；压延压出时对温度敏感，速度不宜过快，压出时适应温度范围较窄。其硫化速度介于 SBR 和 NR 之间，常采用低硫/高促体系。

3.4.2 1，2-聚丁二烯橡胶

1，2-聚丁二烯橡胶是指丁二烯聚合时以 1，2 结构键合的在分子链上有乙烯侧基的弹性体，系丁二烯单体采用有机锂引发剂［高 1，2-聚丁二烯橡胶采用齐格勒配位引发剂（即钼系和钴系引发剂）与有机锂引发剂］在结构调节剂作用下经溶液聚合而得。1，2 聚合链段在构象上有全同、间同、无规三种形式，前两者都能结晶。其按 1，2 结构含量的不同又分为低 1，2-聚丁二烯橡胶（或低乙烯基聚丁二烯橡胶）、中 1，2-聚丁二烯橡胶［Medium 1，2－Polybutadiene Rubber，也称中乙烯基聚丁二烯橡胶（Medium Vinyl Polybutadiene Rubber，MVBR）］和高 1，2-聚丁二烯橡胶［High 1，2－Polybutadiene Rubber，也称为高乙烯基聚丁二烯橡胶（High Vinyl Polybutadiene Rubber，HVBR）］。

1，2-聚丁二烯橡胶相比顺丁橡胶有较大的热塑性，主链上的双键较顺丁橡胶少，高乙烯基聚丁二烯（HVBR）的双键主要集中在侧基上。1，2-聚丁二烯橡胶随乙烯基含量的增加，其玻璃化温度提高、弹性降低，热塑性变大，抗湿滑性增加，耐热老化性能变好，耐臭氧老化性能变差，硫化速度变慢。MVBR 的分子量分布窄，工艺性能较差，流动性较大，黏合力低。HVBR 的抗湿滑性好，在高温（60℃）下弹性高，一般认为聚丁二烯橡胶中乙烯基含量在 72%以上时，滚动阻

力与湿抓着性能比普通聚丁二烯橡胶更好，更适应汽车对轮胎性能的要求。日本瑞翁公司生产的 Nipol BR 1240 含乙烯基 71%；Nipol BR 1245 是 Nipol BR 1240 的改性产品，其在聚合物末端引入极性基，使聚合物在高温下的弹性提高，从而改善胶料的滚动阻力，也增进了炭黑吸附聚合物的能力，改善了炭黑在硫化胶中的分散稳定性。

以钴系齐格勒催化剂作用下溶液聚合制得的 1，2 间同立构含量为 90%的超高 1，2-聚丁二烯，分子链柔性差，易结晶，熔点高，呈树脂性质，称为 RB 树脂（Thermoplastic 1，2—Polybutadiene Elastomer)，仅日本合成橡胶公司一家生产，商品名称为 JSR。RB 树脂具有热塑性弹性体的一般特性，透明性、耐候性、电绝缘性良好，由于侧链有双键，故可以用硫黄硫化、有机过氧化物硫化。其分子结构式为：

$$\left[\begin{array}{l} CH-CH_2 \\ | \\ CH=CH_2 \end{array} \right]_n$$

RB 树脂由于含大量乙烯基，在热和光作用下易被活化发生降解，也易于与其他化学药剂反应，故需添加稳定剂。

RB 树脂可用挤出成型和吹塑成型。其主要用于制作海绵、注射硫化制品、鞋底、感光树脂和包装薄膜等。

3.4.3 反式-1，4-聚丁二烯橡胶（Trans-1，4-Polybutadiene Rubber)

反式-1，4-聚丁二烯橡胶由丁二烯单体采用钒催化体系经溶液聚合制得的热塑性弹性体，随着反式-1，4 结构含量减少，橡胶的结晶性逐渐降低。高反式聚丁二烯橡胶反式-1，4 结构含量为 94%～99%，熔点为 135～150℃，其性质与古塔波胶、巴拉塔胶和杜仲胶等反式-1，4-聚异戊二烯橡胶相似。中反式聚丁二烯橡胶反式-1，4 结构含量为 65%～75%，在常温下结晶性较低。

反式-1，4-聚丁二烯橡胶的加工性能较好；定伸应力大，硬度高，耐磨性能好，弹性低，生热大；耐酸碱和各种溶剂，耐化学腐蚀。其可用于制造鞋底、地板、垫圈和电气制品等。

3.4.4 乳聚聚丁二烯橡胶（Emulsion Polymerized Polybutadiene Rubber)

乳聚聚丁二烯橡胶简称 E—BR，系丁二烯单体经乳液聚合而成，聚合温度有低温（5℃）和高温（56℃）之分。乳聚丁二烯橡胶的化学结构为：顺式-1，4 结构含量为 10%～20%，反式-1，4 结构含量为 58%～75%，1，2 结构含量在 25%以内，各种链节在聚合物分子中无规分布，平均分子量为 10 万。

乳聚聚丁二烯橡胶的加工性能好，共混性能也好，与其他双烯烃类橡胶如氯丁橡胶、丁苯橡胶、丁腈橡胶、天然橡胶等并用，显示了优良的耐屈挠、耐磨、耐低温和动态力学性能；配合时需用较高量的硫黄和促进剂，抗返原性好；填充量大，需用高耐磨炉黑和中超耐磨炉黑补强。

乳聚聚丁二烯橡胶主要用于对耐磨性和低温屈挠性要求高的橡胶制品。

3.4.5 顺式-1，4-聚丁二烯复合橡胶（Cis-1，4-Polybutadiene Composite Rubber)

顺式-1，4-聚丁二烯复合橡胶是将高结晶、高熔点的 1，2-间规聚丁二烯以极细树脂结晶形式分散于高顺式-1，4-聚丁二烯橡胶中，1，2-间规聚丁二烯起到高效的补强作用。

顺式-1，4-聚丁二烯复合橡胶与顺丁橡胶相似，配合无特殊要求，其特性为：加工性能比顺丁橡胶好；胶料收缩率小，压出尺寸稳定性好；模量高，能获得高硬度的胶料；撕裂强度高；抗屈挠龟裂增长好；耐磨性好，优于顺丁橡胶。

顺式-1，4-聚丁二烯复合橡胶由日本宇部兴产公司开发并于 1983 年工业化，商品名称为 Ubepol-VCR，有两个牌号：Ubepol-VCR 309（非轮胎用胶）和 Ubepol-VCR 412（轮胎用胶)。

3.4.6 聚丁二烯橡胶的技术标准与工程应用

按照《合成橡胶牌号规范》(GB/T 5577—2008)，国产聚丁二烯橡胶的主要牌号见表 1.1.3-58。

表 1.1.3-58 国产聚丁二烯橡胶的主要牌号

牌号	顺式-1，4 质量分数/%	门尼黏度 [ML（1+4）100℃]	催化剂	备注
BR 9000	96	40～50	镍-铝-硼	—
BR 9001	96	48～56	镍-铝-硼	—
BR 9002	96	38～45	镍-铝-硼	—
BR 9071	96	35～45	镍-铝-硼	高芳烃油 15 份
BR 9072	96	40～50	镍-铝-硼	高芳烃油 25 份
BR 9073	96	40～50	镍-铝-硼	高芳烃油 37.5 份
BR 9053	96	40～50	镍-铝-硼	高环烷油 37.5 份
BR 9100	97	40～50	稀土	—
BR 9171	97	35～45	稀土	高芳烃油 25 份
BR 9172	97	35～45	稀土	高芳烃油 37.5 份
BR 9173	97	45～55	稀土	高芳烃油 50 份
BR 3500	35	20～35	烷基锂	—

（一）聚丁二烯橡胶的标准试验配方

聚丁二烯橡胶的标准试验配方见表 1.1.3－59，详见《溶液聚合型丁二烯橡胶（BR）评价方法》（GBT/8660—2008）IDT ISO 2476：1996。

表 1.1.3－59　聚丁二烯橡胶（BR）的标准试验配方

GBT 8660—2008 idt ISO 2476：1996 规定的方法			其他试验配方	
材料	质量份		材料	质量份
	非充油胶	充油胶		
丁二烯橡胶	100.00	100.00[a]	BR	100
氧化锌	3.00	3.00	氧化锌	3
通用工业参比炭黑	60.00	60.00	硬脂酸	2
硬脂酸	2.00	2.00	硫黄	1.8
ASTM 103# 油[b]	15.00	—	促进剂 CBS（CZ）	1
硫黄	1.50	1.50	HAF	50
TBBS[c]	0.90	0.90	防老剂 D	1
总计	182.40	167.40[d]	操作油	5

注：a. 指含填充油的橡胶 100 份。

b. 这种油的密度为 0.92g/cm^3，可以从 Sun oil，Industrial products Dept 1068 Walnut Street，Philadelphia PA 19103 USA 获得 3.8～19 L 包装的这种商品油，其他油如 Circosol 4240、R. E. Caroll ASTM 103# 油具有下列特性：

在 100℃时运动黏度：16.8±1.2 mm^2/s；

黏度比重常数：0.889±0.002；

在 37.8℃，根据 Saybolt 通用黏度和在 15.5℃/15.5℃时的相对密度计算黏度比重常数（VGC）时，按下式计算：

$$VGC=[10d-1.0752\lg(v-38)]/[10-\lg(v-38)]$$

式中　d——15.5℃/15.5℃时的相对密度；

v——在 37.8℃时 Saybolt 通用黏度。

c. N-叔丁基-2-苯并噻唑次磺酰胺，以粉末形态供应，其最初不溶物含量应小于 0.3%；该材料应在室温下储存于密闭容器中，每六个月检查一次甲醇不溶物含量，若超过 0.75%，则应弃去或重结晶。

d. 以充油量（质量分数）为 37.5%的充油 BR 为准。

现行有关溶液聚合型丁二烯橡胶（BR）评价方法的标准 ISO 2476：2014、ASTMD 3189－2006（2011）和 GB/T 8660—2008 在标准试验配方方面的对比见表 1.1.3－60。

表 1.1.3－60　ISO 2476：2014、ASTMD 3189—2006（2011）和 GB/T 8660—2008 在标准试验配方方面的对比

技术内容	ISO 2476：2014	GB/T 8660—2008	ASTMD 3189—2006（2011）
试验配方	非充油和充油胶两种配方	非充油和充油胶两种配方：非充油胶配方与 ISO 相同；充油胶配方不同	一种配方，与 ISO 非充油配方相同

修订中的《溶液聚合型丁二烯橡胶（BR）评价方法》（GB/T8660—2008）拟修改采用《溶液聚合型丁二烯橡胶（BR）评价方法》（ISO 2476：2014），标准试验配方见表 1.1.3－61。《溶液聚合型丁二烯橡胶（BR）评价方法》要求应使用符合国家或国际标准的参比材料；如果得不到标准参比材料，应使用有关团体认可的材料。

表 1.1.3－61　标准试验配方

材料	质量份	
	非充油胶	充油胶
丁二烯橡胶	100.00	100.00＋Y[a]
氧化锌	3.00	3.00
通用工业参比炭黑[b]	60.00	0.6×（100＋Y）
硬脂酸	2.00	2.00
ASTM103# 油[c]	15.00	—
硫黄	1.50	1.50
TBBS[d]	0.90	0.009×（100＋Y）

续表

材料	质量份	
	非充油胶	充油胶
总计	182.40	167.40+1.609Y

注：a. Y=充油胶中，每 100 份橡胶基础胶所对应的油的质量份。

b. 通用工业参比炭黑，储存于密闭容器中，使用前应在 125±3℃下干燥 1 h。

c. 这种油的密度为 0.92 g/cm³，可以从位于 R. E. Carroll, Inc., 1570 North Olden Avenue Ext, Trenton, NJ 08638－3204, USA 的 Sun Refining and Marketing Company 获得。海外购买可直接与在 Inc., 1801 Market Street, Philadelphia, PA 19103－1699 的 Sunoco Overseas 联系。这只是一种可商购油的示例，它并不是本标准规定认可的油，列出它的信息是为了让使用者更方便地使用本标准。也可以选用国家标准样品，结果可能略有不同。

d. N-叔丁基-2-苯并噻唑次磺酰胺。按照 ISO 11235 规定，其供应品为粉末，最初甲醇不溶物质质量分数应小于 0.3%。该促进剂应在室温下储存于密闭容器内，并每六个月检查一次甲醇不溶物含量，若超过 0.75%，则应废弃去或重结晶。

（二）聚丁二烯橡胶的硫化试片的制样程序

丁二烯橡胶硫化试片的制样程序见表 1.1.3-62，详见《溶液聚合型丁二烯橡胶（BR）评价方法》（GB/T 8660—2008）IDT ISO 2476—1996。GB/T 8660—2008 规定了四种混炼方法：方法 A——密炼机混炼；方法 B——初混炼机用密炼机，终混炼用开炼机；方法 C1 和方法 C2——开炼机混炼。这些方法会给出不同的结果。溶液聚合丁二烯橡胶用开炼机混炼要比其他橡胶更困难，最好用密炼机完成混炼，某些类型的丁二烯用开炼机混炼，不可能得到令人满意的结果。

表 1.1.3-62　丁二烯橡胶硫化试片的制样程序

方法 A：密炼机混炼操作步骤		
程序	持续时间/min	累计时间/min
A1 初混炼程序：		
a）调节密炼机温度（50±5℃），转子转速和上顶栓压力应满足 e）规定的条件。关闭卸料门，升起上顶栓、启动电机。		
b）加入一半橡胶、氧化锌、炭黑、油（充油胶不需加油）、硬脂酸和剩余的橡胶，放下上顶栓。	0.5	0.5
c）混炼胶料。	3.0	3.5
d）升起上顶栓、清扫密炼机颈口及上顶栓的顶部，放下上顶栓。	0.5	4.0
e）当胶料的温度达到 170℃或总时间达到 6 min 时即可卸下胶料。	2.0	6.0
f）胶料立即在辊距为 5.0mm，辊温为 50±5℃的实验室开炼机上通过三次，检验胶料质量（见 GB/T 6038—2006），如果胶料质量与理论值之差超过+0.5%或－1.5%，则弃去此胶料，重新混炼。		
A2 终混炼程序：		
a）在转子上通过足够的冷却水，使密炼机温度冷却到 40±5℃，升起上顶栓，开动电机。		
b）继续通入冷却水，关闭蒸汽。将全部硫黄和 TBBS 与一半母炼胶卷在一起，加入密炼机中。再加入剩余的母炼胶，放下上顶栓。	0.5	0.5
c）混炼胶料，当胶料温度达到 110℃或总时间达到 3 min 时即可卸下胶料。	2.5	3.0
d）胶料立即在辊距为 0.8 mm 辊温为 50±5℃的实验室开炼机上通过。		
e）使胶料打卷纵向薄通六次。		
f）将胶料压成约 6 mm 厚的胶片，检验胶料质量（见 GB/T 6038—2006），如果胶料质量与理论值之差超过+0.5%或－1.5%，则弃去此胶料，重新混炼。取出足够的胶料供硫化仪试验用。		
g）按 GB/T 528—2009 的规定，将胶料压制成约 2.2 mm 厚的胶片用于制备试片或压制成适当厚度用于制备环形试样		
方法 B：初混炼用密炼机和终混炼用开炼机		
程序	持续时间/min	累计时间/min
B1 密炼机初混炼操作步骤：		
同 A1。		
B2 终混炼用开炼机操作步骤：		
割取母炼胶 720.0 g（对非充油胶）或 660.0 g（对充油 37.5%的充油胶）称出 4 倍于配方量的硫化剂（即 6.00 g 硫黄，3.60 gTBBS）。		
在混炼期间，辊间应保持有适量的堆积胶，如在规定的辊距下达不到这种效果，应对辊距稍作调整。		
a）调节并保持开炼机温度在 35±5℃，辊距设定为 1.5 mm，加入母炼胶并使之在前辊上包辊。	1.0	1.0
b）慢慢将硫黄和 TBBS 加入胶料，扫起接料盘中所有物料并将其加入胶料中。	1.0	2.0
c）从每边作 3/4 割刀六次。	1.5	3.5
d）下片。调节辊距为 0.8 mm，使胶料打卷纵向薄通六次。	1.5	5.0
e）将胶料压成约 6 mm 厚的胶片，检验胶料质量（见 CB/T 6038—2006），如果胶料质量与理论值之差超过+0.5%或－1.5%，则弃去此胶料，重新混炼。取出足够的胶料供硫化仪试验用。		
f）按 GB/T 528—2009 的规定，将胶料压制成约 2.2 mm 厚的胶片用于制备试片或压制成适当厚度用于制备环形试样		

续表

<table>
<tr><td colspan="3">方法 C1 和 C2：开炼机混炼操作步骤</td></tr>
<tr><td colspan="3">概述：①由于溶液聚合丁二烯橡胶在开炼机上加工困难，如果有合适的密炼机应优先选择方法 A 和方法 B，这样可使胶料有较好的分散性。如果没有密炼机可以用以下两种开炼机混炼方法：
方法 C1，可以用于充油和非充油的溶液聚合型丁二烯橡胶；方法 C2，仅限于非充油溶液聚合型丁二烯橡胶，是一种较易的混炼方法，它使胶料有较好的分散性。
②对于非充油溶液聚合型的丁二烯橡胶，方法 C1 和方法 C2 未必能得到相同的结果，因此在实验室进行相互比对或系列评价时，都应使用相同的方法混炼</td></tr>
<tr><td>程序</td><td>持续时间/min</td><td>累计时间/min</td></tr>
<tr><td>方法 C1：
标准实验室投胶量（以 g 计）应为配方量的 3 倍（即 3×182.40 g=547.20 g 或 3×167.40 g=502.20 g），在整个混炼过程中调节开炼机辊筒的冷却条件以保持其温度为 35±5℃。
在混炼期间应保持有适量的堆积胶，如在规定的辊距下达不到这种效果，应对辊距稍作调整。</td><td></td><td></td></tr>
<tr><td>a）将开炼机辊距设定在 1.3 mm。
注：非充油胶可能需要较长的混炼时间，以达到良好的包辊性。</td><td>1.0</td><td>1.0</td></tr>
<tr><td>b）沿辊筒均匀地加入氧化锌和硬脂酸，从每边作 3/4 割刀两次。</td><td>2.0</td><td>3.0</td></tr>
<tr><td>c）等速均匀地沿辊筒加入炭黑，当加进约一半时，将辊距调至 1.8 mm，接着加入剩余的炭黑。从每边作 3/4 割刀两次，每次间隔 30 s。要确保散落在接料盘中的炭黑都加入胶料中。</td><td>15.0～18.0</td><td>18.0～21.0</td></tr>
<tr><td>d）慢慢滴加入油（充油胶不加）。</td><td>8.0～10.0</td><td>26.0～31.0</td></tr>
<tr><td>e）加入 TBBS 和硫黄。扫起接料盘中的所有物料并将其加入胶料中。</td><td>2.0</td><td>28.0～33.0</td></tr>
<tr><td>f）从每边接连作 3/4 割刀六次。</td><td>2.0</td><td>30.0～35.0</td></tr>
<tr><td>g）下片。调节辊距为 0.8 mm，使胶料打卷纵向薄通六次。</td><td>2.0</td><td>32.0～37.0</td></tr>
<tr><td>h）将胶料压成约 6 mm 厚的胶片，检验胶料质量（见 GB/T 6038—2006），如果胶料质量与理论值之差超过+0.5%或−1.5%，则弃去此胶料，重新混炼。取出足够的胶料供硫化仪试验用。
i）按 GB/T 528—2009 的规定，将胶料压制成约 2.2 mm 厚的胶片用于制备试片或压制成适当厚度用于制备环形试样。</td><td></td><td></td></tr>
<tr><td>方法 C2：
标准实验室投胶量（以 g 计）应为配方量的 2 倍（即 2×182.40 g=364.80 g），在混炼过程中调节开炼机辊筒的冷却条件以保持其温度为 35±5℃，沿辊筒均匀地加入各配料，所有配料掺混后才能下片。
在混炼期间应保持有适量的堆积胶，如在规定的辊距下达不到这种效果，应对辊距稍作调整。</td><td></td><td></td></tr>
<tr><td>a）将开炼机辊距设定在 0.45±0.1 mm，让橡胶通过两次，再从每边接连作 3/4 割刀两次。</td><td>2.0</td><td>2.0</td></tr>
<tr><td>b）沿辊筒均匀地加入氧化锌和硬脂酸，从每边接连作 3/4 割刀三次。</td><td>2.0</td><td>4.0</td></tr>
<tr><td>c）依次加入一半油和一半炭黑，从每边接连作 3/4 割刀七次。</td><td>12.0</td><td>16.0</td></tr>
<tr><td>d）依次加入剩余的油和炭黑，要把散落在接料盘中的炭黑都加入胶料中。从每边作 3/4 割刀七次。</td><td>12.0</td><td>28.0</td></tr>
<tr><td>e）加入硫黄和 TBBS，从每边作 3/4 割刀六次。</td><td>4.0</td><td>32.0</td></tr>
<tr><td>f）下片。调节辊距为 0.7～0.8 mm，使胶料打卷纵向薄通六次。</td><td>3.0</td><td>35.0</td></tr>
<tr><td>g）将胶料压成约 6 mm 厚的胶片，检验胶料质量（见 GB/T 6038—2006），如果胶料质量与理论值之差超过+0.5%或−1.5%，则弃去此胶料，重新混炼。取出足够的胶料供硫化仪试验用。
h）按 GB/T 528—2009 的规定，将胶料压制成约 2.2 mm 厚的胶片用于制备试片或压制成适当厚度用于制备环形试样</td><td></td><td></td></tr>
</table>

现行有关溶液聚合型丁二烯橡胶（BR）评价方法的标准 ISO 2476：2014、ASTMD 3189－2006（2011）和 GB/T 8660—2008 在试片制样程序方面的技术内容的对比见表 1.1.3－63。

表 1.1.3－63　ISO 2476：2014、ASTMD 3189—2006（2011）和 GB/T 8660—2008 在试片制样程序方面的技术内容对比

技术内容	ISO 2476：2014	GB/T 8660—2008	ASTMD 3189—2006（2011）
混炼程序	方法 A1：密炼机一段混炼	无此方法	无此方法
	方法 A2：密炼机两段混炼。规定胶料的最终温度不超过 120℃	对应于标准中方法 A。无 120℃的规定；其他操作程序一致	对应于标准中方法 A。无 120℃的规定；规定初混炼之后停放 1～24 h 再终混炼；其他操作程序基本一致
	方法 B：密炼机初混炼、开炼机终混炼	相当于标准中方法 B。操作程序一致	相当于标准中方法 B。规定初混炼之后停放 1～24 h 再终混炼；其他操作程序基本一致
	方法 C1：开炼机混炼	相当于标准中方法 C1。操作程序一致	无此方法
	方法 C2：开炼机混炼	相当于标准中方法 C2。操作程序一致	相当于标准中方法 C。操作程序有差异
	无此方法	无此方法	方法 D：小型密炼机混炼

续表

技术内容	ISO 2476：2014	GB/T 8660—2008	ASTMD 3189—2006（2011）
混炼胶的环境调节	混炼胶硫化前调节 2～24 h	混炼胶硫化前调节 2～24 h	无此规定
硫化特性评价	圆盘振荡硫化仪 ISO 3417—2008 无转子硫化仪 ISO 6502—2016	圆盘振荡硫化仪 GB/T 9869—2014 无转子硫化仪 GB/T 16584—1996 参数与 ISO 一致	圆盘振荡硫化仪 ASTM D2084—2011 无转子硫化仪 ASTM D5289—2012 参数与 ISO 大体一致
硫化试片制样	145℃：25 min、35 min、50 min 150℃：20 min、30 min、50 min	温度为 145±0.5℃、150±0.5℃ 其他一致	145℃：25 min、35 min、50 min
硫化试片调节	调节 16～96 h	调节 16～96 h	23±2℃调节 16～96 h
应力应变性能评价	ISO 37—2005	GB/T 528—2009	ASTM D412—1998

（三）聚丁二烯橡胶的技术标准

1. 顺式-1，4-聚丁二烯橡胶

顺式-1，4-聚丁二烯橡胶的典型技术指标见表 1.1.3-64。

表 1.1.3-64 顺式-1，4-聚丁二烯橡胶的典型技术指标

顺式-1，4-聚丁二烯橡胶的典型技术指标				
项目		指标	项目	指标
聚合形式		加成	门尼黏度［ML（1+4）100℃］	30～60
聚合方法		配位负离子	相对密度	0.91～0.93
聚合体系		溶液	T_g/℃	−110～−95
化学结构		顺式-1，4 结构含量 92%～98%	熔点/℃	2（98%～99%顺式含量）
平均分子量	$\overline{Mn}$，$\times 10^4$	5～65	线膨胀系数 T_g 以下（$\times 10^{-4}$/℃） T_g 以上（$\times 10^{-4}$/℃）	 0.25 2.37
	$\overline{Mw}$，$\times 10^4$	10～160	折射率（20℃）	1.515 8
顺式-1，4-聚丁二烯橡胶硫化胶的典型技术指标				
项目		指标	项目	指标
弹性模量 静态/MPa 剪切（动态）（60 Hz，100℃）/MPa		 5.2～6.0 1.57～2.25	撕裂强度 kN·m^{-1}	37～53.9
			硬度（JIS，A）	58～60
内部摩擦 （60 Hz，25℃） （60 Hz，100℃）/kPa		 3.6～5.3	压缩永久变形/% （100℃×2 h，压缩 35%）	11.8～13.4
			回弹性/%	55～74
			磨耗（Akron）/（mm^3·1 000 r^{-1}）	0.002 5～0.006
拉伸强度/MPa		13.7～22.5	耐屈挠龟裂/（2～75 mm）·r^{-1}	2 000～3 000
300%定伸应力/MPa		—	耐热老化（100℃×96 h） 伸长率变化率/%	−58～50
拉断伸长率/%		300～500		

聚丁二烯橡胶的技术指标见表 1.1.3-65，详见 GB/T 8659—2001《丁二烯橡胶（BR）9000》。

表 1.1.3-65 聚丁二烯橡胶 BR 9000 的技术指标

项目	指标			试验方法
	优等品	一等品	合格品	
挥发分/%	≤0.50	≤0.80	≤1.10	作废热辊法
灰分/%	≤0.20	≤0.20	≤0.20	作废方法 A
生胶门尼黏度［ML（1+4）100℃］	45±4	45±4	45±7	作废
混炼胶门尼黏度［ML（1+4）100℃］	≤65	≤67	≤70	作废

续表

项目		指标			试验方法
		优等品	一等品	合格品	
300%定伸应力/MPa	25 min	7.8～11.3	7.5～11.5	7.5～11.5	GB/T 8660—2008（C2 法混炼）
	35 min	8.5～11.5	8.2～11.7	8.2～11.7	
	50 min	8.2～11.2	7.9～11.4	7.9～11.4	
拉伸强度/MPa	35 min	⩾15.0	⩾14.5	⩾14.0	GB/T 8660—2008（C2 法混炼）
扯断伸长率/%	35 min	⩾385	⩾365	⩾365	GB/T 8660—2008（C2 法混炼）

注：混炼胶和硫化胶的性能均采用 ASTM IRB No.7 炭黑进行评价。

拟修订中的国标《丁二烯橡胶（BR）9000》（GB/T 8659—2008）对 BR 9000 的技术指标和试验方法要求见表 1.1.3-66。

表 1.1.3-66　BR 9000 技术指标和试验方法

项　目		指　标			试验方法
		优等品	一等品	合格品	
外观		浅色半透明，初级形状为块状，不含焦化颗粒、机械杂质及油污		浅色半透明，初级形状为块状，不含机械杂质	目测
挥发分（质量分数）/%		⩽0.50	⩽0.80	⩽1.10	GB/T 24131—××××热辊法
灰分（质量分数）/%		⩽0.20			GB/T 4498.1—2013 方法 A
生胶门尼黏度[ML(1+4)100℃]		45±4	45±5	45±7	GB/T 1232.1—2016，样品如需过辊，辊温应为 35±5℃
混炼胶门尼黏度[ML(1+4)100℃]		⩽65	⩽67	⩽70	
300%定伸应力/MPa	25 min	7.0～12.0			GB/T 8660—×××（A2、C2 法混炼，以 C2 法为仲裁方法） GB/T 528—2009　Ⅰ型裁刀
	35 min	8.0～13.0			
	50 min	8.0～13.0			
拉伸强度/MPa	35 min	⩾13.2			
拉断伸长率/%	35 min	⩾330			
硫化特性		报告值			按 GB/T 8660—×××中 7.2 规定设置参数，按 GB/T 25268 测定，测试时间 25 min

注：混炼胶和硫化胶的技术指标均采用 ASTM IRB No.8 进行评价，也可使用其他同类标准参比炭黑。仲裁检验应使用 ASTM IRB No.8。

2. 1，2-聚丁二烯橡胶

1，2-聚丁二烯橡胶的典型技术指标见表 1.1.3-67。

表 1.1.3-67　1，2-聚丁二烯橡胶典型技术指标

1，2-聚丁二烯橡胶典型技术指标												
类别		低乙烯基	中乙烯基				高乙烯基		超高乙烯基（间规）			
牌号		Intolene	1	2	3	4	Nipol BR 1240	Nipol BR 1245	JSR RB 805	JSR RB 810	JSR RB 820	JSR RB 830
外观		—	—	—	—	—	—	—	透明颗粒			
相对密度		—	—	—	—	—	—	—	0.90～0.91			
门尼黏度[ML（1+4）100℃]		40	—	—	90	50	—	—	—	—	—	—
1，2 结构含量/%		8	48	63	54	43	71	71	90	90	92	93
反式-1，4 结构含量/%		—	—	—	—	—	19	19	—	—	—	—
顺式-1，4 结构含量/%		—	—	—	—	—	10	10	—	—	—	—
分子量	$\overline{Mn}$，$\times 10^4$	—	—	—	—	—	1.34	1.59	—	—	—	—
	$\overline{Mw}$，$\times 10^4$						4.84	3.61				

续表

1，2-聚丁二烯橡胶典型技术指标								
类别	低乙烯基	中乙烯基				高乙烯基		超高乙烯基（间规）
分子量分布	窄					3.61	2.27	宽
结晶度/%	—	—	—	—	—	—	—	10～30
熔点/℃	—	—	—	—	—	—	—	75～90
1，2-聚丁二烯橡胶硫化胶典型技术指标								
拉伸强度/MPa	—	16.2	15.0	—	18.2	17.2	17.0	13.8
拉断伸长率/%	—	410	460	16.6	650	380	340	390
300%定伸应力/MPa	—	—	—	—	—	11.8	14.5	9.03
硬度（邵尔A）	—	—	9[a]	580[a]	70[a]	63	64	81
永久变形/%	—	—	—	—	—	—	—	56
（TMZ）	—	59[a]	60[a]	58[a]	—	—	—	—

表 1.1.3-68 RB树脂的典型技术指标

项目	指标	项目	指标
透明性	透明	硬度：（JIS A） （邵尔D）	69～98 19～53
相对密度	0.899～0.913		
熔点/℃	70～110	压缩永久变形/%	34～41
维卡软化温度/℃	36～88	回弹性/%	42～55
脆性温度/℃	−42～−32	介电系数（1 000 Hz）	2.6
300%定伸应力/MPa	2.94～10.4	介电损耗角正切（1 000 Hz）	0.0045
拉伸强度/MPa	5.0～16.6	介电强度/(kV·mm^{-1})	46
拉断伸长率/%	630～780	体积电阻率/(Ω·m)	2×10^{17}
撕裂强度/(kN·m^{-1})	26.5～93	吸水率（24 h）/%	0.018

3. 反式-1，4-聚丁二烯橡胶

反式-1，4-聚丁二烯橡胶典型技术指标见表1.1.3-69。

表 1.1.3-69 反式-1，4-聚丁二烯橡胶典型技术指标

反式-1，4-聚丁二烯橡胶典型技术指标							
项目	反式-1，4-聚丁二烯橡胶				巴拉塔胶	天然橡胶	丁苯1500
化学结构 反式-1，4含量/% 顺式-1，4含量/% 1，2结构含量/%	 93 5 2	 87 10 3	 81 16 3	 88 10 2	—	—	—
凝胶含量/%	0	0	0	0	痕量	—	—
相对密度	0.963	0.953	0.927	0.950	0.944	—	—
特性黏数[η]	1.73	1.62	1.84	2.16	1.54	—	—
门尼黏度 [ML（1+4）100℃] [ML（1+4）121℃] [ML（1+4）137.8℃]	 96 21 18	 25 20 19	 26 23 19	 131 44 38	 21 16 10	—	—
软化点[a]/℃	99～104.4	87.9～93.4	71.1～76.7	90.7～96.2	51.8～57.3	—	—
反式-1，4-聚丁二烯橡胶硫化胶典型技术指标							
拉伸强度/MPa	22.1	24.4	19.0	25.4	—	29.0	24.1
300%定伸应力/MPa	12.7	12.5	8.5	17.4	—	13.9	10.5

续表

反式-1，4-聚丁二烯橡胶典型技术指标							
项目	反式-1，4-聚丁二烯橡胶				巴拉塔胶	天然橡胶	丁苯 1500
拉断伸长率/%	690	590	595	445	—	495	530
撕裂强度/(kN · m⁻¹)	123	93	85	88	—	136	55
93.4℃时拉伸强度/MPa	6.2	8.6	6.5	7.6	—	8.6	6.0
压缩永久变形/%	9	0	16	7	—	14	18
生热/℃	54.5	41.1	47.8	43.3	—	22.8	34.4
回弹性/%	61	57	61	59	—	612	71
屈挠龟裂/千次	6	4	7	1	—	71	12
硬度（邵尔 A） 26.7℃ 100℃ 148℃	 97 58 59	 88 60 60	 85 56.5 57.5	 89 63 64	—	 64 59 59	 58.5 55.5 56
NBS[b] 磨耗（r/25.4×10⁻⁶m）	197	200	576	774	—	12	11

注：a. 用 Goodrich 塑性计在负荷 69 kPa 下，橡胶开始软化的温度范围。
b. NBS 为美国国家标准局的缩写。

4. 顺式-1，4-聚丁二烯复合橡胶

顺式-1，4-聚丁二烯复合橡胶典型技术指标见表 1.1.3-70。

表 1.1.3-70　顺式-1，4-聚丁二烯复合橡胶典型技术指标

顺式-1，4-聚丁二烯复合橡胶典型技术指标			
分散体 1，2-间规聚丁二烯特性			
含量/%	12	分散形状	树脂状结晶
熔点/℃	201	长度	数微米
结晶度/%	79～80	直径/μm	0.22～0.3
生胶典型技术指标			
门尼黏度［ML（1+4）100℃］	45	灰分 w/%	0.15
挥发分 w/%	0.45	正己烷不溶物 w/%	12

顺式-1，4-聚丁二烯复合橡胶硫化胶典型技术指标		
项目	Ubepol-VCR 412	Ubepol BR 150
混炼胶门尼黏度［ML（1+4）100℃］	55	57
生胶强度/MPa	0.34	0.24
100%定伸应力/MPa	4.5	1.96
200%定伸应力/MPa	9.4	4.3
300%定伸应力/MPa	14.3	8.3
拉伸强度/MPa	18	18.4
拉断伸长率/%	370	540
永久变形/%	5.2	5.9
硬度（邵尔 A）	71	59
撕裂强度/(kN · m⁻¹)	57	45
回弹性/%	50	62
压缩永久变形/%	14	10.1
疲劳弯曲龟裂/千周	>300	2.2
生热/℃	34	24
Pico 磨耗指数	273	225

3.4.7 聚丁二烯橡胶的供应商

自1971年9月中国首套顺丁装置建成以来，我国丁二烯橡胶产业发展迅猛，截至2014年年底，我国共有18家丁二烯橡胶生产企业，丁二烯橡胶的产能达到170.2万t/a，同比增长9.7%；产量约85.8万t，同比增速为3.4%。我国主要丁二烯橡胶生产企业的产能及近年产量情况见表1.1.3-71。

表1.1.3-71 国内丁二烯橡胶生产企业及产能产量概况

序号	生产企业	产能/万t	2015年产量	2014年产量	2013年产量
1	北京燕山分公司	15（镍系、稀土）	13.3	13.2	13.4
2	上海高桥分公司	18（含低顺）	7.4	8.8	9.9
3	巴陵石化公司	6	停产	停产	停产
4	齐鲁分公司	7	7.2	7.0	5.6
5	福橡化工有限责任公司	5	停产	停产	2.6
6	茂名分公司	10	6.2	6.8	4.7
7	扬子石化金浦橡胶有限公司	10	停产	0.19	9.8
8	大庆石化分公司	16	10.2	13.1	9.3
9	锦州石化分公司	5	停产	停产	停产
10	四川石化有限责任公司	15	—	—	—
11	独山子石化分公司	5	3	3.5	3.2
12	华宇橡胶有限责任公司	16（镍系、稀土）	2.5	2.1	6.0
13	山东万达化工有限公司	5	—	—	—
14	山东华懋新材料有限公司	10	停产	—	—
15	齐翔腾达股份有限公司	5（稀土）	3.2	2.2	0.67
16	新疆蓝德精细石油化工股份有限公司	5	4.1	5.2	5.2
17	浙江传化合成材料有限公司	10	—	—	—
	合计	163	57.1	62.09	70.37

目前，国内仍有多套丁二烯橡胶装置处于建设阶段，可能在未来几年内投产，具体见表1.1.3-72。

表1.1.3-72 未来国内丁二烯橡胶新增产能统计

序号	生产企业	产能/万t
1	寿光丰汇新型材料有限公司	10
2	久泰集团下属准格尔公司	8
3	烟台浩普新材料科技股份有限公司	6
4	寿光骏腾合成橡胶有限公司	5
5	辽宁胜友橡胶科技有限公司	8

国外丁二烯橡胶主要生产企业及产能情况见表1.1.3-73。

表1.1.3-73 国外丁二烯橡胶主要生产企业及产能情况

序号	生产企业	产能/万t
1	阿朗新科	54.5
2	韩国锦湖石油化学公司	37.4
3	美国固特异轮胎与橡胶公司 （Budene钛系高顺式聚丁二烯橡胶、Budene锂系低顺式聚丁二烯橡胶及中乙烯基聚丁二烯橡胶）	26.0
4	俄罗斯NKNK公司	19.0
5	UBE工业公司	18.2
6	俄罗斯Efremov合成橡胶公司	18.2
7	韩国LG化学公司	18.0
8	美国Firestone聚合物公司 （Dinene锂系低顺式聚丁二烯橡胶、Dinene钴系高顺式聚丁二烯橡胶）	16.0
9	Versalis（原Pilimeri Europa）公司	16.0
10	俄罗斯西布尔集团（SIBUR）	14.0
11	印度Reliance Industries公司	11.4

聚丁二烯橡胶的供应商见表 1.1.3 - 74 至表 1.1.3 - 77。

表 1.1.3 - 74　聚丁二烯橡胶的供应商（一）

供应商	类型	牌号	SV/MPa	挥发分(≤)/%	灰分(≤)/%	门尼黏度	防老剂	说明
阿朗新科	钕系顺丁(Nd - BR)	CB 21	—	—	—	73	—	高线性
		CB 22	—	—	—	63	—	高线性
		CB 23	—	—	—	51	—	高线性
		CB 24	—	—	—	44	—	线性
		CB 25	—	—	—	44	—	长链支化
		CB 29 MES	—	—	—	37	—	充 MES - Oil 油
		CB 29 TDAE	—	—	—	37	—	充 TDAE - Oil 油
		Nd 22 EZ	—	—	—	63	—	改性长链支化
		Nd 24 EZ	—	—	—	44	—	改性长链支化
	钴系顺丁(Co - BR)	CB 1220	—	—	—	40	—	高支化型
		CB 1203	—	—	—	43	—	支化型
		CB 1221	—	—	—	53	—	支化型
	锂系顺丁(Li - BR)	CB 55 NF	—	—	—	55	—	线性
		CB 60	—	—	—	60	—	星型支化
		CB 45	—	—	—	45	—	线性
		CB 55 L	—	—	—	51	—	线性
		CB 55 H	—	—	—	54	—	线性
		CB 70	—	—	—	70	—	线性
	应用于改性聚苯乙烯	CB 550 T	150 - 175	—	—	54	—	Li - BR
		CB 550 IP	150 - 175	—	—	54	—	
		CB 530 T	235 - 265	—	—	—68	—	
		CB 565 T	39 - 49	—	—	60	—	
		CB 380	80 - 100	—	—	38	—	
		CB 550	150 - 175	—	—	54	—	
		CB 55 GPT	150 - 180	—	—	52.5	—	
		CB 70 GPT	230 - 270	—	—	69.5	—	
		CB 728 T	145 - 175	—	—	44	—	Nd - BR
		CB 728 T	130 - 190	—	—	44	—	
日本瑞翁	高顺式	Nipol 1220	—	—	—	43	非变色	主要用于汽车轮胎、自行车胎、飞机轮胎、翻新、输送带、V 带、油封、密封件、工作鞋、织物涂层、模压与挤出制品等
		Nipol 1220L	—	—	—	29	非变色	
	低顺式	Nipol 1250H	—	—	—	50	非变色	
	应用于改性聚苯乙烯	Nipol 1220SG	72[a]	—	—	45	非变色	中高溶液黏度
		Nipol 1220SB	98[a]	—	—	52	非变色	高溶液黏度
韩国锦湖石油化学公司(KumHo, Kosyn 镍系高顺式、锂系低顺式、Nd BR)	HBR	KBR 01	—	0.5	0.2	45	—	cis - 1, 4 大于 96%
		KBR 01L	—	0.5	0.2	30	—	cis - 1, 4 大于 95%
		KBR 01N	—	0.5	0.2	35	—	cis - 1, 4 大于 95%
	LBR	KBR 710S	乙烯基含量 14.5% cis - 1, 4 为 34.5%			50	凝胶含量≤0.02%	溶液黏度 173；用于HIPS
		KBR 710H				68		溶液黏度 250
	Nd BR	Nd BR 40	—	0.5	0.5	43	—	cis - 1, 4 大于 97%
		Nd BR 60	—	0.5	0.5	63	—	cis - 1, 4 大于 97%

注：a. 在 25℃、5%甲苯中的溶液黏度，mPa · s。

中石化燕山分公司 BR 9000、BR 9002、BR 9003 执行国标，其余执行企业标准的牌号。

表 1.1.3－75　聚丁二烯橡胶的供应商（二）

供应商	项目	低顺式丁二烯橡胶 LCBR1302		BR 9004		
		合格品	试验方法	优等品	合格品	试验方法
中石化燕山分公司	挥发分（质量分数）(≤)/%	0.75	GB/T 24131—2009	0.50	0.70	GB/T 24131—2009
	灰分（质量分数）(≤)/%	0.2	作废	0.30		作废
	门尼黏度［ML（1+4）100℃］	37±5	GB/T 1232.1—2016	37～45		GB/T 1232.1—2016
	溶液黏度/cps	20～30	Q/SHYS.S05.C16—2013	—		—
	5%苯乙烯溶液黏度（30℃）/cst	—	—	120±20		Q/SHYS.S05.C14—2008
	可视凝胶（≤）	3	Q/SHYS.S05.B006—2014	—		—
	凝胶含量（≤）/%	—	—	0.25		Q/SHYS.S05.C10—2008
	色度 或者色相（铂-钴标度）号（≤）	7.5	Q/SHYS.S05.B007—2014	15		Q/SHYS.S05.C08—2008
	溶解时间（≤）/h	4	Q/SHYS.S05.C16—2013	—		—

意大利埃尼的顺丁橡胶牌号包括 Europrene Neocis 钕系高顺式、Intene 锂系低顺式与钛系高顺式。

表 1.1.3－76　聚丁二烯橡胶的供应商（三）

类型	牌号	顺式含量	5%甲苯溶液黏度（25℃）/cP	门尼黏度［ML（1+4）100℃］	色度	稳定剂	主要用途
高顺式	Europrene Neocis BR 40	97	—	43	—	非变色	轮胎胎面与胎侧、翻新、传送带、高技术橡胶制品、胶管、高尔夫球
	Europrene Neocis BR 60	97	—	63	—	非变色	
	Europrene Neocis BR 450	95	—	44	—	非变色	
低顺式	Intene 50	38	—	48	—	非变色	轮胎、胶带、模压与挤出制品
	Intene C 30 AF	38	—	40	—	非变色	胎圈胶、实心胎、高硬度/高回弹配方、模压与挤出制品
低顺式高抗冲	Intene 30 AF	38	65	—	5	可用于与食品接触制品	专用于 ABS、HIPS（高抗冲聚苯乙烯）
	Intene 40 AF	38	100	—	5		
	Intene 50 A	38	170	—	5		
	Intene 50 AF	38	170	—	5		
	Intene 60 AF	38	250	—	5		
	Intene C 30 AF	38	42	—	5		专用于 ABS、高抗冲亮色聚苯乙烯
高乙烯基	Europrene BR HV80	77	—	70	—	非变色	用于改进湿/冰路面抓着力的轮胎胎面

表 1.1.3－77　聚丁二烯橡胶的供应商（四）

供应商	牌号	门尼黏度［ML（1+4）100℃］	顺式 1，4-结构含量(≥)/%	分子量分布	一批最大黏度差	挥发分(≤)/%	灰分(≤)/%	稳定剂[b](≤)/%	抗氧剂	拉伸强度/MPa	扯断伸长率/%	300%定伸应力/MPa	证书
俄罗斯NKNK公司	SKD—ND—1[a]	40～49	—	—	6	0.50	0.50	0.6	1520L，0.2%	≥14.5	≥380	≥7	—
	SKD—ND—2[a]	50～59	—	—						≥15	≥400		—
	SKD—ND—3[a]	60～70	—	—						≥15	≥400		—
俄罗斯西布尔集团（SIBUR）	BR—1203 Ti 等级 B	45±4	90	—	—	—	—	—	非变色	≥11.0	≥360	≥8.8	REACH
	BR—1243 Nd 等级 B	44±5	97	居中	—	—	—	—	非变色	≥16.8	≥360	≥11.0	REACH RoHS
	BR—1243 Nd 等级 B（LP）	44±5	97	窄	—	—	—	—	非变色	≥16.8	≥360	≥11.0	

注：a. 钕系催化溶聚高顺式聚丁二烯橡胶，顺式-1，4 结构含量不低于 96%。

b. AO 22M46 型。

聚丁二烯橡胶的国外供应商还有：德国 Hüls 公司（Buna 反式-1，4-聚丁二烯橡胶），Kombinat VEB Chemiache Werke BunaDwory（德国），英国国际合成橡胶公司（ISR，Intolene 50 中乙烯基 1，2-聚丁二烯橡胶），法国 Cisdene，西班牙 Calprene 锂系低顺式，土耳其顺式-1，4-聚丁二烯橡胶；Efremov（俄罗斯）；美国陶氏化学公司（Dow，Dinene 锂系低顺式聚丁二烯橡胶、Dinene 钴系高顺式聚丁二烯橡胶，以及通用聚丁二烯橡胶与塑料改性用聚丁二烯橡胶），Goodyear（美国），美国 Ameripol Synpol 公司（SynpolE-BR，乳液聚合聚丁二烯橡胶）；巴西 Coperflex 锂系低顺式；澳大利亚 Austrapol 钴系高顺式-1，4-聚丁二烯橡胶；日本瑞翁公司（Nipol 钴系高顺式、Nipol 高-1，2-聚丁二烯橡胶、Nipol 低顺式-1，4-聚丁二烯橡胶），日本合成橡胶公司（JSR 高顺式、JSR 低顺式、JSR 充油聚丁二烯橡胶、JSR 钴系间规高-1，2-聚丁二烯橡胶），日本旭化成公司（Asadene 锂系低顺式），日本弹性体公司，日本宇部兴产工业公司（钴系高顺式、Ubepol-VCR 顺式-1，4-聚丁二烯复合橡胶），韩国现代石油化学公司，Korea Synthetic Rubber Industry Co Ltd（韩国），BST（泰国），印度（India，Cisamer 钴系高顺式）等。

3.5　乙丙橡胶（Ethylene-Propylene Rubber）

3.5.1　概述

乙丙橡胶（EP（D）M）是以乙烯和丙烯为单体、通过共聚反应得到的一类合成橡胶，其特点是：主链由完全饱和的碳—碳单键组成，仅侧基有 1%～2%（mol）的不饱和第三单体，化学稳定性和热稳定性较高；乙烯、丙烯单体呈无规分布，分子链柔顺性好，因而具有优良的弹性和耐低温性能（乙烯含量<55wt%时）；乙丙橡胶不含极性分子，不易被极化，不产生氢键，是非极性橡胶；密度低（0.86 g/cm³），是所有橡胶中最小的，填料和增塑剂的填充量大。

乙丙橡胶主要包括二元乙丙橡胶和三元乙丙橡胶，其全球消耗量仅次于丁苯橡胶和顺丁橡胶，在七大通用胶种中发展最快。乙丙橡胶聚合方法有溶液聚合法、悬浮聚合法和气相聚合法，催化剂体系可分为钒系和茂金属等。在溶液聚合法、悬浮聚合法和气相聚合法 3 种工业生产方法中，目前采用的主流方法是溶液聚合法，占总产能的 76%以上。

乙丙橡胶具有很多优异性能，如耐热、耐老化、耐臭氧、耐候、耐化学品（非极性溶剂除外）和电绝缘性能良好等，因此在机动车用密封条、建筑工程、聚合物改性及电线电缆的制造等众多工业领域应用广泛。

（一）乙丙橡胶的分类

乙丙橡胶的分类主要是根据是否含有第三单体以及第三单体的类型具体如下，第三单体品种对三元乙丙橡胶性能的影响见表 1.1.3-78 所示。

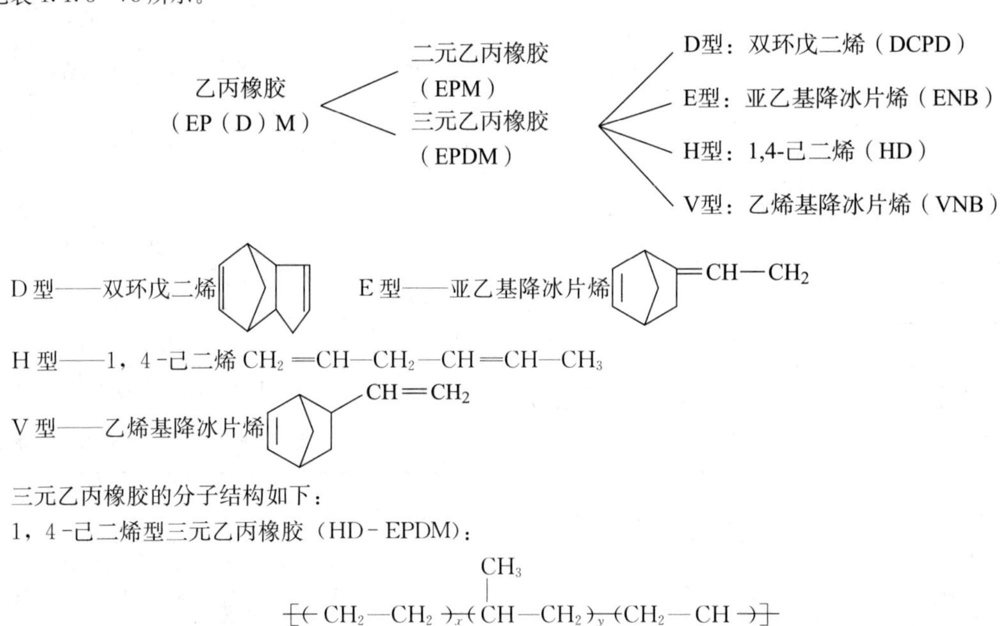

$$\left[\!\left(CH_2-CH_2\right)_x\left(\underset{}{\overset{CH_3}{\overset{|}{CH}}}-CH_2\right)_y\left(CH_2-\underset{\underset{CH_2-CH=CH-CH_3}{|}}{CH}\right)\right]$$

双环戊二烯型三元乙丙橡胶（DCPD-EPDM）：

$$\left[\!\left(CH_2-CH_2\right)_x\left(\overset{CH_3}{\overset{|}{CH}}-CH_2\right)_y\left(CH-CH\right)_z\right]_z$$

（CH—CH 连接的环：CH—CH$_2$—CH 桥环，CH—CH，CH$_2$，CH=CH）

1，1-亚乙基降冰片烯型三元乙丙橡胶（ENB-EPDM）：

$$
-[\!(CH_2-CH_2)_x\!(CH(CH_3)-CH_2)_y\!(CH-CH)_z]_z- \quad \text{(环: CH-CH}_2\text{-CH; CH-CH}_2\text{-C}=\text{CH-CH}_3)
$$

表 1.1.3-78 第三单体品种对三元乙丙橡胶性能的影响

项目指标	影响程度	项目指标	影响程度
硫黄硫化体系硫化速度	E～H>D	压缩永久变形	D低
有机过氧化物硫化速度	V≫D>E>H	臭味	D有
耐臭氧性能	D>E>H	成本	D低
拉伸强度	E高	支化	E少量，H无，D高

乙丙橡胶也可根据结晶程度分为无规（乙烯含量<55 wt%）、半结晶（乙烯含量55～65 wt%）和结晶型（乙烯含量>65 wt%，一般用作塑料的抗冲改性材料）。也可根据第三单体的含量和硫黄硫化速度分为慢速、快速和超速硫化型，其中碘值6～10 g碘/100 g胶为慢速型，约20 g碘/100 g胶为快速型，25～30 g碘/100 g胶为超速型。此外，还可根据是否充油分类，还可根据催化剂技术分为Ziegle-Natta型、茂金属（M）型、先进催化剂（ACE）型等。

三元乙丙橡胶按是否充油的分类示例见表1.1.3-79。

表 1.1.3-79 EPDM的分类示例表

牌号	乙烯或油含量	胶种	牌号	乙烯或油含量	胶种
EPDM 4095	乙烯质量百分含量<67%	非充油	EPDM J-3080	100份橡胶中油的含量份数≤50	充油
EPDM X-2072	乙烯质量百分含量≥67%		EPDM 3062E	100份橡胶中油的含量份数（X），50<X<80	
EPDM 3045	低门尼黏度		EPDM K509	100份橡胶中油的含量份数≥80	

乙丙橡胶中乙烯、丙烯的组成比对共聚物的性能有决定性的影响，一般乙烯含量在30%～40%（摩尔分数，下同）共聚物是优良的弹性体。共聚物的T_g随组成中乙烯含量增加而提高，但在65%以下有一短暂平台区，即T_g基本不受小范围组成变化的影响。若组成中乙烯含量高于65%，虽然此时乙烯含量对脆性温度影响不大，但对低温弹性和低温压变影响较大；高于73%，其硫化胶强度增加、永久变形增大、弹性下降；乙烯含量高于80%，则T_g难以测定，这是因为长序列乙烯嵌段存在产生结晶造成的，结晶影响T_g的测定。三元乙丙橡胶中乙烯链节含量对生胶物理机械性能的影响详见表1.1.3-80。

表 1.1.3-80 乙烯、丙烯和亚乙基降片烯三元乙丙橡胶中乙烯链节含量对生胶物理机械性能的影响

共聚物中乙烯链节含量/%（摩尔分数）	共聚物不饱和度/%（摩尔分数）	特性黏度/（dL·g^{-1}）	拉伸强度/MPa	拉断伸长率/%	拉断永久变形%
80	1.57	2.3	23.7	650	136
77	1.32	2.13	12.1	995	70
73	1.60	2.18	9.9	895	62
68	1.58	2.9	2.9	885	55
65	1.55	2.3	1.0	—	—

此外，EPM还可以按门尼黏度分为普通EPDM与超低黏度EPM。超低黏度EPM门尼黏度［ML（1+4）125］℃为6～14，相对分子质量分布窄，耐热性、耐臭氧性、低温柔韧性和储存稳定性优良，有可以自由流动的油状物，也有块状物。可与传统EPM掺混或单独使用，可降低胶料的门尼黏度，减少操作油用量，改进胶料的加工性、流动性、热老化性、可萃取性和挥发性。

为改进EPM的综合性能，目前的研发热点是采用新型单体合成新型二元、三元和四元EPM。烯烃不仅可以作为第二单体与乙烯共聚制备乙烯-α-烯烃共聚物，也可以作为第3单体参与乙烯和丙烯共聚制备EPDM，也可作为第四单体制备各种四元EPM，例如乙烯-辛烯二元共聚物、乙烯-丙烯-乙烯基冰片烯三元共聚物及乙烯-丙烯-亚乙基降冰片烯-乙烯基冰片烯四元共聚物等。日本三井公司推出的V系列EPDM（乙烯基降冰片烯型EPDM，VNB-EPDM），是E（乙烯）/P（丙烯）/VNB（乙烯基降冰片烯）三元共聚物，具有比ENB型EPDM更好的过氧化物硫化特性。美国Exxon公司将第三单体乙烯基降冰片烯引入乙烯、丙烯共聚反应中，合成出了新型乙烯-丙烯-乙烯基冰片烯三元共聚物，其牌号为EPDM 1703 P的三元共聚物（乙烯基冰片烯0.9份）为中高档电线电缆用胶。日本JSR公司生产的四元EPM，其中牌号为T 7881 F（亚乙基降冰片烯1.9份、双环戊二烯4.1份）的四元EPM可用于轮胎内胎和防水制品，牌号为EP 801 E（亚乙基降冰片烯 7.5 份，双环戊二烯 2.5 份）的四元 EPM 可用于海绵制品。

（二）乙丙橡胶的聚合催化体系

1. 钒、钛系催化剂

该类催化剂的组成为过渡金属钒、钛的化合物和烷基铝，是一种典型的 Ziegler-Natta 催化剂，目前，$VOCl_3-1/2\ Al_2(C_2H_5)_3Cl_3$ 组合仍为工业溶液聚合法最普遍使用的催化剂体系。传统的钒、钛催化剂体系经过不断发展，技术已经比较成熟，利用该催化剂体系生产的乙丙橡胶占总产能的 76%以上。

2. 茂金属催化

（1）溶液聚合茂金属（Metalence）催化

原 DDE 公司（杜邦与陶氏化学公司合资）于 1997 年推出茂金属催化 EPDM，商品名 Nodel IP。与传统催化体系 EPDM 相比，Nodel IP 由于第三单体从 HD 改为 ENB，硫化速度提高。而且残留的催化剂和水洗残余离子的含量远远低于普通 EPDM；因而杂质极小透明度高，耐热性和电性能都大有改善，而且适用与食品接触的制品。

Nodel IP 的特点如下：①聚合时，Nodel IP 的茂金属催化剂只有一个催化活性点，而普通的 EPDM 催化体系有多个催化活性点；与原美国杜邦公司生产的 Nodel 相比，第三单体从 HD 改为 ENB，Nodel IP 的催化活性高，聚合收率高，可以生产 ENB 含量高的快速硫化 EPDM。②Nodel IP 残留的催化剂和水洗残余离子的含量远远低于普通 EPDM（如 IP 4520 钒残余物质量分数为 2×10^{-6}，而普通 EPDM 达 $5\times10^{-6}\sim20\times10^{-6}$），因而透明度好（如 IP 4520 的黄色指数在 0.5～1.0，而普通 EPDM 达 10～20），耐热性和电性能都大有改善。③Nodel IP 的相对分子质量分布窄，而普通 EPDM 分布宽，在相同的相对分子质量水平下，Nodel IP 的强度高。④生产过程中由于使用了 CGC（限定几何结构型催化剂），主要指标都能严格控制，试验表明，在连续生产 100 h 的情况下，乙烯质量分数控制误差在±0.005，而 ENB 的质量分数控制误差在±0.0025，多批产品的重均相对分子质量分布曲线均能重叠，且门尼黏度恒定。由于指标控制严格，批次之间的质量稳定，大大有利于配方设计、加工工艺和制品性能的稳定。⑤耐热性和耐水蒸气性能优良，特别适用于需要长期耐高温的产品，如汽车散热器弯管。⑥流动性能优异。用过氧化物硫化且无增塑剂的胶料进行“蜘蛛模”（Spider mold）试验，以评价其流动性（试验条件为 160℃/10MPa，流道 0.8 mm），IP－EPDM 为 15.5 g，ENB－EPDM 为 6.7g，HD－EPDM 为 11.2 g。⑦普通 EPDM 的黏性小，而 Nodel IP 的黏性大。⑧普通 EPDM 的熔点明确，而 Nodel IP 的熔点随温度的变化而变化，有利于通过改变加工温度来提高加工质量和效率。⑨有些品牌的 Nodel IP 为粒状，有利于密炼、挤出加工。

（2）气相法茂金属催化 EPDM（MG EPDM）

一般 EPDM 和 Nordel IP 都采用溶液聚合法。EPDM 气相聚合工艺由美国 UCC 于 1998 开发并投建，其催化剂体系早先采用传统钒系 Ziegler－Natta 催化剂。2002 年 DDE 公司推出新型气相法 EPDM（牌号 Nordel MG），它是以茂金属为催化剂，采用气相聚合的 E－P－ENB 三元乙丙橡胶。

溶液聚合采用茂金属催化剂时所得乙丙橡胶的基本性能大体与钒系产品相当，但是，与传统钒系乙丙橡胶相比，采用气相法茂金属催化剂时所得产品的分子量分布窄，屈挠强度高，压缩永久变形也小。MG EPDM 特点包括：①生产成本比溶液法 EPDM 低，相对售价低；②门尼黏度高，分子量分布窄、生胶强度高，因此可以填充大量的补强/填充剂和加工油，从而降低胶料成本；③混炼快（缩短约 20%混炼周期）、提高分散性、降低混炼能耗，从而降低生产成本；④可以实现连续混炼生产；⑤比溶液法 EPDM 气味小，47805 和 46140 两个牌号已确认符合 FDA 要求，可与食品接触。

但是 MG EPDM 也有一些缺点：①门尼黏度很高，不适宜开炼机混炼；②只能生产黑色制品，尚无工业化的非炭黑抗黏结产品；③无充油品种等，应用领域受到一定限制。

可惜的是，因为使用上的困难影响了 MG EPDM 的推广，其工厂已于 2008 年关闭。

3. 可控长链支化 EPDM（CLCB EPDM）

近来，采用新型催化体系的可控长链支化技术开发的 CLCB EPDM 备受瞩目。EPM、EPDM 的一些物性可通过适度长链支化进行改善，使聚合物剪切稀化显著，挤出加工性良好。DMS（动态力学谱图）发现，低剪切速率（低频）时的 δ 主要受支化度影响；高剪切速率（高频）时的 δ 主要受分子量影响；支化度越高，$\Delta\delta$ 越小，如图 1.1.3－5 所示。

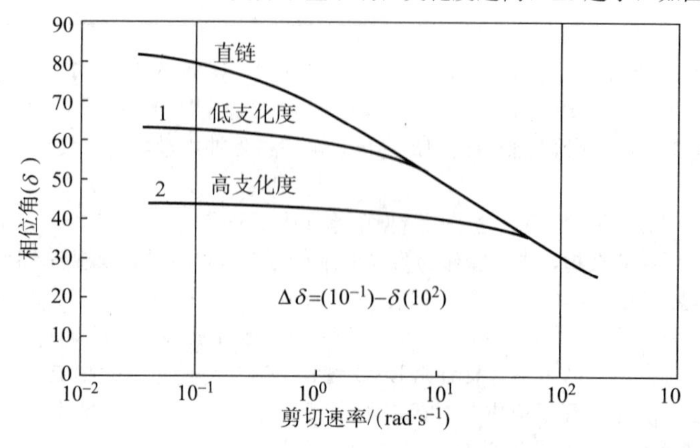

图 1.1.3－5　相位角 δ 与剪切速率的关系

可控长链支化催化技术，采用非茂单中心催化剂即非茂金属单活性中心烯烃聚合催化剂，包括镍-钯系催化剂、铁-钴系催化剂等，催化剂分子结构中不含环戊二烯基，金属中心为过渡或部分主族金属元素的有机金属配合物。可控长链支化催化技术，可根据产品性能需要来控制聚合物的组成和结构，某些性能已达到或超过传统茂金属催化剂，发展潜力巨大。

CLCB 技术的创新点是同时实现支化度可控与窄分子量分布（MWD），而且抑制离子副反应。CLCB EPDM 的支化长链如图 1.1.3－6 所示，分子量分布如图 1.1.3－7 所示。

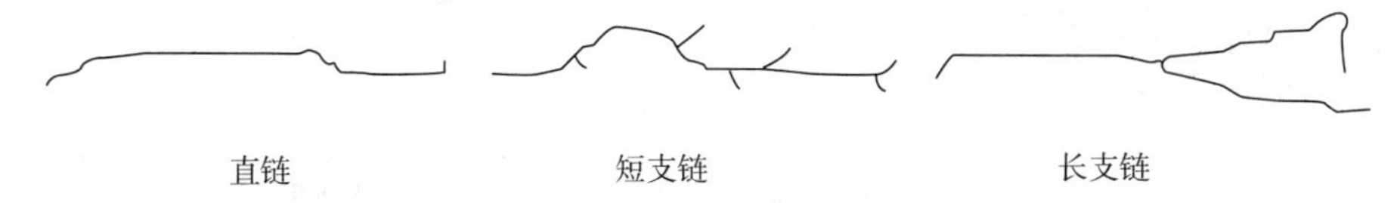

直链　　　　短支链　　　　长支链

图 1.1.3－6　CLCB EPDM 支化分子链与其他合成技术的区别

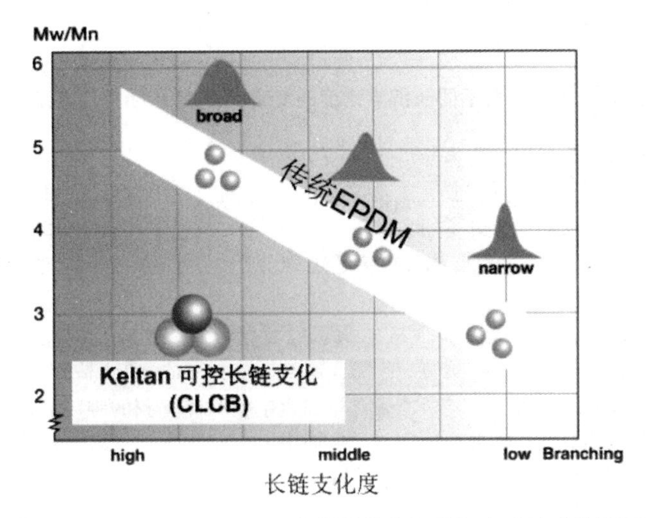

图 1.1.3－7　CLCB EPDM 分子量分布与其他合成技术的区别

与传统的 EPDM 相比，CLCB EPDM 有一系列优点：①炭黑混入速度快（分子量分布窄带来的优点），分散程度高（支化度高带来的优点），混炼时间短，在混炼和挤出过程中避免"炭黑焦烧"。②EPDM 的交联速率与分子量分布及 ENB 含量有关，CLCB EPDM 硫化速度快，尽管只有中等 ENB 含量水平，硫化速度相当于高 ENB 含量的传统 EPDM。③传统 EPDM 压缩永久变形随着 ENB 的增加降低很少，这是由于 ENB 的反应性逐次递减；CLCB EPDM 尽管 ENB 含量较低，由于窄分子量分布及可控长链支化，使得硫化效率提高，压缩永久变形性能更好。④CLCB EPDM 的长链支化，使得其在高剪切速率下的 η 低，流动性优异，挤出速度快；挤出后挺性好，比传统 EPDM 高 20%。⑤同样门尼黏度的 CLCB EPDM，其强伸性能达到高 ENB 含量的传统 EPDM 水平，而且耐热性提高，意味着可以提高乙烯基含量，填充量增大。⑥虽然 MWD 窄，且生胶门尼黏度高，但胶料焦烧性能好，加工安全性优。⑦可填充更多的增塑剂，海绵条在保持密度基本不变的情况降低压缩变形负荷。

随着炭黑分散程度高，胶料的体积电阻增加，用胶料体积电阻表征的 CLCB EPDM 炭黑分散程度随混炼时间的变化如图 1.1.3－8 所示。

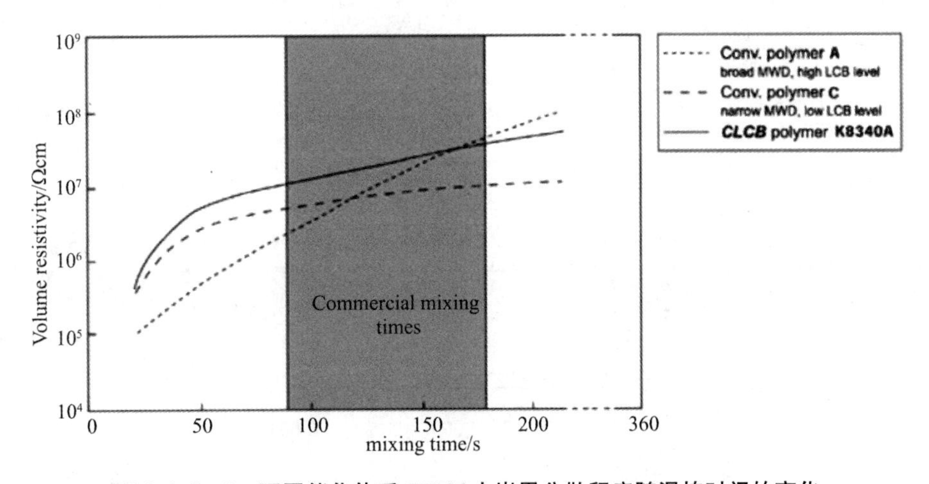

图 1.1.3－8　不同催化体系 EPDM 中炭黑分散程度随混炼时间的变化

如图 1.1.3－9 所示为相同门尼黏度的 EPDM 具有不同长链支化度的黏度 η 随剪切速率变化的情况，图中 $a \rightarrow c$，支化程度提高。

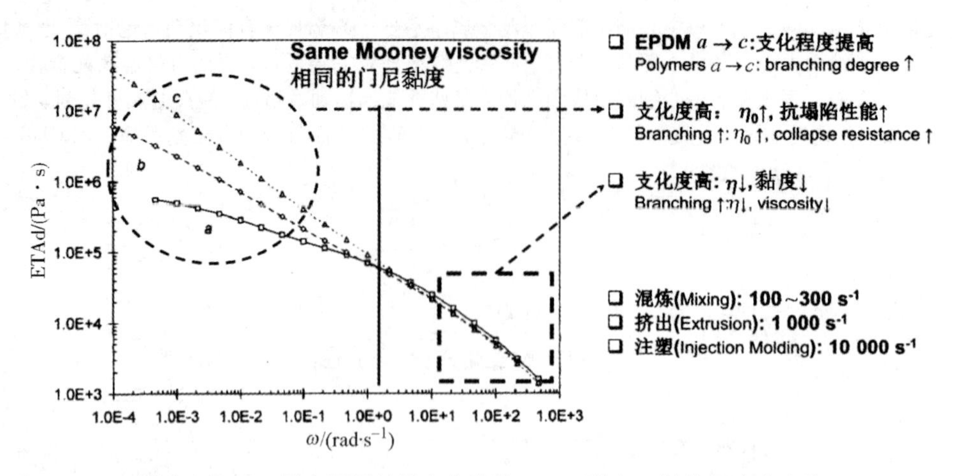

图 1.1.3－9　具有不同长链支化度的 EPDM 黏度 η 随剪切速率变化

（三）乙丙橡胶的主要特性

乙丙橡胶的主要特性包括以下五点，乙丙橡胶、丁基橡胶、氯丁橡胶耐臭氧性能的对比如图 1.1.3－10 所示。

（1）门尼黏度：生胶的门尼黏度反映了其分子量的大小，分子量大有利于弹性和力学性能，分子量小有利于加工工艺。乙丙橡胶的门尼黏度通常在 125℃进行测试，当测试值超过 90 则采用更高的温度（通常为 150℃），测试值低于 20 则采用较低的温度（通常为 100℃）。

（2）乙烯含量：乙丙橡胶的乙烯含量通常在 40～75 wt%。乙烯含量主要影响乙丙橡胶的结晶性能。根据结晶程度的高低可分为无规型（乙烯含量<55 wt%）、半结晶型（乙烯含量 55～65 wt%）和结晶型（乙烯含量>65 wt%）。乙烯含量低，弹性尤其是低温性能好，橡胶制品外观呈亚光；乙烯含量高，生胶和硫化胶的强度高，填充量大，橡胶制品外观呈亮光。需要指出的是，催化剂种类也会对结晶性能产生影响。一般来说，在同样的乙烯、丙烯含量时，齐格勒-纳塔（Z－N）型乙丙橡胶的结晶性能较低，而茂金属（M）型和先进催化剂（ACE）型的结晶性能较高。

（3）第三单体的类型与含量：亚乙基降冰片烯（ENB）具有硫黄硫化速度快、气味小、聚合反应控制容易等优点，因而是大多数三元乙丙橡胶的首选。第三单体的含量通常分为低含量（2～3 wt%，即 0.5 mol%）、中等含量（4～5 wt%，即 1 mol%）和高含量（8～9 wt%，即 2 mol%），含量越高，硫化速度越快。第三单体含量相同时，对于硫黄硫化而言，ENB～HD>DCPD；对于过氧化物而言，VNB～DCPD>ENB。

（4）充油乙丙橡胶：为了满足某些特殊用途对更高相对分子质量乙丙橡胶的需求，同时还要具有良好的加工工艺性能，生产厂家提供了填充石蜡油的充油牌号。根据石蜡油的种类可分为常规石蜡油（颜色为黄色或深黄色）、洁净石蜡油（颜色为无色透明），后者具有更好的颜色稳定性、环保性（低芳烃含量）和更高的过氧化物硫化效率。也有充环烷油或芳香油的牌号以适应不同的性能和加工工艺要求。

（5）分子量分布（MWD）与长链支化（LCB）：分子量分布是影响乙丙橡胶加工性能的重要因素。分子量分布宽，加工工艺性能好，但会降低物理机械性能和弹性；分子量分布窄，物理机械性能和弹性好，但胶料流动性较差、工艺性能不佳。在窄分布乙丙橡胶中引入长支链，例如阿朗新科的可控长链支化技术（CLCB），可以保持窄分布牌号的良好的物理机械性能，同时提高加工性能，即具有更快的混炼性能（吃粉速度、分散性能、不易发生炭黑焦烧）、抗塌陷性能、挤出速度等。

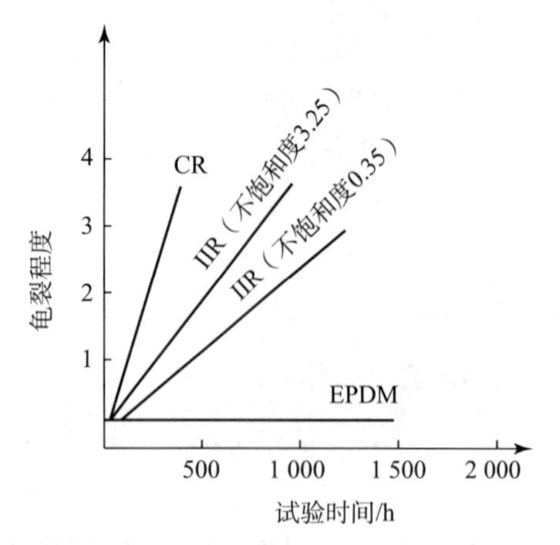

图 1.1.3－10　乙丙橡胶、丁基橡胶、氯丁橡胶耐臭氧性能的对比

乙丙橡胶的主要性能特点为：

（1）耐臭氧性能在通用橡胶中是最好的，耐臭氧排序为 EPM>IIR>CR，在乙丙橡胶中，二元乙丙橡胶又优于三元乙

丙橡胶，三元乙丙橡胶中 D 型耐臭氧性最佳，H 型最低。

(2) 耐热与耐天候老化（光、热、风、雨、臭氧、氧）性能在通用橡胶中是最好的。在氮气环境中，天然橡胶开始失重的温度为315℃，丁苯橡胶为391℃，而三元乙丙橡胶为485℃。乙丙橡胶在130℃下可以长期使用，在150℃或更高的温度下可以间断或短期使用，二元乙丙橡胶又优于三元乙丙橡胶，三元乙丙橡胶中 H 型优于 E 型和 D 型；乙丙橡胶作屋面防水卷材使用寿命可以达到25年以上。

(3) 乙丙橡胶耐极性介质，与多数化学药品不发生反应，与极性物质之间或者不相溶或者相溶性极小，所以乙丙橡胶耐极性油而不耐非极性油类及溶剂，例如耐阻燃性的磷酸酯类液压油而不耐汽油、苯等。耐水、耐过热水、耐蒸汽性能在通用橡胶中是最好的，性能排序为 EPDM>IIR>SBR>NR>CR，详情见表 1.1.3-81 所示。

表 1.1.3-81 160℃过热水中 EPDM 与其他橡胶的性能对比

橡胶	拉伸强度下降80%的时间/h	老化5天后拉伸强度下降率/%
EPDM	100 000	0
IIR	3 600	0
NBR	600	10
MVQ	480	58

(4) 乙丙橡胶绝缘性能极佳，体积电阻率在 $10^{16}\ \Omega\cdot cm$ 数量级，与 IIR 相当；耐电晕性比丁基橡胶好得多，丁基橡胶只耐 2 h，而乙丙橡胶能耐 2 个月以上。乙丙橡胶的击穿电压为 30～40 $MV\cdot m^{-1}$，介电系数也较低。EPM 的绝缘性能优于 EPDM，浸水之后电性能变化很小，特别适用于作电绝缘制品及水中作业的绝缘制品，详情见表 1.1.3-82 所示。

表 1.1.3-82 乙丙橡胶浸水前后的电绝缘性能

性能	浸水前	浸水后
体积电阻率/(Ω·cm)	1.03×10^{17}	1.03×10^{16}
击穿电压/($MV\cdot m^{-1}$)	32.8[a]	40.8[a]
介电系数（1 kHz，20℃）	2.27	2.48
介电损耗（1 kHz，20℃）	0.0023	0.008 5

注：a. 原文如此，有误，浸水后击穿电压应当降低.

(5) 硫化胶表面良好，适于制作发泡制品。

三元乙丙橡胶可以用硫黄硫化体系、过氧化物硫化体系、树脂硫化体系及醌肟硫化体系硫化，二元乙丙橡胶只能用过氧化物硫化；使用过氧化物硫化体系时，因槽黑呈酸性，应慎重使用。乙丙橡胶最常用的增塑剂是石油系增塑剂，包括环烷油、石蜡油及芳烃油，其中环烷油与乙丙橡胶的相容性较好；乙丙橡胶的自黏性及与其他材料的黏着性均不好，配合时可以在其中加入增黏剂如烷基酚醛树脂、石油树脂、萜烯树脂、松香等；常用的防老剂是胺类防老剂。

乙丙橡胶广泛应用于非轮胎橡胶制品，包括汽车（密封条、散热器水管、刹车件、减震件等）、建筑（密封条、防水卷材、饮用水密封件、铁路和轨道交通用轨枕垫和伸缩缝）、工业橡胶制品（家用电器密封件、胶管、V带、胶辊）、电线电缆、塑料改性（TPO、动态硫化热塑性弹性体 TPV）、轮胎和内胎、润滑油改性等。

3.5.2 乙丙橡胶的技术标准与工程应用

按照《合成橡胶牌号规范》(GB/T 5577—2008)，国产乙丙橡胶的主要牌号见表 1.1.3-83。

表 1.1.3-83 国产乙丙橡胶的主要牌号

牌号	乙烯质量分数/%	第三单体	门尼黏度［ML (1+4) 100℃］
EPDM J—0010	48.1～53.1	—	8～13
EPDM J—0030	47.8～52.8	—	21～27
EPDM J—0050	49.3～54.3	—	45～55
EPDM J—2070	54.8～60.8	乙叉降冰片烯	39～49*
EPDM J—2070	54.8～60.8	乙叉降冰片烯	48～58*
EPDM 3045	51.1～57.1	乙叉降冰片烯	35～45*
EPDM 3062E	57.5～71.5	乙叉降冰片烯	36～46*
EPDM J—3080	65.5～71.5	乙叉降冰片烯	65～75*
EPDM J—3080P	65.5～71.5	乙叉降冰片烯	65～75*
EPDM J—3092E	54.2～60.2	乙叉降冰片烯	61～71*
EPDM 4045	49.0～55.0	乙叉降冰片烯	40～50
EPDM J—4090	49.5～55.5	乙叉降冰片烯	60～70*

注：标有“*”者门尼黏度为 ML (1+4) 125℃。

（一）乙丙橡胶的基础配方

乙丙橡胶的基础配方见表 1.1.3－84，详见《乙烯-丙烯-二烯烃橡胶（EPDM）评价方法》（SH/T 1743—2011）、IDT ISO 4097：2007。

表 1.1.3－84 评价 EPDM 橡胶用标准试验配方

材料	试验配方					
	1	2	3	4	5	6
	质量份数					
EPDM	100.00	100.00	100.0	100.00＋x[a]	100.00＋y[b]	100.00＋z[c]
硬脂酸	1.00	1.00	1.00	1.00	1.00	1.00
工业参比炭黑[d]	80.00	100.00	40.00	80.00	80.00	150.00
ASTM103# 油[e]	50.00	75.00	—	50.00－x[f]	—	—
氧化锌	5.00	5.00	5.00	5.00	5.00	5.00
硫黄	1.50	1.50	1.50	1.50	1.50	1.50
二硫化四甲基秋兰姆（TMTD）[e]	1.00	1.00	1.00	1.00	1.00	1.00
巯基苯并噻唑（MBT）	0.50	0.50	0.50	0.50	0.50	0.50
合计	239.00	284.00	149.00	239.00	189.00＋y[b]	259.00＋z[c]

注：a. x 是每 100 份基本胶料中含油量小于或等于 50 份时，油的质量份数。

b. y 是每 100 份基本胶料中含油量大于 50 份或小于 80 份时，油的质量份数。

c. z 是每 100 份基本胶料中含油量大于或等于 80 份时，油的质量份数。

d. 应使用工业参比炭黑（IRB）。

e. 这种密度为 0.92 g/cm^3 的油，由 Sun Refining and Marketing 公司生产，由 R. E. Carroll 股份有限公司（1570 North Oiden Avenue Ext，Trenton，NJ08638，美国）经销。国外用户可直接与 Sunoco Overseas 股份有限公司（1801 Market Street，Philadelphia PA 19103，美国）接洽。其他可选用的油，例如 Shellflex 724 也是适用的，但结果稍有不同。

f. 标准参比材料 TMTD 可以由 Forcoven Products 有限公司（P. O Box 1556，Humble Texas 77338，美国）提供，代号为 IRM1。

（二）三元乙丙橡胶的硫化试片制样程序

三元乙丙橡胶硫化试片的制样方法见表 1.1.3－85，详见《乙烯-丙烯-二烯烃橡胶（EPDM）评价方法》（SH/T 1743—2011）IDT ISO 4097：2007。

表 1.1.3－85 EPDM 硫化试片制样程序

方法 A——密炼机混炼		
程序	持续时间/min	累计时间/min
①初混炼程序		
a）调节密炼机温度，在大约 5 min 内达到终混炼温度 150℃。关闭卸料口，设定转子速度为 8 rad/s（77 r/min）时，开启电机，升起上顶栓。	0	0
b）装入橡胶、氧化锌、炭黑、油和硬脂酸。放下上顶栓。	0.5	0.5
c）混炼胶料。	2.5	3.0
d）升起上顶栓，清扫密炼机加料颈部和上顶栓顶部，放下上顶栓。	0.5	3.5
e）当胶料温度达 150℃或在 5 min 后，满足其中一个条件即可卸下胶料。	1.5（最多）	5.0
f）立即将胶料在辊距为 2.5 mm，辊温为 50±5℃的实验室开炼机上薄通三次。检查胶料质量（见 GB/T 6038—2006），如果胶料质量与理论值之差超过＋0.5%或－1.5%，废弃此胶料，重新混炼。		5.0
g）如有可能，在 GB/T 2941—2006 规定的标准温度和湿度下，将混炼后胶料停放 30 min～24 h		
②终混炼程序		
a）调节密炼室温度和转子温度至 40±5℃，关闭卸料口，开启电机，以 8 rad/s（77 r/min）的速度启动转子，升起上顶栓。	0	0
b）装入按制备好的一半胶料、促进剂、硫黄和剩余的胶料。放下上顶栓。	0.5	0.5
c）混炼胶料直到温度达到 110℃或总混炼时间达到 2 min，满足其中一个条件即可卸料。	1.5（最多）	2.0
d）立即将胶料在辊距为 0.8 mm，辊温为 50±5℃的实验室开炼机上薄通。		2.0
e）使胶料打卷纵向薄通六次。		
f）将胶料压成约 6 mm 的厚度，检查胶料质量（见 GB/T 6038—2006）。如果胶料质量与理论值之差超过＋0.5%或－1.5%，废弃此胶料，重新混炼。		
g）切取足够的胶料供硫化仪试验用。		
h）按照 GB/T 528—2009 的要求，将胶料压成约 2.2 mm 的厚度，用于制备硫化试片；或者制成适当厚度，用于制备环形试样。		
i）如有可能，在 GB/T 2941—2006 规定的标准温度或湿度下将混炼后胶料停放 30 min～24 h		

续表

方法 B—开炼机混炼		
概述：①标准实验室开炼机胶料质量（以 g 计）应为配方量的 2 倍。混炼过程中辊筒的表面温度应保持在 50±5℃。在开始混炼前，将氧化锌、硬脂酸、油和炭黑放在合适的容器中混合。（见下文注解） ②混炼期间，应保持辊筒间隙有适量的滚动堆积胶，如果按下面规定的辊距达不到这种要求，有必要对辊距稍作调整		
程序	持续时间 /min	累计时间 /min
a）设定辊温为 50±5℃，辊距为 0.7 mm，将橡胶在快速辊上包辊。 b）沿辊筒用刮刀均匀地加入油、炭黑、氧化锌和硬脂酸的混合物。 注：采用配方 2、4 和 5 时，可以留一部分油在程序 c）中添加。[程序 b）+c）] c）当加入约一半混合物时，将辊距调至 1.3 mm，从每边作 3/4 割刀一次。然后加入剩余的混合物，再将辊距调节到 1.8 mm。当全部混合物加完后，从每边作 3/4 割刀两次。务必将掉入接料盘中的所有物料加入混炼胶中。 d）沿辊筒均匀地加入促进剂和硫黄，辊距保持在 1.8 mm 。 e）从每边作 3/4 割刀三次，每刀间隔为 15 s。 f）下片。辊距调节至 0.8 mm，将胶料打卷，从两端交替加入纵向薄通六次。 g）将胶料压成约 6 mm 的厚度，检查胶料质量（见 GB/T 6038—2006），如果胶料质量与理论值之差，超过+0.5%或−1.5%，废弃此胶料，重新混炼。 h）切取足够的胶料供硫化仪试验用。 i）将胶料压成约 2.2 mm 的厚度，用于制备硫化试片；或者制成适当的厚度，用于制备环形试样。 j）如有可能，在 GB/T 2941—2006 规定的标准温度和湿度下，将混炼后胶料停放 2～24 h	1.0 13.0 3.0 2.0 2.0 总时间	1.0 14.0 17.0 19.0 21.0 21.0
方法 C 密炼机初混炼开炼机终混炼		
程序	持续时间 /min	累计时间 /min
①初混炼程序 a）调节密炼机温度，在大约 5 min 内达到终混炼温度 150℃。关闭卸料口，设定转子速度为 8 rad/s（77 r/min）时，开启电机，升起上顶栓。 b）装入橡胶、氧化锌、炭黑、油和硬脂酸。放下上顶栓。 c）混炼胶料。 d）升起上顶栓，清扫密炼机加料颈部和上顶栓顶部，放下上顶栓。 e）当温度达 150℃或在 5 min 后，满足其中一个条件即可卸下胶料。 f）立即将胶料在辊距为 2.5 mm，辊温为 50±5℃的实验室开炼机上薄通三次。检查胶料质量（见 GB/T 6038—2006），如果胶料质量与理论值之差超过+0.5%或−1.5%，废弃此胶料，重新混炼。 g）如有可能，在 GB/T 2941—2006 规定的标准温度和湿度下，将混炼后胶料停放 30 min～24 h。	0 0.5 2.5 0.5 1.5（最多） 总时间（最多）	0 0.5 3.0 3.5 5.0 5.0
②开炼机终混炼程序 在混炼期间，应保持辊筒间隙有适量的滚动堆积胶，如果按下面规定的辊距达不到这种要求，有必要对辊距稍作调整。 标准实验室开炼机胶料质量（以 g 计）应为配方量的 2 倍。 a）设定辊温为 50℃±5℃，辊距为 1.5 mm，将母炼胶在快速辊上包辊并加入硫黄和促进剂，待其完全分散后，再割刀。务必将掉入接料盘中的所有物料加入混炼胶中。 b）每边作 3/4 割刀三次，每次间隔 15 s。 c）下片。辊距调节至 0.8 mm，将胶料打卷，从两端交替加入纵向薄通六次。 d）将胶料压成约 6 mm 的厚度，检查胶料质量（见 GB/T 6038—1993）。如果胶料质量与理论值之差超过+0.5%或−1.5%，废弃此胶料，重新混炼。 e）切取足够的胶料供硫化仪试验用。 f）将胶料压成约 2.2 mm 的厚度，用于制备硫化试片；或者制成适当的厚度，用于制备环形试样。 g）如有可能，在 GB/T 2941 规定的标准温度和湿度下，将混炼后胶料停放 2～24 h。	1.0 2.0 2.0 总时间	1.0 3.0 5.0

（三）乙丙橡胶的技术标准

1. 二元乙丙橡胶（Ethylene-Propylene Rubber）

二元乙丙橡胶的典型技术指标见表 1.1.3－86。

表 1.1.3-86 二元乙丙橡胶的典型技术指标

二元乙丙橡胶的典型技术指标			
项目	指标	项目	指标
聚合形式	加成	门尼黏度［ML（1+4）100℃］	38～83
聚合方法	配位负离子	相对密度	0.85～0.86
共聚物组成比（乙烯单元组成）/%	40～60	—	—
二元乙丙橡胶硫化胶的典型技术指标			
300%定伸应力/MPa	11.4～16.2	耐老化性（150℃×72 h）伸长率变化率/%	−79～−17
拉伸强度/MPa	15.1～20.8		
拉断伸长率/%	310～420	耐臭氧老化（50pphm，50℃）	178 h 发生龟裂
撕裂强度/(kN·m^{-1})	34.3～43.1	电导率（1 kHz)/(S·cm^{-1})	3.34
硬度（JIS A）	62～90	介电损耗角正切（1 kHz）	0.007 9
压缩永久变形（100℃×22 h)/%	25～40	介电强度/(kV·mm^{-1})	40
回弹性/%	51～58	体积电阻率/(×10^{15}Ω·cm)	0.156

2. 三元乙丙橡胶（Ethylene-Propylene Diene Methylene，Ethylene-Propylene Terpolymer）

三元乙丙橡胶的典型技术指标见表 1.1.3-87。

表 1.1.3-87 三元乙丙橡胶的典型技术指标

三元乙丙橡胶的典型技术指标			
项目	指标	项目	指标
聚合形式	加成	气透性（30℃，相对天然橡胶）	
聚合方法	配位负离子	H_2	82
聚合体系	溶液、悬浮	O_2	160
共聚物组成比（乙烯单元组成）/%	40～60	N_2	133
相对密度	0.85～0.86	电导率（1 kHz)/(S·cm^{-1})	2.2
玻璃化温度 Tg/℃	−58～−50	介电损耗角正切（1 kHz）	0.0015
脆性温度/℃	−90[a]	介电强度/(kV·mm^{-1})	28
比热容/[J/(g·℃)]	2.2	体积电阻率/(×10^{15}Ω·cm)	50
热导率/[J/(cm·s·℃)]	8.5×10^{4}	折射率 n_D	1.48
三元乙丙橡胶硫化胶的典型技术指标			
弹性模量（动态[b]）/MPa	4.9	耐老化性（100℃×72 h）伸长率变化率/%	−79～−53
300%定伸应力/MPa	8.8～16.2		
拉伸强度/MPa	9.0～20.8	电导率（1 kHz)/(S·cm^{-1})	3.36
拉断伸长率/%	240～420	介电损耗角正切（1 kHz）	0.0297
撕裂强度/(kN·m^{-1})	24.5～43.1	介电强度/(kV·mm^{-1})	40
硬度（JIS A）	40～90	体积电阻率/(×10^{15}Ω·cm)	0.156
压缩永久变形（70℃×22 h)/%	5～20	回弹性/%	50～55

注：a. 原文如此，有误，不可能这么低。
b. 原文未标注试验频率。

3.5.3 乙丙橡胶的牌号与供应商

乙丙橡胶的牌号与供应商见表 1.1.3-88 与表 1.1.3-89。

表 1.1.3-88　乙丙橡胶的牌号与供应商（一）

供应商	牌号	门尼黏度	乙烯含量/%	挥发分(≤)/%	钒含量(≤)/(mg·kg^{-1})	灰分(≤)/%	碘值（ENB）[a] g/100 g	充油份数	剪切稳定指数(SSI)(≤)	说明
中石油吉林公司	2070	64～74	56.5～61.5	—	—	—	3～7	—	—	—
	3062E	56～72	68.5～74.5	—	—	—	8～14	17～23	—	—
	3080	70～80	68.5～74.5	—	—	—	8～14	—	—	—
	3080P	70～80	68.5～74.5	—	—	—	8～14	—	—	—
	3092E	65～75	57.5～62.5	—	—	—	10.5～15.5	17～23	—	—
	J－4045	38～52	53.0～59.0	—	—	—	19～25	—	—	—
	J－4090	60～70	53.5～58.5	—	—	—	20～24	—	—	—
	J－0010	8～12	50.0～54.0	1.2	—	—	—	—	25	润滑油填充
	J－0020	13～20	50.0～54.0		10	0.10	—	—	30	
	J－0030	25～35	45.0～50.0	0.75			—	—	35	
	J－0050	45～55	48.0～52.0				—	—	45	
	J－0080	65～75	47.0～53.0				—	—	55	

注：a. 碘值指与 100 g 试样反应所消耗碘的克数，是高分子材料不饱和程度的量度。利用氯化碘或溴对双键的加成来测定不饱和键，特别是 C═C 和 C≡C。测定碘值的方法有威奇斯（Wijs）法和考夫曼（Kaufmann）法。

有多种方法可测定橡胶的不饱和度，包括在线预测法、碘值法、环氧滴定法、核磁共振波谱法、凝胶渗透色谱-紫外联用法以及傅里叶变换红外光谱法等。日本多采用碘值法评价不饱和度，所得数据与红外光谱法相比一般偏大。

通常茂金属催化剂生产的 EPDM 产品无法支化，只能得到窄分子量分布的牌号。阿朗新科 Keltan® EPDM 的 ZN 和 ACE 催化剂均可采用 CLCB 技术生产长支链的 EPDM，其中采用 ACE 催化剂的产品的分子量分布从窄分布到中等分布，克服了新一代催化剂技术 EPDM 的分子量分布窄、加工性能不佳的不足。Keltan® EPDM 的命名规则如图 1.1.3-11 所示：

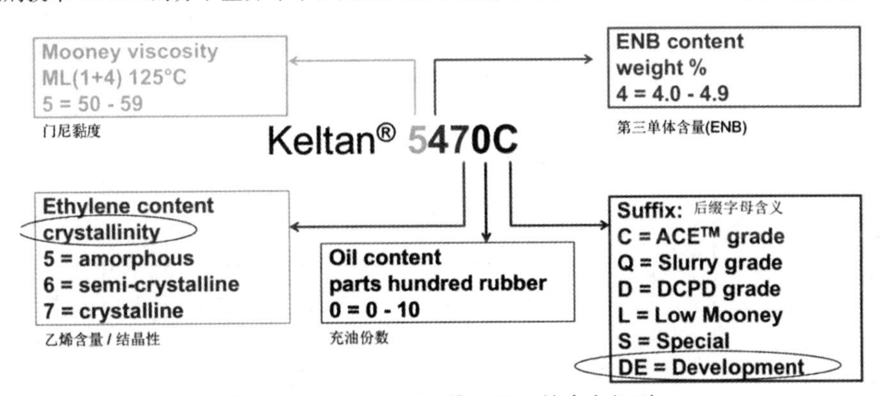

图 1.1.3-11　Keltan® EPDM 的命名规则

阿朗新科各类型 EPDM 的区分见图 1.1.3-12。

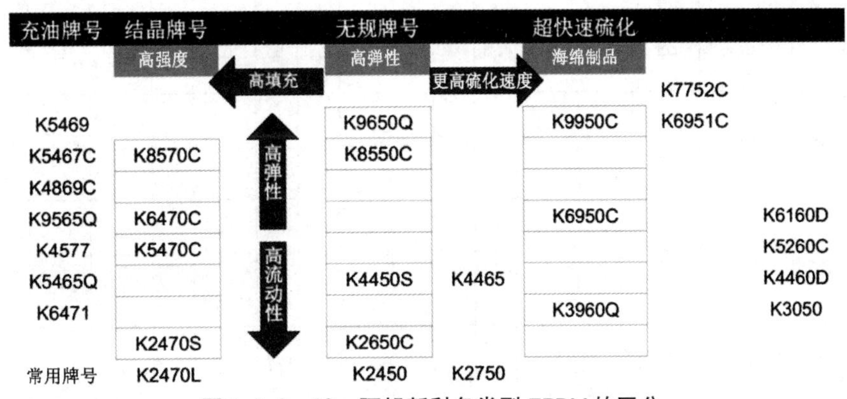

图 1.1.3-12　阿朗新科各类型 EPDM 的区分

Keltan® EPDM 的牌号特点包括：①分子量分布类型包括窄、中等、宽；②门尼黏度范围从超低（如 K0500R）到超高（如 K4869C、K5469）；③乙烯含量从无规到结晶（44%～73%）；④第三单体种类包括二元 EPM、DCPD-EPDM、ENB-EPDM；⑤ENB 含量由低到很高（0%～11.4%）；⑥充油份数从 0→15→30→50→75→100 phr；⑦超高分子量 EPDM 牌号，如 K4869（C）、K5469；⑧可控长链支化技术（CLCB）。

表 1.1.3-89　乙丙橡胶的牌号与供应商（二）

供应商	牌号	门尼黏度[ML(1+4)125℃]	乙烯含量/(wt%)	第三单体类型	第三单体含量/(wt%)	填充油种类	填充油份数	分子量分布	剪切稳定性指数/%	备注	应用特点
阿朗新科	Keltan® 2450	28	48.0	ENB	4.1	—	—	CLCB	—	—	无规牌号，耐刹车液（DOT3、DOT4、DOT5、Super DOT4+、SAEJ1703），优异的耐高、低温性能，耐磨耗
	Keltan® 2470S	25	69.0	ENB	4.2	—	—	CLCB	—	—	—
	Keltan® 2470L	22	69.0	ENB	4.2	—	—	CLCB	—	—	结晶牌号，高乙烯含量、快速硫化品级，低门尼黏度，挤出速度快，物理机械性能优秀，主要应用于电线电缆、高硬度挤出密封条，可与其他牌号并用改善挤出加工性能
	Keltan® 2650	25	53.0	ENB	6.0	—	—	CLCB	—	—	无规牌号，耐刹车液（DOT3、DOT4、DOT5、Super DOT4+、SAEJ1703），优异的耐高、低温性能，耐磨耗
	Keltan® 2650C	25	46.0	ENB	6.0	—	—	CLCB	—	—	无规牌号，非结晶、低门尼、快速硫化等级，低温性能好，具有良好的综合性能（通用性高）。主要应用于汽车刹车件（皮碗、皮圈、防尘罩等）、饮用水密封件、汽车、建筑用高硬度密封条、模压海绵制品、耐高温制品等
	Keltan® 2750	28	48.0	ENB	7.8	—	—	CLCB	—	—	—
	Keltan® 3050	51	49.0	—		—	—	窄	—	ML（1+4）100℃	—
	Keltan® 3250Q	33	55.0	ENB	2.3	—	—	窄	—	—	低 ENB 含量牌号，硫化速度慢，耐热性能好，适用于内胎（K3250Q 和 IIR 并用）、耐热输送带、轮胎翻新用胶囊和胶套、厚制品（如防撞护舷）等
	Keltan® 3470	36	68.0	ENB	4.6	—	—	CLCB	—	—	—
	Keltan® 3960Q	54	56.0	ENB	11.4	—	—	窄	—	ML（1+8）100℃	—
	Keltan® 3973	34	66.0	ENB	9.0	洁净石蜡油	30	窄	—	—	—
	Keltan® 4450	46	52.0	ENB	4.3	—	—	窄	—	—	—
	Keltan® 4450S	42	52.0	ENB	4.3	—	—	CLCB	—	—	无规牌号，耐刹车液（DOT3、DOT4、DOT5、Super DOT4+、SAEJ1703），优异的耐高、低温性能，耐磨耗
	Keltan® 4465	48	56.0	ENB	4.1	洁净石蜡油	50	宽	—	—	充油牌号，低温性能好，适用于低硬度制品
	Keltan® 4460D	46	58.0	DCPD	4.5	—	—	宽	—	—	DCPD 型牌号，耐老化性好，硫黄硫化速度较慢，过氧化物硫化速度快，可与丁基橡胶并用制造内胎或者轮胎硫化胶囊，用于防水卷材使用寿命可长达几十年，还可用于汽车 V 带、散热器胶管等制品
	Keltan® 4577	46	66.0	ENB	5.1	洁净石蜡油	75	窄	—	—	—

续表

供应商	牌号	门尼黏度[ML(1+4)125℃]	乙烯含量/(wt%)	第三单体类型	第三单体含量/(wt%)	填充油种类	填充油份数	分子量分布	剪切稳定性指数/%	备注	应用特点
阿朗新科	Keltan® 4869	48	64.0	ENB	8.7	洁净石蜡油	100	CLCB	—	—	—
	Keltan® 4869C	48	62.0	ENB	8.7	洁净石蜡油	100	CLCB	—	—	充油牌号，具有高分子量、高乙烯含量的特点，充无色石蜡油，用于浅色制品的颜色稳定性好，过氧化物硫化效率高，适用于浅色、低硬度制品（如洗衣机门封）、汽车减震部件、汽车进气胶管、汽车线束，汽车与建筑物密封条等
	Keltan® 5260Q	55	62.0	ENB	2.3	—	—	窄	—	—	低 ENB 含量牌号，硫化速度慢，耐热性能好，适用于耐热输送带、轮胎翻新用胶囊和胶套、厚制品（如防撞护舷）等
	Keltan® 5465Q	37[a]	64.0	ENB	4.0	洁净石蜡油	50	窄	—	ML（1+8）150℃	—
	Keltan® 5467C	52	58.0	ENB	4.5	—	75	CLCB	—	—	充油牌号，具有高分子量、高乙烯含量的特点，充无色石蜡油，用于浅色制品的颜色稳定性好，过氧化物硫化效率高，用于汽车减震部件、汽车进气胶管、汽车线束，汽车与建筑物密封条等，具有交联密度高、震压缩永久变形好的特点
	Keltan® 5467C DE	52	58.0	ENB	4.5	—	75	—	—	—	用于制造减震橡胶制品、洗衣机门封、动态硫化的热塑性弹性体（TPV）等
	Keltan® 5469	52	63.2	ENB	4.5	洁净石蜡油	100	CLCB	—	—	—
	Keltan® 5469C	—	—	—	—	—	—	—	—	—	用于动态硫化的热塑性弹性体（TPV）
	Keltan® 5469Q	38[a]	59.0	ENB	4.0	洁净石蜡油	100	窄	—	ML（1+8）150℃	—
	Keltan® 5470	55	70.0	ENB	4.6	—	—	CLCB	—	—	—
	Keltan® 5470C	55	66.0	ENB	4.6	—	—	CLCB	—	—	结晶牌号，高乙烯含量、快速硫化品级，具有填充量高，挤出速度快，物理机械性能优秀的特点，适用于高填充密封条（汽车与建筑行业）、汽车胶管、V 带、电线电缆等制品，K5470C 还可与 NR 等并用制造自行车彩色外胎
	Keltan® 5470Q	57	67.0	ENB	4.7	—	—	窄	—	—	—
	Keltan® 6160D	63	64.0	DCPD	1.2	—	—	中等	—	—	DCPD 型牌号，耐老化性好，硫黄硫化速度较慢，过氧化物硫化速度快，用于防水卷材使用寿命可长达几十年，还可用于汽车 V 带、散热器胶管、耐热输送带等制品
	Keltan® 6260Q	67	67.0	ENB	2.8	—	—	窄	—	—	—

续表

供应商	牌号	门尼黏度[ML(1+4)125℃]	乙烯含量/（wt%）	第三单体类型	第三单体含量/（wt%）	填充油种类	填充油份数	分子量分布	剪切稳定性指数/%	备注	应用特点
阿朗新科	Keltan® 6470C	63	64.0	ENB	4.8	—	—	CLCB	—	—	结晶牌号，高乙烯含量、快速硫化品级，具有填充量高，挤出速度快，物理机械性能优秀的特点，中等混炼胶门尼提供了优异的加工特性，与高门尼牌号相比具有更高的拉伸强度，适用于高填充密封条（汽车与建筑行业）、汽车胶管、V带、电线电缆等制品
	Keltan® 6471	65	66.5	ENB	4.7	洁净石蜡油	15	窄	—	—	充油牌号，高填充，易混炼，适用于低硬度制品
	Keltan® 6950	65	48.0	ENB	9.0	—	—	CLCB	—	—	—
	Keltan® 6950C	65	44.0	ENB	9.0	—	—	CLCB	—	—	超快速硫化牌号，非结晶、超快速硫化，低温性能优异，易混炼，低填充配方，适用于高性能挤出海绵制品，高弹性密实汽车密封条，汽车雨刷等制品
	Keltan® 6951C	63	44.0	ENB	9.0	洁净石蜡油	15	CLCB	—	—	弹性好，分散效果好，可一步法混炼。同时提供高质量的外观，优异的力学性能
	Keltan® 7470Q	70	67.0	ENB	4.7	—	—	窄	—	—	—
	Keltan® 7752C	53	45.0	ENB	7.5	洁净石蜡油	20	CLCB	—	ML（1+8）150℃	高弹性，高抗塌陷性，设计窗口宽
	Keltan® 8550	80	55.0	ENB	5.5	—	—	CLCB	—	—	—
	Keltan® 8550C	80	48.0	ENB	5.5	—	—	CLCB	—	—	无规牌号，非结晶、高门尼、快速硫化等级，物理机械性能好、低温性能好、弹性高，具有优秀物理机械性能与良好加工性能的统一。主要应用于高弹性汽车密封条、汽车胶管、低压变模压制品等
	Keltan® 8570	80	70.0	ENB	5.0	—	—	CLCB	—	—	—
	Keltan® 8570C	80	66.0	ENB	5.0	—	—	CLCB	—	—	结晶牌号，高乙烯含量、快速硫化品级，具有填充量高，挤出速度快，物理机械性能优秀的特点，适用于高填充密封条（汽车与建筑行业）、汽车胶管、V带、电线电缆等制品
	Keltan® 9565Q	67[a]	62.0	ENB	5.5	洁净石蜡油	50	窄	—	ML（1+8）150℃	—
	Keltan® 9565Q DE	—	—	—	—	—	50	—	—	—	分子量高，低填充配方仍具有优异的力学性能（拉伸强度>20 MPa，拉断伸长率>600%），具有优异的耐疲劳性能，非常适合动态应用领域，适用于发动机减震、排气管悬挂、线束套、低硬度制品以及 TPV 等，少量并用 NR 可显著提高疲劳寿命
	Keltan®9650Q	60	54.0	ENB	6.5	—	—	窄	—	ML（1+8）150℃	—

续表

供应商	牌号	门尼黏度[ML(1+4)125℃]	乙烯含量/(wt%)	第三单体类型	第三单体含量/(wt%)	填充油种类	填充油份数	分子量分布	剪切稳定性指数/%	备注	应用特点
阿朗新科	Keltan® 9950	60	48.0	ENB	9.0	—	—	CLCB	—	ML（1+8）150℃	—
	Keltan® 9950C	60	44.0	ENB	9.0	—	—	CLCB	—	ML（1+8）150℃	超快速硫化牌号，非结晶、超快速硫化，低温性能优异，弹性好，抗塌陷性好，适用于高性能挤出海绵制品，高弹性密实汽车密封条，汽车雨刷等制品
	Keltan® 0500R	—	49.0	—	—	—	—	窄	22	—	—
	Keltan® 1500R	—	49.0	—	—	—	—	窄	35	MFI 19℃/2.16 kg：11.0	—
	Keltan® Eco 0500R	11	49.0	—	—	—	—	窄	22	环保生物基	超低黏度 EPM 牌号，块状胶，分子量高于液体橡胶（如PIB）和石蜡油等增塑剂，不含第三单体，需过氧化物硫化，耐老化性能优异，适用于耐热制品（胶带、V 带等）、绝缘制品（中高压电线电缆）、聚烯烃抗冲改性剂（TPO）、润滑油黏度指数调节剂等。因耐热、耐制动液，抽出性低尺寸稳定，满足注射、结构复杂制品对流动性能的要求，尤其适用于液压制动密封制品；此外，因具有耐抽出、抗微生物生长特性，也适用于饮用水密封/食品药品接触的密封制品
	Keltan® Eco 3050	51	49.0	—	—	—	—	窄	—	ML（1+4）100℃；环保生物基	EPM 牌号，不含第三单体，需过氧化物硫化，耐老化性能优异，适用于耐热制品（胶带等）、绝缘制品（中高压电线电缆）、聚烯烃抗冲改性剂（TPO）、润滑油黏度指数调节剂等
	Keltan® Eco 5470	55	70.0	ENB	4.6	—	—	CLCB	—	环保生物基	—
	Keltan® Eco6950	65	48.0	ENB	9.0	—	—	CLCB	—	环保生物基	—
	Keltan® Eco 8550	80	55.0	ENB	5.5	—	—	CLCB	—	环保生物基	—
	Keltan® Eco 9950	60	48.0	ENB	9.0	—	—	CLCB	—	环保生物基	—

注：a. ML（1+4）150℃。

产品的硬度是选择 Keltan® EPDM 牌号门尼黏度的参考，高硬度宜选低门尼牌号，低硬度宜选高门尼或者充油牌号；低温性能取决于 EPDM 的乙烯基含量，乙烯基含量越低，结晶度越低，低温性能越好；黑色或浅色制品是选择 Keltan® EPDM 乙烯含量的参考，浅色制品宜选高乙烯含量牌号；硫化方式（硫黄体系或过氧化物体系）是选择 Keltan® EPDM 第三单体种类的参考；硫化速度是选择 Keltan® EPDM 第三单体含量的参考。

Keltan® EPDM 的选择可以参考表 1.1.3－90 的列示。

表 1.1.3－90　选择合适的 Keltan® EPDM 牌号

物性	门尼黏度	乙烯基含量	ENB 含量	CLCB	MWD
硬度	0	＋	0	0	0
拉伸强度	＋＋	＋＋	＋	0	－
拉断伸长率	0/＋	－	－	＋	0/＋
压缩永久变形（23℃以上）	＋＋	0	＋＋	0	－
压缩永久变形（低温）	＋＋	－－	＋＋	0	－
撕裂强度	＋＋	＋＋	－	0	－
回弹性	＋＋	－/0	＋＋	0	＋
老化	0/＋	0	－－	－/0	－

注：＋ 改善；＋＋显著改善；0 无影响；－ 降低；－－显著降低。

（1）Keltan® EPDM 应用于耐高温橡胶制品

Keltan® EPDM 应用于耐高温橡胶制品示例见表 1.1.3－91 至表 1.1.3－93。

表 1.1.3－91　Keltan® EPDM 应用于耐高温橡胶制品（一）

指标项目	散热器密封圈（德国大众 TL52316 标准）	散热器胶管（德国大众 TL52361 标准）	散热器胶管（VW TL680）（硫黄硫化体系）
硬度（邵尔 A）	70±5	64	63[a]
拉伸强度/MPa	12	11	14.1[a]
100%定伸应力/MPa	≥3	3.3	2.8[a]
300%定伸应力/MPa	—	—	9.5[a]
拉断伸长率/%	>200	327	498[a]
撕裂强度（裤形）/(N·mm^{-1})	≥4	—	—
热空气老化条件	1 000/150℃	94/160℃	168 h/125℃
硬度变化（邵尔 A）	0～＋8	70（°）	69（°）[a]
拉伸强度变化率/%	≤25	12.2（MPa）	13.4（MPa）[a]
100%定伸应力/MPa	≥3	4.3（MPa）	4.2（MPa）[a]
300%定伸应力/MPa	—	—	12.5（MPa）[a]
拉断伸长率变化率/%	≤40（25℃/504 h）	332（%）	336（%）[a]
撕裂强度变化率/%	≤25	—	—
耐油老化	—	—	—
硬度（邵尔 A）	—	51	—
重量变化/%	—	57	—
压缩永久变形/% 22 h/150℃，50%压缩率，停放 5 s 22 h/160℃，停放 5 s 22 h/160℃，停放 60 min 24 h/125℃，停放 5 s 24 h/125℃，停放 60 min	<60	35 28	38[a] 32[a]
材料	配方		
Keltan 8550C	—	70	100
Keltan 6471	—	35	—
PEG	—	4	—

续表

指标项目	散热器密封圈（德国大众 TL52316 标准）	散热器胶管（德国大众 TL52361 标准）	散热器胶管（VW TL680）（硫黄硫化体系）
MgO	—	4	—
ZnO	—	—	3
Stearic acid	—	—	1.5
Carbon black N550	—	30	40
N660	—	—	80
Carbon black Durex O	—	40	—
Sillitin N85（矿物填料）	—	25	—
Par. oil BP T1993	—	37	—
Paraffinic oil	—	—	65
TMQ	—	1	—
NDBC	—	0.5	—
Trigonox 101（DHBP－40）	—	5	—
Perkadox 14－40 MB	—	3	—
TMPT	—	2	—
DTDM－80	—	—	1.9
TMTD－80	—	—	1.3
ZDMC－80	—	—	1.9
ZDBC－80	—	—	1.9
S－80	—	—	0.4
ML（1＋4）100℃	—	—	65.5

注：a. 配方实测值。

表 1.1.3－92 Keltan® EPDM 应用于耐高温橡胶制品（二）

	汽车液压制动系统——主皮碗	汽车液压制动系统——活塞密封圈	汽车液压制动系统——真空助力器膜片
KELTAN 2450	100	—	—
Keltan 2650	—	100	100
N550	60	50	52
N990	30	—	—
Paraffinic oil（石蜡油）	5	—	3
Oleylamide（油酸酰胺）	—	—	0.8
加工助剂 WB－42	—	—	1
防老剂 TMQ	0.8	1	1
防老剂 ZMMBI	0.8	—	—
ZnO	5	5	5
Zinc stearate 硬脂酸锌	—	2	—
PEG	5	2（PEG4000）	
Perkadox（BPIB－40）	6	—	—
DCP	—	2.8	2.8
TMPT	1.6	2	1
比重	1.16	—	—
硬度（邵尔 A）	76	71	69
拉伸强度/MPa	17.3	14.2	19.2
100%定伸应力/MPa	7.7	—	3.4
200%定伸应力/MPa	—	—	9.4
拉断伸长率/%	190	187	310
拉伸永久变形/%	—	—	27
撕裂强度（裤形）/（N·mm^{-1}）	—	—	36

续表

	汽车液压制动系统——主皮碗		汽车液压制动系统——活塞密封圈		汽车液压制动系统——真空助力器膜片	
热空气老化条件	24 h/175℃	72 h/175℃	70 h/120℃		100 h/100℃	100 h/140℃
硬度变化（邵尔 A）	+3	+5	+2		+3	+5
拉伸强度变化率/%	−9.8	−35.8	−0.7		18.8（MPa）	19.4（MPa）
100%定伸应力变化率/%	−1.2	+10.4	—		110（保持率）	117（保持率）
200%定伸应力保持率/%	—	—	—		104	102
拉断伸长率变化率/%	−4.2	−32.6	+7.0		304%	298%
撕裂强度/(N · mm^{-1})	—	—	—		39	35.7
低温性能（条件）	—	—	22 h/−40℃		—	
硬度（邵尔 A）	—	—	80		—	
180°弯曲	—	—	不龟裂		—	
TR_{10}/℃	—	—	−40.8		−47.7	
可抽出物质/%	—	—	—		4.9	
耐油老化	—		—		—	
硬度（邵尔 A）	—		—		—	
重量变化/%	—		—		—	
耐制动液	—		DOT3，70 h—120℃	DOT3，70 h—150℃	DOT4	DOT4，100 h—140℃
硬度变化（邵尔 A）	—		−3	−3	—	−1
拉伸强度变化率/%	—		0.7	1.4	—	19.1（MPa）
拉断伸长率变化率/%	—		5.4	2.7	—	310（%）
体积变化/%	—		0.5	0.8	—	—
抽出	—		—	1.6	—	—
70 h/100℃，ΔV/%	—		—	—	−2.1	—
70 h/140℃，ΔV/%	—		—	—	−3.0	—
4 周/100℃，ΔV/%	—		—	—	−1.7	—
4 周/140℃，ΔV/%	—		—	—	−2.7	—
压缩永久变形/%						
24 h/125℃						
24 h/150℃	8				34.7	
72 h/23℃	12					
24 h/−25℃	6					
70 h/100℃	24		7.5			
70 h/150℃			11.1			
备注	推荐 Keltan 牌号：K2650C、K2450、K6950C、K4450S		推荐 Keltan 牌号：K2650、K6950C		推荐 Keltan 牌号：K2650C、K2450、K4450S	

表 1.1.3−93　Keltan® EPDM 应用于耐高温橡胶制品（三）

材料	耐热输送带配方
Keltan 6160D	100
N330	65
ZnO	5
硬脂酸	1
石蜡油	15
防老剂 TMQ	2
防老剂 MBZ	1
DCP−40	7.5
EDMA	1.5
硬度（邵尔 A）	70
拉伸强度/MPa	19.7

续表

材料	耐热输送带配方	
100%定伸应力/MPa	2.7	
300%定伸应力/MPa	14.3	
拉断伸长率/%	280	
热空气老化条件	168 h/125℃	72 h/150℃
硬度（邵尔 A）	70	74
拉伸强度/MPa	21.3	19.6
100%定伸应力/MPa	3.1	3.3
300%定伸应力/MPa	15.1	14.4
拉断伸长率/%	400	400
推荐 Keltan 牌号：K6160D，K5260Q，K5470C，K6470C		

（2）Keltan® EPDM 牌号应用于低硬度、浅色制品

洗衣机门封这类低硬度、浅色制品，要求耐洗涤剂、耐黄变、耐热撕裂，满足包括 BSH/Miele 等标准的其他要求。

表 1.1.3-94 Keltan® EPDM 应用于低硬度、浅色制品

材料	洗衣机门封	
K5467C DE（Changzhou）	175	
ZnO—active（活性氧化锌）	5.0	
Stearic acid	2.0	
Par. oil Sunpar2280（石蜡油）	50	
Calcinated clay（煅烧陶土）	60	
Al—silicate S. N85（硅土）	40	
Vulkasil Al（钠铝硅酸盐）	15	
Vulkasil N（白炭黑）	15	
PEG	5.0	
TEA（三乙醇胺）	2.0	
Si 69（70%）	0.5	
TiO_2	7.5	
MBT—80	1.25	
ZBEC—70	2.0	
ZDBP—50	2.0	
CBS—80	1.25	
DPG—80	0.5	
TBBS	0.5	
DTDC—80	1.0	
S—80	0.8	
硬度（邵尔 A）	34	
拉伸强度/MPa	9.1	
100%定伸应力/MPa	0.7	
300%定伸应力/MPa	1.5	
拉断伸长率/%	825	
撕裂强度（直角撕裂）/($N \cdot mm^{-1}$)	18	
热空气老化条件	72 h/120℃	168 h/120℃
硬度（邵尔 A）	38	40
拉伸强度/MPa	7.2	7.4
100%定伸应力/MPa	0.9	1.0
300%定伸应力/MPa	2.1	2.5
拉断伸长率/%	696	645
撕裂强度（直角撕裂）/($N \cdot mm^{-1}$)	17	16

此外，Keltan® EPDM 的充油牌号如 K4869C，所充无色石蜡油的颜色稳定性高；分子量高可满足洗衣机门封对力学性能的要求；第三单体 ENB 含量高，因而生产效率高，还可减少硫化体系用量，从而显著减少喷霜、气味等问题。K4869C 并用其他牌号，可改善挤出密封条的工艺性能，如抗塌陷、断面气孔等。

(3) Keltan® EPDM 牌号用于减震橡胶制品

空调减震块的技术要求及 Keltan® EPDM 配合见表 1.1.3－95。

表 1.1.3－95　空调减震块的技术要求及 Keltan® EPDM 配合

空调减震块性能项目	指标要求	
硬度（邵尔 A）	38±3	43±3
拉伸强度/MPa	9 以上	10 以上
扯断伸长率/%	500 以上	500 以上
热空气老化条件	672 h/100℃	
硬度变化（邵尔 A）	＋10 以内	＋7 以内
拉伸强度变化率/%	±25 以内	－20 以内
扯断伸长率变化率/%	－40 以内	－50 以内
压缩永久变形/% 70 h/100℃ 22 h/70℃	30 以内	30 以内
成品低温性能 －10℃×24 h	硬度增加＋8 以内	硬度增加＋8 以内
材料	配方	
EPDM	100	
ZnO	5	
硬脂酸	1	
N550	110	
Sunpar　2280	155	
PEG	1	
S－80	0.63	
CBS－80	1.88	
ZDBC－80	1.88	
TMTD－80	1.25	
DTDM－80	1.88	

对于减震橡胶制品，由于产品硬度较低，充油 EPDM 牌号是首选，可用于减震橡胶制品的 Keltan® EPDM 牌号有 K5469Q、K4869C、K5465Q、K9565Q、K4577、K5467C DE 等。

空调压缩机一般置于室外，会有严格的高低温要求，配方的低温（－10℃×24 h）性能指标非常关键。其中，相同配方，相似的硬度要求下，K5469Q 低温性能最好。此外，还可以通过并用其他低乙烯基含量的牌号（如 K2650C），和（或）添加少量酯类低温增塑剂（如 DPA，小于 15 份）来进一步改进低温性能。

K4869C 的 ENB 含量最高，交联程度最深，其压缩永久变形最好。目前绝大多数空调减震块采用硫黄硫化，如果压缩永久变形要求更高，可以考虑过氧化物硫化。

(4) Keltan® EPDM 低门尼牌号在饮用水橡胶制品中的应用

饮用水橡胶制品要求无化学物质渗出、无细菌生长、耐消毒液（包括氯胺等），不影响水质。

Keltan® EPDM 低门尼牌号可尽量少地使用增塑剂，以免对硫化制品的卫生性能造成负面影响，采用过氧化物交联程度高（CLCB），对消毒液的抗耐性更高，具有弹性好，低温、常温压缩永久变形好的特点。K2650C 的混炼胶门尼黏度低，流动性更好，K2650C/K8550C 可以任意比例共混，以获得工艺所需要的门尼黏度。

(5) Keltan® EPDM 牌号用于汽车海绵密封条

Keltan® EPDM 用于汽车海绵密封条的牌号为 Keltan® 9950C、6951C 与 7752C。

海绵密封条的密度随混炼胶门尼黏度升高而升高，海绵密封条的压缩变形负荷随密度的降低而变差。可控长支化链 EPDM 可填充更多的增塑剂，从而在保持密度基本不变的情况下降低压缩变形负荷。

意大利埃尼公司乙丙橡胶的商品名为 Dutral CO 和 Dutral TER 等，其牌号见表 1.1.3－96，日本瑞翁公司乙丙橡胶的牌号见表 1.1.3－97。

表 1.1.3-96 乙丙橡胶的牌号与供应商（三）

类别	牌号	丙烯含量/%	门尼黏度 ML（1+4）125℃	充油量（wt）/%	MFI	挥发份/%	灰分/%	颗粒尺寸[g]	不饱和度	形态[b]	特点与应用
二元共聚物	Dutral CO 033	28	30[a]	—	—	—	—	—	—	B	传动带、电线电缆、聚合物改性
	Dutral CO 034	28	44[a]	—	—	—	—	—	—	B，PL	电线电缆制品、聚合物改性、石油黏度调节
	Dutral CO 038	28	60	—	—	—	—	—	—	B，FB，PL	汽车与电线电缆制品、聚合物改性、石油黏度调节
	Dutral CO 043	45	33[a]	—	—	—	—	—	—	B	汽车与电线电缆制品、聚合物改性、石油黏度调节、沥青改性
	Dutral CO 054	41	44[a]	—	—	—	—	—	—	B	汽车与电线电缆及机械制品、建筑、沥青改性、聚合物改性
	Dutral CO 058	48	80[a]	—	—	—	—	—	—	B	制品、聚合物改性、石油黏度调节
	Dutral CO 059	41	79	—	—	—	—	—	—	B	聚合物改性与机械、建筑制品
三元共聚物（三元共聚物中二烯烃为ENB）	Dutral TER 4033	25	30[a]	—	—	—	—	—	5	FB	汽车、电线电缆与机械制品，尤其适用于高硬度产品
	Dutral TER 4038 EP	27	60	—	—	—	—	—	4.4	EP，FB，PL	汽车、电线电缆、机械与建筑行业，聚合物改性
	Dutral TER 4039	27	77	—	—	—	—	—	4.4	FB	汽车、电线电缆、机械与建筑行业，聚合物改性
	Dutral TER 4044	35	44[a]	—	—	—	—	—	4	B	汽车、电线电缆、机械与建筑行业
	Dutral TER 4047	40	55	—	—	—	—	—	4.5	B	汽车、机械制品与建筑行业
	Dutral TER 4049	40	76	—	—	—	—	—	4.5	B	汽车、电线电缆、机械与建筑行业
	Dutral TER 4334	27[d]	28	30	—	—	—	—	4.7[d]	B	汽车、电线电缆、机械与建筑行业
	Dutral TER 4436	28[d]	43	40	—	—	—	—	5.5[d]	B	汽车、机械行业，TPV
	Dutral TER 4437	32[d]	57	40	—	—	—	—	4.5[d]	B	汽车、机械行业，TPV
	Dutral TER 4437 WO	32[d]	57	40[c]	—	—	—	—	4.5[d]	B	汽车、机械、建筑行业，TPV
	Dutral TER 4535	32[d]	32	50	—	—	—	—	3.4[d]	B	汽车、机械、建筑、电线电缆行业
	Dutral TER 4548	36[d]	47[d]	50[c]	—	—	—	—	4.5[d]	B	汽车、电线电缆、机械、建筑行业
	Dutral TER 6148	40[d]	65	15	—	—	—	—	7[d]	B	汽车、机械、建筑行业
	Dutral TER 6235	32[d]	33	23	—	—	—	—	7.4[d]	B	汽车、机械、建筑、电线电缆行业
	Dutral TER 6537	32[d]	43	50	—	—	—	—	8[d]	B	汽车、机械、建筑行业，TPV
	Dutral TER 7040	40	87	—	—	—	—	—	6.5	B	汽车、机械、建筑行业，TPV
	Dutral TER 9046	31	67[a]	—	—	—	—	—	8.9	B	汽车、机械、建筑行业
聚烯烃改性	Dutral PM 06 PLE	—	—	—	1.8[e]	0.2	0.3	0.45	—	PL	聚合物改性
	Dutral PM 8273	—	—	—	2.4[e]	0.2	3.0	0.45	—	PL**	
充油	Dutral OCP 2530 PL	34	—	—	8.5[f]	0.2	0.4	—	—	B	石油黏度调节
	Dutral OCP 2550	48	—	—	8.3[f]	0.2	0.4	—	—	B	
	Dutral OCP 5050	48	60	—	—	0.9	0.3	—	—	—	

注：a. ML（1+4）100℃。

b. B——胶包，EP——脆性易操作胶包，PL——致密颗粒，FB——脆性胶包，PL**——非自由流动颗粒。

c. 纯石蜡油。

d. 指聚合单体。

e. 熔融指数，at 230℃×5 kg，g·(10 min)$^{-1}$。

f. 熔融指数，at 230℃×2.16 kg，g·(10 min)$^{-1}$。

g. 30 个颗粒的质量。

表 1.1.3-97　乙丙橡胶的牌号与供应商（四）

供应商	类型	牌号	门尼黏度 [ML(1+4)125℃]	乙烯含量 /(wt%)	第三单体含量 /(wt%)	填充油份数	产品形态[c]	特点	应用
日本瑞翁	EPM	KEP020P	25[a]	71	—	—	P	低门尼黏度、良好的加工流动性和高光泽度，在低温下与热塑性聚烯烃（PP、PE）的改时有优良的低温柔软性	与 PP 混炼改性：TPO、海绵、薄膜、片材、汽车上的保险杠、阻流板、仪表盘与 PE 混炼改性：薄膜
		KEP070P	69[a]	71	—	—	P	中等门尼黏度，在与热塑性聚烯烃（PP、PE）的改性是有较高的抗冲击性	与 PP 混炼改性：注塑模压制品
		KEP110	40[a]	52	—	—	B	低门尼黏度的非结晶性二元乙丙胶，拥有良好的加工性和耐热性，易于磨砂处理	耐热带、电器零件、刹车零件、胶黏剂、黏结剂、油添加剂、密封件
	低 ENB	KEP435	33	57	2.3	—	B	低门尼黏度、低硫化速度，优良的耐热耐臭氧性，与丁基胶混炼时有良好的焦烧安全性	汽车轮胎、防水卷材、耐热带
		KEP430H	43	57	1.6	—	B		
	中 ENB	KEP210	23	65	5.7	—	B	低门尼黏度、硫化速度快，良好的加工性能和高挤出速度	电线电缆、汽车配件、窗户密封、海绵发泡材料
		KEP510	23	71	5.7	—	B	良好的辊压加工性，优良的挤出性能，硫化速度快，硬度高	电线电缆、各种挤出成型挤压零件、高硬度挤出制品
		KEP2320	25	58	4.7	—	B	优异的辊压加工性和挤压性，即使不加油也有良好的加工性能，快速硫化以及良好的电性能	电气绝缘部件、刹车部件、密封件、模压接角、模压海绵制品
		KEP7141	27	51	4.5	—	B	低门尼黏度、优异的辊压加工性能和低温性，硫化速度适中	海绵发泡、电线电缆、电器零件、密封件、工业配件、刹车软管
		KEP240	42	57	4.5	—	B	适度的硫化速度，良好的加工性能，在硫化速度和物理性能上取得平衡	各种类型的工业零件、汽车零件和注塑模压制品
		KEP570P	53	70	4.5	—	P	在与热塑性聚烯烃（PP、PE）改性时有较高的抗冲击性	与 PP 混炼改性：注塑模压制品（保险杠）、薄膜、片材、聚烯烃的改性剂、各种汽车配件
		KEP570F	59	70	4.5	—	FB	高门尼黏度、高乙烯含量、超高生胶强度、优异的挤压性、适中的硫化速度与高填充性	汽车与工业软管、洗衣机软管、窗户密封、各种类型的汽车配件
		KEP5770	73	74	5.0	—	FB	高门尼黏度、高乙烯含量、优秀的生胶强度、优秀的挤压性、适度的硫化速度与高填充加载性	汽车与工业软管、洗衣机软管、窗户密封、各种类型的汽车配件
		KEP270	71	57	4.5	—	B	高门尼黏度、硫化速度适中、高填充性能	耐热胶管、洗衣机软管、窗户密封、各类汽车零部件
		KEP2380	82[b]	56	5.7	—	SFB	双峰的分子量分布，良好的加工性能；可快速硫化快速挤出，质量一致性好，适合连续硫化以提高生产效率	60～70 度密实密封件、散热器软管、耐热软管、模压制品、密封件、海绵发泡密封条
		KEP281F	82[b]	67	5.7	—	FB	高门尼黏度，硫化速度快，高填充性以及优异的挤出性能，良好的压变形性	密实挡风雨条、窗户密封、各类汽车零部件、耐热软管
		KEP282F	90[b]	73	5.7	—	FB	高门尼黏度、高乙烯含量、高硫化速度、高填充加载性、优秀的挤压性，良好的抗破坏强度	密实挡风雨条、窗户密封、各类汽车零部件、耐热软管
		KEP1030F	86[b]	62	4.5	—	FB	高门尼、高填充，良好的尺寸稳定性，低温柔软性和物理性能	密实挡风雨条、挤出制品、散热器软管、耐热软管
		KEP2371	115[b]	70	7.0	—	B	高门尼黏度、高硫化速度、高填充加载性，优秀的挤压性，良好的抗破坏强度	密实挡风雨条、窗户密封、各类汽车零部件、耐热软管
		KEP2372	115[b]	72	6.5	—	B	高门尼黏度、高硫化速度、高填充加载性，优秀的挤压性，良好的抗破坏强度	密实挡风雨条、窗户密封、各类汽车配件、耐热软管

续表

供应商	类型	牌号	门尼黏度[ML(1+4)125℃]	乙烯含量/(wt%)	第三单体含量/(wt%)	填充油份数	产品形态[c]	特点与应用	
日本瑞翁	高ENB	KEP330	28	57	7.9	—	B	低门尼黏度，优异的加工性能，超快速硫化，可与二烯类橡胶共混	轮胎覆盖层、白胎侧、窗户密封、包装材料、海绵发泡材料
		KEP650L	41	59	8.7	—	B	中等门尼黏度，优异的加工性能，超快速硫化	海绵发泡材料、窗户密封、工业配件
		KEP650	49	59	8.7	—	B	中门尼黏度，优异的加工性能，超快速硫化	海绵发泡材料、窗户密封、工业配件
		KEP350	56	57	7.9	—	B	高门尼黏度，优异的加工性能，超快速硫化，可与二烯类橡胶共混	轮胎覆盖层、白胎侧、窗户密封、包装材料、海绵发泡材料
		KEP370F	69	59	8.1	—	FB	高门尼黏度，优异的加工性能，非常高的ENB含量，超快速硫化，可与二烯类橡胶共混	挡风雨门窗密封条、密封件、包装材料、普通海绵材料
		KEP2480	81[b]	58	8.9	—	SFB	双峰的分子量分布，良好的加工性能和硫化性，非常高的ENB含量，超快速硫化，适合连续硫化以提高生产效率，改善胶料挺性，不易塌陷	海绵发泡密封、窗户密封
		KEP9590	95[b]	52	10.0	—	SFB	高门尼黏度、低乙烯含量、良好的加工性、快速的挤压性、超高硫化速度，制品质量的一致性高，生产率高，优异的海绵压缩变形性和柔软性	海绵发泡密封、窗户密封
	充油	KEP960N(F)	49	70	5.7	50	B，FB	填充非芳烃石蜡油、高门尼黏度、高乙烯含量、高填充性，良好的物理性能	散热器软管、窗户密封、普通挤压成型产品、汽车零部件、模压制品、洗衣机垫片
		KEP980	58	71	4.5	75	B	高门尼黏度、高乙烯含量、高填充性，良好的物理性能	窗户密封、普通模压制品、减震橡胶制品（消音器悬轴/发动机支架）、洗衣机垫片、TPV
		KEP980N	58	71	4.5	75	B	填充非芳烃石蜡油、高门尼黏度、高乙烯含量、高填充性，良好的物理性能	
		KEP901	50	70	4.8	100	B	高门尼黏度、充100份石蜡油，适合做低硬度制品	普通模压制品、低硬度混炼胶、阻尼配件、TPV
		KEP902N	52	66.5	4.5	100	B	非芳烃石蜡油	普通模压制品、低硬度混炼胶、阻尼配件、TPV

类型	牌号	熔融指数	黄色	产品形态[c]	特点与应用		
接枝	KEPA1130	3	14	P	乙烯-丙烯共聚物/聚丙烯与马来酸酐接枝混合。作为聚合物改性剂，KEPA1130可以充当偶联剂、增容剂和极性聚合物的抗冲改性剂	抗冲击改性：聚酰胺、聚酯等 增容剂：聚酰胺//聚乙烯 锦纶/聚丙烯等 偶联剂：聚乙烯/碳酸钙 聚丙烯/玻璃等	滑雪冲浪板、汽车轮毂盖、油分离器、头盔等
	KEPA1150	2	11	P	聚烯烃弹性体与马来酸酐接枝。作为聚合物改性剂，KEPA1150可以充当偶联剂、增容剂和极性聚合物的抗冲改性剂		

注：a. 门尼黏度 ML（1+4）100℃。
b. 门尼黏度 ML（1+8）125℃。
c. P——颗粒状，B——块状，FB——松散块状，SFB——半松散块状。

美国埃克森美孚化学公司（Vistalon）采用茂金属与Ziegler-Natta催化体系，其牌号见表1.1.3-98。

表 1.1.3－98 乙丙橡胶的牌号与供应商（五）

类别	牌号	油/phr	门尼黏度[ML(1+4)125℃]	乙烯基含量/(wt%)	ENB含量/(wt%)	分子量分布类型	形体	应用特点
二元共聚物	404	—	28	45	—	非常宽	致密胶块	—
	703	—	21	72	—	窄	胶块	—
	706	—	42	65	—	中等	致密胶块	生胶强度高，抗塌陷性能好，耐高温、抗热老化性能好，压缩永久变形小，适用于输送流体、空气、蒸汽、水的软管与胶带制品
	722	—	17	72	—	窄	颗粒	电阻率高，损耗系数小，适用于高性能中压绝缘材料、电线电缆护套，与 XLPE 共混可提供较好的柔韧性
	785	—	30	49	—	窄	胶块	—
	808	—	33	78	—	窄	团粒	—
	878P	—	52	60	—	窄	颗粒	—
三元共聚物—二烯烃含量低到中	1703P	—	25	77	0.9^{b}	非常宽	颗粒	电阻率高，损耗系数小，适用于高性能中压绝缘材料、电线电缆护套
	2502	—	26	49	4.2	中等	半致密胶块	混炼胶黏度低（可不填充油），加工流动性好，注塑成型周期较短，物理机械性能优越，适用于机械与电器产品中的密封条、垫片、衬垫、O形圈等
	2504	—	25	58	4.7	宽	致密胶块	混炼胶黏度低（可不填充油），加工流动性好，注塑成型周期较短，物理机械性能优越，适用于机械与电器产品中的密封条、垫片、衬垫、O形圈等；电阻率高，损耗系数小，还可用于高性能中压绝缘材料、电线电缆护套、模压连接器等
	2504N	—	25	56	3.8	宽	致密胶块	混炼胶黏度低，加工流动性好，物理机械性能优越，适用于机械与电器产品中的密封条、垫片、衬垫、O形圈等；电阻率高，损耗系数小，还可用于高性能中低压绝缘材料、电线电缆护套、模压连接器等
	3666	75	52	64	4.8	宽	致密胶块	高弹性，制品表面光滑，脆性温度低，挤出稳定性好，适用于汽车密封、建筑密封等致密型材，可用硫黄与过氧化物硫化；生胶强度高，抗塌陷性能好，抗热老化，压缩永久变形小，可用于输送流体、空气、蒸汽、水的软管与胶带制品；混炼胶黏度低，加工流动性好，物理机械性能优越，也可用于机械与电器产品中的密封条、垫片、衬垫、O形圈等
	3702	—	60	69	2.8	窄	颗粒	生胶强度高，抗塌陷性能好，耐高温、抗热老化性能好，压缩永久变形小，可用于输送流体、空气、蒸汽、水的软管与胶带制品；抗紫外线、耐候性好，加工性能良好，也可用于屋面防水材料、水塘内衬膜、土工膜等，具有出色的压延性能，可用高压釜硫化；电阻率高，损耗系数小，还可用于低压绝缘材料、电线电缆护套
	5601	—	72	69	5.0	中等	颗粒	较好的生胶强度、物理性能和填料填充能力，制品表面光滑，脆性温度低，挤出稳定性好，适用于汽车密封、建筑密封等致密型材，可用硫黄与过氧化物硫化；抗塌陷性能好，抗热老化，压缩永久变形小，可用于输送流体、空气、蒸汽、水的软管与胶带制品；混炼胶黏度低，加工流动性好，物理机械性能优越，也可用于机械与电器产品中的密封条、垫片、衬垫、O形圈等；抗紫外线、耐候性好，加工性能良好，还可用于屋面防水材料、水塘内衬膜、土工膜等，适用 CV 硫化体系，可用鼓式硫化机硫化；电阻率高，损耗系数小，也适用于低压绝缘材料、电线电缆护套

续表

类别	牌号	油/phr	门尼黏度[ML(1+4)125℃]	乙烯基含量/(wt%)	ENB含量/(wt%)	分子量分布类型	形体	应用特点
三元共聚物—二烯烃含量低到中	5702	—	90	71	5.5	中等	颗粒	较好的生胶强度、物理性能和填料填充能力，制品表面光滑，脆性温度低，挤出稳定性好，适用于汽车密封、建筑密封等致密型材，可用硫黄与过氧化物硫化；抗塌陷性能好，抗热老化，压缩永久变形小，可用于输送流体、空气、蒸汽、水的软管与胶带制品；混炼胶黏度低，加工流动性好，物理机械性能优越，也可用于机械与电器产品中的密封条、垫片、衬垫、O形圈等；抗紫外线、耐候性好，加工性能良好，还可用于屋面防水材料、水塘内衬膜、土工膜等，适用CV硫化体系，可用鼓式硫化机硫化；电阻率高，损耗系数小，也适用于低压绝缘材料、电线电缆护套
	6602	—	80	55	5.2	中等	半致密胶块	无定形主链，制品表面光滑，脆性温度低，挤出稳定性好，适用于汽车密封、建筑密封等致密型材，可用硫黄与过氧化物硫化；生胶强度高，抗塌陷性能好，抗热老化，压缩永久变形小，可用于输送流体、空气、蒸汽、水的软管与胶带制品；混炼胶黏度低，加工流动性好，物理机械性能优越，也可用于机械与电器产品中的密封条、垫片、衬垫、O形圈等，适用CV硫化体系，可用鼓式硫化机硫化；抗紫外线、耐候性好，加工性能良好，还可用于屋面防水材料、水塘内衬膜、土工膜等
	7001	—	60	73	5.0	窄	颗粒	较好的生胶强度、物理性能和填料填充能力，制品表面光滑，脆性温度低，挤出稳定性好，适用于汽车密封、建筑密封等致密型材，可用硫黄与过氧化物硫化；抗塌陷性能好，抗热老化，压缩永久变形小，可用于输送流体、空气、蒸汽、水的软管与胶带制品；混炼胶黏度低，加工流动性好，物理机械性能优越，也可用于机械与电器产品中的密封条、垫片、衬垫、O形圈等；电阻率高，损耗系数小，也适用于低压绝缘材料、电线电缆护套
	7500	—	82[a]	56	5.7	双峰	半致密胶块	无定形主链，制品表面光滑，脆性温度低，挤出稳定性好，适用于汽车密封、建筑密封等致密型材，可用硫黄与过氧化物硫化；生胶强度高，抗塌陷性能好，抗热老化，压缩永久变形小，可用于输送流体、空气、蒸汽、水的软管与胶带制品；混炼胶黏度低，加工流动性好，物理机械性能优越，也可用于机械与电器产品中的密封条、垫片、衬垫、O形圈等；抗紫外线、耐候性好，加工性能良好，还可用于屋面防水材料、水塘内衬膜、土工膜等，适用CV硫化体系，可用鼓式硫化机硫化
	7700	—	115[a]	56	7.0	双峰	致密胶块	无定形主链，制品表面光滑，脆性温度低，挤出稳定性好，适用于汽车密封、建筑密封等致密型材，可用硫黄与过氧化物硫化；生胶强度高，抗塌陷性能好，抗热老化，压缩永久变形小，可用于输送流体、空气、蒸汽、水的软管与胶带制品；混炼胶黏度低，加工流动性好，物理机械性能优越，也可用于机械与电器产品中的密封条、垫片、衬垫、O形圈等；抗紫外线、耐候性好，加工性能良好，还可用于屋面防水材料、水塘内衬膜、土工膜等，适用CV硫化体系，可用鼓式硫化机硫化
	8731	—	24	76	3.3	宽	致密胶块	电阻率高，损耗系数小，适用于高性能中压绝缘材料、电线电缆护套
	9301	—	67	69	2.8	窄	颗粒	抗紫外线、耐候性好，加工性能良好，适用于屋面防水材料、水塘内衬膜、土工膜等，具有出色的压延性能，可用高压釜硫化

续表

类别	牌号	油/phr	门尼黏度[ML(1+4)125℃]	乙烯基含量/(wt%)	ENB含量/(wt%)	分子量分布类型	形体	应用特点
高二烯烃三元共聚物	7602	—	65	55	7.5	中等	半致密胶块	分子量大，高弹性，油填充能力大，抗塌陷性能、低温性能好，适用于制造相对密度0.3～0.9的挤出、模压（高低压）海绵制品，可快速挤出、快速硫化，轻松控制制品几何形状，具有良好的压缩永久变形性能；制品表面光滑，挤出稳定性好，也可用于汽车密封、建筑密封等致密型材，可用硫黄与过氧化物硫化
	8600	—	81[a]	58	8.9	双峰	半致密胶块	分子量大，双峰分布使其混炼周期可加快15%，可采用一步法混炼，具有出色的长期耐压缩永久变形性能，油填充能力大，抗塌陷性能、低温性能好，适用于制造相对密度0.3～0.9的挤出、模压（高低压）海绵制品，具有柔软的薄壁结构
	8700	—	78	63	8.0	双峰	半致密胶块	制品表面光滑，脆性温度低，挤出稳定性好，适用于汽车密封、建筑密封等致密型材，可用硫黄与过氧化物硫化；生胶强度高，抗塌陷性能好，抗热老化，压缩永久变形小，也可用于输送流体、空气、蒸汽、水的软管与胶带制品
	8800	15	73	54	10.0	双峰	半致密胶块	分子量大，双峰分布使其混炼周期可加快15%，可采用一步法混炼，具有出色的长期耐压缩永久变形性能，油填充能力大，抗塌陷性能、低温性能好，适用于制造相对密度0.3～0.9的挤出、模压（高低压）海绵制品，具有柔软的薄壁结构
威达美™丙烯基弹性体	Exxon IT0316		21	16	—	—	粒状	是一种具有良好弹性的乙烯与丙烯共聚物，可作为加工添加剂用于三元乙丙橡胶配方中。在使用量不超过10 phr的情况下，它可以提高混炼胶的流动性从而提高挤出速度和型材尺寸的稳定性，并且对硫化后产品的最终性能影响极小。它还可以在内胎的丁基橡胶/三元乙丙橡胶配方中使用，可提高自黏性和生胶强度。适用于三元乙丙橡胶型材、橡胶母胶、软管和丁基橡胶/三元乙丙橡胶内胎配方

注：a. ML（1+8）125℃。

b. 二烯烃为VNB。

韩国 SK 公司所生产的 EPDM 牌号见表 1.1.3-99。

表 1.1.3-99 乙丙橡胶的牌号与供应商（六）

牌号	门尼黏度 [ML(1+4) 100℃]	乙烯基含量 /(wt%)	ENB 含量 /(wt%)	DCPD 含量 /(wt%)	油 /phr	比重	挥发分 (≤)/%	灰分 (≤)/%	特性
SUPRENE® 501A	46	53	4.1	—	—	0.86	0.8	0.15	低门尼黏度，良好的加工性能，适用于形状复杂的挤出及注塑制品、垫圈、电子配件等
SUPRENE® 505A	45	55	9.4	—	—	0.86	0.8	0.15	低门尼黏度，良好的加工性能，高ENB，与二烯烃橡胶的共硫化性好，适用于汽车轮胎、发泡制品
SUPRENE® 512F	63[a]	69	4.5	—	—	0.86	0.8	0.15	高乙烯基，高生胶强度，良好的物理性能与加工性能，松散型，混炼时间短，适用于胶管、门窗密封件、各种挤出制品
SUPRENE® 5206F	61[b]	60	7.8	0.7	—	0.86	0.8	0.15	高分子量，高第三单体含量，挺性好，压缩永久变形小，适用于汽车、隔热、密封等领域的发泡制品
SUPRENE® 537−2	40.0[a]	57.0	3.0	—	—	0.86	0.8	0.15	—
SUPRENE® 537−3	35[a]	57	2.3	—	—	0.86	0.8	0.15	优异的耐老化性能，可与 IR 并用用于内胎、机械制品等
SUPRENE® 552	84[a]	58	4.1	—	—	0.86	0.8	0.15	优异的挤出加工性能和物理性能，良好的耐寒性，适用于胶管、垫圈等工业制品
SUPRENE® 553	72[b]	62	4.5	—	—	0.86	0.8	0.15	高门尼黏度，优异的挤出加工能和物理性能，高填充，良好的耐寒性，适用于门窗密封条，汽车外饰、屋面卷材等
SUPRENE® 5890F	64[b]	68	5.5	—	—	0.86	0.8	0.15	松散型，高填充，良好的物机与加工性能，适用于密实性密封条、散热器胶管、模压制品，汽车配件等
SUPRENE® 600WF	61	72	4.0	—	100	0.88	0.8	0.15	充油松散型，高填充，可配制成低硬度制品，适用于自行车轮胎、胶管，汽车、电器配件等工业制品，还可用于制造 TPV
SUPRENE® 6090WF	53[a]	70	5.7	—	50	0.88	0.8	0.15	高乙烯基，高分子量，可与其他牌号并用调节混炼胶硬度，良好的物理性能与加工性能，适用于模压制品、垫圈等汽车、电器与工业制品

注：a. ML（1+4）125℃。
b. ML（1+4）150℃。

上海中石化三井弹性体有限公司所生产的 EPDM 牌号见表 1.1.3-100。

表 1.1.3-100 乙丙橡胶的牌号与供应商（七）

种类	牌号	门尼黏度 [ML(1+4)125℃]	乙烯 /(wt%)	ENB /(wt%)	充油 /phr	特点	用途
试验方法		ASTM D1646	ASTM D3900	ASTM D6047	企业方法		
低 ENB	2060M	40	55.0	2.3	—	低 ENB	轮胎内胎 防水卷材
中 ENB	3092（P）M	61	67.0	4.2	—	非充油高门尼（有颗粒状）易碎块状	各种挤出制品
	3110M	78	57.5	4.3	—	非充油高门尼，易碎块状	各种挤出制品
	3110MH	78	57.5	5.0	—	非充油高门尼（高）易碎块状	各种挤出制品
	3112PM	71	71.0	4.9	—	高乙烯，高硬度，高门尼	各种挤出制品
	3072E（P）M	51	66.0	4.4	40	充油高门尼（有颗粒状）	防振，密封垫圈
	3072EMF	51	66.0	4.4	40	充油高门尼，易碎块状	防振，密封垫圈
	3062EMF	43	65.5	4.2	20	高乙烯，高门尼，充油易碎块状	胶管、密封条 各种挤出件
	3090EM	59	49.5	4.3	10	低乙烯，高门尼，充油	
	4045M	45（100℃）	47.0	5.0	—	通用	模压，挤出

乙丙橡胶的其他供应商还有：中石化燕山分公司、山东玉皇化工有限公司等。

乙丙橡胶的国外供应商与牌号还有：美国杜邦陶氏弹性体公司［Nordel、Nordel TP（茂金属催化）］、美国尤尼洛伊尔化学公司（Uniroyal ChenmicalCo. Inc.，Royalene），日本合成橡胶（Japan Syntheic Rubber Co.，JSR）、三井化学公司（Mitsui Chemicals Inc.，Mitsui－EPT）、日本住友化学公司（Sumitomo Chemical Co. Ltd.，Esprene），韩国锦湖石油化学公司、巴西 Nitriflex S. A. Industria e Comercio 公司，印度 Herdillia Unimers 公司、俄罗斯 NKNK 公司等。

3.6 聚异丁烯、丁基橡胶和卤化丁基橡胶

异丁烯的均聚物、丁基橡胶、卤化丁基橡胶，这些聚合物的星型支化类型，以及溴化异丁烯-对甲基苯乙烯共聚物（BIMSM）等统称为异丁烯类弹性体。由于这些弹性体具有极低的透气性和极好的耐热、耐氧化性能，所以在轮胎气密层、内胎、硫化胶囊和包封套，以及其他需要保持气压、耐热、耐氧化的特殊应用领域中获得了应用。

3.6.1 聚异丁烯（Polyisobutylene）

聚异丁烯以单体异丁烯通过阳离子聚合而得，代号 PIB。聚异丁烯的合成方法分为溶液聚合与淤浆聚合。溶液聚合是异丁烯单体在液态乙烯溶剂中在三氟化硼引发剂作用下聚合而成；淤浆法是异丁烯单体在三氯化铝引发剂作用下，以氯化甲烷为渗剂聚合而成。

聚异丁烯的聚合反应过程为：

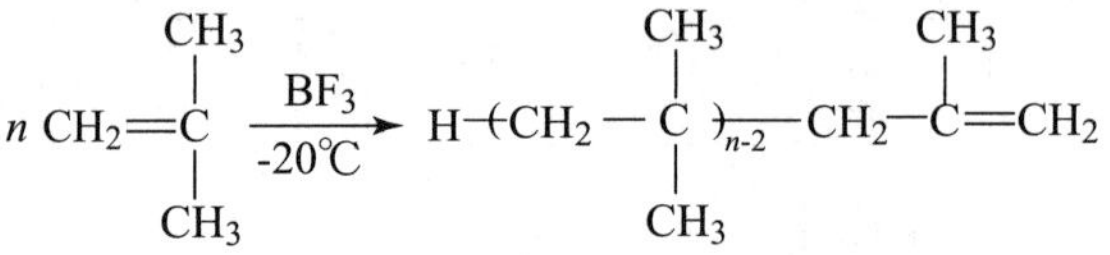

$$n\,CH_2{=}\underset{CH_3}{\overset{CH_3}{C}} \xrightarrow[-20℃]{BF_3} H{-}\!\!\left(CH_2-\underset{CH_3}{\overset{CH_3}{C}}\right)_{n-2}\!\!-CH_2-\overset{CH_3}{C}{=}CH_2$$

从聚合物分子链上看，聚异丁烯是一种主链高度饱和的聚合物，仅在端基存在双键。聚异丁烯可以拥有不同的端基双键结构，如图 1.1.3－14 所示。

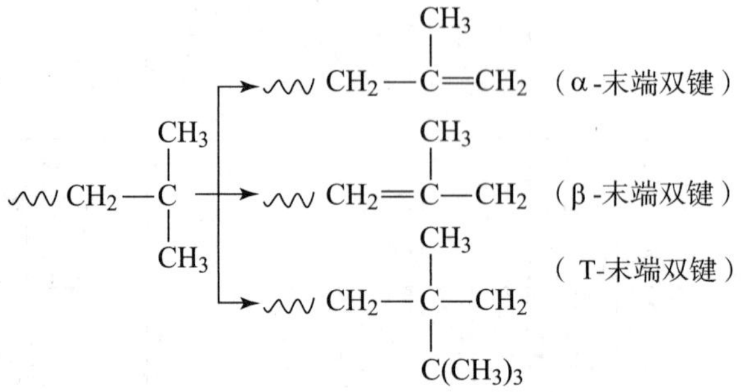

$$\sim CH_2-\underset{CH_3}{\overset{CH_3}{C}} \rightarrow \begin{cases} \sim CH_2-\overset{CH_3}{C}{=}CH_2 & (\alpha\text{-末端双键}) \\ \sim CH_2{=}\overset{CH_3}{C}-CH_2 & (\beta\text{-末端双键}) \\ \sim CH_2-\underset{C(CH_3)_3}{\overset{CH_3}{C}}-CH_2 & (\text{T-末端双键}) \end{cases}$$

图 1.1.3－14 聚异丁烯的末端双键结构

其中，α-末端双键含量超过 60%的聚异丁烯称作“高活性聚异丁烯”。

PIB 的平均分子量为 500～300 000，按分子量不同可分为低分子量聚异丁烯、中分子量聚异丁烯、高分子量聚异丁烯，聚合度较低的聚异丁烯呈无色黏糊状，聚合度较高的呈无色橡胶态。通常把黏均分子量小于 20 000 的聚合物称为低分子量聚异丁烯（LMPIB），把黏均分子量高于 1.0×10^5 的称为高分子量聚异丁烯（HMPIB），黏均分子量为 20 000～100 000 的为中分子量聚异丁烯。低分子量聚异丁烯又可分为普通低分子量聚异丁烯和高活性低分子量聚异丁烯。

聚异丁烯需炭黑补强；由于没有不饱和键和活性官能团，所以不易硫化。实际生产中，中、低分子量聚异丁烯一般直接应用于润滑油、黏合剂、涂层等，并可作为配合剂、改性剂与其他高分子材料共混使用。聚异丁烯可采用二叔丁基过氧化物（DTBP）/硫黄、双叠氮甲酸酯、醌-卤素亚胺类化合物与硫黄硫化。

二叔丁基过氧化物（DTBP）一般作为聚合反应的引发剂，当它单独使用时并不能使聚异丁烯硫化，需要与硫黄并用，并且仅可以硫化聚异丁烯炭黑填充胶。其他有机过氧化物，如：叔丁基过氧化氢、二异丙苯过氧、二叔戊基过氧、二叔丁基二硫、重氮胺基苯等与硫黄并用，均不能使聚异丁烯硫化。DTBP/硫黄硫化聚异丁烯，DTBP 的最佳用量在 2～6 份，硫黄的用量在 3～5 份。但是该体系有一定的缺陷：①DTBP 易挥发，混炼时损失较大；②硫化胶硫化程度低，易起泡；③硫化速度慢，166℃×120 min 才能基本达到正硫化。加入对苯醌二肟能够提高硫化速度和硫化程度。其可能的硫化反应机理为：

$$t\text{-}BuO^{\cdot}+S_x \longrightarrow t\text{-}BuOS_x^{\cdot}$$

$$t\text{-}BuOS_x^{\cdot}+PH \longrightarrow t\text{-}BuOH+PS_x^{\cdot}$$

$$2PS_x^{\cdot} \longrightarrow P\text{-}S_y\text{-}P+S_{2x-y}$$

叠氮甲酸酯（TBAF）能够使多种橡胶产生硫化反应。叠氮酯受热分解生成缺电子基团：

$$RO\overset{O}{\overset{\|}{C}}N_3 \xrightarrow{加热} RO\overset{O}{\overset{\|}{C}}\ddot{\underset{\cdot}{N}}+N_2$$

这类基团能够插入到饱和的碳氢键生成氨基甲酸酯取代基，从而形成交联。TBAF 硫化聚异丁烯，硫化胶具有良好的抗焦烧性、耐热性，较高的定伸应力。

N-氯化醌亚胺或对-醌二氯二亚胺与硫黄并用也能够硫化聚异丁烯，所得硫化胶强度较高。

聚异丁烯是一种高度饱和的橡胶态聚合物，其特性为：有极好的耐候、耐热氧、耐臭氧、耐紫外线老化性，良好的耐酸碱、耐化学品腐蚀性能，优异的气密性以及优良的阻尼性能；体积电阻率高，膨胀系数小，不含电介质有害物质，裂解无残炭，电绝缘性优良；冷流现象严重；有很好的填充能力，可以混入大量填料；可以任何比例与其他橡胶共混并用，以增加黏着性、柔性、耐老化性和电绝缘性等。

聚异丁烯的用途主要包括[72]：

（1）橡胶类胶黏剂和密封剂

聚异丁烯可用于胶黏剂、密封剂配方中，尤其适用于对潮湿敏感和要求不溶于水的环境。通常低分子量聚异丁烯被用作增黏剂或增塑剂，而中高分子量聚异丁烯则被用来调节弹性、延伸性、内聚力和气密性。含聚异丁烯的胶黏剂和密封剂产品耐老化性能好，黏性持久，可用于其他高聚物无法黏附的表面。如：将 5～35 份的丁基橡胶、甲基苯基硅氧烷 1～7 份、低分子量聚异丁烯 4～25 份、高分子量聚异丁烯 0.5～5.0 份、各种添加剂 2～15 份、增塑剂 0.5～4.0 份及溶剂相混合，制成的黏结带具有良好的黏结力与内聚力；将 15 份高分子量聚异丁烯与 20 份的聚 1-丁烯、10 份的丁基橡胶、50 份的滑石粉、3 份增强纤维与 2%的 ZnO 共混，可制得一种医用黏性绷带材料，无毒、不刺激人体皮肤，可长期使用；将 4 份的氯化聚丙烯、6 份的高分子量聚异丁烯与 100 份的甲苯溶剂混合预涂在 PP 膜上，然后再以聚异丁烯橡胶 10 份、聚丁烯 5 份混合物的 15%溶液涂覆 0.01 mm，此种聚丙烯膜可用于金属与塑料表面的保护，剥离性能好。

（2）绝缘材料

聚异丁烯可用于各种电缆绝缘，起到绝缘和防止绝缘层变形等作用。20%～60%的 PIB、10%～40%的 PE、25%～50%的炭黑、0～5%微晶石蜡制作的复合材料可以作为高压高频脉冲电缆的绝缘材料；由丁基橡胶 14 份、硫化丁基橡胶 2 份、PIB（Mv=10 000）23 份、PIB（Mv=50 000）8 份、炭黑 4 份、高岭土 44 份、SiO_2 6 份组成的混合物可用于电缆接头密封；将 EPDM 100 份、高分子量 PIB 10～100 份、炭黑 10～90 份、钛化合物 100～650 份和醌类交联剂经挤压或滚压成片，加热、切断成带，该自粘带用于张弛电路范畴的高压电缆的终端；将高分子 PIB 30～150 份、炭黑 10～90 份、TiO_2 100～650 份、丁基橡胶 100 份及一定量硫化剂滚压成片，加热硫化，然后切割成带，可制成张弛电路范畴的自粘带。

（3）共混改性

聚异丁烯可作为加工助剂和增塑剂用于聚乙烯、聚丙烯、高抗冲聚苯乙烯（HIPS）、丙烯腈-丁二烯-苯乙烯共聚物（ABS）中，可提高材料的抗冲击性能，改进产品的拉伸性能，提高薄膜的紫外稳定性；可作为增塑增容剂用于 NR、IIR、IR、BR 和 SBR 等橡胶中；PIB 还可以任意比例与其他橡胶共混，作共混时以分子量为 15 万～20 万的产品为宜，含有高比例聚异丁烯的共混物比纯橡胶可填充更多的填料。

用 0.2～0.3 体积份高分子量聚异丁烯改性乙丙共聚物，具有良好的拉伸强度和耐腐蚀性能，能够在－90～90℃下长时间暴露而性能无较大变化，特别适合用于农业和包装上的高弹性耐寒薄膜；约 10%高分子量聚异丁烯与聚乙烯、离子交换树脂共混，可制备离子交换膜，用于水质处理的电渗析器中；低密度聚乙烯、高分子量聚异丁烯、少量炭黑共研磨并热处理，可制得耐高温水腐蚀的塑料粉末涂层；含 5%高分子量聚异丁烯的聚乙烯或乙烯-乙酸乙烯酯共聚物的共混料，可经吹塑制成自封式膜袋，其密封黏着力为 1.6 $N \cdot m^{-1}$；将聚乙烯 74 份、高分子量聚异丁烯 4.5 份、氯化石蜡（含氯量 70%）10 份、Sb_2O_3 5 份、脂肪酸钙 1.2 份、防老剂 0.5 份、光稳定剂 0.15 份、SiO_2 3 份、聚乙烯蜡状物 1.4 份、防静电剂 0.25 份在 85～190℃混合，在 100～200℃下吹挤成膜，具有优秀的阻燃性和防辐射性，可作为阻燃膜和保护膜用于有毒或放射性装置[73]。

低分子量聚异丁烯主要用于胶黏剂基料、增黏剂、表面保护层、填缝隙腻子、涂料、口香糖胶料、软化剂等，还可作为给注模和挤压塑料制品着色的色素的载体。详见本章第六节 2.11. 液体聚异丁烯和液体丁基橡胶。

高分子量聚异丁烯主要用于橡胶制品或树脂制品、改性剂（与橡胶或树脂共混）、密封材料、绝缘材料等，还可作为水性分散体系的减阻剂改善其在管道中的流动性。

3.6.2 丁基橡胶（Isobutylene－Isoprene Rubber，Isoprene－Isobutylene Rubber，Butyl Rubber）

聚异丁烯-异戊二烯橡胶，即丁基橡胶，是异丁烯和少量异戊二烯（1%～5%，一般为 2%，质量分数）以一卤甲烷为溶剂，以三氯化铝为引发剂进行低温（－100～－95℃）阳离子聚合反应生成的一种合成橡胶，不饱和度为 0.6%～3.3%（摩尔分数），由于单体的竞聚率相当，而且由于异戊二烯的浓度较低，所以这些聚合物中的异戊二烯链节沿聚合物链无规分布。

丁基橡胶是白色或暗灰色的透明弹性体。具有优良的气密性和良好的耐热、耐老化、耐酸碱、耐臭氧、耐溶剂、电绝缘、阻尼及低吸水等性能。丁基橡胶具有独特的性能，加工困难，所以其归属于特种橡胶，从而与通用橡胶（GPR），如顺丁橡胶（BR）、天然橡胶（NR）和丁苯橡胶（SBR）区别开来。

丁基橡胶的分类如下：

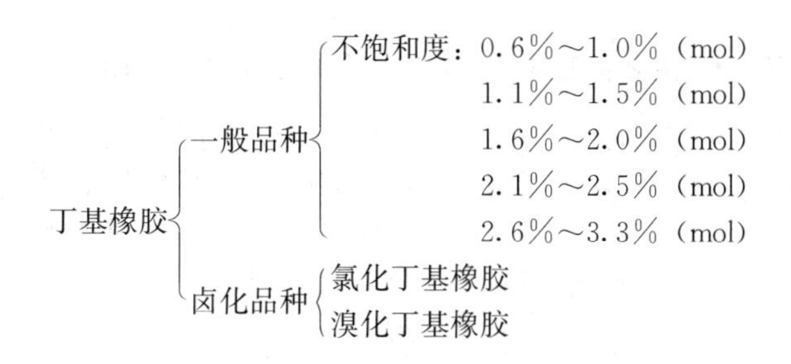

丁基橡胶的结构式为：

$$\sim\sim CH_2-\underset{CH_3}{\overset{CH_3}{C}}\sim\sim CH_2-\overset{CH_3}{C}=CH-CH_2\sim\sim \quad (0.8\sim2.5\ \mathrm{mol\%})$$

丁基橡胶分子主链周围有密集的侧甲基，聚合中引入异戊二烯共聚是为了便于橡胶交联，其数量相当于主链上每 100 个碳原子约有一个双键（单个存在），而天然橡胶则是主链上每 4 个碳原子就有一个双键，因此丁基橡胶可以近似地看作饱和橡胶，但因双键的位置与 EPDM 中双键的位置不同，其不饱和双键位于主链上，对稳定性的影响较大。丁基橡胶中的异戊二烯链节主要以反式-1，4-聚合为主，也有少量的 1，2-聚合或 3，4-聚合。丁基橡胶基本上无支化，因为异戊二烯量很少。

丁基橡胶是能结晶的自补强橡胶，其结晶熔点 T_m 为 45℃，无定形部分的 T_g 为－79～－63℃。丁基橡胶结晶对低温不敏感，低温下不易结晶，伸长率低于 150%也未见结晶，高拉伸下才出现结晶。若温度低于－40℃，再加上拉伸的条件，结晶则很快，未补强橡胶的强度可以达到 20 MPa 左右，但为了提高耐磨、抗撕裂等力学性能，仍需补强。

异丁烯-异戊二烯橡胶（IIR）按照《橡胶和胶乳命名法》（GB/T 5576—1997）和《合成橡胶牌号规范》（GB/T 5577—2008）的规定，按以下方式命名牌号。异丁烯-异戊二烯橡胶（IIR）牌号由两个字符组组成。

字符组 1：异丁烯-异戊二烯橡胶的代号；按照 GB/T 5576—1997 的规定，异丁烯-异戊二烯橡胶代号为“IIR”。

字符组 2：异丁烯-异戊二烯橡胶的特征信息代号，由四位数字组成；前两位为不饱和度的标称值，不饱和度大于 1 时，用标称值的前两位数字表示，不饱和度小于 1 时，用“0＋标称值的第一位数字”表示；后两位为生胶门尼黏度标称值，用标称值的前两位数字表示。

示例：

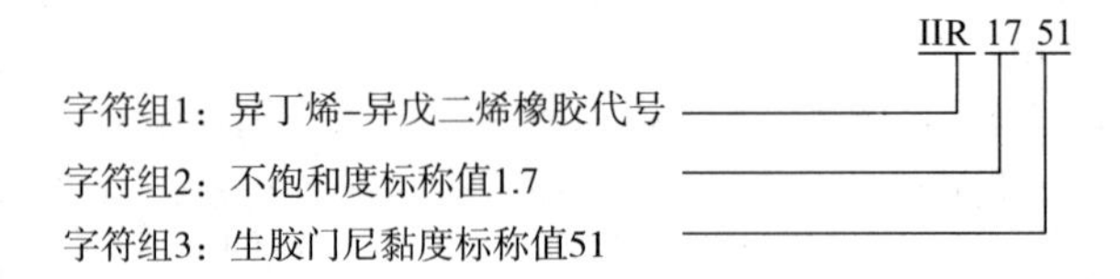

丁基橡胶的主要性能特点为：

（1）丁基橡胶具有优良的化学稳定性、耐水性、高绝缘性，耐热性、耐候性好，耐酸碱、耐腐蚀，这些性能在通用橡胶中仅略逊于乙丙橡胶。丁基橡胶耐热制品应选用不饱和度高的牌号，主要是因为丁基橡胶热老化后变软，交联密度下降，不饱和度高的丁基橡胶起始交联密度大，热老化后的交联密度仍可比低不饱和度的高，且不饱和度高的丁基橡胶热老化后硬度下降幅度小，所以性能仍较好。

（2）在通用橡胶中丁基橡胶的气密性是最好的，不同橡胶在不同温度下的空气渗透率如图 1.1.3－14 所示。

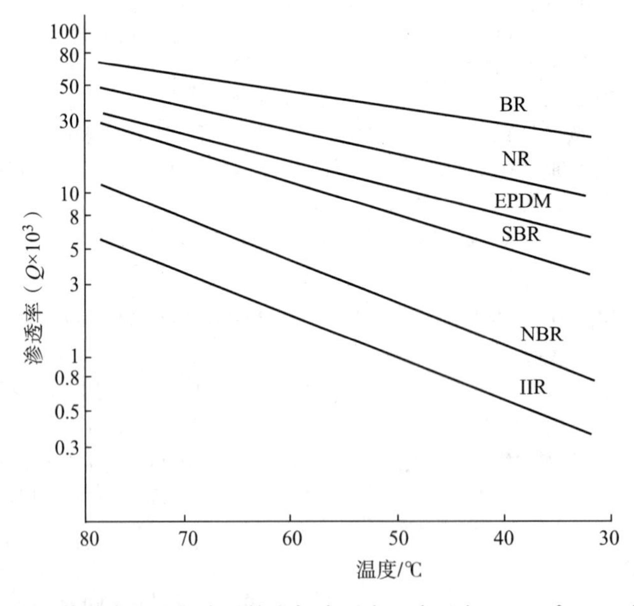

图 1.1.3－14　不同橡胶在不同温度下的空气渗透率（渗透率 Q，$cm^3 \cdot cm^{-1} \cdot s^{-1} \cdot bar^{-1}$）

（3）丁基橡胶的弹性在通用橡胶中是最低的，室温冲击弹性只有 8%～11%，这主要是因为丁基橡胶主链周围密集的侧甲基使得它的分子链内旋转位垒增高的缘故。因其弹性低，吸收振动能力强，所以丁基橡胶也是最好的阻尼材料，在很宽的温度（－30～50℃）和频率范围内可以保持 $\tan\delta \geqslant 0.5$，回弹性不大于 20%，其良好的减震性能特别适用于缓冲性能要求高的发动机座和减震器。各种橡胶在不同温度下的冲击弹性如图 1.1.3－15 所示。

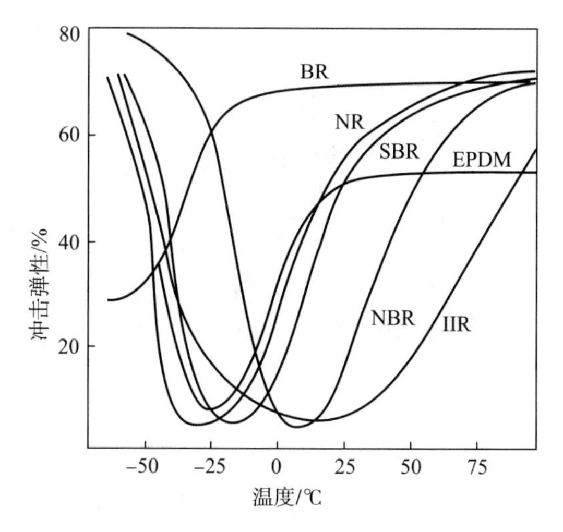

图 1.1.3－15 各种橡胶在不同温度下的冲击弹性

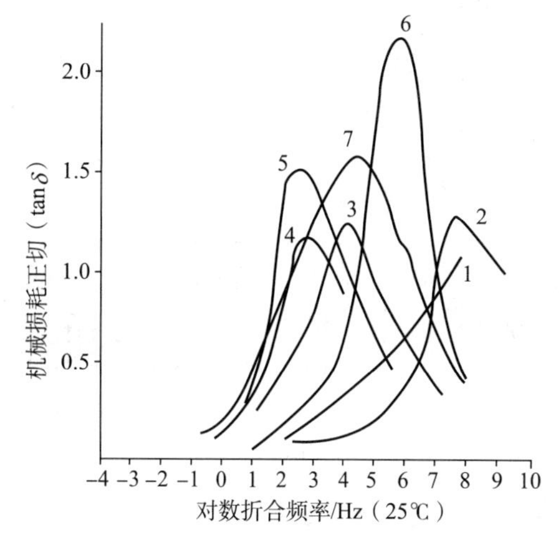

图 1.1.3－16 不同橡胶的损耗正切峰与频率的关系

1—氯丁橡胶；2—三元乙丙橡胶；3—氯磺化聚乙烯橡胶；4—氟橡胶；5—2－氯丁二烯与丙烯腈的共聚物；6—天然橡胶；7—丁基橡胶

(4) 丁基橡胶为结晶自补强橡胶，拉伸强度较高，未填充硫化胶的拉伸强度可达 20 MPa 左右。

(5) 丁基橡胶结构中无极性基团，活性基团少，硫化速度慢，自黏性和互黏性差，与金属黏合性不良；与不饱和橡胶相容性差，但可与乙丙橡胶和聚乙烯等共混并用。

丁基橡胶与乙丙橡胶一样，具有比不饱和橡胶难以硫化、难以黏结、配合剂溶解度低、包辊性不好等特点，又具有不能用过氧化物硫化、一般炭黑对它的补强性差、与一般二烯类橡胶的相容性差、对设备的清洁度要求高等特点。

由于丁基橡胶的不饱和度较低，硫化体系一般选用较强的硫黄促进剂体系，如超速促进剂秋兰姆和二硫代氨基甲酸盐，从而可在合理的硫化时间和温度下进行硫化；或者使用酚醛树脂、双叠氮甲酸盐和醌衍生物，均需在较高的温度（150℃以上）进行长时间的硫化。硫化过程中，沿聚合物链大约每 250 个碳原子引入一个化学交联键，形成共价键结合的分子网络。硫黄硫化体系中，硫黄用量应较不饱和橡胶少，促进剂选用秋兰姆和二硫代氨基甲酸盐为主促进剂，噻唑类或胍类为第二促进剂；树脂硫化产生—C—C—、—C—O—C—交联，硫化胶的耐热性好，在 150℃×120 h 热老化后交联密度基本不变，压缩永久变形小，无返原现象；用过氧化物硫化会引起断链，故不宜采用。与在通用弹性体中的用途不同，苯甲酸和水杨酸不是丁基橡胶有效的防焦剂。目前，多用氧化镁来改善防焦性能；在采用次磺酰胺类硫化体系时，可使用 N－环己基硫代邻苯二甲酰亚胺（PVI）；MBTS 也可以用作硫化抑制剂。补强最常用的是炭黑，但效果不如不饱和橡胶好，结合橡胶只有 5%～8%，一般使用槽黑，高温密炼或加入热处理剂如 N，4－二亚硝基－N－甲基苯胺 0.5 份并进行高温混炼，补强效果可以得到提高；除前述 DCP 等过氧化物使 IIR 断链外，陶土（含水）也会使 IIR 发生热裂解。增塑剂不宜用高芳烃油，宜用石蜡或石蜡油 5～10 份或凡士林 5～10 份，或适量环烷油。丁基橡胶自黏性及与其他橡胶的互黏性差，要在配方中加入增黏剂。

丁基橡胶不易塑炼，可以加入塑解剂使其断链。混炼时密炼效果好于开炼。密炼容量应比 NR、SBR 的标准容量增加 10%～20%。混炼起始温度 70℃，排胶温度高于 125℃，一般 155～160℃为宜。丁基橡胶压延压出比天然橡胶困难得多，需防止焦烧。厚制品硫化时应注意丁基橡胶的传热速度比天然橡胶慢。

丁基橡胶在内胎、水胎、硫化胶囊、气密层、胎侧、电线电缆、防水建材、减震材料、药用瓶塞、食品（口香糖基料）、橡胶水坝、防毒用具、黏合剂、内胎气门芯、防腐蚀制品、码头船舶护舷、桥梁支承垫以及耐热运输带等方面具有广泛的用途。其中最主要应用领域是轮胎工业，消费量占 80%以上。

3.6.3 卤化丁基橡胶（Halogenated Butyl Rubber）

为了提高丁基橡胶的硫化速度，提高与不饱和橡胶的相容性，改善自黏性和与其他材料的互黏性，对丁基橡胶进行了卤化，包括氯化和溴化，同时保持了丁基橡胶的原有特性，以代号 XIIR 表示。氯化丁基橡胶（Chlorobutyl Rubber）一般氯化的含氯量为 1.1%～1.3%，主要反应在异戊二烯链节双键的 α 位上；溴化丁基橡胶（Bromobutyl Rubber）含溴量为 1.9%～2.1%。

卤化丁基橡胶一般是丁基橡胶在脂肪烃（如己烷）溶液中与氯或溴反应，其反应在严格控制下完成，保持了丁基橡胶分子中原有的双键。

氯化丁基橡胶的化学结构为：

CH_2

Cl Cl Cl Cl

~90% ~9% ~1%

溴化丁基橡胶的化学结构为：

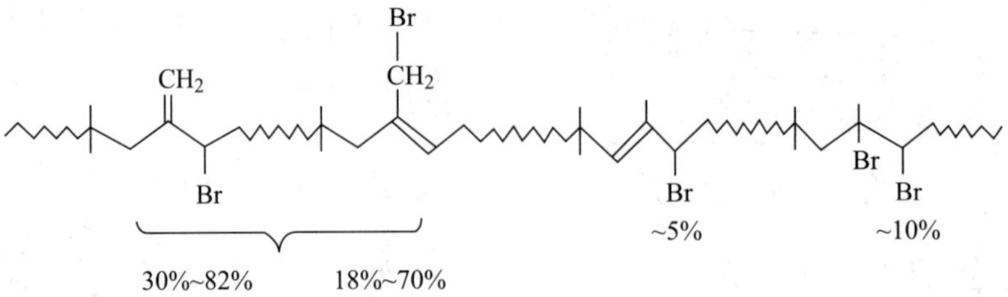

也有报道指出，在如图 1.1.3－18 所示的溴化丁基橡胶中的异戊二烯链节结构中，大多数异戊二烯链节都是反式构型。其中，结构Ⅱ是卤化丁基橡胶中的主要结构，占 50%～60%；之后是结构Ⅰ，占 30%～40%；结构Ⅲ约占 5%～15%；结构Ⅳ一般占 1%～3%。

$$—CH_2—C(CH_3)═CH—CH_2—$$

结构Ⅰ

$$—CH_2—C(═CH_2)—CH(Br)—CH_2—$$

结构Ⅱ

$$—CH_2—C(CH_2Br)═CH—CH_2—$$

结构Ⅲ

$$—CH═C(CH_3)—CH(Br)—CH_2—$$

结构Ⅳ

图 1.1.3－18　溴化丁基橡胶中的异戊二烯链节结构

由此可见，卤化丁基橡胶中 90%以上是烯丙基卤的结构，基本上是每一个双键伴有一个烯丙基卤原子，这种卤素比较活泼，易于起反应。卤化丁基橡胶主要利用烯丙基卤及双键活性点进行硫化，丁基橡胶的各种硫化体系均适用于卤化丁基橡胶，如氧化锌、双马来酰亚胺和二硫酚等，但卤化丁基橡胶的硫化速度较快。用硫化氯丁橡胶的金属氧化物如氧化锌 3～5 份来硫化时，通过脱卤化氢反应可以形成碳—碳交联键，在胶料中形成很稳定的交联体系，从而赋予胶料较高的老化后性能保持率和低的压缩永久变形，但硫化速度较慢。碳—卤键的键能与键长见表 1.1.3－101。与氯化丁基橡胶中的 C—Cl 键相比，溴化丁基橡胶中的 C—Br 键具有较低的离解能，可以加入环氧化大豆油（ESBO）来抑制异构化反应和 HBr 的生成；可以使用丁基化羟基甲苯（BHT）作为防老剂来稳定聚合物。硬脂酸钙可以作为吸酸剂加入到 CIIR、BIIR 和 BIMSM 中，减少 HCl 或 HBr 的催化脱卤化氢反应；硬脂酸钙和硬脂酸锌在氯化丁基橡胶胶料中也可以作为防焦剂。氧化钙和氧化镁可以用于氧化锌硫化的卤化丁基橡胶中来改善防焦性能，但是，它们在胺类促进剂硫化体系中起活化剂的作用。卤化丁基橡胶由于硫化交联密度提高，相比丁基橡胶，耐热性更好，撕裂强度提高。卤化丁基橡胶能与不饱和橡胶共混并用，也可与乙丙橡胶、丁基橡胶并用，具有共硫化能力。

表 1.1.3－101　碳—卤键的键能与键长

键	键能/($J \cdot mol^{-1}$)	键长/nm
C—C	346	0.154
C—H	413	0.109
C—F	452	0.138
C—Cl	327	0.177
C—Br	209	0.194

与丁基橡胶的加工工艺相类似，氯化丁基橡胶应在低于 145℃下混炼，易粘辊；溴化丁基橡胶应在低于 135℃下混炼。

轮胎气密层的典型性能要求是：①气密性；②与轮胎胎体胶料的黏合性能；③耐疲劳和龟裂性能；④耐热性能；⑤高拉伸强度和撕裂强度。在工业领域中，氯化丁基橡胶（CIIR）和溴化丁基橡胶（BIIR）是最重要的丁基橡胶衍生物，它们主要用于轮胎气密层，气密层胶料中卤化丁基橡胶的用量会对子午线轮胎的性能产生影响。如果与 NR、SBR 或 BR 并用，卤化丁基橡胶也可以用于胎面胶料中，加入异丁烯类聚合物可以提高动态损耗模量，从而改善轮胎在干、湿路面上的牵引性能、制动性能，缩短制动滑行距离；氯化丁基橡胶还用于白胎侧胶料中。

3.6.4　交联丁基橡胶

交联丁基橡胶是在丁基橡胶聚合中引入第三单体二乙烯基苯，进行异丁烯、异戊二烯、二乙烯基苯三元共聚，使聚合物有一定程度的交联，赋予生胶具有较高的生胶强度、回弹性，不冷流、不塌陷，胶料压出光滑、收缩率小，其硫化胶耐老化、耐候、耐臭氧且气密性高。

交联丁基橡胶一般可不经硫化而成型使用，也可与丁基橡胶并用，混炼宜采用高剪切力的设备。交联丁基橡胶主要用作非硫化密封带及其他嵌缝材料，如汽车挡风玻璃的密封带、压敏胶黏剂等。

交联丁基橡胶牌号在阿朗新科现供应产品中已取消。

3.6.5 星型支化丁基橡胶（Star-Branched Butyl Rubber）

丁基橡胶生胶强度低，抗蠕变差，导致加工困难，克服这些不足要求较高的分子量，而升高分子量将引起松弛时间变长，使加工更为困难，因此通常采用加宽分子量分布的办法，但在丁基橡胶的聚合中也难以实现。

美国 Exxon 公司采取在聚合时加入聚合物支化剂的方法得到星型支化的丁基橡胶，简称 SBB。SBB 是由异丁烯和异戊二烯在支化剂存在下阳离子聚合而成的，为无规类梳状结构，相对分子质量呈双峰分布，具有高分子量支化形式和低分子量的线型组成，支链短，支化密度高，改进了丁基橡胶的生胶强度和混炼、压延、压出工艺性能。

星型支化丁基橡胶的供应商与商品牌号有：美国 Exxon 公司 SBIIR 4266 和 SBIIR 4268 为星型支化丁基橡胶，SBCIIR 5066 为星型支化氯化丁基橡胶，SBBIIR 6222 和 SBBIIR 6255 为星型支化溴化丁基橡胶。

3.6.6 异丁烯与对甲基苯乙烯的共聚物

为改进轮胎胎侧胶的耐老化性和耐臭氧老化性以及耐曲挠性，Exxon 公司开发了异丁烯与对甲基苯乙烯共聚物，简称 BIMSM，商品牌号为 Exxpro，硫化胶的气密性、热稳定性、耐臭氧性、氧化稳定性和黏性都好于卤化丁基橡胶。

BIMSM 的结构式为：

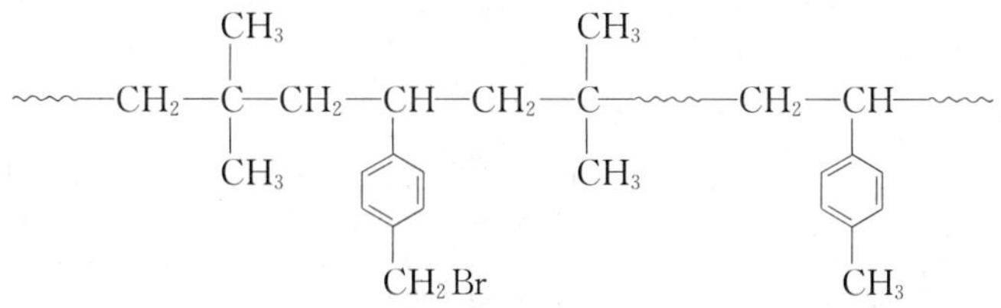

$$\sim\sim CH_2-C(CH_3)_2-CH_2-CH(C_6H_4CH_2Br)-CH_2-C(CH_3)_2\sim\sim CH_2-CH(C_6H_4CH_3)\sim\sim$$

由于单体的竞聚率基本相同，异丁烯和对甲基苯乙烯的共聚物具有无规结构。经聚合及随后的溴化后，其中一些对甲基苯乙烯基团转化为活性溴化甲基苯乙烯基团。这些主链饱和的聚合物中含有异丁烯、1～5 mol%的对甲基苯乙烯和 0.5～1.3 mol%的溴化对甲基苯乙烯。其玻璃化转变温度或二级转变温度随对甲基苯乙烯含量的增加而升高，一般约为−57℃。相比之下，卤化丁基聚合物的名义玻璃化转变温度为−59～60℃。

与溴化丁基橡胶不同，单用 ZnO 时，BIMSM 的硫化速度较慢，硫化程度较低。但是，在大多数情况下，在炭黑填充的 BIMSM 胶料中使用 1.0 份 ZnO 和 2.0 份硬脂酸就足以达到合理的硫化程度。硬脂酸锌也可以硫化 BIMSM，加入约 1.0 份的 ZnO 可以降低硫化返原。BIMSM 的硫化体系一般含有噻唑（如 MBTS）、硫黄、ZnO 和硬脂酸，能够使胶料具有充足的焦烧时间和抗硫化返原性能，并使硫化胶达到良好机械性能，不含锌的硫化体系以及过氧化物硫化体系不是 BIMSM 的有效硫化剂。其硫化反应机理如下所示：

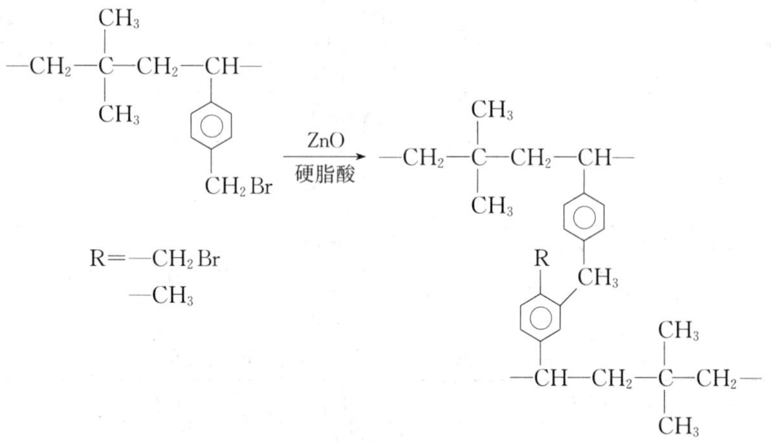

$$-CH_2-C(CH_3)_2-CH_2-CH(C_6H_4CH_2Br)- \xrightarrow[\text{硬脂酸}]{ZnO} -CH_2-C(CH_3)_2-CH_2-CH(C_6H_4CH_2-C_6H_3R)-\ldots$$

$$\ldots -CH-CH_2-C(CH_3)_2-CH_2-$$

R=—CH₂Br, —CH₃

由于在 BIMSM 主链中不含碳—碳双键，但存在活性苄基溴，所以其硫化机理与其他异丁烯类弹性体不同。BIMSM 交联时会通过溴化锌催化的 Friedel−Crafts 烷基化反应形成 C—C 交联键，二胺、酚醛树脂和硫代硫酸盐也可以用于交联 BIMSM 弹性体。这些 C—C 交联键具有较高的稳定性，再加上 BIMSM 具有化学饱和的主链，所以硫化胶具有优异的耐热氧老化性能和耐臭氧性能。硬脂酸在 BIMSM 硫化过程中可以作为促进剂，氧化锌和硬脂酸之间反应形成的硬脂酸锌可以与 BIMSM 反应，取代苄基位的溴；硬脂酸对诱导时间和硫化速度有显著的影响，不存在硬脂酸时，硫化速度较慢。一些普遍推论是：①ZnO 浓度降低到 1.0 份以下时会导致苄基溴过剩；②苄基溴含量较高时对老化有不利影响；③过量的硬脂酸会使透气率增大；④ZnO 与溴的摩尔比最好是 0.9。尽管硬脂酸锌可以硫化 BIMSM，但胶料的焦烧时间一般较短。不存在氧化锌时，溴化氢（是一种强酸，在烷基化反应中生成）可以与硬脂酸锌反应形成更稳定的 $ZnBr_2$。提高硬脂酸的量会产生润滑效应，使表观黏度和胶料硬度下降，用振荡圆盘流变仪测量时可反映这些变化。但是，由于通过自由基分裂从聚合物链上释放的溴增多，可能会产生硫化返原，可以通过提高胶料中氧化锌的用量来对此进行调节。

3.6.7 聚异丁烯、丁基橡胶与卤化丁基橡胶的技术标准与工程应用

按照《合成橡胶牌号规范》（GB/T 5577—2008），国产丁基橡胶的主要牌号见表 1.1.3-102。

表 1.1.3-102　国产丁基橡胶的主要牌号

牌号	不饱和度	门尼黏度 [ML(1+4)100℃]	污染程度
IIR 1751	1.75	51	非污
IIR 1758	1.75	58	非污
IIR 1742	1.75	42	非污

（一）丁基橡胶与卤化丁基橡胶的基础配方

丁基橡胶与卤化丁基橡胶的基础配方见表 1.1.3-103、表 1.1.3-104。

表 1.1.3-103　丁基橡胶（IIR）基础配方

原材料名称	ASTM 纯胶配方	ASTM 槽黑配方	炉黑配方[b]	原材料名称	纯胶配合	炭黑配合	醌肟配合	树脂配合
IIR	100	100	100	IIR	100	100	100	100
氧化锌	5	5	3	氧化锌	5	5	5	5
硫黄	2	2	1.75	硬脂酸	2	2	3	1
硬脂酸	—[a]	3	1	硫黄	2	1.5	2	
促进剂 MBTS（DM）	—	0.5	—	对醌二肟			2	
促进剂 TMTD	1	1	1	非卤化酚醛树脂				12
槽法炭黑	—	50	—	促进剂 TT	1.5	1.5		
HAF	—	—	50	促进剂 MBT（M）	0.5	0.5		
				聚对二亚硝基苯		0.2		
				CR				0.3[c]
				三氧化二铁			10	
				GPF		60		
				FEF			60	60
				石蜡油		20	20	
硫化条件	150℃×20 min、40 min、80 min 或 150℃ × 25 min、50 min、100 min			硫化条件	153℃×10 min		145℃ ×30 min	160℃ ×90 min

注：a. 因丁基橡胶生产中使用硬脂酸锌，故纯胶配合中可不使用硬脂酸。
b. 配方等同于 ISO 2302：2005、ASTM D3188、JIS 2－2－1；配方应使用粉末材料；使用 ASTM IRB No.7 炭黑；
c. 原文如此，习惯用量为 3～5 份。

表 1.1.3-104　卤化丁基橡胶（BIIR、CIIR）基础配方

原材料名称	ASTM 基础配方	原材料名称	GB/T ××××－××××与 ISO 7663：2014
BIIR、CIIR	100	BIIR、CIIR	100.00
硬脂酸	1	硬脂酸[a,b]	1.00
促进剂 MBTS（DM）	2	—	—
氧化镁	2	—	—
HAF	50	工业参比炭黑[c]	40.00
促进剂 TMTD	1	—	—
氧化锌	3	氧化锌[a,d]	5.00
硫化条件	153℃×30 min、40 min、50 min	—	—

注：a. 选用粉末材料。
b. 应符合 GB/T 9103—2013 中 1840 型硬脂酸一等品技术要求。
c. 选用最新的工业参比炭黑。
d. 应符合作废中规定的 BA01－05（Ⅰ型）橡胶用一级品氧化锌（间接法）技术要求。

（二）丁基橡胶和卤化丁基橡胶的硫化试片制样程序

1. 丁基橡胶的硫化试片制样程序

《异丁烯-异戊二烯橡胶（IIR）评定程序》（ISO 2302：2005）规定有3种混炼程序，分别为开炼机法、小型密炼机法和两段混炼法（密炼机初混开炼机终混），其两段混炼法见表1.1.3-105。

表1.1.3-105　丁基橡胶硫化试片制样程序

方法C　密炼机初混炼开炼机终混炼		
概述：标准实验室密炼机投料量为标准配方量的8.5倍（1 309 g），以g计		
程序	持续时间/min	累计时间/min
①密炼机初混炼程序		
a）调节密炼机温度，将密炼机起始温度设定为50℃。关闭卸料口，开启电机，升起上顶栓。		
b）投入橡胶，放下上顶栓，塑炼橡胶。	0.5	0.5
c）升起上顶栓，加入氧化锌、硬脂酸和炭黑，放下上顶栓。	0.5	1.0
d）混炼胶料。	2.0	3.0
e）升起上顶栓，清扫密炼机加料颈部和上顶栓顶部，放下上顶栓。	0.5	3.5
f）混炼胶料。	1.5	5.0
g）卸下胶料。		
h）用合适的测量设备快速地测量胶料温度。如果测定温度超出150～170℃，废弃胶料，再用不同的投料量，重复此步骤。		
i）将胶料通过辊温为50±5℃，辊距为2.5 mm的开炼机3次。将胶料压制成约10 mm厚，检查胶料质量。如果胶料质量与理论值之差超过+0.5%或-1.5%，则弃去该胶料，重新混炼。	2.0	7.0
j）调节胶料至少30 min，但不超过24 h。如有可能，在ISO 23529规定的标准温度和湿度下调节。		
②开炼机终混炼程序		
标准实验室开炼机投料量为配方量的3倍（462 g），以g计。将开炼机温度设定为50±5℃，辊距为1.5 mm。		
a）使橡胶包在慢辊上。		
b）加入硫黄和TMTD。不进行割刀，直至硫黄和促进剂完全分散。		
c）从每边作3/4割刀3次，每次割刀间隔15 s。		
d）从开炼机下片。将辊距调节至0.8 mm，将胶料打卷交替从两端纵向薄通六次。		
e）将胶料压成约6 mm厚的胶片，检查胶料质量（见ISO 2393），如果胶料质量与理论值之差超过+0.5%或-1.5%，废弃此胶料，重新混炼。		
f）切取足够的胶料供硫化仪试验用。		
g）将胶料压成约2.2 mm的厚度，用于制备硫化试片；或者制成适当的厚度，用于制备环形试样。		
h）如有可能，在GB/T 2941规定的标准温度和湿度下，将混炼后胶料停放2～24 h		

2. 卤化丁基橡胶的硫化试片制样程序

《橡胶—卤化异丁烯-异戊二烯橡胶评定（BIIR和CIIR）的试验方法》（ASTM D3958—2006（2010））规定有3种混炼程序，分别是开炼机法、小型密炼法、两段密炼法：初密炼—终密炼法；《卤化异丁烯—异戊二烯橡胶（BIIR和CIIR）—评价方法》（ISO 7663：2005）规定有2种混炼程序，分别为开炼机法和小型密炼机法（和ASTM D3958－2006（2010）相同）。卤化丁基橡胶的硫化试片制样程序见表1.1.3-106。

试样制备、混炼和硫化所用的设备及程序应符合GB/T 6038的规定。

表1.1.3-106　卤化丁基橡胶硫化试片制样程序

方法A　开炼机混炼程序		
概要：① 标准实验室开炼机每批投料量（以g计）都应为配方量的4倍。混炼过程中辊筒的表面温度应保持在40±5℃。 ② 含有氧化锌的卤化丁基硫化橡胶对湿度非常敏感，因此，炭黑应在125±3℃，厚度不超过10 mm的条件下烘干1 h。将烘干的炭黑储存在防潮容器中。 ③ 混炼期间应保持适量的堆积胶，如果按规定的辊距达不到该要求，应对辊距稍作调整。 ④ 混炼前应在适当的容器中将硬脂酸和炭黑混合均匀		
程序	持续时间/min	累计时间/min
a）调节辊距为0.65 mm，使橡胶包覆慢辊。	1.0	1.0
b）沿开炼机辊筒恒速均匀地加入硬脂酸和炭黑的混合物。在混炼期间散落的所有物料都要加入胶料中。	9.5	10.5
c）将所有的硬脂酸和炭黑加入混炼胶料中，从每边作3/4割刀1次。	0.5	11.0
d）加入氧化锌。	3.0	14.0
e）将散落的氧化锌全部加入混炼胶料后，交替地从每边作3/4割刀3次。	2.0	16.0
f）下片。调节辊距至0.8 mm，将混炼胶打卷纵向薄通六次。	2.0	18.0
g）将胶料压成厚约6 mm的胶片，检查胶料质量（见GB/T 6038），如果胶料质量与理论值之差超过+0.5%或-1.5%，则弃去此胶料并重新混炼。		
h）取足够的胶料，按GB/T 16584—1996或GB/T 9869评价硫化特性。		
i）将胶料压成厚约2.2 mm的胶片用于制备试片；或者制成适当厚度的胶片按照GB/T 528规定制备环形试样。		
j）胶料在混炼后硫化前和硫化特性测试前，按GB/T 2941规定的标准温度和湿度调节2～24 h		

续表

方法 B　小型密炼机混炼程序		
概要：①额定容积为 64 cm³ 的小型密炼机，投料量应是配方量的 0.48 倍，按方法 A 概要②规定烘干炭黑。 ②在辊温为 50±5℃，辊距约 0.5 mm 开炼机上使橡胶过辊 1 次。将胶片剪成宽约 20 mm 的胶条。 ③小型密炼机的模腔温度保持在 60±3℃，空载时转子速度为 6.3～6.6 rad/s（弧度/s）(60～63 r/min)		
程序	持续时间/min	累计时间/min
a）先加入 3/4 的橡胶，再加入硬脂酸、氧化锌和炭黑，放下上顶栓，打开计时器。 b）混炼胶料。升起上顶栓，清扫加料口。加入剩余的橡胶。 c）混炼胶料。 d）关掉电机，升起上顶栓，打开混炼室，卸下胶料。记录所卸胶料的最高温度。 注：混炼 5 min 后，卸下的胶料最终温度不应超过 120℃。如达不到上述条件，应改变胶料质量或料腔温度。 e）在辊温为 40±5℃，辊距为 3.0 mm 的开炼机上立即使胶料过辊两次；或在 30±5℃，压力为 100 kN 的双面不锈钢板间将胶料挤压 5 s。 f）检查胶料质量（见 GB/T 6038），如果胶料质量与理论值之差超过+0.5%或-1.5%，则弃去此胶料，重新混炼。 g）取足够的胶料，按 GB/T 2941 规定的标准温度和湿度调节 2～24 h，按 GB/T 16584 或 GB/T 9869 评价硫化特性。 h）将胶料压成厚约 2.2 mm 的胶片用于制备试片；或者制成适当厚度的胶片按照 GB/T 528 规定制备环形试样。 i）将胶料在混炼后硫化前，按 GB/T 2941 规定的标准温度和湿度调节 2～24 h		

（三）聚异丁烯、丁基橡胶与卤化丁基橡胶的技术标准

1. 聚异丁烯的典型技术指标

聚异丁烯的典型技术指标见表 1.1.3-107。

表 1.1.3-107　聚异丁烯的典型技术指标

聚异丁烯的典型技术指标			
项目	低分子量聚异丁烯	中高分子量聚异丁烯	
聚合形式	加成	加成	
聚合方式	正离子	正离子	
聚合体系	溶液、淤浆	溶液、淤浆	
分子量（按 Stangdinger 法测定）	1 000～25 000	7.5×10^4～25×10^4	
相对密度	0.83～0.91	0.84～0.94	
比热容/($kJ \cdot kg^{-1} \cdot K^{-1}$)	1.95	1.948	
玻璃化转变温度 T_g/℃	—	-30～70	
折射率（n_D^{20}）	1.502 0～1.506 0	1.507 0～1.508 0	
介电系数（1 kHz)(25℃)	2.2～2.25	2.3	
电阻率（20℃)/(Ω·cm)	—	10^{15}	
介电强度（25℃)/($kV \cdot mm^{-1}$)	12～14	23	
聚异丁烯硫化胶的典型技术指标			
配合			
材料	1#	2#	3#
聚异丁烯	100	100	100
硫黄	—	5	5
二叔丁基过氧化物	—	—	5
炭黑	50	50	50
物理机械性能			
拉伸强度/MPa	52[a]	65.2[a]	145.1[a]
拉断伸长率/%	1 350	1 330	1 130
500%定伸应力/MPa	4.9[a]	5.4[a]	9.81[a]
1 000%定伸应力/MPa	12.7[a]	15.7[a]	59.8[a]

注：a. 原文如此。

2. 丁基橡胶技术标准

丁基橡胶的典型技术指标见表 1.1.3-108。

表 1.1.3-108　丁基橡胶的典型技术指标

丁基橡胶的典型技术指标			
项目	指标	项目	指标
聚合形式	加成聚合	比热容/($J^{-1}\cdot g^{-1}\cdot$℃$^{-1}$)	1.84～1.92
聚合方式	正离子	线膨胀系数（T_g 以上）/($\times10^{-4}\cdot$℃$^{-1}$)	1.8
聚合体系	悬浮	折射率 n_D	1.507 8～1.508 1
平均分子量$\overline{Mn}$/($\times10^4$ g·mol^{-1})	30～50	电导率（1 kHz）/(S·cm^{-1})	2.3～2.35
门尼黏度［ML（1+4）100℃］	40～90	介电损耗角正切：1 300 MHz	2.12～2.35
相对密度	0.91～0.96	1 kHz	0.000 5～0.001
玻璃化温度 T_g/℃	−75～−67	1 300 MHz[a]	0.000 4～0.000 8
丁基橡胶硫化胶的典型技术指标			
项目	指标	项目	指标
300%定伸应力/MPa	2.20～12.7	回弹性（Luepke）/%	6（0℃）～48（60℃）
拉伸强度/MPa	8.8～20.6	耐臭氧性（50 pphm，38℃）	77 日发生龟裂
拉断伸长率/%	300～700	电导率（1 kHz）/(S·cm^{-1})	30
撕裂强度/(kN·m^{-1})	44～58.8	介电损耗角正切（1 kHz）	0.005 4
硬度（JIS A）	48～75	体积电阻率/($\times10^{15}$ Ω·cm)	1.2～4
压缩永久变形（70℃×24 h，压缩 25%）/%	10～51		

丁基橡胶的技术要求见表 1.1.3-109，详见《异丁烯-异戊二烯橡胶（IIR）》（GB/T 30922—2014）。

表 1.1.3-109　异丁烯-异戊二烯橡胶（IIR）的技术要求和试验方法

项　目			IIR 1751		试验方法
			优级品	合格品	
挥发分（质量分数）/%			≤0.3	≤0.5	GB/T 24131—2009 烘箱法
灰分（质量分数）/%			≤0.3		作废方法 A
生胶门尼黏度［ML（1+8）125℃］			51±5		作废
不饱和度			1.7±0.2		附录 A
硫化特性[a,b]	M_H	dNm	86.6±6.0		按照 SH/T 1717—2008 的方法 C 混炼。 按照 GB/T 9869—1997 测定。采用 SH/T 1717—2008 中 6.1 规定的试验条件。
	M_L	dNm	16.8±4.5		
	$t'_c(50)$	min	7.7±3.0		
	$t'_c(90)$	min	24.2±4.0		
	t_{S2}	min	2.7±1.5		
	F_H	dNm	16.8±1.4		按照 SH/T 1717—2008 的方法 C 混炼。 按照 GB/T 16584—1996 测定。 采用 SH/T 1717—2008 中 6.2 规定的试验条件
	F_L	dNm	3.3±0.9		
	$t'_c(50)$	min	5.3±2.0		
	$t'_c(90)$	min	20.4±3.3		
	t_{S1}	min	2.0±1.0		

注：a. GB/T 9869—1997 和 GB/T 16584—1996 的测定结果不具有可比性，供需双方应商定硫化特性的测定方法。
b. 硫化特性采用 ASTM IRB No. 7 炭黑评价。

3. 卤化丁基橡胶的技术指标典型值

卤化丁基橡胶的典型技术指标见表 1.1.3-110。

表 1.1.3-110 卤化丁基橡胶的典型技术指标

项目		CIIR 1066	CIIR 1068	BIIR 2030	BIIR 2032	BIIR 2046	试验方法
生胶门尼黏度［ML（1+8）125℃］		34.6	45.6	35.8	30.1	36.4	GB/T 1232.1—2000
挥发分（质量分数）(≤)/%		0.19	0.16	0.40	0.57	0.74	GB/T 24131—2009 中规定的热辊法 A，对于易黏辊对的推荐使用烘箱法 B
灰分（质量分数）(≤)/%		0.31	0.37	0.37	0.62	0.31	GB/T 4498—1997 A 法
硫化特性	F_H/dNm	9.08	8.58	7.22	7.62	8.46	GB/T 16584—1996，采用无转子硫化仪
	F_L/dNm	2.48	2.26	2.61	2.10	2.66	
	t'_c（50）/min	2.95	3.07	5.36	4.66	2.82	
	t'_c（90）/min	8.98	8.91	9.42	6.58	4.15	
	t_{S1}/min	0.78	0.84	1.20	1.38	1.35	
300%定伸应力/MPa	15 min	7.01	7.16	3.90	7.56	8.94	GB/T 2941—2006
	30 min	8.28	8.83	6.43	7.66	8.49	
	45 min	8.14	8.67	6.13	7.80	8.98	
拉伸强度（≥）/MPa		15.6	14.8	12.8	14.6	15.5	
扯断伸长率（≥）/%		480	436	505	468	465	
硫化条件		150℃×15 min、30 min、45 min					

（四）丁基橡胶与卤化丁基橡胶的典型应用

按照最终硫化产品的要求，异丁烯类聚合物可以采用多种硫化体系硫化。例如，轮胎气密层要求具有良好的耐疲劳、耐撕裂性能，以及与轮胎中相邻部件良好的黏合性能。因此，气密层胶料应选用具有共硫化特性及较佳耐疲劳和屈挠寿命的硫黄交联体系。硫化胶囊在高温环境中工作，且使用周期次数多，所以必须具有稳定的交联键，而且不易于硫化返原，不易发生其他氧化过程，这种情况最好选用树脂硫化体系。

1. 丁基橡胶用典型的醌、树脂和硫黄/促进剂硫化体系见表 1.1.3-111。

表 1.1.3-111 丁基橡胶的典型硫化体系

硫化体系	醌类	树脂	树脂	硫黄/促进剂
应用领域	电缆护套	硫化胶囊	硫化胶囊	内胎
ZnO	5.0	5.0	5.0	5.0
MgO	2.0	—	—	—
硬脂酸	—	—	1.0	2.0
硫黄	—	—	—	2.0
MBTS	—	—	—	0.5
TMTD	—	—	—	1.0
氯丁橡胶	—	5.0	—	—
辛基苯酚甲醛树脂	—	10.0	—	—
溴化辛基苯酚甲醛热反应性树脂	—	—	12.0	—
苯醌二肟	2.0	—	—	—
合计	9.0	20.0	18.0	10.5

2. 卤化丁基橡胶用典型的硫化体系见表 1.1.3-112。

表 1.1.3-112 卤化丁基橡胶的典型硫化体系

硫化体系	硫黄/促进剂	硫黄/次磺酰胺	氧化锌和树脂	室温硫化	过氧化物
应用领域	气密层	聚合物共混	制药	片材	蒸汽软管
ZnO	3.0	2.0	3.0	5.0	
$ZnCl_2$	—	—	—	2.0	—
硬脂酸	1.0	1.0	1.0	—	—
硫黄	0.5	1.0	—	—	—
MBTS	1.5	—	—	—	—

续表

硫化体系	硫黄/促进剂	硫黄/次磺酰胺	氧化锌和树脂	室温硫化	过氧化物
TBBS	—	1.5	—	—	—
辛基苯酚甲醛树脂	—	—	2.0	—	—
$SnCl_2$	—	—	—	2.0	—
过氧化二异丙苯（DiCup）	—	—	—	—	2.0
HVA－2	—	—	—	—	1.0
合计	6.0	5.5	6.0	9.0	3.0

3. BIMSM用典型的硫化体系见表1.1.3－113。

表1.1.3－113　BIMSM的典型硫化体系

硫化体系	金属氧化物	硫黄/促进剂	超速促进剂体系	树脂	胺
应用领域	阻尼装置	气密层	工程产品	硫化胶囊	工程产品
ZnO	2.0	1.0	1.0	1.0	1.0
硬脂酸锌	3.0	—	—	—	—
硬脂酸	—	2.0	2.0	2.0	2.0
硫黄	—	1.0	—	1.5	—
MBTS	—	2.0	—	1.5	—
ZDEDC	—	—	1.0	—	—
三甘醇	—	—	2.0	1.0	—
辛基苯酚甲醛树脂	—	—	—	5.0	—
DPPD	—	—	—	—	0.5
合计	5.0	6.0	6.0	12.0	3.5

4. 硫黄/促进剂硫化体系硫化异丁烯类橡胶的典型性能见表1.1.3－114。

表1.1.3－114　硫化体系类型对异丁烯类弹性体基本性能的影响

配方组成		典型BIMSM橡胶胶料	BIMSM与硬脂酸锌	典型丁基橡胶胶料	典型氯化丁基橡胶胶料	典型溴化丁基橡胶胶料
母炼胶	BIMSM	100.0	100.0	—	—	—
	Butly 268	—	—	100.0	—	—
	CIIR 1066	—	—	—	100.0	—
	BIIR 2222	—	—	—	—	100.0
	N660炭黑	60.0	60.0	70.0	60.0	60.0
	环烷油	8.0	8.0	—	8.0	8.0
	石蜡油	—	—	25.0	—	—
	芳族和脂族烃类树脂并用	7.0	7.0	—	7.0	7.0
	酚醛增黏树脂	4.0	4.0	—	4.0	4.0
	烃树脂	—	—	3.0	—	—
	硬脂酸	1.0	1.0	1.0	1.0	1.0
	MgO	—	—	—	0.2	0.2
终炼胶	硫黄	0.5	0.5	2.0	0.5	0.5
	MBTS	1.5	1.5	2.0	1.5	1.2
	氧化锌	1.0	—	5.0	1.0	1.0
	硬脂酸锌	—	2.0	—	—	—
	二丁基偶磷二硫化锌（ZBPD）	—	—	2.0	—	—
合计		183.0	184.0	210.0	183.2	182.9

续表

配方组成	典型 BIMSM 橡胶胶料	BIMSM 与硬脂酸锌	典型丁基橡胶胶料	典型氯化丁基橡胶胶料	典型溴化丁基橡胶胶料
物理机械性能					
门尼黏度 [ML (1+4) 100℃]	69.0	65.0	45.0	55.0	56.0
硫变仪 (MDR) @160℃×0.5arc					
Δ扭矩/dNm	7.3	2.3	7.3	3.1	3.5
t'_c10/min	2.5	1.4	—	0.9	2.2
t'_c90/min	6.1	4.4	25.0	3.3	12.8
硫化速度指数	27.8	33.3	4.0	41.7	9.4
拉伸强度/MPa	10.6	9.1	11.1	9.2	9.6
伸长率/%	565	817	665	868	837
300%定伸应力/MPa	7.2	5.0	4.0	3.2	3.3
邵尔 A 硬度	61	58	49	51	47
撕裂强度/(kN·m^{-1})	58.0	60.0	39.0	56.0	54.0

3.6.8　丁基橡胶的牌号与供应商

近年来国内各装置丁基橡胶生产情况见表 1.1.3-115。

表 1.1.3-115　各装置丁基橡胶生产情况

生产厂	技术来源	设计产能/万 t	2010 年产量/万 t	2011 年产量/万 t
燕山石化	意大利 PI 公司	4.5	—	9.09
浙江信汇	俄罗斯	5	4.03	4.7
合计		9.5	4.03	13.79

2009 年世界丁基橡胶生产商及产能情况见表 1.1.3-116。

表 1.1.3-116　2009 年世界主要丁基橡胶的生产商及产能情况

生产厂家	产能/万 t	主要产品
美国埃克森美孚化学公司 (Exxon Mobile Chemicals)	29.5	CIIR
阿朗新科公司加拿大工厂	13.5	IIR，CIIR，BIIR
阿朗新科公司比利时工厂	13.0	IIR，CIIR，BIIR
法国 Socabu 公司	7.0	IIR，CIIR，BIIR
英国埃克森美孚化工公司	11.0	IIR，CIIR，BIIR
俄罗斯 Nizhnekamskneftekhim 公司	10.0	IIR，CIIR
俄罗斯 Togliattikauchuk 公司	6.0	IIR
日本 JSR 公司	14.5	IIR，CIIR，BIIR

上海远境国际贸易有限公司代理的巴斯夫公司生产的高分子量聚异丁烯的牌号见表 1.1.3-117。

表 1.1.3-117　巴斯夫公司生产的高分子量聚异丁烯的牌号

牌号	Oppanol® N				Oppanol® B			
	50	80	100	150	50	80	100	150
外观	白色到浅黄				无色到淡黄/灰色			
特性黏度 (Staudinger Index Jo) /(cm^3·g^{-1})	113~143	178~236	241~294	416~479	113~143	178~236	241~294	416~479
Mw GPC/(g·mol^{-1})	610 000	1 000 000	1 300 000	3 400 000	580 000	1 100 000	1 500 000	3 300 000
Dispersity (Mw/Mn) (GPC)	~3.5	~4.5	—	—	~5.5	~4.5	—	—
挥发分 (@150℃×4h×150mbar) (<)/(mg·kg^{-1})	3 000	3 000	3 000	3 000	0.1	0.1	0.1	0.1

续表

牌号	Oppanol® N				Oppanol® B			
	50	80	100	150	50	80	100	150
外观	白色到浅黄				无色到淡黄/灰色			
水分（<）/(mg·kg^{-1})	3 000	3 000	3 000	3 000	30	30	30	30
异丁烯残留单体（<）/(mg·kg^{-1})	5	5	5	5	100	100	100	100
灰分（<）/(mg·kg^{-1})	150	150	150	150	10	10	10	10
Al（<）/(mg·kg^{-1})	100	100	100	100	1	1	1	1
Cl（<）/(mg·kg^{-1})	300	300	300	300	10	10	10	10
F（<）/(mg·kg^{-1})	1	1	1	1	100	100	100	100

丁基橡胶的牌号与供应商见表 1.1.3-118 至表 1.1.3-121。

表 1.1.3-118 丁基橡胶的牌号与供应商（一）

质量项目与供应商	类型	牌号	灰分(≤)/%	Br含量/%	Cl含量/%	稳定剂含量/%	门尼黏度[ML（1+8）125℃]	不饱和度	硫化特性
朗 盛	普通丁基	RB100	0.3	—	—	—	33	0.9	—
		RB301	0.3	—	—	—	51	1.85	—
		RB402	0.3	—	—	—	33	2.25	—
		RB101—3	0.3	—	—	—	51	1.75	—
	溴化丁基	BB2030	—	1.8	—	1.3	32	—	—
		BB2040	—	1.8	—	1.3	39	—	—
		BB2230	—	1.95	—	1.3	32	—	—
		BBX2	—	1.8	—	1.3	46	—	—
	氯化丁基	CB1240	—	—	1.25	—	38	—	—

丁基橡胶的其他供应商还有：中石化燕山分公司、盘锦振奥化工有限公司、天津市陆港石油橡胶有限公司、中石油大庆公司、台塑合成橡胶工业（宁波）有限公司等。

丁基橡胶的国外供应商还有：日本丁基橡胶公司（Japan Butyl Company. Ltd.，Butyl、Chlorobutyl 和 Bromobutyl）等。

3.7 丁腈橡胶（Acrylonitrile-Butadiene Rubber，Nitrile Rubber）

丁腈橡胶的分类如下：

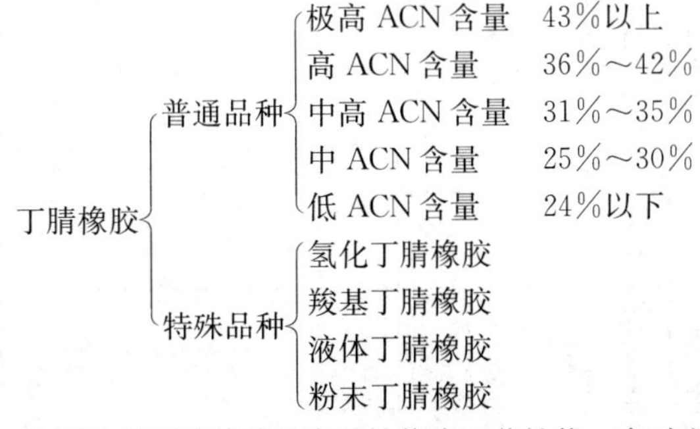

丁腈橡胶应用广泛，种类繁多。为了改善丁腈橡胶的产品性能或工艺性能，有时也在聚合过程中引入第三单体、交联剂或可参与聚合的防老剂。引入丙烯酸或甲基丙烯酸就得到羧基丁腈橡胶，引入甲基丙烯酸烷基酯就得到丁腈酯橡胶，引入聚合型防老剂就得到聚稳丁腈橡胶，引入交联剂就可得到交联型丁腈橡胶。羧基丁腈橡胶的拉伸强度、撕裂强度、硬度、耐磨性、黏着性、抗臭氧老化等性能都得到了改善，尤其是高温下的拉伸强度有较大提高；丁腈酯橡胶性能更为优异；聚稳丁腈比普通丁腈有更好的耐老化性能。目前已商品化的特种丁腈橡胶包括氢化丁腈橡胶（HNBR）、羧基丁腈橡胶（XNBR）、交联型丁腈橡胶（AONBR）、热塑性丁腈橡胶、粉末丁腈橡胶、液体丁腈橡胶等。

表 1.1.3-119　丁基橡胶的牌号与供应商（二）

供应商	类型	牌号	灰分（≤）/%	挥发分（≤）/%	Br 含量/%	Cl 含量/%	稳定剂含量/%	抗氧剂[a]含量/%	门尼黏度[ML(1+8)125℃]	不饱和度	300%定伸[b]应力/MPa	拉伸强度[b]/MPa	扯断伸[b]长率/%	说明
浙江信汇合成新材料有限公司	普通丁基	Cenway IIR－532	0.3	0.3	—	—	—	≥0.03	51±5	1.7±0.2	—	—	—	—
		Cenway CB－01	0.3	0.3	—	—	—	—	51±2	1.60±0.0.05	7.8±1.0	≥15.2	≥500	专用于硫化胶囊
		Cenway IIR－532F[c]	0.20	1.00	—	—	—	—	51±4	≤3	—	—	—	食品级专用
	溴化丁基	Cenway BIIR－2301	0.7	0.5	2.1±0.2	—	1.3±0.3	≥0.02	32±5	—	—	—	—	低门尼，可快速硫化，专用于医用胶囊领域
		Cenway BIIR－2302	0.7	0.5	1.9±0.2	—	1.3±0.3	≥0.02	32±5	—	—	—	—	低门尼
		Cenway BIIR－2502	0.7	0.5	1.9±0.2	—	1.3±0.3	≥0.02	46±5	—	—	—	—	高门尼
	氯化丁基	Cenway CIIR－1301	0.7	0.5	—	1.2±0.2	—	≥0.02	38±5	—	—	—	—	—
俄罗斯NKNK公司	普通	BK－1675N	0.30	0.30	—	—	—	—	46～56[d]	1.6±0.2	7[g]	20	620	铁含量≤0.010/%，用于轮胎内胎、无内胎轮胎气密层、密封垫圈、腐蚀性液体容器衬里、管道、输送带、防水材料等
	溴化	BBK－232	0.70	0.50	—	—	1.50～2.20	≤0.05	28～35[e]	—	—	—	—	胶板、轮胎和其他耐热橡胶制品，也可用于医用瓶塞及其他橡胶制品
	氯化	CBK－139	0.50	0.50	—	1.10～1.40	—	≤0.05	34～44[f]	—	—	—	—	无内胎轮胎气密层、胎侧、耐热内胎、耐热胶管和胶带、贮槽衬里、药用瓶塞、减震垫、黏合剂和密封材料
俄罗斯西布尔集团(SIBUR)	丁基	1675M/IIR－1675	—	—	—	—	—	非变色	35～47	1.4～1.8	≥6[g]	≥13	≥450	REACH、RoHS、FDA 和 FC CU
		1675H/IIR－1675	—	—	—	—	—	非变色	46～56	1.4～1.8	≥6[g]	≥13	≥450	

注：a. 非变色抗氧剂。

b. 测试配方：CB－01 100，IRB8＃ 50，氧化锌 ZnO 3，TMTD 1，硫黄 1.75。

c. 其他检测项目

检测项目	单位	指标	测试方法
异丁烯	$mg \cdot kg^{-1}$	≤30	GB 29987—2014
异戊二烯	$mg \cdot kg^{-1}$	≤15	GB 29987—2014
铅	$mg \cdot kg^{-1}$	≤3	GB 5009.12—2017
砷	$mg \cdot kg^{-1}$	≤3	GB 5009.11—2014
汞	$mg \cdot kg^{-1}$	≤0.5	GB 5009.17—2014
镉	$mg. kg^{-1}$	≤1	GB 5009.15—2014

d. 一批最大黏度差 6。

e. 一批最大黏度差 4。

f. 一批最大黏度差 4。

g. 400%定伸应力。

表 1.1.3-120 丁基橡胶的牌号与供应商（三）

供应商	类型	牌号	灰分(≤)/%	挥发分(≤)/%	Br 含量/%	门尼黏度[ML(1+8)125℃]	不饱和度(mol)/%	硫化特性[a]					说明
								F_H/(dN·m)	F_L/(dN·m)	t_{S1}/min	t'_c(50)/min	t'_c(90)/min	
山东京博石油化工有限公司	普通丁基	IIR－1953	0.3	0.3	—	51±5	1.7±0.2	—	—	—	—	—	—
		IIR－1553	0.3	0.5	—			—	—	—	—	—	—
		ZL－09	0.3	0.3	—	51±1		—	—	—	—	—	胶囊专用
	溴化丁基	BIIR2827	0.7	0.5	2.0±0.2	32±5	—	6.5±2.0	2.0±1.0	3.0±1.2	5.0±1.5	7.5±2.0	—
		BIIR2835	0.7	0.7	1.9±0.2	32±5	—	6.0±2.0	2.0±1.0	3.2±1.2	5.5±1.5	8.5±2.0	—
		BIIR24302	0.7	0.7	2.1±0.2	32±5	—	7.0±2.0	2.0±1.0	2.8±1.2	4.5±1.5	6.5±2.0	—

注：a. 硫化特性采用 ASTM IRB No.8 炭黑评价，按照 ASTM D3958 规定的方法混炼，按照 GB/T 16584 测定，采用 SH/T 1717—2008 中 6.2 规定的试验条件。

表 1.1.3-121 丁基橡胶的牌号与供应商（四）-埃克森美孚化学公司的异丁烯类弹性体工业品级[a]

弹性体	规格型号	门尼黏度[b][ML(1+8)125℃]	异戊二烯/(mol%)	对甲基苯乙烯/(wt%)	卤素类型	卤素/(wt%)	卤素(mol%)	抗氧剂/%	钙/%	稳定剂/%	水含量(≤)/%	硫化特征值[c]				应用举例
												M_H/(dN·m)	M_L/(dN·m)	t_{s_2}/min	$t'_c(90)$/min	
丁基橡胶（低黏度）	065	32	1.05	—	—	—	—	非污染 0.03	—	—	0.3	—	—	—	—	内胎、胶囊
	365	33	2.30	—	—	—	—	非污染 0.03	—	—	0.3	—	—	—	—	内胎、胶囊
	365S	33	2.30	—	—	—	—	非污染 0.03	—	—	0.3	—	—	—	—	—
丁基橡胶（高黏度）	068	51	1.15	—	—	—	—	非污染 0.03	—	—	0.3	—	—	—	—	内胎、胶囊
	268	51	1.70	—	—	—	—	非污染 0.03	—	—	0.3	—	—	—	—	内胎、胶囊
	268S	51	1.70	—	—	—	—	非污染 0.03	—	—	0.3	—	—	—	—	内胎、胶囊
氯化丁基橡胶	1066	38	1.95	—	Cl	1.26		非污染 0.02～0.12	0.08	—	0.3	44.0	16.0	2.0	12.0	轮胎气密层白胎侧
	5066	40	—	—	Cl	1.50	—	非污染 0.05～0.13	0.095	—	0.3	46.0	16.0	2.0	10.0	—

续表

弹性体	规格型号	门尼黏度[b] [ML(1+8)125℃]	异戊二烯/(mol%)	对甲基苯乙烯/(wt%)	卤素类型	卤素/(wt%)	卤素(mol%)	抗氧剂/%	钙/%	稳定剂/%	水含量(≤)/%	硫化特征值[c]				应用举例
												M_H/(dN·m)	M_L/(dN·m)	t_{s_2}/min	$t'_c(90)$/min	
溴化丁基橡胶	2211	32	—	—	Br	1.08	—	非污染 0.02～0.12	0.13	环氧大豆油(1.3)	0.3	38.0	14.0	4.0	9.5	—
	2222	32	1.70	—	Br	1.03	—	非污染 0.02～0.12	0.15	环氧大豆油(1.3)	0.3	38.0	14.4	4.0	10.0	汽车轮胎
	2235	39	—	—	Br	1.03	—	非污染 0.02～0.12	0.14	环氧大豆油(1.3)	0.3	42.0	16.0	4.0	9.0	汽车轮胎
	2244	46	—	—	Br	1.08	—	非污染 0.02～0.12	0.12	环氧大豆油(1.3)	0.3	45.0	18.0	3.5	9.0	—
	2255	46	1.70	—	Br	1.03	—	非污染 0.02～0.12	0.15	环氧大豆油(1.3)	0.3	44.0	19.0	4.0	10.0	卡车轮胎气密层
	6222	32	—	—	Br	2.4	—	非污染 0.05～0.13	0.165	环氧大豆油(1.5)	0.3	36.0	12.5	4.0	9.0	—
	7211	32	—	—	Br	1.08	—	非污染 0.010～0.075	0.13	环氧大豆油(1.3)	0.3	40.0	15.0	—	9.0	—
	7244	46	—	—	Br	1.03	—	非污染 0.010～0.075	0.17	环氧大豆油(1.3)	0.3	45.0	19.0	—	10.0	—
Exxpro	3035	45	—	5.00	苄基溴	—	0.47	—	0.09	—	0.3	—	—	—	—	硫化胶囊
	3433	35	—	5.00	—	—	0.75	—	0.09	—	0.3	—	—	—	—	制药、轮胎
	3745	45	—	7.50	—	—	1.20	—	0.09	—	0.3	—	—	—	—	工程产品

注：a. 丁基橡胶、氯化丁基橡胶、溴化丁基橡胶和 Exxpro 还可用于制药行业。
b. 门尼黏度采用 ASTM D1646 方法。
c. 硫化特征参数采用 ASTM D2084 方法。

3.7.1 丁腈橡胶

丁腈橡胶由单体丙烯腈（ACN）与丁二烯乳液无规共聚合成，高温乳液聚合（30～50℃）单体转化率可高达95%，凝胶、支化多，门尼黏度高，必须经过塑炼获得一定可塑性才能进行进一步的加工，且压延压出工艺性能较差，即所谓的“硬丁腈橡胶”，也称高温丁腈橡胶或热法丁腈橡胶。为降低凝胶含量，改进加工工艺性能，在氧化-还原体系的基础上，开发的低温乳液聚合（5～10℃）丁腈橡胶，单体转化率低于73%，仅有极少量的凝胶、支化，降低了生胶门尼黏度，即所谓的“软丁腈橡胶”，也称低温丁腈橡胶或冷法丁腈橡胶。

丁腈橡胶的结构式为：

$$\text{-}\!\!\left(CH_2-CH=CH-CH_2\right)\!\!\text{-}_x\!\left(CH_2-\underset{\underset{CN}{|}}{CH}\right)_y\!\left(CH_2-\underset{\underset{\underset{CH_2}{\|}}{\underset{CH}{|}}}{CH}\right)_z$$

腈基（—CN）是一种极性很强的化合物，在各种基团中腈基的电负性最大，其顺序如下：

$$\underbrace{CN>NO_2>F>Cl>Br>I>CH_3O>C_6H_5>CH_2=CH}_{\text{负电性}}>H\ \underbrace{CH_3}_{\text{正电性}}$$

丁腈橡胶的丙烯腈（ACN）含量为16%～52%，典型含量为34%。丁腈橡胶按丙烯腈含量分类，可分为：ACN≥43%，极高丙烯腈；36%～42%，高丙烯腈；31%～35%，中高丙烯腈；25%～30%，中丙烯腈；≤24%，低丙烯腈。随着ACN含量的增加，大分子极性增加，丁腈橡胶内聚能密度迅速增加、溶解度参数增加、极性增加，玻璃化转变温度随ACN的增加而线性提高，耐低温性变差，耐油性提高，如图1.1.3-18所示。

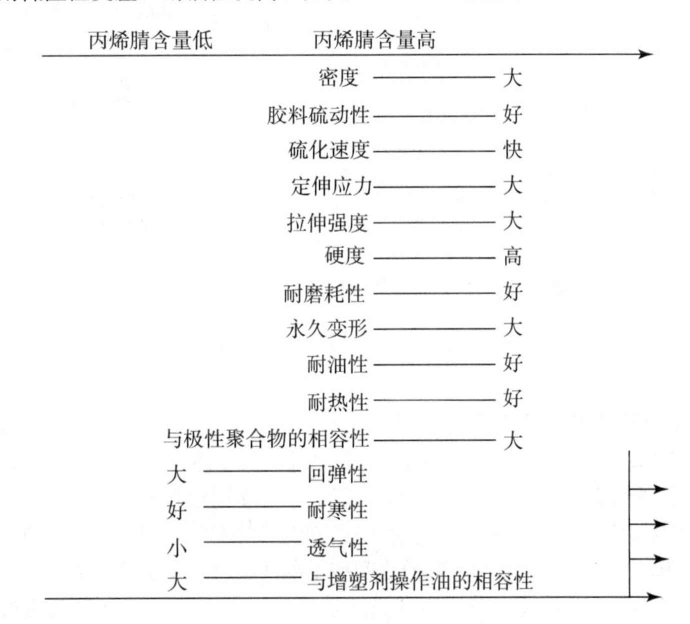

图1.1.3-18 丙烯腈含量对NBR性能的影响

不同丙烯腈含量的丁腈橡胶的玻璃化温度见表1.1.3-122。

表1.1.3-122 不同丙烯腈含量的丁腈橡胶的玻璃化温度

结合丙烯腈含量/%	玻璃化温度 T_g/℃	脆性温度 T_b/℃	结合丙烯腈含量/%	玻璃化温度 T_g/℃	脆性温度 T_b/℃
0	—	−80	33	−37～−39	−33
20	−56	−55	37	−34	−29.5
22	−52	−49.5	39	−26～−33	−23
26	−52	−47	40	−22	—
29	−46	−46	52	−16	−16.5
30	−41	−38			

丁腈橡胶的丁二烯链节主要以反式1，4-结构聚合。

丁腈橡胶是非结晶的无定形高聚物，纯胶硫化胶强度为3～7 MPa，炭黑补强后拉伸强度可达30 MPa左右。其主要性能特点为：

（1）优秀的耐油、耐非极性溶剂性能；（2）气密性好，仅次于IIR，当ACN含量达39%以上时，其气密性与IIR相当；（3）抗静电性在通用橡胶中是独一无二的，体积电阻率为10^9～10^{10} Ω·m，等于或低于半导体材料体积电阻率10^{10} Ω·m这一临界上限值，可以用作抗静电的导电橡胶制品，如纺织皮辊等；（4）与极性物质如 PVC、酚醛树脂、锦纶的相容性好；（5）耐热性、耐臭氧性比 NR、SBR、BR 好，但比 EPM、EPDM、IIR、CR 差，长期使用温度为 100℃，120℃下使用 40 天，150℃下仅能使用 3 天；（6）弹性、耐寒性差。

按照 ASTM D2000—2000 对汽车用橡胶制品的分类标准，丁腈橡胶的耐热性不高，仅达 B 级，但耐油性达到了 J 级。要求耐油耐热的丁腈硫化胶一般采用低硫硫化体系，其典型的配比是 CBS（CZ）/TT/S=(1.5～2)/(2～1.5)/(0.3～0.5)。

图 1.1.3－19 为 NBR 用硫化体系及其特性。

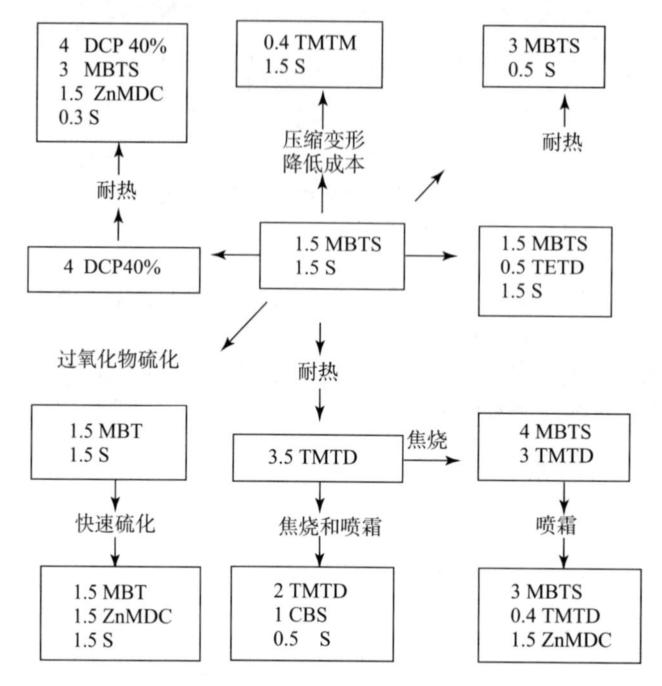

图 1.1.3－19　NBR 用硫化体系及其特性

丁腈橡胶主要用作耐油制品，如耐油胶管、胶辊、各种密封件、大型油囊等，还可以作为 PVC 的改性剂及与 PVC 并用作阻燃制品，与酚醛树脂并用做结构胶黏剂、抗静电的导电橡胶制品等。

3.7.2　氢化丁腈橡胶（Hydrogenated Nitrile Rubber）

氢化丁腈橡胶（简写为 HNBR 或 HSN）因烃链上的不饱和双键被氢化还原成饱和键，故也称为高饱和丁腈橡胶。众所周知，丁腈橡胶以耐油性能优越而著称，习惯上称之为耐油橡胶。许多耐油橡胶制品要求丁腈橡胶能够在高于 120℃以上的温度下使用，而 NBR 的实际应用经验告诉我们，超过 120℃的温度条件，丁腈橡胶的物性已下降很多，几乎失去使用功能。氢化丁腈橡胶就是为了填补普通丁腈橡胶和氟橡胶之间使用温度空白而开发的胶种。

研究认为，丁腈橡胶之所以不耐高温，主要是由于丁腈橡胶主链——即丁二烯链节上的双键易在高温下受到氧的攻击，发生断键，使丁腈橡胶过早地失去了它的高弹性能及其他物化性能。在 NBR 的合成过程中，在双键位置以加成反应方式加氢（氢化），减少分子主链上双键的数量，可以达到提高丁腈橡胶耐温性能的目的。试验表明，通过这种加氢反应，可使丁腈橡胶的耐温程度明显提高：按氢化度的高低，可以达到 120～165℃。

氢化丁腈橡胶有三种制法，即：乳液加氢法、丙烯腈-乙烯共聚法和丁腈橡胶溶液加氢法，前二者尚未实现工业化。丁腈橡胶溶液加氢法是将用冷法乳液聚合的普通丁腈橡胶粉碎，溶解于适当溶剂，在钯、铑等贵金属催化下，进行选择性加氢反应制得的聚合物，HNBR 玻璃化温度 T_g 随氢化程度而变化，一般在－40～－15℃之间，脆性温度为－50℃左右。其氢化度（饱和度）随催化剂和反应条件的改变而不同。氢化度根据 260MHz 核磁共振仪确定的摩尔百分数（mol%）计算。如氢化丁腈橡胶的碘值为 20 和 10 时，其饱和度分别为 95%和 98.5%。

氢化丁腈橡胶的聚合机理如下式所示：

$$-[C-C=C-C]_X-[C-C(-C=C)]_Y-[C-C(-C\equiv N)]_Z-\quad \text{NBR}$$

$$\downarrow \text{H催化剂}$$

$$-[C-C=C-C]_{X-A}-[C-C-C-C]_A-[C-C(-C-C)]_Y-[C-C(-C\equiv N)]_Z-$$

氢化丁腈橡胶的生产工艺如图 1.1.3-20 所示：

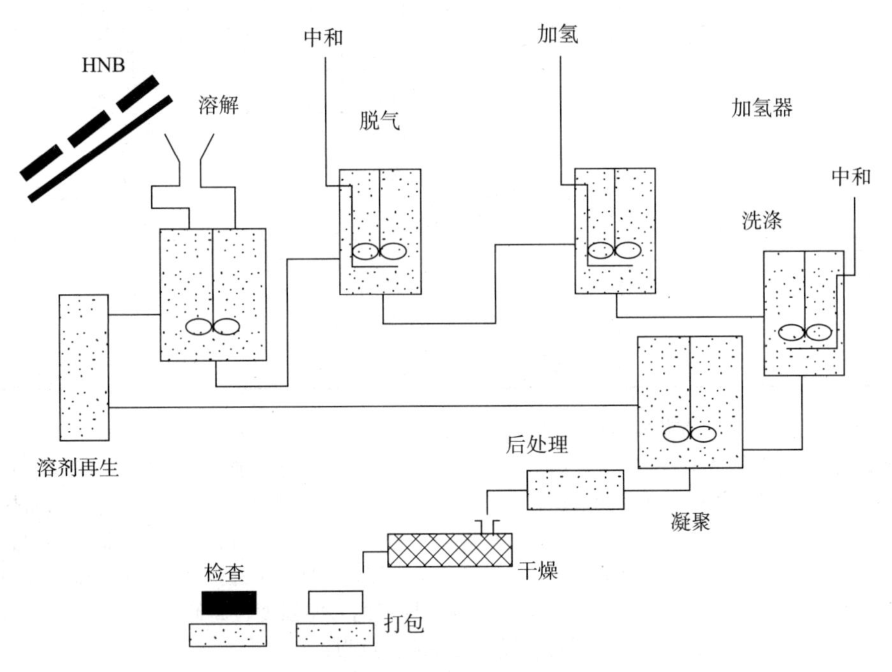

图 1.1.3-20 氢化丁腈橡胶的生产工艺

普通 NBR 经氢化后，物理机械性能与化学性能均得到极大改善，以丙烯腈（ACN）含量为 39%的丁腈橡胶为例，其物理机械性能与化学性能在氢化后的对比见表 1.1.3-123。

表 1.1.3-123 氢化后的 NBR 橡胶性能变化

项目	性能变化	NBR（39%ACN）	HNBR（39%ACN）
硬度（邵尔 A）	30～90（基本相同或略有增加）	76	76
拉伸强度/MPa	15～38（强度增加）	21.9	25.9
100%定伸应力/MPa	3～20（略有下降）	9.3	7.7
300%定伸应力/MPa	5～30		
扯断伸长率/%	100～600（增加）	180	250
撕裂性能（口形 C）/(kN·m^{-1})	明显改进	16.7	35.3
回弹 RT 70℃	 30～55 55～65	—	—
压缩永久变形 70 h/RT 70 h/150℃ 70 h/200℃	 15 20 25	—	—
耐臭氧性能：50 pphm×40℃，(拉伸 20%) 静态暴露出现裂口的时间/h	极大改善	<24	>168
玻璃化转变温度 T_g/℃	−19～−40	—	—
脆化温度/℃	−70（极大改善）	−22	−51
吉门扭转：T_2/℃	改　善	−12	−15
吉门扭转：T_{10}/℃	相　同	−21	−21

续表

项目	性能变化	NBR（39%ACN）	HNBR（39%ACN）
150℃×168 h热空气老化性能变化			
硬度（邵尔A）	极大改善	+17	+7
拉伸强度变化率/%	极大改善	发脆	0
扯断伸长率变化率/%	极大改善	发脆	−32
耐磨性能变化			
DIN磨耗/mm^3 RT 150℃	（极大改善） 30～80 50～80	260	122
NBS指数/%	极大改善	118	344

由上表可见，丁腈橡胶经氢化后其物理性能和化学性能均发生了质的改变，表现为：

①优异的耐磨性，阿克隆磨耗低至0.01，是NBR的1.8倍；②极高的力学性能，拉伸强度高达35 MPa；③良好的低温性能，−60℃弯曲不裂；④低的压缩永久变形性，150℃×72 h热老化后压缩变形接近10%；⑤优异的耐热性能，可在165℃下长时期使用；⑥优异的耐介质性能，耐含H_2S原油、酸性汽油、燃油、双曲线齿轮油、润滑油添加剂等；⑦良好的耐臭氧性能，50pphm×40℃下拉伸50%，1 000小时不裂；⑧优异的加工性能，其低门尼黏度（39）非常适宜注射和挤出工艺。

HNBR克服了NBR耐热、耐候、化学稳定性较差的弱点，具有优异的强度、高低温、抗耐化学介质等突出而又均衡的性能，同时保持了NBR优异的耐油性和加工性能。其主要性能特点为：

（1）优异的耐油、耐热性能。可长期在150℃下工作，特殊牌号HNBR可在165℃下长期使用，短期可耐175℃，耐热性同ACM处于相同级别。SAE（美国汽车工程师协会）J200标准将HNBR归类为汽车用材料D类H级（DH），意指耐热150℃和在ASTM3＃油中体积膨胀率小于30%；通过选择合适的氢化度、合适的丙烯腈含量和配方技术，可将HNBR耐热性分类范围提高到更高水平，体积最高溶胀度由30%降至10%（K级）。

（2）优异的物理机械性能，并在高温下有良好的保持率。由于多数耐油橡胶的拉伸强度均较低，限制了应用范围，HNBR强度较NBR、CR、ACM、FKM、EPDM、羧基丁腈（XNBR）高，特种丙烯酸盐增强的氢化丁腈胶料拉伸强度甚至可高达60MPa，更为重要的是其在高温下（150℃）的强度仍可与常温NBR保持相同水平，在高温与各种复杂油品及化学介质条件下仍能保持优良的力学性能。HNBR还具有优异的耐磨性；通过适当的配合技术，HNBR也可获得优异的高温压缩永久变形性能。

几种耐油橡胶拉伸强度与耐磨性比较如下：

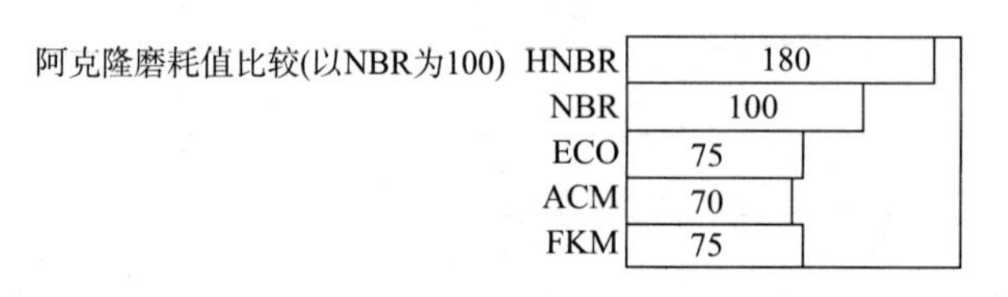

拉伸强度（MPa）：　0　10　20　30

（3）优异的耐化学介质性能。HNBR具有高温下优良的耐油性，能耐双曲线齿轮油、汽车传动液、含H_2S原油、酸性汽油、胺类腐蚀抑制剂、各种润滑油、含多种添加剂的燃料油、强腐蚀性氧化油及金属淤渣的性能。180℃于发动机油中100 h老化后的性能变化较ACM小得多，而且性能下降速度慢得多；良好的抗原油性，甚至在有H_2S、氨类和腐蚀性抑制剂存在的情况下亦是如此。丁腈橡胶与氢化丁腈橡胶耐介质性能的比较见图1.1.3-21。

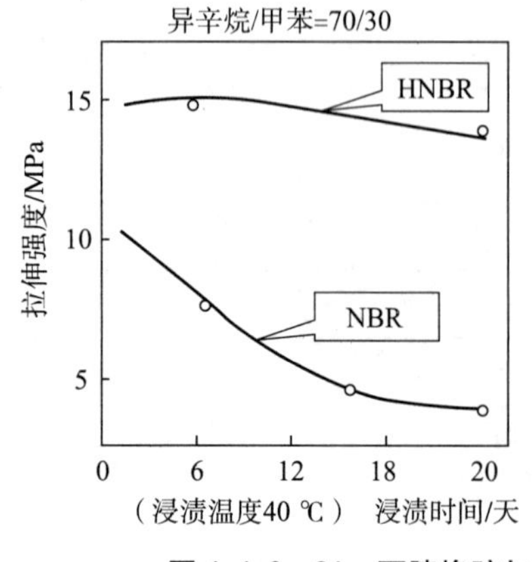

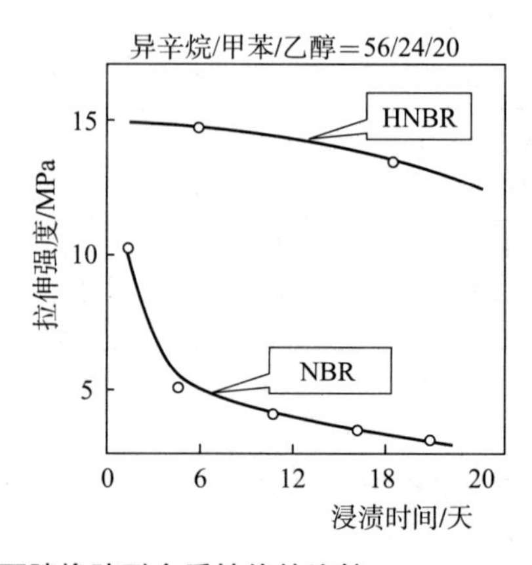

图1.1.3-21　丁腈橡胶与氢化丁腈橡胶耐介质性能的比较

（4）优异的低温性能，与耐油性平衡良好，和同体积变化率的丁腈橡胶相比，氢化丁腈橡胶的脆性温度要低 5℃，如图 1.1.3－22 所示：

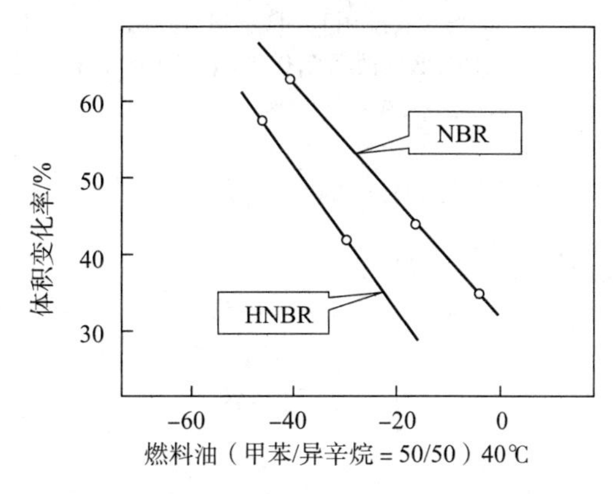

图 1.1.3－22　氢化丁腈橡胶与丁腈橡胶同体积变化率的脆性温度比较

（5）优良的耐臭氧性能，抗高温辐射性能以及耐热水性。

（6）在宽广温度下具有良好的动态性能等。

相比 FKM，HNBR 在工作温度下的力学性能、耐碱性油品添加剂、低温性能、粘接性能方面优于 FKM；相比 AEM，HNBR 在耐油性和耐燃油性、加工性能、较高工作温度下的物理性能、气味方面优于 AEM；相比 ACM，HNBR 在加工性能、耐柴油性能、低温性能、物理性能、粘接性能方面优于 ACM；相比 ECO/CE、CM/CSM，HNBR 在耐热性、对某些油品添加剂的敏感性、耐腐蚀性、耐酸气性方面优于 ECO/CE 与 CM/CSM；相比 EVM，HNBR 在物理性能、低温性能、耐油溶胀方面优于 EVM。

HNBR 的配合特点：

（1）硫化体系：氢化度在 96％以下的 HNBR 可以用硫黄或过氧化物硫化。氢化度 99.5％的 HNBR 只能用过氧化物、树脂或高能辐射进行交联。硫黄硫化比过氧化物硫化具有更高的拉伸强度、伸长率、撕裂强度和更好的动态性能，以及与织物或金属骨架材料更高的黏合性。硫黄硫化一般采用低硫高促或硫黄给予体硫化体系。过氧化物硫化，具有优良的压缩永久变形性能并极大地提高了 HNBR 的耐热性能。为获得良好的抗压缩永久变形性能，过氧化物用量需比常规丁腈胶用量高出 1～2 倍，且需添加适量的助交联剂。过氧化物用量一般不超过 5 份，最常用量为 2～3 份；助交联剂如 TAC、TAIC 或 N，N′-间苯撑双马来酰胺一般用量为 1～3 份，甲基丙烯酸锌或甲基丙烯酸镁用量可以较高，高硬度高强度硫化胶用量可达 40～50 份。

①过氧化物硫化：	DCP（比双 2，5、双 2，4 压变更好）	1.5 ～7
	TAC（TAIC 最好的压变）	1～3
	HVA－2 适于低温硫化	1～3
	Ricon　153	1～3
	ZnO/MgO	5/2～10
②硫黄硫化（适用于部分饱和的 HNBR）：		
	（a）S	0.3～1
	TMTD	2～3
	CBS（CZ）	1.0
	（b）S	0.5
	TMTD	2.0
	CBS（CZ）	0.5
	ZnO_2	7

注：用过氧化锌可改善胶料的疲劳性、压变和生热性能。

③加工安全性配合		
	DTDM	2～4
	TMTD	3～5
④自硫化配合		
	S	3
	M	0.1
	Vulkacit Pextran	2.5

（2）防老系统：因 HNBR 固有的高耐热性，加入抗氧剂对耐热老化性改善不大；HNBR 有极好的抗臭氧性，无须再加抗臭氧剂。但低饱和度 HNBR 可适当加抗臭氧剂，如：Vulkanox DDA（OCD）0.5～1.5 份，Vulkanox ZMB2（MB2）0.3～1.2 份，微晶蜡 654（可作为加工助剂）等。

（3）加工助剂：一般加入 EVM 700 或 EVM 500、KA 8784（工艺好）10～20 份，可提高耐热性增加流动性，还可降低成本；或 Aktiplast T 1～1.5 份。

（4）增塑剂，用量 5～20 份，通常选用：DOS（低温用），TOTM（高温用），NB－4（TP95）（高低温用），Ultramoll PP（低挥发性，但只适于低温性能），Disflamoll DPK（改善阻燃性能，用量 25 份）等。

（5）补强填充剂：炭黑补强：FEF、MT、SRF　20～130 份；
白炭黑：1～10% 用量；
阻燃补强：Apyral B（Al（$OH)_3$）：50～200；
Vulkasil S 可改善浅色胶料的抗色变性。

（6）与金属的黏合体系：　—chemlok　205/233
205/253
211/231
211/411
—chemosil　360
—Ty－ply BN
—Thixon P6－1/Thixon508
—Thixon711/Thixon P10

普通丁腈橡胶经氢化后门尼黏度增高，饱和度越高则门尼黏度增加越大。经配合后的氢化丁腈橡胶胶料的 ML（1＋4）100℃门尼黏度可能达到 100 以上。高饱和氢化丁腈橡胶可在常规丁腈橡胶用的各种设备上加工，包括混炼、压延、挤出和模压，但它的胶料黏度高、黏性差，可能会引起混炼时脱辊、起泡等，缩小辊距，减少炼胶容量和提高辊温，有助于克服上述缺点。氢化丁腈橡胶采用硫黄硫化的温度＞160℃，采用 DCP 硫化的温度＞170℃，采用双 2，5 硫化的温度＞180℃；采用二段硫化（150℃×(4～6)h）可改善胶料的压缩永久变形性。

HNBR 与 FKM 相比较，耐温性介于丁腈橡胶和氟橡胶之间，HNBR 在工作温度下的机械性能、耐蒸汽性、耐油品添加剂、耐氧化及酸败劣化油、耐 H_2S 等化学性能更好，低温性能、黏合性能以及加工性能均较 FKM 好；而 FKM 的耐油性、耐燃油性和耐热性要优于 HNBR。HNBR 耐热、耐油性虽不及 FKM 突出，但其物性非常均衡，综合性能优异，因此，HNBR 特别适于汽车、航空航天、油田及其他工业制造部门要求耐高温耐油的各种高性能关键橡胶制品，如：在汽车工业领域用于汽车同步带、燃油胶管、动力转向胶管和密封件、驱动皮带附件、水泵密封件、发动机密封件、燃油膜片、油封等，在油田工业领域用于油田钻井定子、油田防喷器、油田密封件等，在空调系统用于耐制冷剂 R134A 的各种密封件，以及用于高性能造纸胶辊面胶、耐高温热油无卤阻燃电缆护套、储油罐浮顶密封件、高温高压散热器密封件、筑路机械用橡胶件、覆带垫、IC 卡抛光胶板及双层电容器用导电胶膜等。

石油工业用橡胶件，温度、H_2S、CH_4 等因素会对橡胶造成较大的损害，随着石油开采深度的增加，如现有油井的深度达 7 000 m 以上，HNBR 将部分或全部取代 NBR，以增加石油橡胶件的安全性和使用寿命。由于油田钻探向深井、超深井发展，设备大部分暴露于防腐剂、各类添加剂的钻井液中，油井的井下密封件必须面对更复杂苛刻的工况环境，如：高低温，高压，高含硫石油，含 H_2S、胺类化学物质、H_2O、CO_2 的强腐蚀介质等。一般油田密封件为 NBR，并大量使用氟橡胶。HNBR 耐 H_2S、耐胺类化学物质及防锈剂、耐水蒸气和耐失压发泡等性能优于 FKM，和金属的黏结容易，具有卓越的物理机械性能，优异的耐磨性，出众的压缩永久变形性能，卓越的耐候性，抗臭氧和热空气老化能力，优异的耐工业用油类的性能，已广泛用于制造钻头保护器、井口密封、油塞泵密封、开口防护器、泵定子保护器以及为海上钻井平台上配套的软管等。在一些特殊的应用场合，HNBR 具有更强的适应性，如：(a) 氟橡胶在许多烃类介质中的体积膨胀率较小，HNBR 较大，但氟橡胶轻微膨胀即会引起材料物性的急剧下降，而 HNBR 即使在中度膨胀下仍能保持良好的物理性能；(b) 油井井下工作压力大，但又存在突然失压的危险，橡胶制品接触可溶性高压气体一段时间，如压力突然失去，可溶性气体就会在制品内部迅速膨胀，形成大气泡使制品失去使用价值，HNBR 强度高、回弹性好，能经受突然失压。

冶金行业中高速线材轧机、小型轧机技术发展很快，轧制速度越来越快，生产效率大幅提高，国外最先进已达 120 m/s。轧机油膜轴承转速不断提高，对密封件要求不断提高。其密封形式为双面密封（又叫辊径密封），有两个密封面，一面密封水蒸气，另一面密封润滑油，工作温度一般高于 120℃，形状结构复杂，尺寸要求严格。产品要求橡胶胶料具良好的耐热性，耐老化、耐水蒸气及润滑油性，具有良好的工艺性能，流动性好，有利于制造结构复杂的产品。目前，冶金高速线材轧钢机轴径双面密封国外一般采用 NBR，最大缺点是产品易老化，易磨损，寿命偏低，一般 3～5 周。HNBR 具有优异的耐温、耐油及成型加工性，是制造双面密封比较理想的材料，应能很好地解决目前进口件存在的问题。

汽车产品的高科技化正在使其所用橡胶材料发生着根本的变化，可以预见，许多通用橡胶，特别是 NBR 的产品必然会被 HNBR 所代替，以提高汽车产品的安全性、环保性和舒适性。此外，HNBR 还将应用到许多新的特殊工业部门，如电子行业的大容量电容器导电膜片，IC 卡抛光胶板等。

尽管 HNBR 已经过许多研究，积累了许多宝贵经验，但比起 NBR 来，我们的知识还不够完整，仍需对 HNBR 的配方、工艺、加工、耐热、耐介质等许多物理和化学性能进行研究，并探索更新、更合理的用途，开发性能优越、功能适宜、安全环保的新产品。制约 HNBR 应用最根本的原因是价格昂贵，但随着 HNBR 市场的扩大，用量的增加，产量的提高，成本必将大幅度下降，HNBR 必将得到更大发展。

3.7.3 羧基丁腈橡胶（Carboxylated Acryionitrile Butadiene Rubber，Carboxylated Nitrile Rubber）

羧基丁腈橡胶是丁二烯、丙烯腈和有机酸（丙烯酸或甲基丙烯酸）单体在10～30℃下，采用乳液三元共聚制得，简写为XNBR。聚合物中丁二烯链段赋予共聚物弹性和耐寒性，丙烯腈赋予耐油性；引进羧基增加了极性，进一步提高了共聚物的耐油性，同时赋予共聚物高强度，改进耐磨性和撕裂强度，且具有好的黏着性和耐老化性。

羧基丁腈橡胶的结构式为：

$$\left[CH_2-\underset{\underset{CN}{|}}{CH} \right]_m \left[CH_2-CH=CH-CH_2 \right]_n \left[CH_2-\overset{\overset{R}{|}}{\underset{\underset{COOH}{|}}{C}} \right]_p$$

共聚物中100～200个碳原子含一个羧基。

羧基丁腈橡胶的特性为：由于引进羧基，极性高，纯胶配合有较高的拉伸强度，硫化速度比丁腈橡胶快，胶料易焦烧；可以用硫黄硫化体系硫化，也可以用多价金属氧化物硫化；炭黑不宜加入过多，否则会增加胶料硬度和压缩永久变形；增塑剂宜选用挥发性小且不易抽出的，如聚酯类增塑剂、液体丁腈等；硫化胶的耐热性、耐磨性好；黏性好；与酚醛树脂相容性好，可与聚氯乙烯或酚醛树脂并用以改进加工性能和物理机械性能。

3.7.4 聚稳丁腈橡胶（Polymerization Stabilized Nitrile Rubber）

聚稳丁腈橡胶是丁二烯、丙烯腈与聚合型防老剂通过乳液聚合制得。

聚合型防老剂是具有可聚合功能的防老剂，聚合时进入二烯烃橡胶的主链上成为聚合物分子的一部分，不会因油、溶剂和热等的作用而损失，从而延长了制品的寿命，并能在更为苛刻的工作环境中使用，在某些情况下聚稳丁腈橡胶可代替氯醚橡胶和丙烯酸酯橡胶使用。

聚稳丁腈橡胶的分子结构示意图：

$$\left[CH_2-CH=CH-CH_2 \right]_l \left[CH_2-\underset{\underset{CN}{|}}{CH} \right]_m \left[CH_2-\overset{\overset{CH_3}{|}}{\underset{\underset{C=O-NH-C_6H_4-NH-C_6H_5}{|}}{C}} \right]_n$$

聚稳丁腈橡胶的供应商与牌号包括：JSR N531、JSR N541、Chemigum HR 662、Chemigum HR 665、Chemigum HR 967等。

3.7.5 部分交联丁腈橡胶（Partially Cross Linked Nitrile Rubber）

部分交联丁腈橡胶是丁二烯和丙烯腈进行共聚合时，加入双官能团的第三单体，使共聚物形成部分交联。第三单体常用二乙烯基苯，用量1～3份。

部分交联丁腈橡胶含40%～80%不溶于甲乙酮的凝胶，主要用作丁腈橡胶的加工助剂，以改善丁腈橡胶的混炼、压延、压出工艺性能，降低胶料的收缩率，提高压出速率。但并用后硫化胶的性能随之下降。

部分交联丁腈橡胶的供应商与牌号包括：JSR N210S、JSR N201、JSR N201S、JSR N202S，Chemigum N8、Chemigum N8X1，Europrene N33R70，Hycar N8B1042×82，Krynac 810，Nitriflex N8等。

3.7.6 丁腈酯橡胶（Acrylonitrile Butadiene Acrylate Rubber，Butadiene-Acrylonitrile-Aerylate Terpolymer）

丁腈酯橡胶系由丁二烯、丙烯腈和丙烯酸酯在乳液中进行共聚合的三元共聚物，其分子结构为：

$$\left[CH_2-CH=CH-CH_2 \right]_l \left[CH_2-\underset{\underset{CN}{|}}{CH} \right]_m \left[CH_2-\underset{\underset{COOR}{|}}{CH} \right]_n$$

丁腈酯橡胶有良好的耐热、耐寒和耐油性能，压缩永久变形小。丁腈酯橡胶加工工艺与丁腈橡胶相同，配合技术也类似，可采用硫黄硫化，其制品可在煤油介质中于－60～－150℃范围内使用。

3.7.7 丁腈橡胶的技术标准与工程应用

按照《合成橡胶牌号规范》（GB/T 5577—2008），国产丁腈橡胶的主要牌号见表1.1.3-124。

表 1.1.3-124　国产丁腈橡胶的主要牌号

牌号	结合丙烯腈/%	门尼黏度 [ML (1+4) 100℃]	防老剂对橡胶的变色性	聚合温度
NBR 1704	17～20	40～65*	变	高
NBR 2707	27～30	70～120	变	高
NBR 3604	36～40	40～65*	变	高
NBR 2907	27～30	70～80	不变	低
NBR 3305	32～35	48～58	不变	低
NBR 4005	39～41	48～58	不变	低
XNBR 1753	17～20	≥100	—	—
XNBR 2752	27～30	70～90	—	—
XNBR 3351	33～40	40～60	—	—

注：标有"*"者，门尼黏度为 MS (1+4) 100℃。

(一) 丁腈橡胶的试验配方

1. 普通丁腈橡胶的试验配方

丁腈橡胶的试验配方见表 1.1.3-125。

表 1.1.3-125　丁腈橡胶 (NBR) 试验配方

原材料名称	ASTM 瓦斯炭黑配方	HAF 炭黑配方[a]	原材料名称		1704	2707	3604
NBR	100	100	NBR	100	100	100	100
氧化锌	5	3[b]	氧化锌	5	5	5	5
硬脂酸	1	1[c]	硬脂酸	1	1.5	1.5	1.5
硫黄	1.5	1.5[d]	硫黄	1.25	2	1.5	1.5
促进剂 MBTS (DM)	1	TBBS 0.7[e]	促进剂 TS	0.3	M 1.5	M 0.8	M 0.8
瓦斯炭黑	40	工业参比炭黑 40[f]	SRF	40	—	—	—
			瓦斯炭黑	—	50	45	45
合计	148.5	146.2	—	147.55	160	153.8	153.8
硫化条件	150℃×10 min、20 min、40 min、80 min		硫化条件	153℃×60 min	—	—	—

注：a. 详见 SH/T 1611—2004 (新国标 GB/T ××××—×××× 修改采用 ISO 4658—1999/Amd. 1：2004)、ISO 4658—1999、ASTM D3187—2006。

b. GB/T 3185—1992 BA01—05 (Ⅰ型) 优级品。

c. GB 9103—2013 中 1840 型硬脂酸一等品。

d. 现行 GB/T 2441.1—2006 工业硫黄的水分含量≤2%、砷含量≤1×10^{-4}%，ISO 8332：1997 要求的水分含量≤0.5%、砷含量≤1×10^{-6}%，国产工业硫黄达不到 ISO 8332：1997 要求；HG/T 2525—2011 不可溶性硫黄的筛余物 (150μm) ≤1.0%，ISO 8332：1997 不可溶性硫黄的筛余物 (180μm) ≤0.1%，国产不可溶性硫黄达不到 ISO 8332：1997 要求；故建议采用使用 2%$MgCO_3$ 涂覆硫黄，批号 M—266573—P，可从美国 C. P. Hall 公司获得 (地址：4460 Hudson Drive，Stow. OH 44224)。

e. 炭黑应在 125±3℃下干燥 1 h，并于密闭容器中储存。

f. N-叔丁基-2-苯并噻唑次磺酰胺，粉末态；GB/T 21480—2008 TBBS 的甲醇不溶物的质量分数为 1.0%，而 ISO 4658：1999 规定其最初不溶物含量应小于 0.3%，因此该材料需按 GB/T 21184 测定其最初不溶物含量应小于 0.3%，并应在室温下储存于密闭容器中，每 6 个月检查一次不溶物含量，若超过 0.75%，则废弃或重结晶。

2. 氢化丁腈橡胶的试验配方

氢化丁腈橡胶的试验配方见表 1.1.3-126。

表 1.1.3-126　典型的氢化丁腈橡胶 (HNBR) 试验配方

配方	硫黄硫化	过氧化物硫化
HNBR	100	100
硬脂酸	1	1
ZnO	5	5
防老剂 Naugard 445	2	2

续表

配方	硫黄硫化	过氧化物硫化
Vanox　ZMTI	2	2
快压出炭黑 N550	50	50
硫黄	1.5	
促进剂 MBTS（DM）	1.5	
促进剂 TMTD	0.3	
Varox　DBPM50		10
Ricon 153－D		6.5

（二）丁腈橡胶的硫化试片制样程序

丁腈橡胶的硫化试片制样程序见表 1.1.3－127。

表 1.1.3－127　丁腈橡胶硫化试片制样程序

GB/T ××××—××××程序			ISO 4965：1999 程序	ASTM D3187—2006 程序
1. 开炼机混炼程序				
概述：a. 试验胶料的配料、混炼和硫化设备及操作程序按 GB/T 6038—2006 进行。 b. 标准实验室标准开炼机每批胶量应为配方量的四倍，以 g 计。 c. 混炼时，辊间应保持适量的堆积胶，否则应适当调整辊距。 d. 下述一种或两种混炼程序可任选一种				
程序	持续时间/min	积累时间/min	程序差异	程序差异
程序 1：本程序推荐使用 2%$MgCO_3$ 涂层硫黄，混炼过程中辊筒表面温度保持在 50±5℃。			（1）使用 2%Mg-CO_3 涂层硫黄； （2）混炼 19 min，加入 TBBS； （3）加入炭黑整个过程，辊距保持 1.40 mm； （4）混炼终点不对折胶片过辊； （5）总时间为 23～25 min	（1）使用 2% Mg-CO_3 涂层硫黄； （2）混炼时间 3～5 min，加入 TBBS； （3）加入后半部分炭黑时，将辊距从 1.40 调至 1.65 mm； （4）混炼终点对折胶片 4 次过辊； （5）总时间为 25 min； （6）开炼机程序 2
a. 将开炼机辊距固定在 1.4 mm，使橡胶包在慢辊上。（对高温聚合 NBR 塑炼 4 min）	2.0			
b. 将硬脂酸和氧化锌一起添加，然后再加入硫黄。	2.0	4.0		
c. 每边作三次 3/4 割刀。	2.0	6.0		
d. 在辊筒上方以恒定的速度沿着橡胶均匀地加入一半炭黑。	5.0	11.0		
e. 将辊距调至 1.65 mm，每边作三次 3/4 割刀。	2.0	13.0		
f. 以恒定的速度沿辊筒均匀地加入剩余炭黑。	5.0	18.0		
g. 加入促进剂 TBBS。	1.0	19.0		
h. 当所有促进剂加入后，每边作三次 3/4 割刀。	2.0	21.0		
i. 将辊距固定在 0.8 mm，将混炼胶打卷纵向薄通六次。	2.0	23.0		
j. 调整辊距，将胶料打折沿同一纹理方向过辊四次，压成约 6 mm 厚的胶片。	1.0	24.0		
k. 下片，检查胶料并称重（见 GB/T 6038—2006）。如果胶料质量与理论值之差超过+0.5%或－1.5%，则弃去胶料，重新混炼。取足够的胶料供硫化仪试验用。		24.0～26.0		
l. 按照 GB/T 528—2009 规定，将混炼胶压成约 2.2 mm 厚的胶片用于制备硫化试片，或压成适当厚度胶片用于制备环形试片。				
m. 混炼胶在硫化前按 GB/T 2941—2006 规定，在标准温度、湿度下调节 2～24 h				
程序 2：本程序使用无涂层硫黄，为了获得更好的分散性，硫黄与橡胶预混炼。在预混炼过程中辊筒表面温度应保持在 80±5℃；混炼过程中辊筒表面温度应保持在 50±5℃。			—	—
①硫黄预混胶的制备				
a. 将开炼机辊距固定在 1.4 mm，使橡胶包辊。（对高温聚合 NBR 塑炼 4 min）	2.0			
b. 沿着辊筒缓慢、均匀地加入硫黄。	3.0	5.0		
c. 每边作三次 3/4 割刀。	2.0	7.0		
d. 下片，如有可能，按 GB/T 2941—2006 规定的标准温度和湿度下调节 0.5～2.0 h。		7.0～9.0		
②混炼程序				
a. 将开炼机辊距固定在 1.4 mm，使硫黄预混胶包辊。	2.0			
b. 加入氧化锌和硬脂酸。	2.0	4.0		
c. 继续程序 1 从 c 至 m 的操作。				

续表

GB/T ××××—××××程序			ISO 4965：1999 程序	ASTM D3187—2006 程序
2. 小型密炼机混炼程序				
概述：a. 混炼时，小型密炼机的机头温度应保持在 63±3℃，转子转速为 60～63 r/min。 b. 将开炼机温度调节至 50±5℃，调节辊距，使其能压出约 5 mm 厚的胶片。胶料过辊 1 次。将胶片切成约 25 mm 宽的胶条。 c. 如果测试硫化胶拉伸应力-应变性能，推荐胶料在温度 150℃硫化，硫化时间为 40 min				
程序	持续时间/min	积累时间/min	程序差异	程序差异
a. 将胶条装入混炼室内，放下上顶栓开始计时。 b. 塑炼橡胶。 c. 升起上顶栓，小心加入预先混合后的氧化锌、硫黄、硬脂酸和TBBS，避免任何损失。加入炭黑，清扫进料口并放下上顶栓。 d. 混炼胶料，如果有必要，快速升起上顶栓扫下物料。 e. 关掉电机，升起上顶栓，打开混炼室，卸下胶料。 f. 让胶料立即通过辊距为 0.8 列 mm，辊温为 50±5℃ 的开炼机。 g. 将混炼胶打卷，纵向薄通六次。 h. 将混炼胶压成约 6 mm 厚的胶片。检查胶料并称重（见 GB/T 6038—2006）。如果胶料质量与理论值之差超过+0.5%或−1.5%，则弃去胶料，重新混炼。取足够的胶料供硫化仪试验用。 i. 按照 GB/T 528—2009 规定，将混炼胶压成约 2.2 mm 厚的胶片用于制备硫化试片，或压成适当厚度胶片用于制备环形试片。 j. 在混炼后和硫化前，将胶料调节 2～24 h，如有可能，按 GB/T 2941—2006 中规定的标准温度和湿度调节	1.0 1.0 7.0 总计	2.0 9.0 9.0	无小型密炼机混炼程序	硫化条件： 在温度为 150℃，推荐硫化时间为 40 min
3. 密炼机初混炼开炼机终混炼程序				
概述：a. 如果使用 GB/T 6038—2006 中描述的 A1 型、A2 型或 B 型密炼机，标准实验室密炼机每批胶量应为配方量的七倍。如果使用其他类型的密炼机，倍数应由供需双方协商确定。 b. 密炼机的机头温度应保持在 50±5℃，如有必要，调节转子的转速，以保持温度。 c. 将橡胶条装入密炼室内，放下上顶栓并开始计时				
程序	持续时间/min	积累时间/min	程序差异	程序差异
①密炼机初混炼程序 a. 以 8.1 r/s 速度启动转子，塑炼橡胶。 b. 升起上顶栓，加入预先混合的氧化锌、硬脂酸和炭黑，小心操作避免任何损失。放下上顶栓。 c. 升起上顶栓，清扫进料口和上顶栓顶部，放下上顶栓。 d. 混料胶料。混炼胶温度达到 170℃，或者混炼时间总计达到 5 min，无论哪个条件完成，即可卸下胶料。 e. 从密炼机卸下胶料，如有必要，记录所显示的最高胶料温度。 f. 将该胶料在辊温为 50±5℃，辊距为 1.9 mm 的开炼机上通过一次。 g. 重新调整开炼机辊距为 3.0 mm，再将胶料通过开炼机一次，下片。 h. 检查胶料质量并记录。如果胶料质量与理论值之差超过+0.5%或−1.5%，废弃此胶料。 ②将混炼后胶料调节 2～24 h，如有可能，按 GB/T 2941 中规定的标准温度和湿度调节。 ③开炼机终混炼程序 a. 将调节后的胶料总质量作为开炼机胶料质量。 b. 调整辊温为 50±5℃，辊距为 1.9 mm。 c. 使胶料包辊。每边作 3/4 割刀两次。 d. 将硫黄和 TBBS 均匀、缓慢地加入胶料中。 e. 每边作 3/4 割刀三次。 f. 下片。辊距调节至 0.8 mm，将混炼胶打卷纵向薄通六次。 g. 将辊距调节至 3.0 mm，再将胶料过辊一次。下片。 h. 检查胶料质量并记录。如果胶料质量与理论值之差超过+0.5%或−1.5%，废弃此胶料。 i. 设定辊温为 50±5℃，辊距为 1.5 mm。 j. 按照 GB/T 528—2009 规定，将混炼胶压成约 2.2 mm 厚的胶片用于制备硫化试片，或压成适当厚度胶片用于制备环形试片。 k. 在混炼后和硫化前，将胶料调节 2～24 h，如有可能，按 GB/T 2941—2006 中规定的标准温度和湿度调节。	1.0 2.0 0.5 1.5 总计 2.0 0.5 3.0 2.0 总计	3.0 3.5 5.0 5.0 2.5 5.5 7.5 7.5	无差异	无差异

（三）丁腈橡胶的技术标准

1. 丁腈橡胶

丁腈橡胶的典型技术指标见表 1.1.3-128。

表 1.1.3-128 丁腈橡胶的典型技术指标

丁腈橡胶的典型技术指标			
项目	指标	项目	指标
聚合形式	加成聚合	平均分子量 $\overline{Mn}$/[×10⁴ g·mol⁻¹]	2～100
聚合方式	自由基		
聚合体系	乳液	门尼黏度［ML（1+4）100℃］	30～90
共聚物组成比/% （丙烯腈质量组成比）	15～50	相对密度 丙烯腈质量分数 20% 丙烯腈质量分数 45%	 0.95 约 1.02
化学结构（丁二烯单元） 顺式-1，4 结构/% 反式-1，4 结构/% 1，2 结构/%	 10～15 65～85 15～20	玻璃化温度 T_g/℃ 丙烯腈质量分数 20% 丙烯腈质量分数 45%	 −47 −22
比热容/(J·g⁻¹·℃⁻¹) （丙烯腈质量分数 40%）	1.96	折射率 （25℃，丙烯腈质量分数 20%～40%）	1.519～1.521
丁腈橡胶硫化胶的典型技术指标			
项目	指标	项目	指标
100%定伸应力/MPa	2.5～5.4	硬度(JIS A)	64～84
200%定伸应力/MPa	2.9～9.8	压缩永久变形(100℃×70 h)/%	10～51
拉伸强度/MPa	15.7～19.6	回弹性/%	10～61
拉断伸长率/%	330～490	耐磨性 Pico 磨耗指数 Pico 磨耗试验机（荷重 4.5 kg，80 r)/(×10⁻² cm³）	 62～69 2.29～4.09
撕裂强度/(kN·m⁻¹)	40～57.8		
体积电阻率/（Ω·m）[b]	10⁹～10¹⁰		
功率因素（60 Hz）[b]	0.3	耐老化 伸长率变化率（126℃×70 h)/% 伸长率变化率（100℃×72 h)/%	 −140[a]～−21 −28～−12
介电系数（1000 Hz）[b]	19		

注：a. 原文如此，有误。b. 参见参考文献［28］。

2. 羧基丁腈橡胶

羧基丁腈橡胶的典型技术指标见表 1.1.3-129。

表 1.1.3-129 羧基丁腈橡胶的典型技术指标

羧基丁腈橡胶的典型技术指标			
项目	指标	项目	指标
丙烯腈含量/%	27～33	门尼黏度［ML（1+4）100℃］	48～60
羧基丁腈橡胶硫化胶的典型技术指标			
项目	指标	项目	指标
100%定伸应力/MPa	8.4～8.7	硬度（JIS A）	80
300%定伸应力/MPa	23～25.5	压缩永久变形（100℃×70 h）/%	39～45
拉伸强度/MPa	25.5～26.5	Pico 磨耗指数（SBR 1500 为 100）	111～124
拉断伸长率/%	310～380	耐老化（120℃×70 h）伸长率变化率/%	−50～−48
撕裂强度/(kN·m⁻¹)	51～55.9	冲击脆性温度/℃	−33

（四）氢化丁腈橡胶的典型应用

1. 汽车油封胶料

现代汽车的高速化，要求油封：(a) 耐高速，线速度达到 10～25 m/s；(b) 耐高温，使用温度达到 100～250℃；(c) 长寿命，15 万～25 万公里不漏油。氢化丁腈橡胶可满足以上苛刻要求。氢化丁腈橡胶汽车油封胶料见表 1.1.3-30。

表 1.1.3－130 氢化丁腈橡胶汽车油封胶料

配方材料与项目	普通胶料	低摩擦系数胶料
HNBR A3406	100	100
Amoslip CP	—	5（减少摩擦系数）
活性氧化镁	2.5	2.5
硬脂酸	0.5	0.5
防老剂 DDA70	1.2	1.2
防老剂 Vulkanox ZMB2	0.5	0.5
氧化锌	2.5	2.5
炭黑 N550	50	50
增塑剂 TOTM（或 NB－4）	7	7
共硫化剂 TAIC	1.5	1.5
40％含量的过氧化物硫化剂	7	7
合计	172.7	177.7
胶料物理性能		
密度/(g·cm^{-3})	1.157	1.145
胶料门尼黏度[ML(1＋4)100℃]	80	65
胶料门尼焦烧时间 t_5（125℃）/min	＞30	＞30
M_H(177℃)/(dN·min)	54.4	42
t_{90}（180℃）/min	9.1	9.9
硬度/（邵尔 A）	69	68
拉伸强度/MPa	23.8	22.3
扯断伸长率/％	235	525
50％定伸应力/MPa	2.5	1.9
100％定伸应力/MPa	8	4.3
200％定伸应力/MPa	20.4	9.3
撕裂强度（C 型）/kN·m^{-1}	32.5	35.6
压缩永久变形（150℃×70 h)/％	19	25
DIN 磨耗/mm^3	86	100
Taber 磨耗/(m·kc^{-1})	0.427	0.387
吉门扭转		
t_2/℃	－17	－16
t_5/℃	－23	－24
t_{10}/℃	－26	－27
t_{100}/℃	－33	－34
摩擦系数（23℃，湿度 50％）		
静态	2.13	0.9
动态	2.07	0.91
热空气老化，150℃×168 h 后性能变化		
硬度（邵尔 A）变化	＋13	＋13
25％定伸应力变化率/％	＋86	＋100
拉伸强度变化率/％	＋6	＋4
扯断伸长率变化率/％	－13	－47

续表

配方材料与项目	普通胶料	低摩擦系数胶料
ASTM 903#油，150℃×168 h老化性能变化		
硬度（邵尔A）变化	−8	−10
25%定伸应力变化率/%	−21	−23
拉伸强度变化率/%	−13	−13
扯断伸长率变化率/%	−9	−39
体积变化/%	+18	+17
变压器油，150℃×168 h老化性能变化		
硬度（邵尔A）变化	−3	−3
25%定伸应力变化率/%	−7	−8
拉伸强度变化率/%	+4	+1
扯断伸长率变化率/%		−37
体积变化/%	+6.6	+5.3

2. 汽车空调密封件用耐冷冻剂R134A胶料

随着汽车环保标准的提高，过去传统的空调制冷剂如氟利昂不再允许使用，以新型冷冻剂R134A取而代之。国际上对R134A已作过大量的研究，对所用密封材料有严格的规定。氢化丁腈橡胶作为R134A制冷剂的密封专用材料已确立其牢固地位。阿朗新科现用于耐R134A的橡胶牌号为：Therban LT2157（XN535C）、KA8805和Therban A 3406。汽车空调密封件胶料见表1.1.3-131。

表 1.1.3-131　汽车空调密封件胶料

配方材料与项目		AC密封件
HNBR　A3406		57
HNBR　XN　535C		35　（改善耐低温性能）
HNBR　HT VP KA 8805		15　（改善耐低温性能）
硬脂酸		1
活性氧化镁		5
炭黑　N990		85
增塑剂，OTM（或NB−4）		8
Ricon 153−D		5
DCP 40%含量		8
合计		219
密度/(g·cm^{-3})		1.252
胶料门尼黏度[ML(1+4)100℃]		55
胶料门尼焦烧时间 t_5（125℃)/min		30
M_H(180℃)/(dN·min)		51.4
t_{90}（180℃)/min		5.9
硫化（180℃)/min		11
硬度（邵尔A）		66
拉伸强度/MPa		15.6
扯断伸长率/%		310
100%定伸应力/MPa		4
300%定伸应力/MPa		15.6
撕裂强度（C型)/kN·m^{-1}		25.2
压缩永久变形	150℃×22 h	13
	150℃×70 h	21
	150℃×168 h	26

续表

配方材料与项目	AC密封件
热空气老化，150℃×168 h	
硬度（邵尔A）	73
100%定伸应力/MPa	5.1
拉伸强度/MPa	11.1
扯断伸长率/%	380
热空气试管老化，150℃×168 h后性能变化	
硬度（邵尔A）变化	+7
25%定伸应力变化/%	+28
拉伸强度变化/%	−28
扯断伸长率变化/%	+23
冷冻剂R134A介质试验150℃×70 h	
硬度（邵尔A）	65
100%定伸应力/MPa	3.8
拉伸强度/MPa	15.8
扯断伸长率/%	325
体积变化/%	−3.8
重量变化/%	−2.8
冷冻剂R134A老化，150℃×168 h	
硬度（邵尔A）	61
100%定伸应力/MPa	3.6
拉伸强度/MPa	15.1
扯断伸长率/%	320
体积变化/%	+1.5
重量变化/%	+1.7
ASTM　No.1#油老化，150℃×70 h	
硬度（邵尔A）	65
100%定伸应力/MPa	3.8
拉伸强度/MPa	16.7
扯断伸长率/%	335
体积变化/%	+0.1
重量变化/%	−0.4
ASTM　IRM903#油老化，150℃×70 h	
硬度（邵尔A）	55
100%定伸应力/MPa	3.5
拉伸强度/MPa	15.3
扯断伸长率/%	330
体积变化/%	+19
重量变化/%	+15

3. 油田防喷器胶料

传统的油田用防喷器多用普通NBR制造，硬度82～85。存在的问题主要是物理机械性能差，拉伸强度低，特别是在减压状态下的抗负压稳定性差，从而带来安全隐患。另外，防喷器胶件大、用胶多，胶料硬度高，在制造过程中胶料的流动性差。阿朗新科新开发成功的Terban AT VP KA8966生胶门尼黏度低，胶料流动性好，硫化胶强度高，抗挤压，抗负压，是防喷器优选的最佳材料之一。油田防喷器胶料配方见表1.1.3-132。

表 1.1.3-132 油田防喷器胶料配方

配方	A	B
Therban At VP KA 8966	100	100
活性氧化锌	2	2
活性氧化镁（Maglite D-Bar）	2	2
防老剂 DDA-70	1	1
Vulkanox ZMB2	0.4	0.4
炭黑 N772	50	50
炭黑 N990	65	50
Perkalink 301（TAIC）	3	3
Perkadox 14/40-B	9.5	9.5
合计	232.9	217.9
胶料门尼黏度[ML(1+4)100℃]	78	75
胶料门尼焦烧时间t_s（180℃）		
t_{10}/min	0.6	0.7
t_{90}/min	5.6	5.5
硫化胶性能，180℃×20 min（二段硫化 150℃×6 h）		
硬度（邵尔 A）	81	80
拉伸强度/MPa	24.1	24.5
扯断伸长率/%	215	235
100℃原油老化后性能变化		
硬度变化（邵尔 A） 3 d	−8	−9
7 d	−7	−8
14 d	−11	−11
拉伸强度变化/% 3 d	−8	−9
7 d	−4	−6
14 d	−6	−7
扯断伸长变化率/% 3 d	12	0
7 d	12	6
14 d	0	9
体积变化/% 3 d	+9	+9
7 d	+11	+11
14 d	+13	+14
重量变化/% 3 d	+11	+11
7 d	+13	+13
14 d	+18	+18

4. 造纸胶辊胶料

随着现代造纸技术的发展，高速化已成为趋势，胶辊的线压越来越高。传统的天然橡胶硬质胶辊，已有很多被 NBR 胶辊所替代。对于更高速、大线压胶辊只有采用 HNBR 方能满足使用要求。造纸胶辊胶料配方见表 1.1.3-133。

表 1.1.3-133 造纸胶辊胶料配方

配方号	A	B	C	D
HNBR C3467	100	100	100	100
活性氧化镁（ScorchgardTMO）	2	2	2	2
防老剂 DDA—70	1	1	1	1
防老剂 Vulkanox ZMB2	0.5	0.5	0.5	0.5

续表

配方号	A	B	C	D
钛白粉（白色颜料）	3	3	3	3
活性氧化锌	2	2	2	2
Vulkasil　S	80	65	50	35
Rhenofit TRIM/S	57	57	57	57
硅烷偶联剂 A－172	3	3	3	3
Saret　SR 633	0	15	30	45
Ethanox　703	1	1	1	1
40%含量的过氧化物硫化剂	6	6	6	6
合计	255.5	255.5	255.5	255.5
胶料物理性能				
胶料门尼黏度[ML(1+4)100℃]	>200	74	62	48
胶料门尼焦烧时间 t_5（135℃）/min	14	27.9	30.5	38.3
胶料门尼焦烧时间 t_{10}（135℃）/min	14.1	28.4	31.1	39.4
M_H(150℃)/(dN·min)	204.2	229	225.7	215.6
t_{90}（150℃）/min	5.9	6.6	10.1	11.1
硬度（邵尔 A）	97	98	99	98
硬度（邵尔 D）	70	71	71	71
拉伸强度/MPa	19.5	20.2	20.7	21.5
扯断伸长率/%	20	27	40	40
20%定伸应力/MPa	19.9	20	18.7	19.1
压缩永久变形，100℃×70 h，10%压缩 DIN2%	48	57	85	70
蒸馏水 90℃热老化后性能变化				
硬度（邵尔 A）　7 d	－6	－5	－5	－6
14 d	－4	－6	－8	－8
硬度（邵尔 D）　7 d	－1	－1	+1	－1
14 d	0	－3	0	0
拉伸强度变化/%　7 d	+4	+2	+2	－1
14 d	+5	－5	+2	+3
扯断伸长率变化/%　7 d	+41	+37	+26	+23
14 d	+41	－11	+33	+29
体积变化/%　7 d	+4	+3.1	+2.3	+2.3
14 d	+3.4	+2.7	+2.0	+1.6
重量变化/%　7 d	+3	+2.4	+1.9	+2.0
14 d	+3.1	+2.4	+1.8	+1.4

注：①用 Vulkasil　S 和 Saret SR633 调整胶料硬度。
②用 Therban ART 以提高胶辊胶料与辊芯的黏着力。

5. 石油螺杆泵定子胶料

螺杆泵是容积式转子泵，它是依靠由螺杆和衬套（定子）形成的密封腔的容积变化来吸入和排出液体的。螺杆泵的特点是流量平稳、压力脉动小、有自吸能力、噪声低、效率高、寿命长、工作可靠，而其突出的优点是输送介质时不形成涡流、对介质的黏性不敏感，可输送高黏度介质。石油用螺杆泵的定子过去通常使用丁腈橡胶，为了提高其使用性能和寿命现在大部分已经改用 HNBR。如表 1.1.3－134 所示石油螺杆泵定子胶料配方。

表 1.1.3-134　石油螺杆泵定子配方及性能

配方材料	配方（质量份数）
Zhanber® ZN35156	100
炭黑 N990	30
炭黑 N330	35
增塑剂 TOTM	15
纳米氧化锌	5
活性氧化镁	3
硬脂酸	1
硫黄	0.2
硫化剂 F—40	7
硫化助剂 TAIC	2
防老剂 MbZ2	1
防老剂 445	1.5
合计	200.7
常规物性（180℃×8 min）	
硬度（邵尔 A）	70
拉伸强度/MPa	20
扯断伸长率/%	500
300%定伸应力/MPa	14
直角撕裂强度/(kN·m^{-1})	41
拉伸永久形变/%	20
阿克隆磨耗/(cm^3·1.61 km^{-1})	0.098
热空气老化（120℃×72 h）	
硬度变化	4
拉伸强度变化率/%	+10
扯断伸长率变化率/%	−5
ASTM　IRM901#油老化（120℃×72 h）	
硬度变化	+5
拉伸强度变化率/%	10
扯断伸长率变化率/%	−5
体积变化率/%	−6
ASTM　IRM903#油老化（120℃×72 h）	
硬度变化	−5
拉伸强度变化率/%	0
扯断伸长率变化率/%	−10
体积变化率/%	+7

6. 耐高压高硬度密封圈胶料

耐高压橡胶密封制品必须具有较高的硬度，这类产品的胶料耐压缩永久变形性可能会难以保证，同时高硬度的氢化丁腈橡胶胶料往往加工工艺性能可能会比较差，Zhanber® HNBR 的优势在于其具有良好的工艺性能，对于高硬度密封圈胶料来说，可以兼顾良好的力学性能、耐油性能、耐热性能、压缩永久变形性能以及工艺性能。表 1.1.3-135 所推荐的耐高压高硬度密封圈胶料配方可以较好地满足上述性能要求。

表 1.1.3-135 耐高压高硬度密封圈配方及性能

配方材料	配方（质量份数）
Zhanber® ZN35158	100
炭黑 N220	45
炭黑 N990	20
增塑剂 TOTM	8
防老剂 MBZ2	1
防老剂 445	1
硬脂酸	1
纳米氧化锌	12
活性氧化镁	6
硫化剂 F-40	12
硫化助剂 TAIC	2.5
合计	208.5
常规物性（180℃×8 min）	
硬度（邵尔 A）	81
拉伸强度/MPa	29.8
扯断伸长率/%	203
直角撕裂强度/(kN·m^{-1})	37
密度/(g·cm^{-3})	1.27
热空气老化（150℃×70 h）	
硬度变化	2
拉伸强度变化率/%	-5.0
扯断伸长率变化率/%	-19.7
压缩永久变形（25%）	
150℃×70 h/%	22.8
ASTM IRM901#油老化（150℃×70 h）	
硬度变化	-3
拉伸强度变化率/%	-11.7
扯断伸长率变化率/%	-9.9
质量变化率/%	0.1
体积变化率/%	0.7
ASTM IRM903#油老化（150℃×70 h）	
硬度变化	-9
拉伸强度变化率/%	-24.5
扯断伸长率变化率/%	-13.8
质量变化率/%	9.4
体积变化率/%	13.2

7. 低压变耐油耐高温密封圈胶料

表 1.1.3-136 所示为低压变耐油耐高温密封圈的胶料配方及性能，可以看出，硫化胶经过 150℃×96 h 老化后性能变化很小，尤其是 150℃×168 h、压缩 25%的压缩永久变形不超过 30%，可见其可用于性能要求苛刻的耐油耐高温橡胶密封件。

表 1.1.3-136 低压变耐油耐高温密封圈配方及性能

配方材料	配方（质量份数）
Zhanber® ZN35158	100
炭黑 N990	45
炭黑 N220	20

续表

配方材料	配方（质量份数）
增塑剂 DTDA	12
防老剂 445	2
防老剂 DDA－70	2
硬脂酸	1
纳米氧化锌	10
硫化剂 F－40	11.5
硫化助剂 TAIC	3
合计	206.5
180℃×8 min（170℃×4 h 二段硫化）常规物性	
硬度（邵尔 A）	69
拉伸强度/MPa	21.3
扯断伸长率/%	307
直角撕裂强度/($kN \cdot m^{-1}$)	39.7
密度/($g \cdot cm^{-3}$)	1.24
热空气老化（150℃×96 h）	
硬度变化	＋6
拉伸强度变化率/%	－0.5
扯断伸长率变化率/%	－17.6
压缩永久变形（25%）	
150℃×24 h/%	13.5
150℃×70 h/%	20.3
150℃×168 h/%	26.5
ASTM IRM903＃油老化（150℃×70 h）	
硬度变化	－4
拉伸强度变化率/%	－13.8
扯断伸长率变化率/%	－13.4
质量变化率/%	8.4
体积变化率/%	12.2

8. 油料储囊胶料

油料储囊要求橡胶材料具有低硬度、高强度和高伸长率，以保证其使用性能和加工成型的需要。Zhanber® HNBR 具有良好的耐石油原油性能，尤其是具有较宽的分子量分布，工艺性能良好，可以满足其性能要求。如表 1.1.3－137 所示是用于油料储囊产品的胶料配方及性能。

表 1.1.3－137 油料储囊胶料配方及性能

配方材料	配方（质量份数）
Zhanber® ZN43259	100
N774	40
TOTM	18
S	0.5
TMTD	1.5
CZ	0.5
防老剂 MBZ	1.5
防老剂 445	1
硬脂酸	1
氧化锌	5

续表

配方材料	配方（质量份数）
合计	169
硫化特性（175℃×15 min）	
M_H/(dN·m)	11.71
Tc_{10}，m：s	1：25
Tc_{90}，m：s	7：34
常规物性（175℃×10 min）	
硬度（邵尔 A）	55
拉伸强度/MPa	24.4
扯断伸长率/%	713

9. 大型旋转轴密封件胶料

高速列车轴承密封、大型工程车辆传动轴、发动机用大型旋转轴等橡胶密封件具有极高的线速度，要求胶料要具备耐高/低温、耐油、耐天候老化等性能，氢化丁腈橡胶是其首选，表 1.1.3－138 是用于大型旋转轴橡胶密封件胶料的配方及性能。

表 1.1.3－138　大型旋转轴橡胶密封件配方及性能

配方材料	配方（质量份数）
Zhanber® ZN35058	100
炭黑 N550	50
增塑剂 TOTM	10
硬脂酸	1
纳米氧化锌	5
活性氧化镁	3
防老剂 MBZ2	1
防老剂 445	1
硫化助剂 TAIC	2
硫化剂 F—40	8
硫黄	0.3
合计	181.3
常规物性（180℃×8 min）	
硬度（邵尔 A）	69
拉伸强度/MPa	24
扯断伸长率/%	409
直角撕裂强度/(kN·m^{-1})	44
密度/(g·cm^{-3})	1.18
黏合强度/MPa	7.8
热空气老化（150℃×70 h）	
硬度变化	7
拉伸强度变化率/%	7.5
扯断伸长率变化率/%	−2.1
ASTM　IRM901＃油老化（150℃×70 h）	
硬度变化	0
拉伸强度变化率/%	−1.3
扯断伸长率变化率/%	−25
质量变化率/%	1.9
体积变化率/%	1.7

续表

ASTM IRM903＃油老化（150℃×70 h）	
硬度变化	－10
拉伸强度变化率/%	－6.6
扯断伸长率变化率/%	－20
质量变化率/%	9.3
体积变化率/%	12.4

10. 耐高温石油螺杆泵定子胶料

油气井用螺杆泵的工作环境条件日益苛刻，不但要求其耐油、耐高压以及硫化氢、甲烷、酸、蒸汽等，还必须耐高温。耐高温石油螺杆泵定子胶料要求具有良好的力学性能和耐高温性能。如表 1.1.3－139 所示为耐高温石油螺杆泵定子胶料的配方及性能。

表 1.1.3－139　耐高温石油螺杆泵定子胶料配方及性能

配方材料	配方（质量份数）
Zhanber® ZN43056	60
Zhanber® ZN35153	40
炭黑 N550	60
增塑剂 TOTM	12
硬脂酸	1
防老剂 MBZ2	2.5
防老剂 445	1.5
防老剂 DDA	2
甲基丙烯酸锌	4
陶土 1250	18
硫化助剂 TAIC	0.8
硫化剂 F－40	9
合计	210.8
常规物性（180℃×8 min）	
硬度（邵尔 A）	75
拉伸强度/MPa	21.6
扯断伸长率/%	388
直角撕裂强度/(kN·m^{-1})	49
密度/(g·cm^{-3})	1.24
黏合强度/MPa	7.8
热空气老化（150℃×70 h）	
硬度变化	＋6
拉伸强度变化率/%	2.8
扯断伸长率变化率/%	－19.5
ASTM IRM903＃油老化（150℃×70 h）	
硬度变化	－7
拉伸强度变化率/%	－3.2
扯断伸长率变化率/%	－2.1
质量变化率/%	3.6
体积变化率/%	5.7

3.7.8　丁腈橡胶的供应商

（一）丁腈橡胶的牌号与供应商

丁腈橡胶的牌号与供应商见表 1.1.3－140 与表 1.1.3－141。

表 1.1.3-140　丁腈橡胶的牌号与供应商（一）

供应商	类型	牌号	丙烯腈含量/%	门尼黏度[ML(1+4)100℃]	密度/(g·cm⁻³)	预交联度	充油份数	备注
阿朗新科	通用	卡兰钠 3345C	33.0	45	0.97	—	—	—
		卡兰钠 3370C	33.0	70	0.97	—	—	—
		卡兰钠 4155LT	41.0	55	0.99	—	—	—
		卡兰钠 2865C	28.0	65	0.97	—	—	—
		卡兰钠 3330C	33.0	30	0.97	—	—	—
		卡兰钠 8052	35.0	56	0.99	—	—	—
		卡兰钠 3352	33.0	52	0.99	—	—	—
		卡兰钠 2840	28.0	40	0.99	—	—	—
	通用（中速硫化）	卡兰钠 2840F	28.0	38	0.96	—	—	—
		卡兰钠 2850F	27.5	48	0.97	—	—	—
		卡兰钠 3330F	33.0	30	0.97	—	—	—
		卡兰钠 3345F	33.0	45	0.97	—	—	—
		卡兰钠 3370F	33.0	70	0.97	—	—	—
	慢速硫化	卡兰钠 4045F	38.0	45	0.97	—	—	优异的物性，良好的加工安全性能
		卡兰钠 4450F	43.5	50	1.00	—	—	
		卡兰钠 4955VP[b]	48.5	55	1.01	—	—	
	高门尼牌号（中速硫化）	卡兰钠 3380VP[b]	33.0	80	0.97			用于低硬度制品
		卡兰钠 33110F	33.0	110	0.97	—	—	
	充油牌号	卡兰钠 M3340F	22.0	34	0.98	—	52	用于低硬度制品，已充 52 份环保增塑剂 mesamoll
	高耐油牌号（中速硫化）	卡兰钠 3950F	38.5	50	0.99	—	—	优异的耐油性能及良好的耐燃油性能
		卡兰钠 4975F	48.5	75	1.01	—	—	
	预交联牌号	卡兰钠 XL3025	29.5	70	0.96	中等	—	改善挤出以及压延性能（加工效率、低收缩率、抗塌陷、表面光滑）
		卡兰钠 XL3355VP[b]	33.0	55	1.00	高	—	
		卡兰钠 XL3470	34.0	70	0.99	高	—	
	羧基牌号	卡兰钠 X146	32.5	45	0.97	—	—	羧酸含量 1%；极佳的耐磨性能
		卡兰钠 X160	32.5	58	0.97	—	—	羧酸含量 1%
		卡兰钠 X740	26.5	38	0.99	—	—	羧酸含量 7%
		卡兰钠 X750	27.0	47	0.99	—	—	羧酸含量 7%
	快速硫化型	丙本钠[a] 2845F	28.0	45	0.96	—	—	—
		丙本钠 2870F	28.0	70	0.96	—	—	—
		丙本钠 3430F	34.0	32	0.97	—	—	—
		丙本钠 3445F	34.0	45	0.97	—	—	—
		丙本钠 3470F	34.0	70	0.97	—	—	—
	洁净高模量（快速硫化）	丙本钠 2831F	28.6	30	0.96	—	—	低模具污染，极低萃取物，适用于与饮用水相关的应用
		丙本钠 2846F	28.6	42	0.96	—	—	
		丙本钠 3446F	34.7	42	0.97	—	—	
		丙本钠 3481F	34.7	78	0.97	—	—	
	低温曲挠牌号	丙本钠 1846F	18.0	45	0.93	—	—	用于低温制品，良好的压缩永久变形性能
		丙本钠 2255VP[b]	22.0	57	0.94	—	—	—
	高门尼牌号	丙本钠 2895F	28.0	95	0.96	—	—	用于低硬度制品，良好的动态性能
		丙本钠 28120F	28.0	120	0.96	—	—	
	高耐油牌号（中速硫化）	丙本钠 3945F	39.0	45	0.99	—	—	优异的耐油性能及良好的耐燃油性能
		丙本钠 3965F	39.0	65	0.99	—	—	
		丙本钠 3976VP[b]	40.0	65	0.99	—	—	
		丙本钠 4456F	44.0	55	1.01	—	—	

续表

供应商	类型	牌号	丙烯腈含量/%	门尼黏度[ML(1+4)100℃]	密度/(g·cm^{-3})	预交联度	充油份数	备注
宁波顺泽橡胶有限公司	通用	NBR-2865	28.0±1.0	62±5	—	—	—	具有拉伸强度高、不含氯离子等特点，适合生产胶管、输送带、劳保鞋底、发泡制品等
		NBR-2880	28.0±1.0	75±5	—	—	—	
		NBR-3345	33.0±1.0	43±5	—	—	—	
		NBR-3355	33.0±1.0	52±5	—	—	—	
		NBR-3365	33.0±1.0	62±5	—	—	—	
		NBR-4150	40.0±1.5	52±5	—	—	—	
		N41	28.0±1.0	75±5	—	—	—	
	快速硫化型	NBR-2865Z	28.0±1.0	62±5	—	—	—	具有快速硫化、加工性能好、低模具污染、回弹性佳、永久变形小、通用性强等特点，适合生产油封等模压制品、胶管、胶辊、胶圈、发泡制品、劳保鞋底等
		NBR-2880Z	28.0±1.0	75±5	—	—	—	
		NBR-3345Z	33.0±1.0	43±5	—	—	—	
		NBR-3355Z	33.0±1.0	52±5	—	—	—	
		NBR-4150Z	40.0±1.0	52±5	—	—	—	
意大利埃尼	普通型	Europrene N 2845	28	45	—	—	—	加工性好，具有良好的耐低温与耐油性能
		Europrene N 2860	28	60	—	—	—	具有良好的耐低温与耐油性能，物理机械性能好
		Europrene N 3330	33	30	—	—	—	宽范围的耐油性能兼具良好的加工性能
		Europrene N 3345	33	45	—	—	—	宽范围的耐油性能
		Europrene N3360	33	60	—	—	—	需要高物理机械性能的高技术制品
		Europrene N 3380	33	80	—	—	—	需要高物理机械性能的高技术制品，具有优异的抗压缩变形与耐油性
		Europrene N 3945	39	45	—	—	—	优异的耐油、耐燃油性能兼具优异的加工性能
		Europrene N 3960	39	60	—	—	—	应用于需要优异的耐油、耐燃油、物理机械性能的制品
		Europrene N 3980	39	80	—	—	—	
		Europrene N 4560	45	60	—	—	—	应用于具有优异的物理机械性能和耐油、耐燃油的高技术制品
	绿色型	Europrene N 1945 GRN	19	45	—	—	—	应用于兼具耐油和低温柔软性的高技术制品，可用于与食品接触材料
		Europrene N 2830 GRN	28	30	—	—	—	快速硫化牌号，尤其适用于注射工艺（低模具污染）
		Europrene N 2845 GRN	28	45	—	—	—	
		Europrene N 2860 GRN	28	60	—	—	—	
		Europrene N 2875 GRN	28	75	—	—	—	
		Europrene N 3330 GRN	33	30	—	—	—	
		Europrene N 3345 GRN	33	45	—	—	—	
		Europrene N 3380 GRN	33	80	—	—	—	
		Europrene N 3945 GRN	39	45	—	—	—	
日本瑞翁	超高丙烯腈	Nipol 1000X132	51	55	1.02	防老剂微变色		最大限度耐油、耐燃油、低汽油渗透率
		Nipol DN001W45	45	45	1.02	防老剂非变色		适用于燃油、机油胶管，加工性能良好
	高丙烯腈	Nipol N41H80	41	80	1.00	防老剂非变色		热聚，适用于环保型胶黏剂
		Nipol N20	40.5	75	1.00	防老剂非变色		热聚；石油开采、燃料电池衬垫、燃油胶管以及其他要求耐汽车燃油、石油、化学药品的领域。还广泛用于制造胶辊、车床密封件、纺织胶辊、油封、O形圈、酚醛树脂改性剂、强化水泥和胶黏剂
		Nipol N21	40.5	82.5	1.00	防老剂微变色		标准高腈冷聚
		Nipol N21L	40.5	62.5	1.00	防老剂微变色		N21 的低门尼型
		Nipol DN4050	40	50	1.00	防老剂非变色		硫化速度快，高定伸，优良的回弹性，出色的耐油与耐低温平衡

续表

供应商	类型	牌号	丙烯腈含量/%	门尼黏度[ML(1+4)100℃]	密度/(g·cm^{-3})	预交联度	充油份数	备注	
日本瑞翁	中高丙烯腈	Nipol N31	33.5	77.5	0.98	防老剂非变色		标准中高腈冷聚	广泛用于要求耐油的领域，如汽车部件、油封、密封件、O形圈、液压软管、燃油胶管、隔膜、印刷胶辊、纺织胶辊、运输带托辊、鞋底、鞋类、垫子等
		Nipol N32	33.5	46	0.98	防老剂非变色		N31的改良型，低收缩率及挤出膨胀	
		Nipol DN219	33.5	27	0.98	防老剂非变色		门尼最低，加工性能良好	
		Nipol DN3335	33.0	35	0.98	防老剂非变色		硫化速度快，高定伸，优良的回弹性，出色的耐油与耐低温等综合性能	燃油胶辊、油封、垫圈、密封件、鞋类、打印胶辊及其他要求良好耐油性的领域
		Nipol DN3350	33.0	50	0.98	防老剂非变色			
		Nipol DN3380	33.0	80	0.98	防老剂非变色			
		Nipol DN200W45	33.0	45	0.98	防老剂非变色		优良的硫化速度和定伸平衡	工业胶辊，如碾米胶辊
	中丙烯腈	Nipol N41	29.0	77.5	0.97	防老剂微变色		标准中腈冷聚	用于耐油胶管、油封、垫圈、包装、隔膜、胶辊及其他有耐低温要求的工业领域，如航空、汽车、铁路等
		Nipol DN302	27.5	62.5	0.97	防老剂微变色		优良平衡的耐油和耐低温性，回弹好	
		Nipol DN302H	27.5	77.5	0.97	防老剂微变色		DN302的高门尼型	
		Nipol DN2850	28.0	50	0.97	防老剂非变色		硫化速度快，高定伸，优良的回弹性，出色的耐油与耐低温等综合性能	
	低丙烯腈	Nipol DN401L	19	65	0.94	防老剂非变色		良好的耐油和耐低温的综合性能，出色的耐金属腐蚀性和耐模具污染性	用于要求低温曲挠性的耐油制品领域，如航空、包装、垫圈、油封、皮带等
		Nipol DN401LL	19	38	0.94	防老剂非变色		DN401L的低门尼型	
	羧基型	Nipol NX775	26	45	0.98	防老剂非变色		用传统的涂层保护的氧化锌混炼，在注射成型、辊筒加工、皮带压延、管道挤出加工中性能优异，硫化速度快。羧基含量0.083phr	
		Nipol 1072	27	47.5	0.98	防老剂非变色		具有出色的耐磨性，用于耐油机械产品。羧基含量0.075phr	
		Nipol 1072CGX	27	28.5	0.98	防老剂非变色		1072的低门尼型	
	部分交联及充油	Nipol DN223	31.5	35	0.98	防老剂非变色		充油型，其中聚合物中的低分子量部分作为聚合型增塑剂，低硬度硫化胶具有良好的拉伸强度，适用于低硬度胶辊等	
		Nipol DN228	23.5	35	0.98	防老剂非变色		同DN223，但丙烯腈含量低	
		Nipol DN214	33.5	77.5	0.98	防老剂非变色		部分交联型，具有良好的挤出尺寸稳定性，有助于挤出和压延等加工过程	
韩国锦湖石油化学公司	高丙烯腈	KNB 40M	41	60	1	—		—	
		KNB 40H	41	60	1	—		—	
	低丙烯腈	KNB 1845	18	45	0.93	—		—	
	中高丙烯腈	KNB 3345	33	45	0.97	—		—	
		KNB 3430G	34	30	0.98	—		—	
		KNB 3445G	34	45	0.98	—		—	
		KNB 35LL	34	33	0.98	—		—	
		KNB 35L	34	41	0.98	—		—	
		KNB 35LM	34	50	0.98	—		—	
		KNB 35M	34	60	0.98	—		—	
		KNB 35H	34	80	0.98	—		—	
		KNB 0230L	35	42	0.98	—		—	
	中低丙烯腈	KNB 2840	28	40	0.96	—		—	
		KNB 25LM	28	50	0.96	—		—	
		KNB 25M	28	60	0.96	—		—	
		KNB 25LH	28	70	0.96	—		—	
		KNB 25H	28	80	0.96	—		—	

注：a. 阿朗新科商标卡兰钠（Krynac）、丙本钠（Perbunan）。

b. 试生产牌号。

表 1.1.2-141　丁腈橡胶的牌号与供应商（二）

供应商	牌号	门尼黏度［ML(1+4)100℃］	丙烯腈含量/%	灰分（≤）/%	挥发分（≤）/%	300%定伸应力/MPa	拉伸强度（≥）/MPa	扯断伸长率（≥）/%	证书
俄罗斯西布尔集团(SIBUR)	NBR 1865	65±3	17～20	0.5	0.8	6.9	17.6	400	REACH、RoHS、FDA
	NBR 2255	55±3	21～24	0.5	0.8	8	19.6	400	
	NBR 2655	55±3	27～30	0.5	0.8	8.8	22.5	450	
	NBR 2665	65±3	27～30	0.5	0.8	9.8	23.5	450	
	NBR 3335	35±3	31～35	0.5	0.8	8.8	22.5	450	
	NBR 3340	40±3	31～35	0.5	0.8	8.8	22.5	450	
	NBR 3345	45±3	31～35	0.5	0.8	8.8	22.5	450	
	NBR 3365	65±3	31～35	0.5	0.8	9.8	23.5	450	
	NBR 4055	55±3	36～40	0.5	0.8	11.8	23.5	450	
	NBR 4065	65±3	36～40	0.5	0.8	11.8	24.5	450	
	NBR 2670FC	70±3	27～30	0.5	0.8	9.8	23.5	450	快速硫化型
	NBR 3335FC	35±3	31～35	0.5	0.8	8.8	22.5	450	
	NBR 3345FC	45±3	31～35	0.5	0.8	8.8	22.5	450	

丁腈橡胶的其他供应商还有：中石油兰州石化分公司（团结牌）、中石油吉林分公司（双力牌）、镇江南帝化工有限公司、阿朗新科台橡化学工业有限公司、台湾南帝公司（Nancar）等。

丁腈橡胶的国外供应商还有：美国固特异轮胎和橡胶公司（Chemigum）、美国尤尼洛伊尔化学公司［Paracril 丁腈橡胶与 Paracril 丁腈橡胶/PVC（70/30 混合物）］、美国 DSM 共聚物公司（DSM Copolymer Inc.，Nysyn 丁腈橡胶和 Nysynblak 丁腈母炼胶）等。

（二）氢化丁腈橡胶的供应商

氢化丁腈橡胶的供应商主要由阿朗新科、瑞翁和赞南科技（上海）有限公司。NBR 溶液均相催化加氢通常使用的催化剂有 3 种类型：①$RhCl(PPh_3)_3$、$RhH(PPh_3)_4$ 等铑系催化剂，其加氢活性高，选择性好，但价格高；②$RuCl_2(PPh_3)_3$ 等钌系催化剂，加氢活性高，但选择性差，易发生副反应，凝胶现象严重；③钯/载体和乙酸钯等钯系催化剂，其价格便宜，但活性相对较低。NBR 阿朗新科采用钯系、瑞翁采用铑系配位催化剂，而赞南科技采用钌系催化剂，其产品特点为所制得的 HNBR 分子量分布宽，可以获得低门尼黏度的 HNBR 品级，加工性能明显改进，但采用过氧化物体系的硫化胶硫化时速率较慢（硫黄硫化体系不影响），压缩永久变形略有增大。

1. 阿朗新科

阿朗新科 HNBR 有悠久的历史，被世界深刻认识和广泛应用，它由早期的宝兰山公司（Polysar）生产的 Tornac 品牌和拜耳公司（Bayer）生产的 Therban 两个品牌组成现在市场销售的德磐（Therban）HNBR。

阿朗新科的氢化丁腈橡胶牌号见表 1.1.3-142。

表 1.1.3-142　氢化丁腈橡胶的牌号与供应商

供应商	类型	牌号	丙烯腈含量/%	门尼黏度[b]［ML(1+4)100℃］	残余双键含量/%	密度/(g·cm^{-3})	备注
阿朗新科	完全氢化牌号	德磐[a] 3407	34.0	70	≤0.9	0.95	用于长期使用的同步带、O 形圈、密封垫片，兼顾了优异低温曲挠性和耐油性的耐热动态密封制品
		德磐 3406	34.0	63	≤0.9	0.95	与德磐 3407 类似，但具有更好的流动特性
		德磐 3607	36.0	66	≤0.9	0.95	与德磐 3407 相比，在油类介质中溶胀性小
		德磐 3907	39.0	70	≤0.9	0.97	具有比德磐 3607 更好的耐油性，尤为适用于耐燃油的胶管、胶带、密封件 O 形圈和密封垫等
		德磐 4307	43.0	63	≤0.9	0.98	极好的耐热老化、耐油和耐燃油性能，最佳的耐酸性气体性能，适用于汽车行业和油田行业等苛刻条件下工作的胶管、隔膜、O 形圈、密封件
		德磐 4309	43.0	100	≤0.9	0.98	与德磐 4307 相似，适用于高填充和高增塑剂用量的橡胶配方
		Therban 5008VP	49	80	—	—	—

续表

供应商	类型	牌号	丙烯腈含量/%	门尼黏度[b][ML(1+4)100℃]	残余双键含量/%	密度/(g·cm^{-3})	备注
阿朗新科	部分氢化牌号	德磐 3446	34.0	61	4.0	0.95	综合了最佳的耐热性能、动态力学性能和加工性能
		德磐 3467	34.0	68	5.5	0.95	推荐硫黄硫化的标准牌号，优异的动态力学性能
		德磐 3496（VP KA 8837）	34.0	55	18.0	0.96	综合了最佳的低温压缩形变和耐油性，尤其适用于胶辊和油田用动态橡胶配件
		德磐 3627	36.0	66	2.0	0.96	特低的低不饱和度牌号，与德磐 3607（推荐过氧化物硫化）相比，可获得更高的交联密度，因此具有更高的模量和更低的压缩永久变形
		德磐 3629	36.0	87	2.0	0.96	特低的低不饱和度牌号，与德磐 3627 相似，具有更高的填充能力；推荐采用过氧化物硫化
		德磐 3668VP[c]	36.0	87	6.0	0.95	高不饱和度、高门尼牌号，与德磐 3627 类似，具有更高的填充能力和增塑能力
		Therban　3669（VP）	36	95	6.0	0.95	—
		德磐 4367	43.0	61	5.5	0.98	卓越的耐油性，在要求更高的动态力学性能和黏合性能的时候，可用来替代德磐 4307
		德磐 4369	43.0	97	5.5	0.98	与德磐 4367 类似，具有更高的填充能力
		德磐 4498 VP	44	78	9.0	0.98	更高的 ACN、更高的残余双键含量，主要为要求良好耐热性和耐非极性碳氢液体的动态应用所设计
	低温型牌号	德磐 LT 1707 VP	17	74	≤0.9	0.96	低 ACN 产品，低温下具有最佳的柔韧性和优异的压缩变形，专为极端工作环境设计（过氧化物硫化）
		德磐 1757 VP	17	70	5.5	0.96	低温下具有优异的压缩变形（硫黄和过氧化物硫化）
		德磐 LT 2157	21.0	70	5.5	0.96	最佳的低温性能，良好的耐油性；适用于低温皮带、密封件、O 形圈和密封垫片
		Therban LT 2007 KA 8886（低模具污染）	21.0	74	≤0.9	0.96	类似于德磐 LT 2157，最好地综合了耐热和耐低温性能，专为极端环境设计；过氧化物硫化
		德磐 LT 2057	21.0	67	5.5	0.96	与德磐 LT 2157 相似，具有极低模具污染性，适用于硫黄硫化和过氧化物硫化
		Therban LT2568 KA 8882（低模具污染）	25.0	77	5.5	0.96	低模具污染牌号，类似于德磐 LT 2157，具有更好的耐油性
	羧基化牌号	德磐 XT KA 8889 VP[c]	33.0	77	3.5	0.97	最佳的耐磨性能，与 ART 牌号并用具有明显的协同效果，适用于皮带、胶辊、油田制品，还可提高橡胶与织物、线绳之间的黏结力；硫黄硫化及过氧化物硫化
	低门尼牌号	德磐 AT 3404	34.0	39	≤0.9	0.95	与德磐 3406 相似，具有更好的加工性能；适用于 O 形圈、密封垫、涂布制品，或作为高黏度胶料的黏度改性剂；过氧化物硫化
		德磐 AT 3443 VP[c]	34.0	39	4.0	0.95	采用了新技术，与德磐 3446 类似，具有更好的加工性能；过氧化物或者硫黄硫化
		德磐 AT 3904 VP[c]	39.0	39	≤0.9	0.95	采用了新技术，与德磐 3907 类似，具有更好的加工性能；过氧化物硫化
		德磐 AT 4364 VP[c]	43.0	39	5.5	0.98	采用了新技术，与德磐 4367 类似，具有更好的加工性能；过氧化物或者硫黄硫化
		德磐 AT 5005 VP[c]	49.0	55	≤0.9	1.00	最佳的耐油和耐燃油性能，卓越的耐热性能，良好的加工性能；尤为适用于生物柴油用橡胶制品
		德磐 AT LT 2004 VP[c]（低温性能—低模具污染）	21.0	39	≤0.9	0.96	采用了新技术，与德磐 LT 2007 类似，具有更为优异的加工性能；过氧化物硫化

续表

供应商	类型	牌号	丙烯腈含量/%	门尼黏度[b] [ML(1+4) 100℃]	残余双键含量/%	密度/(g·cm⁻³)	备注
阿朗新科	丙烯酸盐增强型	Therban ART 3425 (XQ536)	34.0 (原胶)	22	5.5 (原胶)	1.16	
		德磐 ART KA 8796 VP[c]	34.0 (原胶)	22 (产品胶)	5.5 (原胶)	1.14	更高的刚度、耐磨性和抗载荷能力，优异的金属黏结性；在需要极高的动态力学性能的场合下使用，例如：同步带、造纸或者冶金行业用胶辊
		德磐 XT KA 8889 VP (羧酸化牌号)	33	77	3.5	0.97	具有最大的耐磨损性和黏接性，与德磐 ART 一起使用，具有很强的协同性；可用于皮带、皮辊、石油开采应用，并可作为织物和绳索的助黏剂
	特殊牌号	Therban AT VP KA 8966	34	39	≤0.9	0.95	—
	耐热牌号	Therban HT VP KA 8805	34 *	45	—	1.15	—

注：a. 阿朗新科商标德磐（Therban）。
b. 不塑炼法，见 DIN 53523，ASTM 01646—2007。
c. 试生产牌号。

2. 赞南科技

詹博特®氢化丁腈橡胶（Zhanber® HNBR）有 10 个通用牌号、7 个特殊牌号，且可在氢化度区间 80%～99%，丙烯腈含量区间 20%～50%，门尼黏度 ML（1+4）100℃区间 20～130 范围内为客户定制生产 HNBR。

赞南科技的氢化丁腈橡胶牌号与供应商见表 1.1.3-143，其主要牌号的基本性能实验结果见表 1.1.3-144。

表 1.1.3-143　氢化丁腈橡胶的牌号与供应商

供应商	类型	牌号	丙烯腈含量/% (±1.5)	门尼黏度 [ML(1+4) 100℃] (±7)	饱和度/%	碘值/(mg·100mg⁻¹)	对应国外牌号	特点及应用
赞南科技	通用牌号	ZN28255	28	50	90	23～31	N/A	耐寒；挤出及注射成型；硫黄硫化
		ZN35056	36	65	99	4～10	2000L；3406；3627	耐热、耐臭氧；适用于密封垫片、O 形圈、胶管、石油配件；挤出及注射成型；过氧化物硫化
		ZN35058	36	85	99	4～10	2000；B3629	耐热性、低压变；适用于 O 形圈、垫片、油封、压缩型封隔器、电缆、胶管等；过氧化物硫化
		ZN35156	36	60	95	10～17	2010L；C3446	耐热、动态性能；适用于油封、同步带、电缆；挤出及注射成型；过氧化物硫化。属于通用型牌号
		ZN35158	36	80	95	10～17	2010；C3467	耐热、动态性能；适用于油封、同步带、胶管；过氧化物硫化。属于通用型牌号
		ZN35256	34	60	90	23～31	2020L；3496	回弹性、与金属黏结性能；适用于挤出及注射成型；硫黄硫化
		ZN35258	34	80	90	23～31	2020；3467；3469	回弹性、物理性能；适用于减震件、油封、胶辊；硫黄硫化
		ZN43056	42	65	99	4～10	1000L；A4307	耐油、耐热、耐臭氧性；适用于压缩型封隔器、膨胀型封隔器、胶辊、胶管；过氧化物硫化
		ZN43058	42	85	99	4～10	1000；A4309；	耐热、强度高；适用于耐燃油、工业冷媒方面的胶管、膜片及油封；过氧化物硫化
		ZN43156	42	65	95	10～17	1010L；C4367	耐热性、耐油性；适用于耐燃油、耐工业冷媒方面的胶管、膜片及油封；过氧化物硫化
		ZN43259	42	90	90	18～26	1020H；4369	极高的耐油及耐溶剂性能；适用于油封、封隔器、胶辊；可用硫黄硫化
	特殊牌号	ZN35053	36	35	99	4～10	2000EP；3404	优异的加工性能，适用于做高硬度、结构复杂的产品
		ZN35153	36	35	95	10～17	2010EP；3443 VP	优异的加工性能，适用于做高硬度、高填充产品
		ZN35253	34	35	90	23～31	2020EP；	优异的加工性能，适用于做各种膜片、胶辊、胶黏剂等产品
		ZN35355	35	50	85	52～60	2030L；3496	极优动态性能、回弹性；适用于减震、同步带、胶管；硫黄硫化
		ZN350512	36	110～130	99	4～10	2010H；3629	压缩永久变形极低，耐磨性优异；适用于低硬度、高强度、高撕裂产品、膨胀型封隔器
		ZN39057	39	70	99	4～10	2001L；3907	优异的耐油、耐热及物理性能；适用于与冷媒接触密封件

表 1.1.3-144 Zhanber® HNBR 的基本性能实验结果

<table>
<tr><th colspan="2" rowspan="2">试验项目</th><th colspan="8">配方编号</th></tr>
<tr><th>ZN35056</th><th>2000L</th><th>ZN35058</th><th>2000</th><th>ZN35156</th><th>2010L</th><th>ZN43056</th><th>4307</th></tr>
<tr><td colspan="2">邵尔硬度</td><td>73</td><td>72</td><td>73</td><td>72</td><td>72</td><td>72</td><td>71</td><td>72</td></tr>
<tr><td colspan="2">拉伸强度/MPa</td><td>22.6</td><td>24.4</td><td>24.8</td><td>24.2</td><td>22.9</td><td>24.6</td><td>22.3</td><td>25</td></tr>
<tr><td colspan="2">扯断伸长率/%</td><td>278</td><td>275</td><td>272</td><td>246</td><td>259</td><td>262</td><td>368</td><td>267</td></tr>
<tr><td colspan="2">100%定伸应力/MPa</td><td>6.9</td><td>7.2</td><td>7.6</td><td>7.4</td><td>7.2</td><td>7.7</td><td>4.9</td><td>7.3</td></tr>
<tr><td colspan="2">200%定伸应力/MPa</td><td>17.4</td><td>18.8</td><td>19.4</td><td>20.1</td><td>17.5</td><td>19.7</td><td>13.7</td><td>20.4</td></tr>
<tr><td colspan="2">撕裂强度/(kN·m⁻¹)</td><td>44.4</td><td>39.1</td><td>42.8</td><td>42.1</td><td>41.9</td><td>40.0</td><td>46.8</td><td>42.6</td></tr>
<tr><td colspan="10">热空气老化试验</td></tr>
<tr><td rowspan="4">硬度变化</td><td>150℃×70 hr</td><td>+5</td><td>+4</td><td>+4</td><td>+4</td><td>+6</td><td>+5</td><td>+5</td><td>+6</td></tr>
<tr><td>150℃×336 hr</td><td>+9</td><td>+13</td><td>+9</td><td>+9</td><td>+11</td><td>+10</td><td>+12</td><td>+9</td></tr>
<tr><td>150℃×500 hr</td><td>+16</td><td>+12</td><td>+15</td><td>+11</td><td>+17</td><td>+13</td><td>+17</td><td>+15</td></tr>
<tr><td>150℃×1 000 hr</td><td>+22</td><td>+20</td><td>+22</td><td>+20</td><td>+24</td><td>+21</td><td>+24</td><td>+20</td></tr>
<tr><td rowspan="4">强度变化/%</td><td>150℃×70 hr</td><td>−4</td><td>−2</td><td>−4</td><td>−1</td><td>−8</td><td>−2</td><td>1</td><td>−2</td></tr>
<tr><td>150℃×336 hr</td><td>−2</td><td>−4</td><td>−6</td><td>−2</td><td>2</td><td>−8</td><td>2</td><td>1</td></tr>
<tr><td>150℃×500 hr</td><td>−6</td><td>−17</td><td>−10</td><td>−11</td><td>−12</td><td>−18</td><td>4</td><td>−4</td></tr>
<tr><td>150℃×1 000 hr</td><td>−5</td><td>−21</td><td>−15</td><td>−19</td><td>−2</td><td>−13</td><td>4</td><td>0</td></tr>
<tr><td rowspan="4">伸长变化/%</td><td>150℃×70 hr</td><td>−12</td><td>−8</td><td>−6</td><td>−6</td><td>−20</td><td>−5</td><td>−18</td><td>−10</td></tr>
<tr><td>150℃×336 hr</td><td>−23</td><td>−7</td><td>−26</td><td>−16</td><td>−37</td><td>−28</td><td>−39</td><td>−12</td></tr>
<tr><td>150℃×500 hr</td><td>−66</td><td>−51</td><td>−61</td><td>−48</td><td>−71</td><td>−59</td><td>−66</td><td>−41</td></tr>
<tr><td>150℃×1 000 hr</td><td>−90</td><td>−84</td><td>−91</td><td>−87</td><td>−93</td><td>−86</td><td>−93</td><td>−77</td></tr>
<tr><td colspan="10">耐 ASTM 901#油试验</td></tr>
<tr><td rowspan="4">硬度变化</td><td>150℃×70 hr</td><td>−4</td><td>−5</td><td>−4</td><td>−3</td><td>−2</td><td>−4</td><td>−2</td><td>0</td></tr>
<tr><td>150℃×336 hr</td><td>−2</td><td>−1</td><td>−3</td><td>−2</td><td>−1</td><td>−2</td><td>0</td><td>2</td></tr>
<tr><td>150℃×500 hr</td><td>−2</td><td>−2</td><td>−2</td><td>−3</td><td>0</td><td>−3</td><td>0</td><td>4</td></tr>
<tr><td>150℃×1 000 hr</td><td>−1</td><td>−2</td><td>−1</td><td>−1</td><td>0</td><td>−2</td><td>1</td><td>2</td></tr>
<tr><td rowspan="4">强度变化/%</td><td>150℃×70 hr</td><td>0.0</td><td>−2.9</td><td>−5.6</td><td>−0.4</td><td>4.4</td><td>−6.1</td><td>0.4</td><td>2.4</td></tr>
<tr><td>150℃×336 hr</td><td>4.4</td><td>−4.9</td><td>0.8</td><td>2.5</td><td>0.4</td><td>−4.1</td><td>2.2</td><td>0.8</td></tr>
<tr><td>150℃×500 hr</td><td>−1.3</td><td>−7.4</td><td>−7.7</td><td>−0.4</td><td>−4.4</td><td>−6.9</td><td>−4.5</td><td>−0.4</td></tr>
<tr><td>150℃×1 000 hr</td><td>−5.3</td><td>−15.2</td><td>−10.1</td><td>−8.7</td><td>−7.0</td><td>−11.4</td><td>−5.8</td><td>−0.4</td></tr>
<tr><td rowspan="4">伸长变化/%</td><td>150℃×70 hr</td><td>4</td><td>4</td><td>0</td><td>6</td><td>14</td><td>0</td><td>−5</td><td>8</td></tr>
<tr><td>150℃×336 hr</td><td>18</td><td>12</td><td>15</td><td>23</td><td>10</td><td>15</td><td>4</td><td>1</td></tr>
<tr><td>150℃×500 hr</td><td>−1</td><td>−4</td><td>−5</td><td>3</td><td>−3</td><td>3</td><td>−18</td><td>−8</td></tr>
<tr><td>150℃×1 000 hr</td><td>−31</td><td>−25</td><td>−25</td><td>−23</td><td>−30</td><td>−27</td><td>−44</td><td>−28</td></tr>
<tr><td rowspan="4">体积变化/%</td><td>150℃×70 hr</td><td>0.1</td><td>0.3</td><td>0.2</td><td>−0.1</td><td>−0.3</td><td>0.0</td><td>−1.7</td><td>−4.0</td></tr>
<tr><td>150℃×336 hr</td><td>−1.3</td><td>−1.5</td><td>−1.7</td><td>−1.7</td><td>−1.1</td><td>−2.0</td><td>−3.0</td><td>−4.9</td></tr>
<tr><td>150℃×500 hr</td><td>−0.8</td><td>−1.6</td><td>−0.6</td><td>−1.4</td><td>−0.5</td><td>−1.5</td><td>−2.5</td><td>−4.9</td></tr>
<tr><td>150℃×1 000 hr</td><td>+0.9</td><td>−1.1</td><td>−0.3</td><td>−1.3</td><td>−0.9</td><td>−1.3</td><td>−2.3</td><td>−4.6</td></tr>
<tr><td colspan="10">耐 ASTM 903#油试验</td></tr>
<tr><td rowspan="4">硬度变化</td><td>150℃×70 hr</td><td>−11</td><td>−11</td><td>−11</td><td>−10</td><td>−9</td><td>−10</td><td>−11</td><td>−5</td></tr>
<tr><td>150℃×336 hr</td><td>−11</td><td>−7</td><td>−10</td><td>−7</td><td>−9</td><td>−10</td><td>−9</td><td>−4</td></tr>
<tr><td>150℃×500 hr</td><td>−11</td><td>−10</td><td>−10</td><td>−9</td><td>−8</td><td>−10</td><td>−8</td><td>−3</td></tr>
<tr><td>150℃×1 000 hr</td><td>−10</td><td>−10</td><td>−11</td><td>−9</td><td>−9</td><td>−9</td><td>−9</td><td>−4</td></tr>
</table>

续表

试验项目		配方编号							
		ZN35056	2000L	ZN35058	2000	ZN35156	2010L	ZN43056	4307
强度变化/%	150℃×70 hr	−10.6	−17.6	−11.3	−2.9	−6.1	−13.8	−3.6	−2.8
	150℃×336 hr	−9.3	−18.9	−10.9	−9.5	−9.2	−19.0	−5.8	−3.2
	150℃×500 hr	−16.8	−18.0	−16.1	−8.3	−15.3	−18.3	−9.4	−12.0
	150℃×1 000 hr	−46.9	−41.4	−31.8	−30.6	−60.9	−59.3	−28.6	−35.5
伸长变化/%	150℃×70 hr	−11	−18	−11	−3	−6	−14	−4	−3
	150℃×336 hr	18	4	12	23	15	7	5	14
	150℃×500 hr	1	4	5	17	4	7	3	0
	150℃×1 000 hr	−38	−37	−10	−24	−43	−40	−27	−41
体积变化/%	150℃×70 hr	+11.3	+11.8	+11.3	+11.2	+11.2	+11.2	+7.5	+2.0
	150℃×336 hr	+12.0	+12.4	+11.5	+11.3	+11.0	+11.7	+7.5	+2.6
	150℃×500 hr	+12.2	+12.2	+12.4	+11.6	+11.6	+11.8	+8.3	+2.6
	150℃×1 000 hr	+12.6	+12.5	+12.2	+11.6	+11.8	+11.7	+8.8	+3.2

注：实验配方为：生胶 100，氧化锌 5，硬脂酸 1，氧化镁 3，N550 炭黑 50，过氧化物硫化剂 F−40 8，TAIC−70 2。

3. 瑞翁公司

日本瑞翁（Zeon）公司从 20 世纪 70 年代开始了 HNBR 的研究工作，1978 年开发成功以二氧化硅为载体的非均相钯系催化剂（Pd/SiO_2），1980 年中试成功，并于 1984 年 4 月在日本高冈建厂，商品名为 Zetpol，瑞翁公司的氢化丁腈橡胶牌号与供应商见表 1.1.3 - 145。

表 1.1.3 - 145 氢化丁腈橡胶的牌号与供应商

供应商	类型	牌号	丙烯腈含量/%	门尼黏度	碘值/[mg·(100 mg^{-1})]	比重	特性与应用
日本瑞翁	超高丙烯腈	Zetpol 0020	49.2	65	23	1	最强的耐燃油及耐溶剂性能，耐 Flex fuel 和 MTBE 性能优异，适用硫黄及过氧化物硫化
	高丙烯腈	Zetpol 1000L	44.2	70	<7	0.98	应用于汽车、工业冷媒方面的耐燃油胶管、隔膜和密封件，具有优异的耐热、耐油和加工性能，适用过氧化物硫化
		Zetpol 1010	44.2	85	10	0.98	应用于汽车、工业冷媒方面的耐燃油胶管、隔膜和密封件，符合 FDA 标准，适用过氧化物硫化
		Zetpol 1020	44.2	78	24	0.98	应用同 1010，低饱和度也可硫黄硫化，适用过氧化物与硫黄硫化
	中高丙烯腈	Zetpol 2000	36.2	85	<7	0.95	用于 O 形圈、垫片、密封件或油井部件，具有极佳的耐热及耐臭氧性，适用过氧化物硫化
		Zetpol 2000L	36.2	65	<7	0.95	Zetpol 2000 的低门尼型，适于挤出及注射成型
		Zetpol 2010	36.2	85	11	0.95	用于 O 形圈、垫片、密封件或油井部件，具有极佳的耐热性和低压缩永久变形，适用过氧化物硫化
		Zetpol 2010L	36.2	57.5	11	0.95	Zetpol 2010 的低门尼型，适于挤出及注射成型
		Zetpol 2010H	36.2	>120	11	0.95	Zetpol 2000 的高门尼型，压缩永久变形低，耐磨性优异
		Zetpol 2011	36.2	80	18	0.95	用于密封件、皮带和油井部件，具有优异的耐热、耐臭氧性和动态性能，适用过氧化物硫化
		Zetpol 2020	36.2	78	28	0.95	用于密封件、皮带和油井部件，具有优异的耐热性和动态性能，适用过氧化物和硫黄硫化
		Zetpol 2020L	36.2	57.5	28	0.95	Zetpol 2020 的低门尼型，适于挤出及注射成型
		Zetpol 2030L	36.2	57.5	56	0.95	不饱和度最高的 HNBR，具有出色的动态性能，特别适用于胶辊和动态额油井部件，适用硫黄硫化
	耐低温	Zetpol 3300	23.6	80	<10	0.97	改良的低温性能（TR_{10}：−34℃），具有良好的耐油与低温性能的平衡，耐高温也同样出色，适用过氧化物硫化
		Zetpol 3310	23.6	80	15	0.97	
		Zetpol 4300	18.6	75	<10	0.98	改良的低温性能（TR_{10}：−37℃），耐热、耐油性能号，适用于寒冷地区的石油开采和汽车工业，适用过氧化物硫化
		Zetpol 4310	18.6	62	15	0.98	
		Zetpol 4320	18.6	60	27	0.98	改良的低温性能（TR_{10}：−37℃），耐热、耐油性能号，适用于寒冷地区的石油开采和汽车工业，硫黄与过氧化物均可硫化

3.8　氯丁橡胶（Polychloroprene Rubber，Chloroprene Rubber，Neoprene Rubber，Neoprene）

3.8.1　概述

氯丁橡胶以耐天候老化，兼顾优良的物理性能和化学耐油性能优越而著称。因此，氯丁橡胶广泛地应用于暴露在空气中，且需耐油、高力学性能、曲挠性能好的橡胶制品，如：胶管、输送带、传动带、电缆护套、防尘罩、减震垫、减震空气胶囊等。

（一）氯丁橡胶的分类

氯丁橡胶的分类如下：

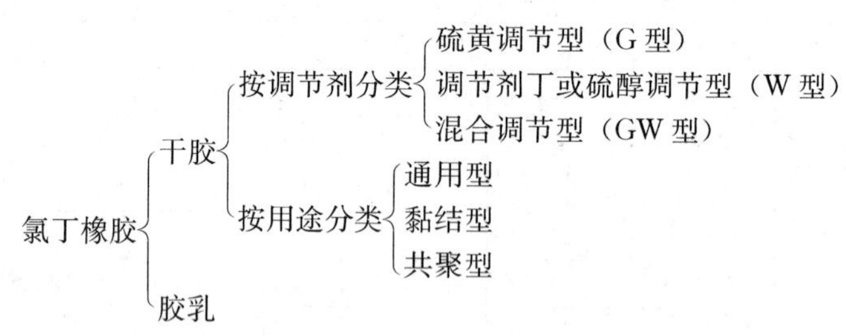

氯丁橡胶由2-氯-1，3-丁二烯采用乳液聚合得到。其单体生产方法有两种，即乙炔法和丁二烯法。乙炔法是将乙炔气体通入氯化亚铜、氯化铵络盐的溶液中，使之生成乙烯基乙炔（MVA），再降温到20～50℃，与盐酸作用制得氯丁二烯。丁二烯法是利用石油裂解产物C_4馏分中的丁二烯经氯化得到1，4-二氯丁烯和3，4-二氯丁烯，再使前者也异构化为3，4-二氯丁烯，脱氯化氢即得氯丁二烯。制得的氯丁二烯是无色、活泼的液体，沸点为59.4℃，密度为0.958 3 g·m^{-3}。

最初氯丁二烯的聚合是将精制的单体加热到20～100℃进行本体聚合，后改为溶液法聚合，现在都用淤浆法聚合。此法采用松香酸皂为乳化剂（3～5份）、过硫酸盐（0.2～1.0份）作引发剂，用硫黄（0.5～0.7份）、二硫化四甲基秋兰姆或硫醇作为调节剂。

氯丁橡胶干胶有以下几种分类方式。

1. 按分子量调节剂分

（1）硫黄调节型

硫黄调节型也称通用型或G型，用硫黄及秋兰姆做相对分子质量调节剂，聚合温度约为40℃，相对分子质量约为10万，分布较宽；

硫调型结构式：

$$\left(CH_2-\overset{\overset{\large Cl}{|}}{C}=CH-CH_2 \right)_n S_x-$$

其中，x=2～6，n=80～110。

国产G型CR的牌号如CR121等。

（2）非硫调节型

非硫调节型即W型，用调节剂丁或硫醇作相对分子质量调节剂，聚合温度在10℃以下，相对分子质量为20万左右，分布较窄，分子结构比G型更规整，1，2结构含量较少；

非硫调节型结构式：

$$\left(CH_2-\overset{\overset{\large Cl}{|}}{C}=CH-CH_2 \right)_n$$

国产W型CR的牌号如CR321、CR322等。

（3）混合调节型

混合调节型，也称GW型。

硫黄调节型CR分子内含有多硫键，此键不稳定，所得CR稳定性差，易粘辊；非硫调节型CR稳定性好，耐热性、加工性和填充性能均优于硫调节型CR。如表1.1.3-146所示为硫黄调节型与非硫调节型CR的特性比较。

表1.1.3-146　硫黄调节型与非硫调节型CR的特性比较

项目		硫黄调节型	非硫调节型
生胶	储存稳定性	差	好
	塑炼效果	大	小
加工性	黏合性	强	弱
	与布、金属的黏合性	优秀	良好
	硫化速度	速度快，无促进剂也可硫化	必须使用促进剂
	压出性能	平滑但易变形	变形小

续表

项目		硫黄调节型	非硫调节型
物理机械性能	伸长率	优	良
	拉伸强度	优～良	良
	抗撕裂性	优	良
	回弹性	优	良
	耐屈挠性	优	良
	压缩变形	可	优
	耐热性	良	优
	耐候性	良	良

2. 按用途分

（1）通用型

（2）易加工型（预交联型）CR[39]

易加工型CR，也称预交联型CR，是近年来发展的一种性能优良的新型CR，如阿朗新科的拜耳平114、拜耳平214、拜耳平215，美国杜邦公司的Neoprene Tw和日本电器化学株式会社的Denka Chloroprene EM－40等。易加工型CR是由凝胶型CR与溶胶型CR乳液共混而成，凝胶型CR是在制造CR胶乳时加入一定量的交联剂，使CR产生交联，形成预凝胶体。由于凝胶的存在，使易加工型CR具有以下特性：①胶料混炼快，混炼过程生热小，不粘辊；②挤出和压延速度比CR 230快50%，挤出口型膨胀率和轧炼收缩率低；③挤出产品表面光滑；④硫化时模内流动性好。

（3）耐寒CR[39]

CR分子内聚力较大，限制了分子的热运动，特别是在低温下，热运动更加困难，产生结晶，在拉伸变形后难以恢复原状，失去弹性甚至脆断，因此耐寒性不好。虽然可以通过添加增塑剂来提高其耐寒性，但在使用中，特别是在温度较高的条件下使用，增塑剂迁移或抽出后，仍表现出较差的耐寒性。国外典型的耐寒CR有美国杜邦公司和日本昭和电工-杜邦公司的Neoprene WRT和Neoprene WXJ、日本电化公司的Denka Chloroprene S40V等。

我国近几年研制和试生产的DCR－213也是一种很好的耐寒CR，适用于耐寒制品。DCR－213是氯丁二烯与二氯丁二烯共聚物，由于在聚氯丁二烯分子链上引入2，3－二氯丁二烯1，3单元，破坏了聚氯丁二烯的规整性，显示出优良的抗结晶性能，它在低温下的硬度增大值明显低于LDJ－120和LDJ－230，其各项性能均与美国Neoprene WRT相当。

（4）黏结剂用CR

CR具有优异的耐候性，在众多有机溶剂和混合溶剂中具有良好的溶解性，还具有较高的结晶趋势，与大量的材料都具有优异的黏合性，也可与柔软的基体（如橡胶、海绵、皮革）等形成软胶层，因此特别适合生产溶剂型接触黏结剂。接触黏结工艺在两个基体表面涂布黏结剂，短暂的表面干燥后，即可在黏结剂的开放时间（接触黏结时间）内通过试压将两个基体粘连。CR溶剂型黏结剂黏结后具有很高的初始强度，因此黏结后可立刻开始其他操作，黏结剂固化前一般无须对其固定。黏结时施加的压力会影响初始强度和开放时间。施加的压力越大，则初始强度越高，接触黏结时间越长，如图1.1.3－23所示。

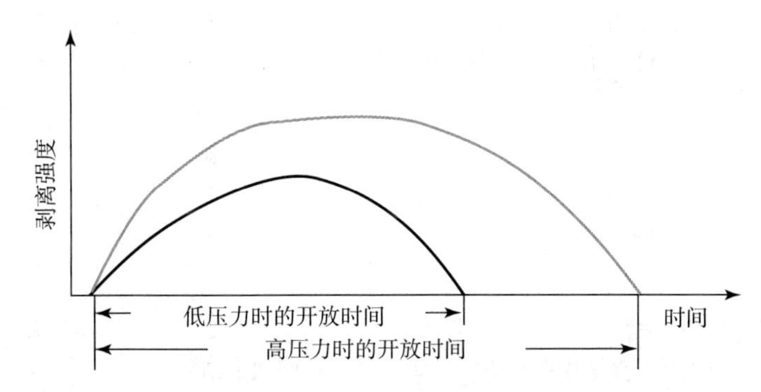

图1.1.3－23 初始强度和开放时间与黏结时施加的压力之间的关系

选择合适的溶剂或混合溶剂时，需根据溶剂的环保与危险性、黏结剂的黏度、黏结剂与加入的交联剂的相容性、低温储存性能、含树脂的黏结剂在储存时的相分离、基体表面的润湿性、胶膜的干燥、胶膜的开放时间、黏结的固化时间等因素综合考虑。

黏结剂的配方中需加入氧化锌与氧化镁作为吸酸剂，提高黏结强度。加入树脂可以延长接触黏结时间和瞬时黏性。氧化镁与烷基酚醛树脂并用，还可提高黏结层的耐温性。CR溶剂型接触黏结剂还可与异氰酸酯并用组成双组分黏结剂，可获得更高的内聚力、更好的耐热性，与难粘表面也具有很好的黏结性。部分快速结晶型CR产品也适合接枝甲基丙烯酸甲酯（MMA），通过接枝MMA，可提高与增塑PVC的黏结性。

（5）特殊用途的氯丁橡胶

指专用于耐油、耐寒或其他特殊场合的氯丁橡胶。包括氯苯橡胶、氯丙橡胶等。氯苯橡胶：2-氯-1，3-丁二烯和苯乙烯（Styrene）的共聚物，引入Styrene使聚合物获得优异的抗结晶性，以改善耐寒性（不改善玻璃化温度），用于耐寒制品；氯丙橡胶：2-氯-1，3-丁二烯和丙烯腈（Acrylonitrile）的非硫调节共聚物，Acrylonitrile掺聚量有5%、10%、20%、30%不等，引入Acrylonitrile增加聚合物的极性，提高耐油性。

新型CR的结构与性能及用途见表1.1.3-147。

表1.1.3-147　新型CR的结构与性能及用途一览表

CR新品种	结构	性能	用途
耐热CR	反式-1，4结构质量分数高，聚合中引入第二单体MMA或引进2，3—DCB（2，3-二氯-1，3丁二烯）更好	耐热、阻燃	汽车安全气囊
耐寒CR	2，3—DCB和CP（2-氯-1，3-丁二烯）的共聚物，分子链规整性降低	抗结晶性、耐寒性好	汽车密封件及其他耐寒制品
耐油CR	丙烯腈质量分数为0.10～0.20的共聚型CR	耐油性好	耐油的电缆、胶带等
凝胶型CR	分子量大，支链多，不结晶	弹性、耐磨性好，收缩小，但加工困难	透明鞋底及加工助剂
AG型CR	超高分子量，存在凝胶，塑炼也不起变化	高强力搅拌，低压喷涂，不挂丝	增大喷涂黏合力
软型CR	硫调型，分子量小	柔软、溶解度高	高含胶率低粘溶剂型黏合剂
古塔波型CR	分子量小，高反式结构，结晶快，结晶度高，黏度低	常温下硬度高，加工方便	代替古塔波胶作黏合剂
膏状CR	非硫调型，分子量很小	常温系固体，50℃以上流体	无溶剂嵌缝剂、软化剂
液体CR	活性端基，分子量很小	阻燃性液体、良好的耐腐蚀性	修补材料、反应性增塑剂、耐燃涂料

3．其他分类方式

CR按结晶速度和程度大小分为快速结晶型、中等结晶型和慢结晶型。硫调型的CR结晶能力低，非硫调型的结晶能力中等，CR2481、CR2482、AC、AD等黏接型的CR结晶能力强。

CR按门尼黏度高低分为高门尼型、中门尼型和低门尼型。

CR按所用防老剂种类分为污染型和非污染型。

（二）氯丁橡胶的基本特性

氯丁橡胶分子链有线型、支化和交联3种结构，相对分子质量分布很宽，在10万～20万，一般在－40℃左右发生玻璃化转变，70～90℃发生黏流化转变。CR主要是1，4-聚合，其中反式1，4-聚合链节约占85%，顺式1，4-聚合链节约占10%，此外，1，2-聚合链节约占1.5%，3，4-聚合链节约占1%。反式1，4-聚合链节链结构规整，含量越高，结晶能力越强；顺式1，4-聚合链节柔顺，使材料弹性增大；1，2-聚合链节上有叔烯丙基氯，很不稳定，是硫化时的活性点。

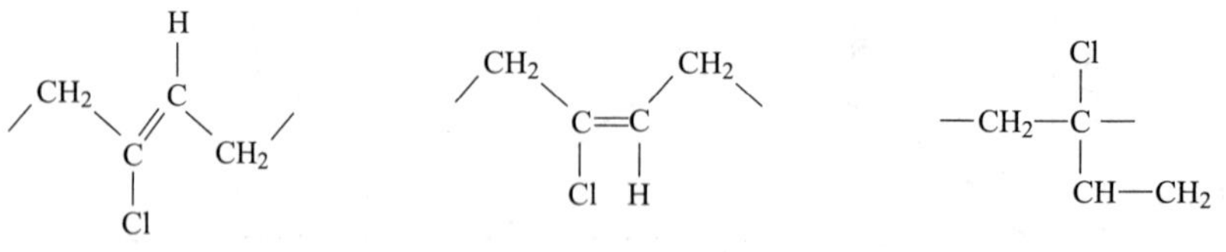

$$\diagup CH_2 \diagdown C(Cl)=C(H) \diagup CH_2 \diagdown \qquad \diagup CH_2 \diagdown C(Cl)=C(H) \diagdown CH_2 \diagup \qquad -CH_2-C(Cl)(CH=CH_2)-$$

反式1，4-聚合链节　　　顺式1，4-聚合链节　　　1，2-聚合链节

CR大分子链上有97.5%的Cl原子直接连在有双键的碳原子上，即如下结构：

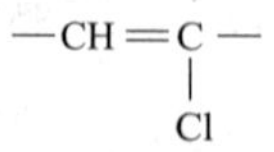

$$-CH=\underset{\displaystyle Cl}{\underset{|}{C}}-$$

Cl的吸电性使得双键及Cl原子变得极为不活泼，不易发生化学反应，所以它不能用硫黄硫化体系进行硫化，耐老化性、耐臭氧老化性能比一般的不饱和橡胶要好得多。但CR中1.5%的1，2-聚合链节，形成了叔碳烯丙基氯结构，这种结构中的Cl原子很活泼，易发生反应，为CR提供了交联点，使其可以用金属氧化物（氧化锌ZnO、氧化镁MgO）进行硫化。这是因为交联反应中脱Cl后生成的烯丙基正碳离子形成缺电子的p—π共轭，分散了正电荷，使该正碳离子稳定性增强，使交联反应得以进行。

一般来讲，Cl的反应活性按下图的顺序递增：

$$CH_2{=}CH{-}Cl \quad CH_2{=}\underset{}{\overset{Cl}{\overset{|}{C}}}{-}CH_3 \quad CH_2{-}CH{-}CH_2{-}Cl \quad CH_2{-}CH{-}\underset{\underset{CH_3}{|}}{\overset{\overset{Cl}{|}}{C}}{-}CH_3$$

$\xrightarrow{\text{氯的反应活性增加}}$

CR虽然属于不饱和橡胶，大分子链上每4个碳原子就有一个双键，但如前所述，其双键极不活泼，所以它的性能介于饱和和不饱和橡胶之间，具有良好的耐老化性能，其耐老化和耐臭氧性能优于NR、SBR、BR、NBR，仅次于EPM和IIR。

CR极性高且为结晶橡胶，具有自补强性，物理机械性能较好。氯丁橡胶（CR）的结晶能力高于天然橡胶、丁二烯橡胶、丁基橡胶，因为它的大分子链上像古塔波胶一样含有反式-1，4结构，其等同周期为一个单元长度，易于结晶。CR生胶的结晶温度范围为－35～＋50℃，最大结晶速度的温度为－12℃。－40℃聚合的CR的结晶量约为38%，其熔点 T_m 约为＋73℃；＋40℃聚合的CR的结晶量约为12%，其熔点 T_m 约为＋45℃。结晶程度对于橡胶的加工及应用都有重要的影响，一般未硫化橡胶在长期存放后，便会产生结晶。CR硫化胶的结晶范围为－5～＋21℃，0℃下很快结晶，升温会可逆地熔晶。

CR的主要性能特点包括：

①硫黄调节型可塑解，硫化快，易焦烧；非硫黄调节型不可塑解，硫化慢，加工安全，需加硫化促进剂，促进剂一般使用取代硫脲（如亚乙基硫脲即促进剂Na－22）；②耐燃性能好，CR的氧指数为38～41，硫化胶的氧指数可达57，离火自熄，为高难燃材料；③具有较好的自黏性和互黏性；④良好的耐油性能，但耐油性不如NBR；⑤良好的耐疲劳性能，可用于同步带、齿形带；⑥气密性比一般合成橡胶高；⑦较差的低温性能，CR的最低使用温度为－30℃，但在油中的耐低温性能优于ACM、CPE、高ACN含量的NBR和FKM，因为它在低温下结晶；⑧电绝缘性能差；⑨相对密度较大，一般为1.23，混炼容量应适当减小。

CR的储存稳定性是个独特的问题，30℃下硫调型的可以存放10个月，非硫调型的可以存放40个月，存放时间长，容易出现变硬、塑性下降、焦烧时间短、流动性下降、压出表面不光滑等现象。其根本原因在于存放过程发生了生胶的交联，生胶从线型的α型向支化及交联的μ型变化。硫调型CR的分子链中存在有多硫键，在一定条件下易断裂生成新的活性基团引发交联，所以储存期比非硫调型的更短。

氯丁橡胶最主要的特点是物理机械性能高、抗疲劳、耐油、耐候、耐热空气老化、耐臭氧、抗紫外线，良好的耐化学药品性能，较高的气密性，良好的耐磨性与良好的阻燃性，在宽广温度下良好的动态性能，可在120℃下长期使用。中低度结晶倾向的牌号适用于各种类型需要承受高应力的模压和挤出制品，特别适合户外产品，如汽车、家电、模压制品及其他工业制品等领域，包括增强型胶管、胶辊、皮带（传动带和输送带）、防尘罩、波纹管、空气弹簧、减震器、低压电缆的护套和绝缘层、海绵橡胶（包括开孔和闭孔海绵橡胶）、防腐衬里、汽车雨刷条以及布上涂胶和鞋靴等。

未来氯丁橡胶产品的发展变化，或将因应以下变化：①汽车产品的高科技化以及安全、卫生和环保观念的强化，部分通用牌号将被特殊牌号所代替，如ETU促进剂因其致癌性必然要被卫生和安全的促进剂MTT所取代，进而必须选用能够适应MTT硫化的GF系列氯丁橡胶；② 橡胶机械设备向更自动化、更可靠方向发展，效率不断提高，对工艺技术与原材料提出了新的要求，如模压制品由传统的模压法向注射法转移，使应用对加工性能好、焦烧时间长、不粘辊胶料的需求增加，对流动性好的注射型胶料尤为关注；③高端技术的发展需要更多特高物性、耐低温的产品。

（三）氯丁橡胶的配合与工艺特点

CR要用金属氧化物硫化，如用ZnO 5份，MgO 4份。炭黑对CR的补强作用不是很明显，对非硫调型的相对要好一些。一般使用石油系的增塑剂，石蜡油一般用5份以下，环烷油一般用20～25份，芳烃油可以达到50份，要求耐寒性好则用酯类增塑，要求阻燃则用磷酸酯类。增黏体系一般选用古马隆、酚醛树脂、松焦油，对结晶性的非硫调型更需要。

一般的，根据产品物性及工艺要求，CR的配合方法可按其硫化体系分6种，见表1.1.3-148。

表1.1.3-148 CR的硫化体系

1	ZnO/MgO	4/5	高耐热 低压变
	ETU/MTT	0.5/1.5	
	MBTS or TMTD	0～1	
2	MTT	4～5	快速硫化
	Rhenogran BCA－80	0.5～1.5	
3	S	0.5～1	慢速硫化 低耐热
	TMTM/TMTD	0.5/1.5	
	DPG/DOTG	0.5/1.5	
4	ETU/MTT	1.5/2.5	超快硫化 连续硫化
	DETU/DPTU	0.5/1.5	
	ZDEC	0.5～1.5	

续表

5	S	0.1～1.5	与食品接触
	TMTM/TMTD	0.5/1.5	
	OBTG	0.1～1.5	
6	PbO	20	自硫化
	S	0～1	
	Aldyhyde amine	1.5～2.5	
	DPTU	1.5～2.5	

表 1.1.3－149 为主要防老剂对非硫黄调节型氯丁橡胶硫化胶的耐热、耐臭氧、耐候性的效果。对于氯丁橡胶的防老化，一元胺和二苯基胺类防老剂的效果较显著，但因这些防老剂具有迁移性污染，因此对于要求无污染性制品使用双酚类防老剂效果较好。例如使用防老剂 300 和防老剂 2246。此外，近年来对汽车用橡胶配方等的耐热、耐臭氧性的要求很高，以三（壬基苯基）亚磷酸酯 2 份与二苯胺二异丁烯反应产物或者二甲基苄基二苯胺 4 份并用，可获得最佳耐热性效果。

表 1.1.3－149　主要防老剂对氯丁橡胶的防老效果对比

商品名	化学名称	耐热性	耐候性	耐臭氧性
防老剂 C（防老剂 AH 或 AP）	α-羟基丁醛-α-萘胺	4	2	4
防老剂 DTPD（3100、DPA）	N，N′-二苯基对苯二胺	3	5	5
防老剂 A（甲）	N-苯基-α-萘胺	5	5	4
防老剂 4010NA	N-异丙基-N′-苯基对苯二胺	2	4	5
防老剂 TMQ（RD）	2，2，4-三甲基-1，2-二氢化喹啉聚合物	2	2	5
防老剂 500	防老剂 A 与防老剂 H 的混合物	5	4	5
抗氧剂 DAPD（防老剂 WT－100）	二芳基对苯二胺混合物	4	2	5
防老剂 APN	丙酮和苯基-β-萘胺的低温反应产物	3	2	4
防老剂 NBC	二丁基二硫代氨基甲酸镍	4	4	3
防老剂 AZ（促进剂 AZ）	N，N-二乙基-2-苯并噻唑次磺酰胺	2	4	5
防老剂 AW	6-乙氧基-2，2，4-三甲基-1，2-二氢化喹啉	2	2	3
防老剂 3M	促进剂 DM 与 N-乙氧基-二硫代氨基甲酸吗啉反应物	1	2	1
防老剂 NS－11（TBTU）	三丁基硫脲	2	1	2
防老剂 NS－10－N	1，3-双（二甲基氨基丙基）-2-硫脲	1	1	2
防老剂 BOUR	化学组成不明，根据日本特许 471587 号生产	2	1	2
防老剂 264（防老剂 200）	2，6-二叔丁基-4-甲基苯酚	3	3	2
抗氧剂 300R（防老剂 BTH、300）	4，4-硫代双（3-甲基-6-叔丁基苯酚）	4	4	4
防老剂 SP	苯乙烯苯酚	2	2	1
防老剂 AFC	苯并呋喃衍生物（具体成分不明）	4	3	4
防老剂 2246	2，2′-亚甲基-双（4-甲基-6-叔丁基苯酚）	5	5	4

注：1—无作用或副作用，2—稍有效果，3—有效果，4—用量大有效果，5—用量少效果很大。配方：电化氯丁（M－40）100、防老剂 1～5、MgO 4、ZnO 5、促进剂 Na－22 0.35。

硫调型 CR 用低温塑炼可取得可塑度，但非硫调型的塑炼效果不大。硫调型未硫化 CR 的弹性态在室温至 71℃间，非硫调型未硫化 CR 的弹性态在室温至 79℃间，NR 在室温到 100℃间；CR 的黏流态温度在 93℃以上，而 NR 在 135℃以上。CR 的炼胶温度应低于 NR；CR 炼胶时生热大，需注意冷却；加 MgO 时温度以约 50℃为宜；加入石蜡、凡士林等有助于解决 CR 的黏辊问题。CR 的最宜硫化温度为 150℃左右，但因 CR 硫化不返原，所以也可以采用 170～230℃的高温硫化。

3.8.2　氯丁橡胶的技术标准与工程应用

按照《合成橡胶牌号规范》(GB/T 5577—2008)，国产氯丁的主要牌号见表 1.1.3－150。

表 1.1.3－150　国产氯丁橡胶的主要牌号

牌号	调节剂	结晶速度	分散剂	防老剂对橡胶的变色性	门尼黏度［ML(1+4)100℃］	备注
CR1211	硫	低	石油磺酸钠	变	20～40	—
CR1212	硫	低	石油磺酸钠	变	41～60	—
CR1213	硫	低	石油磺酸钠	变	61～75	—

续表

牌号	调节剂	结晶速度	分散剂	防老剂对橡胶的变色性	门尼黏度[ML(1+4)100℃]	备注
CR1221	硫	低	石油磺酸钠	不变	20～40	
CR1222	硫	低	石油磺酸钠	不变	41～60	
CR1223	硫	低	石油磺酸钠	不变	61～75	
CR2321	调节剂丁	中	石油磺酸钠	不变	35～45	
CR2322	调节剂丁	中	石油磺酸钠	不变	45～55	
CR 2323	调节剂丁	中	石油磺酸钠	不变	56～70	
CR2341	调节剂丁	中	二萘基甲烷磺酸钠	不变	—	65～90
CR2342	调节剂丁	中	二萘基甲烷磺酸钠	不变	—	91～125
CR2343	调节剂丁	中	二萘基甲烷磺酸钠	不变	—	126～155
CR2441	调节剂丁	高	二萘基甲烷磺酸钠	不变	1 000～3 000	溶液黏度(MPa)
CR2442	调节剂丁	高	二萘基甲烷磺酸钠	不变	3 001～7 000	
CR2443	调节剂丁	高	二萘基甲烷磺酸钠	不变	7 001～10 000	
CR2481	调节剂丁	高	二萘基甲烷磺酸钠	不变	1 000～3 000	
CR2482	调节剂丁	高	二萘基甲烷磺酸钠	不变	3 001～6 000	
CR3211	硫、调节剂丁	低	石油磺酸钠	变	25～40	—
CR3212	硫、调节剂丁	低	石油磺酸钠	变	41～60	—
CR3213	硫、调节剂丁	低	石油磺酸钠	变	61～80	—
CR3221	硫、调节剂丁	低	石油磺酸钠	不变	25～40	—
CR3222	硫、调节剂丁	低	石油磺酸钠	不变	41～60	—
CR3223	硫、调节剂丁	低	石油磺酸钠	不变	61～80	—
DCR2131	调节剂丁	微	二萘基甲烷磺酸钠	不变	35～45	—
DCR2132	调节剂丁	微	二萘基甲烷磺酸钠	不变	45～55	—
DCR1141	硫	微	二萘基甲烷磺酸钠	不变	30～45	—
DCR1142	硫	微	二萘基甲烷磺酸钠	不变	46～60	—

注：1. 第三位数表示分散剂及防老剂变色类型。

2. 1—石油磺酸钠（变），2—石油磺酸钠（不变），3—二萘基甲烷磺酸钠（变），4—二萘基甲烷磺酸钠（不变），6—中温聚合，8—接枝专用。

（一）氯丁橡胶的基础配方

《氯丁二烯橡胶（CR）评价方法》(GB/T 21462—2008) MOD ASTM D3190—2000 中规定的标准试验配方见表 1. 1. 3 - 151。

表 1. 1. 3 - 151 氯丁橡胶（CR）标准试验配方

配方	1	2	3	4
氯丁二烯橡胶 硫黄调节型 硫醇调节型	100. 00 —	100. 00 —	— 100. 00	— 100. 00
硬脂酸	0. 50	0. 50	—	—
氧化镁[a]	4. 00	4. 00	4. 00	4. 00
工业参比炭黑（IRB）No. 7	—	25. 00	—	25. 00
氧化锌	5. 00	5. 00	5. 00	5. 00
3-甲基噻唑啉-2 硫酮占交联剂的 80%	—	—	0. 45	0. 45
总计	109. 50	134. 50	109. 45	134. 45
投料系数[b]				
实验室用开炼机	3. 00	3. 00	3. 00	3. 00
MIM（Cam 机头）	0. 76	0. 63	0. 76	0. 63
MIM（Banbury 机头）	0. 65	0. 54	0. 65	0. 54

注：a. 碘吸附值（80～100）$mgI_2 \cdot g^{-1}$，纯度≥92%。

b. 对于 MIM，橡胶、炭黑精确到 0. 01 g，配合剂精确到 0. 001 g。

氯丁橡胶的其他试验配方见表 1. 1. 3 - 152。

表 1.1.3-152 氯丁橡胶（CR）的其他试验配方

原材料名称	ASTM 试验配方[a]				行业标准试验配方		其他试验配方				
	硫黄调节型		非硫调节型		国标硫调型[b]	国标混合型[c]	原材料名称	W 型纯胶配合	W 型填料配合	G 型纯胶配合	G 型填料配合
	纯胶配合	炭黑配合	纯胶配合	炭黑配合							
CR	100	100	100	100	100	100	CR	100	100	100	100
氧化镁	4	4	4	4	4	4	氧化锌	5	5	5	5
硬脂酸	0.5	0.5	—	—	0.5	0.5	硬脂酸	0.5	0.5	0.5	0.5
炭黑 SRF	—	30	—	30	—	—	氧化镁	4	4	4	4
氧化锌	5	5	5	5	5	5	促进剂 Na-22	0.5	0.5		
促进剂 Na-22	—	—	0.35	0.35	—	—	防老剂 PA	1	1	1	1
防老剂 PBN	—	—	1	1	—	—	SRF	—	30	—	30
硫化条件	150℃×10 min、20 min、40 min				—	—	硫化条件	153℃×30 min			

注：a. 详见 GB/T 14647—93 附录 A。
b. 详见 GB/T 15257—94 附录 A。

（二）氯丁橡胶硫化试片制样程序

氯丁橡胶硫化试片的制样方法见表 1.1.3-153，详见《氯丁二烯橡胶（CR）评价方法》（GB/T 21462—2008）MOD ASTM D3190—2000，适用于硫黄调节型、硫醇调节型和其他调节型的氯丁二烯橡胶。《氯丁橡胶（CR）通用型评价方法》（ISO 2475：1999）规定了使用炭黑的评价方法及开炼法、小型密炼机法两种混炼方法。

开炼法 A 适用于配方 1 和配方 2，开炼法 B 适用于配方 3 和配方 4；小型密炼机法适用于所有配方；实验室用本伯里密炼机混炼法适用于所有配方。这些方法会得出不同的结果。

表 1.1.3-153 氯丁橡胶硫化试片制样程序

开炼机法的生胶塑炼与制备		
调节开炼机辊温为 50±5℃，辊距为 1.5 mm，将 320 g 橡胶在慢辊上包辊，塑炼 6 min，根据需要作 3/4 割刀 3～5 次，调节辊距，使堆积胶高度约为 12 mm。如果胶料粘辊，辊温可设定为 45±5℃。 下片，将胶料冷却至室温，称取 300 g 胶料		
开炼法 A：适用于配方 1 和配方 2 的操作程序（硫黄调节型 CR）		
概述：①混炼、称量和硫化程序的一般要求，按照 GB/T 6038—2006 规定进行。 ②混炼期间保持辊温 50±5℃。混炼期间如果粘辊，可保持辊温 45±5℃		
程序	持续时间/min	
	非填充炭黑	填充炭黑
a）设定辊距为 1.5 mm，加入制备好的 300 g 胶料，并保持辊筒间有适量的堆积胶。	1	1
b）加入硬脂酸。	1	1
c）沿辊筒缓慢而均匀地加入氧化镁，作 3/4 割刀一次，在加入炭黑前确保氧化镁完全混入。	2	2
d）加入炭黑，调节辊距使其保持一定的堆积胶。	…	5
e）加入氧化锌。	2	2
f）交替从两边作 3/4 割刀三次。	2	2
g）下片。设定辊距为 0.8 mm，将混炼胶打卷纵向薄通六次。	2	2
总时间	10	15
h）调节辊距，制备厚度约为 6 mm 的胶片，将胶料折叠起来再过辊四次。 i）检查胶料质量并记录，对于填充炭黑的胶料如果胶料质量与理论值之差超过 0.5%，对于未填充炭黑的胶料如果胶料质量与理论值之差超过 0.3%，则弃去此胶料并重新混炼。 j）切取试片按照作废规定测定焦烧时间，混炼后 1～2 h 内应进行试验，采用大转子，试验温度为 125±1℃。如果需要测定硫化特性，按照作废或 GB/T 16584—1996 进行，试验前试片应在 23±3℃下调节 1～24 h。 k）如果需要进行应力-应变试验，设定开炼机辊温为 50±5℃，调节辊距，以相同的方向将折叠胶过辊四次，以获得延压效应，将胶料压成约为 2.2 mm 厚的试片，放在平坦、干燥的金属板上冷却		
开炼法 B：适用于配方 3 和配方 4 的操作程序（硫醇调节型 CR）		
概述：①混炼、称量和硫化程序的一般要求，按照 GB/T 6038—2006 规定进行。 ②混炼期间保持辊温 50±5℃。混炼期间如果粘辊，可保持辊温 45±5℃		

续表

程序	持续时间/min	
	非填充炭黑	填充炭黑
a）设定辊距为 1.5 mm，加入制备好的 300 g 胶料，并保持辊筒间有适量的堆积胶。	1	1
b）沿辊筒缓慢而均匀地加入氧化镁，作 3/4 割刀一次，在加入下一种材料之前确保氧化镁完全混入。	2	2
c）加入炭黑，调节辊距使其保持一定的堆积胶。	…	5
d）加入氧化锌。	2	2
e）加入交联剂。	1	1
f）交替从两边作 3/4 割刀三次。	2	2
g）下片。设定辊距为 0.8 mm，将混炼胶打卷纵向薄通六次。	2	2
总时间	10	15
h）调节辊距，制备厚度约为 6 mm 的胶片，将胶料折叠起来再过辊四次。 i）检查胶料质量并记录，对于填充炭黑的胶料如果胶料质量与理论值之差超过 0.5%，对于未填充炭黑的胶料如果胶料质量与理论值之差超过 0.3%，则弃去此胶料并重新混炼。 j）切取试片按照作废规定测定焦烧时间，混炼后 1～2h 内应进行试验，采用大转子，试验温度为 125±1℃。如果需要测定硫化特性，按照 GB/T 9869—1997 或作废进行，试验前试片应在 23±3℃下调节 1～24 h。 k）如果需要进行应力-应变试验，设定开炼机辊温为 50±5℃，调节辊距，以相同的方向将折叠胶过辊四次，以获得延压效应，将胶料压成约为 2.2 mm 厚的试片，放在平坦、干燥的金属板上冷却		

小型密闭式混炼机（MIM）操作程序——适用于所有配方
概述：①对于一般的混炼和硫化过程，按照 GB/T 6038—2006 规定进行。 ②MIM 机头温度保持在 60±3℃，转速保持在 6.3～6.6 rad/s（60～63 r/min）
制备生胶 将橡胶切成小块，粗略称量，装入混炼室，放下上顶栓，开始计时，塑炼橡胶 6 min。 关掉转子，升起上顶栓，打开混炼室，卸下胶料。 将橡胶切成小块，冷却到室温，混炼之前再称量

程序	持续时间/min	
	非填充炭黑	填充炭黑
a）将制备好的橡胶装入混炼室，放下上顶栓，开始计时。	0	0
b）橡胶塑炼。	1	1
c）升起上顶栓，加入预先混合的配合剂，小心加入，避免损失，清扫进料口，放下上顶栓。	2	1
d）升起上顶栓，加入炭黑，放下上顶栓，开始混炼。	…	7
总时间	3	9
e）关掉电机，升起上顶栓，打开混炼室，卸下胶料。如果需要，记录胶料的最高温度。 f）设定开炼机辊温为 50±5℃，辊距为 0.5 mm，使胶料过辊一次，然后再将辊距设定为 3 mm，过辊两次。 g）检查胶料质量并记录，对于填充炭黑的胶料如果胶料质量与理论值之差超过 0.5%，对于未填充炭黑的胶料如果胶料质量与理论值之差超过 0.3%，则弃去此胶料并重新混炼。 h）切取胶料，按照作废或作废测定硫化特性，试验前，试样应在 23±3℃下调节 1～24 h。 i）如果需要测定胶料的焦烧时间和（或）应力-应变，设定开炼机辊距为 0.8 mm，辊温为 50±5℃，使胶料打卷纵向薄通六次。 j）切取试片按照 GB/T 1233—1992 规定测定焦烧时间，混炼后 1～2 h 内应进行试验，采用大转子，试验温度为 125±1℃。 k）如果需要进行应力-应变试验，设定开炼机辊温为 50±5℃，调节辊距，以相同的方向将折叠胶过辊四次，以获得延压效应，将胶料压成约为 2.2 mm 厚的试片，放在平坦、干燥的金属板上冷却		

实验室用本伯里密炼机操作程序
概述：按照 GB/T 6038—2006 规定的一般要求进行

程序	持续时间/min	累计时间/min
初混炼		
a）设定密炼机温度 170℃，关闭卸料口，以 8.1 rad/s（77 r/min）启动电机，升高上顶栓。	0	0
b）加入一半的橡胶及全部的氧化锌、炭黑、硬脂酸，然后再加入另一半橡胶，放下上顶栓。	0.5	0.5
c）混炼胶料。	3.0	3.5
d）升起上顶栓，清扫混炼机颈口及上顶栓顶部，放下上顶栓。	0.5	4.0
e）当混炼胶温度达到 170℃，或混炼总时间达到 6 min，即可卸下胶料。	2.0	6.0
f）检查胶料质量并记录，如果胶料质量与理论值之差超过 0.5%，则弃去此胶料。 g）设定开炼机辊温为 50±5℃，辊距为 6.0 mm，立即将此胶料通过开炼机三次。 h）胶料调节 1～24 h		

续表

程序	持续时间/min	累计时间/min
终混炼 a）关掉蒸汽，转子上通足够的冷却水使密炼机温度冷却到40±5℃，以8.1 rad/s（77 r/min）的转速启动转子，升高上顶栓。 b）加料前将所有的硫黄、促进剂卷入一半的母炼胶中，然后再加入剩下的另一半胶料，放下上顶栓。	0.5	0.5
c）当胶料温度达到110±5℃，或混炼总时间达到6 min，即可卸下胶料。 d）检查胶料质量并记录，如果胶料质量与理论值之差超过0.5%，则弃去此胶料。	2.5	3.0
e）在辊温为40±5℃，辊距为0.8 mm的开炼机上，将胶料打卷纵向薄通六次。	2.0	5.0
f）调节辊距，将混炼胶压成约5 mm厚的胶片，使胶料折叠起来过辊四次。 g）取足够的样品，按照作废规定测定混炼胶门尼黏度，按照作废或GB/T 16584—1996规定测定硫化特性，试验前试片应在23±3℃下调节1～24 h。 h）如果需要进行应力-应变试验，设定开炼机辊温为50±5℃，调节辊距，以相同的方向将折叠胶过辊四次，以获得延压效应，将胶料压成约为2.2 mm厚的试片，放在平坦、干燥的金属板上冷却。	1.0	6.0

（三）氯丁橡胶的技术标准

氯丁橡胶的典型技术指标见表1.1.3-154。

表 1.1.3-154　氯丁橡胶的典型技术指标

氯丁橡胶的典型技术指标			
项目	指标	项目	指标
聚合形式	加成聚合	平均分子量	
聚合方式	自由基	$\overline{Mw}$（$\times 10^{4}$g/mol	11～22）
聚合体系	乳液	$\overline{Mn}$（$\times 10^{4}$g/mol	16～72）
化学结构（氯丁二烯单元）	（聚合温度10℃）	门尼黏度[ML(1+4)100℃]	34～89
反式-1，4结构/%	85	相对密度	1.20～1.25
顺式-1，4结构/%	9	玻璃化温度 T_g/℃	−45
1，2-加成/%	1.1	熔点（反式-1，4结构95%)/℃	70～80
3，4-加成/%	1.0	线膨胀系数（T_g 以上)/($\times 10^{-4}$ · ℃$^{-1}$)	2.0
比热容/(J · g^{-1} · ℃$^{-1}$)	2.2	折射率（25℃）	1.558
氯丁橡胶硫化胶的典型技术指标			
项目	指标	项目	指标
弹性模量（静态)/MPa	2.9～4.9	压缩永久变形（100℃×22h)/%	9～42
剪切模量（动态)/MPa		回弹性/%	55～68
50～100 Hz	0.04	耐磨性/(cm^{3} · hp^{-1} · h^{-1})[a]	410～550
1.5 kHz	0.09	耐屈挠龟裂（德墨西亚)/kHz	220～410
300%定伸应力/MPa	18.6～24.5	耐老化（100℃×96 h） 伸长率变化率/%	−18～−10
拉伸强度/MPa	22.5～24.5	耐臭氧老化（50pphm，20%伸长）	96 h出现龟裂
拉断伸长率/%	260～850	介电损耗角正切（1 kHz）	0.02～0.058
撕裂强度/(kN · m^{-1})	42～64	介电强度/(kV · mm^{-1})	1.2～29.6
硬度（IRHD）	70～88	体积电阻率/(Ω · cm)	1×10^{8}～2×10^{13}

注：a. 1hp=735.5 w；详见于清溪、吕百龄，等. 橡胶原材料手册［M］. 2版. 北京：化学工业出版社，2007：98。

（1）氯丁二烯橡胶CR 121

《氯丁二烯橡胶CR121、CR122》（GB/T 14647—2008）适用于以氯丁二烯为单体，硫黄为分子量调节剂，经乳液聚合而制得的CR121、CR122。质量保证期自生产之日起20℃以下保质期为一年，30℃以下保质期为半年。CR121、CR122技术指标见表1.1.3-155。

表 1.1.3-155　CR121、CR122 技术指标

项目	优级品	一级品	合格品
门尼焦烧 MS t_5/min	30～60	≥25	≥20
拉伸强度（≥)/MPa	24.0	22.0	20.0

续表

项目	优级品	一级品	合格品
扯断伸长率（≥）/%	900	850	800
500%定伸应力（≥）/MPa	2	2	2
挥发分质量分数/%	1.2	1.3	1.5
灰分质量分数/%	1.0	1.3	1.5

（2）氯丁二烯橡胶 CR 244

《氯丁二烯橡胶 CR 244》（HG/T 3316—2014）适用于以氯丁二烯为单体、松香皂为乳化剂，经低温乳液聚合而制得的非硫调、非污染的氯丁二烯橡胶，CR 244 技术指标见表 1.1.3-156。质量保证期自生产之日起 20℃以下保质期为一年，30℃以下保质期为半年。

表 1.1.3-156 CR 244 技术指标

项目		优等品	一等品	合格品
5%甲苯溶液黏度/(mPa·s)	CR2441	25～34		
	CR2442	35～53		
	CR2443	54～75		
	CR2444	76～115		
剥离强度(≥)/(N·cm^{-1})		90	80	75
挥发分（≤）/%		0.8	1.0	1.2

（3）混合调节型氯丁橡胶 CR321、CR322

《混合调节型氯丁橡胶 CR321、CR322》（GB/T 15257—2008）适用于以氯丁二烯为单体，硫黄和调节剂丁为相对分子质量调节剂，经乳液聚合而制得的氯丁橡胶 CR321、CR322。质量保证期自生产之日起 20℃以下保质期为一年，30℃以下保质期为半年。CR321、CR322 技术指标见表 1.1.3-157。

表 1.1.3-157 CR321、CR322 技术指标

项目		优等品	一等品	合格品
生胶门尼黏度[ML(1+4)100℃]	CR3211、CR3221	25～40		
	CR3212、CR3222	41～60		
	CR3213、CR3223	61～80		
焦烧时间 MS t_5（≥）/min		25	20	16
拉伸强度（≥）/MPa		25.0	22.0	20.0
500%定伸应力（≥）/MPa		2	2	2
扯断伸长率（≥）/%		900	850	800
挥发分质量分数（≤）/%		1.2	1.5	1.5
灰分质量分数（≤）/%		1.2	1.3	1.3

（四）氯丁橡胶的工程应用

1. 以非硫调节型、经黄原酸改性的典型产品 Baypren 126 为代表的模压制品牌号，耐高低温，炼胶不粘辊，不焦烧，门尼黏度稳定，工艺稳定，产品尺寸准确。模压制品牌号 CR 的基本配方见表 1.1.3-158。

表 1.1.3-158 模压制品牌号 CR 的基本配方

Baypren 126	100
MgO	4
ZnO	5
硬脂酸	0.5
防老剂 ODA	2.5
MB	1.5
N550	30
N774	40

续表

DOS	10
ETU-80	0.7～0.8
S	0.3～0.5
分散剂	1～3
防焦剂	0～2（通常不用）

该牌号橡胶应用广泛，特别在模压制品及高物化性能要求的产品上已成为不可取代的橡胶品种。

2. 以硫黄调节型产品 Baypren 711 为典型代表的压延、挤出牌号，与 Baypren 126 相比，其稳定性较差一些。但其动态性能更优，与织物或钢铁的黏合性更好。配方特点是：不必加硫黄（Baypren 126 要加少量硫黄）。压延、挤出牌号 CR 的基本配方见表 1.1.3-159。

表 1.1.3-159　压延、挤出牌号 CR 的基本配方

Baypren 711	100
MgO	4
ZnO	5
硬脂酸	0.5～1.0
炭黑	30～70
软化剂	5～20
加工助剂	1～5

为进一步提高氯丁橡胶的炼胶安全性，可用高活性的氧化镁代替普通 MgO，用活性 ZnO 代替普通 ZnO。另外，近年来橡胶加工助剂的应用越来越普遍，可考虑加分散剂：如莱茵散 42、FL、L/P 等。软化剂可用 DOP、DOS 或 NB-4 等。补强剂最常用的为炭黑，如 N330、N550、N774 等。根据不同的应用，也可用沉淀法白炭黑等。总之视具体产品性能要求和成本灵活选用。

3. 可用 MTT 代替 ETU 进行硫化的 Baypren GF 绿色环保牌号，可满足当今最严苛的欧盟安全和卫生法令。主要用于家电和电子、汽车等模压和注射氯丁橡胶制品。其配方特点是取代有致癌因素的 ETU 硫化促进剂而改用安全的新型助剂 MTT。绿色环保 CR 牌号的参考配方见表 1.1.3-160。

表 1.1.3-160　绿色环保 CR 牌号的参考配方

配方材料与项目	A	B	C	D
Baypren 110	100	70	50	
Baypren HP M010 VP	—	30	50	—
Baypren HP M01D VP	—	—	—	100
MgO（80%）	5.3	5.3	5.3	5.3
ZnO	5	5	5	5
硬脂酸	1	1	1	1
N 772	15	15	15	15
N 331	35	35	35	35
DOS	10	10	10	10
Aromatic plasticizer	10	10	10	10
DDA 70	1.5	1.5	1.5	1.5
MBTS 80	1.25	1.25	1.25	1.25
MTT 80	1	1	1	1
生胶门尼黏度[ML(1+4)100℃]	40	—	—	34
混炼胶门尼黏度[ML(1+4)100℃]	25	22	21	20
MSR	0.649	0.647	0.657	0.66
Rel. decay @ 30 s/%	3.9	4.0	4.0	3.8
MS t_5（120℃)/min	>50	>50	>50	>50
Monsanton-MDR 2000E（180℃×45 min）				
M_L/(dN·m)	0.6	0.5	0.5	0.5
M_H/(d·Nm)	9.5	6.1	5.3	5.2
t_{10}/min	3.3	2.5	2.7	1.5
t_{90}/min	16.7	15.9	16.2	5.8

续表

配方材料与项目	A	B	C	D
硫化胶物化性能（硫化条件：190℃×20 min）				
拉伸强度/MPa	17.5	15.7	15.6	15.2
扯断伸长率/%	402	410	422	413
硬度（邵尔 A）	54	52	51	51
70℃×70 h 压缩永久变形/%	16	17	17	14
热空气老化（100℃×7 d）				
拉伸强度变化率/%	−5.1	−0.6	−0.6	1.3
扯断伸长率变化率/%	−8.2	−5.4	−6.9	−3.9
硬度变化（邵尔 A）	6	7	7	6

4. 汽车防尘套用胶料配方

BAYPREN® 126 100.0，MgO（活性氧化镁）4.0，硬脂酸 0.5，防老剂 DDA 2.0，防老剂 Vulkanox 4020 2.0，防护蜡 Antilux 110 2.5，N－550 black 35.0，N－774 black 40.0，DOS 25.0，ZnO（活性氧化锌）5.0，促进剂 Rhenogran ETU－80 0.8，促进剂 Vulkacit Thiuram/C 0.8。合计 217.6。汽车防尘套用胶料物理机械性能见表 1.1.3－161。

表 1.1.3－161 汽车防尘套用胶料物理机械性能

	实测	性能指标
硬度（邵尔 A）	65	50～65
拉伸强度/MPa	16	＞13
拉断伸长率/%	300	＞300
耐臭氧		200 pphm
脆性温度/℃	—	＜－50

5. 减震空气胶囊胶料配方

BAYPREN® 126 100.0，聚丁二烯 5.0，MgO 4.0，硬脂酸 2.0，防老剂 SDPA 3.0，防老剂 Vulkanox 3100 2.0，沉淀法白炭黑 Silica 10.0，N 326 black 40.0，芳烃油 Aromatic oil 7.0，Adimoll DO（DEHA）10.0，活性 ZnO（Zinkoxyd Aktiv）5.0，硫化剂 Rhenocure CRV/LG 0.7。合计 188.7。

硫化胶的物理机械性能指标为：邵尔 A 硬度，60；拉伸强度，20MPa；拉断伸长率，525%。

6. 密封条胶料配方

BAYPREN 210 100.0，石蜡 7.0，MgO（活性）4.0，硬脂酸 0.5，防老剂 ODPA 2.0，防老剂 Vulkanox 3100 1.5，防老剂 Vulkanox MB－2 0.5，N 762 black 100.0，陶土 Nucap Clay 25.0，芳烃油 Aromatic oil 5.0，增塑剂 Plasticizer SC 12.0，ZnO（活性氧化锌）10.0，消泡剂 Desical P 5.0，促进剂 TMTU/TMTD 1.8/0.5。合计 274.8。

硫化胶的物理机械性能指标为：邵尔 A 硬度，78；拉伸强度，15MPa；拉断伸长率，230%。

7. 输送带胶料配方

AYPREN 210 100.0，Taktene 1203 8.0，MgO（活性）4.0，硬脂酸 1.0，防老剂 ODPA 2.0，防老剂 Vulkanox 3100 2.0，N 330 black 40.0，硼酸锌 Zinc borate 15.0，氢氧化铝 Hydrated Alumina 25.0，氯化石蜡 Chlorinated paraffin 15.0，三氧化二锑 Antimony oxide 5.0，PE 2.0，ZnO 5.0，S 0.5，促进剂 TMTM/DOTG 1.0/1.0。合计 226.5。

硫化胶的物理机械性能指标为：邵尔 A 硬度，68；拉伸强度，18MPa；拉断伸长率，475%。

3.8.3 氯丁橡胶的供应商

2010 年全球主要氯丁橡胶装置的生产能力见表 1.1.3－162：

表 1.1.3－162 全球主要 CR 装置的生产能力

公司		地点	能力/($t \cdot a^{-1}$)	生产方法	备注
欧洲	德国阿朗新科	德国道玛根	8	丁二烯氯化法	—
	法国埃尼	法国克拉克斯-帕特	(3.5)	丁二烯氯化法	已停产，装置卖给印度
	Nairit	亚美尼亚	(4.0)	乙炔法	装置搬到山西合成
美国	杜邦	路易斯安那州拉帕勒斯	7	丁二烯氯化法	—
		肯塔基州路易斯维尔	5	丁二烯氯化法	2007 年年底关闭该装置

续表

公司		地点	能力/(t·a⁻¹)	生产方法	备注
日本	电器化学	新泻	5	乙炔法	
	昭和制造	川崎	2.3	丁二烯氯化法	
	东曹公司	山 151	2.4	丁二烯氯化法	
中国	长寿化工	重庆	2.8	乙炔法	
	山西合成	山西大同	2.5	乙炔法	
	山纳	山西大同	3	乙炔法	
全球氯丁橡胶生产能力合计			38		

注：括号内生产能力不计。

表 1.1.3-163 为不同供应商氯丁橡胶牌号的对应表。

表 1.1.3-163　供应商氯丁橡胶牌号对应表

供应商	长寿化工 Changshou	山纳	山橡	美国杜邦 Du Pont	日本电化 Denka	日本东曹 Tosoh	法国埃尼 Enichem	说明
氯丁橡胶	CR1211 CR1212 CR1213	SN121、SN121X SN122	CR121	GN GNA	PM—40	Y—22	MD—10 SC—21	通用型
	CR2321 CR2322 CR2323	SN231 SN232 SN238	—	WM—1 W WHV—100 WHV	M—30 M—40 M—100 M—120	B—31 B—30 Y—31 Y—30	MC—31 MC—30 MH—31 MH—30	—
	CR3221 CR3222 CR3223	SN322X	CR322	GW	DCR—40	—	—	—
	CR2441 CR2442 CR2443	SN240T SN241 SN242A、SN242B SN243 SN244	CR2442	AD—10 AD—20 AD—30 AD—40	A—30 A—70 A—90 A—100 A—120	G—40R G—40S G—40T	MA—40R MA—40S MA—40T	高粘接强度型
	CR246	—	—	AG	DCR—11	—	—	—
	CR248	—	—	ADG	A—70 A—90 A—100 A—120	—	—	—
	DCR114	—	—	GRT	PS—40	R—10	SC—10	—
	DCR213	—	—	WRTM1 WRT	S—40V	B—5 B—11	MC—10	—
	高门尼 DCR213	—	—	WD	DCR—30	—	—	—
	EDCR			WB TRT	EM—40	Y—20E	—	—
	ECR235	—	—	TW TW—100	MT—40 MT—100	E—33	DE—302	—
	DCR221	—	—	—	DCR—33 DCR—34	—	—	—
	XCR2142	—	—	AF	—	—	—	—
氯丁橡胶乳	—	SNL5022	—	671	—	LA—502	—	通用型
	—	SNL511A	—	842A	—	—	—	
	—	SNL5042	—	—	—	GFL—890	—	粘接型

阿朗新科氯丁橡胶的商品牌号为 Baypren，中文译名为拜耳平。最初由拜耳公司的 Perbunan C 演变而得，在德国多玛根（Dormagen）工厂生产。阿朗新科氯丁橡胶的命名方法为：

阿朗新科氯丁橡胶由商品名+3 位数字组成。商品名为：Baypren，译为拜耳平。牌号用 3 位数字分别代表：

第 1 位数字表示：结晶倾向：1 轻微/2 中等/3 强结晶（通用牌号）

硫黄含量：5 低硫/6 中等/7 高硫（硫调牌号）
第 2 位数字表示：门尼黏度：1 低门尼/2 中等/3 高门尼
第 3 位数字表示：特殊性质：4 预交联
5 预交联＋黄原酸二硫化物调节
6 黄原酸二硫化物调节

第 3 位数字 1，2 表示生胶门尼黏度及结晶倾向。例如 Baypren 111 的结晶性极低，而 Baypren 112 的结晶性为低至中度。

阿朗新科氯丁橡胶的商品牌号见表 1.1.3－164。

表 1.1.3－164 阿朗新科氯丁橡胶的商品牌号

供应商	类型	牌号	门尼黏度[b]	门尼焦烧[c] ≥	结晶性	密度/(g·cm^{-3})	伸长率(≥)/%	防老剂类型	说明
阿朗新科	通用硫醇调节型	拜耳平[a]110	41±5	—	非常低	1.23	—	—	—
		拜耳平 110	49±5	—	非常低	1.23	—	—	—
		拜耳平 110	65±7	—	非常低	1.23	—	—	—
		拜耳平 112	41±8	—	低	1.23	—	—	—
		拜耳平 210	43±4	—	中等	1.23	—	—	—
		拜耳平 210	48±4	—	中等	1.23	—	—	—
		拜耳平 211	39±4	—	中等	1.23	—	—	—
		拜耳平 230	100±8	—	中等	1.23	—	—	—
		拜耳平 230	108±10	—	中等	1.23	—	—	—
		拜耳平 GF M220 VP	50±6	—	中等	1.23	—	—	—
		拜耳平 GF M220 VP	60±6	—	中等	1.23	—	—	—
	黄原酸调节型	拜耳平 116	43±5	—	非常低到低	1.23	—	—	能形成完善的交联网络，因而具有优异的物理机械性能
		拜耳平 116	49±5	—	非常低到低	1.23	—	—	
		拜耳平 126	70±7	—	非常低到低	1.23	—	—	
		拜耳平 216	43±5	—	中等	1.23	—	—	
		拜耳平 216	49±5	—	中等	1.23	—	—	
		拜耳平 226	75±6	—	中等	1.23	—	—	
	预交联型	拜耳平 114	62±10	—	非常低	1.23	—	—	适用于挤出制品
		拜耳平 214	55±6	—	中等	1.23	—	—	
		拜耳平 215	50±6	—	中等	1.23	—	—	
	硫黄调节型	拜耳平 510	42±5	—	低至中等	1.23	—	—	适于塑炼，易于加工；适用于动态橡胶制品
		拜耳平 510	50±5	—	低至中等	1.23	—	—	
		拜耳平 611	35±5	—	低至中等	1.23	—	—	
		拜耳平 611	43±6	—	低至中等	1.23	—	—	
		拜耳平 611	48±6	—	低至中等	1.23	—	—	
		拜耳平 711	43±6	—	低至中等	1.23	—	—	
		拜耳平 711	48±6	—	低至中等	1.23	—	—	

注：a. 阿朗新科商标拜耳平（Baypren）。
b. ML（1+4）100℃。
c. MSts，min。

目前在中国销售的阿朗新科氯丁橡胶主要品种有：

Baypren 126 模压用牌号，耐高低温，物理机械性能好，工艺优良，不焦烧、不粘辊。

Baypren 116 比 Bapren126 门尼黏度低，胶料流动性好，为挤出产品用牌号，挤出尺寸稳定，表面光滑，效率高。

Baypren 711 硫黄调节型牌号，胶带用胶，硫含量高，胶料工艺性好，与增强材料黏合好，耐磨。

Baypren 210 通用品牌，综合性能优异，满足不同工艺和产品加工，价格较低。

Baypren 230 特高门尼牌号，高力学强度，适合高强度和与其他牌号共混工艺，以实现特种产品性能和工艺要求。

Baypren 114 预交联牌号，适于挤出高性能薄壁及精确尺寸产品，挤出产品抗塌陷，如用于连续硫化生产汽车雨刷条等产品和工艺。

阿朗新科用于生产接触型粘接剂的聚氯丁二烯的商品名为 Baypren ALX，分为快速结晶的 300 与中等结晶速率的 200 两个系列。300 系列更易结晶，最终的结晶度也大于 200，如图 1.1.3－24 所示。两种产品都有不同黏度（链长）的产品可选，满足不同需求。

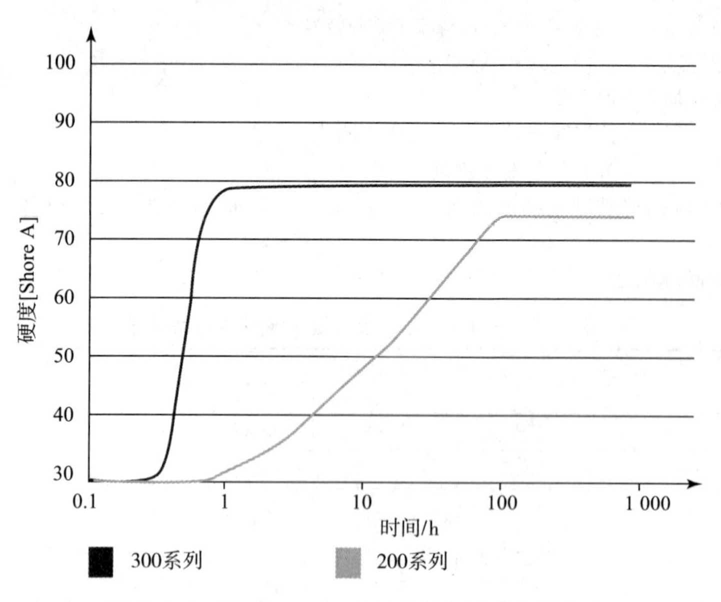

图 1.1.3-24　Baypren ALX 的结晶速率与结晶度

快速结晶的 300 系列生产的接触型粘接剂具有较高的初始强度和最终强度，还具有快速粘接的特点，适用于要求较快生产周期的行业，如制鞋业；对初始强度要求不高的场合，如铺地板或吊顶，则可采用 200 系列。200 系列生产的粘接剂具有更长的开放时间，可提高加工的可靠性，获得更柔软的胶层。200 系列可单用，也可与 300 系列并用。Baypren ALX 大部分产品都是 2mm 厚的薄片（高黏度产品 B340－2 到 B350－2 为 1mm），无须研磨就可直接、快速溶解。如粘接剂的最终流动性对使用有影响，则对薄片进行研磨有助于降低粘接剂的黏度和内应力，Baypren ALX 中秋兰姆改性的 321 与 331 系列特别适合进行研磨，生产顺滑、方便使用的粘接剂。在存在特定的皮革油脂或与钢铁接触时，秋兰姆改性的牌号存在黄变的可能，因此粘接敏感、浅色的材料时，应选用非秋兰姆改性的牌号。

阿朗新科 Baypren ALX 的命名方法由商品名＋4 位数字组成。

第 1 位数字表示：结晶速率：2 中等/3 快速；

第 2 位数字表示：表示黏度：1 低/2、3 中等/4 高/5 非常高；

第 3 位数字表示：特殊性能：0/3——标准产品；

1——秋兰姆改性

第 3 位数字表示：黏度（子类别）：1 较低范围/2 较高范围

阿朗新科 Baypren ALX 的商品牌号见表 1.1.3-165。

表 1.1.3-165　阿朗新科 Baypren ALX 的商品牌号

牌号	胶片尺寸	黏度/(mPa·s) 10%（wt）甲苯溶液	牌号	胶片尺寸	黏度/(mPa·s) 10%（wt）甲苯溶液
300 系列（Baypren ALX®快速结晶牌号）			200 系列（Baypren ALX®中等结晶速度牌号）		
310－1	2.5～3.0	70～220	213－1	2.5～3.0	70～220
310－2	2.5～3.0	220～380	213－2	2.5～3.0	220～380
320－1	2.5～3.0	350～550	223－1	2.5～3.0	350～550
320－2	2.5～3.0	550～810	223－2	2.5～3.0	550～810
330－1	2.5～3.0	700～1 000	233－1	2.5～3.0	700～1 000
330－2	2.5～3.0	900～1 400	233－2	2.5～3.0	900～1 400
340－1	2.5～3.0	1 130～1 800	243－1	2.5～3.0	1 130～1 800
340－2	2.5～3.0	1 600～2 500	243－2	2.5～3.0	1 600～2 500
350－1	1.5～2.0	2 200～4 000	253－1	1.5～2.0	2 200～4 000
350－2	1.5～2.0	2 500～5 300	253－2	1.5～2.0	2 500～5 300
秋兰姆改性产品					
321－1	2.5～3.0	350～550			
321－2	2.5～3.0	550～810			
331－1	2.5～3.0	700～1 000			
331－2	2.5～3.0	900～1 400			

山纳合成橡胶有限责任公司氯丁橡胶牌号见表 1.1.3-166。

表 1.1.3-166 山纳合成橡胶有限责任公司氯丁橡胶牌号

产品型号	结晶速度	调节剂	门尼黏度	溶液黏度			门尼焦烧（MS t_5/min）（≥）	扯断强度（≥）/MPa	扯断伸长率/%（≥）	500%定伸应力/MPa	挥发分（≤）/%	灰分（≤）/%	执行标准	特性与用途
				5.0%	10.0%	14.3%								
CR1211	慢	硫黄	20～40	—	—	—	—	—	—	—	—	—	GB/T 14647—2008	优良的物理性能和硫化特性，主要用于同步带、包布带、切边带、多楔带、农机带等
CR1212	慢	硫黄	41～60	—	—	—	—	—	—	—	—	—	GB/T 14647—2008	
CR1213	慢	硫黄	61～75	—	—	—	—	—	—	—	—	—	GB/T 14647—2008	
CR3221	慢	混合	25～40	—	—	—	—	—	—	—	—	—	GB/T 15257—2008	良好的物理性能和耐热稳定性能。适用于输送带、海绵制品、特种电缆、工程橡胶、液压油管、汽车配件等
CR3222	慢	混合	41～60	—	—	—	—	—	—	—	—	—	GB/T 15257—2008	
CR3223	慢	混合	61～80	—	—	—	—	—	—	—	—	—	GB/T 15257—2008	
CR2321	中	黄原酸酯	35～45	—	—	—	—	—	—	—	—	—	Q/SHJS 02.01—1991	通用型，优异的挤出性能和耐热性能，较低的压缩变形。主要用于轮胎胶囊、胶管、密封件，也可用于胶黏剂
CR2322	中	黄原酸酯	46～55	—	—	—	—	—	—	—	—	—	Q/SHJS 02.01—1991	
CR2323	中	黄原酸酯	56～65	—	—	—	—	—	—	—	—	—	Q/SHJS 02.01—1991	
CR2341	中	黄原酸酯	—	80～100	—	—	—	—	—	—	—	—	Q/SXJS 02.09—2006	高黏度型，极好的内聚能，主要用于调节胶黏剂黏性保持时间
CR2342	中	黄原酸酯	—	101～120	—	—	—	—	—	—	—	—	Q/SXJS 02.09—2006	
CR2441	快	黄原酸酯	40±5	—	—	—	—	—	—	—	—	—	HG/T 3316—2014	主要用于低黏度、高固含量胶黏剂
CR2442（1—3）	快	黄原酸酯	—	—	—	1 000～3 000	—	—	—	—	—	—	HG/T 3316—2014	
CR2442（3—5）	快	黄原酸酯	—	—	—	3 000～5 000	—	—	—	—	—	—	HG/T 3316—2014	溶解速度适中，制得的胶液颜色浅且储存稳定，粘固强度高。主要用于通用型胶黏剂
CR2442（5—7）	快	黄原酸酯	—	—	—	5 000～7 000	—	—	—	—	—	—	HG/T 3316—2014	
CR2442（7—9）	快	黄原酸酯	—	—	—	7 000～9 000	—	—	—	—	—	—	HG/T 3316—2014	主要用于通用型胶黏剂和高黏度、低固含量胶黏剂
CR2442（9—11）	快	黄原酸酯	—	—	—	9 000～11 000	—	—	—	—	—	—	HG/T 3316—2014	
CR2442>11	快	黄原酸酯	—	—	—	>11	—	—	—	—	—	—	HG/T 3316—2014	
CR248—1	快	黄原酸酯	—	—	—	<3 000	—	—	—	—	—	—	Q/SXJS 02.08—2005	接枝适用型，溶解速度快，储存稳定，粘固强度高。主要用于通用型胶黏剂
CR248—2	快	黄原酸酯	—	—	—	3 000～5 000	—	—	—	—	—	—	Q/SXJS 02.08—2005	
CR248—3	快	黄原酸酯	—	—	—	5 000～7 000	—	—	—	—	—	—	Q/SXJS 02.08—2005	
SN121	慢	硫黄	30～50	—	—	—	25	23	850	2～5	烘箱法 0.8 过辊法 1.3	1.0	Q/140200SNX 001—2015	优良的物理性能和硫化特性，主要用于同步带、包布带、切边带、多楔带、农机带等
SN122	慢	硫黄	51～60	—	—	—	25	23	850	2～5			Q/SNYF 02.02—2014	
SN121X—1	慢	硫黄	20～40	—	—	—	—	—	—	—	—	—	Q/SNYF 02.04—2013	
SN121X—2	慢	硫黄	41～60	—	—	—	—	—	—	—	—	—	Q/SNYF 02.04—2013	
SN121X—3	慢	硫黄	61～75	—	—	—	—	—	—	—	—	—	Q/SNYF 02.04—2013	

续表

产品型号	结晶速度	调节剂	门尼黏度	溶液黏度			门尼焦烧（MS t_5/min）（≥）	扯断强度（≥）/MPa	扯断伸长率/%（≥）	500%定伸应力/MPa	挥发分（≤）/%	灰分（≤）/%	执行标准	特性与用途
				5.0%	10.0%	14.3%								
SN321	慢	混合	37～49	—	—	—	—	—	—	—	—	—	Q/SNYF 02.14—2013	良好的物理性能和耐热稳定性能。适用于输送带、海绵制品、特种电缆、工程橡胶、液压油管、汽车配件等
SN322	慢	混合	50～60	—	—	—	—	—	—	—	—	—	Q/SNYF 02.14—2013	
SN323	慢	混合	61～75	—	—	—	—	—	—	—	—	—	Q/SNYF 02.14—2013	
SN322X—1	慢	混合	25～40	—	—	—	25	22.0	800	2.0～5.0	1.3	1.0	Q/SNYF 02.15—2013	
SN322X—2	慢	混合	41～60	—	—	—							Q/SNYF 02.15—2013	
SN322X—3	慢	混合	61～80	—	—	—	25	22.0	800	2.0～5.0	1.3	1.0	Q/SNYF 02.15—2013	
SN322Y			38～48	—	—	—							—	—
SN231	中	硫醇	34～41	—	—	—	12	13	800	2～5	烘箱法 0.8 过辊法 1.3	1.0	Q/SNYF 02.55—2014	主要用于输送带，也可用于工程橡胶，SN232 的低黏度
SN232	中	硫醇	42～54	—	—	—	12	13	700	2～5			Q/140200SNX 002—2015	通用型，优异的挤出性能和耐热性能，较低的压缩变形。主要用于轮胎胶囊、胶管、密封件，也可用于胶黏剂
SN233	中	硫醇	50～65	—	—	—	—	—	—	—	—	—	Q/SNYF 02.19—2011	SN232 的稍高黏度型，主要用于胶黏剂
SN238	中	硫醇	90～110	30～65	—	—	—	—	—	—	—	—	Q/SNYF 02.08—2014	SN232 的高黏度型，极好的内聚能，主要用于调节胶黏剂黏性保持时间和橡胶制品高填充
SN239	中	硫醇	111～130	96～120	—	—	—	—	—	—	—	—	Q/SNYF 02.09—2014	用途同 SN238
SN236T	中	硫醇	115～135	—	1 000～1 500	—	—	—	—	—	0.8	1.0	Q/SNYF 02.20—2011	SN232 的高黏度型，改善了加工性能和耐磨性，用于高填充。用于胶黏剂用途同 SN238
SN237T	中	硫醇	130～150	—	1 800～3 600	—	—	—	—	—	0.8	1.0	Q/SNYF 02.07—2014	
SN240T	快	硫醇	—	15～23	—	—	—	—	—	—	0.8	1.0	Q/SNYF 02.17—2014	在 SN24 系列中黏度最低，溶解速度快，初粘强度高。主要用于喷雾型胶黏剂

续表

产品型号	结晶速度	调节剂	门尼黏度	溶液黏度			门尼焦烧（MS t_5/min）（≥）	扯断强度（≥）/MPa	扯断伸长率/%（≥）	500%定伸应力/MPa	挥发分（≤）/%	灰分（≤）/%	执行标准	特性与用途
				5.0%	10.0%	14.3%								
SN241	快	硫醇	—	25～33	—	—	—	—	—	—	烘箱法 0.8 过辊法 1.3	1.0	Q/SNYF 02.10—2014	用途同SN242A，黏度稍低
SN242A	快	硫醇	—	34～40	—	—	—	—	—	—			Q/140200SNX 003—2015	接枝适用型，溶解速度快，制得的胶液颜色浅且贮存稳定，粘固强度高。主要用于通用型胶粘剂
SN242B	快	硫醇	—	41～53	—	—	—	—	—	—			Q/140200SNX 003—2015	用途同SN242A，黏度稍高
SN243	快	硫醇	—	54～75	—	—	—	—	—	—	烘箱法 0.8 过辊法 1.3	1.0	Q/SNYF 02.12—2014	用途同SN242A，黏度较高
SN244	快	硫醇	—	76～115	—	—	—	—	—	—			Q/SNYF 02.13—2014	在SN24系列中黏度最高，用途同SN242A
SN245T	中快	秋兰姆	—	31～45	—	—	—	—	—	—	0.8	1.0	Q/SNYF 02.18—2011	用于通用型胶黏剂。改善了耐热稳定性和初粘强度，可塑炼性好
SN244X−1	快	硫醇	—	—	—	1 000～3 000	—	—	—	—	烘箱法 0.8 过辊法 1.3	1.0	Q/SNYF 02.32—2013	主要用于低黏度、高固含量胶黏剂
SN244X−2	快	硫醇	—	—	—	3 000～5 000	—	—	—	—			Q/SNYF 02.32—2013	溶解速度适中，制得的胶液颜色浅且储存稳定，粘固强度高。主要用于通用型胶黏剂
SN244X−3	快	硫醇	—	—	—	5 000～7 000	—	—	—	—			Q/SNYF 02.32—2013	
SN244X−4	快	硫醇	—	—	—	7 000～9 000	—	—	—	—			Q/SNYF 02.32—2013	主要用于通用型胶黏剂和高黏度、低固含量胶黏剂
SN244X−5	快	硫醇	—	—	—	>9 000	—	—	—	—			Q/SNYF 02.32—2013	

日本电气化学株式会社氯丁橡胶牌号见表 1.1.3－167。

表 1.1.3－167　日本电气化学株式会社氯丁橡胶牌号

类别	牌号	结晶速率	门尼黏度	主要用途/特性
通用型	M—40	中	48±5	一般用途、电缆、输送带、软管及其他工业制品
	M—41	中	48±5	同 M—40，但粘辊和模具污染得到改善
	M—30	中	38±4	一般用途，性能同 M—40，但黏度较低
	M—31	中	38±4	同 M—30，但粘辊和模具污染得到改善
	M—70	中	70±10	一般用途，性能同 M—40，但黏度较高
	M—100	中	100±10	一般工业用品（高负载用）
	M—120	中	120±10	片材、包装、软管、其他工业用品（高负载用）
	S—40	慢	48±5	一般工业用品/耐低温性
	S—41	慢	48±5	同 S—40，但粘辊和模具污染得到改善
	S—40V	极慢	48±5	同 S—40，耐低温性得到改善，粘辊和模具污染得到改善
	ES—40	极慢	43±5	压延片材、具有精密外形的挤出产品，耐低温性
	ES—70	极慢	75±5	同 ES—40，具有高黏度（高负载用）
	EM—40	中	48±5	压延片材、具有精密外形的挤出产品
	MT—40	中	48±5	压延片材，挤出产品/挤出性能和机械强度具有良好平衡性
	MT—100	中	95±10	挤出产品（高负载用）
	PM—40	中	50±10	硫调型，适用于输送带、橡胶海绵、电缆防护材料及减震器
	PM—40NS	中	50±10	同 PM—40，特别用于不变色、非污染产品
	PS—40A	慢	30～55	同 PM—40NS，储存稳定性和耐低温性能得到改善
DCR 系列特殊用途	DCR—30	极慢	120±10	一般工业用品/耐低温性（高负载用）
	DCR—31	极慢	80±10	同 DCR—30，黏度较低
	DCR—34	慢	65±7	一般工业用品/高耐热性和机械强度
	DCR—36	极慢	80±10	一般工业用品，适用于注塑成型/耐低温性
	DCR—40	慢	40～55	硫调型，适用于输送带、橡胶海绵和模压制品
	DCR—40A	慢	35～50	硫调型/耐热性得到改善并具有储存稳定性
	DCR—42A	中	40～55	电缆、软管/高负载、高性能
	DCR—66	极慢	60～80	汽车部件（CVJ 防尘套等）/高负载、高性能、耐低温性
黏合剂用	A—90	快	48±4[a]	一般用途，最常用类型
	A—91	快	48±4[a]	适用于二元黏合剂，与异氰酸盐迅速反应
	A—90S	快	48±4[a]	同 A—90/在 MMA 接枝胶中不易变色
	A—30	快	20±3[a]	黏度最低，适用于喷雾型黏合剂
	A—70	快	40±3[a]	同 A—90，低黏度
	A—100	快	57±4[a]	同 A—90，高黏度
	A—120	快	67±5[a]	高黏度型
	A—400	快	500～1 500[b]	极高黏度型，调整溶液黏度和黏合强度的改性剂
	TA—85	快	44±5[a]	稳定化秋兰姆型，使用辊轧法易塑炼
	M—130L	中	1 000～1 500[c]	接触黏合型，与 A—型或 TA—型黏合剂结合使用
	M—130H	中	1 510～2 700[c]	同 M—130L，高黏度
	DCR—11	中	or less 80[d]	乳香型黏合剂，触变效应
	DCR—15L	快	1 510～2 700[c]	高黏度型/低固相含量，可直接单独使用
	DCR—15H	快	2710～4000[c]	比 DCR—15L 产品更适用于高黏度黏合剂

注：a. 门尼黏度 MS（2+2.5）100℃。
b. 溶液黏度（mPa·s）=5%甲苯溶液。
c. 溶液黏度（mPa·s）=5%甲苯溶液。
d. 门尼黏度 ML（1+4）100℃。

氯丁橡胶的部分其他供应商与牌号见表 1.1.3-168。

表 1.1.3-168 氯丁橡胶的部分供应商与牌号

供应商	牌号	挥发分/%	灰分/%	结晶速度	门尼黏度[ML(1+4)100℃]	5%固含量甲苯溶液黏度/(mPa·s)	剥离强度/(N·cm⁻¹)	500%定伸应力/MPa	拉伸强度/MPa	扯断伸长率/%
美国杜邦	GNA	≤1.3	—	—	40～54	—	—	3.4～6.4(600%)	≥22.5	≥900
	GW	≤1.3	—	—	34～51	—	—	4.4～7.2(600%)	≥25.5	≥800
	AD－10	—	—	很快	75～125	25～34	—	—	—	—
	AD－20	—	—	很快	75～125	—	—	35～53	—	—
	AD－30	—	—	很快	75～125	54～75	—	—	—	—
	AD－40	—	—	很快	75～125	76～115	—	—	—	—
日本东曹	G－40T	0.1	—	—	—	15	95	—	—	—

3.9 氯化聚乙烯橡胶

3.9.1 氯化聚乙烯橡胶（Chlorinated Polyethylene）

（一）氯化聚乙烯的基本特性

氯化聚乙烯是粉状高密度聚乙烯与氯气通过取代反应而制得的一种改性聚合物。氯化聚乙烯与聚乙烯具有相同的主链结构，只是主链碳原子上的部分氢原子被氯原子取代，不存在不饱和键，从化学结构上看，可视为乙烯、氯乙烯、1，2-二氯乙烯的三元无规共聚物。高密度聚乙烯大分子主链碳原子上的部分氢原子被体积庞大、极性又强的氯（Cl）原子取代后，结晶区（硬相）会明显缩小甚至消失，无定形区（软相）大大增加甚至最高可达到 100%。根据含氯量不同（从15%～73%），氯化聚乙烯门尼黏度可以从 34 变化到 150，其物理状态也从塑料、弹性体变成半弹性皮革状硬质聚合物。所以氯含量和结晶区的大小与分布是构成氯化聚乙烯弹性和柔软度的两个最重要的参数。一般氯含量 49%～53%的氯化聚乙烯为类似皮革的半弹性硬质聚合物；氯含量 25%～48%的氯化聚乙烯为橡胶状弹性体，即 CM；热塑性弹性体的氯含量在16%～24%，即 CPE。氯含量低于 15%时为塑料，氯含量高达 73%时为脆性树脂。

氯化聚乙烯橡胶的制造方法有水相悬浮法、溶液法（酸相法）与固相法三种。固相法是将氯气直接通入流化床反应器内与聚乙烯粉末在引发剂作用下进行取代反应，但反应控制困难，工业化生产技术尚在开发中。溶液法是将聚乙烯溶于含氯的有机溶剂中，通入氯气进行反应，产品为无定形弹性体，溶液法用水量少，所得改性聚合物粒径粗，需要二次磨粉，生产成本较高；水相悬浮法是聚乙烯粉末在助剂作用下悬浮于水或酸类、盐类水溶液中，通入氯气反应制得，是目前主要的工业化生产方法，水相悬浮法用水量大，所得改性聚合物粒径细，不需要磨粉。

CPE 的性能介于聚乙烯与软聚氯乙烯之间，聚乙烯由于其结晶度高（55%～57%）而显得僵硬又无弹性；聚氯乙烯则因其氯含量高（57%）、极性大也成为又硬又脆的刚性材料；CPE 含氯量在 16%～24%，是一种结晶度与极性适中的软塑料。CPE 是 PVC 的重要改性填加剂，用于制造 PVC 板材、管材、塑钢门窗、屋面防水卷材、家电外壳、防腐衬里等，可以提高塑料制品的耐低温冲击性能、提高韧性、阻燃性、耐油耐老化性能、耐腐蚀性、绝缘性等。作为 PVC 改性剂使用的 CPE 要求有良好的加工流动性，熔融指数是衡量塑料材料流动性好坏的重要指标，CPE 的熔融指数与其原料高密度聚乙烯的分子量及分子量分布密切相关，与 CM 相比，CPE 分子量通常要小得多（仅为 CM 的 1/4～1/2），其分子量分布也宽一些；通常 PVC 产品多有热压变形要求，作为 PVC 改性剂使用的 CPE 还要有一定比例的残余结晶度（熔融热>0），残余结晶度越大，热压变形越小。

CM 主链碳原子数在 5 000～10 000。CM 的机械性能与其牌号、配方和生产工艺密切相关，并在较大范围内变化。CM 的弹性和柔软性与含氯量密切相关，试验表明氯含量 35%～40%的 CM 弹性最好。残余结晶度（熔融热）是衡量 CM 弹性和柔软性的另一个指标，一般来说，残余结晶度越小，甚至为 0，越有更好的弹性与柔软度；但少量的结晶也有助于胶料强度与表面硬度的提高，这对某些产品和某些生产工艺（如辐照交联）是有益的，甚至是必不可少的。传统 CM 产品耐低温性一般，耐磨性较差，用茂金属做催化剂制得的 CM 耐低温性、耐磨性有了较大的改善。

CM 是一种含氯的极性饱和橡胶，具有优良的耐油、耐热、耐臭氧、耐候性、着色稳定性和难燃自熄性，对酸、碱有较强的抗耐性，保持了聚乙烯的化学稳定性和良好的电性能但较难硫化。配方设计得当，CM 可长期在 125℃下工作，其耐热性优于许多通用橡胶，而与乙丙橡胶相当；CM 具有十分优异的耐臭氧老化和耐气候老化性能，可长期工作在户外和有臭氧的环境中；CM 具有难燃性，其阻燃性能的高低与含氯量相关。但 CM 生胶的体积电阻率不高，且经硫化交联后其体积电阻率会下降 1～3 个数量级，其介电系数和介电损耗也较高，可在较低电压（6 kV 及以下）的电线电缆中用做绝缘材料与护套。

CM 具有良好的储存稳定性，未加任何添加剂的 CM 生胶在室温仓库中可储存 3～5 年，加有硫化剂的混炼胶片也可在室温仓库中存放1～2年。

CM与各种极性和非极性聚合物有良好的相容性，可与各种橡胶并用（如NR、SBR、BR、EPM、EPDM、CR、CSM等），具有良好的共硫化性能；也可与一些热塑性塑料共混改性（如PVC、PE、聚乙烯醋酸乙烯、乙烯-丙烯酸共聚物）；还可作为两种不相容材料的增容剂使用。

CM的硫化工艺适应性较好，可以在各种热介质（蒸汽、盐浴、热空气、微波、热氮气、射线辐照等）中硫化交联，辐照交联方式在电缆行业已被广泛采用。

（二）氯化聚乙烯橡胶的配合与工艺特点

1. CM的配合

CM常用的硫化体系有：a. 硫脲硫化体系；b. 二元胺或多元胺类硫化体系；c. 有机过氧化物硫化体系；d. 噻唑衍生物硫化体系；e. 辐照交联。由于CM不含双键，使用常规的硫黄硫化体系不能使它交联，有文献提到适当加入氧化锌处理CM使之在主链上产生双键后可用硫黄/超速促进剂进行硫化，但实际应用中很难控制反应速度和反应程度，硫化橡胶常常会出现喷霜、不耐臭氧、物性不稳定等现象。

CM脱氯化氢的速度比聚氯乙烯慢，热稳定性好，但在加工、硫化过程中仍然会引起一些脱氯化氢的反应。CM交联过程中脱氯化氢会使主链形成共轭双键和三键，使胶料变硬变脆，伸长率和强度下降，所产生的氯化氢会催化脱氯反应，故在配方中要加入氯化氢的吸收剂，常用吸收剂有氧化镁、氢氧化镁、氢氧化铝、硬脂酸钙等。

CM还可高填充，CM配方中填料用量可达20～250份，细粒子活性炭黑（如高耐磨炉黑）有很好的补强效果，但不宜多加，以免影响流动性，多用半补强炭黑、中粒子热裂法炭黑等；在制作浅色胶料时，最常用的填料是陶土、白炭黑、滑石粉、氢氧化镁、碳酸钙及硅酸钙等；常用增塑剂为酯类、环氧类、石油烃类等，使用环氧大豆油有一定的抗臭氧作用，脂肪酸类应不加或少加，氯化石蜡、磷酸酯类增塑剂可使胶料阻燃性能获得提高。CM多使用RD、MB、MZ以及硫酯类防老剂，酚类抗氧化剂会加速脱氯反应（因酸性）。

氧化锌是橡胶常用活性剂，对于CM会促进脱氯化氢反应，因此应尽量少用或不用。酸性填料及芳烃化合物会中止自由基链增长反应，降低过氧化物的交联效率，当CM使用有机过氧化物硫化时，应尽量少用这类配合剂。

（1）硫化体系

①硫脲硫化体系

硫脲类化合物可与氯化聚乙烯反应生成碳-硫-碳（C—S—C）键，从而形成交联并同时会发生脱氯化氢（HCl）反应，因此需在配方中添加吸酸剂如氧化镁、氢氧化镁等。最合适作氯化聚乙烯硫化剂的是乙撑硫脲（Na—22），试验表明每100份氯化聚乙烯按乙撑硫脲（Na—22）2.5份/硫黄（S）0.5份配比，可获得较佳的硫化特性和物性。硫脲体系硫化的优点是胶料抗撕裂性能好，可用热空气硫化或罐式蒸汽硫化；缺点是硫化速度慢（在同一温度下是过氧化物的1/3～1/4），硫化曲线几乎无平坦期，胶料的耐热老化性差，硫化分解物有难闻气味，且Na—22有致癌危险，所以应用受到一定的限制。

②胺类硫化体系

氯化聚乙烯可以用二元胺或多元胺硫化，硫化速度快，适合做模压制品，做挤出制品时由于焦烧时间短，挤出过程中容易出现焦烧现象。

③有机过氧化物硫化体系

有机过氧化物是氯化聚乙烯的有效硫化剂，使用有机过氧化物硫化的氯化聚乙烯硫化胶与以上两种硫化体系相比，有机过氧化物硫化CM时，其硫化特性曲线有硫化平坦期，而硫脲硫化、噻二唑硫化则没有；有机过氧化物硫化能改善CM的耐热老化性能（可耐温150℃）、抗压缩永久变形及提高耐油性能。

a. 硫化机理

有机过氧化物受热分解成自由基：

$$\mathrm{ROOR} \xrightarrow{热} 2\mathrm{RO}\cdot$$

自由基RO·夺取氯化聚乙烯分子主链碳原子上的部分氢原子（H）：

$$\sim\overset{\mathrm{H}}{\mathrm{cH}}\sim \;+\mathrm{RO}\cdot \longrightarrow \sim\underset{\cdot}{\overset{\mathrm{H}}{\mathrm{C}}}\sim \;+\; \mathrm{ROH}$$

两个氯化聚乙烯自由基再结合而交联（硫化）：

$$\begin{matrix}\sim\overset{\mathrm{H}}{\underset{\cdot}{\mathrm{C}}}\sim \\ \sim\underset{\mathrm{H}}{\overset{\cdot}{\mathrm{C}}}\sim\end{matrix} \longrightarrow \begin{matrix}\sim\overset{\mathrm{H}}{\mathrm{C}}\sim \\ | \\ \sim\underset{\mathrm{H}}{\mathrm{C}}\sim\end{matrix}$$

b. 用量

有机过氧化物在氯化聚乙烯配方中的用量是每100份氯化聚乙烯用2～6份，对于具有双官能团的BIPB，则应相应减量。通常选用DCP作为氯化聚乙烯胶的硫化剂，性价比好，缺点是其分解产物有浓烈的杏仁味，因而在许多场合（如船用电缆）禁止使用。双2，4的特点是可用热空气硫化，但需特别注意降低成型加工温度，以免焦烧。

c. 硫化温度与时间

硫化温度与硫化时间的确定取决于有机过氧化物的分解温度，即半衰期，一般情况下，硫化时间为该有机物过氧化物半衰期的5～10倍，例如DCP的1 min半衰期温度是171℃，那么氯化聚乙烯混炼胶在171℃下的硫化时间为5～10 min。由于配方胶料中的多种助剂会影响硫化速度和交联程度，因而，在实际生产中常采用正硫化点来确定硫化温度与时间的关系。不同有机过氧化物对电缆用氯化聚乙烯胶正硫化点和性能的影响见表1.1.3-169。

表1.1.3-169 不同有机过氧化物对电缆用氯化聚乙烯胶正硫化点和性能的影响

性能 \ 过氧化物	DCP	BIPB	双25	230XL	3M	双24
正硫化点 $T_{90}^{170℃}$	6′11″	10′05″	10′46″	8′07″	2′13″	1′01″
拉伸强度/MPa	10.0	11.3	9.7	8.8	9.4	8.5
扯断伸长率/%	450	440	550	540	500	530
拉伸永久变形/%	130	120	170	170	160	160
硬度（邵尔硬度，15 s）	75	76	76	78	78	74
氧指数	35	35	35	35	35	34
20℃体积电阻率/(Ω·cm)	1.7×10^{12}	8.2×10^{12}	2.2×10^{12}	2.7×10^{12}	8.7×10^{12}	2.4×10^{14}
基本配方	CM352F 100，氯化石蜡20，硬脂酸钙4，MgO 10，TAIC 4，Sb_2O_3 5，轻质碳酸钙80，过氧化物4～6					

d. 交联助剂的使用

单纯用有机过氧化物来硫化氯化聚乙烯，硫化胶的物性偏低、硫化效率也不高，常有气泡产生。这是因为过氧化物受热分解产生的自由基活性很高，但存活的时间极短，如果自由基不能先进行夺氢反应而产生交联，就会发生脱氯化氢的断链副反应或与胶料中的其他助剂发生其他副反应，这两种副反应都不会产生交联，所以必须添加交联助剂来抑制这种有害的副反应。

所用的交联助剂多是具有一个或两个以上双键的不饱和低分子化合物，当过氧化物受热分解产生自由基时，会首先与交联助剂中的双键结合，然后再去夺取氯化聚乙烯主链碳原子上的部分氢原子，形成交联，常用的助交联剂有TAC、TAIC、HVA—2等，其中TAIC的用量一般为3～6份，HVA—2为2～3份。表1.1.3-170列出了常用交联助剂TAIC对硫化胶工艺特性和物性的影响。

表1.1.3-170 TAIC交联助剂对硫化胶性能的影响

TAIC添加量/份	焦烧时间(@121℃·min^{-1})	拉伸强度/MPa	扯断伸长率/%	永久变形/%	硬度(邵尔A，15 s)	胶片断面
0	97	7.8	810	90	68	有小孔
3	50	14.7	580	40	74	密实无孔
6	32	14.7	550	40	77	
9	28	13.1	440	40	82	
配方：CM352L 100，硬脂酸钙3，氯化石蜡20，MgO 8，DCP 3，纳米碳酸钙40，TAIC变量						

④噻二唑衍生物硫化体系

是以噻二唑衍生物（如ECHO·A、ECHO·S）与醛胺缩合物（如VANAX808、VANAX882B）组成的硫化体系，硫化速率接近于有机过氧化物硫化体系，配方中可以使用酯类、芳香族矿物油做增塑剂，无须其他共硫化剂，是除有机过氧化物硫化体系之外应用最广、应用最成功的CM的硫化体系。噻二唑硫化体系硫化胶的物理机械性能介于有机过氧化物硫化胶与硫脲硫化体系硫化胶之间，撕裂强度比有机过氧化物硫化体系硫化胶好得多；压缩永久变形接近于有机过氧化物硫化体系硫化胶；脆性温度接近于硫脲硫化体系硫化胶，比有机过氧化物硫化体系硫化胶差些。

典型硫脲硫化体系、有机过氧化物硫化体系、噻二唑衍生物硫化体系配方对比见表1.1.3-171。

表1.1.3-171 三种硫化体系对比表

配方编号	硫脲硫化体系	有机过氧化物硫化体系	噻二唑衍生物硫化体系	
CM352LF	100	100	100	100
氢氧化镁	8	8	8	8
N660	80	80	80	80
高岭土E2	20	—	20	20
滑石粉	—	20	—	—
DOP	10	30	10	10

续表

配方编号	硫脲硫化体系	有机过氧化物硫化体系	噻二唑衍生物硫化体系	
芳香族矿物油	23	—	23	23
促进剂 Na－22	2.5	—	—	—
硫黄	0.5	—	—	—
过氧化物 DCP	—	4	—	—
助交联剂 TAIC	—	4	—	—
硫化剂 ECHO · S808 3M－50	—	—	5	—
促进剂 903	—	—	—	1.5
硫化剂 PT75	—	—	—	2.5
合计	244	246	246	245
门尼黏度（大转子）[ML(1＋4)100℃]	59	61	58	59
门尼焦烧 121℃	21′23″	26′21″	24′43″	12′32″
拉伸强度/MPa	12.1	14.5	12.9	13.8
扯断伸长率/%	510	303	484	436
硬度（邵尔 A）	70	78	73	76
单根钢丝抽出力/N(0.3 mm)	66	24	134	154
压缩永久变形（100℃×70 h）/%	85	34	51	46
硫化条件	163℃×20 min	173℃×10 min	163℃×20 min	163℃×20 min

⑤辐照交联硫化体系

氯化聚乙烯大分子经高能射线（如钴 Co^{60} 放出的 γ 射线，电子加速器产生的电子射线）辐照后很容易实现交联。辐照交联的机理类似于有机过氧化物：

氯化聚乙烯受电子射线辐照后，脱氢生成自由基：

$$\sim\underset{H}{\overset{H}{C}}\sim \xrightarrow[\text{辐照}]{\text{电子射线}} \sim\underset{\cdot}{\overset{H}{C}}\sim$$

两个氯化聚乙烯自由基再结合而交联（硫化）

$$\begin{matrix} \sim\overset{H}{C}\sim \\ \cdot \\ \cdot \\ \sim\underset{H}{C}\sim \end{matrix} \longrightarrow \begin{matrix} \sim\overset{H}{C}\sim \\ | \\ \sim\underset{H}{C}\sim \end{matrix}$$

氯化聚乙烯橡胶用于制造电线电缆护套时，常采用辐照（电子束）硫化方式，其配方中一般应含丙烯酸酯类的低分子量聚酯作为吸收电子助剂，通常用量为 10 份左右。辐照硫化因电子束穿透能力不强，交联温度为 50～60℃，仅适合于薄制品，用于厚制品时可能会造成表面交联过度，影响硫化胶伸长率，调整电子束的强度和照射时间，加入交联助剂如低分子量聚丁二烯，可以缓解。

射线辐照硫化的特点是：a. 配方中无化学交联剂，不存在“焦烧”问题，既有利于制品的加工成型，又有利于胶料的储存；b. 制品的物性略低于有机过氧化物硫化胶，但表面硬度、耐热性和电性能优于过氧化物硫化胶。射线辐照硫化适用于电缆行业，与电缆行业工艺相近的胶管、胶带等行业在发达国家也有个别应用。

各种硫化体系对硫化工艺与硫化胶性能的影响见表 1.1.3－172。

表 1.1.3－172　各种硫化体系对硫化胶性能的影响

性能 \ 体系	有机过氧化物（DCP）	硫脲（NA－22）	噻二唑（ECHO · S808 3M－50）	辐照交联
正硫化点 $T_{90}^{170℃}$	6′11″	34′41″	34′15″	极短，以秒计
硫化速度	快	慢	较慢	极快
焦烧特性	较理想	差	较差	不会焦烧
拉伸强度/MPa	10.0	6.9	7.0	8.2

续表

性能 \ 体系		有机过氧化物(DCP)	硫脲(NA—22)	噻二唑(ECHO·S808 3M—50)	辐照交联
扯断伸长率/%		450	390	520	500
拉伸永久变形/%		130	100	200	140
硬度(邵尔A)		80	80	80	82
撕裂强度/(N·mm^{-1})		6.3	10.1	10.3	8.6
耐热老化(120℃×7天)	K_1	0.87	0.65	0.85	0.92
	K_2	0.82	0.50	0.80	0.88
基本配方		CM352J 100，氯化石蜡 20，MgO 10，稳定剂 4，(TAIC—6) *，Sb_2O_3 5，防老剂RD 1，轻钙 105，硫化剂 4～8；*仅在有机过氧化物或辐照交联体系中添加			

注：K_1 拉伸强度保持率，K_2 扯断伸长率保持率。

(2) 补强剂及填充剂

CM配方中各种补强剂、填充剂的作用及其对硫化胶物理机械性能的影响与在其他合成橡胶中基本相同。

炭黑有明显的补强效果，比表面积越大的炭黑补强效果越好，比表面积小的炭黑如半补强炭黑、热裂法炭黑补强效能稍低。随着炭黑用量的增加，胶料门尼黏度增大，流动性降低，加工性变差。考虑到加工性能和pH值，半补强炭黑最适合CM。表1.1.3-173列出了几种炭黑对CM硫化胶物理机械性能的影响。

表1.1.3-173 炭黑品种对CM硫化胶物理机械性能的影响

性能	N990	N774	N660	N550	N330
门尼黏度[ML(1+4)100℃]	52	68	75	83	102
100%定伸应力/MPa	2.3	3.9	4.2	4.9	5.5
拉伸强度/MPa	13.5	15.1	16.5	16.8	18.2
扯断伸长率/%	310	280	250	250	220
硬度(邵尔A)	70	74	77	79	82
老化后物理机械性能(125℃×72 h)					
100%定伸应力/MPa	3.5	4.3	4.6	6.1	7.5
拉伸强度/MPa	12.2	14.8	14.9	15.2	17.5
扯断伸长率/%	280	230	215	205	195
硬度(邵尔A)	72	77	78	82	85

注：配方CM352F 100，活性MgO 10，炭黑 50，TOTM 25，ECHOS·808 3M—50 5；硫化条件：160℃×30 min。

CM浅色胶料色泽稳定性好，可制成多种颜色的橡胶制品，补强填充剂使用白炭黑、硅藻土、煅烧陶土、碳酸钙、滑石粉和氢氧化镁等无机填料，对浅色填料精心选择能充分发挥氯化聚乙烯优良的阻燃性能。其中，气相法白炭黑及沉淀法白炭黑补强胶料的拉伸强度、定伸应力与炭黑补强的效果相当，有很好的增强作用和阻燃增效作用，但是会使胶料流动性变差，门尼黏度几乎增大一倍，严重妨碍混炼与挤出，所得硫化胶硬度偏高，所以应控制其加入量。滑石粉有吸酸作用，所以含有滑石粉的胶料硫化时不易起泡，含有滑石粉的胶料工艺性能良好，普通细度(1 000目以下)的滑石粉无增强作用，4 000目以上的超细滑石粉增强效果接近中粒子热裂解法炭黑；滑石粉的另一个优点是阻燃增效明显。在选用陶土时，要特别关注其pH值，根据经验，我国南方的水洗陶土偏酸性，而北方的水洗陶土偏碱性，CM应尽可能选用偏碱性的陶土，以减少硫化起泡现象；煅烧陶土都是偏碱性的，并有一定的吸酸作用；含陶土的胶料工艺性能良好。

(3) 增塑剂

CM生胶的门尼黏度在常用合成橡胶中是最高的，加工流动性较差，为了改善它的流动性，需添加增塑剂。20份氯化石蜡或酯类极性增塑剂可使CM胶料的门尼黏度下降25～45，20份链烷烃油可使胶料的门尼黏度下降35～45。

CM的溶解度参数为9.2～9.3，一些聚氯乙烯不使用的脂肪酸单酯(如硬脂酸辛酯)、链烷烃油、环烷烃油和芳香烃油都可以成为CM的增塑剂，CM常用的增塑剂有邻苯二甲酸酯类及脂肪族二元酸酯类增塑剂、环氧类增塑剂及芳烃油等，在硫脲硫化体系、噻二唑硫化体系中皆可使用。而对有机过氧化物硫化体系来说，以链烷烃油对硫化影响最小，其次为环烷烃油，使用芳烃油需慎重；增塑剂中的脂肪族二元酸酯类如癸二酸二辛酯(DOS)对硫化的影响比含苯环的增塑剂如邻苯二甲酸二辛酯(DOP)要小。

增塑剂的加入会使硫化胶的强度明显下降。CM增塑剂选择的原则与软聚氯乙烯相似：当有耐热性要求时，可考虑选用邻苯二甲酸酯类，其耐热顺序是：TOTM>DIDP>DINP>DOTP>DOP；当需调整低温性能时，应选用脂肪族二元酸酯类，如DOS、DOA等；当需考虑增加其热稳定性时，可选用环氧化合物(如环氧大豆油)和偏苯三酸三辛酯(TOTM)；当需考虑阻燃性能或耐油性能时，推荐使用氯化石蜡。

值得指出的是氯化石蜡，从其化学结构看，它就是低分子量的氯化聚乙烯，所以，把它加入CM的配方中，会与胶料中的硫化剂起交联（硫化）反应，成为网状交联结构。因而，受热时不会挥发和分解——从而使硫化胶耐热性大大提高；在矿物油中不易被萃取——从而使硫化胶耐油性（包括耐溶剂性）大大提高。因此，在 CM 胶料中加入适量的氯化石蜡，在胶料加工时起到降低门尼黏度，增加流动性的作用；在胶料硫化后成为交联网络的一部分，其耐热性和耐油性相比使用其他增塑剂得到提高。氯化石蜡－42 的含氯量为 42%，平均分子量 595，主链碳原子数为 25；氯化石蜡－52 的含氯量为 52%，平均分子量 416，主链碳原子数为 15。根据相似相溶原理，在 CM 胶料配方中，应尽可能选用氯化石蜡－42 做增塑剂。

还应指出的是，对于非极性或弱极性增塑剂如链烷烃油、环烷烃油及芳烃油，虽然也可以做 CM 的增塑剂，但需特别注意：a. 极性配合。这类油由于极性小，只适合与含氯量为 25%～30%的 CM 配合；b. 数量限制。由于极性小，每 100 份 CM 的添加量不宜超过 10 份，否则很容易出现“喷油”现象。

表 1.1.3－174 列举了常用增塑剂对 CM 胶料工艺性能和物性的影响，20 份增塑剂可使胶料的门尼黏度从 84 降至 49～39。

表 1.1.3－174　常用增塑剂对 CM 胶料工艺性能和物性的影响

性能＼增塑剂	无	氯化石蜡－42	TOTM	DIDP	DOTP	DOP	DOS	DOA
门尼黏度[ML(1+4)100℃]	84.3	49.6	47.4	46.3	47.9	48.3	39.4	40.5
拉伸强度/MPa	12.5	10.0	9.5	9.0	10.4	9.5	8.5	9.2
扯断伸长率/%	250	390	400	390	380	380	410	400
拉伸永久变形/%	50	65	60	60	60	60	70	65
硬度（邵尔 A）	76	66	65	64	64	64	60	60
撕裂强度/($N\cdot mm^{-1}$)	4.2	7.2	7.3	7.2	6.6	7.1	7.0	6.0
基本配方	CM352L 100，各种助剂 110，增塑剂 20							

（4）稳定剂和防老剂

CM 是饱和结构的聚合物，具有良好的耐热老化和耐臭氧老化等性能。与其他含氯聚合物（如聚氯乙烯、氯磺化聚乙烯橡胶、氯丁橡胶）相似，长期受热、氧、光等作用下也会降解老化，发生脱氯化氢（HCl）反应，脱出的 HCl 又会成为 CM 分子降解的催化剂；或在硫化过程中与硫化剂分解出的自由基结合，中止交联反应。为了保证硫化顺利进行，延长 CM 制品的寿命，在 CM 配方中需要添加稳定剂和防老剂。

CM 常用稳定剂有氧化镁、氧化铅、氢氧化镁、金属盐类、金属皂类。在一般情况下，CM 胶料配方中并不一定要使用防老剂，胺类防老剂对改善硫化胶的耐老化性能没有明显的效果，酚类抗氧化剂反而会加速脱氯反应（因酸性），CM 胶料的防老剂多使用 RD、MB、MZ、NBC 以及硫酯类防老剂。

（5）阻燃剂和发泡剂

CM 的阻燃性能既与其氯含量相关，也与其配方中的阻燃协效剂相关。纯 CM 的氧指数并不算高，但是与 Sb_2O_3 协同，会使其氧指数提高很多；氯含量越高，氧指数的提高也越明显。一些填料也对氧指数的提高有贡献，其中以白炭黑与滑石粉最为显著，而炭黑与碳酸钙则对氧指数无贡献。

在 CM 胶料中加入适量的发泡剂可制得质量良好的泡沫橡胶制品，在配方中加入适量的 Sb_2O_3 可成为阻燃泡沫胶料，详见表 1.1.3－175。

表 1.1.3－175　氯化聚乙烯泡沫胶料

性能	发泡度/%	比重	拉伸强度/MPa	扯断伸长率/%	氧指数
指标	68	0.44	1.5	370	28
配方：CM3511 100，氯化石蜡 50，发泡剂 AC 10，三盐 5，DCP 5，Sb_2O_3 5，其他助剂 3					

2. 工艺性能

因系饱和聚合物，但混炼前先薄通数次有利于混入配合剂。

虽然 CM 的门尼黏度比一般常用合成橡胶的门尼黏度大，但是其在 60℃以上就表现出塑性，一般来说，CM 的加工性能良好：混炼温度适中（50～100℃）混炼时，既不粘辊，也不脱辊；压延时延展性好，压延加工温度宽泛；挤出时，扭矩中等，适应的加工温度也较宽（在橡胶挤出机上挤出时可在 60～100℃下挤出，在塑料挤出机挤出时可在 150～200℃下挤出），适合在现有的橡胶与塑料加工设备下进行生产。加少量低分子量聚乙烯可改善加工性能。

（1）炼胶

由于 CM 没有双键，所以在机械剪切力的作用下稳定，塑炼不会使 CM 分子断链，没有塑炼效果。虽然没有塑炼效果，但混炼前先薄通数次还是有助于填充剂、增塑剂等配合剂的混合。开炼机混炼辊温 50～70℃；密炼可以采用逆炼法，密炼室温度不高于 130～150℃。

（2）挤出

胶料的挤出工艺性能与以下几个因素相关：a. 生胶门尼黏度在 40～70 之间最利于挤出；b. 含胶率 30%～50%的胶料

最利于挤出；c. 填料在胶料中的分散度越高越有利于挤出；d）含有炭黑的黑色胶料挤出性能优于浅色胶料，含白炭黑的胶料挤出性能最差，陶土、碳酸钙、滑石粉居中。CM生胶的门尼黏度［ML（1+4）100℃］通常在70～150之间，高于常用合成橡胶，采用挤出工艺的CM橡胶配方设计时应选用低门尼CM。

CM胶料适宜冷喂料挤出机直接挤出。采用热喂料挤出机时，需要先对胶料进行热炼，由于CM胶料在温度低时黏度较高，所以开炼机在热炼胶料时需减小投料量，把辊距调小，以避免对设备造成损害。

CM胶料在挤出初期表面粗糙不光滑，但当挤出调节平衡后熔体断裂现象会很快会消失。挤出CPE时可采用较高的温度，但应注意温度若超过190℃时CPE将会加速脱氯化氢，因此挤出温度必须控制在190℃之下。

（3）压延及擦胶

CM胶料的压延性能很好，在配方中含有软质陶土之类的填充剂时或许会出现粘辊现象，在配方中加入2～5份聚丁二烯可以抑制。

使用低门尼CM生胶的胶料可用于织物擦胶。

（4）胶浆制造及涂胶

CM胶浆常用的溶剂有二氯甲烷、甲苯等。制作过程如下：a. CM胶料压成薄片，然后剪碎；b. 和溶剂一同放入搅拌机中搅拌；c. 24小时可制得胶浆。

制得的胶浆可用于涂胶工艺。

（5）模压硫化

模压硫化通常需使用脱模剂以保持模具清洁和易于起模。CM胶料硫化时会分解出氯化氢腐蚀模具，因此模具需要镀铬防止腐蚀。

3.9.2 氯化聚乙烯的接枝共聚物（Acrylonitrile Chlorinated Polyethylene Styrene Copolymer）

丙烯腈-氯化聚乙烯-苯乙烯接枝共聚物树脂，由日本昭和电工公司于1979年投产，简称ACS树脂，具有耐热、耐天候、耐高温冲击、耐电弧、抗静电、抗污染等性能以及良好的物理机械性能，可代替ABS树脂（丙烯腈-丁二烯-苯乙烯共聚物），分通用级（GW）和耐燃级（NF）两类。其分子结构式：

$$\left[CH_2-\underset{\displaystyle CN}{\underset{|}{CH}}\right]_a \left[\underset{\displaystyle C_6H_5}{\underset{|}{CH}}-CH_2\right]_b \left[CH_2-\underset{\displaystyle Cl}{\underset{|}{CH}}-CH_2-CH_2\right]_c$$

生产ACS树脂的方法主要有悬浮聚合法、溶液聚合法和混炼法。悬浮聚合法以水为分散介质，聚乙烯醇为分散剂，过氧化苯甲酰为引发剂；溶液聚合法，在氯仿溶液中真空条件下以过氧化苯甲酰为引发剂进行溶液接枝聚合，反应温度60℃；混炼法是将氯化聚乙烯、苯乙烯-丙烯腈共聚物以及适量的热稳定剂，在塑炼机中140℃下混合塑炼，再经粉碎、挤出造粒而得。混炼法性能较差，已不采用，悬浮聚合法是目前的主要生产方法。

ACS树脂的性能与丙烯腈、氯化聚乙烯和苯乙烯三组分的比例、接枝率、分子量大小及分子量分布有关。一般冲击强度随氯化聚乙烯的含量及丙烯腈-苯乙烯共聚物的分子量增加而提高；拉伸强度则随氯化聚乙烯含量的增加而降低；耐化学药品性和热变形温度随丙烯腈含量的增加而提高。

与ABS树脂相比，ACS树脂具有如下三个显著特点：其耐候性优于ABS树脂；ABS树脂属易燃树脂，ACS树脂因含氯具有难燃性；ACS树脂分子结构中的氯化聚乙烯能使摩擦产生的静电在短时间内散逸，其静电污染极少，能使制品长期保持美观。

ACS树脂在高温下易分解产生氯化氢气体，因而加工温度要比ABS树脂低一些，通常加工温度为180～220℃，阻燃级由于含氯化聚乙烯量较多，所以加工温度应更低一些。ACS树脂可采用注射、挤出、模压等成型方法加工。

ACS树脂主要应用于电子电器、办公设备、交通运输和建筑领域，包括台式计算机、复印机、传真机的壳体，用于制作洗衣机、除灰器、冰箱等家用电器的壳体以及照明器具的部件，建筑材料、木材代用品，还用于制造广告牌及路标等；阻燃级ACS用于制作电视机内部零件，如回扫变压器、线圈绕线管、支架等，还用作要求具有阻燃和耐候性能的汽车和火车的内装、外装材料等。

氯化聚乙烯与其他不饱和单体如甲基丙烯酸酯、氯乙烯等的接枝共聚物，尚处于研制阶段。

3.9.3 氯化聚乙烯橡胶的技术标准与工程应用

（一）氯化聚乙烯橡胶的基础配方

氯化聚乙烯橡胶的基础配方见表1.1.3-176。

表1.1.3-176 氯化聚乙烯橡胶（CM）基础配方

某胶管企业内控试验配方		HG/T 2704—2010	
原材料名称	质量份	原材料名称	质量份
CM	100.0	CM或PE—C	200.0
氧化镁	10.0	硬脂酸铅	6.0

续表

某胶管企业内控试验配方		HG/T 2704－2010	
原材料名称	质量份	原材料名称	质量份
N660	50.0	硫化过程：胶片置于150±2℃模具中恒温5 min，然后加压至15 MPa，保持2 min，在保持压力不变的条件下冷却至60℃，取出试片。详见HG/T 2704－2010	
DOP	30.0		
Na－22	2.5		
硫黄	0.5		

（二）氯化聚乙烯橡胶的技术标准

CM的典型技术指标见表1.1.3-177。

表1.1.3-177　CM的典型技术指标

CM的典型技术指标					
项目	指标		项目	指标	
	纯胶配合	混炼胶配合		纯胶配合	混炼胶配合
门尼黏度[ML(1+4)100℃]	55～80	—	电导率（1 kHz)/(S·cm^{-1})	4.65～6.80	—
相对密度	1.08～1.25	—	介电强度/(kV·mm^{-1})	18.0～25.0	16.0～29.3
			体积电阻率/(Ω·cm)	(1～70)×10^{13}	1×10^{8}～8×10^{14}
			介电系数	4.5～7.0	5.0～11.0
			介电损耗角正切（tanδ)	0.008～0.080	0.01～0.25
CM硫化胶的典型技术指标					
300%定伸应力/MPa	5.6～15.0	—	压缩永久变形（70℃×22 h)/%	21～37	
拉伸强度/MPa	7～16	4～30	屈挠龟裂（德墨西亚，JIS K630)	25周以上发生龟裂[a]	
扯断伸长率/%	400～900	100～800	耐老化（120℃×120 h） 伸长率变化率/%	－17	
拉伸永久变形/%	20～250	10～250			
硬度（JIS A)	40～90	50～90	耐臭氧性（50 pphm，38℃)	300 h发生龟裂	

《氯化聚乙烯》(HG/T 2704－2010）适用于高密度聚乙烯（PE－HD）经氯化反应后制得的氯化聚乙烯。氯化聚乙烯的防黏结剂一般为轻质活性碳酸钙，若采用其他防黏结剂，应注明其化学名称及添加的质量分数。氯化聚乙烯产品由产品名称、熔融焓、氯的质量分数三项组成的符合组合进行分类，产量名称、熔融焓、氯的质量分数的符号组合称为型号。

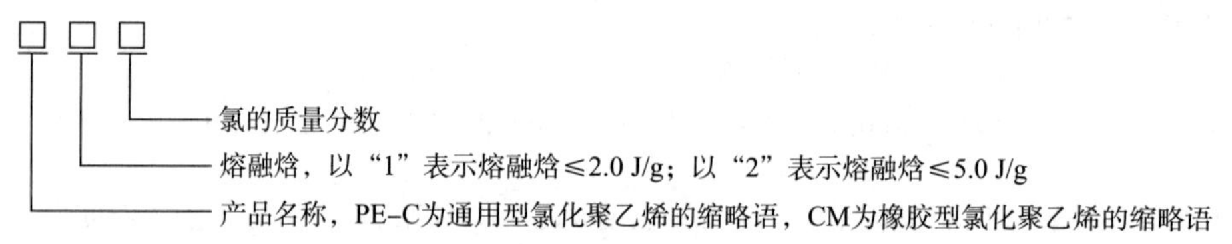

氯化聚乙烯橡胶的技术要求见表1.1.3-178。

表1.1.3-178　氯化聚乙烯橡胶的技术要求

项目	型号					
	PE－C130	PE－C135	PE－C230	PE－C235	CM 135	CM 140
	指标					
氯的质量分数/%	30±2	35±2	30±2	35±2	35±2	40±2
熔融焓（≤)/(J·g^{-1})	2.0	2.0	5.0	5.0	2.0	2.0
挥发物的质量分数（≤)/%	0.40	0.40	0.40	0.40	0.50	0.50
筛余物（0.9 mm筛孔)(≤)/%	2.0	2.0	2.0	2.0	—	—
杂质粒子数（≤)/(个/100 g)	50	50	50	50	—	—
灰分的质量分数（≤)/%	4.5	4.5	4.5	4.5	4.5	4.5
门尼黏度[ML(1+4)125℃](≤)	—	—	—	—	100	120
拉伸强度（≥)/MPa	8.0	8.0	8.0	8.0	6.0	6.0
邵尔硬度A（≤)	65	65	70	70	60	65

（三）氯化聚乙烯橡胶的工程应用

1. 电线电缆用配方

（1）生胶的选择

CM352L 的门尼黏度是所有 CM 牌号中较低的［ML（1+4）100℃为 60～70］，特别适合电线电缆行业的挤出工艺；用于辐照交联的 CM 生胶，可选用熔融热大、门尼黏度较高的牌号，以保证混炼胶在成型后有较高的挺性，使产品在辐照交联前不易被碰伤或压扁，如 CM2535；CM352J 的体积电阻率是所有 CM 牌号中较高的，是电气绝缘用胶的首选。

（2）硫化体系

适合电线电缆用 CM 的硫化体系，工业化应用的主要有有机过氧化物硫化体系与电子射线辐照硫化体系两种。为了提高交联效率和增加交联密度，辐照硫化体系的胶料配方中一般应含丙烯酸酯类的低分子量聚酯作为吸收电子助剂，通常用量 10 份左右；也可与有机过氧化物硫化体系类似，在配方中添加交联助剂 TAIC、HVA－2 等，交联助剂的品种与性能和添加量与有机过氧化物硫化相同。

（3）增塑体系

常用增塑剂为氯化石蜡、链烷烃油、TOTM 等，有低温要求时会用到 DOS、DOA 等。

（4）填充体系

炭黑、白炭黑、滑石粉、碳酸钙、陶土为最常用填充剂。

2. 胶管用配方

（1）生胶的选择

传统胶管外胶采用 NBR/CM、CM、CR、CSM、NBR/PVC 等，CM 因为具有耐油、耐臭氧、耐紫外线、阻燃、价格便宜等优点，是应用于橡胶软管的较佳选择。通常选用含氯 35%～36%、门尼黏度较低的牌号有利于挤出，如 CM352LF；当要求产品有更好的阻燃性和耐油性时，可选择含氯量 40%或 42%的牌号如 CH420；当要求产品有更好的耐低温性能时，可选择含氯量 25%或 30%的牌号如 CM302F。

CH600 为茂金属催化生产的 CM，是一种全新的橡胶弹性体，和普通 CM 相比它更耐低温、耐磨，仅用 DOP 做增塑剂生产的胶管就可以在－50℃使用，可达到 DIN 磨耗标准要求，一改 CM 不耐磨的历史。

（2）硫化体系

适合胶管的硫化体系主要有有机过氧化物硫化体系和噻二唑硫化体系，并已工业化应用。

汽车胶管部分有较高压缩永久变形要求的如涡轮增压器胶管（冷端），低压管如空气管、氧气乙炔胶管；对黏合要求不高的胶管一般采用有机过氧化物硫化体系硫化。

噻二唑硫化体系硫化速率接近于有机过氧化物硫化体系，配方中可以使用酯类、芳香族矿物油做增塑剂，无须其他共硫化剂。噻二唑硫化体系硫化胶的物理机械性能仅次于有机过氧化物硫化胶，撕裂强度比有机过氧化物硫化体系硫化胶好得多，压缩永久变形接近于有机过氧化物硫化体系硫化胶；脆性温度比有机过氧化物硫化体系硫化胶差些，和钢丝的黏合性能远远优于有机过氧化物硫化体系。汽车动力转向管、汽车制动管、发动机进气管、液压胶管，低压管如空气管、氧气乙炔管、水管、酸碱管多采用噻二唑硫化体系。

3. 胶辊用配方

CM 可用作胶辊的外胶层，用于钢铁、纺织、印刷等行业。胶辊配方及性能见表 1.1.3－179。

表 1.1.3－179 胶辊外胶配方及性能

配方代号	1	2
CH700	100	100
氢氧化镁	8	8
N330	60	60
滑石粉	20	35
TOTM	28	25
防老剂 RD	0.5	0.5
过氧化物 DCP	4	—
助交联剂 TAIC	4	—
硫化剂 ECHO・S808 3M－60	—	5
合计	224.5	233.5
门尼黏度［大转子，ML（1+4）100℃］	73	77
拉伸强度/MPa	13.9	13.7
扯断伸长率/%	487	456
硬度（邵尔 A）	78	77
硫化条件	173℃×12 min	163℃×20 min

4．运输带用配方

CM阻燃、耐臭氧，可用于制造耐焦油、沥青之类的耐热输送带。运输带用配方及性能表见1.1.3－180。

表1.1.3－180　输送带用配方及性能

配方代号	1	2
CH800	100	100
氢氧化镁	8	8
N330	40	50
N774	20	10
TOTM	28	25
三氧化二锑	2	2
防老剂RD	0.5	0.5
过氧化物DCP	6	—
助交联剂TAIC	5	—
硫化剂ECHO・S808 3M—60	—	5
合计	209.5	200.5
门尼黏度［大转子，ML（1+4）100℃］	67	71
拉伸强度/MPa	19.6	13.7
扯断伸长率/%	498	456
硬度（邵尔A）	73	70
硫化条件	173℃×12 min	163℃×20 min

5．密封条用配方

CM阻燃、耐臭氧，与丁苯橡胶、三元乙丙橡胶等并用有良好的压出性能和耐候老化性能，成本低廉，可用于制造汽车及建筑密封条之类的压出制品，密封条用配方及性能见1.1.3－181。

表1.1.3－181　密封条用配方及性能

材料	用量
CM352LF	50
丁苯1502	50
N660	50
轻钙	80
DOP	34
氧化镁	5
氧化锌	1
老防RD	0.8
老防MB	1
防护蜡	1
硬脂酸	1
促进剂NOBS	1.8
促进剂ETU	1.7
硫黄	2
合计	279.3
门尼黏度［大转子，ML（1+4）100℃］	49
拉伸强度/MPa	12.5
扯断伸长率/%	490
硬度（邵尔A）	56
硫化条件	151℃×30 min

6. 磁性橡胶用配方

橡塑磁是橡胶或塑料作为黏合剂与永磁粉混合制成的永磁体。橡塑磁具有磁性稳定、耐冲击、密度低、易成型加工等特点，可替代金属磁制成尺寸精度高、形状复杂、质量小的永磁性制品。

CPE橡塑磁是以CPE为黏合剂，与磁粉和配合剂混合后通过一定工艺制备的永磁制品。CPE用于橡塑磁，具有不含双键，填充量大的特点。CPE生胶性能见表1.1.3-182。

表1.1.3-182 CPE生胶性能

型号 / 性能	CPE3605	CPE3610	CPE2500	CPE2510
氯含量/%	35	35	25	25
拉伸强度/MPa	14.1	13.4	17.4	11.5
断裂伸长率/%	870	890	744	740
DSC/($J\cdot g^{-1}$)	0	0	0	10

(1) 配合

磁粉是指可在磁场中磁化，除去磁场后仍能保持磁性的固态粉末状物质。磁粉是橡塑磁的主要组分，分为金属磁粉和铁氧体磁粉两大类。金属磁粉有钕铁硼、铝铁硼、铁铝镍和铝镍钴等磁粉，铁氧体磁粉有钴铁氧体（$CoO\cdot 6Fe_2O_3$）、锶铁氧体（$SrO\cdot 6Fe_2O_3$）和钡铁氧体（$BaO\cdot 6Fe_2O_3$）等磁粉。磁粉的磁性取决于晶体结构、粒子尺寸及均匀性。

磁粉是决定橡塑磁性能的主要原料，铁氧体类磁粉属于六角晶系磁铅石型晶体结构，其磁性能是由晶体的完整性所决定的，因此导致晶体破碎或结构不完整的任何因素将促使磁粉性能下降。磁粉的粒径及其分布是衡量磁粉结构的一个重要指标。铁氧体磁粉粒径在1～1.2 μm时，其磁性能为最佳，此值与其磁畴尺寸相等。当磁粉粒径大于或者小于磁畴尺寸时，其磁性能均有所下降，这是由于小于磁畴尺寸的磁粉缺乏完整的磁畴，而较大粒径的磁粉颗粒中包含多个磁畴，降低了磁场中磁畴的取向度，所以从磁性能角度而言，要求铁氧体磁粉的平均粒径为1.0～2.0 μm，分布越窄越好。

邻苯二甲酸二辛酯（DOP）与环氧大豆油（ESO）均可作为增塑剂使用，DOP和CPE有很好的相容性，而ESO还具有稳定剂的作用。

(2) 加工工艺

a. 混合塑炼：将磁粉、CPE、增塑剂等成分按比例加入高速混合机中搅拌8～10 min，然后取出在开炼机上塑炼，制成薄片，再经切粒机切成颗粒。

b. 挤出成型：在螺杆长径比、压缩比都较普通塑料挤出机小的挤出机上挤出。

c. 充磁：挤出成型的磁条通常不具有磁性，只有经过磁化过程，即充磁后才具有磁性。

(3) 橡塑磁应用举例

选择氯化聚乙烯牌号主要要考虑的因素有：填充量、韧性、低温性能等方面。

高填充、高韧性、低流动性配合：CM301Z 100，磁粉1100，增塑剂6；

高填充、高韧性、中流动性配合：CM301 100，磁粉1100，增塑剂5；

高填充、低韧性、高流动性配合：CM302 100，磁粉1100，增塑剂4。

7. 塑料改性用配方

(1) 抗冲改性

未经增韧改性的硬质PVC普通环境下的缺口冲击强度为2～5 kJ/m²，是一种半脆性聚合物，往往达不到使用要求，所以要对PVC进行增韧改性来提高其抗冲击强度。CPE增韧PVC配方见表1.1.3-183。

表1.1.3-183 CPE增韧PVC配方

配方号 / 配比	CPE3605	CPE3610	CPE2500	CPE2510
PVC（K=66～68）	100	100	100	100
复合热稳定剂	4.5	4.5	4.5	4.5
增塑剂	1.5	1.5	1.5	1.5
二氧化钛（金红石型）	5	5	5	5
轻质碳酸钙（活性）	10	10	10	10
CPE3605	9	—	—	—
CPE3610	—	9	—	—
CPE2500	—	—	9	—

续表

配方号 / 配比	CPE3605	CPE3610	CPE2500	CPE2510
CPE2510	—	—	—	9
可焊性（KN）≥2.75	4.02	3.88	3.45	3.22
低温落锤（−10℃，1 hr）≤1 个破坏	0 破坏	0 破坏	0 破坏	1 洞

氯化聚乙烯具有复相的嵌段结构，结构饱和，耐候性佳；适中含氯量的氯化聚乙烯既有相当好的弹性，又与 PVC 有良好的相容性，与 PVC 共混后形成微观两相结构，分散相氯化聚乙烯与基体 PVC 又有较好的界面结合力。

CPE 具有良好的耐黄变、耐老化性能，作为抗冲增韧改性剂，可取代非饱和结构的 MBS，应用于 PVC 透明片材及半透明非透明片材、PVC 收缩膜制品、PVC 硬卡材料制品、PVC 家具表层贴皮制品中。在硬质 PVC 制造的门窗型材、管道制品中，CPE3610 提供了高的焊接强度，好的表面质量，低温下优良的耐冲击性能，可以单用或者与丙烯酸酯树脂混用。

PVC 型材配方：PVC（K=66～68）100，复合热稳定剂 4～5，CPE3605 8～10，增塑剂 1～2，刚性剂 8～12，耐候保护剂 4～8，调色剂适量；

PVC 绝缘电工管配方：PVC（K=66～68）100，复合热稳定剂 3～4，CPE3610 8～10，增塑剂 1.5～2，钛白粉 2，刚性剂 10～15，调色剂适量；

PVC 不透明吸塑片配方：PVC（K=60～62）100，锡稳定剂 1～2，CPE352M 6～8，G16（内润滑）0.3～0.6，G70S（外润滑）0.3～0.6，增塑剂 1～1.5，DOP 1～2，刚性剂 5～8，调色剂适量；

PVC 不透明硬卡片配方：PVC（K=63～65）100，锡稳定剂 1.5～2，CPE352M 8～10，G16（内润滑）0.3～0.6，G70S（外润滑）0.3～0.6，增塑剂 1～1.5，刚性剂 8～10，调色剂适量。

（2）阻燃改性

CPE 由于其与 ABS 具有良好的相容性，因而既可作为 ABS 的增韧改性组分，又是 ABS 的一种高效阻燃剂，还可以降低小分子阻燃剂对 ABS 的力学损失。

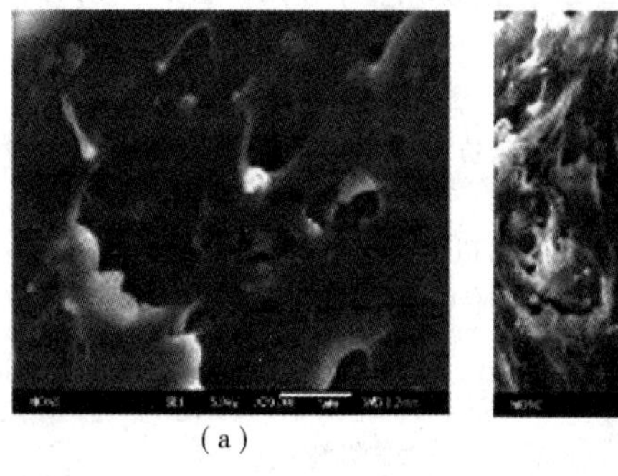

(a)

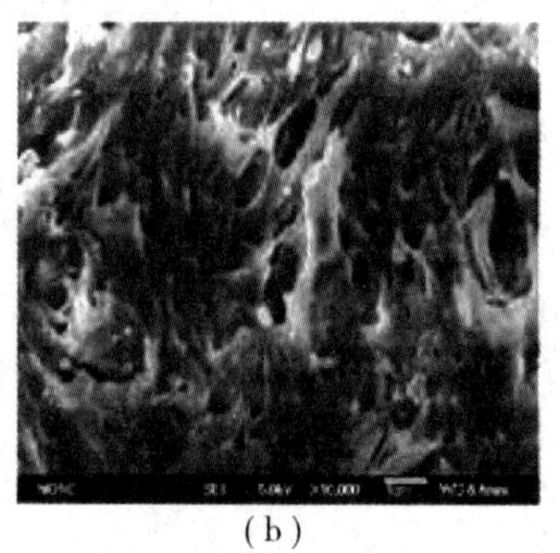

(b)

图 1.1.3-25　CPE/ABS 复合材料冲击断面的 SEM 照片

(a) 未添加 CPE 的 ABS 的 SEM 照片；(b) 添加了 CPE 的 ABS 的 SEM 照片

阻燃级 ABS 建议配方：ABS 100，TBBA 18～25，CPE132C 6～10，复合热稳定剂 1～3，三氧化二锑 5～7，抗氧剂 0.5～1，其他添加剂适量。

3.9.4　氯化聚乙烯橡胶的供应商

杭州科利化工 CM、CPE 的牌号见表 1.1.3-184。

表 1.1.3-184　氯化聚乙烯橡胶的牌号

牌号	CM2535	CM302	CM352L	CM352	CM352J	CM3685	CM3605	CM422
氯含量/%	25±1	30±1	35±1	35±1	35±1	36±1	36±1	42±1
门尼黏度[ML(1+4)121℃]	55±5	60±5	55±5	70±5	75±5	85±5	95−110	80±5
邵尔硬度 A	≥70	≤57	≤57	≤57	≤65	≤57	≤57	≤56
牌号	CPE3605	CPE3610	CPE132C	CPE135C	CPE142C	CM135B	CM3680	
氯含量/%	35±1	35±1	32±1	35±1	40±1	35±1	36±1	
门尼黏度[ML(1+4)121℃]	—	—	—	—	—	75±5	80±5	
邵尔硬度 A	≤60	≤60	≤60	≤57	≤65	≤57	≤57	
熔融指数（g · 10 min^{-1}）	≤0.5	≤0.5	5～15	6～13	4～8	—	—	

潍坊亚星化学 CM 的牌号见表 1.1.3-185。

表 1.1.3-185　氯化聚乙烯橡胶的牌号

牌号	3000	6035	6135	140B	4135	6000	8000	6235
氯含量/%	35±1	35±1	35±1	40±1	35±1	35±1	30±1	35±1
门尼黏度[ML(1+4)121℃]	65～85	70～90	55～75	80～100	85～100	—	—	70～80
邵尔硬度 A	≤60	≤60	≤60	≤60	≤62	≤65	≤75	≤60

氯化聚乙烯的供应商还有：河北精信化工集团有限公司、威海金泓高分子有限公司等。

氯化聚乙烯的国外供应商有：美国杜邦陶氏弹性体公司（Du Pont Elastomers L. L. C.，Tyrin)、美国尤尼洛伊尔化学公司（Uniroyal Chemical Co. Inc，Paraclor)、美国 DSM 共聚物公司（DSM Copolymer. Inc，Kairinal)、日本昭和电工公司（Showa Denko K. K.，Elaslen)、日本大阪曹达公司（Osaka Soda Co. Ltd.，Daisolac）等。

ACS 树脂的国内供应商有：广州电器科学研究院、中石化上海高桥分公司等。

3.10　氯磺化聚乙烯橡胶（Chlorosulfonated Polyethylene）

3.10.1　概述

氯磺化聚乙烯（简称 CSM）橡胶，白色或乳白色片状或粒状固体，是一种以聚乙烯为主链的饱和弹性体。CSM 以高密度聚乙烯或低密度聚乙烯、液氯、二氧化硫等为原料，将聚乙烯溶于四氯化碳或氯苯中，经连续或间断氯化和氯磺酰化而制得。用高密度聚乙烯可制得呈线型结构的氯磺化聚乙烯。用低密度聚乙烯可制得支链结构的氯磺化聚乙烯。CSM 一般氯含量为 27%～45%，最适宜的含量为 37%，这时弹性体的刚性最低；硫含量为 1%～5%，一般在 1.5%以下，以磺酰氯的形式存在于分子中，提供交联点。

典型的结构式如下：

$$-\!\!\left[\!\left(CH_2-CH_2-CH_2-CH_2-CH_2-CH_2-\underset{\displaystyle Cl}{\underset{|}{CH}}\right)_{12}\underset{\displaystyle SO_2Cl}{\underset{|}{CH}}\right]_n\!\!-$$

CSM 平均相对分子质量为 30 000～120 000。其中 CSM4010 为 40 000、CSM3304 为 120 000，脆性温度－56～－40℃。

CSM 橡胶的化学结构是完全饱和的，具有优异的耐臭氧性、耐候性、耐水性、耐化学药品性、耐磨性、不变色性等；耐热性好，连续使用温度 120～140℃，间歇使用温度可达 140～160℃；因含有较多的氯，具有耐燃性，燃烧十分缓慢，移开火焰即自行熄灭；耐油性和耐热油性好，与丙烯腈含量 40%的丁腈橡胶相当，但不耐芳烃；硫化胶的介电性能优良；耐低温性差。CSM 溶于芳香烃及卤代烃，在酮、酯、醚中仅溶胀而不溶解，不溶于脂肪烃和醇。

CSM 因分子链中不含双键，不能用硫黄硫化体系进行交联，一般采用金属氧化物体系、多元醇体系、环氧树脂体系、过氧化物体系以及马来酰亚胺体系硫化交联；炭黑多使用半补强炉黑、快压出炉黑等，在白色制品中也用白炭黑、陶土等无机填料；需加增塑剂（如芳烃油），酯类增塑剂用于耐低温的胶料；防老剂一般可不加；可与各种弹性体并用。CSM 混炼时应注意冷却，密炼机混炼可采用逆炼法；压延压出性能良好。CSM 与其他橡胶的性能比较见表 1.1.3-26。

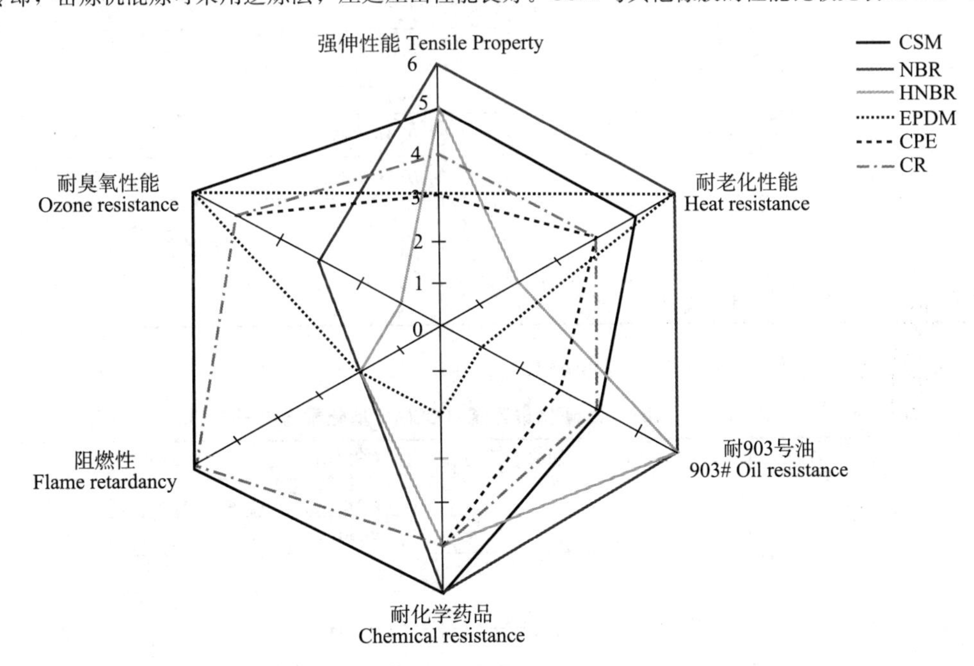

图 1.1.3-26　CSM 与其他橡胶的性能比较

CSM 广泛应用于橡胶制品、耐腐蚀涂料、耐腐蚀衬里，各种发动机专用电缆、矿用电缆、船用电缆的绝缘层等。

氯磺化聚乙烯橡胶（CSM）按照《橡胶和胶乳命名法》（GB/T 5576—1997）和《合成橡胶牌号规范》（GB/T 5577—2008）的规定，按以下方式命名牌号。氯磺化聚乙烯橡胶（CSM）牌号由两个字符组组成。

字符组 1：氯磺化聚乙烯橡胶的代号；按照 GB/T 5576—1997 的规定，氯磺化聚乙烯橡胶代号为“CSM”。

字符组 2：氯磺化聚乙烯橡胶的特征信息代号，由四位数字组成；前两位数字为氯含量的标称值，用氯含量的低限值表示；第三位数字表示原料聚乙烯的种类，原料为低密度聚乙烯时，用“1”表示；原料为高密度聚乙烯时，用“0”表示；第四位数字为生胶门尼黏度标称值，“0”表示门尼黏度指标不作窄范围特殊控制，其他数字则表示生胶门尼黏度低限值的十位数字。

示例 1：

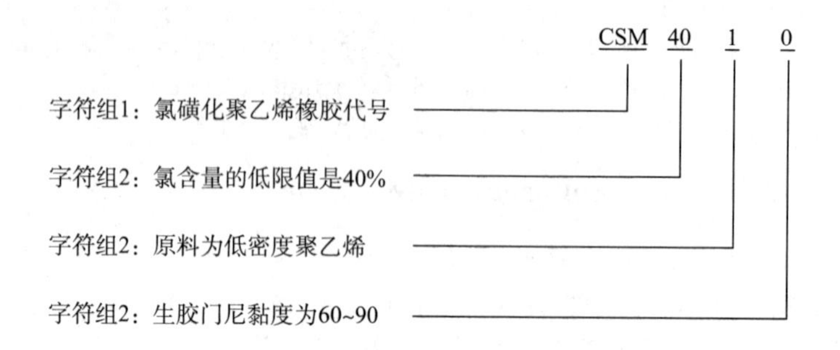

示例 2：

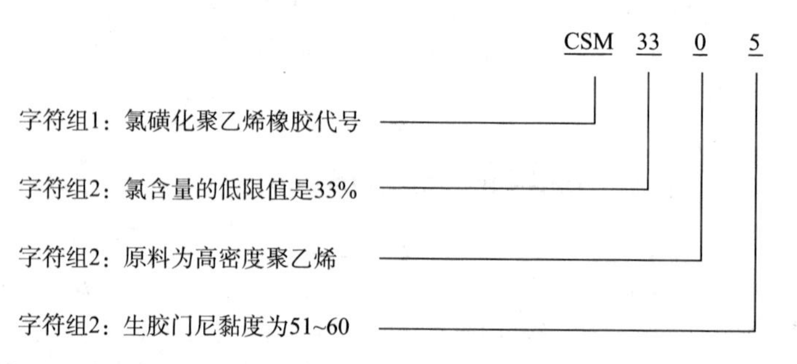

3.10.2 氯磺化聚乙烯橡胶的技术标准与工程应用

（一）氯磺化聚乙烯橡胶的基础配方

按照《合成橡胶牌号规范》（GB/T 5577—2008），国产氯磺化聚乙烯橡胶的主要牌号见表 1.1.3 - 186。

表 1.1.3 - 186 国产氯磺化聚乙烯橡胶的主要牌号

新号	氯质量分数/%	硫质量分数/%	门尼黏度［ML(1+4)100℃］
CSM 2300	23～27	0.8～1.2	40～60
CSM 2910	29～33	1.3～1.7	40～50
CSM 3303	33～37	0.8～1.2	30～40
CSM 3304	33～37	0.8～1.2	41～50
CSM 3305	33～37	0.8～1.2	51～60
CSM 3308	33～37	0.8～1.2	80～90
CSM 4010	40～45	0.8～1.2	60～90

氯磺化聚乙烯橡胶的基础配方见表 1.1.3 - 187 与表 1.1.3 - 188。

表 1.1.3 - 187 氯磺化聚乙烯（CSM）基础配方（一）

原材料名称	ASTM 黑色配方	ASTM 白色配方	CSM40	CSM20	其他测试配方
CSM	100	100	100	100	100
SRF	40	—	50	50	20（N774）
N330	—	—	—	—	20
一氧化铅[a]	25	—	20	20	
活性氧化镁	—	4	—	—	10
促进剂 MBTS（DM）	0.5	—	0.5	0.5	—

续表

原材料名称	ASTM 黑色配方	ASTM 白色配方	CSM40	CSM20	其他测试配方
促进剂 DPTT	2	2	2	2	2
二氧化钛	—	3.5	—	—	—
碳酸钙	—	50	—	—	—
季戊四醇	—	3	—	—	3
防老剂 NBC	—	—	—3	3	
碳酸镁	—	—	20	20	—
TOTM	—	—	—	—	15
操作油	—	—	10	10	—
硫化条件	153℃×30 min、40 min、50 min	153℃×30 min	160℃×10 min	—	—

表 1.1.3-188 氯磺化聚乙烯（CSM）基础配方（二）

原材料名称	金属氧化物交联体系[b]	多元醇交联体系[c]
CSM 橡胶	100	100
氧化镁	20	4
四硫化双五次甲基秋兰姆（TRA）	2.5	2
二硫化二苯骈噻唑（MBTS（DM））	0.5	—
乙烯硫脲（NA－22）	0.3	—
硬脂酸	0.5	—
季戊四醇	—	3
合计	123.8	109

注：a. 含铅配方不符合环保要求，读者应谨慎使用。
b. 吉化采用的试验检验配方。
c. 详见 GB/T 30920—2014 附录 C，也是日本东曹公司采用的试验检验配方。

（二）氯磺化聚乙烯橡胶的硫化试片制样程序

氯磺化聚乙烯橡胶硫化试片的制样方法见表 1.1.3-189，详见《氯磺化聚乙烯（CSM）橡胶》（GB/T 30920—2014）附录 C。

表 1.1.3-189 CSM 硫化试片制样程序

程序	持续时间/min	累计时间/min
概述：配料、混炼和硫化设备及操作程序按 GB/T 6038—2006 进行。批混炼胶量为基本配方量的 3.5 倍。其中前辊筒辊速为 17.8±1.0 r/min，辊温为 30±5℃，挡板间距离为 280 mm。		
a）调节辊距为 1.0 mm，加入 350 g 胶料使橡胶包辊，交替从每边作 3/4 割刀一次。	2	
b）沿辊筒缓慢而均匀地加入氧化镁、TRA、季戊四醇的混合物，直至配合剂完全混入胶料。	4	
c）交替从每边作 3/4 割刀八次。	3	
d）调节辊距为 0.2 mm 进行薄通，同时打三角包六次。	2	
e）辊距调到 1.2 mm 下片。	2	
总时间	13	
f）检查胶料质量。如果胶料质量与理论值之差超过＋0.5%或－1.5%，废弃此胶料，重新混炼。		
g）将混炼后胶料调节 2～24 h。如有可能，按 GB/T 2941—2006 规定的标准温度和湿度下调节		

（三）氯磺化聚乙烯橡胶的技术标准

氯磺化聚乙烯橡胶的典型技术指标见表 1.1.3-190。

表 1.1.3-190 CSM 橡胶的典型技术指标

项目	指标	项目	指标
门尼黏度[ML(1+4)100℃]	30～90	压缩永久变形（70℃×22h）/%	14～34
相对密度	1.07～1.27	回弹性/%	65～73
拉伸强度/MPa	12.1～21.5	耐磨耗（NBS 磨耗指数）	175～375
拉断伸长率/%	180～220	耐热老化（121℃×168 h）伸长率变化率/%	−54～−28
撕裂强度/(kN·m^{-1})	20.6～39.2		
硬度（JIS A）	67～83	耐臭氧（100 pphm，38℃）	1 000 h 发生龟裂

氯磺化聚乙烯橡胶的技术标准见表 1.1.3-191 与表 1.1.3-192，详见 GB/T 30920—2014。

表 1.1.3-191 CSM 橡胶的技术指标（一）

项　目	CSM4010			CSM3303			CSM3304			CSM3305		
	优等品	一等品	合格品	优等品	一等品	合格品	优等品	一等品	合格品	优等品	一等品	合格品
挥发分的（质量分数）(≤)/%	1.0	1.5	2.0	1.0	1.5	2.0	1.0	1.5	2.0	1.0	1.5	2.0
氯的质量分数/%	40～45			33～37								
硫的质量分数/%	0.8～1.2											
门尼黏度[ML(1+4)100℃]	60～90			30～40			41～50			51～60		
拉伸强度（≥)/MPa	—			25.0								
拉断伸长率（≥)/%	—			500								

表 1.1.3-192 CSM 橡胶的技术指标（二）

项目	CSM3306			CSM3307			CSM3308		
	优等品	一等品	合格品	优等品	一等品	合格品	优等品	一等品	合格品
挥发分的（质量分数）(≤)/%	1.0	1.5	2.0	1.0	1.5	2.0	1.0	1.5	2.0
氯的质量分数/%	33～37								
硫的质量分数/%	0.8～1.2								
门尼黏度[ML(1+4)100℃]	61～70			71～80			81～90		
拉伸强度（≥)/MPa	25.0								
拉断伸长率（≥)/%	500								

（四）氯磺化聚乙烯橡胶的工程应用

氯磺化聚乙烯橡胶的应用配方举例见表 1.1.3-193。

表 1.1.3-193 氯磺化聚乙烯橡胶的应用配方举例

配方材料	胶管外胶	矿用电缆	无硫化屋顶片材	同步带
CSM2550	—	—	100	—
CSM3550	—	—	—	100
CSM3570	70	100		
CSM3695	30	—	—	—
氧化镁	5	5	6	5
钛白粉	—	—	75	—
N550	75	—	—	—
N774	—	—	—	40
白炭黑	—	25	—	—
TOTM	50	—	—	—
酯类增塑剂	—	20	—	20
$CaCO_3$	150	—	80	—
滑石粉	—	30	—	—
高岭土	—	—	—	20
防老剂 NBC	1	—	—	—
抗氧剂 1010	—	—	1	—
低分子量聚乙烯	—	2	—	1
微晶蜡	—	2	—	1
石蜡	—	—	1.2	—
硬脂酰胺	—	—	1	—
TMTD	2	2	—	—

续表

配方材料	胶管外胶	矿用电缆	无硫化屋顶片材	同步带
DPTT	—	—	—	1.5
DM	—	—	—	0.5
硫黄	1	0.5	—	—
总计	384	186.5	264.2	189
硫化胶性能				
比重	1.66	1.38	—	1.37
硬度（邵尔 A）	65	70	—	68
100%定伸应力/MPa	—	—	6.5	—
拉伸强度/MPa	9.5	20.3	11.5	18.5
扯断伸长率/%	260	480	700	320
撕裂强度/(kN·m^{-1})	—	9.8	—	—

3.10.3　氯磺化聚乙烯橡胶的供应商

氯磺化聚乙烯橡胶的牌号与供应商见表 1.1.3-194。

表 1.1.3-194　氯磺化聚乙烯橡胶的牌号与供应商

供应商	牌号	挥发分 (wt)/%	氯含量 (wt)/%	硫含量 (wt)/%	门尼黏度 [ML (1+4) 100℃]	拉伸强度 /MPa	拉断伸长率/%	特性
连云港金泰达橡胶材料有限公司[a]	2 550	—	25.0	1.0	50	≥16.0	≥200	耐低温产品、非硫化制品、片材
	2 570	—	25.0	1.0	70	≥18.0		
	3 550	—	35.0	1.0	50	≥18.0		通用型号
	3 570	—	35.0	1.0	70	≥20.0		
	3 695	—	35.0	1.0	95	≥20.0		适用于高填充产品
	4 060	—	40.0	1.0	60	≥20.0		更好的耐油性、阻燃性
江西虹润化工有限公司	CSM20	1.5	27～31	1.3～1.7	23～33	—	—	橡胶胶浆、黏合剂、胶布制品、软质材料涂层，改性天然橡胶、合成橡胶，少量用于橡胶制品
	CSM30	1.5	41～45	0.8～1.2	35～45	—	—	硬质涂料、黏合剂、户外建筑装饰涂料、化工厂房、化工设备及管线的防腐衬里
	CSM40 3 304	1.5	33～37	0.8～1.2	41～50	25.0	450	各种汽车胶管、特种胶管、密封与油封制品、电线电缆、混炼胶、特种胶辊、特种胶布等
	CSM40 3 305				51～60			
	CSM45	1.5	22～25	0.8～1.2	32～42	20.0	400	磁性橡胶、辐射屏蔽、高硬度制品、地板胶毡、屋面防水密封、胶辊、胶布、防水卷材及黏合剂
	CSM4085	1.5	34～38	0.8～1.2	85～95	25.0	450	是 CSM40 的高门尼牌号
	CSM6525	1.5	26～28	0.9～1.1	83～97	—	—	汽车传动带、泵软管、液压软管等

注：a. 测试配方见表 1.1.3-187“其他测试配方”，硫化条件 160℃×10 min。

氯磺化聚乙烯橡胶的其他供应商还有：中石油吉林石化公司电石厂等。

氯磺化聚乙烯橡胶的国外供应商有：美国杜邦陶氏弹性体公司（Hypalon）、日本东洋曹达工业公司（Toyo Soda Manufacturing Co. Ltd.，Tos CSM）、日本电气化学工业公司（Denki kagaku kogyo K. K.，Denka CSM）等。

3.11　乙烯-醋酸乙烯酯橡胶（Ethylene-Vinylacetate Rubber）

3.11.1　概述

乙烯与乙酸乙烯酯（VA）的共聚物称为乙烯-醋酸乙烯酯共聚物或乙烯-醋酸乙烯酯弹性体，简称 EVA 或 VAE，也有称E/VA或EVAc的，共聚物中聚乙烯呈部分结晶状起物理交联作用，具有热塑性，是热塑性弹性体。乙烯-醋酸乙烯酯共聚物中醋酸乙烯酯（VA）含量在30%（质量分数）以下的为软质塑料或热塑性弹性体，不需硫化；VA含量40%～80%的为乙烯-醋酸乙烯酯橡胶，简称EVM，可用过氧化物交联。

乙烯-醋酸乙烯酯共聚物分子结构为：

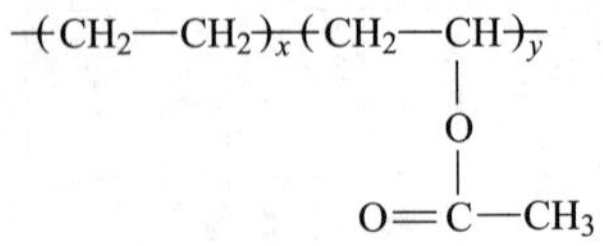

$$-\!\!\left(CH_2-CH_2\right)_x\!\!\left(CH_2-\underset{\underset{\underset{O=C-CH_3}{|}}{\underset{O}{|}}}{CH}\right)_y$$

其中x、y的数值随生产方法不同而不同，VA含量为50%～70%时，对于结晶度、玻璃化温度Tg和耐油性具有较佳的综合平衡。

乙烯-醋酸乙烯酯共聚物的合成方法有高压本体聚合、中压悬浮聚合、中压溶液聚合和低压乳液聚合等。其中高压本体聚合法生产的乙烯-醋酸乙烯酯共聚物中VA含量为10%～40%，低压乳液聚合法生产的乙烯-醋酸乙烯酯共聚物中VA含量为70%～90%，中压溶液聚合法生产的乙烯-醋酸乙烯酯共聚物中VA含量为35%以上。乙烯-醋酸乙烯酯橡胶多采用中压溶液聚合法生产。EVM与EVA的区别见表1.1.3-195。

表1.1.3-195　EVM与EVA的区别

项目	EVM	EVA
聚合方法	中压溶液法	高压本体法
聚合方法可能的VA含量范围/%	30～100	0～45
代表的VA范围/%	40～80	5～30
分子量	中～高	很低～中
门尼黏度[ML(1+4)100℃]	20～35	<10
支化	较高	低
结晶度	低～无定形	中～高

EVM的特性为：具有良好的柔软性、弹性、低温性能（脆性温度－40℃以下）、耐屈挠性和抗冲击性；耐热老化性能优良，仅次于硅橡胶、氟橡胶，与丙烯酸酯橡胶相当，可在170～180℃下连续使用；耐天候性、耐臭氧性好。与中高丙烯腈含量丁腈橡胶相比，永久变形大，耐油、耐溶剂性差。

近年来，低烟无卤阻燃技术随着人们安全、环保意识的增强已深入人心，EVM橡胶是实现这一技术的首选材料。EVM低烟无卤阻燃胶料与其他胶料的阻燃性能比较：

①EVM的性能特点：a. 耐高温，175℃长期使用可工作至少1 000小时，在137℃下可以工作超过20 000小时；b. 耐臭氧和天候老化相当于EPDM；c. 耐油相当于NBR；d. 可无卤阻燃；e. 低发烟量；f. 毒性小；g. 优良的物理性能。

②EVM与其他胶料的性能比较见表1.1.3-196。

表1.1.3-196　EVM与其他胶料的性能比较

胶料配方号	A681（CPE）	A682（CSM）	A683（CR）	A413（EVM）
EVM 500HV	—	—	—	100
CPE—Tyrin0136	100	—	—	—
CSM—Hypalon610	—	100	—	—
CR—Baypren 226	—	—	100	—
高岭土	—	130	—	—
Whiting	—	50	—	—
芳烃油	—	60	—	—
N774炭黑	2	5	2	—
煅烧陶土	140	—	150	—
DINP	40	—	—	—
硅烷偶联剂	1	—	—	—
石蜡	5	5	5	—
MgO	7.5	4	4	—
聚乙烯蜡	—	1	—	—

续表

胶料配方号	A681 (CPE)	A682 (CSM)	A683 (CR)	A413 (EVM)
硬脂酸	—	2	1	
Pentaerythrit	—	3	—	—
NDBC	—	1	—	—
DPTT	3.4	—	—	—
防老剂 TMQ (RD)	0.2	—	—	—
TRIM	2.8	—	—	—
防老剂 DDA－70	—	—	2	—
活性氧化锌	—	—	5	—
ETU	—	—	1.5	—
促进剂 MBTS (DM)	—	—	1.5	—
过氧化物硫化剂 Polydispersion T (VC) D40P	6.5	—	—	6.0
Apyral B40E	—	—	—	120
Vulkasil N	—	—	—	55
防老剂 DDA－70	—	—	—	1.4
Si－200	—	—	—	3
Si－205	—	—	—	3
合计	308.4	361	272	288.4
热蒸汽硫化胶性能：200℃×3 min				
物理性能	A681 (CPE)	A682 (CSM)	A683 (CR)	A413 (EVM)
拉断强度/MPa	11.1	10.7	13.1	12.8
拉断伸长率/%	485	610	740	465
100%定伸应力/MPa	5.2	3.1	2.9	4.2
300%定伸应力/MPa	9.3	4.0	4.7	7.2
硬度 (邵尔 A)	69	58	61	75
撕裂强度，ASTMD470 N/MM	8.6	8.6	11	5.7
低温弯曲试验				
－20℃	通过	通过	通过	通过
－30℃	通过	67%失败	通过	通过
－35℃	通过	失败	通过	通过
－40℃	通过	失败	通过	67%失败
阻燃性能比较				
项目	A681 (CPE)	A682 (CSM)	A683 (CR)	A413 (EVM)
氧指数 LOI/%	33	31	34	38
毒性指数/NES713	15.8	14.2	20.3	0.9
烟密度，NBS 燃烧腔 无火焰	375	580	485	150
有火焰	250	465	550	135
烟气腐蚀性 (pH 值)	2.1	2.1	1.8	3.8
电导率/($\mu S \cdot cm^{-1}$)	4 810	2 960	5 340	64

从上表可明显看出，EVM 胶料的阻燃指数高、烟密度低，毒性小，腐蚀性（pH 值）小，电导率低。这些特性对阻燃材料，特别是电缆材料非常重要。

EVM 的交联剂一般采用有机过氧化物如过氧化二异丙苯（DCP）、1，3-双（叔丁基过氧化异丙基）苯或 2，5-二甲基-2，5-双叔丁基过氧化己烷（双 2，5），并加入助交联剂异氰脲酸三烯丙酯（TAIC）或氰尿酸三烯丙酯（TAC）；加入酸性补强填充剂时，要同时适当加入碱性物质如三乙醇胺等，否则会影响过氧化物的交联效率；增塑剂癸二酸二辛酯很有效，但会使耐热性下降。

EVM 主要用于制作板材、汽车零件、软管、电线电缆的包覆材料、鞋底、垫圈、填缝材料、热熔性胶黏剂、涂料以及食品包装薄膜等。

3.11.2 乙烯-醋酸乙烯酯橡胶的技术标准与工程应用

（一）乙烯-醋酸乙烯酯橡胶的技术参数

乙烯-醋酸乙烯酯橡胶硫化胶的典型技术参数见表 1.1.3-197。

表 1.1.3-197 EVM 硫化胶的典型技术参数

项目	指标
拉伸强度/MPa	18
拉断伸长率/%	200～350
硬度（IRHD）	60～85
压缩永久变形（100～180℃）	与硅橡胶相似
耐热性（120℃连续）	一年内无变化
耐热性（140～150℃使用）	一年内无变化
耐寒性（BS 2782 方法 150B）/℃	−40

（二）乙烯-醋酸乙烯酯橡胶的工程应用

EVM 最典型的应用为电缆工业领域。我国橡胶电缆第一代技术是 NR+SBR 胶；第二代技术是 CR+EPDM 胶；第三代技术以 CPE 为代表，低成本、高性能（高阻燃、抗老化）的电缆护套几乎完全取代了 CR 橡胶。以 EVM 为代表的高性能电缆护套，具有高阻燃（低烟无卤阻燃）、耐高温（175℃）、耐油等特性，是高端电缆工业用材料的发展方向之一。EVM 胶料在电缆上的应用集中体现在三个方面：①单层绝缘护套，适用于低压电缆护套用；②电缆护套；③易剥离半导电屏蔽层。

1. 单层绝缘护套电缆胶料

EVM 橡胶具有非常优异的耐燃，耐天候老化性能，可用于耐温 125℃级的中低压绝缘电缆。

耐 125℃级绝缘电缆配方：

EVM 400 100，抗水解剂 P—50 8，防老剂 DDA—70 1.4，氢氧化铝 40，沉淀法白炭黑 20，硬脂酸锌 2，滑石粉 60，石蜡 5，TAC4，过氧化物硫化剂 DCP（40%）6。合计 246.4。

硫化条件：180℃×10 min

硫化胶物理机械性能见表 1.1.3-198。

表 1.1.3-198 EVM 单层绝缘护套电缆胶料硫化胶物理机械性能

硬度（邵尔 A）	81	VDE0472 ξ615 热试验（150℃，200℃和 250℃）	
拉断强度/MPa	11.0	带负荷扯断伸长率变化/%	5
拉断伸长率/%	260	不带负荷扯断伸长率变化/%	0
脆性温度/℃	−26	吉门扭转 t_{10} ASTM—1053/℃	−22

热空气老化性能变化	硬度变化	拉断强度变化/%	拉断伸长率变化/%
150℃×20 天	−5	4	4
170℃×20 天	−3	−2	−35
70℃×20 天（氧弹老化）	−1	−2	0
127℃×20 天（空气氧弹）	−6	−14	4

该电缆可用于：①地铁线机车耐热绝缘线；②汽车玻璃加热线；③路面加热线、地毯加热线；④中低压绝缘护套线。

2. 易剥离半导电屏蔽层胶料

许多中高压交联 PE 电缆及橡胶电缆都要求使用易剥离的半导电屏蔽层，以改善电缆的接口性能。极性相近的材料易于粘连，不易剥离，而且易在导体表面留下残余物。如果这些残余物不清除干净，则对电缆性能有很大影响。采用 EVM 半导电胶料既易于剥离又能剥离干净，不留痕迹。屏蔽层胶料中并用适当 NBR 橡胶是必要的，可以实现易剥离。EVM800 的耐电压水属性好，低 VA 含量的 EVM 胶在高温老化后易损坏。易剥离半导电屏蔽胶料的性能要求为：

拉断强度 ≥ 7 MPa

拉断伸长率 ≥ 150%

110℃×40 天热空气老化性能变化

  拉断强度变化 ≤ 40%

  拉断伸长率变化 ≤ 40%

剥离强度 5～25 N/cm

易剥离半导电屏蔽层胶料配方比较见表1.1.3-199。

表1.1.3-199 易剥离半导电屏蔽层胶料配方比较

配方材料与项目	配方1	配方2	配方3
EVM 800	100	—	—
EVM 450	—	88	—
EVA (26% VA)	—	—	60
NBR 2846	—	12	40
P—50	3	3	3
微晶蜡	10	10	10
硬脂酸锌	1	1	1
防老剂DDA—70	1.4	1.4	1.4
导电炭黑N472	40	40	40
高耐磨炭黑N220	40	40	40
TAC	4.3	4.3	4.3
DCP	2.1	2.1	2.1
硫化胶性能			
拉断强度/MPa	8.1	14.5	23.6
拉断伸长率/%	350	300	220
剥离强度/($N\cdot cm^{-1}$)	11	14	14
热空气老化拉断伸长率变化			
300℃×10分/%	—	210	70
110℃×40天/%	—	120	40

该配方满足上述易剥离半导电屏蔽层的技术要求。

3. 低烟无卤阻燃电缆护套配方

EVM500HV 100，抗水解剂P—50 3，防老剂DDA—70 1，硬脂酸锌2，$MgCO_3$ 30，Al ($OH)_3$ 150，石蜡油6，硅烷偶联剂5，炭黑N550 15，硼酸锌10，TAC/S—70 1.5，DCP—40 5。合计328.5。

硫化胶物理机械性能见表1.1.3-200。

表1.1.3-200 低烟无卤阻燃电缆护套配方硫化胶物理机械性能

密度/($g\cdot cm^{-3}$)	1.58	胶料门尼焦烧时间MS 5 (140℃)/min	17
胶料门尼黏度[ML(1+4)100℃]	75		
硫化胶物理机械性能（硫化条件：200℃×90 min）			
硬度（邵尔A）	76	拉断伸长率/%	180
拉断强度/MPa	13.0	100%定伸应力/MPa	9.6
热空气老化150℃×7天性能变化			
硬度变化（邵尔A）	+9	拉断伸长率变化率/%	−31
拉断强度变化/MPa	+3		
耐油性能			
	ASTM No.2油 100℃×24 h	ASTM No.3油 100℃×24 h	柴油 70℃×24 h
硬度（邵尔A）	−17	−23	−23
拉断强度/MPa	+1	−34	−53
拉断伸长率/%	−26	−49	−50
体积变化/%	+32	+66	+75
燃烧性能			
氧指数（ASTM D2863)/%	42	电导率/($S\cdot m^{-1}$)	31.0
pH值	4～25	低热量值（DIN 51900)	12～594

续表

燃烧气体分析，750℃空气流量 6 L/h			
CO_2	210 mg/g 原料	氯气 Cl_2	测不出
CO	20 mg/g 原料	乙烷	3 mg/g 原料
氮化物（以 NO 计）	0.005 mg/g 原料	乙烯	20 mg/g 原料
SO_2	1.02 mg/g 原料	丙烯	10 mg/g 原料
氰化氢 HCN	210 mg/g 原料	渣滓	130 mg/g 原料

该配方满足 DIN 57207 标准规范要求。其烟气毒性指数与法国 MAC 标准的对比见表 1.1.3－201。

表 1.1.3－201 低烟无卤阻燃电缆护套配方烟气毒性指数与法国 MAC 标准的对比

成分	在主体中所占重量	法国 MAC 标准
	mg/m^2	mg/m^3
CO	20	55
CO_2	210	9 000
SO_2	0.02	13
HCN	0.01	11

4. 其他应用

符合戴姆勒-克莱斯勒 MS—AJ70 和福特 ESE—M1L116—A 规定的点火线胶料配方见表 1.1.3－202。

表 1.1.3－202 点火线胶料配方［LXS（TN 520）］

配方材料与项目	配方
EVM 500 HV	100
氢氧化铝 Apyral B 90	80
白炭黑 Vulkasil S（$175m^2$ BET Silica）	30
钛白粉 TiO_2，Tronox grade	30
氧化镁 Maglite DE（MgO）	3
加工助剂	适当
N 220 炭黑	2
着色剂	1
Antilux 111	3.5
硬脂酸	3
助硫化剂 HVA—2	3
过氧化物硫化剂 Perkadox 14/40	9
防老剂 Vulkanox HS 或 Naugard 445	2
硫化胶物理机械性能	
拉断强度/MPa	7.1
拉断伸长率/%	300

3.11.3 乙烯-醋酸乙烯酯橡胶的供应商

EVM 国外生产商有阿朗新科公司等。阿朗新科公司 EVM 产品有乙华平（Levapren）、乙华敏（Leamelt）、拜耳模（baymod）三种商标。其中乙华平硫化橡胶具有非常好的耐热氧性、耐臭氧性、耐光性等耐候性，非常好的高温压缩变形，以及极佳的物理性能；适用于模压及挤出制品，可用于制造密封件、电缆护套和绝缘层、泡沫橡胶制品、鞋底、防水板材与卷材等；特别设计的配方能满足德国 DIN 4102 B1 标准的要求，可用于无卤阻燃的地板、电缆和型材。乙华敏是一种可自由流动的颗粒，适用于单螺杆或双螺杆挤出机加工，包括热敏胶和压敏胶牌号，适合用于流延薄膜和吹塑薄膜的制造，广泛应用于保护薄膜、食品包装膜、印刷品装订、标签及黏胶带等。拜耳模 L 是一种高相对分子质量的 EVM，主要用作 PVC 和其他聚合物的抗冲改性剂或增塑剂，其抗冲击强度取决于醋酸乙烯酯链段（VA）的含量和相对分子质量，含有大约 45%VA 的具有最高的抗切口冲击强度；含有 68%VA 的与 PVC 的相容性最好，可起到主增塑剂的作用；此外，拜耳模 L 还可以用作制造接枝聚合物。详见表 1.1.3－203。

表 1.1.3－203　EVM 的牌号与供应商

供应商	类型	牌号	醋酸乙烯含量/%	门尼黏度[ML(1+4)100℃]	熔融指数/(g·10 min⁻¹)(190℃，2.16 kg)	密度/(g·cm⁻³)	备注
阿朗新科		乙华平 400	40	20±4	—	约 0.98	用于电线电缆和其他橡胶制品
		乙华平 450	45	20±4	—	约 0.99	
		乙华平 500	50	27±4	—	约 1.00	
		乙华平 600	60	27±4	—	约 1.04	
		乙华平 650 VP[a]	65	27±4	—	约 1.05	
		乙华平 700	70	27±4	—	约 1.07	
		乙华平 800	80	28±6	—	约 1.11	
		乙华平 900	90	38±6	—	约 1.15	
	预交联型	乙华平 500 XL VP[a]	50	55±10	—	约 1.00	与乙华平 500、600、700、800 相似，但具有更好的加工性能
		乙华平 600 XL VP[a]	60	55±10	—	约 1.04	
		乙华平 700 XL VP[a]	70	60±10	—	约 1.07	
		乙华平 800 XL VP[a]	80	55±10	—	约 1.11	
		乙华平 500 PXL VP[a]	50±1.5	60±5	—	约 1.00	
		乙华平 600P PXL VP[a]	60±1.5	60±5	—	约 1.04	
		乙华平 700 PXL VP[a]	70±1.5	60±5	—	约 1.07	
		乙华平 800 PXL VP[a]	80±2.0	60±5	—	约 1.11	
		乙华敏 400	40	—	3±2	约 0.98	热熔胶
		乙华敏 450	45	—	3±2	约 0.99	
		乙华敏 452	45	—	10±5	约 0.99	
		乙华敏 456	45	—	25±10	约 0.99	压敏胶
		乙华敏 500	50	—	2.75±1.25	约 1.00	
		乙华敏 600	60	—	2.75±1.25	约 1.04	
		乙华敏 650 VP[a]	65	—	4±2	约 1.04	
		乙华敏 686	68	—	25±10	约 1.08	
		乙华敏 700	70	—	4±2	约 1.08	
		乙华敏 800	80	—	4±2	约 1.11	
		乙华敏 900 VP	90	—	4±3	约 1.15	
	粉状聚合物	拜耳模 L 2450[b]	45	—	3±2	约 0.99	抗冲改性剂
		拜耳模 L 2450 P3	45	—	3±2	约 0.99	—
		拜耳模 L 6515[b]	65	—	4±2	约 1.05	—

注：a. 试生产产品。

b. 原胶。

3.12　聚丙烯酸酯橡胶

丙烯酸酯橡胶的耐油耐热性仅次于氟橡胶和氢化丁腈橡胶而优于丁腈橡胶、丁基橡胶，其价格远低于氟橡胶和氢化丁腈橡胶。因而，既有耐热、耐寒、耐油等物性的良好平衡又经济的丙烯酸酯橡胶，是很受欢迎的一种车用橡胶品种。

汽车工业为了适应各国对汽车排放废气的限制和满足节约燃油的要求，向高性能化、小型轻量化方向发展，发动机室内的排气管系统、润滑油系统的周围温度因而上升。另一方面，为了使发动机油达到长期耐用的目的而添加的各种特殊添加剂，对橡胶材料的化学腐蚀性增加。因此，发动机及传动装置中的关键性耐热耐油橡胶件，逐渐从丁腈橡胶转向以丙烯酸酯橡胶为原料生产。随着用量的逐步扩大，丙烯酸酯橡胶的生产技术也相对成熟和稳定：品种上出现了耐寒型、超耐寒型；加工工艺及硫化体系的改进，开发出了无须二段硫化的品种、可获得低压缩永久变形性能的橡胶等；改善胶料加工性能助剂的开发，使丙烯酸酯橡胶的工艺性能、物理机械性能更好地满足生产及高温耐油的要求。

3.12.1　聚丙烯酸酯橡胶（Polyacrylate Rubber）

聚丙烯酸酯橡胶也称丙烯酸类橡胶（Acrylic Rubber），是以丙烯酸烷基酯为主单体与低温耐油单体如丙烯腈和少量具有交联活性基团的第三单体经共聚而得的弹性体，简称 ACM，其主链为饱和碳链，侧基为极性酯基，从而赋予聚丙烯酸酯橡胶耐氧化性和耐臭氧性，并具有突出的耐烃类油溶胀性，耐热性比丁腈橡胶高，主要用于汽车工业。其分子结构式为：

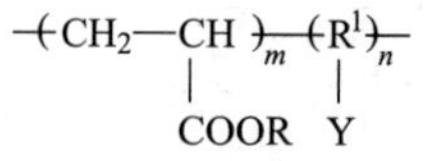

$$\text{-}\!\!(\,CH_2\text{—}\underset{\underset{COOR}{|}}{CH}\,)_m\!\!\text{-}\!\!(\,\underset{\underset{Y}{|}}{R^1}\,)_n\!\!\text{-}$$

其中，R：烷基，如 C_2H_5，C_4H_6 等；

R^1-Y：共聚合单体组成，如：

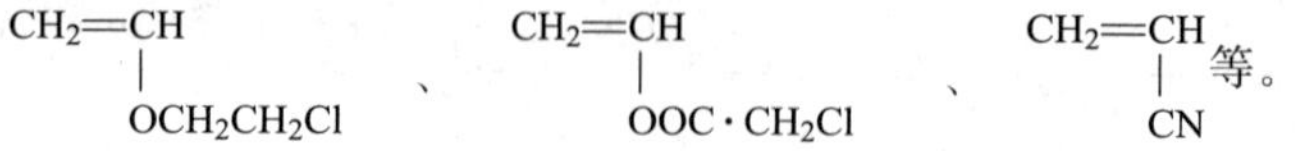

$\underset{\underset{OCH_2CH_2Cl}{|}}{CH_2\text{=}CH}$、$\underset{\underset{OOC\cdot CH_2Cl}{|}}{CH_2\text{=}CH}$、$\underset{\underset{CN}{|}}{CH_2\text{=}CH}$ 等。

聚丙烯酸酯橡胶中，以丙烯酸烷基酯为主单体与丙烯腈的共聚物简称 ANM，其分子结构式为：

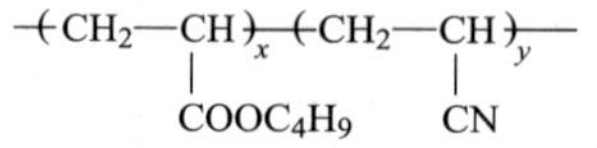

$$\text{-}\!\!(\,CH_2\text{—}\underset{\underset{COOC_4H_9}{|}}{CH}\,)_x\!\!(\,CH_2\text{—}\underset{\underset{CN}{|}}{CH}\,)_y\!\!\text{-}$$

聚丙烯酸酯橡胶的共聚单体可分为主单体、低温耐油单体和硫化点单体等三类单体。常用的主单体有丙烯酸甲酯、丙烯酸乙酯、丙烯酸丁酯和丙烯酸-2-乙基己酯等；随着侧酯基碳数增加，耐寒度增加，但是耐油性变差，为了保持聚丙烯酸酯橡胶良好的耐油性，并改善其低温性能，需与一些带有极性基的低温耐油单体共聚。

ACM 按使用温度范围可分为标准型（耐热型，脆性温度－12℃）、耐寒型（脆性温度－24℃）和超耐寒型（脆性温度－35℃），共聚的低温耐油单体，传统上采用丙烯酸烷氧醚酯，得到的聚丙烯酸酯橡胶耐寒温度为－30℃以下；尔后工业生产中又选用丙烯酸甲氧乙酯为共聚单体生产耐寒型 ACM，进一步降低使用温度。近年来国外专利报道使用丙烯酸聚乙二醇甲氧基酯、顺丁烯二酸二甲氧基乙酯等作为低温耐油单体效果更好。另外杜邦公司采用乙烯与丙烯酸甲酯溶液共聚（AEM），将乙烯引入聚合物主链，可以明显提高产品低温屈挠性等。

为了使 ACM 方便硫化处理，因此还必须加入一定量的硫化点单体参与共聚，一般硫化点单体的含量小于5%，硫化点单体按反应活性点可分为含氯型、环氧型、羧基型和双键型等。其中目前工业化应用的主要有含氯型的氯乙酸乙烯酯、环氧型甲基丙烯酸缩水甘油酯、烯丙基缩水甘油酯、双键型的3-甲基-2-丁烯酯、羧酸型的顺丁烯二酸单酯或衣糠酸单酯，另外还有专利报道采用乙酰乙酸烯丙酯等。

按照交联单体 ACM 可以分为：

ACM
- 氯型丙烯酸酯橡胶
- 活性氯型丙烯酸酯橡胶
- 环氧型丙烯酸酯橡胶
- 双交联型丙烯酸酯橡胶（氯素羧基和环氧羧基型）
- 羧基型丙烯酸酯橡胶
- 不饱和烯类

聚丙烯酸酯橡胶由于特殊的结构，赋予其许多优异的特点，如耐热、耐老化、耐油、耐臭氧、抗紫外线等，其加工性能优于氟橡胶，力学性能优于硅橡胶，其耐热、耐老化性优于丁腈橡胶，耐油性和中高丙烯腈含量的丁腈橡胶相当；其中羧基型丙烯酸酯橡胶具有较好的压缩永久变形、耐低温性能（－30℃），较高的使用温度（175℃），可媲美乙烯-丙烯酸酯橡胶，又较乙烯-丙烯酸酯橡胶具有更好的耐油性。聚丙烯酸酯橡胶也存在耐寒、耐水、耐溶剂性能差等缺点；也不适合在高温下承受较大拉伸或在压缩状态下使用的制品。

聚丙烯酸酯橡胶的主要性能特点为：

（1）耐热性能仅次于硅橡胶和氟橡胶。聚丙烯酸酯橡胶主链由饱和烃组成，且有羧基，比主链上带有双键的二烯烃橡胶稳定，特别是耐热氧老化性能好，比丁腈橡胶使用温度可高出30～60℃，最高使用温度为180℃，断续或短时间使用可达200℃左右，在150℃热空气中老化数年无明显变化。聚丙烯酸酯橡胶的热老化行为既不同于热降解型，又不同于热硬化型，而介于两者之间，即在热空气中老化，硫化胶的拉伸强度和拉断伸长率先是降低，然后拉伸强度升高，逐渐变硬变脆而老化。

（2）优异的耐油性能。聚丙烯酸酯橡胶的极性酯基侧链，使其溶解度参数与多种油，特别是矿物油相差甚远，因而表现出良好的耐油性，这是聚丙烯酸酯橡胶的重要特性。室温下其耐油性能大体上与中高丙烯腈含量的丁腈橡胶相近，优于氯丁橡胶、氯磺化聚乙烯、硅橡胶等。但在热油中，其性能远优于丁腈橡胶。聚丙烯酸酯橡胶长期浸渍在热油中，因臭氧、氧被遮蔽，因而性能比在热空气中更为稳定。在低于150℃温度的油中，聚丙烯酸酯橡胶具有近似氟橡胶的耐油性能；在更高温度的油中，仅次于氟橡胶，此外，耐动物油、合成润滑油、硅酸酯类液压油性能良好。但是聚丙烯酸酯橡胶不适合在烷烃类及芳香烃类油中应用。

（3）对多种气体具有耐透过性。

（4）耐水性、耐寒性差。

（5）加工性能稍差，不安全，硫化工艺有锈蚀模型的缺点，近来出现的硫黄硫化类 ACM，克服了这些缺点。

不同交联单体 ACM 的特点见表 1.1.3－204。

表 1.1.3－204　不同交联单体 ACM 的特点

性能	活性氯	环氧	羧基
硫化速度	○	○～×	□
焦烧时间	△～○	□	×
储存稳定性	△～○	○～□	×
脱模性	□	○～×	○
对模具的污染性	△	○～□	○
耐热性	□	△～○	○
压缩永久变形性能	△～○	△～□	□
对金属的腐蚀性	△	○～□	○
耐水性	×	△～○	△

注：□—极好，○—良好，△—一般，×—差

聚丙烯酸酯橡胶的应用领域比较特殊，主要应用于汽车和机械行业中需要耐高温耐热油的制品，主要功能是密封及耐介质，如垫片，包括摇杆盖垫片、油盘垫片、进气歧管垫片、同步齿轮箱盖垫片等；轴封，包括轴承密封、O 形环等；填料密封，包括密封套、索环、密封帽等；油管，包括马达油冷管、ATF 冷却管、喷射控制管、动力方向盘软管等，空气管，包括涡轮中冷器管、通风管等。其中活性氯型丙烯酸酯橡胶主要应用于汽车油封、垫片、汽缸垫、O 形圈、胶管、轴承密封垫、胶管等；环氧型丙烯酸酯橡胶主要应用于胶管方面，因其不带有氯基团不污染模具，也应用于部分模压制品；活性氯型/羧基型丙烯酸酯橡胶主要用于快速硫化的汽车杂件模压制品。

由于 ACM 的饱和性质，又含酯或 α-氯之类的反应基团，需用特殊的硫化配合体系，其硫化剂有胺类、胺盐类和皂/硫黄硫化体系等。由于合成 ACM 时选用的硫化点单体不同，需要不同的硫化体系进行交联。不同交联单体 ACM 的硫化体系选用见表 1.1.3－205。

表 1.1.3－205　不同交联单体 ACM 的硫化体系选用

硫化点	硫化点单体	结构	硫化剂
氯	2-氯乙基乙烯基醚 (CEVE)	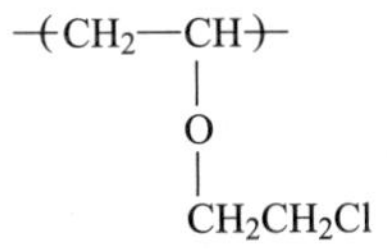 $-\!(CH_2-CH)\!-$ │ O │ CH_2CH_2Cl	皂/硫黄
活性氯	氯代乙酸乙烯酯 (VCA)	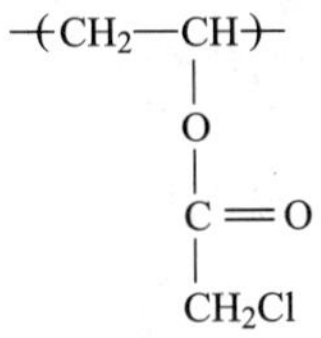 $-\!(CH_2-CH)\!-$ │ O │ C＝O │ CH_2Cl	聚胺 有机酸 铵盐
	氯代乙酸环醇酯 (CCA)	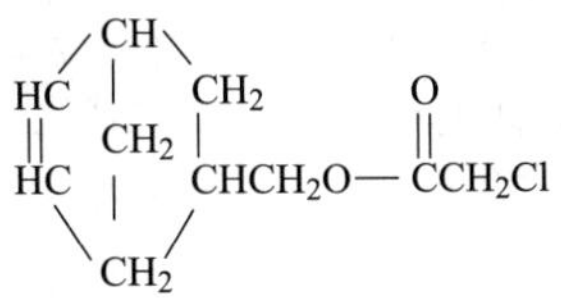 CH HC　│　CH_2　　O ‖　CH_2　│　　‖ HC　│　$CHCH_2O-CCH_2Cl$ CH_2	三嗪/二硫代氨基甲酸盐
环氧基团	烯丙基缩水甘油醚 (AGE)	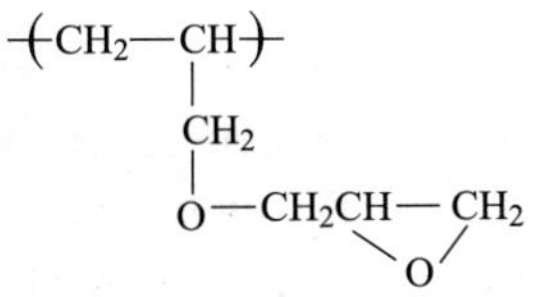 $-\!(CH_2-CH)\!-$ │ CH_2 │ $O-CH_2CH-CH_2$ ＼O／	有机酸铵盐 二硫代氨基甲酸盐 咪唑/酸酐 异氰尿酸/季铵盐
	甲基丙烯酸缩水甘油醚 (GMA)	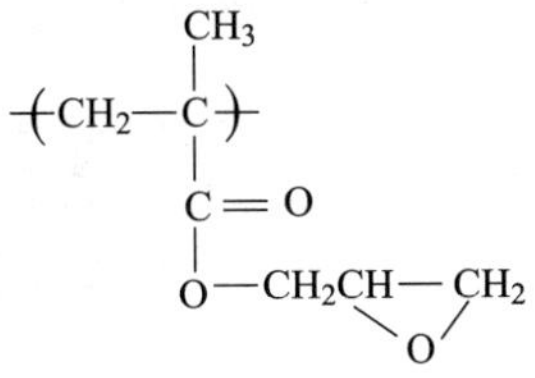 CH_3 │ $-\!(CH_2-C)\!-$ │ C＝O │ $O-CH_2CH-CH_2$ ＼O／	

续表

硫化点	硫化点单体	结构	硫化剂
双键	亚乙基降冰片烯 ENB	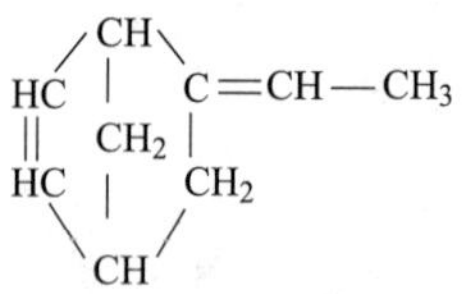 降冰片烯环（CH、HC=HC、CH_2 桥）上连 $C=CH-CH_3$	硫黄/促进剂 过氧化物
羧基	丙烯酸	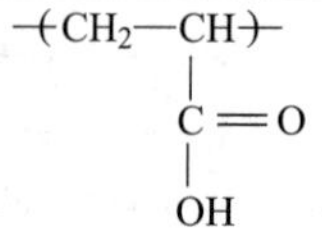 $-\!\!(CH_2-CH)\!\!-$，CH 上连 $C=O$，OH	聚胺/碱类促进剂 季铵盐

①活性氯型丙烯酸酯橡胶可用的硫化体系包括皂/硫黄并用硫化体系、二（亚肉桂基-1，6-己二胺）硫化体系、TCY/BZ 硫化体系等：a. ACM 的皂/硫黄并用硫化体系中皂是硫化剂，硫黄是促进剂，其特点是工艺性能好，硫化速度较快，胶料的储存稳定性好，但是胶料的热老化性稍差，压缩永久变形较大。常用的皂有硬脂酸钠、硬脂酸钾和油酸钠等。b. 二（亚肉桂基-1，6-己二胺）硫化体系的特点是硫化胶的热老化性能好，压缩永久变形小，但是工艺性能稍差，有时会出现粘模现象，混炼胶储存期较短，硫化程度不高，一般需要二段硫化。c. TCY/BZ 硫化体系，即（1，3，5-三巯基-2，4，6-均三嗪）硫化体系，该体系硫化速度快，可以取消二段硫化或者选择短时间二段硫化；硫化胶耐热老化性好，压缩永久变形小，扯断伸长率、扯断强度降低，硬度增加；工艺性能一般，混炼胶的储存时间短，易焦烧；对模具腐蚀性较大。

皂/硫黄并用硫化体系的用量一般为：硬脂酸钠 2.5～4 份、硬脂酸钾 0.25～0.8 份、硫黄体系 0.15～0.4 份，需二段硫化［（170～175）℃×（3～4）h］；TCY/BZ 硫化体系的用量一般为：TCY（0.7～1.0）/BZ（1.5～2.0），需要加入防焦剂 CTP 0.3 份或者 VEC 0.2 份协同作用。

②环氧型丙烯酸酯橡胶国内应用较少，常用苯甲酸铵作为硫化体系，但需要进行二段硫化。特殊硫化体系如采用异氰尿酸、二苯基脲、烷基溴化铵等的组合硫化体系，也可以不需二段硫化或者缩短二段硫化，但加工安全性、焦烧时间稍有缺陷。苯甲酸铵用量一般为 1～2.5 份；组合硫化体系一般用量为：异氰尿酸 0.6～0.9 份、二苯基脲 1.5～2.0 份、烷基溴化铵 1.0～1.5 份。

③活性氯型/羧基型丙烯酸酯橡胶具有双官能团，加工性和弹性非常优异，是一个不需二段硫化或者缩短二段硫化的牌号，常用 NPC（NoPost-cure）/Soap 硫化。通常的硫化体系用量为：敌草隆（二氯苯二甲脲）2～6 份；NPC－50（烷基溴化铵）2 份、硬脂酸钠 4 份。使用 NPC/Soap 硫化体系的胶料，在加工或注射成型过程中，需控制温度在 75℃以内，防止出现焦烧现象。

④羧基型丙烯酸酯橡胶，有两种硫化体系：CheminoxAC-6/Guanidine-ACT55 与 Cheminox CLP5250/Guanidine-ACT55。

ACM 是非结晶性橡胶，纯胶的机械强度仅有 2MPa 左右，必须添加补强剂补强才可以使用。ACM 不宜使用酸性补强填充剂，如气相白炭黑、槽法炭黑等，须使用中性或偏碱性补强剂，常用的炭黑有：高耐磨炭黑、快压出炭黑、半补强炭黑和喷雾炭黑等。浅色制品可以用中性或偏碱性的沉淀法白炭黑、煅烧高岭土、硅藻土、碳酸钙和滑石粉等作填充剂，其中白炭黑的补强效果最为理想。在使用白炭黑的时候应重视其酸碱度和不同微观结构对胶粒性能造成的重大差异，加入硅烷偶联剂可以提高界面的结合强度。

ACM 本身具有良好的耐热老化性能，在常规下使用不需要添加防老剂。但是考虑到 ACM 主要制品需要长期在高温和油中使用，一般 ACM 密封制品工作环境较高温度一般在 150～170℃，因此需要添加一定量的防老剂，防老剂选择应基于要求在高温条件下不挥发、油环境中不被抽出的防老剂品种。目前国外主要采用是美国尤尼罗伊尔公司防老剂 Naugard 445 和日本 Ouchi Shinko 公司的防老剂 Nocrac# 630F，防老剂 Naugard 445 是二苯胺类橡胶防老剂，保护橡胶免受热和氧的破坏。主要特点是低挥发性，在高温下也可提供极佳的保护；添加量很少时也很有效；不会产生气泡；对硫化影响很少或不影响硫化；是目前聚丙烯酸酯橡胶中最好的耐热抗氧剂。

使用增塑剂可以改善 ACM 耐低温性能，改善耐油性和胶料的流动性能。丙烯酸酯橡胶制品一般需要耐高温，因此使用的增塑剂需具有较高的闪点。一般 ACM 添加 5～10 份聚酯类增塑剂，一旦超过一定量，会使硫化胶的耐老化性能变得很差。丙烯酸酯橡胶常用的增塑剂为 TP95、TP759、TP－90B、RS107、plasthall 7050 等。

皂/硫黄硫化体系中的皂具有一定的外润滑剂作用，硬脂酸对胶料具有润滑作用，但是用量超过 1.5 份时，会对胶料产生延迟硫化的作用。实验证明添加一定量白矿物油、聚乙二醇、甲基硅油等中性润滑剂，都能明显改善胶料的粘辊性，并降低胶料的黏度，提高流动性，而且对 ACM 胶料的耐寒性也有良好的作用，尤其是甲基硅油效果更为明显。但是含白矿物油和甲基硅油的硫化胶料，容易被油类物质抽出，并且使用甲基硅油作为润滑剂，其成本也会增大，相比之下，聚乙二醇在性价比上比较合理。

ACM 与其他胶相比易产生焦烧现象，最常用的防焦剂是 N-环己基硫代钛酰亚胺（防焦剂 CTP）；日本东亚油漆公司推出的防焦剂磺酰亚胺的衍生物对含氯型和环氧型 ACM 均有好的防焦性能；在 ACM 胶料中添加 0.5～1 份 N-间苯撑双马来酰亚胺在加工温度（120℃）下有防焦作用，而在硫化温度下（140℃以上）又具有活化硫化作用，起到硫化调节剂的作用。

ACM 具有热塑性，塑炼效果不明显，采用非胺系硫化体系的胶料，要求用开炼机混炼，冷辊，加料时间尽可能短，以免粘辊。密炼机混炼转子转速须慢。皂/硫黄硫化胶料可用注压硫化。平板硫化时间较长，可采用先短时间平板硫化，使胶料定型并避免出现气泡，再进行二段硫化（也称后硫化或回火），即在高温空气烘箱中加热一定时间。活性氯型产品可以取消二段硫化。

ACM可以不经塑炼而直接混炼。混炼的辊温要低，为防焦烧，要开足冷却水使辊温在80℃以下。为防止粘辊要先用硬脂酸涂覆辊筒表面。炼胶过程要紧凑，时间不宜太长。密炼机混炼时尽量降低转子转速，避免生热，密炼时间一般为6～8分钟。丙烯酸酯胶料可以热炼热用，不需要长时间停放。

加料顺序：硬脂酸⟶生胶⟶除硫化剂外的所有材料⟶硫化剂。不能在密炼时加硫化剂。

3.12.2　含氟丙烯酸酯橡胶（Fiuorine-Containing Acrylic Elastomer）

含氟丙烯酸酯橡胶为美国3M公司开发生产，有两个品种：聚（1，1-二氢含氟丁基丙烯酸酯），商品名为Poly－FBA或1F4；聚（3-全氟甲氧基-1，1-二氢全氟丙基丙烯酸酯），商品名为Poly－FM－FPA或2F4。两者的结构式分别为：

$$\text{-}\!\!(CH_2\text{—}CH)\!\!\text{-}_n \quad \text{—}C{=}O\text{—}O\text{—}CH_2\text{—}CF_2\text{—}CF_2\text{—}CF_3$$

$$\text{-}\!\!(CH_2\text{—}CH)\!\!\text{-}_n \quad \text{—}C{=}O\text{—}O\text{—}CH_2\text{—}CF_2\text{—}CF_2\text{—}O\text{—}CF_3$$

（Poly-FBA,1F4）　（Poly-FM-FPA,2F4）

含氟丙烯酸酯橡胶含氟量高于50%。含氟丙烯酸酯橡胶的典型技术指标见表1.1.3-206。

表1.1.3-206　含氟丙烯酸酯橡胶的典型技术指标

含氟丙烯酸酯橡胶（1F4）的典型技术指标			
项目	指标	项目	指标
外观	白色橡胶状固体	体积膨胀系数/℃	9.42×10^{-4}
氟含量/%	52.3	玻璃化温度 T_g/℃	－30
相对密度	1.54	分子量/（$\times10^6$）	5～10
折射率	1.3670		
含氟丙烯酸酯橡胶硫化胶的典型技术指标			
项目	1F4	2F4	丁腈橡胶
拉伸强度/MPa	8.2	6.9	27.6
拉断伸长率/%	360	400	470
Gehman试验 T_{10}/℃	12	－30	－13
耐溶剂性（体积增量）/%			
异辛烷70/甲苯30	17	15	33
苯	26	19	160

1F4的纯胶强度仅为1.2 MPa，填充35份高耐磨炉黑后可提高到8.2 MPa；使用胺/硫黄硫化体系，需经后硫化，后硫化条件为149℃×24 h。通过后硫化可提高硫化胶的物理机械性能，如可将压缩永久变形从53%降至15%～20%。1F4耐烃类燃料油性能优于高丙烯腈含量的丁腈橡胶，2F4改进了含氟丙烯酸酯橡胶的低温屈挠性。

含氟丙烯酸酯橡胶主要用于火箭、喷气式飞机、导弹和核潜艇以及民用交通运输等领域。

3.12.3　聚丙烯酸酯橡胶的共混改性[31]

丙烯酸酯橡胶（ACM）是一种耐热、耐油性能优良且成本适中的特种橡胶，主要应用于汽车工业，有“车用橡胶”之称。以日本为例，ACM在汽车工业中的消耗量占其总消耗量的90%。随着汽车工业的发展，ACM在汽车工业中的应用将进一步扩大，同时要求ACM的综合性能不断完善，即不仅在较高温度下耐油性好，而且要求其耐寒性、压缩永久变形、耐水性及加工储存稳定性好，并尽可能降低成本。橡胶共混改性方法与橡胶合成方法相比，具有效率高、周期短、成本低、无环境污染等优点。ACM共混改性是改善其性能之不足，提高其性能价格比的有效方法。

（一）不同类型ACM之间的共混改性

标准型ACM的耐热、耐油及物理性能较好，但耐低温性能差；超耐寒型ACM耐寒性虽好，但耐油性较差，胶料拉伸强度低，压缩永久变形较大，因此这两类 ACM 的共混胶料综合性能将得到改善。表 1.1.3－207 为这两类 ACM 共混前后胶料的性能对比。从表 1.1.3－207 可以看出，以 10 份超耐寒型的乙烯-丙烯酸酯橡胶（AEM）替代标准型 ACM，胶料的拉伸强度、扯断伸长率和耐低温性能均得到改善，耐油性保持原有水平。对要求耐热、耐油性好，且耐低温的应用领域，如汽车油冷却管，不同类型的 ACM 共混胶料所具有的良好综合性能可以满足其要求。

表 1.1.3－207　ACM/AEM 共混胶料性能

项目	ACM 100/AEM 0	ACM 90/AEM 10
拉伸强度/MPa	11.6	12.6
扯断伸长率/%	260	280
硬度（邵尔 A）	70	70
脆性温度/℃	−21	−23
ASTM No.3 浸渍 150℃×70 h 后体积变化率/%	21	21

（二）ACM/NBR 共混改性

ACM 和 NBR 均为耐热、耐油橡胶，通过共混可以改善 ACM 胶料的强伸性能、加工性能并降低成本。在耐热油性方面，ACM 硫化胶在热油中溶胀后，拉伸强度几乎不变，但会出现软化现象，表现为胶料扯断伸长率提高；而 NBR 硫化胶与之相反，即溶胀后胶料拉伸强度明显下降，硬度增大，扯断伸长率大大减小。共混后硫化胶总的表现为硬度增大、扯断伸长率下降。ACM 与 NBR 共混，由于这两种橡胶硫化机理、硫化剂种类及用量均不相同，共混胶主要困难为硫化不同步，NBR 硫化速度较 ACM 快得多，导致 ACM 相中的促进剂向 NBR 相中迁移。

有文献报道，通过掺入 NBR，ACM 的强伸性能及耐低温性能均有所改善，并改进了加工性能，降低了成本。NBR 用量在 30 份以下，对 ACM 的物理性能没有明显损伤。该共混胶中 ACM 采用的硫化剂为邻甲基双胍，而 NBR 可采用硫黄/促进剂 DM/氧化锌或硫黄/促进剂 TMTD/氧化锌硫化体系。

Coran A Y 提出了提高 ACM/NBR 共混胶硫化程度的方法，即先将共混胶在 190～200℃下进行动态预硫化，之后再继续填充其他配合剂制成共混胶，在 160℃下进行硫化反应制成硫化胶。动态预硫化前加入共混胶中的硫化剂为 ACM 的硫化剂，动态预硫化后再加入 NBR 的硫化剂。该共混硫化胶中组分除各自产生交联外，ACM 与 NBR 还产生了共交联，共交联后共混胶料的性能得到很大改善。

（三）ACM/ECO 共混改性

ECO 与 ACM 结构相似，故相容性较好，且这两种橡胶交联基团均为活性氯，硫化体系相同，共混后不会引起胶料物理性能下降。ECO 耐热性不亚于 ACM，且具有较好的强伸性能和耐寒性。ACM/ECO 共混可改善 ACM 胶料耐寒性、耐水性、弹性和拉伸强度。如果以 20 份 ECO 替代 ACM，其硫化胶脆性温度由－22℃下降到－37℃，硫化体系采用氧化锌、氧化镁和 2-羟基咪唑啉。

Stanescu C，Bucharest 等研究了 ACM/ECO 共混（共混比为 70/30），结果表明，共混胶料的硬度和拉伸强度比 ACM 胶料提高了 10%～15%，扯断伸长率、压缩永久变形相同，175℃×70 h 老化后，共混胶料性能与 ACM 胶料相近。另外，共混胶料的工作温度范围从－10～＋175℃（ACM 胶料）扩大到－50～＋175℃。

对国产 ACM/ECO 共混进行的研究结果表明，共混胶料的各项物理性能与 ACM 和 ECO 胶料性能的加和值相当，耐油性能和耐水性能好于 ACM 胶料，耐热性能好于 ECO 胶料，详见表 1.1.3－208。ACM/ECO 共混胶适于制造高耐寒性的耐热工业橡胶制品，如汽车油冷却管等。

表 1.1.3－208　ACM/ECO 共混胶料性能

项目	ACM 100/ECO 0	ACM 70/ECO 30
拉伸强度/MPa	13.9	14.2
扯断伸长率/%	232	212
硬度（邵尔 A）	70	76
撕裂强度/(kN·m^{-1})	20	24
压缩永久变形（B 型试样，压缩率 20%）/%	57.3	61.3
150℃×70 h 老化后		
拉伸强度变化率/%	−9	−32
扯断伸长率变化率/%	3	19
硬度变化（邵尔 A）	2	1
20＃机油浸渍后（150℃×70 h）		
拉伸强度变化率/%	−15	−26
扯断伸长率变化率/%	32	29
硬度变化（邵尔 A）	−3	−6
质量变化率/%	1.7	1.0
体积变化率/%	5	3

续表

项目	ACM 100/ECO 0	ACM 70/ECO 30
120℃×24 h 过热水浸渍后		
拉伸强度变化率/%	−9	−13
扯断伸长率变化率/%	3	0
硬度变化（邵尔 A）	−8	−9
质量变化率/%	16.2	15.8
体积变化率/%	18	19
100℃×24 h 过热水浸渍后		
拉伸强度变化率/%	2	0
扯断伸长率变化率/%	9	13
硬度变化（邵尔 A）	−9	−8
质量变化率/%	11.0	10.1
体积变化率/%	15	9
配方其余组分为：防老剂 D 2 份、四氧化三铅 2.5 份（100 份 ACM 的为 0 份）、高耐磨炭黑 50 份、硬脂酸 1.5 份、N，N′-二亚肉桂基-1，6-己二胺 2.5 份		

（四）ACM/硅橡胶共混改性

硅橡胶具有优良的耐高、低温性能，但耐油性不佳，与具有“冷脆热黏”现象的 ACM 共混，可使 ACM 的耐热性、耐寒性均得到提高，获得耐热性、耐低温性和耐油性之间的平衡。但由于 ACM 为强极性橡胶，而硅橡胶为弱极性橡胶，且 ACM 交联基团为活性氯或环氧基，故共混胶相容性差，且硫化速度慢。

Santra R N 等用红外光谱研究了 ACM/硅橡胶共混胶之间的化学作用，提出了 3 种化学反应模型，并得出随着混炼温度的升高，胶料化学作用增强、相容性提高的结论。

日本合成橡胶公司对 ACM/硅橡胶共混进行了混溶性及共硫化的研究，开发了 ACM/硅橡胶共混胶，简称 QA。QA 采用的硫化剂为 1，4-双叔丁基过氧化异丙苯，助硫化剂为 N，N-间亚苯基双马来酰亚胺。QA 的性能见表 1.1.3-209。

表 1.1.3-209 日本合成橡胶公司 QA 与 ACM、硅橡胶的性能对比

项目	QA	ACM	硅橡胶
拉伸强度/MPa	8.9	12.3	7.1
扯断伸长率/%	280	260	200
硬度（邵尔 A）	71	68	72
脆性温度/℃	−43	−27	<−70
175℃×500 h 老化后			
拉伸强度变化率/%	−9	31	−2
扯断伸长率变化率/%	−31	−69	−33
硬度变化（邵尔 A）	7	2.5	3
SF 机油浸渍后（150℃×500 h）			
拉伸强度变化率/%	−18	−6	−12
扯断伸长率变化率/%	−9	−20	−16
硬度变化（邵尔 A）	−8	−7	−12
体积变化率/%	10.3	6	19

由表 1.1.3-209 可以看出，QA 的耐寒性和耐热性均得到较大提高，且对油浸泡稳定性好，并随时间的延长愈显出良好的耐油性，综合性能优良。QA 是迄今为止性价比最佳的材料之一，其在汽车制造中的适用部件达 12 种之多，如可制造汽车油封、O 形圈、垫圈及胶管等，使用范围和用量将日趋增大。

（五）ACM/FKM 共混改性

FKM 具有优异的耐高温、耐油性能，可在 250℃下长期使用，但其耐汽车发动机油（含极性添加剂胺化合物）不如 ACM，且成本大大高于 ACM。ACM/FKM 共混可以克服各自缺点，得到性能介于 ACM 和 FKM 之间的新型耐热、耐油材料，且可降低成本。

日本 GAMEX 公司开发的 ACM/FKM 共混胶，商品名 FAE—123，又称加麦无斯，由 FKM 和含有特殊交联性基团的 ACM 共混而成，两种成分重量比 50∶50，体积比为 40∶60，是以 ACM 为主的复合材料。该共混胶耐热性符合汽车用橡胶材料 F 级（ACM 为 D 级），耐候性优良，成本低，加工性能相当于 SR。FAE—123 的性能见表 1.1.3-210。

表 1.1.3－210 日本 GAMEX 公司 FAE－123 的性能

外观	乳白色海绵状或块状
门尼黏度[ML(1+4)100℃]	35～45
挥发分/%	0.5 以下
氟含量/%	34.0±0.5
灰分/%	0.3 以下
比重	1.4～1.5
耐热性（制品）/℃	175（优于 ACM）
耐油性	近似于 ACM
硫化条件：一段 175℃×15 min；二段：180℃×8 h 或 200℃×4 h	

Mitsuru Kishine 等之后又开发了新的 ACM/FKM 共混胶，简称 AG，AG 系列共混胶性能见表 1.1.3－211，其耐热性和压缩永久变形优于 ACM，耐低温性能和耐油性能优于 FKM，成本介于两者之间，并且胶料加工性能好，工艺安全，可在要求耐发动机油、耐寒同时又要求低成本的领域中应用，如汽车工业或其他工业领域中密封制品（O 形圈、垫片、密封件等）、挤出制品（轴套、胶管）及提升阀座、隔膜、胶辊、胶带、电线表皮等。

表 1.1.3－211 AG 系列共混胶的性能

项目	AG－1530	AG－1330	AG－1500
100%定伸应力/MPa	3.9	3.6	2.7
拉伸强度/MPa	9.4	8.9	11.8
扯断伸长率/%	260	240	440
硬度（邵尔 A）	74	71	77
比重	1.45	1.36	1.46
低温性能（吉门扭转）			
Θ_2/℃	－8.7	－9.2	5.0
Θ_{10}/℃	－17.8	－18.6	－2.5
IRM903 油浸渍后（150℃×48 h）			
体积变化率/%	32	40	8
Mobil 1 油浸渍后（150℃×168 h）			
拉伸强度变化率/%	－9	－28	2
扯断伸长率变化率/%	－29	－35	－16
硬度变化（邵尔 A）	－12	－12	－6
体积变化率/%	13	16	4

另外，日本大金工业公司开发 ACM/FKM 共混胶的商品牌号为 FAG－1530。FAG－1530 性能优于 ACM 和 FKM。耐高温 175℃，比 ACM 高 25℃，比 FKM 低 55℃。耐油性方面，在发动机油中浸泡 1 000 h，伸长率减少 30%，介于 ACM 和 FKM 之间；在变速箱油中浸泡 1 000 h，拉伸强度不仅不下降还稍有上升，优于 ACM 和 FKM，与 PTFE 相当；其伸长率稍有下降，但优于 ACM 和 FKM，不如 PTFE。耐寒性优于 FKM，脆性温度比 ACM 好。主要用于制造汽车工业密封制品（O 形圈、衬垫等）、挤出制品（胶管等）、膜片、胶辊、胶带、电线包皮等等各种橡胶制品。

（六）ACM/PA TPV

美国瑞翁化学（Zeon Chem）公司推出的 ACM/PA TPV（全动态硫化共混型热塑性弹性体）是 ACM 应用的新拓展之一。它是 150℃级耐热/油热塑性弹性体，按 SAE J 2236 试验表明，它可以在热空气和矿物油中于 150℃下连续使用 3 000 h，可在汽车发动机舱室温度达 150℃的橡胶制品中使用。

3.12.4 聚丙烯酸酯橡胶的技术标准与工程应用

按《合成橡胶牌号规范》(GB/T 5577－2008) 规定，国产丙烯酸酯橡胶牌号由 2～3 个字符组构成：第一个字符组为橡胶品种代号信息：ACM；第二个字符组为橡胶特征信息，由三位阿拉伯数字组成：

——第一位数代表耐寒等级，“1”表示标准型：－10℃（－10～－15℃）；“2”表示耐寒型：－20℃（－18～－22℃）；“3”表示耐寒改进型：－30℃（－25～－30℃）；“4”表示超耐寒型：－40℃（－35～－40℃）；

——第二位数代表产品的硫化点单体类型：0 表示活性氯型，1 表示环氧型，2 表示羧酸型；

——第三位数代表产品中所含防老剂的数量：0 表示不含防老剂，1 表示含防老剂；

第三个字符组为橡胶附加信息：

用不同的字母或符号表示产品具有一些不同于原型产品的信息。例如：用“L”表示低耐油性，用“X”代表增加特定改性单体（用不同的字符表达不同的单体品种）等。示例：

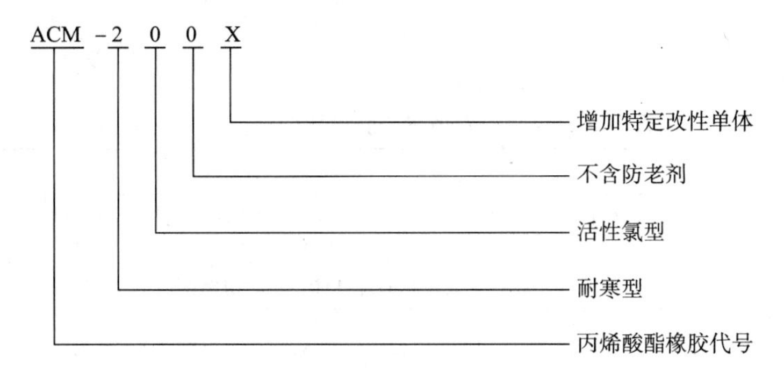

按照《合成橡胶牌号规范》(GB/T 5577—2008)，国产聚丙烯酸酯橡胶的主要牌号见表 1.1.3-212。

表 1.1.3-212 国产聚丙烯酸酯橡胶的主要牌号

牌号	聚合类型	门尼黏度［ML(1+4)100℃］	防老剂类型	耐油耐热型
ACM 3221	三元共聚型	35～45	非污染	耐热型
ACM 3222	三元共聚型	35～45	非污染	耐热改进耐寒型

（一）聚丙烯酸酯橡胶的基础配方

聚丙烯酸酯橡胶的基础配方见表 1.1.3-213 与表 1.1.3-214。

表 1.1.3-213 聚丙烯酸酯橡胶（ACM）基础配方（一）

配合料名称	配方 1	配方 2	配方 3	工艺要求
ACM（活性氯型）	100	100	—	—
ACM（环氧型）	—	—	—	—
ACM（羧基型）	—	—	100	—
硬脂酸	1	1	1	二级品
防老剂 KY—405	2	2	2	工业品
炭黑 N330（或 N550）	55	55	55	工业品
硫黄	0.5	—	—	工业品
硬脂酸钾	0.5	—	—	化学纯
硬脂酸钠	5	—	—	化学纯
苯甲酸铵	—	2	—	工业品
1＃硫化剂	—	—	1.5	—

表 1.1.3-214 聚丙烯酸酯橡胶（ACM）基础配方（二）

原材料名称	ASTM	原材料名称	TCY 硫化	S/SOAP 硫化	ICA 硫化
ACM	100	ACM	100	100	100
快压出炭黑（FEF）	60	三硫化氰脲酸	0.5	—	—
硬脂酸钾	0.75	促进剂 BZ	1.5	—	—
防老剂 TMQ（RD）	1	促进剂二乙基硫脲	0.3	—	—
硬脂酸钠	1.75	硫黄	—	0.3	—
硫黄	0.25	硬脂酸钠	—	0.3	—
		硬脂酸钾	—	0.5	—
		异氰脲酸	—	—	0.5
		十八基三甲基溴化铵	—	—	1.8
		二苯硫脲	—	—	1.3
		硬脂酸	1	1	1
		FEF	60	60	65
		脂肪酸酯	—	—	1
		防老剂	2	2	2
		防焦剂 PVI（CTP）	0.2	—	—
硫化条件	一段硫化 166℃×10 min；二段硫化 180℃×8 h	硫化条件	170℃×20 min		

（二）聚丙烯酸酯橡胶的技术标准

1. 聚丙烯酸酯橡胶的技术要求

聚丙烯酸酯橡胶的性能技术要求见表 1.1.3-215。

表 1.1.3-215　聚丙烯酸酯橡胶的性能技术要求

性能		指标				试验方法
		标准型：−10℃（−10～−15℃）	耐寒型：−20℃（−18～−22℃）	耐寒改进型−30℃（−25～−30℃）	超耐寒型：−40℃（−35～−40℃）	
生胶	外观	白色或淡黄色的弹性体，不含机械杂质等				目视法
生胶	挥发分/%	⩽1.3				GB/T 24131—2009
生胶	总灰分/%	⩽1.3				GB/T 4498.1—2013
生胶	门尼黏度[ML(1+4)100℃]	45±10	40±10	40±10	35±10	作废
硫化胶	硬度（邵尔 A）	65±10	65±10	60±10	55±10	GB/T 531.1—2008
硫化胶	拉伸强度/MPa	⩾8	⩾8	⩾6	⩾5	GB/T 528—2009
硫化胶	拉断伸长率/%	⩾200	⩾150	⩾150	⩾100	GB/T 528—2009
硫化胶	拉断永久变形/%	⩽20				GB/T 528—2009

聚丙烯酸酯橡胶硫化胶的典型指标见表 1.1.3-216。

表 1.1.3-216　聚丙烯酸酯橡胶硫化胶的典型指标

项目	指标	项目	指标
100%定伸应力/MPa	2.7～8.7	压缩永久变形（150℃×70 h)/%	31～58
拉伸强度/MPa	11.9～15.8	回弹性/%	12～17
拉断伸长率/%	170～330	耐臭氧性（100 pphm，45℃）	1 000 h 发生龟裂
撕裂强度/(kN·m^{-1})	20.6～32	介电强度（ASTM D)/(kV·mm^{-1})	1.6149
硬度（JIS A）	62～71	体积电阻率（ASTM D)/(Ω·cm)	257×10^{10}

2. 聚丙烯酸酯橡胶的硫化试片制样程序

(1) 混炼工艺条件

混炼设备：

天平：感量 0.1 g；

炼胶机：6 in 开放式炼胶机。

混炼条件：

投料量：每次 300 g；

混炼温度：50±10℃。

混炼胶停放条件：

混炼胶停放时间：在室温下停放 2～24 h。

混炼胶停放条件：在铝、不锈钢或硬质塑料板上停放。

(2) 混炼程序

混炼程序见表 1.1.3-217。

表 1.1.3-217　混炼程序

加料顺序	名称	混炼时间/min	辊距/mm	割刀次数
1	ACM	1～3	0.3～0.6	—
2	硬脂酸、防老剂等加工助剂	1～3	0.3～0.6	—
3	炭黑	3～5	0.3～0.8	酌情
4	薄通	2～5	0.3～0.6	酌情
5	下片，冷却	5～20	0.3～0.6	—
6	硫化剂、促进剂	1～3	0.3～0.6	3～5 次
7	薄通	1～3	0.3～0.6	酌情
8	下片、停放	120～1 440	0.5～1.0	—
9	返炼薄通	1～3	0.3～0.6	不包辊 6～9 次
10	下片	—	1～2.5	—

(3) 硫化

定型硫化(一段硫化):模具放置在温度为180±5℃的平板硫化机的闭合热板之间至少20 min,按表1.1.3-218规定的定型硫化条件,将2.1~2.5 mm胶片用平板硫化机和模具(模具的相关要求可参考《橡胶试验胶料的配料、混炼和硫化设备可操作程序》(GB/T 6038—2006)中8.22的规定)压制成2 mm试片。将直径约为ϕ30 mm的胶片用平板硫化机和模具制成ϕ35 mm×6 mm的试样。硫化结束后取出胶片,修去毛边后标出胶料名称、编号,同时厚度2 mm试片标明胶料压延方向。

表1.1.3-218 定型硫化条件

试 片	压力/MPa	温度/℃	时间/min
厚度2 mm试片	8~12	180±5	10
ϕ35 mm×6 mm试样	8~12	180±5	10~15

二段硫化:在鼓风烘箱中进行,将A4.4.1一段硫化好的试片悬挂在鼓风烘箱中,圆柱试样须先放入不锈钢盘中再放入同一烘箱进行二段硫化。硫化条件如下:

$$室温\xrightarrow{2\ h}120℃\xrightarrow{2\ h}150℃\xrightarrow{2\ h}170℃\xrightarrow{2\ h}170℃不开烘箱门自然冷却至室温。$$

二段硫化好的试片供拉伸强度、拉断伸长率、扯断永久变形率测试(也可叠加3层供测试硬度),圆柱试样供测试硬度。

(三) 聚丙烯酸酯橡胶的工程应用

聚丙烯酸酯橡胶的配方举例见表1.1.3-219。

表1.1.3-219 聚丙烯酸酯橡胶的配方例

材料		配方1	配方2	配方3
聚丙烯酸酯橡胶	95型ACM	100	100	—
	AR840	—	—	100
氧化锌		5	5	5
硬脂酸		1	1	1
硬脂酸钾		0.5	—	—
油酸钠		5	—	—
硫黄		0.5	—	—
TCY		—	1	—
Diak 3#		—	—	1
促进剂BZ		—	2.5	—
炭黑N—774		60	60	60
增塑剂QS—2		10	10	10
防焦剂CTP		—	0.5	0.5
防老剂445		—	—	2
合计		182	180	179.5

实践中,往往还将不同类型ACM之间共混改性以求得较好的综合性能。此外,ACM还可以与丁腈橡胶、硅橡胶、氯醚橡胶、氟橡胶共混改性。

参考配方4:黑色动态轴承密封环或油封或唇口油封[13]

SA—240 100.0,Sa 1.0,445 2.0,WB222 1.0,WS280 2.0,R532 12.0,N660 20.0,Celite350 45.0,氟微粉20.0,KH550 0.5,TP759 5.0,NaSt 4.0,K—St 0.35,S—80 0.4。

硫化胶拉伸强度:8.5 MPa,扯断伸长率:150%,撕裂强度15 kN/m。

参考配方5:非炭黑填充动态轴承密封环或油封或唇口油封[3]

SA—240 100.0,Sa 1.0,445 2.0,WB222 1.0,WS280 2.0,VN—3 42.0,Celite350 25.0,氟微粉20.0,KH560 1.5,TP759 5.0,NaSt 4.0,K—St 0.35,S—80 0.4。

硫化胶拉伸强度:9.0 MPa,扯断伸长率:140%,撕裂强度13.5 kN/m。

参考配方6:汽缸垫配方[3]

SA—240 100.0,Sa 1.0,445 2.0,WB222 1.0,WS280 2.0,N550 50.0,Celite350 15.0,TP759 7.0,NaSt 3.0,K—St 0.35,S—80 0.4。

硫化胶拉伸强度:9 MPa,扯断伸长率:220%,撕裂强度21 kN/m。

参考配方7:O形圈配方[3]

4052 100.0，Sa 1.0，445 2.0，WB222 1.0，WS280 2.0，N550 75.0，TP759 2.0，NaSt 4.0，NPC—50 2.0，E/C 0.2。

硫化胶拉伸强度：11 MPa，扯断伸长率：200%。

参考配方 8：挤出油管配方[3]

AR—82 30.0，SA—260 70.0，Sa 1.0，445 2.0，WB222 2.0，WS280 1.0，N550 90.0，TP759 7.0，TCY 0.5，BZ 1.2，E/C 0.3。

硫化胶拉伸强度：8.5 MPa，扯断伸长率：130%。

参考配方 9：涡轮增压管配方[3]

526 100.0，Sa 1.0，445 2.0，WB222 1.0，N550 65.0，TP759 3.0，ACT55 1.2，AC—6 0.6，E/C 0.2。

硫化胶拉伸强度：10.3 MPa，扯断伸长率：290%。

3.12.5 聚丙烯酸酯橡胶的供应商

国外聚丙烯酸酯橡胶的牌号与供应商见表 1.1.3－220 至表 1.1.3－222。

表 1.1.3－220 国外聚丙烯酸酯橡胶的牌号与供应商（一）[3]

供应商与牌号	规格型号	门尼黏度[ML(1+4)100℃]	脆性温度 T_c/℃	耐油性体积变化/%	相对密度
活性氯型丙烯酸酯橡胶牌号					
JPN 透杯公司 Toapaint （被收购）	AR801	50～60	−15	+15	1.11
	AR801L	35～45	−15	+15	1.11
	AR825T	35～45	−40	+21	1.10
	AR840	40～50	−40	+23	1.10
	AR860	30～40	−50	+25	1.10
JPN 合成橡胶公司 JSR （退出中国市场）	AREX110	51	−16.5	+15	1.10
	AREX115	55	−16.5	—	1.10
	AREX210	40	−34	—	1.10
	AREX211	30	−34	—	1.10
	AREX213	32	−34	—	1.10
	AREX215	52	−34	—	1.10
	AREX217	55	−34	—	1.10
	AREX310	32	−46	—	1.10
日信化学 Nissin （停产）	RV1220	—	−15	—	1.10
	RV1240	—	−25	—	1.10
	RV1260	—	−35	—	1.10
加拿大宝蓝山公司 Polymer Krynac	880/881	—	−17	—	1.10
Hicryl（停产）	1540	—	−15	—	1.10
环氧型丙烯酸酯橡胶牌号					
JPN 透杯公司 Toapaint （被收购）	AR601	25～35	−15	—	1.10
	AR740	35～45	−35	—	1.10
	AR760	30～40	−50	—	1.10
JPN 合成橡胶公司 JSR （退出中国市场）	AREX120	48	−17	—	1.10
	AREX220	40	−34	—	1.10
	AREX320	32	−46	—	1.10
意大利埃尼公司 Europrene （停产）	AR152	36～44	−24	+30	1.10
	AR153	43～51	−15	+15	1.10
	AR153EP	40～48	−15	+15	1.10
	AR155	47～57	−24	+18	1.10
	AR156LTR	40～50	−30	+25	1.10
	AR157LTR	32～42	−35	+35	1.10
日信化学 Nissin （停产）	RV1020	—	−15	—	1.10
	RV1040	—	−25	—	1.10
	RV1060	—	−35	—	1.10

续表

供应商与牌号	规格型号	门尼黏度[ML(1+4)100℃]	脆性温度 T_c/℃	耐油性体积变化/%	相对密度
环氧型丙烯酸酯橡胶牌号					
JPN 电气化学公司 Denka	ER4200	—	−15	—	—
	ER5300	—	−20	—	—
	ER4300	—	−30	—	—
	ER3400	—	−30	—	—
	ER8401	—	−35	—	—
双活性氯素/羧基型丙烯酸酯橡胶牌号					
JPN 透杯公司 Toapaint (被收购)	AR501	45~55	−18	—	1.10
	AR501L	35~45	−18	—	1.10
	AR540	30~40	−40	—	1.10
	AR540L	20~30	−40	—	1.10
羧基型丙烯酸酯橡胶					
JPN 透杯公司 Toapaint (被收购)	XF4945	—	−25	—	1.10
	XF5140	—	−30	—	1.10
	XF4940	—	−35	—	1.10
	XF5160	—	−35	—	1.10
JPN 电气化学公司 Denka	ER403	—	−27	+24	—
	ER801	—	—	—	—
	ER804	—	−40	+52	—

表 1.1.3-221 国外聚丙烯酸酯橡胶的牌号与供应商（二）

供应商与牌号		规格型号	门尼黏度[ML(1+4)100℃]	T_g/℃	耐油性体积变化/%	相对密度	说明
JPN 油封公司 Noxtite (NOK)	400系列	PA−401	55	−17	+12	1.10	高黏度，适用于密封制品、O形圈
		PA−401L	48	−14	+13	1.10	流动性能改进，用于O形圈
		PA402	40	−31	+16	1.10	耐油性和低温性能的综合平衡，适用于密封制品、O形圈
		PA−402L	33	−31	+18	1.10	流动性能改进，适用于垫圈、胶管
		PA−1402	42	−24	+21	1.10	高耐热性，适用于胶管
		PA403	38	−36	+22	1.10	低温性能与良好的耐油溶胀性，适用于密封制品、胶管
		PA404N	30	−42	+21	1.10	低温性能与良好的耐油溶胀性，适用于滤油器填缝材料
		PA404K	28	−44	+29	1.10	改进低温曲挠疲劳，在油中的体积变化轻微上升，适用于密封制品、滤油器填缝材料
	420系列	PA−421	49	−17	+12	—	快速硫化型，适用于O形圈、垫圈
		PA−421L	40	−17	+12	—	
		PA−422	35	−30	+17	—	
		PA−422L	24	−31	+18	—	
	520系列	PA−521	55	−17	+12	—	二元胺硫化，具有良好的耐油溶胀性和压缩永久变形性，适用于垫圈、O形圈、胶管
		PA−522HF	30	−31	+31	—	改进的长期耐热老化性能，溶胀性有所增大，适用于O形圈、垫圈
		PA−524	25	−44	+36	—	具有良好的低温性能，适用于垫圈、滤油器填缝材料
	其他	PA−526	36	−26	+15	—	适用于胶管
		PA−526B	36	−26	+25	—	
		PA−523H	30	−33	+32	—	
		PA−1402	39	−26	+24	—	

表 1.1.3－222　国外聚丙烯酸酯橡胶的牌号与供应商（三）

供应商	牌号	门尼黏度	T_g/℃	相对密度	特性与应用
日本瑞翁 Nipol (Hytemp)	AR31	40	−15	1.10	标准耐热型聚合物，用于汽车、工业机械用垫片
	AR51	55	−14	1.11	较 AR31 缩短了二次硫化时间，改进了压缩永久变形，生产的制品具有压变好、抗撕裂、耐腐蚀等特点，适合挤出成型
	AR71	50	−15[a]	1.11	快速硫化的耐热性聚合物，适用于密封件和垫圈等模压制品
	AR12	33	−28	1.10	具有良好的耐热性和优异的压缩变形
	AR42W	33.5	−26	1.10	标准耐热型聚合物，缩短了二次硫化时间，改进了压缩永久变形
	AR72LS	33	−28	1.11	快速硫化型产品，改进了加工性能，具有压缩永久变形低和流动性优异的特点
	AR72LF	32	−22[a]	1.10	优异的耐低温和耐油性能平衡，易加工
	AR72HF	48	−28	1.11	优良的耐高温和耐油性能平衡
	AR53L	34	−32	1.10	应用 Zeonet A/B/U 硫化体系，硫化速度快，优异的压缩永久变形、低腐蚀性
	AR14	33	−39	1.11	AR12 的耐寒性
	AR74X	34	−37	1.11	快速硫化，压缩永久变形低，耐寒性能好
	AR212HR	40	−25	1.10	适合挤出成型，抗焦烧同时具有出色的耐热性能
	AR22	47	−25	1.10	AR12 的耐热性

国内聚丙烯酸酯橡胶的牌号与供应商见表 1.1.3－223 至表 1.1.3－226。

表 1.1.3－223　国内聚丙烯酸酯橡胶的牌号与供应商（一）

供应商与牌号	规格型号	门尼黏度[ML(1+4)100℃]	脆性温度 T_c/℃	耐油性体积变化/%	相对密度
活性氯型丙烯酸酯橡胶牌号					
广汉金鑫	AR100	50±5	−15	+15	1.00
	AR200	40±5	−23	+24	1.00
	AR300	30～40	−30	+24	1.00
吉林油脂	AR−01	40～50	−15	+16	—
	AR−02	40～45	−20	+24	—
	AR−03	35～40	−28	+18	—
	AR−04	30～35	−40	+23	—
波尼门	PA1010	35～45	−18	+18	—
	PA1020	30～40	−28	+24	—
	PA1030	25～35	−35	—	—
常州海霸	AR81	40～50	−15	+13	1.10
	AR82	35～45	−23	+21	1.10
	AR83	30～40	−32	+18	1.10
台湾新竹 TRC	SA−240	40～50	−31	+16	1.10
	SA−240S	35～45	−31	+16	1.10
	SA−260	30～40	−38	+18	1.10
	SA−260S	30～40	−38	+18	1.10
环氧型丙烯酸酯橡胶牌号					
常州海霸	AR61	40～50	−16	+15	1.10
	AR62	35～45	−25	+23	1.10
	AR63	30～40	−32	+18	1.10
双活性环氧素/羧基型及羧基型丙烯酸酯橡胶牌号					
波尼门	PA500	35～45	−24	（羧基）	
	PA600	30～40	−35	（羧基）	
	PA717	25～35	−35	（羧基）	
	PA4510	40～50	−18	（氯型羧基）	
	PA4520	25～35	—	（氯型羧基）	
常州海霸	AR42	35～45	−27	+23	1.11（羧基）
	AR43	30～40	−35	+18	1.11（羧基）

表 1.1.3-224 国内聚丙烯酸酯橡胶的牌号与供应商（二）

供应商与牌号	规格型号	门尼黏度[ML(1+4)100℃]	T_g/℃	相对密度	类型	说明
活性氯型丙烯酸酯橡胶牌号						
安徽华晶	RK−101	45～50	−22	1.10	标准型	耐热性产品，适用于油封、缸盖密封圈
	RK−102	40～45	−28	1.10	耐寒型	高低温兼顾，适合各种制品
	RK−103	35～40	−35	1.10	超耐寒型	超低温性，适合油管、变压器等制品
双活性环氧素/羧基型及羧基型丙烯酸酯橡胶牌号						
安徽华晶	RK−001	45～50	−22	1.10	标准型	耐热性产品，适用于油封、缸盖密封圈
	RK−002	40～45	−28	1.10	耐寒型	高低温兼顾，适合各种制品
	RK−003	35～40	−35	1.10	超耐寒型	超低温性，适合油管、变压器等制品

表 1.1.3-225 国内聚丙烯酸酯橡胶的牌号与供应商（三）

供应商	质量项目	规格型号			
		AR100	AR200	AR300	AR400
遂宁青龙聚丙烯酸酯橡胶厂	类型	活性氯型丙烯酸酯橡胶			
	门尼黏度[ML(1+4)100℃]	50±5	40±5	40±5	30～40
	相对密度	1.00	1.00	1.00	1.00
	拉伸强度/MPa	8～15	8～15	8～15	6～12
	拉断伸长率/%	150～500	150～500	150～500	100～400
	1#标油体积变（150℃×70 h)(≤)/%	5	10	10	—
	3#标油体积变（150℃×70 h)(≤)/%	18	25	25	—
	脆性温度/℃	−15	−20	−30	−40

表 1.1.2-226 国内聚丙烯酸酯橡胶的牌号与供应商（四）

供应商	质量项目	耐热型	标准型	耐寒型		
		AR1000	AR1100	AR1200	AR1300	AR1400
九江世龙橡胶有限责任公司	类型	活性氯型丙烯酸酯橡胶				
	门尼黏度[ML(1+4)100℃]	40±10	40±10	35±10	35±10	35±10
	相对密度	1.00	1.00	1.00	1.00	1.00
	有机酸含量（≤)/%	0.3				
	挥发分（≤)/%	0.6				
	灰分（≤)/%	0.5				
	拉伸强度（≥)/MPa	13	11	10	10	10
	拉断伸长率（≥)/%	240	240	240	200	200
	拉断永久变形（≤)/%	15	15	20	20	20
	压缩永久变形(B法:150℃×75 h)（≤)/%	40	40	40	40	40
	脆性温度/℃	−15	−20	−28	−35	−35
	使用温度/℃	−15～180	−20～180	−28～180	−35～180	−35～170

聚丙烯酸酯橡胶的其他供应商还有：美国3M公司（含氟丙烯酸酯橡胶）等。

3.13 乙烯-丙烯酸甲酯橡胶

乙烯-丙烯酸甲酯（Ethylene-Methylacrylate Rubber，Ethylene-Acrylicrubber）橡胶1975年由杜邦公司开始生产，由乙烯与丙烯酸甲酯和少量作为硫化点单体即羧酸，在150℃、162.1～202.7 MPa压力下，通过自由基三元共聚制得，简称AEM，商品名为“Vamac”，商品有母炼胶和纯胶两类。

AEM中丙烯酸甲酯含量可能在40%以上，是一种非结晶的无规共聚物，其分子结构式为：

$$-\!\!\!\left(CH_2-CH_2\right)_x\!\!\left(CH_2-\underset{\underset{OCH_3}{|}}{\overset{}{\underset{C=O}{\underset{|}{CH}}}}\right)_y\!\!\left(\underset{\underset{OH}{|}}{\underset{C=O}{\underset{|}{R}}}\right)_z\!\!\!-$$

当 $z=0$ 时，为二元共聚物，如 DP 与 VMX2122 牌号产品。

AEM 的特性为：①良好的耐热性和耐油性的平衡。②具有很宽的工作温度范围（−40～175℃），可在 165℃下长期工作，175℃下短期工作，200℃短暂工作；低温性能比丙烯酸酯橡胶好，−40℃仍保持弹性。③耐臭氧性、耐候性好，大气中 5 年仍保持弹性，耐臭氧 100ppm、40℃、168 h 拉伸 20%无裂痕。④具有优异的压缩变形性，普通模压制品压缩永久变形为 25%～65%，过氧化物硫化体系压缩永久变形为 10%～30%（168h@150℃，ASTM D395，方法 B，1 型），采用 Vamac® 制造的变速箱唇形密封可承受冷热交变压力。⑤优异的减震性能。⑥出色的耐介质性能，Vamac® 制成的终端产品对热油、基于烃类化合物或醇的润滑脂、传动和动力转向液具有很好的耐受性。

普通硫化体系可采用 1 号硫化剂（Diak No. 1），用量 1.0～2.0 份；采用六甲基二胺氨基甲酸酯硫化，硫化胶具有优异的压缩永久变形和热老化性能，用量 1.5～2.5；采用 TETA 硫化，焦烧性能和硫化胶的热老化稍差；采用叔胺复合体 ACT55 硫化可制得硬度高、压变好的硫化胶，但伸长率低、撕裂差，用量 1.0～2.0 份；采用 DOTG 硫化，硫化胶具有好的压缩永久变形和高模量；采用 DPG 硫化，硫化胶具有好的曲挠疲劳，更高的伸长率，用量 3.0～5.0 份。

补强常用半补强炉黑和白炭黑。隔离剂不应含有锌元素。

AEM 需在尽可能低的温度下（低于 60℃）进行混炼，混炼开始时加入硬脂酸和十八烷基胺与磷酸烷基酯并用的防粘隔离剂；密炼机混炼采用逆炼法，采用低转速（15～25 r/min），一段排胶温度约为 110℃，二段排胶温度小于 90℃。为改进压出中的抗凹塌性，可使用高强度级的 AEM，填充快压出炉黑或白炭黑和少量增塑剂等措施。

混炼胶的储存条件为：温度 23℃、湿度 50%下储存周期为 16～18 周；温度 38℃、湿度 95%储存周期为 2～4 周。储存过程中不加硫化剂门尼变化不大，加入硫化剂必须加入防焦剂（Armeen 18D 1.0 份）。

注射硫化工艺参数：上模温度 180±5℃，下模温度 180±5℃，注射压力 165±10 bar，保压压力 165±10 bar，合模压力 165±10 bar 。硫化时间 600 s。

二段硫化工艺参数见表 1.1.3-227。

表 1.1.3-227　AEM 的二段硫化工艺参数

硫化温度/℃	硫化时间/h
200	1
175	3～4
150	10
125	24

杜邦™ Vamac® 乙烯丙烯酸酯弹性体（AEM）主要用于对耐热性和耐化学性有较高要求的发动机和动力系统领域，有助于延长动力和空气管理系统的使用寿命，包括轴油封、冷却剂和动力操纵管、高温火花塞保护罩、自动波纹管的恒速连接器等。

AEM 的典型技术参数见表 1.1.3-228。

表 1.1.3-228　AEM 的典型技术参数

AEM 的典型技术参数	
项目	指标
门尼黏度[ML(1+4)100℃]	16～53
相对密度	1.03～1.12
AEM 硫化胶的典型技术参数	
项目	指标
300%定伸应力/MPa	11.2～11.8
拉伸强度/MPa	12.4～12.7
拉断伸长率/%	370
耐臭氧性（100 pphm，38℃）	1 000 h 发生龟裂
介电强度/(kV・mm^{-1})	0.216

注：详见于清溪，吕百龄，等．橡胶原材料手册［M］.2 版．北京：化学工业出版社，2007：151.

AEM 的规格型号见表 1.1.3-229。

表 1.1.3-229　AEM 的规格型号

供应商与牌号		规格型号	门尼黏度 [ML(1+4)100℃]	T_g/℃	最高使用温度/℃	相对密度	说明
杜邦陶氏弹性体公司 Vamac	三元共聚物	G	16.5	−30	150～165	1.03	通用
		GLS	18.5	−24	—	1.06	低溶胀
		HVG	26	−30	—	1.04	高黏度
		GXF	17.5	−31	150～165	1.03	耐高温、动态曲挠疲劳
		Ultra IP (VMX3040)	29	−31	—	1.03	高黏度、通用
		Ultra LT	11	−42	—	1.03	耐低温
		Ultra HT (VMX3038)	30	−32	170～180	—	高黏度、耐高温、动态曲挠
		Ultra HT−OR (VMX3121)	30	−25	170～180	—	高黏度、耐高温、动态曲挠、低溶胀
		Ultra LS (VMX3110)	31	−25	—	—	高黏度、低溶胀
		VMX5015	65	−32	—	—	适用于模压制品
		VMX5020	53	−32	—	—	适用于注射与传递模法
		VMX5315	72	−32	—	—	适用于挤出成型与高温高压硫化
		VMX5394	70	−24	—	—	适用于挤出成型与高温高压硫化，具有低溶胀性
	二元共聚物	DP	22	−29	—	1.04	过氧化物硫化
		VMX2122	26	−28	—	—	高黏度、耐高温、过氧化物硫化
	四元共聚物	VMX4017	11	−41	—	—	低温性能

应用配方举例：

(1) 耐高温配方

AEM 耐高温配方举例见表 1.1.3-230。

表 1.1.3-230　AEM 耐高温配方举例

配方材料	Ultra IP	Ultra HT (CB)	Ultra HT (Si)	HHR−AEM
Vamac Ultra IP	100	—	—	—
Vamac Ultra HT	—	100	100	—
Vamac VMX5015	—	—	—	100
Nocrac CD	2	2	2	—
4−ADA	—	—	—	0.6
Stearic acid	1.5	1.5	1.5	—
Phosphanol RL210	1	1	1	0.5
Armeen 18D	—	—	—	0.3
FEF carbon black	30	31.3	—	—
Ultrasil 5000GR	—	—	30	—
Aminosilane Z−6011	—	—	0.72	—
Diak No. 1	1.3	1.1	1	0.3
Vulcofac ACT−55	2	2	2	0.6
合计	137.8	138.9	138.22	102.3

硫化胶经 190℃老化后扯断伸长率变化见下图：

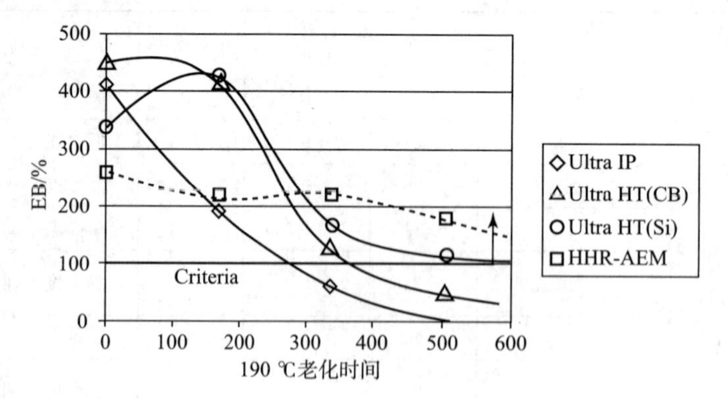

（2）低压变、低溶胀配方

AEM 低压变、低溶胀配方举例见表 1. 1. 3 - 231。

表 1. 1. 3 - 231　AEM 低压变、低溶胀配方举例

	5020 / U IP AEM 8556	5015 / U IP AEM 8557	Ultra IP AEM 8558
Vamac VMX 5020	70	—	—
Vamac® VMX 5015	—	70	—
Vamac® Ultra IP（VMX 3040）	30	30	100
Alcanpoudre ADPA 75	0. 8	0. 8	—
Naugard 445	—	—	2
Stearic Acid Reagent（95%）	0. 5	0. 5	1
Armeen 18D PRILLS	0. 3	0. 3	0. 5
Vanfre VAM	1	1	1. 5
MT Thermax Floform N 990	25	25	15
Corax N 772	—	—	40
Spheron™ SOA（N 550）	—	—	—
Alcanplast 810 TM	10	10	10
Rubber chem Diak no 1	0. 8	0. 8	1. 3
Vulcofac ACT 55	0. 9	0. 9	2
生胶门尼黏度[ML(1+4)100℃](ISO 289—1—2005)	—	—	—
混炼胶门尼黏度[ML(1+4)100℃]	32	39	37
硫化条件：一段硫化 180℃×10 min；二段硫化 175℃×4 h			
硫化胶硬度（邵尔 A，3 s）	58	60	58

硫化胶压缩变形比较见下图：

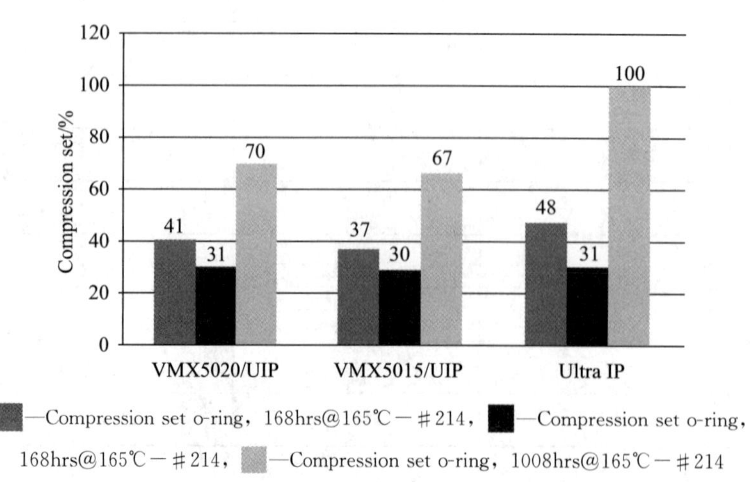

—Compression set o-ring，168hrs@165℃－＃214，—Compression set o-ring，168hrs@165℃－＃214，—Compression set o-ring，1008hrs@165℃－＃214

硫化胶浸油老化后压缩变形比较见下图：

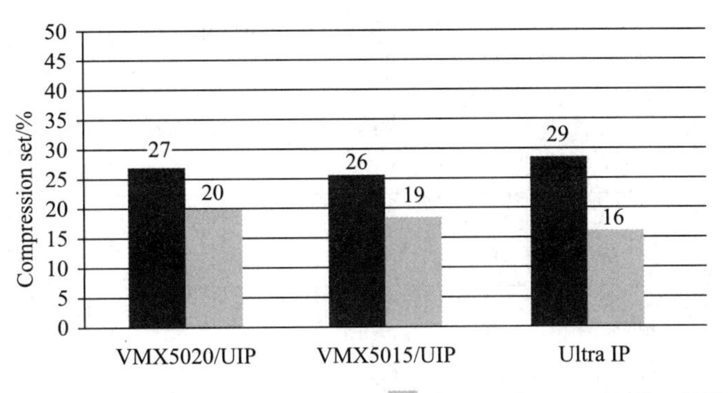

3.14　氟橡胶（Fluoro Rubber，Fluoro Elastomer）

氟橡胶是指分子主链或侧链的碳原子上连接有氟原子的一类高分子弹性体，代号 FPM/FKM，是为了满足航空航天等用途开发的高性能密封材料，具有优异的耐高温、耐寒、耐油、耐老化、耐候、耐臭氧、耐中等剂量辐射、耐多种化学药品侵蚀、耐过热水与蒸汽、耐燃、气透性能较低、耐高真空性能、压缩永久变形等性能，并有优良的物理机械性能和电性能。

FKM 目前已广泛应用于汽车和石油化工等领域，但以汽车工业为最，约占 FKM 全部耗胶量的 60%以上。中国 2000 年的氟橡胶耗胶量为 400～500 t/a，2007 年约为 4 000 t/a，2010 年已达到 6 000～8 000 t/a。迅速增长的原因是汽车发动机室温度增高、改性燃油和腐蚀燃油的使用、更为严格的环保法规等，特别是有关汽车排放的国Ⅵ法规、乙醇汽油的实施、以及新能源汽车的推广，加快了 FKM 在汽车的应用并提高了对高性能 FKM 的需求。FKM 在汽车上主要应用在加油口管、燃油胶管、加油口盖密封、燃油泵密封、燃油喷射器 O 形圈、氧传感器衬套、曲轴油封、阀杆油封、汽缸垫片、进气歧管密封、涡轮增压管、动力电池盖板的密封等处。

氟橡胶与其他橡胶特性对比见表 1.1.3－232 与图 1.1.3－27。

表 1.1.3－232　氟橡胶与其他橡胶特性对比

特性	丙烯酸酯橡胶 ACM	氯丁橡胶 CR	三元乙丙橡胶 EPDM	丁腈橡胶 NBR	硅橡胶 MQ VMQ	氟硅橡胶 FVMQ	氟橡胶 FKM	全氟醚橡胶 FFKM
耐热性	4	2	4	3	5	4	5	5
耐寒性	4	5	5	5	5	5	3	2
介电性能	3	3	5	3	4	4	4	5
耐溶剂性	4	3	4	3	5	5	5	5
阻燃性	2	4	2	2	4	4	5	5
耐臭氧性	5	5	5	1	5	5	5	5
耐蒸汽性	1	4	4	4	4	4	5	5
耐酸性	3	4	5	4	4	4	5	5
耐碱性	3	4	5	4	5	5	5	5
耐油性	4	3	1	4	3	4	5	5
耐气体透过性	4	3	3	4	2	3	5	5

注：5—优秀，4—良好，3—一般，2—较差，1—不作推荐。

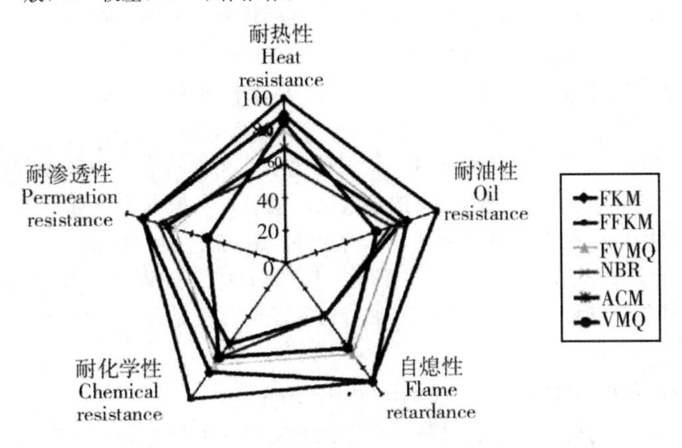

图 1.1.3－27　氟橡胶与其他橡胶特性对比

氟橡胶可分为通用型氟橡胶与特种氟橡胶，如表 1.1.3-233 所示。

表 1.1.3-233　氟橡胶的类型和组成

类型	通用				特种									
	26 型	246 型	23 型	四丙氟胶	耐蒸汽 G 型	耐低温氟醚橡胶			耐高温全氟醚橡胶		四乙氟胶	耐碱氟胶	羧基亚硝基氟胶	氟化磷腈橡胶
						PMVE 基		MOVE 基	基本型	耐低温				
单体组成	V/H	V/H—T	V/C	V/T/P	V/H—T/S	V/Q—T/S	V/H—T/Q/S	V/O/T/S	T/Q/S	T/O/S	Q/T—E/S	T/H/E/Q/S		
ASTM D 1418 分类	1 型	2 型		4 型		3 型						5 型		

注：V—偏氟乙烯（VDF），H—六氟丙烯（HFP），T—四氟乙烯（TFE），C—三氟氯乙烯（CTFE），E—乙烯，P—丙烯，Q—全氟（甲基乙烯基）醚（PMVE），O—全氟甲氧基乙烯基醚，S—硫化点单体（CSM）。

3.14.1　通用型氟橡胶

（一）含氟偏乙烯类氟橡胶（Containing Vinylidene Fluoro Rubber）

含氟偏乙烯类氟橡胶主要是以偏二氟乙烯（VDF）、四氟乙烯（TFE）、六氟丙烯（HFP）和三氟氯乙烯（CTFE）为原料的二元或三元共聚物，包括偏氟乙烯-六氟丙烯共聚物、偏氟乙烯-1-氢五氟丙烯共聚物、偏氟乙烯-三氟氯乙烯共聚物、偏氟乙烯-四氟乙烯-六氟丙烯三元共聚物、偏氟乙烯-四氟乙烯-1-氢五氟丙烯共聚物等。随着氟含量的增加，其耐热和耐介质性能更加优异，包括 23 型氟橡胶（VDF 与 CTFE 的共聚物）、26 型氟橡胶（VDF 与 HFP 的共聚物）和 246 型氟橡胶（VDF、TFE 和 HFP 的三元共聚物）等，其中普遍使用的是偏氟乙烯与全氟丙烯或再加上四氟乙烯的共聚物，我国称这类橡胶为 26 型橡胶，杜邦公司称为 Viton 型氟橡胶，结构如下：

26-41型（Viton A）　$-\!\!\left(CH_2-CF_2\right)_x\!\!\left(CH_2-\underset{\underset{CF_3}{|}}{CF}\right)_y\!\!-$

246型（Viton B）　$-\!\!\left(CH_2-CF_2\right)_x\!\!\left(CH_2-\underset{\underset{CF_3}{|}}{CF}\right)_y\!\!\left(CH_2-CF_2\right)_z\!\!-$

其中，23 型氟橡胶已基本不使用。

VDF 氟橡胶可采用溶液、悬浮、乳液的任一方法合成，工业上主要采用以高氟含量脂肪酸盐为乳化剂的乳聚法合成。聚合引发剂多采用过硫酸钾和过硫酸铵等过硫酸盐单独或其与还原剂并用的氧化还原类，反应温度一般在 70～130℃范围。反应是在单体压力下进行的，因此将预先按规定比例混合好的单体一边向反应体系补充一边在规定压力下进行反应。经几小时的反应得到固体含量 20%～25%的乳白色乳液，然后用无机盐类凝析，经过水洗、脱水和干燥工序回收块状无色弹性状聚合物。悬浮法是将单体分散于含氟溶剂中通过有机过氧化物引发进行聚合的，该法的优点是不需要像乳聚法那样复杂的凝洗工序，但存在必要的溶剂回收、黏附聚合槽等问题。溶聚法以醋酸乙酯等作为 VDF 氟橡胶溶剂。

VDF 均聚物虽然制造简单，玻璃化温度为−42℃，但有结晶性，低温性能较差。为了扩宽橡胶弹性界限，与 CTFE 和 HFP 或全氟甲基乙烯基醚等位阻大的单体进行共聚，成为挖掘橡胶弹性的方法。当 VDF/CTFE 类氟橡胶（23 型）VDF 含量为 50%～75%（摩尔比）以及 VDF/HFP 类氟橡胶（26 型）的 VDF 含量为 50%～80%（摩尔比）时具有良好的橡胶弹性，如果加入 TFE 等 T_g 就会升高至室温以上，损失部分橡胶弹性。共聚物的耐油性、耐燃油性、耐化学品性一般受 VDF 含量所支配，二元共聚物即使稍差也比为数不多的三元共聚物要好。

氟橡胶属于饱和碳链极性橡胶，其主要性能特点为：

（1）氟橡胶一般具有较高的拉伸强度和硬度，但弹性较差；（2）耐高温性能优异，氟橡胶的耐高温性能在橡胶中是最好的，250℃下可以长期工作，320℃下可以短期工作；（3）耐油性能优异，其耐油性能在橡胶材料中也是最好的；（4）耐化学药品及腐蚀介质性能优异，氟橡胶耐化学药品及腐蚀介质性能在橡胶中也是最好的，可耐王水的腐蚀；（5）具有阻燃性，属于离火自熄性橡胶；（6）耐候性、耐臭氧性好；（7）其耐低温性能差，耐水等极性物质性能差，加工性差，价格昂贵。

由于氟橡胶具有耐高温、耐油、耐高真空及耐酸碱、耐多种化学药品的特点，使它在现代航空、导弹、火箭、宇宙航行、舰艇、原子能等尖端技术及汽车、造船、化学、石油、电讯、仪表、机械等工业部门中获得了应用。主要用于制造模压制品，如密封圈、皮碗、O 形圈等；也用于海绵制品，如密封件、减震件；还可用于压出制品，如胶管、电线、电缆等。

26 型氟橡胶一般用亲核试剂交联，如 N，N′-二亚肉桂基-1，6-己二胺，即 3 号硫化剂；配合剂中一般要用吸酸剂，常用氧化镁；填料中常用中粒子热裂法炭黑、煤粉等。其加工过程需要二段硫化，目的在于驱赶低分子物质、进一步完善交联，提高抗压缩永久变形性能等。

（二）四丙氟橡胶（Tetrafluoroethylene-Propylene Rubber）

四丙氟橡胶是四氟乙烯与丙烯在水介质中进行乳液共聚得到的交替共聚物，由日本旭硝子公司于 20 世纪 70 年代研制生产的一种含氟弹性体，商品名为 Aflas。我国 20 世纪 80 年代投产，品种牌号为 FPM 4000。

其分子结构为：

$$\text{—}\!\!\left(\text{CF}_2\text{—CF}_2\text{—CH}_2\text{—}\underset{}{\overset{\text{CH}_3}{\overset{|}{\text{CH}}}}\right)_m\text{—}$$

该种氟橡胶的工业合成方法和VDF类氟橡胶相同，即采用乳聚方法。聚合引发剂采用特殊氧化还原体系。

四丙氟橡胶分解温度达400℃以上，与乙丙橡胶相比，因乙烯单元中四个氢原子被氟原子取代，因而具有氟橡胶的优良性能，加工性能优于其他氟橡胶，可在200℃下长期使用，在230℃下间歇使用。可采用过氧化物、多元醇与聚胺硫化，其缺点是耐低温性能差。

近年来，日本旭硝子公司又研制开发出四氟乙烯-丙烯-偏氟乙烯三元共聚物，其耐油性和低温性能得到改善。

3.14.2 特种氟橡胶

通用型氟橡胶（FKM）的使用温度为－20～250℃，耐高低温性能都不十分突出。特种氟橡胶是指聚合物结构中含有P、N、O、Si等元素，具有特殊性能与用途的氟橡胶，主要品种有全氟醚橡胶、羧基亚硝基氟橡胶、氟化磷腈橡胶、耐低温氟醚橡胶及氟硅橡胶等[12]。

（一）全氟醚橡胶

全氟醚橡胶（FFKM）是以四氟乙烯、全氟（甲基乙烯基）醚（PMVE）为主要成分及少量硫化点单体（CSM）在含有表面活性剂、引发剂（无机过硫酸盐）和其他助剂的水相中进行自由基乳液聚合得到的三元共聚体。其化学结构为：

$$\text{—}\!\left(\text{CF}_2\text{—CF}_2\right)_1\left(\text{CF}_2\text{—}\underset{\underset{\text{Rf}}{|}}{\underset{\text{O}}{\underset{|}{\text{CF}}}}\right)_m\left(\text{X}\right)_m$$

式中X为成为交联点的第三单体。一般来讲CSM有全氟苯氧基（$-OC_6F_5$）、腈基（－CN）和溴基（－Br）几种类型，不同CSM的硫化机理不同，橡胶的性能也有差异。

FFKM中，PMTV含量约20%～35%（摩尔分数）、CSM含量约0.5%～3%（摩尔分数）。全氟醚橡胶主链结构与聚四氟乙烯完全相同，其分子主链为C—C键，而且C上的H全部被F取代，支链有$—OCF_3$基团，是所有橡胶中耐高温和耐化学介质最为优异的品种。

FFKM长期使用温度为280℃，特殊品种可达300℃以上；耐介质性能极为优异，能耐各种强氧化性、强腐蚀性介质、各种有机溶剂和油料；耐候性和气密性也非常好。

国产全氟醚橡胶可采用两种硫化体系硫化，一是含全氟苯氧基的CSM，基于亲核取代反应的硫化体系（简称FPh－CSM）；二是含溴基的CSM，基于自由基加成反应的硫化体系（简称Br－CSM）。Kalrez品牌用三嗪、双酚和过氧化物进行交联，Daielperfluro品牌则用过氧化物交联。三嗪交联硫化胶的耐热性极为优异，于316℃下加热两周其拉伸强度保持率仍达到70%。

全氟醚橡胶主要牌号与供应商包括：杜邦公司的kalrez、欧洲Solvay Solexis、日本Daikin和俄罗斯列别捷夫合成橡胶研究院（VNISK）、中蓝晨光化工研究设计院有限公司等。

（二）羧基亚硝基氟橡胶

羧基亚硝基氟橡胶（CNR）是由亚硝基三氟甲烷（CF_3NO）、四氟乙烯及硫化点单体γ-亚硝基全氟丁酸三种单体在低温下采用本体聚合或者溶剂沉淀聚合得到的三元共聚物，生胶中三种单体的摩尔比约为50∶(49～49.5)∶(0.5～1.0)。由于聚合放热量大，采用溶剂沉淀聚合比较安全，在溶剂中无须引发剂就能发生聚合反应。羧基亚硝基氟橡胶分子主链一半为—C—C—键，另一半为—N—O—键，且与碳原子相连的皆为氟原子，因此具有很好的化学稳定性；主链大量的氮氧链节赋予橡胶优异的耐低温性能，玻璃化转变温度为－45℃；CNR氟含量高，又不含C－H键，高温裂解时放出的气体能熄灭火焰，因此即使在纯氧中也不会燃烧；由于CNR主链中N—O键的键能较低，易高温裂解，其耐热性不如一般氟橡胶，长期使用最高温度为180～200℃。CNR主要用于低温环境下各种有机和无机溶剂特别是强氧化剂系统的密封，还可作为固体推进剂燃料的黏合剂及耐化学介质的不燃涂层等。羧基亚硝基氟橡胶可以用三氟醋酸铬（CTA）和异氰尿酸三缩水甘油酯（TGIC）两种硫化体系进行硫化，前者的特点是扯断伸长率大、拉伸强度较高，但永久变形较大；后者的特点是压缩永久变形和扯断永久变形都很低，但拉伸强度和扯断伸长率较低。羧基亚硝基氟橡胶主要供应商包括美国3M公司、Thiokol公司、中蓝晨光化工研究设计院有限公司等。

（三）氟化磷腈橡胶

氟化磷腈橡胶（PNF）是氟代烷氧基磷腈弹性体的简称，其制备首先由五氯化磷与氯化铵反应合成氯化磷腈三聚体，然后将其加热开环聚合，再与氟代醇反应制得PNF弹性体，为溶液聚合体系。聚合物分子量约130万，分子量分布较宽。

PNF主链为重复的氮磷键（P═N），侧链上的氟代烷氧基（$—OCH_2CF_3$或$—OCH_2C_3F_7$）对主链起保护作用，赋予其化学稳定性，因此虽然PNF的含氟量不高，仍然具有优异的耐航空燃油、液压油、润滑油及有机溶剂性能。氟代烷氧基同时使大分子具有极好的柔顺性，可在－65℃下保持弹性，具有很好的减震性和耐疲劳性，在高温下的拉伸强度、扯断伸长率等物理机械性能的保持率也大大优于其他氟橡胶和氟硅橡胶。

氟化磷腈橡胶主要牌号与供应商包括：美国Ethyl公司的Eypel－F、中蓝晨光化工研究设计院有限公司等。

（四）耐低温氟醚橡胶

CBR 和 PNF 都具有很好的耐低温和耐介质性能，但其耐高温又不如其他氟橡胶，且生产工艺复杂，价格昂贵，在使用上受到较大限制。耐低温氟醚橡胶是在以偏氟乙烯（VDF）、四氟乙烯（TFE）为主的共聚体中加入一定量的全氟（甲基乙烯基）醚（PMVE）或者具有更多碳氧链节的全氟醚单体，起到破坏分子结构规整性降低橡胶的玻璃化转变温度的作用，使其比通用氟橡胶具有更好的低温性能。耐低温氟醚橡胶主要牌号与供应商包括美国杜邦公司的 Viton® VTR8500，其玻璃化温度为－32.9℃；Solvay Solexis 公司的 Tecnoflon® VPL85540 和 3M Dyneon 公司的 LTFE 6400，其玻璃化温度低于－40℃；俄罗斯列别捷夫合成橡胶研究院（VNISK）的 SKF－260－MPAN，其玻璃化温度低于－50℃；中蓝晨光化工研究设计院有限公司以特种氟醚单体和可用过氧化物硫化的交联单体采用微乳液聚合工艺合成的氟醚橡胶，玻璃化温度为－30℃。

各类主要氟橡胶及其特征见表 1.1.3－234。

表 1.1.3－234　各类主要氟橡胶及其特征

种类	结构	特征	商品名	供应商
VDF－HFP 类	$-(CF_2-CH_2)_m-(CF(CF_3)-CH_2)_n-$	耐热性 耐油性 耐化学药品性	Daiel Viton Dyneon Technoflon	大金工业 杜邦 3M Solvay
VDF－HFP－TFE 类	$-(CF_2-CF_2)_2-(CF_2-CF(CF_3))_m-(CH_2-CF_2)-$	耐油性 耐化学药品性 耐热性	Daiel Viton Dyneon Technoflon	大金工业 杜邦 3M Solvay
VDF－FFE 改性类	$-(CF_2-CH_2)_l-(CF_2-CF(OR_f))_m-(CF_2-CF_2)_n-$	耐寒性 耐油性	Viton	杜邦
氟化乙烯基醚类	$-(CF_2-CH_2)_m-(CF_2-CF(OR_f))_n-$	耐热性 耐化学药品性	Kalrez Daielperflon	杜邦 大金工业
TFE－丙基类	$-(CF_2-CF_2)_m-(CH(CH_3)CH_2)_n-$	耐热性 耐化学药品性	Aflas	旭硝子
氟硅类	$-(Si(CH_2CH_2CF_3)(CH_3)-O)_m-(Si(CH_2)(CH_3)-O)_m-$	耐寒性 耐油性	Silastic Shin－Etsu FE	道康宁/东丽 信越化学 迈图/东芝
氟化磷腈类	$-(P(OCH_2CF_3)(OCH_2-(CF_2)_3CF_2H)=N)_n-$	耐寒性 耐油性	アイペルーF	Ethyl
热塑型	$-(HS)_m-(SS)_m-(HS)_m$ SS 为橡胶，HS 为树脂	耐化学药品性 透明性	THERMOPLATIC T－500 系列	大金工业
涂料型	溶液型胶乳	耐热性 耐化学药品性	DAI－EL™LATEX seal	大金工业 旭硝子

3.14.3　氟橡胶的技术标准与工程应用

按照《合成橡胶牌号规范》(GB/T 5577—2008)，国产氟橡胶的主要牌号见表 1.1.3－235。

表 1.1.3－235　国产氟橡胶的主要牌号

新牌号	氟质量分数/%	门尼黏度 [ML（5+4）100℃]
FPM 2301	19.1～20.2（氯含量）	1.5～2.4（特性黏度）
FPM 2302	13.2～15.2（氯含量）	4.4～5.6（特性黏度）
FPM 2601	65～66	60～100
FPM 2602	65～66	140～180
FPM 2461	67～69	50～80
FPM 2462	67～69	70～100
FPM 4000	54～58	70～110*
FPNM 3700	—	—

注：标有“*”者，门尼黏度 ML（1+10）100℃。

（一）氟橡胶的基础配方

氟橡胶的基础配方见表 1.1.3-236。

表 1.1.3-236 氟橡胶（FKM）基础配方

原材料名称	ASTM	原材料名称	过氧化物硫化（23 型）	胺硫化（26 型）	酚硫化（246 型）
FKM（Viton 型）	100	氟橡胶	100	100	100
中粒子热裂炭黑（MT）	20	BP	3	—	—
氧化镁[a]	15	二碱式亚磷酸铅[c]	10	—	—
硫化剂 Diak3#[b]	3.0	氧化锌	10	—	—
		硫化剂 Diak3#[b]	—	3	—
		氧化镁	—	15	—
		双酚 AF	—	—	0.8
		苄基三苯基氯化磷	—	—	2
		氢氧化钙	—	—	5
硫化条件	一段硫化：150℃×30 min；二段硫化：250℃×24 h		一段硫化：143℃×30 min；二段硫化：150℃×16 h	一段硫化：150℃×30 min 二段硫化：200℃×16 h	一段硫化：160℃×25 min；二段硫化：250℃×12 h

注：a. 要求耐水时用 11 质量份氧化钙代替氧化镁，要求耐酸时用 PbO 作吸酸剂。
b. N，N′-二亚肉桂基-1，6-己二胺，3 号硫化剂。
c. 含铅化合物不符合环保要求，读者应谨慎使用。

（二）氟橡胶的配合与工艺特点

氟橡胶一般由生胶、硫化体系、酸接受剂、补强体系组成各种实用配方，增塑剂和防焦剂仅在个别情况下采用。

1. 硫化体系

氟橡胶是高度饱和的含氟高聚物，一般不能用硫黄进行硫化。采用有机过氧化物、有机胺类及其衍生物、二羟基化合物及辐射硫化。工业中常用前三种方法，辐射硫化较少选用。

（1）有机过氧化物体系

20 世纪 70 年代，美国 DuPont 公司研发的 G 型系列氟橡胶，采用有机过氧化物作硫化体系，硫化胶在高温下的压缩永久变形性能及在高温蒸汽中的性能优越。2，5-二甲基-2，5-双（叔丁基过氧基）-3-己炔及其相似物 2，5-二甲基-2，5-双（叔丁基过氧基）己烷分别与三异氰尿酸三烯丙酯（TAIC）共硫化抗焦烧性极好。过氧化苯甲酰特别适用于薄型制品，在厚制品的场合易发泡形成多孔质，且不能配用炭黑，因干扰交联。过氧化二异丙苯在四丙氟橡胶中与 TAIC 并用，耐多种化学药品侵蚀。双（叔丁基过氧）间或对二异丙基苯硫化四丙氟橡胶耐化学药品性也很好。过氧化双环戊二烯硫化羧基亚硝基氟橡胶效果较好。六亚甲基-N，N′-双（叔丁基过氧化碳酸酯）可直接用于 Viton GF。

（2）单胺、二胺及其衍生物体系

单胺、二胺及其衍生物体系是继过氧化苯甲酰后最早用于 Viton 型氟橡胶的硫化剂，以亲核离子加成反应机理形成硫化胶，其 C—N 键具有较好的稳定性。对于双组分型氟橡胶密封剂（腻子），采用一元胺或多元胺作室温硫化剂，最常用的是六亚甲基二胺或三亚乙基四胺，使用三亚乙基四胺效果更好，硫化速度快，但在普通氟橡胶不能单用。对于单组分氟橡胶密封剂，采用酮胺类室温硫化剂。己二胺氨基甲酸盐硫化氟橡胶压缩永久变形大，一般用于胶布制品。N，N′-双水杨叉 1，2-丙二胺单用情况较少，用量过大引起氟橡胶热老化性能下降。N，N′-双肉桂叉-1，6-己二胺适用范围广，为氟橡胶常用硫化剂，压缩永久变形中等，模压制品外观好。N，N′-双呋喃甲叉-1，6-己二胺与 N，N′-双肉桂叉-1，6-己二胺性能相同，但硫化速度较慢。双（4-氨基环己基）甲烷氨基甲酸盐用于 246 型氟橡胶中，国内未获应用。对苯二胺硫化氟橡胶可制得低压缩永久变形胶料，单用时定型硫化温度高，时间长，二段制品起泡，宜与三亚乙基四胺并用。乙二胺氨基甲酸盐用于高黏度氟橡胶的加工。

在用水杨基亚胺铜硫化氟橡胶的过程中，分解出一种不挥发的铜化合物，沉积在模具的镀铬表面上而引起腐蚀，模具在清洗后还必须给其表面再镀铬，在胶料中添加 2 份硬脂酸钙可减轻对模具的腐蚀。

（3）二元酚和促进剂并用体系

FKM 也使用双酚类硫化，压缩永久变形比用胺类优越。对苯二酚和 2-十二烷基-1，1，3，3-四甲基胍的硫化体系，可改进混炼胶的焦烧性和硫化胶的高温压缩变形。双酚 AF 和季铵盐（或季磷盐，如苄基三苯基氯化磷）促进剂，与酸接受剂氧化镁和氢氧化钙并用，是氟橡胶的低压缩变形硫化体系。双酚 A 硫化氟橡胶可得低压缩变形胶料，硫化速度较双酚 AF 慢。双酚 A 二钾盐适宜作压出制品硫化剂，压出的半成品表面光滑，收缩率小，可直接蒸汽硫化，但硫化胶耐热性较差。

FKM 用于密封材料时，如所接触的润滑油中含有胺类净化剂，可与 FKM 反应而使其变硬。过氧化物硫化的 FKM，在胺的作用下不易发生脱 HF 反应。不同硫化体系的 FKM 对含胺类净化剂的润滑油的抗耐性如图 1.1.3－28 所示。

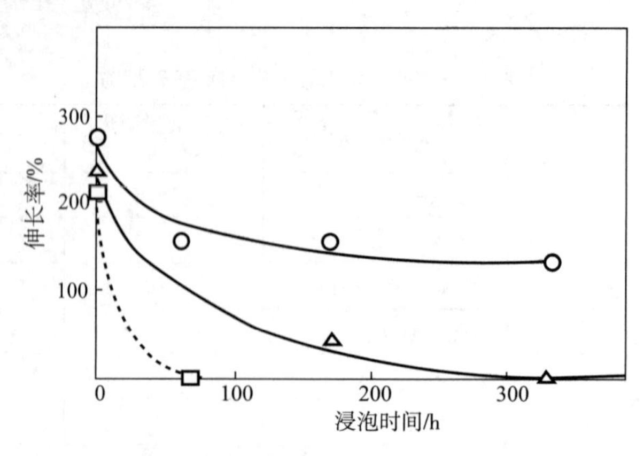

图 1.1.3－28 FKM 对胺的抗耐性（浸泡在含 15%苄胺的 ASTM No.2 油中，150℃）

○—耐碱 FKM 915N，△—过氧化物硫化的 FKM，□—多元醇硫化的 FKM

2. 酸接受剂

酸接受剂亦称吸酸剂或缚酸剂，是能有效中和氟橡胶硫化过程中析出氟化氢的一类物质。酸接受剂还能提高氟橡胶交联密度，并赋予硫化胶较好的热稳定性，又被称作活化剂或热稳定剂。酸接受剂主要是金属氧化物及某些盐类。碱性越强所得硫化胶的交联密度愈高，加工安全性愈差（易焦烧）。

常用的酸接受剂为氧化镁和氧化锌。应用氧化锌时，往往和二碱式亚磷酸铅等量并用于耐水性胶料。氧化镁用于高耐热、无耐酸要求胶料。氧化铅常用于耐酸胶料。氧化钙或氧化钙与氧化镁并用作低压缩变形胶料酸接受剂。

3. 补强体系

氟橡胶属于自补强型橡胶，本身强度高，补强填充剂主要用于改进工艺性能，降低成本和提高制品的硬度、耐热性和压缩永久变形性等。

（1）炭黑

中粒子热裂法炭黑、快压出炉黑、高耐磨炉黑和喷雾炭黑对胺类硫化剂有促进作用，胶料工艺性能较好，用量一般少于 30 份，否则对胶料硬度、耐高低温和压缩变形性能带来不利影响。Austriw 炭黑（以沥青为原料制成），可改进胶料工艺性能与压缩永久变形性能。

（2）浅色填料

在用过氧化苯甲酰硫化的 23 型氟橡胶耐酸性胶料中，一般使用 15 份左右的沉淀法白炭黑。羧基亚硝基氟橡胶常用高补强白炭黑和硅烷偶联剂处理的白炭黑。氟化钙是氟橡胶中最常用的无机浅色填料，用量一般为 20～35 份，它的耐高温（300℃）老化性能优于炭黑和其他填料，但工艺性能较喷雾炭黑差，两者并用可制得综合性能好的胶料。碳酸钙和硫酸钡在氟橡胶中也可使用，前者的绝缘性好，后者可获得较低的压缩永久变形，用量一般为 20～40 份。在氟橡胶中加入 5～80 份陶土、二氧化钛、石墨、滑石粉、云母粉可降低硫化胶的收缩率。含石墨的硫化胶收缩率仅为 1.9%，空白试样为 3.8%。滑石粉会使胶料有粘模倾向，脱模变得困难。陶土、二氧化钛、三氧化二铁会降低硫化胶对酸的抗耐性。

（3）其他填料

碳纤维和硅酸镁纤维（针状滑石粉）是用于氟橡胶的新型填料，均能提高氟橡胶的高温强度和耐热老化性能，但在工艺性能方面较中粒子热裂法炭黑稍差。应硅酸镁纤维或碳纤维和喷雾炭黑并用，可获得较好的效果。

补强效果最好的碳纤维是在惰性气体保护或减压条件下，由人造丝经 1 100℃高温炭化而得到的产品。商品牌号如 CarbonWool3BI（美国）、a 型和 б 型（苏联）碳纤维。填充碳纤维的另一重要作用是提高硫化胶的导热性，可将氟橡胶密封制品与金属接触处的摩擦生热及时导出，从而降低接触处的温度，为以氟橡胶制造高速（线速 20～30 m/s 或转速 15 000～20 000 r/min）油封提供了可能性。

4. 增塑剂

氟橡胶配方中一般很少使用增塑剂。增塑剂会使硫化胶的耐热性和化学稳定性变差，在二段高温硫化时往往挥发逸出，造成制品失重大、收缩变形或起泡。一般采取并用少量低分子量氟橡胶改善工艺性能的办法。如分子量 20 万的 26 型氟橡胶中，并用 10～20 份分子量 10 万的 26 型氟橡胶，得到混炼和模压性能好的胶料，对硫化胶的耐热性无明显的影响。对收缩要求不严的氟橡胶产品，可用癸二酸二辛酯、磷酸三辛酯及高沸点聚酯等增塑剂。用量较少（小于 5 份）时，对硫化胶性能影响不大。23 型氟橡胶可选用邻苯二甲酸二丁酯、氟蜡（低分子量聚三氟氯乙烯）和聚异丁烯等作增塑剂（用量 3～5 份），其中以氟蜡为最好。选用低分子量聚乙烯（1～3 份），可改善氟橡胶的工艺性能。羧基亚硝基氟橡胶常用含氟全醚和卤代烃油作增塑剂。低黏度的羟基硅油和二甲基硅氧烷可软化增塑氟硅橡胶。

5. 防焦剂

CTP 具有良好的防焦效果，一般用量 0.1～0.3 份，对有轻微焦烧的胶料有复原作用。N-三氯甲基硫代-N-苯基苯磺酰胺防焦效果不及 CTP。六异丙基硫代三聚氰胺的防焦效果极强。N-(吗啉基硫代）邻苯二甲酰亚胺能延长焦烧时间，提高加工安全性。

6. 溶剂及其他

用氟橡胶制造纯胶薄膜、胶布制品（燃料箱垫片、防护衣等）、布类胶管及胶黏剂时均要使用胶浆。制造氟橡胶胶浆一般是将混炼胶溶解于有机溶剂中（VitonLD242 采用胶乳）。低分子酮类和酯类是优良的溶剂，包括丙酮、甲乙酮、甲基异丁酮、乙酸甲酯、乙酸乙酯及二甲基甲酰胺等。常用的是甲乙酮和乙酸乙酯。胶浆黏度采用混合溶剂（主溶剂为优良溶剂，副溶剂为不良溶剂或非溶剂）和加入稀释剂（低分子脂肪烃、芳香烃和醇类等）的方法来进行调节。

氟橡胶脱模时，为消除粘模，可采用少量硬脂酸锌、硬脂酸钠、加珞巴蜡、肥皂水或硅油的二甲苯溶液（5%～10%）作脱模剂。使用硅油时，用量要尽可能少，涂硅油后还需用绸布揩擦，否则会影响表面质量和耐热性。

（三）氟橡胶的技术标准

国产全氟醚氟橡胶、羧基亚硝基氟橡胶、氟化磷腈橡胶的典型性能见表 1.1.3-237、表 1.1.3-238。

表 1.1.3-237 国产全氟醚氟橡胶、羧基亚硝基氟橡胶的典型性能

性能指标	全氟醚氟橡胶		羧基亚硝基氟橡胶	
	FPh－CSM	Br－CSM	CTA 体系	TGIC 体系
拉伸强度/MPa	19.0	22.0	9.9	7.8
扯断伸长率/%	170	168	551	229
永久变形/%	10.4	7.0	28	4.5
硬度（邵尔 A）	79	77	66	60
压缩永久变形，%（70℃×24 h，压缩 30%）	25.3	14.9	13.5	9.3
热分解温度/℃	447	430	—	—
TR_{10}/℃	—	—	－42.9	—

表 1.1.3-238 国产氟化磷腈橡胶的典型性能

老化时间/h		0	144	240	504
拉伸强度/MPa		9.5	8.1	6.9	7.3
扯断伸长率/%		162	118	133	167
永久变形/%		18	—	17	7
硬度（邵尔 A）		81	—	83	86
压缩永久变形/%（70℃×24 h，压缩 30%）		25	—	—	—
脆性温度/℃		－70			
耐介质性能	介质	10＃红油	20＃红油	2＃煤油	4109 润滑油
	浸泡条件	150℃×24 h	150℃×24 h	180℃×24 h	180℃×24 h
硬度变化率/%		－0.4	0	－10	－5.0
体积变化率/%		2.0	2.0	6.5	5.6
质量变化率/%		－0.3	－0.1	1.5	2.2

3.14.4 氟橡胶的供应商

国外 FKM 牌号主要有：①美国杜邦陶氏弹性体公司：包括 Viton A（26 型）、Viton B（246 型）、GLT（氟醚）、kalrez（全氟醚）；②美国 3M（Dyneon）公司；③苏威苏莱克斯：Technoflon；④大金：DAI－EL（26、246 型）、LT（低温氟醚）、Perfluor（全氟醚）；⑤日本旭硝子公司（AGC）：Aflas（四丙氟橡胶）等。

各供应商同时开发了各具特色的氟橡胶生胶产品，包括：

（1）超低压缩永久变形（CS）FKM

以往低压缩永久变形的技术：硫化体系从胺类（如 3 号硫化剂）→双酚（双酚 AF/BPP，即六氟双酚 A/苄基三苯基氯化膦）。新技术，以日本大金为例，开发的 700 系列 FKM 通过提高聚合反应压力，增加聚合单位的密度和抑制低分子物质的生成，从而减少支化反应，获得超低 CS、优异的耐热性和流动性。

（2）短时或免二段硫化 FKM，包括：①HS 型 FKM，为苏威苏莱克斯公司新型双酚硫化 FKM-Technoflon HS 产品，采用独特的合成技术，与普通 FKM 不同，其分子链末端没有离子化基团，可将二段硫化时间从 16～24 h 缩短至 1～2 h，压缩永久变形水平与采用普通二段硫化工艺的产品相当。普通 FKM 需要加吸酸剂氢氧化钙才能有效交联，但造成难分散、粘模等问题，而 HS 型无须添加氢氧化钙，耐热性和耐介质性能优良。②日本大金公司的 DAI－EL LT－302 是一种新型的氟醚橡胶，采用碘转移聚合技术，可硫化单体（CSM）位于直链聚合物的两端，采用过氧化物硫化，胶料可以免二段硫化或低温短时间二段硫化，具有优良的压缩永久变形，用于耐寒和耐胺 FKM 制品，也可不加氢氧化钙。

（3）高氟含量 FKM

为了在更苛刻的环境中使用，开发高氟含量的氟橡胶成为近年来氟橡胶的发展热点之一。F 含量提高，耐燃油性提高，燃油透过率降低，耐醇性提高，但耐寒性降低。

FKM 提高 F 含量的效果见表 1.1.3－239。

表 1.1.3－239　FKM 提高 F 含量的效果

FKM 类型	26（VDF/HFP）	246（VDF/TFE/HFP）	246（VDF/TFE/HFP）特殊
F 含量/%	66	66～69	69～73
硫化性能 过氧化物硫化	 不可	与 26 型水平相当 不可	比左列二组差 可
压缩永久变形性能	优	良	较差
耐溶剂性能	—	耐掺醇汽油比 26 型好	耐溶剂（甲醇、丙酮）更佳
耐寒性能	—	比 26 型差	更差

（4）耐寒 FKM

除氟化磷腈橡胶特别耐寒（TR_{10} 约为－70℃）外，可过氧化物硫化的氟醚橡胶具有优良的耐寒性能，例如大金的 LT 系列、杜邦的 GLT、GFLT（高 F 含量的 GLT）、GLT－S 和 GFLT－S（－S 表示采用 APA 技术的 GLT）以及苏威苏莱克斯的 PL 系列。它们的耐寒性见表 1.1.3－240。

表 1.1.3－240　几种 FKM 的耐寒性和压缩永久变形

FKM 类型	LT－302	GLT	LT－252	GFLT	GLT－S	GFLT－S	PL 855
氟含量/%	64.5	64	66.5	66.5	64	66.5	64
TR_{10}/℃	－31	－30	－26	－22	－31	－25	－35
脆性温度/℃	－38	—	－34	—	—	—	－30
玻璃化温度/℃	—	－30	—	－23	－32	－25	—
压缩永久变形/% －30℃×70 h 200℃×70 h	 39 17	 67 31	 — 23	 — 39	 — 23	 — 19	 — 23

（5）耐胺 FKM

在汽车使用的一些油料中，为了缓解对金属的腐蚀，添加了胺类化合物作调节剂，但增加了对 FKM 的腐蚀。26 型 FKM 的耐胺性很差，246 型 FKM 稍好些，但仍不能令人满意。为此，各公司开发了耐胺型 FKM，如大金的 DAI－EL LT－302、3M/Dyneon 公司的 Fluorel BRE，苏威苏莱克斯的 Technoflon BR 9151、BR 9152 等。耐胺型 FKM 耐胺性大大优于普通 FKM，详见表 1.1.3－241 与表 1.1.3－242。

表 1.1.3－241　FKM 的耐含胺燃油性能

FKM 类型	耐胺型	普通型	
		26 型	246 型
牌号（大金）	LT－302	G－756	G－501
硫化体系	过氧化物（双 2，5）	双酚 AF/BPP	V.3#
MIT 折叠寿命/次[a] 未浸渍 浸渍 1 000 h 后	 1×10^6 1×10^5	 2×10^6 70	 2×10^6 1×10^4

注：a. 试验方法：ASTM D 2176；浸渍液体：十二亚甲基二胺/燃油 C＝0.8/l；浸渍温度 90℃。

表 1.1.3－242　FKM 对含胺发动机油的抗耐性（耐氨碱）

性能	发动机油类型	耐氨碱 FKM （Dyneon BRE）	26 型 FKM （F 含量 66%）
拉伸强度变化率/%	Ford GF_2 油	－8	－38
	Mobil－1 油	－8	－48
	Cryster MS－6395 油	－14	－22

（6）液体 FKM

以往由于 FKM 没有适合的软化剂，难以制得低硬度（<50A）的胶料，液体 FKM 使之成为可能。详见 3.14.4 的（一）中 2. 应用实例之（5）。

（一）日本大金工业株式会社氟弹性体

1. DAI - EL 产品的类别

DAI—EL 是日本大金工业株式会社氟弹性体的商品名。DAI - EL 产品系列和种类见表 1.1.3 - 243 至表 1.1.3 - 246。

表 1.1.3 - 243 DAI - EL 产品系列

		双酚硫化	过氧化物硫化	胺类硫化	辐射硫化
特点		优越的密封性能	优越耐水蒸气和耐药品性能	优越的机械性能	杂质少
二元聚合		G—300 系列	G—800 系列	—	—
三元聚合		G—550 系列 G—600 系列	G—900 系列	G—500 系列	—
特殊	热塑性氟橡胶	—	—	—	THERMOPLATIC T—500 系列
	耐低温氟橡胶	—	LT—302 LT—252	—	—
	液体氟橡胶	G—101（加工助剂）			

（1）双酚硫化品种

DAI—EL 双酚硫化品种压缩永久变形小，具有优越的密封性能。二元系列具有特别良好的抗压缩永久变形能力，三元系列具有良好的耐溶剂性能，因此用途广泛。

表 1.1.3 - 244 双酚硫化品种和特点

系列	氟含量/%	品 种	门尼黏度[ML(1+10)121℃]	特点
二元聚合	66.0	G—381	40	具有优异压缩永久变形性能
		G—383	41	具有优异压缩永久变形性能和伸长率
		G—373	32	具有优异压缩永久变形性能和伸长率
		G—372	33	金属黏结性能良好
		G—311	31	具有优异压缩永久变形性能和流动性
		G—343	20	金属黏结性能和流动性优越
三元聚合	66.0	G—671	35	优异低温密封性，适用于模压成型
	68.5	G—551	48	优异的耐溶剂性和低温均衡性
	69.0	G—558	34	具有优异的耐燃油透过性，适用于挤出成型
	70.5	G—621	50	优异的耐溶剂性能，适用于模压成型

（2）过氧化物硫化品种

DAI—EL 过氧化物硫化品种具有优越的耐药品性能和耐水蒸气性能，还具有良好的物理机械性能。

表 1.1.3 - 245 过氧化物硫化品种和特点

系列	氟含量/%	品种	门尼黏度[ML(1+10)121℃]	特点
二元	66.0	G—801	37	良好的低温性能和抗弯曲龟裂性能
三元	69.0	G—952	40	良好耐溶剂性能和低温性能
	70.5	G—901	48	优异耐溶剂性能
		G—902	19	优异耐溶剂性能，流动性好
		G—912	56	优异耐溶剂性能，压缩永久变形良好
低温品种	64.5 66.5	LT—302 LT—252	30 19	在—30℃也具有柔软性、优越的低温密封性 耐乙醇和低温密封性能良好

（3）其他

DAI - EL 热塑性氟橡胶、液体氟橡胶如下。

表 1.1.3-246　DAI-EL 热塑性氟橡胶、液体氟橡胶

系列	品种	门尼黏度[ML(1+10)121℃]	特点
热塑性氟橡胶	T-530 T-550	mp. 220～230℃	优越的透明性及耐药品性 优越的透明性及耐药品性

2. 应用实例

(1) EL™G-300 系列

大金公司采用了新聚合方法，开发了密封性和流动性兼备的 G-300 系列。G-300 系列是对原有的 DAI-EL™G-700 系列进行大幅度改良后的新品种，具有优越的流动性，所以既适用于注射成型；又同时具备模压成形的中黏度产品同等的密封性。DAI-EL™G-300 系列预混胶的性能见表 1.1.3-247。

表 1.1.3-247　DAI-EL™G-300 系列预混胶的性能

牌　号	G-381	G-372	G-343
配方			
预混胶 N990 氢氧化钙 高活性氧化镁 硫酸钡 硅酸钙 氧化铁 WS-280 棕榈蜡化镁	100 20 6 3 — — — — —	100 1.3 2.5 6 5 35 1.4 1.5 0.5	100 20 6 3 — — — — —
硫化特性（MDR2000）（170℃×10 min）			
M_L/(dN·m) M_H(dN·m) M_H-M_L(dN·m) ts_2/min t_{10}/min t_{90}/min	1.14 22.28 21.14 2.6 2.6 3.7	0.9 11.59 10.69 1.3 1.4 2.5	1.52 12.34 10.82 1.0 0.8 2.2
硫化胶物理性能（一段 170℃×10 min）			
100%定伸强度/MPa	3.5	—	—
拉伸强度/MPa	10.4	—	—
扯断伸长率/%	290	—	—
硬度（邵尔 A，峰值） 硬度（邵尔 A，1 s 值） 硬度（邵尔 A，3 s 值）	71 68 67	—	—
比重	1.83	—	—
硫化胶物理性能（一段 170℃×10 min，二段 230℃×24 h）			
100%定伸强度/MPa	4.8	4.4	3.2
拉伸强度/MPa	14.1	11.5	13.6
扯断伸长率/%	220	300	280
硬度（邵尔 A，峰值） 硬度（邵尔 A，1 s 值） 硬度（邵尔 A，3 s 值）	75 72 68	74 69 68	72 68 64
比重	1.84	2.06	1.84
压缩永久变形 A 型（25%）(200℃×70 h)/%	11	24	19
黏结测试	—	黏合剂采用 Chwmlock 5150	—
黏结基材 Al SUS SS	—	剥离断裂状态（二段后） R：100% R：100% R：100%	—
热空气老化	250℃×70 h	—	—

续表

牌 号	G－381	G－372	G－343
拉伸强度变化率（%）	－1	—	—
扯断伸长率变化（%）	3		
峰值硬度变化（邵尔 A）	0		
硬度 1 秒值变化（邵尔 A）	0		
硬度 3 秒值变化（邵尔 A）	－1		

G－381 是二元聚合双酚硫化系统的氟橡胶预混胶（内含硫化剂和促进剂），密度 1.81g/cm³，门尼黏度 ML（1＋10）121℃约 40。G－381 具有优秀的流动性、压缩永久变形、密封持久性。是本系列所有牌号中密封性能最好的，非常适合用来制作 O 形圈。

G－372 是预含硫化剂的氟弹性体，密度 1.81 g/cm³，门尼黏度 ML（1＋10）121℃约 30。具有极佳的物理性能和与金属的黏合性能，对结构复杂异形件的脱模工艺性优越，基础硬度低，非常适合用于制造曲轴密封和阀杆密封等。

G－343 是二元聚合双酚硫化系统的氟橡胶预混胶（内含硫化剂和促进剂），密度 1.81 g/cm³，门尼黏度 ML（1＋10）121℃约 20。G－343 具有良好的流动性和优秀的金属黏结性。

（2）预含硫化剂的三元氟弹性体

G－558 是预含硫化剂的氟弹性体，密度 1.87g/cm³，用于挤出生产。与 G－555 相比，燃油透过性能进一步降低。主要用于燃油软管、液体罐软管、燃油系统密封件的制造中。

G－671 是预含硫化剂的三元共聚物，密度 1.80 g/cm³，具有极佳的低温性能，耐热和耐化学介质性能与其他预含硫化剂的二元共聚物基本相同。主要用于制造 O 形圈、复杂形状制品、油封等。

预含硫化剂的氟弹性体硫化胶典型性能如表 1.1.3－248 所示。

表 1.1.3－248 预含硫化剂的氟弹性体的典型性能

	G－558	G－555	G－671	G－751
橡胶	100	100	100	100
SRF 炭黑	13	13	—	—
N990 炭黑	—	—	20	20
高活性氧化镁 MA－150	3	3	3	—
氢氧化钙 CALDIC＃2000	6	6	6	—
硫化胶物理性能				
硫化条件	160℃×45 min		170℃×10 min＋230℃×24 h	
100%定伸/MPa	2.7	2.9	4.8	5.4
拉伸强度/MPa	13.7	12.8	18.1	15.7
扯断伸长率/%	300	330	200	210
硬度（邵尔 A）	70	70	69	70
耐燃油 D 性能，40℃×48 h				
拉伸强度变化率/%	－20	－23	—	—
扯断伸长率变化率/%	－6	－2	—	—
硬度变化（邵尔 A）	－7	－10	—	—
体积变化/%	＋6.0	＋8.7	—	—
耐燃油性能，燃油 C/LPO＝97.5/2.5 wt%，40℃×140 h				
拉伸强度/MPa	9.5	10.1	—	—
扯断伸长率/%	300	320	—	—
耐燃油性能，M－85（燃油 C/MeOH），40℃×48 h				
拉伸强度变化率/%	－47	－48	—	—
扯断伸长率变化率/%	－20	－18	—	—
硬度变化（邵尔 A）	－18	－21	—	—
体积变化/%	＋20.3	＋22.0	—	—
耐燃油性能，M－85（燃油 C/MeOH），40℃×168 h				
拉伸强度变化率/%	－54	－55	—	—
扯断伸长率变化率/%	－30	－28	—	—
硬度变化（邵尔 A）	－22	－24	—	—
体积变化/%	＋24.2	＋25.8	—	—
耐油性能，JIS NO.3 油，120℃×70 h				
拉伸强度变化率/%	－3	－5	—	—
扯断伸长率变化率/%	－6	－10	—	—
硬度变化（邵尔 A）	－1	－3	—	—
体积变化/%	＋0.8	＋1.2	—	—

续表

	G—558	G—555	G—671	G—751
压缩永久变形（ASTM D 395 方法 B，25%压缩量）				
25℃×72 h/%（O 形圈，23.7 mm×3.5 mm）	—	—	10	8
100℃×72 h/%（O 形圈，23.7 mm×3.5 mm）	—	—	7	6
125℃×70 h/%	36	51	—	—
175℃×72 h/%（O 形圈，23.7 mm×3.5 mm）	—	—	10	11
200℃×72 h/%（O 形圈，23.7 mm×3.5 mm）	—	—	19	18
脆性温度（Tb）/℃	−25	−26	—	—
低温性能（TR10）/℃	—	—	−20	−18
燃油透过性能/($g \cdot mm \cdot m^{-2} \cdot d^{-1}$)（40℃燃油 C）	10.4	12.1	—	—

（3）双酚硫化的高氟弹性体

G—621 是双酚硫化的高氟（70.5%）三元氟弹性体，密度 1.90 g/cm³，具有突出的耐甲醇、燃油和溶剂性能，压缩永久变形低，耐热性能好。G—621 与过氧化物硫化系列相比，加工性能方面也有改善。

表 1.1.3－249 给出了 G—621 典型性能，表 1.1.3－250 给出了耐油、耐溶剂性能。标准试验配方：G—621 100.0、N990 炭黑 20.0、高活性氧化镁 3.0、氢氧化钙 6.0；硫化条件：一段 70℃×10 min，二段 230℃×24 h。

表 1.1.3－249　双酚硫化的氟弹性体的典型性能

	G—621	G—902
硫化胶物理性能		
100%定伸/MPa	3.7	3.1
拉伸强度/MPa	16.2	23.0
扯断伸长率/%	280	330
硬度（邵尔 A）	74	70
撕裂强度/($kN \cdot m^{-1}$)	18	19
压缩永久变形/%，JIS B2401，P—24，O 形圈，25%压缩量		
25℃×72 h	17	13
150℃×72 h	19	12
200℃×72 h	30	32
在 Stauffer blend 7700 中 175℃×72 h	21	—
耐热空气老化性能，275℃×72 h		
质量变化/%	−4	—
拉伸强度变化/%	−33	—
扯断伸长率变化/%	+26	—
硬度变化（邵尔 A）	+1	—

表 1.1.3－250　双酚硫化的氟弹性体的耐介质性能

牌号	G—621	G—902	G—621	G—902	G—621	G—902	G—621	G—902	G—621	G—902
油或溶剂	JIS1＃试验油老化性能		ASTM No. 3 油		Stauffer Blend 7700		工作油 101（DOS+0.5%噻吩嗪）		高辛烷值无铅汽油	
试验条件	175℃×70 h		175℃×70 h		175℃×70 h		200℃×70 h		—	
体积变化/%	1	—	2	2	5	5	5	—	+4	+3
拉伸强度变化/%	+3		−6	−5	−24	−16	−17		−28	−17
扯断伸长率变化/%	−9		−4	+7	−5	+5	+16		−20	−3
硬度变化（邵尔 A）	−3		−4	−4	−7	−8	−18		−6	−5
牌号	G—621	G—902	G—621	G—902	G—621	G—902	G—621	G—902	G—621	G—902
油或溶剂	燃油 D		燃油 C		甲苯		甲醇		乙醇	
试验条件	40℃×70 h		40℃×70 h		40℃×70 h		40℃×70 h		40℃×70 h	
体积变化/%	+4	+3	+4	+5	+5	+7	+3	+4	+1	+1
拉伸强度变化/%	−16	−18	−17	−7	−18	−22	−17	−21	−15	−19
扯断伸长率变化/%	−2	+2	+2	+4	−2	+5	+11	+3	+5	+12
硬度变化（邵尔 A）	−12	−7	−13	−4	−13	−10	−13	−7	−7	−5

续表

牌号	G－621	G－902	G－621	G－902	G－621	G－902	G－621	G－902	G－621	G－902
油或溶剂	MTBE （甲基叔丁基醚）		20V%MeOH/80V% 燃油 D		耐油性能， FAM（A）①		耐油性能， FAM（B）②		耐油性能， FAM（B）	
试验条件	40℃×70 h		40℃×70 h		60℃×70 h		60℃×70 h		50℃×48 h	
体积变化/% 拉伸强度变化/% 扯断伸长率变化/% 硬度变化（邵尔 A）	＋59 －62 －52 －33	＋63	＋10 －33 －3 －20	—	14 －34 －3 －14	13 －25 －4 －13	17 －40 ＋8 －15	16 －24 0 －13	11 －29 ＋14 －14	11 －20 ＋4 －10
牌号	G－621	G－902	G－621	G－902	G－621	G－902	G－621	G－902	G－621	G－902
油或溶剂	耐油性能 FAM（B）＋5%丙酮		二氯甲烷		氯仿		甲苯		二甲苯	
试验条件	50℃×48 h		40℃×70 h		40℃×70 h		100℃×70 h		100℃×70 h	
体积变化/% 拉伸强度变化/% 扯断伸长率变化/% 硬度变化（邵尔 A）	19 －49 －16 －20	18 －42 －15 －15	14 －33 －20 －23	—	12 －26 －4 －2	—	14 －21 －8 －16	—	11 －21 －7 －18	—

注：①50%甲苯＋30%异辛烷＋15%二异丁烯＋5%乙醇（体积比）。②FAM（B）*：42.250%甲苯＋25.350%异辛烷＋12.675%二异丁烯＋4.225%乙醇＋0.500%水＋15.000%甲醇（体积比）。

（4）过氧化物硫化的氟弹性体

过氧化物硫化的氟弹性体硫化胶的典型性能见表 1.1.3－251。

表 1.1.3－251　过氧化物硫化的氟弹性体硫化胶的典型性能

牌号	G－801	G－901		G－902	LT－302
		过氧化物硫化	双酚硫化		
预混胶	100.0	100	100	100	100
N－990 炭黑	20.0	20	20	20	20
双 2，5	1.5	1.5	—	1.5	1.5
TAIC	4.0	4.0	—	4.0	4.0
氢氧化钙	—	—	6	—	—
高活性氧化镁	—	—	3	—	—
双酚硫化剂	—	—	预含	—	—
硫化促进剂	—	—	预含	—	—
硫化胶的物理性能					
硫化条件	160℃×10 min ＋180℃×4 h	160℃×10 min ＋180℃×4 h	170℃×10 min ＋230℃×24 h	160℃×10 min ＋180℃×4 h	170℃×10 min ＋180℃×4 h
密度/(g·cm^{-3})	—	1.87	1.91	1.87	1.80
100%定伸/MPa	2.0	2.8	3.9	3.1	3.7
拉伸强度/MPa	22.0	23.3	13.0	23.0	18.9
扯断伸长率/%	450	350	320	330	260
硬度（邵尔 A）	65	68	77	70	67
撕裂强度/(kN·m^{-1})	20	19	22	19	24
ASTM D395 方法 B，23.7 mm×3.5 mm O 形圈					
压缩永久变形/%					
－30℃×70 h	99	—	—	—	39
－20℃×70 h	55	—	—	—	24
23℃×70 h	18	—	—	—	8
25℃×70 h	21	13	20	13	—
150℃×70 h	18	—	—	—	—
200℃×70 h	38	33	29	32	17

续表

牌号	G－801		G－901		G－902	LT－302
			过氧化物硫化	双酚硫化		
耐热空气老化性能						
老化条件	230℃×70 h	250℃×70 h	230℃×72 h		—	200℃×28 天
拉伸强度变化/% 扯断伸长率变化/% 硬度变化/%	－10 ＋6 －2	－45 ＋12 0	－22 ＋13 －1	－2 －9 －2	— — —	－20 ＋7 0
老化条件	—	—	250℃×72 h		—	—
拉伸强度变化/% 扯断伸长率变化/% 硬度变化（邵尔 A）	— — —	— — —	－40 ＋66 －3	＋4 －5 0	— — —	— — —
老化条件	—	—	275℃×72 h		—	—
拉伸强度变化/% 扯断伸长率变化/% 硬度变化（邵尔 A）	— — —	— — —	— — —	－46 ＋80 0	— — —	— — —
低温性能，TR 测试						
TR_{10}/℃ TR_{50}/℃ TR_{70}/℃	－20 －14 －12		— — —	— — —	— — —	－31 －27 －25
在燃油 B 中 40℃×70 h 老化后性能						
拉伸强度变化/% 扯断伸长率变化/% 硬度变化（邵尔 A）	— — —		— — —	— — —	— — —	－20 －6 －4
在燃油 C 中 40℃×70 h 老化后性能						
体积变化/% 拉伸强度变化/% 扯断伸长率变化/% 硬度变化（邵尔 A）	＋9 — — —		— — — —	— — — —	— — — —	＋13 －35 －17 －7
在燃油 C＋10%MTBE 中 40℃×70 h 老化后性能						
体积变化/% 拉伸强度变化/% 扯断伸长率变化/% 硬度变化（邵尔 A）	＋16 — — —		— — — —	— — — —	— — — —	＋19 －42 －22 －8
在燃油 C＋15%甲醇中 40℃×70 h 老化后性能						
体积变化/%	＋34		—	—	—	＋37

G－801 是可采用过氧化物硫化的氟弹性体，也可以采用二元胺或双酚硫化。G－801 的氟含量为 66%，密度 1.81 g/cm³，门尼黏度 ML（1＋10）121℃大约 37。过氧化物硫化的 G－801 具有极佳的耐热水、水蒸气和无机酸的性能。此外，G－801 同其他 DAI－EL 硫化胶一样，具有极佳的耐热、耐油、耐溶剂性能，G－801 的用途范围超过其他牌号的 DAI－EL。G－801 加工性能方面具有硫化速度快（二段时间短）、极佳的脱模性能、轻微的模具污染等特点。G－801 的硫化胶具有极佳的拉伸强度和伸长率；极佳的耐曲挠性能；极佳的耐热、耐油、耐溶剂、耐候、耐臭氧性能；可与食品接触。G－801 硫化胶具有较高的拉伸强度和伸长率；压缩永久变形性能也优于 G－501。

G－901 是采用过氧化物硫化的氟弹性体，也可以采用二元胺或双酚硫化。G901 的氟含量为 71%，密度 1.90 g/cm³，门尼黏度 ML（1＋10）121℃大约 48。过氧化物硫化的 G－901 具有极佳的耐乙醇、磷酸酯、水蒸气和无机酸的性能。此外 G－901 同其他 DAI－EL 硫化胶一样，具有极佳的耐热、耐油、耐溶剂、耐候性能。G－901 加工性能方面具有硫化速度快、硫化时间短、极佳的模内流动性能和脱模性能。

G－902 是采用过氧化物硫化的氟弹性体，氟含量为 71%，密度 1.90 g/cm³，门尼黏度 ML（1＋10）121℃大约 19。它是 G－901 低黏度形式的产品，加工过程中的包辊性能有所改善。同 G－901 一样，它也具有极佳的耐乙醇、磷酸酯、水蒸气和无机酸的性能。G－902 加工性能方面具有硫化速度快、硫化时间短、极佳的模内流动性能和脱模性能。

LT－302 是采用过氧化物硫化的氟弹性体，氟含量为 64%，密度 1.79 g/cm³，门尼黏度 ML（1＋10）121℃大约 30。它具有较低的压缩永久变形性能，耐低温性能优于普通的 DAI－EL 氟弹性体。耐介质性能与传统的二元氟弹性体相近。混炼过程中具有良好的包辊性能，硫化过程中充模流动性好。LT－302 专为低温和低压缩永久变形的要求而设计，因此物理性能并不很突出。

与过氧化物硫化胶相比，双酚硫化G—901的耐热性能更优一些。过氧化物硫化的氟弹性体硫化胶的低温与耐曲挠性能见表1.1.3-252。

表1.1.3-252 过氧化物硫化的氟弹性体硫化胶的低温与耐曲挠性能

牌号	G—801	G—701	G—901
吉曼扭转测试（ASTM D 1053）			
T2/℃ T5/℃ T10/℃ T50/℃	−10.0 −13.0 −15.5 −19.0	−6.0 −9.0 −12.5 −17.5	−1.3 −3.5 −5.0 −7.9
德墨西亚曲挠测试			
出现第一个裂纹弯曲次数，次	80 000	—	—
裂纹增长速度 100次/mm 300次/mm 500次/mm 1 000次/mm 3 000次/mm 5 000次/mm	 7.3 8.4 9.5 11.4 18.0 24.3	 — — — — — —	 — — — — — —

由吉曼扭转测试可知，G—801脆性温度大约为−20℃，低温性能优于G—701；G—901低温性能劣于G—701。与其他牌号的DAI—EL相比，G—801具有更好的耐曲挠性能。过氧化物硫化的氟弹性体硫化胶的耐介质性能见表1.1.3-253～表1.1.3-255。

表1.1.3-253 过氧化物硫化的氟弹性体硫化胶的耐介质性能（一）

牌号	G—801	
老化条件	150℃×70 h，水蒸气	80℃×70 h，98%硫酸
体积变化/% 拉伸强度变化/% 扯断伸长率变化/% 硬度变化（邵尔A） 外观	+3.2 −9 +4 −2 无变化	+0.7 +4 +8 −1 无变化
老化条件	80℃×70 h，37%盐酸	80℃×70 h，20%NaOH
体积变化/% 拉伸强度变化/% 扯断伸长率变化/% 硬度变化（邵尔A） 外观	+2.1 −5 +20 −1 无变化	0 +1 +8 −1 无变化
老化条件	175℃×70 h，ASTM NO.3	175℃×70 h，Stauffer blend 7700
体积变化/% 拉伸强度变化/% 扯断伸长率变化/% 硬度变化（邵尔A）	+1.8 −13 −2 −2	+17 −5 +13 −12
老化条件	40℃×48 h，无铅汽油	40℃×48 h，乙醇
体积变化/% 拉伸强度变化， 扯断伸长率变化/% 硬度变化（邵尔A）	+3.1 −13 +8 −6	+1.7 −15 +4 −5
老化条件	40℃×48 h，甲苯	
体积变化/% 拉伸强度变化/% 扯断伸长率变化/% 硬度变化（邵尔A）	+23 −38 −11 −19	— — — —

G—801 的耐化学介质和耐蒸汽性能优于其他牌号的 DAI—EL，耐油和耐溶剂性能与 G—701 类似。

表 1.1.3-254　过氧化物硫化的氟弹性体硫化胶的耐介质性能（二）

牌号	G—901		G—701	G—501
	过氧化物	双酚硫化		
甲醇，40℃×70 h 老化后性能				
体积变化/%	+2.6	+3.6	+72	+25
拉伸强度变化/%	−18	—	—	—
扯断伸长率变化/%	+2	—	—	—
硬度变化（邵尔 A）	−7	—	—	—
乙醇，40℃×70 h 老化后性能				
体积变化/%	+0.6	+0.8	+4.2	+2.9
拉伸强度变化/%	−14	—	—	—
扯断伸长率变化/%	+6	—	—	—
硬度变化（邵尔 A）	−4	—	—	—
无铅汽油，40℃×70 h 老化后性能				
体积变化/%	+2.7	+3.0	+3.4	+3.3
拉伸强度变化/%	−10	—	—	—
扯断伸长率变化/%	+5	—	—	—
硬度变化（邵尔 A）	−5	—	—	—
燃油 B，40℃×70 h 老化后性能				
体积变化/%	+0.7	+1.2	+1.7	—
拉伸强度变化/%	−15	−19	−15	—
扯断伸长率变化/%	+14	−5	−2	—
硬度变化（邵尔 A）	−2	−2	−2	—
20%甲醇+80%无铅汽油（体积比），40℃×70 h 老化后性能				
体积变化/%	+9.0	+10	+35	—
拉伸强度变化/%	−17	−18	−67	—
扯断伸长率变化/%	+11	+15	−44	—
硬度变化（邵尔 A）	−10	−10	−15	—
甲苯，25℃×70 h 老化后性能				
体积变化/%	+7.2	—	—	—
拉伸强度变化/%	−12	—	—	—
扯断伸长率变化/%	+12	—	—	—
硬度变化（邵尔 A）	−7	—	—	—
ASTM NO.3 油，175℃×70 h 老化后的性能				
体积变化/%	+2	+2	+2	—
拉伸强度变化/%	−5	−7	−1	—
扯断伸长率变化/%	+6	−7	+4	—
硬度变化（邵尔 A）	−3	−2	−5	—
Stauffer blend 7700，175℃×70 h 老化后的性能				
体积变化/%	+5	+6	+18	—
拉伸强度变化/%	−5	−26	−20	—
扯断伸长率变化/%	+15	+7	+12	—
硬度变化（邵尔 A）	−6	−4	−11	—
Firquel，磷酸酯类介质，100℃×70 h 老化后的性能				
体积变化/%	+1.3	+1.4	+8	—
拉伸强度变化/%	+5	−9	−7	—
扯断伸长率变化/%	+15	−3	0	—
硬度变化（邵尔 A）	−2	−2	−3	—

G—901的耐油和耐燃油性能与其他牌号DAI—EL硫化胶相比，具有突出的耐乙醇和芳烃溶剂的性能。在磷酸酯类介质中（Stauffer blend 7700），G—901的体积膨胀远远小于G—701。

表1.1.3-255 过氧化物硫化的氟弹性体硫化胶的耐介质性能（三）

牌号	G—901			G—701
	过氧化物	双酚硫化	双酚硫化—Pb①	
150℃×70 h水蒸气老化后性能				
体积变化/%	+2.5	+14	+4	+8
拉伸强度变化/%	−5	−25	−20	−14
扯断伸长率变化/%	−5	+14	+25	+10
硬度变化（邵尔A）	−3	−3	−2	−2
外观	N. C②	S. L③	L. G④	S. L
过热水，125℃×72 h				
体积变化/%	+1.5	—	+1.4	—
拉伸强度变化/%	−22	—	−26	—
扯断伸长率变化/%	+11	—	+5	—
硬度变化（邵尔A）	+1	—	−4	—
外观	N. C	—	N. C	—
10%次氯酸钠，85℃×70 h老化后性能				
体积变化/%	0	+0.1	+0.3	+0.2
拉伸强度变化/%	−10	−14	−16	−10
扯断伸长率变化/%	+10	+1	−3	+7
硬度变化（邵尔A）	−3	−2	−2	−3
外观	N. C	N. C	N. C	N. C
98%硫酸，80℃×70 h老化后性能				
体积变化/%	+0.5	+9	+8	+4
拉伸强度变化/%	+3	0	+3	−1
扯断伸长率变化/%	−4	−9	−3	−7
硬度变化（邵尔A）	0	−7	−9	−7
外观	N. C	S. L	L. G	M. L⑤
37%盐酸，80℃×70 h老化后性能				
体积变化/%	+1.2	+48	+8	+34
拉伸强度变化/%	−6	−31	+3	+19
扯断伸长率变化/%	+15	−5	−3	−4
硬度变化（邵尔A）	0	−14	−9	−13
外观	N. C	M. L	S. L	M. L
60%硝酸，80℃×70 h老化后性能				
体积变化/%	+2	—	+31	—
拉伸强度变化/%	−28	—	−38	—
扯断伸长率变化/%	+38	—	+52	—
硬度变化（邵尔A）	−7	—	−23	—
外观	N. C	—	S. L	—
冰醋酸，25℃×70 h老化后性能				
体积变化/%	+42	+46	+46	+121
拉伸强度变化/%	−77	−76	−65	−82
扯断伸长率变化/%	−39	−24	−25	−73
硬度变化（邵尔A）	−28	−25	−29	−28
外观	N. C	N. C	N. C	N. C
乙酸酐（无水醋酸）25℃×70 h老化后性能				
体积变化/%	+48	+48	+50	+153

注：①在LC配方中，采用5 phr氧化铅代替氧化镁。②N. C无变化。③L. G丧失光泽，变得阴暗。④S. L略有溶胀。⑤M. L严重溶胀。

氟橡胶耐水蒸气和耐无机酸性能在很大程度上取决于配方组分，生胶的影响并不占主要地位。金属氧化物作为受酸剂对耐水蒸气和无机酸性能影响是非常显著的。当配方中不含金属氧化物时性能最佳。当使用金属氧化物时，氧化铅的耐水蒸气和耐酸性能最佳，其次是氢氧化钙，最后是氧化镁。G—901 与其他 DAI—EL 不同，采用过氧化物硫化，不需要受酸剂，因此具有极佳的耐水蒸气和无机酸性能。对于有机酸，如醋酸，体积溶胀主要取决于生胶而不是配方组分。G—901 的耐醋酸性能也同样优于其他牌号的生胶。

（5）液体氟橡胶

DAI—EL™G—101 室温下是黏稠液体橡胶，主要用作其他橡胶的加工助剂及降低其他氟弹性体的硬度。G—101 耐化学介质和耐候性能同固体橡胶一样，由于分子量低，在极性溶剂中的溶解性略高一些。G—101 的热分解温度大约为 400℃，热稳定性略低于其他固体的 DAI—EL 氟橡胶，但考虑到产品的挥发性，最高使用温度限制在 200℃左右。

G—101 在各种溶剂中的溶解性见表 1. 1. 3 - 256。

表 1. 1. 3 - 256　G—101 的溶解性

溶剂	溶解性	溶剂	溶解性
甲醇	可分散	氯仿	不溶
乙醇	不溶	四氯化碳	不溶
异丙醇	不溶	1，1—二氯乙烷	不溶
异丁醇	不溶	五氯乙烷	不溶
二乙醚	可分散	正己烷	不溶
四氢呋喃	可溶	环己烷	不溶
二氧杂环乙烷	可溶	精制溶剂汽油	不溶
丙酮	可溶	苯	不溶
甲乙酮	可溶	甲苯	不溶
苯乙酮	可溶	氯苯	不溶
环己酮	可溶	苯乙烯	不溶
乙酸甲酯	可溶	丙烯腈	可溶
磷酸二甲酯	可溶	二乙胺	不溶
乙酸正丁酯	可溶	异丁酸	可分散
碳酸二甲酯	可溶	嘧啶	可溶
乙酸乙烯酯	可溶	二甲基乙酰胺	可溶
四氯乙烯	不溶	二甲基亚砜	可溶

当 G—101 与固体氟橡胶并用时，可改善混炼胶的加工性能，降低硫化胶的硬度。G—101 通常在开炼机上与其他固体橡胶共混，先用固体橡胶包辊，然后加入填料，最后再加入 G—101。G—101 与固体氟橡胶共混后硫化胶的物理性能见表 1. 1. 3 - 257。

表 1. 1. 3 - 257　G—101 与固体氟橡胶共混后硫化胶的物理性能

配方编号	1	2	3	4	5	6
G—701	100	100	—	—	—	—
G—702	—	—	100	100	—	—
G—704	—	—	—	—	100	100
G—101	—	33	—	15	—	20
高活性氧化镁	3	3	3	3	3	3
氢氧化钙	6	6	6	6	6	6
模压硫化条件	150℃×20 min		150℃×30 min		170℃×10 min	
二段硫化条件	200℃×24 h					
硫化胶物理性能						
硬度（邵尔 A）	66	56	62	52	61	55
100%定伸/MPa	1.8	0.9	1.2	0.9	1.4	0.9
拉伸强度/MPa	11.8	8.3	8.4	7.7	10.3	7.8
扯断伸长率/%	280	370	400	510	290	370
热空气老化条件	275℃×72 h			230℃×24 h		
热空气老化后物理性能变化						
硬度变化（邵尔 A）	0	+1	+4	+2	+3	+3
拉伸强度变化/%	−25	−32	−31	−20	+5	+12
扯断伸长率变化/%	+7	+4	+20	+43	+3	+3

（二）其他供应商

氟橡胶的供应商还有：上海三爱富新材料股份有限公司（3F 牌）、中昊晨光化工研究院有限公司、中蓝晨光化工研究设计院有限公司、意大利 Montefluos S. P. A. 公司（Technoflon）、日本旭硝子公司（Asahi Glass.，Ltd.，Aflas）、日本信越化学工业公司（Shin-Etsu Chemical Industry Co.，Ltd.，Sifel）、俄罗斯 Chimkobinat Kirovochepec 公司等。

3.15 硅橡胶（Silicone Rubber）

3.15.1 概述

有机硅产品种类繁多，大致可分为四类：硅油及其衍生物、硅橡胶、硅树脂和官能有机硅烷（包括硅官能有机硅烷、碳官能有机硅烷等），前三类统称为聚硅氧烷材料。

硅橡胶为分子主链中为—Si—O—无机结构，侧基为有机基团的一类弹性体，属于半无机的饱和的、杂链、非极性弹性体，典型的代表是甲基乙烯基硅橡胶，其中的乙烯基提供交联点。

硅橡胶的一般分子式为：

$$-\!\left(\underset{\mathrm{R}}{\overset{\mathrm{R}}{\mathrm{Si}}}-\mathrm{O}\right)_m\!-\!\left(\underset{\mathrm{R2}}{\overset{\mathrm{R1}}{\mathrm{Si}}}-\mathrm{O}\right)_n\!-$$

式中：侧基 R、R1、R2 均为有机基团，如甲基、乙烯基、苯基、三氟丙基等，引入侧基可显著改善硅橡胶的力学性能。

硅橡胶的分类如下：

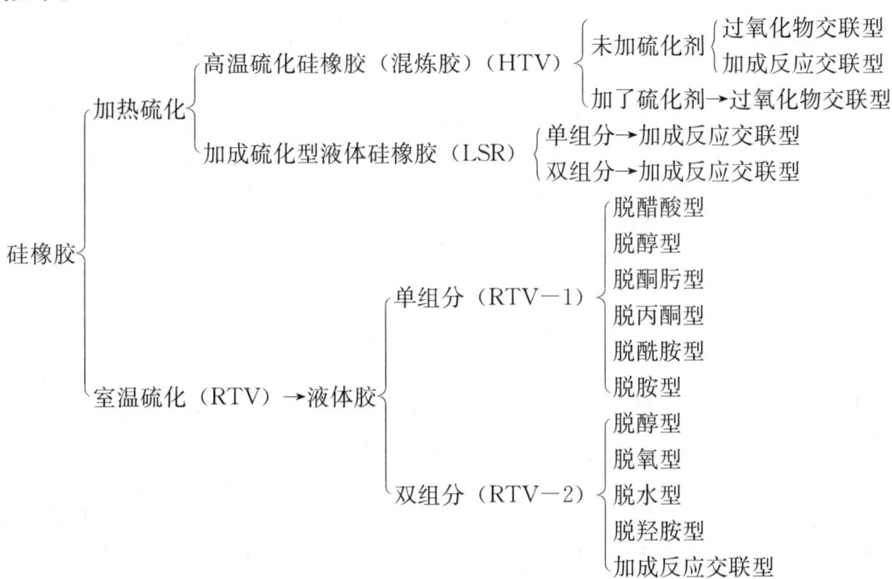

硅橡胶按其硫化温度，可分为加热硫化型（包括 HTV 与 LSR）和室温硫化型；按形态和混配方式可分为固体硅橡胶和液体硅橡胶（包括 LSR 与 RTV）；按其硫化机理不同又可分为有机过氧化物引发型、加成反应型和缩合反应型。加热硫化型主要为高分子量的固体胶（HTV），也包括加成硫化型液体硅橡胶（LSR），其中 HTV 成型硫化的加工工艺和普通橡胶相似。室温硫化硅橡胶（RTV）是分子量较低的有活性端基或侧基的液体橡胶，在常温下即可固化成型，分为单组分室温硫化硅橡胶（RTV—1）和双组分室温硫化硅橡胶（RTV—2）。

硅橡胶采用三种硫化方式：①用有机过氧化物引发的自由基反应交联型；②加成反应型，又称氢硅化硫化体系或低温硫化（LSR），即在铂催化剂作用下在低于有机过氧化物的硫化温度下硫化；③缩合反应型（或室温硫化型）。如，含端基—OH 的硅橡胶，可以配合含易水解基团（如—OCH_3、—$OCOCH_3$）的硅烷缩合，以交联剂硅酸乙酯、催化剂二月桂酸二丁基锡于室温交联，水蒸气是引发交联的关键因素；端基为—$CH=CH_2$ 的硅橡胶，用含 Si—H 官能团的聚硅氧烷作交联剂，于 40～120℃进行加成反应而交联。在双组分 RTV 硅橡胶中，加成反应型硫化的比例越来越大，基于加成反应硫化的液体注射成型加工方法发展迅速，所用基础胶与交联剂都是流体，便于配料和管道输送，节省能耗，提高工效，降低生产成本。MVQ、MPVQ 虽含—$CH=CH_2$ 取代基，但尚未开发出有工业价值的硫黄硫化体系。

硅橡胶必须用补强剂，最有效的补强剂是气相法白炭黑，同时要配合结构控制剂和耐热配合剂。常用的耐热配合剂是金属氧化物，一般用 Fe_2O_3 3～5 份；常用的结构控制剂是二苯基硅二醇、硅氮烷等。

硅橡胶的主要性能特点是：

（1）耐高温、低温性能好，使用温度范围－100～300℃，高温性能与氟橡胶相当，工作范围广，耐低温性能在所有橡胶材料中是最好的。经过适当配合的乙烯基硅橡胶或低苯基硅橡胶，经 250℃数千小时或 300℃数百小时热空气老化后仍能保持弹性；低苯基硅橡胶硫化胶经 350℃数十小时热空气老化后仍能保持弹性，它的玻璃化温度可低至－140℃；硅橡胶用于火箭喷管内壁防热涂层时，能耐瞬时数千度的高温。

硅橡胶在不同温度下的使用寿命见表 1.1.3-258。

表 1.1.3-258 硅橡胶在不同温度下的使用寿命

温度/℃	使用寿命	温度/℃	使用寿命	温度/℃	使用寿命
−50～100	极长	205	2～5 y	370	6 h～1 w
120	10～20 y	260	3 m～2 y	420	10 min～2 h
150	5～10 y	315	1 w～2 m	480	2～10 min

注：y—年，m—月，w—周，h—小时，min—分。

（2）优异的耐臭氧老化、热氧老化和天候老化性能。其硫化胶在自由状态下置于室外曝晒数年后，性能无显著变化。

（3）优异的电绝缘性能，可用做高级绝缘制品。硅橡胶硫化胶的电绝缘性能在受潮、频率变化或温度升高时变化较小，燃烧后生成的二氧化硅仍为绝缘体。此外，硅橡胶不用炭黑作填料，在电弧放电时不易焦烧，在高压场合使用十分可靠。它的耐电晕性和耐电弧性极好，耐电晕寿命是聚四氟乙烯的 1 000 倍，耐电弧寿命是氟橡胶的 20 倍。

（4）具有优良的生物医学性能。硅橡胶无毒、无味，对人体无不良影响，与机体组织反应轻微，具有优良的生理惰性和生理老化性，可植入人体内。

（5）具有特殊的表面性能，表面张力低，约为 2×10^{-2} N/m，对绝大多数材料都不黏，可起隔离作用；具有低吸湿性，长期浸于水中吸水率仅为 1%左右，物理性能不下降，防霉性能良好。

（6）有适当的透气性。硅橡胶和其他高分子材料相比，具有良好的透气性，室温下对氮气、氧气和空气的透过量比 NR 高 30～40 倍，可以作保鲜材料；对气体渗透具有选择性，如对二氧化碳透过性为氧气的 5 倍左右。

其缺点是拉伸强度和撕裂强度在所有的橡胶材料中是最低的，纯胶拉伸强度只有 0.3 MPa，且价格昂贵。

硅橡胶具有卓越的耐高低温、耐臭氧、耐氧、耐光和耐候老化性能，优良的电绝缘性能，特殊的表面性能和生理惰性以及高透气性，应用范围广泛。但硅橡胶的拉伸强度和撕裂强度偏低，耐酸碱性较差，制造复杂产品时加工工艺性能也较差，近年来为此开展了许多研究工作，并取得了一些成果。包括：①利用有机硅与其他单体或聚合物的共聚（共混），获得新的聚合（共混）物。如：有机硅与乙丙橡胶共混物制得的 EPDM/聚硅氧烷杂化胶，提高了 EPDM 的耐候性、耐低温性能和高温环境下的机械性能，特别是 100℃以上时其抗撕裂性能能够达到高强度硅橡胶的水平，也大大改善了硅橡胶的耐蒸汽、耐水性和耐酸碱等性能；有机硅与聚碳酸酯的嵌段共聚物可用作选择性透气膜材料；将硅橡胶与 EVA 共混，制得的共混物具有优良的物理性能、电性能、耐高温老化性能和热收缩性能，经过适当配合可赋予优良的阻燃性能；利用耐高温的硅橡胶与高拉伸强度的 PMMA 制造互穿聚合物网格，改善了硅橡胶的强度和 PMMA 的耐热性；通过合成聚二甲基硅氧烷（PDMS）/聚苯乙烯（PS）互穿聚合物网络，提高了有机硅材料的力学和弹性性能；此外，还有硅氧烷改性聚醚橡胶、聚硅氧烷改性丙烯酸酯橡胶、颗粒硅橡胶（又称粉末橡胶）等。②在改善加工性能方面，研制了不需二段硫化的硅橡胶配方体系，发展了液体硅橡胶注射成型系统，采用加成型双组分体系研制成触变性好、使用方便、施工性能优异的腻子型制模硅橡胶等。③在加成硫化型液体硅橡胶方面，目前致力于双组分向单组分转化，加热硫化向室温硫化转化等。

HTV 硅橡胶通常以加入部分填料或者加入大部或全部配料的混炼胶形式出售；LSR、RTV 硅橡胶则全部以母胶形式出售。本节主要论述高温硫化型硅橡胶生胶（High Temperature Vulcanized Silicone Rubber）。加成硫化型液体硅橡胶（LSR）与室温硫化硅橡胶（RTV）详见本章第五节.2.8。

3.15.2 高温硫化硅橡胶的类别

高温硫化型硅橡胶是指分子量高（40 万～60 万）的硅橡胶。通常采用有机过氧化物作硫化剂，经过加热使有机过氧化物分解产生游离自由基，并与橡胶的有机侧基形成交联，从而获得硫化胶；也可以铂化合物为催化剂以加成反应方式交联。

高温硫化硅橡胶按化学结构又可以分为：

高温硫化硅橡胶
- 二甲基硅橡胶
- 甲基乙烯基硅橡胶
- 甲基苯基乙烯基硅橡胶
- 苯撑硅橡胶
- 腈硅橡胶
- 氟硅橡胶
- 亚苯基硅橡胶和亚苯醚基硅橡胶
- 硅硼橡胶

（一）二甲基硅橡胶（Dimethyl Silicone Rubber）

聚二甲基硅氧烷橡胶（Polydimethyl Silicone Rubber），简称二甲基硅橡胶，先由氯甲烷与硅粉在催化剂作用下合成二甲基氯硅烷，经水解得到二甲基硅氧烷，然后缩聚制得，代号 MQ。

MQ 的分子结构为：

$$\left[\begin{array}{c} CH_3 \\ | \\ Si-O \\ | \\ CH_3 \end{array}\right]_n \qquad n=5\ 000\sim10\ 000$$

MQ的主要特性为：耐热性和耐寒性优异，能在－50～250℃温度范围内长期使用；耐臭氧性、电绝缘性优良；胶料的力学性能低；厚制品硫化较困难，硫化时易起泡，耐湿热性差，压缩变形大。由于硫化活性低，工艺性能也较差，制品在二段硫化时易产生气泡，除少量用于织物涂覆、增塑剂外，目前基本上已为甲基乙烯基硅橡胶代替。

MQ的配合技术与普通橡胶不同，比较简单，主要由交联剂、补强剂、结构控制剂及其他添加剂组成。交联剂为有机过氧化物，不用防老剂、软化剂和酸性填料等。补强剂是气相法白炭黑，用量20～60份；炭黑只在制造导电橡胶时使用，使用乙炔炭黑。结构控制剂主要是为了阻滞气相法白炭黑胶料在储存过程中产生结构化的倾向，通常是含活性基团的有机硅化合物如二苯基硅二醇、羧基硅油等，用量一般是每10份气相法白炭黑加1份左右。加入少量氧化铁、氧化铜等可提高胶料的长期耐热性。着色剂多用无机颜料如铬黄、氧化铁等。制造海绵制品时需加发泡剂。制胶浆的常用溶剂有汽油、甲苯和乙酸丁酯等，浓度为15%～25%，用于对织物涂胶。

（二）甲基乙烯基硅橡胶（Polymethyl-Vinyl Silicone Rubber）

聚甲基乙烯基硅氧烷橡胶，简称甲基乙烯基硅橡胶，代号MVQ，由二甲基二氯硅烷经水解得到的八甲基环四硅氧烷与四甲基四乙烯基环四硅氧烷在催化剂作用下，开环共聚制得。

甲基乙烯基硅橡胶的结构式为：

$$\left[\begin{array}{c} CH_3 \\ | \\ Si-O \\ | \\ CH_3 \end{array}\right]_m \left[\begin{array}{c} CH_3 \\ | \\ Si-O \\ | \\ CH=CH_2 \end{array}\right]_n$$

$$m=5\ 000\sim10\ 000 \quad n=10\sim20$$

MVQ可以看作为在二甲基硅橡胶的侧链上引进少量乙烯基而得，乙烯基单元含量一般为0.1%～0.3%（摩尔分数），起交联点作用。引入乙烯基可提高硅橡胶的硫化活性，同时改善硫化胶性能，提高制品硬度、降低压缩变形，并使厚制品硫化均匀，减少气泡产生。

一般认为，乙烯基含量0.07%～0.15%（摩尔分数）的硅橡胶有较好的综合性能。增加乙烯基含量可进一步提高硫化速度，并可用硫黄硫化体系进行硫化，但胶料的耐热稳定性下降，硫化胶的物理机械性能也下降。

MVQ的主要特性为：耐热性、耐寒性极好，在－60～250℃温度范围内可长期使用，耐热性与抗高温压缩变形比MQ有较大改进；耐臭氧性、耐天候性好；电性能优良；力学性能较低。

MVQ是产量最大、应用最广的一类硅橡胶，除通用型胶料外，具有各种专用性和加工特性的硅橡胶也都以它为基础进行加工配合，如高强度、低压缩变形、导电型、迟燃型、导热型硅橡胶以及不用二段硫化硅橡胶、颗粒硅橡胶等，广泛应用于O形圈、油封、管道、密封剂和胶黏剂等。

（三）甲基-苯基-乙烯基硅橡胶（Methyl-Phenyl-Vinyl Silicone Rubber）

聚甲基-苯基-乙烯基硅氧烷橡胶，简称甲基-苯基-乙烯基硅橡胶，简称MPVQ，由二甲基二氯硅烷和甲基苯基二氯硅烷共水解缩聚制得；也可以从含二甲基硅氧链节与甲基苯基硅氧链节或二苯基硅氧链节的混合环体聚合制得，即二甲基二氯硅烷与甲基二氯硅烷共水解后，经催化裂解制得混合环体，加入八甲基环四硅氧烷和四甲基环四硅氧烷共聚制得。

MPVQ的分子结构式为：

$$\left[\begin{array}{c} CH_3 \\ | \\ Si-O \\ | \\ CH_3 \end{array}\right]_l \left[\begin{array}{c} CH_3 \\ | \\ Si-O \\ | \\ C_6H_5 \end{array}\right]_m \left[\begin{array}{c} CH_3 \\ | \\ Si-O \\ | \\ CH=CH_2 \end{array}\right]_n \quad 或 \quad \left[\begin{array}{c} CH_3 \\ | \\ Si-O \\ | \\ CH_3 \end{array}\right]_l \left[\begin{array}{c} C_6H_5 \\ | \\ Si-O \\ | \\ C_6H_5 \end{array}\right]_m \left[\begin{array}{c} CH_3 \\ | \\ Si-O \\ | \\ CH=CH_2 \end{array}\right]_n$$

MPVQ可以看作甲基乙烯基硅橡胶的分子链中引入了二苯基硅氧烷链节（或甲基苯基硅氧烷链节），通过引入大体积的苯基来破坏聚硅氧烷分子结构的规整性，降低聚合物的结晶度和玻璃化温度，增加分子间自由体积，从而改善硅橡胶的耐寒性能。MPVQ中苯基结合量为苯基/硅约为6%（摩尔分数为0.05～0.10）时，称为低苯基硅橡胶，具有最佳的耐低温性能，在－100℃保持柔软性；苯基/硅为15%～20%（摩尔分数在0.15～0.25）时，称为中苯基硅橡胶，具有耐燃性；苯基/硅35%（摩尔分数在0.30）以上时，称为高苯基硅橡胶，具有优良的耐辐射性。中苯基和高苯基硅橡胶由于加工困难，力学性能较差，生产和应用受到一定限制。

MPVQ的主要特性为：低温特性进一步改进，脆性温度可达－115℃；耐辐射性、耐燃性优异；苯基含量增加，混炼加工性变差，硫化胶的耐油性、压缩永久变形等低下。MPVQ主要应用于要求耐低温、耐烧蚀、耐高能辐射、隔热等的场合。

（四）氟硅橡胶（Moro Silicone Rubber）

氟硅橡胶是在甲基乙烯基硅橡胶的分子侧链上引入氟烷基或氟芳基得到的聚合物，氟硅橡胶品种不少，获得广泛应用的为甲基乙烯基三氟丙基硅橡胶（Methyl-Vinyl-γ-Trifluoropropyl Silicone Rubber），简称为氟硅橡胶，代号MFVQ或FVMQ。MFVQ是以—Si—O—为主链，硅原子上带有甲基和3，3，3-三氟丙基（$CF_3CH_2CH_2$—）（40%～90%摩尔比）

以及少量甲基乙烯基硅氧烷链节（0.2%～0.5%摩尔比）的聚合物，由甲基三氟丙基硅氧烷和甲基乙烯基硅氧烷在碱性催化剂存在下共聚制得，也可采用由1，3，5-三甲基-1，3，5-三（3，3，3-三氟丙基）环三硅氧烷（简称氟硅三环体）开环聚合制得，前者可以合成不同氟含量的氟硅橡胶。

MFVQ的分子结构为：

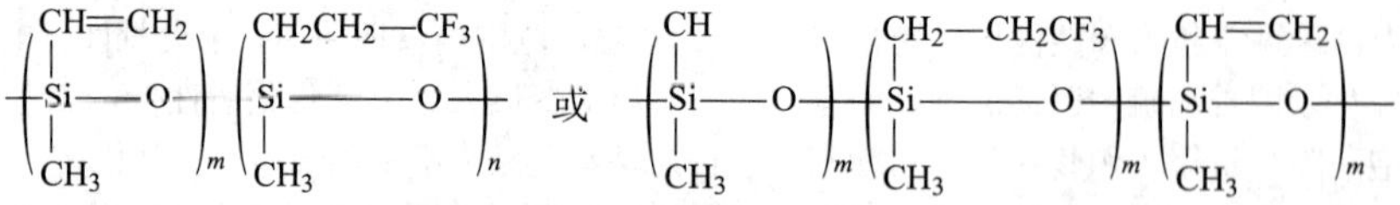

$$\left[\begin{array}{c} CH{=}CH_2 \\ | \\ -Si-O- \\ | \\ CH_3 \end{array}\right]_m \left[\begin{array}{c} CH_2CH_2-CF_3 \\ | \\ -Si-O- \\ | \\ CH_3 \end{array}\right]_n \quad \text{或} \quad \left[\begin{array}{c} CH \\ | \\ -Si-O- \\ | \\ CH_3 \end{array}\right]_m \left[\begin{array}{c} CH_2-CH_2CF_3 \\ | \\ -Si-O- \\ | \\ CH_3 \end{array}\right]_m \left[\begin{array}{c} CH{=}CH_2 \\ | \\ -Si-O- \\ | \\ CH_3 \end{array}\right]_m$$

MFVQ结合了硅橡胶耐热、耐寒、耐候和氟橡胶耐油、耐溶剂等优点，对脂肪族芳香族和氯化烃溶剂、石油基的各种燃料油润滑油液压油，以及二酯类润滑油硅酸酯类液压油等合成油在常温下和高温下的稳定性都很好，具有低的压缩永久变形与很好的高温下拉伸强度保持率和低温柔软性，可在－50～180℃（也有文献认为为－60～230℃，最高可达250℃）下长期使用，是一种综合性能十分优异的合成橡胶，但耐高低温性能不如甲基乙烯基硅橡胶。MFVQ按硫化温度可分为热硫化型和室温硫化型，室温硫化型又可分为单组分型和双组分型，因此，无论是生产方法、产品形态，还是硫化机理，MFVQ都与普通硅橡胶非常类似。氟硅橡胶的压出、压延成型常压热空气硫化一般选用2，4-二氯过氧化苯甲酰，易与甲基硅橡胶共混，易混入白炭黑、碳酸钙、硅藻土、石英粉等各种填料。

氟硅橡胶与其他橡胶的性能对比见表1.1.3-259。

表1.1.3-259　氟硅橡胶与其他橡胶的性能对比

项目	氟硅橡胶	硅橡胶	26型氟橡胶
比重	1.3～1.6	1.0～1.3	1.8～2.2
加工性	软，易加工	软，易加工	硬，难加工
硬度（邵尔A）	20～90	20～90	50～90
拉伸强度/MPa	8～12	6～10	8～22
扯断伸长率/%	200～600	200～600	100～350
最高使用温度/℃	230	230	260
最低使用温度/℃	－60	－65	－30
耐燃油B	优异	差	优异
耐乙醇汽油	优异	差	优异
阻燃性	好	一般	好

MFVQ主要用于军工业、汽车部件、石油化工、医疗卫生和电气电子等工业上的特殊耐油、耐溶剂、耐高低温用途的制品，如模压制品、O形圈、垫片、胶管、动静密封件以及密封剂、胶黏剂等。

（五）腈硅橡胶（Polydimethyl Methylvinyl Methyl β-cyanoethyl Silicone Rubber）

聚二甲基-甲基乙烯基-甲基-β-氰乙基硅氧烷橡胶，简称腈硅橡胶（Nitrile Silicone Rubber），代号JHG。由甲基（2-氰乙基）环硅氧烷与八甲基环四硅氧烷及少量四甲基四乙烯基环四硅氧烷及少量封端剂在催化剂存在下聚合制得。

腈硅橡胶除具有一般硅橡胶耐高低温、耐候、耐臭氧等优异性能外，还具有耐油、耐非极性溶剂等特性，是一种耐高低温、耐油弹性体。

腈硅橡胶采用有机过氧化物硫化交联，主要用作在－60～180℃下长期工作的耐油橡胶制品。

腈硅橡胶的供应商有：中石化吉林分公司等。

热硫化型硅橡胶还有亚苯基和亚苯醚基硅橡胶（Phenylenepolysiloxane Rubber And Phenylatylenesilicone Rubber）、硅硼橡胶（Boronsilicone Rubber）等，各具特性，但应用与产量较少。

其中亚苯基和亚苯醚基硅橡胶是分子链中含有亚苯基或苯醚基链节的新品种硅橡胶，是为适应核动力装置和导航技术的要求而发展起来的，其主要特性是拉伸强度较高，耐γ射线、耐高温（300℃以上），但耐寒性不如低苯基硅橡胶。

硅硼橡胶是在分子主链上含有碳十硼烷笼形结构的一类新型硅橡胶。硅橡胶主链引入笼状结构的碳十硼烷，具有高度亲电子性及超芳香性，能起“能量槽”作用。同时，因其位阻大，对邻近基团还有屏蔽稳定作用。故硅硼橡胶的热化学稳定性大大提高。硅硼橡胶的基本结构如下：

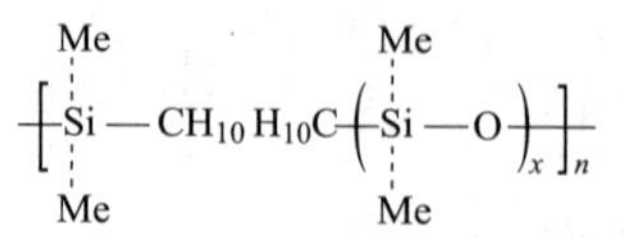

$$\left[\begin{array}{c} Me \\ \vdots \\ -Si- \\ \vdots \\ Me \end{array} CH_{10}H_{10}C \left(\begin{array}{c} Me \\ \vdots \\ -Si-O- \\ \vdots \\ Me \end{array}\right)_x \right]_n$$

当$x=1$时，为树脂状；当$x\geqslant 2$时为橡胶状弹性体，$x=2$时耐热性最好。

硅硼橡胶具有高度的耐热老化性，可在400℃下长期工作，在420～480℃下可连续工作几小时，而在－54℃下仍能保持弹性，适于在高速飞机及宇宙飞船中作密封材料。美国在20世纪60年代末已有硅硼橡胶商品系列牌号，但70年代以后很少报道，其主要原因可能是胶料的工艺性能和硫化胶的弹性都很差，而且硅硼橡胶的合成十分复杂，毒性大，成本昂贵。

3.15.3　硅橡胶的技术标准与工程应用

按照《合成橡胶牌号规范》(GB/T 5577—2008)，国产硅橡胶的主要牌号见表 1.1.3-260。

表 1.1.3-260　国产硅橡胶的主要牌号

牌号	相对分子/10⁴	基团含量/%
MQ 1000	40～70	
MVQ 1101	50～80	乙烯基 0.07～0.12
MVQ 1102	45～70	乙烯基 0.13～0.22
MVQ 1103	60～85	乙烯基 0.13～0.22
MPVQ 1201	45～80	苯基 7
MPVQ 1202	40～80	苯基 20
MNVQ 1302	>50	β腈乙基 20～25
MFVQ 1401	40～60	乙烯基链节 0.3～0.5
MFVQ 1402	60～90	乙烯基链节 0.3～0.5
MFVQ 1403	90～130	乙烯基链节 0.3～0.5

(一) 硅橡胶的基础配方

硅橡胶的基础配方见表 1.1.3-261。

表 1.1.3-261　硅橡胶基础配方

原材料名称	甲基乙烯基硅橡胶[a]	其他配合	
		ASTM	国内
MVQ	100	100	100
氧化铁	5	—	—
硫化剂 BPO	—	0.35	1.2
二月桂酸二丁基锡	—	—	—
正硅酸乙酯	—	—	—
气相白炭黑	4.5	—	—
白炭黑	—	—	40
硫化条件	一段硫化：135℃×10 min，压力≥5 MPa；二段硫化：150℃×1 h→250℃×4 h，中间升温 1 小时	一段硫化：125℃×5 min；二段硫化：250℃×24 h	一段硫化：120℃×5 min；二段硫化：200℃×4 h

注：a. 详见梁星宇．橡胶工业手册·第三分册·配方与基本工艺［M］.1 版．北京：化学工业出版社，1989 年 10 月（第一版，1993 年 6 月第 2 次印刷），P319～320 表 1-370～372。

(二) 硅橡胶的技术标准

1. 二甲基硅橡胶

二甲基硅橡胶的典型技术指标见表 1.1.3-262。

表 1.1.3-262　二甲基硅橡胶的典型技术指标

二甲基硅橡胶的典型技术指标			
项目	指标	项目	指标
聚合形式	加成	脆性温度/℃	−65～−60
平均相对分子量	4×10^3～28×10^3	线膨胀系数（Tg 以上）	2.5×10^{-4}～4.0×10^{-4}
相对密度	0.96～0.98	热导率/(J·cm^{-1}·s^{-1}·℃$^{-1}$)	1.67×10^{-3}～4.18×10^{-3}
玻璃化温度 T_g/℃	−132～−118	折射率/n_D	1.404

续表

二甲基硅橡胶硫化胶的典型技术指标			
弹性模量（静态）/MPa	0.98～2.7	介电系数：60～100 Hz (25℃) (200℃) 10^6 Hz (25℃) (200℃)	 3.0～3.6 2.4～4.7 2.9～3.8 2.4～3.0
300%定伸应力/MPa	4.4		
拉伸强度/MPa	3.4～14.7		
拉断伸长率/%	120～250		
撕裂强度/(kN·m^{-1})	35～90		
压缩永久变形（150℃×22 h）/%	10～70	介电损耗角正切：60～100 Hz (25℃) (200℃) 10^6 Hz (25℃) (200℃)	 0.001～0.008 0.013～0.3 0.001～0.003 0.002～0.01
回弹性/%	46～54		
耐老化（250℃×72 h）弹性变化率/%	−27～−3		

2. 甲基乙烯基硅橡胶

《甲基乙烯基硅橡胶》(GB/T 28610—2012）适用于由二甲基硅氧烷环体与甲基乙烯基硅氧烷共聚的甲基乙烯基硅橡胶。甲基乙烯基硅橡胶按封端基团的不同分为110型和112型，（甲基）乙烯基封端的甲基乙烯基硅橡胶为110型，甲基封端的甲基乙烯基硅橡胶为112型。按乙烯基链节摩尔分数的不同各分为1、2、3型，每种型号又根据相对分子质量范围的不同分为A、B、C三种牌号。

110型甲基乙烯基硅橡胶技术要求见表1.1.3-263。

表1.1.3-263　110型甲基乙烯基硅橡胶的技术要求

项目	110—1型			110—2型			110—3型			试验方法
	A	B	C	A	B	C	A	B	C	
平均相对分子质量/($\times10^4$)	45～59	60～70	71～85	45～59	60～70	71～85	45～59	60～70	71～85	附录A或附录E
乙烯基链节摩尔分数/%	0.07～0.12			0.13～0.18			0.19～0.24			附录B
挥发分（150℃，3 h)(≤)/%	2.0									附录C
相对分子质量分布	实测值									附录D
外观	无色透明，无机械杂质									目视观察

112型甲基乙烯基硅橡胶技术要求见1.1.3-264。

表1.1.3-264　112型甲基乙烯基硅橡胶的技术要求

项目	112—1型			112—2型			112—3型			试验方法
	A	B	C	A	B	C	A	B	C	
平均相对分子质量/($\times10^4$)	45～59	60～70	71～85	45～59	60～70	71～85	45～59	60～70	71～85	附录A或附录E
乙烯基链节摩尔分数/%	0.07～0.12			0.13～0.18			0.19～0.24			附录B
挥发分（150℃，3 h)(≤)/%	2.0									附录C
相对分子质量分布	实测值									附录D
外观	无色透明，无机械杂质									目视观察

甲基乙烯基硅橡胶硫化胶的典型技术指标见表1.1.3-265。

表1.1.3-265　甲基乙烯基硅橡胶硫化胶的典型技术指标

项目	指标	项目	指标
脆性温度/℃	−75	硬度（JIS A）	70
长期可使用温度/℃	260	压缩永久变形（125℃×70 h）	8
拉伸强度/MPa	6.9	耐磨性（pico磨耗指数）	28
拉断伸长率/%	100	氮气透过性	17（天然橡胶为1）
撕裂强度/(kN·m^{-1})	11.8		

3. 甲基-苯基-乙烯基硅橡胶

甲基-苯基-乙烯基硅橡胶硫化胶的典型技术指标见表 1.1.3-266。

表 1.1.3-266 甲基-苯基-乙烯基硅橡胶硫化胶的典型技术指标

项目	指标	项目	指标
脆性温度/℃	−115	硬度（邵尔 A）	25～80
拉伸强度/MPa	6.9～9.8	压缩永久变形（149℃×70 h）	25～40
拉断伸长率/%	500～800		

4. 氟硅橡胶

氟硅橡胶的典型技术指标见表 1.1.3-267。

表 1.1.3-267 氟硅橡胶的典型技术指标

氟硅橡胶的典型技术指标			
相对密度	1.0	脆性温度/℃	−60
技术要求（沪 Q/HG 6—010—83）			
项目	FMVQ1401	FMVQ1402	FMVQ1403
外观	无色或微黄色半透明胶状，无机械杂质		
平均分子质量/(×10⁴)	40～60	60～90	90～130
乙烯基链节含量（摩尔分数）/%	0.3～0.5	0.3～0.5	0.3～0.5
挥发分（100℃，666.6 Pa×0.5 h）/%			
溶解性	←—丙酮或乙酸乙酯中全溶—→		
酸碱性	←—中性或酸碱性—→		

氟硅橡胶硫化胶的典型技术指标			
项目	指标	项目	指标
拉伸强度/MPa	7.5～10.39	压缩永久变形（200℃×70 h）/%	19
拉断伸长率/%	350～480	耐老化性（200℃×72 h） 伸长率变化率/%	−7～−6
撕裂强度/(kN·m⁻¹)	12.7～15.7		
硬度（邵尔 A）	40～60	介电强度/(kV·mm⁻¹)	<5

5. 腈硅橡胶

腈硅橡胶的典型技术指标见表 1.1.3-268。

表 1.1.3-268 腈硅橡胶的典型技术指标

腈硅橡胶的典型技术指标			
项目	指标	项目	指标
外观	无色透明	分子量	≥50×10⁴
结合乙烯基含量/%	0.13～0.22	pH 值	中性
结合 β-氰乙基量/%	20～25	溶解性	甲苯中全溶
挥发分（150℃×3 h）/%	—		
腈硅橡胶硫化胶的典型技术指标			
项目	指标	项目	指标
拉伸强度/MPa	7.0	永久变形/%	0～1.5
拉断伸长率/%	200	脆性温度/℃	−75
硬度（邵尔 A）	60	耐油性（TC—1＃油 180℃×24 h） 体积变化率/%	50

3.15.4 硅橡胶的供应商

硅橡胶生胶的供应商有：蓝星化工新材料股份有限公司江西星火有机硅厂、新安天玉、恒业成、三友、合盛、山东东岳等。

硅橡胶生胶的国外供应商有：美国 Wacker 硅橡胶公司（Wacker Silcones Co.，Elektroguard、Powersil 和 Elastosil），前美国道康宁公司（Dow Corning Co. Ltd.，Silastic），德国 Wacker 化学公司（Wacker—Chemie Gmbh，Elastosil 和 Powersil），俄罗斯 Kazan NPO "Zavod SK" 公司（Thiokols），日本信越化学工业公司（Shin—Etsu Chemical Industry Co. Ltd.，Sylun），日本东芝有机硅公司（Toshiba Silicones Co. ltd.），日本合成橡胶公司（Japan Synthetic Rubber Co.，JSR）等。

氟硅橡胶的供应商见表 1.1.3-269 至表 1.1.3-271。

表 1.1.3-269 氟硅橡胶的供应商（一）

均聚型室温固化生胶						
供应商	项目	单位	技术指标			
			G—1001RR	G—1002RR	G—1003RR	G—1004RR
福建永泓高新材料有限公司	外观	—	无色或微黄色透明液体，无机械杂质			
	比重	—	1.28	1.28	1.28	1.28
	黏度	Pa·s	1～10	10～40	40～90	90～200
	pH 值	—	中性			
	挥发分（180℃×3 h）	%	1.5	1.5	1.5	1.5
用途			适合做耐油耐溶剂耐高低温场合的腻子、黏结剂、密封剂的基体聚合物，如飞机油箱的整体密封、堵缝，小马达不能焊接部位的装配和修理，燃油操作系统支撑板的密封，需用溶剂清洁的部位的密封；氟硅橡胶垫圈、垫片的黏结固定、修补；硅橡胶和氟橡胶的黏合等			

表 1.1.3-270 氟硅橡胶的供应商（二）

共聚型室温固化生胶						
供应商	项目	单位	技术指标			
			G—2001RR	G—2002RR	G—2003RR	G—2004RR
福建永泓高新材料有限公司	外观	—	无色或微黄色透明液体，无机械杂质			
	比重	—	1.15	1.08	1.00	1.15
	黏度	Pa·s	1～40			40～200
	pH 值		中性			
	挥发分（180℃×3 h）	%	6	6	6	6
用途			氟硅橡胶和硅橡胶制品的相互黏结，硅橡胶与氟橡胶制品相互黏结的黏结剂的基体聚合物；中等耐油耐溶剂耐高低温场合的腻子、黏结剂、密封剂的基体聚合物，如燃油操作系统支撑板，其他需用溶剂清洁的部位的密封			

表 1.1.3-271 氟硅橡胶的供应商（三）

共聚型高温固化生胶					
供应商	项目	单位	技术指标		
			G—2001HR	G—2002HR	G—2003HR
福建永泓高新材料有限公司	外观	—	微黄色透明固体，无机械杂质		
	比重	—	1.15	1.15	1.15
	分子量	万	50	70	70
	乙烯基含量（mol）	%	0.3	0.3	0.08
	挥发分（180℃×3 h）	%	2.5	2.5	2.5
用途			可以制造中等耐油耐溶剂耐高低温场合的密封材料，改善硅橡胶和氟橡胶并用材料的性能，适合做各种硬度的模压、挤出、压延制品，如 O 形圈、垫片、密封环、油封、密封条、传感器材料、隔膜、氟硅橡胶的线夹、软管等，主要用于汽车工业、航空工业、石油化学工业和军工业等		

氟硅橡胶主要牌号与供应商还有：前美国 Dow Corning 公司的 LS 5—2040，其拉伸强度达到 12.1 MPa，扯断伸长率超

过 500%；国产单组分室温硫化氟硅橡胶、双组分室温硫化氟硅橡胶、双组分加成型液体氟硅橡胶等的供应商包括上海三爱富新材料股份有限公司、河北硅谷化工有限公司、威海新元化工有限公司等。

3.16 聚醚橡胶（Polyether Rubber）

聚醚橡胶是由含环氧基的环醚化合物（环氧烷烃）经开环聚合制得的聚醚弹性体，其主链呈醚型结构，无双键存在，侧链一般含有极性基团或不饱和键，或两者都有。

聚醚橡胶目前有以下几种：均聚氯醚橡胶（简称氯醚橡胶，也称环氧氯丙烷橡胶），以 CO 表示；共聚氯醚橡胶（简称氯醇橡胶），包括二元共聚物和三元共聚物，以 ECO 表示；不饱和型氯醚橡胶，共聚氯醚橡胶中含有不饱和键，以 GCO 表示；环氧丙烷橡胶，以 PO 表示；不饱和型环氧丙烷橡胶，以 GPO 表示。

各单体的分子结构如下所示：

环氧氯丙烷，缩写 ECH，化学结构：

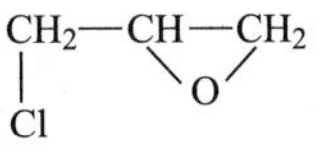

$$\mathrm{\underset{\substack{|\\ Cl}}{CH_2}{-}\underbrace{CH{-}CH_2}_{O}}$$

环氧乙烷，缩写 EO，化学结构：

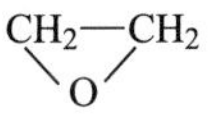

$$\mathrm{\underbrace{CH_2{-}CH_2}_{O}}$$

烯丙基缩水甘油醚，缩写 AGE，化学结构：

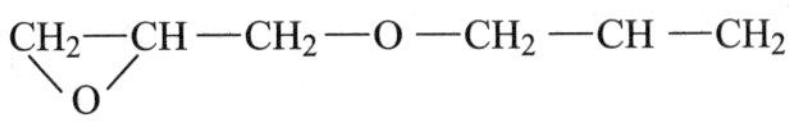

$$\mathrm{\underbrace{CH_2{-}CH}_{O}{-}CH_2{-}O{-}CH_2{-}CH{-}CH_2}$$

聚醚橡胶的分子结构如下所示：

氯醚橡胶（CO）的分子结构：

$$\text{CO 的结构式：}-\!\!\left[\mathrm{CH_2{-}\underset{\substack{|\\ CH_2Cl}}{CH}{-}O}\right]_n\!\!-$$

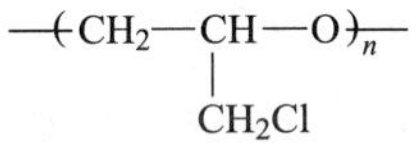

共聚氯醚橡胶（ECO）的分子结构：

$$\text{ECO 的结构式：}-\!\!\left[\mathrm{CH_2{-}\underset{\substack{|\\ CH_2Cl}}{CH}{-}O}\right]_n\!\!\left[\mathrm{CH_2{-}CH_2{-}O}\right]_m\!\!-$$

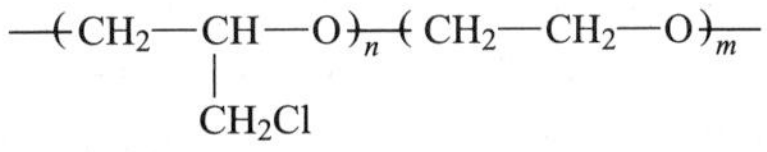

不饱和型氯醚橡胶：二元共聚物（GCO）的分子结构：

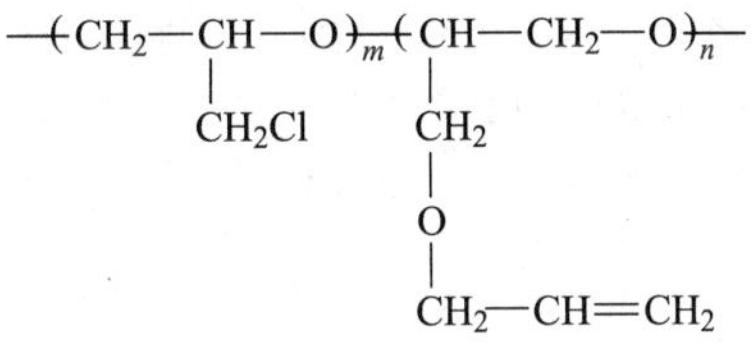

$$-\!\!\left[\mathrm{CH_2{-}\underset{\substack{|\\ CH_2Cl}}{CH}{-}O}\right]_m\!\!\left[\mathrm{\underset{\substack{|\\ CH_2\\ |\\ O\\ |\\ CH_2{-}CH{=}CH_2}}{CH}{-}CH_2{-}O}\right]_n\!\!-$$

三元共聚物（GECO）的分子结构：

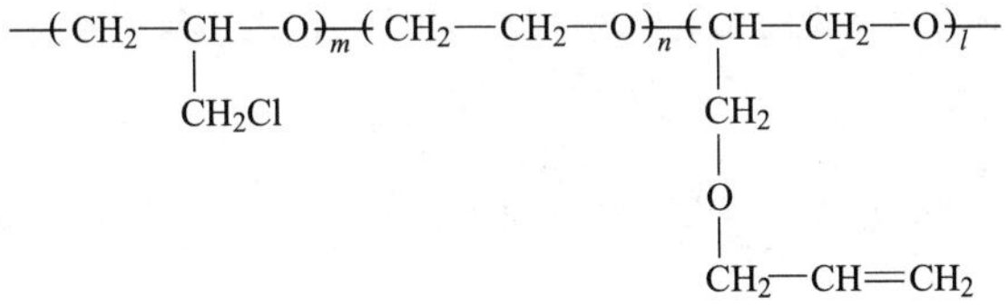

$$-\!\!\left[\mathrm{CH_2{-}\underset{\substack{|\\ CH_2Cl}}{CH}{-}O}\right]_m\!\!\left[\mathrm{CH_2{-}CH_2{-}O}\right]_n\!\!\left[\mathrm{\underset{\substack{|\\ CH_2\\ |\\ O\\ |\\ CH_2{-}CH{=}CH_2}}{CH}{-}CH_2{-}O}\right]_l\!\!-$$

环氧丙烷橡胶（PO）的分子结构：

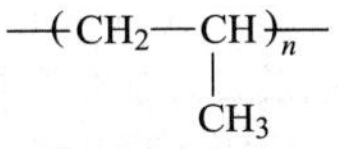

$$-\!\!\left[\mathrm{CH_2{-}\underset{\substack{|\\ CH_3}}{CH}}\right]_n\!\!-$$

不饱和型环氧丙烷橡胶（GPO）的分子结构：

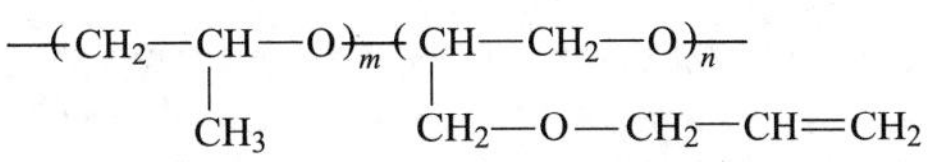

$$-\!\!\left[\mathrm{CH_2{-}\underset{\substack{|\\ CH_3}}{CH}{-}O}\right]_m\!\!\left[\mathrm{\underset{\substack{|\\ CH_2{-}O{-}CH_2{-}CH{=}CH_2}}{CH}{-}CH_2{-}O}\right]_n\!\!-$$

表 1.1.3 - 272 列举了一个利用 Vandenberg 开发的烷基铝-水催化体系进行聚合的例子。其中，催化剂三异丁基铝/乙酰丙酮/水的摩尔比为 1∶0.5∶0.5；溶剂正戊烷/乙醚的质量比为 70∶30；聚合条件为单体/甲苯质量比为 10∶40，温度为 30℃。后续又开发出了烷基铝-磷酸、烷基铝-多磷酸酯催化体系。

表 1.1.3-272 ECO的聚合

	聚合条件1		聚合条件2	
单体	ECH	EO	ECH	EO
质量分数/%	51	49	90	10
聚合时间/h	6		27	
收率/%	22		18	
聚合物组成（质量分数）/%	14	86	60	40
$\eta_{SP}/(dL \cdot g^{-1})$[a]	11.4		9.2	
丙酮可溶物质量分数/%	100		8.3	
水可溶物质量分数/%	75		不溶	
表观	硬橡胶状		弹性橡胶状	

注：a. 氯萘质量分数为0.1%的溶液，100℃。

对于烷基铝-磷酸催化体系，采取类似于BR和SBR的溶液聚合过程。对于烷基铝-多磷酸酯催化体系，已开发出了经济的淤浆聚合法，利用该法可得到粉末化的聚合物产物，其聚合工艺如图 1.1.3-29 所示。

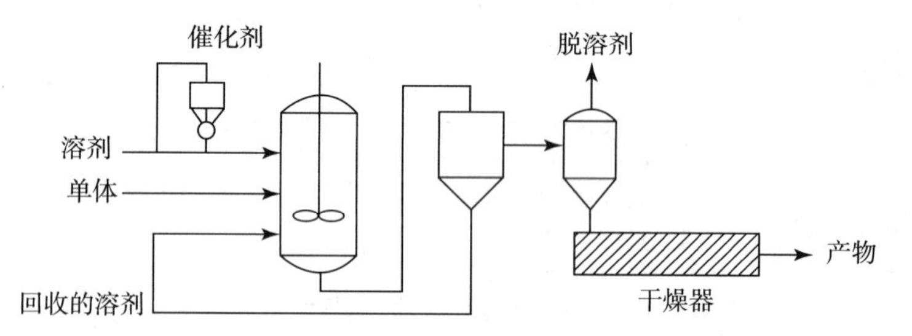

图 1.1.3-29 ECO的淤浆聚合工艺

聚醚橡胶为饱和杂链极性弹性体，其主要性能特点为：①耐热性能与氯磺化聚乙烯相当，介于聚丙烯酸酯橡胶与中高丙烯腈含量的丁腈橡胶之间，优于天然橡胶，热老化后变软；②耐油、耐寒性的良好平衡，氯醚橡胶与丁腈橡胶相当，而氯醇橡胶优于丁腈橡胶，即氯醇橡胶与某一丙烯腈含量的丁腈橡胶耐油性相当时，其耐寒性好于该丁腈橡胶，脆性温度可降低20℃；③耐臭氧老化性能介于二烯类橡胶与烯烃橡胶之间；④氯醚橡胶的气密性是IIR的3倍，特别耐制冷剂氟利昂；⑤耐水性氯醚橡胶与丁腈橡胶相当，氯醇橡胶介于聚丙烯酸酯橡胶与丁腈橡胶之间；⑥导电性氯醚橡胶与丁腈橡胶相当或略大，氯醇橡胶比丁腈橡胶大两个数量级；⑦黏着性与氯丁橡胶相当。主要用作汽车、飞机及各种机械的配件，如垫圈、密封圈、O形圈、隔膜等，也可用作耐油胶管、燃料胶管、包装材料、印刷胶辊、胶板、衬里、充气制品等。

3.16.1 聚醚橡胶的分类

（一）氯醚橡胶

氯醚橡胶（CO），也称环氧氯丙烷橡胶（Epichlorohydrin Rubber），是环氧氯丙烷在配位负离子引发剂（烷基铝-水）作用下，采用溶液聚合方法，经开环聚合制得的无定形高聚物，由于其侧链为氯甲基，主链为醚型结构，因而简称为氯醚橡胶。其反应式为：

$$n\underset{\underset{\text{Cl}}{|}}{\text{CH}_2}-\text{CH}\overset{\text{O}}{\frown}\text{CH}_2 \xrightarrow{\text{引发剂}} -\!\!\left(\text{CH}_2-\underset{\underset{\text{CH}_2\text{Cl}}{|}}{\text{CH}}-\text{O}\right)_{\!n}\!\!-$$

氯醚橡胶是一种饱和脂肪族聚醚弹性体，具有饱和型橡胶的特点；其侧基为强极性的氯甲基，氯结合量约38%，密度大，不易燃烧。其主链不含双键，耐热性、耐老化性、耐臭氧性优异；主链的醚键赋予氯醚橡胶优良的低温性、屈挠性和弹性；侧链含氯原子，赋予氯醚橡胶耐油性、耐燃性以及良好的黏合性，气体透过性是橡胶中最低的；氯醚橡胶通过侧链交联，耐老化稳定性优良。其主要缺点是加工性不良，物理机械性能不佳。

（二）共聚氯醚橡胶

共聚氯醚橡胶是环氧氯丙烷与其他单体的共聚物，以改善氯醚橡胶的低温性能和弹性。共聚氯醚橡胶分为二元共聚氯醚橡胶与三元共聚氯醚橡胶。

典型的二元共聚氯醚橡胶是环氧氯丙烷与环氧丙烷等摩尔比在烷基铝-水络合剂体系下溶液聚合制得的共聚物，简称氯醇橡胶，代号ECO，与氯醚橡胶相比，氯醇橡胶兼有耐油性和耐寒性。

氯醚橡胶与氯醇橡胶的对比见表 1.1.3-273。

表 1.1.3-273 氯醚橡胶与氯醇橡胶的对比

聚合物类型	CO	ECO
环氧氯丙烷质量分数/%	100	68
氯质量分数/%	38	26
氧质量分数/%	17	23
比重	1.36	1.27
SP 值	9.35	9.05
溶剂	苯、甲苯、丁酮、四氢呋喃、环己酮	
折射指数 n_D^{20}	1.516 0	1.498 0
T_g(DSC)/℃	−23	−41
线膨胀系数/(×10^5℃$^{-1}$)	16.4	16.4
体积电阻率/(Ω·m)	10^{10}	10^8
氧指数/%	21.5	19.5

由于汽车发动机室的温度逐步升高，燃油胶管的外层胶已从 CR 逐步转为使用 CSM 或 GECO。增大 GECO 中的烯丙基缩水甘油醚（AGE）的含量可改善 GECO 的耐臭氧性和耐热性，如图 1.1.3-30 与图 1.1.3-31 所示。

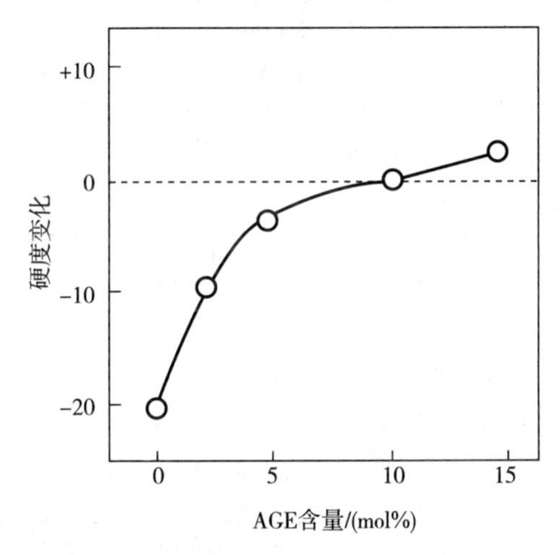

图 1.1.3-30 耐臭氧性与 AGE 含量的关系

试验条件：40℃下于燃油 C 中浸泡 48 h，23℃下干燥 24 h，然后再在 100℃下空气老化 72h；动态臭氧试验条件：臭氧体积分数为 5×10^{-7}，0%～30%伸长，1 Hz，30℃。

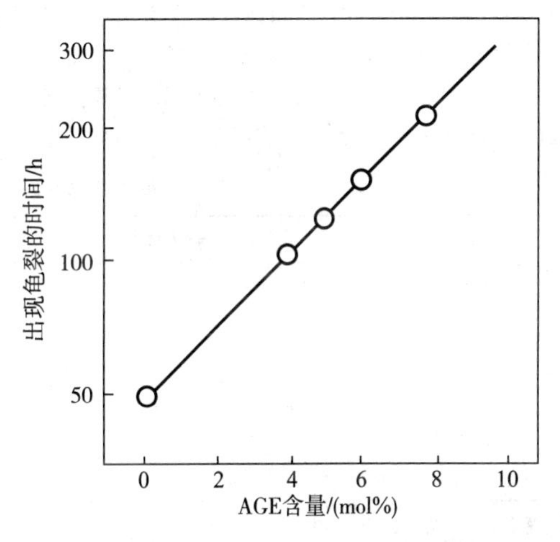

图 1.1.3-31 耐热性与 AGE 含量的关系

150℃×288 h 空气老化后的硬度变化

为了能用硫黄进行硫化，还选择带有双键的环氧化合物与环氧氯丙烷共聚，最为常用的是烯丙基缩水甘油醚，所得共聚物为不饱和型聚醚橡胶，代号 GCO。不饱和型聚醚橡胶不仅保持了原共聚氯醚橡胶的特点，又可用硫黄、过氧化物以及乙烯基硫脲等硫化剂进行硫化，硫化速度为原共聚氯醚橡胶的 2～3 倍。不饱和型共聚氯醚橡胶单用硫黄硫化时，耐热性能明显降低；若使用过氧化物硫化，可以改善氯醚橡胶对模具的锈蚀。不饱和型共聚氯醚橡胶与环氧氯丙烷-环氧乙烷共聚的氯醚橡胶并用，可以改进热老化、热油老化变软的缺点；可与二烯类橡胶并用，具有共硫化性。

典型的三元共聚氯醚橡胶是环氧氯丙烷、烯丙基缩水甘油醚与环氧乙烷共聚的不饱和型聚醚橡胶，除保持共聚氯醚橡胶的耐油、耐老化、耐臭氧等性能外，还兼有提高耐寒性、降低压缩变形、抑制热老化变软的能力。

环氧氯丙烷、环氧乙烷、环氧丙烷与烯丙基缩水甘油醚四元共聚的聚合物，由于单体转化率低，尚未能实现商品化。

共聚氯醚橡胶的主要特性：耐热性、耐油性、耐候性与氯醚橡胶一样优异；改进了氯醚橡胶的低温性能和回弹性；共聚氯醚橡胶能在较宽的温度范围内保持胶料原有硬度，具有很好的减震性能，耐磨性也好，但耐气透性和耐燃性变差；压缩变形低；体积电阻率很低，当与乙撑氧共聚时，它的体积电阻率是所有橡胶中最低的，在不与导电配合剂如炭黑混合的情况下，本身具有半导电性。但共聚氯醚橡胶的加工与物理机械性能不佳。共聚氯醚橡胶广泛用于汽车胶管、控制系统胶管和隔膜制品，也利用其半导电性常用于制造激光打印机的胶辊。

（三）环氧丙烷橡胶（Propylene Oxide Rubber）

环氧丙烷橡胶是将单体环氧丙烷在络合引发剂（如烷基金属引发体系或双金属氧联醇化合物）作用下，在溶液中经配位负离子聚合制得，代号 PO；环氧丙烷与带双键的第二单体（如烯丙基缩水甘油醚）共聚合，制得的即为不饱和型环氧丙烷橡胶，代号 GPO，其中烯丙基缩水甘油醚含量为 10%。

1972 年，Hercules 公司首先商业化生产环氧丙烷弹性体，商品名为 Parel。弹性体 Parel—58 是环氧丙烷和烯丙基缩水甘油醚的共聚物，可用硫黄硫化。Parel－58 的结构如下：

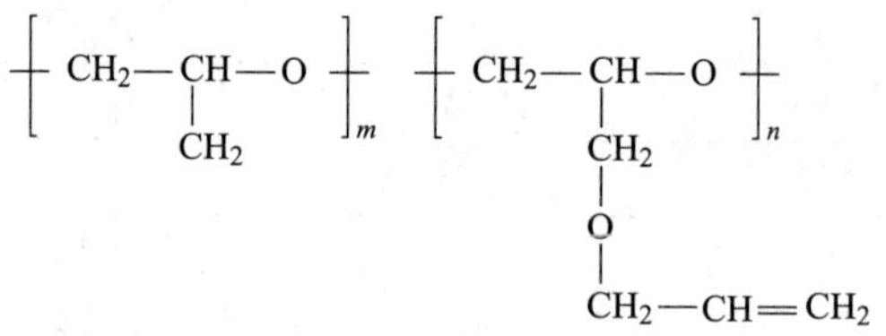

$$\left[CH_2-\underset{\substack{|\\CH_2}}{CH}-O \right]_m \left[CH_2-\underset{\substack{|\\CH_2\\|\\O\\|\\CH_2-CH=CH_2}}{CH}-O \right]_n$$

式中，$m>n$。

环氧丙烷橡胶的主要特性为：有优良的回弹性，与天然橡胶相似；耐臭氧性能优异；耐寒性能优越，其脆性温度约为－65℃，在－100～65℃范围内呈现良好的动态性能；耐热性能优良，可在 120℃下长期使用而性能变化微小；耐油性能接近丁腈橡胶，耐水、碱、稀酸，但不耐浓酸、四氯化碳，在非极性溶剂中溶胀但干后不影响其强度；高的撕裂强度和好的屈挠性能。

环氧丙烷橡胶常用过氧化物硫化，不饱和型环氧丙烷橡胶可用硫黄硫化。

环氧丙烷橡胶加工性能良好：混炼比氯醚橡胶容易，炭黑分散均匀，胶料的成型流动性优良。

环氧丙烷橡胶主要用于制造汽车、航空、机械、石油等工业中使用的动态配件，如发动机坐垫减震器、隔震器、驱动耦合器等，以及薄膜、海绵、冷却剂胶管、燃油管等，尤其适于要求耐油和耐寒的制品。

3.16.2 聚醚橡胶的配合

氯醚橡胶不能用硫黄硫化，而利用侧链氯甲基的反应性进行交联，以前最常用的硫化体系是亚乙基硫脲（ETU）和 Pb_3O_4，但这种硫化体系会严重污染模具并有害于人体健康。吸入铅化合物有毒，ETU 是致癌物。一般采用硫脲、多元胺和胺与硫黄硫化体系等，如乙烯硫脲（NA－22）与四氧化三铅并用，三亚乙基四胺（TETA）、六亚甲基氨基甲酸二胺（HMDAC）和 N，N，N′-三甲基硫脲等；三嗪类硫化剂或者通过二段硫化可以改善氯醚、氯醇橡胶的压缩永久变形。

氯醚橡胶可用的硫化体系见表 1.1.3－274。

表 1.1.3－274 氯醚橡胶可用的硫化体系

硫化体系	硫化温度/℃
NaHS/硫黄/胺	40～90
Na_2S/硫黄/胺	
三亚乙基四胺/四硫化双亚戊基秋兰姆	—
Trimene Base/硫黄	50～100
烷基氨基-4，6-二巯基-S-三嗪/胺	—
多烷基胺	130～150
2-烷基氨-4，6-二巯基-S-三嗪	—
亚乙基硫脲/红铅粉	150～160
2，4，6-三巯基-S-三嗪/胺/氧化镁	—
二烷基硫脲/硫黄或秋兰姆/氧化镁	—
硫脲/秋兰姆	155～165
硫脲/氧化镁	160～180
氰化铅/山梨醇/氧化镁	—
秋兰姆	180～190
2，4，6-三巯基-S-三嗪	—

氯醚橡胶可能的硫化反应机理推测为：

（1）亚乙基硫脲——间接双烷基化反应：

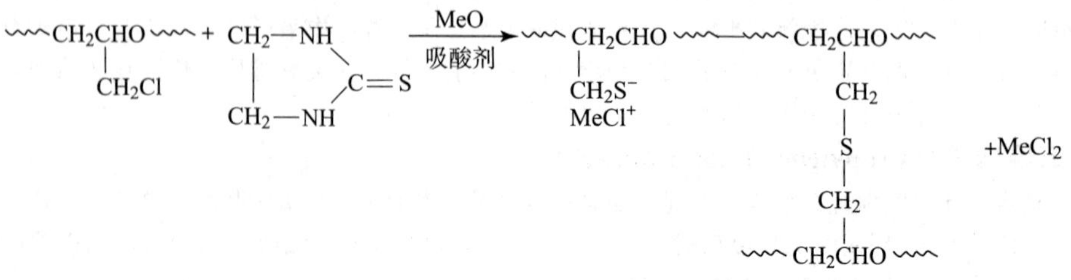

$$\sim\underset{\substack{|\\CH_2Cl}}{CH_2CHO}\sim + \begin{matrix}CH_2-NH\\|\\CH_2-NH\end{matrix}\!\!>C=S \xrightarrow[\text{吸酸剂}]{MeO} \sim\underset{\substack{|\\CH_2S^-\\MeCl^+}}{CH_2CHO}\sim \longrightarrow \begin{matrix}\sim CH_2CHO\sim\\|\\CH_2\\|\\S\\|\\CH_2\\|\\\sim CH_2CHO\sim\end{matrix} + MeCl_2$$

（2）三嗪（F）——硫醇盐阴离子交换反应：

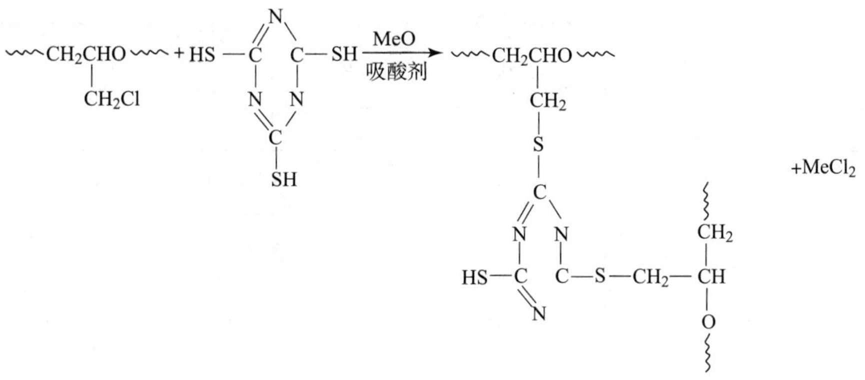

$$\sim\sim CH_2CHO\sim\sim(CH_2Cl) + HS-C_3N_3(SH)-SH \xrightarrow[\text{吸酸剂}]{MeO} \sim\sim CH_2CHO\sim\sim(CH_2-S-C_3N_3(SH)-S-CH_2-CH(O\sim)(CH_2\sim)) + MeCl_2$$

(3) XL－21 体系：

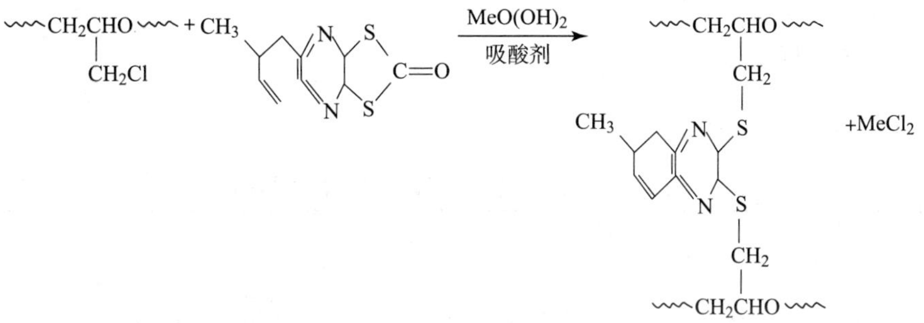

$$\sim\sim CH_2CHO\sim\sim(CH_2Cl) + CH_3 \cdots N,S \cdots C{=}O \xrightarrow[\text{吸酸剂}]{MeO(OH)_2} \sim\sim CH_2CHO\sim\sim(CH_2-S-\cdots(CH_3)\cdots-S-CH_2-\sim\sim CH_2CHO\sim\sim) + MeCl_2$$

补强填充材料多用快压出炉黑。为改善胶料的耐寒性能，可加入酯类增塑剂或聚醚、聚酯类增塑剂。可与氯醇橡胶并用，也可与丁腈橡胶、氯丁橡胶、丁基橡胶、丙烯酸酯橡胶并用，氟橡胶中加入氯醚橡胶可降低成本。

氯醚橡胶应避免选用胺类防老剂，它们会加速臭氧老化，最好选用 2-巯基苯并咪唑（MBI）、2，2，4-三甲基-1，2-二氢喹啉多聚体（TMQ）和二丁基二硫代氨基甲酸镍（NBC），有文献指出，酚类防老剂能改善 CO 的耐氧化燃油性能。

开炼机混炼时，推荐辊筒温度为 50～70℃，过低会粘辊，过高又会焦烧；为防止粘辊需加硬脂酸锌类加工助剂。压出、压延表面光滑，挤出时，推荐口型温度为 100～110℃；压延时的辊筒温度应设定在 50～60℃。硫化速度较慢，一般采用高温硫化或者二段硫化，硫化温度一般在 150～200℃（不低于 156℃），硫化温度高至 200℃后模型易积垢污染；二段硫化可改善压缩永久变形性能，一般在蒸汽、热空气或盐浴中进行。

3.16.3　聚醚橡胶的技术标准与工程应用

按照《合成橡胶牌号规范》(GB/T 5577—2008)，国产氯醚橡胶的主要牌号见表 1.1.3-275。

表 1.1.3-275　国产氯醚橡胶的主要牌号

新牌号	氯质量分数/%	门尼黏度[ML(1+4)100℃]
CO 3606	36～38	60～70
ECO 2406	24～27	55～85
ECO 2408	24～27	85～120
PECO 1206	12～18	55～85

（一）聚醚橡胶的基础配方

氯醚橡胶、氯醇橡胶的基础配方见表 1.1.3-276。

表 1.1.3-276　聚醚的基础配方

原材料名称	ASTM	瑞翁 CO	国外 ECO	原材料名称	硫脲硫化 (CO) CHR	胺硫化 (ECO) CHC	国产 CO	国产 ECO、GCO
氯醚橡胶	100	100	100	氯醚橡胶	100	100	100	100
硬脂酸铅[a]	2	—	—	TETA	—	2	—	—
FEF	30	30	—	NA－22	1.5	—	1.5	1.5
铅丹[a]	1.5	5	5	促进剂 MBTS (DM)	—	2	—	—
防老剂 NBC[a]	2	2	—	硬脂酸锡	1.5	—	—	—
促进剂 NA－22	1.2	1.5	—	硬脂酸锌	—	1	1	—

续表

原材料名称	ASTM	瑞翁 CO	国外 ECO	原材料名称	硫脲硫化(CO) CHR	胺硫化(ECO) CHC	国产 CO	国产 ECO、GCO
硬脂酸锡	—	2		铅丹[a]	5	5	5	5
六亚甲基氨基甲酸二胺	—	—	0.75	防老剂 NBC[a]	1	2	2	2
二丁基二硫代氨基甲酸锌	—	—	1	FEF	40	40	HAF50	HAF50
增塑剂 TP70	—	—	1					
硫化条件	160℃×30 min，40 min，50 min	155℃×30 min	155℃×30 min	硫化条件	155℃×30 min	155℃×30 min	—	—

注：a. 含铅配方不符合环保要求，读者应谨慎使用，一般可改用 TCY 0.8 份作为硫化体系；防老剂 NBC 也不符合环保要求，一般可改用 IPPD（4010NA）或 TMQ（RD）。

（二）聚醚橡胶的技术标准

1. 氯醚橡胶

氯醚橡胶的典型技术指标见表 1.1.3－277。

表 1.1.3－277　氯醚橡胶的典型技术指标

氯醚橡胶的典型技术指标			
门尼黏度[ML(1+4)100℃]	相对密度	玻璃化温度 T_g/℃	
36～70	1.36～1.38	−12	
氯醚橡胶硫化胶的典型技术指标			
项目	指标	项目	指标
300%定伸应力/MPa	9.1～12.9	回弹性/%	15～17
拉伸强度/MPa	12.3～14.9	耐老化性（150℃×70 h） 伸长率变化率/% （二段硫化）	−53～−45 −14
拉断伸长率/%	400～620		
撕裂强度/(kN·m^{-1})	47～56.8		
硬度（JIS A）	69～69	耐臭氧性 （100 pphm，40℃）	1 000 h 发生龟裂
压缩永久变形（135℃×70 h） （二段硫化）	45～52 22～25		

2. 共聚氯醚橡胶

环氧氯丙烷与环氧乙烷共聚物的典型技术指标见表 1.1.3－278。

表 1.1.3－278　共聚氯醚橡胶的典型技术指标

共聚氯醚橡胶的典型技术指标				
门尼黏度[ML(1+4)100℃]	相对密度	玻璃化温度 T_g/℃		
45～97	1.27～1.36	m/n=3/7	m/n=1/1	m/n=7/3
		−42	−33	−25
共聚氯醚橡胶硫化胶的典型技术指标				
项目	指标	项目		指标
300%定伸应力/MPa	62.7～80.3[a]	回弹性/%		41～47
拉伸强度/MPa	116.4～144[a]	耐老化性（150℃×70 h） 伸长率变化率/% （二段硫化）		−71～−70 −63～−54
拉断伸长率/%	575～810			
撕裂强度/(kN·m^{-1})	42.1～56.8			
硬度（JIS A）	63～67	耐臭氧性 （100 pphm，40℃）		1 000 h 发生龟裂
压缩永久变形（135℃×70 h） （二段硫化）	45～55 24～26	体积电阻率/(Ω·cm)		10^8

注：a. 原文如此。

3. 环氧丙烷橡胶

环氧丙烷橡胶的典型技术指标见表 1.1.3－279。

表 1.1.3-279　环氧丙烷橡胶的典型技术指标

环氧丙烷橡胶的典型技术指标			
项目	PO	GPO	
门尼黏度[ML(1+4)100℃]	38～40	30～40	
不饱和度（摩尔分数)/%	0	3	
不饱和型环氧丙烷橡胶硫化胶的典型技术指标			
项目	指标	项目	指标
300%定伸应力/MPa	8.5	拉断伸长率/%	580
拉伸强度/MPa	18.4	硬度（JIS A)	62

3.16.4　聚醚橡胶的供应商

氯醚橡胶、氯醇橡胶的供应商见表 1.1.3-280 与表 1.1.3-281。

表 1.1.3-280　氯醚橡胶、氯醇橡胶的供应商（一）

供应商	牌号	门尼黏度	比重	T_g/℃	特性与应用
日本瑞翁	Hydrin H75	75	1.36	−21	出色的耐臭氧、耐气体渗透性，用于燃油胶管、胶黏剂和垫圈
	Hydrin H1100	58	1.35	−26	ECH 和 AGE 的共聚物，耐臭氧性改进，可用硫黄或过氧化物硫化
	Hydrin C2000	96	1.28	−41	用于燃油泵膜、油管、织物涂层和减震垫，也可用于提高塑料抗静电性能
	Hydrin C2000L	70	1.28	−41	C2000 的低门尼型
	Hydrin T3100	70	1.30	−36	ECH/EO/AGE 的三元共聚物，AGE 含量高，具有增强的耐酸性汽油及抗臭氧性
	Hydrin T3102	90	1.30	−38	ECH/EO/AGE 的三元共聚物，ECH 含量最高，提高了耐热及耐渗透性
	Hydrin T3105	75	1.28	−41	ECH/EO/AGE 的三元共聚物，ECH/AGE 含量高，提高了耐热及耐臭氧性
	Hydrin T3106	60	1.28	−48	ECH/EO/AGE 的三元共聚物，EO 含量最高，最佳的低温性能，导电性好，用于耐低温胶管、空气进口管和激光打印机胶辊
	Hydrin TX3	58	1.28	−48	ECH/EO/AGE 的三元共聚物，EO 含量最高，改进了加工性能，内在导电性好，专为激光打印机胶辊设计

表 1.1.3-281　武汉有机实业有限公司氯醚橡胶、氯醇橡胶牌号（二）

类别	均聚胶（H 型）	二元共聚胶（C 型）	三元共聚胶	
			T 型	CG 型
牌号	H—50、H—55、H—65	C—55、C—65、C—75	T—45、T—55、T—65	CG201、CG205、CG301
外观	白色或淡黄色			
水分/%	<1.0			
含氯量/%	36～38	24～28	14～28	
灰分/%	<1.0	<1.0	<1.5	
门尼黏度	45～70	50～80	40～70	
基本配合				
生胶	100	100	100	
NA—22	1.5	1.5	1.5	
Pb_3O_4	5	5	6	
NBC	2	2	2	
硬脂酸	1	1	1	
半补强炭黑		50	50	
高耐磨炭黑	50	—	—	

续表

类别	均聚胶（H型）	二元共聚胶（C型）	三元共聚胶	
			T型	CG型
硫化条件	一次硫化：151℃×50 min；二次硫化：150℃×2 h			
硫化胶物性指标				
拉伸强度/MPa	≥15	≥10	≥9	
扯断伸长率/%	≥350	≥300	≥400	
永久变形	≤15	≤15	≤10	
硬度（邵尔A）	75±5	65±5	60±5	
脆性温度/℃	≤−25	≤−40	≤−50	

武汉有机实业有限公司聚醚橡胶的其他基本配方见表1.1.3-282。

表1.1.3-282　武汉有机实业有限公司聚醚橡胶的其他基本配方

均聚胶H—55	50	—
共聚胶C—65	50	100
硬脂酸	2	2
炭黑N550	40	40
MgO	3	3
碳酸钙	5	5
TCY	0.8	1.0
促进剂D	0.5	—
促进剂TMTD	—	1.0
防焦剂CTP	0.5	0.5
硫化条件	一次硫化：160℃×30 min；二次硫化：150℃×2 h	

氯醚橡胶、氯醇橡胶的供应商还有：河间市利兴特种橡胶有限公司、日本曹达公司、美国固德里奇化学公司Goodrich Chemical Co.、美国Zeon Chemical公司（Parel）等。

3.17　聚氨酯弹性体

聚氨酯弹性体可在较宽的硬度范围具有较高的弹性及强度、优异的耐磨性、耐油性、耐疲劳性及抗振动性，具有“耐磨橡胶”之称。聚氨酯弹性体在聚氨酯产品中产量虽小，但聚氨酯弹性体具有优异的综合性能，已广泛用于冶金、石油、汽车、选矿、水利、纺织、印刷、医疗、体育、粮食加工、建筑等工业部门。

聚氨酯弹性体主要包括浇注型聚氨酯弹性体（简称CPU）、热塑型聚氨酯弹性体（简称TPU）、混炼型聚氨酯弹性体（简称MPU）。聚氨酯黏合剂、聚氨酯涂料、聚氨酯皮革（PU革）、聚氨酯泡沫塑料、聚氨酯弹性纤维等都是以上三种弹性体材料派生出来的具体应用。

聚氨酯弹性体就其模量而言是介于塑料和橡胶中间的一种高聚物，其原料品种繁多，配方选择范围大，硬度从邵A10的橡胶到邵D90的抗冲击塑料，杨氏模量从每平方厘米数十公斤至数千公斤，大大超出了橡胶的杨氏模量（2～100 kg/cm²）水平。而且，聚氨酯弹性体的加工方法多种多样，它的出现使橡胶与塑料的加工差别进一步缩小。可以说，聚氨酯弹性体各方面性能均介于橡胶与塑料之间。

聚氨酯弹性体与烃系高聚物不同，聚氨酯弹性体分子主链由柔性链段和刚性链段镶嵌组成。柔性链段又称软链段、长链，由低聚物多元醇（如聚酯、聚醚、聚丁二烯等）构成，分子量为1 000～6 000；刚性链段又称硬链段、短链，由二异氰酸酯（如TDI、MDI等）与小分子扩链剂（如二元胺和二元醇等）的反应产物构成，一般含有2～12个直链碳原子；长链和短链之间通过二异氰酸酯的化学结合形成氨基甲酸酯基进行键接。软、硬链段的极性强弱不同，软链段所占比例比硬链段多。在聚氨酯弹性体的大分子之间，特别是硬链段之间静电力很强，而且常常有大量的氢键生成，这种强烈的静电力作用使硬链段容易聚集在一起，形成许多微区分布于软链段相中，称为微相分离结构，它的物理机械性能与微相分离程度有很大关系。

通过调节聚氨酯材料的聚合度、异氰酸酯指数、软段分子量、硬段分子量、软硬段比例等，可以得到不同的聚氨酯弹性体。一般的，热塑型聚氨酯弹性体的最低数均分子量一般在30 000上下。对于交联型聚氨酯弹性体如浇注胶和混炼胶，在交联以前其分子量通常在10 000～20 000范围内，需通过扩链反应和交联反应使聚合物呈现高聚物的特性。

本节专述聚氨酯弹性体，包括浇注型聚氨酯弹性体、热塑型聚氨酯弹性体和混炼型聚氨酯弹性体，其中混炼型聚氨酯弹性体本手册中也称之为聚氨酯橡胶（PUR）；聚酯型聚氨酯弹性体简写为AU，聚醚型聚氨酯弹性体简写为EU。

3.17.1　聚氨酯弹性体的分类

聚氨酯弹性体被定义为聚合物主链上具有氨基甲酸酯键的弹性体物质，但实际上指由聚异氰酸酯与活性氢化物反应生成的弹性体，聚脲等主链上不带氨基甲酸酯的多数也被纳入该范畴。

1937 年 Bayer 等通过二异氰酸酯与二元醇或二胺加成聚合合成了聚氨酯和聚脲。其中，由 1，4-丁烷二元醇和六亚甲基二异氰酸酯制造的聚氨酯作为纤维和塑料应用。这是一种具有有序反复单元的结晶性聚氨酯，其物性类似于锦纶。进入 1940 年，I. G. 公司的 Schlack 用 HID 等二异氰酸酯对末端为羟基的脂肪族聚酯进行联结而制得线型聚合物。但该聚合物因熔点低而没有实用价值。

初期，聚氨酯弹性体是适于以往加工成型工艺的混炼型。I. G. 公司下属的 Bayer 公司于 1950 年发表了聚氨酯橡胶，1952 年发表了软质聚氨酯泡沫。前者是由富有屈挠性长链组成的三元醇与二异氰酸酯和短链多元醇（或水）进行反应制成的聚氨酯橡胶，这是由水或短链段的二元醇与二异氰酸酯反应生成的高熔点硬链段和长链二元醇的软链段组成的多嵌段共聚物，其商品为 Vulkollan。后者是支化链末端具有羟基的聚酯和水一起与二异氰酸酯反应，产生二氧化碳气体同时进行凝胶化而得到发泡体的软质聚氨酯，该聚合物骨架主要是由软链段组成的三维网状聚合物。50 年代初期，Müler 等发现了可以热成型的 Vulkollan 型的混炼型聚氨酯橡胶。

50 年代中期，Müler 等开发了具有 Vulkollan 骨架的容易加工成型的浇注型聚氨酯弹性体。50 年代后期，杜邦公司的 Athey 等开发了聚脲类的浇注型聚氨酯弹性体，由聚四亚甲基乙二醇醚（PTMG）与过剩的二异氰酸甲苯酯（TDL）进行反应，用亚甲基双邻氯苯胺（MOCA）进行固化，有 Adiprene－L 系列产品。

1958 年，Goodrich 公司的 shollenberger 发表了以分子设计方法完成的热塑性聚氨酯弹性体 Estane VC。这时具有 Vulkollan 型骨架的线型链段的聚氨酯，不具有化学交联点，属于早期商品化“化学交联-物理交联”的热塑性弹性体。Estane VC 在常温下，具有聚氨酯硬链段通过形成氢键使软链段结束的凝聚结构，以此作为物理交联点起作用，显现橡胶物性；该氢键受热破坏，TPU 软化熔融。1962 年，Mobay 化学公司发表了末端基为 NCO 的 TPU，其商品名 Texin，该种 TPU 在成型后的固化中进行化学交联，表现热固性橡胶的特性，所以称其为不完全 TPU。而 Estane 型 TPU 为线型不活泼聚合物，所以称其为完全 TPU。

20 世纪 60 年代初期，开发了由连续发泡机和连续固化装置等组成的聚氨酯泡沫连续生产线，贮存原料液体计量输液装置和混合技术使液状反应成型技术极大提高。例如，具有溶剂闪光洗涤装置、混合机头上安装搅拌转子的低压混合机可以对浇注型聚氨酯弹性体进行成型。1964 年前后，高压液体碰撞混合的高速混合技术问世，称为 RIM（反应性注射成型法）技术，带来了新的技术改革，自 1974 年开始用于成型汽车的软仪表板。尔后，以往成型困难的超高速固化聚氨酯脲和聚脲的装置问世，使成型周期进一步缩短。

聚氨酯弹性体根据物理状态及加工特点可分为：浇注型、混炼型、热塑型；按照化学组成可以分为聚酯类聚氨酯弹性体与聚醚类聚氨酯弹性体。

（一）按照物理状态及加工特点的分类

1. 浇注型聚氨酯弹性体（CPU）

浇注型为液体橡胶，利用端基扩链交联成型。如聚 ε-己内酯型聚氨酯浇注胶以二元醇为起始剂，在催化剂作用下，ε-己内酯开环聚合制得两端为羟基的聚 ε-己内酯，然后再与 2，4-甲苯二异氰酸酯进行预聚，再在 MOCA（亚甲基双邻氯苯胺）的作用下进行扩链、硫化而成。该胶为黄褐色半透明弹性体，脆化温度低于－70℃，长期使用温度为 80～90℃，耐水性优异，适用于制造耐磨、耐油、耐压的密封件、胶辊、衬里、冲裁模、齿形带等。

浇注型聚氨酯弹性体加工成型方法主要有如下几种：常压浇注、真空浇注、离心浇注、真空离心浇注、旋转浇注、模压和传递成型、反应注射成型（即 RIM）等。浇注型的聚氨酯弹性体加工成型后，需要高温或室温固化。

浇注型聚氨酯弹性体主要应用领域包括：

（1）浇注制品：胶辊类（印刷胶辊、造纸胶辊、制钢胶辊、打印机胶辊、印染和合线胶辊、砻谷胶辊等）、实心轮胎、胶带类（同步齿形带、输送带等）、复印机清理托板、扫雪机边缘胶片、船舶胶管、矿石筛、钢管内衬胶层、机械工业部件。

（2）发泡微孔弹性体，即聚氨酯泡沫塑料，可分为软泡沫塑料、半硬泡沫塑料和硬泡沫塑料。市场上已有各种规格用途的泡沫塑料组合料（双组分预混料），用于（冷熟化）高回弹泡沫塑料、半硬泡沫塑料、浇铸及喷涂硬泡沫塑料等。其中软泡沫塑料主要用于鞋底、缓冲材料（家具及交通工具各种垫材）、隔音材料等；半硬泡沫塑料用于汽车仪表板、方向盘等。硬泡沫塑料按组成可以分为硬质聚醚型塑料与硬质聚酯型塑料。

硬质聚醚型塑料制品最大特点是：可根据具体使用要求，通过改变原料的规格、品种和配方，合成所需性能的产品。该产品质轻（密度可调），比强度大，绝缘和隔音性能优越，电气性能佳，加工工艺性好，耐化学药品，吸水率低，加入阻燃剂亦可制得自熄性产品。主要用于家用电器隔热层，屋墙面保温防水喷涂泡沫，冷藏车、冷库、冷罐、管道等领域作绝缘保温隔热材料，高层建筑（如建筑板材）、航空、汽车等部门做结构材料起保温隔音和轻量化的作用。超低密度的硬泡可做防震包装材料及船体夹层的填充材料。

硬质聚酯型塑料与聚醚型同一密度的硬泡相比，有较高的拉伸强度和较好的耐油、耐溶剂和耐氧化性能，但聚酯黏度大，操作较困难。应用领域类似于硬质聚醚型聚氨酯泡沫塑料，当制品对强度、耐温性要求较高时，用聚酯型硬泡较为合适。如雷达天线罩的夹层材料，飞机、船舶上的三层结构材料，电器、仪表、设备的隔热材料和防震包装材料。

（3）RIM 制品，包括汽车内装品、汽车外装品、窗框密封条。

（4）被覆材料，包括地板材防水涂膜材料、道路铺装材料、防水胶布、吸收冲击被覆材料。聚氨酯涂层剂是当今涂覆材料发展的主要品种，它的优势在于：涂层柔软并有弹性；涂层强度好，可用于很薄的涂层；涂层多孔，具有透湿和通气性能；耐磨，耐湿，耐干洗。其不足在于：成本较高；耐气候性差；遇水、热、碱要水解。

（5）密封材料，包括防水材料、直接涂覆上光。

（6）封装材料，包括电和电子绝缘用浇注材料、人造脏器密封黏合材料。

（7）聚氨酯胶乳，是以水为分散体的聚氨酯材料，可用作涂料、黏合剂、装修材料和铺装材料；浸渍织物可作增强材料，可用于制作强度高的层压材料；也可用作涂饰剂和织物整理剂。交联型胶乳的性能接近溶剂型聚氨酯的性能。

浇注型聚氨酯弹性体详见本章第六节．2.8．液体聚氨酯橡胶；聚氨酯胶乳详见本章第六节．1.6.7．聚氨酯胶乳。

2．热塑型聚氨酯弹性体（TPU）

热塑型聚氨酯弹性体的加工成型工艺，分为固体工艺或溶液工艺，固体工艺是最常用的成型方法，包括注射模制、挤出成型、压延成型、吹塑模压和真空成型等，其中应用最广的是注射和挤出，适于大量生产小件制品。热塑型聚氨酯弹性体的加工成型，一般包括以下工艺过程：准备工艺、固体工艺或溶液工艺、回收工艺。溶液工艺指的是将聚氨酯热塑型弹性体溶于溶剂中，用于成模、涂覆、喷涂和浸渍。热塑型的聚氨酯弹性体在加工冷却后即可使用，不需热硫化（一般成型冷却后需停放半个月左右，或成型后热处理在室温停放几天方可投入使用）。

热塑型聚氨酯弹性体主要应用领域包括：

（1）固体成型：汽车部件（球窝关节、防尘罩、脚踏止动器、挡泥板延长部、车门锁闩眼、轴套、动密封、蕊膜、O形圈、静密封、回弹性橡胶、隔板、挡板块、滑动部件、减震橡胶、侧向模制品、注油器仪表板等），机械工业部件（各种齿轮、密封材料、动密封垫、减震部件、拣选机、衬套、轴承、连接器、橡胶筛、打印鼓），鞋类（运动鞋底、尖头坤鞋掌面、滑雪鞋、安全鞋），管类（高压管、医疗软管、油压管、燃料管、消防管等），薄膜类（防水布、气垫、乘用车用气囊、简易潜水服、救生衣、运动服、尿布衬、隔离薄膜、医疗器具部件、键盘板、合成革、热熔涂层等），电线电缆被覆材料，各种带类（元带、V带、同步带、输送带等），轮胎防滑装置，滚筒、小脚轮，把手，表带，家畜箍，树脂锤，熔融纺丝氨纶弹性纤维，无纺布，中空成型材料等。

（2）溶液成型：热塑型聚氨酯弹性体的此类成型方法主要用作合成革、湿纺氨纶弹性纤维、防破坏涂剂、磁性记忆媒体用结合剂、医用材料、绳索、手套等的涂覆材料。

聚氨酯合成革，有PU革与PU皮之分。PU革以聚氨酯浇注胶、热塑胶和聚氨酯水乳胶为原料。聚氨酯浇注胶作PU革的黏合层或发泡层，聚氨酯水乳胶和聚氨酯热塑胶作PU革的面层，也可单独用聚氨酯热塑胶或单独用聚氨酯水乳胶作PU革。在生产工艺上，分湿法和干法两种；在革的结构上，又分为有黏合剂和没有黏合剂，有发泡层和没有发泡层；在应用上则分为服装革、鞋面革和工业用革。

PU皮就是含聚氨酯成分的表皮，服装厂家广泛用此种材料生产服装，俗称仿皮服装。PU皮一般其反面是牛皮的第二层皮料，在表面涂上一层PU树脂，所以也称贴膜牛皮，价格较便宜，利用率高。随工艺的变化可制成各种档次的品种，如进口二层牛皮，因工艺独特，质量稳定，品种新颖等特点，为目前的高档皮革，价格与档次都不亚于头层真皮。PU皮与真皮包各有特点，PU皮包外观漂亮，好打理，价格较低，但不耐磨，易破；真皮价格昂贵，打理麻烦，但耐用。

聚氨酯弹性纤维，即氨纶，是用全热塑性聚氨酯热塑胶进行抽丝、纺丝制成的纤维，主要用于袜子等织物，加色料可制成美观、耐用、色泽鲜艳的服装。不同类型聚氨酯材料与分子间作用力、交联密度的关系如图1.1.3-32。

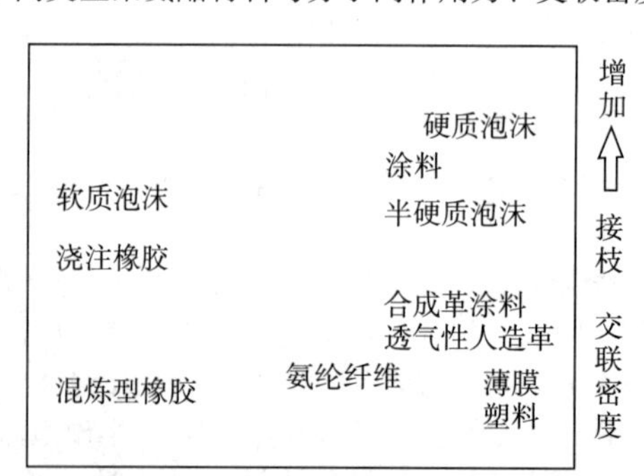

图1.1.3-32　不同类型聚氨酯材料与分子间作用力、交联密度的关系

热塑型聚氨酯弹性体详见本章第五节．七．聚氨酯类TPE。

3．混炼型聚氨酯弹性体（MPU）

混炼型聚氨酯弹性体（MPU）主要加工特性是先合成储存稳定的固体生胶，再采用通用橡胶的混炼机械进行加工，制得热固性网状分子结构的聚氨酯弹性体。根据主链软段结构混炼型聚氨酯可分为聚酯型和聚醚型两大类，根据硫化剂不同分为S硫化、DCP和异氰酸酯硫化硫化胶。MPU可以制得硬度为邵尔A60～70的制品。混炼型聚氨酯弹性体通常采用本体聚合法生产。

MPU在整个聚氨酯弹性体中市场需求量仅占3%以下，虽然其产量较小，综合性能也不及CPU和TPU，但由于它的加工成型方式的通用性，因此有相对稳定的市场需求，适宜制作小型模压制品及薄壁、薄膜制品，如传动带（音响电器和办公机器用）、小零件类（连接器、导向体、防尘罩等）、小型胶辊、缓冲橡胶等。

聚氨酯弹性体分类、工艺和应用的关系见图1.1.3-33。

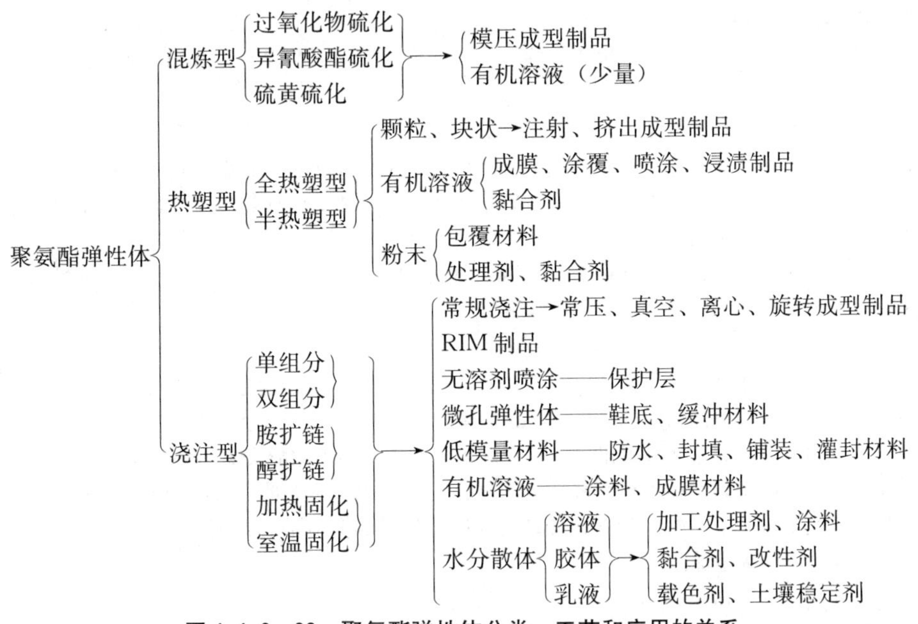

图 1.1.3 - 33　聚氨酯弹性体分类、工艺和应用的关系

其各自的优缺点见表 1.1.3 - 283。

表 1.1.3 - 283　浇注型、热塑型、混炼型聚氨酯弹性体加工性能对比

聚氨酯类型		优点	缺点
浇注型	常规	最大限度地发挥聚氨酯弹性体的特点，工艺简单，制造加工设备和模具费低，可机械或手工操作	对于小件制品，材料损耗大，易产生气泡；对于管状、线状等长尺寸制品成型困难；采用敞口模具，制品须经再加工；要注意原料保存
	发泡	反应快，大、中、小型制品均可制作，制品吸振性好	须注意设备的维护和管理，尤其要注意温度调节，要注意原料的储存
热塑型		有利于小件制品的生产，可利用塑料加工设备和技术，能用于薄膜、皮革的生产	模具费用高，耐热性和永久变形差，大型制品成型困难
混炼型		便于中等规模生产，可利用橡胶加工设备，低硬度制品性能好	硬质制品性能不好，不适合大型制品的生产

（二）按照化学组成的分类

聚氨酯弹性体是在催化剂存在下由二元醇、二异氰酸酯和扩链剂的反应产物。

其反应式如下：

$$n\mathrm{HO{-}R{-}OH} + n\mathrm{OCN{-}A{-}NCO} \longrightarrow \left[\mathrm{O{-}R{-}O{-}\overset{\displaystyle O}{\overset{\|}{C}}{-}NH{-}A{-}NH{-}\overset{\displaystyle O}{\overset{\|}{C}}{-}O}\right]_n$$

二元醇（聚醚或聚酯）　二异氰酸酯　　　　聚氨酯聚合物

聚氨酯从二元醇这种短链聚合物成为具有使用价值的弹性体，包含一种“链增长”过程，而不是常见的硫化反应。二元醇一般有两类，即聚醚类和聚酯类。

$$\mathrm{HOR'O}\left[\mathrm{{-}\underset{\displaystyle O}{\underset{\|}{C}}{-}R{-}\underset{\displaystyle O}{\underset{\|}{C}}{-}O{-}R'{-}O{-}}\right]_x\mathrm{H} \qquad \mathrm{HO[{-}R{-}O{-}]_xH}$$

聚酯　　　　　　聚醚

上式中，字母 R 和 R′代表一个或多个碳原子基团，x 值为 10～50。

聚氨酯弹性体根据原料不同可分为聚酯型聚氨酯弹性体（AU）和聚醚型聚氨酯弹性体（EU），AU 的柔性链段为聚酯，EU 的柔性链段为聚醚。聚酯型聚氨酯弹性体具有出色的耐油性、耐中温特性和耐滑动磨损性；聚醚型聚氨酯弹性体水解稳定性更高，具有高回弹性和耐冲击磨耗性。

杂链弹性体主链所含基团耐水性顺序大致如下：

$$\mathrm{{-}C{-}O{-}C{-}} > \mathrm{{-}NH{-}\overset{\displaystyle O}{\overset{\|}{C}}{-}O{-}} > \mathrm{{-}NH{-}\overset{\displaystyle O}{\overset{\|}{C}}{-}NH{-}}$$

醚基　　氨基甲酸酯基　　脲基

$$\begin{matrix}\mathrm{{-}N{-}\overset{\displaystyle O}{\overset{\|}{C}}{-}NH{-}} \\ | \\ \mathrm{O{=}C{-}NH{-}}\end{matrix} \gg \mathrm{{-}\overset{\displaystyle O}{\overset{\|}{C}}{-}OR{-}}$$

缩二脲基　　酯基

EU比AU的耐水性好5～10倍。

聚氨酯弹性体除聚酯类、聚醚类外，还有聚丁二烯多元醇和聚碳酸酯二醇以及蓖麻油等聚氨酯类弹性体，已有商品出现，但产量很少。

1. 聚酯类聚氨酯弹性体（Polyester Urethane Elastomer）

聚酯类聚氨酯弹性体由聚酯多元醇与二异氰酸酯加成反应制得，代号AU。聚酯多元醇一般为己二酸与乙二醇进行缩聚得到的聚己二酸酯，也有壬二酸、癸二酸的聚酯；二异氰酸酯则有甲苯二异氰酸酯或二苯基甲烷二异氰酸酯等。

聚酯类聚氨酯弹性体的分子结构为：

$$\text{+}\!\left(\mathrm{O—R'—OCO—NH—R—NH—CO}\right)_n$$

其中，R——芳烃或脂肪烃；

R′——聚酯。

聚酯类聚氨酯弹性体分为浇注型、混炼型和热塑型。无论浇注型还是混炼型聚氨酯弹性体，均须经扩链反应，扩链剂主要是二元醇类和二元胺或多元醇类和烯丙基醚二醇类，后者可形成交联。相比聚醚类聚氨酯弹性体，聚酯类聚氨酯弹性体机械强度更高；耐热老化性、耐臭氧性、耐化学药品性好；但耐寒性不如聚醚类聚氨酯弹性体。

聚酯类聚氨酯弹性体主要用于制作鞋底和后跟、运动鞋、实心轮胎、输送带、输送管道、胶辊、筛板和滤网、轴衬和轴套、泵和叶轮包覆层、汽车防尘罩、电缆护套、传动带、薄壁制品、膜制品、垫圈、油封、曲杆泵衬里、泥浆泵活塞，还可用于坦克履带板挂胶以及海绵泡沫制品等。

2. 聚醚类聚氨酯弹性体（Polyether Urethane Elastomer）

聚醚类聚氨酯弹性体是聚醚多元醇如聚氧化丙烯醚二醇、聚氧化四亚甲基醚二醇（PTMG）、聚四氢呋喃醚二醇、共聚醚二醇等二官能性聚醚与二异氰酸酯加成反应而得的共聚物，代号为EU。

聚醚类聚氨酯弹性体的分子结构为：

$$\text{+}\!\left(\mathrm{O—R'—OCO—NH—R—NHCO}\right)_n$$

其中，R——芳烃或脂肪烃；

R′——聚醚。

聚醚类聚氨酯弹性体也可分为浇注型、混炼型和热塑型。浇注型、混炼型聚氨酯弹性体同样均须经扩链反应，扩链剂有直链型和交联型两类，以前者为主。直链型扩链剂主要是脂肪族或芳香族二元醇和芳香族二元胺；交联型有多元醇类和多元醇烯丙基醚两种。

聚醚类聚氨酯弹性体的主要特性为：制品硬度范围宽；物理机械性能特别是拉伸强度、耐磨性好，但稍逊于聚酯类聚氨酯弹性体；耐热老化性、耐臭氧性、耐化学药品性优良；但耐热水性差。

聚醚类聚氨酯弹性体与聚酯类聚氨酯弹性体的区别见表1.1.3-284。

表1.1.3-284　聚醚类聚氨酯弹性体与聚酯类聚氨酯弹性体的区别

项目	聚酯类	聚醚类	项目	聚酯类	聚醚类
耐辐射性	高	低	水解稳定性	次	好
耐磨性	高	低	耐热性	高	低
耐霉菌性	低	高	耐溶胀性	高	低
负荷能力	高	低	耐氧、臭氧性	高	低
压缩永久变形	小	大	耐紫外线性	高	低
低温柔软性	次	好			

聚醚类聚氨酯主要用于汽车部件，特别是缓冲器等大型部件，以及电气制品、土木建筑行业制品、泡沫制品等。

3.17.2　聚氨酯弹性体的合成与加工

（一）聚氨酯化学反应

聚氨酯的合成是以异氰酸酯的化学反应为基础的。异氰酸酯基（N═C═O）具有高度的不饱和性，异氰酸酯的化学反应可以从NCO基的电子共振结构来理解，巴克（Baker）等人提出了如下的电子共振结构：

$$\mathrm{R—\overset{\ominus}{\ddot{\underset{\cdot\cdot}{N}}}—\overset{\oplus}{C}═O \longleftrightarrow R—\ddot{N}═C═\ddot{O} \longleftrightarrow R—\ddot{N}═\overset{\oplus}{C}—\overset{\ominus}{\ddot{O}}:}$$

由上述共振结构可知，NCO基中带部分正电荷的碳原子易受亲核试剂的攻击而发生亲核加成反应，带部分负电荷的氧原子和氮原子易受亲电试剂的攻击而发生亲电加成反应。同时可以预见路易氏酸和碱都是上述反应的催化剂。合成聚氨酯过程中最重要的化学反应是异氰酸酯与活泼氢化合物的反应。其次，还有过氧化物、硫黄和甲醛的交联反应、异氰酸酯本身的聚合反应等。如果按合成过程来分，也可分为合成预聚物或生胶的反应、预聚物的扩链反应和交联反应。

聚氨酯的合成反应是氢转移的逐步聚合反应，也称加成聚合反应。

理论上，异氰酸酯可以和所有可以提供活性氢的化合物反应，属亲核反应。在含活性氢的化合物中，亲核中心的电子云密度越大，其负电性越强，它与异氰酸酯反应活性越高，反应速度越快。包括：

$$\sim\sim N{=}C{=}O + HO\sim\sim \longrightarrow \sim\sim N(H){-}\overset{O}{\overset{\|}{C}}{-}O\sim\sim$$

1. 异氰酸酯与羟基的反应

(1) 与醇的反应，生成氨基甲酸酯基团

$$\sim\sim N{=}C{=}O + HO\sim\sim \rightarrow \sim\sim N(H){-}\overset{O}{\overset{\|}{C}}{-}O\sim\sim$$

多异氰酸酯和多元醇如聚酯、聚醚是聚氨酯的基本原料和中间体，所以异氰酸酯基与羟基的反应是合成聚氨酯最基本的化学反应。当二醇过量时，生成端羟基的线型聚氨酯：

$$n\mathrm{OCN{-}R{-}NCO} + (n+1)\mathrm{HO{-}R'{-}OH} \rightarrow \mathrm{HO}[\mathrm{R'{-}O{-}}\overset{O}{\overset{\|}{C}}{-}\overset{H}{\overset{|}{N}}{-}\mathrm{R}{-}\overset{H}{\overset{|}{N}}{-}\overset{O}{\overset{\|}{C}}{-}\mathrm{O}]_n\mathrm{R'{-}OH}$$

当二异氰酸酯过量时，在适宜的条件下可生成端异氰酸酯基的线型聚氨酯：

$$(n+1)\mathrm{OCN{-}R\ NCO} + n\mathrm{HO\ R'\ OH} \rightarrow \mathrm{OCN}[\mathrm{R}{-}\overset{H}{\overset{|}{N}}{-}\overset{O}{\overset{\|}{C}}{-}\mathrm{O{-}R'O{-}}\overset{O}{\overset{\|}{C}}{-}\overset{H}{\overset{|}{N}}]_n\mathrm{R{-}NCO}$$

合成混炼型聚氨酯生胶和全热塑型聚氨酯弹性体时，在配方设计上应使二醇稍稍过量，以生成端羟基线型聚氨酯。而在合成浇注型聚氨酯预聚物时，通常使异氰酸酯过量，生成端异氰酸酯基的低聚物，然后与二胺（如 MOCA）或多元醇反应，硫化成型制品。在聚氨酯弹性体的配方中，有时也会采用少量官能度大于 2 的异氰酸酯（如 PAPI 及液化 MDI 等）和多元醇（如蓖麻油、聚丙三醇、三羟甲基丙烷、甘油等），以加速固化成型，特别是常温固化和快速固化体系往往如此。

异氰酸酯和多元醇的反应，在无催化剂场合下，需要在 70～120℃的温度下完成，一般来说，若其中一组分明显过量时，可采用 70～90℃，如合成浇注型预聚物。若异氰酸酯组分和羟基组分接近等当量时，反应后期应将温度提高至 100～120℃，生胶和热塑胶的烘胶温度就是这样确定的。反应程度可通过 NCO 基的含量分析或红外光谱测定。

(2) 与酚的反应

异氰酸酯与酚的反应和醇相似，但比较迟缓。在 50～70℃反应很慢，这是因为苯基为吸电子基，降低了羟基中氧原子的电子云密度。

$$\mathrm{{-}R{-}NCO} + \mathrm{ArOH} \rightarrow \mathrm{{-}R{-}}\overset{H}{\overset{|}{N}}{-}\overset{O}{\overset{\|}{C}}{-}\mathrm{OAr}$$

该反应生成了氨基甲酸苯酯，是合成封闭型异氰酸酯的一个例子。该生成物在常温下是稳定的，但是加热至 150℃时便开始分解成原来的异氰酸酯和酚。封闭的多异氰酸酯常用于单组分聚氨酯黏合剂。

2. 异氰酸酯与水反应生成取代脲基团

$$2\mathrm{R{-}NCO} + \mathrm{H_2O} \xrightarrow{-\mathrm{CO_2}} \mathrm{R{-}NH{-}}\underset{O}{\underset{\|}{C}}\mathrm{{-}NH{-}R}\ (\text{对称脲})$$

因此，当少量水与短链聚合物、二异氰酸酯一起混合时，可同时存在链增长、硫化和发泡过程。虽然聚氨酯泡沫生产中有时用水作为发泡剂，但是，在非发泡聚氨酯制品生产中，水是十分有害的（1 摩尔水能生成 22.4 升 CO_2 气体）。通常要求聚氨酯弹性体原料、中间体（如多元醇等）的含水量在 0.05%以下，并在反应过程中用干燥氮气保护，避免空气中湿气的影响。

3. 异氰酸酯与胺反应生成取代脲基团

(1) 异氰酸酯与伯胺的反应

$$\mathrm{R{-}NCO} + \mathrm{H_2N{-}R'} \rightarrow \mathrm{R{-}NH{-}}\underset{O}{\underset{\|}{C}}\mathrm{{-}NH{-}R'}\ (\text{非对称脲})$$

(2) 异氰酸酯与仲胺的反应

$$\mathrm{R{-}NCO} + \underset{R'}{\underset{|}{\mathrm{HN}}}\mathrm{{-}R'} \rightarrow \mathrm{R{-}NH{-}}\underset{O}{\underset{\|}{C}}{-}\underset{R'}{\underset{|}{N}}\mathrm{{-}R'}\ (\text{非对称脲})$$

氨基和羟基一样，与 NCO 基的反应活性受与之连接的 R 基团的影响。如 R 系吸电子基，则降低氨基的反应活性；若系推电子基，则提高氨基的反应活性。由此可知，脂族胺的反应活性大于芳胺。除了 R 基的吸电子效应外，R 的空间效应对胺的活性也有很大影响。有人测定伯胺、仲胺和叔胺与异氰酸酯的反应活性之比为 200：60：1。

脂族胺的活性太高，凝胶过快，操作困难，在聚氨酯浇注胶生产中难以采用。而芳胺反应速度比较适中，并能赋予弹性体优良的物理机械性能。其中尤以 MOCA（亚甲基双邻氯苯胺，3，3'-二氯-4，4'-二氨基二苯烷）的综合效果最佳，是目前 TDI 系列聚氨酯浇注弹性体最常用的硫化剂。

4. 异氰酸酯与羧基反应生成取代酰胺基团

聚酯的酸值反映了微量羧酸的存在。异氰酸酯与羧酸的反应生成易分解的酸酐。若两者中有一种是芳族的，室温下反应产物主要是酸酐、取代脲和二氧化碳；若两者均为脂族的，则反应产物为酸酐、取代酰胺和二氧化碳。

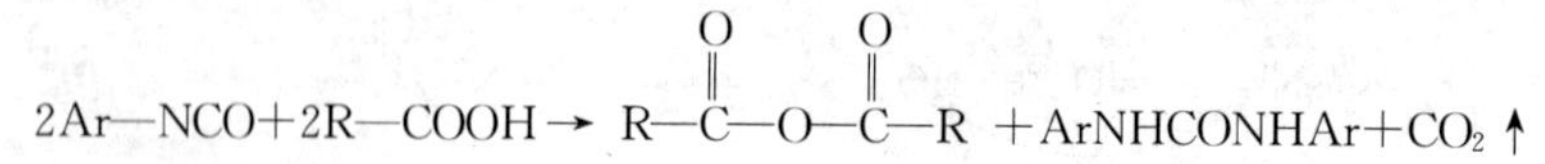

$$2Ar—NCO+2R—COOH \rightarrow R—\overset{\overset{O}{\|}}{C}—O—\overset{\overset{O}{\|}}{C}—R + ArNHCONHAr + CO_2 \uparrow$$

（芳族异氰酸酯）

$$R—NCO+R'—\overset{\overset{O}{\|}}{C}—OH \rightarrow R'—\overset{\overset{O}{\|}}{C}—O—\overset{\overset{O}{\|}}{C}—R' + R—NH\overset{\overset{O}{\|}}{C}—R' + CO_2 \uparrow$$

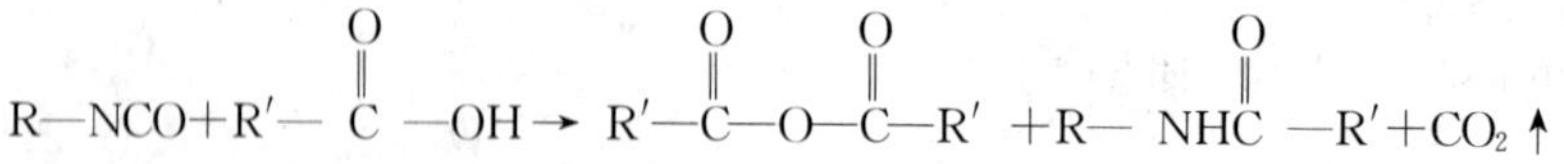

（脂族异氰酸酯）（脂族羧酸）　　　　（取代酰胺）

由上述反应可知，原料中羧酸的存在，也可能是胶料和制品出现气泡的一个原因。但是羧酸与异氰酸酯的反应活性要低于伯醇和水，常常需要在高温硫化中才能进行。为此，聚酯多元醇的酸值一般要求在0.5以下。

5. 异氰酸酯的聚合反应

（1）异氰酸酯的加聚反应

异氰酸酯有强烈的聚合倾向，甚至在常温下就能自聚成环，生成高熔点化合物。目前已开发的异氰酸酯聚合物是芳族二异氰酸酯的二聚体和三聚体，其中特别是TDI的二聚体和MDI的三聚体最有实用价值。

①二聚体化

脂族异氰酸酯二聚体的合成未见报道。芳族异氰酸酯的二聚反应是不饱和化合物反应的一种特殊情况，反应生成二聚体，其分子中具有脲二酮环结构。

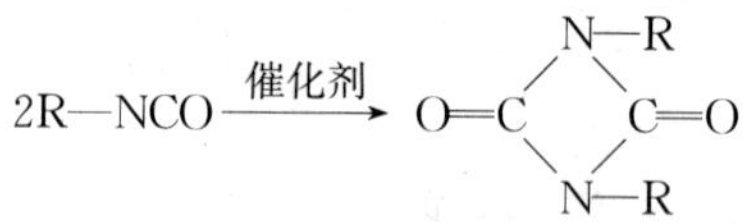

2R—NCO —催化剂→ O═C(N—R)₂C═O（四元环：两个 N—R 与两个 C═O 交替相连）

2，4-TDI因甲基的空间效应和电子效应，邻位NCO基不易发生二聚反应，而对位NCO基容易聚合生成二聚体。在催化剂三烷基膦或叔胺（如吡啶）存在下，该反应更易进行。2，4-TDI的二聚体在150℃开始分解，175℃完全分解，是一个平衡反应。

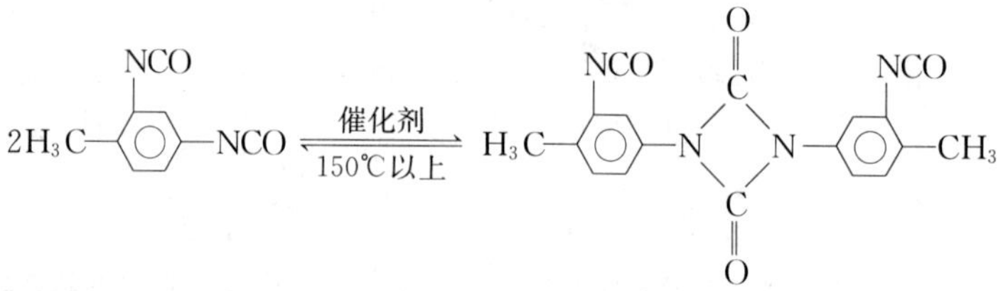

2H₃C—C₆H₃(NCO)—NCO ⇌（催化剂 / 150℃以上）H₃C—C₆H₃(NCO)—N(C═O)₂N—C₆H₃(NCO)—CH₃

2，4-TDI二聚体是常用的异氰酸酯硫化剂。由于2，4-TDI二聚体邻位基活性较低，加之其熔点较高，所以有利于混炼型聚氨酯生胶的储存和混炼，抑制早期硫化。TDI二聚体在通常的硫化温度下（130～150℃）有可能分解成两个单体异氰酸酯，但不是主要的，在硫化过程中基本上是以二聚体形式参加扩链和交联反应。

②三聚体化（生成三聚异氰酸酯）

异氰酸酯的三聚反应，生成聚异氰脲酸酯。以MDI为例，其三聚反应为：

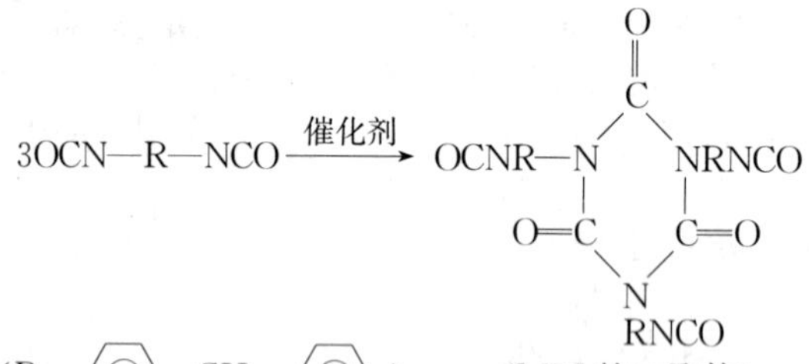

3OCN—R—NCO —催化剂→ 三聚体（六元环：三个 C═O 与三个 N 交替，N 上分别连 OCNR—、—RNCO、RNCO）

（R：—C₆H₄—CH₂—C₆H₄—）　（MDI的三聚体）

三聚反应的催化剂有甲醇钠等强有机碱。MDI三聚体在150～200℃的高温下仍具有很好的稳定性，而且在结构上形成了三个反应性的官能团。这样，不仅为聚氨酯的合成提供了支化和交联中心，而且为耐热和耐燃聚氨酯材料的合成提供了新的途径。

③异氰酸酯的线型聚合反应

据报道，芳族单异氰酸酯可通过阴离子聚合，生成线型高分子聚合物——取代聚酰胺。

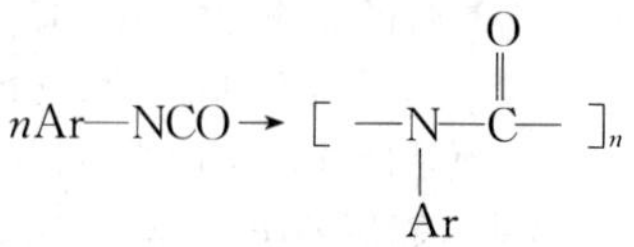

$$nAr—NCO \rightarrow [\ —\underset{\underset{Ar}{|}}{N}—\overset{\overset{O}{\|}}{C}—\ ]_n$$

（2）异氰酸酯的缩聚反应

异氰酸酯在戊环系磷化氧（如1-苯基-3-甲基膦杂环戊烯-1-氧化物）存在下，可缩合生成碳化二亚胺结构，并放出二氧化碳。

$$2R—NCO \rightarrow R—N=C=N—R + CO_2\uparrow$$

如果用二异氰酸酯为原料，就可生成多碳化二亚胺。

$$nOCN—R—NCO \rightarrow OCN—R\!\left[N=C=N—R\right]\!nNCO + nCO_2\uparrow$$

碳化二亚胺具有高度不饱和的—N=C=N—基团，能发生许多反应。如与水作用，生成取代脲。在聚氨酯的发展中，碳化二亚胺的重要意义是作为聚氨酯的水解稳定剂。同时，生成碳化二亚胺的这一反应是MDI液化和改性的有效途径。这种改性的液化MDI已成为RIM聚氨酯和高回弹、室温固化聚氨酯的原料。

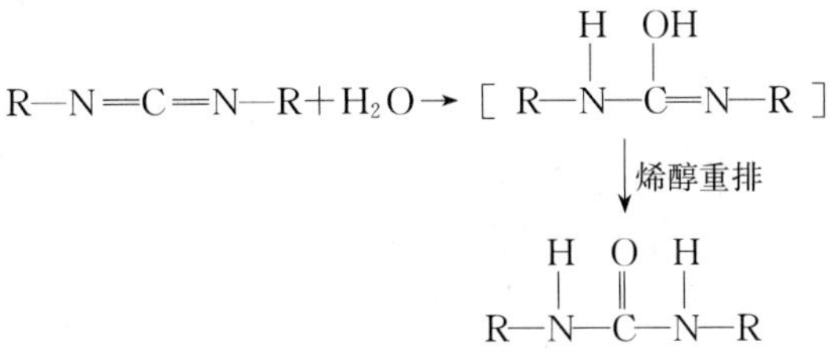

$$R—N=C=N—R + H_2O \rightarrow [\,R—N(H)—C(OH)=N—R\,] \xrightarrow{\text{烯醇重排}} R—N(H)—C(=O)—N(H)—R$$

（取 代 脲）

聚酯型聚氨酯中常残存着未反应的羧酸基，此外，酯基水解时也会产生羧酸，而羧酸是聚氨酯水解的促进剂。碳化二亚胺很容易与羧酸反应，生成取代酰脲，从而提高了聚氨酯的耐水解性能。

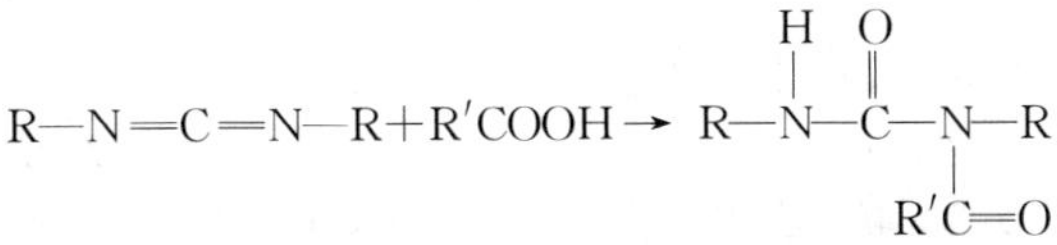

$$R—N=C=N—R + R'COOH \rightarrow R—N(H)—C(=O)—N(C(=O)R')—R$$

（取代酰脲）

MDI与TDI相比，毒性小，活性高，能赋予聚氨酯弹性体更佳的综合性能。但是，MDI很不稳定，熔点高（38℃），给储存运输和加工使用带来不便。通过碳化二亚胺改性的液化MDI，不仅克服了上述弊病，而且能提高反应活性，改善制品的耐水和阻燃性能。此外，碳化二亚胺结构易与异氰酸酯进一步反应成环，生成脲酮亚胺（Uretonimine）结构，通过控制这一反应的程度，便可得到不同官能度的改性多异氰酸酯，为新产品开发提供了便利。

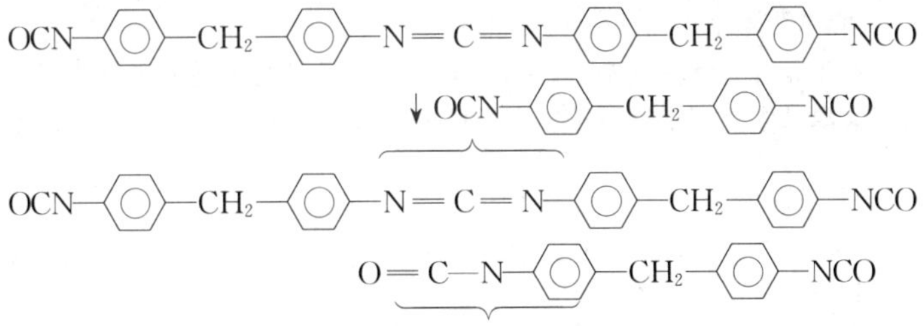

$$OCN—C_6H_4—CH_2—C_6H_4—N=C=N—C_6H_4—CH_2—C_6H_4—NCO$$

$$\downarrow OCN—C_6H_4—CH_2—C_6H_4—NCO$$

$$OCN—C_6H_4—CH_2—C_6H_4—N=C=N—C_6H_4—CH_2—C_6H_4—NCO$$

$$O=C—N—C_6H_4—CH_2—C_6H_4—NCO$$

（脲酮亚胺结构）

6. 异氰酸酯与三元醇化合物的反应

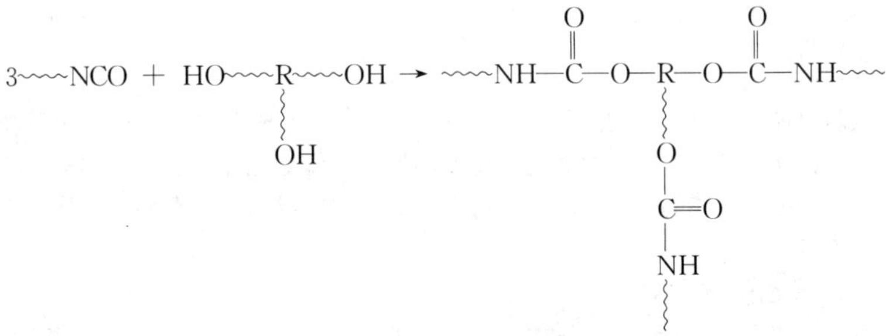

$$3\sim NCO + HO\sim R(\sim OH)\sim OH \rightarrow \sim NH—C(=O)—O—R(\sim O—C(=O)—NH\sim)—O—C(=O)—NH\sim$$

7. 异氰酸酯与氨基甲酸酯的反应，生成脲基甲酸酯交联基团

异氰酸酯与醇反应生成氨基甲酸酯。氨基甲酸酯与异氰酸酯进一步反应是难以进行的，需要在高温（120～140℃）或选择性催化剂（如强碱）存在下才有明显的反应速度，反应生成氨基甲酸酯支链或交联。

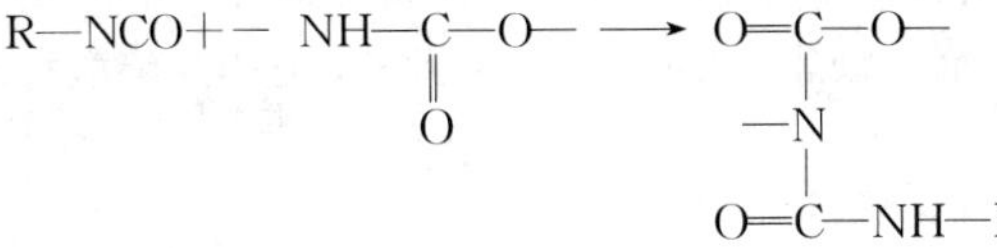

$$R—NCO + —NH—C(=O)—O— \longrightarrow O=C(—O—)—N(—)—C(=O)—NH—R$$

（脲基甲酸酯）

8. 异氰酸酯与取代脲基团的反应，生成缩二脲交联基团

异氰酸酯与胺和与水的反应均生成取代脲。在较高温度或催化剂存在下，取代脲可进一步与异氰酸酯反应，生成缩二脲支链或交联。

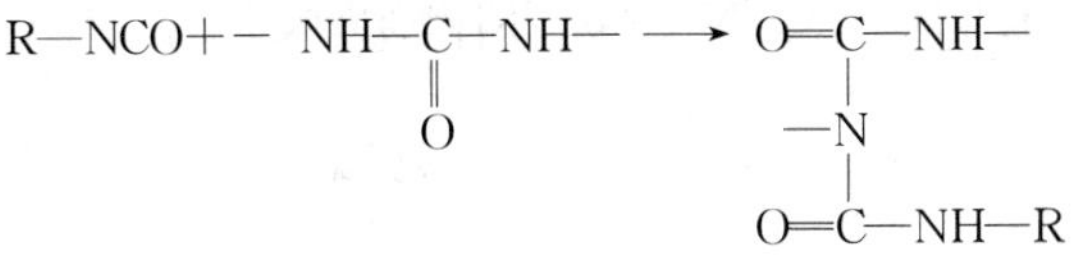

$$R—NCO + —NH—C(=O)—NH— \longrightarrow O=C(—NH—)—N(—)—C(=O)—NH—R$$

（缩二脲）

脲，具有酰胺的结构，但由于它是由两个胺基连在同一个羰基上，所以脲的碱性比酰胺稍强，与异氰酸酯的反应比酰胺快，在110℃以上就有足够的反应速度。该反应在以胺类为硫化剂的聚氨酯浇注体系中具有实际意义。例如，以MOCA为硫化剂制备聚氨酯浇注胶时，MOCA的实际用量只相当于理论量的85%～95%，使剩余的NCO基与生成的取代脲进一步反应，生成适度的缩二脲交联，以改善硫化胶的抗溶胀性能、形变性能，降低结晶倾向。

9. 异氰酸酯与酰胺基团的反应，生成酰基脲交联基团

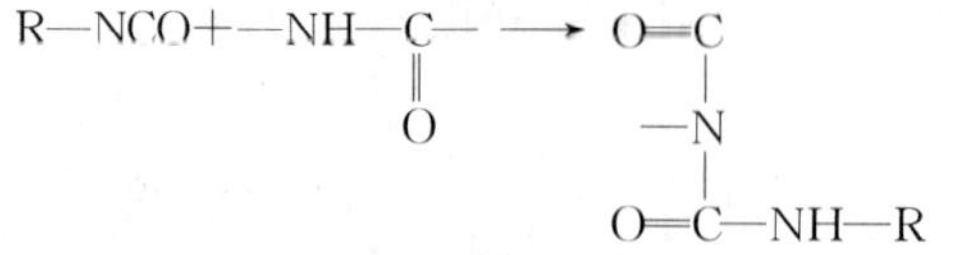

$$R{-}NCO+{-}NH{-}\underset{\underset{O}{\|}}{C}{-}\longrightarrow \begin{array}{l} O{=}C \\ \quad | \\ {-}N \\ \quad | \\ O{=}C{-}NH{-}R \end{array} \qquad \text{(酰基脲)}$$

酰胺分子中羰基双键的π电子与氨基氮原子的未共享电子对共扼，使氮原子的电子云密度有所降低，从而减弱了酰胺的碱性呈弱碱性或中性，所以，酰胺与异氰酸酯的反应活性很低，在100℃下才有适中的反应速度，反应生成酰脲结构。

活性氢在无催化剂条件下对异氰酸酯的反应性顺序如下：

$$\underset{100\sim10}{R{-}NH_2}>R_2NH>\underset{5\sim2}{Ar{-}NH_2}>R{-}CH_2OH>\underset{1/2\sim1/4}{R_2CH{-}OH}>\underset{1/4}{H_2O}>R_3C{-}OH>{-}CH_2{-}>$$

$$Ar{-}OH>\underset{1/10}{R{-}SH}>R{-}COOH>ArCONH_2>\underset{1/15}{ArNHCONHAr}>\underset{1/70}{ArNHCOAr}>\underset{1/500\sim1/1\,000}{ArNHCOOR}$$

注：R表示烷基，Ar表示芳基；数字表示相对反应速率之比。

1～5为链的联结、延长和发泡反应；6～9是交联反应。由以上反应机理可知，当异氰酸酯或多元醇的官能度大于2时，NCO基与OH基反应可直接形成氨基甲酸酯交联。在水和胺以及过量异氰酸酯存在下，水和胺均可与异氰酸酯反应生成脲结构，并可进一步与过量的异氰酸酯反应生成缩二脲交联。在羧酸存在下，异氰酸酯与羧酸反应生成酰胺结构，后者在高温下可进一步与异氰酸酯反应，生成酰脲交联。氨基甲酸酯基在高温或催化剂存在下可进一步与异氰酸酯反应生成脲基甲酸酯交联。

此外，还有混炼型聚氨酯弹性体、热塑型聚氨酯弹性体用过氧化二异丙苯（DCP）和甲醛硫化交联的反应，以及主链或支链上带有双键的混炼型聚氨酯弹性体用硫黄硫化的反应。

除上述几种化学键交联外，在聚氨酯弹性体结构中，具有未共享电子对的羰基上的氧原子易与极性氢原子形成氢键，其中尤以脲基上的氢原子与氨基甲酸酯基中的羰基氧原子最容易形成氢键，结合最牢固；其次是氨基甲酸酯之间形成的氢键。

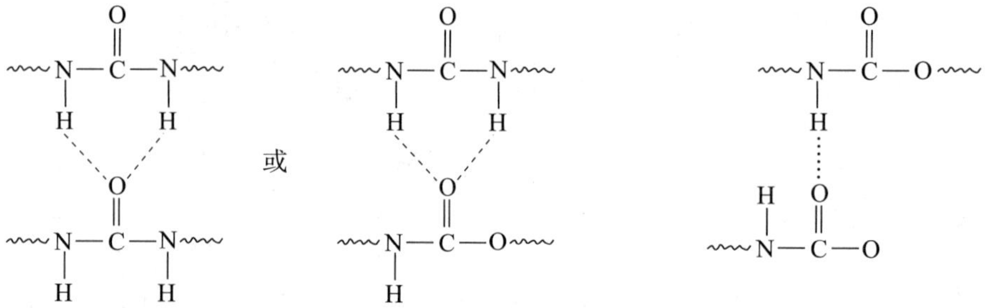

$$\begin{array}{c} \sim{-}N(H){-}\overset{O}{\overset{\|}{C}}{-}N(H){-}\sim \\ \text{H}\cdots\text{O}\cdots\text{H} \\ \sim{-}N(H){-}\overset{\|}{C}{-}N(H){-}\sim \end{array} \quad \text{或} \quad \begin{array}{c} \sim{-}N(H){-}\overset{O}{\overset{\|}{C}}{-}N(H){-}\sim \\ \text{H}\cdots\text{O}\cdots\text{H} \\ \sim{-}N(H){-}\overset{\|}{C}{-}O{-}\sim \end{array} \qquad \begin{array}{c} \sim{-}N(H){-}\overset{O}{\overset{\|}{C}}{-}O{-}\sim \\ \vdots \\ \sim{-}N(H){-}\overset{O}{\overset{\|}{C}}{-}O \end{array}$$

软链段中酯基或醚基虽然也能与硬链段中的质子给予体（>N－H）形成氢键，但相比之下要困难一些，尤其是醚键中的氧原子。氢键不是化学键，而只是一种很强的静电作用力，虽然其键能比化学键能小得多，但是因为数量多，所以氢键对聚氨酯弹性体，尤其是热塑型弹性体的微相分离影响很大。氢键的形成除受异氰酸酯、聚合多元醇和扩链剂的结构影响外，还受化学键交联的制约。

（二）聚氨酯弹性体的基本生产原料

生产聚氨酯弹性体的原料主要有三大类：低聚物多元醇、多异氰酸酯和扩链剂。有时也采用少量添加剂。

1. 低聚物多元醇

在聚氨酯材料的合成中，低聚物多元醇占有重要的地位，从重量分数看，为聚氨酯的60%～70%。低聚物多元醇，也有人称之为“多官能度长链活性氢化物”，是形成软链段的长链多元醇或长链多胺的化合物，其官能度一般为2～3，反应当量为300～5 000。低聚物多元醇主要有如下两种：聚酯和聚醚多元醇。此外，还有聚酯酰胺、聚烯烃、聚碳酸酯、蓖麻油和聚醚接枝化合物多元醇等。

（1）聚酯

聚酯在聚氨酯中应用较早，价格也较便宜。通常采用二元酸和二元醇作为原料，二元酸多用己二酸，少量采用癸二酸和壬二酸；二元醇多用乙二醇、丙二醇和丁二醇，少量采用己二醇和二乙二醇等。有时还加入少量多元醇。

制备聚氨酯弹性体，一般多用线型二官能度的分子量600～3 000的聚酯。常用的聚酯有聚己二酸乙二醇酯、聚己二酸乙二醇丙二醇酯和聚己二酸丁二醇酯等。所得聚氨酯弹性体具有较高的物理机械性能、耐油性和耐老化性，但是水解稳定性较差。

聚己内酯是一种由ε-己内酯开环聚合制备的特殊聚酯。聚己内酯类聚氨酯弹性体，虽然所占比例不大，价格略高，但是其性能却兼有聚酯和聚醚的优点。

(2) 聚醚

用于制造聚氨酯弹性体的聚醚，主要有两种：聚氧化丙烯醚和聚四氢呋喃醚二醇。前者成本低，但弹性体性能较差，后者正相反。一般所用聚醚分子量为 400～2 000。聚醚类聚氨酯共同的特点是具有较好的水解稳定性和耐霉菌性。

以二元醇作起始剂，由氧化丙烯开环聚合就可得到聚氧化丙烯醚，以前，它大部分用于聚氨酯泡沫的生产，20 世纪 70 年代以来，由于 RIM 技术的发展，用量迅速增加。以多元醇作起始剂，还可制备聚醚多元醇，主要用于一步法浇注型聚氨酯弹性体。聚四氢呋喃醚二醇是由四氢呋喃开环聚合制备的，由它所制得的聚氨酯弹性体，除具有良好的综合性能外，还有优秀的生物相容性，但是由于成本较高，仅适于制造苛刻条件下使用的橡胶件。

此外，氧化乙烯、氧化丙烯和四氢呋喃还可共同开环聚合为二元或三元共聚醚。

用于制造聚氨酯弹性体的低聚物多元醇及其对聚氨酯弹性体性能的影响如表 1.1.3 - 285 所示。

表 1.1.3 - 285 低聚物多元醇及其对聚氨酯弹性体性能的影响

类型	化学名称或结构式	简称	官能团及其数量	结晶性	耐寒性	耐水性	耐油性	耐热性
碳氢化合物	聚丁二烯	PBD	OH 约 2	×	◎	◎	×	×
	丁二烯/丙烯腈共聚物	P (BD/AN)	OH 约 2	×	○	◎	△	×
	丁二烯/苯乙烯共聚物	P (BD/S)	OH 约 2	×	△	◎	△	×
	氢化聚丁二烯	氢化 PBD	OH 约 2	△	◎	◎	○	◎
	聚异丁烯	PIB	OH 约 2～3	×	◎	◎	○	◎
多元醇	聚丙烯乙二醇	PPG	OH 约 2～3	×	◎	○	△	△
	聚乙二醇	PEG	OH 约 2～3	○	○	×	○	△
	环氧乙烷/环氧丙烷共聚物	P (P/E)	OH 约 2～3	△	◎	△	○	△
	聚四亚甲基乙二醇	PTMG	OH 约 2～3	○	◎	◎	○	○
	四氢呋喃/环氧丙烷共聚物	P (T/P) G	OH 约 3	×	◎	◎	△	△
	四氢呋喃/环氧乙烷共聚物	P (T/E) G	OH 约 2	△	◎	○	△	△
	聚合物分散多元醇（PAN、PS、PU 和聚脲等的分散）	—	OH 约 2	×	○	○	△	△
蓖麻油	蓖麻油	CO	OH 约 3	×	○	◎	○	○
	聚醚蓖麻醇酸酯	PECO	OH 约 2～4	×	○	○	○	△
聚酯与聚碳酸酯	$[-(CH_2)_2O(CH_2)OOC(CH_2)_2COO-]_n$	PDS	OH 约 2～3	×	△	×	◎	○
	$[-(CH_2)_2OOC(CH_2)_4COO-]_n$	PEA	OH 约 2	×	○	△	◎	◎
	$[-(CH_2)_2O(CH_2)_2OOC(CH_2)_4COO-]_n$	PDA	OH 约 2～3	×	○	×	◎	○
	$[-\underset{CH_2}{\underset{\vert}{CH}}-CH_2OOC(CH_2)_4COO-]_n$	PPA	OH 约 2	×	△	△	◎	○
	$[-(CH_2)_4OOC(CH_2)_4COO-]_n$	PBA	OH 约 2	◎	○	△	◎	◎
	$[-CH_2C(CH_2)_2CH_2OOC(CH_2)_4COO-]_n$	PNA	OH 约 2	×	△	○	◎	○
	$[-(CH_2)_6OOC(CH_2)_4COO-]_n$	PHA	OH 约 2	◎	◎	○	◎	◎
	EA/DA 共聚物	PEDA	OH 约 2～3	△	○	×	◎	○
	EA/PA 共聚物	PEPA	OH 约 2	△	○	○	◎	○
	EA/BA 共聚物	PEBA	OH 约 2	○	○	○	◎	○
	HA/NA 共聚物	PHNA	OH 约 2	○	◎	○	◎	◎
	$[-(CH_2)_5COO-]_n$	PCL	OH 约 2～3	◎	◎	○	◎	◎
	$(-CH_2CH_2\underset{CH_2}{\underset{\vert}{CH}}CH_2COO-)_n$	PMVL	OH 约 2	△	◎	○	◎	◎
	聚醚酯	PECL	OH 约 2	×	◎	○	○	△
	$(-(CH_2)_4OCOO-)_n$	PHC	OH 约 2	◎	○	◎	◎	◎
	HC/CL 共聚物	PHC/CL	OH 约 2	○	◎	◎	◎	◎
	聚醚碳酸酯	PEC	OH 约 2	×	◎	◎	○	○
其他	硅氧烷系多元醇	—	—	×	◎	◎	△	◎
	氟树脂系多元醇	—	—	—	—	◎	◎	◎

注：◎—优，○—良，△—可，×—否。

2. 多异氰酸酯

多异氰酸酯是合成聚氨酯的另一主要原料。虽然数量比例仅占30%，但是基本上却可以说，没有异氰酸酯就没有聚氨酯。在聚氨酯弹性体的生产中，主要使用甲苯二异氰酸酯（TDI）和二苯基甲烷二异氰酸酯（MDI），少量采用六次甲基二异氰酸酯（HDI）和萘二异氰酸酯（NDI）等。

TDI广泛用于聚氨酯工业各部门中，使用数量最大，价格比MDI便宜一些。TDI有两种异构体，2，4体和2，6体。在聚氨酯弹性体的生产中多用2，4体，而且多半配合亚甲基双邻氯苯胺（MOCA，二氯二苯基甲烷二胺）制造浇注型产物。由TDI所得聚氨酯弹性体，其性能一般不如由MDI制得的好。MDI用量占第二位，由于本身毒性小，可配合二醇扩链剂使用，比TDI优越。多用于制造热塑型和浇注型产物。

用于制造聚氨酯弹性体的异氰酸酯的种类与性状如表1.1.3-286所示。

表1.1.3-286 异氰酸酯的种类与性状

化学名称	简称	分子量	官能度	NCO含量/%	熔点/℃	沸点/mmHg·℃$^{-1}$
2，4-二异氰酸甲苯酯	TDI—100	174.16	2	48.2	21	118/10
2，4—TDI/2，—TDI（80/20）	TDI—80	174.16	2	48.2	12	118/10
2，4—TDI/2，—TDI（65/35）	TDI—65	174.16	2	48.2	5	118/10
4，4′-二苯基甲烷-二异氰酸酯	MDI	250.26	2	33.5	38	195/5
聚合的MDI	聚合MDI	约450	2.5～3	29～31	常温液体	200/5
1，5-萘二异氰酸酯	NDI	210.19	2	40.0	129～131	190/8
3，3-二甲联苯-4，4-二异氰酸酯	TODI	264.29	2	31.8	71	160～170/0.5
对亚苯基二异氰酸酯	P—PDI	160.13	2	52.5	94～96	110～112/12
三苯甲烷三异氰酸酯	DesmodurR	367.36	3	7.0	(20%溶液)	—
三苯氧磷三异氰酸酯	DesmodurRF	465.38	3	5.4	(20%溶液)	—
六亚甲基二异氰酸酯	HDI	168.20	2	19.9	−67	130～132/14
异佛尔酮二异氰酸酯	IPDI	222.29	2	37.8	−60	153/10
二甲苯基二异氰酸酯	XDI	188.19	2	44.6	常温液体	151/0.8
H_{12}二苯甲烷二异氰酸酯	H_{12}MDI	262.35	2	32.0	20	179/0.9
H_6二甲苯基二异氰酸酯	H_6MDI	194.23	2	43.2	−50	110/0.7
三甲基-1，6-己撑二异氰酸酯	TMHDI	212.20	2	40.0	−80	149/10
反式苯基二异氰酸酯	CHDL	166.18	2	50.6	59～62	143/25
四甲基苯二甲基二异氰酸酯	TMXDI	244.29	2	34.4	间位：−10 对位：72	150/3
$OCN(CH_2)_5CH(CH_2)_5NCO$（CH上连NCO）	T—100	279.34	3	45.1	常温液体	—

近年来，封闭型异氰酸酯的用量急剧增加。封闭异氰酸酯（Blocked Isocyanates）是指—NCO基团被一种不能在较低温度下进行脱封反应的封闭剂封闭的化合物，是多异氰酸酚用苯酚、ε-己内酰胺、丁酮肟等封端形成的封闭型异氰酸酯。这种化合物在室温下不发生聚合反应，但在高温下—NCO基团再重新生成并与含活泼氢的化合物发生置换反应。封闭型异氰酸酯在单组分涂料中得到广泛的应用，如用封闭异氰酸酯制成的电绝缘漆具有良好的电绝缘性、耐水性、耐溶剂性以及良好的机械性能；封闭型异氰酸酯还在粉末涂料上有重要的应用价值；封闭型异氰酸酯应用于黏合剂中可增加其稳定性与储存期，主要应用于合成纤维织物与橡胶的粘接。另外，封闭异氰酸酯还广泛应用于聚氨酯胶乳中，具有成膜温度低和膜性能好的特点。一些新的封闭剂已经商品化并且开发了一些新的用途，它逐渐由溶剂型向水溶液型过渡。

3. 扩链剂

扩链剂在聚氨酯弹性体的合成中，起着"第三单体"的作用，也有人称之为"多官能度短链活性氢化物"。扩链剂的分子量的一般在350以下，与二异氰酸酯反应而形成聚氨酯弹性体的硬链段和交联点。扩链剂包括两大类：二元胺和二元醇。浇注型的，这两类都使用；而热塑型和混炼型的，使用后者较多。

通常，所用二胺都是芳香族的，其中使用最多，所得弹性体产物性能最好的是亚甲基双邻氯苯胺（MOCA，3，3′-二氯-4，4′-二苯基甲烷二胺）。由二胺类扩链的特点是，产物机械强度高，硬度大，耐滑动摩擦。二醇类扩链剂最常用的是1，4-丁二醇，为了提高基于MDI的聚氨酯弹性体的硬度和热稳定性，还开发使用了一种含芳香核的二醇扩链剂——对苯二酚二羟乙基醚（HQEF）。由二醇类扩链的特点是，产物机械强度略低，伸长大，硬度和压缩变形小，耐冲击摩擦。

扩链剂这一术语来源于预聚法（两步法）工艺。在后来开发的一步法工艺中，虽然也常用上述扩链剂，但不遵循两步法的反应程序，因为小分子扩链剂的反应活性往往比较高，这时"扩链"的概念也就引申化了。如，在RIM工艺中和常温固化体系，常常为了使两组分的体积和黏度比较接近，以提高计量的准确性和混合效果，将低聚物多元醇作为扩链剂，与黏度比较接近的半预聚物反应。

用于制造聚氨酯弹性体的部分扩链剂见表1.1.3-287。

表 1.1.3-287　部分扩链剂

类型	官能度	化学结构式	简称	分子量
羟基化合物	2	H_2O	水	18.01
		$HOCH_2CH_2OH$	EG	62.07
		$HOCH(CH_3)CH_2OH$	PG	76.09
		$HO(CH_2)_4OH$	1，4—BD	90.12
		$HOCH(CH_3)CH_2CH_2OH$	1，3—BD	90.12
		$HOCH(CH_3)—CH(CH_3)OH$	2，3—BD	90.12
		$HO(CH_2)_6OH$	1，6—HD	118.18
		$HOCH_2CH_2OCH_2CH_2OH$	DEG	106.12
		HOCH2C(CH3)2CH2OH	NPG	90.12
		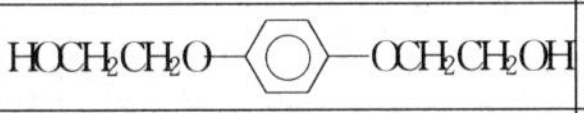 $HOCH_2CH_2O$—◯—OCH_2CH_2OH	BHEB	198.2
		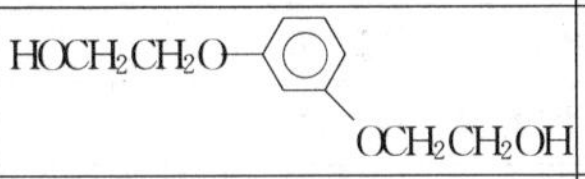 $HOCH_2CH_2O$—◯(—OCH_2CH_2OH)	HER	198.2
	3	$HOCH_2CH(OH)CH_2OH$	Glycerol	
		$C_2H_5C(CH_2OH)_3$	TMP	134.17
		$HOCH_2CH(OH)(CH_2)_4OH$	1，2，6-己三醇	134.17
	4	$C(CH_2OH)_4$	季戊四醇	136.15
氨基醇	2	$OHCH_2CH_2NH_2$	MEA	61.08
		$CH_3N(CH_2CH_2OH)_2$	MDEA	119.17
		 ◯—$N(CH_2CH_2OH)_2$	BHEA	181.24
	3	N (CH2CH2OH)$_3$	TEA	149.19
		$N(CH_2CH(CH_3)OH)_3$	TIPA	191.28

类型	官能度	化学结构式	简称	分子量
氨基化合物	2	$H_2NNH_2 \cdot HO$	HH	50.06
		$H_2NCH_2CH_2NH_2$	EDA	60.10
		$H_2NCH(CH_3)CH_2NH_2$	PDA	74.13
		$H_2N(CH_2)_4NH_2$	HDA	116.21
		H_2N—⬡—CH_2—⬡—NH_2	$H_{12}MDA$	210.37
		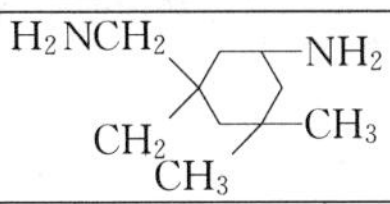 H_2NCH_2—⬡(NH_2)(CH_3)(CH_2)(CH_3)	IPDA	170.30
		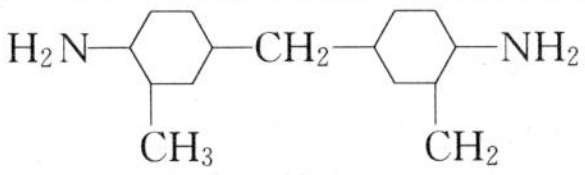 H_2N—⬡(CH_3)—CH_2—⬡(CH_2)—NH_2	Laromine C—260	238.42
		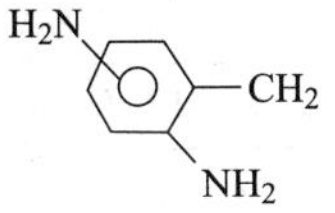 H_2N—◯(CH_2)(NH_2)	TDA	122.17
		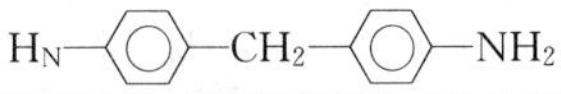 HN—◯—CH_2—◯—NH_2	MDA	198.26
		◯(C_2H_5)(NH_2)(CH_2)(NH_2)(C_2H_5)	DETDA	183
		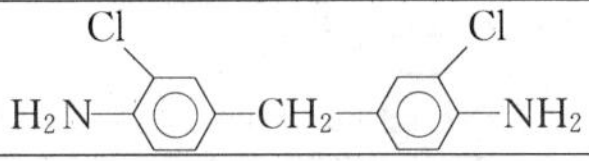 H_2N—◯(Cl)—CH_2—◯(Cl)—NH_2	MOCA	267
		丙二醇双-对氨基苯甲酸酯 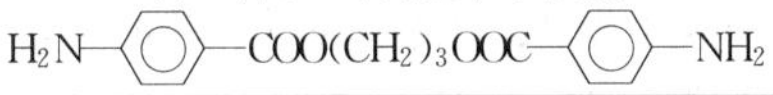 H_2N—◯—$COO(CH_2)_3OOC$—◯—NH_2	Polacure—740M	314
		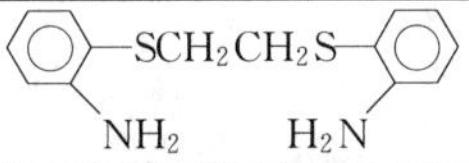 ◯(NH_2)—SCH_2CH_2S—◯(H_2N)	Cyanacure Apocure—601E (ACC)	276
		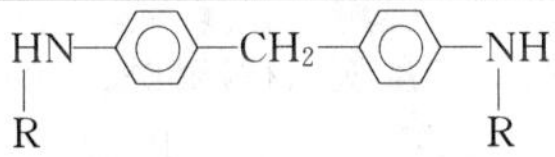 HN(R)—◯—CH_2—◯—NH(R)	Unilink 4200 (UOP)	210
		3，5-二氨基对氯苯甲酸异丁酯 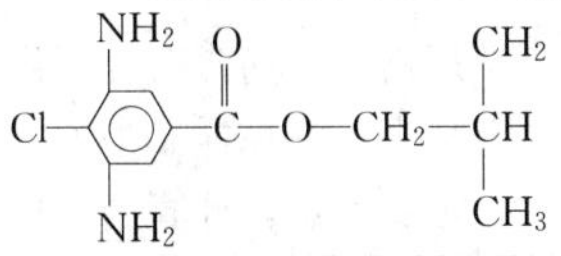 Cl—◯(NH_2)(NH_2)—C(=O)—O—CH_2—CH(CH_2)(CH_3)	Baytec 1604 (Bayer)	244
		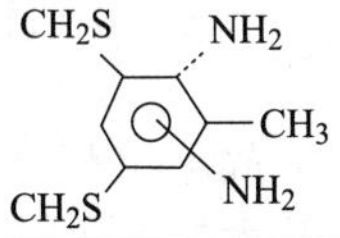 ◯(CH_3S)(NH_2)(CH_3)(NH_2)(CH_3S)	Ethacure 300 (Texzco)	214
		[MDA] 3 · NaCl/DOP50%分散体 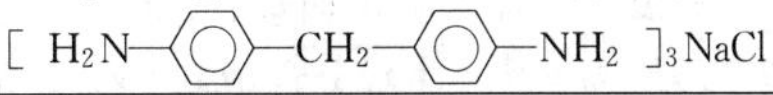 [H_2N—◯—CH_2—◯—NH_2]$_3$NaCl	Caytur 21 (Uniroyal)	
		3，5-二氨基对氯苯乙酸异丙酯 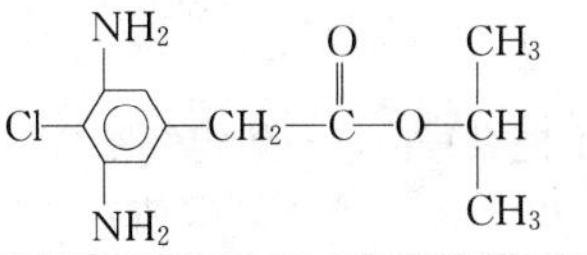 Cl—◯(NH_2)(NH_2)—CH_2—C(=O)—O—CH(CH_3)(CH_3)	CuA—66	
		3，5-二氨基对三氟甲基苯乙醚 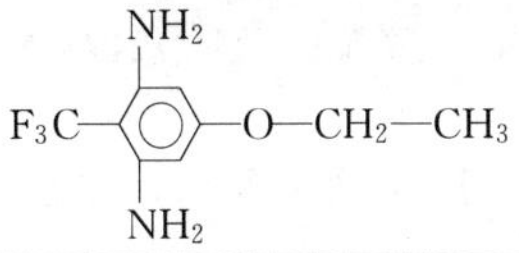 F_3C—◯(NH_2)(NH_2)—O—CH_2—CH_3	CuA—24	
		二乙二醇双-对氨基苯甲酸酯 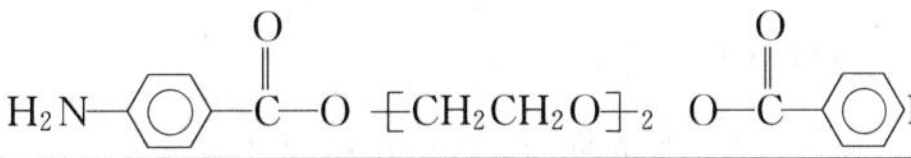 H_2N—◯—C(=O)—O—[CH_2CH_2O]$_2$—O—C(=O)—◯—NH_2	CuA—22	

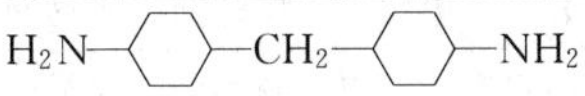

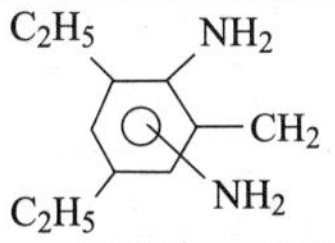

4. 各种辅助材料

用于制造聚氨酯弹性体的辅助原材料的类别、名称和功能见表 1.1.3-288。

表 1.1.3-288 辅助原材料的类别、名称和功能

类别	名称	功能
催化剂	叔胺等碱性催化剂，锡、铅类催化剂	选择反应类型，促进固化
反应调节剂	有机和无机酸等酸式化合物，螯合剂	延长使用期
增塑剂	邻苯二甲酸酯类增塑剂，矿物油类增塑剂	降低硬度和黏度
补强填充剂	白炭黑、炭黑、疏松的石棉纤维、碳酸钙	增容，提高强度和硬度
发泡剂	氟利昂、水、有机发泡剂	发泡
整泡剂、分散剂	硅氧烷类整泡剂，各种界面活性剂	整泡、分散
着色剂	颜料、染料、颜料膏、干颜料	着色
抗氧剂	受阻酚、芳香族胺等	抗热氧老化
光稳定剂	受阻胺、苯并三唑 UVA 等	抗光老化、抗黄变
抗水解剂	碳化二亚胺、环氧化物等	抗水解
防霉剂	涕必灵、preventol	抗微生物老化
阻燃剂	卤化烷基磷酸酯、三聚氰胺	阻燃
脱水剂	沸石、正蚁酸酯、生石灰等	防吸水、防水泡
抗泡剂	硅氧烷类抗泡剂等	消泡、防止起泡
脱模剂	石蜡、金属皂、硅氧烷类、氟类	提高脱膜、成型加工性
润滑剂	石蜡、金属皂类	提高成型加工性
溶剂	甲苯、乙酸酯、MEK、THF、DMF 等	溶解聚合物，降低黏度

有的辅助原材料在合成生胶的反应之前加入，这时必须考虑助剂的含水量，加入相应官能团数的多异氰酸酯。

（三）聚氨酯弹性体合成

1. 有关术语及计算方式

（1）官能度

官能度是指有机化合物结构中反映出特殊性质（即反应活性）的原子团数目。对聚醚或聚酯多元醇来说，官能度为起始剂含活泼氢的原子数。

（2）羟值

在聚酯或聚醚多元醇的产品规格中，通常会提供产品的羟值数据。

从分析角度来说，羟值的定义为：一克样品中的羟值所相当的氢氧化钾的毫克数。

在我们进行化学计算时，一定要注意，计算公式中的羟值系指校正羟值，即：

$$羟值_{校正}=羟值_{分析测得数据}+酸值$$

$$羟值_{校正}=羟值_{分析测得数据}-碱值$$

对聚醚来说，因酸值通常很小，故羟值是否校正对化学计算没有什么影响。

但对聚酯多元醇则影响较大，因聚酯多元醇一般酸值较高，在计算时，务必采用校正羟值。

严格来说，计算聚酯羟值时，连聚酯中的水分也应考虑在内。

例，聚酯多元醇测得羟值为 224.0，水分含量 0.01%，酸值 12，求聚酯羟值

$$羟值_{校正}=224.0+1.0+12.0=237.0$$

（3）羟基含量的重量百分率

在配方计算时，有时不提供羟值，只给定羟基含量的重量百分率，以 OH% 表示。

$$羟值=羟基含量的重量百分率\times 33$$

例，聚酯多元醇的 OH% 为 5，求羟值

$$羟值=OH\%\times 33=5\times 33=165$$

（4）分子量

分子量是指单质或化合物分子的相对重量，它等于分子中各原子的原子量总和。

$$分子量=\frac{56.1\times 官能度\times 1\,000}{羟值}$$

式中，56.1 为氢氧化钾的分子量。

例，聚氧化丙烯甘油醚羟值为 50，求其分子量。

$$分子量=\frac{56.1\times3\times1\ 000}{50}=3\ 366$$

对简单化合物来说，分子量为分子中各原子量总和。

如二乙醇胺，其结构式如下：

```
   CH₂—CH₂—OH
  /
HN
  \
   CH₂—CH₂—OH
```

分子式中，N原子量为14，C原子量为12，O原子量为16，H原子量为1，则二乙醇胺分子量为：14+4×12+2×16+11×1=105

(5) 异氰酸基百分含量

异氰酸基百分含量通常以NCO%表示，对纯TDI、MDI来说，可通过分子式算出。

$$\text{TDI的NCO\%}=\frac{42\times2}{174}\approx48\%$$

$$\text{MDI的NCO\%}=\frac{42\times2}{250}=33.6\%$$

式中，42为NCO的分子量。

对预聚体及各种改性TDI、MDI，则是通过化学分析方法测得。

有时异氰酸基含量也用胺当量表示，胺当量的定义为：在生成相应的脲时，1克分子胺消耗的异氰酸酯的克数。

胺当量和异氰酸酯百分含量的关系是：

$$胺当量=\frac{4\ 200}{\text{NCO\%}}$$

(6) 当量值和当量数

当量值是指每一个化合物分子中单位官能度所相应的分子量。

$$当量值=\frac{数均分子量}{官能度}$$

如聚氧化丙烯甘油醚的数均分子量为3 000，则其当量值：

$$聚醚三元醇当量值=\frac{3\ 000}{3}=1\ 000$$

在聚醚或聚酯产品规格中，羟值是厂方提供的指标，因此，以羟值的数据直接计算当量值比较方便。

$$当量值=\frac{56\ 100}{羟值}$$

$$\text{TDI当量}=\frac{分子量}{官能度}=\frac{174}{2}=87$$

$$当量=\frac{42.02\times100}{\text{NCO\%}}$$

(7) 异氰酸酯指数

异氰酸酯指数r为NCO基对参与异氰酸酯第一阶段反应的活性氢的摩尔比，表示聚氨酯配方中异氰酸酯过量的程度。

$$异氰酸酯指数(r)=\frac{异氰酸酯当量数}{多元醇当量数}=\frac{\frac{W异}{E异}}{\frac{W醇}{E醇}+\frac{W水}{9}}$$

式中：W异为异氰酸酯用量

W醇为多元醇用量

E异为异氰酸酯当量

E醇为多元醇当量

例，根据表1.1.3-289配方，计算异氰酸酯指数r。

表1.1.3-289　配方

聚酯三元醇（分子量3 000）	400份
水	11份
匀泡剂	4份
二甲基乙醇胺	4份
TDI	150份

$$\text{TDI当量}=\frac{174}{2}=87$$

聚酯当量$=\frac{3\ 000}{3}=1\ 000$

水当量为 9

$$r=\frac{\frac{150}{87}}{\frac{400}{1\ 000}+\frac{11}{9}}\approx 1.06$$

f_i 为聚异氰酸酯成分的数均官能度，E_i 为数均当量，f_h 为参与异氰酸酯第一阶段反应的多官能度活性氢成分的数均官能度，E_h 为数均当量，假定没有环化反应，则这些反应产物的数均官能度 f_p 和数均当量 E_p 分别由下式表示。即：

Ⅰ　$r>1$ 时（异氰酸酯基末端聚合物）

$$f_p=\frac{f_h\cdot f_1(r-1)}{r\cdot f_h+f_1(1-f_h)}$$

$$E_p=\frac{r\cdot E_t+E_h}{r-1}$$

Ⅱ　$r<1$ 时（活性氢基末端聚合物）

$$f_p=\frac{f_h\cdot f_i(r-1)}{r\cdot f_h+f_i(1-r\cdot f_h)}$$

$$E_p=\frac{r\cdot E_t+E_h}{1-r}$$

根据组成在反应结束之前凝胶化，对其进行固化可得到三维网状聚合物。对于 $r=1$ 的组成，反应结束生成的三维网状聚合物的交联点间分子量 M_c 可由下式给出。即：

$$M_c=\frac{2(E_1+E_h)}{f_h+f_i-4}$$

异氰酸酯过剩（$r>1$）下进行固化反应时，由于异氰酸酯的第二阶段的反应，M_c 变得更小。图 1.1.3－34 为 r 值与 f_p、M_c 的关系。

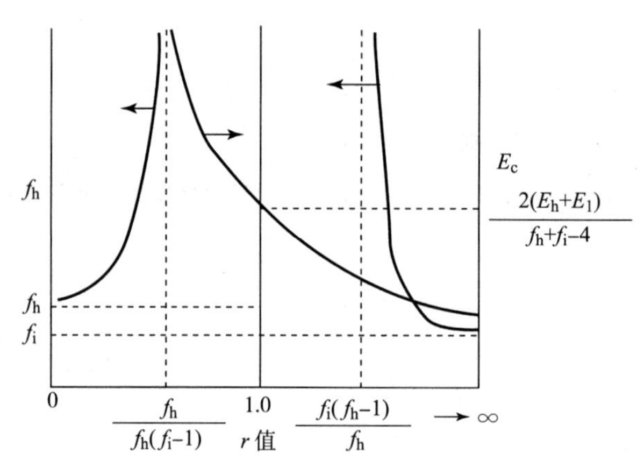

图 1.1.3－34　r 值与 f_p、M_c 值的关系

链段化聚合物由以下三种可进行反应的原料得到。即：

Ⅰ　形成软链段的低聚物多元醇（二官能度长链活性氢化物）（反应当量 E_{sh}，a 摩尔）；

Ⅱ　扩链剂（短链活性氢化物）（反应当量 E_{hh}，x 摩尔）；

Ⅲ　二异氰酸酯（反应当量 E_i，b 摩尔）。

这些化学计量的关系表示如下：

$$b/a=r(1+x/a)$$

链段化聚合物的硬链段含量 H_c 可由下式给出。即：

$$H_c=\frac{x(E_{hh}+E_i)}{E_{sh}\cdot a+E_{hh}\cdot x+E_t\cdot b}$$

2. 合成方法

聚氨酯弹性体的合成方法分为本体聚合与溶液聚合两种。

本体聚合又分为间歇合成法和连续合成法两种。在间歇合成法中又有手工计量、混合与机械计量、混合两种形式，手工计量适合小批量生产，产品的加工性能和力学性能往往不稳定，但设备、工艺和操作都简单；机械混合适合大批量生产，计量准确、混合均匀，产品的加工性能和力学性能较稳定，但设备投资高，操作复杂。在连续合成法中，合成聚氨酯弹性体的原料的计算、混合、反应、造粒是在浇注机、双螺杆反应挤出机和切粒机中连续不断进行、一次完成，适合大量生产，生产效率高、计量准确、产品质量稳定，只是设备投资高、操作较复杂。关于本体聚合的 r 值设定，混炼型聚氨酯弹性体为 1 下（数均分子量 Mn＝20 000）；完全 TPU 为 0.98～1.01（Mn＝40 000～200 000）；不完全 TPU 为 1.02～

1.05。原料先用捏合机于100～150℃下对聚合成分混合几分钟，然后将其移于槽中在100～120℃下进行固化。

溶液聚台是将聚合成分装入设有搅拌器的密封容器中，在不含活性氢的酯、酮等中极性溶剂中用催化剂进行聚合。溶液聚合的反应温度为60～80℃，在规定浓度下反应至规定黏度。为调节聚合在限定可搅拌的范围，以高浓度进行反应。反应进行状况通过NCO基变化进行追踪。反应达到所规定分子量时由过剩活性氢化物使反应终止。溶液聚合的特点是反应平稳、均匀、容易控制、副反应少，能获得全线型结构的产品，产品的加工性能、力学性能和溶解性能都比较好，其不足之处是对溶剂要求严格，需要增加溶剂处理和回收设备，成本高且溶剂易挥发造成对环境的污染。溶液聚合所用的溶剂主要有：乙酸乙酯（EAC）、丁酮（MEK）、二甲基甲酰胺（DMF）、二甲基乙酰胺（DMAC）、四氢呋喃（THF）、二甲基亚砜（DMSO）、二氧六环、甲苯等，溶液聚合时需加入适量有机锡类或叔胺类催化剂。

3. 合成工艺

聚氨酯弹性体合成工艺主要有两种：一步法和两步法。一步法是低聚物多元醇、多异氰酸酯和扩链剂三种物料同时反应，边预聚边扩链生成大分子聚合物。两步法又可分为预聚物法和半预聚物法。预聚法首先使低聚物多元醇和多异氰酸酯反应，生成异氰酸酯封端的预聚物，然后再加入扩链剂，合成大分子聚合物；预聚物法和半预聚物法的区别，在于半预聚物中有一个组分（通常是异氰酸酯组分）大大过量，这种情况主要是为了控制预聚物的分子量、降低体系的黏度，在下步反应中使异氰酸酯组分的体积和黏度与多元醇组分的体积和黏度比较接近，以提高计量的准确性和混合效果。

通常，浇注型的以预聚法为主，而热塑型和混炼型的以一步法为主。近些年来，由于一步法工艺简单，节省能量，成本低，又有较大的发展。无论采用哪种方法，基本上浇注型得到的是聚氨酯制品，热塑型是未成型的胶料，而混炼型的是生胶。

（1）一步法

将基本原料混合后直接制造成型品。一般为活性氢成分和异氰酸酯成分的两成分系统。活性氢成分，使用混有长链和短链活性氢化物、催化剂和其他辅助材料的预混物，正确求出其反应当量后再与异氰酸酯进行反应。

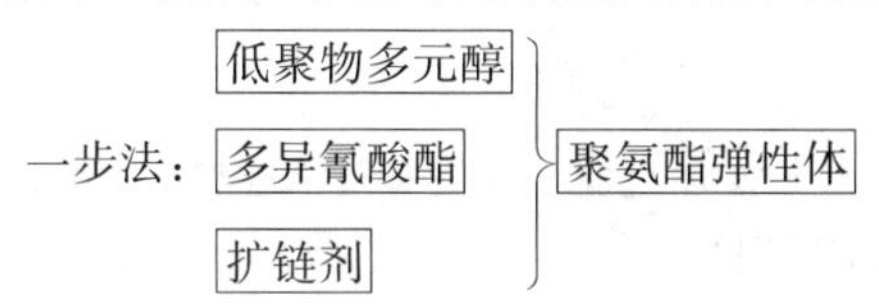

（2）预聚法

预聚法一般是将聚合多元醇（长链活性氢化物）与过量异氰酸酯反应形成—NCO封端的聚合物预聚体，然后再与胺类或醇类等反应形成聚氨酯材料。反应是在无水、不产生脲基甲酸酯等副反应的条件下进行的，使用芳族异氰酸酯时，通常在60～80℃、2～4 h、封入氮气下搅拌。反应结束后对NCO含量分析以追踪反应。

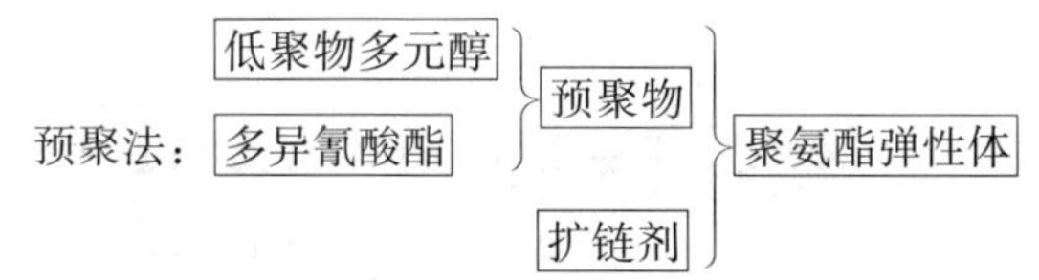

预聚体属于中间产品，其品质对最终产品质量影响甚大。以前国内外多数厂商都是自己合成预聚体，随着社会分工的细化以及专有技术的发展，浇注型聚氨酯预聚体逐步从一个中间产品分化成为一个新的市售产品。20世纪80年代以Uniroyal公司为代表，推出了多种规格的预聚体，如低游离TDI、PPDI预聚体等。随后日本武田、美国亨斯迈、Mobay、UCC、WITCO、德国Bayer等多家公司的预聚体进入了市场，包括MDI、IPDI、HDI、XDI及耐溶剂型、抗静电型、耐热型和其他特殊规格的预聚体。

此外，聚氨酯弹性体合成工艺还有预催化法和假预聚物法等。预催化法仅用于合成单组分浇注型聚氨酯弹性体，其配方特点是封端剂加入量的计算，其余同预聚法。假预聚物法实际上是对聚异氰酸酯进行部分改性，成为适于液体反应成型NCO含量和液体性能的物质。例如，二苯甲烷-4，4′-二异氰酸酯（4，4-MDI）因在常温下的为固体，所以对其进行尿烷亚胺化和氨基甲酸酯化改性而变成液体。所用异氰酸酯成分和一步法系统的异氰酸酯成分相同。特别对于RIM法，各成分液体的上限黏度为2 000 MPa·s，而且因配合容积比接近1∶1，所以多使用假预聚物法。

（四）聚氨酯弹性体的加工

CPU在加工成型前为黏性液体，它既可用手工操作浇注成型，又可用浇注机或RIM等设备连续计量、混合、浇注成型；它既可加压硫化，又可常压硫化；既可加热硫化，还可常温固化，所以为大型弹性制品的制作提供了方便。

TPU和MPU在加工前为固体。TPU通常采用低聚物多元醇-MDI-小分子二醇基本配合，用双螺杆挤出机连续生产，形成计量、混合、挤出、冷却、牵引、切粒、干燥、包装生产线。TPU的分子量在30 000以上，硬度较高（邵A65～邵D80），模量较大，适合通用塑料加工设备成型制品，如挤出、注塑、压延、吹塑等。全热塑型聚氨酯弹性体还可用于热熔涂覆或溶于DMF等溶剂，浸渍或涂覆生产革制品。

MPU生胶与全热塑胶相似，亦为端羟基线型聚合物，但分子量较低（20 000～30 000），硬度不高（邵A50～70），变形大，需要用通用橡胶加工设备加工硫化成制品。硫化剂有三大类，即硫黄、过氧化物和异氰酸酯（如TDI的二聚体）。除了硫黄只适用于含不饱和化学键的生胶外，其余两类硫化剂均适应各种聚氨酯生胶。有时两种硫化剂并用，可收到互为补充的效果。TPU和MPU制品，除了革制品和胶布制品外，都需要在加热加压下成型，这就给模具制造提出了很高的要求。所以，一般来说 TPU 和 MPU 只适宜于加工中小件制品，其中，TPU 偏重于较硬（邵 A70 以上）的制品，MPU 偏重于较软（邵 A80 以下）的制品。

1. 液体成型弹性体的配合与加工

（1）一步法型

在液体脂肪族聚酯多元醇中配入 2，4-二异氰酸甲苯酯（TDI）或高分子量-苯甲烷-2，4-二异氰酸酯（MDI），于 120～140℃下固化几小时得到低硬度聚氨酯弹性体。这可用于制造印刷胶辊。由蓖麻油、聚丁二烯多无醇、催化剂、石英粉等的配合物和液体 MDI 组成的系统可用于电绝缘注模剂。为防止制品起泡，注模前要对活性氢成分进行脱水处理。

（2）预聚物型

TDI 类预聚物可用 MOCA 等芳族二胺进行固化。预聚物被加热到 50～80℃使其中的 MOCA 熔融，然后进行无气泡卷入的搅拌、注模。注模时间为几分至几十分钟。为了引入缩二脲进行交联，对 NCO 成分过量配合 5%～10%。固化在 100～140℃下进行几小时，MDI 类预聚物用 1，4-丁二醇（1，4-BD）和三羟甲基丙烷的混合物，以及 1，4-双（2-羟乙氧基苯）（BHEB）等短链多元醇如同 MOCA 一样进行固化。在 130℃高温下进行调整的萘-1，5-二异氰酸酯类预聚物不稳定，因此调整后立即配入乙二醇等固化剂进行注模。上述预聚物都进行减压除气处理，以防产生孔隙。

由聚丙烯乙二醇（PPG）/二异氰酸甲苯酯（TDI）预聚物和溶解于 MOCA 类多胺固化剂组成的系统，是常温固化型聚氨酯弹性体，可用于制造地板材和防水材等。NCO 基末端预聚物和脂肪族多胺喷射类也有同样用途。此外，NCO 基末端预聚物中混炼入填充剂、增塑剂、触变剂、催化剂的可用作密封材料。NCO 基末端预聚物中配入 MDA 的 NaCl 络合物膏体的，在常温下可长期储存，是一种加热到 120℃以上而迅速固化的单组分聚氨酯弹性体。

（3）RIM 成型聚氨酯弹性体的配合与加工

反应注射成型（RIM）技术，使用由高压混合机和锁模装置构成的 RIM 机进行加工，具有自动化程度高、生产周期短等优点，大多采用双组分一步法，在混合室混合后注射成型。

2. 固态成型聚氨酯弹性体的配合与加工

（1）TPU（热塑型聚氨酯弹性体）

在粒状 TPU 中干混入颜料和润滑剂等，直接供给热成型或者用于再造粒成型。加工成型方式有挤出成型、注射成型、中空成型、压延加工、熔融纺丝等。粉状 TPU 有填充 15%～25%玻璃纤维的 TPU 与 PVC、POM（聚甲醛）、ABS、AS（丙烯腈-苯乙烯树脂）等的并用品。粉状 TPU 可用中空铸型。

（2）混炼型聚氨酯弹性体

用开炼机将生胶和交联剂、稳定剂、硬脂酸等进行混炼成混炼胶，再用传递模压机和平板硫化机硫化。交联剂包括 DCP 等过氧化物、TDI 二聚物、硫黄等。用硫黄硫化时，生胶中心须含有不饱和键。硫化剂有时采取两种并用。

3. 发泡成型聚氨酯弹性体的配合与加工

（1）一次发泡成型法

将整泡剂、水和氟利昂等发泡剂、发泡助剂按一步系统组合，用发泡机对其进行搅拌混合、射出，连续制造板材或通过浇注制造模制品。

（2）预聚物型

聚酯-NDI 类预聚物中混入水、界面活性剂在模内发泡，可制得密度 500 kg/m^3 的用作减震材料的微孔弹性体。由长链系多元醇、乙二醇、水、催化剂、整泡剂等构成的预混体与 MDI 系预聚物组成的系统可用于制造泡沫鞋底。

4. 溶液成型聚氨酯弹性体的配合与加工

（1）单组分型

完全 TPU 溶液或溶聚链段化聚合物可用于合成革的覆盖层、氨纶弹性纤维纺丝、黏合加工等。对 DMF 溶液，可将涂膜浸入水抽出 DMF，聚合物进行析出凝固。用该法可制得微孔结构合成革材料。该纤维使用由肼和脂肪族二胺，对 PTMG－MDI 预聚物进行链延长的溶聚链段化聚氨酯脲，采用干法或湿法进行纺丝制得。

（2）双组分型

由二异氰酸酯联结长链多元醇的 OH 末端基聚合物，用 TMP－TDI 加合物样的聚异氰酸酯进行交联，可用于合成革覆盖层和黏合加工。

3.17.3 聚氨酯弹性体的结构与性能

（一）聚氨酯弹性体的结构及其对性能影响

聚氨酯弹性体的原料种类繁多，其大分子结构中除含有烃基和氨基甲酸酯基这一特征结构外，还可能含有酯基、醚基、脲基、酰胺基、芳香基、缩二脲基、脲基甲酸酯基及硫桥等结构，而且聚氨酯弹性体的合成方法和加工方法多种多样，这样，就构成了聚氨酯弹性体化学结构的复杂性和物理构象的明显差异，从而导致了聚氨酯弹性体性能的改变。

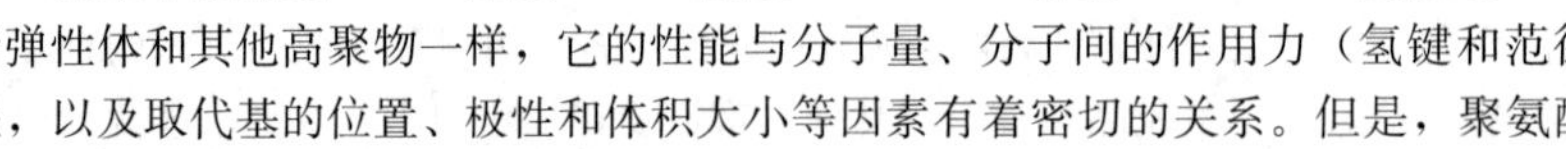

$$\underset{\text{氨基甲酸酯基}}{-\mathrm{HN}-\overset{\overset{\mathrm{O}}{\|}}{\mathrm{C}}-\mathrm{O}-} \qquad \underset{\text{酯基}}{-\overset{\overset{\mathrm{O}}{\|}}{\mathrm{C}}-\mathrm{OR}} \qquad \underset{\text{醚基}}{-\mathrm{O}-} \qquad \underset{\text{脲基}}{-\mathrm{NH}-\overset{\overset{\mathrm{O}}{\|}}{\mathrm{C}}-\mathrm{NH}-} \qquad \underset{\text{酰胺基}}{-\mathrm{NH}\overset{\overset{\mathrm{O}}{\|}}{\mathrm{C}}-}$$

一般来说，聚氨酯弹性体和其他高聚物一样，它的性能与分子量、分子间的作用力（氢键和范德华力）、链段的韧性、结晶倾向、支化和交联，以及取代基的位置、极性和体积大小等因素有着密切的关系。但是，聚氨酯弹性体与烃系高聚物不同，它是由软链段和硬链段嵌段而成的，在其大分子之间，特别是硬链段之间静电力很强，而且常常有大量的氢键生成，这种强烈的静电力作用，除直接影响力学性能外，还能促进硬链段的聚集，产生微相分离，改善弹性体的力学性能和高低温性能。

热塑型聚氨酯弹性体的最低数均分子量一般在 30 000 上下，达到最低分子量以后，弹性体的机械性能和玻璃化温度随分子量升高变化不大，而只影响其软化温度和溶解性能。此外，分子量的多分散性对弹性体的性能也有一定的影响。低分子量组分的比例大时，对弹性体的耐热性能和机械性能极为有害；而过高分子量组分的比例大时，对加工成型不利。所以，热塑型聚氨酯弹性体的分子量及其分布对其性能和加工成型来说都是至关重要的质量指标。对于交联型聚氨酯弹性体如浇注胶和混炼胶，在交联以前，聚合物的分子量一般都未达到上述的最低分子量，通常在 10 000～20 000 范围内，需通过扩链反应和交联反应使聚合物呈现高聚物的特性。因此，对交联型聚氨酯弹性体来说，交联密度的影响是不可忽视的。交联密度一般用交联点分子量或交联点间分子量来表征，聚氨酯弹性体的交联点分子量一般以 3 000～8 000 为宜。

聚氨酯弹性体的主干链一般由低聚多元醇（如聚酯和聚醚等）和二异氰酸酯缩聚而成。有时还加入小分子二醇（如 1，4-丁二醇等）提高硬度，或加入芳香二胺（如 MOCA）提高强度。主干链中软链段和硬链段的性质及含量是根据弹性体的用途来选择的。选择时主要考虑软链段的柔顺性和结晶倾向，硬链段的刚性和体积大小、软链段和硬链段的比例及主干链中各种基团对热、氧、水、油等环境因素的抵抗能力。

分子结构中引入侧链烃基会增大大分子之间的距离，降低分子间的作用力，使大分子不易取向结晶，从而导致弹性体机械强度的下降。侧链烃基对于低温性能的改善也不一定奏效。这是因为侧基的存在妨碍软链段的自由旋转和微相分离。聚氨酯弹性体的交联通常在硬链段之间进行。化学交联可提高弹性体的定伸应力和耐溶胀性能，降低永久变形。但是，化学交联结构增加时，妨碍硬链段之间彼此靠拢，静电力作用减弱，氢键难以形成，从而影响微相分离。

聚氨酯弹性体分子中软链段聚酯、聚醚均含有 C—O 单键和 C—C 单键。由于单键的内旋转频率很高，且永不停息，在常温下形成各种各样的构象。其外形弯弯曲曲，像杂乱的绒团，并不停地变化着，时而卷曲收缩，时而扩张伸展显得十分柔顺，对外力的作用表现出很大的适应性，赋予弹性体良好的高弹性。而硬链段由二异氰酸酯和低分子扩链剂反应而成，其分子量小（300～1 000），链段短，含强极性的氨基甲酸酯基、脲基、芳香基等基团。硬链段之间作用力大，彼此靠静电引力缔合在一起，不易改变自己的构象，显得十分僵硬。软链段和硬链段的这种相反特性越明显，也就是说，软链段柔性越大，硬链段的刚性越强，两者的相容性就越差，硬段相和软段相的分离效果就越好，形成如图 1.1.3-35 所示的聚集态结构。

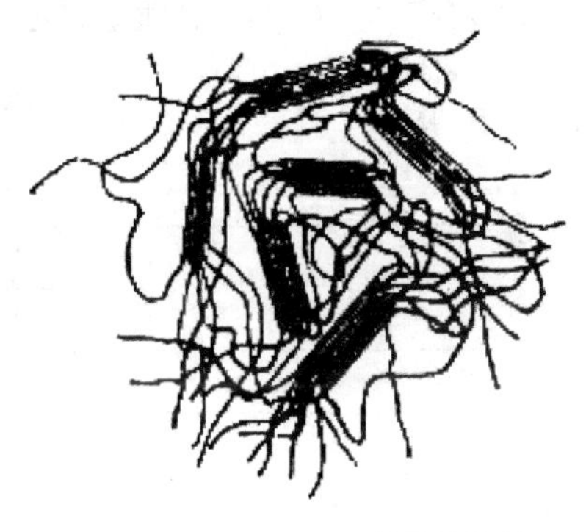

图 1.1.3-35　聚氨酯弹性体微相分离结构示意图

除了化学结构对微相分离的影响外，聚氨酯弹性体的热历史包括热处理的方式、温度和时间等对微相分离也有很大影响。随着温度上升，两相混杂程度增加，弹性体从高温急速冷却时，就会使这种混杂无定形结构保持下来，降低微相分离程度，不利于弹性体的高低温性能和力学性能，这一过程叫作“淬火”。反之，弹性体加热一定时间，然后逐渐降温冷却时，有利于无定形链重新取向和有序地排列，与软段相分离，从而使弹性体的高低温性能和力学性能得到改善，这一过程叫作“退火”。“退火”条件一般根据制品的化学组成和使用条件来确定。据报道用聚四甲撑二醇、聚己二酸丁二醇酯分别与 MDI 和 1，4-丁二醇合成的热塑型聚氨酯弹性体在 120℃以下的温度退火，可使弹性体的热转变温度提高 20～50℃。

一般的聚氨酯弹性体结构中有大量的氢键存在，主要是由硬链段中的供氢基团（如—NH—）和供电基团（如羰基）形成的。聚酯链段中的羰基氧原子和聚醚链段中的醚基氧原子虽然电负性小一些，但也都有可能与硬链段中的供氢基团形成氢键。硬链段之间的氢键促进硬链段的取向和有序排列，有利于微相分离。硬链段与软链段之间的氢键会使硬链段混杂于软链段中，影响微相分离。所以，氢键作为一种强的静电力，除直接影响弹性体的力学性能外，还影响聚集态结构。

1. 影响聚氨酯物理机械性能的因素

聚氨酯弹性体在固态下使用，在各种外力作用下所表现的机械强度是其使用性能最重要的指标。机械强度主要取决于化学结构的规整性、大分子链的主价力，分子间的作用力和大分子链的柔韧性。也可以说，取决于聚氨酯弹性体的结晶倾向，特别是软链段的结晶倾向。凡是有利于结晶的因素，如分子的极性大，结构规整，碳原子数为偶数、软链段分子量较大，无侧基支链等，都能提高弹性体的机械强度。但是，作为弹性体是在高弹状态下使用的，不希望出现结晶。这样，就需要通过配方和工艺设计，在弹性和强度之间找到最佳平衡，使制备的聚氨酯弹性体在使用温度下不结晶，具有良好的橡胶弹性。而在高度拉伸时能迅速结晶，并且这种结晶的熔化温度在室温上下。当外力解除后，该结晶立即熔化。毫无疑问，这种可逆性的结晶结构对提高弹性体的机械强度颇为有益。

聚氨酯弹性体能否具有上述可逆性结晶结构，主要取决于软链段的极性、分子量、分子间力和结构的规整性。聚酯的分子极性和分子间力大于聚醚，所以聚酯型聚氨酯弹性体的机械强度大于聚醚型，聚烯烃（如聚 1，2-丁二烯）型的极性更小。软链段中引入侧基，如聚丙二醇、聚己二酸 1，3-丁二醇酯、聚己二酸 2，3-丁二醇酯、聚己二酸特戊二醇酯等，使大分子间的作用力减弱，妨碍分子定向结晶，降低机械强度见表 1.1.3-290 和表 1.1.3-291。

表 1.1.3-290 软段结构对聚氨酯弹性体机械强度的影响

软段结构	硬度（邵尔 A）	100%定伸应力/MPa	300%定伸应力/MPa	拉伸强度/MPa	扯断伸长率/%	永久变形/%
聚己二酸丁二醇酯	86	4.6	9.4	61	525	7
聚四甲撑二醇	88	5.9	12	49	560	20
聚丙二醇	75	3.3	7.0	16	650	30

表 1.1.3-291 聚酯结构对聚氨酯弹性体机械强度的影响

聚酯二醇类型	硬度（邵尔 A）	拉伸强度/MPa	扯断伸长率/%	永久变形/%
聚己二酸乙二醇酯	60	48	590	15
聚己二酸 1，4-丁二醇酯	70	42	510	15
聚己二酸 1，3-丁二醇酯	58	22	520	15
聚己二酸 2，3-丁二醇酯	65	24	380	105
聚己二酸 1，5-戊二醇酯	60	44	450	10
聚己二酸特戊二醇酯	67	18	400	70

软段分子量对弹性体的机械强度也有一定的影响。聚醚型聚氨酯弹性体的硬度、定伸应力、拉伸强度和撕裂强度均随聚醚分子量的升高而下降，见表 1.1.3-292。聚酯型聚氨酯弹性体的硬度和定伸应力也表现出上述规律，但拉伸强度却出现了相反的趋势，见表 1.1.3-293，这是由于聚酯分子的主价力较大，分子间力较强，容易结晶的缘故。

表 1.1.3-292 聚醚型软段分子量对聚氨酯弹性体机械强度的影响

项目	聚丙二醇分子量[a]				聚四甲撑二醇（PTMG）分子量					
	1 000	1 250	1 578	2 000	500	900	1 350	1 650	2 000	2 350
硬度（邵尔 A）	90	77	65	60	97	94	92	91	85	71
100%定伸应力/MPa	—	—	—	—	23	8.1	6.5	5.4	3.5	3.0
300%定伸应力/MPa	14.5	7.0	3.7	2.8	—	—	—	—	—	—
拉伸强度/MPa	35.7	31.3	23.2	8.3	52	41	40	42	24	21
扯断伸长率/%	—	—	—	—	245	330	375	665	—	610
撕裂强度/(kN·m^{-1})	55	42	25	22	—	—	—	—	—	—

注：a. 弹性体以聚丙二醇、2，4-TDI 和 MOCA 为原料，用两步法制备，NCO/OH=2∶1。

表 1.1.3-293 聚酯型软段分子量对聚氨酯弹性体机械强度的影响[a]

	1 180	2 100	2 670	3 500	4 080
硬度（邵尔 A）	83	86	76	70	63
300%定伸应力/MPa	16.0	11.9	9.8	7.3	5.5
拉伸强度/MPa	33.1	32.2	38.0	35.0	39.0
扯断伸长率/%	455	726	720	710	770
撕裂强度/(kN·m^{-1})		180	163	158	158
回弹/%	63	60	61	70	/

注：a. 弹性体由己二酸乙二醇酯与过量 50%（摩尔）的 1，5-NDI 制备，用水扩链。

硬链段的结构对聚氨酯弹性体的机械性能也有直接的和间接的影响。通常聚氨酯弹性体的硬链段由二异氰酸酯和小分子二醇或二胺反应而形成，所以硬链段实质上是低分子量的聚氨酯或聚脲。它们都含强极性的化学结构——氨基甲酸酯基或脲基，不同的是氨基甲酸酯基和脲基的极性不同，二异氰酸酯和扩链剂的种类不同。

表 1.1.3-294 异氰酸酯结构对聚氨酯弹性体机械强度的影响[a]

二异氰酸酯名称	二异氰酸酯结构	拉伸强度/MPa	扯断伸长率/%	撕裂强度/(kN·m^{-1})
己撑二异氰酸酯	OCN—$(CH_2)_6$—NCO	不足取	—	—
2，4-甲苯二异氰酸酯	苯环：CH_3，NCO，NCO	20～24	730	83

续表

二异氰酸酯名称	二异氰酸酯结构	拉伸强度/MPa	扯断伸长率/%	撕裂强度/(kN·m^{-1})
1，5-萘二异氰酸酯	NCO, NCO	30	760	166
2，7-芴二异氰酸酯	OCN, NCO	43	660	141

注：a. 由分子量为 2 000 的聚己二酸乙二醇酯和过量 30%（摩尔）的二异氰酸酯制备弹性体。

由表 1.1.3-294 可以看出，聚氨酯弹性体的拉伸强度与二异氰酸酯的结构有很大关系。即芳族二异氰酸酯大于脂族二异氰酸酯，而且芳环体积越大，强度越高。此外，具有对称结构的二异氰酸酯（如 MDI 和 P－PDI）能赋予弹性体更高的硬度、拉伸强度和撕裂强度。扩链剂结构对弹性体机械性能的影响与二异氰酸酯相似。芳族二醇（如 HQEE）和芳族二胺（如 MOCA）与脂族相比，能赋予弹性体高得多的强度和硬度。根据这一规律，在制备低模量浇注制品时，可采用多元醇（如 1，4-丁二醇）与 MOCA 并用作为扩链剂。由表 1.1.3-295 数据可看出，随着 MOCA 用量的减少，1，4-丁二醇用量的增加，弹性体的硬度和拉伸强度直线下降。

表 1.1.3-295 扩链剂对聚氨酯弹性体机械强度的影响[a]

MOCA/1.4-丁二醇比例[b]	1.0/0	0.8/0.2	0.5/0.5
硬度（邵尔 A）	85	75	55
拉伸强度/MPa	18	16	12
扯断伸长率/%	550	500	500
回弹性/%	25	21	18

注：a. 由 PPG－2000 和 2，4－TDI 合成预聚物，NCO%＝6.1～6.4。
b. 为摩尔比，MOCA 和 1，4-丁二醇的总用量系数为 0.90。

除了化学结构的影响外，填充剂和塑料微区的补强作用容易被人们所忽视。在制备聚合物时，由于外界因素（主要是应力）的影响，在材料的表面和内部常常会出现微细的裂纹及气泡杂质等。材料受外力作用而开裂破坏时，往往是从这些薄弱环节产生的。这些裂纹用肉眼难以发现，须对着光才能看到像细丝般闪闪发光。消除裂纹的重要途径是消除材料的内应力。为此，在弹性体中常常添加粉状填料（如炭黑）。这些填料与材料的亲和性好，填料粒子的活性表面与周围某些大分子形成次价交联结构。当其中一条分子链受到应力时，可通过交联点将应力分散传递到其他分子上。这样就可减少应力集中，延缓断裂过程的发生，提高材料的机械强度。除了外加填料的补强作用外，在微相分离比较好的弹性体中，塑料微区所起的补强作用和外加填料的补强作用相似。塑料微区在外力作用下能发生塑性形变，使应力分散传递，延缓断裂过程的发生，从而达到补强的目的。

2. 影响聚氨酯高低温性能的因素

(1) 耐热性能

高聚物的耐热性可用其软化温度和热分解温度来衡量。软化温度是指高聚物由高弹态转变成黏流态的温度，即大分子链开始滑动的最低温度，在该温度下产生的形变是不可逆的。软化温度是高聚物能够进行模塑加工的温度，也是高聚物制品使用的温度极限。热分解温度是指高聚物受热发生化学键断裂的最低温度。高聚物制品长期使用的环境温度也不能超过这一温度。热分解温度可能比软化温度高，也可能比软化温度低。就聚氨酯来说，热分解温度一般比软化温度低。而且热分解过程又往往与其他降解过程（如氧化、水解等）同时进行，并相互促进。

从化学结构的角度来分析，聚氨酯的软化温度主要取决于化学组成、分子量大小和交联等因素。一般来说，聚氨酯弹性体的分子量提高、硬链段的刚性（如引入苯环）和比例增加、交联密度增大，均有利于提高软化温度。从物理结构角度分析，聚氨酯弹性体的软化温度主要取决于微相分离的程度，或者说取决于硬段相的纯度，并以硬段同系物的熔点为极限。据报道，不发生微相分离的聚氨酯弹性体，软化温度很低，其加工温度只有 70℃左右；而发生微相分离的弹性体，软化温度提高，其加工温度均在 130～150℃以上。聚氨酯弹性体的热分解温度取决于大分子结构中各种基团的耐热性，由表 1.1.3-296 可看出。

表 1.1.3-296 各种基团的模型化合物的热分解温度

基团类型	模型化合物	分解温度/℃
脲基	C_6H_5—NH—C(=O)—$N(C_2H_5)_2$	260
氨基甲酸酯基	C_6H_5—NH—C(=O)—O—C_4H_9	241

续表

基团类型	模型化合物	分解温度/℃
脲基甲酸酯基	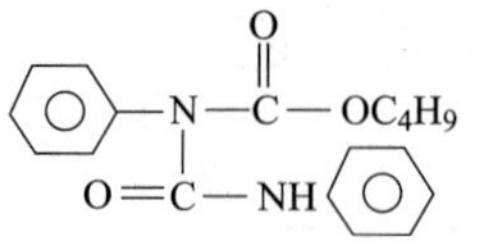 $C_6H_5-N(-C(=O)-OC_4H_9)-C(=O)-NH-C_6H_5$	140
缩二脲基	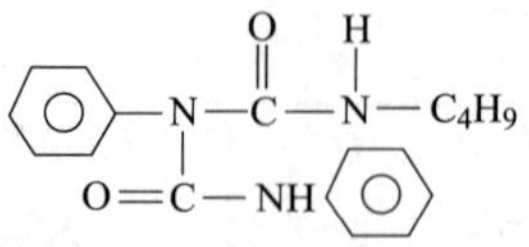 $C_6H_5-N(-C(=O)-NH-C_4H_9)-C(=O)-NH-C_6H_5$	144

聚氨酯弹性体中缩二脲基和脲基甲酸酯基的热分解温度比氨基甲酸酯基和脲基低得多。氨基甲酸酯基的热分解温度又与母体化合物的结构有密切关系。脂族异氰酸酯高于芳族异氰酸酯，脂族醇高于芳香醇（如苯酚）。下列数据可供参考：

芳基—NH—C(=O)—O—芳基 约120℃稳定。

正烷基—NH—C(=O)—O—芳基 约180℃稳定。

芳基—NH—C(=O)—O—正烷基 约200℃稳定。

正烷基—NH—C(=O)—O—正烷基 约250℃稳定。

此外，不同结构的脂肪醇与同一异氰酸酯反应生成的氨基甲酸酯，其热分解温度相差也很大，伯醇最高，叔醇最低，有的50℃就开始分解，这是由于靠近季碳原子和叔碳原子的键容易断裂。

软链段的结构对热分解温度也有影响。由于羰基的热稳定性比较好，而醚基的 α-碳原子上的氢容易被氧化，所以聚酯型耐热空气老化性能比聚醚型好。此外，软链段中如有双键，会降低弹性体的耐热性能，而引入异氰脲酸酯环和无机元素可提高弹性体的耐热性能。

（2）低温性能

高聚物的低温性能通常用玻璃化温度和耐寒系数来衡量。玻璃化温度的物理意义就是高聚物分子的链段开始运动的最低温度。高聚物的低温性能取决于大分子链和链段的柔顺性，即取决于主干链的内旋转、分子间力以及大分子本身的立体效应等。凡是增加分子链僵硬的因素，如分子链中的极性基团，分子转动的势垒，交联点的存在等因素都会使玻璃化温度升高。大分子链的柔性是主链上单键内旋转的结果。由于相邻碳原子上的氢原子互相排斥，所以C—C键旋转的势垒比较大，而醚键自由旋转的阻力比C—C键小，醚键将C—C键分开就能增加大分子链的柔顺性。酯基中的C—O键也能自由旋转，但酯基的极性比醚基大，所以聚醚型聚氨酯弹性体的低温性能比聚酯型好。

此外，聚醚和聚酯分子结构的规整性和分子量大小对低温性能也有一定的影响。软段结构越规整，分子量越大，越容易结晶；但是，软段与硬段连接之后，由于硬段的位阻效应，软段的结晶受到阻碍，所以在一定的分子量范围（一般在2 000～3 000）内，软段分子量增加，柔性反而增大，微相分离更趋完全。按形态学的观点，聚氨酯弹性体的玻璃化温度就是由软链段的性质和软段相的纯度决定的。当软段相的纯度趋于100%时，聚氨酯弹性体的玻璃化温度应接近于软链段组成物的玻璃化温度。硬段的影响主要表现在硬段结构对微相分离的影响上。表1.1.3-297列出的几种软段同系物的玻璃化温度可供参考。

表1.1.3-297 几种软段同系物的玻璃化温度

软段同系物	聚己二酸丁二醇酯（PBA）	聚丙二醇（PPG）	聚四甲撑二醇（PTMG）
玻璃化温度 T_g/℃	−45	−76	−85

化学交联和硬链段的作用一样可提高聚合物的玻璃化温度 T_g，但因阻碍了分子链间的相互作用，所以对物性的影响较复杂，见图1.1.3-36。

3. 影响聚氨酯耐介质性能的因素

（1）耐水性能

水对聚氨酯弹性体的作用有二。其一是水的增塑作用。即水分子进入大分子链空隙中，与聚合物分子中的极性基形成氢键，使聚合物分子间的作用力减弱，拉伸强度、撕裂强度和耐磨性能下降。这一过程是可逆的，经干燥脱水，可恢复原来的性能。据报道，当空气的相对湿度在0%～100%时，聚氨酯弹性体的吸水率在2%内变化。当相对湿度为50%时，聚酯型和聚醚型聚氨酯弹性体的吸水率约为0.6%。当相对湿度为100%时，聚酯型的吸水率上升为1.1%，聚醚型为1.4%。这时相应的拉伸强度降低率前者约为10%，后者约为20%。并发现不论是TDI/MOCA型聚氨酯弹性体，还是MDI/二醇

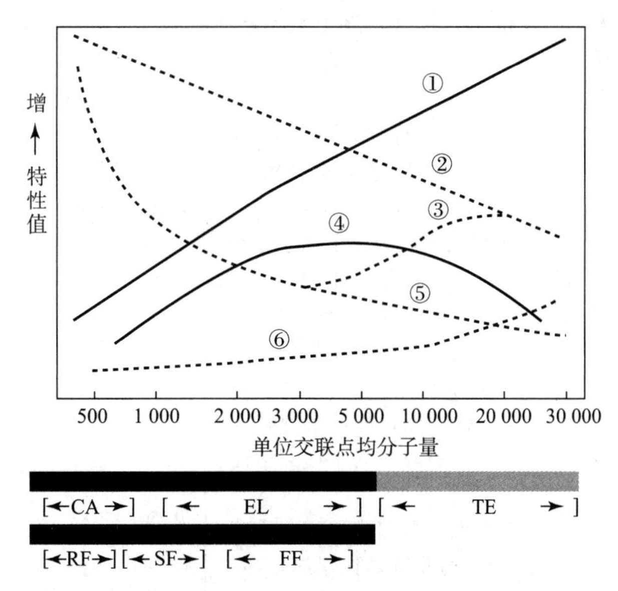

图 1.1.3-36 聚氨酯弹性体的物性与交联密度的关系

①—伸长率、撕裂强度、膨润率，②—T_g、溶点、硬度，③—定伸应力（酯类），

④—回弹性，⑤—定伸应力（醚类），⑥—蠕变性、永久变形

CA—热固性塑料，EL—热固性橡胶，TE—热塑性橡胶，RF—硬质泡沫，SF—半硬质泡沫，FF—软质泡沫

型聚氨酯弹性体，其吸水率大体相同。

其二是水的降解作用，即弹性体发生了化学降解。水解作用导致物性的下降是不可逆的。据报道，聚酯型和聚醚型聚氨酯弹性体在24℃的水中浸泡一年半均未发生明显的水解作用。但是随着水温升高，两者的差异就越来越明显。在50℃的水中浸泡半年，聚酯型弹性体几乎完全水解了，而聚醚型弹性体的拉伸强度仍超过 28 MPa。在 70℃水中浸泡 3 周，聚酯型弹性体就不能测试了；而聚醚型弹性体 8 周后还有 10 MPa，26 周后还有 3.5 MPa 的拉伸强度。在 100℃的水中浸泡 3～4 天，聚酯型弹性体完全水解了，而聚醚型弹性体 21 天后仍保持橡胶状。聚酯型弹性体的水解作用与异氰酸酯的种类（MDI 或 TDI）、扩链剂种类（MOCA 或多元醇）和弹性体的硬度关系不大，只与酯基的浓度有一定关系。酯基间的碳原子数增加（如聚 ε-己内酯型），水解稳定性提高。而对于聚醚型弹性体，TDI 类比 MDI 和 NDI 类耐水解，多元醇扩链比 MOCA 扩链耐水解。PTMG 型比 PPG 型耐水解，尤其是在高温水中。而 PEG（聚乙二醇醚）则不能用于弹性体的合成，因为它的水溶性很大。此外，聚醚分子中引入氧化乙烯结构，也会降低弹性体的耐水性能。

聚酯型和聚醚型聚氨酯弹性体的水解过程是不同的。由于酯基最易水解，所以，聚酯型弹性体的水解作用表现为主链断裂，分子量降低，拉伸强度和伸长率急剧下降。而聚醚型弹性体，由于醚基耐水解，所以水解作用表现为交联慢慢断裂，分子量慢慢降低，拉伸强度下降缓慢，伸长率开始增加，然后才下降。

综上所述，聚氨酯弹性体结构中各种基团的水解稳定性可归纳为如下顺序：

醚基≫氨基甲酸酯基＞脲基、缩二脲基≫酯基

外界因素对水解的影响也是不可忽视的。酸和碱都是水解的促进剂，酯水解生成酸，本身就有自催化作用。金属有机化合物，如锡盐，催化水解并不亚于胺类。同时锡盐和胺类并用对水解有协同作用。因此，原料中应尽量避免残存的酸和碱，并减少催化剂的用量。聚酯型聚氨酯体系中引入碳化二亚胺（—N═C═N—）结构，可与残存的羧酸反应，改善耐水解性能。碳化二亚胺的用量以 1%～5%为宜，其效果随水温升高而降低。据报道，对聚酯型弹性体而言，在沸水中可改善约 2 倍，在 70℃的水中可改善约 3 倍，40℃水中约 4 倍。此外，在缩二脲和脲基甲酸酯交联的聚氨酯弹性体，加入 3%～5%的钛白粉，可得到与碳化二亚胺相当的耐水效果。但钛白粉的效果只有在沸水中表现明显，在 80℃水中效果不大，在 70℃水中效果就更小了。

（2）耐油性能

聚氨酯弹性体的耐油性能很好，并随着大分子中极性基团、交联密度和分子间作用力的增加而提高。所以不难推断，聚酯型的耐油性优于聚醚型。在聚酯型中，酯基浓度增加，耐油性提高。在聚醚型中，PTMG 的分子间力大于 PPG，所以，前者的耐油性优于后者。对于同一软段而言，聚氨酯弹性体的耐油性又随硬段的刚性和硬段含量的增加而提高，即弹性体的硬度越高，耐油性越好。

（3）耐化学药品性能

聚氨酯弹性体的耐药品性能也是比较好的，并随弹性体硬度的增加而提高。据报道，常温下，在 20%醋酸和 50% NaOH 溶液中，聚 ε-己内酯型、PTMG 型和 PPG 型都表现出一定的抗耐能力。但是在 50%的硫酸和 20%的硝酸溶液中，以上两种聚醚型都经受不住硫酸和硝酸的浸蚀，唯聚 ε-己内酯型表现出较好的抗耐能力。这是因为醚基的 α—碳原子上的氢易被氧化而发生裂解的缘故。

4. 影响聚氨酯电学性质的因素

聚氨酯是一种强极性高分子材料，它的介电性能不如非极性高聚物。

聚氨酯是一种强极性材料，对水的亲和力较大，即使在比较干燥（RH50%）的环境下，聚氨酯弹性体仍有大约0.6%的吸水率。所以水分的影响是很难避免的。

（二）聚氨酯弹性体的性能

聚氨酯弹性体具有以下特点：①耐磨性能是所有橡胶中最高的，实验室测定结果表明，UR的耐磨性是天然橡胶的3～5倍，实际应用中往往高达10倍左右；②强度高、弹性好（邵尔A60～D70硬度范围内），在橡胶材料中具有最高的拉伸强度，一般可达28～42 MPa，撕裂强度达63 kN/m，伸长率可达1 000%，硬度范围宽，邵尔A硬度为10～95；③缓冲减震性好，室温下减震元件能吸收10%～20%振动能量，振动频率越高，能量吸收越大；④耐油性和耐药品性良好，与非极性矿物油的亲和性较小，在燃料油（如煤油、汽油）和机械油（如液压油、机油、润滑油等）中几乎不受侵蚀，比通用橡胶好得多，可与丁腈橡胶媲美。缺点是在醇、酯、酮类及芳烃中的溶胀性较大；⑤摩擦系数较高，一般在0.5以上；⑥耐低温、耐臭氧、抗辐射、电绝缘，聚酯型可在－40℃下使用（也有报道指出该温度下密封件漏液），聚醚型可在－70℃下使用；⑦黏接性能良好，在胶黏剂领域应用广泛；⑧气密性与丁基橡胶相当；⑨具有较好的生物医学性能，可作为植入人体材料。

其缺点是：①耐水解性能比较差，尤其是温度稍高或酸碱介质存在下水解更快；②滞后损失大，在高速运动中的厚制品积累热较高，影响使用。

1. 硬度

普通橡胶的硬度范围约为邵A20至邵A90，塑料的硬度范围约为邵A97至邵D100，而聚氨酯弹性体的硬度范围低至邵A10，高至邵D80，并且不需添加填料，如图1.1.3－37所示。尤其可贵的是聚氨酯弹性体在塑料硬度下仍具有良好的橡胶弹性和伸长率。而普通橡胶只有靠添加大量填料，并且以大量幅度降低弹性和伸长率为代价才能获得较高的硬度。一般的，普通橡胶材料当硬度高于75（IRHD）时，其弹性将产生严重损失，当硬度高于85（IRHD）时，就不成其弹性材料了。聚氨酯弹性体的典型特性见表1.1.3－298。

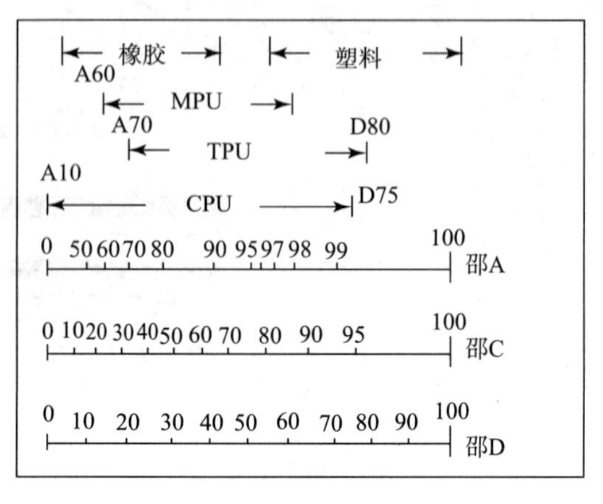

图1.1.3－37 聚氨酯弹性体硬度范围

表1.1.3－298 聚氨酯弹性体的典型特性

	混炼型	浇注型				热塑型				
硬度（邵尔）	A61～96	A10～40	A45～75	A88～98	A68～75	A83±3	A92±2	A97±2	A65±3	A75±5
拉伸强度/MPa	19～30	1.7～3.0	4.2～31	27～35	28～56	32	40	40	45	45
扯断伸长率/%	800～350	1 000～400	700～430	480～200	270～120	700	520	500	400	350
回弹性/%	50～30	—	—	48～42	—	55	50	30	40	50

2. 机械强度

（1）杨氏模量和拉断强度

在弹性限度内，拉伸应力与形变之比叫作杨氏模量或称为弹性模量。聚氨酯弹性体和其他弹性体一样，只有在低伸长时（约2.5%）才遵循虎克定理。但是它的杨氏模量要比其他弹性体高得多。

以Bayer公司开发的Vulcollan聚氨酯弹性体系列产品为例，对于硬度为A65的材料，弹性限度下的伸长率约为5%，杨氏模量约为5 MPa。对于硬度为D70的材料，上述数据则分别为2%和600 MPa。拉伸应力超过弹性限度，特别是动载荷，是造成永久变形的原因之一。据报道，聚氨酯弹性体一般不应在伸长率高于25%的状态下使用。

聚氨酯弹性体的弹性限度见表1.1.3－299。

表1.1.3－299 聚氨酯弹性体的弹性限度

硬度		材质	杨氏模量/MPa	$\sigma_{0.1}$/MPa	$\varepsilon\sigma_{0.1}$/%	$\sigma_{1.0}$/MPa	$\varepsilon\sigma_{1.0}$/%	εB/%
邵A	邵D							
65	17	Vulcollan 18/40	5.0	0.23	4.7	0.5	11	600
80	27	Vulcollan 18	20.0	0.68	3.5	1.4	8	650
90	37	Vulcollan 25	60.0	1.7	2.7	3.0	6	600
93	42	Vulcollan 30	90.0	2.25	2.5	3.8	5	450
95	52	Vulcollan 40	200.0	4.4	2.3	7.0	4.5	400
96	57	Vulcollan 50	300.0	6.0	2.1	9.2	4.2	400
	64	Vulcollan 60	410.0	8.0	2.0	17.5	4.0	350
	68	Vulcollan 70	530.0	9.8	1.9	15.0	3.8	250
	70	Vulcollan 80	600.0	11.0	1.9	16.5	3.7	150

不难看出，聚氨酯弹性体的硬度、杨氏模量范围遍及橡胶与塑料，扯断伸长率在邵 D70 时仍具有 150%的扯断伸长率，弹性范围之宽，任何材料无可比拟。

（2）撕裂强度

聚氨酯弹性体的撕裂强度很高，尤其是聚酯型，为天然橡胶的 2～10 倍，详见表 1.1.3－300。

表 1.1.3－300　聚氨酯弹性体撕裂强度与其他高聚物材料的比较

性能	天然橡胶	丁苯橡胶	聚氯乙烯	乙烯-丙烯酸共聚物	氯化聚乙烯	混炼型聚氨酯橡胶	聚酯型聚氨酯
硬度（邵尔 A）	71	62	91	86	80	80～85	85
撕裂强度/($kN \cdot m^{-1}$)	14～20	9	84	49	49	36～54	125
拉伸强度/MPa	—	—	23	9.5	6.3	—	32
伸长率/%	—	—	210	650	600	—	415
磨耗（Taber)/($mg \cdot 1\,000r^{-1}$)	—	—	83	34	50	—	0.5

（3）承载能力

虽然在低硬度下聚氨酯弹性体的压缩强度也不高，但是聚氨酯弹性体可以在保持橡胶弹性的前提下提高硬度，从而达到很高的承载能力，而其他橡胶的硬度受到很大局限，所以承载能力大幅度提高。表 1.1.3－301 列出的聚氨酯弹性体和其他几种橡胶的承载能力。

表 1.1.3－301　聚氨酯弹性体的承载能力及比较

		聚氨酯弹性体						丁苯橡胶	氯丁橡胶
硬度	邵 A	68～73	83～85	89～91	—	—	—	75	67
	邵 D	—	—	—	50～55	55～60	66～69	—	—
压缩强度/MPa	压缩 2%	0.07	0.25	0.77	1.58	2.43	4.57	0.27	0.24
	压缩 4%	0.17	0.56	2.18	4.04	5.38	9.16	0.50	0.41
	压缩 6%	0.31	1.01	3.23	6.33	11.25	—	0.76	0.62
	压缩 8%	0.43	1.26	4.15	8.44	9.77	—	1.00	0.81
	压缩 15%	0.91	2.64	7.15	14.40	17.70	—	1.82	1.40
	压缩 20%	1.33	3.65	9.47	17.20	24.60	—	2.50	1.92
	压缩 25%	1.83	5.62	11.93	22.55	29.23	—	—	—

3. 耐磨性能

聚氨酯弹性体的耐磨性能非常杰出，一般在 0.01～0.10 mm^3/m 范围内，为天然橡胶的 3～5 倍。实际使用中，由于润滑剂等因素的影响，其效果往往更好。表 1.1.3－302 列出了若干材料的 Taber 磨耗数据，可见聚氨酯弹性体是最小的。

表 1.1.3－302　各种合成材料的 Taber 磨耗值

材料名称	磨耗量/mg	材料名称	磨耗量/mg
聚氨酯弹性体	0.5～3.5	天然橡胶	146
锦纶－610	16	耐冲击聚氯乙烯	160
聚酯薄膜	18	丁苯橡胶	177
锦纶－11	24	增塑聚氯乙烯	187
高密度聚乙烯	29	丁基橡胶	205
聚四氟乙烯	42	ABS	275
丁腈橡胶	44	氯丁橡胶	280
锦纶－66	49	聚苯乙烯	324
低密度聚乙烯	70	锦纶[a]	366
高冲击聚氯乙烯	122		

注：磨耗条件为 CS17 轮，1 000 g/轮，5 000 r/min，23℃；详见傅明源、孙酣经.《聚氨酯弹性体及其应用（第三版）》. 北京：化学工业出版社，2006，P3，表 1－2.

a. 原文如此。

耐磨性与材料的撕裂强度和表面状况关系很大。聚氨酯弹性体的撕裂强度比其他橡胶高得多，但是它本身的摩擦系数并不低，一般为 0.5 左右，这就需要在实际使用中注意添加油类等润滑剂，或内加少量二硫化钼或石墨、硅油、四氟乙烯粉，以降低摩擦系数，减少摩擦生热。聚氨酯弹性体的耐磨性和其他材料的对比数据见表 1.1.3-303。

表 1.1.3-303　聚氨酯弹性体与通用橡胶、塑料、金属的耐磨性能对比（干燥表面）

类型		材料名称	相对耐磨性（以中碳钢为 1）
热塑性树脂	丙烯酸	聚甲基丙烯酸甲酯	11
	聚苯乙烯	各种类型	28～31
		苯乙烯-丙烯腈	13～14
		丙烯腈-丁二烯-苯乙烯	13
	聚酰胺	锦纶-66	6
		锦纶-66（玻璃纤维填充）	11
		锦纶-610	5
		锦纶-6	4
	聚缩醛	各种类型	18～20
	聚乙烯	高密度	18
		低密度	12
	聚丙烯	—	7～12
	氯乙烯类	硬质聚氯乙烯	12～19
		软质聚氯乙烯	1～2
		硬质聚偏二氯乙烯	8
		软质聚偏二氯乙烯	1
	氟化合物	聚四氟乙烯	5
	氯化聚醚	—	15
	聚碳酸酯	—	6
热固性树脂	酚醛树脂	甲醛苯酚树脂，各种填料	15～23
	氨基树脂	脲甲醛树脂，各种填料	8
	酪蛋白树脂	—	5
	环氧树脂	—	16
	聚酯	捏塑成型胶料	27～33
	聚氨酯	—	0.8
弹性体/金属	橡胶	各种类型	0.6～1.9
	铜	—	1.2
	铝	硬铝	5.2
	钢	高强度钢 中碳钢 BS En 1a（标准）	0.4 1.0

此外，摩擦系数还与材料硬度和表面温度等因素有关系。在所有情况下，摩擦系数都随硬度的降低而提高，随表面温度的升高而上升，约 60℃达到最大值，见图 1.1.3-38。

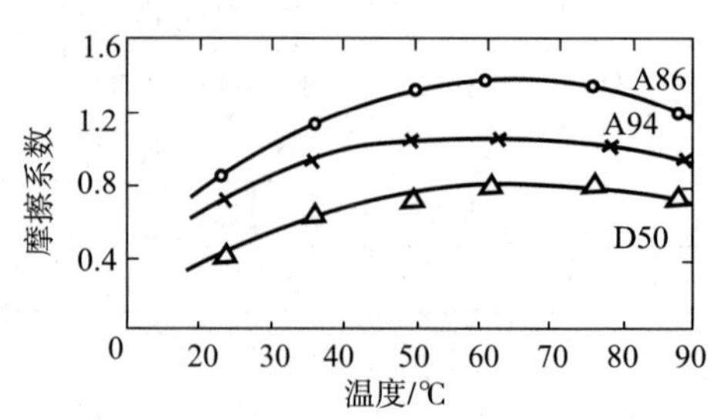

图 1.1.3-38　聚氨酯弹性体在铬黄铜板上的摩擦系数与温度的关系

4. 耐介质性能

(1) 耐油和耐药品性能

聚氨酯弹性体，特别是聚酯系列产品，是一种强极性高分子材料，和非极性矿物油的亲和性小，在燃料油（如煤油、汽油）和机械油（如液压油、机油、润滑油等）中几乎不受浸蚀，比通用橡胶好得多，可以与丁腈橡胶媲美，见表1.1.3-304。

表 1.1.3-304　聚氨酯弹性体与其他橡胶的耐油性比较

	聚氨酯弹性体与通用橡胶耐油性的比较[a]					聚酯型 TPU 和耐油橡胶的耐油性能比较[b]					
	聚氨酯橡胶 A	聚氨酯橡胶 B	天然橡胶	丁苯橡胶	顺丁橡胶	ASTM 1#油			ASTM 3#油		
						TPU	丁腈	氯丁	TPU	丁腈	氯丁
硬度变化（HS）	—	—	—	—	—	0	+5	−2	−1	−6	−20
拉伸强度变化率/%	16	18	95	92	79	+5.5	+20.2	−10.2	−6.5	−5.6	−27.3
伸长率变化率/%	—	—	—	—	—	+15.3	−21.5	−13.4	−6.8	−17.6	−33.3
重量变化率/%	12	16	176	126	18	—	—	—	—	—	—
体积变化率/%	—	—	—	—	—	−0.5	−3.8	+1.5	+3.7	−12.7	+56.2

注：a. 试验条件润滑油 70℃×70 h。
b. 试验条件 100℃×70 h。

但是，在醇、酯、酮类及芳烃中溶胀较大，高温下逐渐被破坏，在卤代烃中溶胀显著，有时还发生降解。聚氨酯弹性体浸在无机物中，如果没有催化剂的作用，和浸在水中相似，在弱酸弱碱溶液中，降解比在水中快，而强酸强碱对聚氨酯的侵蚀作用则更大，详见表 1.1.3-305 和表 1.1.3-306。

表 1.1.3-305　三种聚氨酯浇注胶的耐油性与耐药品性

预聚物类型	聚 ε-己内酯/TDI	聚四氢呋喃/TDI	聚丙二醇/TDI
游离 NCO/%	6.10	6.40	6.20
扩链剂	MOCA	MOCA	MOCA
扩链剂量/(份数/100 份预聚物)	18	19	18
硬度（邵尔 A）	95	95	95
耐溶胀性能（ΔV)/%	50℃×7 d		
ASTM 1#油	0.2	3	4
ASTM 3#油	1	10	5
ASTM 参考燃油 B	16	28	32
甲苯	42	62	76
耐药品性能（ΔV)/%	24℃×7 d		
水	1	4	4
50%硫酸	−4	40	29
20%醋酸	5	10	8
50%氢氧化钠	−2	3	−0.8

表 1.1.3-306　聚酯型聚氨酯弹性体（Vulcollan30）的耐化学药品性能（试验温度 30℃）

化学品	浸渍时间/d	拉伸强度/MPa	硬度（IRHD）	重量变化/%
试验前	0	32	92	—
丙酮	6	12	84	39
	12	17	89	39
醋酸戊酯	6	22	93	14
	12	17	89	14
苯	6	32	85	37
	12	26	88	38
丁烷气体	6	29	94	0.5
	12	26	92	0.5
氯化钙饱和溶液	6	29	92	0.3
	12	27	91	0.2

续表

化学品	浸渍时间/d	拉伸强度/MPa	硬度（IRHD）	重量变化/%
二氧化碳	6	27	94	0.4
	12	25	94	0.2
二硫化碳	6	23	90	12
	12	28	92	12
四氯化碳	6	25	92	32
	12	23	92	32
三氯甲烷	6	7	81	250
	12	7	82	1 250
煤气饱和大气	6	27	92	1.0
	12	25	92	0.4
硫酸铜饱和溶液	6	26	93	1.5
	12	29	91	1.5
环己醇	6	24	92	5
	12	29	91	7
环己酮	6	13	84	52
	12	10	80	54
醋酸乙酯	6	18	91	38
	12	17	91	38
乙醇（96%）	6	19	92	8
	12	23	90	8
醋酸乙二醇酯	6	13	90	41
	12	18	85	41
Frigen 11/12 推进剂（25℃，压力下）	6	27	94	9
	12	27	93	11
过氧化氢（10%）	6	20	92	2
	12	14	89	3
试验前	0	28	92	—
喷射燃油 JP4（沸点 97～209℃）	6	26	92	3
	12	29	92	3
工业发动机油	6	—	—	—
	12	29	90	14
氧气（大气压）	6	27	94	0
	12	22	93	0.3
臭氧（空气中浓度 2 ppm）	6	27	92	−0.1
	12	28	93	−0.1
石油醚	6	35	94	1.4
	12	30	91	1.8
苯酚（90%）	6	溶解	—	—
	12	—	—	—
海水	6	27	92	1.0
	12	26	94	1.0
氯化钠饱和溶液	6	26	92	1.0
	12	27	89	1.0

续表

化学品	浸渍时间/d	拉伸强度/MPa	硬度（IRHD）	重量变化/%
次氯酸钠 5 gCl_2/L，0.1 gNaOH/L	6	20	89	4
	12	21	94	3
干燥二氧化硫	6	26	93	7
	12	12	90	8
甲苯	6	22	88	26
	12	27	88	26
三氯乙烯	6	15	85	75
	12	26	88	74
蒸馏水	6	26	92	1.0
	12	26	92	1.0
工业大气老化	6	26	94	0.2
	12	23	94	0.1
高山大气老化	6	23	95	0.5
	12	26	90	0.1
海洋大气老化	6	27	95	0.3
	12	22	91	0
松节油	6	25	94	2.5
	12	27	90	3
二甲苯	6	20	91	17
	12	24	90	17

据报道，聚氨酯弹性体在油中的使用温度为110℃以下，比空气中的使用温度高。但是，在许多工程应用中，油总是要被水污染的。试验表明，只要油中含有0.02%的水，水几乎可全部转移到弹性体中，这时，使用效果就会发生显著差异。

（2）耐水性能

在常温下聚氨酯弹性体的耐水性能好，1～2a内未发生明显的水解作用，尤其是聚醚型、聚丁二烯型和聚碳酸酯型。据报道，通过强化耐水试验，用外推法得出，在25℃的水中，拉伸强度损失一半所需要的时间，聚酯型弹性体（聚己二酸乙二醇丙二醇酯—TDI—MOCA）为10年，聚醚型弹性体（PTMG—TDI—MOCA）为50年。表1.1.3-307列出了两种牌号的己二酸酯系聚氨酯混炼胶在70℃和90%的相对湿度下的耐水性能，表1.1.3-308列出了上述两种浇注型弹性体的耐水解性能。

表1.1.3-307 己二酸酯系聚氨酯混炼胶的耐水性能

混炼胶牌号	老化天数	酸值 /($mgKOH \cdot g^{-1}$)	拉伸强度 /MPa	伸长率 /%	硬度 (邵尔A)	撕裂强度 /($kN \cdot m^{-1}$)
Urepan—601	0	0.4	32	770	85	40
	3	0.6	27	765	83	32
	7	1.0	20	770	81	24
	10	1.9	16	700	79	19
	14	3.2	10	600	77	11
	17	5.8	6.0	350	65	6
	21	9.3	3.1	160	—	8
	24	12.0	0.8	50	—	—
	28	15.3	分解	—	—	—
Urepan—600	0	0.45	205	800	85	34
	3	1.5	13	750	82	24
	7	3.1	4	310	73	13
	10	4.2	2.8	140	72	9
	14	7.5	1.7	80	65	6
	17	14.4	分解	—	—	—

注：试验条件：70℃，相对湿度90%。

表 1.1.3-308 聚氨酯弹性体的耐水性能

扩链剂类型			二胺		二醇
弹性体配方	PTMG—TDI 预聚物[a]/份		100	—	100
	PEPAG—TDI 预聚物[b]/份		—	100	—
	MOCA/份		—	11.1	—
	1，4—丁二醇/份		12.5	—	3.2
	三羟甲基丙烷/份		—	—	0.8
固化条件（h/℃）			3/100	3/100	16/100
浸渍后性能[b]	拉伸强度/MPa（水温 25℃）	浸水前	30	42	—
		6M	30	42	—
		12M	30	38	—
		18M	30	31	—
	拉伸强度/MPa（水温 50℃）	浸水前	30	40	—
		3M	29.5	27.5	—
		6M	29	3.5	—
		9M	28	—	—
	拉伸强度/MPa（水温 70℃）	浸水前	30	40	—
		5W	16	1.5	—
		10W	10	—	—
		15W	7	—	—
	拉伸强度/MPa（水温 100℃）	浸水前	30	40	—
		5 天	7	1.5	—
		10 天	4	—	—
		15 天	3	—	—
	压缩永久变形/%（70℃×22 h）	浸水前	26	40	15
		5W	50	90	15
		10W	60	100	20
		15W	65	100	30
	拉伸强度/MPa（70℃，相对湿度 80%）	暴露前	30	40	—
		5W	17	1.5	—
		10W	13	—	—
		15W	8	—	—
	拉伸强度/MPa（70℃，ASTM3＃油）（含水和芳烃）	浸油前	30	40	—
		5W	26	1.5	—
		10W	18	—	—
		15W	13	—	—

注：a. NCO%=4.2。

b. NCO%=4.0。

c. 浸水后的性能是将经过浸水试验的试样置于 24℃、50%的相对湿度下干燥，达到平衡后测试的。

由表 1.1.3-308 数据可以看出，聚酯型聚氨酯弹性体的耐水性能是不好的。随着水解的进行，系统中的酸值逐渐升高，酸反过来又促进水解。加入碳化二亚胺可使聚酯型弹性体的耐水性能得到改善。表 1.1.3-309 是以己二醇为原料，异氰酸酯硫化的混炼型酯系聚氨酯弹性体及加入 3%多碳化二亚胺后的耐水性对比。其中加入碳化二亚胺的试样在 40℃的水中浸泡一年，物性几乎不变。由此看出，通过聚酯原料的选择和添加防水剂多碳化二亚胺，可制造出与醚系聚氨酯耐水性能相匹敌的酯系聚氨酯。

表 1.1.3-309 酯系混炼型聚氨酯弹性体的耐水性能

项目		拉伸强度/MPa	伸长率/%	硬度（邵尔 A）	回弹/%
老化前		33	420	83	35
室外暴露	12M	36	480	80	35
	24M	33	410	92	30
	36M	27	400	90	33
热空气	80℃×6M	30	460	85	37
	80℃×12M	25	450	94	28
	100℃×3M	27	440	78	33
	125℃×1M	25	450	84	29
	125℃×2M	18	400	83	28
水中	40℃×3M	30	480	82	38
	40℃×6M	26	520	80	34
	40℃×9M	22	530	88	31
	40℃×12M	16	500	97	26
加入3%碳化二亚胺，水中	浸水前	30	430	85	35
	40℃×6M	33	370	85	36
	40℃×12M	31.5	420	85	36

5. 耐温性能

(1) 耐热和耐氧化性能

聚氨酯弹性体在惰性气体（如氮气）中的耐热性尚好，常温下耐氧和耐臭氧性能也很好，尤其是聚酯型。但是高温和氧的同时作用会加快聚氨酯的老化进程。据报道，一般的聚氨酯弹性体在空气中长时间连续使用的温度上限为 80～90℃，短时间使用可达 120℃，对热氧化表现出显著影响的温度约为 130℃。按其品种来说，聚酯型的耐热氧化性能比聚醚型好，在聚酯型中，聚 ε-己内酯或聚己二酸己二醇酯型又好于一般聚酯型；在聚醚型中，$PTMG_T$ 型又好于 PPG 型；并且均随弹性体硬度的提高而改善。此外，一般聚氨酯弹性体在高温环境下强度下降显著，在 70～80℃时，其撕裂强度约下降一半；在 110℃时，下降约 80%。拉伸强度和耐磨性能也表现出类似的规律。但是聚 ε-己内酯型弹性体却表现出较好的高温强度，见表 1.1.3-310。

表 1.1.3-310 聚 ε-己内酯-TDI-MOCA 浇注型弹性体的强度随温度的变化

环境温度/℃	25	60	70	80	100
拉伸强度/MPa	48	35	34	36	25
伸长率/%	372	400	341	350	301
撕裂强度/(kN·m^{-1})	75	69	58	53	40

(2) 低温性能

聚氨酯弹性体具有良好的低温性能，主要表现在脆性温度很低，一般在－50～－70℃范围内，有的品种（如 PCL－TDI－MOCA）甚至在更低的温度下也不脆化。同时少数品种（如 PTMG－TDI－MOCA）的低温弹性也很好，－45℃的压缩耐寒系数可达到 0.2～0.5 的水平。但是多数品种，特别是一些大宗品种，如一般聚酯型弹性体，低温结晶倾向比较大，低温弹性不好，作为密封件使用，在－20℃以下容易出现漏油现象。表 1.1.3-311 列出了常用浇注型聚氨酯弹性体的脆性温度及其比较。

表 1.1.3-311 典型浇注型聚氨酯弹性体的脆性温度及其比较

材料	PPG－TDI－MOCA	(THF－PO)共聚醚－TDI－MOCA	PTMG－TDI－MOCA	PEA－TDI－MOCA	PCL－TDI－MOCA	PEA－MDI－1，4－BG	天然橡胶
脆性温度/℃	－40～－55	<－70	<－70	－30～－60	<－70	－50～－70	－56

随着温度的下降，聚氨酯弹性体的硬度、拉伸强度、撕裂强度和扭转刚性显著增大，回弹和伸长率下降，见表 1.1.3-312。

表 1.1.3-312 聚氨酯弹性体性能随温度的变化

性能	环境温度			
	24	−18	−46	−73
硬度（邵 D）	43	47	66	90
100%定伸应力/MPa	7.5	9.0	26	52
拉伸强度/MPa	31	38	57	98
伸长率/%	450	300	250	250

6. 阻尼性能

聚氨酯弹性体对交变应力的作用表现出明显的滞后现象，在这一过程中，外力作用的一部分能量消耗于弹性体分子的内摩擦，转变成为热能。衰减系数表示发生形变的材料能吸收施加给它的能量的百分数，它除了与材料的性质有关外，还与环境温度、振动频率有关。温度越高，衰减系数越低；振动频率越高，衰减系数越高。当振动频率与大分子的松弛时间相近（同一数量级）时，材料吸收的能量大。室温下聚氨酯弹性体可吸收振动能量的 10%～20%，比丁基橡胶还好。表 1.1.3-313 为各种硬度的聚氨酯弹性体在 20～110℃下的衰减系数值。

表 1.1.3-313 聚氨酯弹性体的衰减系数

振动频率	100～10 000 Hz			
温度/℃	20	50	80	110
材质	衰减系数			
Vulcollan 18/40	20	—	8	—
Vulcollan 18	18	10	4.5	4.5
Vulcollan 30	11.5	6.5	4.5	4.5
Vulcollan 40	14.5	7.5	5.0	4.5
Vulcollan 50	14.5	8.0	4.7	3.0
Vulcollan 60	14	11	8.5	7.0
Vulcollan 70	16	13	11.5	9.5
Vulcollan 80	12.5	11.5	11.5	11.5

此外应当指出，滞后现象产生内生热，使弹性体温度升高，由于弹性体温度上升，其回弹性提高，减震性能下降。所以，在设计减震件时一定要考虑诸性能的平衡。

7. 电性能

聚氨酯弹性体的电绝缘性能也是比较好的，大体相当于氯丁橡胶和酚醛树脂的水平。由于它既可浇注成型，又可热塑成型，故常用作电气元件灌封和电缆护套等材料。聚氨酯弹性体的电性能和常用的液体灌封聚合物比较见表 1.1.3-314。

表 1.1.3-314 典型液体聚合物的电性能

电性能	硅酮	多硫化合物	乙烯基塑料溶液	聚氨酯
绝缘电阻/Ω	10^{13}～10^{14}	10^{9}～10^{10}	10^{8}～10^{10}	10^{9}～10^{13}
体积电阻率/(Ω·cm)	10^{12}～10^{13}	10^{9}～10^{11}	2～3×10^{10}	10^{9}～10^{13}
表面电阻率/Ω	—	10^{9}～10^{10}	5×10^{10}	10^{9}～10^{13}
介电系数（60 Hz）	3.6～4.2	7～10	7～8	3～8
击穿电压/(kV·mm^{-1})	11.8～20	8～10	11.8～20	10～24
介电损耗（$\tan\delta$）(60 Hz)	0.015～0.019	0.005～0.05	0.25～0.15	0.01～0.05

聚氨酯弹性体由于其分子极性大，对水有亲和性，所以其电性能随环境湿度变化较大，同时也不宜作为高频电气材料使用。此外，它的电性能随温度上升而下降，随材料硬度上升而提高，见表 1.1.3-315。

表 1.1.3-315 聚氨酯弹性体电性能与温度的关系

硬度	A75			D50			D70		
电性能	ε	ρ_v	$\tan\delta$	ε	ρ_v	$\tan\delta$	ε	ρ_v	$\tan\delta$
24℃	8.2	4.8×10^{10}	0.08	9.3	3.7×10^{10}	0.075	7.2	2.4×10^{12}	0.056
70℃	8.4	1.4×10^{9}	0.13	11.7	2.0×10^{9}	0.067	8.7	6.1×10^{10}	0.055
100℃	12.7	1.3×10^{8}	—	12.2	1.1×10^{9}	0.088	9.3	2.4×10^{10}	0.072

注：电频率为 100 Hz，ε 为介电系数，体积电阻率 ρ_v 单位为 Ω·cm，$\tan\delta$ 为介电损耗。

8. 耐辐射性能

在合成高分子材料中，聚氨酯的耐高能射线的性能是很好的，在 10^5～10^6Gy 辐射剂量下仍具有满意的使用性能。但是对于浅色或透明的弹性体，在射线的作用下会出现变色现象，与在热空气或大气老化试验时观察到的现象相似。

3.17.4 混炼型聚氨酯弹性体的技术标准与工程应用

按照《合成橡胶牌号规范》(GB/T 5577—2008)，国产聚氨酯橡胶的主要牌号见表 1.1.3－316。

表 1.1.3－316 国产聚氨酯橡胶的主要牌号

牌号	多羟基化合物	异氰酸酯
AU 1110	聚己二酸-乙二醇-丙二醇	MDI
AU 1102	聚己二酸-乙二醇-丙二醇	TDI
AU 2100	聚己二酸-乙二醇-丙二醇	TDI
AU 2110	聚己二酸-乙二醇-丙二醇	MDI
AU 2200	聚己二酸丁二醇	TDI
AU 2210	聚己二酸丁二醇	MDI
AU 2300	聚 ε-己内酯	TDI
AU 2310	聚 ε-己内酯	MDI
EU 2400	聚丙二醇	TDI
EU 2410	聚丙二醇	MDI
EU 2500	聚四氢呋喃	TDI
EU 2510	聚四氢呋喃	MDI
EU 2600	聚四氢呋喃-环氧乙烷	TDI
EU 2610	聚四氢呋喃-环氧乙烷	MDI
EU 2700	聚四氢呋喃-环氧丙烷	TDI
EU 2710	聚四氢呋喃-环氧丙烷	MDI

注：第三位数为异氰酸酯种类：0——2，4-甲苯二异氰酸酯（TDI），1——4，4-二苯基甲烷二异氰酸酯（MDI）。

（一）混炼型聚氨酯弹性体的基础配方

混炼型聚氨酯弹性体的基础配方见表 1.1.3－317 与表 1.1.3－318。

表 1.1.3－317 混炼型聚氨酯弹性体（PUR）基础配方（一）

原材料名称	ASTM	原材料名称	硫黄硫化	DCP 硫化	AU
PUR[a]	100	PUR	100	100	100
古马隆	15	硫黄	1.5	—	—
促进剂 MBT（M）	1	DCP	—	1.5	3.5
促进剂 MBTS（DM）	4	活性剂[b]	0.35	—	SA 0.2
促进剂 Caytur4[b]	0.35	促进剂 MBTS（DM）	3		
硫黄	0.75	促进剂 MBT（M）	1	—	—
HAF	30	易混槽黑	30	30	SRF 30
硬脂酸镉[c]	0.5	—	—	—	—
硫化条件	153℃×40 min、60 min	硫化条件	153℃×60 min	153℃×60 min	151℃×40 min

注：a. 选择 Adiprene CM（美国 Dupont 公司产品牌号）。

b. 促进剂 Caytur4（杜邦产品）、活性剂、活化剂（IC—456、RCD—2098、Thancure）等，均为促进剂 MBTS（DM）与氯化锌的络合物。

c. 含镉化合物不符合环保要求，读者应谨慎使用。

表 1.1.3-318　混炼型聚氨酯弹性体（PUR）基础配方（二）

原材料	聚酯类聚氨酯橡胶			聚醚类聚氨酯橡胶
	其他鉴定配方	德国拜耳公司配方	美国 Thiokpl 公司配方	美国杜邦公司配方
聚氨酯橡胶	100	100[a]	100[b]	100[c]
过氧化二异丙苯	3.5		—	—
硫黄	—	—	2	—
硫化剂 Desmodur TT[d]	—	10	—	—
硫化剂 Dicup 40[e]	—	—	—	2.5
促进剂 Desmorapid DA[f]	—	0.3	—	—
促进剂 MBTS（DM）	—	—	4	—
促进剂 MBT（M）	—	—	2	—
硬脂酸	0.2	0.5	—	—
活化剂 2C—456[g]	—	—	1	—
硬脂酸镉	—	—	0.5	—
Rhenogram P50[h]	—	6	—	—
半补强炉黑	30	—	—	—
高耐磨炉黑	—	5	—	30
超耐磨炉黑	—	—	30	—
油酸丁酯	—	—	—	10
硫化条件	151℃×40 min	—	—	—

注：a. 德国拜耳公司 Urepan 600 混炼型聚氨酯橡胶。
b. 美国 Thiokpl 公司 Elastothane 455 混炼型聚氨酯橡胶。
c. 美国杜邦公司 Adiprene C 聚氨酯橡胶。
d. 2，4-甲苯二异氰酸酯二聚物。
e. 过氧化二异丙苯 40%分散于碳酸钙中。
f. 二硫代氨基甲酸铝。
g. 二硫化二苯并噻唑-氧化锌-氯化镉络合物，Thiokpl 公司产品。
h. 缩水甘油醚类水解稳定剂，拜耳公司产品。

（二）混炼型聚氨酯弹性体的配合与加工要点

混炼型聚氨酯弹性体以低聚物二醇为聚酯，二异氰酸酯一般为甲苯二异氰酸酯和二苯基甲烷二异氰酸酯，扩链剂多为脂肪族二元醇，其目的是提高强度、产生交联点并改善橡胶的加工性能，多用一步法合成。

混炼型聚氨酯弹性体的硫化剂有异氰酸酯、过氧化物和硫黄三类：异氰酸酯类硫化剂的常用品种为 TDI 及其二聚体、MDI 二聚体和 PAPI 等，可生成脲基甲酸酯键交联键（易吸水，使用时注意环境湿度），可以制得耐磨性良好、强度高、硬度较大的制品，高硬度（75～98 邵尔 A 至 65 邵尔 D）橡胶制品具有出色的机械强度和耐磨性能；过氧化二异丙苯（DCP）是用得最普遍的过氧化物硫化剂，过氧化物硫化 PU 制品具有良好的动态性能，压缩永久变形小，弹性和耐老化性能均较好，尤其是过氧化物交联的聚酯型聚氨酯具良好的耐热性，能够承受 100℃的持续温度和 120℃的间隙温度，缺点是不能用蒸汽直接硫化，撕裂强度较差；含有不饱和链段的 PU（如混炼型 AU、EU 同 CO、ECO 引入烯丙基缩水甘油醚单体，使侧链含有双键）可采用硫黄体系硫化，用量一般为 1.5～2 份，促进剂 MBT（M）和 MBTS（DM）最常用，一般在 6 份左右，通常具有较高的机械强度和耐磨性能，硫化制品综合性能较好。

通常，TDI 型聚氨酯生胶用异氰酸酯（如 TDI 的二聚体）硫化，MDI 型聚氨酯生胶用过氧化物硫化，含有不饱和键的 MDI 型聚氨酯生胶用硫黄或过氧化物硫化。含有酰胺结构的聚氨酯生胶可用甲醛硫化。此外，由于过氧化物和二异氰酸酯相容性好，在过氧化物硫化体系中常和二异氰酸酯硫化剂并用，以提高硫化胶的硬度，改善耐水解性能。

1. 硫黄的交联反应

只有含不饱和键的聚氨酯生胶才能用硫黄硫化。硫化时在不饱和键位置进行加成反应，形成大分子间的交联，俗称“Sx”桥。Sx 的 X 为 1～2，2 个 S 原子以上的交联键很难生成。在制备聚氨酯生胶时，常采用的不饱和多元醇有 α-烯丙基甘油醚和三羟甲基丙烯基醚等。硫黄硫化过程可采用直接蒸汽加热加压，是一个主要优点。

2. 过氧化物的交联反应

过氧化物的交联反应是按自由基历程进行的。过氧化物受热分解，形成自由基，然后生胶大分子把一个氢原子转移给自由基，使其活性终止，而生胶大分子活化形成自由基。生胶大分子链上最容易脱去氢原子的碳原子成为自由基新的活性中心，然后就在这些生胶分子的活性中心之间形成 C—C 交联。聚氨酯生胶常用的过氧化物硫化剂是过氧化二异丙苯

(DCP)。对于饱和型生胶，C—C 交联在 MDI 的亚甲基之间进行。反应过程如下：

第一步，DCP 在中性或碱性介质中受热分解成自由基。

$$C_6H_5-C(CH_3)_2-O-O-C(CH_3)_2-C_6H_5 \longrightarrow 2[C_6H_5-C(CH_3)_2-O\cdot]$$

第二步，自由基的活性中心转移到生胶分子，形成新的自由基。

$$[C_6H_5-C(CH_3)_2-O\cdot] + \sim\sim O-\overset{O}{\overset{\|}{C}}-\overset{H}{\overset{|}{N}}-C_6H_4-CH_2-C_6H_4-\overset{H}{\overset{|}{N}}-\overset{O}{\overset{\|}{C}}-O\sim\sim$$

$$\longrightarrow C_6H_5-C(CH_3)_2-OH + \sim\sim O-\overset{O}{\overset{\|}{C}}-\overset{H}{\overset{|}{N}}-C_6H_4-\dot{C}H-C_6H_4-\overset{H}{\overset{|}{N}}-\overset{O}{\overset{\|}{C}}-O\sim\sim$$

（α，α-二甲基苯甲醇）

第三步，大分子自由基偶联，形成交联网络。

$$2\sim\sim O-\overset{O}{\overset{\|}{C}}-\overset{H}{\overset{|}{N}}-C_6H_4-\dot{C}H-C_6H_4-\overset{H}{\overset{|}{N}}-\overset{O}{\overset{\|}{C}}-O\sim\sim \longrightarrow \begin{array}{c}\sim\sim O-\overset{O}{\overset{\|}{C}}-\overset{H}{\overset{|}{N}}-C_6H_4-CH-C_6H_4-\overset{H}{\overset{|}{N}}-\overset{C}{\overset{\|}{C}}-O\sim\sim \\ | \\ \sim\sim O-\overset{O}{\overset{\|}{C}}-\overset{H}{\overset{|}{N}}-C_6H_4-CH-C_6H_4-\overset{H}{\overset{|}{N}}-\overset{O}{\overset{\|}{C}}-O\sim\sim\end{array}$$

DCP 的自由基还可以进一步分解，生成新的自由基（$\cdot CH_3$）和苯乙酮。自由基$\cdot CH_3$ 同样能使大分子偶联，形成交联网络。

$$C_6H_5-C(CH_3)_2-O\cdot \longrightarrow \underset{\text{（苯乙酮）}}{C_6H_5-\overset{CH_3}{\overset{|}{C}}=O} + [\cdot CH_3]$$

$$2\cdot CH_3+2\sim\sim O-\overset{O}{\overset{\|}{C}}-\overset{H}{\overset{|}{N}}-C_6H_4-CH_2-C_6H_4-\overset{H}{\overset{|}{N}}-\overset{O}{\overset{\|}{C}}-O\sim\sim$$

$$\longrightarrow \begin{array}{c}\sim\sim O-\overset{O}{\overset{\|}{C}}-\overset{H}{\overset{|}{N}}-C_6H_4-CH-C_6H_4-\overset{H}{\overset{|}{N}}-\overset{O}{\overset{\|}{C}}-O\sim\sim \\ | \\ \sim\sim O-\overset{O}{\overset{\|}{C}}-\overset{H}{\overset{|}{N}}-C_6H_4-CH-C_6H_4-\overset{H}{\overset{|}{N}}-\overset{O}{\overset{\|}{C}}-O\sim\sim\end{array} +2CH_4\uparrow$$

对于含有不饱和键的 MDI 型生胶，还可在双键的α-碳原子之间通过自由基偶联形成交联。上述反应生成的苯乙酮，气味难闻，生成的甲烷容易使制品出现气泡，操作时应注意克服。此外，应特别指出，上述反应是在中性或碱性介质中进行的，如果在酸性介质中，酸性物质的活泼 H 与过氧化物分解产生的自由基反应，中止了自由基链增长反应，所以无法形成 C—C 交联。

除 DCP 外，可采用的过氧化物还有异丙苯基特丁基过氧化物、2，5-二甲基-2，5-二（叔丁基过氧基）己烷（硫化剂 AD、双 2，5）、1，4-双叔丁基过氧二异丙基苯（硫化剂 BIPB）、1，1-双（二叔丁基过氧基）-3，3，5-三甲基环己烷等。

3. 甲醛交联反应

含有酰胺结构的聚氨酯生胶可用甲醛硫化。这种交联反应是由甲醛上的亚甲基键接两个酰胺氮原子实现的。

$$2\sim\sim\overset{O}{\overset{\|}{C}}-\overset{H}{\overset{|}{N}}\sim\sim O-\overset{O}{\overset{\|}{C}}-\overset{N}{\overset{|}{H}}\sim\sim + CH_2O \longrightarrow \begin{array}{c}\sim\sim\overset{O}{\overset{\|}{C}}-N\sim\sim O-\overset{O}{\overset{\|}{C}}-\overset{H}{\overset{|}{N}}\sim\sim \\ | \\ \sim\sim\overset{O}{\overset{\|}{C}}-N\sim\sim O-\overset{O}{\overset{\|}{C}}-\overset{H}{\overset{|}{N}}\sim\sim\end{array} + H_2O$$

英国 ICI 公司开发的聚氨酯生胶 Vulcaprene 就是由甲苯二异氰酸酯和聚酰胺酯制得的，可采用甲醛硫化。

混炼型聚氨酯弹性体生胶配方简单，可加入各种填料以改善性能。

混炼型聚氨酯橡胶混炼多用开炼机，配合技术与一般橡胶类似：先加入润滑剂（如硬脂酸）和填料（如炭黑）等，然后加入硫化体系。混炼时应严格控制温度，保证加工安全。混炼型聚醚聚氨酯橡胶须经塑炼，混炼时应保持辊温 40～60℃，如出现严重粘辊，可加入硬脂酸润滑剂。可采用模压、压延、压出成型，最后硫化成产品。如用于胶黏剂或喷涂、浸渍时，将混炼好的胶料溶于有机溶剂制成胶浆使用。

（三）混炼型聚氨酯弹性体的技术标准

1. 聚酯类混炼型聚氨酯弹性体

聚酯类聚氨酯橡胶的典型技术指标见表 1.1.3-319。

表 1.1.3-319　聚酯类聚氨酯橡胶的典型技术指标

聚酯类聚氨酯橡胶的典型技术指标			
项目	浇注型	混炼型	
组成	聚（乙烯己二酸酯）乙二醇 聚（乙烯丁二醇己二酸酯）乙二醇等	—	
黏度（75℃）/(Pa·s)	0.5～0.7	—	
分子量	约 2 000	12 000	
聚酯类聚氨酯橡胶硫化胶的典型技术指标			
交联剂/份	0.6～12	—	
炭黑，份	—	0	50
门尼黏度[ML(1+4)100℃]	—	21	52
相对密度	1.26	—	—
300%定伸应力/MPa	4.9～24.6	—	—
拉伸强度/MPa	29.4	4.9～13.2	14.2
拉断伸长率/%	450～600	330～480	310
撕裂强度/(kN·m^{-1})	58～127.4	49～132	142
硬度(邵尔 A) (邵尔 D)	65～95	74～99 51～75	99 75
永久变形（DIN)/%	5～40	—	—
回弹性（DIN)/%	42～56	35～43	33

2. 聚醚类混炼型聚氨酯弹性体

预聚物为聚四亚甲基醚二醇的聚氨酯橡胶的典型技术指标见表 1.1.3-320。

表 1.1.3-320　聚醚类聚氨酯橡胶的典型技术指标

预聚物（聚四亚甲基醚二醇）的典型技术指标			
化学组成		异氰酸酯末端聚氧化四亚甲基醚二醇	
黏度/(Pa·s)		14～45	
聚醚类聚氨酯橡胶硫化胶的典型技术指标			
交联剂/份	8～30	硬度(邵尔 A) (邵尔 D)	80～97 43～55
300%定伸应力/MPa	8.8～29.4		
拉伸强度/MPa	29.4～53.9	压缩永久变形（70℃×22 h)/%	9
拉断伸长率/%	400～500	回弹性/%	40～56
撕裂强度/(kN·m^{-1})	44.1～93.1		

3.17.5　聚氨酯橡胶的供应商

聚氨酯橡胶国外品牌有：美国尤尼洛伊尔公司（Vibrathane），美国 THiokpl 公司，美国杜邦公司（Adiprene C），德国拜耳公司（Urepan），Grnthane S、SR，Vibrathane，Elastothan，Adiprene C、CM 等。

3.18　聚硫橡胶（Polysulfide Rubber）

3.18.1　概述

聚硫橡胶是最早生产的具有耐油、耐烃溶剂性等的耐油合成橡胶，也称多硫橡胶，简称 TR，是指分子链上有硫原子的弹性体，由饱和的—S—C—键与—S—S—键结合而成，属杂链极性橡胶。聚硫橡胶分液态、固态及胶乳三种。其中液态橡胶应用最广，大约占总量的 80%。

固体聚硫橡胶由有机二氯单体和无机多硫化钠缩聚而成。有机二氯单体有二氯乙烷、1，2-二氯丙烷、2，2′-二氯乙醚、2，2′-二氯乙基缩甲醛、4，4′-二氯丁基缩甲醛和4，4′-二氯丁基醚等。其中2，2′-二氯乙基缩甲醛是制取聚硫橡胶的主要单体，其反应式如下：

$$n\text{ClRCl}+n\text{Na}_2\text{S}_x \longrightarrow \text{-}[\text{RS}_x]\text{-}_n+2n\text{NaCl}$$

按照《合成橡胶牌号规定》(GB/T 5577—85)，国产聚硫橡胶与美国 Morton Internation 公司聚硫橡胶的主要牌号见表 1.1.3-321。

表 1.1.3-321 国产聚硫橡胶与美国 Morton Internation 公司聚硫橡胶的主要牌号

牌号		单体类型	聚合物组成	交联剂/%
国产	T 1000	二氯乙基缩甲醛	乙基缩甲醛四硫聚合物，端羟基	0
	T 2000	二氯二乙醚	乙基醚二硫聚合物，端羟基	0
	T 5000	二氯乙烷	亚乙基四硫聚合物，端羟基	0
美国	Thiokol A	—	—	—
	Thiokol FA	—	亚乙基和乙基缩甲醛二硫共聚物，端羟基	—
	Thiokol ST	—	乙基缩甲醛二硫聚合物，端羟基	—

聚硫橡胶的分子结构因所用有机二氯单体不同而不同。如，聚硫橡胶 Thiokol ST 的分子结构式为：

$$\text{-}[\text{CH}_2\text{CH}_2\text{OCH}_2\text{OCH}_2\text{CH}_2\text{SS}]\text{-}_n$$

聚硫橡胶 Thiokol FA 的分子结构式为：

$$\text{-}[\text{CH}_2\text{CH}_2\text{SSCH}_2\text{CH}_2\text{OCH}_2\text{OCH}_2\text{CH}_2\text{SS}]\text{-}_n$$

聚硫橡胶的主要特性为：因分子链饱和，在主链中含有硫原子，因而耐油性、耐溶剂性、耐候性、耐臭氧性优良，具有低透气性、低温屈挠性和对其他材料的黏接性；各类固体聚硫橡胶之间性能差异较大，Thiokol ST 类比 Thiokol FA 类的耐寒性好；加工性能和物理机械性能欠佳。

不同聚硫橡胶的耐溶剂性与使用温度范围见表 1.1.3-322。

表 1.1.3-322 不同聚硫橡胶的耐溶剂性与使用温度范围

项目	硫结合量/%	溶胀度/%			使用温度/℃
		苯	甲基乙基酮	四氯化碳	
Thiokol A	85	18	12	7	−28～80
Thiokol FA	47	100	33	40	−38～150
Thiokol ST	40	127	49	48	−50～180

注：详见于清溪，吕百龄，等．橡胶原材料手册 [M]．2版．北京：化学工业出版社，2007：165.

因分子链中含有硫原子，TR 配合技术与一般合成橡胶有所不同，金属氧化物如氧化锌、氧化铅、二氧化锰、氧化钙等可作 Thiokol FA 的硫化剂；Thiokol ST 因含有端硫醇基，一般采用端基氧化的方法硫化，常用的硫化剂为过氧化锌（一般与氧化钙或氢氧化钙并用）、对醌二肟（一般与氧化锌并用）。最常用的补强剂是半补强炉黑、喷雾炭黑、瓦斯炭黑等。Thiokol FA 具有较高分子量，质地坚韧，常加入少量塑解剂如二硫化苯并噻唑（促进剂 MBTS（DM））和二苯胍（促进剂 D），使部分二硫键裂解而增塑。

Thiokol FA 混炼时，辊筒需加热，保持 65℃；开炼机混炼时，辊距应小，一次加料量不宜太多，在胶受热松软后，加入塑解剂促进剂 MBTS（DM）和促进剂 D 制成母炼胶；Thiokol FA 与其他橡胶并用时，应当先将其他橡胶制成母炼胶后再与聚硫橡胶共混。Thiokol ST 混炼时，辊温控制在 35～45℃，以免断链，各种配料可一次加入，加硫后辊筒要通冷水，防止焦烧。Thiokol ST 可采用直接蒸汽硫化，Thiokol FA 则采用加压硫化，以避免表面起泡。对 Thiokol ST 加压硫化后，进行二段硫化（100℃下硫化 24 h）可以改善压缩变形；Thiokol FA 硫化后由于其热收缩性较大，需要冷脱模以免产品变形。

Thiokol A 主要用于耐油制品，如大型汽油罐的衬里、耐油胶管，也用作硫黄水泥和耐酸砖的增韧剂以及路标漆等。聚硫橡胶 T2000 可配制不干性腻子和各种耐油胶管，也可与丁腈橡胶并用以改善丁腈橡胶的耐油性和低温屈挠性。Thiokol FA 可配制不干性腻子和制造印刷胶辊、耐油胶管等耐油制品。Thiokol ST 则用作飞机油箱衬里，铆钉、螺钉连接处的密封，各种耐油密封圈及其他模压制品。

3.18.2 聚硫橡胶的技术标准与工程应用

（一）聚硫橡胶基础配方

聚硫橡胶（T）基础配方见表 1.1.3-323。

表 1.1.3-323 聚硫橡胶（T）基础配方（ASTM）

原材料名称	固态聚硫橡胶			半固态聚硫橡胶[d]	液态聚硫橡胶		
	ST[a]配方	FA[b]配方	其他[d]		JLY－124[d]	JLY－155[d]	JLY－215[d]
T	100	100	100	100	100	100	100
SRF	60	60	—	—	30	30	30
槽法瓦斯炭黑	—	—	20	60	—	—	—
喷雾炭黑	—	—	30	—	—	—	—
硬脂酸	1	0.5	1	1	—	0.5	0.5
活性二氧化锰	—	—	—	2	—	—	—
过氧化锌	6	—	—	—	—	—	—
氧化锌	—	10	10	—	—	—	—
促进剂 MBTS（DM）	—	0.3	—	—	—	—	—
促进剂 DPG	—	0.1	—	0.4	—	0.8	0.6
硫化膏[c]	—	—	—	—	10	8	10
炼胶辊温/℃	—	—	25～30	常温～40	—	—	—
硫化条件	150℃×30 min、40 min、50 min		142±1℃×70 min、80 min	143℃×30 min	100℃×4 h		
硫化压力/MPa	—		—	≥4.9	—	—	—

注：a. 该胶主要单体为二氯乙基缩甲醛，系美国固态聚硫橡胶牌号，不塑化也能包辊。

b. 该胶主要单体为二氯乙烷、二氯乙基缩甲醛，系美国固态聚硫橡胶牌号，必须通过添加促进剂，在混炼前用开炼机薄通，进行化学塑解而塑化。

c. 硫化膏的组成为：活性二氧化锰 100、邻苯二甲酸二丁酯 76、硬脂酸 0.42，重量份。

（二）聚硫橡胶的技术标准

聚硫橡胶的典型技术指标见表 1.1.3-324。

表 1.1.3-324 聚硫橡胶的典型技术指标

聚硫橡胶的典型技术指标		
项目	Thiokol FA	Thiokol ST
门尼黏度[ML(1+4)100℃]	120～130	25～35
相对密度	1.34	1.25
结合水分/%	0.5	0.5
聚硫橡胶硫化胶的典型技术指标		
拉伸强度/MPa	8.3	7.8
拉断伸长率/%	260～380	220～260
硬度（邵尔 A）	68～70	68～73
耐溶剂性（27℃×30 d，ASTM 溶胀）/%		
四氯甲烷	50	46
氟利昂-22	48	—
正戊烷	0	—
苯	95	110
甲苯	55	—
乙酸乙酯	17	—
10%硫酸	2	2
10%氢氧化钠	3	2
煤油	3	—
电动机润滑油	0	0

注：详见于清溪，吕百龄，等．橡胶原材料手册［M］．2 版．北京：化学工业出版社，2007：166.

3.18.3 聚硫橡胶的供应商

聚硫橡胶的供应商包括：美国 Morton Internation 公司（Thiokol）、俄罗斯 Kazan NPO“ZavodSK”公司（Thiokol）、

葫芦岛化工研究院等。

3.19　聚降冰片烯橡胶（Polynorbornene Rubber）

3.19.1　概述

聚降冰片烯橡胶也称降冰片烯聚合物（Nor-Bornene Polymer），按 ASTM 命名为 PNR，由法国 CDF 化学公司于 1976 年研发投产。因其外观为可膨胀白色粉末，也有文献将之归入粉末橡胶一类。

聚降冰片烯橡胶由乙烯与环戊二烯烃 Diels-Alder 加成制得降冰片烯，然后再经开环聚合制得弹性体，每个单体链节单元内保留有一个双键和环戊烷基团。依引发剂不同，可得到顺式结构和反式结构的聚合物，前者为间规立构聚合物，呈结晶态；后者为无定形聚合物。采用钨系引发剂，可得到分子量很高的聚降冰片烯橡胶。

聚降冰片烯橡胶的分子结构为：

$$\left[\text{C}_5\text{-ring}-CH=CH \right]_n$$

聚降冰片烯橡胶的外观为白色粉末，堆积密度为 0.35，折射率为 1.534，玻璃化温度 T_g 为 35℃，因此，也有文献将之归为低熔点的热塑性弹性体，极易溶于芳烃和环烃类溶剂，即使在稀溶液中仍具有相当高的黏度，几乎不溶于水和醇。聚降冰片烯橡胶由于分子链含有环戊烷基团，因而具有很高的阻尼性。

聚降冰片烯橡胶用硫黄促进剂体系硫化，促进剂多用促进剂 CBS、促进剂 TMTD、促进剂 DTDM 等，一般采用低硫高促的有效硫化体系。聚降冰片烯橡胶在室温下即可充入高达 200～500 份的环烷油、芳烃油。炭黑对聚降冰片烯橡胶硫化胶的性能影响与传统橡胶不同，加入炭黑，定伸应力与硬度提高，但拉伸强度没有明显的提高，一般使用半补强炭黑、通用炉黑和无机填料填充。加入酯类增塑剂可以调节胶料在－60～－45℃温度范围的脆性。聚降冰片烯橡胶硫化胶的耐臭氧老化不好，一般通过并用 20～30 份三元乙丙橡胶来改善，也可加微晶蜡和对苯二胺类防老剂来改善。

其主要性能特点为：分子量非常高；可以吸收大量的油（聚合物的 10 倍左右），制作硬度范围宽广的橡胶制品；具有很高的阻尼，缓冲特性优异；可与粉末塑料掺混。

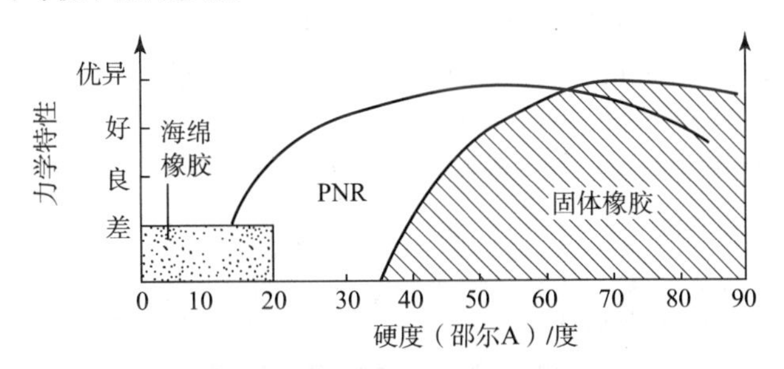

图 1.1.3－39　聚降冰片烯橡胶的硬度范围覆盖从海绵橡胶到固体橡胶

聚降冰片烯橡胶主要用于制造密封件、异形件和胶辊外层胶等软质制品，用于汽车、电器、建筑、制鞋、航海、机械以及印刷、绘图器械等领域制作防震降噪元器件，还可用于摩擦材料、制作半硬质具有柔性并耐磨的碾米用胶辊，改善其他弹性体的动态性能，通过并用改进油、涂料、溶剂的流动性，也可用于热固性和热塑性材料的改性剂。

3.19.2　聚降冰片烯橡胶的技术标准与工程应用

聚降冰片烯橡胶的典型技术指标见表 1.1.3－325。

表 1.1.3－325　聚降冰片烯橡胶的典型技术指标

聚降冰片烯橡胶的典型技术指标			
项目	指标	项目	指标
粒径（平均）/mm	0.3～0.4	玻璃化温度 T_g/℃	35
分子量/($\times 10^4$)	200 以上	挥发分/%	≤0.5
相对密度	0.96		
聚降冰片烯橡胶硫化胶的典型技术指标			
项目	指标	项目	指标
拉伸强度/MPa	11.96	撕裂强度/(kN·m^{-1})	8.8
拉断伸长率/%	600	硬度（邵尔 A）	15

注：详见于清溪，吕百龄，等．橡胶原材料手册［M］．2 版．北京：化学工业出版社，2007：362.

3.19.3　聚降冰片烯橡胶的供应商

聚降冰片烯橡胶的供应商有：法国 CDF Chemical 公司、日本瑞翁公司等。

3.20 可逆交联橡胶[15]

橡胶需通过硫化交联才能制成具有使用价值的橡胶制品。传统的硫化工艺通过在橡胶大分子链间发生共价交联，防止橡胶大分子链在外力作用下的滑移，其硫化交联过程具有不可逆性，表现为橡胶的热固性。可逆交联是指在一定条件下通过化学键或其他相互作用使得聚合物大分子链间发生交联形成网状体型结构，继而在温度、溶剂、射线等外部作用下交联结构又可发生断裂、重组，在不破坏聚合物大分子链结构的情况下重新得到线型大分了的方法。

可逆交联橡胶根据价键特性可分为可逆共价交联橡胶和非共价交联橡胶。

除离子键交联橡胶、配位交联橡胶外，可逆交联橡胶基本上处于研究探讨和实验室阶段，尚未能实现工业化生产与应用。

3.20.1 可逆共价交联橡胶[15][16]

环境友好、可回收复用聚合物材料研究是智能仿生和高新技术领域的重要方向，受到全球科学界和工业界的高度关注。

可逆共价交联橡胶是以 Diels-Alder 反应为基础设计制得的橡胶，具有较好可逆性的同时又具备一定的稳定性。

Diels-Alder 反应（狄尔斯一阿尔德反应），是一种有机环加成反应，又名双烯加成反应，由共轭双烯与烯烃或炔烃反应生成六元环的反应，是有机化学合成反应中非常重要的碳碳键形成的手段之一，也是现代有机合成里常用的反应之一。共轭双烯与取代烯烃（一般称为亲双烯体）反应生成取代环己烯，即使新形成的环之中的一些原子不是碳原子，这个反应也可以继续进行。一些狄尔斯一阿尔德反应是可逆的，这样的环分解反应叫作逆狄尔斯一阿尔德反应或逆 Diels-Alder 反应（retro-Diels-Alder）。1928 年德国化学家奥托·迪尔斯和他的学生库尔特·阿尔德首次发现和记载这种新型反应，他们也因此获得 1950 年的诺贝尔化学奖。Diels-Alder 反应有丰富的立体化学呈现，兼有立体选择性、立体专一性和区域选择性等，如下图所示：

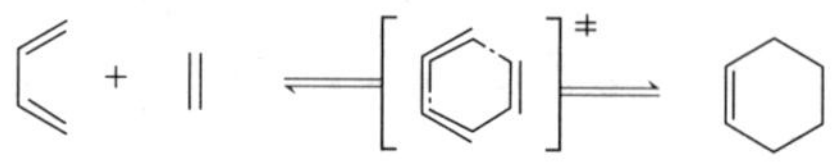

双烯体　亲双烯体　环状过渡态　产物

以环戊二烯（CPD）、双环戊二烯（DCPD）为交联剂，利用 CPD 与 DCPD 的热可逆转化特性，将含 CPD 或 DCPD 的衍生物作为含活性基团线型聚合物分子间的交联键，使其成为为含—C—C—热可逆共价交联的热塑性弹性体（Ther-mally Reversible Covalent Crosslinked Thermoplastic Elastomers，简称 TRTPE），如图 1.1.3-40 所示：

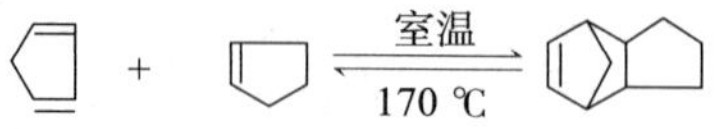

室温　170 ℃

CPD　DCPD

图 1.1.3-40　CPD 与 DCPD 的热可逆转化反应

理论上，含有这种交联键的聚合物在高温下（≥170℃）均可通过 DCPD 解聚形成 CPD 实现塑性流动进行加工；冷却后又可恢复到原来的 DCPD 结构形成—C—C—交联。

Damien 等利用 Diels-Alder 反应和酯交换反应，使分子间拓扑结构重排，同时保持分子链总数和平均交联点不变，使得传统热固性橡胶变成了可反复加工成型的橡胶；且该材料在高温溶剂中不会溶解只会溶胀，解决了常规热塑性弹性体不耐溶剂的问题。

Talita 等在顺丁橡胶上引入硫醇呋喃官能团，并以双马来酰亚胺为交联剂成功制备了 D－A 可逆交联橡胶。

聚氨酯（PUs）因其优良性能而被广泛用于涂料、黏合剂、泡沫材料等领域。通常情况下，PUs 需要在催化剂的作用下反应生成热固性树脂来实现应用，有害物质残留以及材料难以回收对其应用造成了诸多限制。中国科学院化学研究所高分子物理与化学实验室研究员徐坚、赵宁课题组科研人员以六亚甲基二异氰酸酯（HDI）和多官能团肟（Oxime）为原料，在无催化剂的温和条件下，成功制备了肟类聚氨酯（POUs）[24]。该聚合反应具有很高效率的突出优点，在 30℃的二氯甲烷中反应 3 小时，转化率高达 99%；所制备的 POUs 与常规 PUs 机械性能相当。进一步研究发现，肟氨酯键具有热可逆性，POUs 表现出优异的热自修复和可回收性质，修复效率可高达 90%。这一基于肟氨酯键动态特性的研究成果，使得 POUs 可回收复用成为可能。应用密度泛函理论开展的相关反应机理研究表明，肟的异构体硝酮（Nitrone）在聚合反应和可逆交换反应中起到了关键作用。其可逆转化如图 1.1.3-41 所示。

POUs 材料具有制备方法简便易行、结构动态可逆、力学性能优良的特点，新型动态可逆肟氨酯键为构筑可回收复用聚合物带来一种新的选择，并有望大大拓展聚氨酯材料的应用领域。

3.20.2 非共价交联橡胶

非共价交联橡胶，包括范德华力交联橡胶、氢键自组装橡胶、离子键交联橡胶、配位交联橡胶、多种价键交联体系的橡胶等。

（一）氢键自组装橡胶

氢键自组装橡胶是利用分子间的氢键形成氢键交联网络，赋予弹性体热可逆特性，氢键自组装橡胶实际上是一种超分

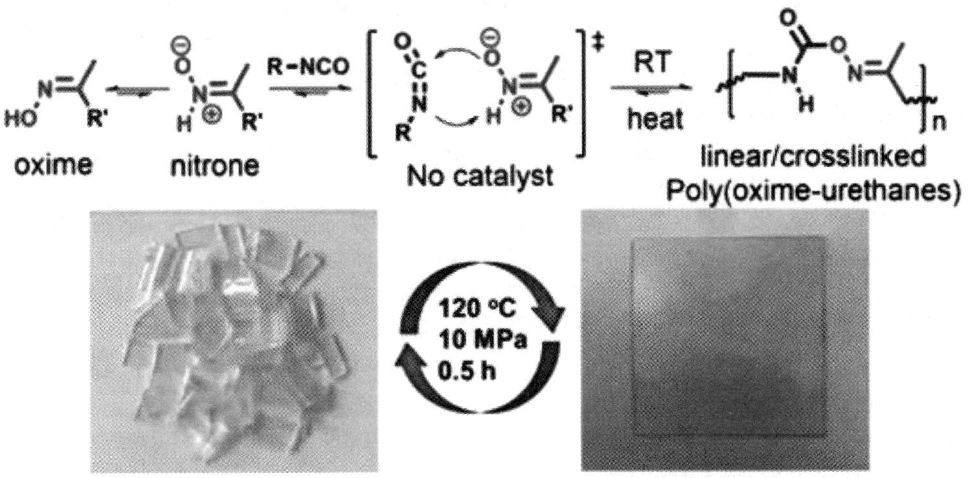

图 1.1.3-41　肟氨酯键的动态可逆分子机理及 POUs 热固性材料回收复用

子聚集体。与传统硫化交联橡胶相比，氢键自组装橡胶的三维网络结构具有自修复、自愈合的特性。

根据自组装单元的相对分子质量，氢键型超分子弹性体可大致分为两大类：基于大分子间氢键自组装的超分子弹性体和基于低聚物间氢键自组装的超分子弹性体，前者一般以聚合物大分子链的化学改性为基础，后者则更侧重于超分子化学和超分子自组装。大分子氢键自组装主要通过化学接枝改性的方法将含有氢键的官能团接枝到大分子链上，具有简单、易行的特点，但往往受到接枝率不高的影响，接枝率一般难以突破 5%。低聚物间氢键自组装利用低聚物之间的氢键作用，特别是引入多重氢键作用，制备具有网状结构的热可逆的超分子弹性体，以 Leibler 等 2008 年在《自然》杂志上发表的工作成果最具代表性，所得超分子弹性体不仅具有传统硫化交联橡胶所不具备的超低滞后性，且在常温下切断可自愈合。

但氢键的键能相对较弱，以氢键交联的橡胶力学性能较差，在高温下易断裂，限制了氢键交联橡胶的发展。

（二）离子键交联橡胶

离子键交联橡胶，即离子交联聚合物，又称离聚体，是分子链上连接有一定量无机盐基的聚合物，一般定义为含 10%（摩尔分数）以下离子基团的碳氢聚合物或全氟化碳聚合物。它与聚电解质不同之处在于后者含有大大超过 10%（摩尔分数）离子基团的聚合物。

离子键交联橡胶将离子型官能团以共价键悬挂于聚合物大分子主链或者侧链上，经键合相反电性的离子在分子链间形成离子键，从而产生分子链间的交联。悬挂于聚合物大分子主链或者侧链上的离子型官能团可以是阳离子型或阴离子型。其交联网络如图 1.1.3-42 所示。

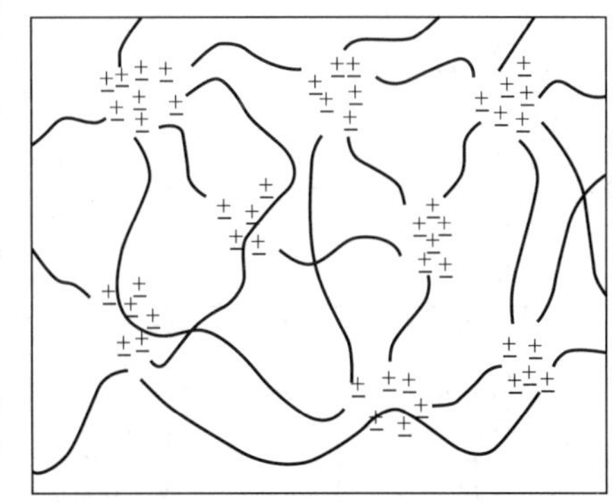

图 1.1.3-42　离聚体示意图
+—金属离子，
−—聚合物上的阴离子；线条—大分子链
与大分子主链或者侧链化学结合的
离子基团相互作用或发生缔合，
在聚合物基体内生成富有离子的区域

这种离子相互作用及其引起的聚合物性质变化，主要依赖于 5 个因素：①聚合物主链的性质（塑料或橡胶）；②离子官能度（离子含量），一般为 0%～10%（摩尔分数）；③离子基团的种类（羧基、磺酸基或膦酸基）；④交联度 0%～100%；⑤阳离子的种类（胺、1 价或 2 价金属离子）。

20 世纪 50 年代初，Goodrich 公司首先推出了第一种可以离子键交联的弹性体——丁二烯-丙烯腈-丙烯酸共聚物，商品名为 Hycar。这类共聚物可以用氧化锌或其他锌盐交联，其交联键为—COO^{-} Zn^{2+-} OOC—，在升温条件下离子缔合破坏，可塑化。所得离聚体有较高的拉伸强度和较好的黏结性。羧基丁腈橡胶、羧基丁腈胶乳、羧基丁苯橡胶乳如配方中含有氧化锌、硬脂酸锌，也有类似交联结构。

20 世纪 60 年代中期，杜邦公司生产了一种名为 Surlyn 的离聚体塑料，是用钠或锌部分交联的乙烯-甲基丙烯酸共聚物。这种改性的聚乙烯比一般聚乙烯具有更好的抗张强度和透明度。

近年来，新研究和开发了一系列具有各种性能和用途的离聚体，包括杜邦公司发明的全氟化磺化离聚体 Nation、Exxon 公司的热塑性弹性体磺化三元乙丙橡胶离聚体、日本 Asahi 玻璃公司的全氟羧酸基离聚体 Flemion 等。

离聚体的制备方法有共聚法和高聚物化学改性法两种。共聚法如烯烃类单体与含羧基不饱和单体共聚后，用金属氢氧化物、乙酸盐等中和。高聚物化学改性法如烯烃类单体直接与含盐基单体共聚，或者以烯烃类单体与丙烯酸酯共聚生成共聚物后再进行部分水解和皂化，使部分酯基变为羧基或盐基，如杜邦公司的 Surlyn。

离聚体发展至今已有很多种：

（1）以离子基团分，有羧基离聚体、磺酸基离聚体及膦酸基离聚体等；

（2）以基体主链分，有聚乙烯、聚苯乙烯、聚丁二烯、全氟乙烯、遥爪羧基聚丁二烯、遥爪硫酸基氢化聚丁二烯、乙丙橡胶、丁基橡胶、丁苯橡胶、聚环戊烯等；

(3) 以用途分，有塑料（Surlyn)、橡胶（Hycar)、热塑性弹性体（磺化乙丙橡胶离聚体、磺化丁基橡胶离聚体）、多功能膜（Nation、Flemion）等。

离聚体根据其聚合物主链及离子基团等不同，有各种不同的用途。例如乙烯-甲基丙烯酸离聚体是一种透明度高、拉伸强度大、熔融黏度高、坚韧、耐磨、耐油的塑料。在低剪应力下其高熔融黏度大大下降，这有利于挤出、吹塑成型及热封。这种离聚体塑料已广泛用于包装薄膜（包括热封复合包装袋、食品真空包装及电子元件包装等）、运动物品（如旱冰鞋轮）以及汽车部件（如保险杆护垫）等。

磺化乙丙橡胶离聚体是一种比SBS耐热及耐老化的热塑性橡胶。它可以充油、充填料。加工时用硬脂酸锌作增塑剂，通过各种塑料加工设备制得一系列弹性制品，如鞋底、橡胶管等，还可以作黏合剂及塑料改性剂。低磺化度的乙丙橡胶离聚体还可作为油基钻井液的增黏剂、提高润滑油黏度指数和抗氧性的润滑油添加剂、污水除油剂、热增稠剂和回收石油的胶凝剂。

全氟化磺酸基离聚体及全氟化羧酸基离聚体有突出的化学稳定性、热稳定性及吸水能力，可用于有机及无机电化学过程中的渗透膜，例如用于氯碱工业、燃料电池、电渗析、废酸回收及选择性渗透分离，还可用作离子选择性膜以降低废水中的金属离子含量及回收贵重金属。

将沥青用顺酐或 SO_3 -三甲胺配合物处理，得到化学改性产物，再用适当的氧化物或碱反应，可制得沥青离聚体。沥青离聚体可用作铺地面材料，在润湿时仍保持高强度。

1. 乙烯-甲基丙烯酸共聚物离聚体（Ionomer Of Ethylene-Methacrylic Acid Copolymer)

乙烯-甲基丙烯酸共聚物离聚体是含锌离子或钠离子的乙烯-甲基丙烯酸共聚物离聚体，由杜邦公司于20世纪60年代开发，商品名为Surlyn。

乙烯-甲基丙烯酸共聚物离聚体的特性是硬度高、坚韧而有弹性。加工技术与低密度聚乙烯和乙烯-乙酸乙烯酯相似，加工过程中粘辊严重，仅限于特别用途的使用。

乙烯-甲基丙烯酸共聚物离聚体的典型技术指标见表1.1.3-326。

表1.1.3-326 乙烯-甲基丙烯酸共聚物离聚体的典型技术指标

项目	指标	项目	指标
相对密度	0.93~0.97	介电损耗角正切	0.001~0.003
冲击强度 悬臂梁式冲击/(J·m^{-1}) 拉伸冲击/(kJ·m^{-2}) 23℃ −40℃	 304.4~779.6 504~1 186 430.5~819	介电系数 维卡软化温度/℃	2.4 61~80
脆性温度/℃	≤−71	耐化学品 酸 碱 烃类 酮-醇 植物油 动物油 矿物油	 侵蚀慢 耐碱 慢溶胀 某些醇应力龟裂 高度耐植物油 高度耐动物油 好的耐矿物油
拉伸强度/MPa	14.3~29.9		
屈服强度/MPa	8.8~28.6		
拉断伸长率/%	280~520		
模量/MPa	68~374		

注：详见于清溪，吕百龄，等. 橡胶原材料手册 [M]. 2版. 北京：化学工业出版社，2007：321.

乙烯-甲基丙烯酸共聚物离聚体的供应商有：美国杜邦公司、日本三井等。

2. 磺化乙烯-丙烯三元共聚物离聚体（Sulfonated EPDM Ionomer)

磺化乙烯-丙烯三元共聚物离聚体也称磺化三元乙丙橡胶离聚体，为美国尤尼洛伊尔化学公司研发，命名为Ionic Elastomer，代号IE。IE是EPDM经磁化后用锌盐中和的磺化EPDM离聚体，呈粉末状或颗粒状，有三个品级，见表1.1.3-327。

表1.1.3-327 IE牌号

牌号	IE 1025	IE 2590	IE 200
基础胶EPDM门尼黏度[ML(1+4)100℃]	45~50	45~50	85~90
基础胶EPDM中乙烯/丙烯比	51/49	51/49	68/32
磺化/(mg当量/100 g胶)	10	25	20
离子基团 w/%	1.1	2.7	2.2
平衡离子（oounter-ion)	锌	锌	锌

磺化乙烯-丙烯三元共聚物离聚体一般可大量加入填料增容而保持一定的物理机械性能，其主要特性为：可溶于大部分烃类溶剂和少量极性溶剂的混合溶剂，如已烷95/甲醇5；耐天候和热老化性能优异，具有低温柔顺性和热稳定性；不需硫化，边角料与废料可回收使用；可热焊接；可作为锦纶、沥青等材料的改性剂。

磺化乙烯-丙烯三元共聚物离聚体的配合技术与传统的橡胶配合有所不同，不使用硫黄促进剂或过氧化物硫化；使用离子分解剂为磺化乙烯-丙烯三元共聚物离聚体的增塑剂，可以增进温升下离聚体中离子簇的热解离。用于磺化乙烯-丙烯三元共聚物离聚体的代表性配合如表1.1.3-328所示。

表 1.1.3-328 磺化乙烯-丙烯三元共聚物离聚体的代表性配合

配合剂	使用量/份	可使用的材料
离子分解剂	5～35	硬脂酸锌、乙酸锌盐、硬脂酰胺等
操作油	25～200	石蜡油、环烷油等
填料	25～250	炭黑、白炭黑、陶土、碳酸钙、金属氧化物等
其他聚合物	10～126	聚乙烯、聚丙烯等
加工助剂	2～10	石蜡、润滑剂等
防老剂	0.2～2	二烷基化二苯胺等

磺化乙烯-丙烯三元共聚物离聚体主要用于制作高性能的单层卷材、隔膜、高强度的焊接缝、胶管、鞋、机械制品、胶黏剂、冲击改性剂、沥青改性剂等。

磺化乙烯-丙烯三元共聚物离聚体的供应商有：美国尤尼洛伊尔公司（IE）、美国 Exxon 公司等。

（三）配位交联橡胶[16][17]

配位化合物是指由可以给出孤对电子或多个不定域电子的一定数目的离子或分子（称为配体）和具有接受孤对电子或多个不定域电子空间的原子或离子（统称为中心原子）按一定的组成和空间构型所形成的化合物。配体是具有孤对电子、能与中心原子结合的中性分子或阴离子。按配位原子种类的不同，配体可以分为含氮配体，含氧配体，含碳配体，含硫配体，含磷、砷配体以及卤素配体等。中心原子具有空的价层原子轨道，能接受孤对电子，多为金属离子，也可以是金属原子、阴离子以及一些具有高氧化态的非金属原子，如 $Ni(CO)_4$、$Fe(CO)_5$、$Na[Co(CO)_4]$ 和 SiF_6^{2-} 等。中心原子与配体结合便形成配位键。

配位键是一种特殊形式的非共价键，其键能远大于氢键，属于非共价键中较强的一种，橡胶通过配位键形成的超分子具有结构可控性、物理和化学可逆性的特点，可以形成特殊空间结构的交联网络。

配位交联发生的配位作用，即以金属盐为交联剂，通过金属离子与大分子链上含有孤对电子的可配位原子、基团或侧基的橡胶配体之间的配位化学反应，形成以金属为中心离子、橡胶大分子链为配体的高分子配位化学物，从而实现橡胶的配位交联。配位交联后，便会形成特殊的交联网络结构。因此，可以利用配位交联代替传统的硫黄共价交联和 C—C 共价交联来实现橡胶的硫化。配位交联对配位交联剂和橡胶配体的要求都比较苛刻，已证实有效的橡胶配位交联剂主要是为数不多的ⅠB、ⅡB 和Ⅷ族金属盐类，而潜在的橡胶配体都必须含有具有孤对电子的可配位原子、基团或侧基。通常，在配位交联的橡胶体系中，随着金属阳离子的类型和含量、基体的组分和添加量的不同，配位交联硫化胶的性能不同。

配位键可同时具有共价交联 C—C 键的良好耐热性和类似于多硫键在应力作用下可沿烃链滑动的松弛性能，并可赋予配位交联硫化胶通过“热消”的联结方法来实现可逆的热塑性，即当橡胶受热至特定但尚未分解温度以上时，配位交联网络中的交联键会消失，此时橡胶的行为如同热塑性材料，冷却后配位交联自动恢复。因此，配位交联橡胶兼具塑料和橡胶的特性，在常温下呈橡胶弹性、高温下可塑化成型。

含有孤对电子和能与中心原子结合的原子、基团或侧基，是实现橡胶配位交联的关键所在。满足该条件的极性橡胶主要有：腈类橡胶（如丁腈橡胶、氢化丁腈橡胶）、酯类橡胶（如丙烯酸酯-丁二烯橡胶、丙烯酸酯-2-氯乙烯醚橡胶、丙烯酸酯丙烯腈橡胶、乙烯-丙烯酸甲酯橡胶）和含卤橡胶（如氯丁橡胶、氯磺化聚乙烯橡胶）等。

（1）腈类橡胶腈基上的氮原子具有孤对电子，可以与金属离子发生配位反应实现交联，且确保橡胶基体与金属盐具有良好的相容性，因此腈类橡胶是理想的配位交联胶种。

（2）酯类橡胶和含卤橡胶都含有能与金属中心离子络合的类似极性结构，都是理想的配位交联胶种。例如聚氯乙烯-氯丁橡胶（PVC—CR）共混物可以用氧化锌、氧化镁混合物来进行热塑性配位硫化，氯磺化聚乙烯橡胶可以与铅、镁或稀土等金属离子配位交联。

随着共混反应技术的发展，可以在加工过程中对非极性橡胶实施原位极性化“嫁接”或“接枝”改性，因此，非极性胶种也可建构配位交联橡胶。

配位交联剂通常含有可与极性橡胶配位的金属离子和能提高机体相容性的基团结构或组分，主要包括无机金属盐、有机金属盐和高分子金属盐等。常用的无机配位交联剂主要是过渡金属盐，其缺陷是与橡胶相容性差，不利于获得优良综合力学性能的硫化胶。有机金属盐、高分子金属盐等有机配位交联剂含有有机基团结构或组分，与橡胶基体具有较好的相容性，能有效避免无机配位交联剂的不足，因而更具应用前景。可作为橡胶配位交联的有机配位交联剂主要包括不饱和有机金属盐、稀土有机金属盐、超支化聚合物金属盐和复杂大分子金属盐等。

（1）不饱和有机金属盐，如甲基丙烯酸锌、甲基丙烯酸镁[都具有羧基及金属离子，能够与橡胶配位交联，在适当条件下其不饱和键还可发生共价硫化交联，因此，在改善橡胶力学性能方面具有独特的功效。

（2）稀土有机金属盐，如稀土铽三元配合物，因含有具有高配位数和强配位性的稀土离子，能与橡胶可配位基团发生强烈的配位交联作用，甚至在配位交联的同时还可以赋予橡胶特殊的功能，如发光与电磁性能等，所以，其橡胶配位交联研究具有诱人的研究与应用前景。

（3）超支化聚合物经端官能团化后制备的超支化聚合物金属盐，可用作配位交联剂，用于构建结构与性能独特的配位交联硫化胶。但是，由于超支化聚合物金属盐的制备工艺通常复杂、产率低且成本高，目前其相关研究尚处于初始阶段。

（4）其他复杂大分子金属盐，如壳聚糖金属盐、锌离子室温交联聚丙烯酸酯和氨基三乙酸金属配位聚合物都兼备极性基团和金属离子，同样也可用于构建橡胶配位交联。

配位交联橡胶的制备方法有溶液法、直接添加法和原位法。聚合物和金属离子配位交联的研究大多采用溶液法进行。溶液法由于溶剂分子的存在，降低了溶质浓度，影响反应效率，产物不易提纯，并且不利于聚合物材料的加工和应用，局限性显著。直接添加法克服了溶液法的不足，但必须制备特定的金属盐。原位法是指在一定的条件下将 1 种或几种反应物添加到基体材料（塑料或橡胶）中，使反应物之间、反应产物与基体材料之间发生化学反应，生成具有特定功能的产物，实现优化聚合物基体材料性能的目的。原位法可以通过合理选择反应物的类型、成分和反应性等来控制原位生成的聚合物金属盐的种类、大小、分布和数量，以获得性能不同的配位交联橡胶。在原位反应过程中，涉及聚合物金属盐的生成、聚合物-金属离子配位交联网络结构的形成等过程都是在基体中原位生成的，配位交联剂与橡胶基体的相容性良好，克服了溶液法、直接添加法的缺点。

（四）多种价键交联体系橡胶

两种或两种以上价键的交联橡胶，在具有单一价键交联橡胶的性能的同时，也具备特殊、独立的新性能，表现出功能多样化的特性，拓展了材料的应用领域。

Kamlesh 等设计合成了一种侧链含氢键与金属配位键的高聚物，在高聚物中使用不同的交联剂，可以实现单一的氢键或配位键网状交联结构，也可同时实现氢键、配位键的协同网状交联结构，增加高聚物的交联密度。单一氢键交联时，高聚物呈现凝胶化、较高的热响应性；单一金属配位交联时，在高温下能保持稳定的黏弹性；氢键、配位键协同交联时，可以实现交联网络的多种响应，从而优化交联橡胶的性能。

Kersey 等在高分子凝胶中添加金属配位络合物，形成了含有共价键和配位键的交联凝胶，当凝胶压力承载过大时配位键断裂，压力消除后配位键重新形成，恢复材料的力学强度。

Burnworth 等以无定形聚乙烯—丁烯共聚物、2，6-二（1′-甲基苯并咪唑基）吡啶制备出高聚物 Mebip，添加不同量的三氟甲基磺酰亚胺锌或三氟甲基磺酰亚胺镧，通过自组装形成金属—超分子结构聚合物，在光照的情况下金属—超分子结构聚合物解离，形成黏度较低的聚合物，流向裂纹，在裂纹中自愈合成金属—超分子结构聚合物，从而达到愈合裂纹的效果。

3.21 特殊牌号的合成橡胶

供应商生产的绝大多数天然橡胶与合成橡胶干胶均可归入本节 3.1～3.20 的内容，但如阿朗新科 Keltan® 9565Q EPDM，以 EPDM 为基体添加 5 份以微晶形式分散的 NR 后，具有显著不同于传统 EPDM 的弹性性质。类似的还有日本瑞翁 Zeoforte ZSC、中石化燕山分公司的集成橡胶等。因此特辟一节，予以说明。

3.21.1 苯乙烯-异戊二烯-丁二烯橡胶（集成橡胶 SIBR）

（一）概述

苯乙烯-异戊二烯-丁二烯橡胶是由苯乙烯、异戊二烯、丁二烯单体三元共聚制得的新一代溶聚丁苯橡胶，命名为集成橡胶，简称 SIBR。

自 1984 年 Nordesik 等人提出集成橡胶概念后不久，德国 Hüels 公司就以丁二烯、苯乙烯和异戊二烯为单体开发出商品名为 Vesogral 的集成橡胶，而后美国 Goodyear 轮胎橡胶公司、俄罗斯的合成橡胶科学研究院、日本的横滨橡胶株式会社等都着手了这一方面的研究，到目前为止，已经研制成多种不同结构的 SIBR 并申请和获得了专利。其中以美国 Goodyear 公司和德国 Hüels 公司的研究最为活跃，合成出的 SIBR 有线型和星型两种类型。

SIBR 的显著特点是分子链由多种链段结构组成，柔性高的链段可使橡胶具有优异的耐低温性能，同时可降低滚动阻力和提高轮胎的耐磨性能；刚性链段则可增大橡胶的湿路面抓着力，提高轮胎在湿滑路面上的行驶安全性。由于 SIBR 将天然橡胶（NR）、顺丁橡胶（BR）、丁苯橡胶（SBR）这几种通用橡胶的结构单元集中到同一条分子链上，既可以综合这几种橡胶的优点，又可以克服橡胶共混中的相容性与分散性的问题。

SIBR 的不同结构单元的含量均会影响其综合性能，尤其是丁二烯-1，2 结构和异戊二烯-3，4 结构的含量，直接影响该胶种具有优异的低温性能和抓着性能。

1. 集成橡胶由来

轮胎用胶料早期主要为天然橡胶（NR），随着汽车工业与交通运输业的发展，对轮胎性能提出新的改进要求，主要集中在高速行驶时的低的滚动阻力、高的抗湿滑性和良好的耐磨性能；加之天然橡胶资源受地域化等因素影响，伴随着高分子化学与物理理论的发展，人们通过对橡胶的分子结构、分子运动与性能关系方面的研究，逐步揭示了作为轮胎用橡胶的分子结构、分子运动与行驶性能间的关系的相关性规律，橡胶合成方向有针对性地合成出了丁钠橡胶（后来转变为顺丁橡胶（BR））、丁苯橡胶（SBR）以及顺式聚异戊二烯橡胶（IR），借以代替、部分代替天然橡胶或弥补天然橡胶性能方面的不足。

很长时间内轮胎用胶料就主要集中在天然橡胶、顺丁橡胶和丁苯橡胶等橡胶，相对较好地实现汽车轮胎的三大行驶性能——低的滚动阻力、高的抗湿滑性和耐磨性能这三者之间的平衡。天然橡胶对应于较低的滚动阻力，丁苯橡胶对应于抗湿滑性，顺丁橡胶对应于耐磨性。胎面胶加工工艺上则选择 NR、BR、SSBR、ESBR 等材料通过机械共混，用各胶种的特性，克服单一胶种的不足。但机械共混有其不足之处，首先，共混胶的分散均匀度只能达到宏观水平，且组分之间的互分散往往不够稳定，不同批次之间容易出现性能波动；其次，共混要占用设备，增加工艺环节，占用劳动力和能耗；再者，也是更重要的，从技术角度考虑，共混在微观上仍然处于相分离状态，影响硫化效果及硫化胶性能，共混物的性能达到的是相对的平均和折中，各胶料原有的性能优势未得到充分发挥。

在其他轮胎用橡胶的研究方面，一是对与天然橡胶结构相近的顺式聚异戊二烯橡胶进行过广泛深入的研究，以期代替天然橡胶；二是通过对天然橡胶、顺丁橡胶和丁苯橡胶三种橡胶结构与性能的比较研究，以及随着合成技术的发展，尤其是阴离子合成技术的发展，能够实现将三种结构的分子集成键接到一条分子链上，并保持需要的顺、反异构及 1，4 -、1，2 -和 3，4 -键接结构适当比例。

高分子材料的内部结构在一定条件下通过分子热运动表现其物理性能，玻璃化转变温度 T_g 是这一分子热运动的良好物理表征之一。通过对通用橡胶（主要包括 NR、BR、SBR）的大量分析，人们发现它们的弹性变化、阻尼性质、动态性能、耐化学试剂性、透气性等都与 T_g 有密切的关系。一般认为，T_g 是衡量橡胶综合性能的一个重要参数，T_g 越低，运动所受侧基阻碍越小，滚动阻力越小；更重要的是，人们发现各种橡胶随着 T_g 的升高，耐磨性变差，而抗湿滑性提高，这两种性能几乎呈线性变化。

溶聚丁苯的研究已有较长的历史，目前已经可以很方便地通过改变苯乙烯含量（St%）和丁二烯单元中 1，2 -结构含量（Bv%）来调节其 T_g，但 Nordesik 和 Kerkert 指出：在聚合物动态力学性能通常与 T_g 有对应关系的同时，具有不同 Bv%但 T_g 基本相同的聚合物却表现出不同的动态力学性能。对聚丁二烯橡胶的研究也表明，Bv%含量不同，但 T_g 相当于通用胶的各种聚合物具有非经典的动态力学性能，表现为在较高温度下聚丁二烯较其他橡胶有高的弹性和低的能量损耗，因而橡胶性能与 T_g 的关系被限定在较窄的范围内。

天然橡胶、顺丁橡胶和丁苯橡胶的微观结构主要有以下种类的链段。

PS　cis-1,4-PB　trans-1,4-PB　1,2-PB

trans-1,4-PI　cis-1,4-PI　3,4-PI　1,2-PI

PS（聚苯乙烯链段）；cis - 1，4 - PB（顺式 1，4 -聚丁二烯链段）；trans - 1，4 - PB（反式 1，4 -聚丁二烯链段）；1，2 - PB（1，2 -聚丁二烯链段）；trans - 1，4 - PI（反式 1，4 -聚异戊二烯链段）；cis - 1，4 - PI（顺式 1，4 -聚异戊二烯链段）；3，4 - PI（3，4 -聚异戊二烯链段）；1，2 - PI（1，2 -聚异戊二烯链段）。

各种链段对应的聚合物的玻璃化转变温度见表 1.1.3 - 329。

表 1.1.3 - 329 各种链段对应的聚合物的玻璃化温度

单体	丁二烯（Bd）			异戊二烯（Ip）			苯乙烯（ST）
方式	1，4 -聚合，顺式	1，4 -聚合，反式	3，4 -聚合	1，4 -聚合，顺式	1，4 -聚合，反式	3，4 -聚合	聚苯乙烯
T_g	−108℃	−83℃	−4℃	−73℃	−60℃	3，4 -结构含量 65%时为+3℃	100℃

顺丁橡胶（BR）、天然橡胶（NR）和丁苯橡胶（SBR）的 tanδ-温度（θ 或 T）曲线见图 1.1.3 - 43。

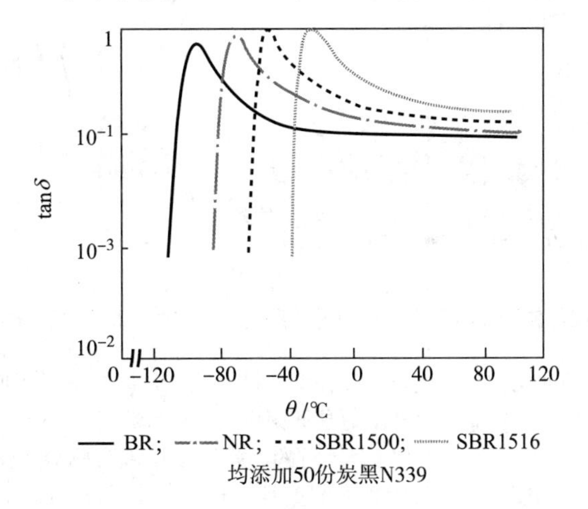

图 1.1.3 - 43 BR、NR、SBR 的 tanδ - θ 曲线

图 1. 1. 3 - 43 示出了轮胎工业中最重要的通用橡胶的 tanδ—θ 关系曲线，这些曲线定性地描述了包括玻璃化转变在内的动态黏弹性行为，以表征胎面胶的一些重要性能。在玻璃化转变温度区域，玻璃态的开始，表明弹性行为受限制，反映胎面胶的冬季适用性和耐磨性（T_g 与磨耗呈线性关系）：在－20～0℃冬季气温区，胎面胶应有良好的低温弹性，因而玻璃化转变不应出现在此区域；在 0～30℃的常温区，tanδ 可用于表征橡胶的抗湿滑性能，它反映胎面胶对干、湿路面的抓着力，尤其是对湿路面的抓着力；30～70℃的温度范围包含了轮胎的行驶温度，该范围内的 tanδ 值决定了轮胎滚动阻力的大小；超过该温度范围，轮胎进入最大应力温区，并达到具有破坏安全作业的危险极限，其 tanδ 值反映生热行为，以及借以估算起始热分解和轮胎应力的极限。

通过分析和比较图 1. 1. 3 - 43 中的通用橡胶的 tanδ—θ 曲线，可以证实以 tanδ 作为橡胶黏弹性评价标准的正确性和有用性：cis－BR 的 T_g 极低，因此耐磨性极好，最适于制冬季用轮胎，在 30℃以上损耗小，是滚动阻力最小、热积累最少的胶种，但常温下的低损耗值说明它的抗湿滑性极差；NR 的 T_g 为－70℃，其低温柔性、耐磨性不及 BR，但其滚动阻力小和生热低，同样较好，而且抗湿滑性较好；苯乙烯（St）为 25％的 SBR 由于 T_g 较高，低温柔性与耐磨性较差，30℃以上损耗也较大，因此滚动阻力和生热高，性能不如 BR 和 NR 好，但其在 0～30℃内损耗大，抗湿滑性较好，因此可作为安全性好的高速轮胎；St％达到 40％的 SBR，链段运动的阻碍程度更大，T_g 更高，因此耐磨性更差、滚动阻力更大、生热更高，但这种胶种刹车安全性极为优异，这是因为在 0～30℃范围内它的 tanδ 值非常高。因此，单独使用现有的通用橡胶来满足轮胎的所有性能要求是不可能的，需要开发兼具通用橡胶性能的新的轮胎用橡胶，其目标是具有优良的湿抓着性，且有更低的滚动阻力，又不损害磨耗性的要求。

Y. Satio 等人分析了轮胎运动与频率的关系，认为滚动阻力是受轮胎滚动引起橡胶重复运动的结果，它是在 60～80℃低频（10^1～10^2 Hz）下的运动；而湿抓着性是用轮胎运动过程中由路表面应力产生的摩擦阻力来表征的，这一运动发生在胎面或靠近胎面的地方，这种运动的频率将很高（10^4～10^6 Hz）。这就是说，滚动阻力和湿抓着是轮胎胎面胶在不同频率下的运动。因此，若橡胶在低频下运动保持能耗在最低水平，则有低的滚动阻力；而橡胶在高频下运动保持能耗于最高水平，则有大的湿抓着力，如果一种橡胶能同时兼有这两种特性，则两个相互矛盾的使用性能就可以得到折中并加以改进。低频下的能耗与滚动阻力密切相关，可以用黏弹谱仪测定；与高频相关的湿抓着很难通过动态力学性能测试，但可以从高聚物弹性和动态力学性能出发，将频率转化为温度，可得到 tanδ—θ 曲线，其结论与 Nordesik 基本一致。

Nordesik 提出的新的橡胶性能评价指标——损耗因子 tanδ，以它来表征橡胶综合性能，可以更精确地描述橡胶黏弹性，与 T_g 相比，橡胶的 tanδ 与温度的关系曲线能更精确地表明各使用条件下橡胶的黏弹性，见图 1. 1. 3 - 44。

胎面胶在－60～0℃有高的 tanδ 值，表明抗湿滑性能好；而在 60～80℃有低的 tanδ 值，表明有低的滚动阻力。其后，许多研究者都提出相类似的结论，并认为在任何情况下必须在 0～30℃有高的 tanδ 值和 50～70℃有低的 tanδ 值，这样的胎面胶才有牵引性、操纵性和低滚动阻力的优异结合，而且在－100～－60℃下也有高的 tanδ 值（低的 T_g）和好的耐磨性。

以上分析可以归结为：滚动阻力低、湿抓着性差归因于顺式 1，4 -聚丁二烯链段或顺式 1，4 -聚异戊二烯链段含量高，与此相对应的是 1～110 Hz 与 50～70℃下的低 tanδ，和 1～110 Hz 与－20～＋20℃下低的 tanδ；与此相反滚动阻力大、湿抓着性大则归因于聚苯乙烯链段，或 1，2 -聚丁二烯链段，或 3，4 -聚异戊二烯链段或 1，2 -聚异戊二烯链段含量高，相对应的则是 1～110 Hz 与 50～70℃下高的 tanδ，和 1～110 Hz 与－20～＋20℃下高的 tanδ。

20 世纪 80 年代中期，Nordesik K. H. 提出了轮胎胎面胶理想的 tanδ -温度关系曲线模型，见图 1. 1. 3 - 45。

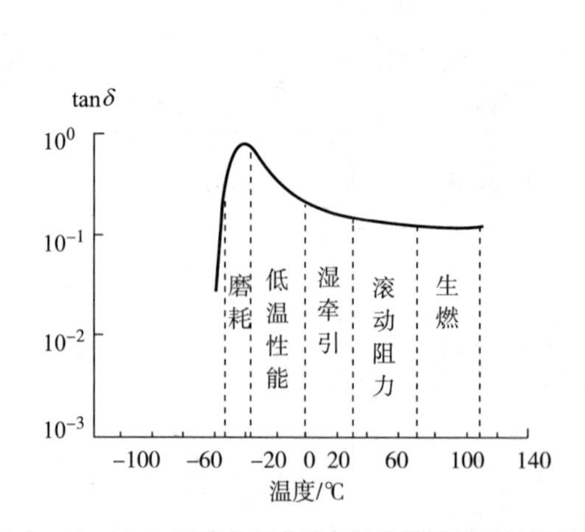

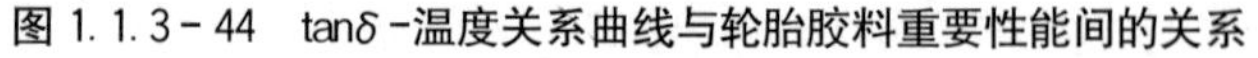

图 1. 1. 3 - 44　tanδ -温度关系曲线与轮胎胶料重要性能间的关系

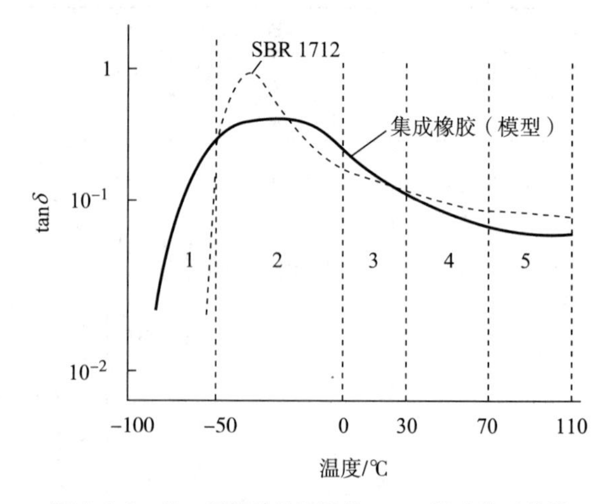

图 1. 1. 3 - 45　理想的胎面胶的 tanδ -温度关系曲线

这种理想的胎面胶曲线兼有各种通用橡胶的优点，弥补了各自的缺点，同时满足了胎面胶的低温性能、湿抓着性和滚动阻力的要求。他们的研究进一步提出：轮胎的滚动阻力是低频率（10～100 Hz）下的重复运动引起的，而湿滑性则与高频率（10^4～ 10^6 Hz）下的运动有关，二者之间并非完全矛盾的因素。根据聚合物分子运动的时温等效原理，可用动态力学温度谱表征和研究轮胎用橡胶的滚动阻力、抗湿滑性和耐磨性：1～110 Hz 及 50～70℃下的低 tanδ 对应着低的滚动阻力，1～110 Hz 及－20～＋20℃下的高 tanδ 对应着高湿抓着性，而－60℃下的高 tanδ 对应着高的耐磨性。这样就把滚动阻力、抗湿滑性和耐磨性等性能用动态力学温度谱联系和区别开来，从而为高性能轮胎用橡胶及其复合材料的分子设计和材料设计指明了新的方向。

从图 1.1.3-45 可见，集成橡胶（模型）的 tanδ 在－80℃左右开始上扬，说明此温度下集成橡胶（模型）中某些链段已开始自由运动，已具有了橡胶的高弹性，这种橡胶在－80℃以上时就可正常使用了，这一点和天然橡胶相似，也就是说，集成橡胶（模型）的耐低温性能与天然橡胶相似。

集成橡胶（模型）与通用胎面橡胶 tanδ-温度关系曲线见图 1.1.3-46。

从图 1.1.3-46 可见，在 0～30℃的路面温度范围内，集成橡胶（模型）的 tanδ 比丁苯橡胶 SBR 1500 还高，说明集成橡胶（模型）的抗湿滑性能优于丁苯橡胶 SBR 1500，因为 0～30℃的 tanδ 数值越大，轮胎对湿滑路面的抓着力越大，在 60℃左右，集成橡胶（模型）的 tanδ 数值又低于顺丁橡胶（BR）和天然橡胶（NR），60℃的 tanδ 数值越小，轮胎的滚动阻力越低，这也就是说集成橡胶（模型）的滚动阻力性能优于顺丁橡胶和天然橡胶。

2. 集成橡胶（SIBR）的概念

Nordesik 在胎面胶理想 tanδ 曲线的基础上进一步提出了“集成橡胶（SIBR）”的概念。集成橡胶概念或设计理念的示意图见图 1.1.3-47。

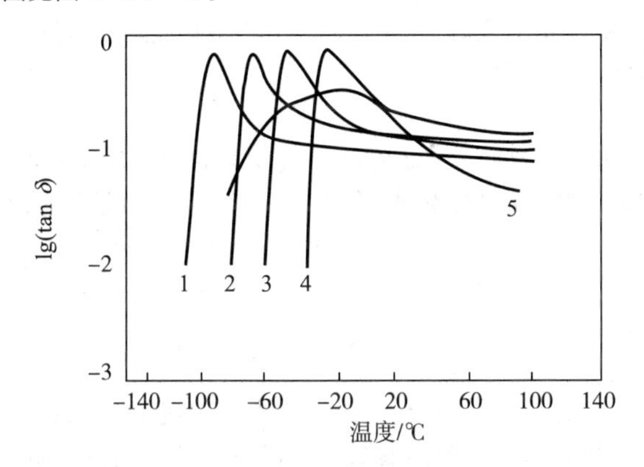

图 1.1.3-46　集成橡胶（模型）与通用胎面橡胶 tanδ—温度关系曲线

1—BR；2—NR；3—SBR 1500；4—SBR 1516；5—集成橡胶（模型）

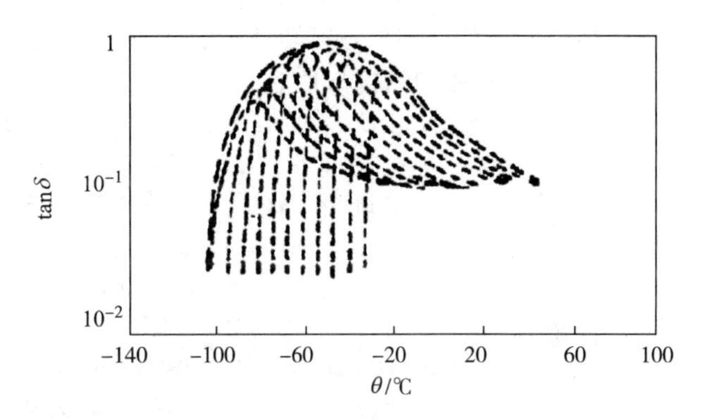

图 1.1.3-47　集成橡胶概念或设计理念

开发集成橡胶的目的是消除三大行驶性能之间的相互矛盾和制约，特别是牵引力和滚动阻力之间的矛盾最为突出，这也是轮胎行业孜孜以求的目标。从胎面胶理想的 tanδ-温度曲线可知，当胎面温度处于－60～0℃的低温区时，tanδ 呈上升趋势，在这种条件下，轮胎对地面的抓着力最大，防滑效果达到最佳；当胎面温度处于 0～100℃的范围时，tanδ 呈现连续下降并最后趋于平坦的趋势，也就是说，当温度处于室温以上温度时，希望能确保胎面/路面间的低滚动阻力，从而达到低油耗的理想状况。因此如果把这条理想曲线所代表的性能运用到轮胎胎面胶中去的话，那就能得到“低温下高滚动阻力，常温下低滚动阻力”的理想状态，这正是设计集成橡胶合成路线的基本思路。

简言之，集成橡胶的设计思想的核心是使这种新型胶种具有理想的 tanδ 曲线，关键是具有“宽形态的 tanδ 曲线”和常温下具有低的 tanδ 值。即要求集成橡胶的玻璃化转变区要处于－60～0℃范围，且要有宽广的 T_g 转变区间；要求在常温以上的温度范围内，集成橡胶嵌段结构的大分子之间具有比较小的分子间作用力，以减少分子运动时分子之间的黏性摩擦力。为此，集成橡胶在分子设计上通过几种具有不同性能的胶种采用嵌段的方法集成于一个大分子链上，在合成方法上使用几种不同 T_g 的聚合物的单体通过共聚合的方法形成具有几种嵌段结构的共聚物分子链，其典型特征是具有多个 T_g 和具有特定排列的多嵌段序列结构，分子链由多种结构的链段构成，既有柔性和顺丁橡胶相近的链段，亦有柔性较弱如丁苯橡胶的链段，不同结构的链段提供橡胶不同的性能，柔性强的链段可使橡胶具有优异的低温性能，同时还可降低滚动摩擦阻力，改善轮胎的耐磨性；较为刚性的链段增大橡胶的湿抓着力，提高轮胎在湿滑路面行驶的安全性。与各种通用橡胶相比较可以看出，它摆脱玻璃态的温度与顺丁橡胶相近，因而低温性能优异，即使在严寒地带的冬季仍可正常使用；其 0～30℃的 tanδ 值与丁苯橡胶相近，说明轮胎可以在湿滑路面上安全行驶；其 60℃的 tanδ 值低于各种通用胶，用这种橡胶所制的轮胎滚动摩擦阻力小，能量损耗少。可以说，集成橡胶集合了各种橡胶的优点而弥补了各种橡胶的缺点，同时满足了轮胎胎面胶低温性能、抗湿滑性及安全性的要求，这些要求对于各种通用胶种而言，是不可能同时满足的。

研究进一步明确：集成橡胶的耐低温性能来源于丁二烯或异戊二烯均聚段，此段中丁二烯发生 1，2-聚合生成的乙烯基或异戊二烯发生 3，4-聚合生成的烯丙基越少，该段的玻璃化温度越低，集成橡胶所能适应的最低温度也就越低；集成橡胶的抗湿滑性能来源于分子链中的 S—I—B 或 S—B 共聚段，此段中乙烯基、烯丙基、苯侧基有利于提高聚合物的抓着性能；集成橡胶的低滚动阻力来源于分子链的偶联。橡胶硫化胶在较高温度（如 60～70℃）下的滞后与分子链末端有关，即链末端效应，当整个大分子链作弹性运动时，分子链末端受网络束缚较少，不易恢复至原位，所吸收的能量不能全部释放。偶联减少了分子链末端数目，因此可大幅度降低滚动阻力。

此外，集成橡胶使原通过共混方式得到的NR/BR/SBR复合材料的微观相分离得到改善，通过化学方法直接合成出来的SIBR达到了链段级的均匀混合，有助于性能的综合发挥利用，有助于解决三种橡胶并用存在着的三大行驶性能相互制约、难以兼顾的矛盾，尤其是滚动阻力和抗湿滑性之间的几乎不可调和的矛盾。

总的来说，集成橡胶的合成路线按照产品的具体性能要求而设计，以具有理想的tanδ曲线为动态性能目标，并由此制订出分子聚集状态和序列分布的具体方案，是量体裁衣型的高分子材料，有机地整合了天然橡胶、顺丁橡胶、丁苯橡胶、顺式聚异戊二烯等橡胶的性能，兼顾各技术经济层面，通过阴离子聚合技术使这些橡胶的链段实现优化组合，理想化地键接到一条分子链上而形成的具有微观结构要素，包括嵌段组成、序列排布、1，4-键接、1，2-或3，4-键接、顺反异构等能够实现较好的可控的一种全新橡胶。

集成橡胶在动态性能上，具备了轮胎三大行驶性能的优化集成；在分子设计上，具备了几种不同性能的胶种集成于一个大分子链上的分子设计特点；在合成方法上使用几种不同T_g的聚合物的单体，通过共聚合的方法形成具有多种嵌段结构的共聚物分子链，从而最终实现高性能轮胎胎面胶的应用目标。集成橡胶把天然橡胶、顺丁橡胶和丁苯橡胶三种橡胶所具有的不同的微观结构要素整合后键合在同一个大分子链上，通过橡胶大分子的链节结构和序列分布的调节来进行“分子智能化设计”，满足高性能轮胎对三大行驶性能优化平衡的要求，使各种看似矛盾、互不相容的性能并存于一个胶中，从而解决轮胎工业在选择胶种时遇到的不能两全其美的难题。集成橡胶SIBR代表着20世纪80年代合成橡胶开发的新方向，已经是工业化生产的新胶种，其成功开发成为高分子材料智能化设计的一个典范。

（二）集成橡胶的结构与性能

集成橡胶一般使用苯乙烯、异戊二烯和丁二烯为单体，其共聚组成一般为：St含量0%～40%，Ip含量15%～45%，Bd含量40%～70%。当然，由于各个国家的资源分布不同，这些组分的含量也有不同。例如，在俄罗斯研制开发的SIBR中，异戊二烯含量较高，达到40%～90%，而丁二烯含量较低，仅占9%～40%，这是由俄罗斯的异戊二烯资源较为丰富所决定的。

1. 结构

（1）序列结构

集成橡胶SIBR的序列结构可分为完全无规型和嵌段-无规型两类，进一步又分为线型无规型、线型嵌段-无规型、星型无规型和星型嵌段-无规型几种。生产实际中以嵌段-无规型居多。嵌段-无规型集成橡胶的SIBR是指分子链的一端为丁二烯或异戊二烯的均聚嵌段，一端为丁二烯，苯乙烯和异戊二烯的无规共聚的聚合物嵌段，可视为二段排列式，有PB-（SIB无规共聚）、PI-（SIB无规共聚）、PB-（BI无规共聚）和PI-（SB无规共聚）等几种。集成橡胶SIBR的序列结构除可为两段排列外，还可为三段排列：1，4-PB-1，2-PB-（SIB无规共聚）、PB-（SIB无规共聚）-（SIB无规共聚）和SB-SB（SIB无规共聚）等。该类聚合物通过分步加料法制得。

为使均聚嵌段PB或PI能提供优良的低温性能，要求其中的1，2-结构或3，4-结构含量低，一般不超过15%，为使无规共聚嵌段提供优异的湿抓着性，要求其中的1，2-结构和3，4-结构含量高，一般为70～90%。SIBR的分子链可以是线型的，也可以是星型结构。同其他嵌段共聚物一样，由于集成橡胶的链段结构不同，各链段之间相容性不好，会出现球状、柱状、层状等微相分离。通常SIBR的T_g可达−100℃。

完全无规型集成橡胶SIBR中，三种单体无规地分布于分子链上。其生产方式是将苯乙烯、异戊二烯和丁二烯三种单体一次投料聚合。三种单体反应速度不同，反应开始时，丁二烯和异戊二烯先反应生成富含聚丁二烯和聚异戊二烯的链段，随着丁二烯、异戊二烯的消耗，苯乙烯逐渐参与反应，反应结束时生成富含聚苯乙烯和聚异戊二烯的链段。

无论无规SIBR还是嵌段SIBR都对PSt微嵌段量提出了严格的要求。

（2）微观结构

SIBR的微观结构单元涵盖了天然橡胶或异戊二烯橡胶、顺丁橡胶和丁苯橡胶的微观结构所有种类的链段（如前所述）。

（3）分子链结构

SIBR的分子链可以是线型结构，也可以是星型结构。偶联剂用量较少时，产物主要为线型结构，门尼值在40～90之间，通常为50～70，分子量分布为2.0～2.4之间；偶联剂用量较大时，产物主要为星型结构，门尼值在55～65之间，分子量分布在2.0～3.6之间。

（4）分子量及其分布

作为橡胶使用的聚合物分子量一般较高，这样才能显示出橡胶特有的性能。随着分子量的增加，橡胶各种性能普遍较好，但分子量过大，加工变得很困难。综合文献，SIBR的分子量应在Mn=100 000～350 000为宜。橡胶分子量分布增加后，冷流性降低，加工性能提高，因此应适当加宽分子量分布。采用复合调节剂或进行偶联可使分子量分布变宽，但分布过宽会对橡胶强度产生不利影响，故应以Mw/Mn=1.5～4.0为宜。

2. 性能

橡胶的性能分为物理机械性能和动态力学性能。SIBR的门尼黏度一般为70～90，拉伸强度为16～20 MPa，扯断伸长率为450%～600%，邵尔A硬度为70～90。其物理机械性能可完全满足胎面胶的要求。SIBR的动态力学性能是理想化的，从而赋予它的耐低温、抗湿滑、滚动阻力性能以综合优势。SIBR的使用温度可以在−80℃以上，和天然橡胶相似。在0～30℃的路面温度范围内，抗湿滑性能优于丁苯橡胶SBR 1500，对湿滑路面的抓着力较大，滚动阻力性能优于顺丁橡胶和天然橡胶。

3. 研究动向

既然集成橡胶的概念是从分子结构层面上对苯乙烯、异戊二烯、丁二烯链段通过目标 tanδ-温度曲线的黏弹性特性进行分子结构排列组合优化设计，包括调节嵌段比例以及不同序列排布、顺反异构、键接结构（1，4-、1，2-或3，4-键接），达到需要的性能，采用阴离子聚合的官能化反应技术又具备了实现这一目标的手段。其原始的构想即是将具有柔性的异戊二烯及丁二烯链段，和具有刚性的苯乙烯链段集成到一条分子链上，从而使聚合物分子具有刚柔并济性能、目标阻尼性能，以及其微观相分离得到改善，人们自然地就会将这种概念应用于阻尼基体胶料的合成，通过对分子结构的有效调控，从而合成出目标聚合物材料。如可通过在主链上嵌入更大比例的在分子进行链段运动时空间位阻效应大的苯乙烯链段、3，4-位键接的异戊二烯嵌段，来增大 tanδ-温度曲线上扬的高度。有报道含有78%的3，4（1，2）-聚异戊二烯的苯乙烯-异戊二烯二嵌段聚合物，由于3，4-键接的较大的侧基增加了聚合物分子链段运动进行内摩擦运动时的空间位阻效应，使得该聚合物具有高损耗特性。

SBR-IR-SBR 与 SBR-BR-SBR 的玻璃化转变温度测试表明：SBR-IR-SBR 有两个 T_g，这说明 SBR-IR-SBR 中存在相分离现象。Halasa 等认为此类结构的橡胶存在着与苯乙烯-丁二烯嵌段共聚物类似的相分离形态，并且与其嵌段比有关。SBR-BR-SBR 的 T_g 变化情况与 SBR-IR-SBR 的不同，BR 相的 T_g 随着 SBR 相 T_g 的波动而波动。这是因为 SBR-IR-SBR 的两相间存在着一定程度的相容性，使得两相的 T_g 相互影响，BR 相的 T_g 和 SBR 相的 T_g 均随着苯乙烯/SBR 相（质量比）的增大而增大。而 SBR-IR-SBR 中，IR 相的 T_g 基本上不受 SBR 相 T_g 的影响，说明两相间不具有相容性。并且 DSC 和 DMA 分析表明：SBR-IR-SBR 与 SBR-BR-SBR 试样经过硫化后，相分离发生了变化，SBR-IR-SBR 较易形成相分离，而 SBR-BR-SBR 难以形成相分离。

4. 集成橡胶的应用

集成橡胶从概念来讲，应该具有广泛的用途。目前还主要用来制造轮胎胎面胶。这种胶无须共混，直接硫化后便可制得综合性能优异的轮胎胎面。另外，它与其他通用橡胶的共混性能良好，与各种配合剂的混合效果也很好，因而亦可通过共混来制备性能优良、价格适中的高性能轮胎。此外，集成橡胶还可用作包装材料、黏合剂、沥青的组分、润滑油添加剂、制备热塑性弹性体、PS 和 ABS 树脂的增韧改性剂、阻尼材料的基体聚合物材料、光交联聚合物及易分解聚合物等。

（1）包装材料

与 PE/CPP 贴合材料相比，SIBR 与 PP 共混制得的薄膜黏合材料，具有更强的热封性能。由 SIBR 制得的食品包装材料，无味、耐油，加工性能优于 HDPE（高密度低压聚乙烯）及丁基橡胶。

（2）黏合剂

SIBR 共聚物可与苯并呋喃/茚树脂和松香一起溶于乙酸乙酯/汽油中制得快干、快速固化的黏合剂，在流水线上用于鞋类的黏合，还可以与氢化树脂甘油酯及其他添加剂一起用于制备热熔胶黏剂，也可制成压敏胶。

（3）沥青改性

由 SIBR 改性的沥青加工性能好，储存稳定，硬度高，韧性大，适用于高等级公路。

（4）润滑油添加剂

SIBR 氢化后，可加入载体油中，制备高温下耐氧性优良的用于提高黏度指数和剪切强度的改进剂。矿物油的黏度随温度变化幅度很大，要得到黏度指数更高的油品，必须加入黏度指数改进剂。在润滑油中，SIBR 在不同温度下呈现不同的形态。处于低温时，长链分子收缩，对矿物油的黏度影响不大；在较高温度下，线团伸展，使润滑油的内摩擦不致因温度升高而很快下降，起到改进黏度指数的作用。另外，SIBR 可以吸附在低温析出的石蜡晶体表面，抑制油品内空间结构的形成，保持油品的流动，在润滑油中作降凝剂使用。

（5）制备热塑性弹性体

SBS 即是热塑性弹性体，相对于 SBS 来说，SIBR 新增加了一种异戊二烯链段，可并未因此而失其作为热塑性弹性体所应具备的刚性和柔性相济链段，新增了相对于苯乙烯来说而呈柔性的异戊二烯链段，相应可以利用其来进一步调节热塑性弹性体的性能。

（6）增韧改性 PS 和 ABS 树脂

采用 SIBR 作为增韧剂的改性 PS 后制得的 HIPS 的冲击强度比通常采用 BR 增韧 PS 后制得的 HIPS 增加了许多，其悬臂梁冲击强度可以达到 380 J/m。通过透射电镜的观察发现：用 BR 改性的 HIPS 形成的是经典的海岛结构。而采用 SIBR 改性的 HIPS 出现了形状规整、排列紧密、大小不一的立体网络结构。用线型无规 SIBR 改性的 ABS，当 SIBR 的含量为12%时，ABS 的冲击强度高达 468.0 J/m。

（7）阻尼材料的基体聚合物材料

橡胶材料的阻尼主要来源于分子链段做内摩擦运动时侧基的空间位阻效应，集成橡胶可以通过调节其苯环侧基和1，2-或3，4-键接的丁二烯或异戊二烯形成的乙烯基或丙烯基侧基，来合成集成橡胶阻尼基体聚合物材料。

（8）橡胶纳米复合材料

通过在集成橡胶中加入纳米粒子蒙脱土，制备 SIBR/蒙脱土纳米复合材料，具有较高分解和玻璃化转变温度、储能模量、拉断强度和扯断伸长率。

（三）集成橡胶（SIBR）的供应商

SIBR 的合成技术难度较大，它不同于 St、Bd 二元聚合的 SSBR、SBS、K-树脂等锂系聚合物，SIBR 为 St、Ip、Bd 三元组分的阴离子聚合，共聚物的分子量大小和重复单元序列长度是可以变化的。要想系统地调节三元共聚物的组成、微观结构、分子量和序列长度比较困难。

在国外，自1984年Nordesik等人提出集成橡胶的概念后不久，德国Hüels公司就以丁二烯，苯乙烯和异戊二烯为单体开发出商品名为Vestogral的集成橡胶；而后1990年美国Goodyear橡胶轮胎公司开始研究集成橡胶，将SIBR作为生产轮胎的新型橡胶，于1991年实现了工业化，并已用于Peugeot605豪华轿车轮胎上；俄罗斯的合成橡胶科学研究院的沃罗涅什分厂于1994年完成了100升聚合釜的SIBR的模试，所制得的胶样与干燥路面的附着率很低，减小了正常路面行驶的摩擦，与湿滑路面的附着率较高，增加了湿滑路面行驶的安全性；日本横滨橡胶株式会社研制成多种不同结构的SIBR并申请或获得专利。其中以美国Goodyear公司和德国Hüels公司的研究最为活跃，合成的SIBR有线型和星型两种结构。其聚合体系及合成方法各不相同，制得的SIBR在组成、结构和性能上也存在着差异。

在国内，北京化工大学率先在此方面做研究，并且承担了由化工部下达的关于星型SIBR的研究工作，吉林化学工业公司研究院同高校合作进行了三元共聚物开发工作；中石化燕山分公司研究院已开发出一系列二、三嵌段共聚物及立构嵌段共聚物，形成系列化专利技术；大连理工大学一直在持续开展这方面的研究，不断合成出结构不同的集成橡胶样品，珠海澳圣聚合物公司也在开展同类产品的研发，并初步形成了生产能力。

美国Goodyear公司生产的SIBR的技术指标见表1.1.3-330。

表1.1.3-330 美国Goodyear公司生产的SIBR的技术指标

牌号	商标	结合苯乙烯/%	苯乙烯（嵌段/无规）	乙烯基含量/%	顺式含量/%	门尼黏度[ML(1+4)100℃]	密度/(g·cm⁻³)	防老剂变色性
2550	Cyber	25	R	14	11	80	0.96	NST

中石化燕山分公司生产的SIBR的技术要求和试验方法见表1.1.3-331。

表1.1.3-331 中石化燕山分公司生产的苯乙烯-异戊二烯-丁二烯集成橡胶的技术要求和试验方法

测试项目	SIBR2535（充芳烃油）	SIBR2505（非充油）	试验方法
	合格品	合格品	
灰分（≤）/%	0.10	0.10	GB/T 4498.2—2017
挥发分（≤）/%	0.75	0.75	GB/T 24131—2009
生胶门尼黏度[ML(1+4)100℃]	50±5	55±5	GB/T 1232.1—2016
混炼胶门尼黏度[ML(1+4)100℃]	≤100	≤100	GB/T 1232.1—2016
300%定伸应力（≥）/MPa	8.0	12.0	GB/T 8656—1998 GB/T 528—2009 Ⅰ型裁刀
扯断强度（≥）/MPa	16.0	18.0	
扯断伸长率（≥）/%	400	300	

注：混炼胶和硫化胶的性能指标均采用ASTM IRB No.7进行评价。

3.21.2 阿朗新科Keltan® 9565Q（满足动态应用的高弹性EPDM）

20世纪70年代的苏联学者采用类似橡胶增韧塑料的原理，在高填充的混炼胶中加入低门尼的生胶，以提高高硬度橡胶的伸长率、弹性和疲劳性能，称为稀释橡胶。混合的方法包括将塑炼后的NR溶于热油中，然后对高硬度橡胶充油，所得的NR相区尺寸微小，可以获得良好的应用效果。

众所周知，天然橡胶的弹性是所有橡胶中最好的，但是耐热老化性能较差，汽车减震制品如发动机支座、衬套、缓冲接头、拉杆等大多由天然橡胶制成。随着汽车工业的发展，由于发动机机室空间尺寸较小，加上内部空气流动空间减少、尾气排放标准监管力度加大，发动机罩内空间温度逐年升高，上述减震制品实际工作环境温度已超过天然橡胶的温度使用范围。EPDM具有耐热、耐臭氧、耐天候老化的特性，但是拉伸强度低、耐疲劳性和弹性不足。

阿朗新科Keltan® 9565Q EPDM，以超高分子量半结晶型的EPDM为基体，门尼黏度ML（1+8）150℃为67，乙烯基含量62%，其分子量分布较窄，以降低因分子链末端悬摆而产生的阻尼；通常如此高分子量一般会充100份以上的油，此牌号充50份无色石蜡油，充油量少是为了提高强度和弹性，从而减少炭黑的添加量，减小损耗因子；充油也改善了超高分子量基体的加工性能，同时显著降低对硫化效率特别是过氧化物硫化效率的影响。阿朗新科的研究表明，在配方中并用5～10份的NR，通过合适的混炼工艺，NR以10～50 nm的微晶形式均匀分布在EPDM基体中，起到抑制动态下裂纹增长的作用，使Keltan® 9565Q EPDM的动态性能得到大幅改善。

Keltan® 9565Q中，NR在EPDM中的分散分布如图1.1.3-48所示：

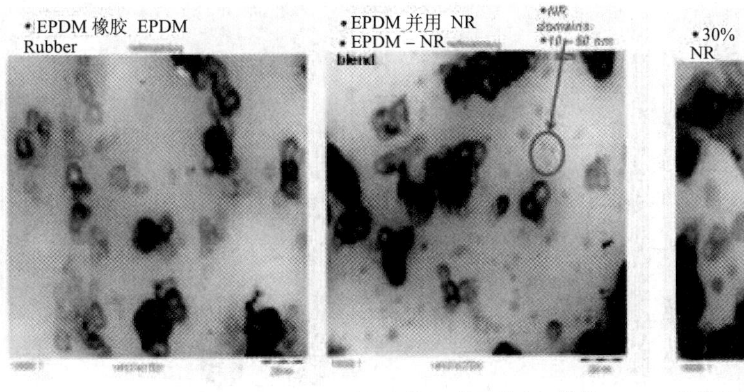

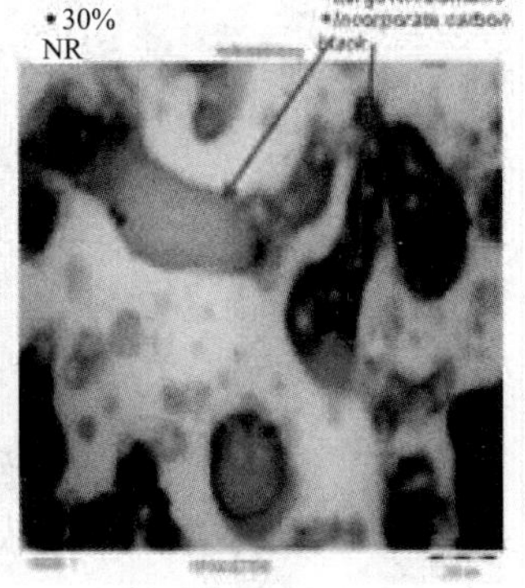

EPDM　　　并用5份NR并以纳米级分散　　　常规的并用30份NR并以微米级分散

图 1.1.3－48　NR 在 EPDM 中的分散分布

0.5MPa 应力时超高分子量 EPDM 用撕裂分析仪测得的疲劳寿命次数与 NR 添加量的关系如图 1.1.3－49 所示：

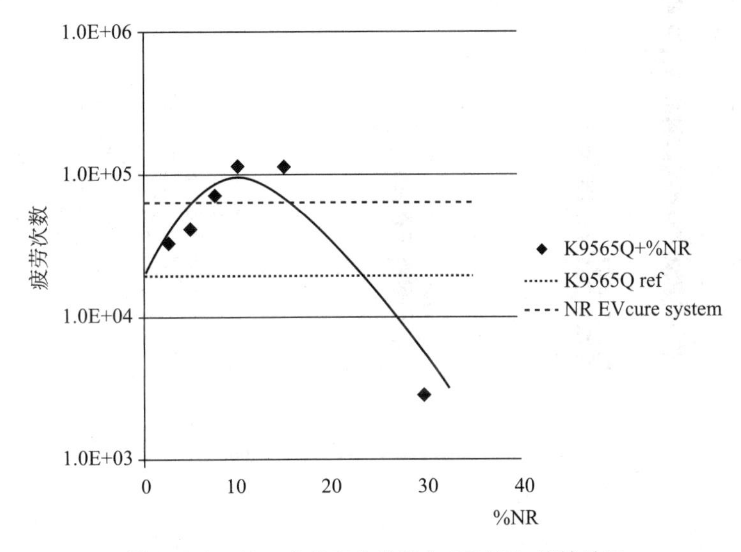

图 1.1.3－49　疲劳寿命次数与 NR 添加量的关系

由图 1.1.3－49 可见，当 NR 添加量为 10 份时，EPDM 的疲劳寿命达到最大值。

应用 Keltan® 9565Q EPDM 与 NR 的减震制品配方见表 1.1.3－332。

表 1.1.3－332　减震制品用 Keltan® 9565Q EPDM 与 NR 配方

原材料	EPDM 配方	原材料	NR 配方	NR－EV 配方
Keltan® 9565Q	150	NB－SVR CV60	100	100
N550	50	N772	—	30
N772	—	N990	50	—
Par. oil	5	Oil Naphth Light	5	5
ZMBI	1	IPPD	2	2
TMQ	0.75	Wax	2	2
Sulfur－80%	0.64	ZnO	3	3
ZnO	5	St. a	2	2
St. a	1.5	CBS－80%	1.875	—
MBT－80%	0.42	TBBS	—	2
TMTD	0.88	TBzTD－80%	—	4.55
		Sulfur－80%	1.875	0.64
合计	215.19		167.75	151.19

硫化胶拉伸性能和老化后的拉伸性能对比如图 1.1.3－50 所示：

压缩永久变形性能对比如图 1.1.3－51 所示：

200 Hz 下的 $\tan\delta$ 对比如图 1.1.3－52 所示：

由图 1.1.3－52 可见，Keltan® 9565Q EPDM 配方硫化胶具有接近 NR 的较低的 $\tan\delta$ 值。

23℃下动态模量与 60℃下动态模量变化率的对比如图 1.1.3－53 所示：

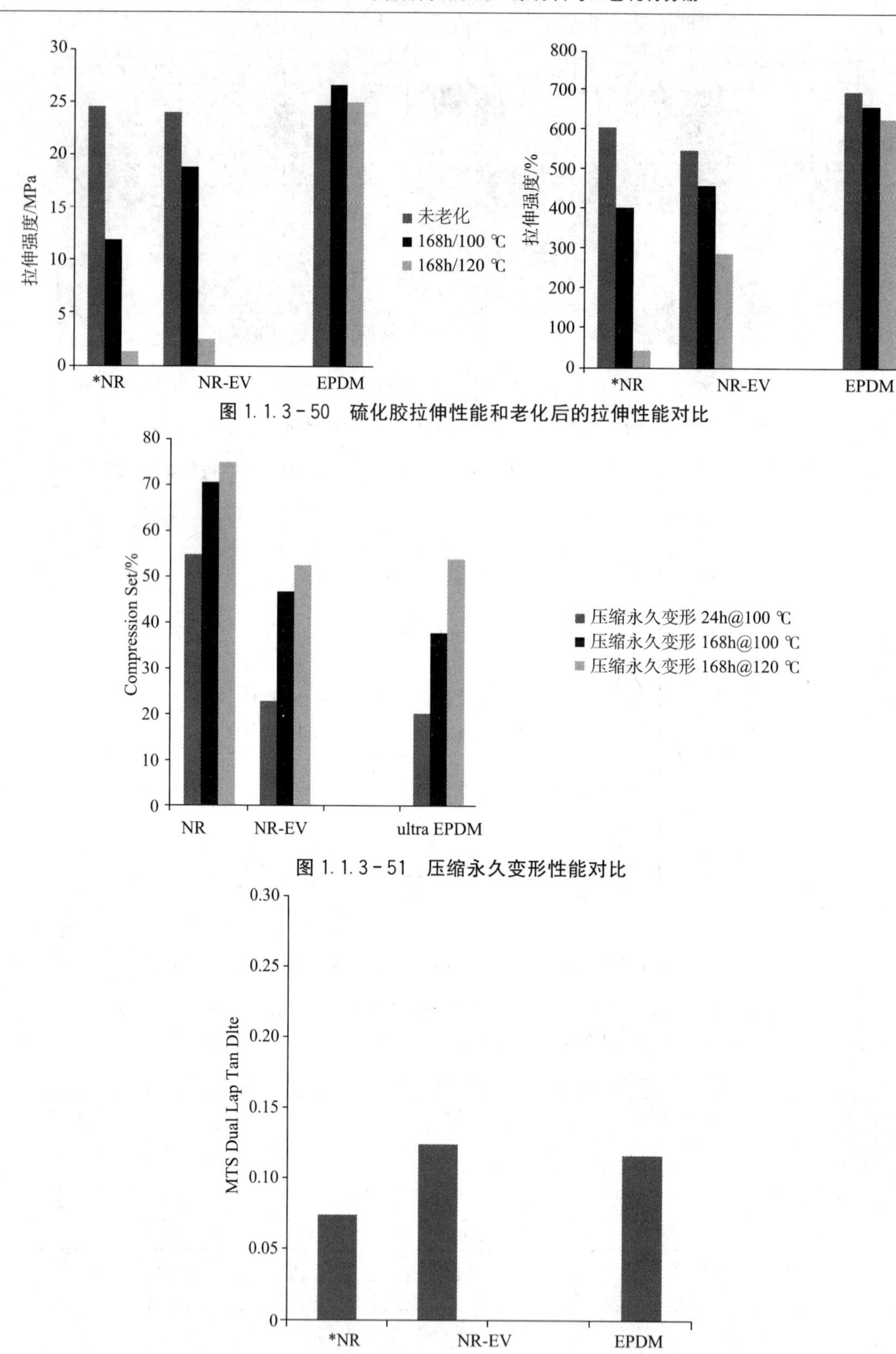

图 1.1.3 - 50　硫化胶拉伸性能和老化后的拉伸性能对比

图 1.1.3 - 51　压缩永久变形性能对比

图 1.1.3 - 52　200 Hz 下的 tanδ 对比

由图 1.1.3 - 53 可见，EPDM 的性能受温度变化影响很小。NR 的应力结晶有助于提高模量，但在较高温度下结晶度减小，进而模量降低。

3.21.3　日本瑞翁 Zeoforte ZSC（超级聚合物）

人们对以汽车为主要应用领域的各种橡胶制品，在其性能上的要求是多样化、高性能化。如，耐油橡胶制品就同时要求具有：①高的机械强度；②优良的耐热老化性（耐氧化性）；③优良的耐化学药品性；④均衡的耐油、耐寒性等一系列优良的特性。丁腈橡胶（NBR）是一种价格低、综合物性较均衡而优良的特种橡胶，但因主链中含有双键，所以在耐热老化性、耐候性、化学稳定性等方面都比较差。通过贵金属催化剂有选择地氢化 NBR 的 C═C 双键制得的氢化丁腈橡胶（HNBR），在大幅度改善耐热老化性、耐候性（耐臭氧性）、耐劣质燃油性的同时，耐寒性、拉伸强度也有所提高，其机械特性优于 NBR。作为耐油橡胶，HNBR 可以说是物性非常均衡而优良的材料。按 ASTM D 2000 评估 HNBR 的耐油性与耐

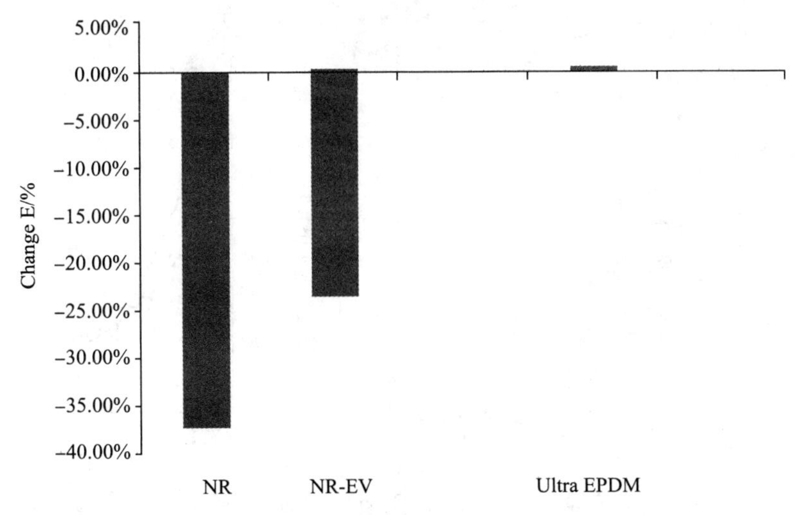

图 1.1.3－53　23℃下动态模量与60℃下动态模量变化率的对比

热性，HNBR 的耐油性优于 CR、CSM、ACM，耐热性因氢化率而有所差异，但仍处于 CSM、ECO 和 ACM 之间的水平。

为了进一步提高耐油橡胶的机械特性，日本瑞翁在 HNBR 的基础上于 1989 年开发上市了拉伸强度达 60 MPa 的橡胶材料——Zeoforte ZSC，也称为超级聚合物。Zeoforte ZSC 是通过纳米技术、高速分离等方法将具有优异耐热、耐油性能的氢化丁腈橡胶与聚甲基丙烯酸锌相结合得到的聚合物合金。当以有机过氧化物交联 ZSC 时，得到的是以聚甲基丙烯酸锌为分散相的海-岛结构。其交联结构不光存在 HNBR 相互间的交联，而且还有 HNBR 介入部分聚甲基丙烯酸锌分散相区域的交联，如图 1.1.3－54 所示。

ZSC 特别适用于要求超高硬度与拉伸强度的场合。当与具有相同硬度的以 HAF 炭黑填充的 HNBR 胶料进行比较时，ZSC 具有如下的一系列特性：

（1）高硬度但黏度较低，易于成型；

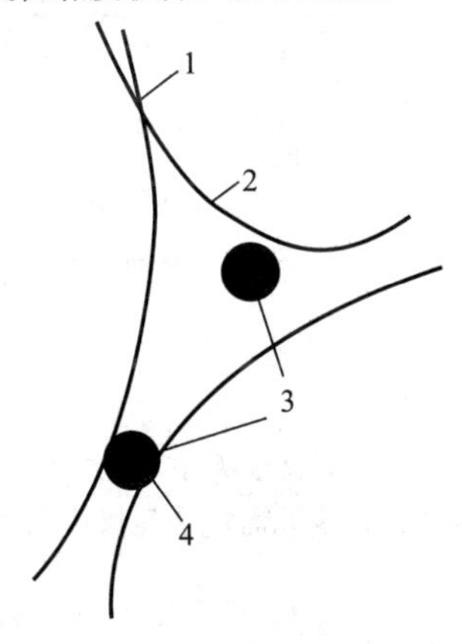

图 1.1.3－54　交联 ZSC 的结构模型

1—HNBR 相互交联；2—HNBR；3—聚甲基丙烯酸锌分散相；
4—聚甲基丙烯酸锌与 HNBR 的交联

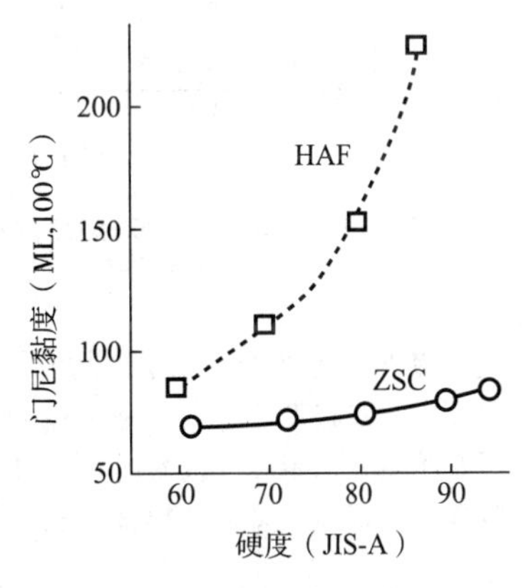

图 1.1.3－55　门尼黏度与硬度的关系

（2）在宽广的硬度范围，具有较高的拉伸强度 50～60 MPa；

（3）在高强度的区域也具有较大的伸长率；

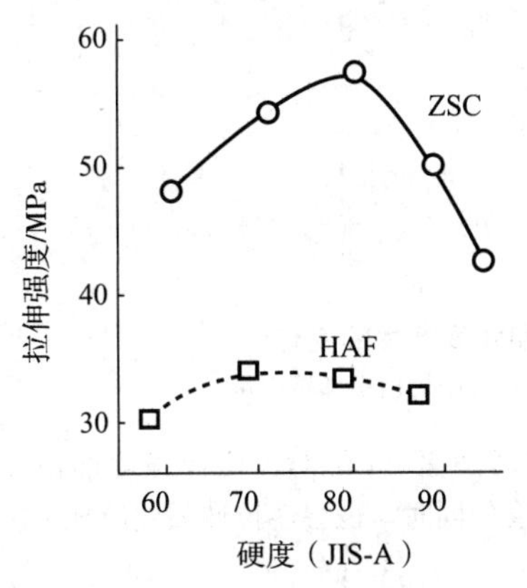

图 1.1.3－56　拉伸强度与硬度的关系

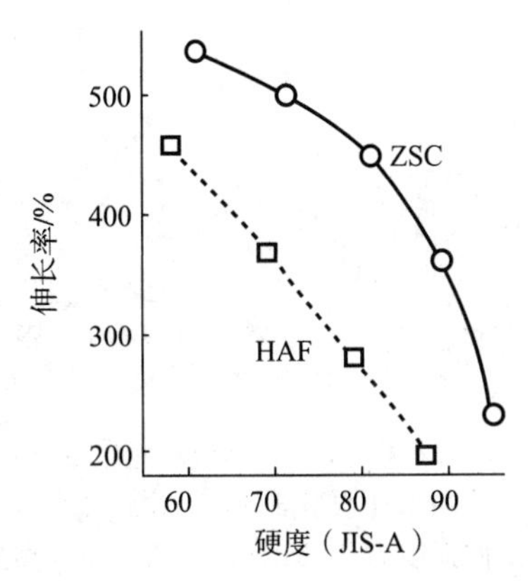

图 1.1.3－57　伸长率与硬度的关系

（4）耐曲挠疲劳性或抗龟裂增长性优良；

（5）耐磨性优良；

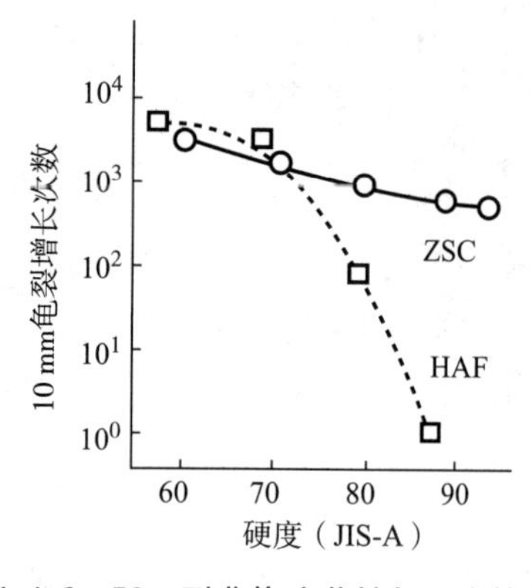

图1.1.3-58　耐曲挠疲劳性与硬度的关系

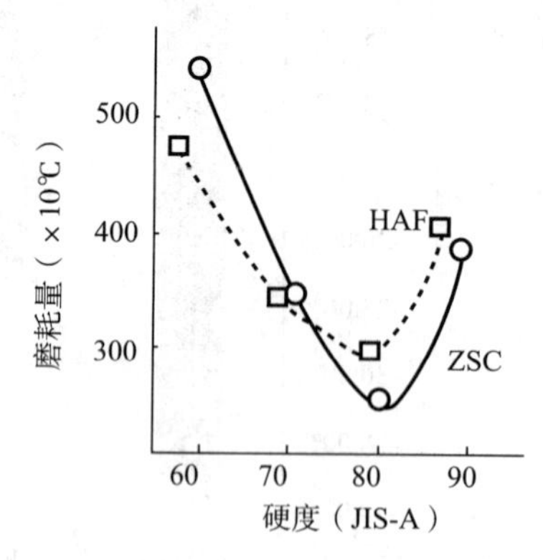

图1.1.3-59　耐磨性与硬度的关系（阿克隆磨耗，10Lb，25°角）

（6）耐热性优良，在高温环境下的定伸应力高，而且因热老化而引起的硬度变化也小；

（7）动态特性优良，回弹性高；

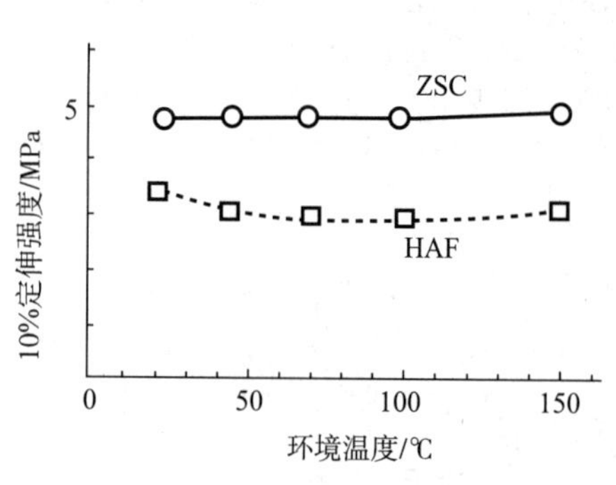
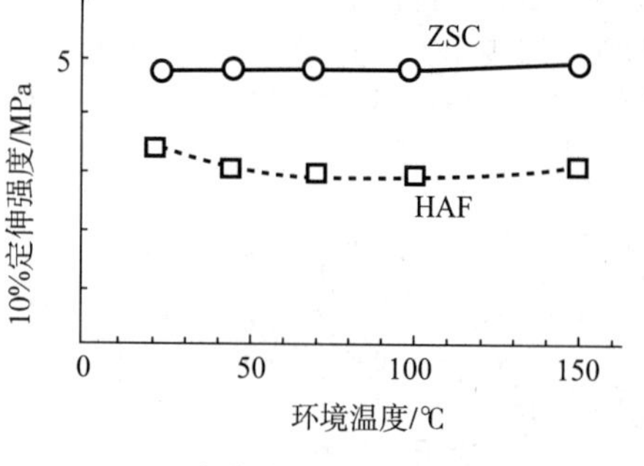

图 1.1.3-60　100%定伸应力对温度的依赖性（硬度为 70）

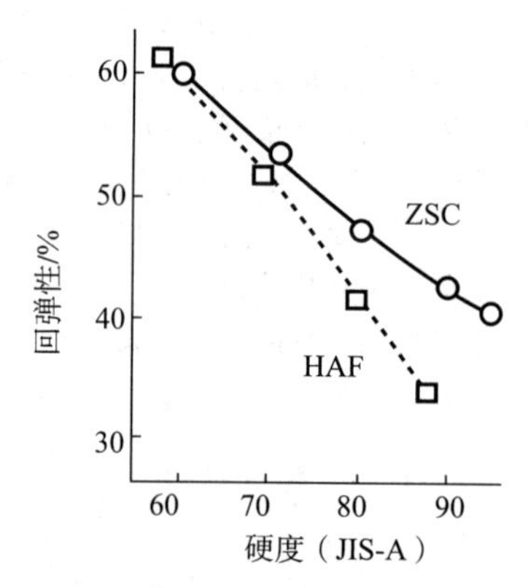

图 1.1.3-61　回弹性与硬度的关系

（8）压缩应力高。

除具有上述特点外，其耐油性和耐寒性也处于与 HNBR 同等的水平。

ZSC 一般以 1，4-双叔丁基过氧异丙基苯（BIPB）为交联剂，适宜用量 2 份，硫化温度为 170℃；防老剂最好采用 4，4′-（α，α′-二甲基苄基）二苯胺（抗氧剂 KY-405），适宜用量为 1.5 份。一般来讲，橡胶需配合炭黑或白炭黑等补强填充材料后才可实际应用，但在 ZSC 中配合这些材料时，反而会使拉伸强度降低。

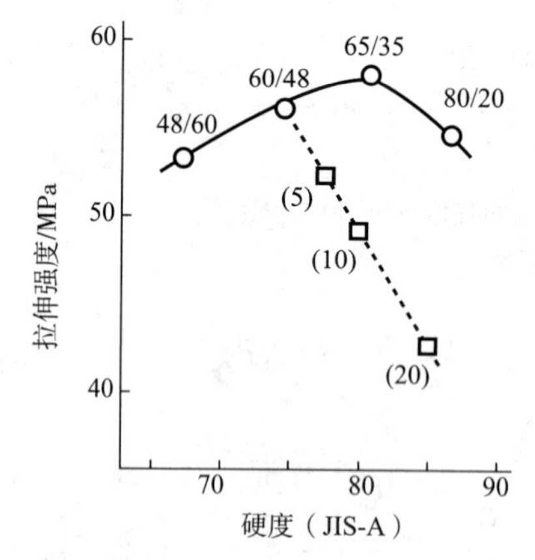

图 1.1.3-62　因填充白炭黑而使拉伸强度和硬度产生的变化

ZSC 2295/ZP—202=40/60、60/40、65/35、80/20，括号中为白炭黑填充量

由图 1.1.3-62 可见，拉伸强度随着填充量的增加而逐渐下降，当增加至 20 份时，拉伸强度即由 56 MPa 降为 42 MPa。另外，在添加增塑剂的体系中，ZSC 与通常的橡胶一样在降低硬度的同时，也会使拉伸强度出现下降，但可得到硬度为 30、拉伸强度为 20 MPa 以上的低硬度高强度制品。

图 1.1.3-63 为以雷达图表示的 ZSC 的机械特性、高温特性、耐水性与聚氨酯的比较结果。由图可见，硬度为 80 的 ZSC 在高温下的拉伸强度比同一硬度的聚氨酯（聚醚型）优良，而且在同一硬度（60）下其耐水性耐油性也优于聚氨酯（聚酯型）。

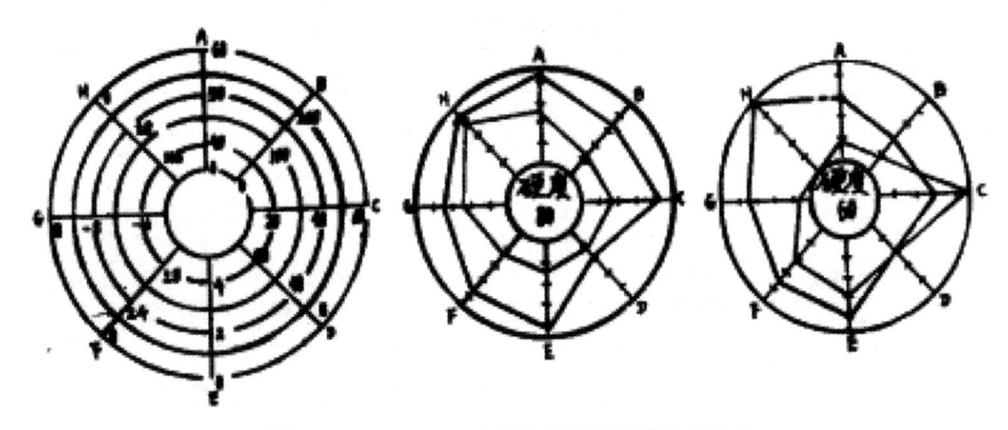

图 1.1.3-63　ZSC 与聚氨酯弹性体的性能比较

粗线—ZSC，细线—聚氨酯

A—拉伸强度（MPa）；B—拉伸强度（100℃，MPa）；C—撕裂强度（kN·m^{-1}）；D—压缩永久变形（125℃×70 h,%）；E—磨耗性（皮克磨耗试验机，$\times 10^{-2}$cc）；F—耐热老化性（硬度变化，125 ℃×70 h）；G—耐油性（硬度变化，125 ℃×70 h）；H—耐水性（硬度变化，100 ℃×70 h）

ZSC 在具有突出的机械强度的同时，还具有极其优良的成型加工性、耐油性与耐热性，高温下不会软化，主要用于苛刻环境下使用的胶带、软管、密封件、衬垫、油井橡胶制品、工业胶辊、工业机械用制动器或离合器衬片等摩擦材料、椅子用脚轮、机器用滑动片、减震橡胶等，也可用于轮胎的防滑链，还可用于女鞋鞋底材料、赛车用品、运动服衣料等。

Zeoforte ZSC 的商品牌号见表 1.1.3-333。

表 1.1.3-333　Zeoforte ZSC 的商品牌号

牌号	基础产品	门尼黏度	硬度 A（D）	比重	特性与应用
ZSC 2095	Zetpol 2000	90	95（60）	1.24	改良的低温性能（TR_{10}：－34℃），具有良好的耐油、耐低温平衡，耐高温也同样出色，适用过氧化物硫化
ZSC 2295	Zetpol 2020	85	95（60）	1.24	出色的抗拉伸性、抗撕裂性和耐磨性，适用于要求优异的拉伸强度和耐磨性的皮带、鞋底和其他高负荷应用
ZSC 2295L	Zetpol 2020L	75	95（60）	1.24	ZSC 2295 的低门尼型，改进了加工性能
ZSC 2298L	Zetpol 2020L	80	98（72）	1.32	出色的拉伸强度、抗撕裂性和耐磨性，适用于要求优异的拉伸强度、高硬度的胶辊和其他高负荷应用
ZSC 3195CX	Zetpol 3310	80	95（60）	1.25	出色的抗拉伸性、抗撕裂性和耐磨性，适用于要求低温曲挠性好的皮带和其他高负荷应用
ZSC 4195CX	Zetpo 4310	75	92（60）	1.25	出色的抗拉伸性、抗撕裂性和耐磨性，适用于要求低温曲挠性好的皮带和其他高负荷应用

国内也有部分文献介绍了聚合物合金——氢化丁腈橡胶/聚甲基丙烯酸锌的制备方法，通常干胶共混所得合金的均匀性与强度均不足够高，一般是利用丁腈橡胶的氢化需在约 10%浓度的溶液中进行，通过溶液掺混聚甲基丙烯酸锌后再蒸发的方法制备，性能比干混好很多。

3.21.4　丙烯腈-丁二烯-苯乙烯橡胶（NSBR）

随着技术的发展与应用领域的拓宽，对橡胶制品的耐溶剂性能提出了更多的要求，比如《橡胶软管及软管组合件油基或水基流体适用的钢丝编织增强液压型规范》（GB/T 3683—2011）规定：当按 ISO 1817—2005 试验时，在 100℃下浸泡于 IRM903 油中 168 h，1SN、1ST、2SN 和 2ST 型软管内衬层的体积变化率应在 0%～＋25%之间，R1ATS 和 R2ATS 型软管应在 0%～＋100%之间（即不允许收缩）；当按 ISO 1817—2005 试验时，在 70℃下浸泡于 IRM903 油中 168 h，外覆层的体积变化率应在 0%～＋100%之间（即不允许收缩）。在配方上，通常采取的方法是使用低丙烯腈含量的丁腈橡胶或加 5%～10%的丁苯橡胶，另一种方法是采用丙烯腈、丁二烯和苯乙烯的三元共聚物作为橡胶材料。

丙烯腈、丁二烯和苯乙烯的三元共聚物中最著名的是 ABS 树脂。美国狮子化学（Lion Copolymer）于 2010 年 10 月开发上市了丙烯腈-丁二烯-苯乙烯的三元低温乳液共聚弹性体，命名为丙烯腈-丁二烯-苯乙烯橡胶，简称 NSBR，商品名 Sabor。

与机械共混的 NBR/SBR 相比，丙烯腈-丁二烯-苯乙烯橡胶具有优异的加工性能，同时提高了硫化胶的拉伸强度，降低了压缩永久变形，改善了耐磨性，提高了耐化学药品、油和燃油（特别是耐柴油）性能。

NSBR 可替代结合丙烯腈含量相当的 NBR，用于替代 NBR/PVC 合金中的 NBR。NBR 与 NSBR 的性能对比见表 1.1.3-334。

表 1.1.3-334　NBR 与 NSBR 的性能对比

胶种		NBR	NSBR
ML		1.45	1.32
MH		13.4	15.8
t_{S1}		1∶49	1∶56
t_{90}		8∶13	7∶18
硫化条件		170℃×15 min	170℃×15 min
硬度（邵尔 A）		70	72
拉伸强度/MPa		14	15.6
拉断伸长率/%		365	394
100%定伸应力/MPa		2.9	3.1
300%定伸应力/MPa		12.4	13.0
撕裂强度/(kN·m^{-1})		46	50.1
压变（120℃×72 h）/%		22	20.7
120℃×72 h 老化性能			
硬度变化（邵尔 A）		+8	+6
拉伸强度保持率/%		104	95
伸长率保持率/%		65	68
100%定伸应力保持率/%		173	140
耐介质性能			
100℃×72 h 标准油测试			
ASTM 1#	体积变化率/%	2.22	0.37
	质量变化率/%	0.48	−0.45
ASTM 3#	体积变化率/%	20.47	20.51
	质量变化率/%	16.28	16.71
室温×72 h 乙醇汽油测试			
汽油	体积变化率/%	3.94	6.53
	质量变化率/%	2.54	3.26
10%体积乙醇汽油	体积变化率/%	22.10	22.68
	质量变化率/%	13.43	12.83
	拉伸强度保持率/%	57	56
	伸长率保持率/%	65	63
	100%定伸应力保持率/%	101	91

注：基本配方为：橡胶 100，氧化锌 5，SA 2，N550 50，RD 1，CZ 2，TT 2，S 0.5。合计 162.5；其中 NBR 为南帝 1052，结合丙烯腈含量 33%。

NSBR 可应用于胶管、输送带、工业胶板、机械密封、鞋底和鞋跟等领域。

Sabor™ DT 30−48 的典型技术指标见表 1.1.3-335。

表 1.1.3-335　苯乙烯-异戊二烯-丁二烯橡胶技术要求和试验方法

牌号	门尼黏度[ML(1+4)100℃]	结合丙烯腈含量/%	结合苯乙烯含量/%	挥发分(≤)/%	有机酸/%	防老剂	乳化剂	凝固剂
Sabor™ DT 30−48	48±5	30.0±1.5	5.0±1.0	0.75	2.0±1.0	非污染	混合酸	矾

注：该公司的 Sabor™产品还包括 Sabor™ DT 33−35 与 Sabor™ DT 33−45，其结合丙烯腈含量与门尼黏度不同。

此外，类似的还有日本昭和电工公司生产的丙烯腈-氯化聚乙烯-苯乙烯接枝共聚物树脂（简称 ACS 树脂，详见本节 9.2）等。

3.21.5　极性乙烯共聚物与氟橡胶的共混胶（Advanta）

Advanta 是美国杜邦公司为适应汽车工业寻求高性能低价格的橡胶这种市场挑战而开发的一种性价比更高的特种橡胶，

它是极性乙烯共聚物和过氧化物硫化型氟橡胶的相容性合金，具有独特的耐热、耐油性能的平衡，主要用于汽车发动机、传动系统及轮轴上的油封、O形圈、垫片等密封产品。目前，Advanta有三个牌号，即：Advanta 3320，密度1.3，耐热性为165℃；Advanta 3650，比重1.6，耐热性为175℃和ADR－7324。这三种共混胶具有优良的耐油性，在各种润滑油和脂、液压油、机油、传动油及动力转向油中的溶胀度很少，在水和乙醇中的溶胀性也很小，但不耐刹车液酯或酮类。

（一）Advanta的性能

1. 耐热性

按照ASTM D 2000/SAE J 200橡胶分类系统，Advanta介于EH（耐高温型ACM）与HK（Viton/FKM）之间。根据新的SAE标准J 2236，橡胶的连续耐热温度定义为1 008 h以后原始扯断伸长率和拉伸强度保持50%的温度，Advanta 3320为耐热165℃的材料，Advanta 3650为耐热175℃的材料。Advanta 3650间断耐热可达到200℃，且能进一步改进长期耐热性。Advanta的老化是继续交联，并导致最后脆化，而不是返原过程。Advanta的耐热性能见图1.1.3－64。

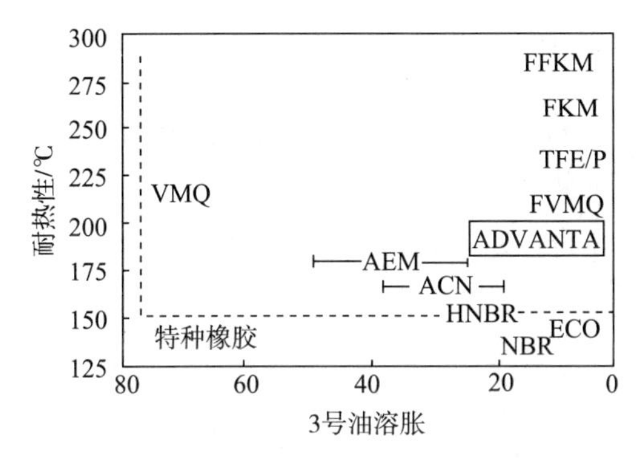

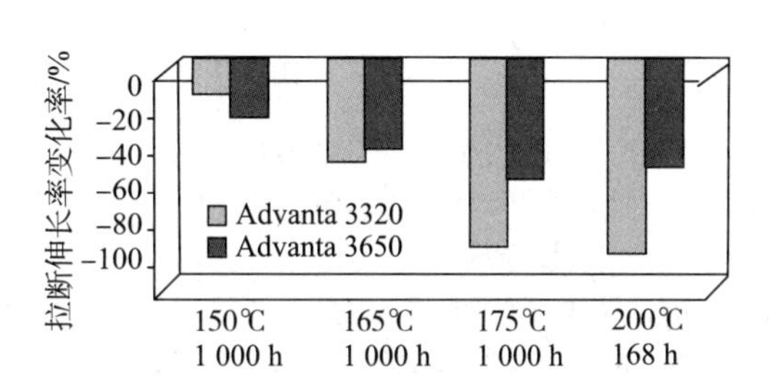

图1.1.3－64 Advanta的耐热性

图1.1.3－65比较了1 000 h长期的热空气老化性能，Advanta 3320和Advanta 3650在150℃下比HNBR和ACM保持更多的伸长率，在165℃下比AEM－G1、AEM－LS和ACM保持更多的伸长率。除了FKM和VMQ以外，只有Advanta 3650在175℃空气中至少保持原始伸长率的50%。

2. 耐介质性能

Advanta胶料在很多润滑油、液压油、油脂、发动机机油、变速箱流体和动力转向器流体中的溶胀低，在水和乙二醇中的溶胀也低。Advanta不宜在非矿物油制动液、酯和酮中连续使用。在芳香燃料和汽油中的溶胀Advanta 3650良好，而Advanta 3320则较差。Advanta在一些介质中的体积溶胀值见图1.1.3－66。

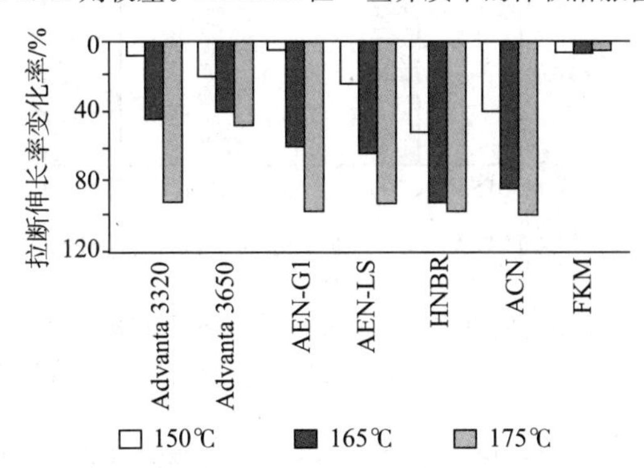

图1.1.3－65 Advanta与几种耐热特种橡胶1 000 h热老化比较

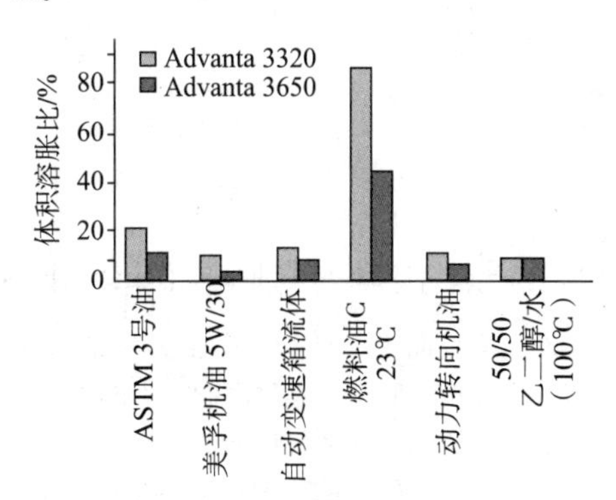

图1.1.3－66 Advanta的耐介质性能（150℃×168 h）

图1.1.3－67为Advanta与部分耐油橡胶对发动机机油和变速箱油ATF的体积溶胀值的比较情况。

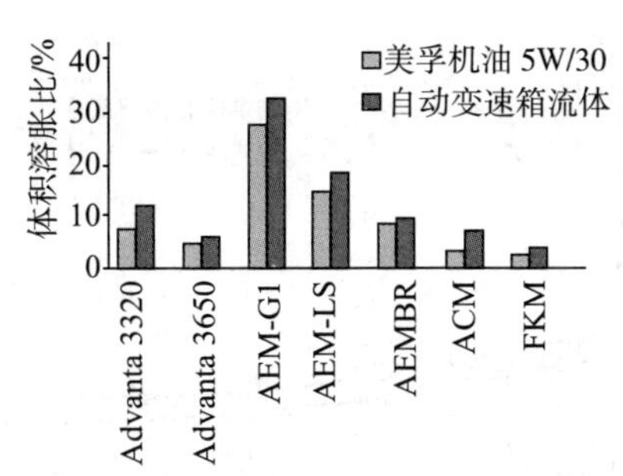

图1.1.3－67 Advanta与部分耐油橡胶对发动机机油和变速箱油ATF的体积溶胀值的比较

如图1.1.3－67所示，Advanta 3320和Advanta 3650在变速箱油ATF中的体积溶胀是非常小的。此外，还比较了包括ASTM标准油和燃料油、汽车发动机油、变速箱油、动力转向器油、制动液、轮轴润滑脂以及发动机冷却液和生物降解油在内的体积溶胀，Advanta的体积溶胀值满足了很多汽车密封件应用的设计要求。

图1.1.3-68比较了在发动机机油中浸泡150℃×168 h后，再经165℃和175℃×1 000 h热空气老化后的伸长率变化情况，表明使用Advanta能够得到耐热性和耐油性的良好平衡，Advanta 3650在175℃下的耐热性和耐油性平衡尤其突出。

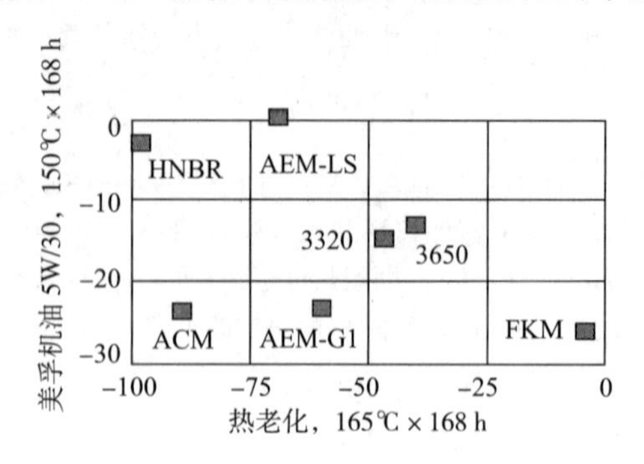

165℃耐热、耐油的扯断伸长率变化率比较

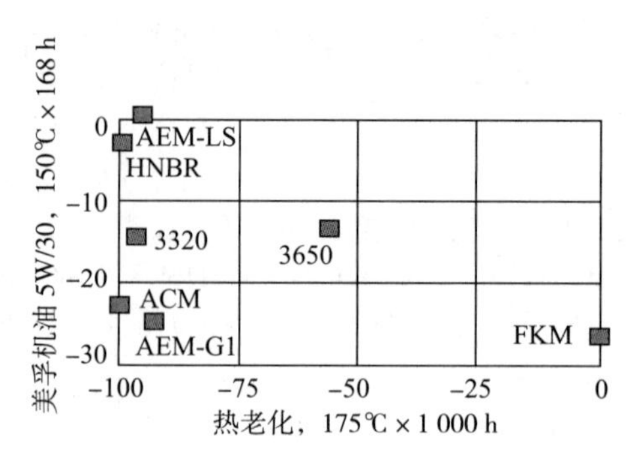

175℃耐热、耐油的扯断伸长率变化率比较

图1.1.3-68　耐油性和耐热性的综合比较

Advanta的一个新牌号ADR—7324适用于在ATF油中的动态密封。图1.1.3-69比较了ADR—7324、AEM—G1、AEM—LS、ACM在150℃ATF油中的扯断伸长率和拉伸强度的保持率。

3. 压缩永久变形与压缩应力松弛性能

Advanta抗压缩永久变形性能良好，150℃×70 h的压缩永久变形值一般为25%，165℃×70 h为30%，Advanta 3320和Advanta 3650的压缩永久变形值见图1.1.3-70。

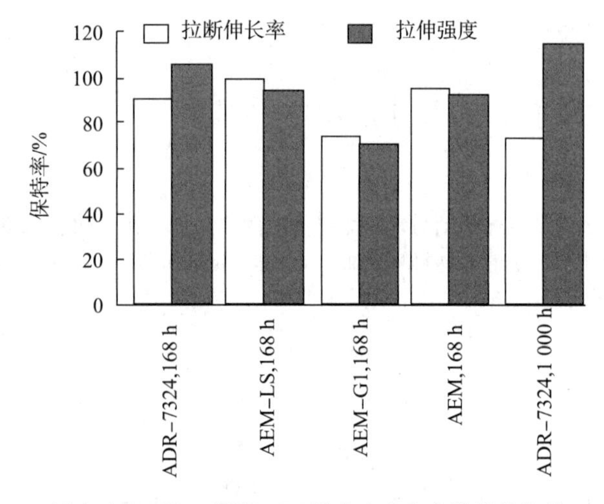

图1.1.3-69　150℃ AFT油中应力应变性能的比较

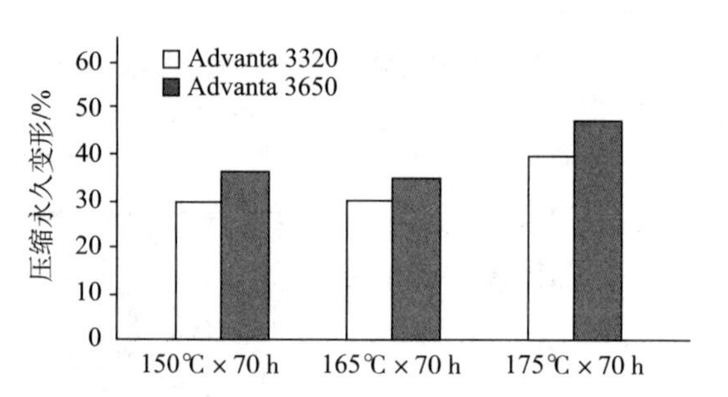

图1.1.3-70　Advanta的压缩永久变形性能

由于汽车的长期寿命希望值为16万～25万km，橡胶的密封性能是至关重要的，需要一种预测长期密封性能的可靠方法。压缩永久变形实验有很大的限制，不能提供在老化过程的压缩应力值，因此压缩应力松弛试验越来越被认为是预测密封材料在各种环境当中的密封性能的有效手段。

使用Shawbury-Wallce压缩应力松弛MK Ⅲ在MS—7176自动变速箱流体（ATF）中经1 000h测密封反作用力，每天的实验周期由150℃×16 h加－20℃×8 h组成，实验按照ISO 3384—2005进行。图1.1.3-71表明，Advanta 3320和Advanta 3650均显示出非常稳定的性能，并且在严重恶劣的环境当中，密封作用力保持良好，可应用于静态ATF的密封。

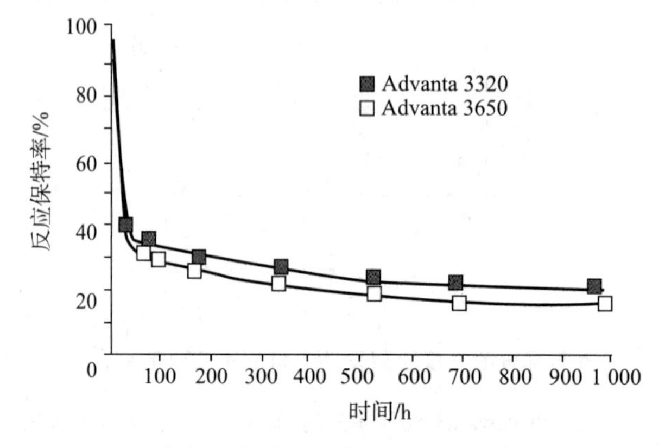

图1.1.3-71　Advanta在ATF中的压缩应力松弛（从－20℃至150℃进行循环）

4．低温性能

通过玻璃化转变和低温回缩（TR－10）测得的Advanta的低温柔性类似于氟橡胶。Advanta的脆性温度值范围是－45℃至－20℃，使用静态O形圈试验仪实验的低温密封性，Advanta已低到－30℃，基本等同于FKM Viton A－401C。目前，实验室工作表明：低温性能还能再降低5～10℃。Advanta的低温性能见图1.1.3－72。

图1.1.3－73表明，Advanta的玻璃化转变温度（T_g）和温度回缩（TR－10）值相接近，这一点和其他橡胶一样，而脆性温度同T_g或TR－10值几乎无关。

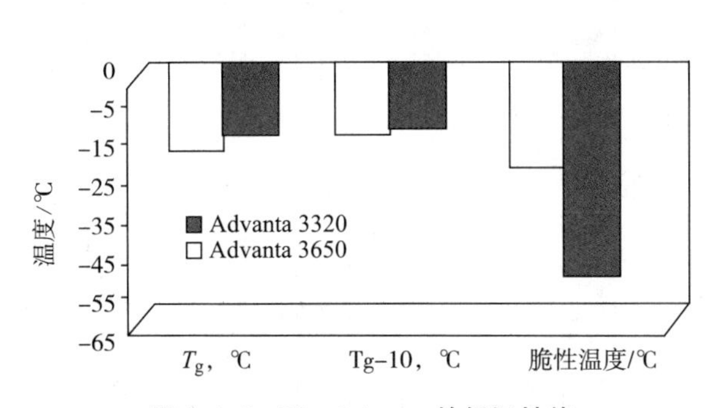

图1.1.3－72　Advanta的低温性能

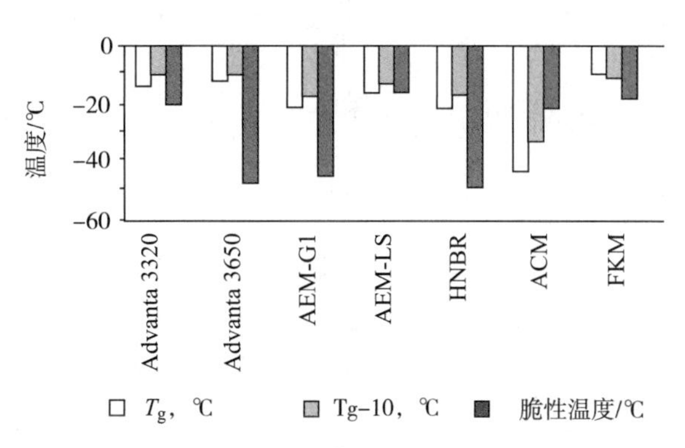

图1.1.3－73　Advanta与几种特种橡胶的低温性能比较

（二）**Advanta的配合**

Advanta的配合类似于其他耐热特种橡胶，可能选择的配合剂往往有限，值得注意的是应当避免使用对热老化性能有不利影响的配合剂。

Advanta必须采用过氧化物体系进行硫化。一般使用过氧化物Luperco 101－XL或Varox 4份及助交联剂Diak－7 3份进行硫化。该体系的耐热性能的平衡性比其他过氧化物交联剂 好。不需要使用金属氧化物，氧化锌对耐热性能非常不利。

炭黑中，半补强炭黑SRF的物理性能和加工性能均最好。Advanta 3320使用SRF－N 762，20～95份，其硬度范围是60～90。无机填料一般使用硫酸钡、硅酸钙、沉淀碳酸钙及二氧化硅。浅色胶料可采用工业有机、无机颜料。

在Advanta配方中一般应避免使用增塑剂，因为它会干扰过氧化物硫化。加工助剂的用量一般是1～2份。加工性好的是Carnauba蜡、Vanfre VAM和VPA－3。

（三）**Advanta的加工工艺**

Advanta的混炼采用密炼机或开炼机均较容易。Advanta 3320的黏度（门尼值25）低，应在较低的温度（100℃以下）混炼。Advanta 3320胶料在热的时候可能会自粘，因此下胶片时使用聚乙烯薄膜隔离为好。

Advanta胶料没有明显的口型膨胀和表面粗糙现象。因Advanta胶料的黏度及收缩性相对较低并有自粘的倾向，降低机筒和口型的温度是有利的。Vanfre VAM能改善Advanta 3320的脱辊性，可采用较低的辊筒温度（50～60℃）。Advanta 3650黏度较高，在较高的温度下加工更好，且表面黏性倾向小。

Advanta橡胶可采用模压和注射成型技术硫化。加工助剂像Vanfre VAM、VPA－3及Carnauba蜡有助于脱模。Vanfre VAM对Advanta 3320的脱模效果最好。为了发挥全部性能和优化压缩永久变形，需要进行二段硫化，条件一般采用175℃×8 h。

在生产与金属或塑料黏合的部件时，一般采用氟橡胶黏合剂进行黏合。

第四节　橡胶基本物化性能

4.1　各种橡胶的基本物化指标

各种橡胶性能的比较见表1.1.4－1。

4.2　橡胶的耐温性与热学性质

一般的，各种橡胶材料用作滑动密封件时，可使用的温度范围有：NBR为－45～135℃；ACM为－10～170℃；硅橡胶为－60～200℃；FKM为－40～200℃。橡胶的耐温性对于橡胶制品的配方设计极为重要。

各种橡胶的耐温、收缩比、热传导率、比热见表1.1.4－2。

表 1.1.4－1　各种橡胶性能的比较表

橡胶		天然橡胶	聚异戊二烯橡胶	丁苯橡胶	聚丁二烯橡胶	乙丙橡胶		丁基橡胶	氯丁橡胶	丁腈橡胶			硅橡胶	聚氨酯橡胶
										NBR－18	NBR－26	NBR－40		
		NR	IR	SBR	BR	EPM	EPDM	IIR	CR	NBR			MVQ	AU EU
密度/(g·cm^{-3})		0.91～0.93	0.92～0.93	0.93～0.94	0.91～0.94	0.86～0.87		0.91～0.93	1.15～1.25	0.95～1.05			0.95～0.98	1.00～1.30
折光率，n_D^{20}[a]		1.52	1.522	1.51～1.56	1.52	1.48		1.51	1.56	1.52			1.40	—
溶解度参数（SP）[b]		7.9～8.1	7.9～8.3	8.5～8.7	8.4～8.6	7.9～8.0		7.8～8.1	8.18～9.25	8.7	9.3～9.9	10.3	7.3	10.0～10.8
玻璃化温度/℃		−68～−75	−70～−73	−60～−44	−102～−85	−60～−40		−63～−79	−50～−45	−22～−58			−123	−30～−60
加工性[f]		A	A	A	A	B		C	B	A			B	C
拉伸强度/MPa	纯胶配合[d]	20～30	20～30	2～6	2～8	2～7		8～20	10～30	3～7			约1	20～50
	填充剂配合	15～35	15～35	10～30	10～25	10～25		8～23	10～30	10～30			4～12	20～60
	R.F[g]	1.6	1.4	13.0	6.0	20.0		—	1.7	10.0			40.0	1.0
拉断伸长率/%[e]		500～800	300～800	250～800	400～800	100～800		200～900	100～800	300～700			100～900	250～800
撕裂强度/(kN·m^{-1})[d]		35～170	20～150	15～70	20～70	20～60		20～85	20～80	25～85			10～50	30～130
硬度（邵尔A）[d]		30～100	30～100	40～95	40～90	30～95		35～90	30～95	35～95			30～90	35～100
橡胶本底硬度（邵尔）		40	35	37（充油26）	35	65		36	44	44～46（高N）			—	—
300%拉伸应力贡献值[e]		1.0	0.87	0.93（充油0.70）	0.88	1.63		0.90	1.10	1.10			—	—
拉伸强度贡献值[e]		2.0	1.74	1.86（充油1.40）	1.76	3.26		1.8	2.20	2.20			—	—
伸长率贡献值[e]		14.3	14.5	12.5（充油12.0）	10	13.5		12.3	12.2	12.4			—	—
回弹性	未填充（20℃）	62～75	62～75	65	65～78	60～70	56～66	8～11	40～42	60～65	50～55	25～30	—	C
	未填充（100℃）	67～82	67～82	68	—	62～75	58～68	—	60～70	—	—	—	—	
	填充（20℃）	40～60	40～60	38	44～58	42～52	40～54	8～11	32～40	38～44	28～33	14～16	20～50	
	填充（100℃）	45～70	45～70	50	44～62	45～58	45～64	34～40	51～58	60～63	50～53	40～42	25～30	
耐磨性[f]		A	A	A	A	B		B	A～B	A			C～D	A
抗自然老化性（耐光、耐候）		D	D	D	D～C	A		B～A	A	C			A	A
抗氧化性		B	B	B	B	A		B～A	B	C			A	A
抗臭氧性		D	D	C	C	A		B	B	C			B	B
耐热性（最高使用温度/℃）		100	100	100	100	150		150	120	120			250	80

续表

橡胶	天然橡胶	聚异戊二烯橡胶	丁苯橡胶	聚丁二烯橡胶	乙丙橡胶		丁基橡胶	氯丁橡胶	丁腈橡胶			硅橡胶	聚氨酯橡胶
									NBR－18	NBR－26	NBR－40		
	NR	IR	SBR	BR	EPM	EPDM	IIR	CR	NBR			MVQ	AU EU
耐寒性（脆性温度/℃）[f]	－50～－70	－50～－70	－30～－60	－70	－40～－60		－30～－55	－35～－55	－20～－30			－70～－120	－30～－60
耐曲挠龟裂[f]	A	A	B	C	B		A	B	B			B～D	A
压缩变形[f]	A	A	B	B	B		C	A	A			A	A
不透气性[f]	B	B	C	B	A		A	B	A			D	A
耐燃性[f]	D	D	D	D	D		D	B	C～D			B～D	C～D
耐辐射[f]	B～C	B～C	B	D	B		D	B～C	B～D			A～C	B
体积电阻率[c]/(Ω·cm)	10^{14}～10^{15}	10^{14}～10^{15}	10^{14}～10^{15}	10^{14}～10^{15}	10^{15}～10^{16}		10^{15}～10^{16}	10^{10}～10^{12}	10^{10}～10^{11}			10^{15}～10^{17}	10^{9}～10^{12}
击穿电压/($kV \cdot mm^{-1}$)[f]	20～30	20～30	20～30	20～30	28～30		24	20	20			15～20	—
介电系数[h]	2.4～2.6	2.4～2.6	2.4～2.5	2.4～2.5	2.35		2.1	7.0～8.0	7.0～12.0			3～4	—
介电损耗 $\tan\delta$	0.16～0.29	—	0.1～0.3	—	0.02～0.03		0.04	3	5～6			0.04～0.06	—
功率因数[f]	0.5～0.2	0.5～0.2	0.5～3.5	—	—		0.3～8.0	1.0～6.0	3～5			—	—
电绝缘性能	好～极好	好～极好	好	好	极好		好～极好	差～中等	差			极好	好～极好
耐介质性													
耐酸性（强）[f]	C	C	C	C	B		A	B	B			C	D
耐酸性（弱）[f]	B	B	B	B	A		A	A	B			B	C
耐碱性（强）[f]	B	B	B	B	A		A	A	B			A	D
耐碱性（弱）[f]	B	B	B	B	A		A	A	B			A	D
汽油[f]	D	D	D	D	D		D	B	A			C～D	A
苯、甲苯等芳香烃[f]	D	D	D	D	C		C	D	C～D			C～D	C～D
氯化溶剂（三氯乙烯）[f]	D	D	D	D	D		D	D	D			B～D	D
酒精[f]	A	A	A	A	A		A	A	A			A	C
甲乙酮、醋酸乙烯[f]	B～C	B～C	B～C	B～C	A		A	B～C	D			B	D
氧化溶剂	好	好	好	好	好		好	差	差			好	中等
动物油和植物油	差～好	差～好	差～好	差～好	差		极好	好	极好			好	好～极好
耐热水	差	差	差	差	好		好	差	差			好	差

续表

橡胶		氟橡胶	聚丙烯酸酯橡胶	氯化聚乙烯橡胶	氯磺化聚乙烯	氯醚橡胶	氯醇橡胶	乙烯—醋酸乙烯酯橡胶	腈戊橡胶	聚硫橡胶
		FKM	ACM	CM	CSM	CO	ECO	EVM	NIR	PTR
密度/(g·cm^{-3})		1.80～1.82	1.09～1.10	1.10～1.20	1.11～1.18	1.36	1.27	0.98～0.99	0.96	1.34～1.41
折光率，n_D^{20}[a]		—	—	—	—	1.516 0	1.498 0	—	—	1.60～1.70
溶解度参数（SP）[b]（斯莫尔法）		7.3	8.5～13.3	9.2～9.3	8.1～9.3	9.35	9.05	—	—	9.0～9.4
		6.2～7.1	—	—	—	8.92～9.32	—	—	—	—
玻璃化温度/℃		−22	0～−30	—	−34～−28	−23	−41	—	—	−20～−60
加工性[f]		C	C	B	B	C	C	A	A	D
拉伸强度/MPa	纯胶配合[d]	3～7	2～4	7～20	4～10	2～3	—	7～20	10～30	3～15
	填充剂配合	10～25	8～15		10～24	10～21	—			
	R. F[g]	—	2.6		6.5	—	—	—	—	—
拉断伸长率/%[g]		100～450	100～500	100～600	100～700	100～800	—	100～600	100～900	100～700
撕裂强度/(kN·m^{-1})[g]		15～60	20～45	—	30～75	30～85	—	—	—	—
硬度（邵尔A）[g]		50～90	40～90	—	40～95	30～95	—	50～90	15～100	30～90
橡胶本底硬度（邵尔）		—	—	—	—	—	—	—	—	—
300%拉伸应力贡献值[e]		—	—	—	—	—	—	—	—	—
拉伸强度贡献值[e]		—	—	—	—	—	—	—	—	—
伸长率贡献值[e]		—	—	—	—	—	—	—	—	—
回弹性	未填充（20℃）	C	5～10	B	B	B	—	B	B	D
	未填充（100℃）		27～45				—			
	填充（20℃）		5～10				26～27			
	填充（100℃）		27～45				42～43			
耐磨性[f]		A	B	C	B	B	B	B	A	C～D
抗自然老化性（耐光、耐候）		A	A	A	A	A	A	A	C	A
抗氧化性		A	A	A	B	A	A	A	C	A
抗臭氧性		A	A	A	A	A	A	A	C	B
耐热性（最高使用温度/℃）		250	160	150	150	150	150	100	120	80
耐寒性（脆性温度/℃）[f]		−10～−20	−30～0	—	−20～−60	−20～−40	−20～−40	−20～−30	−10	−40～+10
耐曲挠龟裂[f]		B	B	B	B	—	—	B	B	D
压缩变形[f]		B	D	B	B	B	B	B	B	D
不透气性[f]		A	B	B	A	A	A	A	B	A

续表

橡胶	氟橡胶	聚丙烯酸酯橡胶	氯化聚乙烯橡胶	氯磺化聚乙烯	氯醚橡胶	氯醇橡胶	乙烯—醋酸乙烯酯橡胶	腈戊橡胶	聚硫橡胶
	FKM	ACM	CM	CSM	CO	ECO	EVM	NIR	PTR
耐燃性[f]	A	C～D	B	B	B	B	D	C～D	D
耐辐射[f]	B～C	B～D	—	B～C	—	—	B	B～D	B～C
体积电阻率[d]/(Ω·cm)	10^{13}～10^{14}	10^{8}～10^{10}	10^{10}～10^{12}	10^{10}～10^{12}	10^{10}	10^{8}	10^{12}～10^{14}	10^{10}～10^{11}	10^{12}～10^{14}
击穿电压/($kV·mm^{-1}$)[f]	20～25	—	20～25	20～25	—	—	—	—	15～20
介电系数[h]	3～6	—	4～6	4～6	—	—	—	—	4～6
介电损耗 $\tan\delta$	—	—	—	—	—	—	—	—	
功率因数[f]	3.0～4.0	—	—	—	—	—	—	—	0.1～0.5
电绝缘性能	—	—	—	—	—	—	—	—	好
耐介质性									
耐酸性（强）[f]	A	C	A	A	B	B	B	B	D
耐酸性（弱）[f]	A	B	A	A	B	B	B	B	C
耐碱性（强）[f]	D	C	A	A	B	B	A	B	D
耐碱性（弱）[f]	C	B	A	A	B	B	A	B	D
汽油[f]	A	A	B	B	A	A	D	A	A
苯、甲苯等芳香烃[f]	A	D	C～D	C～D	C～D	C～D	D	C～D	B
氯化溶剂（三氯乙烯）[f]	B	D	D	D	D	D	D	D	B～C
酒精[f]	A	D	A	A	A	A	C	A	A
甲乙酮，醋酸乙烯[f]	D	D	C	C	D	D	D	D	A
氧化溶剂	—	—	—	—	—	—	—	—	好
动物油和植物油	—	—	—	—	—	—	—	—	极好
耐热水	—	—	—	—	—	—	—	—	差

注：a. 折射率（又称折光指数）是鉴别高分子材料常用的物理参数，国际标准（ASTM D542、DIN53491）使用黄色的钠光D线（λ=589.3 nm）为标准光源，在20℃下的测定值，一般用白光照明，仪器经补偿后得到。

b. 溶胀法测得的溶解度参数，单位（$MPa)^{1/2}$，详见《橡胶工业手册．第三分册．配方与基本工艺》，梁星宇等，化学工业出版社，1989年10月（第一版，1993年6月第2次印刷），P294表1-318。

c. 硫化胶体积电阻率，详见梁星宇，等．《橡胶工业手册·第三分册·配方与基本工艺》，北京：化学工业出版社，1989年10月（第一版，1993年6月第2次印刷），P433表1-545；绝缘体的体积电阻率在10^{10}～10^{20} Ω·cm范围内，以天然橡胶为例，生胶一般为10^{15} Ω·cm，纯化天然橡胶为10^{17} Ω·cm，硫化胶因引入了极性材料，如硫黄、促进剂等，使绝缘性能下降。

d. 详见梁星宇，等．《橡胶工业手册·第三分册·配方与基本工艺》，北京：化学工业出版社，1989年10月（第一版，1993年6月第2次印刷），P343表1-414。

e. 数据来源于方昭芬，编著．《橡胶工程师手册》，北京：机械工业出版社，2012年3月，P49～57。

f. 数据来源合成橡胶工业协会，其中A～D为性能分级，A为最佳。

g. 橡胶加入补强剂后的性能与纯胶性能（包括胶料加工性能、硫化胶物理机械性能）之比，称作补强因子，记为R. F.

h. 部分文献将介电系数ε称为介电常数，但因聚合物的ε实际上随外加电场的频率、温度而变化，因此本手册采用“介电系数”命名。

表 1.1.4-2　各种橡胶的耐温、收缩比、热传导率、比热表

橡胶	低温特性值/℃		常用橡胶的耐热温度/℃[c]				硫化收缩比	体积膨胀系数/(L·K^{-1})	热传导率/(cal·cm^{-1}·s^{-1}·℃$^{-1}$)	比热/(cal^{-1}·g^{-1}·℃$^{-1}$)	导温系数/(cm^2·s·10^{-4})
	T_g[a]	T_b[b]	1 000 h	168 h	1 000 h	168 h					
天然橡胶（NR）	−62	−59	—	—	—	—	1.4～2.4	6.7×10^{-4}	0.34×10^{-3}	0.450	11
聚异戊二烯橡胶（IR）	—	—	—	—	—	—	—	—	—	—	—
丁苯橡胶（SBR）（5℃，结合苯乙烯 8.6%） 丁苯橡胶（SBR）（50℃，结合苯乙烯 8.6%） 丁苯橡胶（SBR）（5℃，结合苯乙烯 22.6%） 丁苯橡胶（SBR）（50℃，结合苯乙烯 22.6%）	−51	−58	—	—	—	—	1.3～1.8	6.6×10^{-4}	0.59×10^{-3}	0.452 0.463 0.452 0.463	13
丁腈橡胶（NBR） 硫黄硫化 过氧化物硫化 镉镁硫化[d]	−27 （高腈基）	−32 （高腈基）	— >107 135	— 149 149	100 — —	150[e] — —	1.4～2.0	6.0×10^{-4}	0.59×10^{-3}	0.471	12
氢化丁腈橡胶（HNBR）	—	—	—	—	—	—	1.6～2.2	—	—	—	—
聚丁二烯橡胶（BR）（5℃） 聚丁二烯橡胶（BR）（50℃）	<−70	<−70	—	—	—	—	—	7.0×10^{-4}	—	0.462 0.463	—
氯丁橡胶（CR）	−40	−37	—	—	—	—	1.3～1.8	6.1×10^{-4}	0.46×10^{-3}	—	11
丁基橡胶（IIR） （树脂硫化）	−61	−46	135	146	—	—	—	5.7×10^{-4}	0.22×10^{-3}	—	—
溴化丁基橡胶	—	—	121	149	—	—	—	—	—	—	—
氯化丁基橡胶	−56	−45	—	—	—	—	—	—	—	—	—
三元乙丙橡胶（EPDM） （过氧化物硫化）	—	—	149	>149	—	—	—	—	—	—	—
硅橡胶（MVQ）	—	—	—	—	270	320	2.2～3.0	12.0×10^{-4}	0.35×10^{-3}	—	—
氟橡胶（FKM） （胺类硫化）	—	−36 （G501 型）	177	>177	260	300	2.8～3.5	—	—	—	—
氟硅橡胶	—	—	—	—	230	250	—	—	—	—	—
氯磺化聚乙烯（CSM）	−27	−43	—	—	125	160	—	—	—	—	—
丙烯酸酯橡胶（ACM）	—	−18	149	177	175	200	—	—	—	—	—
氯醚橡胶（CO） 100 型 200 型	−25 −46	−19 −40	121	149	140	160	—	—	—	—	—

续表

橡胶	低温特性值/℃		常用橡胶的耐热温度/℃[c]				硫化收缩比	体积膨胀系数/$(L \cdot K^{-1})$	热传导率/$(cal \cdot cm^{-1} \cdot s^{-1} \cdot ℃^{-1})$	比热/$(cal^{-1} \cdot g^{-1} \cdot ℃^{-1})$	导温系数/$(cm^2 \cdot s \cdot 10^{-4})$
	T_g[a]	T_b[b]	1 000 h	168 h	1 000 h	168 h					
氯醇橡胶（ECO）	—	—	—	—	—	—	—	—	—	—	—
聚硫橡胶（PTR）	−49	—	—	—	—	—	—	—	—	—	—
聚氨酯橡胶（PUR）	−32	−36	—	—	—	—	—	—	—	—	—
硬质橡胶	—	—	—	—	—	—	—	2.0×10^{-4}	—	0.40	10
聚苯乙烯	—	—	—	—	—	—	—	2.7×10^{-4}	—	0.293	—
聚乙烯	—	—	—	—	—	—	—	—	—	0.565	—
聚四氟乙烯	—	—	—	—	—	—	—	—	—	0.231	—
聚三氟氯乙烯	—	—	—	—	—	—	—	—	—	0.209	—

注：a. T_g，由盖曼扭转试验测得的玻璃化温度。

b. T_b，由脆性温度计测得的脆性温度。

c. 详见梁星宇，等．《橡胶工业手册 · 第三分册 · 配方与基本工艺》，北京：化学工业出版社，1989 年 10 月（第一版，1993 年 6 月第 2 次印刷），P386 表 1 - 474。其中第四栏、第五栏数据为硫化胶拉伸强度降至 3.5 MPa 所需的温度；第六栏、第七栏数据为硫化胶拉断伸长率降至 70%所需的温度。有其他文献报道，热老化 24～36 h，拉伸强度与伸长率分别降至 6.8 MPa、100%所需要的温度，FKM−26 与硅橡胶为 320℃，FKM−23 为 250℃，NBR 为 180℃，NR 为 130℃。

d. 丁腈橡胶的镉镁硫化体系组分如下：氧化镉 2～5 份、氧化镁 5 份、硫黄 0.5～1.0 份、二乙基二硫代氨基甲酸镉 1.5～7 份（最佳用量为 2.5 份）、促进剂 MBTS（DM）0.5～2.5 份（最佳用量为 1 份），烷基二苯胺做防老剂（最佳用量为 2.5 份）。详见《橡胶工业手册．第三分册．配方与基本工艺》，梁星宇等，化学工业出版社，1989 年 10 月（第一版，1993 年 6 月第 2 次印刷），P388。

e. 原文如此，实践中丁腈橡胶硫化胶无论是过氧化物体系还是硫黄体系，均无法经 150℃×168 h 老化后伸长率保持率达到 70%，通常经 150℃×72 h 老化后伸长率保持率 50%也难以实现。

4.2.1　橡胶的耐热性[25]

橡胶的耐热性是指在无（或少）O_2、O_3条件下橡胶受热易老化的程度，也可定义为橡胶及其制品在经受长时间热老化后保持物理机械性能或使用性能的能力，耐热性差不一定表明耐热氧老化性差。耐温性表示橡胶物理机械性能对温度的敏感性，高温时橡胶的物理机械性能与室温时的差别小，即耐温性好。高温下使用的耐热橡胶制品，既要耐热性好，也要耐温性好。

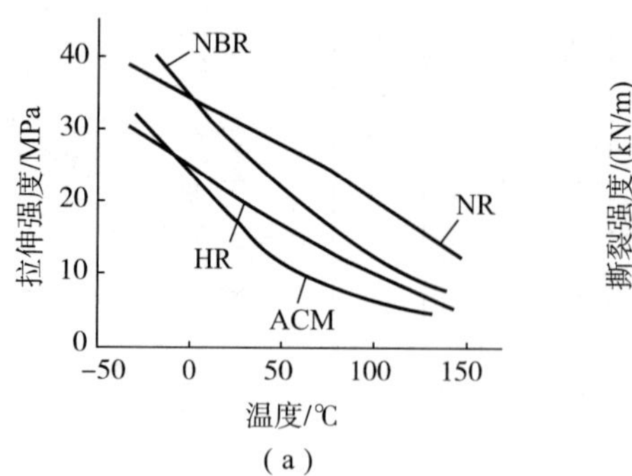

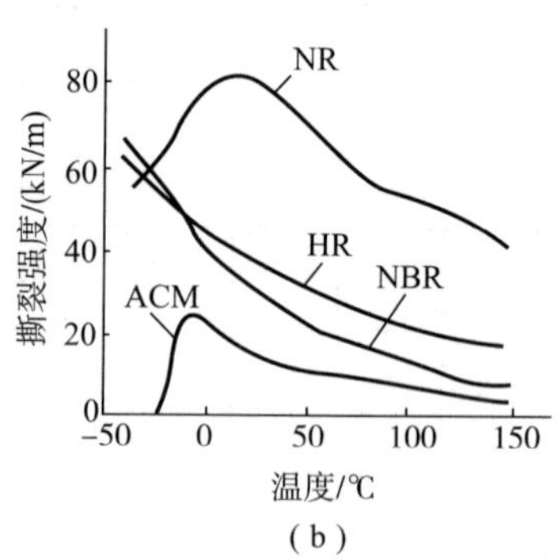

图 1.1.4-1　橡胶物理机械性能与温度的关系

硫化橡胶热老化后，NR、CO、IIR降解与软化；SBR、BR、CR、NBR、EPDM进一步交联、硬化；ACM处于软化与硬化之间。丁基硫化胶囊的配方中，常并用CR，与IIR、CR受热老化的不同硬度变化趋势有关。有氧条件下，聚合物的耐热上限温度急剧下降，NBR在无氧条件下（160℃×40 h）几乎没有变化，在200℃才逐渐变硬，一般其耐热（无氧）不低于150℃，有氧条件下耐热不足135℃。

评价聚合物耐热性的方法有：马丁耐热与维卡耐热用以评定耐热程度；热失重仪找出分解温度作为材料的使用温度的上限；或者用真空加热40～45 min时，质量减少50%的温度（T_n）——半寿命温度来评估耐热性。热重分析最高分解速度的温度称为峰温。部分聚合物的半寿命温度与峰温见表1.1.4-3。

表 1.1.4-3　部分聚合物的半寿命温度、峰温

聚合物	半寿命温度/℃	聚合物	峰温/℃
Q	560	甲基乙烯基硅橡胶	551
PTFE	506	聚四氟乙烯	603
FKM	440	氟橡胶—26（Viton A）	503
—	—	高密度聚乙烯	500
BR	407	顺丁橡胶	393（488）
EPDM	388	三元乙丙橡胶	479
PP	387	—	—
CR	380	氯丁橡胶	375（480）
CSM	380	氯磺化聚乙烯	252（393、523）
SBR	375	丁苯橡胶	471
NBR	360	NBR—18	478
IIR	360	—	—
PIB（聚异丁烯）	348	—	—
ACM	328	—	—
NR、IR	323	天然橡胶	390
PMMA	238	聚甲基丙烯酸甲酯	395
—	—	聚苯乙烯	432
—	—	聚氯乙烯	310（481）

合成橡胶热老化，伸长率的变化最敏感，常用作表征橡胶耐热性的参数，称为老化系数。因此也可以按某温度下抗张积降至某个百分数所耗的时间来表征耐热性的优劣，也可借此评估制品的使用寿命；还可按某性能达到50%保持率，建立使用温度与使用时间的关系来评价耐热性。对于受力状态下的耐热性，则常以压缩变形系数、应力松弛系数作为评价指标。实际上，一个试验温度的结果不代表其他温度下的优劣，用三个以上试验温度和较短时间（20 d左右）进行试验，求取使用温度下累积永久变形达到0.5所需要的时间（称作耐热指数）评定耐热性更具有实用性与准确性。热老化与热氧老

化在文献中常分不开，也有以同温度下的吸氧速率来评价热老化的优劣的，如 120℃时，FKM 为 48 $mm^3/(g\cdot h)$，SBR 为 5 500 $mm^3/(g\cdot h)$。

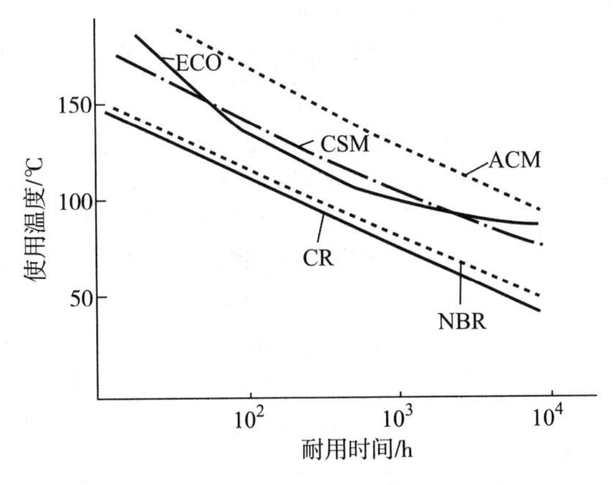

图 1.1.4-2 橡胶使用温度与耐用时间关系

（一）橡胶主体材料对硫化橡胶耐热性的影响

橡胶的耐热性与分子间作用力大小、主链的化学稳定性相关。表 1.1.4-4 为常见橡胶的耐热性分级。可见，强化主链刚性，或主链上引入 Si、B 元素取代碳原子，增大分子间作用力，提高主链饱和度以提高橡胶的化学稳定性，就可以提高橡胶的耐热等级。

表 1.1.4-4 常见橡胶的耐热性分级

级别	1	2	3	4	5	6	7
温度/℃	≤70	70～100	100～130	130～160	160～200	200～250	≥250
橡胶	全部橡胶	NR、SBR	CR、PU、NBR、IIR、ECO	XNBR、ACM、CO、CIIR	MVQ、FKM	MQ、MVPQ、FKM	FKM

（1）橡胶主链化学结构的影响

主链结构的耐热性顺序大致如下：

—B—Si—O—>—Si—C_6H_4—Si—O—>—Si—O—>

—C(=O)—O—C—O—>—C—C—>—C=C—

碳链橡胶除含氟的 FKM 外，耐热性都不高，很少能在 150～200℃温度下长期使用；主链完全不含碳原子的元素有机高聚物，如硅橡胶，Si—O 键能为 373.9 kJ/mol，比除 FKM 以外的碳链与杂链橡胶耐热性好，甚至可在 250～300℃温度下长期使用；在硅橡胶主链上引入—C_6H_4—基团，耐热可达到 300℃；引入硼原子后（—$CB_{10}H_{10}$—C—），则可在 400℃下长期工作。FKM 的 C—F 键能为 435～485 kJ/mol，以 F 取代 H，使主链的 C—C 键能从 434 kJ/mol 上升至 539 kJ/mol，耐热性极好。

CO、ECO 主链含—O—，易受氧的攻击，耐热虽比 NBR 好，但不及 ACM，而且 ECO 比不含环氧乙烷的 CO 耐热性要低 10～20℃。硫调节型 CR 主链引入了—S_x—，其耐热性不及非硫调节型。

（2）橡胶分子链化学反应稳定性的影响

由于 EPDM、IIR、ERR、CO、ACM、CSM、CM 的主链是饱和的，其化学稳定性高，因此耐热性也相应提高。HNBR 大大提高了饱和度，耐热性比 NBR 高许多。

CSM、CM、CR、CO 由于受热脱 HCl，使耐热性下降，因此 CSM 等的耐热性随 Cl 的含量增加而下降。

在软化型老化的 CO 引入不饱和侧基，可借助交联而抑制软化，对耐热有利；CR 的 1，2 结构悬挂侧基使 HCl 脱除容易，对耐热性不利。

（3）其他增强分子间作用力的影响因素

当 NBR 中的丙烯腈含量增大，耐热性提高，若引入羧基（XNBR）增大分子间作用力，其耐热性更好。

ACM 的主链饱和，又有羧基，其耐热性比 NBR 高 30～60℃，150℃下热老化数年无变化，最高可耐 180℃。

CIIR、BIIR 耐热性优于 IIR，除极性增强致分子间作用力提高之外，还增多了交联点，因此有利于耐热。CR 含极性基—Cl，又降低了双键活性，因此比 NR、SBR、BR 耐热。

（二）交联键类型对硫化橡胶耐热性的影响

耐热性体现橡胶交联网络的稳定性，除橡胶主体材料为其主导因素外，还取决于交联键类型。如，NR 按 100℃吸氧 0.5%计算，常规硫化体系为 27 h，有效硫化体系为 53 h，过氧化物硫化体系为 118 h，采用平衡硫化体系则耐热性有大的改进。

EPDM 采用高噻唑类硫化（TMTD 0.8 份/硫黄 0.7 份/BZ 1.5 份/DTDM 0.8 份/M 4 份），165℃热空气老化 7 d，抗张积指数与伸长率变化都为 25%～75%；过氧化物体系相应地为 23%～59%。

过氧化物硫化体系中，配以双马来酰亚胺（如 HVA－2）、VP－4、TAC、TAIC 等作为助交联剂，对比过氧化物硫化体系配以硫黄作为共交联剂，可提高耐热温度 15～25℃，如，采用该体系交联的 HNBR 可在 150℃下长期使用，对于 EPDM 该体系也有类似效果。这是因为 TAIC 等助 DCP 引发，使自由基活化，提高了交联效率，它的双键可使自身聚合成聚合物存在于橡胶中或者接枝到橡胶大分子上形成复合网络，提高耐热性。但在配用 TAIC 的同时再配用硫黄，硫化胶的耐热性没有显著变化。

NBR 采用镉镁硫化体系硫化（S 0.5 份/DM 1 份/MgO 5 份/CdO 5 份/二乙基二硫代氨基甲酸镉 2.5 份），所得硫化胶的交联键为单硫键，没有促进热老化的副产品，热老化时不会发生补充交联。该体系与过氧化物硫化体系相比，以伸长率保持率计，120℃×1 000 h 老化后前者为 75%，后者为 20%；150℃×72 h 老化后前者为 80%，后者为 20%，因此，在 NBR 中镉镁硫化体系优越于过氧化物硫化体系。在 NBR 中，配入甲基丙烯酸镁，也可使硫化胶的耐热性得到提高。

ACM 以多元胺交联体系耐热性为好，以皂/硫交联体系最差。CO/ECO 耐热性好，在 150℃下分别经过 600～1 000 h、300～500 h 老化仍可工作，需注意用 NA－22 硫化 CO、ECO 时勿配 ZnO 做吸酸体，因为所生成的 $ZnCl_2$ 会使醚键断裂；配入 Pb_3O_4，硫化胶耐热性较好，但不及配用 MgO/三硫化氰尿酸，也不及己二胺氨基甲酸盐/MgO/MB 的耐热性好。含卤素橡胶，如 CR、CM、CSM、FKM 等均需配用吸酸体抑制 HCl、HF 的脱除，FKM 则以 MgO 做吸酸体的耐热性好。

（三）填料与软化剂对硫化橡胶耐热性的影响

填料对橡胶的耐热性也是有影响的。

一般来说，以炭黑为填料的硫化胶，耐热性不及使用白色填料，如白炭黑、硅酸盐、ZnO、MgO、Al_2O_3 等。有文献报道，由白炭黑、喷雾炭黑、高耐磨炭黑、通用炭黑补强，用 DCP 硫化的丁腈胶料，进行 120℃的热油（20＃机油）试验，发现白炭黑的硬化速度最慢，其次是喷雾炭黑，最差的是通用炭黑。因为白炭黑胶料在热油中硬化速度慢；喷雾炭黑除硬化速度慢之外，因是粗粒子、高结构炭黑，吸油值大，因此具有良好的自润滑性，其摩擦系数低、发热小、动态温升低。对于 NBR，只要加入 10 份 FEF，其耐热性已大大降低；在 177℃浸入机油中 168 h，炭黑补强 NBR 硫化胶拉伸强度小于 7 MPa，而以 MgO（100 份）补强的则为 14 MPa。

白色填料中以白炭黑为最好，碳酸钙和陶土稍差些，石棉粉和云母粉也能增加胶料的耐热性，耐热性按以下顺序依次降低：白炭黑＞滑石粉＞煅烧陶土＞硫酸钡＞碳酸钙。金属氧化物可提高胶料的导热性，从而提高耐热性，其顺序为 CdO＞PbO＞MgO＞ZnO＞Sb_2O_3，用量一般为 10～20 phr。因为环保原因，不建议使用 CdO、PbO。适量的 MgO 可以使硫化胶具有很好的耐热空气老化和耐热油老化性能，但 MgO 吸水性较大，加工性能变差，且影响交联密度。

但是，对于 CIIR，炭黑比白色填料耐热，尤以补强性高的炭黑为好。对于 FKM，用白炭黑的硫化胶耐热、耐磨与压缩永久变形差，通常采用氟化钙，可耐 300℃。MVQ 加入活性氢氧化铁，其耐 300℃热空气老化比 Fe_2O_3 好；使用白炭黑，其比表面积越大、表面—OH 越多的，则耐热性越不好；采用六甲二硅氮烷处理后，—OH 含量降低，耐热性得到提高。

软化剂以热稳定性高的，高沸点、低挥发性、不抽出的好，如高闪点石油系软化剂；或者分子量大而软化点高的酯类、醚硫类、聚酯类、液体丁腈、液体 1，2－聚丁二烯以及可参与聚合的古马隆、酚醛树脂等。软化剂用量应尽量少。

（四）防护体系对硫化橡胶耐热性的影响

对于耐热配合来说，防护体系的作用不及主体材料和硫化体系重要，因为后者直接关联到生成的交联结构及交联键能级，比如饱和橡胶一般只在高温下使用才加入防老剂。防护体系则不然，它只能起到抑制热老化的作用，充其量不过是减轻在热氧条件下橡胶交联网的受破坏程度或减缓催化氧化进程的速度，而并不能提高耐热等级。橡胶防老剂根据化学结构可分为胺类、酚类及杂类。就抗热氧而言胺类最好，酚类最差，而杂类则视具体品种而定。

胺类防老剂是酮与芳胺的缩合物，一般都具较好的耐热性，其中尤其是 AW、RD、BLE 等品种，它们都耐热、抗臭氧、抗屈挠。其中，萘胺类量多易得，除了耐热外，抗臭氧和抗屈挠的综合效果也好，防老剂 D 是其中最有代表性的；对苯二胺类具有高效、多功能特点，对橡胶的综合防护效果突出，如 4010、4010NA、4020 等都是理想品种。杂类防老剂抗热老化效果很好，破坏橡胶老化历程中生成的氢过氧化物的能力强，与胺类防老剂并用时可取得协同效应。一般来说，MB/RD 组合对 NBR、EPDM 的耐热老化效果较好，CO 则用 MB 2 份可抑制软化，对 CO、CSM 也常用 NBC。

橡胶制品高温下使用时，防老剂会挥发损失防老效力，反应性防老剂几乎不挥发，高温下的防护效果好。

4.2.2　橡胶的耐寒性

橡胶的耐寒性，指橡胶在低温时保持其高弹性特征的能力。表 1.1.4－5 为中国海拉尔试验站在自然低温（－25～15℃）条件下获得的硫化胶物理机械性能。

表 1.1.4－5　自然低温条件下硫化橡胶的物理机械性能

橡胶	拉伸强度/MPa					伸长率/%					硬度（邵尔 A）				
	15℃	5℃	－5℃	－15℃	－25℃	15℃	5℃	－5℃	－15℃	－25℃	15℃	5℃	－5℃	－15℃	－25℃
Q	1.8	2.2	1.8	2.3	2.8	215	224	183	262	237	45	45	50	51	43
FKM	13.6	15.4	17.1	18.3	18.5	360	333	366	281	272	80	78	84	94	87
EPM	—	—	13.5	13.5	14.2	—	—	474	428	400	—	—	96	92	94

续表

橡胶	拉伸强度/MPa					伸长率/%					硬度（邵尔 A）				
	15℃	5℃	−5℃	−15℃	−25℃	15℃	5℃	−5℃	−15℃	−25℃	15℃	5℃	−5℃	−15℃	−25℃
EPDM	16.5	20.1	19.9	—	23.1	328	337	332	—	373	74	75	75	—	74
CSM	—	—	23.4	22.3	24.2	—	—	383	316	302	—	—	78	89	95
ACM	16.9	17.1	17.1	17.5	25.7	216	157	192	140	64	82	83	93	96	90
NBR	13.5	15.0	16.7	15.8	16.1	496	494	522	463	462	71	69	76	78	81
NR	12.3	12.7	13.4	14.3	14.4	456	431	430	393	392	64	65	67	68	63
BR	14.7	14.7	15.8	16.7	18.3	300	314	316	300	308	73	72	71	73	70

橡胶的 T_g 表征橡胶高弹态与玻璃态的转变温度，可作为无定形橡胶耐寒性的表征，T_g 低者耐寒性优，适于较低温度下使用。结晶性橡胶的耐寒性取决于玻璃化与结晶化过程，结晶性橡胶的使用温度下限比它的 T_g 高许多。低温（冷冻）结晶的橡胶，结晶使橡胶变硬，降低以致丧失橡胶的高弹性，其最快结晶温度 T_{max}^{m} 要比 T_g 高许多，削弱了橡胶的耐寒性。如，NR 的 T_g 为−70℃，T_{max}^{m} 为−26℃，在 T_{max}^{m} 下 120～180 min 开始失去高弹性；BR 的 T_g 为−85℃，T_{max}^{m} 为−55℃，在 T_{max}^{m} 下 10～15 min 开始失去高弹性。

实用上，一般采用脆性温度 T_b 评价橡胶的耐寒性，橡胶只有在高于 T_b 的温度下才有使用价值，通常 $T_b > T_g$。此外，盖曼扭转试验、冲击脆性温度试验、低温屈挠试验、低温压缩试验（压缩耐寒系数试验）、温度回缩试验（TR）等结果也用于评价橡胶耐寒性的优劣。表 1.1.4-6 列出了部分橡胶的 T_b、T_g、T_{max}^{m} 及结晶温度范围 T_m，也列出了橡胶密封件使用时的最低工作温度 T_w。

表 1.1.4-6 部分橡胶的低温特性

橡胶	T_b/℃	填料（份），T_g/℃	T_{max}^{m}/℃	T_m/℃	T_w/℃
BR	−85	SAF（50）<−70	−55	−20～−80	—
NR	−72	SAF（50）<−59	−26	5～−40	−60
SBR	−60	SAF（50）<−58	—	—	−50
IIR	−79	SAF（50）<−46	−40	−20～−50	−30
CR（WRT 型）[a]	−50	SAF（50）<−37	—	—	−40
EPDM	−58	—	—	—	−40
NBR−40	−22	SAF（50）<−20	—	—	−15
NBR−26	−27	SAF（50）<−32	—	—	−45
CIIR	−58	FEF（30）<−45	—	—	—
CO	−25	FEF（30）<−19	—	—	—
ECO	−46	FEF（30）<−40	—	—	—
CSM	−28	FEF（40）<−43	—	—	−20
ACM	—	FEF（45）<−18	—	—	—
FKM	−22	FT（30）<−36	—	—	−15
Viton B[b]	−40	—	—	—	—
PU	−32	FT（25）<−36	−5～−10	50～−40	—
Q	−120	—	−80	−30～−110	−90
氟硅橡胶		—	—	—	−60

注：a. 杜邦高抗结晶型 CR。

b. Viton B 是指美国杜邦公司的 B 系列氟弹性体。杜邦公司于 1957 年全球首先研发成功氟弹性体，命名为 Viton，故 Viton 也是氟橡胶的一种代称。Viton 弹性体有 A、B、F 三大系列，不同之处在于耐腐蚀性及低温性能，其中 Viton B 由三种单体聚合而成，一般氟含量在 68%～69%，也称为三元胶。氟橡胶氟含量越高耐腐蚀性能越好，但同时低温性能降低。

耐寒橡胶配方设计关键在于选橡胶，增大大分子链柔顺性，减少分子间作用力及空间位阻，削弱大分子链规整性等因素，皆有利于提高橡胶的耐寒性。以—Si—O—为主链的硅橡胶，含 C═C 的 BR、NR、SBR、IIR，主链含—C—O—的 CO、ECO，其耐寒性好。EPM、EPDM 无极性取代基，其主链虽无双键，但耐寒性比主链含双键又含极性取代基的 CR、NBR 好得多。NBR 随丙烯腈含量增大，耐寒性下降；CO 耐寒性不及 ECO，也是因为其$-CH_2Cl$ 多；ACM、CSM，尤其是 FKM，主链饱和，又含极性侧基，其耐寒性差。但 MPVQ 引入少量苯侧基，耐寒性却比 MQ 还好，原因是引入少量的苯基破坏了 MQ 的规整性，抑制了结晶。许多合成橡胶往往通过调节共聚单体类别、比例，制取不同耐寒等级的品种，如，EPM 以乙烯含量为 50%～60%的耐寒性最佳。橡胶并用也是橡胶配方设计中调整耐寒性的常用方法，如 SBR 并用 BR，NBR 并用 NR、CO、ECO，其耐寒性均会改进。

加入软化剂使 T_g、T_b 降低是改进橡胶耐寒性的常用方法。橡胶制品的耐寒性，与所选用的软化剂关系很大，而且直接与软化剂的化学结构、用量有关。使用与橡胶的相容性稍差一些的软化剂，对改进橡胶的耐寒性有利，如 NBR 中，脂肪族二元酸酯（DBS、DOS、DOA、DBA 等）的改进效果比邻苯二甲酸酯（DOP、DBP 等）的大；酯类降低 EPDM 的 T_g 的效果是石油系软化剂（如环烷油）的 6 倍以上，也可以改进 EPDM 硫化胶的低温复原性。但要注意的是，以上规律在 CR 中存在例外，采用酯类作为软化剂的 CR 硫化胶的耐寒性不如采用芳烃油的，这是因为酯类能够加快 CR 的结晶过程，而石油系、煤焦油系软化剂则迟缓 CR 的结晶过程。此外，如在软化剂分子中存在环状结构，则在橡胶中阻碍了橡胶大分子运动，可使橡胶的耐寒性显著降低，邻苯二甲酸环己酯（DCHP）、磷酸三甲苯酯（TCP）、邻苯二酸丁苄酯（BBP）等增塑剂即属此类。

填充剂的加入，因填料表面能够吸附大分子链形成界面层，阻碍橡胶大分子链构型的变化，使硬度提高，降低了橡胶的低温性能。选用粒子大、结构性低、表面活性低的填料，对橡胶低温性能的影响小。

硫化体系对 T_g 也有影响。NR 与 SBR，采用 DCP 硫化所得硫化胶有最佳耐寒性；用秋兰姆硫化，耐寒性有所降低；以硫黄/次磺酰胺类促进剂硫化的耐寒性最差。增加硫黄用量，多硫键及环化反应使 T_g 升高，交联密度的增大总是使耐寒性下降。硫化对结晶速度的影响也很大，NR 在结晶温度下，未硫化胶弹性模量增加近千倍，硫化胶的弹性模量仅增加 19～29 倍，炭黑填充硫化胶则只增加 3～4 倍。此外，结晶性橡胶可借助交联、控制交联密度抑制结晶，如硫化使 W 型 CR（低抗结晶型）抗结晶能力增加 4 倍；使 WRT 型 CR（高抗结晶型）增加 9 倍。一般来说，以多、双硫键交联者结晶倾向小。

FKM 的 T_g 还随制品厚度而变化，以 FKM－26 为例，厚度为 1.87 mm，其 T_b 为－45℃；厚度为 0.63 mm，其 T_b 为－53℃；厚度为 0.25 mm，其 T_b 为－69℃。

4.2.3　橡胶的热学性质

（一）橡胶的热膨胀性

固体的体积随温度升高而增大的现象叫作热膨胀。温度为 t 时物体的长度 L_t 为：

$$L_t = L_0 + \Delta L = L_0(1+\alpha_0 t)$$

即固体的长度随温度成线性增大，α_0 为固体的线膨胀系数。但实际上，上面的线性关系并不严格成立，线膨胀系数稍有变化，即 α_0 随温度的升高而增大。对于大多数固体来说，在温度不太高的范围内，可以近似地把 α_0 看成一个常数。固体的线膨胀系数很小，其数量级仅为 10^{-5}～10^{-6}/℃。

固体的体积随温度升高而增大的公式可以写为：

$$V_t = V_0(1+\beta t) \approx V_0(1+3\alpha_0 t)$$

β 为固体的体膨胀系数，近似地等于线膨胀系数 α_0 的 3 倍。

橡胶因为大分子链内旋转比较容易，具有类似液体的性质，对温度很敏感，体积变化比较显著，因此橡胶的热膨胀远比其他材料大。几种物质的体膨胀系数见表 1.1.4－7。从表中可以看出，橡胶的体膨胀系数要比金属大 10 倍以上，也比固体橡胶配合剂的体膨胀系数大。橡胶中硅橡胶的热膨胀系数最大，几乎是天然橡胶的 2 倍；天然橡胶中配入炭黑时，β 值可以从 67×10^{-5}/℃降低到 $(45\sim55)\times10^{-5}$/℃。

表 1.1.4－7　几种物质的体膨胀系数

物质	体膨胀系数 $\beta/(\times10^{-5}\cdot℃^{-1})$	物质	体膨胀系数 $\beta/(\times10^{-5}\cdot℃^{-1})$
硅橡胶	120	玻璃	2.6
天然橡胶	67	陶器	1.0
炭黑填充天然橡胶	45～55	水	85.0
硬质橡胶（无填充剂）	20	冰	11.2
聚苯乙烯	27	炭黑	1.6
铜锌合金	5.7	硫黄	2.1
铅	5.5	碳酸钙	1.5
钢铁	3.3	氧化锌	1.4

由于交联，橡胶的分子运动受到限制，从而对热的敏感性降低，热膨胀系数降低，如表 1.1.4－8 所示。从表中可以看出，交联密度很高时，β 值仅相当于生胶的 1/3，即橡胶的液体性质已经消失了一大半。

表 1.1.4-8 硫化对体膨胀系数的影响

硫黄用量/%	临界温度[a]/℃	体膨胀系数 β/($\times10^{-5}\cdot$℃$^{-1}$)			
		20℃	40℃	60℃	80℃
5	—	61.0	61.2	61.7	61.8
6	−49	—	—	—	—
8	−38	—	—	—	—
10	−26	60.2	60.2	61.8	61.2
14.6	5	56.4	59.7	60.3	60.2
16	13	52.5	58.0	58.0	58.0
18	26	26.0	52.0	54.5	55.0

注：a. 为β值增加最激烈的特性温度。

此外，橡胶的热膨胀系数还与温度有关。橡胶在低温下长时间放置或者由于伸长变形而部分结晶时，其液体性质消失，呈现出一定程度的固体性质，这时热膨胀性质就有了变化。在一般情况下，结晶橡胶的β值要比无定形橡胶的低 15%左右。

（二）橡胶的热传导

1. 导热系数

任何物质，包括绝热物质在内，在不同程度上均能导热。对于金属，其热传导与电导相似，系由电子的自由流动所引起。而橡胶没有自由电子的流动，因此导热性很差，故常被看成绝热材料。

导热系数表示物质传导热量的能力，其数值与物质的组成及结构有关，一般情况下，混合物的导热为所含各个组分导热的加和。含有填料的橡胶，其导热系数会因所加填料的种类和用量而异。各种物质的导热系数见表 1.1.4-9。

表 1.1.4-9 几种物质的导热系数

物质	导热系数 K	物质	导热系数 K
铜	0.92	水	0.001 4
铁	0.15	橡胶	0.000 3
玻璃	0.002 4	空气	0.000 05
木材	0.000 5		

从表 1.1.4-9 可以看出，在各种物质中，除空气之外，橡胶的热传导性比很多物质都差，因此橡胶是热的不良导体。自然，加热橡胶时，橡胶的温度升高也很困难。

在各种橡胶中，天然橡胶的导热系数 K 值较小，如果除去不纯物，精制的天然橡胶的 K 值为 0.000 32（45～100℃），而反式的古塔波胶的导热系数 K 增大到 0.000 48，这可能是其结晶结构之故。SBR、NBR 以及 CR 的导热系数比 NR 大，除了顺、反异构之外，苯乙烯、丙烯腈以及卤素原子对导热系数也有影响。丁基橡胶的导热系数在橡胶中是最低的，仅为 0.000 22，这也是丁基橡胶硫化困难、耐高温老化的原因之一。

橡胶的导热系数与温度的关系较小。温度升高虽能导致分子的热运动加剧，但导热系数增加有限。导热系数只是在二级转变点处出现急剧变化，这是在低温下，橡胶分子的微布朗运动被冻结之故。

为提高橡胶的绝热性能，可以把橡胶做成多孔的海绵橡胶，并且在满足强度要求的条件下，孔壁越薄越好。

炭黑的用量对胶料的热扩散系数有重要的影响，有文献报道，在炭黑质量分数为 25%～40%范围内，胶料中炭黑用量增加 1%，胶料的导热系数增加 5×10^{-9} m^2/s，即约 5%。

2. 导温系数

物质的导温系数为物质对热的惯性。物质的导温系数为导热系数除以比重和比热的乘积所得之商。物质的导温系数高，说明该物质受热和冷却速率都快。橡胶的比热比一般物质大，详见表 1.1.4-10。

表 1.1.4-10 几种物质的比热（室温）

物质	比热/($\mathrm{cal\cdot g^{-1}\cdot}$℃$^{-1}$)	物质	比热/($\mathrm{cal\cdot g^{-1}\cdot}$℃$^{-1}$)
铜锌合金	0.091 7	陶器	0.26
钢铁	0.107	水（20℃）	1.000
石棉	0.195	空气（定压比热）	0.241 7
天然橡胶	0.450	大理石	0.21
硬质橡胶	0.40		

由表 1.1.4－10 可见，橡胶的比热较大，因此要使橡胶的温度升高所需要的热量也比其他大多数物质多。这是因为相当于 1 g 橡胶的体积比其他物质大（比重小）；橡胶的分子量也很大，其振动比其他物质更困难。各种橡胶相比，其比热相差不大，变化范围在 0.45～0.47 之间。合成橡胶的聚合温度对比热的影响不大，但其组成对比热的影响比较大，如，聚苯乙烯中的苯乙烯含量增加时，比热减小。聚乙烯的比热比天然橡胶大，但聚乙烯卤化后，则比热减小一半。

比热与比重相似，随橡胶所处状态而异，如果从固态转变为液态，则比热增加。烟片胶比热随温度的变化见表 1.1.4－11。温度低时，橡胶被冻结而“固体”化，分子间距离变小，此时加热，要比高温时更容易引起运动，所以比热小。

表 1.1.4－11　烟片胶的比热与温度的关系

温度/℃	比热/(cal·g^{-1}·$℃^{-1}$)	温度/℃	比热/(cal·g^{-1}·$℃^{-1}$)
−161.5	0.168	0.0	0.513
−70.0	0.295	+10.4	0.535
−36.0	0.420	+19.5	0.538
−20.3	0.480	+28.0	0.528
−12.5	0.458	+41.4	0.632

比热随温度的变化规律与比重随温度的变化规律相似，是非连续性的，而且在结晶性橡胶的熔点附近，比热变化更为剧烈，如图 1.1.4－3 所示。

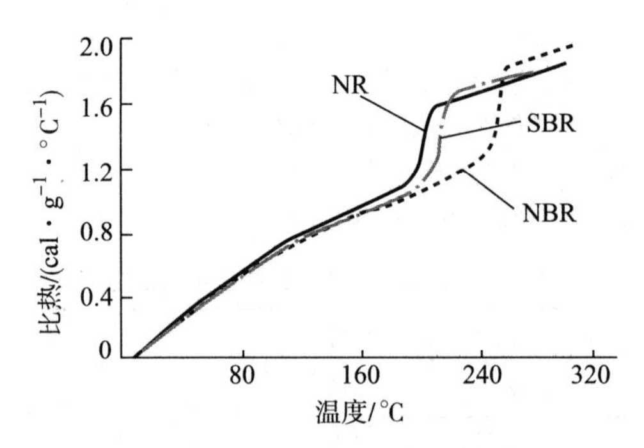

图 1.1.4－3　温度对橡胶比热的影响

如果橡胶的结晶是由伸长引起的，则比热自然也会随伸长的变化而变化。烟片胶的比热随伸长率的变化情况见表 1.1.4－12。当伸长率达 100%时，其比热最低，然后再上升，这可能是因为在结晶化的中途，橡胶伸长放热，后来则因放热而使比热增加。

表 1.1.4－12　烟片胶的比热与温度的关系

伸长率/%	比热/(cal·g^{-1}·$℃^{-1}$)	伸长率/%	比热/(cal·g^{-1}·$℃^{-1}$)
0	0.385	150	0.285
50	0.290	200	0.385
100	0.245		

4.3　橡胶的耐介质性能

与橡胶制品接触且会产生：①被橡胶吸入；②抽出橡胶中的可溶成分；③与橡胶发生化学反应的液体、气体介质，按其性质可以分为各种油、水（含水蒸气）、其他化学药品。当吸入量①大于抽出量②，导致橡胶体积增大，这种现象称为“溶胀”。吸入介质使橡胶的拉伸强度、扯断伸长率、硬度等物理化学性能发生很大变化。掌握介质的腐蚀性方面的特性知识，是正确选择或设计配方以保障橡胶制品工作可靠性的基本条件之一。

根据介质与聚合物材料相互作用的特点，可以把介质分为物理活性介质和化学活性介质。物理活性介质通常引起材料性能方面的可逆性变化，这些变化是由橡胶大分子之间的相互作用力减弱，或胶料中低分子配合剂如防老剂、增塑剂等被抽出所致，不伴有化学键的破坏。当然，增塑剂的被抽出会导致橡胶强度、硬度和耐寒性方面的不可逆变化，防老剂的抽出会导致橡胶在耐老化方面的不可逆变化。橡胶在物理活性介质作用下达到平衡溶胀时，其性能变化也达到最大，此后的性能变化主要由力化学作用或氧化作用所致。化学活性介质导致不可逆性变化，伴有材料化学结构的变化，此时通常不出现平衡状态，与化学活性介质作用相关的橡胶性能变化将在介质作用的整个期间内进行。

如图 1.1.4－4 所示，橡胶在介质中的溶胀有三种类型。曲线 1 表明溶胀未能使橡胶分子链断裂，溶胀到一定程度后，溶胀停止，达到平衡状态；曲线 2 表明溶胀达到极大值后减小，然后达到平衡，这是由橡胶中的增塑剂或防老剂被抽出所致；曲线 3 表明受氧化等影响引起橡胶分子链断裂，不能达到溶胀平衡，溶胀持续下去。

把介质分为物理活性和化学活性的分类，也与聚合物的反应能力有关。例如，水对聚乙烯呈物理活性，而对酰胺却呈化学活性；硝酸对聚乙烯呈化学活性，对聚四氟乙烯则呈物理活性。

聚合物的化学结构对聚合物对介质的抗耐性起着决定性的作用。在聚合物主链上引入电负性侧基可提高聚合物大分子链间的作用力，降低聚合物在介质中的溶解度，从而限制介质对聚合物的溶胀和渗透，因此，增强侧基的电负性及提高侧基的含量都有可能提高聚合物对介质的抗耐性。结晶也可降低聚合物在介质中的溶解度，结晶区域链段紧密堆砌，溶剂分子很难穿过结晶网络，因此聚合物的结晶度越大则其耐溶胀性越好；但结晶在降低透过物质的渗透性方面的作用有限，因为聚合物中总存在非晶区，透过物质可以通过聚合物的非晶区迁移。交联也可以通过交联点的约束限制溶胀，但对聚合物与溶剂分子的亲和性无影响，在限制透过物质的渗透性方面的作用很小。

橡胶的耐介质效能，无论是耐油、水还是耐各种化学药品，通常以 Δm（质量变化率）、ΔV（体积变化率）、硬度变化、耐酸碱系数（浸泡介质一定时间后的性能保持率）、试样橡胶本体或表面及介质性状的变化来评价。对于耐介质的橡胶衬里，一般不论介质种类、试验条件，以 E 级（$\Delta m\pm2\%$，ΔV 2%～14%与－2%～14%，材料性状轻微变化）、G 级（$\Delta m\pm$0.05%～2%，ΔV 2%～6%与－0.5%～1%，材料性状几乎无变化）为可接受的标准。对于弹性体密封材料，Δm 在－3%～0%范围内时，这种材料被看作是稳定的，能够保证橡胶件在动密封接头中的工作性能；当 Δm 在＋8～＋25%范围内时，可看作是比较稳定的，但只能推荐用于静密封接头；Δm 超过 25%的材料通常被认为是不稳定的。考虑到与工作介质接触的橡胶件应能保证在动、静密封接头中在各种压差下的密封性，一般还须对橡胶的强度性能变化、松弛性能的变化等性能指标进行鉴定。永久变形达到 80%的时间和相对应力松弛等于 0.2 的时间，是橡胶制品在介质过大的压力作用下在动静接触下保证可靠密封的极限值。对于某些指标，则需要摸清它们与橡胶件工作性能之间的相关性。

在橡胶与易挥发性介质接触时，不仅要考虑接触泄漏，而且要考虑透过橡胶而发生的扩散泄漏。如，对于用于汽车油管和密封材料的橡胶，除要求耐油性外，还要求具有耐汽油透过性能。欧Ⅴ汽车排放标准每天容许（烃）蒸发排放量仅为 0.5 g，甚至要求达到零排放，对燃油的渗透率目前规定要从 250 g/(m² · d) 降至从 25 g/(m² · d)。图 1.1.4－5 为 NBR 硫化胶耐汽油透过性与耐寒性的关系。由图 1.1.4－5 可知，丙烯腈含量高的 NBR 耐汽油透过性好。

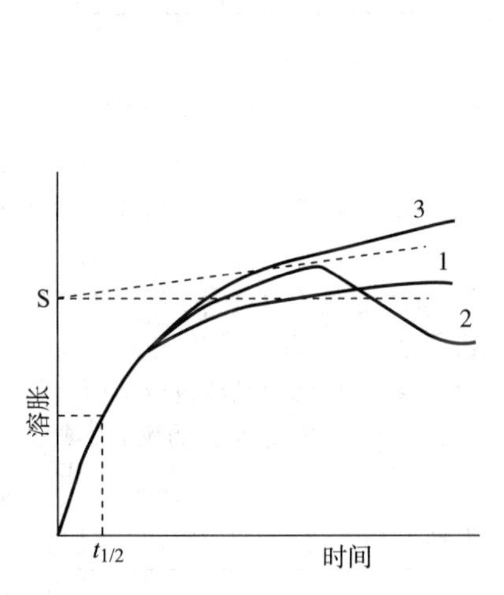

图 1.1.4－4　溶胀曲线类型

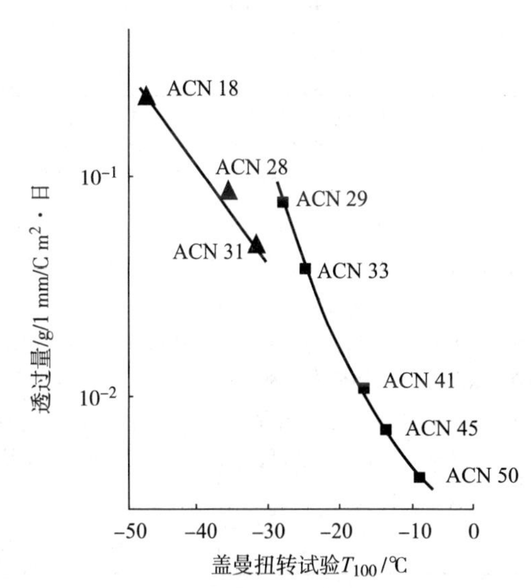

图 1.1.4－5　NBR 耐燃料油透过性与耐寒性的关系

（试样含快压出炉黑 40 份；燃料油 B，温度 40℃）

ACN18～ACN50—丙烯腈含量 18%～50%

知道了介质对材料的渗透率和制品的结构参数（与介质接触的厚度和面积），扩散泄漏则可以计算出来。

4.3.1　耐油性

耐油性是指橡胶抗油作用（溶胀、硬化、裂解、力学性能劣化）的能力。

（一）油的分类

1. 燃油、液压油、润滑油

（1）燃油

在石油的提炼中，首先分离出溶解在石油中的气体烃类，然后将石油进行分馏，70～120℃的馏分为汽油，主要为含有 7～8 个碳原子的烃类，约占石油重量的 20%；150～300℃的馏分为煤油，主要为含有 9～16 个碳原子的烃类；煤油部分中 275℃以上的馏分为柴油。现代工业还将石油分馏后的重油进行裂解，从而获得分子量较小、沸点较低、辛烷值较高的裂化汽油。

汽油的蒸气与空气的混合物在汽缸中燃烧时，一部分汽油往往具有不正常的燃烧过程，导致汽缸内压力突然增加，发生爆炸并发出很大的声响，这就是所谓的“爆震”现象。爆震程度的大小，与所用汽油的成分有关。一般来说，直链烷烃在燃烧时发生的爆震程度最大，烯烃和脂环烃次之，芳烃和带有很多支链的烷烃所发生的爆震程度最小。汽油的辛烷值是衡量汽油爆震程度的尺度。以正庚烷和异辛烷作为标准，规定正庚烷的辛烷值为 0，异辛烷的辛烷值为 100，在正庚烷和异辛烷的混合物中，异辛烷的百分率叫作这种混合物的辛烷值。由石油蒸馏所得的汽油，其辛烷值根据所用原油的性质而不同，在20～70之间。普通汽油并不是正庚烷和异辛烷的简单混合物，所以辛烷值只表示该油品的爆震程度的大小，并不表示异辛烷在其中的含量。几种常用汽油的组成及溶解度参数见表1.1.4-13。在汽油中加入少量的特殊物质（如芳烃、甲醇、乙醇、甲基叔丁基醚（MTBE）等），可以减低汽油的爆震程度，使辛烷值得以提高，但也增加了燃油对橡胶的透过率。在ASTM D 2000中，以Fuel C、Fuel D来模拟不同芳烃含量的汽油，以Fuel A来模拟标准柴油，也可以用ASTM No. 3 90/对二甲苯10来模拟标准柴油。

表1.1.4-13 汽车用燃油品种

品种	牌号	主要成分	说明
含铅汽油	—	汽油加四乙基铅溴乙烯或二氯乙烯捕捉剂	已禁用
无铅汽油	90、93、97号	高辛烷值烃（多支链烷烃或芳烃）	高辛烷值汽油
乙醇油	E_{10}	乙醇和水（体积比为93/7）	1985年巴西96%的新车使用
乙醇汽油	E_{10}^{a}、E_{15}、E_{22}	无铅汽油和变性燃料的体积比[b]	E_{10}——中、美用，E_{15}——欧洲用，E_{22}——巴西用（又称Gashol）
甲醇汽油	M_{85}（欧洲）、E_{15}	甲醇/汽油为85/15，甲醇/燃油C为15/85	特种汽车试验用
掺醚汽油	MTBE（美）	汽油和甲基叔丁基醚	20世纪90年代后期
	ETBE（法）	汽油和乙基叔丁基醚	禁用
DME燃油	DME	二甲基醚	2004年用于上海公汽
GTL[c]	GTL－1（Surasol）	天然气和水煤气	硫和芳烃含量极低，排烟量少
	GTL－2（Sarapar）	合成的烃类化合物	
	GTL－3	—	

注：a. 根据汽油牌号确定具体名称，如E_{10}乙醇汽油——93号汽油。
b. 国产变性燃油，由燃料乙醇与变性剂（车用无铅汽油）制成，燃料乙醇与变性剂的体积比为100∶2～100∶5。
c. GTL为Gastoliguiol的缩写，GTL－1和GTL－2为马来西亚壳牌公司产品，GTL－3为南非Mossgas公司产品。

燃油中的芳烃含量一般不超过30%～50%，橡胶耐燃油的效能随燃油中芳烃含量的增大而下降。ACM耐芳烃燃油不及CO、ECO，更不及FKM，但比CR、CM好。由于含芳烃的燃油能够抽提CR中的抗臭氧剂，因此人们就改用CSM、CM、CO等橡胶做燃油胶管的外层胶。

充氧油可以减少燃油燃烧后的排放物，在汽油中加入含氧的小分子物质，如甲醇或乙醇就制成了充氧燃油。为了减少汽车对大气的污染，降低对石油的依赖，各国都在使用各种掺醇（甲醇或乙醇）汽油，掺用的比例从15%～100%不等。还有一些车辆使用以任意比例混合的甲醇和汽油的混合物（Flex-Fuel），其他一些新型代用燃料也应运而生，研究和推广汽车新型代用燃料已成为21世纪的一大热点，以上均给研究新的橡胶密封、液体输送材料带来新的挑战。典型的汽车代用燃料见表1.1.4-14。

表1.1.4-14 典型的汽车代用燃料

类别	主要产品	主要化学成分	十六烷值	主要原料
气体燃料	天然气（NG）	CH_4	～10	天然气
	液化天然气（LPG）	C_2H_6～C_4H_{10}	～2	石油
	氢气	H_2	—	水、煤气
含氧燃料	甲醇	CH_3OH	～3	煤或天然气
	乙醇	C_2H_5OH	～8	农作物
	二甲醚	C_2H_6O	～55	煤
生物柴油	酯化菜籽油	菜籽油甲酯	52～53	天然油脂
	酯化大豆油	大豆油甲酯	>56	
混合燃料	含醇汽油	含10%～20%乙醇或甲醇的汽油	—	煤、石油
	乳化柴油	柴油、水乳化剂	—	石油、水
合成燃料	天然气合成柴油（GTL）	含14～16个碳原子的链烃	55～60	天然气
	生物合成柴油（BTL）	—	—	动植物油脂

（2）润滑油

市场常见的润滑油中，86%左右是石油系润滑油，合成润滑油约占5%，润滑脂占6%，固体润滑剂占3%。润滑油的要求是寿命长、黏度低（节油），高温下润滑平稳并具有较好的性能。一般来说，润滑油需在基础油中加入添加剂（5%～

25%)，能在120℃甚至偶尔在150℃下稳定工作。润滑油中的添加剂对橡胶的影响各不相同，有些影响不大，但有一些对橡胶的腐蚀性很大。

①石油系润滑油

石油系润滑油的基础油系选用适于生产润滑油的原油，经常压分馏塔分出汽油、煤油、柴油之后的常压残油，残油再经减压分馏的减二、三、四侧线馏分，经溶剂抽提精制、溶剂脱蜡、白土或加氢精制后，成为基础润滑油，供给调和各种润滑油之用。

基础润滑油是多种化学成分的混合物，其代表性成分、性质见表 1.1.4-15。

表 1.1.4-15 基础润滑油的主要化学成分

种类	含量/%	氧化性质
烷烃	5～25	无抗氧剂时不安定，对抗氧剂感受性好
环烷烃	50～80	含硫化合物约 0.3%
烷基芳烃	5～10	含硫化合物约 0.2%
环烷芳烃	5～10	含硫化合物约 0.1%
多环芳烃	～1.5	含氮、氧、硫等杂环化合物微量

石油原油一般分为：a. 含沥青较多，而少含或不含石蜡的环烷基原油（如我国新疆克拉玛依原油、大港羊三木原油、辽河锦十六块原油、高升原油、新疆黑油山原油及新九区原油）；b. 含石蜡较多而含沥青质很少的石蜡基原油（主要为大庆原油）；c. 处于两者之间的中间基（混合基）原油（如我国的华北油田原油、新疆白克原油、长庆原油、南阳原油、南充原油、玉门原油、临商原油）。

一般石蜡基原油（正构烷烃含量 40%以上）的馏分适于生产液压油、内燃机油、汽轮机油（透平油）、机械油、齿轮油、轴承油、导轨油等要求高黏度指数的润滑油，还可以生产航空喷气透平发动机油。

环烷基原油（含环烷烃 30%以上）的馏分的黏度指数在 0～50，适于生产压缩机油、冷冻机油、船用二冲程柴油机油、齿轮油、汽缸油、热载体油、电力及电工用油等。其中，黏度指数在 40 以上的适于生产航空发动机润滑油。

中间基原油宜生产一般机械油和全损式润滑油、金属加工工艺用油等。

②合成润滑油

常用的合成润滑油，按化学结构和组分，可以分为两种：a. 烃系合成油，如加氢齐聚油、聚 α 烯烃油、缩聚合成油、烷基苯油、聚异丁烯油等；b. 非烃系合成油，如酯系（二元酸酯-双酯油）、硅酸酯、磷酸酯、新戊基多元醇酯、聚乙醇系、聚苯基醚系、硅油系、氟烃系等。

③润滑脂

最早使用的润滑脂由动植物油脂和石灰组成，即钙基脂。现代润滑脂由具有良好润滑性能的石油润滑油和合成润滑油为基础油，和具有良好的亲油性的碱土金属皂类（如常用的锂皂为氢氧化锂和硬脂酸的皂化物）、地蜡、高分子有机聚合物、染料、硅胶、膨润土等片层状微粒形成的三维微细孔架结构的稠化剂，以及必要的化学添加剂所组成的安定的含油网架结构的胶体状态的半固体润滑剂，一般称为润滑脂，俗称为黄油、牛油或雪油等。

(3) 制动液和液压油

①矿物油型制动液

以石油基矿物油为基础油，与其他助剂调配而成，有黏度适当，低温流动性好，沸点高，压力传递迅速，对金属不腐蚀等优点。国产 7 号制动液的基础油为特低凝固点的燃油；9 号制动液的基础油为 25 号变压器油。耐此类制动液的橡胶为丁腈橡胶。

②合成制动液

以乙二醇醚、二乙二醇醚、三乙二醇醚、水溶性酯、聚醚、硅油为溶剂，加入润滑剂和添加剂组成，是当前使用最广泛的一种制动液。国内使用的标准型号有 JG3、JG4、JG5，美国联邦运输部的标准型号为 DOT3、DOT4、DOT5。国产合成制动液的组成见表 1.1.4-16。耐此类制动液的橡胶为非极性的橡胶，如 EPDM。

表 1.1.4-16 国产合成制动液的组成

制动液牌号	硼酸酯	三乙二醇醚	二乙二醇醚	润滑剂	抗氧剂	防腐剂
HZ3	30	55	10	4	0.5	0.5
HZ4	32	60	4	3	0.5	0.5

注：HZ5 由硼酸酯和有机硅酯组成。HZ3、HZ4、HZ5 分别达到 JG3、JG4、JG5 的标准，与 DOT3、DOT4、DOT5 的水平相当。

③磷酸酯液压油

磷酸酯液压油是一些飞机及工业机械使用的耐燃液压油，它的主要成分为三芳基、三烷基或烷基芳基磷酸酯。耐磷酸酯液压油的橡胶为EPDM。

部分石油基燃油、润滑油和液压油的苯胺点见表1.1.4-17。

表1.1.4-17 部分石油基燃油、润滑油和液压油的苯胺点

名称	苯胺点/℃	名称	苯胺点/℃
1#煤油	69	10#轻柴油	79
2#煤油	65	40#透平油	119
8#润滑油	87	72#透平油	101
2#航空润滑油	125	8#液力传动油	97
10#液压油	85	传动油	—
45#变压器油	93	40#液压油	106
16#机油	123	90#液压油	108
10#机油	100	14#柴油机油	110
30#机油	105	20#压缩机油	103

为使金属表面形成润滑膜，常常在润滑油、液压油中添加质量分数为5%～20%的含Cl、P、S化合物为主的极压剂，可以在苛刻使用条件下，防止油因热而烧结。但S、P、Cl会引起橡胶解聚。油中存在极压剂的情况下，高于110℃的使用条件，NBR的硬化变脆进程大大加快，很快失去使用价值；CO对润滑油中各种添加剂的抗耐性效果比NBR好，而HNBR的抗耐性效果也相当好；ACM对此类油十分稳定，可达到150℃的使用温度，对含氯润滑脂可在176℃下使用。但ACM不适于磷酸酯类液压油、非石油基制动油的接触场合，对于芳基、烷基磷酸酯类液压油使用四丙氟胶（TP—2）效果较好。

2. 标准试验液体

《硫化橡胶或热塑性橡胶 耐液体试验方法》(GB/T 1690—2010)(ISO 1817—2005，Vulcanized Rubber and Thermoplastic Elastomer-Determination of the effect of liquids，MOD）主要是对硫化橡胶或热塑性橡胶耐燃油、液压油、润滑油的特性进行试验并评价，由于石油基油品的组分受原油的产地和炼制方法影响，为了统一标准，GB/T 1690—2010附录A通过模拟市场常用的不同组分的燃油、液压油、润滑油的组分与特性，将石油衍生物、有机溶剂、化学试剂等配制成标准模拟液体、标准油、标准工作液等标准试验液体。

(1) 燃油——标准模拟液体

标准燃油主要有两个技术体系：ASTM D 2000和DIN 51604，两个标准的燃油组成和性质差别较大，对橡胶性能也带来不同的影响，试验时应特别予以注意。GB/T 1690—2010（ISO 1817—2005，MOD）实际上综合采用了ASTM D 2000与DIN 51604两个标准的标准燃油的组成和性质。

①不含氧化物的标准模拟液体

GB/T 1690—2010按照市场常用的不同组分的几种液体，将不含氧化物的标准模拟液体分为六类，详见表1.1.4-18，它们也可以作为其他液体组分的指标。

表1.1.4-18 不含氧化物的标准模拟液体

液体	组成	体积分数/%
A	2，2，4-三甲基戊烷（异辛烷）	100
B	2，2，4-三甲基戊烷（异辛烷） 甲苯	70 30
C	2，2，4-三甲基戊烷（异辛烷） 甲苯	50 50
D	2，2，4-三甲基戊烷（异辛烷） 甲苯	60 40
E	甲苯	100
F	直链烷烃（C_{12}～C_{18}） 1-甲基萘	80 20

注：液体B、C、D相当于不含氧化物燃油，液体F相当于民用动力柴油。

②含氧化物的标准模拟液体

GB/T 1690—2010 将含氧化物的标准模拟液体分为四类，详见表 1.1.4-19。

表 1.1.4-19 含氧化物的标准模拟液体

液体	组成	体积分数/%
1	2，2，4-三甲基戊烷（异辛烷） 甲苯 二异丁烯 乙醇	30 50 15 5
2	2，2，4-三甲基戊烷（异辛烷） 甲苯 二异丁烯 乙醇 甲醇 水	25.35[a] 42.25[a] 12.68[a] 4.22[a] 15.00 0.50
3	2，2，4-三甲基戊烷（异辛烷） 甲苯 乙醇 甲醇	45 45 7 3
4	2，2，4-三甲基戊烷（异辛烷） 甲苯 甲醇	42.5 42.5 15

注：a. 它们的和占液体总体积的 84.5%（体积分数）。

《橡胶性能的标准测试方法-耐溶剂》（ASTM D471—06）将参考燃油（标准模拟液体）分为 A～I、K 类共 10 种，其中 A～F 与 GB/T 1690—2010 中的 1～4 标准模拟液体对应，其参考燃油 G 的组成为：燃油 D 85%，无水变性乙醇 15%；燃油 H 的组成为：燃油 C 85%，无水变性乙醇 15%；燃油 I 的组成为：燃油 C 85%，无水甲醇 15%；燃油 K 的组成为：燃油 C 15%，无水甲醇 85%。

标准模拟液体 A（ASTM A）代表了一种不含添加剂的标准汽油；标准模拟液体 C（ASTM C）代表了一种高芳烃含量的汽油；标准模拟液体 D（ASTM D）代表了一种中高芳烃含量的汽油，主要用于欧洲；标准模拟液体 1（DIN 51604 FAM A），代表了一种有侵蚀性的试验油；标准模拟液体 2（DIN 51604 FAM B），代表了一种含甲醇的最劣质的欧洲试验油；FAM C 的组成为：FAM A（40%，体积分数）、甲醇（58%，体积分数）、去离子水（2%，体积分数）。

（2）标准油

标准油为典型的低添加剂石油，不包括高添加剂油和合成油。

标准油是鉴别《汽车用橡胶材料分类系统》（HG/T 2196—2004）、SAE J200 和 ASTM D2000 技术要求中汽车用弹性体耐油性的基准，用以代表各种石油基油品。其主要技术指标是苯胺点、闪点和黏度。苯胺点的含义是等体积的油与苯胺互溶的最低温度。在无特殊添加剂的情况下，油的苯胺点和使用温度是橡胶件产生溶胀或收缩的主要因素。对于同一橡胶而言，试验油的苯胺点越高，对橡胶的溶胀程度越小；苯胺点越低，对橡胶的溶胀程度越大。

几种标准油的主要技术指标见表 1.1.4-20。

表 1.1.4-20 标准油的主要技术指标

适用标准	ASTM D471—06					日本			GB/T 1690—2010		
标准油	ASTM No. 1	ASTM No. 5	IRM 901	IRM 902	IRM 903	JIS No. 1	JIS No. 2	JIS No. 3	1 号油	2 号油	3 号油
苯胺点/℃	124±1	115±1	124±1	93±3	70±1	124±1	93±3	69±1	124±1	93±3	70±1
黏度/($10^{-6}m^2 \cdot s^{-1}$)	18.7～21.0[a]	10.8～11.9[a]	18.1～20.3[a]	19.2～21.5[a]	31.9～34.1[b]	—	—	—	20±1[a]	20±1[a]	33±1[b]
闪点/℃（最低）	243	243	243	240	163	244[c]	245[c]	166[c]	240	240	160

注：a. 在 99℃时测量。

b. 在 37.8℃时测量。

c. JIS 数据来源于参考文献 [26]。

①ASTM No. 2 与 ASTM No. 3 国内外早已停止使用，ASTM No. 1 也已不在市场销售，分别用 IRM 901、IRM 902、IRM 903 代替；ASTM N0. 1 目前在部分场合使用，只用作参考用途。

②对于丁腈橡胶而言，ASTM No. 2、ASTM No. 3 对其体积膨胀比 IRM 902、IRM 903 稍大。

③ASTM D471 最新版本为 2012。

ASTM No. 1 与 IRM 901 是一种低溶胀油，主要由溶剂萃取、化学提炼石蜡等处理的石油和其他中性油调制的混合物，其苯胺点最高，可模拟高黏度润滑油。

IRM 902 是一种中溶胀油，主要是天然环烷油、黏土经过蒸馏、酸处理及溶剂的萃取制成，其苯胺点居中，可模拟多数液压油。

IRM 903 是一种高溶胀油，是将天然环烷油真空精制成两种润滑油的调制混合物，其苯胺点最低，可模拟煤油、轻柴油等。

(3) 模拟工作液

GB/T 1690—2010 将模拟工作液分为 101 工作液、102 工作液与 103 工作液。

①101 工作液

101 工作液是模拟合成柴油润滑油（合成的二酯类润滑油），由 99.5%（质量分数）的癸二酸二辛脂和 0.5%（质量分数）的吩噻嗪组成。

②102 工作液

102 工作液组成类似于某种高压液压油，由 95%（质量分数）的 ASTM No. 1 和 5%（质量分数）的碳氢混合添加剂组成的混合物。其中添加剂中含有 29.5%～33%（质量分数）的硫，1.5%～2%（质量分数）的磷，0.7%（质量分数）的氮及其他要求的添加剂。

③103 工作液

103 工作液是模拟航空用磷酸酯液压油（三正丁基磷酸酯）。

《橡胶性能的标准测试方法-耐溶剂》（ASTM D471－06）将模仿液体（模拟工作液）分为模仿液体 101～模仿液体 106，其模仿液体 101～模仿液体 103 与模拟工作液 101～103 对应，其中，模仿液体 104 的组成为乙二醇 50%，蒸馏水 50%（按体积），用于模仿汽车发动机冷却液；模仿液体 105 的组成为 ASTM 参考用油 TMC1006，是符合 ASTM D4485 和 ASE J300 要求的参考机油；模仿液体 106 的组成为 ARM200（航天参考材料 200），用来最终取代已不作为混合物销售的模仿液体 101（模拟工作液 101）。

（二）溶解度参数

橡胶对有机液体（包括燃油、润滑油、液压油和各种有机溶剂）的抗耐性或相容性，与它们的溶解度参数有关。溶解度参数也称溶度参数，定义为内聚能密度的平方根，即：$\delta(SP)=(\Delta E/V)^{1/2}$

式中：δ（SP）表示溶解度参数，ΔE 表示内聚能，V 表示体积。

对于非极性非结晶聚合物，可以用溶解度参数相近原则来判断聚合物能否溶于某种溶剂。当（$|\delta_p-\delta_s|)^{1/2}<1$（可近似为 $|\delta_p-\delta_s|<2$）时，聚合物可溶于溶剂，否则不溶，差值越小，其相溶性越好。前式中 δ_p 为聚合物的溶解度参数，δ_s 为溶剂的溶解度参数。对于非极性结晶高分子，这一原则也适用，但往往要加热到接近聚合物的熔点，首先使聚合物结晶结构破坏后才能观察到溶解。

如，聚苯乙烯的溶解度参数为 9.10 $(cal/cm^3)^{1/2}$，甲苯（汽油中的主要组分之一）的溶解度参数为 8.9 $(cal/cm^3)^{1/2}$，两者的溶解度参数之差为 0.2，这就意味着聚苯乙烯可溶于甲苯，这也是油箱不能用聚苯乙烯制造的主要原因。油箱实际上用聚乙烯制造，不考虑结晶因素通过计算可得聚乙烯的溶解度参数为 7.9 $(cal/cm^3)^{1/2}$，两者的溶解度参数之差为 1，而聚乙烯是结晶的，其熔点为 92℃，所以聚乙烯是制造油箱的良好材料。

对于混合液体，其溶解度参数 $\delta_{混}$ 大致可以按下式计算：

$$\delta_{混}=\varphi_1\delta_1+\varphi_2\delta_2$$

式中，φ_1 和 φ_2 是两种纯液体的体积分数，δ_1 和 δ_2 是两种纯液体的溶解度参数。

这一原则不适用于极性高分子，但经过修正，考虑相似相溶和溶剂化的原则后也可以适用。所谓溶剂化作用，即广义的酸碱相互作用或亲电子体（电子接受体）与亲核体（电子给予体）的相互作用。与高聚物和溶剂有关的常见亲电、亲核基团的强弱次序为：

亲电子基团有：

$$—SO_2OH>—COOH>—C_6H_4OH>═CHCN>═CHNO>═CHONO_2>—CH_2Cl═CHCl$$

亲核基团有：

$$—CH_2NH_2>—C_6H_4NH_2>—CON(CH_3)_2>—CONH—>—PO_4>—CH_2COCH_2—>—CH_2OCOCH_2—>—CH_2OCH_2—$$

当聚合物与溶剂的亲电、亲核强度相当时，由于产生了氢键或类氢键的相互作用，有利于聚合物分子彼此分离而溶于溶剂中。

修正后的判断方法有两种，一种是对 Hidebrand 溶度公式进行修正：

$$\Delta H=V\varphi_1\varphi_2[(W_1-W_2)^2+(\Omega_1-\Omega_2)^2]$$

式中，ΔH 为溶解热，W 是指极性部分溶解度参数，Ω 是指非极性部分的溶解度参数，有：

$$W^2=p\delta^2,\ \Omega^2=d\delta^2$$

p 是分子的极性分数，d 是非极性分数。

另一种判断方法是采用 HarSen 介绍的广义溶解度参数的概念，这个参数与高聚物溶解度的实验数据有很好的一致性。广义溶解度参数假定液体的汽化热为克服范德华力 E_d、偶极力 E_p 和氢键力 E_h 所需的能量，所以内聚能是色散力、偶极力和氢键力三种力之和，即：$E=E_d+E_p+E_h$，则溶解度参数由三个分量组成：$\delta^2=\delta_d^2+\delta_p^2+\delta_h^2$。

式中，下标 d、p、h 分别代表色散力分量、偶极力分量和氢键力分量。

表 1.1.4-21 为部分溶剂和聚合物的广义溶解度参数。

表 1.1.4-21 部分溶剂和聚合物的广义溶解度参数

溶剂的广义溶解度参数									
名称	δ_d	δ_p	δ_h	δ	名称	δ_d	δ_p	δ_h	δ
水	6.00	15.3	16.7	23.5	二硫化碳	9.97	0.0	0.0	9.97
甲醇	7.42	6.0	10.9	14.28	二甲亚砜	9.00	8.0	5.6	12.93
乙醇	7.73	4.3	9.5	12.95	γ-二丁酯	9.26	8.1	3.6	12.78
正丁醇	7.81	2.8	7.7	11.30	丙酮	7.58	5.1	3.4	9.97
乙二醇	8.25	5.4	12.7	16.30	丁酮	7.77	4.4	2.5	9.27
二氧六环	9.30	0.9	3.6	10.00	四氢呋喃	8.22	2.8	3.9	9.25
乙酸乙酯	7.44	3.6	4.5	9.10	三氯甲烷	8.65	1.5	2.8	9.21
乙腈	7.50	8.8	3.0	11.90	三氯乙烯	8.78	1.5	2.6	9.28
硝基乙烷	7.80	7.5	2.2	11.09	苯	8.95	0.5	1.0	9.15
苯胺	9.53	2.5	5.0	11.04	甲苯	8.82	0.7	1.0	8.91
二甲基甲酰胺	8.52	6.7	5.5	12.14	四氢萘	9.35	1.0	1.4	9.50
吡啶	9.25	4.3	2.9	10.61	己烷	7.24	0	0	7.24
四氯化碳	8.65	0	0	8.65	环己烷	8.18	0	0	8.18
聚合物的广义溶解度参数									
名称	δ_d	δ_p	δ_h	δ	名称	δ_d	δ_p	δ_h	δ
聚四氟乙烯	—	—	—	6.2	聚丁二烯	8.3	0	0.5	8.32
硅橡胶	—	—	—	7.3	聚乙烯	8.1	0	0	8.1
天然橡胶	8.15	0	0	8.15	聚氯乙烯	8.16	3.5	3.5	8.88[a]
聚异丁烯	7.7	0	0	7.7	聚乙酸乙烯酯	7.72	4.8	2.5	9.43
聚苯乙烯	8.95	0.5	1.6	9.11	PMMA	7.69	4.0	3.3	9.28

注：a. 计算值为 9.584。

对于未知溶解度参数的聚合物，可由聚合物重复单元中各基团的摩尔引力常数 F 直接计算得到，将重复单元中所有基团的摩尔引力常数加和，除以重复单元的摩尔体积，即可算出聚合物的溶解度参数 δ。

$$\delta = \sum F/V = \rho \sum F/M$$

式中，ρ、M 分别为聚合物的密度和链节（重复单元）分子量。

以聚甲基丙烯酸甲酯（PMMA）为例，其结构式为：

$$\left[CH_2-\underset{\underset{O=C-O-CH_3}{|}}{\overset{\overset{CH_3}{|}}{C}} \right]_n$$

每个重复单元有 1 个—CH_2—、2 个—CH_3、1 个 >C< 和 1 个 COO—，从表 1.1.4-22 中采用文献 1 的数据，查得以上基团的 F 值进行加和，得：

$$\sum F = 131.5 + 2 \times 148.3 + 32.0 + 326.6 = 786.7$$

重复单元的分子量为 100.1，聚合物的密度为 1.19 g/cm^3，所以：

$$\delta = \sum F/V = 786.7 \times (1.19/100.1) \approx 9.35$$

表 1.1.4-22 为各种基团的摩尔引力常数。

表 1.1.4－22　摩尔引力常数 F（/mol）

基团	F					基团	F				
	文献 5[36]	文献 1[26]	文献 2[27]	文献 3[27]	文献 4[27]		文献 5[36]	文献 1[26]	文献 2[27]	文献 3[27]	文献 4[27]
	$(cal/cm^3)^{1/2}$		$(J/cm^3)^{1/2}$				$(cal/cm^3)^{1/2}$		$(J/cm^3)^{1/2}$		
—CH_3	214	148.3	438.70	303.40	420.25	—Cl（平均）	260	—	—	—	—
—CH_2—	133	131.5	272.55	268.55	280.85	—Cl（伯）	270	205.1	512.50～553.50	420.25	471.50
—CH<	28	86.0	57.40	176.30	139.40	—Cl（仲）	260	208.3	—	—	—
>C<	−93	32.0	−190.65	65.60	0	—Cl（叔）	250	—	—	—	—
CH_2＝	190	126.5	389.50	260.35	—	芳香族—Cl	—	161.0	—	—	—
—CH＝	111	121.5	227.50	250.10	(223.45)	—Br	—340	—	697.0	528.90	615.0
芳香族—CH＝	—	117.1	—	—	—	—I	425	—	871.25	—	—
>C＝	19	84.5	38.95	(172.20)	(82)	Cl_2	—	342.7	—	—	—
芳香族>C＝	—	98.1	—	—	—	—F	—	41.3	—	84.05	164.0
—CH＝C<	285	—	—	—	—	—CF_2—	150	—	307.50	(235.75)	—
>C＝C<	222	—	—	—	—	—CF_3	274	—	561.70	(319.80)	—
CH≡C—	—	—	584.25	—	—	—S—	225	209.4	461.25	428.45	461.25
—C≡C—	—	—	455.10	—	—	—SH	315	—	645.75	—	—
C_6H_5—	735	—	1 506.75	1 400.15	1 519.05	—ONO（硝酸盐）	440	—	902.0	—	—
—C_6H_4—（亚苯基，邻间对）	658	—	1 348.90	1 445.25	1 379.65	—NO_2（硝基化合物）	440	—	902.0	—	—
萘基	1 146	—	2 349.30	—	—	—PO_4（有机磷酸盐）	500	—	1 025	—	—
五元环	105～115	—	215.25～235.75	43.05	—	氨基甲酸酯	—	—	—	—	1 486.25

续表

基团	F					基团	F				
	文献 5[36]	文献 1[26]	文献 2[27]	文献 3[27]	文献 4[27]		文献 5[36]	文献 1[26]	文献 2[27]	文献 3[27]	文献 4[27]
	$(cal/cm^3)^{1/2}$		$(J/cm^3)^{1/2}$				$(cal/cm^3)^{1/2}$		$(J/cm^3)^{1/2}$		
六元环	95～105	−23.4	194.75～215.25	−47.16	—	酰胺	—	—	—	—	1230.0
—H	（变量）80～100	—	164～205	—	—	—C≡N	410	354.6	840.50	727.75	984.0
酸性二聚物－H	—	−50.5	—	—	—	$—NH_2$	—	226.6	—	—	—
—O—（醚、缩醛）	70	115.0	143.50	235.75	256.25	—NH—	—	180.0	—	—	—
—O—（环氧化合物）	—	176.2	—	—	—	—N—	—	61.1	—	—	—
—CO—	275	263.0	563.75	539.15	686.75	—NCO	—	358.7	—	—	—
—COO—	310	326.6	635.50	670.35	512.50	邻位取代	—	9.7	—	—	—
—CHO	—	292.6	—	—	—	间位取代	—	6.6	—	—	—
—(CO_2)O	—	567.3	—	—	—	对位取代	—	40.3	—	—	—
—C(=O)—O—C(=O)—	—	—	—	1 162.35	768.75	共轭体系	20～30	23.3	41.00～61.50	47.16	—
—COOH	—	—	—	—	653.95	顺式	—	−7.1	—	—	—
$—CO_3—$	—	—	—	—	768.75	反式	—	−13.5	—	—	—
—OH		225.8	—	463.30	756.45						
芳香族—OH	—	171.0	—	—	—						

溶解度参数的两种单位的换算关系是：1 $(MPa)^{1/2}$ = 0.49 $(cal/cm^3)^{1/2}$。

采用以文献 5 的数据对 PMMA 的溶解度参数进行计算，有：

$$\delta=\frac{\underset{\text{密度}}{(1.188\ \mathrm{g/cm^3})}(\underset{(CH_2)}{133}-\underset{(C)}{93}+2\cdot\underset{(CH_3)}{214}+\underset{(COO)}{310})(\mathrm{cal^{1/2}\cdot cm^{3/2}/\ mol})}{\underset{\text{相对分子质量}}{(100\ \mathrm{g/mol})}}$$

可得 δ=9.24，与采用文献 1 数据计算所得基本一致。

1. 聚合物的溶解度参数

部分聚合物的溶解度参数见表 1.1.4－23。

表 1.1.4－23　部分聚合物的溶解度参数

聚合物	$\delta/(\mathrm{cal^{\frac{1}{2}}\cdot cm^{\frac{3}{2}}})$	聚合物	$\delta/(\mathrm{cal^{\frac{1}{2}}\cdot cm^{\frac{3}{2}}})$
聚甲基丙烯酸甲酯	9.3（9.0～9.5）	聚三氟氯乙烯	7.2
聚丙烯酸甲酯	9.7（9.8～10.1）	聚氯乙烯	9.5～9.7（9.5～10.0）
聚醋酸乙烯酯	9.4	聚偏氯乙烯	12.2
聚乙烯	7.9～8.1	聚氯丁二烯	8.2～9.4
聚苯乙烯	8.7～9.1	聚丙烯腈	12.7～15.4
聚异丁烯	7.7～8.0	聚甲基丙烯腈	10.7
聚异戊二烯	7.9～8.3	硝酸纤维素	8.5～11.5
聚对苯二甲酸乙二酯	10.7	聚丁二烯/丙烯腈	
聚己二酸己二胺	13.6	82/18	8.7
聚氨酯	10.0	75/25～70/30	9.25～9.9
环氧树脂	9.7～10.9	61/39	10.3
聚硫橡胶	9.0～9.4	聚乙烯丙烯橡胶	7.9
聚二甲基硅氧烷	7.3～7.6	聚丁二烯/苯乙烯	
聚苯基甲基硅氧烷	9.0	85/15～87/13	8.1～8.5
聚丁二烯	8.1～8.6	75/25～72/28	8.1～8.6
聚四氟乙烯	6.2	60/40	8.7

注：括号中为不同文献的数据。

2. 常用溶剂的溶解度参数

各种常用溶剂的沸点、摩尔体积、溶解度参数和极性分数见表 1.1.4－24。

表 1.1.4－24　常用溶剂的沸点、摩尔体积、溶解度参数和极性分数

溶剂	沸点/℃	$V/(\mathrm{cm^3.\ mol^{-1}})$	$\delta/(\mathrm{cal^{\frac{1}{2}}\cdot cm^{\frac{3}{2}}})$	极性分数 p
二异丙醇	68.5	141	7.0	—
正戊烷	36.1	116	7.05	0
异戊烷	27.9	117	7.05	0
正己烷	69.0	132	7.3	0
正庚烷	98.4	147	7.45	0
二乙醚	34.5	105	7.4	0.033
正辛烷	125.7	164	7.55	0
环己烷	80.7	109	8.2	0
甲基丙烯酸丁酯	160	106	8.2	0.096
氯乙烷	12.3	73	8.5	0.319
1，1，1—三氯乙烷	74.1	100	8.5	0.069
乙酸戊酯	149.3	148	8.5	0.079
乙酸丁酯	126.5	132	8.55	0.167
四氯化碳	76.5	97	8.6	0

续表

溶剂	沸点/℃	$V/(cm^3 . mol^{-1})$	$\delta/(cal^{\frac{1}{2}} \cdot cm^{\frac{3}{2}})$	极性分数 p
正丙苯	157.5	140	8.65	0
苯乙烯	143.8	115	8.66	0
甲基丙烯酸甲酯	102.0	106	8.7	0.149
乙酸乙烯酯	72.9	92	8.7	0.052
对二甲苯	138.4	124	8.75	0
二乙基酮	101.7	105	8.8	0.286
间二甲苯	139.1	123	8.8	0.001
乙苯	136.2	123	8.8	0.001
异丙苯	152.4	140	8.86	0.002
甲苯	110.6	107	8.9	0.001
丙烯酸甲酯	80.3	90	8.9	—
二甲苯	144.4	121	9.0	0.001
乙酸乙酯	77.1	99	9.1	0.167
1，1-二氯乙烷	57.3	8.5	9.1	0.215
甲基丙烯腈	90.3	83.5	9.1	0.746
苯	80.1	89	9.15	0
三氯甲烷	61.7	81	9.3	0.017
丁酮	79.6	89.5	9.3	0.510
四氯乙烯	121.1	101	9.4	0.010
甲酸乙酯	54.5	80	9.4	0.131
氯苯	125.9	107	9.5	0.058
苯甲酸乙酯	212.7	143	9.7	0.057
二氯甲烷	39.7	65	9.7	0.120
顺-二氯乙烷	60.3	75.5	9.7	0.165
1，2-二氯乙烷	83.5	79	9.8	0.043
乙醛	20.8	57	9.8	0.715
萘	218	123	9.9	0
环己酮	155.8	109	9.9	0.380
四氢呋喃	64～65	81	9.9	—
二硫化碳	46.2	61.5	10.0	0
二氧六环	101.3	86	10.0	0.006
溴苯	156	105	10.0	0.029
丙酮	56.1	74	10.0	0.695
硝基苯	210.8	103	10.0	0.625
四氯乙烷	93	101	10.4	0.092
丙烯腈	77.4	66.5	10.45	0.802
丙腈	97.4	71	10.7	0.753
吡啶	115.3	81	10.7	0.174
苯胺	184.1	91	10.8	0.063
二甲基乙酰胺	165	92.5	11.1	0.682
硝基乙烷	16.5	76	11.1	0.710
环己醇	161.1	104	11.4	0.075
正丁醇	117.3	91	11.4	0.096

续表

溶剂	沸点/℃	$V/(cm^3.mol^{-1})$	$\delta/(cal^{\frac{1}{2}} \cdot cm^{\frac{3}{2}})$	极性分数 p
异丁醇	107.8	91	11.7	0.111
正丙醇	97.4	76	11.9	0.152
乙腈	81.1	53	11.9	0.852
二甲基甲酰胺	153.0	77	12.1	0.772
乙酸	117.9	57	12.6	0.296
硝基甲烷	−12	54	12.6	0.780
乙醇	78.3	57.6	12.7	0.268
二甲基亚砜	189	71	13.4	0.813
甲酸	100.7	37.9	13.5	—
苯酚	181.8	87.5	14.5	0.057
甲醇	65	41	14.5	0.388
碳酸乙烯酯	248	66	14.5	0.924
二甲基砜	238	75	14.6	0.782
丙二腈	218.9	63	15.1	0.798
乙二醇	198	56	15.7	0.476
丙三醇	290.1	73	16.5	0.468
甲酰胺	111.20	40	17.8	0.88
水	100	18	23.2	0.819

橡胶也常用汽油来做溶剂，几种橡胶用汽油的组成见表 1.1.4－25。

表 1.1.4－25　几种橡胶用汽油的组成（体积份）

编号	芳香烃	环烷烃	烷烃	溶解度参数 δ
1	13.9	30.1	56.0	7.8
2	87	11	2	7.9
3	75	13	12	8.1

3. 燃油的溶解度参数

按 $\delta_{混}=\varphi_1\delta_1+\varphi_2\delta_2$ 计算的各种燃油和掺醇汽油的溶解度参数分别见表 1.1.4－26、表 1.1.4－27、表 1.1.4－28、表 1.1.4－29、表 1.1.4－30。

表 1.1.4－26　燃油的溶解度参数

燃油	$\delta/(cal^{\frac{1}{2}} \cdot cm^{\frac{3}{2}})$	燃油	$\delta/(cal^{\frac{1}{2}} \cdot cm^{\frac{3}{2}})$
Fuel A　100%的异辛烷	7.6	60%的异辛烷＋40%甲苯	8.38
Fuel B　70%的异辛烷＋30%甲苯	7.99	模拟液体 1（FAM A）	8.51
Fuel C　50%的异辛烷＋50%甲苯	8.25	模拟液体 2（FAM B）	9.48
Fuel D　60%的异辛烷＋40%甲苯	8.12	FAM C	12.28

掺乙醇汽油的溶解度参数见表 1.1.4－27。

表 1.1.4－27　掺乙醇汽油的溶解度参数

汽油（体积分数）	0	10	20	30	40	50	60	70	75	80	85	90	100
乙醇（体积分数）	100	90	80	70	60	50	40	30	25	20	15	10	0
$\delta/(cal^{\frac{1}{2}} \cdot cm^{\frac{3}{2}})$	12.7	12.23	11.76	11.29	10.82	10.35	9.88	9.41	9.18	8.94	8.71	8.47	8.0

掺甲醇汽油的溶解度参数见表 1.1.4－28。

表 1.1.4-28 掺甲醇汽油的溶解度参数

汽油（体积分数）	0	10	20	30	40	50	60	70	75	80	85	90	100
甲醇（体积分数）	100	90	80	70	60	50	40	30	25	20	15	10	0
$\delta/(\mathrm{cal}^{\frac{1}{2}} \cdot \mathrm{cm}^{\frac{3}{2}})$	14.5	13.85	13.2	12.55	11.9	11.25	10.6	9.95	9.63	9.3	8.98	8.65	8.0

掺乙醇燃油 C 的溶解度参数见表 1.1.4-29。

表 1.1.4-29 掺乙醇燃油 C 的溶解度参数

燃油 C（体积分数）	0	15	30	45	60	75	85	90	100
乙醇（体积分数）	100	85	70	55	40	25	15	10	0
$\delta/(\mathrm{cal}^{\frac{1}{2}} \cdot \mathrm{cm}^{\frac{3}{2}})$	12.7	12.04	11.37	10.70	10.03	9.37	9.01	8.70	8.25

掺甲醇燃油 C 的溶解度参数见表 1.1.4-30。

表 1.1.4-30 掺甲醇燃油 C 的溶解度参数

燃油 C（体积分数）	0	15	30	45	60	75	85	90	100
甲醇（体积分数）	100	85	70	55	40	25	15	10	0
$\delta/(\mathrm{cal}^{\frac{1}{2}} \cdot \mathrm{cm}^{\frac{3}{2}})$	14.5	13.57	12.63	11.69	10.75	9.81	9.28	8.88	8.25

（三）橡胶的耐油性

1. 橡胶的溶胀过程

高分子材料与溶剂分子的尺寸相差悬殊，两者的分子运动速度也差别很大，溶剂分子能比较快地渗透进入高分子材料，而高分子材料的扩散却非常慢。因此，高分子材料的溶解过程要经过两个阶段：先是溶剂分子渗入高分子材料内部，使高分子材料体积膨胀，称为"溶胀"；然后高分子材料均匀地分散在溶剂中，形成完全溶解的分子分散的均匀体系。

对于硫化橡胶，在与溶剂接触时也会发生溶胀，但因有交联键的束缚，不能再进一步使交联的分子扩散，只能停留在最高的溶胀阶段，称为"溶胀平衡"。硫化橡胶"溶胀平衡"时的体积大小，与橡胶和溶剂的溶解度参数有关，也与橡胶的交联程度有关。利用硫化橡胶"溶胀平衡"性质，可以测定橡胶的溶解度参数和硫化橡胶的交联密度。对于交联密度很高的硫化胶，如硫黄含量达 30%以上的硬质胶，其玻璃化温度已升至 82℃，溶剂一般不能渗入玻璃态的分子网中，因而不能溶胀或溶解。

2. 影响橡胶耐油性的因素

（1）影响橡胶耐油性的主要因素

各种燃油、润滑油、液压油对硫化橡胶的溶胀性，对于非极性橡胶来说遵循溶解度参数相近的原则；对于极性橡胶来说，还要加上极性分数相近原则。影响溶解度参数的所有因素均与橡胶耐油性有关。如，对于同一种丁腈橡胶，油的苯胺点越低，对丁腈橡胶的溶胀程度就越大；对于同一种油来说，丁腈橡胶中丙烯腈含量越高，其溶胀程度越小。详见表 1.1.4-31 与图 1.1.4-6。

表 1.1.4-31 丁腈橡胶在三种油中的体积膨胀率（ΔV/%）

油品	苯胺点/℃	NBR-18	NBR-26	NBR-40	DN401	DN302H	1042	1043	DN003
丙烯腈质量分数/%	—	18	26	40	18	28	33	41	50
1#煤油（常温×24 h）	69	27.7	3.91	1.05	—	—	—	—	—
45#变压器油（70℃×24 h）	93	9.68	0.67	-0.5	—	—	—	—	—
20#滑油（130℃×24 h）	125	1.19	-3.65	-4.52	—	—	—	—	—
JIS#1 油（120℃×70 h）	—	—	—	—	+4	-2	-4	-5	-5
JIS#3 油（120℃×70 h）	—	—	—	—	+55	+27	+16	+10	+5
燃油 B（40℃×48 h）	—	—	—	—	+71	+43	+30	+23	+15

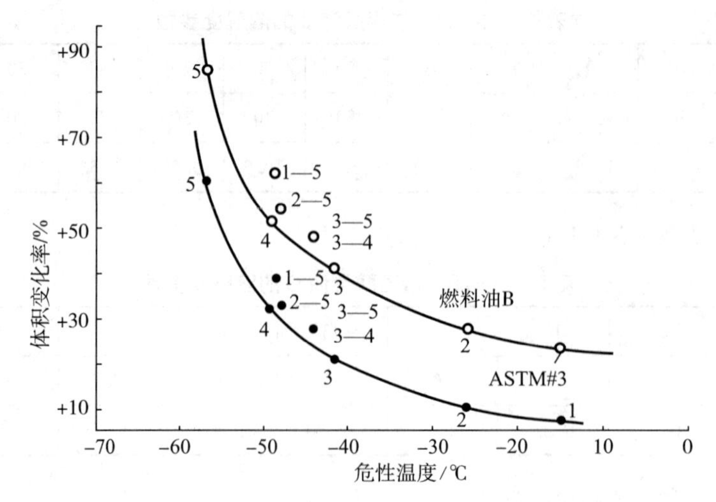

图 1.1.4-6 不同丙烯腈含量 NBR 的耐油性与脆化温度的关系

1—丙烯腈含量 48%；2—丙烯腈含量 40%；3—丙烯腈含量 32%；4—丙烯腈含量 28%；
5—丙烯腈含量 20%；1—5、2—5、3—5、3—4—丙烯腈总含量 30%的并用胶

在汽油中掺入乙醇或甲醇后，汽油的溶解度参数增大，极性分数也增大。除 FKM、ECO 外，多数橡胶在乙醇浓度为 0～25%时会发生最大的溶胀，而 FKM 的最大溶胀发生在 100%甲醇中，ECO 的最大溶胀发生在 40%的甲醇汽油中。在给定的弹性体中产生最大溶胀性的甲醇/汽油比例是其溶解度参数与该种弹性体的溶解度参数最相似的比例，仅 FKM 除外。FKM 在纯甲醇中具有最大溶胀的原因是它具有氢键结构，溶解度参数比预期的要低。

不同橡胶耐掺甲醇燃油性能比较见表 1.1.4-32。

表 1.1.4-32 不同橡胶耐掺甲醇燃油性能比较

胶种	燃油浸泡 23℃×72 h 后体积变化率/%			
	甲醇	1# (高醇比燃油)	2# (低醇比燃油)	汽油
NBR−18	2.0	+20.4	+74.2	54.6
NBR−26	5.8	+20.3	+60.8	46.0
NBR−40	8.1	+20.3	+45.9	20.4
NBR−18/PVC (共混比 70/30)	—	+0.5	+48.2	—
NBR−26/PVC (共混比 70/30)	—	+2.3	+21.9	—
NBR−40/PVC (共混比 70/30)	—	+0.2	+11.1	—
CR	3.6	+20.0	+38.9	—
CO	21.2	25.6	27.0	14.4
ECO	—	+25.6	+13.8	—
ACM	81.6	+99.0 (161.2)	+52.7 (91.3)	35.4
EPDM	0.7	+42.0	+191.8	301.3
PU	23.8	+14.0 (26.1)	+18.1 (29.2)	7.4
MVQ	3.0	+22.7 (36.5)	+92.3 (128.5)	155.3
FKM−26	123.8	+131.2	+6.4	1.1
FKM−246	33.9	+30.0	+6.8	1.3
TP−2	0.5	+8.5	+31.9 (36.8)	36.1

注：1#高醇比燃油的组成为：汽油/甲醇体积比为 10/90；2#低醇比燃油的组成为：汽油/甲醇/助溶剂体积比为 85/10/5；括号内为不同文献的数据；TP−2 为四丙氟胶。

不同橡胶对燃油 C 和 M15 的抗耐性比较见表 1.1.4-33。

表 1.1.4-33 不同橡胶对燃油 C 和 M15 的抗耐性比较

胶种	燃油 C		M15	
	体积变化率[a]/%	透过率[b]	体积变化率[a]/%	透过率[b]
NBR				
丙烯腈质量分数 0.21	—	1 715	—	—
丙烯腈质量分数 0.28	+69	1 056	+107	1 920
丙烯腈质量分数 0.33	+48	456	+86	1 452
丙烯腈质量分数 0.35	+55[c]	—	+97[c]	—
丙烯腈质量分数 0.39	+36	240	+71	1 044
丙烯腈质量分数 0.45	+32	108（或 73）	+58	792
NBR/PVC（共混比 70/30）				
丙烯腈质量分数 0.28	+48	504	+70	1 044
丙烯腈质量分数 0.33	+38	300	+61	804
丙烯腈质量分数 0.39	+34	156	+54	576
FKM				
氟质量分数 0.66	+11	2.2	+34	—
氟质量分数 0.70	+9	2.2	+12	—
CO	+40[c]	168	+51[c]	432
ECO	+42[c]	252	+79[c]	1 368
ACM	+105[c]	—	+180[c]	—

注：a. 浸泡条件为室温×70 h。
b. 单位为 $g \cdot m^{-2} \cdot d^{-1}$。
c. 浸泡条件为 40℃×70 h。

NBR 和其他橡胶对油、化学品等液体的体积变化率见表 1.1.4-34。

表 1.1.4-34 NBR 和其他橡胶对油、化学品等液体的体积变化率（ΔV/%）

油	温度/℃	NBR			氯丁橡胶	天然橡胶	丁苯橡胶	丁基橡胶	硅橡胶	氯磺化聚乙烯
		28%	33%	38%						
汽油	50	15	10	6	55	250	140	240	260	85
ASTM No.1	50	−1	−5.5	−2	5	60	12	20	4	4
ASTM No.3	50	10	3	0.5	65	200	130	120	40	65
柴油	50	20	12	5	70	250	150	250	150	120
橄榄油	50	−2	−2	−2	27	100	50	10	4	40
猪油	50	0.5	1	1.5	30	110	50	10	4	45
甲醇	50	10	10	10	25	6	7	0.5	1	1.2
乙醇	50	20	20	18	7	3	−5	2	15	5
乙二醇	50	0.5	0.5	0.5	2	0.5	0.5	−0.2	1	0.5
乙醚	50	50	30	20	95	170	135	90	270	85
丁酮	50	250	250	250	150	85	80	15	150	150
三氯甲烷	50	290	230	230	380	420	400	300	300	600
四氯化碳	50	110	75	55	330	420	400	275	300	350
苯	50	250	200	160	300	350	350	150	240	430
苯胺	50	360	380	420	125	15	30	10	7	70
苯酚	50	450	470	510	85	35	60	3	10	80
环己醇	50	50	40	25	40	55	35	7	25	20
硅油	50	−1.5	−2	−2.5	−1	−2	−2.5	−0.5	30	−0.5
蒸馏水	100	10	11	12	12	10	25	5	2	4
海水	50	2	3	3	5	2	7	0.5	0.5	0.5

对于乙醇，NR 可耐温达 65℃（实用上，配合得当可近于 100℃），CR 仅为 26℃，IIR 对 96%乙醇可达 65℃，BIIR、CSM、EPDM 亦有好的抗耐性，其中 EPDM 和 NR 可较满意地应用于耐 100%乙醇的燃油系统中。有文献指出，ACM 耐乙醇很差，在乙醇中 70℃×168 h 条件下便会分解；溴化丁基橡胶对 M85 和 M100 极耐溶胀和渗透。

有文献认为，醇类失去氢后变成 RO^-，可使两个邻近的氮原子生成—N—N—键而交联，令 NBR、HNBR 硬度增大而至失效。在汽油中掺入乙醇或甲醇后，能够增大对 NBR 的透过率，尤其是乙醇占 10%～20%时透过率最大；添加甲醇时，透过率更大。PVC 与 NBR 的共混物可耐低比例的掺醇燃油，这是因为 NBR 耐甲醇优于耐汽油，PVC 耐醇类性能好，若以 NBR 为主掺加 PVC，并使 PVC 形成连续网络，便可提高对含醇汽油的抗耐性。

DME（二甲醚）是新型燃料，来源广泛，可由煤、煤层气、天然气、生物质为原料制得。其特点为：无烟燃烧、NO_x 排放低、燃烧噪声低、热效率高、对人无害、不破坏臭氧层，适合压燃式汽车发动机，是柴油的理想替代燃料，适合中国缺油富煤、限用燃煤的国情。传统的石油基燃油系统使用的胶管和密封橡胶制品不适应 DME，需要更换。几种橡胶对比试验表明，EPDM 耐 DME 最好（不同配方有差异）。在柴油机发动机台架试验，原用的 NBR 密封圈 10 h 就破坏，而 EPDM 密封圈 100 h 仍良好。

生物燃油以植物、动物油脂为原料制得，如菜籽油甲酯，二氧化硫和硫化物的排放比柴油降低 30%，PM（颗粒物）排放降低 80%，采用过氧化物硫化的三元氟橡胶有较好的抗耐性。

汽车燃油系统是一个密封的回路。但也有部分燃油暴露于空气中循环使用，这个过程燃油易氧化生成过氧化物（过氧化燃油或酸性燃油），可使 ECO 软化、NBR 硬化。过氧化燃油或酸性燃油只需 4d 就可以溶解 CO、ECO，NBR 相比 CO 抗耐性略好；对 CR、CSM 也易破坏。对于过氧化燃油或酸性燃油，使用 FKM 变化最小，氟硅橡胶（FQ）、氟化磷腈橡胶（FPCN）也可以使用，聚稳丁腈橡胶、HNBR 也有较好的使用效果。

图 1.1.4-7 示出了 NBR 及其他特种橡胶可使用于各种油的苯胺点范围，超过这些范围，由于膨胀程度太大，硫化胶将因物理机械性能下降太多而失去使用价值。

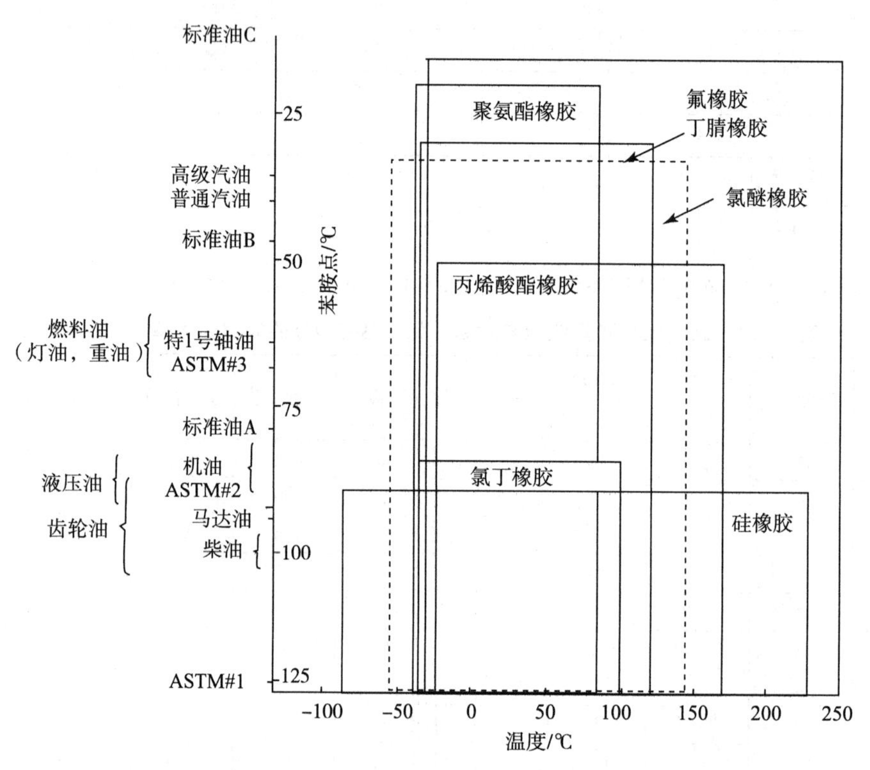

图 1.1.4-7　NBR 及特种橡胶对于温度和油的使用范围

当发动机和传动系统用润滑油为石油系油时，密封材料一般为 NBR、ACM、VMQ 和 FKM 等。部分耐油橡胶的典型性能见表 1.1.4-35。

表 1.1.4-35　部分耐油橡胶的典型性能

	HNBR	FKM	VMQ	ACM	NBR
硬度（邵尔 A）	72	70	71	70	70
拉伸强度/MPa	25.9	17.2	7.6	13.2	19.5
扯断伸长率/%	380	200	150	200	370
吉门 t_{-10}/℃	−31	−6	−51	−22	−28
体积变化/%					
ASTM No. 1	−0	−0	+4	−0	−0
ASTM No. 2	+12	+1	+10	+7	+12
ASTM No. 3	+20	+2	+53	+19	+21
机油 5W−10	+4	+1	+25	+25	=5
自动变速器油	+1	+1	—	+7	+2
液压转向油	+6	+2	—	+5	+4
长寿命冷却液	+1	+26	−2	—	+1

橡胶的耐油性常常同它的耐热性组合起来衡量，以满足使用要求，这与汽车传动箱温度升至 176℃、发动机区域甚至高达 316℃相关。相应地，燃油胶管内层胶使用温度从原 100℃的要求升至 125℃，耐热老化时间也从 720 h 升至 1 000 h。美国材料试验学会标准 ASTM D2000（《汽车用橡胶制品标准分类系统》(Standard Classification System for Rubber Products in Automotive Applications)，其内容指标与美国汽车工程师协会标准《橡胶材料分类系统》SAE J200 完全相同）将各种橡胶按耐油性和耐热性分为不同的等级，见图 1.1.4－8。图上横坐标表示浸 ASTM No. 3 油的膨胀百分率，分为 A，B，…，H，J，K 十个等级，等级越高越耐油。纵坐标表示耐热等级，也分为 A，B，…，H，J，K 十个等级，等级越高越耐热。

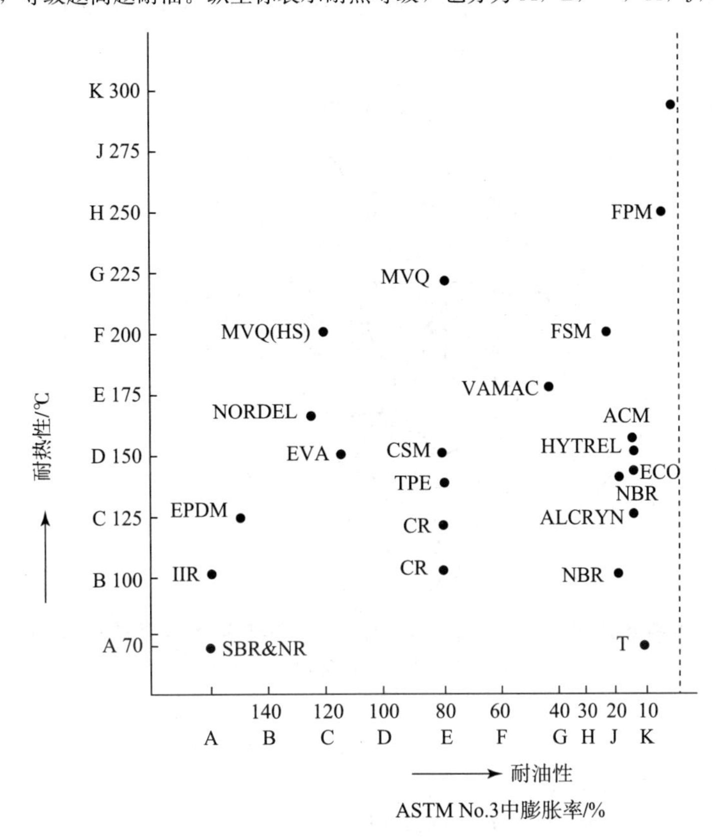

图 1.1.4－8　橡胶密封材料的耐热性和耐油性

注：

1. ASTM　No. 3 油中的试验温度为：

A	B	C	D ～J
70℃	100℃	125℃	150～275℃

2. KALREZ—全氟醚橡胶；VAMAC—乙烯-丙烯酸甲酯共聚物；ALCRYN—热塑性弹性体；NORDEL—三元乙丙橡胶；FSM—硅氟橡胶；HYTREL—聚酯型热塑性弹性体

几种弹性体的耐油性及使用温度下限见图 1.1.4－9：

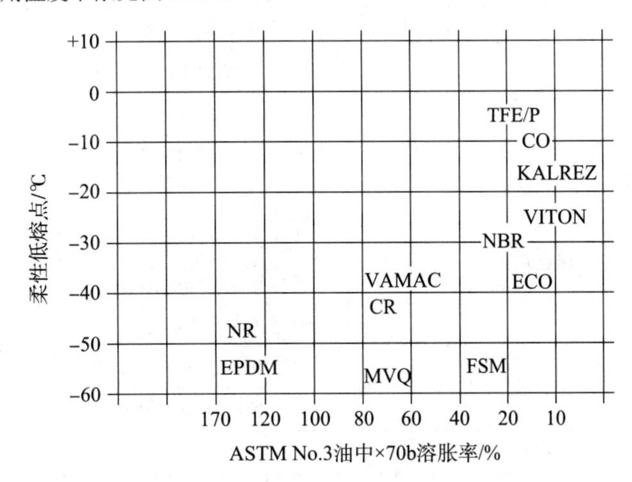

图 1.1.4－9　弹性体的耐油性及使用温度下限

表 1.1.4－36 列示了给定使用寿命为 1 000 h 的各种耐油橡胶的使用温度。

表 1.1.4-36 使用寿命为 1 000 h 的各种耐油橡胶的使用温度

胶种	使用温度	胶种	使用温度	胶种	使用温度
NA—22 硫化 CR	101℃	硫黄硫化 HNBR	126℃	三聚氰胺硫化 ACM	159℃
硫黄硫化 NBR	106℃	过氧化物硫化 HNBR	150℃		

图 1.1.4-10 所示为 ASTM No.2 中加入 22 种添加剂后，对几种耐油、耐热橡胶性能的影响。添加剂的添加情况见表 1.1.4-37。

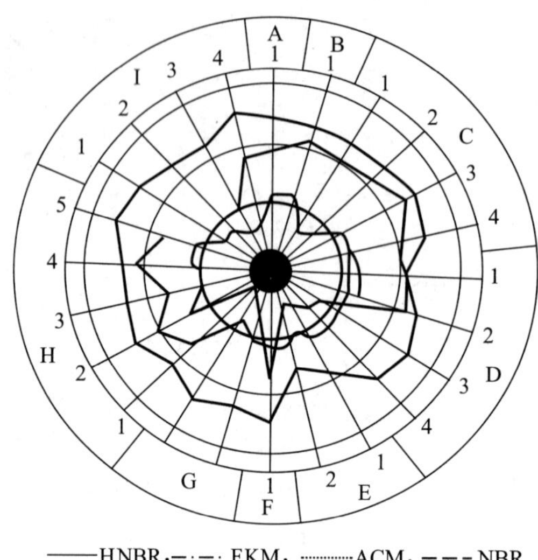

图 1.1.4-10 橡胶在含各种添加剂的 ASTM No.2 油中于 150℃ 下浸泡 168 h 后的拉伸强度的保留值

A—初始拉伸强度；B—ASTM No.2；C—分散剂；D—净化剂；E—防老剂；F—黏度指数改善剂；G—抗磨剂；H—耐极压添加剂；I—组合添加剂

图 1.1.4-10 中，拉伸强度的保留值指示在环形雷达图的各个臂上，中心的值为 0，外周处的拉伸强度最大。各个臂性能值点之间的连线所包围的聚合物面积越大，其综合性能越好。

净化剂、防老剂和抗磨剂严重破坏了 NBR。尽管 ACM 的拉伸强度较低，但它暴露在除磷酸烷基酯和环烷酸铝以外的所有添加剂中是稳定的。FKM 的物理性能也不高，但它是极耐热和耐油的；琥珀酸亚胺、磷酸烷基酯和含硫烯烃对 FKM 有不利影响；润滑油中的胺类净化剂，可与 FKM 反应使其变硬，过氧化物硫化的 FKM 在胺的作用下不易发生脱 HF 反应。HNBR 在这几种橡胶中拉伸强度最大，对所有添加剂的抗耐性也是最好的，只有二硫代磷酸锌对其有轻微影响。

表 1.1.4-37 评价对橡胶性能影响的润滑油添加剂

编号	添加剂类型	主要化学成分	浓度[a]
A—1	—	初始拉伸强度	—
B—1	—	ASTM No.2 油，无添加剂	—
C—1	分散剂	聚烯基琥珀酸亚胺	10
C—2		聚烯基琥珀酸亚胺/硼酸盐	10
C—3		聚烯基琥珀酸酯	10
C—4		聚烯基琥珀酸亚胺/琥珀酸酯	10
D—1	净化剂	磺酸钙——Basicity 24	10
D—2		磺酸钙——Basicity 300	10
D—3		磺酸钙——Basicity 400	10
D—4		磺酸钙——Basicity 205	10
E—1	防老剂	一代二烷基二硫代磷酸锌	5
E—2		二代二烷基二硫代磷酸锌	5
F—1	黏度指数改善剂	聚甲基丙烯酸烷基酯	10
G—1	抗磨剂	烯烃硫化物（齿轮油用）	10
G—2		烯烃硫化物（工业级）	10

续表

编号	添加剂类型	主要化学成分	浓度[a]
H－1	耐极压添加剂	磷酸烷基酯	10
H－2		磷酸烷基酯	2
H－3		二丁基二硫代氨基甲酸锌	1
H－4		钼化合物	0.3
H－5		环烷酸铝	10
I－1	组合添加剂	1＃组合添加剂（齿轮油用）	10
I－2		2＃组合添加剂（齿轮油用）	10
I－3		发动机油用组合添加剂	10
I－4		ATF（Dexiron Ⅱ D）油用组合添加剂	10

注：a. g·100 mL^{-1} ASTM No.2 油。

正常条件下，VMQ 比 ACM 的低温屈挠性和耐热性好，但 VMQ 在润滑油中长时间浸泡后会显著软化，相比之下，ACM、FKM 则无劣化现象，如图 1.1.4－11 所示。

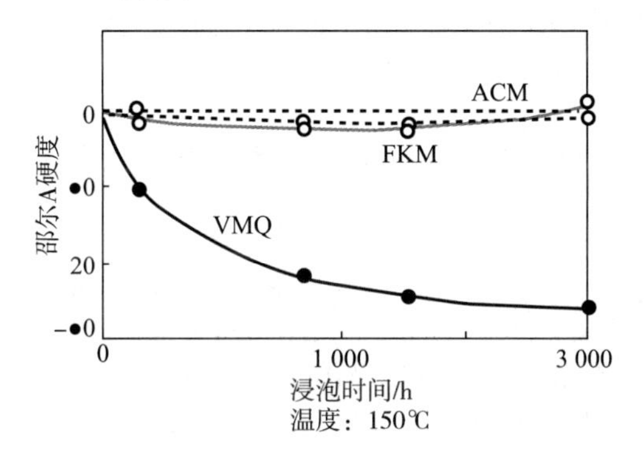

图 1.1.4－11　汽车发动机用垫片材料对 SG 级机油的抗耐性

日本瑞翁公司根据汽车制造方面的需求而开发的耐油特种橡胶见表 1.1.4－38。

表 1.1.4－38　日本瑞翁公司根据汽车制造方面的需求而开发的耐油特种橡胶

汽车的技术改进方向			新增加或用来增加的橡胶零部件	对橡胶材料特性的要求	日本瑞翁开发的产品
解决环保问题	对废气的限制	使用净汽油 采用废气净化装置	废气控制软管 二次空气引进软管	耐芳烃膨润性 耐溶剂龟裂成长性 兼备耐热性和耐气候性	丁腈 DN 系列 氯醇橡胶 GECHRON 3000 系列
	SHED 法对汽化器的限制	采取措施减少燃油的蒸发损失	燃料软管 汽化器软管	耐汽油透过性、低抽出性	丁腈 DN 系列
节能	发动机的燃油效率	采用电子控制式喷油装置 涡轮化、DOHC 化	电子喷油装置用软管 涡轮空气软管 油冷却器软管	耐酸性汽油性 耐热性	氢化丁腈 ZETPOL 系列 丙烯酸酯橡胶 AR40、AR50 系列
	小型、轻量化	减轻车辆重量 更改结构（前轮驱动方式等）	等速万向节橡皮套 防尘罩类	耐寒性 耐热性 耐弯曲疲劳性	聚醚橡胶 ZEOSPAN 系列 NBR/PVC 系热塑性弹性体 ELASTAR 系列
	减少行驶阻力	采用高性能润滑油	—	耐低黏度合成润滑油性	氢化丁腈 ZETPOL 系列
	代用燃料	采用酒精汽油掺和燃料	—	耐乙醇汽油混合物膨润性 透过性	氢化丁腈 ZETPOL 系列
提高安全性与舒适性	“无维护”规定	提高零件的可靠性 延长零件寿命	燃料软管、排气阀用隔膜	耐气候性、耐酸性汽油性	氯醇橡胶 GECHRON 3000 系列 NBR/PVC 混合物 POLY-BLEND 5000 系列
	操纵稳定性	采用自动变速方式 采用动力转向方式	变矩器软管 动力转向装置软管	对自动变速器用高温 CEXCRON 油的耐性及耐热性	丙烯酸酯橡胶 AR40、AR50 系列 丁腈 DN 系列 氢化丁腈 ZETPOL 系列
	乘车舒适度	采用车高调节装置 采用空调 采用同步皮带	调节车高用空气弹簧 空调软管 同步皮带	耐透气性、耐弯曲疲劳性 耐氟利昂气体透过性 耐渗潮性、耐热性、耐久性	丁腈 DN 系列 氢化丁腈 ZETPOL 系列

随着汽车的高性能化，对耐油橡胶的耐热性要求也越来越高。为此，橡胶材料在实际应用上正从 NBR 逐渐向 ACM 甚至 FKM 转变。但是每一种材料都有自己独特的应用领域，通过改性可以得到更好的使用。NBR 通过氢化制得 HNBR；耐热耐油耐臭氧性能良好的 ACM、AEM、FKM 也在进行着种种改性，FAM、ACM 与其他胶种的并用也已得到大量研究，以进一步实现其高性能化，如，NBR 和 PVC 的共混合金，ACM 与 FKM 的共混合金，EPDM 与 FKM 的共混合金，氟化物与硅橡胶的共混合金等。此外，热塑性弹性体 TPE（TPV）因其再生性和易加工性，在应用上也日益显示出其重要地位，通过与异种聚合物的共混，正在走上高性能化。应用于汽车耐油橡胶制品的特种橡胶共混胶主要有：

a. 氟橡胶/丙烯酸酯橡胶共混胶

FKM/ACM 并用胶，商品化的主要有两种，一种为日本 GAMEX 公司开发的 FAE－123，另一种为日本大金工业公司开发的 FAG－1530，详见本章 . 3. 12. 3。

b. 丁基丙烯酸酯橡胶与氟橡胶- 23 的共混胶

这种共混胶的并用比为 50/50，采用有机过氧化物和硫膦酸酰胺、烷基酚树脂的并用物为硫化剂。该硫化体系可以改善胶管的工艺性能，缩短混炼时间。50/50 共混胶料具有最佳的使用性能，在 200℃×200 h 的油中浸泡后，溶胀率小，伸长率下降也很少，具有较好的黏结性，适于制造耐热耐油胶管。

c. 极性乙烯共聚物与氟橡胶的共混胶

这种共混物有三种牌号：Advanta 3320，密度 1. 3，耐热性为 165℃；Advanta 3650，比重 1. 6，耐热性为 175℃和 ADR－7324。这三种共混胶具有优良的耐油性，在各种润滑油和脂、液压油、机油、传动油及动力转向油中的溶胀度很少，在水和乙醇中的溶胀性也很小，但不耐刹车液酯或酮类。详见本章 . 3. 21. 5。

d. EPDM/FKM 共混胶

EPDM/FKM 共混胶并用比为 30/70 时，其耐油性与 FKM 相当，但成本大大降低。

（2）影响橡胶耐油性的其他因素

①交联密度的影响[29]

交联密度提高无疑将降低橡胶的溶胀程度。如图 1. 1. 4 - 12 所示，随着过氧化物硫化剂 DCP 用量的增加，丁腈橡胶在油中的体积变化率趋于降低，当 DCP 用量超过 3. 5 份时，继续增加 DCP 的用量，硫化胶在油中的体积变化率减少的幅度变小。这是因为在配方及工艺条件不变的情况下增加 DCP 的用量，将会提高硫化胶的交联密度，而交联密度的增加可以减少硫化胶在油中的溶胀；当 DCP 的用量超过 3. 5 份时，硫化胶的交联密度已经很大，继续增加其用量，交联密度的增大将变得非常缓慢。

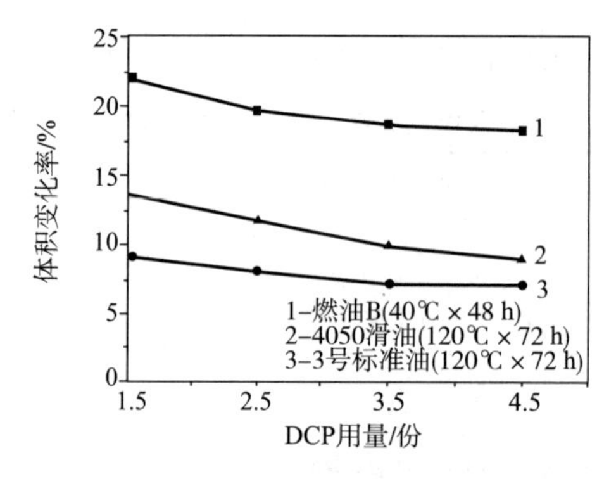

图 1. 1. 4 - 12　DCP 用量对丁腈橡胶耐油性的影响

此外，交联剂类型对橡胶耐过氧化燃油或酸性燃油有重要作用，如 CO 在酸性燃油中降解，但采用 Na－22/Pb_3O_4 及其他稳定剂后，酸性燃油中浸泡 336 h 仍有较高拉伸强度；采用烯丙基缩水甘油醚共聚的 ECO，并以三硫醇基三嗪/MgO/$CaSO_4$ 为交联体系，也可以取得较好效果。对于 NBR，采用低硫/CdO 交联体系可以耐 125℃酸性汽油的长期老化，而过氧化物、SEV、CV 硫化体系均不能达到要求；对变压器油、机油，NBR 采用镉镁硫化体系比采用过氧化物硫化的耐油性高 1～2 倍。在 177℃的矿物油中，ACM 比胺类硫化的 FKM 的寿命还长，这与胺类硫化形成的 C—N、C ═N 交联键的热稳定性及耐酸性相关。

②增塑剂

a. 增塑剂与油的相容性

掺醇汽油中，乙醇与 DOP 混溶而不分层，2402 树脂、萜烯树脂使乙醇变色，沥青溶于乙醇，以上软化剂在橡胶中易被乙醇抽出；机油与乙醇既不混溶，也不变色，可以采用。

b. 增塑剂的分子量

溶解或分散在硫化橡胶中的小分子物质，如活性剂、加工助剂、防老剂、增塑剂等，由于硫化橡胶的溶胀而使得小分子物质的活动性增加，可以扩散到溶剂中去，其扩散的速度与小分子的分子量及溶剂的性质有关。进行硫化橡胶耐各种标准油及燃油试验时，硫化橡胶的体积膨胀通常为正值，其值的大小与橡胶的极性有关，也与增塑剂的分子量及用量有关；有时体积膨胀是负值，特别是高极性橡胶浸入高苯胺点的标准油中时，这时增塑剂的用量越大，分子量越小，其负值就越大。

各种增塑剂对 NBR 性能的影响见表 1. 1. 4 - 39。

表 1.1.4-39 各种增塑剂对 NBR 性能的影响

增塑剂名称	空白	DBP	DOP	DOA	O—130P	P—300	G—25	TP—95	TP—90B	＃88
用量		21	19.8	18.5	20	23.6	21.2	20.4	19.4	21.8
增塑剂分子量		278	391	371	1 000	3 000	8 000	435	336	280
增塑剂比重		1.05	0.99	0.93	1.00	1.18	1.06	1.02	0.97	1.07
胶料门尼黏度[ML(1+4)100℃]	97	49	51	45	50	49	59	45	42	45
O.D.R 试验（150℃）										
t_5/min	5.0	6.5	6.5	6.3	5.4	6.0	5.6	5.8	5.9	5.8
t_{95}/min	15.1	19.1	17.2	17.0	14.0	15.0	18.9	14.4	15.2	13.8
V_{max}/(kgf·cm^{-1})	32.1	23.0	23.0	23.4	22.0	19.7	24.1	24.0	24.3	23.9
硫化胶物性（150℃×20 min）										
拉伸强度/(kgf·cm^{-2})	232	180	188	187	184	187	171	174	177	173
扯断伸长率/%	360	400	430	450	420	440	390	420	430	420
硬度（JISA）	69	61	60	59	57	57	62	60	59	60
100℃×70 h 热空气老化试验										
拉伸强度变化率/%	0	+16	+4	−5	−4	+1	+2	+2	+10	+8
伸长率变化率/%	−11	−13	−16	−24	−33	−18	−13	−19	−16	−19
硬度变化/度	+5	+11	+5	+7	+5	+3	+4	+5	+10	+9
重量变化/%	−0.3	−10.1	−1.6	−4.0	−0.6	−0.2	0.2	−1.5	8.3	−7.0
120℃×70 h 热空气老化试验										
拉伸强度变化率/%	−1	+17	+5	+4	−4	−5	0	+4	+15	+13
伸长率变化率/%	−28	−27	−32	−38	−47	−35	−31	−32	−32	−39
硬度变化/度	+6	+16	+12	+16	+9	+8	+7	+8	+16	+16
重量变化/%	−1.3	−12.4	−7.6	−10.7	−1.5	−1.9	−1.5	−4.2	−11.8	−12.0
压缩永久变形（150℃×30 min 硫化）										
100℃×70 h	11	10	11	12	33	13	12	12	11	13
120℃×70 h	13	18	18	19	39	22	21	21	19	29
耐油试验（体积变化率/%）										
浸 JIS1＃油（120℃×70 h）	−2	−14	−14	−14	−11	−8	−5	−14	−14	−15
浸 JIS3＃油（120℃×70 h）	+18	+5	+5	+5	+6	+12	+20	+5	+4	+5
浸燃料油 C（40℃×48 h）	+56	+40	+39	+39	+41	+46	+68	+40	+38	+40
回弹性（@23℃）/%	44	54	51	54	47	44	41	56	58	57
低温扭转试验/℃										
T_2	−15	−28	−26	−30	−22	−19	−13	−32	−37	−33
T_3	−19	−33	−30	−35	−26	−24	−22	−37	−41	−38
T_{10}	−21	−34	−32	−37	−28	−26	−23	−39	−43	−40
T_{100}	−27	−41	−39	−45	−35	−32	−30	−46	−52	−48

注：1. DOA——己二酸二辛酯，耐寒性好；O－130P——环氧大豆油，耐热、耐候性好；P－300——己二酸类聚酯，不迁移；G－25——癸二酸丙二醇酯，挥发性小，耐溶剂抽出；TP－95——己二酸二（丁氧基乙氧基乙）酯，耐热、耐寒性好；TP－90B——富马酸二（丁氧基乙氧基乙）醚，耐寒性好；＃88——二丁基亚甲基双硫化乙二醇酯，耐寒性好。

2. 配方为 NBR 100、氧化锌 5、硬脂酸 1、快压出炉黑 50、硫黄 0.3、促进剂 TT 2.5、促进剂 CZ 2，增塑剂见表。

考察表中 120℃×70 h 热空气老化试验的数据，硫化胶的硬度变化、重量变化与增塑剂的分子量有关。增塑剂分子量对 NBR 硫化胶耐油性的影响见表 1.1.4-40 与图 1.1.4-13。

表 1.1.4-40 增塑剂分子量对 NBR 硫化胶耐油性的影响

试样编号	1	2	3	4	5
分子量 390 增塑剂用量（重量份）	20	—	—	10	10
分子量 1 000 增塑剂用量（重量份）	—	20	—	10	—
分子量 3 000 液体 NBR 用量（重量份）	—	—	20	—	10
浸油试验（体积变化率/%）					
JIS1＃油（100℃×70 h）	−9	−2	+1	−6	−4
JIS3＃油（100℃×70 h）	+17	+21	+30	+19	+23
燃料油 A（室温×70 h）	+5	+6	+12	+5	+6
燃料油 B（室温×70 h）	+31	+37	+47	+34	+38
燃料油 C（室温×70 h）	+62	+63	+80	+63	+71

注：配方为 NBR（丙烯腈含量 29%）100、1 号氧化锌 5、硬脂酸 1、快压出炉黑 65、增塑剂 20、硫黄 0.5、促进剂 TT 2、促进剂 CZ 1，合计 194.5。

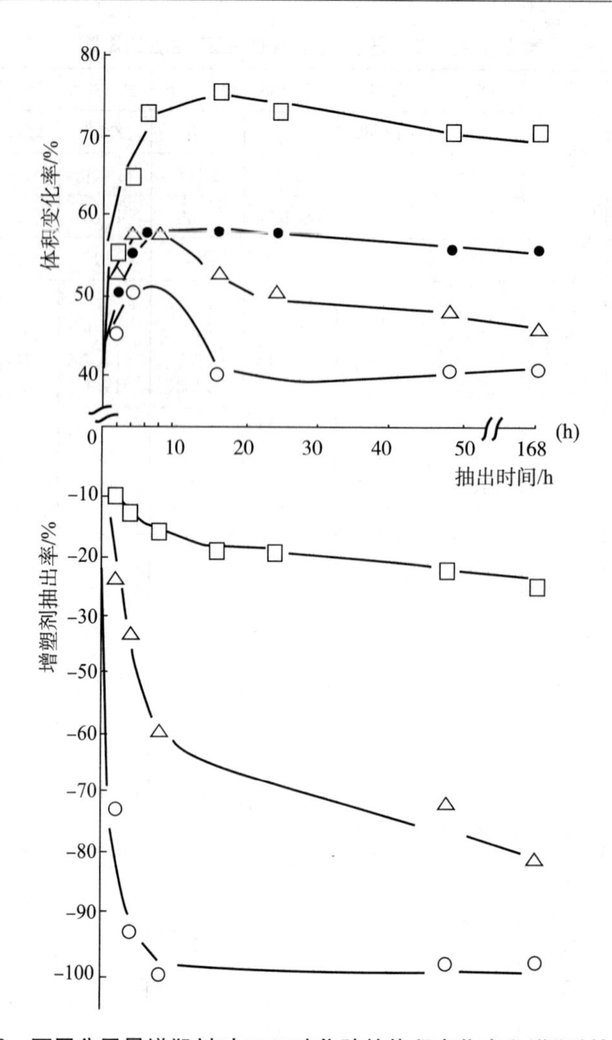

图 1.1.4-13　不同分子量增塑剂对 NBR 硫化胶的体积变化率和增塑剂抽出量的关系

●—空白试样，○—分子量 435 增塑剂，△—分子量 3 000 的增塑剂，□—分子量 8 000 的增塑剂

配方：中高丙烯腈 NBR 100、氧化锌 5、硬脂酸 1、硫黄 0.5、快压出炉黑 50、增塑剂 20、促进剂 TT 2.5、促进剂 CZ 2

由图 1.1.4-13 可知，硫化胶体积变化率随抽出时间而改变。对于硫化胶的耐油试验，要注意体积变化率随油的种类、温度而改变。表 1.1.4-39、表 1.1.4-40 与图 1.1.4-13 均说明，增塑剂的分子量越大，被油抽出的量越小，硫化橡胶的体积膨胀率也越大；增塑剂的分子量越小，被油抽出的量越大，硫化橡胶的体积膨胀率越小。

c. 增塑剂的用量[29]

有文献指出：在配方中各种配合剂质量份不变的情况下，随着增塑剂 DOS 用量的增加，丁腈橡胶耐燃油 B、3＃标准油及 4050 滑油体积变化均呈明显的下降。如图 1.1.4-14 所示，当配方中无增塑剂 DOS 时，硫化胶在燃油 B、4050 滑油及 3＃标准油中的体积变化率分别为 26%、15.6%、10.5%；当增塑剂 DOS 增加到 15 份时，其体积变化率分别降低到 17.8%、9.6%、7.5%，说明增塑剂的加入能够非常明显地提高丁腈橡胶的耐介质性能。这可能是因为增塑剂的加入只是增加了分子链之间的距离，减少了分子间的作用力，而增塑剂本身并没有参与硫化交联反应，所以当硫化胶在热油中浸泡时，增塑剂很容易被油抽出，使硫化胶的体积变小；另一方面，油液从橡胶表层开始浸入，逐渐浸透到橡胶中，使橡胶试样整体溶胀。随着增塑剂用量的增加，被油抽出的增塑剂也增加，导致硫化胶收缩的部分变大，试样在油中的总体积变化减少，耐油性能提高。

③补强剂的影响[29]

试验中保持其他配合组分不变，只改变补强剂炭黑的用量，其用量对丁腈橡胶耐油性的影响如图 1.1.4-15 所示。

从图 1.1.4-15 可以看出，随着补强剂用量的增加，丁腈橡胶在燃油 B、3＃标准油及 4050 滑油中的体积变化率均降低，说明增加炭黑等填料的用量有助于提高丁腈橡胶的耐油性。这可能是因为炭黑等填料粒子能吸附橡胶分子在其表面形成结构吸附层，这种结构吸附层能与橡胶链段结合产生有效的准交联，当硫化胶在油中浸泡时，主要是橡胶体积的膨胀，而炭黑粒子既不能被油抽出，也不会被油溶胀；随着炭黑用量的增加，硫化胶中橡胶大分子的体积分数相应减少，使硫化胶的总体溶胀程度变小，体积变化率降低，耐介质性能提高。

有文献报道，在 NBR/CR 并用胶中，采用经硅烷处理的玻璃短纤维作为填料，可以改善并用胶对机油和汽油的耐腐蚀性能，其中玻璃短纤维用量为 15vol%时效果最好。

④防老剂的影响

矿物油中溶有空气的体积分数为 10%，汽油中溶有 20%～25%，煤油中溶有 13%～17%，因此，橡胶的耐油性还必须考虑热氧老化问题。如芳烃含量较高的燃油，会抽出 CR 中的抗臭氧剂导致 CR 的早期破坏。采用油中溶解度小的防老剂，如丙烯酰胺酚类防老剂（由丙烯酰氯与邻-、间-，对-氨基苯酚反应制得）用于 NBR，体积变化率及甲苯萃取率均比 IPPD 低。防老剂 H、AH、AP 微溶或不溶于乙醇，采用在乙醇中溶解度小的防老剂、采用反应性防老剂或者使用聚稳丁腈橡胶等都可以减轻掺醇燃油对防老剂的抽出。

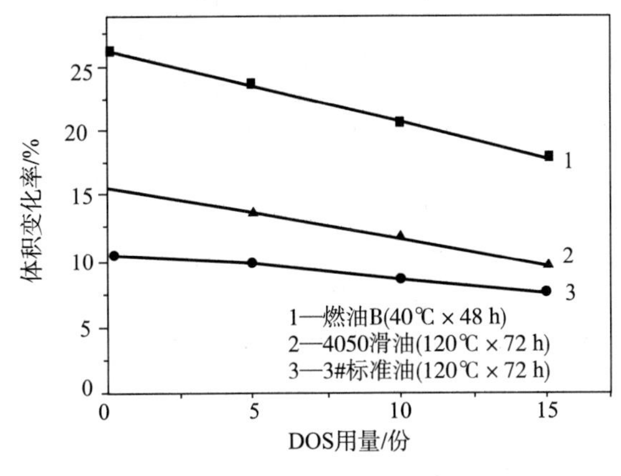

图 1.1.4-14 DOS 用量对丁腈橡胶耐油性的影响

图 1.1.4-15 补强剂用量对丁腈橡胶耐油性的影响

4.3.2 耐水性

（一）橡胶的耐水性

橡胶在水、水蒸气、过热水、地热盐水、海水的浸蚀下，会吸水、变异（软化、硬化、表面发粘），导致物理机械性能劣化以至失去使用价值。

一般来说，在（23～28℃）×8 760 h（一年）情况下，非极性橡胶吸水为 1%～6%，极性橡胶吸水为 7%～9%；杂链橡胶不及碳链橡胶的耐水性好，水温高时尤其显著。水的温度、压力对橡胶的耐水性有重大影响，表 1.1.4-41 列出不了同文献的橡胶耐水性数据。各种橡胶耐水性数据的差异，有的可能隐含着橡胶不同配合体系起的作用。

表 1.1.4-41 橡胶的耐水性

橡胶	常温水	沸水		过热水	蒸汽			热空气相对老化时间[h]/h
	ΔV^{a}/%	Δm^{b}/%	Δm^{c}/%	Δm^{d}/%	时间 h^{ae}/(变异)	变异[f]	相对老化时间[g]/h	
NR	1.52	13.2	48.8	—	24（发粘）	—	1	1
SBR	—	—	—	—	—	—	2.9	6.7
DTDM/TMTD/CZ 硫化	—	—	—	—	—	96h 已脆	—	—
BR	—	—	—	—	—	—	3.7	0.7
CR	6.85	24.6	96	—	—	—	1.2	6
NBR					8（变脆）		1.9	1.3
NBR－18		4.9	8.7					
NBR－26				13				
NBR－40		10.1						
硫黄硫化	0.89							
DCP 硫化	－0.12					95 h 已脆		
IIR	11.8	2.7	8.6	—	48（稍粘）	—	5.3	7.5
TMTD/DTDM 硫化	—	—	—	—	—	发粘	—	—
CIIR	—	13.3	—	—	—	—	—	—
BIIR	—	37.8	—	—	—	—	—	—
EPM	—	—	—	—	72（无）	—	—	—
EPDM	－1.38	—	—	5	96（无）	—	9.3	24
DCP 硫化	—	—	—	—	—	良好	—	—
硫黄硫化	—	—	—	—	—	良好	—	—
CSM	—	—	—	—	—	—	—	—
PBO/DPTT 硫化	—	—	—	—	—	变脆	—	—

续表

橡胶	常温水	沸水		过热水	蒸汽			热空气相对老化时间[h]/h
	ΔV^a/%	Δm^b/%	Δm^c/%	Δm^d/%	时间 h^{ae}/(变异)	变异[f]	相对老化时间[g]/h	
Q								
MVQ	−0.35	0	—	<2	4（发粘）	—	—	—
FQ	—	—	—	—	8（粉末）	—	—	—
DCP 硫化	—	—	—	—	—	发粘	—	—
ACM	—	305	—	—	—	—	—	—
FKM								
FKM−23	—	—	—	25（288 h）	8（发粘）	—	—	—
FKM−26	—	—	—	13	48（变硬）	—	—	—
FKM−246	—	—	—	—	48（变硬）	—	—	—
TP−2（四丙氟胶）	—	—	—	—	20（发粘）	—	—	—

注：a. 试验条件为常温下，60 d。
b. 试验条件为 100℃沸水，加热 168 h。
c. 试验条件为 100℃沸水，加热 1 000 h。
d. 试验条件为 150℃过热水×480 h。
e. 试验条件为 230℃、2.5 MPa 蒸汽。
f. 试验条件为 225℃、2.5 MPa 过热蒸汽×240 h。
g、h 的试验配方全部为“检验配方”，相对老化时间为拉伸强度保持率 30%与伸长率 100%并相对于 NR 的老化时间，其中 g 的试验条件为 150℃、压力为 0.4 MPa 的蒸汽，h 的试验条件为 150℃热空气。

地热盐水井中的盐水，为 260℃高温高压且含 H_2S 和 CO_2 酸性气体的过热水，橡胶会与地热盐水反应。各种橡胶耐地热盐水的性能见表 1.1.4－42。

表 1.1.4－42　橡胶耐地热盐水的性能

橡胶	IIR	NBR	CO	EPDM	FKM	ACM	CR	MVQ	FQ
变异	软化回生	硬脆（H_2S）	软化水解	软化溶胀	脆	破坏	水解	破坏	破坏

采用特定配合的 TP−2 与 EPDM，可以取得耐地热盐水的良好效果，其中 TP−2 在 260℃地热盐水中加热 22 h，ΔV 为 0.46%，Δm 为 2.29%。

海水平均含 3.5%的盐分，包括 Cl^-、Br^-、SO_4^{2-}、HCO_3^-、Na^+、Mg^{2+}、Ca^{2+} 等离子。海水在橡胶中渗透、扩散速度十分缓慢，60 d 还没达到平衡状态。南海海水中 2.5 a 的浸泡试验表明，EPDM、NBR 稳定，IIR 软化，NR、CR 变化适中。国内外海水淡化池的橡胶衬里都采用 CSM、IIR 橡胶，效果好又易达到相应的卫生要求。

（二）影响橡胶耐水性的因素

1. 橡胶材料的影响

锦纶吸水性强，因为锦纶聚合物链上的酰胺基团为亲水性基团，但只是锦纶未结晶部分吸水。所以锦纶在水中的溶胀性能取决于其结晶度和酰胺基团在聚合物链上的含量。

ACM 带酯基侧基，耐水性差，不耐热水和水蒸气；而丙烯酸酯与乙烯的共聚物 AEM 橡胶，100℃热水加热 2 400 h，ΔV 仅为 5%。ECO 耐水性不及 CO，原因在于主链上的 C—O—C 数量多，而耐水性侧基—CH_2Cl 数量少。AU、EU 不耐水，易水解。

NR、SBR、BR（100℃以下）、CR（125℃）和 NBR 等橡胶的耐水性适用温度范围大致与其耐热性上限温度相对应。IIR、CSM、CM、HNBR 则比上述橡胶好，如 IIR 在 120～130℃以下，硫黄硫化即可有较好的使用效果；HNBR 可耐 150℃过热水。

EPM、EPDM、TP−2 是公认的耐高温高压水蒸气、过热水优异的橡胶，在 160～180℃的水蒸气中加热 17 000 h（约 2 年）仍具有弹性与密封能力，但 CR、NBR 等加热 500～1 000 h（约 20～40 d）就失效了。实用上，EPM、EPDM 常用于 180～230℃水蒸气和过热水的场合，有文献认为，TP−2 还可以耐更高温度的水蒸气和过热水。

2. 硫化体系的影响

硫化体系对橡胶的耐水性影响重大，尤其介质为水蒸气、过热水时。硫化体系的影响，包括交联键类型与交联密度。增大交联密度，显而易见可以降低橡胶在水、蒸汽介质中的体积变化率，提高硫化胶的耐水性。

CR 采用 ZnO/Pb_3O_4 或 PbO 硫化，CSM 采用环氧树脂硫化，所得硫化胶的耐水性较好。

硫黄硫化的 EPDM，在 125℃过热水中浸泡 15 个月的 ΔV 为 13.8%；采用 DTDM/TMTD 硫化为 0.3%；采用 DCP 硫化为 0.6%。一般的 EPDM 蒸汽胶管，可用 S/M/ZDC/ZnO/St/Cb/RD 配合。但是常规硫化体系在 175℃过热水中加热 240 h，一折便断；采用半有效体系（TMTD 3 份/DTDM 2 份/S 0.5 份），其伸长率保持率可达 24%；采用 DCP/HVA−2 硫化体系，其伸长率保持率高于50%，有使用价值。耐受180～230℃水蒸气和过热水的场合，需用过氧化物如DCP硫化，配用0.3～0.5份硫黄作共交联剂，如配用TAIC则更好。耐受地热盐水的EPDM，配用低分子量的1，2—PBD（液态）作DCP的共交联剂，可以得到良好的使用效果。

硫黄硫化的IIR，在125℃过热水中浸泡15个月的ΔV为6.8%。IIR采用酚醛树脂硫化，可耐177℃过热水，常用于轮胎硫化胶囊、同步带硫化衬套。

FKM采用双酚类、胺类硫化体系在水蒸气、过热水中迅速破坏，如FKM—23，在150℃过热水中72 h便破坏了。采用过氧化物硫化体系硫化FKM，其耐过热水的性能才接近EPDM的水平，如FKM—26采用双酚类硫化，在170℃过热水中耐700～1 000 h；采用过氧化物硫化，可耐1 500～2 600 h。

3. 填料的影响

填料的选用应注意填料自身的吸水性，以无水溶性杂质为宜。如，NBR/DCP纯胶硫化胶在水中加热160℃×300 h，ΔV为12%；如含1%NaCl（电解质），24 h ΔV即达到100%。相对湿度为100%，25℃×30 d条件下填料吸水增重（ΔG）情况见表1.1.4-43。

表1.1.4-43 填料吸水增重（ΔG）情况

填料	ΔG/%	填料	ΔG/%
沉淀法白炭黑	92	MT	0.6
气相法白炭黑	57	FEF	3.5
硬质陶土	16	SRF	19
软质含水陶土	8	HAF	14
碳酸钙	5	MgO[a]	102
活性碳酸钙	8	ZnO	1.5
滑石粉	1.8	PbO	3.5
		TiO_2	3

注：a. 原文如此。

4. 防老剂的影响

橡胶制品在水中会析出防老剂。如，橡胶制品在水中浸泡720 h，防老剂4010损失达到80%，N—（1，3-二甲基丁基）—N′-苯基对苯二胺损失25%；NR浸水后的100℃×8 h与未浸水的63 h吸氧量相当。

对于175℃过热水中使用的EPDM制品，常用防老剂为124、RD与4010NA的并用，同时配用20份的ZnO以提高伸长率保持率。

橡胶的耐水性也涉及透过性，水中使用的换能器（声呐）采用低渗水性橡胶作防水表面涂层。几种橡胶的水渗透系数见表1.1.4-44。

表1.1.4-44 橡胶的水渗透系数

渗透温度	NR	CR	IIR	CIIR	PU
23℃	6.08×10^{-10}	4.84×10^{-10}	5.36×10^{-11}	7.05×10^{-11}	3.68×10^{-9}
70℃	1.95×10^{-9}	1.43×10^{-9}	2.10×10^{-10}	2.85×10^{-10}	4.16×10^{-8}

透声好的CR、PU采用具有低水渗透系数的IIR、CIIR作防水表面涂层，如0.2mmIIR涂层使PU、CR的水渗透系数分别降至4.7×10^{-11} g·cm^{-1}·cm^{-2}·h^{-1}·Pa^{-1}与6.8910^{-11} g·cm^{-1}·cm^{-2}·h^{-1}·Pa^{-1}，建筑用防水涂料、防水片材也使用橡胶这一特性。

4.3.3 耐化学药品性

一般来说，橡胶的耐油性是表示橡胶在油中不易溶胀的一种尺度，以橡胶的物理变化为主，像溶剂、油那样的可以用溶胀平衡式表示，即只发生溶胀且有溶胀平衡的场合。耐化学药品性是表示橡胶耐化学药品的尺度，是发生化学变化的问题，像水、无机化学药品等，不能用溶胀平衡式表示，或者由于药液的浸透与橡胶起化学反应的情况。然而，要严格区别开来是不可能的，实际上是未加区别地使用着。

表1.1.4-45列出了代表性的药品和适合使用的橡胶材料，但还没有耐四氯化碳、三氯化乙烯等有机氯化物的橡胶材料。

表 1.1.4-45　代表性的药品及适用的橡胶材料

药品分类	药品的代表例	适用的橡胶材料
无机酸类	盐酸、硝酸、硫酸、磷酸、铬酸	IIR、EPDM、CR、CSM、FKM、(PTFE)
有机酸类	醋酸、草酸、蚁酸、油酸、邻苯二酸	IIR、VMQ、SBR、(PTFE)
碱类	苛性钠、苛性钾、氨水、氢氧化钙	IIR、EPDM、CSM、SBR、(PTFE)
盐类	氯化钠、硫酸镁、硝酸盐、氯酸钾	NBR、CSM、SBR、(PTFE)
乙醇类、乙二醇类	乙醇、丁醇、丙三醇	NBR、IIR、(PTFE)
酮类	丙酮、甲乙酮	IIR、VMQ、(PTFE)
酯类	醋酸丁酯、钛酸二丁酯	VMQ、(PTFE)
醚类	乙醚、丁醚	IIR、(PTFE)
胺类	二丁胺、三乙醇胺	IIR、(PTFE)
脂肪族类	丙烷、丁二烯、环己烷、煤油	NBR、ACM、FKM、(PTFE)
芳香族类	苯、甲苯、二甲苯、苯胺	FKM、(PTFE)
有机卤素类	四氯化碳、三氯化乙烯、二氯化乙烯	(PTFE)

（一）耐酸碱性

橡胶的耐酸碱性能与酸碱的反应能力（强弱、氧化性等）、浓度、使用时的温度与压力等因素相关，还与橡胶的耐热氧老化性、耐水性相关。《腐蚀数据手册》列举了各种橡胶耐众多化学药品腐蚀的数据，可以参考。但是，这些数据部分与实际使用情况之间存在差异，可能是配合体系的不同导致。

耐酸碱主要使用碳链橡胶，M类比R类好，但ACM在水中的溶胀大，在酸碱中不稳定，在质量分数为10%的NaOH中100℃×72 h便部分分解了。FKM、CSM、EPM、EPDM耐酸碱性好，IIR、CR次之，NR、SBR、NBR等不饱和度大的橡胶只适用于低温（如80℃以下）、低浓度、非氧化性酸。但是，只要配合得当，即使是杂链橡胶，也可以耐某些酸，如有文献报道，特定配合的PU在室温下浸于体积分数为85%的磷酸中72 h，变化不大。

1. 耐酸性

表1.1.4-46汇集各种文献列举了橡胶耐浓硝酸、浓硫酸、浓盐酸的情况。

硝酸是氧化性很强的酸。由表1.1.4-46可知，TP－2、FKM－23比FKM抗耐硝酸好。硝酸的体积分数小于60%，温度低于70℃时，EPM、CSM也可以使用；有文献认为，如果EPDM的耐酸系数为0.95，则IIR仅为0.6，所以IIR可耐体积分数小于26%的硝酸；CR浸泡于体积分数为10%的硝酸中一个月（室温），Δm小于5%。

硫酸浓度高时有强氧化性。除氟橡胶外，CSM、CM对体积分数为98%的硫酸表现出较好的抗耐性。CSM 90份/NR 7份/BR 3份并用胶，在常温下浸在体积分数为98%的硫酸中24 h，伸长率仅下降7%；用树脂硫化的IIR及IIR 50份/CIIR 50份并用胶，浸在体积分数为80%的硫酸中，90℃时抗耐性仍好；EPDM耐体积分数为50%的硫酸，室温浸30 d，Δm不大于5%；CR衬里可耐体积分数为50%的硫酸，使用6年以上仍光滑可用；NR硬质胶对体积分数为50%的硫酸也有很好的抗耐性。

CSM、EPM、EPDM、IIR、NBR、CR、SBR（硬胶）、NR等对盐酸都具有较好的抗耐性。HCl与NR反应后会形成坚硬的膜阻止反应向纵深深入，采用NR硬胶（3 mm），对常温常压盐酸酸雾可用一年多；在高温、高浓度但具有适度真空度下，NR耐盐酸腐蚀性加强，如在0.05 MPa、110～120℃、体积分数为95%HCl条件下可使用3～6个月，在0.08 MPa、70～80℃下仅能使用1个月。SBR硬质胶，在体积分数为36%的盐酸中可于80℃下长期使用；IIR浸于盐酸中蒸煮，也会有高的性能保持率（大于85%），尤以树脂硫化者优异；CIIR对体积分数60%以上的HCl（包括硫酸、硝酸），在高于70℃时也有好的抗耐性。氢氟酸（HF）大致与盐酸差不多。

铬酸氧化性也很强。TP-2在铬酸（46%）/H_2SO_4（25%）中于24℃×7 d条件下，ΔV为2.6%，ΔE为11.5%；CSM可耐体积分数为40%铬酸；树脂硫化IIR耐铬酸较好；树脂硫化CIIR则耐铬酸特别优异。

磷酸（H_3PO_4）的酸性弱，在H_3PO_4（55%）/H_2SO_4（5%）中，于85℃×90 d条件下，CR的ΔV为1%～6%，CR磷酸储罐衬里寿命可达15 a之久。

次氯酸HClO是比碳酸更弱的酸，但具有强氧化性，对次氯酸钠漂白液，NR、CR、NBR都不耐用，在橡胶中并用塑料，如用NR/PE/PS并用，效果很好。

有机酸中，甲酸具有腐蚀性，100℃时仅EPDM、IIR可用，其他R类橡胶难以胜任。但在120℃高压（1MPa）下，EPDM、IIR对甲酸的腐蚀也无能为力。

表 1.1.4-46 橡胶耐浓硝酸、浓硫酸、浓盐酸的情况

橡胶	橡胶耐浓硝酸的情况				橡胶耐浓硫酸的情况				橡胶耐浓盐酸的情况				
	HNO_3 体积分数/%	温度/℃	时间/d	变异	H_2SO_4 体积分数/%	温度/℃	时间/d	变异	HCl 浓度/%	温度/℃	时间/d	ΔV/%	Δm/%
MVQ DCP 硫化+白炭黑	— —	— —	— —	— —	— —	— —	— —	— —	— —	— —	— —	— —	— 17.5
MPVQ DCP 硫化+气相法白炭黑	— —	— —	— —	— —	— —	— —	— —	— —	— 37	— 70	— 10	— —	— 35.9
FKM-23 胺+MgO	发烟[a] 发烟	24 24	27 1	24.0% 0.5，ΔE 为 100%	发烟[b]	24	27	1		—	—	—	-0.35 62.6
FKM-26	60 发烟	24 24	7 7	ΔV 为 4.4% 28.0%	(95) 发烟	70 24	28 7	ΔV 为 4.8%，ΔE^{c} 为 88% 3.1	37	70	7	3.2	—
TP-2	60 60 发烟	24 70 24	180 3 180	ΔV 为 5.1% 10.0，ΔE 为 44% 15.0%	(99) 发烟	100 24	3 180	7.4 7.4	37	70	3	7.0	—
CSM MgO 硫化	70 发烟 100	24 24 24	— 1 2h	可以使用 炭化 损坏	(98) 82	24 80	40 11	完好 Δm 为 6.4%	37	70	10	—	24.7
CM NA-22/S 硫化	—	—	—	—	(98)	24	21	ΔE 为 87%	—	—	—	—	—
EPM DCP 4 份/S 0.5 份+MgO	100	24	3	破坏	—	—	—	—	37	70	10	—	47.2
EPDM 硫黄硫化	—	—	—	—	发烟（62） 82 (98) (98)	24 80 24 24	2 4 1 21	损坏 Δm 为 1.1% 溶胀（40 h 胀裂） ΔE 为 39%	37	70	10	—	20.6

续表

橡胶	橡胶耐浓硝酸的情况				橡胶耐浓硫酸的情况				橡胶耐浓盐酸的情况				
	HNO_3 体积分数/%	温度/℃	时间/d	变异	H_2SO_4 体积分数/%	温度/℃	时间/d	变异	HCl 浓度/%	温度/℃	时间/d	ΔV/%	Δm/%
IIR 树脂硫化+沉淀法白炭黑	发烟 100	24 24	1 2 h	炭化 损坏	发烟（62） （98） 80	24 24 24	2 1 1	损坏 发粘 ΔV 为−0.60%， Δm 为−0.61%	37	70	10	—	29.0
CR	发烟 100	24 24	1 10 min	炭化 损坏	发烟（62） （98）	24 24	2 h 2 h	损坏 ΔE 为 0%	36	24	30	—	5.0
NBR NBR−26	100	24	10 min	损坏	—	24	6 h	损坏	37	70	10	—	26.5
CR/NBR	—	—	—	—	（98）	24	1	硬脆	—	—	—	—	—
NR 软 NR 硬 NR	100	24	10min	损坏	（50） （60）	24 24	10 10	ΔE 为 85% ΔE 为 90%	30	24	10	ΔE 为 0.90%	—
SBR	100	24	10min	损坏	发烟（62）	24	4h	损坏	37	70	10	—	28.0

注：a. 发烟硝酸是含有溶解二氧化氮的浓硝酸，为 90%～100%硝酸。
b. 发烟硫酸，即三氧化硫的硫酸溶液，浓度超过 100%的硫酸。
c. ΔE 为拉伸强度保持率。

2. 耐碱性

碳链橡胶耐碱性均好。在 NaOH（50%）中加热 100℃×3 d，TP—2 的 ΔV 仅为 1.1%；在 24℃×180 d 条件下的 ΔV 仅为 0.5%。在 NaOH（40%）中，室温下浸泡 10 d，软 NR 的耐碱系数为 0.5，硬质 NR 的为 0.8。在 NaOH（40%）中，CR 于 24℃×30 d 条件下，Δm 不大于 5%。自硫型 CR 衬里对质量分数为 50%的 NaOH 使用 6a，光滑如初。如对质量分数为 40%NaOH，NR 可在 65℃条件下使用，CR 可在 93℃条件下使用，聚异丁烯则达到 100℃。

对于氨水，树脂硫化 IIR 的使用温度可达 150℃；EPDM 对氨水、液氨均可达 150℃，90℃以下可用 SBR、BR、IR。对于含 CO_2 的氨水，NR 易受腐蚀，但掺入适量的 EPDM 便可大大改进其性能。

3. 影响橡胶耐酸碱的其他因素

（1）交联密度的影响

增大硫化胶的交联密度，有助于减少体积变化率。增大 NR、SBR 的硫黄用量制得的硬质胶，比硫黄用量少的软质胶的耐酸碱性能更好，软质 SBR 耐体积分数为 36%的盐酸性能差，但硬质 SBR 在 80℃下可长期使用。CSM 对体积分数为 98%的硫酸，采用不同硫化体系在 24℃×72 h 条件下的耐酸系数（按拉伸强度变化率计算）见表 1.1.4－47。

表 1.1.4－47　CSM 对体积分数为 98%的硫酸的耐酸系数（ΔE）

硫化体系	ΔE/%	硫化体系	ΔE/%
M 2 份	0.68	M 2 份/DM 1.2 份/松香 5 份	0.57
M 2 份/DM 1.2 份	0.49	S 1 份/TMTD 2 份/硬脂酸 5 份	0.85

自硫型 IIR 橡胶衬里（耐酸碱）硫化至 60%交联密度时便可投入使用，在使用过程中会进一步硫化，最终与平板热硫化的 IIR 橡胶衬里耐酸碱效果相当。

（2）填料及助剂的影响

a. 填料

耐酸碱橡胶制品，一般应选用惰性填料。如 EPDM 用于耐酸碱橡胶制品，采用 DCP 4 份所得硫化胶的 Δm 为 2.64%，如采用含有白垩（主要成分为碳酸钙）的 DCP 6.25 份，同样条件下 Δm 可以达到 16.83%。

硫化胶使用碳酸钙作为填料，体积分数为 36%的盐酸对其腐蚀性大，体积分数为 40%的氢氟酸会放出气体；但是加入 42%的硫酸腐蚀轻微，且不易被 9%的硝酸腐蚀。采用陶土作为填料，仅 40%的氢氟酸对其腐蚀性大；采用硫酸钡为填料的硫化胶对上述四种酸的抗耐性均好，但对硫酸的抗耐性不及炭黑与白炭黑。

用于耐 82%硫酸的 EPDM 制品，采用硫酸钡/白炭黑/高耐磨炭黑比单用白炭黑好，陶土与滑石粉也可用，如果配用氮化硅 40 份（200 目）则更好。

对于硝酸，使用硫酸钡、MT 均好；炭黑优于白炭黑。

石墨对甲酸、盐酸、磷酸有较好的抗耐性；硬质胶粉也常用于耐酸碱橡胶中。白炭黑、滑石粉不宜用于耐碱配方。

b. 金属氧化物

表 1.1.4－46 中，EPM 采用 DCP 4 份/S 0.5 份硫化体系硫化，加入 MgO 后，其耐体积分数 37%盐酸在 70℃×10 d 的条件下 Δm 达到 47.2%，这是因为 EPM 中的金属氧化物成为亲水中心使溶胀增大。表 1.1.4－46 中也表明，FKM 耐盐酸制品以胺类硫化不及过氧化物硫化抗耐性好，吸酸体使用 MgO 也远不及 PbO、Pb_3O_4 的耐酸性好。

对于 BIIR 耐氨水橡胶制品，含有吸酸体 Pb_3O_4 的浸泡 84 d 的 ΔV 为 3%，含有 ZnO 的为 8%，不含金属氧化物的为 10%。

（3）增塑剂的影响

对 IIR、EPDM 的耐硫酸配合，增塑剂的影响见表 1.1.4－48。

表 1.1.4－48　IIR、EPDM 的耐硫酸配合中增塑剂对耐酸系数的影响

增塑剂	Δm/%	ΔV/%
凡士林 5 份/石蜡 2 份	－0.05	－0.3
凡士林 7 份	0.08	0.14
古马隆 5 份/石蜡 2 份	0.07	－1.5

实践中，应多采用变压器油等免被抽出的软化剂，少用易反应消耗、抽出的古马隆、石蜡等软化剂。

酯类、植物油类易皂化，不可用作耐碱配方的软化剂。

（二）耐有机溶剂

橡胶的耐油性，是指橡胶在油中溶胀难易的一种尺度，以橡胶的物理变化为主，一般只发生溶胀，有溶胀平衡，可用溶胀平衡式表示。耐药品性是表示橡胶耐化学药品性的尺度。由于化学药品、药液的浸透，与橡胶发生了化学反应。耐油性与耐药品性要严格区分是很困难的。

生胶溶解于溶剂（油）中，而硫化胶在溶剂（油）中只发生溶胀而不溶解。影响溶剂（油）对橡胶溶胀的因素有相互作用系数（μ）和交联度。μ 可以根据 Flory 的平衡溶胀式求出。设橡胶与溶剂（油）的溶解参数分别为 δ_r 和 δ，则 μ 可用下式表示：

$$\mu = \mu_s + V_s(\delta_r - \delta)^2/RT$$

式中，V_s 表示溶剂（油）的分子容积；μ_s 表示在橡胶分子一个链段周围配位的溶剂分子数，一般按 μ=0.25 计算；δ 可根据某一温度下的蒸发潜热 ΔHr 计算出来。

$$\delta=\sqrt{(\Delta Hr-RT)\times V}$$

μ表示橡胶与溶剂（油）的亲和系数。μ值越小，越易溶解；μ值越大，抵抗性就越大。即δ_r与δ相等时最易溶解或溶胀。当$\mu>0.55$时，橡胶不溶解，相应的油称为非溶剂，但需注意，温度升高时可能溶解；当$0.25\leqslant\mu\leqslant0.45$时，橡胶溶解，且与温度无关；当$\mu\leqslant0.25$时，橡胶与溶剂亲和性很好，相对低的温度也可溶解。

根据对天然橡胶-苯体系测定的结果，参数μ曾一度被认为是一个常数，后来对若干其他体系研究的结果表明，μ不是常数而是一个变数，它随溶液的浓度（φ_2）、高聚物的分子量及温度而变化，其中以浓度的变化对μ的影响最大。在良溶剂中μ随φ_2的变化较小，在不良溶剂中变化显著。

溶解度参数δ_r和δ，一般用SP表示，是将色散力、偶极力、氢键力综合起来的分子间作用力，是物质的固有值，可用分子内聚能密度的平方根求出，一般是极性分子大，非极性分子小。低分子物质的SP可以根据蒸发潜热求出；高分子物质的SP可用溶胀法求出，求得的SP值均为近似值。总之，橡胶的耐油性取决于橡胶的极性与交联度，还与油的极性有关。溶剂（油）与高分子化合物的SP值的对比如图1.1.4-16所示。

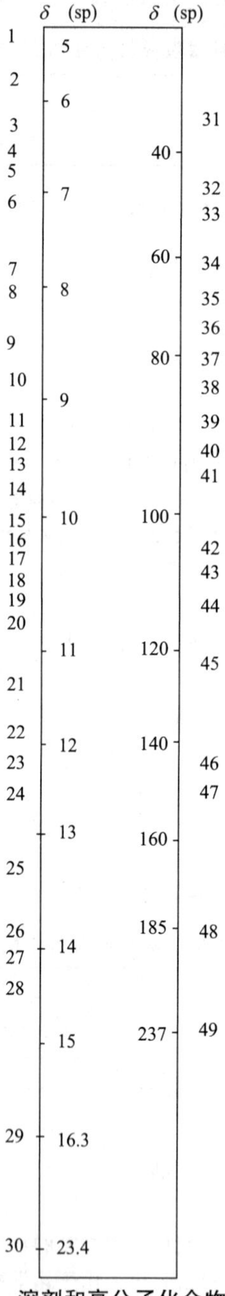

图1.1.4-16　溶剂和高分子化合物SP值的对比

1—硅酮；2—链状氧化物；3—链状烃；4—戊烷；5—乙醚；6—脂肪环状CH；7—环己烷；8、9—CCl_4；10—芳香族化合物；11—脂；12—苯；13—甲乙酮；14—$CHCl_3$；15—$CHCl=CCl_2$；16—$CHCl=CHCl$；17—丙酮；18—$C_2H_4Cl_2$；19—CS_2、二噁烷；20—$C_2H_2Cl_4$；21—C_2H_2CN；22—二硝基乙烷；23—乙腈；24—二甲基甲酰胺；25—乙醇；26—硝基甲烷；27—甲酸；28—乙二醇；29—苯酚；30—甲醇；31—氨；32—水；33—PTFE；34—硅橡胶；35—异丁烯橡胶；36—PE；37—NR；38—BR；39—SBR；40—PS；41—CR、NBR；42—ACM；43—EVA（EVM）；44—PVC；45—乙基纤维素；46—二硝基纤维素；47—特利灵；48—二乙醚纤维素；49—环氧树脂；50—CPE（CM）

橡胶-溶剂相互作用系数见表 1.1.4-49。

表 1.1.4-49 橡胶-溶剂相互作用系数

橡胶	NR	SBR	IIR	EPM	CR	NBR—40
苯	0.292～0.42	0.398		0.58	0.263	
甲苯	0.393		0.557	0.49		
二甲苯	0.343					
四氯化碳	0.307	0.362	0.466	0.43		0.831
丙酮	1.36					
乙酸乙酯	0.752					
乙酸丁酯	0.561					

各种橡胶的适用溶剂见表 1.1.4-50，即可供橡胶选择溶剂参考，也可供选耐溶剂的橡胶时参考。

表 1.1.4-50 各种橡胶的适用溶剂

橡胶	适用溶剂
NR	溶剂汽油、苯、甲苯、二甲苯
SBR	溶剂汽油、庚烷、二甲苯
BR	溶剂汽油、苯
EPDM	汽油
CR	苯、甲苯、二甲苯、乙酸乙酯/汽油
NBR	乙酸乙酯、丙酮、苯、甲苯、二甲苯
CSM	乙酸乙酯、苯、甲苯
ACM	乙酸乙酯、丙酮、甲乙酮、甲苯、二甲苯
CO	氯化苯
PU	乙酸乙酯、丙酮、丁酮、四氢呋喃
Q	苯、二甲苯
FKM—26	丙酮、丁酮、乙酸乙酯

NR、IIR、EPM、EPDM、CR 不溶于丙酮；NR 可用乙酸乙酯作溶剂，而 IIR、EPDM 不溶于它。CSM 耐丙烯腈，EPDM 耐苯乙烯。部分橡胶对部分溶剂的耐溶剂系数见表 1.1.4-51。

表 1.1.4-51 部分橡胶对部分溶剂的耐溶剂系数

橡胶		FKM	ACM	NBR	CR	CSM	FQ	Q	IIR	EPDM	EPDM/BIIR	EPDM/PE
丙酮	ΔV/%	300	250	130	40	18	180	16				
乙酸乙酯	ΔV/%	300	250	106	60	60	140	175				
乙酸丁酯	Δm/%								35.5 树脂硫化	15 DCO 硫化	8～10	5～8

对于 CCl_4 中浸 144 h 的 ΔV，有：CO 为 58%，ECO 为 70%，NBR—40 为 54%，NBR—26 为 196%；ECO 80 份/NBR—40 20 份为 47%；而 ECO 30 份/NBR—40 40 份/PA 30 份，并以 Na—22 1 份/DCP 2.4 份/S 0.4 份硫化体系硫化，浸 120 h 的 ΔV 为 36%。另外，单用溶剂汽油、丙酮或乙酸乙酯溶解不了 CR，但它们按一定比例组合而成的混合溶剂可以溶解 CR。同样的，选择抗混合溶剂的橡胶，也相对比较困难。橡胶中并入塑料，是提高高分子材料耐溶剂性的一条可行路径。以苯 35 份/甲苯 15 份/丙酮 40 份的混合溶剂为例，部分橡胶对该溶剂于 24℃×48 h 条件下的耐溶剂系数见表 1.1.4-52。

表 1.1.4-52 部分橡胶对苯 35 份/甲苯 15 份/丙酮 40 份的混合溶剂的耐溶剂系数

橡胶	EPM	FQ	FKM	CO	Q	CR	SBR	BR	NBR—40	NBR—26	NR
Δm/%	41	83.1	61～81.7	72.4	81.5	118	61.2	57.5	91.9	142	98.7

采用 EPDM 并用 PE 于 24℃×96 h 条件下的耐溶剂系数见表 1.1.4-53。

表 1.1.4－53 EPDM并用PE对苯35份/甲苯15份/丙酮40份的混合溶剂的耐溶剂系数

EPDM/LDPE（质量份）	100/0	90/10	80/20	70/30	60/40	50/50
Δm/%	27.7	24	21	18	15	13

另外，聚乙烯醇配以甘油、三缩三乙二醇与水制成弹性体后按1∶1与NBR－26并用，其耐苯、苯/甲苯/二甲苯的效能比NBR－40、FKM都好；对甲苯48份/乙酸乙酯13份/乙酸丁酯26份/丙酮4份/丁醇9份的混合溶剂于24℃×50 h条件下，其Δm为55%；如以NR 30份/SBR 40份/LDPE 30份（橡塑并用）于24℃×50 d条件下，其Δm仅为28%。印铁、塑料压印与印刷上光用的胶辊，常与对二甲苯、甲醇、乙酸乙酯、环己酮等的混合溶剂接触，要求$\Delta V \leqslant 5\%$，采用CR 70份/NBR 15份/PVC 15份并用，其ΔV仅为2.3%。

一般来说，增大交联剂用量，增大交联密度有助于降低ΔV。对乙酸丁酯，将EPDM的交联剂DCP从3份增加至4.5份，ΔV约降3%。但是，将耐苯/酮混合溶剂的EPDM/LDPE并用胶的交联剂DCP从4份增加到7份，ΔV相差不大。这可能是因为交联密度达到一定程度后，再增加其交联密度，作用不大了。

填料量增大，有利于降低ΔV。例如，对于苯/酮混合溶剂，EPDM/LDPE无填料，其ΔV为12.3%；HAF、GPF、FEF从30份增加到60份，ΔV从11.6%降至9.0%，以碳酸钙为填料的相应的从9.5%降至8.5%，以滑石粉为填料的相应的从9.2%降至8.2%。NBR/CO并用胶耐CCl_4的性能，随炭黑用量从0～80份，喷雾炭黑的Δm从132%降至100%，N660则降至70%。但需注意的是，填料量增大使压缩永久变形增大，不利于密封件的密封效能。

软化剂、防老剂品种的选择对硫化胶的耐溶剂性能同样有重大影响。对于苯/酮混合溶剂，EPDM中配10份软化剂于24℃×48 h条件下的Δm，变压器油为10.9%，50号机油为12.4%，DOP为10.5%，凡士林为12.1%，沥青为16.1%。总之，软化剂、防老剂既要防止被溶剂抽出，又要有小的ΔV和Δm。

4.4 橡胶的低分子透过性[37]

4.4.1 概述

气体透过橡胶薄膜的能力与橡胶分子链段的微布朗运动所形成的空隙有关。图1.1.4－17为气体和液体对橡胶膜的溶解、扩散、透过的过程。由图1.1.4－18可见，透过过程分为三个阶段：第一阶段是透过物质（气体和液体）吸附在胶膜表面，即溶解，溶解速度和浓度取决于高压一侧的蒸气压力；第二阶段是透过物质因其浓度差从浓度高处向浓度低处，即向胶膜低压一侧移动即扩散；第三阶段是透过物质脱离低压一侧胶膜的表面逸出，而逸出浓度取决于蒸气压力。气体和液体经过溶解、扩散向外界逸出的过程称为透过。

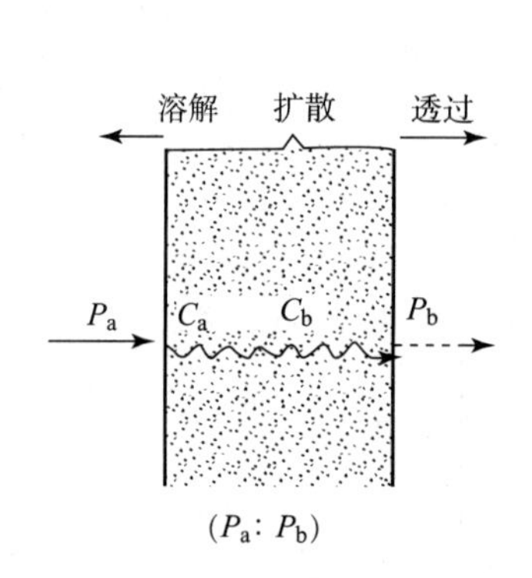

图1.1.4－17 气体和液体对橡胶膜的溶解、扩散、透过的过程

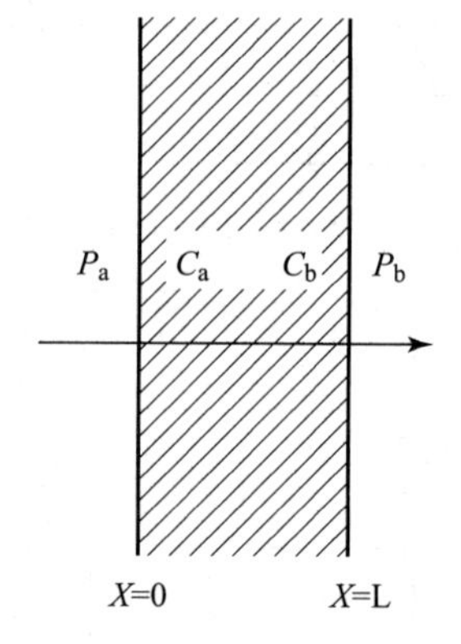

图1.1.4－18 透过过程

橡胶材料的透过性与透过物质在橡胶中的溶解、扩散有关，对于气体和液体基本上无差异。但是，就各种液体而言，材料的溶胀有赖于液体的浓度，使其透过行为和处理方法变得复杂起来。液体的透过系数随着蒸气压的增大而提高，在一定蒸气压力下，液体的透过量与浓度的关系越密切，则橡胶与液体的相容性就越好，而且橡胶在液体中的膨润量也相应增大。

用数学方法处理透过现象时，必须考虑将透过行为分成稳定状态和非稳定状态两种，但实际上橡胶材料和橡胶制品的透过行为几乎都是非稳态的。在透过物质的浓度甚低，扩散系数不依赖于浓度而变化的情况下，透过物质浓度不随时间而变化，可以视为近似稳态。稳态是透过的理想状态，均一物质扩散时，单位面积上扩散分子的运动速度R与浓度梯度成正比关系，即

$$R=D\cdot \mathrm{d}C/\mathrm{d}x \qquad \text{(Fick 第一定律)}$$

式中，D表示扩散系数，cm^2/s；C表示浓度；X表示移动距离。

此外，材料中的浓度为稳态，假定时间不变，则在t时间内通过面积A的扩散分子的数量Q可由下式得出（参考图1.1.4－18），即：

$$Q=D\cdot A\cdot \int (\mathrm{d}C/\mathrm{d}x)\mathrm{d}t$$

因 $dC/dt=0$，$x=0$ 时 $C=C_a$，$x=L$ 时 $C=C_b$，$dC/dx=(C_a-C_b)/L$。所以上式可改写为

$$Q=D\cdot A\cdot[(C_a-C_b)/L]\cdot t$$

式中，A 表示薄膜透过气体的面积；t 表示气体透过薄膜的时间；L 表示薄膜的厚度；Ca 表示薄膜 $x=0$ 处的气体浓度；Cb 表示薄膜 $x=L$ 处的气体浓度。

而膜内气体浓度与相应平衡气体压力 P 的关系，根据材料两面溶解的 Henry 定律得出下式：

$$Ca=Sa\cdot Pa \text{ 和 } Cb=Sb\cdot Pb$$

式中，Sa、Sb 表示溶解系数，用 1 个大气压下气体溶于每立方厘米物质的立方厘米数表示（厘米^3・厘米$^{-3}$・大气压$^{-1}$）、P_a，P_b 表示气体的分压。

在液体，特别是有机溶剂的场合，多半不遵循 Henry 定律。此外，假定 $S_a=S_b(=S)$，则扩散分子数 Q 按下式计算：

$$Q=D\cdot S\cdot A\cdot[(P_a-P_b)/L]\cdot t$$

弹性体的气密性以透过系数 P 来表征。透过系数 P 与扩散系数 D 和溶解系数 S 之间一般成立下式：

$$P=D\cdot S \qquad (1.1.4\text{-①})$$

透过系数以气压差为 1 大气压时，气体每秒钟透过厚度为 1 cm、面积为 1 cm^2 薄膜的气体量（一般指标准状态下的体积）来表示，单位为厘米^2・秒$^{-1}$・大气压$^{-1}$或 $m^2/(Pa\cdot s)$。由式 1.1.4-①可知，气体对聚合物的渗透率决定于气体在聚合物中的溶解度和扩散率，也与气体分子的直径密切相关。

所以有：

$$Q=P\cdot A[(Pa-Pb)/L]\cdot t \qquad (1.1.4\text{-②})$$

易冷凝的蒸气等物质透过时，因橡胶材料会发生溶胀，所以橡胶分子间和橡胶-填充剂间的相互作用减弱，或者分子链段运动增强，扩散系数发生变化，给稳态下的处理造成困难。图 1.1.4-19 是非稳态时的透过曲线。

以该透过曲线直线部分的时间座标切段为 θ，则该 θ 称为时间滞后。如果橡胶材料的厚度 L 已知，根据式（1.1.4-③）可算出扩散系数，根据稳态的斜率也可算出透过系数。

$$\theta=L^2/6D \qquad D=L^2/6\theta \qquad (1.1.4\text{-③})$$

此外，溶解系数也可由式（1.1.4-①）算出。对于橡胶-气体体系，透过现象符合 Fick 定律，测定的扩散系数和溶解系数与由其他因子测定计算的结果基本一致。但是，对于玻璃态高分子材料来说，其表面气体浓度难以成立一定的边界条件，试验开始后浓度逐渐增加，有时若不经过相当的时间就不能稳定。

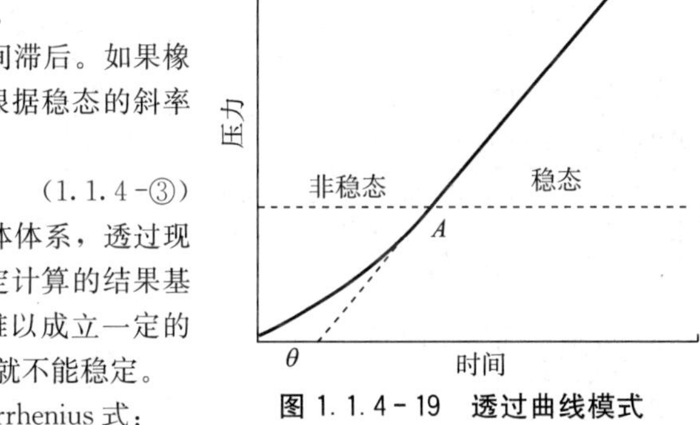

图 1.1.4-19　透过曲线模式

橡胶材料的透过性与温度的关系，在规定条件下成立以下 Arrhenius 式：

$$P=P_Oe^{(-W/RT)}$$
$$D=D_Oe^{(-E/RT)}$$
$$S=S_Oe^{(-\Delta H/RT)}$$

式中，P 表示透过系数；W 表示透过活化能；D 表示扩散系数，E 表示扩散活化能；S 表示溶解系数，ΔH 表示溶解热；R 表示气体常数，T 表示绝对温度。且存在以下关系：

$$W=E+\Delta H$$

关于橡胶透过性试验方法，气体透过的有压力法、气流法和重量法；蒸气透过的有重量法、蒸气压法、吸附值法和湿度计法；液体透过的有重量法。其他试验方法有化学分析法（测定蒸汽透过）、光学法（折射率法、光密度法、滤色法）、热传导法、放射（性）同位素法。作为橡胶透过性试验的参考标准，有 ASTM D814（杯封法）、ASTM D1434（气体透过、体积方法）、DIN 3535 和 DIN 53536、JIS Z0208（防潮包装材料透湿试验方法）和 JIS Z1503（透湿量测定）等。

（一）影响透过性的因素

材料的耐渗透性能与其耐溶胀性能有直接关系，易于被吸入聚合物的气体或液体也易于迁移到聚合物的另一侧。因橡胶分子的链段在不断做微布朗运动，所以分子与分子之间经常有孔隙的生成与消失，此孔隙在橡胶内是不断变化的，没有固定位置，只有统计分布的规律。扩散分子在孔隙中不断跳跃移动前进。如果橡胶分子所生成的孔隙大小的分布符合玻尔兹曼分布时，则大的孔隙生成的数量较少，如果扩散分子的直径较大，而大的孔隙数量又较少，则在孔隙中跳跃的扩散分子数急剧减少，自然扩散系数也激减。

气体（蒸气）、液体对材料的透过性随透过物质分子尺寸的减小，透过性增大，因为小分子易于进入聚合物中，也易于在聚合物中运动。常见的几种气体单分子直径见表 1.1.4-54。

表 1.1.4-54　常见的几种气体单分子直径　　nm

气体	直径	气体	直径
H_2	0.282	N_2	0.380
O_2	0.347	CO_2	0.380

烷烃类化合物在天然橡胶硫化胶中的扩散系数如图 1.1.4-20 所示。烷烃中碳原子数多者，扩散系数 D 减小；同一碳

原子数的烷烃化合物相比，侧链多、断面积大者气体的扩散系数小，如乙烯的扩散系数比乙烷的扩散系数大。

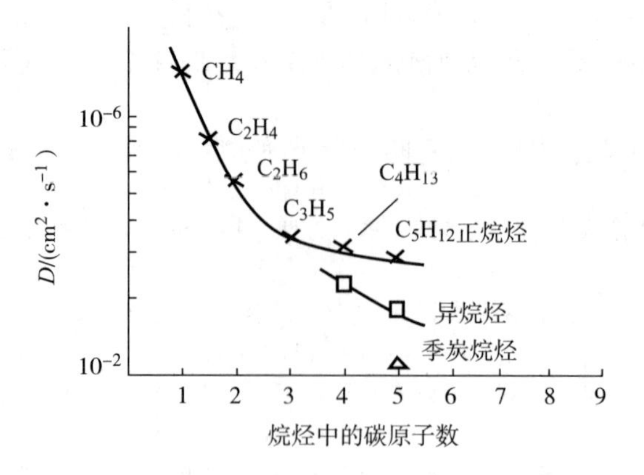

图 1.1.4-20　硫化天然橡胶的烷烃扩散系数

材料对小分子气体、液体的耐渗透性能，随透过物质分子在聚合物中溶解度的增大，透过性增大，影响溶解度参数与偶极矩的因素也影响透过性。室温下几种简单气体在聚合物中的溶解度见表 1.1.4-55。

表 1.1.4-55　简单气体在聚合物中的溶解度

S (298)，$10^{-5}m^3$ (标准状态)/(m^3 · Pa)

聚合物	气体				聚合物	气体			
	N_2	O_2	CO_2	H_2		N_2	O_2	CO_2	H_2
聚丁二烯橡胶	0.045	0.097	1.00	0.033	丁基橡胶	0.055	0.122	0.68	0.036
天然橡胶	0.055	0.112	0.90	0.037	聚氨酯橡胶	0.025	0.048	(1.50)	0.018
氯丁橡胶	0.036	0.075	0.83	0.026	硅橡胶	0.081	0.126	0.43	0.047
丁苯橡胶	0.048	0.094	0.92	0.031	古塔波胶	0.056	0.102	0.97	0.038
丁腈橡胶 80/20	0.038	0.078	1.13	0.030	高密度聚乙烯	0.025	0.047	0.35	—
丁腈橡胶 73/27	0.032	0.068	1.24	0.027	低密度聚乙烯	0.025	0.065	0.46	—
丁腈橡胶 68/32	0.031	0.065	1.30	0.023	聚苯乙烯	—	0.055	0.65	—
丁腈橡胶 61/39	0.028	0.054	1.49	0.022	聚氯乙烯	0.024	0.029	0.48	—
三元乙丙橡胶	0.080	0.130	0.70	—	氟橡胶	0.083	—	1.75	—

由表 1.1.4-55 可见，同一简单气体在不同的聚合物中溶解度变化不大，而不同的气体在同一聚合物中的溶解度相差较大。

扩散系数是在单位浓度梯度的推动下，单位时间内通过单位面积的物质的量。简单气体与聚合物之间的作用很弱，以至于扩散系数与渗透物质的浓度无关。聚合物自由体积越大，分子链越柔软，越有利于简单气体的扩散。简单气体在聚合物中的扩散系数见表 1.1.4-56。

表 1.1.4-56　简单气体在聚合物中的扩散系数　$10^{-10}m^2/s$

聚合物	气体				聚合物	气体			
	N_2	O_2	CO_2	H_2		N_2	O_2	CO_2	H_2
	D (298)	*D* (298)	*D* (298)	*D* (298)		*D* (298)	*D* (298)	*D* (298)	*D* (298)
聚丁二烯橡胶	1.1	1.5	1.05	9.6	丁基橡胶	0.05	0.08	0.06	1.5
天然橡胶	1.1	1.6	1.1	10.2	聚氨酯橡胶	0.14	0.24	0.09	2.6
氯丁橡胶	0.29	0.43	0.27	4.3	硅橡胶	15	25	15	75
丁苯橡胶	1.1	1.4	1.0	9.1	古塔波胶	0.50	0.70	0.47	5.0
丁腈橡胶 80/20	0.50	0.79	0.43	6.4	高密度聚乙烯	0.10	0.17	0.12	—
丁腈橡胶 73/27	0.25	0.43	0.19	4.5	低密度聚乙烯	0.35	0.46	0.37	—
丁腈橡胶 68/32	0.15	0.28	0.11	3.85	聚苯乙烯	0.06	0.11	0.06	4.4
丁腈橡胶 61/39	0.07	0.14	0.038	2.45	聚氯乙烯	0.004	0.012	0.0025	0.50

由表 1.1.4-56 可见，同一简单气体在不同的聚合物中扩散率差异很大，不同的气体在同一聚合物中的扩散率相差也很大。

丁腈橡胶丙烯腈含量与扩散系数、溶解系数、透过系数之间的关系如图 1.1.4-21 所示。其中，CO_2 的溶解系数随丙烯腈含量的增多而增大，其他气体则减小。

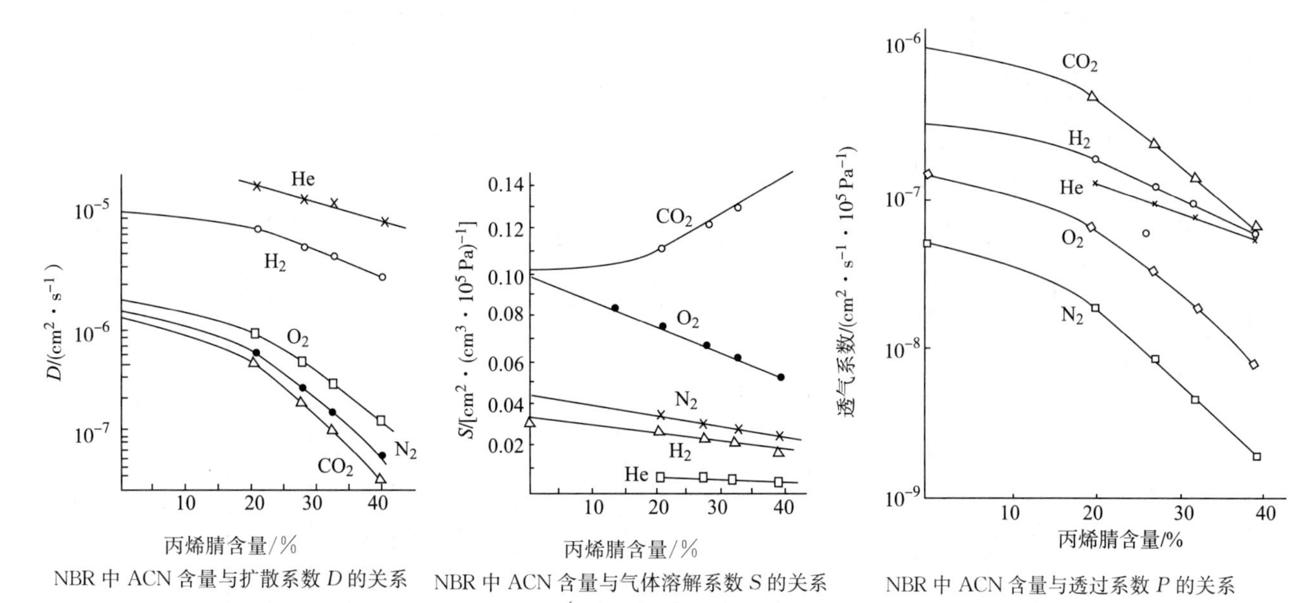

NBR 中 ACN 含量与扩散系数 D 的关系　　NBR 中 ACN 含量与气体溶解系数 S 的关系　　NBR 中 ACN 含量与透过系数 P 的关系

图 1.1.4-21　丁腈橡胶的透气性

扩散系数通常随温度升高而增大，但因溶解度与温度存在相关性，所以透过系数有时增时减的情况，简单气体对橡胶的透过系数见表 1.1.4-57、部分有机溶剂对橡胶的透过系数见表 1.1.4-58、表 1.1.4-59[38]。

表 1.1.4-57　简单气体对橡胶的透过系数　　$10^{-8} cm^2 \cdot s^{-1} \cdot 10^5 Pa^{-1}$

橡胶	温度/℃	气体透过系数												
		He	H_2	O_2	N_2	A	CO_2	CH_4	C_2H_2	C_2H_4	C_2H_6	$n-C_4H_{10}$	异 C_3H_6	$n-C_6H_{12}$
天然橡胶	25	23.7	37.4	17.7	6.12	9.7	99.6	22	77.5	145	27.5	—	—	—
	50	52.3	90.8	47	19.4		221	64	195	—	—	533	246	1 260
顺丁橡胶	25	—	—	20	—	—	—	—	—	—	—	—	—	—
	50	—	—	40	—	—	—	—	—	—	—	—	—	—
乳聚顺丁橡胶	25		—32	14.5	4.9	—	105	—	—	—	—	—	—	—
	50	—	77	36	14.5	—	200	—	—	—	—	—	—	—
Nd-聚丁二烯橡胶	50	—	18	14	—	—	—	—	—	—	—	—	—	—
丁苯橡胶	25	17.5	30.5	13	4.8	12	94	16	—	—	—	—	—	—
	50	42	74	34.5	14.5	—	195	43	—	—	—	—	—	—
丁腈橡胶（含丙烯腈 18%）	25	—	—	—	1.9	—	47.4	—	—	—	—	—	—	—
	50	—	—	—	6.9	—	118	—	—	—	—	—	—	—
丁腈橡胶（含丙烯腈 27%）	25	9.32	12.1	2.94	0.81	—	23.5	—	18.9	—	18.9	—	—	—
	50	23.4	33.7	10.5	3.58	—	67.9	—	68.3	—	—	—	—	—
丁腈橡胶（含丙烯腈 39%）	25	5.2	5.42	0.73	0.179	—	5.67	—	—	—	—	—	—	—
	50	14.2	17.0	3.5	1.08	—	22.4	—	—	—	—	—	—	—
氯丁橡胶（G 型）	25		10.3	3.0	0.89	2.9	19.5	2.5	—	—	—	—	—	—
	50	—	28.5	10.1	3.55	—	56.5	9.8	—	—	—	—	—	—
丁基橡胶	25	6.4	5.5	0.99	0.247	—	3.94	0.6	1.28	—	1.28	—	—	—
	50	17.3	17.2	4.03	1.27	—	14.3	3.2	5.83	—	—	—	—	—
三元乙丙橡胶	25	—	—	18.8	6.3	—	80.9	—	—	—	—	—	—	—
	30	—	—	19	6.4	—	82	—	—	—	—	—	—	—
	50	—	—	—	—	—	—	—	—	—	—	—	—	—
甲基橡胶	25	11	13	1.6	0.36	—	5.7	0.60	—	—	—	—	—	—
	50	27	38	7.1	2.2	—	24	4.4	—	—	—	—	—	—
聚氨酯橡胶	25	—	—	—	0.4	—	13.3	—	—	—	—	—	—	—
	50	—	—	—	1.8	—	47.8	—	—	—	—	—	—	—
硅橡胶	25	—	400	400	200	—	1600	—	—	—	—	—	—	—
	30		—	—	—	—	—	—	—	—	—	11 600	6 800	27 800
	50	—	570	500	280	—	1550	—	—	—	—	10 600	6 400	22 800
氟橡胶	25	—	—	—	0.3	—	14.3	—	—	—	—	—	—	—
	50	—	—	—	2.9	—	114	—	—	—	—	—	—	—
聚硫橡胶 B	25	—	1.2	0.22	—	—	2.4	—	—	—	—	—	—	—
	50	—	4.6	1.3	—	—	11	—	—	—	—	—	—	—
异戊 74/丁腈橡胶并用胶 25	25	5.9	5.56	0.65	0.138	—	3.3	—	—	—	—	—	—	—
	50	15.1	18.5	3.43	0.99	—	16.9	—	—	—	—	—	—	—

注：甲基橡胶即聚-2，3-二甲基丁二烯橡胶。

表 1.1.4-58　部分有机溶剂对橡胶的透过系数（一）

试验液体	温度/℃	SBR				NBR－18				NBR－35			
		渗透率/(kg·h^{-1}·m^{-2})	比渗透率/(kg·m·h^{-1}·m^{-2})	在橡胶中的溶解度/(mL·mL^{-1})		渗透率/(kg·h^{-1}·m^{-2})	比渗透率/(kg·m·h^{-1}·m^{-2})	在橡胶中的溶解度/(mL·mL^{-1})		渗透率/(kg·h^{-1}·m^{-2})	比渗透率(kg·m·h^{-1}·m^{-2})	在橡胶中的溶解度/(mL·mL^{-1})	
				1 d	14 d			1 d	14 d			1 d	14 d
二异丁烯	25.0	9.12E+00	9.68E−01	1.42	1.38	2.24E−01	2.39E−02	0.30	0.34	很小	很小	0.07	0.18
	54.4	1.36E+01	1.00E+00	1.50	1.48	9.31E−01	6.79E−02	0.43	0.69	6.48E−02	1.29E−02	0.22	0.20
	82.2	1.60E+01	1.17E+00	1.67	2.28	2.61E+00	1.96E−01	0.49	0.44	9.66E−01	1.17E−01	0.27	0.23
SR－6	25.0	3.51E+01	2.56E+00	2.40	2.37	7.12E+00	5.40E−01	1.07	1.03	2.58E+00	4.91E−01	0.68	0.66
	54.4	5.59E+01	3.97E+00	2.37	2.40	1.69E+01	1.22E+00	1.09	—	4.63E+00	8.72E−01	0.70	0.70
	82.2	7.18E+01	5.45E+00	2.47	3.82	2.62E+01	1.91E+00	1.20	1.29	6.59E+00	1.19E+00	—	—
丁酮	25.0	1.10E+01	8.15E−01	0.88	0.85	3.75E+01	6.88E+00	2.32	2.04	3.92E+01	7.56E+00	2.39	2.51
	54.4	1.95E+01	1.36E+00	0.99	0.98	5.73E+01	1.09E+01	1.89	2.07	5.48E+01	1.03E+01	2.42	2.70
	82.2	3.12E+01	2.24E+00	1.10	1.19	8.30E+01	1.52E+01	2.02	2.74	7.07E+01	1.31E+01	2.61	3.38
苯	25.0	5.35E+01	3.93E+00	3.05	2.88	4.41E+01	8.01E+00	2.43	2.41	3.55E+01	6.56E+00	2.22	2.15
	54.4	9.04E+01	6.04E+00	2.91	3.02	5.73E+01	1.22E+01	2.40	2.44	4.51E+01	8.53E+00	2.16	2.18
	82.2	1.02E+02	7.71E+00	2.89	3.63	1.02E+02	1.84E+01	2.36	2.64	5.87E+01	1.11E+01	2.14	2.14
乙酸乙酯	25.0	1.21E+01	9.38E−01	0.93	0.88	2.34E+01	4.49E+00	1.65	1.62	2.21E+01	1.64E+00	1.73	1.69
	54.4	2.53E+01	1.95E+00	1.02	1.00	3.62E+01	6.78E+00	1.59	1.65	3.03E+01	2.17E+00	1.63	1.70
	82.2	3.57E+01	2.72E+00	1.11	1.29	4.48E+01	8.46E+00	1.60	1.81	3.85E+01	2.77E+00	1.61	1.92
甲醇	25.0	5.85E−02	4.31E−03	0.02	0.05	2.66E−01	4.97E−02	0.14	0.14	1.31E+00	9.66E−02	0.18	0.17
	54.4	6.47E+01	4.62E−02	0.05	0.16	1.96E+00	3.58E−01	0.18	0.15	2.31E+00	1.74E−01	0.23	0.22
	82.2	1.30E+00	9.73E−02	—	—	7.97E+00	1.43E+00	—	—	4.92E+00	3.59E−01	—	—
四氯化碳	25.0	3.34E+01	2.38E+00	2.36	3.20	1.08E+01	2.04E+00	1.72	1.66	3.41E+00	2.40E−01	1.06	1.03
	54.4	5.25E+01	3.97E+00	3.33	3.37	2.03E+01	2.94E+00	1.65	1.64	5.75E+00	4.08E−01	1.06	1.04
	82.2	7.45E+01	5.70E+00	3.36	4.73	2.63E+01	4.84E+00	1.63	1.86	1.06E+01	7.55E−01	1.09	1.11

表 1.1.4-59 部分有机溶剂对橡胶的透过系数（二）

试验液体	温度/℃	聚硫橡胶				CR			
		渗透率/($kg \cdot h^{-1} \cdot m^{-2}$)	比渗透率/($kg \cdot m \cdot h^{-1} \cdot m^{-2}$)	在橡胶中的溶解度/($mL \cdot mL^{-1}$)		渗透率/($kg \cdot h^{-1} \cdot m^{-2}$)	比渗透率/($kg \cdot m \cdot h^{-1} \cdot m^{-2}$)	在橡胶中的溶解度/($mL \cdot mL^{-1}$)	
				1 d	14 d			1 d	14 d
二异丁烯	25.0	很小	很小	0.02	0.04	很小	很小	0.10	0.25
	54.4	很小	很小	0.05	0.06	1.10E+00	2.39E−01	0.48	0.47
	82.2	很小	很小	0.08	a	2.23E+00	4.68E−01	0.57	0.57
SR−6	25.0	很小	很小	0.16	0.19	7.48E+00	1.66E+00	1.54	1.59
	54.4	4.87E−01	5.14E−02	0.22	0.22	1.25E+01	2.78E+00	1.84	1.90
	82.2	1.31E+00	1.04E−01	0.27	0.37	1.72E+01	3.33E+00	2.06	2.41
丁酮	25.0	4.40E+00	3.32E−01	0.60	0.61	1.06E+01	2.44E+00	1.39	1.42
	54.4	5.28E+00	5.37E−01	0.65	0.70	1.55E+01	3.91E+00	4.41	1.52
	82.2	1.22E+01	8.88E−01	0.77	0.77	2.31E+01	5.33E+00	1.71	2.02
苯	25.0	8.60E+00	6.50E−01	1.22	1.25	2.61E+01	5.85E+00	2.94	2.98
	54.4	1.60E+01	1.20E+00	1.29	1.41	4.79E+01	1.03E+00	3.59	3.75
	82.2	2.92E+01	2.17E+00	1.46	2.31	6.19E+01	1.41E+01	3.61	4.12
乙酸乙酯	25.0	2.11E+00	1.64E−01	0.48	0.48	5.62E+00	1.31E+00	1.25	1.20
	54.4	5.76E+00	4.25E−01	0.50	0.52	1.43E+01	3.26E+00	1.15	1.16
	82.2	8.25E+00	6.27E−01	0.53	0.58	1.27E+01	2.85E+00	1.24	1.27
甲醇	25.0	很小	很小	0.06	0.07	1.21E−01	2.87E−02	0.02	0.04
	54.4	4.45E−01	3.62E−02	0.09	0.09	b	b	0.09	0.26
	82.2	2.14E+00	1.55E−01	—	—	b	b	—	—
四氯化碳	25.0	6.93E−01	1.25E−01	0.36	0.54	1.75E+01	3.62E+00	3.09	3.44
	54.4	1.95E+00	3.94E−01	0.64	0.65	2.40E+01	5.13E+00	3.20	3.69
	82.2	3.56E+00	7.14E−01	0.75	a	b	b	3.24	3.41

注：a. 试样溶解。
b. 由于泄漏无法测定。

几种橡胶室温下的空气透过性见表 1.1.4-60。

表 1.1.4-60 橡胶室温下的空气透过性

橡胶	炭黑量（质量份）	空气透过率/($10^{-9} cm^3 \cdot s^{-1} \cdot atm^{-1}$)	橡胶	炭黑量（质量份）	空气透过率/($10^{-9} cm^3 \cdot s^{-1} \cdot atm^{-1}$)
ACM 4021	36.7	28	氯醚橡胶（CO 100）	29.4	1.3
ACM 4042	36.7	44	氯醇橡胶（ECO 200）	31.5	6.0
NBR 1041（高丙烯腈）	40.0	3.9	丁基橡胶	44.0	4.8
NBR 1042（中高丙烯腈）	40.8	7.5	—	—	—
NBR 1043（中丙烯腈）	41.2	11	—	—	—

材料对小分子气体、液体的耐渗透性能，随材料结晶度的增加，透过性下降，但聚合物不是全部结晶的，分为结晶区和非晶区，聚合物结晶减少了透过物质可越过的“通道”，但透过物质仍可以通过聚合物的非晶区迁移。增大结晶度可限制渗透，但对聚合物而言，达不到化学结构那么大的影响程度。

交联对材料的渗透性影响较小，尽管交联可通过交联点的约束作用来降低溶胀，但交联点不能阻止小分子通过溶胀的材料迁移。

也不能忽视温度的作用，如丁基橡胶的 CO_2 透过量，在常温下为丁苯橡胶的 1/20，而在 75℃下为丁苯橡胶的 1/2～1/3。

此外，透气量往往随橡胶配方而异。

1. 橡胶结构与透过性的关系

气体分子要透过橡胶，需要橡胶分子链段微布朗运动产生孔隙，产生这种孔隙需要能量，内聚能高的橡胶，所需的能量也大。这个问题，从橡胶黏度的角度考虑也可以得到类似结论：黏度高的橡胶扩散系数小，而黏度低的橡胶扩散系数大。

含极性基团和甲基的橡胶，其扩散系数一般较小。对于丁腈橡胶，其透气系数随着丙烯腈含量增加而降低；顺丁橡胶比乳液聚合丁二烯橡胶的扩散系数大，是由于前者侧乙烯基少，而侧乙烯基也具有类似甲基的阻碍作用；对于丁苯橡胶，苯乙烯结合量大的透过性小；对于聚异丁烯和丁基橡胶等，因其分子的空间位阻致使扩散系数减小，且扩散系数有如下顺序：聚二甲基丁二烯<聚异丁烯<聚丁二烯；对于三元乙丙橡胶等，扩散系数随丙烯含量增加而减小。另外，含双键的不饱和橡胶和含—Si—O—键的硅橡胶，橡胶大分子主链内旋转容易，其扩散系数较大。总之，极性基团、存在甲基空间位阻、不含双键、结晶性大、内部可移动性小的橡胶材料，其扩散性就小；有极性和玻璃化温度高的橡胶材料，其溶解性小。

图 1.1.4－22 表明，存在强电负性侧基时渗透率低，与电负性侧基对溶解度的影响完全相同。

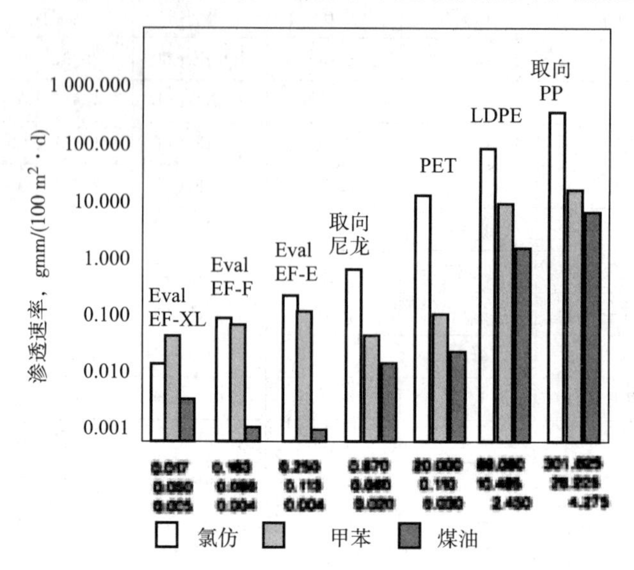

图 1.1.4－22　电负性侧基对聚合物渗透速率的影响

氟化聚合物 Eval 的氟含量极高，带有大量高电负性侧基 F，提高了材料的耐渗透性。与 PET 一样，锦纶含有氧侧基，但锦纶中的氧含量比 PET 要大得多，所以锦纶的耐渗透性比 PET 好。LDPE 与 PP 无电负性侧基，所以它们的渗透率最高。图 1.1.4－22 同时也说明结晶对渗透性的影响不大。

图 1.1.4－23 为燃油 C 对各种橡胶材料的渗透速率，图 1.1.4－24 为混合燃料对各种橡胶材料的渗透速率。

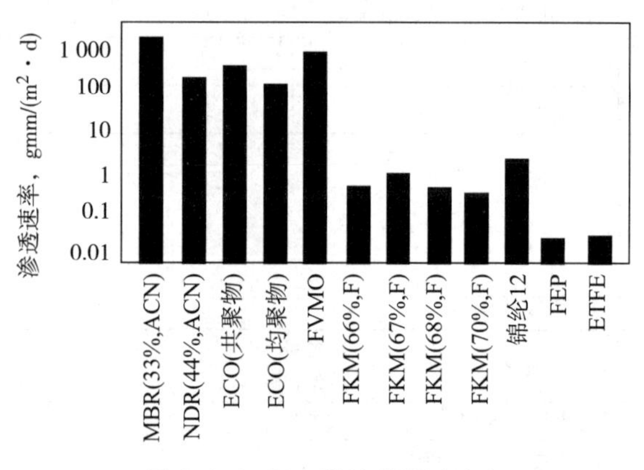

图 1.1.4－23　燃油的渗透速率

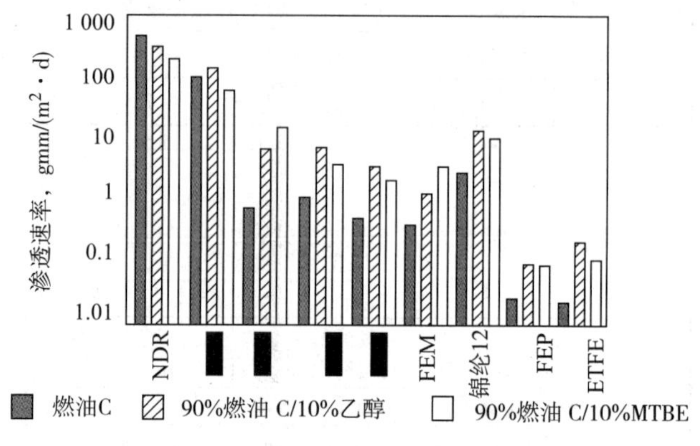

图 1.1.4－24　混合燃料的渗透速率

图 1.1.4－25 为乙醇混合燃料对各种橡胶材料的透过性。

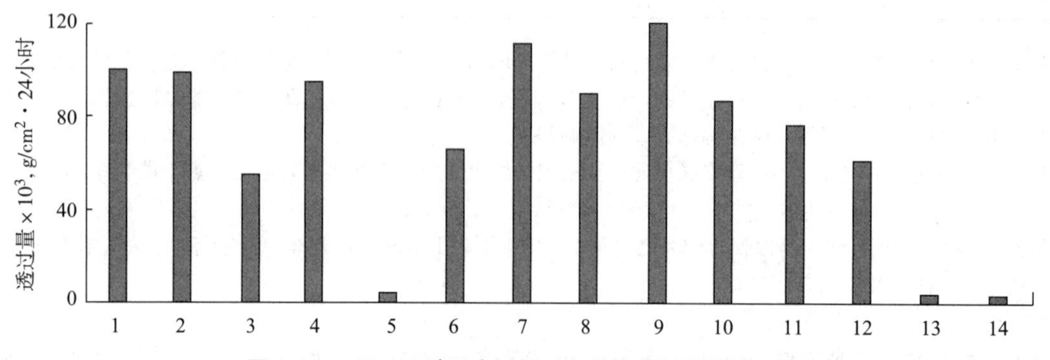

图 1.1.4－25　乙醇混合燃料对各种橡胶材料的透过性

1—丁苯橡胶；2—三元乙丙橡胶；3—氯化丁基橡胶；4—氯醚橡胶；5—氟橡胶；6—氯丁橡胶；7—含丙烯腈 41％ 的丁腈橡胶；8—低腈丁腈橡胶；9—NBR/PVC；10—氢化丁腈橡胶（含丙烯腈 42％）；11—氢化丁腈橡胶（含丙烯腈 37％）；12—氯磺化聚乙烯；13—锦纶－11；14—锦纶－12

氯醚橡胶（ECO）中有—Cl侧基，丁腈橡胶中有—CN侧基，氟化材料中有—F侧基，耐渗透性都好，其中氟化材料最好。FEP、ETFE、FKM都是氟化材料，其中FEP、ETFE是结晶的塑料，FKM是交联的弹性体，结晶的FEP、ETFE的渗透性较低。

此外，分子链段运动容易，橡胶的热膨胀系数大，则低分子的扩散系数就大，从图1.1.4-26可以看出，硫化胶的热膨胀系数与扩散系数成直线关系。密度也可以看成是硫化胶中既存的孔隙容积的尺度，密度大，自由体积小者，扩散系数小。从图1.1.4-27中还可以看出，不饱和橡胶中由于双键的存在，橡胶形成孔隙的可能性大，所以扩散系数也大。

2. 硫化对透过性的影响

硫化胶中结合硫的量、交联密度和聚合物分子量对各种气体的溶解、扩散、透过的影响如图1.1.4-28所示。硫化胶中结合硫的量增加时，气体扩散、透过所需活化能增大，而扩散系数减小。此外，硫化胶的交联密度对气体透过性也有影响，交联密度高时，橡胶分子的可移动性受到约束，气体的扩散系数减小。

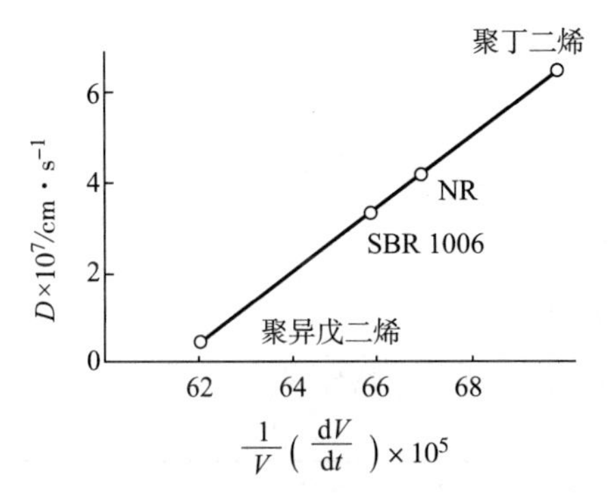

图1.4-26 热膨胀系数与扩散系数的关系

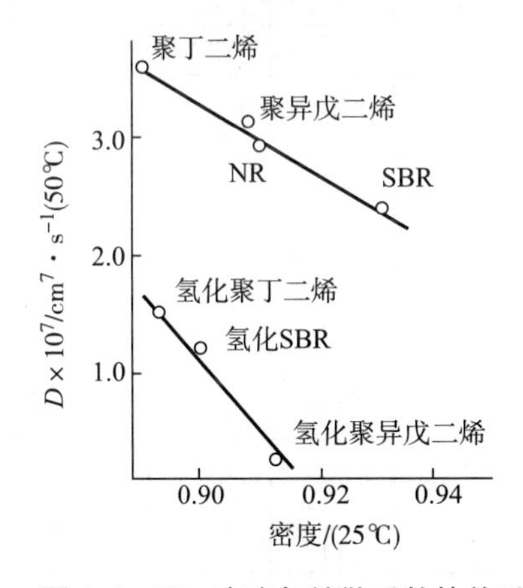

图1.4-27 密度与扩散系数的关系

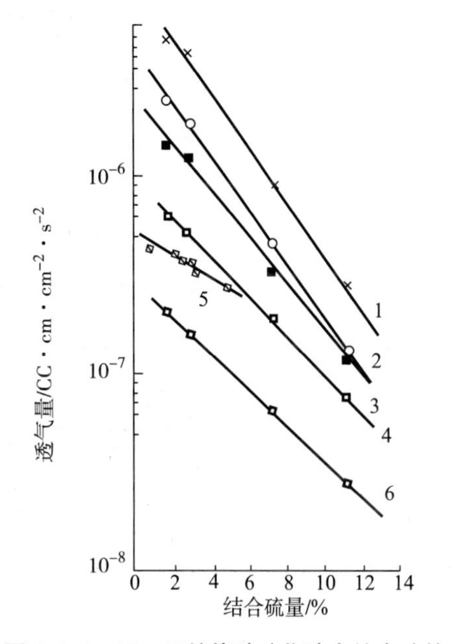

图1.1.4-28 天然橡胶硫化胶中结合硫的量对各种气体透过性的影响

1—n—C_4H_8；2—C_3H_6；3—C_2H_4；4—CH_4；5—H_2；6—N_2

3. 增塑剂对透气性的影响

增塑剂的迁移对于未硫化胶和橡胶制品都是一个非常不利的问题。一般芳香族增塑剂迁移性小，石蜡类增塑剂迁移性大。图1.1.4-29为增塑剂在PVC中扩散系数的变化情况。图1.1.4-30为丁基橡胶中软化剂用量和相对天然橡胶透气量的百分比。增塑剂的扩散、透过取决于橡胶与增塑剂的相容性、橡胶或增塑剂的分子量分布。增塑剂可减小范德华力，随着浓度增加活化能大大降低，而扩散系数急剧增大，此时浓度的影响按橡胶种类的不同而差异甚大。

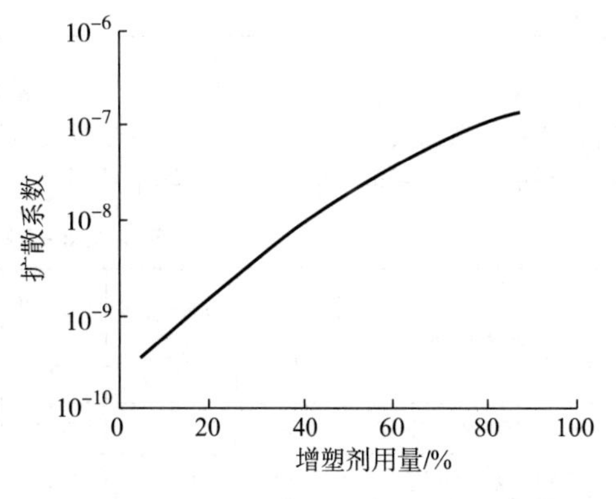

图1.1.4-29 邻苯二甲酸二辛酯在PVC中的扩散系数

4. 不同填充剂对透气性的影响

填充剂的补强性、用量和形态对硫化胶透气性有很大影响。透气量一般随着填充剂用量增加而减小，但也有不变的情况。补强性填充剂对透气量的减少程度比非补强性填充剂的小，但两者相差不大。气体透过所需活化能与填充剂添加与否无关，即透气现象不受活化能的影响。氧化铝、硫酸钡等非补强填充剂可使气体扩散量降低10%～15%，片状填充剂可降低气体扩散量60%～70%。不同填充剂对透气性的影响见表1.1.4-61。

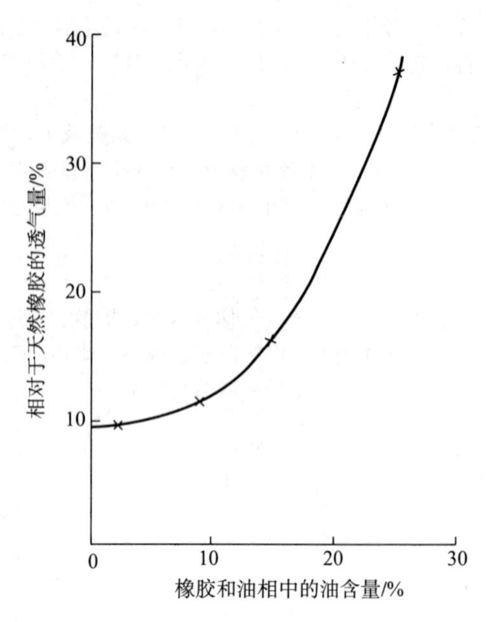

图 1.1.4－30　丁基橡胶的透气性

表 1.1.4－61　配合各种填充剂的天然橡胶硫化胶的透气性

［10^{-4} cm^2 ·（s · atm）$^{-1}$］

气体名称	H_2		O_2		N_2		CO_2		填充剂	
温度/℃	25	50	25	50	25	50	25	50	用量 phr	体积分数 /%
硫化的未填充胶	38.0	93.0	18.0	49.0	6.4	21.3	101	221		
反应值/%	100	100	100	100	100	100	100	100		
重质碳酸钙	81	80	78	75	73	—	—	—	56	0.18
三氧化二铁	77	76	73	73	73	—	—	—	112	0.18
氧化铝	84	85	81	82	20	—	—	—	52	0.17
硫酸钡	82	81	77	76	77	—	—	—	55	0.18
白炭黑（Hi2Sil）	66	66	62	63	59	44	44		—57	0.22
硅酸钙	84	85	78	84	20	—	—	—	42	0.17
白炭黑（Durosil）	74	75	65	71	59	58	58	—	45	0.18
白炭黑（Aerosil）	74	73	65	67	66	—	—	—	48	0.18
白炭黑（U ltrasil vN 35）	71	71	61	33	56	—	—	—	50	0.18
氧化铝	33	33	33	31	31	19	21	—	58	0.18
云母	22	32	23	21	20	13	13	—	82	0.18
石墨	53	53	49	50	48	—	—	—	52	0.19
陶土	32	32	29	31	30	23	22	—	56	0.18

比表面积大的炭黑，其硫化胶的气体扩散系数小，溶解系数大。试验结果证实，硫化胶的气体透过系数与炭黑种类的相关性并不那么大。表 1.1.4－62 为炭黑对天然橡胶硫化胶透气性的影响。由于炭黑粒子表面的孔隙未被橡胶充满，因此比表面积大的炭黑的吸附值大，溶解系数增大。

表 1.1.4－62　炭黑对天然橡胶硫化胶透气性的影响

炭黑名称	用量 /phr	体积分数 /%	$P/(10^3$ CC · cm · cm^{-2} · s^{-1} · atm^{-1})(25℃)				$D/(10^6$ cm^2 · s^{-1})			$S/$(C · CC^{-1} · atm^{-1})		
			H_2	O_2	N_2	CO_2	H_2	O_2	N_2	H_2	O_2	N_2
中粒子热裂炉黑	50	0.22	30.0	13.2	4.6	—	—	1.4	1.0	0.04	0.09	0.05
细粒子热裂炭黑	50	0.22	29.5	13.0	4.6	—	7.2	1.4	1.0	0.04	0.09	0.05
极细炉黑	50	0.22	27.5	12.1	4.2	—	2.8	0.6	0.5	0.10	0.20	0.08
高耐磨炉黑	50	0.22	27.0	11.2	4.0	47	2.0	0.5	0.5	0.13	0.21	0.08
易混槽黑	50	0.22	28.5	12.1	4.5	—	2.5	0.2	0.1	0.11	0.64	0.38
可混槽黑	50	0.22	31.0	12.6	4.1	59	1.9	0.2	0.1	0.16	0.82	0.41
无填充剂	0	—	38.0	18.0	6.4	101	10.0	1.7	1.1	0.04	0.11	0.06

轮胎的气密性与轮胎使用耐久性、燃油经济性以及使用性能（包括操控性能和刹车性能）都有密切的关系。据美国能源运输部的研究报告显示，当轮胎的气压降低时，滚动阻力会有明显的上升：当轮胎的气压下降5%时，滚动阻力会增加约3%，如图1.1.4-31所示。当轮胎气压下降达到10%时，对轮胎的使用寿命也会有明显的影响（增加轮胎的磨耗）。

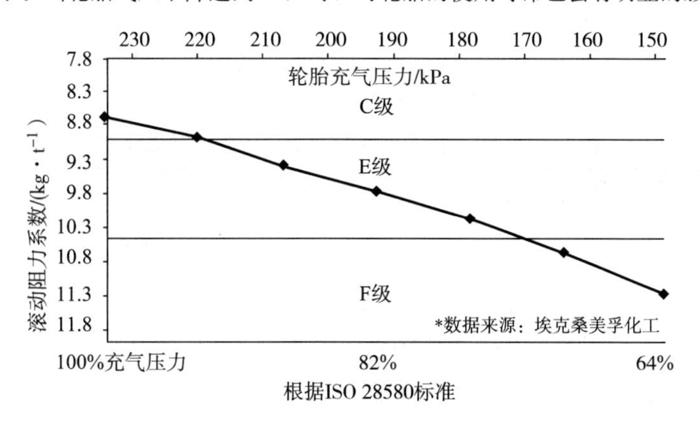

图 1.1.4-31 滚动阻力与轮胎压力损耗的关系

（滚动阻力等级：A级≤6.5，B级6.6～7.7，C级7.8～9.0，D级空、E级9.1～10.5，F级10.6～12.0，G级≥12.1）

N990炭黑因可以大量填充，在同等硬度条件下，可大幅改进轮胎气密层溴化丁基橡胶的耐气透性，见表1.1.4-63。

表 1.1.4-63 炭黑品种对轮胎气密层溴化丁基橡胶耐气透性的影响

配方	典型轮胎气密层配方	并用N990的轮胎气密层配方
溴化丁基橡胶	100.0	100.0
N660	60.0	15.0
N990	—	90.0
硬脂酸	1.0	2.0
氧化锌	3.0	3.0
增黏剂 SP 1068	4.0	2.0
Sunpar 2280（太阳牌石蜡油）	7.0	—
环烷油	—	8.0
Escorez™ 1102 树脂	—	2.0
促进剂 MBTS	1.3	1.5
硫黄	0.5	1.5
合计	176.8	222.0
硫化胶物性		
T_{c90}/min	13.3	13.9
焦烧时间 Tc_{35}/min	38.33	41.92
硬度（邵尔A）	48	48
疲劳破坏/次	7 342 000	9 016 000
裂纹增长（23℃，100万次）	相同	
tanδ（23℃）	0.157 6	0.156 1
与聚酯纤维黏着力（剥离强度）/($lbs \cdot m^{-1}$)	107	127
Exxon气透性差异	0	−7

5. 橡胶老化对透过性的影响

橡胶老化对扩散、透过性有极大的影响。橡胶氧化老化的结果，导致扩散所需活化能增大，从而透过量减小。橡胶的氧化老化是氧向橡胶中扩散引起的，而且氧化速度高于扩散速度，因氧化速度与温度的关系很大，所以氧化与距橡胶表面的距离有关。由于橡胶的氧化老化，使橡胶表面硬化，这往往阻碍了氧的扩散。图1.1.4-32为不同温度下丁苯橡胶老化时间与氧透过量的关系。

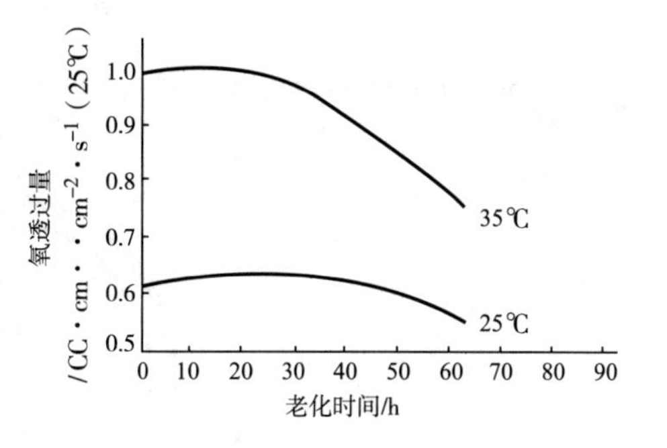

图 1.1.4-32 丁苯橡胶老化时间与氧透过量的关系

（二）复合材料的透过性

1. 多层材料的透过性

多层材料的透过性也与热传导类似，可由下式近似地算出，即

$$L/P=L_1/P_1+L_2/P_2+L_3/P_3+L_4/P_4+\cdots\cdots$$

式中：P 为平均透过系数；L 为总厚度；P_1、P_2、P_3、P 为各层的透过系数；L_1、L_2、L_3、L 为各层的厚度。

非理想气体和蒸气透过多层薄膜的情况较复杂，而且其扩散系数和透过系数与浓度存在着相关性。特别是多层薄膜的第一层，其透过系数与扩散浓度的关系十分密切。多层薄膜第二层的透过系数（P）可大体由下式求出，即

$$P=[P_1 \cdot P_2/(P_1 \cdot L_1+P_2 \cdot L_2)] \cdot (L_1+L_2)$$

实际应用中，多采用多层材料复合，以满足产品使用性能与加工性能要求。以汽车排放等级对应的燃油胶管结构改进为例，适应不同排放等级要求的燃油胶管类型见表 1.1.4-64。

表 1.1.4-64　汽车排放等级对应的燃油胶管类型

汽车排放等级	渗透值（CH 排放）/(g · d^{-1})	橡胶燃油管类型	树脂燃油管类型
欧Ⅲ	2	FKM	PA11、PA12
欧Ⅳ	2	THV、FTPV	PA6/PVDF/PA12、PA12/EVOH/PA12 等
欧Ⅴ	0.5	—	ETFE/PA12、PA9T/ETFE/PA12 等

注：THV—偏氟乙烯/四氟乙烯/六氟丙烯共聚树脂，ETFE—乙烯/四氟乙烯共聚树脂，PVDF—聚偏氟乙烯树脂，FTPV—热塑性氟橡胶，EVOH—乙烯/乙烯醇共聚物（高阻隔性膜材料），PA9T—锦纶 9T（聚 1，9-亚壬基对苯二酰胺）。

满足欧Ⅲ排放标准的燃油软管结构如图 1.1.4-33 所示。

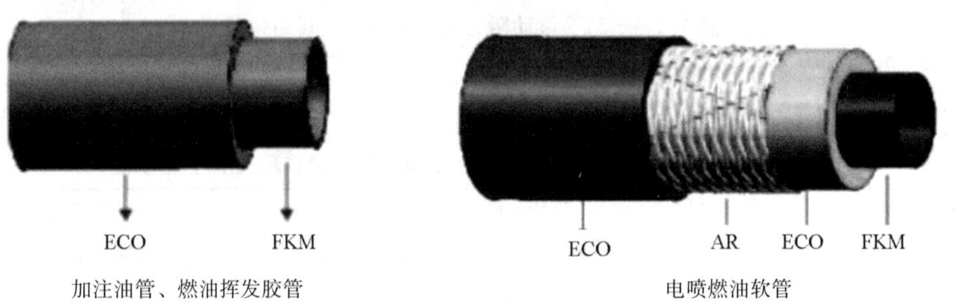

加注油管、燃油挥发胶管　　电喷燃油软管

图 1.1.4-33　欧Ⅲ排放标准的燃油软管结构

满足欧Ⅳ排放标准的燃油软管结构如图 1.1.4-34 所示。

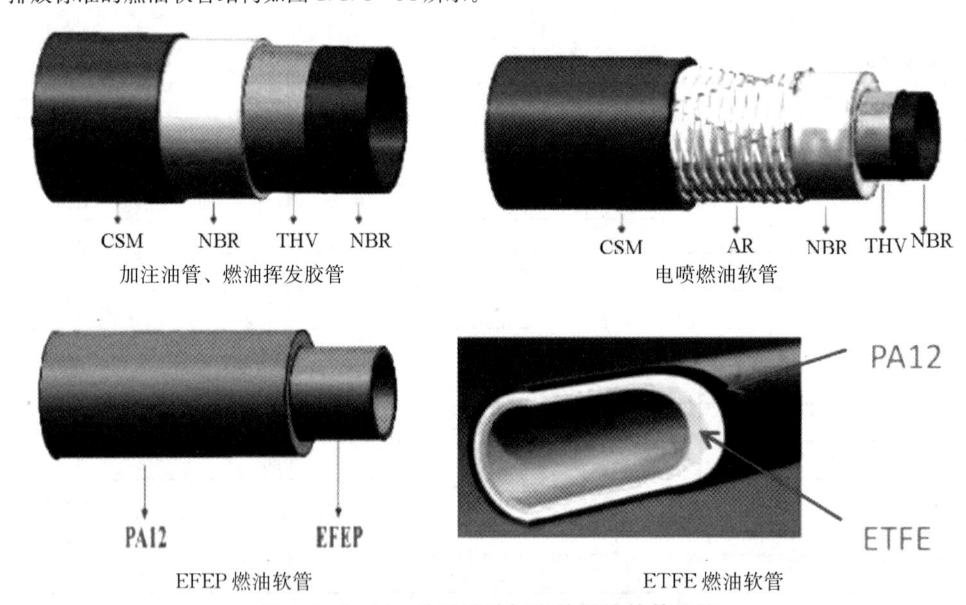

加注油管、燃油挥发胶管　　电喷燃油软管

EFEP 燃油软管　　ETFE 燃油软管

图 1.1.4-34　欧Ⅳ排放标准的燃油软管结构

满足欧Ⅴ排放标准的燃油软管结构如图 1.1.4-35 所示。

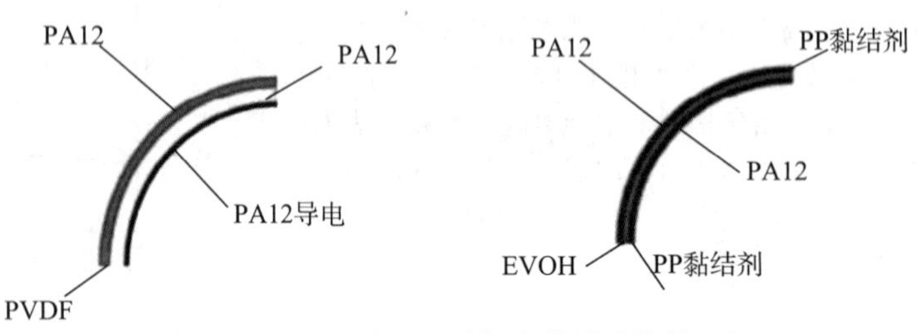

图 1.1.4-35　欧Ⅴ排放标准的燃油软管结构

耐生物柴油（菜籽油甲酯）软管的结构如图 1.1.4-36 所示。

图 1.1.4－36 耐生物柴油（菜籽油甲酯）软管的结构

1—阻隔层 FKM；2—中胶层 ECO 或 AEM；3—增强层；4—外胶层（ECO、CSM、AEM 等）

多层复合锦纶软管与单层锦纶软管的透过性数据对比见表 1.1.4－65。

表 1.1.4－65 多层复合锦纶软管与单层锦纶软管的透过性数据对比

燃油类型	锦纶软管结构	测试温度/℃	CH 排放量/($g \cdot m^{-1} \cdot d^{-1}$)
燃油 C	单层	40	0.216
	多层		0.008
燃油 E－10	单层		1.70
	多层		0.002

2. 并用胶的透过性

两种橡胶并用胶的透过系数大致处于两者之间，但其相关性不一定呈线性关系，其透过量由于与低透过性橡胶并用而有比例地降低。在考虑基本模型时，假定两种橡胶平行排列，则透过系数可由下式近似地求出，即

$$P=(1-V_1)\cdot P_1+V_2\cdot P_2$$

式中，V_1、V_2 为两种橡胶的单位体积。

图 1.1.4－37 为天然橡胶/聚异丁烯并用胶的气体透过系数。图 1.1.4－38 为丁腈橡胶（丙烯腈含量 45%）与氯醚橡胶并用胶的燃油透过性。两种并用胶的透过性基本上按比例变化。

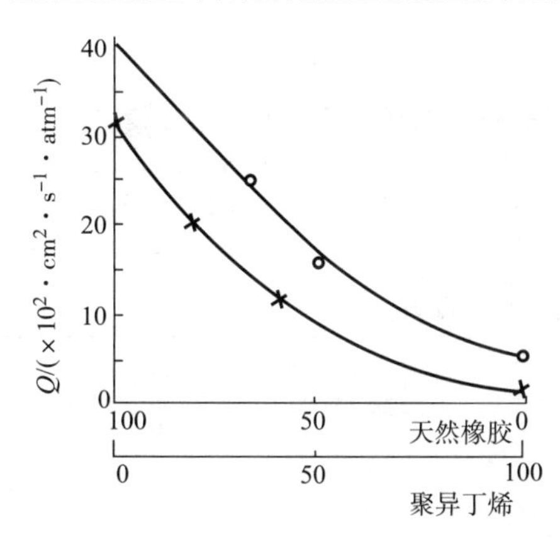

图 1.1.4－37 天然橡胶/聚异丁烯并用胶的气体透过系数

○—H_2（25℃），×—N_2（60℃）

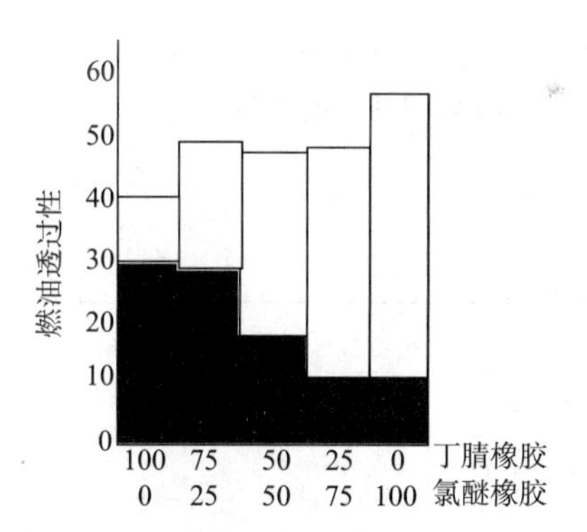

图 1.1.4－38 丁腈橡胶与氯醚橡胶并用胶的燃油透过性

□—燃油 C/甲醇（85/15）；■—燃油 C

3. 橡胶-织物的透过性

橡胶-织物复合材料的透过性受橡胶透过性的影响，由于织物对气体或液体的几何学透过抑制的缘故，透过量减小。透过速度与橡胶层的厚度成反比，橡胶和织物之间有孔眼存在时透过量增大。图 1.1.4－39 为在丁腈橡胶中间压有锦纶布时的燃油透过量。

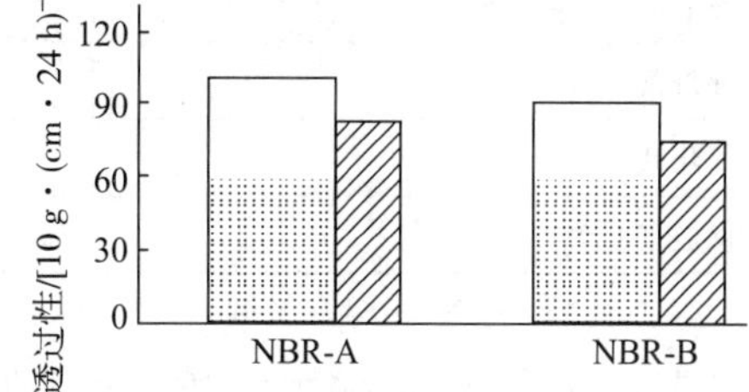

图 1.1.4－39 丁腈橡胶与锦纶布贴合材料的燃油透过性

（40℃，普通汽油）

4. 海绵胶的透过性

海绵胶分为开孔和闭孔两种结构。对于开孔结构海绵胶，其透过性与孔壁材质无关，而与孔的大小有相关性：孔的密度减小、有效孔径增大，透过量增加。对于闭孔结构海绵胶，因扩散分子在通过它时孔眼“打开”，所以孔壁的材质对透过速度有抑制作用，扩散速度与扩散分子的大小成反比。

在制造低透过性橡胶制品时，首先是选择对于气体、液体难以溶解或难以扩散的胶种。但考虑到成本和透过性与其他性能的平衡问题，对配方技

术、成型方法和产品结构进行研究也很重要。制造低透过性橡胶制品一般多采用以下方法：(1) 与低透过性聚合物并用，或者对聚合物进行改性；(2) 与其他胶种、片状填充剂、树脂材料并用；(3) 采用叠层结构，以补强性纤维、布、织物等作为屏蔽材料；(4) 将异种材料进行叠合、涂覆，以抑制透过性。在橡胶或树脂材料上涂布金属或者金属化合物，如以铝带等作为屏蔽材料。

4.4.2 耐水蒸气

影响橡胶透水性的重要因素是蒸气的分压力。透水量只与压力梯度有关，通常最好是在饱和蒸气压力下进行比较。低蒸气压力是透水的理想状态，符合 Henry 定律和 Fick 定律，而扩散系数与水的量有关，且与蒸气压力成正比。此外，透水量与时间的平方根成正比，达到饱和状态的时间与橡胶厚度的平方根成正比，胶片浸水一定时间后的重量增加率与橡胶厚度成反比。水在橡胶中的扩散系数一般近似于下式：

$$D=\frac{1}{10}\cdot n\cdot(F^2\cdot L^2/t)$$

式中，D 为扩散系数；F 为最大吸水量；L 为橡胶厚度；n 为常数；t 为时间。

与上述相反，高蒸气压力是橡胶透水的非理想状态，吸水量与蒸气压力成正比，因而它大幅度增加，在初始状态由于温度的缘故吸水量增加很快。因此，在高压蒸气下水量的梯度呈非线性状态。图 1.1.4－40 为天然橡胶透水系数与相对蒸气压力的关系。

图 1.1.4－41 为按表 1.1.4－66 配方橡胶的透水速度与温度的关系。

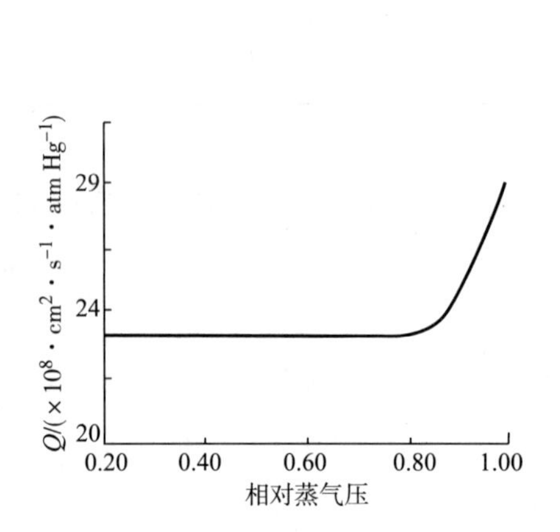

图 1.1.4－40 天然橡胶透水系数与相对蒸气压力的关系

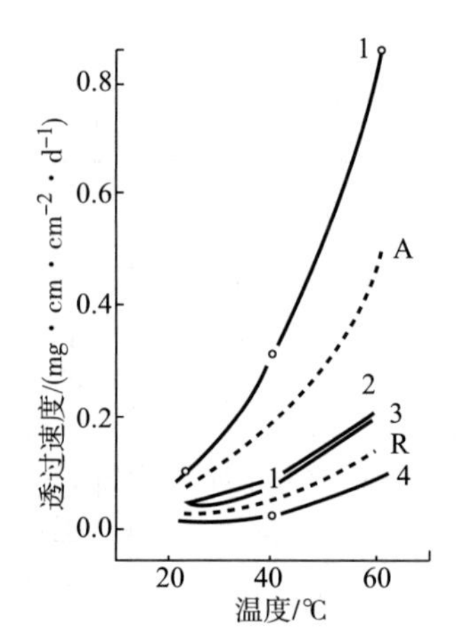

图 1.1.4－41 透水速度与温度的关系（试样配方见表 1.1.4－66）

1—氯丁橡胶；2—氯丁橡胶/三元乙丙橡胶；3—三元乙丙橡胶/氯丁橡胶；4—三元乙丙橡胶

表 1.1.4－66 透水速度试验用橡胶试样配方

试样编号	1	2
三元乙丙橡胶	—	100
氯丁橡胶（W 型）	100	—
氧化锌	5	5
硬脂酸	0.5	1
硫黄	—	2
细粒子炉黑	50	20
防老剂[a]	2	—
促进剂 Na－22	0.5	—
氧化镁	4.0	—
促进剂 CZ	—	1

注：a. N-苯基-N′-(对甲苯磺酰) 对苯二胺。

图 1.1.4－42 为配合各种炭黑的硫化胶的水蒸气透过系数。

4.4.3 耐制冷剂

制冷剂是一种透明、无味、无毒、不易燃烧、爆炸和化学性稳定的产品，可适用于高温、中温和低温制冷机，以适应不同制冷温度的要求，又称雪种、冷媒，是制冷循环的工作介质，利用制冷剂的相变来传递热量，即制冷剂在蒸发器中汽化时吸热，在冷凝器中凝结时放热。当前能用作制冷剂的物质有80多种，最常用的是氨、氢氟烃（氟利昂）类、水和少数碳氢化合物（甲烷、乙烯、异丁烷、一氯甲烷、二氯甲烷）等。

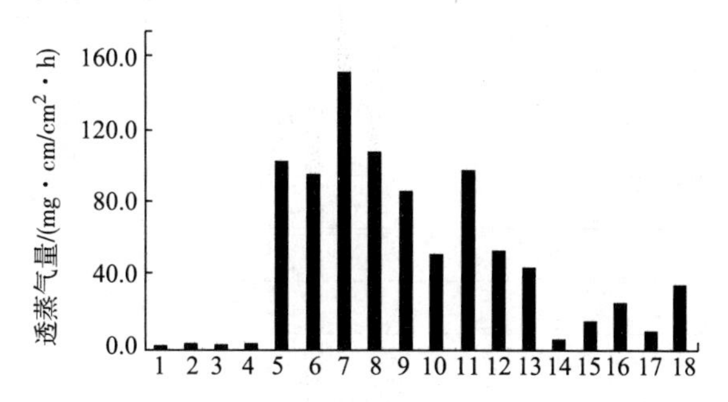

图 1.1.4-42 配合各种炭黑的硫化胶的水蒸气透过系数

1，2，3，4—BIIR（溴化丁基橡胶）；5—NBR（18%）+N55O（细粒子炉黑）70份；6—NBR（27%）+N550 70份；7—NBR（34%）；8—NBR（34%）+N550 80份；9—NBR（34%）+N550 70份；10—NBR（34%）+N550 30份；11—NBR（38%）+N550 70份；12—NBR（50%）+N550 70份；13—NR+N550 50份；14—BIIR/NR（75/25）+ISAF－LS 50份；15—BIIR/NR（50/50）+ISAF－LS 50份；16—BIIR/NR（25/75）+ISAF－LS 50份；17—BIIR/NBR（34%）（67/33）+N550 70份；18—BIIR/NBR（34%）（33/57）+N550 7份

氟利昂最主要的用途，是作为制冷剂用于制冷设备中。此外，氟利昂还用作气溶胶推进剂、发泡剂、溶剂以及用于化学工业灭火等。氨的汽化热等于5.581 cal/mol，在理想气体状态下的比热为8.523 cal/(℃ · mol)(25℃)，因此在制冷技术中也常用氨的水溶液和液氨作为制冷剂。表1.1.4-67列出了橡胶制品常接触的氟利昂与氨的特性数据。文献中可以查到50种以上氟利昂商品的基本物理性质、热力学性质及其他性能的有关数据。

表 1.1.4-67 氟利昂与氨的特性数据

介质	分子式	沸点/℃	在293K的饱和蒸气压/bar	临界常数		偶极矩/D（德拜）
				温度/℃	压力/bar	
R11	CCl_3F	23.8	液体	198	43.2	0.45～0.68
R12	CCl_2F_2	−29.8	5.7	112	42.0	0.54～0.70
R13	$CClF_3$	−81.5	32.4	28	39.4	0.39～0.65
R22	$CHClF_2$	−40.8	9.35	96	50.3	1.41
R30	CH_2Cl_2	39.2	液体	204	—	4.78
R113	$C_2Cl_3F_3$	47.7		214	—	—
R142	$C_2H_3ClF_2$	−9.8	2.9	137	—	2.21
R114B	$C_2Br_2F_4$	47.5	液体	—	—	—
R134a	$CH_2F \cdot CF_3$	−26.15	—	101.08	41.38	—
氨	NH_3	−33.0	8.7	134	—	1.53

在制冷设备中摩擦部件的润滑采用油与氟利昂和氨的混合物，混合物中油和制冷剂的含量可以根据它们的相互溶解度作很大范围的改变。油的选择决定于它与制冷剂的相容性及操作温度。与氨和氟利昂R11和R12接触时采用石油系油品，与氟利昂R22和R13接触时采用聚酯和聚硅氧烷油。因而，在为制冷工业选择橡胶时，必须既考虑耐制冷剂，又要考虑耐所使用的油品。当用氟利昂作推进剂，而橡胶用作气溶胶瓶阀门装罩时，还必须考虑橡胶对雾化介质的稳定性。

（一）耐氟氯烃与冷冻机油

生胶受氟利昂作用会发生很大溶胀直至生成凝胶，对氟利昂作用前后生胶的红外光谱、溶解性和溶液的特性黏度及其硫化能力的研究表明，此时生胶中不存在化学变化，因而氟利昂对生胶和硫化胶的作用同属于物理性的。氟利昂与硫化胶的相互作用程度取决于氟利昂的化学结构和橡胶的类型。在许多情况下呈现极性对比关系法则：非极性橡胶硫化胶耐极性氟利昂，反之，极性橡胶硫化胶耐非极性氟利昂。然而有时氟利昂化学结构的影响不仅体现在其极性上，也体现在其极化率上。

利冷剂氟氯烃R12（二氯二氟甲烷）、R22（一氯二氟甲烷）的沸点分别为−29.8℃、−40.8℃，偶极矩分别为0.54～0.70、1.41，R22的极性比R12大。耐利冷剂R12、R22橡胶的选用，要ΔV、Δm小，耐腐蚀，透过率小。

橡胶对R12、R22的透过率与耐介质系数见表1.1.4-68。

表 1.1.4-68 橡胶对 R12、R22 的透过率与耐介质系数

橡胶		R12 透过率/(cm^3 · cm^{-1} · s^{-1} · cm^{-2} · Pa^{-1})$\times10^{-12}$	纯胶硫化胶浸泡后 Δm		含填料硫化胶耐 R22 性能	
类别	T_b/℃		R12	R22	Δm/%	ΔV/%
CPE (CM)	−29	0.002 1	—	—	4.4	3.9~4.8
NBR−18	—	—	33	200[a]	—	—
NBR−26	—	—	26	390[a]	0.3~1.0	−1.3~−0.9
NBR−37	−30	0.051	—	—	—	—
NBR−40	—	—	21	425[a]	7.0	6.0
NBR−44	−17	0.009	—	—	—	—
CSM	−40	0.002	28	31[a]	—	—
CSM−40	—	—	—	—	6.3	7.9
CR	−48	0.32	24	22	4.5	4.5
CR/CSM	—	—	—	—	6.1	5.3
ECO	−50	1.13	—	—	2	0.82
IIR	−69	2.17	68	26[a]	8.3	2.6
BR	<−70	62.5	57	42	—	—
SBR	—	—	54	37	—	—
EPDM	<−70	10.4	87	90	—	—

注：a. 表面鼓泡。
b. 浸泡条件 24℃×48 h。

对于 R12，极性橡胶的 T_b高者透过率小，ΔV 也小；R22 极性相对大，极性小的橡胶 ΔV 小。其中，CO、ECO、NBR 在耐制冷剂 R12、R22 橡胶制品中均已得到实际应用。

制冷剂 R12、R22 中常添加 5%~15%的冷冻油或机油（多元醇酯），以至在纯 R12、R22 中相当稳定的耐油橡胶亦难胜任。以 EPDM、CO 为例，其对添加冷冻油或机油的制冷剂与纯制冷剂之间的耐介质系数对比见表 1.1.4-69。

表 1.1.4-69 橡胶对添加冷冻油或机油的制冷剂与纯制冷剂之间的耐介质系数（ΔV/%）对比

橡胶	纯 R22	R22+5%冷冻油	R22+10%冷冻油	R22+10%机油
EPDM	2	15	—	—
CO (Na−22 硫化)	(浸泡 187 h) 2~6	—	(浸泡 4 h) 1~3	(浸泡 4 h) 2~5

气雾剂中含 R12 或 R22，如 R12 70 份/95%乙醇 29.65 份/药物 0.35 份的气雾剂，以 NBR/白炭黑/DCP 制密封件，其 Δm 为 26.52%，在 45℃×168 h 条件下每瓶失重 208.1 mg；如采用 CO 50 份/NBR 50 份并用胶配用气相法白炭黑，以 DCP/Na−22 则 Δm 为 20.53%，每瓶失重 117.1 mg。

耐 R12、R22 的 CO 橡胶制品，使用 HAF 的稳定性优于 SAF，使用 SRF 的稳定性优于白炭黑。采用 10 份以上 MgO 或者 MgO/二盐基亚磷酸铅作 HCl 吸收剂，会使 CO 硫化胶耐 R22 更稳定。而 DBA、DBP、St 则会全部被 R22 抽出，氯化石蜡会部分抽出。

R12 属于主要消耗臭氧层物质（ODS），R22 是具有较低 ODP 值（高臭氧消耗潜能值）的物质，均属于《关于消耗臭氧层物质的蒙特利尔议定书》的受控物质。新型制冷剂，如 R134a、R152a 等是 ODP 值为零的含氢氟烃 HFCS 物质，已在制冷领域得到全面推广。R134a 分子直径小，穿透性强，耐 R134a 的橡胶材料要求有低透过性、对 R134a 专用冷冻机油 PAG 有抗耐性、在 35~150℃工作温度下具有耐热性。

R134a 与 R12 的主要性能区别见表 1.1.4-70。

表 1.1.4-70 R134a 与 R12 的主要性能区别

项目	R134a	R12
化学结构	$CH_2F \cdot CF_3$	CCL_2F_2
分子量	102.03	120.91
沸点/℃	−26.15	−29.79
凝固点/℃	−108	−155
临界温度/℃	101.08	111.80
临界压力/($kg \cdot cm^{-2}$)	41.38	42.06

续表

项目	R134a	R12
临界密度/(g·cm^{-3})	507	558
溶解度参数	6.6	6.1
在水中的溶解度（25℃×1个大气压）/[g·(100 g水)$^{-1}$]	0.15	0.028
水在制冷介质中的溶解度（25℃）/[g·(100 g水)$^{-1}$]	0.28	0.009

几种具有代表性的橡胶，在R134a及R12中的体积变化、发泡状态及透气性等数据见表1.1.4-71、表1.1.4-72。

表1.1.4-71 橡胶在R134a及R12中的体积变化、发泡状态及透气性（一）

橡胶		NBR	HNBR	CR	EPDM	CM	VMQ	FKM
耐热性/(℃×1 000 h)		100	130	100	130	120	230	250
R134a	硬度变化/度	−7	−3	−6	−2	0	+1	−16
	重量变化/%	+8.0	+8.7	+0.3	+1.9	+0.7	+1.5	+46.7
	体积变化/%	+7.3	+7.0	−0.1	+1.8	+0.8	+1.2	+70.0
	发泡状态	少	少	无	无	无	无	多
	透气性	—	3.37	—	2.48	0.81	189	—
	适用性	△	△	○	○	○	×	×
R12	硬度变化/度	−1	−1	−5	−12	−1	−11	−8
	重量变化/%	+2.4	+2.5	+8.6	+38.0	+4.5	+46.0	+9.7
	体积变化/%	+1.6	+1.7	+6.6	+29.5	+4.2	+70.7	+12.4
	发泡状态	无	无	中等	中等	无	无	多
	透气性	—	1.43	—	51.1	3.82	571	—
	适用性	○	○	△	×	○	×	×

注：试验方法：(1)在氟利昂中的浸渍条件为25℃×24 h；(2)发泡试验条件为160℃×0.5 h，是在完成(1)后放入烘箱中加热进行发泡的；(3)透气性，70℃单位×0.01 g·mm·cm^{-2}·d^{-1}。

表1.1.4-72 橡胶在R134a及R12中的体积变化、发泡状态及透气性（二）

橡胶		R134a		R12	
		体积变化/%	发泡	体积变化/%	发泡
丙烯酸类	ACM（氯类）	+19.0	×	+11.5	×
	VAMAC（P.D交联）	+30.0	×	+30.0	×
	电化ER 5300P	+65.3	×	+33.6	×
	电化ER 8401P	+40.0	×	+39.5	×
氟类	一元多元醇	+70.0	×	+12.4	×
	三元多元醇	+68.0	×	+23.5	×
	三元过氧化物	+65.0	×	+47.5	×
	维通GLT	+82.5	×	+25.8	×
	维通GFLT	+100.2	×	+62.4	×
	阿氟拉斯150P	+37.5	×	+108.0	×
	阿氟拉斯200	+60.0	×	+60.0	×
	卡尔莱兹	+43.0	×	—	×
氯类	CSM（P.O交联）	+1.1	○	+11.0	×
	ECO	+2.0	○	+1.5	○
丁基类	IIR（P.O交联）	+1.0	○	+29.5	×
	IIT	+5.0	○	+27.0	×

注：浸渍条件为25℃×24 h；发泡条件为浸渍后在烘箱中加热160℃×0.5 h。
×——不适用；△——可用；○——适用。

100℃下橡胶对R134a的气体渗透系数对比情况如图1.1.4-43所示。

透湿率是指在一定温度下，使试样的两侧形成特定的湿度差，液体蒸气透过透湿杯中的试样进入干燥的一侧，通过测定透湿杯的重量随时间的变化量，求出试样的液体蒸气透过率等参数。50℃下 R134a 对橡胶的透湿率对比情况如图 1.1.4－44 所示。

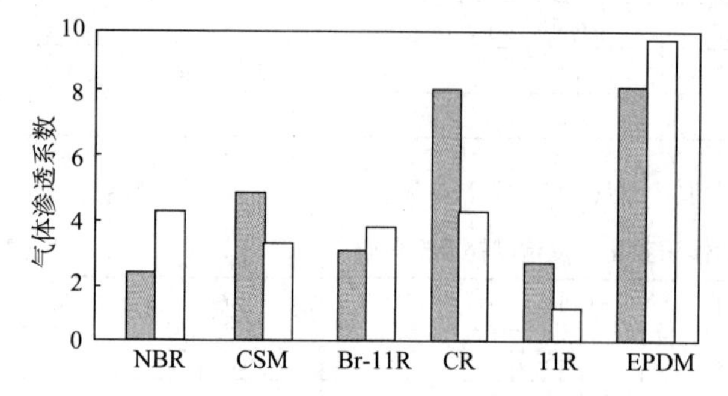

图 1.1.4－43　100℃下橡胶对 R134a 的气体渗透系数对比情况

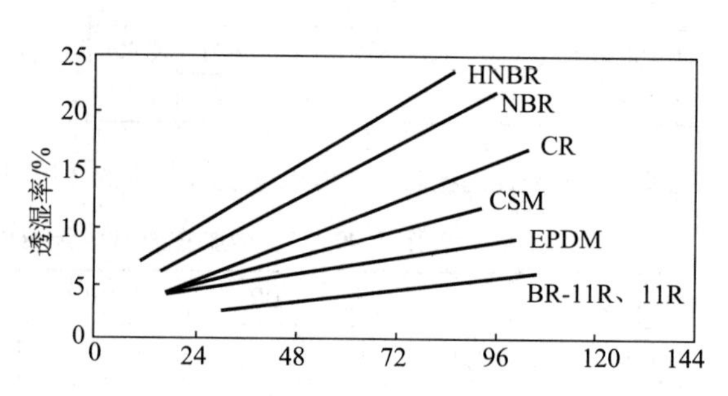

图 1.1.4－44　50℃下 R134a 对橡胶的透湿率对比情况

综上所述，作为耐氟利昂 R134a 的材料来讲，较好的是氯丁橡胶、三元乙丙橡胶、氯化聚乙烯，NBR、HNBR 比这些橡胶稍差一些，但硅橡胶、氟橡胶可以说是不适用。在表 1.1.4－71、表 1.1.4－72 中，以耐热性聚合物为主对各种材料的耐氟利昂 R134a 及 R12 的性能进行了评价。作为耐热性的材料来讲，目前市售的大部分丙烯酸酯类及氟类橡胶是不适用的，因为体积变化都比较大，而且发泡性能也比较差。但是，像氯类及丁基类橡胶是可以采用的。另外，从表 1.1.4－71、表 1.1.4－72 全部的数据结果来看，其结论大致上可概括为下列两点：(1) 作为耐 R134a 用的橡胶材料，尽可能选用极性基团少的橡胶（EPDM、CM、CSM、ECO、IIR 等）；VMQ 因透气性大而不适宜使用。(2) 作为耐 R134a 用的橡胶材料，不适宜采用氟类和丙烯酸类橡胶。此外，在使用腈类橡胶 NBR、HNBR 时应特别注意。

制冷剂适用的冷冻机油有烷基苯合成油 AB、多元醇酯合成油 POE、环烷基矿物油 MO 等。其中 R134a 专用冷冻机油为聚（烷撑）二醇类油（PAG），其与普通烷烃类油的区别见表 1.1.4－73。

表 1.1.4－73　PAG 与烷烃类油的主要性能区别

项目	聚（烷撑）二醇类油（PAG）	烷烃类油
运动黏度/cSt 40℃ 100℃	 55.8 8.8	 87.2 10.8
密度（@15℃）/($g \cdot cm^{-3}$)	1.007	0.869
着火点/℃	224	238
流动点/℃	－40.0	－17.5
总酸值/($mgKOH \cdot g^{-1}$)	0.01	0.01
体积电阻率/($\Omega \cdot cm$)	4.5×10^{10}	5×10^{15}
水分/ppm	200	20
苯胺点	27 以下	125

部分橡胶的耐 PAG 性及耐烷烃类油性的对比情况见表 1.1.4－74。

表 1.1.7－74　部分橡胶的耐 PAG 性及耐烷烃类油性的对比情况

橡胶		NBR	HNBR	CR	EPDM	CM	VMQ	FKM
PAG	硬度变化/度	＋9	＋6	＋3	－3	－2	－5	－1
	拉伸强度变化率/%	－5	＋7	－9	＋20	＋3	－11	＋10
	伸长率变化率/%	－53	－27	－32	－9	－16	＋9	＋1
	体积变化率/%	－3.9	－4.4	－0.6	＋2.8	＋1.9	＋0.2	＋1.5
	适用性	△	○	○	○	○	○	○
烷烃类油	硬度变化/度	＋3	＋3	＋3	－16	－2	－3	0
	拉伸强度变化率/%	－25	－7	－45	＋46	＋1	－4	－2
	伸长率变化率/%	－57	－12	－54	－44	－19	＋4	＋1
	体积变化率/%	－4.5	－7.3	－0.5	＋80.8	＋16.2	＋5.7	＋0.1
	适用性	△	○	△	×	△	○	○

注：试验条件为 150℃×70 h。×——不适用；△——可用；○——适用。

在耐烷烃类油的场合，EPDM等极性基团少的橡胶显示出了较大的溶胀变化，因此这类橡胶不适合在烷烃类油中使用。但对PAG来讲，大部分橡胶是适用的。另外，在氟利昂R134a/PAG混合的场合，其体积变化率大致是两者的平均值。例如，FKM在R134a、PAG中的体积变化率分别为70%、1.5%，但在R134a/PAG（50/50）的混合物中其体积变化率为35%。

（二）耐氨性[35]

氨是富有反应活性的物质。加成反应是氨特别典型和容易发生的反应，此外，还有取代反应和氧化反应。碱金属与碱土金属能与液态和气态氨反应生成氮化物（取代NH_3分子中3个氢原子的产物）或氨基化合物（NH_3中1个氢原子被金属取代）。液氨与硫按下式反应：

$$4S+4NH_3=6H_2+N_4S_4$$

在室温和高温下饱和聚合物对液态和气态氨是稳定的。在温度20±3℃，压力8.7个大气压、不同作用时间下液氨的效应表明，对液氨最稳定的是乙丙胶和丁基胶，不发生结构变化（按红外光谱数据）。

丁腈胶随着极性的提高，其在液氨中的溶胀率和渗透率增大。不饱和橡胶，如丁苯、丁腈、顺丁等与液氨作用后发生结构变化——双键数目减少，且在苯中的溶解度降低，用氨预处理的生胶制备的胶料硫化速度提高。

氟橡胶会因受液氨作用而破坏，其试片在室温下与液氨接触10昼夜即变脆、碎裂和变色，由淡色变黑。氟橡胶经25%NH_4OH溶液作用后的光谱分析证明，氨水溶液的NH基与橡胶发生了反应。

杂链聚合物以及聚乙烯醇和聚乙烯缩醛即使在室温下也经受不住氨的作用。聚氨酯橡胶和氟硅橡胶在液氨中发生解聚。

各种生胶及其未填充硫化胶在液态和气态氨介质中的稳定性汇列于表1.1.4-75、表1.1.4-76、1.1.4-77。

表1.1.4-75 各种生胶在20℃液氨和50℃气态氨中接触10天后的重量变化

（饱和蒸气压力为8.7大气压）

橡胶	液态氨		气态氨	备注
	Δm/%	脱NH_3，70℃，1 h后的Δm/%	Δm/%	
丁基胶	4.0	1.1	2.5	液氨作用后，试样表面起泡
二元乙丙胶	6.0	−0.3	0.7	
三元乙丙胶	6.0	0.4	0.75	
丁甲苯胶	12.0	0.8	—	
顺丁橡胶	14.0	0.3	—	
丁腈胶−18	16.0	1.2	3.5	
异戊胶	20.0	−2.0	—	液氨作用后，试样表面起泡
丁腈胶-26	24.0	2.2	—	
丁腈胶-40	26.0	3.6	—	
氯丁橡胶	36.0～42.0	2.7～2.0	3.4～2.0	
氟橡胶	试样破坏		142.0～250.0	在气态氨中试样变硬或发黏
聚氨酯	试样破坏		—	
氟硅橡胶	试样破坏		—	

表1.1.4-76 几种硫化胶在液态氨中接触5天后的稳定性

（温度20±3℃，蒸气压力8.7大气压）

橡胶	溶胀 Δm/%	收缩后的变化率 Δm/%	稳定系数		外观
			按抗张强度	按伸长率	
丁腈胶-26	9～13	−2.5	0.75	0.6	无变化
丁苯橡胶	5～9	−1～−2.5	0.7	0.7	无变化
丁基胶	5	−2	0.6	0.9	起泡
异戊胶	20	−2	1.0	1.1	起泡
二元乙丙胶	8	−0.5	1.0	0.9	无变化
甲基乙烯基硅橡胶	5	−1	0.75	1.0	无变化
氯丁橡胶	3	−3	0.7	0.8	无变化
氟橡胶	试样变脆破坏				

表 1.1.4－77　在温度 50℃和饱和蒸气压 8.7 大气压下的气态氨中未填充硫化胶的重量变化

橡胶	未填充硫化胶的重量变化			
	试验时间/d	Δm/%	试验时间/d	Δm/%
丁腈胶-18	—	—	10	6.8～6.9
丁腈胶-26	—	—	10	7.4
丁腈胶-40	—	—	10	8.9
丁甲苯胶	3	4.5	10	4.6
氯丁橡胶	3	3.9	10	4.0
丁基胶	3	2.0	10	3.0
二元乙丙胶	3	1.59	10	1.39

液氨对橡胶表现出比气态氨有更大的腐蚀性，但橡胶对液态氨稳定性方面的规律也在对气态中体现出来。耐液氨和比较耐液氨的橡胶在高温气态氨中的溶胀率大为降低。不耐氨的氟橡胶与气态氨长期接触时会变硬并变色，由淡色变黑。

氨的泄漏不仅会因橡胶与氨的相互作用而沿密封表面发生，而且还会因其对氨的可渗透性而透过胶。所以，知道了橡胶的渗透系数、扩散和吸附常数，便可以计算在各种压力下氨对橡胶的扩散泄漏。

未填充硫化胶的透过系数和扩散系数列于表 1.1.4－78。

表 1.1.4－78　未填充硫化胶的透过系数和扩散系数

橡胶	$P\times10^5/(\text{cm}^2\cdot\text{s}^{-1}\cdot$大气压$^{-1})$	$D\times10^4/(\text{cm}^2\cdot\text{s}^{-1-1})$
丁基橡胶	0.007	0.23
二元乙丙胶	1.8	4.7
丁苯橡胶	3.2	5.2
氯磺化聚乙烯	3.3	0.97
氯丁橡胶	3.9	1.3
天然橡胶	4.2	8.4
丁腈胶-18	7.3	4.3
丁甲苯胶	8.1	4.2
丁腈胶-40	20.0	9.6

丁基硫化胶表现出最高的抗氨扩散性，而其他橡胶都具有比较高的渗透性。丁腈胶未填充硫化胶具有最大的渗透率，可以解释为由于氨和橡胶的极性都高，即它们具有较高亲和能的缘故。

各种橡胶除丁基胶外未填充硫化胶的扩散系数值具有同一个数量级，证明影响这项指标的主要因素是扩散气体的性质，而不是橡胶的结构。

增加胶料中的填充剂用量和提高胶料的硫化程度，都会导致其对氨的渗透系数的降低。胶料中加入重油和矿质橡胶会使硫化胶渗透系数稍有提高。当有强增塑作用的邻苯二甲酸二丁酯存在时，氨对橡胶的扩散透过会大为容易。然而当邻苯二甲酸二丁酯被氨抽出后，由于橡胶分子链密度增大，会使其渗透性降低。邻苯二甲酸二丁酯完全抽出后的橡胶与无增塑剂的橡胶之渗透系数平衡值几乎是相同的。随着硫化网络密度的增大，硫化胶的渗透系数也会减小。例如，当丁甲苯硫化胶以平衡溶胀法测定的 Nc（1 cm^3 硫化胶的交联点数）等于 9.6×10^{19} cm^3 时，其渗透系数为 6.6×10^{-6} cm^3；而当 $\text{Nc}=33.4\times10^{19}$ cm^3 时，其渗透系数为 3.6×10^{-6} cm^3。

当橡胶的硫化程度相同时，交联键类型不影响橡胶对氨的渗透系数。稳定性好和比较好的橡胶的填充硫化胶在氨中的溶胀远小于生胶及其未填充硫化胶，此时的溶胀值实质上与填充剂和增塑剂的用量有关。

炭黑和白炭黑有助于使橡胶得到良好的耐氨性，而矿质填充剂（滑石粉、白垩、陶土等）的存在则会增大其溶胀率，并使其表面出现气泡。

增塑剂中除松脂外，一般都不会增大橡胶在氨中的溶胀，松脂则能使硫化胶的溶胀率增大一倍以上，并使橡胶表面出现气泡。邻苯二甲酸二丁酯和癸二酸二丁酯都易于从硫化胶中浸出。含有 30 份邻苯二甲酸二丁醋的丁腈胶硫化胶的耐寒性能，在受氨作用后下降一半，而丁甲苯胶或顺丁橡胶及硫化胶的耐寒性都几乎无变化。当丁腈胶料以石油产物或酯类作增塑剂用量不大时，氨对其硫化胶起增塑作用。

硫化键类型影响硫化胶的耐氨性。对采用不同硫化剂硫化的丁苯橡胶的研究表明，耐氨性最好的是那些硫化网络中—C—C—和—C—S—C—键占优势的硫化胶，含多硫键的硫化胶不耐氨，尤其是在受力状态下永久变形值最高。显然，由于氨与硫的相互作用会使硫化胶中处于受力状态的多硫键发生破坏，生成不呈受力状态的新键。硫化体系对硫化胶耐氨性也有影响。试验研究还证明，硫化胶在氨作用下生成的键更耐氨的长期作用。这个方法可推荐用于提高受力橡胶的耐氨性。

研究结果表明，氨对处压缩变形下的硫化胶比对处于自由状态下的橡胶腐蚀作用要大得多。对氯丁橡胶与硅橡胶的试验说明，由于它们的积累永久变形较高，不宜将它们推荐用于密封件。

乙丙胶、丁苯橡胶和丁腈胶硫化胶接触氨后能很好地保持其物理机械性能，而且它们在受力状态下的耐氨性远远超过硅橡胶和氯丁橡胶。

密封件的长期工作性能取决于橡胶在受力状态尤其是压缩变形下的耐氨性。分析橡胶在氨中受力状态下永久变形的变化，情况表明，生胶本性和硫化键类型都对其耐氨性产生影响。在受力状态下最耐氨的是用过氧化异丙苯硫化的乙丙橡胶。

从丁腈胶硫化胶在20～150℃不同温度氨中永久变形的变化中可以看出，随着氨温度的升高，橡胶在气态氨中的永久变形累进速率增大；还可看出，20℃时在液氨中永久变形累进速率比在空气中大得多。其他不饱和橡胶（丁甲苯胶、丁腈胶等）硫化胶也表现出类似的关系。饱和橡胶和低不饱和度橡胶的硫化胶则相反，它们在70～150℃温度气态氨作用下的永久变形累进速率比在空气中要小。

最耐氨的是乙丙胶，以及采用下列硫化体系的丁腈胶和丁苯橡胶：秋兰姆与少量硫黄（0.5重量份以下）、秋兰姆与二硫代二吗啡啉并用以及过氧化二异丙苯。

有关文献指出，橡胶在氨中的化学松弛决定于两个过程：一种为在氨作用下快速进行的受力键的化学破坏，另一种是慢速进行的类似于橡胶空气老化的受力键热机械破坏。快速过程与温度的相关性较小，活化能为3 900 cal/mol。慢速过程的活化能为8 900 cal/mol。由于快速过程的活化能接近氨透过橡胶的扩散活化能为3 600 cal/mol，故在氨作用下受力键的破坏决定于氨在橡胶中的扩散速度。

橡胶制品的上述使用期限并不是一成不变的，它还要取决于橡胶密封件的具体结构和用途以及具体使用条件，包括工作温度范围、密封介质压力、高温作用时间等。一般的，可以按照以下建议选择耐氨的橡胶：(1) 对于在－50～150℃温度范围内在液态和气态氨中长时间工作的橡胶制品，应采用二元乙丙橡胶，温度范围为－50～100℃时应采用三元乙丙橡胶；(2) 对于在150℃温度气态氨中长时间工作的橡胶制品，应采用丁基橡胶；(3) 对于在－60～70℃温度范围的氨中工作的橡胶制品，应采用以秋兰姆和少量硫黄（0.5重量份以下）、秋兰姆并用二硫代二吗啡啉及过氧化二异丙苯硫化的丁甲苯橡胶；(4) 当橡胶制品的工作温度范围为－40～90℃，所接触的氨含有冷冻机油等油品时，应采用以秋兰姆与少量硫黄（0.5重量份以下）、秋兰姆并用二硫代二吗啡啉及过氧化二异丙苯硫化的丁腈胶；(5) 当接触氨在100天以内时，可采用以乙烯基硫脲硫化的氯丁橡胶；(6) 在氨介质中工作，特别是受到其周期性作用时，建议胶料中的增塑剂用量不超过5重量份。

4.4.4　耐燃气、耐液化石油气二甲醚混合液

我国目前大多数城市所使用的、常见的燃气种类包括天然气、液化石油气、人工煤气和空气混合气。

天然气是一种无须提炼的天然气种，无色、无味（输送中加入特殊臭味以便泄漏时可及时察觉）、无毒且无腐蚀性，主要成分为甲烷（CH_4）。天然气比空气轻，泄漏时会漂浮于空中，比液化的石油气容易扩散，安全性比其他燃气更好。燃烧值为7 100～11 500 cal，气压为2.0±0.3 kPa。由于它燃烧时仅排出少量的二氧化碳和极微量的一氧化碳和碳氢化合物、氮氧化合物，因此是一种清洁能源。

液化石油气是石油开采、裂解、炼制得到的副产品，主要成分是丙烷（C_3H_8）、丙烯（C_3H_6）、丁烷（C_4H_{10}）、丁烯（C_4H_8）和丁二烯（C_4H_6），无毒、无味（运送中加入特殊的臭味以便泄漏时可察觉），它具有麻醉及窒息性，过多的液化石油气充满密闭的空间，会令人有刺激感，呼吸困难、呕吐、头痛、晕眩等不适，甚至发生窒息意外。液化石油气比空气重，一旦泄漏便会沉积在地面或低洼地区，是一种易燃、易爆的气体，而燃烧时会产生大量的一氧化碳废气。燃烧值为21 000～28 000 cal，气压为2.8±0.5 kPa。

人工煤气根据制气原料和制气的方法分为三种：(1) 干馏气（隔绝空气的情况下对煤加热而获得）；(2) 气化煤气（对煤进行气化而产生）；(3) 油制气（重油热裂解和催化裂解而获的制气）。人工煤气主要成分为甲烷（CH_4）、氢气（H_2）、一氧化碳（CO）；燃烧值为3 500～4 700 cal/m^3，气压为1.0 kPa。

空气混合气是液化石油气与空气的混合气，理论比例为1∶1，主要成分是丙烷、丁烷。空气混合气具有一般燃气的共同特点外，还具有热值高、无毒洁净等优点，燃烧值为8 500 cal。

燃气中含低分子量烃类、一氧化碳、水，腐蚀性大，家用燃气的管、罐阀膜片常用PVC或NBR生产，在低压低浓度下可用。对高压高浓度燃气，PVC可用3～6个月，更高压力、浓度下仅可使用一个月。采用FKM材料，可用2年以上。

挂片试验表明，CO比IIR 70份/EPDM 30份好，更比NBR好。用NBR生产的衬片在燃气管道中仅使用3个月就显著胀大，衬片试样周边损坏；采用IIR 70份/EPDM 30份并用胶生产的使用18个月，表面无碎落，仍可使用；而CO生产的使用18个月以上，硬度保持率仍然很好。

HG/T 4622—2014《耐二甲醚橡胶密封材料》将耐二甲醚橡胶密封材料分为A、B两类，其中A类为适合于长期或完全接触二甲醚、液化石油气二甲醚混合液的情况下使用，B类适合于间隙或部分接触二甲醚、液化石油气二甲醚混合液的情况下使用。相关技术要求及试验方法见表1.1.4－79。

表 1.1.4-79　耐二甲醚橡胶密封材料物理性能要求及试验方法

序号	性能	要求						试验方法
		A类			B类			
1	硬度（邵尔 A）	60±5	70±5	80±5	60±5	70±5	80±5	GB/T 531.1
2	拉伸强度（≥）/MPa	10	10	10	10	10	10	GB/T 528，采用Ⅰ型试样
3	扯断伸长率（≥）/%	250	180	150	250	180	150	
4	压缩永久变形（≤）/% （70℃×24 h，压缩 25%）	25	30	35	25	30	35	GB/T 7759，A 型试样
5	热空气老化（100℃×72 h） 硬度变化（邵尔 A） 拉伸强度变化率（≤）/% 扯断伸长率变化率（≤）/%	 −3～+8 −15 −35	 −3～+8 −15 −35	 −3～+8 −15 −35	 −3～+8 −15 −35	 −3～+8 −15 −35	 −3～+8 −15 −35	GB/T 3512
6	耐介质（二甲醚[a]，23℃×168 h） 体积变化率/% 质量变化率/% 拉伸强度变化率（≤）/% 扯断伸长率变化率（≤）/%	 −1～+15 −10～+10 −20 −25	 −1～+15 −10～+10 −20 −25	 −1～+15 −10～+10 −20 −25	 −1～+25 −10～+15 −20 −25	 −1～+25 −10～+15 −20 −25	 −1～+25 −10～+15 −20 −25	HG/T 4622—2014 附录 A
7	耐介质（20%二甲醚和 80%液化石油气的混合液[b]，23℃×168 h） 体积变化率/% 质量变化率/% 拉伸强度变化率（≤）/% 扯断伸长率变化率（≤）/%	 −1～+15 −10～+10 −20 −25	 −1～+15 −10～+10 −20 −25	 −1～+15 −10～+10 −20 −25	 −1～+25 −10～+15 −20 −25	 −1～+25 −10～+15 −20 −25	 −1～+25 −10～+15 −20 −25	HG/T 4622—2014 附录 A
8	脆性温度（≤）/℃	−30	−30	−30	−30	−30	−30	GB/T 1682

注：a. 对用于密封燃气的橡胶密封材料，试验用二甲醚应符合 GB/T 25035 的要求；对用于密封汽车燃料的橡胶密封材料，试验用二甲醚应符合 GB/T 26605 的要求。

b. 20%二甲醚和 80%液化石油气为重量百分比。二甲醚应符合 GB/T 25035 的要求，液化石油气应符合 GB/T 11174 的要求。

4.5　橡胶的阻尼性能与声学性质[46—47]

4.5.1　橡胶的阻尼性能

（一）概述

在动态力作用下，橡胶承受周期性变形，其应力（或应变）与时间的关系符合正弦曲线变化，给橡胶施加周期性正弦（或余弦）波变化的应力时，橡胶亦发生周期性正弦（或余弦）波的变形响应，由于橡胶本质上是黏弹性材料，本身的黏滞性阻力作用，使得应变滞后于应力，应力的正弦波与应变的正弦波产生相位差，如图 1.1.4-45 所示。

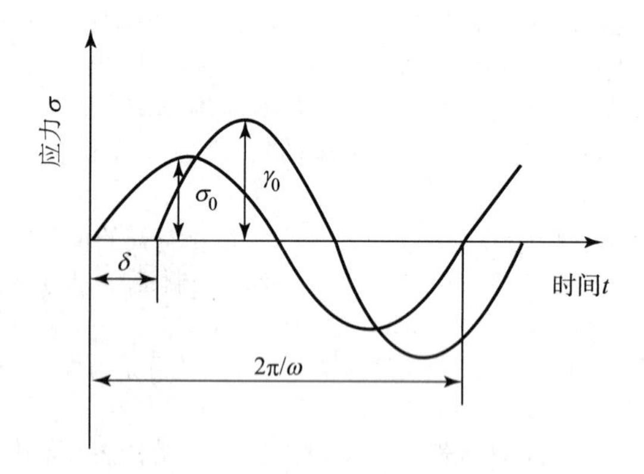

图 1.1.4-45　橡胶的应力-应变曲线

以振幅为零作为时间起点时称正弦曲线。若以应变的振幅作为时间的起点，应力-应变与时间的关系可用下列三角函数表示：

$$\sigma_t=\sigma_0\cdot\sin(\omega t+\delta) \qquad (1.1.4\text{-④})$$

$$\gamma_t=\gamma_0\cdot\sin\omega t \qquad (1.1.4\text{-⑤})$$

式中，σ_0 为应力振幅；γ_0 为应变振幅；σ、γ 为分别为瞬时的应力和应变；ω 为周期变化的角频率，rad/s；t 为时间，s；δ 为应力与应变间的相位差。

变形量或应力的两个峰的高度称双振幅，变形量以试片长度的百分率表示。在动态变形情况下，双振幅在 0.2%以下的称极低振幅；在0.2%～1%时为低振幅；1%～5%为中等振幅；5%以上为高振幅。

在动态变形时，如果橡胶分子运动适应于外界激振频率，动态力学性质便与静态相同。如果不适应，动态与静态的力学性质便产生差异，橡胶的黏弹属性决定橡胶在黏弹区分子链段运动跟不上激振力的变化，其本身的黏滞性使得橡胶的动态力学性能与静态力学性能产生差异，应变滞后于应力的程度用滞后角表示，应力与应变的比值称弹性模量，动态变形时应力与应变的比值称动态弹性模量。由于应力与应变有相位差，所得模量应是复数。为计算方便，常将应力与应变函数都写成复数形式。动态剪切变形时，作用于橡胶上的应力或动态模量可分解为两部分。一部分为实数 G'，相当于静态变形时的弹性模量，并与变形同相位，其承受的应变能是不损耗的，在往复的变形过程中交替地贮存和释放，常称“贮能模量”；另一部分为虚数 G''，其承受的应变能是完全损耗的，常称“损耗模量”，损耗的应变能全部转化为热量；$|G^*|$ 称为绝对模量。动态变形中的实模量 G' 与虚模量 G'' 是互不影响的，从矢量关系来说，这两部分力在矢量上是互相垂直的，可用矢量图表示，动态模量的复模量矢量图如图 1.1.4－46 所示。

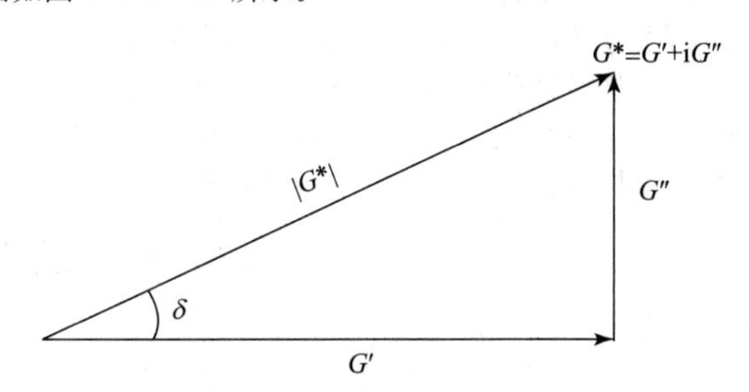

图 1.1.4－46 动态模量的复模量矢量图

在任何给定温度下可以写作

$$G^* = G' + iG'' \tag{1.1.4-⑥}$$

$$E^* = E' + iE'' \qquad E^* = 3G^*$$

式中，E^* 为拉伸弹性模量，E' 为拉伸贮能弹性模量，E'' 为拉伸损耗弹性模量。即

$$\sigma_t = \sigma_0 \cdot \sin(\omega t + \delta) = \sigma_0 \cdot \cos\delta \cdot \sin\omega t + \sigma_0 \cdot \sin\delta \cdot \cos\omega t$$

由此可见，应力由两部分组成，一部分与应变同相位，幅值为 $\sigma_0 \cdot \cos\delta$，另一部分与应变相位差 $\pi/2$，幅值为 $\sigma_0 \cdot \sin\delta$。令

$$G' = (\sigma_0/\gamma_0)\cos\delta$$

$$G'' = (\sigma_0/\gamma_0)\sin\delta$$

所以

$$\sigma_t = \gamma_0 \cdot G' \cdot \sin\omega t + \gamma_0 \cdot G'' \cdot \cos\omega t$$

将 G'、G'' 写成复数形式即为式（1.1.4－⑥），G^* 与 $G=\sigma_t/\gamma_t$ 不同，G^* 是一个与时间无关但与频率有关的量，因为 $\delta(\omega)$、$\sigma_0(\omega)$ 或 $\gamma_0(\omega)$ 均与频率有关，所以 $G'(\omega)$、$G''(\omega)$、$G^*(\omega)$ 均与频率有关。由图 1.1.4－46 和式（1.1.4－⑥）可得复数模量的模 $|G^*|$ 为

$$|G^*| = \frac{\sigma}{\gamma} = (G'^2 + G''^2)^{\frac{1}{2}}$$

以上各式中的 G' 和 G'' 分别是复数动态剪切模量的实数部分和虚数部分。G^* 与 G' 之间的夹角即为图 1.1.4－46 中的相位差 δ，其夹角的正切为

$$\tan\delta = G''/G' \tag{1.1.4-⑦}$$

同样，$\tan\delta = E''/E'$，δ 称为损耗角，$\tan\delta$ 称损耗角正切，它表示材料的损耗能量与贮存能量之比，也称损耗因子 η，即 $\eta = \tan\delta$。如果 $\delta = 0$，作用力完全有效地用于橡胶分子变形；如果 $\delta = \pi/2$，作用力完全用于克服橡胶的黏性阻力（也称内摩擦）。损耗角及其正切损耗因子表征橡胶材料在动态变形时耗能的大小。橡胶在动态变形时，一方面要使分子变形，一方面又要克服分子间的摩擦力，所以动态模量常大于静态模量。橡胶的动态黏度只与分子链段的往复运动有关，而不涉及整个分子链的移动，所以动态黏度比静态黏度小得多。采用动态黏弹谱仪可以测试橡胶材料在某温度和频率下的各动态力学参数 G'、G'' 和 $\tan\delta$。

橡胶的动态应力-应变曲线如图 1.1.4－47 所示。由于黏滞作用，应变总是落后于应力一定的相位角 δ，即同频率而不同相位。因此应力-应变的关系就不再是直线，而是形成稳定的滞后圈。滞后圈的面积就是橡胶在每一振动（循环变形）周期内以热的形式损耗的能量 ΔW，也就是常说的阻尼，其值就是曲线的积分。

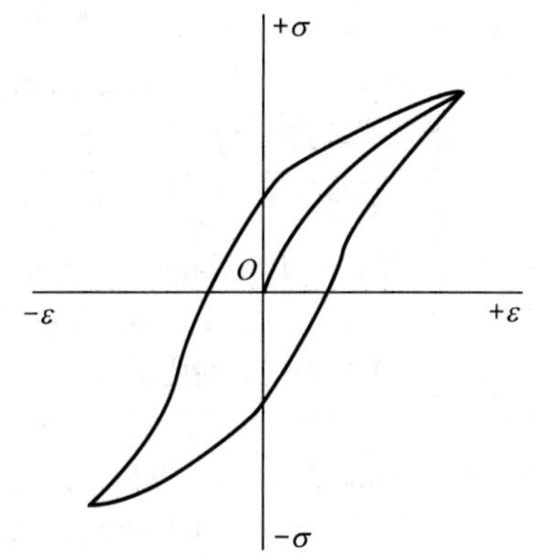

图 1.1.4－47 橡胶的动态应力-应变关系曲线

$$\begin{aligned}\Delta W &= \int_0^{2\pi/\omega} \sigma \mathrm{d}\gamma = \int_0^{2\pi/\omega} \sigma \mathrm{d}\gamma/\mathrm{d}t \times \mathrm{d}t \\ &= \int_0^{2\pi/\omega} \omega\gamma_0^2 (G'\sin\omega t\cos\omega t + G''\cos^2\omega t)\mathrm{d}t \\ &= 4\gamma_0^2 (G'/2 + \pi G''/4)\end{aligned}$$

$$=\varepsilon_s+\varepsilon_l$$

其中

$$\varepsilon_s=2G'\gamma_0^2$$

$$\varepsilon_l=\pi\gamma_0^2G''=\pi\gamma_0^2G'\tan\delta \qquad (1.1.4-⑧)$$

ε_s 是一个周期内贮存的位能；ε_l 是一个周期内损耗的能量。式（1.1.4-⑧）表明在每一循环周期中，单位体积试样损耗的能量正比于损耗弹性模量和应变振幅的平方；或正比于贮能模量，应变振幅的平方及损耗因子。式（1.1.4-⑧）式就是橡胶耗能的表达式，其中的 G'、G''或 $\tan\delta$ 由动态黏弹谱仪在给定的温度、频率及 ε_0 下测出。由于各种橡胶及其配方材料的动态力学参数各不相同，且变化范围很宽，$\tan\delta$ 为 0.01～5，G'为 10^6～10^{10} Pa，因而可以适应很宽的动态力学性能要求，分别用于损耗很小、弹性模量很高的防震制品直至损耗很高、弹性模量变化很宽的阻尼制品。

由于橡胶分子具有多重大小不同的运动单元及其分子运动的多重性，随着温度的变化，分子各运动单元呈现不同的运动状态，宏观上就表现出不同的动态力学性能区域，即橡胶的动态力学性能在保持恒频率条件下是温度的函数。在橡胶的玻璃化转变区，只有大分子链段的运动，且链段运动能跟得上激振振动（循环运动）的频率，因而阻尼出现峰值，这也正是阻尼材料的最佳使用温度区域。非晶态橡胶材料玻璃化转变前后的动态力学性能随温度的变化曲线（频率恒定）如图 1.1.4-48 所示。非晶交联橡胶材料的动态力学性能随温度的变化曲线如图 1.1.4-49 所示。

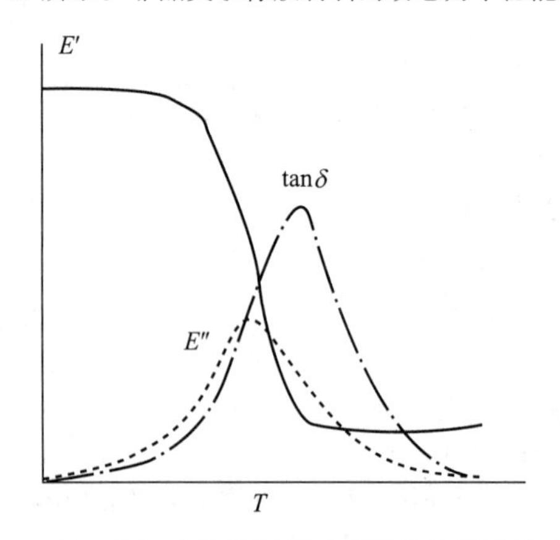

图 1.1.4-48 非晶态橡胶材料玻璃化转变前后的动态力学性能随温度的变化曲线（频率恒定）

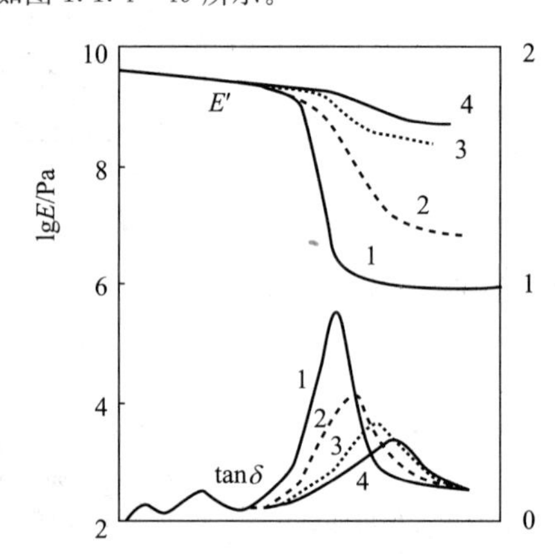

图 1.1.4-49 非晶态交联橡胶材料的动态力学性能随温度的变化曲线

同样由于橡胶分子运动单元的多重性，分别对应于各重运动单元的本征频率，因此橡胶材料的动态力学性能在恒定温度下又是频率的函数。其随频率的变化分别对应于各转变区的主转变和次级转变的特征频率 ω_α、ω_β、ω_γ、ω_δ 等，如图 1.1.4-50 所示。而各频率的倒数则是各重运动单元运动的松弛时间 t_α、t_β、t_γ、t_δ 等。

这里非晶态橡胶材料的玻璃化转变，本质上是链段运动发生冻结与链段自由运动之间的相互转变，称为 α 转变或主转变，转变温度主要取决于分子链的柔顺性，分子链越柔顺，则玻璃化温度 T_g 越低，在玻璃态，虽然链段运动被冻结，但是比链段小的运动单元仍可能做一定程度的运动，并在一定的温度范围内发生冻结和相对自由的相互转变，因此在动态力学性能随温度的变化曲线上的低温部分，贮能模量-温度曲线上可能出现数个小峰，这些转变称次级转变，从高温至低温，依次将它们标为 α、β、γ、δ 转变，对应的温度分别标为 T_α、T_β、T_γ、T_δ，至于每一重次级转变究竟对应于哪一重运动单元，则随高分子链的结构而变。

橡胶作为阻尼材料时，其主要原理是根据式（1.1.4-⑦）和式（1.1.4-⑧），利用阻尼材料耗能的原理，一般是期望 G'合适而 $\tan\delta$ 高的材料。衡量橡胶材料具体阻尼特性参数的一般方法有 LA（Loss Area）法和 TA（tanδ Area）法。它们分别为损耗模量温度曲线（$E''-T$）下包括的面积和损耗因子温度曲线（$\tan\delta-T$）下包括的面积，以及由 LA 法导出的阻尼函数 D.F.，其定义式为

$$\mathrm{D.F.}=\int E''\mathrm{d}T$$

处于不同温度段中的橡胶会呈现出截然不同的性质。图 1.1.4-51 显示了当频率一定时 $\tan\delta$、G'在不同温度段的 3 个区域的变化情况。区域Ⅰ为低温区，称为玻璃态区，在此区域，由于温度低，橡胶材料的分子之间不易产生相对运动，故其 G'高达 10^8 Pa，而 $\tan\delta$ 却很低。区域Ⅲ为高温区，也称为高弹区，在高温中，橡胶材料的分子受力后相对运动活跃，材料损耗能量少，故 $\tan\delta$ 值并不高，而 G'值却急剧下降，降至 10^5 Pa。区域Ⅱ为以上两区域之间的过渡区，在此区域，橡胶材料具有黏弹性材料的耗散振动能量的条件，$\tan\delta$ 值迅速增大并达到最大值（记为 $\tan\delta_{max}$），它所对应的温度为

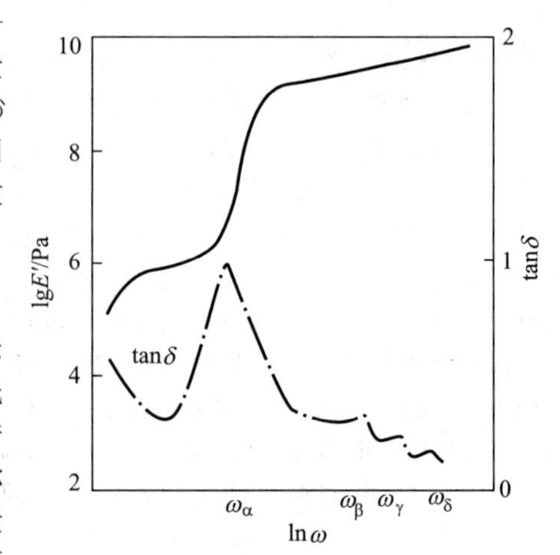

图 1.1.4-50 非晶态橡胶动态力学性能随频率的变化示意图

T_g，此段区域的 G' 呈下降趋势。

区域Ⅱ为工作区域，要求此段：（1）T_g 须与工作温度相适应；（2）要求 $\tan\delta > 0.7$，应尽量大；（3）记 $\tan\delta > 0.7$ 段为 $\Delta T_{0.7}$，为橡胶材料的工作温度宽，希望该宽度能尽量大，在其中有适当的 G' 值。但大多减震橡胶的 $\tan\delta_{max} = 1.5 \sim 2$，$\Delta T_{0.7} = 40 \sim 50$℃，而一般需采取减震措施的工程机械的工作低温线超过该温度的下限，所以需在橡胶配方中添加掺和剂，以拓宽 $\Delta T_{0.7}$ 的下限。

减震与隔震是不同的概念。橡胶的减震是变形时，利用橡胶的黏弹特性，将震动力能转变为热能，用损耗因子 $\tan\delta$ 来衡量。隔震是一种防止震动从震源向其他部件传递的震动绝缘方法，隔震效果用震动传递系数来衡量。阻隔震动的原理，在于以弹簧来支承物体的重量，并使整个系统的固有振动频率降低。橡胶用于隔震时，振动传递系数 τ 可表示为

$$\tau = \frac{\sqrt{1 - l^2}}{\sqrt{\left(1 - \frac{\omega_n^2}{\omega^2}\right)^2 + l^2}}$$

式中，ω 为角振动频率；ω_n 为固有角振动频率；l 为 $\tan\delta$。

（二）影响阻尼性能的因素

使用条件不同，阻尼材料的适合振动频率范围不同。振动频率对弹性体的影响与温度相似。低频与较高温度、高频与较低温度对弹性体动态力学性能的影响一致。当一定温度时，G' 随频率的增加而加大，橡胶变"硬"，而 $\tan\delta$ 在一定频率时可达最大值，如图 1.1.4－52。基于工程机械的主要振动频率位于低频域，而在此区域内，G' 值往往较低，而 $\tan\delta$ 处于上升趋势，故在选择橡胶配方时，应使其 $\tan\delta$ 和 G' 曲线向高频段移动，使两参数在工作频率范围均能贡献出较高的值。硫化橡胶的频率特性如图 1.1.4－53 所示。

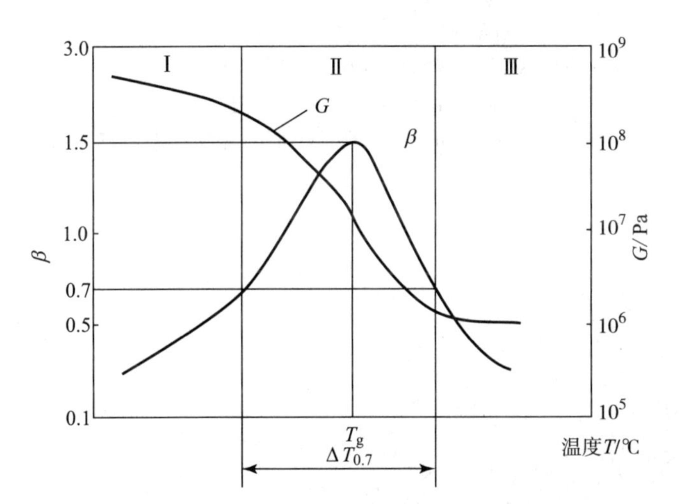

图 1.1.4－51　橡胶材料的 3 个温度区域

Ⅰ—玻璃态区；Ⅱ—玻璃态转化区；Ⅲ—高弹区

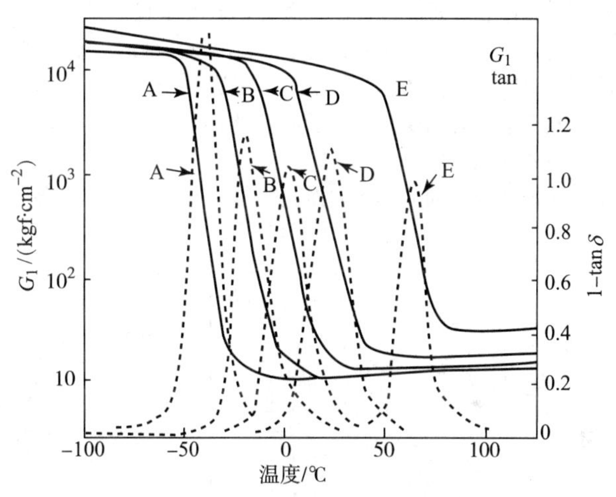

图 1.1.4－52　硫化橡胶的温度特性

（天然橡胶的含硫量：A—5，B—10，C—15，D—20，E—30）

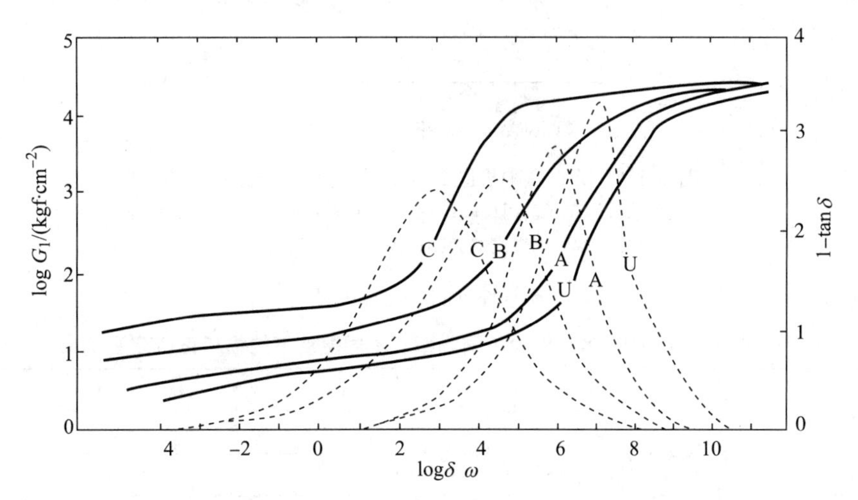

图 1.1.4－53　硫化橡胶的频率特性

（天然纯橡胶，U—未硫化，A—含硫量 1.5，B—含硫量 3.5，C—含硫量 7.5，湿度 25℃）

实线为 G'，虚线为 $\tan\delta$

通常工程机械的振动频率 $f < 200$ Hz。在此频域内，G' 与振动频率 f 的关系如图 1.1.4－54 所示。由图 1.1.4－54 可见，在频率达某值后（约为 30 Hz），橡胶的 G 值基本保持不变。

实际工程中，阻尼材料分为低频高阻尼材料和高频高阻尼材料。对于不同的使用环境，可采用适合不同振动频率的高阻尼橡胶材料。

橡胶阻尼材料主要使用的温度区域是玻璃化转变区，对应的转变是 α 转变，所反映的分子运动是主链大链段的微布朗运动，大链段包括 50～100 个 C—C 键，其运动主要是通过橡胶分子构象转变来实现的，这个过程的活化能很高可达 160～500 kJ/mol，力学损耗峰很高，对阻尼贡献很大。那些主链和侧链上含有较大空间位阻基团，且含量较多，玻璃化转变温度 T_g 较高的胶种如 IIR、CIIR、CM、NBR、聚降冰片烯橡胶、环氧化橡胶 ENR－50、ACM 等胶种处于 α 转变时，分子内摩擦阻力大，损耗高，常作为阻尼材料使用。对宽温域阻尼材料的设计，常采取玻璃化转变温度相差较大的聚合物材料并用的方法，且每个并用组分都有较高的阻尼性能，则阻尼复合材料具有优异的阻尼性能。

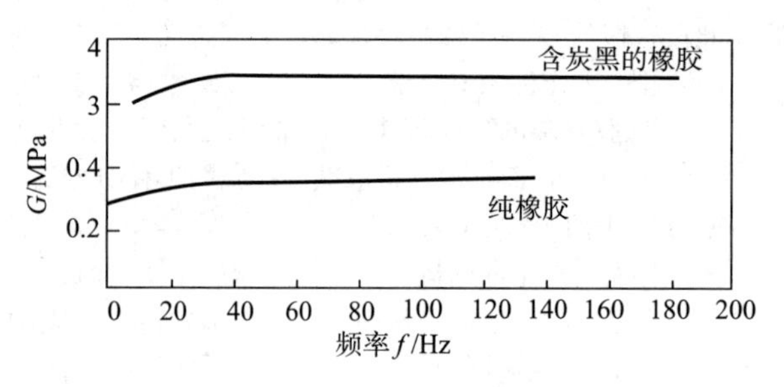

图 1.1.4－54 G′在低频域中的特性

1. 基体材料的影响

(1) 橡胶分子结构的影响。

橡胶的动态力学性能首先受橡胶分子结构和分子量的影响，橡胶分子柔顺性好，在常温下阻尼较小；分子链上侧基体积较大、数量多、极性大以及分子间氢键多、作用强的橡胶阻尼性能好。在相同的动态模量下，各种橡胶的阻尼（用损耗因子 tanδ 表示）由小到大的排列顺序是：NR＜SBR＜CR＜NBR＜IIR。顺式结构 BR 柔性好，其 tanδ 在常温下几乎在所有胶种中是最低的，而反式 BR 柔顺性差，其 tanδ 在常温则是很高的，可以作为阻尼材料使用。同理环氧化 NR 如ENR－50，环氧化作用和环氧化程度高，也有很高的阻尼。聚降冰片烯橡胶、低苯基硅橡胶，由于主链或侧链含有大的空间位阻基团，前者的阻尼很高，后者的阻尼也高于一般的甲基乙烯基硅橡胶；EPDM 由于具有侧甲基，阻尼性能也较好。在分析不同侧基对阻尼性能的影响时发现，腈基侧基的强极性对阻尼性能贡献很大，即 NBR 具有很大的 tanδ 值。

处于玻璃态的橡胶，分子量一般不影响其动态力学性能，但在高弹态，模量和阻尼出现极小值的温度和平坦范围均受分子量的影响。

各种橡胶不同频率下的损耗正切如图 1.1.4－55 所示。

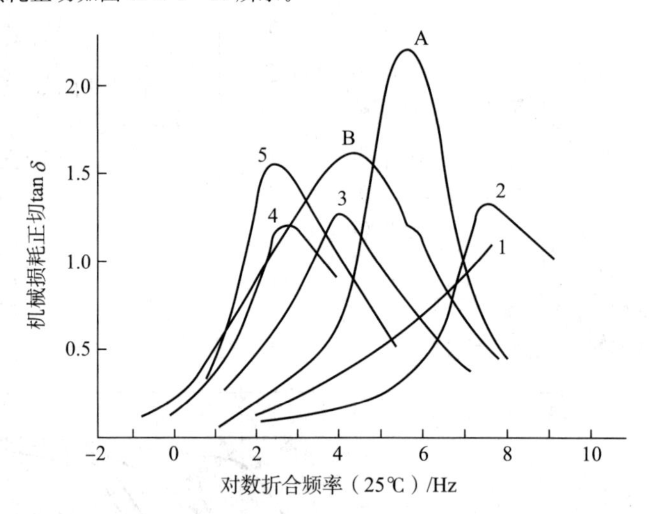

图 1.1.4－55 几种橡胶的 tanδ 与对数折合频率曲线

1—氯丁橡胶；2—三元乙丙橡胶；3—氯磺化聚乙烯橡胶；4—氟橡胶；5—2－氯丁二烯－丙烯腈共聚物；A—天然橡胶；B—聚异丁烯

不同橡胶在频率从 10～1 000 Hz 内，tanδ≥0.5 条件下的温度范围见表 1.1.4－80。

表 1.1.4－80 各种橡胶不同频率、不同温度下的损耗正切范围

聚合物	通常使用温度下的 tanδ 范围		tanδ≥0.5，频率 10 Hz＜f＜1 000 Hz 的各种橡胶的温度范围		
	温度范围/℃	tanδ 范围	温度/℃		范围/℃
			始	终	
天然橡胶	－30～70	0.05～0.15	－45	－23	22
氯丁橡胶	－20～70	0.15～0.30	—	—	—
丁腈橡胶	－10～80	0.25～0.40	—	—	—
丁基橡胶	－10～70	0.25～0.40	－47	18	65

续表

聚合物	通常使用温度下的tanδ范围		tanδ≥0.5，频率10 Hz<f<1 000 Hz的各种橡胶的温度范围		
	温度范围/℃	tanδ范围	温度/℃		范围/℃
			始	终	
三元乙丙橡胶	−10～120	0.25～0.40	—	—	—
氯磺化聚乙烯橡胶	—	—	−5	13	18
氟橡胶	—	—	4	25	21
2-氯丁二烯与丙烯腈的共聚物	—	—	4	25	21
丁苯橡胶	—	—	−33	−14	19
聚氨酯橡胶	—	—	−34	2	36
AEM	−20～160	0.34～0.50	—	—	—

阻尼大的橡胶对于高频振动的衰减性差，原因是阻尼大的橡胶的弹性模量会随着振动频率的变化而变化。对于汽车发动机减震器，振动频率小的NR和BR多用作隔震材料；共振性好的IIR多用作减震材料。

（2）弹性体材料并用的影响。

由于仅用一种橡胶的阻尼材料的阻尼温度范围常常不能满足工程需要，因此往往采用多种橡胶共混体系制备阻尼材料。橡胶共混体系各组分的相容性直接影响材料的阻尼性能。高阻尼共混橡胶材料的各组分界面间应有适当的过渡层。在动态力学谱图上，曲线两峰之间的部分实际上是共混体系过渡层作用的反映。共混体系各组分相容性好，曲线只有单阻尼峰，有效阻尼温度范围较小；各组分相容性差，曲线有双阻尼峰，在两峰之间的温度范围内材料阻尼性能不好。

为保证阻尼材料具有较好的力学性能和阻尼性能及较宽的玻璃化转变温度范围，其聚合物的共混比应适当。

a）橡塑并用。

橡胶与塑料的玻璃化温度相差较大，即橡胶在室温下处于弹性态，而塑料处于玻璃态，通过橡塑共混来提高材料阻尼性能和动态力学性能从理论上来讲是比较理想的，且目前大多数阻尼材料采用橡塑共混体系。日本近几年就采用树脂改性NR来制备减震制品。

NBR与PVC的溶解度参数接近，因此其共混体系能够达到链段级相容，其阻尼材料不管硫化与否，均只有一个阻尼峰。NBR和PVC的玻璃化转变温度分别为−22℃和+90℃，其共混体系阻尼材料的阻尼峰在20℃左右出现；经老化处理后，共混体系的阻尼峰向高温方向移动，同时阻尼温度范围变宽。

ACM的tanδ-温度曲线阻尼峰在−20℃左右，$\tan\delta_{max}$为0.9；而在50℃处tanδ约为0.2，在100℃处tanδ为0.18。PVC的tanδ-温度曲线阻尼峰在80℃处，$\tan\delta_{max}$约为0.9；而在−20～50℃内tanδ约为0.1。ACM与PVC共混后，共混体系的tanδ-温度曲线较ACM和PVC有明显改变，阻尼-温度曲线从原来一个阻尼峰变成了两个阻尼峰，其中ACM相阻尼峰在−10℃处，而PVC相阻尼峰在80℃处，即一个阻尼峰表征一种组分玻璃化转变温度。随着ACM/PVC共混比的变化，共混体系阻尼性能改变。在−10～110℃内，PVC用量大于40份的ACM/PVC共混体系的tanδ达到0.25～0.60。

b）互穿网络。

通过化学或物理方法将两种或两种以上聚合物网络互相贯穿并缠结而形成互穿聚合物网络也是聚合物共混的一种独特方法。互穿聚合物网络的相容性直接影响材料的阻尼性能。互穿聚合物网络材料有两个阻尼峰，在阻尼峰之间的温度范围内阻尼效果差；具有半相容性的互穿聚合物网络由于聚合物间的热力学不相容和物理缠绕强迫相容两种作用，形成了微相分离结构，通过调整微相分离程度，可以得到具有较宽阻尼峰的优良阻尼材料。互穿聚合物网络的强迫互容效应，可使阻尼材料具有一个宽的玻璃化转变峰。有文献报道，用NBR/聚乙烯醇（PVA）互穿聚合物网络作主体材料、过氧化二苯甲酰作引发剂制备的阻尼材料性能见表1.1.4-81。

表1.1.4-81 NBR/PVA互穿聚合物网络材料的阻尼性能

NBR/PVA共混比	互穿网络交联度/%	阻尼峰值最大值	阻尼峰对应的温度/℃
100/0	—	1.41	−5.0
95/5	2	0.57	+12.5；+28.6
90/10	2	0.51	+11.2；+25.9
85/15	2	0.49	+11.1；+27.1
85/15	5	0.52	+11.2；+27.5
80/20	9	0.51	+15.6
70/30	13	0.41	+20.5

从表1.1.4-81可以看出，当NBR/PVA的并用比为100/0时，材料的阻尼峰值（$\tan\delta_{max}$）很高。随着互穿聚合物网络中PVA用量增大，阻尼峰值减小，但阻尼峰值对应的温度升高；当网络交联度为2%～5%时，出现阻尼双峰的原因可

能是 NBR 与 PVA 相分离；当交联度大于 9%时，NBR 与 PVA 相混合良好，只出现一个阻尼峰。

c）橡胶与纤维共混。

纤维与橡胶共混可提高橡胶材料的阻尼性能。据日本专利报道，采用短纤维增强 NR 与 NR 共混，随着短纤维增强 NR 用量的增大，共混物的 tanδ 可从 0.20 提高到 0.44。

（3）共聚材料的应用。

a）接枝共聚。

接有一定长度侧链的橡胶分子受外力作用时，侧链段产生运动和摩擦，将机械能转化为热能。如聚环氧丙烷与顺丁烯二酸酐反应生成端乙烯基大分子单体后，再与苯乙烯接枝、固化，即制得聚环氧丙烷-苯乙烯接枝共聚物。其中，端乙烯基大分子单体起增塑剂的作用，其含量越大接枝共聚物的支链越多，链与链之间缠结越紧，共聚物的阻尼值越高。

b）嵌段共聚。

例如，聚醋酸乙烯酯-丙烯酸酯橡胶体系阻尼材料，由玻璃化温度较低且柔软性好的第一组分丙烯酸酯和玻璃化温度高、硬度大的第二组分醋酸乙烯酯嵌段共聚而成。

再如，聚氨酯弹性体存在着软段和硬段相区，是一种多相聚合物。其硬段的动态力学性能只有在高温下才能表现出来，因此在常温动态力学谱（DMS）上通常只有软段的转变峰。软段为聚氨酯提供了低温性能和高弹性。预聚体大分子多元醇的分子量、结晶性、玻璃化转变温度等对聚氨酯材料阻尼性能影响很大。以聚氧化乙烯（PEO）为硬段和聚己二酸乙二醇酯（PES）为软段合成了嵌段型聚氨酯，其阻尼性能如图 1.1.4－56 所示。该嵌段型聚氨酯的阻尼温度范围比 PEO 和 PES 宽，但 tanδ 值小。

2. 制品结构的影响

橡胶制品的结构和形状等对阻尼性能有一定影响。由于用作阻尼材料的 tanδ 高，所以这类材料一般刚度、强度和抗蠕变性差，不能作为结构材料使用，只有与其他结构材料复合形成一定的阻尼结构后才能发挥作用，经常采用的是自由层阻尼结构和约束层阻尼结构（或三明治结构），如图 1.1.4－57 所示。

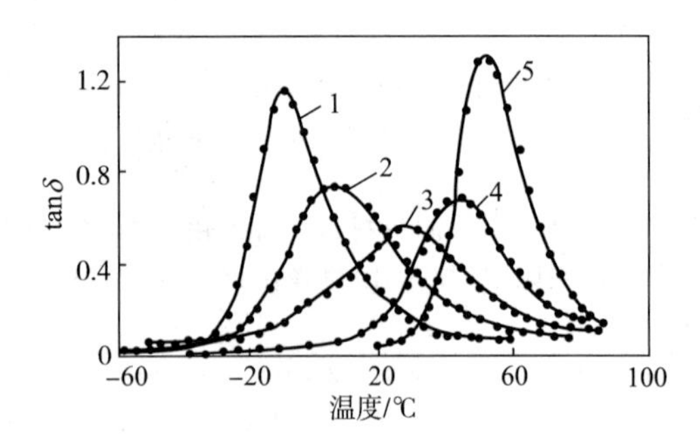

图 1.1.4－56　嵌段型聚氨酯的阻尼性能

（PEO/PES 聚合比：1—0/100，2—25/75，3—50/50，4—75/25，5—100/0）

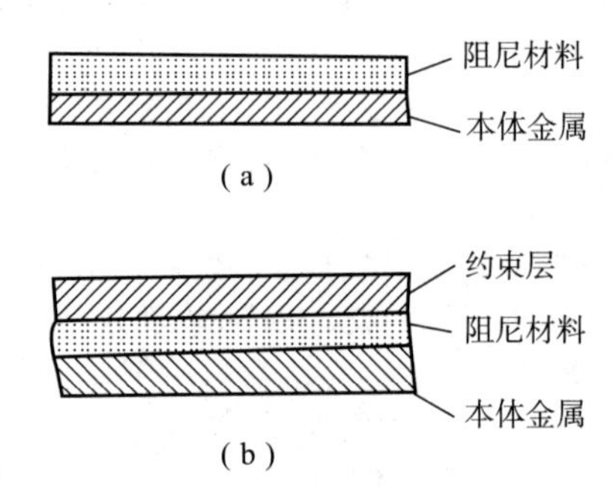

图 1.1.4－57　阻尼材料复合结构

（a）自由层结构；（b）约束层结构

自由层阻尼结构其复合结构的总损耗因子一般按下式计算。

$$\eta\sum = \frac{E_2}{E_1}\cdot\frac{H_2}{H_1}\left[3+6\left(\frac{H_2}{H_1}\right)+4\left(\frac{H_2}{H_1}\right)^2\right]\eta_2 \qquad (1.1.4\text{-⑨})$$

式中，$\eta\sum$ 为复合结构总损耗因子；η_2 为阻尼材料损耗因子；E_2 为阻尼材料拉伸弹性模量，$E=3G$；E_1 为金属材料拉伸弹性模量；H_2 为阻尼材料厚度；H_1 为金属材料厚度。

3. 交联结构的影响

交联度对阻尼性能也有影响。试验表明，交联度增大，材料的阻尼温度范围变大，但并不一定导致 ε_1 增大，原因是 ε_1 值的大小取决于材料各组分的分子结构。交联度适当，有利于提高材料的阻尼性能。有文献认为，交联度减小，橡胶大分子链活动性增强，大分子链段间、填料与填料间、大分子链段与填料间的摩擦机会增多，有利于振动能转化为热能，从而提高材料的阻尼性能。但交联度对阻尼性能的影响是较复杂的，不同橡胶阻尼材料的适合交联度范围还有待进一步的研究。

4. 增塑剂的影响

通过增塑，把 T_g 降低到实用温度范围（频率范围）内，是一种常用的改善橡胶材料阻尼性能的方法。如建筑领域里的减振缓冲体或高衰减防振隔离层，要求在低频率（小于 1 Hz）、宽振幅（大于 100%的形变）范围内的减震效果，而且还希望在宽域的温度范围内具有高的减振效果。为此提出了包括聚合物结构、高分子合金、合理使用增塑剂等新的材料设计思路。

线性黏性阻尼系数（C）是线性黏性阻尼力与变形速度的比值，单位为 N·s/mm。使用多种软化剂增塑 NR 的试验表明，它们对 NR 胶料的硫化特性和物理性能影响不大。表征胶料减震性能的刚度、损耗因子（tanδ）和阻尼系数见表 1.1.4－82。

表 1.1.4-82　不同软化剂增塑 NR 胶料的静刚度和动态性能

	高芳烃油	环烷油	石蜡油	软化剂 2240	10 号变压器油	46 号机油	DOP
静刚度[a]/(N·mm^{-1})	135.0	137.5	130.5	138.2	129.0	134.2	127.6
动刚度[b]/(N·mm^{-1})	213.5	206.8	198.5	205.2	189.9	197.5	189.0
tanδ							
3 Hz	0.141	0.17	0.127	0.19	0.108	0.112	0.14
15 Hz	0.155	0.133	0.143	0.134	0.127	0.130	0.133
阻尼系数[c]/(N·s·mm^{-1})							
3 Hz	1.603	1.280	1.337	1.287	1.090	1.178	1.141
15 Hz	0.413	0.335	0.349	0.335	0.292	0.313	0.350

注：a. 温度（23±2）℃，预载荷 10 N，压缩量 2.5 mm，加载速率 10 mm/min。
b. 温度（23±2）℃，频率 3 Hz，振幅（2.5±5）mm。
c. 温度（23±2）℃，振幅（2.5±5）mm。
圆柱形试样尺寸为 ϕ29 mm×12.5 mm，硫化条件为 175℃×15 min。

不同减震制品的减震性能要求不同。汽车发动机悬置类减震橡胶制品要求低频下动刚度较小，而高频下 tanδ、阻尼系数较大；摆臂衬套类减震橡胶制品要求静刚度和动刚度较大，而 tanδ、阻尼系数较小。综合考虑软化剂对胶料静刚度和动态性能的影响，认为石蜡油和增塑剂 DOP 适用于汽车发动机悬置类减振橡胶制品，环烷油适用于摆臂衬套类减震橡胶制品。

5. 填充剂的影响

炭黑的品种和用量对橡胶的弹性模量影响很大，炭黑之所以能提高硫化胶的动态弹性模量是因为炭黑的二次结构在橡胶中形成了网状结构。这种结构是由于范德华力的作用，易于分解，也易于生成。当填充量大时，这种结构就能抵抗橡胶的流动变形，提高动态弹性模量。振幅增加时，这种结构被破坏（破坏的多于生成的），于是模量下降，当振幅比较大时（如10%），这些结构差不多全被破坏，模量趋于一定值，但仍比纯胶的模量大。炭黑用量对橡胶材料阻尼性能的影响如图 1.1.4-58 所示。从图 1.1.4-58 可以看出，随着炭黑用量增大，在相同的分散度下，橡胶材料的阻尼性能提高。

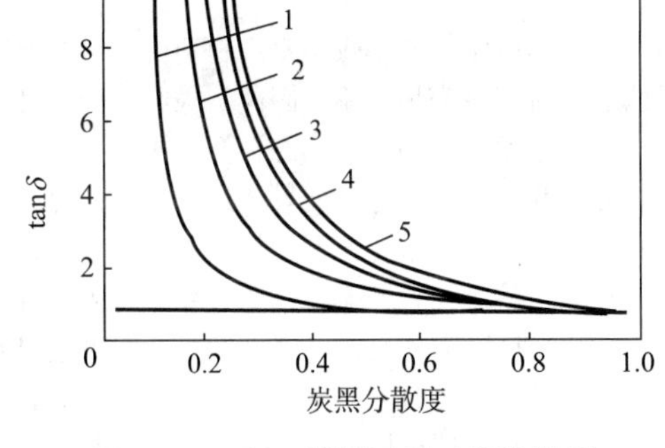

图 1.1.4-58　炭黑用量对橡胶材料阻尼性能的影响

（炭黑用量：1—10 份，2—20 份，3—30 份，4—40 份，5—50 份）

硬度较高的橡胶材料 tanδ 较大。但从工艺性能考虑，阻尼材料的邵尔 A 型硬度最好低于 75°。

白炭黑对橡胶材料阻尼性能的影响不大。

非补强填料对橡胶材料阻尼性能的影响有两个方面：一是非补强填料的加入会导致材料的自由体积变大，产生稀释效应，从而降低材料的阻尼性能；二是添加片状填料的橡胶材料受外力作用发生变形时，片状填料会发生取向，从而使填料与橡胶之间产生摩擦，起到降噪的作用。各种填充剂对橡胶材料 tanδ 的影响见表 1.1.4-83。

表 1.1.4-83　各种填充剂对橡胶材料 tanδ 的影响

对 tanδ 的影响	填充剂
好	石墨片
尚好	英国云母、合成云母、二氧化钛、锐钛矿、7T 型石棉、铝粉、导电炭黑
尚可	石棉绒、滑石粉、碳酸锌
可以	陶土、氧化镁、碳酸镁、硫化锌、碳酸盐、二硫化钼、无定形石墨
稍差	木屑、硬脂酸锌、硫化锌、玻璃绒
差	氧化锌、二氧化硅、重晶石粉、硫黄、EVA、细粒陶土、生石灰粉、聚苯乙烯小珠、聚乙烯粉、碳纤维、玻璃微珠、橡胶粉、氟铈镧矿石、细粒子合成含水硅酸钙、沸石、氧化铝、金红石粉、氧化铁、炭黑、硅酸铝、硫酸钙、二盐基亚磷酸铅、铅粉

（三）阻尼材料的发展动向

目前，由于黏弹性体阻尼材料的性能受使用温度和振动频率的影响很大，因此橡胶减震材料的阻尼效果并不十分理想。

近年来，国外研究人员开始探讨新的减震机理，研究新的减振材料。如利用无机陶瓷材料的压电效果，将无机陶瓷材料加入高聚物中制备的阻尼材料可将机械能转换成电能（或电势），再将电能转化为热能（在导电网络作用下）来达到阻尼减振的目的。该材料的黏弹层能量分散性好，但无机陶瓷材料与有机高分子之间的特性阻抗相差较大，力学能量传递效率差，阻尼效果也不是很理想。为此，在黏弹性基体中嵌入倾斜压电棒（有效控制剪切和压缩阻尼物性）制成积极压电阻尼复合材料，取得了较好的效果。其结构如图 1.1.4－59 所示。

其他的研究，还包括在高分子材料中混入有机压电和介电材料制成减震复合材料，这种复合材料的导电网络结构对阻尼减震效果的影响很大。

内封液体的复合橡胶减震器（简称液体弹簧）和弹性胶泥缓冲器是近 20 年来欧洲铁路联合系统（UIC）国家首先使用的一种高技术缓冲器产品，用于弹性胶泥缓冲器的缓冲介质是弹性胶泥材料，它是一种未经硫化的有机硅化合物，有弹性、可压缩性和流动性，其物理性能在－80℃～＋250℃内具有较高的稳定性和耐老化性，无毒、无臭、对环境友好，是缓冲器理想的胶泥材料。这种弹性胶泥缓冲器具有容量大、阻力小、体积小、质量小、检修周期长的优点。国际上研制弹性胶泥缓冲器处于领先地位的国家有法国、波兰等欧洲国家。但是这种减振器存在制造复杂、密封难的问题。

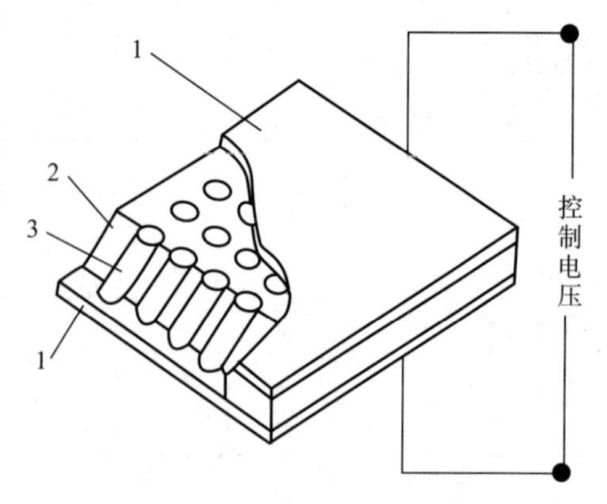

图 1.1.4－59 积极压电阻尼复合材料

1—电极；2—黏弹性基体；3—压电棒

磁流体复合弹簧（Magnetic Hydraulic Spring）是应用磁流体这一高科技材料发展起来的一种新型减振元件。这种减振元件利用磁流体的流动性和记忆性作为减振介质的减振、降噪技术，是磁流体应用的重要方面。与以往的减震元件不同，磁流体复合弹簧是将磁流体置于一种特殊结构的磁场梯度中，由于铁磁流体具有磁性，可受到磁场的控制，从而使它产生一定的磁力来抵抗振动，达到减振的目的。它不仅具有万向减振性、功能稳定性及寿命长的优点，而且能彻底消除摩擦，无噪声，适合在各种环境下工作。近 20 年来，磁性流体材料的研究应用一直是世界各国十分关注的前沿课题，以磁流体为材料的减震产品是减震元件未来的发展趋势。

4.5.2 橡胶的声学性质[48—49]

橡胶的声学性质不仅与水声材料的设计与制造有关，而且也与防震橡胶的设计、轮胎的超声波探伤以及黏弹性质、力学性质的研究有密切关系。因此，橡胶的声学性质日益受到重视。

声波是发声体的振动状态在介质中传播的一种物理现象。当物体围绕它的平均位置振动时就会发出声音，振动的物体称之为声源。声源把振动能量传给介质，使介质产生波动，这样声音就能够传播，所以说声音是一种波动。但是，这种波动所传递的只是能量，而不是物质本身。也就是说，当声音在传播时，介质分子只在其平衡位置附近很小的范围内来回振动，并不向前运动。当振动经空气介质传入人耳，使人耳的鼓膜振动时，便有声音的感觉。

声波按振动方向与波传播方向是否一致还是相互垂直，可分为纵波和横波。在气体和液体介质中，声音是一种弹性纵波；在固体中传播时，既有纵波又有横波，还有沿固体表面传播的表面波，因此是很复杂的。传播振动的介质可以是空气，也可以是液体或固体。水是传播振动状态的良好介质，它能有效地传递振动信息。在海水中，利用超声频声波可以达到探测远距离目标的目的。

人耳感受声音是以音调的高低和声音的大小来表示。音调的高低取决于振动频率。在空气中，声音的传播速度取决于温度，在室温时约为 340 m/s。在同样温度的水里声速约为 1 500 m/s，而在固体中由于固体的弹性，声速可达 3 000～6 000 m/s。习惯上把振动频率在 16～20 000 Hz 的声振动称为音频声波。频率高于 20 000 Hz 的声振动称为超声波，低于 16 Hz 的声振动称为次声波，超声波和次声波不能引起人们的声音感觉。

声波在空间中传播时，其位相相同的各点在一定时刻形成一定的曲面，这一曲面称为波阵面。按其形状不同，波通常可分为 3 种主要形式：平面波、柱面波和球面波。它们的几何图像如图 1.1.4－60 所示。

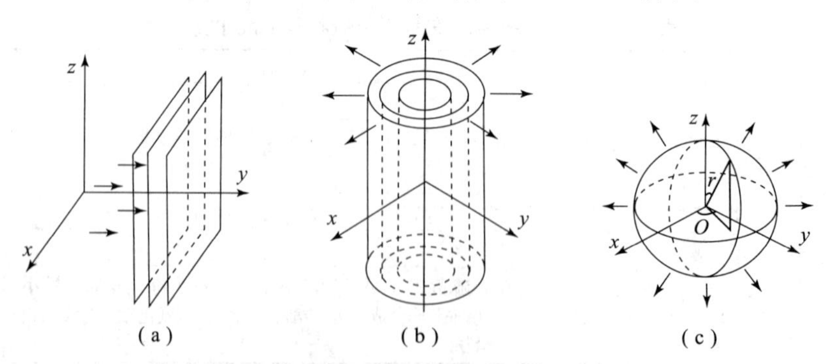

图 1.1.4－60 平面波、柱面波和球面波

声波在空间中自然不可能无休止地传播下去，而是要随着时间和距离的推移逐渐消失，这种现象叫衰减。衰减是由两种情况引起的：一是声波因其本身原因而减弱其强度或偏离原来路径，但声波本身仍然存在，这种由几何原因造成的衰减称为“几何衰减”；二是声波能量转化为其他形式的能量（主要是热），这时可认为声波被介质“吸收”了。

声波的传播与光相似，当声波投射到物质上时，其中一部分被反射，一部分被吸收，其余部分透过。假如在单位面积上，单位时间内入射声波的总能量用 E_i 表示，而反射、吸收（声波在传播介质内的衰减）及透过的能量分别用 E_R、E_m、

E_t 表示，则它们的关系可以近似地表示为：

$$E_i=E_R+E_m+E_t$$

或

$$1=E_R/E_i+E_m/E_i+E_t/E_i \qquad 1=R+m+t$$

式中，$E_R/E_i=R$ 称为反射率；$E_m/E_i=m$ 称为吸收度；$E_t/E_i=t$ 称为透过率。

实际上吸声材料的性能并不是用吸收度 m 表示，而是用吸声率 a 表示，其定义为

$$a=1-R$$

即吸声率并不是表示材料吸收的能量，而是表示投射到材料上的声能中，没有被反射的那一部分能量。吸声率 a 及透过率 t 因入射声波的频率及入射角的不同而不同。

无论采用什么材料，总会产生一定的隔音效果，其程度可以用透声损耗（Transmission Loss）来衡量，用 T_l 表示。

$$T_l=10\ \log\ (I_i/I_t)$$

式中，I_i 为传入材料的声能，dB；I_t 为透过材料后的声能，dB；T_l 基本上决定与质量规则和吻合效应。

质量规则是指当声音垂直均匀地传到由密致材料组成的壁障时，可由下式求得：

$$T_l\approx 20\ \lg\left(\frac{\omega m}{2\rho C}\right)$$

式中，m 为单位面积壁障的质量；ω 为 $2\pi f$（f 是频率）；ρ 为空气的密度；c 为声速。

即 T_l 与的 m、ω 对数成正比，材料的密度越大，T_l 就大，隔音效果也就越大。这就是隔音材料的隔音规则。

吻合效应是指在改变频率的条件下测定 T_l 时，有时会如图 1.1.4－61 所示，T_l 并不遵循质量规则得到较小的值。这是因为传递到隔音材料表面的横向音波的速度与在空气中传递的音速相同，因而产生共振，造成声音能够透过，而 T_l 并不降低。导致吻合效应的极限频率 f_c 可用下式表示：

$$f_c=(c^2/2\pi h)\sqrt{12\rho(1\quad \mu^2)/E}$$

式中，E 为杨氏模量；μ 为泊松比；ρ 为密度；h 为板材的厚度；c 为声速。

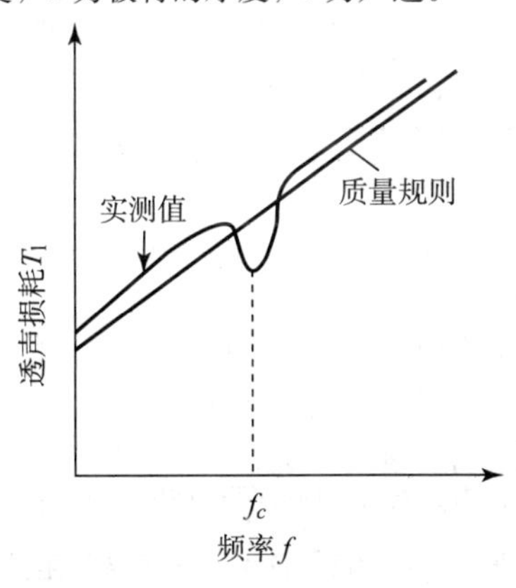

图 1.1.4－61　隔音的吻合效应

杨氏模量越小，f_c 就越大，多存在于高频区域。

橡胶类材料的体积压缩模量远大于剪切模量，杨氏模量约为剪切模量的 3 倍，泊松比近似为 0.5，这些特性在声学工程设计中极为有用。除橡胶本身具有优异的物理、化学性能以及易硫化成型等特点外，尤其可贵的是通过选取不同的胶料及配合剂的种类和比例，还能够有效地控制其声学特性和其他性能。因此，橡胶在水声工程中是重要的声学材料。

（一）橡胶的声速

声波在橡胶中的传播，也与光、电和热一样，比较困难。这是因为它们都是波动能量的传播，而且这种能量具有一种松弛性能。尤其是声波，在可听频率内声波的频率仅为 16～20 000 Hz，其能量密度比光、电和热小得多，因此声波的传播就显得更加困难。

声波在物质中的传播，其速度视介质的不同而异。在一般情况下，其速度的大小依次为：固体＞液体＞气体。常见各种物质的声速见表 1.1.4－84。

表 1.1.4－84　常见各种物质的声速

物质名称	声速/(m·s^{-1})	物质名称	声速/(m·s^{-1})
玻璃板	5 200	水（15℃）	1 423
锻铁	5 000	氢气（0℃）	1 262
钢	4 900	水蒸气（100℃）	472
大理石	3 810	空气（15℃）	340
松木	3 320	空气（0℃）	332
冰（0℃）	3 232	橡胶	40～70
甘油（20℃）	1 923		

固体物质的声速 V，可用下式表示：

$$V=(E/\rho)^{1/2}$$

式中，E 为伸长弹性率，ρ 为密度。为简单起见，如果把橡胶看作固体，则所谓伸长弹性率便可以认为是橡胶的弹性模量。因此声波在橡胶中的传播速度是由橡胶的弹性模量及密度决定的。对于纯胶胶料来说，如果密度假定近似于 1，则橡胶的声速与胶料的弹性模量的平方根近似相等。橡胶类高聚物因其模量小，所以声速都比较小。

从表 1.1.4－84 中可以看出，在各种物质中，橡胶的声速最小。这是弹性体类高聚物模量小的缘故。但橡胶的声速随其弹性模量的增大而增大，如果添加了配合剂（如添加增大橡胶模量的炭黑时），橡胶的声速将会增大；反之，增加软化剂类配合剂，则声速会减少。硬度较大的橡胶，其声速可达 1 560～1 573 m/s 。此外，橡胶的声速还与温度、伸长有关，其结果见表 1.1.4－85 及表 1.1.4－86。由表 1.1.4－85、表 1.1.4－86 可见，橡胶的声速随其温度的升高而减少；随其伸长率的增大而增大。

表 1.1.4－85　橡胶的声速与温度的关系

温度/℃	声速/(m·s^{-1})	温度/℃	声速/(m·s^{-1})
0	54	50	30.7
15	47	60	30.2
33	37.5	74	29.0
40	33.5		

表 1.1.4－86　橡胶的声速与伸长率的关系

伸长率/%	声速/(m·s^{-1})	伸长率/%	声速/(m·s^{-1})
100	47.2	300	62.9
200	56.6	400	65.9

（二）橡胶的特性阻抗

声场中某位置的声压 p 与该位置的质点振速 u 的比值，称为声阻抗率 Z_s，单位为瑞利（N·S/m^3）。

$$Z_s=p/u$$

特性阻抗可以简单地表示为声速与密度的乘积，它是声波通过物质的一种视阻抗。介质的特性声阻抗为：

$$Z=\rho\cdot c$$

式中，c 为声速。

平面波在各向同性的均匀介质中传播时，声阻抗率和特性阻抗相等。各种物质的特性阻抗见表 1.1.4－87 所示。

表 1.1.4－87　各种物质的特性阻抗

物质名称	声速/(m·s^{-1})	密度/(g·cm^{-3})	特性阻抗/[(N·S/m^3)×10^5]
软钢	5 050	7.8	394
玻璃	4 500～5 600	2.4～5.6	108～315
黄铜	3 450	8.5	293
铝	5 200	2.6	135
木材	4 400	0.8	35
软木	530	0.24	1.3
橡胶	30～70	0.95	0.28～0.67
水（不含气泡）	1 450	1.00	14.5
空气（℃）	331	0.001 3	0.004 3

由表 1.1.4－87 可见，橡胶的声速只有空气的 1/5 左右，自然，特性阻抗也很小。如果橡胶的特性阻抗平均值为 0.5×10^5 Pa·s/m，则橡胶的特性阻抗是软钢的 0.13%，木材的 1.4%，软木的 38%，水的 3.4%。因此，在计算橡胶与钢的夹层复合结构的特性阻抗时必须引起足够注意。

橡胶、空气等类物质的声速很小，所以其隔音效果比较好，这也与其密度小有很大关系；此外，同一声速的金属与木材相比，由于后者的密度小，所以其特性阻抗也小。因此密度在声阻抗问题上具有很重要的意义。

特性阻抗是描述介质本身性质的一个十分重要的物理量，是判断材料是否可作为反声材料或透声材料的主要标志之一。当相邻两种介质的特性阻抗接近或相等时，我们称为“阻抗匹配”，反之称为阻抗失配。只有在两种介质的特性阻抗相同时，声波在界面处才不致发生反射。橡胶的特性阻抗和水接近，而且可以用改变填料和其他组分来进行调节，所以适用于在声路中和水匹配，这就是橡胶常用作水声材料的原因。

（三）橡胶的吸声性能

声波在传播的过程中能量的损耗，主要有三种机理：18 世纪由斯托克斯和克西科夫提出建立的黏滞吸收和热传导吸收被称为古典吸收，在此基础上于 19 世纪又提出了一种新的吸收理论——分子弛豫吸收，也被称为超吸收。这三种声吸收的理论基本上涵盖了声波在传播过程中的能量损耗现象。

（1）黏滞吸收：声波在介质中传播时，由于介质中质点的运动速度不同，产生了速度梯度，进而使相邻质点产生了相互作用，使声能不断地转化为热能 。这一过程是不可逆的，主要发生在两种介质接触面。黏滞吸收公式如下：

$$a_u \approx \frac{\omega^2 r}{2C_0^3}$$

式中，$r=\frac{4u'}{3\rho}+\frac{u''}{\rho}$；$a_u$ 为黏滞吸收系数；ω 为声波频率；ρ 为介质密度；C_0 为声波速度 ；u'为切变黏滞系数；u''为体积黏滞系数。

（2）热传导吸收：声波在介质中传播时，由于介质质点疏密程度不同，介质各处温度有所差异，即存在温度梯度，从而使相邻质点间产生热交换。此过程是不可逆的，随着机械能的损耗，使声能不断地转化为热能。这一作用也发生在介质接触面。热传导吸收公式如下：

$$a_n \approx \frac{\omega^2 x(r-1)}{2\rho C_0^3 C_v r}$$

式中，$r=C_pC_v$；a_n 为热传导吸收系数；x 为介质热传导系数；C_s 为绝热过程中的振幅波声速；C_p 为介质的恒压比热；C_v 为介质的等容比热。

（3）分子弛豫吸收：声波在介质中传播时，介质的分子振动与声波的传播周期不是同步进行的，其相位落后了数个周期，造成声能在介质中的损耗。这一现象也是不可逆的，它主要发生在介质的内部。分子弛豫吸收公式如下：

$$a_r=\frac{\omega}{2C_0}\frac{r'(C_{v0}-C_{v\infty})\omega\tau}{C_{v0}(C_{v0}+r')+C_{v\infty}(C_{v\infty}+r')(\omega\pi)^2}$$

式中，$r'=R/M$；a_r 为弛豫吸收系数；C_{v0}为气体有效比热；$C_{v\infty}$为气体受压缩对外自由度能相应比热；τ 为弛豫时间；R 为气体常数；M 为气体相对分子质量。

橡胶因其特性阻抗小、黏度大，吸收的能量能够很好地转变成热能，尤其在冲击频率比较高的情况下，其吸声性能要比金属好，如图 1.1.4－62 所示。因此，橡胶经常被作为吸声材料来使用。

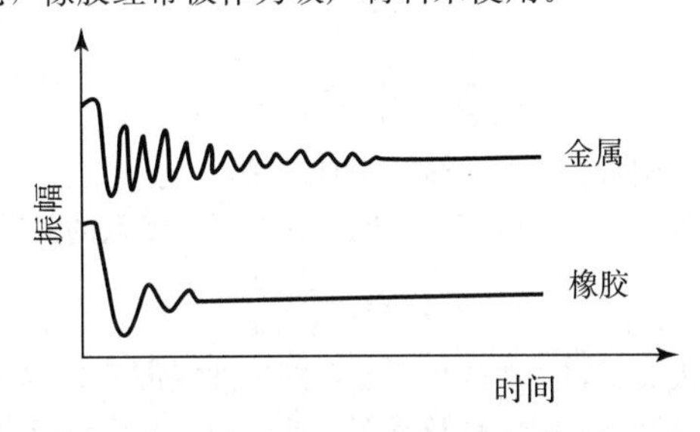

图 1.1.4－62　橡胶与金属弹簧振幅的衰减比较

声波能量在橡胶内的衰减，与光在物体内的衰减规律一样，可用下式表示：

$$I=I_0 e^{-at}$$

式中，I 为声波透过后的能量；I_0 为声波透过前的能量；a 为吸声率；t 为温度。

普通建材的吸声率见表 1.1.4－88。从表 1.1.4－88 可以看出，混凝土、软木等材料附上一层橡胶后，吸声率显著提高。

表 1.1.4－88　普通建材的吸声率

名称	吸声率
标准完全吸声物（开放窗）	100
硬壁及硬地板、砖、混凝土、瓦片、大理石、木材及混凝土上的橡胶（厚 3/10 m）	1～3
软木上的橡胶（厚 3/10 m）	9
毛毡类纤维吸声材料	5～50
厚毛织物（地毯）	9～22

橡胶的吸声率与声波的频率有很大关系。一般的规律是：随声波的频率升高，橡胶的吸声率增大；当频率达到某一临

界值时，吸声率出现最大值；超过此频率后，频率再提高，则吸声率反而降低。表 1.1.4－89 所示为混凝土上附有 4.8 mm 厚的实心橡胶地板在不同频率下的吸声率。从表 1.1.4－89 中可以看出，橡胶地板材料的吸声率在 256 Hz 时为 0.04，这样的吸声率与木材的吸声率差不多。

表 1.1.4－89　天然橡胶地板的吸声率

吸声材料种类	声频/Hz	吸声率	吸声材料种类	声频/Hz	吸声率
混凝土上附 4.8 mm 厚的橡胶地板材料	128	0.04	混凝土的光滑软木上附 4.8 mm 厚的橡胶地板材料	128	0.09
	256	0.04		256	0.04
	512	0.08		512	0.15（最大值）
	1 024	0.12（最大值）		1 024	0.11
	2 048	0.03		2 048	0.10
	4 096	0.10		4 096	0.04

对于合成橡胶来说，由于多数合成橡胶弹性模量的温度系数都比天然橡胶大，内部摩擦（门尼黏度）大，容易生热，所以吸声性能比天然橡胶好。因此，用于声学材料的橡胶不仅可以使用天然橡胶，而且也可以使用许多合成橡胶。天然橡胶与合成橡胶对冲击的吸收性能如图 1.1.4－63 所示。

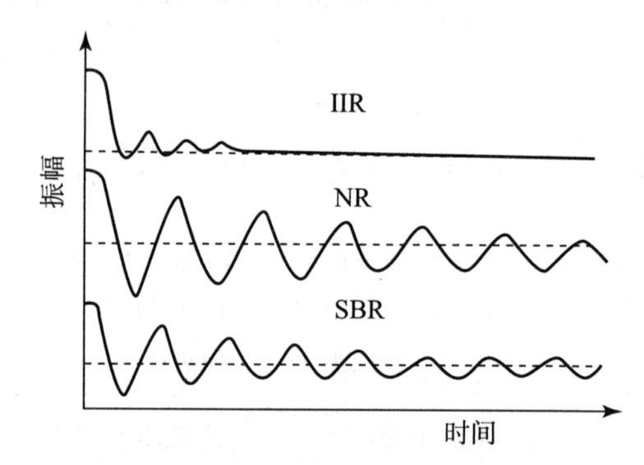

图 1.1.4－63　橡胶吸收冲击性能的比较

声波在两种密度和声速不同的介质界面传播时，会发生声波的反射和折射。当声波从介质 1 垂直入射至介质 2 的表面上时，其声压反射系数可用下式计算：

$$\beta=\left(\frac{T_2-T_1}{T_1+T_2}\right)^2$$

式中，β 为反声系数；T_1 为介质 1 的特性阻抗；T_2 为介质 2 的特性阻抗。

吸声系数 α 是指介质中某一点的吸收声强与入射声强的比，它与反声系数的关系为

$$\alpha=1-\beta=\frac{4T_1T_2}{(T_1+T_2)^2}$$

橡胶的吸声系数与声波的频率有很大关系，一般的规律是：随声波频率的升高，吸声系数逐渐增大，当频率达到某一临界值时，吸声系数达到最大值，频率再升高，吸声系数反而降低。频率对橡胶吸声性能的影响见表 1.1.4－90。

表 1.1.4－90　频率对橡胶吸声性能的影响

影响大的橡胶	丁基橡胶、丁腈橡胶、氯磺化聚乙烯橡胶
影响中等的橡胶	氯丁橡胶、乙丙橡胶、聚氨酯橡胶
影响小的橡胶	天然橡胶、丁苯橡胶、顺丁橡胶、硅橡胶

各种橡胶的吸声性能虽然有所不同，但无论哪种橡胶，由于吸声作用小，一般单纯采用实心橡胶作为吸声材料并不理想。尤其是在要求比较严格的场合，为提高其吸声性能，多数是做成夹层结构或者制成海绵橡胶来使用。

橡胶与玻璃或橡胶与金属黏合起来组成的复合吸声结构，由于玻璃、金属的声速快，而橡胶的声速慢，前者密度大，后者密度小，所以夹层结构内声音透过率显著减小，吸声效果要比单纯用橡胶理想。

海绵橡胶经常被用作吸声材料。当声波投射到海绵橡胶上时，声波在其多孔表面上会产生一部分散射，而入射到海绵微孔中的声波，由于橡胶的内摩擦、黏滞作用及薄膜的振动等，声波的能量将转变成热能而被吸收。图 1.1.4－64 所示为胶乳海绵橡胶的吸声率与频率的关系。

胶乳海绵橡胶的结构实际上是一种由纯胶胶料与空气（特性阻抗很小）构成的复合材料，所以吸声率很高。由图 1.1.4－64 可见，胶乳海绵橡胶的吸声率也受声频的影响，在频率为 500 Hz 时，吸声率出现最低值（0.3）；而在 1 500 Hz 时，吸声率出现最高值（0.9）。并且高频时的吸声率要比低频时的吸声率大。

聚氨酯泡沫橡胶的吸声率与胶乳海绵相似。聚醚型（视密度为 0.04）的吸声率为 0.67～0.70；而聚酯型（视密度为 0.05）的吸声率可达 0.75～0.85。

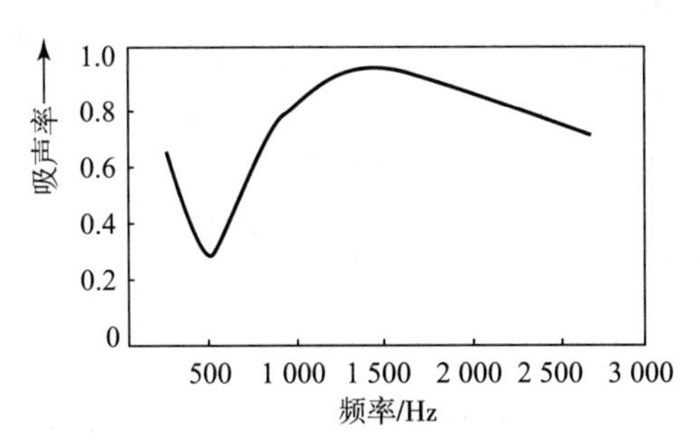

图 1.1.4－64　胶乳海绵橡胶的吸声性能

（四）水声功能橡胶制品

水声橡胶在水中对声波的传播起着重要作用，它可以消除声的反射，降低噪声，保持声波的传递不失真，避免水下各种噪声的干扰。根据橡胶在水声工程中的作用，可将其分为吸声橡胶、透声橡胶和反声橡胶三种类型的制品。

1. 水声吸声橡胶制品

作为水声吸声材料必须满足两个条件：（1）材料的特性声阻抗与介质水的特性声阻抗要匹配，使声波能无反射地进入吸声系统；（2）材料要有很高的内耗，使入射进来的声波在吸收系统中很快损耗而衰减。

在应用方式上，通常采用共振式吸声结构或渐变过程结构。前者是把带孔的橡胶薄层黏在钢板上，通过改变孔径的大小和数量来调整材料的有效弹性模量和损耗；而后者则常把橡胶等制品做成尖锥或尖劈状，以实现材料声学状态的逐步过渡，达到阻抗匹配的目的。为了提高材料的内损耗，一般在材料中混入含大量气泡的填料或填加金属微珠等。

选择橡胶作为水声吸声材料的一个原因是当声波对橡胶施加一周期性的外力时，材料会产生一周期性的变形。橡胶具有黏弹性质，当受到外力作用时，分子链的松弛过程引起应变落后于应力的滞后效应，从而会产生能量损失。这种损失是通过分子间的内摩擦进行的，故称之为内耗。由于橡胶结构复杂，分子运动形式繁多，松弛时间谱分布甚广，所以几乎可以作为各种频率下的阻尼材料。另一个原因是橡胶的特性声阻抗与水的特性声阻抗接近，两者容易匹配。

描述材料损耗性能常用衰减常数 α，它是通过测定材料的反射系数和透射系数得到的。表示声波在材料中传播单位距离所衰减的分贝数，也是能量在材料中衰减的直接量度，因此，用 α 表示材料的吸声性能比用 $\tan\delta$（损耗角正切）更直接。

常用的水声吸声橡胶的衰减常数见表 1.1.4－91 所示。影响吸声橡胶衰减常数的主要因素是橡胶的结构，内耗大的胶种宜作吸声橡胶。丁基橡胶、丁腈橡胶的内耗最高，天然橡胶和丁苯橡胶最低，氯丁橡胶介于其间。

表 1.1.4－91　橡胶品种与声速和衰减常数

胶种	比重	测试温度/℃		7 kHz	8 kHz	9 kHz	10 kHz	12 kHz
氯化丁基橡胶	1.162	14.3	声速/(m・s^{-1})	1 500	1 540	1 550	1 530	1 545
			衰减常数/(Np・m^{-1})	0.7	0.7	1.2	2.0	2.1
氯丁橡胶	1.311	14.5	声速/(m・s^{-1})	1 465	1 495	1 535	1 500	1 540
			衰减常数/(Np・m^{-1})	0.5	0.8	0.5	0.3	0.8
天然橡胶	1.031	15.2	声速/(m・s^{-1})	1 530	1 510	1 553	1 503	1 575
			衰减常数/(Np・m^{-1})	0.2	0.3	0.2	0.2	0.6
丁基橡胶	1.160	22.8	声速/(m・s^{-1})	1 455	1 445	1 490	1 460	1 440
			衰减常数/(Np・m^{-1})	0.8	1.3	3.1	2.3	2.5

丁基橡胶除了内耗较大之外，还具有耐老化和耐水性能，适于长期在水中使用，故常用来制作水声吸声橡胶。

由于橡胶的体积压缩模量很大，而剪切模量很小，声压作用在大面积的橡胶表面上，相当于压缩。当声波的压力不太大时，所产生的变形量甚小，这样能量的损失很小起不到吸声效果。所以制备常压下的吸声材料，常常用添加多孔性填料或用机械打孔的办法制成微孔性材料，以增大材料的可压缩性。海绵橡胶也经常被用作吸声材料，这样当声波入射到材料时，会引起材料微孔中空气的运动，由于空气的黏滞性和孔壁与空气间的热传导作用，使声能衰减。此外，气泡（或空腔）还可将其周围介质的体积压缩形变转变为剪切形变，增加了材料的内耗。

此外，由于黏弹性材料的剪切损耗很大，当声波入射时，含气泡的橡胶易发生体积压缩变形，在气泡周围就会将体积压缩变形转变为黏弹材料的剪切变形，致使有效损耗因子增大，微孔性吸声材料的有效损耗因子 η 可用下式表示：

$$\eta=\frac{\eta_\mu}{1+\frac{4\mu_0}{3K_0\phi}(1-\phi)(1+\eta_\mu^2)}$$

式中，ϕ 为气泡的体积率。当 $\mu_0/K_0\ll1$，$\eta_k\ll\eta_\mu$ 时，此式近似成立。一般黏弹材料能满足此条件。

从上式可以看出，微孔吸声材料的有效损耗因子 η 与材料的剪切模量 μ 和对应的损耗因子 η_μ 有关，欲增大 η，则要使用 μ_0 小而 η_μ 大的材料。另外，η 还与气泡的体积率 ϕ 有关，ϕ 增大，η 增加，但体积率不能过大，否则材料的机械强度将大大下降。

在橡胶中混入微孔性填料时，材料的声速显著地下降，衰减常数明显地增加。在一定限度内，材料的声速随填料比例的增加而减少，衰减常数却随填料比例的增加而增大。若采用剪切模量小、剪切损耗大的生胶作基料，则添加多孔性填料后，吸声效果更加显著。由于材料的声速和声能的衰减对空隙量非常敏感，所以控制混入的多孔填料量是制作优质吸声材料的关键。可选择木屑、铝粉、蛭石粉作气泡性填料，其中蛭石粉使用效果较好。蛭石粉是云母在高温下（1 200℃）膨胀形成的层状颗粒，含有大小不同的气孔。其优点是密度小，价格低廉、产地广、混炼工艺简便，不飞扬。加入胶料中，可使硫化胶的有效损耗因子增大，改善了低频性能，相应地增宽了吸声频带。使用蛭石粉时应注意，粒径大小必须适当。颗粒太细（小于 40 目），在胶料中只起到填充作用，不易形成足够的空气层，吸声效果差。表 1.1.4－92 示出蛭石粉用量对特性阻抗和有效损耗因子的影响。

表 1.1.4－92　蛭石粉用量对特性阻抗和有效损耗因子的影响

蛭石粉用量/份	0	10	30	50
特性阻抗/[(N·S/m^3)×10^5]	18.5	13.4	9.6	6.7
有效损耗因子 η	0.17	0.70	0.85	1.00

吸声橡胶中用增塑剂癸二酸二辛酯作变量试验结果表明，杨氏模量随增塑剂的用量增加而降低。但对杨氏损耗因子则有不同的影响，如图 1.1.4－65 所示。在频率为 3 kC 时，η_E 随软化剂用量增加稍有下降；而在 5～15 kC 时，η_E 值随软化剂增加而升高；当用量超过 10 份时，η_E 值增加甚快。

2. 透声橡胶制品

理想的透声材料是声波入射到透声层上时能够无反射、无损耗地通过，所以要求材料的特性阻抗与水匹配，材料的衰减常数要尽可能小。透声材料常用作水听器的包覆层，如氯丁橡胶、丁基橡胶和近年来采用的浇注型聚氨酯橡胶。在水声工程中，声呐、鱼雷的导流罩或透声窗都需要具有一定结构强度的透声材料。例如，利用钢丝增强透声橡胶，用以制作大型球鼻艏导流罩，或用玻璃增强塑料及其复合结合，用以制作各种潜艇声呐罩等。

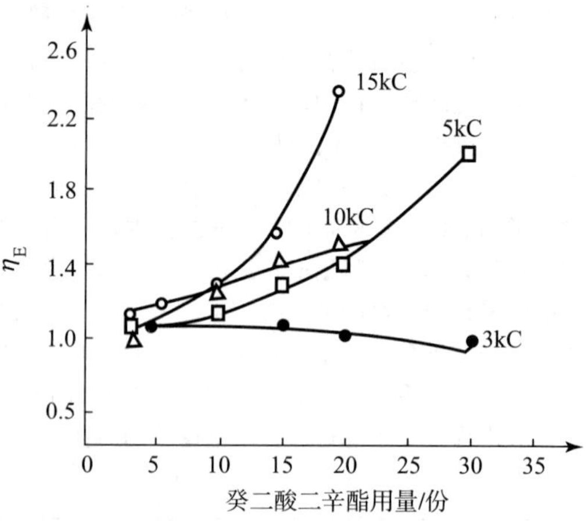

图 1.1.4－65　软化剂对损耗的影响

透声橡胶制品在声学性能上主要有两点要求：(1) 橡胶的特性声阻抗 ρC 值（橡胶的密度与声波在橡胶中的传播速度的乘积）要与声波的传播介质水的 ρC 值相匹配；(2) 声波通过橡胶时，橡胶对声能的损耗要小。

橡胶的特性声阻抗与水是相近的，因此，橡胶是较好的透声材料，天然橡胶、氯丁橡胶是应用较早的透声橡胶。声波透过橡胶时，产生的声衰减值取决于胶料的组成，其中包括两个部分：一是胶种的选择；二是其他配合剂的选择。其中最主要的是橡胶的种类。声波通过橡胶时，如同力作用在橡胶上一样，使橡胶产生弹性形变和塑性形变，塑性形变使声能衰减。因此，声能的衰减随胶料的弹性增加而减小，随胶料的滞后损失增加而加大。这就为设计声衰减小的透声橡胶制品提供了理论依据。常用胶料的声学性能列于表 1.1.4－93。

表 1.1.4－93　常用胶料的声学性能

材料名称	比重	纵波				拉伸波				损耗因子 η_E
		声速 C_l/(m·s^{-1})	频率 f/kHz	温度 T/℃	衰减常数 α^l/(Np·m^{-1})	声速 C_t/(m·s^{-1})	频率 f/kHz	温度 T/℃	衰减常数 α^t/(Np·m^{-1})	
天然橡胶	1.003	1 510	20	13	<0.6	80	2	20	33	0.45
丁基橡胶	1.005	1 520	20	13	1.6	236	4	20	59	1.70
氯丁橡胶	1.080	1 510	20	13	0.6	119	2	20	24	0.50
丁苯橡胶	1.039	1 470	20	13	<0.6	55	3	20	81	0.49
丁腈橡胶	1.056	1 620	20	13	1.5	166	2	20	38	0.30
乙丙橡胶	0.906	1 510	20	24	0.9	144	3	20	44	0.75
氯醚橡胶	1.425	1 500	20	24	7.5	160	3	20	61	1.40
聚氨酯橡胶	1.080	1 520	20	24	1.2	104	4	20	73	0.66
顺丁橡胶	0.965	1 480	20	24	0.6	94	4	20	29	0.22
氟橡胶	1.910	1 260	20	24	2.9					
T－801（天然橡胶）	1.031	1520	10	15	<0.6	135	3	20	48	0.73
T－802（NR+CR）	1.383	1440	10	13	0.6	—	—	—	—	—
T－803（氯丁橡胶）	1.410	1440	10	13	0.7	—	—	—	—	—
T－804（氯丁橡胶）	1.403	1520	10	15	0.6	161	4	20	34	0.44
T－805（氯丁橡胶）	1.430	1500	10	15	0.7	250	5	20	28	0.46

声波通过橡胶时的衰减，以天然橡胶的衰减量最小，氯化丁基橡胶和丁基橡胶最大，其余的胶料介于其中。所以天然橡胶是较好的透声材料。硅橡胶、顺丁橡胶也具有良好的透声性。常用橡胶的透声性能以下列顺序递减：天然橡胶＞天然橡胶/氯丁橡胶并用胶＞氯丁橡胶＞聚醚型聚氨酯橡胶＞氯化丁基橡胶＞丁基橡胶。

在高频下胶种对声学性能的影响尤为显著，见表 1.1.4－94。因此，透声橡胶在高频下使用时对胶种的选择就显得更为重要。除生胶外其他配合剂对透声性能影响不大，如在丁基橡胶中炭黑用量由零增至 70 份时，对衰减常数也没有显著的影响，见表 1.1.4－95。

表 1.1.4－94　超声波在天然橡胶和丁基橡胶中的衰减常数

胶种	衰减常数/($Np \cdot m^{-1}$)		
	5 kHz	150 kHz	350 kHz
天然橡胶	＜1.2	1.2	8.4
丁基橡胶	11.5	36.8	132.4

表 1.1.4－95　炭黑用量对丁基橡胶衰减常数的影响

炭黑用量/份	衰减常数/($Np \cdot m^{-1}$)		
	5 kHz	150 kHz	350 kHz
0	4.6	36.8	115.1
40	11.5	36.8	132.4
70	11.1	46.1	126.6

天然橡胶用作透声橡胶材料的一大缺点是透水性较大。如改用氯丁橡胶，耐候性和耐油性虽有很大的改进，但透水性能的提高并不特别显著。丁基橡胶的透水率比天然橡胶和氯丁橡胶低 98%，目前，多采用丁基橡胶作为透声橡胶材料。橡胶的透水系数以下列顺序排列：聚醚型聚氨酯橡胶＞天然橡胶＞氯丁橡胶＞氯化丁基橡胶＞丁基橡胶。

在深水中使用的深水透声橡胶制品尤应注意胶料的透水性。

3. 反声橡胶制品

为了避免水下各种噪声（包括一切不需要的信号）的干扰，在水声设备上应采用反声橡胶材料。理想的反声材料应当使入射声波 100%地被反射回去。首先，应当使材料的特性阻抗与水的特性阻抗严重失配；其次，要求材料的衰减常数小，使入射声波绝大部分被反射。这种材料在水声工程中多用作声呐反射罩，以及换能器基阵的反声后挡等。

在水面舰艇声呐中，常用闭孔泡沫塑料或泡沫橡胶作为反声材料。但是，由于在潜艇声呐或其他深水水声设备中，要求材料能够耐高的静水压，除了用一定厚度的金属做声硬障板外，目前，多用开孔硬质聚氨酯泡沫塑料做芯材，外包一层浇铸型聚氨酯橡胶，做成复合结构。

在水声技术中，人们对吸声体很重视，对反声体则较少注意。在浅水中（常压或低压下）这些问题很容易解决，海绵橡胶、泡沫塑料便能满足要求。在高压下，空气很容易满足这个要求，空气与水的阻抗比为 143，在深水中可用含空气的海绵橡胶作反声材料，但必须避免使反声材料中的空气溢出和水对反声材料的渗透，所以大多数场合下利用闭孔海绵橡胶，它具有最好的反声特性，反射系数一般可达 80%以上。

4.6　橡胶的电、磁性质

4.6.1　橡胶的电学性质

（一）概述

体积电阻率 10^{10} $\Omega \cdot m$ 是半导体材料的临界上限值。电性能是橡胶诸多性能中的一类，橡胶大都有不少于 10^{8} $\Omega \cdot m$ 的体积电阻率。不少橡胶材料用于制作电工器材，如电线电缆，有的则要制成电器配件后使用。这些材料或配件在通电后跟电流直接接触，或在使用中产生并积累静电，因此衍生出绝缘、导电等不同的电性能要求。

电性能系指物体处于电场作用下的电学行为，如导电性、绝缘性、电热性、光电性等。橡胶的电学性质中，涉及面较广的常用项目有介电系数、介电损耗与功率因素、体积电阻率、击穿电压。

1. 介电系数（dielectric constant）

介电系数也即通常所称的电容比 ε，是给定极板在真空下的电容 C_0 与以橡胶为电介质的电容 C 之比，即

$$\varepsilon = C/C_0$$

由上式可见，介电系数与电容 C 成正比，介电系数用来衡量橡胶材料的导电能力，数值越高表示导电性越好。物理量 ε 没有量纲，是正值，并且大于 1。

分子之所以呈中性是因为带正电荷（e）的原子核与带负电荷（－e）的电子的总值相等之故。正、负电荷的中心可以

重合，也可以不重合。如果电荷的正中心和负中心不重合，而且保持一个极小的距离 L 时，则称此分子为偶极子，偶极子的大小用电量 e 与距离 L 的矢量积，即偶极矩 μ 来表示。

$$\mu = e \cdot L$$

偶极矩的单位为“德拜”，用 D 表示，$1D=10^{-18}$ 静电单位·厘米。

一个分子在自然状态（无电场）下，偶极矩为零者，称其为非极性分子；反之，则称为极性分子或偶极子。高分子化合物由多个链节组成，其偶极矩即为每个链节偶极矩的向量和。CR、NBR 等属于极性橡胶，而 NR、BR、SBR 及 IIR 等均属于非极性橡胶。

外电场作用下，橡胶分子受到诱导极化，其极化可以分作电子极化、原子或离子极化、偶极极化、界面极化及空间电荷极化等类别。

偶极极化是指具有偶极矩的分子由于热运动的缘故在电场作用下沿着电场的方向极化。由于偶极极化是极性分子或链节沿电场方向旋转，必须克服惯性及摩擦阻力才能实现，所以极化时间较长，为 $10^{-3} \sim 10^{-10}$ s，并且消耗相当的能量。偶极取向所产生的偶极矩——取向偶极矩 $\mu_{/}$，和电子极化、原子或离子极化同样与外电场强度 E 成正比。

$$\mu_{/} = \alpha_{\mu} \cdot E$$

式中，α_{μ} 称为取向极化率。

对于极性分子而言，总的极化率为 α。α 为电子极化、原子或离子极化与偶极极化的极化率之和，有：

$$\alpha = \alpha_e + \alpha_a + \alpha_{\mu}$$

对于非极性分子，由于 $\alpha_{\mu}=0$，故 $\alpha=\alpha_e+\alpha_a$。

式中，α_e、α_a 分别为电子极化、原子或离子极化的极化率。温度对电子极化、原子或离子极化的影响不大。而 α_{μ} 与永久偶极矩的平方成正比，与温度成反比，经推导可得：

$$\alpha_{\mu} = \mu^2/(3kT)$$

式中，k 为玻尔兹曼常数。这种关系说明，在温度高时，由于分子的热运动而抵消了电场对分子的极化，α_{μ} 降低；反之，分子易于取向时 α_{μ} 增大。

界面极化是指载流子在不同电介质表面积聚所引起的极化，也称交界极化。界面极化由于电场的作用，致使电子、离子堆集于组分之间的界面处，这种极化涉及较为庞大的粒子，产生于具有不同极化率的非均相体系（如共混、复合材料）介质中，如含有炭黑的硫化胶，这种极化比较显著。对于均质的介质，只有电子极化、原子极化及取向极化。界面极化所需要的时间比偶极极化更长，从几分之一秒至几分钟。

介电系数与介质的本性有关，ε 的大小决定于介质的极化。极化程度越大，ε 值越大。物质的介电系数 ε 与极化率 α 间存在着如下关系：

$$(\varepsilon-1)/(\varepsilon+2) = \frac{4}{3}\pi \cdot N \cdot \alpha$$

式中，N 为分子数。如将上式两边乘以 M/ρ（M 是分子量，ρ 是密度），则 $M/\rho \cdot N = N_0$（阿伏伽德罗常数），则上式可以改写为

$$(\varepsilon-1)/(\varepsilon+2) \cdot (M/\rho) = \frac{4}{3}\pi \cdot N_0 \cdot \alpha \qquad (1.1.4-⑩)$$

这一关系式称为克劳修斯-莫索蒂-德拜方程式。

令

$$P = \frac{4}{3}\pi \cdot N_0 \cdot \alpha$$

P 称为克分子极化度。显然克分子极化度与 α 一样，等于下列各部分的和，即：

$$P = P_e + P_a + P_{\mu}$$

式中，$P_e = \frac{4}{3}\pi \cdot N_0 \cdot \alpha_e$；$P_a = \frac{4}{3}\pi \cdot N_0 \cdot \alpha_a$；$P_{\mu} = \frac{4}{3}\pi \cdot N_0 \cdot [\mu^2/(3kT)]$。

对于非极性橡胶来说，因为 $\mu_{/}=0$，所以其克分子极化度为 P_e 与 P_a 之和。

介电系数有时也常用复数介电系数 ε'' 表示，即：

$$\varepsilon'' = \varepsilon - i\varepsilon'$$

式中，虚数部分 ε' 表示介电损耗因素，也称介电损失系数。

$$\varepsilon' = \varepsilon \tan\delta$$

式中，$\tan\delta$ 为介电损耗角正切。

2. 介电损耗（dielectric loss）与功率因素（power factor）

在电场作用下，因介质发热而导致的电能损耗被称为介电（或介质）损耗，其原因是橡胶分子在电场作用下跟随着电场的变化而取向。在取向过程中，因摩擦而生热，消耗一部分电能。另外，胶料中的各种助剂也会产生黏滞阻力而损耗一部分电能。介电损耗为损耗角 δ（图 1.1.4-66）的正切值，即 $\tan\delta$ 来表示。

介质在外加交变电场的作用下，如果是理想电介质，便会产生位移电流，而且电流比电压超前 90°。但实际上，电流与电压的相位差不是 90°，而是小于 90°的一个 ϕ 角，即电路的总电流 I 可以分解成两部分：一部分为“纯电容”的位移电流 I_C，是充电性的，它与电压的相位差为 90°，不损耗电能；另一部分为“纯电阻”的电导电流 I_R，它与电压同相位，代

表电能损耗。其等效电路及电流矢量如图 1.1.4-66 所示。

电介质的损耗角 δ 正切可以用下式表示：

$$\tan\delta = I_R / I_C$$

δ 的余角 ϕ 的余弦 $\cos\phi$ 称为功率因素。在 δ 角较小时，$\tan\delta \approx \cos\phi$，因此，$\tan\delta$、$\cos\phi$ 以及 ε' 都是表示电能损耗的尺度。在工程应用上，为说明材料的介电损耗性质，多以损耗角 δ 正切值来量度。

由等效电路还可以看出，实际电容器消耗的功率 W 为

$$W = V \cdot I_R = V \cdot I_C \cdot \tan\delta = V^2 \cdot \omega \cdot C \cdot \tan\delta$$

式中，ω 是所加电场的角频率，$\omega = 2\pi f$，V 为电压。从上式可知，介电损耗即释放的热量，与电压的平方、频率、电容以及介电损耗成正比。

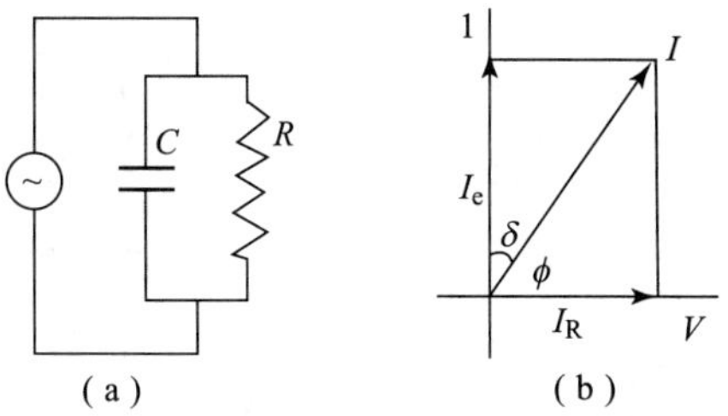

图 1.1.4-66 等效电路及电流矢量图

(a) 等效电路；(b) 电流电压矢量图

3. 体积电阻率（volume resistivity）

体积电阻率缩写为 ρ_v，橡胶在电流作用下，会有少量漏流电流通过，既可以贯穿内部，也可以沿表面流过。材料体积为 1 cm^3 的立方体，其两个相对表面间的电阻值称为该材料的体积电阻率，单位 Ω·cm。体积电阻率用于反映橡胶的绝缘性或导电性。流经固体绝缘材料表面的电流是表面电流，其对应的电阻值称为表面电阻率。

橡胶中可以配入导电性填料形成复合导电材料，有不同程度的导电性：凡是橡胶的体积电阻率 $>10^8$ Ω·cm 的，即列为绝缘橡胶；体积电阻率上限不大于 $10^6 \sim 10^8$ Ω·cm，下限不小于 $10^4 \sim 10^5$ Ω·cm 的，是导静电（半导体）橡胶，可以用作抗静电的导电橡胶制品，如丁腈橡胶的体积电阻率为 $10^9 \sim 10^{10}$ Ω·m，常用于纺织皮辊、计算机房橡胶地毯等；一般体积电阻率不大于 10^4 Ω·cm 的是导电橡胶，用于电信器材、导电连接器材等。

4. 击穿电压

介质（如橡胶）在正负电极之间通过时，当电压达到一定强度而被洞穿时，将会失去介电性能，此时的电压被称为击穿电压（单位 kV）。介质的电击穿强度，以击穿电压与试样厚度之商表示，单位 kV/mm。

$$E = V / h$$

式中，V 为击穿电压；h 为试样厚度。

击穿电压用以衡量材料的耐高压电能力。

橡胶的体积电阻率一般较大，更常用于绝缘制品。用于绝缘制品时，除按照介电系数、介电损耗角正切、介电强度、体积电阻率、橡胶的吸水率等指标选用材料外，尚需参考橡胶的耐电弧性能。几种橡胶的耐电弧性如图 1.1.4-67 所示。

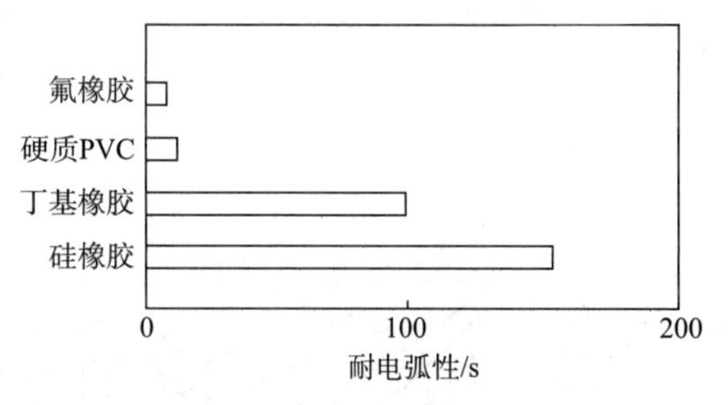

图 1.1.4-67 几种橡胶的耐电弧性

此外，橡胶的耐静电蚀损也是一个应当考虑的重要因素。在胶辊、传动带、输送带等行业，因橡胶制品的滚动与摩擦，在橡胶材料的表面会积聚大量静电荷，大量电荷瞬间释放会产生局部高温，若材料的导热性较差，会在橡胶表面产生烧蚀的麻点，这种现象就是静电蚀损。解决的办法就是在配方中添加抗静电剂，同时，在配方中尽可能多的添加金属氧化物以提高橡胶的导热性，减少局部高温现象。

（二）影响橡胶电学性质的因素

1. 影响介电系数的因素

橡胶的介电系数通常与橡胶的极化程度（极性）相关。极性越强，则介电系数越大。例如，天然橡胶为非极性橡胶，其 ε 值为 2.4～2.5；而极性橡胶（如丁腈胶）为 7～12。所以制造绝缘橡胶制品时，一般要选用非极性橡胶，如天然橡胶、三元乙丙胶等；而制造半导体橡胶制品的话，则优先选用氯丁、丁腈等极性胶种。

极化一般在交变电场中观察。介电系数与克分子极化度有密切关系，而克分子极化度又与交变电场频率有直接关系，所以介电系数也与频率有关，在不同频率下有不同的介电系数。如图 1.1.4-68 所示。

在频率非常低的情况下，电子极化、原子或离子极化、偶极极化与界面极化四种极化都可跟随电场的方向取向。取向与电场保持同相位，此时没有能量吸收，其介电系数最大，接近于静电场的介电系数。当外加电场的频率增加时，首先是界面极化跟不上电场的变化，所以电场的频率超过一定值时，总极化率只有偶极极化、原子极化及电子极化的贡献，相应的 ε 值也突然下降，然后出现一个平台区；当频率再度增加时，伴随着偶极极化的停止，介电系数再度降低，又出现一个平台区，如此等等。当频率极高时，介电系数只有电子极化的贡献，此时介电系数值很小。

在上述每一种极化方式的过渡过程中，都伴随着一种损耗，即电能被吸收而发热。这个频率范围被称为反常“色散”区域，此时的介电系数随频率的增加而降低。在反常“色散”区域，式（1.1.4-⑩）德拜方程变为

$$P = (\varepsilon - 1)/(\varepsilon + 2) \cdot (M/\rho) = \frac{4}{3}\pi \cdot N_0 \cdot \{\alpha_0 + \mu^2/(3kT) \cdot [1/(1 + i\omega\tau)]\}$$

式中，$\omega/(2\pi) = f$ 为频率；τ 为松弛时间。

在反常“色散”区域中，介电损耗因素 ε' 出现峰值，其原因是峰的一侧频率低，运动单元来得及极化取向，电能损耗少；而峰的另一侧，由于运动单元无法跟随电场极化取向，电能消耗也少。唯介于两者之间的某一频率，因电能消耗最大，损耗介电系数 ε' 出现峰值。天然橡胶硫化胶的介电损耗因素 ε' 与频率的关系如图 1.1.4-69 所示。

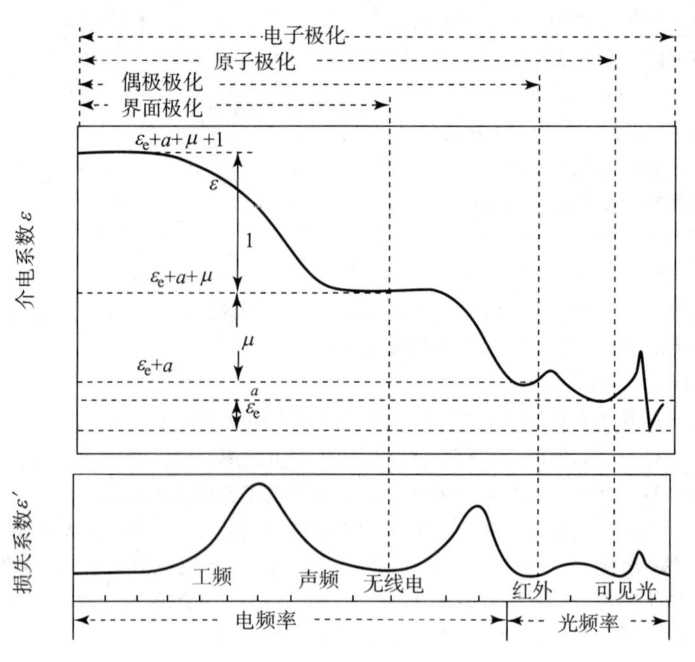

图 1.1.4-68　介电系数及介电损耗系数与频率的关系

在通常情况下，由于温度对电子极化及原子极化的影响不大，因此非极性橡胶的介电系数随温度的变化可以忽略不计。但温度对极性橡胶的影响则有两种相反的作用：一是温度升高时，分子间作用力减弱，黏度降低，偶极子取向容易，所以极化率增大；二是当温度升高时，由于偶极子运动增强，反而不利于取向，极化率降低。因此，温度对极性橡胶的影响要看两种因素中哪一种起主导作用。温度对天然橡胶硫化胶介电系数的影响如图 1.1.4－70 所示。从图中可以看出，在一定的频率之下，温度较低，介电系数较小，介电系数随温度的升高而增大；但到了某一温度之后，由于热运动干扰取向太大，介电系数反而降低。

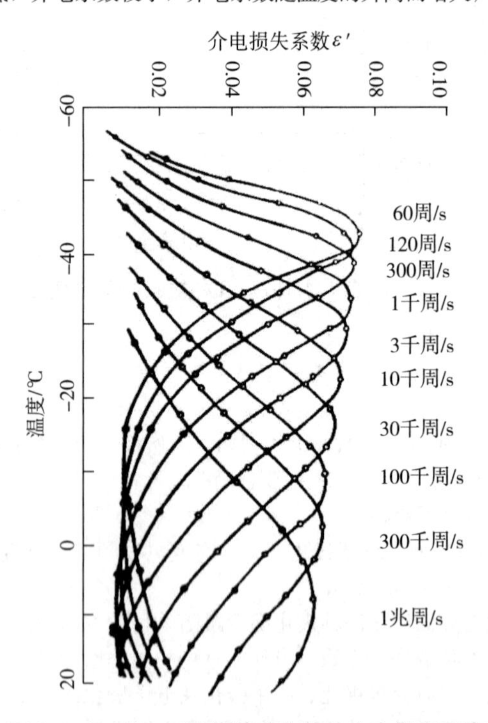

图 1.1.4－69　天然橡胶硫化胶的介电损耗因素与频率的关系

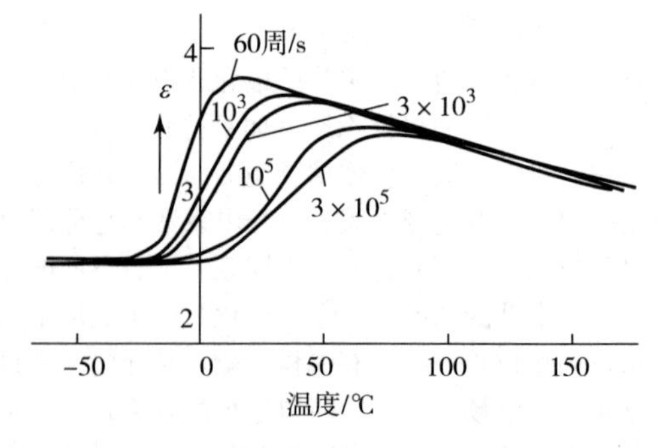

图 1.1.4－70　硫化橡胶（10%硫黄）的介电系数-温度曲线（曲线上的数字为频率）

温度对导电硅橡胶体积电阻率的影响见表 1.1.4－96。

表 1.1.4－96　温度对导电硅橡胶体积电阻率的影响

项目	温度/℃			
	30	50	70	90
体积电阻率/(Ω · cm)	201.8	187.4	165.2	141.7
体积电阻率达到稳定值所需时间/min	15.5	14.5	12.0	11.0

硫化橡胶的介电系数与生胶不同。纯粹的天然橡胶是异戊二烯的聚合体，而且是非极性橡胶。硫化橡胶是硫黄与橡胶发生化学反应，使橡胶产生交联，硫桥不仅可以在分子之间，也可以在分子之内，自然可以把硫桥看成是一种硫醚键的偶极矩。通常所说的非极性橡胶，是在未硫化之前区分的，而硫化后，几乎所有橡胶都因与硫黄的结合而具有一定的偶极矩。因此，非极性橡胶的硫化胶在电场中就会发生偶极极化，其介电系数也随结合硫的含量不同而不同。图 1.1.4－71 是硫化胶在频率为 1 000 Hz 时，硫黄用量对天然橡胶介电系数的影响。从图中可以看出，介电系数随硫黄用量的增加而增大。

2. 影响介电损耗的因素

介电损耗主要来源于偶极极化，tanδ 是高聚物极性基团存在的特征表征。对天然橡胶这类非极性橡胶来说，不应有 tanδ 最大值，但在实测时发现了 tanδ 有最大值，具有偶极极化的特征。该现象是极性杂质所引起的，如能除掉杂质，其 tanδ 便不随温度及频率而变化，而且其 tanδ 值在 10^{-4} 左右。聚合物越纯，tanδ 越小。在一般的情况下，极性橡胶的 tanδ 要比非极性橡胶大。

硫化橡胶的极性基团主要来自硫黄，当硫化程度增加时，橡胶黏度增大，τ 值增大，因此 tanδ 的最大值出现的温度升高。由于硫化程度增加，橡胶内偶极基团浓度增加，tanδ 也随之增加。硫化橡胶中硫黄用量与 tanδ 的最大值的关系如图 1.1.4－72 所示。从图中可以看出，tanδ 的最大值随硫黄用量的增加而增大，且移向高温区。

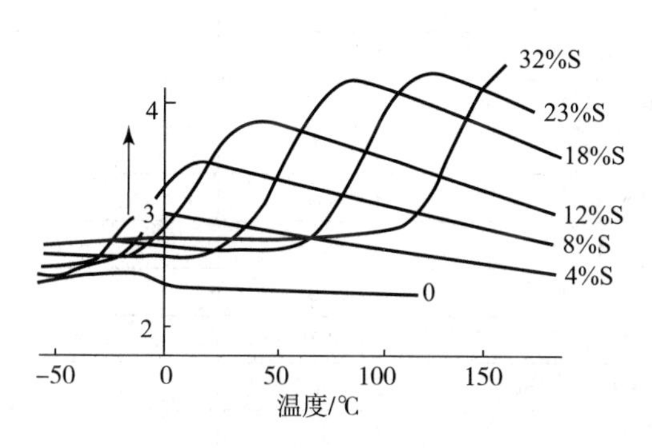

图 1.1.4－71　硫黄用量对天然橡胶介电系数的影响（曲线上的数量为硫黄用量/%）

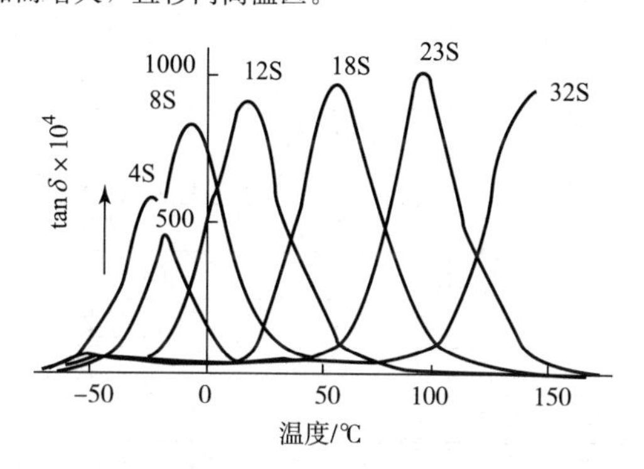

图 1.1.4－72　橡胶的 tanδ（1 000 Hz）与硫黄用量的关系（曲线上的数字为硫黄用量/%）

频率对介电损耗的影响与频率对介电系数的影响相似。频率对硫化胶 tanδ 的影响如图 1.1.4－73 所示。从图中可以看出，在温度一定的情况下，当频率较低时，偶极极化来得及实现，与电场同步，电介质不吸收能量，介电损耗很小。当频率增大至足够高时，则一切偶极因介质的“内黏滞”无法追随电场的变化，此时偶极极化停止，介电损耗也很少。频率处于这两者之间时，偶极虽然能追随所加电场的变化而极化取向，但又不完全同步，偶极取向滞后于电场的变化，此时每周期中电能被吸收而发热，介电损耗出现最大值。

温度对橡胶介电损耗的影响与对频率的影响相似。从图 1.1.4－74 可以看出，在一定频率下，当温度较低时，分子在电场中取向困难，介电损耗不随温度而变化。当温度很高时，分子间的内聚力（黏性）降低，橡胶分子的热运动能量增加，这时反而不利于分子的极化取向，介电损耗也很小。唯有在某一温度区域内，需要外电场供给较大的能量，克服其内黏滞而极化取向时，介电损耗增大。而且频率高时，介质损耗峰移向高温端；反之，介质损耗峰移向低温端。

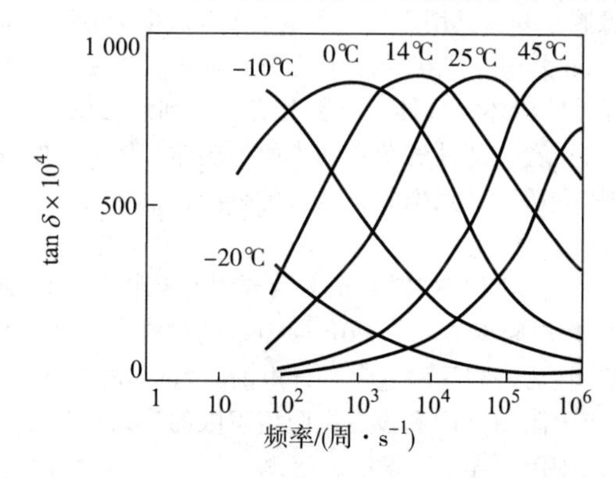

图 1.1.4－73　频率对硫化胶 tanδ 的影响（曲线上的数字为温度/℃）

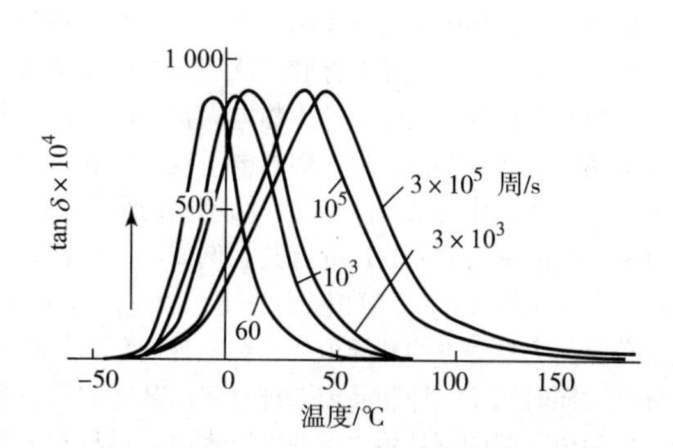

图 1.1.4－74　温度对硫化胶 tanδ 的影响（曲线上的数字为频率/Hz）

功率因数也用于反映电介质发热引起的能量损失。功率因数大，意味着介质的发热量大，能量损失也大，导致绝缘性变差。介质吸水也会使功率因数增大，绝缘性能变劣。

橡胶作为介电材料，希望介电损耗尽量小，因为这时的介电损耗是不利因素。但橡胶的介电损耗也可以被用作有利因素，如高频硫化橡胶，在一般情况下，如果对橡胶施以 10～30 兆周的电压，便可使橡胶的各部位同时加热。

3. 影响击穿电压的因素

电介质在高压下，常因电压过高而被击穿损坏。介质的击穿电压即指能抗击穿及放电的最高电压梯度。这种现象好像固体受机械应力而遭受损坏的情况一样，所以介质中任何一点的电场强度常常被称为“电应力”。当所施电应力在临界值以内时，电位移与应力及介电系数成比例；但当应力超过某一临界值时，电位移迅速增大，最后破裂。此外，电击穿与机械破裂一样，材料中有偶然裂缝或杂质的存在，也容易被击穿。

各种硫化胶的电性能见表 1.1.4－97。

表 1.1.4－97　各种硫化胶的电性能

橡胶	介电系数 ε	tanδ（1 000 Hz）	体积电阻率/（Ω · cm）	击穿电压（交流）/（kV · mm^{-1}）	击穿电压（直流）/（kV · mm^{-1}）
NR	3.0～4.0	0.5～2.0	10^{14}～10^{15}	20～30	45～60
SBR	3.0～4.0	0.5～2.0	10^{14}～10^{15}	20～30	45～60
BR	3.0～4.0	0.5～2.0	10^{14}～10^{15}	20～30	45～60
IIR	3.0～4.0	0.4～1.5	10^{15}～10^{16}	25～35	55～70
EPM	2.5～3.5	0.3～1.5	10^{15}～10^{16}	35～45	70～100
EPDM	2.5～3.5	0.3～1.5	10^{15}～10^{16}	35～45	70～100
CR	5.0～8.0	2～20	10^{12}～10^{13}	15～20	—
NBR	5.0～12.0	2～20	10^{10}～10^{11}	～	—
CSM	4～5	2～10	10^{12}～10^{14}	20～25	—
MVQ	3～4	0.5～2.0	10^{13}～10^{16}	20～30	—
CM	4～6	2～10	10^{12}～10^{14}	20～25	—
FKM	3～6	2～10	10^{12}～10^{15}	20～25	—
T	4～6	2～10	10^{13}～10^{14}	15～20	—
PVC	6～8	10～20	10^{13}～10^{14}	25～35	—
PE	2.2～2.4	0.02～0.04	10^{16}以上	45～65	—
聚氨酯	3～8	1～5	10^{9}～10^{13}	10～24	—

总的来说，高聚物的介电性能主要取决于聚合物的极性大小。极性越大，介电系数越高，电阻越小，介电损耗越大，击穿电压越小。大分子中极性基团所处的位置不同对介电性能的影响也不相同。如极性基团直接连接在主链上，由于受到主链构型的影响，活动比较困难，不易旋转定向，所以对介电性能的影响小。如极性基团连接在侧基上，则活动性大，在电场力作用下，可独立旋转定向，所以对介电性能影响大。主链上有支链，使高分子呈疏松状态，极性基团较易沿电场方向定向；但由于分子间距增大，单位体积中的极性基团减少，所以支链对介电性能的影响要视具体情况而定。大分子交联，形成网状结构，把极性基团包围起来，妨碍其旋转定向，会使绝缘性能提高。此外，外界条件对高聚物介电性能的影响也是不可忽视的。高聚物中的微量杂质和水分，环境温度和湿度等，常常会使高聚物的介电性能大幅降低。

（三）导电橡胶[25.50—53]

导电橡胶始于 19 世纪末，但在 1930 年左右使用的导电填充剂是石墨粉和瓦斯炭黑，因此制品的性能也低，也不被人重视。自 1930 年左右开发了用乙炔炭黑和导电炭黑代替石墨的导电橡胶，并将其用于抗高压电缆电晕放电的电线护套和 X 射线的导体，从此导电橡胶成为引人注目的素材。而后，1934 年 Dunlop 公司在飞机轮胎中使用乙炔炭黑作为飞机离、着陆时的抗静电对策，从此导电橡胶广泛用于外科手术橡胶制品，与可燃性粉体、气体、燃料和有机溶剂接触使用的胶管、胶带、胶辊和胶布等，以防止产生静电火花。此外，导电橡胶还用于防止音响部件的杂音和表面生热体、静电印刷胶辊等利用导电功能的橡胶部件，近年随着电子技术的发展广泛用于制作橡胶开关、节点橡胶、压力传感器、燃烧电线芯材和电磁波屏蔽材料等，成为支承高科技产品基础的重要高功能部件。

材料的电阻率与制品的尺寸有关。例如，制造长 3 m、断面 1 cm^2、总电阻 3×10^6 Ω 的胶管要用电阻率约为 10 Ω · cm 的材料，但制造厚 2 mm、面积 50 · cm^2、总电阻 3×10^6 Ω 的鞋底则需用电阻率为 7.5×10^4 Ω · cm 的材料。因此，难以清楚地区分材料为抗静电的和导电的，在一种制品中该材料是抗静电的，在另一制品中它又是导电的，“抗静电”和“导电”的名称往往同时用于一种制品或一种材料。某些制品还有两种类型：有电阻值下限和没有电阻值下限的，如胶鞋等。一般对确定电阻值下限的制品用“抗静电”术语，对没有电阻值下限的制品则用“导电”术语。

8～9 mA 的电流对人体来说是安全的电流。考虑到电网的电压一般为 220～250 V，当制品电阻为 5×10^4 Ω 到 10^5 Ω 时，在连接有橡胶制品的电路中的电流强度不会超过 4～5 mA。因此，常采用 5×10^4 Ω 作为抗静电橡胶制品电阻的下限值。在实际条件下，当电网有故障时，电路中的总电流将可能低于计算值，因为制品的电阻不会像采用湿接触法测得的电阻值那样低。可以提高电阻的下限值以保证在发生电网泄漏时赋予更高的安全性，但这时要同时提高电阻的上限值，从而导致易产生静电荷的危险。在实际条件下，要制得电阻值相同的制品是不可能的。根据所用原料的质量和遵守工艺条件的精确程度，电阻值的分散性可能达到两个数量级。因此，电阻上限值一般比下限值高 100 倍或更多。

采用导电橡胶和塑料可能比采用金属有更大的危险性，其原因有两个：首先，一般认为橡胶是绝缘体，不会采取预防措施；其次，电网短路时通过金属的电流极大，会很快使保险丝熔融并切断电路。而用中等导电材料制造的制品可以长时间通过足够大的电流而保险丝又不会熔融。对于电网故障不会使其发生危险的许多制品，可以不设定电阻的下限值。

ISO 规定了医用制品、抗静电胶鞋、导电胶鞋等一系列工业制品的电阻极限值。根据化学和石油化学工业生产中防静电的原则，抗静电制品对地面的整个电阻不应大于 10^7 Ω。

飞机在飞行和降落时会积累大量电荷。因此，根据英国标准，机身和安装轮胎的湿板之间的电阻值，在任何使用时间内都不应大于 10^7 Ω，而胎面和轮缘之间的初始电阻值不应大于 5×10^4 Ω。在给飞机加油时，必须保证机身与加油人员之间通过金属进行接触。

许多橡胶制品在使用时会使电阻值增大，在制品标准中规定的由计算或实验方法得到的电阻上限值应比最大允许值低 10～100 倍，而且这一换算系数与使用条件有关。对于不承受明显应变的硬质胶制品来说，该系数甚至会是 1。

必须在实际使用条件（无易燃蒸气，但应有尘埃存在，因为尘埃有利于起电）下试验实验样品并测定静电荷的电位势。有文献指出，电位势高于 1 500～2 000 V 的火花放电对人体有危险。不会引起着火危险的允许的静电荷的电位势值与物质着火能的平方根成正比。火花放电能与人体电位势的关系曲线表明，当人体的静电位势为 2 000 V 时，火花放电已能使汽油和醋酸乙酯蒸气着火。涂胶机操作人员人体静电位势与人体对地面的电阻之间的关系曲线表明，为了保证在汽油蒸气中能安全工作 10^{10} Ω 已足够了，因为静电位势不会超过 1 000 V。如果制品在易爆环境下使用，则在可能产生电荷的各点与电荷消散的各点之间的电阻值应在 10^5～10^8 Ω。在许多场合下，静电并无危险性，但由于吸尘、纤维和纤维相互排斥作用，聚合物薄膜与设备黏附等因素会破坏工艺过程。在这些场合下，制品的电阻值在 10^{10}～10^{12} Ω 内就已足够了。人用气体实施麻醉时，要使用氧与二乙醚和其他物质的易爆蒸气混合物，这些物质的着火能非常低，这就会因起静电而使麻醉剂蒸气爆炸。此外，麻醉器械中使用了大量的橡胶管，它们与麻醉剂蒸气接触，因此，这些胶管都应是能抗静电的。

主要的导电橡胶制品见表 1.1.4－98 所示。

表 1.1.4－98 导电橡胶和导电高分子应用举例

材料	体积电阻率/(Ω·cm)		应用例	基质	填充剂
	范围	相关标准要求			
半导体材料	10^7～10^{10}		低电阻板（传真电极板）、静电配线板、感光纸	合成涂料	金属氧化物
抗静电材料	10^4～10^7		抗静电模制品（盒、片材）	PE、PS、ABS、PP	乙炔炭黑、导电炭黑和金属粉体等
			容积达 10 L 以上汽油桶	PE	
			医疗用麻醉装置	NR、NBR、EPDM 和 MVQ 等	
		ρ_v 不应大于 2×10^5 Ω·cm	输送带		
		电阻应不大于 3×10^8 Ω	矿井用抗静电传动带		
		ISO 标准要求任一类型胶管每米长度上的电阻应在 3×10^3～10^6 Ω 内	胶管，包括含导电内衬的胶板、含导电外层的胶管、未铠装腔管		
		<10^5 Ω	运输易爆物品的载重轮胎（实心或充气）		
		5×10^4～10^7 Ω	抗静电轮胎		
		<5×10^4 Ω	堆放易爆物品场所的胶板		
		<10^8 Ω	片材和由片材制造的制品		
		5×10^4～10^8 Ω	用于抗静电目的的胶板		
		<1.5×10^5 Ω	操作易爆物品时穿着的导静电胶鞋		
		5×10^4～5×10^7 Ω	抗静电胶鞋		
			复印、纺织用抗静电胶辊		
			抗静电胶板、胶条和鞋底		
			防爆电缆、X 射线电缆		
导电材料	10^0～10^4		表面发热体（暖房地板等）	塑料类	金属箔、金属粉
			电波屏蔽材料	PE、EVA、PET、CR	炭黑
		<10^4 Ω	导电胶靴	NBR	炭黑
			弹性电极	硅橡胶	导电炭黑、石墨纤维或金属粉体
			加热元件，如防过电流/过热元件		
			电厂控制元件转向器		
			连续硫化电缆、导电薄膜		
		<1.4 Ω·cm	高压电缆屏蔽混合料		

续表

材料	体积电阻率/(Ω·cm)		应用例	基质	填充剂
	范围	相关标准要求			
高导电材料	10^{-3}～10^{0}		印刷电路、电阻器、传感器、连接器密封、电波屏蔽材料、导电涂料、导电黏合剂、医用电极、键盘开关、异向导电连接板元件和加热导电元件等	硅橡胶、NBR及工程塑料类	导电炭黑、银粉、金属粉、金属屑、金属纤维、碳纤维、镀金属玻璃纤维、银、碳
			节点开关或传感元件用导电橡胶，包括等向性导电橡胶、异向性导电橡胶、压敏导电橡胶等		
		$<1.3\times10^{-2}$ Ω·cm	矿用电缆屏蔽混合料		

开发导电橡胶制品应考虑的主要因素如图 1.1.4－75 所示。

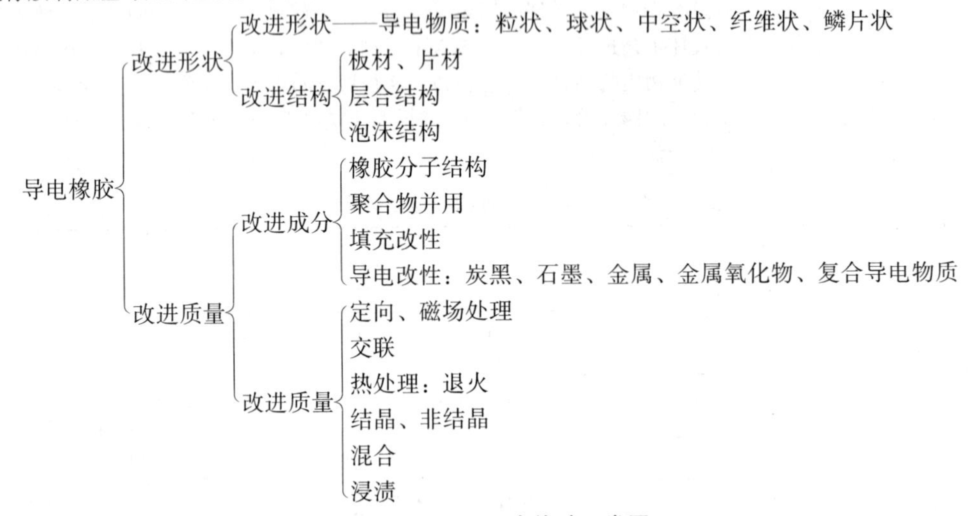

图 1.1.4－75　导电橡胶开发图

关于橡胶填充炭黑体系的导电机理，有以下三种学说，即：1）炭黑粒子形成连续的结构体，电子通过该连续体进行移动的导电线路学说；2）电子通过分散于基体中导电粒子间隙进行转移的隧道效应学说；3）场致发射效应，是指导电填料用量较小、橡胶基体内部导电粒子间距较大时，若导电粒子内部电场很强，电子将有很大概率飞跃聚合物界面势垒，跃迁到相邻导电粒子上，产生场致发射电流，形成导电网络。

在导电橡胶实用化的初期，导电线路学说被广泛接受。但自发现配入难以形成结构的碳粒子和金属粒子的橡胶都产生显著导电的现象以来，隧道效应学说才受到极大重视。无论哪一种学说，电子在可自由移动的10Å以下距离内接近导电粒子，是产生导电现象的关键因素。导电通路机理、隧道效应和场致发射效应在导电橡胶中同时存在，在不同条件下可能是以某一种或某两种机理为主。当导电填料在临界用量以上时，导电通路为主要传导方式，即以导电通路机理为主；当导电填料用量较小或外加电压较小时，孤立电子或其聚集体的间隙较大而无法参与导电，热振动受激电子发生跃迁，形成较大隧道电流，此时以隧道效应为主；当填料用量较小、粒子间内部电场很强时，基体隔层相当于内部分布电容，此时场致发射效应更为显著。

导电橡胶的电阻值依温度、压力而异。此外，延伸、松弛和压力变化都会引起电阻变化，Bulgin 将这种现象称为"Bulgin 三角形"，并做过详细论述。

1. 橡胶的选择

制造导电橡胶时，基质聚合物的选择很重要。即便是绝缘体的硫化胶，如果选用丁腈橡胶、氯丁橡胶等分子内含极性基团的聚合物作为基质材料，其电阻值也比较低，有利于获得高电导率。但是，对于导电橡胶制品，除了要求它具有电性能外，还要求它具有耐热、耐候、耐寒、耐油、耐化学品、耐磨耗等硫化胶所具有的基本性能，因此聚合物的选择是重要问题，应选用这些性能和加工性能最适宜的基体聚合物。如应用在电子和仪表制造业中，用于安装零部件和在单位面积上设置大量接触点的导电弹性体，一般采用硬度为 30～40 邵尔 A、高导电的软质橡胶。

一般来说，聚烯烃多用于生产抗静电的胶板和胶管。氟塑料和聚酰亚胺用于制造耐热电缆护套和垫片。聚氯乙烯和聚乙烯醋酸酯则用于电缆以及制造抗静电的胶板和胶管；聚氯乙烯混合料也用于要求具有高化学稳定性的场合，可以用注压、挤出和压延工艺加工，可在－40～90℃下工作。环氧树脂和聚丙烯腈可用于制备涂层、胶液和密封剂。酚醛树脂可用在精密电位计、高频连接件、加热板中。聚氨酯用于制造抗静电的胶辊、轮胎、胶管、压力和张力传感器。热固性树脂以及二烯丙基钛酸酯和二烯丙基异钛酸酯用于制造电位器、高频接头、阻尼器、加热板和波导零件。

腻子、包括输油胶管在内的抗静电胶管、电动保险器等由丁基橡胶制造。硅橡胶及其他弹性体则用于生产垫片，也用于制造抗静电的胶辊、高频屏蔽、腻子和柔性加热元件。

近年来多功能导电橡胶用做开关、传感器、接点橡胶等电器部件得到广泛应用，这类导电橡胶主要选用耐久性好的硅橡胶作为基体橡胶。硅橡胶可在－50～330℃下工作，在500万次压缩后其导电率无明显变化。但是硅橡胶容易受到炭黑中所含硫黄成分等不纯物的影响，因此，在选择填充剂时，应选用乙炔炭黑等极高纯度的导电剂。

橡胶并用或橡塑并用对电性能参数的效应值得重视。EPDM、IIR并用PE，可改进绝缘性（如介电强度）。不相容的橡胶，如NBR/EPDM并用、NBR/IIR并用、NR/CR并用，其 ρ_v 与并用比的曲线在某个并用比范围内出现谷值，如图1.1.4-76所示。

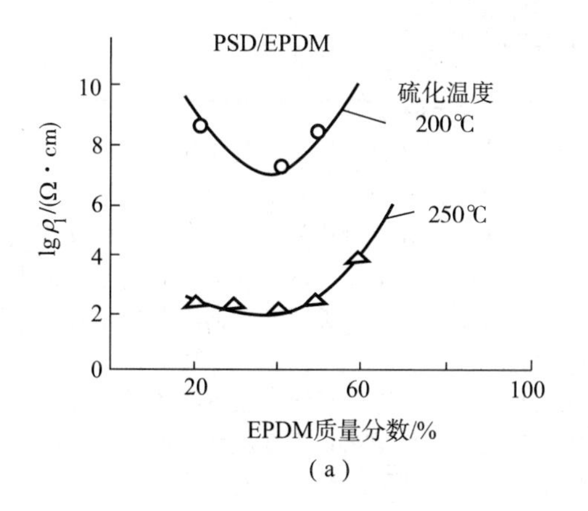

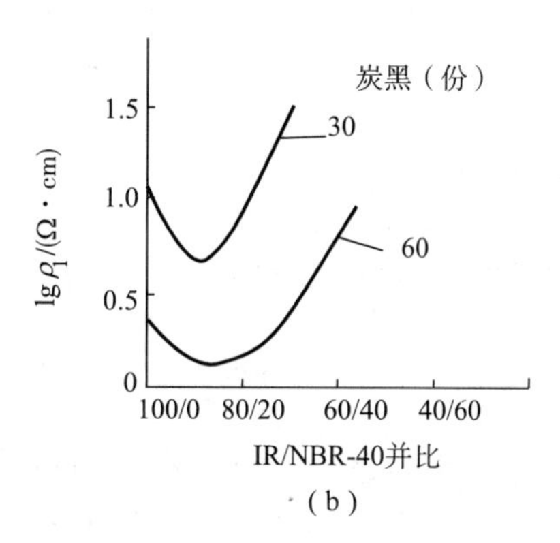

图1.1.4-76 并用比与 ρ_v 的关系

这类并用，有可能是借助适量的硬质胶相使导电网络结构更加致密，或是通过炭黑等导电性配合剂在不相容橡胶中的相界面区富集，从而改进导电性。这样就可以采用较少的填料用量达到要求的导电效果，有利于胶料加工时的流动，也降低硫化胶的硬度。此外，还可以借此途径改进 ρ_v 对胶料翻炼加工的稳定性，见表1.1.4-99。

表1.1.4-99 翻炼时间对 ρ_v 的效应

停放后的翻炼时间/min		1	2	3	5	10	20
ρ_v /(Ω·cm)	IR	1.58	1.88	1.20	1.20	2.00	4.80
	IR 90份/NBR 10分	0.66	0.55	0.62	0.50	0.47	0.41

2. 填充剂的选择

橡胶中混入的片状、扁平状填料粒子可以形成防电击穿的屏障，对电绝缘性有利。云母、绢英粉、滑石粉、白炭黑、Al_2O_3、$MgCO_3$、$CaCO_3$、陶土等非黑色无机填料，以及粒子大、结构性又低的炭黑常用于电绝缘橡胶制品。鉴于填料的绝缘体积电阻 ρ_v 比橡胶的低，绝缘橡胶制品含胶率宜高，水溶物含量高或吸水性强的填料，会对制品的电绝缘性产生不良影响。

现在使用的导电填充剂大致分为炭黑类和金属类。导电填充剂的种类和特点见表1.1.4-100。

表1.1.4-100 导电填充剂的种类和特点

体系	类别	种类	特点
炭系	炭黑	乙炔炭黑	纯度高，分散性好
		油炉法炭黑	导电性高
		热裂法炭黑	导电性低，成本低
		槽法炭黑	导电性低，粒径小，用于着色
		其他炭黑	限定于黑色制品
	碳纤维	聚丙烯腈（PAN）类	导电性高，成本高，加工存在问题
		沥青类	导电性比PAN低，成本低
	石墨	天然石墨	依产地而异，难粉细化
		人造石墨	
		石墨纤维	在弯曲时其导电率也稳定，其复合材料的电阻率为1 Ω·m（聚砜材料）或大于5 Ω·m（以乙烯和四氟乙烯，偏氟乙烯和四氟乙烯共聚物为基础的材料），可用于制造纺织设备用的抗静电齿轮、轴承和零件
	碳纳米管		导电性优异，分散困难
	石墨烯		导电性优异，分散困难

续表

体系	类别	种类	特点
金属系	金属细粉末	金、银、铜、镍合金等	有氧化变质问题，使导电性变差；金和银价格高可用于透明彩色制品，导电性差
	金属氧化物	ZnO、SnO、In_2O_3	
	金属碎片	铝	
	金属纤维	铝、镍、不锈钢	
其他	玻璃珠、纤维		加工时存在变质问题
	电镀金属		

碳系导电填料早期用于导电橡胶的是最普通的填充剂。碳系填充剂又分为粒子状的炭黑、碳纤维、碳纳米管与石墨烯等，其中碳纳米管与石墨烯具有优异的导电性能，是新型的导电填充材料。粒子状的炭黑不仅可给予导电性，而且还具有提高硫化胶的机械强度、抗疲劳性和耐久老化性能等作用，稳定性非常好且价格便宜，用作导电橡胶的填充剂最适宜。炭黑用作导电填充剂以往使用乙炔炭黑和以油为原料的炉法炭黑类，而近年来发展的主要品种有导电性极大的乙炔炭黑、特导电炉黑、超导电炉黑、导电炉黑和超耐磨炉黑，其价格便宜且易使用。炭黑类填充剂的问题在于限定于黑色导电橡胶制品，而市场要求外观色泽艳丽且具有导电功能的制品日益增多，对此不得不使用上述金属类和无机金属盐类填充剂。不过，无机盐类填充剂虽然价格较低，但在给予导电性方面却比炭黑类差，因此其使用范围也受到限制。

聚丙烯腈类和沥青类碳纤维也可用于特种导电橡胶。碳纤维类填充剂虽然在提高硫化胶的疲劳性能和物理性能方面较差，但若使用方法得当，有时可获得极高的导电性能，可用于要求特种功能的导电橡胶制品。

另外，金属类导电填充剂可使用金、白金、银、铜、镍等细粉末和片状、箔状或加工成金属纤维状物。金、白金和银贵金属虽然稳定性优异，但价格高，限定用于特种用途。铜和镍类填充剂虽然价格较低，但存在因氧化而降低导电性能的缺点。作为改善这一缺点的方法，在廉价的金属粒子、玻璃珠、纤维等的表面上涂覆贵金属导电剂早已付诸实践。

以甲基乙烯基硅橡胶为基质，DCP 作交联剂，分别加入工艺上最大允许量的乙炔炭黑、碳纤维、石墨、铜粉、铝粉、锌粉作导电填料，其二段硫化胶的体积电阻率和拉伸强度见表 1.1.4 - 101。

表 1.1.4 - 101　硅橡胶添加不同填料的导电性能

填料	乙炔炭黑	碳纤维（黏度）	石墨（橡胶级）	铜粉（200 目）	铝粉（120 目）	锌粉（200 孔）	白炭黑（4#）
用量/phr	80	60	100	170	100	170	40
体积电阻率/(Ω·cm)	1.3	1.3	2.8	$>10^5$	$>10^5$	$>10^5$	2.5×10^{15}
拉伸强度/MPa	4.2	1.6	1.3	1.0	0.8	0.6	10.0

表 1.1.4 - 101 表明，硅橡胶的导电性取决于导电填料，以乙炔炭黑、碳纤维、石墨为填料的导电性能最好，体积电阻率只有 1～3 Ω·cm；铜粉、铝粉、锌粉为填料的硅橡胶，其体积电阻率均大于 10^5 Ω·cm。白炭黑补强性能虽好但体积电阻很大，不能作导电填料使用。为了平衡导电硅橡胶的体积电阻率和机械强度，可采用乙炔炭黑和白炭黑并用。

图 1.1.4 - 77 为相同条件下添加各种导电填充剂锦纶树脂的电性能比较，若只求高导电率，填充金属纤维效果最好。

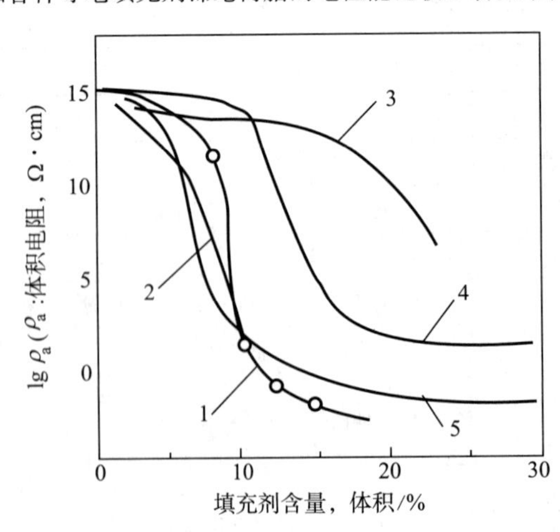

图 1.1.4 - 77　各种导电填充剂用量对锦纶树脂电性能的影响

1—黄铜纤维；2—炭黑；3—镀金属玻璃纤维；4—沥青类碳纤维；5—聚丙烯腈类碳纤维

一般来说，炭黑的比表面积大、粒子大小分布宽、结构性高（长径比大）、纯度高，其 ρ_v 便小，导电性表现优，见表 1.1.4 - 102。

表 1.1.4-102　不同品种炭黑对 ρ_v 的效应

NBR—40	炭黑品种（同用量）	SRF	GPF	SAF	ACET	
	ρ_v/(Ω·cm)	8.8×10^4	8.8×10^4	4.2×10^4	1.8×10^4	
NBR	炭黑品种（50 份）	石墨粉	GPF	HAF—LS	HAF—HS	ACET
	ρ_v/(Ω·cm)	6.4×10^9	4.7×10^9	1.8×10^8	3.9×10^6	3.7×10^5
NR	炭黑品种（30 份）	HG—1	HG—2			
	ρ_v/(Ω·cm)	8.1	98.1			
CR	炭黑品种（30 份）	HG—1	HG—2			
	ρ_v/(Ω·cm)	7.9	91.4			

表 1.1.4-103 中 HG 为淄博德拓化工有限公司（原淄博华光化工厂）生产的华光导电炭黑的牌号，相比普通炭黑，具有中空壳质，粒子小、结构性高，比电阻低（如 HG—4 为 0.27 Ω·cm，而 N472 为 1.92 Ω·cm）的特点，硅橡胶中各配入 20 份时的 ρ_v：HG—4 为 1～10 Ω·cm，N472 为 10^2～10^3 Ω·cm。

不同品种、不同用量的炭黑对 ρ_v 的效应见表 1.1.4-103。

表 1.1.4-103　几种炭黑的用量对 ρ_v 的效应

MVQ	HG—4	用量/份	0	5	8	11	14	
		ρ_v/(Ω·cm)	7.8×10^{13}	8.9×10^8	4.1×10^6	3.5×10^5	8.1×10^4	—
	ACET	用量/份	—	15	20	25	30	35
		ρ_v/(Ω·cm)	—	7.1×10^6	8.4×10^5	4.9×10^5	9.6×10^4	3.5×10^4
NBR/EVA	ACET	用量/份	0	50	80	110	—	—
		ρ_v/(Ω·cm)	1.24×10^{12}	4.2×10^5	3.7×10^3	1.1×10^3	—	—
BR 70/NR 30	ISAF	用量/份	80	90	100	110	120	—
		ρ_v/(Ω·cm)	1 000	600	140	60	30	—

由表 1.1.4-103 可见，随着炭黑用量的增大，ρ_v 起初降得很快，随后变得相对平缓，期间有个炭黑临界用量 ϕ_c。不同的炭黑，ϕ_c 值不同。显然，ϕ_c 是炭黑粒子在橡胶基体中形成“导电通道”的最低用量，ϕ 大于 ϕ_c 之后，ρ_v 随炭黑用量增大而下降的速度便变得缓和了，如图 1.1.4-78 所示。

还要注意到，各种导电炭黑对不同橡胶的 ρ_v 与 ϕ 关系不尽相同，其差异在炭黑用量低时尤其显著。如 10 份 HG—1 填充的 NR、CR 的 ρ_v 分别为 110 Ω·cm、438 Ω·cm；而 30 份填充时分别为 8.1 Ω·cm、7.9 Ω·cm，差异明显缩小了。

一些新型的导电炭黑的用量与导电橡胶制品电性能的关系如图 1.1.4-79、图 1.1.4-80 所示。

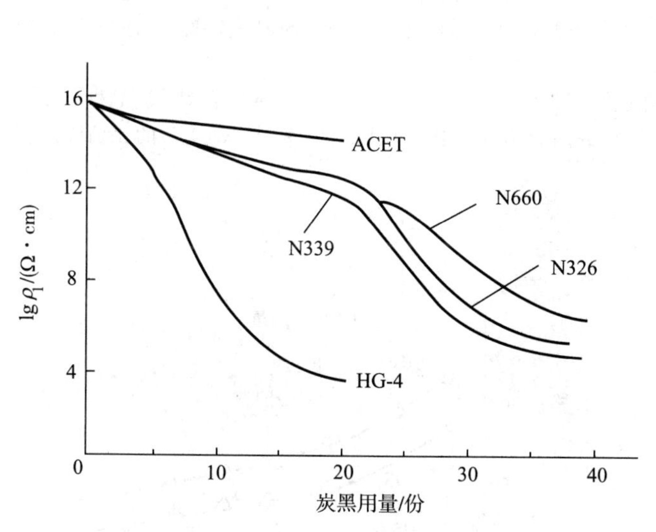

图 1.1.4-78　ρ_v 随炭黑用量的变化

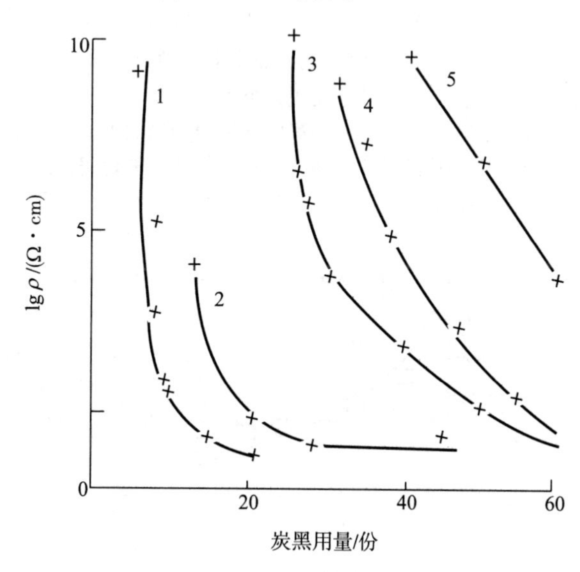

图 1.1.4-79　炭黑用量对丁苯橡胶电阻值的影响

1—超导电炉黑（EC black）；2—超导电炉黑（Carbolac 1）；3—特导电炉黑（Vulcan XCTZ）；4—乙炔炭黑；5—高耐磨炉黑

填料并用，可以平衡材料的导电性、胶料工艺性能和硫化胶物理机械性能。导电材料的并用，ρ_v 随并用比的变化曲线一般不遵从“加和律”，实测值往往比加和值低，如图 1.1.4 - 81 所示。

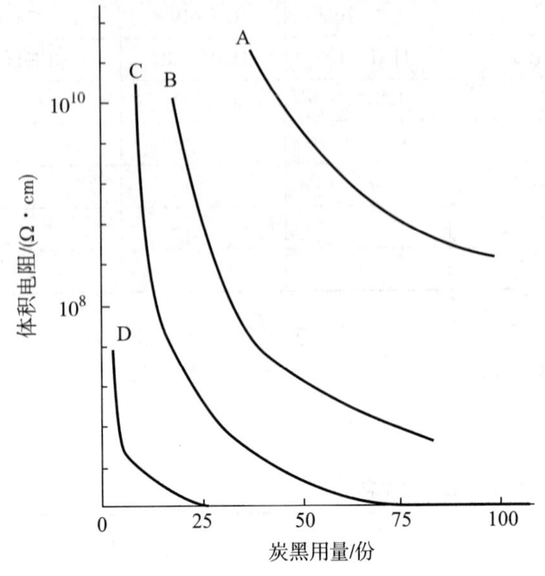

图 1.1.4 - 80 炭黑用量对硅橡胶体积电阻率的影响

A—中粒子热裂炭黑（7 m²/g）；B—快压出炉黑（40～45 m²/g）；C—乙炔炭黑（64 m²/g）；D—超导电炉黑（1 000 m²/g）（括号内数字为比表面积）

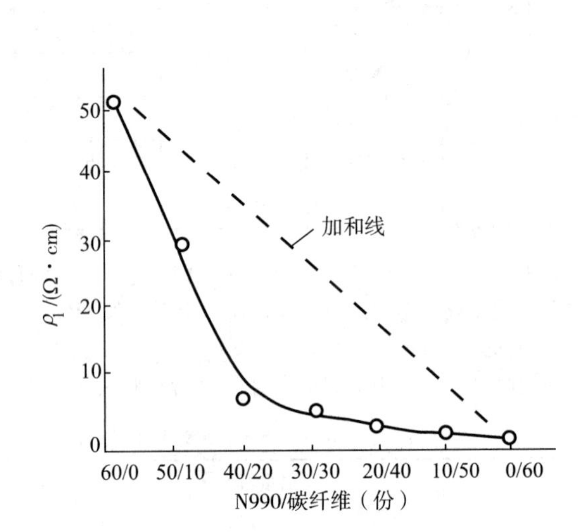

图 1.1.4 - 81 N990/碳纤维并用对 ρ_v 的影响

导电填料并用的效果示例见表 1.1.4 - 104。

表 1.1.4 - 104 导电填料并用的效果示例

CR	炉黑/石墨/份	60/0	20/50	30/40	40/30	50/20	0/60
	ρ_v/(Ω · cm)	23×10³	2.89×10³	2.34×10³	2.12×10³	1.89×10³	2.95×10³
NBR/EVA	HG－1/ACET/份	0/50	5/45	10/40	15/35	20/30	—
	ρ_v/(Ω · cm)	4.2×10⁵	3.6×10³	3.9×10²	1.3×10²	0.64×10²	—
MVQ	HG－4/ACET/份	3/27	3/30	3/33	3/37	5/35	—
	ρ_v/(Ω · cm)	2.3×10⁴	3.6×10³	3.2×10³	2.8×10³	2.6×10³	—
NBR	ACET/石墨/份	50/10	60/10	70/10	40/20	50/20	60/20
	ρ_v/(Ω · cm)	2.01×10⁵	4.77×10⁴	1.59×10⁴	5.09×10⁴	6.13×10⁴	4.33×10⁴

在 NBR、SBR、NR 中，配入炭黑 40 份、石墨 20 份，将石墨粒子置于立体的橡胶/炭黑网络结构之中，可能形成枝化的导电结构，从而减少了绝缘层的数量，改进了复合导电材料的导电性，这种效应尤以 NBR、SBR 为显著。与此同时，填料并用还带来了 ρ_v 对热老化更好的稳定性。

填料品种与用量对 ρ_v 的影响比材料使用温度对 ρ_v 的影响更大。图 1.1.4 - 82 与图 1.1.4 - 83 分别表明填料品种、用量对 ρ_v 随温度变化的效应，图 1.1.4 - 84 进一步表明不同 ρ_v 与温度关系的填料并用时实测的 $(\rho_v)_T$ 与 $(\rho_v)_{25℃}$ 的比值随温度的变化，在配方设计中应加以注意。

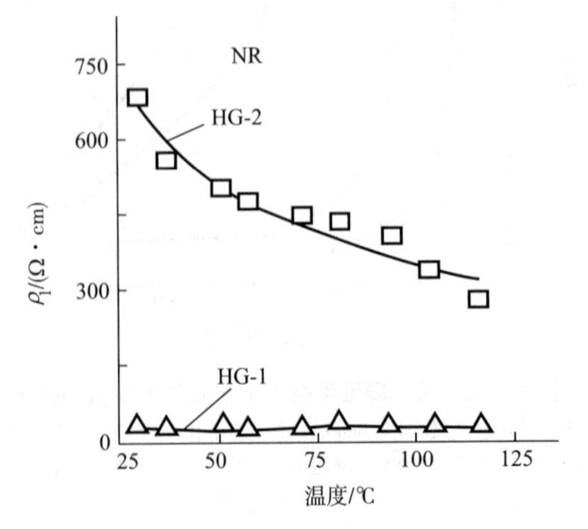

图 1.1.4 - 82 填料品种对 ρ_v 与温度关系的效应

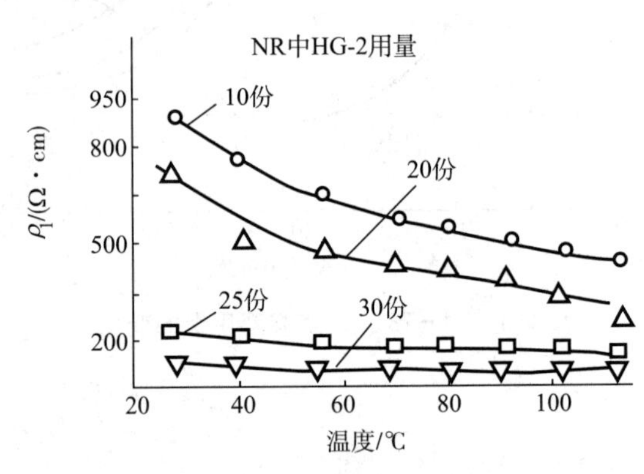

图 1.1.4 - 83 HG－2 用量对 ρ_v 与温度关系的效应

填料表面的恰当处理，改进了填料的分散，减少填料粒子聚集，减少填料粒子之间的空气泡、微裂纹，也减少橡胶/填料界面处的缺陷，有利于形成导电网络通道，改进材料的电性能。例如，MVQ/HG—4/ACET胶料，无KH—550时的 ρ_v 为 3.6×10^3 Ω·m，加入1份KH—550，ρ_v 为 2.5×10^3 Ω·m。

抗静电橡胶制品，用炭黑或白色填料的同时，加入抗静电剂如SN等，填料中的水分随抗静电剂迁移于橡胶表面，使材料的表面电阻降低，加快静电放电速度。也有采用盐/金属氧化物/一缩二乙二醇作混合填料，有长效抗静电剂的功效。

含有给予体-接受体络合物（大分子多阳离子CQ-络合物）的半导体聚合物有很好的应用前景。与含共轭双键的聚合物不同，这类聚合物可以成型为薄膜，溶解于聚合物中的给予体-接受体络合物以电阻率 ρ_v 为 3.7×10^{-3} Ω·m的微晶状态分布在薄膜中。

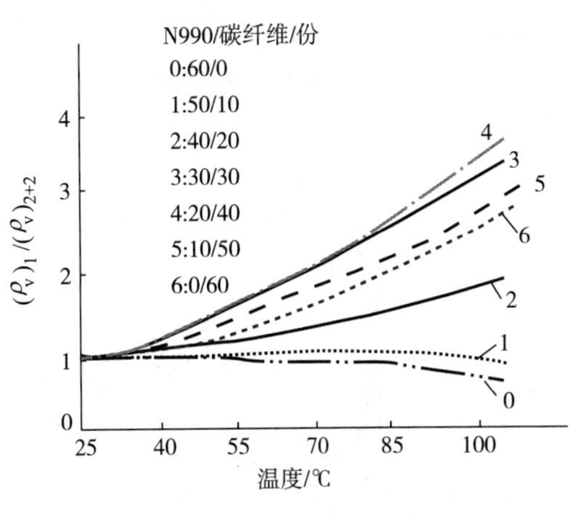

图 1.1.4-84 填料并用比对 ρ_v 与温度关系的效应

3. 硫化体系的选择

要取得好的绝缘性，R类橡胶常常采用低硫以至无硫硫化体系，IIR需采用醌肟硫化体系，EPDM需采用醌肟或过氧化物硫化体系。

加成硫化的炭黑填充硅橡胶具有比高温过氧化物硫化更低的 ρ_v 值。加成硫化的填充硅橡胶冷却至77 K，ρ_v 下降；过氧化物硫化的，ρ_v 上升。硫化体系导致的电性能差异相当显著。

图1.1.4-85表示DCP用量对LDPE电性能 ρ_v 的影响。

对采用过氧化物硫化的CM来说，共交联剂TAIC、PBD/MA（马来酰化高1，2-乙烯基聚丁二烯）、SRTMA（三甲基丙烯酸三羟甲基丙烷酯）均能提高介电强度，而良好的绝缘性以PBD/MA最佳。

4. 其他配合剂的选择

导电橡胶制品用配合剂，除了导电性填充剂外，用量较多的当属增塑剂。石油系软化剂 ρ_v 为 10^{13} Ω·m，脂类为 10^{11} Ω·m，磷酸酯类为 10^8 Ω·m。石油系软化剂绝缘性高，不适于制造导电橡胶。部分酯类增塑剂的导电性能高于橡胶（如增塑剂DBP和DOS），加入后，橡胶分子活动性提高，橡胶的体积电阻率减小。磷酸酯类增塑剂特别适用于导电橡胶。增塑剂对氯丁橡胶导电性的影响如图1.1.4-86所示。

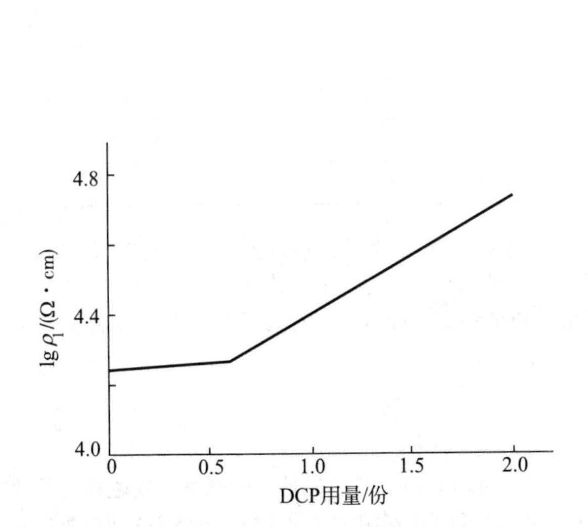

图1.1.4-85 DCP用量对LDPE电性能 ρ_v 的影响

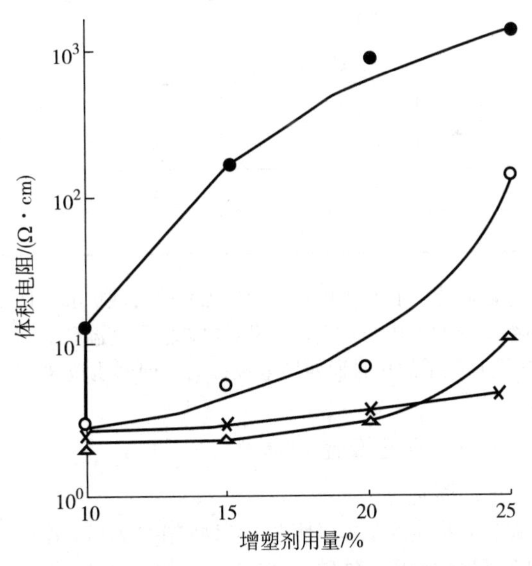

图 1.1.4-86 增塑剂对氯丁橡胶导电性的影响

●—石蜡，×—油酸，○—邻苯二甲酸二丁酯，△—松焦油

但是，在含炭黑的橡胶中加入增塑剂，由于炭黑体积分数减小，导电粒子间隙增大，会导致其体积电阻率增大。选择增塑剂时还应考虑增塑剂对导电橡胶制品耐寒性、耐热性的影响。此外，导电橡胶加工助剂选用二乙二醇或三乙二醇和三乙醇胺效果较好。

石蜡易喷出表面有损导电性能，所以NR、SBR、BR的绝缘橡胶制品适宜用蜡，可以取得好的电绝缘性；芳烃油对提高EPDM的击穿电压效果显著；CR中添加10份芳烃油，降低硬度的同时对 ρ_v 的影响很小。

此外，双酚类防老剂（2份）可能由于溶解度有限，易迁移至硫化胶表面形成不导电性薄膜使 ρ_v 增大，对SBR、NBR、IR皆如此。相比之下，胺类防老剂增大 ρ_v 的效力要小许多。

5. 加工工艺的确定

为了防止加工时炭黑结构破坏，生胶黏度最好是低一些，对此，对生胶充分塑炼和用增塑剂等塑化也有一定效果。此外，炼胶机辊距、压延次数、混炼胶贮存时间等对电阻也有影响。混炼时间对导电橡胶物性的影响如图 1.1.4－87。

图 1.1.4－88 为硫化时间对电阻的影响。由图 1.1.4－88 可见，电阻值随着硫化时间延长而降低，达到一定值之后趋于恒定。

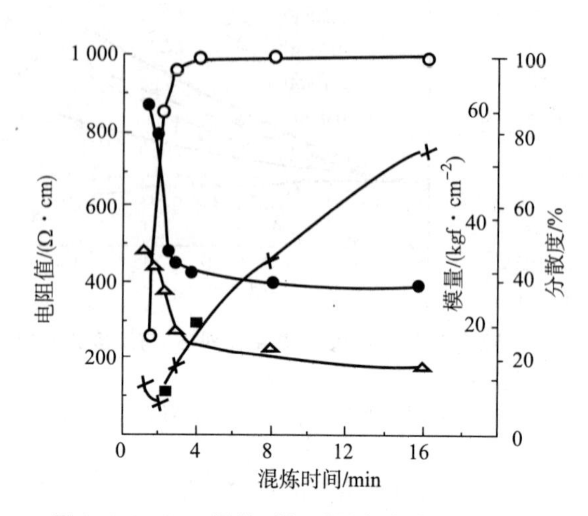

图 1.1.4－87　混炼时间对导电橡胶物性的影响

△—100%定伸应力，●—剪切弹性模量，×—电阻值，○—分散度

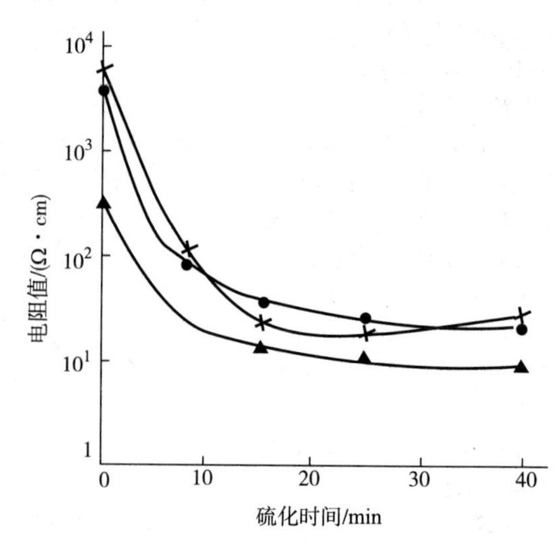

图 1.1.4－88　硫化时间对电阻的影响

前述图 1.1.4－76 所示的 PSD/EPDM，硫化温度 250℃时与 200℃相比，其 ρ_v 低几个数量级。但硫化温度的这种效应对 PS/PBD 就相对弱了许多。

二段硫化的硅橡胶 ρ_v 比一段硫化的低；而且，二段硫化的温度越高，时间越长，ρ_v 越低，其中温度比时间更显重要。含炭黑的 NBR、BR、M—SBR（甲基丁苯橡胶）的硫化胶，在 250℃烘箱中处理 10 min～10 h，ρ_v 降低 1～2 个数量级，详见表 1.1.4－105。

表 1.1.4－105　烘箱高温热处理对 ρ_v 的效应

橡胶（50 份炭黑）	体积电阻率 ρ_v/(Ω·cm)							
250℃热处理持续时间	0	10 min	0.5 h	1 h	3 h	5 h	7 h	10 h
NBR—26	1.7	0.4	0.2	0.2	0.1	0.09	0.07	0.05
NBR—40	0.6	0.3	0.2	0.1	0.1	0.1	0.08	0.06
M—SBR	0.2	0.09	0.06	0.06	0.04	0.03	0.03	0.02
BR	0.2	0.1	0.1	0.1	0.1	0.09	0.09	0.07

高温硫化，有利于填料（如炭黑）的宏观扩散，使受混炼加工破坏的炭黑粒子靠近接触以至“结构重生”，有利于导电网络结构的生成与稳定，改进导电性能。高温硫化及高温后处理，促使橡胶大分子链的异构化、体积收缩，增强填料（如炭黑）粒子的接触而使导电性提高，同时也改进三维导电网络通道的稳定，改进电性能参数相对外界条件变化的稳定性。

4.6.2　磁性橡胶

（一）概述

磁性是物质的基本属性之一。物质在外磁场的作用下，呈现出不同的磁性，可分为抗磁性、顺磁性、铁磁性、反铁磁性和亚铁磁性物质。铁磁性和亚铁磁性物质为强磁性物质，其余的为弱磁性物质。实用的磁性材料属于强磁性物质，按其特性和应用常分为软磁、硬磁或永久磁性材料。硬磁材料的性能主要是矫顽力高，经饱和磁化后，能储存一定的磁性能，长时间内保持强而又稳定的磁性，在一定空间内提供恒定的磁场。

磁性物质内部的原子磁矩，在没有外磁场的作用时，已在每一个小区域内按照一个方向排列，自发达到饱和而形成一合磁矩。这些小区域称为磁畴。磁性物质内分为许多磁畴，这些磁畴的磁矩各取不同的方向，磁性作用相互抵消，不呈现宏观的磁性。若将该磁性物质置于外磁场中，在外磁场的作用下，使已高度自发磁化了的许多磁畴的磁矩从各自不同的方向改变为外磁场的方向，则该物质呈现出很强的磁性。这就是磁性物质的磁化过程。在磁性物质磁性达到饱和时，所有原不同方向的磁畴磁矩完全改变到外磁场的方向；移去外磁场后，磁畴的磁矩由于磁晶各向异性的作用，其磁矩方向不回到磁化前各自的方向，故在磁场方向上仍有分量，呈现出强而稳定的磁性，这就是剩磁。

磁性通常有如下表征方法：(1) 磁感强度；(2) 剩余磁感应；(3) 矫顽力；(4) 磁能积。磁感强度，也称表面磁场强度，单位是高斯（GS）；剩余磁感应，也称剩余磁通密度（Br），单位是特斯拉（T）或千高斯（kGS）；矫顽力（HC），单位是奥（O_e），也有用安培/米（A/m）表示的。

磁性橡胶是由磁粉、橡胶和少量配合剂经过精细制造而成的弹性磁性材料，其磁性来自所含的磁性材料（磁粉），磁性性能主要取决于所用磁粉的类型和用量以及制造工艺等。

磁粉是指能够在磁场中磁化，呈现出磁性，除去磁场后仍能保留磁性的固体粉末状物质。磁粉就是制造磁性橡胶的填料。

1. 金属磁粉

铁钴、铁镍、铁锶、铁钡、铁钕硼、铁铝镍和铝镍钴的金属混合物粉末以及钐钴、铈钴等稀土类钴磁铁，均为强磁性物质，铁钴金属混合物粉末的剩余磁性强度是铁氧体磁粉的 4 倍，但由于加工工艺和价格的原因，实际应用的较少。

2. 铁氧体磁粉

铁氧体是经过加工制成的氧化铁磁半导体即高铁酸盐，是由氧化铁与某些二价金属化合物生成的二元或三元氧化物，其通式为 $MO \cdot (Fe_2O_3)_n$，M 为 Ba、Sr、Pb 等二价金属，属于六方晶格型的磁性铁铅酸盐，其原料为炼铁时的副产品。铁氧体的种类较多，按晶体结构可分为尖晶石型、磁铅石型和石榴石型；按性质和用途可分为硬磁、软磁、矩磁和旋磁等。硬磁铁氧体性能较好的有钴铁氧体、锶铁氧体、钡铁氧体和铁铁氧体。用单位质量体积的饱和磁性强度 δ_s 和剩磁强度 M_s 来比较。

钴铁氧体：δ_s = 80 $GS \cdot cm^3/g$，M_s = 425 GS；

钡铁氧体：δ_s = 72 $GS \cdot cm^3/g$，M_s = 380 GS。

磁粉的磁性取决于磁粉的种类；同一类磁粉，其磁性取决于结晶构造，主要是结晶形状、粒子大小和均匀性。选择磁性材料时，有两种不同的侧重点：一种是侧重于它的磁性吸力，另一种是侧重于它的磁性特征。一般钡铁氧体的吸力比较小，铝镍钴体的吸力最强。磁性橡胶的磁性特征是指在受到反复冲击和磁短路的情况下，磁性不会降低，为达到这一目的，必须选择矫顽力很大的磁性材料，它必须在 15 000 O_e 的外加磁场作用下才能产生磁化。

磁粉的种类较多，根据化学组成，其类型归纳见表 1.1.4 - 106。

表 1.1.4 - 106 磁粉的种类与化学组成

磁粉名称	磁性种类	化学组成	磁粉名称	磁性种类	化学组成
镍锌铁氧体	软	Fe_2O_3、ZnO、NiO	铝镍钴体	硬	Al、Ni、Co
锰锌铁氧体	软	Fe_2O_3、ZnO、MnO	铝镍铁体	硬	Al、Ni、Fe
锰铁氧体	软	Fe_2O_3、MnO	钕铁硼体	硬	Nd、Fe、B
镍铁氧体	软	Fe_2O_3、NiO	钴铁体	硬	Co · Fe
锰镍铁氧体	软	Fe_2O_3、NiO、MnO	钡铁氧体	硬	$BaO \cdot 6Fe_2O_3$
			铁铁氧体	硬	$FeO \cdot 6Fe_2O_3$
			钴铁氧体	硬	$CoO \cdot 6Fe_2O_3$
			锶铁氧体	硬	$SrO \cdot 6Fe_2O_3$

钡铁氧体的真比重为 5.0，压缩密度为 3.9 g/mL，视比重为 1.3。在外加磁场的作用下，钡铁氧体磁矩增大，对外来的干扰较为稳定，具有高矫顽力，能够满足磁性特征强的要求。为了提高钡铁氧体的磁性吸力，可选用各向异性的钡铁氧体，它与各向同性的钡铁氧体不同，具有明显的方向性，在特定的方向上具有较高的磁性。使用各向异性的钡铁氧体时，如果不能使磁粉在橡胶中取向，则其磁性要比配用各向同性的钡铁氧体的磁性还差。在磁性橡胶中使各向异性的钡铁氧体沿磁化轴固定在与磁化方向一致的方向上，可以采取两个方法实现：一是通过压延、压出工艺；二是采用磁场作用的方法，即在加热条件下利用外加磁场使磁性体取向，而后骤冷固定。

铝镍钴体在永磁材料中属于矫顽力较小的一类，但由于其矫顽力低、容易去磁、温度系数较低（约为铁氧体的 1/10），以及与橡胶基质复合后容易制成特殊形状等原因，专用于计测仪器。这个例子也说明，磁性橡胶用的粉末状磁性材料并不一定是以具有高矫顽力作为绝对条件的。

钴铁氧体的磁性能优于钡铁氧体，但钴铁氧体价格昂贵，热稳定性及保磁性差，实际应用的较少。

（二）磁性橡胶

磁性橡胶有如下性能：①磁性；②柔性、弹性；③电绝缘体；④密度小；⑤减振。它与一般磁性材料相比，其优点是容易制成形装复杂的制品，并用于覆盖不平的特殊表面。将磁性橡胶切成任意小块时，每一小块的性能不发生变化。而一般的磁性材料密度大、硬度大、质脆、机械加工性能差。磁性橡胶随着科学技术和经济的发展，特别是电子技术的飞速发展，应用前景非常广阔。软磁磁性橡胶主要用于无线电技术、电视音像、通信技术、电子计算机的记忆装置等。硬磁磁性橡胶主要用于磁性较强的工业产品中，如电冰箱门用密封条等；还有教具、绘图板、玩具和医疗器械等。

1. 配合

磁性橡胶的原料是磁粉、橡胶及少量配合剂。根据使用要求，主要指标为：(1) 磁性强；(2) 保持一定的弹性。

磁粉主要选用高铁酸盐，即铁氧体 $MO \cdot (Fe_2O_3)_n$，因为铁氧体磁粉价格低廉，原料易得，制造简单，综合性能优异，密度较低。

制造软磁性橡胶，可选择的磁粉主要有镍锌铁氧体、锰锌铁氧体等。制造硬磁性橡胶，选用的磁粉有钡铁氧体、锶铁氧体、钴铁氧体和铁铁氧体。要求磁粉细、均匀，粒径约为 100 μm（也有文献认为应达到 0.5～3 μm），比表面积为 0.14～0.50 m^2/g。

磁粉对磁性橡胶的性能影响如下：

硬度：Fe>Co>Ba；

拉伸强度：Co>Ba>Fe；

拉断伸长率：Ba>Co>Fe；

拉断永久变形：Fe>Co>Ba；

磁性：Co>Fe>Ba。

以上表明，用铁铁氧体磁粉制造的磁性橡胶，磁性一般，物理性能差，伸长率、强度较低、永久变形大；用钴铁氧体磁粉制造的磁性橡胶，磁性与物理性能均好；用钡铁氧体磁粉制造的磁性橡胶，虽然磁性较差，但综合性能好，并且来源丰富，价格低廉，适用于制造普通磁性橡胶。在磁性橡胶的制造过程中，磁粉用量是一个重要环节。因为磁粉用量越大，磁性越强，而物理机械性能越差。因此，必须根据综合性能，参照图 1.1.4－89 和图 1.1.4－90 准确控制磁粉用量。

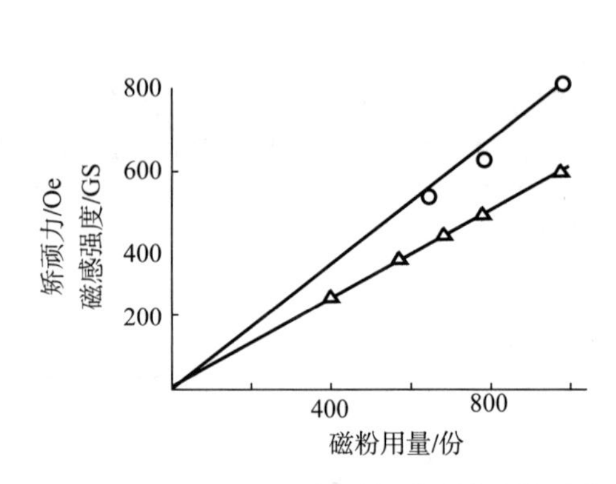

图1.1.4－89　磁粉用量对橡胶磁性能的影响

○—磁感强度；△—矫顽力

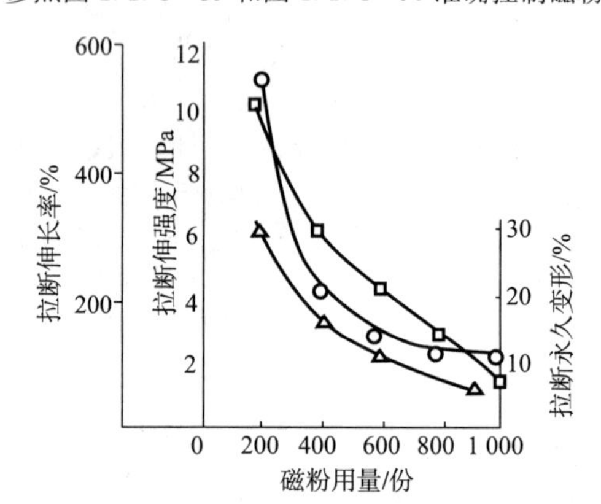

图 1.1.4－90　磁粉用量对橡胶物理性能的影响

○—拉伸强度；□—扯断伸长率；△—拉伸永久变形

也可根据磁性性能指标，用经验公式计算磁粉用量。

$$B_r = 2.28 \times 10^{-3} \cdot C + 0.003$$

式中，B_r 为剩磁感（T）；C 为磁粉体积分数（%）。

由已知剩磁感，用上式计算出磁粉用量。

$$HC = 14C + 70$$

式中，HC 为矫顽力（O_e）；C 为磁粉体积分数（%）。

由已知矫顽力，用上式计算出磁粉用量。

磁性与橡胶的类型关系不大。生胶种类的选择，需针对制品的不同要求。一般的，磁性橡胶对强伸性能的要求并不突出，更重要的是能够混入尽可能多的磁粉而又不丧失曲挠性，从这个意义上来说，磁性橡胶定义为挠性磁性体更为恰当。再就是要求长期存放时不发生破坏和龟裂等。另外，在有些用途中还可能要求具有耐臭氧、耐油及耐化学药品等性能。当磁粉填充量大时，以天然橡胶为基质的磁性橡胶的综合性能较好，还具有易加工的特点。每 100 份橡胶中，磁粉在不同橡胶中的极限填充量见表 1.1.4－107。

表 1.1.4－107　橡胶中磁粉的极限填充量

橡胶类型	NR	IIR	CR	NBR	CSM	T
极限填充量/份	2 200	2 600	1 400	1 800	1 600	850

电冰箱磁性密封条选用的橡胶有丁腈橡胶、氯丁橡胶、氯磺化聚乙烯、天然橡胶、氯化聚乙烯和聚氯乙烯等。相比而言，以 CR 为基质的磁性橡胶的磁通量略高。这是由于 CR 分子具有较强的极性，有利于各向异性晶体粒子有规则的排列，因此呈现出较大的磁性。

用液体橡胶为原料制作的磁性橡胶，工艺简单，用少量磁粉就能获得与干胶高填充量相近的磁性能，是一种有发展前途的技术路线。

配合剂的选择根据橡胶类型选用。一般的，用 NR、NBR 制造磁性橡胶，选用硫黄、促进剂为硫化体系，硬脂酸和氧化锌为活性剂，少量的防老剂；以 CR、CSM 制造磁性橡胶，选用氧化镁、氧化锌作硫化剂；以硅橡胶制造磁性橡胶，选用有机过氧化物作交联剂；以 CM、PVC 和 PE 制造磁性复合材料，无须加入交联剂。

2. 配方示例

磁性橡胶的配方与性能示例见表 1.1.4－108。

表 1.1.4－108　磁性橡胶的配方和性能示例

材料	配方编号											
	1	2	3	4	5	6	7	8	9	10	11	12
甲基乙烯基硅橡胶	100	—	—	—	—	—	—	—	—	—	—	—
聚降冰片烯	—	100	—	—	—	—	—	—	—	—	—	—
天然橡胶	—	—	100	—	100	—	—	100	—	—	—	—
丁腈橡胶	—	—	—	—	—	—	—	—	10	8	—	—
氯磺化聚乙烯	—	—	—	—	—	—	—	—	—	—	8	8
聚氨酯橡胶	—	—	—	100	—	—	—	—	—	—	—	—
氯化聚乙烯	—	—	—	—	—	100	100	—	—	—	—	—
钡铁氧体磁粉	875	500	900	—	900	1 100	1 100	—	100	100	100	100
车屑铁氧体磁粉	—	—	—	—	—	—	—	1 000	—	—	—	—
锶铁氧体磁粉	—	—	—	488	—	—	—	—	—	—	—	—
氧化锌	—	5	5	—	5	—	—	5	—	—	—	—
硬脂酸	—	1	1.5	—	1.5	—	—	1.4	—	—	—	—
硫黄	—	1.5	2.0	—	2.0	—	—	2	—	—	—	—
2，4－二氯过氧化苯甲酰	15	—	—	—	—	—	—	—	—	—	—	—
促进剂 CZ	—	5	—	—	—	—	—	—	—	—	—	—
促进剂 D	—	—	1.4	—	1.4	—	—	1.4	—	—	—	—
防老剂 D	—	—	1	—	1	—	—	1	—	—	—	—
增塑剂 DOP	—	—	5	—	5	10	10	适量	5	5		
增塑剂 DBP	—	—	—	—	—	—	—	—	—	—	5	5
氯化石蜡	—	—	—	—	—	—	—	—	5	6	5	6
矫顽力（O_e）	—	600	—	—	—	—	—	610	650	640	650	680
磁感强度（GS）	—	340	300	100～260	—	—	—	—	—	—	—	—
磁能积（$MGSO_e$）	—	—	—	0.56	—	—	—	—	—	—	—	—
硬度（邵尔 A）	—	—	—	75	88	94	93	90	94	94	96	97
扯断伸长率/%	—	—	—	—	35	80	140	—	50	55	45	40
拉伸强度/MPa	—	—	—	—	2.8	3.7	2.2	>2.5	4.5	4.7	4.9	4.8

表 1.1.4－108 中，编号为 8～12 的配方为磁性橡胶电冰箱门用密封条。

3. 制造工艺

磁性橡胶分为热塑型和热固型两种。

无论是采用各向同性还是采用各向异性的钡铁氧体，在制成磁性橡胶制品前，都必须进行磁化，才能成为磁性体。磁化处理也称为充磁，是指橡胶中处于非定向状态的磁粉晶体粒子，在外加强磁场的作用下，磁粉晶体粒子中所含的磁性原子的磁矩于橡胶基质内按平行的方向定向排列，因而能在一定的方向显示磁性。磁化所用的磁场强度相当于磁性材料的饱和磁通密度。

磁性橡胶的充磁有两种方法：(1) 硫化前充磁。该方法较好，因为橡胶未发生交联，磁粉的磁畴磁矩方向转向外磁场的方向不受橡胶网状结构的限制。(2) 硫化后充磁。虽然橡胶的网状结构对充磁有点不利，但在很大的磁场强度下，对已经成型的硫化橡胶充磁易于操作。按照充磁方法的不同，磁性橡胶的制造工艺流程如图 1.1.4－91 所示。

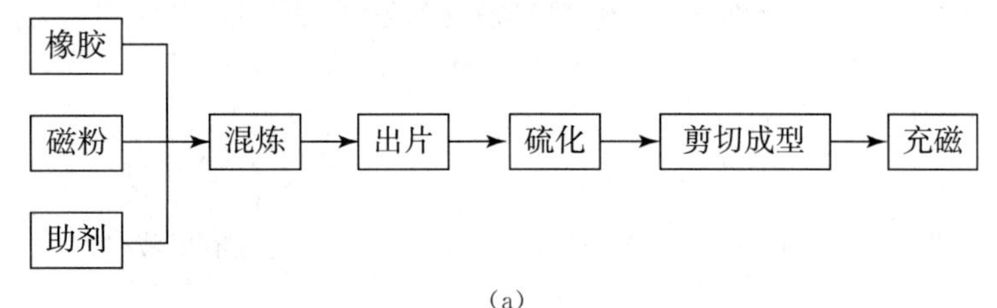

(a)

图 1.1.4－91　磁性橡胶的制造工艺流程

(a) 硫化前充磁

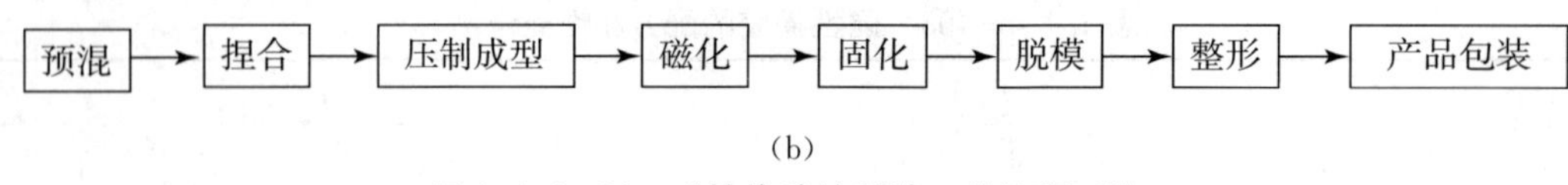

(b)

图 1.1.4－91　磁性橡胶的制造工艺流程（续）

(b) 硫化后充磁

充磁时一般要求磁场强度大于 10 000 GS，充磁时间 20 min 左右，即可使磁化达到饱和程度。

图 1.1.4－92 所示是利用直流电流产生的磁场与用它磁化的磁性橡胶的磁性大小的关系。磁化时，让瞬时大电流和稳定的直流电流通过磁轭，同时磁性橡胶必须充分紧靠磁轭。另外，如在非磁化面上设置衔铁（铁制平板），还可增大它的磁性吸力。

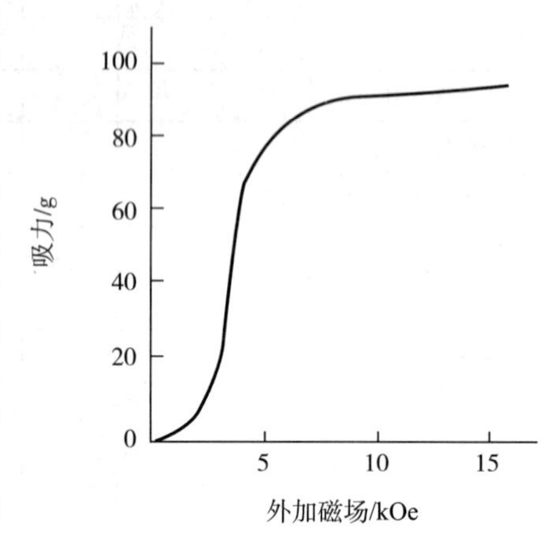

图 1.1.4－92　外加磁场和磁性大小的关系

以磁性橡胶电冰箱门用密封条生产为例，其生产工艺的主要要点为：密炼法工艺流程：磁粉筛选→原料混炼→破碎→挤出→冷却→充磁→卷盘→包装。开炼法工艺流程：原料混炼→压片→破碎→挤出→冷却→充磁→卷盘→包装。两种方法的加料顺序是 NBR（或 CSM）、磁粉、DOP（或 DBP）、氯化石蜡。炼胶机开始温度是 20℃，混炼过程中控制在 80～100℃，105℃下料。挤出机温度分别是：机身 80～90℃，机头 110℃ 。充磁电压（交流电）为 460～480 V，充磁长度为 700 mm，充磁频率为 78 Hz。

生产磁性硅橡胶时，将甲基乙烯基硅橡胶（黏均分子量 50 万以上）100 份、钡铁氧体磁粉 875 份，在开炼机上混炼均匀；胶料放置 7 天后，进行返炼，并加入 15 份 2，4－二氯过氧化苯甲酰为交联剂，混炼均匀后，将胶料置于模具中；在 125℃下加压硫化 4 h，再于 200℃下硫化 16 h。硫化后的橡胶进行充磁，便制成了磁性硅橡胶。

生产磁性聚降冰片烯时，用粉状聚降冰片烯 100 份和磁性流体（吸附有表面活性剂的钡铁氧体磁粉以 60％的浓度分散于二十烷基萘中）500 份，在开炼机上混炼，并加入氧化锌 5 份、硬脂酸 1 份、硫黄 1.5 份、促进剂 CZ 5 份。混炼均匀的胶料，在 15 MPa×180℃条件下硫化 15 min。

生产磁性聚氨酯橡胶（磁性橡胶五线谱教示板）时，原料包括：液体橡胶（HTPB，羟基含量＞44×10^{-4} mol/g）、N，N′-双（2-羟丙基）苯胺（PHA）、2，4-二甲基二异氰酸酯（TDI）、钡铁氧体磁粉。配比 r 值（NCO 与 OH 的当量比）为 1，磁粉质量分数为 83％。将原料按比例和顺序置于预混器中，混合后转入到捏合机中，捏合 15 min，取出胶料。在模具中压制成型（压力 20 MPa）。置于磁场中充磁后，放入 70℃烘箱中固化 3 h，脱模后整形，即制成磁性橡胶五线谱教示板。

（三）电磁屏蔽用硫化橡胶

随着信息技术的飞速发展，计算机网络、信息处理设备、电子通信设备及各种电器设备作为信息技术的载体已在各个行业广泛应用。电磁干扰极易影响信息系统和灵敏设备的正常工作，电磁泄漏还会威胁到电子信息安全，并危及人类健康，因此必须采取各种有效防护措施。较有效的措施是在电子器件的机壳接缝部分及孔隙处易泄漏电磁波的地方用屏蔽导电材料将其封闭起来。屏蔽导电材料以金属为优，但它的缺点是质地重、价格昂贵。随着材料行业的发展，屏蔽 EMI 的导电橡胶材料正在不断得到开发和应用。

电磁屏蔽橡胶是将导电或导磁性物质添加到绝缘的橡胶基料中，并加入适量其他组分，通过模压或挤出等工艺获得屏蔽性能良好、具有聚合物柔韧特性的复合材料。电磁屏蔽橡胶的橡胶基料有硅橡胶、氟橡胶、丁腈橡胶等，导电填料主要有金属粉（银、铜、铝）、碳系材料（导电炭黑、石墨、碳纳米管以及碳纤维等）、镀金属填料等。目前国外有多家公司实现了电磁屏蔽硅橡胶的商品化，如美国 Chomerics 公司、Laird 公司、Technit 公司和 Parker 公司，英国邓禄普航宇精密橡胶公司等。国内除北京北化新橡科技发展有限公司、西北橡胶塑料研究设计院有限公司等少数公司自主研发生产电磁屏蔽橡胶外，大部分都是代销国外产品。对于用于军工、航天航空等领域的高性能电磁屏蔽硅橡胶，国外一直对我国实行封锁。

一些发达国家和国际组织纷纷通过立法和制定标准规范电磁辐射剂量。目前国际上比较通用的是美国军标 MIL－DTL－83528F，我国也颁布了相应的军工标准 SJ 20673－1998。SJ 20673 标准大体与美军标相同，发布至今近 20 年，其材料和要求已经落后于现实要求。我国并未制定电磁屏蔽橡胶相关的国家标准，目前大部分市场产品都是按照美军标 MIL－DTL－83528F 要求进行检验的。

电磁屏蔽是指用导电或导磁材料减少或阻断电磁场向指定区域的传播。电磁屏蔽的有效性用屏蔽效能来评价。屏蔽效能是指在电磁场中同一地点没有屏蔽存在时的电磁场强度 E_1 与有屏蔽时的电磁场强度 E_2 的比值，它表征了屏蔽体对电磁波的衰减程度。其计算公式按照下式进行：

$$SE=20\lg\left(\frac{E_2}{E_1}\right)$$

式中，SE 为屏蔽效能，单位为分贝（dB）；E_1 为无屏蔽材料时的电场强度；E_2 为有屏蔽材料时的电场强度。

1. 电磁屏蔽橡胶的种类

电磁屏蔽橡胶的主要种类有镀银铜硅橡胶、镀镍铝硅橡胶、镀镍石墨硅橡胶、镀银玻璃微珠硅橡胶、镀银铝硅橡胶、纯银硅橡胶、镀银铝氟硅橡胶、镀银铜氟硅橡胶、纯银氟硅橡胶，详见表 1.1.4－109。

表 1.1.4-109　电磁屏蔽用硫化橡胶类型、符号及使用特性

橡胶材料		硅橡胶						氟硅橡胶		
		Q						FQ		
导电材料	名称	镀银铜	镀镍铝	镀镍石墨	镀银玻璃微珠	镀银铝	纯银	镀银铜	镀银铝	纯银
	符号	Ag/Cu	Ni/Al	Ni/C	Ag/G	Ag/Al	Ag	Ag/Cu	Ag/Al	Ag
最低使用温度/℃		−55	−55	−55	−55	−55	−65	−55	−55	−65
最高使用温度/℃		125	125	125	160	160	160	125	160	160

注：导电材料包括但不限于以上品种。

电磁屏蔽橡胶以电磁屏蔽镀银铜硅橡胶为例，其命名如图 1.1.4-93 所示。

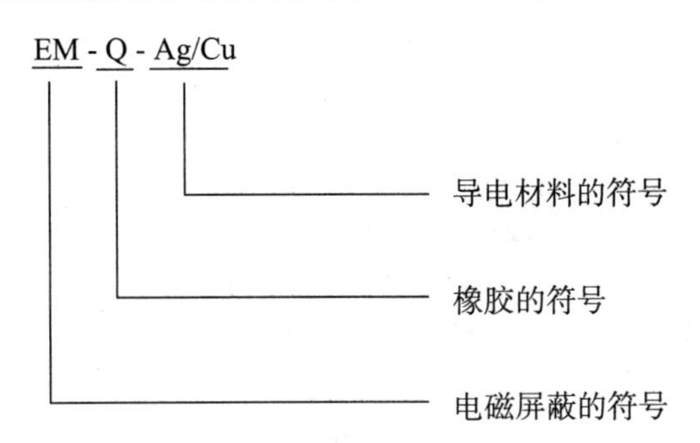

图 1.1.4-93　电磁屏蔽橡胶命名

2. 电磁屏蔽用硫化橡胶性能

(1) 屏蔽效能：A、B、C 档，屏蔽效能的范围为 100 kHz～10 GHz；

(2) 体积电阻率 (20℃)：＜0.005 Ω · cm、＜0.010 Ω · cm、＜0.12 Ω · cm；

(3) 热老化后体积电阻率：＜0.010 Ω · cm、＜0.015 Ω · cm、＜0.15 Ω · cm；

(4) 密度 (23℃)：1.70～4.00 mg/m^3；

(5) 硬度：40～90 Shore A；

(6) 拉伸强度：⩾1.0 MPa；

(7) 断裂伸长率：⩾80%；

(8) 压缩永久变形：＜32.0%、＜32.0%、＜35.0%；

(9) 低温脆性：无破坏。

电磁屏蔽用硫化橡胶性能指标见表 1.1.4-110。

表 1.1.4-110　电磁屏蔽用硫化橡胶性能指标

序号	检验性能	单位	A 级	B 级	C 级
1	屏蔽效能	dB	＞100	＞80	＞60
2	体积电阻率 (20℃)	Ω · cm	＜0.005	＜0.010	＜0.120
3	热老化后体积电阻率	Ω · cm	＜0.010	＜0.015	＜0.150
4	密度 (23℃)	Mg/m^3	1.70～4.00		
5	硬度 (3 s)	Shore A	40～90		
6	拉伸强度	MPa	⩾1.0		
7	拉断伸长率	%	⩾80		
8	压缩永久变形	%	＜32.0	＜32.0	＜35.0
9	低温脆性	—	无破坏	无破坏	无破坏

此外，特种电磁屏蔽用硫化橡胶还需要进行特殊性能测试，如 EMP 耐久实验、振动期间电稳定性、拉断后电性能、夹持状态下的热老化性能和耐流体性能等。

4.7　橡胶的光学性质

橡胶的光学性质，不仅与透明橡胶制品的生产、橡胶制品的颜色，以及某些近代测试方法有关，而且还有助于更深入地了解橡胶的分子结构与性能。

4.7.1　橡胶的折射率

折射是物质的重要光学性质之一。当光波以速度 C' 在物质中传播时，C' 比光在真空中的速度 C 要小，C 与 C' 的关系可以写成下式：

$$C'/C=1/n$$

式中，n 即为折射率。

物体是单分子的集合体，当光（电磁波）投射到这些分子上时，这些分子就处于电场之中，在电场 E 的作用下，分子便会感生出偶极矩 μ，它与电场强度 E 成正比。

$$\mu=\alpha \cdot E$$

式中，α 为分了的极化率。分子的极化率越人，偶极矩越大。橡胶的电学性质中，所处的是恒定的电场或者说是缓变的电场。而光波、场是迅速变化着的，其频率为光波的频率，因此感生偶极矩也随时间以同样的频率变化着。经典物理学表明，任何周期振动的偶极子又是光波的来源，此光波的频率与偶极子的振动频率相同。因此，当光在物质中传播时，除入射光外，还要加上由介质的所有分子辐射出来的光波。所以，物质分子所感生出的偶极矩就成为光的折射现象的基础。决定此现象的分子常数就是分子的极化率，而它又取决于分子的结构。

根据光的电磁理论，可以将折射率与介电系数联系起来。对于非极性介质来说，介电系数与折射率间存在着下面的简单关系：

$$\varepsilon=n^2$$

例如，天然橡胶的介电系数 $\varepsilon=2.37$（多数文献认为为 2.4～2.6），折射率 $n=1.52$，即 $1.52^2=2.31\approx2.37$，因此，对于非极性的天然橡胶来说，$\varepsilon=n^2$ 成立。但对于氯丁橡胶来说，其折射率 $n=1.56$，介电系数 $\varepsilon=9$（多数文献认为为 7.0～8.0），而 $(1.56)^2=2.43$，即 $\varepsilon\neq n^2$，此关系不成立，其原因就是氯丁橡胶为极性橡胶。

将克劳修斯-莫索蒂方程中的 ε 代以 n，便可得到劳伦茨-洛伦兹公式：

$$(n^2-1)/(n^2+2)=\frac{4}{3}\pi N\alpha$$

式中，N 为分子数。从上式可以看出，极化率越高折射率也越大。

4.7.2　橡胶分子的光学各向异性

橡胶分子的光学各向异性，就是光波在橡胶中各个方向上的传播速度不同。虽然，绝大多数光学上的各向同性物体实际上都是“统计”意义上的各向同性，从组成这些物体的分子角度上看都是各向异性的，只是因为这些各向异性分子在不停地做不规则运动，而从宏观上看便是各向同性了。

分子的各向异性，是因为分子中电子云在各个方向上的长度不同，因而极化率在各个方向上也不同，通常可以将极化率分为三个主方向，其极化率可用半轴为 α_1、α_2 及 α_3 的椭圆体来表示。在一般的情况下，分子的极化率就不是用 α 一个物理量来表示，而是用 α_1、α_2 及 α_3 三个物理量来表示。当然，对球形对称的原子或分子来说，则三个值彼此相等，自然极化率椭圆体也相应得变为球体。通常所说的极化率 α 是分子沿所有可能方向极化率的平均值，即：

$$\alpha=(\alpha_1+\alpha_2+\alpha_3)/3$$

极化率具有加和性，一个具体分子的极化率可以由各个原子的极化率求出，与橡胶有关的各种键的极化率见表 1.1.4 - 111。

表 1.1.4 - 111　各原子-原子键的极化率

键	轴方向的极化率 $\alpha_{//}$ /($10^{-25}cm^3$)	垂直方向的极化率 $\alpha_{\perp}$ /($10^{-25}cm^3$)	平均极化率 α /($10^{-25}cm^3$)	键	轴方向的极化率 $\alpha_{//}$ /($10^{-25}cm^3$)	垂直方向的极化率 $\alpha_{\perp}$ /($10^{-25}cm^3$)	平均极化率 α /($10^{-25}cm^3$)
C—H	7.9	5.8	6.5	C═O	19.9	7.5	11.6
C—Cl	36.7	20.8	26.1	C═S	75.7	27.7	43.7
C—Br	50.4	28.8	35.7	C≡N	31.0	14.0	19.7
C—C	18.8	0.2	6.7	N≡N	24.3	14.3	17.6
C═C	28.6	10.6	16.6	S—H	23.0	17.2	19.2
C≡C	35.4	12.7	20.3	S═O	29.0	14.7	19.5

特雷劳尔根据 C—C、C═C 及 C—H 键的极化率计算出了天然橡胶单体异戊二烯的三个主要极化率。这种计算方法是假定异戊二烯分子在平面上是如图 1.1.4 - 94 那样的构型和键角的数值，在坐标中，这种分子结构在 x、y、z 三个方向上的极化率分别为 α_1、α_2 及 α_3，即 $x=\alpha_1$，$y=\alpha_2$，$z=\alpha_3$。异戊二烯三个方向的极化率分别为 $\alpha_1=11.47\times10^{-24}cm^3$，$\alpha_2=10.17\times10^{-24}cm^3$，$\alpha_3=6.62\times10^{-24}$ cm^3。

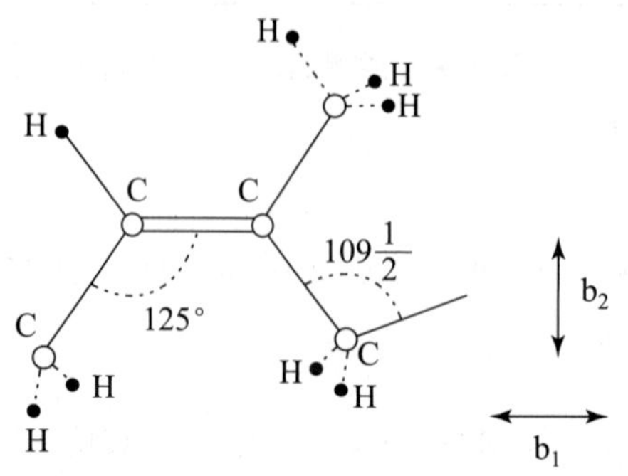

图 1.1.4 - 94　天然橡胶单体异戊二烯的构型和键角（虚线表示不在同一平面上的键）

为了计算方便，常用主链方向极化率 $\alpha_{//}$ 及垂直方向极化率 $\alpha_{\perp}$ 表示，即：

$$\alpha_{//}=\alpha_1=11.47\times10^{-24}\,\mathrm{cm}^3$$

$$\alpha_{\perp}=\frac{1}{2}(\alpha_2+\alpha_3)=8.39\times10^{-24}\,\mathrm{cm}^3$$

其他各种橡胶单体的极化率见表 1.1.4－112 所示。

表 1.1.4－112 各种橡胶单体的极化率

橡胶品种	主链方向极化率 $\alpha_{//}$ /($10^{-25}\mathrm{cm}^3$)	垂直方向的极化率 $\alpha_{\perp}$ /($10^{-25}\mathrm{cm}^3$)	平均极化率 α /($10^{-25}\mathrm{cm}^3$)
天然橡胶	112.4	85.9	94.7
顺丁橡胶	95.3	65.4	75.4
氯丁橡胶	121.9	84.1	96.7
三元乙丙橡胶（乙烯/丙烯＝50∶50）	55.9	44.7	48.4
丁苯橡胶（结合苯乙烯含量 23.5%）	76.0	57.4	63.6
乳液聚合顺丁橡胶	93.6	66.3	73.3
丁腈橡胶（丙烯腈含量 35%）	83.0	59.2	67.1
聚丙烯腈	60.3	47.8	52.0
聚乙烯	48.8	33.5	35.5
丁二烯橡胶	86.5	69.0	75.4
聚丙烯	63.0	55.8	58.2
丁基橡胶	78.6	77.6	77.6

一个分子的光学异向性，常用主链方向的极化率与垂直方向的极化率之差表示，即：

$$\text{光学各向异性}=\alpha_{//}-\alpha_{\perp}$$

异戊二烯的光学各向异性为

$$\alpha_{//}-\alpha_{\perp}=3.08\times10^{-24}\,\mathrm{cm}^3$$

天然橡胶和人工合成的异戊橡胶是由数千个异戊二烯单体组成的，而它们的长链分子由于内旋转运动，呈高度卷曲而且不断变化着，所以从统计的角度看是各向同性的。

4.7.3 橡胶的光弹性

当光线通过各向异性物体时，将产生双折射现象；当光线通过各向同性物体时，则不产生双折射现象。橡胶等高聚物在未拉伸状态下是各向同性的，但单向拉伸时则会出现双折射现象，具有光学单轴晶体的性质。单向拉伸产生双折射现象的原因是，在拉伸时，高聚物分子链在一定程度上按应力的方向伸直取向，应力越大则分子链取向程度越高，因而高聚物的双折射越大。也正因此，在一定范围内，橡胶的光学各向异性程度与形变有一定的关系。

库恩（Kuhn W.）等人从高聚物的网状结构出发，并假定这个分子网络是由相等长度的无规连接的高斯链所组成，从理论上推导出了在最简单情况下，由纯变形作用而引起的双折射可用下式表示：

$$\Delta n=n_1-n_2=2\pi/45\cdot[(n_0^2+2)^2/n_0]\cdot N\cdot(\alpha_{//}-\alpha_{\perp})\cdot(r^2-1/r) \quad (1.1.4\text{-⑪})$$

式中，n_1-n_2 为主折射率差；n_0 为无应力状态的平均折射率；N 为相当于单位体积内的分子数；$\alpha_{//}-\alpha_{\perp}$ 为光在分子链长度及垂直方向的极化率差；r 为伸长比。

从式（1.1.4-⑪）可知，双折射与伸长比并非线型关系，但与（r^2-1/r）成线型关系。双折射与统计分子链单独键的各向异性（$\alpha_{//}-\alpha_{\perp}$）及分子网单位体积内分子链的数量 N 成正比。

应力 o 与伸长比 r 的关系为

$$o=NkT(r^2-1/r)$$

式中，k 为玻尔兹曼常数；T 为绝对温度。

因此，式（1.1.4-⑪）可改写为

$$\Delta n=n_1-n_2=2\pi/(45kT)\cdot[(n_0^2+2)^2/n_0]\cdot(\alpha_{//}-\alpha_{\perp})\cdot o=C\cdot o \quad (1.1.4\text{-⑫})$$

式中，$C=2\pi/(45kT)\cdot[(n_0^2+2)^2/n_0]\cdot(\alpha_{//}-\alpha_{\perp})$，$C$ 称为光弹性系数，或称张力-偏光系数。式（1.1.4-⑫）表明，在一定温度下，双折射与应力成正比。

某些橡胶的光弹性系数见表 1.1.4－113 所示。

表 1.1.4-113　某些橡胶的光弹性系数

物质	$\Delta n/o$	物质	$\Delta n/o$
玻璃	1～3	硬橡胶	100
聚甲基丙烯酸甲酯	2.5～10	软橡胶	2 000
酚醛树脂	50		

上面是最简单的情况，如果扩展到具有三个轴向的应力时，则折射率椭圆体的三个主轴方向的主折射率 n_1、n_2 及 n_3 将由伸长比 r_1、r_2 及 r_3 来决定，则三个折射率中任意两个的差为

$$n_1-n_2=2\pi/45\cdot[(n_0^2+2)^2/n_0]\cdot(\alpha_{//}-\alpha_{\perp})\cdot(r_1^2-r_2^2)$$

而 $o_1-o_2=NkT(r_1^2-r_2^2)$，故：

$$\begin{aligned}n_1-n_2&=2\pi/(45kT)\cdot[(n_0^2+2)^2/n_0]\cdot(\alpha_{//}-\alpha_{\perp})\cdot(o_1-o_2)\\&=C\cdot(o_1-o_2)\end{aligned}$$

即任何两个主折射率之差，均与相应的主张力之差成正比，这就是光弹性定律。它不仅适用于大变形的橡胶，也适用于其他弹性固体。

4.8　橡胶的燃烧与阻燃[25,56—68]

物质的燃烧过程是一个激烈的氧化过程，也是一个自由基反应过程，通常伴有火焰、发光和（或）发烟现象。燃烧过程中，燃烧区的温度较高，使燃烧区内的某些物质分子内发生电子的能级跃迁，从而发出各种波长的光。发光的气相燃烧区就是火焰，是燃烧过程中最明显的标志。由于燃烧不完全等原因，燃烧产物中会有一些小颗粒（固体或液滴），形成烟、雾。研究表明，燃烧按自由基链式反应扩展，发光、发热、发烟是燃烧过程中的物理现象，而自由基链式反应是燃烧的实质。

燃烧可分为有焰燃烧和无焰燃烧。通常看到的明火都是有焰燃烧；有些固体发生表面燃烧时，有发光发热的现象，但是没有火焰产生，这种燃烧方式就是无焰燃烧。

物质燃烧必须具备下列三个条件：(1) 足够的可燃物。可燃物按其化学组成，可分为无机可燃物和有机可燃物；按其物态，又可分为可燃固体、可燃液体和可燃气体。(2) 一定浓度或数量的助燃物，如氧气、空气等。(3) 引火源（能量）。物质燃烧必须有足够的能量输入或积聚，引火源包括明火、电弧、电火花、雷击、高温、自燃引火源等。

燃烧的类型如图 1.1.4-95 所示。

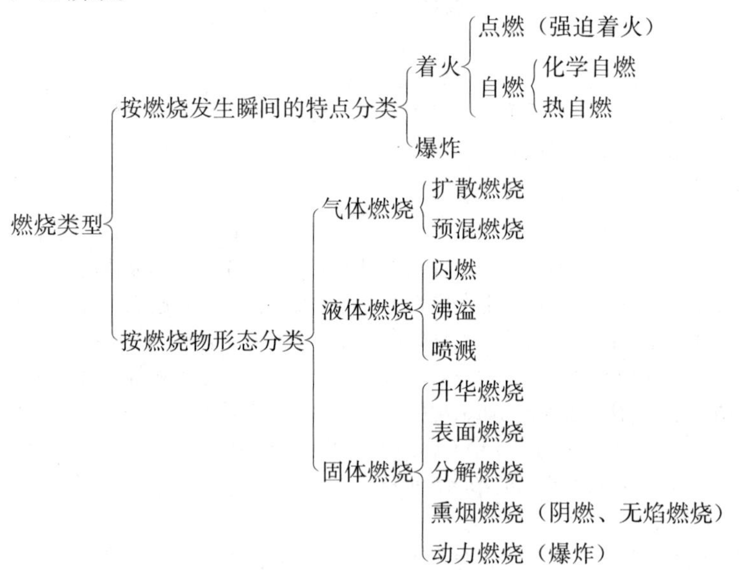

图 1.1.4-95　燃烧的类型

上述各种燃烧形式的划分不是绝对的，有些可燃固体的燃烧往往包含两种或两种以上的形式。例如，在适当的外界条件下，木材、棉、麻、纸张、橡胶等的燃烧会明显地存在分解燃烧、表面燃烧、阴燃等形式。阴燃的发生需要有一个供热强度适宜的引火源，通常有自燃热源、阴燃本身的热源和有焰燃烧火焰熄灭后的余烬等。很多固体材料，如纸张、锯末、纤维织物、橡胶等，都能发生阴燃，这是因为这些材料受热分解后能产生刚性结构的多孔炭，从而具备多孔蓄热并使燃烧持续下去的条件。

不同的物质对达到前述三个条件的要求不尽相同，在这三个条件均具备时，物质即燃烧。在燃烧的过程中，随着燃烧的进程，这三个条件也在变化，当其中一个条件达不到该物质所需的要求时，燃烧便会减弱直至火焰完全熄灭。同时，由于燃烧过程主要是自由基反应的过程，当自由基反应受到遏制或中止时，燃烧也会减弱甚至熄灭。橡胶的阻燃剂便是可以改变燃烧条件或者遏制自由基反应使着火的橡胶自熄的一种添加剂，不同种类的阻燃剂其灭火机理与灭火能力是不同的，

需要指出的，阻燃剂只能在橡胶开始着火时使火焰自熄或减弱，对于熊熊大火，也是无能为力的。

阻燃与燃烧是一对孪生兄弟，人类从能够使用火以后，就有了灭火——阻止燃烧。在与火的斗争中，人类已寻找到了许多灭火和阻止燃烧的材料和方法，积累了许多经验和科学知识。

橡胶通常是一种易燃的高分子材料，橡胶工业的阻燃始于20世纪50年代，发展于60年代。常用的阻燃方法是在橡胶制品的材料中加入不燃或阻燃的材料和助剂，如氢氧化铝、氢氧化镁、氯化石蜡、磷酸酯类、溴类等阻燃剂。这些阻燃材料具有明显的阻燃效果，使得橡胶制品变得难燃或不燃。但随着科技的发展，建筑大楼变得更高，船舶、列车、汽车跑得更快，计算机中心变得更大，这些设施的防火技术要求越来越高。人们发现，许多场合尽管已采用了高效阻燃材料，但火灾造成的损失仍然很大，可归纳为二类：(1) 火灾发生后形成大量的浓烟，使人迷失逃生路线，造成人员的窒息死亡；(2) 烟雾中含有大量腐蚀性物质，使设备、仪器的控制系统腐蚀，操作失灵，造成次级灾害，通常次级灾害比燃烧的损失要大得多。

因此，良好的阻燃材料不但要具备不燃或难燃的特性，更重要的是燃烧产生的烟雾及所含有害物质要少。大量研究和应用表明有机阻燃剂燃烧时产生大量的有毒有害烟气，特别是卤素类阻燃剂毒性更大，而无机类阻燃剂燃烧时产生的烟雾少毒性小。

4.8.1　橡胶的燃烧与发烟

（一）橡胶的燃烧过程

在可燃物、助燃物、引火源三个燃烧条件具备后，橡胶便会着火并燃烧。橡胶的燃烧既有气相燃烧，也有凝聚相燃烧（液相与固相）；固相燃烧中又有分解燃烧、表面燃烧、阴燃等。总的来说，燃烧均在其气-固或气-液界面上进行。橡胶达到燃烧条件至燃烧，要经过图 1.1.4-96 所示的燃烧历程。

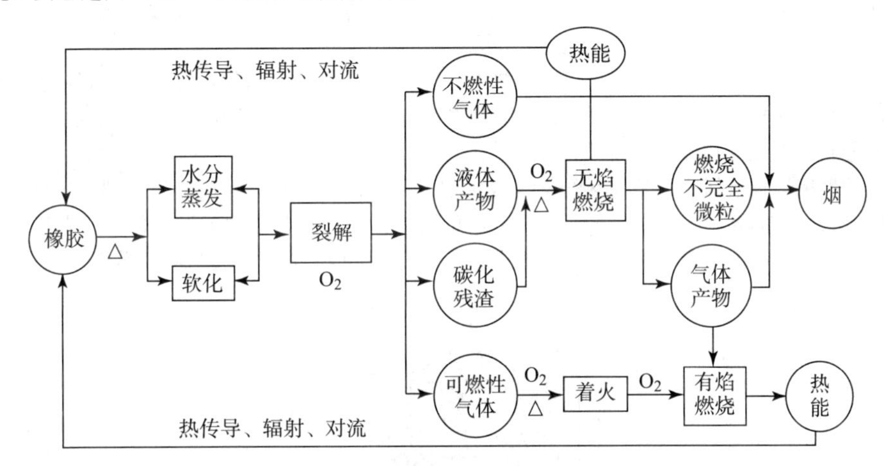

图 1.1.4-96　橡胶的分解燃烧过程模式

橡胶的燃烧过程包括以下几个阶段：

1. 前期过程

前期过程是燃烧的准备过程，它包括两个阶段：

(1) 水分与其他沸点较低的挥发物逸出及橡胶自身的软化。

(2) 热解或分解阶段，当聚合物达到其热解或分解温度时，聚合物即裂解或分解成低分子产物、高沸点的焦油状物及炭化物，为燃烧提供可燃物。

这两个阶段都是吸热过程。因此，外界热源的热通量越大，燃烧过程的速度越快。

2. 气相燃烧

橡胶裂解或分解产生的气体，如甲烷、乙烯、丁烷等，都是可燃的，它们在充分的氧存在下遇火即开始燃烧，有时在没有火焰的存在下，当其达到一定的温度后，也会燃烧，这一种情况称为自燃。

燃烧过程通常发生在热解过程之后，但有些橡胶制品由于其中含有沸点低于橡胶分解温度的可燃性添加剂，如非阻燃性的增塑剂，在火源存在下，在橡胶热解前即开始燃烧，这就是为什么充油量大的软质橡胶制品比硬质橡胶制品更易燃烧之故。

气相燃烧纯粹是自由基反应的过程。

3. 凝聚相燃烧

橡胶凝聚相燃烧的反应很复杂，其中既有自由基反应，也有非自由基反应。橡胶热解后产生可燃气体的同时所残留的一些不挥发的焦油状物及炭化物，在一定的条件［温度、热通量（传入的热量）、氧气］下，也会燃烧，这种燃烧一般不产生火焰，通常称作阴燃。无焰燃烧所需的温度（能量）比有焰燃烧要高得多。阴燃的后果是，焦油状物及炭化物继续分解或不完全燃烧并继续向火焰提供可燃性气体及烟雾。

气相燃烧和凝聚相燃烧都是放热反应。除个别的如聚四氟乙烯（4.20 kJ/g）、酚醛树脂（13.47 kJ/g）外，绝大多数聚合物的燃烧热均高于木材（14.64 kJ/g），也高于煤（23.01 kJ/g）。表 1.1.4-114 所示为部分聚合物燃烧时的理论火焰温度。

表 1.1.4-114 部分聚合物燃烧时的理论火焰温度

材料名称	理论火焰温度/℃	材料名称	理论火焰温度/℃
高密度聚乙烯	2 120	丁二烯-苯乙烯共聚物(25.5%)	2 220
低密度聚乙烯	2 120	丁二烯-丙烯腈共聚物(37%)	2 190
乙烯-丙烯共聚物(69∶31)	2 120	聚丙烯腈	1 860
聚丙烯	2 120	聚甲基丙烯酸甲酯	2 070
聚异丁烯	2 130	聚氟乙烯	1 710
聚氯乙烯	1 960	聚偏二氟乙烯	1 090
聚偏二氯乙烯	1 840	聚三氟乙烯	320
聚苯乙烯	2 210	聚四氟乙烯	—
燃着的香烟	500～800	燃着的火柴	800～900

与燃着的火柴相比，除氟塑料外，聚合物燃烧时的火焰温度均高达 2 000℃左右。因此，聚合物燃烧过程会使环境温度升高，在氧气能充分供给的情况下，燃烧将愈演愈烈。

过去的阻燃剂的研究重点多放在遏制或熄灭气相燃烧上。但近来发现，阴燃的灾害性更大，因为它除提供热源，支持气相燃烧外，还会产生使人视野不清的烟雾，对如何遏制阴燃已成为研究阻燃作用机理的一个新亮点，并由此开发出一些新型阻燃剂，如磷氮膨胀型阻燃剂和硅阻燃剂。

因此，可将橡胶的燃烧过程概括为：外界热源对橡胶加热，橡胶温度升高，橡胶裂解，裂解气体与氧气混合，着火，气相燃烧，凝聚相燃烧，火焰的蔓延。其中最重要的是裂解和气相燃烧，前者提供可燃气体，后者提供裂解所需的热量；必要的外部条件是氧的存在和扩散混合。上述步骤的正常进行，就可维持燃烧。橡胶材料的燃烧表面如图 1.1.4-97 所示，橡胶的燃烧模型如图 1.1.4-98 所示。

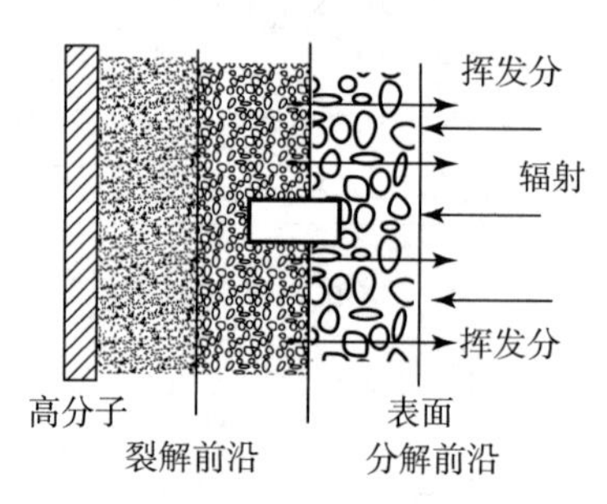

图 1.1.4-97 橡胶材料的燃烧表面

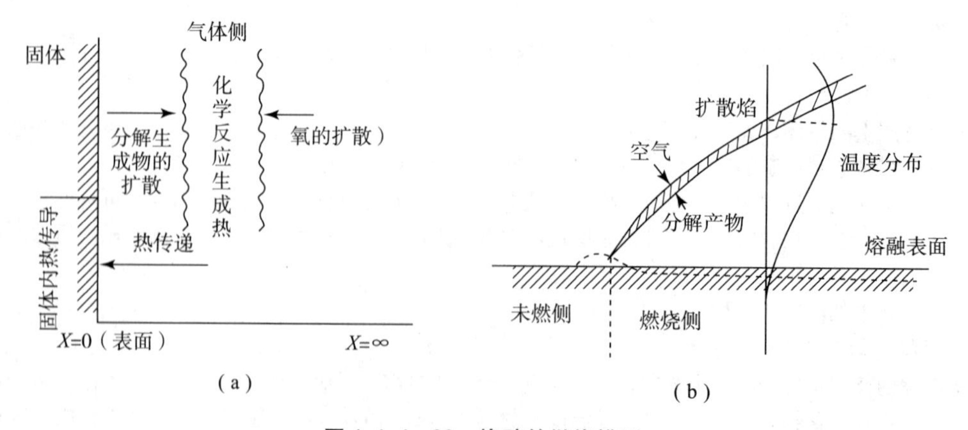

图 1.1.4-98 橡胶的燃烧模型

(a) 固体聚合物燃烧的基本模型；(b) 聚合物水平燃烧时的火焰传播模型

热裂解通常有三个紧密相关的阶段：（1）100～250℃，这时供给的热量只能引起低能量反应，如官能团的释出或放出低分子物质，如水和卤化氢；（2）250～500℃，这时有足够的能量使牢固的键裂解，生成单体或其他低分子化合物，这些产物能维持气相燃烧反应，在许多场合，这些产物再结合生成芳烃和缩聚的环状化合物，它们在裂解条件下稳定；（3）500℃和更高温度，任何芳族或缩合的环状结构进一步缩合而释出多数非碳元素，形成炭化残渣。

聚合物的热裂解稳定性和裂解产物与其分子结构有关。热重试验表明，一些聚合物的热裂解稳定性顺序为：聚乙烯（分解温度约为440℃）＞聚丙烯（分解温度约为400℃）＞聚异丁烯（分解温度约为350℃），即伯、仲、叔碳原子的热稳定性依次降低；一些橡胶的顺序为：顺丁橡胶＞丁苯橡胶＞丁腈橡胶＞天然橡胶，如图1.1.4－99所示。含氯聚合物裂解时首先脱氯化氢。裂解产物和裂解速度对燃烧也很重要，不燃气体会稀释气体混合物，降低燃烧温度。生成炭化残渣将降低燃烧热，而且形成隔热层。烃类橡胶表面温度为325～500℃时，裂解产生的气体就足以在外来火焰存在下燃烧，而橡胶自燃的表面温度则需达到620～670℃。

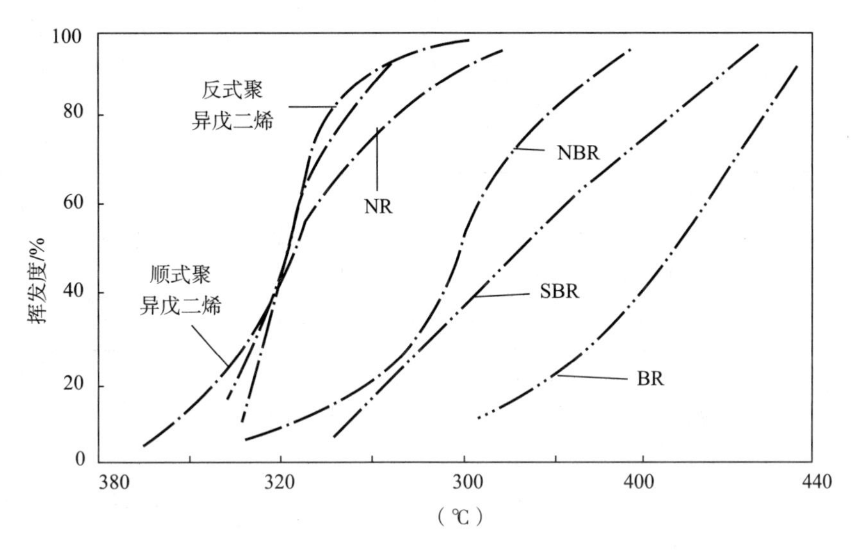

图1.1.4－99　二烯烃橡胶的热稳定性比较

硫化对NR的热稳定性没有影响，硫化NR的热解行为与未硫化的NR相似，BR也是如此。硫化的未填充SBR在500℃空气中加热15 min，仅比未硫化的SBR生成稍多些的炭。

燃烧反应是一种链式自由基反应，与活泼自由基H·、O·、HO·的存在有关，如能消除这些自由基，燃烧反应即能终止。烃类橡胶燃烧产生大量热，约为40 kJ/g（木材为14.6、聚氯乙烯为18、有机玻璃为25、聚乙烯为46.6）。燃烧热不仅与分子组成有关，而且与燃烧的完全程度有关。

（二）橡胶的发烟机理

聚合物燃烧时形成的浓烟是不完全燃烧的结果。在许多情况下，烟尘是高度分散的炭，烟尘中含有液体（如热解物雾）、固体（如煤烟、固体氧化物）和气体。高聚物材料燃烧时的发烟程度用烟浓度表示，有粒数浓度（粒/m^3）、重量浓度（mg/m^3）和光学浓度等。在光学浓度中，比较常用的是消光系数C_s，即烟对透过光的衰减程度。

$$C_s=(1/L)\cdot\ln(I_0/I)$$

式中，I_0为无烟时的光强度；I为有烟时的光强度；L为光源至受光面的距离。

光源至受光面的距离常以米为单位，所以C_s实际上是每米的消光系数。在烟浓度用C_s表示时，透光烟的可见距离s(m)大约等于$2.7/C_s$。在火灾情况下，对建筑物内部通道熟悉的人，消光系数的允许临界值为1.0以下；对内部不熟悉者，则应在0.2以下。

但有时也用比光密度D_s或发烟系数SOI来表示。比光密度的计算公式为

$$D_s=[V/(A\cdot L)]\cdot D=[V/(A\cdot L)]\cdot\lg_{10}(I/I_0)$$

式中，V为密闭容器的体积；A为暴露在火焰中的试样表面积；D为光密度；L为光路长度。

发烟系数SOI的计算公式为

$$\mathrm{SOI}=D_m\cdot R/(100\ t_c)$$

式中，D_m为比光密度D_s的最大值；R为D_s-t曲线的平均增加速度；t_c为D_s值到达16时的时间。

D_s等于16是肉眼可以透视的临界比光密度，它相当于透光率为75％，一般的，塑料燃烧时的无烟标准为最大比光密度$D_m\leqslant 300$。发烟系数SOI的数值在5～10内，对透视几乎没有影响；在10～30内，则有相当障碍；在30以上时，就有明显障碍了。

表1.1.4－115列出了部分高聚物的生烟能力，D_m为燃烧时的最大烟雾浓度，用光度仪测定光通过烟雾时的吸收率来表征。

表 1.1.4-115　部分高聚物的生烟能力（NBS）

高聚物	D_m		高聚物	D_m	
	有焰	无焰		有焰	无焰
聚乙烯	150	470	聚酰胺	269	320
氯磺化聚乙烯	319	344	聚碳酸酯	174	12
聚四氟乙烯	55	0	增强聚酯	395	350
聚氯乙烯	535	470	聚丙烯腈	159	319
天然橡胶	660	136	ABS 树脂	660	71
氯丁橡胶	479（660）	693（508）	酚醛树脂	5	14
三元乙丙橡胶	354	548	软质聚氨酯泡沫	20	156
聚苯乙烯	470	345	硬质聚氨酯泡沫	439	117
硅橡胶	（151）	（44）			

注：括号中的技术数据来源于不同的文献。

加热聚合物至开始发烟的温度，称为发烟起始温度。准确测定这个温度相当困难，如以透光率降低至 95%时的温度作为聚合物材料的发烟起始温度，则用斋藤炉的测定结果见表 1.1.4-116 所示。

表 1.1.4-116　各种聚合物材料的起始发烟温度

温度范围≤299℃			温度范围 300～399℃			温度范围≥400℃		
材料	形态	起始发烟温度/℃	材料	形态	起始发烟温度/℃	材料	形态	起始发烟温度/℃
聚氨酯（软）	泡沫	185	聚氨酯（中）	片	308	聚邻苯二甲酸二烯丙酯	片	400
聚乙烯	泡沫	220	聚氨酯（软）	片	327	丁苯橡胶（乳聚）	片	400
氯丁橡胶	泡沫	233	聚苯乙烯	泡沫	331	丁苯橡胶（溶聚）	片	410
软聚氯乙烯	薄膜	242	聚苯乙烯	片	340	聚酰胺（耐磨）	片	414
软聚氯乙烯	泡沫	245	FRP—2	片	347	聚酰胺（标准）	片	418
醋酸纤维素	薄膜	258	聚氨酯橡胶	片	351	丁二烯橡胶	片	432
榆木	片	264	FRP—1	片	358	氯化聚乙烯	片	439
聚氨酯（硬）	泡沫	280	环氧树脂	片	364	聚氯乙烯（硬）	片	440
软聚氯乙烯	片	280	高冲击强度聚苯乙烯	片	372	硅树脂	片	465
乙烯丙烯热塑性弹性体	片	284	AS	片	374	聚碳酸酯（挤出）	片	470
聚氨酯（硬）	片	293	ABS（耐冲）	片	374	聚碳酸酯（注射）	片	480
聚丙烯	片	297	AAS	片	377	聚偏二氯乙烯	薄膜	500 以上
聚苯乙烯	纸	298	ABS（标准）	片	390	酚醛树脂	泡沫	500 以上
			酚醛树脂	片	392	聚缩醛	片	500 以上
			硅树脂	片	392	有机玻璃	片	500 以上
			聚乙烯	薄膜	392	聚四氟乙烯	片	500 以上

注：试样 1 g，升温速度 5 ℃/min，通风量 1 L/min。

需要注意的是，发烟量随着材料的热失重率增加而增加，但是，不可以认为热失重率大的材料其发烟性也大。评价材料的发烟性是很困难的，因为烟尘的产生并非材料的固有性质，随着外部条件（热流、助燃物、燃烧模式、空气运动等）的改变，被考察的烟尘会有很大变化。聚合物的发烟性与其分子结构有一定关系，可总结如下：

（1）含氯高聚物燃烧时产生的烟雾较多，而耐热性较好的含氟高聚物和芳香缩聚物产生的烟较少。

（2）芳烃及二烯类聚合物比脂肪烃及含氧聚合物的发烟倾向大。

此外，含氯量中等或较低的聚合物发烟倾向大，但含氯量很高时发烟倾向又有所下降；侧链上含芳烃基团的聚合物比主链上含芳烃基团的聚合物的易燃烧且发烟倾向大。

总的来说，发烟倾向与聚合物的热解产物及热稳定性有关，聚合物的稳定性越高，挥发性可燃性气体产生得越少，发烟量越小。以上是一般规律，也有一些例外。

对高聚物燃烧发烟机理，较为公认的是碳双键缩聚机理，可燃气体因聚合生成芳族或多环高分子化合物，进而缩聚石墨化生成炭粒子。其中，脂肪族与芳香族高聚物形成烟雾的方式不同，如图 1.1.4－100 所示。

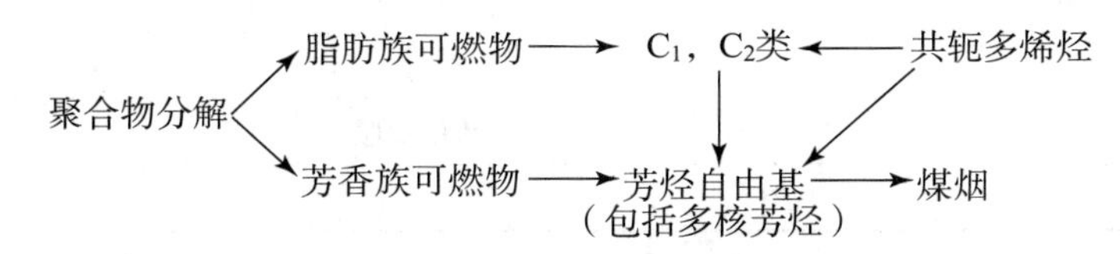

图 1.1.4－100 聚合物分解

进一步的研究，有学者认为这与聚合物在热分解过程中产生的可燃性气体分子组成及可燃性气体分子结构有关。

（1）可燃性气体分子结构中的碳/氢比值（C/H）的影响。

燃烧时，可燃性气体分子中的碳变成二氧化碳和氢变成水蒸气的反应速度相同，因此，含碳量高的分子将析出碳。例如，在敞开的空间充分燃烧苯时，有如下的反应：

$$C_6H_6 \xrightarrow{O_2} 3(H_2O+CO_2)+3C$$

因为在该反应中有碳析出，所以燃烧苯时就有黑烟产生。令燃烧反应产物中碳的系数为 α，水蒸气与二氧化碳的系数为 β，则上述苯的氧化反应有：

$$\alpha/\beta=3/3=1$$

α 与 β 的比值称为发烟指数，根据它的大小，可以判别产生黑烟的情况。例如，聚乙烯、聚丙烯等聚烯烃的 $\alpha/\beta=0$，充分燃烧时不产生黑烟；木材的 α/β 值相当小，为 0.20，故燃烧时的黑烟也较少；天然橡胶（未硫化）为 0.25，燃烧时产生的黑烟较少；丁腈橡胶（未硫化）为 0.538，产生的黑烟较多；聚苯乙烯为 1.0，黑烟浓重。

（2）可燃性气体分子组成的影响。

聚合物与木材不同，木材是一种大约含有 50%纤维素、25%半纤维素和 25%木质素的成分复杂的有机物，燃烧时比较缓慢，因此，比较容易获得充分燃烧并释放出以 CO_2 与 CO 为主的气体。而聚合物一旦开始热分解，就会因自由基连锁反应而快速进行，因此常常会出现供氧不足的不充分燃烧情况，此时，聚合物热分解产物中碳原子数多的分子较多。有学者认为，碳原子数 6 及以上的化合物在不完全燃烧时，将释放出大量的炭粒子而冒黑烟。例如，聚丙烯在空气中充分燃烧时，热分解产生的可燃性气体产物中多是甲烷、乙烷、乙烯等碳原子数少的物质；而在供氧不足的情况下，热分解产生的可燃性气体产物中多数是碳原子数在 6～9 的化合物，因此，聚丙烯在不完全燃烧时也冒大量黑烟。再如，软质 PVC 比硬质 PVC 发烟性高得多，就是由于前者含更多的增塑剂如 DOP，DOP 的燃烧除有芳香族易生黑烟的因素外，热解产物中碳原子数为 8 的脂肪烃不完全燃烧也是冒黑烟的原因。

利用以上规律，在制造电线电缆外套的胶料中，采用乙烯-醋酸乙烯共聚物（EVA）与氯化聚乙烯（CPE）（4∶1）的共混物取代原用的氯磺化聚乙烯（CSM）时，其生烟量将减少 70%。

通常情况下聚合物燃烧后产生的毒性气体有如下 14 种：二氧化碳（CO_2）、一氧化碳（CO）、甲醛（HCHO）、氧化氮（$NO+NO_2$）、氰化氢（HCN）、丙烯腈（CH_2CHCN）、光气（$COCl_2$）、二氧化硫（SO_2）、硫化氢（H_2S）、氯化氢（HCl）、氨气（NH_3）、氟化氢（HF）、溴化氢（HBr）和苯酚（C_6H_5OH）。不同聚合物燃烧产生的毒性气体组成比例不同。在一定条件下使老鼠死亡的时间或温度叫相对毒性，部分高聚物燃烧后产生的气体的相对毒性见表 1.1.4－117。

表 1.1.4－117 部分高聚物燃烧后产生的气体的相对毒性（NASA USF 方法 B）

高聚物	至死时间/min	高聚物	至死时间/min
氯化聚乙烯	26	三元乙丙橡胶	21
氯磺化聚乙烯	21	丁腈橡胶	19
氯丁橡胶	25	聚氯乙烯	16.5
聚乙烯	17	聚酰胺	14
ABS 树脂	16.5		

表 1.1.4－117 表明，聚酰胺燃烧后产生的气体的毒性很大；除 PVC 外含氯的高聚物如 CPE、CSM、CR 燃烧后产生的气体毒性小；有趣的是 PE 燃烧后产生的气体的毒性比 CPE、CSM 还大；含腈基的高聚物如丁腈橡胶（NBR）燃烧后产生的气体的毒性较大。PE 材料分解氧化产生的烟气产物主要是气态氧碳化合物，从以上的试验结果可知，气态氧碳化合物在小鼠染毒试验中所起的作用是决定性的，也是决定燃烧产物烟气毒性成分的主要因子。因此，减小材料气态氧碳化合物的生成量是减少燃烧产物烟气毒性的有效方法，而其本质就是减小材料的产烟率。文献［61］、［63］的研究同样支持以上结论。

若把白鼠置于高聚物电缆料的热分解产物环境中，测定其一半白鼠致死的剂量 LD_{50}，见表 1.1.4－118，可知氟塑料和聚酰亚胺的热分解产物毒性很大，而 EPDM、MVQ 和 EVA 的热分解产物毒性较小。

表 1.1.4-118 部分高聚物热解产物的毒性（LD_{50}）

高聚物	分解温度		高聚物	分解温度	
	600℃	900℃		600℃	900℃
三元乙丙橡胶	40	40	氟塑料	8～10	11
硅橡胶	40	40	EVA 与 EVM	40	40
改性氯丁橡胶	14.0	30.3	聚酰亚胺	7.6	2.6
辐射交联聚烯烃	16.3	17.4			

LC_{50}值是美国匹兹堡大学通过实验评价材料燃烧产烟毒性的评判指标，用燃烧产生的烟气使 50%动物死亡时实验材料的质量（g）表示，持续时间均是 30 min。橡塑材料 LC_{50}值数据库的数据见表 1.1.4-119。

表 1.1.4-119 单一材料 98%[a] 范围的 LC_{50}值

	氟塑料	聚烯烃	聚氯乙烯	碳氢橡胶	氯化橡胶
LC_{50}值/g	3.7～19.0	6.6～14.5	8.5～32.9	9.7～32.6	9.1～48.7

注：a. 指该类别材料中 98%的单一材料的 LC_{50}值在此范围内，并不是指全部的该类别材料。

GB/T 20285—2006《材料产烟毒性危险分级》将材料产烟毒性分为 3 级：安全级（AQ 级）、准安全级（ZA 级）和危险级（WX 级）；其中，AQ 级又分为 AQ_1 级和 AQ_2 级，ZA 级又分为 ZA_1 级、ZA_2 级和 ZA_3 级。不同级别材料的产烟浓度指标见表 1.1.4-120。

表 1.1.4-120 材料产烟毒性危险分级

级别	安全级（AQ）		准安全级（ZA）			危险级（WX）
	AQ_1	AQ_2	ZA_1	ZA_2	ZA_3	
浓度/($mg \cdot L^{-1}$)	≥100	≥50.0	≥25.0	≥12.4	≥6.15	<6.15
要求	麻醉性	实验小鼠 30 min 染毒期内无死亡（包括染毒后 1 h 内）				
	刺激性	实验小鼠在染毒后 3 天内平均体重恢复				

据此推断，聚烯烃材料应该在 ZA_2 级到 ZA_3 之间，聚氯乙烯和碳氢橡胶应该在 ZA_1 级到 ZA_2 之间，氯化橡胶应该在 AQ_2 级到 ZA_2 之间，而氟塑料应该在 ZA_2 级到危险级之间。由于氯化氢气体的毒性较大，因此聚氯乙烯和氯化橡胶的 LC_{50}值范围有待毒性烟气浓度试验的验证。

4.8.2 燃烧试验方法

研制开发和生产阻燃制品必须评定材料和制品的燃烧特性。制定和选择燃烧试验方法有重要意义。按照试验对象，燃烧试验可分为三类：(1) 材料试验；(2) 制品试验；(3) 火灾整体模拟试验。第三种试验实施不易，费用高昂，也缺乏标准方法，但最接近实际情况。第一、二类试验则发展了大量标准和非标准方法。比较有影响的如 UL 标准（美国保险业研究所标准）、CSA 标准（加拿大工业标准协会标准）、BS 标准（英国标准）等。在这些标准中，对高分子材料阻燃试验方法及阻燃标准值都做了详细的规定。材料的燃烧试验着重测定材料本身的燃烧特性，主要是着火性、延燃性、自熄性、释烟量和产生气体的毒性等。制品燃烧试验着重于模拟工作条件下的燃烧特性和保持工作的能力。任何一种燃烧试验方法都不可能完全反映火灾时的复杂情况及造成的后果，只能做相对比较。

材料的着火性和延燃性试验有许多方法，采用多种热源，测定着火难易、自熄时间、燃烧程度等来评价材料。在橡胶工业中最常用的是氧指数和垂直燃烧试验。

氧指数（OI）是指标准试样（长 80～150 mm，宽 6.5±0.5 mm，厚 3±0.5 mm）在规定条件下引燃后，试样在氧和氮的混合气流中，维持稳定燃烧（保持燃烧 50 mm 长或燃烧时间为 3 min）所需的最低氧浓度，详见 GB/T 10707（橡胶）与 GB/T 2406（塑料）。氧指数用混合气流中氧的体积百分值表示：$OI=[O_2]/([O_2]+[N_2])\times 100$。氧指数越大，材料越难燃。由于空气中的氧的浓度为 20.9%，一般来说，氧指数<18～21，材料为易燃或可燃；22～26 即能自熄；27 以上为难燃；当氧指数达 30 以上时，即可认为阻燃性好。聚合物的氧指数与其结构有关，许多研究证明，在分子中含有卤素和芳杂环的材料其氧指数较高，所以，用化学方法向聚合物分子结构中引入卤素或芳杂环结构，都能显著地提高其耐热性和耐燃性。已建立了一些氧指数与某些参数的定量计算公式，比较典型的如温·克瑞韦经验公式：

$$OI=17.5+0.4CR$$

式中，CR 为材料加热到 850℃时的残渣量。CR 值可通过试验取得，也可用下式计算出来：

$$CR = 1\,200[\sum(CET)_i]/M$$

式中，$(CET)_i$ 为第 i 个官能团对残渣量的贡献系数；M 为每个重复单元的分子量。

高聚物的燃烧性随温度升高而升高，而且空气中的氧浓度是固定的。因此，提出了“温度指数”方法。试验时固定氧浓度为 20.9%，逐步升高温度，直至试样刚好使烛样燃烧 3 min，这时的温度即为温度指数。这种方法比氧指数法更合理，但目前广泛应用的仍是氧指数法。

以氧指数评价阻燃性并不绝对，材料的阻燃特性还与材料的比热容、热导率、熔点、分解温度、燃烧热等诸多因素有关。以 PS、PE 为例，两者氧指数相近，但 PS 的比热容、热导率比 PE 小，其火焰传播（或表面燃烧）速度比 PE 快 1 倍。通过单根电线与成束电线的燃烧试验可知，燃烧热不同，结果差异很大。因此，还需要其他试验方法评定材料的延燃性，包括水平法燃烧法与垂直燃烧法。其中水平燃烧法主要用于延燃性材料，如塑料；自熄性材料主要采用垂直燃烧法。

水平燃烧法主要用于测定合成材料燃烧时的火焰传播性。它是利用火焰将试样的端部引燃，使其燃烧后，观察其延烧性，从而判断材料的燃烧性能的一种方法。

橡胶常用的燃烧方法是垂直燃烧法。我国的国标采用了美国 UL－94 标准的一部分。这一方法用 5 根试样，每根用规定火焰燃烧两次各 10 s，观察试样的火焰燃烧时间、无焰燃烧时间、滴落引燃情况等，把材料分为 V－0、V－1 和 V－2 级，其中最严格的是 V－0 级。当 OI>27，通常在标准中试验为合格。即 OI≥27，为对高分子材料阻燃性要求的最低标准。GB/T 10707—2008《橡胶燃烧性能的测定》将橡胶材料的垂直燃烧性能等级分为 FV－0、FV－1、FV－2 三级，见表 1. 1. 4－121 所示。

表 1. 1. 4－121 橡胶材料垂直燃烧性能等级判别

试样燃烧时间及现象	等级		
	FV－0	FV－1	FV－2
单个试样每次施加火焰后的有焰燃烧时间（$t_{1,i}$、$t_{2,i}$）/s	≤10	≤30	≤30
每组 5 个试样施加 10 次火焰后总的有焰燃烧时间（t_f）/s	≤50	≤250	≤250
单个试样第二次施加火焰后的有焰燃烧时间与无焰燃烧时间之和（t_{si}）/s	≤30	≤60	≤60
有焰或无焰燃烧蔓延到夹具的现象	无	无	无
滴落物引燃脱脂棉的现象	无	无	有

阻燃塑料燃烧性能等级判断标准见表 1. 1. 4－122 所示。

表 1. 1. 4－122 阻燃塑料燃烧性能等级判断标准

<table>
<tr><th rowspan="2">试验方法</th><th rowspan="2" colspan="2">塑料燃烧时间及现象</th><th colspan="3">等级</th><th rowspan="2">适用标准</th></tr>
<tr><th>V－0</th><th>V－1</th><th>V－2</th></tr>
<tr><td rowspan="5">垂直燃烧法</td><td colspan="2">单个试样余焰时间（t_1 和 t_2）/s</td><td>≤10</td><td>≤30</td><td>≤30</td><td rowspan="7">GB/T 2408—2008，等同采用 IEC 60695－11－10：1999《着火危险试验——第 11－10 部分：试验火焰——50W 水平和垂直火焰试验方法》及 2003 年 8 月对其发布的修改单</td></tr>
<tr><td colspan="2">任一状态调节的一组试样总的余焰时间（t_f）/s</td><td>≤50</td><td>≤250</td><td>≤250</td></tr>
<tr><td colspan="2">第二次施加火焰后单个试样的余焰加上余晖时间之和（t_2+t_3）/s</td><td>≤30</td><td>≤60</td><td>≤60</td></tr>
<tr><td colspan="2">余焰和（或）余晖是否蔓延至夹具的现象</td><td>否</td><td>否</td><td>否</td></tr>
<tr><td colspan="2">火焰颗粒或滴落物是否引燃棉垫</td><td>否</td><td>否</td><td>是</td></tr>
<tr><td rowspan="2">水平燃烧法</td><td>HB 级</td><td>HB40</td><td colspan="3">HB75</td></tr>
<tr><td>a）移去引燃源后，材料没有可见的有焰燃烧；
b）在引燃源移去后，试样出现连续的有焰燃烧，但火焰前端未超过 100 mm 标线；
c）如果火焰前端超过 100 mm 标线，但厚度 3.0～13.0 mm 试样线型燃烧速率未超过 40 mm·min^{-1}；或厚度低于 3 mm 试样线型燃烧速率未超过 75 mm·min^{-1}；
d）如果试样厚度为 3.0±0.2 mm，其线型燃烧速率未超过 40 mm·min^{-1}，降至 1.5 mm 最小厚度时，自动地接受为该级</td><td>a）移去引燃源后，材料没有可见的有焰燃烧；
b）在引燃源移去后，试样出现连续的有焰燃烧，但火焰前端未超过 100 mm 标线；
c）如果火焰前端超过 100 mm 标线，线型燃烧速率不超过 40 mm·min^{-1}</td><td colspan="3">如果火焰前端超过 100 mm标线，线型燃烧速率不超过 75 mm·min^{-1}</td></tr>
<tr><td>氧指数法</td><td colspan="5">试样燃烧时间不足 3 min 即灭或火焰前沿未到达氧指数法标线即熄灭时的氧浓度，即为该材料的氧指数</td><td>GB/T 2406.2—2009 idt ISO 4589—2：1996</td></tr>
<tr><td rowspan="3">炽热棒法</td><td colspan="5">试样接触炽热棒时没有可见火焰</td><td rowspan="3">GB/T 2407—2008 idt ISO 181—1981</td></tr>
<tr><td colspan="5">试样接触炽热棒时有火焰，且火焰前沿到达 95 mm 标线前熄灭，则视试样燃烧长度定级</td></tr>
<tr><td colspan="5">试样接触炽热棒时有火焰，火焰前沿到达甚至超过 95 mm 标线，则视试样燃烧时间定级</td></tr>
</table>

一般的有机阻燃剂，特别是溴系及磷-溴系阻燃剂的毒性较大，使用时应注意工人的安全，此外阻燃制品在燃烧后会产生烟雾，故阻燃制品常需加入消烟剂。发烟量的测定采用重量法或光测法，前者根据沉积物的重量，后者根据烟雾对光强的衰减程度来判断发烟量的多少。光测法结果与火灾时疏散通道可见距离有直接关系，日益受到重视。发烟量的测试方法标准有 GB/T 8323（塑料）、JIS D 1201、NBS（美国国家标准局）的烟雾试验箱法和 ASTM D2483 等。燃烧产生的气体由水溶性、非水溶性气体及微粒组成。过去只做水溶性气体主要是卤化氢的分析，近年来则用各种方法进行全面分析，根据组成判断其毒性，并进行动物试验。

4.8.3 橡胶的阻燃与消烟

（一）阻燃原理和方法

所有橡胶材料在一定条件下都能燃烧。阻燃技术是相对于早期火灾的阻抗特性而实施的技术措施，以人之逃难、救生、灭火活动成为可能作为中心任务，包括多重含义：材料炭化而不着火燃烧（非着火性），着火燃烧但难扩展蔓延（耐延燃性），移除火焰后自然熄灭（自熄性），燃烧时发烟量小、有毒有害气体少，无焰燃烧的残烬（或余晖）时间短，燃烧时无滴落等。橡胶的阻燃主要是采用阻燃生胶和阻燃剂。

从阻燃来看，橡胶可分为三类：

（1）烃类橡胶，包括天然橡胶、顺丁橡胶、丁苯橡胶、乙丙橡胶、丁腈橡胶、丁基橡胶等，它们的氧指数均<21，易燃。

（2）含卤橡胶，它们有良好的阻燃性，其难燃顺序为：氟橡胶>氯丁橡胶>氯磺化聚乙烯≈氯化聚乙烯，氟橡胶的氧指数高达 65，其他为 25～52。含氯 48%（质量分数）的 CM 自燃温度为 466℃，对比 PE 的 398℃要高得多；含氯 66%（质量分数）的 CM 燃烧热为 $7.6\ kJ \cdot g^{-1}$，而 PE 为 $44.1\ kJ \cdot g^{-1}$。CM、CSM 不仅自熄，延燃速度亦慢。

含卤橡胶一般 200℃开始分解，300～350℃分解加剧；200～400℃时主要反应为脱卤化氢；400～500℃时分子链断裂，产生低分子碳氢化合物；500℃以上时生成石墨结构的碳。

（3）主链含非碳元素的橡胶，如硅橡胶、氯醇橡胶、聚氨酯橡胶等，有的易燃，有的难燃。一般含有 P、N 等元素会改进阻燃性，像 CO、ECO 等含有氧元素就有损阻燃性了。Q 类橡胶可自熄，若用苯基取代甲基，与二甲基硅橡胶对比其热分解温度提高了 80～100 K，且在燃烧时发烟量小，无毒性、腐蚀性气体放出，特别适用于电气产品。

根据阻燃橡胶制品性能需要，可选用难燃橡胶或把易燃橡胶与难燃橡胶并用，如 EPDM/CM 并用，CM 从 30%升至 70%，余烬时间从 17 s 降低至 7 s。

部分聚合物与燃烧性质有关的参数见表 1.1.4－123。

阻燃的目的是减少其火灾危害性，即减少其着火性、延燃性、放出的热、发烟量或释出气体的毒性。任何阻燃方法，均基于延缓或终止前述燃烧过程的一个或几个环节，特别是抑制橡胶的裂解（凝聚相抑制）和裂解气体的燃烧（气相抑制）。阻燃方法主要基于下列效应：吸热效应、冷却效应、覆盖效应、转移效应、自由基清除效应、稀释效应、熔滴效应、协同效应等，如图 1.1.4－101 所示。

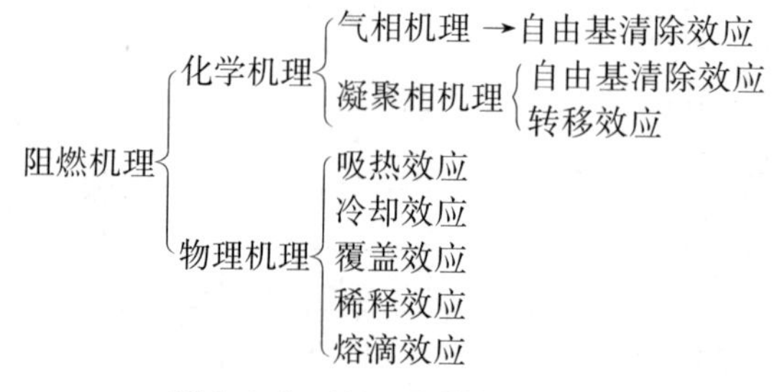

图 1.1.4－101 阻燃机理分类

所谓冷却效应是指，一些阻燃剂能够在高温下发生相变、脱水或脱卤化氢等吸热分解反应，吸收橡胶在燃烧过程中所释放的热量，使燃烧中的橡胶温度降低，防止橡胶继续分解或裂解，中断可燃气体的来源，从而使火焰熄灭。

覆盖效应也称隔绝效应，起隔绝效应的阻燃剂，在燃烧过程中能产生不燃性气体或泡沫层，或形成一层液体或固体覆盖层，既可隔绝氧气，阻止可燃性气体的扩散，又可阻挡热传导和热辐射，减少反馈给材料的热量，从而抑制热裂解和燃烧反应。最近的研究表明，泡沫层的生成，在阻燃作用中极为重要。

转移效应，是指通过阻燃剂的作用，在凝聚相反应区改变聚合物大分子链的热裂解反应历程，促使发生脱水、缩合、环化、交联等反应，直至炭化，以增加炭化残渣，减少可燃性气体的产生。转移效应的效果与阻燃剂同聚合物在化学结构上的匹配与否有密切关系。如有研究发现，聚碳酸酯中添加 10%～20%的二甲基硅烷能提高燃烧时的成炭量，而且还因为二甲基硅烷和聚碳酸酯的分解产物在凝聚相中迅速交联从而抑制了可燃物的产生，其极限氧指数（LOI）值大大高于预测值或按温 · 克瑞韦（Van Krevelen）公式的计算值。又如，在研究铅-硅体系阻燃聚乙烯时发现，采用辐射（一定强度范围内）或二枯基过氧化物可有效地促进聚乙烯交联，提高凝胶量和氧指数。

自由基清除效应是指，由于气相燃烧完全是自由基反应，而在凝聚相燃烧过程中，也包含自由基反应，故消除热解过程中产生的自由基如 H·、OH·、CH_3·等，能使燃烧过程的自由基反应链中断，切断可燃气体的来源并中止气相燃烧反应。对自由基的清除，可以通过化学反应的方式，也可以通过微粒表面吸附的方式。如若在可燃性气体中混有一定量的惰性微粒，则不仅能吸收燃烧热，降低火焰温度，而且会如同容器的壁面那样，在微粒的表面上将气相燃烧反应中大量的高活性的 H·自由基转变成低能量的 HOO·自由基，从而抑制气相燃烧。

表 1.1.4-123 部分聚合物与燃烧性质有关的参数

橡胶与纤维的燃烧参数				树脂的燃烧参数						
生胶	氧指数/%	分解温度/℃	燃烧热/(kJ·mol^{-1})	聚合物	氧指数/%	分解温度/℃	燃烧热/(kJ·g^{-1})	闪燃温度/℃	自燃温度/℃	燃烧速率/(mm·min^{-1})
PU	(17.0)			聚甲醛(POM)	(14.9)	222				12.7～27.9
EPDM	18(17.7～18.9)			聚环氧乙烷(PEO)	(15.0)					
IR	18(17.0)			PMMA，厚度 3mm	(17.3～18.1)	170～300	26.21			13.2～40.6
BR	18(17.0)	382	44.80	PMMA，厚度 10 mm	(17.9～19.0)					
SBR	18(16.5～16.9)	378	43.54	PE-LD，厚度 0.025 mm	(17.7)	335～450	46.61		398	7.6～30.5
ACM	(17.3)			硬质聚乙烯			45.88			
NR	18.5(17.3)	260	46.05	PS	17.8	300～400	40.18			12.7～63.5
IIR	18	260	46.89	PS 泡沫	20.9					
NBR	19～22(17.5)	380		高冲聚苯乙烯				382	458	
NBR-26	(18.0)			高冲强化聚苯乙烯				370	422	
NBR-40	(19.0)			聚丙烯腈(PAN)	(18.0)	250～280				
VEM	(19.0)			PP，厚度 0.030 mm	(18.2)	328～410	43.96			17.8～40.6
BIIR	(18.9)			聚丁烯						27.9
CIIR	(19.3)			聚异丁烯		288～425	16.04			
CO	(21.5)			PA-15/PE-LD，厚度 0.080 mm	(18.2)					
硅橡胶	26			ABS	18.2		35.25			25.4～50.8
CSM	27			增强 ABS	(26.8)					
CSM-20(含氯 28.7%)	22.5			环氧树脂(EP)	(19.8)					
CSM-30(含氯 43.2%)	30.6			聚甲基丙烯酸树脂		170～300				
CSM-40(含氯 33.8%)	22.8			聚乙酸乙烯酯		213～315				
CR	40(35.3)		23.43～32.64(kJ·g^{-1})	聚乙酸丁酯纤维素			23.68			
CR(含氯 37%)	29.5			聚乙烯醇(PVA)	(22.0)	250				
CM(含氯 36%)	27～35			聚对苯二甲酸丁二醇酯(PBT)	(20.0)					
CM(含氯 47.8%)	42.8			PET，厚度 0.025 mm	(22.0)	283～306				
CM(含氯 63%)	64.0			PA-6，厚度 0.028 mm	(23.7)	310～380	30.84	412(颗粒)	439(颗粒)	
CM(含氯 74.5%)	58.8			PA-66	(30.1)					
FKM-26	41.7			PA-1010	(25.5)					

续表

橡胶与纤维的燃烧参数			
生胶	氧指数/%	分解温度/℃	燃烧热/(kJ·mol^{-1})
FKM-32	62		
硫化胶的氧指数			
NBR	17～20		
NBR/炭黑	(20.9)		
IIR	18～19		
EPDM	18～29		
SBR	18～25		
ECO	20～33		
ECO/炭黑	(19.5～23.3)		
CO/炭黑	(26.0)		
CM	30～35		
硅橡胶	20～43		
CSM	25～52		
CR	29～57		
CR/炭黑	33.7		
FKM	42～100		
部分纤维的氧指数			
棉	21.0		
麻	20.5		
羊毛	28.1		
丙纶	20.2		
锦纶	20～22		
腈纶	21.4		
聚酯纤维	20～22	283～306	
人造丝	25.8		
醋酸纤维素	21.9	12.7～50.8（燃烧速度 mm·min^{-1}）	
维纶	21.0		
氯纶	40.3		

树脂的燃烧参数						
聚合物	氧指数/%	分解温度/℃	燃烧热/(kJ·g^{-1})	闪燃温度/℃	自燃温度/℃	燃烧速率/(mm·min^{-1})
聚碳酸酯（PC）	24.9		30.82			
PVC 薄膜，厚度 0.02 mm	(22.4～23.6)		18.05～28.03	325	437	
PVC-P，厚度 0.013 mm（2 层）	(26.9)					
PC 板材	(26.1)					
软质聚氯乙烯（SPVC）	(26.0)					
PVC	40.3	200～300				
增塑 PVC	(38.4)					
硬质聚氯乙烯（HPVC）	(50.0)					
PVDC-P，厚度 0.013 mm（2 层）聚偏二氯乙烯	(68.4)	225～275				
聚苯醚（PPO）	30.0					
聚砜（PSF）	(32.0)					
聚苯硫醚（PPS）	40.0					
聚苯并咪唑（PBI）	(41.5)					
聚酰亚胺（PI）	(42.0)					
PI，厚度 0.025 mm	(59.3)					
酚醛树脂（PF）	(35.0)		13.47			
酚醛泡沫塑料，厚度 10.5 mm	(39.1～40.7)					
软质聚氨酯泡沫				346	374	
三聚氰胺-甲醛（MF）	(41.0～43.6)					
热固性酚醛	(49.7)					
聚氟乙烯		372～480				
聚偏二氟乙烯	(44.0)	400～475				
聚三氟氯乙烯		347～418				
聚四氟乙烯	95.0	508～538	4.20			

$$H\cdot + O_2 \xrightarrow{壁面} HOO\cdot$$

近年来发现，一些具有活性氢的聚合物或单体（如聚丁二烯或其接枝改性的 PS、聚 2，6 -二甲基酚或其接枝改性的 PS、4 -乙烯基环己烯等），能抑制凝聚相中的自由基降解反应，提高了 PS 的耐热性和耐燃性。其作用机理是这些物质中的活性氢可有效转移引发降解的自由基，从而降低 PS 的分解速度。

可燃性气体有各自的可燃浓度范围，低于可燃浓度范围下限，可燃性气体量不足；高于可燃浓度范围上限，O_2 不足，均无法燃烧。稀释效应是指在燃烧时能释放出不燃性气体，稀释可燃性气体及燃烧区域中的氧，使氧浓度达不到燃烧所需的浓度。此外，这种不燃性气体还有散热降温作用，它们的阻燃作用大小顺序是 $N_2 > CO_2 > SO_2 > NH_3$，以 N_2 的阻燃效果最好。

熔滴效应是指在阻燃剂的作用下，高分子材料发生解聚，熔融温度降低，增加熔点和着火点之间的温差，使材料在裂解之前软化、收缩、熔融，成为熔融液滴，带着热量在重力的作用下离开燃烧体系而自熄。

一种阻燃剂往往能产生一种或数种效应。

除了着色以外，阻燃橡胶一般不用炭黑，而采用浅色填充剂，如碳酸钙、硅灰石、滑石粉、云母、白炭黑等，熔点都很高而且本身又不会燃烧，它们填充到高分子材料中既可降低成本，改善某些性能，又能通过降低聚合物（可燃物）浓度降低制品的燃烧性，部分填充剂还具有一定的消烟作用，但通常不认为它们是阻燃剂、消烟剂。例如，在聚苯乙烯中加入不到 20 份的气相法白炭黑，其消烟胜过添加大量的 ATH；碳酸钙和水合氧化铝按 30∶70 或 20∶80 混合，可作为热固性层压塑料的阻燃性填充剂；Ca（$OH)_2$ 可用于捕捉 CO，CaO、Cu_2O、CuO 和多硫化物可用于捕捉 HCN。对于碳酸钙，则比较复杂：有研究认为，含卤聚合物燃烧时放出气体 HX，可用碳酸钙捕捉，如聚氯乙烯燃烧时放出 HCl，硬质制品为 580 mg/g，软质制品为 30～350 mg/g，每 100 g 碳酸钙能反应掉 73 g HCl，且消除 HCl 的效果随碳酸钙粒度的减少而增大，同样添加量（50%），添加粒度为 35 μm 时的 HCl 发生量是 0.05 μm 时的 4 倍以上；但是，在 CR 中如采用 $CaCO_3$ 作填充剂，则 OI 值稍有降低，当 $CaCO_3$ 粒子越小时这种效应越显著，这可能也是由于 $CaCO_3$ 部分地吸收了 HCl 所致；此外，$CaCO_3$ 会分解吸热（分解焓为 1.79 kJ/g），$CaCO_3$（包括 $MgCO_3$）分解时放出 CO_2 对氧气有稀释作用。在 CR 中，ZnO 使 OI 降低，而陶土使 OI 升高。对 AEM/Mg（$OH)_2$ 中加入 40 份其他填料发现，轻质碳酸钙、陶土有损阻燃性，生烟量也增大；白炭黑、LEE 白滑粉、PY－Ⅱ水白云母不仅使 OI 值升高，而且大大减少生烟。

FEF 50 份增大了 CO、ECO、NBR 的 OI，而降低了 CR 的 OI；N990 也增大 FKM 的 OI。CR 中加入炭黑，离开火焰后仍有阴燃。不同炭黑对硫化胶阴燃时间的影响见表 1.1.4－124。

表 1.1.4－124　不同炭黑对硫化胶阴燃时间的影响

炭黑	HAF	混气槽黑	瓦斯槽黑	ISAF	SRF
阴燃时间/s	25	14	8	5	燃尽

注：硫化胶为 NR 50 份/SBR 50 份/阻燃剂 30 份/炭黑 30 份。

在不含软化剂及阻燃剂的氯丁橡胶基本配方中，几种常用的补强填充剂的耐燃特性见表 1.1.4－125。

表 1.1.4－125　填充补强剂对 CR 耐燃特性的影响

	热裂法炭黑	半补强炉黑	易混槽黑	硬质陶土	重质碳酸钙	活性碳酸钙	白炭黑	氧化钛	氧化锌
火焰下至着火时间	←——1 s 以内——→								
自熄性	←——自己熄灭——→								
移开火焰后继续燃烧时间/s	10	0	0	0	0	20	0	0	50
火焰下烧断试样时间/s	17	18	19	21	21	20	18	17	11

从燃烧持续时间看，氧化锌、活性碳酸钙、热裂法炭黑能持续燃烧一定时间，从试片烧烧断裂时间看，硬质陶土和重钙要比其他填充剂难燃。

增塑剂用量越少越好，因为大多数增塑剂为易燃的烃类化合物，特别是石油类增塑剂会显著提高硫化胶的易燃性，但是增塑剂磷酸三甲苯酯和氯化石蜡可提高橡胶的阻燃性。不同增塑剂对硫化胶阴燃时间的影响见表 1.1.4－126。

表 1.1.4－126　不同增塑剂对硫化胶阴燃时间的影响

增塑剂	石油树脂	古马隆	高速机油	松焦油	DBP
阴燃时间/s	7.5	4.5	6	4	4

注：硫化胶为 NR 50 份/SBR 50 份/Sb_2O_3 9 份/氯化石蜡－52 15 份/ISAF 45 份。

表 1.1.4－127 为含 30 份半补强炭黑，未加阻燃剂的氯丁橡胶中，几种软化剂对硫化胶耐燃特性的影响。软化剂用量为 10 份。

表 1.1.4－127　软化剂对 CR 耐燃特性的影响

	芳香族操作油	环烷系操作油	磷酸三甲苯酯	氯化石蜡－40	钛酸二丁酯	无软化剂
火焰下至着火时间	←1s 以内→					
自熄性	←自己熄灭→					
移开火焰后继续燃烧时间/s	15	25	0	0	24	0
火焰下烧断试样时间/s	19	17	19	17	18	18

阻燃剂大多是元素周期表中第Ⅲ、Ⅴ、Ⅶ族元素的化合物。如Ⅲ族硼（B）、铝（Al）化合物，Ⅴ族氮（N）、磷（P）、锑（Sb）、铋（Bi）的化合物，Ⅶ族氟（F）、氯（Cl）、溴（Br）的化合物，另外硅（Si）、钼（Mo）化合物也可作为阻燃剂。橡胶用阻燃剂，按其与聚合物的反应，可分为反应型和添加型；按其化学组成可分为卤系、磷系、氮系、无机系等。

反应型阻燃剂，在橡胶领域，是指将反应型阻燃剂作为中间体对橡胶进行化学改性，在橡胶大分子链上导入阻燃元素，使橡胶分子本身带有耐燃性。近年来，采用化学改性方法制备阻燃橡胶取得了一些进展，但尚未在工业中大量采用。例如，通过化学改性在天然橡胶分子链上引入氯原子，可制得阻燃和物理机械性能优良的氯化天然橡胶；在制备硅橡胶时，采用新的引发体系，在硅橡胶主链上结合大环配体，可有效提高硅橡胶的热分解温度，增加热分解产生的不燃残渣，减缓可燃性气体的释放速度，从而有效地提高硅橡胶的阻燃性能。此外，将丁腈橡胶浸入含交联剂的苯溶液处理，改性后的丁腈橡胶提高了耐燃料性；采用丙烯基氯和甲基丙烯酸甲酯接枝改性天然橡胶乳后，可制得阻燃性和物理性能优良的接枝聚合物等。

在塑料领域，反应型阻燃剂主要用于塑料改性与加工工业，一般是通过聚合或缩聚反应在聚合物分子中引入阻燃剂，常用于以缩聚方法制造的塑料，如聚氨酯泡沫塑料、热固型聚酯、环氧树脂及聚碳酸酯等，它们多是含有活性基及阻燃元素的化合物。用于聚氨酯泡沫塑料的反应型阻燃剂是二溴基新戊基乙二醇等含卤素，或者含卤素和磷的多元醇、磷酸酯型和膦酸酯多元醇，以及六氯桥甲撑四氢邻苯二甲酸、氯桥酸酐、四溴邻苯二甲酸酐等；用于其他树脂的有：四溴双酚 A、四溴双酚 A－双－（2，3－羟乙基醚）、溴乙烯、三溴苯基丙酸酯、双烯丙基四溴苯二甲酸酯、双（2，3－二溴丙基）反丁烯二酸酯、二烷基羟甲基膦酸酯等。这类阻燃剂一般在热固性塑料制品制造时作为原料组分之一加入。四溴双酚 A 可用于环氧树脂、聚酯和聚碳酸酯，它与 3－氯－1，2－环氧丙烷反应可制得含溴代环氧树脂，分子式如下：

$$\text{HO}-\text{C}_6\text{H}_2\text{Br}_2-\text{C}(\text{CH}_3)_2-\text{C}_6\text{H}_2\text{Br}_2-\text{OH}+\underset{\text{O}}{\text{CH}_2-\text{CH}}-\text{CH}_2-\text{Cl}\longrightarrow\underset{\text{O}}{\text{CH}_2-\text{CH}}-\text{CH}_2-\text{O}-\text{C}_6\text{H}_2\text{Br}_2-\text{C}(\text{CH}_3)_2-\text{C}_6\text{H}_2\text{Br}_2-\text{O}-\text{CH}_2-\underset{\text{O}}{\text{CH}-\text{CH}_2}$$

生成的溴代环氧树脂可作为制备阻燃型环氧树脂的中间体、同时也可作为酚醛树脂的阻燃剂。又如，PC 的氧指数为 24.9，UL－94 为 V－2 级，若与四溴双酚 A 共聚，可达到 V－0 级；不饱和聚酯容易着火，若与四溴（或四氯）双酚 A 或四溴（或四氯）苯酐共聚时，当其含溴量为 8%以上时能自熄，高于 12%时近似不燃。再如，四溴邻苯二甲酸酐（TBPA）与环氧乙烷、环氧丙烷和己二酸反应生成己二酸酯，再与二异氰酸酯（MDI）反应制成异氰酸酯基封端的预聚体，最后由肼扩链生成聚氨酯橡胶，其强度好，氧指数高达 30。

（二）阻燃剂的分类

1. 卤系阻燃剂

卤系阻燃剂的作用机理是受热分解放出卤化氢，后者能消除燃烧过程中的活泼自由基，在气相中抑制燃烧。因此，卤系阻燃剂的阻燃作用原理主要是气相阻燃。

（1）覆盖效应。

卤系化合物在燃烧后生成的卤化氢比空气重，能覆盖在燃烧的火焰上，切断氧的供给。HX 还能使双键富集而加速凝聚相中炭化层的形成。同时，卤化氢的生成也稀释了热解生成的可燃气体的浓度。

（2）自由基清除效应。

卤系化合物燃烧生成的卤化氢可以捕捉气相中的 H·、O· 及 OH· 自由基。

$$\text{HX}+\text{OH}\cdot\rightarrow\text{H}_2\text{O}+\text{X}\cdot$$

$$\text{HX}+\text{H}\cdot+\text{O}\cdot\rightarrow\text{H}_2\text{O}+\text{X}\cdot$$

式中，X 代表卤素原子。

生成的水可以起稀释效应，X· 自由基可与热解生成的挥发性有机物（RH）反应而再生。

$$\text{RH}+\text{X}\cdot\rightarrow\text{HX}+\text{R}\cdot$$

卤系阻燃剂主要是各种卤代有机化合物，按阻燃效果排序为 I>Cl>Br>F；不同结构的同一卤素化合物其阻燃效果大小顺序排列为脂肪族>脂环族>芳香族；阻燃剂中卤素原子位置效应的顺序为伯<仲<叔，按其稳定性则相反。碘化物不稳定，氟化物过分稳定，均少用。脂肪族卤化物的耐热性、耐候性较差，加工温度不能高于 205℃；随着近年来高分子材料加工多采用较高的加工温度，故目前在加工温度较高的橡塑制品中，多采用芳族溴化物，其加工温度可达 315℃。实际应用的氯化物和溴化物阻燃剂，主要有氯化石蜡、全氯戊环癸烷、四氯邻苯二甲酸酐、十溴二苯醚、四溴苯酐、四溴邻苯

二甲酰亚胺、乙撑双四溴磷苯二甲酰亚胺、四溴双酚 A、三（2，3-二溴丙基）异三聚氰酸酯等。

卤系阻燃剂的缺点是燃烧时生成大量烟和卤化氢，特别是溴系阻燃剂毒性大，有些阻燃剂在燃烧时还会产生致癌物。

卤系阻燃剂与三氧化二锑有强烈的协同作用，燃烧时生成较重的 $SbCl_3$ 气体，覆盖在燃烧物周围，对氧的扩散起屏蔽作用。研究发现，三氧化二铁（Fe_2O_3）与卤化物并用也能产生较好的阻燃作用。在 PVC 与 NBR 共混物中，随着 Fe_2O_3 用量增加，其阻燃效果增加，见表 1.1.4-128。

表 1.1.4-128　Fe_2O_3 对 PVC/NBR[a]（50：50）阻燃性能的影响

Fe_2O_3 用量/份	卤素/金属（原子比）	OI
0	—	29.3
1.3	48	31.3
2.5	25	32.8
5.0	13	35.9

注：a. NBR 中含有氯化石蜡。

Fe_2O_3 的阻燃作用推断是通过形成 $FeCl_3$ 后产生的。只要少量（1～5 ppm）的卤化铁（如 $FeCl_3$）就可以使 ABS 树脂的氧指数从 18.5 增加到 30。$FeCl_3$ 的作用比 $SbCl_3$ 还强烈。

2. 磷及氮系阻燃剂

含氮化合物虽然有一定的阻燃作用，但效果较差，在国外，仅有个别产品（三聚氰胺系列）出现在市场上。一般情况下，氮与磷或并存于一个分子内，或氮化物与磷化物并用，故将这两种并入一类来介绍。

磷酸酯有含卤素和不含卤素两大类。

（1）磷系阻燃剂。

这类阻燃剂系指不含其他阻燃元素的含磷化合物，主要是有机磷酸酯。其阻燃机理是，有机磷酸酯受热后会分解并随即聚合，产生有很强脱水能力的焦磷酸：磷酸→偏磷酸→焦磷酸（聚磷酸）。

$$R-O-\underset{\underset{R}{|}}{\underset{O}{\underset{|}{\overset{\overset{O}{\|}}{P}}}}-O-R' \xrightarrow{\Delta} \underset{\text{(烯链)}}{(C_nH_{2m})_n} + \underset{\text{(磷酸)}}{HO-\underset{OH}{\underset{|}{\overset{\overset{O}{\|}}{P}}}-OH}$$

$$n(HO-\underset{OH}{\underset{|}{\overset{\overset{O}{\|}}{P}}}-OH) \xrightarrow{\Delta} HO-\underset{OH}{\underset{|}{\overset{\overset{O}{\|}}{P}}}-O-\underset{OH}{\underset{|}{\overset{\overset{O}{\|}}{P}}}-\cdots\cdots-\underset{OH}{\underset{|}{\overset{\overset{O}{\|}}{P}}}-OH + nH_2O$$

（多聚磷酸）

（式中 R，R′代表烷基或芳基）

这种多聚磷酸是线状的，在高温时又可能生成具有网状结构的偏聚磷酸，它是一种不挥发的黏稠液体，可以附着在橡胶表面，并有很强的脱水性，使含氧聚合物脱水炭化，形成一层能起隔绝效应的炭化膜。如用磷酸酯处理过的纤维素由于聚偏磷酸脱水使其碳化。

$$(C_6H_{10}O_5)_n \longrightarrow 6nC+5nH_2O$$

此外，生成的水蒸气也能起隔绝空气和稀释可燃气体的作用，抑制燃烧反应。但一般认为，磷系阻燃剂的主要作用是凝聚相抑制。

有机磷阻燃剂中的磷有三价和五价之分，五价者较稳定，且有耐水性能，故使用较多。常用的有磷酸三甲苯酯、磷酸三苯酯、磷酸三辛酯、甲苯基二苯基磷酸酯、三异丙苯磷酸酯等。其中，辛基磷酸二苯酯被美国 FDA 确认为磷酸酯中唯一的无毒阻燃增塑剂，允许用于食品医药包装材料。值得注意的是，磷酸酯类阻燃剂对含羟基的聚氨酯、聚酯、纤维素等高分子材料阻燃效果特别大，对不含羟基的聚烯烃阻燃效果比较小。用磷酸处理纤维素，可将分解温度从 350～400℃降低到 300℃以下，这可能是在低于左旋葡聚糖形成的温度下发生了催化脱水反应。除了磷酸之外，有机磷酸酯也能促进脱水反应，有机磷化物、无机磷化物和硼化物都能加速或加重聚合物表面的炭化[71]。

（2）含卤素磷阻燃剂。

这类阻燃剂主要是含卤素（主要是氯）磷酸酯，它们受热后，除能起磷酸酯的作用外，还能释放卤化氢，起卤素系阻燃剂的作用，故效果比磷酸酯好，是近年来发展较迅速的一类阻燃剂。但它的毒性很大，使用时一定要注意安全。

常用的有三（氯乙基）磷酸酯、三（2-氯丙基）磷酸酯、三（2，3-二溴丙基）磷酸酯等。

（3）无机磷系阻燃剂。

无机磷系阻燃剂的阻燃作用主要依靠其中的磷元素，红磷的阻燃机理与其他磷系阻燃剂基本相同，故比较安全的赤（红）磷本身就是一种高效的阻燃剂，其特点是含磷量大，达到相同阻燃等级所需添加量少（阻燃制品中的需用量甚至比溴系阻燃剂还小）。由于近年来对非卤阻燃要求迫切，它们受到特别重视。同时，其价格低，原料易得，是一种极有前景的阻燃剂。

其缺点是，普通红磷在空气中易受氧化和水的作用，能生成磷酸和剧毒的磷化氢，而且也不安全；与树脂的相容性较差，在树脂中分散困难。作为阻燃剂的红磷需特别纯化、添加抑制剂，并进行树脂包覆。

(4) 有机磷/氮膨胀型阻燃剂。

由于取代毒性大的溴系阻燃剂的紧迫感，近年来阻燃剂的开发重点集中在磷系阻燃剂上，如季盐、磷腈化合物等新的品种不断涌现。但主要的方向是新型有机磷氮膨胀型阻燃剂的开发。

膨胀型阻燃剂（IFR，Intumescent Fire Retardants）是由 G. Camino 等人开发的一类新型阻燃体系，可以是一种化合物（单质类），也可以由多种（主要是两种）化合物组成（混合类）。其阻燃机理是：在燃烧时能在聚合物表面生成一层均匀的炭质泡沫层，这种炭质泡沫物质是由酸源在燃烧时生成的酸将炭源脱水生成炭质，并由气源燃烧时产生的气体使之生成泡沫而形成的。炭质泡沫层一旦形成后，就能隔热、隔氧、消烟，并能防止受热产生的熔融聚合物的流滴（流滴能使火焰蔓延）。因此，概括来说，膨胀型阻燃剂一般由三部分组成：①酸源，包括无机酸或在燃烧时能就地生成酸的盐类，如磷酸、硫酸、硼酸以及它们的胺盐、聚磷酸铵，有机磷酸酯如芳基磷酸酯、烷基磷酸酯、卤芳基磷酸酯、卤烷基磷酸酯等；②炭源，主要是多碳的多元醇化合物，如淀粉、糊精、山梨糖醇、季戊四醇及其二聚或三聚体、酚醛树脂、羟甲基三聚氰胺等；③发泡源，多为胺或酰胺，如脲、脲醛树脂、双氰胺、聚酰胺等。从阻燃机理上来说有机磷/氮膨胀型阻燃剂主要起覆盖作用，并由于气体的产生，而兼有冷却效应。

其阻燃机理如图 1.1.4-102 所示。

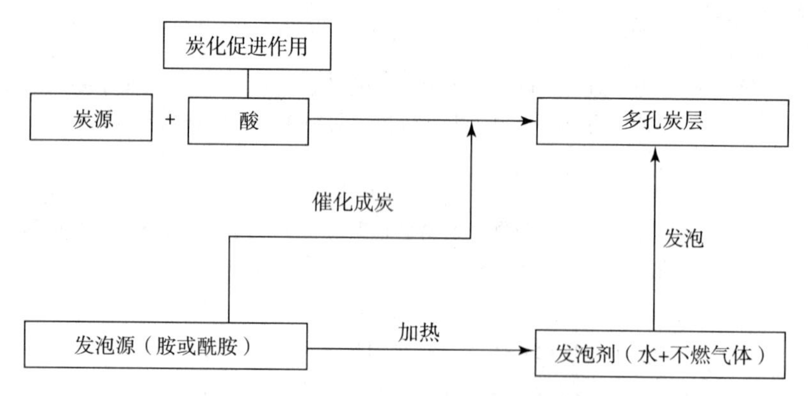

图 1.1.4-102 膨胀型阻燃剂（IFR）阻燃机理

当含 IFR 的聚合物燃烧时，各组分间按下面的顺序发生化学反应生成膨胀炭层：①在较低温度（150℃左右，具体温度取决于酸源和其他组分的性质）下，由酸源释放出能酯化多元醇和可作为脱水剂的无机酸；②在稍高于释放酸的温度下，无机酸与多元醇（炭源）进行酯化反应，而体系中的胺则作为此酯化反应的催化剂，使酯化反应加速进行；③体系在酯化反应前或酯化过程中熔化；④反应过程中产生的水蒸气和由气源产生的不燃性气体使已处于熔融状态的体系膨胀发泡，与此同时，多元醇和酯脱水炭化，形成无机物及炭残余物，且体系进一步膨胀发泡；⑤反应接近完成时，体系胶化和固化，最后形成多孔泡沫炭层。

此外，聚磷酸铵（APP）作为木材的膨胀性阻燃涂料的应用有很长的历史，近年来在聚合物中也受到重视。作为膨胀型阻燃剂，聚磷酸铵常与季戊四醇、三聚氰胺混合应用。在燃烧初期形成环状磷酸酯，然后脱水生成石墨状炭层，通过反应生成的水蒸气和不燃性气体发泡，最终形成微孔炭层，起凝聚相抑制作用。成炭能大幅减少可燃气体和烟，降低燃烧热，覆盖在聚合物表面还起隔热和隔绝氧气的作用。

为了进一步提高膨胀体系的阻燃效果，减小阻燃剂用量，在协效剂方面的研究也取得了较大进展。国外有报道称可以将哌嗪类低聚物和三异氰酸酯的聚合衍生物作为成炭剂。研究人员还发现少量沸石能增效膨胀磷酸酯体系，减小炭层中的石墨区的大小，并因此产生稍脆的炭层；有文献报道滑石粉和黏土也具有类似的作用。某些官能团高分子如 EVA－8 共聚物可用作 IFR 体系的协效剂，它有两个作用：提高体系的极限氧指数；可作为聚合物中添加剂的分散剂（如 EVA－8 可使界面间的键合加强）。此外，MnO_2 对聚磷酸铵和乙二胺、季戊四醇的体系也有协效作用，可以促进残炭的生成，聚磷酸铵/MnO_2 为（7～6）∶1 时效果最佳。

目前商品化的膨胀型阻燃剂多属混合类，如 Hochest 公司的 Exolit IFR－10，Mented 公司的 MF－82，孟山都的 Spinflame，大湖公司的 CN－329 和 CN－197 等。

3. 多元醇及聚乙烯醇

这类阻燃剂的阻燃机理是在燃烧时产生水蒸气，对火焰起隔绝作用，但由于阻燃效果较差，常需与其他种类的阻燃剂或阻燃协效剂并用。

4. 无机阻燃剂

无机阻燃剂主要有水合金属氧化物、盐、三氧化二锑、硼酸锌等。

三氧化二锑本身无阻燃作用，但与卤系阻燃剂有强烈的协同效应，其阻燃机理前已提及。

(1) 水合金属氧化物。

水合金属氧化物主要是 $Al(OH)_3$ 和 $Mg(OH)_2$，是目前用量最大的阻燃剂。它们的阻燃作用是吸热分解放出水，减少了供给聚合物裂解所需的热量，并对火焰起稀释作用。Al(OH)$_3$ 的失重起始温度为 203℃，分解焓为－91.26 kJ·mol^{-1}。

$$Al_2O_3 \cdot 3H_2O \xrightarrow{200\sim250℃} Al_2O_3 + 3H_2O - 1.968\ kJ/g$$

水合氧化镁（MgO·H$_2$O）由于脱水温度较高（失重起始温度为 332℃，分解焓为－328 kJ·mol^{-1}＝－0.77 kJ·g^{-1}），适用于加工温度较高的聚合物，在一般情况下，多采用水合氧化铝。为了提高水合氧化铝的分解温度，可以用草酸对其进行处理，处理后水合氧化铝可以用于加工温度为 300℃左右的制品。Al(OH)$_3$ 和 Mg(OH)$_2$ 的阻燃效果比较见表 1.1.4－129。

表 1.1.4－129 Al(OH)$_3$ 和 Mg(OH)$_2$ 阻燃效果的比较

项目	效果比较
抑制材料温度上升	Al(OH)$_3$>Mg(OH)$_2$
降低表面放热量	Al(OH)$_3$>Mg(OH)$_2$
提高燃点	
少量配合	Al(OH)$_3$<Mg(OH)$_2$
多量配合	Al(OH)$_3$>Mg(OH)$_2$
推迟点燃时间	Al(OH)$_3$>Mg(OH)$_2$
提高氧指数	Al(OH)$_3$<Mg(OH)$_2$
促进炭化	Al(OH)$_3$<Mg(OH)$_2$

本类阻燃剂的最大优点是无毒，在燃烧时不仅不产生有毒的气体，且有消烟作用，也有利于熄灭余晖，在卤系和非卤阻燃中都获得广泛应用。因此，国外在飞机用高分子材料中，规定采用其作为阻燃剂。此外，由于水合氧化铝与水合氧化镁有互补性，常将二者掺合后使用。

（2）硼化物与钼化物。

硼酸、无机硼化物和水合硼酸盐等都是低熔点化合物，能在低温熔融，释放出水并生成玻璃状覆盖层，在燃烧过程中能起隔绝、吸热及稀释作用。但一般硼化物分解温度较低，不适于加工温度较高的树脂的阻燃，水合硼酸锌是硼化物中脱水温度较高的一个品种，可用于加工温度较高的橡塑制品。作为阻燃剂的硼酸锌有以下几种：ZnO·B$_2$O$_3$·2H$_2$O、2ZnO·3B$_2$O$_3$·3.5H$_2$O、3ZnO·2B$_2$O$_3$·5H$_2$O、2ZnO·3B$_2$O$_3$·7H$_2$O。

硼酸锌含有结晶水，在 300℃以上时能释放出大量的结晶水（分解焓为 0.62 kJ·g^{-1}），起到吸热降温的作用。它与卤素阻燃剂和氧化锑并用时，有理想的阻燃协同效应，当它与卤系阻燃剂 RX 并用并接触火源时，除放出结晶水外，还能生成气态的卤化硼和卤化锌，反应式如下：

$$2ZnO \cdot 3B_2O_3 \cdot 3.5H_2O + 22RX \rightarrow 2ZnX_2 + 6BX_3 + 11R_2O + 3.5H_2O$$

$$2ZnO \cdot 3B_2O_3 \cdot 3.5H_2O + 22HX \rightarrow 2ZnX_2 + 6BX_3 + 14.5H_2O$$

同时燃烧产生的 HX 继续与硼酸锌反应生成卤化硼和卤化锌。卤化硼和卤化锌可以捕捉气相中的自由基 OH·和 H·，干扰并中断燃烧的连锁反应。硼酸锌是较强的成炭促进剂，在固相中促进生成致密而坚固的炭化层。在高温下卤化锌和硼酸锌在可燃物表面形成玻璃状覆盖层，气态的卤化锌和卤化硼笼罩于可燃物周围，这三层覆盖层既可隔热又可隔绝空气。硼酸锌是阴燃（无焰燃烧）抑制剂，它与氢氧化铝并用可呈极强的协同阻燃效应。

此外，钼酸盐，如钼酸锌、钼酸钙等作为阻燃剂，在美国已商品化，其阻燃机理，估计与硼酸盐相似。

（3）膨胀型石墨。

膨胀型石墨（EG）是近年来开发的一种新型无机膨胀型阻燃剂。天然石墨为两向大分子片层结构，将其处理后，形成特殊层间结构。EG 为黑色片状物，当其被迅速加热至 300℃以上时，可沿 C—C 轴方向膨胀数百倍，起到隔绝高分子材料与热源的作用。EG 资源丰富、制造简单、无毒、低烟，但必须与其他阻燃剂如红磷、APP、MPP（三聚氰胺磷酸盐）、GP（磷酸胍）、金属氧化物等协同作用才具有阻燃作用。

膨胀型石墨在美国已商品化。

（4）硅系化合物。

硅系化合物是值得注意的一类新型阻燃剂，目前已开发的有硅粉、有机反应基团改性的硅粉，以及硅胶/硫酸钾（或碳酸钾）混合物。它们在燃烧时能生成玻璃状的无机层（—Si—O—键和/或—Si—C—键）并接枝到聚合物上，生成不燃的含硅炭化物，从而起隔绝作用，并防止燃烧的合成材料的流滴。此外，它们在自身燃烧时不会产生火焰、CO 及烟雾，并在添加后能改善制品的机械强度及加工性能的优点。其中硅胶/硫酸钾混合物，价格低、原料易得，具有广泛的市场前景。但钾盐易溶于水，最好在使用前能进行耐水处理。

部分硅系阻燃剂已经市场化，如美国 GE 公司 SFR－100、美国道康宁公司的 RM4－7081 硅粉热塑性树脂改性剂和日本的 XC－99－B5654。其中，SFR－100 由反应性硅酮聚合物、线型硅油、溶于硅油的硅树脂及一种金属皂（如硬脂酸镁）所组成，遇火时，硅酮混合物与镁盐作用，生成硬质、稍有熔胀性的焦化层，可隔高温、阻止树脂流淌、防止火焰蔓延。目前，SFR－100 主要用于聚丙烯的阻燃，如果再加少量的十溴二苯醚和 Al(OH)$_3$，可用于聚乙烯、乙烯-醋酸乙烯酯共聚物。

（三）消烟措施

生烟量基本上受聚合物的分子结构和燃烧条件支配。比较 α/β 值，PE、PP 充分燃烧时几乎无烟；EVM、IIR、EPDM

比 NR、NBR、SBR 生烟少。

有些弹性体本身即具有良好的抑烟性能，例如，聚偶氮磷$\text{-}[N=P(X)(Y)]_n\text{-}$，当 X 和 Y 是芳氧基或全氟代芳氧基时，就成为阻燃性好、抑烟性强的高度稳定的弹性体。芳氧基衍生物已用作减振、隔热材料和电线包皮。据报道，当 PU 主链上含有异氰脲酸酯基团时，燃烧时较少产生烟尘，但泡沫材料会变脆。

聚合物并用是减少发烟量的一个有效办法。如前所述，EVA 与 CPE 按 4∶1 进行共混，共混物可取代 CSM 作为导线绝缘材料，尽管这种 EVA/CPE 合金更易燃烧（与 CSM 相比），但只有 CSM 燃烧时 30%的发烟量，且 CO、HCl 的生成量也较少。NR 中并用 CM，不仅改进自熄性，还有抑烟的效果。

有研究指出，含氯有机阻燃剂可使聚醚型 PU 泡沫材料燃烧时烟密度增加，如图 1.1.4-103 所示。

由图 1.1.4-103 可见，随着含氯阻燃剂用量的增加，PU 产生更多的可见烟，在二烯烃聚合物中也有类似情况。也就是说，阻燃与消烟有一定的矛盾。所以，选择阻燃剂时，应对阻燃性与发烟性作综合考虑。一般来说，含氮有机阻燃剂烟雾少；Sb_2O_3、卤素系、磷系阻燃剂烟大，熄后生烟时间长，烟雾有毒。

但有些阻燃剂既有阻燃作用，又有烟尘抑制作用，其中最有效的是$Al(OH)_3$。一般来说，它在材料中的含量很高（50%左右）时，能对许多弹性体显示出上述两种效果。利用偶联剂（如硅烷）和表面活性剂（如脂肪酸）可把大量$Al(OH)_3$填充在聚烯烃网络结构中，产品可用作阻燃性、低烟性的绝缘材料。目前高分子材料的主要消烟措施包括：（1）提高聚合物的稳定性；（2）减少热解产物中可燃性芳烃和多烯烃成分的浓度；（3）碳化形成致密的炭层，保护固相中的可燃层；（4）降低燃烧速率，使燃烧/氧化剂的化学计量有利于完全燃烧；（5）加强对燃烧产物中炭粒子的氧化。其中，对炭粒子的氧化反应有催化效果的金属氧化物的研究较为盛行，如硼酸锌、MoO_3 等；碳化形成致密的炭层的代表例是磷化合物，但对显示还原偶联反应的金属氧化物及下面这些金属盐的低发烟化的研究也令人瞩目，如：$Co_2(CO)_8$、$Cu(O_2CH)_2$、$FeCl_2$、$FeCl_3$、$Fe_2(CO)_9$、$Ni(O_2CH)_2$、$CuCl_2$、MoO_3、$Mn_2(CO)_{10}$、$Fe(O_2CH)_2$、$NiCl_2$、$Mo(CO)_5$、$CoCl_2$ 等。

1. 添加填充型无机阻燃剂

填充型无机阻燃剂主要有氢氧化铝、氢氧化镁等，具有填充、阻燃、抑烟三种功能。氢氧化铝、氢氧化镁的消烟机理，是它们在凝聚相中促进了炭化过程，减少了烟灰的形成，使气相中的炭粒浓度降低。

通过等量比较，$Al_2O_3\cdot 3H_2O$、黏土的最大烟密度比长石、白垩粉低，如图 1.1.4-104 所示。

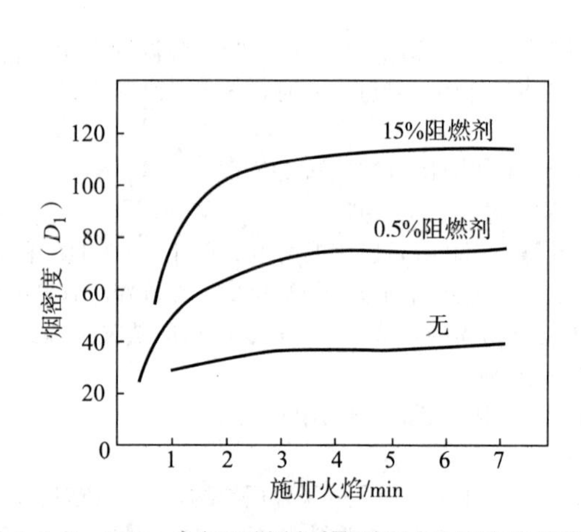

图 1.1.4-103　含氯阻燃剂对聚醚型 PU 烟密度的影响

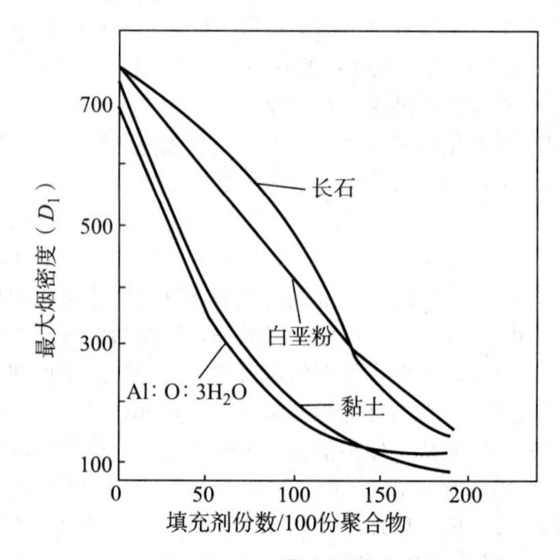

图 1.1.4-104　SBR 中填料对最大烟密度的影响

几种填料在丁苯泡沫橡胶中的阻燃及消烟效果见表 1.1.4-130。

表 1.1.4-130　几种填料在丁苯泡沫橡胶中的阻燃及消烟效果

填料	氧指数	发烟量/%（重量法测定）	炭渣含量/%（质量分数）
无	18.5	20.1	—
碳酸钙	18.5	7.7	1
氢氧化铝	24.0	4.7	5
氢氧化镁	24.0	2.4	11

氢氧化铝脱水温度较低，当聚合物加工温度高时，容易脱水发泡，但与树脂相容性好，易分散。氢氧化镁脱水温度较高，热稳定性好，但与树脂的相容性差，难分散，可通过表面处理来提高它与树脂的相容性。

2. 加入过渡金属氧化物

含锌化合物如（ZnO）也是一种较好的消烟剂，但它的消烟机理还不清楚。有人认为是它在含卤聚合物中加热后生成 $ZnCl_2$，能催化交联及降低苯的形成。

研究发现，在卤素化合物-氧化锑阻燃体系中，用氧化锌和氧化镁的掺合物（锌/镁复合物）部分取代或完全代替 Sb_2O_3 时，可以达到氧指数和发烟之间的最佳平衡。例如，锌/镁复合物取代 2.5 份 Sb_2O_3 时其烟雾可减少 40%，而又不损失任何氧指数。锌/镁复合物作为成炭剂，可催化炭层的形成，并可减少苯类挥发量的 2/3，是目前较好的消烟阻燃剂。

三氧化钼（MoO_3）是有效的消烟剂，它能抑制燃烧时生成挥发性芳香族化合物，同时有效地促进炭化层的形成，提高制品的阻燃性能和减少烟雾。另外，实验证明，MoO_3 与 ZnO、Sb_2O_3 并用可得到很好的消烟作用。

过渡金属氧化物中的氧化铁（Fe_2O_3）和氧化铋也具有较好的消烟作用，其最大烟雾浓度 Dm 比 Sb_2O_3 低得多，详见表 1.1.4 - 131。此外，20%钼酸铵与 80%水合氧化铝的掺和物、钼酸钙和钼酸锌的掺和物等也可用于聚氯乙烯制品的阻燃消烟。

表 1.1.4 - 131　在半硬质 PVC 料中金属氧化物的阻燃性能

金属氧化物	用量/份	OI	Dm
Sb_2O_3	2.5	32.9	537
Sb_2O_3	5.0	35.0	612
锌/镁复合物	2.5	35.2	370
氧化铁	2.5	33.8	409
氧化铋	2.5	33.9	436
氧化锡	2.5	34.2	537
氧化钼	2.5	33.2	491
氧化铜	2.5	33.2	577
氧化钴	2.5	33.3	551
氧化铬	2.5	33.2	650

注：半硬质 PVC 基本配方为：PVC（K=66）100，DOP 30，三盐基硫酸铅 5，硬脂酸钙 1，Sb_2O_3 2.5，消烟剂如表中所示的金属氧化物。

3. 加入含铁化合物

二茂铁（Cp_2Fe）是较早使用的一种阻燃及消烟剂，其结构式如下：

（二茂铁结构式：两个由 CH/HC 组成的环戊二烯环与 Fe 相连）

在 PVC 中加入 0.4%（质量分数）二茂铁，可显著降低烟密度，提高氧指数及炭渣含量，见表 1.1.4 - 132。

表 1.1.4 - 132　硬质 PVC 中加入二茂铁后的烟密度、氧指数及炭渣含量

聚合物	添加物质量分数 /%	矫正最大烟密度（Dmc）（NBS 烟箱）	氧指数	炭渣质量分数 /%
PVC（$\overline{Mw}=4.1\times10^4$）	0	410	42.9	9.8
PVC（$\overline{Mw}=4.1\times10^4$）	0.4	310	49.5	15.6
PVC（$\overline{Mw}=1.1\times10^5$）	0	417	44.9	12.9
PVC（$\overline{Mw}=1.1\times10^5$）	0.4	300	52.5	15.7

PVC-二茂铁体系作用机理可用下式表示：

$$PVC-Cp_2Fe \xrightarrow[500℃]{空气} 炭渣（75\%Fe 挥发）$$

$$Cp_2Fe + HCl \xrightarrow[<300℃]{空气} FeCl_2 + Cp_2Fe^+Cl^- + FeCl_3（痕迹量）$$

$$Cp_2Fe + HCl \xrightarrow[500℃]{空气} \alpha-Fe_2O_3 + \gamma-FeOOH + FeCl_3 + Cp_2Fe（痕迹量）$$

根据这一机理，PVC-二茂铁体系在燃烧时放出各种不同物质。其中 $FeCl_2$ 是交联催化剂及苯抑制剂，它能促进脱 HCl 后的多烯结构产生交联及减少苯的形成；$FeCl_3$ 及 $Cp_2Fe^+Cl^-$ 是路易斯酸，能催化 PVC 的脱 HCl 作用；$\alpha-Fe_2O_3$ 及 $\gamma-FeOOH$ 这种热解产物是炭、烟的氧催化剂；其他铁化物如 Fe（OH）$_3$、Fe_2O_3 等对 PVC 也有消烟作用。

4. 加入某些羧酸、醛或醇

在聚氨酯或聚异氰尿酸酯泡沫塑料中，加入固态二元羧酸如富马酸、间苯二酸、马来酸、琥珀酸、异酞酸、六氯桥甲撑四氢邻苯二甲酸等可提高其阻燃及消烟性，其中富马酸、马来酸可使聚氨酯生烟量分别下降 39%、42%。其作用机理，一般认为是羧酸可促进聚合物分解产物的交联。某些芳香醛及醇也能降低聚氨酯或聚异氰尿酸酯的发烟量，这些物质的用量约为 10%（质量分数）。较常用的是糠醛、苯甲醛、肉桂醛、糠醇、苄醇等，其作用机理有人提出过如下解释：

$$\text{P—NH}\overset{\overset{\text{O}}{\|}}{\text{C}}\text{OR}$$

或

$$\text{P—N}\underset{\overset{|}{\text{O=C}}\diagdown\underset{\underset{\text{P}}{|}}{\text{N}}\diagup\overset{|}{\text{C=O}}}{\diagup\overset{\overset{\text{O}}{\|}}{\text{C}}\diagdown}\text{N—P}\xrightarrow{\triangle}\text{P—NCO}+\text{P—NH}_2$$

$$\text{ArCH}_2\text{OH}\xrightarrow{[\text{O}]}\text{ArCHO}$$

$$\text{ArCHO}+\text{P—NH}_2\longrightarrow\underset{(\text{Schiff 碱})}{\text{P—N═CHAr}}\xrightarrow{\text{P—NCO}}\text{耐高温聚合物}$$

$$\uparrow -\text{CO}_2$$

$$\text{ArCHO}+\text{P—NCO}\longrightarrow\begin{matrix}\text{P—N—C=O}\\ \ \ |\quad\ |\\ \text{Ar—C—O}\\ |\\ \text{H}\end{matrix}$$

从以上反应式可以看出，醛捕捉了由聚氨酯或聚异氰尿酸酯热解产生的P—NCO及P—NH_2，最后形成了热稳定聚合物及炭渣，降低了发烟量。

5. 其他

硫酸酯类、钼酸盐对CR、NBR、CSM等弹性体有很好的消烟作用。

结晶硼酸锌与氧化锑在含卤树脂中等量并用有阻燃消烟作用。

一氟硼酸铵与氧化锑的掺和物也可用作聚氯乙烯制品的阻燃消烟剂等。

（四）阻燃剂的并用

在阻燃剂的实际应用中，要特别注意它们相互间的协同作用和相反作用，市售的一些复合阻燃剂就是充分利用阻燃剂间的协同作用。

阻燃剂并用，为了最大限度地发挥阻燃剂各组分的效果，使阻燃剂和聚合物的热分解行为匹配是很重要的。按照Einhorn选择法则，在比聚合物开始失重的温度低60～75℃的温度下开始分解的阻燃剂与在聚合物的热分解速率达到最大的温度下开始挥发的阻燃剂并用会有最佳的效果。

1. 阻燃协效剂

阻燃协效剂是指本身虽不具有阻燃性能或仅具有较低的阻燃性能，但在加入阻燃剂后，能产生协同效应的化合物，最常用的是氧化锑，它虽然自身有一定的阻燃性，但主要用于提高卤素阻燃剂的阻燃性，从而减少其用量。

此外，还有可提高阻燃剂稳定性的热稳定剂（如有机锡）；在燃烧过程中能加速卤化物分解的自由基引发剂（用量不能过大，一般为0.2～1 phr，否则会起负面作用）；以及增加阻燃剂与高分子材料相容性的分散剂等。例如，氢氧化镁可采用硬脂酸锌处理，改善在橡胶中的分散性，不损害阻燃性，生烟量增大也小，有一定的实用价值。

2. 阻燃剂的协同效应

阻燃剂不仅与协效剂有协同效应，阻燃剂之间也有协同效应。需要指出的是，这种协同效应根据最新的研究表明是广义的，即可能是真正的协同效应，也可能是加和效应，因为在燃烧过程中，这两种效应常常难以区分。

（1）卤素化合物与氧化锑。

这两者的协同效应是因为氧化锑能在燃烧时与卤化氢起反应，生成比卤化氢隔绝效应更大的SbOX及SbX_3（X代表卤素），它们还能捕捉自由基，稀释可燃气体并促进高分子材料表面炭化。因此，在阻燃配方体系中，几乎全将两者同用。在一般情况下，氧化锑的用量为卤素化合物的1/4～1/2。

在氧化锑中，以三氧化二锑最为常用。细度对氧化锑的性能有很大影响，平均粒径在1 μm以下时，用量可比平均粒度为3～4 μm时减少10%～20%。

（2）卤素化合和磷化合物。

一般认为两者并用时产生协同效应，因为在燃烧过程中生成的磷卤化物（PX_n）及氧卤化物（POX）比卤化氢及卤氧化氧捕捉自由基的效果更好，同时还可促进高分子材料的炭化。不过，也有认为两者并用仅仅起加和效应。

（3）二茂铁与卤素的协同效应。

当与卤素并用时，二茂铁促进橡胶炭化而阻燃。

（4）有机氧化物与卤素的协同效应。

单一的有机氧化物是无阻燃作用的，但与卤素一起使用时能起到阻燃作用，其阻燃机理原先认为是这一体系加快了橡胶的滴落而带走更多的热量，但也有人认为这不是阻燃的主要原因，其机理尚有待于进一步的探讨研究。

（5）水合硼酸锌与其他阻燃剂的并用。

硼酸锌与氢氧化铝在高温条件下（约480℃）进行化学反应，生成一种多孔状硬质烧结块，反应在凝聚相中进行，这样就有效地阻止了橡胶固相的进一步分解，断绝了可燃性物质的产生，同时也隔离了空气。

硼酸锌与含氯阻燃剂两者并用时生成卤化锌及氧卤化锌，其作用与磷的卤化物及氧卤化物相似。

硼酸锌与三氧化二锑组合，也会产生一定的阻燃协同效应，有较好的阻燃效果。

（6）磷与氮的协同效应。

P—N协同效应在纤维中的阻燃很明显。在橡胶中，发现若按表1.1.4-133配比也同样可产生协同效应。

表1.1.4-133　产生协同效应的P—N配比

P/%	3.5	2.0	1.4	0.9
N/%	0	2.5	4.0	5.0

P—N具有协同阻燃作用，虽然作用机理还不十分清楚，但有文献认为，这一体系在橡胶燃烧时生成的环形直链状化合物对燃烧反应起到了屏障作用。

（7）高锰酸钾与聚乙烯醇。

两者并用后可提高聚乙烯醇的阻燃性能，作为锦纶的阻燃剂，其产生协同效应的原因，由于生成结构式为

的多聚金属络合物，促进环化反应而使高分子材料表面炭化，起隔绝作用之故。

需要指出的是，在有些配方中，将三种或三种以上的阻燃剂及协效剂并用，以使阻燃的效果更好。

3. 阻燃剂的对抗效应

有些阻燃剂之间存在对抗作用，如：

（1）P—X体系的阻燃剂与$CaCO_3$存在对抗，在P—X体系的阻燃剂中不应与$CaCO_3$混合使用。

（2）二茂铁与磷系的对抗。

（3）锑系与磷系的对抗等。

炭黑填充CR，不管Sb_2O_3和氯化石蜡用量多少，其自熄温度会从440℃降至290℃。但是加入硼酸锌10份和氢氧化铝30份后，其自熄温度会增加到430～480℃。为此，CR中应加入下列阻燃剂：氢氧化铝45份、氯化石蜡20份、Sb_2O_3 6份、氢氧化铝30份、陶土20份、硼酸锌10份、Sb_2O_3 15份、Sb_2O_3 15份、过氯五环癸烷15份。Sb_2O_3和氯化石蜡用量过多，会影响硫化胶的物理机械性能，因此应适当减少用量，同时可补充并用几种磷酸酯类阻燃剂。

CO、ECO、CSM与氯化石蜡不相容，不宜使用。

值得注意的是，Sb_2O_3会引起余烬燃烧；而氢氧化铝、二茂铁、硼酸锌、磷酸盐可抑制余烬燃烧，减少继发引燃事故。

（五）阻燃剂技术的发展动向

总的来说，20世纪70年代前对阻燃的要求只是防火，80年代同时要求阻燃和抑烟，90年代进一步要求阻燃系统无毒，进入新世纪后环境影响因素则是必须考虑的重点：橡胶制品采用的阻燃方案，应高效、低烟、低毒，并对环境友好。如今，部分发达国家已对其原有的阻燃标准进行了修订，中国对铁路和汽车阻燃技术规范也做了相应修订，低烟无卤阻燃技术已成为高洁净环保技术一个极重要的组成部分。

为得到阻燃性好，又具有低烟、低毒、低腐蚀性烟气的橡胶制品，不宜选取含卤素的橡胶，而宜选用EPDM、EVM、AEM、HNBR，见表1.1.4-134。

表1.1.4-134　橡胶（硫化胶）的生烟性与毒害性

橡胶	氧指数OI	毒性指数（NES—713法）	烟气密度 D_m（NBS、ASTM—E622法）		烟气腐蚀性 pH值	导电率 /(μS·cm^{-1})
			无焰燃烧	有焰燃烧		
CM	33	15.8	3.75	2.50	2.1	4 810
CSM	31	14.2	5.80	4.65	2.1	2 960
CR	34	20.3	4.85	5.50	1.8	5 340
EVM	38	0.9	1.50	1.35	3.8	64
EVM[a]	41	1.0	2.00	1.70	3.8	69
EVM/HNBR	43	1.9	1.80	1.10	4.2	37
HNBR	42	3.2	1.10	0.50	8.3	210

注：a. 含水合氧化铝190份。

国际电工委员会（IEC）提出的无卤指令与 GB/T 26526—2011《热塑性弹性体 低烟无卤阻燃材料规范》（Halogen-free）对卤素的要求为：氯的浓度低于 900 ppm，溴的浓度低于 900 ppm，氯和溴的总浓度低于 1 500 ppm。GB/T 26526—2011 对低烟无卤阻燃热塑性弹性体材料的性能要求详见表 1.1.4 - 135 所示。

表 1.1.4 - 135　低烟无卤阻燃热塑性弹性体材料的性能要求

性能		单位	要求
熔体质量流动速率		$g \cdot 10\ min^{-1}$	≥2
100%定伸永久变形		%	≤50
燃烧性能等级		—	FV—0
烟密度等级		—	≤50.0
卤素含量	氯	mg/kg	≤900
	溴		≤900
	卤素总量		≤1 500
热空气老化 （125℃×168 h）	拉伸强度保持率	%	≥70
	扯断伸长率保持率		≥70
湿热老化	拉伸强度保持率	%	≥70
	扯断伸长率保持率		≥70
	介电强度保持率		≥90
	体积电阻率保持率		≥90
	燃烧性能等级		FV—0

西沢仁归纳了阻燃技术的最新动向，见表 1.1.4 - 136 所示。

表 1.1.4 - 136　阻燃技术的最新动向

课题	主要研究例
1. 无卤、低烟、低毒	（1）提高水合金属氧化物的性能 a）$Al(OH)_3$ 粒径、粒径分布，精制程度，表面处理，用草酸根粒子处理使脱水温度上升（200℃→300℃）； b）$Mg(OH)_2$ 粒径、粒径分布，表面处理，用 Ni 化合物处理的改良品级
	（2）为减少水合金属氧化物用量进行的协效剂方面的研究 红磷、金属氧化物（ZnO、Fe_3O_4、SnO_2、Cu_2O 等）、锡酸锌、金属硝酸盐、炭黑
	（3）硅类阻燃剂的研究 a）高分子量硅油和脂肪酸金属盐使聚烯烃阻燃； b）聚硅氧烷/气相法白炭黑，有机铅化合物使聚烯烃阻燃； c）聚硅氧烷粉末阻燃剂； d）硅凝胶粉末和碳酸钾使聚合物阻燃
	（4）磷化合物阻燃剂 a）红磷、磷酸酯（齐聚物类型，粉末型）阻燃剂； b）含羟基的磷酸酯制备流动性好，耐热性优异的阻燃 PS； c）膨胀型阻燃剂系列的研究 • APP、季戊四醇、沸石体系的研究； • 向 APP 中添加 MnO_2 的阻燃效果研究
	（5）PVC 的低发烟化 金属氧化物（ZnO、Fe_3O_4、SnO_2、MoO_3、Cu_2O 等）； 金属氧化物水合物硼酸锌、锡酸锌、铜粉等的效果
	（6）低有害气体化 a）在含卤聚合物中使用微粒子碳酸钙使 HCl 气体减少； b）用水合金属氧化物使 CO 气体减少； 用 CaO、CuO、Cu_2O 使含 N 聚合物产生的 HCN 气体减少
	（7）生态学的阻燃剂系列的研究 PA 的 PVA、PVA/$KMnO_4$ 的阻燃化
2. 耐热性阻燃系统	（1）聚合型、齐聚物型卤素类阻燃系统； （2）齐聚物型、粉末型磷系阻燃系统； （3）通过 PA 的磷嗪聚合物实现阻燃

续表

课题	主要研究例
3. 代替 Sb_2O_3 具有协同效应的阻燃体系	金属氧化物+卤素类阻燃剂 ZnS、Fe_2O_3、$Fe_2O_3 \cdot H_2O$、Fe_3O_4、SnO_2 硼酸盐、ZnO、锡酸锌、钼酸锌、MoO_3、锌复合物（硫脲乙酸锌）
4. 提高成型加工性	（1）热固性树脂中添加水合金属氧化物保持黏性用马来酸酐处理 $Al(OH)_3$； （2）非卤素配合中采用 Miconito 阻止黏性上升； （3）减少阻燃剂用量；使用具有协同效应的阻燃剂

4.9 二烯类橡胶的贮存期

GB/T 19188—2003《天然生胶和合成生胶贮存指南》IDT ISO—7664：2000《天然生胶和合成生胶贮存指南》，该标准指出：在不良的贮存条件下，各种类型生胶的物理和（或）化学性能都或多或少地发生变化，如发生硬化、软化、表面降解、变色等，从而导致生胶的加工性能和硫化胶性能发生变化，最终可能导致生胶不再适用于生产。这些变化可能是某一特定因素或几种因素综合作用（主要是氧、光、温度和湿度的作用）的结果。

GB/T 19188—2003 要求天然生胶和合成生胶贮存温度最好为 10～35℃。结晶或部分结晶的生胶会变硬，难于混炼。如天然橡胶在−27℃时的结晶速率最大，在 0～10℃之间结晶速率也较快，建议以 20℃为最低贮存温度，以限制结晶程度。其他容易结晶的橡胶包括异戊橡胶和氯丁橡胶。结晶是可逆的，所以也可以在加工前，通过提高温度，使结晶的生胶恢复原状。

生胶应避免光照，特别是直射的阳光或紫外线较强的强力人造光。生胶在仓库中的贮存时间应尽量短，以“先进先出”为原则周转。GB/T 19188—2003 还对供热、湿度、污染等提出了一般要求。

通常，有关标准中，各种生胶的贮存期为 2 年。但是，对于不饱和度较高的二烯类橡胶，以 2 年为贮存期具有一定的质量风险。为了解不同贮存期二烯类橡胶所表现出的物理、化学及加工性能的变异程度，选取 A 企业生产后贮存 2 年、1.5 年、1 年、0 年的 SBR1712E、SBR1723，以及 B 企业生产后贮存 2 年、0 年的 SBR1712E 生胶按照标准配方混炼，对胶料进行硫化特性、物理机械性能、厌氧老化以及 Payne 效应等项目的综合比对。

（一）生胶门尼黏度的变化

生胶门尼黏度随贮存时间的变化见表 1.1.4－137。

表 1.1.4－137 生胶门尼黏度随贮存时间的变化

企业名称	牌号	贮存时间/年	原测值	现测值	现侧值-原测值	生产日期
A	SBR1723－1	2	49.4	53.3	3.9	2013.11
	SBR1723－2	1.5	49.0	52.2	3.2	2014.04
	SBR1723－3	1	48.9	51.8	2.9	2014.11
	SBR1723－4	0	—	50.3	—	2015.11
	SBR1712E－1	2	49.2	53.5	4.3	2013.11
	SBR1712E－2	1.5	49.6	53.0	3.4	2014.05
	SBR1712E－3	1	51.3	53.7	2.4	2014.10
	SBR1712E－4	0	—	49.8	—	2015.11
B	SBR1712E－1	2	48.2	53.2	5.0	2013.06（收到日期）
	SBR1712E－2	0	—	50.8	—	2015.10（收到日期）

由表 1.1.4－137 可见，随着贮存时间的延长，门尼黏度有上升的趋势。其中，A 企业所产贮存 2 年的生胶门尼黏度升幅最大，贮存 1 年的产品升幅最小。B 企业所产贮存 2 年的 1712E 生胶门尼黏度上升 5.0 unit，较 A 企业所产生胶升幅高。

（二）生胶支化度的变化

生胶支化度的升高可能会不利于胶料的加工性能和硫化胶的物理机械性能。生胶支化度越高时，由于支链的缠结，将增加该样品的弹性特性，于是 tanδ 值会变小。从图 1.1.4－105 中看，总体上贮存时间越久远，其支化度越高，而 B 企业

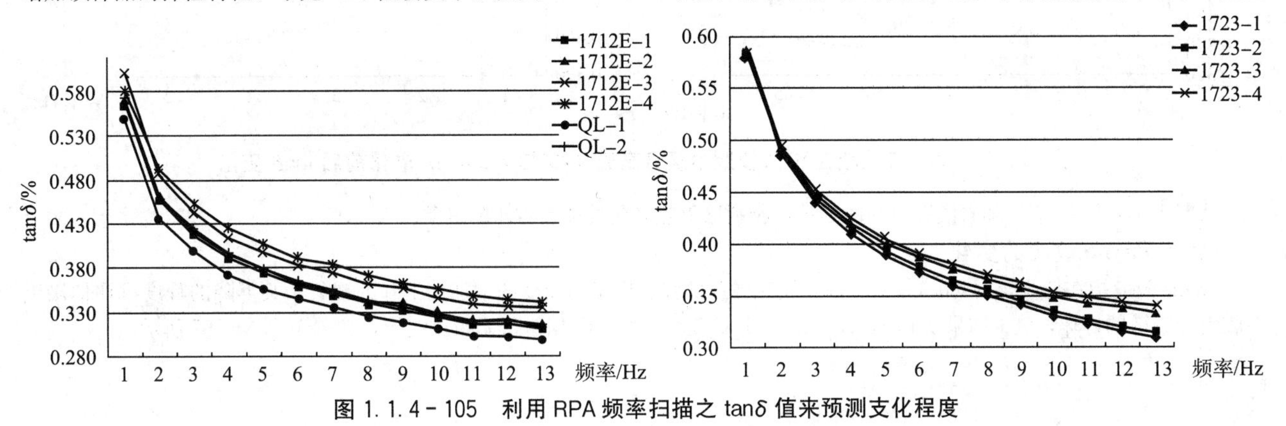

图 1.1.4－105 利用 RPA 频率扫描之 tanδ 值来预测支化程度

所产 1712E 贮存 2 年的生胶支化程度要高于 A 企业。

（三）硫化特性的变化

胶料硫化特性随贮存时间的变化见表 1.1.4 - 138。

表 1.1.4 - 138 胶料硫化特性随贮存时间的变化 （MDR，160℃×30 min）

企业名称	牌号	贮存时间/年	ML	MH	ts_1	t'_{10}	t'_{50}	t'_{90}
A	SBR1712E－1	2	93	102	101	102	96	94
	SBR1712E－2	1.5	94	99	94	96	96	96
	SBR1712E－3	1	96	99	104	104	101	98
	SBR1723－1	2	93	102	94	97	95	94
	SBR1723－2	1.5	93	96	99	98	95	97
	SBR1723－3	1	93	99	102	102	99	99
B	SBR1712E－1	2	92	94	101	99	97	101

注：以不同贮存期生胶当时测试数据为 Banchmark，其各硫化特性参数记为 100，贮存后的测试值与之比较。

随着贮存时间的延长，硫化特性变化没有规律可循，且变异均无显著差异，可认为是一致的。

（四）硫化胶物理机械性能变化

硫化胶物理机械性能随贮存时间的变化见表 1.1.4 - 139。

表 1.1.4 - 139 硫化胶物理机械性能随贮存时间的变化 （145℃ × 35 min）

企业名称	牌号	贮存时间/年	拉伸强度变化	伸长率变化	300%模量变化
A	SBR1712E－1	2	106	107	101
	SBR1712E－2	1.5	96	101	97
	SBR1712E－3	1	94	99	97
	SBR1723－1	2	106	107	100
	SBR1723－2	1.5	102	102	98
	SBR1723－3	1	96	94	97
B	SBR1712E－1	2	95	101	102

注：以不同贮存期生胶当时的硫化胶物理机械性能测试数据为 Banchmark，其各性能参数记为 100，贮存后的测试值与之比较。

随着贮存时间的延长，拉伸强度、伸长率、300%模量没有规律可循，且变异均无显著差异，可认为是一致的。

（五）硫化胶厌氧老化的变化

硫化胶在 RPA 模腔中厌氧高温（200℃×5 min）老化后，通常弹性模量 G′会下降（由于链断裂，弹性减小），同时 tanδ 会上升。这两个参数变化得越大，说明该胶料的老化性能越差。如图 1.1.4 - 106 所示。

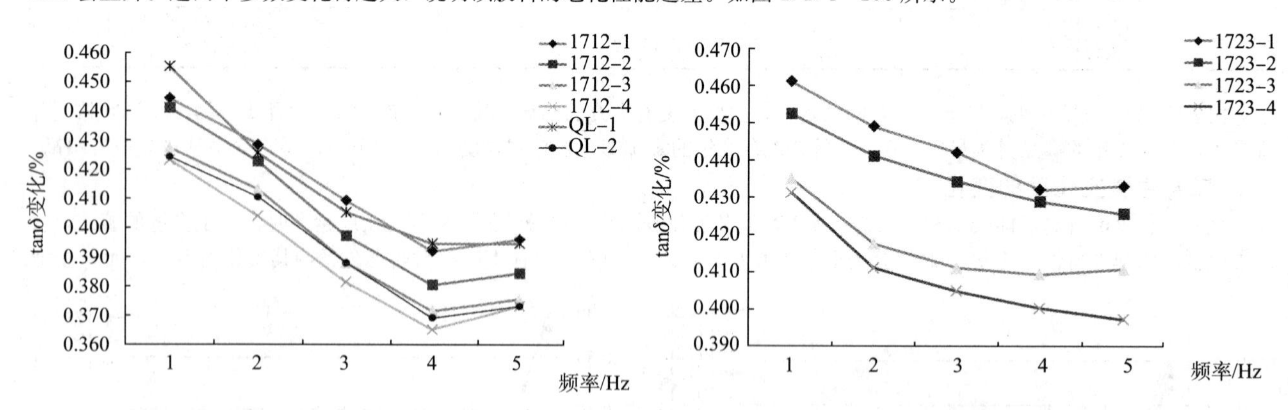

图 1.1.4 - 106 硫化胶在 RPA 模腔中厌氧高温（200℃ ×5 min）老化前后 tanδ 变化

从图 1.1.4 - 106 看，随着贮存时间的延长，胶料厌氧热老化性能有劣化的迹象。

（六）Payne 效应的变化

Payne 效应指在低应变下（0.1%～15%）填充橡胶的弹性模量随应变的增加而下降的现象，其下降的程度可评估炭黑在胶料中分散的好坏，测试结果所有 SBR1712E、SBR1723 胶料的 G′相似，无明显差异，如图 1.1.4 - 107 所示。

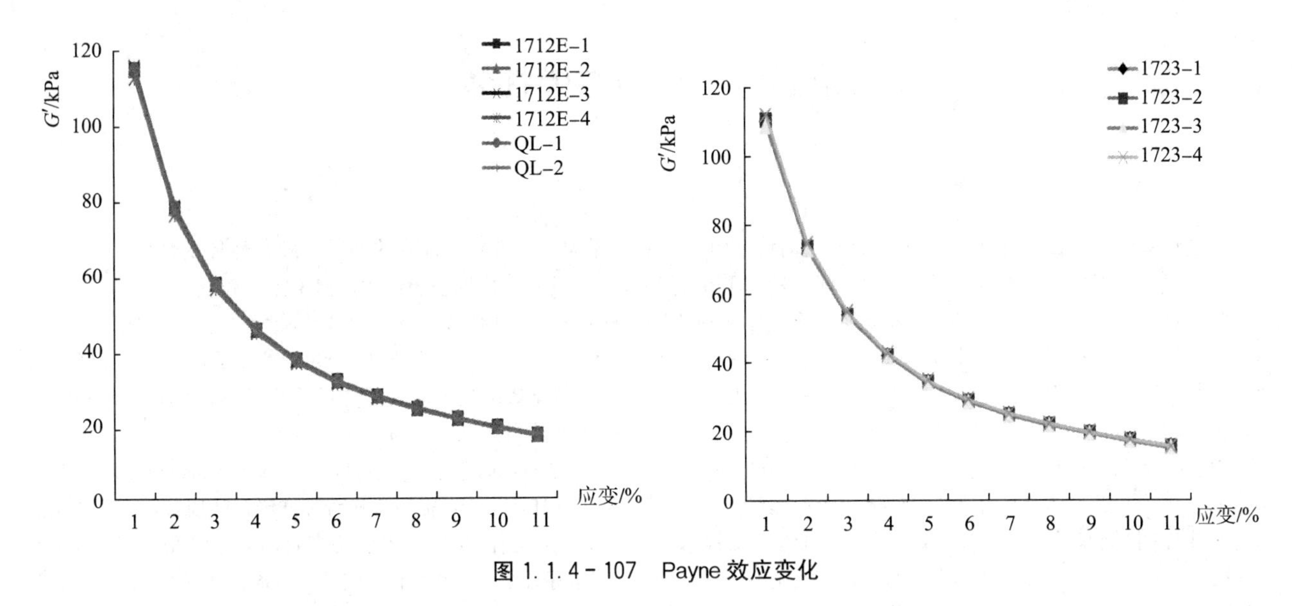

图 1.1.4-107　Payne 效应变化

（七）硫化胶生热的变化

硫化胶生热随贮存时间的变化见表 1.1.4-140。

表 1.1.4-140　硫化胶生热随贮存时间的变化

企业名称	牌号	贮存时间/年	30 min 温升/℃
A	SBR1712E－1	2	4.9
	SBR1712E－2	1.5	4.0
	SBR1712E－3	1	3.9
	SBR1712E－4	0	3.0
	SBR1723－1	2	3.8
	SBR1723－2	1.5	3.6
	SBR1723－3	1	3.0
	SBR1723－4	0	2.5
B	SBR1712E－1	2	5.2
	SBR1712E－2	0	3.5

使用 RPA 生热测试程序测试各种硫化胶的温升，可看出，贮存时间越长，其生热越高。

（八）硫化胶滚动阻力的变化

SBR1712E 与 SBR1723 经过不同贮存时间在 60℃下的 tanδ 值对比见表 1.1.4-141。

表 1.1.4-141　SBR1712E 与 SBR1723 经过不同贮存时间在 60℃下的 tanδ 值对比

tanδ								
温度/℃	1712E－1	1712E－2	1712E－3	1712E－4	B－1	B－2	轮胎性能	期望
60	0.197	0.197	0.197	0.201	0.202	0.201	滚动阻力	低
温度/℃	1723－1	1723－2	1723－3	1723－4			轮胎性能	期望
60	0.177	0.178	0.177	0.178			滚动阻力	低

使用 RPA2000 橡胶加工分析仪测试温度扫描显示，不管贮存时间长短，可表征轮胎滚动阻力的相同胶种的 60℃ tanδ 基本一致。但是从胶种看，SBR1723 滚动阻力明显低于 SBR1712E。

综上所述，除静态物理机械性能、硫化特性、Payne 效应、滚动阻力外，其余如门尼黏度、支化度、厌氧热老化以及胶料生热性上两企业所生产的不同牌号丁苯橡胶随贮存时间的延长均有不同程度的劣化趋势。

从贮存期 2 年与贮存期 1 年的差异看，2 年的劣化程度要比 1 年的大得多，对胶料加工性能及橡胶制品使用性能产生的影响更甚。1 年性能变异尚可接受，对不饱和度较高的二烯类橡胶生产而言，贮存期以 1 年为宜。

第五节　热塑性弹性体

5.1　概述

热塑性弹性体（thermoplastic elastomer），简称 TPE，是指在常温下具有硫化橡胶的性质（即弹性体的性质），在高温下又可以塑化变形（即塑料的性质）的高分子材料。TPE 是弹性体，具有硫化橡胶的性质，但不需要硫化。

热塑性弹性体聚合物分子链的结构特点是由化学组成不同的树脂段（也称硬段）和橡胶段（也称软段）构成。硬段的链段间作用力足以形成物理"交联"，硬段的这种物理"交联"是可逆的，即在高温下失去约束大分子链段活动的能力，使聚合物在高温下呈现塑性；降至常温时，这些"交联"又恢复，起到类似硫化橡胶交联点的作用。软段则具有较大的链段自由旋转能力，赋予聚合物在常温下的弹性。软硬段间以适当的次序排列并以适当的方式连接起来。

热塑性弹性体 TPE 包括热塑性橡胶 TPR（Thermoplastic Rubber）和热塑性动态硫化橡胶 TPV（Thermoplastic Dynamic Vulcanizate）。热塑性弹性体具有硫化橡胶的物理机械性能和塑料的工艺加工性能，由于不需再像橡胶那样经过热硫化，因而使用简单的塑料加工机械即可制成最终产品，使橡胶工业生产流程缩短了 1/4，节约能耗 25%～40%，提高效率 10～20 倍，是橡胶工业又一次材料和工艺技术革命。热塑性弹性体已广泛应用于制造胶鞋、胶布等日用制品和胶管、胶带、胶条、胶板、胶件以及胶黏剂等各种工业用品，还可替代橡胶用于 PVC、PE、PP、PS 等通用热塑性树脂甚至 PU、PA、CA 等工程塑料改性。

热塑性弹性体按交联性质可以分为物理交联和化学交联两大类。热塑性弹性体按交联性质分类如图 1.1.5－1 所示。

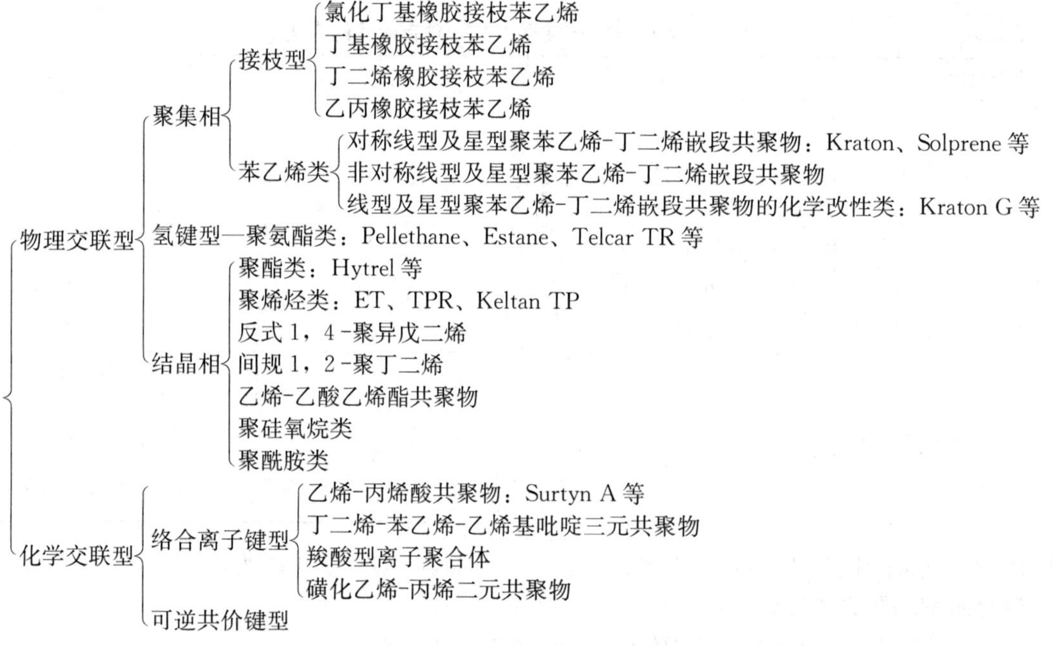

图 1.1.5－1　热塑性弹性体按交联性质分类

按聚合物的结构可以分为接枝、嵌段和共混三大类，其中共混型还有以交联硫化出现的动态硫化胶（TPV）和互穿网络的聚合物（TPE—IPN）两类。热塑性弹性体按高分子链的结构分类如图 1.1.5－2 所示。

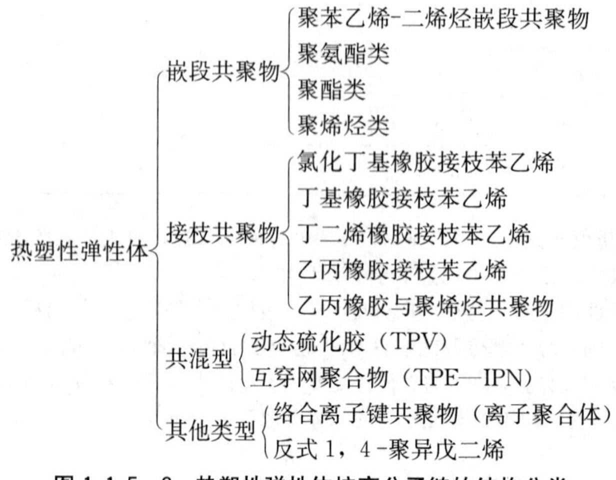

图 1.1.5－2　热塑性弹性体按高分子链的结构分类

热塑性弹性体按制造方法分类如图 1.1.5-3 所示。

- 热塑性弹性体
  - 嵌段共聚物
    - 苯乙烯-二烯烃类（苯乙烯类）
    - 聚酯类
    - 聚氨酯类
    - 聚酰胺类
  - 弹性体的聚烯烃类（TEOs）
    - 三元乙丙橡胶/聚烯烃
    - 丁腈橡胶/聚氯乙烯
  - 以热塑性塑料为基体的弹性体合金（EAs）
    - 三元乙丙橡胶/聚丙烯
    - 丁腈橡胶/聚丙烯
    - 天然橡胶/聚丙烯
    - 丁基橡胶/聚丙烯

图 1.1.5-3 热塑性弹性体按制造方法分类

此外，还可以按用途将热塑性弹性体分为通用 TPE 和工程 TPE。

热塑性弹性体目前已发展到 10 大类 30 多个品种。目前工业化生产的 TPE 有苯乙烯类（SBS、SIS、SEBS、SEPS）、烯烃类（TPO、TPV）、双烯类（TPB、TPI）、氯乙烯类（TPVC、TCPE）、氨酯类（TPU）、酯类（TPEE）、酰胺类（TPAE）、有机氟类（TPF）、有机硅类和乙烯类等，几乎涵盖了现在合成橡胶与合成树脂的所有领域。TPE 以 TPS（苯乙烯类）和 TPO（烯烃类）为中心获得了迅速发展，两者的产耗量已占到全部 TPE 的 80%左右，双烯类 TPE 和氯乙烯类 TPE 也成为通用 TPE 的重要品种。其他氨酯类（TPU）、酯类（TPEE）、酰胺类（TPAE）、有机氟类（TPF）等则转向了以工程为主。

热塑性弹性体种类与组成见表 1.1.5-1。

表 1.1.5-1 热塑性弹性体种类与组成

种类		结构组成		制法	用途
		硬链段	软链段		
苯乙烯类	SBS	聚苯乙烯	BR	化学聚合	通用
	SIS	聚苯乙烯	IR	化学聚合	通用
	SEBS	聚苯乙烯	加氢 BR	化学聚合	通用、工程
	SEPS	聚苯乙烯	加氢 IR	化学聚合	通用、工程
烯烃类	TPO	聚丙烯	EPDM	机械共混	通用
	TPV－(PP＋EPDM)	聚丙烯	EPDM＋硫化剂	机械共混	通用
	TPV－(PP＋NBR)	聚丙烯	NBR＋硫化剂	机械共混	通用
	TPV－(PP＋NR)	聚丙烯	NR＋硫化剂	机械共混	通用
	TPV－ (PP＋IIR)	聚丙烯	IIR＋硫化剂	机械共混	通用
双烯类	TPB (1，2－IR)	聚 1，2-丁二烯		化学聚合	通用
	TPI（反式 1，4－IR）	聚反式 1，4-异戊二烯		化学聚合	通用
	T－NR（反式 1，4－NR）	聚反式 1，4-异戊二烯		天然聚合	通用
	TP－NR（改性顺式 1，4－NR）	聚顺式 1，4-异戊二烯改性		接枝聚合	通用
氯乙烯类	TPVC（HPVC）	结晶 PVC	非结晶 PVC	聚合或共混	通用
	TPVC（PVC/NBR）	PVC	NBR	机械共混 乳液共沉	通用
	TCPE	结晶 CPE	非结晶 CPE	聚合或共混	通用
乙烯类	EVA 型 TPE	结晶 PE	乙酸乙烯酯	嵌段共聚物	通用
	EEA 型 TPE	结晶 PE	丙烯酸乙酯	嵌段共聚物	通用
	离子键型 TPE	乙烯-甲基丙烯酸离聚体		离子聚合	工程
	离子键型 TPE	磺化乙烯-丙烯三元离聚体		离子聚合	通用
	熔融加工型 TPE	乙烯互聚物	氯化聚烯烃	熔融共混	通用
有机氟类 TPF		氟树脂	氟橡胶	化学聚合	通用、工程
有机硅类		结晶 PE	Q 橡胶	机械共混	通用、工程
		PS	聚二甲基硅氧烷	嵌段共聚物	通用、工程
		聚双酚 A 碳酸酯	聚二甲基硅氧烷	嵌段共聚物	工程
		聚芳酯	聚二甲基硅氧烷	嵌段共聚物	工程
		聚砜	聚二甲基硅氧烷	嵌段共聚物	工程

续表

种类		结构组成		制法	用途
		硬链段	软链段		
氨酯类 TPU	TPU—ARES	芳烃	聚酯	加聚	通用、工程
	TPU—ARET	芳烃	聚醚		
	TPU—AREE	芳烃	聚醚和聚酯		
	TPU—ARCE	芳烃	聚碳酸酯		
	TPU—ARCL	芳烃	聚己酸内酯		
	TPU—ALES	脂肪烃	聚酯		
	TPU—ALET	脂肪烃	聚醚		
酯类 TPEE	TPC—EE	酯结构	聚醚和聚酯	缩聚	通用
	TPC—ES		聚酯		
	TPC—ET		聚醚		
酰胺类 TPAE	TPA—EE	酰胺结构	聚醚和聚酯	缩聚	通用
	TPA—ES		聚酯		
	TPA—ET		聚醚		

TPE 性能的主要特点为：(1) 可用一般的热塑性塑料成型机加工，如注塑成型、挤出成型、吹塑成型、压缩成型、递模成型等；(2) 能用橡胶注射成型机成型、硫化，时间可由原来的 20 min 左右，缩短到 1 min 以内；(3) 生产过程中产生的废料（逸出毛边、挤出废胶）和最终出现的废品，可以直接返回再利用；(4) 用过的 TPE 旧品可以简单再生之后再次利用，减少环境污染，扩大资源再生来源；(5) 不需硫化，节省能源，以高压软管生产能耗为例，普通橡胶为 188 MJ/kg，TPE 为 144 MJ/kg，可节能 25%以上；(6) 自补强能力大，配方大大简化，从而使配合剂对聚合物的影响制约大为减小，质量性能更易掌握。其缺点为：耐热性不如橡胶，随着温度上升而物性下降幅度较大，因而适用范围受到限制，压缩变形、弹回性、耐久性等同橡胶相比较差，价格上也往往高于同类的橡胶。

代表性热塑性弹性体的加工性如图 1.1.5－4 所示。

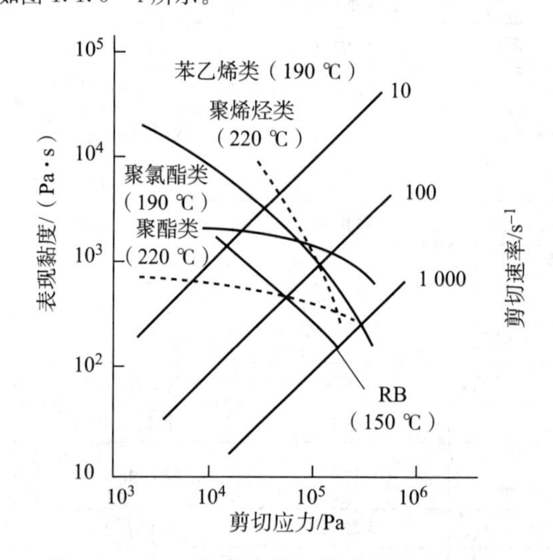

图 1.1.5－4 代表性热塑性弹性体的加工性

热塑性弹性体的基本物性见表 1.1.5－2。

表 1.1.5－2 热塑性弹性体的基本物性

物性	通用型 TPE					工程型 TPE			
	苯乙烯类 TPS	烯烃类 TPO	双烯类 TPB	氯乙烯类		氨酯类 TPU	酯类 TPEE	酰胺类 TPAE	有机氟类 TPF
				TPVC	TCPE				
密度/($g\cdot cm^{-3}$)	0.91～1.20	0.89～1.00	0.91	1.20～1.30	1.14～1.28	1.10～1.25	1.17～1.25	1.01～1.20	1.89
硬度	30A～75A	50A～95A	19D～53D	40A～80A	57A～67D	30A～80D	40A～70A	40D～62D	61A～67A
拉伸强度/MPa	9.8～34.3	2.9～18.6	10.8	9.8～10.6	8.8～29.4	29.4～49	25.5～39.2	11.8～34.3	2.0～11.8

续表

物性	通用型 TPE					工程型 TPE			
	苯乙烯类 TPS	烯烃类 TPO	双烯类 TPB	氯乙烯类		氨酯类 TPU	酯类 TPEE	酰胺类 TPAE	有机氟类 TPF
				TPVC	TCPE				
伸长率/%	800～1 200	200～600	710	400～900	180～750	300～800	350～450	200～400	300～650
回弹率/%	45～75	40～60		30～70	30～60	30～70	60～70	60～70	10
耐磨性	△	×	○	△	△	◎	△	○	○
耐曲挠性	○	△	○	○	○	◎	◎	◎	○
耐热性（≤）/℃	60	120	60	100	100	100	140	100	200
耐寒性（≥）/℃	−70	−60	−40	−30	−30	−65	−40	−40	−10
脆性温度/℃	<−70	<−60	−32～42	−30～40	−20～30	<−70	<−50	< −50	<−10
耐油性	×	△	△～○	×～○	○	◎	◎	◎	◎
耐水性	◎～○	◎～○	◎～○	◎～○	◎～○	○～△	○～×	○～△	○～△
耐候性	×～△	○	×～△	△～○	◎	△～○	△	○	◎

注：◎为优，○为良，△为可，×为劣。

5.2 苯乙烯类 TPE（TPS）

苯乙烯类 TPE（TPS，也有简称为 SBCs 的），又称为苯乙烯系嵌段共聚物（Styreneic Block Copolymers），为丁二烯或异戊二烯与苯乙烯单体在烷基锂引发剂作用下，经溶液负离子聚合制得的嵌段型共聚物，聚合时以单体加入程序控制嵌段序列。这类热塑性弹性体按其分子链形状有线型与星型之分，星型聚合物一般采用在聚合时加入多官能团偶联反应的办法，如采用 1，3，5－三氯代甲基苯三官能团偶联剂与双嵌段活性聚合物反应，生成三臂的星型嵌段共聚物；用四官能团的四氯硅烷或四氯化锡作偶联剂，得到四臂的星型嵌段共聚物。依此类推，可以得到五臂甚至更多臂的星型嵌段共聚物。随偶联剂官能团的增多，反应速度也相应减慢。其结构如图 1.1.5－5 所示。

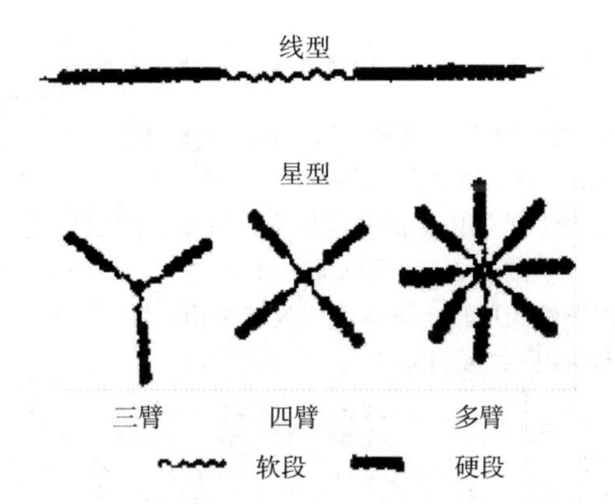

图 1.1.5－5 苯乙烯类嵌段共聚热塑性弹性体的线型与星型分子示意图

相对来说，星型 TPS 的硬段形成的聚集体更密集有序，其拉伸强度比线型嵌段共聚物高，因此，星型 TPS 更适合于相对高负荷的场合。同时，随着温度的升高，星型嵌段共聚物的拉伸强度下降的幅度小于线型嵌段共聚物，其耐热性更好。嵌段共聚物溶液黏度随分子量的增大而增高；在相同分子量的条件下，线型嵌段共聚物溶液黏度较星型嵌段共聚物的高。

苯乙烯类热塑性弹性体是目前世界产量最大、与 SBR 橡胶性能最为相似的一种热塑性弹性体。目前，SBCs 系列品种中主要有 4 种类型，即苯乙烯-丁二烯-苯乙烯嵌段共聚物（SBS）、苯乙烯-异戊二烯-苯乙烯嵌段共聚物（SIS）、苯乙烯-乙烯-丁烯-苯乙烯嵌段共聚物（SEBS）、苯乙烯-乙烯-丙烯-苯乙烯型嵌段共聚物（SEPS），其中 SEBS 和 SEPS 分别是 SBS 和 SIS 的加氢共聚物。

因合成方法不同，TPS 有三种分子结构，具体如下：

线型 TPS 的分子结构式：

$$-\!\left(\mathrm{CH_2}-\underset{\mathrm{C_6H_5}}{\mathrm{CH}}\right)_l\!-\!\left(\mathrm{CH_2}-\mathrm{CR}=\mathrm{CH}-\mathrm{CH_2}\right)_m\!-\!\left(\underset{\mathrm{C_6H_5}}{\mathrm{CH}}-\mathrm{CH_2}\right)_n\!-$$

式中，R＝H 时，即中心链段为聚丁二烯；R＝CH_3 时，即中心链段为聚异戊二烯。

星型 TPS 的分子结构式：

$$\left[(CH_2-\underset{\underset{C_6H_5}{|}}{CH})_{n_1}-(CH_2-CH=CH-CH_2)_{m_1}-(CH-\underset{\underset{\underset{CH_2}{|}}{\underset{CH}{|}}}{CH})_{m_2-x}\right] M_y$$

式中，x 一般等于 3 或 4；M 表示硅或锡等；y 为氢原子（0 或 1）。

饱和型 TPS（加氢共聚物）的分子结构式：

$$S_x-(CH_2-CH_2CH_2-CH_2)_m-(CH-\underset{\underset{\underset{CH_3}{|}}{\underset{CH_2}{|}}}{CH})_n-S_x$$

(E)　　(B)

就分子链中聚丁二烯链段而言，其构型有顺式-1，4-结构、反式-1，4-结构和 1，2-结构三种。

嵌段共聚物还有相态结构。聚苯乙烯链段和聚丁二烯链段呈现相分离的两相结构，其中聚苯乙烯相区（相畴）起物理交联点和补强粒子的作用，为分散相；聚丁二烯相区为连续相，聚苯乙烯分散于聚丁二烯基体中，其形态学示意图如图 1. 1. 5 - 6 所示。

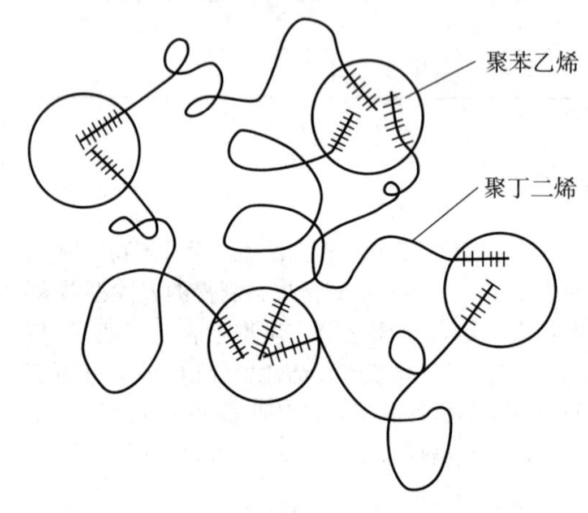

图 1. 1. 5 - 6　嵌段共聚物形态学示意图

TPS 的性能随大分子中聚苯乙烯嵌段与聚丁二烯嵌段的比例不同而不同。据有关文献报道[20]，当结合苯乙烯质量分数小于 25%时，PS 嵌段呈球状为分散相。结合苯乙烯质量分数增加到 25%～40%时，PS 嵌段呈柱状；且在结合苯乙烯的质量分数为 28%～32%的范围内，由于聚苯乙烯内聚能密度较大，聚苯乙烯嵌段的两端分别与其他聚苯乙烯聚集在一起，形成 10～30 nm 的球状微区。结合苯乙烯质量分数增加到 40%～60%时，其形态为 PS 嵌段与 PB 嵌段的交替层状结构；当结合苯乙烯质量分数继续增加时，则将发生相反转，聚苯乙烯为连续相，聚丁二烯为分散相。

SBS 中丁二烯/苯乙烯单体比对 SBS 硬度的影响如图 1. 1. 5 - 7 所示。

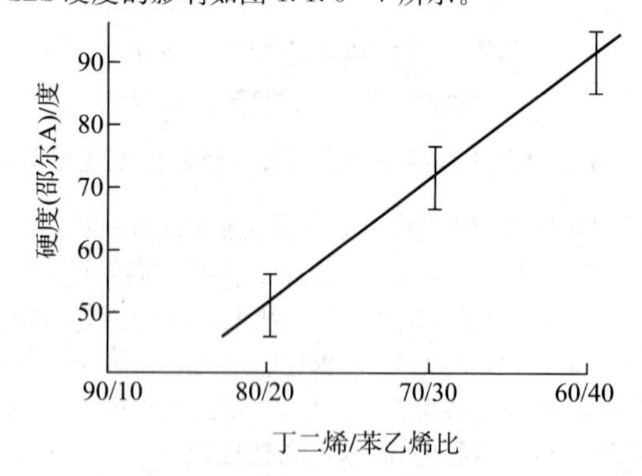

图 1. 1. 5 - 7　SBS 中丁二烯/苯乙烯单体比对 SBS 硬度的影响

TPS 因系两相结构而有两个玻璃化温度，即使在很低温度下仍能保持一定的柔软性。星型 SBS 的耐热性比线型 SBS 好。SIS 的黏着性比 SBS 好。

目前世界 TPS 的产量已达 70 多万吨，约占全部热塑性弹性体产量的一半左右。代表性的品种为苯乙烯-丁二烯-苯乙烯嵌段共聚物（SBS），广泛用于制鞋业，已大部分取代了橡胶，同时在胶布、胶板等工业橡胶制品中的用途也在不断扩大。近些年来，异戊二烯取代丁二烯的嵌段苯乙烯聚合物（SIS）发展很快，其产量已占 TPS 产量的 1/3 左右，约 90%用在黏合剂方面，用 SIS 制成的热熔胶不仅黏性优越，而且耐热性也好，现已成为美欧日各国热熔胶的主要材料。

近年来，还开发了以下新品种的 TPS，包括：(1) 环氧树脂用的高透明性 TPS 以及医疗卫生用的无毒 TPS 等。(2) SBS 或 SEBS 等与 PP 塑料熔融共混，形成互穿网结构的 IPN－TPS；用 SBS 或 SEBS 与其他工程塑料形成的 IPN－TPS，可以不用预处理而直接涂装，涂层不易刮伤，并且具有一定的耐油性，弹性系数在低温较宽的温度范围内没有什么变化，大大提高了工程塑料的耐寒和耐热性能。(3) 苯乙烯类化合物与橡胶接枝共聚也能成为具有热塑性的 TPE，已开发的有 EPDM/苯乙烯、BR/苯乙烯、Cl—IIR/苯乙烯、NR/苯乙烯等。(4) 为提高苯乙烯类热塑性弹性体的使用温度，采用 α-甲基苯乙烯取代苯乙烯与丁二烯共聚而得 α-甲基苯乙烯-丁二烯-α-甲基苯乙烯三嵌段共聚物，简称 α—MS—B—α—MS，以有机锂为引发剂溶液聚合而成，其玻璃化温度比 SBS 高，耐热性较好，使用温度范围较宽，且与极性聚合物、油品和填料的相容性也较好，可制成耐热性能优良的复合材料。

5.2.1 SBS

SBS 由苯乙烯与丁二烯以烷基锂为催化剂进行阴离子聚合制得的三嵌段共聚物，与丁苯橡胶相似，SBS 不溶于水、弱酸、碱等极性物质，具有优良的拉伸强度，永久变形小，表面摩擦系数大，低温性能好，电性能优良，加工性能好等特性，并具有橡胶弹性且不需硫化，适用于作为热熔加工的胶黏剂和密封材料，在制鞋业、聚合物改性、沥青改性、防水涂料、液封材料、电线、电缆、汽车部件、医疗器械部件、家用电器、办公自动化和胶黏剂等方面具有广泛的应用，分为沥青改性用 SBS、制鞋业用 SBS、胶黏剂用 SBS，是苯乙烯类热塑性弹性体（SBCs）中产量最大（占 70%以上）、成本最低、应用较广的一个品种，兼有塑料和橡胶的特性。

制鞋业：用 SBS 代替硫化橡胶和聚氯乙烯制作的鞋底弹性好、色彩美观，具有良好的抗湿滑性、透气性、耐磨性、低温性和耐屈挠性，不臭脚，穿着舒适等优点，对沥青路面、潮湿及积雪路面有较高的摩擦系数。鞋底式样可为半透明的牛筋底或色彩鲜艳的双色鞋底，也可制成发泡鞋底。SBS 与 S—SBR（溶聚丁苯）、NR 橡胶并用制造的海绵，比原来 PVC、EVA 塑料海绵更富于橡胶触感，且比硫化橡胶要轻，颜色鲜艳，花纹清晰，不仅适于制造胶鞋中底的海绵，也是旅游鞋、运动鞋、时装鞋等一次性大底的理想材料。用 SBS 制成的价廉的整体模压帆布鞋，其重量比聚氯乙烯树脂鞋轻 15%～25%，摩擦系数高 30%，具有优良的耐磨性和低温柔软性。废 SBS 鞋底可回收再利用，成本适中。

沥青改性：以 SBS 改性的沥青较之 SBR 橡胶、胶粉（WRP，waste rubber powder）更容易溶解于沥青中，SBS 作为建筑沥青和道路沥青的改性剂可明显改进沥青的耐候性和耐负载性能，是沥青优异的耐磨、防裂、防软和抗滑改性剂。

SBS 在沥青改性中的应用包括防水卷材沥青改性以及道路沥青改性两个方面。用 SBS 改性的沥青防水卷材具有低温屈挠性好，自愈合能力和耐久性好，抗高温流动、耐老化、热稳定性好以及耐冲击等特点，可以大大提高防水卷材的性能，延长其使用寿命，可满足重要建筑物的需要。在包括桥面（混凝土）、地铁以及地下通道等的市政工程以及包括水池、水渠等的水利工程方面得到了广泛的应用。

聚合物改性：SBS 是较好的树脂改性剂，可与 PP、PE、PS、ABS 等树脂共混，以改善制品的抗冲击性能和屈挠性能。以 SBS 改性的 PS 塑料，不仅可像橡胶那样大大改善抗冲击性，而且透明性也非常好。多用于电气元件、汽车方向盘、保险杠、密封件等。

黏合剂：SBS 胶黏剂具有良好的弹性、黏接强度和低温性能，黏度低，抗蠕变性能优于一般 EVA 类、丙烯酸系黏合剂，在生活中得了广泛的应用。可用于生产鞋用黏合剂、冶金粉末成型剂、裱胶黏合剂、木材快干胶、标签、胶带用胶、一次性卫生用品用胶、复膜黏合剂、密封胶以及用于挂钩、电子元件以及一般强力胶、万能胶以及不干胶等。

SBS 在烃类溶剂中具有很好的溶解能力，溶解快、稳定性好，SBS 作为黏合剂具有高固含量、快干的特点，减轻了用芳香烃溶剂对人体健康的危害。

其他领域：SBS 还可用作玩具、家具和运动设备的主要原料；用作地板材料、汽车坐垫材料、地毯底层和隔音材料以及电线和电缆外皮。此外，SBS 还可用于水泥加工、汽车制造和房屋内装修以及各种胶管的制造，用于亮油、医疗器件、家用电器、管带以及电线电缆等方面。

按照 GB/T 5577—2008《合成橡胶牌号规范》，国产 SBS 的主要牌号见表 1.1.5-3。

表 1.1.5-3 国产 SBS 的主要牌号

新牌号	结构	苯乙烯含量/%	相对分子质量/10^4	备注
SBS 4303	星型	30	18～25	
SBS 4402	星型	40	18～21	
SBS 1301	线型	30	8～12	
SBS 1401	线型	40	8～12	
SBS 796	线型	22	8～11	
SBS 791	线型	30	8～11	
SBS 762	线型	30	8～11	内含二嵌段聚合物
SBS 791H	线型	30	10～13	
SBS 788	线型	35	6～10	
SBS 761	线型	30	14～18	
SBS 792	线型	40	8～11	
SBS 763	线型	20	8～11	

续表

新牌号	结构	苯乙烯含量/%	相对分子质量/10^4	备注
SBS 898	线型/星型	30	26～30	
SBS 768	线型/星型	35	6～10	
SBS 801	星型	30	28～30	
SBS 801－1	星型	30	20～26	
SBS 道改 2＃	星型	30	26～30	
SBS 802	星型	40	18～22	
SBS 803	星型	40	14～18	
SBS 815	星型	40	18～20	填充油 10 份
SBS 805	星型	40	18～20	填充油 50 份，1＃油品
SBS 825	星型	40	18～20	填充油 50 份，2＃油品
SBS 875	星型	40	18～20	填充油 50 份，3＃油品
SEBS 6151		32	20～30	
SEBS 6154		31	14～20	

注：牌号为四位数字的 SBS 产品系中石化北京燕山分公司产品，牌号为三位数字的 SBS 产品系中石化巴陵分公司产品。

SBS 的技术要求见表 1.1.5－4。

表 1.1.5－4　SBS 的技术要求

质量项目与供应商	沥青改性用 SBS	制鞋用 SBS		胶黏剂用 SBS	说明
		非充油 SBS[b]	充油 SBS[c]		
挥发分（≤）/%	0.50、0.70、1.00	0.5、0.7、1.0	0.5、0.7、1.0	0.5、0.7、1.0	各分 3 级
总灰分（≤）/%	0.25	0.20	0.20	0.20	
25%甲苯溶液黏度	—	—	—	1 000～1 300 950～1 450 850～1 850	
苯乙烯含量/%	M[a]±2.0、M[a]±3.0	—	—	36～40	
熔体流动速率/[g·(10 min)$^{-1}$]	报告值	报告值	报告值	0.1～5.0	
300%定伸应力（≥）/MPa	1.8	4.0、3.0	1.6、1.4	3.5	
拉伸强度（≥）/MPa	—	26.0、22.0	16.0、14.0	24	
拉断伸长率（≥）/%	520	700、570	1 000、850	700	
永久变形[d]（≤）/%	—	50、55	40、45	55	
硬度/邵尔 A（≥）	—	90、88	65、62	85	

注：a. M 指供方提供的数据。
b. 指苯乙烯：丁二烯＝40：60（质量比）的 SBS。
c. 指填充 50 份油，苯乙烯：丁二烯＝40：60（质量比）的 SBS。
d. 永久变形未作说明的，均为拉断永久变形，下同。

对于胶黏剂用 SBS，一般来说，热塑性弹性体黏接能力中初黏力取决于橡胶相与基体的相容性。相容性好，有利于胶黏剂浸润基体表面。当苯乙烯含量过高时，会导致初黏力、润湿性下降；而持黏力取决于两相结构中塑料相的形态，即塑料相的“锚”对基体表面的抓覆力，随苯乙烯组分及其相对分子质量的增加而提高。产品中苯乙烯含量应取决于下游用户对初黏力和持黏力的不同要求，不同苯乙烯含量的产品物性数据差别很大。

对于沥青改性用 SBS，SBS 的微观结构的变化对改性沥青的性能影响很大。

各类型 SBS 测试条件见表 1.1.5－5。

表 1.1.5－5　各类型 SBS 测试条件

测试条件	沥青改性（线型）	沥青改性（星型）	制鞋用非充油 SBS	制鞋用充油 SBS[a]	胶黏剂用 SBS
辊筒温度	125±5℃	130±5℃	125±5℃	100±5℃	125±5℃
压板和模具温度	155±3℃	165±3℃	165±3℃	165±3℃	155±3℃

注：a. 指填充 50 份油，苯乙烯：丁二烯＝40：60（质量比）的 SBS。

5.2.2 SIS

SIS以苯乙烯和异戊二烯为主要原料，采用阴离子聚合方法制得的嵌段共聚物。SIS是一种无色、无毒、无味，环境友好的高分子聚合物，用于黏合剂、塑料改性与沥青改性等领域，其中黏合剂是最主要的应用领域，用于热熔胶与压敏胶，广泛应用于医疗、电绝缘、包装、固定、标志以及复合材料的层间黏合等方面，诸如卫生用品、产品印刷、单双面胶带、铝箔胶带、布基胶带、标签印刷等方面。

SH/T 1812—2017规定SIS牌号按以下规则命名：

第一位字符组：SIS，为苯乙烯-异戊二烯嵌段共聚物产品代号。

第二位字符组：为SIS的结构类型。其中，“1”表示线型产品，“4”表示星型产品。

第三位字符组：为SIS二嵌段含量范围值。其中，0代表二嵌段含量为0，1代表二嵌段含量为0<X<20%，2代表二嵌段含量为20%≤X<27%，3代表二嵌段含量为27%≤X<37%，4代表二嵌段含量为37%≤X<47%，5代表二嵌段含量为47%≤X<57%。

第四位字符组：为SIS结合苯乙烯含量中值。

示例：

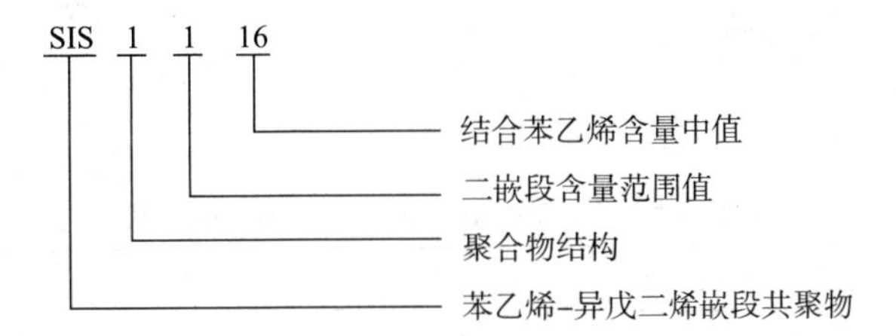

SH/T 1812—2017《热塑性弹性体 苯乙烯-异戊二烯嵌段共聚物（SIS）》中SIS的技术指标见表1.1.5-6。

表1.1.5-6 SIS的技术指标

项目	牌号				
	SIS 1015	SIS 1116	SIS 1214	SIS 1516	SIS 4319
挥发分（≤）/%（质量分数）	0.70				
灰分（≤）/%（质量分数）	0.20				
黄色指数（≤）	6.0				
25%甲苯溶液黏度/(mPa·s)	由供方提供				—
结合苯乙烯含量/%（质量分数）	15.0±2.0	16.0±2.0	14.0±2.0	16.0±2.0	19.0±2.0
二嵌段含量/%（质量分数）	—	16.5±2.0	25.0±2.0	50.0±3.0	30.0±3.0
熔体质量流动速率/[g·(10 min)$^{-1}$]	8.0～12.0	8.0～14.0	8.0～14.0	8.0～14.0	10.0～18.0
拉伸强度（≥）/MPa	12.0	10.0	8.0	4.0	6.0
拉断伸长率（≥）/%	1 050	1 050	1 000	1 100	900

5.2.3 SEBS和SEPS

SBS和SIS的最大问题是不耐热，使用温度一般不超过80℃。同时，其强伸性、耐候性、耐油性、耐磨性等也都无法同橡胶相比。为此，近年来美欧等国对它进行了一系列性能改进，先后出现了SBS和SIS经饱和加氢的SEBS和SEPS。SEBS（以BR加氢作软链段）和SEPS（以IR加氢作软链段）可使抗冲强度大幅度提高，耐天候性和耐热老化性也好。日本三菱化学在1984年又以SEBS（苯乙烯-乙烯-丁二烯-苯乙烯）、SEPS（苯乙烯-乙烯丙烯-苯乙烯）为基料制成了性能更好的混合料。SEBS和SEPS具有优异的弹性和机械强度，可以在−65～120℃的范围内使用，耐油性优于乙丙橡胶，可与氯丁橡胶媲美，还具有优异的耐溶剂、耐药品、耐酸碱性能。因此，SEBS和SEPS不仅是通用热塑性弹性体，也是工程塑料用的改善耐天候性、耐磨性和耐热老化性的共混材料，故而很快发展成为锦纶（PA）、聚碳酸酯（PC）等工程塑料类“合金”的增容剂。

SEBS是以聚苯乙烯为末端段，以聚丁二烯加氢得到的乙烯-丁烯共聚物为中间弹性嵌段的线型三嵌段共聚物。SEBS不含不饱和双键，因此具有良好的稳定性和耐老化性，既具有可塑性，又具有高弹性，无须硫化即可加工使用，边角料可重使用，广泛用于生产高档弹性体、塑料改性、胶黏剂、润滑油增黏剂、电线电缆的填充料和护套料等。

SEBS具有良好的耐候性、耐热性、耐压缩变形性和优异的力学性能，其主要性能特点包括：

（1）较好的耐温性能，其脆性温度≤−60℃，最高使用温度达到149℃，在氧气气氛下其分解温度大于270℃；（2）优异的耐老化性能，老化168 h后其性能的下降率≤10%，臭氧老化（38℃）100 h后其性能下降≤10%；（3）优良的电性能，其介电系数在1 000 Hz为1.3×10^{-4}，1 000 000 Hz为2.3×10^{-4}；体积电阻1 min为9×10^{16} Ω·cm，2 min为2×10^{17} Ω·cm；（4）良好的溶解性能、共混性能和优异的充油性，能溶于多种常用溶剂中，其溶解度参数在7.2～9.6，能与多种聚合物共混，能用橡胶工业常用的油类进行充油，如白油或环烷油；（5）无须硫化即可使用的弹性体，加工性能与SBS类似，边角料可重复使用；（6）比重较轻，约为0.91。

其应用领域包括：（1）SEBS具有较好的紫外线稳定性、抗氧性和热稳定性，所以在屋顶和修路用沥青中也可以使用；（2）SEBS与石蜡之间有比较好的相容性，因此可用作纸制品较柔韧表面涂层；（3）在加热时没有明显的剪切流动时温度不敏感，因此它可以作为IPN的模板；（4）共混物的有机溶液可替代天然胶乳制造外科手套等制品，由于SEBS不含不饱和双键，抗氧性、抗臭氧性较天然橡胶更好，且无毒，纯度较高，不含蛋白质，更适于作为医疗卫生用品。

SEBS共混物可以采用注射、挤出及吹塑等热塑性加工方法制造各种物件。SEBS与SBS在产品结构方面有所不同，在加工温度也略有不同。在加工温度方面，SBS加工温度一般在150～200℃，而SEBS一般在190～260℃；SBS加工时，要求剪切速率较低，而SEBS加工时要求剪切速率较高；注塑成型时，SBS一般采用适中的剪切速率，挤出成型一般采用低压缩比的螺杆，而SEBS加工时，宜采用高注塑率和高压缩比的螺杆。

5.2.4　油品对TPS性能的影响

以SEBS为例，常规配方以SEBS＋PP＋油＋碳酸钙＋润滑剂＋抗氧剂组成，以常规双螺杆共混造粒。加到TPS中的油，通常为石蜡油与环烷油。

（一）油品物性对TPS性能的影响

1. 黏度对TPS性能的影响

油品黏度对TPS性能的影响见表1.1.5－7。

表1.1.5－7　油品黏度对TPS性能的影响

硬度	机械性能	压缩变形	手感爽滑
油黏度越高，TPS硬度反而越低；充同样黏度的石蜡油硬度比环烷油更低	油黏度对机械性能无明显影响，充环烷油比石蜡油更好	常温下，黏度越低反而压缩变形更好，充环烷油比石蜡油更好	黏度越低爽滑度越好，充石蜡油比环烷油更爽滑

充环烷油的TPS硬度要略高点，推测可能是因为环烷油与SEBS中的EB段相容性更好，导致环烷油对塑料相的软化作用降低。这也是为什么充环烷油TPS的机械性能更好的缘故。

充不同黏度的石蜡油对TPS的机械性能影响不大。

对于TPS的加工流动性来说，通常充黏度小的油品TPS流动性更好。同样黏度的石蜡油比环烷油流动性更好。

2. 充油量对TPS性能的影响

综合性能来看，充油量是SEBS的1～1.6倍为最佳。充油量还取决于SEBS的分子量，如果分子量大就需要多充油，但不宜过量，以SEBS能正常塑化为度。充油过量，削弱了SEBS分子间、SEBS与PP间的相互吸引力，导致机械性能下降；反过来，充油量过少，SEBS不能充分塑化，与PP及其他填料等的分散不良，也会导致机械性能下降。这也是经常会遇到的高分子量的SEBS反而强度不高的原因。

3. 闪点对TPS性能的影响

闪点的高低决定了油品分子量大小，通常黏度小的油闪点低。同样黏度的环烷油比石蜡油闪点要低。

闪点主要影响TPS的热失重性能，一般要求热失重小，则需要选择高闪点的石蜡油。在加工时，如果闪点低，还会在挤出口型处挥发出烟雾，影响生产环境。

4. 碳型比例对TPS性能的影响

如前所述，环烷油和石蜡油对TPS的性能有着不同的影响。除此之外，环烷油比石蜡油的充油速度更快。充油速度也与油温、SEBS比表面积、SEBS分子量有关。

5. 色度对TPS性能的影响

色度最直观的影响是TPS材料的外观，当使用色度值高的油品，得到的TPS材料更加接近材料的本色。色度高的油品未脱除的小分子物更少，对制品通过VOC检测更有帮助。

（二）充油工艺参数对TPS的性能的影响

1. 充油温度

油温越高，吸油速度越快。但油温过高，充油后的SEBS容易黏连，不容易在料斗下料。一般油温以10～30℃为宜。通过高混机充油，夏天时间可以略短，冬天时间可以略长，通过摩擦使SEBS有一定的温升，方便充油。如果在北方，气温很低，则要考虑预先把油加热。

2. 充油顺序

类似PVC加增塑剂，SEBS充油要先进行，然后再加其他助剂，尤其是填料要最后加，主要是为了防止填料对油品的吸收。

3. 充油后停放

油增塑SEBS是一个缓慢的过程，不管后续通过提高混炼温度或者增强螺杆组合，都不能达到充油后长期停放的增塑效果。SEBS充油后长期停放，使塑化更加均匀，TPS材料更透亮，表观更好。

一般经济停放时间为 8 h。

4. 不同 SEBS 混用时的充油

在高、低分子量 SEBS 搭配使用的场合，充油程序较为烦琐，需要分别对 SEBS 充油：一般分子量大的 SEBS 应多充点油，分子量小的 SEBS 少充点油。如果将不同分子量的 SEBS 混合在一起后同时充油，制品表面会出现因内应力引起的翘曲。

5. 充油喷雾装置

充油喷雾装置的使用主要是提高了油品与 SEBS 的接触面积，对于提高充油速率、充油的均匀性都有帮助。

5.2.5 电线电缆用热塑性弹性体

目前国内占大多数的电线、电缆专用料仍然为 PVC 产品，不符合环保要求，伴随着《电子信息产品污染控制管理办法》、SJ/T 11363—2006《电子信息产品中有毒有害物质的限量要求》、SJ/T 11364—2014《电子电气产品有害物质限制使用标识要求》、SJ/T 11365—2006《电子信息产品中有毒有害物质的检测方法》等法规与标准以及 GB/T 26526—2011《热塑性弹性体 低烟无卤阻燃材料规范》与国际电工委员会（IEC）提出的无卤指令的执行，PVC 电线、电缆料终将逐步退出电线、电缆行业。

此外，交联 PE、EVA/PE 和 POE 作为电缆绝缘层和护套料在线缆行业也占据相当大的份额，但是多采用氢氧化物阻燃体系，存在脆化问题高，阻燃性不足，加工流动性差，拉伸强度低，断裂伸长率小，不耐刮等问题。

热塑性弹性体作为电线电缆的绝缘护套料是近年来的一个热点，应用于电线电缆中使电缆结构得以改进，而且弹性体的热塑性决定了它的边角余料及废旧物质的可回收性，在消费电子用线缆、柔性电缆、新能源软电缆、环保电缆等产品上，热塑性弹性体已经逐步取代聚氯乙烯、氯丁橡胶等材料，这不仅为加工企业带来了可观的经济效益，更具有重要的社会意义。

苯乙烯类热塑性弹性体（TPEs）是目前热塑性弹性体中应用最为广泛的一种。SEBS（氢化的苯乙烯-丁二烯-苯乙烯类弹性体）分子链的饱和度高，具有优异的耐老化性能，力学强度高，同时具有高弹性，无须硫化即可加工使用，边角料可重复使用，主要用做鞋料和塑料改性剂。苯乙烯类热塑性弹性体具有密度低、硬度低、低温性能好、电性能优良、加工性能好等特性，尤其是环保性能使其在作为电线电缆绝缘材料以及护套方面具有广泛的优势。SBES 经过共混改性后作为电线电缆使用，其物理机械性能和阻燃性能完全符合电线电缆材料的要求，而且可以用于高阻燃的电线电缆。

《热塑性弹性体 电线电缆用苯乙烯类材料》（HG/T 5113—2016）适用于以苯乙烯类热塑性弹性体为主要柔性基材，添加其他聚合物及改性助剂经过共混造粒而制成的绝缘和护套材料。

《热塑性弹性体 电线电缆用苯乙烯类材料》要求，电线电缆用苯乙烯类热塑性弹性体绝缘材料出厂检验性能应符合表 1.1.5-8 的规定。

表 1.1.5-8 电线电缆用苯乙烯类热塑性弹性体绝缘材料出厂检验性能

检验项目	单位	要求			
		TPS—J70	TPS—J90	TPS—J105	TPS—J125
拉伸强度	MPa	≥9.0	≥9.0	≥9.0	≥9.0
断裂伸长率	%	≥250	≥250	≥250	≥250
耐热冲击试验 测试温度 试验结果	 ℃ —	 130 无裂纹	 130 无裂纹	 150 无裂纹	 150 无裂纹
20℃时体积电阻率	Ω·m	$\geq 1.0\times10^{11}$	$\geq 1.0\times10^{11}$	$\geq 1.0\times10^{11}$	$\geq 1.0\times10^{11}$
介电强度	$kV\cdot mm^{-1}$	≥20	≥20	≥20	≥20

《热塑性弹性体 电线电缆用苯乙烯类材料》对电线电缆用苯乙烯类热塑性弹性体绝缘材料型式检验的性能要求见表 1.1.5-9。

表 1.1.5-9 电线电缆用苯乙烯类热塑性弹性体绝缘材料型式检验的性能要求

检验项目	单位	要求			
		TPS—J70	TPS —J90	TPS —J105	TPS —J125
85℃时体积电阻率	Ω·m	$\geq 1.0\times10^{11}$	$\geq 1.0\times10^{11}$	$\geq 1.0\times10^{11}$	$\geq 1.0\times10^{11}$
冲击脆化性能 试验结果	 失效数	 ≤15/30	 ≤15/30	 ≤15/30	 ≤15/30
撕裂强度	kN/m	≥40	≥40	≥40	≥40
耐磨性能 试验结果	 mm^3	 ≤300	 ≤300	 ≤300	 ≤300
浸热水试验 拉伸强度最大变化率 断裂伸长率最大变化率	 % %	 ±30 ±35	 ±30 ±35	 ±30 ±35	 ±30 ±35

续表

检验项目	单位	要求			
		TPS—J70	TPS —J90	TPS —J105	TPS —J125
耐油性 　拉伸强度最大变化率 　断裂伸长率最人变化率	 % %	 ±30 ±30	 ±30 ±30	 ±30 ±30	 ±30 ±30
烟密度 　无焰 　有焰	 — —	 ≤300 ≤150	 ≤300 ≤150	 ≤300 ≤150	 ≤300 ≤150
空气箱热老化 　老化温度 　拉伸强度最大变化率 　断裂伸长率最大变化率	 ℃ % %	 100±2 ±25 ±25	 120±2 ±25 ±25	 135±2 ±25 ±25	 158±2 ±25 ±25
燃烧性能	根据产品应用场合需求，由供需双方协商				
燃烧释放酸性气体 　HCl 和 HBr 含量 　HF 含量	 % %	 ≤0.5 ≤0.1	 ≤0.5 ≤0.1	 ≤0.5 ≤0.1	 ≤0.5 ≤0.1
重金属含量 　Cd 　Cr 　Pb 　Hg 　Cr^{6+} 　PBBs 　PBDEs	 % % % % % % %	 0.01 0.1 0.1 0.1 0.1 0.1 0.1			
材料产烟毒性危害	根据产品应用场合需求，由供需双方协商				

HG/T 5113—2016《热塑性弹性体 电线电缆用苯乙烯类材料》对电线电缆用苯乙烯类热塑性弹性体护套材料出厂检验的性能要求见表 1.1.5-10。

表 1.1.5-10　电线电缆用苯乙烯类热塑性弹性体护套材料出厂检验的性能要求

检验项目	单位	要求			
		TPS—H70	TPS—H90	TPS—H105	TPS—H125
拉伸强度	MPa	≥10	≥10	≥10	≥10
断裂伸长率	%	≥300	≥300	≥300	≥300
耐热冲击试验 　测试温度 　试验结果	 ℃ —	 130 无裂纹	 130 无裂纹	 150 无裂纹	 150 无裂纹
20℃时体积电阻率	Ω·m	≥1.0×10^{10}	≥1.0×10^{10}	≥1.0×10^{10}	≥1.0×10^{10}
介电强度	kV·mm^{-1}	≥18	≥18	≥18	≥18

HG/T 5113—2016《热塑性弹性体 电线电缆用苯乙烯类材料》对电线电缆用苯乙烯类热塑性弹性体护套材料型式检验性能的要求见表 1.1.5-11。

表 1.1.5-11　电线电缆用苯乙烯类热塑性弹性体护套材料型式检验性能的要求

检验项目	单位	要求			
		TPS —H70	TPS —H90	TPS —H105	TPS —H125
85℃时体积电阻率	Ω·m	≥1.0×10^{11}	≥1.0×10^{11}	≥1.0×10^{11}	≥1.0×10^{11}
压缩永久变形 　试验结果	 %	 ≤40	 ≤70	 ≤70	 ≤70
冲击脆化性能 　试验结果	 失效数	 ≤15/30	 ≤15/30	 ≤15/30	 ≤15/30
撕裂强度	kN·m^{-1}	≥40	≥40	≥40	≥40
耐磨性能 　试验结果	 mm^3	 ≤300	 ≤300	 ≤300	 ≤300

续表

检验项目	单位	要求			
		TPS －H70	TPS －H90	TPS －H105	TPS －H125
耐臭氧 试验结果	—	未开裂	未开裂	未开裂	未开裂
抗 UV 性能 拉伸强度最大变化率 断裂伸长率最大变化率	 % %	 ±15 ±15	 ±15 ±15	 ±15 ±15	 ±15 ±15
浸热水试验 拉伸强度最大变化率 断裂伸长率最大变化率	 % %	 ±30 ±35	 ±30 ±35	 ±30 ±35	 ±30 ±35
耐油性 拉伸强度最大变化率 断裂伸长率最大变化率	 % %	 ±30 ±30	 ±30 ±30	 ±30 ±30	 ±30 ±30
耐酸碱 拉伸强度最大变化率 断裂伸长率	 % %	 ±30 ≥100	 ±30 ≥100	 ±30 ≥100	 ±30 ≥100
耐腐蚀（盐雾） 拉伸强度最大变化率 断裂伸长率最大变化率	 % %	 ±30 ±35	 ±30 ±35	 ±30 ±35	 ±30 ±35
烟密度 无焰 有焰	 — —	 ≤300 ≤150	 ≤300 ≤150	 ≤300 ≤150	 ≤300 ≤150
燃烧性能	根据产品应用场合需求，由供需双方协商				
燃烧释放酸性气体 HCl 和 HBr 含量 HF 含量	 % %	 ≤0.5 ≤0.1	 ≤0.5 ≤0.1	 ≤0.5 ≤0.1	 ≤0.5 ≤0.1
空气箱热老化 老化温度 拉伸强度最大变化率 断裂伸长率最大变化率	 ℃ % %	 100±2 ±25 ±25	 120±2 ±25 ±25	 135±2 ±25 ±25	 158±2 ±25 ±25
重金属含量 Cd Cr Pb Hg Cr^{6+} PBBs PBDEs	 % % % % % % %	 0.01 0.1 0.1 0.1 0.1 0.1 0.1			
材料产烟毒性危害	根据产品应用场合需求，由供需双方协商				

5.2.6　TPS 的供应商

（一）SBS 的供应商

国内 SBS 供应商的生产情况见表 1.1.5－12。

表 1.1.5－12　2006—2009 年国内各 SBS 装置产量情况

序号	供应商	产量（t/年）			
		2006 年	2007 年	2008 年	2009 年
1	中石化燕山分公司	86 185	88 015	79 103	9.09 万
2	中石化巴陵分公司	128 950	138 167	111 030	10.28 万
3	中石化茂名分公司	73 423	75 373	86 153	14.21 万
合计		288 558	301 555	276 286	33.58 万

SBS 的国内供应商还有：中石油独山子分公司等。

SBS 的国外与台湾地区供应商见表 1.1.5－13。

表 1.1.5-13　SBS 的国外供应商（一）

供应商	产能 /(万 t · 年$^{-1}$)	供应商	产能 /(万 t · 年$^{-1}$)
Kraton Polymers 公司	42.3	日本 Kraton 弹性体公司	4.5
美国 Dexco 聚合物公司	6.0	日本弹性体公司	3.5
美国埃尼弹性体公司	4.5	日本旭化成公司	1.5
美国普利司通/费尔斯通公司	3.0	日本合成橡胶公司	0.5
墨西哥 Negromex 公司	3.0	韩国锦湖石化公司	3.5
比利时阿托菲纳安特卫普公司	10.5	韩国 LG 化学公司	5.0
德国迪高莎公司	1.2	中国台湾合成橡胶公司	5.4
意大利埃尼化学公司	9.0	中国台湾奇美实业股份公司	10.0
西班牙 Dynasol 弹性体公司	9.0	中国台湾李长荣化学工业公司	12.0
罗马尼亚 Carom 公司	1.0	中国台湾英全化工公司	6.0
俄罗斯 Voronezhsyntezkachuk 公司	3.0		

埃尼的 SBS 牌号见表 1.1.5-14。

表 1.1.5-14　埃尼的 SBS 牌号

类型	牌号	结合苯乙烯/%	微观结构	充油份数	二嵌段物/%	Brookfield 黏度[a]/cps	熔融指数[b] /[g · (10 min)$^{-1}$]	硬度[c] (邵尔 A)	形态[d]	主要用途
非充油	Europrene SOL T 161B	30	星型	—	10	20 000	<1	82	G，P	屋顶与路面铺装沥青改性
	Europrene SOL T 161C	30	星型	—	10	7 500	<1	82	G	屋顶与路面铺装沥青改性、掺和、黏合剂
	Europrene SOL T 6205	25	星型	—	10	7 700	<1	68	G	路面铺装沥青改性、黏合剂与密封胶
	Europrene SOL T 6302	30	线型	—	12	4 000	<1	80	G	屋顶与路面铺装沥青改性、掺和
	Europrene SOL T 6306	37	星型	—	10	22 000	<1	90	G，P	屋顶铺装沥青改性
	Europrene SOL T 166	30	线型	—	10	1 300	6	72	PL	模压与挤出制品、聚合物改性、黏合剂
	Europrene SOL T 6320	31	线型	—	75	600	11	64	PL	沥青改性、黏合剂、聚合物改性
	Europrene SOL T 6414	40	星型	—	22	400	11	88	PL	黏合剂、掺和、聚合物改性
充油	Europrene SOL T 172	31	星型	45	—	—	9	48	PL	鞋材、聚合物改性与塑料再生、高技术制品
	Europrene SOL T 177	50	星型	50	—	—	15	86	PL	鞋材、高硬度片材与鞋底

注：a. 25%甲苯溶液。
b. ASTM D1238，条件 P（5 kg，190℃）。
c. ASTM D2240。
d. PL——致密颗粒；G——小颗粒；F——多孔球团颗粒；P——粉末。

韩国锦湖石油化学公司的 SBS 牌号见表 1.1.5-15。

表 1.1.5-15　韩国锦湖石油化学公司的 SBS 牌号

类型	牌号	结合苯乙烯/%	微观结构	brookfield 黏度[a]/cps	熔融指数[c] /[g · (10 min)$^{-1}$]	主要用途
韩国锦湖	KTR 101	31.5	线型	4 500[a]	<1	吸油性好
	KTR 103	31.5	线型	2 000[a]	<1	
	KTR 201	31.5	线型	1 200[a]	6	低黏度，配方分散性好
	KTR 301	41	星型	—	6	充油牌号，易加工
	KTR 401	31	星型	23.8[b]	<1	星型结构，物理机械性能好
	KTR 401H	32.5	星型	21.5[b]	<1	
	KTR 602	40.5	线型	600[a]	11	附着性能强
	KTR 655	38	线型	560[a]	17	

注：a. 25%（wt）甲苯溶液，@25℃。
b. 5.23%（wt）甲苯溶液，@25℃。
c. 熔融指数@200℃，5kg（g · 10 min^{-1}）。

俄罗斯西布尔 SBS 的技术规格见表 1.1.5-16。

表 1.1.5-16 俄罗斯西布尔 SBS 的技术规格

牌号	结构	结合苯乙烯含量/%	熔融指数[a]	溶液黏度[b]	硬度 A[c]	拉伸强度(≥)/MPa	扯断伸长率(≥)/%	外观	证书
DST R 30—00	星型	28.5~31.5	<1	25±10	75	8	550	颗粒、粉末	REACH、RoHS
SBS R 30—00A	星型	28.5~31.5	<1	30±10	82	8	550		
DST L 30—01	线型	28.5~31.5	<1	14±5	72	14.7	700		
SBS L 30—01A	线型	28.5~31.5	<1	14±5	80	14.7	700		
DST L 30—01 (SR)	线型	28.5~31.5	<1	12±5	72	14.7	700		

注：a. 熔融指数@190℃，5 kg (g·10 min^{-1})。
b. 25% (wt) 甲苯溶液，@25℃。
c. 1 s 邵氏硬度。

SBS 的国外供应商还有：美国 Shell Chem、美国 Phillips Petro、意大利 Enichem 等。

（二）SIS 的供应商

国内 SIS 供应商的生产情况见表 1.1.5-17。

表 1.1.5-17 国内 SIS 供应商近几年的产量和产能

序号	供应商	产量/(万 t·年$^{-1}$)			产能/(万 t·年$^{-1}$)
		2005 年	2013 年	2014 年	2014 年
1	巴陵石化	0.8	2.55	3.7	4
2	宁波欧瑞特	—	0.6	0.9	1~2
3	宁波科元	—	0.2	—	2
4	山东聚圣	—	2.37	2.45	3
5	台橡（南通）实业有限公司	—	2.4	2.8	4
6	茂密众和	—	0.25	0.8	3
7	珠海澳圣	—	0.14	—	0.5
合计		0.8	8.51	10.65	17.5~18.5

埃尼的 SIS 牌号见表 1.1.5-18。

表 1.1.5-18 埃尼的 SIS 牌号

牌号	结合苯乙烯/%	微观结构	充油份数	二嵌段物/%	Brookfield 黏度[a]/cps	熔融指数[b]/[g·(10 min)$^{-1}$]	硬度[c](邵尔 A)	形态[d]	主要用途
Europrene SOL T 190	16	线型	—	25	1000	9	30	PL	专用于压敏黏合剂
Europrene SOL T 9113	18	线型	—	8	850	12	44	PL	包装胶带用压敏胶
Europrene SOL T 9133	16	线型	—	55	600	14	20	PL	标签用压敏胶
Europrene SOL T 9326	30	线型	—	15	300	8	60	PL	高内聚力高熔点黏合剂，颜色与黏度稳定

注：a. 25%甲苯溶液。
b. ASTM D 1238，条件 P (5 kg，190℃)。
c. ASTM D 2240。
d. PL——致密颗粒；G——小颗粒；F——多孔球团颗粒；P——粉末。

国外及台湾地区其他 SIS 供应商产能见表 1.1.5-19。

表 1.1.5-19 国外及台湾地区其他 SIS 供应商产能

序号	供应商	生产能力[a]/(万 t·年$^{-1}$)	技术来源	生产地点
1	科腾聚合物公司	42.1	Shell 技术	欧洲、美国
2	Versalis S. P. A.	9.0	Phillips 技术	意大利
3	瑞翁公司	3.0	自有技术	日本
4	科腾/JSR	4.2	Shell 技术	日本
5	台橡	3.5	原 Dexco 技术	美国
6	李长荣	2	—	台湾

注：a. 科腾、Versalis S. P. A.、科腾/JSR 的产能数据包括 SBS、SEBS 等在内。

（三）SEBS 与 SEPS 的供应商

巴陵石化 SEBS 产品性能指标见表 1.1.5-20。

表 1.1.5-20 巴陵石化 SEBS 产品性能指标

项目	YH—561	YH—501	YH—502	YH—503	YH—504	YH—602
结构	线型	线型	线型	线型	线型	星型
苯乙烯含量 wt/%	34%	30%	30%	33%	30%	35%
扯断拉伸强度/MPa	25	20	25	25	25	26
300%定伸应力/MPa	5.5	4.0	4.8	6.0	6.0	4.5
扯断伸长率/%	500	500	500	500	600	500
硬度（邵尔 A）	82	75	75	77	76	90
25℃时，10%甲苯溶液黏度/(mPa·s)	1 200	500	1 200	1 500	—	800
熔体流动速率/MFR in 200℃，5 kg	—	0.25	—	—	—	—

巴陵石化 SEBS 产品性能特点：

YH—561 是针对低硬度弹性体而专门设计的牌号，与其他 SEBS 相比，具有突出的弹性恢复和高充油下的拉伸强度。将 YH—561 与各种石蜡级白油按 1∶3～4.2（重量比）混合，可直接生产不同邵尔硬度 A6～18 的弹性体制品。YH—561 可满足大多数软质玩具用弹性体的要求，加工应用简单，制品表面干爽无油润感。

YH—501 为低分子量的线型 SEBS，具有流动性好、熔融黏度低的特点，可用于生产热熔（压敏）胶与塑料改性等方面。用 YH—501 生产的热熔压敏胶初黏力、剥离力适中，内聚力好，可用于生产包装保护膜等；在 YH—501 中加入适量的 SIS，能有效提高其热熔压敏胶的初黏力和剥离强度，可制备高性能的压敏胶。YH—501 生产的热熔胶具有流动性能好、耐蠕变性能较好、耐老化、内聚强度高的特点，可用于生产高档地毯、防滑地垫的背面胶；亦可生产用于木材、纸张、纤维织物、皮革、金属、塑料等黏接的热熔胶。YH—501 亦可用于 PP、PS、LDPE、HDPE、PPO 等的增韧改性，可显著改善低温脆性，用于改性 PP 时，还可保持材料的透明性。改性塑料的用量通常为 5%～20%。

YH—502 的分子量中等，加工弹性较大，具有良好的透明性，适合于塑料改性、邵尔 A20～40 度的软质弹性体、透明软质玩具，如果冻蜡烛、片材，根据热溶胶黏度要求可与 SIS 混配生产热溶胶、玻璃密封胶、部分塑料的改性、抗振材料等，部分用于改善其他牌号的加工性与力学性能平衡性，而用于共混材料。以 YH—502 与 15＃白油按 1∶10～15 配比生产的果冻蜡烛膏体透明、无色、无味，燃烧时不流淌，无烟无毒，燃烧时间比一般蜡烛长 3～4 倍；不潮解，贮存期长，且可调香、调色，比传统蜡烛更美观。YH—502 生产热熔胶时基础配方与 YH—501 基本相同，生产的热熔胶内聚力优于 YH—501，但熔融黏度较高，通过增加填充油可改善热熔胶的熔融黏度。

YH—503 分子量是线型 SEBS 中最高的，高填充下的力学性能优秀，与 PP 共混时形成的双 INP 网络完整，主要用于共混产品。YH—503 主要用于共混弹性体的基础材料，如各种包覆材料、密封条、抗振材料、道路标志油漆、其他弹性体的补强、塑料增韧改性等。YH—503 在加工时可与大多数塑料共混，不同塑料对其最终制品的性能有不同的影响，如在 YH—503 共混材料中加入粉状 PPO 时强化了苯乙烯与丁二烯的相分离，弹性体的耐温性能、力学性能、刚性、表面的滑爽感明显增强；在其中加入适量的 α-甲基苯乙烯和丙烯腈的共聚物时制品表面不黏。

YH—504 为线型中分子量产品，其特点是分子量和拉伸强度适中，吸油能力介于 YH—503 和 YH—602 之间，具有较高的拉伸强度及较好加工性，主要用于电线电缆的绝缘、屏蔽护套共混料的生产，也可用于塑料改性等方面。

YH—602 为星型结构产品，加工流动性好，制品表面光洁度高、弹性恢复佳。利用 YH—602 良好的配混加工性能和适中的力学性能可生产各种弹性体，主要是对弹性恢复要求高的制品，如密封材料（如建筑门窗密封条、地板和墙壁缝隙密封条）、文体用品等，也可根据实际需要用于塑料改性、改善包覆材料的表面性能和可加工性。

巴陵石化 SEPS 产品性能指标见表 1.1.5-21。

表 1.1.5-21 巴陵石化 SEPS 产品性能指标

牌号	数均分子量 (*Mn*)/万	结合苯乙烯含量（wt）/%	加氢度 (≥)/%	硬度 (邵尔 A)	拉伸强度 /MPa	甲苯溶液黏度 (@25℃)/(MPa·s)
YH—4051	6.2	30	98.0	76	32	400（15%wt）
YH—4052	10.5	33	98.0	78	35	480（10%wt）
YH—4053	16.5	30	98.0	78	38	5 900（10%wt）

与 SEBS 相比，SEPS 弹性体的吸油速度快、吸油后表面黏性低、硬度与拉伸强度大、扯断永久变形小、与各种极性与非极性的材料黏接性能好。在相同的充油比下，YH—4051 比 SEBS YH—501 更加干爽，SEPS YH—4051 适合生产各种高回弹的软胶，可应用于软胶玩具、窗花、TPE 造粒、无卤阻燃线缆包覆材料以及胶黏剂、密封剂、沥青/涂料改性、共混改性等。在相同的充油比下，SEPS YH—4052 比 SEBS YH—502 触感更加舒适，SEPS YH—4052 适合生产各种高回弹的

软胶玩具、果冻蜡烛等，用于生产包胶则有更舒适的触感与透明性，而且 SEPS YH－4052 与 PP、PE、ABS、EVA 等具有良好的相容性，可应用于塑料改性、玩具、薄膜增韧等。在相同的充油比下，YH－4053 比 SEBS YH－503 拉伸强度大、扯断永久变形小，在实际应用中 SEPS YH－4053 与 YH－4051、YH－4052 搭配会体现出不一样的触感与黏接，且透明性不变；YH－4053 牌号还可以应用于 TPE 造粒、成人用品、各种牌号的 SEPS 充油后与 EVA 混配生产的发泡材料，如鞋底，得到的制品表面更加细腻、止滑性能与弹性均有良好的表现。

台橡南通实业有限公司 SEBS 产品性能指标见表 1.1.5－22。

表 1.1.5－22 台橡南通实业有限公司 SEBS 产品性能指标

规格	台橡 Taipol SEBS 产品性能指标						
	6150	6151	6152	6153	6154	6159	7131
结构	线型	线型	线型		线型	线型	马来酸酐接枝 SEBS/线型
苯乙烯含量/%	29	32	29	29	31	29	29
二嵌段物/%	<1	<1	<1	<1	<1	<1	<1
熔融流动指数（g·10 min^{-1}，230℃·5 kg^{-1}）	—	—	4	—	—	—	—
10%甲苯溶液黏度/cps		1 700			370	—	—
20%甲苯溶液黏度/cps	1 600		400	2 000～2 900		—	—
灰分/%	0.5	0.5	0.5	0.5	0.5	0.5	0.5
挥发分/%	<0.5	<0.5	<0.5	<0.5	<0.5	<0.5	<0.5
密度/(g·cm^{-3})	0.91	0.91	0.91	0.91	0.91	0.91	0.91
拉伸强度/MPa（kg·cm^{-2}）	22（200）	—	24（240）	22（220）	—	—	>15（150）
扯断伸长率/%	500	—	500	500	—	—	500
硬度（邵尔 A）	76	—	76	76	—	—	72
形态	粉状	粉状	多孔胶粒	粉状	粉状	粉状	密实颗粒

美国科腾聚合物有限责任公司部分 SEBS 与 SEPS 产品性能指标见表 1.1.5－23。

表 1.1.5－23 美国科腾聚合物有限责任公司部分 SEBS 与 SEPS 产品性能指标

规格	SEBS				SEPS
	1650E	1651E	1652E	1654E	1701E
结合苯乙烯含量/%	27.7～30.7	30.0～33.0	28.2～30.0	28.5～31.5	33.2～36.6
10%甲苯溶液黏度（25℃）/(Pa·s)	1.0～1.9	1.5	—	0.25～0.50	—
20%甲苯溶液黏度（25℃）/(Pa·s)	—	—	0.40～0.53	—	—
总可萃取物/%	≤1.0	≤1.6	≤1.0	≤1.6	—
挥发分/%	≤0.5	≤0.5	≤0.6	≤0.5	≤0.5
抗氧剂含量/%	≥0.03	≥0.03	≥0.03	≥0.03	≥0.03
灰分/%	0.4～0.6	0.3～0.5	—	0.35～0.55	
相对密度/(g·cm^{-3})	0.91	0.91	0.91	0.92	0.91
熔融指数（230℃·5 kg^{-1}）	—	—	6	—	—
硬度（邵尔 A）	—	—	69	—	—
300%定伸应力/MPa	5.6	—	4.8	—	—
拉伸强度/MPa	35	—	31	—	—
拉断伸长率	500	—	500	—	—

意大利埃尼化学公司（Europrene）SEBS 产品性能指标见表 1.1.5－24。

表 1.1.5-24　Europrene SEBS 产品性能指标

规格	Europrene SOL TH2311	Europrene SOL TH2312	Europrene SOL TH2314	Europrene SOL TH2315
结构	线性	线性	线性	线性
结合苯乙烯含量/%	30	30	31	32
Brookfield 黏度[a]/cps	500	1 600	—	—
熔融指数[b]/[g·(10 min)$^{-1}$]	1	<1	<1	<1
硬度[c]（邵尔 A）	75	75	70	68
形态[d]	F	F	F	F，P
主要用途	专用于高熔点黏合剂、密封胶与聚合物改性	掺和、胶黏剂、聚合物改性	掺和	掺和

注：a. 25%甲苯溶液。
b. ASTM D 1238，条件 P（5 kg，190℃）。
c. ASTM D 2240。
d. PL——致密颗粒；G——小颗粒；F——多孔球团颗粒；P——粉末。

日本可乐丽 SEPTON SEBS 性能及物性见表 1.1.5-25。

表 1.1.5-25　日本可乐丽 SEPTON SEBS 性能及物性

类型	牌号	结合苯乙烯含量/%	密度/(g·cm^{-3})	硬度(邵尔 A)	100%定伸应力/MPa	拉伸强度/MPa	扯断伸长率/%	熔融流动指数/[g·(10 min)$^{-1}$]		甲苯溶液黏度/(mPa·s)			形态
								230℃，2.16 kg	200℃，10 kg	5%	10%	15%	
SEP	1001	35	0.92	80	—	2	<100	0.1	1	—	70	1 220	颗粒
	1020	36	0.92	70	—	1.2	<100	—	1.8	—	42	—	粉末
SEPS	2002	30	0.91	80	3.2	11.2	480	70	100	—	—	25	颗粒
	2004	18	0.89	67	2.2	16	690	5	—	—	—	145	颗粒
	2005	20	0.89	—	—	—	—	不流动		40	1 700	—	粉末
	2006	35	0.92	—	—	—	—	不流动		27	1 220	—	粉末
	2007	30	0.91	80	3.0	16.7	580	2.4	4	—	17	70	颗粒
	2063	13	0.88	36	0.4	10.8	1 200	7	22	—	29	140	颗粒
	2104	65	0.98	98	—	4.3	<100	0.4	22	—	—	23	颗粒
SEEPS	4033	30	0.91	76	2.2	35.3	500	<0.1	<0.1	—	50	390	粉末
	4044	32	0.91	—	—	—	—	不流动		22	460	—	粉末
	4055	30	0.91	—	—	—	—	不流动		90	5 800	—	粉末
	4077	30	0.91	—	—	—	—	不流动		300	—	—	粉末
	4099	30	0.91	—	—	—	—	不流动		670	—	—	粉末
SEEPS—OH	HG252	28	0.90	80	3.0	23	500	26	—	—	—	70	颗粒
SEBS	8004	31	0.91	80	2.3	31.6	560	<0.1	<0.1	—	40	—	粉末
	8006	33	0.92	—	—	—	—	不流动		42	—	—	粉末
	8007	30	0.91	77	3.5	29	550	2	—	—	20	—	粉末/颗粒
	8076	30	0.91	72	1.1	2.9	530	65	—	—	—	21	颗粒
	8104	60	0.97	98	12.9	32.8	500	—	1	—	—	80	颗粒
检测方法		ISO 1183		ISO 48	ISO 37			ISO 1133		甲苯溶液 30℃			

注：本表数据来源于网络，未核实，请读者谨慎使用。

日本旭化成 SEBS 产品性能指标见表 1.1.5-26。

表 1.1.5-26　日本旭化成 SEBS 产品性能指标

品名		H1221	H1052	H1031	H1041	H1051	H1043	H1141	H1053	H1272	M1943	M1911	M1913	N505
密度/(g·cm^{-3})		0.89	0.89	0.91	0.91	0.93	0.97	0.91	0.91	0.90	0.90	0.92	0.92	0.94
熔融指数/[g·(10 min)$^{-1}$]		—	3	17	0.3	—	—	22	—	—	—	—	—	4
硬度（邵尔 A）		42	67	82	84	96	72	84	79	35	67	84	84	69
拉伸强度/MPa		9.5	11.8	12.7	21.6	32.3	10.3	2.7	24.6	18.6	10.8	21.6	21.6	3.3
扯断伸长率/%		980	700	650	650	600	20	520	550	950	650	650	600	780
300%定伸应力/MPa		1.0	2.5	3.2	3.4	8.3	—	2.8	4.8	1.0	2.9	4.1	4.4	2.1
S-EB（wt）/%		12/88	20/80	30/70	30/70	42/58	67/33	30/70	29/71	35/65	20/80	30/70	30/70	30/70
外观		粒状	粒状	粒状	粒状	粒状	粒状	粒状	粒状	粒状	粒状	粒状	粒状	粒状
应用	PP 改性	E	E	G	E	G	—	G	E	G	G	G	G	—
	PS 或工程塑料改性	—	G	—	E	G	—	—	E	G	E	E	E	—
	兼容性	G	G	G	E	G	E	G	E	G	E	E	E	—
	皮革	E	E	E	—	—	—	—	—	—	G	G	G	—
	黏性和密封性	G	—	G	E	G	—	E	E	—	—	E	E	E（专用于胶黏剂规格）
	未加工材料的橡胶改性	G	G	—	G	—	—	—	G	E	—	G	G	—

注：本表数据来源于网络，未核实，请读者谨慎使用。

旭化成公司的 SEBS 品牌为 TUFTEC，主要有两个系列：H-series 和 M-series。H-series 主要优点为：良好的橡胶弹性，高挠［弯］曲模量，较低的密度，良好的耐候性，良好的耐化学性，良好的电性能。M-series 是通过马来酸酐改性的 SEBS，主要优点为：和各种工程塑料良好的兼容性，同各种金属及塑料良好的共挤黏性。最近几年，旭化成推出了部分选择性氢化的 SBBS，即 P 系列产品。旭化成另有特殊牌号 SBBS，规格为 N505，专用于胶黏剂行业，主要优点为：与增黏树脂良好的兼容性，良好的耐热稳定性。基于 SBBS N505 可以设计出一些具有特殊性能的胶黏剂配方。

韩国锦湖石油化学公司 SEBS 的商品名为 STE，是 SBS 和 SEBS 的复合产品，其产品性能指标见表 1.1.5-27。

表 1.1.5-27　韩国锦湖石油化学公司 STE 产品性能指标

类别	牌号	硬度	拉伸强度	扯断伸长率/%	熔融指数/[g·(10 min)$^{-1}$]	硬度（邵尔 A）
汽车	STEH−5160	1.12	70	540	7	60
	STEH−2063	1.18	80	780	60	65
	STE−2172GN	1.12	35	420	30	72
	STE−2035	0.92	150	600	20	95
家电	STEH−FR	1.15	60～100	—	5	85
	STEH−6190	1.12	100	440	10	90
	STEH−2030	0.95	50	900	18	30
	STEH−2128	0.92	38	720	130	0.92
鞋材	STE−1068	1.02	60	600	52	65
	STE−1075	1.02	60	580	47	75
	STE−O	0.98	—	1 200	50	0
	STE−1055D	0.99	125	440	23	100
	STE−1092LP	1.11	105	600	15	92

REPSOL 集团西班牙 DYNASOL SEBS 产品性能指标见表 1.1.5-28。

表 1.1.5-28　西班牙 DYNASOL SEBS 产品性能指标

规格	6110	6120	6140	6170
结构	线型	线型	线型	线型
苯乙烯含量/%	30	30	31	33
分子量	低	中	中	高

续表

规格	6110	6120	6140	6170
溶液黏度/cps	500	1 800	350	1 500
密度/(g · cm^{-3})	0.91	0.91	0.91	0.91
熔融指数	<1	<1	<1	<1
硬度（邵尔 A）	75	75	75	75

注：本表数据来源于网络，未核实，请读者谨慎使用。

SEBS 规格对照表见表 1.1.5 - 29。

表 1.1.5 - 29　SEBS 规格对照表

TPE GRADE	TSRC	KRATON	YH	DYNASOL	KURARAY	ASAHI
SEBS	SEBS—6150	KratonG—1650	YH—501	Calprene H 6120	Septon S—8004	Tuftec SEBS H1077F
	SEBS—6151	Kraton G—1651	YH—503	Calprene H 6170	Septon S—8006	Tuftec SEBS H1285
	SEBS—6152	Kraton G—1652	YH—502	Calprene H 6110	Septon S—8007	Tuftec SEBS H1053
	SEBS—6154	Kraton G—1654	YH—504	Calprene H 6140		

5.3　聚烯烃类 TPE

聚烯烃类 TPE（polyolefin thermoplastic elastomer）是一类由橡胶和聚烯烃树脂组成的混合物，有机械共混型和化学接枝型两大类。机械共混型有部分结晶的专用乙丙橡胶与聚烯烃树脂直接机械共混型和无规乙丙橡胶与聚烯烃树脂动态硫化共混型两类。动态硫化共混型又可分为动态部分硫化型和动态全硫化型。

聚烯烃类 TPE 的形态可以以橡胶为连续相、树脂为分散相或以橡胶为分散相、树脂为连续相，或者两者都呈连续相的互穿网络结构。随着相态的变化，共混物的性能也随之而变。如橡胶为连续相，其性能近似硫化胶；如树脂为连续相，其性能近似塑料。

5.3.1　TPO

聚烯烃类 TPE（olefinic thermoplastic elastomer）以 PP 为硬链段和 EPDM 为软链段的共混物，简称 TPO。由于它比其他 TPE 的比重轻（仅为 0.88），耐热性高达 100℃，耐天候性和耐臭氧性也好，因而成为 TPE 中又一发展很快的品种。现在，TPO 已成为美日欧等汽车和家电领域的主要橡塑材料。特别是在汽车领域的应用已占到其总产量 3/4，用其制造的汽车保险杠，已基本取代了原来的金属和 PU。

TPO 是乙丙橡胶与聚烯烃（通常多为聚丙烯）在密炼机、单螺杆挤出机或双螺杆挤出机上，直接通过机械共混制得。聚丙烯/乙丙橡胶的配比一般为 5～60/100，最好为 20～35/100。

TPO 中的乙丙橡胶是未硫化的部分结晶的“专用级”乙丙橡胶，要求有较长的聚乙烯链段或较高的分子量，当其含量大于 50%时，橡胶相为连续相，聚烯烃类树脂为分散相，TPO 的流动性大大下降，不易制得柔软的材料，且其强度和耐介质等性能有较大的局限性。提高 TPO 的力学性能、热特性，或者使之具有导电性和阻燃性等新功能的方法，通常是在 TPO 中添加无机或有机填充剂。近年来粉末分散的纳米复合 TPO 材料引人注目，因为纳米填充剂可以大幅度增加表面积和减少粒子间的距离，产生许多意想不到的新功能。

随着近年来人们对电子射线的认识越来越深入，电子束辐射技术已经成为高分子材料改性的有力技术手段，利用电子射线生产 TPO 正成为热点。通过电子射线、辐射交联等后硫化手段提高 TPO 性能应值得国内业界高度重视。

TPO 的典型技术指标见表 1.1.5 - 30。

表 1.1.5 - 30　TPO 的典型技术指标

项目	指标	项目	指标
透明性	半透明	硬度：JIS A	61～95
相对密度	0.88	邵尔 D	10～41
维卡软化温度（250 g）/℃	52～147	压缩永久变形（72℃×22 h）/%	49～72
脆性温度/℃	<−70	回弹性/%	45～55
线膨胀率/(×10^{-4}℃$^{-1}$)	1.4～1.6	电导率（1 000 Hz）/(S · cm^{-1})	2.2
100%定伸应力/MPa	2.25～10.6	介电损耗角正切（1 000 Hz）	0.001 0～0.001 2
拉伸强度/MPa	3.23～14.2	介电强度/(kV · mm^{-1})	18～20
拉断伸长率/%	240～250	体积电阻率/(Ω · cm)	10^{16}
撕裂强度/(kN · m^{-1})	59.8～93.1	吸水率（24 h）/%	0.02

TPO 粒料大多为黑色或本色，可根据需要添加各种颜料制成不同颜色的制品，也可加入抗氧剂、软化剂、填充剂等。商品 TPO 可根据制品的使用要求，提供耐油型、阻燃型、电稳定型以及静电涂料等各种品级的特殊配合料。

边角废料可回收重复加工使用，一般掺入比例不超过 30%。

TPO 可采用通常热塑性塑料的加工设备进行加工成型，加工成型温度和压力一般应略高一些。可以注射成型、挤出成型，也可用压延机加工成板材或薄膜，并可吹塑成型。

TPO 除用于汽车工业保险杠、挡泥板、方向盘、垫板等及电线电缆工业上耐热性和环境要求较高的绝缘层和护套外，也用于胶管、输送带、胶布、包装薄膜，以及家用电器、文体用品、玩具等模压制品，特别是在医疗领域替代热固性橡胶制品更清洁卫生，将成为未来发展趋势。

5.3.2　TPV

（一）EPDM TPV

1973 年出现了动态部分硫化的 TPO，由美国 Uniroyal 公司以 TPR 的商品名上市以来，多年以两位数增长。特别是在 1981 年美国 Mansanto 公司成功开发以 Santoprene 命名的完全动态硫化型的 TPO 之后，性能又大为改观，最高使用温度可达 120℃。这种动态硫化型的 TPO 简称为 TPV（thermoplastic rubber vulcanizate），主要是对 TPO 中的 PP 与 EPDM 混合物在熔融共混时，加入能使其硫化的交联剂，利用密炼机、螺杆挤出机等机械高强度的剪切力，使完全硫化的微细 EPDM 交联橡胶的粒子，充分分散在 PP 基体之中。硫化剂一般采用有机过氧化物，也可与硫黄硫化体系并用，用量较动态部分硫化的 TPO 大；乙丙橡胶的质量分数最好为 60%～80%。

TPV 是指将橡胶如 EPDM 与热塑性聚合物如 PP 树脂在高温、高剪切的混合器中熔融共混，在交联剂的作用下将橡胶硫化，得到尺寸在微米级别的微粒硫化橡胶相，并均匀地分散于树脂相的共混物。与嵌段共聚热塑性弹性体的硬段是分散相、软段是连续相不同，在 TPV 中，塑料是连续相，橡胶作为分散相，且软段与硬段都是独立的聚合物，通过交联橡胶的“粒子效应”，使 TPO 的耐压缩变形、耐热老化、耐油性等性能都得到明显改善，甚至达到了 CR 橡胶的水平，因而人们又将其称为热塑性硫化胶。其主要性能特点为：(1) 压缩永久变形比 TPO 大有改善，而且也优于 EPDM 和 CR；(2) 耐油性优于 TPO，耐油、耐溶剂性能类似氯丁橡胶；(3) 耐候性能和耐臭氧性能优异，氙灯老化 1 000～2 000 h，强伸性能变化很小；(4) 耐热、耐寒，连续工作的最高温度为 135℃，最低温度为−60℃，与 EPDM 相当，优于 CR；(5) 电性能优良；(6) 优越的抗动态疲劳性，抗屈挠性能优良，特别是抗屈挠割口增长性佳；(7) 良好的耐磨性和很高的撕裂强度；(8) 有多种特殊性能的混合料（导电、阻燃、FDA、医用等）可供用户选用；(9) 无须硫化，边角料可以重复利用多次；(10) 可以热熔接；(11) 着色性好；(12) 可以与塑料或其他热塑性弹性体或已硫化的橡胶共挤出；(13) 新开发的闭孔发泡技术，可制造相对密度低至 0.2 的海绵制品。

TPV 与 TPO 压缩永久变形的对比如图 1.1.5－8 所示。

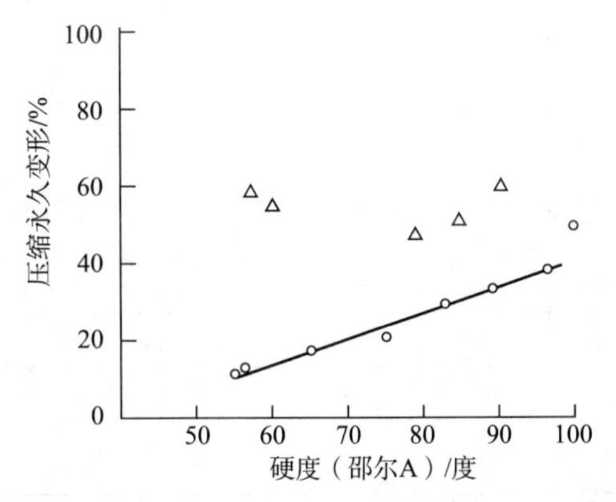

图 1.1.5－8　TPV（Santoprene）与 TPO 的压缩永久变形对比（70℃×22 h，ε=25%）

△—TPO，○—TPV

TPV 与 TPO 耐油性的对比如图 1.1.5－9 所示。

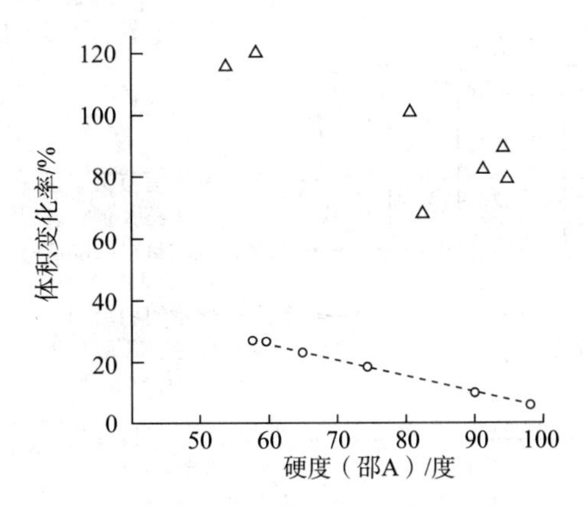

图 1.1.5－9　TPV（Santoprene）与 TPO 耐油性对比（1# 油，70℃×168 h）

△—TPO，○—TPV

TPV 与 EPDM、CR 压缩永久变形的对比如图 1.1.5-10 所示。

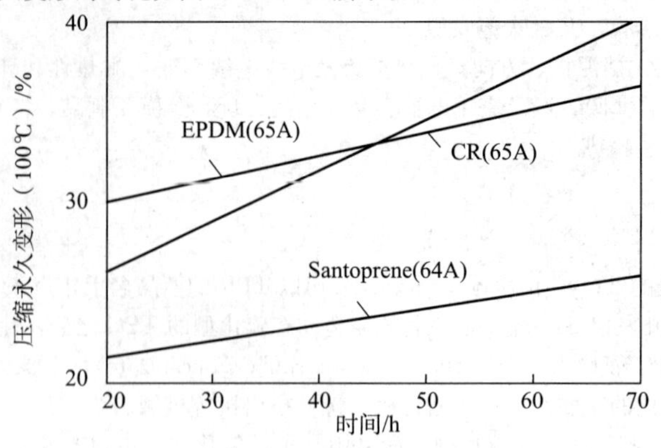

图 1.1.5-10　TPV 与 EPDM、CR 压缩永久变形的对比

TPV 的典型技术指标见表 1.1.5-31。

表 1.1.5-31　TPV 的典型技术指标

项目	Sontoprene						Geotast		
	201—64 101—64	201—73 101—73	201—80 101—80	201—87 101—87	203—40 103—40	203—50 103—50	701—80	701—87	703—40
相对密度	0.97	0.98	0.97	0.98	0.95	0.94	1.09	1.07	1.05
硬度：邵尔 A	64	73	80	73	—	—	80	87	—
邵尔 D	—	—	—	—	40	50	—	—	40
100%定伸应力/MPa	2.3	3.2	4.8	6.9	8.6	10.0	5.4	6.8	10.3
拉伸强度/MPa	6.9	8.3	11.0	15.9	19.0	27.6	11.0	14.1	19.3
拉断伸长率/%	400	375	450	530	600	600	310	380	470
永久变形/%	10	14	20	33	48	61	15	21	31
撕裂强度/(kN · m^{-1})	10.2	13.3	13.1	23.3	—	63.7	48	58	69
压缩永久变形（168 h）[a]/%							33	39	48
25℃	20	24	29	36	44	47	（100℃×22 h）		
100℃	36	40	45	58	47	70			
屈挠疲劳[b] 达断裂的周数	>340 万	—	—	—	—	—	—	—	—
脆性温度/℃	−60	−63	−63	−61	−57	−34	−40	−40	−36
耐磨（NBS）[c] 指数/%	—	54	84	201	572	>600	—	—	—
耐油性（125℃×700 h，3＃油）体积溶胀率/%	—	—	—	—	—	—	10	12	15

注：a. ASTM 试验方法 D 395。
b. Monsanto 疲劳试验机疲劳至破坏试验。
c. NBS 为美国国家标准。

国产动态全硫化热塑性弹性体（TPV）材料（三元乙丙橡胶/聚丙烯型），以材料的硬度作为命名的特征性能，辅以材料的加工性能，如注塑、挤出，以及材料的颜色两个特征来综合命名，如图 1.1.5-11 所示。

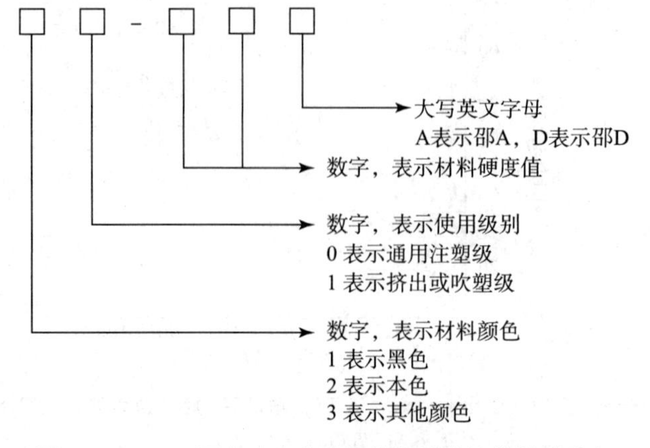

图 1.1.5-11　国产动态全硫化热塑性弹性体材料命名

示例，如 10—73A，表示是一款黑色通用注塑级别硬度为 73 邵尔 A 的 TPV 材料。

国产动态全硫化热塑性弹性体（TPV）材料（三元乙丙橡胶/聚丙烯型），为黑色或本色（浅黄色或白色）固体颗粒，粒子的尺寸在 2～5 mm，并且不允许夹带杂质及油污。

国产动态全硫化热塑性弹性体（TPV）材料的基本性能见表 1.1.5-32。

表 1.1.5-32 国产动态全硫化热塑性弹性体（TPV）材料的基本性能

测试项目		单位	硬度等级						
			A	B	C	D	E	F	G
邵尔硬度		Shore A/D	40～49A	50～59A	60～65A	70～75A	76～85A	86～92A	40～45D
密度		g·cm^{-3}	0.89～0.98	0.89～0.98	0.89～0.98	0.89～0.98	0.89～0.98	0.89～0.98	0.89～0.98
断裂拉伸强度		MPa	≥4.0	≥5.0	≥6.0	≥8.0	≥10.0	≥12.0	≥14.0
扯断伸长率		%	≥350	≥350	≥400	≥400	≥450	≥450	≥450
100%定伸强度		MPa	≥1.3	≥1.6	≥2.1	≥3.2	≥4.0	≥5.5	≥9.0
撕裂强度		kN·m^{-1}	≥13	≥18	≥21	≥30	≥41	≥58	≥90
压缩永久变形		%	≤28	≤32	≤35	≤42	≤48	≤50	≤65
IRM 903 油体积膨胀率		%	≤100	≤98	≤95	≤80	≤70	≤55	≤45
耐热老化性	拉伸强度变化率	%	≤15	≤15	≤15	≤15	≤15	≤20	≤20
	断裂拉伸强度变化率	%	≤20	≤20	≤20	≤20	≤20	≤25	≤25
加热失重		%	≤1.0						
总有机物含量		μgC·g^{-1}	≤50.0						
冷凝组分（雾化）		mg	≤2.0						
燃烧特性		mm·min^{-1}	HB	HB	HB	HB	HB	HB	HB

TPV 使用时不需配料即可进行加工应用，因颗粒料会含有水分，加工前宜进行干燥处理，可避免或减少制品出现气泡等。

EPDM TPV 可以挤出、注塑、吹塑、压延成型，主要应用于汽车用防尘罩、密封条、软管、电线、家用电器以及工具、运动器材和日用制品。

（1）防尘罩。

汽车防尘罩以往使用 CR（由 CR320→耐热耐寒专用 CR），由平板硫化工艺发展到注射硫化，生产工序繁多，硫化耗时长，废次品率高。20 世纪 80 年代初 Santoprene 问世以来，TPV 与硫化橡胶争夺市场的第一个主打产品便是汽车防尘罩。经过 30 多年的竞争，TPV 防尘罩已确立在汽车工业的地位，正在逐渐取代 CR 防尘罩。

（2）密封条。

1998 年，德国戴姆勒-奔驰汽车首次指定新型的 A 级系列汽车的后侧窗密封条使用 Santoprene，2000 年 DSM 公司开始为一些汽车配套生产该公司的 TPV “Sarlink”。目前，奔驰、克莱斯勒、梅塞德斯、大众、奥迪、通用、福特、雷诺、本田、丰田等在三角窗、玻璃导槽、车窗、车门外侧、发动机盖、行李厢等密封条都设计和使用 EPDM TPV，有些还采用发泡 TPV 和复合密封条。

（3）软管。

以 PP 为内管，聚酯为增强层，外层胶包覆的 PP/TPV 复合软管，通过 TPV 和热熔胶（如 Day chem. International, Inc 的 Numel 热熔胶）共挤出，使外层胶 TPV 与聚酯线牢固黏合（剥离强度达 4 kN/m）。

通过适当的其他黏合剂，与 TPV 共挤出，TPV 与锦纶、芳纶和镀铜钢丝都能良好黏合。

（4）电线电缆。

EPDM TPV 代替 EPDM 硫化胶作为耐热电缆护套已在国外生产多年，国内因价格问题并未广泛使用。TPV 在国内已用于生产汽车点火线护套，替代以前使用的硅橡胶和 EPDM。

（5）注塑制品。

许多家电和生活用品以及其他工业制品，现在已越来越多选用 EPDM TPV。大多数采用注塑成型生产。

此外，利用 TPV 的耐油性，现已用其替代 NBR、CR 制造各种耐油制品。TPV 还可以与 PE 共混，同 SBS 等其他 TPE 并用，互补改进性能，在汽车上用作齿轮、齿条、点火电线包皮、耐油胶管、空气导管以及高层建筑的抗裂光泽密封条材料，还可以应用于电线电缆、食品和医疗等领域，其增长幅度大大超过 TPS。

（二）TPSiV

TPSiV® 是前道康宁公司 Multi-base 生产的一种热塑性有机硅弹性体（TPV）材料，结合了 TPU（或其他热塑性材料）

与完全交联的硅橡胶的属性与优点。在动态硫化或交联过程中，有机硅橡胶相分散在 TPU 塑料相中，形成稳定的水滴形态。由于硅橡胶和 TPU 的溶解度参数差异较大，需使用适当的增溶剂才能实现这一稳定形态。在交联反应期间不会生成任何副产品，也不使用增塑剂，因此 TPSiV® 的气味很淡。与其他 TPV 一样，TPSiV® 具有热塑性，可重复回收使用。

以 TPU 为基材的 TPSiV® 结合了聚氨酯出色耐磨性的优点以及硅酮橡胶较低的摩擦系数和较高的使用温度特性。TPSiV® 有较宽的硬度范围，邵氏硬度 50A 至 80A，同时兼具不同的特性，如高机械强度、低压缩形变、出色的抗水解性和紫外线颜色稳定性。以 TPU 为基材的 TPSiV® 广泛应用于电子产品附件、密封件及软触感部件，可通过重叠模塑工艺与 PC 聚碳酸酯及 ABS 塑料一起成型。

所有 TPSiV® 产品都能够提供独特的丝滑柔软触感以及与聚碳酸酯和 ABS 等极性塑料基材的结合性能。TPSiV® 4000 系列可提供浅颜色产品的 UV 稳定性及耐化学品性能；TPSiV® 4200 系列产品适用于黑色和暗色，可实现更高的耐化学腐蚀性和力学性能；TPSiV® 4100 系列产品可提供最佳的压缩变形和高温性能。

TPSiV® 各系列产品的特性见表 1.1.5-33。

表 1.1.5-33 TPSiV® 各系列产品的特性

	4000 系列	4100 系列	4200 系列
紫外线稳定性	*****	*	*
着色性	*****	*****	*****
力学性能	***	*****	*****
耐用性	***	***	*****
压缩变形	***	*****	***
高温性能	***	*****	***
耐化学腐蚀性	***	*****	*****
重叠模塑性能	*****	*****	*****

注：***** —最佳性能，*** —良好性能，* —仅用于黑色和暗色制品。

TPSiV® 4000 系列产品的物性指标见表 1.1.5-34。

表 1.1.5-34 TPSiV® 4000 系列产品的物性指标

特性	单位	测试方法	4000—50A	4000—60A	4000—70A	4000—80A
密度	$g \cdot cm^{-3}$	ISO 1183	1.13	1.10	1.09	1.11
硬度	邵尔 A	ISO 868	47.60	60.80	67.40	76.20
收缩度	%	Multibase	0.2～0.4	0.1～0.3	0.1～0.3	0.1～0.3
MFI（190℃，10 kg）	$g \cdot 10\ min^{-1}$	ISO 1133	56.00	20.40	20.60	12.50
拉伸强度	MPa	ISO 37	4.40	6.20	5.60	8.80
100%定伸应力	MPa	ISO 37	1.50	2.30	3.10	4.90
扯断伸长率	%	ISO 37	712.00	624.00	478.00	426.00
Taber 耐磨性	$mg \cdot 1\,000\ rev^{-1}$	ASTM D3389	155.00	89.00	134.00	64.00
撕裂强度	$kN \cdot m^{-1}$	ISO 34	20.10	29.70	28.40	42.70
弯曲强度	MPa	ISO 178	0.74	1.51	1.89	2.62
弹性模量	MPa	ISO 178	14.02	24.48	30.84	43.40
压缩变形 23℃	%	ISO 815	25.40	33.58	33.85	25.70
压缩变形 70℃	%	ISO 815	76.76	87.02	82.80	73.30
CLTE	$\mu m \cdot m^{-1}℃^{-1}$	ISO 11359	289.50	300.80	275.40	296.20
紫外线后的 Delta E[a]	ΔE	ISO 4892	2.02	3.87	5.62	1.17

注：a. 紫外线气候测试方法：ISO 4892—2（氙弧灯）；灯功率 0.55 W/m^2@ 340 nm，黑色面板温度 70℃，空气温度 40℃，相对湿度 50%，水喷雾 18/102 min。

TPSiV® 4100 系列产品的物性指标见表 1.1.5-35。

表 1.1.5-35 TPSiV® 4100 系列产品的物性指标

特性	单位	测试方法	4000—50A	4000—60A
比重	g·cm^{-3}	ISO 1183	1.18	1.19
硬度	邵尔 A	ISO 868	64.00	71.60
收缩度	%	Multibase	0.1～0.3	0.1～0.3
MFI（190℃，10 kg）	g·10 min^{-1}	ISO 1133	10.00	13.20
拉伸强度	MPa	ISO 37	8.90	11.40
100%定伸应力	MPa	ISO 37	2.80	3.90
扯断伸长率	%	ISO 37	830.00	689.00
Taber 耐磨性	mg·1 000 rev^{-1}	ASTM D3389	51.00	64.00
撕裂强度	kN·m^{-1}	ISO 34	44.61	51.10
弯曲强度	MPa	ISO 178	1.46	2.26
弹性模量	MPa	ISO 178	27.30	28.57
压缩变形 23℃	%	ISO 815	15.00	8.70
压缩变形 70℃	%	ISO 815	44.97	42.80
CLTE	μm·m^{-1}·$℃^{-1}$	ISO 11359	277.80	247.40

TPSiV®4200 系列产品的物性指标见表 1.1.5-36。

表 1.1.5-36 TPSiV® 4200 系列产品的物性指标

特性	单位	测试方法	4200—50A	4200—60A	4200—70A	4200—80A
比重	g·cm^{-3}	ISO 1183	1.19	1.18	1.18	1.19
硬度	邵尔 A	ISO 868	54.00	62.80	72.80	82.60
收缩度	%	Multibase	0.2～0.4	0.1～0.3	0.1～0.3	0.1～0.3
MFI（190℃，10 kg ）	g·10 min^{-1}	ISO 1133	待定	19.20	27.00	54.00
拉伸强度	MPa	ISO 37	7.00	6.30	14.50	15.40
100%定伸应力	MPa	ISO 37	2.00	2.80	3.90	7.80
扯断伸长率	%	ISO 37	602.00	480.00	554.00	330.00
Taber 耐磨性	mg·1 000 rev^{-1}	ASTM D3389	86.00	95.00	65.00	56.00
撕裂强度	kN·m^{-1}	ISO 34	26.20	27.80	48.60	59.50
弯曲强度	MPa	ISO 178	18.30	2.32	2.35	4.68
弹性模量	MPa	ISO 178	30.00	23.24	32.84	64.64
压缩变形 23℃	%	ISO 815	16.00	20.46	22.30	28.20
压缩变形 70℃	%	ISO 815	64.87	71.80	75.00	83.80
CLTE	μm·m^{-1}·$℃^{-1}$	ISO 11359	256.10	237.10	229.70	214.50

（三）NBR/PVC TPV 与 NBR/PP TPV

采用动态硫化技术制备的 NBR/PVC/共混型 TPV 使材料的耐热性和塑性变形性都有很大改善。NBR/PVC—TPV 具有良好的弹性和耐压缩变形性，耐环境老化性能相当于三元乙丙橡胶，耐油耐溶剂性能与通用型氯丁橡胶不相上下，相对密度为 0.90～0.98，应用温度范围为—60～135℃，软硬度范围为 40A～50D，可回收反复使用六次，性能无明显下降。

NBR/PVC—TPV 已广泛应用于软管、垫片、密封条、电线电缆和人造皮革等方面。

NBR/PVC—TPV 的供应商见表 1.1.5-37。

表 1.1.5－37 NBR/PVC－TPV 的供应商

供应商	规格项目	RN－50A	RN－60A	RN－70A	RN－80A	RN－90A	测试方法
衡水瑞恩橡塑科技有限公司	硬度（Shore A）	50	60	70	80	90	ASTM D2240
	密度/(g·cm^{-3})	0.95	0.95	0.96	0.96	0.96	ASTM D792
	拉伸强度/MPa	4.8	6.5	8.3	10.4	12.5	ASTM D412
	扯断伸长率/%	440	480	420	430	510	ASTM D412
	撕裂强度/(kN·m^{-1})	15	23	28	36	59	ASTM D624
	压缩变形（100℃，168 h）/%	20	31	30	34	49	ASTM D395
	脆化温度/℃	－60	－60	－60	－60	－60	ASTM D3332
	耐臭氧（100 ppm×20%×40℃，48 h）	无龟裂	无龟裂	无龟裂	无龟裂	无龟裂	ASTM D1119
	热空气老化（100℃×48 h）						ASTM D573
	拉伸强度保持率/%	95	97	96	96	97	
	伸长率保持率/%	90	88	89	92	94	

NBR/PVC－TPV 的国外供应商有：日本瑞翁公司的 Elastar、日本电气化学株式会社的 Denka LCS 和美国 Pilltec 公司的 Temprene 等。

NBR/PP 共混型 TPV 则是由美国孟山都公司采用动态硫化技术和相容化技术开发成功的，商品名为 Geolast，具有优良的耐热老化和耐屈挠疲劳性能，耐油性能达到一般 NBR 的水平。NBR/PP 的加工速度可比传统 NBR 提高 10 倍，加工性能优良且密度小，与 NBR 硫化胶相比可节省费用 20%～30%。

（四）TPV 的新发展

增溶技术的开发和应用，突破了只有溶解度参数相近或表面能差值小的聚合物共混才能获得性能优良的共混材料的传统观念，从而大大地扩大了热塑性动态硫化共混材料的发展前景。1985 年 Monsanto 公司利用增溶技术开发了完全动态硫化型的 PP/NBR—TPV，它以马来酸酐与部分 PP 接枝，用胺处理 NBR 形成胺封末端的 NBR，在动态硫化过程中可以形成少量接枝与嵌段共聚物，可取代 NBR 用于飞机、汽车、机械等方面的密封件、软管等。这种共混材料由于两种材料极性不同，彼此不能相容，因而在共混时需加入 MAC 增溶剂。MAC 增溶剂主要有：亚乙基多胺化合物，如二亚乙基三胺或三亚乙基四胺，还有液体 NBR 和聚丙烯马来酸酐化合物等。

马来西亚 1988 年开发成功了 PP/NR TPV，它的拉伸和撕裂强度都很高，压缩变形也大为改善，耐热可达 100～125℃。同期，还研发出 PP/ENR－TPV，它是使 NR 先与过氧乙酸反应制成环氧化 NR，再与 PP 熔融共混而得，性能优于 PP/NR－TPV 和 PP/NBR－TPV，用于汽车配件和电线电缆等方面。在此期间，英国出现了 PP/IIR－TPV、PP/CIIR－TPV。美国开发了 PP/SBR、PP/BR、P/CSM、PP/ACM、PP/ECO 等一系列熔融共混物，还开发出综合性能更好的 IPN 型 TPO。德国制成了 PP/EVA，使 PP 与各种橡胶的共混都取得了成功。

目前，以共混形式采用动态全硫化技术制备的 TPE 已涵盖了 11 种橡胶和 9 种树脂，可制出 99 种橡塑共混物。其硫化的橡胶交联密度已达 7×10^{-5}mol/mL（溶胀法测定），即有 97%的橡胶被交联硫化，扯断伸长率大于 100%，拉伸永久变形不超过 50%。以 AES 公司（Monsanto）生产的代表性品种 Santoprene（EPDM/PP－TPV）和 Geolast（NBR/PP－TPV）为主，广泛用于汽车、机械、电气、建筑、食品、医疗等各领域。全球 TPO/TPV 的消耗量已达 36 万吨以上，TPO 约占烯烃基 TPE 总产量的 80%～85%，TPV 占 15%～20%。

近年，又在 TPV 的基础上推出了接枝型聚烯烃热塑性弹性体，也称聚合型 TPO，使 TPV 的韧性和耐高低温等性能又出现了新的突破。接枝型聚烯烃热塑性弹性体是指通过接枝共聚使两种聚合物反应生成接枝共聚物，如丁基橡胶和聚烯烃接枝的聚烯烃热塑性弹性体，是将丁基橡胶用苯酚树脂接枝到聚乙烯链上，丁基橡胶为软链段，聚烯烃为硬链段，利用聚乙烯的结晶形成物理“交联”。乙丙橡胶与聚氯乙烯接枝共聚物由美国 HooKer Chemical 公司于 1981 年建成生产，商品名为 Rucodur。

（五）TPV 的制备方法

TPV 的制备方法主要包括：

（1）动态硫化 TPV。

在低比例的热塑性塑料基体中混入高比例橡胶，再与硫化剂一起混炼的同时使弹性体发生化学交联，形成的大量橡胶微粒分散到少量塑料基体中，所以 TPV 的强度、弹性、耐热性、抗压缩永久变形显著提高，热塑性、耐化学性及加工稳定性也明显改善。

（2）反应器直接制备 TPV。

Basell 公司采用特种催化剂在聚合阶段制备软聚合物，大大降低产品成本；Exxon Mobil 公司开发新型反应器制得 TPOs（柔性聚烯烃），结合茂金属技术，具有硬度和抗冲击的平衡。

反应器直接制备 TPV，采用乙烯单体替代 EPDM，省去了合成橡胶粉碎和共混挤出过程，故生产成本低，目前欧美国家已经开始使用反应器直接制备热塑性聚烯烃逐渐替代混合型热塑性聚烯烃。

（3）茂金属催化剂合成 TPV。

20 世纪 90 年代茂金属催化体系用于橡胶工业化生产，是合成橡胶最突出的进展之一。茂金属催化乙丙橡胶与传统乙丙橡胶相比具有产物的平均相对分子质量分布窄，产品纯净、颜色透亮，聚合结构均匀的特点。尤其是，通过改变茂金属结构可以准确地调节乙烯、丙烯和二烯烃的组成，在很大范围内调控聚合物的微观结构，从而合成具有新型链结构的、不同用途的产品。自 1997 年开始工业化生产至今，全球茂金属催化乙丙橡胶产能已达 20 万吨/年以上。茂金属催化合成的氢化丁腈橡胶价格比传统方法合成也要低很多。茂金属催化合成橡胶性能特殊，以此为基础合成 TPO 具有更好性能，可以承受较高温度，并具有较高熔体强度、良好加工性能及较佳的终端产品使用性能。

近年来国外许多新型高性能 TPO 结合了茂金属技术，如杜邦公司、DOW 化学等合作开发 TPO 复合物和合金新技术，即以茂金属催化的聚烯烃弹性体为基础。

部分动态硫化热塑性弹性体（TPV）的制备特点见表 1. 1. 5 - 38。

表 1. 1. 5 - 38　部分动态硫化热塑性弹性体（TPV）的制备特点

TPV 类型	TPV 名称	制备特点
非极性橡胶/非极性树脂型 TPV	（1）EPDM/PP - TPV	A. 质量比为 20/80～80/20； B. 硬度为 35A～50D； C. 硫化体系可用硫黄/促进剂、过氧化物和酚醛树脂，以酚醛树脂硫化体系取得最高力学性能和流变加工性能的平衡； D. 在密炼机中共混，180～200℃下混合 5 min； E. 共混物具有优异的耐臭氧、耐天候、耐热老化性能、耐压缩变形、耐油性、耐热性和耐动态疲劳等性能
	（2）NR/PE - TPV 和 NR/PP - TPV	A. 质量比为 30/70～70/30，并以其调节硬度； B. 一般采用过氧化物或有效硫黄硫化体系，防止 NR 硫化返原； C. 共混条件：NR/PE - TPV 为 150℃×4 min，NR/PP - TPV 为 165～185℃×5 min； D. 物理机械性能好，耐热、耐溶剂及耐热氧化，加入少量 EPDM、CPE、CSM 或马来酸酐改性 PE、环化 NR 更可大大提高物理机械性能
	（3）IIR/PP - TPV	硫化体系以酚醛树脂、硫黄为主，加入 EPDM 可提高物理机械性能，改善弹性和流动性，一般多用 IIR/EPDM/PP - TPV 三元共混物
极性橡胶/非极性树脂型 TPV	（4）NBR/PP - TPV	A. 质量比为 30/70～70/30，可制得耐油、耐热、耐老化的共混物； B. 为使 NBR 与 PP 充分混合，需要增溶，增溶方法有：a）加入嵌段共聚物；b）PP 改性官能化，即用羟甲基酚醛树脂、马来酸酐或羟甲基马来酸酐改性 PP，使之与 NBR 就地生成 NBR - PP 嵌段共聚物；c）提高改性 PP 与 NBR 活性，使用活性大的端胺基液体 NBR
	（5）ACM/PP - TPV	耐热和耐低温性能好，需要使用 MAPP（马来酸酐改性 PP）提高兼容性，一般不超过 5%，以防止热塑性和物理性能下降
非极性橡胶/极性树脂型 TPV	（6）EPDM/PA - TPV	A. 动态硫化温度为 190～300℃，共混温度应高于锦纶 6（PA）的软化点； B. 硫化剂用过氧化物，金属化合物用硬脂酸锌、硬脂酸钙、氧化锌、氧化镁等； C. 需要采用增溶剂，以马来酸酐与锦纶 6 的胺基进行反应而制备的 TPV，具有优异的耐溶剂性和耐化学腐蚀性
	（7）EPDM/PBT - TPV	通常用过氧化物交联，具有良好的拉伸和压永性能。一般以 EPDM 中接枝 3%的丙烯酸类单体（丁基丙烯酸、甘油丙烯酸）降低 EPDM 与聚对苯二甲酸丁二醇酯（PBT）的界面能力，达到相容目的
极性橡胶/极性树脂型 TPV	（8）ACM/PBT - TPV	丙烯酸橡胶和聚酯树脂可以制备耐烃类溶剂的 TPV。热塑性树脂可用聚对苯二甲酸乙二醇酯（PET）、聚对苯二甲酸丁二醇酯（PBT）或聚碳酸酯（PC）
	（9）NBR/PA - TPV	具有极好的耐高温、耐油、耐溶剂等性能。不同丙烯腈的 NBR 与不同熔点的聚酰胺（PA），可在广泛的比例范围内共混，制出多种不同的 NBR/PA - TPV

TPV 应用领域包括：在汽车工业用作汽车密封条、密封件系列、汽车防尘罩、挡泥板、通风管、缓冲器、波纹管、进气管等，用作汽车高压点火线，可耐 30～40 kV 电压，可满足 UL94 V0 阻燃要求；在消费用品可用作手动工具、电动工具、除草机等园艺设备的零部件，家用电器上使用的垫片、零件，剪刀、牙刷、鱼竿、运动器材、厨房用品等产品的手柄握把，化妆品、饮料、食品、卫浴用品、医疗用具等产品的各类包装，各种轮子、蜂鸣器、管件、皮带等接头的软质部件，针塞、瓶塞、吸管、套管等软胶件，电筒外壳、儿童玩具、玩具轮胎、高尔夫袋、各类握把等；在电子电器方面可用作各种耳机线外皮，耳机线接头，矿山电缆、数控同轴电缆、普通及高档电线电缆绝缘层及护套，电源插座、插头与护套等，电池、无线电话机外壳及电子变压器外壳护套，船舶、矿山、钻井平台、核电站及其他设施的电力电缆线的绝缘层及护套等；在交通器材方面可用于道路、桥梁伸缩缝，道路安全设施、缓冲防撞部，集装箱密封条等；在建筑建材方面可用作动力部件密封条，建筑伸缩缝、密封条，供排水管密封件、水灌系统控制阀等。

近来，汽车密封条采用 EPDM TPV 有迅速增加的趋势，其首要原因是环保的要求。传统的 EPDM 密封因其硫化体系中使用产生致癌的亚硝基胺化合物的促进剂（BZ、TRA、TT、DTDM 等），虽然已采用环保的替代品（DBZ、ZDTP、DTDC 等），但仍有忧虑。操作油和炭黑以及某些助剂还存在致癌 PAHs（多环芳烃）。传统的 PVC 或 TPVC 密封材料，因含卤素和邻苯二甲酸酯也在环保禁/限之列。而 EPDM TPV 不存在上述环保问题。其次，从环保的角度，要求汽车橡塑制品提高重新利用率（30%→70%），传统 EPDM 硫化胶敌不过 EPDM TPV。此外，TPV 无须混炼和硫化。可以与硬质塑料（PE、PP）共挤出生产彩色封条，耐 UV 性优良，可生产高硬度制品（比 EPDM 简便），而且按角可以热熔接。

5. 3. 3　聚烯烃类 TPE 的供应商

埃克森美孚化工热塑性弹性体（TPV）的商品名山都平™，其牌号见表 1. 1. 5 - 39。

表 1.1.5-39　埃克森美孚化工热塑性弹性体（TPV）

系列	牌号	外观	硬度参考值	UL 认证	主要特点
通用型	101-XX/103-XX	黑色	55A～50D	√	标准挤出和成型 高硬度牌号（>85A）非常适合吹塑成型 最好的弹性特性（如最低的压缩永久变形/拉伸变形）
	201-XX/203-XX	本色	55A～50D	√	
	111-XX	黑色	35A、45A	√	
	211-45	本色	45A	√	
	8201-XX	本色	60A～90A	√	标准挤出和成型 高硬度牌号（>90A）非常适合吹塑成型 优异的可着色性
特种注塑型	121-XXM100	黑色	55A～85A	√	改善加工性和外观 优异的加工性和外观 具有更高的抗紫外线性能
	121-XXM200	黑色	60A～75A		
	8211-XX	本色	35A～75A	√	具有良好的加工性能，适合特种注塑成型 优异的可着色性
挤出成型	121-XXW175	黑色	58A～50D		针对特定的挤出性能标准设计 121 系列具有更高的抗紫外线性能
	121-73W175	黑色	73A		
	691-XXW175	本色	65A、73A	√	
阻燃	251-XXW232	本色	70A～92A	√	85A 为 UL 94 V-2 级，其他为 V-0 级
	151-XXW256	黑色	70A	√	UL 94 5VA 级 抗紫外线（UL（f1）级） 具有金属稳定性，可防止铜及其他金属催化降解
耐洗涤剂	101-XXW255	黑色	45A、55A		在常用的洗碗机和洗衣机洗涤溶液中，性能长久稳定 具有金属稳定性，可防止铜及其他金属催化降解
	201-55W255	本色	55A	√	
饮用水	241-XX	本色	55A、64A		通过 NSF 61 认证（241-XX 同时通过 NSF 51 认证） W236 牌号具有金属稳定性，可防止铜及其他金属催化降解
	241-XXW236	本色	73A、80A	√	
非脂肪食品接触	271-XX/273-XX	本色	55A～40D	√	FDA 非脂肪食品接触 通过 NSF 51 认证 8271-XX 非吸湿性，具有较高的可着色性
	8271-XX	本色	55A～75A	√	
黏接	291-60B150	本色	60A		嵌件或双色注塑 与聚碳酸酯（PC）、丙烯腈-丁二烯-苯乙烯（ABS）共聚物、聚苯乙烯（PS）和其他工程热塑性塑料（ETP）黏接 B100 牌号也可与聚丙烯（PP）黏接
	291-75B150	本色	75A	√	
	8191-55B100	黑色	55A	√	
	8211-55B100	本色	55A	√	
	8291-85TL	本色	85A		挤出 与金属和聚丙烯（PP）黏接
抗紫外线	121-XX/123-XX	黑色	80A～40D		抗紫外线特性 UL 认证等级为 UL（f1）级
	121-80	黑色	80A	√	
	8221-XX	本色	60A、70A	√	
原料	RC8001	本色	55A		用于共混的高橡胶含量，低填充含量原料
医用	181-55MED	黑色	55A		符合 USP 针对塑料制品的 V1 级要求 药物主文件已在美国食品和药物管理局备案
	281-55MED	本色	55A		
	8281-XXMED	本色	35A～90A		
RTP 公司黏接牌号	RTP 6091-XXBLK		55A～85A		与锦纶 6、锦纶 6（填充 30%玻璃）、锦纶 66 和聚丙烯（PP）黏接
	RTP 6091-XXNAT		55A～85A		
	RTP 6091 B-60A BLK		60A		与锦纶 6、锦纶 6（填充 30%玻璃）、锦纶 66、锦纶 12 黏接
	RTP 6091 B-60A NAT		60A		
	RTP 6091 B-85PA12 BLK		85PA12		与锦纶 6、锦纶 6（填充 30%玻璃）、锦纶 66、锦纶 12 和聚丙烯（PP）黏接

日本瑞翁的耐高温热塑性弹性体商品名为 Zeotherm，其牌号见表 1.1.5-40。

表 1.1.5-40　日本瑞翁的耐高温热塑性弹性体

牌号	色泽	硬度（邵尔 A）	特性与应用
Zeotherm 100-60B	黑	62	Zeotherm 100-70B 的低硬度型，完全可循环利用
Zeotherm 100-70B	黑	75	高性能热塑性弹性体（TPV），可长期暴露于-40～175℃的空气和油液的环境下，性能稳定，是汽车、工业等需要耐高温、耐油液工作环境要求的理想材料，适合快速热塑注射加工，完全可循环利用
Zeotherm 100-80B	黑	85	Zeotherm 100-70B 的高硬度型，完全可循环利用
Zeotherm 100-90B	黑	91	Zeotherm 100-70B 的高硬度型，完全可循环利用
Zeotherm 120-90B	黑	90	最适合吹塑成型，可用于护套和风箱
Zeotherm 130-90B	黑	95	最适合吹塑和挤出成型，可用于吸气管、真空管等车用胶管

聚烯烃类 TPE 的供应商还有：美国 AES 公司（Advanced Elastomer Systems L. P.，Geolast、Santoprene、Trefsin 和 Vyram 的 TPV），美国 APA 公司（Advanced Polymer Alloys，Alcryn 卤化聚烯烃热塑性弹性体），美国 Monsanto 公司、意大利 Montepolymeri 公司、DSM 公司、热塑性橡胶系统公司（TRS）等。

5.4　双烯类 TPE

5.4.1　TPI

双烯类 TPE 主要为天然橡胶的同分异构体，故又称之为热塑性反式天然橡胶 T-NR。早在 400 年前，人们就发现了这种材料，称为古塔波橡胶、巴拉塔橡胶。这种 T-NR 用作海底电缆和高尔夫球皮等虽已有 100 余年历史，但因呈热塑性状态，结晶性强，可供量有限，用途长期未能扩展。

1963 年以后，美、加、日等国先后以有机金属触媒制成了合成的 T-NR——反式聚异戊二烯橡胶，称之为 TPI。它的化学结构同异戊二烯橡胶（IR）刚好相反，反式聚合链节占 99%，结晶度 40%，熔点 67℃，同天然产的古塔波和巴拉塔橡胶极为类似。因此，已开始逐步取代天然橡胶产品，并进一步发展到用于整形外科器具、石膏替代物和运动保护器材。近年来，利用 TPI 优异的结晶性和对温度的敏感性，又成功地开发作为形状记忆橡胶材料，倍受人们青睐。

从结构上来说，TPI 是以高的反式结构所形成的结晶性链节作为硬链段，再与其余无规聚合链节形成的软链段结合而构成的热塑性橡胶。同其他 TPE 比，优点是物理机械性能优异，又可硫化，缺点是软化温度非常低，一般只有 40～70℃，用途受到限制。

目前，国际上只有加拿大 Polysar 和日本 Kurary 两家在生产，产量估计有万吨左右。我国青岛科技大学在近期也开发成功 TPI，并进行了使用试验，获得国家技术发明二等奖。另外，我国正在开发中的还有大量产于湘、鄂、川、贵一带杜仲树上的杜仲橡胶，它也是一种反式-1，4-聚异戊二烯天然橡胶，资源丰富，颇具发展潜力。

5.4.2　TPB

1974 年，日本 JSR 公司成功开发 BR 橡胶（顺式-1，4-聚丁二烯）的同分异构体——1，2-聚丁二烯，简称 TPB，也称 RB 树脂。TPB 是含 90%以上 1、2 位聚合的聚丁二烯橡胶。微观构造系由结晶的 1，2-聚合的全同、间同结构链节作为硬链段与无规聚合链节形成的软链段结合而构成的嵌段聚合物。目前世界上只有日本一家生产，虽其耐热性、机械强度不如橡胶，但以良好的透明性、耐天候性和电绝缘性以及光分解性，广泛用于制鞋、海绵、光薄膜以及其他工业橡胶制品等方面，年需求量已超过 2.7 万吨。

TPB 可在 75～110℃的熔点范围之内任意加工，既可用以生产非硫化注射成型的拖鞋、便鞋，也可以利用硫化发泡制造运动鞋、旅游鞋等的中底。它较之 EVA 海绵中底不易塌陷变形，穿着舒适，有利于提高体育竞技效果。TPB 制造的薄膜，具有良好的透气性、防水性和透明度，易于光分解，十分安全，特别适于家庭及蔬菜、水果保鲜包装之用。

TPB、TPI 同其他 TPE 的最大不同点在于可以进行硫化，解决了一般 TPE 不能用硫黄、过氧化物硫化，而必须采用电子波、放射线等特殊手段才能交联的问题，从而改进了 TPE 的耐热性、耐油性和耐久性不佳等缺点。

5.5　氯乙烯类 TPE

这类 TPE 分为热塑性聚氯乙烯和热塑性氯化聚乙烯两大类，前者称为 TPVC，后者称为 TCPE。

5.5.1　热塑性聚氯乙烯（polyvinyl chloride thermoplastic elastomer）

热塑性聚氯乙烯，简称 TPVC。TPVC 主要是改性 PVC 的弹性体，其制造方法包括[20]：（1）合成高聚合度 PVC 树脂（HPVC）。通用型 PVC 的聚合度最高在 1 300～1 500，HPVC 的聚合度则大于 1 700，随着分子量的增大，分子链间的缠结增多；同时，合成 HPVC 时温度较低，因此其结晶相的比例高于通用型 PVC。以上两者使 HPVC 具有的物理交联结构在添加增塑剂的情况下具有一定的弹性，成为热塑性弹性体。（2）引入支化或交联结构。将 PVC 通过降解、辐射、共聚、接枝、直接加交联剂等手段，使 PVC 大分子含有一定的支化或轻度交联结构，从而使 PVC 具有热塑性弹性体的性质。（3）与其他弹性体共混。分为乳液共沉和机械共混两种形式。机械共混主要是在制造软聚氯乙烯时，经悬浮乳酸聚合使之含有凝胶并与部分交联 NBR 掺混制得的共混物（PVC/NBR）。

TPVC 实际说来不过是软 PVC 树脂的延伸物，只是因为压缩变形、耐屈挠、抗蠕变性得到很大改善，从而形成了类橡胶状的 PVC。这种 TPVC 可视为 PVC 的改性品和橡胶的代用品，具有一般热塑性弹性体的特性，又保持了聚氯乙烯优良的耐燃性、耐候性、耐油性等性能。

TPVC 的典型技术指标见表 1.1.5－41。

表 1.1.5－41　TPVC 的典型技术指标

项目	指标	项目	指标
相对密度	1.15～1.38	拉断伸长率/%	300～500
脆性温度/℃	－60～－38	硬度（邵尔 A）	40～90
100%定伸应力/MPa	2.5～7.5	压缩永久变形/% （70℃×22 h）	38～52
拉伸强度/MPa	10.8～21.6		

TPVC 主要用于制造胶管、胶板、胶布等橡胶制品。目前 70%以上消耗在汽车领域，如汽车的方向盘、雨刷条等。其他用途，电线约占 75%，建筑防水胶片占 10%左右，近年来，又开始扩展到家电、园艺、工业以及日用作业雨衣等方面。

国际市场上大量销售的主要是 PVC 与 NBR、改性 PVC 与交联 NBR 的共混物。PVC 与其他聚合材料的共混物，如 PVC/EPDM、PVC/PU、PVC/EVA 的共混物，PVC 与乙烯、丙烯酸酯的接枝物等，也都相继问世投入生产。

5.5.2　热塑性氯化聚乙烯（chlorinated polyethylene thermoplastic elastomer）

热塑性氯化聚乙烯，简称 TCPE。TCPE 是采用水相悬浮法、溶液法或固相法将聚乙烯氯化得到。根据含氯量不同（从 15%～73%），门尼黏度可以从 34 变化到 150，其物理状态也从塑料弹性体变成半弹性皮革状硬质聚合物。热塑性弹性体 TCPE 的氯含量在 16%～24%。

TCPE 具有难燃性、耐臭氧性及良好的耐药品性，与聚氯乙烯等树脂相容性好。其典型技术指标见表 1.1.5－42。

表 1.1.5－42　TCPE 的典型技术指标

项目	指标	项目	指标
透明性	半透明	拉断伸长率/%	180～650
相对密度	1.13～1.28	硬度：邵尔 A 邵尔 D	60～85 45～70
脆性温度/℃	－70～－20		
100%定伸应力/MPa	0.98～2.9	介电系数（1 000 Hz）	6.7～7.9
300%定伸应力/MPa	1.08～13.7	介电强度/(kV · mm^{-1})	14.1～14.3
拉伸强度/MPa	8.8～34.2	体积电阻率/(Ω · cm)	10^{14}～10^{15}
		吸水率（24 h)/%	0.3～2.0

TCPE 可以与胺类、过氧化物硫化剂交联。

TCPE 广泛用于电缆、胶管、汽车配件及防水卷材等方面。我国已成为仅次于美国的世界 TCPE 第二大的生产、消费国。

CM 橡胶与 CPE 树脂共混的带有 TPE 功能的 TCPE，也开始得到应用。今后，TPVC 和 TCPE 有可能成为代替部分 NR、BR、CR、SBR、NBR 和 PVC 塑料的新型橡塑材料。

TCPE 的供应商有：德国 Hoechsl 公司（Hostlil－Z）、美国 Dow Chemical 公司（Dow CPE）、日本昭和业化、大阪曹达工业等。

5.5.3　熔融加工型热塑性弹性体（melt processible thermoplastic elastomer）

熔融加工型热塑性弹性体也称熔融加工型橡胶，简称 MPR，是由乙烯互聚物与氯化聚烯烃组成的合金，其乙烯聚合物组成在混合过程中原位部分硫化。MPR 由美国杜邦公司于 1985 年投入市场，商品名为 Alcryn。

MPR 具有热塑性弹性体的一般性质，可用增塑剂软化、填料补强，室温下近似硫化的氯丁橡胶、丁腈橡胶，硬度50～80（邵尔 A），其主要特性为：具有较好的黏度和熔体强度，可以挤出、压延、注压、吹塑、模压成型；良好的耐油性和耐化学药品性；优异的耐天候、耐臭氧和耐紫外线的性能；着色性好，颜色稳定性高。

MPR 主要用于建筑和汽车的窗密封、管道、涂胶布、密封垫片、汽车零部件、电缆护套、电线套管、复杂外形的挤出件、仪器控制板垫片和吹塑汽车行李厢等。

5.6　聚酯类 TPE（thermoplastic polyester elastomer）

聚酯类 TPE，也称为共聚多醚类热塑性弹性体（copolyester thermoplastic elastomer），简称为 TPC，是一种线型的嵌段共聚物，由二羧酸及其衍生物、长链二醇（相对分子质量为 600～6 000）与低分子二醇通过熔融酯交换反应制得。其制法为：以二甲基对苯二甲酸酯、1，4－丁二醇和聚环氧丁烷二醇为原料，经交换酯化反应共缩聚而得，在制备过程中可以适量加入扩链剂和稳定剂，扩链剂可为二羧酸的芳香酯化合物，稳定剂有胺类和酚类等，所得共聚物以结晶的聚对苯二甲酸丁二醇酯（PBT）短链段为硬段，由对苯二甲酸与聚丁二醇醚缩合而成的无定型长链段聚醚或聚酯为软段。结晶相赋予聚合物强度和热塑性，无定型相则赋予聚合物弹性，改变两相比例，即可调节聚合物的硬度、模量、熔点、耐化学腐蚀性等。

聚酯类 TPE 还可以分为含有酯键和醚键软段的热塑性聚酯弹性体，简称 TPC－EE；含有聚酯软段的热塑性聚酯弹性体，简称 TPC－ES；含有聚醚软段的热塑性聚酯弹性体，简称 TPC－ET，也称为 TPEE。

其分子结构为：

$$\left[\overset{\displaystyle O}{\overset{\|}{C}}-C_6H_4-\overset{\displaystyle O}{\overset{\|}{C}}-O-(CH_2)_4-O\right]_m\overset{\displaystyle O}{\overset{\|}{C}}-C_6H_4-\overset{\displaystyle O}{\overset{\|}{C}}-O\left[(CH_2)_4-O\right]_n$$

其形态结构示意图如图 1.1.5－12 所示。

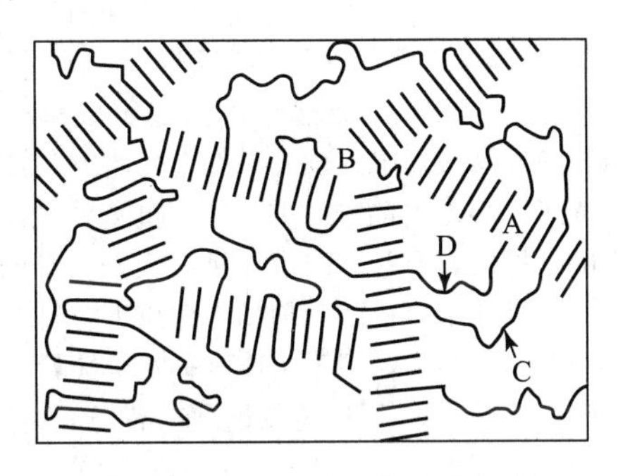

图 1.1.5－12 TPC 的形态结构

A—结晶微区，B—微晶连接区，C—聚合物软段，D—未结晶硬段

聚酯类 TPE 硬段的熔点约为 200℃，软缎的 T_g 约为－50℃，所以这种热塑性弹性体使用的温度范围较宽。TPEE 具有很宽的硬度范围，通过对软硬段比例的调节，其硬度可以在 32～82（邵尔 D）任意调节。

聚酯类 TPE 的最大特点是低应变下其拉伸应力比相同硬度的其他聚合物制品大，与 TPU 相比，TPEE 的拉伸模量与压缩模量要高得多，因此其制件壁厚可以做得更薄，如杜邦公司生产的 Hytrel 40D、55D、63D、72D 四种硬度的产品，其拉伸强度为 25～39 MPa，伸长率为 350%～450%，100%定伸应力为 6.4～28.3 MPa。

聚酯类 TPE 热变形温度与耐热温度高[20]，在 110℃和 140℃连续加热 10 h 基本不失重，在 160℃和 180℃连续加热 10 h 失重也分别只有 0.05%和 0.10%。等速升温曲线表明，TPEE 在 250℃开始失重，到 300℃累计失重 5%，至 400℃则发生明显失重。因此，TPEE 使用上限温度非常高，短期使用温度更高，能适应汽车生产线上的烘漆温度（150～160℃）。TPEE 在高低温下机械性能损失小，在 120℃以上使用，其拉伸强度远远高于 TPU。此外，TPEE 还具有出色的耐低温性能，其脆性温度低于－50℃，大部分 TPEE 可在－40℃下长期使用。

TPEE 具有极佳的耐油性，在室温下能耐大多数极性液体，但不耐卤代烃（氟利昂除外）及酚类。TPEE 对大多数有机溶剂、燃料及气体具有优良的抗溶胀性能和抗渗透性能，对燃油的渗透性仅为氯丁橡胶、氯磺化聚乙烯橡胶、丁腈橡胶等耐油橡胶的 1/300～1/3。

TPEE 因大分子中含有酯键而具有不同程度的水解性。PEG－PBT 型 TPEE 正是利用了它易于水解降解的特性用作生物支架材料植入体内。其在水中的降解机理是：H_2O 分子进攻 PEG、PBT 之间的酯键而断裂，降解产物为 PEG 和低分子量的 PBT，降解速率受组成、温度、pH 值、酶等因素影响，PEG 含量、温度、pH 值越高，降解速率越高，通过调节 PEG、PBT 组分含量可满足不同用途对降解速率的要求。

TPEE 与 TPU 相比，具有更好的回弹性，在交变应力作用下，滞后小，生热低，使用寿命长，可用于制造铁轨减振块。

聚酯类 TPE 还具有弹性好，抗屈挠性优异，低温韧性优良，低温缺口冲击强度优于其他热塑性弹性体；耐磨性与 TPU 相当；耐天候老化良好，和大多数热塑性弹性体一样在紫外光作用下会降解，需配合紫外光吸收剂。在室温以上，TPEE 弯曲模量很高，低温时又不像 TPU 那样过于坚硬，因而适宜制作悬臂梁或扭矩型部件，特别适合制造耐高温部件。在低应变条件下，TPEE 具有优异的耐疲劳性能，且滞后损失小，使该材料成为制造齿轮、胶辊、挠性联轴节、皮带等多次循环负载条件下使用的制品的理想材料。缺点是硬度大，不易制出柔软的制品，同时耐压缩变形一般，常温下耐水性较好，但耐热水性和耐强酸性都较差。

聚酯类 TPE 的典型技术指标见表 1.1.5－43。

表 1.1.5－43 聚酯类 TPE 的典型技术指标

项目	聚醚型	聚酯型	项目	聚醚型	聚酯型
透明性	乳白色不透明		撕裂强度/($kN \cdot m^{-1}$)	98～205	112～279
相对密度	1.12～1.26	1.22～1.30	硬度：邵尔 A	89～99	96～99
熔点/℃	170～218	198～323	邵尔 D	38～68	48～78

续表

项目	聚醚型	聚酯型
热变形温度/℃（负荷 0.45 MPa）	43～132	65～140
维卡软化温度/℃	120～199	165～200
脆性温度/℃	≤−60	≤−50
100%定伸应力/MPa	7.8～25.9	13.7～32.7
300%定伸应力/MPa	12.1～29.4	18.1～38.8
拉伸强度/MPa	20.6～52.9	30.4～47.5
拉断伸长率/%	420～690	390～540
压缩永久变形/%	50～60	60～62
回弹性/%	59～78	56～60
介电系数（1 000 Hz）	3.8～5.2	3.7～4.5
介电损耗角正切（1 000 Hz）	0.004～0.01	0.002～0.08
介电强度/($kV \cdot mm^{-1}$)	20～30	25～30
体积电阻率/($\Omega \cdot cm$)	$2\times10^{12}\sim5\times10^{14}$	$1\times10^{14}\sim7\times10^{14}$
吸水率/%（23℃，63%相对湿度，24 h）	0.48	0.28～0.40

聚酯类 TPE 有的牌号品级已配合为耐热老化型、耐天候型、水解稳定型和延燃烧型的胶料，一般使用时不需进行配合，只根据产品要求选用加工方法，按照该牌号品级规定的加工条件进行加工。因聚酯类弹性体易吸水，加工前需干燥。

近年来，为改善 TPEE 的性能，还出现了许多新的品种，如：(1) 抗紫外光系列，TPEE 用于户外制品或汽车内外饰件，均需进行抗 UV 改性，否则易粉化降解。目前，有些 TPEE 品种按大众汽车的 PV1303 标准能达到 4 级以上且没有表面析出现象。(2) 高分子量系列，TPEE 在双螺杆挤出机的高剪切力作用下容易发生降解，高分子量系列 TPEE 可以保证在挤出成型后仍具有较高的分子量，并可用于吹塑制品，用于制造汽车安全气囊、进气管等。(3) 低硬度、高耐热、高性能 TPEE，杜邦公司的 Hytrel G3548L、DSM 公司的 EM401 等低硬度产品仍无法同时满足低硬度、高耐热、高性能要求，以适应汽车、电线电缆、高性能密封件等的应用要求。

聚酯类 TPE 主要用于液压软管、管线包覆层、密封垫圈、密封条、铁道用冲头导向卸料板，以及用于制造文体活动车、农用车、军用雪泥车的履带，输送高温物料和耐化学腐蚀的输送带，旋转成型法浇铸小型轮胎，汽车密封件与动态减振垫等要求苛刻的产品。

聚酯类 TPE 的供应商有：美国杜邦公司（Hytrel）、卢森堡 E. I. Du Pont de Nemours 公司（Valox）、荷兰 Akzo Chemie 公司（Hytrel）、日本 Toyobo 公司（Arnitel）等。

5.7　聚氨酯类 TPE（urethane thermoplastic elastomers）

聚氨酯类 TPE 系由与异氰酸酯反应的氨酯硬链段与聚酯或聚醚软链段相互嵌段结合的热塑性聚氨酯橡胶，简称 TPU，是一种 $(AB)n$ 型线型嵌段共聚物，A 为分子量较大（1 000～6 000）的聚酯或聚醚，B 为含 2～12 个直链碳原子的二醇，AB 链段间用二异氰酸酯［通常是二苯甲烷二异氰酸酯（MDI）］连接。聚氨酯交联结构有两类：一是聚氨酯的高极性使分子间通过氢键作用形成结晶区，结晶区起类似交联点的作用；二是大分子链间存在轻度交联。聚氨酯的这种交联结构使其在常温下具有高的强度。随着温度的上升和下降，这两种交联结构具有可逆性，赋予聚氨酯热塑性。

聚氨酯热塑性弹性体按原料分有聚酯型、聚醚型、聚碳酸酯型、端羟基聚丁二烯型等，按用途分有弹性体、氨纶切片、胶黏剂树脂、热熔胶、油墨连接料树脂等。

TPU 市售商品为颗粒状，一般按其结构特点分成两大类：一类为全热塑性 TPU，大分子链间存在着由于氢键而产生的物理交联，以 Estane 为代表，系美国 Goodrich 公司产品，是没有交联键的完全热塑性的聚合物，其颗粒贮存稳定性好，成型时也十分稳定，固化后制品的机械性能十分优异，但因不存在一级交联键，软制品的压缩永久变形比较大，耐化学药品性也稍差些；另外一类为半热塑性 TPU，存在轻度的化学交联，以 Texin 为代表，系美国 Mobay 公司产品，成型后生成少量的一级交联键，是既有热塑性又有热固性的一种弹性体，由于其颗粒中存在少量异氰酸基，故贮存中必须避免接触水分，同时，为了使成型后的交联反应趋于完全，必须进行后加热，该类弹性体压缩永久变形小，耐化学药品性比较好。

聚氨酯热塑性弹性体的制备一般采用预聚法，即先将双端为羟基的聚酯或聚醚二醇低聚物与二异氰酸酯反应，得到一异氰酸酯为端基的预聚物和过量二异氰酸酯的混合物，然后再与扩链剂（低分子二元醇或二元胺）反应，得到由高极性的聚氨酯或聚脲链段（硬段）与聚酯或聚醚链段（软段）交替组成的嵌段共聚物——热塑性聚氨酯弹性体。

热塑性聚氨酯弹性体的分子结构为

$$-\!\!\left[A\right]_m\!\!-\!\!\left[B\right]_n\!\!-$$

其中：A为软段

$$HO-\!\!\left[P-O-\underset{\underset{O}{\|}}{C}-NH-R-\underset{\underset{O}{\|}}{C}-NH-O-\right]_x\!\!P-OH$$

B为硬段

$$OCN-\!\!\left[R-NH\underset{\underset{O}{\|}}{C}O-P'-O-\underset{\underset{O}{\|}}{C}-NH\right]_y$$

式中，P、P′、R 为烷基、芳基。

TPU 是现有 TPE 中强度仅次于聚酯类 TPE 的产品，拉伸强度可达 29.4～49.0 MPa（硬度 60A～80D），具有优异的机械强度、耐磨性、耐屈挠性、耐油性、耐化学药品性和耐低温性能，特别是耐磨性最为突出。TPU在较长时间负荷作用下，应力-应变曲线下降幅度较小，适宜在长期负荷的恶劣环境中使用。缺点是耐热性、耐热水性、耐压缩性较差，外观易变黄（需配紫外线吸收剂），加工中易黏模具。聚醚型的TPU比聚酯型的低温性能好。

TPU的典型技术指标见表1.1.5-44。

表1.1.5-44 TPU的典型技术指标

项目	聚酯型	聚醚型	项目	聚酯型	聚醚型
透明性	透明	透明	介电系数（1 000 Hz）	5.71	4.70
维卡软化温度/℃	190	180	介电强度/(kV·mm^{-1})	16	24.8
脆性温度/℃	<-70	<-70	体积电阻率/(Ω·cm)	3.6×10^{12}	1.0×10^{13}
100%定伸应力/MPa	8.8	8.8	耐磨性	优	良
300%定伸应力/MPa	15.7	16.6	耐溶剂（燃料、油、脂）	良/优	中
拉伸强度/MPa	44.1	34.3	耐天候	良	中/良
拉断伸长率/%	600	650	抗霉性	劣/中	优
撕裂强度/(kN·m^{-1})	117.6	107.8	低温性能	良	优
硬度（JIS A）	92	92	耐水性	中/良	良/优
压缩永久变形/%	40	35	耐水蒸气	中	良/优
回弹性/%	45	45			

TPU中添加云母粉、玻璃纤维等可以提高胶料的耐热性，也可与其他热塑性弹性体、极性的塑料和橡胶共混来改善性能。

TPU的加工有固体工艺与溶液工艺之分，一般采用注射成型和挤出成型，也可配制成溶液，用于成膜、涂布、喷涂、浸渍等。TPU的机械性能与加工前物料的吸湿程度、熔体黏度与温度有十分敏感的关系。TPU吸湿性强，当TPU粒料的含水量为0.033%时产品的拉伸强度可达40 MPa，若含水量达0.182%时就降为25 MPa，断裂伸长率则由650%降为550%，压缩永久变形由30%升为50%。所以TPU加工前必须进行干燥，干燥温度一般为80～100℃，干燥时间为1～3 h（也有文献认为应在110℃的鼓风干燥烘箱中干燥4h）。作为注射成型的一般工艺条件，从加料段起的螺杆温度分布170℃、185℃、195℃、185℃、180℃，注射压力6.0 MPa，保压压力3.0 MPa，保压时间1 min。加工后的制品在120℃下退火处理，可消除内应力，提高拉伸强度。TPU的熔融温度随物料硬度的增加略有上升，对加工温度的控制精度要高。与一般通用塑料相比，TPU的加工设备所需的动力功率要大1.5～2.0倍。模具结构和浇口通道等要设计得光滑，以免滞留物料。通过T型模挤出压延可制得厚度仅几十微米的薄膜。

TPU在欧美等国主要用于制造滑雪靴、登山靴等体育用品，并大量用以生产各种运动鞋、旅游鞋，消耗量甚多。TPU还可通过注塑和挤出等成型方式生产汽车、机械以及钟表等零件，并大量用于高压胶管（外胶）、纯胶管、薄片、传动带、输送带、电线电缆、胶布等产品。其中注塑成型占到40%以上，挤出成型约为35%。

TPU的主要应用见表1.1.5-45。

表1.1.5-45 TPU的主要应用

TPU制品	应用
TPU膜	人工心脏、气囊
TPU胶管	输液、导液、导尿、胃镜
TPU薄膜	灼伤覆盖、伤口包扎、冷敷冰袋、床垫床套
TPU注射件	汽车和机械设备，如制作轴承、防振部件、内装件和外装件、齿轮、辊轮、衬垫密封材料和连接件等
TPU挤出软管	医用管、外输油管、空压管、蒸气管、消防管和潜水高压软管等
TPU纤维编织软管	园艺浇水、深海潜水、消防高压水、泥浆输送、腐蚀性灰渣等输送管道
TPU压延、吹塑薄膜	用作织物的层合材料，如制作运动服、潜水服、军用气球、救生衣、传输带、气垫、合成皮革等
TPU吹塑制品	各种形状的容器，作包装用
TPU电线电缆	各种电力、通信电缆，计算机配线和汽车电气线路的配线等

近年来，为改善TPU的工艺加工性能，还出现了许多新的易加工品种，如：（1）适于双色成型，能增加透明性和高流动、高回收的可提高加工生产效率的制鞋用TPU；（2）用于制造透明胶管的低硬度的易加工型TPU；（3）供作汽车保

险杠等大型部件专用的、以玻璃纤维增强的可提高刚性和冲击性的增强型TPU；(4) 在TPU中加入反应性成分，在热塑成型之后，通过熟成，形成不完全IPN（由交联聚合物与非交联聚合物形成的IPN）的发展十分迅速，这种IPN-TPU又进一步改进了TPU的物理机械性能；(5) TPU/PC共混型的合金型TPU，可提高汽车保险杠的安全性能。此外，还有高透湿性TPU、导电性TPU、可生物降解TPU、耐高温TPU（长期使用温度在120℃以上），并且出现了专用于人体、磁带、安全玻璃等方面的TPU。

TPU的供应商还有：德国Bayer、BASF，英国ICI、Anchor、Davathane公司（Davathane），美国AES公司（Advanced Elastomer Systems L. P，Santoprene、Trefsin和Vyram）、美国杜邦陶氏弹性体公司（Pellethane），日本的Elastoan、Polyurethane，BASF公司与亨兹曼等公司在上海漕泾化学工业区的合资工厂、烟台万华聚氨酯股份有限公司（宁波）、拜耳公司在上海的生产基地等。

详见本手册第一部分·第一章·第三节·3.17聚氨酯弹性体。

5.8　聚酰胺类TPE（polyamide thermoplastic elastomer）

聚酰胺类TPE，简称TPA（或TPAE），主要是以锦纶-6、锦纶-66、锦纶-11、锦纶-12等为硬链段和以无规聚醚、聚酯或聚醚酯（如聚乙二醇、聚丙二醇）为软链段构成的一系列锦纶型热塑性弹性体。硬段和软段的比例从90∶10到10∶90，各嵌段的长度和相对的量决定了弹性体的物理化学性能。

聚酰胺类TPE以内酰胺、二羧酸和聚醚二醇经酯交换共缩聚制得。其分子结构为

$$HO-\!\!\left[\left[CO-NH-\!\left(CH_2\right)_p\right]_m CO-\!\left(CH_2\right)_{10}-CO-\!\left[O-\!\left(CH_2\right)_4\right]_n\right]_l-OH$$

$$p=5 \text{ 或者 } 11$$

聚酰胺类TPE与聚氨酯类TPE类似，在较宽的温度范围内是坚韧耐磨的。聚酰胺类TPE实际上已远离橡胶类别，缺乏弹性，价格也较高。主要优点是保留了锦纶树脂的各个长处，如强韧性、耐化学品性、耐磨性、消声性等。为使之进一步高性能化，又出现了TPA和TPU的合金共混物以及与ABS树脂复合共混的双色成型物等。

聚酰胺类TPE的典型技术指标见表1.1.5-46。

表1.1.5-46　聚酰胺类TPE的典型技术指标

项目	指标	项目	指标
透明性	半透明	撕裂强度/(kN·m^{-1})	98～176
相对密度	0.91～1.01	硬度：邵尔A	>85
熔点/℃	151～171	邵尔D	37～68
脆性温度/℃	<−70	回弹性/%	55～60
100%定伸应力/MPa	6.8～18.6	介电系数（1 000 Hz）	2.7～3.3
300%定伸应力/MPa	11.8～31.4	介电损耗角正切（1 000 Hz）	0.03～0.08
拉伸强度/MPa	14.7～37.2	体积电阻率/(Ω·cm)	10^{11}～10^{19}
拉断伸长率/%	350～500		

聚酰胺类TPE的熔体强度高，适于挤出、吹塑和热成型。加工前必须彻底干燥，通常配合填料、润滑剂、脱模剂、紫外线稳定剂和着色剂等，与多种工程塑料可相容。聚酰胺类TPE主要用于制造消音齿轮、汽车部件、工业用胶管、管道、运动鞋底、网球拍、电线电缆护套、电子元件等，也用于热熔性胶黏剂、金属粉末涂料、工程塑料的抗冲改性剂等，产品主要向高性能化、工程化方向发展。

聚酰胺类TPE的供应商有：德国Emser Werke公司（Ely1256）、德国Atom Chemie公司（PEBA）、德国Hüls（XR3808、K4006）、美国EMS-American Griton公司（Grilamide ELY）、日本油墨化学等。

5.9　乙烯共聚物热塑性弹性体

乙烯共聚物热塑性弹性体主要包括热塑性乙烯-乙酸乙烯酯弹性体与热塑性乙烯-丙烯酸乙酯弹性体。

5.9.1　热塑性乙烯-乙酸乙烯酯弹性体（thermoplastic ethylene-vinylacetate elastomer）

热塑性乙烯-乙酸乙烯酯弹性体由乙烯和乙酸乙烯酯单体在高温高压下自由基共聚或高压本体共聚制得，简称EVA，乙酸乙烯酯含量在10%～35%（质量分数）。

EVA的拉伸永久变形较大，与软质树脂相近，其主要特性为：低温性能、耐候性、耐臭氧性优良；撕裂强度、耐应力龟裂性好。

EVA的典型技术指标见表1.1.5-47。

表 1.1.5－47　EVA 的典型技术指标

项目	VA 12[a]	VA 33[b]	项目	VA 12	VA 33
相对密度	0.935	0.95	拉伸强度/MPa	19.6	9.8
熔融流动指数/[g・(10 min)$^{-1}$]	2.5	43	拉断伸长率/%	750	900
维卡软化温度/℃	60	45	耐应力龟裂性，h	1 000 以上	1 000 以上
脆性温度/℃	≤－60	≤－60	热导率/[W・(m・k)$^{-1}$]	0.3	0.35

注：a. VA 含量 12%。
b. VA 含量 33%。

EVA 因具有较好的拉伸强度和抗冲击强度，适于制作板材、汽车零部件、软管、电线电缆包覆材料、鞋底、垫圈和填缝材料以及食品包装薄膜等。

EVA 的供应商有：美国杜邦公司（EVA）、日本东洋曹达工业公司、日本住友化学工业公司、日本三菱油化公司、日本合成化学工业公司等。

5.9.2　热塑性乙烯-丙烯酸乙酯弹性体（thermoplastic ethylene ethylacrylate elastomer）

热塑性乙烯-丙烯酸乙酯弹性体是乙烯与丙烯酸酯共聚物中的一种，简称 EEA。

EEA 的性能与 EVA 相似，引入丙烯酸乙酯共聚单体使弹性体的柔软性增加、软化温度降低。

EEA 与 EVA 的性能对比见表 1.1.5－48。

表 1.1.5－48　EEA 与 EVA 的性能对比

项目	EVA				EEA				
	注射级和吹塑级			吹塑级	注射级			挤出级和吹塑级	
	乙酸乙烯酯结合量/%				丙烯酸乙酯结合量/%				
	12	18	33	9.5	5.5	6.5	18	15	20
熔融指数/[g・(10 min)$^{-1}$]	2.5	2.5	25.0	0.8	8.0	8.0	6.0	1.5	2.2
相对密度	0.935	0.94	0.95	0.928	0.946	0.938	0.931	0.930	0.933
拉伸强度/MPa	19	19	9.9	19	17	12	11	15	14
拉断伸长率/%	750	750	900	725	50	200	700	700	750
刚性/MPa	66	30	6.9	76	—		—	—	
刚性（中等割线）/MPa	—	—	—	—	483	276	35	52	28
冲击强度/(J・m^{-2})	0.28	0.28	0.18	—	—	—	—	—	—
硬度（邵尔 D）	—	—	—	—	56	50	32	32	29
维卡软化温度/℃	65.6	58.9	48.9	77.8	—	—	60	—	—
脆性温度/℃	<－106	<－106	<－106	<－106			－105	9	—
应力龟裂（50%破坏点）/h	>1 000	>1 000	>1 000	—	—	—	>1 000	—	—

EEA 具有优异的坚韧性和好的低温性能，可用作汽车护板、柔性软管、家庭用具、包装薄膜、电器接头覆盖物等。

5.10　热塑性天然橡胶（thermoplastic natural rubber）

热塑性天然橡胶简称 TPNR，可以通过机械共混和接枝方法制得，前者得到的热塑性天然橡胶简称 TPNR blend，后者简称 TPNR graft，均由马来西亚生产。

5.10.1　共混型热塑性天然橡胶

共混型热塑性天然橡胶由天然橡胶 SMRL 或相当的浅色品级的橡胶和聚丙烯或聚乙烯，在密炼机中按要求比例进行共混，并加入适量有机过氧化物（如过氧化二异丙苯），温度升至树脂的熔点，然后加入防老剂制得。

共混型热塑性天然橡胶的配比见表 1.1.5－49。

表 1.1.5－49　共混型热塑性天然橡胶的配比

组成	配合量/份							
天然橡胶 SMRL/(5 L)	65	60	50	40	65	60	50	40
聚丙烯	35	40	50	60	17.5	20	25	30
高密度聚乙烯	—	—	—	—	17.5	20	25	30
过氧化二异丙苯	0.39	0.36	0.30	0.24	0.39	0.36	0.30	0.24
防老剂	1	1	1	1	1	1	1	1

共混型热塑性天然橡胶的结构与动态硫化法制得的聚烯烃热塑性弹性体相类似，分为软品级、中间品级和硬品级三类。其中天然橡胶 80/聚丙烯 20，硬度 70A，有较好的弹性。硬度 50D[a] 的，需加入中流动品级 EVA 28%，在密炼机中共混制得，也可用较软的低密度聚乙烯；硬品级的天然橡胶 15/聚丙烯 85，制备时加硫化剂过氧化物的同时添加 N，N′-间亚苯基双马来酰亚胺。

注 a：原文为 50A，可能有误。

共混型热塑性天然橡胶的主要特性为：较好的低温性能和较高的软化温度；低温下具有较高的冲击强度；耐酸碱和盐溶液；比热塑性聚氨酯弹性体有更低的相对密度。

共混型热塑性天然橡胶的典型技术指标见表 1. 1. 5 - 50。

表 1. 1. 5 - 50　共混型热塑性天然橡胶的典型技术指标

相对密度	硬度（邵尔）	拉伸强度/MPa	拉断伸长率/%
0. 91	50A～60D	5. 9～19. 6	200～500

软品级共混型热塑性天然橡胶的典型技术指标

项目	指标				
硬度（邵尔 A）	50	60	70	80	90
100%定伸应力/MPa		2. 6	3. 7	4. 7	6. 4
拉伸强度/MPa	5. 7	8. 0	10. 0	11. 0	12. 8
拉断伸长率/%	350	300	300	330	330
撕裂强度/(kN·m^{-1})	21	21	27	25	25
拉伸永久变形/%		13	16	20	23
压缩永久变形/%					
23℃×22 h	25	27	25	37	39
70℃×22 h	80	38	40	50	55
7 天油中体积溶胀率/%					
ASTM1#油，23℃		14	9	9	7
ASTM2#油，23℃		19	13	12	9
ASTM3#油，23℃		71	53	47	35
ASTM1#油，100℃		101	80	67	61
ASTM2#油，100℃		151	123	108	82
ASTM3#油，100℃		190	164	139	116

中间品级共混型热塑性天然橡胶的典型技术指标

项目			
挠曲模量/MPa	330	400	600
屈服应力/MPa	8. 5	10. 5	12. 6
拉伸强度/MPa	20	23	25
悬臂梁式冲击强度（−30℃）/(J·m^{-1})			
1 mm 槽口端部半径	>640	>640	420
0. 25 mm 槽口端部半径	300	450	105

硬品级共混型热塑性天然橡胶的典型技术指标

添加物	HVA - 2	HVA - 2	树脂	HVA - 2
挠曲模量/MPa	900	900	900	1100
屈服应力/MPa	16	19	19	24
拉伸强度/MPa	650	200	660	630
悬臂梁式冲击强度（−30℃）/(J·m^{-1})				
1 mm 槽口端部半径	>640	250	260	120
0. 25 mm 槽口端部半径	400	90	—	—

5. 10. 2　接枝型热塑性天然橡胶

接枝型热塑性天然橡胶是利用天然橡胶主链的双键与偶氮二羧基化聚苯乙烯（azodicarboxylated polystyrene）在高剪切混炼机中掺混，混炼温度在偶氮二羧基化聚苯乙烯熔点以上时，起偶联反应接枝制得。偶联反应如下：

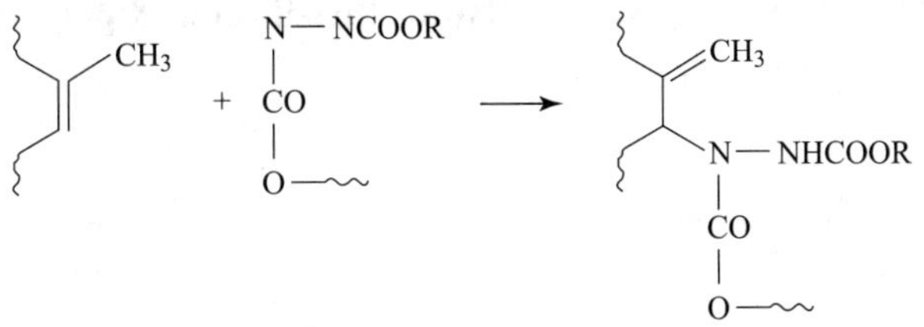

$$\sim C(CH_3)=C\sim \; + \; \underset{\underset{O\sim}{|}}{\underset{|}{\underset{CO}{\underset{|}{N}}}}-NCOOR \longrightarrow \sim \overset{\|}{C}(CH_3)-\underset{\sim}{CH}-\underset{\underset{\underset{O\sim}{|}}{\underset{CO}{|}}}{N}-NHCOOR$$

接枝型热塑性天然橡胶的典型技术指标见表 1.1.5-51。

表 1.1.5-51 接枝型热塑性天然橡胶的典型技术指标

相对密度	硬度（邵尔 A）	拉伸强度/MPa	拉断伸长率/%
0.94	40～95	9.8～24.5	300～800

代表性配合胶料的技术指标					
组成和性能	指标				
接枝型热塑性天然橡胶（40%PS）	100	100	100	100	100
结晶聚苯乙烯（PS）	38	30	20	30	30
环烷烃油	20	20	20	30	30
白垩粉					10
熔融流动指数（190℃，2.16 kg）/[g·(10 min)$^{-1}$]	6	11	11	27	21
100%定伸应力/MPa	4.1	3.6	3.0	2.0	2.7
300%定伸应力/MPa	9.9	10.0	7.0	6.6	7.6
拉伸强度/MPa	10.8	11.9	9.5	10.0	10.5
拉断伸长率/%	335	355	370	410	370

接枝型热塑性天然橡胶的性能处于苯乙烯-丁二烯嵌段共聚物的范围之内，因而可替代苯乙烯-丁二烯嵌段共聚物使用。

5.11 聚硅氧烷类热塑性弹性体（polysiloxane based thermoplastic elastomer）

聚硅氧烷类热塑性弹性体是以聚二甲基硅氧烷为软段，聚苯乙烯、聚双酚 A 碳酸酯等为硬段的嵌段共聚物。聚硅氧烷类热塑性弹性体具有优良的低温柔顺性、电性能、耐臭氧性、耐候性等，无须补强和硫化，能在较宽的温度范围内使用。

5.11.1 聚苯乙烯-二甲基硅氧烷嵌段共聚物（block copolymer of polystyrene-polydimethyl）

聚苯乙烯-二甲基硅氧烷嵌段共聚物为美国 Dow Chemical 公司开发，是聚苯乙烯与聚二甲基硅氧烷短嵌段多次交替的嵌段共聚物，由六甲基环三硅氧烷和活性 α，ω-二锂聚苯乙烯在极性溶剂中开环聚合而得。当共聚物中二甲基硅氧烷嵌段链节含量超过 65%时，共聚物表现为热塑性弹性体。其分子结构为

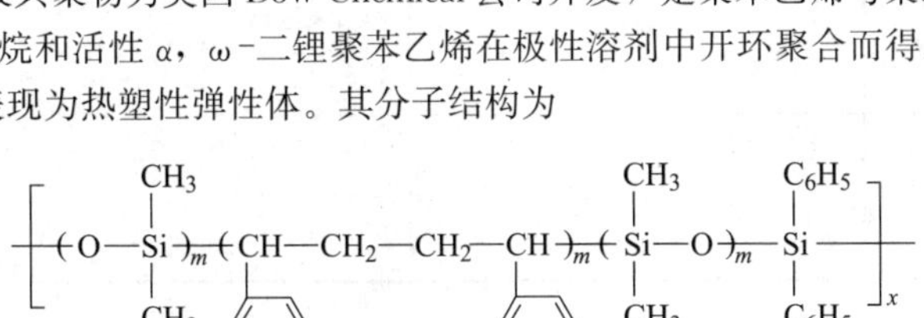

$$\left[\left(O-\underset{CH_3}{\overset{CH_3}{Si}} \right)_m \left(\underset{C_6H_5}{CH}-CH_2-CH_2-\underset{C_6H_5}{CH} \right)_m \left(\underset{CH_3}{\overset{CH_3}{Si}}-O \right)_m \underset{C_6H_5}{\overset{C_6H_5}{Si}} \right]_x$$

共聚物的性能取决于分子量和硬、软段的比例，随着硬段聚苯乙烯含量增加，共聚物的应力增加，伸长率下降。

由 α-甲基苯乙烯取代苯乙烯制得的聚 α-甲基苯乙烯-二甲基硅氧烷嵌段共聚物，拉伸强度明显增大，耐热性能提高。

5.11.2 聚二甲基硅氧烷-双酚 A 碳酸酯嵌段共聚物（polydimethylsiloxane &polybiphenol A carbonate block copolymer）

聚二甲基硅氧烷-双酚 A 碳酸酯嵌段共聚物为美国 GE 公司研发，由双酚 A 和 α，ω-二氯端基二甲基硅氧烷低聚体的混合物在吡啶存在下进行光气化，然后再在二氯甲烷溶液中进行嵌段共聚制得。其分子结构为

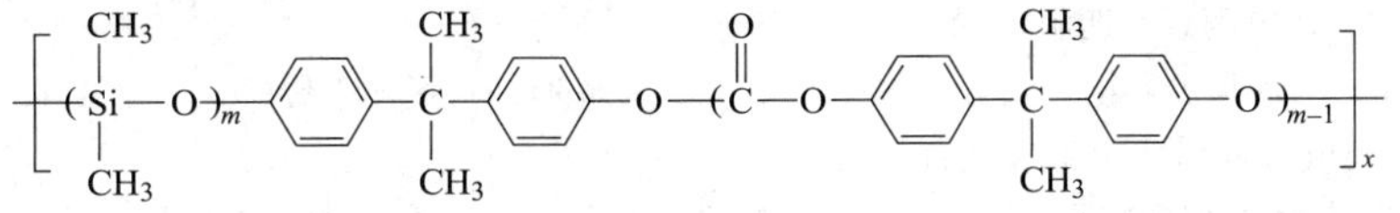

$$\left[\left(\underset{CH_3}{\overset{CH_3}{Si}}-O \right)_m - C_6H_4 - \underset{CH_3}{\overset{CH_3}{C}} - C_6H_4 - O - \left(\overset{O}{\overset{\|}{C}} - O - C_6H_4 - \underset{CH_3}{\overset{CH_3}{C}} - C_6H_4 - O \right)_{m-1} \right]_x$$

共聚物中聚碳酸酯的含量一般为 35%～85%，含量更高时，共聚物呈皮革状。

聚二甲基硅氧烷-双酚 A 碳酸酯嵌段共聚物的电性能优良，抗电晕、透气性良好，主要用于制造富氧空气膜、涂料、胶黏剂等。

5.11.3 聚二甲基硅氧烷-芳酯嵌段共聚物（polydimethylsiloxane &polyaromaticester block copolymer）

聚二甲基硅氧烷-芳酯嵌段共聚物的分子结构为

$$\left[\left(O-Ar-O-\overset{O}{\overset{\|}{C}}-Ar'-\overset{O}{\overset{\|}{C}}-O\right)_x Ar\left(O-\underset{R}{\underset{|}{\overset{R}{\overset{|}{Si}}}}\right)_y\right]_n$$

式中，Ar、Ar′代表芳基，即—⟨苯环⟩—，—⟨苯环⟩—⟨苯环⟩—等；R代表—CH_3或—C_6H_5。

共聚物随嵌入的硅氧烷链段的增加，伸长率增加，拉伸强度下降。聚二甲基硅氧烷-芳酯嵌段共聚物具有良好的物理机械性能、耐水性和热氧化稳定性，并能在−100～250℃温度范围内保持橡胶弹性。

5.11.4 聚砜-二甲基硅氧烷嵌段共聚物（polysulfone-polydimethylsiloxane block copolymer）

聚砜-二甲基硅氧烷嵌段共聚物为美国Union Carbide公司研发，是以端羟基聚砜和端二甲氨基聚二甲基硅氧烷预聚物在氯苯中反应制得的嵌段共聚物。共聚物以聚砜为硬段，聚二甲基硅氧烷为软段，其分子结构为

$$H\left[O-C_6H_4-\underset{CH_3}{\underset{|}{\overset{CH_3}{\overset{|}{C}}}}-C_6H_4\left(O-C_6H_4-SO_2-C_6H_4-O-C_6H_4-\underset{CH_3}{\underset{|}{\overset{CH_3}{\overset{|}{C}}}}-C_6H_4\right)_a O-\underset{CH_3}{\underset{|}{\overset{CH_3}{\overset{|}{Si}}}}\left(O-\underset{CH_3}{\underset{|}{\overset{CH_3}{\overset{|}{Si}}}}\right)_b\right]_N \underset{CH_3}{\underset{|}{\overset{CH_3}{\overset{|}{N}}}}$$

共聚物中聚砜含量应少于70%（质量分数），聚二甲基硅氧烷含量至少在50%（质量分数）以上。后者含量越高，弹性越好。含65%以上聚二甲基硅氧烷嵌段链节的共聚物具有优异的回弹性和良好的机械强度，最高使用温度可达170℃。

5.11.5 硅橡胶-聚乙烯共混物（silicone rubber-polyethylene blend）

硅橡胶-聚乙烯共混物由聚甲基硅氧烷和聚乙烯机械共混制得，聚甲基硅氧烷为分散相，聚乙烯为连续相，共混物两相间有少量接枝和交联，适用于注压和挤出成型。其典型技术指标见表1.1.5-52。

表1.1.5-52 硅橡胶-聚乙烯共混物与聚乙烯、聚甲基硅氧烷的典型技术指标

项目	硅橡胶-聚乙烯共混物	聚乙烯（Dow 130）	聚甲基硅氧烷（Silastic 55）
拉伸强度/MPa	9.96	15.18	8.96
拉断伸长率/%	550	760	600
模量/MPa	31.05	82.74	—
体积电阻率/(Ω·cm)	4×10^{15}	4×10^{16}	5×10^{14}
介电系数			
1 000 Hz	2.5	2.4	3.0
1 000 kHz	2.6	2.4	—
介电损耗角正切			
1 000 Hz	0.001 9	0.001 1	0.001 5
1 000 kHz	0.001 4	0.002 0	—

5.12 有机氟类热塑性弹性体（thermoplastic fluoroelastomer）

有机氟类热塑性弹性体简称TPF，由日本大金工业公司开发，以一含氟共聚物（氟橡胶）为软段，另一含氟共聚物（氟树脂）为硬段的嵌段共聚物，在常温下具有橡胶的弹性，温度高于硬段熔点时表现出热塑性。其制法为在引发剂和有机碘化合物[I$(CF_2)_4$I]存在下，加入A单体组分进行自由基乳液聚合，有机碘化合物的作用是对自由基聚合生成的分子链末端部分活化，然后加入B单体组分继续聚合，得到嵌段共聚物。

TPF的分子结构为

$$I—B—A—(CF_2)_4—A—B—I$$

式中，A嵌段：偏氟乙烯、六氟丙烯和四氟乙烯；

B嵌段：四氟乙烯、乙烯和少量第三组分（如全氟甲基乙烯基醚、六氟异丁烯等）。

A、B嵌段中的单体组成可根据性能要求而加以调整。

TPF的性能介于氟橡胶和氟树脂中间，具有优良的耐热性、耐候性、耐介质性和不燃性，透明无毒。其典型技术指标见表1.1.5-53。

表 1.1.5-53 TPF 的典型技术指标

项目	指标	项目	指标
透明性	无色半透明	硬度（邵尔 A）	61～67
相对密度	1.84～2.0	压缩永久变形/%	10
熔点/℃	160～220	回弹性/%	10
100%定伸应力/MPa	1.47～3.43	介电系数（1 000 Hz）	5.7～7.7
300%定伸应力/MPa	2.9～4.9	介电损耗角正切（1 000 Hz）	0.06～0.07
拉伸强度/MPa	～14.7	介电强度/(kV·mm^{-1})	19
拉断伸长率/%	600～1 000 以上	体积电阻率/(Ω·cm)	10^{13}～10^{14}
撕裂强度/(kN·m^{-1})	19.6～29.4		

TPF 具有一般热塑性弹性体的特性，也可采用与氟橡胶相同的硫化体系如过氧化物和多元醇体系进行硫化，还可采用辐射交联改善制品的耐热性和力学性能。

TPF 广泛应用于化工和机械行业，特别适用于要求无毒、透明、耐热、耐腐蚀的半导体，应用于医药、生物、食品、电子、纤维以及土木建筑等领域，主要用于制作高性能超低渗透性汽车燃油胶管、软管、导管、热收缩管、薄膜板、涂层、导线被覆、热熔性胶黏剂、密封胶和氟橡胶改性等。

TPF 的供应商有：日本大金工业公司，有两个牌号：Daiel TPF T530，以偏氟乙烯-六氟丙烯共聚物其软段，以四氟乙烯-乙烯共聚物为硬段；Daiel TPF T630，以偏氟乙烯-六氟丙烯共聚物其软段，以聚偏氟乙烯为硬段。

第六节 胶乳与液体橡胶

6.1 胶乳

聚合物在水介质中形成的相对稳定的胶体多分散体系称为胶乳，胶乳一般可分为两大类：橡胶胶乳和树脂胶乳。橡胶胶乳因来源不同，又分为天然胶乳和合成胶乳。天然胶乳从橡胶树中采集得到，合成胶乳多都是用乳液聚合方法制备，如丁苯胶乳、丁腈胶乳等；也可用分散方法来制备某些非乳液聚合的合成胶乳，如丁基胶乳、异戊胶乳、乙丙胶乳等。后者是将合成橡胶溶于溶剂中，再用乳化剂分散，然后除去溶剂制得。

胶乳主要用于生产避孕套、手套、海绵、气球、胶丝、胶黏剂、帘布浸渍、涂料、地毯、胶管、造纸、纺织、无纺布等各类产品，各种类型的乳胶制品已达 30 000 种以上。胶乳制品常用的加工工艺有浸渍、压出、注模、发泡、喷涂、涂胶等。

SH/T 1500—1992《合成胶乳 命名及牌号规定》参照采用 ISO/DIS 1629—1985《橡胶和胶乳——命名法》及 ISO 2348—1981《合成胶乳——代号制定》，规定了合成胶乳的命名方法，以及按标称总固物含量、标称结合共聚单体含量、主要使用特征和根据具体情况增加的附加特征制定的相应牌号。合成胶乳分类与代号见表 1.1.6-1。

表 1.1.6-1 合成胶乳分类与代号

合成胶乳	代号	合成胶乳	代号
丙烯酸-丁二烯胶乳	ABRL	丁苯胶乳	SBRL
丁二烯胶乳	BRL	苯乙烯氯丁二烯胶乳	SCRL
氯丁胶乳	CRL	羧基丁腈胶乳	XNBRL
丁基胶乳	IIRL	羧基丁苯胶乳	XSRRL
异戊胶乳	IRL	羧基丁二烯胶乳	XBRL
丁腈胶乳	NBRL	羧基氯丁胶乳	XCRL
丁吡胶乳	PBRL	乙烯丙烯和二烯烃三元共聚胶乳	EPDML
丁苯吡啶胶乳	PSBRL	乙丙胶乳	EPML
其中，“R”表示聚合物的主链中含有不饱和碳链的合成胶乳；“M”表示主链中含有亚甲基型饱和碳链的合成胶乳；“X”表示聚合物链中含有羧基取代基的合成胶乳；“L”表示胶乳。			

胶乳以质量分数计的标称总固物含量，在牌号中用第一位数字表示，见表 1.1.6-2。

表 1.1.6-2　标称总固物含量的表示

总固物含量/%	代表数字	总固物含量/%	代表数字	总固物含量/%	代表数字
≤20.0	1	40.0～49.9	4	≥70	7
20.0～29.0	2	50.0～59.9	5		
30.0～39.9	3	60.0～69.9	6		

聚合物所含的以质量分数计的标称结合共聚单体含量，在牌号中用第二位数字表示，见表 1.1.6-3。

表 1.1.6-3　标称结合共聚单体含量的表示

结合共聚单体含量/%	代表数字	结合共聚单体含量/%	代表数字	结合共聚单体含量/%	代表数字
≤20.0	1	40.0～49.9	4	≥70	7
20.0～29.0	2	50.0～59.9	5		
30.0～39.9	3	60.0～69.9	6		

用聚苯乙烯或一种丁苯共聚物补强的丁苯胶乳，则其结合共聚单体含量应包括补强共聚物中的结合苯乙烯含量，在尾标上以大写英文字母 Y 表示。

合成胶乳的主要使用特征表示方法见表 1.1.6-4。

表 1.1.6-4　合成胶乳的主要使用特征表示方法

主要使用特征	代表字母	主要使用特征	代表字母
通用型	A	印染工业用	H
地毯工业用	B	涂料工业用	I
造纸工业用	C	轮胎工业及橡胶制品骨架材料浸渍用	J
海绵制品工业用	D	胶乳水泥用	K
纺织工业用	E	胶乳沥青用	L
胶乳制品工业用	F	农业用	M
胶黏剂用	G	食品工业用	N

如主要使用特征不能区分产品牌号时，在其后再加短线及一位阿拉伯数字表示附加特征。

例如：

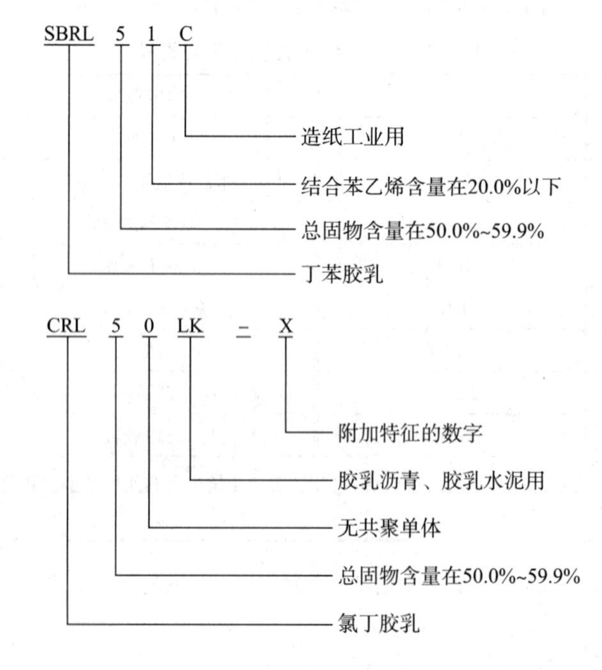

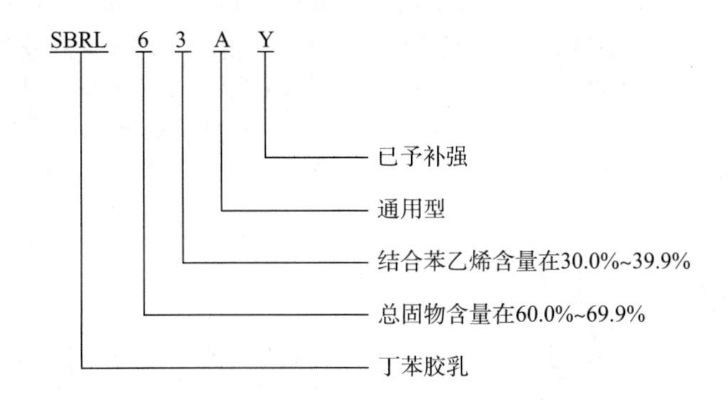

合成胶乳的性能比较见表 1.1.6－5。

表 1.1.6－5 合成胶乳的性能比较

胶乳类别		橡胶弹性	耐溶剂性	耐水性	柔软性	耐老化性	热密封性	耐燃性	改性自由度
合成胶乳	SBRL	◎	△	○	◎	△	△	△	○
	NBRL	○	◎	○	◎	△	△	△	○
	CRL	◎	○	○	◎	◎	△	△	△
合成树脂乳液	聚乙酸乙烯酯乳液	×	△	△	△	△	△	△	△
	聚丙烯酸酯乳液	△	○	○	○	◎	△	△	◎
	聚乙烯-乙酸乙烯酯乳液	△	△	△	○	○	△	△	○
	偏氯乙烯乳液	×	◎	△	△	△	◎	◎	△

注：◎—优，○—良，△—可，×—差。

天然胶乳从橡胶树中采割出来时，总固物含量一般为 20%～40%。由乳液聚合制得的胶乳，总固物含量一般在 28%左右，平均粒径为 40 μm。对浸渍和海绵制品，要求胶乳的总固物含量达到 60%；其他工艺一般要求固含量在 63%～70%。因此，胶乳均须经浓缩，天然胶乳的浓缩方法有离心浓缩、膏化浓缩、蒸发浓缩和电滗浓缩；合成胶乳由于粒径过小，采用离心法浓缩困难，主要采用膏化法和蒸发法。由于合成胶乳胶体粒子小，浓缩后胶乳黏度将大大提高，使胶乳失去流动性而呈糊状，因此必须在工艺上将胶乳的小颗粒附聚成较大的颗粒，才能使胶乳在高浓度下仍有较好的流动性。所谓附聚，就是使胶乳非稳定化，导致胶乳颗粒增大，颗粒增大后，总表面积减小，表面张力降低，胶乳稳定性得到恢复和提高。附聚有化学附聚和物理附聚两类，前者控制较困难较少采用，后者最常用的是冷冻附聚法和压力附聚法。

胶乳是多分散性的胶体体系，具有流动性，黏度比干胶低很多，即使是浓缩胶乳，其黏度也仅为 10^{-1} Pa·s，而干胶的黏度高达 10^{9} Pa·s，其加工工艺和配合技术与干胶不同。胶乳配合剂有两大类：一类是改善胶乳制品的性能和成本的配合剂，如硫化剂、促进剂、活性剂、防老剂、填充补强剂、软化剂、着色剂等，其中补强填充剂多用陶土等无机填料，炭黑仅用于着色而无补强作用；另一类是改善胶乳性质，使其具有一定工艺性能的专用配合剂，如分散剂、乳化剂、稳定剂、增稠剂、湿润剂、凝固剂等。加工时，需将胶乳配制成配合胶乳。一些粉末状配合剂直接加入胶乳中会引起胶体粒子脱水凝固，为使配合剂加入后不影响胶体的稳定性和加工性，须先将配合剂制成水分散体、乳浊液或水溶液。配合胶乳的一般要求是：(1) 固体配合剂必须先配制成水分散体或水溶液；(2) 不溶于水的油类或其他液体配合剂须配制成乳浊液；(3) 胶体配合用水必须经过软化或蒸馏处理，以免水中的钙离子、镁离子等金属离子影响胶乳的稳定性。制备配合剂分散体用的设备为球磨机、振荡球磨机、胶体磨等，制备时需加入适量的分散剂（或乳化剂）、稳定剂和水。

薄壁制品、软管、胶丝等用硫化或半硫化胶乳生产。胶乳的硫化在胶乳状态下进行，硫化后胶乳仍保持胶乳状态，是橡胶硫化的一种特殊形式。胶乳硫化方法有硫黄硫化、秋兰姆硫化、有机过氧化物硫化和辐射硫化等。硫黄硫化时最普遍采用的方法，操作简单，易于控制；秋兰姆硫化耐老化性能优越，硫化胶乳的稳定性、凝胶的性能和成膜性能比较好，但产品永久变形大；有机过氧化物硫化所得胶膜的透明度高，耐热性好；辐射硫化是利用放射性同位素（Co^{60}、γ 射线）或是电子射线的能量使橡胶交联。

配合好的硫化或半硫化胶乳，可以通过模型浸渍方法生产薄壁制品，用发泡方法生产胶乳海绵制品，用压出方法生产胶丝、医用输血胶管及听诊器胶管等。

总之，胶乳制品的加工工艺和配合技术需根据胶乳的胶体化学特性包括胶乳的组成、浓度、胶体粒子大小及其分布、粒子的表面性质、pH 值、黏度、稳定性、表面张力和湿润性等因素以及配合剂对胶体化学特性的影响综合考虑、选用。

6.1.1 天然胶乳

天然胶乳按用途可分为通用天然胶乳和特种天然橡胶。特种天然胶乳为专用胶乳，如高浓度天然胶乳（干胶含量 64%以上）、阳离子胶乳、耐寒胶乳、纯化胶乳和接枝胶乳等。

天然胶乳按浓缩方法可分为离心浓缩胶乳、膏化浓缩胶乳和蒸发浓缩胶乳。

天然胶乳按保存系统可以分为：(1) 高氨浓缩天然胶乳，浓缩后只用氨保存的离心浓缩胶乳，碱度（按胶乳计）至少为0.6%（质量分数）；(2) 低氨浓缩天然胶乳，浓缩后用氨和其他保存剂保存的离心浓缩胶乳，碱度（按胶乳计）不超过0.29%（质量分数）；(3) 中氨浓缩天然胶乳，浓缩后用氨和其他保存剂保存的离心浓缩胶乳，碱度（按胶乳计）至少为0.30%（质量分数）；(4) 高氨膏化浓缩天然胶乳，浓缩后只用氨保存的膏化浓缩胶乳，碱度（按胶乳计）至少为0.55%（质量分数）；(5) 低氨膏化天然胶乳，浓缩后用氨和其他保存剂保存的膏化浓缩胶乳，碱度（按胶乳计）不超过0.35%（质量分数）。

天然胶乳按生产方法分为全部或部分用氨保存的离心法浓缩天然胶乳和膏化法浓缩天然胶乳，以及巴西橡胶树高氨型浓缩天然胶乳制成的硫化胶乳。

（一）浓缩天然胶乳

胶乳从橡胶树中采割出来时，一般含有20%～40%的橡胶烃，其余主要是水和非橡胶物质，必须加入适量的保存剂（主要是氨），以保持胶乳的稳定性，防止自然凝固，然后进行浓缩。浓缩的方法有离心法、膏化法、蒸发法和电滗法四种。

离心法是胶乳通过离心机进行浓缩的方法，制得的胶乳称为离心浓缩天然胶乳（centrifuged concentrate latex），浓度可达60%以上；膏化法是在天然胶乳中加入膏化剂浓缩而成，制得的胶乳为膏化浓缩天然胶乳（creamed concentrate latex），浓度可达60%以上；蒸发法是通过加热使胶乳中的水分蒸发浓缩而成，制得的胶乳为蒸发浓缩天然胶乳（revertex concentrate latex），浓度可达65%以上；电滗法是将胶乳注入装有渗透膜的槽中，槽的两端以导电水介质为电极，加以适当电位，使橡胶胶体粒子向阳极迁移、聚集，形成一层浓缩胶乳，然后用刮板将这层浓缩胶乳刮下，所得浓缩胶乳称为电滗法浓缩天然胶乳（decanted concentrate latex）。电滗法生产成本过高，尚未工业化生产。

浓缩天然胶乳的主要特性为：贮存稳定性好；薄膜强度高、湿凝胶强度高；伸长率大、弹性好；胶乳质量因橡胶树栽培地区、季节变化有所不同。

以浓缩天然胶乳为原料，制造的浸渍制品有避孕套、手套、指套、气球、奶嘴和炸药袋等，压出制品有胶丝、输血胶管、听诊器胶管等，模型制品有防毒面具、压风呼吸罩等，发泡制品有海绵制品等，以及无纺布、防水布、纤维、纸张、胶乳水泥、胶乳沥青、涂料、胶黏剂、地毯背衬、人造革、印染和食品工业等。

GB/T 8289—2016《浓缩天然胶乳 氨保存离心或膏化胶乳 规格》修改采用ISO 2004—1997《浓缩天然胶乳离心或膏化的氨保存到胶乳 规范》，适用于巴西橡胶树胶乳离心或膏化法生产的浓缩天然胶乳。

浓缩天然胶乳技术规格要求见表1.1.6-6。

表1.1.6-6 浓缩天然胶乳技术规格要求

项目	限值					检验方法
	高氨	低氨	中氨	高氨膏化	低氨膏化	
总固体含量（质量分数）[a]（≥）/%	61.5	61.5	61.5	66.0	66.0	GB/T 8298
干胶含量（质量分数）[a]（≥）/%	60.0	60.0	60.0	64.0	64.0	GB/T 8299
非胶固体（质量分数）[b]（≤）/%	2.0	2.0	2.0	2.0	2.0	
碱度（NH_3）按浓缩胶乳计算（质量分数）/%	0.6 最小	0.29 最大	0.3 最小	0.55 最小	0.35 最大	GB/T 8300
机械稳定度（≥）/s	650	650	650	650	650	GB/T 8301
凝块含量（质量分数）（≤）/%	0.03	0.03	0.03	0.03	0.035	GB/T 8291
铜含量/总固体（≤）($mg \cdot kg^{-1}$)	8	8	8	8	8	GB/T8295
锰含量/总固体（≤）($mg \cdot kg^{-1}$)	8	8	8	8	8	GB/T 8296
残渣含量（质量分数）(≤)/%	0.10	0.10	0.10	0.10	0.10	GB/T 8293
挥发脂肪酸（VFA）值（≤）	0.08	0.20	0.20	0.20	0.20	GB/T 8292
KOH值（≤）	1.0	1.0	1.0	1.0	1.0	GB/T 8297

注：a. 总固体含量或者干胶含量，任选一项。

b. 总固体含量与干胶含量之差。

如果浓缩胶乳加入氨以外的其他保存剂，则应说明这些保存剂的名称、化学性质和大约用量；浓缩胶乳不应含有在生产的任何阶段加入的固定碱。

拟定修改中的GB/T 8289 IDT ISO 2004—2010，各类型浓缩天然胶乳的总固体含量（质量分数，最小）分别作了改动：高氨、低氨和中氨从61.5%改为61.0%或由双方协议商定，高氨膏化、低氨膏化从66%改为65%；所有类型的浓缩天然胶乳的非胶固体含量（质量分数，最大）均从2.0%改为1.7%；各类型浓缩天然胶乳的挥发脂肪酸（VFA）值（最大）分别作了改动：高氨从0.08改为0.06或由双方协议商定，其他的类型从0.20改为0.06或由双方协议商定；所有类型的浓缩天然胶乳的KOH值（最大）均从1.0改为0.7或由双方协议商定。ISO 2004—2010对浓缩天然胶乳的技术要求见表1.1.6-7。

表 1.1.6-7 ISO 2004—2010 对浓缩天然胶乳的技术要求

项目	高氨（HA）	低氨（LA）	中氨（XA）[c]	高氨膏化	低氨膏化	检验方法
总固体含量/%（质量分数，最小）	61.0 或由双方协议商定			65.0	65.0	ISO 124
干胶含量/%（质量分数，最小）	60	60	60	64.0	64.0	ISO 126
非胶固体/%（质量分数，最大[a]）	1.7	1.7	1.7	1.7	1.7	—
碱度（NH_3）按浓缩胶乳计/%（质量分数）	0.60 最小	0.29 最大	0.30～0.59	0.55 最小	0.35 最大	ISO 125
机械稳定度（最小[b]）/s	650	650	650	650	650	ISO 35
凝块含量/%（质量分数，最大）/(mg·kg^{-1})	0.03	0.03	0.03	0.03	0.03	ISO 706
铜含量（总固体，最大）/(mg·kg^{-1})	8	8	8	8	8	ISO 8053
锰含量（总固体，最大）/(mg·kg^{-1})	8	8	8	8	8	ISO 7780
残渣含量/%（质量分数，最大）	0.10	0.10	0.10	0.10	0.10	ISO 2005
挥发脂肪酸（VFA）值（最大）	0.06 或由双方协议商定					ISO 506
KOH 值（最大）	0.70 或由双方协议商定					ISO 127

注：a. 总固体含量与干胶含量之差。
b. 机械稳定度通常在 21 天内达到稳定。
c. XA 相当于中氨（MA）胶乳。

天然胶乳在贮存运输中，温度应保持在 2～35℃，注意防水、防晒；胶乳的氨含量应保持在 0.7%以上，低于此值时，则不易保存。

（二）硫化胶乳

硫化胶乳指橡胶粒子内部的橡胶分子已发生交联的胶乳。GB/T 14797.1—2008《浓缩天然胶乳 硫化胶乳》适用于巴西橡胶树所产的，浓缩后高氨保存的胶乳制备的硫化胶乳，不适用于配合胶乳、合成胶乳和其他特种胶乳。硫化胶乳中除了必不可少的硫化剂和硫化助剂外，不应加有填充剂。

硫化胶乳的质量要求见表 1.1.6-8。

1.1.6-8 硫化胶乳的质量要求

项目	限值
总固体含量（质量分数）(⩾)/%	60.0
碱度（按胶乳含氨计，质量分数）(⩾)/%	0.60
黏度（⩽）(27℃)/(mPa·s)	60
机械稳定度（⩾）/s	700
溶胀度/%	80～90

（三）改性天然胶乳（modified natural latex）

天然胶乳改性方法有物理改性和化学改性两大类。前者主要是天然胶乳通过与其他合成胶乳共混而改善其性能；后者是通过化学方法如接枝、环氧化、卤化等进行改性。

1. 天甲胶乳（natural rubber and methyl methacrylate graft latex）

天甲胶乳是天然胶乳与甲基丙烯酸甲酯接枝聚合得到的改性胶乳，由含有引发剂过氧化苯甲酰的甲基丙烯酸甲酯乳浊液在不断搅拌下加入到天然胶乳中，再加入四亚乙基五胺水溶液作活化剂，使天然橡胶与甲基丙烯酸甲酯发生接枝共聚，生成以异戊二烯单元为主链、甲基丙烯酸甲酯为支链的接枝聚合物，最后加入防老剂分散体。

天甲胶乳薄膜具有优良的韧性和硬度，其耐磨性、耐溶剂性、耐光性、耐热老化性、耐疲劳性和耐屈挠龟裂等性能均优于天然胶乳。天甲胶乳橡胶分子中含有极性的甲基丙烯酸甲酯和非极性的橡胶烃成分，其主要用途是作不同性质基材表面之间的胶黏剂，如用于橡胶与聚氯乙烯、合成纤维、皮革、金属等的黏合，可以替代轮胎帘线浸胶丁吡胶乳；也可用作胶乳制品的补强剂和硬化剂；用天甲胶乳制造的海绵制品，可大大降低产品密度而不损害其刚度和负荷能力。

2. 羟胺改性胶乳（hydroxylamine modified latex）

天然胶乳在贮存与运输期间其橡胶分子上的醛基会缩合而产生交联，使橡胶的门尼黏度增大，在刚离心好的浓缩胶乳中按干胶量加入 0.15%中性的硫酸羟胺或盐酸羟胺，封闭醛基，使之不再发生醛基的缩合反应，所得胶乳基本上保持最初的橡胶门尼黏度，故羟胺改性胶乳也称恒黏胶乳。

羟胺改性胶乳适于制造注模法海绵和胶黏剂。因其硫化胶的定伸应力低，也可用于浸渍手套和气球。

3. 肼-甲醛胶乳（hydrazine-formaldehyde modified latex）

肼-甲醛胶乳是含有肼-甲醛胶乳缩合树脂作补强剂的胶乳。其制法是先在高氨胶乳中加入固定碱作稳定剂，通过吹气法将胶乳中的氨含量降至 0.1%～0.2%，再加入足量的甲醛和水合肼，在一定温度下在胶乳体系中形成具有高分散度的肼与甲醛缩合树脂，即为肼-甲醛胶乳，简称 HF 胶乳。

HF 胶乳有较高的黏度，硫化后胶膜硬度较大，定伸应力、拉伸强度、撕裂强度和抗溶剂性等都有提高。

4. 环氧化天然胶乳（epoxy natural rubber latex）

环氧化天然胶乳是胶乳经适当稳定剂处理后，在严格控制反应温度、胶乳浓度、酸碱度等条件下与环氧化试剂反应，在橡胶分子主链的双键上引入环氧基而成，代号 ENR。

同环氧化天然橡胶一样，环氧化天然胶乳制品的气密性、耐油性、黏合性好；与多种聚合物胶乳（如氯丁胶乳、丁腈胶乳和聚氯乙烯乳液等）相容性好；可用于制造气密性好的军用手套、耐油性优良的耐油手套以及胶黏剂等。

5. 其他改性胶乳

其他改性胶乳包括天然胶乳与丙烯腈的接枝共聚物，其耐油性能比普通天然胶乳有很大提高；天然胶乳与苯乙烯的接枝共聚物可作补强剂，此外，还有异构化天然胶乳、环化天然胶乳、卤化天然胶乳、耐寒天然胶乳和羧基天然胶乳等，但多未处于试验开发阶段。

（四）天然胶乳的供应商

海南天然橡胶产业集团股份有限公司除高氨（HA）、中氨（MA）、低氨（LA）浓缩天然胶乳执行国标外，还有低蛋白浓缩天然胶乳，见表 1.1.6－9。

表 1.1.6－9　海南天然橡胶产业集团股份有限公司的低蛋白浓缩天然胶乳技术指标

项目	限值
总固体含量（质量分数）(≥)/%	61.5
干胶含量（质量分数）(≥)/%	60
非胶固体（质量分数）(≤)/%	1.5
碱度（NH_3），按浓缩胶乳计算（质量分数）(≥)/%	0.6
机械稳定度/s	400～1 000
凝块含量（质量分数）(≤)/%	0.05
残渣含量（质量分数）(≤)/%	0.1
挥发脂肪酸（VFA）值（≤）	0.08
KOH 值（≤）	1.0
氮含量（质量分数）(≤)/%	0.12

天然胶乳的供应商还有：广东省广垦橡胶集团有限公司、云南农垦集团有限责任公司、云南省农垦工商总公司、云南高深橡胶有限公司、西双版纳中景实业有限公司、上海锐池国际贸易有限公司（SRITONG GROUP（CHINA）COMPANY LIMITED）等。

6.1.2　丁苯胶乳

（一）丁苯胶乳（styrene-butadiene rubber latex）

商品丁苯胶乳与生产块状橡胶的胶乳有较大差异，总固含量较高，达 30%～69%；胶乳粒径较大，达 170～700 nm；生胶门尼黏度高，凝胶含量高达 20%～90%；结合苯乙烯含量也较高，为 13%～85%。通常丁苯胶乳的结合苯乙烯含量为 23%～25%，结合苯乙烯含量在 80%～85%的称高苯乙烯丁苯胶乳（SBR－HSL）。一般方法制得的丁苯胶乳总固含量为 30%～35%，要求较高总固含量的丁苯胶乳需在聚合后采用附聚方法，近年则采用快速乳液聚合直接制取。

丁苯胶乳的典型技术指标见表 1.1.6－10。

表 1.1.6－10　丁苯胶乳的典型技术指标

项目	低温聚合	高温聚合
合成方法	自由基乳液聚合	自由基乳液聚合
固形物中结合苯乙烯含量/%	14～44	23.5～48
乳化剂	脂肪酸皂、磺酸钠等阴离子体系	
总固物/%	21～70	27～59
黏度/(mPa · s)	500～1 400（60%～70%固形物）	
表面张力/($mN \cdot m^{-1}$)	30～40（60%～70%固形物）	

续表

项目	低温聚合	高温聚合
平均粒径/μm	0.06～0.30	0.06～0.22
pH值	9.5～11.0	9.0～11.0
门尼黏度［ML(1+4)100℃］	48～150	30～140
拉伸强度/MPa	10.10～26.5	1.9～13.0
拉断伸长率[a]/%	400	700

丁苯胶乳胶体粒子比天然胶乳小，因而需要较多的稳定剂，硫化速度比天然胶乳慢，硫黄用量需相应增加。因丁苯胶乳粒子小，适于浸胶，但湿凝胶性能比天然胶乳低得多，因而不宜用作浸渍制品。丁苯胶乳易与天然胶乳混合用作海绵制品，也可单独使用制造泡沫橡胶。丁苯胶乳广泛用于轮胎帘线浸胶、纸张浸渍、涂层、涂料、纤维处理、胶黏剂、地毯背衬以及建筑用胶乳沥青、胶乳水泥和颜料载体等。

（二）羧基丁苯胶乳（carboxylated styrene-butadiene rubber latex）

羧基丁苯胶乳是在丁二烯、苯乙烯中引入各种第三单体在酸性（pH=2～4）乳液中采用阴离子型乳化剂，如烷基芳基磺酸盐、烷基磺酸盐或硫酸盐，进行共聚改性的丁苯胶乳，第三单体有丙烯酸、甲基丙烯酸等。

羧基丁苯胶乳橡胶分子结构为

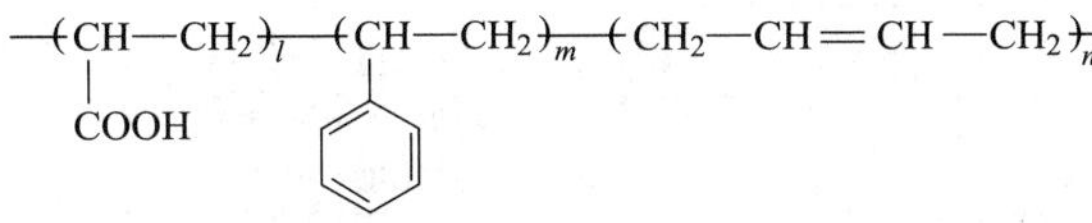

$$-\!\left(\underset{\displaystyle COOH}{\underset{|}{CH}}-CH_2\right)_l\!-\!\left(\underset{\displaystyle C_6H_5}{\underset{|}{CH}}-CH_2\right)_m\!-\!\left(CH_2-CH=CH-CH_2\right)_n\!-$$

因在聚合物分子链上引入了亲水性的极性羧基，羧基丁苯胶乳在水分散体系中具有更好的机械稳定性、冻融稳定性、与颜料的相容性，且提高了胶乳的耐油性，胶膜强度高，有较高的黏合强度。羧基丁苯胶乳与其他胶黏剂、增黏剂的共混性也好。

由于羧基活性高易于交联，除硫黄硫化体系外，可以二价金属氧化物如氧化锌来进行交联，也可以氧化锌-促进剂、氧化锌-促进剂-硫黄和氧化锌-环氧树脂等硫化体系进行硫化。

羧基活性高，能彼此交联自硫化，不宜在高温下处理加工。

羧基丁苯胶乳主要用于纸张加工、无纺布处理、地毯背衬、装饰用织物（如窗帘、桌布等）被覆、印色和印花、泡沫橡胶、胶黏剂以及人造革、防雨布等的处理，还用于制鞋、建筑材料、皮革、纤维和木材加工等工业的黏合。

GB/T 25260.1—2010《合成胶乳 第1部分：羧基丁苯胶乳（XSBRL）56C、55B》适用于以苯乙烯、丁二烯、不饱和羧酸为主要单体，采用乳液聚合方法制得的造纸用和地毯用的羧基丁苯胶乳。

羧基丁苯胶乳的技术指标见表1.1.6-11。

表1.1.6-11 羧基丁苯胶乳的技术指标

项目		XSBRL56C			XSBRL55B		
		优等品	一等品	合格品	优等品	一等品	合格品
用途		造纸用			地毯用		
总固物含量（质量分数）(≥)/%		48.0			48.0		
黏度（≥)/(mPa·s)		300			300		
pH值		6.0～8.0			6.0～8.0		
残留挥发性有机物含量（质量分数）(≤)/%		0.02	0.05	0.10	0.02	0.05	0.10
凝固物含量（质量分数）	325目（≤)/%	0.01	0.03	0.06			
	120目（≤)/%				0.01	0.03	0.06
机械稳定性（质量分数）(≤)/%		0.01		0.05	0.01		0.05
钙离子稳定性（质量分数）(≤)/%		0.03	0.05	0.08	0.03	0.05	0.08
表面张力/(mN·m^{-1})		40～55			40～55		

（三）丁苯吡胶乳（pyridine styrene-butadiene rubber latex）

丁苯吡胶乳是丁二烯、苯乙烯、α-乙烯基吡啶或5-乙基-α-乙烯基吡啶的三元共聚物，采用间歇聚合，聚合温度为40～70℃，转化率接近100%，是乙烯基吡啶类胶乳（vinyl-pyridine latex）的主要品种。乙烯基吡啶类胶乳还有丁二烯与α-甲基-5-乙烯基吡啶的二元共聚物，称丁吡胶乳（butadiene vinyl-pyridine rubber latex）。

丁苯吡胶乳中各单体丁二烯∶苯乙烯∶α-乙烯基吡啶一般为 70∶15∶15（质量比）。其分子结构为

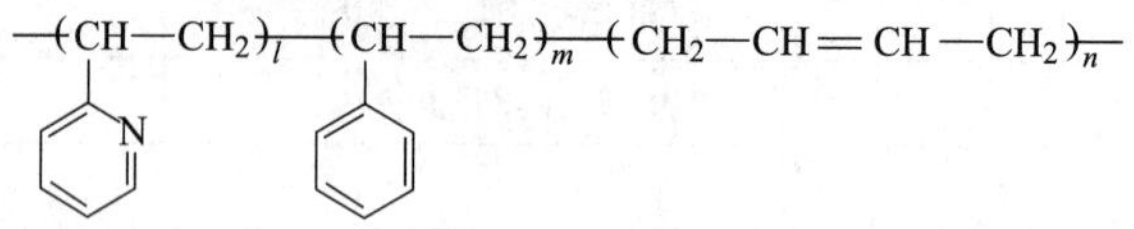

$$\mathrm{-\!\!\!-(CH-CH_2)_{\mathit{l}}-\!\!\!-(CH-CH_2)_{\mathit{m}}-\!\!\!-(CH_2-CH=CH-CH_2)_{\mathit{n}}-\!\!\!-}$$

（第一个 CH 上连接吡啶环（含 N），第二个 CH 上连接苯环）

由于聚合物分子链中引入了极性的吡啶基团，与天然胶乳和其他胶乳相比，其与人造丝的黏合力提高了 0.5 倍，与锦纶和聚酯纤维的黏合力提高了 2 倍，主要用于橡胶制品纤维骨架材料的浸渍，特别是轮胎帘线的浸渍。

丁苯吡胶乳的典型技术指标见表 1.1.6-12。

表 1.1.6-12　丁苯吡胶乳的典型技术指标

项目	低温聚合	项目	低温聚合
合成方法	自由基乳液聚合	pH 值	9.5～11.6
组成：结合苯乙烯/% 乙烯基吡啶/%	15～20 15	机械稳定性/%	2.06
		化学稳定性（对 NaCl）/%	5～6
乳化剂	脂肪酸皂、磺酸钠等阴离子体系	冻融稳定性/%	0.1
总固物/%	40～42	热稳定性/%	0.23
相对密度	0.98	残留单体（α-乙烯基吡啶）/$(g \cdot L^{-1})$	0.79
黏度/(mPa·s)	10～45	门尼黏度［ML(1+4)100℃］ H 抽出/$(kN \cdot m^{-1})$ 老化前 老化后	33 15.3～16.9 13.4～14.1
表面张力/$(mN \cdot m^{-1})$	41～55		
平均粒径/μm	0.06～0.20		

（四）丁苯胶乳的供应商

丁苯胶乳的供应商见表 1.1.6-13、表 1.1.6-14、表 1.1.6-15、表 1.1.6-16。

表 1.1.6-13　丁苯胶乳的供应商（一）

供应商	产品名称	产品外观（或图示）	规格型号	用途	原理	技术参数
山东天说橡胶有限公司	丁苯胶乳	白色流动乳状液体	DB101	橡胶与纤维之间的黏合剂，一般与丁苯吡胶乳混合使用	自由基乳液聚合	总固物≥40% 黏度：20～40 mPa·s pH：10～11.5 机稳：优 泡高：优
	丁苯吡胶乳	白色流动乳状液体	DP101	橡胶与纤维之间的黏合剂，如轮胎胶带胶管输送带三角带，补强橡胶制品	自由基乳液聚合	总固物≥40% 黏度：20～40 mPa·s pH：10～11.5 机稳：优 泡高：优
			GP101			
			GP102		自由基乳液聚合	
			VP104	应用于锦纶 66 高端胶乳	自由基乳液聚合	

表 1.1.6-14　羧基丁苯胶乳的供应商（二）

供应商	牌号	总固含量/%	结合苯乙烯/%	干胶密度/$(g \cdot cm^{-3})$	黏度/(mPa·s)	表面张力/$(mN \cdot m^{-1})$	粒径/μm	门尼黏度	pH 值	用途
美国 MC 公司 Larmix	4950	34	—	—	—	59	0.1	H	9.5	高苯乙烯、背衬
	7345	50	85	1.05	50	61	0.1	H	11	高苯乙烯、背衬
	16111	42	50	—	—	—	—	25	11	—
	16123	52	85	1.05	280	43	0.09	—	11	高苯乙烯
	16310B	51	50	0.99	320	67	0.1	70	11.5	浸渍、纤维
	16320	53	30	—	—	—	—	H	11	—
	16340	52	—	—	—	—	—	—	9.5	—
	16350	52	—	—	—	—	—	H	11	高苯乙烯
	18940	51	43	0.99	340	62	0.19	80	11.3	浸渍、打浆添加
	18010	53	69	1.01	260	40.5	0.09	100	9.8	地毯背衬
	19704	52.5	50	0.98	400	64	0.09	100	9.5	地毯背衬
	21480	51	37	0.97	300	48	0.1	200+	9.5	地毯背衬

表 1.1.6-15 羧基丁苯胶乳的供应商（三）

供应商	牌号	总固含量/%	干胶密度/(g·cm^{-3})	黏度/(mPa·s)	表面张力/(mN·m^{-1})	pH值	用途或说明
中石油兰州分公司	丁苯-50	>43	0.9～1.0	200～1 500	—	10～13	纸加工、印染
	造纸胶乳	>42	1.0～1.05	<50	<45	8～10	纸加工
	XSBRL-6500	>50	—	>50	<45	8～10	地毯背衬
	XSBRL-46C	49～51	—	<200	40～60	7～9	纸加工
	XSBRL-45B	49～51	—	<200	40～55	8～10	地毯背衬
中石化上海高桥分公司	XSBRL-45B	≥44	—	20～60	—	≥10	—
	丁苯-5050	≥44	—	20～60	—	≥10	纸加工
	丁苯-4060	≥46	—	≤100	—	≥8	—
	丁苯-5050P	≥45	—	≤100	—	8.5～11.5	羧基胶乳一级品
		≥44	—	≤100	—	8～12	羧基胶乳二级品

表 1.1.6-16 丁苯胶乳的供应商（四）

供应商	类型	牌号	总固含量/%	结合苯乙烯含量/%	Brookfied 黏度(20 r/min，20℃)/(mPa·s)	乳化剂	pH值	用途或说明
意大利埃尼	丁苯胶乳	European Latice 5570	66	26	800	脂肪酸	10.5	软发泡行业、胶黏剂、沥青改性
		Europrene Latice 5577	66	30	800	脂肪酸	10.5	中等硬度模压发泡、凝胶与非凝胶地毯发泡材料
		Europrene Latice 2430	68	35	1 100	脂肪酸	10.5	高硬度模压发泡、凝胶与非凝胶地毯发泡材料
		Europrene Latice B 010	52	82	25	脂肪酸	11.5	天然胶乳加强型胶乳提高乳胶制品硬度
		Europrene Latice 084	41	24	40	脂肪酸	11	掺混丁苯吡胶乳或天然胶乳用于织物浸渍
	羧基丁苯胶乳	Europrene Latice 405	50	40	300	合成阴离子表面活性剂	8	纸加工、胶黏剂
		Europrene Latice 406	50	40	300		8	纸加工
		Europrene Latice 440	50	60	300		8	低气味水基胶黏剂
		Europrene Latice 455	50	47	300		8	纸加工
		Europrene Latice 5583	50	40	300		8	织物浸渍的软手柄
		Europrene Latice 5584	50	60.	400		8	地毯背衬、织物浸渍
		Europrene Latice 5585	50	47	300		8	软手柄首层与第二层背衬
		Europrene Latice 5587	50	75	600		7.5	坚固手柄的织物浸渍
		Europrene Latice 5588	51	50	350		8	软手柄首层背衬、锚状物涂覆与第二层背衬
		Europrene Latice 8435	50	69	600		8	非常坚固手柄与地毯背衬、针织物浸渍
		Europrene Latice 8487	50	67	500		8	坚固手柄与地毯背衬、针织物浸渍
		Europrene Latice 1150	50	—	300		7	纸张与板材涂覆
		Europrene Latice 1142	50	—	100		6	纸张与板材涂覆

续表

供应商	类型	牌号	总固含量/%	结合苯乙烯含量/%	Brookfied 黏度（20 r/min，20℃）/(mPa · s)	乳化剂	pH 值	用途或说明
韩国锦湖	丁苯胶乳和羧基丁苯胶乳	KSL 103	48	50[a]	200 cps		8	附着力强，作业方便，发泡性能好，适用于纤维无纺布，其他黏合剂领域
		KSL 106	48	57[a]	190 cps		8	
		KSL 108	52	54[a]	200 cps		8	
		KSL 202	48	55[a]	<200 cps		8	可用于所有造纸用的 coater 以及产品配方
		KSL 203	50	55[a]	<200 cps		8	
		KSL 215	50	56[a]	<400 cps		8	
		KSL 218	50	50[a]	<350 cps		8	
		KSL 220	50	56[a]	<400 cps		8	
		KSL 242	50	52[a]	<450 cps		8	
		KSL 252	50	50[a]	<400 cps		8	
		KSL 2111	50	42[a]	<400 cps		8	
		KSL 2601	50	52[a]	<450 cps		8	
		KSL 341	69	34[a]	<800 cps		10.5	固体成分多，黏度低，建筑以及建设领域使用
		KSL 362	48	39[a]	130 cps		10.2	
		KSL 363	47	32[a]	200 cps		9.5	

注：a. 表面张力，单位 dn/cm。

丁苯胶乳的供应商还有：上海高桥巴斯夫分散体有限公司（Styrofan）、美国固特异轮胎和橡胶公司（Goodyear Tire & Rubber Co.，Pliolite 丁苯胶乳和 Pliocord 丁苯吡胶乳）、美国 Ameripol Synpol 公司（Rovene 丁苯胶乳、羧基丁苯胶乳和丁苯吡胶乳）、美国杜邦陶氏弹性体公司（UCAR 丁苯胶乳）、美国通用特种聚合物公司（Gen Corp Speciality Polymers，Genflow 丁苯胶乳和 Gen Tac 丁苯吡胶乳）、德国巴斯夫公司（BASF AG，Butanol、Butafan、Styronal 和 Stufofan 丁苯胶乳和羧基丁苯胶乳）、德国 Synthomer 公司（Synthomer 丁苯胶乳）、日本合成橡胶（JSR 胶乳和羧基丁苯胶乳）、日本瑞翁公司（Nipol 丁苯胶乳和羧基丁苯胶乳）、南非 Karbochem 公司（Sentrachem 丁苯胶乳和羧基丁苯胶乳）、巴西 Nitriflex S. A. Industria e Comercio 公司（Nitriflex L 丁苯胶乳、Nitriflex NTL 和 Nitriflex VP 羧基丁苯胶乳）、韩国锦湖石油化学公司（羧基丁苯胶乳）、俄罗斯 Omask 合成橡胶（Omask Kauchuk Co.，丁苯胶乳）、俄罗斯 SK Premyer 公司丁苯胶乳、俄罗斯 Voronezhsyntezkachuk 公司（丁苯胶乳）、波兰 Firma Chemiczna "Dwory" SA 公司（LBSK 羧基丁苯胶乳）等。

6.1.3 丁腈胶乳

（一）丁腈胶乳（acrylonitrile-butadiene rubber Latex）

丁腈胶乳由丁二烯和丙烯腈乳液共聚后减压浓缩至所需的总固物含量并过滤制得。商品丁腈胶乳与生产块状丁腈橡胶的胶乳不同，其单体转化率通常较高，达 95%以上，胶体粒子中的橡胶分子支化、凝胶含量较高。

由于橡胶分子链中含有腈基，具有良好的耐油性、耐化学药品性，与纤维、皮革等极性物质有良好的黏合力，与淀粉、干酪素、乙烯基树脂、酚醛树脂、尿素树脂、脲醛树脂等极性高分子物质有良好的相容性。丁腈胶乳的胶体粒子比天然胶乳小，易于渗透到织物中，但胶膜的脱水收缩倾向较大。胶膜拉伸强度、定伸应力和撕裂强度低于天然胶乳，但优于丁苯胶乳。硫化速度比天然胶乳慢。

丁腈胶乳的典型技术指标见表 1.1.6－17。

表 1.1.6－17　丁腈胶乳的典型技术指标

项目	指标	项目	指标
组成	结合丙烯腈含量 15%～45%	黏度/(mPa · s)	12～1 800（总固物 40%～60%）
乳化剂	脂肪酸钠、磺酸钠等阴离子体系	平均粒径/μm	0.05～0.18 0.005～0.01（织物用）
总固物/%	45～55	表面张力/(mN · m^{-1})	35～55
相对密度	0.98～1.01	pH 值	9～10

丁腈胶乳在非硫化制品方面可用于纸浆添加剂、纸张加工、无纺布、表面涂层、石棉制品添加剂及胶黏剂等；硫化制品方面可用于制造耐油手套、耐油薄膜、耐油胶管、橡胶丝等。

（二）羧基丁腈胶乳（carboxylated acrylonitrile-butadiene rubber Latex）

羧基丁腈胶乳是丁腈胶乳的改性产品，系在聚合时引入甲基丙烯酸三元共聚制得，也可再加入苯乙烯单体制得四元共聚物。

羧基丁腈胶乳在丁二烯、丙烯腈之外引入羧基第三单体，使胶乳在较高的固含量下保持机械稳定性，同时进一步提高了活性和黏合强度。

羧基丁腈胶乳的典型技术指标见表 1.1.6-18。

表 1.1.6-18 羧基丁腈胶乳的典型技术指标

项目	指标	项目	指标
组成	丙烯酸 0.5%～10%（质量分数）	平均粒径/μm	0.04～0.12
总固物/%	35～50	表面张力/(mN·m^{-1})	31～55
相对密度	0.99～1.01	pH 值	6.5～9.5
黏度/(mPa·s)	12～150（总固物 40%～45%）		

拟定中的 GB/T 25260.2《合成胶乳 第 2 部分：丁腈胶乳》提出的丁腈胶乳的技术指标见表 1.1.6-19。

表 1.1.6-19 丁腈胶乳的技术指标

项目	中结合丙烯腈		中高结合丙烯腈		高结合丙烯腈	
	优等品	合格品	优等品	合格品	优等品	合格品
外观						
结合丙烯含量（质量分数）/%	25.0≤～<30.0		30.0≤～<35.0		35.0≤～<41.0	
总固物含量（质量分数）/%	≥42					
黏度/(mPa·s)	<100					
pH 值	7.5～9.0					
残留挥发性有机物含量（质量分数）/%	≤0.003	≤0.005	≤0.003	≤0.005	≤0.003	≤0.005
凝固物（质量分数）/%	≤0.01	≤0.05	≤0.01	≤0.05	≤0.01	≤0.05
机械稳定性（质量分数）/%	≤0.2	≤0.5	≤0.2	≤0.5	≤0.2	≤0.5
表面张力/(mN·m^{-1})	20～50					

羧基丁腈胶乳可以用硫黄和金属氧化物如 ZnO 等交联，也可用酚醛树脂、脲醛树脂、环氧树脂和多胺等硫化。

羧基丁腈胶乳主要用于制造浸渍耐油工业手套、纤维处理、纸加工、无纺布、胶黏剂、地毯背衬等。

（三）丁腈胶乳的供应商

丁腈胶乳的供应商见表 1.1.6-20。

表 1.1.6-20 丁腈胶乳的供应商

供应商	牌号	总固含量/%	结合丙烯腈含量/%	brookfied 黏度（20 r/min，20℃）/(mPa·s)	乳化剂	pH 值	防老剂	用途
意大利埃尼	Europrene Latice 2620	35	38	30	RA	10.5	非变色	抗溶剂型，专用于打浆机加工艺（beater addition process）
韩国锦湖	KNL 830	45		80 cps		8.2	表面张力 32 dn/cm	
	KNL 850	40		30 cps		8	表面张力 36 dn/cm	

日本瑞翁羧基丁腈胶乳的技术指标见表 1.1.6-21。

表 1.1.6-21 日本瑞翁羧基丁腈胶乳的技术指标

牌号	固含量/%	黏度/(mPa·s)	结合丙烯腈含量/%	pH 值	表面张力/(mN·m^{-1})	粒径/nm	Tg/℃
Nipol LX550L	45.0	60	中	8.3	35	110	−27
Nipol LX551	45.0	85	中	8.5	31	120	−14
Nipol LX552	45.0	30	中	8.0	28	110	−12

镇江南帝化工有限公司羧基丁腈胶乳的技术指标见表 1.1.6-22。

表 1.1.6-22　镇江南帝化工有限公司羧基丁腈胶乳的技术指标

牌号	固含量/%	黏度/(mPa·s)	结合丙烯腈含量/%	pH值	表面张力/(mN·m^{-1})	比重
Nantex 640X	43.5	50.0	36.5	7.6	32.0	1.00
Nantex 6721	43.5	23.0	28.0	8.2	32.2	1.00
Nantex 660	43.6	28.5	30.2	7.9	33.4	—

LG公司羧基丁腈胶乳的技术指标见表 1.1.6-23。

表 1.1.6-23　LG公司羧基丁腈胶乳的技术指标

牌号	固含量/%	黏度/(mPa·s)	结合丙烯腈含量/%	pH值	表面张力/(mN·m^{-1})	凝胶含量/%	凝结物含量/ppm (＞74 μm)	粒径/nm
Luter 105	44.5～45.5	＜100	27	8.0～8.8	28～38	＜10	＜200	110～135
Luter 111	44.5～45.5	＜100	37	8.2～8.8	29～35	10～70	＜50	100～140
Luter 120	44.5～45.5	＜100	32	8.2～8.8	30～40	＜30	＜50	120～150

安庆华兰科技有限公司羧基丁腈胶乳的技术指标见表 1.1.6-24。

表 1.1.6-24　安庆华兰科技有限公司羧基丁腈胶乳的技术指标

牌号	总固物含量/%	黏度/(mPa·s)	结合丙烯腈含量/%	pH值
XNBRL-42F-3	44±1	＜100	20.0～29.9	8.0～9.0
XNBRL-42F-3A	44±1	＜100	20.0～29.9	8.0～9.0
XNBRL-43F-1	44±1	＜100	30.0～39.9	8.0～9.0
XNBRL-43F-1A	44±1	＜100	30.0～39.9	8.0～9.0
XNBRL-43F-2	44±1	＜100	30.0～39.9	8.0～9.0
XNBRL-43F-2A	44±1	＜100	30.0～39.9	8.0～9.0
XNBRL-43F-3	44±1	＜100	30.0～39.9	8.0～9.0
XNBRL-43F-3A	44±1	＜100	30.0～39.9	8.0～9.0

注：F—胶乳制品工业用。附加特征 A—含羧酸酯胶乳；1—棉麻质衬里用胶乳；2—锦纶化纤衬里用胶乳；3—无衬里用胶乳。

石家庄鸿泰橡胶有限公司羧基丁腈胶乳的技术指标见表 1.1.6-25。

表 1.1.6-25　石家庄鸿泰橡胶有限公司羧基丁腈胶乳的技术指标

牌号	总固物含量/%	pH值	筛余物/% (200目滤网)	表面张力/(mN·m^{-1})	黏度/(mPa·s)	丙烯腈残留量/ppm
HT108系列	42～44	8.0～8.4	≤0.02	29.0～39.0	≤100	≤40
HT206系列	42～44	8.0～8.4	≤0.02	25.0～35.0	≤100	≤40
HT208系列	42～44	8.0～8.4	≤0.02	25.0～35.0	≤100	≤40

丁腈胶乳的供应商还有：上海强盛、东营奥华、美国固特异轮胎和橡胶公司（Goodyear Tire & Rubber Co.，Chemigum 丁腈胶乳）、美国 Eliokem 公司（Chemigum 丁腈胶乳）、美国通用特种聚合物公司（Gen Corp Speciality Polymers，Gencryl 羧基丁腈胶乳）、日本武田化学工业公司（Takeda Chemical Iudustries，Croslene 羧基丁腈胶乳）、德国 Synthomer 公司（Synthomer 丁腈胶乳）、巴西 Nitriflex S. A. Industria e Comercio 公司（Nitriflex NTL 丁腈胶乳）等。

6.1.4　氯丁胶乳（polychloroprene rubber latex 或 chloroprene latex）

氯丁胶乳由 2-氯-1，3-丁二烯单体乳液聚合制得，如与其他单体如苯乙烯、丙烯腈、甲基丙烯酸等进行乳液共聚，则得到相应的共聚物氯丁胶乳。商品氯丁胶乳 pH 值为 12，总固含量为 34.5%～61%，胶乳粒径为 50～190 nm。氯丁胶乳聚合物的分子结构为：

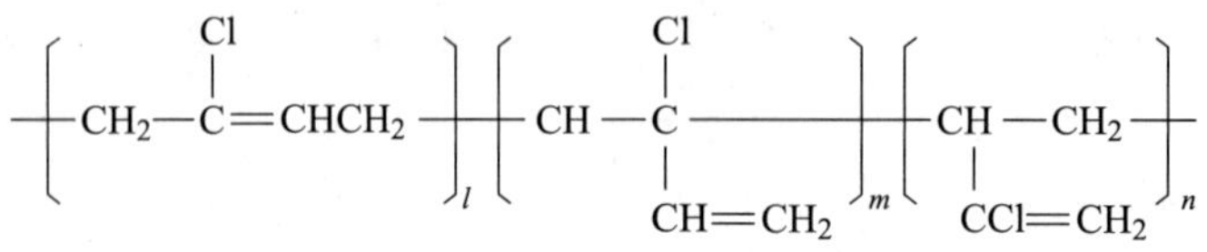

$$\left[CH_2-\underset{}{\overset{Cl}{\overset{|}{C}}}=CHCH_2 \right]_l \left[CH-\overset{Cl}{\overset{|}{C}}\underset{CH=CH_2}{\underset{|}{}} \right]_m \left[\underset{CCl=CH_2}{\underset{|}{CH}}-CH_2 \right]_n$$

1,4-加成 l: 97.9%　　1,2-加成 m: 1.1%　　3,4-加成 n: 1.0%

氯丁胶乳室温下是流动性液体，冷却至10℃以下，黏度上升，接近0℃时膏化，0℃以下冻结、凝固、破乳，凝固的胶乳不能通过加热恢复原状。氯丁胶乳具有优异的综合性能，有强的黏合能力，成膜性能较好，湿凝胶和干胶膜具有较高的强度，又有耐油、耐溶剂、耐热、耐臭氧老化等性能，因而应用广泛。但氯丁胶乳耐寒性差，电绝缘性低，易变色，贮存性能差，室温下只能存放18个月，这是由于在贮存过程中有氯放出，生成HCl，中和乳化剂松香酸钠所致。

氯丁胶乳可以分为通用型和特种型两类。通用型氯丁胶乳为均聚物、阴离子、凝胶型；特种型氯丁胶乳有凝胶型和溶胶型，包括与苯乙烯、丙烯腈、甲基丙烯酸等共聚改性氯丁胶乳。交联型胶乳凝胶含量高、门尼黏度高，非交联溶胶型胶乳门尼黏度低。

氯丁胶乳在配合时必须加入稳定剂，如氢氧化钠、氢氧化钾等。一般以金属氧化物作为硫化剂，与干胶不同，不宜使用氧化镁，因为氧化镁会使胶乳失去稳定性；促进剂一般用二苯基硫脲并用二苯胍（二苯胍可活化二苯基硫脲）、促进剂二硫代氨基甲酸钠或二硫代氨基甲酸钠与秋兰姆并用。通用型氯丁胶乳耐寒性差，可加入酯类耐寒增塑剂如己二酸酯或油酸丁酯等。可用酚醛树脂、脲醛树脂、聚氯乙烯补强，效果良好。

氯丁胶乳广泛应用于浸渍制品、涂料、纸处理、胶黏剂及水泥沥青改性等。因氯丁胶乳干胶膜具有与天然胶乳相似的柔软性和拉伸强度、定伸应力、拉断伸长率，又有很好的耐臭氧老化性、耐化学药品性，很小的气透性，特别适于制造气象气球、工业手套、家用手套和织物涂胶等。

HG/T 3317—2014《氯丁二烯胶乳 CRL 50LK》适用于以氯丁二烯为单体、阳性皂为乳化剂，经乳液聚合而制得的阳离子氯丁二烯胶乳。该胶乳为高度凝胶型聚合物，中等结晶，具有良好的气密性、抗水性、黏接性及耐候性、耐化学试剂等性能，主要作为涂料、油膏等防水建材使用。

氯丁二烯胶乳 CRL 50LK 技术指标见表1.1.6-26。

表1.1.6-26 氯丁二烯胶乳 CRL 50LK 技术指标

项目	优等品	合格品
总固物含量（质量分数）(≥)/%	50	48
表观黏度（≤)/(mPa·s)	35	
表面张力（≤)(mN·m^{-1})	50	

注：本表数据以最终公开发布的标准为准。

其他国产氯丁胶乳的典型性能见表1.1.6-27。

表1.1.6-27 其他国产氯丁胶乳的典型性能

胶乳类型	总固含量/%	密度/(g·cm^{-3})	pH值	黏度/(mPa·s)	表面张力/(mN·m^{-1})	凝胶情况	湿凝胶性能		贮存稳定性	硫化速度	硫化胶特性		
							强度	伸长率			强度	伸长率	结晶速度
通用型	49~50	1.10	>11	<25		高度			半年以上	中等	极大	大	快
耐寒型	48~50	1.10	>11	<25		中上			半年以上	中等	大	大	慢
浓缩型	58~60		>11	<50		高度			3个月以上	中等	大		快

氯丁二烯与少量苯乙烯共聚可制得耐寒型氯丁胶乳；与丙烯腈共聚可以改善耐芳香族溶剂的性能；与丙烯酸类化合物共聚可以制得羧基氯丁胶乳，具有良好的黏接性、成膜性和弹性。

日本电气化学株式会社（Denki Kagaku Kogyo K. K，Denka Chloroprene）的氯丁胶乳牌号见表1.1.6-28。

表1.1.6-28 日本电气化学株式会社的氯丁胶乳牌号

	LC-501	LM-61	LV-60N
固含量/%	47	60	50
pH值	7	12	12
黏度/(mPa·s)	250	80	100
湿凝胶强度/MPa	—	1.2	2.0
乳化剂	非离子物质	阴离子物质	阴离子物质
结晶速率	中	中	极慢
机械稳定性	良好	良好	良好
应用	黏合剂	浸渍制品、纸浸渍加工黏合剂	浸渍制品黏合剂、纤维处理、其他

氯丁胶乳的供应商有：重庆长寿捷园化工有限公司、山西合成橡胶集团有限责任公司、山纳合成橡胶有限责任公司、美国杜邦陶氏弹性体公司（Neprene）、日本东曹、德国朗盛、法国埃尼等。

6.1.5　丁二烯胶乳（polybutadiene rubber Latex 或 butadiene rubber Latex）

丁二烯胶乳由丁二烯单体经乳液聚合、浓缩制得；也有把聚丁二烯橡胶制成溶液，加入乳化剂分散于水相中，然后除去溶剂，浓缩制得。

丁二烯胶乳硫化速度快，宜采用硫黄、氧化锌、促进剂 MZ（2-硫醇基苯并噻唑锌盐）硫化体系硫化，硫化后有返原现象，但耐老化性能较好。

丁二烯胶乳主要用作丙烯腈-丁二烯-苯乙烯共聚树脂（ABS 树脂）的基础胶乳，也用来与天然胶乳并用制造海绵、胶黏剂等。由于 ABS 树脂中结合苯乙烯和丙烯腈都接枝于橡胶主链上，因此对丁二烯胶乳的粒径及其分布、凝胶含量均有一定要求。

丁二烯胶乳的典型技术指标见表 1.1.6-29。

表 1.1.6-29　丁二烯胶乳的典型技术指标

项目	直接聚合型	橡胶乳化型
制取方法	自由基乳液聚合	阴离子溶液聚合制得的块状胶溶于溶剂后乳化制得
组成 顺式-1，4-结构含量/% 反式-1，4-结构含量/% 乙烯基含量/%	 60 20	90 以上
乳化剂	油酸钾	—
总固物/%	58～60	63
黏度/(mPa·s)	25～200	
平均粒径/μm	0.2	
表面张力/(mN·m^{-1})	45～50	31
pH 值	10.3～11.0	10.6

丁二烯胶乳的供应商有：日本合成橡胶公司（JSR）等。

6.1.6　其他合成胶乳

（一）异戊胶乳（polyisoprene rubber latex）

异戊胶乳是将异戊橡胶用溶剂溶解，以松香酸钾皂水溶液进行乳化，然后除去溶剂，浓缩制得。

异戊胶乳与天然胶乳相似，胶体粒子平均粒径较大，橡胶分子中不含支化结构，只有微量凝胶，含少量的表面活性剂和防老剂。异戊胶乳机械稳定性高，化学稳定性差，但不会出现天然胶乳的腐败现象；含非橡胶成分少，纯度高，质量均一，易于制取透明制品；硫化胶膜拉伸强度低，伸长率大，性能一般不如天然胶乳，能部分取代天然胶乳。

异戊胶乳的典型技术指标见表 1.1.6-30。

表 1.1.6-30　异戊胶乳的典型技术指标

项目	指标	项目	指标
制取方法	阴离子溶液聚合制得的块状胶溶于溶剂后乳化制得	相对密度	0.93～0.94
组成	顺式-1，4 结构含量 85%以上	平均粒径/μm	0.65～0.75
乳化剂	松香酸钾	表面张力/(mN·m^{-1})	31～44
总固物/%	60～65	pH 值	10～10.5

（二）丁基胶乳（isoprene-isobutylene rubber latex）

丁基胶乳是先将丁基橡胶溶于溶剂中制成溶液，加入乳化剂制成乳化液，再除去溶剂并浓缩后制得。

丁基胶乳聚合物的化学惰性高，其机械稳定性和化学稳定性很好；具有优良的耐老化性、耐臭氧性、耐化学药品性等；有极佳的耐气透性和耐透水性。

丁基胶乳的典型技术指标见表 1.1.6-31。

表 1.1.6-31　丁基胶乳的典型技术指标

项目	指标	项目	指标
制取方法	阴离子淤浆法聚合制得的块状胶溶于溶剂后乳化制得	相对密度	0.95～0.96
		黏度/(mPa·s)	900～1 500

续表

项目	指标	项目	指标
组成	异戊二烯含量（摩尔分数）1.5%～2.0%	平均粒径/μm	500
乳化剂	阴离子型	表面张力/(mN·m^{-1})	20～38
总固物/%	55～62	pH 值	5.5～5.6

丁基胶乳主要用于浸渍防毒手套等制品，也用于抗腐蚀涂层和食品包装涂层等。

（三）乙丙胶乳（ethylene-propylene rubber latex）

乙丙胶乳包括二元和三元共聚乙丙胶乳，是将二元或三元乙丙橡胶溶于溶剂后，加入乳化剂使之在水中乳化，然后除去溶剂，经浓缩后制得。

因乙丙橡胶是饱和烃或含少量双键，因而具有优异的耐臭氧性、耐热老化性、耐候性、耐化学药品性和电绝缘性。

乙丙胶乳的典型技术指标见表 1.1.6－32。

表 1.1.6－32　乙丙胶乳的典型技术指标

项目	浓缩方法		项目	浓缩方法	
	离心法	膏化法		离心法	膏化法
总固物/%	60.3	54.2	平均粒径/μm	64	630
乳化剂含量/%	1.9	2.3	pH 值	10.2	10.3
表面张力/(mN·m^{-1})	39.7	35.9	机械稳定性/%	0.2	0.2

注：详见于清溪，吕百龄．橡胶原材料手册［M］．2 版．北京：化学工业出版社，2007.

乙丙胶乳一般采用过氧化物硫化；三元乙丙胶乳可以用硫黄硫化，配用秋兰姆、硫代氨基甲酸盐超速促进剂。

乙丙胶乳主要用作防腐涂层和织物浸渍等，也用于纸张涂胶和涂料。

（四）聚硫胶乳（polysulfide rubber latex）

聚硫胶乳是聚硫橡胶在水介质中形成的分散体。聚硫胶乳呈弱碱性，粒子较大（2～15 μm），相对密度也较大（1.3～1.4），沉降较迅速，但经搅拌后又能分散，其机械稳定性好。

聚硫胶乳可以和许多树脂乳液如聚烯烃、聚酯、环氧树脂、酚醛树脂、聚氯乙烯、偏氯乙烯、聚氨酯树脂等以任何比例混合并用。

聚硫胶乳和聚硫橡胶一样具有良好的耐臭氧、耐油、耐化学药品和耐低温性能，对钢铁、硅酸盐水泥、玻璃、木材等材料有良好的黏接性，主要用作石油工业、建筑工业中的耐油涂层、防腐涂层和密封填料，特别适于用作非金属油罐的防渗涂料。

聚硫胶乳的供应商有：美国 Thiokol 化学公司（Thiokol）等。

（五）丙烯酸酯乳液（acrylate emulsion，acrylic latex）

丙烯酸酯乳液由丙烯酸酯经乳液聚合而得，也可以由丙烯酸酯与乙烯、苯乙烯或丁二烯乳液共聚制得。丙烯酸酯单体包括丙烯酸乙酯、甲基丙烯酸甲酯和丙烯酸正丁酯等。酯基碳链越长，制品的柔软性和耐屈挠性越好。其分子结构为：

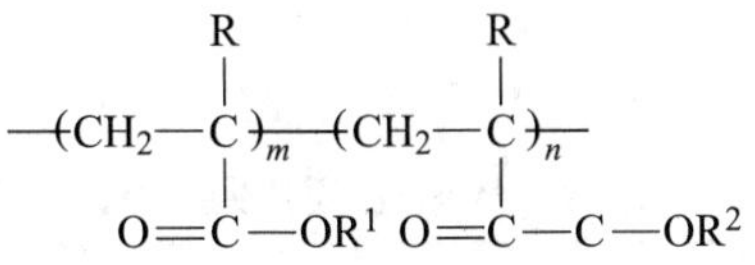

$$-\!\!\left(CH_2-\underset{\underset{O=C-OR^1}{|}}{\overset{\overset{R}{|}}{C}}\right)_m\!\!\left(CH_2-\underset{\underset{O=C-C-OR^2}{|}}{\overset{\overset{R}{|}}{C}}\right)_n\!\!-$$

R：H，CH_3

$R^1=R^2$或$R^1\neq R^2$

R^1和R^2：CH_3，C_2H_5，n=C_4H_9等

丙烯酸酯乳液耐候性、耐污染性良好，对光和热变色少，适于室外使用；具有优良的黏着性，可黏接多种不同性质的材料；耐水性、耐碱性优于乙酸乙烯类乳液。丙烯酸酯乳液易着色，工艺性能良好。

丙烯酸酯乳液的典型技术指标见表 1.1.6－33。

表 1.1.6－33　丙烯酸酯乳液的典型技术指标

项目	指标	项目	指标
总固物/%	33～60	平均粒径/nm	70～700
相对密度	1.06～1.07	pH 值	2.0～9.0
黏度/(mPa·s)	30～170	最低成膜温度/℃	－5～78
表面张力/(mN·m^{-1})	4～60	玻璃化温度 T_g/℃	－50～85

丙烯酸酯乳液主要用作胶黏剂、纤维背涂层、无纺布黏结、纸张浸渍、皮革涂层、涂料、水性油墨，以及水泥添加剂、建筑工业防腐基料等。

丙烯酸酯乳液的供应商有：美国杜邦陶氏弹性体公司（UCAR 丙烯酸酯乳液、乙烯基-丙烯酸酯乳液、苯乙烯-丙烯酸酯乳液）、日本瑞翁公司、日本武田化学工业公司、三井东亚化学公司等。

（六）聚乙酸乙烯酯类乳液（polyvinyl acetate emulsion）

聚乙酸乙烯酯乳液，也称聚乙酸乙烯乳液，由乙酸乙烯酯（即乙酸乙烯）单体单独或与少量其他单体（如丙烯酸酯、马来酸酯、乙烯等）乳液聚合或共聚合制得。其分子结构为：

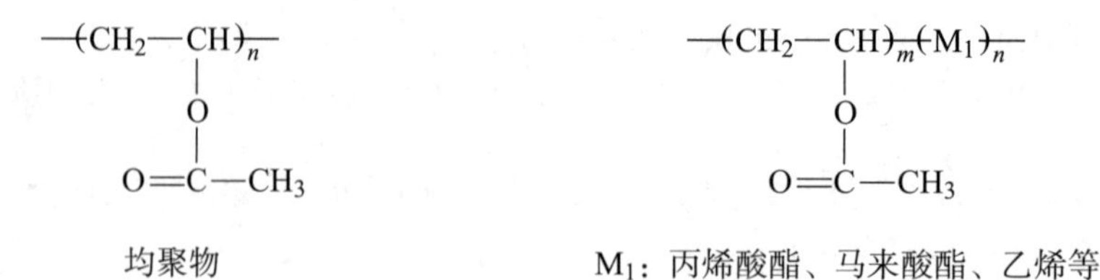

均聚物　　M_1：丙烯酸酯、马来酸酯、乙烯等

聚乙酸乙烯酯类乳液加工性良好，其主要特性为：对各种不同性质的材料具有较强的黏接力，但干胶膜弹性较小，耐水性较好；乙酸乙烯酯-丙烯酸酯共聚物或乙酸乙烯酯-乙烯共聚物乳液在高温时（50℃）蠕变小，耐热黏合力强，耐酸碱性好。

聚乙酸乙烯酯类乳液的典型技术指标见表 1.1.6－34。

表 1.1.6－34　聚乙酸乙烯酯类乳液的典型技术指标

聚乙酸乙烯酯类乳液的典型技术指标					
总固物/%	黏度/(mPa·s)		粒径/μm	pH 值	
50～60	300～1 000		0.1～0.5	4～7	
聚乙酸乙烯酯类乳液干胶膜的典型技术指标					
项目	乙酸乙烯酯/乙烯			乙酸乙烯酯/丙烯酸酯	
组成 w/%	4	10	20	15	25
拉伸强度/MPa	7.0	4.0	0.49	5.9	2.8
拉断伸长率/%	210	340	1 220	200	300
硬度（Swark）	27	16	2	24	12
最低成膜温度/℃	9	2		10	5
脆性温度/℃	10	0	−15	10	15
热焊接（热封）温度/℃	120	105	60	120	110

HG/T 2405—2005《乙酸乙烯酯-乙烯共聚乳液》适用于木材加工、纺织涂布、水泥改性、复合包装、卷烟、涂料、建筑用乙酸乙烯酯-乙烯共聚乳液。

乙酸乙烯酯-乙烯共聚乳液的产品性能指标见表 1.1.6－35。

表 1.1.6－35　乙酸乙烯酯-乙烯共聚乳液的产品性能指标

项目	指标
外观	乳白色或微黄色乳状液，无粗颗粒和异物及沉底物
pH 值	4.0～6.5
不挥发物含量（≥）/%	54.5
黏度（25℃）/(mPa·s)	M[a]±0.4M
残存乙酸乙烯酯含量（≤）/%	0.5
稀释稳定性/%	3.5
粒径/μm	2.0
最低成膜温度/℃	5
乙烯含量/%	N[b]±2

注：a. M 为黏度范围中间值。
b. N 为乙烯含量范围中间值。

聚乙酸乙烯酯类乳液作胶黏剂使用时，需加入增黏剂、增塑剂、填充剂、防腐剂和消泡剂等。主要用于胶黏剂、涂料、纸涂层、无纺布、地毯、建筑、制鞋、皮革等，在汽车中还可用于制造空气和油的过滤器。

乙酸乙烯酯-乙烯共聚乳液的供应商有：北京东方石油化工有限公司有机化工厂等。

（七）聚氨酯胶乳（polyurethane rubber latex）

聚氨酯胶乳指聚合物分子中含有氨基酯的一系列聚氨酯聚合物的胶体水分散体。

聚氨酯胶乳的主要特性为干胶膜强度高、耐磨，耐溶剂性、耐候性、耐老化性能优越。主要用于涂料、薄膜、胶黏剂和织物浸胶等，也可用于浸渍制品。

聚氨酯胶乳的供应商有：日本保土谷化学公司（Aizlax）等。

（八）氟橡胶胶乳（fluoroelastomer latex）与含氟树脂乳液

氟橡胶胶乳具有突出的热稳定性、化学稳定性和抗氧化性，主要用作纤维胶黏剂、涂层、浸渍石棉垫片和盘根、模制材料等。

含氟树脂乳液，如聚四氟乙烯乳液则用于金属及其他材料的涂层，具有不黏、不吸潮、摩擦系数低和耐磨等特点。

氟橡胶胶乳与含氟树脂乳液的供应商有：美国3M公司、美国杜邦公司、日本大金公司、日本旭硝子公司等。

（九）聚氯乙烯胶乳（pdyvlnyl chloride latex）

聚氯乙烯胶乳是氯乙烯与少量其他单体共聚物的胶体水分散体。聚氯乙烯均聚物不能成膜，需引入第二组分进行共聚来降低其熔融温度，常用的共聚单体有丙烯酸酯、马来酸酯等。

聚氯乙烯胶乳主要用于纤维工业、纸及纸板涂层、纸浆添加剂、纸张浸渍、地毯背浆、胶黏剂及水基油墨等，也可利用其耐燃性用于各种阻燃制品。

（十）聚偏氯乙烯胶乳（polyvinylidene chloride latex）

聚偏氯乙烯胶乳主要是偏氯乙烯与乙烯、丙烯腈、丙烯酸及甲基丙烯酸的共聚胶乳，其橡胶分子链中无定型和结晶两种形态并存，因此有良好的成膜性。

聚偏氯乙烯胶乳耐化学药品性、耐氧和水蒸气的渗透性、不燃性和耐水性优良，因而广泛用于防潮纸、合成纤维、薄膜、铝箔、纸板、水泥养护及涂料等方面。

聚偏氯乙烯胶乳的典型技术指标见表 1. 1. 6－36。

表 1. 1. 6－36　聚偏氯乙烯胶乳的典型技术指标

总固物/%	相对密度	黏度/(mPa・s)	表面张力/(mN・m^{-1})	平均粒径/nm	成膜温度/℃
50～55	1. 17～1. 30	7～15	33～46	70～200	5～80

6.2　液体橡胶

6.2.1　概述

液体橡胶（liquid rubber）一般是指数均分子量为500～10 000的低分子量线型聚合物，在常温下呈可流动的黏稠状液态，其黏度随分子量大小以及分子构型而改变，经过适当的化学反应可形成三维网状结构，获得和普通硫化胶类似的物理机械性能。液体橡胶的品种繁多，所有的固体橡胶品种几乎都有相应的低分子量液体橡胶。

液体橡胶在常温下具有流动性且本体黏度范围较宽，可以使用浇注工艺硫化成型，因而加工简便，易于实现连续化、自动化生产，不需要大型设备，可提高生产率，降低动力消耗。含有官能团的液体橡胶由于活性官能团的存在，更容易扩链和交联成固态硫化橡胶，可在常温下短时间内达到三维立体结构，大幅度提高物性。液体橡胶可以直接加入填充剂和补强剂用于制造橡胶制品，也可以添加到热固性树脂或其他聚合物中用作改性剂，液体橡胶的活性官能团还可以与其他基团反应形成各种结构的新型材料。液体橡胶广泛地用作导弹固体推进剂的黏合剂、特别胶黏剂、涂料涂层、密封材料、防水防腐材料、电子电器绝缘材料、电子屏蔽浇注材料、热固性树脂改性剂、橡胶增塑剂以及各种工业用橡胶制品。

各种液体橡胶的发展史大体与相应的固体橡胶同步。1923年，H. V. Hardman将天然橡胶降解首次制得液体橡胶；1925年，不含官能团的液体聚丁二烯问世并开始商品化生产；1929年，美国Thiokol化学公司生产液体聚硫橡胶；随后液体聚氨酯橡胶、液体硅橡胶相继出现。但当时液体橡胶的应用还不广泛，直到20世纪50年代，液体聚硫橡胶用于火箭固体燃料的胶黏剂后，由于航天技术的推动，液体橡胶的生产技术和应用研究才得到较大的发展。50年代后期，带有活性端基的第二代液体橡胶出现，特别是60年代初Uraneck和Hsieh发表遥爪聚合物合成技术后，液体橡胶得到了迅速发展。这段时间的产品只用于军工工业，直到70年代才开拓了液体橡胶在民用领域的研究，液体聚丁二烯的生产已具相当规模。到80年代美日等发达国家液体橡胶的民用量已经大大超过军工用量，占总用量的90%。目前，全球各种液体橡胶的生产能力估计已达200 kt/a左右。

对于无活性官能团的液体橡胶来说，它们的分子结构与固体橡胶相同，只是分子量比固体橡胶小而已。带活性官能团的液体橡胶包括分子链内具有活性侧基的液体橡胶和遥爪型液体橡胶。前者的活性官能团沿分子主链无规分布，后者的活性官能团处在分子链的端部。从理论上讲，每个遥爪型液体橡胶的官能度应该为2，即每个分子的两端各有一个活性官能团。但事实上这类液体橡胶分子中的活性官能团数目从2～6个不等。也就是说，遥爪型液体橡胶产品是由不同官能度的分子组成的混合体，因此通常所说的液体橡胶的官能度实际是指平均官能度。不同的聚合方法，所得产物的平均官能度是有区别的。阴离子聚合法的官能度 $f\leqslant 2$；而自由基聚合产物的官能度 $f\geqslant 2$。这可能是由于后者聚合物烯丙基上氢被羟基或羧基等取代的缘故。

液体橡胶的分子量界限目前没有一个严格的规定，早前一般认为液体橡胶是一种分子量为10 000以下的黏稠状可流动液体，现在也有人将液体橡胶看作是在室温下具有流动性的聚合物。同样，液体橡胶的分子量分布也并不是严格地限定在某一范围，通常分子量分布比固体橡胶的要窄。液体橡胶的分子量分布与合成方法也有很大的关系，自由基聚合的液体橡胶分子量分布比离子聚合的液体橡胶要宽。

液体橡胶是低分子量的高分子化合物，在室温下具有流动性，受外力作用时不但表现出黏性，还表现出弹性和塑性，即其既具有流动性又具有形变行为，这种流动性和形变行为强烈地依赖于液体橡胶的分子结构和外界条件（如环境温度和作用力等）。当黏度较大的液体橡胶在外力作用下以较低的流速在较大截面流道中流动时，由于流道内壁的黏附作用及橡胶分子的无序运动和内聚力，其流动受到牵制，在流动截面上沿垂直于流动方向流速分布不均，越接近流道内壁流速越小。

液体橡胶的本体黏度（η_a）是表征其流变行为的主要参数，它与分子量（Mn）及其分布、官能团种类和数量、支化度和链长以及剪切速率、温度等有关。剪切速率对液体橡胶的 η_a 有影响，在高剪切速率下呈非牛顿流体行为；而在低剪切速率下表现出牛顿流体行为，即遵守经验公式：

$$\eta_a = k\mathrm{Mn}$$

式中，k、α 为与温度有关的常数。

低分子量液体橡胶的流动行为符合阿累尼乌斯关系：

$$1/\eta_a = A\exp(-E/RT)$$

随温度升高 η_a 下降。聚合物的支化对 η_a 有影响，短支链有助于推开大分子，使柔性增加，η_a 下降；长支链则妨碍大分子的内旋转，使 η_a 升高。对于活性官能团来说，它们的极性与 η_a 有很大关系，极性增加，剪切黏度急剧上升，活化能大幅度增大，其影响大于 Mn 对 η_a 的影响。

液体橡胶的分类方法有：

（1）按主链结构分，液体橡胶可以分为聚二烯烃类、二烯烃共聚物类、聚烯烃类。聚二烯烃类包括聚丁二烯、聚异戊二烯、聚氯丁二烯等。二烯烃共聚物类包括丁苯橡胶、丁腈橡胶等系列。聚烯烃类包括乙丙橡胶、聚异丁烯、丁基橡胶、聚硫橡胶、聚氨酯橡胶、硅橡胶等系列。

（2）按有无活性官能团及活性官能团所在位置，液体橡胶可分为三类：第一类是无官能团液体橡胶；第二类是所含官能团在聚合物分子链中呈无规分布者；第三类是聚合物分子链两端带有官能团（如羟基、羧基、卤基、异氰酸酯基、氨基等）者，即所谓的遥爪聚合物，这类液体橡胶利用其链末端具有反应活性的官能团交联固化，交联网络非常规整，没有自由链末端，性能优异。

遥爪型液体橡胶的末端官能团根据其反应性可分为三种：

低反应性：—OH，═C═O，—Cl，—NR2；

中反应性：$-CH_2Cl$，—CHO，—COOH，$-CH_2-CH_2-$（两个 CH_2 经 O 桥连，即环氧基），—Br

高反应性：—OOH，—SH，—NCO，—Li，—NH2

遥爪型二烯类液体橡胶的端基一般为—OH、—COOH、—Br，最常用的为—OH。端基的反应性越高，在储存和填充剂混合时都易出问题。

（一）液体橡胶的制备方法

液体橡胶的制备方法主要分为降解法和聚合法。降解法通过将固体橡胶降解来制取液体橡胶，聚合法则是采用单体聚合的方法来制取。大部分液体橡胶采用聚合法制取，降解法一般用以制备液体天然橡胶。聚合法按反应机理可分为自由基聚合法、离子聚合法、配位聚合法、聚合物降解法、链端官能团化学转化法等；按反应介质系统可分乳液聚合和溶液聚合两大体系。

（1）自由基聚合法。适用于遥爪型液态聚合物的制备，需选择带官能团或能产生官能团的化合物作引发剂或链转移剂引发单体聚合，偶合终止即得到遥爪型聚合物。

（2）离子聚合法。单体先在引发剂的作用下生成低分子聚合物或“活性”聚合物，然后再进行链终止或使其链端的“活性”中心转化为适当的官能团。所用的引发剂为碱金属、萘钠络合物或有机锂化合物。

（3）配位聚合法。采用传统的催化聚合，可得到1，4结构大于70%的液体聚丁二烯。所用的催化体系为三烷基锂。

（4）聚合物降解法。在一定条件下，使含双键的高分子聚合物通过氧化降解来制取。

（5）链端官能团化学转化法。通过链端基的进一步反应而得，例如，端羟基聚丁二烯的羟基在一定温度下能与活泼的有机二酸酐发生开环酯化反应，从而使其部分或者全部转化为羧基，从而制得端羧羟基聚丁二烯或端羧基聚丁二烯。俄罗斯科学院的 K. A. DUBKOV 和 S. V. SEMIKOLENOV 等人把分子量为128 000的丁二烯置于温度为160～230℃、压力为3～6 MPa的甲苯溶液中和一氧化二氮进行反应，得到了相对分子质量分布狭窄的带羰基官能团的液体橡胶。

（二）液体橡胶的改性

对液体橡胶的主要改性方向有两个：一是提高聚合物的饱和度，以增加其稳定性；二是通过与活性官能团反应改变聚合物分子结构，以得到新的性能。

1. 加氢改性

通过对不饱和性液体橡胶主链上的双键进行部分或全部加氢，可以制得饱和性液体橡胶，提高了其耐老化性能和耐热性。加氢用的催化剂有两类：一类是负载型金属催化剂，如用新型 Rh—Ru 双金属加氢催化剂对液体丁腈橡胶（LNBR）加氢，可以得到耐热、耐油增塑剂液体氢化丁腈橡胶（LHNBR）；另一类是可溶性无载体催化剂，如环烷酸镍-三异丁基铝。不同的催化剂和工艺条件下，聚合物的氢化程度也不同，加氢后的性能也有很大的差异。

2. 链端官能团的反应改性

端官能团液体橡胶可利用端基的活性，与其他化合物反应，制备出具有新性能的液体橡胶。例如，用二异氰酸酯和含官能团的醇类化合物改性的端羟基聚丁二烯，其结构特点是分子链端嵌入了氨基甲酸酯，从而提供了许多有价值的性能。

端羟基聚丁二烯可用多种 α-环氧化合物，如环氧氯丙醇、苯基缩水甘油醚或烯丙基缩水甘油醚、顺丁烯二酸酐等进行改性，制得链端含不同官能团的液体聚丁二烯。用端羟基聚丁二烯与二酸酐反应，部分羟基转化为羧基，可以制得端羟羧基聚丁二烯液体橡胶。采用过氧甲酸原地法对端羟基聚丁二烯液体橡胶（HTPB）进行环氧化，可以得到环氧化产物 EHTPB，EHTPB 用于环氧树脂改性时有较好的共混相容性，能显著提高环氧树脂固化物的柔韧性和耐热性。

3. 接枝改性

液体橡胶可以根据性能要求，在聚合物的主链上接枝改性。如接上极性或非极性链段、刚性或柔性链段，都能使液体橡胶的性能得到较大改进。如用丙烯腈单体和端羟基液体聚丁二烯制成接枝共聚物，大大提高端羟基液体聚丁二烯橡胶的物理机械性能。

（三）液体橡胶的配合与工艺

液体橡胶的交联特性与其分子结构有关，各种液体橡胶由于所含的官能团不同，因此需采用不同的硫化体系，其硫化速度和交联程度依赖于活性端基的活性以及官能度等结构特性。无活性官能团的液体橡胶与普通的固体橡胶一样，加入硫化剂、促进剂可使分子之间产生交联，交联发生在分子链的中间部位，而分子链的末端则成为自由链端，其硫化胶的交联结构与对应的固体硫化橡胶相同。加工时，可以将配合剂与液体橡胶混合，再采用设备将其注入模具，加温硫化成型；也可以将它与固体橡胶共混并进行硫化，此时液体橡胶也会参与固体橡胶的硫化过程。含有官能团的液体橡胶的交联位置有分子末端官能团和分子链内官能团两类，由于活性官能团的存在，可在常温下短时间内达到三维立体结构，大幅度提高物性。单体低聚合液体橡胶，官能团分布在分子链内，没有端官能团，其硫化体系和固体橡胶是一样的，一般烯烃类液体橡胶用硫黄加促进剂、硫黄给予体、过氧化物等硫化。遥爪型液体橡胶硫化的基本特点是依赖活性官能团和交联剂的化学反应进行扩链和交联，硫化胶的交联结构中不含自由链端，所得硫化胶的交联点间分子量一般比普通橡胶大；同时，交联网络结构规整有序，交联结构中无短链，所以硫化胶的柔软性很好。

带端官能团的遥爪型液体橡胶交联与固体橡胶交联之间有较大差别，其固化剂一般包括链扩展剂和交联剂。为了获得性能良好的硫化胶，必须根据液体橡胶的末端官能团选择适宜的链扩展剂和交联剂。交联体系多采用氢给予体（—OH、—SH、$—NH_2$、—COOH、—COSH、$—CONH_2$、$—SO_2NH_2$、—NOH 等）和氢接受体（—NCO、O、S、N 等）的加成反应体系，常用的有：(1) 端羟基液体橡胶——用二或多异氰酸酯类，最常见的为甲苯二异氰酸酯；(2) 端羧基液体橡胶——用双环氧化物类，常见的如（二甲基氮丙啶）氧化膦；(3) 端溴基液体橡胶——用叔胺类，一般为甲基五亚乙基六胺；(4) 端硫醇基液体橡胶——用丙烯酸酯＋胺类，有三甲醇丙基三丙烯酸、二乙烯基乙二醇二丙烯酸酯。

交联剂的用量根据液体橡胶的平均官能度来确定，液体橡胶相对分子质量一般都较低，通过添加较多的交联剂才能使橡胶分子链增长和交联，同时某些液体橡胶的硫化不需要加热，在室温下就能产生交联作用。

液体橡胶的配合也需要加入填充剂、纤维补强剂、软化剂等配合剂，但与固体橡胶不完全相同。液体橡胶的填充剂的作用在于增加强度，降低成本，改善工艺性能，提高使用性能以及控制制品的外观色彩等。用炭黑作填充剂时，炭黑的品种对固化物的物性有较大的影响。对于带羟基的液体橡胶，低结构炭黑有利于获得高定伸强度、硬度和稳定的伸长率，其用量为 30～60 份。二氧化硅、碳酸钙、氧化锌、陶土、氧化铝、云母粉等也可用作液体橡胶的填充剂。

液体橡胶以纤维作补强剂，橡胶与纤维的黏着性可以显著增强，同时维持较低的橡胶黏度。纤维补强液体橡胶还可提高制品的弹性、强度、耐疲劳性、化学稳定性等性能。液体橡胶的纤维补强剂主要有棉线、玻璃纤维、合成纤维碎屑等。

液体橡胶也可以充油，比如在加有 50 份炭黑的胶料中，添加 10 份操作油可降低黏度，其胶料伸长率可增加到 400%，仅抗张力略有降低。液体橡胶也可以添加沥青、煤焦油等作软化剂。

与固体橡胶完全不同，液体橡胶由于具有流动性，黏度一般比较小，因此加工比较容易。它的加工可以自动连续进行，不需要大型设备，因而节省动力消耗，减低了劳动强度。液体橡胶的成形加工可采用注压成形、注射成形、传递成形、压缩成形、回转成形、浇注成形、喷雾涂布等。在选择加工方法时应该特别注意液体橡胶的黏度及其对温度的影响。

混合多采用涂料磨分两段进行：一次混合是将液体橡胶和填充剂、扩链剂、部分添加剂先混合好，若混入气泡则进行脱气脱泡；二次混合是将经一次混合的液体橡胶和固化剂及其他添加剂在液态下进行混合，是调节液体橡胶固化条件的最重要的工艺过程。二次混合后经脱气，继而成型加工。采用液体橡胶加工专用混合机械，混合、脱气、成型可同时完成，不像固体橡胶需要另外进行硫化。若不需将固体填料进行混合分散时，可直接从二次混合开始而免去一次混合。

液体橡胶由于与其他物质黏附力强，在一次混合时常遇到混合体系黏度增高以及易变成坚硬的膏状物等现象，且分散越好，硬化越快。因此需要具有剪切应力较大的混合设备，通常采用三辊油漆研磨机。但因胶料以很大的表面暴露在大气中，所以体系物料必须保持干燥。故有必要发展在惰性气体中使橡胶与填料连续混合的设备。

液体橡胶的加工工艺过程如图 1.1.6－1 所示。

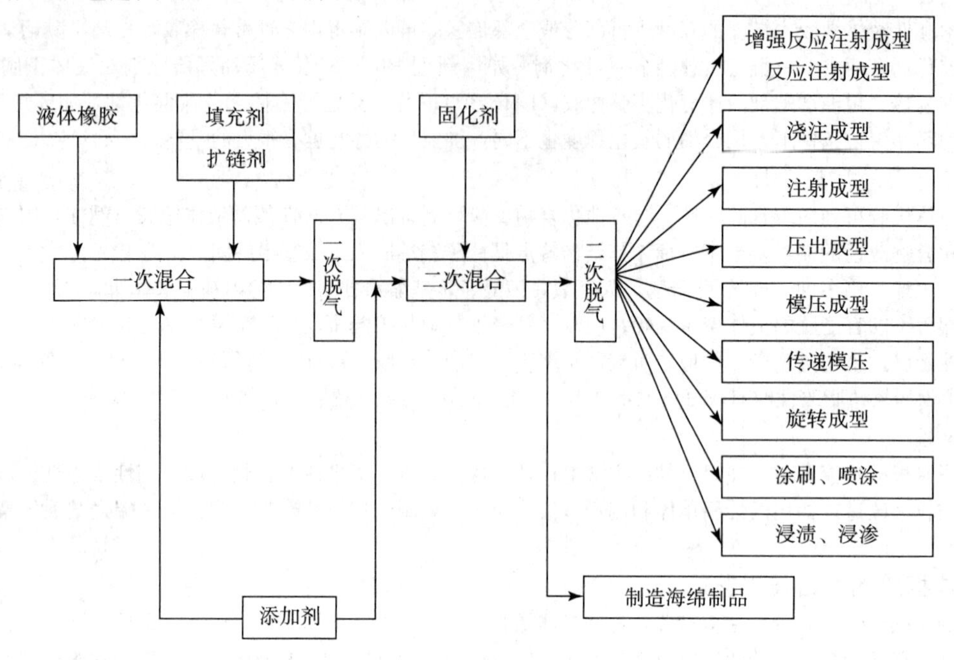

图 1.1.6－1　液体橡胶的加工工艺过程

（四）液体橡胶的用途

液体橡胶主要用作高硬度橡胶制品的增塑剂（反应性操作油）、胶黏剂、涂料、油漆、沥青改性、树脂改性、密封嵌缝材料等，各种液体橡胶的主要用途见表 1.1.6－37。

表 1.1.6－37　各种液体橡胶的主要用途

分类	用途	双烯和烯烃类	聚硫类	胶酯类	硅酮类
涂料、密封胶和胶黏剂	1. 涂料、涂覆剂	+	+	+	
	2. 胶黏剂、黏合剂	+	+	+	
	3. 混凝土胶黏剂、树脂混凝土	+	+		
	4. 火箭固体燃料黏接剂、兵器炸药黏合剂	+	+		
	5. 防水、耐化学药品涂膜	+	+	+	
	6. 建筑用密封胶	+	+	+	+
	7. 汽车前玻璃胶黏密封胶	+	+	+	+
橡胶制品	8. 电子零部件	+		+	+
	9. 医用材料	+		+	
	10. 牙科印痕材料、造型用弹性铸模			+	
	11. 制鞋材料			+	
	12. 地板料			+	
	13. 工业用弹性材料（车辆用安全件、汽车保险杠）		+	+	
	14. 工业用橡胶制品（胶带、胶管、密封件）	+		+	+
	15. 轮胎（实心胎、自行车胎、农工轮胎）			+	
	16. 翻胎胎面材料			+	
非橡胶工业制品	17. 橡胶塑料用改性剂	+	+	+	
	18. 各种发泡体			+	
	19. 合成革、弹性纤维			+	
	20. 皮革含浸材料			+	
	21. 纸加工、纤维处理	+			
	22. 道路铺装橡胶沥青改性剂	+			
	23. 土壤稳定剂、改良剂	+			

1. 在涂料、密封胶和胶黏剂的应用

液体橡胶涂层，具有坚韧、抗冲击等优点，已广泛应用于低温涂料、防腐涂料、电绝缘涂料、水溶性涂料、电泳涂料以及密封、灌封、涂覆和浇注等领域。以端异氰酸酯为端基的聚丁二烯、丁腈液体橡胶在耐腐蚀聚氨酯弹性涂层、电子灌封及建筑防水涂料领域具有广阔应用前景。HTBN 作为常温固化耐烧蚀涂料，具有突出的耐烧性、优良的柔性和工艺性，可应用于固体火箭发动机。羟端基型 HTPB 液体橡胶可用作绝缘密封材料制造橡塑电缆。

液体橡胶作为黏合剂应用是其最具价值的领域之一。航空航天工业中广为应用的 CTPB、CTBN、HTPB、HTBN 固体推进剂黏合剂，就是利用各种端官能团液体橡胶作为高能燃料与氧化剂反应生成二氧化碳和水产生推力；同时可将金属铝粉、过氯酸铵等氧化剂、安定剂、燃速催化剂黏接起来，得到高低温下都具有一定强度的固体药柱。在民用黏合剂领域，液体橡胶亦展示出其广阔的发展空间。由于液体橡胶作为无溶剂胶黏剂，因而具有无环境污染、能浇注、可室温固化、高弹性、可填充大量补强剂、填充剂或油类等优点，从而广受重视。CTBN 与环氧树脂的高分子合金在高剪切力作用下对铝板仍然有很好的黏结性，还可用作阻尼黏合剂和能量吸收树脂。

2. 在橡胶制品的应用

液体橡胶由于流动性好，可以用浇注和注射成型工艺制备出形状复杂、尺寸精度高和性能好的橡胶制品，还可用于制造各种发泡体。其制品应用上从医用材料、制鞋材料、工业制品如齿形带、胶辊、安全件到慢速轮胎，又进一步扩展到电子信息领域。

液体橡胶可用作反应性增塑剂和软化剂。液体天然橡胶可作为 NR 复合材料的反应型增塑剂，加工时起着软化剂的作用，对炭黑有良好的渗润性，有助于炭黑聚集体的破裂，并使炭黑在橡胶本体中均匀分散。

由于液体橡胶能够改善胶料对黏着对象的浸润性，所以它可以作为增黏剂使用。液体丁腈橡胶由于存在极性端基和侧链上的氰基，所以具有良好的黏结性。羧基化液体异戊二烯可以充分湿润橡胶与金属界面，增加界面结合力，又可以与金属之间形成化学黏合作用，增强橡胶与金属的黏着性能。借助液体橡胶对填料的黏附力，可对填料进行表面包覆改性，进而提高其与聚合物本体的相互作用。

3. 在非橡胶工业制品的应用

将活性端基液体橡胶用作环氧树脂、酚醛树脂、不饱和聚酯树脂等的增韧改性剂有大量的研究报道。用电子湮没寿命谱法研究材料的自由体积变化，合理的相分离与树脂在固化过程中产生微孔结构，是橡胶增韧树脂的主要机理。橡胶在树脂中要起到很好的增韧作用，必须符合下列条件：(1) 橡胶能很好地溶解于未固化的树脂体系中，并能在树脂凝胶过程中析出第二相，分解于基体树脂中。(2) 橡胶的分子结构中必须含有能与树脂基体反应的活性基团，使得分散的橡胶相与基体连续相界面有较强的化学键合作用。由于含端基的液体橡胶可在这些树脂中形成分散的橡胶颗粒，并与这些树脂产生键合，故当受到冲击等外力作用时，可在分散相中产生大量银纹，形成微裂纹或剪切带，吸收应变能，起到增韧作用。

液体橡胶用于环氧树脂方面的增韧一直是研究热点。早期用于 EP 增韧改性的液体橡胶主要是带活性官能团的丁腈橡胶。由于液体丁腈橡胶带上可与 EP 中的环氧基反应的基团，可能会形成嵌段聚合物，同时带有极性极强的-CN 基，与 EP 有较好的混溶性，这样就对 EP 的增韧改性就起了很好的效果。国内外对端羧基液体丁腈橡胶（CTBN）改性 EP 的研究较多，发现增韧效果受 CTBN 的相对分子质量、添加量、丙烯腈的含量、固化剂的种类和基体种类等因素的影响。端官能团的液体聚丁二烯橡胶也可作为 EP 的增韧改性剂。它们相比端官能团的液体丁腈橡胶有两大优点：首先它们原料丰富，生产成本要低得多；其次液体丁腈橡胶由于含有可能致癌的丙烯腈，使得它的使用范围有一定的限制，而液体聚丁二烯橡胶并不存在这种危险。但无论是液体丁腈橡胶还是液体聚丁二烯橡胶，由于结构中都含有比较多的双键，使得它们改性 EP 的产品容易在氧气或者高温下降解；另外由于双键的存在，使得更容易发生氧化反应和进一步的交联，使得材料失去弹性和延展性。丙烯酸酯液体橡胶对环氧树脂增韧改性效果明显，又由于主链不含双键，具有良好的抗热氧化作用，也不含可能致癌的丙烯腈，成为国内外研究的热点。传统改性方法将环氧树脂和液体橡胶按一定的比例混合均匀后，加入固化剂在一定的温度下进行反应，所得材料的两相间有部分键合作用。但这种方法通常以牺牲机械强度和降低 Tg 来增韧 EP。为了克服这个缺点，研发了具有互穿网络（IPN）结构的材料或者具有纳米级别的复合材料。如将 CTBN 放到邻苯酚醛的聚缩水甘油醚（CNE）和 4，4′-二氨基二苯砜（DDS）的混合液中，在 2-甲基咪唑（2-MI）和过氧化二异丙苯（DCP）存在下，分别进行反应，形成具有 IPN 结构的材料。所得材料的应力更加分散，增加了组分间的作用力，冲击强度可以提高 2～3 倍，同时能保持其他性能不下降，甚至有提高。也可通过在无规羧基液体丁腈橡胶（CRBN）改性的 EP 中加入 2*wt*%的 SiO_2 纳米颗粒制得纳米复合材料，由于橡胶和 SiO_2 颗粒很好地分散在 EP 基体中，沿冲击方向的裂纹遇到 SiO_2 颗粒扩展受阻、钝化，可吸收更多的冲击功，使所得的复合材料具有理想的冲击性能和模量，而且 Tg 大大提高，其耐热性能有了很大的改善，由于该复合材料制得的两相界面结合强度高，易使基体本身发生塑性变形。

液体橡胶也广泛用于 CE 的增韧改性。用于增韧 CE 的液体橡胶主要有端氨基丁腈共聚物、端酚基或端环氧基丁腈橡胶和 CTBN 等。用液体 CTBN 增韧氰酸酯树脂（CE），可大幅度提高 CE 树脂的冲击强度，10 份 CTBN 时冲击强度比纯 CE 树脂提高了 150%，且只牺牲较少的耐热性，最大失重速率对应的温度比纯 CE 只下降了 3.5℃。而且 CTBN 与 CE 树脂基体的界面比较模糊，形成良好的相容界面，分散的 CTBN 粒子尺寸为 2～3 μm 时，共混物力学性能最佳。用液体无规羧基丁腈橡胶（CRBN）增韧 CE 具有更佳的增韧效果，然而，CTBN 的加入通常会牺牲 CE 部分的模量和热稳定性，为了克服上述缺点，将 0.5*wt*%的膨润土加到 CE/CTBN（100/10）体系中制得复合材料，不仅提高了模量，还提高了冲击强度。

除此以外，液体橡胶还被广泛用作其他高分子材料的增韧改性剂等。如用液体天然橡胶（LNR）增韧锦纶 6，使用乳化分散的方法制得锦纶 6/LNR 均相混合物，当锦纶 6/LNR 的比例为 85∶15 时混合物具有最佳的增韧效果，可提高冲击强度达 35%；用 HTPB 作为聚醚砜（PES）超滤薄膜的表面改性添加剂；具有 IPN 结构的聚氧化乙烯（PEO）/HTPB 复合材料等。总之，由于液体橡胶具有良好的流动性和各种活性基团的存在，使得它可以与各种高分子材料有很好的相容性和键合作用，从而必将越来越多地应用到各种树脂的改性中。

液体橡胶在革制品、纸加工、纤维处理上，也都有较大发展潜力。

（五）液体橡胶的发展方向

液体橡胶是具有广泛用途的材料，加工工艺易于实现机械化、连续化和自动化，可减轻劳动强度，降低能耗，节约成本；无溶剂和排水污染，可改善作业环境；通过分子的扩链交联，可在宽广范围内调节硫化速度和硫化胶的物性。尽管如此，液体橡胶的生产费用还比相应的固体橡胶高，某些物理性能还达不到固体橡胶的水平，如强度和耐挠性都不如固体橡胶；同时产率偏低，原料价格也相对要高。这些因素都限制着它在民用领域的大规模应用。为了进一步开发应用液体橡胶，提高液体橡胶的市场竞争力，尚需改善以下几方面：

（1）努力降低原料价格：通过开发新的合成方法、溶剂体系及催化引发体系，对未反应的单体和用过的溶剂进行回收利用，从而降低成本。

（2）自从第二代液体橡胶端官能团液体橡胶的出现，液体橡胶才得到广泛应用。据报道，带有 OH、COOH、Br、NH_2 等官能团的端官能团液体橡胶，其物性已达到固态橡胶的水平。由于活性端官能团的存在，使得液体橡胶具有了很多特殊的性能。端官能团液体橡胶虽已得到广泛认可，但真正工业化的品种极少，远不能满足应用需要。开发应用新的具有特殊功能的端官能团液体橡胶品种，是液体橡胶发展的一个方向。同时也需加强对端官能团液体橡胶的研究，对其进行化学或共混改性，特别是对端官能团液体橡胶固化结构、形态与性能的关系研究，制备出性能优良的固化产物，以适用不同领域的应用。

（3）在加工工艺方面要全面实现机械化、连续化、自动化。液体橡胶采用浇铸法、注射法加工是橡胶工业生产方式的一次技术革命，突破了固态橡胶加工的传统工艺，开拓了新的橡胶制品生产途径。如果能完善这方面的工作，将可以大大降低橡胶制品的生产成本。

6.2.2 液体聚丁二烯橡胶

（一）液体 1，4-聚丁二烯橡胶

液体 1，4—聚丁二烯橡胶分无官能团和带官能团两类。而带官能团的又分无规官能团和端基官能团。目前带官能团的液体 1，4—聚丁二烯橡胶主要有无规羧基液体聚丁二烯橡胶、端羟基液体聚丁二烯橡胶（HTPB）、端羟羧聚丁二烯液体橡胶（HCTPB）、端羧基液体聚丁二烯橡胶（CTPB）、端卤基液体聚丁二烯橡胶等。其结构式为：

$$X-\!\!\left(CH_2-CH=CH-CH_2\right)_m\!\!\left(\underset{\underset{CH=CH_2}{|}}{CH_2-CH}\right)_n\!\!-$$

式中，X 为 H、COOH、OH、Br、Cl、I 等。

液体 1，4—聚丁二烯橡胶可以采用自由基聚合、阴离子聚合、配位聚合、官能团部分转化法等方法制得。自由基聚合制备端官能团时采用含有所需官能团的过氧化物或偶氮化合物作引发剂，通过产生的自由基进行链引发、链增长后进行双基偶合的链终止。使用阴离子聚合制备时可采用带所需官能团的有机锂引发剂，通过两端进行链增长，然后用环氧化物、二氧化碳等进行链终止，并用氯化氢酸化处理将端基转化为所需官能团。使用官能团部分转化法可制备 HCTPB，因 HTPB 的链端带有活泼的羟基，在一定温度下，能与活泼的有机二酸酐发生开环酯化反应，从而使其部分转化为羧基而得 HCTPB。端卤基液体聚丁二烯橡胶还可采用溶液调聚聚合制备，这种方法是以链转移常数大的含卤素化合物为溶剂或调聚剂，通过链转移反应进行链终止。

液体 1，4—聚丁二烯橡胶的主要特性为：具有优异的弹性，电绝缘性良好。其典型技术指标见表 1.1.6-38。

表 1.1.6-38 液体 1，4-聚丁二烯橡胶的典型技术指标

项目	自由基聚合			阴离子聚合	
官能团	无	OH	COOH	无	COOH
化学结构					
顺式-1，4-结构含量/%	15	60	20	74	
反式-1，4-结构含量/%	20	20	60	25	
1，2-结构含量/%	65	20	20	1	
分子量	1 000～4 000	2 800～3 000	3 000～4 000	650～3 600	1 900～8 600
分子量分布			1.5～1.6	2.1	
黏度（25℃）/(Pa·s)	0.15～17.0	0.5～17.9	3.5	0.6～14.0	
平均官能度 f	1.92	1.30	2.0	2.0	
卤素含量/%	1.90	1.50	—	—	

续表

项目	自由基聚合		阴离子聚合
遥爪型液体聚丁二烯橡胶的典型技术指标			
项目	端羧基	端羟基	端溴基
数均分子量	3 000	4 000	3 700
拉伸强度/MPa			
20℃	14	21	17
≥100℃	9	15	10
拉断伸长率/%			
20℃	335	550	490
≥100℃	195	350	350
撕裂强度/(kN·m^{-1})			
20℃	35（25℃）	60	53
≥100℃	—	37	40
硬度（邵尔 A）			
20℃	80	72	73
≥100℃	72	66	46
回弹性/%			
20℃	33	40	40
≥100℃	45	50	45

无官能团的液体聚丁二烯由于含有不饱和键，如用作薄膜，可在加热升温的情况下以自动氧化的方法固化，也可以在室温下用加入金属干燥剂的方法固化。带羧基（包括无规和端羧基）的液体聚丁二烯则用多环氧基化合物、多氮丙啶基化合物、酸酐或金属氧化物等进行交联固化。端羟基液体聚丁二烯橡胶可用过氧化物、硫化物或异氰酸酯类化合物等交联固化，最常用的是甲苯二异氰酸酯，其交联固化有一步法和两步法之分：一步法就是扩链剂、交联剂、固化催化剂、补强剂和其他配合剂混合、脱气后浇注到模具中进行固化；两步法是先将端羟基液体聚丁二烯橡胶与异氰酸酯反应，生成末端带有异氰酸酯基的预聚物，然后在 60～70℃下脱气，再与扩链剂、交联剂、固化催化剂以及其他配合剂混合，注入模具进行固化。端卤基液体聚丁二烯多用多官能度的胺扩链和交联固化，以叔胺最理想，如甲基五亚乙基六胺（MPEHA）。

液体聚丁二烯主要用作涂料、热固性树脂、其他橡胶或树脂的添加剂，具体如下：

（1）无官能团的液体聚丁二烯具有卓越的物理和电学性能，自问世后即在电子和电力工业中获得了广泛的应用。

（2）无规羧基液体聚丁二烯橡胶可用作固体火箭推进剂的胶黏剂，也可制作其他胶黏剂或浇注制品。

（3）端基液体聚丁二烯具有良好的黏结性、相容性和弹性等物理性能，因此还广泛用作密封材料、胶黏剂、环氧树脂和其他高分子材料的改性剂以及浇注制品。

a. 端羟基液体聚丁二烯（HTPB）可用于浇注轮胎、防振材料、绝缘套管、皮带及形状复杂的异形制品；用于耐低温涂料、防腐涂料、电绝缘涂料和水溶性涂料等；可用于黏接橡胶与聚酯、金属的胶黏剂，其特点是无溶剂，且可常温硫化；用作橡胶和塑料的改性剂，可提高橡胶与塑料的塑性、柔性、抗冲击性和固化性能；用于封装电气元件使之防振防潮等。

b. 端羧基液体聚丁二烯（CTPB）具有优良的耐寒性和弹性，良好的黏接性、介电性能和耐水性，与通用橡胶和填料的相容性好，主要用于密封材料、涂料、胶黏剂和浇注制品，以及环氧树脂和其他高分子材料的改性剂，火箭固体推进剂的胶黏剂等。

c. 端羟羧聚丁二烯液体橡胶（HCTPB）综合了 HTPB 和 CTPB 的特点，这使其在推进剂中应用不但会保持 HTPB 的优异力学性能，而且还可有效地改善 HTPB 推进剂压力指数偏高和环境敏感性强等状况。

d. 端卤基液体聚丁二烯与其他橡胶的相容性好，能在室温或加热下硫化，可配制用于木材、金属、混凝土和玻璃等的优良胶黏剂、密封材料和防水材料。如用炭黑或二氧化硅补强后，可制取抗拉强度较高、弹性较好的工业制品、浇注和模压制品，以及管件和槽罐的衬里材料等。

此外，CTPB 能大幅提高环氧树脂的冲击强度；CTPB/EP 制得的复合材料的热稳定性、拉伸强度、模量、冲击强度、平面应力断裂韧度和弯曲强度都有不同程度的提高；HTPB/TDI/CB 复合材料可以制备导电薄膜；PEO/HTPB 可以制得具有 IPN 结构的复合材料等。

（二）液体 1，2-聚丁二烯橡胶

液体 1，2-聚丁二烯橡胶是丁二烯单体在溶液中经钠催化剂作用下聚合，在聚合阶段引入带官能团的化合物则形成末端官能团的遥爪聚合物。其分子结构为：

$$X-\!\!\left(CH_2-\underset{\substack{|\\ CH\\ |\\ CH_2}}{CH}\right)_{\!n}\!\!-$$

式中，X 为 H、OH 或 COOH。

液体 1，2-聚丁二烯橡胶分子量分布非常窄，可生产均一性要求高的制品；添加催化剂可交联得到高硬度的树脂；电绝缘性能良好；硫化胶的弹性比通常的液体聚丁二烯橡胶低。其典型技术指标见表 1.1.6-39。

表 1.1.6-39　液体 1，2-聚丁二烯橡胶的典型技术指标

项目	活性配位阴离子聚合	活性阴离子聚合	
官能团	无	OH	COOH
化学结构 1，2-结构含量/% 反式 1，4-结构含量/%	 60～90 5～30	 85～90 5～10	 85～90 5～10
相对密度	0.86～0.89	0.88	0.89
数均分子量	1 000～4 000	1 000～2 000	1 000～2 000
黏度/(Pa·s)	2.2～200	3～55	5～60
流动点/℃	−15～23	3～23	7～20

液体 1，2-聚丁二烯橡胶主要用于天然橡胶、二元乙丙橡胶、三元乙丙橡胶、氯丁橡胶、丁腈橡胶和丁苯橡胶以过氧化物硫化的软化剂，也用于涂料作干性油、橡胶或树脂的改性剂、胶黏剂等。

元庆国际贸易有限公司代理的法国 CRAY VALLEY 公司的乙烯基改性聚丁二烯均聚物 RICON 153D 的物化指标为：

成分：1，2-聚丁二烯聚合物分散于合成硅酸钙中，外观：乳白色粉末，CAS 号：9003-17-2，活性含量：65%±2%，相对密度：1.35 g/cm^3，压缩密度（ASTM D1895）：31.8 lb/cu ft。

本品是低分子量的液体聚丁二烯树脂，是优秀的加工助剂，有适度的高乙烯基官能团来获得高反应性，具有卓越的疏水性及优秀的加工特性。本品有聚合结构，提供与饱和及不饱和弹性体的卓越相容性，特别是以烯烃为基础的弹性体及热塑性弹性体；本品也可以看作是一种共交联剂，可提供卓越的交联密度，且不会影响硫化速度。

本品主要用于要求得到高交联密度及改善加工性能的压出及模压制品。

美国克雷威利公司（Cray Valley）液体聚丁二烯产品牌号见表 1.1.6-40。

表 1.1.6-40　美国克雷威利公司（Cray Valley）液体聚丁二烯产品牌号

供应商	行业	应用领域	过氧化物硫化体系		硫黄硫化体系	
			推荐产品	描述	推荐产品	描述
金昌盛	胶管/胶带	促进橡胶同极性材料（如金属、锦纶帘线、塑料）之间的黏接	Ricobond 1756 Ricobond 1756HS Poly bd 2035TPU Poly bd 7840TPU SR307	马来酸化聚丁二烯 马来酸化聚丁二烯分散体 聚丁二烯 TPU 聚丁二烯 TPU 聚丁二烯丙烯酸酯	Ricobond 1731 Ricobond 2031 Ricobond 1731HS Poly bd 2035TPU Poly bd 7840TPU	马来酸化聚丁二烯树脂 马来酸化聚丁二烯树脂 马来酸化聚丁二烯分散体 聚丁二烯 TPU 聚丁二烯 TPU
		降低压缩永久变形	Ricon 153 Ricon 153D Ricon 154 Ricon 154D	聚丁二烯树脂 聚丁二烯树脂分散体 聚丁二烯树脂 聚丁二烯树脂分散体	Ricon 153 Ricon 153D Ricon 154 Ricon 154D	聚丁二烯树脂 聚丁二烯树脂分散体 聚丁二烯树脂 聚丁二烯树脂分散体
		提高高温撕裂强度	Ricon 154	聚丁二烯树脂	—	—
	电线/电缆	提高耐老化性能、耐水性和介电性能	Ricon 154 Ricon 154D Ricobond 1756 Ricobond 1756HS	聚丁二烯树脂 聚丁二烯树脂分散体 马来酸化聚丁二烯树脂 马来酸化聚丁二烯分散体	—	—
	胶辊	提高同骨架的黏接性能	Ricobond 1756 Ricobond 1756HS	马来酸化聚丁二烯树脂 马来酸化聚丁二烯分散体	Ricobond 1731 Ricobond 1731HS	马来酸化聚丁二烯树脂 马来酸化聚丁二烯分散体

续表

供应商	行业	应用领域	过氧化物硫化体系		硫黄硫化体系	
			推荐产品	描述	推荐产品	描述
金昌盛	轮胎	提高橡胶同帘线之间的黏接	—	—	Ricobond 1731 Ricobnd 1731HS Ricobond 2031 Poly bd 2035TPU Poly bd 7840TPU	马来酸化聚丁二烯树脂 马来酸化聚丁二烯分散体 马来酸化聚丁二烯树脂 聚丁二烯 TPU 聚丁二烯 TPU
		提高雪地性能和抗湿滑性能	—	—	Ricon 100 Ricon 130 Ricon 154	聚丁二烯树脂 聚丁二烯树脂 聚丁二烯树脂
	TPE（PP/EPDM）	提高交联密度和耐溶剂性能，降低压缩永久变形和聚合物分解	SR307	聚丁二烯丙酸酯	—	—

液体聚丁二烯橡胶的供应商还有：美国杜邦公司、Deverfex Ltd.、Phillips Petroleum Co.、General Tire & Rubber Co.、Hystl Development、ARCO Chemical Co.、Goodrich Chemical Co.、Thiokol Chemical Co.，日本的出光石油化学、住友化学工业、日本石油化学、东洋曹达工业，德国 Chemische Werke、Hüls A. G.，法国 Hüls，加拿大 Polysar Ltd. 等。

液体 1，2-聚丁二烯橡胶的供应商还有：美国 Colorado Chemical Specialities Inc.、Summit Chemical，日本瑞翁、日本曹达、日本石油化学等。

6.2.3 液体丁苯橡胶

液体丁苯橡胶可采取自由基聚合法或阴离子聚合法制得，目前有无活性官能团和带端羟基两种产品。结构式为：

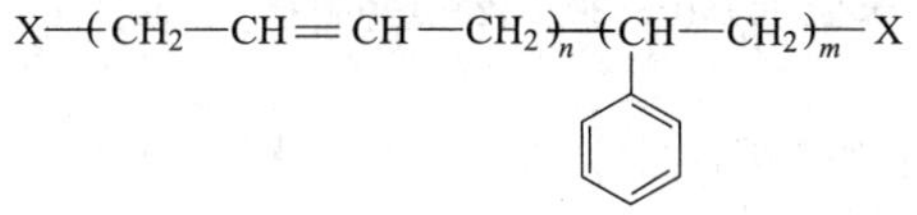

$$X-\!\!\left(CH_2-CH=CH-CH_2\right)_n\!\!\left(\underset{\displaystyle C_6H_5}{CH}-CH_2\right)_m\!-X$$

式中，X 为 H、OH。

液体丁苯橡胶采用自由基聚合法制备时，可用芳烃过氧化氢或过硫酸钾作引发剂，用十二硫醇等作分子量调节剂；制备带端羟基的产品则用含羟基官能团的偶氮化合物或过氧化氢作引发剂。聚合物分子量主要取决于单体浓度和引发剂或调节剂浓度比。

采用阴离子聚合法制备时，以有机金属作为引发剂引发丁二烯、苯乙烯聚合制取链端含有金属锂的活性聚合物，然后用羟基取代链端的金属锂离子得到 HTBS。用阴离子法制备无官能团的液体丁苯橡胶时需加无规剂来调节苯乙烯在聚合物链上的分布状态。

液体丁苯橡胶的典型技术指标见表 1.1.6-41。

表 1.1.6-41 液体丁苯橡胶的典型技术指标

项目	非遥爪	遥爪	项目	非遥爪	遥爪
末端官能团	无	—OH	化学结构：（丁二烯单元） 1，2-结构/%	70	20
分子量	2 000～15 000	4 500	反式-1，4-结构/%		60
结合苯乙烯/%	25	25	顺式-1，4-结构/%		20

端羟基液体丁苯橡胶可用过氧化物、硫化物或异氰酸酯类化合物等交联固化。

液体丁苯橡胶与某些通用橡胶的相溶性好，可掺混使用，而且可添加填充剂和油品。由于这些混合组分分散均匀，浇注流动性好，可用于层压制品、注射成型橡胶制品、清漆、胶黏剂、封装材料等，也常用作丁苯橡胶、丁腈橡胶和氯丁橡胶的增塑剂，可用作橡胶和树脂的改性剂，还可用作耐低温、防腐防水等的特种涂料。

液体丁苯橡胶的供应商有：美国 American Synthetic Rubber Co.、Phillips Petroleum Co.、ARCO Chemical CO.、Richardson 公司等。

6.2.4 液体丁腈橡胶

液体丁腈橡胶一般由自由基聚合法或阴离子聚合法制备。随着遥爪聚合的发展，已经成功合成出自有端羧基、端羟基、端巯基、端氨基等多种遥爪型液体丁腈橡胶。液体丁腈橡胶分子结构为：

$$X\!\left[\left(CH_2-CH=CH-CH_2\right)_m\left(CH_2-\underset{\displaystyle CN}{CH}\right)_n\right]X$$

X：H， COOH， OH， SH， NH_2

无官能团的液体丁腈橡胶的制备用过氧化二异丙苯和硫酸亚铁为氧化还原引发剂，松香皂为乳化剂，叔十二碳硫醇为调节剂进行。自由基聚合法制备遥爪型液体丁腈橡胶使用含所需活性官能团的偶氮化合物或过氧化氢作引发剂，引发剂受热分解产生自由基，从而引发共聚单体丁二烯和丙烯腈的链增长，双基偶合后链增长终止。端巯基液体丁腈橡胶可以二硫化二异丙基黄原酸酯为链转移剂，得到端黄原酸酯基的丁腈共聚物后，再通过高温裂解使黄原酸酯端基转化为巯基。另外也有用阴离子聚合法制备遥爪型液体丁腈橡胶，工业上多用自由基聚合法。

遥爪型液体丁腈橡胶多用过氧化物、硫化物或异氰酸酯类化合物等交联固化，也可直接混入环氧树脂、酚醛树脂中，再经固化达到改性目的。

液体丁腈橡胶由于含有丙烯腈，因此具有很好的耐油性和极性，又具有流动性，可用于配制胶黏剂、导电胶和导热胶。经过氢化改性的液体丁腈橡胶具有更好的耐油性和更高的耐热性。

液体丁腈橡胶的典型技术指标见表 1.1.6-42。

表 1.1.6-42　液体丁腈橡胶的典型技术指标

项目	非遥爪	遥爪	项目	非遥爪	遥爪
末端官能团	无	有	化学结构：（丁二烯单元） 1，2-结构/%	12～20	12～20
结合丙烯腈/%	0～27	0～27	反式-1，4-结构/%	60～64	60～64
相对密度	0.907～0.960	0.944～0.962	顺式-1，4-结构/%	20～24	20～24
黏度/(Pa·s)	40～350	0.9～600	羧基浓度 w/%		1.90～2.41
官能团数		1.85～2.01			

端羧基液体丁腈橡胶固化剂用环氧树脂-胺、碳化二亚胺、三（2-甲基氮丙啶）氧化膦（MAPO）以及甲苯二异氰酸酯（TDI）-三（2-甲基氮丙啶）氧化膦等。端巯基液体丁腈橡胶硫化体系有环氧树脂-胺、甲基二异氰酸酯-有机金属化合物、二氧化铅和过氧化锌、叔丁基过氧化苯甲酸酯、三甲醇丙基三丙烯酸酯（TMPTA）、二乙烯基乙二醇二丙烯酸酯（DEGDA）和 2，4，6-三（二甲氨基）苯酚（DMP-30）、2-乙基咪唑（EMI-24）等。端羟基液体丁腈橡胶用环氧树脂固化。

液体丁腈橡胶可与酚醛树脂、环氧树脂等配合制成胶黏剂；用作水轮机叶片涂层；与其他橡胶相容性好，用作增塑剂不易被溶剂抽出；并可与防老剂 D 接枝共聚成高分子防老剂，不易被溶剂抽出。

端羟基、端羧基和端氨基的液体丁腈橡胶可用作橡胶制品、胶黏剂、封装材料，也可以作为各种高分子材料的改性剂，还可以用于耐低温、防腐防水、电绝缘等特种涂料。

端巯基液体丁腈橡胶与羧基液体丁腈橡胶相比，具有更好的耐油性，但不耐甲乙酮类溶剂的侵蚀。端巯基液体丁腈橡胶可用作汽车阀盖、电机填缝料、木制品的胶黏剂、煤气表零件的隔膜、压电陶瓷蜂鸣器元件胶黏剂、耐高压耐高低温绝缘灌封材料以及浇注耐油橡胶制品等，还可用于制取具有优良耐水性的改性环氧树脂。

端胺基液体丁腈橡胶主要用于环氧树脂、端羧基和端羟基聚丁二烯的改性，也可单独用于胶黏剂、密封材料，或与其他材料配合制取浇注制品，还可作为高分子材料共混的增溶剂。此外，还可作为耐油聚氨酯弹性体的中间体，经扩链交联后能制成耐油性、弹性好的新型聚氨酯材料。

按照 GB/T 5577—2008《合成橡胶牌号规范》，国产液体丁腈橡胶的主要牌号见表 1.1.6-43。

表 1.1.6-43　国产液体丁腈橡胶的主要牌号

牌号	结合丙烯腈质量分数/%	特性黏度
NBR 1768-L	17～20	8～13
NBR 2368-L	23～27	8～13
NBR 3068-L	30～40	8～13
NBR 3071-L	30～35	8～10
NBR 3072-L	30～35	10～13

液体丁腈橡胶的供应商见表 1.1.6-44、表 1.1.6-45。

表 1.1.6-44　液体丁腈橡胶的供应商（一）

供应商	牌号	比重	结合丙烯腈含量/%	防老剂	特性与应用	
日本瑞翁	Nipol N30L	0.98	中高	非变色	低分子量的液体丁腈橡胶，用作非抽出型的增塑剂和加工助剂	用作非抽出型的增塑剂和加工助剂，以及海绵制品专用增塑剂和塑料改性剂
	Nipol DN601	0.98	低	非变色	羧基液体丁腈橡胶	

表 1.1.6-45 液体丁腈橡胶的供应商（二）

供应商	牌号	黏度/(Pa·s)(23℃)	结合丙烯腈含量/%	用途
衡水瑞恩橡塑科技有限公司	LNBR-33-1	450	33	橡胶制品添加剂或低硬度橡胶制品
	LNBR-33-2	350	33	密封胶类及橡胶制品
	LNBR-33-3	150	33	糊树脂改性及 PVC 透明制品改性
	LNBR-33E	350	33	橡胶制品添加剂及 PVC 改性（符合欧盟 REACH 法规）

液体丁腈橡胶的供应商还有：美国 ARCO Chemical Co.、美国 Goodrich Chemical Co.、日本宇部兴产、中石油兰州分公司等。

6.2.5 液体氯丁橡胶

液体氯丁橡胶（LCR）由 2-氯丁二烯乳液自由基聚合而得，遥爪型液体氯丁橡胶较难制取，一般来说两端无官能团基，但也有末端官能团类。其结构为：

$$-\!\!\left(CH_2-\underset{\displaystyle Cl}{\underset{|}{C}}=CH-CH_2\right)_n\!\!-$$

液体氯丁橡胶的耐候性好，具有难燃和易黏合的特点，同时也有一定的耐油性。液体氯丁橡胶的固化是利用聚合物本身的硫化活性点烯丙基氯、γ-碳上的活性氢和双键三种反应；或者利用末端官能团进行扩链或交联实现固化，如端羧基液体氯丁橡胶可以用多价金属氧化物反应固化。

液体氯丁橡胶的典型技术指标见表 1.1.6-46。

表 1.1.6-46 液体氯丁橡胶的典型技术指标

项目	非遥爪	遥爪		项目	非遥爪	遥爪	
末端官能团	无	—OH	S—CS—OR	黏度/(Pa·s)	50～100	40～80	10
官能团数	—	≥2	—	分子量	2 500	—	3 500
相对密度	1.23～1.25	—	1.24	玻璃化温度 T_g/℃	−39	—	−39
结晶性	—	无	—	挥发分	<1	<1	<1
结晶速度	极慢～快	—	极慢				

液体氯丁橡胶主要用于无溶剂型胶黏剂、涂膜防水材料、密封材料、浇注橡胶制品和高分子材料改性等领域。胶黏剂有耐热性热熔型胶黏剂和双组分常温固化型胶黏剂；浇注橡胶制品如浇注海绵、封装材料以及消音和减振材料等。高分子材料改性领域包括用作橡胶的反应性软化剂、树脂的抗冲改性剂、沥青改性剂等。

端羧基液体氯丁橡胶与金属氧化物和各种树脂配合可制得黏合性好、耐热性优良的双面黏合带，用以制造带黏衬的皮革；掺用于各种橡胶中，可改进撕裂强度、耐热性和黏着性；用于沥青改性，可以改进沥青耐热性、耐寒性，提高强伸性能和黏合性。

液体氯丁橡胶的供应商有：美国杜邦公司（Neoprene）、日本电气化学株式会社（LCR）等。

6.2.6 液体聚异戊二烯橡胶

液体聚异戊二烯橡胶有液体天然橡胶（LNR）和合成的液体异戊二烯橡胶（LIR）两种。结构为：

$$X-\!\!\left(CH_2-\overset{\displaystyle CH_3}{\overset{|}{C}}=CH-CH_2\right)_n\!\!-X$$

式中，X 为 H、OH、COOH。

早期液体天然橡胶为解聚的黏稠液体，分子量低于 6 000。目前联合国工业开发组织研究确定用化学方法制造液体天然橡胶，即在胶乳相利用苯肼和空气氧化-还原反应解聚制得。

合成的液体异戊二烯橡胶是阴离子或配位阴离子溶液的低聚物。在聚合阶段引入带官能团的化合物可制得带官能团的产品。此外，也可将液体聚异戊二烯橡胶功能化制得含官能团的产品，如用 N_2O 作氧化剂将液体聚异戊二烯橡胶中的双键部分氧化制得不同分子量含羰基的液体橡胶。LIR 具有以下聚合物特征：(1) 低分子量→可作反应性增塑剂，加入 LIR 有利于炭黑在橡胶中的分散，这也是使 NR/BR 体系综合性能得以提高的主要原因之一；(2) 低玻璃化温度；(3) 无色、透明、无味，无残留卤素；(4) 黏着性极好。

LIR 与 LNR 的典型技术指标见表 1.1.6-47。

表 1.1.6-47 LIR 与 LNR 的典型技术指标

LIR 的典型技术指标					
项目	未改性 LIR	羧基改性 LIR	项目	未改性 LIR	羧基改性 LIR
羧基含量/%（每 100 单位异戊二烯）	无	1.0～3.5	溶液黏度/(Pa·s)（20%甲苯溶液，25℃，BL 型黏度计）	—	0.013～0.017
数均分子量/10^4	2.9～4.7	2.5	熔融黏度/(Pa·s)	74～480	98～180
分子量分布	约 2	—	挥发分 w/%	0.45	0.45
相对密度	0.91	0.92	碘值/[g·(100 g)$^{-1}$]	368	0.45

解聚 LNR 的典型技术指标				
相对密度	灰分/%	挥发分/%	黏度/(Pa·s)	重均分子量
0.92	0.5～1.2	0.1	40～400	约 40 000～155 000（155 000 的为半固体）

由于 LIR 具有以上特点，可用作胶黏剂和密封材料，还广泛用于橡胶和树脂的改性材料。如 LIR 可等量部分替代 NR 在轿车轮胎三角胶中应用，它在对胶料物理性能影响不大的情况下降低门尼黏度，提高炭黑分散性，节省混炼能耗，改善挤出、黏合和成形工艺性能，减少由于半成品挺性大造成的胎圈窝气现象，成品轮胎的高速性能和耐久性能基本不变。

液体聚异戊二烯橡胶一般用硫黄硫化，带官能团的则可用金属氧化物、胺类等交联。

液体天然橡胶已广泛用于封装料、密封剂、填缝料、胶黏剂、能变形的橡胶模型、硬质橡胶以及压敏胶等。液体天然橡胶可以作为 NR 共混物的增容剂，可有效降低 NR 和其他组分间界面张力，增加相容性。另外，液体天然橡胶还可以制成遥爪型的液体天然橡胶，这使得它的用途更加宽广，如用不同分子量和环氧值的环氧化液体天然橡胶（ENR）去增韧 PVC，发现分子量小环氧值为 15%（摩尔分数）的 ENR 有最好的增韧效果，综合性能最佳等。

LIR 的供应商见表 1.1.6-48。

表 1.1.6-48 LIR 的供应商

供应商	技术参数	IR-563	IR-565
濮阳林氏化学新材料股份有限公司	外观	无色或淡黄色，透明	无色或淡黄色，透明
	形态	高黏度液体	高黏度液体
	密度（25℃）/(g·cm^{-3})	0.92±0.03	0.92±0.03
	黏度（38℃）/(Pa·s)	80～130	430～530
	玻璃化温度（Tg）/℃	−63	−63
	适用温度/℃	−50～150	−50～150
	重均分子量	25 000～35 000	45 000～55 000
	顺式-1，4-结构	>70%	>70%
	燃点或闪点/℃	>300	>300
	溶剂	正己烷、甲苯	

液体聚异戊二烯橡胶的供应商还有：美国 Hardman 公司（Isolene LIR 与 DPR 解聚 LNR）等。

6.2.7 液体聚硫橡胶

液体聚硫橡胶大多采用 2，2-二氯乙基缩甲醛为单体，与多硫化钠经乳液缩合先制得高分子量聚硫胶乳，在缩合中为了得到一定程度的交联结构，一般还加入了少量 1，2，3-三氯丙烷交联，然后在亚硫酸钠和硫氢化钠存在下，经裂解得到末端带有巯基的液体聚硫橡胶。通过亚硫酸钠及硫氢化钠的比例和用量调节液体聚合物的分子量，分子量一般为 1 000～7 500。

液体聚硫橡胶的典型结构式：

$$HS\text{-}[(CH_2)_2\text{—}O\text{—}CH_2\text{—}O\text{—}(CH_2)_2\text{—}S_2]_n\text{-}(CH_2)_2\text{—}O\text{—}CH_2\text{—}O\text{—}(CH_2)_2\text{—}SH$$

液体聚硫橡胶的主要性能特点是：(1) 优秀的耐溶剂性能，耐多种化学药品；(2) 当采用特殊配合，在有适当底涂条件下，它对金属、水泥及玻璃的黏合性能较好；(3) 液体聚硫橡胶也较耐氧化、臭氧化。

液体聚硫橡胶的典型技术指标见表 1.1.6-49。

表 1.1.6－49　液体聚硫橡胶的典型技术指标

项目	指标	项目	指标
外观	棕褐色均匀黏稠状液体	闪点/℃	214～235
相对密度	1.27～1.31	燃烧点/℃	240～246
黏度（25℃)/(Pa·s)	1～140	交联剂（三氯丙烷等）w/%	0.2～2
平均分子量	1 000～7 500	折射率	1.56～1.57
流动点/℃	－16～－12		

液体聚硫橡胶分子中无不饱和键，链上有活性基团巯基（—SH)，在常温或加热下能与多种氯化物、金属过氧化物、有机过氧化物、重铬酸盐、环氧树脂、二异氰酸酯等反应生成弹性的固态橡胶，常用的固化剂为过氧化铅、对醌二肟、二硝基苯、过氧化二异丙苯和重铬酸铵等。液体聚硫橡胶配制浇注料时，为使填料混合均匀采用三辊研磨机加工，过氧化铅等硫化剂可先用三辊研磨机制成硫化膏。

由于聚硫橡胶的分子链是含有硫原子的饱和分子链，因此具有优越的耐油性、耐溶剂、耐老化和耐冲击等性能，以及低透气率和优良的低温屈挠性。早期在军工业中用作飞机整体油箱的衬里、填缝材料和固体火箭推进剂的黏接剂，后来广泛用作民用的弹性密封胶，用于汽车、火车、船舶以及建筑等领域，特别是在复层玻璃上面效果非常好。聚硫橡胶主要用作密封材料、填缝材料、腻子、涂料等，还可用作皮革的浸渍剂、印刷胶辊、齿科印痕材料、丁腈橡胶硫化剂、环氧树脂的改性剂。

按照 GB/T 5577—2008《合成橡胶牌号规范》，国产液体聚硫橡胶的主要牌号见表 1.1.6－50。

表 1.1.6－50　国产液体聚硫橡胶的主要牌号

牌号	单体类型	交联剂质量分数/%	相对分子质量/10^4
T_L 1201	二氯乙基缩甲醛	2	800～1 200
T_L 1202	二氯乙基缩甲醛	2	1 800～2 200
T_L 1204	二氯乙基缩甲醛	2	3 500～4 500
T_L 1105	二氯乙基缩甲醛	1	4 500～5 500
T_L 1100	二氯乙基缩甲醛	1	11 000～15 000
T_L 1505	二氯乙基缩甲醛	0.5	4 000～6 000
T_L 2105	氯乙基氯丙基羟基醚 二氯乙基缩甲醛	1	4 500～5 500
T_L 3204	二氯丁基缩甲醛 二氯乙基缩甲醛	2	3 000～5 000

液体聚硫橡胶的供应商有：美国 Products Research & Chemical 公司（Permafrol)、美国 Morton Internation 公司（Thiokol LP)、日本积水化学公司、葫芦岛化工研究院等。

6.2.8　液体聚氨酯橡胶

液体聚氨酯橡胶通常是由低聚物多元醇和多异氰酸酯制备成预聚体，然后加入扩链剂进行扩链，而后经浇铸成型加热硫化而形成最终产品。又名浇铸型聚氨酯橡胶（CPU)，为综合物性最佳的液体橡胶，有末端官能团类，如巯基封端的液体聚氨酯橡胶（MTPU）等。

超过 50%的聚氨酯橡胶用作发泡材料，其中软质类的橡胶状和硬质类的塑料状各占 2/3 和 1/3，软质泡沫材料主要用作各种交通工具的隔音材料、坐垫、寝具、衣料、建材及夹套材料。聚氨酯橡胶除用于运动鞋、家具、家电之外，现已用来制造齿形带、节能带、胶管和各种慢速轮胎，用液体聚氨酯橡胶浇注成形轮胎具有可实现连续化和自动化生产，生产和使用过程中有不产生废料、无污染等优点。

液体聚氨酯橡胶与聚硫、有机硅类液体橡胶相比，具有较高的弹性，优异的黏接性和良好的耐龟裂、耐磨损、耐天候以及耐化学药品等性能，是制造无溶剂型密封胶、涂料涂层的良好材料，特别适用于在混凝土抗冲耐磨、水轮机叶片抗气蚀、设备构件抗磨蚀、混凝土裂缝修补后受应力抗疲劳强度等方面的应用；液体聚氨酯橡胶能在常温快速固化，施工简单，表面平整光滑，适用于建筑密封胶和防水材料；液体聚氨酯橡胶也可用作胶黏剂，丁腈羟液体聚氨酯橡胶与金属的黏接强度可达到 10.31 MPa。

几种典型的CPU系列产品及其供应商有：

1. Adiprene L 系列

美国杜邦公司在20世纪50年代中期开发的浇注型聚氨酯弹性体的预聚物，由聚四氢呋喃醚二醇和TDI合成。由Adiprene L所得浇注弹性体，物理机械强度高，硬度范围广，耐低温、耐霉菌、耐水解，具有良好的耐磨性、耐辐射性、耐臭氧性和耐油性等。

2. VolKollan 系列

Bayer公司于1950年投产的浇注聚氨酯弹性体的商品牌号，由聚己二酸乙二醇丙二醇酯、1，5-萘二异氰酸酯和1，4-丁二醇制备。由于采用稠环芳烃异氰酸酯，所以不用胺类扩链剂，就可使弹性体具有优秀的物理机械性能和耐热性。

3. Cureprene 系列

Cureprene是日本的一步法聚氨酯浇注弹性体的商品牌号，可分别由聚四氢呋喃醚、聚氢化丙烯醚或聚酯，配合多异氰酸酯和多胺类制造。此系列的特点是物理机械性能好（尤其是弹性），工艺性能好，成型周期短，但需加热硫化。

4. RIM 系列

RIM是美国UCC开发的一系列RIM制品的商品牌号，如RIM 120、125、2600等，由聚氧化丙烯醚多元醇、改性MDI和扩链剂制得。此系列具有较高模量、回弹性、冲击强度和伸长率，还可加入填料提高弯曲模量。

5. Tartan 系列

Tartan是美国3M公司聚氨酯弹性体铺地材料的商品牌号，由聚氧化丙烯醚多元醇、甲苯二异氰酸酯、各种添加剂和填料组成。此材料可现场施工，铺设无缝地面覆层，具有良好的弹性、耐冲击性、耐候性，颜色美观。用于体育场馆地板铺装，可节约维修费用，提高比赛成绩，保护运动员不受损伤。

此外，还有日本三洋化成公司的预聚物商品牌号，由聚酯和MDI制造，将此预聚物配合催化剂、发泡剂和表面活性剂等，可制得聚氨酯微孔弹性体，所得材料体轻，耐磨、缓冲性好，用于鞋底穿着舒适。日本第一工业制药公司的聚氨酯水分散体系的商品牌号，由亲水聚酯或聚醚的预聚物、亚硫酸氢钠、扩链剂和水组成，其特点是贮存稳定，加工简单、可靠，硫化物物理机械性能尚可。

详见本手册第一部分·第一章·第三节·3.17聚氨酯弹性体。

6.2.9 液体硅橡胶

2015年，中国硅氧烷产能超过全球总量的一半，产量和消费量约占全球总量的40%，年销售额超过400亿元。中国已成为全球最大的有机硅生产国和消费国。

液体硅橡胶是有机硅工业中的重要分支，其开发历史虽然短，但其高速发展使其成为有机硅聚合物中最为活跃的领域。液体硅橡胶是由中等聚合度的线型聚有机硅氧烷为基础聚合物配合填料、各种助剂及添加剂配制的具有自流平性或触变性的基料。使用时一般不用大型加工设备，可根据品种及用途挤出、注型、涂覆后，在大气中或加热下硫化成形为弹性体。典型的液体硅橡胶是软弹性无毒无味透明的，医学安全和食品安全极高，可以用于人体植入医用材料。液态硅胶加入导电导热导波等功能性材料则可以赋予其相应的功能，满足不同使用环境、不同用途要求如电子电气、航空航天、铁路汽车等。同时根据使用工艺、固化温度及固化反应等，液体硅橡胶又可分成诸多类型。

拟定中的国家标准《液体硅橡胶 分类与系统命名法》规定了液体硅橡胶的分类与系统命名法。液体硅橡胶的分类与系统命名由液体硅橡胶类别、产品包装类别、固化方法类别、填充组分类别、硬度或针入度构成。其中，液体硅橡胶由英文字母L表示。产品包装类别、固化方法类别、填充组分类别分别见表1.1.6-51、表1.1.6-52、表1.1.6-53、表1.1.6-54。

液体硅橡胶按包装形式可分为单组分和双组分，字母代码见表1.1.6-51。

表1.1.6-51　液体硅橡胶组包装分类及字母代码

数字代码	包装形式
1	单组分
2	双组分

液体硅橡胶的固化或制备方法可基于两种不同的化学反应。一类是在铂金催化剂作用下的硅氢加成反应，用特征符号"A"表示；另一类是在以有机锡或钛化合物为主的有机金属催化剂作用下的水解缩合反应，用特征符号"C"表示，见表1.1.6-52。

表1.1.6-52　液体硅橡胶固化方法分类及字母代码

字母代码	固化方法
A	加成型
C	缩合型

其中，缩合型固化液体硅橡胶通常由基础聚合物、交联剂、催化剂、填料及添加剂等配制，交联剂是缩合型液体硅橡胶的核心组分，决定了产品的交联机理和固化类型，是缩合型液体硅橡胶分类的基础。缩合型固化硅橡胶按照不同的固化方法及脱去小分子类型进一步可以分为脱羧酸型、脱醇型、脱酮肟型、脱胺型、脱酰胺型、脱羟胺型、脱丙酮型、脱氢型，其字母代码见表 1.1.6－53。

表 1.1.6－53 缩合型液体硅橡胶固化方法分类及字母代码

字母代码	固化方法
AC	脱羧酸型
AL	脱醇型
OX	脱酮肟型
ACY	脱酰胺型
AM	脱胺型
KE	脱丙酮型
HY	脱氢型
OT	其他

脱羧酸型用特征符号“AC”表示。脱羧酸型液体硅橡胶是最早开发的一个品种，具有硫化速度快、强度高、黏接性及透明度好等优点。但其副产物醋酸具有刺激性气味，同时对金属有腐蚀性，使其使用受限，主要用作建筑用胶。

脱醇型用特征符号“AL”表示。脱醇型液体硅橡胶具有无味无腐蚀性的特点，但其贮存性和黏接性差，固化速度慢，影响了其发展，限制了应用。最近十多年脱醇型液体硅橡胶领域逐步改进了其劣势，得到了进一步发展，成为缩合型液体硅橡胶的主要发展方向之一，并用于多个领域如电子电器用胶、机械建筑等。

脱酮肟型用特征符号“OX”表示。脱酮肟型液体硅橡胶是目前用量最大的品种之一，具有较好的综合性能，气味小，除了对金属铜有少许腐蚀外，对其他基材基本无腐蚀性。脱酮肟型液体硅橡胶的特性使其可用于多个领域如电气绝缘密封、散热材料、导电硅胶、阻燃硅胶、就地成型密封胶及建筑用密封胶等。

脱酰胺型用特征符号“ACY”表示。脱酰胺型液体硅橡胶无味无毒，黏接性中等，但具有很低的模具，主要用作建筑密封胶。

脱胺型用特征符号“AM”表示。脱胺型液体硅橡胶具有固化速度快的特点，但胺味较重，且具有毒性和腐蚀性，应用领域大大受限。可用于制作导热胶或耐电弧胶等。

脱丙酮型用特征符号“KE”表示。脱丙酮型液体硅橡胶具有使用安全、硫化速度快、耐热性好、无腐蚀性及存储稳定等优点，具有最佳的综合性能。但成本相对较高，一定程度影响了其应用的推广。此类液体硅橡胶可用于电子电器领域、导电胶、就地成型密封胶及耐高温胶等。

脱氢型用特征符号“HY”表示。脱氢型液体硅橡胶是在铂系催化剂的作用下，室温发生脱氢反应，形成海绵状弹性体。此类海绵状硅橡胶具有较低的介电常数及良好的阻燃性，可广泛用于电子元器件的防潮、防振、放热及建筑行业。

其他用特征符号“OT”表示。这里指不包括在以上缩合型液体硅橡胶的类型。

硅橡胶本身机械性能较差，或在其他性能方面需要进一步提高时，有时通过填充白炭黑、硅树脂、碳酸钙或其他填料对其进行补强或性能的提高来满足实际需求。液体硅橡胶填充组分有四种情况，其字母代码见表 1.1.6－54。

表 1.1.6－54 液体硅橡胶填充组分类别及字母代码

字母代码	填充组分类别
N	无填充
S	填充白炭黑
C	填充碳酸钙
R	填充硅树脂
O	填充其他填料

液体硅橡胶根据固化后产品的形态及软硬度可分为橡胶型和凝胶型。其中液体凝胶型硅橡胶除了具有普通液体硅橡胶的优良特性外，还具有良好的密封性、黏合性、吸振性、防潮及防污性；同时其无色透明，具有好的流动性，易于填充精细结构。

橡胶型液体硅橡胶一般使用硬度对其软硬进行限定，《液体硅橡胶 分类与系统命名法》使用硬度值后加特征符号“00”“A”及“D”来表示。硬度取 GB/T 531.1—2008《硫化橡胶或热塑性橡胶压入硬度试验方法第 1 部分：邵氏硬度计法（邵尔硬度）》规定的硬度，以标称值为基础，由数值部分的数字代码后面接字母 A 表示，如硬度为（30±2）邵尔 A，表示为 30 A。

液体凝胶型硅橡胶是一类不添加或少添加填料的低交联密度液体硅橡胶，外观类似胶冻状，硬度由普通硬度计无法测出，需使用针入度测试获得其软硬度信息，《液体硅橡胶 分类与系统命名法》使用针入度值后加特征符号“P”来表示。针入度取 GB/T 269—1991《润滑脂和石油脂锥入度测定法》规定的针入度测试方法，单位为 0.1 mm，以标称值为基础，由数值部分的数字代码后面接字母 P 表示，如针入度为（220±2）0.1 mm，表示为 220 P。

液体硅橡胶应按下列方法命名，液体硅橡胶类别代号为 L，接包装类别，以连字符“一”接固化方法 A、CAC、CAL、COX、CAM、CKE、CHY 或 COT，空一格，接填充组分类别 N、S、R 或 O，右斜线，再接硬度或针入度标称值加相应字母代码。如图所示。

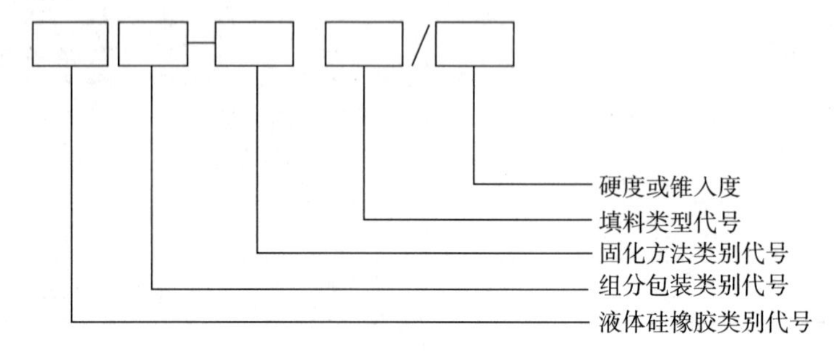

例如，加成型双组分无填料液体硅橡胶，针入度为（200±2）0.1 mm，其命名为：

又如，脱醇型单组分缩合型白炭黑补强液体硅橡胶，硬度为（50±2）邵尔 A，其命名为：

（一）加成硫化型液体硅橡胶

1. 概述

加成硫化型液体硅橡胶是指官能度为 2（或 2 以上）的含乙烯基端基的二甲基硅氧烷在铂化合物的催化作用下，与多官能度的含氢硅烷起加成反应，从而发生链增长和链交联的一种硅橡胶，生胶为液态，聚合度 1 000 以上，通常称为液体硅橡胶，简称 LSR（或 LTV），其分子结构为：

$$H_2C{=}CH-\underset{CH_3}{\overset{CH_3}{Si}}-O-\left(\underset{CH_3}{\overset{CH_3}{Si}}-O\right)_n-\underset{CH_3}{\overset{CH_3}{Si}}-CH{=}CH_2$$

$(n>1\ 000)$

加成硫化型液体硅橡胶是司贝尔（Speier）氢硅化反应在硅橡胶硫化的一个重要发展与应用。其原理是由含乙烯基的硅氧烷与多 Si—H 键硅氧烷，在第八族过渡金属化合物（如 Pt 等）催化下进行氢硅化加成反应，形成新的 Si—C 键，使线型硅氧烷交联成网络结构，反应机理如图 1.1.6-2 所示。

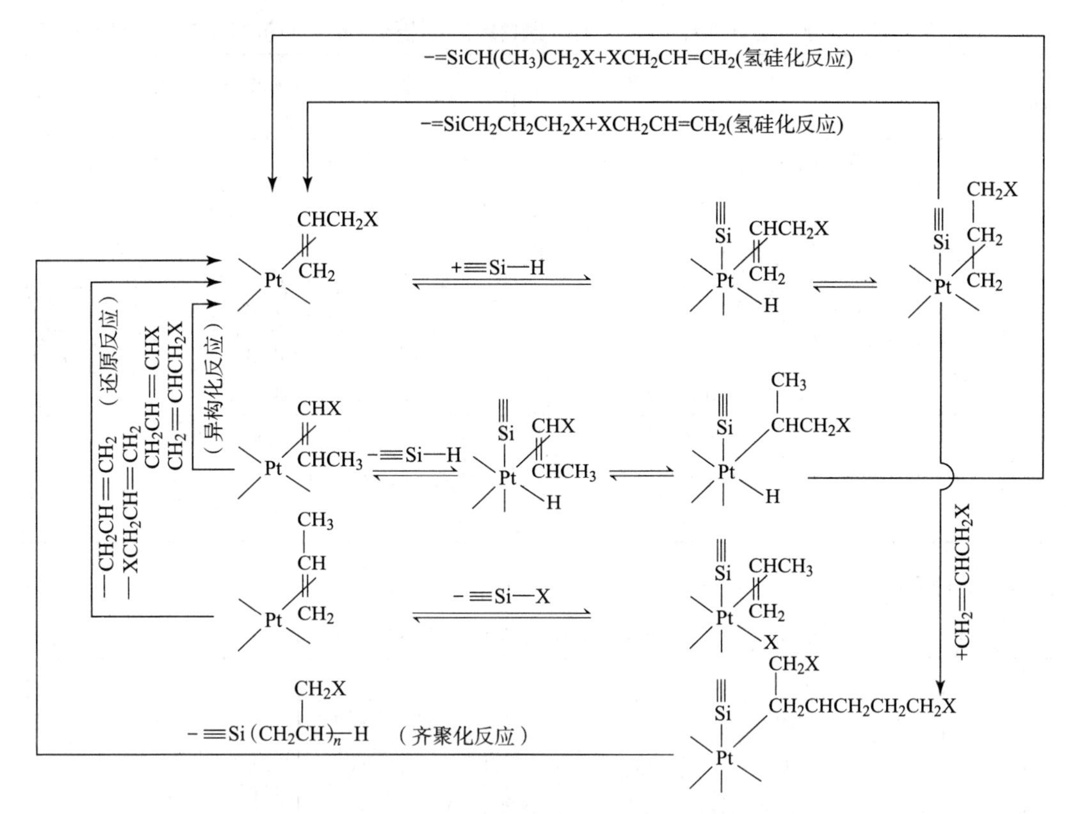

图 1.1.6-2 铂催化加成反应机理

由于氢硅化反应理论上不生成副产物，且具有高转化率、交联密度及速度易控制等特点，故制得的硅橡胶综合性能更佳。LSR 除保持了硅橡胶固有的典型特性，如优越的电绝缘性、使用温度范围广和在恶劣环境下的长期耐候老化性等外，还有如下的特点：

(1) 液体硅橡胶不含溶剂和水分，对环境无污染；胶料以两组分供应，均经过滤、排气处理；两组分混合料在正常室温下可存放 24 h 以上，冷却放置甚至可达 2 d 以上，不需要再行洁化。

(2) 工艺简便、快捷：①两组分胶料以 1∶1 混合，配料工艺简便；②对于模压制品，从配料到成品，一步完成，工艺大幅简化；③硫化速度快，硫化周期为普通橡胶的 1/12～1/20；④除非要求制品具有特低的耐压缩永久变形性，一般不需要后硫化；⑤收缩率较低，一般在千分之几以下；⑥制品着色工艺简便；⑦一般情况下成品无须修边。

(3) 由于工艺的简化和硫化方法的改变，无论模压制品还是挤出制品，均可以轻型机械替代重型机械，厂房面积大大减小，自动化操作程度高，能耗可降低约 75%；但相对于固体模压机来说，模具费用较高。

LSR 与 RTV 的特性比较见表 1.1.6-55。

表 1.1.6-55 LSR 与 RTV 的特性比较

性能	室温硫化硅橡胶 RTV	加成硫化型液体硅橡胶 LSR
硫化前	低黏度（700 mm^2/s），腻子状	低黏度（500 mm^2/s），腻子状
配比（基础聚合物/交联剂，w）	100∶0.5～100∶10	100∶3～100∶100
适用期	取决于催化剂用量，一般较短	比较长，且易控制
硫化速度	取决于催化剂用量，湿度影响大，温度影响小	温度影响大，高温下可快速硫化，湿度无影响
深部硫化	部分产品不行	各类产品均可
硫化副产物	醇、水、氢等	无（理论上）
催化剂中毒	无	不能接触含 N、P、S 等有机物，Sn、Pb、Hg、Bi、As 等离子化合物，含炔及多元烯化合物
电绝缘性	硫化初期下降，之后恢复正常	无副产物，不影响电绝缘性
线收缩率/%	<1.0	<0.2
耐热性	在密闭系统中差	较好

液体注射成型硅橡胶（LSR）与高温过氧化物硫化混炼型硅橡胶（HTV）的特性比较见表 1.1.6-56。

表 1.1.6-56　液体注射成型硅橡胶（LSR）与高温过氧化物硫化混炼型硅橡胶（HTV）的特性比较

项目		液体注射成型硅橡胶 LSR	高温过氧化物硫化混炼型硅橡胶 HTV
基础聚合物	分子结构	$ViMe_2SiO(Me_2SiO)nSiMe_2Vi$	$ViMe_2SiO(Me_2SiO)n(MeViSiO)mSiMe_2Vi$ Vi 含量（mol）：0.05%～5%
	聚合度	n=200～1 500	$n+m$=3 000～10 000
	黏度/($mm^2 \cdot s^{-1}$)	500～100 000	1×10^6 以上
交联剂		$\left[(Me_2SiO)_n(MeHSiO)\right]_m$	有机过氧化物
催化剂		铂系化合物（配合物）	也可用铂化合物作催化剂
填料		白炭黑、硅藻土、石英粉等	白炭黑、硅藻土、石英粉等
硫化	特性	温度影响大，可通过催化剂调节	温度有影响，取决于过氧化物分解温度
	副产物	理论上无，实际上有少量氢气产生	过氧化物分解产物
	中毒	可被含 N、P、S 等化合物中毒	游离基终止剂等

加成硫化型液体硅橡胶的典型技术指标见表 1.1.6-57。

表 1.1.6-57　加成硫化型液体硅橡胶的典型技术指标

项目	单组分	双组分	项目	单组分	双组分
相对密度	1.04～1.30	1.0～1.5	介电强度/($kV \cdot mm^{-1}$)	21～23	20～30
硬度（邵尔）	15～30	20～80	体积电阻率/($\Omega \cdot cm$)	4.2×10^{14}～4.9×10^{15}	1×10^{14}～1×10^{16}
拉伸强度/MPa	0.78～2.45	1.96～7.8	热导率/[$W \cdot (m \cdot k)^{-1}$]	0.105	0.17～0.29
撕裂强度/($kN \cdot m^{-1}$)	5.0～7.84	2.94～19.6	热收缩率/%		0～0.5
拉断伸长率/%	300～1 000	50～350			

液体硅橡胶因为其黏度低，可以生产各种形状和结构复杂、精密度高的橡胶制品；制造过程飞边少，人工少，效率高，损耗小。同时，液体硅橡胶具有其他液体橡胶无可比拟的耐热性、耐寒性、耐天候老化性以及耐电绝缘性和耐化学药品性，具有良好的透气性、不收缩性、柔软性，因此，液体硅橡胶在汽车、建筑、电子电力、医疗保健、机械工程等领域得到了广泛应用。例如，耐高温的液体硅橡胶用于汽车动力装置材料，用作高层建筑的密封胶取代其他密封材料等。

2. 加成硫化型液体硅橡胶的配合与加工

加成硫化型液体硅橡胶按其包装方式可分为单组分及双组分两类；按其硫化条件可分为室温硫化及加热硫化两类；按其硫化后的形态，可分为橡胶型及凝胶型两类。加成硫化型液体硅橡胶也可分为气相法液体硅橡胶与沉淀法液体硅橡胶，市售的绝大部分为气相法液体硅橡胶，也有少部分是沉淀法的，一般用于生产电脑的键盘膜和按键等。

（1）配合。

LSR 的配合非常简单，由基础聚合物（主要为含有两个或两个以上乙烯基的聚二有机硅氧烷如双端乙烯基聚二甲基硅氧烷等）、填充剂、交联剂、催化剂、反应抑制剂以及必要的添加剂等组成。通常把上述包括基础聚合物在内的各种配合剂分成两种组分配合，一种含有催化剂，另一种含有交联剂，使用时将两个组分混合，在一定的条件下硫化成型。当基础聚合物中的部分甲基被苯基取代后，可提高硅橡胶的抗辐射、耐高低温及折射率等性能；当部分甲基被 $CF_3CH_2CH_2$—基取代后，可提高耐油耐溶剂性能，并降低折射率。

填充剂主要是采用气相法白炭黑，并以三甲基封端的聚硅氧烷作表面处理剂。经表面处理的气相法白炭黑，除用以补强外，还可以增大黏度，这种黏度的增大比较稳定，较少受时间的影响而变化。

交联剂是液体硅橡胶双组分中其中一组分的主要成分，由氢端基官能度至少为 2 以上的聚硅氧烷组成，它与乙烯基基团发生加成反应，形成交联结构使胶料固化。用量不能过大，否则耐热性会降低。

催化剂主要为有机铂的络合物，较新的发展是导入了含乙烯基的低分子聚硅氧烷的配位化合物，但用量极小。

反应抑制剂用于调整加成硫化型液体硅橡胶的贮存期及适用期，延长贮存稳定性。凡能使铂催化剂中毒，导致硫化不良的物质，均可用作反应抑制剂，包括：含 N、P、S 等有机物；Sn、Pb、Hg、Bi、As 等离子化合物；含炔及多元烯化合物。一般多用炔类化合物，也可采用含胺、锡、磷等的化合物。

其他添加剂包括着色剂、脱模剂等。

配料后，要经过三辊涂料研磨机研磨，以破坏填料的聚集，改善硫化胶的物理机械性能和胶料的流动性，通常还需进行热处理、过滤，包装出厂使用。虽然在配合胶料中已经加入了适当的反应抑制剂，如果存放不当，仍有可能导致室温下部分橡胶自硫化。

（2）加工。

LSR 的最大特点就是高温下可以很快的速度进行硫化，硫化时间是一般橡胶硫化时间的 1/10～1/20，而又不致焦烧。

液体硅橡胶的注射模压既不同于普通硅橡胶，也不同于塑料。与其他橡胶注压相比，在注压前液体硅橡胶不需要塑化，黏度低得多，而硫化极快。与塑料相比，液体硅橡胶的黏度和塑料的“熔融”黏度相近，但它是热固性的，而不是热塑性的。

从工艺上看，液体硅橡胶主要应用在注压、挤出和涂覆方面。主要的挤出制品是电线、电缆，涂覆制品是以各种材料为底衬的硅橡胶布或以纺织品补强的薄膜，注压则为各种模型制品。由于其流动性能好，强度高，更适宜制作模具和浇注仿古艺术品等。由于硫化中没有副产物，生胶的纯度很高且生产过程中洁净卫生，液体硅橡胶尤其适合制造要求高的医用制品。

3. 加成硫化型液体硅橡胶的品种与用途

LSR 的用途与性能见表 1.1.6－58。

表 1.1.6－58　LSR 的用途与性能

用途	包装方式		硫化条件		硫化胶形态		自黏性	脱模性	高强度	阻燃性	导电性	导热性	透明性
	单组分	双组分	室温	加热	橡胶	凝胶							
灌封	○	○	○	○	○	○	○			○		○	○
黏接、涂料	○	○	○	○			○		○	○	○	○	○
软模具		○	○	○	○			○	○				
液体注射成型	○	○		○	○				○		○		
光纤涂料		○		○	○								○
芯片涂料	○	○		○	○	○	○					○	○
阻燃	○	○	○	○	○			○		○			
按键													
导电											○		
导热		○		○	○			○				○	
凝胶	○	○	○	○		○					○	○	○

注：○—表示有商品。详见幸松民，王一璐．有机硅合成工艺及产品应用［M］．北京：化学工业出版社，2000.

液体注射成型（LIM）硅橡胶，通常以双包装形式提供用户，使用时只需将 A、B 两组分按等体积或等质量混匀即可投入注射成型机。液体注射成型硅橡胶（LIMS）的品级与性能见表 1.1.6－59。

表 1.1.6－59　液体注射成型硅橡胶的品级与性能

类型	外观		黏度/(Pa·s)		相对密度 (25℃)	硬度 (JIS A)	拉伸强度 /MPa	伸长率 /%	撕裂强度 /(kN·m^{-1})	压缩永久变形 /%
	A	B	A	B						
通用	半透明	半透明	200	200	1.10	50	5.4	350	12	15
	透明	透明	400	400	1.12	50	6.4	450	25	20
	褐白色	褐白色	50	40	1.55	70	6.4	150	7	10
透明高强度	透明	透明	60	60	1.10	10	3.9	800	15	30
	透明	透明	200	200	1.10	20	6.4	1 000	30	30
	透明	透明	350	350	1.10	30	9.8	800	35	20
	透明	透明	700	700	1.10	40	9.8	600	35	20
	透明	透明	700	700	1.13	50	9.8	600	40	20
	透明	透明	600	700	1.15	60	7.8	300	35	25
	透明	透明	700	500	1.10	70	6.9	450	30	25
高硬度高强度高透明	褐白色	褐白色	600	450	1.30	80	6.9	200	15	25
	透明	透明	75	45	1.03	55	5.9	350	15	30
阻燃	黑色	黑色	700	700	1.40	50	5.9	350	15	30
	黑色	黑色	500	500	1.25	50	7.4	350	20	15
导电	黑色	黑色	膏状	膏状	1.05	30	2.9	350	5	35
耐寒	透明	透明	800	800	1.15	55	8.8	300	35	20

续表

类型	外观		黏度/(Pa·s)		相对密度(25℃)	硬度(邵尔A)	拉伸强度/MPa	伸长率/%	撕裂强度/(kN·m⁻¹)	压缩永久变形/%
	A	B	A	B						
耐热	褐白色	褐白色	1 000	1 000	1.27	55	6.9	300	15	6
	黑色	褐白色	200	200	1.15	50	9.8	500	35	15
γ射线	白色	透明	350	350	1.10	30	9.8	800	35	20
杀菌	白色	透明	600	700	1.15	60	7.8	300	35	25
耐溶剂	赤褐色	白色	1 500	1 500	1.30	40	5.4	350	15	15

广州英珀图化工有限公司代理的日本信越液体注射成型硅橡胶KEG－2000系列、KE－1950系列、KE－2014系列等。其性能指标见表1.1.6－70、表1.1.6－71、表1.1.6－72、表1.1.6－73。

表1.1.6－70　日本信越液体注射成型硅橡胶的性能指标（一）

牌号			快速固化、透明、高强度				快速固化、透明、高强度	
			KEG－2000－40（A/B）	KEG－2000－50（A/B）	KEG－2000－60（A/B）	KEG－2000－70（A/B）	KEG－2001－40（A/B）	KEG－2001－50（A/B）
固化前	外观	A	半透明	半透明	半透明	半透明	半透明	半透明
		B	半透明	半透明	半透明	半透明	半透明	半透明
	黏度[a]/(Pa·s)	A	1 300	1 500	1 600	1 200	1 300	1 500
		B	1 300	1 500	1 600	1 200	1 300	1 500
固化后[b]	外观		透明	透明	透明	透明	透明	透明
	比重（23℃）/(g·cm⁻³)		1.13	1.13	1.13	1.13	1.12	1.13
	硬度（A型，杜罗硬度计）		40	50	60	70	40	50
	拉伸强度/MPa		9.6	11.1	10.5	10.2	11.0	11.8
	扯断伸长率/%		640	580	450	350	700	530
	撕裂强度（渐增型）/(kN·m⁻¹)		32	40	40	35	32	40
	压缩永久变形[c]（150℃×22 h）/%		6	8	9	7	6	8
	线收缩率/%		2.7	2.6	2.6	2.6	2.7	2.6
	体积电阻率/(TΩ·m)		50	50	50	50	50	50

表1.1.6－71　日本信越液体注射成型硅橡胶的性能指标（二）

牌号			透明、高强度					
			KE－1950－10（A/B）	KE－1950－20（A/B）	KE－1950－30（A/B）	KE－1950－35（A/B）	KE－1950－40（A/B）	KE－1950－50（A/B）
固化前	外观	A	半透明	半透明	半透明	半透明	半透明	半透明
		B	半透明	半透明	半透明	半透明	半透明	半透明
	黏度[a]/(Pa·s)	A	60	150	250	500	480	680
		B	60	150	250	500	480	680
固化后[d]	外观		透明	透明	透明	透明	透明	透明
	比重（23℃）/(g·cm⁻³)		1.08	1.10	1.10	1.12	1.12	1.13
	硬度（A型，杜罗硬度计）		13	20	32	36	42	52
	拉伸强度/MPa		3.9	6.4	8.8	9.8	9.8	9.3
	扯断伸长率/%		700	900	700	700	650	550
	撕裂强度（渐增型）/(kN·m⁻¹)		10	25	25	30	35	40
	压缩永久变形[e]（150℃×22 h）/%		12	15	22	36	20	28
	线收缩率/%		2.3	2.1	2.0	2.2	2.1	2.0
	体积电阻率/(TΩ·m)		10	10	10	10	10	10

表 1.1.6-72　日本信越液体注射成型硅橡胶的性能指标（三）

牌号			透明、高强度		一般用		
			KE-1950-60（A/B）	KE-1950-70（A/B）	KE-1935（A/B）	KE-1987（A/B）	KE-1988（A/B）
固化前	外观	A	半透明	半透明	半透明	半透明	半透明
		B	半透明	半透明	半透明	半透明	半透明
	黏度[a]/(Pa·s)	A	730	750	80	700	600
		B	740	750	45	700	450
固化后[d]	外观		透明	透明	高透明	高透明	高透明
	比重（23℃）/(g·cm^{-3})		1.14	1.15	1.03	1.15	1.15
	硬度（A型，杜罗硬度计）		60	70	55	55	62
	拉伸强度/MPa		7.8	7.8	5.9	8.3	7.8
	扯断伸长率/%		380	350	350	430	250
	撕裂强度（渐增型）/(kN·m^{-1})		35	40	8.0	35	35
	压缩永久变形[e]（150℃×22 h)/%		22	50	30	50	49
	线收缩率/%		1.9	2.1	3.2	2.1	2.2
	体积电阻率/(TΩ·m)		10	10	10	100	100

表 1.1.6-73　日本信越液体注射成型硅橡胶的性能指标（四）

牌号			析油用			
			KE-2014-30（A/B）	KE-2014-40（A/B）	KE-2014-50（A/B）	KE-2014-60（A/B）
固化前	外观	A	乳白色半透明	乳白色半透明	乳白色半透明	乳白色半透明
		B	乳白色半透明	乳白色半透明	乳白色半透明	乳白色半透明
	黏度[a]/(Pa·s)	A	900	1 400	200	2 400
		B	800	1 400	200	2 400
固化后[f]	外观		半透明	半透明	半透明	版透明
	比重（23℃）/(g·cm^{-3})		1.12	1.13	1.14	1.14
	硬度（A型，杜罗硬度计）		30	40	50	60
	拉伸强度/MPa		8.4	8.8	10.2	9.7
	扯断伸长率/%		750	600	560	450
	撕裂强度（渐增型）/(kN·m^{-1})		25	30	31	39
	压缩永久变形[e]（150℃×22 h)/%		19	30	24	20
	线收缩率/%		2.2	2.1	2.0	2.0
	体积电阻率/(TΩ·m)		50	50	50	50

注：a. 旋转黏度计。
b. 胶片固化条件：150℃×5 min+150℃×1 h。
c. 胶片固化条件：150℃×10 min+200℃×4 h。
d. 胶片固化条件：120℃×5 min+150℃×1 h。
e. 胶片固化条件：120℃×10 min+150℃×1 h。
f. 胶片固化条件：150℃×10 min。

加成硫化型液体硅橡胶的供应商还有：中山聚合、东莞正安、广东森日、深圳迈高、前道康宁、德国瓦克、迈图等。

（二）室温硫化硅橡胶（room temperature vulcanized silicone rubber）

室温硫化硅橡胶是分子量较低有活性端基或侧基的稠状液体，代号 RTV，其分子结构为：

$$X-O\left(\begin{array}{c}R\\|\\Si\\|\\R\end{array}-O\right)_n X$$

$$R=\text{甲基，乙烯基}\qquad X=Si(CH_3)_xY_{3-x}$$

$$Y=H\cdot Cl\cdot OR\cdot CH=CH_2$$

室温硫化硅橡胶按硫化机理可分为缩合型 RTV 和加成型 RTV；按商品包装形式有单组分 RTV 和双组分 RTV。单组分 RTV 是基础胶、填料、交联剂（含有能水解的多官能团硅氧烷）、催化剂在无水条件下混合均匀，密封包装，使用时挤出与空气中水分接触，使胶料中的官能团水解形成不稳定羟基，进行缩合反应交联成弹性体。双组分 RTV 是将基础胶和交联剂或催化剂分开包装，使用时按一定比例混合后进行缩合反应或加成反应。

RTV 除具有热硫化型硅橡胶优异的耐高低温、耐氧化、耐臭氧、电绝缘性、生理惰性、耐烧蚀、耐潮湿等特性外，还具有使用方便，就地成型、不需专门的加热加压设备等优点，作胶黏剂使用时不用表面处理剂即可进行黏合，且可适当改变填料、添加剂和聚合物的结构组成，特别是各种交联剂、催化剂的选用，可制成性能多样的多种硅橡胶制品，广泛应用于电子、电器、仪器、航空航天、建筑、汽车、化工、轻工、船舶、医学、高能物理、国防军工等工业部门，作为灌注、包封、黏接、密封填充、绝缘、抗振、防潮材料应用。

1. 室温硫化硅橡胶的类别

(1) 单组分室温硫化硅橡胶。

单组分室温硫化硅橡胶的硫化反应，先是交联剂接触空气中的水分后，可水解的官能团迅速发生水解反应，生成硅醇。硅醇及室温硫化硅胶的—OH 发生缩合反应，生成的水又使交联剂水解，再缩合成三维网络交联，硫化成橡胶。以脱醋酸型为例：

配制时：

$$\mathrm{Me{-}Si(OAc)_3 + HO(Me_2SiO)_nH + (AcO)_3Si{-}Me}$$

$$\downarrow -2\mathrm{AcOH}$$

包装容器内：

$$\mathrm{Me{-}Si(OAc)_2{-}O{-}(Me_2SiO)_n{-}Si(OAc)_2{-}Me}$$

$$\downarrow \mathrm{H_2O},\ -2\mathrm{AcOH}$$

使用时：

$$\mathrm{Me{-}Si(OH)(OAc){-}O{-}({-}Me_2SiO)_n{-}Si(OH)(OAc){-}Me}$$

$$\downarrow \mathrm{{=}SiOH}\ 或\ \mathrm{{=}SiOAc},\ -\mathrm{AcOH}$$

硫化后：

$$\mathrm{Me{-}Si(O{\sim})_2{-}O{-}(Me_2SiO)_n{-}Si(O{\sim})_2{-}Me}$$ （交联结构、弹性体）

单组分室温硫化硅橡胶随交联剂类型不同，可分为脱酸型和非脱酸型。前者使用较为广泛，所用交联剂为乙酰氧基类硅氧烷（如甲基三乙酰氧基硅烷或甲氧基三乙酰氧基硅烷），在硫化过程中放出副产物乙酸，对金属有腐蚀作用。非脱酸缩合硫化型种类较多，例如，以烷氧基（如甲基三乙氧基硅烷）为交联剂的脱醇缩合硫化型，仅靠空气中的水分作用，硫化缓慢，需加入烷基钛酸酯类的硫化促进剂，硫化时放出醇类，无腐蚀作用，适合作电气绝缘制品；以硅氮烷为交联剂的脱胺缩合硫化，硫化时放出有机胺，有臭味，对铜有腐蚀；此外，还有以丙酮肟、丁酮肟为交联剂的脱肟硫化，脱酰胺硫化，硫化速度快的脱酮硫化型等。

单组分室温硫化硅橡胶所用典型交联剂见表 1.1.6－74。

表 1.1.6－74　单组分室温硫化硅橡胶所用典型交联剂

型号	交联剂	催化剂	脱出小分子
脱羧酸型	$\mathrm{MeSi(OAc)_3}$（甲基三乙酰氧基硅烷）	—	AcOH（醋酸）
脱肟型	$\mathrm{MeSi(ON{=}CMe_2)_3}$（甲基三丙酮肟基硅烷）	二月桂酸二丁基锡	$\mathrm{Me_2C{-}N{-}OH}$（丙酮肟）
脱醇型	$\mathrm{MeSi(OMe)_3}$（甲基三甲氧基硅烷）	钛络合物	$\mathrm{CH_3OH}$（甲醇）
脱胺型	$\mathrm{MeSi(NHC_6H_{11})_3}$（甲基三环己胺基硅烷）	—	$\mathrm{C_6H_{11}NN_2}$（环己胺）
脱酰胺型	$\mathrm{MeSi[N(COCH_2)(Me)]_3}$（甲基三（N-甲基乙酰胺基）硅烷）	—	MeCONHMe（N-甲基乙酰胺）
脱丙酮型	$\mathrm{MeSi(OC(Me){=}CH_2)_3}$（甲基三（异丙烯氧基）硅烷）	胍基硅烷	MeCOMe（丙酮）
脱羟胺型	$\mathrm{MeSi(ONEt_2)_3}$（甲基三（二乙基羟胺基）硅烷）	—	$\mathrm{Et_2NOH}$（二乙基羟胺）

单组分室温硫化硅橡胶按产品模量高低，可分为低模量（脱酰胺型）、中模量（适于作建筑密封胶）和高模量（脱醇

型）。根据产品实用性能，单组分室温硫化硅橡胶可以分为通用类和特殊类两大品种，其中特殊类包括阻燃型、表面可涂装型、防霉型和耐污染型等。

单组分室温硫化硅橡胶对多种材料（如金属、玻璃、陶瓷等）有良好的黏接性，使用方便，一般不需称量、搅拌、除泡等操作。硫化从表面开始，逐渐向内部进行。

单组分室温硫化硅橡胶主要用作胶黏剂，在建筑工业中作为密封填隙材料使用。

（2）双组分室温硫化硅橡胶。

双组分室温硫化硅橡胶通常是将生胶、填料与交联剂混为一个组分，生胶、填料与催化剂混成另一组分，使用时将两个组分经计量后进行混合。

双组分室温硫化硅橡胶的交联是由生胶的羟基在催化剂（有机锡盐，如二丁基二月桂酸锡、辛酸亚锡等）作用下与交联剂（烷氧基硅烷类，如正硅酸乙酯或其部分水解物）上的硅氧基发生缩合反应，可分为脱乙醇缩合交联、脱氢缩合交联、脱水缩合交联和脱羟胺缩合交联等，以脱醇型为最常见。

脱醇型：

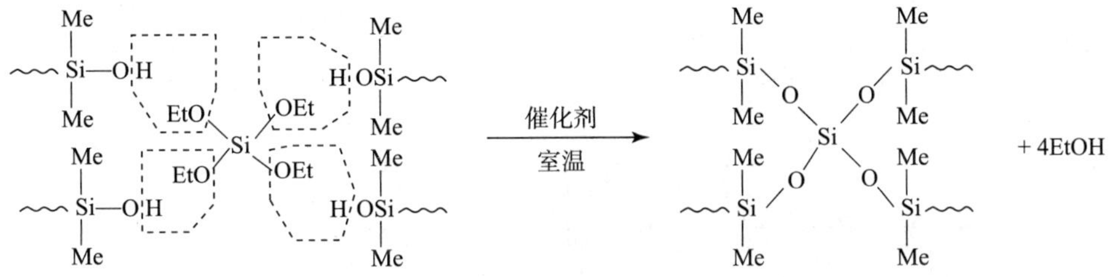

$$4\ \sim Si(Me)_2{-}OH + Si(OEt)_4 \xrightarrow[\text{室温}]{\text{催化剂}} Si(O{-}Si(Me)_2\sim)_4 + 4EtOH$$

脱羟胺型：

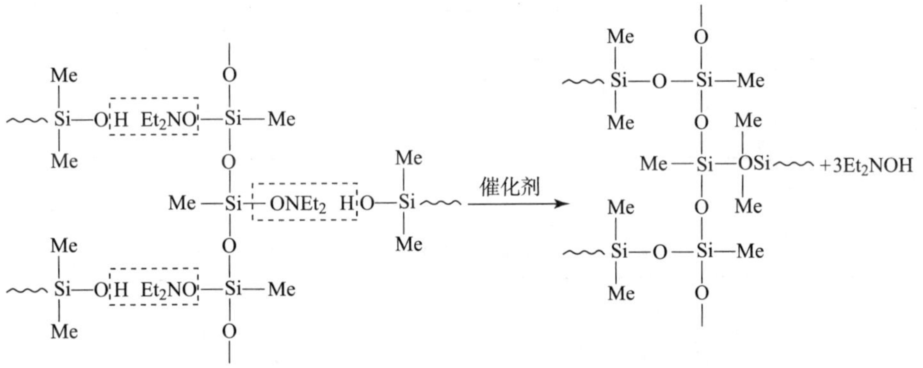

$$3\ \sim Si(Me)_2{-}OH + \text{Et}_2\text{NO}{-}Si(Me)\text{ 交联剂} \xrightarrow{\text{催化剂}} \sim Si(Me)_2{-}O{-}Si(Me)\text{ 交联结构} + 3Et_2NOH$$

脱氢型：

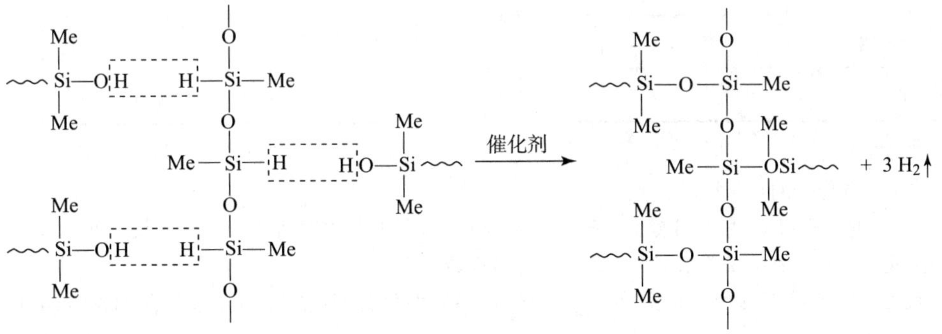

$$3\ \sim Si(Me)_2{-}OH + H{-}Si(Me) \xrightarrow{\text{催化剂}} \sim Si(Me)_2{-}O{-}Si(Me)\text{ 交联结构} + 3\,H_2\uparrow$$

脱水型：

$$3\ \sim Si(Me)_2{-}OH + HO{-}Si \xrightarrow[\text{催化剂}]{-3H_2O} \sim Si(Me)_2{-}O{-}Si\text{ 交联结构}$$

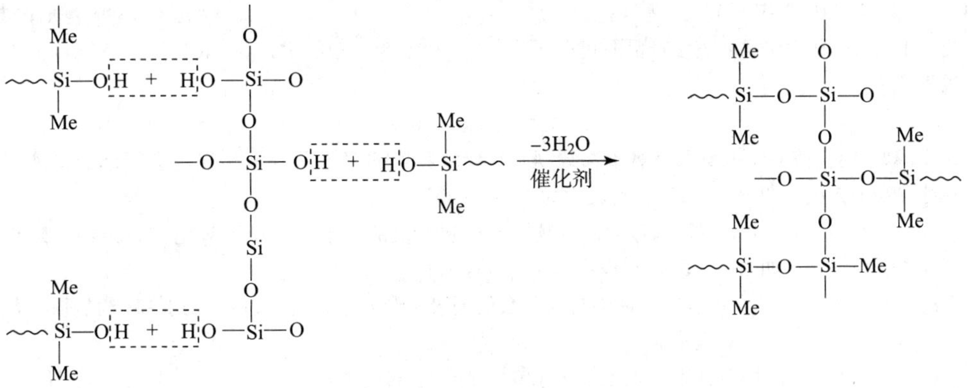

双组分室温硫化硅橡胶的硫化时间主要取决于催化剂用量，催化剂用量大，硫化速度快。此外，环境温度越高，硫化速度也越快。双组分室温硫化硅橡胶硫化时无内应力，不收缩、不膨胀；硫化时缩合反应在内部和表面同时进行，不存在厚制品深部硫化困难问题。催化剂二丁基二月桂酸锡对铜有腐蚀作用，采用氧化二丁基锡［$(C_4H_9)_2SnO$］或氧化二辛基锡［$(C_8H_{17})_2SnO$］与正硅酸乙酯［$Si(OC_2H_5)_4$］的回流产物作硫化体系，硫化胶与铜接触存放1年未发现腐蚀。

双组分室温硫化硅橡胶对其他材料无黏合性，与其他材料黏合时需采用表面处理剂作底涂。

双组分室温硫化硅橡胶一般用作制模、灌封材料等。

2. 室温硫化硅橡胶的技术标准与工程应用

(1) 室温硫化硅橡胶的基础配方。

室温硫化硅橡胶的基础配方见表1.1.6-75、表1.1.6-76。

表 1.1.6-75　室温硫化硅橡胶的基础配方（一）

原材料名称	室温硫化硅橡胶[a]					
	107（A、B）	106	SD-33	SDL-1-41	SDL-1-35	SDL-1-43
MVQ	100	100	100	100	100	100
氧化铁						
硫化剂 BPO						
二月桂酸二丁基锡	1.0	1.0	2.0	2.0	2.0	1.2
正硅酸乙酯	3.0	3.0	2.5	2.5	2.5	2.0
气相白炭黑						
白炭黑						
硫化条件						

表 1.1.6-76　室温硫化硅橡胶硬度测试配方[a]（二）

组分名称	质量份数				
	RTV-106	RTV-133	RTV-135	RTV-141	RTV-143
温硫化甲基硅橡胶	100				
二月桂酸二丁基锡	1.0	2.0	2.0	2.0	1.2
正硅酸乙酯	3.0	2.5	2.5	2.5	2.0

注：a. 详见 GB/T 27570—2011《室温硫化甲基硅橡胶》。

(2) 室温硫化甲基硅橡胶的技术标准。

GB/T 27570—2011《室温硫化甲基硅橡胶》适用于缩合型室温硫化甲基硅橡胶，其基础胶由八甲基环四硅氧烷、二甲基硅氧烷混合环体或二甲基二氯硅烷的水解产物为原料缩合而成。

缩合型室温硫化甲基硅橡胶的型号按英文简称、代号和黏度代码顺序由三部分或其前两部分组成。示例：RTV-107-2。

其中RTV-107型按黏度的不同分为常用规格和特殊规格，其他型号不分规格。RTV-107型常用规格按黏度的不同分为三种规格：黏度代码2表示产品黏度范围为（20 000±2 000）mPa·s；黏度代码5表示产品黏度范围为（50 000±4 000）mPa·s；黏度代码8表示产品黏度范围为（80 000±6 000）mPa·s。RTV-107型特殊规格用107-TX表示，其中X以下式表示：

$$X=黏度实测值/10\ 000$$

其中，当X<0.095时，按GB/T 8170《数值修约规则与权限数值的表示和判定》规定进行修约，修约后取一位有效数字，且在表述时省略小数点，如X=0.055，则表示为107—T006；

当0.095⩽X<0.95时，按GB/T 8170《数值修约规则与权限数值的表示和判定》规定进行修约，修约后取一位有效数字，且在表述时省略小数点，如X=0.55，则表示为107—T06；

当X⩾0.95时，按GB/T 8170《数值修约规则与权限数值的表示和判定》规定进行修约，修约后取整数表述，如X=5.5则表示为107—T6；又如X=55则表示为107—T55。

RTV-107型室温硫化甲基硅橡胶技术要求见表1.1.6-77。

表 1.1.6-77 RTV-107 型室温硫化甲基硅橡胶技术要求

项目	RTV-107-2		RTV-107-2		RTV-107-2		RTV-107-TX
	一等品	合格品	一等品	合格品	一等品	合格品	合格品
外观	无色透明黏稠液体						
黏度（25℃）/(mPa·s)	20 000±2 000		50 000±4 000		80 000±6 000		规定值*
浊度（≤）/NTU	3.0	7.0	3.0	7.0	3.0	7.0	7.0
挥发分（150℃，3 h)(≤)/%	1.00	2.00	1.00	2.00	1.00	2.00	2.00
表面硫化时间（≤)/h	1.0	2.0	1.0	2.0	1.0	2.0	2.0
相对分子质量分布	实测值						

注：*为典型值±典型值×10%。

RTV-106、RTV-133、RTV-135、RTV-141、RTV-143 型室温硫化甲基硅橡胶技术要求见 1.1.6-78。

表 1.1.6-78 RTV-106、RTV-133、RTV-135、RTV-141、RTV-143 型室温硫化甲基硅橡胶技术要求

项目	RTV-106	RTV-133	RTV-135	RTV-141	RTV-143
外观	灰白色流动黏稠膏状物	乳白色流动液体	白色流动液体	乳白色流动液体	白色流动液体
黏度（25℃）/(mPa·s)	10 000～150 000	2 500～3 500	6 000～12 000	6 000～12 000	20 000～35 000
挥发分（150℃，3 h)(≤)/%	3.0	1.0	2.0	1.0	2.0
硫化胶硬度（邵尔 A)(≥)/度	25	20	30	30	35
硫化胶拉伸强度（≥)/MPa	1.1	0.4	1.1	1.1	2.0
硫化胶拉断伸长率（≥)/%	150	100	150	150	120

室温硫化甲基硅橡胶硫化胶的电性能的技术要求见 1.1.6-79。

表 1.1.6-79 室温硫化甲基硅橡胶硫化胶的电性能的技术要求

项目	指标					
	RTV-106	RTV-107	RTV-133	RTV-135	RTV-141	RTV-143
介质损耗因数（1 MHz，≤）	5×10^{-3}	5×10^{-4}	8×10^{-4}	5×10^{-3}	5×10^{-3}	5×10^{-3}
介电系数（1 MHz，≤）	3.3	3.0	3.0	3.5	3.0	3.5
体积电阻率（≥)/(Ω·m)	1×10^{11}					
电气强度（≥)/(MV·m^{-1})	18	17	15	17	17	17

(3) 室温硫化型硅橡胶的配合与加工。

室温硫化型硅橡胶根据使用要求制成不同黏度的胶料，按黏度可分为流体级、中等稠度级和稠度级。流体级胶料具有流动性，适宜浇注、喷枪操作，如果要求更低黏度胶料（灌注狭小缝隙时），可在胶料中渗入甲基三乙氧基硅烷或它的低聚体，也可用甲基硅油 201 进行稀释。中等稠度的胶料其黏度正好能充分流动而不致完全淌下来，可获得表面平滑的制品，适于涂胶和浸胶用。稠度级胶料具有油灰状稠度，可用手、刮板或嵌缝刀操作，也可用压延法将它涂覆在各种织物上。

近年来，随着应用面的扩大，出现了高黏结性、高强度、高伸长、低模量、阻燃型、耐油型以及快速固化型等新品种。

①配合。

a) 硫化剂。单组分室温硫化硅橡胶主要依赖空气中的水分进行交联反应，胶料在使用前应密闭贮存。在双组分室温硫化硅橡胶中（除加成反应系统），含端羟基的硅橡胶常用的硫化剂为硅酸酯（如正硅酸乙酯）和钛酸酯类（如钛酸正丁酯）等，催化剂主要使用有机锡盐，如二丁基二月桂酸锡、辛酸亚锡等；调节硫化剂和催化剂的用量可改变硫化速度，硫化剂的用量一般为 1～10 份，催化剂的用量一般为 0.5～5 份。b) 补强填充剂。室温硫化硅橡胶也必须加白炭黑作为补强剂，否则强度比热硫化型的更低。其配合方法同热硫化型。

②加工。

a）单组分室温硫化型硅橡胶。

单组分室温硫化型硅橡胶在室温下接触空气中的湿气从表面开始硫化，然后通过水分的扩散而向内逐渐硫化。空气的湿度对硫化速度有决定性的影响，湿度越大，硫化越快。当气候比较干燥，湿度很小时，可喷水增大空气中的水分，使之达到实际需要的硫化速度。

用于黏合时，不用表面处理即对玻璃、陶瓷、金属、木材、塑料和硫化硅橡胶等具有良好的黏合性能。过厚的制品内部硫化需要很长的时间，因此对制品的厚度（或密封的深度）有一定的限制，厚度一般不宜超过 10 mm，如需超过 10 mm 时可采用多次施工的方法。

b）双组分室温硫化硅橡胶。

双组分室温硫化硅橡胶宜贮存在阴凉干燥处，避免阳光直晒。贮存时间如超过 4 个月，检验后方可使用。

在液体或中等稠度的室温硫化硅橡胶胶料中加入催化剂，用手工搅拌使之分散，待混合均匀后，将胶料置于密闭容器中抽真空，在 0.67～2.67 kPa 下维持 3～5 min，以排除气泡。当使用稠厚级橡胶时，可采用炼胶机、捏合机或调浆机将催化剂混入胶料。催化剂可用称量法或容量法量取。由于催化剂用量一般只有 0.5～5 份，因此应注意混合均匀。室温硫化型硅橡胶混入催化剂后即逐渐交联而固化，因此应根据需要量配制。如有剩余，可存放于低温处（如冰箱中），延长使用时间。

用于织物涂覆时，可用普通芳香族溶剂如甲苯或二甲苯来溶解胶料，制备成硅橡胶胶浆。此时，可按下列方法加入催化剂：Ⅰ、在涂胶之前加入胶料中；Ⅱ、加在涂胶织物的另一面，让催化剂渗过布层使橡胶交联；Ⅲ、在涂胶之前加在织物要涂胶的面上。第一种方法限定了操作时间，否则胶料将固化而不能使用，后两种方法操作时间不受胶料固化时间的限制。

室温硫化硅橡胶用于各种硫化的硅橡胶及其与金属、非金属（如玻璃、玻璃钢、聚乙烯、聚酯等）之间的黏接时，胶黏剂由甲、乙两组分配制而成。甲组分为含有适量补强填充剂、少量钛白粉和氧化铁的糊状硅橡胶；乙组分为硫化体系，由多种硫化剂（正硅酸乙酯、钛酸丁酯等）和催化剂（二丁基二月桂酸锡等）组成；使用前将两组分按质量比 9∶1 充分混合均匀即可。该胶黏剂的活性期为 40 min（20℃，相对湿度为 65%），如欲延长活性期，可减小催化剂用量，但用量不得小于 1 份，否则黏接性变差；催化剂用量过多，会导致硫化胶耐热性能降低。黏接工艺在常温下加压或不加压完成。被黏合物表面应去除污垢，并用丙酮或甲苯等清洗，然后在金属或非金属表面先涂上一层表面处理剂，在室温下干燥 1～2 h（具体时间应视当时的温度和湿度而定）后，即可涂胶黏剂进行黏合。采用表面处理剂处理的表面，在 1 周内涂胶时不影响黏合效果。

双组分室温硫化硅橡胶固化时间随硫化剂和催化剂的用量而变，从十几分钟到 24 h，升高或降低温度可缩短或延长固化时间。室温硫化型硅橡胶制品一般不需要在烘箱内进行二段硫化，但由于硫化过程中会产生微量挥发性物质，厚制品可采用多次浇注法，即每次浇注或填充 10～15 mm 厚度，待失去流动性后放置 30 min，再继续浇注或填充。若厚制品的使用温度高于 150℃时，最好室温硫化后再经 100℃热处理，以除去挥发性物质，提高制品的耐热性。

室温硫化硅橡胶的供应商主要有：蓝星星火、广州天赐、德国瓦克、前道康宁、日本信越等。

6.2.10 液体乙丙橡胶

液体乙丙橡胶是低分子量的乙烯-丙烯共聚物或乙烯-丙烯-共轭二烯三元共聚物。目前主要采用茂金属催化剂合成液体乙丙橡胶。液体乙丙橡胶可以用过氧化物、硫黄和树脂硫化体系进行交联。

由于液体乙丙橡胶具有黏度低、耐老化性好的特点，除用于橡胶和树脂的改性剂、增塑剂和油品添加剂之外，还可用于适合现场施工的喷涂型和涂敷型密封剂，并广泛用于制造室温硫化的防水膜片、密封垫片等。加入 10 份液体乙丙橡胶，通常会使胶料的门尼黏度下降 15 个门尼黏度单位，特别适合解决高硬度高填充炭黑子午线轮胎胎面胶因高门尼黏度而不易混炼、挤出及 100%卤化丁基橡胶内衬层胶易收缩、低自黏性等问题。

液体 EPM 可利用过氧化物、硫黄及树脂硫化体系交联。目前仅有几家跨国公司生产，如美国的 Lion 公司、Exxon Mobil 公司等。Lion 公司生产的液体 EPM 牌号为 LEPM－40 和 LEPDM－65 等，其商品名为 Trilene R。

6.2.11 液体聚异丁烯和液体丁基橡胶

液体聚异丁烯（IM）是异丁烯单体的低分子液态均聚物，可用活性阳离子聚合法制备，分子量大小从 500 到 100 000 不等，通常把黏均分子量小于 20 000 的聚合物称为低分子量聚异丁烯（LMPIB），黏均分子量为 20 000～100 000 的称为中分子量聚异丁烯。早在 50 多年前已出现，现在美德两国均有生产。

（一）低分子量聚异丁烯

低分子量聚异丁烯为牛顿流体，通常呈黏稠液态或半固态。由于高饱和度、长链大分子结构，使液体聚异丁烯具有高黏度指数，良好的耐热氧老化性能、耐臭氧老化性能、耐紫外线性能、耐酸碱性能、耐溶剂性能以及良好的吸振性、低气透性、低温柔软性等特点，膨胀系数小，与高分子材料相溶性好，不含电介质有害物质，电绝缘性优良，常用作密封胶、黏合剂、润滑油添加剂、口香糖添加剂、聚合物改性剂。例如，可用于制作照相凹版油墨，有利于颜料的分散，与脂肪酸、金属皂及油类有良好的亲和性；可作为各种测定方法的标准油，也可用于耐酸、碱及其他腐蚀性产品容器的涂层；与天然橡胶并用能够使耐疲劳性增强 4 倍；低分子量聚异丁烯还可改性衍生出多种其他高性能材料，可用于制备各种各样的接枝共聚物和嵌段共聚物，如可衍生出远螯预聚物（X－PIB－X）、端羟基聚异丁烯（HTPIB）、末端为 α-烯烃的聚异丁烯

(HRPIB) 等。

聚异丁烯由于没有不饱和键和活性官能团，所以不易硫化，用硫黄与有机过氧化物如二叔丁基过氧化物交联才能获得一定的力学性能，需炭黑补强。为了改进这个缺点，近些年来出现了以其为基料与异戊二烯共聚的液体丁基橡胶（IIR）及其卤化改性的共聚（X-IIR），用以代替聚异丁烯，使得它的用途不断扩大。

广州市京浦贸易有限公司代理的扬子石化—巴斯夫有限责任公司低分子量聚异丁烯的规格牌号见表 1.1.6-80。

表 1.1.6-80 扬子石化—巴斯夫有限责任公司低分子量聚异丁烯的规格牌号

项目	检测方法	V230	V640	V700	V800	V1500
运动黏度@100℃/($mm^2 \cdot s^{-1}$)	ASTM D445/DIN 51562	230	640	700	800	1 500
闪点（开口法）/℃	ASTM D92/DIN 2592	210	230	236	240	250
色度	APHA	8	8	8	8	8
密度（15℃）/($g \cdot cm^{-3}$)	ASTM D1298	0.884	0.896	0.898	0.900	0.905
倾点/℃	ASTM D97	−9	−6	0	0	0
氯含量（<）/($mg \cdot kg^{-1}$)	ASTM D7359	10	10	10	10	10
水含量/($mg \cdot kg^{-1}$)	ASTM D6304 - Kart Fischer	30	30	30	30	30
钠含量（<）/($mg \cdot kg^{-1}$)	AAS	1	1	1	1	1
钾含量（<）/($mg \cdot kg^{-1}$)	AAS	1	1	1	1	1
铁含量（<）/($mg \cdot kg^{-1}$)	AAS	1	1	1	1	1
总矾（<）/($mg \cdot kg^{-1}$)	ASTM D2787	0.5	0.5	0.5	0.5	0.5
酸值/($mg\ KOH \cdot g^{-1}$)	ASTM D974	0.02	0.02	0.02	0.02	0.02
击穿电压/kV	ASTM D149	45	43	43	43	43
介电系数	ASTM D924	2.16	2.18	2.18	2.18	2.18
外观	目测	清澈液体	清澈液体	清澈液体	清澈液体	清澈液体

（二）中分子量聚异丁烯

HG/T XXXX—XXXX《中分子量聚异丁烯》适用于采用路易斯（Lewis）酸催化聚合工艺生产的黏均分子量为 20 000～100 000 的中分子量聚异丁烯，该产品主要用作增黏材料制造各种密封胶、热熔胶等工业黏合剂，还可用作绝缘材料、防水填缝密封材料、表面保护材料及油品添加剂等，国内中分子量聚异丁烯的消费主要是中空玻璃专用密封材料。

中分子量聚异丁烯按分子量划分不同的牌号，由两个字符组组成，其中，字符组 1：聚异丁烯的代号即“PIB”。字符组 2：聚异丁烯的分子量，由三位数字组成，用每个相对分子质量段的中值表示；分子量为 30 000～40 000 时特征信息表示为 350；分子量每增大 10 000 设置一个特征信息。

示例：

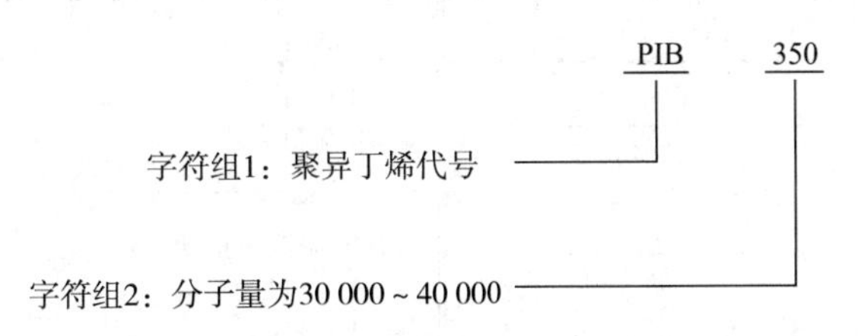

国产中分子量聚异丁烯产品技术指标见表 1.1.6-81，详见 HG/T XXXX—XXXX。

表 1.1.6-81 国产中分子量聚异丁烯产品技术指标

项目	PIB-250	PIB-350	PIB-450	PIB-550	PIB-650	PIB-750	PIB-850	PIB-950
挥发分（质量分数，≤）/%	0.3	0.3	0.3	0.3	0.3	0.3	0.3	0.3
针入度（≤）/10 mm^{-1}	270	200	170	160	150	130	120	100
分子量分布（≤）	3.0	3.0	3.0	3.0	3.2	3.2	3.4	3.5
黏均分子量/10^4	2～3	3～4	4～5	5～6	6～7	7～8	8～9	9～10

中分子量聚异丁烯的供应商及主要牌号见表 1.1.6-82。

表 1.1.6－82　中分子量聚异丁烯的供应商及主要牌号

供应商	产品牌号	黏均分子量典型值/范围值（Mv）	供应商	产品牌号	黏均分子量典型值/范围值（Mv）
德国巴斯夫	B10	40 000	吉林石化	JHY－3Z	30 000～40 000
	B11	49 000		JHY－4Z	40 000～50 000
	B12	55 000		JHY－5Z	50 000～60 000
	B13	65 000		JHY－6Z	60 000～70 000
	B14	73 000		JHY－7Z	70 000～80 000
	B15	85 000		JHY－8Z	80 000～90 000
日本新日石	3T	30 000		JHY－9Z	90 000～100 000
	4T	40 000	浙江顺达	SDG－8250	20 000～30 000
	5T	50 000		SDG－8350	30 000～40 000
	6T	60 000		SDG－8450	40 000～50 000
山东鸿瑞	HRD－350			SDG－8550	50 000～60 000
	HRD－450			SDG－8650	60 000～70 000
	HRD－550			SDG－8750	70 000～80 000
	HRD－650			SDG－8850	80 000～90 000
	HRD－750			SDG－8950	90 000～100 000
	HRD－850				
	HRD－950				

6.2.12　液体氟橡胶

液体氟橡胶通常是用偏氟乙烯与六氟丙烯经自由基聚合制备。其分子结构为：

$$\left(CF_2-CH_2 \right)_m\left(\underset{}{\overset{CF_3}{\overset{|}{C}}}F-CF_2 \right)_n$$

日本大金工业公司最先开发出液体氟 26 橡胶。液体氟橡胶的耐药品、耐高温、耐天候老化性能和液体硅橡胶差不多，优于其他橡胶。

液体氟橡胶目前主要用作氟橡胶的增塑剂。美国杜邦公司用 Viton 型氟橡胶制成了密封/填缝胶专用的液体氟橡胶，称为 Pelseal OP，大大改善了氟橡胶的耐寒性能，可以耐－40℃的低温，而且不需要单独的硫化剂活化。

液体氟橡胶的典型技术指标见表 1.1.6－83。

表 1.1.6－83　液体氟橡胶的典型技术指标

项目	指标	项目	指标
黏均分子量	约 3 000	介电系数 10^2 Hz 10^5 Hz	 11.4 10.5
相对密度	1.75～1.77		
折射率	1.37		
比热容（80℃）/[J·(g·℃)$^{-1}$]	1.51	介电损耗角正切 10^2 Hz 10^5 Hz	 2.6×10^{-3} 8.0×10^{-2}
黏度（60℃）/(Pa·s)	50		
挥发分（200℃×2 h）/%	约 2		
		体积电阻率/(Ω·cm)	1.8×10^{12}

液体氟橡胶的供应商详见本章第三节 3.14.4、（一）应用实例之（5）。

6.2.13　液体聚（氧化丙烯）【liquid poly（oxy-propylene）】

液体聚（氧化丙烯）由丙二醇（PG）在碱催化剂作用下一环氧丙烯开环聚合制得。除丙二醇外，有时采用丙三醇和三甲醇丙烷，或环氧丙烯/环氧乙烯混合物替代环氧丙烯共聚，有末端官能团类。

液体聚（氧化丙烯）的分子结构为：

$$\begin{array}{c} CH_3 \\ | \\ X—RO—\!\!(CH—CH_2O)_n—R—X \end{array}$$

X：OH，Si(CH₃)(OCH₃)₂

端羟基液体聚（氧化丙烯）与多价异氰酸酯反应可以生成聚氨酯弹性体材料。与聚氨酯弹性体相比，液体聚（氧化丙烯）的强度、弹性、耐热性都较好，且成本相对较低。

液体聚（氧化丙烯）的典型技术指标见表 1.1.6－84。

表 1.1.6－84 液体聚（氧化丙烯）的典型技术指标

项目	环氧丙烯均聚物		（环氧乙烯/环氧丙烯）共聚物
羟基	二醇	三醇	三醇
黏均分子量	400～3 000	400～4 000	
黏度/(Pa·s)	0.04～0.52	0.25～0.7	0.75～1.50
羟基当量/(mgKOH·g⁻¹)	35～300	40～400	24～60
pH 值	5.0～8.0	5.0～8.0	5.0～8.0
闪点/℃	180～250	200～210	200～210

液体聚（氧化丙烯）主要用于聚氨酯成型、热硬化型树脂和弹性密封材料等。

液体聚（氧化丙烯）的供应商有：日本三井东亚化学、三洋化成正业、旭电化工业、武田药品工业等。

6.2.14 液体聚（氧化四亚甲基）乙二醇【liquid poly（oxy-tetramethylene）glycol】

液体聚（氧化四亚甲基）乙二醇，简称 PTMG，是环氧丁烷二醇的低聚物，由氢呋喃在强酸催化下开环聚合制得，也可由二氯化丁烷和 1，4－丁二醇反应制得。

液体聚（氧化四亚甲基）乙二醇的分子结构为：

$$HO—\!\!(CH_2—CH_2—CH_2—CH_2—O)_m—H$$

其主要特性为：可以通过两端的羟基与多价异氰酸酯或羧基反应称为聚酯或聚氨酯；其交联硫化胶具有耐磨性、耐撕裂性优良的特点；耐水解、耐菌型、耐霉菌性好。

液体聚（氧化四亚甲基）乙二醇的典型技术指标见表 1.1.6－85。

表 1.1.6－85 液体聚（氧化四亚甲基）乙二醇的典型技术指标

项目	指标		项目	指标	
平均分子量	1 000	2 000	闪点（≥）/℃，	204	204
相对密度	0.976	0.973	羟基当量/(mg·KOH·g⁻¹)	107～118	53～59
比热容/[kJ·(kg·K)⁻¹]	2.19	2.11	酸值（≤）/(mgKOH·g⁻¹)	0.05	0.05
黏度（40℃）/(Pa·s)	29	120	水分 w（≤）/%	0.03	0.03
凝固点/℃	19	22			

液体聚（氧化四亚甲基）乙二醇主要为弹性纤维和聚氨酯注射成型用，也用于涂料和合成皮革等。

液体聚（氧化四亚甲基）乙二醇的供应商有：三菱化成工业、三洋化成工业等。

6.2.15 液体聚烯烃乙二醇（liquid polyolefin glycol）

液体聚烯烃乙二醇的分子结构为：

$$HS—\!\!(C_2H_4OCH_2OC_2H_4SS)_n—C_2H_4OCH_2OC_2H_4SH$$

其主要特性为：与多价异氰酸酯反应可生成聚氨酯弹性体；具有饱和烃主链，与液体丁二烯橡胶和液体聚（氧化丙烯）、液体聚（氧化四亚甲基）乙二醇相比，耐水性、耐候性及耐热氧化性较好；电绝缘性、耐药品性优良；对金属与硫化橡胶之间的黏着性好。

其典型技术指标见表 1.1.6－86。

表 1.1.6-86 液体聚烯烃乙二醇的典型技术指标

项目	黏稠状	液状	项目	黏稠状	液状
黏度/(Pa · s)	1.3±0.3 (100℃)	50～100 (30℃)	热导率/[W · (m · k)$^{-1}$]	0.45	
相对密度	0.804	0.870	羟基当量/(mgKOH · g^{-1})	40～55	40～55
熔点/℃	60～70		碘值/[g · (100 g)$^{-1}$]	<5	<5
体积膨胀系数/K^{-1}	7.4×10^{-4}	7.4×10^{-4}	水分 w/%	<0.1	<0.1

液体聚烯烃乙二醇主要用于电气绝缘材料、油漆材料、聚合物改性、胶黏剂以及聚合物原料等。

液体聚烯烃乙二醇的供应商有：日本三菱化成工业等。

6.2.16 液体聚（ε-己内酯）【liquid poly（ε-caprolactone)】

液体聚（ε-己内酯）是ε-己内酯在乙二醇存在下，经开环聚合制得。其分子结构为：

$$H\!-\!\!\left[O-(CH_2)_5-CO\right]_m\!O-R-O\!\left[CO-(CH_2)_5-O\right]_n\!H$$

液体聚（ε-己内酯）作为聚酯类弹性体，耐屈挠性、耐水性和低温特性优良。

液体聚（ε-己内酯）主要用于聚氨酯、涂料和树脂改性。

其典型技术指标见表 1.1.6-87。

表 1.1.6-87 液体聚（ε-己内酯）的典型技术指标

项目	涂料用	聚氨酯用	高分子量类型
形状	告状、液状、黏稠状	黏稠状	
分子量	550～2 000	2 000～4 000	1 万～10 万
熔点/℃	−10～50	35～60	50
羟基当量/(mgKOH · g^{-1})	54～240	26～54	
玻璃化温度 T_g/℃			−60
液体聚（ε-己内酯）改性环氧树脂			
项目	涂料用	聚氨酯用	高分子量类型
环氧当量	200～240	500～1 500	2 100～3 100
熔点/℃	液状	30～60	61～81
黏度（25℃)/(Pa · s)	7～9		
羟基当量/(mgKOH · g^{-1})	1.4～94	85～155	125～175

液体聚（ε-己内酯）改性苯乙烯-烯丙醇树脂

项目	指标		项目	指标	
不挥发分/%	70±1	60±1	羟基当量/(mgKOH · g^{-1})	90～125	50～70
黏度	S−W	W−Z	酸值/(mgKOH · g^{-1})	≤1	≤1

第七节 粉末橡胶

7.1 概述

按照英国标准 BS 2955：1993《粒子工艺术语汇编》的定义，粒径小于 1 mm 的聚合物称为粉末聚合物。粉末橡胶泛指粒径小于 1 mm、具有良好流动性的生胶粒子或者补强剂填充的复合材料粒子，是传统的块状橡胶的补充。1930 年，美国 Dunlop 公司公开了第一份关于粉末橡胶的专利。1956 年，美国 Goodrich 公司首次生产出了粉末丁腈橡胶。此后，Goodrich 公司又开发出了粉末丁苯橡胶，DuPont 公司开发出了粉末乙丙橡胶和粉末硅橡胶，美国埃索公司开发出了粉末丁基橡胶，美国 Firestone 公司开发出了填充炭黑的溶聚丁苯粉末橡胶，英国哈里逊公司开发出了粉末天然橡胶。此后，粉末橡胶得到了较快的发展，目前几乎所有橡胶胶种均能实现粉末化。

橡胶的粉末化，不仅能简化橡胶加工工艺，减少能耗，降低加工成本，还能使橡胶加工实现连续化、大型化、自动化，使橡胶加工机械实现轻型化。

粉末橡胶按生产方法的分类如图 1.1.7-1 所示。

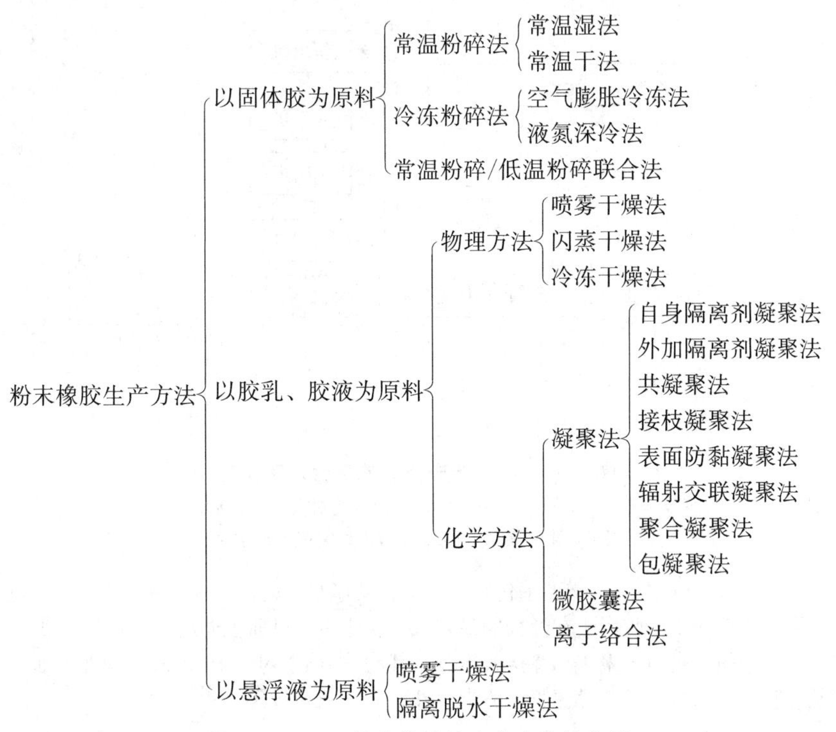

图 1.1.7－1　粉末橡胶按生产方法的分类

粉末橡胶的生产原料，橡胶组分来源可以是块状橡胶、胶乳、胶液、橡胶悬浮液；辅料包括隔离剂、乳化剂、填料、防老剂，有时还添加一些硫化剂、促进剂、软化剂等。生产方法包括块状橡胶粉碎法，胶乳、胶液喷雾干燥法，胶乳闪蒸干燥法、冷冻干燥法、凝聚法、微胶囊法等。无论是何种方法制造的粉末橡胶，在加工过程中均需进行防黏隔离处理，以保证粉末橡胶具有自由流动性，在储存、运输过程不发生黏连。常用的隔离技术包括：(1) 加隔离剂法。隔离剂包括胶乳在凝聚过程中反应自发产生的隔离剂，也包括从外部加入的隔离剂。从外部加入的隔离剂一般用量为 3～5 份，包括有机隔离剂，如二甲基硅油及相容性的热塑性树脂（如聚氯乙烯、聚乙烯醇、聚苯乙烯、淀粉）等有机聚合物；也有无机隔离剂，如白炭黑、炭黑、滑石粉、碳酸钙、硬脂酸盐等；淀粉-黄原酸盐，新型隔离剂，具有补强和促进硫化的作用。(2) 胶乳接枝法。胶乳凝聚成粉前，在橡胶粒子表面接枝上一层玻璃化温度高于室温的聚合物，如聚苯乙烯等。(3) 表面氯化法。对凝出的橡胶粒子以氯、硫酸处理，使胶粒表面形成树脂薄膜，失去黏性。(4) 表面交联法。胶乳凝聚成粉后，使已加入胶乳中的硫化剂、促进剂发生与橡胶的交联反应，使胶粒表面失去黏性。(5) 辐射交联法。对胶乳进行辐射处理，使橡胶发生交联反应，从而使胶粒表面失去黏性。(6) 微胶囊包覆法等。

粉末橡胶按粒径可以分为四个等级：

(1) 粗胶粉，粒径为 550～1 400 μm（12～30 目）；

(2) 细胶粉，粒径为 300～550 μm（30～48 目）；

(3) 精细胶粉，粒径为 75～300 μm（48～200 目）；

(4) 超细胶粉，粒径小于 75 μm（大于 200 目）。

粉末橡胶有三大应用领域：

(1) 橡胶制品领域，如用于制造轮胎、管材、片材、异型材、垫片、传送带等；

(2) 黏合剂领域，因粉末橡胶比表面积大，具有易溶解于溶剂，溶解时间短的特点；

(3) 聚合物改性领域，广泛用作 PS、SAN、ABS、PVC、PP、PE、PBT、PET、EVA、酚醛树脂、环氧树脂等的改性剂。

一般共混改性采用 40 目以上，粒径为 0.3 mm 左右的粉末橡胶。用粉末橡胶加工橡胶制品时，通常采用粒径为 0.5 mm 左右（30 目以下）的粉末橡胶至 1～10 mm 的胶粒。如果粒径小于 0.5 μm，则因胶粒过细，操作中粉尘大，预混能耗大，且会导致胶料离散分层。

粉末橡胶的胶料制备广泛使用预混合的加工方法，可采用传统橡胶加工设备和加工技术进行配合加工。粉末橡胶的配合加工工艺如图 1.1.7－2 所示。

干混合也称预混合，即将粉末橡胶和配方中的各种配合剂在粉末状态下进行充分掺混，一般采用各种高速混合机进行干混，如 Fielder 强力快速混合机。如用开炼机直接混炼粉末橡胶，因其包辊时间长，效率不如块状橡胶高，而经预混合后的配合胶料进行混炼则效率大幅提高。粉末橡胶可以用密炼机直接与配合剂进行混炼，但经预混合后效率可提高 3～4 倍。

除以固体橡胶为原料粉碎后制备的粉末橡胶外，其余粉末橡胶的生产一般采用高温聚合工艺，单体转化率也远高于低温聚合，所合成的橡胶凝胶、支化度高，仅适于用作塑料的抗冲改性剂等。此外，粉末橡胶与块状橡胶组分上的差别导致了它们在性能上有一定的差异，粉末橡胶添加有一定的隔离剂，有些隔离剂的存在对粉末橡胶性能有负面影响，特别是用量较大时（>5 质量份），粉末橡胶与其对应的块状橡胶相比性能差异就会加大；粉末橡胶的堆积密度较小，为 0.35 g/cm^3，而块

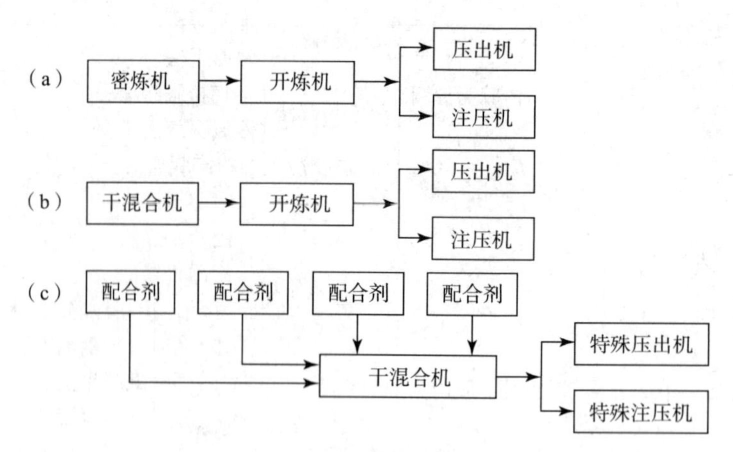

图 1.1.7-2　粉末橡胶的配合加工工艺

(a) 在传统设备上加工；(b) 干混合喂进，由开炼机开炼，然后用传统设备加工；
(c) 干混合喂进，由特殊设计的螺杆挤出机完成混炼加工、压出成型

状橡胶的堆积密度一般在 0.97 g/cm³ 左右，增加了包装、运输、贮存费用；粉末橡胶在贮存过程中还有可能重新结团，失去自由流动性。以上原因，使得粉末橡胶尚未在橡胶制品领域成功应用，目前主要用于聚合物改性。

目前产量最大的粉末橡胶品种是粉末聚丁二烯接枝橡胶，其次是 P—NBR、P—SBR。其他品种还有粉末氯丁橡胶、粉末乙丙橡胶、粉末丁基橡胶、粉末聚异戊二烯橡胶、粉末 CPE、粉末氟橡胶等。

7.2　粉末丁腈橡胶

7.2.1　概述

粉末丁腈橡胶（P—NBR）具有优良的耐化学药品性、耐油性和耐水解性，最初是作为在硬质、半硬质 PVC 中的抗冲改性剂和非抽出增塑剂出现和使用的。P—NBR 是塑料优良的抗冲改性剂，特别适用于软硬 PVC、EVA、PU、ABS 和酚醛树脂，P—NBR 改性的塑料具有低温屈挠性、抗疲劳性和高耐磨性的特点。

国外 P—NBR 研究始于 20 世纪 50 年代，1956 年美国 B F Goodrich 公司开发研制了商品化的 P—NBR，牌号是 Hycar 1411，用于 PVC 增韧和摩擦材料的改性。目前生产 P—NBR 的公司有德国朗盛公司、法国欧诺公司、日本瑞翁公司、韩国 LG、巴西 Nitriflex 等。我国对 P—NBR 的研制始于 20 世纪 70 年代，兰州石化化工研究院采用喷雾干燥技术研究了 P—NBR，能够生产交联型、半交联型和非交联型 3 种不同丙烯腈含量的 P—NBR。黄山华兰科技有限公司于 2004 年建成年产 3 000 吨的 P—NBR 装置，可生产微交联、半交联以及全交联的 P—NBR 产品。

部分交联型高丙烯腈含量的粉末丁腈橡胶与酚醛树脂有很好的相容性，能改善酚醛树脂的拉伸强度、伸长率和抗冲击强度，起到增塑的作用。用于摩擦材料时，可以提高摩擦材料的摩擦系数，还可以降低磨耗和噪音。在摩擦材料中，P—NBR 也是一种使填充剂和石棉等纤维相互黏结的黏合剂。

P—NBR 用于 PVC 改性时，可以提高硬质 PVC 异型挤出材料的抗冲击强度，用于人造革制品能提高革面的黏结力，用于 PVC 压延薄膜可以使膜具有更好的弹性，用于 PVC 电线电缆产品，能提高其韧性和耐寒性。

P—NBR 还可以用于改性环氧树脂、制造结构胶黏剂等。

P—NBR 的隔离剂为碳酸钙和 PVC，摩擦材料用产品主要添加 10%左右的碳酸钙，PVC 改性主要添加 10%～15% 的 PVC。

目前正在开发的还有用于类似 PVC/ABS、PVC/CM、PVC/MBS 等高性能合金的 P—NBR 相容剂。

7.2.2　工程应用[18]

国产 P—NBR 的牌号与技术指标见表 1.1.7-1。

表 1.1.7-1　国产 P—NBR 的牌号与技术指标

质量项目与供应商	P—NBR3305	P—NBR3307	P—NBR3316	P—NBR3810	P—NBR3812	P—NBR3814	P—NBR3816
结合丙烯腈含量（质量分数）/%	33.0±2.0			38.0±2.0			
门尼黏度［ML(1+4)100℃］	50±10	70±10	165±15	95±15	120±10	140±10	165±15
过筛率（质量分数）(≥)/%	98.0（0.90 mm）		98.0（0.45 mm）				
挥发分（质量分数）(≤)/%	1.00						

（一）摩擦材料

汽车、火车及其他机动车辆与传动机械用的制动刹车材料，要求摩擦系数高、磨损率低、抗热衰退性能好、寿命长，刹车噪音小、制动平稳、不伤耦合面。

摩擦材料生产工艺有干法混合生产工艺、塑炼混合生产工艺和湿法生产工艺，其中干法混合生产工艺最为简单、优越。在干法混合生产工艺和塑炼混合生产工艺中经常使用半交联、交联型粉末丁腈橡胶，在湿法生产工艺中使用非交联型粉末丁腈橡胶。酚醛树脂的溶解度参数为10.5，结合丙烯腈含量40%的丁腈橡胶的溶解度参数为9.9，所以应选用高丙烯腈含量的粉末丁腈橡胶。摩擦材料中常用的粉末丁腈橡胶牌号有：日本瑞翁公司生产的HF－01，加拿大宝兰山公司的Krynac 1411、Krynac 1402H83，美国固特异公司的P8D、P615－D、P7D，国产的PNBR4002。以美国固特异公司的牌号为例，选用方案见表1.1.7-2。

表1.1.7-2 摩擦制品用粉末丁腈橡胶的选择

粉末丁腈橡胶牌号	聚合物性能结构		丁酮溶液		粉末橡胶技术指标		生产工艺	摩擦制品
	结合丙烯腈含量/%	结构	溶解能力	特性黏数	门尼黏度	粉末粒径/mm		
P615－D	33	线型	高	低	50	0.3～0.8	湿法加工	制动衬面
P7D	33	支链	低	高	85	0.3～0.8	半湿法和干法加工	制动衬面、垫圈
P8D	33	支链交联	中	中	85	0.25～0.5	干法加工	垫圈

粉末丁腈橡胶在摩擦材料中的应用配方见表1.1.7-3。

表1.1.7-3 粉末丁腈橡胶在摩擦材料中的应用配方

材料	日本配方[a]	加拿大宝兰山公司推荐的配方			美国固特异公司推荐的配方	国内配方（干法混合）	
		干法混合	塑炼混合			载重汽车制动器衬片	载重汽车制动器衬片、盘式制动器衬垫
			橡胶单用	橡胶与树脂并用			
石棉	31.6	43.0	60.0	67.5	35～40	45.0	36
α－纤维	27.0	—	—	—	—	—	—
酚醛树脂	20.0	19.4	—	8	7～10	18.0	22
丁苯橡胶	—	—	—	—	—	2.0	—
HF－01	1.6	—	—	—	—	—	—
Krynac 1411	—	2.2	—	—	—	—	—
Krynac 1402H83	—	—	30.0	—	—	—	—
Krynac 1402	—	—	—	16.3	—	—	—
P8D	—	—	—	—	10～20	—	—
PNBR4002	—	—	—	—	—	1.6	4
氧化锌	—	—	1.5	3.4	—	—	—
硬脂酸	—	—	0.3	—	—	—	—
促进剂NOBS	—	—	0.45	—	0.2～0.4	—	—
促进剂TMTD	—	—	—	0.1	—	—	—
促进剂TRA	—	—	—	0.1	—	—	—
硫黄	—	—	1.5	0.3	0.2～0.4	—	—
防焦剂CTP	—	—	0.15	—	—	—	—
摩擦性能调节剂	19.8	—	—	—	—	33.4	38
摩擦粉	—	5.4	—	—	—	—	—
重晶石粉	—	30.0	6.1	—	—	—	—
填料	—	—	—	3.4	—	—	—
炭黑	—	—	—	—	7～10	—	—
黄铜屑	—	—	—	—	7～10	—	—
摩擦材料性能							
布氏硬度	32.3	—	—	—	—	25.7	28.5
冲击强度/(kJ·m^{-1})	5.3	—	—	—	—	4.3	5.8
摩擦系数 100℃	0.39	—	—	—	—	0.37	0.46
摩擦系数 150℃	0.41	—	—	—	—	0.37	0.46
摩擦系数 200℃	0.43	—	—	—	—	0.39	0.44
摩擦系数 250℃	0.43	—	—	—	—	0.42	0.46
摩擦系数 300℃	0.36	—	—	—	—	0.35	0.43

续表

材料		日本配方[a]	加拿大宝兰山公司推荐的配方			美国固特异公司推荐的配方	国内配方（干法混合）	
			干法混合	塑炼混合			载重汽车制动器衬片	载重汽车制动器衬片、盘式制动器衬垫
				橡胶单用	橡胶与树脂并用			
磨损率	100℃	0.10	—	—	—	—	0.15	0.11
	150℃	0.08	—	—	—	—	0.12	0.13
	200℃	0.23	—	—	—	—	0.13	0.28
	250℃	0.21	—	—	—	—	0.21	0.37
	300℃	0.22	—	—	—	—	0.42	0.32

注：a. 日本三菱建材株式会社在早期推出的摩擦材料 LB—15，采用干法生产工艺。

（二）改性 PVC

改性 PVC 软制品通常采用半交联型粉末丁腈橡胶如 P83、P8A、PNBR4003，或采用非交联型粉末丁腈橡胶如 PNBR4001、P8B—A、P612—A、P615—D，与 EVA 相比，半交联型粉末丁腈橡胶改性 PVC 材料在耐磨性、耐屈挠性、回弹性、柔韧性、耐油性、耐溶剂性、加工性和熔融稳定性等方面都比较好，可以改善制品的耐低温屈挠、低温脆性，提高耐老化性能和耐磨性，改善永久变形、降低蠕变，提高耐油性和耐溶剂性，起到非抽出增塑剂的作用，改善防滑性，拓宽加工温度。

粉末丁腈橡胶改性 PVC 的应用配方见表 1.1.7-4。

表 1.1.7-4　粉末丁腈橡胶改性 PVC 的应用配方

材料	鞋底		耐油电缆	硬质 PVC 异型材[d]
	配方 1	配方 2		
PVC	100[a]	100	45.50（K=70）	100
PNBR	10～30[b]	30	54.50[c]	3
DOP	40	—	—	—
DBP	30	—	—	—
DINP	—	95	—	—
环氧大豆油	—	5	—	—
稳定剂	3～5	4	—	5
二盐基亚磷酸铅	—	—	5.00	—
有机亚磷酸盐	—	1	—	—
润滑剂	0.3～0.6	—	—	0.6
加工改性剂	—	—	—	4
硬脂酸	—	—	0.25	—
抗冲改性剂（Acryloidk 120）	—	—	5.00	—
螯合剂	—	—	—	0.5
填料	20	—	—	—
补强剂	—	—	—	4
防老剂	1～2	—	—	—
Vanstay 5515ND	—	—	1.00	—
Kemamide E	—	—	0.50	—
Sb2O3	—	—	3.00	—
Santouor A	—	—	0.20	—
Aminox	—	—	0.50	—
颜料	适量	—	—	—
改性 PVC 材料性能				
100%定伸应力/MPa	—	3.1	—	—
300%定伸应力/MPa	—	—	13.9	—
拉伸强度/MPa	14.4	15.9	16.2	36.51
扯断伸长率/%	373	450	390	—
硬度（邵尔 A）	75	55	92	—

续表

材料	鞋底		耐油电缆	硬质 PVC 异型材[d]
	配方 1	配方 2		
磨耗量（1.61 km·cm^{-3}）	0.2	—	—	—
DIN 磨耗/mm^3		96		
De Mattia 屈挠/次（至 2 mm 切口的曲挠次数）	—	>30 000	—	—
室温下燃油中浸泡 24 h 后的体积变化率/%	—	0.5	—	—
100℃下燃油中浸泡 24 h 后的质量变化率/%	—	0.5	—	—
维卡软化点/℃	—	—	—	>77.5
100℃尺寸变化率/%	—	—	—	±3
抗冲击强度/MPa	—	—	—	>2.9

注：a. PVC，SG—3 型。

b. 半交联型 PNBR，交联度 50%～70%，门尼黏度 60～90。

c. P83。

d. 粉末丁腈橡胶用作硬质 PVC 异型材的抗冲击改性剂比 CPE 好，使用相同配方，用 CPE 的异型材抗冲击强度只有 1.0 MPa；加入粉末丁腈橡胶后型材的维卡软化点会下降。

（三）改性 ABS 制减振垫片

减振垫片用于汽车刮水板的外层和挡风玻璃下的前置搁板，要求减振垫片在汽车的一般寿命期间（10 年）能保持外观和性能不变。减振垫片处于车辆的外露部位，在太阳直射下它的温度有时能达到 70～80℃，因此，增塑剂的任何损失都将导致减振垫片的收缩、龟裂。

改性 ABS 减振垫片配方与物性见表 1.1.7-5。

表 1.1.7-5 改性 ABS 减振垫片配方与物性

汽车减振垫片的配方			
材料	用量	材料	用量
PVC（悬浮，K=70）	5	Ba/Ca 稳定剂	1.5
ABS	20	有机磷酸钙稳定剂	0.5
粉末丁腈橡胶（交联型）	25	二氧化钛	5
DOP	20	硬脂酸钙	0.5
环氧大豆油	5	—	—
ABS 减振片硫化胶的物理机械性能			
硬度（邵尔 A）	85	拉伸强度/MPa	20.1
100%定伸应力/MPa	10.8	扯断伸长率/%	280

7.2.3 粉末丁腈橡胶的供应商

P—NBR 的供应商见表 1.1.7-6、表 1.1.7-7、表 1.1.7-8、表 1.1.7-9、表 1.1.7-10。

表 1.1.7-6 P—NBR 的供应商（一）

供应商	类型	牌号	丙烯腈含量/%	门尼黏度[ML(1+4)100℃]	密度/(g·cm^{-3})	平均粒径/mm	隔离剂	备注
朗盛	粉状线型	拜耳模[a] N 34.52	33.0	45	0.98	0.70	硬脂酸钙	溶于丙二醇，也可溶于有机溶剂中，用于做垫圈
		拜耳模 N 34.82	33.0	70	0.98	0.70	硬脂酸钙	
		拜耳模 N 33114	33.0	110	0.98	0.60	白炭黑	
	粉状预交联	拜耳模 N XL 32.12	31.5	47.5	1.01	0.40	白炭黑	热塑改性，尤其用于 PVC
		拜耳模 N XL 3364VP[b]	33.0	55	1.00	0.40	白炭黑	
		拜耳模 N XL 32.61VP[b]	33.0	55	1.00	0.40	PVC	
		拜耳模 N XL 38.43	34.0	115	1.04	0.12	碳酸钙	刹车片、离合片

注：a. 朗盛商标拜耳模（Baymod）。

b. 试生产牌号。

表 1.1.7-7　P-NBR 的供应商（二）

供应商	类型	牌号	ACN 含量 /%	门尼黏度	平均粒径 /mm	玻璃化温度 Tg/℃	特性与应用
日本瑞翁（NIPOL）	热聚	1401LG	41	70～90	9.5	−18	含有矽土分散剂的颗粒状橡胶，易溶解，适合胶黏剂应用
	热聚	1411	38	N/A	0.1	−19	交联细粉末状橡胶，理想的酚醛树脂改性剂，广泛应用于耐摩擦产品，含有滑石粉分散剂
	冷聚	1432T	33	75～90	9.5	−25、−35	用于胶黏剂和涂料，含有溶液乙烯树脂分散剂
	冷聚	1442	33	75～90	9.5	−25、−35	含有滑石粉的颗粒状橡胶，用于煤焦油和沥青改性
	冷聚	1492P80	32	70～85	1	−28	非交联粗粉末橡胶，理想的橡胶垫圈和油封材料，含滑石粉分散剂，符合 FDA 多种标准
	冷聚	1472X	27	32～35	9.5	−18、−31	羧基粉末丁腈，用作环氧基树脂改性剂，用于胶黏剂和合成物，含有滑石粉分散剂

表 1.1.7-8　P-NBR 的供应商（三）

供应商	类型	牌号	ACN 含量	门尼黏度	灰分 /%	挥发分 /%	粒径/mm	结构、隔离剂或玻璃化温度
日本合成橡胶（JSR）		PN20HA	41	80	—	—	≤20 目	碳酸钙 15 份
		PN30A	35					
韩国 LG 公司		NBR P8300	32	57	—	—	≤1 mm 至少 93%	PVC
		NBR P6300	33	87			≤1.2 mm 至少 93%	碳酸钙
法国欧诺公司		P83	33	57	—	—	0.6	PVC
		P8BA	33	87	—	—	0.6	PVC
		P35	35	45	—	—	0.6	碳酸钙
		P89	33	57	—	—	0.6	PVC
		P7400	33	55	—	—	1.2	碳酸钙
		P86F	33	55	—	—	0.4	碳酸钙
		P8D	33	85	—	—	0.6	碳酸钙
		P7D	33	96	—	—	0.8	碳酸钙
		P615DS	33	50	—	—	0.8	碳酸钙
法国 Goodgear S. A.（Chemngum）		N705D_2	33	86	—	—	—	—
		N71D_2ZS	32	91	—	—	—	—
		N8$B_1$$D_3$	32	80	—	—	—	—
		N6$l_2$$B_1$A−2S	33	25	—	—	—	—
		N8B_1−A_3	33	80	—	—	—	—
		N8−1 A_3	33	80	—	—	—	—
		N615−1D_2−2S	33	50	—	—	—	—
加拿大 Polysar（Krynac）	研磨法	1122	33	75	5.0	0.8	0.85	交联，滑石粉
		1402H82	33	70	3.0	1.0	0.85	非交联碳酸钙，炭黑
		1402H24F	33	50	0.8	1.0	0.8	PVC
		1402H83	30～34	50	3.0	1.0	0.85	硬脂酸钙，白炭黑
		1403H176	20	50	1.5	1.0	0.8	硬脂酸钙
	喷雾干燥	1411	38	115	6.0	0.8	0.18	滑石粉 8～10 份
		1122	33	75	5.0	0.8	0.45	滑石粉
		1122P	33	75	0.8	0.8	0.45	PVC
		34.50p	34	50	—	—	≤35 目	含 1.8%的除尘剂
		34.80p	34	80			≤35 目	含 1.8%的除尘剂

续表

供应商	类型	牌号	ACN含量	门尼黏度	灰分/%	挥发分/%	粒径/mm	结构、隔离剂或玻璃化温度
俄罗斯		SKN－40AOP	40	—	—	—	—	—
		SKN－26AOP	26	—	—	—	—	—
		SKN－18AOP	18	—	—	—	—	—
美国 Goodyear (Chemgum)		N8K1	32	80	9.0	—	—	交联
		P5D	39	80～95		0.7	0.5	碳酸钙 9.5 份
		P7D	33	85		—	0.3～0.8	碳酸钙 8.5 份
		P8D	32	80		1.2	0.25～0.50	碳酸钙 9.0 份
		P83	33	36～50		1.2	0.5	PVC 9.5 份
		P8B－A	33	72～88		0.7	0.5	PVC 9.5 份
		PFC	33	36～50		1.2	0.5	PVC 9.5 份
		P612－A	33	20～30		0.7	0.5	PVC 9.5 份
		P615－D	33	43～57		0.7	0.5	碳酸钙 9.5 份
		P608－D	33	70～86		0.7	0.5	碳酸钙 9.5 份
		P715－C	33	39～51		0.7	0.5	硅胶，硬脂酸盐
		P28	—	—		—	—	—
		P35	—	—		—	—	—
美国 Goodrich (Hyear)		1411	41	115	—	—	—	交联
		1412×2	33	70	—	—	—	非交联
		1422	33	70	—	—	—	交联
		1422×110	33	75	—	—	—	交联
		1442－80	33	80	—	—	—	—
		1422×8	33	67	—	—	—	—
		1431P－65	41	65	—	—	—	—
		1432P－80	33	80	—	—	—	—
		1434P－80	21	80	—	—	—	—
		1452P－50	33	50	—	—	—	—
		1492P－80	33	80	—	—	—	—
		1401H－80	41	80	—	—	—	—
		1401H－123	41	50	—	—	—	—
		1402－H82	33	70	—	—	—	—
		1402－H23	33	50	—	—	—	—
		1402－H120	33	30	—	—	—	—
		1403－H121	29	50	—	—	—	—
CIAGO20 (Goodrich 和 AKZONV 的合资公司) (Hyear)		1411	41	115	—	—	0.6	交联
		1422	33	70	—	—		交联
		1442×110	33	75	—	—		交联
		1412×2	33	70	—	—		非交联
		1401H80	41	80	—	—		—
		1402H22	33	70	—	—		—
		1402H23	33	50	—	—		—
		1402H82	33	70	—	—		—
		1402H83	33	50	—	—		—
		1403H84	29	80	—	—		—

续表

供应商	类型	牌号	ACN含量	门尼黏度	灰分/%	挥发分/%	粒径/mm	结构、隔离剂或玻璃化温度
巴西Nitriflex公司		NP－1021	30	80	—	—	≤1 mm，99%	—
		NP－6021	33	80	—	—		—
		NP－1121	30	80	—	—		—
		NP－2121	33	48	—	—		—
		NP－2163	33	38	—	—		—
		NP－2021	33	47	—	—		—
		NP－2130	39	57	—	—		—
		NP－2150	39	88	—	—		—
		NP－2170	28	57	—	—		—
		NP－3183NV	33	38	—	—		—
		NP－6000	33	115	—	—		—
		NP－2007	30	94	—	—		—
		NP－3083	33	38	—	—		—
		NP－6121	33	80	—	—		—
		NP－2174	33	68	—	—		—

表 1.1.7－9 P－NBR 的供应商（四）

供应商	牌号	P830	P830E	P530	P530E	P845
衡水瑞恩橡塑科技有限公司	门尼黏度［ML(1＋4)100℃］	55±5	55±5	45±5	45±5	110
	丙烯腈含量/%	34	34	34	34	40
	隔离剂	PVC	PVC	PVC	PVC	$CaCO_3$
	交联类型	非交联	非交联	非交联	非交联	全交联
	细度（目数）	35	35	35	35	45
	应用范围及特性	用于PVC改性行业	用于PVC改性行业	用于PVC电线电缆行业	用于PVC电线电缆行业	用于摩擦材料刹车片行业

表 1.1.7－10 P－NBR 的供应商（五）

供应商	牌号	门尼黏度［ML(1＋4)100℃］	丙烯腈质量分数/%	灰分(≤)/%	挥发分(≤)/%	集聚指数	拉伸强度(≥)/MPa	扯断伸长率/%	特性
俄罗斯西布尔集团(SIBUR)	PNBR 1845	45±3	17～20	1	0.8	6～10	18.6	375	可用于生产压延制品、挤出制品、模压制品（如软管、电缆护套）以及PVC改性等，符合REACH、RoHS、FDA和FC CU要求
	PNBR 2645	45±3	27～30	1	0.8		22.5	450	
	PNBR 3345	55±3	31～35	1	0.8		22.5	400	
	PNBR 33CL	65±3	31～35	1	0.8		22.5	400	

7.3 粉末丁苯橡胶

7.3.1 概述

粉末丁苯橡胶（PSBR）可分为粉末乳聚丁苯橡胶（PESBR）、粉末溶聚丁苯橡胶（PSSBR）和粉末热塑性丁苯橡胶（PSBS）三个品种。

早期的商品P－SBR含有大量的填充剂，使用最多的是以炭黑为填料的P－SBR，现在已可生产与块状丁苯橡胶性能相当的各种P－SBR，可直接用于制造橡胶制品，包括轮胎、胶管、胶带、胶鞋、工业胶布等；也可用于聚合物改性、沥青改性、黏合剂等。

用于橡胶制品的粉末丁苯橡胶多为填充型，填充剂包括炭黑、木质素、白炭黑、陶土、碳酸钙等，有时也添加有硫化剂、促进剂等助剂，多为乳液共沉制得。用于改性的粉末丁苯橡胶多为无填充型。

7.3.2 工程应用[19]

酚醛树脂制造摩擦材料时，除了使用粉末丁腈橡胶作为改性剂外，在制造火车刹车片时有时需加入一定量的粉末丁苯橡胶。

粉末丁苯橡胶改性酚醛树脂的摩擦材料配方见 1.1.7－11。

表 1.1.7－11　粉末丁苯改性酚醛树脂的摩擦材料配方

材料		1#		2#		3#		4#	
丁苯橡胶改性酚醛树脂[a]		22		22		22		22	
硬脂酸		0.5							
铜纤维		1		2		3		3	
GH 纤维		40							
重晶石		20							
焦宝土		5							
钾长石		4							
碳酸钙		5		4		3		3	
氧化镁		0.5							
石墨		2							
项目	温度/℃	摩擦材料性能							
摩擦系数[b]	100	0.49	0.48	0.51	0.51	0.52	0.51	0.52	0.51
	150	0.48	0.49	0.50	0.53	0.50	0.53	0.50	0.53
	200	0.47	0.51	0.48	0.52	0.51	0.53	0.49	0.52
	250	0.47	0.51	0.48	0.48	0.50	0.51	0.48	0.49
	300	0.43		0.47		0.51		0.47	
磨耗/[$10^{-7}cm^3 \cdot (N \cdot m)^{-1}$]	100	0.21		0.20		0.18		0.26	
	150	0.23		0.34		0.18		0.41	
	200	0.41		0.45		0.23		0.46	
	250	0.49		0.52		0.32		0.49	
	300	0.64		0.63		0.49		0.62	
缺口冲击强度/($kJ \cdot m^{-2}$)		2.77		3.12		3.52		3.58	
洛氏硬度（R）		69		72		74		60	

注：a. 1～3#配方中粉末丁苯橡胶的含量为 5%，4#配方中粉末丁苯橡胶的含量为 5%；橡胶相中含有 5%的硫黄，3%的苯并噻唑二硫醚。
b. 每个试样的摩擦系数数据中，第一列为升温值，第二列为降温值。

7.3.3　粉末丁苯橡胶的供应商

PSBR 的供应商见表 1.1.7－12。

表 1.1.7－12　PSBR 的供应商

供应商	商品名	牌号	组成	用途
德国 Hüls 公司	Buna EM	BT7370	SBR1712（无油）＋75 份 N339	轮胎、橡胶制品
		BT4570	SBR1502＋70 份 N539	橡胶制品、注射制品
		BT6570	SBR1712（无油）＋75 份 N539	橡胶制品、注射制品
		BT5250	SBR1502＋50 份 N234	轮胎、橡胶制品
		BT5150	SBR1502＋50 份 N110	橡胶制品
		BT5162	SBR1502＋40 份 N110＋20 份高活性白炭黑	轮胎、橡胶制品
德国 PKV 粉末橡胶联合有限公司	EPB	H—EPBⅠ	SBR1552 100，N234 48，油 11，ZnO 5，硬脂酸 1，6PPD 1，TMQ 1，树脂 3	
		F—EPBⅡ	比 H—EPB Ⅰ增加 TBBS 1.6，MBTS 0.2，硫黄 1.6	
		F—EPBⅢ	SBR 100，白炭黑 75，Si—69 6，油 25，ZnO 3，硬脂酸 1，6PPD 1.5，石蜡 1	
		F—EPBⅣ	比 F—EPB Ⅲ增加 CBS 1.5，DPG 2，硫黄 1.5	
		F—EPBⅤ	NB 50，SBR 50，N234 50，油 50，ZnO 3，硬脂酸 2，6PPD 2，TMQ 1，石蜡 1，TBBS 1.2，MBTS 0.3，硫黄 2	

PSBR 的供应商还有：加拿大 Polysar 公司和比利时公司，商品名为 Krylene；美国 B. F. Goodrich 公司，商品名为 Solprepe414；美国 Philips 公司，商品名为 Soplrepe411 等。

7.3.4 粉末 MBS

粉末 MBS 是在丁苯基础胶乳上接枝甲基丙烯酸甲酯、苯乙烯，接枝胶乳经凝聚、水洗、喷雾干燥制得 MBS 树脂颗粒，其表观密度为 0.25～0.4 g/cm³，密度为 1.02～1.18 g/cm³，粒度为 99%以上通过 16 目筛，挥发分<1%。日本二菱人造丝公司产品牌号见表 1.1.7-13。

表 1.1.7-13 粉末 MBS 的供应商

牌号	特征与用途
C—100	透明性好，色调稍带蓝色，适用于薄膜制品、平板和透明板材
C—102	耐弯曲发白性能好，色调带有黄色，适用于异型材挤出成型
C—110	透明性、耐弯曲发白性能最好，色调近于无色，适用于透明性和耐弯曲发白性要求较高的制品
C—201	抗冲击性能良好，色调稍带蓝色，适用于除吹塑瓶外要求耐冲击强度高的薄膜和平板
C—202	色调带黄色，其余与 C—201 相近
C—223	抗冲击性能最好，尤其是低温抗冲击性能最好，不透明，最适用于异型和注射制品

7.4 粉末氯丁橡胶

7.4.1 粉末氯丁橡胶

粉末氯丁橡胶主要用于代替块状和粒状胶生产注压垫片、密封件、减振器、液压胶管、黏合剂等，还可以用于连续硫化生产的门窗密封条、电缆等。

文献介绍的日本东洋曹达公司生产的粉末氯丁橡胶牌号与主要技术指标见表 1.1.7-14。

表 1.1.7-14 粉末氯丁橡胶牌号与主要技术指标

项目		B—30	B—10	B—11	Y—20E	E—33	R—22L
粒径	最大/μm	1 000	1 000	1 000	1 000	1 000	1 000
	平均/μm	400	190	270	330	190	220
休止角/(°)		57	65	47	75	48	43
堆积密度/(g·cm⁻³)		0.56	0.54	0.54	0.46	0.48	0.52
挥发分/%		0.30	0.50	0.38	0.26	0.28	0.35
灰分/%		0	0.10	0.05	0.07	0.01	0.04
凝胶含量/%		0.42	1.46	1.30	38.8	5.60	1.94

阿朗新科公司生产的粉末氯丁橡胶牌号见表 1.1.7-15。

表 1.1.7-15 阿朗新科公司粉末氯丁橡胶牌号

牌号	特征	牌号	特征
Baypren 210P	硫醇调节，低黏度，中等结晶	Baypren 214P	硫醇调节，预交联型
Baypren 220P	硫醇调节，中等黏度，中等结晶	Baypren 610P	硫调节，低黏度，中等结晶
Baypren 110P	硫醇调节，低黏度，低结晶	Baypren 7110P	硫调节，中等黏度，中等结晶
Baypren 130P	硫醇调节，高黏度，低结晶		

粉末氯丁橡胶的供应商还有：法国 Distugil 公司，牌号为 Butaclor 等。

7.4.2 粉末型 CR/甲基丙烯酸甲酯（MMA）接枝橡胶[39]

CR/MMA 接枝橡胶是目前国内广泛应用的胶黏剂和处理剂。在制鞋工业中黏合软质 PVC 人造革和橡塑共混材料时，由于热力学相容性差，致使界面黏合力差，黏合强度低。采用溶液接枝聚合法，将 MMA 接枝到 CR 主链上，可以改进其相容性，提高黏合强度。但溶液接枝法会造成 CR 降解，体系黏合强度下降，贮存过程中黏合强度发生变化，质量不够稳定，运输不便等缺点。

国内已研制成功粉末型 CR/MMA 接枝胶，其制造方法是：首先用低温聚合制备快结晶型种子 CR 胶乳，再加入 MMA 和引发剂，升温进行接枝聚合反应，所得的接枝胶乳用喷雾干燥法制得粉末型 CR/MMA 接枝干胶。使用时，用户可根据需要，用甲苯溶解制成固体含量不同的胶液。黏合软质 PVC 人造革时，黏合强度大于 2 kN/m。

粉末型接枝干胶具有溶解速度快的特点、贮存 2 年后溶解性不下降，而且运输方便，因不含溶剂，没有危险。

7.5　粉末天然橡胶（PNR）

粉末天然橡胶（powder natural rubber）又称为自由流动天然橡胶（free-flowing natural rubber）。制造方法有：

（1）喷雾法，胶乳浓缩后加入一定量的白炭黑作为隔离剂，喷雾干燥制得，胶粒粒径在 0.5～2 mm。

（2）絮凝法，胶乳浓缩后，加入酪蛋白并以硫酸铝作絮凝剂，将絮凝出的胶粒滤出，以白炭黑为隔离剂干燥制得，胶粒粒径为 2～4 mm。

（3）机械造粒法，在胶乳中加入少量蓖麻油等作隔离剂，凝固后用挤压机造粒，然后用次氯酸钠进行表面处理防止互相黏连，胶粒粒径为 2～6 mm。

粉末天然橡胶可用于高度自动化的工厂进行胶料的生产，但实际上多用于黏合用的胶浆、沥青改性剂等。

马来西亚哈里森公司（Harrisons & Crossfield Ltd.）用 Pulfatex 法、Mealorub 法等，从天然胶乳中经沉淀干燥，生产 PNR，其产品型号规格见表 1.1.7-16。

表 1.1.7-16　哈里森公司粉末天然橡胶型号规格

类型	商品牌号	门尼黏度	灰分/%	主要用途
标准型	Crusoe S	70±5	8	通用
非标准型	Crusoe NS	100±10	8	胶浆

粉末天然橡胶的供应商还有：英国 Gulhrie Estates Ltd.、美国 H. A. Astlett 公司等。

7.6　其他粉末橡胶

其他粉末橡胶包括炭黑填充的粉末天然橡胶、木质素填充的粉末天然橡胶、白炭黑填充的粉末天然橡胶、粉末聚聚丙烯酸酯橡胶、粉末聚降冰片烯橡胶、粉末聚异戊二烯橡胶、粉末氯化聚乙烯与粉末氯磺化聚乙烯、粉末氟橡胶、粉末乙烯/丙烯/亚乙烯基降冰片烯橡胶、粉末丁基橡胶、粉末聚异丁烯等，还包括 PS 改性用粉末聚丁二烯接枝橡胶，AS 改性用粉末聚丁二烯接枝橡胶，PA、PBT 改性用粉末聚丁二烯接枝橡胶，粉末热塑性丁苯接枝橡胶、AS 改性用粉末丁苯接枝橡胶，ABS 用粉末丁腈接枝橡胶、粉末羧基丁腈橡胶，粉末丙烯酸酯接枝橡胶，粉末氯丁接枝橡胶，粉末乙丙橡胶/苯乙烯接枝共聚物，乙丙橡胶/氯乙烯接枝共聚物，氯化丁基/苯乙烯接枝共聚物，丁基橡胶/聚乙烯接枝共聚物等。

第八节　共混改性复合弹性体

聚合物的共混改性是指聚合物与其他有机、无机材料通过物理方法混合制备成宏观均匀的混合物，用以改善单一聚合物的工艺性能、使用性能和技术经济性能等的过程，其所得产物称为聚合物共混物或共混改性复合弹性体。

传统的橡胶共混理论包括聚合物相容性理论、橡胶共混物的结构形态理论、橡胶共混物中组分聚合物的共交联理论、橡胶共混型 TPE 理论与共硫化等，随着增容技术的发展，只有溶解度参数相近或表面能差值小的聚合物共混才能获得性能优良的共混材料的传统观念已被突破，从而大大地拓宽了共混材料的发展前景。

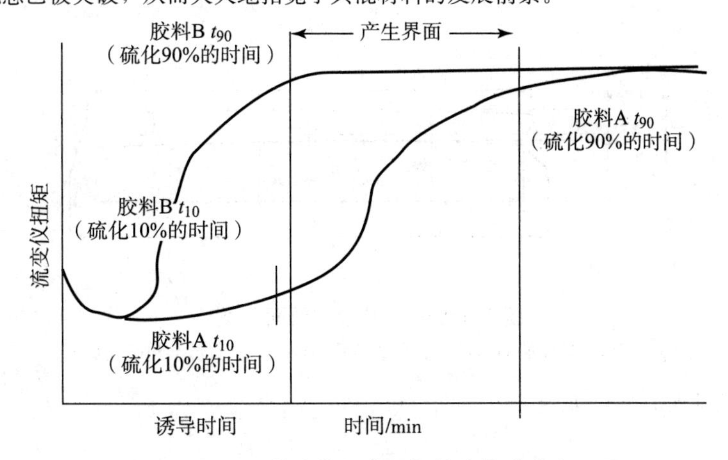

图 1.1.8-1　共硫化要求两相的硫化速度应匹配

共混改性复合弹性体依其共混的方法可以分为机械共混与乳液共沉两种。有文献指出，其中机械共混制备的丁腈橡胶与三元乙丙橡胶并用（30 份）胶，可以提高并用橡胶的耐候性和耐热性，硫化胶的物理机械性能、耐热性、耐臭氧性、耐油性都与氯丁橡胶相当或稍优；NBR/CIIR 并用胶具有优良的耐热、耐老化、耐腐蚀性能，适用于制造耐油、耐天候的橡胶制品；将 NBR 和 HNBR 共混可制得具有优良硫化特性、耐热和耐油性制品，可用于制造汽车零部件；在 HNBR/NBR 中再加入少量的羧基丁腈橡胶（XNBR）可获得更高的耐热撕裂和热拉伸强度、更好的耐臭氧性以及在高温老化后上述性能的良好保持率。

商品化的共混改性复合弹性体，包括部分牌号的合成橡胶，如充油、充炭黑母胶，特别是硅橡胶、氟橡胶等特种橡胶多以混炼母胶的形式供应，部分热塑性弹性体以及橡胶混炼胶等。橡胶混炼胶是针对橡胶制品的不同使用环境、用途要求，通过产品开发、配方设计、混炼加工而制成的半成品原料。用户使用混炼胶只需要通过简单的加工及硫化成型工艺即可以生产出满足既定要求的橡胶制品。可免去自己加工混炼的工序，减少中间环节，可以更好控制生产过程，最大限度地提高生产效率；同时节省技术开发的时间与资金投入，快速把握市场机会，提高市场竞争力。

此外，借助与低分子化合物或低聚物的反应性共混，实现橡胶改性的研究，越来越受到重视。这些低分子化合物或低聚物普遍含有活泼的反应性原子或基团，这些原子或基团能在共混过程中或共混物的硫化过程中与橡胶大分子发生接枝、嵌段共聚反应或者交联反应，从而起到对橡胶改性作用。橡胶与低分子或低聚物共混，不仅能够改善橡胶的力学强度，也能改善其他性能，如天然橡胶与马来酸酐共混，生成天然橡胶的马来酸酐接枝共聚物，使其硫化胶的定伸应力提高十倍以上，耐动态疲劳弯曲次数提高近三个数量级，耐热老化性也显著改善。又如低聚丙烯酸酯与丁腈橡胶共混，在引发剂存在下前者能与后者发生交联反应，不仅显著提高了丁腈硫化胶的力学强度，还改善了丁腈胶与金属的黏合强度。

8.1 机械共混

8.1.1 预硫化混炼胶

（一）预硫化胎面

HG/T 4123—2009《预硫化胎面》适用于天然胶及合成胶预硫化胎面，不适用于有骨架层的预硫化胎面及聚氨酯复合的预硫化胎面。

预硫化胎面按断面形状分为矩形、翼形和双弧形预硫化胎面，如图 1.1.8-2 所示：

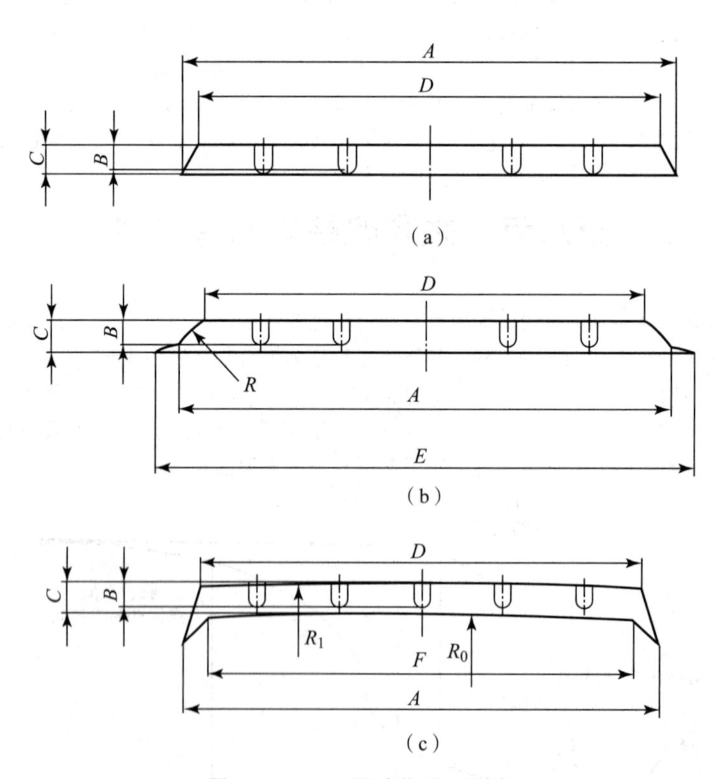

图 1.1.8-2　预硫化胎面分类

（a）矩形预硫化胎面；（b）翼形预硫化胎面；（c）双弧形预硫化胎面

预硫化胎面的尺寸偏差见表 1.1.8-1。

表 1.1.8-1 预硫化胎面的尺寸偏差

预硫化胎面断面类型	项目		偏差
模具接缝处胎面厚度公差不大于 0.5 mm			
预硫化胎面两边的厚度公差不大于 0.5 mm			
矩形预硫化胎面	胎面基部宽度	A	±A×2%
	胎冠（测量点）花纹深度	B	±B×4%
	胎面厚度	C	±C×4%
	胎面宽度（条形预硫化胎面）	D	±D×1.5%
	胎面长度（条形预硫化胎面）	L	±L×1%
	胎面宽度（环形预硫化胎面）	D	±D×1%
	内直径（环形预硫化胎面）	Φ	±Φ×1%
翼形预硫化胎面	胎面基部宽度	A	±A×2%
	胎冠（测量点）花纹深度	B	±B×4%
	胎面厚度	C	±C×4%
	胎面宽度（条形预硫化胎面）	D	±D×1.5%
	胎面长度（条形预硫化胎面）	L	±L×1%
	胎面宽度（环形预硫化胎面）	D	±D×1%
	内直径（环形预硫化胎面）	Φ	±Φ×1%
	翼长	$(E-A)/2$	±1 mm
	翼根部厚	S	±0.2 mm
双弧形预硫化胎面	胎面基部宽度	A	±A×2%
	胎冠（测量点）花纹深度	B	±B×4%
	胎面厚度	C	±C×4%
	胎面宽度（条形预硫化胎面）	D	±D×1.5%
	胎面长度（条形预硫化胎面）	L	±L×1%
	胎面宽度（环形预硫化胎面）	D	±D×1%
	内直径（环形预硫化胎面）	Φ	±Φ×1%
	胎冠弧度半径	R_1	±1 mm
	胎面基部弧度半径	R_0	±0.5 mm
	胎面基部弧度与胎侧夹角	α_1	±1°

预硫化胎面分常规预硫化胎面和高速预硫化胎面，其硫化胶物理机械性能指标见表 1.1.8-2。

表 1.1.8-2 预硫化胎面硫化胶物理机械性能指标

项目	常规预硫化胎面	高速预硫化胎面
硬度（邵尔 A）	≥60	≥60
胎面硬度不匀度（邵尔 A）	±2	±1
拉伸强度/MPa	≥17	≥18
300%定伸应力/MPa	≥6	≥7
拉断伸长率/%	≥400	≥470
撕裂强度（新月型试样）/(kN·m^{-1})	≥80	≥100
压缩生热/℃	—	≤35
阿克隆磨耗/[cm^3·(1.61 km)$^{-1}$]	≤0.25	≤0.2
老化系数/(100℃×24 h)	≥0.70	≥0.75

（二）预硫化缓冲胶

HG/T 4124—2009《预硫化缓冲胶》适用于预硫化法翻新轮胎用的缓冲胶。HG/T 4124—2009 将预硫化缓冲胶分为硫化温度在 115～120℃的常规预硫化缓冲胶与硫化温度在 100℃及以下的低温预硫化缓冲胶。

常温下，将两块长 200 mm 以上的预硫化缓冲胶轻压贴合后用手拉，应撕不开。预硫化缓冲胶的尺寸偏差要求见表 1.1.8-3。

表 1.1.8-3　预硫化缓冲胶的尺寸偏差

项目	偏差
厚度	±0.15 mm
宽度	±4.0 mm

预硫化缓冲胶硫化胶的物理机械性能指标见表 1.1.8-4。

表 1.1.8-4　预硫化缓冲胶硫化胶的物理机械性能指标

项目	常规预硫化缓冲胶	低温预硫化缓冲胶
门尼焦烧时间 t_5(100℃)/min	≥15	≥4
硫化条件	120℃×t_{90}	100℃×t_{90}
硬度（邵尔 A）	≥50	≥50
拉伸强度/MPa	≥18	≥20
300%定伸应力/MPa	≥6	≥6
拉断伸长率/%	≥450	≥470
撕裂强度（新月型试样）/(kN·m^{-1})	≥80	≥100
黏合强度（胶-胎体胶）/(kN·m^{-1})	≥12	≥12
老化系数 K(70℃×48 h)	—	≥0.70
老化系数 K(100℃×24 h)	≥0.6	—

（三）预硫化混炼胶的供应商

预硫化混炼胶的供应商有：乐山市亚轮模具有限公司、北京多贝力轮胎有限公司、常州逸和橡胶制品有限公司、重庆超科实业发展有限公司、四川省新都三益翻胎有限公司等。

8.1.2　混炼胶或母胶

（一）高温硫化硅橡胶混炼胶

1. 高温硫化硅橡胶混炼胶的配合

高温硫化硅橡胶混炼胶由生胶、硫化剂、填料及结构控制剂等组分组成。为适应特殊要求，提供性能各异的混炼胶，还需加入增塑剂、内脱模剂、硫化促进剂、防焦剂、耐热添加剂、颜料、发泡剂等。高温硫化硅橡胶配方设计需考虑：a）硅橡胶为饱和度高的生胶，通常不能用硫黄硫化，采用有机过氧化物作硫化剂时，胶料中不得含有能与过氧化物分解产物发生作用的活性物质（如槽法炭黑、某些有机促进剂和防老剂等），否则会影响硫化。b）硅橡胶制品一般在高温下使用，其配合剂应在高温下保持稳定，通常选用无机氧化物作为补强剂。c）硅橡胶在微量酸或碱等化学试剂的作用下易引起硅氧烷键的裂解和重排，导致硅橡胶耐热性的降低，因此在选用配合剂时必须考虑其酸碱性及过氧化物分解产物的酸性，以免影响硫化胶的性能。

（1）生胶的选择。

对于使用温度要求一般（－70～250℃）的硅橡胶制品，都可采用甲基乙烯基硅橡胶；当对制品的使用温度要求较高（－90～300℃）时，可采用低苯基甲基苯基乙烯基硅橡胶；当制品要求耐高低温又需耐燃油或溶剂时，则应当采用氟硅橡胶。

（2）硫化剂。

用于热硫化硅橡胶的硫化剂主要包括有机过氧化物、脂肪族偶氮化合物、无机化合物和高能射线等，其中最常用的是有机过氧化物。这是因为有机过氧化物一般在室温下比较稳定，但在较高的硫化温度下能迅速分解产生自由基，从而使硅橡胶产生交联。

高温硫化硅橡胶也可以铂化合物为催化剂以加成反应方式交联。

高温硫化硅橡胶常用的过氧化物硫化剂见表 1.1.8-5。

表 1.1.8-5 高温硅橡胶常用的过氧化物硫化剂

硫化剂	用量/份	硫化温度/℃	用途	用量/份（乙烯基硅橡胶模压制品）（乙烯基摩尔分数为 0.001 5）
过氧化苯甲酰（BP）	4～6，0.5～2	110～135	通用型、模压蒸气连续硫化、黏合	0.5～1
双-（2，4-二氯过氧化苯甲酰）（DCBP）	4～6，0.5～2	100～120	通用型、模压、热空气硫化、蒸气连续硫化	1～2
过氧化苯甲酸特丁酯（TBPB）	0.5～1.5	135～155	通用型、海绵、高温、溶液	0.5～1
过氧化二叔丁基（DTBP）	0.5～1.0	160～180	甲基乙烯基硅橡胶专用、模压厚制品、含炭黑胶料	1～2
过氧化二异丙苯（DCP）	0.5～1.0	150～160	甲基乙烯基硅橡胶专用、模压厚制品、含炭黑胶料、蒸气硫化、黏合	0.5～1
2，5-二甲基-2，5 而叔丁基过氧化己烷（DBPMH）	0.5～1.0	160～170	甲基乙烯基硅橡胶专用、模压厚制品、含炭黑胶料、黏合	0.5～1

这些过氧化物按其活性高低可以分为两类：一类是通用型，活性较高，对各种硅橡胶均能起硫化作用；另一类是乙烯基专用型，活性较低，仅能够对含乙烯基的硅橡胶起硫化作用，随着乙烯基质量分数的增大，过氧化物用量应减小。

过氧化物的用量受生胶品种、填料类型和用量、加工工艺等多种因素的影响，只要能达到所需的交联度，应尽量少用硫化剂。胶浆、挤出制品胶料及胶黏剂用胶料中过氧化物用量应比模压用胶料中的大。某些场合下采用两种过氧化物并用，可减小硫化剂用量，并可适当降低硫化温度，提高硫化效应。

高温硫化硅橡胶除常用上述过氧化物硫化外，还可用高能射线进行辐射硫化，辐射硫化也是按自由基机理进行的。当生胶中的乙烯基摩尔分数较高（0.01）或与其他橡胶并用时，也可以用硫黄硫化，但性能极差。

（3）补强填充剂。

未经补强的硅橡胶硫化胶强度很低，只有 0.3 MPa 左右，没有实际使用价值。加入适当的补强剂可使硅橡胶硫化胶的强度达到 14 Mpa，这对提高硅橡胶的性能，延长制品的使用寿命是极其重要的。硅橡胶补强填充剂的选择要考虑到硅橡胶的高温使用及用过氧化物硫化（特别是用有酸碱性的物质）对硅橡胶的不利影响。

硅橡胶用的补强填充剂按其补强效果的不同可分为补强剂和填充剂。前者的粒径为 10～50 nm，比表面积为 70～400 m^2/g，补强效果较好；后者粒径为 300～1 000 nm，比表面积在 30 m^2/g 以下，补强效果较差。

硅橡胶的补强填充剂主要是白炭黑。气相法白炭黑为硅橡胶最常用的补强剂之一，由它补强的胶料，硫化胶的机械强度高、电性能好。用沉淀法白炭黑补强的胶料机械强度稍低，介电性能（特别是受潮后的介电性能）较差，但耐热老化性能较好，混炼胶的成本低。用有机硅化合物或醇类作浸润剂（结构控制剂）处理白炭黑胶料，胶料的机械强度较高，混炼和返炼工艺性能好，硫化胶的透明度也好，广泛应用于医用制品中；此外，胶料的黏合性也好，溶解性优良，可用于黏着和制作胶浆。

硅橡胶常用的填充剂有硅藻土、石英粉、氧化锌、三氧化二铁、二氧化钛、硅酸锆和碳酸钙等。

（4）结构控制剂。

采用气相法白炭黑补强的硅橡胶胶料贮存过程中会变硬，塑性值下降，逐渐失去加工工艺性能，这种现象称作“结构化”效应。为防止和减弱这种“结构化”倾向而加入的配合剂称为“结构控制剂”。结构控制剂通常为含有羟基或硼原子的低分子有机硅化合物和醇类化合物，常用的有二苯基硅二醇、甲基苯基二乙氧基硅烷、四甲基亚乙基二氧二甲基硅烷、低分子羟基硅油及硅氮烷、聚乙二醇等。

（5）其他配合剂。

①耐热添加剂

硅橡胶在大气中加热到 200～250℃时，通常会发生侧链有机基氧化、主链 Si—O—Si 键裂解以及交联等反应导致硅橡胶失效。加入某些金属氧化物或其盐以及某些元素的有机化合物，可大大改善硅橡胶的耐热空气老化性能，其中最常用的为三氧化二铁，一般用量为 3～5 份。其他如氢氧化铁、辛酸铁、有机硅二茂铁、硅醇铁、二氧化钛、氧化锰、二氧化铈、碳酸铈、锆酸钡等也有类似的效果。加入少量（少于 1 份）的喷雾炭黑也能起到提高耐热性的作用。金属氧化物对硅橡胶耐热性的影响见表 1.1.8-6、表 1.1.8-7。

表 1.1.8-6 金属氧化物对硅橡胶耐热性的影响（一）

金属氧化物	二段硫化后			300℃×24 h 老化后			300℃×72 h 老化后			300℃×168 h 老化后		
	A	B	C	A	B	C	A	B	C	A	B	C
—	50	6.67	290	92	3.14	10	95	—	—	—	—	—
Ce_2O_3	51	6.47	270	53	4.70	180	58	3.82	130	65	4.41	120
V_2O_5	51	6.76	260	58	4.41	170	65	3.24	110	78	4.12	80

续表

金属氧化物	二段硫化后			300℃×24 h老化后			300℃×72 h老化后			300℃×168 h老化后		
	A	B	C	A	B	C	A	B	C	A	B	C
MnO_2	49	6.27	290	54	4.90	190	70	4.41	110	71	3.82	110
Cu_2O	52	7.45	250	55	3.92	160	69	4.60	150	73	3.82	120
CoO	48	6.47	270	60	4.31	120	67	3.72	120	85	3.33	40
Cr_2O_3	47	5.78	270	54	5.10	210	63	3.43	100	86	3.63	40
NiO	51	6.86	290	52	5.78	200	60	4.51	160	—	—	—

注：A—硬度（邵尔A），B—拉伸强度（MPa），C—扯断伸长率（%）。

表1.1.8-7 金属氧化物对硅橡胶耐热性的影响（二）

金属氧化物	起始				300℃×72 h老化后				300℃×168 h老化后			
	硬度JIS A	扯断伸长率/%	拉伸强度/MPa	失重	硬度JIS A	扯断伸长率/%	拉伸强度/MPa	失重	硬度JIS A	扯断伸长率/%	拉伸强度/MPa	失重
—	48	525	12.9	68								
CeO_2	50	470	9.8	34	56	130	3.4	10	74	100	3.6	−17
Fe_2O_5	48	520	9.1	42	56	195	4.7	−8	74	135	4.4	−14
Fe_3O_4	48	450	8.8	47	76	100	5.0	−13	91	50	4.8	−21
TiO_2	52	495	10.8	50	72	100	4.9	−10	82	70	4.6	−15
MnO	50	415	8.8	52	64	145	4.4	−10	80	90	4.4	−19
ZnO	52	455	10.6	56	70	110	4.6	−12	84	60	4.9	−20
$ZnCO_5$	52	475	10	54	70	115	4.3	−13	86	65	4.3	−19

②着色剂。

硅橡胶常用着色剂有：氧化铁（三氧化二铁），红色；镉黄（二氧化镉），黄色；铬绿（三氧化二铬），绿色；炭黑，黑色；钛白粉（二氧化钛），白色；群青，蓝色。

③发泡剂。

制备硅橡胶海绵制品时常用的发泡剂有N，N′-二亚硝基五亚甲基四胺（发泡剂H）、N，N′-二甲基-N，N′-二亚硝基对苯二甲酰（发泡剂BL−353）、对氧双苯磺酰肼（发泡剂OB）等。发泡剂H分解温度为200℃，混入脂肪酸后分解温度可降至130℃；发泡剂BL−353分解温度为80～100℃；发泡剂OB约在150℃开始熔化并分解出氮气及水蒸气。化学发泡剂因易于产生胺类等致癌物，其使用正逐步受到限制。目前硅橡胶行业已开始倾向于采用物理发泡剂，孔径均匀、对于硅橡胶制品的硬度影响小。

④其他。

硅橡胶胶料中加入少量（一般少于1份）四氟乙烯粉，可改善胶料的压延工艺性能及成膜性，提高硫化胶的撕裂强度；加入硼酸酯和含硼化合物如三乙酰氧基硼，如同生胶中引入硼氧烷基团一样，可有效提高硫化胶对各种基材的黏结性；异氰酸烃基硅烷、有机硅酸酯过氧化物及烷基氢硅氧烷等，也可提高硅橡胶对金属等表面的黏合；采用比表面积较大的气相法白炭黑补强时，加入少量（3～5份，乙烯基质量分数一般为0.10左右）高乙烯基硅油，胶料经硫化后，抗撕裂性能可提高至30～50 kN/m。

2. 高温硫化硅橡胶混炼胶的类别

硅橡胶无味无毒，使用温度宽广，有很好的耐候性，在高温和严寒时仍然能保持原有的强度和弹性，有的硅橡胶完美地平衡了物理机械性能和化学性质，因而能满足许多苛刻应用场合的要求，是应用广泛的特种合成橡胶之一。自20世纪90年代以来，国内硅橡胶产能年均增长10%以上。目前国内硅橡胶混炼胶生产企业有不同用途的各类硅橡胶混炼胶的生产，产品牌号众多，用途广泛。

硅橡胶混炼胶以线型高聚合度聚有机硅氧烷生胶添加填料、各种助剂加工制得。硅橡胶混炼胶一般分为沉淀法硅胶和气相法硅胶。气相法硅胶生产使用由四氯化硅和空气燃烧制得的气相法白炭黑，粒径小，比表面积大，挥发分含量低；沉淀法硅胶生产使用由硅酸钠为原料制得的沉淀法白炭黑，粒径大，比表面积小，挥发分含量高。所得硅胶的主要区别为：①沉淀法硅胶拉伸时会发白，而且不能拉得很长；气相法硅胶拉伸时不会发白，拉断伸长率比较大，有的可达700%以上。②气相法硅胶扯断强度、撕裂强度、伸长率都比沉淀法硅胶好。③气相法硅胶外观透明；沉淀法硅胶外观不透明或半透明。④气相法硅胶比沉淀法硅胶生产成本高。

目前，国产甲基乙烯基硅橡胶混炼胶产品大致可分为37类106个牌号，详见表1.1.8-8。

表 1.1.8-8 甲基乙烯基硅橡胶混炼胶分类与型号

分类		型号	
通用型	普通制品用胶	8850、8851、8852	—
	普通模压制品胶	7850、7851、7861、7871、9130、9140、9150、9160、9170、9180	TY5151、TY5751、TY5951
	按键胶	9230、9240、9250、9260、9270、9280、9330、9340、9350、9360、9370、9380、9430、9440、9450、9460、9470、9480	TY7151
	高档模压制品胶	9530、9540、9550、9560、9570、9580、9931、9941、9951、9961、9971、9981	—
密封件	—	3350、3351、3352、3353	—
电线电缆	挤出电线胶	5770、6770、7770	—
	阻燃挤出电线胶	9960E、9961E、9962E、9963E	—
	耐热挤出电线胶	8961、8971	TY4366
	电缆接头胶	8641	—
	标准挤出胶	9770、9771	TY5971、TY5171
气相胶	普通气相胶	4440、4450、4460、4470、4480	TY4771、TY4971、TY4171 系列
	高抗撕气相胶	5541、5551、5561、5571	TYS771
	过橄榄油	—	TY976
	较高透明	—	TY971 系列
	普通透明	—	TY171 系列
奶嘴	普通奶嘴胶	4442、4452	TY1841 系列
	高档奶嘴胶	4441、4451	—
绝缘	—	2260、2261、2262、2263	—
耐高温	—	2151、2152、2153	TY3961、TYD171、TY3751
阻燃	—	8750、8751、8752、8753、8760	TY26E9、TY24E9、TY23E9、TY2961
胶辊	通用胶辊胶	2772、2773	—
	送纸胶辊胶	2741	—
	气相胶辊胶	2770	—
泳帽	—	9120、9920	—
耐水蒸气	耐水蒸气胶	6650	TYA151
	耐高温水蒸气胶	6651	—
低压缩永变	—	2061、2062	TY9241
导电	—	2170	—
汽车用	—	2660、2661	—
耐油型	—	—	TYB171
沉淀胶	高档	—	TY856 系列、TY651 系列
	通用型	—	TY351 系列、XHG151
自润滑	—	—	TYC231、TYC131

国产硅橡胶混炼胶的分类与系统命名法由硅橡胶类别、特征性能和特征符号组成。硅橡胶类别根据硅橡胶分子链的化学组成，由 GB/T 5576—1997《橡胶和胶乳命名法》规定“Q”组硅橡胶代号组成。硅橡胶混炼胶的特征性能有硬度、拉伸强度等。硅橡胶混炼胶的拉伸强度本身不高（一般在 4～12 MPa），而不同硬度、不同类型的混炼胶之间的拉伸强度并没有明显的区别。因此在命名规则里特征性能只由硬度表征。硬度以测定值为基础，由数值部分两位数字代码表示，如硬度为（30±3）或者（30±5）邵尔 A，表示为 30。特征符号由硅橡胶混炼胶的重要性能、用途或附加说明组成，各特征符号之间用“/”隔开，推荐使用的特征符号及其含义见表 1.1.8-9。

表 1.1.8-9 特征符号的含义

字母代号	重要性能或用途	说明
S	高强度	拉伸强度≥12 MPa
T	高抗撕	撕裂强度≥52 kN·m^{-1}
E	导电	体积电阻率≤10^{-2} Ω·cm
H	导热	热导率≥4 W/(m·K)
F	阻燃	阻燃性应达到UL94 V—0级
I	绝缘	体积电阻率≥1 014 Ω·cm
V	耐电压	击穿电压≥17 kV·mm^{-1}
L	低压缩永变	—
O	耐油、耐溶剂性	—
A	耐水蒸气	—
W	耐臭氧或耐天候	—
M	医用	—
G	一般用途	—
N	奶嘴	—
U		补强填料为气相法生产的二氧化硅（白炭黑）
P		补强填料为沉淀法生产的二氧化硅（白炭黑）
UP		补强填料为气相法和沉淀法生产的二氧化硅（白炭黑）的混合

命名示例：

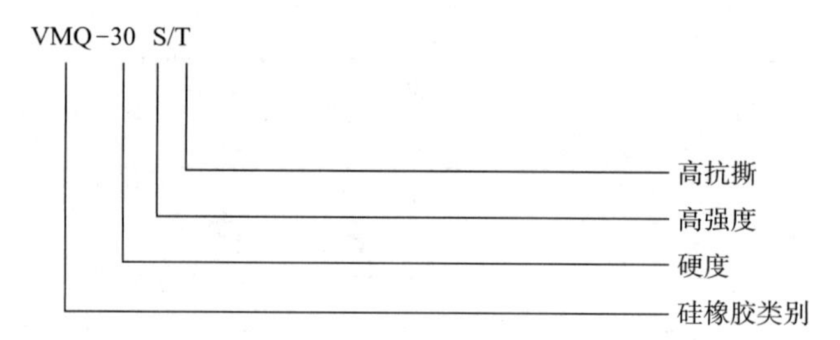

硅橡胶混炼胶应贮存在通风、干燥、防直接日光照射的室内，贮存期为3个月。

（1）一般用途硅橡胶混炼胶。

一般用途硅橡胶混炼胶，即通用型（一般强度型）硅橡胶混炼胶，由乙烯基硅橡胶与补强剂等组成，硫化胶物理性能属中等，是用量最大、通用性最强的一类胶料。

国产一般用途甲基乙烯基硅橡胶混炼胶，代号为VMQ 20—G。按硬度分为8个牌号：VMQ 20—G、VMQ 30—G、VMQ 40—G、VMQ 50—G、VMQ 60—G、VMQ 70—G、VMQ 80—G、VMQ 90—G。

国产一般用途甲基乙烯基硅橡胶混炼胶产品的性能要求与试验方法见表1.1.8-10。

表 1.1.8-10 一般用途甲基乙烯基硅橡胶混炼胶产品的性能要求与试验方法

	VMQ 20—G	VMQ 30—G	VMQ 40—G	VMQ 50—G	VMQ 60—G	VMQ 70—G	VMQ 80—G	VMQ 90—G	试验方法
外观	混炼良好、质地均匀，无明显杂质								目视法
密度/(g·cm^{-3})	1.05～1.09	1.07～1.11	1.10～1.14	1.13～1.17	1.16～1.2	1.19～1.23	1.2～1.24	1.21～1.25	GB/T 533—1991
硬度（Shore A）	18～22	28～32	38～42	48～52	58～62	68～72	78～82	88～92	GB/T 531.1—2008
拉伸强度/MPa	≥3.0	≥4.5	≥6.5	≥7.0	≥7.0	≥7.0	≥6.0	≥5.0	GB/T 528—2009（Ⅰ型裁刀）
拉断伸长率/%	≥600	≥500	≥420	≥320	≥250	≥200	≥120	≥100	GB/T 528—2009（Ⅰ型裁刀）
拉断永久变形/%	≤10.0	≤8.0	≤8.0	≤8.0	≤6.0	≤6.0	≤6.0	≤8.0	GB/T 528—2009（Ⅰ型裁刀）
撕裂强度/(kN·m^{-1})	≥12.0	≥12.0	≥16.0	≥18.0	≥18.0	≥16.0	≥16.0	≥18.0	GB/T 529—2008（直角裁刀）

注：采用双二五含量为25%的不含含氢硅油的膏状物作为硫化剂，添加量为2%；硫化条件：170℃×10 min；各项指标均为一次硫化后的数据［国外供应商一般均在二段硫化后（200℃×4 h）进行性能测试］。

(2) 电线电缆用硅橡胶混炼胶。

电线电缆用硅橡胶混炼胶主要采用甲基乙烯基硅橡胶生胶为基础材料，选用电绝缘性能良好的气相法白炭黑为补强剂和其他改性助剂，经混炼、出片制得，用于电线电缆绝缘或护套用的硅橡胶混炼胶。电线电缆用硅橡胶混炼胶具有良好的挤出工艺性能，按用途可分为普通型、抗撕型、阻燃型和耐火型。耐火型硅橡胶混炼胶（fire resistant silicone rubber）是指在温度500℃以上、有焰或无焰燃烧条件下即可结壳，形成陶瓷状固体，起到隔绝热源、火源及水源等作用，但在常温下仍然保持硅橡胶特性的硅橡胶混炼胶。

电线电缆用硅橡胶混炼胶产品的型号及名称见表1.1.8-11。

表1.1.8-11 电线电缆用硅橡胶混炼胶产品的型号及名称

序号	型号	名称
1	HTV－P	电线电缆用普通型硅橡胶混炼胶
2	HTV－K	电线电缆用抗撕型硅橡胶混炼胶
3	HTV－Z	电线电缆用阻燃型硅橡胶混炼胶
4	HTV－N	电线电缆用耐火型硅橡胶混炼胶

电线电缆用硅橡胶混炼胶应混炼良好、质地均匀，无明显杂质。电线电缆用硅橡胶混炼胶的性能见表1.1.8-12。

表1.1.8-12 电线电缆用硅橡胶混炼胶的性能

序号	检验项目	单位	要求			
			HTV－P	HTV－K	HTV－Z	HTV－N
1	拉伸强度	MPa	≥6.0	≥8.0	≥6.0	≥6.0
2	拉断伸长率	%	≥200	≥250	≥200	≥200
3	空气烘箱老化 老化温度 老化时间	 ℃ h	 200±2 240	 200±2 240	 200±2 240	 200±2 240
3.1	拉伸强度	MPa	≥4.0	≥5.0	≥4.0	≥4.0
3.2	拉断伸长率	%	≥120	≥130	≥120	≥120
4	撕裂强度	kN/m	≥20	≥30	≥20	≥30
5	20℃时体积电阻率	Ω·m	≥1.0×1 012	≥1.0×1 011	≥1.0×1 011	≥1.0×1 012
6	击穿强度	MV/m	≥20	≥18	≥18	≥20
7	热延伸 温度 处理时间 机械应力	 ℃ min MPa	 250±3 15 0.2	 250±3 15 0.2	 250±3 15 0.2	 250±3 15 0.2
7.1	载荷下的伸长率	%	≤175	≤175	≤175	≤175
7.2	冷却后永久变形	%	≤25	≤25	≤25	≤25
8	氧指数	%	—	—	≥30	—
9	耐火试验 供火温度 供火时间	 ℃ min	 — —	 — —	 — —	 950 90
9.1	2A熔断器	—	—	—	—	不断
9.2	指示灯	—	—	—	—	不熄

(3) 高抗撕、高强度硅橡胶混炼胶。

高抗撕、高强度硅橡胶混炼胶采用甲基乙烯基硅橡胶或低苯基甲基苯基乙烯基硅橡胶为基材，以比表面积较大的气相法白炭黑或经过改性处理的白炭黑作补强剂，并通过加入适宜的加工助剂和特殊添加剂等综合性配合改进措施，改进交联结构，提高撕裂强度。

聚有机硅氧烷以Si—O—Si键为主链，Si原子上连有甲基和少量乙烯基，分子柔性大，未加补强剂时，分子间作用力弱，物理机械性能较差，尤其是撕裂强度只能达到5～10 kN/m，拉伸强度仅有0.4 MPa，使得硅橡胶制品在需要高拉伸强度、高撕裂强度的应用领域使用受限。

生胶的分子量越大，硅橡胶的拉伸强度越大。一般有：①高乙烯基含量和低乙烯基含量的硅橡胶并用，当并用胶的乙烯基摩尔分数低于0.15%时，选用合适的并用比会明显提高并用胶的抗撕裂性能。例如，乙烯基摩尔分数为0.15%的硅橡胶和乙烯基摩尔分数为0.06%的硅橡胶按50/50并用时，并用胶的乙烯基摩尔分数为0.105%，此时撕裂强度最高，达到45.8 kN/m。当并用胶中乙烯基摩尔分数超过0.15%时，硅橡胶并用比对硫化胶的撕裂性能影响不大。②不同乙烯基含量的硅橡胶并用胶的交联密度随乙烯基含量的变化规律反映了硫化胶的交联结构由“分散交联”向“集中交联”转变。硅橡胶并用胶的乙烯基摩尔分数在0.15%以内，并用硫化胶的撕裂强度随乙烯基含量的增大而先增后降，而并用胶的交联密度与其撕裂强度成反比。

随着气相法白炭黑比表面积的增大，硅橡胶的硬度、拉伸强度逐渐增大，而扯断伸长率逐渐减小。有文献指出，添加的气相法白炭黑质量分数为0.26～0.29，表面羟基个数在1.1～1.4时，有效补强体积最大，补强效果最好。也有文献指出，硅橡胶的拉伸强度、撕裂强度、邵尔A硬度均随着混炼胶中沉淀法 SiO_2 用量的提高而增加，当 SiO_2 与生胶质量比达到0.4后，增加趋势变缓；硅橡胶拉断伸长率随着 SiO_2 质量分数先增加后减小，即 SiO_2 与生胶质量比小于0.4时，拉断伸长率随着质量分数的增加而增加，但当与生胶质量比达到0.4后，便开始减小。

在加入气相法白炭黑过程中，气相法白炭黑添加到一定程度，会使胶料产生结构化现象，使硅橡胶加工困难甚至无法加工，所以需要加入一些结构控制剂。羟基硅油是硅橡胶补强中常用的一种结构控制剂。随着羟基硅油用量的增加，硅橡胶的硬度、拉伸强度均逐渐降低，而扯断伸长率却随羟基硅油用量的增加而逐渐增大。

目前，瓦克公司R420/60硅橡胶的拉伸强度接近11 MPa，国内其他企业硅橡胶的拉伸强度可达到10 MPa左右；在撕裂强度方面，合盛硅业股份有限公司的合盛HS－5260与合盛HS－5270硅橡胶的撕裂强度可达55 kN/m，国内其他企业硅橡胶的撕裂强度可达到35 kN/m左右。

国产高抗撕、高强度硅橡胶混炼胶分为：

耐撕裂型——撕裂强度≥35 kN/m为中抗撕型，以Tm表示；撕裂强度≥45 kN/m为高抗撕型，以T表示。

高拉伸强度型——拉伸强度≥8 MPa为中强度型，以Sm表示；拉伸强度≥10 MPa为高强度型，以S表示。

国产高抗撕、中抗撕气相硅橡胶混炼胶的性能要求和试验方法见表1.1.8－13。

表1.1.8－13　高抗撕、中抗撕气相硅橡胶混炼胶的性能要求和试验方法

项目	VMQ 40Tm	VMQ 50Tm	VMQ 60Tm	VMQ 60T	VMQ 70Tm	VMQ 70T	VMQ 80Tm	试验方法
外观	透明或半透明，混炼良好、质地均匀、无明显杂质							目视法
撕裂强度（≥）/(KN·m^{-1})	35	35	35	45	35	45	35	GB/T 529—2008（直角裁刀）
硬度（邵尔A）	40±2	50±2	60±2		70±2		80±2	GB/T 531.1—2008
密度/(g·cm^{-3})	1.08～1.12	1.12～1.16	1.17～1.19		1.19～1.23		1.2～1.24	GB/T 533—1991
拉伸强度（≥）/MPa	8.5	9.0	9.0		9.0		8.0	GB/T 528—2009（Ⅰ型裁刀）
拉断伸长率（≥）/%	650	500	400		350		300	GB/T 528—2009（Ⅰ型裁刀）
拉断永久变形（≤）/%	8	8	8		8		8	GB/T 528—2009（Ⅰ型裁刀）
门尼黏度［ML(1+4)100℃］	13～16	17～22	18～23		21～35		25～40	GB/T 1232.1—2016
回弹（≥）/%	60	55	55		45		45	GB/T 1681—2009

注：称取一定质量的混炼胶样品，按照比例（0.7%）加入2，5－二甲基－2，5－双（叔丁基过氧基）己烷（含量≥95%），在开炼机上开炼至硫化剂均匀吃进。将开炼好的试样放入到已经预热好的相应试片模具中。将平板硫化机温度设置为175℃，压力设置为大于等于15 MPa，加压时间应根据材料的硫化特征进行设定，确保材料在加工过程中能充分硫化。制成的试样应平整光洁、厚度均匀、无气泡。试样尺寸应符合各试样检测项目的规定。将制成试样放置在干净干燥的容器中冷却至室温后检测。下同。

国产高强度、中强度气相硅橡胶混炼胶的性能要求和试验方法见表1.1.8－14。

表1.1.8－14　高强度、中强度气相硅橡胶混炼胶的性能要求和试验方法

项目	VMQ 40Sm	VMQ 40S	VMQ 50Sm	VMQ 50S	VMQ 60Sm	VMQ 60S	VMQ 70Sm	VMQ 70S	VMQ 80Sm	试验方法
外观	透明或半透明，混炼良好、质地均匀、无明显杂质								目视法	
拉伸强度（≥）/MPa	8.0	10.0	8.0	10.0	8.0	10.0	8.0	10.0	8.0	GB/T 528—2009（Ⅰ型裁刀）
硬度（邵尔A）	40±2		50±2		60±2		70±2		80±2	GB/T 531.1—2008
密度/(g·cm^{-3})	1.11～1.14		1.14～1.17		1.15～1.19		1.19～1.23		1.2～1.24	GB/T 533—1991
拉断伸长率（≥）/%	600		500		400		350		300	GB/T 528—2009（Ⅰ型裁刀）
拉断永久变形（≤）/%	8		8		8		8		8	GB/T 528—2009（Ⅰ型裁刀）
撕裂强度（≥）/(KN·m^{-1})	20		20	25	20	30	20	30	20	GB/T 529—2008（直角裁刀）
门尼黏度［ML(1+4)100℃］	13～16		17～22		18～23		21～35		25～40	GB/T 1232.1—2016
回弹（≥）/%	60		55		50		45		45	GB/T 1681—2009

(4) 耐热型硅橡胶混炼胶。

耐热系列采用甲基乙烯基硅橡胶或低苯基甲基苯基乙烯基硅橡胶，使用 BP 或 DBPMH 硫化时，可用于模压成型；使用 DCBP 时，可用于挤出成型。制得的硫化胶可在－55～260℃范围内使用，主要用于汽车用火花塞护垫及密封垫片。

耐热型硅橡胶混炼胶性能指标见表 1.1.8－15。

表 1.1.8－15 耐热型硅橡胶混炼胶性能指标

性能			耐热型		
			KE650－U	KE660－U	KE670－U
硫化前	外观		赤褐色	茶褐色	茶褐色
	相对密度（25℃）		1.17	1.25	1.31
	可塑度（Williams，返炼 10 min 后）		295	310	350
硫化剂	名称		DCBP	DCBP	DCBP
	用量/份		1.3	1.2	1.1
硫化胶	200℃×4 h	线收缩率/%	2.7	2.5	2.0
		硬度（邵尔 A）	50	60	70
		拉伸强度/MPa	11.8	9.8	8.3
		扯断伸长率/%	500	330	240
		撕裂强度/(kN·m^{-1})	21	17	18
		压缩永久变形（180℃×22 h）/%	36	15	15
	体积电阻率（常态）/(Ω·cm)		4×10^{16}	3×10^{15}	2×10^{15}
	介电系数（常态）/(kV·mm^{-1})		25	26	26

(5) 不需二段硫化硅橡胶混炼胶。

不需二段硫化的混炼胶采用乙烯基质量分数较高的甲基乙烯基硅橡胶，通过控制生胶和配合剂的 pH 值，加入特殊添加剂，并以 DTBP 作硫化剂制得，广泛应用于制取厚制品及压缩变形小的 O 形圈、密封垫片、胶辊等。

典型的耐热及不需二段硫化硅橡胶混炼胶性能指标见表 1.1.8－16。

表 1.1.8－16 典型的耐热及不需二段硫化硅橡胶混炼胶性能指标

性能			不需二段硫化型				
			KE742－U	KE752－U	KE762－U	KE772－U	KE782－U
硫化前	外观		淡黄色	灰白色	灰白色	灰白色	灰白色
	相对密度（25℃）		1.17	1.30	1.36	1.40	1.43
	可塑度（Williams，返炼 10 min 后）		170	200	220	250	320
硫化剂	名称		DTBP	DTBP	DTBP	DTBP	DTBP
	用量/份		4.0	2.8	2.7	2.7	2.7
硫化胶	200℃×4 h	线收缩率/%	3.6	2.7	2.6	2.6	2.5
		硬度（JIS A）	40	50	60	70	80
		拉伸强度/MPa	5.4	6.9	7.4	8.3	8.8
		扯断伸长率/%	350	300	280	230	190
		撕裂强度/(kN·m^{-1})	8	9	11	13	14
		压缩永久变形（180℃×22 h）/%	11	12	12	12	13
	体积电阻率（常态）/(Ω·cm)		1×10^{16}	2×10^{15}	1×10^{15}	1×10^{15}	2×10^{15}
	介电系数（常态）/(kV·mm^{-1})		26	29	26	26	29

(6) 耐疲劳型硅橡胶混炼胶。

通用硅橡胶的物理机械性能及动态耐疲劳性能较差，而高速发展的计算机、通信器材、遥控器等产品对长寿命、低形变橡胶提出了越来越高的要求。耐疲劳型混炼胶一般由乙烯基封端的甲基乙烯基硅橡胶制得，硫化后具有优异的耐冷热交变性，压缩变形小，抗氧化、耐臭氧及回弹性好，可加工成任意形状，并易与导电硅橡胶制成一体化制品。日本信越公司耐疲劳型硅橡胶混炼胶产品的性能见表 1.1.8－17。

表 1.1.8-17 日本信越公司耐疲劳型硅橡胶混炼胶产品的性能

性能	高耐疲劳型			中耐疲劳型			通用
	KE-5141-U	KE-5151-U	KE-5161-U	KE-9411-U	KE-9511-U	KE-9611-U	KE-951-U
外观	乳白色半透明	乳白色半透明	乳白色半透明	乳白色半透明	乳白色半透明	乳白色半透明	乳白色半透明
相对密度（25℃）	1.09	1.11	1.12	1.11	1.14	1.14	1.15
可塑度（Williams，返炼 10 min 后）	160	170	175	175	200	205	255
硬度（邵尔 A）	40	50	60	40	50	59	51
扯断伸长率/%	550	480	410	390	290	290	330
拉伸强度/MPa	7.9	8.1	8.1	6.4	7.1	6.6	8.0
撕裂强度/(kN·m^{-1})	14	19	15	9	8	10	9
回弹性/%	82	77	71	73	73	73	75
压缩永久变形（150℃×22 h）/%	7	6	6	4	4	4	10
线收缩率/%	3.9	3.7	3.9	3.9	3.5	3.4	4.0
抗疲劳性[a]（来回）/百万次	6~10	4~8	2~4	3~5	2~3	1.5~2.0	4~5

注：a. 使用"Mattia"抗疲劳试验机，测定条件：100%伸长，5 个来回/s。

（7）辊筒用硅橡胶混炼胶。

复印机固定辊要求具有良好的弹性、耐热性、传热性、不黏性、尺寸稳定性、耐磨性、抗静电性以及胶层与金属辊芯的良好黏接性；加压辊要求具有耐热性、传热性、胶层硬度稳定性、不黏性、耐油性、尺寸稳定性及抗蠕变性。辊筒用硅橡胶混炼胶通常使用乙烯基含量较高的硅橡胶生胶，以气相法白炭黑与石英粉作填料以满足耐磨性及传热性的要求。接触硅油的辊筒，使用甲基乙烯基硅橡胶可减少或避免胶层溶胀。日本信越公司辊筒用硅橡胶混炼胶产品的性能见表 1.1.8-18。

表 1.1.8-18 日本信越公司辊筒用硅橡胶混炼胶产品的性能

			KE650-U	KE660-U	KE670-U	KE742-U	KE752-U
硫化前	外观		淡黄色	灰白色	淡黄色	淡黄色	灰白色
	相对密度（25℃）		1.16	1.57	1.09	1.30	1.35
	可塑度（Williams，返炼 10 min 后）		270	370	150	125	260
硫化剂	名称		DBPMH	DBPMH	DCP	DCP	DTBP
	用量/份		0.0	1.5	3.0	3.0	4.0
硫化胶	200℃×4 h	线收缩率/%	3.5	2.4	—	—	3.1
		硬度（JIS A）	60	80	43	28	70
		拉伸强度/MPa	9.8	9.3	5.2	3.9	7.8
		扯断伸长率/%	280	125	240	450	145
		撕裂强度/(kN·m^{-1})	—	—	6	8	—
		压缩永久变形（180℃×22 h）/%	8	11	6	16	6

（8）导电型硅橡胶混炼胶。

采用甲基乙烯基硅橡胶，以乙炔炭黑或金属粉末、金属纤维作填料，选择高温硫化或加成型硫化方法，可得到导电型硅橡胶制品。根据体积电阻率，导电硅橡胶可分为 4 个品级：①弱导电品级，1×（10^7～10^{10}）Ω·cm；②低导电品级，1×（10^4～10^6）Ω·cm；③中导电品级，1×（10^2～10^3）Ω·cm；④高导电品级，<50 Ω·cm。日本东芝有机硅公司的 XE 系列导电硅橡胶混炼胶产品的性能见表 1.1.8-19。

表 1.1.8-19 日本东芝有机硅公司的 XE 系列导电硅橡胶混炼胶产品的性能

性能	A5004	A4904	A4704	A6004	A6001	A6002	A6003	A6005
硬度（JIS A）	20	25	30	40	35	35	35	35
拉伸强度/MPa	3.6	4.4	4.7	3.9	2.7	3.0	3.9	5.4
扯断伸长率/%	420	470	520	500	550	680	590	520
撕裂强度/(kN·m^{-1})	19	16	20	16	3	13	16	20
压缩永久变形/%	9	12	9	13	25	20	13	15
相对密度（25℃）	1.07	1.09	1.08	1.03	1.02	1.02	1.02	1.02
体积电阻率（常态）/(Ω·cm)	1.0×10^7	2.4×10^6	4.0×10^3	16	48	39	19	9

(9) 导热型硅橡胶混炼胶。

硅橡胶的导热系数在100℃下可达0.20～0.30 W/(m·K)，约为其他橡胶的两倍，这也是硅橡胶内部升温快，硫化时间短，以及制成电线后电流通量高的原因。硅橡胶充入导热性填料（如BN、氧化铝、氧化镁、碳酸镁、氧化锌、Si_3N_4、白碳黑及金属粉等）后，导热系数可高达4 W/(m·K)。填料的添加量对硅橡胶导热系数的影响如图1.1.8-3所示。

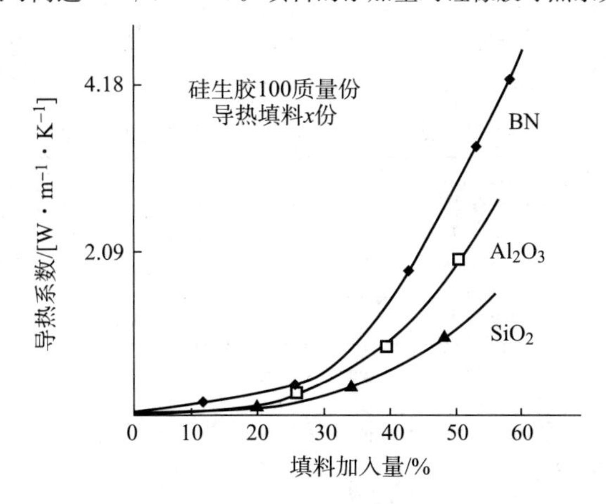

图1.1.8-3 填料的添加量对硅橡胶导热系数的影响

日本信越公司导热型硅橡胶混炼胶产品的性能见表1.1.8-20。

表1.1.8-20 日本信越公司导热型硅橡胶混炼胶产品的性能

项目	硫化前			硫化剂		硫化胶性能		
	外观	相对密度(25℃)	可塑度(Williams)(返炼2 h后)	名称	用量/份	硬度(JIS A)	拉伸强度/MPa	扯断伸长率/%
指标	淡青色	1.90	450	DCBP	1.0	81	3.0	120

(10) 阻燃型硅橡胶混炼胶。

采用甲基乙烯基硅橡胶，添加含卤或铂化合物作阻燃剂组成的胶料，具有良好的抗燃性。日本信越公司阻燃型硅橡胶混炼胶产品的性能见表1.1.8-21。

表1.1.8-21 日本信越公司阻燃型硅橡胶混炼胶产品的性能

			KE5606－U	KE5612－U	KE5618－U	KE5601－U	KE5608－U	KE5609－U
硫化前	外观		灰白色	灰黑色	白色	淡黄色	灰白色	白色
	相对密度(25℃)		1.47	1.47	1.3	1.24	1.29	1.35
	可塑度(Williams，返炼10 min后)		230	250	330	350	320	450
硫化剂	名称		DCP	DCP	DCBP $(ClC_6H_4COO)_2$	DCBP	DCBP	DCBP
	用量/份		1.3	1.3	1.5 0.8	1.5	1.5	1.8
硫化胶	200℃×4 h	线收缩率/%	3.0	2.6	—	3.0	2.9	—
		硬度(邵尔A)	52	59	80	68	64	65
		拉伸强度/MPa	6.1	8.3	9.2	6.7	6.3	6.4
		扯断伸长率/%	550	310	130	510	365	420
		撕裂强度/(kN/·m⁻¹)	16	16	11	35	21	25
		压缩永久变形(180℃×22 h)/%	15	15	—	50	40	—
	体积电阻率(常态)/(Ω·cm)		2×10^{15}	1×10^{16}	—	—	5×10^{15}	5×10^{15}
	介电系数(常态)/(kV·mm⁻¹)		27	28	—	—	27	27
	阻燃性(UL－94)		V－0	V－0	V－0	—	—	—

(11) 耐高、低温型硅橡胶混炼胶。

通用型硅橡胶的脆化温度为－60～－70℃，采用低苯基甲基苯基乙烯基硅橡胶，脆性温度达－120℃，在－90℃下仍具有弹性。各种硅橡胶的脆化温度见表1.1.8-22。

表 1.1.8-22　各种硅橡胶的脆化温度

硅橡胶种类	通用 VMQ	高强度 VMQ	超低温 PVMQ	氟硅橡胶 FVMQ
脆化温度（ASTM D748）/℃	−73	−78	−118	−68

使用硅硼生胶配制的混炼胶，或者使用硅氮橡胶（主链中引入环二硅氮烷的一类硅橡胶），硫化后具有优异的耐高温性能，在 482℃下老化 24 h，仍能保持弹性。耐高温硅硼橡胶混炼胶的性能见表 1.1.8-23。

表 1.1.8-23　耐高温硅硼橡胶混炼胶的性能

项目	混炼胶配方				硫化胶性能			
	硅硼生胶	气相法白炭黑	Fe_2O_5	DCBP (50%)	拉伸强度 /MPa	扯断伸长率 /%	硬度 (邵尔 A)	低温工作极限温度 /℃
指标	100	20	10	2	5.4	406	57	−54

（12）耐油、耐溶剂型硅橡胶混炼胶。

耐油、耐溶剂型硅橡胶混炼胶主要采用氟硅橡胶和腈硅橡胶混炼胶，一般分为通用型和高强度型两大类。耐油、耐溶剂型硅橡胶混炼胶的性能见表 1.1.8-24。

表 1.1.8-24　耐油、耐溶剂型硅橡胶混炼胶的性能

配方与项目		氟硅橡胶					腈硅橡胶	
		空白	1	2	3	4	$NCCH_2CH_2$ 25%	$NCCH_2CH_2$ 50%
氟硅橡胶		—	95	95	95	92	—	—
腈硅橡胶		—	—	—	—	—	100	100
甲基乙烯基硅橡胶		100	5	5	5	5	—	—
气相法白炭黑（经 D_4 处理）		40	40	40	40	40	50	50
Fe_2O_5		5	—	5	—	—	5	5
TiO_2		—	—	—	—	10	10	10
ZnO		—	—	—	10	—	—	—
$Ph_2Si(OH)_2$			—	—	—	—	5	5
DBPMH		0.8	0.8	0.8	0.8	0.8	1.5	1.5
硬度（邵尔 A）		54	76	75	78	79	53	60
拉伸强度/MPa		7.8	7.6	8.5	8.6	8.3	6.5	7.2
扯断伸长率/%		280	150	170	157	167	279	229
永久变形/%		3	3	6	3	3	0	0
压缩永久变形（150℃×24 h）/%		24.8	32.7	29.6	29.1	32.8	—	—
氟硅橡胶：200℃×192 h 腈硅橡胶：200℃×72 h	硬度（邵尔 A）	—	80	80	80	84	—	—
	拉伸强度/MPa	—	4.6	6.7	6.1	6.5	5.6	—
	扯断伸长率/%	—	123	150	128	118	251	
	永久变形/%	—	7	7	0	0	—	—
氟硅橡胶：250℃×144 h 腈硅橡胶：250℃×72 h	硬度（邵尔 A）	47	—	80	—	—	—	
	拉伸强度/MPa	47	—	80	—	—	4.7	—
	扯断伸长率/%	280	—	90	—	—	228	—
	永久变形/%	0	—	0	—	—	—	—
氟硅橡胶（RP－1 燃油中 150℃×24 h） 腈硅橡胶（TC－1 油中 180℃×24 h）	硬度（邵尔 A）	—	67	65	68	68	—	—
	拉伸强度/MPa	—	5.8	5.8	6.4	6.9	—	2.3
	扯断伸长率/%	280	—	90	—	—	—	173
	体积膨胀/%	—	15.2	15.8	14.6	14.4	51.5	10.5
	质量增加/%	—	7.9	8.5	7.5	7.3	—	6.9
−50℃下压缩耐寒系数（压缩 20%）		0.81	0.55	0.57	0.54	0.43	—	—

（13）耐辐照型硅橡胶混炼胶。

通用型硅橡胶在辐照剂量达到 5×10^5 Gy（5×10^7 rad）时，性能变差，逐渐失去弹性。生胶侧基引入苯基可提高耐辐照性能。耐辐照硅橡胶制品由高苯基含量的甲基乙烯基苯基硅橡胶制得。耐辐照甲基乙烯基苯基硅橡胶性能见表 1.1.8－25。

表 1.1.8－25 耐辐照甲基乙烯基苯基硅橡胶性能

拉伸强度/MPa			扯断伸长率/%		
辐照前	辐照 1×10^6 Gy 后	辐照 5×10^6 Gy 后	辐照前	辐照 1×10^6 Gy 后	辐照 5×10^6 Gy 后
10.3	8.0	6.4	500	350	80

若硅橡胶生胶主链引入亚芳硅基结构，则可使硅橡胶获得更佳的耐辐照性能。耐辐照亚苯基硅橡胶混炼胶的性能见表 1.1.8－26。

表 1.1.8－26 耐辐照亚苯基硅橡胶混炼胶的性能

材料		配方			
混炼胶	亚苯基硅橡胶	100			
	气相法白炭黑	25			
	$Ph_2Si(OH)_2$	1.5			
	BP 膏状物	0.2			
	DBPMH	0.4			
硫化胶性能					
项目		辐照前	辐照 5×10^6 Gy 后	辐照 1×10^7 Gy 后	辐照 2×10^7 Gy 后
硫化胶	硬度（邵尔 A）	86	86	86	—
	拉伸强度/MPa	9.4	5.9	4.3	1.3
	扯断伸长率/%	368	125	56	20
	永久变形/%	3	—	0	—

（14）耐水蒸气型硅橡胶混炼胶。

硅橡胶耐低压水蒸气（120～130℃）的性能优于通用橡胶，广泛用于高压锅密封垫、蒸气管道及阀门的衬里、食品加工用密封垫圈等。

但硅橡胶的 Si—O—Si 带有电负性，可被水侵蚀而慢慢分解，在温度超过 150℃的高压蒸气作用下，硅氧烷主链降解得较快，橡胶性能很快变差。采用高纯度的气相法白炭黑，除去配合剂中的离子型杂质，提高交联密度，并加强二段硫化，可提高硅橡胶的耐水蒸气性能。

日本信越公司耐水蒸气型硅橡胶混炼胶性能见表 1.1.8－27。

表 1.1.8－27 日本信越公司耐水蒸气型硅橡胶混炼胶性能

项目			KE7623－U	KE7723－U	KE7511－U	KE7611－U
硫化前	外观		淡黄色	淡黄色	淡黄色	灰白色
	相对密度（25℃）		1.22	1.18	1.14	1.15
	可塑度（Williams，返炼 10 min 后）		300	295	210	200
硫化剂	名称		DBPMH	DBPMH	DBPMH	DBPMH
	用量/份		0.5	0.5	0.6	0.6
硫化胶	200℃×4 h	线收缩率/%	3.9	4.1	—	4.0
		硬度（邵尔 A）	61	70	50	60
		拉伸强度/MPa	9.3	9.8	8.8	9.0
		扯断伸长率/%	330	320	370	360
		撕裂强度/($kN\cdot m^{-1}$)	—	18	—	17
		压缩永久变形（180℃×22 h)/%	8	8	7	7

（15）自润滑（析油）型硅橡胶混炼胶。

自润滑的甲基乙烯基硅橡胶，在一定时间内，制品表面可析出硅油，起自润滑作用。自润滑型硅橡胶混炼胶甚至无须二段硫化，物理机械性能良好，使用温度范围在－55～250℃，可用于压制需要自润滑性能的硅橡胶接头、密封圈及垫圈等汽车橡胶制品。

日本信越公司自润滑型硅橡胶混炼胶性能见表 1.1.8－28。

表 1.1.8－28 日本信越公司自润滑型硅橡胶混炼胶性能

项目			KE503－U	KE5042－U	KE505－U
硫化前	外观		白色	白色	灰白色
	相对密度（25℃）		1.10	1.14	1.19
	可塑度（Williams，返炼 10 min 后）		155	185	190
硫化剂	名称		DBPMH	DBPMH	DBPMH
	用量/份		2.0	2.0	2.0
硫化胶	200℃×4 h	线收缩率/%	3.2	3.6	3.2
		硬度（邵尔 A）	24	43	47
		拉伸强度/MPa	5.4	7.4	6.6
		扯断伸长率/%	600	500	330
		撕裂强度/(kN·m^{-1})	18	22	19
		压缩永久变形（180℃×22 h）/%	15	10	15

（16）自黏型硅橡胶混炼胶。

添加了聚硼硅氧烷或 H_3BO_3 及其衍生物的硅橡胶混炼胶，经过氧化物硫化后，若将其互相接触，能发生二次凝聚而黏连。利用这一特性制成的自黏性胶带，无须打底即可与金属表面良好地黏合，已广泛用作大型高压电机、变压器及电缆绝缘材料。自黏型硅橡胶混炼胶性能见表 1.1.8－29。

表 1.1.8－29 自黏型硅橡胶混炼胶性能

混炼胶配方		硫化胶性能	
甲基乙烯基硅橡胶	100	硬度（邵尔 A）	55～60
气相法白炭黑	50	拉伸强度/MPa	8.8～9.8
聚硼硅氧烷	6	撕裂强度/(kN·m^{-1})	40
$(Me_2SiNH)n$，n=3，4	6	扯断伸长率/%	600～650
高乙烯基含量硅油	6	压缩永久变形/%	8～15
Fe_2O_3	3	自黏强度/MPa	0.18～0.20
DCBP	2	介电强度/(kV·mm^{-1})	16～18

（17）热收缩型硅橡胶混炼胶。

甲基乙烯基硅橡胶中加入具有一定熔融温度或软化温度的热塑性树脂，硅橡胶胶料的热收缩率可达 35%～50%。常用的热塑性树脂有：亚苯基或甲基苯基硅树脂、聚乙烯及据甲基丙烯酸等。热收缩硅橡胶制品广泛用于屏蔽电器部件，绝缘电缆及汇流排，处理电线电缆接头及终端等方面。

除此之外，硅橡胶混炼胶还有海绵型硅橡胶混炼胶（包括阻燃性海绵胶、超高频硫化海绵胶）、荧光型硅橡胶及医用级混炼胶等品种。随着硅橡胶用途的不断开发，胶料的品种牌号日渐增多，过多的牌号会造成生产、贮运和销售工作的混乱。有些供应商已相应地将多个品种分成几种典型的基础胶和几种特性添加剂（包括颜料、硫化剂等）出售，使用者根据需要，按一定配方和混合技术分别配伍，即得最终产品。这种方法不但使品种简单明了，而且生产批量大，质量稳定，成本降低，也提高了竞争性。

3. 硅橡胶混炼胶的供应商

氟硅橡胶混炼胶的主要成分是氟硅橡胶与气相法白炭黑。氟硅橡胶混炼胶的供应商见表 1.1.8－30、表 1.1.8－31、表 1.1.8－32、表 1.1.8－33、表 1.1.8－34、表 1.1.8－35、表 1.1.8－36、表 1.1.8－37、表 1.1.8－38、表 1.1.8－39、表 1.1.8－40、表 1.1.8－41。

表 1.1.8-30 氟硅橡胶混炼胶的供应商（一）

供应商	规格型号	硬度范围（邵尔 A）	拉伸强度/MPa	拉断伸长率/%	撕裂强度/(kN·m⁻¹)	压缩永久变形 177℃×22 h	说明
深圳冠恒	氟硅混炼胶 AFS—R—M1000	40～80	7～12	150～600	15～60	<14	通用型氟硅橡胶，与高抗撕型、高回弹型、低压变型等并用可用于耐油、耐溶剂的极端环境

表 1.1.8-31 氟硅橡胶混炼胶的供应商（二）

供应商	规格型号	硬度范围（邵尔 A）	拉伸强度/MPa	拉断伸长率/%	表干时间/min	说明
深圳冠恒	单组分室温硫化氟硅密封胶 AFS—RTV—1000	30～65	1.5～4	150～250	5～30	室温固化，可用于喷涂、刷涂、浸涂等操作，也可直接用于不规则部分的密封、修理等

表 1.1.8-32 氟硅橡胶混炼胶的供应商（三）

供应商	规格型号	相对分子质量/万	乙烯基含量 wt/%	密度/(g·cm⁻³)	挥发分/%（180℃×3 h）	说明
深圳冠恒	热固化型氟硅弹性体 AFS—R—H1000	20～180	0.05～1.0	1.29～1.30	<3	热固化型氟硅弹性体，相对分子质量高，呈半固体透明状，适用于耐油耐介质等极端环境

表 1.1.8-33 氟硅橡胶混炼胶的供应商（四）

供应商	规格型号	黏度/(Pa·s)	pH 值	封端	挥发分/%（180℃×3 h）	说明
深圳冠恒	室温固化型氟硅弹性体 AFS—R—H1000	0.5～210	5.5～7	羟基封端	<3	可室温固化，适用于腻子、黏结剂、密封剂，也可用作工业助剂

表 1.1.8-34 氟硅橡胶混炼胶的供应商（五）

均聚通用型氟硅橡胶预混胶									
供应商	项目	单位	测试方法	技术指标					
				HR—1030GP	HR—1040GP	HR—1050GP	HR—1060GP	HR—1070GP	HR—1080GP
福建永泓高新材料科技有限公司	外观		目视检查	半透明、表面光滑、无杂质					
	比重		GB/T 533—1991	1.42	1.43	1.46	1.48	1.49	1.50
	硬度（邵尔 A）		GB/T 531.1—2008	30	40	50	60	70	80
	拉伸强度	MPa	GB/T 528—2009	8.5	10.0	10.5	9.5	9.0	8.0
	扯断伸长率	%	GB/T 528—2009	350	375	350	300	200	165
	撕裂强度（新月型）	kN·m⁻¹	GB/T 529—2008	21	25	25	22	20	18
	压缩永久变形 177℃×22 hr（25%）	%	GB/T 7759.1—2015	15	12	13	14	15	16
	参考燃油 B 体积变化率（23℃×70 hr）	%	GB/T 1690—2010	22	20	19	18	18	18

注：本表测试程序为先在开炼机上返炼数次，按 100 份混炼胶加入 1 份耐热添加剂（HFS—A—06），0.55 份硫化剂（2，5-二甲基-2，5-二叔丁基过氧化己烷），然后在模压机上一段硫化成型，最后在烘箱里二段硫化。一段硫化条件为：171℃×15 min，二段硫化条件为 200℃×4 hr。不同硬度品级的橡胶可以任意比例混合，获取 20～80 内的各种硬度。

表 1.1.8-35　氟硅橡胶混炼胶的供应商（六）

共聚通用型氟硅橡胶预混胶							
供应商	项目	单位	测试方法	技术指标			
				HR—2030GP	HR—2040GP	HR—2060GP	HR—2080GP
福建永泓高新材料科技有限公司	外观		目视检查	半透明、表面光滑、无杂质			
	比重		GB/T 533—1991	1.42	1.43	1.48	1.50
	硬度（邵尔 A）		GB/T 531.1—2008	30	40	60	80
	拉伸强度	MPa	GB/T 528—2009	6.0	7.5	7.0	5.5
	扯断伸长率	%	GB/T 528—2009	350	400	250	175
	撕裂强度（新月型）	kN · m^{-1}	GB/T 529—2008	20	25	25	18
	压缩永久变形 177℃×22 hr（25%）	%	GB/T 7759.1—2015	18	15	16	18
	参考燃油 B 体积变化率（23℃×70 hr）	%	GB/T 1690—2010	135	130	125	125

注：本表测试程序为先在开炼机上返炼数次，按 100 份混炼胶加入 1 份耐热添加剂（HFS—A—06）、0.55 份硫化剂（2，5-二甲基-2，5-二叔丁基过氧化己烷），然后在模压机上一段硫化成型，最后在烘箱里二段硫化。一段硫化条件为 171℃×15 min，二段硫化条件为 200℃×4 hr。不同硬度品级的橡胶可以任意比例混合，获取 20～80 内的各种硬度。

表 1.1.8-36　氟硅橡胶混炼胶的供应商（七）

高强度氟硅橡胶预混胶							
供应商	项目	单位	测试方法	技术指标			
				HR—1030HT	HR—1040HT	HR—1060HT	HR—1080HT
福建永泓高新材料科技有限公司	外观		目视检查	半透明、表面光滑、无杂质			
	比重		GB/T 533—1991	1.42	1.43	1.48	1.50
	硬度（邵尔 A）		GB/T 531.1—2008	30	40	60	80
	拉伸强度	MPa	GB/T 528—2009	9.5	11.0	10.5	9.0
	扯断伸长率	%	GB/T 528—2009	350	400	350	250
	撕裂强度（新月型）	kN · m^{-1}	GB/T 529—2008	40	45	42	30
	压缩永久变形 177℃×22 hr（25%）	%	GB/T 7759.1—2015	14	12	14	16
	参考燃油 B 体积变化率（23℃×70 hr）	%	GB/T 1690—2010	22	21	20	20

注：本表测试程序为先在开炼机上返炼数次，按 100 份混炼胶加入 1 份耐热添加剂（HFS—A—06）、0.55 份硫化剂（2，5-二甲基-2，5-二叔丁基过氧化己烷），然后在模压机上一段硫化成型，最后在烘箱里二段硫化。一段硫化条件为 171℃×15 min，二段硫化条件为 200℃×4 hr。不同硬度品级的橡胶可以任意比例混合，获取 20～80 内的各种硬度。

表 1.1.8-37　氟硅橡胶混炼胶的供应商（八）

低压缩永久变形氟硅橡胶预混胶							
供应商	项目	单位	测试方法	技术指标			
				HR—1031LC	HR—1041LC	HR—1061LC	HR—1081LC
福建永泓高新材料科技有限公司	外观		目视检查	半透明、表面光滑、无杂质			
	比重		GB/T 533—1991	1.42	1.43	1.48	1.50
	硬度（邵尔 A）		GB/T 531.1—2008	30	40	60	80
	拉伸强度	MPa	GB/T 528—2009	9.0	10.0	10.5	9.0
	扯断伸长率	%	GB/T 528—2009	300	350	300	175
	撕裂强度（新月型）	kN · m^{-1}	GB/T 529—2008	20	25	25	18
	压缩永久变形 177℃×22 hr（25%）	%	GB/T 7759.1—2015	8	7	8	9
	参考燃油 B 体积变化率（23℃×70 hr）	%	GB/T 1690—2010	22	20	19	19

注：本表测试程序为先在开炼机上返炼数次，按 100 份混炼胶加入 1 份耐热添加剂（HFS—A—06）、0.55 份硫化剂（2，5-二甲基-2，5-二叔丁基过氧化己烷），然后在模压机上一段硫化成型，最后在烘箱里二段硫化。一段硫化条件为 171℃×15 min，二段硫化条件为 200℃×4 hr。不同硬度品级的橡胶可以任意比例混合，获取 20～80 内的各种硬度。

表 1.1.8-38 氟硅橡胶混炼胶的供应商（九）

经济型氟硅橡胶预混胶							
供应商	项目	单位	测试方法	技术指标			
				HR—1030EC	HR—1040EC	HR—1060EC	HR—1080EC
福建永泓高新材料科技有限公司	外观		目视检查	半透明、表面光滑、无杂质			
	比重		GB/T 533—1991	1.42	1.43	1.48	1.50
	硬度（邵尔 A）		GB/T 531.1—2008	30	40	60	80
	拉伸强度	MPa	GB/T 528—2009	6.0	7.0	7.0	5.5
	扯断伸长率	%	GB/T 528—2009	165	225	200	125
	撕裂强度（新月型）	$kN\cdot m^{-1}$	GB/T 529—2008	14	20	20	15
	压缩永久变形 177℃×22 hr（25%）	%	GB/T 7759.1—2015	12	11	12	10
	参考燃油 B 体积变化率（23℃×70 hr）	%	GB/T 1690—2010	22	20	19	19

注：本表测试程序为先在开炼机上返炼数次，按 100 份混炼胶加入 1 份耐热添加剂（HFS—A—06）、0.55 份硫化剂（2，5-二甲基-2，5-二叔丁基过氧化己烷），然后在模压机上一段硫化成型，最后在烘箱里二段硫化。一段硫化条件为 171℃×15 min，二段硫化条件为 200℃×4 hr。不同硬度品级的橡胶可以任意比例混合，获取 20～80 内的各种硬度。

表 1.1.8-39 氟硅橡胶混炼胶的供应商（十）

挤出专用型氟硅橡胶预混胶						
供应商	项目	单位	测试方法	技术指标		
				HR—1050ET	HR—1060ET	HR—1080ET
福建永泓高新材料科技有限公司	外观		目视检查	半透明、表面光滑、无杂质		
	比重		GB/T 533—1991	1.46	1.48	1.50
	硬度（邵尔 A）		GB/T 53.1—2008	50	60	80
	拉伸强度	MPa	GB/T 528—2009	9.0	9.0	7.0
	扯断伸长率	%	GB/T 528—2009	300	350	300
	撕裂强度（新月型）	$kN\cdot m^{-1}$	GB/T 529—2008	20	25	25
	压缩永久变形 177℃×22 hr（25%）	%	GB/T 7759.1—2015	18	20	25
	参考燃油 B 体积变化率（23℃×70 hr）	%	GB/T 1690—2010	22	20	19

注：本表测试程序为先在开炼机上返炼数次，按 100 份混炼胶加入 1 份耐热添加剂（HFS—A—06）、1.5 份硫化剂（过氧化双（2，4-二氯苯甲酰）），然后在模压机上一段硫化成型，最后在烘箱里二段硫化。一段硫化条件为 105℃×15 min，二段硫化条件为 200℃×4 hr。不同硬度品级的橡胶可以任意比例混合，获取 50～80 内的各种硬度。

表 1.1.8-40 氟硅橡胶混炼胶的供应商（十一）

非二段硫化型氟硅橡胶预混胶							
供应商	项目	单位	测试方法	技术指标			
				HR—1030NP	HR—1040NP	HR—1060NP	HR—1080NP
福建永泓高新材料科技有限公司	外观		目视检查	半透明、表面光滑、无杂质			
	比重		GB/T 533—1991	1.42	1.43	1.48	1.50
	硬度（邵尔 A）		GB/T 531.1—2008	30	40	60	80
	拉伸强度	MPa	GB/T 528—2009	9.0	10.0	10.0	8.0
	扯断伸长率	%	GB/T 528—2009	350	375	325	175
	撕裂强度（新月型）	$kN\cdot m^{-1}$	GB/T 529—2008	21	25	22	16
	一段压缩永久变形 177℃×22 hr（25%）	%	GB/T 7759.1—2015	13	12	12	16
	二段压缩永久变形 177℃×22 hr（25%）	%	GB/T 7759.1—2015	7.0	8.0	8.0	9.0
	参考燃油 B 体积变化率（23℃×70 hr）	%	GB/T 1690—2010	22	20	19	19

注：本表测试程序为先在开炼机上返炼数次，按 100 份混炼胶加入 1 份耐热添加剂（HFS—A—06）、0.55 份硫化剂（2，5-二甲基-2，5-二叔丁基过氧化己烷），然后在模压机上一段硫化成型，最后在烘箱里二段硫化。一段硫化条件为 171℃×15 min，二段硫化条件为 200℃×4 hr。不同硬度品级的橡胶可以任意比例混合，获取 20～80 内的各种硬度。

硅橡胶混炼胶的供应商还有：江西蓝星星火、东莞市朗晟硅材料有限公司、深圳市安品有机硅材料有限公司、江苏天辰硅材料有限公司、合盛硅业股份有限公司、迈高精细高新材料（深圳）有限公司、江苏东爵公司、江苏宏达公司、新安天玉公司、中山聚合、东莞正安、广东森日、日本信越、瓦克公司、前道康宁公司、迈图公司等。

（二）氟橡胶预混胶与混炼胶

1. 氟橡胶预混胶

（1）二元氟橡胶预混胶。

成都晨光博达橡塑有限公司二元氟橡胶预混胶是偏氟乙烯和全氟丙烯的二元共聚物，氟含量为66%，具有优秀的耐高温、耐介质和耐候性能，是目前用途最为广泛的一种氟橡胶。氟橡胶生胶中加入适量的硫化剂、硫化促进剂和加工助剂，即构成了氟橡胶预混胶。相对氟橡胶生胶而言，其突出特点是加工方便、环境友好、质量稳定、综合成本低。

二元氟橡胶预混胶的供应商见表 1.1.8-42。

（2）三元氟橡胶预混胶。

成都晨光博达橡塑有限公司三元氟橡胶预混胶是偏氟乙烯、全氟丙烯和四氟乙烯的三元共聚物，氟含量为66%～70%，具有优秀的耐高温、耐介质和耐候性能。相比二元氟橡胶，氟含量较高（68%～70%）的三元氟橡胶具有更佳的耐介质和耐燃油性能。氟含量低（低至66%）的三元氟橡胶则具有更好的耐低温性能。氟橡胶生胶中加入适量的硫化剂、硫化促进剂和加工助剂，即构成了氟橡胶预混胶。相对氟橡胶生胶而言，其突出特点是加工方便、环境友好、质量稳定、综合成本低。

三元氟橡胶预混胶的供应商见表 1.1.8-43。

2. 氟橡胶混炼胶

（1）二元氟橡胶混炼胶。

成都晨光博达橡塑有限公司二元氟橡胶混炼胶，基于偏氟乙烯和全氟丙烯的二元共聚物设计开发了多种颜色，硬度从50 Shore A 到 95 Shore A 的混炼胶，其突出特点是粉料分散均匀、加工方便、环境友好、质量稳定。

二元氟橡胶混炼胶的供应商见表 1.1.8-44。

（2）三元氟橡胶混炼胶。

成都晨光博达橡塑有限公司三元氟橡胶混炼胶，基于偏氟乙烯、全氟丙烯和四氟乙烯的三元共聚物设计开发了多种颜色，硬度从 55 Shore A 到 95 Shore A 的混炼胶，其突出特点是粉料分散均匀、加工方便、环境友好、质量稳定。

三元氟橡胶混炼胶的供应商见表 1.1.8-45。

（3）过氧化物硫化氟橡胶混炼胶。

耐碱过氧化物硫化氟橡胶具有优异的耐碱、耐胺类和水蒸气性能。成都晨光博达橡塑有限公司基于耐碱过氧化物硫化氟橡胶设计开发了多种颜色，硬度从 55 Shore A 到 90 Shore A 的混炼胶，其突出特点是粉料分散均匀、加工方便、环境友好、质量稳定。

过氧化物硫化氟橡胶混炼胶的供应商见表 1.1.8-46。

（4）全氟醚橡胶混炼胶。

全氟醚橡胶具有所有商品橡胶材料中最高的使用温度和最佳的耐化学介质性能，还具有优异的气密性，作为重要的密封件在制药、半导体、石油化工、石化、航空航天等领域起着不可替代的作用。成都晨光博达橡塑有限公司提供耐温等级从 230℃到 315℃的全氟醚橡胶混炼胶。

全氟醚橡胶混炼胶的供应商见表 1.1.8-47。

（三）混炼型聚氨酯预混胶

TSE Industries Inc. 生产的 Millathane® 混炼型聚氨酯牌号见表 1.1.8-48，其中聚醚型比聚酯型具有更好的抗水性和耐水解性，而聚酯型比聚醚型具有更好的耐热性、耐油性和抗压缩变形性，预混胶均含有 1.5 份聚炭二亚胺水解稳定剂。

表 1.1.8-41 氟硅橡胶混炼胶的供应商（十二）

供应商	类型	牌号	物理机械性能										加工工艺					产品描述/特点	典型应用
			比重	硬度（邵尔 A）	拉伸强度/MPa	扯断伸长率/%	抗撕强度/(kN·m^{-1})	压变/%（22 h@177℃）	回弹/%	体积变化率/%（Fuel B 中浸泡 22 h @23℃）	体积变化率/%（ASTM F101 中浸泡 70 h @ 150℃）	Tr10/℃	模压	递模	注射	挤出	压延		
成都晨光博达橡塑有限公司	低压变	FSR－1040	1.40	38	8.7	400	16	10	35	+15	+7.1	−60	O	O	O	O	O	低压变，易于着色，优秀的耐化学药品性能，在较大的温度范围内保持良好性能	模压、挤出和压延制品
		FSR－1060	1.46	60	9.1	330	20	9	23	+15	+7.4	−60	O	O	O	O	O		
		FSR－1070	1.47	70	8.5	300	16	13	26	+14	+6.8	−60	O	O	O	O	O		
		FSR－1080	1.49	79	7.3	150	15	12	25	+14	+6.1	−60	O	O	O	O	O		
	通用型	FSR－1140	1.44	39	9.8	510	28	13	—	+15	—	−60	O	O	O	O	O	易于着色，优秀的耐化学药品性能，在较大的温度范围内保持良好性能	模压、挤出和压延制品
		FSR－1150	1.46	51	9.5	380	26	15	—	+16	—	−60	O	O	O	O	O		
		FSR－1160	1.47	60	9.0	325	24	16	—	+16	—	−60	O	O	O	O	O		
		FSR－1170	1.48	70	8.5	230	17	22	—	+15	—	−60	O	O	O	O	O		
	高强度高抗撕	FSR－1240	1.44	40	10.2	510	38	15	23	+20	—	−60	O	O	O	O	O	较高的拉伸强度和抗撕强度，良好的加工性能，易于着色，优秀的耐化学药品性能，在较大的温度范围内保持良好性能	模压、挤出和压延制品
		FSR－1250	1.47	50	9.8	430	41	23	21	+20	—	−60	O	O	O	O	O		
		FSR－1260	1.48	61	9.3	350	38	25	21	+20	—	−60	O	O	O	O	O		
	高回弹	FSR－1440	1.40	40	8.5	380	15	10	35	+18	—	−60	O	O	O	O	O	高回弹，易于着色，优秀的耐化学药品性能，在较大的温度范围内保持良好性能	模压、挤出和压延制品
		FSR－1450	1.44	50	9.8	330	18	7	30	+18	—	−60	O	O	O	O	O		

表 1.1.8-42　二元氟橡胶预混胶的供应商

博达二元氟橡胶预混胶 BDF 系列																	
牌号	胶料性能									加工工艺						产品描述/特点	典型应用
	门尼黏度[ML(1+10)121℃]	比重/(g·cm^{-3})	氟含量/%	体积膨胀率 Fuel C/70 h @ 23℃	低温回弹性 Tr10℃	拉伸强度/Mpa	断裂伸长率/%	硬度(邵尔A)	压缩永久变形/%(70 h @ 200℃)	模压成型	递模成型	注射成型	挤出成型	压延成型	金属黏接		
BDF201P	20	1.81	66	4%	−17	11	200	78	16		O	O	O			优良的模内流动性、脱模性，永久压缩变形小	O形圈、垫圈及模压部件
BDF275P	20	1.81	66	4%	−17	11	245	76	22			O	O			优良的自动注射成型加工性能，脱模性佳	O形圈、垫圈、模压部件及复杂形状部件
BDF25P	25	1.81	66	4%	−17	13	260	74	21	O	O	O	O			优良的模内流动性和热抗撕性，伸长率高	O形圈、垫圈、模压部件及复杂形状部件
BDF25EP	25	1.81	66	4%	−17	13	220	77	20				O			优良的挤出性能	挤出胶管、胶条等
BDF25IP	25	1.81	66	4%	−17	13	200	78	19		O	O				良好的流动性和工艺性能，适用于自动注射成型	O形圈、垫圈及模压部件
BDF25CP	25	1.81	66	4%	−17	13	180	78	18	O	O	O	O			优良的工艺性能，硫化迅速	O形圈、垫圈及模压部件
BDF30P	30	1.81	66	4%	−17	13.5	230	78	18	O	O		O			优良的模内流动性、脱模性，永久压缩变形小	O形圈、垫圈、模压部件及复杂形状部件
BDF302A	30	1.81	66	4%	−17	13.2	270	77	35	O					O	性能优良的溶解性能，优异的金属黏接	适用于涂覆、喷涂、丝网印刷等汽缸垫片
BDF331P	30	1.81	66	4%	−17	13.5	280	76	23	O	O	O	O	O		扯断伸长率大，优良的加工性能和热撕裂性	一般的垫圈、O形圈密封件及复杂形状部件
BDF361P	30	1.81	66	4%	−17	13.5	230	77	20	O	O	O	O		O	优良的模内流动性、抗撕性和与金属骨架的黏接性	油封、曲轴油封、阀杆油封等金属黏接部件及复杂形状部件
BDFH361P	60	1.80	66	4%	−17	15.8	260	76	19	O					O	优良的脱模性能，抗撕裂性与金属骨架的黏接性能，改善成型后制品不粘黏	小规格尺寸油封以及其他黏接型密封件
BDF362P	30	1.81	66	4%	−17	13.6	230	76	20	O	O	O	O		O	BDF361P 的改进版，主要适用于电子行业	油封、轴封和复杂形状部件
BDF401P	40	1.81	66	4%	−17	14	190	78	16	O	O		O	O		优良的平板模压成型性能，低永久压缩变形	O形圈、垫圈等密封件
BDF402P	40	1.81	66	4%	−17	14.5	200	77	16	O	O		O	O		BDF401P 的改进版，主要适用于电子行业	O形圈、垫圈

续表

博达二元氟橡胶预混胶 BDF 系列																
牌号	胶料性能									加工工艺						产品描述/特点	典型应用
	门尼黏度[ML(1+10)121℃]	比重/(g·cm^{-3})	氟含量/%	体积膨胀率 Fuel C/70 h @ 23℃	低温回弹性 Tr10℃	拉伸强度/Mpa	断裂伸长率/%	硬度(邵尔 A)	压缩永久变形/%(70 h @ 200℃)	模压成型	递模成型	注射成型	挤出成型	压延成型	金属黏接		
BDF403P	40	1.81	66	4%	−17	14.5	200	77	16	O	O		O	O		优良的平板模压成型性能，低永久压缩变形，符合食品级 FDA 认证	食品级氟橡胶制品
BDF401HP	45	1.81	66	4%	−17	15	200	77	16	O	O		O			优良的平板模压成型性能，低永久压缩变形，机械性能进一步改善	O 形圈、垫圈等密封件
BDF60C	43	1.81	66	4%	−17	14	210	78	18	O			O	O		优良的加工性能和模压成型性能	一般的垫圈、O 形圈密封件及模压部件
BDF45P	45	1.81	66	4%	−17	14.5	270	74	20	O	O		O			中高门尼黏度，特点类似 BDF25P	O 形圈、垫圈、模压部件及复杂形状部件
BDF601P	60	1.81	66	4%	−17	15	180	78	13	O						中高门尼黏度，非常低的永久压缩变形，适用于平板模压成型	O 形圈、垫圈等密封件

表 1.1.8-43 三元氟橡胶预混胶的供应商

博达三元氟橡胶预混胶 BDT 系列																	
牌号	胶料性能									加工工艺						产品描述/特点	典型应用
	门尼黏度[ML(1+10)121℃]	比重/(g·cm^{-3})	氟含量/%	体积膨胀率 Fuel C/70 h @ 23℃	低温回弹性 Tr10℃	拉伸强度/Mpa	断裂伸长率/%	硬度(邵尔 A)	压缩永久变形/%(70 h @ 200℃)	模压成型	递模成型	注射成型	挤出成型	压延成型	金属黏接		
BDT2461E	35	1.85	68	3%	−13	13	270	75	34				O			优良的流动性和脱模性，适用于挤出成型	挤出胶管、胶条等
BDT40CP	40	1.85	68	3%	−13	13	210	79	28	O	O					工艺性能优良，永久压缩变形较小，适用于平板模压成型	O 形圈、垫圈等密封件
BDT235P	25	1.85	68	3%	−13	12.5	280	79	31	O	O	O	O		O	低门尼版的 BDT435P，优良的模内流动性、抗撕裂性和金属黏接性	多功能油封、轴封和复杂形状部件
BDT435P	40	1.85	68	3%	−13	13	260	78	31	O	O		O		O	优良的模内流动性，脱模容易，良好的金属骨架黏接能力	油封、曲轴油封、阀杆油封等金属黏接部件，以及复杂形状部件

续表

博达三元氟橡胶预混胶 BDT 系列																	
牌号	胶料性能									加工工艺						产品描述/特点	典型应用
	门尼黏度[ML(1+10)121℃]	比重/(g·cm^{-3})	氟含量/%	体积膨胀率 Fuel C/70 h @ 23℃	低温回弹性 Tr10℃	拉伸强度/Mpa	断裂伸长率/%	硬度（邵尔 A）	压缩永久变形/%（70 h @ 200℃）	模压成型	递模成型	注射成型	挤出成型	压延成型	金属黏接		
BDT40P	40	1.85	68	3%	−13	13	250	77	30	O	O	O	O	O		优良的模内流动性和脱模性	一般的垫圈、O 形圈密封件及模压部件
BDT246−2CP	46	1.86	69	2%	−12	13	230	26	29	O	O	O	O	O		相比普通 BDT 胶料，略微提高了耐化学介质性能	一般的垫圈、O 形圈密封件及模压部件
BDT246−1EP	23	1.86	69	2%	−12	13	270	78	34				O		O	优异的加工性能、金属黏接性能以及耐化学介质性能	挤出软管、油封以及复杂形状部件
BDT246−2EP	34	1.86	69	2%	−12	13	270	78	34				O		O	优异的加工性能、金属黏接性能以及耐化学介质性能	挤出软管、油封以及复杂形状部件
BDT246−3EP	25	1.86	69	2%	−12	13	300	79	35				O		O	优异的加工性能、黏接性能以及耐化学介质性能	与 NBR 橡胶层相黏接的挤出软管
BDT601P	60	1.85	68	3%	−13	14	220	78	28	O	O	O	O			中高门尼黏度，在永久压缩变形和耐化学介质性能上取得平衡	O 形圈、垫圈等密封件
BDT351P	35	1.85	68	3%	−13	13	260	79	31	O	O	O	O		O	低门尼版的 BDT651P，优良的热撕裂性、模内流动性和金属黏接性	多功能油封、轴封和复杂形状部件
BDT651P	60	1.85	68	3%	−13	13.6	270	77	31	O				O	O	优良的热抗撕、模内流动性和与金属骨架黏接性	油封、曲轴油封、阀杆油封等金属黏接部件，及复杂形状部件
BDT501HP	53	1.89	70	2%	−7	15	240	80	32	O	O		O			优良的模内流动性，比普通三元氟橡胶有更好的耐腐蚀性液体性能	O 形圈、垫圈等密封件
BDTL40P	40	1.80	66	4%	−19	16.2	220	74	36	O	O	O	O	O		低温柔韧性有改善	一般的 O 形圈、垫片和挤出胶条

表 1.1.8-44 二元氟橡胶混炼胶的供应商

牌号	物理机械性能					热空气老化 250℃×70 h			耐燃油 Fuel C 23℃×70 h				低温性能	加工工艺					产品描述/特点	典型应用
博达二元双酚硫化氟橡胶混炼胶 BDF 系列[a]																				
	比重/(g·cm^{-3})	硬度(邵尔 A)	拉伸强度/MPa	扯断伸长率/%	压缩永久变形/%(200℃×70 h)	硬度变化	拉伸强度变化/%	伸长率变化/%	硬度变化	拉伸强度变化/%	伸长率变化/%	体积变化/%	脆性温度/℃	模压成型	递模成型	注射成型	挤出成型	金属黏接		
BDF－H2501	1.88	52	8.6	470	30	2	4	−11	−3	−11	−14	4	−25	O	O		O		低硬度产品，改善模压工艺性能	低硬度 O 形圈、隔膜片、垫圈及其他杂件
BDF－H2601	1.9	61	11.6	320	17	2	−9	−10	−3	−8	−16	3	−25	O	O		O		优异的流动性，改善脱模性能，低压缩永久变形	O 形圈、垫圈
BDF－H2602	1.9	62	11.2	360	20	1	10	−6	−4	−9	−12	4	−25	O	O		O		优异的流动性，改善热撕裂性能	挤出胶管胶条，模压制品及复杂形状部件
BDF－H2652	1.9	67	11.8	330	19	2	−11	−11	−3	−14	−14	3	−25	O	O	O	O	O	优异的流动性，改善热撕裂性能，提高金属黏接性能	挤出胶管胶条、油封类金属黏接部件及复杂形状部件
BDF－H2701	1.9	70	13.5	240	15	2	−8	−3	−3	−12	−13	3	−25	O	O	O	O		优异的流动性，改善脱模性能，低压缩永久变形	O 形圈、垫圈及模压部件
BDF－H2702	1.9	71	13.2	310	19	2	−8	−11	−3	−11	−12	4	—	O	O	O	O	O	优异的流动性，改善热撕裂性能，提高金属黏接性能	油封类金属黏接部件以及有热撕裂要求复杂形状部件
BDF－H2751	1.92	75	14.8	230	15	2	−4	−10	−3	−13	−17	4	—	O	O	O			优异的流动性，改善脱模性能，低压缩永久变形	O 形圈、垫圈及模压部件
BDF－H2752	1.92	75	14.2	290	18	2	−9	−11	−2	−11	−15	4	—	O	O	O		O	优异的流动性，改善热撕裂性能，提高金属黏接性能	油封类金属黏接部件以及有热撕裂要求复杂形状部件
BDF－H2801	1.93	80	15.6	207	17	2	−5	−13	−3	−12	−9	4	—	O					改善流动性能，改善脱模性能，低压缩永久变形	O 形圈、垫圈及模压部件
BDF－H2851	1.95	84	14.3	170	25	2	−7	−12	−4	−11	−7	4	—	O					改善流动性能，改善脱模性能，低压缩永久变形	耐压 O 形圈、垫圈等密封件
BDF－H2852	1.95	82	15.3	220	26	2	−2	−8	−2	−15	−10	4	—	O				O	改善流动性能，改善热撕裂性能，提高金属黏接性能，提高耐磨性能	高耐磨要求油封类金属黏接部件及耐高压杂件
BDF－H2902	1.95	89	14.8	170	29	2	−3	−9	−3	−7	−14	4	—	O					高硬度产品，改善流动性能，改善脱模性能	高硬度 O 形圈、垫圈及其他杂件
BDF－KK2601	1.92	60	11.2	250	17	1	−4	−10	−3	−10	−11	3	−25	O	O	O	O		优异的流动性，改善脱模性能，低压缩永久变形	O 形圈、垫圈及模压部件

续表

博达二元双酚硫化氟橡胶混炼胶 BDF 系列[a]																				
牌号	物理机械性能					热空气老化 250℃×70 h			耐燃油 Fufl C 23℃×70 h				低温性能	加工工艺					产品描述/特点	典型应用
	比重/(g·cm⁻³)	硬度(邵尔 A)	拉伸强度/MPa	扯断伸长率/%	压缩永久变形/%(200℃×70 h)	硬度变化	拉伸强度变化/%	伸长率变化/%	硬度变化	拉伸强度变化/%	伸长率变化/%	体积变化/%	脆性温度/℃	模压成型	递模成型	注射成型	挤出成型	金属黏接		
BDF－KK2652	1.92	66	11.8	280	19	2	－10	－9	－3	－9	－16	3	－25	O	O	O	O	O	优异的流动性，改善热撕裂性能，提高金属黏接性能	挤出胶管、胶条，低硬度油封类产品
BDF－KK2701	1.95	71	14.5	230	16	1	－8	－6	－4	－9	－12	4	－25	O	O	O	O		改善流动性，工艺性能优良，永久压缩变形较小，适用于大平板模压成型	大平板多腔 O 形圈、垫圈等密封件
BDF－KK2702	2.01	72	14.5	260	17	2	－3	－8	－2	－14	－14	3	—	O	O	O	O	O	优异的流动性和热撕裂性能，提高与金属黏接性能	油封、曲轴油封、阀杆油封等金属黏接部件，及复杂形状部件
BDF－KR2701	1.92	72	13.5	220	18	2	－8	－3	－3	－12	－13	3	—	O	O	O	O		优异的流动性，改善脱模性能，低压缩永久变形	O 形圈、垫圈及模压部件
BDF－KR2752	1.92	76	13.5	270	18	2	－8	－11	－3	－11	－12	4	—	O	O	O	O	O	优异的流动性和热撕裂性能，提高与金属黏接性能	油封、曲轴油封、阀杆油封等金属黏接部件，及复杂形状部件
BDF－KK2801	1.92	81	14	190	20	2	－4	－10	－3	－13	－17	4	—	O	O	O			较好的流动性，改善脱模性能，低压缩变形	C 形圈、垫圈等密封件
BDF－KK2802	1.92	82	13.8	250	22	2	－9	－11	－2	－11	－15	4	—	O				O	优良的热抗撕、模内流动性和与金属骨架黏接性	油封、曲轴油封、阀杆油封等金属黏接部件，及复杂形状部件
BDF－KR2852	1.92	82	13.5	240	24	2	－5	－13	－3	－12	－9	4	—	O					高硬度产品，改善流动性，提高耐磨性能	高硬度 O 形圈、垫圈及其他杂件
BDF－LG2701	2.02	70	13.2	230	18	2	－7	－12	－4	－11	－7	4	—	O	O	O	O	O	优异的流动性，改善脱模性能，低压缩永久变形	O 形圈、垫圈及模压部件
BDF－LG2752	2.05	75	13.5	250	23	2	－5	－8	－2	－15	－10	4	—	O	O	O	O	O	优异的流动性和热撕裂性能，提高与金属黏接性能	油封、曲轴油封、阀杆油封等金属黏接部件，及复杂形状部件
BDF－LB2701	1.98	70	13	230	19	2	－7	－9	－3	－7	－14	4	—	O	O	O	O	O	优异的流动性，改善脱模性能，低压缩永久变形	O 形圈、垫圈及模压部件
BDF－LB2752	2.01	75	13.4	250	23	1	－8	－10	－2	－11	－11	3	—	O	O	O			优异的流动性和热撕裂性能，提高与金属黏接性能	油封、曲轴油封、阀杆油封等金属黏接部件，及复杂形状部件

注：a. BDF 二元双酚硫化系列牌号中第一组字符，H——黑色系列，KK——咖啡色系，KR——红色系，LG——绿色系，LB——蓝色系；第二组字符中，第一个数字代表配方代码，第二和第三个数字代表硬度；第三组字符中（第四个字母），1——低压缩变形应用，2——热撕裂要求、复杂形状要求等。

表 1.1.8-45 三元氟橡胶混炼胶的供应商

博达三元双酚硫化氟橡胶混炼胶 BDT 系列[a]

牌号	物理机械性能					热空气老化 250℃×70 h			耐燃油 Fuel C 23℃×70 h				低温性能	加工工艺					产品描述/特点	典型应用
	比重/(g·cm^{-3})	硬度(邵尔 A)	拉伸强度/MPa	扯断伸长率/%	压缩永久变形/%(200℃×70 h)	硬度变化	拉伸强度变化/%	伸长率变化/%	硬度变化	拉伸强度变化/%	伸长率变化/%	体积变化/%	脆性温度/℃	模压成型	递模成型	注射成型	挤出成型	金属黏接		
BDT－H3651	1.99	67	13.2	240	30	2	4	−13	−2	−9	−11	2	−30	O	O	O	O		优异的流动性，改善脱模性能，改善低温脆性，较好的耐甲醇和乙醇燃油性能	O 形圈、垫圈及模压部件
BDHT－H3601	1.99	63	11.8	290	38	1	4	6	−1	−4	−6	1	−35	O	O	O	O		优异的模内流动性、脱模性能，优异的耐含醇类的燃油性能	O 形圈、垫圈及模压部件
BDT－H3752	1.98	74	15.4	280	32	1	−3	−11	−3	−12	−14	1	—	O	O	O	O	O	优异的流动性，改善热撕裂性能，提高金属黏接性能，较好的耐甲醇和乙醇燃油性能	油封类金属黏接部件以及有热撕裂要求复杂形状部件
BDT－H3802	1.98	80	15.8	270	32	2	−6	−10	−3	−13	−11	2	—	O				O	优异的流动性，改善热撕裂性能，提高金属黏接性能，较好的耐甲醇和乙醇燃油性能	油封类金属黏接部件以及有热撕裂要求复杂形状部件
BDT－KR3702	1.92	73	13.5	280	29	1	−8	−13	−2	−8	−10	2	−30	O	O	O		O	优异的流动性，改善热撕裂性能，提高金属黏接性能，较好的耐甲醇和乙醇燃油性能	油封、曲轴油封、阀杆油封等金属黏接部件，及复杂形状部件
BDT－KR3752	1.92	77	13.8	260	29	2	−13	−11	−2	−12	−11	2	—	O	O			O	优异的流动性，改善热撕裂性能，提高金属黏接性能，较好的耐甲醇和乙醇燃油性能	油封、曲轴油封、阀杆油封等金属黏接部件，及复杂形状部件
BDT－KR3801	1.92	79	14.7	210	27	2	−11	−12	−2	−6	−13	2	—	O	O				优异的流动性，改善脱模性能，较好的耐甲醇和乙醇燃油性能	O 形圈、垫圈及其他杂件
BDT－LG3701	2.02	72	14.3	220	28	2	−10	−11	−2	−12	−11	2	—	O	O	O			优异的流动性，改善脱模性能，较好的耐甲醇和乙醇燃油性能	O 形圈、垫圈及其他杂件
BDT－LB3752	2.05	76	14.5	230	30	2	−8	−12	−2	−9	−12	2	—	O	O			O	优异的流动性，改善热撕裂性能，提高金属黏接性能，较好的耐甲醇和乙醇燃油性能	油封、曲轴油封、阀杆油封等金属黏接部件，及复杂形状部件

注 a：BDT 三元双酚硫化系列牌号中第一组字符，H——黑色系列，KK——咖啡色系，KR——红色系，LG——绿色系，LB——蓝色系；第二组字符中，第一个数字代表配方代码，第二和第三个数字代表硬度；第三组字符中（第四个字母），1——低压缩变形应用，2——热撕裂要求、复杂形状要求等。

表 1.1.8-46　过氧化物硫化氟橡胶混炼胶的供应商

博达过氧化物硫化氟橡胶混炼胶 BDPL、BDP 系列[a]																				
牌号	物理机械性能					热空气老化 250℃×70 h			耐燃油 Fuel C 23℃×70 h				低温性能	加工工艺					产品描述/特点	典型应用
	比重/(g·cm^{-3})	硬度(邵尔 A)	拉伸强度/MPa	扯断伸长率/%	压缩永久变形/%(200℃×70 h)	硬度变化	拉伸强度变化/%	伸长率变化/%	硬度变化	拉伸强度变化/%	伸长率变化/%	体积变化/%	脆性温度/℃	模压成型	递模成型	注射成型	挤出成型	金属黏接		
BDP−H7701	1.98	73	17.3	290	20	2	−9	−13	−2	−4	−9	2	−35	○	○	○	○	○	优异的流动性，改善热撕裂性能，提高金属黏接性能，优异的耐乙二醇和水性能	注射用汽缸垫片、阻水圈以及复杂形状部件
BDP−H7802	1.98	83	27.2	280	23	1	−11	−12	−2	−5	−8	2	—	○	○				优异的流动性，改善脱模性能，优异的耐化学介质、水蒸气和酸性能	油田封隔器、板式换热器垫片等耐压、耐酸、耐水蒸气部件
BDP−H7902	1.98	93	27	180	33	1	−3	−11	−2	−6	−10	2	—	○	○				优异的流动性，改善脱模性能，优异的耐化学介质、水蒸气和酸性能	油田封隔器、板式换热器垫片等耐高压、耐酸、耐水蒸气部件
BDP−H9701	1.98	73	24.3	220	22	2	−4	−9	−1	−7	−9	1	−35	○	○	○	○	○	优异的流动性，改善与硅胶黏接性能，优异的耐化学介质、水蒸气和酸性能	FKM−VQM 型涡轮增压管内层专用胶料
BDP−K7702	2.03	70	17	250	25	2	−5	−7	−1	−11	−12	2	30	○	○	○	○		过氧化物硫化，极好的低温弹性和密封性，优异的耐化学介质、水蒸气和酸性能	第三代低摩擦油封专用牌号
BDPL−H2701	1.98	72	18	192	20	2	−12	−7	−2	−9	−5	3	−40	○	○			○	过氧化物耐低温氟橡胶，TR10−24，优异的耐化学介质和低温性能	燃油喷射 O 形圈等耐低温密封产品
BDPL−H3701	1.98	69	18	245	24	2	−14	−8	−3	−11	−6	4	−40	○	○				过氧化物耐低温氟橡胶，TR10−30，优异的耐化学介质和低温性能	燃油喷射 O 形圈等耐低温密封产品
BDPL−H4701	1.98	70	14	170	22	2	−13	−5	−2	−13	−7	4	−50	○	○				过氧化物耐低温氟橡胶，TR10−40，优异的耐化学介质和耐超低温性能	燃油喷射 O 形圈等耐低温密封产品
BDBR−H5701	1.80	71	16	240	29	2	−14	−6	−3	−12	−9	3	—	○	○		○		优异的工艺性能，优异的耐酸和耐碱性能，优异的耐水蒸气性能	替代 AFLAS 产品，板式换热器垫片、油田等密封产品
BDBR−H1701	1.60	70	14	230	36	2	−18	−9	−3	−15	−11	4	—	○	○	○	○		过氧化物硫化，卓越的耐化学介质性能和水蒸气性能，改善工艺性和硫化性能	耐酸、碱、水蒸气的油封、垫片、线缆护套等部件

注 a：过氧化物硫化耐低温商品名为 BDPL、耐酸碱商品名为 BDP，牌号中第一组字符，H——黑色系列，KK——咖啡色系，KR——红色系，LG——绿色系，LB——蓝色系；第二组字符中，第一个数字代表配方代码，第二和第三个数字代表硬度；第三组字符中（第四个字母），1——低压缩变形应用，2——热撕裂要求、复杂形状要求等。

表 1.1.8-47 全氟醚橡胶混炼胶的供应商

博达全氟醚橡胶混炼胶 BDFF 系列[a]													
牌号	物理机械性能					低温性能	加工工艺					产品描述/特点	典型应用
	比重/(g·cm^{-3})	硬度(邵尔 A)	拉伸强度/MPa	扯断伸长率/%	压缩永久变形/%(200℃×70 h)	脆性温度/℃	模压成型	递模成型	注射成型	挤出成型	金属黏接		
BDFF-HA2370	2.01	70	18.2	150	21	—	O	O				过氧化物硫化体系，卓越的耐化学介质性能，包括醇、酮、酸、碱、胺等，耐温等级 230℃	O形圈、垫片和各种密封件
BDFF-HB2575	2.02	76	18.5	160	23	—	O	O				过氧化物硫化体系，卓越的耐化学介质性能，包括醇、酮、酸、碱、胺等，耐温等级 250℃	O形圈、垫片和各种密封件
BDFF-HC2770	2.06	70	19	190	29	—	O	O				过氧化物硫化体系，卓越的耐化学介质性能，包括醇、酮、酸、碱、胺等，耐温等级 275℃	O形圈、垫片和各种密封件
BDFF-HD3070	2.01	71	18	200	23	—	O	O				过氧化物硫化体系，卓越的耐化学介质性能，包括醇、酮、酸、碱、胺等，耐温等级 300℃	O形圈、垫片和各种密封件
BDFF-HE3175	2.01	75	16.5	180	25	—	O	O				三嗪硫化体系，卓越的耐广泛化学介质性能（胺类除外），耐温等级 315℃	O形圈、垫片和各种密封件
BDFF-HH2375	1.96	76	17.9	195	28	−40	O	O				过氧化物硫化体系，卓越的耐化学介质性能，包括醇、酮、酸、碱、胺等，耐温从−40℃到 230℃	O形圈、垫片和各种密封件

注：a. BDFF 牌号中第一个字母 H——黑色系列，第二个字母——生胶类型，首两位数字——耐温等级，后两位数字——硬度。

表 1.1.8-48 TSE Industries Inc. 生产的 Millathane® 混炼型聚氨酯牌号

类型	牌号	适用硫化体系	重要特性	典型应用
聚醚型	Millathane 26	过氧化物	符合 FDA 21CFR 177.2600 法规	适用于食品及非食品加工应用的滚轮、传送带和模制部件
	Millathane 55	过氧化物与硫黄	较 Millathane E34 具有较低的黏度和较高硬度	滚轮和模制部件
	Millathane 97	过氧化物	透明性和高耐磨性	透明鞋底板和鞋构件以及色彩鲜艳的构件
	Millathane CM	过氧化物与硫黄	出色的强度和低温特性	军用和航空航天部件要求出色的强度和耐低温性
	Millathane E34	过氧化物与硫黄	耐磨性和耐水解性	适用于造纸、印刷和鞋行业的橡皮滚轮
	Millathane E40	过氧化物与硫黄	出色的低温特性	军用和航空航天部件要求最佳的低温特性
聚酯型	Millathane 66	过氧化物	出色的耐热性、耐油性和抗压缩变形性	密封装置、垫片、皮带、滚轮要求最佳的耐热性和抗压缩变形性
	Millathane 76	过氧化物与硫黄	出色的耐油性和耐磨性	滚轮、O 形圈、垫片、吸盘、减振器、轮子
	Millathane 5004	过氧化物	耐油性和耐溶剂性	适用于印刷和纸张加工应用的吸盘、隔膜和滚轮
	Millathane HT	过氧化物与硫黄	出色的摩擦和低温特性	皮带、滚轮、垫片要求出色的摩擦特性
Millathane UV		可用 UV（紫外线）灯硫化的聚醚型与聚酯型聚氨酯预混胶，可用于连续硫化的挤出、压延及模型橡胶制品		

用于对混炼型聚氨酯橡胶进行硫化处理的 Thanecure 产品有：

Thanecure ZM：是用于硫黄硫化混炼型聚氨酯的硫化活化剂/催化剂，通常用量 1 phr。

Thanecure T9：二聚 TDI（二聚甲苯二异氰酸酯），可用作异氰酸酯硫化混炼型聚氨酯的硫化剂，通常搭配 HQEE 和促进剂。

Millathane® 混炼型聚氨酯在不同交联体系下的物性对比见表 1.1.8-49。

表 1.1.8-49 Millathane® 混炼型聚氨酯在不同交联体系下的物性对比

Millathane 牌号	66	76		5004	HT		26		55		97	CM		E34		E40	
类型	聚酯型								聚醚型								
交联体系 P=过氧化物，S=硫黄，I=异氰酸酯	P	S	P	P	S	P	P	I	S	P	P	S	P	S	P	S	P
物理特性[a]																	
拉伸强度	++	++	+	+	+	+	+	++	++	+	+	++	+	++	+	++	+
回弹性	+	o	o	+	+	+	++	++	++	++	++	++	++	++	++	++	++
耐磨性	+	+	+	+	++	+	+	++	++	+	+	++	+	++	+	++	+
耐撕裂性	+	++	+	++	+	o	+	++	+	+	+	++	+	+	+	+	+
高硬度下的力学性能	+	+	+	+	o	o	+	++	++	o	+	+	+	+	o	+	o
低硬度下的力学性能	o	++	+	+	+	o	+	—	+	+	o	+	+	+	+	+	+
压缩永久变形 70℃	++	o	++	+	+	++	+	o	o	+	+	o	+	o	+	o	+
100℃	++	o	++	+	+	+	+	—	o	+	o	o	+	o	+	o	+
耐热性	++	o	+	++	o	++	o	o	o	+	o	o	+	o	+	o	+
低温性能	++	o	o	+	++	++	+	+	o	o	+	++	++	o	o	++	++
气体渗透性	+	+	+	++	++	++	+	+	+	+	+	+	+	+	+	+	+
透明性（固化制品）	o	—	o	o	—	—	o	—	—	o	++	—	—	—	o	—	o
水解性/耐水性[b]	o	o	o	o	o	o	++	+	++	++	++	++	++	++	++	++	++

续表

Millathane 牌号	66	76		5004	HT		26		55		97	CM		E34		E40	
类型	聚酯型								聚醚型								
耐油性	++	++	++	++	+	+	+	+	+	+	+	+	+	+	+	+	+
耐柴油/生物柴油性	++	++	++	++	+	+	o	o	+	+	o	+	+	+	+	+	+
耐汽油性	++	++	++	++	+	+	—	—	—	—	—	—	—	—	—	—	—
酒精汽油 （汽油/乙醇=90/10）	+	+	+	+	o	o	—	—	—	—	—	—	—	—	—	—	—
FDA 应用 （符合 177.2600）	—	—	—	—	—	—	++	—	—	—	—	—	—	—	—	—	—
加工工艺																	
压缩成型	++	++	++	++	++	++	++	++	++	++	++	++	++	++	++	++	++
传递模型	++	+	++	++	++	++	++	—	++	++	++	++	++	++	++	++	++
注塑模	++	+	++	++	+	++	++	—	+	++	++	+	++	+	++	+	++
挤压成型[c]	++	+	+	+	+	+	+	—	++	++	++	+	+	++	++	++	++
蒸气硫化[d]	o	o	o	o	o	o	+	—	++	+	+	++	+	++	+	++	+
热空气硫化[e]	o	++	o	o	+	o	+	—	++	+	+	++	+	++	+	++	+

注：++——出色，+——好，o——一般，——不适用或数据不足。

a. 相对特性（与其他 Millathane®聚合物/化合物比较）。

b. 聚酯类聚氨酯的耐水解性可以通过添加碳二亚胺得到显著提高。

c. 仅限于制作挤压辊或预成型。

d. 化合物必须避免直接接触蒸气。

e. 过氧化物固化化合物可以在热空气中进行固化，但要避免与空气/氧气接触。

（四）商品混炼胶

1. 杭州顺豪橡胶工程有限公司

杭州顺豪橡胶工程有限公司供应的东庆橡胶特种高性能混炼胶见表 1.1.8－50、表 1.1.8－51、表 1.1.8－52、表 1.1.8－53、表 1.1.8－54、表 1.1.8－55。

表 1.1.8－50　东庆橡胶特种高性能混炼胶（一）

项目	P 系列 NBR 混炼胶						NB 系列 NBR 混炼胶		
	P189A	P189B	P289	P255	P230	P280	NB601	NB701	NB801
特点与用途	油封胶料	浅色密封圈	O 形圈胶料	低硬度密封	油封胶料	高硬度 O 形圈	液压气动系统 O 形圈		
拉伸强度 Ts/MPa	21	20	20	20	22	22	17.5	17.8	18.3
拉断伸长率 Eb/%	490	457	250	550	360	229	360	336	328
硬度 HS（邵尔 A）	75	70	70	55	68	88	60	70	80
热老化试验	120℃×70 h						125℃×70 h		
拉伸强度变化率/%	+6	+6	+6	+6	+6	+10	3.4	2.1	0.8
拉断伸长率变化率/%	−19.8	−17.0	−22.6	−28.8	−34.3	−24.5	−18.6	−12.3	−16.5
硬度变化率/%	+4	+4	+4	+4	+4	+2	+4	+4	+3
耐 ASTM1＃油试验	120℃×70 h						125℃×70 h		
硬度变化率/%	+2	+4	+3	+2	+5	+2	+2	+2	+1
体积变化率/%	−3.2	−3.1	−3.5	−1.7	−2.3	−2.3	−5.7	−4.6	−3.9
耐 IRM903＃油试验	120℃×70 h								
硬度变化率/%	−2	−2	−2	−2	−2	−2	−4	−3	−3
体积变化率/%	+4.3	+4	+3.9	+2.3	+3.5	+3.5	+6.2	+5.3	+4.5
压缩永久变形 CS/%	120℃×70 h						125℃×70 h		
	18	18.5	18.5	16	19.3	17	9	11	12
脆性温度/℃	−45	−45	−45	−45	−45	−45	−40	−40	−40

注：P 系列与 NB 系列 NBR 混炼胶符合 HG/T 2579—2008《普通液压系统用 O 形橡胶密封圈材料》的要求。

表 1.1.8-51　东庆橡胶特种高性能混炼胶（二）

项目	HR 系列 HNBR 混炼胶										
	HR520	HR620	HR720	HR820	HR559	HR723	HR2630	HR−5	HR8001	HR901	HR950
特点与用途	耐冷冻剂 A134、耐热、耐油、耐 H_2S、耐酸碱、低压缩变形				黑色燃油胶管	绿色耐燃油	绿色耐冷冻剂	黑色高强度耐冷冻剂	高硬度O形圈	高硬度油田密封	
拉伸强度 Ts/MPa	26.5	28.4	27.8	29.8	15	16	17	27	18	28	31
拉断伸长率 Eb/%	365	321	274	225	420	550	250	300	250	250	240
硬度 HS（邵尔 A）	50	60	70	80	55	72	70	62	80	90	95
热老化试验	150℃×70 h										
拉伸强度变化率/%	2.5	5.1	3.6	0.5	+15	+13	+11	+8	+4	+6	+6
拉断伸长率变化率/%	−6.8	−6.3	−5.2	−8.1	−13.5	−17.2	−7.6	−11.7	−17	−14.8	−14.8
硬度变化率/%	+4	+3	+3	+3	+3	+4	+3	+4	+2	+4	+4
耐 ASTM1＃油试验	150℃×70 h										
硬度变化率/%	+3	+2	+2	+2	+2	+3	+2	+2	+1	+2	+2
体积变化率/%	−2.4	−1.1	−2.2	−2.2	−6.1	−3.5	−3.5	−3	−3.7	−3	−3
耐 IRM903＃油试验	150℃×70 h										
硬度变化率/%	−6	−6	−5	−5	−2	−2	−2	−2	−2	−2	−2
体积变化率/%	+8.6	+7.2	+7.5	+6.2	+13	+8	+8	+7.5	+9	+7.5	+7.5
压缩永久变形 CS/%	150℃×70 h										
	22	20	20	23	28	21	23	22	25	22	22
脆性温度/℃	−50	−50	−50	−50	−45	−45	−45	−45	−45	−45	−45

表 1.1.8-52　东庆橡胶特种高性能混炼胶（三）

项目	AB 系列 ACM 混炼胶			AK 系列 AEM 混炼胶			VK 系列 EVM 耐高温耐油混炼胶			NP 系列 CR 混炼胶	
	AB630	AB730	AB830	AK640	AK740	AK840	VK650	VK750	VK850	NP610	NP710
特点与用途	各种耐高温、耐油密封件和胶管			各种耐高温、耐油密封件和胶管			各种耐高温、耐油O形圈和密封件			各种耐油密封件防尘罩	
拉伸强度 Ts/MPa	10.5	11.4	10.4	16.5	14.4	15	16.5	14.3	15.4	19.5	18.8
拉断伸长率 Eb/%	365	270	195	365	260	215	355	279	232	495	420
硬度 HS（邵尔 A）	60	70	80	60	70	80	60	70	80	60	70
热老化试验	150℃×70 h						175℃×70 h			120℃×70 h	
拉伸强度变化率/%	2.0	6.8	0.7	1.3	0.6	1.4	2.5	1.1	0.6	3.4	2.5
拉断伸长率变化率/%	−3.6	−5.4	−6.3	−6.8	−10.2	−9.7	−8.3	−5.4	−3.3	−8.6	−3.5
硬度变化率/%	+4	+6	+5	+4	+3	+3	+4	+3	+3	+6	+7
耐 ASTM1＃油试验	150℃×70 h						175℃×70 h			120℃×70 h	
硬度变化率/%	0	+2	+2	+4	+3	+3	+3	+4	+3	0	+2
体积变化率/%	−3.3	−2.1	−2.7	−5.4	−5.1	−4.6	−3.2	−3.5	−3.1	−0.53	−2.9
耐 IRM903＃油试验	150℃×70 h						175℃×70 h			120℃×70 h	
硬度变化率/%	−10	−7	−5	−13	−14	−14	−6	−5	−5	−22	−20
体积变化率/%	+13.6	+12.2	+10.8	+33.6	+34.2	+34.0	+11.2	+9.6	+8.6	+72	+66
压缩永久变形 CS/%	150℃×70 h						175℃×70 h			120℃×70 h	
	26	30	28	22	23	25	23	19	17	22	18
脆性温度/℃	−25	−25	−25	−40	−40	−40	−40	−40	−40	−40	−40

表 1.1.8-53　东庆橡胶特种高性能混炼胶（四）

项目	PU 混炼胶			EN 系列 EPDM 混炼胶					耐热输送带胶料	
	PU45	PU70	PU80	EN470	EN570	EN670	EN770	EN870	T1203	EP702
特点与用途	耐磨液压动态密封			各种耐高低温橡胶制品及电线电缆					低烟无卤阻燃	低成本耐高温长寿命
拉伸强度 Ts/MPa	23.5	24.3	26.4	11.5	12.2	13.5	14.3	12.4	13	12
拉断伸长率 Eb/%	565	480	336	658	622	565	480	336	260	630
硬度 HS（邵尔 A）	45	70	80	40	50	60	70	80	70	60
热老化试验	120℃×70 h			150℃×70 h					185℃×96 h	
拉伸强度变化率/%	+15	+14	+12	6.5	5.6	2.5	1.1	0.6	−15.4	−16.5
拉断伸长率变化率/%	−24.5	−24.5	−24.5	−28.2	−16.7	−18.3	−15.4	−13.3	−22.7	−4.5
硬度变化率/%	+6	+5	+5	+5	+6	+4	+6	+6	+5	+2
耐 ASTM1#油试验	120℃×70 h			150℃×70 h						
硬度变化率/%	+4	+5	+5							
体积变化率/%	−7.2	−5.3	−6.4							
耐 IRM903#油试验	120℃×70 h			150℃×70 h						
硬度变化率/%	−6	−8	−5							
体积变化率/%	+23.1	+22.5	+21.2							
压缩永久变形 CS/%	120℃×70 h			150℃×70 h						
	8	6	11	16	15	13	11	14		
脆性温度/℃	−50	−50	−50	−40	−40	−40	−40	−40		

注：T1203 符合 GB/T 20021—2005《帆布芯耐热输送带》要求。

表 1.1.8-54　东庆橡胶特种高性能混炼胶（五）

项目	电缆护套及绝缘胶料系列							F 系列 FKM 混炼胶			
	T1202	EP704	T1204	CR7023	M94	EP501B	EP501D	F60H	F60L	F70L	F80H
特点与用途	低烟无卤阻燃耐油	中低压绝缘和护套	高压绝缘无卤阻燃	氯丁胶电缆护套	耐老化耐酸碱中低压电缆冷缩管	击穿电压大于 30 kV/mm；电缆插拔件绝缘层	体积电阻小于 1 000 Ω；电缆插拔件导电层	耐溶剂密封圈	绿色耐溶剂密封圈	耐高温 O 形圈	油封专用
拉伸强度 Ts/MPa	11	11	11.5	13	10	11.5	12	9.5	8.3	14.8	14.6
拉断伸长率 Eb/%	180	450	236	431	720	680	602	395	395	325	265
硬度 HS（邵尔 A）	80	70	78	75	46	48	64	60	60	70	80
热老化试验	135℃×168 h（EP704），158℃×168 h（T1202）							250℃×70 h			
拉伸强度变化率/%	2.5	2.1	5.2	10.5				+12	+6	+6.6	+6.2
拉断伸长率变化率/%	−8.5	−13.5	−6.5	−16				−18.2	−11.5	−14.5	−12.3
硬度变化率/%	+3	+2	+4	+6				+3	+4	+3	+3
耐 ASTM1#油试验											
硬度变化率/%											
体积变化率/%											
耐 IRM903#油试验											
硬度变化率/%											
体积变化率/%											
压缩永久变形 CS/%								15	16	19	21
脆性温度/℃								−30	−30	−30	−30

注意：T1202 符合 GB/T 5013.7—2008《额定电压 450/750V 及以下橡皮绝缘电缆 第 7 部分：耐热乙烯-乙酸乙烯酯橡皮绝缘电缆》中 IE3 的要求；EP704、CR7023 符合 MT 818.1—2009《煤矿用电缆 第 1 部分：移动类软电缆一般规定》；T1204 符合 TB/T 1484.1—2010《机车车辆电缆 第 1 部分：额定电压 3 kV 及以下标准壁厚绝缘电缆》的要求。

表 1.1.8-55　东庆橡胶特种高性能混炼胶（六）

项目	NBR/PVC 系列橡塑合金胶料								车辆门窗密封条胶料		
	NT/NC2870HD（环保型）	NT/VC 3470	NT/VC 3474	NT/VC 3455	NT/VC 34710	BV260	BV360	BV460	RE801	FR801	FR650
特点与用途	汽车用胶管、密封件，纺织、印刷用胶辊，电缆护套；超高耐油，超低硬度等					印刷、印染、纺织用耐油耐臭氧耐介质低硬度胶辊			密封条	无卤阻燃防火	无卤阻燃防火
NBR/PVC	70/30	70/30	70/30	55/45	70/30	—	—	—	—	—	—
DOP 填充量/份	0	0	40	0	100	—	—	—	—	—	—
拉伸强度 Ts/MPa	—	—	—	—	—	3.5	5.4	7.4	9.6	10	11
拉断伸长率 Eb/%	—	—	—	—	—	638	586	450	265	236	430
硬度 HS（邵尔 A）	—	—	—	—	—	20	30	40	80	80	65
热老化试验	—	—	—	—	—	100℃×70 h			85℃×168 h		
拉伸强度变化率/%	—	—	—	—	—	−5	−3.5	−3.2	5.1	6.5	8.2
拉断伸长率变化率/%	—	—	—	—	—	−15	−12	−6	−12	4.1	−9.5
硬度变化率/%	—	—	—	—	—	+7	+5	+5	+2	+1	+2
耐正己烷	—	—	—	—	—	23℃×70 h			—	—	—
体积变化率/%	—	—	—	—	—	+4.5	+3.4	−1.2	—	—	—
压缩永久变形 CS/%	—	—	—	—	—	—	—	—	22	23	12
脆性温度/℃	—	—	—	—	—	—	—	—	−40	−40	−40

注：RE801 符合 GB/T 21282—2007《乘用车用橡塑密封条的要求》；FR801、FR650 符合 GB/T 27568—2011《轨道交通车辆门窗橡胶密封条》的要求。

2. 福州国台橡胶有限公司

福州国台橡胶有限公司的标准化商品混炼胶见表 1.1.8-56。

混炼胶供应商还有：广东省东莞市太平洋橡塑制品有限公司、柳州市大新实业有限公司、广州市穗昶橡塑有限公司、上海道氟化工科技有限公司、长泓胶业集团［长欣胶业（上海）有限公司］、奉化联邦橡胶有限公司、西北橡胶塑料研究设计院橡塑公司、陕西省石油化工研究设计院高分子材料研究所、西北橡胶塑料研究设计院新拓公司、无锡联源橡塑制品有限公司等。

进口混炼胶供应商有：上海宁城高分子材料有限公司、上海立深行国际贸易有限公司等。

8.2　乳液共沉

乳液共沉是橡胶工业传统的使用橡胶密炼机、开炼机、连续的螺杆式混炼机等高耗能装备进行干法共混的替代技术之一。利用这一方法，SBR 1800 系列低温乳聚充油充炭黑丁苯母炼胶曾经商品化生产。但由于生产过程炭黑污染合成橡胶装置，炭黑在复合材料中的分散不好且均需加入乳化剂导致复合材料的物理机械性能降低，填充量也不大，该牌号的产品已基本停产。

8.2.1　CEC 弹性体复合材料

CEC 弹性体复合材料由美国卡博特公司通过与海福乐密炼系统集团（HF Mixing Group）合作开发的连续液相混炼密炼机采用独特的连续液相混合凝固工艺制备的 NR 炭黑母炼胶，其生产流程如图 1.1.8-4 所示。

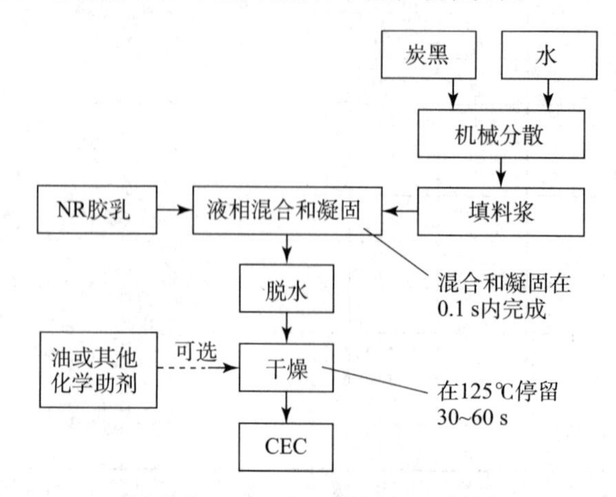

图 1.1.8-4　CEC 的生产工艺流程

表 1.1.8-56 福州国台橡胶有限公司的标准化商品混炼胶

项目	NBR 混炼胶									EPDM 混炼胶					CR 混炼胶					
	NS405	NS505	NS605	NS624	NS705	NS724	NS805	NS825	NS905	ME40Z	ME50Z	ME60Z	ME70Z	ME80Z	CR40	CR50	CR55	CR60	CR65	CR70
硫化条件	160℃×10 min									170℃×10 min					160℃×15 min					
比重 SG/(g·cm^{-3})															1.28	1.41	1.43	1.40	1.41	1.44
拉伸强度 TB/MPa	7.5	13.2	15.7	15.6	15.7	17.3	15.9	17.5	19.7	10.4	10.3	10.0	10.5	13.9	10.9	11.6	12.9	13.1	12.6	14.1
拉断伸长率 EB/%	770	710	720	500	380	500	270	290	220	890	660	630	490	340	690	600	460	430	370	340
硬度 HS(邵尔 A)	41	50	60	68	73	72	80	81	90	41	53	60	72	81	39	50	55	61	65	69
热老化试验	100℃×72 h									125℃×72 h					100℃×72 h					
拉伸强度变化率/%	−12	+4	+6	+9	+4	+3	+3	+7	+3	−19	−17	−12	+4	+7	+4	+2		0		0
拉断伸长率变化率/%	−35	−32	−28	−26	−27	−29	−26	−25	−8	−31	−30	−38	−41	−46	−12	−13		−23		−15
硬度变化率/%	+4	+3	+5	+4	+4	+5	+5	+3	+2	+9	+7	+8	+6	+4	+5	+8		+7		+4
耐 ASTM1#油试验	100℃×72 h														100℃×72 h					
拉伸强度变化率/%	+7	+5	+7	+4	+9	+4	+8	+7	+8						−11	−8		−5		+2
拉断伸长率变化率/%	−25	−34	−24	−26	−27	−18	−21	−25	−15						−27	−23		−19		−15
硬度变化率/%	+3	+4	+3	+4	+4	+10	+3	+4	+1						+2	+3		+2		+2
体积变化率/%	−14	−13	−9	−8	−7	−7	−5	−5	−2						−14	−10		−7		−3
耐 IRM903#油试验	100℃×72 h														100℃×72 h					
拉伸强度变化率/%	−14	−13	−1	+1	+3	−6	−2	−3	−3						−49	−43		−54		−23
拉断伸长率变化率/%	−12	−10	−9	−13	−12	−13	−12	−11	−8						−42	−38		−38		−28
硬度变化率/%	−12	−8	−6	−5	−4	−7	−3	−2	−4											
体积变化率/%	+15	+8	+3	+4	+8	+10	+4	+5	+3						+85	+76		+65		+60
压缩永久变形 CS																				
100℃×24 h/%	29	26	28	26	23	21	16	20	15											
100℃×22 h/%	35	31	30	30	28	25	24	27	25	51	45	50	52	50	42	44		42		39

CEC 弹性体复合材料，将炭黑以机械方式充分分散在水中（不加任何表面活性剂）制得炭黑浆，炭黑浆注入高速转动的搅拌机内与天然胶乳流连续混合，在室温与强烈的紊流条件下，天然胶与炭黑的混合和凝固在不到 0.1 s 的时间内机械完成，在此过程中不添加任何化学添加剂。凝固物经挤出机脱水后，连续喂入干燥机进一步将其水分降低至 1%以下，材料在干燥机内停留的时间为 30～60 s。在整个干燥过程中，材料温度只在很短的一段时间（5～10 s）内达到 140～150℃，避免 NR 发生热氧降解。在干燥过程中，还加入少量的防老剂，也可选择性地加入一些小料，如氧化锌、硬脂酸和蜡等。干燥后的材料即可进行压片、切割、造粒，被包装为由扁平胶条组成的疏松的大胶包。

CEC 胶料的混炼能耗比普通干法混炼低很多，同时炭黑在胶料中的分散也大大优于干法混炼，填料网络化受到抑制，胶料中的油含量越大时其与干法混炼胶料相比的佩恩效应差别越大。因此，CEC 硫化胶的滞后损耗、应力-应变、耐屈挠疲劳和耐磨性都比干法混炼胶有了显著改善。使用 CEC 弹性体复合材料与干法混炼相比具有以下特点：

（1）采用相同配方时，CEC 硫化胶 100%、300%定伸应力与干法混炼胶相近，拉伸强度略高，拉断伸长率略大，硬度低 1.5～2.5 度。

（2）填充少量易分散炭黑时耐磨性与干法混炼胶相当；填充分散性较差的大比表面积和低结构炭黑时，特别是在炭黑填充量较大的情况下，CEC 硫化胶优于干法混炼胶。如图 1.1.8－5 所示。

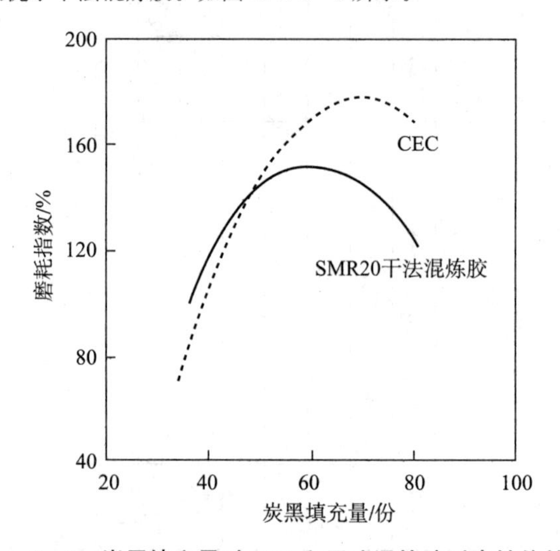

图 1.1.8－5　炭黑填充量对 CEC 和干法混炼胶耐磨性能的影响

高填充量胶料的耐磨性能下降可能涉及多种机理，诸如含胶率下降、硬度迅速增大和耐疲劳劣化，但炭黑分散性差对耐磨性下降起着十分重要的作用。

（3）CEC 胶料的回弹值比干法混炼胶相对高 5%～10%；60℃时的 tanδ 降低了 7%，含油（油用量 5～30 份）、高油（油用量 10～30 份）配方此数值提高到 9%和 11.5%。据报道，轮胎带束层边缘温度升高 10℃，将使轮胎寿命缩短 60%～70%。较高的回弹值和较低的滞后损失使得 CEC 胶料的生热较低：CEC 胎面胶的温升比干法混炼胶低 10℃，耐久寿命高 17%。

（4）与干法混炼胶相比，CEC 胶料的耐切割性能明显提高，如下图 1.1.8－6 所示：

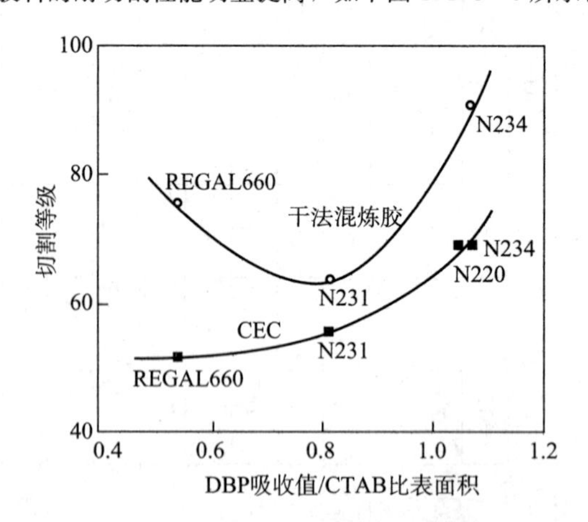

图 1.1.8－6　CEC 和干法混炼胶耐切割性对比

一般低结构炭黑可赋予胶料更高的撕裂强度，但在干法混炼胶中由于其分散性很差，这一优点被抵消了，但是 CEC 胶料却可将低结构炭黑改善耐切割性的潜能发挥出来。

（5）CEC 胶料的平均压缩疲劳寿命比干法混炼胶提高 90%以上。这一优点将大大提高某些橡胶制品，如减振制品、雨刮器、胶带和轮胎胎侧的使用寿命。

这种 CEC 弹性体复合材料的制备，与传统的乳液共沉复合材料生产方法的不同之处在于：①炭黑浆制备过程中未加入乳化剂；②胶乳破乳的方式为机械破乳，而非通常的电化学破乳；③实际上以炭黑为隔离剂，生产过程未加入其他隔离剂；④以橡胶组分重量份为 100 份计，炭黑的填充量一般小于 100 份，以 50～70 份为佳。

8.2.2　木质素补强丁腈橡胶母胶

木质素是造纸工业的废弃物，是一种主要由碳、氢、氧三元素组成的天然高分子化合物，其结构单元为愈创木基苯丙烷、紫丁香基苯丙烷、对羟基苯丙烷，经羟甲基化改性，其分子结构类似于固化的三维网状酚醛树脂。木质素补强丁腈橡胶母胶由羟甲基化改性木质素与丁腈胶乳乳液共沉后制得。

本品适合于高定伸、高硬度、低变形的耐油配方；不需要使用间-甲-白或钴盐体系即可与钢丝、纤维等骨架材料可靠黏合。

木质素补强丁腈橡胶母胶供应商见表 1.1.8-57。

表 1.1.8-57　木质素补强丁腈橡胶母胶供应商

供应商	牌号	密度 /(g·cm^{-3})	含胶率/% (以 NBR 计)	NBR 中的丙烯腈含量/%	NBR 门尼黏度	硫化胶物理机械性能指标			
						300%定伸 /MPa	拉伸强度 /MPa	伸长率 (≥)/%	硬度 (邵尔 A)
广州林格高分子材料科技有限公司	LN 5033	1.22～1.26	50	33	55±5	8.7±0.5	22±2	600	80±2

测试配方：NBR3355 50、LN5033 100、纳米氧化锌 3、硬脂酸 1、CBS 1.5、T.T 0.2、S 2。

8.2.3　共沉法 NR/无机粒子复合材料

华南理工大学王炼石、张安强利用乳液共沉技术制备了一系列的共沉法天然橡胶/无机粒子复合材料，包括共沉法 NR/高岭土复合材料、共沉法 NR/纳米碳酸钙复合材料和溶胶-凝胶法 NR/ SiO_2 纳米复合材料。

制备共沉法天然橡胶/无机粒子复合材料所用原料为天然橡胶（NR）胶乳、无机粒子、表面处理剂和凝聚剂。其制备过程是首先将无机粒子淤浆加入夹套加热反应釜，或将无机粉体和无离子水加入反应釜通过搅拌制成无机粒子淤浆，在搅拌中加入表面处理剂对无机粒子进行表面处理，加入天然胶乳，升温至 80～90℃，恒温搅拌 1 h 左右，加入絮凝剂，NR 包藏着无机粒子凝聚共沉，以颗粒或粉末析出，出料，滤去水分，用自来水洗涤 3～4 次，用离心脱水机脱除水分，用挤出机挤出干燥或烘房干燥至恒重，即获得 NR/无机粒子复合材料。

天然胶乳可以是未经浓缩的天然胶乳也可以是浓缩天然胶乳。无机粒子包括高岭土、纳米碳酸钙、轻质碳酸钙或造纸废料白泥。无机粒子原料最好采用其工业生产的半成品——淤浆，如进入干燥工序前的高岭土淤浆、轻质或纳米碳酸钙淤浆、造纸白泥淤浆，也可以采用相应的无机粉体，但要制成淤浆后才能与 NR 胶乳混合。因此采用工业制备无机粒子的半成品淤浆生产 NR/无机粒子复合材料具有工艺简便、节能节时、生产成本较低的优点。所用无机粒子表面处理剂是商品化表面活性剂或稀土盐水溶液。所用凝聚剂是氯化钙水溶液，也可以采用氯化铝、氯化锌的水溶液。

对于 NR/二氧化硅（SiO_2）纳米复合材料，所用原料是硅溶胶或硅酸钠。在 NR 胶乳/硅溶胶或硅酸钠混合液中加入酸的水溶液，硅溶胶或硅酸钠即就地生成 SiO_2 纳米粒子，同时混合体系发生凝聚共沉形成 NR/SiO_2 纳米复合材料。

根据无机粒子用量的不同，共沉法 NR/无机粒子复合材料的粒径分布为 1.0～0 mm，出料时不会堵塞反应釜的出料阀，且干燥工艺简便。

制备共沉法 NR/无机粒子复合材料的工艺流程如图 1.1.8-7 所示。

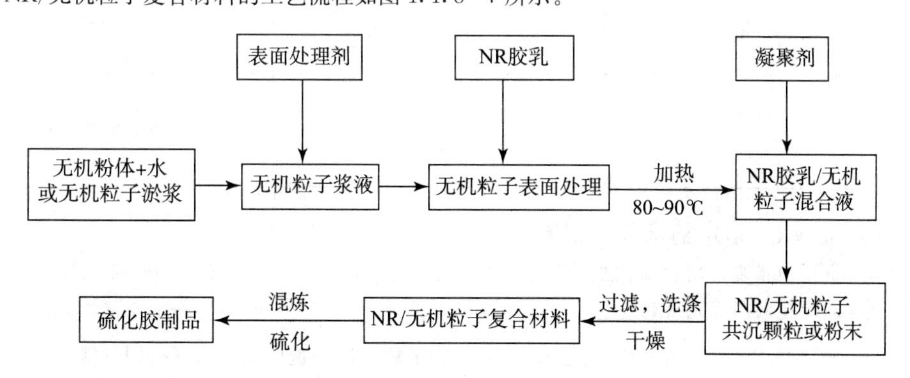

图 1.1.8-7　制备共沉法 NR/无机粒子复合材料的工艺流程

用共沉法制备 NR/无机粒子复合材料的优点是所需设备简单、容易操作。在反应釜中无机粒子以浆液状态存在，易于对其粒子进行表面处理。经表面处理的无机粒子以乳液或悬浮液状态存在，易于与 NR 胶乳均匀混合，故无机粒子在 NR 基体中分散非常均匀。共沉法 NR/无机粒子复合材料干燥后为颗粒状或粉末状。与传统的块状橡胶加工工艺相比，共沉法 NR/无机粒子复合材料可省去切胶、塑炼和与填料混炼等工序，节能省时，降低生产成本，与硫化剂混炼方便，能耗低，无粉尘飞扬造成环境污染之虞。无机粒子在混炼胶中具有极好的分散性，混炼胶质量高，硫化胶制品的物理机械性能优良等优点。

（一）共沉法 NR/高岭土复合材料

分别用羧酸盐水溶液和稀土盐水溶液对高岭浆液的高岭土粒子进行表面处理，用其制备共沉法 NR/改性高岭土复合材料和 NR/稀土掺杂高岭土复合材料，其硫化胶的物理机械性能见表 1.1.8－58、表 1.1.8－59。

表 1.1.8－58　共沉法 NR/改性高岭土复合材料硫化胶的物理机械性能

改性高岭土用量/phr	20	40	60	80	100	150
100%定伸应力/MPa	1.4	2.3	3.5	3.8	4.6	7.1
300%定伸应力/MPa	2.2	5.3	5.7	6.2	7.8	9.7
拉伸强度/MPa	25.8	27.0	23.7	21.0	20.4	15.2
扯断伸长率/%	735	651	650	642	607	594
撕裂强度/(kN·m^{-1})	30.2	43.8	34.8	35.2	32.9	30.5
永久变形/%	16	32	44	52	60	72
硬度（邵尔 A）	54	58	64	70	73	81

表 1.1.8－59　共沉法 NR/稀土掺杂高岭土复合材料硫化胶的物理机械性能

稀土掺杂高岭土用量/phr	25	40	50	75	100	125	200
100%定伸应力/MPa	1.2	3.4	1.4	2.1	2.9	3.6	6.8
300%定伸应力/MPa	3.9	9.8	4.2	4.8	5.8	7.1	10.8
拉伸强度/MPa	31.2	32.8	31.3	26.6	26.1	21.0	13.1
扯断伸长率/%	740	550	740	720	640	550	350
撕裂强度/(kN·m^{-1})	31.0	37.8	31.4	40.8	35.4	33.1	30.5
永久变形/%	68	48	80	92	108	110	125
硬度（邵尔 A）	56	65	60	60	68	70	74

比较表 1.1.8－58、表 1.1.8－59 的数据可见，NR/稀土掺杂高岭土复合材料硫化胶的拉伸强度显著高于 NR/改性高岭土复合材料硫化胶。

块状 NR/高岭土干粉混炼胶料硫化胶在拉伸过程中试样的表面会出现应力发白，但共沉法 NR/改性高岭土复合材料硫化胶和共沉法 NR/稀土掺杂高岭土复合材料硫化胶的物理机械性能不会出现应力发白现象。

（二）共沉法 NR/纳米碳酸钙复合材料

共沉法 NR/纳米碳酸钙复合材料硫化胶的物理机械性能见表 1.1.8－60。

表 1.1.8－60　共沉法 NR/纳米碳酸钙复合材料硫化胶的物理机械性能

纳米碳酸钙用量/质量份	25	50	75	100	125	150	175	200
100%定伸应力/MPa	2.2	2.7	2.6	3.0	3.0	3.8	4.5	3.6
300%定伸应力/MPa	5.5	6.2	5.8	6.8	6.8	8.5	9.3	7.2
拉伸强度/MPa	23.9	21.9	19.1	18.4	17.5	17.7	13.9	14.5
扯断伸长率/%	674	644	597	559	564	554	485	445
撕裂强度/(kN·m^{-1})	15	16	28	32	34	35	37	42
永久变形/%	76.5	82.9	89.4	88.4	63.4	65.7	59.5	51.2
硬度（邵尔 A）	60	62	68	70	71	77	78	80

（三）溶胶-凝胶法 NR/ SiO_2 纳米复合材料

溶胶-凝胶法 NR/ SiO_2 纳米复合材料硫化胶的物理机械性能见表 1.1.8－61。特别值得一提的是，用溶胶-凝胶法 NR/ SiO_2 纳米复合材料制备的硫化胶具有透光性。

表 1.1.8－61　溶胶-凝胶法 NR/ SiO_2 纳米复合材料硫化胶的物理机械性能

纳米 SiO_2 含量/phr	0	5	10	15	20	40
300%定伸应力/MPa	2.2	2.9	4	4.1	4.2	4.2
拉伸强度/MPa	15.9	22	30.1	27.3	26.5	25
扯断伸长率/%	725	780	820	800	780	740
撕裂强度/(kN·m^{-1})	28	52	60	65	75	101
永久变形/%	60	80	100	95	90	80
硬度（邵尔 A）	60	65	70	72	75	75

8.2.4 丁腈橡胶/聚氯乙烯共沉胶

(一) 概述

NBR的耐热、耐油、耐天候老化性能的改进研究一直是人们关注的重点，期望有一种既耐油又耐天候老化（类似于EPDM的耐热耐天候老化性能）的橡胶品种出现。对NBR的研究包括：①采用镉镁硫化体系提高NBR的耐温性，可由120℃提高到135℃；②采用高分子不易挥发的聚酯类、聚醚类增塑剂（如Vulkanol OT），减少增塑剂的抽出，提高其高低温性能；③采用高促低硫或过氧化物硫化体系，改善胶料的压缩变形性能；④采用高CAN含量提高胶料的耐油性；⑤采用特殊防老剂，改善耐热老化和耐臭氧老化性能等。

早在1936年，Konard就阐述了NBR/PVC共混胶的基本理论，这种共混胶的主要优点就是兼有PVC的耐臭氧性、NBR的可交联性和耐油性。中国对NBR/PVC共混胶的研究始于20世纪70年代，90年代开始工业化应用。丁腈橡胶/聚氯乙烯共混胶（nitrile rubber-polyvinylchloride blend，arcylonitrile butadiene rubber-polyvinylchloride blend）是以丁腈橡胶为主掺入20%～50%的聚氯乙烯树脂共混而得，以NBR/PVC表示。丁腈橡胶/聚氯乙烯共混胶的制法有机械共混和乳液共沉两种，前者是将丁腈橡胶和聚氯乙烯树脂在开炼机或密炼机上直接共混而得，分散均匀程度不如后者；后者是将丁腈胶乳和聚氯乙烯乳液按比例掺混，并加入稳定剂，搅拌均匀后共凝聚制得。机械共混又有高温、中温、低温三种方法。高温共混，在高于聚氯乙烯熔点（150～180℃）下共混；中温共混，先将聚氯乙烯在液体增塑剂中溶胀后再与丁腈橡胶共混，共混温度低于聚氯乙烯的熔点；低温共混，先将丁腈橡胶经塑炼包辊后再慢慢加入聚氯乙烯树脂进行共混。一般地，NBR与PVC机械共混时，工艺温度应当控制在160～170℃，低于160℃PVC时塑化不充分，高于170℃时PVC开始分解。目前商品化生产的NBR/PVC采用乳液共沉法生产。

NBR/PVC共混胶的硫化通常是丁腈橡胶之间的交联，丁腈橡胶与聚氯乙烯之间并没有进行共交联，故NBR/PVC共混胶的硫化体系通常是使用丁腈橡胶的硫化体系。采用硫黄硫化体系时以硫黄与促进剂MBT（M）或MBTS（DM）的组合较好。须注意的是，促进剂TMTD和促进剂D会使聚氯乙烯分解，应少用或避免使用。在NBR/PVC共混胶中由于聚氯乙烯的存在，相应地降低了丁腈橡胶的浓度，减缓了胶料的硫化速度。因此，硫化体系的用量不应以NBR/PVC共混胶中丁腈橡胶的量计算，而应大于按丁腈橡胶的量计算的值，或把共混胶视为100%丁腈橡胶计算。

若要丁腈橡胶与聚氯乙烯之间进行共交联可使用三嗪化合物，有效共交联体系是促进剂2-二丁胺基-4，6-二硫醇基均三嗪（DB）或2，4，6-三巯基-s-均三嗪（TCY）（3%左右）、促进剂DM、MgO（5%左右）、ZnO并用系统。促进剂DB、MgO可以使聚氯乙烯交联，而促进剂DB、促进剂DM、ZnO可以交联二烯类橡胶。共交联胶料的耐热性能和压缩永久变形性能较好。三嗪化合物共交联的反应机理为：

~CH—CH₂—CH—CH₂—CH—CH₂~ (each CH bearing Cl) + DB [triazine ring with $N(C_4H_8)_3$, two SH] $\xrightarrow{MgO}$ two PVC chains linked through —S—triazine($N(C_4H_8)_3$)—S—

(PVC)　　(DB)　　(PVC交联)

$\sim CH_2—CH{=}CH—CH{=}CH\sim$ + DB [triazine ring with $N(C_4H_8)_3$, two SH] + [benzothiazole]—C—SH $\xrightarrow{ZnO}$ $\sim CH_2—CH_2—CH_2—CH{=}CH\sim$ and $\sim CH_2—CH_2—CH—CH{=}CH\sim$ linked through —S—triazine($N(C_4H_9)_3$)—S—

(二烯类橡胶)　　(DB)　　(促进剂DM)　　(二烯类橡胶交联)

聚氯乙烯的稳定剂按照机理可以分为四类，即氯化氢的受体、中和剂、抗氧剂和紫外线吸收剂。稳定剂的用量为聚氯乙烯质量的2%～5%，常用的稳定剂有硬脂酸钡、硬脂酸钙、月桂酸二丁基锡、环氧硬脂酸辛酯和环氧大豆油等。稳定剂并用比单一品种效果好，如硬脂酸钡与硬脂酸钙的并用。

胺类防老剂能促进聚氯乙烯的分解，不宜使用，应选用酚类防老剂。

NBR/PVC共混胶的特性为：

(1) 耐臭氧和耐天候老化性能通常比丁腈橡胶显著提高，见表1.1.8-62所示。

表 1.1.8 - 62　NBR/PVC 配方的耐臭氧性能

配方号 B4X	35	36	37	38	39	40	41
	K870	K870	K870	K870	K870	K870－70 K825－30	K870－50 K825－50
防老剂 IPPD（4010NA）	—	2	2	2	—	2	2
防老剂 NBC	—	—	—	1	—	—	—
微晶石蜡	—	—	3	3	3	3	3
静态 50 pphm，40℃，60%湿度							
拉伸 20%　1 d	0	0	0	0	0	0～3	0
2 d	0	0	0	0	0	0～3	0
5 d	0	0	0	0	0	0～3	0
拉伸 30%　1 d	0	0	0	0	0	2	0
2 d	0	0	0	0	0	3	0
3 d	3～0	0	0	0	0	4	3～0
4 d	4～0	0	0	0	0	4	3～0
5 d	5～0	0	0	0	0	5	4～0
拉伸 50%　1 d	3	0	0	0	3	4	4
2 d	5	2	3	0	5	5	5
3 d	—	3	4	0	—	—	—
4 d	—	4	5	2	—	—	—
静态 100 pphm，40℃，60%湿度							
拉伸 20%　1 d	2	0	0	0	0	2～0	0～0
2 d	3	0	0	0	2	2～0	0～2
3 d	3	0	0	0	2	3	0～2
4 d	3	0	0	0	3	3	0～3
5 d	4	0	0	0	3	3	2～3
拉伸 30%　1 d	2	0	0	0	2	2	2～0
2 d	3	0	0～2	0	3	3	3～2
3 d	4	0～2	2～2	0	4	3	3～2
4 d	4	0～3	2	2	4	4	5～3
5 d	5	0～3	3	2	4～5	4	5～3
静态 200 pphm，40℃，60%湿度							
拉伸 20%　1 d	0	0	0	0	0	0	0
2 d	3	0	2～0	0	3	3	3
3 d	5	0	3～0	0	5	3	3
4 d	—	0	3～2	0	—	3	3
5 d	—	0	3～2	0	—	4	4

续表

配方号 B4X	35	36	37	38	39	40	41
拉伸 30% 1 d	0	0	0	0	0	3~2	0
2 d	4	3~0	3	0	4	5~4	3
3 d	5	3~0	3	2	5	5	3
4 d	—	4~2	4~3	3	—	—	4

注：K870 基本配合为：Perbunan NT/VC 3470 100，快压出炭黑 FEF 40，热裂法炭黑 MT 20，DOP 15，硫黄 0.3，促进剂 TMTD 2.5，促进剂 CBS（CZ）2.5，氧化锌 5，硬脂酸 1。

（2）良好的耐油和耐燃油性。耐油性、耐化学药品性能比通常丁腈橡胶有所改善，如图 1.1.8－8、图 1.1.8－9 所示。

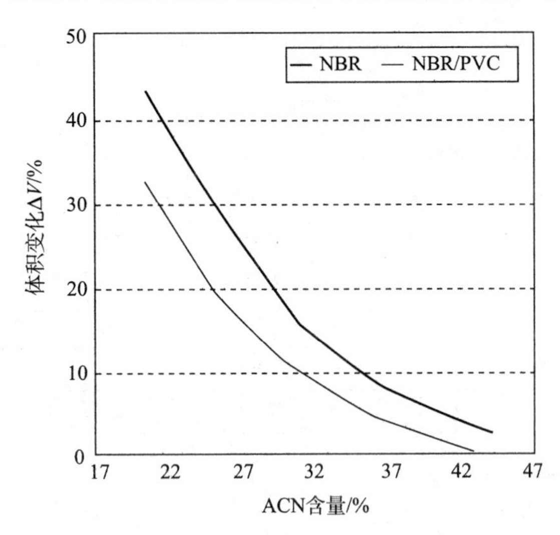

图 1.1.8－8 NBR 与 NBR/PVC（70：30）在 ASTM No. 3 油中的性能比较

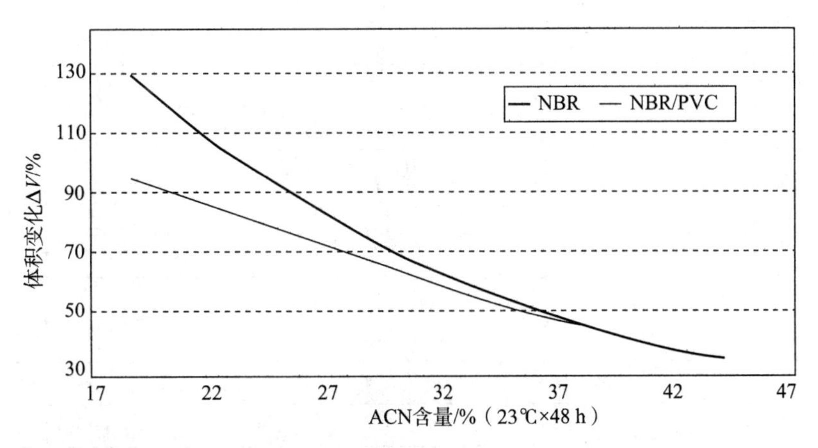

图 1.1.8－9 NBR 与 NBR/PVC（70：30）在燃油 C 中的性能比较

（3）极佳的耐磨性和抗撕裂性。

表 1.1.8－63 NBR 与 NBR/PVC 的耐磨性和抗撕裂性指标

	阿克隆磨耗	抗撕裂性（C 型）/($kN \cdot m^{-1}$)
NBR	0.2	35
NBR/PVC	0.02	55

（4）比通常丁腈橡胶提高了阻燃性。

（5）优异的挤出/压延和模压工艺性能，色泽鲜亮稳定。

（6）耐水；比通常的聚氯乙烯改善了低温特性、耐油性、伸长率等。

（7）CR 胶的密度为 1.23 g/cm^3，NBR/PVC 的密度为 1.08 g/cm^3，对于同一产品，若用 NBR/PVC 取代 CR，即可节约材料耗用 15%～20%。

NBR/PVC 的不足之处是低温特性、弹性降低，压缩变形增大。此外，与普通的 NBR/PVC 相比，XNBR/PVC 具有较高的定伸应力、拉伸强度、抗撕裂性能和耐磨性；同时，吉门（Gehman）扭矩测定的硫化橡胶低温刚性数据，XNBR/PVC胶料和所有的NBR胶料的t_{100}低温值几乎是相等的。NBR、NBR/PVC、XNBR/PVC性能比较见表1.1.8-64。

表1.1.8-64 NBR、NBR/PVC、XNBR/PVC性能比较

配方材料与项目	NBR (554)	NBR/PVC (557)	XNBR/PVC (559)
Perbunan NT 3445	100.0	—	—
Perbunan NT/VC 3470	—	100.0	—
XC 773（XNBR：PVC=70：30）	—	—	100.0
活性氧化锌	1.0	1.0	1.0
硬脂酸	1.0	1.0	1.0
防老剂TNP	1.0	1.0	1.0
硫黄	1.5	1.5	1.5
Picco 100（聚苯乙烯树脂）	10.0	10.0	10.0
Hisil233（白炭黑）	55.0	55.0	55.0
聚乙二醇4000	2.5	2.5	2.5
DOP	15.0	15.0	15.0
MBTS	1.8	1.8	1.8
促进剂PZ	0.15	0.15	0.15
胶料黏度［ML(1+4)100℃］	125	133	124
门尼焦烧时间t_5（125℃）/min	7.75	9.5	7
伽佛式（Garvay）口型挤出（Royle 1/2″，104℃，70 r/min）			
线速度/(cm·min^{-1})	127	157	160
口型膨胀/%	18	5	14
外观	B_4	A_{10}	A_{10}
硫化胶物理机械性能（硫化条件：165℃×6 min）			
硬度（邵尔A）	70	84	89
100%定伸应力/MPa	1.2	3.0	5.4
200%定伸应力/MPa	2.6	5.7	11.4
拉伸强度/MPa	13.8	15.4	18.9
扯断伸长率/%	830	680	480
撕裂强度（口型C）/(kN·m^{-1})	32.3	56.8	59.8
磨耗（NBS）/%	51	59	71
低温脆性温度：吉门t_{10}	−29.8	−11.5	−10.3
t_{100}	−36.5	−26.8	−34.3
静态臭氧老化（55 pphm，拉伸20%，40℃）			
48 h	2	0	0
72 h	3	0	0
100 h	4	0	0
120 h	5	0	0
168 h	—	0	0
吉门t_5	−25	−21.5	—
t_{10}	−27.5	−25.5	—
t_{100}	−36.5	−44	—
100℃×70 h热空气老化			
硬度变化（邵尔A）/度	+12	+7	—
拉伸强度变化率/%	+2	+7	—
扯断伸长率变化率/%	−19	−20	—

续表

配方材料与项目	NBR (554)	NBR/PVC (557)	XNBR/PVC (559)
120℃×168 h 热空气老化			
硬度变化（邵尔 A)/度	+6	0	—
拉伸强度变化率/%	0	+10	—
扯断伸长率变化率/%	−41	−61	—
121℃×18 h ASTM 2#油中浸渍后			
硬度变化（邵尔 A)/度	+11	+10	—
拉伸强度变化率/%	+6	+7	—
扯断伸长率变化率/%	−10	−25	—
体积变化/%	−10.6	−13	—

NBR/PVC 的配合原则上与普通 NBR 相同。由于 PVC 使 NBR/PVC 具有较高的硬度和模量，高补强硬质炭黑也较难分散，一般采用补强性较小的炭黑即可获得良好的物理机械性能。常用的白色填料有白炭黑、陶土、碳酸钙和滑石粉等，推荐使用表面处理碳酸钙，以减少对增塑剂的吸附，保证良好的加工性能。白色胶料中加入少量炭黑作为着色剂时，对产品整体的防紫外线和其他性能有正面作用。NBR/PVC 常用的增塑剂有 DOP、DBP、DOS 等。聚酯类增塑剂能提高 NBR/PVC 胶料的耐温性；磷酸酯类增塑剂可提高 NBR/PVC 胶料的阻燃性；蜡状低分子聚乙烯既可作为增塑剂，又可作为加工助剂便于产品的挤出、压延、模压，并使最终制品获得表面光亮的外观。对于需大量添加增塑剂的制品，则可选用预增塑的 NBR/PVC 牌号。

开炼机混炼温度为 40～50℃。

NBR/PVC 主要用于电线电缆护套，油管和燃油管外层胶，皮辊和皮圈，汽车模压零件，微孔海绵，发泡绝热层，安全靴和防护涂层等。

（二）NBR/PVC 技术标准与典型应用

1. NBR/PVC 的典型技术指标

按照 GB/T 5577—2008《合成橡胶牌号规范》，国产丁腈橡胶/聚氯乙烯共沉胶的主要牌号见表 1.1.8－65，大部分丁腈橡胶供应商都有 NBR/PVC 产品供应。

表 1.1.8－65　国产 NBR/PVC 的主要牌号

牌号	NBR/PVC 质量比	结合丙烯腈质量分数/%
NBR/PVC 8020	80/20	24～26
NBR/PVC 7030	70/30	20～24

NBR/PVC 的典型技术指标见表 1.1.8－66。

表 1.1.8－66　NBR/PVC 的典型技术指标

NBR/PVC 的典型技术指标		
项目	聚氯乙烯含量（w）30%～35%	聚氯乙烯含量（w）15%
门尼黏度［ML(1+4)100℃］	30～43	30～38
门尼焦烧时间［ML(1)125℃］$t5$ min	17～21	17～22
相对密度	1.06～1.15	1.01～1.05
NBR/PVC 硫化胶的典型技术指标		
100%定伸应力/MPa	1.96～4.2	1.6～1.96
200%定伸应力/MPa	7.8～10.9	6.2～7.8
拉伸强度/MPa	14.7～16.9	14.7～16.9
拉断伸长率/%	480～650	580～650
硬度（邵尔 A）	58～70	58～60
压缩永久变形（100℃×70 h)/%	32～45	26～36
脆性温度/℃	−51～−25	−51～−30
耐臭氧老化（500×10^{-6}，40℃，20%伸长）	50 h 无龟裂	A−2～A−4（50 h）

2. NBR/PVC的典型应用

(1) NBR/PVC用于燃油胶管。

燃油胶管防渗层材料一般采用氟胶（FKM）、氢化丁腈橡胶。内层胶可以选用AEM、CSM、ECO等；也有采用锦纶材料的，但柔性较差、密封不佳；欧洲常用NBR/PVC材料。外层胶一般选用NBR/PVC、CR、ECO、CSM等。

NBR/PVC用于燃油胶管的配方见表1.1.8-67。

表1.1.8-67 NBR/PVC用于燃油胶管的配方

配方材料及项目	燃油胶管内层胶配方			耐酸性汽油的防渗层胶料配方	低成本常规胶管配方	
	配方	英国BLS22RU49标准				
		3级	4B级			
Perbunan NT/VC 4370（NBR：PVC=70：30）	100.0	—	—	—	—	—
Perbunan NT/VC 3470（NBR：PVC=70：30）	—	—	—	—	100.0	—
XC 773（XNBR：PVC=70：30）	—	—	—	—	—	100.0
高饱和丁腈 Therban C4367（ACN43%，饱和度95%）	—	—	—	100.0	—	—
Krylene 1502（丁苯橡胶）	—	—	—	—	30.0	30.0
中粒子热裂法炭黑 N907	60.0	—	—	—	—	—
中粒子热裂法炭黑 N990	—	—	—	20.0	—	—
快压出炉黑 N550	40.0		—	50.0	—	—
高耐磨炭黑 N330		—	—	—	35.0	35.0
Ultramoll 2（白炭黑）	20.0	—	—	—	—	—
Hisil 233（白炭黑）	—	—	—	—	25.0	25.0
磷酸三甲苯酯	10.0	—	—	—	—	—
醚硫醚增塑剂（Vulkanol OT）	—	—	—	10.0	—	—
DOP	—	—	—	—	20.0	20.0
TP 90B（聚酯增塑剂）		—	—	—	10.0	10.0
Vulkanox ZMB	2	—	—	—	—	—
Permanax	2	—	—	—	—	—
Santoflex 13（防老剂DMBPPD）	—	—	—	2.0	—	—
Wingstay 100（二芳基对苯二胺混合物）		—	—	—	1.0	1.0
防老剂124	—	—	—	—	1.0	1.0
微晶蜡	—	—	—	—	2.0	2.0
古马隆		—	—	—	5.0	5.0
Wingstack 95（增黏 树脂）	—	—	—	—	5.0	5.0
ZnO	5.0	—	—	5.0	4.0	4.0
硬脂酸	1.0	—	—	—	1.0	1.0
乙二醇	—	—	—	—	1.5	1.5
TMTD	1.0		—	1.25	1.75	1.75
MD	—	—	—	—	1.75	1.75
CBS	—	—	—	2.0	—	
Santocure MOR	1.5	—	—	—	—	—
TETD	—	—	—	1.25	—	—
二硫代吗啉	1.5	—	—	—	—	—
MC硫黄	0.5	—	—	0.4	1.75	1.75
合计	244.5	—	—	192.9	—	—
门尼黏度［ML(1+4)100℃］	68	—	—	74	40	40

续表

配方材料及项目	燃油胶管内层胶配方			耐酸性汽油的防渗层胶料配方	低成本常规胶管配方	
	配方	英国 BLS22RU49 标准				
		3 级	4B 级			
门尼焦烧时间 t_5（125℃）/min	8	—	—	17.4	20	8
硫化胶性能						
硫化条件	165℃×15 min			165℃×12 min	165℃×10 min	
硬度（邵尔 A）	82	60～75	60～80	61	72	180
100%定伸应力/MPa	11.1	—	—	2.4	—	—
拉伸强度/Mpa	13.8	8	10	17.4	13.6	16.9
扯断伸长率/%	230	200	250	540	400	350
压缩永久变形（100℃×24 h)/%	27	50	50	50（120℃×22 h）	—	—
撕裂强度/(kN·m^{-1})	66	65	65	—	32	37
磨耗（NBS)/%	—	—	—	—	95	180
120℃×70 h 热空气老化						
硬度变化（邵尔 A)/度	+7	1～15	1～15	+9	—	—
拉伸强度变化率/%	+17	−20	−20	−6	—	—
扯断伸长率变化率/%	−85	−50	−50	−18	—	—
耐 ASTM NO.1 油（120℃×70 h）						
硬度变化（邵尔 A)/度	+13	—	−5～+30	—	—	—
拉伸强度变化率/%	+24	—	−20	—	—	—
扯断伸长率变化率/%	−38	—	−50	—	—	—
体积变化/%	−2	—	−15～+5	—	—	—
耐 ASTM NO.3 油（120℃×70 h）						
硬度变化（邵尔 A)/度	+3	—	−10～+10	—	—	—
拉伸强度变化率/%	+17	—	−20	—	—	—
扯断伸长率变化率/%	−30	—	−50	—	—	—
体积变化/%	0	—	−15～+15	—	—	—
耐 ASTM 燃油 C（60℃×70 h）						
硬度变化（邵尔 A)/度	−17	−25	−25	—	—	—
拉伸强度变化率/%	−30	−40	−40	—	—	—
扯断伸长率变化率/%	−13	−30	−30	—	—	—
体积变化/%	+15	+30	+30	—	—	—
含 15%甲醇的 ASTM 燃油中（60℃×70 h）						
硬度变化（邵尔 A)/度	−16	−25	−25	—	—	—
拉伸强度变化率/%	−18	−50	−50	—	—	—
扯断伸长率变化率/%	−26	−40	−40	—	—	—
体积变化/%	+10	+45	+45	—	—	—

（2）NBR/PVC 用于输送带面胶和中间层胶。

NBR/PVC 用于输送带面胶和中间层胶的配方见表 1.1.8-68。

表 1.1.8-68 NBR/PVC 用于输送带面胶和中间层胶的配方

配方材料与项目	输送带面胶胶料配方				输送带中间层胶胶料配方
XC 773（XNBR：PVC=70：30）	97.0	97.0	97.0	97.0	—
Perbunan NT/VC 3470B	—	—	—	—	100.0
防老剂 IPPD（4010NA）	1.0	2.0	1.0	1.0	—
防老剂 124	—	1.5	1.0	—	—
防老剂 BLE	1.0	—	—	1.0	—
防老剂 Vulkanox DDA	—	—	—	—	1.5

续表

配方材料与项目	输送带面胶胶料配方				输送带中间层胶胶料配方
微晶蜡	—	2.0	—	2.0	—
高耐磨炭黑 N330	65.0	60.0	—	10.0	—
快压出炉黑 N550	—	—	50.0	—	—
沉淀法白炭黑	—	—	—	—	30.0
白色填料 Zeolex 23	—	—	—	35.0	—
聚酯增塑剂 TP 90B	15.0	10.0	5.0	8.0	—
DOP	12.0	15.0	—	—	25.0
Plasticator 80	—	15.0	—	—	—
Plasticator FH（聚醚）	—	—	10.0	—	—
聚醚类增塑剂 Vulkanol FH	—	—	—	—	10.0
增塑剂 磷酸二苯辛酯	—	—	—	20.0	—
阻燃剂 Kenplast ‘G’	—	—	8.0	—	—
三氧化二锑	—	—	—	7.0	6.0
均匀剂 Struktol 60 NS	5.0	—	5.0	4.0	—
二甘醇	—	—	—	—	0.3
ZnO	—	—	—	—	5.0
硬脂酸	1.0	2.0	—	1.0	1.0
促进剂 MBTS	1.5	1.3	—	1.5	—
促进剂 TMTM	0.3	0.2	—	0.3	—
促进剂 MD	—	—	1.0	—	—
促进剂 TMTD	—	—	0.5	—	—
促进剂 CBS（CZ）	—	—	—	—	1.2
促进剂 D	—	—	—	—	0.8
助硫化剂 krynac PA 50	6.0	6.0	6.0	6.0	—
硫黄	1.5	1.5	1.25	1.25	2.4
门尼黏度［ML(1+4)100℃］	40.5	25.0	45.0	29.0	45 （MS140℃（+5））
门尼焦烧时间 t_5(125℃)/min	9	7	12.75	9.5	—
硫化特性	—	—	—	—	—
t_{10}/min	—	—	—	—	—12
t_{90}/min	—	—	—	—	22
伽佛口型挤出（Royle 1/4″，104℃，70 r/min ）					
线速度/(cm · min^{-1})	228	218	193	166	—
口型膨胀/%	15.1	14.7	38	59	—
外观	A_{10}	A_{10}	A_{10}	A_{10}	—
硫化胶物理机械性能					
硫化条件	145℃×15 min				160℃×20 min
硬度（邵尔 A）	84	64	74	61	57
100%定伸应力/MPa	6.4	3.7	5.6	2.7	—
200%定伸应力/MPa	12.4	8.3	10.5	4.6	—
300%定伸应力/MPa	15.3	14.6	18.1	11.7	—
拉伸强度/MPa	15.3	14.6	18.1	11.7	17.9
扯断伸长率/%	280	360	400	430	675

续表

配方材料与项目	输送带面胶胶料配方				输送带中间层胶胶料配方
撕裂强度（口型 C）/(kN·m^{-1})	39.2	37.2	48.0	31.4	—
压缩永久变形（20℃×22 h）/%	46.2	51.7	40.0	32.7	—
脆性温度/℃	−29	−40	−21	−31	—
磨耗 NBS/%	449	472	404	154	—
Taber，轮 H18	0.278	0.277	0.164	0.250	—
DIN/mm^3	171	163	145	175	—
与 PVC 黏合/[N·(25 mm)$^{-1}$]	—	—	—	—	435～555
与 CR 黏合/[N·(25 mm)$^{-1}$]	—	—	—	—	200
静态臭氧老化（55 pphm，拉伸 20%，40℃）					
24 h	2	0	0	0	—
48 h	4	0	1～2	0	—
72 h	4	0	2	0	—
96 h	4	0	3	0	—
120 h	4	0	3	0	—
144 h	4	0	3	0	—
168 h	4	0	3	0	—
旋转功率损失（恒重负荷 20 kg·m）					
25℃	2.58	2.97	2.72	2.68	—
50℃	2.82	3.28	3.16	2.72	—
75℃	2.95	3.42	3.37	2.73	—
100℃	3.00	3.40	3.36	2.69	—
旋转功率损失（恒重偏转 1.9 mm）					
25℃	6.61	12.49	—	6.61	—
50℃	8.65	6.02	8.49	3.51	—
75℃	5.38	3.83	4.81	2.29	—
100℃	3.66	2.54	3.23	1.62	—
低温脆性温度/℃					
吉门 t_2	−5	−10	8	−10	—
t_5	−19	−26	−4	−21	—
t_{10}	−25	−31	−9	−25	—
t_{100}	−41	−43	−24	−37	—
体积电阻率/(Ω·cm)	2.7～4.40×10^3	4.99～7.27×10^3	2.1～1.4×10^3	1.47～1.43×10^7	—
100℃×70 h 热空气老化					
硬度（邵尔 A）/度	90	80	82	78	—
100%定伸应力/MPa	—	19.6	23.5	11.0	—
拉伸强度/MPa	22.9	19.6	23.5	14.5	—
扯断伸长率/%	60	110	100	180	—
耐 ASTM NO.2 油（70℃×70 h）					
硬度（邵尔 A）/度	77	85	85	80	—
100%定伸应力/MPa	10.3	7.8	8.2	4.7	—
拉伸强度/MPa	15.5	15.5	18.7	13.4	—
扯断伸长率/%	200	290	340	390	—

续表

配方材料与项目	输送带面胶胶料配方				输送带中间层胶胶料配方
体积膨胀/%	−9.2	−13.1	−5.7	−10.2	—
耐 ASTM NO.3 油（70℃×24 h）					
硬度（邵尔 A)/度	85	81	85	75	—
100%定伸应力/MPa	8.1	5	7.3	4.0	—
200%定伸应力/MPa	14.1	9.4	13.2	6.5	—
拉伸强度/MPa	15.3	14.2	18.5	13.0	—
扯断伸长率/%	240	340	370	370	—
体积膨胀/%	−5.5	−8.9	−2.8	−5.7	—

（3）NBR/PVC 用于纺织橡胶配件。

NBR/PVC 用于纺织橡胶配件的配方见表 1.1.8－69。

表 1.1.8－69　NBR/PVC 用于纺织橡胶配件的配方

配方材料与项目	纺织皮辊胶料参考配方	纺织皮圈外层胶参考配方	纺织皮圈内层胶参考配方
Perbunan NT/VC 3470B	100.0	100.0	—
Perbunan NT 3445	—	—	100.0
高耐磨炭黑 HAF	—	—	50.0
沉淀法白炭黑	28.0	15.0	—
二氧化钛	10.0	15.0	—
增塑剂（聚硫醚）	10.0	—	—
磷酸酯类增塑剂	—	15.0	—
TE－80（操作油）	1.0	—	—
硬脂酸	—	0.5	1.5
氧化锌	5.0	5.0	5.0
防老剂 2246	2.0	1.5	1.5
促进剂 MBTS（DM）	1.5	1.5	1.0
促进剂 TMTD	—	0.1	1.0
硫黄	10.0	3.0	1.5
门尼黏度［ML(1+4)100℃］	76	43	—
门尼焦烧时间 t_5(125℃)/min	25	12	—
硫化胶物理机械性能			
硫化条件	165℃×30 min	166℃×10 min	—
硬度（邵尔 A)/度	57	58	—
100%定伸应力/MPa	3.8	2.2	—
拉伸强度/MPa	18.3	19.7	—
扯断伸长率/%	300	480	—
撕裂强度/(kN·m^{-1})	49（B 型）	54（C 型）	—
压缩永久变形（70℃×22 h)/%	37	37	—
NBS 磨耗指数/%	357	—	—
耐臭氧老化性能（50 pphm，拉伸 50%，40℃）首次裂口时间/h	—	—	—
	—	>168	—
100℃×70 h 热空气老化			
硬度变化（邵尔 A)/度	+14	+5	—
拉伸强度变化率/%	−4	−22	—
扯断伸长率变化率/%	−50	−23	—

Perbunan NT/VC 3470B 作为纺织皮辊皮圈材料，具有极佳的挤出性能，产品色泽稳定，表面电阻小，耐油耐天候老化，不易龟裂。

（4）NBR/PVC 用于电缆护套。

NBR/PVC 用于电缆护套配方见表 1.1.8－70。

表 1.1.8－70 NBR/PVC 用于电缆护套配方

配方材料与项目	NBR/PVC 黑色电缆护套（符合澳大利亚国家标准 C—362）	NBR/PVC 电缆护套
Perbunan NT/VC 3470B	100.0	—
Perbunan NT/VC 3470	—	100.0
ZnO	5.0	5.0
硬脂酸	0.8	1.0
防老剂 Vulkanox DDA	2.0	—
防老剂 TMQ（RD）	—	2.0
防老剂 MBI	—	2.0
马来酸二丁基锡	3.0	—
石蜡	5.0	3.0
快压出炭黑 FEF	10.0	10.0
沉淀法白炭黑	15.0	30.0
石英粉	90.0	—
滑石粉	—	40.0
三氧化二锑	5.0	5.0
增塑剂 DOP	10.0	—
磷酸二苯基甲苯酯	10.0	—
三苯磷酸酯	—	20.0
促进剂 TMTD	2.5	2.5
促进剂 MBTS（DM）	1.0	2.0
硫黄	0.3	0.2
合计	261.1	222.7
密度/(g·cm^{-3})	1.51	—
门尼黏度［ML(1+4)100℃］	63	74
门尼焦烧时间 t_5（125℃）/min	26	16.5
硫化胶物理机械性能		
硫化条件	蒸气 200℃×60″	—
硬度（邵尔 A）	70	76
100%定伸应力/MPa	—	5.7
300%定伸应力/MPa	3.8	—
拉伸强度/MPa	11.0	14.2
扯断伸长率/%	760	530
拉伸变形（BS 6899）/MPa	17	—
撕裂强度（DIN 53507）/(N·mm^{-1})	19	—
撕裂强度（ASTM D—470）/(N·mm^{-1})	9.5	—
DIN 磨耗/mm^3	—	215
80℃×7 d 氧弹老化性能变化		
硬度变化（邵尔 A）/度	+1	—
拉伸强度变化率/%	+1	—
扯断伸长率变化率/%	−21	—

续表

配方材料与项目	NBR/PVC 黑色电缆护套（符合澳大利亚国家标准 C—362）	NBR/PVC 电缆护套
127℃×42 h 空气弹老化性能变化		
硬度变化（邵尔 A）/度	+3	—
拉伸强度变化率/%	+3	—
扯断伸长率变化率/%	−32	—
100℃×7 d 热空气老化性能变化		
硬度变化（邵尔 A）/度	−2	—
拉伸强度变化/MPa	+10	—
扯断伸长率变化率/%	−28	—
110℃×7 d 热空气老化性能变化		
硬度变化（邵尔 A）/度	+5	—
拉伸强度变化/MPa	+11	—
扯断伸长率变化率/%	−34	—
120℃×10 d 热空气老化性能变化		
硬度变化（邵尔 A）/度	+5	—
拉伸强度变化/MPa	+10	—
扯断伸长率变化率/%	−41	—
100℃×24 h ASTM No. 2 油中老化		
拉伸强度变化/MPa	+21	—
扯断伸长率变化率/%	−21	—

（5）NBR/PVC 用于胶辊与海绵制品。

NBR/PVC 用于胶辊与海绵制品配方见表 1.1.8-71。

表 1.1.8-71　NBR/PVC 用于胶辊与海绵制品配方

配方材料与项目	低硬度印刷胶辊配方	阻燃胶辊配方	阻燃海绵保温管配方	低密度闭孔阻燃海绵配方
Krynac NV—866—20	280.0	—	—	—
Perbunan NT/VC 3470	—	100.0	—	—
拜耳 NBR/PVC—Krynac 851（NBR：PVC：DOP=50：50：25）	—	—	75.0	—
拜耳 NBR—Krynac 34E50	—	—	40.0	—
Krynac NV 850	—	—	—	100.0
PVC	—	—	20.0	—
聚酯 G—25	40.0	—	—	—
氧化锌	3.0	5.0	5.0	3.0
硬脂酸	1.0	1.0	1.0	2.0
二氧化钛	5.0	5.0	—	15.0
三氧化二铁	—	4.0	—	—
滑石粉	—	—	30.0	—
硬质陶土	—	—	—	15.0
沉淀法白炭黑	10.0	15.0	—	20.0
热裂法炭黑 MT990	—	—	40.0	—
氢氧化铝（Apyral B90）	—	—	15.0	—
三氧化二锑	—	8.0	—	15.0
黑色油膏	25.0	30.0	—	—

续表

配方材料与项目	低硬度印刷胶辊配方	阻燃胶辊配方	阻燃海绵保温管配方	低密度闭孔阻燃海绵配方
氯化石蜡－40	—	25.0	10.0	15.0
磷酸酯增塑剂	—	60.0	—	—
软化剂 TKP（亚磷酸三甲苯酯）	—	—	10.0	—
软化剂 DPO（磷酸二苯基辛酯）	—	—	10.0	—
塑解剂 Akrplast T（锌盐和高分子类混合物）	—	—	1.0	—
防老剂 CD	1.0	—	—	—
防老剂 TMQ（RD）	—	1.5	—	—
防老剂 PVI	—	1.0	—	—
促进剂 MBTS（DM）	1.0	1.0	—	0.8
MBTS（活化剂和除味剂）	—	—	—	1.0
促进剂 MBT（M）	—	—	1.0	—
促进剂 D	—	—	1.0	—
促进剂 EZ	—	—	1.0	—
促进剂 BZ	—	—	0.8	—
TMTD	1.0	1.0	—	—
二硫代吗啉	1.5	—	—	—
TETD	1.0	—	—	—
硫黄	0.5	0.5	0.6 （Rhenogran－80）	1.2
发泡剂 ADC/K（Porofor ADC/K）	—	—	10.0	—
发泡剂 ADC/R（Porofor ADC/R）	—	—	10.0	—
Vulcacel BN（类似 ADC 的发泡剂）	—	—	—	12.0
防焦剂 CTP（Vulkalent E/C）	—	—	0.6	—
合计	—	—	282	201.5
门尼黏度［ML(1＋4)100℃］	9	13	—	—
门尼焦烧时间 t_5（125℃）/min	25	18	—	—
硫化胶物理机械性能				
硫化条件	165℃×8 min	145℃×90 min	—	—
硬度（邵尔 A）	22	42	—	—
100%定伸应力/MPa	0.6	1.4	—	—
200%定伸应力/MPa	—	2.2	—	—
300%定伸应力/MPa	—	2.7	—	—
拉伸强度/MPa	4.4	6.8	—	—
扯断伸长率/%	660	490	—	—
燃烧性	—	自熄	—	—

NBR/PVC 用于胶辊除了具有耐油、抗静电作用之外，还具有极优的抗撕裂、抗磨损性能，易于磨削、抛光等加工。

NBR/PVC 用于海绵制品，发泡均匀，耐油耐天候性能优异，手感好，富于挺性和弹性。特别是，机械加工性能优异是 NBR/PVC 海绵制品的最大特点。

（6）NBR/PVC 用于工业模压制品。

NBR/PVC 用于工业模压制品配方见表 1.1.8－72。

表 1.1.8-72　NBR/PVC 用于工业模压制品配方

配方材料与项目	阻燃橡胶地板配方	燃油衬垫配方	防尘护套配方
Perbunan NT/VC 3470	100.0	—	100.0
Perbunan NT/VC 4370	—	100.0	—
热裂法炭黑 MT990	—	70.0	—
快压出炭黑 N550	—	40.0	50.0
沉淀法白炭黑	55.0	—	—
陶土	15.0	—	—
表面处理碳酸钙	—	—	15.0
硬脂酸	1.0	1.0	0.5
硬脂酸钙	2.0	—	—
氧化锌	3.0	5.0	3.0
防老剂 MB	1.5	—	—
防老剂 Naugard 445	—	2.0	—
防老剂 IPPD（4010NA）	—	1.0	1.5
微晶蜡	—	3.0	3.0
DOP	—	20.0	15.0
磷酸三甲苯酯	20.0	—	—
乙二醇	1.5	—	—
硫化剂 DTDM	1.0	1.5	3.0
硫化剂 MD	—	1.5	—
促进剂 TMTD	0.8	1.0	2.0
硫黄	1.5	0.5	0.5
合计	202.3	246.5	193.5
密度/(g · cm^{-3})	1.4	—	—
门尼黏度［ML(1+4)100℃］	115	56	47
门尼焦烧时间 t_5（125℃）/min	16	11	10
硫化胶物理机械性能			
硫化条件	170℃×5 min	160℃×9 min	166℃×6 min
硬度（邵尔 A）	90	78	71
100%定伸应力/MPa	9.6	—	—
300%定伸应力/MPa	13.2	—	—
拉伸强度/MPa	14.3	10.9	16
扯断伸长率/%	395	295	365
撕裂强度（C 型）/(kN · m^{-1})	74	—	830（N）
撕裂强度（DIN 53507）/(kN · m^{-1})	19	—	—
DIN 磨耗（53516）/mm^3	298	—	—
压缩永久变形（ASTM B 25%）（170℃×10′硫化）	—	—	—
室温×22 h/%	28	—	—
70℃×22 h/%	59	—	—
压缩永久变形（100℃×70）/%	—	42	—
压缩永久变形（ASTM B 法）（166℃×12′硫化）100℃×24 h/%	—	—	34
耐臭氧（200 pphm，40℃，拉伸 30%）		5 天无裂口	
吉门扭转/℃	—	—	−24
100℃×70h 热空气老化性能变化			
硬度（变化）（邵尔 A）/度	—	+5	71°
拉伸强度变化率/%	—	+10	16.3 MPa
扯断伸长率（变化率）/%	—	−35	240%

续表

配方材料与项目	阻燃橡胶地板配方	燃油衬垫配方	防尘护套配方
100℃×7 d 热空气老化性能变化			
硬度（邵尔 A)/度	93	—	—
100%定伸应力/MPa	14.8	—	—
拉伸强度/MPa	16.9	—	—
扯断伸长率/%	215	—	—
100℃×70 h ASTM No. 1 油中老化性能变化			
硬度（邵尔 A)/度	—	—	74
拉伸强度/MPa	—	—	16.8
扯断伸长率/%	—	—	212
体积变化/%	—	—	−13
100℃×70 h ASTM No. 3 油中老化性能变化			
硬度（邵尔 A)/度	—	—	70
拉伸强度/MPa	—	—	16
扯断伸长率/%	—	—	255
体积变化/%	—	—	−0.5
100℃×70 h 燃油 C 中老化性能变化			
硬度变化（邵尔 A)/度	—	−10	—
拉伸强度变化率/%	—	−30	—
扯断伸长率变化率/%	—	−29	—
体积变化/%	—	+13	—

（三）NBR/PVC 的供应商

NBR/PVC 乳液共混胶商品牌号见表 1.1.8-73、表 1.1.8-74、表 1.1.8-75、表 1.1.8-76、表 1.1.8-77。

表 1.1.8-73　NBR/PVC 共混胶商品牌号（一）

供应商	牌号	丙烯腈含量/%（基料）	NBR/PVC	门尼黏度 [ML(3+4)100℃]	密度 /(g·cm^{-3})	稳定剂
阿朗新科	Perbunan NT/VC 2870	19.1∶1	70/30	73∶10	1.07	非污染
	Perbunan NT/VC 3470	23.8∶1	70/30	64∶9	1.06	
	Perbunan NT/VC 2870B	19.6∶1	70/30	64∶9	1.06	
	Perbunan NT/VC 3470B	23.8∶1	70/30	64∶9	1.06	
	Perbunan NT/VC 4370B	30.1∶1	70/30	60∶9	1.06	
韩国锦湖石油化学公司	KNV 0072S	—	70/30	67	—	—
	KNV 0072M	—	70/30	75	—	—
	KNV 0072H	—	70/30	95	—	—
	KNV 0072DM	—	70/30	95	—	—

表 1.1.8-74　意大利埃尼 NBR/PVC 共混胶商品牌号（二）

牌号	丙烯腈含量/%（基料）	NBR/PVC	门尼黏度 [ML(1+4)100℃]	主要用途
Europrene N OZO 7028	19.5	70/30	75	具有良好的抗臭氧与耐油性
Europrene N OZO 7028/60	19.5	70/30	60	具有良好的抗臭氧、耐油性与加工性
Europrene N OZO 7033	23	70/30	75	耐油性更好的同时具有抗臭氧性能
Europrene N OZO 7033/60	23	70/30	60	耐油性、加工性更好的同时具有抗臭氧性能
Europrene N OZO 7039	27	70/30	75	应用于需要极高耐油、耐新型汽油的制品
Europrene N OZO 5033	16.5	50/50	70[a]	挤出、注射专用牌号，突出的抗臭氧性

注：a. ML（1+4）121℃。

表 1.1.8-75　日本瑞翁 NBR/PVC 共混胶商品牌号（三）

牌号	丙烯腈含量/%（基料）	NBR/PVC	门尼黏度	比重	防老剂	特性与应用	
Nipol Polyblend 1203W	33.5	70/30	ML62.5	1.07	非变色	具有良好的耐臭氧性	用于耐油的电缆护套、鞋底和胶管，以及其他要求良好耐磨性和耐臭氧的应用领域
Nipol Polyblend DN502W	27.5	70/30	ML68	1.07	非变色	1203W 的改进耐低温型	
Nipol Polyblend DN508W	39	70/30	MS45	1.07	非变色	1203W 的改进耐燃油和耐臭氧型	

表 1.1.8-76　衡水瑞恩橡塑科技有限公司 NBR/PVC 橡塑合金（胶片型）[a] 商品牌号（四）

规格		NV3420	NV3425	NV3460－1	NV3460－2	NV3460－3	NV3460－4	NV3470	NV3475	NV4260	NV2850
门尼黏度［ML（3+4）100℃］		20	22	67	78	63	78	70	83	59	53
结合丙烯腈含量/%		33	33	33	33	33	33	33	33	41	27
密度		1.04	1.04	1.06	1.065	1.06	1.07	1.075	1.135	1.06	1.05
基础配方	硬度（邵尔 A）	34	33	60	65	55	67	60	70	54	57
	拉伸强度/MPa	7	7.5	17	17	14.3	17	17	21	15	9
	扯断伸长率/%	637	760	639	573	680	600	670	620	600	540
热老化性能（120℃×72 h）		不裂	不裂	不裂	不裂	不裂	不裂	不裂	不裂	不裂	不裂
耐低温性/℃		－40	－40	－35	－35	－35	－35	－32	－27	－25	－38
用途		印刷胶辊、低硬度胶辊	高档印刷胶辊、低硬度制品，弹性好	汽车胶管、胶辊、耐油模压制品	汽车胶管、胶辊、耐油模压制品，耐老化性好	胶管、胶鞋、胶板、耐油模压制品等	异形耐油胶管、高硬度制品，流动性好	高压胶管	高压胶管、输送带	燃料胶管、耐溶剂及耐油制品	胶管外胶，耐低温好

注：a. 该公司可生产颗粒型与环保型橡塑合金，其中环保型商品牌号后缀字母“E”，如 NV3420E。

表 1.1.8-77　NBR/PVC 共混胶其他商品牌号（五）

供应商	牌号	门尼黏度［ML(1+4)100℃］	丙烯腈质量分数/%	灰分(≤)/%	挥发分(≤)/%	300%定伸应力/MPa	拉伸强度(≥)/MPa	扯断伸长率(≥)/%	证书
俄罗斯西布尔	NBR26 PVC30 1 组	50～60	27～30	0.5	0.8	11.8	23.5	450	REACH、RoHS、FDA 和 FC CU
	NBR26 PVC30 2 组	66～80	27～30	0.5	0.8	11.8	23.5	450	
宁波顺泽	NBR7370	60±10	23.0±1.0						

8.2.5　丁腈橡胶/三元乙丙橡胶共混物（nitrile rubber-ethylene-propylene terpolymerblend）

丁腈橡胶/三元乙丙橡胶共混物系丁腈橡胶胶乳与三元乙丙橡胶胶液按要求比例掺混后共凝聚制得，三元乙丙橡胶的共混比为 30～60 份，简称 NBR/EPDM 共混物，可以提高丁腈橡胶的耐热性和耐老化性能。

其特性为：优良的耐油性、耐候性和耐臭氧老化性；可使用硫黄促进剂硫化体系硫化；与其他橡胶硫化黏合性好；由于丁腈橡胶、三元乙丙橡胶的极性和不饱和度相差悬殊，为使其共硫化，需注意选择硫化促进剂的品种和用量。

NBR/EPDM 主要用于汽车软管保护层、丙烷气胶管、粉尘覆盖物等橡胶制品。

NBR/EPDM 的典型技术指标见表 1.1.8-78。

表 1.1.8-78　NBR/EPDM 的典型技术指标

NBR/EPDM 的典型技术指标			
丁腈橡胶/三元乙丙橡胶（质量比）	70/30	60/40	40/60
门尼黏度［ML(1+4)100℃］	48	50	52
相对密度	1.01	0.99	0.96
NBR/EPDM 硫化胶的典型技术指标			
项目	指标	项目	指标
300%定伸应力/MPa	9.8～13.7	耐老化性（100℃×70 h）伸长率变化率/%	－36～－24
拉伸强度/MPa	16.2～19.1	脆性温度/℃	－56～－43
拉断伸长率/%	400～550	耐油性（1＃油）体积增加/%	13～44

续表

NBR/EPDM 硫化胶的典型技术指标			
撕裂强度/(kN·m^{-1})	34.3～40.2	耐臭氧老化 静态（80 pphm，40℃，40%伸长） 动态（50 pphm，40℃，0.30%伸长）	168 h 发生龟裂 216 h 发生龟裂
硬度（邵尔 A）	67～71		
压缩永久变形（100℃×70 h)/%	49～64		

日本合成橡胶公司已有商品生产，牌号为 JSR NE。

第九节　橡胶的简易鉴别方法

橡胶种类的简易识别方法见表 1.1.9－1。

表 1.1.9－1　橡胶种类的简易识别方法

橡胶	橡胶的简易识别方法		
	外观	燃烧	浓硫酸浸渍试验
天然橡胶（NR）	淡黄色～茶褐色，半透明	易燃，黑烟，暗黄色火焰，变软	红褐色～灰褐色，变硬，变脆
聚异戊二烯橡胶（IR）			
丁苯橡胶（SBR）	淡黄色～淡褐色，半透明		褐色～黑色、红褐色，变硬，变脆
丁腈橡胶（NBR）			褐色～红褐色，崩碎，树脂化
氢化丁腈橡胶（HNBR）			
聚丁二烯橡胶（BR）	淡黄色～淡褐色，半透明		
氯丁橡胶（CR）	淡黄色～淡褐色，半透明	自熄性	变黑，盐酸气泡，硬化
丁基橡胶（IIR）	无色，透明～半透明	易燃	几乎无变化，表面稍变软
三元乙丙橡胶（EPDM）	白色，不透明	易燃	几乎无变化
硅橡胶（SI）	白色，半透明	易燃	软化或溶解
氟橡胶（FPM）	白色，不透明	自熄性	几乎无变化
氯磺化聚乙烯橡胶（CSM）	白色，透明～半透明	自熄性	几乎无变化
丙烯酸酯橡胶（ACM）	无色，透明～半透明	易燃	软化或溶解
聚氨酯橡胶（PUR）	淡黄色，透明	易燃	软化或溶解

橡胶种类的其他简易识别方法见表 1.1.9－2。

表 1.1.9－2　橡胶种类的其他简易识别方法[h]

橡胶种类	铜焰法	燃烧试验		无机酸浸渍试验[a]		显色法			斑点试验[d]		
		燃烧特性	气味及其他	浓硫酸	热硝酸	试剂 1[b]		试剂 2[c]	试纸 A[e]	试纸 B[f]	试纸 C[g]
						开始	加热后				
氯丁橡胶	绿焰	不燃	盐酸味	硬化	分解	黄	淡黄绿	红	红	不变	红
氯化丁基橡胶	绿焰	难燃	盐酸味、软化	无变化	不分解	—	—	—	—	—	—
氟橡胶	无	不燃	—	无变化	不分解	—	—	—	—	—	—
乙丙橡胶	无	易燃	烷烃味、软化	无变化	不分解	—	—	—	—	—	—
丁基橡胶	无	易燃	石油气味、黏性	无变化	不分解	黄	淡蓝	绿	不变	黄	浅绿
丁腈橡胶	无	易燃	特殊臭味	硬化	分解	橙	红	绿	绿	浅褐	黄绿
丁苯橡胶	无	易燃	苯乙烯味、黑烟	硬化	分解	绿黄	绿	绿	不变	褐	蓝绿
硅橡胶	无	易燃	有白烟	软化、溶解	分解	黄	黄	—	—	—	—
聚硫橡胶	无	易燃	亚硫酸味	软化、溶解	分解	—	—	—	—	—	—
天然橡胶	无	易燃	黏性	软化、溶解	分解	褐	蓝紫	绿	不变	褐	蓝

续表

橡胶种类	铜焰法	燃烧试验		无机酸浸渍试验[a]		显色法			斑点试验[d]		
		燃烧特性	气味及其他	浓硫酸	热硝酸	试剂1[b]		试剂2[c]	试纸A[e]	试纸B[f]	试纸C[g]
						开始	加热后				
聚异戊二烯橡胶	无	易燃	黏性	软化、溶解	分解	绿蓝	深蓝绿	绿	—	—	—
聚丁二烯橡胶	无	易燃	黏性	软化、溶解	分解	亮绿	蓝绿	—	—	—	—
氯丁橡胶/丁腈橡胶混合物	—	—	—	—	—	—	—	—	红/绿	浅褐	绿

注：a. 试样需浸泡 30～60 min，观察外观和是否有气体发生。

b. 试剂 1，将对二甲氨基苯甲醛 1 g 和氢醌（对苯二酚）1 g 溶于 100 mL 无水甲醛中，加入浓盐酸 5 mL 和乙二醇 10 mL，密度为 0.851 g/cm³，可调节甲醇和乙二醇的量来控制比重。

c. 试剂 2，将柠檬酸钠 2g、柠檬酸 0.2 g、溴甲酚绿 0.03 g 和间胺黄 0.03 g，溶于 500 mL 蒸馏水中。

d. 斑点试验，将试样放在电炉的加热铁片表面上分解，用湿润过试剂的试纸放在试样上方 5 mm 处，观察颜色。

e. 试纸 A：醋酸铜 2.0 g、间胺黄 0.25 g、甲醇 500 mL，将滤纸浸后干燥；试剂 A：氯化联苯胺 2.5 g、甲醇 500 mL、蒸馏水 500 mL、溶后加入 0.1%对苯二酚水溶液 10 mL。

f. 试纸 B：普通滤纸；试剂 B：蒸馏水 80 mL 加入浓硫酸（密度 1.84 g·cm⁻³）15 mL，加 5.0 g 黄色氧化汞，加热至沸腾，冷却后加 100 mL 蒸馏水。

g. 试纸 C：对二甲氨基苯甲醛 3.0 g、对苯二酚 0.05 g、100 mL 乙醚，将滤纸浸后干燥；试剂 C：三氯乙酸 30 g，加 100 mL 异丙醇。

天然橡胶还可以通过韦伯（weber）试验进行进一步的定性分析，因溴化的橡胶能与苯酚形成各种有色化合物。取约 0.05 g 用丙酮萃取过的试样放在试管中，加入 5 mL 10%（体积比）溴的四氯化碳溶液，在水浴中缓慢升温至沸点，继续加热直至无痕量的溴。然后加入 5～6 mL 10%苯酚的四氯化碳溶液，进一步加热 10～15 min，几分钟内出现紫色说明是天然橡胶，详见表 1.1.9-3。

表 1.1.9-3　不同橡胶的韦伯效应

橡胶品种	苯酚溶液中的颜色	接着滴入其他溶剂中的颜色			
		氯仿	醋酐	醚	醇
烟片	紫色	浅紫色	浅紫色	浅紫色	浅紫色
绉片	紫色	浅紫色	浅紫色	灰棕色	浅紫色
天然胶乳	棕紫色	红橙色	灰黄色	黄棕色	橙黄色
巴拉塔树胶	深红色	浅紫色	红紫色	灰棕色	黑棕色
聚硫橡胶	灰草黄色	灰黄色	灰黄色	浅黄色	灰草黄色
美国 Goodrich 丁腈橡胶	橙棕色	黄色	黄橙色	无色	柠檬黄色
朗盛丁腈橡胶	黄棕色	暗黄色	黄色带白色沉淀	黄色带白色沉淀	黄色带棕色沉淀
氯丁橡胶	红棕色	红紫色	白色带棕色沉淀	棕色带黑色沉淀	白色带棕色沉淀
丁苯橡胶	绿灰色	几乎无色，略带混浊			

第十节　橡胶材料技术分类系统

10.1　汽车用橡胶材料分类系统

HG/T 2196—2004《汽车用橡胶材料分类系统》修改采用 ASTM D2000：2001（SAE J200：2001）《汽车用橡胶材料分类系统》，其中 ASTM D2000 中引用的 ASTM 的试验方法，除 ASTM D865 和 ASTM D925 外，均转化为国家标准试验方法；ASTM D2000 中引用的耐液体试验方法 ASTM D471 与国家标准耐液体试验方法 GB/T 1690—2010 的试样尺寸不同；ASTM D2000 中引用的 ASTM D5964《橡胶的惯例——用 IRM 902 和 IRM 903 替代油来替换 ASTM 2 号油和 ASTM 3 号油》，HG/T 2196—2004 未引用。

ASTM D2000 美国材料试验学会标准《汽车用橡胶制品标准分类系统》（Standard Classification System for Rubber Products in Automotive Applications），最初的版本 1962 年颁布，现在使用的是 ASTM D2000：2005。后来制定的其他橡胶制品标准分类系统内容基本与 ASTM D2000 相同。例如，美国汽车工程师协会标准 SAE J200—2005《橡胶材料分类系统》、英国标准 BS 5176—2003《硫化橡胶分类系统规范》、日本橡胶测试标准 JIS K 6380—1999、国际标准 ISO 4632/1—

1982 (E)《Rubber，vulcanized-Classification—Part1：Description of the classification system》。

汽车用橡胶材料分类系统旨在为工程技术人员在选择通用的商品橡胶材料时提供指导，并提供一种使用简单的“标注”代码（Line call-out）来规定商品橡胶材料的方法。该系统对汽车用（不限于）硫化橡胶制品的单一或并用的天然橡胶、再生胶和合成橡胶材料进行了分类。分类系统中所有橡胶制品的性能都能用特有的材料代号列出，材料代号由类型和级别确定，其中类型以耐热为基础，级别以耐油溶胀为基础，类型和级别与表述附加要求的数字一起就可以完整地说明所有弹性体材料的性能。该分类系统使用前缀字母“M”，表示本分类系统以国际单位制（SI）为基础；当汽车用橡胶材料分类系统的条款与某一特定产品的详细规范相抵触的情况下，后者优先。

标注代码包括文件名称、前缀字母 M、品级数、材料代号（类型和级别)、硬度及拉伸强度，以及相应的后缀。标注代码示例：

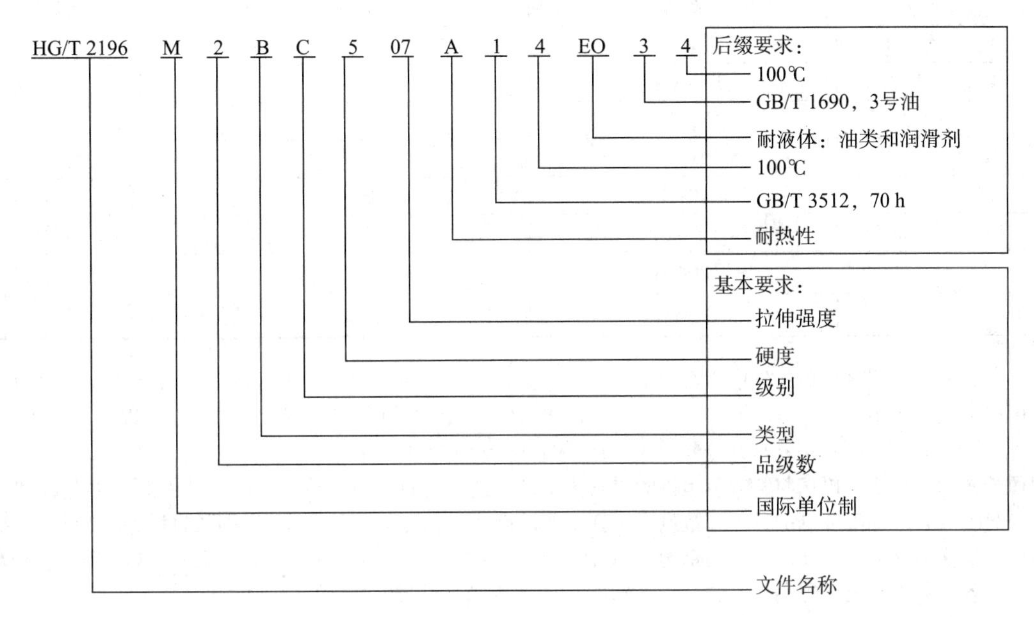

在此例中，基本要求耐热和耐液体被后缀要求取代了。但是，对压缩永久变形为 80％这一要求，因它不包括在后缀要求内，就不能被取代，而应符合表 1.1.10 - 8 的规定。

类型是以在适当的温度下经 70 h 耐热后拉伸强度变化率不超过±30％，拉断伸长率变化率不超过－50％，硬度变化不超过±15 度来确定的。级别是在 70℃、100℃、125℃、150℃（油稳定的上限温度）下，于 3 号油中浸泡 70 h 后材料的溶胀性能来确定的。1 号油的苯胺点指标为 124±1℃，模拟高黏度润滑油；2 号油的苯胺点指标为 93±1℃，可模拟多数液压油；3 号油的苯胺点指标为 69.5±1℃，可模拟煤油、轻柴油等。实验测试表明，IRM 902 油和 IRM 903 油对硫化橡胶的溶胀（体积膨胀率）比 2 号油和 3 号油略小。类型和级别用表 1.1.10 - 1 所列举的字母来表示。

表 1.1.10 - 1 类型和级别

温度所确定的类型的基本要求		根据体积膨胀确定级别的基本要求	
类型	试验温度/℃	级别	体积膨胀（最大)/％
A	70	A	无要求
B	100	B	140
C	125	C	120
D	150	D	100
E	175	E	80
F	200	F	60
G	225	G	40
H	250	H	30
J	275	J	20
K	300	K	10

注：1. 以耐热性为基础的类型的选择应理解为是通常可从商品橡胶中预期的固有耐热性的体现。同样，级别的选择也是通常可从商品橡胶中预期的体积溶胀范围。

2. 当顾客需要或者供方认为必要时，可用 IRM 902 油、IRM 903 油分别替代 2 号油和 3 号油。IRM 902 油、IRM 903 油参见 ASTM D 5964，这两种油与 2 号油、3 号油相似但又不完全相同，由于其溶胀特性不同并有可能会影响胶料的分类，因此，IRM 902 油和 IRM 903 油对 2 号油和 3 号油的可替代性尚未确立。

类型和级别的字母代号后跟着的三位数字，表示硬度和拉伸强度。例如，505 的第一个数字表示硬度，5 表示硬度为 50±5，6 表示硬度为 60±5。后两个数字表示最小拉伸强度，如 05 表示最小拉伸强度为 5 MPa，14 表示最小拉伸强度为

14 MPa。对于期望硬度和拉伸强度的市售材料的相互关系通过表 1.1.10－6 中的扯断伸长率的值就可以确定。

品级数——由于基本要求并非都能充分地表示出所有必要的质量要求，因此通过前缀品级数系统对差异或补充要求进行规定。品级数 1 表示仅基本要求是必须达到的，而无须有后缀要求。除 1 而外的其他品级数，都用以指明差异或补充要求，并以“适用的后缀品级数”列入表 1.1.10－6～表 1.1.10－29 基本要求下的最后一栏。品级数作为材料的前缀写在类型和级别字母的前面。

后缀字母——后缀字母及其含义见表 1.1.10－2。

表 1.1.10－2　后缀字母的含义

后缀字母	要求的试验	后缀字母	要求的试验
A	耐热	H	耐屈挠
B	压缩永久变形	J	耐磨耗
C	耐臭氧或耐天候	K	黏合强度
D	耐压缩变形	M	耐燃
EA	耐液体（水）	N	抗冲击
EF	耐液体（燃油）	P	耐污染
EO	耐液体（油类和润滑剂）	R	回弹性
F	耐低温	Z	任何特殊要求，需详细说明
G	抗撕裂		

后缀数字——每一后缀字母后最好应跟有两个后缀数字。第一个后缀数字总是表示试验方法；试验时间为试验方法的一部分，并可以从表 1.1.10－3 查出。第二个后缀数字，如果使用的话，则总表示试验温度，并可以从表 1.1.10－4 查出。在需要用到三位数字时，可用一字线将其分开，如 A1—10、B4—10、F1—11 等。

汽车用橡胶材料分类系统以按材料规范提供的材料为基础，这些材料用单一或并用的天然橡胶、再生胶和合成橡胶与其他配合剂一起制成，所加配合剂的种类和数量应保证生产的硫化胶符合规定的要求；所有的材料及其制造质量应符合良好的商业惯例；最终产品应没有孔隙、薄弱部分、气泡、杂质及其他影响使用性的缺陷。除了 FC、FE、FK 及 GE 材料外，材料表中的各种数据都是以黑色橡胶胶料为基础，而且得不到不同颜色胶料的可比数据。

表 1.1.10－6～表 1.1.10－29 列示的物理性能的基本要求以从标准实验室试样上所获得的数据为基础，试样是按适用的试验方法进行制备和试验的。从成品上制备的试样，其试验结果与从标准试样上所得的结果可能不同。

注：当标准试样是按 GB/T 9865.1 从成品上切取时，经供需双方协商可允许有 10%范围内的偏差（仅限于拉伸强度值和伸长率值），允许这一偏差是因为当试样从成品上制备并进行拉伸强度和伸长率试验时，接合、纹理、打磨对材料会产生影响。由于加工方法或是由于从成品上获取适当的试样有困难而造成差别时，供需双方可协商出一个双方均可接受的偏差。这可通过将标准试样的试验结果与从实际成品上获取试样的试验结果进行比对来完成。

汽车用橡胶材料分类系统将现有的材料都列入表中相应的材料部分，并给出了每一种材料的硬度和拉伸强度及其相应的拉断伸长率值。由于类型和级别的编排需要，材料的耐热和耐油老化要求会重复出现。此外，压缩永久变形值也作为基本要求加以规定，以确保适当的硫化。

仅在需要确定为满足使用要求所必需的质量时，才规定后缀要求。这些后缀要求由各种品级数来表示。描述这些后缀要求的后缀字母和后缀数字可以单独使用，也可组合使用。对于某一需要规定的给定材料而言，并非所有的后缀数值都要用到。

注：以 A14 和 E034 为例说明后缀字母和数字的用途。后缀字母 A（表 1.1.10－2）表示耐热性，后缀数字 1（表 1.1.10－3）表示要按试验方法 GB/T 3512 进行 70 h，后缀数字 4（表 1.1.10－4）表示试验温度 100℃。同样，后缀 E034 表示按试验方法 GB/T 1690 在 100℃下进行 70 h 的耐 3 号油试验。

ASTM D2000 所列各种硫化橡胶的性能范围很广，如 AA 材料（包括 NR、再生橡胶、SBR、BR、IIR、EP、IR——耐热老化试验条件为 70℃×70 h、无耐油要求）的基本性能中，根据硬度可分为 30、40、50、60、70、80、90 度七个硬度等级，每个硬度等级的硫化橡胶的拉伸强度又可分若干级，如硬度为 60 度的 NR 硫化橡胶的拉伸强度分为 3、6、7、8、10、14、17、21、24 MPa 九级。每个硬度和拉伸强度级硫化橡胶中，其耐热空气老化后的性能变化、压缩永久变形性能，还可以选取 1 至 8 级的性能组合（表中有推荐的选用组别）。以耐热空气老化后性能变化为例：1 组的无要求；2 组的硬度变化最大为±15 度，拉伸强度变化最大为－30%，扯断伸长率变化最大为－50%；而 4 组、5 组的分别为＋10 度、－25%和－25%。

丁腈橡胶的分类更广，它被分别列于 BF（一般要求、耐低温）、BG、BK（高耐油）和 CH（耐高温）四类橡胶材料中。前三类的耐热老化条件为 100℃×70 h，CH 材料的耐热老化条件为 125℃×70 h。其一般的耐油性能要求不同，在不同性能组合中差别更大。可见在确定丁腈橡胶的性能指标时，可以有多种不同的选择。如不同的丁腈橡胶类别（BF、BG、BK 或 CH），不同的硬度以及在相同硬度下的不同拉伸强度、耐热老化、耐油（包括标准试验、燃油、加醇汽油和酸性油等）、压缩永久变形等性能的组合。其差别有时是很大的。但要注意，有的性能有时是不可以兼得的，如低的脆性温度和高的耐 ASTM NO.3 油性能是有矛盾的；耐臭氧、耐燃油或加醇汽油与低的压缩永久变形也不易同时获得。

10.1.1　试验方法

有关的试验方法见表 1.1.10－3。

表 1.1.10-3 试验方法

要求或后缀字母	基本要求和第一个后缀数字								
	基本要求	1	2	3	4	5	6	7	8
拉伸强度、拉断伸长率	GB/T 528—2009 Ⅰ型裁刀	—	—	—	—	—	—	—	—
邵尔 A 硬度	GB/T 531.1—2008	—	—	—	—	—	—	—	—
后缀字母 A 耐热	—	GB/T 3512—2014，70 h	ASTM D865，70 h	ASTM D865，168 h	GB/T 3512—2001，168 h	GB/T 3512—2001，1 000 h	ASTM D865，1 000 h	—	—
后缀字母 B 压缩永久变形，从胶片上切取标准试样	—	GB/T 7759.1—2015，22 h B 型密实试样	GB/T 7759.1—2015，70 h B 型密实试样	GB/T 7759.1—2015，22 h B 型叠合试样	GB/T 7759.1—2015，70 h B 型叠合试样	GB/T 7759.1—2015，1 000 h B 型密实试样	GB/T 7759.1—2015，1 000 h B 型叠合试样	—	—
后缀字母 C 耐臭氧和耐天候	—	GB/T 11206—2001，耐臭氧老化[a]方法 D	GB/T 11206—2001[b]，耐天候老化方法 D	GB/T 11206—2001，耐臭氧老化[a]方法 C	—	—	—	—	—
后缀字母 D 耐压缩变形	—	GB/T 7757—2009	—	—	—	—	—	—	—
后缀字母 EO 耐油	—	GB/T 1690—2010，1 号标准油，70 h	GB/T 1690—2010，2 号标准油，70 h	GB/T 1690—2010，3 号标准油，70 h	GB/T 1690—2010，1 号标准油，168 h	GB/T 1690—2010，2 号标准油，168 h	GB/T 1690—2010，3 号标准油，168 h	GB/T 1690—2010，101 液体，70 h	GB/T 1690—2010，表 28 专门规定的油，70 h
后缀字母 EF 耐燃油	—	GB/T 1690—2010，标准燃油 A，70 h	GB/T 1690—2010，标准燃油 B，70 h	GB/T 1690—2010，标准燃油 C，70 h	GB/T 1690—2010，标准燃油 D，70 h	GB/T 1690—2010，85%体积百分比的标准燃油 D 加上 15%体积百分比的改性乙醇，70 h	—	—	—
后缀字母 EA 耐含水液体	—	GB/T 1690—2010，蒸馏水，70 h[c]	GB/T 1690—2010，等体积的蒸馏水和试剂级的乙二醇，70 h[d]	—	—	—	—	—	—
后缀字母 F 耐低温	—	GB/T 15256—2014，B 型试样 3 min[e]	GB/T 6036—2001，5 min，T_2、T_5、T_{10}、T_{50} 或 T_{100}	GB/T 15256—2014，B 型试样 22 h[e]	GB/T 7758—2002，50 mm 裁刀，50%伸长，回缩 10%，最小	GB/T 7758—2002，50 mm 裁刀，50%伸长，回缩 50%，最小	—	—	—
后缀字母 G 抗撕裂	—	GB/T 529—2008，新月型裁刀	GB/T 529—2008，直角型裁刀	—	—	—	—	—	—
后缀字母 H 耐屈挠	—	GB/T 1687.1—2016	—	—	—	—	—	—	—
后缀字母 J 耐磨耗[f]	—	—	—	—	—	—	—	—	—
后缀字母 K 黏合强度	—	GB/T 11211—2009	GB/T 7760—2003	硫化后进行黏合	—	—	—	—	—
后缀字母 M 耐燃[f]	—	—	—	—	—	—	—	—	—
后缀字母 N 抗冲击[f]	—	—	—	—	—	—	—	—	—

续表

要求或后缀字母	基本要求和第一个后缀数字								
	基本要求	1	2	3	4	5	6	7	8
后缀字母 P 耐污染	—	ASTM D925，方法 A	ASTM D925，方法 B，控制板	—	—	—	—	—	—
后缀字母 R 回弹性	—	GB/T 7042—1986	—	—	—	—	—	—	—
后缀字母 Z 特殊要求[f]	—	—	—	—	—	—	—	—	—

注：a. 质量保持率的评价按该标准附录 NA 进行。

b. 耐候试验时间为 6 周。试验地点和年份由供需双方协商。

c. 应使用蒸馏水，除非省略乙醇浸泡，体积的增加用排水法计算，在测定拉伸强度的变化、伸长率的变化和硬度的变化时，试样浸入浸泡液后，液面在试管的 3/4 处。30 min 后测量。用蒸馏水冷却，省略丙酮浸泡。

d. 用等体积的蒸馏水和试剂级的乙二醇。除非省略乙醇浸泡，体积的增加用排水法计算，在测定拉伸强度的变化、伸长率的变化和硬度的变化时，试样浸入浸泡液后，液面在试管的 3/4 处。30 min 后测量。用蒸馏水冷却，省略丙酮浸泡。

e. GB/T 15256—2014 中规定的冷冻时间为 5 min。

f. 试验方法待定。

表 1.1.10-4　表示试验温度的后缀数字

有关的后缀要求	第二个后缀数字	试验温度/℃[a]
A、B、C、EA、EF、EO、G、K	11	275
	10	250
	9	225
	8	250
	7	175
	6	150
	5	125
	4	100
	3	70
	2	38
	1	23
	0	—[b]
F	1	23
	2	0
	3	−10
	4	−18
	5	−25
	6	−35
	7	−40
	8	−50
	9	−55
	10	−65
	11	−75
	12	−80

注：a. 试验温度以 GB/T 2941—2006 为基础。

b. 在室外试验时是指环境温度。

10.1.2 抽样和检验

除非另有规定，一检验批量应为在同时交付检验的由同一材料制成的所有产品。

当需要验证以汽车用橡胶材料分类系统为基础的规范的一致性时，供货方应按照采购方在订货时提出的要求提供足够数量的样品进行所规定的试验。应当保证样品是取自检验批所用的同一批或同一辊胶料并具有相同的硫化程度。

10.1.3 各种材料的基本要求和附加要求

汽车用橡胶材料分类系统的材料代号及满足材料要求（类型和级别）的常用的聚合物类型见表 1.1.10－5。

表 1.1.10－5 满足材料要求的常用聚合物

HG/T 2196—2004（ASTM D2000/SAE J200）分类系统中的材料代号（类型和级别）	耐热性/℃	耐油性 Δ（最大）/%	最常用的聚合物类型
AA	70	无要求	NR、SBR、IR、IIR、BIIR、CIIR、EPM、EPDM、BR、再生 RBR
AK	70	10	T
BA	100	无要求	SBR、IIR、BIIR、CIIR、EPM、EPDM
BC	100	120	CR、CM
BE	100	80	CR、CM
BF	100	60	NBR
BG	100	40	NBR、AU、EU
BK	100	10	NBR
CA	125	无要求	EPM、EPDM
CE	125	80	CSM、CM
CH	125	30	NBR、CO、ECO
DA	150	无要求	EPM、EPDM
DE	150	80	CSM、CM
DF	150	60	ACM
DH	150	30	ACM、HNBR
EE	175	80	AEM
EH	175	30	ACM
EK	175	10	FZ
FC	200	120	PVMQ
FE	200	80	MQ
FK	200	10	FVMQ
GE	225	80	VMQ
HK	250	10	FKM
KK	300	10	FFKM

注：再生 RBR——再生橡胶；AEM——丙烯酸酯-乙烯共聚物；MQ（MQ、VMQ、PVMQ）——硅橡胶；FVMQ——氟硅橡胶；FKM——氟橡胶；FFKM——全氟弹性体。

（一）A 类型材料

AA 材料的基本要求和附加（后缀）要求见表 1.1.10－6。

表 1.1.10-6　AA材料的基本要求和附加（后缀）要求（HG/T 2196—2004 表 6）

邵尔A硬度（±5度）	拉伸强度（最小）		拉断伸长率（最小）/%	耐热（GB/T 3512—2014）（70℃×70 h）	耐液体（GB/T 1690—2010，3号油，70℃×70 h）	压缩永久变形（GB/T 7759.1—2015，密实试样，70℃×22 h）	适用的后缀品级数
	MPa	Psi					
30	7	1 015	400	硬度变化：±15度 拉伸强度变化率：±30% 拉断伸长率变化率：最大−50%	无要求	压缩永久变形：最大50%	2，4
30	10	1 450	400				2，4
30	14	2 031	400				2，4
40	7	1 015	400				2，4
40	10	1 450	400				2，4
40	14	2 031	400				2，4
40	17	2 466	500				2，4
40	21	3 046	600				2，4
50	3	435	250				2
50	6	870	250				2
50	7	1 015	400				2，3
50	8	1 160	400				2，3
50	10	1 450	400				2，3，4，5
50	14	2 031	400				2，3，4，5
50	17	2 466	400				2，3，4，5
50	21	3 046	500				2，3，4，5
60	3	435	250				2
60	6	870	250				2
60	7	1 015	300				2，3
60	8	1 160	300				2，3
60	10	1 450	350				2，3，4，5
60	14	2 031	400				2，3，4，5
60	17	2 466	400				2，3，4，5
60	21	3 046	400				2，3，4，5
60	24	3 481	500				2，3，4，5
70	3	435	150				2
70	6	870	150				2
70	7	1 015	200				2，3
70	8	1 160	200				2，3
70	10	1 450	250				2，3，4，5
70	14	2 031	300				2，3，4，5
70	17	2 466	300				2，3，4，5
70	21	3 046	350				2，3，4，5
80	3	435	100				2
80	7	1 015	100				2
80	10	1 450	150				2
80	14	2 031	200				2
80	17	2 466	200				2
90	3	435	75				2
90	7	1 015	100				2
90	10	1 450	125				2

AA材料后缀要求

后缀要求	品级1[a]	品级2	品级3	品级4	品级5	品级6	品级7	品级8
A13 耐热（GB/T 3512—2014，70℃×70 h） 硬度变化（最大），度 拉伸强度变化率（最大）/% 拉断伸长率变化率（最大）/%	—	 ±15 ±30 −50	—	 ±10 −25 −25	 ±10 −25 −25	—	—	—
B13 压缩永久变形（最大）/% （GB/T 7759.1—2015，B型密实试样，70℃×22 h）	—	—	25	25	25	—	—	—
B33 压缩永久变形（最大）/% （GB/T 7759.1—2015，B型叠合试样，70℃×22 h）	—	—	50	50	50	—	—	—
C12 耐臭氧（质量保持率[b]，最小）/% （GB/T 11206—2009，方法D）	—	85	+[c]	85	+[c]	—	—	—

续表

后缀要求	品级 1[a]	品级 2	品级 3	品级 4	品级 5	品级 6	品级 7	品级 8
C20 耐天候老化（质量保持率[b]，最小）/% (GB/T 11206—2009，方法 D)	—	85	85	85	85	—	—	—
EA14 耐水体积变化率（最大）/% (GB/T 1690—2010，100℃×70 h)	—	10	10	10	10	—	—	—
F17 耐低温（GB/T 15256—2014，程序 A，在−40℃下经 3 min 后无裂纹）	—	合格	合格	合格	合格	—	—	—
G21 抗撕裂（GB/T 529—2008，直角试样裁刀） 拉伸强度在 7.0 MPa 以下（最小）/(kN·m⁻¹) 拉伸强度超过 7.0 MPa（最小）/(kN·m⁻¹)	—	—	 22 26	 22 26	 22 26	—	—	—
K11 黏合强度（GB/T 11211—2009，最小）/MPa	—	1.4	2.8	1.4	2.8	—	—	—
K21 黏合强度（GB/T 7760—2003，最小）/(kN·m⁻¹)	—	7	7	7	9	—	—	—
P2 耐污染（ASTM D925，方法 B，控制板）	—	合格	合格	合格	合格	—	—	—

注：a. 品级 1 只有基本要求，没有后缀要求。
b. 质量保持率的判定标准见该标准附录 NA。
c. “+”表示该要求适用，可买到具有这些特性的材料，但数值尚未确定。

AK 材料的基本要求和附加（后缀）要求见表 1.1.10-7。

表 1.1.10-7 AK 材料的基本要求和附加（后缀）要求（HG/T 2196—2004 表 7）

邵尔 A 硬度（±5 度）	拉伸强度（最小）		拉断伸长率（最小）/%	耐热（GB/T 3512—2014）（70℃×70 h）	耐液体（GB/T 1690—2010，3 号油，70℃×70 h）	压缩永久变形（GB/T 7759.1—2015，密实试样，70℃×22 h）	适用的后缀品级数
	MPa	Psi					
40	3	435	400	硬度变化：±15 度 拉伸强度变化率：±30% 拉断伸长率变化率：最大−50%	体积变化：最大+10%	压缩永久变形：最大 50%	2
50	3	435	400				2
60	5	725	300				2
70	7	1 015	250				2
80	7	1 015	150				3
90	7	1 015	100				3

AK 材料后缀要求

后缀要求	品级 1[a]	品级 2	品级 3	品级 4	品级 5	品级 6	品级 7	品级 8
A14 耐热（GB/T 3512—2014，100℃×70 h） 硬度变化（最大）/度 拉伸强度变化率（最大）/% 拉断伸长率变化率（最大）/%		 +15 −15 −40	 +15 −15 −40					
B33 压缩永久变形（最大）/% (GB/T 7759.1—2015，B 型叠合试样，70℃×22 h)		50	50					
EO14 耐液体（GB/T 1690—2010，1 号油，100℃×70 h） 拉伸强度变化率（最大）/% 拉断伸长率变化率（最大）/% 硬度变化（最大）/度 体积变化（最大）/%		 1 +[b] +[b] −3～+5	 +[b] +[b] +[b] −3～+5					
EO34 耐液体（GB/T 1690—2010，3 号油，100℃×70 h） 拉伸强度变化率（最大）/% 拉断伸长率变化率（最大）/% 硬度变化（最大）/度 体积变化（最大）/%		 −5～+10 −30 −50 +[b]	 5～+10 −30 −50 +[b]					
F17 耐低温（GB/T 15256—2014，程序 A，在−40℃下经 3 min 后无裂纹）		合格						
Z（特殊要求）任何特殊要求应详细规定，包括试验方法。								

注：a. 品级 1 只有基本要求，没有后缀要求。
b. “+”表示该要求适用，可买到具有这些特性的材料，但数值尚未确定。

（二）B 类型材料

BA 材料的基本要求和附加（后缀）要求见表 1.1.10－8。

表 1.1.10－8　BA 材料的基本要求和附加（后缀）要求（HG/T 2196—2004 表 8）

邵尔 A 硬度（±5 度）	拉伸强度（最小）		拉断伸长率（最小）/%	耐热（GB/T 3512—2014）（100℃×70 h）	耐液体（GB/T 1690—2010，3 号油，100℃×70 h）	压缩永久变形（GB/T 7759.1—2015，密实试样，70℃×22 h）	适用的后缀品级数
	MPa	Psi					
20[a]	6	870	400	硬度变化：±15 度 拉伸强度变化率：±30% 拉断伸长率变化率：最大－50%	无要求	压缩永久变形：最大 50%	3
30	7	1 015	400				2
30	10	1 450	400				2，3，4，5
30	14	2 031	400				2，3，4，5
40	3	435	300				2，8
40	7	1 015	300				2，8
40	10	1 450	400				2，3，4，5，6
40	14	2 031	400				2，3，4，5
50	7	1 015	300				2，8
50	10	1 450	400				2，3，4，5，6
50	14	2 031	400				2，3，4，5
50	17	2 466	400				2，3，4，5
60	3	435	250				8
60	6	870	250				8
60	7	1 015	300				2，8
60	10	1 450	350				2，3，4，5，6
60	14	2 031	400				2，3，4，5，6
60	17	2 466	400				2，3，4，5，6
70	3	435	150				8
70	6	870	150				8
70	7	1 015	200				2，8
70	8	1 160	200				8
70	10	1 450	250				2，3，4，5，6
70	14	2 031	300				2，3，4，5
70	17	2 466	300				2，3，4，5
80	7	1 015	100				2，7
80	10	1 450	150				2，4
80	14	2 031	200				2，4
90	3	435	75				7
90	7	1 015	100				2，7
90	10	1 450	125				2，4

BA 材料后缀要求

后缀要求	品级 1[b]	品级 2	品级 3	品级 4	品级 5	品级 6	品级 7	品级 8
A14 耐热（GB/T 3512—2014，100℃×70 h） 硬度变化（最大）/度 拉伸强度变化率（最大）/% 拉断伸长率变化率（最大）/%	—	—	 ＋10 －25 －25	 ＋10 －25 －25	—	—	—	—
B13 压缩永久变形（最大）/%（GB/T 7759.1—2015，B 型密实试样，70℃×22 h）	—	—	25	—	—	25	—	25
C12 耐臭氧（质量保持率[c]，最小）/%（GB/T 11206—2009，方法 D）	—	100	100	100	100	100	100	100
F17 耐低温（GB/T 15256—2014，程序 A，在－40℃下经 3 min 后无裂纹）	—	合格	合格	合格	合格	—	—	—
F19 耐低温（GB/T 15256—2014，程序 A，在－55℃下经 3 min 后无裂纹）	—	—	合格	—	合格	—	—	—
K11 黏合强度（GB/T 11211—2009，最小）/MPa	—	—	1.4	1.4	1.4	1.4	—	—
K21 黏合强度（GB/T 7760—2003，最小）/(kN·m⁻¹)	—	—	7	7	7	—	—	—

续表

后缀要求	品级 1[b]	品级 2	品级 3	品级 4	品级 5	品级 6	品级 7	品级 8
K31 黏合强度（硫化后进行黏接）	—	—	[d]	[d]	[d]	—	—	—
Z（特殊要求）任何特殊要求应详细规定，包括试验方法。	—	—	—	—	—	—	—	—

注：a. 在现有的基础上，材料具有独特的 20～25 度的邵尔 A 硬度。
b. 品级 1 只有基本要求，没有后缀要求。
c. 质量保持率的判定标准见该标准附录 NA。
d. 后缀字母 K31 表示材料应没有对黏合强度剂有害的或可能有害的表面状态和组分。

BC 材料的基本要求和附加（后缀）要求见表 1.1.10-9。

表 1.1.10-9 BC 材料的基本要求和附加（后缀）要求（HG/T 2196—2004 表 9）

邵尔 A 硬度（±5 度）	拉伸强度（最小）		拉断伸长率（最小）/%	耐热（GB/T 3512—2014）（100℃×70 h）	耐液体（GB/T 1690—2010，3 号油，100℃×70 h）	压缩永久变形（GB/T 7759.1—2015，密实试样，100℃×22 h）	适用的后缀品级数
	MPa	Psi					
30 30 30 30	3 7 10 14	435 1 015 1 450 2 031	300 400 400 500				2，5 2，5 2，5 2
40 40 40 40 40	3 7 10 14 17	435 1 015 1 450 2 031 2 466	300 400 500 500 500				2 2，5 2，5 2，5 2
50 50 50 50 50 50 50	3 7 10 14 17 21 24	435 1 015 1 450 2 031 2 466 3 046 3 481	300 300 350 400 450 500 500				2，5 2，5 2，5，6 2，5，6 2，6 2，6 2，6
60 60 60 60 60 60 60	3 7 10 14 17 21 24	435 1 015 1 450 2 031 2 466 3 046 3 481	300 300 350 350 400 400 400	硬度变化： ±15 度 拉伸强度变化率： ±30% 拉断伸长率变化率： 最大−50%	体积变化： 最大 120%	压缩永久变形： 最大 80%	3，5 3，5 3，5，6 3，6 3，6 3，6 3，6
70 70 70 70 70 70	3 7 10 14 17 21	435 1 015 1 450 2 031 2 466 3 046	200 200 250 300 300 300				3，5 3，5 3，5，6 3，5，6 3，6 3，6
80 80 80 80	3 7 10 14	435 1 015 1 450 2 031	100 100 100 150				4 4 4 4
90 90 90 90	3 7 10 14	435 1 015 1 450 2 031	50 100 150 150				4 4 4
BC 材料后缀要求							

续表

后缀要求	品级 1[a]	品级 2	品级 3	品级 4	品级 5	品级 6	品级 7	品级 8
A14 耐热（GB/T 3512—2014，100℃×70 h） 硬度变化（最大）/度 拉伸强度变化率（最大）/% 拉断伸长率变化率（最大）/%	—	+15 −15 −40	+15 −15 −40	+15 −15 −40	+15 −15 −40	+15 −15 −40	—	—
B14 压缩永久变形（最大）/% （GB/T 7759.1—2015，B 型密实试样，100℃×22 h）	—	35	35	35	35	35	—	—
C12 耐臭氧（质量保持率[b]，最小）/% （GB/T 11206—2009，方法 D）	—	100	100	100	100	100	—	—
C20 耐天候老化（质量保持率[b]，最小）/% （GB/T 11206—2009，方法 D）		+[c]	+[c]	+[c]	+[c]	+[c]	—	—
EO14 耐液体（GB/T 1690—2010，1 号油，100℃×70 h） 硬度变化（最大）/度 拉伸强度变化率（最大）/% 拉断伸长率变化率（最大）/% 体积变化（最大）/%	—	±10 −30 −30 −10～+15	±10 −30 −30 −10～+15	±10 −30 −30 −10～+15	±10 −30 −30 −10～+15	±10 −30 −30 −10～+15	—	—
EO34 耐液体（GB/T 1690—2010，3 号油，100℃×70 h） 拉伸强度变化率（最大）/% 拉断伸长率变化率（最大）/% 体积变化（最大）/%	—	−70 −55 +120	−60 −50 +100	−45 −30 +80	−60 −60 +100	−60 −50 +100	—	—
F17 耐低温（GB/T 15256—2014，程序 A，在−40℃下经 3 min 后无裂纹）	—	合格	合格	合格	—	合格	—	—
F19 耐低温（GB/T 15256—2014，程序 A，在−55℃下经 3 min 后无裂纹）	—	—	—	—	合格	—	—	—
G21 抗撕裂（GB/T 529—2008，直角试样裁刀） 拉伸强度在 7.0 MPa 以下（最小）/(kN·m^{-1}) 拉伸强度在 7.0～10 MPa 以下（最小）/(kN·m^{-1}) 拉伸强度超过 10 MPa（最小）/(kN·m^{-1})	—	22 26 26	22 26 26	22 26 26	— — 26	— — 26	— — —	— — —
K11 黏合强度（GB/T 11211—2009，最小）/MPa	—	1.4	1.4	1.4	1.4	2.8	—	—
P2 耐污染（ASTM D925，方法 B，控制板）	—	+[c]	+[c]	+[c]	—	—	—	—
Z（特殊要求）任何特殊要求应详细规定，包括试验方法。								

注：a. 品级 1 只有基本要求，没有后缀要求。
b. 质量保持率的判定标准见该标准附录 NA。
c. “+”表示该要求适用，可买到具有这些特性的材料，但数值尚未确定。

BE 材料的基本要求和附加（后缀）要求见表 1.1.10 - 10。

表 1.1.10 - 10　BE 材料的基本要求和附加（后缀）要求（HG/T 2196—2004 表 10）

邵尔 A 硬度（±5 度）	拉伸强度（最小）		拉断伸长率（最小）/%	耐热（GB/T 3512—2014）（100℃×70 h）	耐液体（GB/T 1690—2010，3 号油，100℃×70 h）	压缩永久变形最大/%（GB/T 7759.1—2015，密实试样，100℃×22 h）	适用的后缀品级数
	MPa	Psi					
40	3	435	500	硬度变化：±15 度 拉伸强度变化率：±30% 拉断伸长率变化率：最大−50%	体积变化：最大 80%	40	2
40	7	1 015	500			40	2
50	3	435	350			40	2
50	6	870	350			40	2
50	7	1 015	400			40	2
50	10	1 450	400			40	2，3
50	14	2 031	400			40	2
60	3	435	300			40	2
60	6	870	300			40	2
60	7	1 015	350			40	2
60	10	1 450	350			40	2，3
60	14	2 031	350			40	2

续表

邵尔A硬度（±5度）	拉伸强度（最小）		拉断伸长率（最小）/%	耐热（GB/T 3512—2014）（100℃×70 h）	耐液体（GB/T 1690—2010，3号油，100℃×70 h）	压缩永久变形最大/%（GB/T7759.1—2015，密实试样，100℃×22 h）	适用的后缀品级数
	MPa	Psi					
70	3	435	200			50	2
70	6	870	200			50	2
70	7	1 015	250			50	2
70	10	1 450	250			50	2，3
70	14	2 031	250			50	2
70	17	2 466	250			50	2
80	7	1 015	100			50	2
80	10	1 450	100			50	2
80	14	2 031	150			50	2
80	17	2 466	150			50	2
90	7	1 015	100			50	2
90	10	1 450	100			50	2
90	14	2 031	150			50	2

BE材料后缀要求								
后缀要求	品级1[a]	品级2	品级3	品级4	品级5	品级6	品级7	品级8
A14 耐热（GB/T 3512—2014，100℃×70h） 硬度变化（最大）/度 拉伸强度变化率（最大）/% 拉断伸长率变化率（最大）/%	—	+15 −15 −40	+15 −15 −40	—	—	—	—	—
B14 压缩永久变形（最大）/% （GB/T 7759.1—2015，B型密实试样，100℃×22 h）	—	25	25	—	—	—	—	—
C12 耐臭氧（质量保持率[b]，最小）/% （GB/T 11206—2009，方法D）	—	100	100	—	—	—	—	—
C20 耐室外天候老化（质量保持率[b]，最小）/% （GB/T 11206—2009，方法D）	—	+[c]	+[c]	—	—	—	—	—
EO14 耐液体（GB/T 1690—2010，1号油，100℃×70 h） 硬度变化（最大）/度 拉伸强度变化率（最大）/% 拉断伸长率变化率（最大）/% 体积变化（最大）/%	—	±10 −30 −30 −10～+15	±10 −30 −30 −10～+15	—	—	—	—	—
EO34 耐液体（GB/T 1690—2010，3号油，100℃×70 h） 拉伸强度变化率（最大）/% 拉断伸长率变化率（最大）/%	—	−50 −40	−50 −40	—	—	—	—	—
F17 耐低温（GB/T 15256—2014，程序A，在−40℃下经3 min后无裂纹）	—	合格	—	—	—	—	—	
F19 耐低温（GB/T 15256—2014，程序A，在−55℃下经3 min后无裂纹）	—	—	合格	—	—	—	—	—
G21 抗撕裂（GB/T 529—2008，直角试样裁刀） 拉伸强度超过10 MPa（最小）/（kN·m^{-1}）	—	—	26	—	—	—	—	—
K11 黏合强度（GB/T 11211—2009，最小）/MPa	—	—	1.4	—	—	—	—	—
Z（特殊要求）任何特殊要求应详细规定，包括试验方法。								

注：a. 品级1只有基本要求，没有后缀要求。
b. 质量保持率的判定标准见该标准附录NA。
c. “+”表示该要求适用，可买到具有这些特性的材料，但数值尚未确定。

BF材料的基本要求和附加（后缀）要求见表1.1.10-11。

表 1.1.10-11 BF 材料的基本要求和附加（后缀）要求（HG/T 2196—2004 表 11）

邵尔 A 硬度（±5 度）	拉伸强度（最小）		拉断伸长率（最小）/%	耐热（GB/T 3512—2014）（100℃×70 h）	耐液体（GB/T 1690—2010，3 号油，100℃×70 h）	压缩永久变形（GB/T 7759.1—2015，密实试样，100℃×22 h）	适用的后缀品级数
	MPa	Psi					
60	3	435	200	硬度变化：±15 度 拉伸强度变化率：±30% 拉断伸长率变化率：最大−50%	体积变化：最大 120%	压缩永久变形：最大 80%	2
60	6	870	200				2
60	7	1 015	250				2
60	8	1 160	250				2
60	10	1 450	300				2
60	14	2 031	350				2
60	17	2 466	350				2
70	3	435	150				2
70	6	870	150				2
70	7	1 015	200				2
70	8	1 160	200				2
70	10	1 450	250				2
70	14	2 031	250				2
70	17	2 466	250				2
80	3	435	100				2
80	7	1 015	100				2
80	10	1 450	125				2
80	14	2 031	125				2

BF 材料后缀要求

后缀要求	品级 1[a]	品级 2	品级 3	品级 4	品级 5	品级 6	品级 7	品级 8
B14 压缩永久变形（最大）/% （GB/T 7759.1—2015，B 型密实试样，100℃×22 h）	—	25	—	—	—	—	—	—
B34 压缩永久变形（最大）/% （GB/T 7759.1—2015，B 型叠合试样，100℃×22 h）	—	25	—	—	—	—	—	—
EO14 耐液体（GB/T 1690—2010，1 号油，100℃×70 h） 硬度变化（最大）/度 拉伸强度变化率（最大）/% 拉断伸长率变化率（最大）/% 体积变化（最大）/%	—	 ±10 −25 −45 −10～+10	—	—	—	—	—	—
EO34 耐液体（GB/T 1690—2010，3 号油，100℃×70 h） 硬度变化（最大）/度 拉伸强度变化率（最大）/% 拉断伸长率变化率（最大）/% 体积变化（最大）/%	—	 −20 −45 −45 0～+60	—	—	—	—	—	—
F19 耐低温（GB/T 15256—2014，程序 A，在−55℃下经 3 min 后无裂纹）	—	合格	—	—	—	—	—	—
K11 黏合强度（GB/T 11211—2009，最小）/MPa	—	b	—	—	—	—	—	—
P2 耐污染（ASTM D925，方法 B，控制板）	—	+	+	+	—	—	—	—
Z（特殊要求）任何特殊要求应详细规定，包括试验方法。								

注：a. 品级 1 只有基本要求，没有后缀要求。

b. 在硫化过程中能黏合到金属上的材料适用。由于橡胶材料应用极广，而且最终使用要求又不相同，所以未注具体数值。GB/T 11211—2009 及其要求应由买卖双方协商而定。

BG 材料的基本要求和附加（后缀）要求见表 1.1.10-12。

表 1.1.10-12 BG材料的基本要求和附加（后缀）要求（HG/T 2196—2004 表 12）

邵尔A硬度（±5度）	拉伸强度（最小）		拉断伸长率（最小）/%	耐热（GB/T 3512—2014）（100℃×70 h）	耐液体（GB/T 1690—2010，3号油，100℃×70 h）	压缩永久变形最大/%（GB/T 7759.1—2015，密实试样，100℃×22 h）	适用的后缀品级数
	MPa	Psi					
40	7	1 015	450	硬度变化：±15度 拉伸强度变化率：±30% 拉断伸长率变化率：最大−50%	体积变化：最大40%	压缩永久变形：最大50%	2，5
40	10	1 450	450				2，5
50	3	435	300				2，5
50	6	870	300				2
50	7	1 015	350				2，5
50	8	1 160	350				2
50	10	1 450	300				2，3，4，5
50	14	2 031	350				2，3，4，5
50	21	3 046	400				3，4
60	3	435	200				2，5
60	6	870	200				2
60	7	1 015	250				2，5
60	8	1 160	250				2
60	10	1 450	300				2，5
60	14	2 031	300				2，3，4，5
60	17	2 466	350				2
60	21	3 046	350				3，4
60	28	4 061	400				3，4
70	3	435	150				2，5
70	6	870	150				2
70	7	1 015	200				2，5
70	8	1 160	200				2
70	10	1 450	250				2，5
70	14	2 031	250				2，3，4，5
70	17	2 466	300				2，3
70	21	3 046	350				3，4
70	28	4 061	400				3，4
80	3	435	100				6，7
80	7	1 015	100				6，7
80	10	1 450	125				6，7
80	14	2 031	125				3，4，6，7
80	21	3 046	300				3，4
80	28	4 061	350				3，4
90	3	435	50				6，7
90	7	1 015	100				6，7
90	10	1 450	100				6，7

BG材料后缀要求

后缀要求	品级1[a]	品级2	品级3	品级4	品级5	品级6	品级7	品级8
A14 耐热（GB/T 3512—2014，100℃×70 h） 硬度变化（最大）/度 拉伸强度变化率（最大）/% 拉断伸长率变化率（最大）/%	—	—	—	±15 ±15 −15	±15 −20 −40	±15 −20 −40	—	—
B14 压缩永久变形（最大）/% （GB/T 7759.1—2015，B型密实试样，100℃×22 h）	—	25	50	50	25	25	25	—
B34 压缩永久变形（最大）/% （GB/T 7759.1—2015，B型叠合试样，100℃×22 h）	—	25	—	—	25	25	—	—
C12 耐臭氧（质量保持率[b]，最小）/% （GB/T 11206—2009，方法D）	—	—	+[d]	+[d]	—	—	—	—
C20 耐室外天候老化（质量保持率[b]，最小）/% （GB/T 11206—2009，方法D）	—	—	+[d]	+[d]	—	—	—	—
EA14 耐水（GB/T 1690—2010，100℃×70 h） 硬度变化/度 体积变化（最大）/%	—	±10 ±15	—	—	—	—	±10 ±15	—

续表

后缀要求	品级 1[a]	品级 2	品级 3	品级 4	品级 5	品级 6	品级 7	品级 8
EF11 耐液体（GB/T 1690—2010，标准燃油 A，23℃×70 h） 硬度变化（最大）/度 拉伸强度变化率（最大）/% 拉断伸长率变化率（最大）/% 体积变化（最大）/%	—	±10 −25 −25 −5～+10	—	—	—	—	±10 −25 −25 −5～+10	—
EF21 耐液体（GB/T 1690—2010，标准燃油 B，23℃×70 h） 硬度变化（最大）/度 拉伸强度变化率（最大）/% 拉断伸长率变化率（最大）/% 体积变化（最大）/%	—	0～−30 −60 −60 0～+40	—	—	—	—	0～−30 −60 −60 0～+40	—
EO14 耐液体（GB/T 1690—2010，1 号油，100℃×70 h） 硬度变化（最大）/度 拉伸强度变化率（最大）/% 拉断伸长率变化率（最大）/% 体积变化（最大）/%	—	−5～+10 −25 −45 −10～+5	−7～+5 −20 −40 −5～+10	−7～+5 −20 −40 −5～+5	−5～+15 −25 −45 −10～+5	−5～+15 −25 −45 −10～+5	−5～+5 −25 −45 −10～+5	—
EO34 耐液体（GB/T 1690—2010，3 号油，100℃×70 h） 硬度变化（最大）/度 拉伸强度变化率（最大）/% 拉断伸长率变化率（最大）/% 体积变化（最大）/%	—	−10～+5 −45 −45 0～+25	−10～+5 −35 −40 16～35	−10～+5 −35 −40 0～+6	0～−15 −45 −45 0～+35	0～−20 −45 −45 0～+35	−10～+5 −45 −45 0～+25	—
F16 耐低温（GB/T 15256—2014，程序 A，在−35℃下经 3 min 后无裂纹）	—	—	—	—	—	—	合格	—
F17 耐低温（GB/T 15256—2014，程序 A，在−40℃下经 3 min 后无裂纹）	—	合格	—	—	—	合格	—	—
F19 耐低温（GB/T 15256—2014，程序 A，在−55℃下经 3 min 后无裂纹）	—	—	合格	合格	合格	—	—	—
K11 黏合强度（GB/T 11211—2009，最小）/MPa	—	[c]	[c]	[c]	[c]	[c]	[c]	—
P2 耐污染（ASTM D925，方法 B，控制板）	—	—	合格	合格	—	—	—	—
Z（特殊要求）任何特殊要求应详细规定，包括试验方法。								

注：a. 品级 1 只有基本要求，没有后缀要求。

b. 质量保持率的判定标准见该标准附录 NA。

c. 在硫化过程中能黏合到金属上的材料适用。由于橡胶材料应用极广，而且最终使用要求又不相同，所以未注具体数值。GB/T 11211—2009 及其要求应由买卖双方协商而定。

d. “+”表示该要求适用，可买到具有这些特性的材料，但数值尚未确定。

BK 材料的基本要求和附加（后缀）要求见表 1.1.10 - 13。

表 1.1.10 - 13　BK 材料的基本要求和附加（后缀）要求（HG/T 2196—2004 表 13）

邵尔 A 硬度（±5 度）	拉伸强度（最小）		拉断伸长率（最小）/%	耐热（GB/T 3512—2014）（100℃×70 h）	耐液体（GB/T 1690—2010，3 号油，100℃×70 h）	压缩永久变形（GB/T 7759.1—2015，密实试样，100℃×22 h）	适用的后缀品级数
	MPa	Psi					
60	3	435	200	硬度变化：±15 度 拉伸强度变化率：±30% 拉断伸长率变化率：最大−50%	体积变化：最大 10%	压缩永久变形：最大 50%	4
60	6	870	200				4
60	7	1 015	250				4
60	8	1 160	250				4
60	10	1 450	300				4
60	14	2 031	350				4
60	17	2 466	350				4
70	3	435	150				4
70	6	870	150				4
70	7	1 015	200				4
70	8	1 160	200				4
70	10	1 450	250				4
70	14	2 031	250				4
70	17	2 466	300				4

续表

邵尔 A 硬度（±5 度）	拉伸强度（最小）		拉断伸长率（最小）/%	耐热（GB/T 3512—2014）（100℃×70 h）	耐液体（GB/T 1690—2010，3 号油，100℃×70 h）	压缩永久变形（GB/T 7759.1—2015，密实试样，100℃×22 h）	适用的后缀品级数
	MPa	Psi					
80	3	435	100				4
80	7	1 015	100				4
80	10	1 450	125				4
80	14	2 031	125				4
90	3	435	50				4
90	7	1 015	100				4
90	10	1 450	100				4

BK 材料后缀要求

后缀要求	品级 1[a]	品级 2	品级 3	品级 4	品级 5	品级 6	品级 7	品级 8
A24 耐热（ASTM D865，100℃×70 h） 硬度变化（最大）/度 拉伸强度变化率（最大）/% 拉断伸长率变化率（最大）/%	—	—	—	 ±10 −20 −30	—	—	—	—
B14 压缩永久变形（最大）/%（GB/T 7759.1—2015，B 型密实试样，100℃×22 h）	—	—	—	25	—	—	—	—
B34 压缩永久变形（最大）/%（GB/T 7759.1—2015，B 型叠合试样，100℃×22 h）	—	—	—	25	—	—	—	—
EF11 耐液体（GB/T 1690—2010，标准燃油 A，23℃×70 h） 硬度变化（最大）/度 拉伸强度变化率（最大）/% 拉断伸长率变化率（最大）/% 体积变化（最大）/%	—	—	—	 ±5 −20 −20 ±5	—	—	—	—
EF21 耐液体（GB/T 1690—2010，标准燃油 B，23℃×70 h） 硬度变化（最大）/度 拉伸强度变化率（最大）/% 拉断伸长率变化率（最大）/% 体积变化（最大）/%	—	—	—	 0～−20 −50 −50 0～+25	—	—	—	—
EO14 耐液体（GB/T 1690—2010，1 号油，100℃×70 h） 硬度变化（最大）/度 拉伸强度变化率（最大）/% 拉断伸长率变化率（最大）/% 体积变化（最大）/%	—	—	—	 ±5 −20 −20 −10～0	—	—	—	—
EO34 耐液体（GB/T 1690—2010，3 号油，100℃×70 h） 硬度变化（最大）/度 拉伸强度变化率（最大）/% 拉断伸长率变化率（最大）/% 体积变化（最大）/%	—	—	—	 −10～+5 −20 −30 0～+5	—	—	—	—
K11 黏合强度（GB/T 11211—2009，最小）/MPa	—	—	—	b	—	—	—	—
Z（特殊要求）任何特殊要求应详细规定，包括试验方法。								

注：a. 品级 1 只有基本要求，没有后缀要求。

b. 在硫化过程中能黏合到金属上的材料适用。由于橡胶材料应用极广，而且最终使用要求又不相同，所以未注具体数值。GB/T 11211—2009 及其要求应由买卖双方协商而定。

（三）C 类型材料

CA 材料的基本要求和附加（后缀）要求见表 1.1.10 - 14。

表 1.1.10－14　CA材料的基本要求和附加（后缀）要求（HG/T 2196—2004 表 14）

邵尔A硬度（±5度）	拉伸强度（最小）		拉断伸长率（最小）/%	耐热（GB/T 3512—2004）（125℃×70 h）	耐液体（GB/T 1690—2010，3号油，150℃×70 h）	压缩永久变形（GB/T 7759.1—2015，密实试样，100℃×22 h）	适用的后缀品级数
	MPa	Psi					
30	7	1 015	500	硬度变化：±15度 拉伸强度变化率：±30% 拉断伸长率变化率：最大－50%	无要求	压缩永久变形：最大60%	2
30	10	1 450	500				2
40	7	1 015	400				2
40	10	1 450	400				2
40	14	2 031	400				2
50	7	1 015	300				3
50	10	1 450	300				4
50	14	2 031	350				4
50	17	2 466	350				4
60	7	1 015	250				3
60	10	1 450	250				4
60	14	2 031	250				4
70	7	1 015	200				3
70	10	1 450	200				4，5
70	14	2 031	200				4，5
80	7	1 015	150				6
80	10	1 450	150				7，8
80	14	2 031	150				7，8
90	7	1 015	100				6
90	10	1 450	100				7，8

CA材料后缀要求

后缀要求	品级1[a]	品级2	品级3	品级4	品级5	品级6	品级7	品级8
A25 耐热（ASTM D865，125℃×70 h） 硬度变化（最大）/度 拉伸强度变化率（最大）/% 拉断伸长率变化率（最大）/%	—	 ＋10 －20 －40	 ＋10 －20 －40	 ＋10 －20 －40	 ＋10 －20 －40	 ＋10 －20 －40	 ＋10 －20 －40	 ＋10 －20 －40
B44 压缩永久变形（最大）/%（GB/T 7759.1—2015，B型叠合试样，100℃×70 h）	—	35	50	—	—	—	—	—
B35 压缩永久变形（最大）/%（GB/T 7759.1—2015，B型叠合试样，125℃×22 h）	—	70	70	70	50	70	70	50
C32 耐臭氧（GB/T 11206—2009，暴露，方法C）	—	合格	合格	合格	合格	合格	合格	合格
EA14 耐水（GB/T 1690—2010，100℃×70 h） 体积变化（最大）/%	—	±5	±5	±5	±5	±5	±5	±5
F17 耐低温（GB/T 15256—2014，程序A，在－40℃下经3 min后无裂纹）	—	合格	合格	合格	合格	合格	合格	合格
F18 耐低温（GB/T 15256—2014，程序A，在－50℃下经3 min后无裂纹）	—	合格	合格	合格	合格	—	合格	—
F19 耐低温（GB/T 15256—2014，程序A，在－55℃下经3 min后无裂纹）	—	—	—	合格	—	—	—	—
G11 抗撕裂（GB/T 529—2008，新月型试样裁刀，最小）/(kN·m^{-1})	—	17	26	26	26	26	26	26
G21 抗撕裂（GB/T 529—2008，直角试样裁刀，最小）/(kN·m^{-1})	—	17	26	26	26	26	26	26
K11 黏合强度（GB/T 11211—2009，最小）/MPa	—	—	1.4	2.8	2.8	1.4	2.8	2.8
P2 耐污染（ASTM D925，方法B，控制板）	—	合格	合格	合格	合格	合格	合格	合格
R11 压缩回弹性（GB/T 7042—1986，最小）/%	—	70	50	60	—	—	—	—
Z（特殊要求）任何特殊要求应详细规定，包括试验方法								

注：a. 品级1只有基本要求，没有后缀要求。

CE 材料的基本要求和附加（后缀）要求见表 1.1.10－15。

表 1.1.10－15 CE 材料的基本要求和附加（后缀）要求（HG/T 2196—2004 表 15）

邵尔 A 硬度（±5 度）	拉伸强度（最小）		拉断伸长率（最小）/%	耐热（GB/T 3512—2014）（125℃×70 h）	耐液体（GB/T 1690—2010，3 号油，125℃×70 h）	压缩永久变形（GB/T 7759.1—2015，密实试样，70℃×22 h）	适用的后缀品级数
	MPa	Psi					
50	14	2 031	400	硬度变化：±15 度 拉伸强度变化率：±30% 拉断伸长率变化率：最大－50%	体积变化：最大＋80%	压缩永久变形：最大 80%	2，3
60	10	1 450	350				2，3
60	14	2 031	400				2，3
60	17	2 466	400				2，3
70	7	1 015	200				2，3
70	10	1 450	250				2，3
70	14	2 031	300				2，3
70	17	2 466	300				2，3
80	7	1 015	200				2，3
80	10	1 450	250				2，3
80	14	2 031	250				2，3

CE 材料后缀要求

后缀要求	品级 1[a]	品级 2	品级 3	品级 4	品级 5	品级 6	品级 7	品级 8
A16 耐热（GB/T 3512—2014，150℃×70 h） 硬度变化/度 拉伸强度变化率/% 拉断伸长率变化率（最大）/%	—	 ±20 ±30 －60	—	—	—	—	—	—
B15 压缩永久变形（最大）/% （GB/T 7759.1—2015，B 型密实试样，125℃×22 h）	—	60	80	—	—	—	—	—
C12 耐臭氧（质量保持率[b]，最小）/% （GB/T 11206—2009，方法 D）	—	＋[c]	＋[c]	—	—	—	—	—
C20 耐室外天候老化（GB/T 11206—2009）	—	＋[c]	＋[c]	—	—	—	—	—
F19 耐低温（GB/T 15256—2014，程序 A，在－55℃下经 3 min 后无裂纹）	—	合格	合格	—	—	—	—	—
P2 耐污染（ASTM D925，方法 B，控制板）	—	合格	合格	—	—	—	—	—
Z（特殊要求）任何特殊要求应详细规定，包括试验方法。								

注：a. 品级 1 只有基本要求，没有后缀要求。

b. 质量保持率的判定标准见该标准附录 NA。

c. “＋”表示该要求适用，可买到具有这些特性的材料，但数值尚未确定。

CH 材料的基本要求和附加（后缀）要求见表 1.1.10－16。

表 1.1.10－16 CH 材料的基本要求和附加（后缀）要求（HG/T 2196—2004 表 16）

邵尔 A 硬度（±5 度）	拉伸强度（最小）		拉断伸长率（最小）/%	耐热（GB/T 3512—2014）（125℃×70 h）	耐液体（GB/T 1690—2010，3 号油，125℃×70 h）	压缩永久变形（GB/T 7759.1—2015，密实试样，70℃×22 h）	适用的后缀品级数
	MPa	Psi					
60	3	435	200	硬度变化：±15 度 拉伸强度变化率：±30% 拉断伸长率变化率：最大－50%	体积变化：最大 30%	压缩永久变形：最大 50%	2，3
60	6	870	200				2，3
60	7	1 015	250				2，3
60	8	1 160	250				2，3
60	10	1 450	300				2，3，5，6
60	14	2 031	350				2，3
60	17	2 466	350				2，3
70	3	435	150				2，3
70	6	870	150				2，3
70	7	1 015	200				2，3
70	8	1 160	200				2，3
70	10	1 450	250				2，3
70	14	2 031	250				2，3，5，6
70	17	2 466	300				2，3

续表

邵尔A硬度（±5度）	拉伸强度（最小）		拉断伸长率（最小）/%	耐热（GB/T 3512—2014）（125℃×70 h）	耐液体（GB/T 1690—2010，3号油，125℃×70 h）	压缩永久变形（GB/T 7759.1—2015，密实试样，70℃×22 h）	适用的后缀品级数
	MPa	Psi					
80	3	435	100				3，4
80	7	1 015	100				3，4
80	10	1 450	125				3，4
80	14	2 031	125				3，4，5，6
90	3	435	50				3，4
90	7	1 015	100				3，4
90	10	1 450	100				3，4，5，6

CH 材料后缀要求

后缀要求	品级1[a]	品级2	品级3	品级4	品级5	品级6	品级7	品级8
A25 耐热（ASTM D865，125℃×70 h） 硬度变化/度 拉伸强度变化率（最大）/% 拉断伸长率变化率（最大）/%		0～+15 −25 −50	0～+15 −25 −50	0～+15 −25 −50	0～+10 −10 −40	0～+10 −20 −30		
B14 压缩永久变形（最大）/% （GB/T 7759.1—2015，B型密实试样，100℃×22 h）		25	25	25	30	25		
B34 压缩永久变形（最大）/% （GB/T 7759.1—2015，B型叠合试样，100℃×22 h）		25	25		30	25		
C12 耐臭氧（质量保持率[b]，最小）/% （GB/T 11206—2009，方法D）					100	100		
C20 耐室外天候老化（GB/T 11206—2009，方法D）					+[d]	+[d]		
EF31 耐液体（GB/T 1690—2010，标准燃油C，23℃×70 h） 硬度变化/度 拉伸强度变化率（最大）/% 拉断伸长率变化率（最大）/% 体积变化/%		0～30 −60 −60 0～+50		0～−30 −60 −60 0～+50	0～−20 −50 −60 0～+40	0～−20 −50 −50 0～+40		
EO15 耐液体（GB/T 1690—2010，1号油，125℃×70 h） 硬度变化/度 拉伸强度变化率（最大）/% 拉断伸长率变化率（最大）/% 体积变化/%		0～+10 −20 −35 −15～+5		0～+10 −20 −35 −15～+5				
EO16 耐液体（GB/T 1690—2010，1号油，150℃×70 h） 硬度变化/度 拉伸强度变化率（最大）/% 拉断伸长率变化率（最大）/% 体积变化/%			0～+10 −20 −40 −15～+5					
EO35 耐液体（GB/T 1690—2010，3号油，125℃×70 h） 硬度变化/度 拉伸强度变化率（最大）/% 拉断伸长率变化率（最大）/% 体积变化/%		±10 −15 −30 0～+25		±10 −15 −30 0～+25				
EO36 耐液体（GB/T 1690—2010，3号油，150℃×70 h） 硬度变化/度 拉伸强度变化率（最大）/% 拉断伸长率变化率（最大）/% 体积变化/%			±10 −35 −30 0～+25		−5～+10 −10 −50 0～+10	−5～+10 −15 −40 0～+15		
F14 耐低温（GB/T 15256—2014，程序A，在−18℃下经3 min后无裂纹）					合格			
F16 耐低温（GB/T 15256—2014，程序A，在−35℃下经3 min后无裂纹）				合格				

续表

后缀要求	品级 1[a]	品级 2	品级 3	品级 4	品级 5	品级 6	品级 7	品级 8
F17 耐低温（GB/T 15256—2014，程序 A，在 −40℃下经 3 min 后无裂纹）	—	合格	—	—	—	合格	—	—
K11 黏合强度（GB/T 11211—2009，最小）/MPa	—	c	c	c	c	—	—	—
Z（特殊要求）任何特殊要求应详细规定，包括试验方法。								

注：a. 品级 1 只有基本要求，没有后缀要求。

b. 质量保持率的判定标准见该标准附录 NA。

c. 在硫化过程中能黏合到金属上的材料适用。由于橡胶材料应用极广，而且最终使用要求又不相同，所以未注具体数值。GB/T 11211 及其要求应由买卖双方协商而定。

d. "＋"表示该要求适用，可买到具有这些特性的材料，但数值尚未确定。

（四）D 类型材料

DA 材料的基本要求和附加（后缀）要求见表 1.1.10－17。

表 1.1.10－17　DA 材料的基本要求和附加（后缀）要求（HG/T 2196—2004 表 17）

邵尔 A 硬度（±5 度）	拉伸强度（最小）		拉断伸长率（最小）/%	耐热（GB/T 3512—2014）（150℃×70 h）	耐液体（GB/T 1690—2010，3 号油，150℃×70 h）	压缩永久变形（GB/T 7759.1—2015，密实试样，150℃×22 h）	适用的后缀品级数
	MPa	Psi					
50 50 50	7 10 14	1 015 1 450 2 031	300 300 350	硬度变化：±15 度 拉伸强度变化率：±30% 拉断伸长率变化率：最大−50%	无要求	压缩永久变形：最大 50%	2 2 2
60 60 60	7 10 14	1 015 1 450 2 031	250 250 300				2，3 2，3 2，3
70 70 70	7 10 14	1 015 1 450 2 031	200 200 200				2，3 2，3 2，3
80 80 80	7 10 14	1 015 1 450 2 031	150 150 150				2，3 2，3 2，3

DA 材料后缀要求

后缀要求	品级 1[a]	品级 2	品级 3	品级 4	品级 5	品级 6	品级 7	品级 8
A26 耐热（ASTM D865，150℃×70 h） 硬度变化（最大）/度 拉伸强度变化率（最大）/% 拉断伸长率变化率（最大）/%	—	 +10 −20 −20	 +10 −20 −20	—	—	—	—	—
B36 压缩永久变形（最大）/%（GB/T 7759.1—2015，B 型叠合试样，150℃×22 h）	—	40	25	—	—	—	—	—
C32 耐臭氧（GB/T 11206—2009，暴露，方法 D）	—	合格	合格	—	—	—	—	—
EA14 耐水（GB/T 1690—2010，100℃×70 h）体积变化（最大）/%	—	±5	±5	—	—	—	—	—
F19 耐低温（GB/T 15256—2014，程序 A，在 −55℃下经 3 min 后无裂纹）	—	合格	合格	—	—	—	—	—
G11 抗撕裂（GB/T 529—2008，新月型试样裁刀，最小）/(kN·m⁻¹)	—	17	17	—	—	—	—	—
G21 抗撕裂（GB/T 529—2008，直角试样裁刀，最小）/(kN·m⁻¹)	—	17	17	—	—	—	—	—
K11 黏合强度（GB/T 11211—2009，最小）/MPa	—	—	1.4	—	—	—	—	—
P2 耐污染（ASTM D925，方法 B，控制板）	—	合格	合格	—	—	—	—	—
R11 压缩回弹性（GB/T 7042—1986，最小）/%	—	60	60	—	—	—	—	—
Z（特殊要求）任何特殊要求应详细规定，包括试验方法								

注：a. 品级 1 只有基本要求，没有后缀要求。

DE 材料的基本要求和附加（后缀）要求见表 1.1.10-18。

表 1.1.10-18 DE 材料的基本要求和附加（后缀）要求（HG/T 2196—2004 表 18）

邵尔 A 硬度（±5 度）	拉伸强度（最小）		拉断伸长率（最小）/%	耐热（GB/T 3512—2014）（150℃×70 h）	耐液体（GB/T 1690—2010，3 号油，150℃×70 h）	压缩永久变形（GB/T 7759.1—2015，密实试样，125℃×22 h）	适用的后缀品级数
	MPa	Psi					
60	10	1 450	350	硬度变化：±15 度 拉伸强度变化率：±30% 拉断伸长率变化率：最大−50%	体积变化：最大 80%	压缩永久变形：最大 80%	2
60	14	2 031	400				2，3
60	17	2 466	400				2，3，4
70	7	1 015	200				2
70	10	1 450	250				5
70	14	2 031	300				6
70	17	2 466	300				
80	7	1 015	200				2
80	10	1 450	200				
80	14	2 031	250				
90	10	1 450	150				5
90	14	2 031	150				

DE 材料后缀要求

后缀要求	品级 1[a]	品级 2	品级 3	品级 4	品级 5	品级 6
A16 耐热（GB/T 3512—2014，150℃×70 h） 硬度变化/度 拉伸强度变化率/% 拉断伸长率变化率（最大）/%	—	15 30 −30	15 30 −30	15 30 −30	—	15 30 −30
B15 压缩永久变形（最大）/% （GB/T 7759.1—2015，B 型密实试样，125℃×22 h）	—	55	35	25	35	30
C12 耐臭氧（GB/T 11206—2009）	—	b	b	b	b	b
EO36 耐液体（GB/T 1690—2010，3 号油，150℃×70 h） 体积变化（最大）/%	—	+70	+70	—	+60	—
F16 耐低温（GB/T 15256—2014，程序 A，在−35℃下经 3 min 后无裂纹）	—	合格	—	—	合格	—
F17 耐低温（GB/T 15256—2014，程序 A，在−40℃下经 3 min 后无裂纹）	—	—	合格	合格	—	合格
Z（特殊要求）任何特殊要求应详细规定，包括试验方法。						

注：a. 品级 1 只有基本要求，没有后缀要求。

b. 该要求适用，并可买到具有这些特性的材料，但数据尚未确定。

DF 材料的基本要求和附加（后缀）要求见表 1.1.10-19。

表 1.1.10-19 DF 材料的基本要求和附加（后缀）要求（HG/T 2196—2004 表 19）

邵尔 A 硬度（±5 度）	拉伸强度（最小）		拉断伸长率（最小）/%	耐热（ASTM D865）（150℃×70 h）	耐液体（GB/T 1690—2010，3 号油，150℃×70 h）	压缩永久变形（GB/T 7759.1—2015，密实试样，150℃×22 h）	适用的后缀品级数
	MPa	Psi					
40	6	870	225	硬度变化：±15 度 拉伸强度变化率：±30% 拉断伸长率变化率：最大−50%	体积变化：最大+60%	80	2
50	7	1 015	225			80	2
60	8	1 160	175			80	2
70	6	870	100			90	5
70	8	1 160	150			80	2
80	6	870	100			90	5
80	8	1 160	150			80	3
90	7	1 015	125			85	3

续表

DF 材料后缀要求								
后缀要求	品级 1[a]	品级 2	品级 3	品级 4	品级 5	品级 6	品级 7	品级 8
A26 耐热（ASTM D865，150℃×70 h） 硬度变化（最大）/度 拉伸强度变化率（最大）/% 拉断伸长率变化率（最大）/%	—	 +10 −25 −30	 +10 −25 −30	 +10 −25 −30	 +10 −25 −30	—	—	—
B16 压缩永久变形（最大）/% （GB/T 7759.1—2015，B 型密实试样，150℃×22 h）	—	50	60	75	80	—	—	—
B36 压缩永久变形（最大）/% （GB/T 7759.1—2015，B 型叠合试样，150℃×22 h）	—	75	80	85	—	—	—	—
C12 耐臭氧（质量保持率[b]，最小）/% （GB/T 11206—2009，方法 D）	—	+[c]	+[c]	+[c]	+[c]	—	—	—
C20 耐天候老化（GB/T 11206—2009，方法 D）	—	+[c]	+[c]	+[c]	+[c]	—	—	—
EO16 耐液体（GB/T 1690—2010，1 号油，150℃×70 h） 硬度变化/度 拉伸强度变化率（最大）/% 拉断伸长率变化率（最大）/% 体积变化/%	—	−8～+15 −20 −30 −5～+10	−8～+10 −20 −30 −5～+10	−8～+10 −20 −30 −5～+10	−8～+10 −20 −30 −5～+10	—	—	—
EO36 耐液体（GB/T 1690—2010，3 号油，150℃×70 h） 硬度变化（最大）/度 拉伸强度变化率（最大）/% 拉断伸长率变化率（最大）/% 体积变化（最大）/%	—	−30 −60 −40 +50	−30 −60 −30 +50	−30 −60 −30 +50	−30 −60 −50 +50	—	—	—
F14 耐低温（GB/T 15256—2014，程序 A，在−18℃下经 3 min 后无裂纹）	—	—	合格	合格	合格	—	—	—
F15 耐低温（GB/T 15256—2014，程序 A，在−25℃下经 3 min 后无裂纹）	—	合格	—	—	—	—	—	—
K11 黏合强度（GB/T 11211—2009，最小）/MPa	—	1.4	1.4	1.4	1.4	—	—	—
Z（特殊要求）任何特殊要求应详细规定，包括试验方法。								

注：a. 品级 1 只有基本要求，没有后缀要求。
b. 质量保持率的判定标准见该标准附录 NA。
c. “+”表示该要求适用，可买到具有这些特性的材料，但数值尚未确定。

DH 材料的基本要求和附加（后缀）要求见表 1.1.10-20。

表 1.1.10-20 DH 材料的基本要求和附加（后缀）要求（HG/T 2196—2004 表 20）

邵尔 A 硬度（±5 度）	拉伸强度（最小）		拉断伸长率（最小）/%	耐热（ASTM D865）（150℃×70 h）	耐液体（GB/T 1690—2010，3 号油，150℃×70 h）	压缩永久变形（GB/T 7759.1—2015，密实试样，150℃×22 h）	适用的后缀品级数
	MPa	Psi					
40	7	1 015	300	硬度变化：±15 度 拉伸强度变化率：±30% 拉断伸长率变化率：最大−50%	体积变化：最大+30%	60	2
50	8	1 160	250			60	2
60	8	1 160	200			60	2
60	9	1 306	200			60	2
60	14	2 031	250			40	4
70	6	870	100			75	5
70	8	1 160	200			60	3
70	10	1 450	200			60	3
70	16	2 321	250			40	4
80	6	870	100			75	5
80	8	1 160	175			60	3
80	10	1 450	175			60	3
80	20	2 900	150			40	4
90	10	1 450	100			60	3
90	20	2 900	100			45	3

续表

DH 材料后缀要求								
后缀要求	品级 1[a]	品级 2	品级 3	品级 4	品级 5	品级 6	品级 7	品级 8
A26 耐热（ASTM D865，150℃×70h） 硬度变化（最大）/度 拉伸强度变化率（最大）/% 拉断伸长率变化率（最大）/%	—	 +10 −25 −30	 +10 −25 −30	 +10 −15 −25	 +10 −25 −30	—	—	—
B16 压缩永久变形（最大）/% （GB/T 7759.1—2015，B 型密实试样，150℃×22 h）	—	30	30	—	60	—	—	—
B36 压缩永久变形（最大）/% （GB/T 7759.1—2015，B 型叠合试样，150℃×22 h）	—	50	50	35	—	—	—	—
C12 耐臭氧（质量保持率[b]，最小）/% （GB/T 11206—2009，方法 D）	—	+[c]	+[c]	+[c]	+[c]	—	—	—
C20 耐天候老化（GB/T 11206—2009，方法 D）	—	+[c]	+[c]	+[c]	+[c]	—	—	—
EO16 耐液体（GB/T 1690—2010，1 号油，150℃×70 h） 硬度变化/度 拉伸强度变化率（最大）/% 拉断伸长率变化率（最大）/% 体积变化/%	—	 −5～+10 −20 −30 ±5	 −5～+10 −20 −30 ±5	 −5～+10 −20 −30 −10～+5	 −5～+10 −20 −40 ±5	—	—	—
EO36 耐液体（GB/T 1690—2010，3 号油，150℃×70 h） 硬度变化（最大）/度 拉伸强度变化率（最大）/% 拉断伸长率变化率（最大）/% 体积变化（最大）/%	—	 −15 −40 −40 +25	 −15 −30 −30 +25	 −15 −40 −30 +25	 −15 −40 −40 +25	—	—	—
F13 耐低温（GB/T 15256—2014，程序 A，在−10℃下经 3 min 后无裂纹）	—	—	合格	—	合格	—	—	—
F14 耐低温（GB/T 15256—2014，程序 A，在−18℃下经 3 min 后无裂纹）	—	合格	—	—	—	—	—	—
F17 耐低温（GB/T 15256—2014，程序 A，在−40℃下经 3 min 后无裂纹）	—	—	—	合格	—	—	—	—
K11 黏合强度（GB/T 11211—2009，在硫化时黏合，最小）/MPa	—	1.4	1.4	—	1.4	—	—	—
Z（特殊要求）任何特殊要求应详细规定，包括试验方法。								

注：a. 品级 1 只有基本要求，没有后缀要求。
b. 质量保持率的判定标准见该标准附录 NA。
c. “+”表示该要求适用，可买到具有这些特性的材料，但数值尚未确定。

（五）E 类型材料

EE 材料的基本要求和附加（后缀）要求见表 1.1.10-21。

表 1.1.10-21　EE 材料的基本要求和附加（后缀）要求（HG/T 2196—2004 表 21）

邵尔 A 硬度（±5 度）	拉伸强度（最小）		拉断伸长率（最小）/%	耐热（ASTM D865）（175℃×70 h）	耐液体（GB/T 1690—2010，3 号油，150℃×70 h）	压缩永久变形（GB/T 7759.1—2015，密实试样，150℃×22 h）	适用的后缀品级数
	MPa	Psi					
50 50 50 50	8 10 12 14	1 160 1 450 1 740 2 031	400 500 500 500	硬度变化：±15 度 拉伸强度变化率：±30% 拉断伸长率变化率：最大−50%	体积变化：最大+80%	压缩永久变形：最大+75%	2 2
60 60 60 60	6 8 12 14	870 1 160 1 740 2 031	200 300 300 400				4 3，4，5 3 3

续表

邵尔 A 硬度（±5 度）	拉伸强度（最小）		拉断伸长率（最小）/%	耐热（ASTM D865）（175℃×70 h）	耐液体（GB/T 1690—2010，3 号油，150℃×70 h）	压缩永久变形（GB/T 7759.1—2015，密实试样，150℃×22 h）	适用的后缀品级数
	MPa	Psi					
70	8	1 160	200				3，4，5
70	10	1 450	200				4
70	12	1 740	300				3
80	10	1 450	200				4
80	12	1 740	200				3，4
80	14	2 031	200				3，4，5
80	16	2 320	200				3
90	6	870	100				4 3
90	10	1 450	100				
90	14	2 031	100				

EE 材料后缀要求

后缀要求	品级 1[a]	品级 2	品级 3	品级 4	品级 5	品级 6	品级 7	品级 8
A47 耐热（GB/T 3512—2014，175℃×168 h） 硬度变化（最大）/度 拉伸强度变化率（最大）/% 拉断伸长率变化率（最大）/%	—	—	 +10 −30 −50	 +20 −30 −65	 +10 −30 −50	—	—	—
B46 压缩永久变形（最大）/%（GB/T 7759.1—2015，B 型叠合试样，150℃×70 h）	—	—	50	75	50	—	—	—
B37 压缩永久变形（最大）/%（GB/T 7759.1—2015，B 型叠合试样，175℃×22 h）	—	—	50	75	50	—	—	—
EO16 耐液体（GB/T 1690—2010，1 号油，150℃×70 h） 硬度变化/度 拉伸强度变化率（最大）/% 拉断伸长率变化率（最大）/% 体积变化/%	—	—	 −10～+5 −25 −35 ±15	 −10～+5 −25 −35 ±10	 −10～+5 −25 −35 ±10	—	—	—
EO36 耐液体（GB/T 1690—2010，3 号油[b]，150℃×70 h） 拉伸强度变化率（最大）/% 拉断伸长率变化率（最大）/% 体积变化（最大）/%	—	—	 −60 −55 +70	 −50 −50 +60	 −50 −50 +50	—	—	—
EA14 耐水（GB/T 1690—2010，100℃×70 h） 体积变化（最大）/%	—	—	+15	+15	+15	—	—	—
F17 耐低温（GB/T 15256—2014，程序 A，在−40℃下经 3 min 后无裂纹）	—	—	合格	合格	合格	—	—	—
G21 抗撕裂（GB/T 529—2008，直角试样裁刀，最小）/（kN·m^{-1}）	—	—	20	20	—	—	—	—

注：a. 品级 1 只有基本要求，没有后缀要求。

b. 由于系列数据在统计学上未获支持，硬度值的变化被省略。

EH 材料的基本要求和附加（后缀）要求见表 1.1.10－22。

表 1.1.10－22　EH 材料的基本要求和附加（后缀）要求（HG/T 2196—2004 表 22）

邵尔 A 硬度（±5 度）	拉伸强度（最小）		拉断伸长率（最小）/%	耐热（ASTM D865）（175℃×70 h）	耐液体（GB/T 1690—2010，3 号油，150℃×70 h）	压缩永久变形（GB/T 7759.1—2015，密实试样，150℃×22 h）	适用的后缀品级数
	MPa	Psi					
40	7	1 015	250	硬度变化：±15 度 拉伸强度变化率：±30% 拉断伸长率变化率：最大−50%	体积变化：±30%	75	3
50	8	1 160	175			75	3
60	6	870	100			75	3
60	9	1 306	150			75	3
70	6	870	100			75	3
70	9	1 306	125			75	3
80	7	1 015	100			75	3

续表

EH 材料后缀要求								
后缀要求	品级 1[a]	品级 2	品级 3	品级 4	品级 5	品级 6	品级 7	品级 8
A27 耐热（ASTM D865，175℃×70 h） 硬度变化（最大）/度 拉伸强度变化率（最大）/% 拉断伸长率变化率（最大）/%	—	—	 +10 −30 −40	—	—	—	—	—
B17 压缩永久变形（最大）/% （GB/T 7759.1—2015，B 型密实试样，175℃×22 h）	—	—	60	—	—	—	—	—
B37 压缩永久变形（最大）/% （GB/T 7759.1—2015，B 型叠合试样，175℃×22 h）	—	—	60	—	—	—	—	—
EO16 耐液体（GB/T 1690—2010，1 号油，150℃×70 h） 硬度变化/度 拉伸强度变化率（最大）/% 拉断伸长率变化率（最大）/% 体积变化/%	—	—	 ±5 −20 −30 ±5	—	—	—	—	—
EO36 耐液体（GB/T 1690—2010，3 号油，150℃×70 h） 硬度变化（最大）/度 拉伸强度变化率（最大）/% 拉断伸长率变化率（最大）/% 体积变化（最大）/%	—	—	 −20 −40 −30 +25	—	—	—	—	—
F14 耐低温（GB/T 15256—2014，程序 A，在−18℃下经 3 min 后无裂纹）	—	—	合格	—	—	—	—	—
F25 耐低温（GB/T 6036—2001，T100）/℃	—	—	合格	—	—	—	—	—
K11 黏合强度（GB/T 11211—2009，最小）/MPa	—	—	1.4	—	—	—	—	—
Z（特殊要求）任何特殊要求应详细规定，包括试验方法。								

注：a. 品级 1 只有基本要求，没有后缀要求。

EK 材料的基本要求和附加（后缀）要求见表 1.1.10-23。

表 1.1.10-23　EK 材料的基本要求和附加（后缀）要求（HG/T 2196—2004 表 23）

邵尔 A 硬度（±5 度）	拉伸强度（最小）		拉断伸长率（最小）/%	耐热（GB/T 3512—2014）（150℃×70 h）	耐液体（GB/T 1690—2010，3 号油，150℃×70 h）	压缩永久变形（GB/T 7759.1—2015，密实试样，150℃×22 h）	适用的后缀品级数
	MPa	Psi					
50	9	1305	125	硬度变化：±15 度 拉伸强度变化率：±30% 拉断伸长率变化率：最大−50%	体积变化：±10%	60	2
70	10	1 450	125			60	2
80	10	1 450	100			60	2

EK 材料后缀要求								
后缀要求	品级 1[a]	品级 2	品级 3	品级 4	品级 5	品级 6	品级 7	品级 8
A17 耐热（GB/T 3512—2014，175℃×70 h） 硬度变化/度 拉伸强度变化率（最大）/% 拉断伸长率变化率/%	—	±10 −25 −20～+30	—	—	—	—	—	—
A18 耐热（GB/T 3512—2014，200℃×70 h） 硬度变化/度 拉伸强度变化率（最大）/% 拉断伸长率变化率/%	—	−15～+10 −60 −10～+40	—	—	—	—	—	—
B17 压缩永久变形（最大）/% （GB/T 7759.1—2015，B 型密实试样，175℃×22 h）	—	60	—	—	—	—	—	—

续表

后缀要求	品级 1[a]	品级 2	品级 3	品级 4	品级 5	品级 6	品级 7	品级 8
B26 压缩永久变形（最大）/% （GB/T 7759.1—2015，B型密实试样，150℃×70 h）	—	50	—	—	—	—	—	—
C32 耐臭氧（GB/T 11206—2009，方法 C）	—	合格	—	—	—	—	—	—
EA14 耐水（GB/T 1690—2010，100℃×70 h） 硬度变化/度 体积变化（最大）/%	—	 −5～+10 0～+20	—	—	—	—	—	—
EF31 耐液体（GB/T 1690—2010，标准燃油 C，室温下 70 h） 硬度变化/度 拉伸强度变化率（最大）/% 拉断伸长率变化率（最大）/% 体积变化（最大）/%	—	 −20～+5 −50 −50 +40	—	—	—	—	—	—
EO16 耐液体（GB/T 1690—2010，1 号油，150℃×70 h） 硬度变化/度 拉伸强度变化率（最大）/% 拉断伸长率变化率（最大）/% 体积变化（最大）/%	—	−10～+5 — −10 −20 +10	—	—	—	—	—	—
EO36 耐液体（GB/T 1690—2010，3 号油，150℃×70 h） 硬度变化/度 拉伸强度变化率（最大）/% 拉断伸长率变化率（最大）/% 体积变化（最大）/%	—	 −15～0 −20 −20 +10	—	—	—	—	—	—
F19 耐低温（GB/T 15256—2014，程序 A，在−55℃下经 3 min 后无裂纹）	—	合格	—	—	—	—	—	—
F49 耐低温（GB/T 7758—2002，在−55℃下经 10 min 后，回缩 10%，最小[b]）	—	合格	—	—	—	—	—	—

注：a. 品级 1 只有基本要求，没有后缀要求。

b. ASTM D1329 采用 38.1 mm 的裁刀，GB/T 7758—2002 采用 50 mm 的裁刀。

（六）F 类型材料

FC 材料的基本要求和附加（后缀）要求见表 1.1.10-24。

表 1.1.10-24　FC 材料的基本要求和附加（后缀）要求（HG/T 2196—2004 表 24）

邵尔 A 硬度（±5 度）	拉伸强度（最小）		拉断伸长率（最小）/%	耐热（GB/T 3512—2014）（200℃×70 h）	耐液体（GB/T 1690—2010，3 号油，150℃×70 h）	压缩永久变形（GB/T 7759.1—2015，叠合试样，175℃×22 h）	适用的后缀品级数
	MPa	Psi					
30 30	3 5	435 725	350 400	硬度变化：±15 度 拉伸强度变化率：±30% 拉断伸长率变化率：最大−50%	体积变化：最大+120%	60 60	2 2
40	7	1 015	400			60	3
50 50	7 8	1 015 1 160	400 500			60 80	3 4
60 60	7 8	1 015 1 160	300 400			60 80	3 3
70	7	1 015	200			60	3

FC 材料后缀要求

后缀要求	品级 1[a]	品级 2	品级 3	品级 4	品级 5	品级 6	品级 7	品级 8
A19 耐热（GB/T 3512—2014，225℃×70 h） 硬度变化（最大）/度 拉伸强度变化率（最大）/% 拉断伸长率变化率（最大）/%	—	 +10 −40 −40	 +10 −40 −40	 +10 −50 −50	—	—	—	—

续表

后缀要求	品级 1[a]	品级 2	品级 3	品级 4	品级 5	品级 6	品级 7	品级 8
B37 压缩永久变形（最大）/% （GB/T 7759.1—2015，B 型叠合试样，175℃×22 h）	—	40	45	60	—	—	—	—
C12 耐臭氧（质量保持率[b]，最小）/% （GB/T 11206—2009，方法 D）	—	+[c]	+[c]	+[c]	—	—	—	—
C20 耐天候老化（GB/T 11206—2009，方法 D）	—	+[c]	+[c]	+[c]	—	—	—	—
EA14 耐水（GB/T 1690—2010，100℃×70 h） 硬度变化/度 体积变化（最大）/%	—	±5 ±5	±5 ±5	±5 ±5	—	—	—	—
EO16 耐液体（GB/T 1690—2010，1 号油，150℃×70 h） 硬度变化/度 拉伸强度变化率（最大）/% 拉断伸长率变化率（最大）/% 体积变化/%	—	0～−10 −50 −30 0～+20	0～−15 −50 −50 0～+20	0～−15 −50 −50 0～+20	—	—	—	—
F1−11 耐低温（GB/T 15256—2014，程序 A，在−75℃下经 3 min 后无裂纹）	—	合格	合格	合格	—	—	—	—
G11 抗撕裂（GB/T 529—2008，新月型试样裁刀） 强度在 7.0 MPa 以下（最小）/(kN·m⁻¹) 强度在 7.0～10.5 MPa（最小）/(kN·m⁻¹)	—	— 5	— 17	— 26	—	—	—	—
Z（特殊要求）任何特殊要求应详细规定，包括试验方法。								

注：a. 品级 1 只有基本要求，没有后缀要求。
b. 质量保持率的判定标准见该标准附录 NA。
c. “+”该要求适用，可买到具有这些特性的材料，但数值尚未确定。

FE 材料的基本要求和附加（后缀）要求见表 1.1.10-25。

表 1.1.10-25 FE 材料的基本要求和附加（后缀）要求（HG/T 2196—2004 表 25）

邵尔 A 硬度（±5 度）	拉伸强度（最小）		拉断伸长率（最小）/%	耐热（GB/T 3512—2014）（200℃×70 h）	耐液体（GB/T 1690—2010，3 号油，150℃×70 h）	压缩永久变形（GB/T 7759.1—2015，密实试样，175℃×22 h）	适用的后缀品级数
	MPa	Psi					
30 30	3 7	435 1 015	400 500	硬度变化：±15 度 拉伸强度变化率：±30% 拉断伸长率变化率：最大−50%	体积变化：最大±80%	60 60	2 5
40	8	1 160	500			60	3
50	8	1 160	500			80	4

FE 材料后缀要求

后缀要求	品级 1[a]	品级 2	品级 3	品级 4	品级 5
A19 耐热（GB/T 3512—2014，225℃×70 h） 硬度变化（最大）/度 拉伸强度变化率（最大）/% 拉断伸长率变化率（最大）/%	—	+10 −60 −60	+10 −40 −60	+15 −40 −60	±10 −50 −50
B37 压缩永久变形（最大）/% （GB/T 7759.1—2015，B 型叠合试样，175℃×22 h）	—	45	50	65	35
C12 耐臭氧（质量保持率[b]，最小）/% （GB/T 11206—2009，方法 D）	—	+[d]	+[d]	+[d]	—
C20 耐天候老化（GB/T 11206—2009，方法 D）	—	+[d]	+[d]	+[d]	—
EA14 耐水（GB/T 1690—2010，100℃×70 h） 硬度变化/度 体积变化/%	—	±5 ±5	±5 ±5	±5 ±5	±5 ±5
EO16 耐液体（GB/T 1690—2010，1 号油，150℃×70 h） 硬度变化/度 拉伸强度变化率（最大）/% 拉断伸长率变化率（最大）/% 体积变化/%	—	0～−10 −50 −50 0～+20	0～−10 −50 −50 0～+20	0～−10 −50 −50 0～+20	0～−10 −40 −40 0～+20

续表

后缀要求	品级 1[a]	品级 2	品级 3	品级 4	品级 5
EO36 耐液体（GB/T 1690—2010，3 号油，150℃×70 h） 硬度变化（最大）/度 体积变化（最大）/%	—	—	+[c] +80	−40 +80	 +65
F19 耐低温（GB/T 15256—2014，程序 A，在−55℃下经 3 min 后无裂纹）	—	合格	合格	合格	—
G11 抗撕裂（GB/T 529—2008，新月型试样裁刀） 强度在 7.0 MPa 以下（最小）/(kN·m⁻¹) 强度在 7.0～10.5 MPa（最小）/(kN·m⁻¹)	—	9	22	26	25
K11 黏合强度（GB/T 11211—2009）	—	+[d]	+[d]	+[d]	—
K21 黏合强度（GB/T 7760—2016）	—	+[d]	+[d]	+[d]	—
K31 硫化后黏合强度	—	c	c	c	c
P2 耐污染（ASTM D925，方法 B，控制板）	—	合格	合格	合格	—

注：a. 品级 1 只有基本要求，没有后缀要求。
b. 质量保持率的判定标准见该标准附录 NA。
c. 后缀 K31 指材料应没有对黏合强度剂有害或可能有害的表面状态和组分。
d. "+"表示该要求适用，可买到具有这些特性的材料，但数值尚未确定。

FK 材料的基本要求和附加（后缀）要求见表 1.1.10-26。

表 1.1.10-26 FK 材料的基本要求和附加（后缀）要求（HG/T 2196—2004 表 26）

邵尔 A 硬度（±5 度）	拉伸强度（最小）		拉断伸长率（最小）/%	耐热（GB/T 3512—2014）（200℃×70 h）	耐液体（GB/T 1690—2010，3 号油，150℃×70 h）	压缩永久变形（GB/T 7759.1—2015，叠合试样，175℃×22 h）	适用的后缀品级数
	MPa	Psi					
60	6	870	150	硬度变化：±15 度 拉伸强度变化率：±30% 拉断伸长率变化率：最大−50%	体积变化：最大±10%	50	2

FK 材料后缀要求

后缀要求	品级 1[a]	品级 2	品级 3	品级 4	品级 5	品级 6	品级 7	品级 8
A19 耐热（GB/T 3512—2014，225℃×70 h） 硬度变化（最大）/度 拉伸强度变化率（最大）/% 拉断伸长率变化率（最大）/%	—	+15 −45 −45	—	—	—	—	—	—
C12 耐臭氧（质量保持率[b]，最小）/%（GB/T 11206—2009，方法 D）	—	+[c]	—	—	—	—	—	—
C20 耐天候老化（GB/T 11206—2009，方法 D）		+[c]	—	—	—	—	—	—
EF31 耐液体（GB/T 1690—2010，标准燃油 C，23℃×70 h） 硬度变化/度 拉伸强度变化率（最大）/% 拉断伸长率变化率（最大）/% 体积变化/%	—	0～−15 −60 −50 0～+25	—	—	—	—	—	—
EO36 耐液体（GB/T 1690—2010，3 号油，150℃×70 h） 硬度变化/度 拉伸强度变化率（最大）/% 拉断伸长率变化率（最大）/% 体积变化/%	—	0～−10 −35 −30 0～+10	—	—	—	—	—	—
F19 耐低温（GB/T 15256—2014，程序 A，在−55℃下经 3 min 后无裂纹）	—	合格	—	—	—	—	—	—
Z（特殊要求）任何特殊要求应详细规定，包括试验方法。								

注：a. 品级 1 只有基本要求，没有后缀要求。
b. 质量保持率的判定标准见该标准附录 NA。
c. "+"表示该要求适用，可买到具有这些特性的材料，但数值尚未确定。

（七）G 类型材料

GE 材料的基本要求和附加（后缀）要求见表 1.1.10－27。

表 1.1.10－27　GE 材料的基本要求和附加（后缀）要求（HG/T 2196—2004 表 27）

邵尔 A 硬度（±5 度）	拉伸强度（最小）		拉断伸长率（最小）/%	耐热（GB/T 3512—2014）（225℃×70 h）	耐液体（GB/T 1690—2010，3 号油，150℃×70 h）	压缩永久变形（GB/T 7759.1—2015，叠合试样，175℃×22 h）	适用的后缀品级数
	MPa	Psi					
30	3	435	300	硬度变化：±15 度 拉伸强度变化率：±30% 拉断伸长率变化率：最大－50%	体积变化：最大＋80%	50	2
30	5	725	400			50	2
30	6	870	400			50	8
40	3	435	200			50	2
40	5	725	300			50	2
40	6	870	300			50	8
50	3	435	200			50	3
50	5	725	250			70	4，5
50	6	870	250			50	5
50	8	1 160	400			60	9
60	3	435	100			50	3
60	5	725	200			70	4，5
60	6	870	200			50	5
70	3	435	60			50	6
70	5	725	150			50	7
70	6	870	150			50	5
80	3	435	50			50	6
80	5	725	150			50	7
80	6	870	100			50	5

GE 材料后缀要求

后缀要求	品级 1[a]	品级 2	品级 3	品级 4	品级 5	品级 6	品级 7	品级 8	品级 9
A19 耐热（GB/T 3512—2014，225℃×70 h） 硬度变化（最大）/度 拉伸强度变化率（最大）/% 拉断伸长率变化率（最大）/%	—	 ＋10 －25 －30	 ＋10 －25 －30	 ＋10 －30 －30	 ＋10 －25 －30	 ＋10 －25 －30	 ＋10 －25 －30	 ＋10 －25 －25	 ＋10 －30 －30
B37 压缩永久变形（最大）/% （GB/T 7759.1—2015，B 型叠合试样，175℃×22 h）	—	25	30	50	25	30	30	25	40
C12 耐臭氧（质量保持率[b]，最小）/% （GB/T 11206—2009，方法 D）	—	＋[d]	＋[d]	＋[d]	＋[d]	＋[d]	＋[d]	＋[d]	＋[d]
C20 耐天候老化（GB/T 11206—2009，方法 D）	—	＋[d]	＋[d]	＋[d]	＋[d]	＋[d]	＋[d]	＋[d]	＋[d]
EA14 耐水（GB/T 1690—2010，100℃×70 h） 硬度变化/度 体积变化（最大）/%	—	 ±5 ±5	 ±5 ±5	 ±5 ±5	 ±5 ±5	 ±5 ±5	 ±5 ±5	 ±5 ±5	 ±5 ±5
EO16 耐液体（GB/T 1690—2010，1 号油，150℃×70 h） 硬度变化/度 拉伸强度变化率（最大）/% 拉断伸长率变化率（最大）/% 体积变化/%	—	 0～－10 －30 －30 0～＋15	 0～－15 －20 －20 0～＋10	 0～－15 －20 －20 0～＋15	 0～－15 －20 －20 0～＋10	 0～－15 －20 －20 0～＋10	 0～－15 －20 －20 0～＋15	 0～－10 －30 －20 0～＋15	 0～－10 －30 －30 0～＋10
EO36 耐液体（GB/T 1690—2010，3 号油，150℃×70 h） 硬度变化（最大）/度 体积变化（最大）/%	—	 ＋60	 －30 ＋60	 －35 ＋60	 －30 ＋60	 －40 ＋60	 －40 ＋60	 ＋ ＋60	 －30 ＋60
F19 耐低温（GB/T 15256—2014，程序 A，在－55℃下经 3 min 后无裂纹）	—	合格	合格	合格	合格	合格	合格	合格	合格
G11 抗撕裂（GB/T 529—2008，新月型试样裁刀） 强度在 7.0 MPa 以下（最小）/(kN · m^{-1}) 强度在 7.0～10.5 MPa（最小）/(kN · m^{-1})	—	5	6	9	9	5	9	9	25

续表

后缀要求	品级 1[a]	品级 2	品级 3	品级 4	品级 5	品级 6	品级 7	品级 8	品级 9
K11 黏合强度（GB/T 11211—2009）	—	+[d]	+[d]	+[d]	+[d]	+[d]	+[d]	+[d]	+[d]
K21 黏合强度（GB/T 7760—2016）	—	+[d]	+[d]	+[d]	+[d]	+[d]	+[d]	+[d]	+[d]
K31 硫化后黏合强度	—	c	c	c	c	c	c	c	c
P2 耐污染（ASTM D925，方法 B，控制板）	—	合格	合格	合格	合格	合格	合格	合格	合格
Z（特殊要求）任何特殊要求应详细规定，包括试验方法。									

注：a. 品级 1 只有基本要求，没有后缀要求。
b. 质量保持率的判定标准见该标准附录 NA。
c. 后缀 K31 指材料应没有对黏合强度剂有害或可能有害的表面状态和组分。
d. “+”表示该要求适用，可买到具有这些特性的材料，但数值尚未确定。

（八）H 类型材料

HK 材料的基本要求和附加（后缀）要求见表 1.1.10－28。

表 1.1.10－28 HK 材料的基本要求和附加（后缀）要求（HG/T 2196—2004 表 28）

邵尔 A 硬度（±5 度）	拉伸强度（最小）		拉断伸长率（最小）/%	耐热（ASTM D865）（250℃×70 h）	耐液体（GB/T 1690—2010，3 号油，150℃×70 h）	压缩永久变形（GB/T 7759.1—2015，叠合试样，175℃×22 h）	适用的后缀品级数
	MPa	Psi					
60	7	1 015	200	硬度变化：±15 度 拉伸强度变化率：±30% 拉断伸长率变化率：最大－50%	体积变化：最大+10%	压缩永久变形：最大 35%	2，4，6
60	10	1 450	200				2，4，6
60	14	2 031	200				2，4，6
70	7	1 015	175				2，4，6
70	10	1 450	175				2，4，6
70	14	2 031	175				2，4，6
80	7	1 015	150				2，4，6
80	10	1 450	150				2，4，6
80	14	2 031	150				2，4，6
90	7	1 015	100				3，5，7
90	10	1 450	100				3，5，7
90	14	2 031	100				3，5，7

HK 材料后缀要求

后缀要求	品级 1[a]	品级 2	品级 3	品级 4	品级 5	品级 6	品级 7	品级 8
A1—10 耐热（GB/T 3512—2014，250℃×70 h） 硬度变化（最大）/度 拉伸强度变化率（最大）/% 拉断伸长率变化率（最大）/%	—	+10 −25 −25	+10 −25 −25	—	—	+10 −25 −25	+10 −25 −25	—
A1—11 耐热（GB/T 3512—2014，275℃×70 h） 硬度变化（最大）/度 拉伸强度变化率（最大）/% 拉断伸长率变化率（最大）/%	—	—	—	+10 −40 −20	+10 −40 −20	−5～+10 −40 −20	−5～+10 −40 −20	—
B31 压缩永久变形（最大）/% （GB/T 7759.1—2015，B 型叠合试样，23℃×22 h）	—	—	—	—	—	15	20	—
B37 压缩永久变形（最大）/% （GB/T 7759.1—2015，B 型叠合试样，175℃×22 h）	—	50	30	—	—	—	—	—
B38 压缩永久变形（最大）/% （GB/T 7759.1—2015，B 型叠合试样，200℃×22 h）	—	50	50	50	50	15	20	—
C12 耐臭氧（GB/T 11206—2009，方法 D）	—	无龟裂	无龟裂	无龟裂	无龟裂	无龟裂	无龟裂	—
C20 耐天候老化（GB/T 11206—2009，方法 D）	—	无龟裂	无龟裂	无龟裂	无龟裂	无龟裂	无龟裂	—
EF31 耐液体（GB/T 1690—2010，标准燃油 C，23℃×70 h） 硬度变化/度 拉伸强度变化率（最大）/% 拉断伸长率变化率（最大）/% 体积变化（最大）/%	—	±5 −25 −20 0～+10	±5 −25 −20 0～+10	±5 −25 −20 0～+10	±5 −25 −20 0～+10	±5 −25 −20 0～+10	±5 −25 −20 0～+10	—

续表

后缀要求	品级 1[a]	品级 2	品级 3	品级 4	品级 5	品级 6	品级 7	品级 8
EO78 耐液体（GB/T 1690—2010，101 液体[b]，200℃×70 h） 硬度变化/度 拉伸强度变化率（最大）/% 拉断伸长率变化率（最大）/% 体积变化/%		−15～+5 −40 −20 0～+15	−15～+5 −40 −20 0～+15	−15～+5 −40 −20 0～+15	−15～+5 −40 −20 0～+15	—	—	—
EO88 耐液体（GB/T 1690—2010，SAE 2 号液与 7700 共混液[c]，200℃×70 h） 硬度变化/度 拉伸强度变化率（最大）/% 拉断伸长率变化率（最大）/% 体积变化（最大）/%	—	—	—	—	—	−15～+5 −40 −20 +25	−15～+5 −40 −20 +25	—
F17 耐低温（GB/T 15256—2014，程序 A，在−25℃下经 3 min 后无裂纹）	—	合格	—	—	合格	合格	—	—
F17 耐低温（GB/T 15256—2014，程序 A，在−40℃下经 3 min 后无裂纹）	—	—	—	合格	—	—	—	—
Z（特殊要求）任何特殊要求应详细规定，包括试验方法。								

注：a. 品级 1 只有基本要求，没有后缀要求。

b. 101 号工作液为 99.5%癸二酸二辛酯（质量比）和 0.5%吩噻嗪（质量比）。

c. SAE 2 号液与 7700 共混液可以从 AKZO Nobel chemicals Inc. 5 livingstone Avenue. Debbs Ferry，NY 10522，1−800−666−1200 购得。

（九）K 类型材料

KK 材料的基本要求和附加（后缀）要求见表 1.1.10－29。

表 1.1.10－29　KK 材料的基本要求和附加（后缀）要求（HG/T 2196—2004 表 29）

邵尔 A 硬度（±5 度）	拉伸强度（最小）		拉断伸长率（最小）/%	耐热（GB/T 3512—2014）（300℃×70 h）	耐液体（GB/T 1690—2010，IRM903 油[a]，150℃×70 h）	压缩永久变形（GB/T 7759.1—2015，叠合试样，200℃×22 h）
	MPa	Psi				
80	11	1 595	125	硬度变化：±15 度 拉伸强度变化率：±30% 拉断伸长率变化率：最大−50%	体积变化：最大+10%	压缩永久变形：最大 25%

注：a. 从 ASTM headquarter. Request RR：D11−1090 可得到其支持数据。IRM903 油可参见 ASTM D5944。

10.1.4　汽车用橡胶材料分类系统与具体产品标准的关系[22]

针对各种橡胶制品分别制定的相应的国家标准或行业标准或企业标准，有的与 ASTM D2000 内的指标相当，有的标准指标比 ASTM D2000 更高或者内容更多，使这些产品更适合其特殊的使用条件和延长产品的使用寿命。以 O 形橡胶密封圈丁腈橡胶材料和丁腈橡胶油封橡胶材料性能指标为例列表 1.1.10－30、表 1.1.10－31、表 1.1.10－32。

表 1.1.10－30　普通液压系统用 O 形橡胶密封圈胶料（GB/T 7038—1986）

胶料级别	A 组			B 组		
指标名称	HN6364	HN7445	HN8435	HN6363	HN7443	HN8433
硬度（邵尔 A 型）/度	60±5	70±5	80±5	60±5	70±5	80±5
拉伸强度（≥）/MPa	9	11	11	9	11	11
扯断伸长率（≥）/%	300	220	150	300	220	150
压缩永久变形[a]（≤）/%	40	35	35	50	50	50
热空气老化试验条件	100℃×24 h			125℃×24 h		
硬度（邵尔 A 型）变化（≤）/度	+10	+10	+10	+10	+10	+10
拉伸强度变化（≤）/%	−15	−15	−20	−15	−15	−20
扯断伸长率变化率（≤）/%	−35	−35	−35	−40	−35	−35

续表

胶料级别	A组			B组		
浸1#标准油试验条件	100℃×24 h			125℃×24 h		
硬度（邵尔A型）变化/度	−3～+7	−3～+7	−3～+7	−5～+10	−5～+10	−5～+10
体积变化/%	−10～+5	−8～+6	−8～+6	−12～+5	0～+20[b]	−10～+5
浸3#标准油试验条件	100℃×24 h			125℃×24 h		
硬度（邵尔A型）变化/度	−10～0	−10～0	−10～0	−15～0	−15～0	−15～0
体积变化/%	0～+15	0～+15	0～+15	0～+20	0～+20	0～+20
脆性温度（≤）/℃	−40	−40	−35	−25	−25	−25

注：a. A组为100℃×24 h，B组为100℃×22 h。
b. 可能有误。

表 1.1.10-31 用于普通液压系统的胶料性能（HG/T 2579—2008、I类硫化胶性能要求）

指标名称		指标			
		YI6455	YI7445	YI8535	YI9525
硬度（IRHD或邵尔A）/度		60±5	70±5	80±5	88^{+5}_{-4}
拉伸强度（≥）/MPa		10	10	14	14
扯断伸长率（≥）/%		250	200	150	100
压缩永久变形（B型试样100℃×22 h）（≤）/%		30	30	25	30
热空气老化（100℃×70 h）					
硬度变化（≤）/度		0～+10	0～+10	0～+10	0～+10
拉伸强度下降率（≤）/%		−15	−15	−18	−18
扯断伸长率下降率（≤）/%		−35	−35	−35	−35
耐液体（100℃×70 h）					
1#标准油	硬度变化/度	−3～+8	−3～+7	−3～+6	−3～+6
	体积变化率/%	−10～+5	−8～+5	−6～+5	−6～+5
3#标准油	硬度变化/度	−14～0	−14～0	−12～0	−12～0
	体积变化率/%	0～+20	0～+18	0～+16	0～+16
脆性温度（≤）/℃		−40	−40	−37	−35

表 1.1.10-32 用于普通液压系统的胶料性能（HG/T 2579—2008、II类硫化胶性能要求）

指标名称		指标			
		YII6454	YII7445	YII8535	YII9524
硬度（IRHD或邵尔A）/度		60±5	70±5	80±5	88^{+5}_{-4}
拉伸强度（≥）/MPa		10	10	14	14
扯断伸长率（≥）/%		250	200	150	100
压缩永久变形（B型试样125℃×22 h）（≤）/%		35	30	30	35
热空气老化（125℃×70 h）					
硬度变化（≤）/度		0～+10	0～+10	0～+10	0～+10
拉伸强度下降率（≤）/%		−15	−15	−18	−18
扯断伸长率下降率（≤）/%		−35	−35	−35	−35
耐液体（125℃×70 h）					
1#标准油	硬度变化/度	−5～+10	−5～+10	−5～+8	−5～+8
	体积变化率/%	−10～+5	−10～+5	−8～+5	−8～+5
3#标准油	硬度变化/度	−15～0	−15～0	−12～0	−12～0
	体积变化率/%	0～+24	0～+22	0～+20	0～+20
脆性温度（≤）/℃		−25	−25	−25	−25

对比表 1.1.10-30、表 1.1.10-31 和表 1.1.10-32，我们会发现对同一产品制定的两个标准 GB/T 7038—1986（已废止）和 HG/T 2579—2008，从数字看 GB/T 7038—1986 的指标和 HG/T 2579—2008 的指标大体接近，但 HG/T 2579—2008 中热空气老化和耐液体的试验条件分别由 100℃×24 h 和 125℃×24 h 改为 100℃×70 h 和 125℃×70 h，试验条件和 ASTM D2000—05 相同。对普通液压系统的胶料性能指标，应该执行 HG/T 2579—2008。

燃油用 O 形橡胶密封圈胶料的 GB/T 7527—1987 和 HG/T 3089—2001 的指标基本相同。

对照丁腈橡胶油封性能指标的几个标准，单从数字看差别不大，但 HG/T 2811—1996《旋转轴唇形密封圈橡胶材料》和 JIS B2402－4－2002 的热空气老化和耐液体的试验条件改变了，而且 JIS B2402－4－2002 耐液体的检测项目更多，更接近 ASTM D2000 的内容。下面列出 GB/T 7040—1986（已废止）、HG/T 2811—1996 和 JIS B2402－4－2002 的性能指标进行比较，并列出 ASTM D2000 相应的性能指标作为参考。具体见表 1.1.10-33、表 1.1.10-34、表 1.1.10-35。

表 1.1.10-33 丁腈橡胶油封性能指标

标准	GB/T 7040—1986			HG/T 2811—1996		
胶料代号	SN7453A	SN7453B	SN8433	XAⅠ7453	XAⅡ8433	XAⅢ8433
性能指标						
硬度（邵尔 A 型）/度	70±5	70±5	80±5	70±5	80±5	70±5
拉伸强度（≥）/MPa	11	11	11	11	11	11
扯断伸长率（≥）/%	250	250	150	250	150	200
压缩试验条件（压缩率 20%）	100℃×22 h			100℃×70 h	100℃×70 h	120℃×70 h
压缩永久变形（≤）/%	50	50	50	50	50	70
热空气老化试验条件[a]	100℃×24 h	125℃×24 h	100℃×24 h	100℃×70 h	100℃×70 h	120℃×70 h
硬度（邵尔 A 型）变化（≤）/度	+10	+10	+10	0～+15	0～+15	0～+10
拉伸强度变化（≤）/%	−20	−20	−20	−20	−20	−20
扯断伸长率变化率（≤）/%	−30	−30	−35	−50	−40	−40
耐油试验条件[a]	100℃×24 h	100℃×24 h	100℃×24 h	100℃×70 h	100℃×70 h	120℃×70 h
1#标准油体积变化/%	−10～+5	−10～+5	−10～+5	−10～+5	−8～+5	−8～+5
3#标准油体积变化/%	0～+20	0～+20	0～+20	0～+25	0～+25	0～+25
脆性温度（≤）/℃	−40	−25	−25	−40	−35	−25

注：a. 热空气老化和耐液体的试验条件都有所改变。

表 1.1.10-34 JIS B2402－4－2002 丁腈橡胶油封性能指标

胶料代号	60 度 A 材料	60 度 A 材料	60 度 A 材料	70 度 B 材料
硬度（邵尔 A 型）/度				
拉伸强度（≥）/MPa				
扯断伸长率（≥）/%				
压缩永久变形（100℃×70 h）(≤)/%	5	50	50	70
耐 ASTM 1#标准油，试验条件	—	100℃×70 h	—	120℃×70 h
拉伸强度变化率（≤）/%	−20	−20	−20	−20
扯断伸长率变化率（≤）/%	−40	−40	−40	−30
硬度（邵尔 A 型）变化（≤）/度	−5～+10	−5～+10	−5～+10	−5～+5
体积变化率/%	−10～+5	−10～+5	−10～+5	−5～+5
耐 ASTM 3#标准油，试验条件	—	100℃×70 h	—	120℃×70 h
拉伸强度变化率（≤）/%	−35	−35	−35	−30
扯断伸长率变化率（≤）/%	−35	−35	−35	−40
硬度（邵尔 A 型）变化（≤）/度	−15～0	−15～0	−15～0	−15～0
体积变化率/%	0～+25	0～+25	0～+25	0～+25
热空气老化试验条件	—	100℃×70 h	—	120℃×70 h
拉伸强度变化率（≤）/%	−20	−20	−20	−20
扯断伸长率变化率（≤）/%	−50	−50	−50	−40
硬度（邵尔 A 型）变化（≤）/度	+15	+15	+15	+10
低温屈挠试验（−35℃×5 h）	−13℃无破坏	−13℃无破坏	—	—

表 1.1.10-35 ASTM D2000 中不同丁腈橡胶材料（70°A）的性能指标

指标名称[a]	BF2	BG2	BG4	BK4	CH2	CH3
硬度（邵尔 A 型）/度	70±5	70±5	70±5	70±5	70±5	70±5
拉伸强度（≥）/MPa	10	10	10	10	10	10
扯断伸长率（≥）/%	250	250	250	250	250	250
压缩永久变形（100℃×22 h)(≤)/%	25	25	50	25	25	25
耐 ASTM 1＃标准油，试验条件，70 h	100℃	100℃	100℃	100℃	125℃	150℃
拉伸强度变化率（≤)/%	−25	−25	−20	−20	−20	−20
扯断伸长率变化率（≤)/%	−45	−45	−40	−20	−35	−40
硬度（邵尔 A 型）变化（≤)/度	±10	−5～+10	−7～+5	±5	0～+10	0～+10
体积变化率/%	−10～+10	−10～+5	−5～+5	−10～0	−15～+5	−15～+5
耐 ASTM 3＃标准油，试验条件，70 h	100℃	100℃	100℃	100℃	125℃	150℃
拉伸强度变化（≤)/%	−45	−45	−35	−20	−15	−35
扯断伸长率变化（≤)/%	−45	−45	−40	−30	−30	−35
硬度（邵尔 A 型）变化（≤)/度	−20	−10～+5	−10～+5	−10～+5	±10	±10
体积变化率/%	0～+60	0～+25	0～+6	0～+5	0～+25	0～+25
热空气老化试验条件，70 h	100℃ **	100℃[b]	100℃	100℃	125℃	125℃
拉伸强度变化率（≤)/%	±30	±30	±15	−20	−25	−25
扯断伸长率变化率（≤)/%	−50	−50	−15	−30	−50	−50
硬度（邵尔 A 型）变化（≤)/度	±15	±15	±5	±10	0～+15	0～+15
耐低温[c]/℃	−55	−40	−55	—	−40	—

注：a. ①BF2 执行标准为 ASTM D2000—05 M_2BF B14 E014 E034 F19（BF 为耐低温丁腈橡胶）。
②BG2 执行标准为 ASTM D2000—05 M_2BF B14 E014 E034 F17（BG 为通用型丁腈橡胶）。
③BG4 执行标准为 ASTM D2000—05 M_4BG A14 B14 E014 E034 F19（BG 为通用型丁腈橡胶）。
④BK4 执行标准为 ASTM D2000—05 M_4BK A24 B14 E014 E034（BK 为高耐油丁腈橡胶）。
⑤CH2 执行标准为 ASTM D2000—05 M_2CH A25 B14 E015 E035 F17。
⑥CH3 执行标准为 ASTM D2000—05 M_3CH A25 B14 E016 E036。
b. 为基本要求。
c. 测试标准为 D2137 方法 A，9.3.2。

符合 ASTM D2000 和各种国家标准或行业标准所列的技术性能要求，只是最低要求，达到了才叫合格材料，并不是说不可超越或不可能超越，这种超越也有着实际的需要。如载重卡车在高速行驶时，内衬层的温度可以升高至 125～135℃；摩托车在高速行驶时油缸内的液压油可升温至 150～160℃，经回流冷却后的油温仍有 125～130℃。这就要求相关产品的性能达到这样的要求。对于研究人员来说，了解材料在更严苛试验条件下的性能变化，进而判断产品在恶劣条件下的使用寿命和安全与否是非常必要的。

超越 ASTM D2000 中所列的性能指标的例子是很多的。例如，BS 1154 是英国标准《天然橡胶胶料（优质）》，表 1.1.10-36 与表 1.1.10-37 列出 ASTM D2000 中 AA 材料的性能指标和 BS 1154 Z 系列通用机械零件的天然橡胶胶料性能指标以及某些天然橡胶胶料的实际测试结果。从中我们可以看到，ASTM D2000 中的指标是完全可以超越的。

表 1.1.10-36 天然橡胶胶料的性能指标

指标名称	5—115		5—116		5—127		5—128	
	指标	实测	指标	实测	指标[a]	实测	指标[b]	实测
硬度（邵尔 A)/度	50±5	51	60±5	62	46～55	51.5	56～65	58.5
拉伸强度（≥)/MPa	21	28.7	21	26.2	17	27.7	17	27.6
扯断伸长率（≥)/%	500	—	400	—	500	625	400	575
热空气老化后性能变化情况（70℃×70 h）								
硬度（邵尔 A)(≤)/度	+10	+2	+10	+3	—	—	—	—
拉伸强度变化率（≤)/%	−25	−3	−25	−5	−10	−8	−10	−0.1
扯断伸长率变化率（≤)/%	−25	−6	−25	−7	−15	−8	−15	−7

续表

指标名称	5－115		5－116		5－127		5－128	
	指标	实测	指标	实测	指标[a]	实测	指标[b]	实测
热空气老化后性能变化情况（70℃×168 h）								
硬度（邵尔 A)(≤)/度	—	＋3	—	＋3		—	—	—
拉伸强度变化率（≤)/%	—	－2	—	－7	—	—	—	—
扯断伸长率变化率（≤)/%	—	－8	—	－10	—	—	—	—
热空气老化后性能变化情况（100℃×70 h）								
硬度（邵尔 A)(≤)/度	—	＋4	—	＋5	—	—	—	—
拉伸强度变化率（≤)/%	—	－18	—	－15	—	—	—	—
扯断伸长率变化率（≤)/%	—	－12	—	－14	—	—	—	—

注：a. BS 1154 Z50。
b. BS 1154 Z60。

表 1.1.10－37　高质量工程元件——橡胶弹簧、联轴节、支撑垫、支座和衬套等天然橡胶胶料的实测性能[a]

配方号	6－3	6－15	6－26	6－40
硬度（邵尔 A)/度	38	48	57	67
拉伸强度（≥)/MPa	23	26	24	20
扯断伸长率（≥)/%	670	590	510	420
压缩永久变形（70℃×24 h）（压缩率 25%，恢复 60 min）	7	9	9	10
热空气老化后性能变化情况（70℃×3 d）				
硬度（邵尔 A)(≤)/度	＋1	＋1	＋2	＋1
拉伸强度变化率（≤)/%	＋7	0	－2	－5
扯断伸长率变化率（≤)/%	－3	－4	－6	－14
热空气老化后性能变化情况（70℃×7 d）				
硬度（邵尔 A)(≤)/度	＋1	＋2	＋2	＋1
拉伸强度变化率（≤)/%	＋2	－2	－4	－5
扯断伸长率变化率（≤)/%	－3	－4	－7	－16
热空气老化后性能变化情况（100℃×3 d）				
硬度（邵尔 A)(≤)/度	＋1	＋2	＋2	＋2
拉伸强度变化率（≤)/%	－12	－9	－14	－14
扯断伸长率变化率（≤)/%	－4	－5	－11	－24

注：a. 取 140℃×90 min 硫化条件的物性，与 153℃×30 min 的性能差别不大。

由于机械设备技术水平的提高，对丁腈橡胶密封产品的性能提出了更高的要求，有一些企业和公司制定的产品标准中，某些性能指标高于 ASTM D2000 的指标。表 1.1.10－38 列出了某些国家和公司汽车用丁腈橡胶密封制品胶料的性能指标和实测值，表 1.1.10－39 列出部分超越 ASTM D2000 指标的配方实例。

表 1.1.10－38　某些丁腈橡胶密封制品胶料的性能指标和实测值

配方号[a]	5－297		5－451		5－452		5－455	
	指标	实测	指标	实测	指标	实测	指标	实测
硬度（邵尔 A)/度	—	72	60～75	75	—	70	72±5	72
拉伸强度（≥)/MPa	9	20.9	8.23	9.6	8.23	9.26	10.29	15.44
扯断伸长率（≥)/%	—	250	300	420	200	260	125	200
热空气老化条件	120℃×72 h		135℃×70 h		149℃×70 h		135℃×70 h	
硬度（邵尔 A)(≤)/度	＋5	＋3	＋15	＋7	—	＋14	＋7	＋3
拉伸强度变化率（≤)/%	－10	－3.4	－20	＋7	－20	＋18	－20	＋12
扯断伸长率变化率（≤)/%	－25	－12	－50	－36	－50	－42	－35	－19

注：a.
①5－297 为 BGR（英国汽油技术要求，British Gas Requirement）。
②5－451 为美国福特（Ford）汽车公司标准的丁腈橡胶胶料，编号 ESE－M20－147A。
③5－452 为美国福特（Ford）汽车公司标准的丁腈橡胶胶料，编号 GM 6107。
④5－455 为美国卡脱皮拉汽车公司标准的丁腈橡胶胶料，编号 IE－741。

表 1.1.10-39　超出 ASTM D2000 技术性能要求的丁腈橡胶胶料配方性能实例

配方号	5－270	5－271	5－272	5－298	5－299	5－300
硬度（邵尔 A）/度	66	73	75	67	73	72
拉伸强度（≥）/MPa	14.6	16.4	16.7	14.4	12.25	12.45
扯断伸长率（≥）/%	530	330	220	530	310	350
热空气老化条件	120℃×168 h	150℃×70 h	150℃×70 h	150℃×70 h	150℃×70 h	150℃×70 h
硬度（邵尔 A）(≤)/度	＋12	＋11	＋10	＋6	＋6	＋5
拉伸强度变化率（≤）/%	＋13	0	－1	－36	－5	＋1
扯断伸长率变化率（≤）/%	－28	－46	－31	－45	－29	－11
压缩永久变形试验条件	100℃×70 h	150℃×70 h	150℃×70 h	150℃×22 h	150℃×22 h	150℃×22 h
永久变形/%	13	41	29	42.5	25.1	13.9

注：1. 耐油耐液体性能略。

工程橡胶件都是在小变形下使用的，通常拉伸、压缩变形不大于 25%，纯剪切变形不超过 75%。在橡胶小变形时，可认为它的应力与应变成线性关系，即可用单一的弹性常数 G 来描述。虽然工程橡胶件对所用胶料都有最基本的性能要求，但更注重的是产品在使用时所承受的载荷与变形量。表 1.1.10-40 为公路桥梁板式橡胶支座胶料性能指标。表 1.1.10-41 为橡胶件的许用应力，其数据是参考国外资料并结合我国橡胶件的实际运用情况确定的。对于具体的产品则有更多的技术要求，如对不同种类和型号的减振器就有如下技术要求：额定负荷（z 向、y 向、x 向）、动刚度（z 向、y 向、x 向）、阻尼比、z 向破坏负荷、产品质量，以及在额定变形下的疲劳寿命。之所以规定工程橡胶件的许用应力和变形量，是因为工程橡胶件的变形量与其使用寿命密切相关。实验结果表明，橡胶件的静变形量由 2.2%增加至 6.0%时，橡胶件达损坏为止的疲劳寿命也随变形量的增大而迅速降低，在所研究的变形范围内，寿命差别可达 40：1 之巨。

表 1.1.10-40　公路桥梁板式橡胶支座胶料性能指标

	JT/T 4—2004[a]		美国 AASHTO 规定[b]		ISO 6446—1994	
	CR	NR	CR	NR	CR	NR
硬度（IRHD）/度	60±3	60±3	60±5	60±5	60±5	60±5
拉伸强度（≥）/MPa	17.0	17.5	17.15	17.15	15	15.5
扯断伸长率（≥）/%	400	400	350	400	350	400
橡胶与钢板黏接剥离强度（>）/（kN·m^{-1}）	7	7	7.14	7.14	7	7
压缩试验条件 永久变形（≤）/%	70℃×22 h 20	70℃×22 h 25	100℃×22 h 35	70℃×22 h 25	70℃×22 h 20	70℃×22 h 30
耐臭氧老化	(25～50)×10^{-8} 伸长 20% 40℃×96 h 无龟裂	(25～50)×10^{-8} 伸长 20% 40℃×96 h 无龟裂	100×10^{-8} 38℃×100 h 无龟裂	1×10^{-8} 38℃×100 h 无龟裂	5×10^{-8} 38℃×100 h 无龟裂	25×10^{-8} 38℃×100 h 无龟裂
热空气老化试验条件 硬度（邵尔 A）(≤)/度 拉伸强度变化率（≤）/% 扯断伸长率变化率（≤）/%	100℃×70 h 15 40 ＋15	70℃×168 h 15 20 ±10	100℃×70h 15 40 ＋15	70℃×70 h 25 25 ＋10	100℃×70h 15 40 ＋15	70℃×168 h 15 20 ＋10
聚四氟乙烯板与橡胶剥离强度（>）/（kN·m^{-1}）	4	4	—	—	—	—
脆性温度（≤）/℃	－40	－50	－25	－40	－25	－40

注：a. 中国交通部公路桥梁板式橡胶支座技术条件。不得使用任何再生的硫化橡胶。
b. 美国各州公路运输工作者协会的标准。

表 1.1.10-41　橡胶件的许用应力　(N/mm²)

变形形式	静载荷	短时间冲击载荷	持续动载荷
拉伸	0.4～1.5[a]	0.4～1.0	0.2～0.4
压缩	2～5[b]	1.5～5	1～1.5
平行剪切	1～2	1～2	0.3～0.5
旋转剪切[c]	2	2	0.3～1.0
扭转剪切[d]	2	2	0.3～0.5

注：a. 取小于 1 G。
b. 取 4～5 G。
c. 销套的同轴扭转。
d. 扭转橡胶垫圈的剪切。

橡胶件受力时的变形量，主要由其结构、形状决定。但橡胶材料的模量也是重要的影响因素，硫化橡胶的弹性模量和剪切模量与硫化橡胶的硬度成线性关系。改变硫化橡胶的硫化程度和交联密度，也可以改变硫化橡胶的模量。

10.2　防振橡胶制品用橡胶材料

HG/T 3080—2009《防振橡胶制品用橡胶材料》适用于一般以防止或缓冲振动及冲击的传递为目的而使用的硫化橡胶制品，不适用于硬质橡胶、海绵橡胶织物或其他纱线增强的橡胶。

防振橡胶制品的橡胶材料，根据使用目的分为五类，见表 1.1.10-42。

表 1.1.10-42　防振橡胶制品用橡胶材料分类

类别	用途
A	一般的硫化橡胶（不包括 B、C、D、E）
B	要求具有耐油性能的硫化橡胶
C	要求具有耐候性能（以及轻度耐油性能）的硫化橡胶
D	要求具有振动衰减性能的硫化橡胶
E	要求具有耐热性能的硫化橡胶

防振橡胶制品的橡胶材料代号见表 1.1.10-43～表 1.1.10-47 所示，用橡胶材料的类型和静态剪切弹性模量值的 10 倍整数值（单位 MPa）并列作为代号。防振橡胶制品的橡胶材料性能必须符合表 1.1.10-43～表 1.1.10-47 的一般要求，特殊要求只适用于特殊规定，当同一性能的特殊要求和一般要求不一致时，则采用特殊要求。

防振橡胶制品的橡胶材料分类标记示例：A16，A10－b_1r_1，D12－r_2。

说明：

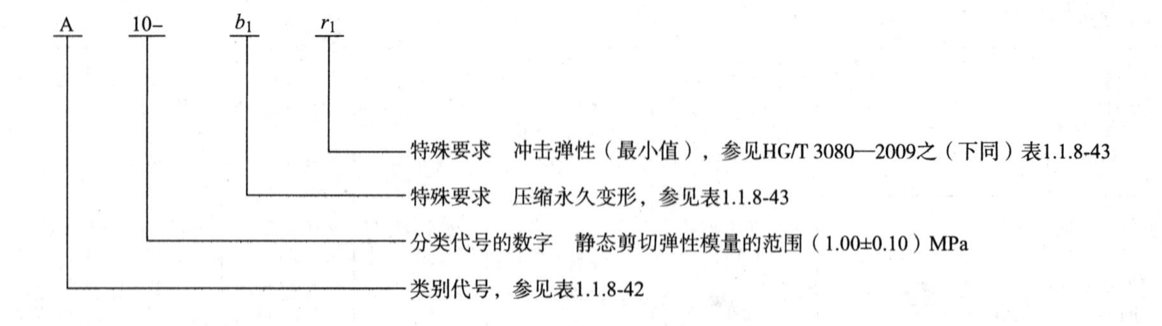

表 1.1.10-43 防振橡胶制品的橡胶材料代号

代号	一般要求					特殊要求								
	静态剪切弹性模量/MPa	拉断伸长率最小值/%	老化试验（70℃×72 h）		压缩永久变形（70℃×24 h，最大值）/%	压缩永久变形		r_1 冲击弹性（最小值）/%	d 动态倍率（最大值）	老化试验（70℃×72 h）		老化试验（100℃×72 h）		c 臭氧老化（40℃×24 h×50×10^{-8}），伸长率 20%
			25%伸长应力变化率/%	拉断伸长率变化率（最小值）/%		b_1（70℃×24 h，最大值）/%	b_2（100℃×24 h，最大值）/%			a_1[a] 硬度变化量（邵尔 A）	a_2 拉断伸长率变化率（最小值）/%	a_3[a] 硬度变化量（邵尔 A）	a_4 拉断伸长率变化率（最小值）/%	
A05	0.50±0.10	500	−10～30	−50	50	25	50	75	1.5	（0～7）	−25	（0～15）	−40	肉眼观察无龟裂
A06	0.60±0.10	500	−10～30	−50	50	25	50	75	1.5	（0～7）	−25	（0～15）	−40	
A07	0.70±0.10	500	−10～30	−50	50	25	50	70	1.5	（0～7）	−25	（0～15）	−40	
A08	0.80±0.10	400	−10～30	−50	50	25	50	70	1.7	（0～7）	−25	（0～15）	−40	
A09	0.90±0.10	400	−10～30	−50	50	25	50	70	1.7	（0～7）	−25	（0～15）	−40	
A10	1.00±0.10	400	−10～30	−50	50	25	50	65	1.7	（0～7）	−25	（0～15）	−40	
A11	1.10±0.11	400	−10～30	−50	50	25	50	65	2.0	（0～7）	−25	（0～15）	−40	
A12	1.20±0.12	400	−10～30	−50	50	25	50	65	2.0	（0～7）	−25	（0～15）	−40	
A13	1.30±0.13	400	−10～30	−50	50	25	50	60	2.0	（0～7）	−25	（0～15）	−40	
A14	1.40±0.14	300	−10～30	−50	50	25	50	55	2.0	（0～7）	−25	（0～15）	−40	
A16	1.60±0.16	300	−10～30	−50	50	25	50	50	3.0	（0～7）	−25	（0～15）	−40	
A18	1.80±0.18	250	−10～30	−50	50	25	50	45	3.0	（0～7）	−25	（0～15）	−40	
A20	2.00±0.20	250	−10～30	−50	50	25	50	40	3.0	（0～7）	−25	（0～15）	−40	

注：a. 括号内的数值为特殊要求；不规定静态剪切弹性模量时，只限于规定其硬度时适用。

表 1.1.10－44　防振橡胶制品的橡胶材料代号

代号	一般要求						特殊要求		
	静态剪切弹性模量/MPa	拉断伸长率最小值/%	耐油试验（3号标准油100℃×72 h）体积变化率（最大值）/%	老化试验（100℃×72 h） 25%伸长应力变化率/%	老化试验（100℃×72 h） 拉断伸长率变化率（最小值）/%	压缩永久变形（100℃×24 h，最大值）/%	压缩永久变形 b_1（100℃×24 h，最大值）/%	老化试验（70℃×72 h） a_1[a] 硬度变化量（邵尔A）	c 臭氧老化（40℃×24 h×50×10^{-8}），伸长率20%
B05	0.50±0.10	400	40	−10～100	−50	50	25	(0～15)	肉眼观察无龟裂
B06	0.60±0.10	400	40	−10～100	−50	50	25	(0～15)	
B07	0.70±0.10	400	40	−10～100	−50	50	25	(0～15)	
B08	0.80±0.10	400	40	−10～100	−50	50	25	(0～15)	
B09	0.90±0.10	400	40	−10～100	−50	50	25	(0～15)	
B10	1.00±0.10	300	40	−10～100	−50	50	25	(0～15)	
B11	1.10±0.11	300	40	−10～100	−50	50	25	(0～15)	
B12	1.20±0.12	300	40	−10～100	−50	50	25	(0～15)	
B13	1.30±0.13	300	40	−10～100	−50	50	25	(0～15)	
B14	1.40±0.14	250	40	−10～100	−50	50	25	(0～15)	
B16	1.60±0.16	250	40	−10～100	−50	50	25	(0～15)	
B18	1.80±0.18	200	40	−10～100	−50	50	25	(0～15)	
B20	2.00±0.20	150	40	−10～100	−50	50	25	(0～15)	

注：a. 括号内的数值为特殊要求；不规定静态剪切弹性模量时，只限于规定其硬度时适用。

表 1.1.10－45　防振橡胶制品的橡胶材料代号

代号	一般要求							特殊要求		
	静态剪切弹性模量/MPa	拉断伸长率最小值/%	耐油试验3号标准油100℃×72 h体积变化率最大值/%	老化试验（100℃×72 h）		臭氧老化（40℃×72 h×50×10^{-8}），伸长率20%	压缩永久变形（100℃×24 h，最大值）/%	压缩永久变形 b_1（100℃×24 h，最大值）/%	老化试验（70℃×72 h）a_1[a] 硬度变化量（邵尔A）	c 臭氧老化（40℃×24 h×50×10^{-8}），伸长率20%
				25%伸长应力变化率/%	拉断伸长率变化率最小值/%					
C05	0.50±0.10	500	120	−10～100	−50	肉眼观察无龟裂	60	35	(0～15)	肉眼观察无龟裂
C06	0.60±0.10	500	120	−10～100	−50		60	35	(0～15)	
C07	0.70±0.10	400	120	−10～100	−50		60	35	(0～15)	
C08	0.80±0.10	400	120	−10～100	−50		60	35	(0～15)	
C09	0.90±0.10	400	120	−10～100	−50		60	35	(0～15)	
C10	1.00±0.10	350	120	−10～100	−50		60	35	(0～15)	
C11	1.10±0.11	350	120	−10～100	−50		60	35	(0～15)	
C12	1.20±0.12	350	120	−10～100	−50		60	35	(0～15)	
C13	1.30±0.13	300	120	−10～100	−50		60	35	(0～15)	
C14	1.40±0.14	250	120	−10～100	−50		60	35	(0～15)	
C16	1.60±0.16	250	120	−10～100	−50		60	35	(0～15)	
C18	1.80±0.18	250	120	−10～100	−50		60	35	(0～15)	
C20	2.00±0.20	200	120	−10～100	−50		60	35	(0～15)	

注：a. 括号内的数值为特殊要求；不规定静态剪切弹性模量时，只限于规定其硬度时适用。

表 1.1.10-46　防振橡胶制品的橡胶材料代号

代号	一般要求					特殊要求							
	静态剪切弹性模量/MPa	拉断伸长率（最小）/%	老化试验（70℃×72 h）		压缩永久变形（70℃×24 h，最大）/%	压缩永久变形		r_2 冲击弹性（最大）/%	L 损耗系数 tanδ（最小）	老化试验（70℃×72 h）a_1[a] 硬度变化量（邵尔 A）	老化试验（100℃×72 h）		c 臭氧老化（40℃×24 h×50×10⁻⁸），伸长率 20%
			25%伸长应力变化率/%	拉断伸长率变化率（最小）/%		b_1（70℃×24 h，最大）/%	b_2（100℃×24 h，最大）/%				a_3[a] 硬度变化量（邵尔 A）	a_4 拉断伸长率变化率（最小）/%	
D05	0.50±0.10	500	−10～30	−40	50	25	50	40	0.2	(0～7)	(0～10)	−40	肉眼观察无龟裂
D06	0.60±0.10	500	−10～30	−40	50	25	50	40	0.2	(0～7)	(0～10)	−40	
D07	0.70±0.10	500	−10～30	−40	50	25	50	40	0.2	(0～7)	(0～10)	−40	
D08	0.80±0.10	400	−10～30	−40	50	25	50	40	0.2	(0～7)	(0～10)	−40	
D09	0.90±0.10	400	−10～30	−40	50	25	50	40	0.2	(0～7)	(0～10)	−40	
D10	1.00±0.10	400	−10～30	−40	50	25	50	40	0.2	(0～7)	(0～10)	−40	
D11	1.10±0.11	400	−10～30	−40	50	25	50	40	0.2	(0～7)	(0～10)	−40	
D12	1.20±0.12	350	−10～30	−40	50	25	50	40	0.25	(0～7)	(0～10)	−40	
D13	1.30±0.13	350	−10～30	−40	50	25	50	40	0.25	(0～7)	(0～10)	−40	
D14	1.40±0.14	350	−10～30	−40	50	25	50	40	0.25	(0～7)	(0～10)	−40	
D16	1.60±0.16	300	−10～30	−40	50	25	50	40	0.25	(0～7)	(0～10)	−40	
D18	1.80±0.18	300	−10～30	−40	50	25	50	40	0.25	(0～7)	(0～10)	−40	
D20	2.00±0.20	200	−10～30	−40	50	25	50	40	0.25	(0～7)	(0～10)	−40	

注：a. 括号内的数值为特殊要求；不规定静态剪切弹性模量时，只限于规定其硬度时适用。

表 1.1.10-47 防振橡胶制品的橡胶材料代号

代号	一般要求					特殊要求							
	静态剪切弹性模量/MPa	拉断伸长率(最小)/%	老化试验（125℃×72 h）		压缩永久变形(100℃×24 h，最大)/%	压缩永久变形		r_1 冲击弹性(最小)/%	老化试验（125℃×72 h）		老化试验（150℃×72 h）		c 臭氧老化(40℃×72 h×50×10^{-8})，伸长率 20%
			25%伸长应力变化率/%	拉断伸长率变化率(最小)/%		b_1 (125℃×24 h，最大)/%	b_2 (150℃×24 h，最大)/%		a_1[a] 硬度变化量(邵尔 A)	a_2 拉断伸长率变化率(最小)/%	a_3[a] 硬度变化量(邵尔 A)	a_4 拉断伸长率变化率(最小)/%	
E05	0.50±0.10	500	−10~60	−50	50	60	70	40	(0~10)	−35	(0~15)	−40	肉眼观察无龟裂
E06	0.60±0.10	500	−10~60	−50	50	60	70	40	(0~10)	−35	(0~15)	−40	
E07	0.70±0.10	400	−10~60	−50	50	60	70	40	(0~10)	−35	(0~15)	−40	
E08	0.80±0.10	400	−10~60	−50	50	60	70	40	(0~10)	−35	(0~15)	−40	
E09	0.90±0.10	300	−10~60	−50	50	60	70	40	(0~10)	−35	(0~15)	−40	
E10	1.00±0.10	300	−10~60	−50	50	60	70	40	(0~10)	−35	(0~15)	−40	
E11	1.10±0.11	300	−10~60	−50	50	60	70	40	(0~10)	−35	(0~15)	−40	
E12	1.20±0.12	250	−10~60	−50	50	60	70	40	(0~10)	−35	(0~15)	−40	
E13	1.30±0.13	250	−10~60	−50	50	60	70	40	(0~10)	−35	(0~15)	−40	
E14	1.40±0.14	250	−10~60	−50	50	60	70	40	(0~10)	−35	(0~15)	−40	

注：a. 括号内的数值为特殊要求；不规定静态剪切弹性模量时，只限于规定其硬度时适用。

本章参考文献

[1] 彭政，等．天然橡胶改性研究进展 [J]. 高分子通报，2014，5 (181)：41 - 47.
[2] 赵旭涛．合成橡胶工业手册 [M]. 2 版．北京：化学工业出版社，2006.
[3] 程曾越、杨秀霞．合成橡胶 [M]. 3 版．北京：中国石化出版社，2012.
[4] 王凤菊．2007 年世界各国橡胶消耗量和新合成橡胶生产 [J]. 中国橡胶，2008 (5)：26 - 27.
[5] 崔小明．世界主要国家和地区合成橡胶生产能力 [J]. 橡胶科技市场，2008 (16)：4 - 9.
[6] 橡胶统计公报．2015 年世界主要国家或地区合成橡胶统计 [J]. 当代石油化工，2016 (6)：16.
[7] 崔小明．2015 年我国合成橡胶主要品种进口分析 [J]. 广东橡胶，2016 (4)：1 - 4.
[8] 杨秀霞．2015 年国内合成橡胶市场回顾及 2016 年展望 [J]. 当代石油化工，2016，24 (5)：6 - 11.
[9] [美] Roxanna B. Petrovic. Synthetic Rubber Overview [J]. International Institute of Synthetic Rubber Producers，2016.
[10] 于清溪．合成橡胶的发展现状与未来趋势 [J]. 橡塑技术与装备，2009，35 (6)：6 - 10.
[11] 王梦蛟，等．连续液相混炼工艺生产的 NR 炭黑母炼胶 [J]. 轮胎工业，2004，24 (3)：135 - 140.
[12] 杨晓勇．中国特种氟橡胶研究进展 [J]. 高分子通报，2014，5 (181)：10 - 14.
[13] 徐炳强，常甲兵．丙烯酸酯橡胶聚合物牌号介绍及配方应用设计，韧客知道．
[14] 缪桂韶．橡胶配方设计 [M]. 广州：华南理工大学出版社，2000.
[15] 蔡聪育，等．可逆交联橡胶的研究进展 [J]. 橡塑技术与装备，2016 (3).
[16] 焦书科，等．热可逆共价交联反应及其研究进展 [J]. 高分子通报，1999 (3)：115 - 120.
[17] 卓倩，等．一种环境友好橡胶：配位交联橡胶的研究进展 [J]. 材料导报 A：综述篇，2011，25 (4)：140～144.
[18] 黄立本，等．粉末橡胶 [M]. 北京：化学工业出版社，2003.
[19] 胡水仙，陈建华，白子文．热塑性弹性体（TPE）简述 [J]. 山西化工，2014，34 (3)：29 - 43.
[20] 吴向东．ASTM D2000 · 橡胶制品胶料性能标准化及其他 [J]. 中国橡胶百年．广州论坛论文集，2015.
[21] 西村浩一．高强度氢化丁腈橡胶：Zeoforte ZSC [J]. 橡胶参考资料，1992 (4).
[22] 发明专利 CN201710031150. 2。
[23] 缪桂韶．橡胶配方设计 [M]. 广州：华南理工大学出版社，2000.
[24] 吴向东．试验油、燃油及耐油橡胶 [J]. 广州橡胶，2015 (5).
[25] 周效全．物质溶解度参数的计算方法 [J]. 石油钻采工艺，1991 (3)：63 - 70.
[26] 王作龄．丁腈橡胶配方技术 [J]. 世界橡胶工业，1998，25 (3)：50 - 57.
[27] 游全营，吴新国，杨维章．配合剂用量对丁腈橡胶耐油性的影响 [J]. 特种橡胶制品，2010，31 (6)：35 - 37.
[28] 耐油性橡胶 [J]. 橡胶参考资料，2013，43 (5)：20 - 24.
[29] 刘玉强．丙烯酸酯橡胶的共混改性 [J]. 橡胶工业，2001，48 (3)：177 - 180.
[30] 刘红丽．特种弹性体——Advanta 3320、3650 [J]. 橡胶参考资料，1996，26 (1).
[31] 平松二三男．氟里昂 R134a 用材料的开发 [J]. 刘爱堂，译．橡胶参考资料，1992 (1)：1 - 7.
[32] 黄捷．耐制冷剂 R134a 溴化丁基橡胶材料的制备研究 [D]. 西安：西北大学，2007.
[33] H. Г. Колядина，江伟．橡胶的耐氟里昂和耐氨性能 [J]. 世界橡胶工业，1983 (5)：16 - 30.
[34] 王琰．橡胶耐油性和耐燃油性能的比较 [J]. 橡胶参考资料，2003，33 (06)：16 - 20.
[35] 王作龄．橡胶的透过性与配合技术 [J]. 世界橡胶工业，2002，29 (1)：50 - 59.
[36] Kinro Hashimoto，等．特种橡胶在汽车中的应用 [J]. 橡胶参考资料，1999，29 (7).
[37] 谢忠麟．特种橡胶的一些技术发展 [J]. 橡胶工业，2000，47 (3)：145 - 154.
[38] 谢忠麟．特种橡胶应用新进展 [J]. 化工新型材料，2008，36 (8)：1 - 7.
[39] 梁滔，魏绪玲，龚光碧．国内外乙丙橡胶技术进展 [J]. 合成橡胶工业，2012，35 (5)：402 - 406.
[40] 黄庆东，等．国内外乙丙橡胶技术进展 [J]. 合成橡胶工业，2014，37 (2)：154 - 158.
[41] 朱景芬．世界合成橡胶产品现状及发展趋势 [J]. 橡胶工业，2002，49 (9)：563 - 567.
[42] 董为民，姜连升，张学全．合成橡胶工业的发展趋势 [J]. 当代石油化工，2007，15 (12)：21 - 26.
[43] 钱秋平．新世纪合成橡胶工业技术的方向 [J]. 合成橡胶工业，2001，24 (1)：1 - 4.
[44] 王如义，郑元锁．橡胶阻尼材料研究进展 [J]. 橡胶工业，2003，50 (2)：88 - 93.
[45] 侯永振．橡胶阻尼及高阻尼材料研制 [J]. 橡塑资源利用，2005 (1)：16 - 21.
[46] 陈月辉．声学功能橡胶 [J]. 特种橡胶制品，2004，25 (1)：55 - 62.
[47] 刘乃亮，等．吸声功能橡胶研究进展 [J]. 特种橡胶制品，2008，29 (4)：45 - 50.
[48] 王作龄．导电橡胶制品 [J]. 橡胶资源利用，2002，3 (4)：13 - 17.
[49] 李昂，刘虎东．导电橡胶及其应用 [J]. 橡胶工业，2010，57 (9)：571 - 574.
[50] 王文福．导电橡胶制品（一）[J]. 世界橡胶工业，2002，29 (6)：15 - 20.
[51] 王文福．导电橡胶制品（二）[J]. 世界橡胶工业，2003，30 (1)：8 - 13.
[52] 李昂．磁粉与磁性橡胶 [J]. 特种橡胶制品，2003，24 (3)：24 - 28.

[53] 福山泰夫，王作龄．磁性橡胶 [J]. 世界橡胶工业，1981 (1).
[54] 韩淑玉，张隐西．橡胶的阻燃 [J]. 化学世界，1992 (10)：433-436.
[55] 杨明．阻燃作用原理和塑料阻燃剂 [J]. 塑料助剂，2002 (2)：36-41.
[56] 景志坤．高分子材料阻燃技术．河北轻化工工学院学报，1992，13 (2)：43-49.
[57] 赵小平．聚合物的燃烧过程和阻燃机理 [J]. 安徽化工，1994 (1)：5-12.
[58] 何道纲．高聚物的燃烧与阻燃 [J]. 塑料技术，1990 (2)：9-18.
[59] 龚国祥，李骥，马健峰．电缆燃烧烟气毒性的探讨 [J]. 电线电缆，2011 (2)：9-13.
[60] Stanley kaufman, James J. Refi. 美国对电缆燃烧毒性进行的探讨 [J]. 电线电缆，1993 (3)：30-35.
[61] 方伟峰，杨立中．可燃材料烟气毒性及其在火灾危险性评估中的作用 [J]. 自然科学进展，2002，12 (3)：245-249.
[62] 曾晓峰，胡力平．弹性体材料的燃烧与阻燃 [J]. 合成橡胶工业，1989，12 (1)：51-59.
[63] 彭治汉．高聚物阻燃技术新进展 [J]. 合成树脂及塑料，1999，16 (5)：48-50.
[64] 阮金望．高分子材料的发烟性及消烟处理 [J]. 塑料科技，1987 (2).
[65] 李登丰，山广惠．高分子材料的燃烧与阻燃 [J]. 橡胶工业，1989，36 (6)：364-368.
[66] 西沢仁，李秀贞．高分子阻燃技术的最新动向 [J]. 橡胶参考资料，1998，28 (9)：34-43.
[67] 刘厚钧．聚氨酯弹性体讲座 [J]. 聚氨酯工业，1987 (4)-1988 (4).
[68] 王作龄．聚氨酯橡胶及其加工应用 [J]. 橡塑资源利用，2000 (3).
[69] [美] W·L·霍金斯．聚合物的稳定化 [M]. 吕世光，译．北京：中国轻工业出版社，1981.
[70] 韩秀山．聚异丁烯在橡胶等高聚物中的应用 [J]. 精细化工原料及中间体，2008 (7)：22-25.
[71] 孟玉良．聚异丁烯在高聚物中的应用 [J]. 上海化工，2010，35 (5)：33-35.

第二章 骨架材料

由于橡胶的弹性大，弹性模量较低，在外力作用下极易产生变形。因此橡胶制品一般均需用纺织材料或金属材料作骨架，以增加橡胶制品的强度和抗形变的能力。轮胎、胶管、胶带、胶鞋等绝大多数的橡胶制品都离不开骨架材料，骨架的主要作用是支承负荷和保持制品形状。

橡胶制品对骨架材料性能的要求是：强度高、伸长率适当、耐屈挠疲劳和耐热性能好、吸湿性小，以及能与橡胶基质很好地黏合等。

由骨架材料增强的橡胶制品在实际使用中，受到多种应力作用，如轮胎在行驶过程中，轮胎帘线承受拉伸、压缩、弯曲、剪切等各种应力作用，因此，骨架材料除应具有良好的静态力学性能外，还必须具有优异的动态力学性能。表征动态力学性能的物理量一般包括：动态模量、往复拉伸性能、弯曲疲劳性能、骨架-橡胶复合材料动态疲劳性能等。

各种骨架材料的基本物理性能见表 1.2.0－1、表 1.2.0－2。

表 1.2.0－1 橡胶工业常用骨架材料的基本性能（一）

项目 \ 品种		棉纤维	粘胶纤维	锦纶 6	锦纶 66	涤纶	维纶	芳纶	玻璃纤维
断裂强度/N·den^{-1}（gf·den^{-1}）	干态	0.025～0.041（2.6～4.2）	0.033～0.051（3.4～5.2）	0.063～0.093（6.4～9.5）	0.058～0.093（5.9～9.5）	0.062～0.088（6.3～9.0）	0.059～0.093（6.0～9.5）	—	0.064～0.15（6.5～15）
	湿态	0.032～0.063（3.3～6.4）	0.024～0.040（2.5～4.1）	0.058～0.078（5.9～8.0）	0.062～0.088（6.3～9.0）	0.062～0.088（6.3～9.0）	0.049～0.084（5.0～8.5）	—	—
	湿态：干态/%	120	近似 60	90	90	—	90	—	—
断裂伸长率/%	干态	7～8	7～15	16～25	15～22	7～17	8～22	—	3～5
	湿态	7～11	20～30	20～30	20～23	7～17	8～26	—	—
相对结节强度/%		90～100	40～60	60～70	60～70	80	40～50	—	12～25
初始模数/(N·den^{-1})（gf·den^{-1}）		0.67～0.91（68～93）	1.08～1.57（110～160）	0.26～0.49（27～50）	0.39～0.59（40～60）	0.88～1.57（90～160）	0.69～2.45（70～250）	—	2.16（220）
相对密度/(g·cm^{-3})		1.54	1.50～1.52	1.14	1.14	1.38	1.26～1.30	—	2.52～2.55
吸湿率/%		8.5	11.0[a]	4.6	4.5	0.4	3.0～5.0	2.0	0
耐热性	软化温度/℃	150℃ 时良好	120℃ 以上强度开始下降	180	230～235	238～240	220～230	250℃ 时良好	330℃×24 h 后强力下降 20%
	熔融温度/℃	—	—	215～220	250～260	255～260	—	—	
	分解温度/℃	230℃ 以上	260～300	—	—	—	—	500℃ 以上	
酸		受热稀酸和冷浓酸的腐蚀	受热稀酸和冷浓酸的腐蚀	在正常使用条件下良好，可溶于热浓酸中		在正常使用条件下良好，溶于热浓酸中	—	在正常使用条件下良好，溶于沸腾的浓硫酸中	—
碱		耐碱	耐碱	耐碱		一般良好，但与胺类反应时稍有水解	—	耐碱	—
溶剂		溶于 70% 硫酸及氢氧化铜铟	溶于 70% 硫酸及氢氧化铜铟	溶于沸腾的 80% 乙酸中，在沸腾的二甲基甲酰胺中锦纶 6 不溶，锦纶 66 溶解		溶于苯酚、浓碱、乙二醇	—	溶于沸腾的浓硫酸	—

续表

项目 \ 品种		棉纤维	粘胶纤维	锦纶 6	锦纶 66	涤纶	维纶	芳纶	玻璃纤维
燃烧		迅速燃烧，烧纸味	迅速燃烧，烧纸味	火焰中熔化，但燃烧不快，芹菜味		火焰中熔化，但燃烧不快，淡香味	—	不燃烧或不熔融	—
在“锡拉”着色剂 A 中的颜色	冷	紫色	粉红色	淡黄色	不着色	—	不着色	—	—
	热	紫色	紫色	橘色	不着色	—	不着色	—	—

注：a. 有文献认为为 13.0%。

表 1.2.0-2　橡胶工业常用骨架材料的基本性能（二）

项目	棉	强力人造丝		锦纶		涤纶	芳纶	玻璃纤维	钢丝
		高强度粘胶纤维	波里诺西克	锦纶 66	锦纶 6				
相对密度/($g \cdot cm^{-3}$)	1.54	1.52	1.52	1.14	1.14	1.38	1.44	2.54	7.85
单丝平均直径/μm	15	8	8	25	25	25	12	—	—
单丝平均细度/dtex	1.6	1.8	1.8	6.7	6.7	5.7	1.7	—	—
断裂强度/MPa	230	685	850	850	850	1 100	2 750	2 250	2 750
($cN \cdot tex^{-1}$)	15	40	50	85	80	80	190	85	35
断裂伸长率/%	8	10	6	16	19	13	4	5	2.5
初始模量/($cN \cdot tex^{-1}$)	225	600	800	500	300	850	4 000	2 150	1 500
收缩率（150℃）/%	0	0	0	5	6	11	0.2	0	—
160℃收缩率/%	人	0		6.8		6.0	0～0.2	0	0
蠕变率/%	人	1.4		0.4		0.3	<0.03	<0.03	<0.03

注：此表于清溪，吕百龄等．橡胶原材料手册［M］．北京：化学工业出版社，2007：624-637.

常用纤维之间的性能对比见表 1.2.0-3。

表 1.2.0-3　常用纤维之间的性能对比表

项目	对比
强度：干强度 湿强度	锦纶 6>涤纶、维纶>人造丝>棉纤维 涤纶>锦纶 6、维纶>棉纤维>人造丝
耐热性	涤纶>维纶>锦纶 6>人造丝>棉纤维
吸湿性	人造丝>棉纤维>维纶>锦纶 6>涤纶
伸长率	锦纶 6>涤纶>人造丝>维纶>棉纤维
与橡胶的黏着性	棉纤维>人造丝>锦纶 6、涤纶、维纶

常用纤维材料耐蒸汽老化性能见表 1.2.0-4。

表 1.2.0-4　常用纤维材料耐蒸汽老化性能

时间	10 min		30 min		50 min	
名称	强力保持率/%	伸长保持率/%	强力保持率/%	伸长保持率/%	强力保持率/%	伸长保持率/%
聚酯	99	105	97	101	96	102
锦纶 6	89	123	83	119	84	159
锦纶 66	99	120	96	117	98	123
人造丝	93	109	91	109	86	125
维纶	熔融	—	熔融	—	熔融	—

纤维材料的主要用途见表 1.2.0-5。

表 1.2.0-5　纤维材料的主要用途

纤维名称	主要用途	主要特征
棉纤维	胶管、V带、胶布	体积、价格
人造丝	乘用轮、胶布、胶管	强度、价格、体积、弹性模量
锦纶 6	卡车胎、输送带、胶布	强度、价格、韧性
锦纶 66	卡车及飞机胎、输送带、胶布	强度、价格、韧性
聚酯	乘用胎、V带、胶管	强度、价格、弹性模量
维锦纶	输送带、胶管、胶布	强度、价格、弹性模量
聚芒酰胺	轮胎、胶管	强度、弹性模量
钢丝	卡车胎、乘用胎、输送带	强度、刚度、弹性模量
玻璃纤维	子午线轮胎缓冲层、同步带	强度、刚度、弹性模量

骨架材料是复合材料发展的先导，橡胶制品的高性能化与高性能纤维的发展息息相关。美国欧文思-科宁公司于 1997 年宣布推出一种被命名为 ADVANTEX（TM）的新型玻璃纤维，据称其既具有 E-玻璃纤维的极佳电绝缘性能及较高的机械强度，又具有 E-CR 玻璃纤维的优良耐热性和耐腐蚀性能。俄罗斯生产的新一代芳纶类高性能有机纤维- APMOC 纤维，其强度和模量比 Kevlar49 高出 38%和 20%。此外，空心碳纤维使聚合物基复合材料具有更好的冲击韧性，螺旋形碳纤维伸开后可比原长度长许多倍而不损失弹性。新发展起来的碳纳米管是极细微的碳结构，其强度比钢高 100 倍，但重量只有钢的 1/6，据专家预测，碳纳米管可能成为未来理想的超级纤维。

第一节　钢　　丝

1.1　概述

橡胶工业中所用的金属骨架材料分为两类，一类是作为橡胶制品的结构配件，如模制品中的金属配件及胶辊铁芯等；另一类是作为橡胶制品的结构材料，如钢丝、钢丝绳和钢丝帘布等，用于轮胎、输送带和高压胶管等。

钢丝的优点是具有较高的拉伸强度，导热性好，耐热性优良且尺寸稳定性好。钢丝的强度受温度的影响很小，从图 1.2.1-1 中可以看出，当锦纶和黏胶丝已达到熔点时，钢丝还能保持其原来强度的 93%左右。

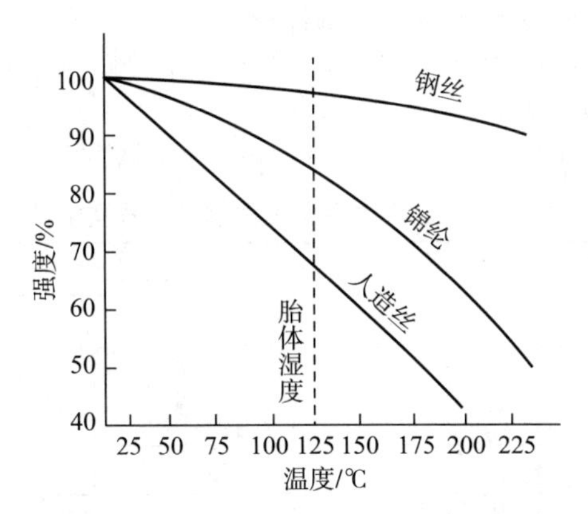

图 1.2.1-1　钢丝的强度受温度影响变化图

钢丝的主要缺点是弹性和耐疲劳性较差，不易与橡胶黏合。影响钢丝与橡胶黏合的主要因素：一是钢丝镀层，二是橡胶胶料配方中的黏合体系。钢丝镀层包括镀层厚度和镀层成分。对大多数橡胶黏合配方而言，镀层铜含量 70%时，镀层厚度要求小于 0.21 μm；高铜含量（74%）与低镀铜层厚度（0.13 μm）结合能够获得良好的黏合效果。钢丝帘线内部中心股钢丝表面镀锌，有助于防止钢丝锈蚀。在钢丝表面先镀一层 20×10^{-5} mg/mm^2 的锌层可以改善钢丝与胶料的黏合。高温黏合性能较好的镀层的铜锌比例为（75～60）：（20～40）；采用 Cu/Zn/Co 三元合金镀层可以改善黏合性能，特别是老化后的黏合性能。

表征钢丝的性能指标一般包括：

①线密度，指单丝、股或钢帘线单位长度的质量，以 g/m 表示。

②捻向，钢帘线中的单丝、股的螺旋绕向。当股或钢帘线呈垂直状态时，螺旋绕向与字母 S（或 Z）中心部分倾斜方向相同，则称为“S”捻或左手捻（“Z”捻或右手捻）。

③捻距，钢帘线中的股（单丝）或股中的单丝绕其中心旋转 360°的轴向距离。

④平直度，是指钢帘线在自由状态下，帘线所呈现的弯曲度，即规定长度的钢帘线在特定的距离内不偏离其中心轴的

特性。测定钢帘线平直度的方法有1 m垂下法、弓距法、6m平行线法，作为简易测定法一般采用1 m垂下法。6 m平行线法是用6 m长的钢丝帘线置于距离为75 mm的两根平行线的平面上，钢丝帘线不应与任何一根平行线相碰。

⑤残余扭矩，是指从线轴上拉出6 m长钢丝帘线置于平面上，一端固定，另一端放松任其自由旋转时所旋转的转数。普通结构钢丝帘线为0～±3转；高伸长帘线为0～±5转。

⑥破断力，也称破断强度，是指在规定条件下，拉伸帘线直至破断时，帘线所能承受的最大拉力值。

⑦刚性，是指钢丝帘线的抗弯曲性能，用在给定条件下产生弯曲变形所需要的弯矩来表示。

⑧弹性，指在去除外加的变形力后，钢帘线依靠自身的材质、结构等特性趋于立即恢复原始尺寸和形状的性能。

⑨松散度，切断钢帘线时，其末端的散开程度。

钢丝的特点是密度大，强度高，初始模量高，延伸率小，尺寸稳定性好，耐热性好，耐腐蚀性差。对钢丝的性能要求是：镀层色泽均匀，与橡胶有良好的黏着性能；表面必须清洁，无油污和其他污物；柔软性和耐疲劳性必须良好；必须保持平直，有挺性，不卷曲，不退捻，剪切后端头不松散。

1.2 轮胎钢丝帘线

钢丝帘线是子午线轮胎的主要骨架材料，主要用于轮胎胎体与带束层，以载重子午线轮胎为例，钢丝帘线在全钢载重子午线轮胎中质量约占20%，成本约占材料总成本的35%。

钢丝帘线的耐热性好，蠕变为零，有较好的抗冲击性，其拉伸模量高，可使轮胎尺寸稳定；压缩模量高，对轮胎行驶转弯时的侧向刚性有利。对子午线轮胎胎体层钢丝的要求是拉伸强度高，耐疲劳性好，抗磨损，与橡胶的黏着性好等；对带束层钢丝帘线的要求是模量高、强度高、刚性高，耐切割、耐腐蚀，与橡胶的黏着性好等。轮胎钢丝的拉伸强度必须在2 400 N/mm^{2}以上。有研究报道称，减少胎体重量1千克可以减少20%的滚动阻力，相当于减轻车身80 kg的效果，这就要求作为骨架材料的钢帘线具有更高强度。

钢丝帘线的单丝（钢丝）均采用冷拔高碳钢盘条制造，熔喷钢丝尚无工业化应用。钢帘线的生产过程，是将钢帘线用盘条拉拔成极细的细丝（0.15～0.38 mm），在此过程中，线材长度增加1 000～1 400倍，截面积缩小到原来的万分之八，拉拔过程中的断丝率小于1次/100 km，然后经高速双捻机捻制成钢帘线。制造子午线轮胎骨架材料的钢帘线盘条，要求严格的化学成分范围控制，严格的夹杂物类型、尺寸、形状及数量控制，凝固过程成分偏析尽量降至最低，均匀的金相组织及良好的表面质量，是衡量钢铁企业生产技术水平先进与否的重要指标之一。1999—2001年，宝钢、武钢先后于国内率先投产真正意义上的钢帘线盘条，目前，专业生产线材的青钢、沙钢、邢钢等钢厂都可以稳定生产普通强度72碳钢帘线盘条和高强度的82碳钢帘线盘条，86碳到92碳的钢帘线盘条也在逐渐开发生产中，钢帘线盘条的供应由完全依赖进口转变为国内钢厂的生产已经可以满足大部分市场需求，但仍有一部分有特殊要求的高端钢帘线盘条需要进口，对疲劳寿命以及强度有较高要求的钢帘线盘条，尤其是用于外缠丝的产品（规格极细、有特殊扭转要求、抗冲击），从成材率、材料稳定性方面来考虑，很多钢帘线厂家仍然会选择进口材料。其中，日本新日铁住金、神户制钢的材料由于品质稳定、距离我国较近，且能保证交货期，所以在进口钢帘线盘条中所占比例较大。

影响盘条质量的关键工序控制，在炼钢工序中包括化学成分及气体控制、夹杂物控制、铸坯质量控制等，在轧钢工序中包括表面脱碳、盘条组织、表面质量控制等[1]。

《钢帘线用盘条》（GB/T 27691—2017）规定了盘条用钢的牌号及化学成分（熔炼分析），详见表1.2.1-1。

表1.2.1-1 钢帘线用盘条用钢的牌号及化学成分

牌号	化学成分（质量分数）/%						
	C	Si	Mn	P	S	P+S	Al
LX70A	0.70～0.75	0.15～0.30	0.45～0.60	≤0.025	≤0.015	≤0.035	—
LX70B	0.70～0.75	0.15～0.30	0.45～0.60	≤0.020	≤0.010	≤0.025	≤0.005
LX80A	0.80～0.85	0.15～0.30	0.45～0.60	≤0.025	≤0.015	≤0.035	—
LX80B	0.80～0.85	0.15～0.30	0.45～0.60	≤0.020	≤0.010	≤0.025	≤0.005
LX85B	0.85～0.90	0.15～0.30	0.45～0.60	≤0.020	≤0.010	≤0.025	≤0.005
LX90B	0.90～0.95	0.15～0.30	0.25～0.45	≤0.020	≤0.010	≤0.025	≤0.005
牌号	化学成分（质量分数）/%						
	Cu	Cr	Ni	Cu+Cr+Ni	Sn	As	N
LX70A	≤0.10	≤0.10	≤0.10	≤0.25	—	—	—
LX70B	≤0.08	≤0.08	≤0.08	≤0.15	≤0.007	≤0.006	≤0.006
LX80A	≤0.10	≤0.10	≤0.10	≤0.25	—	—	—
LX80B	≤0.08	≤0.08	≤0.08	≤0.15	≤0.007	≤0.006	≤0.006
LX85B	≤0.08	≤0.08	≤0.08	≤0.15	≤0.007	≤0.006	≤0.006
LX90B	≤0.06	0.15～0.30	≤0.06		≤0.007	≤0.006	≤0.006

盘条的化学成分中：C——增加硬度、强度，每增加 1% C 拉伸强度约增加 100 kg/mm²；Si——增加强度、硬度，每增加 1% Si 拉伸强度约增加 10 kg/mm²；Mn——增加钢丝的强韧性，增加硬度，黏性不损失，热处理时经常添加；P——对钢有害元素，增加脆性（冷脆），易于偏析；S——对钢有害元素，增加脆性（热脆）。

从盘条拉成极细的钢丝，要获得产品的稳定性，首先要保证盘条生产过程中具有均匀稳定的化学成分，多数企业在国标的基础上制定更为严格的企业标准，如碳成分波动一般控制在±（0.01%～0.02%）内，硅、锰成分波动一般控制在±0.05% 内等。氮存在于钢中通常作为有害元素，氮化钛夹杂外形多为方形、三角形、菱形，硬度高、不变形，在拉丝的过程中造成应力集中断丝，同时对钢帘线的疲劳性能有不良影响，因此标准中明确要求氮含量≤0.006%。

非金属夹杂物控制技术是帘线钢生产工艺关键，尤其是 Al_2O_3 脆性夹杂物的存在是导致钢丝在拉拔与捻制过程中发生断丝的主要因素之一。有研究报道称，钙斜长石（$CaO \cdot Al_2O_3 \cdot 2SiO_2$）、钙黄长石（$2CaO \cdot Al_2O_3 \cdot SiO_2$）、假硅灰石（$CaO \cdot SiO_2$）和锰铝榴石类（$3MnO \cdot Al_2O_3 \cdot SiO_2$），以及共晶线周边区域的夹杂物均属于玻璃态塑性夹杂物，是理想的夹杂物，见图 1.2.1－2。

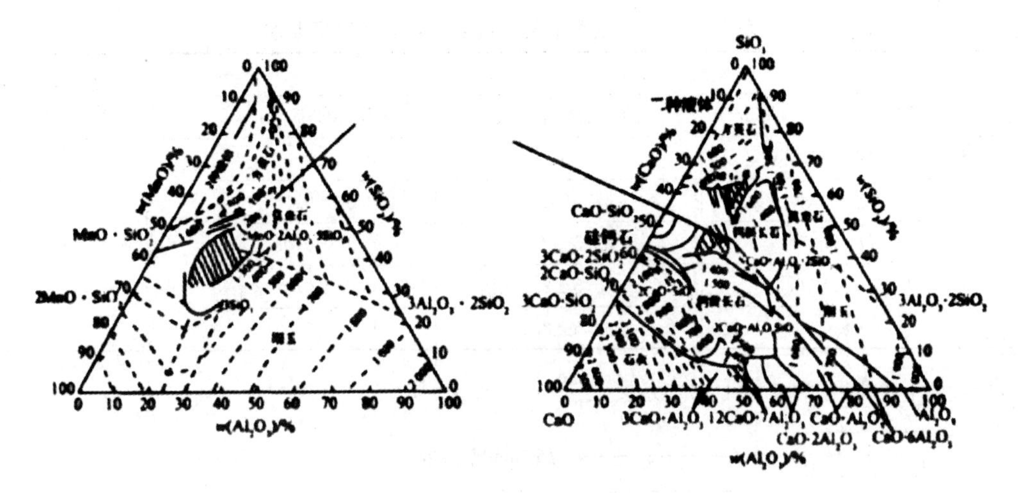

图 1.2.1－2　帘线钢理想夹杂物控制区域

盘条钢坯质量控制的关键是保证钢液纯净度和较低的铸坯中心偏析，偏析会影响盘条的组织和引起钢帘线断丝，要求偏析级别不大于 3 级。采取的主要措施包括：连铸全程保护浇注，避免使用含铝耐材，严格控制钢水过热度和拉速（一般过热度≤25℃），均匀稳定的二次冷却工艺，开启结晶器和末端电磁搅拌等。

降低脱碳层厚度主要是根据设备条件和铸坯质量综合考虑制定合适的加热制度和加热炉内气氛的控制，国际先进企业普遍能够做到盘条表面无脱碳层。

钢帘线用盘条对非金属夹杂物、总脱碳层（铁素体层＋过渡层）深度及力学性能的要求见表 1.2.1－2。

表 1.2.1－2　钢帘线用盘条对非金属夹杂物、总脱碳层（铁素体层＋过渡层）深度及力学性能的要求

<table>
<tr><td>牌号</td><td colspan="3">抗拉强度 R_m/MPa</td><td colspan="2">断面收缩率 Z/%</td></tr>
<tr><td>LX70A、LX70B</td><td colspan="3">970～1120</td><td colspan="2">≥40</td></tr>
<tr><td>LX80A、LX80B</td><td colspan="3">1070～1220</td><td colspan="2">≥38</td></tr>
<tr><td>LX85B</td><td colspan="3">1100～1280</td><td colspan="2">≥36</td></tr>
<tr><td>LX90B</td><td colspan="3">1150～1350</td><td colspan="2">≥30</td></tr>
<tr><td rowspan="2">牌号</td><td colspan="3">非金属夹杂物</td><td rowspan="2">最大钛夹杂物宽度尺寸</td><td rowspan="2">盘条一边总脱碳层（铁素体层＋过渡层）的深度</td></tr>
<tr><td>类型</td><td>级别</td><td>最大纵向夹杂物宽度尺寸、最大横向夹杂物尺寸</td></tr>
<tr><td rowspan="2">LX70A、LX80A</td><td>A、C类</td><td>≤1.5 级</td><td rowspan="2">≤35</td><td rowspan="2">≤10</td><td rowspan="2">不大于盘条公称直径的 1.2%</td></tr>
<tr><td>B、D类</td><td>≤1.0 级</td></tr>
<tr><td rowspan="2">LX70B、LX80B</td><td>A、C类</td><td>≤1.0 级</td><td rowspan="2">≤25</td><td rowspan="2">≤5</td><td rowspan="2">不大于盘条公称直径的 1.0%</td></tr>
<tr><td>B、D类</td><td>≤0.5 级</td></tr>
<tr><td rowspan="2">LX85B、LX90B</td><td>A、C类</td><td>≤1.0 级</td><td rowspan="2">≤15</td><td rowspan="2">≤5</td><td rowspan="2">不大于盘条公称直径的 1.0%</td></tr>
<tr><td>B、D类</td><td>≤0.5 级</td></tr>
</table>

盘条金相组织主要为索氏体，避免形成马氏体、贝氏体和全封闭的网状渗碳体等有害组织，70 级别索氏体含量≥80%，80 级别、85 级别索氏体含量≥85%，90 级别索氏体含量≥90%，盘条奥氏体晶粒度≥6 级。轧钢过程中盘条边部和中部要均匀冷却，保证组织性能均匀。盘条经拉拔后，金相组织进一步改善，钢丝（单丝）强度得到提高。

总之，轮胎钢丝对盘条生产、拉制、电镀、储存、使用等过程均有较高的要求，不允许在钢丝的表面与内部出现氧化点，不允许表面划伤。钢丝的直径目前大部分采用 0.175～0.38 mm，也有用到 0.15 mm 的，一般较细的钢丝用于胎体，较粗的则用于带束层。《子午线轮胎用钢帘线》(GB/T 11181—2016)、《工程子午线轮胎用钢帘线》(GB/T 30830—2014) 将子午线轮胎及工程子午线轮胎用钢帘线按抗拉强度等级分为普通强度钢帘线（NT）、高强度钢帘线（HT）、超高强度钢帘线（ST）、特高强度钢帘线（UT）四种类型；《子午线轮胎用钢帘线》(GB/T 11181—2016) 又按结构类型将钢帘线分为普通型钢帘线、开放型钢帘线（OC）、密集型钢帘线（CC）、高伸长型钢帘线（HE）和高抗冲击型钢帘线（HI）五种类型。其中，开放型钢帘线是指单丝间有周期性的间隙，便于橡胶渗入其中的一种钢帘线；密集型钢帘线是指由一组单丝按相同捻向和相同捻距捻制而成且具有最小横截面积的一种钢帘线；高伸长型钢帘线是指捻距相对较小，伸长率相对较高的一种钢帘线；高抗冲击型钢帘线是指单丝呈周期性弯曲，具有较高伸长率和高抗冲击能力的一种钢帘线。

轮胎钢帘线采用 GB/T 27691 中规定的相应牌号的盘条制造。钢帘线黄铜镀层的组分和厚度要求见表 1.2.1-3，其中《工程子午线轮胎用钢帘线》(GB/T 30830—2014) 只规定了低铜镀层。

表 1.2.1-3　钢帘线黄铜镀层的组分和厚度要求

钢丝镀层要求				每千克钢丝的镀层重量 $W/(g\cdot kg^{-1})$
镀层类型	单丝公称直径 D/mm	组分 Cu 的质量分数/%	镀层厚度 T/μm	
普通镀层	$D<0.300$	67.5±2.5	0.24±0.05	$W=T/(0.235\times d)$
	$D\geqslant 0.300$	67.5±2.5	0.30±0.05	
低铜镀层	$D<0.270$	63.5±2.5	0.20±0.05	
	$0.270\leqslant D\leqslant 0.320$	63.5±2.5	0.24±0.05	
	$D>0.320$	63.5±2.5	0.30±0.05	

轮胎钢丝帘线的生产工艺如图 1.2.1-3 所示：

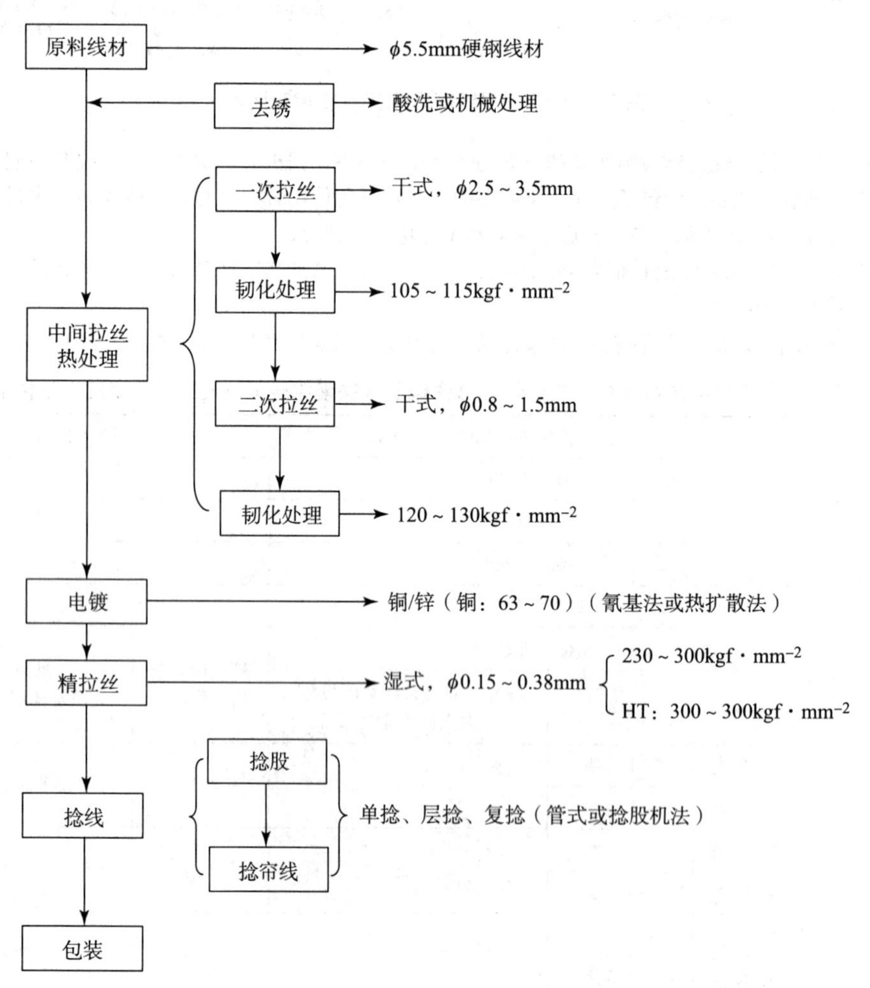

图 1.2.1-3　轮胎钢丝帘线的生产工艺

钢丝拉制后，单丝公称直径与抗拉强度等级的关系见图 1.2.1-4；

钢丝镀铜层厚度、质量与钢丝直径的关系见图 1.2.1-5。

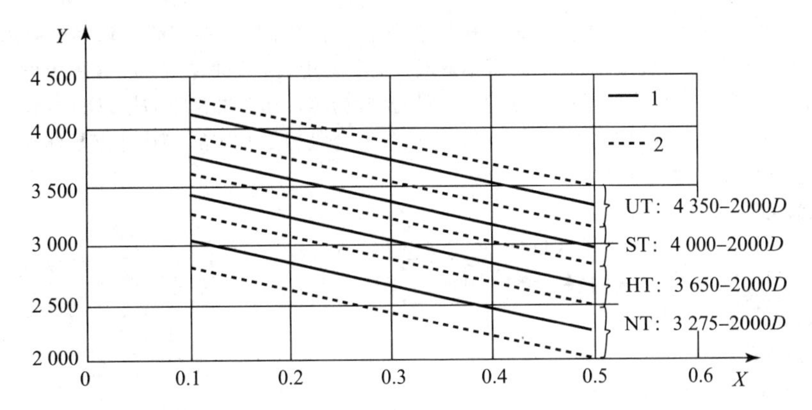

说明：

X——单丝公称直径 D，单位为毫米（mm）；　Y——单丝抗拉强度，单位为兆帕（MPa）；

1——实线表示目标值；　2——虚线表示公差范围。

注：目标值可由供需双方协商确定。

图 1.2.1-4　钢丝公称直径与抗拉强度等级的关系

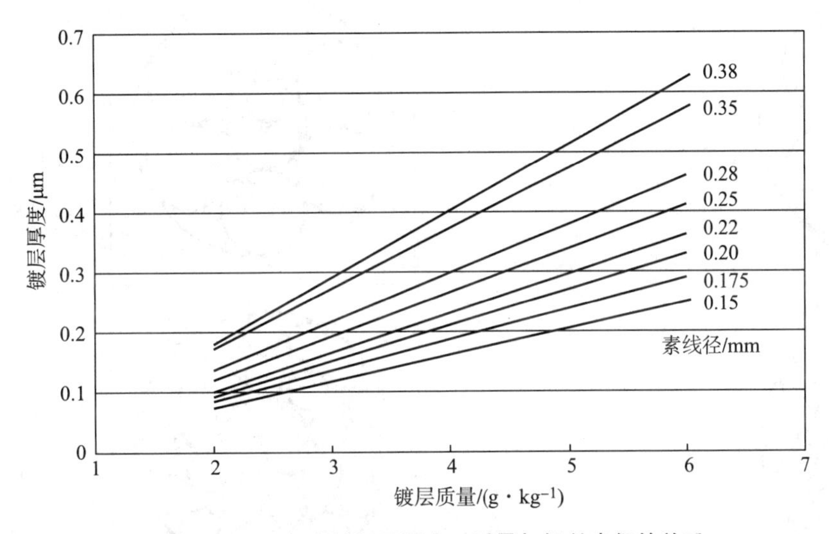

图 1.2.1-5　钢丝镀铜层厚度、质量与钢丝直径的关系

如前所述，普通帘线钢丝的强度一般为 2.5 GPa。近年来，高强度帘线钢丝得到大量使用，其强度超出普通帘线钢丝的 20%，达 3.0 GPa。美国固特异公司、比利时贝卡尔特公司等应用超强钢丝制造技术制造出强度超出普通帘线钢丝 40% 达 3.5 GPa 的超强钢丝。超强钢丝帘线还具有耐疲劳性能好的特点。美国固特异公司已将这种超强帘线钢丝应用到全钢结构的一级方程式赛车高机动性能轮胎和跑气保用轮胎中。

将几根钢丝按一定结构与捻度捻合在一起成为钢帘线，钢帘线可以有芯线，也可以无芯线；可以有外缠线，也可以没有外缠线。外缠线的目的是使钢帘线中的所有钢丝聚集更紧密不致松散，并改善钢帘线的疲劳性能与橡胶的黏着性能，但采用适宜的捻法也可以解决上述问题。轮胎用钢丝帘线的基本结构有单捻、双层捻、三层捻和复捻四种类型，可根据轮胎的规格和使用部位进行选择，以便合理选用帘线的性能。钢丝帘线的基本结构如图 1.2.1-6 所示。

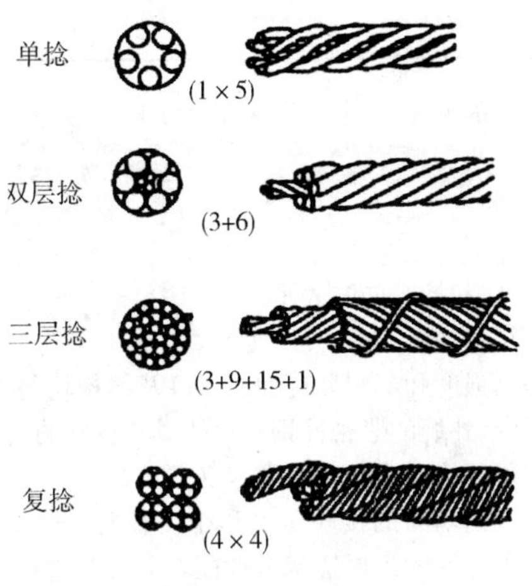

图 1.2.1-6　钢丝帘线的基本结构

单捻结构钢丝帘线由2～5根单丝合股加捻而成，多用于中小型乘用车胎，在帘线内渗透橡胶以大幅度提高耐腐蚀性的单捻钢丝帘线。双层捻结构钢丝帘线是以由2～3根单丝股为芯，其上再合股加捻以6～8根单丝而构成的，可用于大型乘用车至载重车胎等较宽范围。三层捻结构钢丝帘线是以双层捻股为芯，其上再合股加捻以14～15根单丝而成的，多用于载重车至工程车辆的大型轮胎。复捻结构钢丝帘线是将几个股进行合股加捻而成的，其特点是伸长率大和富于柔软性，主要用于不平整地面用大型轮胎的外侧带束层。

钢帘线结构的标记方法：

$$\underbrace{(N\times F)\times D}_{\text{最内层}}+\underbrace{(N\times F)\times D}_{\text{中间层}}+\underbrace{(N\times F)\times D}_{\text{最外层}}+\underbrace{F\times D}_{\text{外缠线}}$$

式中：N——股数；

F——单丝根数；

D——单丝公称直径，以mm表示。

钢帘线结构的表示方法如表1.2.1-4所示：

表1.2.1-4　钢帘线结构的表示方法

构造	表示	构造	表示
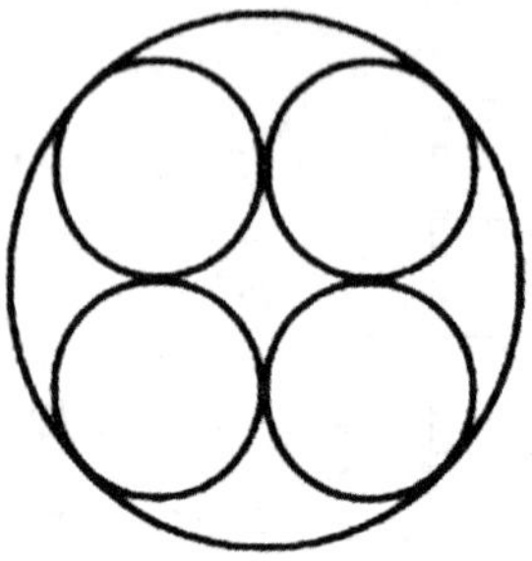	4×0.25 或 1×4×0.25		3×0.20+6×0.28 或 1×3×0.20+6×0.28
	7×4×0.175+0.15 或 7×4×0.175+1×0.15 或 1×4+6×4×0.175+1×0.15	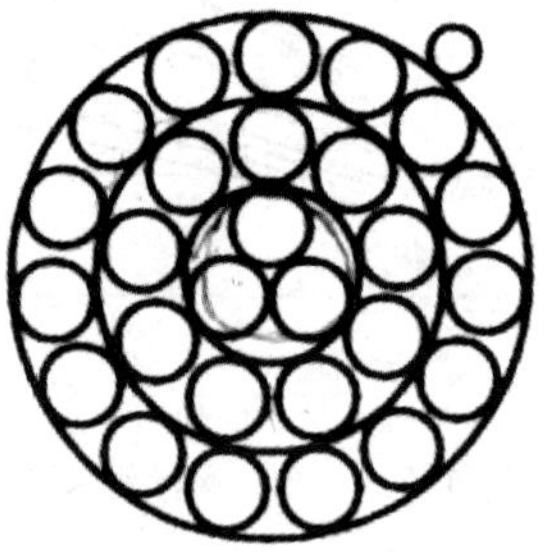	3+9+15×0.175+0.15 或 1×3×9+15×0.175+1×0.15
	3+5×7×0.15+0.15 或 1×3+5×7×0.15+1×0.15		

捻转方向及捻距，以从芯线向外层进行的顺序，用“/”表示。

如：7×4×0.175+0.15　　结构

S/Z/S　　捻转方向

10/20/3.5　　捻距

S10/Z20/S3.5　　捻转方向和捻距同时表示

常用轮胎胎体、带束层钢帘线的断面结构如图1.2.1-7所示。

如前所述，胎体用钢丝帘线的要求是高强度和高耐屈挠性能，以及结构均匀性、黏合性能、黏合保持性能及耐久性能（帘线耐水、湿气侵蚀作用的能力）等。没有外缠的紧密性钢丝帘线具有良好的耐久性能，12×1和19×1就是这种帘线的代表结构。层状结构的帘线（不同层次钢丝的捻向、捻距不同），如3+9和3+9+15，其不同层的钢丝之间为点接触，不如钢丝间为线接触的帘线紧密。紧密型帘线钢丝间的接触压力和相互磨损均较小，并且具有良好的耐磨损疲劳性。此外，用紧密型钢丝帘线比用层状钢丝帘线可获得更好的耐屈挠疲劳性能，而且节省钢丝帘线用量。轻型载重轮胎一般使用3×0.2+9×0.175 HT等结构的钢丝帘线；载重轮胎一般使用3×0.22+9×0.20 HT、0.20+18×0.175、0.22+18×0.20等

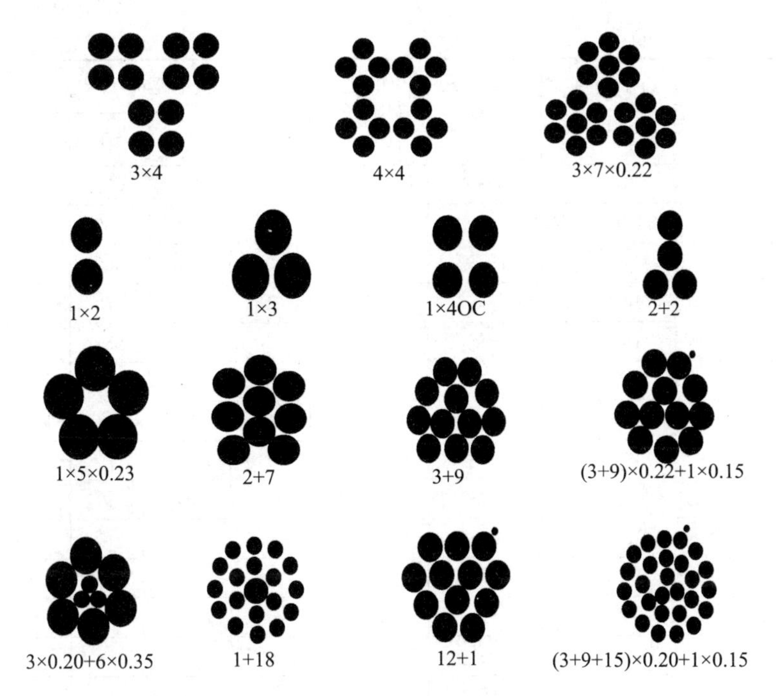

图 1.2.1-7 常用轮胎胎体、带束层钢帘线的断面结构

结构的钢丝帘线；重型载重轮胎一般使用 0.22+18×0.20 HT、0.25+18×0.22、7×4×0.175 等结构的钢丝帘线。

紧密型钢丝帘线也存在弱点——芯线的迁移性，特别是被用作带束层帘线时，芯线迁移将成为现实的危险因素，采用较粗钢丝作为紧密型帘线的芯线可阻碍芯线的迁移。此外，还可用锦纶束丝充当芯线的方法阻碍芯线的迁移。以锦纶束丝充当芯线制造的钢丝帘线，一方面钢丝帘线的芯孔完全被锦纶芯线填充，另一方面锦纶长丝的弹性又为外层钢丝的开放提供了机会，在六根钢丝间形成缺口，使胶料可一直渗透到帘线芯部，这种结构的钢丝帘线以 *Ny*+6×0.35 标记。

对带束层用钢丝帘线的要求包括良好的胶料渗透性、低伸长、芯线不迁移、良好的黏合保持性和适当的刚度。传统的轻型载重轮胎和载重轮胎带束层用帘线结构为 3×0.20+6×0.35（10/18SZ)，它的典型缺点是胶料不易向帘线内渗透。意大利倍耐力公司将这种结构钢丝帘线的芯线加粗，成为 3+6×0.35（0.38）结构，有利于胶料向芯线内渗透。新型的 Betru 钢丝帘线（贝卡尔特公司专利结构钢丝帘线）也是一种胶料全渗透型钢丝帘线，结构简单，有 2×1、3×1、4×1、1+6、3+6 和 2+2 等结构。其中 3+6 结构钢丝帘线和 1+6 结构钢丝帘线性能对比如下[2]：胶料渗透性：1+6 高于 3+6；断裂强度：1+6 等同于 3+6；刚度：1+6 高于 3+6；芯线迁移：1+6 等同于 3+6；耐磨损：1+6 低于 3+6；成本：1+6 低于 3+6。

较大型载重轮胎可用于带束层的另一种钢丝帘线结构是 12×1 紧密型，有无外缠均可，典型的结构是 3×0.32+9×0.30+1HT（18/5SZ）和 3×0.32+9×0.30+1HT（18S)。此外，载重轮胎带束层用钢丝帘线还有 4×4×0.22HE、3×7×0.22HE 和 5×0.38 开放型帘线，这 3 种结构的钢丝帘线还可用作轮胎的冠带层。

对带束层用钢丝帘线的要求包括胶料能够完全渗透，有足够的伸长率，良好的抗冲击性能和良好的抗压缩能力。典型的帘线结构为 5×0.38，它有良好的胶料渗透性、抗冲击性能和适当的断裂伸长率。

子午线轮胎钢丝帘线的规格与性能见表 1.2.1-5～表 1.2.1-7，有关轮胎钢丝帘线的其他技术条件详见《子午线轮胎用钢帘线》(GB/T 11181—2016) 和《工程子午线轮胎用钢帘线》(GB/T 30830—2014)。

表 1.2.1-5 子午线轮胎钢丝帘线的规格与性能（Ⅰ）

钢帘线结构	捻距（±5%）/mm	捻向	粗度（±5%）/mm	最小破断力/N				线密度（±5%）/(g·m^{-1})	定长（BS40/BS60）/m
				NT	HT	ST	UT		
2×0.28	14.0	S	0.560	—	—	385	425	0.970	19 500
2×0.30	14.0	S	0.600	—	405	445	485	1.120	16 300
2×0.30	16.0	S	0.600	—	—	445	485	1.120	16 300
2+1×0.25	∞/11.0	-/S	0.630	—	425	470	520	1.160	13 600
2+1×0.28	∞/14.0	-/S	0.710	460	510	575	—	1.455	13 000
2+1×0.30	∞/14.0	-/S	0.750	520	610	670	—	1.670	10 000
3×0.27	14.0	S	0.580	—	470	550	—	1.350	14 000
3×0.28	16.0	S	0.600	—	480	575	—	1.460	13 000
3×0.30	16.0	S	0.650	520	610	670		1.680	12 500

续表

钢帘线结构	捻距(±5%)/mm	捻向	粗度(±5%)/mm	最小破断力/N				线密度(±5%)/(g·m^{-1})	定长(BS40/BS60)/m
				NT	HT	ST	UT		
3×0.30 OC	16.0	S	0.670	520	610	670	—	1.680	12 500
3×0.38	20.0	S	0.800	—	—	980	—	2.670	7 150
2+2×0.25	∞/14.0	-/S	0.650	490	570	630	—	1.550	12 500
2+2×0.28	∞/16.0	-/S	0.740	615	680	770	—	1.950	10 000
2+2×0.30	∞/16.0	-/S	0.780	690	810	880	—	2.230	8 150
2+2×0.32	∞/16.0	-/S	0.830	800	890	1 000	—	2.570	7 000
2+2×0.35	∞/16.0	-/S	0.940	900	1 025	1 175	1 275	3.030	6 000
2+2×0.38	∞/16.0	-/S	1.000	1 040	1 165	—	—	3.600	5 000
2+3×0.30	∞/16.0	-/S	0.90	—	1 010	1 100	—	2.790	6000
2+4×0.17	∞/10.0	-/S	0.480	—	—	—	475	1.080	17 000
2+4×0.22	∞/14.0	-/S	0.680	—	655	—	—	1.810	10 000
5×0.30	16.0	S	0.810	—	1 010	—	—	2.800	7 300
5×0.35	17.0	S	0.940	—	1 310	—	—	3.820	5 500
5×0.38	18.0	S	1.030	—	1 505	—	—	4.510	4 600
3+2×0.30	∞/16.0	-/S	0.900	—	1 010	1 115	1 210	2.790	6 500
3+2×0.35	∞/18.0	-/S	1.070	—	1 305	1 470	—	3.820	4 800
3+3×0.35	∞/18.0	-/S	1.090	—	1 565	1 765	—	4.527	4 000
2+7×0.22	6.3/12.5	S/S	0.830	890	1 010	—	—	2.740	7 200
2+7×0.22+0.15	6.3/12.5/5.0	S/S/Z	1.080	890	1 010	—	—	2.900	5 200
2+7×0.25	7.0/14.0	S/S	0.950	—	1 285	1 430	—	3.530	5 500
2+7×0.26	7.5/15.0	S/S	1.050	—	1 340	1 520	—	3.800	4 700
2+7×0.28	8.0/16.0	S/S	1.060	1 380	1 530	1 765	—	4.450	4300
2+7×0.28+0.15	8.0/16.0/3.5	S/S/Z	1.330	1 380	1 530	—	—	4.640	3 300
2+7×0.30	8.0/16.0	S/S	1.160	—	1 770	2 005	—	5.080	3 650
2+7×0.34	8.0/18.0	S/S	1.340	—	2 235	—	—	6.530	3 000
2+8×0.30	8.0/16.0	S/S	1.210	—	2025	—	—	5.700	3 300
0.34+6×0.34	17.0	S	1.130	—	1 840	—	—	5.030	3 700
0.315+6×0.30	16.0	S	0.920	—	1 360	1 570	—	3.990	4 900
0.365+6×0.35	18.0	S	1.080	—	1 860	2 040	—	5.420	3 600
3×0.15+6×0.27	9.0/10.0	Z/S	0.850	1 000	—	—	—	3.170	6 400
3×0.175+6×0.30	9.5/15.5	Z/S	0.980	—	1 400	—	—	3.950	4 700
3×0.175+6×0.32	9.5/15.5	Z/S	1.040	1 380	1 540	—	—	4.420	4 000
3×0.20+6×0.35	10.0/18.0	S/Z	1.130	1 550	1 850	—	—	5.340	3 700
4+3×0.35	∞/18.0	-/S	1.190	—	1 825	2 055	2 260	5.310	3 400
4+6×0.30	∞/18.0	-/S	1.180	—	1 980	2 225	—	5.620	3 200
4+6×0.35	∞/20.0	-/S	1.460	—	2 430	—	—	7.680	2 350
4+6×0.38	∞/22.0	-/S	1.580	—	2 815	3 350	—	8.950	1 850
3+8×0.20	6.3/12.5	S/S	0.850	—	1 010	—	—	2.780	6 700
3+8×0.22	6.0/12.0	S/S	0.910	—	1 240	1 370	—	3.330	5 600
3+8×0.33	10.0/18.0	S/S	1.350	—	2 650	2 940	—	7.460	2 600
3+8×0.33	10.0/20.0	S/S	1.350	—	2 650	2 940	—	7.450	2 600
3+8×0.35	10.0/20.0	S/S	1.440	—	2 860	—	—	8.440	2 500
12×0.20+0.15 CC	12.5/3.5	S/Z	1.100	995	—	—	—	3.170	5 000
12×0.22 CC	12.5	S	0.910	1 185	1 360	—	—	3.640	5 800
12×0.22+0.15 CC	12.5/3.5	S/Z	1.180	1185	1360	—	—	3.840	4 000

续表

钢帘线结构	捻距(±5%)/mm	捻向	粗度(±5%)/mm	最小破断力/N				线密度(±5%)/(g·m⁻¹)	定长(BS40/BS60)/m
				NT	HT	ST	UT		
3×0.20/9×0.175 CC	10.0	S	0.750	835	950	1 050	1 150	2.490	8 000
3×0.20/9×0.175+0.15 CC	10/3.5	S/Z	1.020	835	950	1 050	1 150	2.650	6 000
3×0.22/9×0.20 CC	12.5	S	0.850	1 050	1 185	1 320	1 445	3.170	7 000
3×0.22/9×0.20+0.15 CC	12.5/5.0	S/Z	1.110	1 050	1 185	1 320	1 445	3.330	5 000
3×0.24/9×0.225 CC	14.0	S	0.940	—	1 445	—	—	3.940	5 300
3×0.24/9×0.225+0.15 CC	12.5/5.0	S/Z	1.170	—	1 445	—	—	4.100	4 000
3×0.24/9×0.225+0.15 CC	14.0/5.0	S/Z	1.170	—	1 445	—	—	4.100	4 000
3+9×0.22	6.3/12.5	S/S	0.920	1 185	1 360	1 490	—	3.650	5 000
3+9×0.22+0.15	6.3/12.5/3.5	S/S/Z	1.140	1 185	1 360	—	—	3.850	4 000
3+9×0.25	7.0/14.5	S/S	1.020	—	1 710	1 915	—	4.710	4 600
3+9×0.25+0.15	7.0/14.5/5.0	S/S/Z	1.310	—	1 710	1 915	—	4.890	3 500
0.20+18×0.175 CC	10.0	Z	0.900	1 230	1 440	1 520	—	3.660	6 000
0.22+18×0.20 CC	12.5	Z	1.020	1 580	1 805	2 010	—	4.840	4 700
0.25+18×0.22 CC	16.0	Z	1.130	1 905	2 170	—	—	5.850	4 000
0.22+6+12×0.20	6.3/12.5	Z/Z	1.020	—	1 775	2 010	—	4.860	4 700
0.25+6×0.22+12×0.20	6.3/16.0	Z/Z	1.090	—	1 975	—	—	5.260	4 300
0.25+6+12×0.225	8.0/16.0	Z/Z	1.130	—	2 225	2 500	—	6.050	3 700
0.25+6+12×0.225	7.5/16.0	Z/Z	1.130	—	2 225	2 500	—	6.050	3 700
3+8+13×0.18+0.15	5.0/10.0/16.0/3.5	S/S/Z/S	1.340	—	1 680	2 010	—	5.100	3 200
3+8+13×0.22+0.15	6.0/12.0/18.0/3.5	S/S/Z/S	1.560	—	2 550	—	—	7.500	2 150
3+9+15×0.175	5.0/10.0/16.0	S/S/Z	1.070	1 680	—	—	—	5.200	4 000
3+9+15×0.175+0.15	5.0/10.0/16.0/3.5	S/S/Z/S	1.340	1 680	—	2 130	—	5.420	3 100
3+9+15×0.22	6.3/12.5/18.0	S/S/Z	1.350	2 700	—	—	—	8.270	2 050
3+9+15×0.22+0.15	6.3/12.5/18.0/3.5	S/S/Z/S	1.620	2 700	—	—	—	8.500	2 000
3+9+15×0.22	6.3/12.5/18.0	Z/Z/Z	1.350	—	2 945	—	—	8.270	2 050
3+9+15×0.22+0.15	6.3/12.5/18.0/3.5	Z/Z/Z/S	1.620	—	2 945	—	—	8.500	2 000
3+9+15×0.225	6.3/12.5/18.0	Z/Z/Z	1.390	—	3 120	3 485	—	8.630	2 500
3+9+15×0.225+0.15	6.3/12.5/18.0/5.0	Z/Z/Z/S	1.630	—	3 120	—	—	8.780	1 900
3+9+15×0.245	6.3/12.5/18.0	Z/Z/Z	1.510	—	3 730	—	—	10.260	2 000
3+9+15×0.245+0.15	6.3/12.5/18.0/5.0	Z/Z/Z/S	1.770	—	3 730	—	—	10.480	1 600

表 1.2.1-6　子午线轮胎钢丝帘线的规格与性能（Ⅱ）

钢帘线结构	捻距(±5%)/mm	捻向	粗度(±5%)/mm	最小破断力/N				破断伸长率(≥)/%	线密度(±5%)/(g·m⁻¹)	定长(BS40/BS60)/m
				NT	HT	ST	UT			
5×0.30 HI	12.5	S	1.030	860	—	—	—	5.00	2.820	5 000
5×0.35 HI	14.0	S	1.190	1 130	—	—	—	5.00	3.890	3 800
5×0.38 HI	14.0	S	1.240	1 185	—	—	—	5.00	4.530	3 500
5×0.38 HE	6.5	S	1.110	1 120	—	—	—	4.00	4.600	3 500
3×2×0.35 HE	3.9/10.0	S/S	1.420	1 100	—	—	—	3.50	4.890	2 700
3×4×0.22 HE	3.15/6.3	S/S	1.160	940	—	—	—	4.00	3.950	4 000
3×6×0.22 HE	3.5/6.3	S/S	1.500	1 410	—	—	—	5.00	6.050	2 450
3×7×0.175 HE	3.9/6.3	S/S	1.200	1 150	—	—	—	4.00	4.450	4 000
3×7×0.20 HE	3.9/6.3	S/S	1.360	1 360	—	—	—	5.00	5.850	3 000
3×7×0.22 HE	4.5/8.0	S/S	1.520	1 720	—	—	—	5.00	6.950	2 400

续表

钢帘线结构	捻距（±5%）/mm	捻向	粗度（±5%）/mm	最小破断力/N				破断伸长率（≥）/%	线密度（±5%）/(g·m⁻¹)	定长（BS40/BS60）/m
				NT	HT	ST	UT			
4×2×0.25 HE	3.5/6.0	S/S	1.120	870	—	—	—	3.50	3.200	5 600
4×2×0.34 HE	3.0/7.5	S/S	1.500	1 330	—	—	—	3.50	6.300	2 300
4×2×0.35 HE	3.5/7.5	S/S	1.550	1 400	—	—	—	3.50	6.680	2 000
4×4×0.20 HE	4.0/7.0	S/S	1.240	1 090	1 270	—	—	4.00	4.390	3 600
4×4×0.22 HE	3.5/5.0	S/S	1.320	1 150	—	—	—	4.00	5.400	3 150
4×4×0.225 HE	4.3/7.5	S/S	1.360	1 360	1 485	—	—	4.00	5.410	3 000

表 1.2.1-7　工程子午线轮胎钢丝帘线的规格与性能

钢帘线结构	捻距（±5%）/mm	捻向	直径（±5%）/mm	最小破断力/N		线密度（±5%）/(g·m⁻¹)
				HT	NT	
4×6×0.25 HE	5.7/9.5	S/S	1.82	—	2 480	10.17
4×7×0.25 HE	6.3/10.5	S/S	1.81	—	2 880	11.25
7×7×0.22	12.5/20	S/Z	1.98	5 130	4 500	15.10
7×7×0.25	12.5/20	S/Z	2.28	6 350	5 600	19.88
7×7×0.22+0.15	12.5/20/5	S/Z/S	2.22	5 130	4 500	15.20
7×7×0.25+0.15	12.5/20/5	S/Z/S	2.49	6 350	5 600	19.80
7×7×0.28+0.15	14/25/5	S/Z/S	2.79	7 780	6 900	24.83
7×7×0.30+0.15	14/25/5	S/Z/S	2.96	9 360	8 300	28.45
7×12×0.22	12.5/22	S/Z	2.76	8 180	7 200	26.90
7×12×0.25	12.5/22	S/Z	2.90	9 900	9 100	31.06
7×12×0.30	12.5/28	S/Z	3.60	13 500	12 800	48.35
7×(3+9×0.22)	6.3/12.5/22	ZZ/SS/Z	2.86	8 400	7 600	26.10
7×(3+9×0.245)	(6.3/12.5)/28	ZZ/SS/Z	3.10	9 000	8 100	32.00
7×(3+9×0.30)	9/18/32	ZZ/SS/Z	3.65	14 800	13 600	46.65
7×(3+9×0.22)+0.15	(6.3/12.5)/22/5	ZZ/SS/Z/S	3.12	8 400	7 600	26.60
7×(3+9×0.245)+0.20	(6.3/12.5)/28/5	ZZ/SS/Z/S	3.30	9 000	8 100	33.07
7×(3+9×0.30)+0.20	(12.5/18)/32/5	ZZ/SS/Z/S	3.90	1 5200	1 3800	49.27
7×(3+9+15×0.175)	(5/10/16)/26	ZZZ/ZZZ/S	3.25	11 470	10 200	37.00
7×(3+9+15×0.175)+0.20	(5/10/16)/38/5	ZZZ/ZZZ/S/Z	3.47	11 470	10 200	37.50
	(5/10/16)/38/5	SSS/ZZZ/S/Z	3.42	11 470	10 200	37.50
7×(3+9+15×0.20)+0.20	(5.5/11.5/16)/44/5	SSS/ZZZ/S/Z	4.05	15 970	14 700	48.93
7×(3+9+15×0.22)+0.20	(6.3/12.5/18)/48/5	SSS/ZZZ/Z/S	4.35	18 000	16 000	59.16
	(6.3/12.5/18)/48/5	SSS/ZZZ/S/Z	4.35	18 000	16 000	59.16
7×(3+9+15×0.245)+0.245	(6.3/12.5/18)/55/5	ZZZ/ZZZ/S/Z	4.84	22 300	21 200	73.90
7×(1+18)×0.20+0.15	12.5/25/3.5	S/Z/S	3.29	10 600	9 500	35.80
7×(1+6+12)×0.20+0.15	6.3/10/22/5	ZZ/SS/Z/S	3.29	10 600	9 500	35.80
7×(1+18)×0.22+0.15	16/25/5	S/Z/S	3.58	13 500	11 000	41.85
7×(1+18)×0.25+0.20	18/28/5	S/Z/S	4.12	18 000	14 000	54.00
7×(1+6+12)×0.25+0.20	18/28/5	S/Z/S	4.12	18 000	14 000	54.00
7×(1+18)×0.28+0.20	20/28/5	S/Z/S	4.54	22 500	17 600	68.00
7×(1+6+12)×0.28+0.20	20/28/5	S/Z/S	4.54	22 500	17 600	68.00
7×4×0.25	10/12.5	S/Z	1.78	—	3 150	11.20
7×4×0.175	9.5/12.5	S/Z	1.23	—	1 720	5.44
3+9×0.25+8×7×0.22+0.175	6.8/13.5/1.35/33.3/5	SS/ZZ/S	2.70	7 170	—	22.18
3+9×0.225+8×(1+6)×0.226+0.175	7/14/12/30/2.5	ZZ/SS/Z	2.76	—	7 300	23.20

近年来，轮胎用钢丝帘线的发展趋势是：对于乘用胎，多采用橡胶对帘线渗透性高的结构，以及通过材料高强度化而减少单丝根数的捻结构。对于载重轮胎，其帘布层多采用线接触型帘线，目的是减小行驶中单丝间的摩擦及缓和产生疲劳的应力；其带束层多采用以轻量化和坏路面耐久性为重点设计的细径化或橡胶渗透型结构。对于工程轮胎，因需要极高的帘线强力，所以一般采用复捻结构，而每根股线可使用与载重轮胎相同结构、强力利用率高的组合帘线。未来轮胎钢丝与钢丝帘线的主要发展方向，可概括为：

①超高强钢丝。

提高帘线钢丝强度的下一步开发目标，是通过调整钢丝金相结构、革新拉拔和热处理技术等手段，研制超出现在帘线钢丝强度 50%以上，即强度达到约 4.0 GPa 的超高强钢丝。

②用于轿车子午线轮胎胎体的超细超强钢丝。

美国固特异公司已为跑气保用轮胎专门开发了超细超强钢丝，这种钢丝在 25 mm 内可排 7 000 根，超细帘线钢丝的开发成功开创了轿车轮胎胎体使用钢丝帘线的先河。

③适用于轮胎不同部位的各种新结构钢丝帘线。

轮胎钢丝帘线供应商有：贝卡尔特管理（上海）有限公司、江苏兴达钢帘线股份有限公司、山东大业股份有限公司、嘉兴东方钢帘线有限公司、山东胜通钢帘线有限公司、高丽制钢贸易（上海）有限公司等。

1.3　其他钢丝

1.3.1　胎圈钢丝

力车胎胎圈钢丝为镀锌钢丝，所用钢材为 70 号钢。

《胎圈用钢丝》(GB/T 14450—2016) 修改采用 ISO/DIS 16650：2004，适用于各类轮胎胎圈用回火圆形钢丝。轮胎胎圈钢丝用盘条应按 GB/T 24242.1 规定，其化学成分应按 GB/T 24242.2、GB/T 24242.4 中相应牌号的规定；钢丝公称直径为 0.78～2.10 mm；钢丝的断裂总延伸率应不小于 5%，钢丝屈服强度与抗拉强度之比应不小于 85%。

钢丝直径及允许偏差见表 1.2.1-8。

表 1.2.1-8　钢丝直径及允许偏差　　单位：mm

公称直径	允许偏差	不圆度
$d \leqslant 1.65$	±0.02	≤0.02
$d > 1.65$	±0.03	≤0.03

注：中间规格直径钢丝按照相邻较大直径规定执行。

胎圈钢丝按强度级别分为两类：普通强度，NT；高强度，HT。钢丝的抗拉强度应符合表 1.2.1-9 限值。接头处的破断力应不低于本表相应规格最小破断力的 50%。

表 1.2.1-9　钢丝抗拉强度

公称直径 d /mm	NT		HT	
	破断力 F (≥)/N	抗拉强度 Rm (≥)/(MPa)	破断力 F (≥)/N	抗拉强度 Rm (≥)/(MPa)
0.890	1 180	1 900	1 340	2 150
0.950	1 310	1 850	1 490	2 100
0.960	1 340	1 850	1 520	2 100
1.000	1 450	1 850	1 630	2 080
1.200	2 035	1 800	2 320	2 050
1.260	2 230	1 790	2 555	2 050
1.300	2 375	1 790	2 720	2 050
1.420	2 825	1 785	3 210	2 030
1.550	3 360	1 780	3 800	2 015
1.600	3 580	1 780	4 040	2 010
1.650	3 805	1 780	—	—
1.830	4 650	1 770	5 270	2 005
2.000	5 275	1 680	5 810	1 850
2.030	5 435	1 680	5 985	1 850
2.200	6 190	1 630	6 915	1 820

注：抗拉强度按公称直径计算。

钢丝应能承受表 1.2.1－10 中的最少扭转次数而不断裂。

表 1.2.1－10 钢丝最少扭转次数

公称直径 d/mm	扭转次数/[次·(360°)$^{-1}$]（不小于）	试样标距 L/mm
d<1.000	50	200d
1.000≤d<1.550	22	100d
1.550≤d<1.830	20	
d≥1.830	16	

3 m 长的钢丝应在两条相距 600 mm 的平行线内保持平整，不得呈“S”形。

6 m 长的钢丝，其残余扭转不大于 0.75 t。

钢丝的镀层分为低锡青铜或高锡青铜二种，其化学成分应符合表 1.2.1－11 中的限值。

表 1.2.1－11 钢丝的镀层化学成分

镀层组分	化学成分/%	
	Cu	Sn
低锡青铜	97.0～99.7	0.3～3.0
高锡青铜	80.0～97.0	3.0～20.0

钢丝镀层重量及允许偏差应符合表 1.2.1－12 中的限值。

表 1.2.1－12 钢丝镀层重量及允许偏差

镀层重量/(g·kg^{-1})	镀层参考厚度/μm
(0.548±0.320)/d	0.12±0.07

注：d——钢丝公称直径。

公称直径 1.00 mm 的胎圈钢丝黏合力指标不小于 685 N，其他规格黏合力指标以直径 1.00 mm 相对应的表面积进行折算。胎圈钢丝与橡胶黏合力试验配方为：2 号烟片胶（两段塑炼）100.0、间接法氧化锌 25.0、硫黄 6.0、松焦油 5.0、促进剂 MBTS（DM）1.0、N660 炭黑 60.0、轻质碳酸钙 150.0、三氧化二铁 10.0，合计 357.0。混炼使用 6 英寸开炼机，混炼辊温 45±5℃，一次投料量为配方量的 4 倍。混炼程序为：

$$\text{生胶}\xrightarrow{2\ \text{min}}\text{DM}\xrightarrow{1\ \text{min}}\text{ZnO}\xrightarrow{2\ \text{min}}\text{碳酸钙}\xrightarrow{10\ \text{min}}\text{松焦油}\xrightarrow{3\ \text{min}}1/2\ \text{炭黑}$$

$$\xrightarrow{2\ \text{min}}\text{三氧化二铁}\xrightarrow{1\ \text{min}}1/2\ \text{炭黑}\xrightarrow{2\ \text{min}}\text{硫黄}\xrightarrow{3\ \text{min}}\text{薄通五次}\xrightarrow{4\ \text{min}}\text{下片}$$

混炼时间合计为 30 min。

硫化条件为：硫化温度 142℃，硫化时间 40 min 或 60 min，硫化时平板压力为 196 N/cm^2 以上。

测试时的拉伸速率为 200±10 mm/min。

黏合力试验配方的物理机械性能见表 1.2.1－13。

表 1.2.1－13 黏合力试验配方的物理机械性能

硫化条件，137℃×30 min	
扯断强度/MPa	≥6
伸长度/%	≥300
硬度（邵尔 A）	80±5

胎圈钢丝因截面积较大和要经过退火处理以达到较高的断裂伸长率，其强度低于帘线钢丝的强度。近年来，胎圈钢丝的强度不断提高，普通胎圈钢丝的强度在 1.8～1.9 GPa，强度达 2.2～2.5 GPa 的胎圈钢丝也已得到较大程度的应用，2.6 GPa 以上强度的胎圈钢丝也已问世，以 4×3 胎圈即可代替传统的 4×4 胎圈，可使胎圈质量减轻 25%。

非圆形断面胎圈钢丝也得到了广泛应用，这种钢丝制成的胎圈其结构更加稳定。如法国米其林公司 11.00R22.5 载重子午线轮胎，胎圈采用 2 mm×1.3 mm 矩形断面钢丝，强度 1.79 GPa，伸长率为 4.14%；倍耐力公司 315/80R22.5 全钢载重子午线轮胎，胎圈采用 1.36 mm×2.74 mm 矩形断面钢丝，强度为 1.65 GPa，伸长率为 4.96%[2]。

像输送带采用镀锌钢丝绳一样，国外轮胎制造商也在用镀锌钢丝制造胎圈，法国米其林公司尤为突出。与镀铜钢丝比较，镀锌钢丝更耐锈蚀。

此外，有报道称国外正在开展用大直径钢丝制造单根钢丝胎圈的探索工作，目的是提高对胎圈钢丝的强度利用率。

胎圈钢丝的供应商见表 1.2.1－14。

表 1.2.1-14　胎圈钢丝的供应商

供应商	强度等级	直径/mm	拉力		扭转	延伸率	平直度	镀层重量	锡含量	低锡/高锡
			kgf	N	T/100 d	%	mm/3m	g/kg	%	
江苏胜达科技有限公司	普通强度（NT）	0.78/0.80	95	931	50/200 d	5.0	≤600	0.35～0.65	0.5～3.0	低锡
		0.89/0.90	115	1 127	50/200 d	5.0	≤600	0.35～0.65	0.5～3.0	—
		0.95/0.96	135	1 323	50/200 d	5.0	≤600	0.35～0.65	0.5～3.0	高锡/低锡
		1.20	205	2 009	30	5.0	≤600	0.25～0.50	0.5～3.0	低锡
		1.26	—	—	—	—	—	—	—	低锡
		1.30	245	2 401	25	5.0	≤600	0.25～0.50	0.5～3.0	低锡
		1.40	290	2 842	25	5.0	≤600	0.25～0.50	0.5～3.0	—
		1.42	—	—	—	—	—	—	—	高锡/低锡
		1.55	365	3 577	25	5.0	≤600	0.20～0.45	0.5～3.0	高锡/低锡
		1.60	—	—	—	—	—	—	—	低锡
		1.65	390	3 822	25	5.0	≤600	0.20～0.45	0.5～3.0	低锡
		1.80	—	—	—	—	—	—	—	低锡
		1.82	—	—	—	—	—	—	—	低锡
	高强度（HT）	1.83	445	4 361	20	5.0	≤600	0.15～0.35	0.5～3.0	—
		2.00	—	—	—	—	—	—	—	低锡
		2.10	570	5 586	20	5.0	≤600	0.10～0.35	0.5～3.0	—
		0.89	135	1 323	50/200 d	5.0	≤600	0.35～0.65	0.5～3.0	—
		0.95	—	—	—	—	—	—	—	高锡/低锡
		0.96	160	1 568	50/200 d	5.0	≤600	0.35～0.65	0.5～3.0	高锡/低锡
		1.30/1.295	285	2 793	25	5.0	≤600	0.25～0.50	0.5～3.0	低锡
		1.55	395	3 871	25	5.0	≤600	0.20～0.45	0.5～3.0	高锡/低锡
		1.60	425	4 165	25	5.0	≤600	0.20～0.45	0.5～3.0	低锡
		1.83	545	5 341	20	5.0	≤600	0.15～0.35	0.5～3.0	低锡
		2.0	600	5 880	20	5.0	≤600	0.10～0.35	0.5～3.0	低锡
		2.1	650	6 370	20	5.0	≤600	0.10～0.35	0.5～3.0	—
		2.2	700	6 860	20	5.0	≤600	0.10～0.35	0.5～3.0	—

1.3.2　胶管用金属线材

在胶管中所使用的金属骨架材料有单根镀铜钢丝、扁平钢丝、一般碳钢丝、铁丝、不锈钢丝、钢丝帘线和钢丝绳等。编织胶管和缠绕胶管等高压胶管一般使用不同直径的单根镀铜钢丝或钢丝绳，部分用于输油的大口径胶管以扁平钢丝作骨架材料，一般碳钢丝作为吸引胶管支撑骨架材料，铁丝为夹布胶管或吸引胶管的铠装增强材料，输油胶管、挖泥船胶管则采用钢丝帘线。

对胶管用金属线材总的性能要求是：强度高、韧性好、延伸率小；用于高压胶管的钢丝还应具有良好的抗脉冲疲劳性能。此外，对金属线材的外观要求，还需注意粗细均匀；钢丝绳捻度要均匀、表面光泽，以及无锈蚀、油污等影响质量的缺陷；对镀铜或镀锌等金属丝，其表面涂层应均匀，并不应有发毛、锈斑等现象。

（一）胶管钢丝

1. 镀铜钢丝

胶管钢丝使用的钢丝直径为0.20～2.40 mm，盘条应符合GB 4354技术要求，表面镀黄铜，镀层厚度一般为0.14～0.3 μm，镀层中铜含量为68±4%。胶管用钢丝镀层除了采用铜锌合金外，也有采用镀锌层的，镀锌量一般为每公斤钢丝2～3 g。

钢丝断裂总伸长率应不小于2%，也可由供需双方协商确定。

直径0.20～0.80 mm部分钢丝给出了四个强度级，应按下列方法归类：①低强度（LT），2 150～2 450 MPa；②标准强度（ST），2 450～2 750 MPa；③高强度（HT），2 750～3 050 MPa；④超高强度（SHT），3 050～3 350 MPa。直径1.00～2.40 mm部分钢丝给出了三个强度级，应按下列方法归类：①低强度（LT），1 770～1 860 MPa；②标准强度（ST），1 860～1 950 MPa；③高强度（HT），1 950～2 150 MPa。

胶管用钢丝的规格和性能见表1.2.1-15，其余技术条件详见《橡胶软管增强用钢丝》(GB/T 11182—2006)。

表 1.2.1-15　胶管用钢丝的规格和性能

公称直径/mm	公差/mm	抗拉强度/MPa	扭转/次（≥）	反复弯曲/次（≥）	打结强度率/%（≥）
0.20	±0.010	2 150～2 450	70	125	58
		2 450～2 750	70		
		2 750～3 050	65		
0.25		3 050～3 350	60		
		2 150～2 450	70	125	
		2 450～2 750	70	125	
0.30		2 750～3 050	65	105	
		3 050～3 350	60	75	
		2 150～2 450	65	105	
		2 450～2 750	60	95	
		2 750～3 050	60	85	
		3 050～3 350	50	60	
0.35	±0.015	2 150～2 450	65	60	
		2 450～2 750	60	60	
		2 750～3 050	60	55	
		3 050～3 350	50	50	
0.40		2 150～2 450	65	55	
		2 450～2 750	60	55	
		2 750～3 050	60	50	
		3 050～3 350	50	45	
0.42		2 150～2 450	60	50	
		2 450～2 750	60	50	
		2 750～3 050	50	45	
0.46		2 150～2 450	60	45	
		2 450～2 750	60	45	
		2 750～3 050	50	40	
0.50		2 150～2 450	60	40	50
		2 450～2 750	60	35	
		2 750～3 050	50	30	
0.56		2 150～2 450	60	35	
		2 450～2 750	60	30	
		2 750～3 050	50	25	
0.60		2 150～2 450	60	30	
		2 450～2 750	50	25	
0.65		2 150～2 450	55	25	
		2 450～2 750	50	20	
0.70		2 150～2 450	50	20	
		2 450～2 750	50	20	
0.75	±0.020	2 150～2 450	50	20	
		2 450～2 750	50	20	
0.78		2 150～2 450	40	15	
0.80		2 150～2 450	40	15	

续表

公称直径/mm	公差/mm	抗拉强度/MPa	扭转/次（≥）	反复弯曲/次（≥）	打结强度率/%（≥）
1.00	±0.02	1 770～1 860	28	14	—
		1 860～1 950	25		
		1 950～2 150	23		
1.20		1 770～1 860	25	14	
		1 860～1 950	24		
		1 950～2 150	23		
1.40		1 770～1 860	24	14	
		1 860～1 950	23		
		1 950～2 150	22		
1.60		1 770～1 860	23	13	
		1 860～1 950	20		
		1 950～2 150	19		
1.80		1 770～1 860	22	12	
		1 860～1 950	20		
		1 950～2 150	19		
2.00		1 770～1 860	20	10	
		1 860～1 950	20		
		1 950～2 150	19		
2.20		1 770～1 860	18	10	
		1 860～1 950	18		
		1 950～2 150	17		
2.40		1 770～1 860	18	10	
		1 860～1 950	18		
		1 950～2 150	17		

2. 胶管用扁平钢丝

胶管用扁平钢丝的规格与性能见表 1.2.1－16。

表 1.2.1－16　胶管用扁平钢丝的规格与性能

宽度/mm	厚度/mm	最小破断力/kN
8.00±0.12	0.800±0.015	9.31～11.17
10.00±0.15	0.800±0.015	11.66～13.92
12.00±0.18	0.800±0.015	13.99～16.75

注：于清溪，吕百龄．橡胶原材料手册 [M]．北京：化学工业出版社，2007：678。

3. 胶管用一般碳钢丝

用于吸引胶管（或大口径胶管）的金属螺旋线，一般为冷拉圆形碳构钢丝，其含碳量为 0.35%～0.60%。这类钢丝的性能，要求具有适宜的模量和强度，良好的韧性，以免钢丝在缠螺圈过程中发生脆断。为了防止钢丝表面锈蚀，可在加工过程中涂以防锈镀层（如经硫酸处理等）。胶管用的碳钢丝规格和主要性能列于表 1.2.1－17。

表 1.2.1－17　胶管用碳钢丝的规格和主要性能

钢丝直径/mm	公差/mm	拉伸强度/(MPa · kgf · mm^{-2})（≥）	弯曲次数/次（≥）	钢号
2.0	±0.06	784 (80)	5	25～35
2.6	±0.06	686 (70)	3	25～35
3.2	±0.08	784 (80)	2	40～50
4.0	±0.08	784 (80)	2	40～50
5.0	±0.08	784 (80)	2	40～50

4. 镀锌铁丝（低碳钢丝）

这类铁丝主要用作耐压夹布胶管或耐压吸引胶管的铠装增强材料。其拉伸强度和扭转次数应达到规定指标，铁丝表面的镀层需均匀，不应有裂纹、斑等缺陷，并保持清洁，防止锈蚀。常用的镀锌铁丝规格和性能见表 1.2.1-18。

表 1.2.1-18　常用的镀锌铁丝规格和性能

直径/mm	拉伸强度/(MPa·kgf·mm^{-2})	扭转次数/次(L=150)	直径/mm	拉伸强度/(MPa·kgf·mm^{-2})	扭转次数/次(L=150)
1.60	343～490 (35～50)	37	4.00	343～490 (35～50)	15
2.00	343～490 (35～50)	30	5.00	343～490 (35～50)	12
2.50	343～490 (35～50)	24	6.00	343～490 (35～50)	10
3.15	343～490 (35～50)	19			

5. 不锈钢丝

这类钢丝具有不易锈蚀的特性，但由于不锈钢丝与普通钢丝相比价格较高，且强度又不太高，因此，通常仅用作特殊用途的胶管骨架材料（或作保护层），如用于接触腐蚀性介质的胶管等。

（二）高压胶管用钢丝帘线

高压胶管用钢丝帘线的规格和性能见表 1.2.1-19。

表 1.2.1-19　高压胶管用钢丝帘线的规格和性能

直径/mm	帘线结构	破断力/kN	百米重/kg	用途
9.0	7×7×7×0.33	55.00	26.3	排泥胶管
5.1	7×19×0.34	22.00	10.3	排泥胶管
3.0	7×7×0.34	7.50	3.9	排泥胶管
1.2	7×3×0.2	1.60	0.53	高压缠绕胶管
0.96	7×3×0.16	1.05	0.34	高压缠绕胶管
0.60	3×9×0.15	0.50	0.16	高压缠绕胶管

1.3.3　橡胶制品用钢丝供应商

橡胶制品用钢丝供应商有：河南铂思特金属制品有限公司、杭州天伦集团有限公司、贵州钢绳股份有限公司、山东诸城大业金属制品有限责任公司、天懋集团山东天轮钢丝股份有限公司、张家港港达金属制品有限公司、河北金宝集团、南通贝斯特钢丝有限公司、江阴华胜特钢制品厂、巩义市恒星金属制品厂、江阴鑫鑫钢丝制品厂、衡水中亚金属制品有限公司等。

1.4　钢丝绳

钢丝绳可用于制造大型输送带、三角带、同步带、橡胶和聚氨酯胶带、胶管等。

1.4.1　输送带用镀锌钢丝绳

输送带用镀锌钢丝绳钢丝用盘条应符合 GB/T 4354 的规定，其硫、磷质量分数各不得大于 0.030%；钢丝公称直径为 0.20～1.30 mm；钢丝的公称抗拉强度分别为 1 960 MPa、2 060 MPa、2 160 MPa、2 260 MPa、2 360 MPa 和 2 460 MPa 六种，钢丝实测抗拉强度应不低于公称抗拉强度的 95%。

输送带用钢丝绳均为开放式结构，开放式结构是指股中同一层钢丝之间及绳中外层股之间有一定均匀间隙的结构。输送带用钢丝绳按其结构分为 6×7-WSC、6×19-WSC 和 6×19W-WSC。其中 6×7-WSC 结构的直径范围为 2.5～5.9 mm，6×19-WSC 结构的直径范围为 4.5～15.0 mm，6×19W-WSC 结构的直径范围为 5.0～15.0 mm。钢丝绳按抗拉强度分为普通强度级、高强度级、特高强度级；按镀锌层重量级分为 H 级、A 级和 B 级。钢丝绳的捻法为交互捻，按捻法可以分为右交互捻（Z）和左交互捻（S）两种，交货时一般应按左、右捻各半。详见《输送带用钢丝绳》(GB/T 12753—2008)。

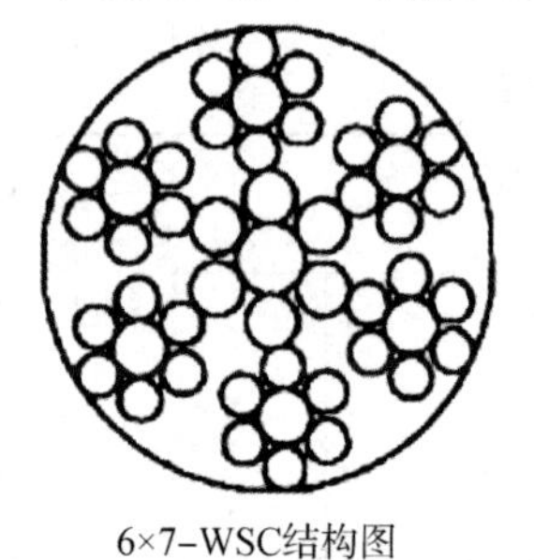

6×7-WSC结构图

6×19-WSC结构图

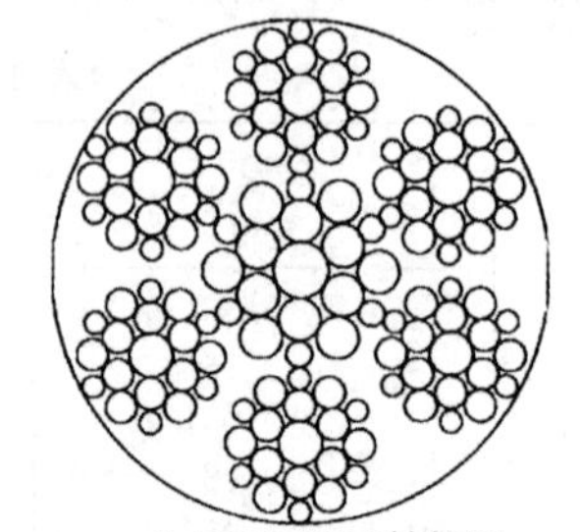

6×19W-WSC结构图

各级最小锌层重量见表 1.2.1-20。

表 1.2.1-20　各级最小锌层重量

钢丝直径 d/mm	锌层质量/(g·m^{-2})(≥)		
	H 级	A 级	B 级
0.20～1.30	80×d	60×d	30×d

钢丝绳中钢丝的公称抗拉强度级见表 1.2.1-21。

表 1.2.1-21　钢丝绳中钢丝的公称抗拉强度级

钢丝直径 d/mm	钢丝公称抗拉强度/MPa		
	普通强度级	高强度级	特高强度级
0.20～0.40	2 260	2 360	2 460
0.40～0.60	2 160	2 260	2 360
0.60～0.95	2 060	2 160	2 260
0.95～1.30	1 960	2 060	2 160

直径≥0.50 mm 的钢丝应做扭转试验，钢丝的最小扭转次数应符合表 1.2.1-22 中的限值。对于公称直径小于 0.50 mm 的钢丝，用打结拉伸试验代替扭转试验，所能承受的拉力应不低于其公称破断力的 55%。

表 1.2.1-22　钢丝的最小扭转次数

钢丝直径 d/mm	最小扭转次数		
	普通强度级	高强度级	特高强度级
0.50～0.60	29	28	27
0.60～0.70	28	27	26
0.70～0.80	27	26	25
0.80～0.90	26	25	24
0.90～0.95	25	24	23
0.95～1.30	24	23	22

输送带用镀锌钢丝绳部分规格型号见表 1.2.1-23。

表 1.2.1-23　输送带用镀锌钢丝绳部分规格型号

结构	允许偏差/%	钢丝绳直径/mm	钢丝绳最小破断力/kN			参考重量/(kg·100 m^{-1})
			普通强度级	高强度级	特高强度级	
6×7-WSC	+5 -2	2.50	5.3	5.5	5.8	2.4
		2.60	5.5	6.0	6.5	2.7
		2.70	6.4	6.7	7.0	2.9
		2.80	6.8	7.2	7.6	3.2
		2.90	7.5	7.7	8.0	3.4
		3.00	8.0	8.5	9.0	3.7
		3.10	8.8	9.5	10.0	3.9
		3.20	9.5	10.0	10.5	4.1
		3.30	10.3	10.8	11.4	4.4
		3.40	10.6	11.1	12.0	4.6
		3.50	11.4	12.0	12.8	4.9
		3.60	12.0	12.7	13.2	5.3
		3.70	12.7	13.2	14.2	5.5
		3.80	13.7	14.3	15.0	6.0
		3.90	14.0	14.8	15.8	6.3

续表

结构	允许偏差/%	钢丝绳直径/mm	钢丝绳最小破断力/kN			参考重量/(kg・100 m^{-1})
			普通强度级	高强度级	特高强度级	
6×7-WSC	+5 -2	4.00	14.5	15.2	16.3	6.5
		4.10	15.3	16.2	17.4	6.8
		4.20	15.9	16.6	17.8	7.1
		4.30	16.8	17.8	19.0	7.5
		4.40	17.5	18.5	19.7	7.7
		4.50	18.2	19.3	20.7	8.1
		4.60	19.2	20.1	21.3	8.4
		4.70	19.6	20.8	22.5	8.7
		4.80	20.4	21.5	23.2	9.2
		4.90	21.5	22.7	24.1	9.5
		5.00	22.2	23.3	24.9	9.8
		5.10	23.4	24.2	25.7	10.4
		5.20	24.5	25.6	26.7	10.6
		5.30	25.2	26.1	27.5	11.1
		5.40	26.2	27.5	28.7	11.5
		5.50	27.5	28.5	29.7	12.1
		5.60	28.1	29.0	30.1	12.5
		5.70	28.5	29.6	30.8	13.0
		5.80	29.2	30.7	31.3	13.4
		5.90	30.0	31.7	32.5	14.1
6×19-WSC	+5 -2	4.5	18.2	18.6	19.3	7.8
		4.8	20.0	20.7	21.2	8.7
		5.0	22.5	23.2	23.9	9.8
		5.4	25.2	26.1	27.0	11.2
		5.6	27.5	28.7	29.9	12.1
		5.8	29.6	31.0	31.6	13.2
		6.0	31.0	32.3	33.3	13.9
		6.2	33.1	34.4	35.7	14.8
		6.4	34.5	36.2	37.4	15.7
		6.8	39.3	41.0	42.7	18.0
		7.2	43.0	45.0	47.1	19.9
		7.6	48.8	51.0	53.0	22.5
		8.0	53.2	55.3	57.2	24.4
		8.4	56.4	59.0	62.4	26.7
		8.8	63.2	66.2	68.3	29.4
		9.0	65.0	68.0	71.0	30.8
		9.2	67.8	71.1	73.9	32.1
		9.6	73.6	77.2	79.7	34.8
	+4 -2	10.0	78.7	82.3	86.3	37.8
		10.4	84.8	88.5	92.5	40.5
		10.8	90.0	94.0	97.7	43.1
		11.2	98.3	101	104	46.4
		11.6	104	108	112	50.8

续表

结构	允许偏差/%	钢丝绳直径/mm	钢丝绳最小破断力/kN			参考重量/(kg·100 m^{-1})
			普通强度级	高强度级	特高强度级	
6×19-WSC	+4 -2	12.0	110	114	118	53.4
		12.2	112	116	121	54.0
		12.4	116	121	126	55.9
		12.6	121	125	130	58.1
		12.8	124	129	135	58.9
		13.0	128	133	139	62.0
		13.2	132	137	143	64.0
		13.4	135	140	146	65.5
		13.6	141	146	152	68.0
		13.8	145	150	155	70.0
		14.0	148	154	160	71.5
		14.5	156	162	168	76.1
		15.0	165	172	180	81.3
6×19W-WSC	+5 -2	5.0	23.0	23.7	24.5	10.3
		5.6	30.0	30.8	31.5	13.3
		6.0	33.2	34.3	34.8	14.9
		6.6	39.6	41.2	41.8	17.7
		7.0	44.7	46.5	47.0	19.9
		7.2	47.2	49.1	49.5	20.8
		7.6	52.8	55.0	55.5	23.6
		8.0	57.2	59.3	60.0	26.7
		8.3	60.0	62.3	63.0	28.4
		8.7	66.3	69.0	70.0	31.0
		9.1	73.0	76.3	77.0	33.7
		10.0	84.0	87.5	88.3	38.9
	+4 -2	10.5	91.5	95.2	96.5	42.9
		11.0	101	104	106	47.1
		11.5	105	109	112	51.5
		12.0	114	118	120	56.1
		12.5	122	127	132	60.2
		13.0	131	138	143	65.3
		13.5	140	146	154	70.2
		14.0	150	157	164	73.9
		14.5	154	162	170	79.5
		15.0	167	175	184	86.0

1.4.2　同步带用钢丝绳

同步带用钢丝绳部分规格型号见表 1.2.1-24。

表 1.2.1-24　同步带用钢丝绳部分规格型号

结构	钢丝绳直径/mm	捻距/mm	破断力/N	单位长度重量/(g·m^{-1})
3×3×0.04	0.16	2.50	27.5	0.091
7×3×0.06	0.36	3.00	142	0.45

续表

结构	钢丝绳直径/mm	捻距/mm	破断力/N	单位长度重量/(g · m^{-1})
3×3×0.10	0.40	5.35	169	0.60
7×3×0.08	0.48	4.50	218	0.85
7×7×0.06	0.54	4.50	307	1.10
7×7×0.10	0.90	8.10	883	3.30

1.4.3　胶管用钢丝绳

《胶管用钢丝绳》(GB/T 12756—1991) 适用于胶管骨架增强材料用镀锌钢丝绳，制绳钢丝用钢应符合 GB 699 标准中的规定，其硫、磷质量分数各不得大于 0.030%，镀锌层重量应不小于 10 g/m^2。钢丝的抗拉强度应符合表 1.2.1 - 25 中的限值。

表 1.2.1 - 25　胶管用钢丝绳钢丝的抗拉强度

钢丝直径/mm	抗拉强度/MPa	弯曲圆弧半径/mm	最小反复弯曲次数/次	最小扭转次数/次
0.7	1860	1.75	8	28
0.8	—	2.5	13	28

钢丝绳的捻制方法为同向捻，交货时左同向捻和右同向捻各半。钢丝绳的结构分为 1×7 和 1×19 两类。

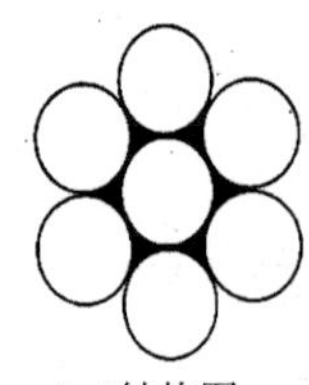

1×7结构图

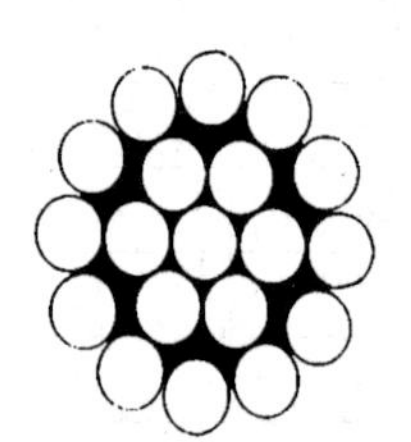

1×19结构图

胶管用钢丝绳规格型号见表 1.2.1 - 26，详见《胶管用钢丝绳》(GB/T 12756—1991)。

表 1.2.1 - 26　胶管用钢丝绳规格型号

结构	钢丝绳		钢丝公称直径/mm	钢丝总横断面积（参考）/mm^2	钢丝绳最小破断拉力/kN	钢丝绳百米参考重量/[kg · (100 m)$^{-1}$]
	公称直径/mm	允许偏差/mm				
1×7	2.1	+0.20 0	0.7	2.79	4.67	2.27
1×19	3.5	+0.20 -0.05	0.7	7.41	12.40	6.02
	4.0	+0.20 -0.05	0.8	9.66	16.17	7.85

1.4.4　镀锌钢丝绳的供应商

镀锌钢丝绳的供应商有：江苏法尔胜集团公司、衡水中亚金属制品有限公司等。

第二节　纤　　维

2.1　概述

2.1.1　纤维的分类

纤维的分类如下：

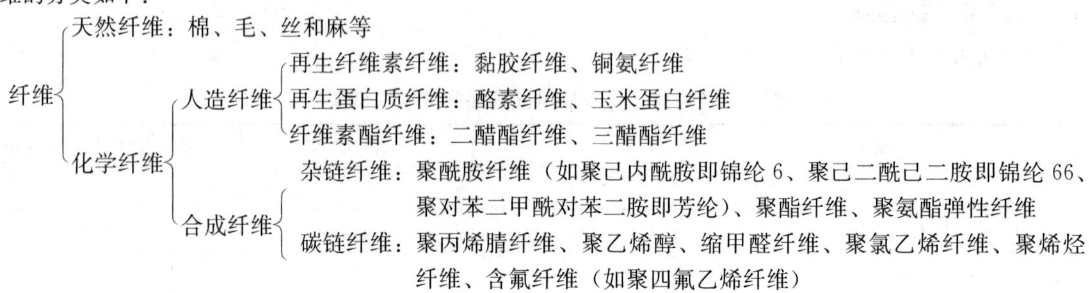

纤维按来源可以分为天然纤维与化学纤维。

天然纤维包括棉、毛、丝、麻等纤维材料。化学纤维是指用天然的或合成的聚合物为原料，经化学方法制成的纤维，包括人造纤维与合成纤维。各种化学纤维通常以构成该纤维至少为85%的聚合物名称命名，其余部分由不与上述聚合物键合的添加物构成。化学纤维包括人造纤维与合成纤维两大类。

人造纤维包括再生纤维素纤维（Regenerated cellulose fiber）、再生蛋白质纤维（Regenerated protein fiber）与醋酯纤维（Acetate fiber）等。再生蛋白质纤维是用天然蛋白质为原料制成的再生纤维。醋酯纤维是指用纤维素为原料，经化学方法转化成醋酸纤维素酯制成的化学纤维。包括三醋酯纤维（Triacetate fiber）与二醋酯纤维（Secondary cellulose acetate fiber），三醋酯纤维是由纤维素三醋酸酯构成的醋酯纤维，其中至少有92%的羟基被乙酰化；二醋酯纤维是由纤维素二醋酸酯构成的醋酯纤维，其中至少有74%，但不到92%的羟基被乙酰化。再生纤维（Regenerated fiber）是指用天然聚合物为原料、经化学方法制成的、与原聚合物在化学组成上基本相同的化学纤维，再生纤维素纤维是指用纤维素为原料制成的、结构为纤维素Ⅱ的再生纤维，再生纤维素纤维包括黏胶纤维（Viscose fiber）与铜氨纤维（铜铵纤维，Cupro fiber，Cuprene fiber，Cuprammonium fiber）。其中铜氨纤维是指用铜氨法（铜铵法）制成的再生纤维素纤维；黏胶纤维是指用黏胶法制成的再生纤维素纤维。人造纤维中，用作橡胶骨架材料的主要是黏胶纤维。

合成纤维（Synthetic fiber），用单体经人工合成获得的聚合物为原料制成的化学纤维。按化学结构可以分为杂链纤维与碳链纤维。

用作橡胶骨架材料的各种纤维的应力-应变特性见图 1.2.2-1。

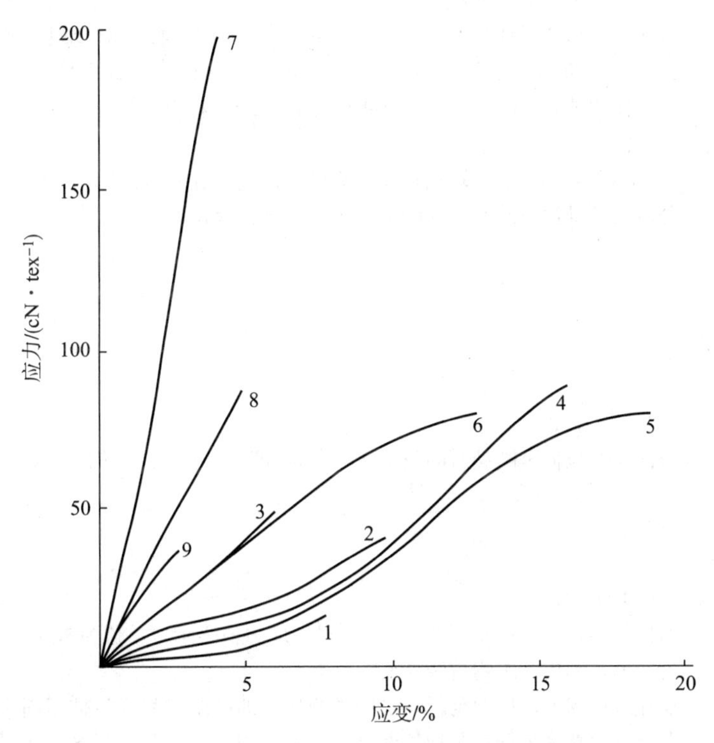

图 1.2.2-1　骨架材料的应力-应变特性

1—棉；2—高强度黏胶纤维；3—波里诺西克；4—锦纶 66；5—锦纶 6；6—聚酯；7—芳纶；8—玻璃纤维；9—钢丝

从图 1.2.2-1 中可以看出，棉纤维具有中等强力，这与其较高的松密度有关，因此可生产低强力的密实织物。棉纤维已基本上被强度更高的黏胶纤维所代替，但仍然应用于不十分需要强度而要求适当松密度的领域。棉纤维还与聚合物具有良好的黏合性能，特别是其织物与聚氯乙烯的黏接效果尤为显著，在这些领域中棉纤维与合成纤维混纺织物被广泛应用。在混纺织物中，强力主要由合成纤维提供，而棉纤维贡献松密度，并主要利用棉纤维获得黏合性。

黏胶纤维为连续长纤维，比棉纤维结实得多，它还具有良好的模量特性，但其极限伸长较低，因而对应用带来不利影响。黏胶纤维的另一个缺点是对水分的敏感性，在潮湿条件下，强力明显下降。黏胶纤维不应应用于类似切边式输送带等橡胶制品，因织物直接暴露在边部，黏胶纤维迅速吸收水分并沿着纤维向内部扩散，致使制品强度降低。高湿模量黏胶纤维的强力受潮湿影响较小，但由于其伸长较低，在应用方面还是受到很大限制。与棉纤维一样，有时也使用短纤维黏胶纤维纱线，这是为了提供松密度而不是强度。棉纤维在浸渍时所含天然石蜡会阻止浸润，从而使织物的浸渍非常不均匀，而黏胶纤维比棉纤维更易于浸润，这在织物浸渍时是特别有利的。

与棉纤维或黏胶纤维相比，锦纶的强度更高，断裂伸长也高得多，后者使锦纶的抗冲击性获得极大改进，且有较高的断裂性能和较好的耐撕裂性。正是由于锦纶具有这些特性，被大量应用于输送带织物的纬纱。另外，锦纶的模量较低，也能赋予输送带很好的成槽特性。锦纶还具有棉纤维或黏胶纤维不具有的热收缩性，在加工锦纶织物以及进行制品结构设计与工艺设计中需要予以考虑，一般来说，锦纶收缩后，其伸长将增加，模量则会降低，变化范围取决于收缩的程度。使用锦纶几乎全是连续长丝，也有少数用途采用锦纶短纤维纱线，也是为了提高松密度和黏合性能。

聚酯纤维综合了锦纶的强力和伸长特性以及黏胶纤维的模量特性。但应用聚酯纤维存在两个问题：①黏合问题。由于聚酯的化学性质不甚活泼，要使聚酯与聚合物之间获得足够的黏合强度比锦纶、黏胶纤维困难得多。②热收缩问题。聚酯纤维的收缩率比锦纶更大，但是不同品级的聚酯纤维各具有不同的收缩-模量关系，可通过基础聚合物的改性，适当地选择纱线类型等方法来予以改进。

芳纶的性能比其他纺织纤维更接近无机材料，其拉伸强度与钢丝和玻璃纤维属同一等级，考虑到其相对密度较小，则比强度、比模量更高。但芳纶过低的极限伸长也限制了它的应用，特别是在采用多层芳纶编织织物时，这种低伸长的缺点尤为明显：当织物平铺时，每层织物都可以贡献本身的强力；而当织物弯曲时，由于其伸长低，最外层不能适应弯曲而形成中性轴，迫使其他层受到压缩，直接削弱了内层对总强力的贡献。此外，芳纶的抗压缩性能较差，特别是其动态疲劳性能不好，因此，在动态使用的情况下，织物内层可能发生早期损坏。

2.1.2　纤维的主要性能指标

（1）纤度：表示纤维粗细的指标称为纤度，有以下三种表示方法。

①支数：单位质量（以 g 计）的纤维所具有的长度称为支数，一般用每克纤维所具有的支数来表示。如 1 g 重纤维长 100 m，称 100 支，记作 100 Nm。对于同一种纤维，支数越高表示纤维越细。但不同纤维，由于密度不同，粗细不能用支数直接比较。

②细度：一定长度纤维所具有的质量，细度的单位是特克斯（tex），简称特，是指 1 000 m 长纤维所具有的克数；质量若以 10^{-1} g 计，则称分特（dtex）。纤维越细，细度越小。

③旦（denier）符号 D 或 d，9 000 m 长纤维所具有的质量克数称为“旦”，如 9 000 m 长的纤维重 3 g，即为 3 d。

以上三种表示方法之间的换算关系如下：旦数×支数＝9 000；特数×支数＝1 000；旦数＝9/10×分特数。

（2）强度：当纤维材料在外力作用下破坏时，主要和基本的方式是纤维材料断裂。表达纤维材料抵抗拉伸能力的指标一般用扯断强度和相对强度来表示。

①扯断强度（绝对强度），是指纤维材料在连续增加负荷的情况下，直至断裂时所能承受的最大负荷，单位为 N（kgf）。

②相对强度，指每特（或分特）纤维被拉断时所受的力，用以下公式表示：

$$P=\frac{F}{D}$$

式中，P——断裂强度，N/tex 或 N/etex；

F——纤维被拉断时的负荷；

D——纤维纤度。

纤维的强度有干、湿强度之分。

（3）断裂伸长率：指纤维或试样在拉伸至断裂时的长度比原来增加的百分数，一般用 ε 表示：

$$\varepsilon=\frac{L-L_0}{L_0}\times 100\%$$

式中，L_0——纤维原长；

L——纤维拉伸至断裂时的长度。

（4）初始模量：纤维的初始模量通常采用纤维延伸原长 1%时的应力值表示，单位为 N/tex、m N/tex、N/m^2。弹性模量大的纤维尺寸稳定性好，不易变形，制成的织物抗皱性好。

（5）断裂功：指纤维材料在外力作用下，拉伸至断裂时所做的功，即纤维材料受拉伸至断裂时所吸收的总能量。为便于各种材料的相互比较，常采用断裂比功来表征，是指拉断单位试样纤维（1cm 长的纤维）所需的功。断裂比功用于表征纤维材料的韧性和耐冲击性。

（6）回弹率：将纤维拉伸产生一定伸长（一般为 2%、3%、5%），然后除去负荷，经松弛一定时间后，测定纤维弹性回缩后的伸长，可回复的弹性伸长与总伸长之比称为回弹率。

$$回弹率（\%）=\frac{L_D-L_R}{L_D-L_0}\times 100\%$$

式中：L_0——纤维原来长度，mm；

L_D——纤维拉伸后长度；

L_R——纤维除去负荷，经一定时间恢复后的长度。

（7）吸湿性：纤维吸湿性是指在标准温度和湿度（20±3℃，相对湿度 65±3%）条件下纤维的吸水率，一般用回潮率（R）或含湿率（M）两种指标表示。

$$回潮率（\%）=\frac{G_0-G}{G}\times 100\% \qquad 含湿率（\%）=\frac{G_0-G}{G_0}\times 100\%$$

式中：G——纤维干燥后的质量；

G_0——纤维未干燥时的质量。

纤维材料的吸湿性关系到材料的性能变化和加工工艺。

纤维材料实际使用中，并不处于标准状态，为了计重和核价需要，需对各种纤维材料的回潮率作统一规定，此种回潮率称为公定回潮率。几种常用纤维材料的公定回潮率见表 1.2.2-1。

表 1.2.2-1　常用纤维材料的公定回潮率

纤维种类	公定回潮率/%	纤维种类	公定回潮率/%	纤维种类	公定回潮率/%
原棉	11.1（含水率 10%）	麻	12	涤纶	0.4
洗净毛	15	黄麻	14	锦纶	4.5
山羊绒	15	亚麻	12	腈纶	2.0
干毛条	18.25	黏胶纤维	13	维纶	5.0
油毛条	19	铜氨纤维	13	氯纶	—
桑蚕丝	11	醋酯纤维	7	丙纶	—
				氨纶	1.0

（8）动态力学性能。

由骨架材料增强的橡胶制品，在实际使用中受到各种应力的作用，如轮胎在实际行驶中，帘线承受拉伸、压缩、弯曲、剪切等各种应力作用。因此，帘线只有良好的静态力学性能是不够的，还必须具有优异的动态力学性能。表征纤维材料动态力学性能的指标一般包括：动态模量、往复拉伸模量、弯曲疲劳性能、管状帘线-橡胶复合材料动态疲劳性能等。

2.2　常用纤维的组成与性能

2.2.1　天然纤维

天然纤维主要包括棉纤维、麻纤维、毛纤维等。其中，棉纤维在橡胶工业中的用量曾占主要地位，但目前它仅占纤维总用量的5%左右。其主要成分是纤维素，是一种碳水化合物，分子式为（$C_6H_{10}O_5$）$_n$，式中的聚合度 n 一般可达 10 000～15 000，含量占 90%～94%；其次是水分、脂肪、蜡质、蛋白质、果胶及灰分等。棉纤维较粗，强度较低，延伸率较低，弹性较差，耐高温性差（120℃下强度下降 35%），但与橡胶黏着性能好，湿强度较高。

棉纤维已很少单独用于要求高强力的橡胶制品中，主要用于与合成纤维复合，增加黏合性。

天然纤维的基本性能见表 1.2.2-2。

表 1.2.2-2　天然纤维的基本性能

项目		棉纤维	羊毛纤维	麻纤维
断裂强度/（N·tex^{-1}）	干态	0.26～0.43	0.088～0.15	0.49～0.57
	湿态	0.20～0.56	0.067～0.145	0.51～0.68
断裂伸长率/%	干态	3～7	25～35	1.5～2.3
	湿态	—	25～50	2.0～2.4
湿/干强度比/%		110～130	76～96	104～118
相对环扣强度/%		70	80	80～85
相对结节强度/%		90～100	85	—
回弹率（延伸 2%时）/%		74.45（5%）	99.63（20%）	48
初始模量[a]/（N·tex^{-1}）		5.98～8.18	0.968～2.2	17.6～22
密度/（g·cm^{-3}）		1.54	1.32	1.54～1.55
回潮率/%				
20℃时，65%相对湿度		7	16	13
20℃时，95%相对湿度		24～27	22	
公定回潮率[b]/%		11.1	15	12
耐热性		不软化，不熔融，在 120℃5 h 下发黄，150℃分解	100℃开始变黄，130℃分解，300℃碳化	200℃分解
耐日光性		强度稍有下降	发黄，强度下降	强度几乎不下降
耐酸性		热稀酸、冷浓酸可使其分解，在冷稀酸中无影响	在热硫酸中会分解	热酸中受损伤，浓硫酸中膨润溶解
耐碱性		在氢氧化钠溶液中膨润（丝光化），但不损伤强度	在强碱中分解，弱碱对其有损伤	耐碱性好

续表

项目	棉纤维	羊毛纤维	麻纤维
耐溶剂性[c]	不溶于一般溶剂	不溶于一般溶剂	不溶于一般溶剂
耐虫蛀、耐霉菌性	耐虫蛀，不耐霉菌	耐霉菌，不耐虫蛀	尚好
耐磨性	尚好	一般	—

注：a. 初始模量由100%伸长所需应力定义，从伸长2%时的应力外推得到。

b. 公定回潮率是指为了计重和核价需要，对纤维材料在标准温度（20±3℃）和相对湿度（65±3%）条件下平衡后材料的吸水率作的统一规定，为贸易术语。

c. 一般溶剂：乙醇、乙醚、苯、丙酮、汽油和四氯乙烷等，下同。

于清溪，吕百龄．橡胶原材料手册［M］．北京：化学工业出版社，2007：616.

2.2.2　黏胶纤维

黏胶纤维是人造纤维的一种，也称人造丝，以木材、棉绒等的天然纤维素为原料，经化学处理与机械加工制成，主要品种有普通黏胶纤维、高强力黏胶纤维（High tenacity viscose fiber）、高湿模量黏胶纤维（Modal fiber）、富强纤维（波里诺西克纤维）（Polynosic Fiber）、变化型高湿模量纤维等。普通黏胶纤维是指具有一般的物理机械性能和化学性能的黏胶纤维；高强力黏胶纤维是指具有较高的强力和耐疲劳性能的黏胶纤维；高湿模量黏胶纤维是指具有较高的聚合度、强力和湿模量的黏胶纤维。这种纤维在湿态下单位线密度每特（tex）可承受22.0 cN（相当于每旦2.5 g）的负荷，且在此负荷下的湿伸长率不超过15%；富强纤维是指用高黏度、高酯化度的低碱黏胶，在低酸、低盐纺丝浴斗，纺成的高湿模量纤维，具有良好的耐碱性和尺寸稳定性；变化型高湿模量纤维是指用加有变性剂的黏胶，在锌含量较高的纺丝浴中纺成的高湿模量纤维，具有较高的钩接强度和耐疲劳性。

橡胶工业用的仅是具有高强度、高模量的高强度黏胶纤维。

黏胶纤维的基本化学组成与棉纤维相同，因此有些性能与棉纤维类似。黏胶纤维的化学工艺过程如图1.2.2-2所示。

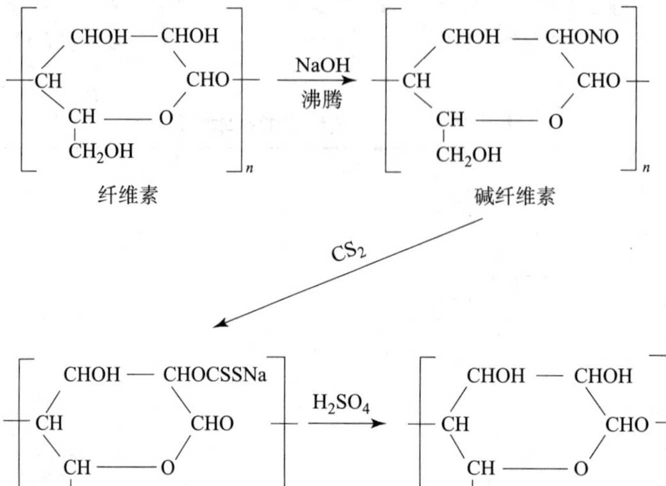

图1.2.2-2　黏胶纤维的化学工艺过程

由图1.2.2-2可见，纤维素的基本结构没有发生变化，在加工的各个阶段主要是溶解并再生纤维素。但是，在加工过程中，纤维素发生降解，其分子量明显降低。由于黏胶纤维的聚合度仅有550～650（也有文献认为为200～300），较棉纤维（约为2 000）低，在纤维纺纱过程中分子链的取向度也较小，因此，尽管连续黏胶纤维的长丝比棉纱强度高，但棉花单纤维或棉籽绒的强度要比黏胶纤维高约50 cN/tex，且其某些性能也较棉纤维差：如其湿强度不像棉纤维大于干强度，而是大大低于干强度，大约只有60%；吸水率较大，一般可达10%左右，吸水后膨胀，其织物在水中变硬；黏胶纤维的弹性、耐磨性、耐碱性、与橡胶的黏着性也较差。黏胶纤维在输送带中一般不使用，因为水分极易从暴露的人造丝织物边部吸入，导致输送带早期损坏。但是黏胶纤维细长，所以相对强度、初始模量较高，尺寸稳定性好；内摩擦较小，高温下强度损失小，导热性也较好，故使用时生热小、耐疲劳性和耐热性均比棉纤维优越，并且耐有机溶剂。其中三超人造丝帘线的强度为普通人造丝的1.2～1.3倍；耐疲劳性为普通人造丝的1.3～1.4倍。

针对黏胶纤维的不足，近年来开发成功一种新型超高模数人造丝——富强纤维，主要是提高了大分子的取向度、结构均匀度，其性能与棉纤维接近，其特性是强度高、延伸率小、结晶性大，可用于子午线轮胎。

黏胶纤维的基本性能见表1.2.2-3。

表 1.2.2-3 黏胶纤维的基本性能

项目		短纤维		长丝		高模量	
		普通	强力	普通	强力	短纤维	长丝
断裂强度/(N·tex^{-1})	干态	0.22～0.27	0.32～0.37	0.15～0.20	0.3～0.46	0.31～0.46	0.19～0.26
	湿态	0.12～0.18	0.24～0.29	0.07～0.11	0.22～0.36	0.23～0.37	0.11～0.17
断裂伸长率/%	干态	16～22	19～24	10～24	7～15	7～14	8～12
	湿态	21～29	21～29	24～35	20～30	8～15	9～15
湿干强度比/%		60～65	70～75	45～55	70～80	70～80	55～70
相对环扣强度/%		25～40	35～45	30～65	40～70	20～40	—
相对结节强度/%		35～50	45～60	45～60	40～60	20～25	35～70
回弹率（延伸3%时）/%		55～80		60～80		60～85	55～80
初始模量/(N·tex^{-1})		2.6～6.2	4.4～7.9	5.7～7.5	9.68～14.1	6.2～9.68	5.3～8.8
密度/(g·cm^{-3})		1.50～1.52					
回潮率/%							
20℃时，65%相对湿度		12～14					
20℃时，95%相对湿度		25～30					
公定回潮率/%		13					
耐热性		不软化，不熔融，260～300℃开始变色分解					
耐日光性		强度下降					
耐酸性		热稀酸、冷浓酸能使其强度下降致溶解；5%盐酸、11%硫酸以下对纤维强度无影响					
耐碱性		强碱可使其膨润，强度降低；2%以下氢氧化钠溶液对其强度无影响			强碱可使其膨润，强度降低；4.5%以下氢氧化钠溶液对其强度无影响		
耐溶剂性		不溶于一般溶剂，溶于铜胺溶液、铜乙二胺溶液					
耐虫蛀、耐霉菌性		耐虫蛀性优良，耐霉菌性差					
耐磨性		较差					

人造丝的独特性能表现在多方面，其中最重要的是其优异的尺寸稳定性和低滞后性。历史上，欧洲一直用人造丝作为子午线轮胎的骨架材料，随着环保问题日益被人们重视，耗用天然森林资源、生产过程中产生严重污染的人造丝作为子午线轮胎骨架材料的必要性，在国际上引起了热烈讨论。尺寸稳定型聚酯开发成功后，人造丝更是面临着空前的压力。但像跑气保用轮胎这样的顶级性能子午线轮胎还需使用人造丝。

2.2.3 合成纤维

合成纤维具有优良的物理、机械和化学性能，如强度高、密度小、弹性高、耐腐蚀、质轻、保暖、电绝缘性好及不霉蛀等，某些特种合成纤维还具有耐高温、耐低温、耐辐射、高弹度、高模量等特殊性能。橡胶工业中常用的有锦纶（锦纶、脂肪族聚酰胺纤维）、涤纶（的确良、聚酯纤维）和维纶纤维（聚乙烯醇纤维）。橡胶工业中使用的特种合成纤维包括：耐高温纤维，主要品种有玻璃纤维、芳纶（B纤维、芳香族聚酰胺纤维）、碳纤维；耐腐蚀纤维，主要品种有聚四氟乙烯纤维，阻燃纤维等。

（一）脂肪族聚酰胺纤维（Fatty polyamide fiber）

脂肪族聚酰胺纤维是由酰胺键与脂族基或脂环基连接的线型大分子构成的合成纤维。

1. 锦纶6和锦纶66

橡胶工业中主要使用锦纶6和锦纶66，与黏胶纤维相比，强度高1.5～1.8倍，吸湿率较低，耐疲劳性较高，耐冲击性能优越；但初始模量低，热收缩性大，尺寸稳定性差，与橡胶的黏着性差，不能用于子午线轮胎的带束层和V带等。

锦纶属于线型脂肪族聚酰胺类，化学性质上与天然蛋白质（包括丝和羊毛）接近，天然产品和合成产品之间的主要区别在于酰胺基的相对位置。天然产品中酰胺基的氮原子与邻近羰基的碳原子相接，也就是从α-氨基羧酸类派生出来的。

锦纶6由含六个碳原子的ε-氨基己酸（己内酰胺）聚合得到。其合成路线包括苯酚法、环己烷氧化法，生成环己酮后，环己酮与羟胺反应生成环己酮肟，在等量的发烟硫酸中，通过贝克曼（Beckman）转换得到己内酰胺，将己内酰胺单体与约10%重量的水加热，使己内酰胺环状结构开环，经缩聚、加成得到锦纶6。锦纶6的合成路线还有光亚硝化法与甲苯法等。

锦纶66由己二胺和己二酸缩聚得到，其中己二酸的制备主要有苯酚法、环己烷法和丙烯腈二聚法，己二胺的制备主要有己二酸法和丁二烯法。由二元酸和二元胺制取锦纶时，需要严格控制原料配比为等摩尔比，才能得到分子量较高的聚合物，因此，在生产中必须先把己二酸和己二胺混合制成锦纶 66 盐。锦纶 66 盐的制备是分别把己二胺的乙醇溶液与己二酸的乙醇溶液在 60℃以上的温度下搅拌混合，中和成盐后析出，经过滤、醇洗、干燥，最后配制成 63%左右的水溶液，供缩聚使用。锦纶 66 盐的缩聚需在高温下进行，伴随着水的脱除，生成线型高分子量锦纶 66。锦纶 66 的分子量通常控制在 12 000～20 000。

聚酰胺纤维的化学分子式为：

$$\lbrack NH—R—NH—CO—R'—CO \rbrack_p \text{ 或 } \lbrack NH—R—CO \rbrack_p$$

R·与 R′为脂族基或脂环基，可以相同或不同，至少应有 85%的酰胺键与 R 或 R′相连。可根据缩聚组分的碳原子个数来简称各相应的脂族聚酰胺纤维。

锦纶 66 与锦纶 6 的分子结构示意见图 1.2.2-3。

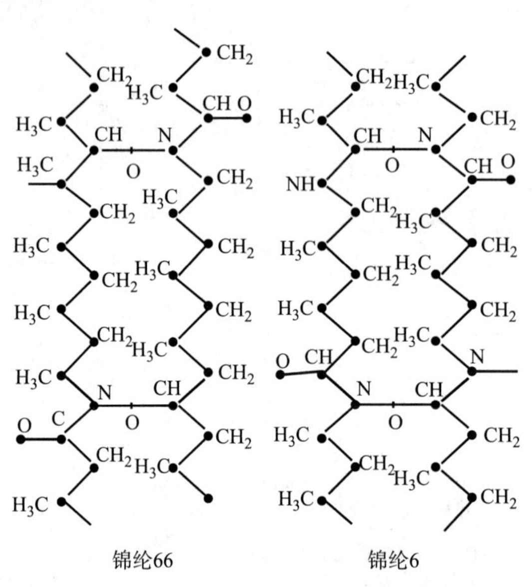

图 1.2.2-3　锦纶 66 与锦纶 6 分子结构示意图

锦纶 6 和锦纶 66 相比，两者的强度大致相等。但因两者分子链末端不同，锦纶 66 熔点比锦纶 6 高，耐干、湿热性能较优；初始模量及尺寸稳定性锦纶 66 较优，回弹性或蠕变率也较锦纶 6 好；与橡胶的黏着性锦纶 6 较好。一般汽车轮胎使用锦纶 66 做骨架材料，摩托车胎、力车胎使用锦纶 6 做骨架材料。

聚酰胺纤维的基本性能见表 1.2.2-4。

表 1.2.2-4　聚酰胺纤维的基本性能

项目		锦纶 6 纤维			锦纶 66 纤维		
		短纤维	长丝		短纤维	长丝	
			普通	强力		普通	强力
断裂强度/($N \cdot tex^{-1}$)	干态	0.38～0.62	0.42～0.56	0.56～0.84	0.31～0.63	0.26～0.53	0.52～0.84
	湿态	0.32～0.55	0.37～0.52	0.52～0.70	0.26～0.54	0.23～0.46	0.45～0.70
断裂伸长率/%	干态	25～60	28～45	16～25	16～66	25～65	16～28
	湿态	27～63	36～52	20～30	18～68	30～70	18～32
湿干强度比/%		83～90	84～92	84～92	80～90	85～90	85～90
相对环扣强度/%		65～85	75～95	70～90	65～85	75～95	70～90
相对结节强度/%		—	80～90	60～70	—	80～90	60～70
回弹率（延伸 3%时）/%		95～100	98～100		100（延伸 4%时）		
初始模量/($N \cdot tex^{-1}$)		0.7～2.6	1.8～4.0	2.4～4.4	0.88～4.0	0.44～2.1	1.9～5.1
密度/($g \cdot cm^{-3}$)		1.14			1.14		
回潮率/%							
20℃ 时，65% 相对湿度		3.5～5.0			4.2～4.5		
20℃ 时，95% 相对湿度		8.0～9.0			6.1～8.0		
公定回潮率/%		4.5			4.5		

续表

项目	锦纶 6 纤维			锦纶 66 纤维		
	短纤维	长丝		短纤维	长丝	
		普通	强力		普通	强力
耐热性	软化点 180℃，熔点 215～220℃			150℃发黄，230～235℃软化，熔点 250～260℃		
耐日光性	强度显著下降，纤维发黄			强度显著下降，纤维发黄		
耐酸性	16%以上的浓盐酸、浓硫酸、浓硝酸可使其部分分解而溶解			耐弱酸，溶于并部分分解于浓盐酸、硫酸、硝酸		
耐碱性	在 50%氢氧化钠溶液、28%氨水里，强度几乎不下降			在室温下耐碱性良好，但高于 60℃时，碱对纤维有破坏作用		
耐溶剂性	不溶于一般溶剂，但溶于酚类（酚、间甲酚等）、浓甲酸中，在冰醋酸中膨润，加热可使其溶解			不溶于一般溶剂，但溶于某些酸类化合物和 90%甲酸中		
耐虫蛀、耐霉菌性	有良好抗性			良好		
耐磨性	优良					

聚酰胺纤维的耐热性见表 1.2.2-5。

表 1.2.2-5　聚酰胺纤维的耐热性

项目	锦纶 6	锦纶 66	项目	锦纶 6	锦纶 66
最高熨烫温度/℃	150	205	最适宜的定型温度/℃	190	225
开始塑形流动温度/℃	160	220	强度降至零时的温度/℃	195	240
软化点温度/℃	180	235	熔点/℃	215～220	250～260

2. 锦纶 46

荷兰国家矿业公司（DSM）研制的锦纶 46 帘线（商品名 Stanyl），以 1，4-二氨基丁烷和己二酸为原料，通过缩聚反应而成。在所有已实现工业化生产的脂肪族锦纶纤维中，锦纶 46 纤维以其熔点（283℃）和结晶度高而著称。这些固有的性能源自其化学组成，与锦纶 66 相比，锦纶 46 化学结构的特征是酰胺基团的键合密度较高；此外，因为锦纶 46 分子链中二氨基与二羧基单元中两个酰胺基团间的距离相同，因而分子链的规整度也较高。

锦纶 46 尺寸稳定性良好，其 120℃下模量比锦纶 66 高 25%，不低于聚酯帘线的模量；160℃下收缩率比锦纶 66 低 3%；在相等或较低热收缩率下的热收缩力却高出许多，蠕变率更低。锦纶 46 在较高的温度下具有稳定的物理性能；在负荷情况下蠕变小，收缩率低；尺寸稳定性和耐热老化性能均高于锦纶 6 和锦纶 66，并且平点倾向性也低；与橡胶的黏合性好[3][4]。

注意：平点是指锦纶用作轮胎骨架材料时，静态下轮胎受垂直负荷作用胎面易变形产生平点，导致汽车启动初期产生跳动。

与锦纶 66 帘线相比，锦纶 46 帘线在 80～150℃温度范围内干热收缩率更大，且热收缩力在任何温度范围内都随温度升高而增大（锦纶 66 帘线在较高预加张力和 50℃以下温度时，热收缩力随温度升高而降低），但干热收缩率对温度的敏感程度及硫化温度下的干热收缩率较低。聚酯帘线的热收缩力随温度升高变化不大，但对预加张力较为敏感。热收缩力可提高冠带层的效能，若冠带层能在长时间内保持其热收缩力，即冠带层材料的应力松弛率或蠕变率低，对轮胎保持其良好性能至关重要。试验证明，对冠带层帘线施加 1 g/(10 dtex) 和 3 g/(10 dtex) 两档预加张力加热至 150℃并保持 1 h 后，聚酯帘线的热收缩力会大幅度衰减，锦纶 66 帘线最终的热收缩力高于聚酯，但在加热初期比聚酯帘线有较大衰减；锦纶 46 的热收缩力高于聚酯和锦纶 66。因此，达到冠带层同样的性能要求（高温下的箍紧性）时，锦纶 46 帘线的用量可以小于其他两种材料。此外，锦纶 46 不像其他两种材料那样在受热初期有热收缩力下降的现象，故在冠带层受到热作用时，可使冠带层的稳定性更好。在预加张力低于 6 g/dtex 时，锦纶 46 的应力松弛低于聚酯。因此，锦纶 46 具有热收缩力最大和应力松弛率最低的综合性能，是高温下橡胶内承力元件的理想骨架材料[4]。

总之，锦纶 46 综合了尺寸稳定性好、高温下模量高、热收缩力大、随时间延长应力保持率高、蠕变率在所有锦纶纤维中最低等优异性能，是子午线轮胎冠带层的理想增强材料。

其他脂肪族聚酰胺纤维有聚酰胺 3、聚酰胺 4、聚酰胺 7、聚酰胺 9、聚酰胺 11、聚酰胺 610、聚酰胺 612、聚酰胺 1010 等。脂环族聚酰胺纤维有双（对氨基环己基）甲烷和十二酸的缩合物（商品名 Qiana）等。

（二）聚酯纤维（Polyester fiber）

聚酯纤维被用作橡胶制品骨架材料最重要的原因是其具有良好的尺寸稳定性，这对子午线轮胎、胶管和胶带来说是至关重要的性能。

聚酯纤维是由二元醇与二元酸或ω-羟基酸等聚酯线型大分子所构成的合成纤维，在大分子链中至少有85%的这种酯的链节。目前主要品种是聚对苯二甲酸乙二酯纤维（PET），商品名涤纶、特丽纶、达克纶、帝特纶、拉芙桑等；聚萘二甲酸乙二醇酯纤维（PEN）。其他聚酯纤维还有聚对苯二甲酸环己基-1，4-二甲酯（商品名Kodel）、聚对羟基苯甲酸乙二酯（商品名荣辉、A-Tell）等。

近年来，完善聚酯性能的工作主要围绕两点：一是提高其强度，目前工业用聚酯长丝的强度已达8cN/dtex以上，接近和达到了原锦纶长丝的强度；二是进一步改善其尺寸稳定性，主要是降低热收缩率，同时提高模量，促进聚酯骨架材料在子午线轮胎中的应用。

1. 聚对苯二甲酸乙二酯纤维（PET）

聚对苯二甲酸乙二酯的玻璃化温度为69 ℃，软化范围230～240 ℃，熔点255～260 ℃，具有良好的成纤性、力学性能、耐磨性、抗蠕变性、低吸水性以及电绝缘性能。

工业上生产PET的方法包括酯交换缩聚法、直接酯化缩聚法、环氧乙烷法。聚对苯二甲酸乙二酯的化学分子式为：

$$-\!\!\left[\overset{\displaystyle O}{\overset{\|}{C}}-C_6H_4-\overset{\displaystyle O}{\overset{\|}{C}}-OCH_2CH_2O\right]_n$$

聚对苯二甲酸乙二酯纤维强度稍低于锦纶，回弹性接近羊毛，耐热性、耐疲劳性、尺寸稳定性和耐水性等都很好，耐磨性仅次于锦纶，因此聚酯可用于V带、输送带及胶管类产品。但它与橡胶的黏合比人造丝和锦纶等都要困难，并由于疲劳生热量大易引起胺化、水解等降解反应而降低帘线的强度，其降低程度根据硫化促进剂和防老剂不同差异很大。促进剂中，单一噻唑类促进剂影响最小；次磺酰胺类与胍类促进剂影响较大；影响最大的是秋兰姆类和硫代氨基甲酸盐类促进剂，即使在较低浓度下使用，其影响也较大。六甲撑四胺用作第二促进剂或者黏合体系的次甲基给予体时，对聚酯纤维的降解有严重影响。使用聚酯作为骨架材料的制品，如果采用直接蒸汽硫化，聚酯在硫化期间就会发生急剧降解。

聚酯纤维的基本性能见表1.2.2-6。

表1.2.2-6 聚酯纤维的基本性能

项目		短纤维	长丝	
			普通	强力
断裂强度/(N·tex^{-1})	干态	0.42～0.57	0.38～0.53	0.55～0.79
	湿态	0.42～0.57	0.38～0.53	0.55～0.79
断裂伸长率/%	干态	35～50	20～32	7～17
	湿态	35～50	20～32	7～17
湿干强度比/%		100	100	100
相对环扣强度/%		75～95	85～98	75～90
相对结节强度/%		—	40～70	70～80
回弹率（延伸3%时）/%		90～95	95～100	
初始模量/(N·tex^{-1})		2.2～4.4	7.9～14.1	
密度/(g·cm^{-3})		1.38		
回潮率/%				
20℃时，65%相对湿度		0.4～0.5		
20℃时，95%相对湿度		0.6～0.7		
公定回潮率/%		0.4		
耐热性		软化点238～240℃，熔点255～260℃		
耐日光性		强度几乎不降低		
耐酸性		35%盐酸、75%硫酸、60%硝酸以下对其强度无影响，在96%硫酸中分解		
耐碱性		在10%氢氧化钠溶液、28%氨水里，强度几乎不下降；遇强碱时分解		
耐溶剂性		不溶于一般溶剂，溶于热间甲酚、热二甲基甲酰胺及40℃的苯酚-四氯乙烷混合液		
耐虫蛀、耐霉菌性		良好		
耐磨性		优良（仅次于聚酰胺纤维）		

注：于清溪，吕百龄．橡胶原材料手册［M］．北京：化学工业出版社，2007：619.

高模量低收缩（HMLS、DSP）聚酯帘线具有模量高、强力高、热收缩率低（比普通聚酯低50%）、尺寸稳定性好、干湿强度大致相等、低捻帘线无损于疲劳性能等优点。HMLS聚酯与人造丝相比具有性能价格比的优势，已在大多数轿车和轻载子午线轮胎中取代人造丝。除美国、日本等一直使用聚酯帘布制造子午线轮胎的国家外，我国的子午线轮胎生产中也大量应用聚酯帘布。传统使用人造丝帘布生产子午线轮胎的欧洲在受到环保问题的困扰后，也已在Z速级以下的乘用子午线轮胎和轻型载重子午线轮胎中使用聚酯帘布。

高速级、高性能轿车子午线轮胎和中、重型载重子午线轮胎中没有使用聚酯帘布，原因是聚酯帘线在110～140℃的温度范围内损耗因子及生热速率出现峰值，而且应变越大，出现峰值的温度越低。高速行驶中的轮胎或承受大负荷作用的轮胎通常很容易达到这个温度，此时聚酯帘线的滞后现象最为严重，加剧了轮胎生热。

2. 聚萘二甲酸乙二醇酯纤维（PEN）

聚萘二甲酸乙二醇酯纤维（PEN）被普遍认为是聚酯家族中的高性能产品，其尺寸稳定性比HMLS聚酯纤维高2倍。PEN的优异特性源于其分子主链中兼有刚性和柔性组分，PEN的萘环提供了较高的刚性，因此其玻璃化温度（T_g）和模量均比PET类聚酯材料高。即PET纤维是聚合态的苯基酸酯，而PEN纤维则是聚合态的萘基酸酯。但它与全芳族聚酯或芳纶不同，其结构中的乙烯基团保证了高相对分子质量聚合物可熔融加工。

PEN的分子结构式：

$$-CH_2-CH_2-O-\underset{\underset{O}{\|}}{C}-C_{10}H_6-\overset{\overset{O}{\|}}{C}-O-$$

乙烯　　　　萘环

PEN的玻璃化温度为120℃。其特性包括：

(1) 玻璃化转变温度及熔化温度更高，因此用PEN纤维制成的骨架材料的耐热性更好；

(2) 强度更高，比PET纤维高20%～25%；

(3) 尺寸稳定性更好，其模量提高了130%，热收缩率与PET持平；

(4) 耐疲劳性也较好，屈挠疲劳后PEN帘线的强力保持率比PET提高了5%～10%；

(5) 压缩模量是所有化学纤维中最高的。

PEN是一种性能改进而质量较小的骨架材料，因而可减小轮胎质量，降低轮胎滚动阻力，从而提高燃油效率。如果能够在带束层和载重轮胎胎体中以PEN替代钢丝，那么上述优点会更加突出。

在V速级的225/55 R16乘用车轮胎中用标称密度为83 epdm的单层胎体结构PEN帘布替代以470 tpm并捻的184×3 tex人造丝帘布，并进行考察[6]。

图1.2.2-4表明，一种110×2结构PEN帘线在织物重量减少32%的情况下能达到人造丝胎体帘布层的强度要求，并且相对于干人造丝或半湿人造丝而言，将尺寸稳定性提高了50%～12%以上。

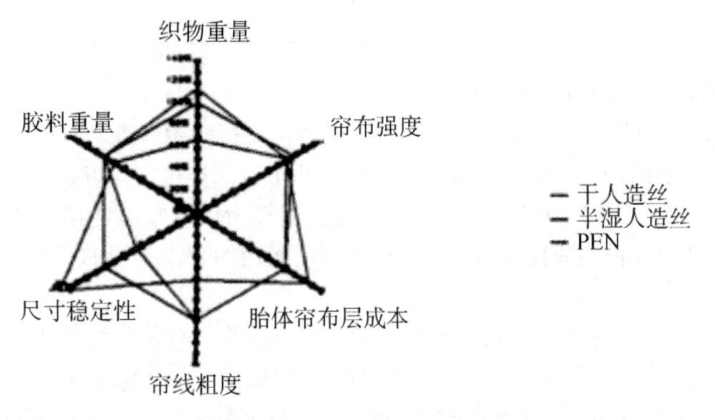

图1.2.2-4　PEN和人造丝用作轮胎胎体骨架材料的对比

（三）聚乙烯醇纤维（Polyvinyl alcohol fiber，Vinylal fiber）

聚乙烯醇纤维，是由聚乙烯醇的线型大分子构成的合成纤维，商品名称为维纶。其化学结构式为：

$$\left[(CH_2-\underset{\underset{OH}{|}}{CH})_m(CH_2-\underset{\underset{O}{|}}{CH}-CH_2-\underset{\underset{O}{|}}{CH})_n\right]_p \quad (O-R-O)$$

当$n=0$时，为聚乙烯醇纤维，$n>0$且R为CH_2时，称为聚乙烯醇缩甲醛纤维（Polyvinyl formal fiber）。

聚乙烯醇纤维以帆布为主广泛用于工业部门。作为橡胶制品用织物，具有人造丝和锦纶中间性能的长纤维尼纶多用于输送带帆布的经线，而其短纤维多用于胶管。

它是现有合成纤维中吸湿率最大的一个品种，吸湿率可达4.5%～5.0%，与棉纤维相近；耐磨性是棉纤维的5倍，强度和初始模量是棉纤维的1.5～2倍，但不如锦纶；耐化学腐蚀性好，不仅耐酸碱而且耐一般有机溶剂，耐日晒、不腐烂、不发霉。主要缺点是耐热性稍差，尤其是耐湿热性差，在橡胶制品中织物裸露硫化时会产生“树脂化”现象降低制品强度。适用于胶管、胶带、胶鞋等制品。

聚乙烯醇纤维的基本性能见表1.2.2-7。

表 1.2.2-7 聚乙烯醇纤维的基本性能

项目		短纤维		长丝	
		普通	强力	普通	强力
断裂强度/(N·tex^{-1})	干态	0.40~0.57	0.60~0.75	0.26~0.36	0.53~0.84
	湿态	0.28~0.46	0.47~0.60	0.18~0.28	0.44~0.75
断裂伸长率/%	干态	12~26	11~17	17~22	9~22
	湿态	12~26	11~17	17~25	10~26
湿干强度比/%		72~85	78~85	70~80	75~90
相对结节强度/%		65	65~70	80	40~50
相对环扣强度/%		40	35~40	88~94	62~65
回弹率（延伸 3%时）/%		70~85	72~85	70~90	70~90
初始模量/(N·tex^{-1})		2.2~6.2	6.2~9.24	5.3~7.9	6.2~15.8
密度/(g·cm^{-3})		1.26~1.30			
回潮率/%					
20℃时，65%相对湿度		4.5~5.0		3.5~4.5	3.0~5.0
20℃时，95%相对湿度		10~12			
公定回潮率/%		5			
耐热性		软化点 220~230℃，熔点不明显			
耐日光性		强度稍有下降			
耐酸性		浓盐酸、浓硫酸、浓硝酸能使其膨润分解，10%盐酸、30%硫酸以下对纤维强度无影响			
耐碱性		在 50%氢氧化钠溶液中强度几乎不下降			
耐溶剂性		不溶于一般溶剂，在酚、热吡啶、甲酚、浓甲酸里膨润或溶解			
耐虫蛀、耐霉菌性		良好			
耐磨性		良好			

（四）芳香族聚酰胺纤维（Aramid fiber）

合成纤维中近年来最引人注意的莫过于芳纶，即 B 纤维，全称芳基聚酰胺纤维，是由酰胺键与芳基连接的芳族聚酰胺的线型大分子构成的合成纤维，其中至少有 85%的酰胺键直接与两个芳基连接（并可在不超过 50%的情况下，以亚酰胺键代替酰胺键）。《纺织品·人造纤维》[ISO 2076—1977（E）] 将其定义为由酰胺键连接的“由芳香族基组成的合成线型高分子，其酰胺键的 85%以上与 2 个芳香族基直接结合者，亦包括酰胺键的 50%以下被酰亚胺键置换者”。芳纶种类比较多，其划分的方法也有多种。

第一种命名方法根据结构划分，分为对位芳纶和间位芳纶、邻位芳纶。对位芳纶的单体是对苯二甲酸和对苯二胺，单体上的功能团为对位，聚合得到的链段比较规整，耐高温性能好，强度高、弹性模量高，对位芳纶主要以杜邦的 Kevlar 系列产品为代表，包括 Kevlar、Twaron、Techonra 等品牌。间位芳纶的单体是间苯二甲酸和间苯二胺，单体上的功能团为间位，聚合得到的链段呈锯齿形，耐高温，但强度模量都略低，间位芳纶主要以杜邦的 Nomex 系列产品为代表，包括 Nomex、Conex、Metamax、Tenilon 等品牌，以耐热性、难燃性和耐化学品性优异而著称。邻位芳纶的单体是邻苯二甲酸和邻苯二胺，单体上的功能团为邻位，邻位芳纶主要以杜邦的 Korex 系列产品为代表。

第二种命名方法也是根据结构划分，如对位就是苯环上的 1、4 位置，间位就是苯环上的 1、3 位置，如芳纶 14 就是对氨基苯甲酸苯环上 1、4 位置的连接，芳纶 1414 就是对位芳纶，芳纶 1313 就是间位芳纶。

第三种命名方法就是根据聚合单体的种数，如前面所说的芳纶 14 又叫芳纶Ⅰ型，芳纶 1414 和芳纶 1313 又叫芳纶Ⅱ型。当在对苯二甲酸和对苯二胺、间苯二甲酸和间苯二胺等常见结构加入第三单元单体如 4，4′-二氨基二苯醚、5（6）-胺基-2-（4-胺基苯基）苯并咪唑等得到的芳纶可称为芳纶Ⅲ型。当第三单元单体为杂环结构时，也被为杂环芳纶。

芳纶的化学结构通式为：

$$\left[NH—AR—NH—CO—AR'—CO \right]_p \text{ 或 } \left[NH—AR—CO \right]_p$$

AR 与 AR′为芳基，可以相同或不同，可根据取代基在芳基上的位置来简称各相应的芳族聚酰胺纤维。

芳纶（芳基聚酰胺纤维）与锦纶（脂肪族聚酰胺纤维）密切相关，但用芳族取代脂肪族主链后，纤维性质发生重大变化。芳纶纤维强力和弹性都很高，强度可达 2.8 GPa，初始模数可达 61 GPa，而钢丝的相应数值为 2.3 GPa、200 GPa，聚酯为 1 GPa、20 GPa。芳纶纤维的耐热性极为优异，热收缩也比较小，耐屈挠、耐冲击性也很优秀，适用于子午线轮胎和带束斜交轮胎的缓冲层、帘布层。

对芳纶帘线进行往复拉伸-回缩试验，以模拟轮胎在行驶过程中受周期性拉伸-压缩变形的行为。循环往复拉伸试验测定的帘线滞后损失率见图 1.2.2-5。从图 1.2.2-5 中可以看出芳纶帘线的滞后损失率最小，而聚酯帘线最大，说明采用芳纶帘线做骨架材料的轮胎行驶过程中生热小，而聚酯帘线轮胎生热大。因此，芳纶帘线是制造高速和高性能子午线轮胎理想的骨架材料。

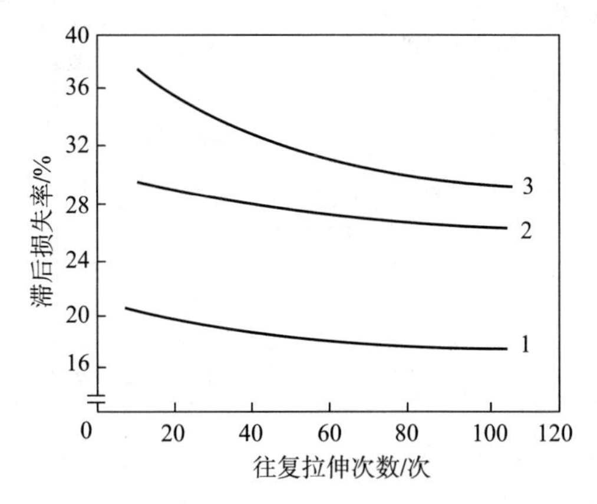

图 1.2.2-5　滞后损失率-往复拉伸次数关系曲线

1—芳纶；2—锦纶；3—聚酯

选择芳纶-橡胶复合材料试样进行弯曲、拉伸、压缩及剪切的疲劳试验，测定帘线的强力保持率，其结果是锦纶 66 帘线强力保持率为 100%，芳纶帘线为 70%～78%，芳纶-锦纶复合帘线为 85%，这显然表明芳纶帘线存在耐疲劳性能差的缺点。为了考核芳纶帘线的耐疲劳性，对芳纶带束层轻载子午线轮胎进行室内耐久性试验及实际里程试验，结果表明：耐久性试验经过 120 h 后，帘线强力保持率为 98%；实际行驶里程达 7.6 万 km 后，帘线强力保持率为 90.17%。试验数据说明，芳纶帘线的耐疲劳性能虽然比其他合成纤维帘线差，但仍能满足子午线轮胎的使用要求[3]。

几种主要芳纶纤维的结构式如下：

锦纶 6T 的结构式为：

$$\left[\overset{O}{\overset{\|}{C}}-C_6H_4-\overset{O}{\overset{\|}{C}}-NH-(CH_2)_6-NH \right]_n$$

MXD-6 的结构式为：

$$\left[\overset{O}{\overset{\|}{C}}-(CH_2)_4-\overset{O}{\overset{\|}{C}}-NH-CH_2-C_6H_4-CH_2-NH \right]_n$$

芳纶 1313 的结构式为：

$$\left[\overset{O}{\overset{\|}{C}}-C_6H_4-\overset{O}{\overset{\|}{C}}-NH-C_6H_4-NH \right]_n$$

芳纶 1414 的结构式为：

$$\left[\overset{O}{\overset{\|}{C}}-C_6H_4-\overset{O}{\overset{\|}{C}}-NH-C_6H_4-NH \right]_n$$

芳纶 14 的结构式为：

$$\left[\overset{O}{\overset{\|}{C}}-C_6H_4-NH \right]_n$$

X-500 的结构式为：

$$\left[\overset{O}{\overset{\|}{C}}-C_6H_4-\overset{O}{\overset{\|}{C}}-NH-NH-\overset{O}{\overset{\|}{C}}-C_6H_4-NH \right]_n$$

几种主要芳纶纤维的性能见表 1.2.2-8。

表 1.2.2-8 主要芳纶纤维的性能

项目	锦纶 6T	MXD-6	芳纶 1313（诺曼克斯）	芳纶 1414（凯芙拉）	芳纶 14（凯芙拉 49）	X-500
化学名称	聚对苯二甲酰己二胺纤维	聚己二酰间苯二胺纤维	聚间苯二甲酰间苯二胺纤维	聚对苯二甲酰对苯二胺纤维	聚对苯甲酰胺纤维	聚对苯二甲酰对氨基苯甲酰胺纤维
相对密度/($g \cdot cm^{-3}$)	1.21	1.22	1.38	1.43	1.46	1.47
玻璃化转变温度 T_g/℃	180	90	270	340		
断裂强度/($N \cdot tex^{-1}$)	0.4	0.69～0.85	0.48	1.8～1.9	1.4～1.5	1.3～1.5
弹性模量/ ($N \cdot tex^{-1}$) ($kgf \cdot mm^{-2}$)	4.05～7.29 500～900	6.43～7.23 800～900	8.53～13.49 1 200～1 900	41.14～47.99 6 000～7 000	80.58～90.65 12 000～13 500	58.7～70.7 8 800～10 600
断裂伸长率/%	18	15～22	17	3～5	1.6	3～4
回弹率/%	4.5	4.5～5.5	4.2～4.9	2.0	2.0	2.0
熔点、分解点/℃	370/350	243/—	410/370	600/500	550/500	—/525
零强度的温度/℃	—	—	440	455	—	—
常用最高使用温度/℃	175	80～85	200～230	240	240	240
极限氧指数（LOI）	—	—	26.5～30	26	24.5	—
特征与应用	帘子线	帘子线	耐高温	高模量	高模量	高模量

芳纶与其他橡胶用纤维的性能对比见表 1.2.2-9。

表 1.2.2-9 芳纶与其他橡胶用纤维的性能对比

项目	芳纶	钢丝	锦纶	聚酯	黏胶丝	玻璃纤维
断裂强度/($cN \cdot tex^{-1}$)	190	30～50	86	82	40～50	
强度/MPa	2 760	2 800	1 000	1 150	680～850	
弹性模量/($N \cdot tex^{-1}$)	44	18～25	4.6	9.7	6～8	
密度/($Mg \cdot m^3$)	1.44	7.85	1.14	1.38	1.52	
断裂伸长率/%	4.0	2.0	17.0	14.5	6～10	
160℃收缩率/%	0～0.2	0	6.8	6.0	0	0
蠕变/%	<0.03	<0.03	0.4	0.3	1.4	<0.03

目前，芳纶不仅可用作子午线轮胎任何部件的骨架材料，甚至可取代钢丝制作胎圈，制成全纺织品增强的超轻质量轮胎。芳纶也是斜交结构工程机械轮胎的理想骨架材料。

《重点新材料首批次应用示范指导目录（2017 年版）》指出，芳纶纤维材料制品的技术指标应达到：灰分<0.5%；芳纶纸击穿电压>20 kV/mm，抗张强度>3.2 kN/m；芳纶层压板击穿电压>40 kV/mm，耐热等级达到 220℃，阻燃达到 VTM-0 或 V-0 级，水萃取液电导率<5 ms/m，180℃长期对硅油无污损；外观、层间结合状态与进口产品一致，以更好地满足轨道交通、新能源、航空航天、电力装备等领域的要求。

（五）其他有机合成纤维

（1）聚烯烃纤维（Polyolefine fiber），由烯烃聚合成的线型大分子构成的合成纤维。包括聚乙烯纤维（Polyethylene fiber）、聚丙烯纤维（Polypropylene fiber）。

聚乙烯纤维是由聚乙烯形成的未被取代的饱和脂肪烃的线型大分子构成的合成纤维。其化学结构式为：

$$\mathrm{-\!\!\left(CH_2-CH_2\right)\!\!-_p}$$

高分子量聚乙烯纤维由于分子主链为纯 C—C 键，侧基均为—H，无任何杂侧基，因此具有优异的强伸性能和耐温性。采用凝胶纺丝法纺出的高分子量聚乙烯纤维的强度高达 25～35 cN/dtex，比芳纶高 25%～75%。

聚丙烯纤维即丙纶，是由等规聚丙烯形成的饱和脂肪烃的线型大分子构成的合成纤维，其化学结构式为：

$$\mathrm{-\!\!\left(CH_2-\underset{\displaystyle CH_3}{\underset{|}{CH}}\right)\!\!-_p}$$

聚丙烯纤维（丙纶）的基本性能见表 1.2.2-10，在橡胶工业中主要用作垫布。

表 1.2.2-10　丙纶的基本性能

项目		短纤维	长丝
断裂强度/($N \cdot tex^{-1}$)	干态	0.26～0.57	0.26～0.57
	湿态	0.26～0.57	0.26～0.57
断裂伸长率/%	干态	20～80	20～80
	湿态	20～80	20～80
湿干强度比/%		100	100
相对环扣强度/%		90～95	—
相对结节强度/%		70～90	70～90
回弹率（延伸 3%时）/%		96～100	96～100
初始模量/($N \cdot tex^{-1}$)		1.8～3.5	1.6～3.5
密度/($g \cdot cm^{-3}$)		0.9～0.91	
回潮率/%			
20℃时，65%相对湿度		—	
20℃时，95%相对湿度		0～0.1	
公定回潮率/%		0	
耐热性		软化点 140～165℃，熔点 160～177℃；在 100℃时收缩 0%～5%，在 130℃时收缩 5%～12%	
耐日光性		强度显著下降（加防老剂后有改善）	
耐酸性		耐酸性优良（氯磺酸、浓硝酸和某些氧化剂除外）	
耐碱性		优良	
耐溶剂性		不溶于脂肪醇、甘油、乙醚、二硫化碳和丙酮中；在氯化烃中于室温下膨润，在 72～80℃溶解	
耐虫蛀、耐霉菌性		良好	
耐磨性		良好	

(2) 聚丙烯腈纤维（[poly] Acrylic fiber）与改性聚丙烯腈纤维（Modacrylic fiber）。

聚丙烯腈纤维是由聚丙烯腈或其共聚物的线型大分子构成的合成纤维，大分子链中至少有 85%的丙烯腈链节，其化学结构式为：

$$\text{-}[CH_2-\underset{\substack{|\\ CN}}{CH}]_p \text{ 或 } [(CH_2-\underset{\substack{|\\ CN}}{CH})_m(CH_2-\overset{\substack{X\\ |}}{\underset{\substack{|\\ Y}}{C}})_n]_p$$

改性聚丙烯腈纤维，是由丙烯腈及其共聚物形成的线型大分子构成的合成纤维。大分子链中至少有 35%但不到 85%的丙烯腈链节，其化学结构式为：

$$-(CH_2-\underset{\substack{|\\ CN}}{CH})_p$$

(3) 聚氯乙烯系纤维（含氯纤维）(Chioro fiber)，是由聚氯乙烯（或其衍生物）或其共聚物组成的线型大分子构成的合成纤维。包括聚氯乙烯纤维（Polyvinyl chloride fiber）、聚偏氯乙烯纤维（Polyvinylidene chloride fiber）、氯化聚氯乙烯纤维（过氯乙烯纤维）(Chlorinated polyvinyl chloride fiber)。

聚氯乙烯纤维是由聚氯乙烯或其共聚物组成的线型大分子所构成的合成纤维，大分子链中至少有 50%的氯乙烯链节（当与丙烯腈共聚时，则至少有 65%），其化学结构式为：

$$-(CH_2-\underset{\substack{|\\ Cl}}{CH})_p$$

聚偏氯乙烯纤维是用偏氯乙烯和氯乙烯共聚物为原料制成的合成纤维。

氯化聚氯乙烯纤维是聚氯乙烯树脂经氯化后制成的合成纤维。

(4) 聚氟烯烃纤维（含氟纤维）(Fluoro fiber)。

聚氟烯烃纤维是由氟化脂族碳化合物聚合成的线型大分子所构成的合成纤维，如聚四氟乙烯纤维，其化学结构式为：

$$-(CF_2-CF_2)_p$$

(5) 乙烯基类三元共聚纤维（Trivinyi fiber）。

乙烯基类三元共聚纤维是由丙烯腈及其他两种乙烯基单体的三组分聚合物线型大分子所构成的合成纤维。其中任何一种组分的含量均不到 50%。

（6）弹性纤维（Elastane fiber），是具有高延伸性、高回弹性的合成纤维，这种纤维被拉伸为原长的 3 倍后再予以放松时，可以迅速地基本恢复到原长，包括二烯类弹性纤维（Elastodiene fiber）与聚氨酯弹性纤维（Polycarbaminate fiber）。其中，二烯类弹性纤维是由天然的或合成的聚异戊二烯，或由一种或多种二烯类聚合物构成的弹性纤维；聚氨酯弹性纤维是由与其他高聚物嵌段共聚时至少含有 85%的氨基甲酸酯的链节单元组成的线型大分子所构成的弹性纤维。

（7）聚酮纤维（PK）[5]。

脂肪族聚酮（PK）是一种新型的半结晶工程热塑性塑料，1995 年由壳牌化学制品公司以商标名卡内纶（Carilon）聚合物推出。Carilon 聚合物由一氧化碳和 α-烯烃（如乙烯和丙烯）用一步法催化生产工艺制造。所得聚合物具有高熔点、半结晶和完整交替链结构的特点。其线性完整的交替链结构，使聚酮材料具有独特的性能，用于制造纤维时，纤维具有非常高的强度。与其他材料制造的半结晶工程热塑性塑料比较，聚酮具有很好的抗冲击性能、抗化学性能以及良好的水解稳定性，它的摩擦和磨耗性能也极其优良，有较宽的使用温度范围。

理论上，纤维的强度为大分子沿着纤维轴完全伸展排成一条直线时的强度，纤维的伸长率不仅取决于分子量、聚合物链段及其柔性、分子取向度，而且与分子间的相互作用有关。脂肪族聚酮的最大拉伸比可达到 26∶1。溶液纺丝（湿法纺丝）产生的聚酮纤维的拉伸比与纺丝技术可达到的最大取向度有关。不同聚合物纤维的最大拉伸比见表 1.2.2-11。

表 1.2.2-11 不同聚合物纤维的最大拉伸比

材料	最大拉伸比	材料	最大拉伸比	材料	最大拉伸比
聚酰胺 66（PA66）	6	聚酮（PK）	26	聚丙烯腈（PAN）	30
聚酯（PET）	10	聚乙烯醇（PVA）	28	聚丙烯（PP）	48
				聚乙烯（PE）	150

从表 1.2.2-11 中可以看出，与聚酰胺和聚酯相比较，聚酮更易拉伸，更易获得高取向分子的内在结构，因为分子中含有羰基，所以分子之间的作用力相对于烯烃大。

以人造丝强度为 100，聚酮纤维强度指数为 200，聚酯为 120、PEN 为 140、芳纶为 300；以人造丝模量为 100，聚酮纤维模量指数为 250，聚酯为 60、PEN 为 100、芳纶为 300。聚酮纤维还有极好的耐热性和低蠕变性。与人造丝、芳纶等热固性纤维一样，聚酮纤维的模量在轮胎使用温度范围内几乎保持不变，而聚酯、PEN 等热塑性纤维的模量在轮胎使用温度范围内随温度升高而明显下降。

Carilon 聚合物可以溶解纺丝并取得良好的结果，但经济可行的途径是通过熔融纺丝法生产纤维。例如，由含 6%（摩尔比）丙烯、熔点为 220℃的 Carilon 聚合物，在高达 260℃的温度和不过度停留的情况下熔纺成单丝和复丝。熔纺的 Carilon 纤维通过高倍率拉伸，获得高取向、高强力的纤维。当纤维拉伸至 12∶1 时，可获得很高刚性的纤维。当拉伸倍率为 10∶1 时，在应变为 1%时的纤维强度为 11 cN · $dtex^{-1}$，模量为 92.4 cN · $dtex^{-1}$；在 4%应变时的模量为 131.1 cN · $dtex^{-1}$，而断裂伸长率仍然可以达到 10%。

旭化成公司采用专利技术，开发了从聚合到纺丝的聚酮超纤维技术。2006 年 1 月，在延岗建成 20 t/a 的试验厂。聚酮超纤维主要用于高级轮胎帘线，以取代强力黏胶丝帘线，实现轻量化。该纤维的商品名为“サィベロン”（Syblon），密度为 1.3 g/cm，抗拉强度为 20 g/dtex，扯断伸长率为 3%，含湿率为 0.6%。Syblon 与树脂和橡胶的黏合性好，熔点与聚酯纤维相近，为 272℃。

荷兰 AKZO-Nobel 公司自 1990 年开始开发聚酮纤维的纺丝技术，并在多国取得了凝胶纺丝技术的专利。该公司的目标是开发聚酮纤维的湿法纺丝技术，使聚酮纤维的性价比等同甚至优于聚酯纤维，成为聚酯、锦纶、人造丝纤维的替代材料。

聚酮纤维帘线与芳纶和锦纶帘线的性能对比见表 1.2.2-12。

表 1.2.2-12 聚酮纤维帘线与芳纶和锦纶帘线的性能对比

帘线种类		锦纶	芳纶	聚酮
纤维物理性能	拉伸强度/(cN · $dtex^{-1}$)	7.2	18	13
	张力模数/(cN · $dtex^{-1}$)	44	410	363
	150℃×30 min 干热处理后的热收缩率/%	9.4	—	2.3
帘线结构		1 400 dtex/2/2	3 340 dtex/2	3 340 dtex/2
捻数		26.5×26.5	22×22	22×22
浸渍处理帘线的最大热收缩应力/(cN · $dtex^{-1}$)		0.1	—	0.4
浸渍处理帘线的纤度/dtex		6 340	9 771	7 475
浸渍处理帘线的伸长率（在 19.8 mN/dtex 下的伸长率）/%		11.3	1.7	2.6

构成聚酮帘线的聚酮纤维拉伸强度为 5 cN/dtex 以上，最好是 10 cN/dtex，特别理想的是 15～30 cN/dtex；扯断伸长率为 3%以上，最好是 3.5%以上，特别理想的是 4%以上；拉伸弹性模量为 100 cN/dtex 以上，最好是 200 cN/dtex，特别

理想的是 300～1 000 cN/dtex。聚酮纤维的单丝纤度是 0.01～10 cN/dtex，最好是 0.1～3 cN/dtex，特别理想的是 0.5～3 cN/dtex。

聚酮纤维具有非常高的强度、很好的抗冲击性能、抗化学性能以及良好的水解稳定性，它的摩擦和抗磨耗性能也极其优良，有一个较宽的使用温度范围，更重要的是聚酮纤维与橡胶的黏合性优异，使得它在诸如轮胎、空气弹簧和高压软管等橡胶制品的应用中具有明显的优势。用聚酮纤维帘线作为轮胎骨架材料，可提高轮胎的各种性能，且能使轮胎轻量化；用于补强空气弹簧橡胶膜，可提高其耐压性、耐屈挠性、橡胶与纤维间的耐剥离性、耐疲劳性和耐久性；用于补强胶管，可提高胶管的耐屈挠疲劳等性能。因此，聚酮纤维在橡胶工业中具有广阔的应用前景。

（8）聚对亚苯基苯并二唑纤维（PBO）。

PBO 纤维有如下特点：具有刚性非常强的高度 π 电子共振非定域作用的杂环芳香分子链，理论计算抗张模量是各种合成纤维中最高的，达 300 GPa；但压缩模量和剪切模量比其他高强度、高模量纤维（如芳纶、碳纤维）低，在疲劳应力作用下易产生纵向扭转弯曲。

（9）蜘蛛丝类型纤维。

蜘蛛丝是一种强度非常高的蛋白质纤维，遗传工程研究希望能够采用克隆技术实际工业化生产这种材料。蜘蛛丝类型纤维的开发，对轮胎实现 3D 打印可能具有重大意义。

2.2.4　无机纤维

（一）玻璃纤维（Glass fiber，Textile glass）

玻璃纤维是指主要成分是铝、钙、镁、硼等的硅酸盐混合物所构成的无机纤维。玻璃纤维按其化学成分可分为 E、C、A、D、S 或 R、M、AR、E－CR 8 类，橡胶工业用的玻璃纤维由 E 玻璃（通用、良好电绝缘性能）经熔融纺制而成。玻璃纤维是直径 5～9 μm 的细玻璃丝，其强度高，耐热、耐水、耐化学药品性优异，但动态屈挠性、与橡胶黏着性和耐磨性差。

璃纤维的延伸度很小，尺寸稳定性优异，外力反复作用不产生滞后现象，因此部分地用于 V 带、同步传动带，也可用于子午线轮胎及带束斜交轮胎的缓冲层。

玻璃纤维的基本性能指标见表 1.2.2－13。

表 1.2.2－13　玻璃纤维的基本性能指标

项目	指标	项目	指标
断裂强度/(N·tex^{-1})	0.57～1.3	耐热性	在 300℃下经 2 h 后强度下降 20%，在 480℃下降 30%，846℃熔融
湿干强度比/%	85～95		
相对环扣强度/%	30～60	耐酸性	在氢氟酸、浓盐酸、浓硫酸及热磷酸中受腐蚀
相对结节强度/%	12～25	耐碱性	受强碱侵蚀，但耐弱碱
延伸率/%	3～5	耐溶剂性	不溶于有机溶剂
初始模量/(N·tex^{-1})	19.4	耐其他药品性	良好
相对密度/(g·cm^{-3})	2.52～2.55	耐虫蛀、耐霉菌性	良好
吸湿率（20℃，65%相对湿度）/%	0	耐磨性	差

（二）碳纤维（Carbon fiber）

碳纤维是有机纤维经碳化后主要由碳元素构成的纤维状碳，通常按产品性能可分为普通碳纤维、高强碳纤维、高模量碳纤维等。碳纤维具有极高的弹性模量，近年来多用于制作高尔夫球杆、钓鱼竿及航空部件等纤维增强塑料（FRP）制品。

碳纤维在要求低伸长和高尺寸稳定性的胶带、耐热性胶带、导电性胶带等带类制品中将有一定的应用前景。

工业和信息化部编制的《重点新材料首批次应用示范指导目录（2017 年版）》中的高性能碳纤维，要求高强型：拉伸强度≥4 900 MPa，CV≤5；拉伸模量 230～250 GPa，CV≤2；高强中模型：拉伸强度≥5 500 MPa，CV≤5；拉伸模量 280～300 GPa，CV≤2；汽车用碳纤维复合材料：密度＜2 g/cm^3，抗拉强度＞3 500 MPa，抗拉弹性模量为 23 000～43 000 MPa，以满足航空、航天、轨道交通、海工、汽车等领域的要求。

2.2.5　纺纱

（一）棉纤维

棉花采摘后，经轧棉机将棉纤维与棉铃种子剥离，这一阶段的棉纤维称为皮棉。剥离后的棉铃种子上还会存留有碎、短棉纤维，经第二次轧棉机处理，得到的碎、短棉纤维称为棉籽绒，主要用作室内装潢织物的填充物或作为工业用纤维素的原料，如用作生产人造丝的原料。

通常所称纤维一般是指纤维的单根形式。单纱为纤维互相抱合的线，其中含有许多单根长丝或纤维，纱线制造时，通过加捻使单根长丝或纤维缠结在一起互相附着成为单纱。就棉纤维而言，皮棉经拆包、开棉和清棉、梳棉、牵伸后进入纺纱阶段，粗棉进一步减细，然后加以必要的捻度制成纱线。加捻可以起到如下作用：

(1) 加捻将长丝牢固地抱合在一起，纱线得以具有较强的抵抗因磨损而使长纤维破坏的能力。

(2) 加捻使纱具有较圆的横截面，这种截面有利于纤维在织物中获得最佳的排列密度，从而达到较高的强度水平。在一定宽度中仅能并排排列一定数量的单丝，如纱线的横截面近圆形，纱线中单丝数目的增加仅使纱线直径增加了单丝数目的平方根，则在相同宽度上单丝总数即可增加。如假定单位宽度上可并排排列 20 根单丝，若 4 根单丝合股成 1 根单纱，单纱的直径比单丝的直径增加$\sqrt{4}$即为 2，那么同样的单位宽度中有 10 根 4 股纱，因此单位宽度中可以排布 40 根单丝，比原来的单丝数目增加了一倍。

(3) 加捻的另一重要作用是可改善纱的耐疲劳性能。

捻度越高的纱线，各单个纤维就越稳固地抱合在一起，使纱线硬挺但最大拉伸强度降低。所以捻度的确定，通常必须综合考虑各种因素，将捻度控制在适当的水平。此外，还需决定纱线的加捻方法。表示捻向捻度的方向分为 Z 捻与 S 捻两种，线绳捻合的方向是顺时针的称为 S 捻，加捻方向为逆时针的称为 Z 捻，如图 1.2.2－6 所示：

图 1.2.2－6　捻向捻度的方向

用于后续纺织的纱线一般加以低捻，直接作为骨架材料使用的单纱通常都要加以较高的捻度。

纺纱方法有环锭纺纱、气流纺纱（或纺纱杯）、喷气纺、涡流纺、赛络纺、紧密纺等不同工艺。环锭纺纱采用高捻度使松散的纤维压缩在一起达到较紧密的程度，气流纺纱则可得到较膨松的纱线，其纤维抱合不像环锭纺纱那样结实，纤维之间较易发生滑动，所得纱线的强力稍低。但是气流纺纱的生产效率和经济效益较高，所纺制的纱线也适用于大多数用途，除了纱线强力极为重要的应用场合，气流纺纱已得到广泛应用。

（二）黏胶纤维

生产中先浸泡木浆，再用氢氧化钠煮沸，使其成为碱纤维素，同时木浆中的大量非纤维素成分溶解于氢氧化钠溶液中，水洗后过滤、压挤得到由纯纤维素薄片组成的滤饼。纤维素薄片接着被研成细粒并用二硫化碳处理，反应生成纤维素黄原酸钠，再溶于氢氧化钠稀溶液中，配制成纺丝所需的溶液。开始时，该溶液非常黏稠，但静置后由于纤维素链发生氧化断裂，黏度下降；进一步放置后，因黄原酸酯部分水解成纤维素，黏度再次上升。纺丝前，溶液需熟成至所需黏度。

在纺丝阶段，将溶液过滤后，用泵输往喷丝头，喷丝头一般用铂或某些耐强腐蚀的材料制成。经喷丝头的长丝进入凝固浴。这种将聚合物溶液纺入凝固浴中使聚合物凝固成型的方法称为湿法纺丝。

黏胶纤维的凝固浴由约 10%的硫酸组成，添加钠、硫酸锌和少量的葡萄糖，可以延缓纺出的长丝外表凝固，使长丝外层比芯部的纤维素分子具有更高的定向性。干燥时，芯部纤维收缩，使长丝外表产生皱纹，因此，黏胶纤维长丝有许多特有的叶形横断面，这是导致黏胶纤维强度下降的原因之一。变更凝固浴组分，延长凝固时间，拉伸凝固过程中的纤维，可增大长丝外表与芯部厚度的比率，提高长丝强度并降低伸长。标准的高强力黏胶纤维长丝，湿强力比干强力低 50%，用缓慢凝固并在纺丝时高拉伸所生产的“全外皮”长丝，湿强力可达干强力的 80%～85%，称为高湿模量黏胶纤维。提高黏胶纤维长丝外表与芯部厚度的比率，也同时降低了干燥时芯部的收缩，减少了外皮的皱纹，因而这类长丝具有更规则和更光滑的表面。

人造丝的断裂强度近年来已从 2.0 cN/dtex 进一步提高到 5.5 cN/dtex，荷兰 Acordis 公司开发的高强度人造丝 Bocell™ 并用于制造跑气保用轮胎和其他高性能轮胎。该公司子公司——Cordenka 公司还开发出高速一步法生产人造丝的新技术，设计了新型的密闭纺丝设备，大大提高了生产效率，降低了生产成本。新技术采用纤维素酯（例如甲酸酯）的液晶溶液纺丝，紧接着进行皂化反应生产出高强度、高模量的再生天然纤维素纤维；密闭设备使操作者与生产过程中的二硫化碳隔离，有利于操作者健康和环境保护，克服了用天然纤维素再生的传统制造方法存在的严重环境污染问题[4]。

用作橡胶骨架材料的黏胶纤维大部分为连续长丝，但也有某些用途需要使用短纤维的。对短纤维来说，所需要的主要性能是松密度而不是强度。短纤维的生产工艺前段与连续长丝生产工艺相同，仅在最终卷取前将多根纤维集束在一起，将长纤维切断成所需长度的短纤维。后续还可将这种短纤维如 2.2.5（一）所述按棉纤维同样的纺纱加工方法进行处理。

（三）锦纶

因锦纶具有热塑性，故可采用熔融纺丝工艺。熔融纺丝纤维的加工成本一般低于凝胶纺丝和溶液纺丝。

聚合物被熔融后，强制经过喷丝头的细孔，排出后立即开始固化，长丝受牵引并经拉伸，然后卷取、停放。在下道工序，长丝通过热板迅速加热，然后再次拉伸，拉成原长的 4 倍左右，促使纤维高度定向。此时，长丝中的聚合物分子呈线型平行排列，并产生结晶结构。这个过程与锦纶的分子量、分子量分布一样，对纱线的最终性能，如极限强度、模量和热收缩性能有相当大的影响，需严格控制拉伸程度和拉伸速率。

（四）聚酯纤维

由纤维级聚酯切片制得聚酯纤维的熔融纺丝和牵伸工艺与聚酰胺纤维相同。

纺丝后的聚酯纤维有相当大部分直接用作工业原料，但由于存在黏合问题，有时还需对聚酯丝进行预处理。如将环氧树脂制成水溶液或乳浊液，在喷丝头处涂覆于纤维上，再经热处理后即可改善聚酯纤维的表面性质，后续可与锦纶浸渍一样采用 RFL 浸渍液获得足够的黏合性能。用于聚酯纤维预处理的其他活化剂有封闭异氰酸酯、油酸酯、三醇缩水甘油醚等。使用这种处理方法处理过的纱线称为预处理纱、预活化纱、黏合剂涂层纱或亲胶纱。

预处理的同时一般还进行热处理，松弛的纱线经过热处理可降低聚酯的收缩程度，一般由 10%～17%降至 2%～4%。

（五）芳纶

由于芳族聚酰胺是不熔的，所以不能采用熔融纺丝。生产芳纶的关键是聚合后纺丝的溶剂体系选择。芳纶的缩聚是在由酰胺与氯化锂组成的混合溶剂体系中进行的，采用这种溶剂不可能获得较高固含量的溶液，对纤维纺丝的速度会有不利影响。芳纶的纺丝需将聚合物粉末溶于浓硫酸中，聚合物在溶液中呈现各向异性，并处于液晶状态，才能达到纺丝所需的固含量，并获得较好的纤维性能。

芳纶纺丝工艺目前采用干喷湿纺工艺。纺纱液通过位于水或稀硫酸凝固浴槽上方的喷丝头挤出，聚合物在开始凝固前，由喷丝头引起的向下液流使其在溶液中进一步定向，由此制得的纱线不再需要后处理即可获得较高的模量。每根丝的直径为 12 μm，丝的结构为 100%亚晶状，分子链具有高度取向性，其与纤维轴平行。

芳族聚酰胺的各向异性溶液和液晶的存在，表明聚合物分子定向和缔合程度非常高，是芳纶具有高强力和高模量的原因。当芳族聚酰胺的平均分子量不大于 100 个重复单元时，这种特性更为显著。所以芳纶的聚合度比纤维素、锦纶和聚酯都低得多。

（六）改性与复合

合成纤维的实际强度与其理论强度（由分子断裂能计算出的断裂强度）相差甚远，柔性分子链合成纤维实际强度只及理论强度的 1/30，刚性分子链合成纤维的实际强度只相当于理论强度的 1/270。由此可见，采用各种手段进一步提高合成纤维的强度仍有很大的潜力。通过改进纺丝熔体的化学组成和纺丝工艺，从而改变分子链结构等多种技术措施，可使锦纶纤维的实际强度有一定幅度的提高。

合成纤维在纺丝过程中的改性目标主要是提高模量，降低热收缩率，改善与橡胶的黏合性能。以聚酯纤维的改性为例，主要是通过改变纺丝工艺的物理方法改变聚酯大分子的微观结构。改性聚酯纤维有的牌号的尺寸稳定性接近人造丝的水平，有的牌号改善了强度。使用尺寸稳定型聚酯帘布制造子午线轮胎可免除硫化后充气工艺，而且解决了因热收缩而导致的轮胎胎侧凹陷问题。改善纤维与橡胶的黏合强度，可以通过调整黏合体系或者采用复合、混纺工艺予以改进。

1. THERMTEC™

THERMTEC™是联新（开平）高性能纤维有限公司（前开平霍尼韦尔工业聚合物有限公司）开发的一种改性聚酯纤维，采用经过改进的浸渍体系，其与橡胶的黏合性能接近人造丝，具有高模量、低收缩率、低蠕变等特性，特别是拥有在高温下与橡胶之间的较高的黏合力，从而降低了轮胎生热后骨架材料与橡胶黏合失效的风险，降低了轮胎高负荷情况下胎体分层的风险，可用作高性能轮胎的胎体材料。

将不同硫化条件下以 THERMTEC™与人造丝、高模低缩聚酯纤维（HMLS）为骨架材料制得的试样进行 CRA－ST 黏合测试的对比见图 1.2.2－7。

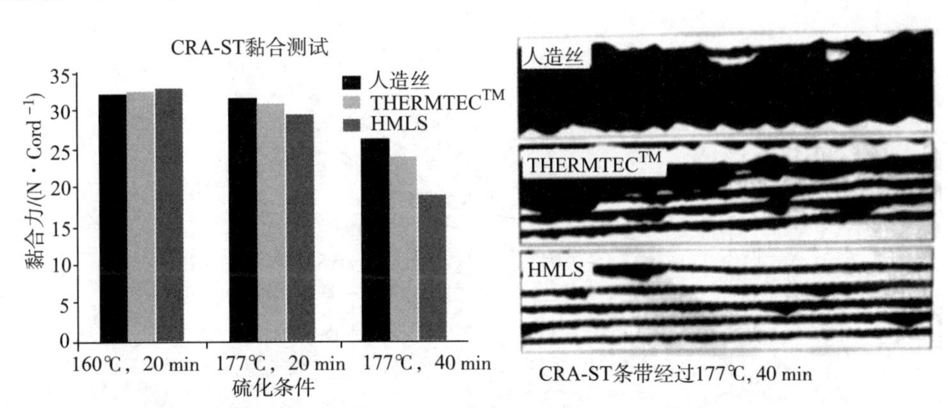

图 1.2.2－7　不同硫化条件下制得的试样进行 CRA－ST 黏合测试的对比

试样在同等条件下进行疲劳试验后，剥离强度和黏合力保持率的对比见图 1.2.2－8。

从图 1.2.2－7、图 1.2.2－8 可以看出，THERMTEC™与橡胶的黏合性能接近人造丝。

人造丝极限伸长较低，韧性稍差，耐疲劳性不如 HMLS。THERMTEC™与人造丝、HMLS 为骨架材料制得的试样经圆盘疲劳后的断裂强力保持率的对比见图 1.2.2－9。比较 THERMTEC™与人造丝、HMLS，THERMTEC™具有最高的断裂强力保持率。

在动态蠕变测试中，考查 THERMTEC™与人造丝、HMLS 在 25～100℃重复周期运动下帘线的伸长量，THERMTEC™的动态蠕变与人造丝在温度≥70℃接近，详见图 1.2.2－10。

对分别以 THERMTEC™与 HMLS 为胎体骨架材料制造的同规格轮胎进行力和力矩特性试验，所得结果如图 1.2.2－

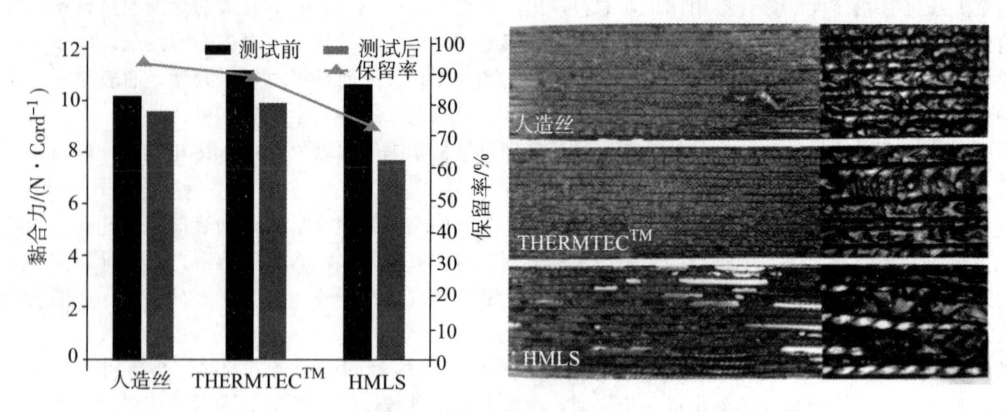

图 1.2.2-8　疲劳试验后剥离强度和黏合力保持率的对比

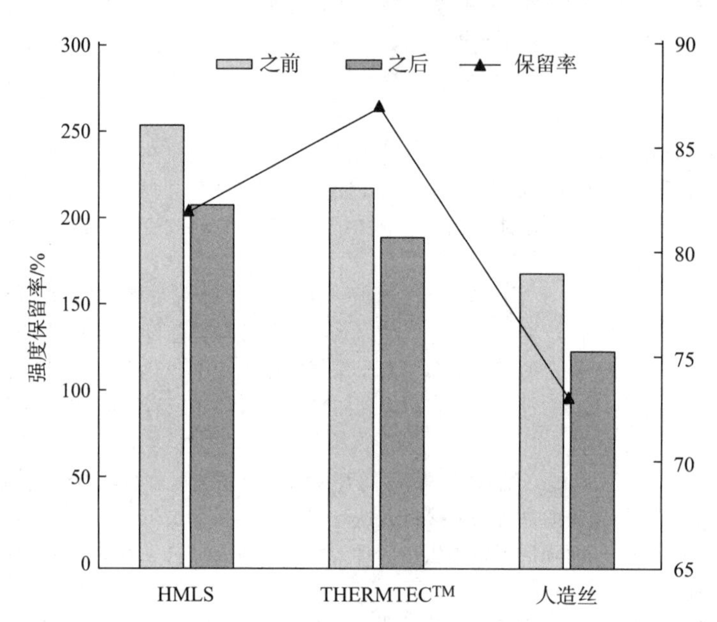

图 1.2.2-9　试样经圆盘疲劳后的断裂强力保持率对比

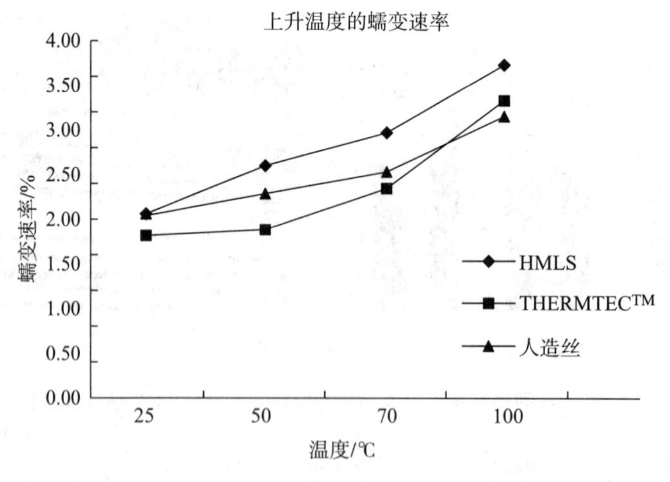

图 1.2.2-10　THERMTEC^{TM}与人造丝、HMLS 的动态蠕变对比

11 与表 1.2.2-14 所示。由图 1.2.2-11 与表 1.2.2-14 可知，使用 THERMTEC^{TM}为胎体骨架材料的轮胎在同等负荷、同等侧偏角时具有更高的回正力矩和侧向力，因而具有更好的操纵性。

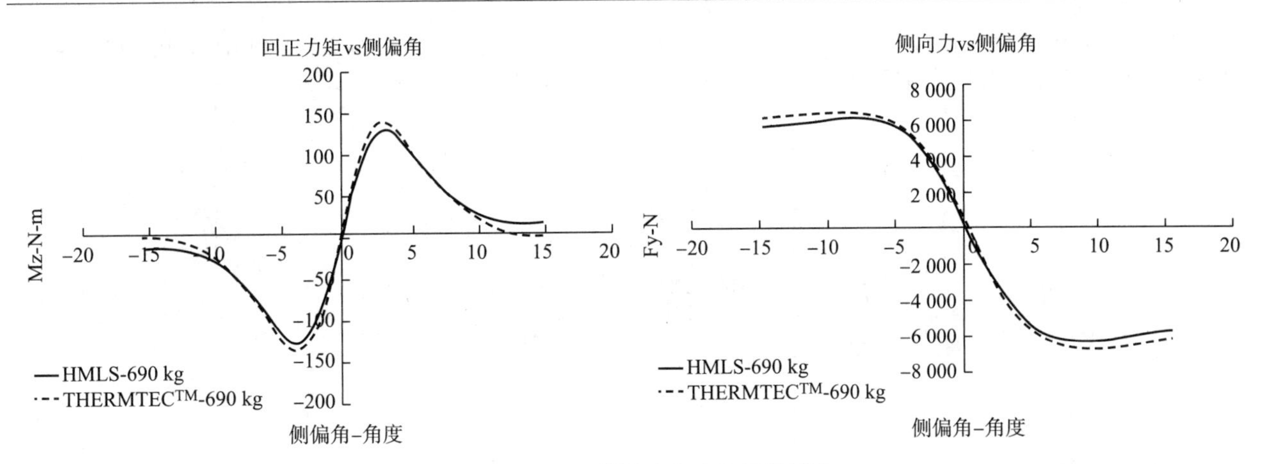

图 1.2.2-11　轮胎力和力矩特性试验

表 1.2.2-14　轮胎力和力矩特性试验

回正力矩（负荷 690 kg）					侧向力（负荷 690 kg）				
侧偏角/°	−1	−2	−3.4	−4	侧偏角/°	−1	−2	−5	−10
HMLS 轮胎	68.5	102.8	128.9	125.6	HMLS 轮胎	1 665	3 055	5 701	6 431
THERMTEC™轮胎	72.9	111.2	137.8	132.7	THERMTEC™轮胎	1 816	3 322	6 092	6 898
差别/%	9.6	8.2	6.9	5.7	差别/%	9.1	8.7	6.9	7.3

考查使用 THERMTEC™ 与人造丝、HMLS 作胎体骨架材料的轮胎，其各项性能有如图 1.2.2-12 所示的不同。

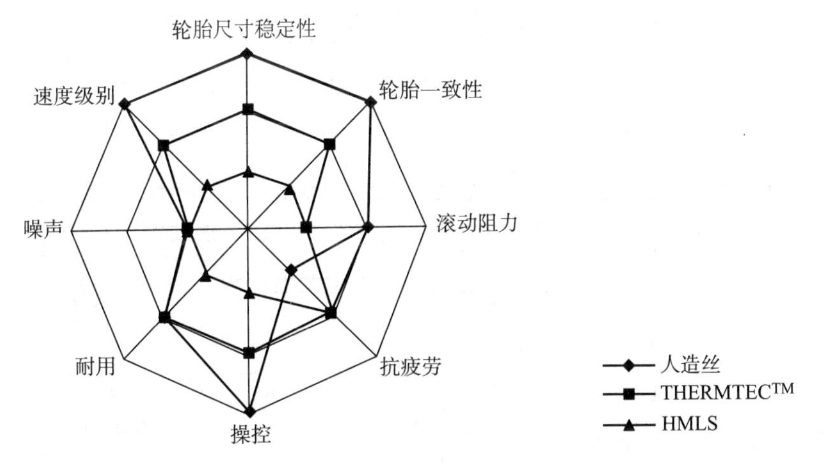

图 1.2.2-12　使用不同胎体骨架材料的轮胎性能比较

2. TUNITEC™

TUNITEC™是联新（开平）高性能纤维有限公司开发的一种改性聚酯纤维，在不降低强度的前提下，具有更低的收缩、更高的模量，以 TUNITEC™为胎体骨架材料制得的轮胎，具有更低的尺寸稳定性指数（DSI），轮胎具有更好的尺寸稳定性，从而提高了轮胎的操控性能；应用于轮胎胎冠的带束层时，因其具有更低的蠕变，带束层帘线伸长的一致性有所改善，从而提高了轮胎的操控性能与对湿路面的抓地力。

TUNITEC™的模量和蠕变与常规 HMLS 聚酯纤维的对比见图 1.2.2-13。

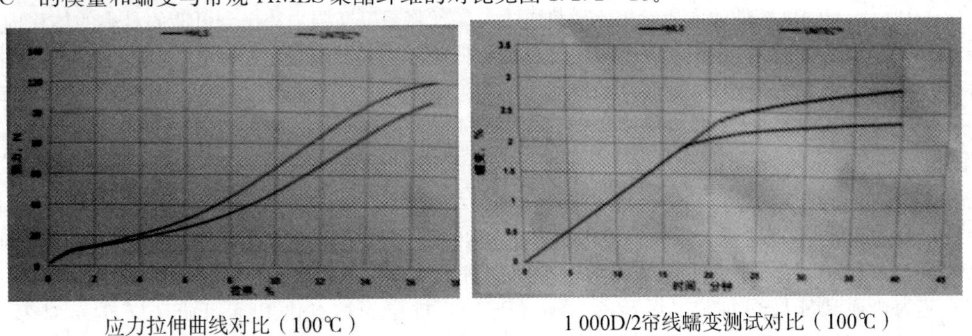

应力拉伸曲线对比（100℃）　　1 000D/2帘线蠕变测试对比（100℃）

图 1.2.2-13　TUNITEC™的模量和蠕变与普通聚酯纤维的对比

DSI 是决定轮胎乘坐舒适性和操控性能的重要指标，较低的尺寸稳定性指数有助于提高轮胎均匀性，从而提高乘坐舒适性和操控性能。TUNITEC™与 HMLS 在模量与强度方面的区别对 DSI 的影响见图 1.2.2－14。

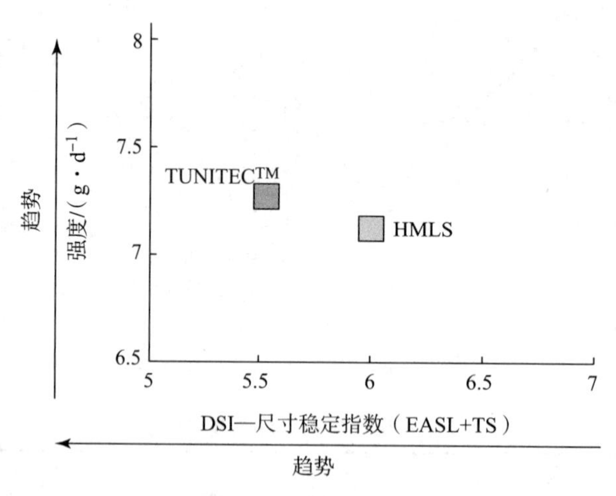

图 1.2.2－14　TUNITEC™与 HMLS 在模量与强度方面的区别对 DSI 的影响

低 DSI 的 TUNITEC™与 HMLS 用作轮胎胎体骨架材料在操控性能方面的对比如图 1.2.2－15 所示。

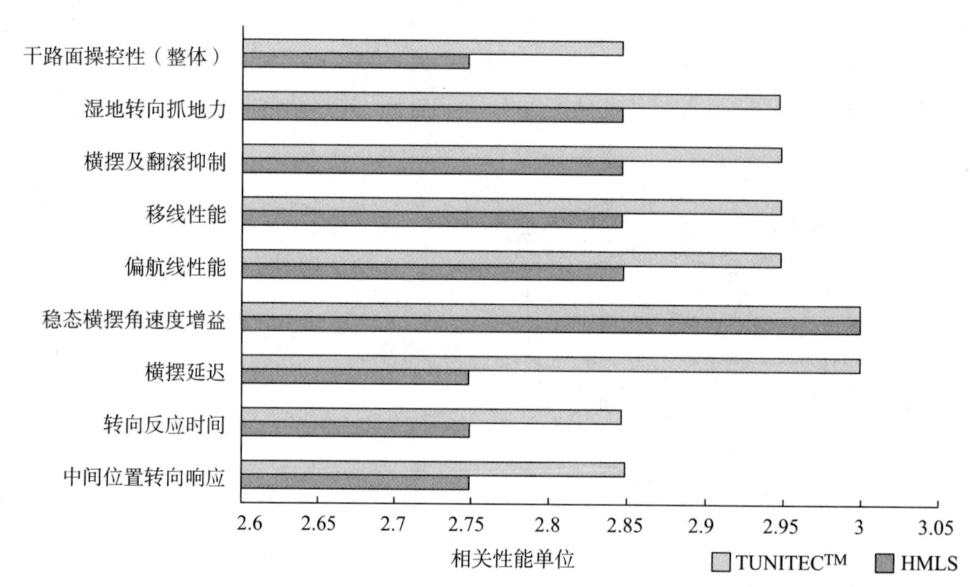

图 1.2.2－15　低 DSI 的 TUNITEC™与 HMLS 用作轮胎胎体骨架材料在操控性能方面的对比

图 1.2.2－15 表明，用具有低尺寸稳定指数的 TUNITEC™为胎体骨架材料制造的轮胎操控性能明显优于 HMLS。

3. Hyten

杜邦公司推出一种名为 Hyten 的新型材料——单丝聚酰胺纤维，它是一种基于锦纶 66 聚合物的高线密度（2 222～6 667 dtex）聚酰胺鬃丝（单丝）。这种纤维的横断面呈圆角矩形，其宽高比约为 3。扁平形状可以提高柔软性，但降低了弯曲刚度。这种鬃丝比普通加捻帘线细得多，因此帘布压延时所需胶料少，附胶帘布的总厚度与普通加捻帘布相比减薄达 30%。可节省胶料（小胎 5%、大型斜交轮胎 15%），因而可以减小轮胎质量，降低成本。鬃丝的强度比聚酯帘线高 38%，比普通锦纶帘线高 12%，与强度较低的人造丝相比优势更大。鬃丝将聚酰胺强力集中到可能的最小的体积内，而非圆形形状可分配其强力，以获得最大利用。此外，该材料还有高模量低收缩、尺寸稳定性好、耐疲劳性能和黏合性能好等优点。采用鬃丝做骨架材料的轮胎具有行驶温度低、操纵性好、滚动阻力小（滞后损失小）、燃料消耗低和耐磨性能好等优点[3]。

4. 复合帘线

复合帘线就是双组分纤维，两种可纺聚合物以皮芯或海岛结构挤出，纺出的每一根纤维都含有两种材料。如英国邓禄普航空轮胎公司开发的芳纶/锦纶复合帘线；美国杜邦公司开发的芳纶/锦纶（或聚酯）复合帘线；德国 KoSa 公司针对切割式 V 带用聚酯硬线绳硬化处理时使用有毒溶剂和硬化剂从而造成环境污染的问题，开发出皮芯结构的复合聚酯纤维 Trevira 796，芯为普通聚酯即聚对苯二甲酸乙二酯（PET），皮层为熔点比 PET 低近 40℃的聚对苯二甲酸丁二酯（PBT），利用两种组分在熔点上的差异，把线绳热处理温度控制在两组分的熔点之间，通过皮层熔化使各单根纤维相互黏合形成一根类似塑料棍的整体材料，达到使线绳硬化的目的，应用于 V 带在使用过程中可不因摩擦而导致线绳绽开破坏等[4]。

联新（开平）高性能纤维有限公司开发的芳纶 1 000D/N66 840D 与芳纶 750/HMLS 1 500D 混纺纱线，通过选择单丝数量比例、捻度设计，所得混纺纱线性能介于芳纶、锦纶或涤纶之间：相比于芳纶，改善了耐疲劳性能；相比于锦纶或涤纶，模量提高。特别是与锦纶的混纺，改善了芳纶与橡胶的黏合强度。混纺纱线与芳纶、锦纶、聚酯纱线的力学性能对比见图 1.2.2－16。

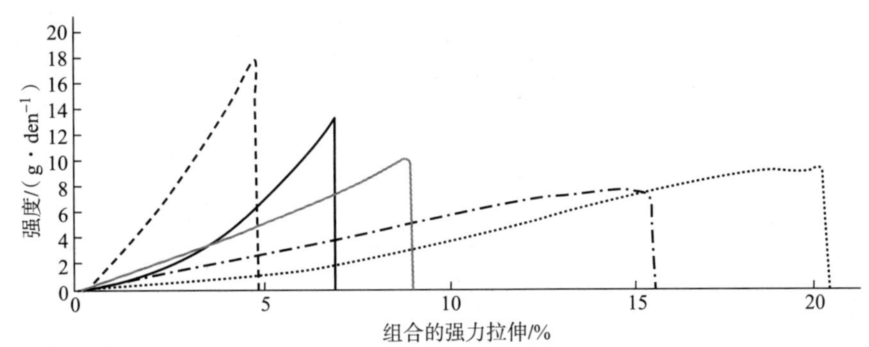

图 1.2.2－16　混纺纱线与芳纶、锦纶、聚酯纱线的力学性能对比图

混纺纱线可应用于轮胎冠带层、带束层、胎体等部件的制造。代替钢丝用于带束层时，可减轻轮胎重量，从而降低整车能耗；混纺纱线比钢丝柔软，轮胎抗冲击性提高的同时，对路面的包络性提高，牵引力与抓地力同时提高，轮胎具有更短的刹车距离，因而具有更好的安全性与舒适性；对比钢丝，混纺纱线还具有耐腐蚀、不生锈的优点，轮胎使用寿命延长。代替锦纶或聚酯用于轮胎胎体材料时，轮胎的尺寸稳定性得到改善，提高了轮胎胎面磨损的均匀性，平点减少，使轮胎具有更好的径向均匀性，减少了轮胎行驶过程中的噪声和汽车启动时的跳动；轮胎侧向刚度也得到提高，轮胎具有更好的操控性。

2.2.6　直接用作骨架材料的工业长丝与供应商

在某些应用上，尤其是胶管和 V 带中，单纱或帘线是纤维作为制品骨架材料的最佳形式。以下为输送带、矿用整芯带带芯、胶管、安全气囊等用作骨架材料的工业长丝的规格型号。

用于矿用整芯带带芯的工业长丝的供应商见表 1.2.2－15。

表 1.2.2－15　用于矿用整芯带带芯的工业长丝的供应商

供应商	类型	项目	单位	规格型号										
浙江尤夫高新纤维股份有限公司	高强中收缩 SF9 系列	纤度	dtex	330	550	1 100	1 440	1 670	2 200	2 880	3 300	4 400	5 500	6 600
			denier	300	550	1 000	1 300	1 500	2 000	2 600	3 000	4 000	5 000	6 000
		孔数	f	70	96	192	192	192	384	384	384	768	768	768
		断裂强力（≥）	N	25	41	89	117	135	178	233	267	352	440	528
			kgf	2.5	4.2	9.1	11.9	13.8	18.2	23.8	27.3	35.9	44.9	53.9
			lbs	5.7	9.3	20.1	26.2	30.4	40.1	52.5	60.1	79.2	99.0	118.8
		断裂强度（≥）	cN/dtex	7.5	7.5	8.1	8.1	8.1	8.1	8.1	8.1	8.0	8.0	8.0
			g/d	8.5	8.5	9.2	9.2	9.2	9.2	9.2	9.2	9.1	9.1	9.1
		断裂伸长率	%	17±2.0	17±2.0	15±2.0	15±2.0	15±2.0	15±2.0	15±2.0	15±2.0	15±2.0	15±2.0	15±2.0
		干热收缩率［177℃×2 min×0.05 cN/dtex（热空气）］	%	4.5±1.0	4.5±1.0	5.0±1.0	5.0±1.0	5.0±1.0	5.0±1.0	5.0±1.0	5.0±1.0	5.0±1.0	5.0±1.0	5.0±1.0

高强中收缩聚酯工业长丝也是用于制造浸胶帆布的材料。

用于胶管、输送带的工业长丝的供应商见表 1.2.2－16。

表 1.2.2-16　用于胶管、输送带的工业长丝的供应商

供应商	类型	项目	单位	规格型号												
浙江尤夫高新纤维股份有限公司	高强度 SF1 系列	纤度	dtex	280	470	550	930	1 100	1 440	1 670	2 200	2 880	3 300	4 400	5 500	6 600
			denier	250	420	500	840	1 000	1 300	1 500	2 000	2 600	3 000	4 000	5 000	6 000
		孔数	f	48	96	96	192	192	192	192	384	384	384	576	768	768
		断裂强力（≥）	N	22	36	43	75	89	117	135	178	233	267	356	440	528
			kgf	2.2	3.7	4.4	7.6	9.1	11.9	13.8	18.2	23.8	27.3	36.4	44.9	53.9
			lbs	4.8	8.2	9.6	16.9	20.1	26.2	30.4	40.1	52.5	60.0	80.2	99.0	118.8
		断裂强度（≥）	cN/dtex	7.7	7.7	7.8	8.1	8.1	8.1	8.1	8.1	8.1	8.1	8.0	8.0	8.0
			g/d	8.7	8.7	8.8	9.2	9.2	9.2	9.2	9.2	9.2	9.2	9.1	9.1	9.1
		断裂伸长率	%	14±2												
		干热收缩率[177℃×2 min×0.05 cN/dtex（热空气）]	%	7.0±1.5												
	低收缩 SF2 系列	纤度	dtex	280	550	930	1 100	1 440	1 670	2 200	2 880	3 300				
			denier	250	500	840	1 000	1 300	1 500	2 000	2 600	3 000				
		孔数	f	48	96	192	192	192	192	384	384	384				
		断裂强力（≥）	N	19	37	65	77	101	117	154	201	231				
			kgf	1.9	3.8	6.6	7.9	10.3	11.9	15.7	20.5	23.6				
			lbs	4.2	8.4	14.6	17.3	22.5	26.3	34.6	45.2	52.0				
		断裂强度（≥）	cN/dtex	6.7	6.8	7.0	7.0	7.0	7.0	7.0	7.0	7.0				
			g/d	7.6	7.7	7.9	7.9	7.9	7.9	7.9	7.9	7.9				
		断裂伸长率	%	20±2	21±2	21±2	21±2	21±2	21±2	21±2	21±2	20.5±2				
		干热收缩率[190℃×5 min×0.01 cN/dtex（热空气）]	%	4.0±0.5	3.5±0.3	3.5±0.3	3.5±0.3	3.5±0.3	3.5±0.3	3.5±0.3	3.5±0.3	3.2±0.3				
	高强低收缩 SF3 系列	纤度	dtex	550（A）	930（A）	1 100	1 440	1 670	2 200（A）	2 880（A）	3 300（A）					
			denier	500	840	1 000	1 300	1 500	2 000	2 600	3 000					
		孔数	f	96	192	192	192	192	384	384	384					
		断裂强力（≥）	N	41	69	84	109	127	163	213	244					
			kgf	4.2	7.0	8.5	11.1	13.0	16.6	21.7	24.9					
			lbs	9.2	15.5	18.8	24.6	28.6	36.6	47.8	54.9					
		断裂强度（≥）	cN/dtex	7.4	7.4	7.6	7.6	7.6	7.4	7.4	7.4					
			g/d	8.4	8.4	8.6	8.6	8.6	8.4	8.4	8.4					
		断裂伸长率	%	19±2	19±2	18±2	18±2	18±2	19±28.4	19±2	19±2					
		干热收缩率[177℃×2 min×0.05 cN/dtex（热空气）]	%	1.7±0.3												

其中，高强型聚酯工业长丝也是制造浸胶帆布、浸胶线绳的材料。

用于安全气囊的工业长丝的供应商见表 1.2.2-17。

表 1.2.2-17　用于安全气囊的工业长丝的供应商

供应商	类型	项目	单位	规格型号		
浙江尤夫高新纤维股份有限公司	气囊丝 SFQ 系列	纤度	dtex	550	550	470
			denier	500	500	420
		孔数	f	140	140	140
		断裂强力（≥）	N	41.0	39.0	34.0
		断裂强度（≥）	cN/dtex	7.4	7.0	7.4
		断裂伸长率	%	19.0±2.0	19.0±2.0	19.0±2.0
		干热收缩率［190℃×5 min×0.01 cN/dtex（热空气）］	%	3.5±0.5	3.5±0.7	3.5±0.5
		网络点（≥）	个/m	14	10	14

用于其他橡胶制品骨架材料的活化工业长丝的供应商见表 1.2.2-18。

表 1.2.2-18　用于其他橡胶制品骨架材料的活化工业长丝的供应商

供应商	类型	项目	单位	高强活化型	低收缩活化型	高模低收缩活化型
浙江尤夫高新纤维股份有限公司	活化丝 SFA 系列	纤度范围	dtex	550～6 600	1 100～3 300	1 100～3 300
			denier	500～6 000	1 000～3 000	1 000～3 000
		代表品种		1 100 dtex/192f	1 100 dtex/192f	1 100 dtex/320f
		断裂强力（≥）	N	与相应原丝指标相同		
		断裂强度（≥）	cN/dtex			
		断裂伸长率	%			
		干热收缩率［177℃×2 min×0.05 cN/dtex（热空气）］	%			
		总含油率（≥）	%	0.70	0.70	0.60

2.3　帘线

将两股纱通过加捻合在一起制成的称为合股线，编织胶管主要使用合股线，并以此作为机织织物的基本组成。对于其他用途，如轮胎、V 带、大口径胶管等所用骨架材料，最佳的结构形式是多股单纱组成的帘子线。

帘子线简称帘线，主要用作织造帘布的经线材料。帘子线的材料有棉纤维、人造丝、聚酰胺纤维、聚酯纤维、聚乙烯醇纤维、玻璃纤维、芳香族聚酰胺纤维等，其性能各不相同，需根据橡胶制品的性能要求以及成本等因素予以选择。

棉帘线是将棉纤维纺成单纱，再将多根单纱一起向前喂入环锭捻线机，捻合成一股，第一次加捻时捻制成线或"捻丝"，经过初步加捻，一般仅具有较低的捻度。然后再将两股或多股线合股加捻成一根帘线，为了使帘线获得良好的耐疲劳性能，同时具有紧密的圆截面，此时通常需加以较高的捻度。合成纤维帘线，以锦纶 6 为例：在锦纶 6 树脂中，加入耐热剂制成相对黏度大于 3 的切片，经熔体纺丝成多孔粗纤度纤维，将两股合股，加捻成 93 tex/2 或 140 tex/2 或更粗帘线。

棉帘线用棉纤维的纤度、每根帘线包含的股数和每股线所含纱的根数来表示，如 27 tex/5×3（37 Nm/5×3）表示每根帘线由 3 股各含 5 根纤度为 27 tex（37 Nm）的纱线捻合而成。合成纤维帘线用纤维的纤度、每根帘线包含的股数来表示，如 186.7 tex/2（1 680 d/2）表示每根帘线由 2 股纤度为 186.7 tex（1 680 d）的单丝捻合而成。

合股或者帘线捻制时，往往要损失一些强力，即四股的帘线不等于 4 根单纱的总强力。这种强力的损失程度，也称为合股的转换效率，取决于单纱合股的数量和在合股加工时加捻的程度。表 1.2.2-19 列出了聚酯纱合股和并捻加工系列产品的性质。

表 1.2.2-19　合股和加捻对聚酯帘线性能的影响

结构		单纱	两股轮胎帘线			低捻		2×5 线绳 V 带帘线
						3 股	6 股	
纤度/dtex		1 100	2 400	2 535	2 640	3 335	6 710	12 200
捻度/(捻·m^{-1})	单纱	—	400	475	550	100	60	—
	合股线	—	400	475	550	—	—	220
	多股线	—	—	—	—	—	—	100

续表

结构		单纱	两股轮胎帘线			低捻		2×5 线绳 V 带帘线
						3 股	6 股	
强力/N		81	158	150	136	239	472	757
断裂伸长率/%		12.4	17.1	18.3	19.2	12.7	14.3	16.6
强度/(cN·tex^{-1})		73.6	65.8	59.1	51.5	71.7	70.3	62.0
定伸模量/(cN·tex^{-1})	在 2%伸长下	727	422	292	201	716	701	382
	在 5%伸长下	537	309	247	175	510	490	265
收缩（150℃）/%		10.5	12.9	13.8	14.7	10.7	10.8	11.5
转化强力		—	97.5	92.5	84.0	98.3	97.1	93.5
有效强度		—	89.4	80.3	70.0	97.4	95.5	84.2

由表 1.2.2-19 可见，捻度越高转化率越低。由于实际加捻中有效地增加了线密度，按相对强度而不是按实际强力进行对比，这种效应更为明显。加捻时，由于每根纱都捻成螺旋线而不是原始的平直线，纱的长度也明显缩短。但是，高捻度在抗疲劳方面带来的益处大大超过强度上的损失。如捻度分别为 510 tpm 和 435 tpm 的两股锦纶帘线，与单纱进行圆盘疲劳试验对比，经 400 万次周期后，前者约损失其原始强力的 8%，后者则高达 20%以上。

在制造帘线的两次加捻过程中，需要均衡捻度，使最终的帘线不发生皱缩，即自身不打捻、不产生缠结。为了达到这一点，要求每股纱线的捻角和加捻工艺一样，因此必须在两次或多次加捻阶段通过“捻度系数”计算加捻水平。考虑到帘线尺寸增加时，施加同样的捻度水平，捻角也将增加，故捻度系数的经验公式为：

$$捻度\times\sqrt{(线密度)}=捻度系数（常数）$$

公式中的线密度为单位长度质量，如果以单位质量长度为线密度，则应代入其倒数。

以表 1.2.2-19 中 1 100 dtex×2×5 线绳 V 带帘线为例，第一次加捻时的捻度为 220，此时合股线的额定分特为 2×1 100 ，即 2 200 dtex，故有：

$$捻度系数=220\times\sqrt{2\ 200}=1.032\times10^{4}$$

第二次加捻时，帘线结构 2×5 中有 10 股单纱，其额定分特为 10×1 100，即 11 000 dtex，故有：

$$第二次加捻捻度=1.032\times10^{4}\div\sqrt{(10\times1\ 100)}=98.4\ (tpm)$$

1 100 dtex×2×5 线绳 V 带帘线实际所使用的第二次加捻捻度为 100 tpm，在公差范围内。

加捻过程除了捻度外，还须考虑加捻方向。织物采用低捻时，加捻的方向对其影响甚微，虽然某些用途要求交替经纱上的加捻方向是相反的，以避免由于织物形变或边缘卷曲可能产生的问题，但对织物为何必须采用较低的捻度是有争论的。对高捻度和多股帘线，加捻方向的选择就很重要，如前所述，为了获得平衡的多股帘线结构，在每个相继的股线中加捻的方向是相反的。

对于某些特殊用途的骨架材料，需要将不同类型的纱线结合在一起，以获得具有某些特殊性质的复合帘线，包括：①高强度连续长丝纱线与强度较低又较膨松的细纱的结合。最典型的是将锦纶与棉纤维的合股线用于生产耐燃 PVC 输送带的骨架材料织物，可以获得既有连续长丝组分的高强度又有短纤维组分的膨松性的帘线，后者对织物与 PVC 的黏合有重要贡献。由于两种组分的极限伸长不同（如锦纶的扯断伸长率为 15%左右而棉纱约为 9%），短纤维组分对帘线强力的贡献极小。可借助差速并线技术减少两种纤维伸长不同而带来的影响：将合股机辊筒喂入系统加以改造，能够分别控制两种组分的纱线的喂入长度，通过加捻操作予以调节，使低伸长的纱线向前喂入的长度较大，从而使复合帘线总的应变接近极限伸长的情况下，两种组分的纱线都达到接近自身的极限断裂伸长。②包芯纱。所谓包芯纱，是指改进纺纱工艺，使连续长纱提前喂入，而短纤维组分向下拉伸，并围绕连续长纱芯纺纱。这种包芯纱，特别是用聚酯芯和棉纤维包芯制成的帘线，已广泛用于生产帐篷和防水帆布等防化学腐蚀的织物。

在装备方面，倍捻机和直捻机的出现，既提高了捻线效率又提高了帘线的品质。倍捻机的工作特点是，钢领钩在钢领上每旋转 1 周即给帘线加上两捻，工作效率比传统的环锭捻线机提高了 1 倍。直捻机的工作特点是，将纤维束丝喂入直捻机，一次完成初捻、复捻两道工序，成品即为帘线。采用直捻机不但可提高工作效率，而且帘线强力损失比传统的两次加捻减小，同时使帘线的力学性能更加均匀。但直捻机只能捻两股帘线，且要求帘线的线密度不能超过 4 500 dtex，如果将上述缺点加以改进，无疑会促进直捻机在帘布行业的应用。

2.4 工业线绳

在线绳结构中，单纱在捻成线绳以前仅以一个方向加捻，然后与另外的单纱（或者股线）再次加捻，其捻向与初捻方向相反。这种线绳的制作方法可以用于已经合股和加捻的合股线或帘线，能够制得很粗的线绳。直接使用帘线或者工业线绳作为骨架材料，往往还需进一步进行热定型、浸渍黏合剂等后续加工处理。

工业线绳由高模量、低收缩、断伸小、耐疲劳性强的聚酯、芳纶帘线机织而成，经浸胶和热拉伸处理，主要用于传送带、胶管的制造。其中用于切割式 V 带、多楔带的多为聚酯硬线绳；用于包布式 V 带的多为聚酯软线绳；胶管用合股线主要用于纤维编织胶管。

2.4.1　传动带用帘线与线绳

（一）V 带和多楔带用浸胶聚酯线绳

V 带、多楔带用浸胶聚酯线绳品名结构示例如下：

普通型浸胶聚酯软线绳　1 100 dtex　2×3　/SZ
①　②　③④　⑤⑥

其中，①表示浸胶聚酯线绳的品种；②dtex 为纤度代号，示例表示用 1 100 dtex 聚酯工业长丝生产；③、④表示线绳结构，初捻股数为 2 股，复捻为 3 股；⑤、⑥表示线绳初捻、复捻的加捻方向。

1. 浸胶聚酯软线绳

《V 带和多楔带用浸胶聚酯线绳　第 2 部分　软线绳》（HG/T 2821.2—2012）将浸胶聚酯软线绳分为高模低缩型浸胶聚酯软线绳和普通型浸胶聚酯软线绳。高模低缩型浸胶聚酯软线绳物理性能指标见表 1.2.2-20，普通型浸胶聚酯软线绳物理性能指标见表 1.2.2-21。

表 1.2.2-20　高模低缩型浸胶聚酯软线绳物理性能指标

测试项目	单位	线绳结构（1 100 dtex）								
		2×3	3×3	2×5	4×3	5×3	6×3	8×3	9×3	12×3
断裂强力（≥）	N	420	630	680	850	1 020	1 200	1 680	1 860	2 400
断裂伸长率	%	9.5±1.5	9.5±1.5	9.5±1.5	9.5±1.5	9.5±1.5	10.0±1.5	10.0±2.0	10.0±2.0	10.0±2.0
定负荷伸长率	%	200 N 3.1±0.5	200 N 2.0±0.5	200 N 2.2±0.5	300 N 2.4±0.6	300 N 2.0±0.6	400 N 2.2±0.6	500 N 2.4±0.6	500 N 2.3±0.6	500 N 2.0±0.6
直径	mm	0.90± 0.10	1.20± 0.10	1.24± 0.10	1.36± 0.10	1.55± 0.10	1.65± 0.10	1.95± 0.15	2.10± 0.15	2.40± 0.15
定长度重量	g/100 m	73±3	110±4	121±4	145±5	185±6	217±7	287±10	327±15	436±15
干热收缩率（150℃×3 min）	%	2.8±0.5	2.7±0.5	2.7±0.5	2.6±0.5	2.6±0.5	2.5±0.5	2.5±0.6	2.5±0.6	2.5±0.6
黏合强度（≥）	N/cm	240	260	280	300	320	350	400	420	480

表 1.2.2-21　普通型浸胶聚酯软线绳物理性能指标

测试项目	单位	线绳结构（1 100 dtex）								
		2×3	3×3	2×5	4×3	5×3	6×3	8×3	9×3	12×3
断裂强力（≥）	N	440	640	740	860	1 070	1 300	1 730	1 900	2 500
断裂伸长率	%	11.0±1.3	11.5±1.5	11.5±1.5	11.5±1.5	11.5±1.5	11.5±1.5	11.5±1.5	11.5±2.0	11.5±2.0
定负荷伸长率	%	200 N 3.6±0.5	200 N 2.5±0.5	200 N 2.3±0.5	300 N 2.8±0.6	300 N 2.4±0.6	400 N 2.5±0.6	500 N 2.6±0.6	500 N 2.3±0.6	500 N 1.7±0.6
直径	mm	0.90± 0.10	1.20± 0.10	1.24± 0.10	1.36± 0.10	1.55± 0.10	1.65± 0.10	1.95± 0.15	2.10± 0.15	2.40± 0.15
定长度重量	g/100 m	73±3	110±4	121±4	145±5	185±6	217±7	287±10	327±15	436±15
干热收缩率（150℃×3 min）	%	3.8±0.5	3.8±0.5	3.8±0.6	3.8±0.6	3.8±0.5	3.8±0.6	3.8±0.6	3.8±0.6	3.8±0.6
黏合强度（≥）	N/cm	240	260	280	300	320	350	400	420	480

2. 浸胶聚酯硬线绳

《V 带和多楔带用浸胶聚酯线绳　第 1 部分　硬线绳》（HG/T 2821.1—2013）将浸胶聚酯硬线绳分为高模低缩型浸胶聚酯硬线绳和普通型浸胶聚酯硬线绳。高模低缩型浸胶聚酯硬线绳物理性能指标见表 1.2.2-22，普通型浸胶聚酯硬线绳物理性能指标见表 1.2.2-23。

表 1.2.2-22　高模低缩型浸胶聚酯硬线绳物理性能指标

测试项目	单位	线绳结构（1 100 dtex）							
		1×3	2×3	3×3	2×5	3×5	4×3	6×3	6×5
断裂强力（≥）	N	200	420	630	680	1 000	850	1 200	2 000
断裂伸长率	%	9.5±1.5	9.5±1.5	9.5±1.5	9.5±1.5	9.5±1.5	9.5±1.5	10.0±1.5	10.0±2.0
定负荷伸长率	%	100 N 3.3±0.5	200 N 3.1±0.5	200 N 2.0±0.5	200 N 1.9±0.5	300 N 2.0±0.5	300 N 2.3±0.5	400 N 2.2±0.5	500 N 1.8±0.5
直径	mm	0.68±0.10	0.95±0.10	1.15±0.10	1.25±0.10	1.50±0.10	1.35±0.10	1.65±0.10	2.15±0.15
定长度重量	g/100 m	38±3	73±4	110±4	123±4	185±6	146±5	222±7	365±10
干热收缩率（150℃×3 min）	%	2.8±0.5	2.8±0.5	2.8±0.5	2.8±0.5	2.7±0.5	2.7±0.5	2.5±0.5	2.5±0.5
干热收缩力（150℃×3 min）	N	9.0±3.0	20.0±5.0	30.0±6.0	32.0±6.0	38.0±8.0	35.0±8.0	42.0±8.0	62.0±10.0
黏合强度（≥）	N/cm	170	280	320	360	400	370	420	520

注：干热收缩力指标为参考指标。

表 1.2.2-23　普通型浸胶聚酯硬线绳物理性能指标

测试项目	单位	线绳结构（1 100 dtex）							
		1×3	2×3	3×3	2×5	3×5	4×3	6×3	6×5
断裂强力（≥）	N	210	440	650	720	1 050	860	1 250	2 100
断裂伸长率	%	9.5±1.5	9.5±1.5	9.5±1.5	9.5±1.5	9.5±1.5	9.5±1.5	9.5±1.5	10.0±2.0
定负荷伸长率	%	100 N 3.3±0.5	200 N 3.1±0.5	200 N 2.0±0.5	200 N 1.9±0.5	300 N 2.0±0.5	300 N 2.3±0.5	400 N 2.2±0.5	500 N 1.8±0.5
直径	mm	0.68±0.10	0.95±0.10	1.15±0.10	1.25±0.10	1.50±0.10	1.35±0.10	1.65±0.10	2.15±0.15
定长度重量	g/100 m	38±3	73±4	110±4	123±4	185±6	146±5	222±7	365±10
干热收缩率（150℃×3 min）	%	4.0±0.5	4.4±0.5	4.4±0.5	4.4±0.5	4.4±0.5	4.4±0.5	4.4±0.5	4.4±0.5
干热收缩力（150℃×3 min）	N	8.0±3.0	18.0±5.0	26.0±6.0	28.0±6.0	42.0±8.0	35.0±8.0	48.0±8.0	68.0±10.0
黏合强度（≥）	N/cm	170	280	320	360	400	370	420	520

注：干热收缩力指标为参考指标。

线绳黏合强度试验用配方可在表 1.2.2-24 所示的配方中根据线绳使用情况选用其一测试。

表 1.2.2-24　线绳黏合强度试验用配方

软线绳黏合强度试验用配方		硬线绳黏合强度试验用配方	
配合剂	用量/份	配合剂	用量/份
20 号天然生胶	70.00	氯丁橡胶（CR）1212	100.00
丁苯橡胶（SBR）1502	30.00	顺丁橡胶（BR）9000	3.00
氧化锌（含量≥99.7%）	5.00	工业氧化镁	4.00
硬脂酸	2.00	硬脂酸	1.00
硫化促进剂 MBTS（DM）	1.20	炭黑 N774	25.00
硫化促进剂 TMTD	0.03	炭黑 N330	15.00
白炭黑（沉淀法）	15.00	白炭黑（沉淀法）	15.00
炭黑 N774	25.00	黏合剂 A	2.50
炭黑 N330	15.00	黏合剂 RS	3.50
黏合剂 A	2.50	氧化锌（含量≥99.7%）	5.00
黏合剂 RS	3.50	合计	174.00
硫黄	2.20		
合计	171.43		

硫化条件为：(150±1)℃×30 min，硫化压力为 3.5 MPa。

多楔带用浸胶聚酯线绳的供应商见表 1.2.2－25。

表 1.2.2－25　多楔带用浸胶聚酯线绳的供应商

高模低缩型浸胶聚酯硬线绳										
供应商	测试项目	单位	线绳结构（1 100 dtex）							
			1×3	2×3	3×3	2×5	3×5	4×3	6×3	6×5
浙江尤夫高新纤维股份有限公司	断裂强力（≥）	N	200	420	630	680	1 000	850	1 200	2 000
	断裂伸长率	%	9.5±1.5	9.5±1.5	9.5±1.5	9.5±1.5	9.5±1.5	9.5±1.5	10.0±1.5	10.0±2.0
	定负荷伸长率	%	100 N 3.3±0.5	200 N 3.1±0.5	200 N 2.0±0.5	200 N 1.9±0.5	300 N 2.0±0.5	300 N 2.3±0.5	400 N 2.2±0.5	500 N 1.8±0.5
	直径	mm	0.68±0.10	0.95±0.10	1.15±0.10	1.25±0.10	1.50±0.10	1.35±0.10	1.65±0.10	2.15±0.15
	定长度重量	g/100 m	38±3	73±4	110±4	123±4	185±6	146±5	222±7	365±10
	干热收缩率［150℃×3 min（热空气）］	%	2.8±0.5	2.8±0.5	2.8±0.5	2.8±0.5	2.7±0.5	2.7±0.5	2.5±0.5	2.5±0.5
	干热收缩力［150℃×3 min（热空气）］	N	9.0±3.0	20.0±5.0	30.0±6.0	32.0±6.0	38.0±8.0	35.0±8.0	42.0±8.0	62.0±10.0
	干热收缩率［150℃×3 min（热硅油）］	%	2.6±0.5	2.8±0.5	2.8±0.5	2.8±0.5	2.8±0.5	2.5±0.5	2.4±0.5	2.4±0.5
	干热收缩力［150℃×3 min（热硅油）］	N	8±3	22±5	33±6	36±6	47±8	38±8	47±8	80±10
	黏合强度（≥）	N/cm	170	280	320	360	400	370	420	520
	注：干热收缩力指标为参考指标。									

高强型浸胶聚酯软线绳											
供应商	测试项目	单位	线绳结构（1 100 dtex）								
			2×3	3×3	2×5	4×3	5×3	6×3	8×3	9×3	12×3
浙江尤夫高新纤维股份有限公司	断裂强力（≥）	N	440	640	740	850	1 070	1 280	1 700	1 900	2 500
	断裂伸长率	%	11.0±1.3	11.5±1.5	11.5±1.5	11.5±1.5	11.5±1.5	11.5±1.5	11.5±1.5	11.5±2.0	11.5±2.0
	定负荷伸长率	%	200 N 3.6±0.5	200 N 2.5±0.5	200 N 2.3±0.5	300 N 2.8±0.6	300 N 2.4±0.6	400 N 2.5±0.6	500 N 2.6±0.6	500 N 2.3±0.6	500 N 1.7±0.6
	直径	mm	0.90±0.10	1.20±0.10	1.24±0.10	1.36±0.10	1.55±0.10	1.65±0.10	1.95±0.15	2.10±0.15	2.40±0.15
	定长度重量	g/100 m	73±3	110±4	121±4	145±5	185±6	217±7	287±10	327±15	436±15
	干热收缩率［150℃×3 min（热空气）］	%	2.8±0.5	2.7±0.5	2.7±0.5	2.6±0.5	2.6±0.5	2.5±0.5	2.5±0.6	2.5±0.6	2.5±0.6
	黏合强度（≥）	N/cm	240	260	280	300	320	350	400	420	480

续表

高模低缩型浸胶聚酯软线绳											
供应商	测试项目	单位	线绳结构（1 100 dtex）								
			2×3	3×3	2×5	4×3	5×3	6×3	8×3	9×3	12×3
浙江尤夫高新纤维股份有限公司	断裂强力（≥）	N	420	630	680	850	1 020	1 200	1 680	1 860	2 400
	断裂伸长率	%	9.5±1.5	9.5±1.5	9.5±1.5	9.5±1.5	9.5±1.5	10.0±1.5	10.0±2.0	10.0±2.0	10.0±2.0
	定负荷伸长率	%	200 N 3.1±0.5	200 N 2.0±0.5	200 N 2.2±0.5	300 N 2.4±0.6	300 N 2.0±0.6	400 N 2.2±0.6	500 N 2.4±0.6	500 N 2.3±0.6	500 N 2.0±0.6
	直径	mm	0.90±0.10	1.20±0.10	1.24±0.10	1.36±0.10	1.55±0.10	1.65±0.10	1.95±0.15	2.10±0.15	2.40±0.15
	定长度重量	g/100 m	73±3	110±4	121±4	145±5	185±6	217±7	287±10	327±15	436±15
	干热收缩率[150℃×3 min（热空气）]	%	2.8±0.5	2.7±0.5	2.7±0.5	2.6±0.5	2.6±0.5	2.5±0.5	2.5±0.6	2.5±0.6	2.5±0.6
	黏合强度（≥）	N/cm	240	260	280	300	320	350	400	420	480

3. 耐热多楔带用浸胶聚酯线绳

随着汽车行业对相关配套的零部件性能要求不断提高，耐热多楔传动带所采用的橡胶类型和骨架材料进入升级换代时期，三元乙丙橡胶逐步取代氯丁橡胶，相应的EPDM浸胶线绳逐步取代CR浸胶线绳。

耐热多楔带用浸胶聚酯硬线绳，是针对三元乙丙橡胶为基材的高性能多楔汽车皮带所定制的具有特殊性能的骨架材料，基于耐热多楔带特殊的使用环境，要求与之配套的浸胶聚酯线绳在持续受热条件下仍具备良好的尺寸稳定性；此外，由于三元乙丙橡胶的自黏和互黏性差，要求浸胶聚酯线绳与之有较高的黏接强度，以满足多楔带耐疲劳性能要求，延长其使用寿命。

《耐热多楔带用浸胶聚酯线绳》（HG/T 4772—2014）规定，耐热多楔带用浸胶聚酯线绳是使用高模量低收缩型聚酯工业长丝通过加捻、浸胶、定型等生产工艺处理，适用于以三元乙丙（EPDM）橡胶为基材耐热多楔带制造的浸胶骨架材料产品。

耐热多楔带用浸胶聚酯线绳的物理性能见表1.2.2-26。

表1.2.2-26　耐热多楔带用浸胶聚酯线绳的物理性能

项目	单位	线绳结构（1 100 dtex）			
		1×3	2×3	3×3	2×5
断裂强力（≥）	N	200	420	630	700
断裂伸长率	%	8.5±1.5	8.5±1.5	8.5±1.5	8.5±1.5
定负荷伸长率	%	68 N 1.9±0.5	180 N 2.6±0.5	—	—
		100 N 3.0±0.5	200 N 2.9±0.5	200 N 1.9±0.5	200 N 1.8±0.5
直径	mm	0.70±0.10	0.95±0.10	1.15±0.10	1.25±0.10
定长度重量	g/100 m	38±3	74±4	110±4	123±4
干热收缩率	%	2.9±0.4	2.9±0.4	2.9±0.4	2.9±0.4
干热收缩力	N	10.0±3.0	26.0±5.0	35±6.0	38±6.0
黏合强度（≥）	N/cm	180	300	340	370

耐热浸胶线绳黏合强度试验用橡胶配方见表1.2.2-27。

表1.2.2-27　耐热浸胶线绳黏合强度试验用橡胶配方

原料	用量（份）
三元乙丙胶 EPDM 4045	100.00
ZnO	5.00
硬脂酸	1.00
硫黄	1.50

续表

原料	用量（份）
促进剂 MBTS（DM）	1.30
促进剂 CBS（CZ）	1.50
炭黑 N330	35.00
白炭黑	13.00
黏合剂 RA（A 含量为 50%）	4.00
黏合剂 RS	4.00
合计	166.30

硫化条件：硫化温度（160±1)℃；硫化时间 30 min；硫化压力 3.5 MPa。

（二）传动带用芳纶线绳

1. V 带和多楔带用浸胶芳纶线绳

《V 带和多楔带用浸胶芳纶线绳》（HG/T 4393—2012）将浸胶芳纶线绳根据物理性能分为：浸胶芳纶软线绳，用于包布式传动带；浸胶芳纶硬线绳，用于切割式传动带、多楔带。

V 带、多楔带用浸胶芳纶线绳的标记包括品种、原丝规格、结构、捻向等内容，如：

浸胶芳纶软线绳	1 100 dtex	2×3	/SZ
①	②	③④	⑤⑥

其中，①表示浸胶芳纶线绳的品种；②dtex 为纤度代号，示例表示用 1 100 dtex 芳纶工业长丝生产；③、④表示线绳结构，初捻股数为 2 股，复捻为 3 股；⑤、⑥表示线绳初捻、复捻的加捻方向。

浸胶芳纶软线绳的规格与性能见表 1.2.2-28。

表 1.2.2-28　浸胶芳纶软线绳的规格与性能

项目	单位	线绳结构												
		830 dtex	1 100 dtex			1 670 dtex								
		1×2	1×2	1×3	2×3	1×2	1×3	1×5	2×3	2×5	3×3	3×4	3×5	4×5
断裂强力（≥）	N	280	320	485	940	480	680	1 150	1 400	2 400	2 100	2 850	3 500	4 600
断裂伸长率（≤）	%	3.8	4.0	4.0	4.5	4.5	4.5	4.5	4.5	4.5	4.5	4.8	5.0	5.5
100 N 定负荷伸长率（≤）	%	1.0	1.5											
200 N 定负荷伸长率（≤）	%			1.8	1.5	2.2	1.5	1.3	1.0					
600 N 定负荷伸长率（≤）	%										1.5			
800 N 定负荷伸长率（≤）	%									2.3		2.0		
1 000 N 定负荷伸长率（≤）	%												2.5	
1 700 N 定负荷伸长率（≤）	%													2.5
1%定伸长负荷（≥）	N	60	70	110	200	80	140	220	280	480	390			
2%定伸长负荷（≥）	N											1 000	1 200	1 600
直径	mm	0.35±0.05	0.55±0.05	0.65±0.05	0.90±0.10	0.65±0.05	0.85±0.05	1.23±0.05	1.25±0.05	1.60±0.10	1.50±0.10	1.75±0.15	2.00±0.15	2.30±0.15
定长度重量	g/100 m	18±5	23±5	35±5	80±10	35±5	55±5	113±5	115±5	190±10	185±10	230±15	300±15	400±15
剥离附胶率（≥）	%	80	80	80	80	80	80	80	80	80	80	80	80	80
剥离力（≥）	N	8	10	15	40	20	20	30	45	50	50	60	60	80

浸胶芳纶硬线绳的规格与性能见表 1.2.2-29。

表 1.2.2-29　浸胶芳纶硬线绳的规格与性能

项目	单位	线绳结构												
		830 dtex	1 100 dtex			1 670 dtex								
		1×2	1×2	1×3	2×3	1×2	1×3	1×5	2×3	2×5	3×3	3×4	3×5	4×5
断裂强力（≥）	N	270	310	480	900	480	650	1 100	1 350	2 400	2 100	2 700	3 500	4 500
断裂伸长率（≤）	%	3.8	4.0	4.0	4.5	4.5	4.5	4.5	4.5	4.5	4.5	4.6	5.0	5.2
100 N 定负荷伸长率（≤）	%	1.0	1.5											
200 N 定负荷伸长率（≤）	%			1.6	1.3	2.0	1.5	1.2	1.0					
600 N 定负荷伸长率（≤）	%										1.5			
800 N 定负荷伸长率（≤）	%									2.2		2.0		
1 000 N 定负荷伸长率（≤）	%												2.3	
1 700 N 定负荷伸长率（≤）	%													2.5
1%定伸长负荷（≥）	N	70	80	120	200	80	150	140	290	480	400			
2%定伸长负荷（≥）	N											1 050	1 250	1 700
直径	mm	0.35±0.05	0.55±0.05	0.65±0.05	0.90±0.10	0.65±0.05	0.85±0.05	1.23±0.05	1.25±0.05	1.60±0.10	1.50±0.10	1.75±0.15	2.00±0.15	2.30±0.15
定长度重量	g/100 m	18±5	25±5	35±5	80±10	35±5	55±5	113±5	115±5	190±10	185±10	230±15	300±15	400±15
剥离附胶率（≥）	%	85	85	85	85	85	85	85	85	85	85	85	85	85
剥离力（≥）	N	8	10	15	40	20	20	30	45	50	50	60	60	80

浸胶芳纶线绳黏合强度试验用橡胶配方见表 1.2.2-30。

表 1.2.2-30　浸胶芳纶线绳黏合强度试验用橡胶配方

原料	用量/份
1 号烟片	80.00
丁苯橡胶（SBR）1502	20.00
ZnO（含量≥99.7%）	5.00
硬脂酸	2.00
炭黑 N330	35.00
N，N′-间亚苯基双马来酰亚胺	0.50
P-90 树脂	2.00
促进剂 MBS	1.25
促进剂 CBS（CZ）	1.00
不溶性硫黄	3.30
防老剂 TMQ（RD）	1.00
黏合剂 A	2.50
黏合剂 RS	2.20
合　计	155.75

硫化条件：硫化温度（168±1）℃；硫化时间 25 min；硫化压力 10 MPa。

2. 聚氨酯传动带用芳纶线绳

聚氨酯传动带用芳纶线绳的规格与性能见表 1.2.2-31。

表 1.2.2-31　聚氨酯传动带用芳纶线绳的规格与性能

项目	规格			
	1×3	2×3	2×5	3×5
组织规格	1 670dtex/1 680×1×3 S200 Z170	1 670 dtex/1 680×2×3 Z190 S90	1 670 dtex/1 680×2×5 Z150 S150	1 670 dtex/1 680×3×5 Z130 S100
断裂强度/N（>）	700	1 400	2 000	3 300
断裂伸长率/%（<）	4	5	6	6
定负荷伸长率/%（<）200 N	1.1	—	—	—
400 N	—	1.6	—	—
800 N	—	—	2.2	—
1 000 N	—	—	—	1.8
干重/(g·100 m⁻¹)	55	115	195	280
直径/mm	0.85	1.30	1.65	1.90

（三）同步带用浸胶玻璃纤维绳

同步带用浸胶玻璃纤维绳是指使用无碱连续玻璃纤维，经加捻、合股等工艺制造，并经过特殊的浸胶处理，使其被应用为同步带制造骨架材料的玻璃纤维绳。

《同步带用浸胶玻璃纤维绳》（HG/T 3781—2014）规定，浸胶玻璃纤维绳的产品标记包括玻璃纤维类型、单丝直径、原丝线密度、结构、捻度、捻向等内容。如：

EC　9　110.　1/11.　83　S
①　②　③　④　⑤　⑥

其中，①表示无碱连续玻璃纤维；②表示单丝直径为 9 μm；③表示原丝线密度为 110 tex；④表示初捻/复捻股数各为 1 股和 11 股；⑤表示捻度为 83 捻；⑥表示最后复捻的方向为 S 捻。

同步带用浸胶玻璃纤维绳的型号规格与物理化学性能见表 1.2.2-32。

表 1.2.2-32　同步带用浸胶玻璃纤维绳的型号规格与物理化学性能

规格型号	直径/mm	线密度/tex	断裂强力/N		捻度/(捻·m⁻¹)	可燃物含量/%	断裂伸长率/%	黏合强度/(N·cm⁻¹)	
			最小值	平均值				最小值	平均值
EC9110.1/0.135.S/Z	0.23±0.05	135±15	73	85	135±15	19.0±3.0	2.5±0.8	70	90
EC9110.1/2.142.S/Z	0.45±0.08	270±30	150	180	142±12	19.0±3.0	2.5±0.8	110	150
EC9110.1/3.142.S/Z	0.55±0.08	400±20	210	260	142±12	18.5±2.5	2.6±0.8	160	226
EC9110.1/6.83.S/Z	0.80±0.08	800±60	420	480	83±12	18.5±2.5	2.7±0.7	165	240
EC9110.1/10.83.S/Z	1.05±0.07	1 350±95	640	780	83±12	18.5±2.5	2.7±0.7	220	330
EC9110.1/13.83.S/Z	1.20±0.08	1 765±65	830	1 000	83±12	18.5±2.5	2.9±0.7	270	400
EC9110.1/14.83.S/Z	1.25±0.10	1 885±85	850	1 050	83±12	18.5±2.5	2.7±0.7	270	400
EC9220.1/7.83.S/Z	1.20±0.10	1 885±85	830	980	83±12	18.5±2.5	2.7±0.7	270	380
EC9220.1/13.39.S/Z	1.75±0.20	3 150±150	1 215	1 500	39±11	17.5±2.5	3.0±1.0	280	450
EC9220.2/8.39.S/Z	1.95±0.15	3 600±300	1 820	2 200	39±11	17.5±2.5	3.0±0.8	320	380
EC9220.2/13.39.S/Z	2.45±0.15	6 000±500	2 425	3 000	39±11	17.5±2.5	3.0±0.8	360	400
EC9220.3/12.39.S/Z	3.00±0.30	9 600±800	3 530	4 000	39±11	18.5±2.5	3.3±1.0	370	550

注：最小值是指单值。

浸胶玻璃纤维绳的定负荷伸长率见表 1.2.2-33。

表 1.2.2-33 浸胶玻璃纤维绳的定负荷伸长率

规格型号	30 N负荷伸长率/%	60 N负荷伸长率/%	90 N负荷伸长率/%	150 N负荷伸长率/%	200 N负荷伸长率/%	300 N负荷伸长率/%	500 N负荷伸长率/%	1 000 N负荷伸长率/%
EC9110.1/0.135.S/Z	0.80±0.20							
EC9110.1/2.142.S/Z		0.85±0.20						
EC9110.1/3.142.S/Z			0.90±0.20					
EC9110.1/6.83.S/Z				0.90±0.20				
EC9110.1/10.83.S/Z					0.70±0.20			
EC9110.1/13.83.S/Z						0.80±0.20		
EC9110.1/14.83.S/Z						0.85±0.20		
EC9220.1/7.83.S/Z						0.85±0.20		
EC9220.1/13.39.S/Z							0.70±0.20	
EC9220.2/8.39.S/Z							0.70±0.20	
EC9220.2/13.39.S/Z								0.85±0.35
EC9220.3/12.39.S/Z								1.00±0.35

浸胶玻璃纤维绳的黏合强度试验用橡胶配方为：氯丁橡胶（CR1212）100、丁二烯橡胶（BR9000）3、N774炭黑25、N330炭黑30、防老剂TMQ（RD）1.5、硬脂酸1、促进剂MBTS（DM）1、氧化镁（含量≥99.7%）4、氧化锌（含量≥99.7%）5，合计170.5。硫化时，每根浸胶玻璃纤维绳的预张力为0.1N（试样共20根，合计2.0±0.2N）。硫化条件为（150±1)℃×30 min，硫化压力3.5 MPa。测定黏合强度时，夹持器的移动速度为200 mm/min。

2.4.2 胶管用帘线与线绳

帘线与线绳是胶管中普遍使用的骨架材料，与帆布、帘布相比，纤维线使用方便，加工简单。采用纤维编织（或缠绕）的胶管与夹布结构胶管比较，线材的强度可得到充分利用，具有管体轻便柔软，承压强度较高，弯曲性能好等优点。

胶管工业对纤维线的性能要求是：强度高、伸长小、线径（粗度）细、捻度均匀、热稳定性好，耐弯曲疲劳性能优良；外观上还要求线粗细均匀、表面不受污染等。胶管中常用的纤维线有棉线、黏胶线（人造丝）、维纶线、绵纶线、涤纶线和玻纤线等。

（一）胶管用棉线

棉线的加工比较方便，与橡胶的黏合较好，因此在中低压纤维编织（或缠绕）胶管中使用较为普遍，缺点是强度不如化纤线。胶管常用棉线的规格、结构和性能见表1.2.2-34。

表 1.2.2-34 胶管常用棉线的规格、结构和性能

规格结构＼性能	线径/mm	捻度/(捻·m⁻¹)		断裂强力（≥）/(N·根⁻¹)（kgf·根⁻¹）	断裂伸长率（≤）/%
		初捻	复捻		
36 N/2×3	0.46±0.04	480～520	280～300	29（3.0）	10
36 N/3×3	0.60±0.04	360～400	220～260	47（4.8）	10
36 N/5×3	0.78±0.04	320～360	200～240	78（8.0）	12
37 N/4×3	0.70±0.04	650	250	78（8.0）	10
37 N/5×3	0.81±0.04	710	380～400	98（10）	15.5

（二）胶管用黏胶线

黏胶线具有强度高、延伸率小，以及耐热、耐疲劳和尺寸稳定性能好等优点。与相同直径的棉线比较，其断裂强度要高得多，适用于制造一般用途的中、低压纤维编织（或缠绕）胶管。黏胶线一般需经浸浆处理后使用，以提高与橡胶的黏着性能。常用黏胶线的规格、结构和性能见表1.2.2-35。

表 1.2.2-35 胶管用（部分）黏胶线的规格、结构和性能

规格结构＼性能	线径/mm	捻度/(捻·m⁻¹)		断裂强力/(≥)(N·根⁻¹)（kgf·根⁻¹）,	断裂伸长率（≤）/%
		初捻	复捻		
1 650 den/1	0.50±0.03	210±20	—	69（7）	11
1 650 den/1×2	0.78±0.03	200±20	185±20	137（14）	13
1 650 den/1×3	1.0±0.03	200±20	180±20	206（21）	13

（三）胶管用维纶线

浸胶维纶线是一种新型的骨架材料，具有断裂强力高、断裂伸长率小、干热收缩率小、与橡胶黏合强度高等良好的物

理性能，用其作为骨架材料制造的橡胶软管具有膨胀系数小、爆破承压高等特点。维纶线的综合性能优于棉线，其断裂强度比棉线高1倍，可不经特殊处理获得良好的黏合性能，缺点是湿热性能较差。胶管生产过程中应防止线层裸露，切忌线层直接与蒸汽接触，以免发生"树脂化"。

橡胶软管用浸胶维纶线根据其产品线密度和股数可分为：1 110 dtex、1 330 dtex、1 870 dtex、2 220 dtex、2 660 dtex等规格，常用维纶线的规格、结构和性能见表1.2.2-36。

表1.2.2-36　胶管用（部分）维纶线的规格、结构和性能

规格结构＼性能	线径/mm	捻度/(捻·m⁻¹)		断裂强力/(≥)(N·根⁻¹)(kgf·根⁻¹)，	断裂伸长率/%≤	回潮率/%
		初捻	复捻			
34 N/1×3	0.15	250～270		34 (3.5)	11	5～7
34 N/1×5	0.22	230～250		64 (6.5)	12	5～7
34 N/3×3	0.53	200～220	390～410	108 (11.0)	11	5～7
34 N/5×3	0.75	320～360	200～240	142 (14.5)	15	5～7

拟定中的行业标准《橡胶软管用高强度高模量聚乙烯醇缩甲醛浸胶线》提出的橡胶软管用浸胶维纶线的标记应包括产品规格、产品品种、捻向等内容。

示例：1 110 dtex　Z/S　M
　　　　①　　　②　③

其中，①表示产品规格；②表示浸胶维纶线的捻向；③表示浸胶维纶线的捻度。

《橡胶软管用高强度高模量聚乙烯醇缩甲醛浸胶线》提出的浸胶维纶线的物理性能见表1.2.2-37。

表1.2.2-37　浸胶维纶线的物理性能

项目	单位	产品规格				
		1 110 dtex	1 330 dtex	1 870 dtex	2 220 dtex	2 660 dtex
断裂强力（≥）	N	95	110	150	190	220
断裂伸长率	%	6.0±1.0	6.0±1.0	6.0±1.0	6.0±1.0	6.0±1.0
定长重量	g/100 m	13.0±1.0	16.0±1.0	22.0±1.0	26.0±1.0	28.0±1.0
干热收缩率	%	0.5±0.3	0.5±0.3	0.5±0.3	0.5±0.3	0.5±0.3
捻度公差	T/M	±10	±10	±10	±10	±10
黏合强度（≥）	N/cm	30	40	50	55	60
直径	mm	0.20±0.05	0.25±0.05	0.40±0.05	0.45±0.05	0.50±0.05
回潮率（≤）	%	2.5	2.5	2.5	2.5	2.5

注：如有特殊要求可根据客户要求协商。

《橡胶软管用高强度高模量聚乙烯醇缩甲醛浸胶线》提出的浸胶维纶线的黏合强度的试验用橡胶配方见表1.2.2-38。试验所用橡胶配料、混炼的设备及操作程序按照《橡胶试验胶料的配料、混炼和硫化设备及操作程序》(GB/T 6038)给出的规则执行，试验所用橡胶材料的制备和调节应符合《橡胶物理试验方法试样制备和调节通用程序》(GB/T 2941)给出的规则。

表1.2.2-38　浸胶维纶线时黏合强度的试验用橡胶配方

原料	用量/份
3号烟片	70.00
丁苯橡胶（SBR）1502	30.00
氧化锌（含量≥99.7%）	5.00
硬脂酸	2.00
硫化促进剂 DM	1.20
硫化促进剂 TMTD	0.03
白炭黑（沉淀法）	15.00
炭黑 N330	40.00
黏合剂 A	2.50
黏合剂 RS	3.50
硫黄	2.20
合计	171.43

H 抽出力的测定按《硫化橡胶与纤维帘线静态粘合强度的测定 H 抽出法》(GB/T 2942)给出的规则进行试验，硫化条件为 (150℃±1℃)×30 min、压力为 3.5 MPa。

胶管用维纶线的供应商有：太仓市捷成胶线有限公司等。

(四) 胶管用锦纶线

锦纶线具有强度高、耐疲劳性能好等优点，其综合性能优于黏胶纤维线和维纶线。但由于锦纶线的模数较低，尺寸稳定性较差，因此不宜用于尺寸稳定要求高、管体变形小的胶管。常用的锦纶线规格、结构和性能见表 1.2.2-39。

表 1.2.2-39 胶管用（部分）锦纶线的规格、结构和性能

性能 规格结构	线径/mm	捻度/(捻·m^{-1})		断裂强度 (≥)/(N·根$^{-1}$)(kgf·根$^{-1}$)	10%负荷下延伸率(≤)/%	断裂伸率(≤)/%	150℃下收缩率(≤)/%
		初捻	复捻				
840 den/1/3	0.70	375±10	225±10	177 (18)	3.5	18	6
840 den/1/4	0.85	375±10	225±10	226 (23)	3.5	18	6
840 den/2/3	1.10	285±10	145±10	353 (36)	5.0	18	6
840 den/2/4	1.20	285±10	145±10	471 (48)	5.0	18	6
840 den/2/5	1.40	285±10	145±10	549 (56)	5.0	18	6

(五) 胶管用涤纶线

涤纶线的强伸性能与锦纶线基本相似，具有延伸率低、尺寸稳定好的优点。常用涤纶线的规格、结构和性能列于表 1.2.2-40。

表 1.2.2-40 胶管用（部分）涤纶线的规格、结构和性能

性能 规格结构	线径/mm	捻度，(捻/m)		断裂强度/N/根(kgf·根$^{-1}$)，(≥)	10%定负荷下伸长率(≤)/%	断裂伸长率(≤)/%	150℃下收缩率(≤)/%
		初捻	复捻				
840 den/1/3	0.65	300±10	185±10	118 (12)	1.2	15	6
840 den/1/4	0.75	375±10	225±10	157 (16)	1.2	15	6
840 den/2/3	1.00	285±10	145±10	245 (25)	1.2	15	6
840 den/2/4	1.20	285±10	145±10	333 (34)	1.2	15	6
840 den/2/5	1.30	285±10	145±10	412 (42)	1.2	15	6

(六) 胶管用聚酯浸胶纤维线

聚酯浸胶纤维线是较理想的胶管骨架材料，与其他纤维相比，聚酯纤维在经高温蒸汽硫化后，强力保持率最高，受热后强力下降很小，基本可以忽略；且伸长变化率最小。由于高强聚酯浸胶线具有优异的性能，因此被广泛应用在各种纤维编织或缠绕胶管中，如汽车制动胶管、空调管、军工用胶管等。高强聚酯浸胶线的缺点是在高温蒸汽下易发生胺解，使其性能下降，使用高强聚酯浸胶线制造胶管时，胶料配方中应做适当调整。

《胶管用浸胶聚酯线》(HG/T 4394—2012) 适用于汽车胶管用浸胶聚酯线和非浸胶热定型聚酯线，胶管用聚酯线根据采用的聚酯长丝特性可分为普通型聚酯线和高模低缩型聚酯线，根据应用特性可分为低伸长聚酯线和低收缩聚酯线。

胶管用聚酯线的标记包括下列内容：产品规格、产品品种、浸胶聚酯线或非浸胶热定型聚酯线。

示例：1 110 dtex S/K/HS/HK J/B

① ②③ ④ ⑤ ⑥⑦

其中，①表示产品规格；②、③、④、⑤表示产品品种，S 表示普通型低伸长聚酯线，K 表示普通型低收缩聚酯线，HS 表示高模低缩型低伸长聚酯线，HK 表示高模低缩型低收缩聚酯线。⑥、⑦表示浸胶聚酯线或者非浸胶热定型聚酯线，J 表示浸胶聚酯线，B 表示非浸胶热定型聚酯线。

普通型低伸长浸胶聚酯线和非浸胶热定型聚酯线的物理性能指标见表 1.2.2-41。

表 1.2.2-41 普通型低伸长浸胶聚酯线和非浸胶热定型聚酯线的物理性能指标

项目	单位	产品规格					
		1 100 dtex	1 440 dtex	1 670 dtex	2 200 dtex	3 300 dtex	4 400 dtex
断裂强力 (≥)	N	70	90	105	140	210	280
断裂伸长率	%	10.0±1.5	10.0±1.5	10.0±1.5	10.0±1.5	10.0±1.5	10.0±1.5
捻度公差	T/m	±10	±10	±10	±10	±10	±10
定长度重量	g/100 m	12.0±1.0	15.0±1.0	18.0±1.5	24.0±2.0	36.0±2.0	48.0±2.0
干热收缩率	%	3.0±0.7	3.0±0.7	3.0±0.7	3.0±0.7	3.0±0.7	3.0±0.7
黏合强度 (≥)	N/cm	55	60	70	75	95	125

注：1. 非浸胶热定型聚酯线不考核粘合强度指标。
2. 特殊产品可根据客户的要求协商。

普通型低收缩浸胶聚酯线和非浸胶热定型聚酯线的物理性能指标见表 1.2.2－42。

表 1.2.2－42　普通型低收缩浸胶聚酯线和非浸胶热定型聚酯线的物理性能指标

项目	单位	产品规格				
		1 100 dtex	1 670 dtex	2 200 dtex	3 300 dtex	4 400 dtex
断裂强力（≥）	N	70	105	140	210	280
断裂伸长率	%	18.0±2.0	18.0±2.0	18.0±2.0	18.0±2.0	18.0±2.0
捻度公差	T/m	±10	±10	±10	±10	±10
定长度重量	g/100 m	12.0±1.0	18.0±1.5	24.0±2.0	36.0±2.0	48.0±2.0
干热收缩率	%	1.2±0.5	1.2±0.5	1.2±0.5	1.2±0.5	1.2±0.5
黏合强度（≥）	N/cm	55	70	75	95	125

注：1. 非浸胶热定型聚酯线不考核黏合强度指标。
2. 特殊产品可根据客户的要求协商。

高模低缩型低伸长浸胶聚酯线和非浸胶热定型聚酯线的物理性能指标见表 1.2.2－43。

表 1.2.2－43　高模低缩型低伸长浸胶聚酯线和非浸胶热定型聚酯线的物理性能指标

项目	单位	产品规格			
		1 100 dtex	1 440 dtex	1 670 dtex	2 200 dtex
断裂强力（≥）	N	70	90	105	140
断裂伸长率	%	10.0±1.5	10.0±1.5	10.0±1.5	10.0±1.5
捻度公差	T/m	±10	±10	±10	±10
定长度重量	g/100 m	12.0±1.0	15.0±1.0	18.0±1.5	24.0±2.0
干热收缩率	%	2.0±0.4	2.0±0.4	2.0±0.4	2.0±0.4
黏合强度（≥）	N/cm	55	60	70	75

注：1. 非浸胶热定型聚酯线不考核黏合强度指标。
2. 特殊产品可根据客户的要求协商。

高模低缩型低收缩浸胶聚酯线和非浸胶热定型聚酯线的物理性能指标见表 1.2.2－44。

表 1.2.2－44　高模低缩型低收缩浸胶聚酯线和非浸胶热定型聚酯线的物理性能指标

项目	单位	产品规格			
		1 100 dtex	1 440 dtex	1 670 dtex	2 200 dtex
断裂强力（≥）	N	70	90	105	140
断裂伸长率	%	18.0±2.0	18.0±2.0	18.0±2.0	18.0±2.0
捻度公差	T/m	±10	±10	±10	±10
定长度重量	g/100 m	12.0±1.0	15.0±1.0	18.0±1.5	24.0±2.0
干热收缩率	%	0.8±0.3	0.8±0.3	0.8±0.3	0.8±0.3
黏合强度（≥）	N/cm	55	60	70	75

注：1. 非浸胶热定型聚酯线不考核黏合强度指标。
2. 特殊产品可根据客户的要求协商。

胶管用浸胶聚酯线黏合强度试验用橡胶配方见表 1.2.2－45。

表 1.2.2－45　胶管用浸胶聚酯线黏合强度试验用橡胶配方

原料	用量/份
3 号烟片	70.00
丁苯橡胶（SBR）1502	30.00
氧化锌（含量≥99.7%）	5.00
硬脂酸	2.00
硫化促进剂 MBTS（DM）	1.20

续表

原料	用量/份
硫化促进剂 TMTD	0.03
白炭黑（沉淀法）	15.00
炭黑 N330	40.00
黏合剂 A	2.50
黏合剂 RS	3.50
硫黄	2.20
合　计	171.43

胶管用浸胶聚酯线黏合强度试验用橡胶硫化条件为：硫化温度 150±1℃；硫化时间 30 min；硫化压力 3.5 MPa。

聚酯浸胶胶管纱的供应商见表 1.2.2-46。

表 1.2.2-46　聚酯浸胶胶管纱的供应商

供应商	项目	单位	产品规格			
			1 100 dtex/×1	1 100 dtex/×2	1 100 dtex/×3	1 670 dtex/×1
浙江尤夫高新纤维股份有限公司	断裂强力（≥）	N	75	145	215	105
	断裂伸长率（≤）	%	20	20	20	20
	直径	mm	0.29±0.05	0.42±0.05	0.55±0.05	0.40±0.105
	定长度重量	g/100 m	12.0±0.5	23.5±1.0	35.0±1.0	17.4±0.5
	干热收缩率（≤）	%	2.0	2.0	2.0	2.0
	黏合强度（≥）	N/cm	40	60	90	50

注：1. 热收缩测试条件为 150℃×3 min×0.02 cN/dtex（热空气或热油）。
2. 主要用于汽车空调管、刹车管、动力转向管。

（七）胶管用芳纶纤维

随着胶管工作环境越来越苛刻，国外许多公司开发芳纶胶管将其应用于汽车、石油、化学、航空和海洋等领域。

芳纶纤维属苯基刚性分子，分子链完全处于伸直的刚硬状态，其苯环对酰胺官能团上的氢原子有屏蔽作用，纤维表面缺少活性，使得芳纶与橡胶的黏结比较困难。芳纶与橡胶黏合的处理方法多采用两次或一次 RFL 浸渍法。近年来，则多采用经表面活化处理的复丝加捻制成帘线，然后浸渍一次 RFL 即可获得与橡胶良好的黏合性能。

《橡胶软管用浸胶芳纶线》（HG/T 4733—2014）规定，橡胶软管用浸胶芳纶线根据其加工工艺分为浸胶芳纶线和非浸胶芳纶线；根据采用的对位芳纶工业丝特性分为普通型芳纶线和高强型芳纶线。

橡胶软管用芳纶线的标记包括下列内容：产品规格、产品品种、浸胶芳纶线或非浸胶芳纶线。

示例：1 110 dtex（①）　ST/HS（②/③）　J/B（④/⑤）

其中，①表示产品规格。②、③表示产品品种，ST 表示普通型芳纶线，HS 表示高强型芳轮线。④表示浸胶芳纶或者非浸胶芳纶线，J 表示浸胶芳纶线，B 表示非浸胶芳纶线。

普通型浸胶芳纶线的物理性能指标见表 1.2.2-47。

表 1.2.2-47　普通型浸胶芳纶线的物理性能指标

序号	项目	单位	933 dtex	1 110 dtex	1 670 dtex
1	断裂强力（>）	N	160	195	290
2	断裂伸长率（≤）	%	3.7	3.7	3.7
3	捻度	T/m	130±10	120±10	95±10
4	定长度重量	g/100 m	9.50±0.37	11.30±0.44	16.80±0.67
5	干热收缩率（≤）	%	0.2	0.2	0.2
6	黏合强度（≥）	N/cm	60	65	80

注：非标准产品可根据客户的要求协商。

高强型浸胶芳纶线的物理性能指标见表 1.2.2-48。

表 1.2.2-48　高强型浸胶芳纶线的物理性能指标

序号	项目	单位	933 dtex	1 110 dtex	1 670 dtex
1	断裂强力（>）	N	185	220	320
2	断裂伸长率（≤）	%	3.7	3.7	3.7
3	捻度	T/m	130±10	120±10	95±10
4	定长度重量	g/100 m	9.50±0.37	11.30±0.44	16.80±0.67
5	干热收缩率（≤）	%	0.2	0.2	0.2
6	黏合强度（≥）	N/cm	60	65	80

注：非标准产品可根据客户的要求协商。

普通型非浸胶芳纶线的物理性能指标见表 1.2.2-49。

表 1.2.2-49　普通型非浸胶芳纶线的物理性能指标

序号	项目	单位	933 dtex	1 110 dtex	1 670 dtex
1	断裂强力（>）	N	180	220	330
2	断裂伸长率（≥）	%	3.3	3.3	3.5
3	捻度	T/m	130±10	120±10	95±10
4	定长度重量	g/100 m	9.33±0.37	11.1±0.44	16.7±0.67
5	干热收缩率（≤）	%	0.2	0.2	0.2

注：非标准产品可根据客户的要求协商。

高强型非浸胶芳纶线的物理性能指标见表 1.2.2-50。

表 1.2.2-50　高强型非浸胶芳纶线的物理性能指标

序号	项目	单位	933 dtex	1 110 dtex	1 670 dtex
1	断裂强力（>）	N	205	240	350
2	断裂伸长率（≥）	%	3.2	3.2	3.2
3	捻度	T/m	130±10	120±10	95±10
4	定长度重量	g/100 m	9.33±0.37	11.11±0.44	16.7±0.67
5	干热收缩率（≤）	%	0.2	0.2	0.2

注：非标准产品可根据客户的要求协商。

橡胶软管用浸胶芳纶线黏合强度试验用橡胶配方见表 1.2.2-51。

表 1.2.2-51　橡胶软管用浸胶芳纶线黏合强度试验用橡胶配方

原料	用量/份
国标胶 1 号	70.00
丁苯橡胶（SBR）1502	30.00
氧化锌（含量≥99.97%）	5.00
硬脂酸	2.00
硫化促进剂 MBTS（DM）	1.20
硫化促进剂 TMTD	0.03
白炭黑（沉淀法）	15.00
N330 炭黑	40.00
黏合剂 A	2.50
黏合剂 RS	3.50
硫黄	2.20
合　计	171.43

橡胶软管用浸胶芳纶线黏合强度试验用橡胶硫化条件为：硫化温度（150±1）℃；硫化时间 30 min；硫化压力 3.5 MPa。

2.4.3　轮胎用聚酯浸胶帘子线

轮胎用聚酯浸胶帘子线为高模低收缩型，主要用于采用挤出后缠绕成型生产的轮胎窄冠带条。

高模低收缩型轮胎用聚酯浸胶帘子线的供应商见表 1.2.2-52。

表 1.2.2-52 高模低收缩型轮胎用聚酯浸胶帘子线的供应商

供应商	项目	单位	产品规格			
			1 100 dtex/×1	1 100 dtex/×2	1 100 dtex/×3	1 670 dtex/×1
浙江尤夫高新纤维股份有限公司	断裂强力（≥）	N/end	140	180	205	270
	断裂伸长率（≥）	%	14	14	14	14
	捻度	T/m	450±15	400±15	370±15	330±15
	直径	%	4.5（44.1 N）	4.5（58 N）	4.5（66.6 N）	4.5（88.2 N）
	定长度重量	g/100 m	0.56	0.61	0.66	0.75
	定长度重量（浸胶后）	g/100 m				
	干热收缩率（≤）	%	2.0	2.0	2.0	2.0
	黏合强度（≥）	N/mm	125	130	150	170
热收缩测试条件：177℃×2 min×0.05 cN/dtex（热空气）						

注：本表对原始数据进行了编辑，请读者谨慎使用，具体请向供应商咨询。

2.4.4 橡胶工业线绳的其他供应商

橡胶工业线绳供应商见表 1.2.2-53。

表 1.2.2-53 橡胶工业线绳供应商

供应商	规格型号				
	浸胶聚酯软线绳	浸胶聚酯硬线绳	胶管线	包胶聚酯硬线绳	其他
吴江宏达线绳有限公司	√	√	√	√	

橡胶工业线绳供应商还有：青岛正元线绳制品有限公司、无锡朗润特种纺材科技有限公司、浙江古纤道新材料股份有限公司、烟台泰和新材料股份有限公司、金华市亚轮化纤有限公司、青岛天邦线业有限公司、安徽朗润新材料科技有限公司等。

第三节 织 物

3.1 织物的设计与选用

用作橡胶制品骨架材料的纤维单丝，一般需经纺纱制成单纱（或工业长丝），单纱经捻制成为合股线、帘线或线绳，然后制成织物。部分橡胶制品直接将工业长丝、合股线、线绳用作骨架材料，如编织胶管主要使用合股线（或以此为机织织物的基本组成），线绳是用作 V 带骨架材料的较佳的结构形式等，但大多数骨架材料还是以纱线为基础制成织物更为适用。

用作骨架材料的织物，按工艺方法可以分为机织织物、针织织物与无纺织物。其中针织织物包括经编针织织物与纬编针织织物，针织织物的基本结构如图 1.2.3-1 所示。

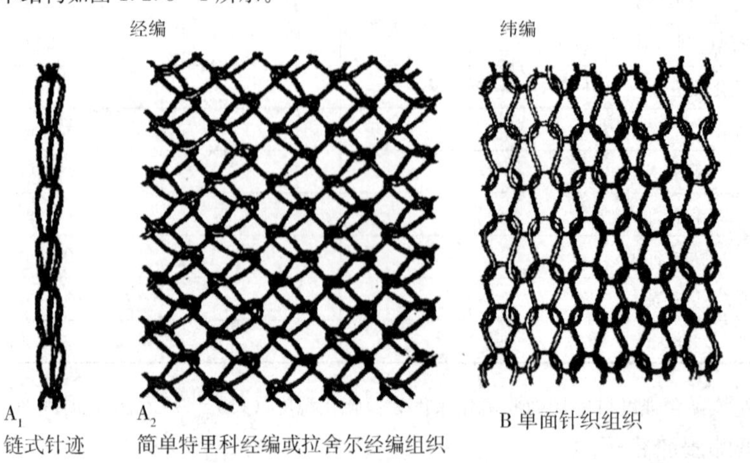

图 1.2.3-1 基本针织结构

橡胶制品用纤维骨架材料大多数是机织织物，大约占75%，其余约15%是纬编针织物，5%是经编针织物，其他方法约占5%。

织物的表示方式与符号系统见图1.2.3-2与表1.2.3-1，用于表示织物中的纤维类型和强度额定值。

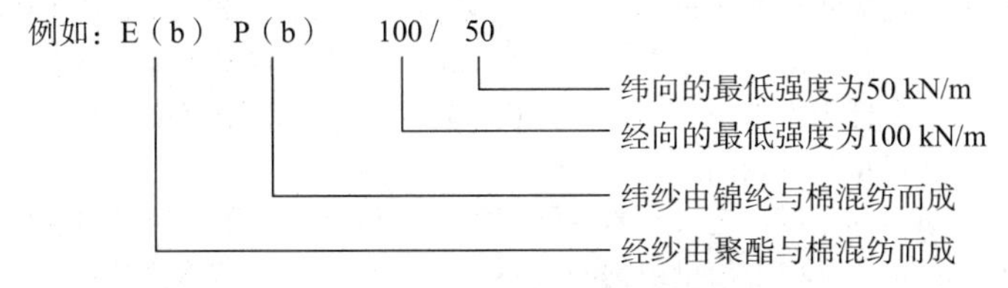

图1.2.3-2　织物的表示方式

表1.2.3-1　织物的符号系统

纤维类型名称	符号	纤维类型名称	符号
棉（Baumwolle）	B	锦纶（Polyamid）	P
人造丝（短纤维）（Zellwolle）	Z	聚酯（Polyester）	E
人造丝（长纤维）（Rayon）	R	芳纶（Aramid）	A

特定用途织物的选择和设计，必须从橡胶制品的最终用途出发，平衡解决好三个问题，即强度、纤维类型、织物结构。比如，通常胶带和雨布使用适当高捻度的线绳结构，若要求用低模量纱的织物，其纱线捻度比胶带和防水织物纱线的更高；用作气垫船裙部的增强材料，其极限强度并不十分重要，而抗撕裂、耐曲挠和耐疲劳性能则非常重要，可以选择最适宜的织纹加以实现等。

织物最重要的性能通常是强度。传统的制品结构设计很少将织物运用到极限强度，如设计输送带时，通常控制在最大强度的10%；胶管安全系数一般要求强度超过工作压力的6倍等。因实际应用中多采用层叠的复合骨架材料，从复合骨架材料所要求达到的强度计算每层骨架材料所需强度时，还需考虑每层织物对强度所做的贡献仅相当于构成复合骨架材料之前的70%～80%。采用有限元分析等仿真技术进行设计时，可以使制品结构更为合理，有可能使织物强度得到更为充分的发挥。设计时，织物的其他力学性能也非常重要，如拉伸特性、耐曲挠性、耐疲劳性、厚度和撕裂强度等，需要进行综合考虑。

表1.2.3-2说明不同基布可获得各种不同的性质，每种织物的拉伸强度额定值均为100 kN/m。

表1.2.3-2　不同基布织物物理性能的比较

织物规格	B100/50	Pb100/50	P100/50	EP100/50
经向：纤维类型	棉	锦纶+棉	锦纶	聚酯
纱线规格（dtex)/股数	840/12	940/2+840/3	940/2	1 100/2
纬向：纤维类型	棉	锦纶+棉	锦纶	锦纶
纱线规格（dtex)/股数	840/7	940/2+840/2	940/2	940/2
每10 cm线的数量：经向	87	73	105	100
纬向	47	43	51	50
织缩：经向	25	14	2.0	3.7
纬向	4	4	25	6.0
经向：拉伸强度/(kN·m^{-1})	102	106	140	140
断裂伸长率/%	40	29	21	23
在10%BL下的伸长率/%	17	10	2.5	2.0
纬向：拉伸强度/(kN·m^{-1})	42	57	65	60
断裂伸长率/%	12	24	52	32
厚度/mm	2.4	1.4	0.8	0.8
重量/(g·m^{-2})	1 340	585	355	365
组合强度/(N·m^{-1}·g^{-1}·m^{2})	110	280	375	550

从表1.2.3-2可以看出，四种织物虽然额定强度值都是100 kN/m，但两种合成纤维织物P100/50与EP100/50的实际强度大大超过其额定值，含棉的织物B100/50与Pb100/50的实际强度则基本在额定值附近。这是由于：

(1) 合成纤维织物经过热定型和浸渍处理，织物相当稳定，并在其后加工成最终橡胶制品期间，织物的尺寸变化也较小。含棉织物在加工成制品期间尺寸变化则很显著，特别是宽度减小，单位宽度中的纱线数量增加，将使其强度明显提高。含棉织物在加工期间的这种变化，首先是在诸如压延过程中给织物施加张力时，其宽度减小，并且引起织缩从经向至纬向的交换；其次是由于受热，特别是 Pb 织物，热收缩造成宽度进一步减小。对于合成纤维织物来说，这两种结果都已在使用前的热定型和浸渍处理发生过。

(2) 将织物组合到橡胶中时，还应考虑工艺过程中的转换系数。对于合成纤维织物来说，合成纤维具有较低的伸长率，因此从织物到与橡胶结合的层叠材料的转换系数通常为 80%，这是由于轻微不平行度和在加工中喂入长度不均匀所造成的，且这种现象不可避免。对于含棉织物来说，棉纤维伸长率较高，层间的贴合更为平整、吻合，所形成的层叠材料中各层对强度的贡献均较大，故其转换系数也较高。

组合强度为织物强度相对于重量的量度，定义与纱的强度类似，其中织物强度为经向和纬向强度的总和，量纲为强度单位 N/m 除以织物的重量单位 g/m^2，常用于衡量织物的效率。从表 1.2.3-2 组合强度的对比中，可以看到两种合成纤维织物比全棉织物的组合强度高出约 4 倍，比锦纶/棉混纺织物高出近 1 倍。虽然含棉织物的效率较低，但在一些特殊场合，比如要求织物体积大的场合，用厚度评价时混纺和全棉织物的体积分别为合成纤维织物的 2 倍和 3 倍；特别是在聚氯乙烯胶带中，棉短纤维的存在对获得较满意的耐热性和黏合性方面至关重要。

以上四种织物之间的明显区别还在于其模量特性不同。在要求耐冲击性的场合下，具有高伸长结构的织物可提供较好的性能；在长期运转的设备上，工作负荷下具有较低伸长的织物更合乎要求，因为在操作张力下其能降低橡胶制品的延伸度，减少补偿卷取装置的运行长度。

纤维类型的选择取决于对最终橡胶制品的要求。如为了满足制品耐热和耐化学腐蚀的需要，选用的材料首先要能满足耐热、耐化学腐蚀的要求。此外，在选择所用材料时，往往还需要从经济方面的角度出发进行综合设计以达成相应的技术经济条件。

织物的设计，涉及选择纱线交织花纹，来确定织物适宜的结构形式。

最简单的织物是平纹织物。平纹织物是指用平纹组织（经纱和纬纱每隔一根纱就交织一次）织成的织物，如图 1.2.3-3（a）所示。平纹织物使用范围很广，是机织织物的基本结构，大多数多层胶带织物采用这种结构。这种结构是防水的。防水织物一般使用低捻度纱线的平纹组织结构，产品表面光滑平整，纱线在交叉点被拉直展平，使相邻纱线之间的间隙最小，织物非常丰满。

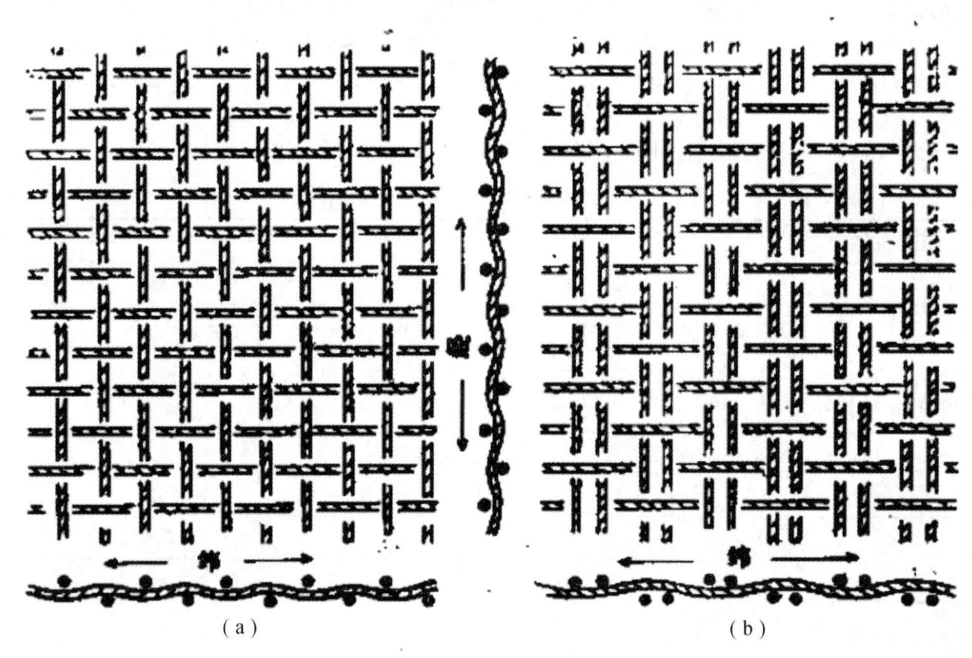

图 1.2.3-3　基本机织织物

(a) 平纹组织；(b) 牛津组织

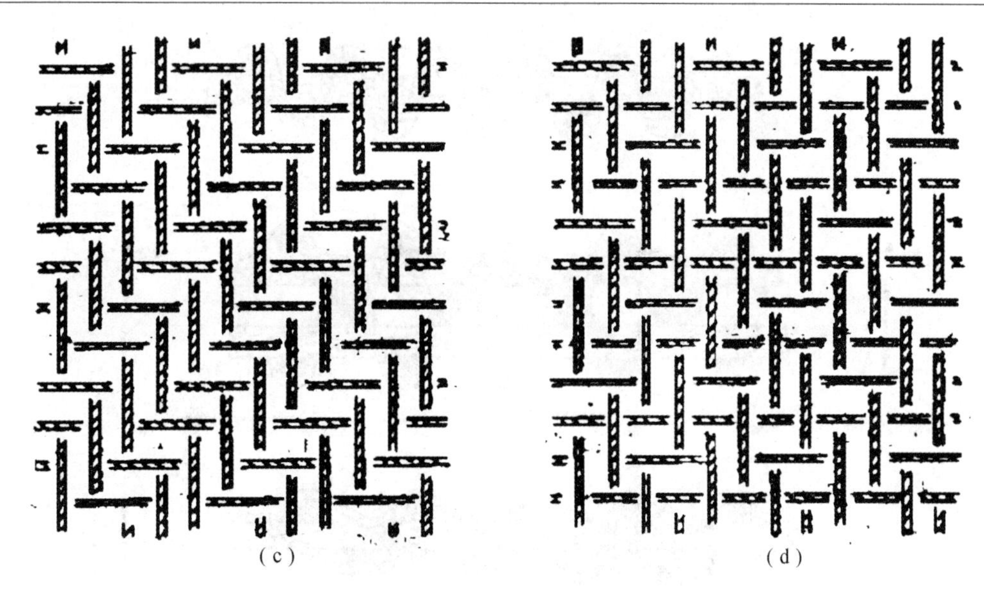

图 1.2.3－3　基本机织织物（续）

（c）2×2 斜纹组织；（d）2×2 斜破纹组织

当需要增加织物的强度时，虽然也可采用多股纱捻制的方式，但把较多的且是必要的纱线插入到可利用的织物间隙中还是很困难的，可以通过改变交织组织，以获得所要求的纱线密度。平纹组织最容易的改进方法是使用两根线一起织布，如图 1.2.3－3（b）所示，其中经向为两根线一起织造，这种结构称为 2×1 席纹组织，或牛津组织。同理，将两根线织在一起也可以增加纬向的密度，称为 2×2 席纹组织。利用同样方法可以织造 3 根或 4 根线在一起的席纹组织织物。多根纱线织造的席纹结构同时使织物的撕裂强度提高。这种方法也可应用于其他的轻型织物，比如用于防水帆布和油布的织物，在经向和纬向上每七至九根经线或纬线都是两根线一起加工，可以织成“防破裂”的织物。

斜纹组织是席纹组织的派生结构，其织造工艺仍然是经线和纬线两上两下的交织，但每次都要移动相邻的一根线来代替固定的一对纱线织在一起，从而使织物显出斜纹。其结构形式如图 1.2.3－3（c）所示。图中 2×2 的斜纹组织，织纹在经线和纬线中每第四根线重复出现一次。

席纹和斜纹织物中，纱的“浮纹”均较长。由于从一个交叉点到另一个交叉点的长度增大，使撕裂强度提高，同时经/纬线交叉的总数却减少。这种结构对于需要机械扣紧的场合是一个缺点，因为在机械扣紧处，织物容易被刺穿，使该处的织物强度降低。这个问题可通过破坏织物花纹组织的规整性来予以改进。如图 1.2.3－3（d）所示的 2×2 斜纹组织，将基本斜纹组织的第三、第四根线的交叉花纹组织反向织造，使全部经线和交替纬线保留增加的浮纹，而交替间隔之间的另一根纬线则一上一下运行，所以交叉点数目增加，织物组织中的纱线也具有较高的抗拉性。

高强力等级的织物，很重并且较厚。当需要提高经线的强度时，纬线的强度也需要随之提高，从而大幅度地增加了需要编织到某种织物单位面积上纱线的总体积，但能够编织进某种织物的纱线数量是有极限的，因此，对高强力织物需要变更设计。有两种方法可以增加纱线密度，即应力（或直经）经纱织物和多层（或直纬）交织织物。

经纬线交织时，会限制纱线可以在一起织造的数量。应力经纱织物经纬线中的主要强力线放置于不同的水平面上：经纱不与纬纱交织，以直线并排排列成一层；其纬纱被分成两层，一层在直线经纱的上方，另一层在直线经纱的下方；用于加固织物的“接结”用经线要比经、纬纱细得多，穿过经纱与两层纬纱交织，织造成应力经纱织物。在这种织物组织中，经纬线都可以采用比一般纱线粗得多的纱线。最简单的应力织物是平色罗纹针织物，几种典型的应力织物结构见图 1.2.3－4。

多层交织织物，其织物结构如图 1.2.3－5 所示，是指至少将纬线分成两层，每层纬线并排排列，经线全部与之交织，但在每个交织点上，实际与每根纬线交织的仅是经线的四分之一，其他的经线构成织物的整个厚度。这种织物的组织更加疏松，允许纱线可以达到更高的密度，使织物的厚度很大并可制成重型织物。采用和应力经线织物同样的方法，可以增加纬纱层的数目，因而可增加每单位宽度中的经线总数，从而增加织物的极限强度，其结构如图 1.2.3－5（b）所示。图 1.2.3－5（b）织物可以认为是两个双层织物织造在一起，用经线从顶部和底部与公用纬线的中心层交织，这种结构是重型多层聚氯乙烯输送带的典型交织结构。

近年来发展的三维空间织物，如图 1.2.3－6 所示。这种结构的经线供料系统做了改进，每根纬线插入之后，通过旋转经线供料经轴使每根经线在下一根纬线插入之前移动一个位置。在这种织造工艺中，织物长度方向的每根经线都沿着人字形方向织造，线从织物一边到另一边横穿再返回原处；形成梭口的机械也做了改进，经线不用通过综片的孔眼，由机械叉头引线，取代必要的梭口形成作用。其结果是，经线与另外的经线和纬线以相互成 60°角的形式织成织物，因而这种织物的性质在所有方向（包括斜向和直向）更为均匀，撕裂强度提高很多。

织布机械方面，传统的有梭织机正逐步被淘汰，取而代之的是剑杆织机、片梭织机及喷水、喷气织机，这些新型织机的工作效率较传统有梭织机提高近 50%。有梭织机的最高工作效率为 450 纬/min，而剑杆织机的最高工作效率可达 650 纬/min，在保证产量的前提下，采用剑杆织机或片梭织机可减少 30%的机械装备数量，并由此减少筒子架数量及厂房面积。

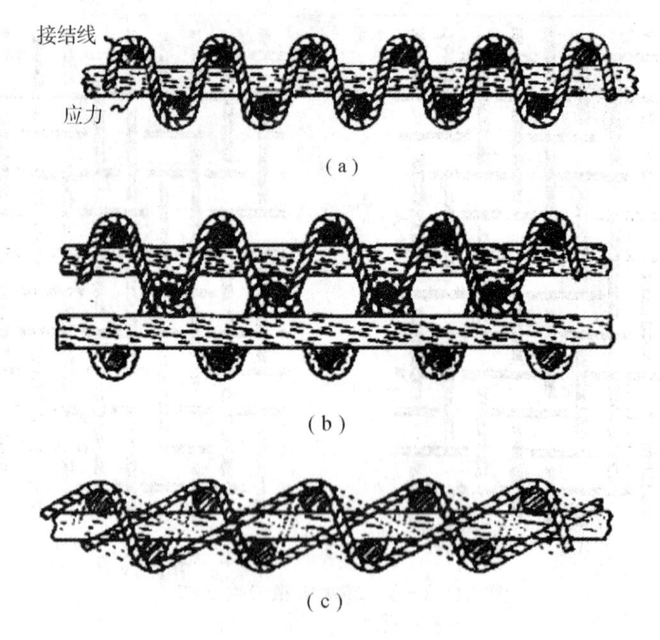

图 1.2.3-4　应力经纱织物结构

(a) 平色罗纹针织物；(b) 复合罗纹针织物（两层应力层织物）；(c) Uniroyal 公司专利 Usflex 针织结构

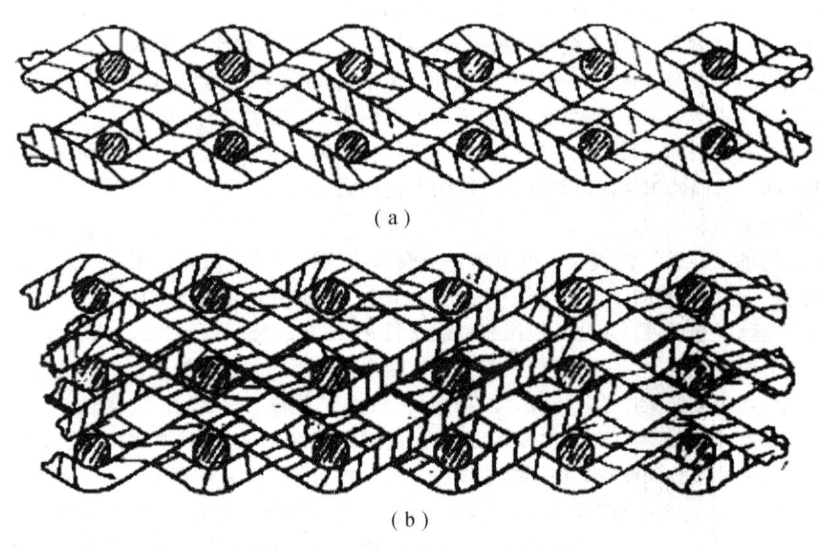

图 1.2.3-5　多层交织织物结构

(a) 双重平结构；(b) 基本多层交织结构

采用新型织机，帘布的质量也有所提高，表现为布面更加平整，帘线在织造过程中的强度损失更小。特别是在剑杆织机和片梭织机工作时，纬线一纬一根两头回盘，从而克服了采用有梭织机造成的经线边密度过大的缺陷。

3.2　热定型与黏合剂浸渍

织物用于橡胶补强，一般均需进行预处理。棉纤维唯一需要的预处理是通过干燥来降低水分，人造丝除了降低水分外尚需进一步加工以改进黏合性能；合成纤维则存在着收缩与黏合的问题，需要通过热定型和浸渍处理予以解决。热定型和浸渍处理通常是制造纺织制品的最后一道工序，其专用设备分为单根帘线浸渍和织物浸渍两种，分别如图 1.2.3-7、图 1.2.3-8、图 1.2.3-9 所示。通过调整热定型工艺参数、浸渍配方、浸渍工艺参数，可以使织物的物理性能和黏合特性能够满足具体应用的特定要求。

近年来，大量新技术[7]应用于浸渍机，使浸渍机的浸渍效果日臻完善。

1. 热媒的改进

热处理所用热媒由传统的蒸汽加热、电加热，发展为气体燃料燃烧加热、远红外线加热、导热油循环加热等，用户可根据本地区能源结构和价格情况选择适当的热媒。

2. 张力施加方式的改进

拉伸及定型处理采用差速方法对织物施加张力（或负张力）达到拉伸或回缩的目的。差速实现主要有 3 种方法：更换传动齿轮（20 世纪 90 年代前的线绳浸渍机多用此法）、交流电机可控硅调速、直流电机变压调速。

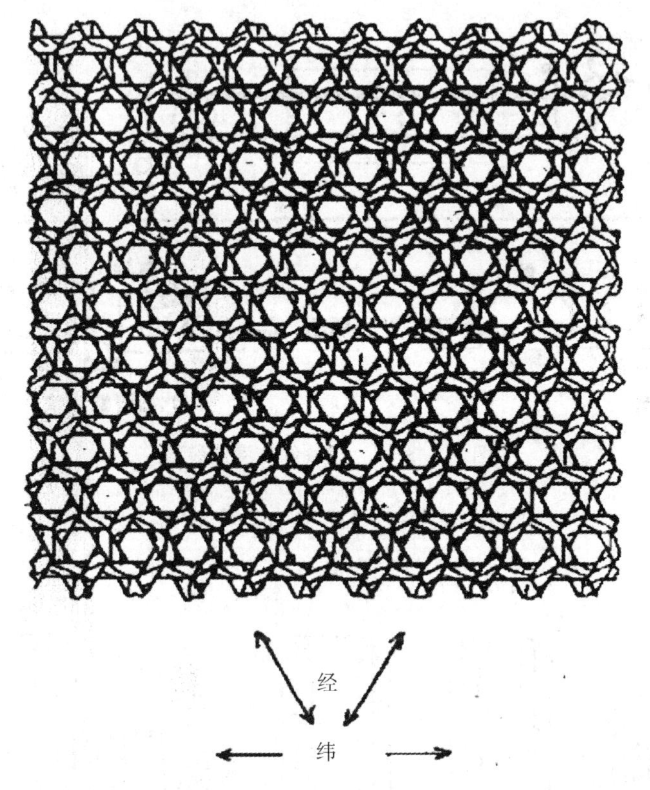

图 1.2.3-6　三维空间织物

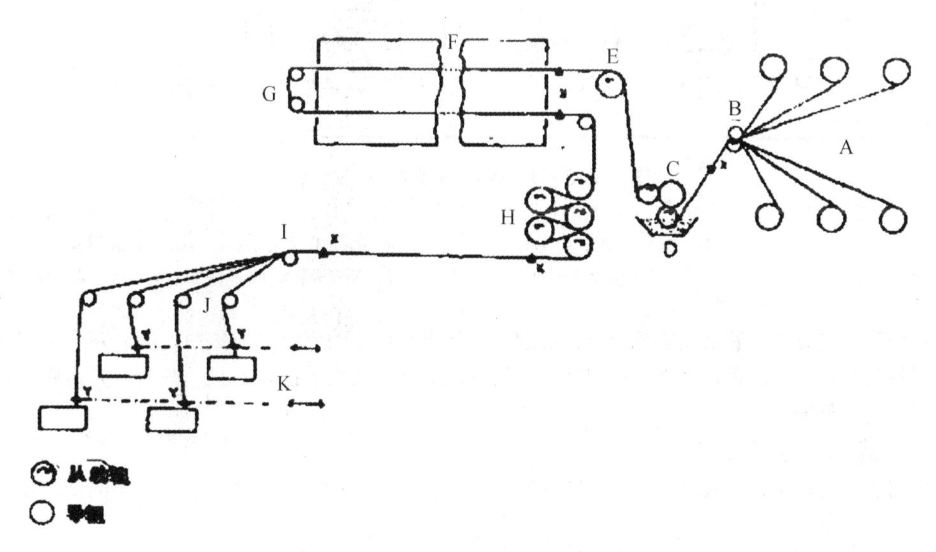

图 1.2.3-7　单根帘线浸渍装置

A—供料筒子架；B—喂入压辊；C—钳制缓冲系统；D—浸渍槽；E—沟槽导辊；F—干燥箱；
G—反向辊；H—拉伸辊；I—导辊；J—卷取导辊；K—重绕卷装；X—导纱辊；Y—导纱眼

交流电机变频调速技术已广泛应用于浸渍机，这种控制方法的功率因数高达 0.98。采用交流电机变频调速技术与交流电机可控硅调速技术相比，速度调节精度更高（可达 0.01%），响应更加迅速，控制范围更宽。其控制精度之高可确保在需要紧急停车时在无张力损失及不损坏帘布的情况下将车速从最大变为零。

3. 定中心装置的改进

传统浸渍机的织物定中心装置采用机械接触式电反馈纠偏方法，响应时间长，控制精度低。近年来发展起来的光电非接触式定中心装置，响应时间大大缩短，纠偏精度更高，保证了浸渍工艺的顺利进行。同时，成品帘布卷成型整齐、美观，使轮胎生产企业实施压延工艺更加方便。

4. 卷绕装置的改进

帘布成品卷绕装置改机械传动卷绕为摩擦被动卷绕，并以力矩电机施加卷绕动力，保证卷绕全过程张力一致，因此也简化了包装工序。

5. 装备保险装置

浸渍机上普遍采用了保险装置，提高了浸渍作业的安全性。

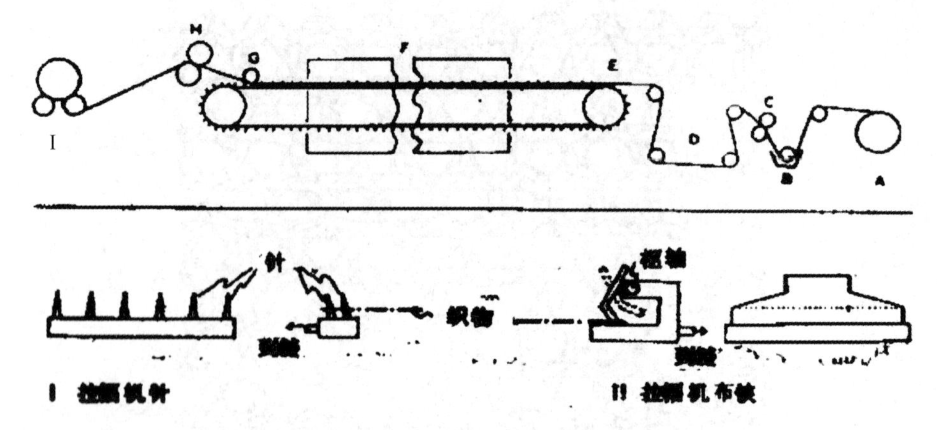

图 1.2.3－8　拉幅织物浸渍装置

A—导开辊；B—浸渍槽；C—挤压辊筒；D—喂入导辊；E—针链或夹子链；
F—烘箱；G—脱针辊；H—牵引导辊；I—重绕装置

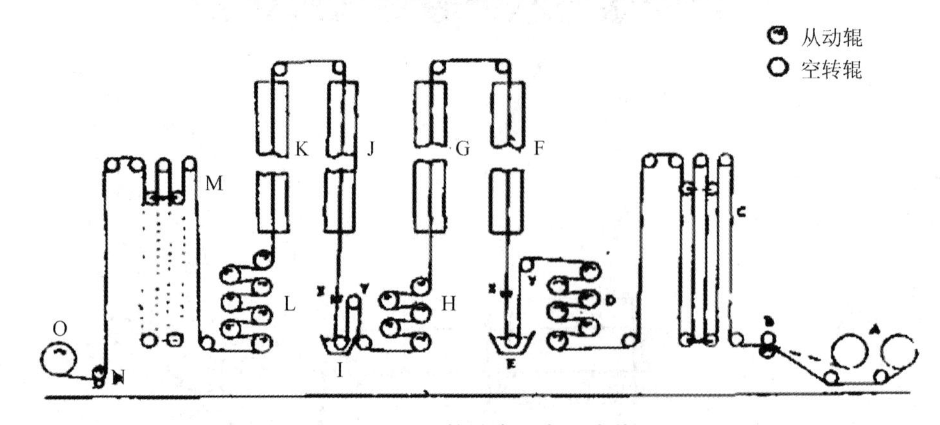

图 1.2.3－9　轮胎帘子布浸渍装置

A—导开支架；B—喂入夹持辊；C—输入贮布器；D—喂给张力辊；E—第一浸渍装置；F—第一干燥烘箱；
G—第一高温烘箱；H—主张力辊；I—第二浸渍装置；J—第二干燥烘箱；K—第二高温烘箱；
L—拉伸张力辊；M—输出贮布器；N—输出夹持辊；O—重绕装置；X—浸渍附胶量控制装置；Y—张力传感辊筒

由于浸渍作业中排放的有毒、易燃气体对操作人员的身体健康和设备的安全造成威胁，因此现在的浸渍机上也大都安装了有害气体浓度报警装置，一旦有害气体（特别是易燃气体）浓度达到临界值，即自动报警并开启强制排风装置把机内有害气体浓度降低至安全范围。

6. 装备废气、废水回收净化装置

环保问题日益引起人们重视，浸渍机与废气、废水回收净化装置一同运行，实现废气、废水的低浓度排放甚至零浓度排放。

7. 计算机全程监控

浸渍机全程工艺控制由传统的手工仪表单独控制变为计算机全程监控，实现了人机对话。操作者只需通过键盘输入各工艺参数信息，计算机即可在运转过程中将各种工艺参数的控制值及瞬时实际值完全显示在显示器屏幕上。

3.2.1　热定型

热塑性合成纤维，如锦纶和聚酯在纺纱过程中被拉伸到原始长度的几倍，促使高聚物分子取向并形成晶体，因而在后续加工中，具有较高的热收缩性质，热收缩后，其模量、伸长等物理性能变化尤为显著。在张力和高温作用下对浸渍纺织材料进行热定型，可以改善纤维的结晶度，使纱线稳定并减少在后续加工中受热引起的纤维与纱线的性能变化。

未经热定型的热塑性合成纤维纱线在无任何限制的情况下受热会收缩，如果限制纱线的移动，不让其自由收缩，就产生一种力，这种力通常称为收缩力，锦纶和聚酯的收缩力为 1.8～2.0 cN/tex。如果在热定型阶段，给纱线施加的张力等于其收缩力，纱线长度不变，一般其应力应变也没有很大的变化，但剩余收缩却会大幅度降低；如果施加的张力大于收缩力，纱线长度增大，模量增加，收缩降低到未定型的水平以下，但比低张力定型后的收缩要大些；如果施加的张力比收缩力小，其长度减小，但只要避免完全松弛，初始模量就只有很小的变化，虽然极限强度稍微降低，而断裂伸长比未定型纱线要高得多，剩余收缩也明显下降，如图 1.2.3－10 所示。

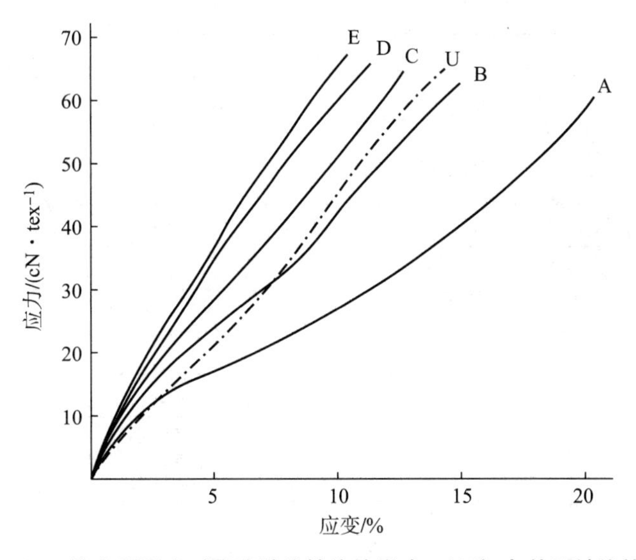

图 1.2.3-10　热定型张力对聚酯纱线性能的影响（235℃条件下纱线的热定型）

曲线代号	张力/(cN · tex^{-1})	剩余收缩（150℃）/%
U	未定型	11.0
A	1	0.9
B	2	1.7
C	3	2.6
D	4	3.2
E	5	3.7

锦纶的热定型与聚酯相似，其模量和收缩随热定型张力的增加而增加，但极限伸长的变化比聚酯略大：锦纶未经热定型的极限伸长为 30%左右，在高张力定型下为 12%～14%。热定型后，锦纶与聚酯同样具有较低的初始收缩，采用较高的定型张力，剩余收缩在 4%左右；采用低张力定型，则剩余收缩可以达到 0.5%～0.7%。除了在收缩方面的变化，经热定型后锦纶的蠕变降低，动态应变条件下的纺织增强材料的永久变形也减少。锦纶在热定型和浸渍工序中，干燥区的伸张率为 0～2%，热伸张区的伸张率为 8%～10%，定型区的伸张率为 -2%～0%，总的伸张率为 6%～8%。锦纶 6 帘布的热伸张工艺参数见表 1.2.3-3。

表 1.2.3-3　锦纶 6 帘布的热伸张工艺参数

区域	温度/℃	时间/s	伸张率/%
干燥区	100～140	50～120	0～2
热伸张区	190～210	20～40	8～10
热定型区	190～210	20～40	-2～0

锦纶帘线及帘布的性能与热伸张的关系见表 1.2.3-4。

表 1.2.3-4　锦纶帘线及帘布的性能与热伸张的关系

项目	干燥区					
	时间/s		温度/℃		伸张率/%	
	40	80	125	150	0	4
强度/N	→				→	
44.1 N（4.5 kgf）伸长率/%	→		→		↘	Δ
断裂伸长率/%	→		↗	Δ	↘	*
干热收缩率/%	→		→		↗	*
沸水收缩率/%	↗	Δ	→		↗	*
耐疲劳性（GY 型）	→		→		↘	*

续表

热伸张区						
项目	时间/s		温度/℃		伸张率/%	
	20	40	195	205	8	12
强度/N	→		→		→	
44.1 N (4.5 kgf) 伸长率/%	→		→		↘	Δ
断裂伸长率/%	→		↘	Δ	→	
干热收缩率/%	→		→		→	*
沸水收缩率/%	↗		↘	Δ	↗	Δ
耐疲劳性 (GY 型)	→		↘	Δ	↘	*
热定型区						
项目	时间/s		温度/℃		伸张率/%	
	20	40	180	200	-2	0
强度/N	→		→		→	
44.1 N (4.5 kgf) 伸长率/%	→		↘			
断裂伸长率/%	→		↗		→	
干热收缩率/%	→		↘		↗	
沸水收缩率/%	↘		↘		↗	
耐疲劳性 (GY 型)	→		↘		→	

注：→表示无变化，↗表示上升，↘表示下降，Δ表示75%置信度，*表示95%置信度。

表1.2.3-3与表1.2.3-4详见于清溪，吕百龄．橡胶原材料手册[M]．北京：化学工业出版社，2007：632-633，此处有修改．

芳纶不是热塑性纤维，热定型对其也有益处，但机理尚不清楚。芳纶纱线初始回潮率大约为4%，热定型后回潮率降低到2%，纱线的模量仍保持不变。芳纶的热定型温度-张力条件一般为温度不低于225℃，张力为10 cN/tex左右。

机织织物除了纤维的以上变化，浸渍与热定型前后织物经线密度的变化产生纱线的皱缩和织物尺寸上的变化等，需要从纤维类型、选用的温度和施加的张力、坯布结构和加工装备等多方面予以综合考虑、调节。织造过程中，经纱的收缩通常比纬纱大，因此首先要考虑织缩的影响，所以织造时将纬纱铺平，经纱在纬纱上交叉交织形成稳定的织物结构。在织物的浸渍与热定型过程中，对织物施加张力将织物拉直到一定程度，经纱上的一些织缩转移到纬纱上，使织物的宽度减小。织物越轻，结构越疏松，这种效果就越显著。在拉幅机上，当织物被夹持在针板或布夹链条中时，通过使织物受到幅宽的拉伸和使织缩反向交换，则织物宽度收缩的影响可部分得到纠正，但这在轮胎帘子布浸渍机上是不可能做到的。

在轮胎帘子布浸渍机上，经纱受到控制其收缩力被抵消，但纬纱则不受限制，其收缩力被附加到由于经纱张力而产生的织缩交换力上，结果使帘子布的宽度进一步缩小，经密增加，这些尺寸的变化会持续到所产生的各种力达到平衡为止，通常需达到织物经密非常密实不可能再移动的程度。这种情况下，可以使轮胎帘子布具有"极限密度"的结构，生产出比较密实的织物。

3.2.2　浸渍

(一) 棉纤维

以棉纤维或含有较大比例棉纤维混纺制成的织物，一般不需要浸渍任何黏合剂，黏合力的获得主要靠短纤维进入到橡胶基体中的机械黏合。在剥离这种黏合时，必须抽出那些嵌入橡胶中的纤维，黏合强度因存在抽出这些纤维所必须克服的摩擦力而有所提高，在嵌入橡胶中纤维较长的情况下，就在摩擦力超过单纤维强力的地方拉断纤维。生产中，如采用压延擦胶工艺，即可使橡胶渗入到织物的空隙中，橡胶在硫化前期受热受压处于黏流态时，短纤维即进入到橡胶基体中。聚氯乙烯塑料糊可以更有效地渗透到纱线之间的空隙，这种现象主要由毛细管作用所产生的芯吸效应引起。

(二) 人造丝

人造纤维纺制的短纤维纱线，其单纤维较为平滑，单纤维横截面呈圆形且更为均匀，因此，嵌入橡胶中的单丝末端产生的摩擦力相当低，其黏合强度较低。采用喷气膨化连续长丝的人造纤维可以改进这种机械结合：喷气膨化形成纤维气圈，当这些纤维气圈代替纤维末端嵌入弹性体时，欲使弹性体与纤维剥离，必须使纤维折断，或将弹性体基体撕裂，因而具有较高的黏合强度。

人造丝主要以连续长丝形式应用，一般需进行黏合剂预处理。人造丝的间苯二酚-甲醛-胶乳（RFL）黏合剂的典型配方见表1.2.3-5。RFL浸渍剂的主要参数为：间苯二酚（R）与甲醛（F）的物质的量之比为1：（2～3）；酚醛树脂的浓度约为6%；酚醛树脂的含量为15～20份（以100份干胶计）。酚醛树脂的缩合时间为25℃下6～8 h；配置好的RFL浸渍液在25℃下经16～24 h熟化后应用。

表 1.2.3-5　人造丝用 RFL 黏合剂配方

配合剂	甲阶酚醛树脂/份		酚醛树脂/份	
	干	湿	干	湿
水	—	257.8	—	261.4
甲苯二酚	9.4	9.4	—	—
酚醛树脂（75%溶液）	—	—	13.4	17.9
甲醛（37%溶液）	5.1	13.8	3.5	9.3
氢氧化钠（10%溶液）	0.7	7.0	0.4	4.0
氨水（相对密度 0.88）	—	—	1.7	4.9
胶乳（40%固含量）	84.8	212.0	81.0	202.5
合计	100.0	500.0	100.0	500.0

胶乳组分一般为丁苯与丁吡胶乳（VP）的混合物，对于低强度（标准）人造丝，丁苯/丁吡为 80/20，高强度和高湿模量的纱线为 20/80。表 1.2.3-5 给出了两种不同的配方，一种是碱催化甲阶酚醛树脂配方；另一种是预缩合（酸催化）酚醛树脂配方，酚醛树脂基本是线型非交联树脂，在浸渍薄膜硫化过程中，配方中的甲醛与树脂交联。

甲阶酚醛树脂体系中，有两种方法制备浸渍剂：①在加入胶乳组分之前，允许树脂部分缩合，也称为二步法体系；②仅在全部配合剂混合后才能加入碱催化剂，也称为一步法体系。当胶乳组分中包含天然胶乳时，不能使用一步法体系，因为甲醛会与稳定天然胶乳的氨起反应，引起胶乳稳定性降低并阻碍树脂缩合。酚醛树脂与橡胶的相容性较差，一步法体系与前者相比，其优点是在有胶乳存在的情况下形成树脂，首先由包含六个间苯二酚单元的树脂低聚物在胶乳粒子上取代部分脂肪酸盐表面活性剂，然后连续缩合并在胶乳粒子周围交联，因而大大改进了树脂在整个橡胶相中的分散性。两段甲阶酚醛树脂浸渍剂贮存寿命稍短，也不太适用于短时高温的硫化条件。

预缩合酚醛树脂体系，预缩合树脂同样可以很好地分散，因为在加入胶乳的情况下发生了线型预缩合树脂的交联。

浸渍液的配置流程见图 1.2.3-11。

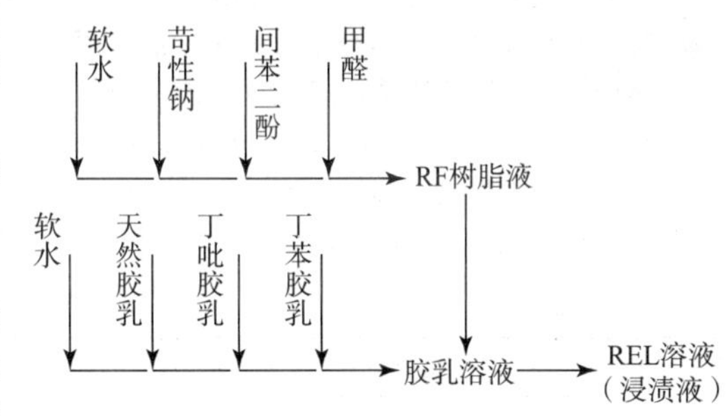

图 1.2.3-11　浸渍液的配置流程

在浸渍工艺过程中，人造丝纱线或织物通过浸渍槽进行浸渍，然后用挤压、气流喷射等方法去掉过量的浸渍液。通过浸渍液的固含量和过量浸渍液除去系统可控制浸渍液中固形物在纱线或织物上的附着量。水分可以在 100～120℃的温度下排除掉，在 140～160℃温度下烘干并最终硫化成浸渍剂薄膜。烘干的时间以 60～90 s 为宜，但通常控制烘干时间不多于织物预先干燥的时间。

（三）锦纶

锦纶 6 和锦纶 66 都可以使用与人造丝相似的 RFL 体系，但胶乳组分中的丁吡胶乳以高于 70%较好，许多应用中使用 100%的丁吡胶乳。图 1.2.3-12 显示各种不同胶乳并用比例对锦纶黏合的影响。

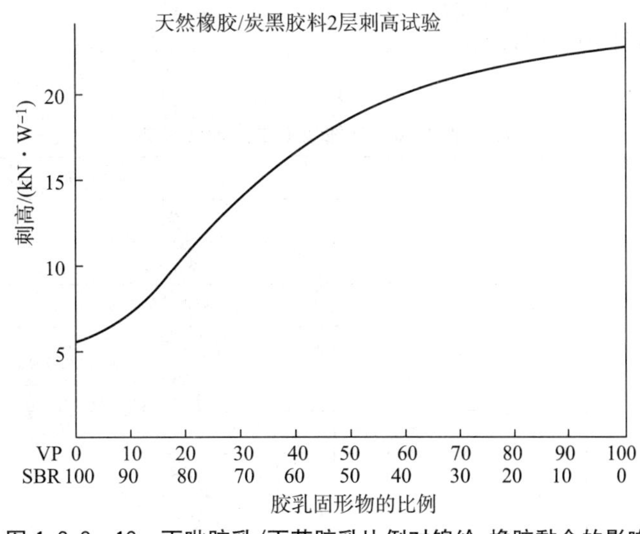

图 1.2.3-12　丁吡胶乳/丁苯胶乳比例对锦纶-橡胶黏合的影响

锦纶的浸渍与热定型工序结合在一起，因此使用的干燥温度比人造丝所用温度要高，常为 170～200℃。如采用甲阶酚醛树脂体系，一步法体系一般采用 200℃×45 s 的烘干工艺条件；二步法体系一般采用 150℃×105 s 的烘干工艺条件，采用较高的温度时，即使缩短热定型时间，黏合强度也会大幅下降。

锦纶帘布其他 RFL 浸渍液配方举例见表 1.2.3－6。

表 1.2.3－6 锦纶帘布浸渍液三并胶乳配方（碱性树脂配方）

配合剂	RF 树脂液（固含量 6.5%）		RFL 浸渍液（固含量 20%）	
	干	湿	干	湿
软水	—	235.8	—	77.7
甲苯二酚	11.0	11.0	—	—
甲醛（37%溶液）	6.0	16.2	—	—
RF 树脂液	—	—	17.3	266.0
氢氧化钠（10%溶液）	0.3	3.0	—	—
氨水（相对密度 0.88）	—	—	—	—
丁吡胶乳（40.5%固含量）	—	—	80.0	197.5
丁苯胶乳（40.5%固含量）	—	—	15.0	37.0
天然胶乳（60%固含量）	—	—	5.0	8.3
合计	17.3	266.0	117.3	586.5

（四）聚酯

对于聚酯帘线或织物，基本的 RFL 体系不能满足黏合性能的需要，因而开发了各种替换体系或预处理方法。聚酯帘线或织物的浸渍方法分为双浴法与单浴法。双浴法中，聚酯帘线或织物经第一浴（由环氧树脂、封闭异氰酸酯等组成的浸渍液）浸渍和热处理后，再经第二浴（一般为 RFL 浸渍液）浸渍和热处理。单浴法主要采用氯酚类化合物水性浸渍液，主要为 Vulcabond E 浸渍体系，同类的产品有 DENABOND（日本）与 RP（国产）等。

杜邦公司的 D417（或 Shoaf）体系见表 1.2.3－7，即将水溶性环氧树脂加到封闭异氰酸分散液中，从而改进浸渍薄膜的形成及其与聚酯的相容性。聚酯浸过这种黏合剂后，固形物的附着量为 0.5%，封闭异氰酸酯在温度约为 230℃时活化，并起反应形成黏合剂薄膜。经过这种预处理之后，将聚酯再用标准的 RFL 体系进行第二次浸渍。

表 1.2.3－7 聚酯预浸渍杜邦 D417 配方

组分	干	湿
封闭异氰酸酯[a]（40%分散液）	72.0	180.0
环氧树脂[b]	27.2	27.2
黄蓍胶溶液（2%）	0.5	25.0
分散剂（50%溶液）	0.3	0.6
水	—	1 767.72
总计	100.52	2 000.0

注：a. 己内酰胺封闭双亚甲基（二苯甲撑二异氰酸酯）。
b. 由环氧氯丙烷和丙三醇生成的液体环氧树脂。

其他双浴法浸渍液配方见表 1.2.3－8。

表 1.2.3－8 其他双浴法浸渍液配方

第一浴浸渍液			第二浴浸渍液		
组分	干	湿	组分	干	湿
封闭异氰酸酯（25%分散液）	1.5	6.0	间苯二酚	11.0	11.0
环氧化合物 DENACOL EX－313	1.5	1.5	氢氧化钠（99%）	0.3	0.3
			甲醛（37%）	6.0	16.2
软水	—	92.5	软水	—	238.5
			在 25℃下搅拌 2 h		
			Nipol 5218FS（40.5%）	100	250.0
			软水	—	65.3
总计	3.0	100.0	总计	117.3	591.3

注：本配方引自日本瑞翁资料，第二浴浸渍液需在 25℃下熟化 20 h，详见于清溪，吕百龄．橡胶原材料手册［M］．北京：化学工业出版社，2007：635.

在本章有关纺纱的内容中已述及的用油剂预处理过的聚酯纱，可直接用 RFL 体系浸渍，纺纱过程中对聚酯纱线的预处理可以视为第一浴。

广泛采用的单浴法聚酯预处理体系是由 Vulanx 公司开发的以对氯苯酚和间苯二酚反应生成的 RF 树脂（Vulcabond E）与间苯二酚、甲醛共缩合的体系，其配合见表 1.2.3-9。

表 1.2.3-9　Vulcabond E/RFL 黏合体系

组分	干	湿
水	—	165.8
间苯二酚	9.8	9.8
甲醛（37%）	2.2	5.9
VP 胶乳	48.6	121.5
Vulcabond E（20%溶液）	39.4	197.0
总计	100.0	500.0

其他单浴法浸渍液配方见表 1.2.3-10。

表 1.2.3-10　其他单浴法浸渍液配方

RFL 树脂液			单浴浸渍液		
组分	干	湿	组分	干	湿
氢氧化钠（10%）	2.1	21.0	DENABOND（20%）	57.1	285.5
甲醛（37%）	8.8	23.6	RFL 树脂液（20%）	142.9	714.5
间苯二酚	26.8	26.8			
软水	—	522.8			
在 25℃下缩合 2 h					
Nipol 5218FS（40.5%）	162.3	405.8			
合计	200.0	1 000.0	合计	200.0	1 000.0

浸渍后聚酯的干燥要求高温才能达到较好的黏合水平，通常温度为 230～240℃，与帘线或织物的热定型同时进行。干燥温度越高，浸渍织物的黏合水平对橡胶胶料的变化越敏感。

（五）芳纶

虽然芳纶在化学结构上与锦纶紧密联系，但单用 RFL 浸渍剂浸渍，不能得到良好的黏合水平。采用与聚酯相同的黏合体系与二段工艺，能够获得实用的黏合水平。但在一定条件下，对浸渍后的帘线的动态性能可能会造成有害的影响。为此，可以采用环氧树脂（氯甲代氧丙烷与丙三醇的反应产物）为第一浸渍剂，随后用标准的 RFL 进行第二段浸渍。第一段烘干的工艺条件为 240℃×60 s，第二段烘干的工艺条件为 210℃×60 s。

和聚酯一样，高温浸渍必然会对胶料的适应性产生某些影响，如果将炭黑分散体加入到第二段 RFL 浸渍剂中，即可将这种影响降低到最低限度。

新开发的芳纶黏合处理方法主要有[7]：

1. 用空气等离子体处理芳纶束丝表面

经等离子体处理的芳纶束丝表面会产生许多黏合活性点，然后将这种束丝加捻、机织制成白坯帘布，再用 RFL 浸渍液浸渍，可获得满意的黏合效果。

用等离子体处理芳纶束丝是一种利用等离子体对纤维表面进行“刻蚀”的物理方法。其缺点是刻蚀作用会使纤维强度有一定损失，且随时间的延长，某些受刻蚀的部位会出现复原现象，即浸渍帘布的黏合强度随时间的延长而减小。等离子体“刻蚀”方法也适用于聚酯纤维的表面活化处理。

2. 用氟气处理芳纶束丝表面

将氟气制成高浓度的与氮气的混合气体，再用空气稀释，将纤维束丝以一定的速度通过充满这种气体的处理器（箱体结构），处理后的芳纶束丝再用与方法 1 同样的方法进行处理即可制成浸渍帘布。

这种处理方法利用了氟气的强腐蚀性，作用原理与用等离子体“刻蚀”芳纶纤维表面的方法一致，属物理处理方法。经氟气腐蚀的芳纶纤维表面活化点的复原倾向低于等离子体处理方法，从黏合强度保持率的角度考虑，这种方法优于方法 1。

3. 采用新型黏合处理剂 Ionothane

荷兰 AKZO 公司开发的新型黏合处理剂 Ionothane，适用于 V 带用芳纶纤维的第一浴浸渍处理。切割式 V 带通常采用含异氰酸酯的苯类溶液处理芳纶或聚酯线绳，以获得满意的黏合效果和硬化效果，但硬化了的线绳的强力和耐疲劳性均会劣化。且异氰酸酯和苯类溶剂均属毒性物质，需要用环保、安全的黏合处理剂替代。

黏合处理剂 Ionothane 是一种易溶于水的离子型聚氨酯，经 Ionothane 溶液处理的芳纶帘线或线绳的柔韧度较采用异氰酸酯处理有所改善，强度可提高 10%，耐疲劳性提高 30%～40%。Ionothane 属低毒性材料，可以解决处理过程中的污染问题。

但采用新型黏合处理剂 Ionothane 还存在如下缺点：①处理后帘线或线绳的硬度不及用异氰酸酯处理，当将其用作切割式 V 带骨架材料时，切割后的线绳容易起毛，从而影响 V 带外观甚至工作寿命；②Ionothane 是一种酸性材料，由于浸渍过程是在高温下进行，因此蒸发出的酸性蒸气对浸渍设备有一定的腐蚀性。

上述 3 种芳纶黏合活化处理方法的共性是对芳纶纤维表面进行活化处理，赋予芳纶纤维黏合活性，采用表面活化纤维制成的白坯芳纶织物只需再用传统的 RFL 浸渍液处理即可获得令人满意的与橡胶的黏合效果。

（六）玻璃纤维

玻璃纤维与橡胶的黏合性差，需经偶联剂、浸润剂和浸渍剂的处理。

玻璃纤维偶联剂一般用氨基硅烷或硫醇基硅烷。

常用的浸润剂有淀粉-油型、树脂型及石蜡型三种。玻璃纤维的浸润剂配方见表 1.2.3－11。

表 1.2.3－11　玻璃纤维的浸润剂配方

淀粉-油型		树脂型		石蜡型	
成分	用量/份	成分	用量/份	成分	用量/份
糊精化淀粉	8.0	饱和聚酯树脂	3.2	石蜡	0.2
氢化植物油	1.8	脂肪族酰胺润滑剂	0.1	阳离子酰胺聚酯树脂	1.3
月桂基胺乙酸酯	0.4	聚乙烯异辛苯基醚（Triton－X－100）	0.1	聚乙二醇缩聚物	2.3
非离子乳化剂	0.2	聚乙烯醇	0.1	明胶	0.25
γ-氨丙基三乙氧基硅烷（或γ-硫醇丙基三乙氧基硅烷）	1.0	聚乙烯吡咯烷酮	3.0	γ-氨丙基三乙氧基硅烷	0.5
	（1.5）	γ－氨丙基三乙氧基硅烷（或γ－硫醇丙基三乙氧基硅烷）	0.3	二元磷酸铵	0.1
水	88.6		（0.4）	冰醋酸	0.2
		水	93.2	水	91.5

玻璃纤维的浸渍剂采用与锦纶浸渍相同的 RFL 体系，常用的胶乳有天然胶乳、丁苯胶乳、氯丁胶乳及丁苯吡胶乳，帘布附胶量为 18%～30%。玻璃纤维在高温下不收缩，因此在浸渍处理中不需要大的张力，浸渍工艺与设备比较简单。

（七）黏合体系的改进

前述各种不同浸渍配方对所有不饱和烃类橡胶均可获得满意的黏合水平，一般地，丁苯橡胶胶料黏合水平比天然橡胶胶料稍高，而异戊橡胶胶料的黏合水平则稍低。浸渍体系中的丁吡胶乳与丁苯胶乳一般采用热聚（聚合温度大约为 50℃）方法制得，所得橡胶分子链支链与凝胶均较多，如采用冷聚（聚合温度大约为 5℃）方法制备，所得橡胶分子链支化少、凝胶少。在其他条件相同的情况下，热聚法可提高黏合强度约 20%。

对于氯丁橡胶、丁腈橡胶、聚氯乙烯、丁基橡胶、三元乙丙橡胶等特种橡胶，为了得到满意的黏合水平，通常需要改变 RFL 体系。对于氯丁橡胶和丁腈橡胶来说，可用相应的聚合物胶乳代替浸渍剂中 50%～100%的胶乳。对于聚氯乙烯，因为不是所有的聚氯乙烯胶乳都能形成黏附薄膜，有时需要将增塑剂的乳化液混到浸渍剂中，以改进薄膜性能并降低浸渍干燥后的硬度；对于某些用途，以丁腈胶乳为基础的浸渍剂可以使织物与聚氯乙烯的黏合得到足够的黏合强度。对于丁基橡胶和三元乙丙橡胶，即使将干胶乳溶于水制成乳液用于浸渍液制备，所得到的黏合强度也低于不饱和橡胶的黏合水平。

对于特殊用途，可以进一步改进 RFL 体系以提供所需要的特殊性质。如将阻燃材料三氧化二锑加到氯丁橡胶浸渍剂中，供阻燃复合材料中的织物使用；也可以在浸渍剂中混入胶黏剂，使得浸渍过的织物具有良好的黏合效果，轮胎胎圈包布即需要如此处理。

《国家鼓励的有毒有害原料（产品）替代品目录（2016 年版）》（工信部联节〔2016〕398 号）将用于轮胎帘子布、橡胶用输送带帆布等浸渍处理与用于各类线绳的浸渍处理的酚醛树脂（RFL）浸渍剂的替代品帘帆布 NF 浸渍剂［主要成分为六亚甲基四胺络合物（RH）和六甲氧基甲基密胺的缩合物］、无溶剂纤维线绳浸渍剂［主要成分为多亚甲基多苯基多异氰酸酯（聚合 MDI）、聚氨酯、液体橡胶（HTPB）］列入研发类目录，其中无溶剂纤维线绳浸渍剂当前最有效的为聚氨酯水分散液或聚氨酯乳液，羟甲基化改性、氨基化改性木质素也是一个可能的重要方向。

3.2.3　黏合机理

纤维骨架材料与聚合物之间的黏合可以分为：浸渍薄膜和聚合物之间的黏合及浸渍剂和纤维骨架材料之间的黏合。

浸渍薄膜与聚合物之间的黏合，主要是由于浸渍薄膜中的橡胶组分通过交联进入到聚合物基体的网络结构中产生。这个过程，取决于硫黄等硫化剂从聚合物基体迁移到浸渍薄膜的情况：采用低硫和无硫体系，硫黄很少或根本迁移不到浸渍薄膜中；硫化速度越快，硫化剂迁移到浸渍薄膜中的时间越短，以上均不利于浸渍薄膜与聚合物之间的黏合。酚醛树脂与聚合物基本的反应对浸渍薄膜与聚合物之间的黏合也有一定贡献，通过脱水缩合或者形成色满（苯并二氢吡喃）促进黏合，如图 1.2.3－13 所示。因浸渍薄膜中的酚醛树脂含量较低（仅占固形物的 20%左右），反应速度也慢，所以这种贡献较小。

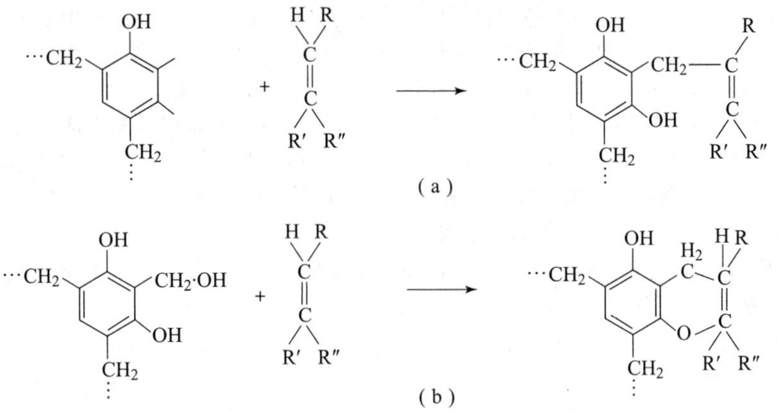

(a)

(b)

图 1.2.3-13　酚醛树脂和不饱和橡胶之间可能发生的反应

(a) 脱水缩合；(b) 形成色满

浸渍剂和纤维骨架材料之间的黏合机理比较复杂，各种黏合机理对浸渍剂/纤维骨架材料之间的黏合强度的贡献见表1.2.3-12：

表 1.2.3-12　各种黏合机理对浸渍剂/纤维骨架材料之间的黏合强度的贡献

机理	贡献的百分率/%	
	人造丝	锦纶
直接机械黏合机理：浸渍剂渗透到纱线或织物的结构中	20	15
扩散黏合机理：微观扩散或分子扩散到纤维中	30	5
主化学键结合：直接共价化学连接	25	60
次级化学结合：主要为氢键结合	25	20

直接机械黏合机理，以锦纶增强胶带为例，用扫描电镜观察，浸渍剂大约只向织物纱中渗透了2根或3根纤维单丝直径的深度，这个贡献占浸渍剂和纤维骨架材料之间的总黏合强度的15%～20%。微观扩散黏合机理，对于锦纶极不明显，这个贡献大约只占浸渍剂和纤维骨架材料之间的总黏合强度的5%；但是对于人造丝，有研究认为RF树脂可能扩散到了纤维中，产生了真正的扩散结合，但也有研究认为这不是分子水平上的扩散，而是树脂仅仅进入了再生纤维的表面微细孔隙中，在人造丝中这种贡献占到浸渍剂和纤维骨架材料之间的总黏合强度的30%。

浸渍剂和纤维骨架材料之间的黏合，普遍承认对黏合的主要贡献来源于浸渍剂RF树脂组分。浸渍剂RF树脂组分与纤维之间可能发生的化学反应如图1.2.3-14所示。RF树脂组分与人造丝之间的共价结合和次价（氢键）结合所作贡献近似相等；与锦纶之间，共价结合占总黏合强度的60%，不过还没有得出完全令人满意的化学机理。

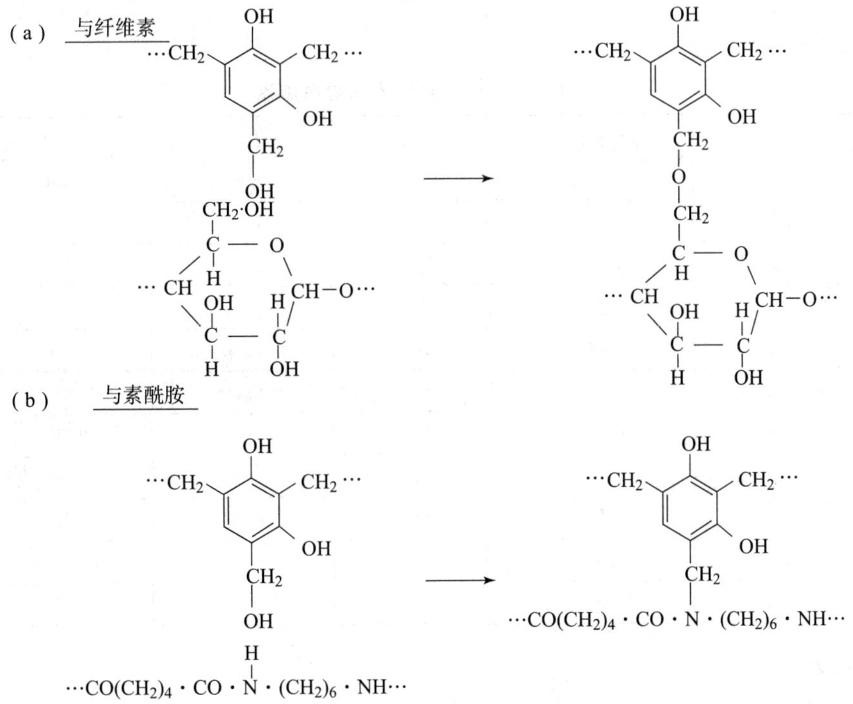

(a) 与纤维素

(b) 与素酰胺

$$\cdots CO(CH_2)_4 \cdot CO \cdot NH \cdot (CH_2)_6 \cdot NH\cdots \longrightarrow \cdots CO(CH_2)_4 \cdot CO \cdot N(CH_2\text{-}) \cdot (CH_2)_6 \cdot NH\cdots$$

图 1.2.3-14　酚醛树脂和纤维之间可能发生的化学反应

图 1.2.3 - 14 表明，浸渍剂与人造丝和锦纶二者的化学反应情况显然很相似，都是在树脂的甲氧基与纤维分子链上的活性羟基或胺基之间产生缩聚反应。人造丝的主链中大约 1 nm 的重复单元长度上有 6 个这样的羟基，锦纶在 1.7 nm 的重复单元长度上只有两个胺基，由于空间位阻，使得锦纶与树脂之间的结合更为有效。

与聚酯的黏合机理尚不够清楚。但是对杜邦 D417 体系的研究表明有聚氨基甲酸酯生成，其黏接能密度很接近聚酯，因此可以用扩散理论来解释黏合剂与聚酯纤维之间的结合，特别是在高温条件下进行黏接时更是如此。但是对于 Vulcabond E 体系则涉及不同的机理，有研究表明该体系的活性三聚体可以靠氢键与对苯二甲酸二甲酯结合得很牢固（一种聚酯模式），认为这是浸渍剂薄膜获得与聚酯纤维黏合的主要机理。

此外，不同橡胶材料与不同骨架材料也具有显著不同的黏合效果，如氯醇橡胶（ECO）对锦纶纤维的黏合特别好等。

3.2.4 影响黏合的环境因素

对光、臭氧和湿度对浸渍帘线影响的研究表明，所有这些因素都会引起黏合强度的严重损失，如用标准荧光灯照射 48 h 后，便足以使黏合强度降低三分之一。其他有关臭氧和紫外线影响的研究工作表明，添加到 RFL 浸渍剂中的石蜡能起到某些防护作用，而化学抗臭氧或固态紫外光吸收剂却不起作用，用立体扫描电镜观察薄膜表面后，认为黏合强度的损失起因于浸渍薄膜表面双键所受的破坏，阻止或至少减弱了浸渍剂薄膜与橡胶基体的共硫化，发生在浸渍剂——橡胶界面的破坏是结合破坏而不是浸渍剂的内聚破坏。

湿度对于贮存期间的黏合降解没有明显的影响，但在臭氧降解上则有明显的协同效应。湿度本身的主要影响是在硫化期间造成气孔和鼓泡问题，对橡胶制品虽有不利影响，但这是黏合方式的失败而不是黏合本身的破坏。

在长期贮存时，氧化老化反应同样会由于浸渍剂表面双键的消失而导致黏合力缓慢下降，在这种情况下，胶料配方中使用直接黏合增进剂或者对织物进行再浸渍常常可以恢复到初始的黏合水平。锦纶帘布的贮存期一般为半年，开包后应立即使用。

3.3 帘布

帘线经机织、浸胶（间苯二酚-甲醛树脂与胶乳的混合液）和热拉伸处理制成帘布。帘布主要由经线组成，是负荷的承受者；纬线稀少而细小，主要作用是将经线连接在一起，使经线在帘布中均匀排列不致紊乱。

帘布主要用于轮胎和胶带制品中。因此要求帘布具有强度高、耐疲劳、耐冲击、伸长率尽可能低、耐热稳定性好、与橡胶黏着性好、耐老化及易加工等。橡胶工业中常用的帘布有棉帘布、黏胶丝帘布、合成纤维帘布等。在选用帘布时，应依据制品的结构、使用条件和经济效果综合考虑。

帘布的规格型号通常用四位数字表示，前两位数字表示帘布单根经线的强度，后两位数字表示帘布中经线的密度，即沿垂直经线方向上每 10 cm 距离内经线的根数。如 1070 表示帘布单根帘线强度为 98 N/根，经线的密度为 70 根/10 cm；8546 表示帘布单根帘线强度为 83.3 N/根，经线的密度为 46 根/10 cm。

近年来，逐渐兴起的加粗帘线和加密帘布，使得对帘布选择的余地更大，而且适应了胎体减薄的轮胎设计思想，提高了骨架材料的利用效率。

3.3.1 棉帘布

棉帘布的强度低、耐热性差，多用于低速轮胎、农机轮胎及其他使用条件不高的制品中，目前已基本由合成纤维帘布替代。

常用的棉帘布规格如表 1.2.3 - 13 所示。

表 1.2.3 - 13 常用的棉帘布规格

规格	经线组织	拉伸强度/MPa	伸长率/%	密度/mm	10 cm 内密度/根	
					经线	纬线
1098	37 N/5×3	1.00	14	0.82	98	8
1088	37 N/5×3	1.00	14	0.80	88	8
1070	37 N/5×3	1.00	14	0.82	70	16
1063	37 N/5×3	1.00	14	0.80	68	16
1040	37 N/5×3	1.00	14	0.80	40	30
9098	37 N/5×3	0.90	14	0.83	98	8
9070	37 N/5×3	0.90	14	0.83	70	16
8598	37 N/5×3	0.85	14	0.83	98	8
8570	37 N/5×3	0.85	14	0.83	70	16
8546	37 N/5×3	0.85	14	0.83	46	32

3.3.2 黏胶帘布

由黏胶纤维织成，其帘线强度较高，尺寸稳定性和耐热性较好。常用的黏胶帘线如表 1.2.3 - 14 所示。

表 1.2.3-14 常用的黏胶帘线

黏胶帘线品种	单丝强力/N	黏胶帘线品种	单丝强力/N
强力黏胶帘线	1.1～1.3	三超黏胶帘线	1.70～1.75
一超黏胶帘线	1.4	四超黏胶帘线	>2.0
二超黏胶帘线	1.55～1.58	超高模量黏胶帘线	>2.4

二超型和三超型黏胶帘线规格主要有：1650 den、1650 den/2、2200 den、2200 den/2 等几种。其中 1650 den/2、2200 den/2 分别表示由 2 根 1650 den 和 2 根 2200 den 的单丝捻成的帘线。黏胶帘布原多用于乘用轮胎、轻型载重轮胎、农机轮胎及其他制品。黏胶帘布吸湿率高，公定含湿率为 13%，湿态下的强度低、伸长变形大，与橡胶的黏合性能差，目前国内轮胎企业已不采用。

黏胶帘线的规格与性能见表 1.2.3-15。

表 1.2.3-15 黏胶帘线的规格与性能

项目	强力丝	一超	二超	三超[a]		高模量[b]
	183.3 tex/2	183.3 tex/2	183.3 tex/2	183.3 tex/2	183.3 tex/2	183.3 tex/2
断裂强度/N	126	137	162	172	185	237
44.1 N 定负荷伸长率/%	3.1	4.2	2.7～3.3	2.3	3.3	1.1
断裂伸长率/%	11.1	14.8	14	15	15.2	4.8

注：a. 德国生产；b. 日本生产。

3.3.3 锦纶帘布

（一）锦纶 66 浸胶帘子布

1.《锦纶 66 浸胶帘子布》（GB/T 9101—2002）

锦纶 66 浸胶帘子布组织规格见表 1.2.3-16，详见《锦纶 66 浸胶帘子布》（GB/T 9101—2002）。

表 1.2.3-16 锦纶 66 浸胶帘子布组织规格

项目	单位	规格										
		930 dtex/2	1400 dtex/2			1870 dtex/2			2100 dtex/2		1400 dtex/3	
		V_3	V_1	V_2	V_3	V_1	V_2（加密）	V_2	V_1	V_2	V_1	V_2
经密	根/10 cm	60	100	74	52	88	74	68.4	88	74	88	74
边经密	根/10 cm	≤63	≤105	≤78	≤55	≤92	≤78	≤72	≤92	≤78	≤92	≤78
纬密	根/10 cm	14	8	10	14	9	9	9	9	9	8	10
纬纱规格（棉）	tex	28～30	28～30	28～30	28～30	28～30	28～30	28～30	28～30	28～30	28～30	28～30
接头布长度	cm	10	10	10	10	10	10	10	10	10	10	10
幅宽	cm	145±3	145±3	145±3	145±3	145±3	145±3	145±3	145±3	145±3	145±3	145±3
布长	m	$L \geqslant 500$										

注：
1. L 等于各品种规定长度，如需求方有特殊长度要求，可按其要求长度生产。
2. 930 dtex/2 - V_3，1400 dtex/2 - V_1、V_2、V_3，L 均为 1 160 m。
3. 1870 dtex/2 - V_1，1870 dtex/2 - V_2（加密），L 均为 900 m。
4. 1870 dtex/2 - V_2，L 均为 1 360 m。
5. 2100 dtex/2 - V_1、V_2，1 400 dtex/3 - V_1、V_2，L 均为 770 m。
6. 除 930 dtex/2 - V_3 外，其余品种的 L 均有 580 m 匹长。
7. 布长 $L \geqslant 500$ m 适用于一等以上品级。

锦纶 66 浸胶帘子布物理性能指标见表 1.2.3-17。

表 1.2.3-17 锦纶 66 浸胶帘子布物理性能指标

项目		930 dtex/2			1400 dtex/2			1870 dtex/2			2100 dtex/2			1400 dtex/3		
		优等品	一等品	合格品	优等品	一等品	合格品	优等品	一等品	合格品	优等品	一等品	合格品	优等品	一等品	合格品
断裂强度（≥）/(N·根$^{-1}$)		137.2	132.3	127.4	215.6	211.7	205.8	284.2	274.4	264.6	313.6	303.8	294.0	313.6	303.8	294.0
定负荷伸长率/%	44.1 N (4.5 kgf)	8.5±0.6	8.5±0.8	8.5±1.0												
	66.6 N (6.8 kgf)				8.5±0.6	8.5±0.8	8.5±1.0									
	88.2 N (9.0 kgf)							8.7±0.6	8.7±0.8	8.7±1.0						
	100 N (10.2 kgf)										9.0±0.6	9.0±0.8	9.0±1.0	9.0±0.8	9.0±1.0	9.0±1.2
黏着强度（H 抽出法）（≥）/(N·cm^{-1})		107.8	98.0	98.0	137.2	127.4	117.6	156.8	137.2	127.4	156.8	147.0	137.2	156.8	147.0	137.2
撕裂强力不匀率（≤）/%		3	4	5	3	4	5	3	4	5	3	4	5	3	4	5
断裂伸长不匀率（≤）/%		5	6	7	5	6	7	5	6	7	5	6	7	5	6	7
附胶量/%		5.0±0.9	5.0±1.2	5.0±1.5	5.0±0.9	5.0±1.2	5.0±1.5	5.0±0.9	5.0±1.2	5.0±1.5	4.5±1.0			4.0±0.5		
断裂伸长率/%		20.5±2			21.5±2			22±2			22±2			22±2		
直径/mm		0.53±0.05			0.65±0.05			0.74±0.05			0.78±0.05			0.78±0.05		
捻度/(捻·10 cm^{-1})	初捻（Z）	46.0±1.5			39.0±1.5			32.0±1.5			32.0±2.0			32.0±2.0		
	复捻（S）	46.0±1.5			37.0±1.5			32.0±1.5			32.0±2.0			32.0±2.0		
干热收缩率（≤）/%		5			5			5			5.5			5.5		

H 抽出测试胶料配方为：天然橡胶（烟片胶）100、半补强炭黑 40、氧化锌 4、硫黄 2.5、促进剂 MBT（M）0.8、硬脂酸 2、松焦油 3、防老剂 A 0.75、防老剂 D 0.75，合计 153.8。硫化条件为：硫化温度（136±2)℃，硫化时间 50 min，硫化模具压力 2.1～3 MPa。

锦纶 66 浸胶帘子布外观质量要求见表 1.2.3-18。

表 1.2.3-18 锦纶 66 浸胶帘子布外观质量要求

序号	项目	优等品	一等品	合格品
1	断经/(根·卷$^{-1}$)	不允许	≤3	≤5
2	浆斑/(个·卷$^{-1}$)	不允许	≤5	≤10
3	劈缝/m	不允许	≤1	≤3
4	经线连续黏并/m	不允许	≤30 累计不超过 5 处	≤50 累计不超过 5 处

注：
1. 卷长以 580 m 计，布面平整，卷装整齐，不允许有油污疵点。
2. 浆斑系指面积 4～10 cm^2。
3. 1 cm^2 以下的浆点，一等品允许有 80～160 个/卷。
   1～4 cm^2 以下的浆点，一等品允许有 25～50 个/卷。
4. 外观质量如有特殊情况，影响轮胎厂压延质量时，双方协商解决。

2.《锦纶 66 浸胶帘子布技术条件和评价方法》(GB/T 33331—2016)

《锦纶 66 浸胶帘子布技术条件和评价方法》(GB/T 33331—2016）规定的锦纶 66 浸胶帘子布帘线的物理性能技术条件评价项目、评价指标及评价方法见表 1.2.3-19。

表 1.2.3-19　锦纶 66 浸胶帘子布帘线的物理性能技术条件指标

序号	项目		单位	规格及指标															评价方法
				930 dtex/2			1400 dtex/2			1870 dtex/2			2100 dtex/2			1400 dtex/3			
				优等品	一等品	合格品	优等品	一等品	合格品	优等品	一等品	合格品	优等品	一等品	合格品	优等品	一等品	合格品	
1	断裂强力（≥）		N	137.2	132.3	127.4	215.6	211.7	205.8	284.2	274.4	264.6	313.6	303.8	294.0	313.6	303.8	294.0	6.3.1
2	定负荷伸长率	44.1 N	%	9.0±0.6	9.0±0.8	9.0±1.0													
		66.6 N					9.0±0.6	9.0±0.8	9.0±1.0										
		88.2 N								9.2±0.6	9.2±0.8	9.2±1.0							
		100 N											9.4±0.6	9.4±0.8	9.4±1.0	9.6±0.6	9.6±0.8	9.6±1.0	
3	断裂伸长率（≥）		%	19			19			20			20			20			
4	断裂强力变异系数（≤）		%	3.8	4.8	5.8	3.8	4.8	5.8	3.8	4.8	5.8	3.8	4.8	5.8	3.8	4.8	5.8	
5	断裂伸长变异系数（≤）		%	6.3	7.3	8.3	6.3	7.3	8.3	6.3	7.3	8.3	6.3	7.3	8.3	6.3	7.3	8.3	
6	黏合强度（10 mm）（≥）		N	117.6	107.8	98.0	147.0	137.2	127.4	156.8	147.0	137.2	166.6	156.8	147.0	166.6	156.8	147.0	6.3.2
	黏合强度（6.4 mm）（≥）		N	90	80	70	—			—			—			—			
7	黏合剥离强度（≥）		N/mm	10			9			9			9			9			6.3.3
8	橡胶覆盖率（≥）		%	70															
9	附胶量		%	5.5±0.9	5.5±1.2	5.5±1.5	5.0±0.9	5.0±1.2	5.0±1.5	5.0±0.9	5.0±1.2	5.0±1.5	4.5±0.9	4.5±1.2	4.5±1.5	4.5±0.9	4.5±1.2	4.5±1.5	6.3.4
10	干热收缩率（≤）	烘箱 150℃×30 min	%	5.0			5.0			5.0			5.0			5.0			6.3.5
		仪器法 177℃×2 min	%	7.0			7.0			7.0			7.0			7.0			
11	捻度	初捻（Z）	T/m	460±15			370±15			320±15			320±15			320±15			6.3.6
		复捻（S）		460±15			370±15			320±15			320±15			320±15			
12	直径		mm	0.53±0.05			0.65±0.05			0.74±0.05			0.78±0.05			0.78±0.05			6.3.7
13	含水率（≤）		%	1.0															6.3.8
14	耐热性 180℃×4 h（≥）		%	90															6.3.9
15	耐疲劳性能（10 万次）（≥）		%	85			80			75			70			70			6.3.10
16	硬挺度（≥）	三点弯曲法	N	0.70			1.20			1.70			1.70			1.50			6.3.11
		硬挺度测试仪法	cN·m	0.25			0.50			0.75			0.90			0.75			

注：非标准规格产品技术条件指标可根据客户要求协商。

《锦纶 66 浸胶帘子布技术条件和评价方法》（GB/T 33331—2016）规定的浸胶帘子布的外观质量技术条件评价项目、评价指标及评价方法见表 1.2.3-20。

表 1.2.3-20　锦纶 66 浸胶帘子布外观质量技术条件指标

序号	项目		单位	指标			评价方法
				优等品	一等品	合格品	
1	断经		根/卷	0	1～3	4～5	6.4.1
2	浆斑	4 cm^2 以上至 8 cm^2	个/卷	0	1～5	6～10	
		1 cm^2 以上至 4 cm^2	m/卷	＜25	25～50	—	
		0.5 cm^2 至 1 cm^2	处/卷	＜80	80～160	＞160	
3	劈缝（≥30 cm 起算）		—	≤0.6（累计）	≤1（累计）	≤2（累计）	
4	经线连续黏并			≤10（1～10 m 长）	≤10（10～30 m 长）	≤10（30～50 m 长）	
5	油污			不允许			
6	幅宽		cm	±3			6.4.2
7	卷长		m	±2%			6.4.3

注：卷长以 580 m 的布长计算。

《锦纶 66 浸胶帘子布技术条件和评价方法》（GB/T 33331—2016）规定的黏合强度试验应按《硫化橡胶与纤维帘线静态粘合强度的测定 H 抽出法》（GB/T 2942）给出的规则进行，试验条件及要求如下：

①930 dtex/2、1400 dtex/2、1870 dtex/2、2100 dtex/2、1400 dtex/3 帘线埋入宽度为 10.0 mm、厚度为 10.0 mm 的胶条中，930 dtex/2 帘线埋入宽度为 6.4 mm、厚度为 6.4 mm 的胶条中。②试验胶料配方见表 1.2.3-21。③硫化条件：温度（136±2)℃，时间 50 min，硫化压力 3 MPa。④抽出测试速度为（300±10）mm/min。

表 1.2.3-21　评价试验用胶料配方

序号	原料	用量/份
1	天然橡胶（1 号烟片胶）	90
2	丁苯橡胶 1 500	10
3	炭黑 N330（优级品）	40
4	氧化锌（优级品）	4
5	硫黄（优级品）	2.5
6	促进剂 M（优级品）	0.8
7	硬脂酸（优级品）	2
8	芳烃油（优级品）	3
9	防老剂 4020（优级品）	1.5
10	合计	153.8

3. 锦纶 66 浸胶帘子布的供应商

锦纶 66 浸胶帘子布的供应商见表 1.2.3-22。

表 1.2.3-22　锦纶 66 浸胶帘子布的供应商

供应商	项目		单位	帘线规格			
				930 dtex/2	1400 dtex/2	1870 dtex/2	2100 dtex/2
浙江尤夫科技工业有限公司	断裂强力		N/根	≥137.2	≥215.6	≥284.2	≥313.6
	44.1 N 定负荷伸长率		%	8.5±0.6			
	66.6 N 定负荷伸长率		%		8.5±0.6		
	88.2 N 定负荷伸长率		%			8.7±0.6	
	100 N 定负荷伸长率		%				9.0±0.6
	断裂伸长率		%	20.5±2.0	21.5±2.0	22.0±2.0	22.0±2.0
	黏合强度（H 抽出法）		N/10 mm	≥107.8	≥137.2	≥156.8	≥156.8
	断裂强力变异系数（CV）		%	≤3.0	≤3.0	≤3.0	≤3.0
	断裂伸长率变异系数（CV）		%	≤5.0	≤5.0	≤5.0	≤5.0
	附胶量		%	5.0±1.0	5.0±1.0	5.0±1.0	4.5±1.0
	直径		mm	0.53±0.05	0.65±0.05	0.74±0.05	0.78±0.05
	捻度	初捻（Z 向）	T/m	460±15	380±15	320±15	320±15
		复捻（S 向）	T/m	460±15	380±15	320±15	320±15
	干热收缩率		%	≤5.0	≤5.0	≤5.0	≤5.0
	回潮率		%	≤5.0	≤5.0	≤5.0	≤5.0
	硬度		N/cord	≤0.70	≤0.85	≤1.0	≤1.2
	纬纱强度		cN	≥250	≥250	≥250	≥250

注：锦纶 66 浸胶帘子布可用于载重轮胎、工业胶管、空气弹簧等领域。

（二）锦纶 6 浸胶帘子布

1.《锦纶 6 浸胶帘子布技术条件和评价方法》（GB/T 33330—2016）

《锦纶 6 浸胶帘子布技术条件和评价方法》（GB/T 33330—2016）对锦纶 6 浸胶帘子布帘线的物理性能技术条件评价项目、评价指标及评价方法分别见表 1.2.3-23～表 1.2.3-25。

表 1.2.3-23　锦纶 6 浸胶帘子布帘线物理性能技术条件评价标准（一）

序号	项目	单位	规格及指标																	
			700 dtex×1			930 dtex×1			1170 dtex×1			1400 dtex×1			1870 dtex×1			700 dtex×1×2		
			优等品	一等品	合格品	优等品	一等品	合格品	优等品	一等品	合格品	优等品	一等品	合格品	优等品	一等品	合格品	优等品	一等品	合格品
1	断裂强力≥	N	50.0	48.0	45.0	70.0	68.0	66.0	90.0	86.0	82.0	107.0	102.0	97.0	137.0	132.0	128.0	107.0	102.0	97.0
2	定负荷伸长率 44 N	%													8.0±0.8	8.0±1.0	8±1.0			
	定负荷伸长率 33 N											8.0±0.8	8.0±1.0	8.0±1.0				8±0.8	8.0±1.0	8±1.0
	定负荷伸长率 28 N								8.0±0.8	8.0±1.0	8.0±1.0									
	定负荷伸长率 22.6 N					7.5±0.8	7.5±1.0	7.5±1.0												
	定负荷伸长率 17 N		7.5±0.8	7.5±1.0	7.5±1.0															
3	断裂伸长率（≥）	%	—			—			—			—			—			—		
4	断裂强力变异系数（≤）	%	5.0	6.0	6.5	5.0	6.0	6.5	5.0	6.0	6.5	5.0	6.0	6.5	5.0	6.0	6.5	6.0	6.5	7.0
5	断裂伸长变异系数（≤）	%																		
6	黏合强度（≥）	N	43.0	39.0	35.0	54.0	49.0	44.0	65.0	60.0	55.0	70.0	65.0	60.0	83.0	78.0	74.0	95.0	90.0	85.0
7	附胶量	%	4.2±1.0	4.2±1.2	4.2±1.2	4.2±1.0	4.2±1.2	4.2±1.2	4.2±1.0	4.2±1.2	4.2±1.2	4.2±1.0	4.2±1.2	4.2±1.2	4.2±1.0	4.2±1.2	4.2±1.2	4.5±1.0	4.5±1.0	4.2±1.2
8	干热收缩率（≤）	%	4.5			4.5			4.5			4.5			4.5			6.5		
9	捻度 初捻（Z）	T/m	260±15			210±15			200±15			190±10			160±10			460±15		
	捻度 复捻（S）		—			—			—			—			—			—		
10	直径	mm	—			—			—			—			—			—		
11	含水率（≤）	%	1.5																	

注：非标准规格产品技术条件指标可根据客户要求协商。

表 1.2.3-24　锦纶 6 浸胶帘子布帘线的物理性能技术条件评价标准（二）

序号	项目		单位	规格及指标											
				930 dtex×1×2			1170 dtex×1×2			1400 dtex×1×2			1870 dtex×1×2		
				优等品	一等品	合格品	优等品	一等品	合格品	优等品	一等品	合格品	优等品	一等品	合格品
1	断裂强力（≥）		N	137.2	132.3	127.4	178.0	168.0	158.0	215.6	205.8	196.0	279.3	269.5	259.7
2	定负荷伸长率	44.1 N	%	8.0±0.8	8.0±1.0	8.0±1.0									
		56 N					8.0±0.8	8.0±1.0	8.0±1.0						
		66.6 N								8.0±0.8	8.0±1.0	8.0±1.0			
		88.2 N											8.0±0.8	8.0±1.0	8.0±1.0
3	断裂伸长率（≥）		%	18.0			19.0			19.0			20.0		
4	断裂强力变异系数（≤）		%	3.5	4.5	6.0	3.5	4.5	6.0	3.5	4.5	6.0	3.5	4.5	6.0
5	断裂伸长变异系数（≤）		%	5.5	7.0	8.5	5.5	7.0	8.5	5.5	7.0	8.5	5.5	7.0	8.5
6	黏合强度（≥）		N	117.6	107.8	98.0	137.0	127.0	117.0	147.0	137.2	127.4	166.6	156.8	147.0
7	附胶量		%	4.5±1.0			4.5±1.0			4.5±1.0			4.5±1.0		
8	干热收缩率（≤）		%	6.5			6.5			7.0			7.0		
9	捻度	初捻（Z）	T/m	—			—			—			—		
		复捻（S）		460±15			420±15			370±15			330±15		
10	直径		mm	0.55±0.03	0.55±0.04	0.55±0.05	0.60±0.03	0.60±0.04	0.60±0.05	0.65±0.03	0.65±0.04	0.65±0.05	0.75±0.03	0.75±0.04	0.75±0.05
11	含水率（≤）		%	1.0											

注：非标准规格产品技术条件指标可根据客户要求协商。

表 1.2.3-25　锦纶 6 浸胶帘子布帘线物理性能技术条件评价标准（三）

序号	项目		单位	规格及指标											
				2100 dtex×1×2			1400 dtex×1×3			1870 dtex×1×3			2100 dtex×1×3		
				优等品	一等品	合格品	优等品	一等品	合格品	优等品	一等品	合格品	优等品	一等品	合格品
1	断裂强力（≥）		N	313.6	303.8	294.0	313.6	303.8	294.0	415.0	400.0	390.0	460.0	445.0	435.0
2	定负荷伸长率	100 N	%	8.0±0.8	8.0±1.0	8.0±1.0	8.0±0.8	8.0±1.0	8.0±1.0						
		150 N								9.0±0.8	9.0±1.0	9.0±1.0	9.0±0.8	9.0±1.0	9.0±1.0
3	断裂伸长率（≥）		%	21.0			21.0			23.0			24.0		
4	断裂强力变异系数（≤）		%	3.5	4.5	6.0	3.5	4.5	6.0	3.5	4.5	6.0	3.5	4.5	6.0
5	断裂伸长变异系数（≤）		%	5.5	7.0	8.5	5.5	7.0	8.5	5.5	7.0	8.5	5.5	7.0	8.5
6	黏合强度（≥）		N	176.4	166.6	158.8	176.4	166.6	156.8	235.0	225.0	210.0	255.0	235.0	220.0
7	附胶量		%	4.5±1.0			4.5±1.0			4.5±1.0			4.5±1.0		
8	干热收缩率（≤）		%	7.0			7.0			6.5			6.5		
9	捻度	初捻（Z）	T/m	—			320±15			240±15			240±15		
		复捻（S）		320±15			320±15			240±15			240±15		
10	直径		mm	0.78±0.03	0.78±0.04	0.78±0.05	0.78±0.03	0.78±0.04	0.78±0.05	0.92±0.03	0.92±0.04	0.92±0.05	0.96±0.03	0.96±0.04	0.96±0.05
11	含水率（≤）		%	1.0											

注：非标准规格产品技术条件指标可根据客户要求协商。

锦纶 6 浸胶帘子布的外观质量技术条件评价项目、评价指标及评价方法见表 1.2.3-26。

表 1.2.3-26 锦纶 6 浸胶帘子布的外观质量技术条件指标

序号	项目		单位	优等品	一等品	合格品
1	脱结、断经		根/卷	0	1~3	>3
2	浆斑	面积 0.5 cm² 以上至 1 cm²	个/卷	0~40	41~80	>80
		1 cm² 以上至 4 cm²		0~10	11~20	>20
		4 cm² 以上至 8 cm²		0	1~5	>5
3	黏并、浆膜（大于 10 根经线起算）		m/卷	0~10	11~30	>30
4	单根经线松紧		m/卷	0~10	11~20	>20
5	局部经线起圈重叠（大于 5 根起算）		次/卷	0~10	11~20	>20
6	劈缝（大于 50 cm 起算）		m/卷	0	0.6~2	>2
7	稀缝（经线之间宽度大于 1.5 mm 小于 3 mm）		m/卷	0~40	41~80	>80
8	幅宽公差		cm	±2		
9	卷长公差		%	±2		

注：每卷以 1 080 m 的布长计算。

《锦纶 6 浸胶帘子布技术条件和评价方法》（GB/T 33330—2016）规定对粘合强度的评价应按照《硫化橡胶与纤维帘线静态粘合强度的测定 H 抽出法》（GB/T 2942）给出的规则进行，试验条件及要求如下：①试验胶料配方见表 1.2.3-27；②埋线深度采用 10 mm；③预加张力：1.96 N/根；④拉伸速度（300±5）mm/min；⑤硫化条件：硫化温度（136±2）℃，硫化时间 50 min，硫化压力 3 MPa（单股帘子布模具压力 9.8 MPa）。

表 1.2.3-27 评价试验用胶料配方

序号	原料	用量/份
1	天然橡胶（1 号烟片胶）	100
2	半补强炭黑	40
3	氧化锌（含量≥99%）	4
4	硫黄	2.5
5	促进剂 M	0.8
6	硬脂酸	2
7	松焦油	3
8	防老剂 4 020	1
9	合 计	153.3

2. 锦纶 6 浸胶帘子布

《锦纶 6 浸胶帘子布》（GB/T 9102—2016）代替原《锦纶 6 轮胎浸胶帘子布》（GB/T 9102—2003），并涵盖了《锦纶 6 浸胶力胎帘子布》（FZ/T 55001—2012）所有内容，该标准将锦纶 6 浸胶帘子布分为 A、B 两类，其中 A 类包括：700 dtex、930 dtex、1 170 dtex、1 400 dtex、1 870 dtex、700 dtex×2；B 类包括：930 dtex×2、1 170 dtex×2、1 400 dtex×2、1 870 dtex×2、2 100 dtex×2、1 400 dtex×3、1 870 dtex×3、2 100 dtex×3，A、B 两类共有 14 个品种，适用于制造力车胎、电瓶车胎、摩托车胎、斜交胎、工程车胎所用的锦纶 6 浸胶帘子布。

锦纶 6 浸胶帘子布组织规格见表 1.2.3-28，详见《锦纶 6 浸胶帘子布》（GB/T 9102—2016）。

表 1.2.3-28 锦纶 6 浸胶帘子布组织规格

经线规格	项目				
	经密根/10 cm	纬密根/10 cm	纬纱线密度（棉）/tex	幅宽/cm	卷长/m
见说明	M_1^a±1.5	M_2^b±1	28~30	M_3^c±2	L^d（1±2%）

说明：包含 700 dtex、930 dtex、1 170 dtex、1 400 dtex、1 870 dtex、700 dtex×2、930 dtex×2、1 170 dtex×2、1 400 dtex×2、1 870 dtex×2、2 100 dtex×2、1 400 dtex×3、1 870 dtex×3、2 100 dtex×3 共 14 个品种

注：a. M_1 为经密的中心值，同一品种或不同的品种均可以选取不同的值，由供需双方协商确定。

b. M_2 为纬密的中心值，同一品种或不同的品种均可以选取不同的值，由供需双方协商确定。

c. M_3 为幅宽的中心值，同一品种或不同的品种均可以选取不同的值，由供需双方协商确定。

d. L 表示浸胶帘布卷长，由供需双方协商确定，单股经线的帘子布及经线规格 700 dtex×2、930 dtex×2 的帘子布建议卷长选用 2 000 m，其他双股经线帘子布及 1 400 dtex×3 经线的帘子布建议卷长为 1 200 m，其他三股经线帘子布建议卷长为 900 m。

锦纶 6 浸胶帘子布的性能指标见表 1.2.3-29、表 1.2.3-30。

表 1.2.3-29　锦纶 6 浸胶帘子布的性能指标（A 类）

项目	700 dtex			930 dtex			1 170 dtex			1 400 dtex			1 870 dtex			700 dtex×2		
	优等品	一等品	合格品	优等品	一等品	合格品	优等品	一等品	合格品	优等品	一等品	合格品	优等品	一等品	合格品	优等品	一等品	合格品
断裂强力（≥）/(N·根$^{-1}$)	50.0	48.0	45.0	70.0	68.0	66.0	90.0	86.0	82.0	107.0	102.0	97.0	137.0	132.0	128.0	107.0	102.0	97.0
断裂强力变异系数（≤）/%	5.0	6.0	6.5	5.0	6.0	6.5	5.0	6.0	6.5	5.0	6.0	6.5	5.0	6.0	6.5	6.0	6.5	7.0
44.0 N 定负荷伸长率/%													8.0±0.8	8.0±1.0	8.0±1.0			
33.0 N 定负荷伸长率/%										8.0±0.8	8.0±1.0	8.0±1.0				8.0±0.8	8.0±1.0	8.0±1.0
28.0 N 定负荷伸长率/%							8.0±0.8	8.0±1.0	8.0±1.0									
22.6 N 定负荷伸长率/%				7.5±0.8	7.5±1.0	7.5±1.0												
17.0 N 定负荷伸长率/%	7.5±0.8	7.5±1.0	7.5±1.0															
黏合强力（≥）/N	43.0	39.0	35.0	54.0	49.0	44.0	65.0	60.0	55.0	70.0	65.0	60.0	83.0	78.0	74.0	95.0	90.0	85.0
附胶量/%	4.2±1.0	4.2±1.2		4.2±1.0	4.2±1.2		4.2±1.0	4.2±1.2		4.2±1.0	4.2±1.2		4.2±1.0	4.2±1.2		4.5±1.0		4.2±1.2
干热收缩率（≤）/%	4.5																	
捻度/(捻·m^{-1})	260±15			210±15			200±15			190±10			160±10			460±15		

表 1.2.3-30　锦纶 6 浸胶帘子布物理性能指标（B 类）

项目		1 870 dtex×2			1 400 dtex×2			1 170 dtex×2			930 dtex×2		
		优等品	一等品	合格品	优等品	一等品	合格品	优等品	一等品	合格品	优等品	一等品	合格品
断裂强度（≥）/(N·根$^{-1}$)		279.3	269.5	259.7	215.6	205.8	196.0	178.0	168.0	158.0	137.2	132.3	127.4
撕裂强力变异系数（≤）/%		3.50	4.50	6.00	3.50	4.50	6.00	3.50	4.50	6.00	3.50	4.50	6.00
定负荷伸长率/%	44.1 N (4.5 kgf)										8.0±0.8	8.0±1.0	8.0±1.0
	56.0 N							8.0±0.8	8.0±1.0	8.0±1.0			
	66.6 N (6.8 kgf)				8.0±0.8	8.0±1.0	8.0±1.0						
	88.2 N (9.0 kgf)	8.0±0.8	8.0±1.0	8.0±1.0									
	100.0 N (10.2 kgf)												
	150.0 N												
断裂伸长率（≥）/%		20.0			19.0			19.0			18.0		
断裂伸长变异系数（≤）/%		5.50	7.00	8.50	5.50	7.00	8.50	5.50	7.00	8.50	5.50	7.00	8.50
黏合强力（≥）/N		166.6	156.8	147.0	147.0	137.2	127.4	137.0	127.0	117.0	117.6	107.8	98.0
直径/mm		0.75±0.03	0.75±0.04	0.75±0.05	0.65±0.03	0.65±0.04	0.68±0.05	0.60±0.03	0.60±0.04	0.60±0.05	0.55±0.03	0.55±0.04	0.55±0.05
附胶量/%		4.5±1.0											
干热收缩率（≤）/%		7.0			7.0			6.5			6.5		
捻度/(T·m^{-1})	初捻（Z）	—			—			—			—		
	复捻（S）	330±15			370±15			420±15			460±15		
含水率（≤）/%		1.0											
项目		2 100 dtex×2			1 400 dtex×3			1 870 dtex×3			2 100 dtex×3		
		优等品	一等品	合格品	优等品	一等品	合格品	优等品	一等品	合格品	优等品	一等品	合格品
断裂强度（≥）/(N·根$^{-1}$)		313.6	303.8	294.0	313.6	303.8	294.0	415.0	400.0	390.0	460.0	445.0	435.0
撕裂强力变异系数（≤）/%		3.50	4.50	6.00	3.50	4.50	6.00	3.50	4.50	6.00	3.50	4.50	6.00
定负荷伸长率/%	44.1 N (4.5 kgf)												
	56.0 N												
	66.6 N (6.8 kgf)												
	88.2 N (9.0 kgf)												
	100.0 N (10.2 kgf)	8.0±0.8	8.0±1.0	8.0±1.0	8.0±0.8	8.0±1.0	8.0±1.0						
	150.0 N							9.0±0.8	9.0±1.0	9.0±1.0	9.0±0.8	9.0±1.0	9.0±1.0

续表

项目	2 100 dtex×2			1 400 dtex×3			1 870 dtex×3			2 100 dtex×3		
	优等品	一等品	合格品	优等品	一等品	合格品	优等品	一等品	合格品	优等品	一等品	合格品
断裂伸长率（≥）/%	21.0			21.0			23.0			24.0		
断裂伸长变异系数（≤）/%	5.50	7.00	8.50	5.50	7.00	8.50	5.50	7.00	8.50	5.50	7.00	8.50
黏合强力（≥）/N	176.4	166.6	158.5	176.4	166.6	158.5	235.0	225.0	210.0	255.0	235.0	220.0
直径/mm	0.78±0.03	0.78±0.04	0.78±0.05	0.78±0.03	0.78±0.04	0.78±0.05	0.92±0.03	0.92±0.04	0.92±0.05	0.96±0.03	0.96±0.04	0.96±0.05
附胶量/%	4.5±1.0											
干热收缩率（≤）/%	7.0			7.0			6.5			6.5		
捻度/(T·m^{-1}) 初捻（Z）	—			320±15			240±15			240±15		
捻度/(T·m^{-1}) 复捻（S）	320±15			320±15			240±15			240±15		
含水率（≤）/%	1.0											

锦纶 6 浸胶帘子布黏合强度测试埋线深度采用 10 mm。胶料配方为：天然橡胶（烟片胶）100、半补强炭黑 40、氧化锌 4、硫黄 2.5、促进剂 MBT（M）0.8、硬脂酸 2、松焦油 3、防老剂 40201，合计 153.3。硫化条件为：硫化温度（136±2）℃，硫化时间 50 min，硫化时模具压力 3MPa（单股帘子布模具压力为 9.8 MPa），预加张力 1.96 N/根。H 抽出测试时的拉伸速率为（300±5）mm/min。

锦纶帘布经处理后，其与橡胶的黏着性、尺寸稳定性和热稳定性均有所提高，但耐疲劳性有所下降，主要用于各种轮胎和胶带中。由于锦纶帘线的强度高，耐疲劳、耐冲击性能好，所以使用 930 dtex×2 帘布制造轮胎时，8 层帘布相当于 10 层级棉帘布层；用 1 400 dtex×2 帘布制造轮胎时，6 层帘布相当于 10 层级棉帘布层。

锦纶帘子布贮存期一般为半年，贮存期间注意防潮，避免阳光直射，超过贮存期的锦纶帘布可采用二次浸渍及热伸张处理。帘子布开包后应立即使用，压延后要尽快使用。

帘子布压延过程中，加热辊筒温度要求在 105℃左右，以保持帘布的含水率不大于 1%；压延必须有张力，以 1 400 dtex/2 为例，压延张力以 9.8 N/根左右为宜。

硫化后充气过程中，充气压力以 0.7 MPa 为宜，充气结束后轮胎温度要求降至锦纶帘布的玻璃化转变温度以下（约 40℃左右）。

3.3.4 聚酯帘布

（一）浸胶聚酯帘子布

《浸胶聚酯帘子布技术条件和评价方法》（GB/T 32105—2015）将浸胶聚酯帘子布根据其帘子线的线密度和股数分为 1 100 dtex/2、1 440 dtex/2、1 440 dtex/2 HT（高强型）、1 670 dtex/2、2 200 dtex/2 等规格。

评价浸胶聚酯帘子布经向帘线物理性能的技术条件项目为：断裂强力、断裂伸长率、断裂强力变异系数、断裂伸长变异系数、定负荷伸长率、干热收缩率、尺寸稳定性、黏合强度、帘布片状黏合剥离强度、橡胶覆盖率、附胶量、帘线直径、捻度、硬挺度、含水率、耐疲劳性能等指标。《浸胶聚酯帘子布技术条件和评价方法》（GB/T 32105—2015）确定的浸胶聚酯帘子布经向帘线的物理性能技术条件指标见表 1.2.3-31。

表 1.2.3-31　浸胶聚酯帘子布经向帘线的物理性能技术条件指标

序号	项目		单位	规格				
				1 100 dtex/2	1 440 dtex/2	1 440 dtex/2 HT	1 670 dtex/2	2 200 dtex/2
1	断裂强力（≥）		N/根	140.0	180.0	192.0	202.0	270.0
2	断裂伸长率（≥）		%	14.0	14.0	15.0	14.0	15.0
3	断裂强力变异系数（CV）（≤）		%	3.5	3.5	3.5	3.5	3.5
4	断裂伸长变异系数（CV）（≤）		%	5.5	5.5	5.5	5.5	5.5
5	定负荷伸长率	44.1 N（4.5 kgf）	%	4.5±1.0				
		58.0 N（5.9 kgf）			4.5±1.0			
		66.6 N（6.8 kgf）					4.5±1.0	
		88.2 N（9.0 kgf）						4.5±1.0
6	干热收缩率（≤）		%	2.5	2.5	2.5	2.5	2.5
7	尺寸稳定性（≤）		%	7.0	7.0	7.0	7.0	7.0
8	黏合强度（H 抽出法）（≥）		N/10 mm	135	155	155	165	195
9	黏合强度（H 抽出法）（≥）		N/6 mm	120	140		150	170
10	帘布片状黏合剥离强度（≥）		N/mm	9.0	9.0	9.0	8.5	8.5
11	橡胶覆盖率（≥）		%	80	80	80	80	80
12	附胶量		%	3.5±1.0	3.5±1.0	3.5±1.0	3.5±1.0	3.0±1.0
13	帘线直径		mm	0.56±0.03	0.61±0.03	0.61±0.03	0.66±0.03	0.75±0.03
14	捻度	初捻（Z）	捻/m	/	—	—	—	—
		复捻（S）		450±15	385±15	385±15	370±15	330±15
15	硬挺度（≤）		cN	85	105	105	120	170
16	含水率（≤）		%	1.0	1.0	1.0	1.0	1.0
17	耐疲劳性能（往复曲挠 36 000 次后的强力保持率）（≥）		%	70	70	70	70	65

注：1. 橡胶覆盖率为参考性指标。

2. 耐疲劳性能的评价，可根据生产情况抽检或根据供需双方约定进行。

3. 非标准规格产品技术条件指标可根据客户要求协商。

评价浸胶聚酯帘子布纬纱的物理性能技术条件指标为：在一定条件下热处理前后的断裂强度和断裂伸长率、线密度、成分质量比等。《浸胶聚酯帘子布技术条件和评价方法》(GB/T 32105—2015) 确定的浸胶聚酯帘子布纬纱的物理性能技术条件指标见表 1.2.3-32。

表 1.2.3-32　浸胶聚酯帘子布纬纱的物理性能技术条件指标

序号	项目	技术条件指标	评价方法
1	断裂强力/N	≥1.5	6.4
2	断裂伸长率/%	≥70	

评价浸胶聚酯帘子布外观质量技术条件指标为：断经、劈缝、油污、白斑、浆斑、经线连续黏连、稀缝或折印、棉纱球、幅宽公差等。《浸胶聚酯帘子布技术条件和评价方法》(GB/T 32105—2015) 确定的浸胶聚酯帘子布的外观质量技术条件指标见表 1.2.3-33。

表 1.2.3-33　浸胶聚酯帘子布的外观质量技术条件指标

序号	项目	单位	合格	评价方法
1	断经	卷	无	6.5.1
2	劈缝	卷	无	
3	油污	卷	无	
4	浆斑 (1～4 cm^2)	卷	≤5 处	
5	经线连续黏连 (≤5 mm)	卷	≤50 处	
6	棉纱球 (直径×长度：5 mm×30 mm)	卷	≤10 处	
7	幅宽公差	—	±2 cm	6.5.2
8	卷长公差	—	±20 m	6.5.3

注：卷长以 1 200 m 计。

《浸胶聚酯帘子布技术条件和评价方法》(GB/T 32105—2015) 规定，浸胶聚酯帘子布黏合强度的评价应按照《硫化橡胶与纤维帘线静态黏合强度的制定 H 抽出法》(GB/T 2942—2009) 给出的规则进行，技术条件及要求如下：①H 试片制备成 25 mm×10 mm (埋线深度)×10 mm 和 25 mm×6 mm (埋线深度)×10 mm 两种尺寸分别进行。②黏合强度评价试验用胶料配方见表 1.2.3-34。③硫化条件为：硫化温度 (160±2)℃，硫化时间 20 min，硫化压力 3 MPa。

表 1.2.3-34　黏合强度评价试验用胶料配方

原料	用量/份
天然橡胶 (3 号天然胶)	80
丁苯橡胶 (SBR 1500)	20
N330 炭黑	50
TDAE 环保油	10
氧化锌 (含量≥99%)	3
硬脂酸	2
防老剂 RD	1
间苯二酚 (含量≥99%)	1.5
黏合剂 RA65 (A 含量 65%)	2.5
硫黄	2.50
促进剂 CBS	1
合计	173.5

(二) 轮胎用聚酯浸胶帘子布

聚酯帘布的特点是耐热和热稳定性好，伸长率较低，湿强力高，但耐疲劳性和强度不及锦纶帘布，而且耐老化性能较差，成本较高，与橡胶的黏合性也差，所以在橡胶工业中的应用不如锦纶帘布广泛。主要用于乘用轮胎，也可用于飞机轮胎。

轮胎用聚酯浸胶帘子布的帘线，分为普通型与尺寸稳定型，详见《轮胎用聚酯浸胶帘子布》(GB/T 19390—2014)。轮胎用聚酯浸胶帘子布组织规格见表 1.2.2-35。

表 1.2.3-35　轮胎用聚酯浸胶帘子布组织规格

项目	单位	组织规格												
		1 100 dtex/2			1 440 dtex/2			1 670 dtex/2			2 200 dtex/2		2 500 dtex/2	
经线密度	根/10 cm	100	110	118	100	108	118	100	106	100	90	94	90	94
边经线密度	根/10 cm	104	114	122	104	112	122	104	110	114	94	98	94	98
纬线密度	根/10 cm	8±1.0	8±1.0	8±1.0	8±1.0	8±1.0	8±1.0	8±1.0	8±1.0	8±1.0	8±1.0	8±1.0	8±1.0	8±1.0
纬线材料及线密度（高伸长纬线）	tex	22～40												
织物布卷长度	m	1 080±20												
织物布卷幅宽	cm	145±2												

注：1. 织物布卷长度也可根据用户要求调节。
2. 其他组织规格由供需双方协商确定。

普通型聚酯浸胶帘子布的理化性能见表 1.2.3-36。

表 1.2.3-36　普通型聚酯浸胶帘子布的理化性能

项目		单位	帘线规格				
			1 100 dtex/2	1 440 dtex/2	1 670 dtex/2	2 200 dtex/2	2 500 dtex/2
断裂强力		N/根	≥140.0	≥180.0	≥205.0	≥280.0	≥330.0
44.4 N 定负荷伸长率		%	4.5±1.0				
58.0 N 定负荷伸长率		%		4.5±1.0			
66.6 N 定负荷伸长率		%			4.5±1.0		
88.2 N 定负荷伸长率		%				4.5±1.0	
100 N 定负荷伸长率		%					4.5±1.0
断裂伸长率		%	≥13.0	≥13.0	≥13.0	≥13.0	≥13.0
粘合强度（H 抽出）		N/10 mm	≥125.0	≥130.0	≥140.0	≥170.0	≥180.0
断裂强力变异系数（CV）		%	≤3.5	≤3.5	≤3.5	≤3.5	≤3.5
断裂伸长率变异系数（CV）		%	≤5.5	≤5.5	≤5.5	≤5.5	≤5.5
附胶量（环氧体系）		%	3.0±1.0	3.0±1.0	3.0±1.0	2.5±1.0	2.5±1.0
细度	直径	mm	0.56±0.03	0.61±0.03	0.66±0.03	0.77±0.03	0.80±0.03
	线密度	g/100 m	25.5±1.0	33.0±1.3	38.5±1.5	52.5±2.0	57.5±2.0
捻度	初捻（Z 向）	T/m	450±15	400±15	370±15	330±15	300±15
	复捻（S 向）	T/m	450±15	400±15	370±15	330±15	300±15
干热收缩率		%	≤3.5	≤3.5	≤3.5	≤3.5	≤3.5
尺寸稳定性指数		%	≤8.0	≤8.0	≤8.0	≤8.0	≤8.0
下机回潮率		%	≤0.25	≤0.25	≤0.25	≤0.25	≤0.25
开包回潮率		%	<1.0	<1.0	<1.0	<1.0	<1.0

注：1. 如采用其他浸胶配方体系，附胶量由供需双方协商确定。
2. 初、复捻捻度为坯布要求。

尺寸稳定型聚酯浸胶帘子布的理化性能见表 1.2.3-37。

表 1.2.3-37　尺寸稳定型聚酯浸胶帘子布的理化性能

项目	单位	帘线规格				
		1 100 dtex/2	1 440 dtex/2	1 670 dtex/2	2 200 dtex/2	2 500 dtex/2
断裂强力	N/根	≥137.0	≥180.0	≥202.0	≥270.0	≥305.0
44.1 N 定负荷伸长率	%	4.5±1.0				
58.0 N 定负荷伸长率	%		4.5±1.0			

续表

项目		单位	帘线规格				
			1 100 dtex/2	1 440 dtex/2	1 670 dtex/2	2 200 dtex/2	2 500 dtex/2
66.6 N定负荷伸长率		%			4.5±1.0		
88.2 N定负荷伸长率		%				4.5±1.0	
100.0 N定负荷伸长率		%					4.5±1.0
断裂伸长率		%	≥11.0	≥11.0	≥11.0	≥11.0	≥11.0
粘合强度（H抽出）		N/10 mm	≥125.0	≥130.0	≥140.0	≥170.0	≥180.0
断裂强力变异系数（CV）		%	≤4.0	≤4.0	≤4.0	≤4.0	≤4.0
断裂伸长率变异系数（CV）		%	≤7.0	≤7.0	≤7.0	≤7.0	≤7.0
附胶量（环氧体系）		%	3.0±1.0	3.0±1.0	3.0±1.0	2.5±1.0	2.5±1.0
细度	直径	mm	0.56±0.03	0.61±0.03	0.66±0.03	0.77±0.03	0.80±0.03
	线密度	g/100 m	25.5±1.0	33.0±1.3	38.5±1.5	52.5±2.0	57.5±2.0
捻度	初捻（Z向）	T/m	450±15	400±15	370±15	330±15	300±15
	复捻（S向）	T/m	450±15	400±15	370±15	330±15	300±15
干热收缩率		%	≤2.5	≤2.5	≤2.5	≤2.5	≤2.5
尺寸稳定性指数		%	≤6.8	≤6.8	≤6.8	≤6.8	≤6.8
下机回潮率		%	≤0.25	≤0.25	≤0.25	≤0.25	≤0.25
开包回潮率		%	<1.0	<1.0	<1.0	<1.0	<1.0

聚酯帘线黏合强度（H抽出）测试用胶料配方：1＃NR 90.0，SBR 1500 10.0，St.a（200型一级）2.0，促进剂MBTS（DM）（优等品）1.2，促进剂T.T（优等品）0.03，ZnO（间接法一级）8.0，N330 35.0，S 2.5，黏合剂A 0.8，黏合剂RS 0.96，总计150.49。H试片尺寸为25 mm×10 mm×10 mm。硫化条件为温度（138±2）℃，时间50 min，硫化时模具压力（3.5±0.5）MPa。

聚酯浸胶帘子布高伸长纬纱主要技术指标见表1.2.3-38。

表1.2.3-38　聚酯浸胶帘子布高伸长纬纱主要技术指标

公称线密度/dtex	线密度/dtex	烘后断裂强力（240℃×4 min）/N	烘后断裂伸长率（240℃×4 min）/%
220	220±15	≥1.47	≥100
270	270±15	≥1.47	≥100
300	300±15	≥1.80	≥100
330	330±15	≥1.80	≥100

注：1. 芯线材料为锦纶66，外缠线材料为棉纱。
2. 如采用芯线材料为聚酯、外缠线材料为棉纱的高伸长纬线和其他纬线材料，由供需双方协商确定。

聚酯浸胶帘子布外观要求见表1.2.3-39。

表1.2.3-39　聚酯浸胶帘子布外观指标

项目	断经	≤1.5 cm^2 浆斑	劈缝	经线连续黏并
要求	不允许	≤40个/卷	不允许	一处长度≤5 m，每卷累计不超过5处

聚酯浸胶帘子布采用常规的间甲胺乳液（RFL）浸渍处理与橡胶的黏合难以达到理想效果，在聚酯浸胶帘子布生产过程中，通常采用以下浸渍体系：

①封闭异氰酸酯、环氧树脂浸渍体系，该体系适用于双浴法，即聚酯帘子布经第一浴（由环氧树脂、封闭异氰酸酯等组成的浸渍液）浸渍和热处理后，再经第二浴（RFL浸渍液）浸渍和热处理；

②Vulcabond E浸渍体系，即氯酚类化合物水性浸渍液，同类产品有胶黏剂RP和DENABOND（日本瑞翁公司生产），该体系主要适用于单浴法，由氯酚类化合物水性浸渍液直接混入RFL浸渍液中，进行单浴浸渍；

③纤维表面活化处理，即使用封闭异氰酸酯、环氧树脂、油酸酯、三醇缩水甘油醚等，在纺丝过程中未拉伸的单丝涂上纺丝油剂后直接浸渍，也可以在拉伸后的单丝上浸渍或在拉伸后即将卷取前的单丝上浸渍，还可以在加捻后的帘线上或在帘线加捻过程中浸渍。经活化处理后的帘线织成帘子布后，再用RFL浸渍液浸渍处理。

聚酯帘子布使用过程中需要注意防止胺解。天然橡胶中的脂肪酸、酯类等杂质易引起聚酯帘线的降解；胶料中的硫化促进剂如秋兰姆类促进剂对聚酯帘线的胺解影响最显著，次磺酰胺类促进剂影响较小，噻唑类促进剂影响最小；防老剂的不同品种对聚酯帘线的胺解也有不同影响。

轮胎用聚酯帘子布的供应商见表 1.2.3-40。

表 1.2.3-40　轮胎用聚酯帘子布的供应商

高模低收缩涤纶 HMLS 浸胶轮胎帘子布							
供应商	项目		单位	帘线规格			
				1 100 dtex/2	1 440 dtex/2	1 670 dtex/2	2 200 dtex/2
浙江尤夫科技工业有限公司	断裂强力		N/根	≥140	≥185	≥206	≥275
	44.1 N 定负荷伸长率		%	4.5±0.8			
	58.0 N 定负荷伸长率		%		4.5±0.8		
	66.6 N 定负荷伸长率		%			4.5±0.8	
	88.2 N 定负荷伸长率		%				4.5±0.8
	断裂伸长率		%	15.0±2.0	15.0±2.0	15.0±2.0	15.0±2.0
	黏合强度（H 抽出）		N/10 mm	≥130	≥140	≥150	≥180
	断裂强力变异系数（CV）		%	≤3.5	≤3.5	≤3.5	≤3.5
	断裂伸长率变异系数（CV）		%	≤5.5	≤5.5	≤5.5	≤5.5
	附胶量		%	3.5±1.0	3.5±1.0	3.5±1.0	3.0±1.0
	细度	直径	mm	0.56±0.03	0.61±0.03	0.66±0.03	0.75±0.03
		线密度	mg/10 m	2 500±20	3 250±30	3 750±30	5 000±40
	捻度	初捻（Z 向）	T/m	450±15	390±15	370±15	330±15
		复捻（S 向）	T/m	450±15	390±15	370±15	330±15
	干热收缩率		%	≤2.0	≤2.0	≤2.0	≤2.0
	回潮率		%	≤0.5	≤0.5	≤0.5	≤0.5
	硬度		N/cord	≤0.70	≤0.85	≤1.0	≤1.2
	纬纱强度		cN	≥150	≥150	≥150	≥150
	纬纱伸长率		%	≥135	≥135	≥135	≥135

注：高模低收缩涤纶 HMLS 浸胶轮胎帘子布其他规格还有 1 100 dtex/3、1 440 dtex/3、1 670 dtex/3、2 200 dtex/3，可用于轻卡和轿车子午线轮胎、工业胶管、空气弹簧等领域。

3.3.5　维纶帘布

维纶帘布与橡胶的黏着性好，强度高，尺寸稳定性较好，成本低，但耐湿热性和耐疲劳性较差，生产操作困难（发硬）。维纶帘布目前主要用于自行车胎、摩托车胎、小型农业机车胎和 V 带等制品。

维纶帘布的规格与性能见表 1.2.3-41。

表 1.2.3-41　维纶帘布的规格与性能

项目	帘线规格		
	34/3/2	34/2/2	29/2/2
断裂强度/(N·根$^{-1}$)	67	46	36
断裂伸长率/%	22	22	21
19.6N 定负荷伸长率/%	8	8	16
直径/mm	0.59	0.51	0.48
干热收缩率（160℃×10 min)/%	2.5	2.5	2.5

3.3.6　芳纶帘布

芳纶目前主要用于工程轮胎、赛车胎、高级乘用车胎等，其典型的组织规格见表 1.2.3-42。

表 1.2.3-42　芳纶帘布的典型组织规格

项目	规格		
	1 100 dtex/223EPI	1 670 dtex/220EPI	1 670 dtex/318EPI
经线密度/(根·10 cm^{-1})	90	78	71
边密度/(根·10 cm^{-1})	92	80	73
纬线密度/(根·10 cm^{-1})	9	8	8
纬纱（纯棉纱)/(英制支数·股$^{-1}$)	19～21	19～21	15～17
布长/m	*L*（1±2%），*L* 根据客户要求商定		
布幅/cm	140		
布头 5～10 合股线 纬密/(根·10 cm^{-1}) 长度/cm	 棉纱 42～45 10		

芳纶浸胶帘布性能见表 1.2.3-43。

表 1.2.3-43　芳纶浸胶帘布性能

项目		规格		
		1 100 dtex/223EPI	1 670 dtex/220EPI	1 670 dtex/318EPI
断裂强度（≥)/（N·根$^{-1}$)		340	500	750
200 N 定负荷伸长率/%		3.0±0.5	2.5±0.5	2.0±0.5
1%定伸长负荷（≥)/N		50	90	120
黏着强度（≥)/(N·cm^{-1})		130	150	170
断裂伸长率/%		5.0±0.5		
断裂强度不匀率/%		4		
断裂伸长率不匀率/%		6		
直径/mm		0.58±0.02	0.70±0.02	0.85±0.02
捻度	初捻（Z 向)/(捻·10 cm^{-1})	39.0±1.0	31.5±1.0	27.0±1.0
	复捻（S 向)/(捻·10 cm^{-1})	39.0±1.0	31.5±1.0	27.0±1.0
干热收缩率/%		0.3		

3.3.7　玻璃纤维浸胶帘布

玻璃纤维耐疲劳性能差，因此仅限于用在受屈挠作用下的橡胶制品中。玻璃纤维帘线的性能见表 1.2.3-44。

表 1.2.3-44　玻璃纤维帘线的性能

项目	ECG 纤维	帘线	
		ECG 150 10/0	ECG 150 10/3
断裂强度/(N·tex^{-1})	1.35	1.06	0.99
断裂强度/(N·根$^{-1}$)	—	351	977
断裂伸长率/%	4.76	4.83	4.84
模量/(N·tex^{-1})	28.40	22.84	20.37
相对密度/(g·cm^{-3})	2.55		

玻璃纤维和橡胶的黏合性较差，需要经过偶联剂、浸润剂和浸渍剂的处理。偶联剂一般为氨基硅烷或硫醇基硅烷，浸润剂有淀粉-油型、树脂型及石蜡型三种，浸渍剂采用与锦纶浸渍相同的 RFL 体系。

3.3.8　帘子布的供应商

帘子布的供应商有：神马实业股份有限公司、山东天衡化纤股份有限公司、山东海龙博莱特化纤有限责任公司、青州众成化纤制造有限公司、张家港骏马化纤股份有限公司、江苏海阳化纤有限公司、科赛（青岛）锦纶有限公司、张家港市远程化纤有限公司、无锡市太极实业股份有限公司等。

3.4 帆布

帆布常用于输送带、胶管、胶布、胶鞋等制品中，其编织结构根据用途不同而异：

①平纹结构，单根经线与单根纬线交织；

②牛津式结构，即变化平纹结构，两根经线与单根纬线交织；

③直经直纬结构，即在直经纱骨架中，经线呈直线状态承受拉应力，在直经纱上下布置直线纬纱，经纱和纬纱又通过被称为捆绑系统的另一种经纱编织成一个整体；

④紧密编织结构，也称整体带芯结构，由经线、纬线的复合层构成。

橡胶工业常用帆布与普通布的结构一样，只是线比较粗，多为经纬线密度较大的平纹布，纬线和经线的强度相同，一般密度也相同，但也有用经纬线密度不相同的帆布。

帆布的规格表示与帘布类似，如 118.4×122.2×36 Nm/5×5 表示该帆布的经纬线密度分别为 118.4 根/10 cm 和 122.2 根/10 cm，帘线由 5 股各含 5 根纤度为 36 Nm 的纱线捻合而成；118.4×122.2×140 tex/5×2×140 tex/3 表示该帆布的经纬线密度分别为 118.4 根/10 cm 和 122.2 根/10 cm，经线由 2 股各含 5 根纤度为 140 tex 的纱线捻合而成，纬线由 3 根纤度为 140 tex 的单丝捻合而成。

橡胶工业用帆布可以分为棉帆布和合成纤维帆布，其中合成纤维帆布又可分为六种类型，包括：①锦纶浸胶帆布，代号为“NN”，其经向和纬向均为锦纶 6 纤维；②涤锦浸胶帆布，代号为“EP”，其经向为聚酯纤维，纬向为锦纶 66 纤维；③EE 系列浸胶聚酯帆布，包括普通型与耐高温型（EE - TNG）；④PP 系列；⑤PVC 整芯带带芯织物，以涤纶或芳纶为经线，以锦纶或棉纱为纬线；⑥其他。主要用于矿用输送带、钢铁厂用输送带等橡胶制品的骨架材料。

3.4.1 棉帆布

棉帆布具有与橡胶的黏着性好、湿强力高、成本低等优点，在一些使用条件要求不高的橡胶制品中仍较广泛应用。

橡胶工业用棉帆布包括棉本色帆布和涤棉本色帆布，棉本色帆布是指经纬纱使用全棉多股线制成的较粗厚的机织物；涤棉本色帆布是指经纱为涤棉多股线、纬纱为涤纶多股线制成的较粗厚的机织物。橡胶工业用棉帆布代表性品种技术条件见表 1.2.3 - 45，详见《橡胶工业用棉本色帆布》(GB/T 2909—2014)。

表 1.2.3 - 45 橡胶工业用棉帆布代表性品种技术条件

编号	纱线号数/tex		密度根/10 cm		断裂强力/N		断裂伸长率/%		厚度/mm	单位面积干燥质量/(g·m⁻²)
	经线	纬线	经向	纬向	经向	纬向	经向	纬向		
CCQ - 450	28×2	28×2	152	150	450	510	12	12	0.50±0.05	170
CCQ - 490	28×2	28×2	163	170	490	585	14	18	0.50±0.05	185
CCQ - 630	28×3	28×3	136	126	635	685	17	13	0.65±0.05	220
CCQ - 680	28×2	28×2	196.5	157.5	685	585	17	10	0.50±0.05	195
CCQ - 820	28×6	28×6	71	71	830	880	12	11	0.90±0.10	205
CCQ - 830	28×3	28×2	150	160	830	880	25	14	0.68±0.05	265
CCQ - 850	28×4	28×4	122	132	880	1075	24	15	0.75±0.07	270
CCQ - 880	28×8	28×8	70	70	880	930	27	14	0.82±0.10	300
CCQ - 930	58×5	28×5	105	100	930	980	23	15	0.82±0.07	300
CCQ - 980	28×4	28×4	134	126	980	1030	26	16	0.75±0.07	320
CCQ - 1030	28×5	28×5	115	110	1 030	1 125	21	17	0.85±0.07	325
CCQ - 1070	28×5	28×5	116	120	1 075	1 175	30	15	0.82±0.07	340
CCQ - 1150	28×4	29×4	155	135	1 175	1 075	28	15	0.75±0.07	325
CCQ - 1270	28×8	28×8	88	88	1 275	1 370	28	14	1.05±0.10	420
CCQ - 1370	28×6	28×6	115	120	1 370	1 520	31	16	0.92±0.09	420
CCQ - 1450	28×3	28×4	260	98	1 470	880	30	10	0.90±0.10	364
CCQ - 1470	28×8	28×8	98	102	1 470	1 665	20	14	1.02±0.10	480
CCQ - 1550	28×5	28×5	157	123	1 570	1 370	32	17	0.90±0.09	420
CCQ - 1570	28×8	28×8	100	105	1 570	1 765	34	14	1.05±0.10	490
CCQ - 1660	28×8	28×8	110	106	1 665	1 765	31	14	1.05±0.10	520
CCQ - 1910	28×8	28×8	138	110	1 910	1 570	30	14	1.10±0.10	560
CCZ - 1960	28×10	28×10	93	86	1 960	1 960	30	12	1.20±0.10	670
CCZ - 2050	28×12	28×12	85	90	2 055	2 255	31	15	1.25±0.10	640
CCZ - 2450	28×10	28×10	132	92	2 450	2 255	30	12	1.20±0.10	700
CCZ - 3430	58×9	58×6	100	62	3 430	1 570	32	11	1.70±0.10	790
CCZ - 3500	28×18	28×12	98	62	3 530	1 615	32	11	1.70±0.10	790
CCZ - 3530	58×9	58×8	102	56	3 530	1 860	32	11	1.75±0.10	850

注：产品编号表示，原料代号+类别-断裂强力标准值，CC——棉；Z——重型帆布；Q——轻型帆布。

3.4.2　黏胶帆布

全黏胶型帆布由于湿强度低等原因，在制品中的应用逐渐减少。多数的黏胶帆布是黏胶与锦纶或维纶交织而成的帆布，如黏胶（经线）/锦纶（纬线）交织型帆布。纬线采用锦纶可改善帆布的横向强度、伸长率和弹性，能增大胶带的成槽性和抗撕裂性能。

3.4.3　合成纤维帆布

合成纤维帆布一般分为锦纶帆布和锦纶与其他纤维的交织帆布两大类。锦纶帆布即经纬线都是锦纶线，一般长程高强力输送带多采用锦纶帆布。锦纶交织帆布分别是以锦纶做纬线其他线做经线或以锦纶做经线其他线做纬线的交织而成的帆布。若以锦纶做纬线的交织帆布，则可利用锦纶的弹性好、伸长大、强度高等特点，增大输送带的成槽性、横向柔软性、耐冲击抗撕裂和耐疲劳等性能，既避免经向伸长大的缺点，又提高输送带的使用寿命。这种交织帆布中含有与橡胶黏着好的其他纤维线，可不用浸胶处理。以锦纶作经线的交织帆布，便可充分发挥锦纶的高强度作用。

《橡胶工业用合成纤维帆布》（FZ/T 13010—1998）将橡胶工业用合成纤维帆布分为两大类：涤棉帆布，其经向为聚酯纤维（涤纶），纬向为锦纶 66，代号为“EP”；锦纶帆布，其经向和纬向均为锦纶 6，代号为“NN”。

（一）EP 本色帆布

EP 本色帆布的技术要求见表 1.2.3－46。

表 1.2.3－46　EP 本色帆布的技术要求

规格 项目	单位	EP－80						EP－100					
		优等品		一等品		合格品		优等品		一等品		合格品	
		经向	纬向	经向	纬向	经向	纬向	经向	纬向	经向	纬向	经向	纬向
结构	dtex	1 100×1	930×1	1 100×1	930×1	1 100×1	930×1	1 100×1	930×1	1 100×1	930×1	1 100×1	930×1
密度	根/10 cm	120±2	76±2	120±2	76±2	120±2	76±2	160±2	86±2	160±2	86±2	160±2	86±2
断裂强度（≥） 平均值	N/mm	95	55	90	50	90	45	125	60	120	55	115	50
断裂强度（≥） 最低值	N/mm	85	50	80	45	75	40	110	55	105	50	100	45
断裂伸长率	%	≥18	≤25	≥18	≤25	≥18	≤25	≥18	≤25	≥18	≤25	≥18	≤25
平方米干重	g/m²	230±10		240±10		250±10		280±10		290±10		300±10	
厚度	mm	0.55±0.05						0.55±0.10					
宽度	mm	(9 000－20)～(17 500－20)						(9 000－20)～(17 500－20)					
长度	mm/卷	810＋100						810＋100					
规格 项目	单位	EP－125						EP－150					
		优等品		一等品		合格品		优等品		一等品		合格品	
		经向	纬向	经向	纬向	经向	纬向	经向	纬向	经向	纬向	经向	纬向
结构	dtex	1 670×1	1 400×1	1 670×1	1 400×1	1 670×1	1 400×1	1 100×2	1 870×2	1 100×1	1 870×1	1 100×2	1 400×2
密度	根/10 cm	145±2	72±2	145±2	72±2	145±2	72±2	148±2	54±2	148±2	54±2	148±2	54±2
断裂强度（≥） 平均值	N/mm	170	78	165	75	160	70	255	80	215	75	205	75
断裂强度（≥） 最低值	N/mm	155	70	150	65	145	60	200	75	190	70	180	65
断裂伸长率	%	≥18	≤30	≥18	≤30	≥18	≤30	≥18	≤30	≥18	≤30	≥18	≤30
平方米干重	g/m²	350±15		360±15		370±15		440±15		450±15		460±15	
厚度	mm	0.75±0.10						0.80±0.10					
宽度	mm	9 000－20～17 500－20						9 000－20～17 500－20					
长度	mm/卷	810＋100						810＋100					
规格 项目	单位	EP－200						EP－250					
		优等品		一等品		合格品		优等品		一等品		合格品	
		经向	纬向	经向	纬向	经向	纬向	经向	纬向	经向	纬向	经向	纬向
结构	dtex	1 100×2	1 400×2	1 100×2	1 400×2	1 100×2	1 400×2	1 100×4	1 870×2	1 100×4	1 870×2	1 100×4	1 870×2
密度	根/10 cm	162±2	44±2	162±2	44±2	162±2	44±2	102±2	38±2	102±2	38±2	102±2	38±2

续表

项目＼规格	单位	EP - 200						EP - 250					
		优等品		一等品		合格品		优等品		一等品		合格品	
		经向	纬向	经向	纬向	经向	纬向	经向	纬向	经向	纬向	经向	纬向
断裂强度(≥) 平均值	N/mm	250	95	245	90	235	85	325	110	315	100	305	95
断裂强度(≥) 最低值	N/mm	225	85	220	80	210	75	300	100	290	85	280	80
断裂伸长率	%	≥18	≤30	≥18	≤30	≥18	≤30	≥18	≤30	≥18	≤30	≥18	≤30
平方米干重	g/m²	520±15		530±15		540±15		650±15		660±20		670±20	
厚度	mm	0.90±0.15						1.25±0.15					
宽度	mm	9 000 - 20～17 500 - 20						9 000 - 20～17 500 - 20					
长度	mm/卷	405+100						405+100					

项目＼规格	单位	EP - 300						EP - 350					
		优等品		一等品		合格品		优等品		一等品		合格品	
		经向	纬向	经向	纬向	经向	纬向	经向	纬向	经向	纬向	经向	纬向
结构	dtex	1 100×4	1 870×2	1 100×4	1 870×2	1 100×4	1 870×2	1 670×3	1 870×2	1 670×3	1 870×2	1 670×3	1 870×2
密度	根/10 cm	130±2	38±2	130±2	38±2	130±2	38±2	132±2	38±2	132±2	38±2	132±2	38±2
断裂强度(≥) 平均值	N/mm	390	110	380	100	370	95	450	110	440	100	430	95
断裂强度(≥) 最低值	N/mm	370	100	365	85	355	80	425	100	415	90	405	85
断裂伸长率	%	≥18	≤30	≥18	≤30	≥18	≤30	≥18	≤30	≥18	≤30	≥18	≤30
平方米干重	g/m²	750±20		760±20		770±20		830±20		840±20		850±30	
厚度	mm	1.4±0.10						1.45±0.20					
宽度	mm	9 000 - 20～17 500 - 20						9 000 - 20～17 500 - 20					
长度	mm/卷	405+100						405+100					

项目＼规格	单位	EP - 400						EP - 500					
		优等品		一等品		合格品		优等品		一等品		合格品	
		经向	纬向	经向	纬向	经向	纬向	经向	纬向	经向	纬向	经向	纬向
结构	dtex	1 100×2	1 400×2	1 100×2	1 400×2	1 100×2	1 400×2	1 100×4	1 870×2	1 100×4	1 870×2	1 100×4	1 100×2
密度	根/10 cm	162±2	44±2	162±2	44±2	162±2	44±2	102±2	38±2	102±2	38±2	102±2	38±2
断裂强度(≥) 平均值	N/mm	250	95	245	90	235	85	325	110	315	100	305	95
断裂强度(≥) 最低值	N/mm	225	85	220	80	210	75	300	100	290	85	280	80
断裂伸长率	%	≥18	≤30	≥18	≤30	≥18	≤30	≥18	≤30	≥18	≤30	≥18	≤30
平方米干重	g/m²	520±15		530±15		540±15		650±15		660±20		670±20	
厚度	mm	0.90±0.15						1.25±0.15					
宽度	mm	9 000 - 20～17 500 - 20						9 000 - 20～17 500 - 20					
长度	mm/卷	405+100						405+100					

（二）NN 本色帆布

NN 本色帆布的技术要求见表 1.2.3 - 47。

表 1.2.3-47 NN本色帆布的技术要求

项目＼规格	单位	NN-80						NN-100					
		优等品		一等品		合格品		优等品		一等品		合格品	
		经向	纬向	经向	纬向	经向	纬向	经向	纬向	经向	纬向	经向	纬向
结构	dtex	930×1	930×1	930×1	930×1	930×1	930×1	930×1	930×1	930×1	930×1	930×1	930×1
密度	根/10 cm	148±2	70±2	148±2	70±2	148±2	70±2	170±2	78±2	170±2	78±2	170±2	78±2
断裂强度(≥) 平均值	N/mm	95	55	90	50	85	45	110	55	105	55	100	50
断裂强度(≥) 最低值	N/mm	85	50	80	45	75	40	90	50	85	50	80	40
断裂伸长率	%	25	25	25	25	25	25	25	25	25	25	25	25
平方米干重	g/m²	200±10		210±10		220±10		240±10		250±10		260±10	
厚度	mm	0.55±0.10						0.55±0.10					
宽度	mm	9 000-20～17 500-20						9 000-20～17 500-20					
长度	mm/卷	800+100						800+100					
项目＼规格	单位	NN-125						NN-150					
		优等品		一等品		合格品		优等品		一等品		合格品	
		经向	纬向	经向	纬向	经向	纬向	经向	纬向	经向	纬向	经向	纬向
结构	dtex	1 400×1	1 400×1	1 400×1	1 400×1	1 400×1	1 400×1	1 870×1	1 870×1	1 870×1	1 870×1	1 870×1	1 870×1
密度	根/10 cm	122±2	60±2	122±2	60±2	122±2	60±2	108±2	56±2	108±2	56±2	108±2	56±2
断裂强度(≥) 平均值	N/mm	125	65	120	60	115	55	150	80	145	75	140	70
断裂强度(≥) 最低值	N/mm	115	60	110	55	105	45	130	70	125	65	120	60
断裂伸长率	%	25	30	25	30	25	30	25	30	25	30	25	30
平方米干重	g/m²	260±15		270±15		280±15		310±15		320±15		330±15	
厚度	mm	0.70±0.10						0.90±0.10					
宽度	mm	9 000-20～17 500-20						9 000-20～17 500-20					
长度	mm/卷	800+100						800+100					
项目＼规格	单位	NN-200						NN-250					
		优等品		一等品		合格品		优等品		一等品		合格品	
		经向	纬向	经向	纬向	经向	纬向	经向	纬向	经向	纬向	经向	纬向
结构	dtex	1 870×1	1 870×1	1 870×1	1 870×1	1 870×1	1 870×1	1 400×2	1 870×1	1 400×2	1 870×1	1 400×2	1 870×1
密度	根/10 cm	162±2	60±2	162±2	60±2	160±2	60±2	126±2	60±2	126±2	60±2	126±2	60±2
断裂强度(≥) 平均值	N/mm	220	88	215	85	210	80	260	95	255	90	250	85
断裂强度(≥) 最低值	N/mm	200	80	195	75	190	70	245	85	240	80	235	75
断裂伸长率	%	35	30	35	30	35	30	35	30	35	30	35	30
平方米干重	g/m²	380±20		400±20		410±20		480±20		490±20		500±20	
厚度	mm	0.90±0.15						0.95±0.15					
宽度	mm	9 000-20～17 500-20						9 000-20～17 500-20					
长度	mm/卷	400+100						400+100					
项目＼规格	单位	NN-300						NN-400					
		优等品		一等品		合格品		优等品		一等品		合格品	
		经向	纬向	经向	纬向	经向	纬向	经向	纬向	经向	纬向	经向	纬向
结构	dtex	1 870×2	1 400×2	1 870×2	1 400×2	1 870×2	1 400×2	1 870×3	1 870×2	1 870×3	1 870×2	1 870×3	1 870×2
密度	根/10 cm	120±2	44±2	120±2	44±2	120±2	44±2	110±2	36±2	110±2	36±2	110±2	36±2

续表

项目 \ 规格		单位	NN-300						NN-400					
			优等品		一等品		合格品		优等品		一等品		合格品	
			经向	纬向	经向	纬向	经向	纬向	经向	纬向	经向	纬向	经向	纬向
断裂强度（≥）	平均值	N/mm	335	95	325	95	315	90	430	110	410	105	390	100
	最低值		305	90	295	85	285	80	400	100	380	95	360	90
断裂伸长率		%	35	30	35	30	35	30	40	30	40	30	40	30
平方米干重		g/m²	600±25		615±25		630±25		760±30		780±30		800±30	
厚度		mm	1.35±0.20						1.70±0.20					
宽度		mm	9 000-20～17 500-20						9 000-20～17 500-20					
长度		mm/卷	400+100						400+100					

项目 \ 规格		单位	NN-500					
			优等品		一等品		合格品	
			经向	纬向	经向	纬向	经向	纬向
结构		dtex	1 870×4	1 870×2	1 870×4	1 870×2	1 870×4	1 870×2
密度		根/10 cm	112±2	38±2	112±2	38±2	112±2	38±2
断裂强度（≥）	平均值	N/mm	540	115	530	105	520	100
	最低值		510	105	500	95	485	90
断裂伸长率		%	40	30	40	30	40	30
平方米干重		g/m²	1 120±50		1 170±50		1 300±60	
厚度		mm	1.80±0.30					
宽度		mm	9 000-20～17 500-20					
长度		mm/卷	400+100					

（三）合成纤维本色帆布外观质量要求

合成纤维本色帆布外观质量要求见表 1.2.3-48。

表 1.2.3-48　合成纤维本色帆布外观质量要求

疵点名称		优等品	一等品	合格品
损伤性疵点		布面不允许有破洞、撕裂或磨损疵点	布面不允许有破洞、撕裂或磨损疵点	布面不允许有破洞、撕裂或磨损疵点
布面油污疵点 A	处（>1 cm²）/卷	不允许	≤2	2<A<5
	个（<1 cm²）/卷	不允许	<10	≥10
油经 L	cm/卷长	≤5	5≤L<10	<20
松边		不允许	不允许	≤1/4 匹长
大结头		不允许	不允许	不允许
跳纱		不允许	不允许	不允许
缺纬		不允许	不允许	缺 1 纬每匹不超过 2 次，每卷不超过 5 次
毛边长度/mm		≤4	≤4	≤5
布面平整度		布面平整，二边与中间松紧一致	布面平整，二边与中间松紧一致	布面平整，二边与中间松紧一致

（四）EP 与 PE 浸胶帆布

《橡胶工业用合成纤维帆布》（FZ/T 13010—1998）中代号 EP 的涤棉帆布，其经向为聚酯纤维（涤纶），纬向为锦纶 66；部分企业也生产非标 PE 浸胶帆布，其经向为锦纶 66，纬向为涤纶。

EP 浸胶帆布的技术要求见表 1.2.3-49。

表 1.2.3-49　EP 浸胶帆布的技术要求

项目＼规格	单位	EP-80						EP-100					
		优等品		一等品		合格品		优等品		一等品		合格品	
		经向	纬向	经向	纬向	经向	纬向	经向	纬向	经向	纬向	经向	纬向
结构	dtex	1 100×1	930×1	1 100×1	930×1	1 100×1	930×1	1 100×1	930×1	1 100×1	930×1	1 100×1	930×1
密度	根/10 cm	155±2	76±2	155±2	76±2	155±2	76±2	194±2	86±2	194±2	86±2	194±2	86±2
断裂强度（≥） 平均值	N/mm	110	50	105	45	100	40	137	55	132	50	128	45
断裂强度（≥） 最低值	N/mm	95	45	90	40	85	35	118	50	110	45	105	40
10%定负荷伸长率（≤）	%	1.5	—	1.5	—	1.5	—	1.5	—	1.5	—	1.5	—
断裂伸长率	%	≥14	≤45	≥14	≤45	≥14	≤45	≥14	≤45	≥14	≤45	≥14	≤45
干热收缩率（150℃×30 min）	%	5.0	0.5	5.0	0.5	5.0	0.5	5.0	0.5	5.0	0.5	5.0	0.5
干热收缩率不匀率（≤）	%	10		10		10		10		10		10	
黏合强度（≥）	N/mm	7.8		7.8		7.5		7.8		7.8		7.5	
平方米干重	g/m²	300±10		310±10		320±10		340±15		350±15		360±15	
厚度	mm	0.55±0.05						0.55±0.05					
宽度	mm	8 000-20～14 000-20						8 000-20～15 000-20					
长度	mm/卷	800+100						800+100					

项目＼规格	单位	EP-125						EP-150					
		优等品		一等品		合格品		优等品		一等品		合格品	
		经向	纬向	经向	纬向	经向	纬向	经向	纬向	经向	纬向	经向	纬向
结构	dtex	1 670×1	1 400×1	1 670×1	1 400×1	1 670×1	1 400×1	1 100×2	1 870×1	1 100×2	1 870×1	1 100×2	1 870×1
密度	根/10 cm	170±2	72±2	170±2	72±2	170±2	72±2	166±2	56±2	166±2	56±2	166±2	56±2
断裂强度（≥） 平均值	N/mm	165	70	160	65	150	60	206	75	200	70	185	65
断裂强度（≥） 最低值	N/mm	145	60	140	55	130	50	176	68	170	60	155	55
10%定负荷伸长率（≤）	%	1.5		1.5		1.5		1.5		1.5		1.5	
断裂伸长率	%	≥14	≤45	≥14	≤45	≥14	≤45	≥14	≤45	≥14	≤45	≥14	≤45
干热收缩率（150℃×30 min）	%	5.0	0.5	5.0	0.5	5.0	0.5	5.0	0.5	5.0	0.5	5.0	0.5
干热收缩率不匀率（≤）	%	10		10		10		10		10		10	
黏合强度（≥）	N/mm	7.8		7.8		7.5		7.8		7.8		7.5	
平方米干重	g/m²	425±20		435±20		445±20		530±20		540±20		550±20	
厚度	mm	0.60±0.05						0.70±0.05					
宽度	mm	8 000-20～15 000-20						8 000-20～15 500-20					
长度	mm/卷	800+100						800+100					

续表

项目＼规格	单位	EP-200						EP-250					
		优等品		一等品		合格品		优等品		一等品		合格品	
		经向	纬向	经向	纬向	经向	纬向	经向	纬向	经向	纬向	经向	纬向
结构	dtex	1 100×2	1 400×2	1 100×2	1 400×2	1 100×2	1 400×2	1 100×4	1 870×2	1 100×4	1 870×2	1 100×4	1 870×2
密度	根/10 cm	186±2	44±2	186±2	44±2	186±2	44±2	120±2	38±2	120±2	38±2	120±2	38±2
断裂强度（≥） 平均值	N/mm	246	85	240	80	230	75	330	105	310	90	295	85
断裂强度（≥） 最低值	N/mm	220	75	215	70	205	65	290	95	270	80	255	75
10%定负荷伸长率（≤）	%	1.5		1.5		1.5		1.5		1.5		1.5	
断裂伸长率	%	≥15	≤45	≥15	≤45	≥15	≤45	≥15	≤45	≥15	≤45	≥15	≤45
干热收缩率（150℃×30 min）	%	5.0	0.5	5.0	0.5	5.0	0.5	5.0	0.5	5.0	0.5	5.0	0.5
干热收缩率不匀率（≤）	%	10		10		10		10		10		10	
黏合强度（≥）	N/mm	7.8		7.8		7.5		7.8		7.8		7.5	
平方米干重	g/m²	600±20		630±20		650±20		780±30		790±30		800±30	
厚度	mm	0.80±0.05						1.07±0.10					
宽度	mm	8 000-20～16 000-20						8 000-20～16 000-20					
长度	mm/卷	800+100						800+100					

项目＼规格	单位	EP-300						EP-350					
		优等品		一等品		合格品		优等品		一等品		合格品	
		经向	纬向	经向	纬向	经向	纬向	经向	纬向	经向	纬向	经向	纬向
结构	dtex	1 100×4	1 870×2	1 100×4	1 870×2	1 100×4	1 870×2	1 670×3	1 870×2	1 670×3	1 870×2	1 670×3	1 870×2
密度	根/10 cm	146±2	38±2	146±2	38±2	146±2	38±2	150±2	38±2	150±2	38±2	150±2	38±2
断裂强度（≥） 平均值	N/mm	350	105	340	90	335	85	400	105	390	90	380	85
断裂强度（≥） 最低值	N/mm	320	95	310	80	305	75	370	95	360	80	350	75
10%定负荷伸长率（≤）	%	1.5		1.5		1.5		1.5		1.5		1.5	
断裂伸长率	%	≥15	≤45	≥15	≤45	≥15	≤45	≥15	≤45	≥15	≤45	≥15	≤45
干热收缩率（150℃×30 min）	%	5.0	0.5	5.0	0.5	5.0	0.5	5.0	0.5	5.0	0.5	5.0	0.5
干热收缩率不匀率（≤）	%	10		10		10		10		10		10	
黏合强度（≥）	N/mm	7.8		7.8		7.5		7.8		7.8		7.5	
平方米干重	g/m²	860±30		870±30		880±30		1 000±35		1 010±35		1 020±35	
厚度	mm	1.20±0.10						1.26±0.10					
宽度	mm	8 000-20～16 000-20						8 000-20～16 000-20					
长度	mm/卷	400+100						400+100					

续表

项目		单位	EP-400						EP-500					
			优等品		一等品		合格品		优等品		一等品		合格品	
			经向	纬向	经向	纬向	经向	纬向	经向	纬向	经向	纬向	经向	纬向
结构		dtex	1 670×4	1 870×2	1 670×4	1 870×2	1 670×4	1 870×2	1 670×6	1 400×3	1 670×6	1 400×3	1 670×6	1 400×3
密度		根/10 cm	125±2	38±2	125±2	38±2	125±2	38±2	104±2	45±2	104±2	45±2	104±2	45±2
断裂强度（≥）	平均值	N/mm	465	105	455	95	450	90	570	125	560	115	550	110
	最低值		425	95	415	85	410	80	520	116	515	105	515	106
10%定负荷伸长率（≤）		%	1.5		1.5		1.5		2.5		2.5		2.5	
断裂伸长率		%	≥15	≤45	≥15	≤45	≥15	≤45	≥15	≤40	≥15	≤40	≥15	≤40
干热收缩率（150℃×30 min）		%	6.0	0.5	6.0	0.5	6.0	0.5	6.0	0.5	6.0	0.5	6.0	0.5
干热收缩率不匀率（≤）		%	10		10		10		10		10		10	
黏合强度（≥）		N/mm	7.8		7.8		7.5		7.8		7.8		7.5	
平方米干重		g/m²	1 040±40		1 050±40		1 060±40		1 300±50		1 310±50		1 320±50	
厚度		mm	1.40±0.10						1.50±0.14					
宽度		mm	8 000-20～16 000-20						8 000-20～16 000-20					
长度		mm/卷	400+100						400+100					

浙江尤夫科技工业有限公司 EP 与 PE 系列橡胶输送带用浸胶帆布规格与技术指标见表 1.2.3-50～表 1.2.3-52。

表 1.2.3-50　浙江尤夫科技工业有限公司标准型 EP 浸胶帆布技术指标

项目	单位	EP-100		EP-125		EP-150		EP-200		EP-250	
		经向	纬向	经向	纬向	经向	纬向	经向	纬向	经向	纬向
断裂强度（≥）	N/mm	140	55	160	65	200	70	240	80	310	90
10%定负荷伸长率（≤）	%	1.5		1.5		1.5		1.5		1.5	
断裂伸长率	%	≥14	≤45	≥14	≤45	≥14	≤45	≥14	≤45	≥14	≤45
干热收缩率（150℃×30 min）	%	≤4.0	≤0.5	≤4.0	≤0.5	≤4.0	≤0.5	≤4.0	≤0.5	≤4.0	≤0.5
卷曲度	%	3.5±1.0		4.0±1.0		4.0±1.0		4.5±1.0		4.5±1.0	
黏合强度（≥）	N/mm	8.0		8.0		8.0		8.0		8.0	
平方米干重	g/m²	355±20		425±20		520±20		620±20		760±30	
厚度	mm	0.50±0.05		0.60±0.05		0.70±0.05		0.85±0.05		1.05±0.10	
幅宽	cm	60～240									
项目	单位	EP-300		EP-350		EP-400		EP-500		EP-600	
		经向	纬向	经向	纬向	经向	纬向	经向	纬向	经向	纬向
断裂强度（≥）	N/mm	340	85	390	85	450	90	550	90	650	110
10%定负荷伸长率（≤）	%	1.5		2.0		2.0		2.0		2.0	
断裂伸长率	%	≥14	≤45	≥14	≤45	≥14	≤45	≥14	≤45	≥14	≤45
干热收缩率（150℃×30 min）	%	≤4.0	≤0.5	≤4.0	≤0.5	≤4.0	≤0.5	≤4.0	≤0.5	≤4.0	≤0.5
卷曲度	%	4.5±1.0		4.5±1.0		4.5±1.0		5.0±1.0		5.0±1.0	
黏合强度（≥）	N/mm	8.0		8.0		8.0		8.0		8.0	
平方米干重	g/m²	860±30		1 030±40		1 180±50		1 480±50		1 970±50	
厚度	mm	1.10±0.12		1.25±0.12		1.50±0.15		1.80±0.15		2.45±0.15	
幅宽	cm	60～240									

表 1.2.3-51　浙江尤夫科技工业有限公司耐热型 EP 浸胶帆布技术指标

项目 \ 规格	单位	EP-100H		EP-125H		EP-150H		EP-200H		EP-250H	
		经向	纬向	经向	纬向	经向	纬向	经向	纬向	经向	纬向
断裂强度（≥）	N/mm	125	50	155	60	200	70	240	80	300	85
10%定负荷伸长率（≤）	%	2.5	—	2.5	—	2.5	—	2.5	—	2.5	—
断裂伸长率	%	≥14	≤45	≥14	≤45	≥14	≤45	≥14	≤45	≥14	≤45
干热收缩率（150℃×30 min）	%	≤2.0	≤0.5	≤2.0	≤0.5	≤2.0	≤0.5	≤2.0	≤0.5	≤2.0	≤0.5
卷曲度	%	3.5±1.0		3.5±1.0		3.5±1.0		4.0±1.0		4.5±1.0	
黏合强度（≥）	N/mm	8.0		8.0		8.0		8.0		8.0	
平方米干重	g/m^2	360±20		430±20		520±20		630±20		780±30	
厚度	mm	0.55±0.05		0.60±0.05		0.70±0.08		0.85±0.10		1.05±0.10	
幅宽	cm	60～240									

表 1.2.3-52　浙江尤夫科技工业有限公司 PE 系列管状输送带用浸胶帆布技术指标

项目 \ 规格	单位	PE150		PE200		PE250		PE300		PE400	
		经向	纬向	经向	纬向	经向	纬向	经向	纬向	经向	纬向
断裂强度（≥）	N/mm	200	80	250	85	330	85	370	85	500	95
10%定负荷伸长率（≤）	%	3.5		3.5		3.5		3.5		3.5	
断裂伸长率	%	≤30	≤35	≤30	≤35	≤30	≤35	≤30	≤35	≤30	≤35
干热收缩率（150℃×30 min）	%	≤2.5	≤0.5	≤2.5	≤0.5	≤2.5	≤0.5	≤2.5	≤0.5	≤2.5	≤0.5
黏合强度（≥）	N/mm	8.0		8.0		8.0		8.0		8.0	
平方米干重	g/m^2	480±20		600±20		700±20		800±20		1160±30	
厚度	mm	0.50±0.05		0.75±0.05		0.85±0.05		1.10±0.10		1.25±0.10	
幅宽	cm	80～240									

芜湖华烨工业用布有限公司浸胶 PE 帆布和耐热 EP 帆布规格与技术指标分别见表 1.2.3-53、表 1.2.3-54。

表 1.2.3-53　芜湖华烨工业用布有限公司浸胶 PE 帆布技术指标

项目 \ 规格	单位	PE 150		PE 200		PE 250		PE 300		PE 400	
		经向	纬向	经向	纬向	经向	纬向	经向	纬向	经向	纬向
断裂强度（≥）	N/mm	200	80	250	85	330	85	370	85	500	90
断裂伸长率	%	≤30	≤35	≤30	≤35	≤30	≤35	≤30	≤35	≤30	≤35
干热收缩率（150℃×30 min）	%	≤5.0	≤0.5	≤5.0	≤0.5	≤5.0	≤0.5	≤5.0	≤0.5	≤5.0	≤0.5
黏合强度（≥）	N/mm	8.0		8.0		8.0		8.0		8.0	
平方米干重	g/m^2	480±20		600±20		740±20		820±30		1200±40	
厚度	mm	0.65±0.10		0.85±0.10		1.05±0.10		1.20±0.10		1.40±0.15	
幅宽	cm	50～190									

表 1.2.3-54　芜湖华烨工业用布有限公司耐热 EP 帆布技术指标

项目 \ 规格	单位	HTPEP 100		HTPEP 125		HTPEP 150		HTPEP 160		HTPEP 200	
		经向	纬向	经向	纬向	经向	纬向	经向	纬向	经向	纬向
断裂强度（≥）	N/mm	130	50	155	60	190	70	210	70	240	80
断裂伸长率	%	≥14	≤45	≥14	≤45	≥14	≤45	≥14	≤45	≥14	≤45
干热收缩率（150℃×30 min）	%	≤2.0	≤0.5	≤2.0	≤0.5	≤2.0	≤0.5	≤2.0	≤0.5	≤2.0	≤0.5
黏合强度（≥）	N/mm	8.0		8.0		8.0		8.0		8.0	
平方米干重	g/m^2	360±20		435±20		520±20		560±20		640±30	
厚度	mm	0.55±0.05		0.60±0.05		0.70±0.05		0.75±0.05		0.85±0.10	
幅宽	cm	50～190									

续表

项目＼规格	单位	HTPEP 250		HTPEP 300		HTPEP 350		HTPEP 400		HTPEP 500	
		经向	纬向	经向	纬向	经向	纬向	经向	纬向	经向	纬向
断裂强度（≥）	N/mm	300	90	340	90	390	90	450	90	560	100
断裂伸长率	%	≥14	≤45	≥14	≤45	≥14	≤45	≥14	≤45	≥14	≤45
干热收缩率（150℃×30 min）	%	≤2.0	≤0.5	≤2.0	≤0.5	≤2.0	≤0.5	≤2.0	≤0.5	≤2.0	≤0.5
黏合强度（≥）	N/mm	8.0		8.0		8.0		8.0		8.0	
平方米干重	g/m²	790±30		880±30		1 070±40		1 250±40		1 400±50	
厚度	mm	1.05±0.10		1.15±0.12		1.25±0.12		1.50±0.15		1.80±0.15	
幅宽	cm	50～190									

（五）NN 浸胶帆布

NN 浸胶帆布的技术要求见表 1.2.3－55。

表 1.2.3－55　NN 浸胶帆布的技术要求

项目＼规格	单位	NN－80						NN－100					
		优等品		一等品		合格品		优等品		一等品		合格品	
		经向	纬向	经向	纬向	经向	纬向	经向	纬向	经向	纬向	经向	纬向
结构	dtex	930×1	930×1	930×1	930×1	930×1	930×1	930×1	930×1	930×1	930×1	930×1	930×1
密度	根/10 cm	175±2	70±2	175±2	70±2	175±2	70±2	196±2	78±2	196±2	78±2	196±2	78±2
断裂强度（≥）平均值	N/mm	110	50	105	45	100	40	130	50	125	50	125	45
断裂强度（≥）最低值	N/mm	100	45	95	40	90	35	115	45	110	45	105	40
10%定负荷伸长率（≤）	%	2.5	—	2.5	—	2.5	—	2.5	—	2.5	—	2.5	—
断裂伸长率	%	20	60	20	60	20	60	20	60	20	60	20	60
干热收缩率（150℃×30 min）	%	5.5	0.5	5.5	0.5	5.5	0.5	5.5	0.5	5.5	0.5	5.5	0.5
干热收缩率不匀率（≤）	%	10		10		10		10		10		10	
黏合强度（≥）	N/mm	7.8		7.8		7.5		7.8		7.8		7.5	
平方米干重	g/m²	260±10		270±10		280±10		290±12		300±12		310±12	
厚度	mm	0.45±0.05						0.50±0.05					
宽度	mm	8 000－20～14 000－20						8 000－20～14 000－20					
长度	mm/卷	800＋100						800＋100					
项目＼规格	单位	NN－125						NN－150					
		优等品		一等品		合格品		优等品		一等品		合格品	
		经向	纬向	经向	纬向	经向	纬向	经向	纬向	经向	纬向	经向	纬向
结构	dtex	1 400×1	1 400×1	1 400×1	1 400×1	1 400×1	1 400×1	1 870×1	1 400×1	1 870×1	1 400×1	1 870×1	1 400×1
密度	根/10 cm	150±2	60±2	150±2	60±2	150±2	60±2	135±2	68±2	135±2	68±2	135±2	68±2
断裂强度（≥）平均值	N/mm	155	60	150	55	145	50	178	68	175	65	175	60
断裂强度（≥）最低值	N/mm	135	50	130	45	125	40	160	60	155	55	155	50
10%定负荷伸长率（≤）	%	2.5	—	2.5	—	2.5	—	2.5	—	2.5	—	2.5	—
断裂伸长率	%	20	60	20	60	20	60	20	50	20	50	20	50

续表

项目＼规格	单位	NN－125						NN－150					
		优等品		一等品		合格品		优等品		一等品		合格品	
		经向	纬向	经向	纬向	经向	纬向	经向	纬向	经向	纬向	经向	纬向
干热收缩率（150℃×30 min）	%	5.5	0.5	5.5	0.5	5.5	0.5	5.5	0.5	5.5	0.5	5.5	0.5
干热收缩率不匀率（≤）	%	10		10		10		10		10		10	
黏合强度（≥）	N/mm	7.8		7.8		7.5		7.8		7.8		7.5	
平方米干重	g/m^2	330±15		340±15		350±15		390±20		410±20		420±20	
厚度	mm	0.55±0.05						0.65±0.05					
宽度	mm	8 000－20～14 000－20						8 000－20～14 000－20					
长度	mm/卷	800＋100						800＋100					

项目＼规格	单位	NN－200						NN－250					
		优等品		一等品		合格品		优等品		一等品		合格品	
		经向	纬向	经向	纬向	经向	纬向	经向	纬向	经向	纬向	经向	纬向
结构	dtex	1 870×1	1 870×1	1 870×1	1 870×1	1 870×1	1 870×1	1 400×2	1 870×1	1 400×2	1 870×1	1 400×2	1 870×1
密度	根/10 cm	176±2	60±2	176±2	60±2	176±2	60±2	145±2	60±2	145±2	60±2	145±2	60±2
断裂强度（≥） 平均值	N/mm	230	80	225	75	225	70	285	80	280	75	275	70
断裂强度（≥） 最低值	N/mm	215	70	210	65	205	60	260	70	255	65	250	60
10%定负荷伸长率（≤）	%	2.5	—	2.5	—	2.5	—	2.5	—	2.5	—	2.5	—
断裂伸长率	%	25	40	25	40	25	40	25	40	25	40	25	40
干热收缩率（150℃×30 min）	%	5.5	0.5	5.5	0.5	5.5	0.5	5.5	0.5	5.5	0.5	5.5	0.5
干热收缩率不匀率≤	%	10		10		10		10		10		10	
黏合强度（≥）	N/mm	7.8		7.8		7.5		7.8		7.8		7.5	
平方米干重	g/m^2	490±20		510±20		520±20		560±25		590±25		620±25	
厚度	mm	0.80±0.05						0.90±0.10					
宽度	mm	8 000－20～16 000－20						8 000－20～16 000－20					
长度	mm/卷	400＋100						400＋100					

项目＼规格	单位	NN－300						NN－400					
		优等品		一等品		合格品		优等品		一等品		合格品	
		经向	纬向	经向	纬向	经向	纬向	经向	纬向	经向	纬向	经向	纬向
结构	dtex	1 870×2	1 400×2	1 870×2	1 400×2	1 870×2	1 400×2	1 870×3	1 870×2	1 870×3	1 870×2	1 870×3	1 870×2
密度	根/10 cm	136±2	44±2	136±2	44±2	136±2	44±2	120±2	36±2	120±2	36±2	120±2	36±2
断裂强度（≥） 平均值	N/mm	375	90	345	85	330	80	470	90	445	85	440	80
断裂强度（≥） 最低值	N/mm	350	80	320	75	305	70	440	80	415	75	410	70
10%定负荷伸长率（≤）	%	2.5	—	2.5	—	2.5	—	2.5	—	2.5	—	2.5	—
断裂伸长率	%	25	40	25	40	25	40	25	40	25	40	25	40

续表

项目＼规格	单位	NN-300						NN-400					
		优等品		一等品		合格品		优等品		一等品		合格品	
		经向	纬向	经向	纬向	经向	纬向	经向	纬向	经向	纬向	经向	纬向
干热收缩率（150℃×30 min）	%	5.5	0.5	5.5	0.5	5.5	0.5	6.0	0.5	6.0	0.5	6.0	0.5
干热收缩率不匀率（≤）	%	10		10		10		10		10		10	
黏合强度（≥）	N/mm	7.8		7.8		7.5		7.8		7.8		7.5	
平方米干重	g/m²	690±30		710±30		720±30		830±35		860±35		880±35	
厚度	mm	1.20±0.10						1.35±0.12					
宽度	mm	8 000-20～16 000-20						8 000-20～16 000-20					
长度	mm/卷	400+100						400+100					

项目＼规格		单位	NN-500					
			优等品		一等品		合格品	
			经向	纬向	经向	纬向	经向	纬向
结构		dtex	1 870×4	1 870×2	1 870×4	1 870×2	1 870×4	1 870×2
密度		根/cm	120±2	38±2	120±2	38±2	120±2	38±2
断裂强度（≥）	平均值	N/mm	565	105	555	100	545	95
	最低值		520	90	515	85	505	80
10%定负荷伸长率（≤）		%	3.0	—	3.0	—	3.0	—
断裂伸长率		%	25	40	25	40	25	40
干热收缩率（150℃×30 min）		%	6.0	0.5	6.0	0.5	6.0	0.5
干热收缩率不匀率（≤）		%	10		10		10	
黏合强度（≥）		N/mm	7.8		7.8		7.5	
平方米干重		g/m²	1 200±50		1 250±50		1 300±50	
厚度		mm	1.40±0.14					
宽度		mm	8 000-20～16 000-20					
长度		mm/卷	200+100					

浙江尤夫科技工业有限公司 NN 系列橡胶输送带用浸胶帆布规格与技术指标见表 1.2.3-56。

表 1.2.3-56　浙江尤夫科技工业有限公司 NN 系列橡胶输送带用浸胶帆布规格与技术指标

项目＼规格	单位	NN-100		NN-125		NN-150		NN-200		NN-250		NN-300	
		经向	纬向	经向	纬向	经向	纬向	经向	纬向	经向	纬向	经向	纬向
断裂强度（≥）	N/mm	125	50	150	55	175	65	230	80	280	75	345	80
10%定负荷伸长率（≤）	%	2.5		2.5		2.5		2.5		3.0		3.0	
断裂伸长率	%	≤25	≤55	≤25	≤55	≤25	≤50	≤27	≤50	≤27	≤50	≤29	≤50
干热收缩率（150℃×30 min）	%	≤5.5	≤0.5	≤5.5	≤0.5	≤5.5	≤0.5	≤5.5	≤0.5	≤6.0	≤0.5	≤6.0	≤0.5
黏合强度（≥）	N/mm	8.0		8.0		8.0		8.0		8.0		8.0	
平方米干重	g/m²	310±20		340±20		390±20		500±20		590±20		700±20	
厚度	mm	0.50±0.05		0.55±0.05		0.60±0.08		0.75±0.10		0.85±0.10		1.10±0.10	
幅宽	cm	60～240											

（六）合成纤维浸胶帆布外观质量要求

合成纤维浸胶帆布外观质量要求见表 1.2.3-57。

表 1.2.3-57 合成纤维浸胶帆布外观质量要求

疵点名称	优等品	一等品	合格品
损伤性疵点	布面不允许有破洞、撕裂或磨损疵点	布面不允许有破洞、撕裂或磨损疵点	(1) 布面不允许有破洞、撕裂或磨损疵点； (2) 磨损疵点 1～4 cm² 每卷不超过 5 点，每卷指 200 m
浆斑疵点	(1) 当面积<1 cm² 时，每卷不得超过 30 个； (2) 当面积在 1～4 cm² 时，每卷不得超过 10 个	(1) 当面积<1 cm² 时，每卷不得超过 30 个； (2) 当面积在 1～4 cm² 时，每卷不得超过 15 个	(1) 当面积<1 cm² 时，每卷不得超过 45 个； (2) 当面积在 1～4 cm² 时，每卷不得超过 25 个
明显浆色不匀	均匀	基本均匀	基本均匀
打裥印	不允许	不允许	打裥长度每卷印痕不得超过 5 m
缺纬	不允许	不允许	缺 1 根纬线每卷不得超过 5 次
油渍（油经、油污）	不允许	(1) 布面明显可擦除的油污为 5 cm 及以下时，每卷累计长度不得超过 1 m； (2) 布面可擦除的油污为<1 cm 时，每卷不得超过 10 个	(1) 布面明显可擦除的油经 5 cm 及以下时，每卷累计长度不得超过 3 m； (2) 布面可擦除的油污<1 cm 时，每卷不得超过 20 个
毛边长度/mm	(≤) 3	(≤) 3	(≤) 4
布面平整度	布面应平衡，不允许有二边紧中间松或一边松一边紧	布面应平整，不允许有二边紧中间松或一边松一边紧	布面应平整，不允许有二边紧中间松或一边松一边紧
卷取	(1) 布卷单侧凹凸不得超过 20 mm； (2) 布卷双侧凹凸不得超过 10 mm	(1) 布卷单侧凹凸不得超过 25 mm； (2) 布卷双侧凹凸不得超过 15 mm	(1) 布卷单侧凹凸不得超过 30 mm； (2) 布卷双侧凹凸不得超过 20 mm

（七）EE 涤纶浸胶帆布

涤纶浸胶帆布按经向断裂强度可分为 100、125、150、200、250、300、350、400、500 等规格，数字前冠以 EE 表示。涤纶浸胶帆布物理性能技术条件见表 1.2.3-58。

表 1.2.3-58 涤纶浸胶帆布物理性能技术条件

项目	EE100		EE125		EE150		EE200		EE250	
	经向	纬向	经向	纬向	经向	纬向	经向	纬向	经向	纬向
断裂强度 (≥)/(N·mm⁻¹)	135	45	160	58	200	63	240	72	310	81
10%定负荷伸长率 (≤)/%	1.5	—	1.5	—	1.5	—	1.5	—	1.5	—
断裂伸长率/%	≥14	≤45	≥14	≤45	≥14	≤45	≥14	≤45	≥14	≤45
干热收缩率 (≤)/%	5.0	0.5	5.0	0.5	5.0	0.5	5.0	0.5	5.0	0.5
黏合强度 (≥)/(N·mm⁻¹)	7.8		7.8		7.8		7.8		7.8	
橡胶覆盖率 (≥)/%	80		80		80		80		80	
平方米干重 (≤)/(g·m⁻²)	400		500		560		650		840	
经向卷曲度 (≥)/%	2		2		4		4		6	
厚度公差/mm	±0.05		±0.05		±0.05		±0.05		±0.10	
项目	EE300		EE350		EE400		EE500		评价方法	
	经向	纬向	经向	纬向	经向	纬向	经向	纬向		
断裂强度 (≥)/(N·mm⁻¹)	340	81	390	81	450	86	560	90	6.3.1	
10%定负荷伸长率 (≤)/%	1.5	—	1.5	—	1.5	—	1.5	—	6.3.1	
断裂伸长率/%	≥14	≤45	≥14	≤45	≥14	≤45	≥14	≤45	6.3.1	
干热收缩率 (≤)/%	5.0	0.5	5.0	0.5	6.0	0.5	6.0	0.5	6.3.2	

续表

项目	EE300		EE350		EE400		EE500		评价方法
	经向	纬向	经向	纬向	经向	纬向	经向	纬向	
黏合强度（≥）/($N \cdot mm^{-1}$)	7.8		7.8		7.8		7.8		6.3.3
橡胶覆盖率（≥）/%	80		80		80		80		6.3.3
平方米干重（≤）/($g \cdot m^{-2}$)	915		1 070		1 240		1 400		6.3.4
经向卷曲度（≥）/%	6		6		6		6		6.3.5
厚度公差/mm	±0.10		±0.12		±0.12		±0.14		6.3.6

注：1. 经向卷曲度为参考指标。
2. 非标准规格产品技术条件指标可根据客户要求协商。

涤纶浸胶帆布的外观质量技术条件评价项目、评价指标见表 1.2.3－59。

表 1.2.3－59　涤纶浸胶帆布的外观质量技术条件评价项目、评价指标

外观项目		单位	技术条件指标
破洞、撕裂			不允许
磨损（1～4 cm^2）		点/200 m	≤3
浆色		m/200 m	≤3
打裥		m/200 m	≤2
缺纬（缺 1 根线，大于 1/2 幅宽）		次/200 m	≤2
毛边长度（成品幅宽≤145 cm）		mm	≤4
毛边长度（成品幅宽>145 cm）		mm	≤7
浆斑胶斑	≤1 cm^2	个/200 m	≤22
油渍	5 cm 及以下可擦除的油经	m/200 m	≤1
	油污面积<1 cm^2	个/200 m	≤10
	油污面积≥1 cm^2	个/200 m	不允许
成型不良	布卷单侧凹凸	mm	≤25
	布卷双侧凹凸	mm	≤15
纬斜		%	±3
弓纬		%	±3
幅宽公差		mm	±10
卷长公差		%	±1

测试黏合强度、橡胶覆盖率的试验胶料配方见表 1.2.3－60。

表 1.2.3－60　试验胶料配方

序号	原料	质量/g
1	20 号天然生胶	90.0
2	丁苯橡胶 SBR 1502	10.0
3	硬脂酸	2.0
4	防老剂 BLE	2.0
5	氧化锌（含锌量≥99.7%）	4.0
6	硫化促进剂 MBTS（DM）	1.2
7	硫化促进剂 TMTD	3.0
8	松焦油	3.0
9	N660 炭黑	35.0
10	黏合剂 A	0.8
11	黏合剂 RS	1.0
12	硫黄	2.5
13	合计	154.5

硫化条件：硫化温度（150±2）℃，硫化时间 25 min，硫化压力 3 MPa。

浙江尤夫科技工业有限公司 EE 系列橡胶输送带用浸胶帆布规格与技术指标见表 1.2.3－61、表 1.2.3－62。

表 1.2.3－61　浙江尤夫科技工业有限公司 EE 系列标准型输送带用浸胶帆布规格与技术指标

项目＼规格	单位	EE80		EE100		EE125		EE150		EE200	
		经向	纬向	经向	纬向	经向	纬向	经向	纬向	经向	纬向
断裂强度（≥）	N/mm	105	40	130	50	160	55	200	70	240	80
10%定负荷伸长率（≤）	%	1.5		1.5		1.5		1.5		1.5	
断裂伸长率	%	≥14	≤45	≥14	≤45	≥14	≤45	≥14	≤45	≥14	≤45
干热收缩率（150℃×30 min）	%	≤4.0	≤0.5	≤4.0	≤0.5	≤4.0	≤0.5	≤4.0	≤0.5	≤4.0	≤0.5
卷曲度	%	3.0±1.0		3.5±1.0		3.5±1.0		4.0±1.0		4.0±1.0	
黏合强度（≥）	N/mm	8.0		8.0		8.0		8.0		8.0	
平方米干重	g/m²	320±20		360±20		425±20		520±20		630±30	
厚度	mm	0.47±0.05		0.50±0.05		0.58±0.05		0.72±0.05		0.85±0.10	
幅宽	cm	60～240									

项目＼规格	单位	EE250		EE300		EE350		EE400		EE500	
		经向	纬向	经向	纬向	经向	纬向	经向	纬向	经向	纬向
断裂强度（≥）	N/mm	300	85	340	85	390	90	450	90	560	100
10%定负荷伸长率（≤）	%	1.5		1.5		2.0		2.0		2.5	
断裂伸长率	%	≥14	≤45	≥14	≤45	≥14	≤45	≥14	≤45	≥14	≤45
干热收缩率（150℃×30 min）	%	≤4.0	≤0.5	≤4.0	≤0.5	≤4.0	≤0.5	≤4.0	≤0.5	≤4.0	≤0.5
卷曲度	%	4.0±1.0		4.0±1.0		4.0±1.0		4.0±1.0		5.0±1.0	
黏合强度（≥）	N/mm	8.0		8.0		8.0		8.0		8.0	
平方米干重	g/m²	790±30		870±30		1 000±50		1 200±50		1 500±50	
厚度	mm	1.05±0.10		1.10±0.10		1.25±0.15		1.50±0.15		1.95±0.10	
幅宽	cm	60～240									

表 1.2.3－62　浙江尤夫科技工业有限公司 EE 系列耐热型输送带用浸胶帆布规格与技术指标

项目＼规格	单位	EE100H		EE125H		EE150H		EE200H		EE250H		EE300H	
		经向	纬向	经向	纬向	经向	纬向	经向	纬向	经向	纬向	经向	纬向
断裂强度（≥）	N/mm	130	50	150	55	190	65	230	75	290	80	340	80
10%定负荷伸长率（≤）	%	2.0		2.0		2.0		2.0		2.5		2.5	
断裂伸长率	%	≥14	≤45	≥14	≤45	≥14	≤45	≥14	≤45	≥14	≤45	≥14	≤45
干热收缩率（150℃×30 min）	%	≤2.0	≤0.5	≤2.0	≤0.5	≤2.0	≤0.5	≤2.0	≤0.5	≤2.0	≤0.5	≤2.0	≤0.5
卷曲度	%	3.5±1.0		3.5±1.0		3.5±1.0		4.0±1.0		4.0±1.0		4.0±1.0	
黏合强度（≥）	N/mm	8.0		8.0		8.0		8.0		8.0		8.0	
平方米干重	g/m²	370±20		430±20		540±20		670±20		860±20		940±20	
厚度	mm	0.53±0.05		0.60±0.05		0.75±0.05		0.88±0.10		1.05±0.10		1.15±0.10	
幅宽	cm	60～240											

芜湖华烨工业用布有限公司耐热 EE 帆布规格与技术指标见表 1.2.3－63。

表 1.2.3－63　芜湖华烨工业用布有限公司耐热 EE 帆布规格与技术指标

项目＼规格	单位	HTREE 100		HTREE 125		HTREE 150		HTREE 200		HTREE 250		HTREE 300	
		经向	纬向	经向	纬向	经向	纬向	经向	纬向	经向	纬向	经向	纬向
断裂强度（≥）	N/mm	130	50	150	55	190	65	230	75	290	80	340	80
断裂伸长率	%	≥14	≤45	≥14	≤45	≥14	≤45	≥14	≤45	≥14	≤45	≥14	≤45

续表

项目＼规格	单位	HTREE 100		HTREE 125		HTREE 150		HTREE 200		HTREE 250		HTREE 300	
		经向	纬向	经向	纬向	经向	纬向	经向	纬向	经向	纬向	经向	纬向
干热收缩率（150℃×30 min）	%	≤2.0	≤0.5	≤2.0	≤0.5	≤2.0	≤0.5	≤2.0	≤0.5	≤2.0	≤0.5	≤2.0	≤0.5
黏合强度（≥）	N/mm	8.0		8.0		8.0		8.0		8.0		8.0	
平方米干重	g/m²	370±20		430±20		540±20		670±30		860±30		940±30	
厚度	mm	0.50±0.05		0.60±0.05		0.75±0.05		0.88±0.10		1.05±0.10		1.12±0.12	
幅宽	cm	50～190											

（八）PP 浸胶帆布

PP 浸胶帆布典型技术指标见表 1.2.3－64。

表 1.2.3－64　PP 浸胶帆布典型技术指标

项目		PP80		PP100		PP125		PP150		PP200		PP300	
		经向	纬向	经向	纬向	经向	纬向	经向	纬向	经向	纬向	经向	纬向
结构/(dtex)		1 100×1	1 100×1	1 100×1	1 100×1	1 670×1	1 670×1	1 100×2	1 100×2	1 670×2	1 100×2	1 100×4	1 100×3
密度/(根·10 cm⁻¹)		155±2	68±2	194±2	70±2	170±2	66±2	166±2	54±2	126±2	56±2	137±2	40±2
断裂强度/(N·mm⁻¹)	平均值	105	45	132	50	160	65	200	68	240	75	340	85
	最低值	90	35	110	45	140	55	170	60	215	70	310	80
10%定负荷伸长率/%		1.5	—	1.5	—	1.5	—	1.5	—	1.5	—	1.5	—
断裂伸长率/%		≥12	≤65	≥12	≤45	≥12	≤45	≥12	≤45	≥12	≤45	≥14	≤45
干热收缩率/%(150℃×30 min)		≤5	≤0.5	≤5	≤0.5	≤5	≤0.5	≤5	≤0.5	≤5	≤0.5	≤5	≤0.5
黏合强度/(N·mm⁻¹)		≥7.8											
平方米干量/(g·m⁻²)		310±10		370±15		470±20		540±20		630±20		880±30	
厚度/mm		0.45±0.05		0.55±0.05		0.60±0.05		0.65±0.05		0.75±0.09		1.10±0.10	
幅宽/cm		6 000－20～14 000－20											
长度/(m·卷⁻¹)		800－100						400－100					

（九）直经直纬结构合成纤维帆布

直经直纬结构织物经线由主经（粗经、直经）和细经（编织经）两个系统组成，同时纬线采用较粗的结构设计，从而实现直经直纬的织物效果。该织物具有强度高、变形小的优点，主要应用于耐高温、阻燃、耐腐蚀等特殊规格输送带。

1. 浸胶芳纶直经直纬帆布

目前国内外对浸胶芳纶直经直纬帆布没有统一的名称，杜邦 Kevlar 一般称为 KPP，帝人 Twaron 一般称为 DPP，国内大部分厂家均称为 APP，A 代表 Aramid（芳纶）的简称，P 代表 Polyamide（锦纶）的简称。

浸胶芳纶直经直纬帆布根据其经线断裂强度分为 APP500、APP 800、APP1000、APP1250、APP 1400、APP 1600、APP 1800、APP 2000、APP 2500、APP 3000、APP 3200 等规格。浸胶芳纶直经直纬帆布的物理性能技术条件评价项目、评价指标见表 1.2.3－65。

表 1.2.3－65　浸胶芳纶直经直纬帆布的物理性能技术条件

项目	APP500		APP800		APP1000		APP1250		APP1400		APP1600	
	经向	纬向	经向	纬向	经向	纬向	经向	纬向	经向	纬向	经向	纬向
断裂强度(≥)/(N·mm⁻¹)	600	150	960	150	1 200	150	1 500	190	1 680	190	1 980	190
断裂伸长率(≤)/%	5.0	45	5.0	45	5.0	45	5.0	45	5.0	45	5.0	45
10%定负荷伸长率（≤）/%	1.0	—	1.0	—	1.0	—	1.0	—	1.0	—	1.0	—

续表

项目	APP500		APP800		APP1000		APP1250		APP1400		APP1600	
	经向	纬向	经向	纬向	经向	纬向	经向	纬向	经向	纬向	经向	纬向
干热收缩率(≤)/%	1.0	1.0	1.0	1.0	1.0	1.0	1.0	1.0	1.0	1.0	1.0	1.0
黏合强度(≥)/(N·mm^{-1})	7.8		7.8		7.8		7.8		7.8		7.8	
平方米干重(≤)/(g·m^{-2})	1 140		1 320		1 485		1 650		1 780		2 060	
厚度/mm	1.9±0.20		2.0±0.20		2.3±0.20		2.4±0.20		2.5±0.20		2.8±0.20	
幅宽公差/mm	−0/+20		−0/+20		−0/+20		−0/+20		−0/+20		−0/+20	

项目	APP1800		APP2000		APP2500		APP3000		APP3200	
	经向	纬向	经向	纬向	经向	纬向	经向	纬向	经向	纬向
断裂强度(≥)/(N·mm^{-1})	2 160	190	2 400	190	3 000	190	3 600	270	3 800	270
断裂伸长率(≤)/%	5.0	45	5.0	45	5.0	45	5.0	45	5.0	45
10%定负荷伸长率（≤）/%	1.0	—	1.0	—	1.0	—	1.0	—	1.0	—
干热收缩率(≤)/%	1.0	1.0	1.0	1.0	1.0	1.0	1.0	1.0	1.0	1.0
黏合强度(≥)/(N·mm^{-1})	7.8		7.8		7.8		7.8		7.8	
平方米干重(≤)/(g·m^{-2})	2 260		2 720		3 160		3 760		4 070	
厚度/mm	3.1±0.20		4.1±0.20		4.5±0.20		4.8±0.20		5.8±0.20	
幅宽公差/mm	−0/+20		−0/+20		−0/+20		−0/+20		−0/+20	

注：非标准规格产品技术条件指标可根据客户要求协商。

浸胶芳纶直经直纬帆布的外观质量技术条件评价项目、评价指标见表 1.2.3-66。

表 1.2.3-66　浸胶芳纶直经直纬帆布的外观质量技术条件

项目	单位	技术条件指标	评价方法
断经		不允许	6.4
油污疵点		不允许	6.4
色泽不均匀		不允许	6.4
经线接头		不允许	6.4
浆斑（4～10cm^2）	个/200 m	≤5	6.4

黏合强度的试验胶料配方表 1.2.3-67。

表 1.2.3-67　黏合强度的试验胶料配方

序号	原料	质量/g
1	1 号天然生胶	90.0
2	丁苯橡胶 SBR 1500	10.0
3	硬脂酸	2.0
4	氧化锌（含锌量≥99.7%）	8.0
5	硫化促进剂 MBTS（DM）	1.2

续表

序号	原料	质量/g
6	硫化促进剂 TMTD	0.03
7	N330 炭黑	35.0
8	黏合剂 A	0.8
9	黏合剂 RS	0.96
10	硫黄	2.5
合计		150.49

硫化条件：硫化温度（150±2)℃，硫化时间 25 min，硫化压力 3 MPa。

山东海龙博莱特化纤有限公司生产的直经直纬浸胶帆布，以芳纶为直经，以锦纶为纬线和细经，可以代替钢丝做输送带、油田采油机上代替钢丝绳做传动带。其典型技术指标见表 1.2.3 - 68。

表 1.2.3 - 68　直经直纬浸胶帆布典型技术指标

项目	DEP - 1000		DEP - 1250		DEP - 1600		DEP - 2000		DEP - 2500	
	经向	纬向	经向	纬向	经向	纬向	经向	纬向	经向	纬向
断裂强度平均值（≥)/(N · mm^{-1})	1 100	135	1 350	165	1 700	205	2 150	245	2 700	285
定负荷伸长率（≤)/%	1.6	—	1.6	—	1.6	—	1.6	—	1.6	—
断裂伸长率（≤)/%	5	40	5	40	5	40	5	40	5	40
干热收缩率（≤)/%	1.5	0.5	1.5	0.5	1.5	0.5	1.5	0.5	1.5	0.5
平方米干重/(g · m^{-2})	1 370×(1.00±0.03)		1 920×(1.00±0.03)		2 340×(1.00±0.03)		2 900×(1.00±0.03)		3 650×(1.00±0.03)	
厚度/mm	2.00±0.15		2.40±0.15		2.60±0.15		2.90±0.15		3.20±0.15	
黏着强度（≥)/(N · mm^{-1})	7.8									

浙江尤夫科技工业有限公司 DPP 系列重型输送带用浸胶帆布（芳纶帆布）规格与技术指标见表 1.2.3 - 69。

表 1.2.3 - 69　浙江尤夫科技工业有限公司 DPP 系列重型输送带用浸胶帆布规格与技术指标

项目＼规格	单位	DPP500		DPP1000		DPP1250		DPP1400		DPP1600	
		经向	纬向	经向	纬向	经向	纬向	经向	纬向	经向	纬向
断裂强度（≥）	N/mm	630	150	1 200	150	1 350	150	1 600	150	1 900	150
10%定负荷伸长率（≤）	%	1.0	—	1.0	—	1.0	—	1.0	—	1.0	—
干热收缩率（150℃×30 min）	%	≤1.0	≤0.5	≤1.0	≤0.5	≤1.0	≤0.5	≤1.0	≤0.5	≤1.0	≤0.5
黏合强度（≥）	N/mm	7.8		7.8		7.8		7.8		7.8	
平方米干重	g/m^2	1 050±100		1 350±100		1 580±100		1 850±100		2 200±100	
厚度	mm	1.60±0.20		1.90±0.20		2.10±0.20		2.40±0.20		3.00±0.20	
项目＼规格	单位	DPP1800		DPP2000		DPP2250		DPP2500		DPP3150	
		经向	纬向	经向	纬向	经向	纬向	经向	纬向	经向	纬向
断裂强度（≥）	N/mm	2 200	180	2 400	180	2 700	180	2 800	180	3 700	180
10%定负荷伸长率（≤）	%	1.0	—	1.0	—	1.0	—	1.0	—	1.0	—
干热收缩率（150℃×30 min）	%	≤1.0	≤0.5	≤1.0	≤0.5	≤1.0	≤0.5	≤1.0	≤0.5	≤1.0	≤0.5
黏合强度（≥）	N/mm	7.8		7.8		7.8		7.8		7.8	
平方米干重	g/m^2	2 410±100		2 760±100		2 950±100		3 050±100		3 850±100	
厚度	mm	3.35±0.20		3.40±0.20		3.45±0.20		3.60±0.20		4.40±0.20	

2. E（P）P

E（P）P 的直经为涤纶、纬线和细经为锦纶。其典型技术指标见表 1.2.3 - 70。

表 1.2.3-70　E（P）P典型技术指标

型号	平方米重量/（g·m^{-2}）	OLBO型号	断裂强度/（N·mm^{-1}）		断裂伸长率/%	厚度/mm
			经向	纬向		
E（P）P200	500	EPP053.22A	220	45	19	1.45
E（P）P250	800	EPP090.14A	300	45	19	1.60
E（P）P315	1 060	EPP098.22A	375	45	19	1.80
E（P）P400	1 340	EPP124.08A	500	70	19	2.00
E（P）P600	1 600	EPP139.07A	600	70	19	2.30
E（P）P630	1750	EPP154.06A	700	66	21	2.80
E（P）P800	2 100	EPP199.02A	820	145	21	2.95
E（P）P1000	2760	EPP250.02A	1 055	105	21	3.70
E（P）P1200	3 200	EPP300.11A	1320	200	21	4.10
E（P）P1400	3 400	EPP301.02A	1 480	100	21	4.15
E（P）P1600	4 400	EPP372.01A	1 630	100	21	5.40
E（P）P1800	4 400	EPP380.04A	1 800	140	21	5.40

浙江尤夫科技工业有限公司SW系列（EPP）标准型重型输送带用浸胶帆布规格与技术指标见表1.2.3-71。

表 1.2.3-71　浙江尤夫科技工业有限公司SW系列（EPP）标准型重型输送带用浸胶帆布规格与技术指标

项目＼规格	单位	SW315		SW400		SW500		SW630	
		经向	纬向	经向	纬向	经向	纬向	经向	纬向
断裂强度（≥）	N/mm	400	100	450	100	500	100	650	150
10%定负荷伸长率（≤）	%	3.0		3.0		3.0		3.0	
断裂伸长率	%	≥14	≤45	≥14	≤45	≥14	≤45	≥14	≤45
干热收缩率（150℃×30 min）	%	≤3.0	≤1.0	≤3.0	≤1.0	≤3.0	≤1.0	≤3.0	≤1.0
黏合强度（≥）	N/mm	8.0		8.0		8.0		8.0	
平方米干重	g/m^2	1 150±100		1 350±100		1 470±100		2 100±100	
厚度	mm	1.50±0.15		1.90±0.15		2.53±0.15		2.70±0.15	
幅宽	cm	80～220							
项目＼规格	单位	SW800		SW1000		SW1250		SW1500	
		经向	纬向	经向	纬向	经向	纬向	经向	纬向
断裂强度（≥）	N/mm	880	180	1 000	200	1 250	200	1 500	200
10%定负荷伸长率（≤）	%	3.0		3.0		3.0		3.0	
断裂伸长率	%	≥14	≤45	≥14	≤45	≥14	≤45	≥14	≤45
干热收缩率（150℃×30 min）	%	≤3.0	≤1.0	≤3.0	≤1.0	≤3.0	≤1.0	≤3.0	≤1.0
黏合强度（≥）	N/mm	8.0		8.0		8.0		8.0	
平方米干重	g/m^2	2 500±100		2 750±100		2 900±100		3 300±100	
厚度	mm	3.20±0.15		3.35±0.20		3.50±0.20		3.85±0.20	
幅宽	cm	80～220							

（十）PVC轻型输送带用单丝帆布

PVC轻型输送带用单丝帆布典型物理性能指标见表1.2.3-72。

表 1.2.3-72 PVC 轻型输送带用单丝帆布典型物理性能指标

项目	EE-70/MO		EE-80/MO	
	经向	纬向	经向	纬向
纤维类型	涤纶纤维	涤纶单丝	涤纶纤维	涤纶单丝
规格/dtex	1 100/1	直径 0.25 mm	1 100/1	直径 0.28/0.30 mm
组织结构	平纹	平纹	平纹	平纹
密度/(根 · 10 cm^{-1})	138±2	120±2	172±2	128±2
断裂强度（>）/(daN · 5 cm^{-1})	425	125	460	180
断裂伸长率/%	30±3	42±4	33±4	40±4
干重/(g · m^{-2})	265±10		340±15	
厚度/mm	0.45±0.05		0.50±0.05	

PVC 轻型输送带用单丝帆布一般不进行单独预浸，而是在涂覆过程中一起进行。如果采用压延工艺生产，有时进行预浸。

（十一）输送带用浸胶涤棉帆布

《输送带用浸胶涤棉帆布》（HG/T 4235—2011）适用于输送带用普通浸胶涤棉帆布、耐热浸胶涤棉帆布，其他橡胶制品用浸胶涤棉帆布也可参照使用。

输送带用普通浸胶涤棉帆布、耐热浸胶涤棉帆布的物理性能指标见表 1.2.3-73。

表 1.2.3-73 输送带用普通浸胶涤棉帆布、耐热浸胶涤棉帆布的物理性能指标

项目	普通浸胶涤棉帆布		耐热浸胶涤棉帆布	
	经向	纬向	经向	纬向
断裂强度平均值（≥）/(N · 5 cm^{-1})	3 500	1 600	3 500	1 600
断裂伸长率（≥）/%	15	15	15	15
10%定负荷伸长率（≤）/%	2.0	—	2.0	—
干热收缩率（150℃×30 min）（≤）/%	2.5	0.5	2.5	0.5
黏合强度（≥）/N · mm^{-1}	4.5		5.0	
平方米干重/(g · m^{-2})	630±50		670±50	
含水率（≤）/%	2.0		2.0	
厚度/mm	1.30±0.10		1.30±0.10	
幅宽/mm	(800～1 600)±10		(800～1 600)±10	

剥离力测定贴胶配方：20 号标准胶 20.0、丁苯 1502 80.0、氧化锌（含锌量≥99.97%）5.0、硬脂酸 2.0、促进剂 MBTS（DM）1.5、促进剂 TT 0.2、防老剂 BLE 2.0、松焦油 6.0、通用炭黑 30.0、半补强炭黑 15.0、树脂（古马隆）8.0、硫黄 2.3，合计 172.5。硫化条件：150℃×25 min。测试剥离力时等速拉伸速度为（100±10）mm/min。

（十二）输送带用锦纶和涤锦浸胶帆布

输送带用浸胶帆布按其纤维种类可分为锦纶浸胶帆布、涤锦浸胶帆布、涤锦耐高温浸胶帆布。拟定中的行业标准《输送带用锦纶和涤锦浸胶帆布》（HG/T 2820—2017）提出的输送带用锦纶和涤锦浸胶帆布的命名方法为：

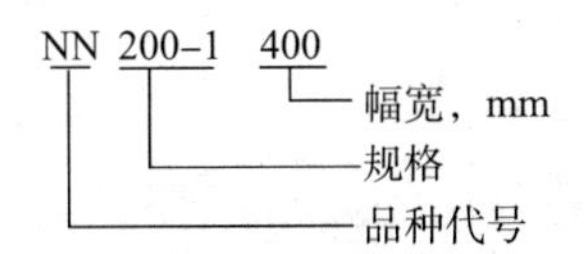

《输送带用锦纶和涤锦浸胶帆布》（HG/T 2820—2017）对锦纶浸胶帆布的物理性能要求见表 1.2.3-74。

表 1.2.3-74 锦纶浸胶帆布的物理性能要求

项目	NN80		NN100		NN125		NN150		NN200		NN250	
	经向	纬向	经向	纬向	经向	纬向	经向	纬向	经向	纬向	经向	纬向
断裂强度平均值（≥）/(N · mm^{-1})	105	45	125	50	150	55	175	65	230	75	280	75
断裂强度最低值（≥）/(N · mm^{-1})	95	40	110	40	130	45	155	55	210	65	255	65

续表

项目	NN80		NN100		NN125		NN150		NN200		NN250	
	经向	纬向	经向	纬向	经向	纬向	经向	纬向	经向	纬向	经向	纬向
10%定负荷伸长率（≤）/%	2.5	—	2.5	—	2.5	—	2.5	—	2.5	—	2.5	—
断裂伸长率（≤）/%	20	55	20	55	20	55	20	50	25	40	25	40
干热收缩率（≤）/%	5.5	0.5	5.5	0.5	5.5	0.5	5.5	0.5	5.5	0.5	5.5	0.5
黏合强度（≥）/(N·mm^{-1})	7.8		7.8		7.8		7.8		7.8		7.8	
平方米干重（≤）/(g·m^{-2})	270		300		340		410		510		590	
厚度公差/mm	±0.05		±0.05		±0.05		±0.05		±0.05		±0.10	
幅宽公差/mm	±10		±10		±10		±10		±10		±10	
项目	NN300		NN350		NN400		NN450		NN500		NN630	
	经向	纬向	经向	纬向	经向	纬向	经向	纬向	经向	纬向	经向	纬向
断裂强度平均值（≥）/(N·mm^{-1})	345	80	390	80	445	85	490	90	555	100	730	100
断裂强度最低值（≥）/(N·mm^{-1})	320	75	370	75	410	75	450	80	505	85	660	90
10%定负荷伸长率（≤）/%	2.5	—	2.5	—	3.0	—	3.0	—	3.0	—	3.0	—
断裂伸长率（≤）/%	25	40	25	40	25	40	25	40	25	40	25	50
干热收缩率（≤）/%	5.5	0.5	5.5	0.5	6.0	0.5	6.0	0.5	6.0	0.5	6.0	0.5
黏合强度（≥）/(N·mm^{-1})	7.8		7.8		7.8		7.8		7.8		7.8	
平方米干重（≤）/(g·m^{-2})	710		790		860		1 100		1 250		1 500	
厚度公差/mm	±0.10		±0.10		±0.12		±0.12		±0.12		±0.14	
幅宽公差/mm	±10		±10		±10		±10		±10		±10	

注：非标准产品可根据客户的要求协商制定。

《输送带用锦纶和涤锦浸胶帆布》（HG/T 2820—2017）对涤锦浸胶帆布的物理性能指标见表 1.2.3-75。

表 1.2.3-75 涤锦浸胶帆布的物理性能指标

项目	EP80		EP100		EP125		EP150		EP160		EP200		EP250	
	经向	纬向	经向	纬向	经向	纬向	经向	纬向	经向	纬向	经向	纬向	经向	纬向
断裂强度平均值(≥)/(N·mm^{-1})	105	45	135	50	160	65	200	70	210	70	240	80	310	80
断裂强度最低值(≥)/(N·mm^{-1})	90	35	110	40	130	55	170	60	180	60	215	70	265	70
10%定负荷伸长率(≤)/%	1.5		1.5		1.5		1.5		1.5		1.5		1.5	
断裂伸长率/%	≥14	≤45	≥14	≤45	≥14	≤45	≥14	≤45	≥14	≤45	≥14	≤45	≥14	≤45
干热收缩率（≤）/%	5.0	0.5	5.0	0.5	5.0	0.5	5.0	0.5	5.0	0.5	5.0	0.5	5.0	0.5
黏合强度（≥）/(N·mm^{-1})	7.8		7.8		7.8		7.8		7.8		7.8		7.8	
平方米干重（≤）/(g·m^{-2})	310		370		440		540		560		630		800	
厚度公差/mm	±0.05		±0.05		±0.05		±0.05		±0.05		±0.05		±0.10	
幅宽公差/mm	±10		±10		±10		±10		±10		±10		±10	

项目	EP300		EP350		EP400		EP450		EP500		EP600	
	经向	纬向	经向	纬向	经向	纬向	经向	纬向	经向	纬向	经向	纬向
断裂强度平均值(≥)/(N·mm^{-1})	340	90	390	90	455	95	500	95	560	125	670	125
断裂强度最低值(≥)/(N·mm^{-1})	310	80	365	80	420	85	470	85	515	110	630	110
10%定负荷伸长率(≤)/%	1.5	—	1.5	—	2.0	—	2.0	—	2.5	—	2.5	—

续表

项目	EP300		EP350		EP400		EP450		EP500		EP600	
	经向	纬向	经向	纬向	经向	纬向	经向	纬向	经向	纬向	经向	纬向
断裂伸长率/%	≥14	≤45	≥14	≤45	≥14	≤45	≥14	≤45	≥14	≤45	≥14	≤45
干热收缩率（≤）/%	5.0	0.5	5.0	0.5	6.0	0.5	6.0	0.5	6.0	0.5	6.0	0.5
黏合强度（≥）/（N·mm^{-1}）	7.8		7.8		7.8		7.8		7.8		7.8	
平方米干重（≤）/（g·m^{-2}）	870		1 050		1 200		1 250		1 350		1 950	
厚度公差/mm	±0.10		±0.12		±0.12		±0.12		±0.14		±0.16	
幅宽公差/mm	±10		±10		±10		±10		±10		±10	

注：非标准产品可根据客户的要求协商制定。

《输送带用锦纶和涤锦浸胶帆布》（HG/T 2820—2017）对涤锦耐高温浸胶帆布的物理性能指标见表 1.2.3-76。

表 1.2.3-76　涤锦耐高温浸胶帆布的物理性能指标

项目	HTREP100		HTREP125		HTREP150		HTREP200		HTREP250		HTREP300		HTREP350		HTREP400	
	经向	纬向	经向	纬向	经向	纬向	经向	纬向	经向	纬向	经向	纬向	经向	纬向	经向	纬向
断裂强度平均值（≥）/（N·mm^{-1}）	120	70	160	70	185	75	230	80	290	85	325	85	390	85	430	90
断裂强度最低值（≥）/（N·mm^{-1}）	110	65	150	65	175	70	220	75	280	80	315	80	370	80	410	85
10%定负荷伸长率（≤）/%	1.5	—	1.5	—	1.5	—	1.5	—	1.5	—	1.5	—	1.5	—	2.0	—
断裂伸长率/%	≥14	≤45	≥14	≤45	≥14	≤45	≥14	≤45	≥14	≤45	≥14	≤45	≥14	≤45	≥14	≤45
干热收缩率（≤）/%	2.0	0.5	2.0	0.5	2.0	0.5	2.0	0.5	2.0	0.5	2.0	0.5	2.0	0.5	2.0	0.5
黏合强度（≥）/（N·mm^{-1}）	7.8		7.8		7.8		7.8		7.8		7.8		7.8		7.8	
平方米干重（≤）/（g·m^{-2}）	370		440		530		630		790		870		1 050		1 200	
厚度公差/mm	±0.05		±0.05		±0.05		±0.05		±0.10		±0.10		±0.12		±0.12	
幅宽公差/mm	±10		±10		±10		±10		±10		±10		±10		±10	

注：非标准产品可根据客户的要求协商制定。

《输送带用锦纶和涤锦浸胶帆布》（HG/T 2820—2017）对输送带用锦纶浸胶帆布、涤锦浸胶帆布、涤锦耐高温浸胶帆布的外观质量要求见表 1.2.3-77。

表 1.2.3-77　外观质量要求

外观项目		单位	指标
破洞、撕裂		—	不允许
磨损（1～4 cm^2）		点/200 m	≤3
打裥		m/200 m	≤2
缺纬（缺 1 根线，大于 1/2 幅宽）		次/200 m	≤2
毛边长度		mm	≤4
布面平整度		—	布面应平整，不得出现两边紧中间松或一边紧的现象；经、纬线应保持垂直成（90±3）°角
纬斜		%	±3
弓纬		%	±3
浆斑疵点	≤1 cm^2	个/200 m	≤22

续表

外观项目		单位	指标
油渍	5 cm 及以下可擦除的油经	m/200 m	≤1
	油污面积<1 cm²	个/200 m	≤10
	油污面积≥1 cm²	个/200 m	不允许
成型不良	布卷单侧凹凸	mm	≤25
	布卷双侧凹凸	mm	≤15

《输送带用锦纶和涤锦浸胶帆布》(HG/T 2820—2017)中提出，黏合强度按《浸胶帆布试验方法　第1部分：粘合强度》(GB/T 31334.1)给出的规则执行，试验条件及要求如下：硫化条件为硫化温度(150±2)℃，硫化时间25 min，硫化压力3 MPa；试验用胶料配方见表1.2.3-78。

表 1.2.3-78　试验用胶料配方

锦纶浸胶帆布用胶料配方		涤锦浸胶帆布用胶料配方	
原料	用量/份	原料	用量/份
20号天然生胶	100.0	20号天然生胶	90.0
硬脂酸	2.0	丁苯橡胶 SBR 1502	10.0
氧化锌(含量≥99.97%)	4.0	硬脂酸	2.0
防老剂 BLE	0.8	防老剂 BLE	2.0
松焦油	3.0	氧化锌(含量≥99.97%)	4.0
N660 炭黑	35.0	硫化促进剂 DM	1.2
硫黄	2.5	硫化促进剂 TMTD	3.0
硫化促进剂 M	0.8	松焦油	3.0
合　计	148.1	N660 炭黑	35.0
		黏合剂 A	0.8
		黏合剂 RS	1
		硫黄	2.5
		合　计	154.5

(十三)输送带整体织物带芯

带芯是输送带重要的骨架材料，它所用的原料和结构直接影响输送带的性能，如承载能力、强力、伸长等。由于普通输送带用的整体织物带芯采用的原料类型较多，如锦纶6、锦纶66、涤纶和芳纶等；在我国织物带芯所用的纤维材料一般为涤纶、锦纶和棉纤维，其他高性能纤维材料在我国的骨架材料中几乎没有商业应用，行业内一般参考《煤矿用输送带整体带芯》(MT317—2002)标准。

锦纶的耐疲劳性能好、耐磨性好、强度高、寿命长，用锦纶制成的输送带带体薄、强力高、抗冲击性能好，但是由于其模量小，纵向定负荷伸长率大，导致了输送带的“跑长”，因此锦纶织物芯只适用于短距离的输送带。在输送带中应用的主要是锦纶6和锦纶66，锦纶66的耐热性能好，可以用于高性能和高品质的输送带中。

涤纶制成的输送带带体模量高、伸长率小、抗冲击性能好，主要用于输送距离大、要求尺寸稳定性好的输送带，但是涤纶带芯的软化点为238℃～240℃，只能用于输送200℃以下的物料。

玻璃纤维带芯耐热性能好、尺寸稳定性好、强力高、耐高温，在300℃高温中应用短时间内不受影响，经24 h后强度下降20%，在480℃时强度仅下降30%，846℃熔融，能输送200℃～800℃的高温物料。但是玻璃纤维的刚性大，在织造时有一定难度，所以应用还很少。

芳纶具有许多优异的力学性能与热学稳定性，它的强度是同等尺寸钢丝的5倍，模量是钢丝与玻璃纤维的2～3倍，而重量却只有钢丝的$\frac{1}{5}$～$\frac{1}{6}$，伸长比锦纶和涤纶都小，分解温度在500℃以上，耐热、难燃，收缩率与蠕变率近似于无机纤维，抗腐蚀性好，尺寸稳定性好，芳纶输送带在保持不低于普通纤维输送带带体强度的情况下质量可减少30%～600%，是输送带的新型理想骨架材料，但是芳纶的刚性大，在受到反复的拉伸压缩后纤维易断裂，大大缩短了其使用寿命。

1. 普通输送带用整体织物带芯

整体带芯是输送带专用的骨架材料，又称为紧密结构织物，是由经纱和纬纱多层斜行交织而成的结构复杂的织物。整体带芯是不分层的结构，综合性能优于多层带芯。整体带芯的抗层间剪切的能力强，有承受瞬间巨大冲击的能力，机械接头的强度高。

为了提高整体带芯性能，通过改性手段改变锦纶和涤纶分子链的结构来提高强力、改善尺寸稳定性。鼓励实用新型材料如碳纤维、玻璃纤维、芳纶纤维，以获得性能优越、轻质的产品。

一条长 200 m、宽 1 050 mm、带芯受力线为 3 层的带芯，由其经线材质为聚酯纤维、纬线材质为聚酰胺纤维的受力线构成，经向全厚度拉伸强度为 800 N/mm，具体见标记示例：

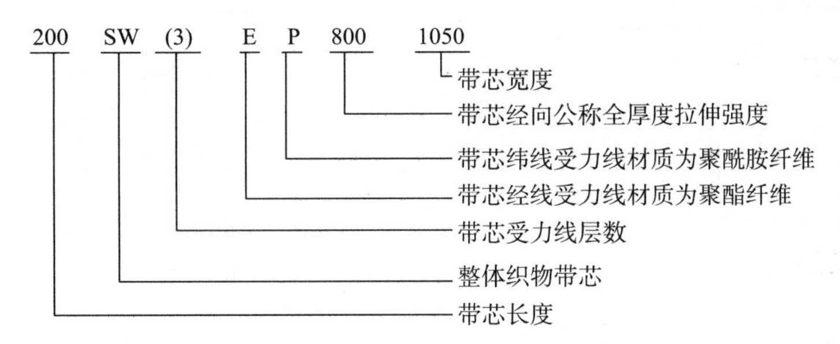

带芯经向受力线可按强力级别要求选用聚酰胺或聚酯等纤维，带芯纬向受力线应采用聚酰胺纤维或具有比聚酰胺纤维更高强度且更大拉伸变形性能的纤维。带芯材质的字母代号为：B——棉纤维；P——聚酰胺纤维；E——聚酯纤维；D——芳香族聚酰胺纤维。

带芯由一层或多层整体织物带芯构成。带芯的层数应符合表 1.2.3－79 的规定。

表 1.2.3－79　不同带芯型号对应层数

项目	规格型号									
	400	500	630	800	1 000	1 250	1 400	1 600	1 800	2 000
层数（≤）/层	3				4					

带芯的棉纤维含量应符合表 1.2.3－80 的规定。

表 1.2.3－80　带芯的棉纤维含量

项目	规格型号									
	400	500	630	800	1 000	1 250	1 400	1 600	1 800	2 000
经向（≥）	20%				15%	10%				
纬向（≥）	45%							35%		25%

带芯的宽度可由供、需双方协商确定，带芯宽度极限偏差指标应符合表 1.2.3－81 的规定。

表 1.2.3－81　带芯宽度极限偏差指标

项目	带芯宽度	
	≤1 000 mm	>1 000 mm
极限偏差	±10 mm	±1%

带芯的单卷长度由供需双方商定，每卷带芯长度的极限偏差为总长度的±0.5%，中间不应拼接。

带芯经、纬向全厚度拉伸强度和受力线断裂伸长率应符合表 1.2.3－82 的规定。

表 1.2.3－82　带芯经、纬向全厚度拉伸强度和受力线断裂伸长率

项目	单位	规格型号									
		400	500	630	800	1 000	1 250	1 400	1 600	1 800	2 000
经向全厚度拉伸强度（≥）	N/mm	500	600	800	960	1 380	1 776	1 954	2 398	2 640	3 000
经向受力线断裂伸长率（≥）	%	10									
纬向全厚度拉伸强度（≥）	N/mm	360			480	530	560			670	
纬向受力线断裂伸长率（≥）	%	18									

2. PVC 输送带整体带芯

PVC 输送带整体带芯典型物理性能指标见表 1.2.3－83。

表 1.2.3-83　PVC 输送带整体带芯典型物理性能指标

型号	规格	干重/(g · m^{-2})	断裂强度/(N · mm^{-1})		厚度/mm	层数/层
			经向	纬向		
500	PBPb、EBPb	1 860～2 400	560～600	150～180	6～7	3
630	EBPb、EpBPb	2 560～3 200	720～800	280～450	7～8	3
800	PBPb	3 300～3 900	840～1 060	430～560	8～9	3
	EBPb					3
	EpBPb					3
1 000	PBPb	3 600～4 200	1 050～1 300	430～550	9～10	3
	EBPb					3
	EpBPb					4
	EPBPb					4
1 250	EBPb	4 800～5 600	1 400～1 600	500～600	10～11	4
	EpBpb					4
	EPBPb					4
1600	EBPb	6 000～7 300	1 900～2 100	600～800	12～13	4
	EpBPb					5
2 000	EBPb	7 500～8 300	2 300～2 500	590～740	14～16	4
	EpBPb					5

整体带芯采用专门的浸渍干燥装置，浸渍糊中含有黏合剂，为了浸透，要采用挤压辊或抽真空设备，可以使 PVC 糊压入或吸入织物中。

（十四）V 带用涤棉布

（略）

（十五）传动带用广角布

用于三角传动带的广角布能有效延长三角带的使用寿命，广角布属于平纹组织织物，其外观不同于普通帆布的两组纱线成 90°的垂直相交，而是两组纱线成 120°或 60°相交织，在 120°角的方向具有很大的延展性，而在 60°角方向具有很高的强度。用来做多楔带和农机带的外包层，使其 120°角的中线和传动带的长度方向一致包覆，制成的传动带柔软耐正反屈曲，其表现出卓越的耐反向屈挠疲劳及耐磨性，用广角涤棉帆布作外包的传动带，在寿命试验中其包布磨损寿命可以提高 120%以上，带体综合寿命也提高了一倍多。

传动带用广角布的典型技术指标见表 1.2.3-84。

表 1.2.3-84　传动带用广角布的典型技术指标

项目	指标
经密/(根 · dm^{-1})	130±2
纬密/(根 · dm^{-1})	132±2
断裂强度/N	
经向	≥1 200
纬向	≥1 200
断裂伸长率/%	
经向	15±5
纬向	25±5
经纬交叉角度/(°)	120±3
幅宽/cm	91±0.5
厚度/mm	0.50±0.05
单位面积质量/(g · m^{-2})	220±15

传动带用广角布的供应商有：浙江国力纺织有限公司等。

（十六）同步齿形带用弹力布

同步带骨架材料一般用玻璃纤维、芳纶等高模量材料，带齿表面一般采用锦纶 66 高弹力布擦氯丁胶做保护。

传动带用广角布的典型技术指标见表 1.2.3－85。

表 1.2.3－85 传动带用广角布的典型技术指标

项目	指标
断裂强度/N 经向	≥3 800
纬向	≥1 100
经向断裂伸长率/%	22±3
幅宽/cm	91±2
厚度/mm	0.65±0.05
单位面积质量/(g·m^{-2})	≥250

齿形带用弹力布的供应商有：浙江国力纺织有限公司等。

（十七）橡胶水坝用浸胶水坝布

（略）

（十八）阻燃帆布

输送带是煤矿井下输送煤炭的主要载具，但是普通的橡胶输送带是易燃物，不能满足井下阻燃的要求，织物整芯阻燃输送带（PVC、PVG）能够满足井下阻燃和抗静电要求，因而在各国煤矿井下得到普遍应用。为了更好地满足输送带在煤矿井下的应用，也有部分企业开发了煤矿井下输送带专用的阻燃帆布，采用特殊定制的工业长丝和帆布浸胶工艺制造。

芜湖华烨工业用布有限公司阻燃帆布规格与技术指标见表 1.2.3－86。

表 1.2.3－86 芜湖华烨工业用布有限公司阻燃帆布规格与技术指标

项目＼规格	单位	FR 200		FR 300		FR 350		FR 400		FR 500	
		经向	纬向	经向	纬向	经向	纬向	经向	纬向	经向	纬向
断裂强度（≥）	N/mm	240	80	350	85	410	90	500	95	580	100
断裂伸长率	%	≥14	≤45	≥14	≤45	≥14	≤45	≥14	≤45	≥14	≤45
干热收缩率（150℃×30 min）	%	≤5.0	≤0.5	≤5.0	≤0.5	≤5.0	≤0.5	≤5.0	≤0.5	≤5.0	≤0.5
黏合强度（≥）	N/mm	8.0		8.0		8.0		8.0		8.0	
平方米干重	g/m^2	620±20		900±30		1 030±40		1 450±50		1 890±50	
厚度	mm	0.85±0.10		1.20±0.12		1.30±0.12		1.80±0.15		2.25±0.15	
幅宽	cm	50～190									

3.4.4 帆布的供应商

橡胶用帆布的供应商还有：青州众成化纤制造有限公司、山东海龙博莱特化纤有限公司、无锡市太极实业股份有限公司、泰州市泰帆工业用布有限公司、亚东工业（苏州）有限公司、烟台泰和新材料股份有限公司等。

3.5 其他骨架增强材料

3.5.1 无纺织物

由于帆布编织时比较致密，贴胶、擦胶工艺时胶料渗入织物中比较困难，近代开发了与机织和针织不同的各种方法，目前使用的方法主要有四种，但概括地说这些产品都可归类为无纺织物，也称为无纺布。特别是近年来，无纺布的应用受到进一步重视，如用于轮胎子口包布等。

（一）熔融黏合织物

熔融黏合方法是利用不同纤维的不同熔点，将混合纤维无规铺放成网片。例如，将梳理机制成的纤维卷，喂经烘箱或加热辊的钳口，在一定温度下，使其中一种纤维熔化，这些熔融的纤维在全部接触点与另一类型的纤维相黏接，经冷却、固化后黏结成片，形成无纺织物。因为纤维可以任意铺放，所以这种织物在各个方向都具有近似相等的强度，同时也具有比较好的撕裂强度。

但是总的来说，熔融黏合工艺所得无纺织物的强度与重量，以及强度与体积特性，不如机织织物优越。

（二）化学黏合的无纺织物

这种织物由纤维网片或纤维层制得，通过将纤维浸渍以获得必要的黏性，浸渍用黏合剂通常以胶乳为主。可以用各种不同的方法进行浸渍，最简单的方法是在适宜组分和一定固含量的浸渍浴中直接浸渍，然后经过挤压、烘箱干燥，黏合剂固化后得到化学黏合的无纺织物。用这种方法比较容易控制黏合剂的附着量，通过挤压压缩了纤维层并降低了织物的弹性。

其他的浸渍方法，包括喷射黏合剂、使用泡沫胶乳等，然后真空吸取纤维层，都能较好地控制黏合剂的附着量，特别是后一种方法还可以控制黏合剂浸透的深度。

这种织物一般比熔融黏合织物更富有弹性，它的密度相当低，且更为膨松，一般来说强度也不高，多层黏合时受剥离力容易从织物层内部裂开。

化学黏合无纺织物主要用作绝缘材料、耐热材料、隔音和防振材料以及衬垫、室内装饰材料等。

（三）针刺织物

这种织物的黏结纯由物理方法取得。纤维层在一排装有许多倒钩的特殊的针下通过，当针强制穿过纤维层时，装有倒钩的针勾住一些纤维并将纤维推下穿过整过纤维层，从而获得与用纱线编织纤维层同样的效果。加工中控制针刺的频率（单位面积针刺次数），便可控制织物的密度、厚度和透气性。

针刺无纺织物主要用于过滤空气和其他气体。

（四）缝编织物

缝编织物是针织物的发展，在针织机衬附加纱的基础上进一步改进，纱片可以从横向、纵向或两个方向同时喂入到针织层，并缝编在一起形成互相结合的缝编织物。与衬垫针织相比，缝编织物的尺寸具有更大的适应性，且可在两个方向喂入大量的纱线，因此其结构变化范围更广。

缝编织物在改善撕裂强度方面具有一定的优越性，但缝编织物由于经向没有织缩，在使用中也会产生一些问题，如纵向硬挺并引起压缩隆起；在通过转动皮带轮周围的胶带发生弯曲时，织物的底层产生纵向弯曲及扭变。

缝编织物主要用于聚氯乙烯防水织物，大量用于车篷，在部分场合也可用于制造输送带。

除以上四种无纺织物外，还可改进纤维层的针织组织，使所得无纺织物具有比简单针刺织物更高的强力；或使用与普通纤维片相结合的纤维层，来增加针织物复合制品的松密度等。

3.5.2　鞋用网眼布

随着各行各业发展和消费观念的改变，各种新型材料越来越多地应用于制鞋工业，网眼布就是其中最重要的品种之一。由于网眼布具有透气、轻便、价廉等优点，网眼布已成为制鞋行业普遍大量使用的主要材料之一，在鞋帮面上大面积应用网眼布材料，特别是在运动鞋和休闲鞋等产品的使用情况更为广泛。

网眼布按产品用途分为帮面用网眼布和衬里用网眼布。

鞋用网眼布外观质量要求见表 1.2.3－87。

表 1.2.3－87　鞋用网眼布外观质量要求

项目	帮面用网眼布	衬里用网眼布
破损	不应有	不应有
网眼规格	均匀一致	均匀一致
色差	≥4 级	轻微，不影响美观
平整度	平整无褶皱，厚度均匀	平整无褶皱，厚度均匀
表面整洁度	无明显抽纱或断纱、起毛（球）、污染和杂质	无明显抽纱或断纱、起毛（球）、污染和杂质

注：1. 色差根据《纺织品　色牢度试验　耐摩擦色牢度》（GB/T 3920—2008）的方法进行计算。
2. 以上针对同一件（卷）布，未列入的外观质量问题由供需双方协商解决。

鞋用网眼布物理性能见表 1.2.3－88。

表 1.2.3－88　鞋用网眼布物理性能

项目	单位	技术要求	
		帮面用网眼布	衬里用网眼布
拉力（经/纬）	N/2.5 mm	≥200/250	≥150/200
伸长率（经/纬）	%	≥(50－80)/(90－130)	≥(70－120)/(100－150)
撕裂力（经/纬）	N	≥50/65	≥50/65
耐磨性能（干法）	次	≥5 万次（无破损）	≥4 万次（无破损）
可绷帮性	N	≥300	≥280
耐折性能	次	≥4 万次（无起毛、断纱和破损）	≥3 万次（无起毛、断纱和破损）
缝合强度	N/mm	≥5	≥4
耐黄变[a]	级/6 小时	≥4	≥4
摩擦色牢度[b]	级	干摩擦≥4.0，湿摩擦≥3.5	干摩擦≥4.0，湿摩擦≥3.5

注：a. 只对白色或浅色材料进行试验。
b. 只对深色材料进行试验。

3.5.3　复合织物

主要是镀铜钢帘线（或镀锌钢丝绳）与浸胶纤维以绞编方式编织而成的整体织物。复合织物多用于运输矿砂、水泥的胶带，通常分为全钢丝织物、纤维纬线织物（经线为钢丝帘线，纬线为聚酯帘线）和纤维经线织物（纬线为钢丝帘线，经线为锦纶帘线）。

纤维经线织物有两种类型：普通型，其经线为锦纶帘线，纬线为普通钢丝帘线；专用型，其经线为锦纶帘线，纬线为高伸长钢丝帘线。钢丝帘线作为保护层，比普通帆布输送带具有耐剥离、耐冲击的性能。在这类织物中，一般选用强度为125 MPa、250 MPa、315 MPa、500 MPa、630 MPa的钢丝帘线，多用作立式输送带的骨架材料。

纤维纬线织物，其经线采用高伸长钢丝帘线，纬线一般采用涤纶帘线，用纤维纬线织物制造的输送带一般用于输送距离较长、耐剥离和耐冲击要求不太高的场合，如输送矿砂、水泥等。

全钢丝织物，其经线和纬线均使用高伸长钢丝帘线，使用这种织物的输送带具有优异的耐切割和抗冲击性能。

橡胶用复合织物供应商见表1.2.3-89。

表1.2.3-89　橡胶用复合织物供应商

供应商	型号	规格	镀层	钢丝破断力(≥)/N	横向强度范围/(N·mm^{-1})	纬向间距/mm	经向间距/mm	产品宽度/mm	产品长度/(m·卷$^{-1}$)
天津市宏隆织物厂	BN-HE	3×4×0.22	铜	940	30～370	2～25	12～15	240～3 000	30～300
		3×7×0.20	铜	1 360	50～540				
		3×7×0.22	铜	1 650	60～660				
		4×7×0.25	铜	3 025	120～750				
		1×7×0.33	锌	1 080	40～400				
	BN-RE	2+2×0.25	铜	560	20～220				
		2+2×0.38	铜	980	35～390				
		3×0.2+6×0.35	铜	1 850	70～740				

橡胶用复合织物供应商还有邢台国邦特钢有限公司等。

本章参考文献：

[1] 付长亮等．钢帘线用盘条生产工艺技术概述 [J]. 天津冶金，2013 (s1)：33-36.

[2] 罗之祥等．从国（境）外轮胎剖析看轮胎骨架材料的发展 [J]. 轮胎工业，2002，22 (6)：327-332.

[3] 丁剑平等．子午线轮胎用纤维骨架材料的发展概况 [J]. 橡胶工业，2004，51 (5)：302-308.

[4] 高称意．纤维骨架材料的现状和新材料开发动向 [J]. 橡胶工业，2004，51 (6)：371-375.

[5] 李汉堂．新型高性能聚酮纤维在橡胶工业中的应用 [J]. 橡塑资源利用，2011，5：1-6.

[6] 莫德林编译．应用于轮胎工业的高性能纤维 [J]. 轮胎研究与开发，2002，3：13-17.

[7] 高称意．国内外帘布工业的现状与发展趋势 [J]. 轮胎工业，2001，21 (2)：67-72.

[8] 王作龄．橡胶制品补强用钢丝材料 [J]. 橡塑资源利用，2001 (01)：2-8.

第三章　交联剂、活性剂、促进剂

第一节　概　　述

硫化是橡胶制品加工的主要工艺过程之一，也是橡胶制品生产中的最后一道加工工序。在这道工序中，橡胶要经历一系列复杂的化学变化，由塑性的混炼胶变为高弹性的交联橡胶，从而获得更完善的物理机械性能和化学性能，提高和拓宽了橡胶材料的使用价值和应用范围。因此，硫化对橡胶及其制品的制造和应用具有十分重要的意义。

1.1　硫黄交联体系

橡胶的硫化反应机理非常复杂，除生成硫黄交联键外，还存在环化、主链改性等副反应。据相关文献报道，天然橡胶单纯用硫黄硫化的硫化胶结构如图 1.3.1-1 所示：

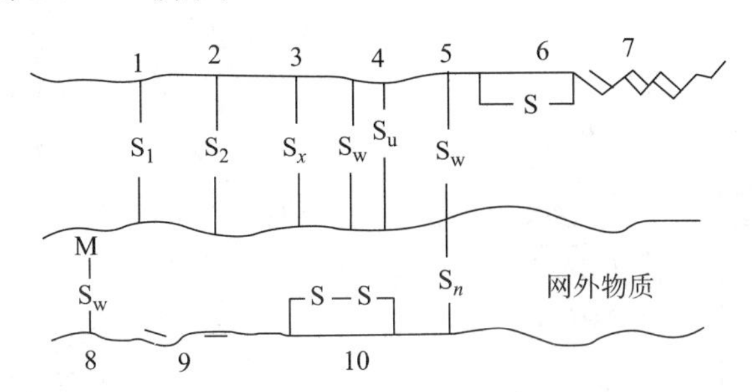

图 1.3.1-1　天然橡胶单纯用硫黄硫化的硫化胶结构

1—单硫交联键；2—双硫交联键；3—多硫交联键（x=3～6）；4—连位交联键（m，n=1～6）；5—双交联键；6—分子内一硫环化物；7—共轭三烯；8—侧挂基团；9—共轭双烯；10—分子内二硫环化物；M—其他基团

硫化胶的结构分析如表 1.3.1-1 所示。

表 1.3.1-1　硫化胶[a]的结构分析

硫化时间/h	网络中的结合硫/%	交联密度[b]/($2Mc \cdot 10^5$)	交联效率[c]/E	每个交联键平均硫原子数	环状结合硫/%
2	1.68	1.0	53	12～13	76～77
4	3.46	2.1	53	16	79～81
7	5.93	4.2	47	7～8	83～85
24	8.89	7.1	43	2～3	93～95

注：a. 配方为 NR 100、硫黄 10，硫化温度 140℃。

b. 交联密度，就是单位体积交联点数目，≈1/(2Mc)，交联相对分子质量 Mc 指两个交联点之间链段的平均相对分子质量；交联密度可以以化学法、力学法、平衡溶胀法测得。

c. 交联效率 E=摩尔结合硫黄/克硫化胶/(摩尔交联键/克硫化胶)=硫黄原子数/交联键数。硫在自然界中主要以菱形硫（α-硫）和单斜硫（β-硫）的形式存在，前者作为硫化剂使用。硫黄在橡胶中的溶解度见表 1.3.1-2。

表 1.3.1-2　硫黄在橡胶中的溶解度（硫黄/100 g 生胶）[5]

橡胶	溶解度（g/100 g 橡胶）				溶解热/($cal \cdot mol^{-1}$)
	25℃	40℃	50℃	80℃	
NR（白皱片）	1.3	1.55～2.0	3.3	5.1	5 000
硫化 NR	1.2	1.8	3.4	6.3	6 200
SBR 1006（苯乙烯 23%）	1.0	1.8	3.4	6.1	7 300
丙烯腈 25%NBR	0.4	0.8	1.5	3.0	7 500
丙烯腈 39%NBR	0.3	0.5	1.1	2.1	7 400
丁基橡胶	—	0.06	0.8	1.7	—
乙丙橡胶	—	0.5	0.9	2.0	—

硫的元素形式为 S_8，一个分子中有 8 个硫，形成一种叠环，这种环状的硫黄分子的稳定性较高，不易反应，为使硫易于反应，必须使硫环裂解，硫环获得能量后分解，裂解的方式可能是均裂成自由基，也可能是异裂成离子。

$$S_8 \xrightarrow{\triangle} \begin{cases} \xrightarrow{\text{均裂}} \cdot S_8 \cdot \quad \text{双基活性硫} \\ \xrightarrow{\text{异裂}} {}^{(+)}S_8{}^{(-)} \end{cases}$$

硫环裂解后，如果是离子型，则将以离子型机理与橡胶分子链反应；如果是游离基型，则以游离基型机理与橡胶分子链反应。

$$-CH(H)-C(CH_3)=CH- \xrightarrow{\cdot S_x \cdot} -\dot{C}H-C(CH_3)=CH- + HS_x\cdot$$

$$\xrightarrow{S_x} -CH(S_x\cdot)-C(CH_3)=CH- \xrightarrow{>C=C<} -CH(S_x-\dot{C}(<)-C\cdot<)-C(CH_3)=CH- \xrightarrow{-CH(H)-C(CH_3)=CH-}$$

$$-CH(S_x-C(<)-CH<)-C(CH_3)=CH- + -\dot{C}H-C(CH_3)=CH- \rightarrow \rightarrow$$

硫黄硫化的自由基反应机理

$$R-S_x-S_y-R \rightarrow RS_x^{\oplus} + RS_y^{\ominus} \xrightarrow{-CH_2-C(CH_3)=CH-CH_2-} -CH_2-C(CH_3)(S_x R)-\overset{+}{C}H-CH_2-$$

$$\xrightarrow{-CH_2-C(CH_3)=CH-CH_2-\ (\text{H-移动})} -CH_2-C(CH_3)(S_x R)-CH-CH_2- + -CH_2-C(CH_3)\overset{\oplus}{=}CH-CH_2-$$

$$\xrightarrow{S_8} -CH_2-C(CH_3)(S_x^{\oplus})-CH-CH- + -CH_2-C(CH_3)=CH-CH(S_x^{\oplus})- \quad (RS_x^{\oplus}) \quad (RS_x^{\oplus}) \rightarrow \rightarrow$$

硫黄硫化的离子反应机理

以自由基反应为例，在无促进剂的情况下，橡胶与硫黄的反应，一般认为在最初的反应中形成橡胶硫醇，然后转化为多硫交联键，其反应历程大致包括 3 个阶段：

(1) 硫化诱导阶段

主要为硫环裂解生成双基活性硫。

$$S_8 \xrightarrow{\triangle} \cdot S_8 \cdot \xrightarrow{\triangle} \cdot S_x \cdot + \cdot S_{8-x} \cdot$$

(2) 交联反应阶段

1) 双基活性硫与橡胶大分子反应生成橡胶硫醇，硫化反应一般是在双键的 α-亚甲基上进行：

$$-CH_2-C(CH_3)=CH-CH_2- + \cdot S_x \cdot \rightarrow -CH_2-C(CH_3)=CH-\dot{C}H- + HS_x\cdot$$

$$-CH_2-C(CH_3)=CH-CH- + HS_x\cdot \rightarrow -CH_2-C(CH_3)=CH-CH(S_xH)- \quad \text{橡胶硫醇}$$

橡胶硫醇再与其他橡胶大分子交联或本身形成分子内环化物：

$$-CH_2-C(CH_3)=CH-CH(S_xH)- + -CH_2-C(CH_3)=CH-CH_2- \rightarrow -CH_2-C(CH_3)=CH-CH(S_x-C(CH_3)(-CH_2-)-CH_2-CH_2-)-$$

$$—CH_2—\overset{CH_3}{\overset{|}{C}}=CH—\underset{S_xH}{\underset{|}{CH}}—CH_2—\overset{CH_3}{\overset{|}{C}}=CH—CH_2— \longrightarrow —CH_2—\overset{CH_3}{\overset{|}{C}}—CH—CH—CH_2—\overset{CH_3}{\overset{|}{C}}=CH—CH—\ (\text{C 与末端 CH 间以 } S_{x-1} \text{ 相连})$$

2）双基活性硫直接与橡胶大分子产生加成反应：

$$2\ —CH_2—\overset{CH_3}{\overset{|}{C}}=CH—CH_2— + 2\cdot S_x\cdot \longrightarrow \begin{matrix} —CH_2—\overset{CH_3}{\overset{|}{C}}—CH—CH_2— \\ |\qquad\ | \\ S_x\quad\ S_x \\ |\qquad\ | \\ —CH_2—\underset{CH_3}{\underset{|}{C}}—CH—CH_2— \end{matrix}$$

连邻位交联键

3）双基活性硫与橡胶大分子不产生橡胶硫醇也可以进行交联反应：

$$—CH_2—\overset{CH_3}{\overset{|}{C}}=CH—CH_2— +\cdot S_x\cdot \longrightarrow —CH_2—\overset{CH_3}{\overset{|}{C}}=CH—\dot{C}H— + HS_x\cdot$$

$$—CH_2—\overset{CH_3}{\overset{|}{C}}=CH—\dot{C}H— + S_8 \longrightarrow —CH_2—\overset{CH_3}{\overset{|}{C}}=CH—\underset{S_x\cdot}{\underset{|}{CH}}— +\cdot S_{8-x}\cdot$$

$$—CH_2—\overset{CH_3}{\overset{|}{C}}=CH—\underset{S_x\cdot}{\underset{|}{CH}}—RH \longrightarrow \begin{matrix} —CH_2—\overset{CH_3}{\overset{|}{C}}=CH—CH— \\ | \\ S_x \\ | \\ —CH_2—CH—\underset{CH_3}{\underset{|}{\dot{C}}}—CH_2— \end{matrix}$$

(3) 交联网络形成阶段

1）多硫交联键的移位

NR 在硫化过程中，当生成多硫交联键后，由于分子链上双键位置等的移动，有可能改变交联位置，如：

$$—CH_2—\overset{CH_3}{\overset{|}{C}}=CH—\underset{R}{\underset{|}{\underset{S_x}{\underset{|}{CH}}}}— \longrightarrow —CH_2—\overset{CH_3}{\overset{|}{\underset{R}{\underset{|}{\underset{S_x}{\underset{|}{C}}}}}}—CH=CH—$$

2）硫化过程中交联键断裂产生共轭三烯

多硫交联键断裂夺取 α-亚甲基上的 H 原子，生成共轭三烯。

$$CH_2—\overset{CH_3}{\overset{|}{C}}=CH—\underset{R}{\underset{|}{\underset{S_x}{\underset{|}{CH}}}}—CH_2—\overset{CH_3}{\overset{|}{C}}=CH—CH_2— \longrightarrow —CH_2—\overset{CH_3}{\overset{|}{C}}=CH—CH=CH—\overset{CH_3}{\overset{|}{C}}=CH—CH_2—$$

无促进剂的硫黄硫化交联效率很低，在硫化初期生成一个交联键需要 53 个硫原子，在硫化后期也仍需要 43 个硫原子才能生成一个交联键，在硫化胶中有大量一硫环化物。随着硫化时间的增加，硫化胶中结合硫的数量、交联密度以及交联效率都增加，而多硫交联键变短，即每个交联键中的硫原子数减少，环化结构的结合硫含量增高。有研究表明，环化结构的硫和交联键中多余的硫使硫化胶的耐老化性能变差。因此，发展了含有促进剂、活性剂的硫黄硫化体系，包括普通硫黄硫化体系、有效硫化体系、半有效硫化体系、高温快速硫化体系等。

普通硫黄硫化体系（CV）是指二烯类橡胶通常硫黄用量范围的硫化体系。普通硫黄硫化体系得到的硫化胶网络中 70%以上是多硫交联键（$—S_x—$），具有较高的主链改性。其特点是硫化胶具有良好的初始疲劳性能，室温条件下具有优良的动静态性能，最大的缺点是不耐热氧老化，硫化胶不能在较高温度下长期使用。对于 NR，一般促进剂的用量为 0.5～0.6 份，硫黄用量为 2.5 份。

有效硫化体系（EV）一般采取的配合方式有两种：①高促、低硫配合，提高促进剂用量（3～5 份），降低硫黄用量（0.3～0.5 份），促进剂用量/硫黄用量=(3～5)/(0.3～0.5)≥6；②无硫配合，即硫载体配合，如采用 TMTD 或 DTDM（1.5～2 份）作为硫化剂。有效硫化体系的特点是硫化胶网络中单 S 键和双 S 键的含量占 90%以上；硫化胶具有较高的抗热氧老化性能；起始动态性能差，用于高温静态制品如密封制品、厚制品、高温快速硫化体系。

半有效硫化体系（SEV）是一种促进剂和硫黄的用量介于CV和EV之间的硫化体系，所得到的硫化胶既具有适量的多硫键，又具有适量的单、双硫交联键，从而综合平衡了硫化胶的抗热氧老化和动态疲劳性能，主要用于有一定的具有使用温度要求的动静态制品。一般采取的配合方式有两种：①促进剂用量/硫用量＝1.0/1.0＝1（或稍大于1）；②硫与硫载体并用，促进剂用量与SEV中一致。

NR、SBR的三种硫化体系配合见表1.3.1-3。

表1.3.1-3　NR、SBR的普通硫黄硫化体系、有效硫化体系与半有效硫化体系[a]

NR的普通硫黄硫化体系、有效硫化体系与半有效硫化体系				SBR的普通硫黄硫化体系、有效硫化体系与半有效硫化体系			
配方成分	CV	EV（高促低硫　无硫配合）	SEV（高促低硫　硫/硫载体并用）	配方成分	CV	EV	SEV
S	2.5	0.5　—	1.5　1.5	S	2.0	—	1.2
NOBS	0.6	3.0　1.1	1.5　0.6	TBBS（NS）	1.0	1.0	2.5
TMTD	—	0.6　1.1	—　—	TMTD	—	0.4	—
DTDM	—	—　1.1	—　0.6	DTDM	—	2.0	—
交联剂类型与硫化胶结构成分							
—S_1—/%	0～10	40～50	0～20	—S_1—/%	30～40	80～90	50～70
—S_2—/% —S_x—/%	90～100	50～60	80～100	—S_2—/% —S_x—/%	60～70	10～20	30～50

注：a.—S_1—表示单硫交联键，—S_2—表示双硫交联键，—S_x—表示多硫交联键。

每种交联键的键能、离解能见表1.3.1-4。

表1.3.1-4　交联键的键能、离解能

交联键类型	硫化体系	键能/(kJ·mol^{-1})	离解能/(kJ·mol^{-1})
—C—C—	过氧化物	351.7	263.8
	辐射交联	351.7	
—C—S—C—	EV	284.7	146.5
—C—S_2—C—	SEV	267.9	117.2
—C—S_x—C—	CV	115～220	117.2

硫化胶的物理机械性能与交联键类型密切相关：

（1）强伸性能有如下顺序：

—C—S_x—C—>—C—S_2—C—>—C—S—C—>—C—C—

（2）动态性能有如下顺序：

—C—S_x—C—>—C—S_2—C—>—C—S—C—

（3）耐热性能有如下顺序：

—C—C—>—C—S—C—>—C—S_2—C—>—C—S_x—C—

多硫键的键能为115～220 kJ/mol，双硫键的键能为268 kJ/mol，单硫键的键能为285 kJ/mol。多硫键为主的硫化胶与单硫键为主的相比，前者容易分散应力，又容易断裂后重生，拉伸强度、撕裂强度相对较高，永久变形大；又因交联键的键能小，耐热性差，应力松弛快，耐老化性能欠佳。

交联密度对拉伸强度、撕裂强度有个恰宜值，其性能有最优值。不同类型的磨耗，要求的交联密度会有很大不同。随着交联密度的增大，抗蠕变的能力增加，伸长率下降，定伸应力与硬度增大并趋向一稳定值。

除了硫黄/促进剂比例外，工艺条件同样影响交联类型、分布、密度，影响硫化胶性能。如以硫黄/促进剂MBT为例，通常单、双、多硫键共存，如果稍增大脂肪酸用量，采取低温长时间硫化，就可得到简单的交联网络，每个交联键平均含1.6个硫原子，几乎全为单硫键、双硫键，交联密度与定伸应力显著提高。[4]

硫化体系内组分的选取与使用，有时应用某种材料，便会获得奇特的效果。如室温硫化硅橡胶中使用KH-Cl交联剂，大大减少了热真空失重；航空动力橡筋（NR基材），采用醛胺类促进剂才能获得好的贮能与释能效果等。此外，网外物中，游离硫对老化有不良影响；CSM若用ZnO硫化，形成的$ZnCl_2$损害耐热性与耐候性；S/TMTD/ZnO体系，硫化后形成的二硫代氨基甲酸锌有利于防止老化；同炭黑体系相比，白炭黑可降低硫化体系的交联密度，但不影响DCP等过氧化物硫化体系等。[4]

1.2　非硫黄交联体系

除硫黄硫化体系外，交联体系还有非硫黄硫化体系。非硫黄硫化体系包括金属氧化物硫化体系、树脂硫化体系、过氧化物硫化体系及其他硫化体系。非硫黄系有机硫化剂见表1.3.1-5。

表 1.3.1-5　非硫黄系有机硫化剂一览表

分类	化学名称	用途特性
醌二肟类	对醌二肟（QDM）	IIR 用，与铅丹或 MBTS 等氧化剂并用效果更佳，FDA 批准可用于各种 IIR 制品
	对，对-二苯甲酰苯醌二肟（BQDM）	IIR 用，比 CM 硫化速率稍慢，不易焦烧，使用方便（FDA 批准）
硫化用树脂	烷基苯酚甲醛树脂（活化型）	IIR 用树脂硫化剂，耐热性优异，易于硫化，须添加卤化弹性体或金属卤化物
	溴化烷基苯酚甲醛树脂（活化型）	IIR 用树脂硫化剂，无须添加起硫化促进作用的卤化弹性体或金属卤化物，加工性及耐老化性好
有机过氧化物	1，1-双（二叔丁基过氧基）-3，3，5-三甲基环己烷	对 EPM、硅橡胶、聚氨酯橡胶、二烯类橡胶、EVA 树脂的交联有效，比其他过氧化物交联温度低，且臭味小
	二叔丁基过氧化物	适于厚制品硫化，拉伸强度、伸长率和压缩永久变形等性能好（FDA 批准）
	叔丁基异丙苯基过氧化物	用于 EPM、硅橡胶、聚氨酯橡胶、二烯类橡胶、聚乙烯的交联，但有挥发性，有难闻臭味
	过氧化二异丙苯	对 EPM、硅橡胶、聚氨酯橡胶、二烯类橡胶、聚乙烯可产生牢固交联，赋予硫化胶以优异的透明性、耐热性和耐压缩永久变形性。交联效率高，挥发性低，但硫化中产生难闻臭味并容易残留在制品中（FDA 批准）
	2，5-二甲基-2，5-二（叔丁基过氧基）己烷	用于 EPM、硅橡胶、聚氨酯橡胶、二烯类橡胶和聚乙烯，可改善气化性和臭味，但交联效率不如 DCP
有机过氧化物	2，5-二甲基-2，5-二（叔丁基过氧基）-3-己炔	用于 EPM、硅橡胶、聚氨酯橡胶、二烯类橡胶和聚乙烯，可改善气化性和臭味，但交联效率不如 DCP
	1，4-双叔丁基过氧二异丙基苯	用于 EPM、硅橡胶、聚氨酯橡胶、二烯类橡胶和聚乙烯，若交联温度高时，用量比 DCP 少 1/3 即可得到相同的交联效果，焦烧安全性好，臭味也小
	叔丁基过氧化碳酸异丙酯	用于 EPM、硅橡胶、聚氨酯橡胶、二烯类橡胶、EVA 树脂的交联
多胺类	六亚甲基二胺氨基甲酸盐（HMDC）	氟橡胶、聚丙烯酸酯橡胶、卤化丁基橡胶和氯化聚乙烯的硫化剂
	N，N′-二肉桂叉-1，6-己二胺（DCMDA）	用途与 HMDAC 相同，加工安全性好
	亚甲基双邻氯苯胺（MOCA）	聚氨酯橡胶硫化剂，环氧树脂固化剂
类别	六氟异丙叉二苯酚（HFPBP）	氟橡胶硫化剂
	二羟基苯酮（PHBP）	氟橡胶硫化剂
	苯甲基三苯基氯化磷（BTPPC）	氟橡胶硫化剂，与 HFPBP、PHBP 并用
其他	苯甲酰胺	ACM 硫化剂，特别适用于不含氯的类型，硫化速率快

醌二肟硫化机理

用对醌二肟（QDO）或对醌二肟二苯甲酸酯（DBQDO）交联丁基橡胶时，首先通过氧化形成活性交联剂对-二亚硝基苯。使用金属氧化物（如 PbO_2、Pb_3O_4、MnO_2）或 MBTS 作为氧化剂，可提高硫化速度，从而可在室温下进行硫化，如在黏合剂中的应用。

$$\text{HO-N=C}_6\text{H}_4\text{=N-OH} \xrightarrow[Pb_3O_4]{[O]\ PbO_2} \text{O=N-C}_6\text{H}_4\text{-N=O}$$

$$\text{O=N-C}_6\text{H}_4\text{-N=O} + -CH_2-C(CH_3)=CH-CH_2- \longrightarrow -CH_2-C(CH_3)=CH-CH(-NOH-C_6H_4-NOH-)-\ /\ -CH_2-C(CH_3)=CH-CH-$$

丁基橡胶的三肟硫化

树脂硫化机理

以热反应性辛基苯酚甲醛树脂硫化丁基橡胶为例，在反应过程中，脱除水后，外亚甲基基团和羰基氧与丁基橡胶中的异戊二烯链节反应，生成色满环。色满环结构非常稳定，在生物合成的天然产品中常常含有该结构。

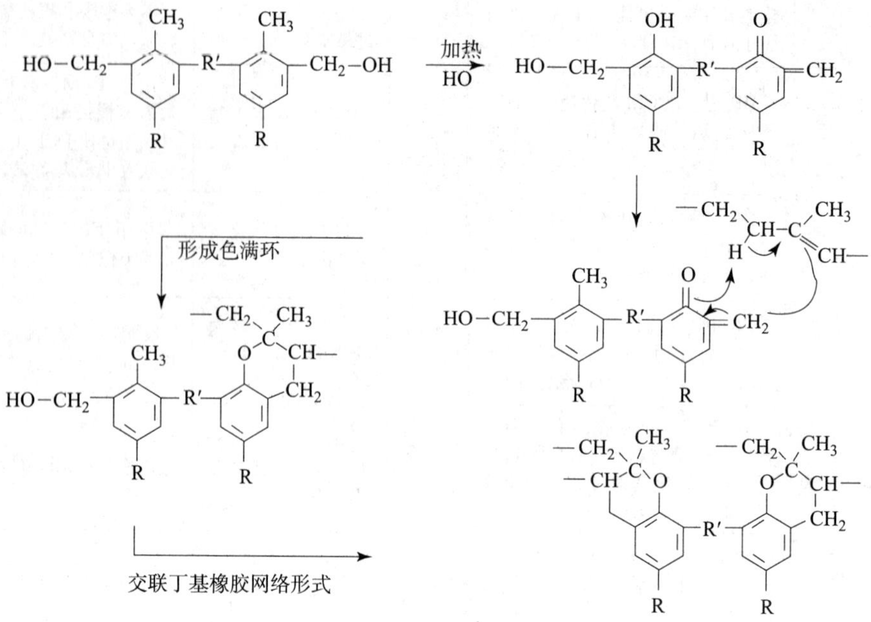

加热

HO

形成色满环

交联丁基橡胶网络形式

过氧化物硫化机理

过氧化物的过氧化基团受热易分解产生自由基，自由基引发橡胶分子链产生自由基型的交联反应。

(1) 硫化不饱和橡胶

$$ROOR \xrightarrow{\triangle} 2RO\cdot$$

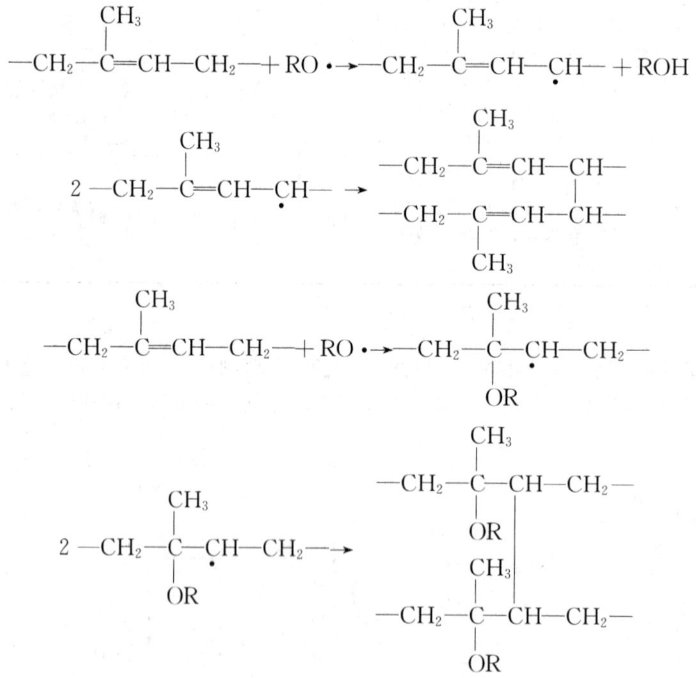

$$-CH_2-\underset{}{\overset{CH_3}{\overset{|}{C}}}=CH-CH_2- + RO\cdot \longrightarrow -CH_2-\overset{CH_3}{\overset{|}{C}}=CH-\underset{\cdot}{C}H- + ROH$$

$$2\ -CH_2-\overset{CH_3}{\overset{|}{C}}=CH-\underset{\cdot}{C}H- \longrightarrow \begin{array}{l} -CH_2-\overset{CH_3}{\overset{|}{C}}=CH-CH- \\ \qquad\qquad\qquad\quad | \\ -CH_2-\underset{CH_3}{\underset{|}{C}}=CH-CH- \end{array}$$

$$-CH_2-\overset{CH_3}{\overset{|}{C}}=CH-CH_2- + RO\cdot \longrightarrow -CH_2-\underset{OR}{\underset{|}{\overset{CH_3}{\overset{|}{C}}}}-\underset{\cdot}{C}H-CH_2-$$

$$2\ -CH_2-\underset{OR}{\underset{|}{\overset{CH_3}{\overset{|}{C}}}}-\underset{\cdot}{C}H-CH_2- \longrightarrow \begin{array}{l} -CH_2-\underset{OR}{\underset{|}{\overset{CH_3}{\overset{|}{C}}}}-CH-CH_2- \\ \qquad\qquad\qquad\quad | \\ -CH_2-\underset{OR}{\underset{|}{\overset{CH_3}{\overset{|}{C}}}}-CH-CH_2- \end{array}$$

(2) 硫化饱和橡胶（如 EPM）

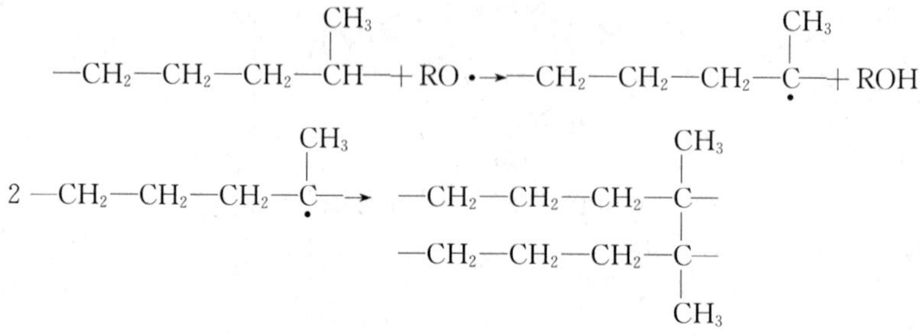

$$-CH_2-CH_2-CH_2-\overset{CH_3}{\overset{|}{C}H}- + RO\cdot \longrightarrow -CH_2-CH_2-CH_2-\underset{\cdot}{\overset{CH_3}{\overset{|}{C}}}- + ROH$$

$$2\ -CH_2-CH_2-CH_2-\underset{\cdot}{\overset{CH_3}{\overset{|}{C}}}- \longrightarrow \begin{array}{l} -CH_2-CH_2-CH_2-\overset{CH_3}{\overset{|}{C}}- \\ -CH_2-CH_2-CH_2-\underset{CH_3}{\underset{|}{C}}- \end{array}$$

由于侧甲基的存在，EPM 存在着 β 断裂的可能性，必须加入助硫化剂，如加入适量硫黄、肟类化合物，提高聚合物大自由基的稳定性，提高交联效率。

（3）硫化杂链橡胶（如 Q）

$$-O-\underset{CH_3}{\overset{CH_3}{Si}}-O- + RO\cdot \longrightarrow -O-\underset{\dot{C}H_2}{\overset{CH_3}{Si}}-O- + ROH$$

$$2\ -O-\underset{\dot{C}H_2}{\overset{CH_3}{Si}}-O- \longrightarrow \begin{array}{c} CH_3 \\ | \\ -O-Si-O- \\ | \\ CH_2 \\ | \\ CH_2 \\ | \\ -O-Si-O- \\ | \\ CH_3 \end{array}$$

有机过氧化物还可以交联 EVM、FKM、ANM、PU 等，还可以交联塑料。

金属氧化物硫化机理

以 CR 为例，金属氧化物硫化 CR 时，氧化锌能将氯丁橡胶 1，2 结构中的氯原子置换出来，从而使橡胶分子链产生交联。具体反应形式为：

$$\begin{array}{c} Cl \\ | \\ -CH_2-C- \\ | \\ CH \\ \| \\ CH_2 \end{array} \rightleftharpoons \begin{array}{c} -CH_2-C- \\ \| \\ CH \\ | \\ CH_2Cl \end{array}$$

氯丁橡胶的金属氧化物硫化有两种机理：

（1）
$$\begin{array}{c} -CH_2-C- \\ \| \\ CH \\ | \\ CH_2Cl \end{array} \xrightarrow{ZnO} \begin{array}{c} -CH_2-C- \\ \| \\ CH \\ | \\ CH_2OZnCl \end{array}$$

$$\begin{array}{c} -CH_2-C- \\ \| \\ CH \\ | \\ CH_2OZnCl \end{array} + \begin{array}{c} -CH_2-C- \\ \| \\ CH \\ | \\ CH_2Cl \end{array} \longrightarrow ZnCl_2 + \begin{array}{c} -CH_2-C- \\ \| \\ CH \\ | \\ CH_2 \\ | \\ O \\ | \\ CH_2 \\ | \\ CH \\ \| \\ CH_2-C- \end{array}$$

（2）
$$2\ CH_2{=}CH-\underset{|}{\overset{\overset{|}{CH_2}}{C}}-Cl + ZnO + MgO \longrightarrow CH_2{=}CH-\underset{|}{\overset{\overset{|}{CH_2}}{C}}-O-Zn-O-\underset{|}{\overset{\overset{|}{CH_2}}{C}}-CH{=}CH_2 + MgCl_2$$

非硫黄硫化体系交联反应机理见表 1.3.1－6。

表 1.3.1－6　非硫黄硫化体系交联反应机理

交联体系	交联反应机理	适用橡胶	一般用量
有机过氧化物交联	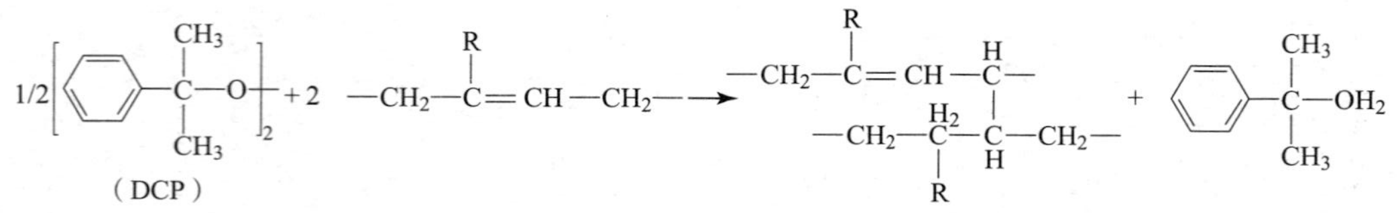 $1/2\left[C_6H_5-C(CH_3)_2-O-\right]_2$ (DCP) $+ 2\ -CH_2-C(R)=CH-CH_2- \longrightarrow -CH_2-C(R)=CH-CH(-)-$ / $-CH_2-C(R)H_2-CH(H)-CH_2-$ $+ C_6H_5-C(CH_3)_2-OH_2$	二烯类橡胶、氯化聚乙烯橡胶、EVM、聚醚橡胶、丙烯酸酯橡胶、硅橡胶、氟橡胶、聚氨酯橡胶	1.0～3.0
金属氧化物交联	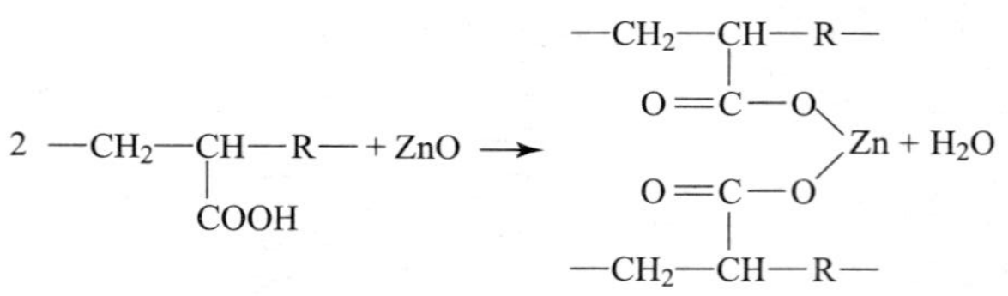 $2\ -CH_2-CH(COOH)-R- + ZnO \longrightarrow (-CH_2-CH(-C(=O)-O-)-R-)_2Zn + H_2O$	CR、CIIR、CSM、CM、XNBR、CO、T 等橡胶	5～40
多胺类交联	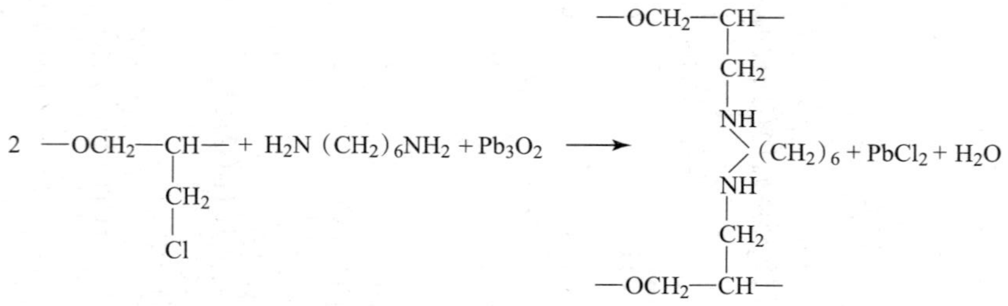 $2\ -OCH_2-CH(CH_2Cl)- + H_2N(CH_2)_6NH_2 + Pb_3O_2 \longrightarrow (-OCH_2-CH(-CH_2-NH-)-)_2(CH_2)_6 + PbCl_2 + H_2O$	氟橡胶、丙烯酸酯橡胶、聚氨酯橡胶、聚醚橡胶	0.75～2.0

续表

交联体系	交联反应机理	适用橡胶	一般用量
醌二肟类交联	HON=⟨C₆H₄⟩=NOH（GM）—DM(MBTS)→ ；⟨C₆H₅⟩—O—N=⟨C₆H₄⟩=N—O—⟨C₆H₅⟩（DGM）—Pb_3O_2→ ；ON—⟨C₆H₄⟩—NO + 2 —CH_2—C(CH_3)=CH—CH_2— → [—CH_2—C(=N—⟨C₆H₄⟩—N=C(—CH_2—)—C(CH_3)=CH—)—C(H_3C)=CH—]	二烯类橡胶、丁基橡胶、乙丙橡胶、聚硫橡胶	GM：1～8，MBTS（DM）：1～6，DGM：1～10，铅丹：5～20
树脂交联	2 HOH_2C—⟨C₆H₂(OH)(R)⟩～～ +2—CH_2—C(CH_3)=CH—CH_2— → —CH_2—CH(—C(H_3C)=CH—)—CH_2—⟨C₆H₂(OH)(R)⟩～～⟨C₆H₂(OH)(R)⟩—H_2C—CH(—CH_2—)—C(CH_3)=CH—	丁基橡胶、聚醚橡胶、乙丙橡胶	5～12
乙撑硫脲交联	—CH_2—C(Cl)=HC—CH_2— ⇌ —CH_2—C(=CH—CH_2Cl)— ；+ (CH_2—NH)(CH_2—NH)C=S + ZnO → [—CH_2—C(=CH—CH_2—)—]—S—[—CH_2—CH=C—CH_2—] + (CH_2—NH)(CH_2—NH)C=O + $ZnCl_2$	氯丁橡胶、氯磺化聚乙烯、聚醚橡胶	0.25～1.0

各种橡胶用主要硫化体系见表 1.3.1－7。

表 1.3.1－7　各种橡胶用主要硫化体系

项目	硫黄硫化体系	过氧化物	金属氧化物	多官能胺	对醌二肟	羟甲基树脂	氯化物	偶氮化合物	聚异氰酸酯	金属硅化合物	放射线
二烯类橡胶	√	√			√		√		√		√
氯丁橡胶	(√)		√								
丁基橡胶					√	√					
乙丙橡胶	√ (EPDM)	√			√	√					
乙烯/乙酸乙烯酯橡胶		√									√
硅橡胶	(√)	√						(√)	√		√
聚氨酯橡胶	√	√		√						√	
氯磺化聚乙烯			√			(√)					
氟橡胶 (CFM)		√		√							
氯醚橡胶			√								
聚丙烯酸酯橡胶		√		√							
羧基橡胶			√			√					
乙烯基吡啶橡胶							√				
氯化聚乙烯	√	√									
聚硫橡胶		√			√						

1.3　硫化方法与硫化体系的新发展

1.3.1　平衡硫化与高温硫化

(一) 平衡硫化体系

平衡硫化体系 (Equilibrlun Cure, EC)，是指用 Si－69 四硫化物在与硫黄、促进剂等摩尔比条件下使硫化胶的交联密度处于动态常量状态，把硫化返原降低到最低程度或消除了返原现象的硫化体系，它于 1977 年由 S. Woff 发现。

Si－69 是具有偶联作用的硫化剂，高温下，不均匀裂解成由双［三乙氧基甲硅烷基丙基］二硫化物和双［三乙氧基甲硅烷基丙基］多硫化物组成的混合物，可作为硫给予体参与橡胶的硫化反应，所形成的交联键的化学结构与促进剂的类型有关，在 NR/Si－69/CZ (DM) 硫化体系中，主要生成二硫和多硫交联键；在 NR/Si－69/TMTD 体系中则生成以单硫交联键为主的网络结构。因为有促进剂存在的 Si－69 的硫化体系的交联速率常数比相应的硫黄硫化体系低，所以 Si－69 达到正硫化的速度比硫黄硫化慢，因此在 S/Si－69/促进剂等摩尔比组合的硫化体系中，因为硫的硫化返原而导致的交联密度的下降可以由 Si－69 生成的新的多硫或双硫交联键补偿，从而使交联密度在硫化过程中保持不变。硫化胶的物性处于稳定状态。在有白炭黑填充的胶料中，Si－69 除了参与交联反应外，还与白炭黑偶联，产生填料-橡胶键，进一步改善了胶料的物理性能和工艺性能。平衡硫化体系 (EC) 的流变仪曲线如图 1.3.1－2 所示。

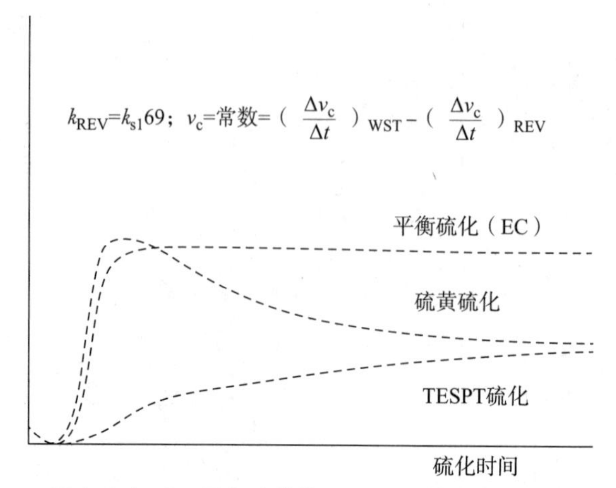

图 1.3.1－2　平衡硫化体系 (EC) 的流变仪曲线

平衡硫化体系（EC）的硫化胶与CV硫化胶的不同之处在于：在较长的硫化周期内，其交联密度是恒定的。因而EC体系赋予硫化胶优良的耐热氧老化性能和耐疲劳性能，具有高强度、高抗撕裂性和生热低等优点，因此在需长寿命耐动态疲劳的制品如工程巨胎等方面有重要应用。如用S 1.75份/促进剂CZ 1.77份/Si－69 3.6份同常规硫化体系（CV）（S 2.5份/促进剂CZ 0.8份）与半有效硫化体系（SEV）（S 0.5份/促进剂TMTD 1份）相比，明显改变耐疲劳破坏及化学应力松弛性，抗硫化返原性虽不及SEV，但大大优于CV。对含Si－69的平衡硫化体系，炭黑/白炭黑填充的NR不如炭黑填充的抗硫化返原性好。[4]

（二）高温硫化

随着橡胶工业生产的自动化、联动化，高温快速硫化体系被广泛应用，如注射硫化、电缆连续硫化和超高频硫化等。所谓高温硫化是指温度在180～240℃下进行的硫化。一般硫化温度每升高10℃，硫化时间大约可缩短一半，生产效率大大提高。

随着硫化温度升高，正硫化交联密度下降，超过正硫化点后，交联密度下降加剧，温度高于160℃时，交联密度下降最为明显。因为在高温下，促进剂——硫醇锌盐的络合物的催化裂解作用增强，尽管结合硫保持常量，但硫黄的有效性下降，如表1.3.1－8所示。

表1.3.1－8 NR硫化胶与SBR/BR并用胶的交联密度与硫化温度的关系

NR硫化胶的交联密度与硫化温度的关系				SBR/BR并用胶的交联密度与硫化温度的关系［CBS（CZ） 1.0，S 2.0］			
硫化温度/℃	140	160	180	硫化温度/℃	170	190	205
硫化时间/min	360	120	60	硫化时间/min	20	15	10
总结合硫×10^4mol/g硫化胶	5.4	5.47	5.44	交联密度（2Mc·10^5）	5	4.3	4.1
E，硫黄交联效率参数	27.0	37.7	50.4				
（E'－1），参加主链改性的硫原子数	24.2	36.5	49.0				
E－（E'－1），每个交联键结合的硫原子数	3	1	1				

由表1.3.1－8可见，高温硫化对天然橡胶或其并用胶的物性影响较大，但对合成橡胶的影响程度较小。高温硫化体系主要适用于双键含量低的合成橡胶，可以减少或消除硫化胶的硫化返原现象。

高温硫化体系要求硫化速度快，焦烧倾向小，无喷霜现象，对防焦、防老系统也都有较高的要求。为了提高硫化速度，须使用足量的硬脂酸以增加锌盐的溶解度，提高体系的活化功能。

高温快速硫化体系多使用单硫和双硫键含量高的有效EV和半有效SEV硫化体系，其硫化胶的耐热氧老化性能好。一般使用高促低硫和硫载体硫化配合，其中后者采用DTDM最好，焦烧时间和硫化特性范围比较宽，容易满足加工要求。TMTD因为焦烧时间短，喷霜严重而受到限制。虽然EV和SEV对高温硫化的效果比CV好，但仍不够理想，仍无法解决高温硫化所产生的硫化返原现象和抗屈挠性能差的缺点，应该寻找更好的方法。

为了保持高温下硫化胶的交联密度不变，可以采取增加硫黄用量、增加促进剂用量或两者同时都增加的方法。单增加硫黄用量，会降低硫化效率，并使多硫交联键的含量增加；同时增加硫黄和促进剂，可使硫化效率保持不变；而保持硫黄用量不变，增加促进剂用量，可以提高硫化效率，这种方法比较好，已在轮胎工业得到广泛推广和应用。如果采用DTDM代替硫黄，效果更好，在高温硫化条件下，可获得像CV硫化胶一样优异的性能。

1.3.2 硫化体系的新发展

近年来，橡胶硫化的主要研究内容是硫化过程本身及硫化胶制品在使用过程中的生态问题以及完善硫化工艺、降低焦烧和返原倾向、推广冷硫化等。对防止硫化剂特别是硫黄在成品中的喷霜也给予了一定的关注，在通过选择适宜的硫化体系及硫化条件在改进硫化胶及制品性能方面也取得了一些成就。

硫化方法发展的一般趋势，可以概括为：(1) 消除可能产生亚硝胺的促进剂；(2) 促进剂应赋予胶料较好的焦烧性能，并使胶料在成品成型过程（如轮胎成型）中易于加工；(3) 硫化体系适于高温硫化，从而有助于提高生产率；(4) 改善抗硫化返原性；(5) 改善硫化胶料的性能，如力学性能或动态性能。

（一）降低使用硫化体系时的生态危害

不饱和橡胶的硫化体系中通常都含有硫黄，故目前正在采取一系列措施，以防止硫黄在称量等过程中的飞扬，如采用造粒工艺。

通常采用硫黄与二环戊二烯、苯乙烯及其低聚物的共聚物来消除硫黄喷霜。也有人曾建议过用硫黄与高分子树脂的并用物、硫黄在环烃油中的溶解液、含硫低聚丁二烯、硫黄与5-乙烯-双环［9.2.1］庚-2-烯及四氢化茚等的反应产物。向硫黄混炼胶中添加N-三氯甲基次磺基对氨基苯磺酸盐可减少喷霜。乙烯与α-烯烃的共聚物、α-烯烃橡胶以及乙丙橡胶可用含Cl、S或SO_2基的双马来酰亚胺衍生物硫化，而不用硫黄硫化。

亚硝基胺的生态危害性是众所周知的。橡胶加工过程中，亚硝基胺主要在硫化过程中产生，仲胺类促进剂硫化中形成仲胺，再与硝基化试剂反应生成亚硝基胺，因此，以仲胺为基础的促进剂会生成挥发性亚硝基胺而具有危险性；但伯胺类促进剂（包括CBS、TBBS等）无亚硝基产生。危险性最小的是二苄基二硫代氨基甲酸锌及二硫化二苄基秋兰姆。次磺酰胺类、二硫化四甲基秋兰姆及其他低烷基秋兰姆类促进剂可限量（0.4%～0.5%）使用。对于轮胎胶料则常使用促进剂DCBS（DZ）（N，N′-二环己基-2-苯并噻唑次磺酰胺），也可采用二硫化四苄基秋兰姆与双马来酰亚胺的并用物。不含氮原子的黄原酸衍生物与少量常用促进剂的并用物不会生成亚硝基胺。以二烷基（$C_{1\sim5}$）氧硫磷酰基三硫化物与N-三氯甲基次磺酰基苯基次磺酰胺和二硫化苯并噻唑［促进剂MBTS（DM）］以及二苄基二硫代氨基甲酸锌等的并用物作促进剂也不会生成亚硝基胺。使用维生素C及维生素E添加剂可降低通用硫化体系中亚硝基胺的生成量。从生态观点来看，用以1，1′-二硫代双（4-甲基哌嗪）及其他哌嗪的衍生物为主的促进剂取代胺类促进剂是适宜的，将秋兰姆和脲类并用，以及使用含2%～15%多噻唑、15%～50%双马来酰亚胺，15%～45%次磺酰胺及20%～55%硫黄的混合物均可减少亚硝基胺的生成。建议用烷基二硫代磷酸盐作为三元乙丙橡胶的硫化促进剂，不会生成亚硝基胺。用氨或正胺对填料与ZnO进行预处理可阻止生成亚硝基胺。往聚丁二烯和丁苯橡胶的硫黄硫化并用胶料中加入少量CaO、$Ca(OH)_2$ 及 $Ba(OH)_2$ 也能阻止生成亚硝基胺。

此外，改变反应条件、阻隔氧气等氧化剂，也可以阻止、减少亚硝基胺化合物的生成，如轮胎硫化采用氮气硫化等。

助剂预分散母粒近年来发展迅速，这种技术以EPDM、EVM、AEM、ACM、ECO等橡胶为载体，把高含量的促进剂以及少量的软化油和分散剂等通过混合密炼到挤出造粒的成型工艺，获得预分散橡胶助剂产品。解决了橡胶工厂小料称量不准、粉尘飞扬、分散不均等长期困扰企业发展品质不稳的弊端。同时提高了计量准确性，减少混炼能耗，提高分散速率，改善分散均匀性，提高混炼效率，减少配料员接触助剂时带来的毒性。

预分散母粒按功能可分为硫化剂类、促进剂类、活性剂类、着色剂类、防老剂类和一些特殊的预分散体。预分散母粒一般由以下几部分组成：粉体（橡胶配合剂有效成分）、软化油（增塑剂）、加工助剂与橡胶载体。

制备预分散母粒，粉体的影响因素主要有：①比表面积。比表面积过大，预分散母粒门尼值太高；比表面积过小，则失去了做预分散母粒的意义。因此，需要控制和检测粉体的密度、灰分、外观、吸油值、筛余物、粒径分布等指标。②粉体的表面润湿性。需尽量增加粉体的表面润湿性，减少软化油的加入量。③粉体的表面能。需要通过表面处理降低粉料表面能，消除和减少粉体的Panye效应。④粉体的吸附特性，需要防潮。⑤粉体的表面电性。由粉体表面的荷电离子决定，影响表面能、吸附特性等。

预分散母粒中的软化油主要作用是润湿粉体，降低门尼值，主要影响因素为软化油的运动黏度以及与载体的相容性。分散剂的作用有分散、润滑、隔离、防止母胶粒粘连的作用，需选择熔点低的产品。

橡胶载体具有“热软化”特性：常温下黏度高，便于储存、运输，母胶粒不粘块；高温混炼时迅速变软，易于吃粉、分散。橡胶载体决定了预分散母粒与配方材料的相容性、储存稳定性以及加工性能，选用时一般要求：①选用饱和的弹性体，具有一定的化学惰性；②应具有极性兼容性；③具有相对较高的可塑性，如SBR（一般选择浅色充环保油的型号）、EPDM/EVM（选择充油的牌号）、IIR（一般只有IIR的硫化树脂才采用IIR做载体，用于橡胶内胎）、NBR（用于有耐油需求的制品，一般选择低门尼牌号）。国外一般选用EPDM作为用于饱和橡胶的预分散母粒载体，选用EVM作为用于不饱和橡胶的预分散母粒载体。因硬脂酸锌熔点为118～125℃，国内也有部分企业选用硬脂酸锌作为预分散母粒的载体，一般硬脂酸锌用量为百分之十几，加入5%左右的软化油，采用熔融滴落造粒方式，预分散母粒颗粒无挤出造粒过程的切断痕迹。

（二）改进硫化胶的工艺及使用性能

近年来，用以改进硫化胶，特别是不饱和橡胶性能的硫化体系的品种显著增加。

1. 不饱和橡胶

（1）新型硫化剂

可以用邻苯二甲酸及偏苯三酸的Ca、Mg、Zn及其他两价金属盐来硫化羧基橡胶。含此类金属盐的胶料抗焦烧，其硫化胶的强度可达18 MPa以上。以 $Fe(OH)_3$ 作促进剂并用三乙醇胺可硫化丁二烯、丙烯腈及异丙氧基羰基甲基丙烯酸甲酯的共聚物，所得硫化胶可用于制备耐油和耐苯的制品。

用多功能乙烯酯可使丁腈橡胶交联。用过氧化物硫化这些橡胶时，常用丙烯酸或二甲基丙烯酸苯酯和萘酯作共硫化剂，所得硫化胶具有耐热性及高耐磨性。常用季戊四醇四乙烯酯来降低硫化温度。

可以用以乙烯硫脲为基础的新型硫化剂硫化丁腈橡胶、丁基橡胶、氯丁橡胶及三元乙丙橡胶。使用低分子量的酚醛树脂硫化丁腈橡胶可生成互穿网络，从而起到增强作用。醌单肟（Na、Zn、Al）盐及对醌二肟（Na、Zn）盐可用于硫化顺丁橡胶。

常用乙烯基三甲氧基硅烷来硫化二元乙丙橡胶及三元乙丙橡胶。在过氧化酚醛低聚物存在下的过氧化物硫化可改进三元乙丙胶的高温性能及物理机械性能。也可用含过氧基的环氧齐聚物硫化三元乙丙橡胶；同时，可降低炭黑胶料的黏度，硫化胶的强度性能得到改善。

烷氧端基聚硅氧烷常用于聚丙烯与三元乙丙共混胶的动态硫化，所得热塑性弹性体具有高耐热性。

（2）新型硫化促进剂

羧基丁腈橡胶的硫化是采用硫代磷酸二硫化物与促进剂MBTS（DM）或N-氧化二乙烯-2-苯并噻唑次磺胺并用物。二甲苯与蒽的二硝基氧化衍生物可将硫化速率提高1～3倍，而硫化温度仅为60～80℃（原需140～160℃），所得硫化胶可耐热氧老化。为了加速羧基丁腈橡胶的硫化，也有使用双（二异丙基）硫代磷酸三硫化物的，可制得高交联密度的化胶。

使用含芳香取代基或双键的苯并咪唑衍生物不仅可以提高丁腈橡胶的耐热氧老化性能，而且可提高强度及耐动态疲劳性能。此外还常往丁腈胶料中加入与杂环有共轭双键的苯并咪唑衍生物，从而使橡胶的强度及耐热氧老化性能提高，动态性能得到改善。

往丁腈橡胶 CKH－26 中加入二磷或多磷酰氢化物，往丁腈橡胶 CKH－18 中加入有机二硫代磷酸酐可加速硫化并使硫化胶保持稳定。由六次甲基二胺与硫黄缩聚可制得用于异戊橡胶及丁二烯橡胶的新型聚合物硫化促进剂。此种硫化促进剂具有宽域的硫化平坦区，可使硫化胶的物理机械性能得到改善。异戊二烯橡胶 CKH－3 及丁腈橡胶 CKH－26 常采用烷基三乙基氨溴化物作共硫化剂。

建议采用以脂肪芳香酸和脂肪族酸或醇为基础的酯类和 2－（2′，4′-二硝基苯基）硫代苯并噻唑新型硫化剂，其分解诱导期在 160℃时为 140～165 min。

为了提高不饱和橡胶的硫化速率，常常添加第二促进剂，如丁醛与苯胺的缩合物等。硫化天然橡胶与丁苯橡胶并用胶时，在使用秋兰姆的同时，还并用 1-苯基-2，4-二缩二脲。可用 2－（2，4－二硝基苯基）硫醇基苯并噻唑与第二促进剂硫化天然橡胶，所得硫化胶的性能与用 2-苯并噻唑-N-硫代码啉硫化的相似，为了提高天然橡胶的耐疲劳寿命常往该促进剂中加入酰胺基磷酸酯低聚物。在 1，3-丁二烯和 2-乙烯吡啶共聚物存在条件下，天然橡胶的硫化速率加快，同时，硫化胶的强度增高。丁二烯橡胶和丁腈橡胶的硫化速率也可用此种方法提高，且焦烧倾向降低。

往三元乙丙橡胶中加入水杨基亚胺铜及苯胺的衍生物可使硫化速率提高 0.2～0.5 倍。同时，硫化胶强度提高，耐多次形变疲劳性能及耐热性改善。

使用脂肪酸的磷酸盐化烷基酰胺可提高丁苯硫化胶的强度（1 倍）。如在硫黄中加入二烷基二硫代磷酸钠及多季铵盐，则在硫化异戊橡胶时有协同效应，硫化胶强度达 23.6 MPa。

天然橡胶和丁苯橡胶的新型硫化剂是 2-间二氮苯次磺酰胺，与一般次磷酰胺促进剂相比，它们可使硫化速率提高得更快、硫化程度更高及诱导期更长。

丁基橡胶在热水中的“冷”硫化除使用二枯基过氧化物外，还可添加醌醚。在 60℃时硫化时间为 9 d，在 95℃下则分别为 12 h 和 3 h。

（3）降低焦烧速率的新方法

近十年来，为了降低焦烧速率，使用了许多新型化合物。四苄基二硫化秋兰姆与次磺酰胺的并用物以及 2-吡嗪次磺酰胺对大多数用硫黄硫化的橡胶有效。对于丁苯橡胶与丁二烯橡胶的并用胶，建议使用四甲基异丁基一硫化秋兰姆。对丁腈橡胶与二元乙丙橡胶的并用胶建议使用二甲基丙烯酸锌。丁腈橡胶和异戊橡胶用过氧化物硫化时使用酚噻嗪极其有效，而硫化三元乙丙橡胶时有效的是酚噻嗪及 2，6-二-特丁基-甲酚。

（4）降低返原性

建议使用二乙基磷酸的衍生物来降低返原性。此外，还可使用六次甲基双（硫代硫酸）钠、五氯-β-羟基乙基二硫化物、双（柠檬酰胺）与三十碳六烯的并用物、二苯基二硫代磷酸盐（Ni、Sn、Zn）、1-苯基-及 1，5-二苯基-2，4-二硫脲与 N-环己基苯并噻唑次磺酰胺的并用物等。

使用含 0.1%～0.25%的双（2，5-多硫代）-1，3，4-噻二嗪、0.5%～0.3%双马来酰亚胺及 0.5%～3%次磺酸胺的并用物也很有效。使用含硫黄及烯烃基的烷氧端基硅烷硫化剂则没有返原现象。

使用脂肪酸锌和芳香酸锌盐的并用物不仅可以减轻返原，而且可以改进硫化胶的动态性能。加入 1，3-双（柠檬亚氨甲基）苯不仅可以减轻返原，同时还可提高硫化胶的抗撕裂性及强度。

（5）使用硫黄硫化活性剂的新途径

通常将 ZnO（3～5 质量份）与硬脂酸（1 份）加以组合作为硫黄硫化的活性剂。目前使用各种方法来降低氧化锌的用量，甚至取代氧化锌。例如，将促进剂 MBT（M）与促进剂 TT 和 ZnO、硬脂酸的并用物加热至 100～105℃可使橡胶中 ZnO 含量降低至 2 质量份。

有时，也使用经聚合物表面活性剂溶液处理后的 SiO_2 和 ZnO 并用物，这样，可降低 ZnO 用量，也曾采用过以 ZnO “包覆”的无机填料。

在某些场合，可采用电池生产中的下脚料取代 ZnO，也可采用 Ca、Zn 及二氧化硅的并用物。

2. 饱和橡胶

近年来，人们开发了许多新型硫化体系用于饱和橡胶的硫化。例如，用树脂硫化氢化丁腈橡胶时添加马来酰亚胺可降低焦烧危险性。

有人推出了硫化饱和三元乙丙橡胶的新型共硫化剂，即脂肪族双（烯丙基）烷烃二元醇及双（烯丙基）聚乙烯醇等。使用这些共硫化剂可以提高硫化速率并改进硫化胶的物理机械性能。

3. 含卤素橡胶

为了完善含卤素橡胶的硫化，科技人员做了许多研究工作。用金属氧化物硫化含氯橡胶，其交联键都很脆弱。很多研究旨在克服这一缺点，如建议往 ZnO 及 MgO 中添加二硬脂酸二胺 $[RNH(CH_2)_3NH_2]_2C_{17}H_3COOH$，后者可改善力学性能。

许多含氯橡胶，如氯丁橡胶、氯化丁基橡胶、氯磺化聚乙烯橡胶及氯醚橡胶等硫化时使用 2，5-二硫醇基-1，3，4-噻二嗪的有机多硫衍生物与 MgO 的并用物。

如果在氯丁胶料中含有用硅烷处理过的白炭黑，则可以多硫有机硅烷及硫脲衍生物作为硫化体系。这样制得的硫化胶具有高抗撕性能。

硫化氯丁橡胶时常用多胍替代 ZnO。载于分子筛上的新型硫化剂 2-硫醇-3-四基-4-氧噻唑硫醇可使橡胶的耐疲劳性及耐热性增高，它可代替有毒性的乙烯硫脲。也可用含硫黄、秋兰姆及低聚胺的硫化体系来硫化氯丁橡胶。在使用 3-氯 1，2-环氧丙烷与秋兰姆自共聚的低聚物硫化氯丁橡胶时，胶料的焦烧稳定性提高，硫化胶的物理机械性能也有所改善。

也有建议用乙烯硫脲作为氯丁橡胶的硫化剂（它也可用于硫化三元乙丙橡胶）。

在许多研究工作中都讨论了氯丁橡胶新的硫化方法。包括用金属硫化物取代金属氧化物，使改性填料参与硫化过程。

例如，用硫化氢处理的 K354 炭黑，硫含量为 6%～8%，它也可与金属（Ba、Mo、Zn 等）硫化物及氯丁橡胶作用，在填料表面生成交联键。与含 ZnO 及 MgO 的批量生产的硫化橡胶相比，前者橡胶的强度提高了 50%，抗疲劳性能提高了 1.5 个数量级，永久变形减少到 2%，硬度耐热氧老化和耐油、耐化学腐蚀性均得到提高。

使用含氯丁橡胶，以乙烯双（二硫代氨基甲酸）铵改性的气相白炭黑及炭黑 K345（50 质量份）的体系，也能达到上述效果。与用 ZnO 和 MgO 硫化的批量生产的橡胶相比，试验硫化胶的强度、抗撕性能及耐磨性能均有提高，动态疲劳性能提高 1.5 个数量级，耐热性及耐酸性提高 2～9 倍。

使用经特殊处理的气相白炭黑（30 质量份）作为氯丁橡胶的填充剂，可根本改善氯丁橡胶的所有力学性能。先用 $SiCl_4$ 处理气相白炭黑，在其表面生成 $OSiCl_3$ 基，取代 OH 基。然后用乙烯双（二硫代氨基甲酸）锌及乙烯双（二硫化秋兰姆）的螯合盐改性之。使用此种体系的橡胶，其强度比批量生产的橡胶要高 5 MPa，永久变形为 3%～6%，试验橡胶的耐磨性能比批量胶的要高 1.5 倍，而耐疲劳性能则提高 2 倍。

氯化丁基橡胶、溴化丁基橡胶以及异烯烃和 n-烷基苯乙烯的含氯、含溴共聚物可以用二（五甲撑四硫化秋兰姆）和 ZnO 硫化。特-己基过氧化苯甲酸酯可用于硫化卤化丁基橡胶，此时，不会释放有毒气体甲基溴。氯化和溴化丁基橡胶硫化胶以及异烯烃与烷基苯乙烯的含氯及含共聚物在以添加胺盐的三嗪硫醇胺盐硫化时，硫化胶具有高强度及高耐热性。

含无机填料的氯化丁基橡胶可用烷基苯基二硫化物与二邻苯二酚硼盐的二邻甲基胍盐硫化。将金属硫化物与用于氯化丁基橡胶硫化的硫黄硫化体系组合也有良好的效果，此时，在橡胶配方中应含炭黑及 10 份用氨改性的气相白炭黑，其硫化胶的强度可由 18 MPa 增至 22 MPa，永久变形降至 8%，撕裂强度为 101 kN/m（批量生产橡胶为 86 kN/m），耐磨性几乎提高了 2 倍，耐疲劳性能提高了 3 倍以上。对氯醚橡胶及氯磺化聚乙烯及其共聚物也有类似的效果。氯化丁基橡胶硫化时也使用金属硫化物，但要在脱水沸石参与下进行。沸石具有高吸附性，它可吸收释放出来的气体，从而使硫化胶较为密实，并改善了性能。例如，强度从 18 MPa 增至 24 MPa，撕裂强度为 90 kN/m（批量生产的橡胶为 46 kN/m），耐磨性提高了 1 倍，而耐多次形变疲劳性提高了两个数量级。

含氯橡胶（氯丁橡胶、氯磺化聚乙烯等）可用对醌二肟、软锰矿及三氯化铁 $FeCl_3 \cdot 6H_2O$ 的并用物进行低温硫化。

4. 硅橡胶

一般认为，硅橡胶硫化体系的选择是非常有限的。但有关硅橡胶硫化的专利却不少。大多数专利涉及室温硫化。当橡胶用作密封或其他目的时常要求室温硫化。此种硫化要求使用带胶层的储槽、电镀槽，在电器表面需涂上绝缘层。

硅橡胶室温硫化最简便的方法是使用表面有—OH 基的白炭黑。此类填料在有疏质子溶剂条件下用含氯七甲基环四硅氧烷处理。在催化剂月桂酸二丁基锡存在下填充气相白炭黑的聚二甲基硅氧烷-α，ω-二醇也能室温硫化。某些种类的聚硅氧烷可在经含硅端羟基齐聚物处理后的白炭黑存在下硫化。

含硅端烷氧基饱和弹性体在使用含硫的抗氧剂时能自硫化，生成硅氧键。硫化胶的耐热性良好。

与填料改性无关的硅橡胶室温硫化的一般原则在有关文献中有所阐述：

（1）在由带—OH 端基的生胶和 $RSiX_3$（式中 X 为羟基、亚胺基、硅氮基或乙二酰胺基）型交联剂组成的“单组分”体系中生成交联键。这些基团在空气中的水分作用下水解，生成—OH 基，此后无须催化剂通过缩聚便生成 Si—O—Si 键。

（2）在催化剂（Pt、Sn、Ti 的衍生物）参与下在含有能相互作用的含活性基团的两种硅橡胶组成的“双组分”体系中生成交联键网络。

（3）在有填料、无催化剂时，两种或多种硅橡胶的端基可能会相互作用。

事实上，第（2）、第（3）种情况是性质相同，但含有不同活性基团的自硫化胶料。

目前，大量专利描述了这些过程的不同方面。但其中大多数只在细节上有所不同。例如一种可打印 12×10^4 次、用于激光打印机的橡胶（强度为 5 MPa），是不用催化剂的甲基硅橡胶或二苯基硅橡胶，甚至其他硅橡胶。由含端羟基和三甲基硅的两种二甲基硅橡胶与七甲基乙烯基硅橡胶及炭黑组成的体系也可进行硫化。此外，硫化反应也可在含端羟基的有机硅橡胶与带 $ON=CR_2$ 交联剂的聚硅氧烷的混合胶料中进行。端羟基二甲基硅橡胶在无水分时可用硅烷的二、三及四官能衍生物硫化。

含硅烷醇端基的有机硅橡胶可在无机填料存在条件下用乙烯基（三羟基）硅烷硫化。含三甲基硅烷醇端基的硅橡胶在催化剂存在下，可用乙烯基三甲氧基硅氧烷硫化。硫化条件为 20℃×7 d。所得硫化胶强度达 5.6 MPa。此种胶料用于制作涂层及黏合剂，也可用于电子、医疗及食品工业。

由含烯烃端基的聚硅氧烷，含 SiH 基的聚硅氧烷、催化剂及硅氧烷胶黏剂组成的胶料也可硫化。其硫化胶与热塑性塑料和树脂的黏结性极好。在 Pt 催化剂及 NH_3 存在下，有一种含烯烃基的聚硅氧烷的混合胶料也可硫化，硫化胶的压缩永久变形很低。

N-杂环硅烷，如双（三烷基羟基硅烷基烯基氧化）吡啶，是金属、塑料黏结的增黏剂。在 Pt 催化剂及填料存在下，它们可用于硫化端乙烯基硅氧烷及聚羟基硅氧烷的混合胶料。硫化反应持续时间为7d。与铝黏结的剪切强度为3.8 MPa。

（三）无交联剂下的橡胶共硫化

含有各种可反应官能团的橡胶（性能不同）在无硫化剂下便可共硫化，这不仅对硅橡胶的低温硫化是可行的，而且也适用于其他橡胶的高温硫化。如氯化天然橡胶与羧基丁腈橡胶共硫化，可制得耐油、耐磨橡胶。氯化丁基橡胶与羧基丁腈橡胶在180℃下不用硫化剂便可共硫化。羧基丁腈橡胶与氯磺化聚乙烯橡胶，包括填充炭黑的胶料也可共硫化。聚氯乙烯与氢化丁腈橡胶的并用胶在180～200℃下可共硫化，生成胺基和醚基交联键。环氧化天然橡胶和氯磺化聚乙烯填充炭黑的胶料，在无硫化剂时可共硫化，硫化胶的强度及撕裂强度极高，耐磨性好，抗硫化返原性好。在无交联剂的情况下，环氧化天然橡胶与氯丁橡胶及羧基丁腈橡胶的并用胶可共硫化。聚氯乙烯与羧基丁腈橡胶在180℃下共硫化，硫化胶的耐油、耐磨性都高。CR/XNBR并用胶，在适当并用比例下，也可以不加硫化体系，靠自身的活性基团在加热条件下实现自交联。如果给予高温高压条件，BR也可以实现自交联。

因此，选择带活性官能基的配对橡胶，在无特殊交联剂的情况下进行共硫化，是近年来为解决硫化产生的生态问题和改善硫化胶性能的主要方向之一。此外，如在丙烯酸酯橡胶中引入N-烷氧基丙烯酰胺、羟甲基丙烯酰胺等酰胺类化合物，无须另加硫化体系，依靠内部基团，在一定条件下也可实现自交联。

第二节　交　联　剂

2.1　ⅣA族元素

2.1.1　硫黄

（一）普通硫黄

CAS号：7704-34-9，外观为淡黄色脆性结晶或粉末，有特殊臭味，相对分子质量：32.06，蒸气压：0.13 kPa，闪点：168℃，熔点：114℃，沸点：444.6℃，密度：2.36 g/cm^3，不溶于水，微溶于乙醇、醚，易溶于二硫化碳。

硫黄有多种同素异形体，斜方硫又叫菱形硫或α-硫，在95.5℃以下最稳定，密度：2.07 g/cm^3，熔点：112.8℃，沸点：445℃，质脆，不易传热导电；单斜硫又称β-硫，在95.5°以上时稳定，密度：1.96 g/cm^3；弹性硫又称γ-硫，无定形，不稳定，易转变为α-硫。斜方硫和单斜硫都是由S_8环状分子组成，液态时为链状分子组成，蒸气中有S_8、S_4、S_2等分子，1 000℃以上时蒸气由S_2组成。

本品化学性质比较活泼，硫单质既有氧化性又有还原性，能跟氧、氢、卤素（除碘外）、金属等大多数元素化合，生成离子型化合物或共价型化合物。

硫黄粒径不应过小（3～5 μm），否则在混炼中容易结团，使分散困难。

硫黄在胶料中的用量应根据具体橡胶制品的性质而定，大体上可分为三类：1）软质橡胶（如轮胎、胶管、胶带、胶鞋等），硫黄用量一般为0.2～5.0份；2）半硬质橡胶（如胶辊、纺织皮辊等），硫黄用量一般为8～10份；3）硬质橡胶（如蓄电池壳、绝缘胶板等），硫黄用量一般为25～40份。

《工业硫黄　第1部分：固体产品》（GB/T 2449.1—2014）适用于石油炼厂气、天然气等回收制得的工业硫黄，也适用于焦炉气回收以及由硫铁矿制得的工业硫黄。对工业硫黄的技术要求见表1.3.2-1。

表1.3.2-1　对工业硫黄的技术要求

项目		优等品	一等品	合格品
硫（S）（以干基计）（≥），w/%		99.95	99.50	99.0
水分（≤）/%		2.0	2.0	2.0
灰分质量分数[a]（≤）/%		0.03	0.10	0.20
酸度（以H_2SO_4计）（以干基计）（≤），w/%		0.003	0.005	0.02
有机物（以C计）（以干基计）（≤），w/%		0.03	0.30	0.80
砷（As）（以干基计）（≤），w/%		0.000 1	0.01	0.05
铁（Fe）（以干基计）（≤），w/%		0.003	0.005	—
筛余物[a]/%	粒径>150 μm	0	0	3.0
	粒径（75～150）μm	0.5	1.0	4.0

注：a. 筛余物指标仅用于粉状硫黄。

ISO 8332：1997对可溶性硫黄（斜方硫）的技术要求见表1.3.2-2。

表 1.3.2－2　ISO 8332：1997 对可溶性硫黄（斜方硫）的技术要求

项目		W 等	X 等	Y 等	Z 等
油质量分数（以 H_2SO_4 计）（≤）/%		无	1	2.5	5
酸质量分数（≤）/%		0.05	0.05	0.05	0.05
挥发分质量分数（≤）/%		0.30	0.45	0.50	0.55
灰分质量分数[a]（≤）/%		0.40	0.40	0.40	0.40
筛余物质量分数/%	63 μm[b]（≤）	20	未检出	未检出	未检出
	125 μm[b]（≤）	0.2	0.2	0.2	0.2
	180 μm（≤）	0.02	0.02	0.02	0.02
矿物质/%		无	1±0.25	2.5±0.5	5±0.75
砷（≤）/(mg · kg^{-1})		5	5	5	5

注：a. 无机盐包覆的硫黄，如碳酸镁或二氧化硅包覆，可能比给出的技术要求高。
b. 干燥情况下的总计。

硫黄的供应商见表 1.3.2－3、表 1.3.1－4。

表 1.3.2－3　硫黄的供应商（一）

供应商	规格型号	外观	S 含量（≥）/%	加热减量（≤）/%	灰分（≤）/%	酸度［（≤）（以 H_2SO_4 计）］/%
宁波硫华聚合物有限公司	S－80GE F200		99.5	0.5	0.3	
山西阳泉五彩化工有限公司	工农牌	淡黄色粉末	99.5～99.95	1.0	0.10	0.01
山东尚舜化工有限公司	预分散 S－80 黄色颗粒		—	—	—	—
锐巴化工	S－80 GE	淡黄色颗粒	80	0.5	0.3	
	S－80 GS			0.5	0.3	
亚特曼化工有限公司	S－80	淡黄色颗粒	—	—	—	—
苏州硕宏	Sovbond S－80GE	浅黄色颗粒	80±1	0.50	0.20	0.003
	Sovbond S－75GN	浅黄色颗粒	75±1	0.50	0.20	0.003
中山市涵信橡塑材料厂	S－80GEF150	预分散淡黄色颗粒	门尼黏度 ML（1＋4）50℃：40±15，密度：1.56±0.04 g/cm³			

供应商	有机物含量（≤）/%	砷含量（≤）/%	铁含量（≤）/%	200 目筛余物（≤）/%	说明
宁波硫华聚合物有限公司				0.5（63 μm）	EPDM/EVM 为载体
山西阳泉五彩化工有限公司	0.40	0.025	0.002 5	1.0（100 目）	
山东尚舜化工有限公司					80%S、20%EPDM 载体和表面活性剂
锐巴化工					EPDM/EVM 为载体
亚特曼化工有限公司					
苏州硕宏	0.30	0.000 1	0.003	1.0（325 目）	EPDM/EVM 为载体，门尼黏度 ML（1＋4）50℃：50±15，密度：1.62±0.04 g/cm³
	0.30	0.000 1	0.003	1.0（325 目）	NBR 为载体，门尼黏度 ML（1＋4）50℃：60±15，密度：1.55±0.04 g/cm³
中山市涵信橡塑材料厂					本品在加工过程中进行 100 目过滤处理，尤其适用于分散性要求较高的软质胶料。建议用量 0.3～3 phr，硬质胶中的用量可达 55 phr

表 1.3.2-4　硫黄的供应商（二）

供应商	产品	活性化学成分/%	橡胶载体	外观	应用特点
阳谷华泰	母胶片 S-50	50%硫黄	EPDM/EVM	浅黄色片状	预分散母胶片硫黄 S-50，在混炼时能够快速混炼和良好分散与分配
	母胶粒 S-70/NBR	75%硫黄	NBR	浅黄色片状	预分散母胶粒硫黄 S-75，在混炼时能够快速混炼和良好分散与分配，NBR 载体增加了硫黄在 NBR 等极性胶料中的相容性、分散性和共硫化性
	母胶粒 S-70/ECO	70%硫黄	ECO	浅黄色颗粒	氯醇橡胶 ECO、CO 的硫化剂。ECO 载体改善了硫黄在 ECO/CO 胶料中的相容性、分散性和共硫化性
	母胶粒 S-80 母胶粒 S-80/SBR 母胶粒 S-80/SBR/IR 母胶片 S-80/NBR	80%硫黄	EPDM/EVM SBR SBR/IR NBR	浅黄色颗粒 浅黄色颗粒 浅黄色颗粒 浅黄色颗粒	混炼时能够快速混炼和良好分散与分配，提高其硫化活性。SBR 载体增加了硫黄在 NR 和 SBR 等非极性胶料中的相容性、分散性和共硫化性；NBR 载体增加了硫黄在 NBR 等极性胶料中的相容性、分散性和共硫化性

（二）不溶性硫黄（IS）

CAS 号：9035-99-8，可燃的黄色粉末，因其不溶于二硫化碳而得名，也称为无定形硫，是硫的均聚物，是普通硫黄的无毒高分子改性品种，经普通硫黄在高温下熔融、气化后热聚合，通入含稳定剂的介质中骤冷、凝固、粉碎制得，相对密度 1.92 g/cm^3，熔点大于 110℃。不溶性硫黄本质上是一种亚稳态聚合物，其分子链上的硫原子数高达 10^8 以上（有文献认为其分子量为 100 000～300 000），有聚合物的黏弹性和相对分子质量分布，因此也称弹性硫或聚合硫。

不溶性硫黄具有化学和物理惰性，用于橡胶硫化时，不易发生迁移，因而能使硫化橡胶增黏、不喷霜，减少焦烧和延长胶料存放时间，得到了国际橡胶工业的推崇，是公认的最佳硫化剂。使用不溶性硫黄作硫化剂生产的子午线轮胎，其耐磨性比普通轮胎提高 30%～50%，寿命为普通轮胎的 1.5 倍，节省燃油 6%～8%，已成为生产高品质子午线轮胎必不可少的硫化剂。不溶性硫黄通过硫黄聚合反应得到，其工艺路线有很多种，根据升温温度和后期淬冷介质的差异，可分为连续溶剂法、间歇溶剂法和高温水法。国外最具代表性的企业为伊士曼，其生产工艺为连续溶剂法；近年来，国内不溶性硫黄快速发展，主要生产工艺采用间歇溶剂法。

本品可防止胶料喷霜，主要应用于硫黄用量大的橡胶制品中。使用不溶性硫黄配方的加工温度不应超过 100℃，不溶性硫黄作为一种亚稳态，当温度升高以及在碱性物质作用下，它会很快转变为可溶性的斜方硫；温度高于 90℃，时间过长，也会使不溶性硫黄向可溶性硫黄转化。不溶性硫黄极易带有静电。以特殊的分散剂与表面活性剂制成预分散剂，可以使不溶性硫黄在橡胶中得到快速、良好的分散。

橡胶用不溶性硫黄分为非充油型和充油型，《橡胶用不溶性硫黄》（HG/T 2525—2011）对不溶性硫黄的技术要求见表 1.3.2-5。

表 1.3.2-5　《橡胶用不溶性硫黄》（HG/T 2525—2011）对不溶性硫黄的技术要求

项目	指标					
	非充油型		充油型			
	IS 60	IS 90	IS-HS 70-20	IS-HS 60-33	IS 60-10	IS 60-05
外观	黄色粉末		黄色不飞扬粉末			
元素硫的质量分数（≥）/%	99.50		79.00	66.00	89.00	94.00
不溶性硫的质量分数（≥）/%	60.00	90.00	70.00	60.00	54.00	57.00
油的质量分数/%	—		19.00～21.00	32.00～34.00	9.00～11.00	4.00～6.00
热稳定性	—		75.0	75.0	—	—
酸度（以 H_2SO_4 计）的质量分数（≤）/%	0.05					
加热减量（60℃）的质量分数（≤）/%	0.50					
灰分的质量分数（≤）/%	0.30					
筛余物（150 μm）的质量分数（≤）/%	0.10					

ISO 8332：1997 对不可溶性硫黄（无定形硫）的技术要求见表 1.3.2-6。

表 1.3.2-6 ISO 8332：1997 对不可溶性硫黄（无定形硫）的技术要求

项目		F 等	G 等	L 等	M 等	N 等	P 等
不溶性硫黄质量分数（≤）/%		75	63	90	70	50	40
酸质量分数（≤）/%		0.40	0.01	0.50	0.55	0.60	0.65
挥发分质量分数（≤）/%		0.50	0.20	0.50	0.3	0.3	0.3
灰分质量分数[a]（≤）/%		0.30	0.01	0.30	0.30	0.30	0.30
筛余物质量分数/%	63 μm[b]（≤）	未检出	未检出	4.0	未检出	未检出	未检出
	125 μm[b]（≤）	未检出	未检出	0.2	0.2	0.2	0.2
	180 μm（≤）	0.1	0.2	0.02	0.02	0.02	0.02
总硫质量分数/%		80±1	≥99	≥99	80±1	65±1	65±1
矿物油质量分数（≤）/%		20±1	无	无	20±1	35±1	50±1
热返原（总硫）（≤）/%		25	50	50	50	50	50
砷（≤）/(mg·kg^{-1})		5	5	5	5	5	5

注：a. 无机盐包覆的硫黄，如碳酸镁或二氧化硅包覆，可能比给出的技术要求高。
b. 干燥情况下的总计。

拟定中的国家标准《橡胶配合剂　硫黄及试验方法》(GB/T 18952—2017) 硫黄按在 CS_2 中的溶解性分为可溶性硫黄和不溶性硫黄两类。可溶性硫黄按是否充油分为以下两种型号：Ⅰ型，表示非充油型可溶性硫黄；Ⅱ型，表示充油型可溶性硫黄。不溶性硫黄按是否充油分为非充油型不溶性硫黄和充油型不溶性硫黄按硫黄。其中，非充油型不溶性硫黄按硫黄的质量分数分为以下两种型号：IS 60，表示不溶性硫黄质量分数≥60%的非充油型不溶性硫黄；IS 90，表示不溶性硫黄质量分数≥90%的非充油型不溶性硫黄。

充油型不溶性硫黄按高分散性、高热稳定性等分为以下十种型号：1）HD OT-20，表示高分散性油化处理（含油量20%）的不溶性硫黄；2）HS OT-10，表示高热稳定性油化处理（含油量10%）的不溶性硫黄；3）HS OT-20，表示高热稳定性油化处理（含油量20%）的不溶性硫黄；4）HS OT-33，表示高热稳定性油化处理（含油量33%）的不溶性硫黄；5）IS 8010，表示含油量10%、不溶性硫黄质量分数≥81%的不溶性硫黄；6）IS 7520，表示含油量20%、不溶性硫黄质量分数≥75%的不溶性硫黄；7）IS 7020，表示含油量20%、不溶性硫黄质量分数≥72%的不溶性硫黄；8）IS 6033，表示含油量33%、不溶性硫黄质量分数≥60%的不溶性硫黄；9）IS 6010，表示含油量10%、不溶性硫黄质量分数≥60%的不溶性硫黄；10）IS 6005，表示含油量5%、不溶性硫黄质量分数≥60%的不溶性硫黄。

非充油型不溶性硫黄标记如下：

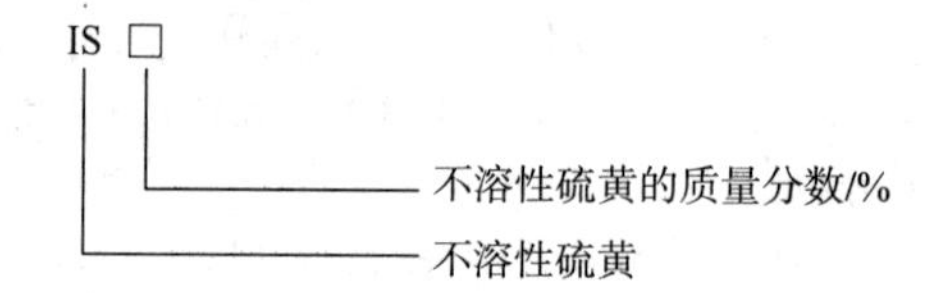

高性能不溶性硫黄标记如下：

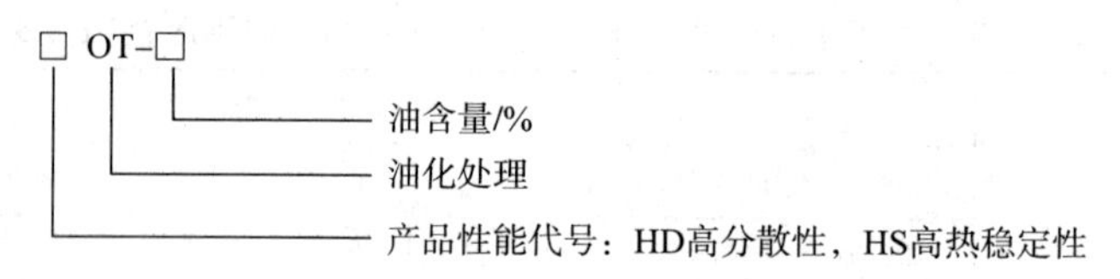

普通充油型不溶性硫黄标记如下：

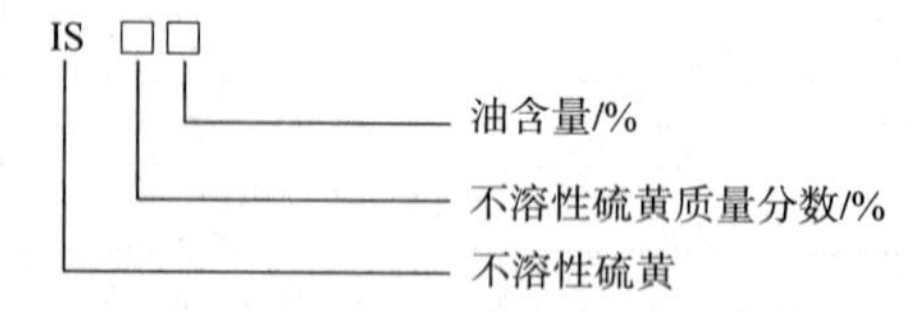

拟定中的国家标准《橡胶配合剂　硫黄及试验方法》(GB/T 18952—2017) 对硫黄的技术要求见表 1.3.2-7～表 1.3.2-9。

表 1.3.2-7 可溶性硫黄的技术要求和相应的试验方法

项　目	指　标	
	Ⅰ型	Ⅱ型
外观	黄色粉末	黄色不飞扬粉末
加热减量 (80℃±2℃)(≤)/%	0.50	0.50

续表

项　目	指　标	
	Ⅰ型	Ⅱ型
灰分（600℃±25℃）(≤)/%	0.15	0.15
筛余物（75 μm）(≤)/%	4.0	4.0
酸度（以 H_2SO_4 计）(≤)/%	0.10	0.10
总硫含量/%	≥99.5	94～96
油含量/%	—	4～6

表 1.3.2-8　非充油型不溶性硫黄的技术要求和相应的试验方法

项　目	指　标	
	IS 60	IS 90
外观	黄色粉末	
加热减量（80℃±2℃）(≤)/%	0.50	0.50
灰分（600℃±25℃）(≤)/%	0.15	0.15
筛余物（150 μm）(≤)/%	1.0	1.0
酸度（以 H_2SO_4 计）(≤)/%	0.10	0.10
总硫含量（≥）/%	99.5	99.5
不溶性硫含量（≥）/%	60	90

表 1.3.2-9　充油型不溶性硫黄的技术要求和相应的试验方法

项　目	指　标									
	HD OT-20	HS OT-10	HS OT-20	HS OT-33	IS 8010	IS 7520	IS 7020	IS 6033	IS 6010	IS 6005
外观	黄色不飞扬粉末									
加热减量（80℃±2℃）(≤)/%	0.50									
灰分（600℃±25℃）(≤)/%	0.15									
筛余物（150 μm）(≤)/%	—	1.0								
酸度（以 H_2SO_4 计）(≤)/%	0.05									
总硫含量/%	78.5～81.5	5.7	79～81	66～68	89～91	79～81	79～81	66～68	89～91	94～96
不溶性硫含量（≥）/%	72	5.8	72	60	81	75	72	60	60	60
油含量/%	18.52～1.5	9～11	19～21	32～34	9～11	19～21	19～21	32～34	9～11	4～6
热稳定性（105℃）(≥)/%	80				75				—	
热稳定性（120℃）(≥)/%	50				—					

不溶性硫黄的供应商见表 1.3.2-10。

表 1.3.2-10　不溶性硫黄的供应商

供应商	规格型号	外观	元素硫总含量(≥)/%	不溶性硫含量（占元素硫含量）(≥)/%	油含量/%	酸度（以 H_2SO_4 计）(≤)/%	灰分(≤)/%	加热减量（60℃）(≤)/%	筛余物 150 μm (≤)/%	热稳定性 120℃×15′（不溶性硫余值）(≥)/%
宁波硫华	IS 60-75GE F500	黄色颗粒	98.5	60	EPDM/EVM 载体	—	0.3	0.5	0.5	—

续表

供应商		规格型号	外观	元素硫总含量（≥）/%	不溶性硫含量（占元素硫含量）（≥）/%	油含量/%	酸度（以H_2SO_4计）（≤）/%	灰分（≤）/%	加热减量（60℃）（≤）/%	筛余物 150 μm（≤）/%	热稳定性 120℃×15′（不溶性硫余值）（≥）/%
山东尚舜化工	充油型普通不溶性硫黄	IS 8010	黄色粉末	89～91	—	10.0±1.0	0.05	0.30	0.50	1.0	—
		IS 7720		79～81	—	20.0±1.0					—
		IS 7520		79～81	—	20.0±1.0					—
		IS 7020		79～81	—	20.0±1.0					—
		IS 6033		66～68	—	33.0±1.0					—
		IS 6010		89～91	—	10.0±1.0					—
		IS 6005		94～96	—	5.0±1.0					—
	充油型高热稳定性不溶性硫黄	HS OT-10	黄色粉末	89～91	90	10.0±1.0	0.05	0.30	0.50	1.0	(105℃×15′: 75)
		HS OT-20		79～81	90	20.0±1.0					
天津东方瑞创	充油型高分散型不溶性硫黄	IS-6005	黄色粉末	95.0	60.0	5.0±0.5	0.05	0.10	0.30	0.20	—
		IS-6010		90.0	60.0	10.±1.0	0.05	0.10	0.30	0.20	—
		HS-8010		89～91	90.0	10.±1.0	0.05	0.10	0.50	0.20	(105℃×15′: 75)
		HS-7020		79～81	90.0	20.0±1.0	0.05	0.10	0.50	0.20	
		HS-6033		66～67	90.0	33.0±1.0	0.05	0.10	0.50	0.20	50 (105℃×15′: 80)
		HD OT-20		79～81	90.0	20.0±1.0	0.05	0.10	050	0.20	
锐巴化工	预分散型	IS-75 GE	淡黄色颗粒	98.5	60.0	—	0.05	0.3	0.5	0.3	EPDM 载体
		IS-75 GS		98.5	60.0	—	0.05	0.3	0.5	0.3	SBR 载体
苏州硕宏	预分散型	IS60-75GE	黄色颗粒	98.5	60.0		0.05	0.3	0.5	0.3	EPDM 载体
		IS90-65GE		98.5	90.0		0.05	0.3	0.5	0.3	EPDM 载体
阳谷华泰	充油型高分散性	HDOT20	黄色不飞扬粉末	80	90	20	在橡胶加工过程中具有优异的流动性能和分散性能				
		HDOT25		—	—	—					
	充油型高热稳定性	HSOT20		80	90	20	在橡胶加工过程中较高温度下不易发生返原，有效防止喷霜				
	充油型普通不溶性硫黄	OT33		—	—	—	在橡胶加工过程中分散性能优良，降低粉尘改善操作环境				
	母胶粒	IS7520-80	黄色颗粒	65%总硫（60%不溶性硫黄+5%硫）			EPDM/EVM 载体				
		IS7520-80/SBR					SBR/IR 载体				
		IS90-65					EPDM/EVM 载体				
		IS90-65/SBR					SBR/IR 载体				
		IS7020-80		65%总硫（56%不溶性硫黄+9%硫）			EPDM/EVM 载体				
		IS7020-80/SBR					SBR/IR 载体				
		HD OT 20-80/SBR		80%不溶性硫黄 HD OT 20			SBR 载体				
		HD OT 20-80					EPDM/EVM 载体				

（三）胶体硫黄与包覆硫黄

通过胶体磨上的研磨或者从胶体溶液中硫黄的沉淀析出而获得的胶体硫黄，是一种十分细微的微粒，适用于橡胶胶浆与胶乳，很少沉降，并能很好分散。

硫黄经无机盐如碳酸镁或二氧化硅等包覆处理，可提高硫黄在橡胶中的分散性，并减少硫黄自身的结团现象，在混炼过程中的分散效果较好，同时可减轻加工过程中的粉尘飞扬，保护环境，保护操作人员。

元庆国际贸易有限公司代理的德国 D. O. G 公司 L95 胶质硫黄的物化指标为：

成分：99.5%可溶性硫黄以 0.5%分散剂涂覆，外观：黄色无尘粉末，比重（20℃）：2.0，储存性：室温、干燥至少二年。

本品以分散剂涂覆硫黄，可防止储存、运送和掺和时结块，以及避免粉尘飞扬现象；本品易掺和及均匀分散，无局部过硫化现象，可制得耐老化的硫化胶；适用于天然橡胶、合成橡胶及乳胶，在 NBR 中有相当优异的分散性。

用量：一份 L95 相等于一份硫黄。

2.1.2 硒和碲

硫黄用于天然橡胶和各类合成橡胶，是通用硫化剂；硒和碲用于天然橡胶和丁苯橡胶作第二硫化剂，单用不起交联作用。硒为红色至灰色粉末，相对密度 4.26 g/cm^3，熔点 217℃；碲为灰色粉末，相对密度 6.24 g/cm^3，熔点 452℃，碲的活性比硒差。在胶料中的用量为：硒，0.04～0.08；碲，0.04～0.08。

硒和碲在硫黄硫化体系中使用时，能缩短硫化时间，提高定伸应力，改善拉伸强度和耐磨性，但会降低伸长率；能防止过硫和喷霜；在无硫秋兰姆硫化体系中使用能改善耐老化性能。

硒和碲有毒，不宜用于与食品接触的制品。

2.2 含硫化合物

含硫化合物，也称硫载体，在硫化过程中能释放出活性硫，故又称“硫黄给予体”。含硫化合物用于半有效硫化体系时，能显著改善制品的耐热性能。用作交联剂的含硫化合物见表 1.3.2-11。

表 1.3.2-11 用作交联剂的含硫化合物

名 称	化学结构	性状		
		外观	相对密度/(g·cm^{-3})	熔点/℃
二氯化二硫（一氯化硫）	sulfur monochloride Cl—S—S—Cl	黄红色液体，有刺激性、窒息性恶臭，在空气中强烈发烟。遇水分解为硫、二氧化硫、氯化氢。熔点-80℃，沸点 137.1℃，密度 1.688 g/cm^3。本品室温下稳定，100℃时分解为相应单质，300℃时则完全分解。用作橡胶的低温硫化剂、黏结剂和发泡剂		
二氯化硫	sulfur dichloride Cl—S—Cl	暗红色或淡红色液体，有刺激性臭味，熔点-78℃，59.6℃分解，密度 1.621 g/cm^3。本品为酸性腐蚀品，溶于水且剧烈反应		
4，4′-二硫代二吗啉（促进剂 DTDM）	详见本节 2.2.1			
四硫代二吗啉（硫化剂 THDM）	morpholine tetrasulfide O(CH$_2$—CH$_2$)$_2$N—S—S—S—S—N(CH$_2$—CH$_2$)$_2$O	淡黄粉末		114
4，4′-六硫代二吗啉（硫化剂 HTDM）	详见本节 2.2.3			
N，N′-二硫化二己内酰胺［硫化剂 CLD（DTDC）］	详见本节 2.2.2			
三硫化双（二乙基硫化磷酰）	bis（diethyl thiophosphoryl）trisulphide (C$_2$H$_5$O)$_2$P(=S)—S—S—S—P(=S)(OC$_2$H$_5$)$_2$	乳白粉末	1.44	
脂肪族多硫化物［硫化剂 VA-7（JL-1）］	详见本节 2.2.4			
烷基苯酚一硫化物	alkylphenolmonosulfide	棕色树脂状	1.11～1.12	45～55（软化）
烷基苯酚二硫化物（硫化剂 V TB-710 或 Vultac-5）	Alkylphenodisulfide 详见本节 2.5.2	棕色树脂状粉末或固体，结合硫含量 28%左右，相对密度为 1.1～1.4 g/cm^3，软化点温度为 70～95℃。本品能够改善氯化丁基胶活性，使其同步均匀硫化，提高硫化效率，减少制品次品率；还可作为增黏剂用于丁苯/丁腈并用胶，提高丁苯/丁腈并用胶操作性能，改善混炼胶的加工性能		

续表

名　称	化学结构	性　状		
		外观	相对密度/($g \cdot cm^{-3}$)	熔点/℃
二环己基四硫代二嗪	dicyclohexyl tetrathiazin 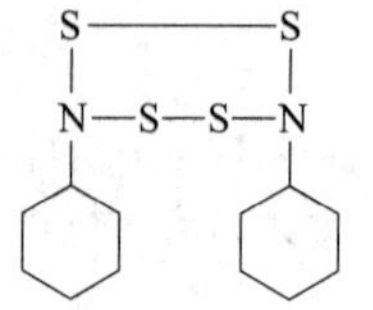 S———S |　　| N—S—S—N (两个N上各连一个环己基)	片状结晶		128.5
双（3-三乙氧基硅烷丙基）四硫化物（Si-69）	详见本手册第一部分　第八章 1.1.1、硅烷偶联剂 KH-845-4（Si-69），双-[丙基三乙氧基硅烷]-四硫化物、双-（γ-三乙氧基硅基丙基）四硫化物			
异丙基黄原酸酯多硫化合物	详见本节 2.2.5			

应避免人体皮肤及眼部接触含硫化合物。

一氯化硫可用于常温硫化，将橡胶薄制品浸入一氯化硫中或把一氯化硫直接加入胶乳中即可硫化。一氯化硫和二氯化硫不宜用于氯丁橡胶；由于有毒，有刺激性气味，也不宜用于与食物接触的制品。

Si-69 用作硫化剂时，一般用于轮胎等厚制品。

此外，含二硫、四硫、六硫的秋兰姆类促进剂也常用作无硫或低硫配合的交联剂。常用的含硫化合物的有效硫含量见表 1.3.2-12。

表 1.3.2-12　常用的含硫化合物的有效硫含量

名称	有效硫含量/%	名称	有效硫含量/%	名称	有效硫含量/%
二硫化四甲基秋兰姆（TMTD）	13.3	四硫化四甲基秋兰姆（TMTS）	31.5	二硫化二吗啉（DTDM）	13.6
二硫化四乙基秋兰姆（TETD）	11.0	四硫化双环五次甲基秋兰姆（TRA）	25	苯并噻唑二硫化吗啉（MDB）	13.0

2.2.1　促进剂 DTDM，化学名称：4，4′-二硫代二吗啉

结构式：

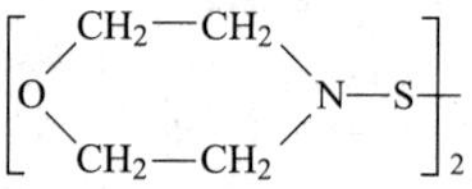

$$\left[O \langle \begin{matrix} CH_2—CH_2 \\ CH_2—CH_2 \end{matrix} \rangle N—S— \right]_2$$

分子式：$C_8H_{16}N_2O_2S$，相对分子质量：236.27，CAS NO：103-34-4，相对密度 1.32～1.38 g/cm^3，白色粉末（颗粒），溶于苯、四氯化碳，稍溶于丙酮、汽油，难溶于乙醇、乙醚，不溶于水，遇无机酸或无机碱分解，在常温下储存稳定。无毒，有鱼腥味。触及皮肤或黏膜能引起强而持久的辛辣感。

本品可用作天然橡胶和合成橡胶的硫化剂和促进剂。使用本品胶料不喷霜、不污染、不变色、易分散；用于有效和半有效硫化体系时所得硫化胶耐热性能和耐老化性能良好；在硫化温度下能释放活性硫，有效硫含量为 27%，硫化温度范围宽（140～180℃，也有文献认为可达到 200℃），操作安全，单独使用时硫化速率慢，与噻唑类、秋兰姆类、次磺酰胺类及二硫代氨基甲酸盐类并用能提高硫化速率。按照 DTDM 的特殊化学结构，在硫化温度下，除了释放出活性硫外，同时分解出具有仲胺结构特征的吗啉自由基。这种自由基具有胺类防老剂的耐热抗氧性能，而且能延迟焦烧时间，起硫后加快硫化速率。所以，DTDM 兼有硫化剂、促进剂、防老剂和防焦剂的综合性能，但在硫化过程中会产生致癌的亚硝胺化合物。

本品尤其适用丁基橡胶，主要用于制造轮胎、丁基内胎、胶带和耐热橡胶制品，也用于高速公路的沥青稳定剂。在天然橡胶、异戊橡胶中通常用量 1.0～2.0 份；在丁苯橡胶、丁腈橡胶中用量 1.25～1.50 份；在丁基橡胶中用量 2.0～2.5 份；在乙丙橡胶中用量 0.5～1.5 份。在 CR 中，DTDM 有延缓焦烧与硫化的作用。

DTDM 和四硫代吗啉粉尘与空气的混合物有爆炸的危险，宜避光、密闭贮存。

促进剂 DTDM 的供应商见表 1.3.2-13。

表 1.3.2－13　促进剂 DTDM 的供应商

供应商	规格型号	纯度(≥)/%	初熔点(≥)/℃	加热减量(≤)/%	灰分(≤)/%	筛余物(63 μm)(≤)/%	20℃时的密度/(g·cm⁻³)	堆积密度/(g·cm⁻³)	活性含量/%	备注
宁波硫华	DTDM－80GE F200	96	120	0.5	0.5	0.8	1.10	—	80	EPDM/EVM 为载体
鹤壁联昊	粉料	96.0	120.0	0.40	0.40	0.50	1.330	0.550～0.600	—	—
	防尘粉料	95.0	120.0	0.40	0.40	—	1.330	0.550～0.600	—	—
	直径 2 mm 颗粒	95.0	120.0	0.40	0.40	—	1.330	0.550～0.600	—	—
锐巴化工	DTDM－80 GE	96.0	120.0	0.3	0.5	0.6	1.150	—	80	EPDM 载体
	DTDM－80 GS	96.0	120.0	0.3	0.5	0.6	1.150	—	80	SBR 载体
阳谷华泰	DTDM－80	80	—	—	—	—	—	—	—	EPDM/EVM 为载体
苏州硕宏	DTDM－80 GE	96.0	120.0	0.3	0.5	0.6	120+0.04	门尼黏度 60±15	80	EPDM 载体

2.2.2　硫化剂 CLD（DTDC），化学名称：N，N′-二硫化二己内酰胺

结构式：

N－N′－caprolactam disulfide

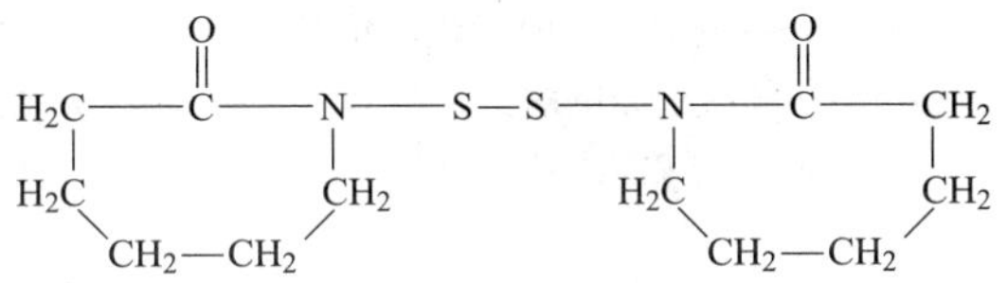

分子式：$C_{12}H_{20}N_2O_2S_2$，相对分子质量 288.43，CAS 号：23847－08－7，溶于苯、四氯化碳，稍溶于丙酮、汽油，难溶于乙醇、乙醚，不溶于水，纯品为乳黄色粉末，相对密度 1.3 g/cm³，熔点 100℃，有毒，常温下贮存稳定，可引起皮肤过敏肿胀。

本品主要用作天然橡胶、丁苯橡胶、丁腈橡胶的硫化剂，是替代 DTDM 的无亚硝胺的环保型硫化剂，易分散，操作安全；硫化特性及物理机械性能与 DTDM 略有差异，需根据实际使用要求，酌情调整配方。硫化胶具有良好的力学性能，抗硫化返原，耐热，耐老化，压缩永久变形小。适用于制造电线、电缆、耐热制品、厚制品和医用栓塞等。因具有不喷霜、焦烧安全、硫化速率快的特点，是轮胎等大型模型橡胶制品、耐热橡胶制品、卫生橡胶制品及彩色橡胶制品的最佳硫化剂。通常用量：在 SBR、NBR 中用量为 0.75～2.0 份；在 IIR 中用量为 1.5～2.5 份；在 NR 中用量为 1.8～2.2 份。

硫化剂 CLD 的供应商见表 1.3.2－14。

表 1.3.2－14　硫化剂 CLD 的供应商

供应商	商品名称	外观	初熔点(≥)/℃	含量(≥)/%	硫含量/%	灰分(≤)/%	加热减量(≤)/%	63 μm 筛余物(≤)/%	密度/(g·cm⁻³)	备注
宁波硫华	CLD－80GE F500	灰白色颗粒	120	97	21.0～24.0	0.5	0.5	0.8	1.12	EPDM/EVM 为载体
济南正兴	DTDC	白色或者乳黄色粉末	120	—	—	0.5	0.5	—	—	—
阳谷华泰	DTDC	白色粉末	130	—	—	0.5	0.5	—	—	—
	DTDC－80	乳白色颗粒	—	—	—	—	—	—	—	EPDM/EVM 为载体

2.2.3　硫化剂 HTDM，化学名称：4，4′-六硫代二吗啉

分子式：$C_8H_{16}N_2O_2S_6$，淡黄色针状结晶，熔点 116～120℃，密度 1.32～1.38 g/cm³，溶于苯、四氯化碳，相溶于丙酮、汽油，难溶于乙醇、乙醚，不溶于水。

结构式：

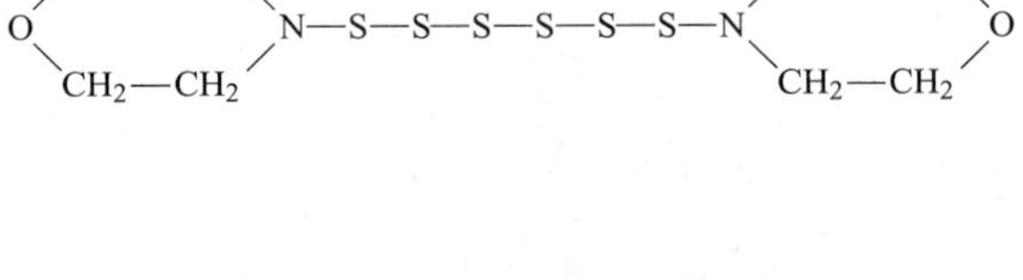

本品用作天然胶及合成胶的硫化剂、促进剂。作硫化剂时，在硫化温度下能释放活性硫，含量约为53%，操作安全。相比DTDM胶料，其硫化温度的范围宽（140～180℃），而且具有优异的抗还原性，能提高硫化胶的物理机械性能和耐老化性能。使用本品的胶料不喷霜、不污染、不变色。与秋兰姆、噻唑类促进剂并用，可提高硫化速率。作硫化剂添加量为1～2份，作促进剂添加量为0.5～2份。

硫化剂HTDM的供应商见表1.3.2-15。

表1.3.2-15　硫化剂HTDM的供应商

供应商	外观	熔点(≥)/℃	加热减量(≤)/%	灰分(≤)/%	筛余物(150 μm)(≤)/%
三门峡邦威化工	浅黄色针状晶体	116.0	0.50	0.50	0.01

2.2.4　硫化剂VA-7（JL-1），化学名称：脂肪族多硫化物，脂肪族醚多硫化物

分子式：$(C_5H_{10}O_2S_4)_n$，分子量：296.54×n，纯品为黄色黏稠液体，稍有硫醇气味，相对密度1.42～1.47 g/cm^3，26.7℃时的黏度为5～20 Pa·s，贮藏稳定。

结构式：

aliphatic polysulfid

—R—S_4—R—

R为脂肪族醚　或 $(C_2H_4—O—CH_2—O—C_2H_4—S—S—S—S)_n$

本品为天然橡胶、丁苯橡胶、丁腈橡胶及其他不饱和橡胶的硫化剂，在橡胶中极易分散，受热流动性和分散性加强。用本品比用硫黄交联效率高，交联时形成更多的单硫键和双硫键，多硫键比硫黄硫化大大减少。由于没有硫黄析出喷霜的危险，用量可高达5～7份。硫化胶拉伸强度大、变形小，耐老化、耐热性能好，高温下的力学性能保持良好。本品主要用于制造电线电缆，由于没有游离硫，可以保护铜色，防止铜害。本品可代替或部分代替硫化剂DTDM使用，避免或减少DTDM的亚硝胺致癌物质生成。也可用于制造轮胎的白胎侧胶料。

本品在橡胶制品中的一般用量为2～3份。

硫化剂VA-7的供应商见表1.3.2-16。

表1.3.2-16　硫化剂VA-7的供应商

供应商	规格型号	外观	含量（硫）(≥)/%	灰分(≤)/%	加热减量(≤)/%	总氯量(≤)/%	pH值	载体
三门峡邦威化工	一级品	微黄色油状液体	48～52	—	1.0	4.0	6～8	—
	合格品		47～54	—	2.0	4.0	6～8	—
济南正兴橡胶助剂有限公司	Ⅰ型	微黄色油状液体	48～52	6～8	2.0	4.0	6～8	—
	Ⅱ型	淡黄色粉末或颗粒	32～36	30	2.0	3.0	6～8	白炭黑

2.2.5　异丙基黄原酸酯多硫化合物

本品是天然橡胶和合成橡胶的硫化剂、促进剂。异丙基黄原酸多硫化物不含氮，不产生亚硝胺；与TBzTD并用替代TMTD，可用于NR、SBR的制品，有助于提高耐磨性。主要用于汽车密封件、胶管、鞋底等产品。

异丙基黄原酸多硫化物的供应商见表1.3.2-17。

表1.3.2-17　异丙基黄原酸多硫化物的供应商

供应商	规格型号	外观	含量(≥)/%	熔点/凝固点(≤)/℃	pH值
阳谷华泰	HT-100	深黄色液体	92	-20.0	2.0～3.0

2.2.6　其他硫载体

其他硫载体的供应商见表1.3.2-18。

表 1.3.2-18　其他硫载体的供应商

供应商	规格型号	外观	化学组成	硫含量(≥)/%	熔点/软化点/凝固点(≤)/℃	pH 值	说明
阳谷华泰	TB710	浅棕色至深棕色颗粒		26.4～28.4	75-95	2.0～3.0	硫黄给予体，可作为全钢及半钢子午胎特殊用硫化剂；环保型硫化剂，硫化过程中不产生亚硝胺致癌气体；在半有效和有效硫化配方体系中，可代替硫黄、DTDM 使用；硫化特性及物理机械性能与 DTDM 有差异，需根据实际使用要求，酌情调整配方

2.3　醌类化合物

醌肟硫化剂，配以活性剂 Pb_3O_4、PbO、DPG、DM，可交联链烯烃橡胶，形成 C-N 交联键，具有很高的热稳定性、电绝缘性，已成功用于 IIR 的连续硫化，对 EPDM 也有实用价值，对 NBR 只用于特殊用途。但醌肟硫化体系容易使大分子老化降解，压缩永久变形也比有效硫化体系大。[4]

醌类化合物在胶料中易分散，硫化速率快，定伸应力高，使用醌类硫化的胶料与金属黏合性能好。由于临界温度低，有焦烧倾向，硬脂酸、槽法炭黑缩短 t_s；硫黄、秋兰姆类则可抑制焦烧。[4]醌肟硫化体系，配入硫黄能改善硫化胶性能，加入 ZnO 有利于硫化。

醌类化合物有毒，其粉尘和空气的混合物有爆炸危险；不宜配用硬脂酸、槽黑等酸性物质；有污染性，不宜用于白色或浅色制品。

用作交联剂的醌类化合物见表 1.3.2-19。

表 1.3.2-19　用作交联剂的醌类化合物

名称	化学结构	性状		
		外观	相对密度	熔点/℃
对醌二肟（QDO）	详见本节 2.3.3			
对-二苯甲酰苯醌二肟（DBQD、DBGMF）	*p*-dibenzoylquinonedioxime 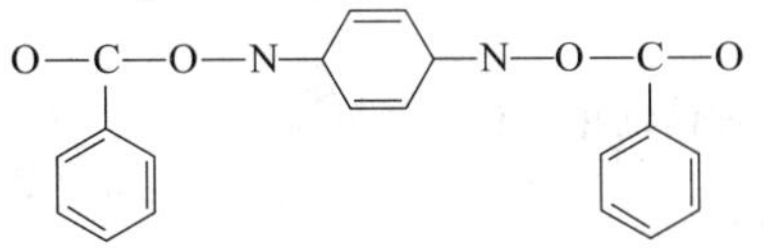	紫灰色粉末，相对密度 1.37 g/cm³，分解温度大于 200℃。本品无毒，作为橡胶硫化剂，用于天然橡胶和丁苯等合成橡胶，特别适用于丁基橡胶。性能与对醌二肟相近，但由于结构中含有苯甲酰基，故比对醌二肟具有更强的硫化迟效性，不易焦烧。也用作金属氧化物硫化剂的促进剂		
四氯代对苯醌	tetrachloro-*p*-benzoquinone 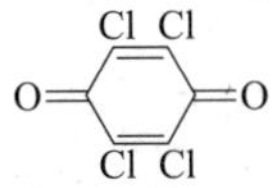	金黄粉末，相对密度 1.97 g/cm³，熔点 289℃，对水生生物有极高毒性，吸入有害		
聚对二亚硝基苯	poly-*p*-dinitrosobenzene 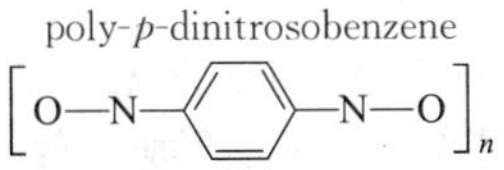	棕色粉末，相对密度 1.3 g/cm³，熔点 52℃，闪点 103.5℃，沸点 259.7℃。本品是低温硫化氯化橡胶的促进剂，亦可作为 IIR 的活性剂，会产生轻微的变色，几乎无味且不会产生喷霜		
1，4-双（β-羟基乙氧基）苯[对苯二酚-双（β-羟乙基）醚，聚氨酯扩链剂 HQEE]	详见本节 2.3.1			

醌类化合物适用于天然橡胶、丁苯橡胶等，特别适用于丁基橡胶，用于制造胶布、水胎、电线、电缆的绝缘层及耐热垫圈，也可用于自硫化型胶黏剂。

在丁基橡胶中使用时，用量为 1.0～2.0 份，并配以 6.0～10.0 份 PbO_2 或 Pb_3O_4，也可配用 2.0～4.0 份促进剂 MBTS（DM）；在聚硫橡胶中使用时，用量为 1.5 份左右，并配以 0.5 份 ZnO。

2.3.1　聚氨酯扩链剂 HQEE，化学名称：对苯二酚-双（β-羟乙基）醚

分子式：$C_{10}H_{14}O_4$，相对分子质量：198.22，CAS 号：104-38-1，相对密度：1.34 g/cm³。结构式：

$$HOCH_2CH_2O-C_6H_4-OCH_2CH_2OH$$

《聚氨酯扩链剂 HQEE》(HG/T 4228—2011)适用于由对苯二酚和环氧乙烷缩合制成的聚氨酯扩链剂 HQEE。聚氨酯扩链剂 HQEE 的技术要求见表 1.3.2-20。

表 1.3.2-20 聚氨酯扩链剂 HQEE 的技术要求

项目	指标
外观	白色粉末
初熔点(≥)/℃	98.0
水分(≤)/%	0.10
纯度[a](GC)(≥)/%	98.0
羟值/($mgKOH \cdot g^{-1}$)	555±5

注:a. 根据用户要求检验项目。

聚氨酯扩链剂 HQEE 的供应商有苏州市湘园特种精细化工有限公司等。

2.3.2 聚氨酯扩链剂 HER,化学名称:间苯二酚-双(β-羟乙基)醚

分子式:$C_{10}H_{14}O_4$,相对分子质量:198.22,CAS 号:102-40-9。结构式:

$HOCH_2CH_2O$—(苯环)—OCH_2CH_2OH

《聚氨酯扩链剂 HER》(HG/T 4229—2011)适用于由间苯二酚和环氧乙烷缩合制成的聚氨酯扩链剂 HER。聚氨酯扩链剂 HER 的技术要求见表 1.3.2-21。

表 1.3.2-21 聚氨酯扩链剂 HER 的技术要求

项目	指标
外观	白色粉末
初熔点(≥)/℃	83.0
水分(≤)/%	0.10
纯度[a](GC)(≥)/%	98
羟值/($mgKOH \cdot g^{-1}$)	555±5

注:a. 根据用户要求检验项目。

聚氨酯扩链剂 HER 的供应商有苏州市湘园特种精细化工有限公司等。

2.3.3 对醌二肟(QDO、GMF)

分子式 $C_6H_6O_2N_2$,分子量:138,CAS 号:105-11-3,纯品为淡黄色针状结晶,工业品为浅灰色粉末,相对密度 1.2~1.4 g/cm^3,240℃分解。本品有毒、可燃,可快速分散于橡胶中,但比其他促进剂分散慢。

结构式:

p-quinonedioxime

HO—N=(环)=N—OH

本品是一种并用氧化剂,如红铅用于 NR、SBR,多硫及特殊 IIR 之无硫硫化的超速促进剂,丁基橡胶胶黏剂的硫化剂。本品可用噻唑类促进剂活化,当与 MBTS 或红铅并用时在室温下不加硫黄可迅速硫化。要提高加工安全性可与硫黄、秋兰姆类、噻唑类及二硫代氨基甲酸盐类并用。所得硫化胶具有较高的定伸应力,非常好的耐老化性及好的电性能。本品也可用作橡胶与金属的黏合剂。本品主要用于丁基橡胶制品,特别是内胎;还可用作分析试剂等。参考用量 1~3 份。

本品有毒,操作时应佩戴合成橡胶手套和防尘口罩,防止皮肤接触和吸入,远离明火和高温热源。阴凉通风处密闭贮存。保质期 12 个月,过期复检合格仍可使用。运输过程中防止雨淋和曝晒,不能与强氧化剂混运。

对醌二肟的供应商见表 1.3.2-22~表 1.3.2-23。

表 1.3.2-22 对醌二肟的供应商(一)

供应商	外观	含量(≥)/%	分解温度/℃	乙醇溶解试验	加热减量(≤)/%	灼烧残渣(≤)/%
三门峡邦威化工	浅黄至浅棕色结晶	95	230~240	合格	0.2	0.5

表 1.3.2-23 对醌二肟的供应商（二）

供应商	型号规格	活性含量/%	剂型	颜色	备注
元庆国际贸易有限公司（法国 MLPC）	BQD 30 DS（1）	30	石英-高岭土	灰白-土黄色	分散固体
	BQD 30 DX（2）	30	二甲苯	棕色	分散泥浆
	BQD 50 HU（3）	50	水	灰白-土黄色	分散泥浆

2.4 有机过氧化物

有机过氧化物的分解及交联均为自由基反应，过氧化物硫化剂用量随胶种不同而不同，可以使大部分橡胶交联，包括饱和与不饱和橡胶；但 IIR、CR、CSM、CO 与 ECO 除外，加入过氧化物后，丁基橡胶等不是产生交联，而是发生降解，降解通过自由基取代机理进行，如图 1.3.2-1 所示。

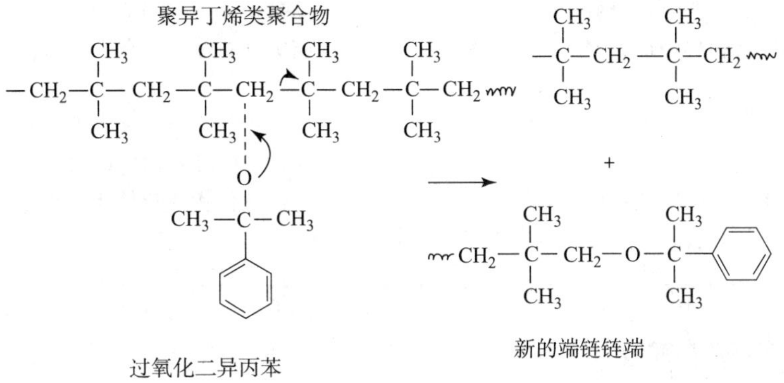

聚异丁烯类聚合物

过氧化二异丙苯

新的端链链端

图 1.3.2-1 聚异丁烯的过氧化物降解

然而，溴化丁基橡胶可以用过氧化物交联。为了达到最佳硫化，需要使用活性助剂，如苯基双马来酰亚胺（HVA-2)。一般使用 1.0～2.0 份过氧化二异丙苯和 0.5～1.5 份 HVA-2 能够使炭黑填充和陶土填充的溴化丁基橡胶胶料达到足够的硫化程度。

有机过氧化物硫化体系的特点为：1）硫化胶的网络结构为 C-C 键，键能高，化学稳定性高，具有优异的抗热氧老化性能；2）硫化胶永久变形低，弹性好，但动态性能差；3）加工安全性差，过氧化物价格昂贵；4）在静态密封或高温的静态密封制品中有广泛的应用；5）过氧化物硫化体系对于并用橡胶比使用硫黄/促进剂更有效，不但能使各相橡胶相内交联，而且在相界面共交联，改进硫化胶的物理化学性能。

含羧基的过氧化物（如过氧化二苯甲酰）的特点是对酸的敏感性小，分解温度低，炭黑会严重干扰交联。不含羧基的过氧化物（如过氧化二异丙苯）特点是对酸的敏感性大，酸使其发生离子型分解失去交联效力，其分解温度高，对氧的敏感性较小。

过氧化物分解后脱除橡胶中的氢引发大分子的自由基反应形成 C-C 交联，大分子链上不同碳原子上的氢脱除难易顺序为：叔氢＞仲氢＞伯氢，加上各种橡胶对过氧化物分解的效应不同，使得同一过氧化物对各种橡胶的交联效率不同。将 1 mol 的有机过氧化物能使多少摩尔橡胶单元链节产生化学交联定义为过氧化物的交联效率，若 1 mol 的过氧化物能使 1 mol 的橡胶单元链节交联，规定其交联效率为 1。对于 DCP，有：SBR 的交联效率 12.5，BR 的交联效率为 10.5，EPDM、NBR、NR 的交联效率为 1，CR 的交联效率为 0.5，IIR 的交联效率为 0。对于 EPM，按乙烯单体质量分数变动情况有：含 10%的交联效率为 0.1，含 58%的交联效率为 0.34，含 65%的交联效率为 0.40，含 67%的交联效率为 0.65，含 75%的交联效率为 0.7。排除炭黑之类因素的效应，交联密度可定性评价交联效率。为保证橡胶制品具有适宜的交联密度，按照 100 份橡胶，通常 NR、NBR、EPDM 取 0.008 mol 的 DCP，SBR、BR 取 0.005 mol 的 DCP，EPM 取 0.01 mol 的 DCP。以硫化仪的 t_{90} 评价硫化速率的同时，在排除填充剂、软化剂等因素，只研究硫化体系效应的前提下，可使用相应扭矩定性、快速评估交联密度以致交联效率。[4]

过氧化物硫化体系中，ZnO 起催化脱氢作用（部分文献认为其作用是提高胶料的耐热性而不是活化剂是不科学的，可参考半导体物理、磷光体和半导体固相催化和相转移催化等有关文献；另外，苏联科学家主张表面催化作用），一般用量为 5 份左右；硬脂酸会阻碍过氧化物的交联，少量使用可提高 ZnO 在橡胶中的溶解度和分散性，一般为 0.5 份左右。

有机过氧化物硫化体系形成 C-C 交联，键能为 352 kJ·mol^{-1}，耐热，压缩永久变形小，抗蠕变性优异。鉴于过氧化物自由基也有使主链断裂的可能，配用共硫化剂（助交联剂，相当于活性剂）阻止这种倾向，也可改进一些性能。共硫化剂包括硫、给硫体、烯丙基化合物（如 TAC、TAIC 等）、对醌二肟（GMF)、HVA-2（N，N′-邻亚苯基-二马来酰亚胺)、不饱和羧酸盐（如多官能度甲基丙烯酸酯及其盐）、1，2-PBD 等，或配入防焦剂组合使用。如配用 HVA-2，可使交联密度增大，减慢蠕变速率；SBR 炭黑胶中 DCP0.8 份配用乙二醇二甲基丙酸酯 5 份，其疲劳寿命大大改进。[4] HVA-2、TAIC、不饱和羧酸盐等用作过氧化物硫化体系中的助交联剂时，用量为 1～3 份。对于适用硫黄硫化体系者，采用过氧化物/（硫黄/促进剂）组合，可以发挥各自的优点，弥补各自的不足，很有实用价值。如硫化剂双-1，6（二乙基硫代氨基甲酰）二硫代乙烷与硫黄的组合硫化体系，引入-S（CH_2）$_6$S-交联键，提高了压缩疲劳寿命与耐热性，并降低了生热与 tanδ，两者相互协同是单一硫化体系所难以达到的。[4]通常，过氧化物硫化体系中加入硫黄可以提高硫化胶的扯断伸长率、撕裂强度、拉伸强度，但降低了交联效率，增大了压缩永久变形及损害老化性能，一般不超过 0.5 份，并应同时加入次磺酰胺类促进剂，否则严重干扰交联。此外，过氧化物配以含金属活化剂，如丙烯酸锌、甲基丙烯酸锌，可以同时体现过氧化物/硫黄-促进剂组合体系的优点，硫化胶具有拉伸与撕裂强度高、热老化性能好、橡胶/金属黏结强度优异的特点。

过氧化物硫化体系的共硫化剂，也称为助交联剂、交联助剂、活化剂，多为多官能度（2 或 3 官能度）的小分子化合物。实际上，这些多官能度化合物直接参与了交联反应，根据其活性的大小，都不同程度地提高了硫化速率和硫化胶的交联密度，是事实上的交联剂，因此在硫化胶中既存在由过氧化物引发形成的 C－C 交联键，也存在以多官能度化合物为交联剂的交联键。共硫化剂由于其自身的活性较小，单独使用时很难使橡胶硫化，只有在过氧化物的引发作用下才能与橡胶形成交联。这种多官能度化合物的用量较大时，也会在过氧化物的引发下自聚，形成纳米级的高强度的分散微粒。共硫化剂中，HVA－2 的活性最高，并会降低过氧化物的分解温度，加工安全性较差；烯丙基化合物的反应活性要比多官能度甲基丙烯酸酯及其盐低很多，有很好的加工安全性，其中以氰尿酸三烯丙酯（TAC）和磷酸三烯酯（TAP）较好，异氰尿酸三烯丙酯（TAIC）稍差。

采用过氧化物交联体系，操作油不饱和度高的也可降低过氧化物的活性，应以石蜡油为宜，环烷油、芳香油会干扰交联，如古马隆妨碍聚氨酯橡胶的过氧化物交联，环烷油（自由基接受体）降低过氧化物对 EPDM 的交联效率。含硫或硫键的材料在过氧化物硫化体系中有降低硫化程度的趋势，硫醚类增塑剂对过氧化物硫化体系表现出强烈的干扰。防老剂作为还原剂，降低过氧化物的活性，胺类比酚类要突出许多，如防老剂 MB 不利于过氧化物硫化。

部分文献提到：在过氧化物硫化体系中，加入少量碱性物质，如 MgO、三乙醇胺等，可以提高交联效率；酸性物质使自由基钝化，应避免使用槽法炭黑和白炭黑等酸性填料；胺类和酚类防老剂，也容易使自由基钝化，降低交联效率，使用时不宜超过 2 份，如再增多，应增加过氧化物的用量；软化剂尤其是不饱和的或酸性的软化剂也会降低过氧化物的活性，以石蜡油为宜。

一般地，配方中各种材料的影响表现为对化学反应速率等的影响。酸性物质、防老剂、芳烃化合物对过氧化物硫化体系的影响主要是其分子中的活泼 H 与过氧化物分解产生的自由基反应，中止了自由基链增长反应，而不是所谓的钝化作用。从反应动力学分析，可以看作两种反应速率之比：

$$K_1[\text{RH}][\text{过氧化物}]/(K_2[\text{M}][\text{过氧化物}])=K_1[\text{RH}]/(K_2[\text{M}])$$

其中，K_1 为聚合物与过氧化物自由基的化学反应速率常数；

K_2 为干扰物（如防老剂、脂肪酸、芳烃等）与过氧化物自由基的反应速率常数；

[RH] 为聚合物的摩尔浓度，如 [NR]＝100/68＝1.47；如 HNBR，假定其丙烯腈含量为 40%，残余双键为 1%，则 [HNBR]＝100/54×60%×1%＝0.01。

[M] 为干扰物的摩尔浓度，如 [硬脂酸]＝1/284＝0.003 5。

相对于 NR 的过氧化物硫化，$K_1\times1.47/(K_2\times0.0035)=420(K_1/K_2)$，可见，硬脂酸即使对反应速率有所影响，其影响也十分微小。

相对于 HNBR 的过氧化物硫化，$K_1\times0.01/(K_2\times0.0035)=2.857(K_1/K_2)$，可见硬脂酸对 HNBR 的干扰比对 NR 的干扰大 147 倍。如果丁二烯的 K_1 比异戊二烯的 K_1 小的话，实际干扰将更大一些。此外，还应考虑干扰物的活性（K_2）、浓度等因素的影响。实践中，BPO、双 2，4 等含酰基的过氧化物，酸对其影响较小，如加入胺则会发生爆炸性反应。许多过氧化物交联的聚合物也都可以加入白炭黑补强，只要加入活性剂与白炭黑表面的羟基反应予以屏蔽即可，如硅橡胶＋白炭黑＋羟基硅油、白炭黑＋二甘醇（甘油、PEG、Si－69 等）。应该说，酸性和碱性或其他活性化合物，如防老剂、脂肪酸、芳烃油等对过氧化物的交联有干扰，应注意避免；不同饱和度的聚合物，其干扰的程度不同。

硫化温度应高于过氧化物的分解温度，硫化时间一般为过氧化物半衰期的 6～10 倍。过氧化物体系硫化温度系数比硫黄硫化体系高，温度每升高 10℃，硫化速率约提高 2 倍（硫黄硫化体系提高 1 倍）。另外，胶料焦烧性能也如此。例如，混炼胶焦烧时间在 125℃下为 10 min；如果在 95℃下，硫黄体系为 80 min（10 min×2^3），过氧化物硫化体系为 270 min（10 min×3^3）。所以，在低温下，过氧化物硫化体系更为安全。实践中，硫黄硫化体系混炼胶储存半年常发生自硫，而过氧化物胶料几乎不发生自硫。

用 2，4-二氯过氧化苯甲酰交联的硅橡胶，可以采用热空气硫化。此外，一般过氧化物硫化体系胶料，都不能采用热空气硫化或在空气介质中直接蒸汽硫化，因为空气中的氧与橡胶中产生的自由基结合，会使橡胶大分子断链，接触空气硫化的制品表面也会出现明显的发黏。在采用直接蒸汽硫化时，为排除硫化罐中空气的影响，需排气 5 次以上。

在含酰基过氧化物胶料中，有安息香酸分解物存在，易导致硫化胶水解，为此，硅橡胶过氧化物硫化时，常采用二段硫化方式，一般第一段为模型硫化，第二段是对制品进行高温（150～200℃）长时间后处理，以除去制品中残留的过氧化物、挥发残留酸，使硫化胶结构得以稳定。

常用过氧化物硫化剂的半衰期见表 1.3.2－24。

表 1.3.2-24　常用过氧化物硫化剂的半衰期

商品名称	化学名称	分子量	有效官能团	半衰期为10 h的温度/℃	半衰期为1 h的温度/℃	半衰期为1 min的温度/℃	安全加工温度（焦烧时间>20 min）	典型硫化温度（t_{90}<12 min）	硫化物臭气
硫化剂 BPO	过氧化二苯甲酰	242	1	74		130			无
3M	1，1-双（二叔丁基过氧基)-3，3，5-三甲基环己烷	302	1	90		148			几乎无
—	2，5-二甲基-2，5-二(苯甲酰过氧）基己烷	386	1	100		162			
硫化剂 BIPB	1，4-双叔丁基过氧二异丙基苯	338	2	113	146	175	135	175	几乎无
—	过氧苯甲酸叔丁酯（叔丁基过氧苯甲酸酯）	194	1	104		170			
硫化剂 DCP	过氧化二异丙苯	270	1	117	138	171	130	170	大
硫化剂 BCPO	叔丁基异丙苯基过氧化物	208	1	120		176			中等
双 2，5、硫化剂 AD	2，5-二甲基-2，5-二（叔丁基过氧基）己烷	290	1	118	147	179	135	175	几乎无
硫化剂 DTBP（引发剂 A）	二叔丁基过氧化物	146	1	124		186			挥发性很大，注意混炼
硫化剂 TBPH-3	2，5-二甲基-2，5-二（叔丁基过氧基）-3-己炔	286	2	135		193			几乎无
230XL	4，4-二（叔丁基过氧基）戊酸正丁酯	335	1	105		166			
双 24	过氧化 2，4-二氯苯甲酰	380	1	53		121	可用热空气硫化		

有机过氧化物主要用作硅橡胶和乙丙橡胶的交联剂，一般用量为 1.5～3.0 份。

过氧化物硫化体系，一般不易焦烧，有效的防焦剂也不多，如配入 N-亚硝基二苯胺 0.3 份可使 NR、SBR、EPDM 的 t_s大大延长，配入氢醌、秋兰姆类也可抑制硫化。过氧化物硫化体系通常以半衰期 10 h 的温度作为公认临界参考温度，低于此温度下加工则安全。[4]

有机过氧化物一般有毒，易燃烧爆炸，应贮存于避光、避火的环境下，还应注意避免撞击。

2.4.1　硫化剂 BPO，化学名称：过氧化二苯甲酰

结构式：

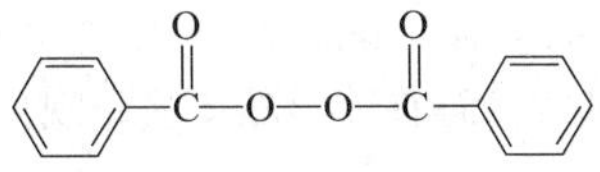

分子式：$C_{14}H_{10}O_4$，CAS 号：94-36-0，相对分子质量：242.23，白色结晶，性质极不稳定，熔点：103～106℃，沸点：80℃，密度：1.16 g/mL at 25℃，闪点：>230°F，低毒。储存条件：2～8℃，并应注入 25%～30%的水。

爆炸物危险特性：与还原剂、硫、磷等混合可爆；干燥时摩擦、光照、受热、撞击可爆。

可燃性危险特性：遇有机物、还原剂、硫、磷等易燃物及明火、光照、撞击、高热可燃；燃烧产生刺激烟雾。

本品是在胶黏剂工业应用最广泛的引发剂，用作丙烯酸酯、醋酸乙烯溶剂聚合，氯丁橡胶、天然橡胶、SBS 与甲基丙烯酸甲酯接枝聚合，不饱和聚酯树脂固化，有机玻璃胶黏剂等的引发剂；还可作为硅橡胶和氟橡胶的硫化剂、交联剂；也可用作漂白剂和氧化剂。

粉末型产品主要用作丙烯酸系树脂、MMA 树脂等的聚合引发催化剂；近几年来正在推广作为快速黏合剂应用于高速公路工程等方面，糊型产品用作聚酯树脂成型加工的固化催化剂；液型则作为聚合催化剂用于制备聚苯乙烯树脂。

硫化剂 BPO 的供应商有：阿克苏诺贝尔等。

2.4.2　硫化剂 DTBP（引发剂 A），化学名称：过氧化二叔丁基，二叔丁基过氧化物

结构示意图：

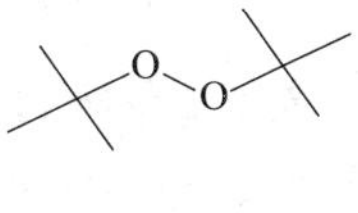

分子式：$C_8H_{18}O_2$，相对分子质量：146.23，密度（20℃）：0.794 g/cm³，熔点：−40℃，沸点：111℃，闪点：9℃，折射率：1.389 0，无色至微黄色透明液体，不溶于水，与苯、甲苯、丙酮等有机溶剂混溶。有强氧化性，易燃，常温下较稳定，对撞击不敏感，其蒸气与空气形成爆炸性混合物。

本品是有机过氧化物中最稳定者之一。作为交联剂，可用于硅橡胶、合成橡胶和天然橡胶、聚乙烯、EVA 和 EPT 等，适合于厚橡胶制品硫化。拉伸强度，伸长率、耐压缩和永久变形性能好；本品也可用作不饱和聚酯的高温固化剂；用作乙烯基、双烯基单体的聚合引发剂；用于聚丙烯高速纺丝（丙纶）工业中，做相对分子质量调节剂；用于油品添加剂和变压器油的降凝剂。

硫化剂 DTBP 的供应商有：兰州助剂厂、东营市海京化工有限公司等。

2.4.3 硫化剂 DCP，化学名称：过氧化二异丙苯

结构式：

分子式：$C_{18}H_{22}O_2$，相对分子质量：270.37，CAS 号：80－43－3，熔点：41～42℃，沸点：130℃，密度（20℃）：1.56 g/mL，在 170℃时的半衰期为 1 min，白色结晶，见光逐渐变成微黄色。

本品为强氧化剂，主要用作饱和橡胶的硫化剂，但是需要大幅提高硫化温度，不适用于无模硫化与酸性配方，酸性配方需要加入 MgO 或者其他碱性物质来调节，临界温度 117℃。

本品还可用作不饱和聚酯的固化交联剂；聚合反应的引发剂；用作聚乙烯树脂交联剂，交联的聚乙烯用作电缆绝缘材料，不仅具有优良的绝缘性和加工性能，而且可提高其耐热性，用量为 2.4 份；可使乙烯-醋酸乙烯共聚物（EVA）泡沫材料形成细微均匀的泡孔，同时提高制品的耐热性和耐候性。

硫化剂 DCP 的供应商见表 1.3.2－25。

表 1.3.2－25 硫化剂 DCP 的供应商

供应商	外观	纯度（≥）/%	熔点/℃	说明
江苏太仓塑料助剂厂有限公司	白色晶体	99	≥39.0	

2.4.4 交联剂 BIPB，化学名称：1，4－双叔丁基过氧异丙基苯

分子式：$C_{20}H_{34}O_4$，相对分子质量：338.5，CAS 号：25155－25－3，熔点：44～48℃，密度：0.974 g/cm³。

一般 DCP 硫化产品，气味难闻，交联剂 BIPB 可 1∶1（或 2∶3）替代 DCP，产品几乎无任何异味，故俗称无味 DCP，特别适合用于对气味要求严格的制品。

本品可作为硅橡胶、乙烯—醋酸乙烯共聚物（如 EVA 发泡）、氯化聚乙烯橡胶（CM）、乙丙橡胶（EPM 与 EPDM）、氯磺化聚乙烯、四丙氟橡胶（TP－2）、饱和氢化丁腈（HNBR）等橡胶和塑料的交联剂，操作过程中及制成的制品中无刺激性臭味。可提高硫化胶的耐热性，改善压缩变形，改善低温屈挠性能。安全加工温度（t_{s2}>20 min）135℃，典型交联温度（t_{90}≈12 min）175℃。一般用量 1.5～6 份，视胶种、制品厚度、硫化温度等适当调整；在 EPDM 中使用时应先熔解或者采用高温混炼，否则 因熔解不良，会造成制品表面有针形晶体喷霜现象，用量不多于 3 份，与助交联剂 TMPTMA、TAIC 并用，可使喷霜现象减少。

交联剂 BIPB 的供应商见表 1.3.2－26。

表 1.3.2－26 交联剂 BIPB 的供应商

供应商	商品名称	外观	有效含量/%	气味	储存要求	说明
金昌盛（阿克苏诺贝尔）	PERKADOX 14	白色结晶片状	96	无	避火、避热，不高于 25℃储存	通过 FDA 认证，可用于要求无毒的或食品级、医药级橡胶制品

2.4.5 硫化剂 AD（双 2，5），化学名称：2，5－二甲基－2，5－二（叔丁基过氧基）己烷

结构示意图：

分子式：$C_{16}H_{34}O_4$，相对分子质量：290.44，CAS 号：78－63－7，密度：0.847 g/cm³，熔点：6℃，沸点：487.9℃（在压强 760 mmHg 下）。

本品主要用作聚合物的引发剂和降解剂，硅橡胶、聚氨酯橡胶、乙丙橡胶和其他橡胶的硫化剂。

硫化剂 AD 的供应商见表 1.3.2－27。

表 1.3.2-27　硫化剂 AD 的供应商

供应商	商品名称	外观	有效含量/%	气味	说明
金昌盛	TRIGONOX 101				

阿克苏诺贝尔过氧化物产品牌号见表 1.3.2-28。

表 1.3.2-28　阿克苏诺贝尔过氧化物产品牌号

供应商	牌号		化学名称	分子量	含量/%	形态	主要载体	安全加工温度/℃	典型交联温度/℃	FDA
金昌盛	双二五 QS：TX1011P	Trigonox 101	2，5-二甲基-2，5-双（叔丁基过氧）己烷	290				135	175	177.260 0
		Trigonox 101-50D	2，5-Dimethyl-2，5-di（tert-butylperoxy）hexane [78-63-7]		92	液体				
		Trigonox 101-45B			50	粉末	二氧化硅			
		Trigonox 101-45D			45	颗粒	碳酸钙、二氧化硅			
		Trigonox 101-45S			45	粉末	碳酸钙、二氧化硅			
	无味 DCP	Perkadox 14s-fl	双-（叔丁基过氧化异丙基）苯	338	96	固体薄片		135	175	
		Perkadox 14s-40A	Di（tert-butylperoxyso-propyl）benzene [25155-25-3]		40	颗粒	EVA			
	DCP	Perkadox BC-FF	过氧化二异丙苯	270	99	晶体		130	170	177.260 0
		Perkadox BC-40B	Dicumyl Peroxide [80-43-3]		40	颗粒粉末	碳酸钙、二氧化硅			
	双二四 QS：OPC-IP-50S	Perkadox PD-50S	过氧化二-（2，4-二氯苯甲酰）	380	50	膏状	硅油	65	90	177.260 0
			Di（2，4-dichloro-benzoyl）peroxide [133-14-2]							

2.5　树脂类化合物

树脂类硫化剂常用的品种有烷基酚醛树脂、环氧树脂，其中烷基酚醛树脂主要包括硫化树脂 201，化学名称：溴化对-叔辛基苯酚甲醛树脂；硫化树脂 202，化学名称：对-叔辛基苯酚甲醛树脂；硫化树脂 2402，化学名称：对-叔丁基苯酚甲醛树脂。间位、对位取代的烷基酚醛树脂，其—OH 在 150～180℃生成活性亚甲醌基，可以对大分子的双键、α 位 H 原子进行反应，形成交联（苯亚甲基键），适合于用作 NBR、EPM、EPDM、IIR 的交联剂。

本类硫化剂是 NR 和各种合成橡胶的硫化剂，特别适用于不饱和度低、难以硫化的橡胶。树脂硫化体系使硫化胶中形成热稳定性较高的 C—C 与 C—O—C（醚键）交联键，加上酚醛树脂结构中含有苯环，显著地提高了硫化胶的耐热性和化学稳定性，150℃热老化 120 h，交联密度几乎不变，比过氧化物硫化体系更耐热，比硫黄硫化体系使用温度高 55℃左右[4]，还具有好的耐屈挠性、压缩永久变形小的特点。硫化胶具有模量高，可改善抗干热、抗压缩变形、抗臭氧性能的特点。如 IIR 使用烷基或含溴烷基酚醛树脂硫化，可在 200℃条件下长期使用，且耐屈挠疲劳好，压缩永久变形小。

本类硫化剂使用过程中没有硫化返原现象，不喷霜，不污染模具；应在其软化点温度以上混入胶料，能改善工艺操作性能。树脂类化合物一般有微毒，不宜用于与食物接触的制品。树脂类化合物广泛用于制造耐热制品，如硫化胶囊、输送带、垫圈、水泵隔膜、胶黏剂和耐热包装材料等。密胺甲醛树脂也用于乳胶制品。

树脂硫化的特点是：

1）硫化速率慢、硫化温度要求高，酸性介质中，树脂的氢键容易破坏，使树脂活性提高。一般使用含结晶水的金属氯化物如 $SnCl_2 \cdot 2H_2O$、$FeCl_2 \cdot 6H_2O$、$ZnCl_2 \cdot 1.5H_2O$ 与少量含卤弹性体（如 CR、CSM）作活化剂，加速硫化反应，改善胶料性能。用作活化剂的 CR 用量一般为 5 份，在这种情况下，氯丁橡胶等不计入总的胶料聚合物含量中。$SnCl_2$ 能降低反应介质的 pH 值，使其容易破坏树脂中的氢键，有利于邻亚甲基醌型结构中间产物的生成，提高了树脂的活性；$SnCl_2$ 还可直接使橡胶分子双键极化，使其更容易与树脂分子发生交联；但 $SnCl_2$ 容易造成设备的腐蚀。有文献报道，没有配以含氯化合物如 $SnCl_2 \cdot 2H_2O$，160℃的 t_{90} 为 4 h；含有 $SnCl_2$ 者仅需 20 min，两者的交联效率分别为 80%和 90%[4]。

2）树脂的硫化活性与许多因素有关，如树脂中羟甲基的含量（不小于 3%）、树脂的相对分子质量、苯环上取代基等。如果酚醛树脂一部分羟甲基基团被溴原子取代，则树脂硫化体系就会具有较高的反应活性，不需要使用活化剂，溴化羟甲基酚醛树脂（如溴化辛基苯酚甲醛树脂）可不用活性剂，其耐热性优于其他树脂，而且拉伸强度高、硬度低。溴化羟甲基酚醛树脂硫化 NBR，配入六氯对甲苯，适用于耐热的导电橡胶。[4]

3）ZnO 在使用金属卤化物的场合下不宜使用，因其影响金属卤化物发挥活性作用，而且会增大永久变形；在以含卤弹性体作活性剂的场合，加入 ZnO 能增加耐热性，降低永久变形。

4）硫黄、促进剂 D、促进剂 MBTS（DM）、促进剂 TMTD、促进剂 CBS（CZ）及胺类防老剂，都会降低树脂硫化效率，其中以胺类防老剂和促进剂 D 的影响最为严重。在该体系中，以酚类防老剂为佳。

5）叔丁基（或叔辛基）苯酚甲醛树脂以及镁螯合的叔丁基酚醛树脂，其粉尘-空气混合物有爆炸危险，有微毒。

6）树脂硫化适用于高温硫化，硫化温度可高达 300℃，但通常为 160～190℃，用量为 3.0～15.0 份。

7）环氧树脂的 $-\overset{O}{\widehat{C-C}}-$ 可同聚硫橡胶的端—SH、CSM 的—SO_3Cl、羧基橡胶的—COOH 反应形成交联。环氧树脂用于 CSM，其耐水、耐热、耐酸性均好，压缩永久变形也较低，且生热小、耐屈挠疲劳性好。通常，聚硫橡胶以有机胺类催化，CSM 中配用 DM、TMTD、DOTG、DPTT 等促进剂，羧基橡胶配胺类活化剂使交联度增加。[4]

用作交联剂的树脂类化合物见表 1.3.2-29。

表 1.3.2-29　用作交联剂的树脂类化合物

名称	化学结构	性状		
		外观	相对密度	熔点/℃
苯酚甲醛树脂（2123 树脂）	Phenol-formaldehyde resin $HOH_2C-[C_6H_3(OH)-CH_2]_n-C_6H_4(OH)-CH_2OH$	黄棕色透明或半透明固体或粉状，由苯酚、甲醛在酸性介质中缩聚而成的一种热塑性酚醛树脂，能溶于乙醇，软化点 95～110℃		
烷基苯酚甲醛树脂	Alkylphenol-formaldehyde resin $HO-[CH_2-C_6H_2(OH)(R)]_n-CH_2OH$	黄色至褐色透明块状固体，软化点随品种而异，在 70～105℃。本品系烷基化催化剂存在下，用二异丁烯（或三聚丙烯、四聚丙烯）使苯酚烷基化，然后在酸性催化剂下，将烷基苯酚与甲醛水溶液缩合制得。除用作硫化剂外，本品还用于乙丙橡胶、丁苯橡胶、丁基橡胶胶黏剂的增黏，其效果优于歧化松香和古马隆树脂，并与其结构及分子量分布有关。一般地，烷基的碳原子数越多、支链越多的树脂，与橡胶的相容性越大，增黏效果越好。常用的有对叔丁基酚醛树脂和对叔辛基酚醛树脂，一般用量 8～10 质量份		
对叔丁基苯酚甲醛树脂（橡胶促进剂 M4、101 树脂、2402 树脂、204 增黏树脂）	*p-tert*-Butylphenolformaldehyde resin $HOH_2C-C_6H_2(OH)(C(CH_3)_3)-CH_2-[C_6H_2(OH)(C(CH_3)_3)-CH_2]_n-C_6H_2(OH)(C(CH_3)_3)-CH_2OH$	本品是丁基胶、天然胶、丁苯胶、硅橡胶等的硫化剂，特别适用于丁基胶的硫化，可以提高硫化胶的耐热性，具有变形小、耐热性好、抗张强度大、伸长率小等优良性能，主要用于制造耐热丁基胶制品，参考用量 5～10 份。该树脂与氯丁胶相容性好，配制的氯丁胶胶黏剂可使胶黏剂耐热性能提高，增加附着力，特别适用于氯丁接枝胶等鞋用黏剂。用作增黏剂时，与萜烯树脂混合配用效果更优良		

续表

名称	化学结构	性状		
		外观	相对密度	熔点/℃
叔辛基苯酚甲醛树脂（202 树脂）	*tert*-Octylphenolformaldehyde resin	浅黄至棕黄色透明树脂状固体，相对密度 1.04 g/cm³，熔点 75～90℃，羟甲基含量≥6%，是天然橡胶、丁基橡胶、丁苯橡胶、丁腈橡胶和其他橡胶的硫化剂，但主要用于丁基橡胶，用金属氯化物（如氯化锌）或含氯化合物（如氯磺化聚乙烯）活化。硫化温度为 93～204℃，用量为 0.2%～20%。该产品的性能同叔丁基苯酚甲醛树脂相似，但含本品的硫化胶其物理机械性能比含对叔丁基苯酚或硫黄硫化胶更好		
溴甲基烷基苯酚甲醛树脂	Bromomethyl alkylated phenolformakdehyde resin	块状固体	1.0～1.1	49～57
溴甲基对叔丁基苯酚甲醛树脂	Bromomethyl-*p*-*tert*-butyl phenol formaldehyde resin	黄棕色透明树脂		62～78
溴甲基对叔辛集苯酚甲醛树脂（201 树脂）	Bromomethyl-*p*-*tert*-octyl phenol formaldehyde resin	黄棕色透明块状或粒状固体，平均分子量约 1 000，相对密度 1.06 g/cm³，软化点 54～67℃，溴含量＜4.0%，羟甲基含量≥6.0%，本品主要用作压敏胶黏剂的增黏树脂和交联剂，也用作丁基橡胶、氯化丁基橡胶的硫化剂，参考用量 5～15 份		
含硫烷基酚醛树脂	Alkyl phenol formaldehyde resin with sulfur R＝H、烷基、芳基 R′＝CH₂—O—CH、CH₂ n＝0～2	深褐色固体		80～95
镁螯合的对叔丁基酚醛树脂（添加聚氯丁二烯）	Magnesium Chelating-*p*-*tert*-butylphenol formaldehyde resin（with polychloroprene）	黄绿色粒状		

续表

名称	化学结构	性状		
		外观	相对密度	熔点/℃
2，6-二羟基-4-氯代苯酚树脂	2，6-Dihydroxy methyl-4-chlorophenol resin 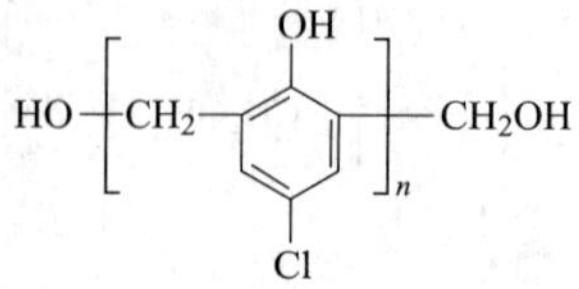			
苯酚二醇树脂	Resin of the penol dialcohol	黄棕色半透明树脂		80～90（软化）
密胺甲醛树脂（三聚氰胺甲醛树脂）	Melamine-formaldehyde resin 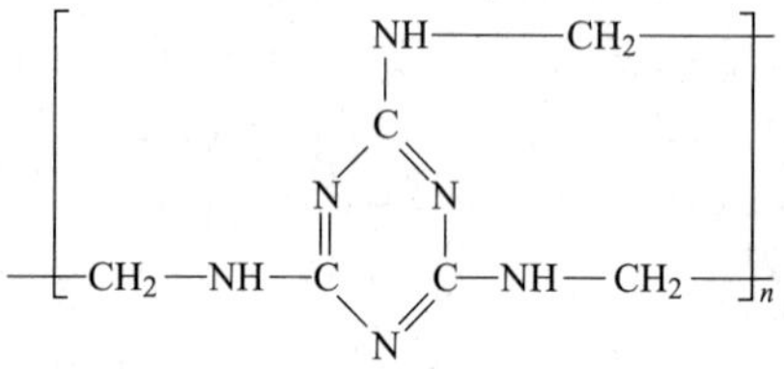	黄白粉末	1.57	70（软化点）

2.5.1 烷基酚醛树脂

常用烷基酚醛树脂硫化剂品种和特性见表 1.3.2-30。

表 1.3.2-30 常用烷基酚醛树脂硫化剂品种和特性

树脂品种	适用橡胶类型	硫化温度范围/℃	树脂品种	适用橡胶类型	硫化温度范围/℃
苯酚甲醛树脂 2123	IIR	150～180	溴甲基烷基苯酚甲醛树脂	IIR	166～177
烷基苯酚甲醛树脂	IIR、NR、SBR、NBR	150～180	环氧树脂硫化剂	主要用于羧基橡胶和 CR，硫化胶耐屈挠、生热小，与黄铜黏结性好，但耐热性差；用量 8～9 份，并用金属氧化物作活性剂	
叔丁基苯酚甲醛树脂 2402	IIR、NR、SBR、NBR	125～300			

防老剂 TMQ（RD）/2402 酚醛树脂组配可减少 RD 的迁移污染。

烷基酚醛树脂硫化剂供应商见表 1.3.2-31。

表 1.3.2-31 烷基酚醛树脂硫化剂供应商

供应商	商品名称	外观	软化点/℃	羟甲基含量/%	游离酚/%	水分(≤)/%	灰分(≤)/%	说明
山西省化工研究所	HY-2045	浅黄绿色透明块（片）状物	85～95	10.0～14.0				对特辛基酚醛硫化树脂，相当于国外同类产品 SP-1045 树脂。使用 HY-2045 树脂时需并用 CR（5%～10%）或金属卤化物（2%～5%）作活化剂，如果与 HY-2055 一起使用可以不加活化剂，用量 8～12 份
	HY-2048	黄色透明片状物	80～95	6～9				用量 8～12 份；应用时需要加入 CR 胶或金属卤化物作活化剂；相当于美国 10581

续表

供应商	商品名称	外观	软化点/℃	羟甲基含量/%	游离酚/%	水分(≤)/%	灰分(≤)/%	说明
山西省化工研究所	HY-2055	橙黄色至红棕色透明块（片）状	85～95	9～13	溴含量：3.6～5.2			溴化对-特辛基酚醛硫化树脂，用量1～8份，相当于国外同类产品SP-1055树脂
	HY-2056	黄色至红棕色透明块（片）状	80～90	9～13	溴含量：6.0～7.5			高溴化对-特辛基酚醛硫化树脂，用量1～8份，相当于国外同类产品SP-1056树脂
宜兴国立	GL-201	黄色至红褐色块状物	75～95	≥6.0	溴含量：≥4.0	1.0		IIR中用量为12～15份，CR中为5份
	GL-202	浅黄色至褐色透明块状物	75～95	≥8.0			1.0	用量8～12份；硫化时需与CR（5%～10%）或金属卤化物（2%～5%）并用
	GL-2402	黄色至褐色块状物	80～120	≥8.0	≤3.0	1.0	1.0	
济南正兴	硫化剂101树脂	浅黄透明块状固体	85～115	9～15	≤0.5		0.3	
上海圣莱科特	硫化树脂SP1045	黄色片状	80～95	8～1				
金昌盛	硫化树脂2402	浅黄色片状	90～120	8～3	≤1.5	1.0	1.0	
	硫化树脂LS2045	黄色至褐色块状物	80～100	≥8.0	≤3.0	1.0	1.0	
	硫化树脂LS2055	黄色至褐色块状物	80～120	≥10.0	≤3.0	1.0	1.0	
阳谷华泰	非溴化硫化树脂HT45	米色颗粒	烷基酚醛树脂与氧化锌复合硫化剂，70%（42%硫化树脂+26%ZnO+2%其他）					HT45和HT55是硫化树脂和氧化锌分散于IIR中的一种预分散硫化树脂。它用于IIR，EPDM和卤化丁基胶的硫化，尤其适用于轮胎硫化胶囊和水胎，避免表面出现气泡，提高胶囊使用寿命
	溴化硫化树脂HT55	米色颗粒	溴化烷基酚醛树脂与氧化锌复合硫化剂，70%（42%硫化树脂+26%ZnO+2%其他）					

2.5.2 烷基苯酚二硫化物树脂

本品含有活性硫，纯品树脂硫含量为30.1%，软化点为95～105℃。硫含量越高，树脂软化点越高，密度越大。通常情况下，树脂相对密度为1.1～1.4 g/cm³，软化点温度为70～95℃。

本品可用作天然胶和合成橡胶的给硫体类硫化剂，在半有效和有效硫化体系中部分或全部代替硫黄、DTDM等给硫体；由于本品带有烷基酚基团，所以具有增黏和抗氧化的功效，还能用作稳定剂、分散剂和增塑剂，改善硫化胶的黏合性能；用于轮胎的高温硫化，可将硫化温度提高到185～190℃，硫化效率提高30%。

在硫化并用胶时，硫化同步性好；硫化胶不喷霜，拉伸强度高，并具有优良的耐热性能。主要用于轮胎的内层胶、胎侧、胎面胶、三角胶等，也用于密封垫、传送带、汽车胶管、减震等制品。本品硫化过程中不像DTDM产生亚硝胺物质。

烷基苯酚二硫化物树脂的供应商见表1.3.2-32。

表1.3.2-32 烷基苯酚二硫化物树脂的供应商

供应商	商品名称	外观	软化点/℃	硫含量/%	相对密度/(g·cm⁻³)	灰分/%(800℃×2 h)	说明
金昌盛	LONGSUN WP5	浅黄至棕色片状物	85～105	27～30	—	—	用量0.5～5份
山西省化工研究所	HY-211	浅黄至棕色片状物	85～110	27～29	—	—	用量0.5-5份，性能相当于国外产品TB-7树脂

续表

供应商	商品名称	外观	软化点/℃	硫含量/%	相对密度/(g·cm⁻³)	灰分/%(800℃×2 h)	说明
济南正兴橡胶助剂有限公司	RPS2	棕色黏性固体	50～60	21.8～23.8	—	—	类似 Vultac-2
	RPS5A	微黄色粉末	—	23～25	—	≤2	类似 Vultac-5
	RPS5B	灰至蓝色颗粒	55～70	23～25	1.1～1.4	≤2	类似 Vultac-5
	RBS700	微黄色粉末	95～105	28～30	1.1～1.4	≤2	类似 Vultac-700
	RBS710	棕色树脂状或粉末	75～95	26.4～28.4	1.1～1.4	≤2	类似 V TB-710

烷基苯酚二硫化物国外牌号有：Vultac-2、Vultac-5、Vultac-700、V TB-710 等。

2.6　金属氧化物

金属氧化物硫化体系，可以形成醚键交联的—C—O—C—，又可形成有金属离子参与的离子键—C—O—Me—O—C—。金属氧化物硫化羧基橡胶，形成离子键型交联的 $-\overset{\overset{O}{\|}}{C}-O-Me-O-\overset{\overset{O}{\|}}{C}-$，获得相当高的拉伸强度，有的可达到 60 MPa，但应力松弛快，拉伸模量 4 h 降 5%，而 TMTD 硫化胶 65 h 才降 5%。非硫调节型 CR 要配入亚乙基硫脲（Na-22）以引入含硫交联键，改善交联网络，但硫化胶耐热、压缩永久变形变差。金属氧化物硫化体系主要用于 CR、CM、CIIR、CSM、XNBR、XSBR、CO、ECO、T 等橡胶，含有—Cl、—Br、—SO_2Cl、—COOH 等基团，尤其是 CR 和 CIIR，常用金属氧化物硫化。常用的金属氧化物是氧化锌和氧化镁。

CR 采用 ZnO/MgO 或 ZnO/Pb_3O_4（PbO）硫化时，1）PbO、Pb_3O_4 的加工安全性差；ZnO/MgO 的最佳并用比为 ZnO∶MgO=5∶4，单独使用氧化锌，硫化速率快，容易焦烧；单独使用氧化镁，硫化速率慢。DM、TMTD、S 的少量加入，尤其 DTDM，可起防焦剂效能。配用二苯硫脲、二丁基硫脲以及醛胺类促进剂 808，可大大缩短 t_s（可用于室温或 100℃下低温硫化）。2）CR 中广泛使用的促进剂是 Na-22，它能提高非硫调节型 CR 的生产安全性，在交联结构中引入含硫交联键，使物性得到提高。3）如要提高胶料的耐热性，可以提高氧化锌的用量（15～20 份）；若要制耐水制品，可用氧化铅代替氧化镁和氧化锌，用量高至 20 份。CR 中，PbO 比 MgO 耐水性好，配以 S/TMTS 耐水性更好。鉴于 MgO 是 CR 硫化过程形成易受 O_2 攻击的不稳定双烯、三烯的主因，降低 MgO 量可提高 CR 硫化胶的耐热氧老化水平。此外，配入环氧树脂，耐热性与动态性能可获得改进。[4]

对于 Cl-IIR，配合高活性炭黑或改性气相法白炭黑，用金属硫化物（如 ZnS、BaS）取代金属氧化物，形成新的橡胶-橡胶、橡胶-填料硫化整体结构，可使耐磨性、耐热性、撕裂强度均得到改进，尤其是拉伸疲劳改进可达 11～23 倍。[4]

CSM 采用 MgO、PbO 硫化，不使用 ZnO，因为 ZnO 形成 $ZnCl_2$ 损害耐热性与耐候性。使用 MgO，定伸应力高；使用 PbO，拉伸强度高。要配用有机酸如氢化松香、歧化松香酸、硬脂酸、月桂酸以及配入有机促进剂，如 DM、M、DOTG、DPG、DPTT、Na-22 等。金属氧化物与有机酸反应产生水，起引发作用，随后金属氧化物与磺酰基作用，形成交联键。填料与配合剂中水分可参与硫化，此时无须有机酸；或者增大促进剂用量，减少金属氧化物用量，使交联效率提高，可以不用有机酸。[4]

XNBR、XSBR 的羧基可参与硫化，单用 ZnO 已可获得高的拉伸强度，但压缩永久变形大，耐高温性差。在使用 ZnO 的同时，配以 S/TMTD，可改进耐热与压缩永久变形；配以 S/TMTS，可改进高温耐撕裂；配以 S/TMTS/CZ，高温拉伸强度好，压缩永久变形小。XNBR 中的羧基活性高，易焦烧，若配用 S/TS，则不易焦烧，胶料可贮存 3 个月。[4] MgO、CaO、Ca（OH）$_2$ 也可用于硫化。

聚硫橡胶有—SH 端基，硫化剂作为硫给予体同—SH 反应，形成双硫键。金属氧化物 ZnO、MnO_2、Sb_2O_3 及金属过氧化物 PbO_2、ZnO_2 以至于重铬酸盐（钠盐或钾盐）均可用于硫化。

CO 与 ECO 靠侧链的—CH_2Cl 中的 Cl，CM 靠与仲碳原子键合的—Cl 参与硫化，它们的反应活性不够高，可采用硫脲硫化体系（如 Na-22），并配有吸酸体（如 MgO）。通常 CO、ECO 配入 Pb_3O_4 的耐热好。若同时配入少量硫黄或含硫促进剂（如 TMTD、DPTT），可提高交联密度，但压缩永久变形还是有所增大。CM 单用 Na-22，老化性欠佳，难以经受 100℃以上热氧老化，并用少量硫黄可获得改进；在 CSM 中，加入脂肪酸（如硬脂酸、月桂酸）比树脂酸（如氢化松香、歧化松香酸）活性大，较易引起焦烧；水分可取代有机酸，胶料存放要注意防水、防潮。[4]

金属氧化物在橡胶中难以分散，制成预分散剂有助于其分散。

MgO 由碱式碳酸镁、氢氧化镁经煅烧制得，除用作硫化剂外，还可用作耐热制品的补强剂、活性剂、含卤橡胶的吸酸剂（稳定剂）。工业轻质氧化镁分为两类，Ⅰ类主要用于塑料、橡胶、电线、电缆、燃料、油脂、玻璃陶瓷灯工业，Ⅱ类主要用于橡胶轮胎、胶黏剂、制革及燃油抑钒剂等工业。工业轻质氧化镁技术指标见表 1.3.2-33，详见《工业轻质氧化镁》（HG/T 2573—2012）。

表 1.3.2-33　MgO 的技术指标

项目	Ⅰ类			Ⅱ类		
	优等品	一等品	合格品	优等品	一等品	合格品
氧化镁（以 MgO 计）(≥)/%	95.0	93.0	92.0	95.0	93.0	92.0
氧化钙（以 CaO 计）(≤)/%	1.0	1.5	2.0	0.5	1.0	1.5
盐酸不溶物含量（≤)/%	0.10	0.20	—	0.15	0.20	—
硫酸盐（以 SO_4^{2-} 计）含量（≤)/%	0.2	0.6	—	0.5	0.8	1.0
筛余物（150 μm 试验筛）(≤)/%	0	0.03	0.05	0	0.05	0.10
铁（Fe）含量（≤)/%	0.05	0.06	0.10	0.05	0.06	0.10
锰（Mn）含量（≤)/%	0.003	0.010	—	0.003	0.010	—
氯化物（以 Cl 计）含量（≤)/%	0.07	0.20	0.30	0.15	0.20	0.30
灼烧失量（≥)/%	3.5	5.0	5.5	3.5	5.0	5.5
堆积密度（≤)/(g·mL^{-1})	0.16	0.20	0.25	0.20	0.20	0.25

MgO 的供应商见表 1.3.2-34。

表 1.3.2-34　MgO 的供应商

供应商	商品名称		外观	MgO 含量(≥)/%	CaO 含量(≤)/%	盐酸不溶物(≤)/%	硫酸盐含量（以 SO_4^{2-} 计）(≤)/%	铁、锰含量(≤)/%
金昌盛（日本神岛公司）	STARMAG 150		白色粉末	98.0	—	—	—	—
运城运盛化工	活性氧化镁系列	RS-180	白色粉末	97.5	0.5	0.1	—	0.05
		RS-150		97.5	0.5	0.1	—	0.05
		RS-120		97.5	0.5	0.2	—	0.05
		RS-100		97.5	0.5	0.2	—	0.05
		RS-80		97.5	0.5	0.2	—	0.05
	轻质氧化镁系列	RS-01		93.5	0.5	0.2	0.2	0.05
		RS-02		95	1	0.1	—	0.06
		RS-03		93.5	1	0.13	—	0.13
		RS-04		93	1.5	0.15	0.5	0.25
		RS-05		92	1.5	0.2	0.8	0.25
		RS-08		95	0.2	0.2	1	0.03
	预分散	MgO-70 GE		—	—	—	—	—
宁波硫华	MgO-75GE F140		—	93	—	—	—	—
阳谷华泰	MgO-75		灰白色颗粒	75%活性 MgO	—	—	—	—

供应商	商品名称	氯化物（以 Cl 计）(≤)/%	灼烧减量(≤)/%	堆积密度（≤)/(g·cm^{-3})	碘值/(mL·g^{-1})	比表面（BET)/(m^2·g^{-1})	说明
金昌盛（日本神岛公司）	STARMAG 150	—	—	0.48	150	145	用量 2～15 份。纯度高、杂质少，特适用于对重金属要求严格的制品

续表

供应商	商品名称		氯化物（以Cl计）（≤）/%	灼烧减量（≤）/%	堆积密度（≤）/（g · cm⁻³）	碘值/（mL · g⁻¹）	比表面（BET）/（m² · g⁻¹）	说明
运城运盛化工	活性氧化镁系列	RS-180	—	10	0.25	180	—	—
		RS-150	—	10	0.25	150	—	—
		RS-120	—	10	0.25	120	—	—
		RS-100	—	10	0.25	100	—	—
		RS-80	—	10	0.25	80	—	—
	轻质氧化镁系列	RS-01	—	5.0	0.25	—	—	—
		RS-02	—	3.5	0.20	—	—	—
		RS-03	—	5.0	0.25	—	—	—
		RS-04	—	5.0	0.20	—	—	—
		RS-05	—	3.5	0.25	—	—	—
		RS-08	—	5	0.25	—	—	—
	预分散	MgO-70 GE	—	—	—	—	—	—
宁波硫华	MgO-75GE F140		—	4.0	1.90（真密度）	—	—	EPDM/EVM 为载体
阳谷华泰	MgO-75		—	—	—	—	—	EPDM/EVM 为载体

2.7 有机胺类

有机胺类主要用于氟橡胶、丙烯酸酯橡胶和聚氨基甲酸酯橡胶的交联剂，也用作合成橡胶改性剂以及天然橡胶、丁基橡胶、异戊橡胶、丁苯橡胶的硫化活性剂。

多元胺，如己二胺（Diak No.1）、N，N′-二亚肉桂基1，6-己二胺（Diak No.3）形成C—N、C=N碳胺交联键，C—N比C=N更稳定，其耐热性好、耐酸性差。FKM使用二胺及其衍生物作硫化体系，要配用酸吸收剂，酸吸收剂可促进交联、加深交联程度，提高热稳定性。其中，MgO耐热、不耐酸，CaO可改进压缩永久变形，PbO可改进耐酸与耐强氧化性试剂。就压缩永久变形而论，Diak No.1、Diak No.4比Diak No.3优良许多。FKM也使用双酚类硫化，压缩永久变形比用胺类优越。FKM中，采用Diak No.3与三苯基氯化磷（BPP）并用（3份/0.1～0.5份），交联密度增大使压缩永久变形降低，提高油封的自封能力，耐油与耐老化性提高。[4]

丙烯酸酯橡胶，以及以2-氯乙基乙烯醚、丙烯腈为共聚单体的ACM、ANM，其活性低，要用活性大的烷基多元胺类硫化，如三乙撑四胺、四乙撑五胺等，通常配用硫、载硫体来加速硫化。如氨基环己基甲酸盐，可得高硬度与高定伸应力；氨基甲酸己二胺可使压缩永久变形大。含—Cl的丙烯酸酯橡胶，也可如CO、ECO采用硫脲硫化体系。CO、ECO以—CH_2Cl作交联的基团，其活性不高，也使用多烷撑多胺以及一元胺、多元胺（如乙醇胺）硫化，并用硫黄、多硫的秋兰姆类、噻唑类促进剂以改善交联程度。CM也可使用二元胺、多元胺硫化。[4]

双马来酰亚胺类硫化体系，如N，N-间苯撑双马来酰亚胺（HVA-2），4，4′-甲撑双马来酰亚胺（BMI），在NR中配以DM、DCP、DTDM等引发，也可配用硫黄，所得硫化胶以单、双硫键为主。EPDM使用双马来酰亚胺与少量DCP，可获得很高的伸长率。另外，双马来酰亚胺类还可用于皂交联型的ACM进行交联。[4]

有机胺类交联剂适用于高温短时间硫化，硫化胶抗返原性好，高温硫化一般采用两段硫化工艺，第一段模压硫化，第二段热空气硫化。适用于制造耐高温、耐腐蚀的特种橡胶制品和密封件，也可用于大型载重轮胎。

有机胺类交联剂配合用量1.0～5.0份，通常用量为1.5～3.5份，用作助硫化剂或活性剂时用量低于1.0份。

有机胺类交联剂胶料用热辊混炼时容易焦烧，配料时宜在最后加入，胶料应在24 h内用完，贮存期不宜过长。

用作交联剂的有机胺类化合物见表1.3.2-35。

表1.3.2-35　用作交联剂的有机胺类化合物

名称	化学结构	性状		
		外观	相对密度	熔点/℃
三亚甲基四胺	riethylene tetramine $H_2N—C_2H_4—NH—C_2H_4—NH—C_2H_4—NH_2$	淡黄黏稠液体	0.982	12
四亚甲基五胺	tetraethylene pentamine $H_2N—C_2H_4—NH—C_2H_4—NH—C_2H_4—NH—C_2H_4—NH_2$	淡黄黏稠液体	0.999	151～152（沸点）

续表

名称	化学结构	性状		
		外观	相对密度	熔点/℃
己二胺（六亚甲基二胺，HMDA）	hexamethylene diamine $H_2N(CH_2)_6NH$	白色片状结晶，有氨臭，毒性较大，是剧烈腐蚀性产品。熔点42～45℃，闪点90.7℃。己二胺是强的有机碱，能与亲电性化合物如H、卤代烷、羟基等化合物发生反应。主要用于生产聚酰胺，如锦纶66、锦纶610等；也用于合成二异氰酸酯；以及用作脲醛树脂、环氧树脂等的固化剂、有机交联剂，橡胶硫化促进剂。己二胺产品易潮解，可燃。应装入密封的镀锌马口铁皮桶内，贮存温度不宜超过30℃。储存期不得超过3个月		
亚甲基双邻氯苯胺（3，3′-二氯-1，4-二氨基二苯基甲烷，聚氨酯橡胶硫化剂MOCA）	详见本节2.7.4			
对，对-二氨基二苯基甲烷（甲撑二苯胺，DDM或MDA）	*p*·*p*-diaminodiphenyl methane 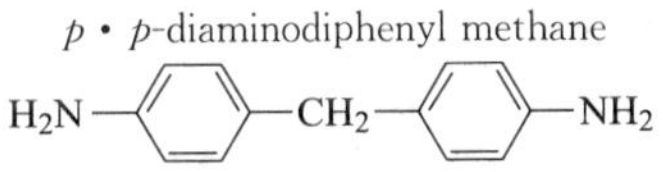 $H_2N-C_6H_4-CH_2-C_6H_4-NH_2$	白色结晶粉末，相对密度1.15 g/cm³，熔点89～90 ℃，沸点232℃，有毒。可用作聚氨酯弹性体的扩链剂，也可用作氯丁橡胶及胶乳的硫化促进剂，在天然橡胶、丁苯橡胶中用作噻唑促进剂和活性剂。还可用作氯丁橡胶、丁基橡胶、天然橡胶、丁苯橡胶的抗氧剂，老化防护性能中等；也是作用较强的活性剂		
六亚甲基氨基甲酸二胺（己二胺氨基甲酸盐，1#硫化剂、HMDC）	详见本节2.7.1			
乙二胺氨基甲酸盐（2#硫化剂）	ethylene diamine carbamate $H_2N-CH_2-CH_2-NH-O-C(=O)-NH_2$	白色细微粉末，相对密度1.37 g/cm³，熔点145～155℃。本品主要用作氟橡胶的硫化剂		
N，N′-双肉桂醛缩-1，6-己二胺（3#硫化剂、N，N′-双肉桂醛缩-1，6-己二胺、N，N′-二次肉桂基-1，6-己二胺）	N，N′-dicinnamylidene-1，6-hexanediamine 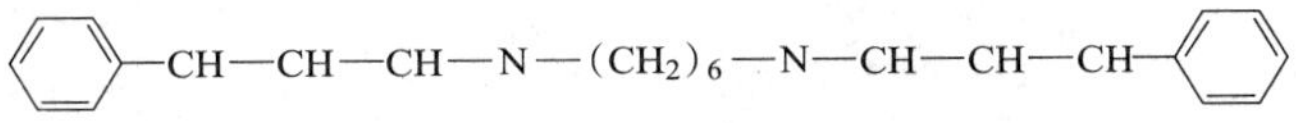 $C_6H_5-CH-CH-CH-N-(CH_2)_6-N-CH-CH-CH-C_6H_5$	褐色粗粉，相对密度0.92 g/cm³，熔点82～88℃。用作氟橡胶、丙烯酸酯类橡胶的硫化剂，硫化氟橡胶时可避免硫化胶产生气孔。氟橡胶中，在炭黑胶料中用量2～3份，在矿物填料胶料中为3～4份。通常采用149℃一段模压硫化30 min，204℃二段热空气硫化24 h		
N，N′-二（2-呋喃亚甲基）-1，6-己二胺（N，N′-双呋喃亚甲基己二胺）	N，N′-bis（furfurylidene）hexa-methylenediamine 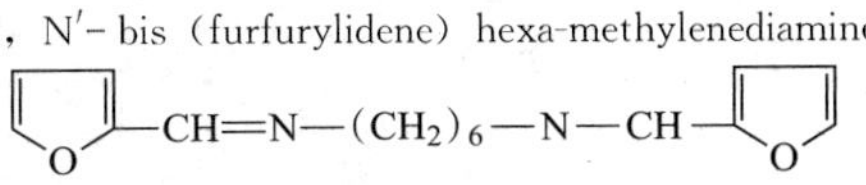 $C_4H_3O-CH{=}N-(CH_2)_6-N-CH-C_4H_3O$	白色粉末，稍有氨味，有吸湿性，在光和空气作用下变黑，相对密度1.23 g/cm³，熔点44～46℃。主要用作维通型（Viton）氟橡胶的硫化剂，硫化速率快、操作安全性高，在硫化及加工过程中不产生气泡，硫化胶性能优良。在以炭黑为填料的胶料中，一般用量为2～3份；在矿物填料的胶料中，一般用量为3～4份		

续表

名称	化学结构	性状		
		外观	相对密度	熔点/℃
水杨基亚胺铜（硫化剂CSI）	copper salicylimine 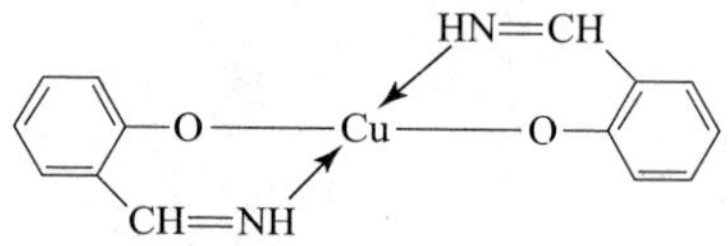 HN=CH; O—Cu—O; CH=NH	深绿色结晶粉末，熔点207～217℃。主要用作氟橡胶的硫化剂；往三元乙丙橡胶中加入本品及苯胺的衍生物可使硫化速率提高0.2～0.5倍，硫化胶强度提高，耐多次形变疲劳性能及耐热性改善		
3，3′-二氯联苯胺	3，3′- dichlorobenzidine 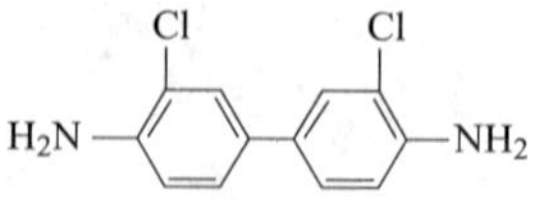 Cl Cl; H_2N— —NH_2	棕褐色针状结晶，易氧化，相对密度1.25 g/cm³，熔点132～133℃，对人为可疑致癌物中等毒性		
N-甲基-N，4-二亚硝基苯胺	N - methyl - N，4 - dinitrosoaniline 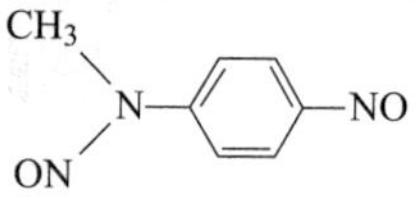 CH_3; N— —NO; ON	黄绿色片状或叶状结晶，能随水蒸气挥发，相对密度1.145 g/cm³，熔点92.5～93.5℃（87～88℃）。易燃，按《危险货物品名表》属自燃物品。中等毒性		
N-（2-甲基-2-硝基丙基）-4-亚硝基苯胺	N -(2 - methyl - 2 - nitropropyl)- 4 - nitrosoaniline 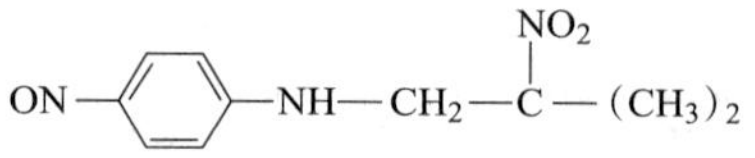 NO_2; ON— —NH—CH_2—C—$(CH_3)_2$	奶油色粉末	1.95	—
三异丙醇胺	triisopropanolamine 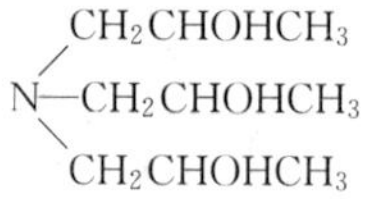 N—$CH_2CHOHCH_3$ (×3)	白色结晶体或固体粉末，相对密度0.991 g/cm³，熔点45～46℃，在橡胶中主要用作聚氨酯橡胶的扩链剂，可以完全取代三乙醇胺的作用，并能起到更好的效果；也用作化妆品的乳化剂，也是一种水泥外加剂。刺激眼睛，对水生生物有害		
三羟甲基氨基甲烷	trihydroxy methylamino methane 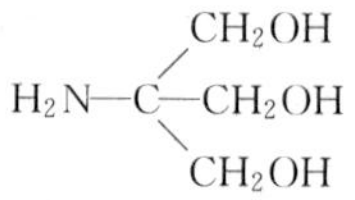 H_2N—C—(CH_2OH)₃	白色结晶颗粒	—	168～172
N，N′-双亚水杨基-1，2-丙二胺	N，N′- disalicylidene - 1，2 - propane diamine 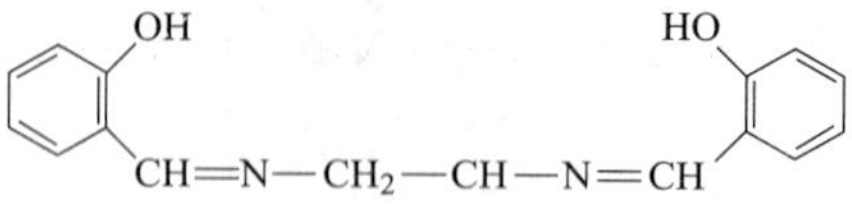 OH HO; CH=N—CH_2—CH—N=CH	琥珀色液体	1.03～1.07	48
N，N′-间亚苯基双马来酰亚胺	N，N′- m - Phenylene bismalenimide 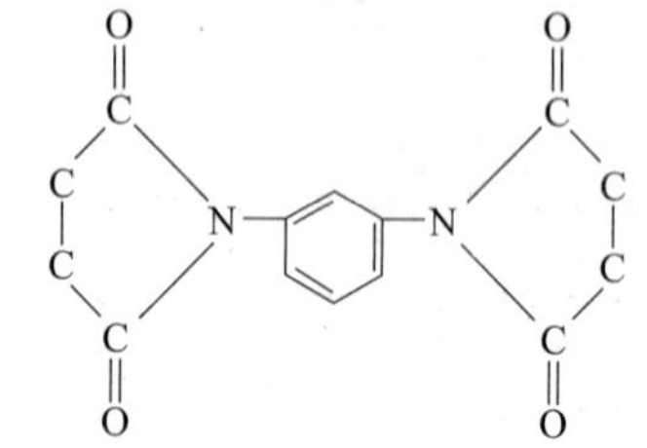 O=C—C=C—C=O, N— —N	黄色结晶粉末，相对密度1.44 g/cm³，熔点204～205℃，可用作NR厚制品的硫化剂，也可用作过氧化物硫化的EPDM的共硫化剂，在氯丁橡胶中可改善加工安全性，从而提高硫化胶的耐热性		

续表

名称	化学结构	性状		
		外观	相对密度	熔点/℃
4，4′-二硫代双（N-苯基马来酰亚胺）	4，4′-dithio bis（N-phenylmaleimide） 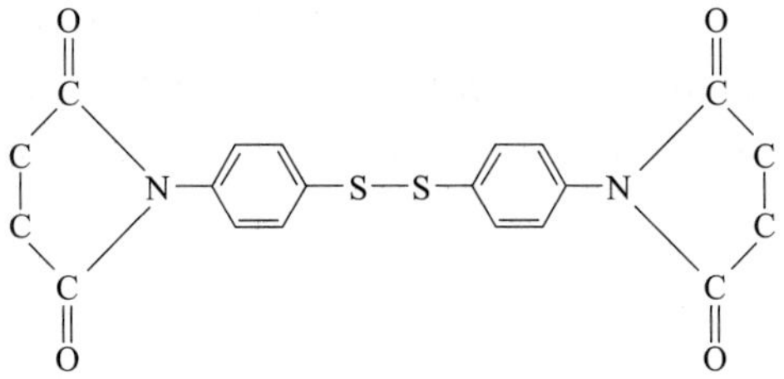	淡黄色粉末	—	157
脂环铵盐	alicyclic amine salt	白色粉末	1.23	145～155
3，5-二氨基-4-氯苯甲酸异丁酯（扩链剂 BW1604）	详见本节 2.7.5			

有机胺类交联剂有氨味，有毒，不宜用于与食物接触的制品；可燃，其粉尘-空气混合物有爆炸危险。

2.7.1　1＃硫化剂（硫化剂 HMDC），化学名称：六亚甲基氨基甲酸二胺

结构式：

$$H_2N—(CH_2)_6—HN—\overset{\overset{O}{\|}}{C}—OH$$

分子式：$C_7H_{16}N_2O_2$，相对分子质量：160.00，CAS 号：143-06-6，易溶于水，不溶于乙醇、丙酮。白色粉末，相对密度：1.15 g/cm³，熔点：55～160℃，是一种有毒的硫化剂。

1＃硫化剂主要用作氟橡胶、乙烯聚丙烯酸酯橡胶和聚氨基甲酸酯胶的硫化剂；也用作合成橡胶改性剂以及天然橡胶、丁基橡胶、异戊橡胶、丁苯橡胶的硫化活性剂，可使橡胶制品保持鲜艳色彩；同时也是 AEM（VAMAC）的交联剂。AEM 胶料最常用的硫化体系为 HMDC（六亚甲基氨基甲酸二胺）与 DOTG（二邻甲苯胍）或 DPG（二苯胍）的并用体系。通常用量为 2.0～4.0 份。

1＃硫化剂（硫化剂 HMDC）的供应商见表 1.3.2-36。

表 1.3.2-36　1＃硫化剂（硫化剂 HMDC）的供应商

供应商	商品名称	外观	初熔点（≥）/℃	含量（≥）/%	活性含量/%	灰分（≤）/%	加热减量（≤）/%	63 μm 筛余物，（≤）/%	密度/（g·cm⁻³）	备注
宁波硫华	HMDC-70G/AEMD F200	白色颗粒	155	99	70	0.5	0.5	0.3	1.10	AEM 为载体
咸阳三精	1＃硫化剂	白色粉末	155	99.5	—	—	0.2	平均粒径：<10 μm	—	—
阳谷华泰	HMDC-70/AEM	白色颗粒	—	70	—	—	—	—	—	AEM 为载体
苏州硕宏	HMDC-70 GA	白色颗粒	155.0	99	70	0.5	0.5	平均粒径 <10 μm	1.17	AEM/ACM 载体 门尼黏度：60±15

2.7.2　三聚氰胺，化学名称：1，3，5-三嗪-2，4，6-三胺，俗称密胺、蛋白精

结构式：

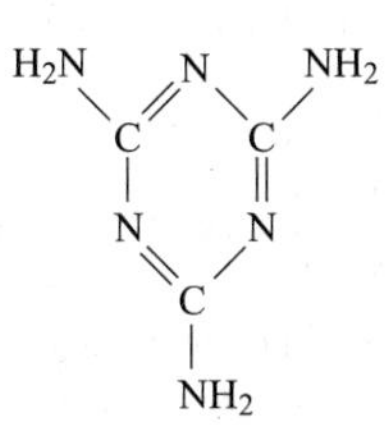

$$\text{1,3,5-triazine ring with three } NH_2 \text{ groups at C-2,4,6}$$

化学式：$C_3H_6N_6$，相对分子质量：126.12，CAS登录号：108－78－1。白色、单斜晶体，几乎无味。在345℃的情况下分解。熔点（℃）：＞300（升华），相对密度：1.573 316，相对蒸气密度（空气＝1）：4.34，饱和蒸气压（kPa）：6.66，水中溶解度（20℃）：0.33 g。

溶解性：不溶于冷水，溶于热水，微溶于水、乙二醇、甘油、（热）乙醇，不溶于乙醚、苯、四氯化碳。

本品不可燃，在常温下性质稳定。水溶液呈弱碱性（pH＝8），与盐酸、硫酸、硝酸、乙酸、草酸等都能形成三聚氰胺盐。在中性或微碱性情况下，与甲醛缩合而成各种羟甲基三聚氰胺，但在微酸性中（pH值5.5～6.5）与羟甲基的衍生物进行缩聚反应而生成树脂产物。遇强酸或强碱水溶液水解，胺基逐步被羟基取代，先生成三聚氰酸二酰胺，进一步水解生成三聚氰酸一酰胺，最后生成三聚氰酸。本品是一种三嗪类含氮杂环有机化合物，广泛用作化工原料，对身体有害，不可用于食品加工或食品添加物。

本品可用作ACM的硫化剂。

GB/T 9567—1997《工业三聚氰胺》idt JIS K 1531－1982（87），适用于以尿素为原料制得的工业三聚氰胺。工业三聚氰胺的技术指标见表1.3.2－37。

表1.3.2－37　工业三聚氰胺的技术指标

项目	优等品	一等品
外观	白色粉末，无杂物混入	
纯度（≥）/%	99.8	99.0
水分（≤）/%	0.1	0.2
pH值	7.5～9.5	
灰分（≤）/%	0.03	0.05
甲醛水溶解试验 浊度（高岭土浊度）（≤）	20	30
色度（Hazen）单位—（铂-钴色号）（≤）	20	30

2.7.3　聚氨酯扩链剂MCDEA，化学名称：4，4－亚甲基-双（3－氯-2，6－二乙基苯胺）

分子式：$C_{21}H_{28}Cl_2N_2$，相对分子质量：379.37，CAS号：106246－33－7。结构式：

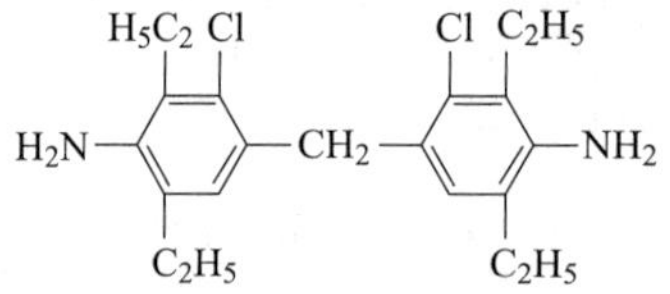

《聚氨酯扩链剂MCDEA》（HG/T 4230—2011）适用于以3－氯-2，6－二乙基苯胺、甲醛在酸性介质中制成的聚氨酯扩链剂MCDEA，聚氨酯扩链剂MCDEA的技术要求见表1.3.2－38。

表1.3.2－38　聚氨酯扩链剂MCDEA的技术要求

项目	指标
外观	白色结晶粉末或颗粒
初熔点（≥）/℃	87.0
纯度（HPLC）（≥）/%	98.0
水分（≤）/%	0.15
固态密度[a]（24℃）/（$g·cm^{-3}$）	1.21～1.23

注：a. 根据用户要求检验项目。

聚氨酯扩链剂HER的供应商有苏州市湘园特种精细化工有限公司等。

2.7.4　聚氨酯橡胶硫化剂MOCA，化学名称：3，3′-二氯-4，4′-二氨基二苯基甲烷

分子式：$C_{13}H_{12}Cl_2N_2$，相对分子质量：267.2，相对密度：1.39 g/cm^3，CAS号：101－14－4。结构式：

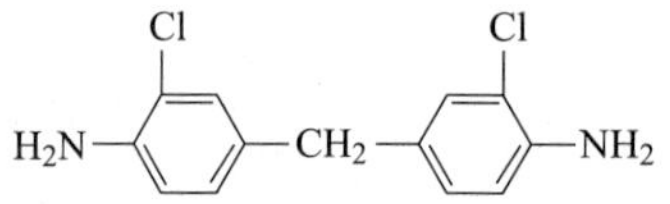

《聚氨酯橡胶硫化剂MOCA》（HG/T 3711—2012）适用于由邻氯苯胺、甲醛在酸性介质中反应制得的聚氨酯橡胶硫化剂MOCA。聚氨酯橡胶硫化剂MOCA的技术要求见表1.3.2－39。

表 1.3.2-39　聚氨酯橡胶硫化剂 MOCA 的技术要求

项目	指标	
	Ⅰ型	Ⅱ型
外观	白色针状结晶或片状	淡黄色颗粒或粉末
初熔点（≥）/℃	102.0	97.0
熔融色泽（≤）/号	3	4+
水分（≤）/%	0.15	0.20
固态密度[a]（24℃）/($g \cdot cm^{-3}$)	1.43～1.45	
胺值/($mmol \cdot g^{-1}$)	7.4～7.6	
游离胺含量[a]（≤）/%	1.0	
纯度（HPLC）（≥）/%	95.0	86.5
丙酮不溶物（≤）/%	0.04	

注：a. 根据用户要求检验项目。

聚氨酯橡胶硫化剂 MOCA 的供应商有：苏州市湘园特种精细化工有限公司、江苏省滨海县星光化工有限公司、安徽祥龙化工有限公司等。

2.7.5　扩链剂 BW1604，化学名称：3，5-二氨基-4-氯苯甲酸异丁酯

分子式：$C_{11}H_{15}ClN_2O_2$，CAS 号：32961-44-7，外观呈类白色片状或深褐色片状。

结构式：

$COOC_4H_9$　H_2N　NH_2　Cl

本品主要用作聚氨酯橡胶的扩链剂。

扩链剂 BW1604 的供应商有：三门峡市邦威化工有限公司。

2.7.6　橡胶硫化剂 BMI，化学名称：二苯甲烷马来酰亚胺

结构式：

分子式：$C_{21}H_{14}N_2O_4$，分子量：358.37，淡黄色粉末，无污染，可溶于甲苯、丙酮中，不溶于石油醚、水中。本品在常温常压下不溶解、不挥发、不升华、无毒、无味，无燃烧、爆炸危险，可在干燥通风处长期存放。

本品能在高低温（-200～260℃）下赋予材料突出的机械性能、高电绝缘性、耐磨性、耐老化及防化学腐蚀、耐辐射性、高真空中的难挥发性以及优良的黏结性、耐湿热性和无油自润滑性，是多种高分子材料及新型橡胶的卓越改性剂，还可作为其他高分子化合物的交联剂、偶联剂和固化剂等。

橡胶硫化剂 BMI 的供应商见表 1.3.2-40。

表 1.3.2-40　橡胶硫化剂 BMI 的供应商

供应商	外观	熔点/℃	加热减量 75～80℃×2 h (≤)/%	酸值 (≤)/($mgKOH \cdot g^{-1}$)
咸阳三精科技股份有限公司	浅黄色粉末	152～160	1	1.0
陕西杨晨新材料科技有限公司	浅黄色粉末	152～160	1	1.0

2.7.7　促进剂 HDC-70，化学组成：70%六亚甲基二胺氨基甲酸酯分散在 AEM 中

白色至灰色颗粒，氮含量：11.5%～13.0%，门尼黏度：33～47，贮存性：室温干燥至少一年。

本品为 AEM/ACM 用胺类硫化剂，是聚合物预分散的粉末，其软质和无粉尘的颗粒形态可避免水气的吸附，且易于操作和分散。用量 1～3 份。

促进剂 HDC-70 的供应商有：元庆国际贸易有限公司（德国 D.O.G，牌号 DEOVULC HDC-70）。

2.8 其他硫化剂

2.8.1 异氰酸酯

异氰酸酯类化合物主要用作聚氨酯橡胶交联剂，硫化胶抗撕裂、耐热、黏合性能好，压缩变形小，用于制造耐高温橡胶制品、泡沫橡胶制品和胶黏剂，可用促进剂 PZ（DDMC）和氧化钙等物质改善硫化效率。

配合量为 10～20 份。高温硫化时胶料流动性大，易膨胀变成海绵，故脱模必须冷却至 100℃以下进行。

用作交联剂的异氰酸酯类化合物见表 1.3.2 - 41。

表 1.3.2 - 41　用作交联剂的异氰酸酯类化合物

名称	化学结构	性状		
		外观	相对密度	熔点/℃
2，4 -甲苯二异氰酸酯（TDI）	toluene 2，4 - diisocyanate 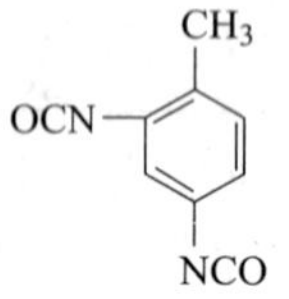	无色到淡黄色透明液体，有强烈的刺激气味，密度 1.22 g/cm³，熔点 19.5～21.5℃，本品可燃，有毒，具刺激性，具致敏性。贮存时避免受热、潮湿空气		
甲苯二异氰酸酯二聚体（TD）	dimer of tolune 2，4 - diisocyanate 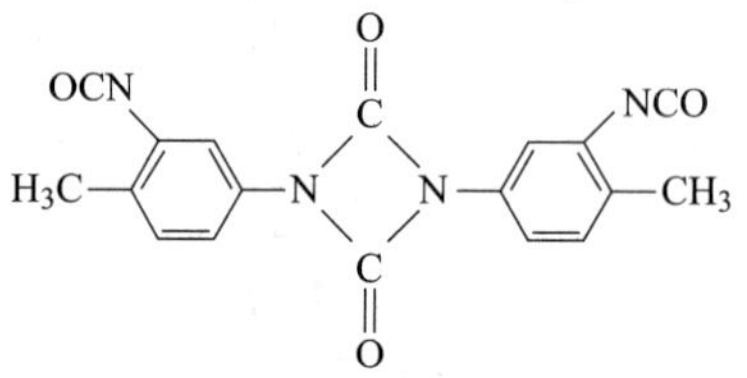	白色粉末，熔点 156～158℃，混冻型聚氨酯橡胶的硫化剂，还可用作丁腈橡胶的增硬剂		
二（对异氰酸苯基）甲烷（二苯甲烷二异氰酸酯、MDI）	di(*p*-isocyanatophenyl)methane 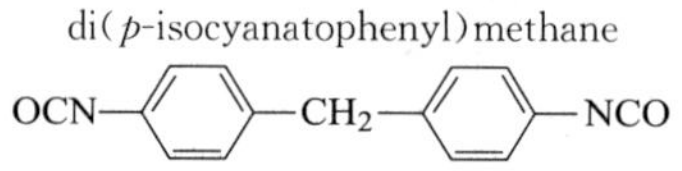	白色至淡黄色熔触固体，加热时有刺激性臭味。相对密度 1.19 g/cm³，熔点 40～41℃，有毒，蒸气压比 TDI 的低，对呼吸器官刺激性小，空气中最高容许浓度为 0.20 mg/m³。主要用于合成聚氨酯胶黏剂和密封剂。贮存于阴凉、通风的库房内，远离火种、热源。长期贮存，库温不宜超过 20℃。严格防水、防潮，避免日光直射		
联亚甲苯基二异氰酸酯（二甲基联苯二异氰酸酯、TODI）	ditolylene diisocyanate 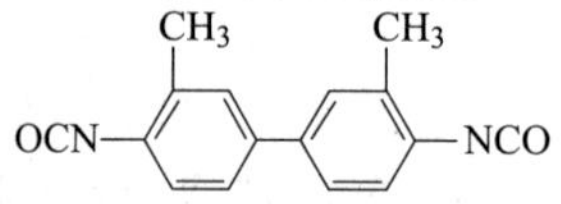	淡黄色片状物	1.197	70～72
3，3′-二甲基二苯甲烷-4，4′-二异氰酸酯（4，4′-二异氰酸基-3，3′-二甲基二苯基甲烷、DMMDI）	3，3′- dimethyldiphenylmethane - 4，4′- diisocyanate 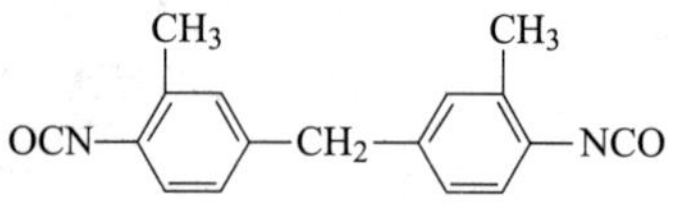	白色至黄色固体	1.2	32.5～33.5
联甲氧基苯胺二异氰酸酯（DADI）	dianisidine diisocyanate(3，3′- dimethoxy - 4，4′- diphenyl diisocyanate) 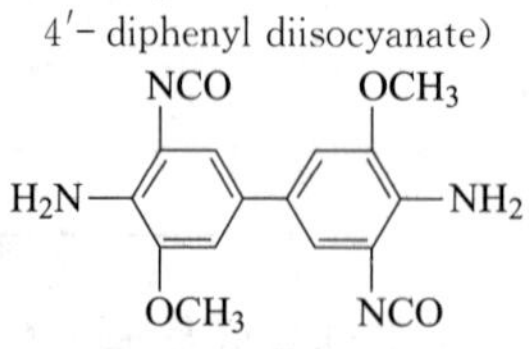	灰棕色片状或粉末	1.20	121～122

续表

名称	化学结构	性状		
		外观	相对密度	熔点/℃
脲烷交联剂（LH－420）	urethane vulacnizer 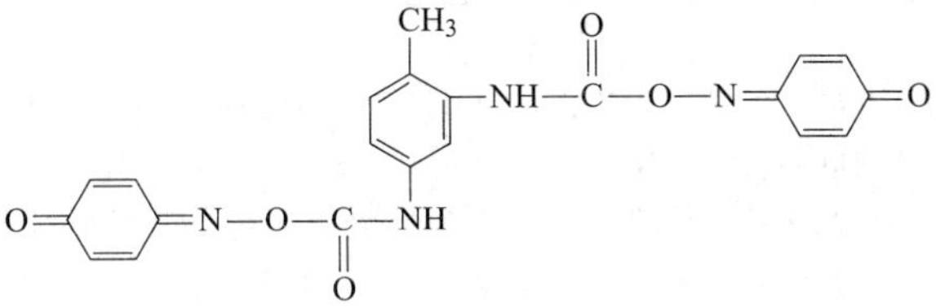 （结构式：甲苯环上 CH₃，两个 —NH—C(=O)—O—N=C₆H₄=O 基团）	橘黄色粉末		166～168
多亚甲基多苯基多异氰酸酯（聚亚甲基聚苯基异氰酸酯、PAPI）	详见本节（一）			

异氰酸酯类化合物有毒，不宜用于与食物接触的制品；应避免与人体皮肤和眼睛接触。

异氰酸酯类化合物吸水性强，需贮存在无水、无其他溶剂的密闭容器中，贮存期不超过一年。

多亚甲基多苯基多异氰酸酯（PAPI）

也称为聚亚甲基聚苯基异氰酸酯，结构式为：

polymethylene polyphenylisocyanate

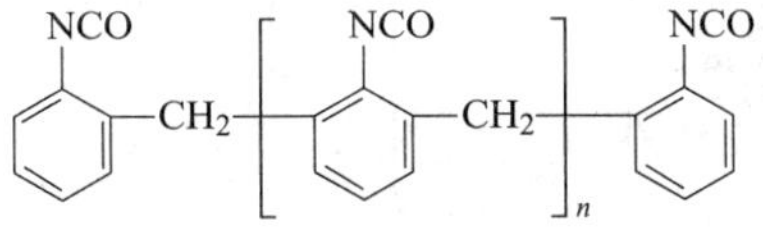

$$\text{NCO-C}_6\text{H}_4\text{-CH}_2\text{-}[\text{C}_6\text{H}_3(\text{NCO})\text{-CH}_2]_n\text{-C}_6\text{H}_4\text{-NCO}$$

GB 13658—1992《多亚甲基多苯基异氰酸酯》适用于苯胺经缩合、光气化制造的多亚甲基多苯基异氰酸酯，其技术指标见表 1.3.2－42。

表 1.3.2－42　多亚甲基多苯基异氰酸酯的技术指标

项目	指标		
	优等品	一等品	合格品
外观	棕色液体		深褐色黏稠液体
异氰酸根（－NCO）含量（m/m）/%	30.5～32.0	30.0～32.0	29.0～32.0
黏度（25℃）/（mPa · s）	100～250	100～400	100～600
酸度（以 HCl 计）（m/m）（≤）/%	0.10	0.20	0.35
水解氯含量（m/m）（≤）/%	0.2	0.3	0.5
密度（25℃）/（g · cm⁻³）	1.220～1.250		

2.8.2　丙烯酸类

丙烯酸类硫化剂包括丙烯酸盐与丙烯酸酯两大类。

（一）丙烯酸盐

1. 甲基丙烯酸锌、丙烯酸锌

丙烯酸锌适用于 NBR、SBR、BR、EPDM、EPM、丙烯酸酯类橡胶等胶种，作为过氧化物硫化体系的助交联剂，可以增加交联密度，提高硫化速率，硫化制品可获得盐性交联键，提高制品硬度，较大幅度改善曲挠性能，提高弹性。也可用于硫黄硫化体系，提高硫化胶拉伸强度，改善曲挠性能，所得硫化胶具有耐酸、耐碱、耐油、耐腐蚀、耐高温性能。用于模压制品时，易黏模，加入内脱模剂后会改善。丙烯酸锌也可用作橡胶与金属的黏合增进剂。

甲基丙烯酸锌为白色粉末，相对分子质量 235，熔点 250℃，分子结构如下：

zinc dimethacrylate

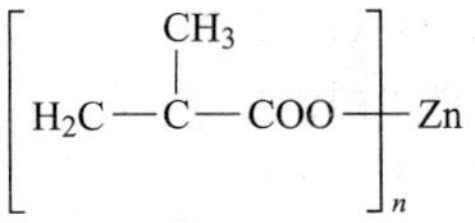

$$[\text{H}_2\text{C}{=}\text{C}(\text{CH}_3)\text{—COO}]_n\text{Zn}$$

甲基丙烯酸锌的综合性能优于丙烯酸锌，本品是橡胶助硫化剂和耐热添加剂，在硫化过程中形成金属离子交联键，可提高硫化胶的拉伸强度和撕裂强度，改善高低温性能，提高弹性与抗压缩变形性能，硫化胶具有耐酸、碱、耐油、耐腐蚀、耐高温的性能。

（1）能明显提高过氧化物硫化橡胶的交联效率和交联密度，在低用量的过氧化物硫化体系下，甲基丙烯酸锌对三元乙丙橡胶具有良好的增强效果，其用量的增加会显著提高硫化胶的硬度和强度，且保持了较高的伸长率。

（2）甲基丙烯酸锌能够加快白炭黑填充天然橡胶的硫化速率，对胶粉填充天然橡胶具有明显的增强作用。

（3）甲基丙烯酸锌提高了丁腈橡胶硫化胶的力学性能和耐热氧老化性能。对于硫黄硫化体系，使硫化平坦期延长；对于过氧化物硫化体系，则使之缩短。

（4）当其用量超过 10 份时，对橡胶具有显著的补强效果。甲基丙烯酸锌补强的 NBR、HNBR 和 EPDM 等具有优异的物理性能、独特的松弛特性和艳丽的色彩，其中对 HNBR 拉伸强度可达 50 MPa，具有高模量、高强度、高抗撕裂、高耐磨、高耐热和耐有机溶剂等特性，是生产高品级工业胶辊、密封件和坦克履带衬垫的理想材料。甲基丙烯酸锌补强橡胶时，一方面生成橡胶-金属离子交联键，另一方面在过氧化物自由基引发下自身发生均聚反应，生成纳米网络结构，是甲基丙烯酸锌能够发挥补强作用的主要原因。

（5）动态性能极佳、黏附力强。

（6）使用中如出现黏模现象，可补加 1 份硬脂酸锌，既有利于脱模，也不影响黏合。

甲基丙烯酸锌在过氧化物硫化的乙丙同步带、胶辊、密封件制品中有广泛应用。配方中通常用量为 5～20 份。

丙烯酸锌类交联剂的供应商见表 1.3.2-43。

表 1.3.2-43　丙烯酸锌类交联剂的供应商

供应商	商品名称	化学名称	外观	密度/($g \cdot cm^{-3}$)	酸值/($mgKOH \cdot g^{-1}$)	含量(≥)/%	含水(≤)/%	ZnO含量/%	说明
金昌盛（美国克雷威利公司）	Dymalink 633/416	丙烯酸锌	白色粉末		0.2～14	95			用量 1～40 份。633 含有防焦剂，使用更安全
	Dymalink 634	甲基丙烯酸锌	白色粉末	1.481					用量 1～30 份
南京友好助剂化工有限责任公司（丰城市友好化学有限公司）	ZDMA（类似 SR634，SR708）	甲基丙烯酸锌或（二甲基丙烯酸锌）	白色粉末	灰分（%）：32～36 最大粒径(μm)≤100	过氧化物交联助剂，提高硬度，增加韧性，耐热性好；可作为胶料的补强剂，过氧化物交联助剂提高交联密度，提高与金属的黏结性能和耐疲劳性能，特别有利于硫化胶的拉伸强度、硬度、定伸应力和撕裂强度，有良好的伸长率，提高产品的耐热性能，特别适合 EPDM 胶种；主要用于 EPDM、HNBR 等的耐热传动带、输送带、胶管、胶辊制品				
	ZDA（类似 SR633，SR416）	丙烯酸锌或（二丙烯酸锌）	白色粉末	灰分（%）：35～39 最大粒径(μm)≤100	过氧化物交联助剂，提高硬度，增加韧性；可作为增硬剂，增黏剂及过氧化物交联助剂，适用于 BR 制造的高尔夫球芯，以及 EPDM、HNBR 等胶种制造的耐热胶辊、输送带、传动带等制品				
西安天长化工有限公司	ZDMA	甲基丙烯酸锌							
济南正兴		丙烯酸锌	白色粉末		1%水溶液的 pH 值：5～7	98	2	≥37	灰分：≤38% 细度：≥60 目

2. 交联剂 MMG（甲基丙烯酸镁）

结构式：

$$\left(CH_2{=}\overset{\overset{\displaystyle CH_3}{|}}{C}{-}\overset{\overset{\displaystyle O}{\|}}{C}{-}O\right)_2Mg$$

分子式：$C_8H_{10}MgO_4$，分子量 194.4676，CAS 号：7095-16-1，白、褐色粉状，酸值为 0.2～14 mgKOH/g，纯度≥95%，水分含量≤5%，细度≥50 目。

甲基丙烯酸镁是不饱和有机酸的二价金属盐，主要用作塑料、橡胶的助交联剂。用它硫化橡胶，可获得盐型交联键，以 CDP（磷酸甲苯二苯酯）为引发剂，能有效交联橡胶。本品同时有明显的增硬、耐热、耐油、降压变等效果，对于丁腈橡胶尤为明显。硫化胶具有较高的强伸性能以及耐高低温性能，特别是有优异的硬度、强力、抗撕裂、抗压、耐疲劳性、耐油和与金属的黏结性能，并可降低白炭黑补强胶料的永久变形。

本品可用于各种高压密封件以及各种机械防尘、防水圈等耐油、耐热、耐寒的密封制品，也可用于制造无填充高强度和高硬度胶料。

本品应在 30℃以下，远离热源、火源、防水、防潮，离地面 0.5 m 以上处贮存。

交联剂 MMG（甲基丙烯酸镁）的供应商见表 1.3.2-44。

表 1.3.2-44　交联剂 MMG（甲基丙烯酸镁）的供应商

供应商	商品名称	化学名称	外观	酸值（≤）/（mgKOH·g^{-1}）	含量（≥）/%	含水（≤）/%	筛余物（150 目）（≤）/%
南京友好助剂化工有限责任公司（丰城市友好化学有限公司）	MgDMA	甲基丙烯酸镁	白色粉末	灰分（%）：19.5～23.5 最大粒径（μm）≤100		过氧化物交联助剂，提高硬度，增加韧性，提高耐热性和耐候性；主要用于 EPDM、HNBR 等胶种制造的耐热胶管、胶辊、传动带、输送带等制品，具有更好的耐候性	
西安天长化工有限公司	MMG	甲基丙烯酸镁	白、褐色粉状	0.2～14	82		
陕西岐山县宝益橡塑助剂有限公司			灰白色粉末	15	90		0.1

（二）丙烯酸酯

丙烯酸酯类化合物主要用作聚乙烯、乙烯基聚合物、丙烯酸聚合物的交联剂；聚丁二烯、氯丁橡胶、三元乙丙橡胶、丁腈橡胶、异戊橡胶、丁苯橡胶在使用过氧化物硫化体系时，可用作共交联剂。

丙烯酸酯类化合物在混炼时有增塑效果，硫化后有增硬效果。

用作交联剂的丙烯酸酯类化合物见表 1.3.2-45。

表 1.3.2-45　用作交联剂的丙烯酸酯类化合物

名称	化学结构	性状		
		外观	相对密度	沸点/℃
乙二醇二甲基丙烯酸酯	ethylene glycol dimethacrylate $CH_2{=}\underset{\underset{CH_3}{\vert}}{C}{-}COO{-}CH_2{-}CH_2{-}COO{-}\underset{\underset{CH_3}{\vert}}{C}{=}CH_2$	水白液体，密度 1.051 g/cm^3，沸点 98～110℃，主要用作乙烯—丙烯酸甲酯橡胶、聚丙烯酸酯橡胶的交联剂		
三缩四乙二醇二甲基丙烯酸酯（美国沙多玛 SR209NS、TEGDMA）	tetraethylene glycol dimethacrylate $CH_2{=}\underset{\underset{CH_3}{\vert}}{C}{-}COO{-}(CH_2{-}CH_2)_4{-}COO{-}\underset{\underset{CH_3}{\vert}}{C}{=}CH_2$	液体	1.080	220
聚乙二醇二甲基丙烯酸酯	polyethylene glycol dimethacrylate $H_2C{=}\underset{\underset{CH_3}{\vert}}{C}{-}COO{-}(CH_2{-}CH_2)_4{-}COO{-}\underset{\underset{CH_3}{\vert}}{C}{=}CH_2$	无色透明液体	1.11	200
四氢糠基甲基丙烯酸酯（甲基丙烯酸四氢糠基酯）	tetrahydrofurfuryl methacrylate 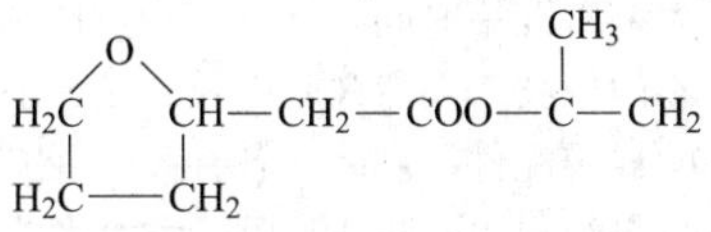 （环：O、H_2C、CH、H_2C—CH_2）$CH{-}CH_2{-}COO{-}\overset{\overset{CH_3}{\vert}}{C}{-}CH_2$	液体	1.044	52
丁二醇二甲基丙烯酸酯	butylene glycol dimethacrylate $H_2C{=}\underset{\underset{CH_3}{\vert}}{C}{-}COO{-}CH_2{-}CH_2{-}CH_2{-}CH_2{-}COO{-}\underset{\underset{CH_3}{\vert}}{C}{=}CH_2$	液体	1.01	290
三羟甲基丙烷三甲基丙烯酸酯（助交联剂 TMPTMA）	详见本节 2			
二甲基丙烯酸锌（甲基丙烯酸锌）	详见本节 1			

应贮存于阴凉、干燥处，避光保存。

1. 交联助剂 TMPTMA（交联助剂 PL400）

化学名称：三羟甲基丙烷三（2-甲基丙烯酸）酯，三羟甲基丙烷三甲基丙烯酸酯结构式：

trimethylol propane trimethacrylate

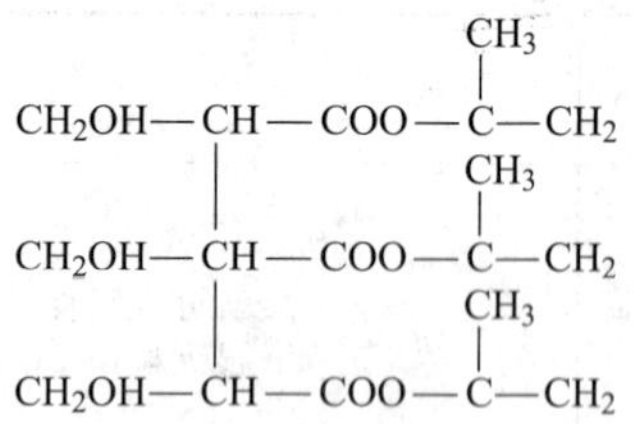

```
                              CH3
                              |
CH2OH— CH — COO — C—CH2
              |               CH3
              |               |
CH2OH— CH — COO — C—CH2
              |               CH3
              |               |
CH2OH— CH — COO — C—CH2
```

分子式：$C_{18}H_{25}O_5$，相对分子质量：338.40，CAS 号：3290－92－4，无色或微黄色透明液体，熔点：－25℃，沸点：>200℃，密度：1.06 g/ml，折射率（n_D^{20}）：1.472（lit.）。主要用作：1）过氧化物硫化体系的助交联剂，在氟橡胶等用DCP进行硫化时，若添加1%～4%本品作为助硫化剂，可缩短硫化时间，提高硫化程度，减少DCP用量，提高制品的机械强度、耐磨性、耐溶剂和抗腐蚀性能等。在氟橡胶、含卤橡胶的硫化过程中，TMPTMA分子中的双键不仅参与硫化交联反应，还可以作卤化氢（HF、HCl等）的受体，吸收硫化过程中释放出的卤化氢，不仅提高了制品质量，而且减少了硫化时胶料对模具的腐蚀；2）混炼时有增塑作用，硫化有增硬作用，每一份可增加邵尔A硬度0.8～1度。作助交联剂时，1～4份；在EVA发泡制品中，0.5～1.0份；在高硬度制品中，可使用10～30份。还可应用于透明的橡胶制品。3）用作聚乙烯、聚丁烯、聚氯乙烯、聚丙烯、聚苯乙烯、CPE和EVA等多种热塑性塑料的助交联剂。通过TMPTMA和有机过氧化物（如DCP等）进行热、光和辐照交联，可消除DCP的异味，减少DCP用量，还可显著提高交联制品的耐热性、耐溶剂性、耐候性、抗腐蚀性和阻燃性，同时改善机械性能和电性能。通常聚乙烯、聚氯乙烯、CPE等热交联，添加TMPTMA为1%～3%，DCP为0.5%～1%；对于辐照（或光）交联PE等，添加少量TMPTMA也能明显改善产品的性能，提高交联度和交联的深度；发泡PE制品，添加少量TMPTMA（0.5～1）进行交联发泡，可消除DCP交联的异味，同时改善了产品的品质；对于难以交联的PVC，最好采用PVC/EVA共混改性，即在PVC中再添加10%～20%的CPE或EVA共混改性，能更好地改善制品的性能。

贮存温度为16～27℃，避免阳光直射。避免与氧化剂、自由基接触。可用深色的PE桶贮存，容器中应留有一定空间以满足阻聚剂对氧气的需要。在六个月内使用有最好的效果。

交联助剂TMPTMA的供应商见表1.3.2－46。

表1.3.2－46　交联助剂TMPTMA的供应商

供应商	规格型号	外观	颜色（APHA）	密度/(g·cm⁻³)	酸值/(mgKOH·g⁻¹)	水分/%	说明
金昌盛		无色透明液体	≤100	1.060～1.070	≤0.2	≤0.1	
苏州硕宏	Sovlink 350	无色液体	≤40	1.06～1.07	≤0.2	≤0.2	黏度35～50cps@25℃
	Sovlink 350D	白色粉末	有效含量：70%	松散密度：0.33±0.04	本品为TMPTMA 70%含量的固体粉末，添加容易，无损失		

2. 甲基丙烯酸甘油酯（齐聚酯12－1）

甲基丙烯酸甘油酯是一种新型的橡胶多功能交联助剂，无毒。本品在橡胶混炼中起增塑剂的作用；在硫化过程中起交联剂作用；在用惰性填料的白色橡料中，能大幅度提高硫化胶的硬度和强伸性能。本品既能提高橡胶的强力和硬度，又能提高橡胶与金属、化纤织物的黏着性能，可大大缩短混炼时间，提高劳动生产率。

本品主要用于丁腈橡胶、氯丁橡胶、三元乙丙橡胶、天然橡胶以及丁腈橡胶与聚氯乙烯等并用胶料中，适用于制造井下测视胶筒，各种轮胎制造与翻修，各种设备的橡胶配件及制品，各种胶辊及其他橡胶制品。

本品应贮藏在干燥、阴凉、通风的库房里，隔绝火源、防止暴晒，贮存期为半年。

甲基丙烯酸甘油酯的供应商见表1.3.2－47。

表1.3.2－47　甲基丙烯酸甘油酯的供应商

供应商	外观	酸值/(mgKOH·g⁻¹)	皂化值/(mg KOH·g⁻¹)	固体分/%	说明
西安天长化工有限公司	棕色透明黏稠液体	≤80	≥400	≥75	

美国克雷威利公司（Cray Valley）甲基丙烯酸锌、丙烯酸锌、丙烯酸酯产品牌号见表1.3.2－48。

表1.3.2－48　美国克雷威利公司（Cray Valley）甲基丙烯酸锌、丙烯酸锌、丙烯酸酯产品牌号

供应商	行业	应用领域	过氧化物硫化体系		硫黄硫化体系	
			推荐产品	描述	推荐产品	描述
金昌盛	胶管/胶带	促进橡胶同极性材料（如金属、锦纶帘线、塑料）之间的黏结	SR633 SR634 Ricobond 1756	改性丙烯酸锌 改性甲基丙烯酸锌		
		降低压缩永久变形	SR 522 SR 519	改性双官能丙烯酸酯 改性三官能甲基丙烯酸酯		

续表

供应商	行业	应用领域	过氧化物硫化体系		硫黄硫化体系	
			推荐产品	描述	推荐产品	描述
金昌盛	胶管/胶带	提高模量和交联密度	SR 517	改性三官能丙烯酸酯		
		提高高温撕裂强度	SR 634 SR 521	改性甲基丙烯酸酯 改性二官能甲基丙烯酸酯		
		提高抗动态疲劳性能	SR 633 SR 634	改性丙烯酸锌 改性甲基丙烯酸锌		
	电线/电缆	提高耐老化性能、耐水性和介电性能	SR 517	改性三官能丙烯酸酯		
		提高挤出速率	SR 521	改性双官能甲基丙烯酸酯		
	胶辊	提高耐磨和耐热性能	SR 516 SR 633 SR 634	改性双官能甲基丙烯酸酯 改性丙烯酸锌 改性甲基丙烯酸锌		
		提高同骨架的黏结性能	SR 633 SR 634	改性丙烯酸锌 改性甲基丙烯酸锌		
	轮胎	提高交联效率，活化交联反应			SR 709	单甲基丙烯酸锌
		抗硫化返原剂			SR 534 SR 534D	多官能丙烯酸酯 多官能丙烯酸酯分散体
	TPE (PP/EPDM)	提高交联密度和耐溶剂性能，降低压缩永久变形和聚合物分解	SR 517HP SR 519HP	改性甲基丙烯酸酯 改性丙烯酸酯		
	混炼型聚氨酯	提高硬度、撕裂强度、伸长率和加工性能	SR 350 SR 231 SR 297	三羟甲基丙烷三甲基丙烯酸酯 二乙二醇二甲基丙烯酸酯 1，3-丁二醇二甲基丙烯酸酯		

2.8.3 硫酮

硫酮类交联剂是氯丁橡胶以及氯丁橡胶并用胶的专用硫化剂，可减少配方中金属氧化物的用量，所得硫化胶耐热老化性能优良。硫酮类交联剂可单用，也可与秋兰姆类并用，一般用量为0.2～2.0份。主要用于制造胶管、胶带、电缆等产品。

用作交联剂的硫酮类化合物见表1.3.2-49。

表1.3.2-49 用作交联剂的硫酮类化合物

名称	化学结构	性状		
		外观	相对密度	熔点/℃
3-甲基四氢噻唑-2-硫酮（硫化剂MTT）	详见本节（一）			
4，6-二甲基全氢化-1，3，5-三嗪-2-硫酮	4，6-dimethylperhydro-1，3，5-triazinethicn-2 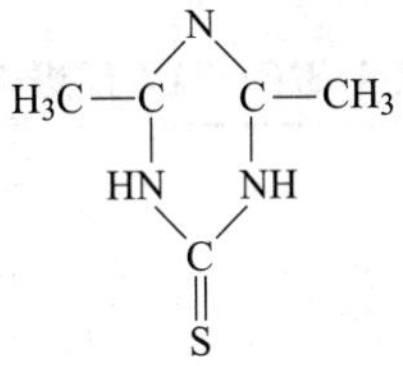	白色粉末		184
3-氨基-1，2，4-二硫氮杂戊环-5-硫酮	3-amino-1，2，4-dithiazolidinethio-5 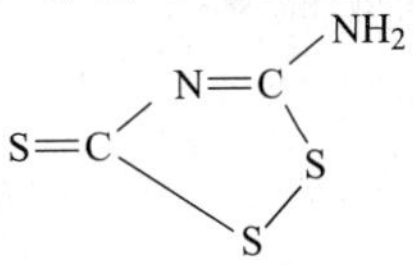	黄绿色粉末	1.69	166（分解）

（一）硫化剂 MTT，化学名称：3-甲基四氢噻唑-2-硫酮，3-甲基-2-噻唑烷硫酮，3-甲基噻唑啉-2-硫酮，噻唑硫酮，噻唑烷硫酮

分子式：$C_4H_7NS_2$，分子量：133.22，CAS 号：1908-87-8，相对密度（20℃）1.35～1.39 g/cm^3，灰白色粉末，溶于甲苯、甲醇、微溶于丙酮，不溶于汽油和水。

分子结构式：

3-methylthiazolidine-thion-2

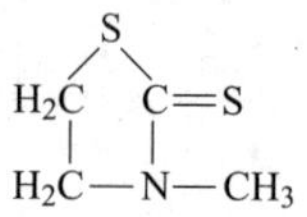

本品是一种噻唑类杂环化合物，含有活性硫原子，不含氨基基团，不会产生芥子气有毒物质，更加环保。主要用作含卤素的高分子聚合物交联剂，适用于氯化丁基橡胶、氯丁橡胶的硫化交联，还可用作氯丁橡胶的高效促进剂，是传统促进剂 ETU（Na-22）的环保型替代品。本品与 Na-22 相比，保持了 Na-22 硫化氯丁橡胶所具有的良好物理性能和耐老化性能的同时，还改进了胶料的焦烧性能和操作安全性，并具有硫化速率较快的特征。本品在橡胶中易分散、不污染、不变色，通常用于制造电缆，胶布、胶鞋、轮胎、艳色制品。

硫化剂 MTT 的供应商见表 1.3.2-50。

表 1.3.2-50　硫化剂 MTT 的供应商

供应商	规格型号	外观	初熔点（≥）/℃	加热减量（≤）/%	灰分（≤）/%	筛余物（≤）/%		说明
						150 μm	63 μm	
淮南市科迪化工科技有限公司		灰白色粉末	60	0.5	0.5	0.1	0.5	
阳谷华泰	MTT	灰白色粉末或结晶	60.0	0.50	0.50			
	MTT-80	米色颗粒						EPDM/EVM 载体
苏州硕宏	MTT-80GE	灰白色颗粒	60.0	0.50	0.50	EPM 载体，比重约 1.20，门尼黏度约 50		
	Sovbond CR17	灰白色颗粒	复配型 CR 专用环保型硫化剂，与 MTT 相比硫化速度更快，物性佳，更容易替代 ETU					

本品应储存在阴凉干燥、通风良好的地方。包装好的产品应避免阳光直射，有效期 1 年。

（二）促进剂 SD，化学名称：5，5-二硫化二（1，3，4-噻二唑-2-硫酮）

结构式：

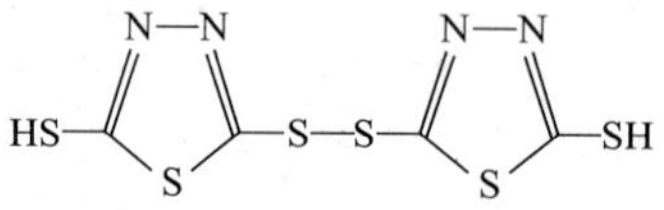

分子式：$C_4H_2N_4S_6$，分子量：298，CAS 号：72676-55-2，熔点：162℃，相对密度：1.9 g/cm^3，硫含量 64%。

本品是 NR、IR、BR 和 SBR 的载硫硫化剂，也是一种取代 ETU 应用在氯丁橡胶中的优秀促进剂，特别适用于硫醇调节型的氯丁橡胶。本品一般用量为 0.9～1.25 份，与胍类促进剂并用具有协同效果（特别是 DPG，用量约 0.25 份），可以添加少量的硫黄（约 0.25 份）以改善压缩变形及耐油溶胀性。可以使用 MBTS 和 PVI 延长焦烧时间。使用本品，可以减少 ZnO 的用量且不会造成硫化胶物性的改变。

促进剂 SD 的供应商见表 1.3.2-51。

表 1.3.2-51　促进剂 SD 的供应商

供应商	型号规格	活性含量/%	颜色	滤网/（μm）	弹性体	门尼黏度 ML（1+4）80℃	相对密度/（g·cm^{-3}）	邵尔硬度
元庆国际贸易有限公司（法国 MLPC）	SD 75 GA F250	75	N（淡黄色）	250	E/AA	10～50MMU	1.45～1.51	64

注：N—本色，P—加色料；GA—乙烯丙烯酸酯弹性体颗粒。

2.8.4　其他

用作交联剂的其他类型化合物见表 1.3.2-52。

表 1.3.2-52　用作交联剂的其他类型化合物

名称	化学结构	性状		
		外观	相对密度	熔点/℃
苯基三乙氧基硅烷	phenyl triethoxysilane 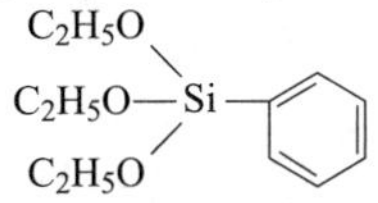 $(C_2H_5O)_3Si-C_6H_5$	无色液体	0.993	233.5（沸点）
甲基三乙酰氧基硅烷	methyl triacetoxysilane 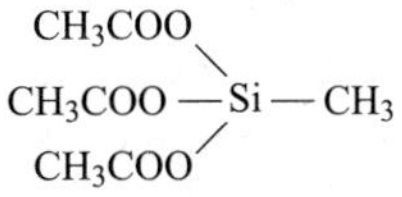 $(CH_3COO)_3Si-CH_3$	纯品在较低温度下为白色结晶体，有较浓的醋酸气味，可溶于醋酸酐，遇水会交联，并产生醋酸，熔点 40.5℃，相对密度 1.16～1.17 g/cm³，折射率 1.404 5～1.405 5，主要用作室温硫化硅橡胶的交联剂，一般与乙基三乙酰氧基硅烷、四甲氧基硅烷复配使用；也可用于塑料、锦纶、陶瓷、铝等与硅橡胶的黏合		
聚乙烯基三乙氧基硅烷	polyvinyl triethoxysilane			
糠醛丙酮缩合物	condensate of furfural and acetone			
二苯甲酮	benzophenone 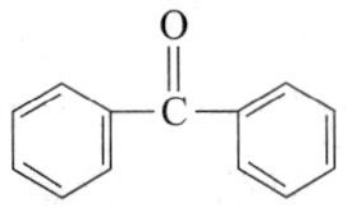 $C_6H_5-CO-C_6H_5$	白色有光泽的菱形结晶	1.11	48.5
丁酮氧化物	oxidation product of methylethylketone 化学成分为下述混合物： 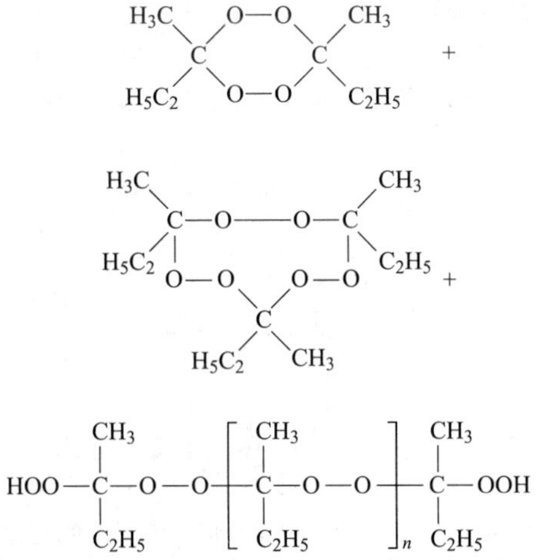 （环状二聚过氧化物）+（环状三聚过氧化物）+ $HOO-C(CH_3)(C_2H_5)-O-O-[C(CH_3)(C_2H_5)-O-O]_n-C(CH_3)(C_2H_5)-OOH$	液体		55～60（闪点）
氨基三嗪衍生物	amino-triazine derivate	黄色浆状液体	1.20	
双叠氮基甲酸丁二醇酯（TBAF）	tetramethylene bis(azido-formate) 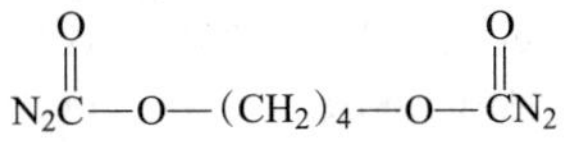 $N_2C(=O)-O-(CH_2)_4-O-C(=O)N_2$	白色结晶固体		33
正硅酸乙酯（silicoacetate）（TEOS）	详见本节（七）			
邻氯甲苯	alphachlorotoluene 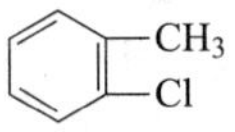 $C_6H_4(CH_3)Cl$	无色透明油状液体	1.08	158.5（沸点）
亚甲基双邻氯苯胺（MOCA）[4,4′-亚甲基双（2-氯苯胺）]	methylene bisortho chloroaniline 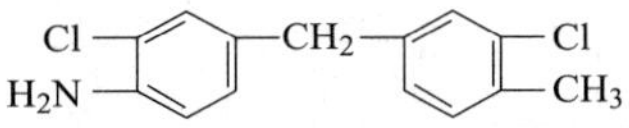	白色至淡黄色疏松针晶，加热变黑色，微有吸湿性，相对密度 1.44 g/cm³，熔点 101～104℃，用作浇注型聚氨酯橡胶的硫化剂，聚氨酯涂料胶黏剂的交联剂，也可用作环氧树脂的固化剂。用作聚氨酯橡胶的硫化剂时，用量一般是预聚体中游离异氰酸基当量的 85%～100%。		

续表

名称	化学结构	性状		
		外观	相对密度	熔点/℃
三氟乙酸铬	trifluorochromic acetate			
四苯基锡	tetraphenyl stannum 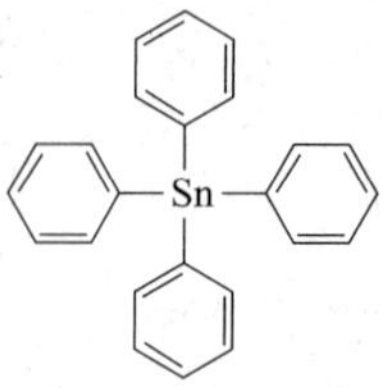	无色结晶	1.490	223～229
2，4，6-三（二甲氨基甲基）苯酚	2，4，6-tris(dimethylaminomethyl)phenol 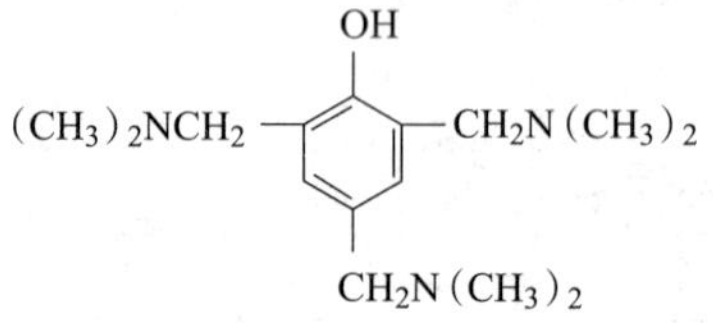 OH $(CH_3)_2NCH_2$—…—$CH_2N(CH_3)_2$ $CH_2N(CH_3)_2$	臭味无色油状液体	0.969	沸点：130～135 分解温度：200

硅烷类化合物主要用作硅橡胶的室温交联剂；糠醛丙酮缩合物用作过氧化物硫化乙丙橡胶的共交联剂，一般用量0.7份；二苯甲酮是氟橡胶低温快速硫化剂；丁酮氧化物一般用作橡胶室温硫化的活性剂，一般用量0.1～5.0份；三嗪衍生物是聚氨酯橡胶热硫化剂；TBAF可用于各类橡胶有硫、无硫配合；邻氯甲苯用于合成橡胶；三氟乙酸铬用于亚硝基橡胶，一般用量5.0份；四苯基锡用于三嗪橡胶；三（二甲氨基甲基）苯酚用于聚氨酯、聚酰胺和聚硫橡胶，用作低温固化剂时用量为2.0～10.0份，作固化促进剂时用量0.1～1.0份。

邻氯苯胺用于聚氨酯橡胶。芳香族二胺作为聚氨酯的扩链剂，主要用于TDI系列预聚物的硫化成型。芳香族二胺的碱性比脂肪族二胺的弱，与—NCO的反应活性较低，有适中的凝胶时间，并能赋予弹性体良好的物理机械性能。用作浇注型聚氨酯（CPU）的芳香族二胺，一般在其分子中引入位阻基团或吸电子取代基，以降低活性，提供适宜的可浇注时间。

（一）TCY（硫化剂F）

化学名称：2，4，6-三巯基-s-均三嗪，三嗪三硫醇，三聚硫氰酸，三嗪硫醇衍生物

结构式：

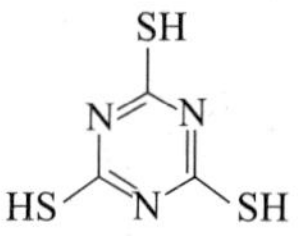

SH
N　N
HS　N　SH

分子式：$C_3H_3N_3S_3$，相对分子质量：177.3，CAS号：638-16-4，黄色粉末，不溶于水，微溶于甲醇、丙酮。安全无毒性。

本品适用于ACM、CO、ECO、CR、CM橡胶与NBR/PVC等橡塑共混材料的硫化剂，分解温度≥330±10℃，与促进剂TMTD、DPG或多脲化合物并用，硫化速率快，硫化胶物理性能优良。为了改善含有TCY胶料的储存稳定性，加入适量CTP/PVI，可防止焦烧。TCY具有增加橡胶与金属的黏合强度的趋势。

用量：

ACM：0.7～2.1份TCY与0.6～1.9份ZDBC（BZ）和1.2份防焦剂PVI（CTP）与2.5～3.5份硫黄并用；ECO：0.7～1.4份TCY与1.2份防焦剂PVI（CTP）和4份MgO并用；CIIR、BIIR：1.4～2.9份TCY与0.4～0.7份MgO并用；NBR/PVC共交联：1.4～2.9份TCY与1～2份DBD并用。

硫化剂TCY的供应商见表1.3.2-53。

表1.3.2-53　硫化剂TCY的供应商

供应商	商品名称	外观	密度/(g·cm⁻³)	含量(≥)/%	活性含量/%	加热减量(≤)/%	灰分(≤)/%	筛余物(63 μm)(≤)/%	分解温度(≥)/℃	说明
金昌盛	TCY	黄色粉末				0.5	0.5			用量0.7～1.5份
宁波硫华	TCY-70GEO F140	黄色颗粒	1.45	97	70	0.5	0.3	0.5	320	ECO为载体
咸阳三精	TCY	黄色粉末				0.5	0.3			

续表

供应商	商品名称	外观	密度/(g·cm⁻³)	含量(≥)/%	活性含量/%	加热减量(≤)/%	灰分(≤)/%	筛余物(63 μm)(≤)/%	分解温度(≥)/℃	说明
阳谷华泰	TCY-70/AEM	黄色颗粒			70					AEM 为载体
	TCY-70/ECO	黄色颗粒			70					ECO 为载体
苏州硕宏	TCY—70GA	黄色颗粒	1.40	97	70	0.50	0.3	0.5	320	AEM 载体，门尼黏度约 65
	ZC—50GA	黄色颗粒	1.52	Sovbond ZC-50GA & ZC-50GAR 是 TCY 的焦烧改进型产品。与皂类硫化系统相比，这两者均展现出更长的焦烧安全性、更好的压缩变形率。非严苛要求下可以省略掉二次硫化。甚至可适用于注射成型工艺						AEM 载体，门尼黏度约 60
	ZC—50GAR	黄色颗粒	1.33							AEM 载体，门尼黏度约 55

（二）交联剂 DB

化学名称：2-二正丁胺-4，6-二硫醇-1，3，5-三嗪

结构式：

$$
\begin{array}{c}
N(C_4H_9)_2 \\
| \\
C \\
N \quad\quad N \\
C \quad\quad C \\
HS \quad\quad N \quad\quad SH
\end{array}
$$

分子式：$C_{11}H_{20}N_4S_2$，分子量：272.2，CAS 号：29529-99-5，白色粉末，熔点 137℃以上，难溶于水。交联剂 DB 和三嗪硫化剂 TCY 的区别在于，其把 TCY 三个巯基中的一个巯基置换成二正丁胺基，是含氯类橡胶，如含氯丙烯酸酯橡胶、氯醚橡胶、氯化丁基橡胶以及聚氯乙烯等聚合物的交联剂。交联剂 DB 的活性比 TCY 更强，尤其适用于用作医药包装领域中氯化丁基胶塞无锌无硫硫化的硫化剂。

交联剂 DB 在 ACM 中的推荐用量为：DB 0.3～1.2，BZ 0.5～1.5，防焦剂 PVI（CTP）0～1.0；在 CO、ECO 中的推荐用量为：DB 0.3～1.0，防焦剂 PVI（CTP）0～1.0，MgO 3.0；在 CIIR 中的推荐用量为：DB 1.0～2.0，MgO 0.3～0.5。

交联剂 DB 的供应商见表 1.3.2-54。

表 1.3.2-54　交联剂 DB 的供应商

供应商	商品名称	外观	密度/(g·cm⁻³)	含量(≥)/%	熔点/℃	加热减量(≤)/%	灰份(≤)/%	筛余物(63 μm)(≤)/%	分解温度(≥)/℃
广州洽展化工产品有限公司	DB	白色粉末			37～140	0.5	0.3		

（三）交联剂 TAC

化学名称：三烯丙基氰脲酸酯，三聚氰酸三烯丙酯，2，4，6-三（烯丙氧基）-1，3，5-三嗪

结构式：

$$
\begin{array}{c}
H_2C{=}CH{-}CH_2{-}O{-}C \overset{N}{\quad} C{-}O{-}CH_2{-}CH{=}CH_2 \\
N \quad\quad N \\
C \\
| \\
O{-}CH_2{-}CH{=}CH_2
\end{array}
$$

分子式：$C_{12}H_{15}O_3N_3$，相对分子质量：249.27，本品为三官能团化合物，可作为橡胶和塑料的硫化和辅助交联剂。主要用作高度饱和橡胶如 EPM、EPDM、CM 的硫化剂，不饱和聚酯的固化剂，还可在聚烯烃辐射交联中作光敏剂。一般用量 1～1.5 份。

交联剂 TAC 的供应商见表 1.3.2-55。

表 1.3.2-55　交联剂 TAC 的供应商

供应商	商品名称	外观	含量（≥）/%	凝固点/℃	加热减量/%	灰分/%	说明
华星（宿迁）	交联剂 TAC	白色液体	99	26～28			
	交联剂 TAC	白色粉末或块状				30	
苏州硕宏	TAIC—70D	白色干爽粉末	松散密度：0.60		70	30	相比液体，本品更容易称量准确，分散容易

（四）共交联剂 TAIC

化学名称：三烯丙基异氰脲酸酯、三烯丙基三聚氰酸酯

结构式：

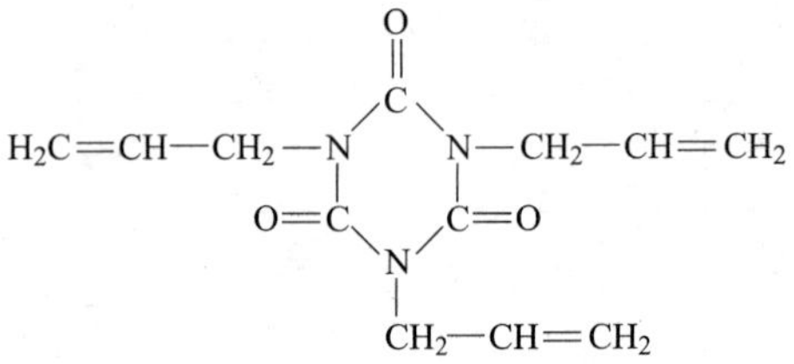

分子式：$C_{12}H_{15}N_3O_3$，相对分子质量：249.2688，CAS 号：1025-15-6，密度：1.11，熔点：26～28℃，沸点：119～120℃。

用途：1）在聚乙烯、聚丙烯、聚氯乙烯、聚苯乙烯的 X 射线或紫外线辐照交联和改性中，可提高耐热性、机械强度、耐腐蚀、耐溶剂等；2）饱和橡胶 EPM、EPDM、CR、CSM、CM、氟橡胶、硅橡胶、聚氨酯等的助交联剂，用 TAIC 作助交联剂进行交联（与 DCP 等并用），一般用量为 0.5～3 份，可显著缩短硫化时间，提高机械性能、耐磨性、耐候性和耐溶剂；3）不饱和聚酯玻璃钢的交联剂；4）聚苯乙烯的内增塑剂。

在一般橡胶制品中用作交联助剂时，用量 2～3 份；在 EVA 发泡制品中，用量 1～2 份；在高硬度制品中，用量 5～15 份。

共交联剂 TAIC 的供应商见表 1.3.2-56。

表 1.3.2-56　共交联剂 TAIC 的供应商

供应商	规格型号	外观	密度/(g·cm^{-3})	凝固点/℃	有效含量/%	酸值[a]（≤）/(mg KOH·g^{-1})	灰分/%	说明
金昌盛	TAIC	白色粉状	约 1.3		70			可减少 DCP 硫化时的臭味
华星（宿迁）化学有限公司	交联剂 TAIC	白色粉末或块状					30	
	交联剂 TAIC	微黄色油状液体或晶体		21.5～26.5	98	0.5		
咸阳三精科技股份有限公司		微黄色油状液体或晶体			95	1.0		

注：a. 酸值是指中和 1 g 试样所消耗的氢氧化钾的毫克数，它表征了试样中游离酸的总量，测定方法参见 ASTM D2849、DIN 53402。

（五）双酚 AF（六氟双酚 A）

化学名称：六氟异亚丙基二酚

结构式：

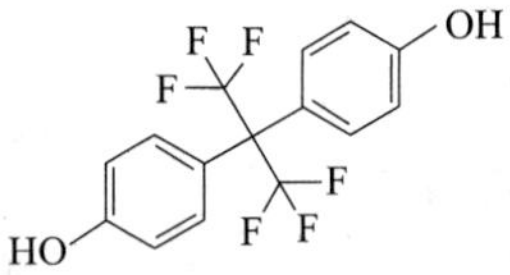

分子式：$C_{15}H_{10}F_6O_2$，相对分子质量：336.23，CAS 号：1478-61-1，熔点：159～164℃，闪点：205℃，加热到 510℃可分解燃烧，白色粉末或晶体，微溶于水，能溶于乙醇、乙醚中。本品主要用作氟橡胶硫化促进剂，也可用作医药中间体。

双酚 AF 作为氟胶硫化剂，一般与促进剂 BPP（苄基三苯基氯化磷）配合使用。本品操作应用简单，硫化速率快，硫化胶抗张强度高、压缩永久变形小，抗化学腐蚀及热稳定性佳等优良性能。

双酚 AF 作为单体，可用于合成特殊的聚酰亚胺、聚酚胺、聚酯、聚碳酸酯以及其他聚合物，适用于高温合成物、电子材料、气体渗透膜等。

用量：双酚 AF 2～3.5 份，促进剂 BPP0.5～1。

双酚 AF 的供应商见表 1.3.2-57。

表 1.3.2-57　双酚 AF 的供应商

供应商	商品名称	外观	有效含量/%	说明
金昌盛（杜邦）	双酚 AF	浅灰或者褐色粉末	>99	用量 2～3.5 份，与 0.5～1 份促进剂 BPP（苄基三苯基氯化磷）配合用作氟胶硫化剂，具有硫化速率快，压缩永久变形小，抗化学腐蚀与热稳定性佳等性能

（六）噻二唑硫化交联剂

化学名称：2，5－二巯基－1，3，4－噻二唑衍生物

本品国外品牌有 ECHO. A（美国）、TDD（德国）。

本品主要用作含卤聚合物如氯化聚乙烯、聚氯乙烯、氯醇橡胶、氯丁橡胶、氯磺化聚乙烯橡胶、氯化丁基橡胶的硫化交联剂，配方中可以用芳烃油作增塑剂（硫脲硫化系统和过氧化物硫化体系不能用芳烃油作增塑剂）。本品硫化温度低，可作单组分硫化体系，硫化速率比 Na－22 硫化快，正硫化时间短，生产过程不喷霜、不焦烧，操作安全；操作过程及制成的成品中无刺激性气味，可在硫化罐中无模硫化；硫化胶具有阻燃、耐高温、耐寒、耐臭氧、耐油、压缩永久变形小、撕裂强度高的特点，与过氧化物硫化体系硫化胶性能基本相同，撕裂强度大于过氧化物硫化体系硫化胶。

噻二唑硫化交联剂的供应商见表 1.3.2－58。

表 1.3.2－58　噻二唑硫化交联剂的供应商

供应商	规格型号	外观	密度（25℃）/（g · cm^{-3}）	熔点/℃	固含量（assy）/%	加热减量（60℃）/%
烟台恒鑫化工科技有限公司	ECHO	微黄色粉末	1.40～1.45	205～215	＞97	≤3

（七）硅烷交联剂

硅烷交联剂由烷基三氯硅烷、乙烯基三氯硅烷、苯基三氯硅烷与醋酸酐或丁酮肟反应、中和、提纯制得，包括：

甲基三乙酰氧基硅烷，CAS 号：4253－34－3，结构简式：$CH_3Si(OOCCH_3)_3$，相对分子质量：220.254。

乙基三乙酰氧基硅烷，CAS 号：17689－77－9，结构简式：$CH_3CH_2Si(OOCCH_3)_3$，相对分子质量：234.281。

丙基三乙酰氧基硅烷，CAS 号：17865－07－5，结构简式：$CH_3CH_2CH_2Si(OOCCH_3)_3$，相对分子质量：248.308。

乙烯基三乙酰氧基硅烷，CAS 号：4130－08－9，结构简式：$CH_2=CHSi(OOCCH_3)_3$，相对分子质量：232.265。

乙烯基三丁酮肟硅烷，CAS 号：2224－33－1，结构简式：$CH_2=CHSi[ON=C(CH_3)CH_2CH_3]_3$，相对分子质量：313.472。

苯基三丁酮肟基硅烷，CAS 号：2224－33－1，结构简式：$C_6H_5Si[ON=C(CH_3)CH_2CH_3]_3$，相对分子质量：363.532。

硅烷交联剂属于通用型硅烷交联剂，其应用十分广泛，主要有：室温硫化硅橡胶的硫化剂、交联剂，也应用于塑料、锦纶、陶瓷、玻璃等新材料与硅橡胶黏结的促进剂。

硅烷交联剂基硅烷偶联剂的技术要求见表 1.3.2－59。

表 1.3.2－59　硅烷交联剂基硅烷偶联剂的技术要求

项目	指标					
	甲基三乙酰氧基硅烷	乙基三乙酰氧基硅烷	丙基三乙酰氧基硅烷	乙烯基三乙酰氧基硅烷	乙烯基三丁酮肟硅烷	苯基三丁酮肟基硅烷
外观	透明	透明	透明	透明	透明	透明
色度（Pt－Co）（≤）/号	100	100	100	150	100	60
密度（20℃）/（g · cm^{-3}）	1.155 0～1.175 0	1.130 0～1.150 0	1.102 0～1.122 0	1.157 0～1.177 0	0.980～1.000	1.020 0～1.040 0
折射率，n_D^{25}	1.395 0～1.415 0	1.401 0～1.421 0	1.420 0～1.440 0	1.410 0～1.430 0	1.453 5～1.473 5	1.485 0～1.505 0
单体含量（≥）/%	85.0	90.0	90.0	85.0	90.0	90.0
二三聚体含量（≤）/%	10.0	5.0	5.0	10.0	5.0	5.0
有效成分（≥）/%	95.0	95.0	95.0	95.0	95.0	95.0
可水解氯，10%～4%（≤）/%	50	50	50	50	50	50

硅烷交联剂的供应商有：湖北新蓝天新材料股份有限公司、浙江衢州硅宝化工有限公司、荆州江汉精细化工有限公司、浙江华进科技股份有限公司、湖北德众化工有限公司等。

1. 甲基三甲氧基硅烷

分子式：$C_4H_{12}O_3Si$，分子量：136.22，CAS 号：1185－55－3，本品为无色透明液体，相对密度 0.955 g/cm^3，沸点 102℃，折射率 1.369 5～1.371 5，闪点 11℃，水溶性 decomposes，可溶于甲醇、乙醇、酮类和苯中，遇水会水解交联并生产甲醇。

分子结构式：

$$\mathrm{CH_3O-Si(OCH_3)_2-CH_3}$$

本品对眼睛和皮肤有一定的刺激性，一旦接触必须用大量的水清洗。使用时需佩戴防护眼睛、面罩、防护手套。

甲基三甲氧基硅烷的供应商有南京辰工有机硅材料有限公司等。

2. 正硅酸乙酯（TEOS），化学名称：硅酸乙酯，硅酸四乙酯，亚硅酸乙酯，四乙氧基硅烷

分子式：Si（OC_2H_5）$_4$，分子量：208.33，CAS 号：78－10－4，常温下为无色或淡黄色透明液体，有类似乙醚的臭味。熔点-77℃，沸点 168.5℃，相对密度 0.934 6 g/cm^3。它对空气较稳定，微溶于水，在纯水中水解缓慢，在酸或碱的存在下能加速水解作用；与沸水作用得到没有电解质的硅酸溶胶。在潮湿空气中变浑浊，静置后澄清。能与乙醇、丙酮等有机溶剂互溶。本品为易燃液体，在高温下、空气中可产生爆炸性蒸气。吸入其蒸气可致中毒。

结构式：

$$H_3CH_2CO-Si(OCH_2CH_3)_2-OCH_2CH_3$$

本品广泛应用于机械制造用高档防腐涂料及耐热涂料，有机合成、电信机械等行业，用作油漆涂料的黏合剂、室温硫化硅橡胶的交联剂、精密铸造的黏合剂及陶瓷材料的黏合剂。作为室温硫化硅橡胶的交联剂时常与二月桂酸二丁基锡配合；用作酚醛-丁腈胶黏剂的交联剂时可提高耐热性。

正硅酸乙酯的供应商见表 1.3.2－60。

表 1.3.2－60 正硅酸乙酯的供应商

供应商	牌号	二氧化硅含量/%	酸度（以 HCl 计）（≤）/%	密度/（g·cm^{-3}）
无锡鸿孚硅业科技有限公司	硅酸乙酯-28	28～29	0.01	0.929～0.936
	硅酸乙酯-40	40～42	0.1	1.04～1.07

（八）硫化剂 TBP 75GA，化学组成：聚合物

结构式：

（对叔丁基苯酚多硫化物聚合物：OH、Sx、y、tert-Bu）

CAS 号：60303－68－6，熔点：110℃，相对密度：1.15 g/cm^3。

本品不污染、不变色、不喷霜、无气味，本品不含氮，不产生亚硝胺化合物。适用于 NR、IR、SBR、BR、NBR 及 EPDM，可取代 TMTD 用作载硫硫化剂，硫含量约为 15%，能预防硫化返原；本品有酚的功能，可作为轻型的抗氧化剂；还具有增黏的特性。

主要应用于 EPDM 密封条、轮胎、减震及其他工业制品。

硫化剂 TBP 75GA 的供应商见表 1.3.2－61。

表 1.3.2－61 硫化剂 TBP 75GA 的供应商

供应商	型号规格	活性含量/%	颜色	滤网/μm	弹性体	门尼黏度 ML（1+4）60℃	相对密度/（g·cm^{-3}）
元庆国际贸易有限公司（法国 MLPC）	TBP 75 GA F100	75	N（浅棕色）	100	E/AA	40	1.15

注：N—本色，P—加色料；GA—乙烯丙烯酸酯弹性体颗粒，BA—乙烯丙烯酸酯弹性体块状。

（九）硫化剂 FSH，化学名称：季铵基-二巯基-1，3，4-三氮唑

结构式：

（三氮唑环：HS—N、N、SH、N、$(R)_4N$）

本品熔点 183℃，无味，白色显微黄粉末。本品主要用作含卤聚合物如氯化聚乙烯橡胶（CM）、氯醇橡胶（ECO）、氯

丁橡胶（CR）、氯磺化聚乙烯橡胶（CSM）、氟橡胶（FKM）、氯化聚乙烯（CPE）及聚氯乙烯（PVC）等的交联剂。其交联机理为 FSH 的胺基与巯基结合进攻 C－Cl 极性键进行取代反应。

硫化剂（FSH）、交联剂（TEHC）均为三唑二巯基胺盐硫化剂，是整合了噻二唑硫化剂和促进剂（正丁醛和苯胺缩合物）有效基团的单一物质。硫化剂（FSH）中，胺基与巯基结合在一个三维空间立体结构的单一物质中，较噻二唑加醛胺促进剂并用的体系稳定，可克服噻二唑及醛胺促进剂对橡胶交联后，交联键的分布不规则等缺点，使得橡胶交联体的结构更为稳定。相对于噻二唑加醛胺促进剂并用体系，三唑二巯基胺盐还因特殊基团的引入改变了体系的 pH 值，由强酸性变成中性，削弱了酸性填料对交联体系的不良影响。

硫化剂（FSH）能以芳烃油为增塑剂，适合无模低压硫化，生产过程不喷霜，不焦烧，操作安全；硫化速率快，正硫化时间短，生产效率高；硫化时不产生臭味，硫化温度下不分解。本品不含重金属，不具损害生物特性的有害基团，硫化过程中不产生有害物质。

用硫化剂 FSH 硫化的氯化聚乙烯橡胶制品，耐高温、耐寒、耐臭氧、耐油性能进一步改善，压缩永久变形小，撕裂强度高。

建议用量 2 份，一般应与 MgO 并用。

供应商：广州洽展化工产品有限公司。

（十）交联剂 VP－4（二糠叉丙酮）

结构式：

O　　　　　　　　O
‖　　　　　　　　‖
OCNH—　　　—NHCO
|　　　　　　　　|
(呋喃环)—CH — CH_2COCH_2 — CH—(呋喃环)

本品为棕红色颗粒或粉末，是橡胶和塑料过氧化物交联体系的共交联剂，交联速率和物理机械强度比单用过氧化物有所提高。在 EPDM 和其他橡胶中应用，可削弱硫化时的异味，硫化速率快，能制得无味、耐热、定伸应力高的硫化胶。

用量为 0.4～0.8 份，硫化温度为 150℃。

交联剂 VP－4（二糠叉丙酮）的供应商见表 1.3.2－62。

表 1.3.2－62　交联剂 VP－4（二糠叉丙酮）的供应商

供应商	型号规格	外观	熔点/℃	灰分/%	说明
陕西岐山县宝益橡塑助剂有限公司	交联剂 VP－4	棕红色颗粒或粉末	≥50	0.1≤	

第三节　活　性　剂

凡能增加促进剂活性，减少促进剂用量或缩短硫化时间的物质称为硫化活性剂。活性剂可以分为无机活性剂和有机活性剂两类。无机活性剂主要有金属氧化物、氢氧化物和碱式碳酸盐等；有机活性剂主要有脂肪酸、胺类、皂类及部分促进剂的衍生物等。

硫化活性剂一览表见表 1.3.3－1。

表 1.3.3－1　硫化活性剂一览表

分类	品名	用途与特性	分类	品名	用途与特性
金属氧化物类	氧化锌	NR、合成橡胶和胶乳用，分散性好，大量添加有补强作用	脂肪酸类	硬脂酸	NR、合成橡胶（IIR 除外）和胶乳用，酸性促进剂的活化剂（FDA 批准）
	活性氧化锌	NR、合成橡胶和胶乳用，活性高，促进效果好		油酸	与硬脂酸相同（FDA 批准）
	表面处理氧化锌	对 NBR 有补强性，活性大，焦烧性小，耐老化好，定伸高		月桂酸	与硬脂酸相同（FDA 批准）
	碳酸锌（透明氧化锌、复合氧化锌）	透明配方用，活性大（FDA 批准）		硬脂酸锌	NR、BR、SBR、NBR 和胶乳用，酸性促进剂的活化剂（FDA 批准）
	氧化镁（煅烧氧化镁）	焦烧性小，对 NR、BR、SBR、NBR 都有活性（秋兰姆体系除外），CR 的硫化剂		三乙醇胺	活化 SBR 的硫化，改善硅酸盐类填充剂及无机白色填充剂的分散性（FDA 批准）

续表

分类	品名	用途与特性	分类	品名	用途与特性
金属氧化物类	一氧化铅（密陀僧）①	NR、BR、SBR、NBR都可使用，在秋兰姆类促进剂中有迟延作用，焦烧性小；CR、CSM的硫化剂；含卤橡胶硫化时的受氧剂	有机胺、乙二醇类	二甘醇	白色补强填充剂的活性剂，德国允许用作接触食品橡胶制品的助剂
	四氧化三铅（铅丹）①	与一氧化铅性能相同，但效力大	其他硫化活性剂	聚对二亚硝基苯②	秋兰姆类、噻唑类+硫黄体系的活化剂；加到IIR中热处理，可调节塑性
	碱式碳酸铅（铅白）①	用于NR、SBR、NBR，是噻唑类促进剂活化		四氯苯醌	1）与对醌二肟并用，作IIR硫化剂； 2）与对醌二肟、MBTS并用时，焦烧与硫化速率都快
	氢氧化钙（消石灰）	代替ZnO，与ZnO并用可提高硬度；在含氟橡胶（CFM）中与MgO并用		三甲基丙烯酸三羟甲基丙烷酯	在橡胶、聚烯烃的过氧化物硫化中作交联剂，加工时为增塑剂，改善制品永久变形，对提高弹性、硬度、电性能等有良好效果

注：①欧盟的REACH已将铅及其化合物列入SVHC清单；欧盟《关于在电子电气设备中限制使用某些有害物质的第2002/95/EC号指令》（RoHS指令），要求从2006年7月1日起，各成员国应确保在投放于市场的电子和电气设备中限制使用铅、汞、镉、六价铬、多溴联苯和多溴二苯醚六种有害物质；2005/20/EC指令要求所有流通于欧洲市场的包装及其材料中的镉、铅、汞及六价铬四种物质含量总和不得超过100 ppm；2006/66/EC指令要求电池及蓄电池不得含有汞超过总重的0.000 5%、镉超过总重的0.002%，但纽扣电池的水银含量不得大于2%；另外，若电池、蓄电池及纽扣电池的汞含量超过0.000 5%，镉含量超过0.002%，铅含量超过0.004%，则须有重金属含量及分类处理的标示；挪威PoHS指令即《消费性产品中禁用特定有害物质》提出的受限制的18种物质包括Pb（铅及其化合物），读者应当谨慎使用。

②聚对二亚硝基苯是致癌物质，读者应当谨慎使用。

促进剂具有提高交联效率与加快硫化速率双重功能，但要注意活性剂配合以求充分发挥其功能。ZDC、PX之类可不加ZnO；MBT、CZ之类要配用ZnO/St. a；而TMTD类不可不加ZnO，否则，硫化过程形成二硫代氨基甲酸，进一步分解出二甲胺、CS_2，导致硫化返原。

对于硫黄/促进剂来说，不论配用ZnO/St. a，还是单用硬脂酸锌，效果将因促进剂品种而异。对TMTD（1份），无大的差异；对CZ（1份），配用ZnO/St. a的t_s比单用硬脂酸锌的短。因CZ同TMTD硫化机理不同，ZnO/St. a与硬脂酸锌参与反应的机理也不相同。[4]

3.1　无机活性剂

常用的无机活性剂见表1.3.3-2。

表1.3.3-2　常用的无机活性剂

名称	外观	相对密度	熔点/℃
氧化锌	白色粉末	5.6	
碳酸锌	白色结晶粉末	4.42	300（分解）
轻质氧化镁	白色疏松粉末	3.20～3.23	
碳酸镁	白色粉末	2.19	
氧化钙	白色粉末	3.35	
氢氧化钙	白色粉末	2.24	
一氧化铅（黄丹）	黄色粉末	9.1～9.7	
二氧化铅	棕色粉末	9.38	290（分解）
四氧化三铅（红丹）	橙红色粉末	8.3～9.2	500～530（分解）
碱式碳酸铅[铅白，Pb $(OH)_2 \cdot 2PbCO_3$]	白色粉末	6.5～6.8	
碱式硅酸铅	白色粉末	5.8	
氯化亚锡	白色或半透明晶体	3.95	246
氧化镉	红棕色粉末	7.0	

氧化锌是最重要、应用最广泛的无机活性剂，既能加快硫化速率又能提高硫化程度；既是活性剂，又可以用作补强剂

和着色剂；在氯丁橡胶中还可用作硫化剂。

氧化镁也用作氯丁橡胶硫化剂；作为活性剂，能改善胶料的抗焦烧性能；在丁腈橡胶中可用作补强剂。

氧化钙除用作活性剂外，也是一种干燥剂，常用作消泡剂。

氧化铅是防护放射线橡胶制品的重要配合剂，因其有毒，密度大，一般制品中不常用。

氯化亚锡主要用作酚醛树脂硫化丁基橡胶时的活性剂。

氧化镉主要用作高耐热硫化体系的活性剂。

3.1.1　氧化锌

白色或微黄色球形或链球形微细粉末，相对密度 5.6 g/cm^3，粒径在 0.1 μm 以下，比表面积大于 45 m^2/g，易分散在橡胶或胶乳中。无嗅、无味。不溶于稀酸、氢氧化钠和氯化铵溶液。是一种两性氧化物，在空气中能缓缓吸收二氧化碳和水，生成碱式碳酸锌。高温时呈黄色，冷时恢复白色。

氧化锌按制备方法可以分为直接法氧化锌与间接法氧化锌。

直接法氧化锌也称湿法，用锌灰与硫酸反应生成硫酸锌，再将其与碳酸钠或氨水反应、以制得的碳酸锌和氢氧化锌为原料，经水洗、沉淀、干燥、煅烧、冷却、粉碎制得氧化锌。

间接法氧化锌由熔融锌氧化而得或由粗氧化锌冶炼成锌再经高温空气氧化而得，有以锌锭为原料的法国法，以锌矿石为原料的美国法和湿法三种。其中法国法将电解法制得的锌锭加热至 600～700℃熔融后，置于耐高温坩埚内，使之 1 250～1 300℃高温下熔融气化，导入热空气进行氧化，生成的氧化锌经冷却、旋风分离，将细粒子用布袋捕集，即制得氧化锌成品。美国法将焙烧锌矿粉（或含锌物料）与无烟煤（或焦炭悄）、石灰石按 1∶0.5∶0.05 比例配制成球，在 1 300℃经还原冶炼，矿粉中氧化锌被还原成锌蒸气，再通入空气进行氧化，生成的氧化锌经捕集，制得氧化锌成品。

氧化锌主要用作橡胶或电缆的补强剂、活化剂（天然橡胶），白色胶的着色剂和填充剂，天然橡胶和氯丁橡胶的硫化剂。颗粒细小的活性氧化锌（粒径 0.1 μm 左右），还可用作聚烯烃等塑料的光稳定剂。合成氨生产中用作催化剂等。橡胶中使用的氧化锌一般为以锌锭为原料的间接法生产；活性氧化锌一般采用以锌灰、硫酸、碳酸钠和氨水为原料的湿法制造；高分散氧化锌是层状结构有机分散载体与氧化锌的插层产物，比表面积大，分散等级高，活化效率高；有机锌是经过化学反应合成的以有机碳化合物为核，氧化锌为壳的核壳结构复合微球，反应界面活性高，比重是氧化锌的 1/2，尤其适用于丁基胶、卤化丁基胶等对氧化锌分散要求高的胶种。

常温下，普通氧化锌是白色的；而纳米氧化锌呈微黄色，色泽鲜亮。高温时，氧化锌不论是普通形式还是纳米形式，颜色均很黄，温度降低时颜色变浅。纳米氧化锌由于其颗粒表面存在吸附氧及羟基氧，而这两种氧的数量会随着时间的变化而变化，比如水分的吸附及空气中氧气的再吸附与剥离等，引起颗粒中氧化锌分子及电子跃迁能级的变化，因此，纳米氧化锌的颜色会逐渐变浅；当纳米氧化锌含杂质较多，如铁、锰、铜、镉等，会使氧化锌的颜色在微黄色中显出土白色。此外，纳米氧化锌经碱式碳酸锌煅烧而得，如果碱式碳酸锌未能完全分解，纳米氧化锌的颜色也会显得白一些，因为碱式碳酸锌为纯白色。在南方与北方生产，或在潮湿的雨天与干燥的天气下生产，也会影响纳米氧化锌的颜色。因为纳米氧化锌可与湿空气及二氧化碳反应生成碱式碳酸锌，发生了煅烧过程的逆反应。这种变化对产品质量的影响有多大尚难断定，因为碱式碳酸锌本身也具有一定的活化能力，适于在脱硫剂及橡胶行业使用。

在透明橡胶制品中若加入氧化锌，因其折射率较大（2.01～2.03），即使少量也会使制品混浊、透光性降低，因此需使用碱式碳酸锌全部或部分代替氧化锌。

本品在橡胶中主要用作硫化活性剂，在 CR 中也用作硫化剂。ZnO 在不同的硫化体系中作用不同，在硫黄促进剂体系中其作用是脂肪酸与 ZnO 生成锌盐，更易分散于橡胶中，并与促进剂、硫黄形成络合物（中间活性化合物），实验证明硬脂酸锌可起同样的作用（可参考络合物化学和酸碱理论及其在有机化学中的应用、三元络合物及其在分析化学中的应用等有关文献）。

氧化锌对硫化胶有良好的热稳定性作用。在硫化或老化过程中，多硫键断裂，产生的硫化氢会加速橡胶的裂解，但氧化锌可与硫氢基团反应，形成新的交联键，使断裂的橡胶大分子链重新键合，形成了动态稳定的硫化网络，提高了硫化胶的耐热性。因此，在要求耐热的橡胶制品配方中应当适当增加氧化锌的用量。

汽车胶管中，大众 TL52361 标准要求 150℃级冷水管中锌含量≤0.02%，因为胶管中的锌与冷却液中的金属防蚀添加剂反应生成不溶性沉淀物，会堵塞发动机中的“毛细”结构，使发动机和冷却系统的温度越来越高。锌主要来源于氧化锌和含锌的促进剂，如 BZ、EZ、PZ 等，所以该等胶管只能采用过氧化物硫化体系。

（一）间接法氧化锌

GB/T 3185—1992 对氧化锌（间接法）的技术指标要求见表 1.3.3-3。

表 1.3.3-3　氧化锌（间接法）的技术指标要求

项目	指标					
	BA01-05（Ⅰ型）（橡胶用）			BA01-05（Ⅱ型）（涂料用）		
	优级品	一级品	合格品	优级品	一级品	合格品
氧化锌（以干品计）(≥)/%	99.70	99.50	99.40	99.70	99.50	99.40

续表

项目	指标					
	BA01－05（Ⅰ型）（橡胶用）			BA01－05（Ⅱ型）（涂料用）		
	优级品	一级品	合格品	优级品	一级品	合格品
金属物（以 Zn 计）（≤）/%	无	无	0.008	无	无	0.008
氧化铅（以 Pb 计）（≤）/%	0.037	0.05	0.14	—	—	—
锰的氧化物（以 Mn 计）（≤）/%	0.000 1	0.000 1	0.000 3	—	—	—
氧化铜（以 Cu 计）（≤）/%	0.000 2	0.000 4	0.000 7	—	—	—
盐酸不溶物（≤）/%	0.006	0.008	0.05	—	—	—
灼烧减量（≤）/%	0.2	0.2	0.2	—	—	—
筛余物（45 μm 网眼）（≤）/%	0.10	0.15	0.20	0.10	0.15	0.20
水溶物（≤）/%	0.10	0.10	0.15	0.10	010	0.15
105℃挥发物（≤）/%	0.3	0.4	0.5	0.3	0.4	0.5
吸油量（≤）/($g \cdot 100\ g^{-1}$)	—	—	—	14	14	14
颜色[a]（与标准样比）	—	—	—	近似	微	稍
消色力[a]（与标准样比）（≤）/%	—	—	—	100	95	90

注：a. Ⅱ型“颜色”“消色力”的标准样提供单位：兰州化工原料厂。

ISO 9298：1995 对氧化锌（间接法）的技术要求见表 1.3.3－4。

表 1.3.3－4　ISO 9298：1995 对氧化锌（间接法）的技术要求（B1a 典型值）

序号	项目	数值
1	铅质量分数/%	0.004
2	镉质量分数/%	0.001
3	表面积/($m^2 \cdot g^{-1}$)	4.0
4	氧化锌质量分数/%	99.5
5	挥发分质量分数/%	0.25
6	筛余物 45 μm 孔径/%	0.01
7	酸/碱度（以 H_2SO_4 计）/($g \cdot 100\ g^{-1}$)	0.05
8	铜质量分数/%	0.000 5
9	锰质量分数/%	0.000 5
10	盐酸不溶物/%	0.01
11	水不溶物/%	0.01

（二）直接法氧化锌（湿法）

《直接法氧化锌》（GB/T 3494—2012）适用于以锌精矿为原料经火化处理而得到的氧化锌，《直接法氧化锌》（GB/T 3494—2012）将直接法氧化锌分为 X、T、C 类别，分别用于橡胶、涂料、陶瓷等工业部门，其中用于橡胶、涂料部门的直接法氧化锌的分类、级别和牌号见表 1.3.3－5，各牌号氧化锌化学成分和物理性能见表 1.3.3－6。

表 1.3.3－5　直接法氧化锌的分类、级别和牌号

类别	级别	牌号	主要用途
X	一级	ZnO－X1	主要用于橡胶等工业部门
	二级	ZnO－X2	
T	一级	ZnO－T1	主要用于涂料等工业部门
	二级	ZnO－T2	
	三级	ZnO－T3	

表 1.3.3-6　直接法氧化锌化学成分和物理性能

指标项目	ZnO-X1	ZnO-X2	ZnO-T1	ZnO-T2	ZnO-T3
氧化锌（以干品计）(≥)/%	99.5	99.0	99.5	99.0	98.0
氧化铅（PbO）(≤)/%	0.12	0.20	—	—	—
氧化镉（CdO）(≤)/%	0.02	0.05	—	—	—
氧化铜（CuO）(≤)/%	0.006	—	—	—	—
锰（Mn）(≤)/%	0.000 2	—	—	—	—
金属锌	无	无	无	—	—
盐酸不溶物（≤)/%	0.03	0.04	—	—	—
灼烧减量（≤)/%	0.4	0.6	0.4	0.6	—
水溶物（≤)/%	0.4	0.6	0.4	0.6	0.8
筛余物（45 μm 试验筛）(≤)/%	0.28	0.32	0.28	0.32	0.35
105℃挥发物（≤)/%	0.4	0.4	0.4	0.4	0.4
遮盖力（≤)/($g \cdot m^{-2}$)	—	—	150	150	150
吸油量（≤)/($g \cdot 100\ g^{-1}$)	—	—	18	20	20
消色力（≥)/%	—	—	100	95	95
颜色（与标准样品比）	—		符合标样		

注：如有特殊要求，由供需双方协商。

（三）活性氧化锌

用稀硫酸与普通氧化锌反应制得硫酸锌，再与碳酸钠反应制得碳酸锌，在 400℃下煅烧制得活性氧化锌，相对密度为 5.2～5.47 g/cm³，粒径为 0.05 μm，小于普通氧化锌的 0.1～0.27 μm。

由于活性氧化锌具有粒径小、比表面积大、表面有一定活性的特点，加入后能使橡胶具有良好的耐磨性，耐撕裂性和弹性。同时较大幅度地减少氧化锌用量时，胶料的硫化特性和硫化胶的各项物理性能均不受影响。此外，在某些需要限制锌总含量的卫生、医疗橡胶以及某些透明、半透明橡胶制品中必须使用粒子细、活性大的活性氧化锌，可以减少氧化锌的用量，并满足这些产品的特殊要求。

工业活性氧化锌的国外标准有 ISO 9298：1995（E）《橡胶化合物组分　氧化锌　测试方法》、美国材料协会标准 ASTM D 4295—89（1999）《橡胶化合物原料　氧化锌的标准分类》及德国拜耳公司的产品技术要求。

《活性氧化锌》(HG/T 2572—2012）修改采用 ISO 9298：1995（E）《橡胶化合物组分　氧化锌　测试方法》，适用于湿法制得的活性氧化锌，主要用于橡胶或电缆的补强剂、活性剂（天然橡胶）、天然橡胶和氯丁橡胶的硫化剂，还可以用于陶瓷、电子、催化剂等行业。活性氧化锌的技术要求见表 1.3.3-7。

表 1.3.3-7　活性氧化锌的技术要求

项目	指标
氧化锌（ZnO）w/%	95.0～98.0
105℃挥发物 w（≤)/%	0.8
水溶物 w（≤)/%	1.0
灼烧减量 w/%	1～4
盐酸不溶物 w（≤)/%	0.04
铅（Pb）w（≤)/%	0.008
锰（Mn）w（≤)/%	0.000 8
铜（Cu）w（≤)/%	0.000 8
镉（Cd）w（≤)/%	0.004
筛余物（45 μm 试验筛）w（≤)/%	0.1
外形结构	球状或链球状
比表面积（≥)/($m^2 \cdot g^{-1}$)	45

活性氧化锌的其他标准指标见表 1.3.3-8。

表 1.3.3-8 活性氧化锌的其他标准指标

项目	《橡胶化合物组分 氧化锌 测试方法》[ISO 9298：1995 (E)] Wet - process class Cld	《橡胶化合物原料 氧化锌的标准分类》[ASTM D 4295 - 89 (1999)] chemical	德国拜耳公司产品技术要求
氧化锌（ZnO）含量/%	≥93.0	≥95.0	93～95
水分（≤）/%			
水溶物含量（≤）/%	1.0		1
灼烧失量（≤）/%			1～6
硫含量（≤）/%		0.15	
硫酸盐含量（≤）/%			0.4
氯化物含量（≤）/%			0.1
105℃挥发性物质含量（≤）/%	0.5	0.50	
盐酸不溶物含量（≤）/%	1.0		
氧化铅（以 Pb 计）含量（≤）/%	0.001	0.1	0.003
氧化锰（以 Mn 计）含量（≤）/%	0.001		0.001
氧化铜（以 Cu 计）含量（≤）/%	0.001		0.001
镉（Cd）含量（≤）/%	0.001	0.05	
酸碱度/($gH_2SO_4 \cdot 100\ g^{-1}$)	0.2		
细度（45 μm 试验筛筛余物）（≤）/%	0.2	0.10	0.2（60 μm 试验筛筛余物）
比表面积（≥）/($m^2 \cdot g^{-1}$)	40.0	40.0	
堆积密度（≤）/($g \cdot mL^{-1}$)			
平均粒径（μm）			约 50
23℃下密度/($g \cdot cm^{-3}$)			约 5.6

（四）氧化锌的供应商

氧化锌的供应商见表 1.3.3-9。

表 1.3.3-9 氧化锌的供应商

供应商	规格型号	外观	氧化锌以干品计（≥）/%	氧化铅以 Pb 计（≤）/%	锰的氧化物以 Mn 计（≤）/%	氧化铜以 Cu 计（≤）/%
宁波硫华	ZnO - 80GE F140	白色颗粒	99.7			
江苏爱特恩	间接法 ZnO	白色粉末	99.7	0.037	0.000 1	0.000 2
	活性 ZnO	淡黄色粉末	95.0	0.001	0.000 5	0.000 1
	高分散 ZnO	白色粉末	80.0	0.001	0.000 5	0.000 1
	有机锌	白色粉末或颗粒	25.0±3.0	0.02	0.000 3	0.000 3
山东尚舜	预分散 ZnO - 80	白色颗粒				
苏州硕宏	ZnO - 80GE	白色颗粒	99.7%		间接法 ZnO 原料，有效含量 80%	
	AZnO - 80GE	灰白色颗粒	约 66%		活性 ZnO 原料，有效含量 80%	
沃特兰亭锌事业部			99.4～99.7	0.14	0.000 3	0.000 7
青岛昂记橡塑科技有限公司	金固 730		99.7	0.005	0.000 1	0.000 2
	优级品		99.7	0.037	0.000 1	0.000 2
锐巴化工	ZnO - 80 GE	白色颗粒	99.7	0.001	0.000 1	0.000 1
	ZnO - 80 GS	白色颗粒	99.7	0.001	0.000 1	0.000 1
阳谷华泰	ZnO - 85/NBR	白色片状	85			
	ZnO - 80	白色颗粒	80			

续表

供应商	规格型号	外观	氧化锌以干品计(≥)/%	氧化铅以Pb计(≤)/%	锰的氧化物以Mn计(≤)/%	氧化铜以Cu计(≤)/%
阳谷华泰	ZnO-80/SBR	白色颗粒	80			
	ZnO-80/NBR	白色颗粒	80			
	活性ZnO-80	白色至灰色颗粒	80			

供应商	盐酸不溶物(≤)/%	灼烧减量(≤)/%	筛余物325目(45 μm)(≤)/%	比表面积BET/($m^2 \cdot g^{-1}$)	加热减量(≤)/%	说明
宁波硫华		0.3				以EPDM/EVM为载体
江苏爱特恩	0.006	0.2	0.10	4～6	0.3	
			0.05	20～60	0.7	分4级
		11.0	0.05	35±5	0.7	
			0.1（200目）		2.0	
山东尚舜	80%精选ZnO2、0%EPDM载体和表面活性分散剂					
苏州硕宏		门尼黏度约45	比重约2.72		间接法ZnO分散母粒，EPM为载体	
		门尼黏度约50	比重约2.72		活性ZnO分散母粒，EPM为载体	
沃特兰亭锌事业部	0.05	0.2	0.2		0.5	分3级
青岛昂记橡塑科技有限公司	0.006	0.2	0.1		0.3	
	0.006	0.2	0.1		0.3	
锐巴化工	ZnO-80 GE					
	ZnO-80 GS					
阳谷华泰	ZnO-85/NBR					NBR载体
	ZnO-80					EPDM/EVM载体
	ZnO-80/SBR					SBR载体
	ZnO-80/NBR					NBR载体
	活性ZnO-80					EPDM/EVM载体

氧化锌的供应商还有：洛阳市蓝天化工厂、山西丰海纳米科技有限公司、上海京华化工厂有限公司、宝鸡天科纳米材料技术有限公司等。

3.1.2　四氧化三铅

四氧化三铅，分子式：Pb_3O_4，相对分子质量：686.60。欧盟的REACH已将铅及其化合物列入SVHC清单，读者应当谨慎使用。《工业四氧化三铅》(HG/T 4503—2013)适用于工业四氧化三铅，该产品主要用于高精密电子工业、高档免维护铅酸蓄电池、高档水晶制品、高档光学玻璃、陶釉、陶瓷、压电元件、燃料、有机合成的氧化剂、橡胶着色、蓄电池、医药、合成树脂等。工业四氧化三铅的技术要求见表1.3.3-10。

表1.3.3-10　工业四氧化三铅的技术要求

项目	指标
四氧化三铅(Pb_3O_4) w (≥)/%	97.16
二氧化铅(PbO_2) w (≥)/%	33.90
干燥减量 w (≤)/%	0.1
硝酸不溶物 w (≤)/%	0.1
水溶物 w (≤)/%	1.0
铁(Fe) w (≤)/%	0.001 5
铜(Cu) w (≤)/%	0.001 2
筛余物(38.5 μm) w (≤)/%	0.75
粒径(D_{90})(≤)/μm	10

四氧化三铅的供应商有界首市骏马工贸有限公司等。

3.1.3　氢氧化钙

氢氧化钙又称消石灰、熟石灰、碱性石灰，由生石灰加水消化制得，为白色粉末，相对密度 2.211 g/cm^3。

本品在橡胶中用作活化剂、碱性无机促进剂、填充剂，多用于再生胶胶料，能防止胶料产生气孔。

元庆国际贸易有限公司代理的德国 D.O.G 公司 DEOVULC OH 氢氧化钙（氟橡胶专用）的物化指标为：

外观：白色粉末状；灰分：73%～77%；筛余物：<0.2%（63 μm 筛网），0.0（100 μm 筛网）；比重（20℃）：2.2 g/cm^3，储存性：原封、室温、干燥至少一年。

适用于氟橡胶，作为酸中和剂及硫化活性剂；本品细度细，提供了更高的活性和没有斑点的的分散性；具有碱性，在氟橡胶双酚硫化体系中可作氢氟酸的吸收剂，能大大改善氟橡胶混炼加工分散性，达到最佳的物性；在弹性体中有很好的结合及分散。

用量 5～8 份，6 份本品可与 3 份氧化镁及填充剂一起加入。因氢氧化钙易吸湿，从密封盒中取出的氢氧化钙要立即使用。

3.2　有机活性剂

常用的有机活性剂见表 1.3.3 - 11。

表 1.3.3 - 11　常用的有机活性剂

名称	化学结构	性状		
		外观	相对密度	熔点/℃
氢氧化四乙铵	tetraethyl ammonium hydroxide $(C_2H_5)_4NOH$	固体	1.171	123
油酸二丁胺	dibutyl ammonium oleate 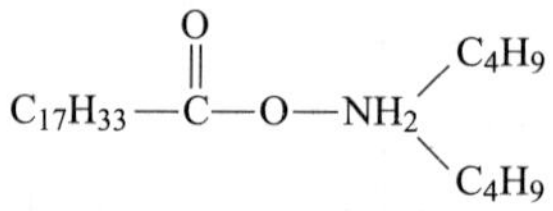 $C_{17}H_{33}—C(=O)—O—NH_2(C_4H_9)_2$	深琥珀色液体	0.88	102（闪点）
二苄基胺（促进剂 DBA）	dibenzy lamine 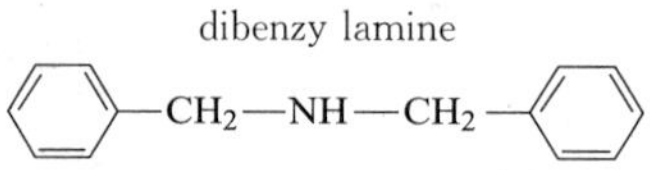 $C_6H_5—CH_2—NH—CH_2—C_6H_5$	淡黄色液体	1.02～1.03	- 26（熔点） 300（沸点）
乙醇胺	monoethanolamine $H_2N—CH_2—CH_2—OH$	无色透明液体	1.017～1.021	10.5
二乙醇胺	diethanolamine 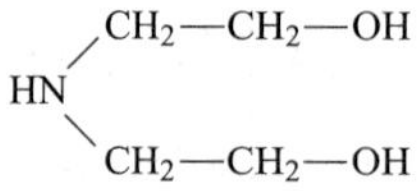 $HN(CH_2—CH_2—OH)_2$	透明黏稠液体	1.088～1.095	28
三乙醇胺	详见本手册第一部分第八章 1.3.2			
二甘醇	diethylene glycol 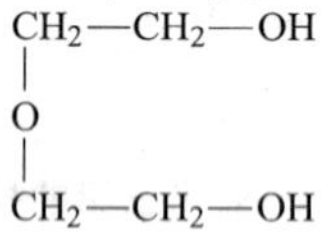 $CH_2—CH_2—OH$ | O | $CH_2—CH_2—OH$	无色透明液体	1.117～1.120	290（闪点）
三甘醇	triethylene glycol 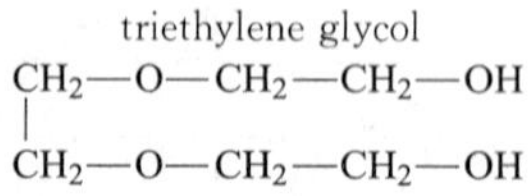 $CH_2—O—CH_2—CH_2—OH$ | $CH_2—O—CH_2—CH_2—OH$	无色透明液体	1.121～1.135	160（闪点）
聚乙二醇	详见本手册第一部分第八章 1.3.1			
辛酸	caprylic acid $CH_3(CH_2)_5COOH$	油状液体	0.910	16.7
月桂酸	lauricacid $CH_3(CH_2)_{10}COOH$	白色固体	0.85	40～50

续表

名称	化学结构	性状		
		外观	相对密度	熔点/℃
蓖麻酸	ricinoleic acid $CH_3(CH_2)_5CHOHCH_2CH{=}CH(CH_2)_7COOH$	液体	0.940	5.5
硬脂酸	详见本节 3.2.1			
油酸	oleic acid $CH_3(CH_2)_7CH{=}CH(CH_2)_7COOH$	淡黄色油状液体	0.89～0.90	8～17 185（闪点）
亚油酸	linoleic acid $CH_3(CH_2)_4CH{=}CHCH_2CH{=}CH(CH_2)_7COOH$	无色液体	0.901	-12
豆油脂肪酸	soybean fatty acid	黄色至琥珀色油状液体		22～30 （滴点）
棉籽油脂肪酸	fatty acid of cottonseed oil	淡黄色半固体		32～37 （滴点）
亚麻籽油脂肪酸	fatty acid of linseed oil	浅黄色液体		17～22 （滴点）
椰子油脂肪酸	coconut fatty acid	浅色液体		22～25 （滴点）
动物脂肪酸	tallow fatty acid	有色固体		38～43 （滴点）
氢化鱼油脂肪酸	hydrogenated fish fatty acid	白色至淡黄色固体		
月桂酸锌	zinc laurate $CH_3(CH_2)_{10}COO—Zn—OOC(CH_2)_{10}CH_3$	乳白色粉末	1.09	104
硬脂酸铅	详见本手册第一部分第四章第二节 3.3.1			
硬脂酸锌	详见本手册第一部分第四章第二节 3.3.4			
油酸铅	lead oleate 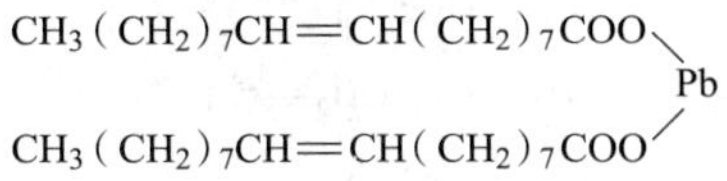 $[CH_3(CH_2)_7CH{=}CH(CH_2)_7COO]_2Pb$	浅褐色固体	1.34	
水杨酸铅	lead salicy late 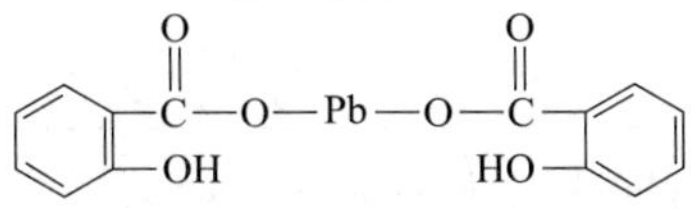 $(o\text{-}HOC_6H_4\text{-}C(=O)\text{-}O)_2Pb$	乳白色结晶粉末	2.36	
DM-ZnCl₂-CdCl₂ 络合物（活性剂 NH-1）	dibenzothiazole disulfide-zinc chloride-cadmium chloride comple 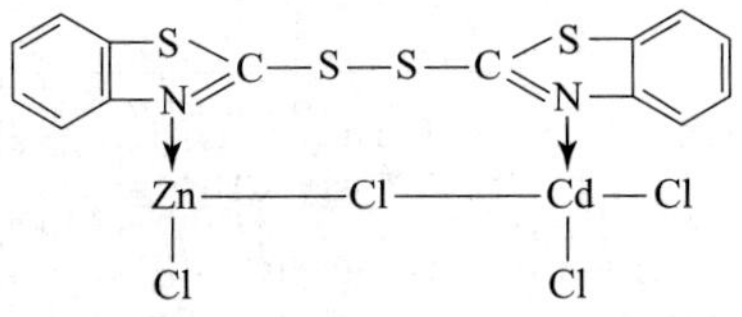 （结构式：两个苯并噻唑基经 C—S—S—C 相连，N→Zn(Cl)，N→Cd(Cl)，Zn—Cl—Cd 桥联，Cd—Cl）	淡黄色粉末		213～220
M-ZnCl₂ 络合物	mercaptobenzothiazole-zinc chloride complex	黄色粉末	1.85	235
DM-ZnCl₂ 络合物（活性剂 NH-2）	dibenzothiazole disulfide-zinc chloride complex	黄色粉末	1.85	235
尿素	urea 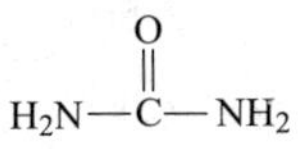 $H_2N—C(=O)—NH_2$	白色粉末	1.31	130

续表

名称	化学结构	性状		
		外观	相对密度	熔点/℃
三烯丙基氰脲酸酯	trially lcyanurate $H_2C=HCCH_2OC$ (N) $COCH_2CH=CH_2$ N N C $OCH_2CH=CH_2$	白色、淡黄色透明液体或白色结晶		24～26（凝点）
三烯丙基异氰脲酸酯	trially lisocyanurate $CH_2CH=CH_2$ N O=C C=O $H_2C=CHCH_2N$ $NCH_2CH=CH_2$ C O	微黄色黏稠液体	1.15	
苯偏三酸三烯丙酯	trially ltrimellatate O $CCH_2CH=CH_2$ O $CCH_2CH=CH_2$ $CCH_2CH=CH_2$ O	苍黄色液体	1.16	
三甲基丙烯酸三羟甲基丙烷酯	trimethylol propane trimethacrylate CH_3 $CH_2=C-C-O$ O CH_2 CH_3 $H_2C=C-C-O-CH_2-C-CH_2-CH_3$ O CH_3 CH_2 $CH_2=C-C-O$ O	淡黄色液体		200（沸点）
二甲基丙烯酸-1，3-亚丁基二醇酯	1，3-buty lideneglycol dimethacry late CH_3 CH_3 CH_3 $H_2C=C-C-O-CH_2-CH_2-CH-O-C-C=CH_2$ O O	淡黄色液体	1.009	290（沸点）
二甲基丙烯酸乙二醇酯	ethy leneglycol dimethacry late CH_3 CH_3 $H_2C=C-C-O-CH_2-CH_2-O-C-C=CH_2$ O O	水白色液体	1.05	260（沸点）
三羟甲基丙烷三甲基丙烯酸甲酯-硅酸盐混合物	trimethylol propane trimethacrylate-silicate blend	不飞扬粉末	1.23	
N，N′-双亚糠基丙酮	N，N′-bis(furfurylidene)acetone O (O)$-CH=CH-C-CH=CH-$(O)	黄色粉末	1.07～1.30	60～61

胺类活性剂用于天然橡胶和丁苯橡胶，也可用于再生胶或胶乳，其中二乙醇胺还可用于氯丁橡胶、丁腈橡胶及其胶乳。胺类活性剂对噻唑类促进剂有良好的活性。噻唑类、秋兰姆类可提高胺类对黄原酸类促进剂的活化作用。

醇类活性剂可用于非炭黑补强的天然橡胶、合成橡胶及其胶乳，用于白炭黑胶料时，不仅能起活化作用，还有防水作用，能稳定高硬度胶料的硬度。

脂肪酸类用于天然橡胶、除丁基橡胶外的合成橡胶及其胶乳，也可用作增塑剂和软化剂，加入后有助于橡胶分子断链，便于加工。

脂肪酸盐用于天然橡胶、合成橡胶及其胶乳，但不适用于丁基橡胶。脂肪酸盐对硫化速率差异大的并用胶料还可用作稳定剂，对耐磨性要求高的胶料可作为增塑剂，硬脂酸锌还用作脱模剂和隔离剂。

酯类在过氧化物硫化的三元乙丙橡胶、丁腈橡胶和氯化聚乙烯中用作共交联剂，还可以用作不饱和聚酯的固化剂，辐射交联聚烯烃的光敏剂和高分子材料的胶黏剂。

3.2.1 硬脂酸

工业品分一级（旧称三压，经过三次压榨）、二级（旧称二压，经过二次压榨）和三级（旧称一压，经过一次压榨或不经过压榨）。为45%硬脂酸与55%软脂酸的混合物，并含有少量油酸，略带脂肪气味。一级和二级硬脂酸是带有光泽或含有晶粒的白色蜡状固体；三级硬脂酸是淡黄色蜡状固体。橡胶用的硬脂酸的碘值为7～9，熔点为52.5～63.5℃，相对密度0.9～1.02 g/cm^3。

油酸虽也能起活化作用，但会降低硫化胶的老化性能，所以一般不宜采用。

在低硫高促的有效硫化体系中常采用月桂酸代替硬脂酸。增加硬脂酸用量，可以使交联键与单硫键数目增多，提高抗硫化返原性，降低压缩永久变形。

工业硬脂酸（GB 9103—2013）对硬脂酸的技术要求见表1.3.3-12。

表 1.3.3-12 工业硬脂酸（GB 9103—2013）对硬脂酸的技术要求

指标名称	1840型		1850型		1865型		橡塑级
	一等品	合格品	一等品	合格品	一等品	合格品	
C_{18}含量[a]（≥）/%	38～42	25～45	48～55	46～58	62～68	60～70	—
碘值（≤）/(g·100 g^{-1})	1.0	2.0	1.0	2.0	1.0	2.0	8.0
酸值/(mgKOH·g^{-1})	205～211	202～214	205～210	202～211	201～209	200～209	190～225
皂化值[b]/(mg·100 g^{-1})	206～212	203～215	206～211	203～212	202～210	200～210	190～224
凝点/℃	53.0～57.0		54.0～58.0		57.0～62.0		≥52.0
105℃挥发物（≤）/%	0.1						0.2

注：a. C_{18}含量指十八烷酸的含量。

b. 高分子材料中酯基的测定可以通过皂化反应来实现。即将试样在氢氧化钾存在下加热回流，酯基水解成酸和醇，然后以酸标液滴定剩余的氢氧化钾。皂化值定义为1 g试样中的酯（包括游离酸）反应所需的氢氧化钾的毫克数。该法适用于酯类树脂和含有酯类（如磷酸酯）添加剂的高分子材料。必须注意，这种方法得到的皂化值包括了酸值，所以酯基真正消耗的氢氧化钾的毫克数应为皂化值减去酸值。

表1.3.3-12中1850型、1865型硬脂酸一般用于化妆品、食品，可作为评价橡胶的标准物质；1840型硬脂酸质量相当于分析纯试剂。

《橡胶酸合剂硬脂酸定义和试验方法》（ISO 8312—1999）对硬脂酸的技术要求见表1.3.3-13。

表 1.3.3-13 《橡胶酸合剂硬脂酸定义和试验方法》（ISO 8312—1999）对硬脂酸的技术要求

项目	A类				B类	
	硬脂酸	硬脂酸	硬脂酸	硬脂酸	硬脂酸/棕榈酸	硬脂酸/棕榈酸
	很低碘值	低碘值	中碘值	高碘值	65/30	40/50
碘值/(g·100 g^{-1})	0～5	5～10	10～20	>20	<2	<2
酸值/(mgKOH·g^{-1})	200～210					
皂化值/(mg·100 g^{-1})	200～210					
凝点/℃	40～60	40～60	40～60	40～60	50～70	50～70
C_{16}—C_{18}脂肪酸（≥）/%（包括不饱和脂肪酸）	80	80	80	80	90	90
105℃挥发物（≤）/%	0.15	0.5	0.5	0.5	0.5	0.5
550℃灰分（≤）/%	0.2	0.2	0.2	0.2	0.1	0.1

续表

项目	A类				B类	
	硬脂酸	硬脂酸	硬脂酸	硬脂酸	硬脂酸/棕榈酸	硬脂酸/棕榈酸
	很低碘值	低碘值	中碘值	高碘值	65/30	40/50
无机酸 (≤)/[0.01 mol/dm^3 · 100 g^{-1}(以 HCl 计)]	20					
铜 (≤)/(mg · kg^{-1})	5					
锰 (≤)/(mg · kg^{-1})	5					
铁 (≤)/(mg · kg^{-1})	50					
镍 (≤)/(mg · kg^{-1})	50					
不饱和脂 (≤)/%	1	3	3	3	0.2	0.5

一般认为，应使用较高 C_{18} 含量的硬脂酸，也有认为可使用普通级别的；硬脂酸的碘值越低越好；硬脂酸的酸值应控制在合理的范围内，酸值波动范围越小越好。

硬脂酸的供应商有：山东清新化工有限公司、烟台宏泰达化工有限责任公司等。

3.2.2 锌皂混合物

适用于二烯橡胶，尤其是天然橡胶中，使用直链脂肪烃酸（C_8～C_{10}）的锌皂盐时，赋予胶料良好的抗硫化返原性，在厚制品的硫化过程中防止过硫，提高定伸应力、减少动态生热，并能明显降低胶料的门尼黏度，适当减少硬脂酸、氧化锌的用量。对炭黑和白炭黑胶料均具有增塑、润滑、分散效果，改善加工性能。

活性剂锌皂混合物的供应商见表 1.3.3-14。

表 1.3.3-14　活性剂锌皂混合物的供应商

供应商	商品名称	化学组成	外观	熔点/℃	锌含量/%	说明
山西省化工研究所	SL-273	优化组成的脂肪酸锌皂混合物	暗白色粉末(粒)	80～110(软化点)	≤19.6	参考用量 1～3 份，性能相当于外同类产品 AKT-73
华奇（中国）化工有限公司	多功能硫化活性剂 SL-5047	特殊结构脂肪酸锌皂	白色至灰白色颗粒	103～113(滴落点)	≤15	主要应用于轮胎胎面、胎面基部胶及其他橡胶制品

第四节　促　进　剂

凡是能促使硫化剂活化，加速硫化剂与橡胶分子间的交联反应，从而达到缩短硫化时间和降低硫化温度的物质称为硫化促进剂。

促进剂可以按 pH 值分为酸性（A 型）、碱性（B 型）和中性促进剂（N 型）。其中酸性促进剂包括噻唑类、秋兰姆类、二硫代氨基甲酸盐类、黄原酸盐类；中性促进剂包括次磺酰胺类、硫脲类；碱性促进剂包括胍类、醛胺类。

习惯上还以促进剂 MBT（M）对 NR 的硫化速率为准超速，作为标准来比较促进剂的硫化速率。比 MBT（M）快的属于超速或超超速级，比 MBT（M）慢的属于慢速或中速级。慢速级促进剂，包括促进剂 H、促进剂 Na-22 等，140℃下对 NR 达到正硫化的时间为 90～120 min；中速级促进剂，包括促进剂 D 等，140℃下对 NR 达到正硫化的时间约为 60 min；准速级促进剂，包括促进剂 MBT（M）、促进剂 MBTS（DM）、促进剂 CBS（CZ）、促进剂 DCBS（DZ）、促进剂 NOBS 等，140℃下对 NR 达到正硫化的时间约为 30 min；超速级促进剂，包括促进剂 TMTD、促进剂 TMTM 等，140℃下对 NR 达到正硫化的时间为数分钟；超超速级促进剂，包括促进剂 ZDMC、促进剂 ZDC 等。

促进剂由不同的官能基团组成，包括促进基团、活化基团、硫化基团、防焦基团、辅助防焦基团、亚辅助防焦基团、结合辅助防焦基团等。

促进基团

促进剂一般含有图 1.3.4-1 所示 5 种结构中的一种官能团，即噻唑、硫代氨基甲酰、烷氧基硫代羰基、二烷基硫代磷酰基或二氨基-2，4，6-三嗪基。

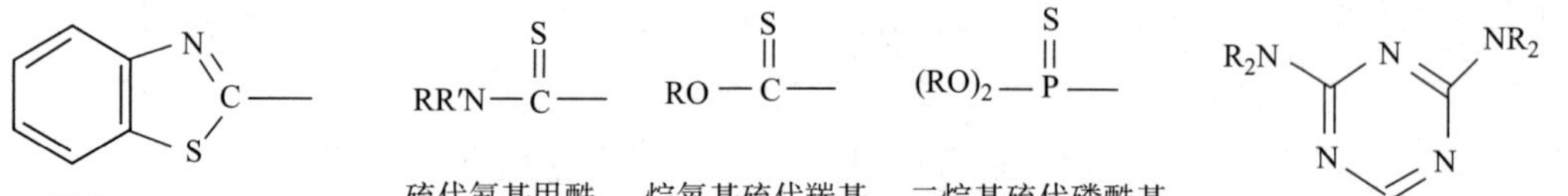

噻唑　　硫代氨基甲酰　　烷氧基硫代羰基　　二烷基硫代磷酰基　　二氨基-2，4，6-三嗪基

图 1.3.4-1　有机促进剂的基本结构

在硫化过程中，促进剂分解出促进基团①起促进作用，如：

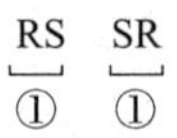

促进剂MBTS（DM） 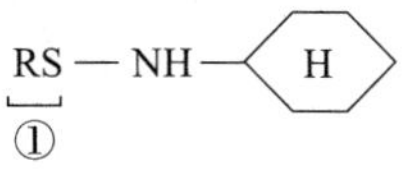　　促进剂CBS（CZ） 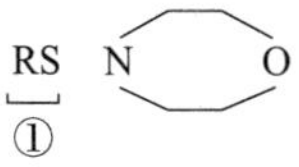　　促进剂NOBS

噻唑类　　次磺酰胺类

式中，R为苯并噻唑基。又如：

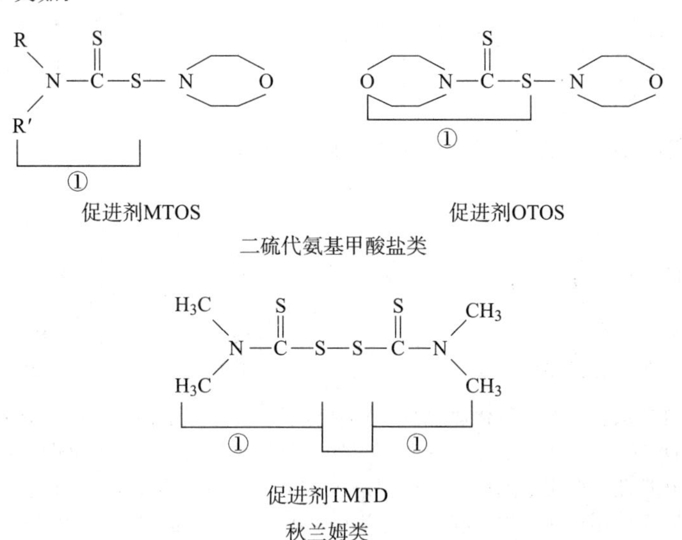

促进剂MTOS　　促进剂OTOS

二硫代氨基甲酸盐类

促进剂TMTD

秋兰姆类

活化基团

促进剂在硫化过程中释放出的氨基化合物具有活化作用，称为活化基团②，如：

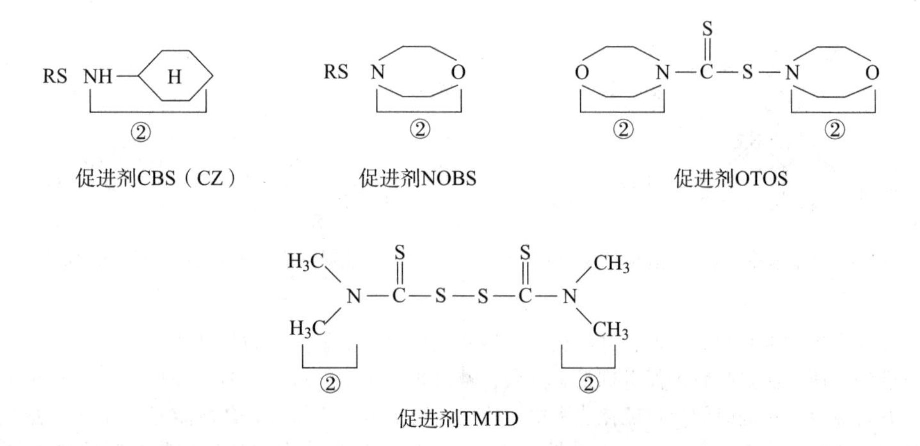

促进剂CBS（CZ）　　促进剂NOBS　　促进剂OTOS

促进剂TMTD

硫化基团

在硫化时，硫黄给予体（或称硫载体）如促进剂TMTD、促进剂DTDM、促进剂MDB、促进剂TRA等分解释放出活性硫原子参与交联反应，这种含硫基团称为硫化基团。

防焦基团、辅助防焦基团、亚辅助防焦基团与结合辅助防焦基团

促进剂中有三种防焦基团，分别是—SN—、—NN—和—SS—，它们可抑制硫形成多硫化物，并在低温下减少游离硫的形成。辅助防焦基团是指直接连接次磺酰胺中的氮和连接氧的酸性基团，它们可增强多硫化物形成防焦基的效能。六种辅助防焦基团是：羰基、羧基、磺酰基、磷酰基、硫代磷酰基和苯并噻唑基。

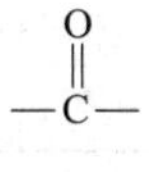

羰基 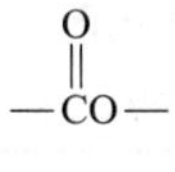　　羧基 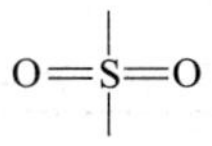　　磺酰基 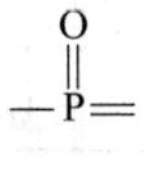　　磷酰基 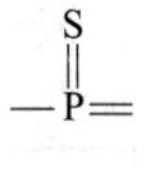　　硫代磷酰基 　　苯并噻唑基

亚辅助防焦基团和结合辅助防焦基团是一种特殊的结构，其中某一官能基会进一步加强与其相连的辅助基的防焦功能，这个基团称为亚辅助防焦基，亚辅助防焦基与辅助防焦基的结合称为结合辅助防焦基团。例如，CBSA（N-异丙基硫-N-环己基苯并噻唑次磺酰胺）中的苯并噻唑基团③增强了辅助防焦基-$SO_2$④的效能，所以称之为亚辅助防焦基团，苯并噻唑基③与磺酰基④的结合⑤称为结合辅助防焦基团。

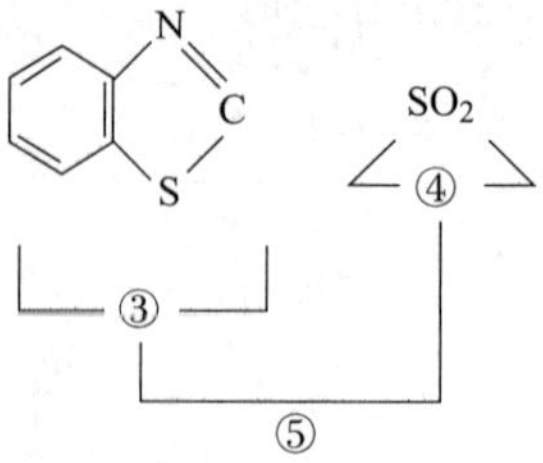

常用促进剂的结构与特点：

Ⅰ. 噻唑类

结构通式为：X 为氢、金属原子或其他有机基团

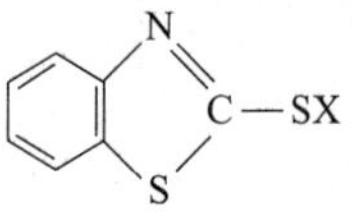

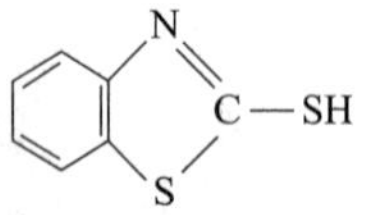

硫基苯并噻唑MBT（M）

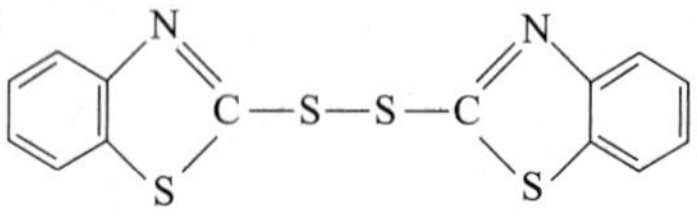

二硫化苯并噻唑MBTS（DM）

本类促进剂属于酸性、准速级促进剂，硫化速率快；MBT（M）仅有一个促进基团，临界分解温度为 125℃，焦烧时间短，易焦烧；MBTS（DM）有一个防焦基团、两个促进基团，焦烧时间长，生产安全性好；硫化曲线平坦性好，过硫性小，硫化胶具有良好的耐老化性能，应用范围广。本类促进剂被炭黑吸附不明显，宜和酸性炭黑配合，槽黑可以单独使用，炉黑要防焦烧；无污染，可以用作浅色橡胶制品；有苦味，不宜用于食品工业；MBTS（DM）、MBT（M）对 CR 有延迟硫化和抗焦烧作用，可作为 CR 的防焦剂，也可用作 NR 的塑解剂。

Ⅱ. 次磺酰胺类

结构通式为：

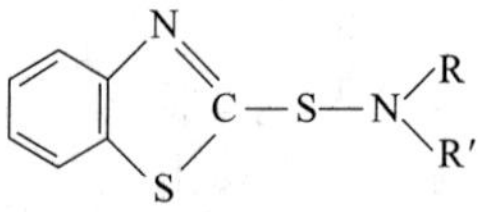

R 为有机基团
R′为氢原子或有机基团

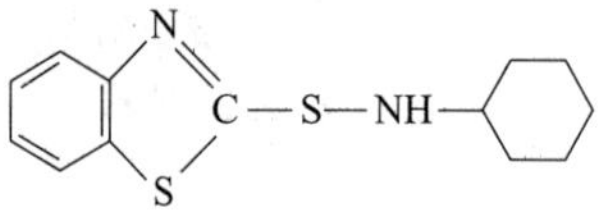

N-环己基苯并噻唑次磺酰胺CBSC（CZ）

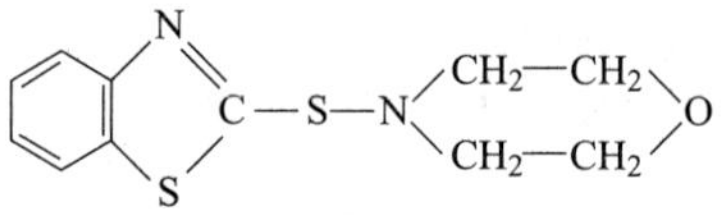

氧二乙烯基苯并噻唑次磺酰胺（NOBS）

次磺酰胺类与噻唑类促进剂相比，其促进基团相同，但又比噻唑类多了一个防焦基团和活化基团；其促进基团是酸性的，活化基团是碱性的，所以次磺酰胺类促进剂是一种酸、碱自我并用型促进剂，兼有噻唑类促进剂的优点，又克服了焦烧时间短的缺点。其特点是：焦烧时间长，硫化速率快，硫化曲线平坦，硫化胶综合性能好；宜与炉法炭黑配合，有充分的安全性，利于压出、压延及模压胶料的充分流动性；适用于合成橡胶的高温快速硫化和厚制品的硫化；与酸性促进剂（TT）并用促进效果更好。

一般说来，次磺酰胺类促进剂诱导期的长短与胺基相连基团的大小、数量有关，基团越大，数量越多，诱导期越长，防焦效果越好。其变化规律如表 1.3.4 - 1 所示。

表 1.3.4 - 1　次磺酰胺类促进剂的迟效性与基团的关系

<table>
<tr><th>促进剂</th><th>胺基上取代基</th><th>135℃焦烧时间</th><th>促进剂</th><th>胺基上取代基</th><th>135℃焦烧时间</th></tr>
<tr><td>AZ</td><td>二乙基</td><td rowspan="3">18～23 min</td><td>NOBS</td><td>吗啉基（一硫化）</td><td rowspan="2">28～32 min</td></tr>
<tr><td>CBS（CZ）</td><td>环己基</td><td>MDB</td><td>吗啉基（二硫化）</td></tr>
<tr><td>TBBS（NS）</td><td>叔丁基</td><td>DCBS（DZ）</td><td>二异丙基</td><td>40 min</td></tr>
</table>

Ⅲ. 秋兰姆类

结构通式为：

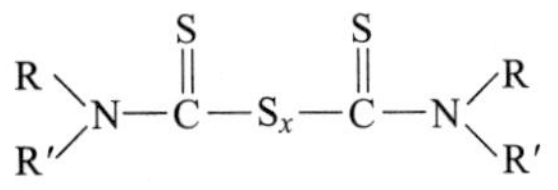

$$R(R')N-C(=S)-S_x-C(=S)-N(R)(R')$$

$x=1\sim6$

R、R′为烷基、芳基、环烷基等

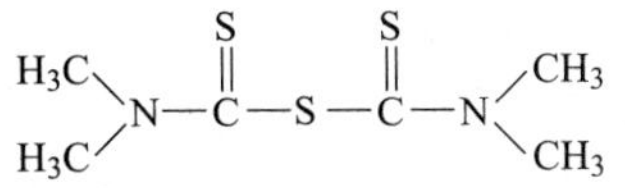

$$(H_3C)_2N-C(=S)-S-C(=S)-N(CH_3)_2$$

一硫化四甲基秋兰姆（TMTM）

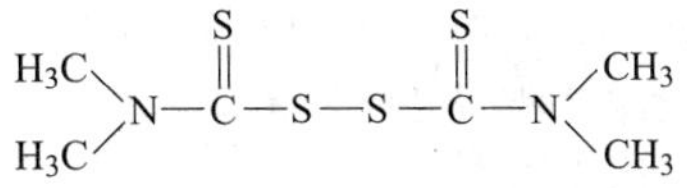

$$(H_3C)_2N-C(=S)-S-S-C(=S)-N(CH_3)_2$$

二硫化四甲基秋兰姆（TMTD）

本类促进剂属超速级酸性促进剂，硫化速率快，焦烧时间短，应用时应特别注意焦烧倾向；一般不单独使用，而与噻唑类、次磺酰胺类并用；秋兰姆类促进剂中的硫原子数大于或等于 2 时，可以作硫化剂使用，用于无硫硫化时制作耐热胶种，硫化胶的耐热氧化性能好。

Ⅳ. 二硫代氨基甲酸盐类

结构通式为：

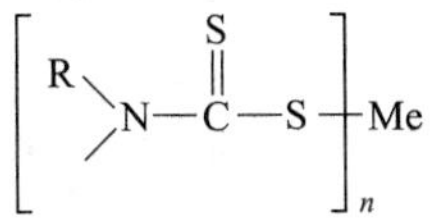

$$\left[R(R')N-C(=S)-S\right]_n Me$$

R、R′为烷基、芳基或其他基团

Me为金属离子；n为金属离子价

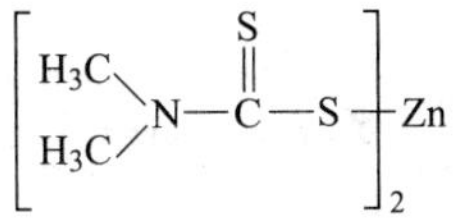

$$\left[(H_3C)_2N-C(=S)-S\right]_2 Zn$$

二甲基二硫代氨基甲酸锌

（ZDMC或PZ）

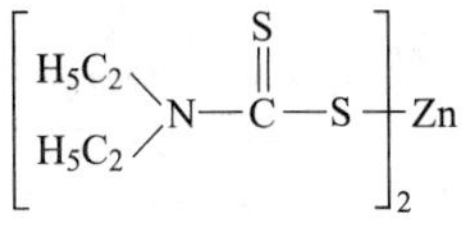

$$\left[(H_5C_2)_2N-C(=S)-S\right]_2 Zn$$

二乙基二硫代氨基甲酸锌

（ZDC、ZDEC或EZ）

本类促进剂与秋兰姆类相比，除了活化基团、促进基团相同之外，还含有一个过渡金属离子，使橡胶不饱和双键更容易极化，因此本类促进剂属超超速级酸性促进剂，硫化速率比秋兰姆类更快，诱导期极短，适用于室温硫化和胶乳制品的硫化，也可用于低不饱和度橡胶，如 IIR、EPDM 的硫化。

Ⅴ. 胍类

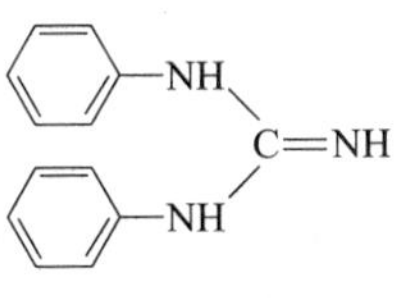

$$(C_6H_5-NH)_2C=NH$$

二苯胍（D、DOPG）

$$(CH_3C_6H_4-NH)_2C=NH$$

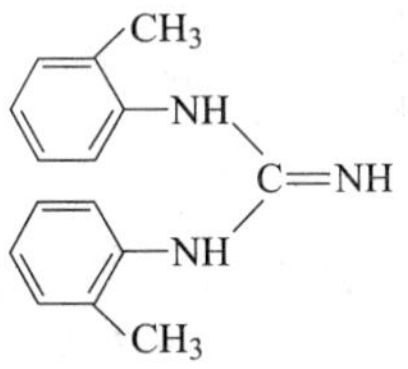

二邻甲苯胍（DOTG）

本类促进剂是碱性促进剂中用量最大的一种，其结构特点是有活化基团，没有促进基团和其他基团，因此硫化起步慢，操作安全性好，硫化速率也慢；适用于厚制品（如胶辊）的硫化，但产品易老化龟裂，且有变色污染性；一般不单独使用，常与 MBT（M）、MBTS（DM）、CBS（CZ）等并用，既可以活化硫化体系又克服了自身的缺点，只在硬质橡胶制品中单独使用。

Ⅵ. 硫脲类

结构通式为：

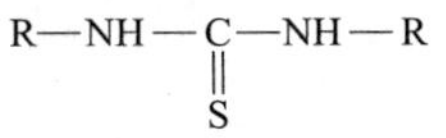

$$R-NH-C(=S)-NH-R$$

R 为烷基或芳基

本类促进剂的促进效能低，抗焦烧性能差，除了用于 CR、CO、CPE 的促进交联外，其他二烯类橡胶很少使用，主要品种有 Na－22。

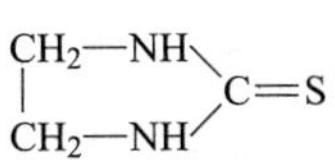

$$\begin{matrix}CH_2-NH \\ | \\ CH_2-NH\end{matrix}\!\!>C=S$$

亚乙基硫脲

（Na-22、ETU）

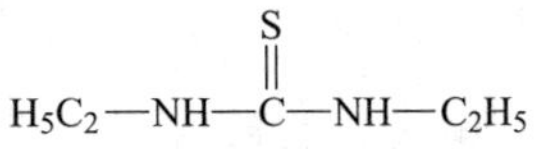

$$H_5C_2-NH-C(=S)-NH-C_2H_5$$

N,N′-二乙基硫脲（DETU）

Ⅶ. 醛胺类

本类促进剂是醛和胺的缩聚物，是一种弱碱性促进剂，促进速率慢，无焦烧危险，一般与其他促进剂如噻唑类等并用，主要品种有促进剂 H（六亚甲基四胺）、乙醛胺（也称 AA 或 AC）等。

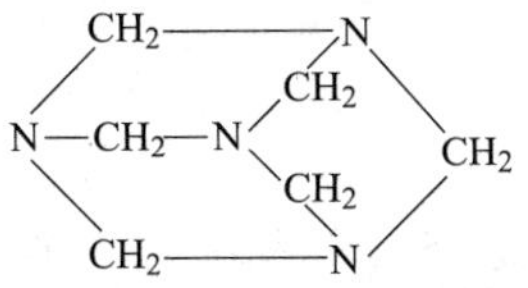

$$(CH_2)_6N_4$$

促进剂H（六亚甲基四胺）

Ⅷ. 黄原酸盐类

结构通式为：

$$RO-\overset{\displaystyle S}{\overset{\|}{C}}-SM$$　R 为烷基或芳基，M 为金属原子 Na、K、Zn 等

本类促进剂是一种酸性超超速级促进剂，硫化速率比二硫代氨基甲酸盐还要快，主要用于低温胶浆和胶乳工业，主要品种有异丙基黄原酸锌（ZIX）。

促进剂化学分类如下：

芳香伯胺：CS_2 → 取代硫脲；$R\cdot CHO$ → 醛胺（成分不足的缩合产物）

脂肪族仲胺：$R(R_1)NH$，CS_2 → 烷基二硫代氨基甲酸盐

脂肪醇：$R\cdot OH$，$CS_2\cdot NaOH$ → 烷基黄原酸盐 $RO-C(=S)-S^-Na^+$，$S^{2-}Zn^{2+}$ → 烷基黄原酸锌 $[RO-C(=S)-S]_2^-Zn^{2+}$

NH_5 → 胍类；PbO；S → 噻唑类

$R(R_1)N-C(=S)-S^-NH_2^+(R)(R_1)$：【O】→ 钠盐、二硫化秋兰姆；金属（M）→ 烷基二硫代氨基甲酸金属盐

$Cl(NO_2)_2C_6H_5$ → 二硝基苯并噻唑硫化物；【O】→ 二硫化二苯并噻唑；RNH_2 → 次磺酰胺类

$R(R_1)N-C(=S)-S-S-C(=S)-N(R)(R_1)$，KCN醇溶液 → 一硫化秋兰姆

$[R(R_2)N-C(=S)-S]_x^{\equiv\ 或=\ 或-}M^{3+或2+或+}$　M为锌、钠、铋、镉、铅、镍、铜等

硫化体系含有硫黄、活性剂、促进剂时，根据反应特点，硫化反应过程中起决定性作用的主要反应可以分为三个主要阶段：1）硫黄硫化体系各组分间相互作用生成活性中间化合物，包括生成络合物，主要的中间化合物是事实上的硫化剂，活性中间化合物与橡胶相互作用，在橡胶分子链上生成活性的促进剂——硫黄侧挂基团，这一阶段称为诱导阶段；2）橡胶分子链的侧挂基团与其他橡胶分子相互作用，形成交联键，这一阶段称为交联反应阶段；3）交联键的继续反应，称为交联网络形成阶段。

这几个阶段可用硫化流程图来表示：

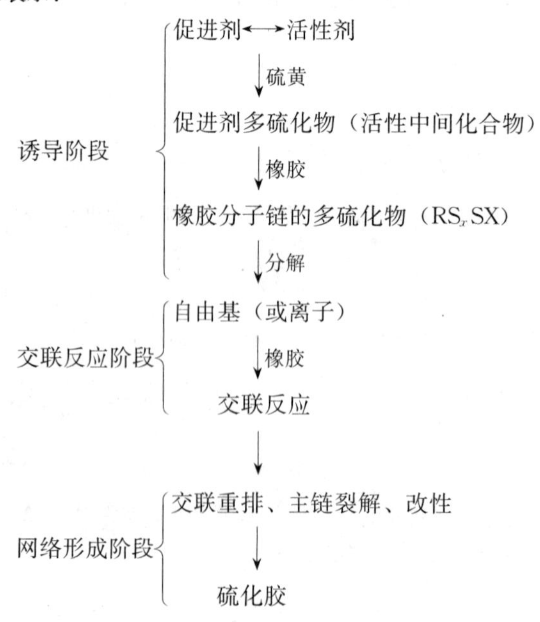

诱导阶段

（1）活性中间化合物的生成。

①在没有活性剂时，促进剂与硫黄反应生成促—S_x—H 和促—S_x—促的促进剂有机多硫化物。

如以 X 代表各种常用促进剂的主要基团，则促进剂可表示为：XSH、XSSX、$XSNR_2$。

$$XSH+S_8 \rightarrow XS\cdot+HS_8\cdot \rightarrow XS_xH+\cdot S_{9-x}\cdot$$

②有活性剂时，促进剂与活性剂生成促—M—促化合物，以及又与硫黄生成促—S_x—M—S_y—促的多硫中间化合物，其中M代表金属。

$$\left.\begin{matrix} XSH \\ XSSX \\ XSNR_2 \end{matrix}\right\} \xrightarrow[RCOOH]{ZnO} XSZnSX$$

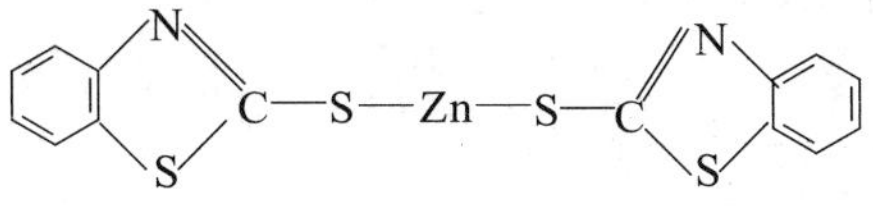

(ZMBT) 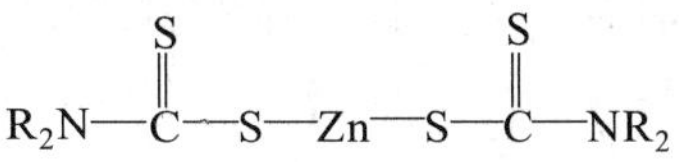　　(ZDMC)

ZnO一般不溶于非极性的橡胶中，而大多数促进剂具有极性，在橡胶中溶解性也不好，但当它们相互作用生成ZMBT或ZDMC时，则溶解性会得到改善。

但当ZMBT等与橡胶中天然存在的碱性物质的氮（如天然橡胶中含有蛋白质，其分解产物如胆碱中含氮），或与添加进去的胺类碱性物质的氮反应生成络合物时，则具有极好的相容性。

碱性物质的氮作为配合基可与ZMBT生成络合物：

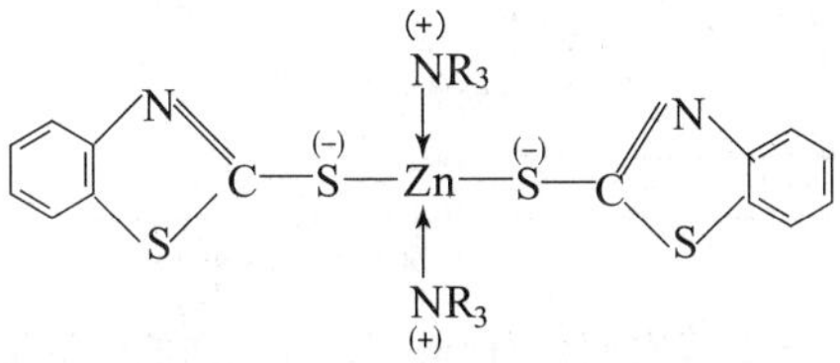

活化剂硬脂酸也可以通过氧的配合基与ZMBT生成络合物：

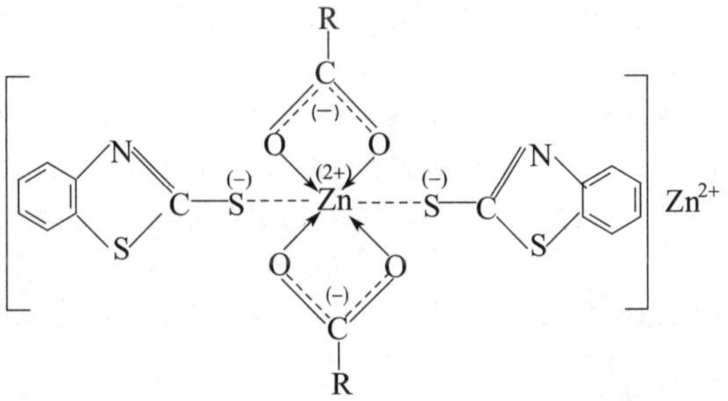

这些络合物不仅溶解性极好，而且活性要比原来的促进剂高很多倍，能够使硫环裂解生成过硫醇盐。

ZDMC与S_8的反应可表示为：

$$XS—Zn—SX \underset{RCOOH}{\overset{NR_3}{\rightleftharpoons}} XS—S_8—Zn—SX \overset{XSZnSX}{\rightleftharpoons} XS—S_x—Zn—S_x—SX$$

过硫醇盐是一种活性硫化剂（强硫化剂）。

（2）活性中间化合物与橡胶反应生成活性多硫侧挂基团

$$RH+XS—S_x—Zn—S_x—SX \rightarrow RS_xSX+ZnS+XS_xH$$

这种侧挂基团上的硫黄有—S—、—S_2—和—S_x—几种形式，而且它们对橡胶的老化性能也产生一定的影响。达到正硫化时，单硫侧挂基团较多，多硫侧挂基团较少。

交联反应阶段

（1）在没有活性剂时交联键的生成。

此时橡胶分子的多硫侧挂基团与其他橡胶分子相作用形成交联键，在没有ZnO时，多硫侧挂基团在弱键处断裂分解成游离基后与其他橡胶分子相互作用，最后生成交联键。

$$R—S_x—SX \rightarrow R—S_x\cdot+XS\cdot$$

$$XS\cdot+RH \rightarrow XSH+R\cdot$$

$$R—S_x\cdot+R\cdot \rightarrow R—S_x—R$$

（2）在有活性剂时交联键的形成。

在有活性剂ZnO和硬脂酸存在时，硫化胶的交联密度增加，这是因为可溶性锌离子的存在，与多硫侧挂基团生成了络合物。这种螯合作用保护了弱键，而在强键处断裂。交联键变短，即交联键中的硫黄原子数减少。

$$R—S_{x-y}S_y-SX \xrightarrow[RCOOH]{ZnO} R—S_{x-y}\cdot+XS\times S_y\cdot$$

$$R—S_{x-y}\cdot+R\cdot \rightarrow R—S_{x-y}—R$$

游离基 XS—S_y · 与橡胶分子在发生反应又生成新的侧挂基团，又能进一步断链与 RH 反应生成新的交联键，使交联密度提高。

交联网络形成阶段

在硫化过程中，所得最初的交联键多是较长的多硫交联键，但这些多硫交联键不太稳定，将继续变化，变成较短的一硫和二硫交联键。在多硫交联键短化的过程中，还有热解破坏作用等其他变化。

在这一阶段，交联结构继续变化，包括交联键的短化、重排、环化以及主链改性等，最终形成稳定的交联网络结构。

图 1.3.4-2 为不同种类促进剂对二烯类橡胶的硫化效果示意图[1]：

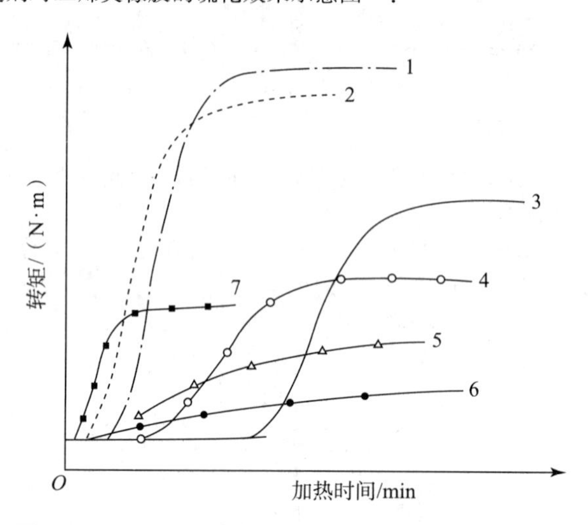

图 1.3.4-2　不同种类促进剂的硫化曲线（等量配合）

1—秋兰姆类；2—二硫代氨基甲酸盐类；3—次磺酰胺类；4—噻唑类；5—硫脲类；6—胍类；7—黄原酸类

总的来说，对于强调焦烧安全性的胶料配方，可选用次磺酰胺类促进剂；对于要求快速硫化的胶料配方，可选用秋兰姆类和二硫代氨基甲酸盐类促进剂。次磺酰胺类促进剂可制得拉伸强度、扯断伸长率较高的硫化胶；单独使用噻唑类促进剂，所得硫化胶的拉伸强度、扯断伸长率要比使用次磺酰胺类促进剂的低，但并用胍类促进剂，所得硫化胶的拉伸强度、扯断伸长率可达次磺酰胺类促进剂同等水平。与次磺酰胺类、噻唑类促进剂相比，秋兰姆类和二硫代氨基甲酸盐类促进剂可制得定伸应力较高的硫化胶，但拉伸强度、扯断伸长率却要比使用次磺酰胺类、噻唑类促进剂的低。

混炼胶的喷霜会给后续成型工序造成不良影响，并降低产品的外观质量，因此需要避免。促进剂喷霜与橡胶的相容性有关，一般非极性橡胶如 EPDM 容易喷霜，而极性的 CR、NBR 难以喷霜。在促进剂中，TMTD、ZnMDC 与橡胶的相溶性较差，易喷霜。

表 1.3.4-2　常用促进剂在不同橡胶中的溶解度

促进剂	熔点/℃	在 EPDM 胶料中不喷霜的极限用量/份a[2]	NR	SBR	NBR
TMTD	137	<0.5	<0.5	<0.5	<3.0
TBZTD	130	<0.5	<2.0	<0.5	>5.0
DTDM	130	<1.5	<2.5	>5.0	>5.0
DTDC (CLD)	120	<1.0	<0.5	<1.0	<0.5
MBT (M)	—	3.0	—	—	—
MBTS (DM)	179	<1.0	<0.5	<0.5	<1.0
MZ	—	3.0	—	—	—
CBS (CZ)	96	<2.6	>5.0	<1.0	>5.0
TBBS	105	<2.0	<0.5	<0.5	>5.0
ZBEC	175	<0.5	<2.5	<0.5	<3.5
ZDBC (BZ)	108	<2.5	<3.0	<2.5	>5.0
MSA	—	2.0	—	—	—
M-60	—	3.0	—	—	—
TET	—	0.6	—	—	—
TBT	—	2.0	—	—	—
TS	—	0.2	—	—	—

续表

促进剂	熔点/℃	在 EPDM 胶料中不喷霜的极限用量/份a[2]	NR	SBR	NBR
PZ	—	0.2	—	—	—
EZ	—	0.4	—	—	—
BZ	—	2.0	—	—	—
PX	—	0.6	—	—	—
TTTE	—	0.6	—	—	—
TTCU	—	0.1	—	—	—
TTFE	—	0.2	—	—	—
TRA	—	0.4	—	—	—
MDB	—	0.8	—	—	—
64	—	1.0	—	—	—
Rhenocure © TP	—	<6.0	<1.5	<6.0	>7.0
Rhenocure © ZADT	液体	>5.0	>5.0	>5.0	>5.0
Rhenocure © ZDT	液体	<6.0	>5.0	<6.0	>7.0
Rhenocure © SDT	液体	>7.0	>6.0	<6.0	<6.0

注：a. 配方为 EPDM 100，活性碳酸钙 50，高耐磨炭黑 50，环烷油 50，氧化锌 5，硬脂酸 1，硫黄 2，促进剂见表 1.3.4-2；160℃平板半硫化，23℃、50%湿度下贮存约一个月；根据目测与放大镜观察评价。

通常硫化温度下，硫黄与促进剂在橡胶中的溶解度见表 1.3.4-3。

表 1.3.4-3　硫黄与促进剂在橡胶中的溶解度（153℃）

橡胶	S	DM	DOTG	TMTD
天然橡胶（1#烟片）	15.3	11.8	11.8	12.0
丁苯橡胶（1502）	18.0	17.0	22.0	>25
顺丁橡胶	19.6	10.8	10.0	>23
三元乙丙橡胶	12.2	6.4	5.3	3.8
氯丁橡胶（WRT 型）	>25	>25	>25	>25
丁基橡胶	9.7	5.0	4.4	3.8
氯化丁基橡胶	9.8	4.0	7.0	2.5

白色和彩色橡胶制品使用促进剂 MBT、MBTS、TMTD、ZnMDC 及促进剂 H 较好，而次磺酰胺类和胍类促进剂易引起变色。透明橡胶制品则以 ZTC、ZnEPDC、ZnPDC 为宜。

促进剂的急性毒性大小顺序为：胍类>二硫代氨基甲酸盐类>秋兰姆类>噻唑类、次磺酰胺类。食品、医疗用橡胶制品一般使用二硫代氨基甲酸盐类、秋兰姆类、次磺酰胺类。噻唑类促进剂 MBT、MBTS 和胍类促进剂 DPG 等有苦味，不宜用于与食物接触的橡胶制品。常用促进剂毒性分类见表 1.3.4-4。

表 1.3.4-4　常用促进剂毒性分类

无毒或低毒	毒性或致癌性仍在研究	可产生亚硝胺	毒/致癌
CBS	DETU	CuDMC	DOTG
DCBS	DPTU	DPTT	ETU
DPG	OTOS	DTDM	TBTU
DTDC（CLD）（可引起皮肤过敏）	TMTU	DIBS	
MBT		MBS	
MBTS		MPTD	
硫化剂 MTT		TBTD	
BG（OTBG）		TDEC	
TBBS		TETD	

续表

无毒或低毒	毒性或致癌性仍在研究	可产生亚硝胺	毒/致癌
TBSI		TMTD	
TBzTD		TMTM	
ZBEC		ZDBC（BZ）	
ZMBT（MZ）		ZDEC	
		ZDMC	
		ZEPC	
		ZPMDC	

实践中，往往采用两种或两种以上的促进剂并用，以达到提高促进效能的目的，促进剂的并用包括以下类型：

（1）A/B 型并用体系　称为互为活化型，常用的 A/B 体系一般采用噻唑类作主促进剂，胍类或醛胺类作副促进剂。

（2）N/A、N/B 并用型　一般采用次磺酰胺类作主促进剂，采用秋兰姆类或胍类为第二促进剂来提高次磺酰胺的硫化活性，加快硫化速率。并用后体系的焦烧时间比单用次磺酰胺短，但比 MBTS（DM）/D 体系焦烧时间仍长得多，且成本低，缺点是在中、高硫黄用量时硫化平坦性差（在低硫体系，如 0.3 份左右时，硫化平坦型还是很好的）。N/A 型的 CZ/TMTD 并用，t_s 减少不多，而 t_{90} 大大缩短，已用于高温短时间的注射硫化。

（3）A/A 并用型　称为相互抑制型，主要作用是降低体系的促进活性。其中，主促进剂一般为超速或超超速级，焦烧时间短；另一 A 型能起抑制作用，改善焦烧性能。但在硫化温度下，仍可充分发挥快速硫化作用。如 ZDC 单用时，焦烧时间为 3.5 min，若用 ZDC 与 MBT（M）并用，焦烧时间可延长到 8.5 min。此外，A/A 并用体系尚需注意并用量，同样以 ZDC/MBT（M）为例，ZDC 0.7～1 份，MBT 0.7 份以下时，t_s增大；MBT 0.7 份以上时，t_s就减小了。[4] 与 A/B 型并用体系相比，A/A 型并用体系的硫化胶的抗张强度低，伸长率高，多适用于快速硫化体系。

个别地，A/A 型并用体系也有增快硫化速率的效果，如 PX/774 或 Mc、ZIP/PX 均可用于低温甚至于室温硫化。另外，酸/酸/碱型的 PX/MBT/DPG 体系也常用于室温硫化，DPG 量以 0.2～0.25 份为宜，改用 Mc 不宜超过 0.2 份，否则效果不佳，加入三乙醇胺可以进一步活化加快硫化速率。[4]

图 1.3.4－3～图 1.3.4－8 为促进剂 MBTS（DM）/促进剂 D、促进剂 CBS（CZ）/促进剂 D、促进剂 MBTS（DM）/促进剂 CBS（CZ）、促进剂 CBS（CZ）/促进剂 TT、促进剂 MBTS（DM）/促进剂 TT、促进剂 TT/促进剂 D 并用效果示意图：

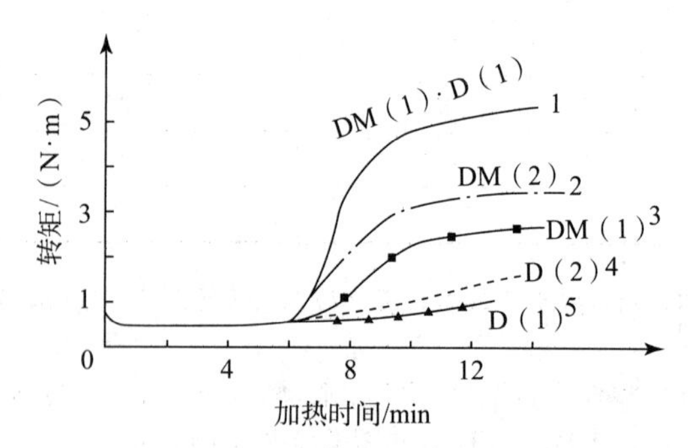

图 1.3.4－3　促进剂 MBTS（DM）/促进剂 D 并用效果

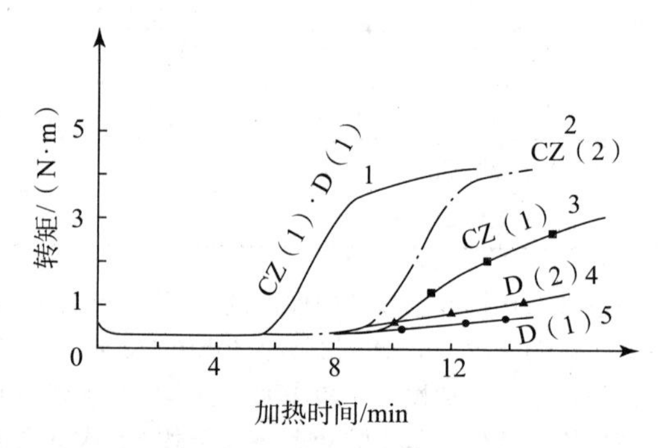

图 1.3.4－4　促进剂 CBS（CZ）/促进剂 D 并用效果

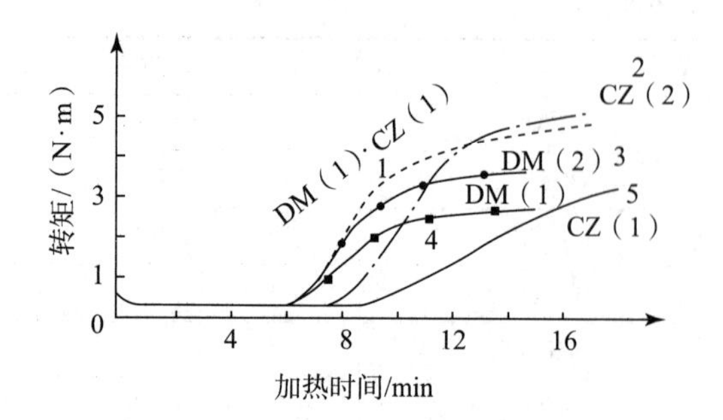

图 1.3.4－5　促进剂 MBTS（DM）/促进剂 CBS（CZ）并用效果

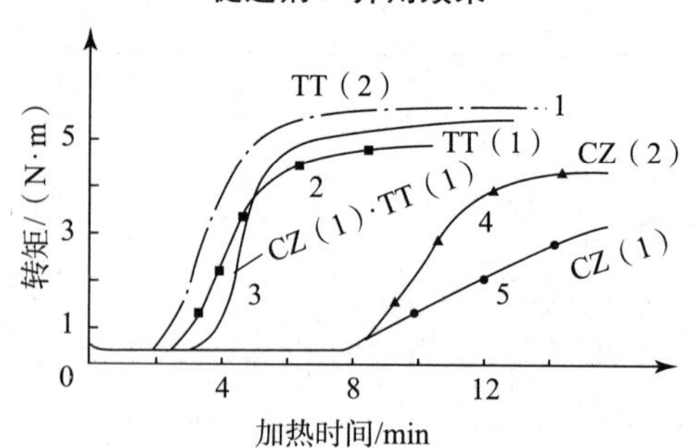

图 1.3.4－6　促进剂 CBS（CZ）/促进剂 TT 并用效果

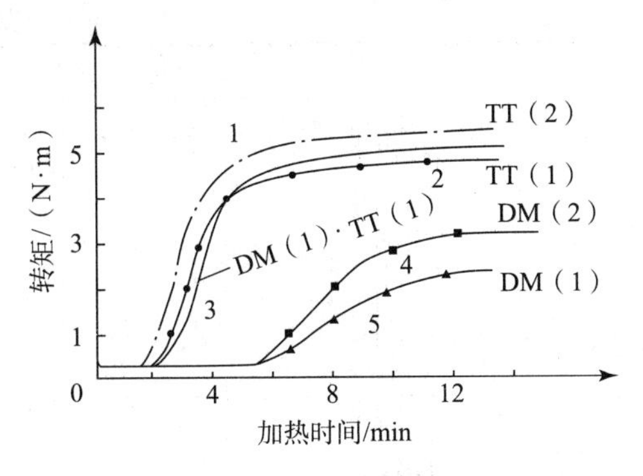

图 1.3.4－7　促进剂 MBTS（DM）/促进剂 TT 并用效果

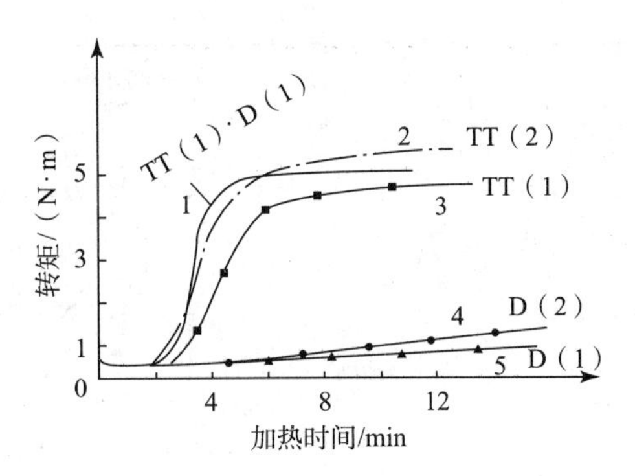

图 1.3.4－8　促进剂 TT/促进剂 D 并用效果

图中括号内的数字为促进剂的用量，所选用的配方为：NR 100，硬脂酸 3，ZnO 5，HAF 40，S 2，促进剂用量如图所示。

4.1　二硫代氨基甲酸盐类

二硫代氨基甲酸盐类促进剂见表 1.3.4－5。

表 1.3.4－5　用作促进剂的二硫代氨基甲酸盐类化合物

名称	化学结构	性状		
		外观	相对密度	熔点/℃
二甲基二硫代氨基甲酸二甲胺（DMC）	dimethyl ammonium dimethyl dithiocarbamate $[(H_3C)_2N-C(=S)-S]^-[H_2N(CH_3)_2]^+$	淡黄片状或白色粉末		120～130
二乙基二硫代氨基甲酸二乙基甲基胺（TFB）	diethylmethylammonium-diethyl dithiocarbamate $[(H_5C_2)_2N-C(=S)-S]^-[CH_3-N(C_2H_5)_2-H]^+$	棕黑色液体	1.02～1.03	
二丁基二硫代磷酸胺（AT）	ammonium-dibutyl dithiophosphate $[(C_4H_9O)_2P(=S)-S]^-[NH_4]^+$	白色结晶粉末	1.04	98～104
二乙基二硫代氨基甲酸二乙铵（DDCN）	diethyl ammonium dimethyl dithiocarbamate $[(H_5C_2)_2N-C(=S)-S]^-[H_2N(C_2H_5)_2]^+$	白色或浅黄色结晶	1.1～1.2	81～84
二乙基二硫代氨基甲酸二丁铵（DBUD）	dibutylammonium dibutyl dithiocarbamate $[(H_9C_4)_2N-C(=S)-S]^-[H_2N(C_4H_9)_2]^+$	黄褐色结晶固体		45～50
N′-（1，5-亚戊基）-二硫代氨基甲酸-N-（1，5-亚戊基）铵（PPD）	N-pentamethylene ammonium pentamethylene dithiocarbamate $[H_2C(CH_2-CH_2)_2N-C(=S)-S]^-[H_2N(CH_2-CH_2)_2CH_2]^+$	乳白色粉末	1.15～1.20	160

续表

名称	化学结构	性状		
		外观	相对密度	熔点/℃
环己基乙基二硫代氨基甲酸-N-环己基乙基铵（促进剂774）	N-cyclohexylethyl ammonium cyclohexylethyl dithiocarbamate $[(C_6H_{11})(H_5C_2)N-C(=S)-S]^-[(C_6H_{11})H_2N(C_2H_5)]^+$	淡黄色结晶粉末	1.08～1.11	90
二丁基二硫代氨基甲酸二甲基环己基铵（RZ100）	dimethyl cyclohexylammonium dibutyl dithiocarbamate $[(H_9C_4)_2N-C(=S)-S]^-[(CH_3)_2HN-C_6H_{11}]^+$	褐色透明液体	0.96	
甲基五亚甲基二硫代氨基甲酸甲基哌啶（MP）	pipecolin methylpentamethylene dithiocarbamate $[H_2C(CH_2-CH_2)(CH_2-CH(CH_3))N-C(=S)-S]^-[H_2N(CH(CH_3)-CH_2)(CH_2-CH_2)CH_2]^+$	黄白色粉末	1.16	118
二硫化碳和1，1′-亚甲基二哌啶反应产物（R-2）	reaction product of carbondisulfide and 1，1′-methylenedipiperidene	灰白色片状	1.08～1.14	55
二甲基二硫代氨基甲酸钠（SMC）	sodium dimethyl dithio carbamate $(H_3C)_2N-C(=S)-S-Na$	白色结晶粉末	1.17	120～122
二乙基二硫代氨基甲酸钠（SDC）	sodium diethyl dithiocarbamate $(H_5C_2)_2N-C(=S)-S-Na$	白色至无色片状结晶	1.30～1.37	95～98.5
二丁基二硫代氨基甲酸钠（TP、SDBC）	详见本节4.1.12			
环戊烷二硫代氨基甲酸钠（SPD）（或1，5-亚戊基二硫代氨基甲酸钠、五亚甲基二硫代氨基甲酸钠）	sodium pentamethylene dithiocarbamate $H_2C(CH_2-CH_2)_2N-C(=S)-S-Na$	乳白色结晶粉末	1.42	280
环己基乙基二硫代氨基甲酸钠（WL）	sodium ethylcyclohexyl dithiocarbamate $(C_6H_{11})(H_5C_2)N-C(=S)-S-Na$	橙黄色吸湿性粉末	1.25	90
二丁基二硫代氨基甲酸钾（PDD）	potassium dibutyl dithiocarbamate $(H_9C_4)_2N-C(=S)-S-K$	淡黄色液体	1.10	
五亚甲基二硫代氨基甲酸钾（促进剂87）	potassium pentamethylene dithiocarbamate $H_2C(CH_2-CH_2)_2N-C(=S)-S-K$	琥珀色液体	1.19	

续表

名称	化学结构	性状		
		外观	相对密度	熔点/℃
二甲基二硫代氨基甲酸铜（CDD）	详见本节 4.1.9			
二甲基二硫代氨基甲酸锌（PZ）	详见本节 4.1.1			
二乙基二硫代氨基甲酸锌（ZDC）	详见本节 4.1.2			
N，N'-（1，2-亚乙基）二硫代氨基甲酸锌（UCB）	zinc N，N'- ethylene dithiocarbamate $CH_2-NH-C(=S)-S-Zn-S-C(=S)-NH-CH_2$（两个 CH_2 相连成环）	乳白色或淡青色粉末		240（溶解并分解）
二丁基二硫代氨基甲酸锌（BZ）	详见本节 4.1.3			
二戊基二硫代氨基甲酸锌（DAZ）	zinc diamyl dithiocarbamate $[(CH_3(CH_2)_4)_2N-C(=S)-S]_2Zn$	淡黄色液体	0.99	
二苄基二硫代氨基甲酸锌（ZBEC）	详见本节 4.1.5			
1，5-亚戊基二硫代氨基甲酸锌（ZPD）	zinc pentamethylene dithiocarbamate $[H_2C(CH_2-CH(CH_3))(CH_2-CH_2)N-C(=S)-S]_2Zn$	白色粉末	1.55	225～235
2，4-二甲基-1，5-亚戊基二硫代氨基甲酸锌（ZMPD）	zinc 2，4 - dimethyl pentamethylene dithiocarbamate $[H_2C-CH(CH_2-CH(CH_3))(CH_2-CH_2)N-C(=S)-S]_2Zn$	淡黄褐色粉末	1.55～1.60	84～98
甲基苯基二硫代氨基甲酸锌（促进剂 Z）	zinc methyl phenyl dithiocarbamate $[C_6H_5(H_3C)N-C(=S)-S]_2Zn$	无色粉末	1.53	230
乙基苯基二硫代氨基甲酸锌（PX）	详见本节 4.1.4			
二乙基二硫代氨基甲酸镉（CED）	cadmium diethyl dithiocarbamate $[(H_5C_2)_2N-C(=S)-S]_2Cd$	白色至乳白色	1.48	63～69（分解）

续表

名称	化学结构	性状		
		外观	相对密度	熔点/℃
1，5-亚戊基二硫代氨基甲酸镉（CPD）	cadmium pentamethylene dithiocarbamate $\left[H_2C\begin{matrix}CH_2-CH_2\\ CH_2-CH_2\end{matrix}N-\overset{S}{\overset{\Vert}{C}}-S\right]_2Cd$	白色或淡黄色粉末	1.82	240～245
二甲基二硫代氨基甲酸铅（LMD）	lead dimethyl dithiocarbamate $\left[(H_3C)_2N-\overset{S}{\overset{\Vert}{C}}-S\right]_2Pb$	白色至淡黄色粉末	2.43	320（分解）
二乙基二硫代氨基甲酸铅（LED）	lead diethyl dithiocarbamate $\left[(H_5C_2)_2N-\overset{S}{\overset{\Vert}{C}}-S\right]_2Pb$	浅灰色粉末	1.87	206～207
1，5-亚戊基二硫代氨基甲酸铅（LPD）	lead pentamethylene dithiocarbamate $\left[H_2C\begin{matrix}CH_2-CH_2\\ CH_2-CH_2\end{matrix}N-\overset{S}{\overset{\Vert}{C}}-S\right]_2Pb$	灰白色粉末	2.29	230～240
二戊基二硫代氨基甲酸铅（LDAC）	lead diamyl dithiocarbamate $\left[(H_{11}C_5)_2N-\overset{S}{\overset{\Vert}{C}}-S\right]_2Pb$	淡黄色液体	4.1.10	
二甲基二硫代氨基甲酸铋（促进剂 TTBI、BDMC）	详见本节 4.1.10			
二甲基二硫代氨基甲酸硒（SML）	selenium dimethyl dithiocarbamate $\left[(H_3C)_2N-\overset{S}{\overset{\Vert}{C}}-S\right]_4Se$	黄橙色粉末	1.55～1.61	138～172
二乙基二硫代氨基甲酸硒（SL）	selenium diethyl dithiocarbamate $\left[(H_5C_2)_2N-\overset{S}{\overset{\Vert}{C}}-S\right]_4Se$	黄橙色粉末	1.29～1.35	62
二丁基二硫代氨基甲酸硒（Novac）	selenium dibutyl dithiocarbamate $\left[(H_9C_4)_2N-\overset{S}{\overset{\Vert}{C}}-S\right]_4Se$	深红色液体	1.11	
二乙基二硫代氨基甲酸碲（促进剂 TDEC、TEL）	详见本节 4.1.6			
二甲基二硫代氨基甲酸铁（TTFE）	详见本节 4.1.11			

续表

名称	化学结构	性状		
		外观	相对密度	熔点/℃
二甲基二硫代氨基甲酸-2，4-二硝基苯酯（Safex）	2，4-dinitrophenyl dimethyl dithiocarbamate $(H_3C)_2N-\overset{S}{\overset{\parallel}{C}}-S-C_6H_3(NO_2)_2$	淡黄色结晶粉末	1.57	140～145
二甲基二硫代氨基甲酸二甲胺基甲酯（DAMD）	dimethy laminomethyl dimethyl dithiocarbamate $(H_3C)_2N-\overset{S}{\overset{\parallel}{C}}-S-CH_2-N(CH_3)_2$			
N，N-二乙基二硫代氨基甲酸苯并噻唑（促进剂E）	benzothiazole-N，N-diethyl dithiocarbamate $C_6H_4\langle^{N}_{S}\rangle C-S-\overset{S}{\overset{\parallel}{C}}-N(C_2H_5)_2$	黄棕色粉末	1.27	69～71
O，O-二丁基二硫代磷酸锌（ZBPD）	详见本节 4.1.8			
二丁基二硫代氨基甲酸锌与二丁胺的络合物（ZBUD）	zinc dibutyl dithiocarbamate-dibutylamine complex $\left[(H_9C_4)_2N-\overset{S}{\overset{\parallel}{C}}-S\right]_2 Zn\cdot HN(C_4H_9)_2$	褐黄色液体	1.090～1.095	
1，5-亚戊基二硫代氨基甲酸锌与哌啶的络合物（ZPD）	zinc pentamethylene dithiocarbamate-piperidine complex $\left[H_2C\langle^{CH_2-CH_2}_{CH_2-CH_2}\rangle N-\overset{S}{\overset{\parallel}{C}}-S\right]_2 Zn\cdot HN\langle^{CH_2-CH_2}_{CH_2-CH_2}\rangle CH_2$	白色粉末	1.45	140～150
乙基苯基二硫代氨基甲酸锌和环己基乙基胺的络合物（DB-1）	zinc ethyl phenyl dithiocarbamate-cyclohexyl ethyl amine complex $\left[(C_6H_5)(H_5C_2)N-\overset{S}{\overset{\parallel}{C}}-S\right]_2 Zn\cdot HN(C_6H_5)(C_2H_5)$	白色粉末	1.3	109
氨基二硫代磷酸盐（AT）	aminodithiophosphate	白色结晶粉末	1.04	98～104
二戊基二硫代氨基甲酸镉（AM-CA）	cadmium diamyl dithiocar bamate $\left[(H_{11}C_5)_2N-\overset{S}{\overset{\parallel}{C}}-S\right]_2 Cd$	浅琥珀色液体	1.08	157（闪点）
活性二硫代氨基甲酸盐（BUEI）	activated dithiocarbamate	浅红棕色液体	1.01	40（闪点）

二硫代氨基甲酸盐类是活性特别高的超速促进剂，常用于低温、快速硫化，其中铵盐活性最高，与钠盐、钾盐均为水溶性促进剂，用于乳胶制品的用量为 0.5～3 份，一般配成 20%～40%的水溶液使用；二硫代氨基甲酸盐类促进剂中常用的为锌盐，活性比铵盐低，有一定的工艺安全性，对噻唑类、秋兰姆类促进剂有较强的活化作用，用量 0.1～1 份，可加少量 TMTD、MBTS（DM）、防焦剂或防老剂 MB 抑制活性，改善工艺安全性。

配合胶料在停放过程中易焦烧，终炼胶应尽快使用。

二硫代氨基甲酸盐类促进剂的粉尘和空气的混合物有爆炸危险，有的有中等毒性，使用时应避免与皮肤、眼部接触。

由于铁能促使二硫代氨基甲酸盐类促进剂分解，不能存放于铁制容器中。

图 1.3.4－9 为二硫代氨基甲酸盐类不同促进剂硫化效果示意图：

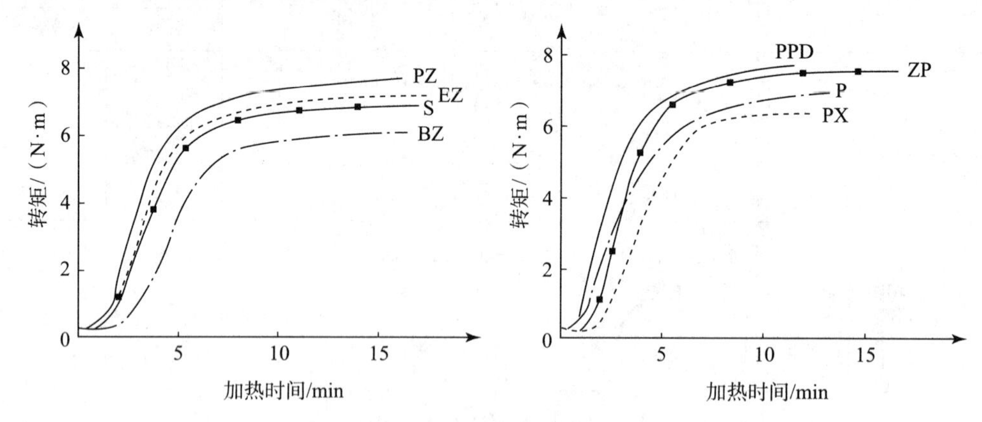

图 1.3.4－9　二硫代氨基甲酸盐类促进剂硫化曲线（140 ℃）

配方为：NR 100，硬脂酸 3，ZnO 5，HAF 40，S 2，促进剂 1。

4.1.1　促进剂 ZDMC（PZ），化学名称：二甲基二硫代氨基甲酸锌

结构式：

$$\begin{array}{c} H_3C \\ H_3C \end{array} \!\!>\! N-\overset{\overset{\displaystyle S}{\|}}{C}-S-Zn-S-\overset{\overset{\displaystyle S}{\|}}{C}-N\!<\!\! \begin{array}{c} CH_3 \\ CH_3 \end{array}$$

分子式：$C_6H_{12}N_2S_4Zn$，相对分子质量：305.4，CAS 号：137－30－4，相对密度：1.65～2.00 g/cm³，白色粉末（颗粒）或浅黄色粉末、无味、无毒，溶于稀碱、二硫化碳、苯、丙酮和二氯甲烷，微溶于氯仿，难溶于乙醇、四氯化碳、乙酸乙酯。

本品是天然胶与合成胶用超速促进剂，也是乳胶制品常用促进剂。特别适用于对压缩变形有要求的丁基胶和要求耐老化性能优良的丁腈胶，也适用于三元乙丙胶。硫化临界温度 100℃；活性与 TMTD 相近，但低温时活性较强；焦烧倾向大，混炼时易引起早期硫化。本品对噻唑类和次磺酰胺类促进剂有活化作用，可作第二促进剂。与 MBTS（DM）并用时，随 MBTS（DM）用量增加，抗焦烧性能有所改善。在三元乙丙胶、丁基胶等制品中效果显著。在 NR 中作主促进剂时的用量为 0.6～1.0 份，用作副促进剂时为 0.1～0.2 份；在 SBR、NBR 中作主促进剂时的用量为 0.6～1.2 份，用作副促进剂时为 0.1～0.2 份；EPDM 中的用量为 1.5～2.5 份。

本品无味、不污染、不变色、本身无毒，过去曾用于胶布、食品及医药用橡胶制品。因其硫化时产生亚硝胺类化合物，读者应谨慎使用。

促进剂 ZDMC 的供应商见表 1.3.4－6。

表 1.3.4－6　促进剂 ZDMC 的供应商

供应商	规格型号	纯度(≥)/%	初熔点(≥)/℃	加热减量(≤)/%	锌含量/%	筛余物(63 μm)(≤)/%	油含量/%	20℃时的密度/(g·cm⁻³)	堆积密度或备注/(g·cm⁻³)
宁波硫华聚合物有限公司	ZDMC－75GE－F 140	97	242	0.5	20.5～22.0	0.5	—	1.45	EPDM/EVM 载体
鹤壁联昊	粉料	97.0	240.0	0.40	20.5～22.0	0.30	—	1.700	0.380～0.420
	防尘粉料	96.0	240.0	0.40	20.5～22.0	0.30	1.0～2.0	1.700	0.380～0.420
	直径 2 mm 颗粒	96.0	240.0	0.40	20.5～22.0	—	—	1.700	0.410～0.450
苏州硕宏	ZDMC－75GE	97	242	0.5	20.5～22.0	0.5	有效含量 75%	1.42	EPDM 载体 门尼黏度约 45
	ZDMC－80GE	97	242	0.5	20.5～22.0	0.5	有效含量 80%	1.45	EPDM 载体 门尼黏度约 50
阳谷华泰	ZDMC－75	75	灰白色颗粒						EPDM/EVM 载体

4.1.2　促进剂 EZ（ZDC、ZDEC），化学名称：二乙基二硫代氨基甲酸锌

结构式：

$$H_5C_2-\underset{\underset{H_5C_2}{|}}{N}-\underset{\underset{S}{\|}}{C}-S-Zn-S-\underset{\underset{S}{\|}}{C}-\underset{\underset{C_2H_5}{|}}{N}-C_2H_5$$

分子式：$C_{10}H_{20}N_2S_4Zn$，相对分子质量：361.88，CAS 号：14324－55－1，白色或浅黄色结晶粉末，相对密度 1.41 g/cm^3，溶于 1%的氢氧化钠水溶液、二硫化碳、苯、氯仿，微溶于乙醇，不溶于汽油。

本品用作天然橡胶和各种合成橡胶的超速促进剂，是二硫代氨基甲酸锌盐促进剂的代表品种，也用作胶乳的非水溶性促进剂，对胶乳的稳定性影响很小；本品是噻唑类和次磺酰胺类促进剂的良好活性剂。本品不污染、不变色、无臭、无味、本身无毒，适用于白色和艳色制品、透明制品，过去曾多用于制造医疗用品、胶布和自硫化制品等，因其硫化时产生亚硝胺类化合物，读者应谨慎使用。

ZDEC 可改善硫化胶的拉伸强度和回弹性，在 NR 和 IR 中应加入抗氧剂以提高耐热性能。在 NR 中，有硫时为超促进剂，作主促进剂时的用量为 0.6～1.0 份，作副促进剂时的用量为 0.1～0.2 份；无硫时可作抗紫外线防老剂。在 SBR、NBR 中作主促进剂时的用量为 0.6～1.2 份，用作副促进剂时为 0.1～0.2 份。EPDM 中的用量为 1.5～2.5 份。在胶乳，用量为干料 0.5～1 份，硫化要低于 125℃。

促进剂 ZDEC 的技术要求见表 1.3.4－7。

表 1.3.4－7　促进剂 ZDEC 的技术要求

项目	指 标
外观	白色粉末
初熔点（≥）/℃	175.0
加热减量（100±2)℃（≤）/%	0.40
筛余物(150 μm)（≤）/% (63 μm)（≤）/%	0.10 0.30
纯度（≥）/%	97.0

促进剂 EZ 的供应商见表 1.3.4－8。

表 1.3.4－8　促进剂 EZ 的供应商

供应商	规格型号	纯度(≥)/%	初熔点(≥)/℃	终熔点(≥)/℃	加热减量(≤)/%	锌含量/%	筛余物(63 μm)(≤)/%	油含量/%	20℃时的密度/(g·cm^{-3})	堆积密度或备注/(g·cm^{-3})
宁波硫华聚合物有限公司	ZDEC－75GE F140	97	174		0.5	17.0～19.0	0.5		1.25	EPDM/EVM 载体
鹤壁联昊	粉料	97.0	174.0	178.0～183.0	0.40	17.0～19.0	0.50	—	1.420	0.380～0.420
	防尘粉料	96.0	173.0	178.0～183.0	0.40	17.0～19.0	0.50	1.0～2.0	1.420	0.380～0.420
	直径 2 mm 颗粒	96.0	173.0	178.0～183.0	0.40	17.0～19.0	—	—	1.420	0.410～0.450
山东尚舜化工有限公司	白色或淡黄色粉末		174.0		0.20	17.0～19.0	0.10 (150 μm)			
天津市东方瑞创	粉料		174.0		0.30	17.0～19.0		—		
	加油粉料		174.0		0.40	17.0～19.0		1.0～2.0		
锐巴化工	ZDEC－80 GE	97	174.0		0.5	17.0～19.0	0.5		1.25	EPDM 载体
苏州硕宏	ZDEC－75GE	97	174		0.5	17.0～19.0	0.5		1.30	EPDM 载体 门尼黏度约 55
阳谷华泰	ZDEC－75	80	灰白色颗粒							EPDM/EVM 载体

促进剂 ZDEC 的供应商还有：濮阳蔚林化工股份有限公司、武汉径河化工有限公司等。

4.1.3　促进剂 ZDBC（BZ），化学名称：二丁基二硫代氨基甲酸锌

结构式：

$$C_4H_9-N(C_4H_9)-C(=S)-S-Zn-S-C(=S)-N(C_4H_9)-C_4H_9$$

分子式：$C_{18}H_{36}N_2S_4Zn$，相对分子质量：474.09，CAS号：136-23-2，白色粉末（颗粒），密度为1.24 g/cm³，溶于二硫化碳、苯、氯仿、乙醇、乙醚，不溶于水和稀碱，贮存稳定。

本品是天然胶、合成胶及乳胶用超速促进剂，在干胶中的活性比ZDEC大。含有本品的预硫化胶乳可以储存一周而不致有早期硫化现象，是噻唑类促进剂的良好活化剂。本品在硫化胶中还能起到防老剂的作用，能改善硫化胶的耐老化性能，不变色、不污染、易分散。

促进剂ZDBC（BZ）的技术要求见表1.3.4-9。

表1.3.4-9 促进剂ZDBC（BZ）的技术要求

项 目	指 标
外观	白色粉末
初熔点（≥）/℃	104.0
加热减量（70±2）℃（≤）/%	0.40
筛余物（150 μm）（≤）/% （63 μm）（≤）/%	0.10 0.30
纯度（≥）/%	97.0

促进剂ZDBC（BZ）的供应商见表1.3.4-10。

表1.3.4-10 促进剂ZDBC（BZ）的供应商

供应商	规格型号	纯度（≥）/%	初熔点（≥）/℃	终熔点（≥）/℃	加热减量（≤）/%	锌含量/%	筛余物（63 μm）（≤）/%	油含量/%	20℃时的密度/（g·cm⁻³）	堆积密度（g·cm⁻³）
鹤壁联昊	粉料	97.0	104.0	112.0	0.40	13.0～15.0	0.50	—	1.270	0.380～0.420
	防尘粉料	96.0	103.0	112.0	0.40	13.0～15.0	0.50	1.0～2.0	1.270	0.380～0.420
	直径2 mm颗粒	96.0	103.0	112.0	0.40	13.0～15.0	—	—	1.270	0.410～0.450
山东尚舜	白色或淡黄色粉末		104.0		0.40	16.5～18.5	0.20（150 μm）		1.24	
苏州硕宏	ZDBC-75GE	97.0	104.0	112.0	0.40	13.0～15.0	0.50	有效含量75%	约1.15	EPDM载体门尼黏度约55
	ZDBC-80GE	97.0	104.0	112.0	0.40	13.0～15.0	0.50	有效含量80%	约1.15	EPDM载体门尼黏度约55
阳谷华泰	ZDBC-75	75	灰白色颗粒							EPDM/EVM载体

促进剂ZDBC（BZ）的供应商还有：濮阳蔚林化工股份有限公司、武汉径河化工有限公司等。

4.1.4 促进剂ZEPC（PX），化学名称：乙基苯基二硫代氨基甲酸锌

结构式：

$$C_6H_5-N(C_2H_5)-C(=S)-S-Zn-S-C(=S)-N(C_2H_5)-C_6H_5$$

分子式：$C_{18}H_{20}N_2S_4Zn$，相对分子质量：458.02，CAS号：14634-93-6，相对密度1.50 g/cm³，白色或淡黄色粉末，溶于热的氯仿、苯，微溶于汽油、苯、甲苯、热的酒精，不溶于丙酮、四氯化碳、乙醇和水。

本品系超速促进剂，抗焦烧性能优良，与促进剂MBTS（DM）并用时抗焦烧性能增加。本品的硫化临界温度较低，活性较秋兰姆类促进剂高，在80～125℃的范围内可供天然橡胶、丁苯橡胶等各种类型的橡胶硫化使用，特别适用于胶乳的硫化，在贮存过程中对胶乳的黏度影响不大。本品不污染、不变色、无臭、无味、本身无毒，过去曾多用于制造与食物接触的浸渍胶乳制品、胶乳海绵、医疗用品、胶布、自硫胶浆以及其他透明和艳色制品等，因其硫化时产生亚硝胺类化合物，读者应谨慎使用。

促进剂ZEPC的供应商见表1.3.4-11。

表 1.3.4-11　促进剂 ZEPC 的供应商

供应商	规格型号	初熔点（≥）/℃	加热减量（≤）/%	锌含量/%	筛余物（63 μm）（≤）/%	添加剂/%
江苏连连化学股份有限公司	一级品	195.0	0.50	12.5～15.5	0.50	
	乳胶级	195.0	0.50	13.0～15.0	0.50	
天津市东方瑞创橡胶助剂有限公司	粉料	205.0	0.30	13.0～15.0		
	加油粉料	205.0	0.40	13.0～15.0		1.0～2.0
阳谷华泰	ZEPC-80	白色至灰色颗粒				EPDM/EVM 载体

4.1.5　促进剂 ZBEC（ZBDC），化学名称：二苄基二硫代氨基甲酸锌

结构式：

$$\left[(C_6H_5CH_2)_2N-\underset{\underset{S}{\|}}{C}-S-\right]_2Zn$$

分子式：$C_{30}H_{28}N_2S_4Zn$，相对分子质量：610.17，CAS 号：14726-36-4，白色粉末，溶于乙醇、苯和氯仿，不溶于水，贮存稳定。本品是一种主或助（超）促进剂，活性温度较低，可替代 ZDEC、ZDBC（BZ）、ZDMC 等使用，也可作为噻唑类、次磺酰胺类的优良活性剂。适用于天然胶与合成胶，也可应用于 NR 与 SBR 乳胶制品中。本品是一种安全的仲胺基二硫代氨基甲酸盐类促进剂，不致癌，在所有二硫代氨基甲酸锌盐类促进剂中，ZBEC 具有最长的焦烧时间，在乳胶制品中具有较好的抗早期硫化作用。使用本品时，氧化锌和硫黄的配合量一般，脂肪酸可用可不用。EPDM 中用量为 0.8～2.5 份；NR、SBR、NBR 中用量为 0.8～2.0 份。

促进剂 ZBEC 的技术要求见表 1.3.4-12。

表 1.3.4-12　促进剂 ZBEC 的技术要求

项目	指标		
	粉末	油粉	颗粒
外观	白色粉末	白色粉末	白色颗粒
初熔点（≥）/℃	180.0	176.0	178.0
加热减量（100±2）℃（≤）/%	0.30	0.50	0.30
锌含量/%	10.0～12.0	10.0～12.0	10.0～12.0
筛余物（150 μm）（≤）/%	0.10	0.10	—
筛余物（63 μm）（≤）/%	0.50	0.50	—
纯度（≥）/%	97.0	95.0	96.0

注：纯度为根据用户要求的检测项目。

促进剂 ZBEC 的供应商见表 1.3.4-13。

表 1.3.4-13　促进剂 ZBEC 的供应商

供应商	规格型号	纯度（≥）/%	初熔点（≥）/℃	终熔点（≥）/℃	加热减量（≤）/%	锌含量/%	筛余物（63 μm）（≤）/%	油含量/%	20℃时的密度/（g·cm^{-3}）	堆积密度或备注/（g·cm^{-3}）
宁波硫华	ZBEC-70GE F140	97	180		0.5	10.0～11.5	0.5		1.22	EPDM/EVM 载体
鹤壁联昊	粉料	97.0	180.0	190.0	0.40	10.0～12.0	0.50	—	1.420	0.380～0.420
	防尘粉料	96.0	179.0	190.0	0.40	10.0～12.0	0.50	1.0～2.0	1.420	0.380～0.420
	直径 2 mm 颗粒	96.0	179.0	190.0	0.40	10.0～12.0	—	—	1.420	0.410～0.450
天津市东方瑞创	粉料		180.0		0.30	10.0～12.0				
	加油粉料		180.0		0.40	10.0～12.0		1.0～2.0		
苏州硕宏	预分散 ZBEC-70GE	97	180		0.5	10.0～12.0	0.5	有效含量 70%	约 1.27	EPDM 载体门尼黏度约 45

续表

供应商	规格型号	纯度(≥)/%	初熔点(≥)/℃	终熔点(≥)/℃	加热减量(≤)/%	锌含量/%	筛余物(63 μm)(≤)/%	油含量/%	20℃时的密度/(g·cm^{-3})	堆积密度或备注/(g·cm^{-3})
阳谷华泰	ZBEC		180		0.5	10.0-12.0	0.5			
	ZBEC-70	70	白色至灰色颗粒							EPDM/EVM 载体
	ZBEC-80	80	白色至灰色颗粒							EPDM/EVM 载体

4.1.6　促进剂 TDEC（促进剂 TeEDC、TE-G、TL、TTTE），化学名称：二乙基二硫代氨基甲酸碲

结构式：

$$\left[\begin{matrix}H_5C_2\\ \\ H_5C_2\end{matrix}\!>\!N-\overset{\overset{\large S}{\|}}{C}-S\right]_4\!\!-Te$$

分子式：$C_{20}H_{40}N_4S_8Te$，相对分子质量 721，CAS 号：20941-65-5，黄色粉末，相对密度 1.48 g/cm^3，溶于氯仿、苯和二硫化碳，微溶于酒精和汽油，不溶于水。

TDEC 在 EPDM 和 IIR 中与噻唑类、秋兰姆类、二硫代氨基甲酸盐类促进剂并用可加速硫化，少量 TDEC 即可缩短硫化时间。此外，由于大量软化油可降低硫化速率，因此，TDEC 特别适合用在高含油软胶料中，如低硬度实心 EPDM 密封条或海绵密封条。与噻唑类、秋兰姆类及二硫代氨基甲酸盐类并用作辅助促进剂，为防止喷霜，建议用量不超过 0.5 份。主要用于汽车和建筑密封条，汽车胶管，耐蒸汽、耐酸胶管，电缆护套，绝缘制品等。

促进剂 TDEC 的供应商见表 1.3.4-14。

表 1.3.4-14　促进剂 TDEC 的供应商

供应商	规格型号	外观	初熔点/℃	密度/(g·cm^{-3})	含量(≥)/%	活性含量/%	碲含量/%	加热减量(≤)/%	63 μm 筛余物(≤)/%	备注(添加剂)
宁波硫华	TDEC-75GE F140	橙黄色颗粒	108	1.23	98	75	16.5～19.0	0.50	0.50	EPDM/EVM 为载体
天津市东方瑞创	粉料	黄色粉末	105.0	1.48			16.5～19.0	0.50	0.50	
	加油粉料		105.0	1.48			16.5～19.0	0.50	0.50	0.1～2.0
锐巴化工	TDEC-75 GE	黄色	105.0	1.20	98	75	16.5～19.0	0.50	0.50	EPDM 载体
阳谷华泰	TDEC-70	米色颗粒								EPDM/EVM 为载体
	TDEC-75									
	TDEC-85									
苏州硕宏	预分散 TDEC-75GE	橙色颗粒	105.0	1.28	50	75	16.5～19.0	0.50	0.50	EPDM 载体 门尼黏度约 50

4.1.7　促进剂 ZDTP（ZBOP），化学名称：二烷基二硫代磷酸锌

分子式：$C_{24}H_{52}O_4S_4P_2Zn$，分子量：660.25，CAS 号：68649-42-3。

结构式：

$$(RO)_2P\begin{matrix}S\\ S\end{matrix}Zn\begin{matrix}S\\ S\end{matrix}P(OR)_2$$

(R=alkyl)

二烷基二硫代磷酸锌由烷基醇、硫代磷酸、氧化锌反应制得，其反应式为：

$$烷基醇+硫代磷酸+ZnO=ZDTP+H_2S$$

ZDTP（ZBOP）在含有硫黄、氧化锌、噻唑类和秋兰姆类促进剂的 EPDM 中用作特殊促进剂，交联程度高，最大推荐用量时硫化胶不喷霜。ZDTP（ZBOP）的母胶加工安全，储存稳定。作为有效硫化体系的组分，可用作 NR、IR、BR、NBR、IIR 等的硫化促进剂，硫化胶耐热性好。在硫黄硫化 EPDM 和 NR 胶料中作副促进剂与次磺酰胺类、噻唑类和秋兰

姆类促进剂并用。硫化过程中不会产生有害亚硝胺。在 NR 中的用量为 2 ～3 份；在 SBR、NBR 中的用量为 2～3 份；在 EPDM 中的用量为 2～3 份。主要用作模压和挤出制品如胶片、轮胎缓冲层、橡胶护舷、密封条等。

促进剂 ZDTP（ZBOP）的供应商见表 1.3.4－15。

表 1.3.4－15　促进剂 ZDTP（ZBOP）的供应商

供应商	规格型号	外观	密度/(g·cm^{-3})	含量/%	硫含量/%	锌含量/%	磷含量/%	甲醇不溶物/%	pH 值	备注
阳谷华泰	ZDTP－50	灰白色颗粒		50						EPDM/EVM 为载体
南京友好助剂化工有限责任公司（丰城市友好化学有限公司）	ZDTP	无色至琥珀色黏稠液体			16.0～20.0	9.0～11.0			≥5.0	无亚硝胺的一种超速促进剂，主要用于 NR、BR、EPDM 等，可以替代促进剂 M、DM，在 NR 制品中抗硫化返原性好，可以提高浅色橡胶制品的耐黄等级；适用于 EPDM 制造的密封件、胶带、胶条制品，NR、BR 制造的鞋材等
	ZDTP70									
宁波硫华	ZDTP－50GE F500	乳白色颗粒	1.23	纯度≥97 活性含量 50%	18.5～20.5					EPDM/EVM 为载体
苏州硕宏	预分散 ZP－50GE	透明颗粒	1.29	活性含量：50%	四烷基混合型磷酸盐类，硫化速度快，不污染，不喷霜					EPDM 载体门尼黏度约 50
三门峡邦威化工	琥珀色透明液体		1.06～1.15	—	14.0～18.0	8.5～10.0	7.2～8.5	—	5.5～7.5	
	浅白色粉末或颗粒		1.21～1.31	68.5～71.5（纯度）	—	—	5.0～6.0	28.5～31.5	—	

促进剂 ZDTP（ZBOP）的供应商还有：天津市东方瑞创橡胶助剂有限公司等。

4.1.8　促进剂 ZBPD，化学名称：O，O－二丁基二硫代磷酸锌

结构式：

$$(H_9C_4-O)_2P(=S)-S-Zn-S-P(=S)(O-C_4H_9)_2$$

促进剂 ZBPD 由丁醇、硫代磷酸、氧化锌反应制得，反应式为：

$$丁醇+硫代磷酸+ZnO=ZBPD+H_2S$$

分子式：$C_{16}H_{36}O_4P_2S_4Zn$，相对分子质量：548.07，CAS 号：6990－43－8。ZBPD 是一种快速硫化助促进剂，适用于 NR 与 EPDM。在含有硫黄、氧化锌、噻唑类和秋兰姆类促进剂的 EPDM 中用作特殊促进剂，不喷霜、硫化速率快、交联程度高。所制成的橡胶制品具有较好的抗热老化性能及抗硫化返原性能。用于 NR 以提高抗硫化返原性能时，需谨慎选择适当用量，以在焦烧时间和抗返原性能之间取得平衡。用于无亚硝胺硫化体系，可替代促进剂 TMTD。ZBPD 无胺基结构，硫化过程中不会产生有害亚硝胺。ZBPD 用于制造与食品接触的制品时，需参照 BgVV ⅩⅪ 中 4 类规定，在 FDA 中尚无规定。

通常用量为 2～4 份，在填充量大的配方中用量可以为 5 份。在 NR 中的用量为 ZBPD 2.0～3.4 份、TMTM 0.3～0.6 份、MBTS 0.6～0.9 份、硫黄 0.3～0.6 份；在 EPDM 中的用量为 ZBPD 2.0～3.4 份、TMTD 0.3～1.0 份、MBT 0.6～1.9 份、硫黄 1.2～3.2 份。

促进剂 ZBPD 的供应商见表 1.3.4－16。

表 1.3.4－16　促进剂 ZBPD 的供应商

供应商	规格型号	外观	密度/(g·cm^{-3})	纯度/%	活性含量/%	硫含量/%	锌含量/%	磷含量/%	甲醇不溶物/%	备注
阳谷华泰	ZBPD－50	灰白色颗粒		50						EPDM/EVM 为载体
苏州硕宏	预分散 ZPD－50GE	透明颗粒	1.26	活性含量：50%	四丁基磷酸盐，硫化速度更快，不污染，不喷霜					EPDM 载体门尼黏度 50

续表

供应商	规格型号	外观	密度/(g·cm^{-3})	纯度/%	活性含量/%	硫含量/%	锌含量/%	磷含量/%	甲醇不溶物/%	备注
南京友好助剂化工有限责任公司（丰城市友好化学有限公司）	ZBPD	无色至淡黄色黏稠液体				21.8～23.8	11.1～13.5	pH ≥4.0		一种新型无亚硝胺的环保促进剂，可以替代促进剂 M、DM，反应速度快于 ZDTP，所得制品无异味、不喷霜；主要用于 EPDM、NR、BR 等胶种制造的密封件、胶带、胶条等制品
	ZBPD75									
宁波硫华	ZBPD-50GE F140	淡黄色半透明颗粒	1.18		50	10.7				EPDM/EVM 为载体
天津市东方瑞创	液体	琥珀色透明液体	1.21～1.30	99.5		22.0～23.6	11.4～13.2	10.5～11.7	—	
	70%SiO_2粉料	浅白色粉末	1.60	68.5～71.5		16.2～16.5	8.0～9.2	7.4～8.2	28.5～31.5	

促进剂 ZBPD 的供应商有南京友好助剂化工有限责任公司等。

4.1.9　促进剂 CDD（CuMDC、CDMC），化学名称：二甲基二硫代氨基甲酸铜

分子式：$C_6H_{12}S_4Cu$，分子量：303.97，CAS 号：137-29-1。相对密度 1.70～1.78 g/cm³，大于 300℃开始分解。不溶于水、汽油和乙醇，溶于丙酮、苯和氯仿。

结构式：

copper dimethyl dithiocarbamate

$$\left[\begin{matrix}H_3C\\ \quad\diagdown\\ \quad\quad N-\overset{\overset{S}{\|}}{C}-S\\ \quad\diagup\\ H_3C\end{matrix}\right]_2 Cu$$

本品为深棕色粉末，稍有气味，有毒。CDMC 用作天然橡胶和合成橡胶的快速硫化剂。在黑色和深色制品中是一种安全的二级硫化剂。可用于 SBR 的 C.V. 体系。贮藏稳定。

促进剂 CDD 的供应商见表 1.3.4-17。

表 1.3.4-17　促进剂 CDD 的供应商

供应商	规格型号	分解温度(≥)/℃	加热减量(≤)/%	铜含量/%	筛余物(≤)/%		油含量/%
					150 μm	63 μm	
鹤壁联昊	加油粉料	300	0.5	19.0～22.0	0.10	0.50	1.0～2.0
	颗粒		0.5		—	—	—

4.1.10　促进剂 TTBI（BDMC），化学名称：二甲基二硫代氨基甲酸铋

分子式：$C_9H_{18}BiN_3S_6$，分子量：569.63，CAS 号：21260-46-8，黄色粉末，相对密度 2.01～2.07 g/cm³；溶于苯、氯仿、二硫化碳、四氯化碳，不溶于水；燃烧温度 240℃。

结构式：

bismuth dimethyl dithiocarbamate

$$\left[\begin{matrix}H_3C\\ \quad\diagdown\\ \quad\quad N-\overset{\overset{S}{\|}}{C}-S\\ \quad\diagup\\ H_3C\end{matrix}\right]_2 Bi$$

用作天然橡胶、合成橡胶及胶乳的高温快速硫化促进剂，可用于秋兰姆无硫硫化体系。主要用于制造电线、工业制品、胶带和压出制品等。还可作为卤化橡胶的稳定剂、通用硫化胶的热稳定剂等。

促进剂 TTBI 的供应商见表 1.3.4-18。

表 1.3.4-18　促进剂 TTBI 的供应商

供应商	规格型号	初熔点(≥)/℃	加热减量(≤)/%	铋含量/%	灰分(≤)/%	筛余物(≤)/%	添加剂/%
濮阳蔚林	加油粉料	230	0.5	33.0～38.0	40.0～45.0	0.10	0.0～2.0
	粉料		0.5		40.0～45.0	0.10	—

4.1.11　促进剂 TTFE，化学名称：二甲基二硫代氨基甲酸铁

分子式：$C_9H_{18}N_3S_6Fe$，分子量：416.5，CAS 号：14484-64-1，褐色粉末，密度约 1.64 g/cm^3；微溶于水，溶于氯仿、吡啶、乙腈。

结构式：

ferric dimethyl dithiocarbamate

$$\left[\begin{matrix}H_3C \\ H_3C\end{matrix}\!>\!N-\overset{\overset{S}{\|}}{C}-S-\right]_3Fe$$

超速促进剂，主要用于 NR，IR，BR，SBR，NBR 和 EPDM。

促进剂 TTBI 的供应商见表 1.3.4-19。

表 1.3.4-19　促进剂 TTBI 的供应商

供应商	规格型号	初熔点(≥)/℃	加热减量(≤)/%	灰分(≤)/%	筛余物（≤）/%		添加剂%
					150 μm	63 μm	
濮阳蔚林	加油粉料	240	0.5	22	0.10	0.50	0.1～2.0
	粉料		0.5	22	0.10	0.50	—

4.1.12　促进剂 TP（SDBC），化学名称：二丁基二硫代氨基甲酸钠

结构式：

sodium dibutyl dithiocarbamate

$$\begin{matrix}H_9C_4 \\ H_9C_4\end{matrix}\!>\!N-\overset{\overset{S}{\|}}{C}-S-Na$$

由二正丁胺和二硫化碳在氢氧化钠存在下反应而生成二乙基二硫代氨基甲酸钠。分子式：$C_9H_{18}NS_2Na$，分子量：227，CAS 号：136-30-1，常温下为橙黄色至橙红色黏性透明液体，相对密度 1.075～1.09 g/cm^3，闪点 109.6℃。无毒，能与水和醇混溶，不溶于烃和氯代烃类溶剂。不宜与铁制品接触，不能贮于铁制容器中。

促进剂 TP 为天然胶、丁苯胶、氯丁胶及其胶乳用超促进剂，因能与水混溶，主要用于制造胶乳制品，如海绵橡胶制品、薄壁浸渍制品、医疗用品、气球、自硫胶浆和胶布等。其硫化速率较二硫代氨基甲酸氨盐慢，焦烧时间长。与二乙基二硫代氨基甲酸钠相比，促进效力更高，可使硫化在常温下进行，硫化平坦性也较好。为了提高胶乳胶料的硫化速率，多与不溶于水的促进剂二硫代氨基甲酸锌或 TMTM、TMTD 并用，所得硫化胶柔软透明，制品强力高，耐老化性能好。使用本品时需用氧化锌活化，但不必加脂肪酸。若硫化速率过高，可用防老剂 MB 或防焦剂加以抑制。本品对噻唑类促进剂有活化作用，可与秋兰姆类、噻唑类和胍类促进剂并用。作为噻唑类的第二促进剂使用时，其配合量比促进剂 TMTD、PZ 少。在胶乳胶料中一般用量为 0.5～2 份，配用的硫黄为 2～1 份。

用于与食品接触的橡胶制品，需参照 FDA、BgVV 有关章节中的规定。

促进剂 TP 的供应商见表 1.3.4-20。

表 1.3.4-20　促进剂 TP 的供应商

供应商	外观	含量/%	密度/(g·cm^{-3})	pH 值	游离 NaOH/%
天津市东方瑞创	淡黄绿色至浅棕色透明液体	40～42	1.075～1.09	8～10	0.05～0.5

促进剂 TP 的供应商还有：中国武汉福德化工有限公司，美国 Du Pont 公司，英国 Anchor、Rohinson 公司，法国 Prchim 公司，日本大内新兴、住友化学公司，意大利 Bozzetto 公司等。

4.2　黄原酸类

黄原酸类促进剂见表 1.3.4-21。

表 1.3.4-21　用作促进剂的黄原酸类化合物

名称	化学结构	性状		
		外观	相对密度	熔点/℃
异丙基黄原酸钠（SIP）	sodium isopropyl xanthate $(H_3C)_2CH-O-C(=S)-S-Na$	白色或淡黄色结晶	1.38	126
正丁基黄原酸钾（KBX）	详见本节 4.2.1			
异丙基黄原酸钾（Enax）	potassium isopropyl xanthate $(H_3C)_2CH-O-C(=S)-S-K$	黄色粉末		
乙基黄原酸锌（ZEX）	zinc ethyl xanthate $[H_5C_2-O-C(=S)-S]_2Zn$	白色至淡黄色粉末	1.56	加热即分解
异丙基黄原酸锌（ZIP）	zinc isopropyl xanthate $[(H_3C)_2CH-O-C(=S)-S]_2Zn$	乳白色或淡黄色粉末，相对密度 1.10～1.55 g/cm³，110℃熔融并分解。本品是作用较强的超促进剂，可用于室温硫化胶乳制品和胶浆。硫化临界温度 100℃，硫化温度不宜超过 110℃，否则有分解倾向。本品会降低胶乳稳定性，在胶乳中使用时应加入稳定性。在自硫胶浆中宜与二乙基二硫代氨基甲酸二乙铵掺用。除用于制造胶乳浸渍制品、模型制品及胶浆外，还可用于胶丝及防水织物等。一般用量为 1～2.5 份		
正丁基黄原酸锌（ZBX）	zinc butyl xanthate $[CH_3(CH_2)_3-O-C(=S)-S]_2Zn$	白色粉末	1.40	110
二硫化二异丙基黄原酸酯（DIP）	isopropyl xanthate disulfide $(H_3C)_2CH-O-C(=S)-S-S-C(=S)-O-CH(CH_3)_2$	为淡黄色至黄绿色粒状结晶相对密度 1.28 g/cm³，熔点≥52℃，不溶于水，溶于乙醇、丙酮、苯、汽油等有机溶剂，可引起皮肤过敏肿胀。天然橡胶及胶乳、丁苯橡胶及胶乳、丁腈橡胶和再生胶用超促进剂。主要用于制造胶布、医疗和手术用橡胶制品，胶鞋、防水布、自流胶浆及胶乳制品等。一般用量为 2.0 份，也可作为氯丁橡胶调节剂和不溶性硫黄稳定剂使用		
二硫化二丁基黄原酸酯（CPB）	dibutyl xanthate disulfide $H_9C_4-O-C(=S)-S-S-C(=S)-O-C_4H_9$	琥珀色液体，相对密度 1.17 g/cm³，溶于汽油、苯、丙酮、氯乙烷，不溶于水。贮存稳定。用作天然胶乳、丁苯胶乳、天然橡胶、丁苯橡胶、再生胶的超促进剂。不适宜高温硫化。主要用于制造胶布、医疗和外科手术用橡胶制品，胶鞋、防水布、自硫胶浆及胶乳制品等		
二硫化二乙基黄原酸酯	$C_6H_{10}O_2S_4$	CAS 号：502-55-6，不溶性硫黄稳定剂、选矿药剂、超促进剂		

黄原酸类促进剂由醇、二硫化碳在碱性介质中反应制得，是一类活性特别高（超过二硫代氨基甲酸盐类）的超速促进剂，由于硫化速率快，硫化平坦范围窄，只用于低温硫化。槽法炭黑、陶土及酸性配合剂不能抑制其活性，而酰胺、秋兰姆、噻唑和二硫代氨基甲酸盐类促进剂则能增加其活性。

一般用量为 0.5～2 份。使用黄原酸类促进剂配合的终炼胶应当尽快使用，胶乳和胶浆宜随用随调，不能长时间贮存。

黄原酸类促进剂有不愉快气味，对皮肤、眼睛、呼吸道黏膜有刺激作用。

促进剂 KBX，化学名称：正丁基黄原酸钾

分子结构式为：$CH_3(CH_2)_3—O—\overset{\overset{\displaystyle S}{\|}}{C}—S—K$

淡黄色结晶粉末，有特殊气味，遇水或热即分解，需贮藏于阴凉干燥处（最好在 10℃ 以下）。主要用于制造低温（室温）硫化的橡胶制品，如胶浆、防水布等。

4.3　秋兰姆类

秋兰姆类促进剂见表 1.3.4－22。

表 1.3.4－22　用作促进剂的秋兰姆类化合物

名称	化学结构	性状		
		外观	相对密度	熔点/℃
一硫化四甲基秋兰姆（促进剂 TMTM）	详见本节 4.3.3			
一硫化四丁基秋兰姆（促进剂 TBTS）	tetrabutyl thiuram monosulfide 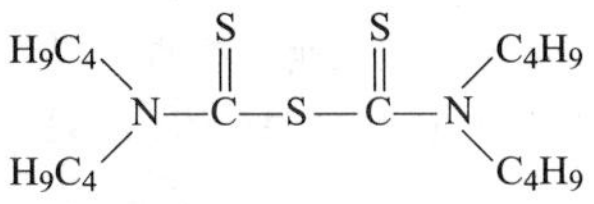 $(H_9C_4)_2N—C(=S)—S—C(=S)—N(C_4H_9)_2$	纯品为棕色液体，微具气味，相对密度 0.98～0.99 g/cm³。本品的固体产品（含本品 12.5%，陶土 87.5%）为淡黄色粉末，相对密度 2.16 g/cm³。性能与促进剂 TMTM 基本上相似。在天然胶中单独使用时，硫化平坦性变窄，但在操作温度下有明显的后效性。在丁苯胶中硫化平坦性较宽，也不易焦烧。是噻唑类促进剂的良好活性剂，也可与醛胺类和胍类促进剂并用。在橡胶中不变色、不污染。后效性较大，不适于低硫配合		
一硫化四异丁基秋兰姆（促进剂 TiBTM）	详见本节 4.3.5			
一硫化双（1，5－亚戊基）秋兰姆（PMTM）	dipentamethylene thiuram monosulfide 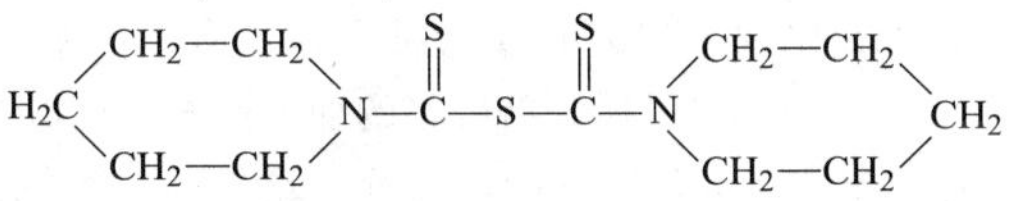 $H_2C(CH_2—CH_2)_2N—C(=S)—S—C(=S)—N(CH_2—CH_2)_2CH_2$	黄色结晶粉末	1.38	110～117
二硫化四甲基秋兰姆（促进剂 TMTD）	详见本节 4.3.1			
二硫化四乙基秋兰姆（促进剂 TETD）	详见本节 4.3.2			
二硫化四丁基秋兰姆（促进剂 TBTD）	tetrabutyl thiuram disulfide 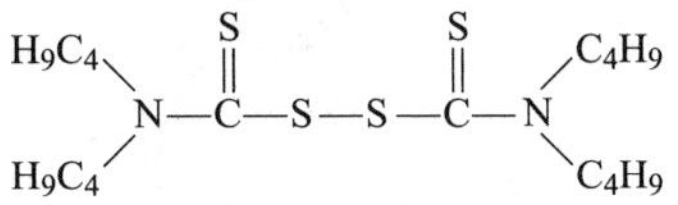 $(H_9C_4)_2N—C(=S)—S—S—C(=S)—N(C_4H_9)_2$	暗褐色油状液体	1.05	20（凝点）
二硫化双（1，5－亚戊基）秋兰姆（PTD）	dipentamethylene thiuram disulfide 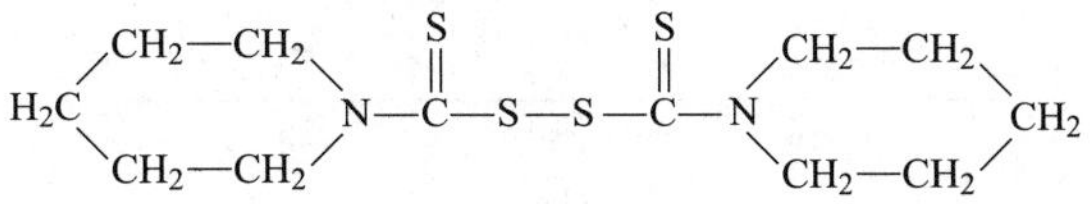 $H_2C(CH_2—CH_2)_2N—C(=S)—S—S—C(=S)—N(CH_2—CH_2)_2CH_2$	乳白色粉末	1.39	110～112
二硫化二甲基二苯基秋兰姆（DDTS、J－75）	详见本节 4.3.10			
二硫化二乙基二苯基秋兰姆（TE）	详见本节 4.3.7			
四硫化四甲基秋兰姆（TMTT）	tetramethyl thiuram tetrasulfide 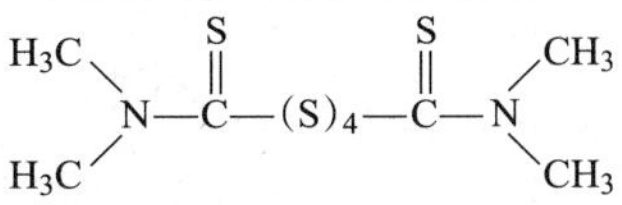 $(H_3C)_2N—C(=S)—(S)_4—C(=S)—N(CH_3)_2$	灰黄色粉末		90

续表

名称	化学结构	性状		
		外观	相对密度	熔点/℃
四硫化双（1，5-亚戊基）秋兰姆（DPTT）	详见本节 4.3.8			
六硫化双（1，5-亚戊基）秋兰姆（六硫化双五亚甲基秋兰姆、DPTH）	详见本节 4.3.9			
二硫化四苄基秋兰姆（TBzTD）	详见本节 4.3.4			

秋兰姆类为二硫化氨基甲酸钠的衍生物，是一类非污染的超速促进剂，其活性介于二硫代氨基甲酸盐和噻唑类之间。为了得到较宽的硫化平坦性，减少焦烧危险，硫化温度不宜过高（最好为135℃左右）。二硫化秋兰姆或多硫化秋兰姆在硫化温度下能释放出活性硫，常用作无硫硫化的硫化剂；一硫化秋兰姆不能释放出活性硫，不能用于无硫配合。促进剂 MBT（M）及防老剂 MB 对秋兰姆类促进剂有抑制活性的作用，碱性促进剂和二硫代氨基甲酸盐类促进剂能增加其活性。

秋兰姆类促进剂用作噻唑类和次磺酰胺类促进剂的第二促进剂，可以提高硫化速率；与次磺酰胺类促进剂并用时，初期能延迟硫化起步，起硫后硫化反应速率很快，硫化程度也较高；与二硫代氨基甲酸盐并用时，同样能稍延迟硫化起步。

秋兰姆类促进剂在硫黄正常用量范围内，硫化胶定伸应力较高，物理力学性能较优良；如硫化温度不很高，耐老化性能也较好；如硫黄用量较低，硫化胶变形小、生热低、抗返原性和耐老化性能均较好。

多硫化秋兰姆可用于氯磺化聚乙烯；在以氧化锌/硫脲作硫化体系的氯丁橡胶中，可作为防焦剂使用。在用作环己基苯并噻唑次磺酰胺的副促进剂时，二硫化四异丁基秋兰姆具有较好的焦烧安全性，但硫化速度与 TMTD 相同；一硫化四异丁基秋兰姆既可以作为防焦剂，又可以作为副促进剂。

秋兰姆类促进剂用作主促进剂时一般用量为 0.15～3 份；用作第二促进剂时用量为 0.05～0.5 份；二硫化、多硫化秋兰姆用于无硫配合时，用量可达 2～4 份。

秋兰姆类促进剂有一定毒性，应避免与皮肤和眼睛接触，其粉尘和空气的混合物有爆炸危险。

尽管二硫化四苄基秋兰姆（TBzTD）和二苄基二硫代氨基甲酸锌（ZBEC）促进剂在有些情况下也会产生 N-亚硝基化合物，但认为它们不在 TRGS 552 等法规限制的范围内。TBzTD 是一种高分子量促进剂，可以作为硫黄给予体。因其分子量较高，位阻效应较大，所以具有较好的抗焦烧性能，可赋予胶料较好的加工性能。在与次磺酰胺如 TBBS 并用时，N-亚硝基化合物浓度可以忽略不计；TBzTD 产生的仲胺二苄基胺（DBA）分子量较高，不像较低分子量秋兰姆，如 TMTD、TMTM 或 TBTD 所生成的仲胺易于挥发。DBA 的沸点为 300℃，在有氧存在时会在该温度以下分解。

图 1.3.4-10 为秋兰姆类不同促进剂的硫化效果示意图。

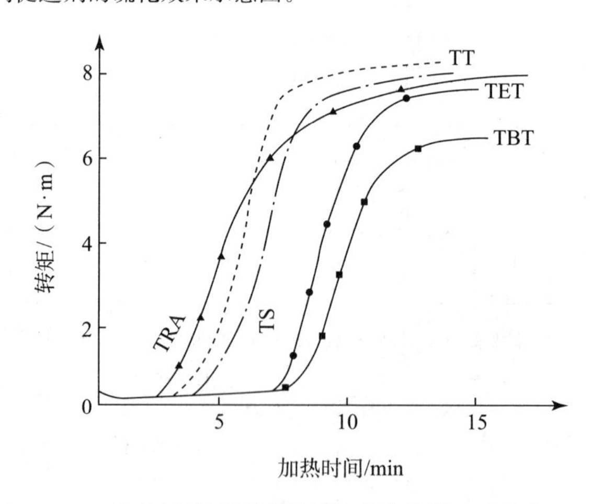

图 1.3.4-10 秋兰姆类不同促进剂的硫化曲线（硫化仪，140 ℃）

配方为：NR 100，硬脂酸 3，ZnO 5，HAF 40，S 2，促进剂 1。

4.3.1 促进剂 TMTD（TT），化学名称：二硫化四甲基秋兰姆

结构式：

$$\begin{matrix} H_3C \\ H_3C \end{matrix}\!\!>\!N-\overset{\overset{S}{\|}}{C}-S-S-\overset{\overset{S}{\|}}{C}-N\!<\!\!\begin{matrix} CH_3 \\ CH_3 \end{matrix}$$

分子式：$C_6H_{12}N_2S_4$，相对分子质量：240.43，CAS 号：137－26－8，白色至灰白色粉末（颗粒），相对密度 1.29 g/cm^3，能溶于苯、丙酮、氯仿、二硫化碳，微溶于乙醇、乙醚、四氯化碳，不溶于水、汽油或稀碱，与水共热生成二甲胺和二硫化碳。对呼吸道与皮肤有刺激作用。

本品在大多数硫黄硫化体系中用作主促进剂、副促进剂，常与噻唑类促进剂并用；因在 100℃以上缓缓分解出游离硫，故可作硫化剂（硫黄给予体，有效硫黄含量约 13.3%）。本品硫化临界温度 100℃，硫化速率快，易焦烧，在无硫及有效硫化体系中有极好的硫化平坦性；硫化胶具有良好的抗热老化及抗压缩变形性能；在非炭黑硫化胶中具有良好的颜色保持性；是硫化 EPDM 较好的副促进剂；在氯丁胶的硫化过程中与 N，N－亚乙基硫脲并用，可用作延迟剂。主要用于制造轮胎、内胎、胶鞋、电缆等，用量一般为 1.0～3.0 份。在农业上用作杀菌剂和杀虫剂，也可用作润滑油添加剂。

《硫化促进剂 TMTD》（HG/T 2334—2007）适用于二甲胺、二硫化碳、氢氧化钠或氨水经氧化或电解制得的促进剂 TMTD。促进剂 TMTD 的技术要求见表 1.3.4－23。

表 1.3.4－23　促进剂 TMTD 的技术要求

项目	指标	
	一等品	合格品
外观（目测）	白色，淡灰色粉末或粒状	
初熔点（≥）/℃	142.0	140.0
灰分（≤）/%	0.30	0.40
加热减量（≤）/%	0.30	0.30
筛余物[a]（150 μm）（≤）/%	0.0	0.1
纯度[b]（≥）/%	96.0	

注：a. 筛余物不适用于粒状产品。
b. 根据用户要求检测项目。

促进剂 TMTD 的供应商见表 1.3.4－24。

表 1.3.4－24　促进剂 TMTD 的供应商

供应商	规格型号	纯度（≥）/%	初熔点（≥）/℃	终熔点（≥）/℃	灰分（≤）/%	加热减量（≤）/%	筛余物（63 μm）（≤）/%	20℃时的密度/（g·cm^{-3}）	堆积密度或备注/（g·cm^{-3}）
宁波硫华	TMTD－80GE F140	98	142		0.4	0.5	0.5	1.16	EPDM/EVM 为载体
鹤壁联昊	粉料	97.0	142.0	150.0～157.0	0.30	0.40	0.50	1.425	0.340～0.380
	防尘粉料	96.0	142.0	150.0～157.0	0.30	0.40	0.50	1.425	0.340～0.380
	直径 2 mm 颗粒	96.0	142.0	150.0～157.0	0.30	0.40	—	1.425	0.340～0.380
山东尚舜	粉状、粒状、油粉	96.0	140.0		0.30	0.30	0.1（150 μm）	1.29	
天津市东方瑞创	粉料		142.0		0.30	0.30			
	加油粉料				0.30	0.40	添加剂：1.0%～2.0%		
	颗粒				0.30	0.30	粒径：1.0～3.0 mm		
锐巴化工	TMTD－80 GE	98	142	165	0.3	0.4	0.5	1.15	EPDM 载体
	TMTD－80 GS	98	142	165	0.3	0.4	0.5	1.15	SBR 载体
苏州硕宏	TMTD－80GE	98	142	活性含量：80%	0.4	0.5	0.5	1.28	EPDM 载体门尼黏度约 55
	TMTD－70GN	98	142	活性含量：70%	0.4	0.5	0.5	1.29	NBR 载体门尼黏度约 40
阳谷华泰	TMTD－80	80	橙色颗粒						EPDM/EVM 为载体
	TMTD－80	80	米色颗粒						EPDM/EVM 为载体
	TMTD－80/SBR/IR	80	白色颗粒						SBR/IR 为载体
	TMTD－80/NBR	80	白色颗粒						NBR 为载体

4.3.2　促进剂 TETD，化学名称：二硫化四乙基秋兰姆

结构式：

$$\begin{matrix} H_5C_2 \\ H_5C_2 \end{matrix}\!\!>N-\overset{S}{\overset{\|}{C}}-S-S-\overset{S}{\overset{\|}{C}}-N\!\!<\!\begin{matrix} C_2H_5 \\ C_2H_5 \end{matrix}$$

分子式：$C_{10}H_{20}N_2S_4$，相对分子质量：296.5，CAS 号：97－77－8，淡黄色或灰白色粉末，无味。相对密度为 1.27～1.30 g/cm^3，不溶于水、稀酸和稀碱，微溶于乙醇和汽油，溶于丙酮、苯、甲苯、二硫化碳和氯仿，本品对皮肤和黏膜有刺激作用，使用本品时应避免接触眼睛和皮肤，有一定毒性。贮藏稳定。

本品是 NR、BR、SBR、NBR、IIR 及胶乳的超促进剂和硫化剂，有效硫含量为 11%；作用与 TMTD 相似，但焦烧性能较好。本品是噻唑类促进剂优良的第二促进剂，对酸类、胍类促进剂也有高活化作用。由于熔点低，在软胶料中也能获得良好的分散性，不污染、不变色；在硫黄调节型氯丁胶中可用作塑解剂。本品还可用作杀菌剂、杀虫剂。通常用于制造电缆、胶布、胶鞋、内胎、艳色制品等。

《硫化促进剂 TETD》（HG/T 2344—2012）适用于以二硫化碳、二乙胺为主要原料反应制得的硫化促进剂 TETD。促进剂 TETD 的技术要求见表 1.3.4－25。

表 1.3.4－25　促进剂 TETD 的技术要求（1992 年版）

项目	指标		
	优等品	一等品	合格品
外观（目测）	淡黄色或灰白色粉末		
初熔点（≥）/℃	66.0	66.0	65.0
加热减量（≤）/%	0.30	0.40	0.50
灰分（≤）/%	0.25	0.30	0.35
筛余物（0.85mm）（≤）/%	无		

促进剂 TETD 的供应商见表 1.3.4－26。

表 1.3.4－26　促进剂 TETD 的供应商

供应商	规格型号	纯度（≥）/%	初熔点（≥）/℃	终熔点（≤）/℃	灰分（≤）/%	加热减量（≤）/%	筛余物 840 μm（≤）/%	添加剂/%	20℃时的密度/（g·cm^{-3}）	堆积密度或备注/（g·cm^{-3}）
宁波硫华	TETD-75GE F200	98	66		0.3	0.5	0.5（63 μm）		1.02	EPDM/EVM 为载体
鹤壁联昊	晶型料	98.0	66.0	70.0	0.30	0.40	0		1.500	0.600～0.650
苏州硕宏	TETD-75GE	98	66	活性含量：75%	0.3	0.5	0.5		1.15	EPDM 载体门尼黏度约 45
	TETD-80GE	98	66	活性含量：80%	0.3	0.5	0.5		1.10	EPDM 载体门尼黏度约 40
天津市东方瑞创	晶型料		66.0		0.30	0.30	0.00	—		
	加油晶型料				0.40	0.40	0.00	1.0～2.0		
	颗粒				0.40	0.30	—	—	粒径：2.50 mm	
阳谷华泰	TETD-75	75	米色至灰白色颗粒						EPDM/EVM 为载体	
	TETD-75/NBR	75	白色至棕色颗粒						NBR 为载体	

4.3.3　促进剂 TMTM（TS），化学名称：一硫化四甲基秋兰姆

结构式：

$$\begin{matrix} H_3C \\ H_3C \end{matrix}\!\!>N-\overset{S}{\overset{\|}{C}}-S-\overset{S}{\overset{\|}{C}}-N\!\!<\!\begin{matrix} CH_3 \\ CH_3 \end{matrix}$$

分子式：$C_6H_{12}N_2S_3$，相对分子质量：208.36，CAS号：97－74－5，黄色粉末（颗粒），相对密度 1.37～1.40 g/cm^3，无毒、无味，溶于苯、丙酮、二氯乙烷、二硫化碳、甲苯、氯仿，微溶于乙醇和乙醚，不溶于汽油和水。

本品为不变色、不污染的超速促进剂，主要用于天然橡胶和合成橡胶。活性较促进剂 TMTD 低 10%左右，硫化胶拉伸应力也略低；后效性比二硫化秋兰姆和二硫代氨基甲酸盐类促进剂都大，抗焦烧性能优良；使用本品时硫黄用量范围较大；本品可单独使用，也可与噻唑类、次磺酰胺类、醛胺类、胍类等促进剂并用，是噻唑类促进剂的活性剂；在通用型（GN－A 型）丁基胶中有延迟硫化的作用；在胶乳中与二硫代氨基甲酸盐并用时，能减少胶料早期硫化的倾向；本品不能分解出活性硫，不能用于无硫配合。硫化临界温度 121℃，燃烧温度 140℃。

促进剂 TMTM 的技术要求见表 1.3.4－27。

表 1.3.4－27　促进剂 TMTM 的技术要求

项目	指标		
	粉末	油粉	颗粒
外观	黄色粉末	黄色粉末	黄色颗粒
初熔点（≥）/℃	104.0	103.0	103.0
加热减量（75±2）℃（≤）/%	0.50	0.50	0.50
灰分（750±25）℃（≤）/%	0.50	0.50	0.50
筛余物（150 μm）（≤）/%	0.10	0.10	—
筛余物（63 μm）（≤）/%	0.50	0.50	—
纯度[a]（HPLC）（≥）/%	96.0	95.0	95.0

注：a. 纯度为根据用户要求的检测项目。

促进剂 TMTM 的供应商见表 1.3.4－28。

表 1.3.4－28　促进剂 TMTM 的供应商

供应商	规格型号	纯度（≥）/%	初熔点（≥）/℃	终熔点（≥）/℃	灰份（≤）/%	加热减量（≤）/%	筛余物 63 μm（≤）/%	油含量/%	20℃时的密度/（g·cm^{-3}）	堆积密度/（g·cm^{-3}）
鹤壁联昊	粉料	97.0	104.0	107.0～112.0	0.30	0.40	0.50	—	1.400	0.410～0.450
	防尘粉料	96.0	104.0	107.0～112.0	0.30	0.40	0.50	1.0～2.0	1.400	0.410～0.450
	直径 2 mm 颗粒	96.0	103.0	107.0～112.0	0.30	0.40	—	—	1.400	0.410～0.450
山东尚舜	粉状、粒状		104.0		0.30	0.30	0			
	预分散型									
天津市东方瑞创	粉料		105.0		0.30	0.30		—		
	加油粉料				0.40	0.40		1.0～2.0		
	颗粒				0.30	0.30		—	粒径：1.0～3.0 mm	
锐巴化工	TMTM～80 GE	97.0	104.0	110	0.30	0.40	0.30		1.15	
	TMTM－80 GS	97.0	104.0	110	0.30	0.40	0.30		1.15	
苏州硕宏	TMTM－75GE	97	104.0	活性含量：75%	0.3	0.4	0.5		约 1.26	EPDM 载体 门尼黏度约 50
	TMTM－80GE	97	104.0	活性含量：80%	0.3	0.4	0.5		约 1.25	EPDM 载体 门尼黏度约 45
	TMTM－75GN	97	104.0	活性含量：75%	0.3	0.4	0.5		约 1.25	EPDM 载体 门尼黏度约 45
阳谷华泰	TMTM－80	80	艳黄色颗粒							EPDM/EVM 载体
	TMTM－70/ECO	70	黄色颗粒							ECO 载体

4.3.4　促进剂 TBzTD，化学名称：二硫化四苄基秋兰姆

结构式：

$$(C_6H_5CH_2)_2N-\underset{\underset{S}{\|}}{C}-S-S-\underset{\underset{S}{\|}}{C}-N(CH_2C_6H_5)_2$$

分子式：$C_{30}H_{28}S_4N_2$，相对分子质量：554，CAS 号：10591-85-2。TBzTD 促进天然橡胶和合成橡胶硫化时具有加工安全性高且硫化速率快的特点。TBzTD 符合德国关于亚硝胺毒性的《危险物质技术规则》TRGS 552 的要求，在硫化过程中不会释放出致癌性亚硝胺化合物，可用于取代秋兰姆类促进剂，如 TMTD、TMTM、TETD 等；加入噻唑类或次磺酰胺类促进剂会减缓硫化过程，焦烧和硫化时间会缩短，硫化程度没有显著增加；碱性促进剂如醛胺类和胍类对其具有活化作用；无硫或低硫硫化胶具有极高的耐热性。用量为作主促进剂时 0.2～2.0 份与 0.9～2.8 份硫黄并用；用作第二促进剂时 0.2～0.5 份和 1.1～1.6 份 MBTS 并用；无硫硫化用于耐热性制品时，2.4～3.8 份和 0.53～1.1 份 MBTS 并用。

《硫化促进剂 TBzTD》（HG/T 4234—2011）适用于以二硫化碳和二苄胺为主要原料经缩合反应制得的促进剂 TBzTD。促进剂 TBzTD 的技术要求与试验方法见表 1.3.4-29。

表 1.3.4-29　促进剂 TBzTD 的技术要求与试验方法

项目	指标	试验方法
外观	浅黄色粉末或颗粒	目测
初熔点（≥）/℃	128	GB/T 11409—2008
加热减量（65～70℃）（≤）/%	0.30	
灰分（800±25℃）（≤）/%	0.30	
筛余物[a]（150 μm）（≤）/%	0.10	
（63 μm）（≤）/%	0.50	
纯度[b]（HPLC）（≥）/%	96.0	HG/T 4234—2011

注：a. 粒状产品不检测筛余物。
b. 纯度为根据客户要求检测的项目。

促进剂 TBzTD 的供应商见表 1.3.4-30。

表 1.3.4-30　促进剂 TBzTD 的供应商

供应商	规格型号	外观	初熔点（≥）/℃	含量（≥）/%	活性含量/%	灰分（≤）/%	加热减量（≤）/%	63 μm 筛余物（≤）/%	密度/（g·cm⁻³）	备注
宁波硫华	TBzTD-70GE F140	淡黄色颗粒	130	96	70	0.3	0.3	0.3	1.12	EPDM/EVM 为载体
山东尚舜	促进剂 TBzTD	白色或淡灰色粉末	128.0			0.30	0.30	0.50	1.33	
	预分散型	浅灰色颗粒							1.134	75%TBzTD、25% EPDM 载体和表面活性分散剂
锐巴化工	TBzTD-75 GE	淡黄色颗粒	130	96	70	0.3	0.3	0.1	1.15	EPDM 为载体
阳谷华泰	TBzTD	淡黄色粉末	128			0.5	0.5			
	TBzTD-50	棕色片状		50						EPDM/EVM 为载体
	TBzTD-70	米色颗粒		70						EPDM/EVM 为载体
	TBzTD-70/SBR	米色颗粒		70						SBR 为载体
苏州硕宏	TBzTD-75GE	淡黄色颗粒	130	96	75	0.3	0.3	0.3	1.18	EPDM 载体 门尼黏度约 50

促进剂 TBzTD 的供应商还有：濮阳蔚林化工股份有限公司、连云港连连化学有限公司、天津市东方瑞创橡胶助剂有限公司等。

4.3.5　促进剂 TiBTM，化学名称：一硫化四异丁基秋兰姆

分子式：$C_{18}H_{36}N_2S_3$，分子量：376，CAS 号：204376-00-1。本品为黄色晶型粉末。无臭、无味。溶于苯、丙酮、二氯乙烷、二硫化碳、甲苯，微溶于乙醇和乙醚，不溶于汽油和水。贮存稳定。

结构式：

$$\left[\begin{array}{l} CH_3-\underset{}{\overset{CH_3}{\overset{|}{C}H}}-CH_2\diagdown \\ \qquad\qquad\qquad\qquad N-\underset{\underset{S}{\|}}{C}- \\ CH_3-\underset{\underset{CH_3}{|}}{CH}-CH_2\diagup \end{array}\right]_2 S$$

促进剂 TiBTM 是一种绿色环保型橡胶硫化促进剂，是 TMTM 的替代品，不产生致癌的亚硝铵。本品既可用作次磺酰胺类促进剂的第二促进剂，又具有防焦剂功能，广泛应用于天然橡胶、异戊橡胶、丁苯橡胶、顺丁橡胶、三元乙丙橡胶和丁腈橡胶等的硫化加工中。

促进剂 TiBTM 的供应商见表 1.3.4－31。

表 1.3.4－31　促进剂 TiBTM 的供应商

供应商	外观	初熔点（≥）/℃	加热减量（≤）/%	灰分（≤）/%	筛余物（≤）/%(840 μm)
三门峡邦威化工	黄色晶型料	62.0	0.30	0.30	0.00

4.3.6　促进剂 TiBTD，化学名称：二硫化四异丁基秋兰姆

结构式：

```
        CH3                                CH3
        |                                  |
H3C—CH—CH2                          CH2—CH—CH3
           \                       /
            N—C—S—S—C—N
           /   ‖       ‖   \
H3C—CH—CH2     S       S    CH2—CH—CH3
        |                                  |
        CH3                                CH3
```

分子式：$C_{18}H_{36}N_2S_4$，分子量：408.71，CAS 号：3064－73－1，淡黄色晶体或粉末，无臭、无味，相对密度 1.17～1.30 g/cm^3，溶于二硫化碳、苯、氯仿、丙酮、二氯乙烷，微溶于乙醇和乙醚，不溶于汽油和水。以二异丁胺、二硫化碳等为主要原料制得，贮藏稳定。由于分子中的异丁基空间位阻相对较大，在使用过程中不易产生亚硝胺有毒物质，相对环保，是 TBTD、TT、TETD 等的替代品。

本品为超速促进剂，适用于 NR、IR、BR、SBR、NBR、IIR、CIIR 和 EPDM 及其胶乳。性质类似于 TT、TETD，但发泡性与焦结性低。硫化性能好但强度低。无硫时也具有硫化作用并且耐热、无发泡性，产品抗压性强。本品在橡胶中易分散、不污染、不变色，通常用于制造电缆、胶布、胶鞋、内胎、艳色制品等。

作主促进剂时，需配以氧化锌活化。作助促进剂时，对噻唑、醛胺和胍类促进剂均有活化作用。作促进剂使用时，最宜硫化温度为 120～145℃；作硫化剂使用时，最宜硫化温度为 140～160℃。作主促进剂、助促进剂、硫化剂时，用量分别为 0.5～2.0、0.05～0.5、3.0～5.0 份。因熔点较低，粉状物料放置容易结块，但不影响使用效果。

拟定中的行业标准《硫化促进剂　二硫化四异丁基秋兰姆（TIBTD）》提出的 TIBTD 的技术要求见表 1.3.4－32。

表 1.3.4－32　促进剂 TIBTD 的技术要求

项目	指标
外观	淡黄色晶体或粉末
初熔点（≥）/℃	65.0
加热减量（45℃±2 ℃）（≤）/%	0.30
灰分（750℃±25℃）（≤）/%	0.30
赛余物（850 μm）（≤）/%	0.00
纯度[a]（HPLC 法）（≥）/%	97.0

注：a. 纯度为根据用户要求的检验项目。

促进剂 TiBTD 的供应商见表 1.3.4－33。

表 1.3.4－33　促进剂 TiBTD 的供应商

供应商	型号规格	外观	初熔点（≥）/℃	加热减量（≤）/%	灰分（≤）/%	筛余物（≤）/%（840 μm）	添加剂/%	粒径/mm
阳谷华泰	TiBTD	淡黄色粉末或结晶	65.0	0.50	0.50			
	TiBTD－70	米色颗粒					EPDM/EVM 为载体	
天津市东方瑞创	晶型料	淡黄色晶型料（颗粒）	65.0	0.30	0.30	0.00	—	—
	加油晶型料			0.40	0.40	0.00	1.0～2.0	—
	颗粒			0.40	0.40	—	—	2.50

续表

供应商	型号规格	外观	初熔点(≥)/℃	加热减量(≤)/%	灰分(≤)/%	筛余物(≤)/%(840 μm)	添加剂/%	粒径/mm
濮阳蔚林化工股份有限公司	晶型料	淡黄色晶型料(颗粒)	65.0	0.30	0.30	0.00	—	—
	加油晶型料			0.50	0.30	0.00	1.0～2.0	—
	颗粒			0.40	0.30	—	—	2.50
雷孚斯	淡黄色粉末或颗粒		65.0	0.5	0.3	0.1 (150 μm) 0.5 (63 μm)	纯度≥97.0	
倍耐力	淡黄色粉末或颗粒		65～75	0.3	0.5			

4.3.7 促进剂 TE，化学名称：二硫化二乙基二苯基秋兰姆

结构式：

diethyl-diphenyl thiuram disalfide

$$\text{Ph}(C_2H_5)N-\overset{S}{\overset{\|}{C}}-S-S-\overset{S}{\overset{\|}{C}}-N(C_2H_5)\text{Ph}$$

相对密度：1.33 g/cm^3，熔点：174℃，白色粉末。

本品用于天然胶和二烯类合成胶，硫化速率快，抗硫化返原，不喷霜，抗焦烧，在硫黄硫化体系中与次磺酰胺并用，综合平衡性好，可提高硫化胶拉伸强度和拉断伸长率，改善硫化胶的热撕裂和半成品加工工艺。也可用于过氧化物硫化体系。适用于大型厚制品，如轮胎、减震器、支撑座等。本品无毒无味，可用于与卫生食品接触的橡胶制品，是致癌促进剂 TMTD 的代用品，用量为 1～3 份。

促进剂 TE 的供应商见表 1.3.4－34。

表 1.3.4－34　促进剂 TE 的供应商

供应商	外观	熔点(≥)/℃	加热减量(≤)/%	灰分(≤)/%	筛余物(≤)/%(120)
陕西岐山县宝益橡胶助剂有限公司	淡黄色粉末	135	0.5	0.5	0.1

4.3.8 促进剂 DPTT (TRA)，化学名称：四硫化双（1，5－亚戊基）秋兰姆，四硫化双五甲撑秋兰姆，四硫化双五亚甲基秋兰姆

结构式：

$$H_2C\left(CH_2-CH_2\right)_2N-\overset{S}{\overset{\|}{C}}-S_4-\overset{S}{\overset{\|}{C}}-N\left(CH_2-CH_2\right)_2CH_2$$

分子式：$C_{12}H_{20}N_2S_6$，相对分子质量：384.66，CAS 号：120－54－7，淡黄色粉末（颗粒），无味、无污染、无毒，溶于氯仿、苯、丙酮，不溶于水。

本品用作天然橡胶、合成橡胶及胶乳的辅助促进剂；由于加热时能分解出游离硫，故也可用作硫化剂，有效含硫量为其质量的 28%，用作硫化剂时，在操作温度下比较安全，硫化胶耐热、耐老化性能优良；本品在氯磺化聚乙烯橡胶、丁苯橡胶、丁基橡胶中可做主促进剂；当与噻唑类促进剂并用时特别适用于丁腈胶，硫化胶压缩变形和耐热性能均优；制造胶乳海绵时宜与促进剂 MZ 并用；本品易分散于干橡胶中，也易分散于水中。一般用于制造 EPDM 和 IIR 的耐热制品、电缆等，通常用量 0.35～3.5 份。

促进剂 DPTT 的供应商见表 1.3.4－35。

表 1.3.4－35　促进剂 DPTT 的供应商

供应商	规格型号	初熔点(≥)/℃	终熔点(≥)/℃	灰分(≤)/%	加热减量(≤)/%	筛余物(63 μm)(≤)/%	油含量/%	20℃时的密度/(g·cm^{-3})	堆积密度/(g·cm^{-3})	含量(≥)/%	活性含量/%	备注
宁波硫华	DPTT－70GE F140	115		0.5	0.3	0.5		1.25		96	70	EPDM/EVM为载体
鹤壁联昊	粉料	113.0	135.0	0.30	0.40	0.50	—	1.500	0.400～0.440			
	防尘粉料	112.0	135.0	0.30	0.40	0.50	1.0～2.0	1.500	0.400～0.440			
	直径 2 mm 颗粒	112.0	135.0	0.30	0.40	—	—	1.500	0.400～0.440			

续表

供应商	规格型号	初熔点(≥)/℃	终熔点(≥)/℃	灰分(≤)/%	加热减量(≤)/%	筛余物(63 μm)(≤)/%	油含量/%	20℃时的密度/(g·cm^{-3})	堆积密度/(g·cm^{-3})	含量(≥)/%	活性含量/%	备注
山东尚舜	预分散DPTT-75							1.22±0.05				75% DPTT与橡胶预混物
咸阳三精	DPTT	110		0.3	0.3							
阳谷华泰	DPTT-70										70	EPDM/EVM为载体
	DPTT-75										75	EPDM/EVM为载体
苏州硕宏	DPTT-70GE	115		0.5	0.3	0h5		约1.32		96	70	EPDM载体门尼黏度约55

4.3.9　促进剂DPTH，化学名称：六硫化双五亚甲基秋兰姆，六硫化双（1，5-亚戊基）秋兰姆，六硫化双五甲撑秋兰姆

分子式：$C_{12}H_{20}N_2S_8$，相对分子质量：448.76，CAS号：971-15-3，淡黄色粉末，相对密度1.50 g/cm^3。本品无味、无毒，溶于氯仿、苯、丙酮、二硫化碳，微溶于汽油与四氯化碳，不溶于水、稀碱。

结构式：

dipentamethylene thiuram hexasulfide

$$H_2C\langle(CH_2-CH_2)_2\rangle N-\overset{S}{\overset{\|}{C}}-(S)_6-\overset{S}{\overset{\|}{C}}-N\langle(CH_2-CH_2)_2\rangle CH_2$$

本品用作天然橡胶、合成橡胶及胶乳的辅助促进剂。由于加热时能分解出游离硫，故也可用作硫化剂，有效含硫量为其质量的28%。用作硫化剂时，在操作温度下比较安全，硫化胶耐热、耐老化性能优良。本品在氯磺化聚乙烯橡胶、丁苯橡胶、丁基橡胶中可做主促进剂。当与噻唑类促进剂并用时特别适用于丁腈胶，硫化胶压缩变形和耐热性能均优。制造胶乳海绵时宜与促进剂MZ并用。本品易分散于干橡胶中，也易分散于水中。不污染。一般用于制造耐热制品，电缆等。

《硫化促进剂六硫化双五亚甲基秋兰姆（DPTH）》（HG/T 4779—2014）适用于以硫黄粉、二硫化碳、六氢吡啶为主要原料制得的硫化促进剂DPTH。促进剂DPTH的技术要求见表1.3.4-36。

表1.3.4-36　促进剂DPTH的技术要求

项目	指标
外观	淡黄色粉末
初熔点（≥）/℃	112.0
加热减量（70±2）℃（≤）/%	0.30
灰分（750±25）℃（≤）/%	0.50
筛余物（150 μm）（≤）/% （63 μm）（≤）/%	0.10 0.50
纯度[a]（HPLC法）（≥）/%	95.0

注：a. 纯度为根据用户要求的检测项目。

促进剂DPTH的供应商有：连云港连连化学有限公司、濮阳蔚林化工股份有限公司、鹤壁联昊化工股份有限公司等。

4.3.10　促进剂DDTS（J-75），化学名称：二硫化二甲基二苯基秋兰姆

结构式：

dimethyl diphenyl thiuram disulfide

$$(C_6H_5)(H_3C)N-\overset{S}{\overset{\|}{C}}-S-S-\overset{S}{\overset{\|}{C}}-N(C_6H_5)(CH_3)$$

分子式：$C_{16}H_{16}N_2S_4$，分子量：364.57，CAS号：53880-86-7，相对密度1.33 g/cm³，灰白色粉末（颗粒），能溶于苯、三氯甲烷，不易溶于丙酮、乙醇、四氯化碳、乙酸乙酯，不溶于汽油和水。本品无味、不吸湿、贮存稳定。

DDTS为迟效性促进剂，适用于天然橡胶、丁苯橡胶、异戊橡胶、顺丁橡胶和丁腈橡胶。主要作为第二促进剂与促进剂TMTD、TMTM或二硫代氨基甲酸锌并用，改善胶料的加工安全性。本品不污染，不变色，在胶料中易分散，适用于浅色和彩色制品、短时快速硫化模塑品、浸渍制品及织物挂胶等。

促进剂DDTS的供应商见表1.3.4-37。

表1.3.4-37　促进剂DDTS的供应商

供应商	规格型号	纯度(≥)/%	初熔点(≥)/℃	终熔点(≥)/℃	灰分(≤)/%	加热减量(≤)/%	筛余物(63 μm)(≤)/%	油含量/%	20℃时的密度/(g · cm⁻³)	堆积密度/(g · cm⁻³)
天津市东方瑞创	粉料	96.0	180.0	184.0	0.30	0.40	0.50	—	1.400	0.340～0.360
	防尘粉料	95.0			0.30	0.40	0.50	0.5～2.0		
	直径2 mm颗粒	95.0			0.30	0.40	—	—		
鹤壁市荣欣助剂有限公司	粉料	97	180.0		0.30	0.40	0.50	—		
	防尘粉料				0.30	0.40	0.50	1.0～2.0		
	颗粒				0.30	0.40		—	粒径：1.5～2.5 mm	

4.4　噻唑类

噻唑类促进剂见表1.3.4-38。

表1.3.4-38　用作促进剂的噻唑类化合物

名称	化学结构	性状		
		外观	相对密度	熔点/℃
2-巯基苯并噻唑[促进剂MBT(M)]	详见本节4.4.1			
二硫化二苯并噻唑[促进剂MBTS(DM)]	详见本节4.4.2			
2-硫醇基苯并噻唑二甲胺盐	dimethyl ammonium salt of 2-mercapto benzothiazole 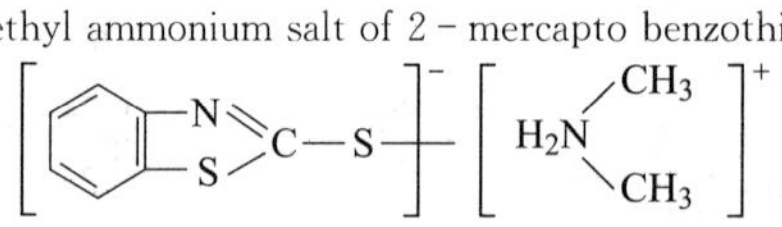	深褐色油状液体	1.125～1.150	
2-硫醇基苯并噻唑环己胺盐（促进剂MH）	cyclhexylamine salt of 2-mercaptobenzothiazole 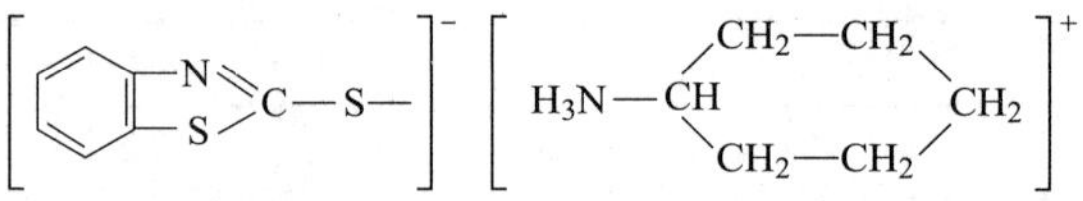	黄白色粉末		153
2-硫醇基苯并噻唑钠盐（GNA、M-Na）	sodium salt of 2-mercapto benzothiazole 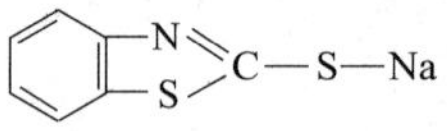	淡黄色结晶粉末		280
2-硫醇基苯并噻唑钾盐（M-K）	potassium salt of 2-mercapto benzothiazole 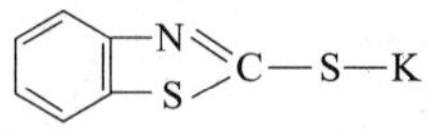	琥珀色物体	1.28	
2-硫醇基苯并噻唑铜盐（M-Cu）	cupric salt of 2-mercapto benzothiazole 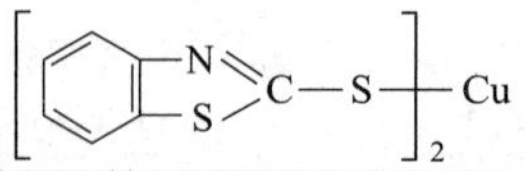	赤黄色粉末	1.60	300（分解）
2-硫醇基苯并噻唑锌盐（促进剂MZ）	详见本节4.4.3			
2-（2，4-二硝基苯基硫代）苯并噻唑（促进剂DBM）	2-(2，4-dinitrophenylthio)benzothiazole 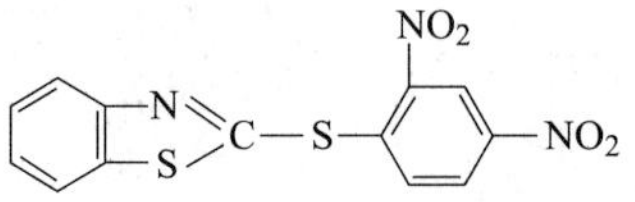	黄色粉末	1.61	155

续表

名称	化学结构	性状		
		外观	相对密度	熔点/℃
1，3-双（2-苯并噻唑基硫醇甲基）脲（El-60）	1,3-bis(2-denzothiazolyl mercaptomethy)urea	米黄色粉末	1.35～1.41	220
1-（N，N-二乙基氨甲基）-2-苯并噻唑基硫酮	1-(N，N-diethyl aminomethy Dbenzothiazolyl thione-2) $CH_2—N(C_2H_5)_2$	黄色结晶粉末		86～87
2-硫醇基噻唑啉（2-MT）	2-mercaptothiazoline	白色粉末	1.50	104～105
四氢噻唑-2-硫酮（NEDAC）	thiazolidinethion-2	淡黄色片状物		65
双（4，5-二甲基噻唑）二硫化物和双（4-乙基噻唑）二硫化物的混合物（MEED）	mixture of bis(4，5-dimethyl thiazole)and bis(4-ethyl thiazole)disulfide	深褐色液体	1.31	

噻唑类促进剂的硫化特性较好，活性不如二硫代氨基甲酸盐类和秋兰姆类，但抗焦烧性能较好，硫化胶性能优良。由于硫化速率较慢，故配合中应适当增加促进剂和硫黄的用量，硫化温度也应适当提高。

噻唑类促进剂通常与碱性促进剂，如二硫代氨基甲酸盐或秋兰姆类促进剂并用，并用体系可显著改善硫化特性和硫化胶性能。做主促进剂时用量为1.0～2.0份，做第二促进剂时用量为0.2～0.5份。

噻唑类促进剂有苦味，不宜用于与食物接触的制品。

图1.3.4-11为噻唑类不同促进剂的硫化曲线。

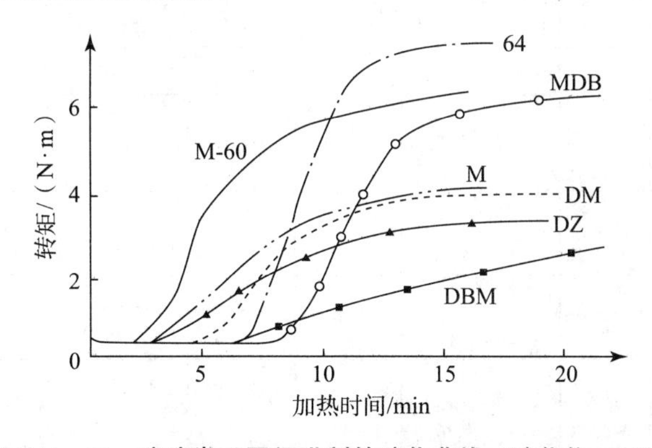

图1.3.4-11　噻唑类不同促进剂的硫化曲线（硫化仪，140℃）

配方为：NR 100，硬脂酸 3，ZnO 5，HAF 40，S 2，促进剂 1。

4.4.1　促进剂MBT（M），化学名称：2-巯基（硫醇基）苯并噻唑

结构式：

分子式：$C_7H_5NS_2$，相对分子质量：167.23，CAS号：149-30-4，淡黄色或灰白色粉末、颗粒，微臭，有苦味，无毒，相对密度1.42～1.52 g/cm³，易溶于乙酸乙酯、丙酮、氢氧化钠及碳酸钠的稀溶液中，溶于乙醇，不易溶于苯，不溶于水和汽油；呈粉尘时，爆炸下限为21 g/m³。

本品属快速、非污染性促进剂，硫化平坦性较好，适用于橡胶及乳胶；与副促进剂 TMTD、TETD、DPG 并用可获得低温硫化特性，诸如醛胺类和胍类等碱性促进剂以及秋兰姆类和二硫代氨基甲酸盐类促进剂对 MBT 均有活化作用；MBT 赋予硫化胶较好的抗老化特性；在无硫黄硫化胶料中，MBT 用作防焦剂；在 CR 胶料中用作硫化延迟剂。主要用于制造轮胎、胶带、胶鞋和其他工业橡胶制品，但不能用作食品材料。用作 NR 和 SBR 的主促进剂，用量分别为 1.0～2.0 份与 2.0～3.0 份；用作第二促进剂为 0.2～0.5 份；在 IIR 中 0.5～1 份与 0.5～1.5 份 TMTD 和 1～2 份硫黄并用。硫化临界温度为 125℃。

《硫化促进剂 2-巯基苯骈噻唑（MBT）》（GB/T 11407—2013）适用于以硫黄、二硫化碳与苯胺或者硝基苯为原料经高压反应生成的硫化促进剂 MBT，与以邻硝基氯苯、硫化钠、硫黄、二硫化碳为原料在常压下合成的硫化促进剂 MBT。硫化促进剂 MBT 的技术要求见表 1.3.4-39。

表 1.3.4-39　促进剂 MBT 的技术要求

项目	指标	合格品
外观	灰白色至淡黄色粉末或粒状	目测
初熔点（≥）/℃	170.0	GB/T 11409—2008
加热减量的质量分数（≤）/%	0.30	
灰分的质量分数（≤）/%	0.30	
筛余物[a]（150 μm）的质量分数（≤）/%	0.10	
纯度[b]的质量分数（≥）/%	97.0	GB/T 11407—2013

注：a. 筛余物不适用于粒状产品。
b. 根据用户要求检验项目。

促进剂 MBT 的供应商见表 1.3.4-40。

表 1.3.4-40　促进剂 MBT 的供应商

供应商	规格型号	纯度（≥）/%	活性含量/%	初熔点（≥）/℃	终熔点（≥）/℃	灰分（≤）/%	加热减量（≤）/%	筛余物（63 μm）（≤）/%	油含量/%	20℃时的密度/（g·cm⁻³）	堆积密度或备注/（g·cm⁻³）
阳谷华泰	M	97		170		0.3	0.3	0.1（150 μm）			
	MBT-80	80									EPDM/EVM 为载体
宁波硫华	MBT-80GE F140	98	80	171		0.5	0.3	0.5		1.20	EPDM/EVM 为载体
鹤壁联昊	粉料	97.0		171.0	176.0～183.0	0.30	0.40	0.50	—	1.525	0.400～0.440
	防尘粉料	96.0		170.0	176.0～183.0	0.30	0.40	0.50	1.0～2.0	1.510	0.400～0.440
	直径 2 mm 颗粒	96.0		170.0	176.0～183.0	0.30	0.40	—	—	1.510	0.400～0.440
山东尚舜	粉状或粒状			170.0		0.40	0.40	0.10（150 μm）		1.42～1.52	
	油粉			170.0		0.40	0.45	0.10（150 μm）		1.42～1.52	
	预分散 MBT-80									1.25±0.05	80%M、20% EPDM 载体和表面活性剂
天津市东方瑞创	粉料			171.0		0.30	0.30				
	加油粉料					0.30	0.50		1.0-2.0		
	颗粒					0.30	0.30			粒径：1.0～3.0 mm	
锐巴化工	MBT-80 GE	98	80	171.0	175～182	0.5	0.3	0.5		1.20	EPDM 为载体
	MBT-80 GS	98	80	171.0	175-182	0.5	0.3	0.5		1.20	SBR 为载体
苏州硕宏	MBT-75GE	98	75	171		0.5	0.3	0.5	活性含量：75%	约 1.32	EPDM 载体门尼黏度约 50
	MBT-80GE	98	80	171		0.5	0.3	0.5	活性含量：80%	约 1.32	EPDM 载体门尼黏度约 50

4.4.2 促进剂 MBTS（DM），化学名称：二硫化二苯并噻唑

结构式：

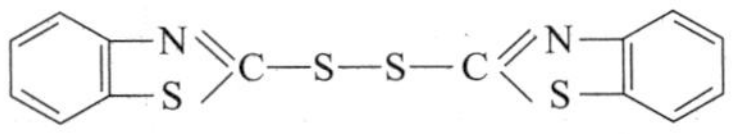

分子式：$C_{14}H_8N_2S_4$，相对分子质量：332.44，CAS 号：120-78-5，相对密度：1.45～1.54 g/cm³，灰白色或淡黄色粉末（颗粒），微有苦味，毒性很小，贮存稳定，可溶于苯、乙醇、四氯化碳，不溶于汽油、水和乙酸乙酯。

本品是天然胶及多种合成胶常用促进剂，硫化速率适中，硫化平坦性较好，硫化温度较高，有显著的后效性，不会早期硫化，操作安全，易分散，不污染，硫化胶耐老化；本品单独使用硫化速率慢，通常与秋兰姆、二硫代氨基甲酸盐、醛胺类、胍类促进剂并用，与活化的二硫代氨基甲酸盐类促进剂并用可防止焦烧；在氯丁胶中可以起到增塑剂、延迟剂的作用，是 G 型氯丁胶的优良抗焦烧剂。主要用于制造轮胎、胶管、胶鞋、胶布等工业品。硫化临界温度 130℃。用作 NR 和 SBR 主促进剂，用量 1.0～2.0 份与 2.0～3.0 份硫黄并用；在 IIR 使用，用量 0.25～1 份与 1～2 份硫黄并用。

《硫化促进剂　二硫化二苯骈噻唑（MBTS）》（GB/T 11408—2013）适用于由硫化促进剂 MBT 以氧气、亚硝酸钠、双氧水、氯气等为氧化剂制得的硫化促进剂 MBTS。硫化促进剂 MBTS 的技术要求见表 1.3.4-41。

表 1.3.4-41　促进剂 MBTS 的技术要求

项目	指标	合格品
外观	灰白色至淡黄色粉末或粒状	目测
初熔点（≥）/℃	164.0	GB/T 11409—2008
加热减量的质量分数（≤）/%	0.40	
灰分的质量分数（≤）/%	0.50	
筛余物[a]（150 μm）的质量分数（≤）/%	0.10	
游离 MBT 的质量分数/%	≤1.0	GB/T 11408—2013
纯度[b]的质量分数/%	≥95.0	

注：a. 筛余物不适用于粒状产品。
b. 根据用户要求检验项目。

促进剂 MBTS 的供应商见表 1.3.4-42。

表 1.3.4-42　促进剂 MBTS 的供应商

供应商	规格型号	纯度（≥）/%	初熔点（≥）/℃	终熔点（≥）/℃	灰分（≤）/%	加热减量（≤）/%	筛余物（63 μm）（≤）/%	油含量/%	20℃时的密度/（g·cm⁻³）	堆积密度或备注/（g·cm⁻³）
阳谷华泰	DM	95	164		0.5	0.4	0.10（150 μm）			
	MBTS-75	75	绿色颗粒							EPDM/EVM 为载体
	MBTS-75	75	米色颗粒							EPDM/EVM 为载体
	MBTS-80/SBR	80	紫色颗粒							SBR 为载体
	MBTS-70/NBR	70	浅棕色片状							NBR 为载体
	MBTS-70/ECO	70	灰白色颗粒							ECO 为载体
宁波硫华	MBTS-75GE F140	98	170		0.4	0.3	0.5		1.32	EPDM/EVM 为载体
鹤壁联昊	粉料	96.0	170.0	171.0～179.0	0.30	0.40	0.50	—	1.540	0.350～0.390
	防尘粉料	95.0	169.0	171.0～179.0	0.30	0.40	0.50	1.0～2.0	1.540	0.350～0.390
	直径 2 mm 颗粒	95.0	169.0	171.0～179.0	0.30	0.40	—	—	1.540	0.350～0.390
山东尚舜	粉状、粒状、油粉		166.0		0.50	0.50	0.10（150 μm）		1.45-1.54	
	预分散 MBTS-75（米色颗粒）								1.26±0.05	75%DM、25% EPDM 载体和表面活性分散剂

续表

供应商	规格型号	纯度（≥）/%	初熔点（≥）/℃	终熔点（≥）/℃	灰分（≤）/%	加热减量（≤）/%	筛余物（63 μm）（≤）/%	油含量/%	20℃时的密度/（g·cm^{-3}）	堆积密度或备注/（g·cm^{-3}）
天津市东方瑞创	粉料				0.30	0.30				
	加油粉料		167.0		0.30	0.50		1.0～2.0		
锐巴化工	MBTS-75 GE	98.0	170		0.3	0.2	0.5		1.20	EPDM 为载体
	MBTS-75 GS	98.0	170		0.4	0.2	0.5		1.20	SBR 为载体
苏州硕宏	MBTS-75GE	98	170		0.5	0.3	0.5	活性含量：75%	约 1.33	EPDM 载体门尼黏度约 55
	MBTS-80GE	98	170		0.5	0.3	0.5	活性含量：80%	约 1.33	EPDM 载体门尼黏度约 55
	MBTS-70GN	98	170		0.5	0.3	0.5	活性含量：70%	约 1.35	NBR 载体门尼黏度约 65

4.4.3　促进剂 ZMBT（MZ），化学名称：2-硫醇基苯并噻唑锌盐

结构式：

$$\left[\text{C}_6\text{H}_4\begin{matrix}\text{N}\\ \text{S}\end{matrix}\!\!>\!\text{C—S}\right]_2\text{Zn}$$

分子式：$C_{14}H_8N_2S_4Zn$，相对分子质量：398.00，CAS 号：155-04-4，相对密度：1.70 g/cm^3，淡黄色粉末（颗粒），微有苦味，无毒，可溶于氯仿、丙酮，部分溶于苯、乙醇、四氯化碳，不溶于汽油、水和乙酸乙酯，分解温度300℃，贮存稳定期超过二年，遇强酸或强碱溶液即分解。

本品为高速硫化促进剂，对橡胶不具有变色性，主要在乳胶中与 ZDMC 或 ZDEC 并用作主促进剂，硫化临界温度为138℃，不易产生早期硫化，硫化平坦性较宽，在胶乳中具有调节体系黏度的功能，用 ZMBT 硫化的胶乳薄膜具有较高的模量；此外在泡沫胶中不用增加硫化时间也可获得良好的抗压缩形变特性；在干胶上使用，其特性类似于 MBT，但焦烧性能略有改进。本品操作安全，易分散、不污染、不变色，与 TP 并用时硫化胶耐老化性能好。主要用于制造轮胎、胶管、胶鞋、胶布等橡胶制品。

促进剂 ZMBT 的技术要求见表 1.3.4-43。

表 1.3.4-43　促进剂 ZMBT 的技术要求

项目	指标	
	ZMBT-2	ZMBT-15
外观	白色或淡黄色粉末	白色或淡黄色粉末
加热减量（≤）/%	0.40	0.40
锌含量/%	16.0～22.0	15.0～18.0
游离 MBT/%	≤2.0	14.0～18.0
筛余物（150 μm）（≤）/%	0.10	0.10
筛余物（63 μm）（≤）/%	0.50	0.50

注：游离 MBT 的含量除以上两种规格外，也可以根据用户要求进行调整。

促进剂 ZMBT 的供应商见表 1.3.4-44。

表 1.3.4-44　促进剂 ZMBT 的供应商

供应商	规格型号	初熔点（≥）/℃	锌含量（≤）/%	游离 M/%	加热减量（≤）/%	筛余物（63 μm）（≤）/%	20℃时的密度/（g·cm^{-3}）	堆积密度/（g·cm^{-3}）
鹤壁联昊	粉料/ZMBT（MZ）-15	200.0	15.0～18.0	14.0～18.0	0.40	0.50	1.700	0.470～0.510
	低游离 M 粉料/ZMBT-2	200.0	16.0～22.0	0.0～2.0	0.40	—	1.780	0.470～0.510

续表

供应商	规格型号		初熔点(≥)/℃	锌含量(≤)/%	游离M/%	加热减量(≤)/%	筛余物(63 μm)(≤)/%	20℃时的密度/(g·cm^{-3})	堆积密度/(g·cm^{-3})
天津市东方瑞创	MZ-5	粉料	200.0	16.0～22.0	5.0	0.30			
		加油粉料				0.50		添加剂：1.0%～2.0%	
	MZ-15	粉料		15.0～18.0	15.0	0.30			
		加油粉料				0.50		添加剂：1.0%～2.0%	

促进剂 ZMBT 的供应商还有：东北助剂化工有限公司、濮阳蔚林化工股份有限公司等。

4.5　次磺酰胺类

次磺酰胺类促进剂见表 1.3.4-45。

表 1.3.4-45　用作促进剂的次磺酰胺类化合物

名称	化学结构	性状		
		外观	相对密度	熔点/℃
N-叔丁基-2-苯并噻唑基次磺酰胺[促进剂 TBBS (NS)]	详见本节 4.5.4			
N-叔辛基-2-苯并噻唑基次磺酰胺(促进剂 BSO)	N-tert-octyl-2-benzothiazole sulphenamide 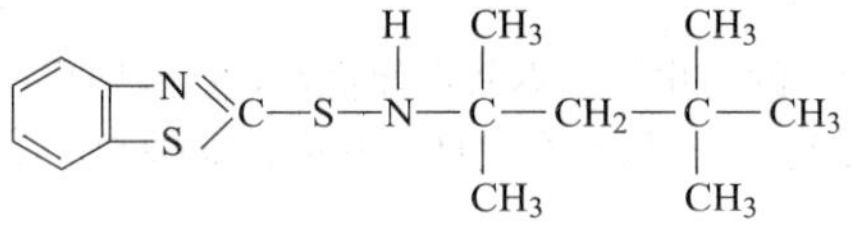 苯并噻唑基—S—NH—C(CH$_3$)$_2$—CH$_2$—C(CH$_3$)$_2$—CH$_3$	乳白色颗粒	1.14	100
N，N-二甲基-2-苯并噻唑基次磺酰胺 (ARZ)	N，N-dimethyl-2-benzothiazole sulphenamide 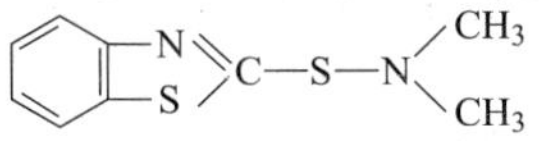 苯并噻唑基—S—N(CH$_3$)$_2$	白色粉末	1.43～1.54	121～122
N，N-二乙基-2-苯并噻唑基次磺酰胺（促进剂 AZ）	N，N-diethyl-2-benzothiazole sulphenamide 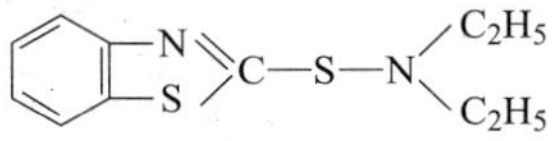 苯并噻唑基—S—N(C$_2$H$_5$)$_2$	深褐色油状液体	1.17～1.18	230（自燃）
N，N-二异丙基-2-苯并噻唑基次磺酰胺（促进剂 DIBS）	N，N-diisopropyl-2-benzothiazole sulphenamide 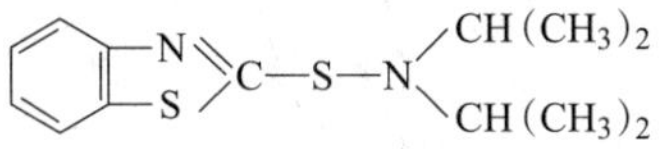 苯并噻唑基—S—N[CH(CH$_3$)$_2$]$_2$	淡黄白色粉末	1.21～1.23	55～59
N-环己基-2-苯并噻唑次磺酰胺[促进剂 CBS (CZ)]	详见本节 4.5.1			
N，N-二环己基-2-苯并噻唑基次磺酰胺[促进剂 DCBS (DZ)]	详见本节 4.5.3			
N，N-双（2-苯并噻唑硫代）环己胺 (CBSA)	详见本节 4.5.7			
N-六亚甲基-2-苯并噻唑次磺酰胺	N，N-bis(2-benzothiazolelethio)cyclohexylamine 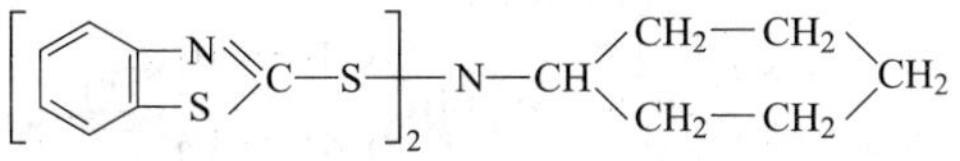 [苯并噻唑基—S]$_2$N—CH(CH$_2$—CH$_2$)$_2$CH$_2$	黄色结晶粉末		92
2-（4-吗啉基硫代）苯并噻唑次磺酰胺（促进剂 NOBS）	详见本节 4.5.2			
N-氧联二亚乙基硫代氨基甲酰-N′-氧联二亚乙基次磺酰胺（促进剂 OTOS）	详见本节 4.5.5			

续表

名称	化学结构	性状		
		外观	相对密度	熔点/℃
2-（2，6-二甲基-4-吗啉基硫代）苯并噻唑（促进剂26）	2-(2，6-dimethyl-4-morpholinothio) benzothiazole 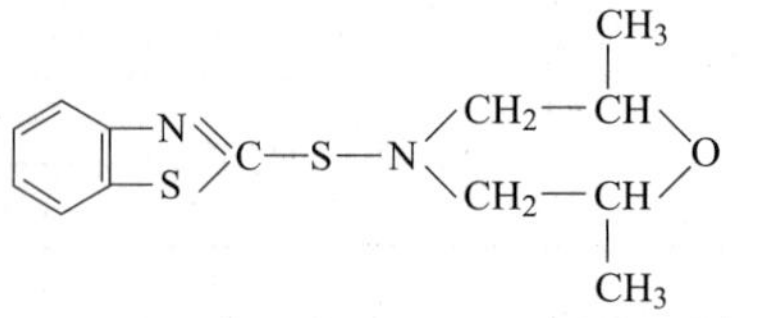	白色至淡黄色粉末	1.23～1.29	88
2-（4-吗啉基二硫代）苯并噻唑（促进剂MDB）	2-(4-morpholingldithio)benzothiazole 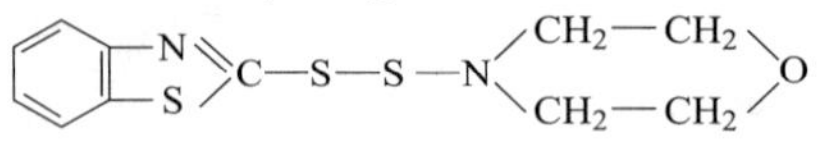	淡黄色粉末	1.51	125
N-亚糠基-2-苯并噻唑次磺酰胺	*N*-furfurylidenebenzothiazole sulphenamide 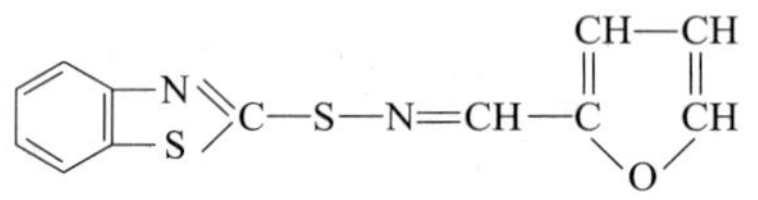	棕黄色结晶粉末		114～115
N-叔丁基-双（2-苯并噻唑）次磺酰胺（促进剂TBSI）	详见本节4.5.6			

次磺酰胺类促进剂是促进剂MBT（M）的衍生物，迟效性促进剂，诱导期长，胶料不易焦烧，较宽的硫化平坦性，工艺安全性好；其硫化胶交联度高，力学性能、耐老化性能优良。其中，促进剂TBSI是该类促进剂中不产生亚硝基胺的新品种。

一般用量为0.5～2.5份，可并用胍类、秋兰姆类促进剂。

次磺酰胺类促进剂分解温度低，混炼温度过高会分解失效。水分会促进次磺酰胺类促进剂分解，应在阴凉、干燥条件下保存，贮存时间不宜过长。

图1.3.4-12为次磺酰胺类不同促进剂的硫化曲线：

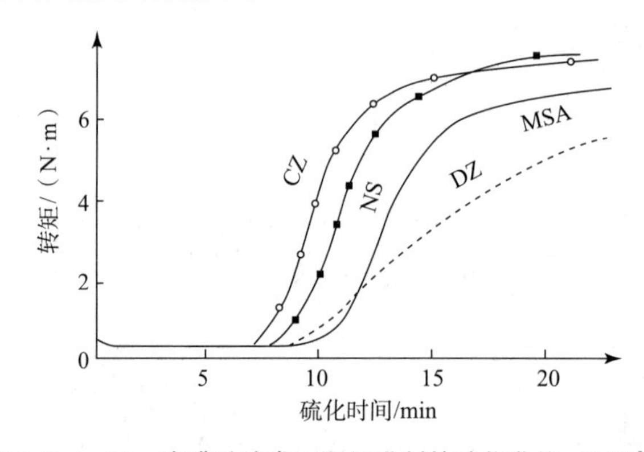

图1.3.4-12　次磺酰胺类不同促进剂的硫化曲线（140 ℃）

配方为：NR 100，硬脂酸 3，ZnO 5，HAF 40，S 2，促进剂 1。

4.5.1　促进剂CBS（CZ），化学名称：N-环己基-2-苯并噻唑次磺酰胺

结构式：

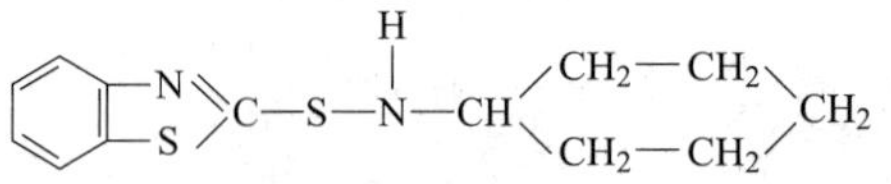

分子式：$C_{13}H_{16}N_2S_2$，相对分子质量：264.39，CAS号：95-33-0，比重1.31～1.34 g/cm^3，灰白色粉末（颗粒）或淡黄色粉末，稍有气味，无毒，易溶于苯、甲苯、氯仿、二硫化碳、二氯甲烷、丙酮、乙酸乙酯，不易溶于乙醇，不溶于水、稀酸、稀碱和汽油。

本品是一种高度活泼的后效促进剂，抗焦烧性能优良，加工安全，硫化时间短。在硫化温度138℃以上时促进作用很强；常与TMTD、DPG或其他碱性促进剂配合作第二促进剂，碱性促进剂如秋兰姆类和二硫代氨基甲酸盐类可增强其活性。在低硫硫化中可单用，亦可与二硫代氨基甲酸盐类或秋兰姆类促进剂并用，所得硫化胶有很好的耐老化性能和耐压缩永久变形性能；CBS并用二硫代氨基甲酸盐类促进剂和秋兰姆类促进剂后胶料的焦烧时间会明显缩短；硫脲类促进剂对

CBS有明显的二次促进作用，尤其在低硫黄胶料中；而在含硫醇类促进剂和秋兰姆类促进剂的胶料中，CBS能延迟焦烧，提高加工安全性。本品主要用于制造轮胎、胶管、胶鞋、电缆等工业橡胶制品。用量0.5～2份。

《硫化促进剂CBS》（HG/T 2096—2006）对应于ISO 11235：1999《橡胶配合剂 次磺酰胺促进剂 试验方法》（非等效），适用于2-硫醇基苯并噻唑［硫化促进剂MBT（M）］和环己胺制得的硫化促进剂CBS。硫化促进剂CBS的技术要求见表1.3.4-46。

表1.3.4-46　硫化促进剂CBS的技术要求

项目	指标		
	优等品	一等品	合格品
外观（目测）	灰白色、淡黄色粉末或颗粒		
初熔点（≥）/℃	99.0	98.0	97.0
加热减量的质量分数（≤）/%	0.20	0.30	0.50
灰分的质量分数（≤）/%	0.20	0.30	0.40
筛余物[a]（63 μm）的质量分数（≤）/%	0.00	0.05	0.10
甲醇不溶物的质量分数（≤）/%	0.50	0.50	0.80
纯度[a]的质量分数（≥）/%	97.0		95.0
游离胺[a]的质量分数（≤）/%	0.50		

注：a. 根据用户要求检验项目。

硫化促进剂CBS即将执行的技术要求见表1.3.4-47。

表1.3.4-47　硫化促进剂CBS即将执行的技术要求

项目	指标		
	粉末	油粉	颗粒
外观	灰白色至淡黄色粉末或粒状		
初熔点（≥）/℃	98.0	97.0	97.0
加热减量（≤）/%	0.40	0.50	0.40
灰分（≤）/%	0.30	0.30	0.30
筛余物（150 μm）（≤）/%	0.10	0.10	—
甲醇不溶物（≤）/%	0.50	0.50	0.50
游离胺[a]（≤）/%	0.50	0.50	0.50
纯度[a]（滴定法、HPLC法）（≥）/%	96.5	95.0	96.0

注：a. 为根据用户要求检验项目。

促进剂CBS的供应商见表1.3.4-48。

表1.3.4-48　促进剂CBS的供应商

供应商	规格型号	纯度（≥）/%	初熔点（≥）/℃	灰分（≤）/%	甲醇不溶物（≤）/%	游离胺（≤）/%	加热减量（≤）/%	筛余物（63 μm）（≤）/%	油含量/%	20℃时的密度/（g·cm^{-3}）	堆积密度或备注/（g·cm^{-3}）
阳谷华泰	CBS	97	97	0.3	0.5	0.5	0.4				
	CBS-80	80	蓝色颗粒								EPDM/EVM为载体
	CBS-80	80	灰白色颗粒								EPDM/EVM为载体
	CBS-80/SBR	80	棕色颗粒								SBR为载体
	CBS-80/SBR	80	灰白色颗粒								SBR为载体
鹤壁联昊	粉料	97.0	98.0	0.30	0.50	0.50	0.40	0.50	—	1.270	0.410-0.450
	防尘粉料	96.0	97.0	0.30	0.50	0.50	0.40	0.50	1.0～2.0	1.270	0.410～0.450
	直径2 mm颗粒	96.0	97.0	0.30	0.50	0.50	0.40	—	—	1.270	0.410～0.450

续表

供应商	规格型号	纯度(≥)/%	初熔点(≥)/℃	灰分(≤)/%	甲醇不溶物(≤)/%	游离胺(≤)/%	加热减量(≤)/%	筛余物(63 μm)(≤)/%	油含量/%	20℃时的密度/(g·cm⁻³)	堆积密度或备注/(g·cm⁻³)
宁波硫华	灰白色颗粒	98.0	96	0.4		1.0	0.5	0.1		1.05	EPDM/EVM为载体
山东尚舜	粉状、粒状	97.0	97.0	0.30	0.50	0.50	0.30	0.10(150 μm)		1.31～1.34	
锐巴化工	CBS-80 GE	98.0	97.0	0.4		1.0	0.5	0.1		1.05	EPDM为载体
	CBS-80 GS	98.0	97.0	0.4		1.0	0.5	0.1		1.05	SBR为载体
苏州硕宏	CBS-80GE	98	97	0.3	0.5	0.5	0.3	0.1	活性含量：80%	约1.17	EPDM载体门尼黏度约50
	CBS-75GN	98	97	0.3	0.5	0.5	0.3	0.1	活性含量：75%	约1.19	NBR载体门尼黏度约55

促进剂CBS的供应商还有：科迈化工股份有限公司、东北助剂化工有限公司、河南省开仑化工有限责任公司、濮阳蔚林化工股份有限公司、天津市东方瑞创橡胶助剂有限公司等。

4.5.2　促进剂NOBS（MBS），化学名称：N-氧二乙撑基-2-苯并噻唑次磺酰胺，N-氧联二亚乙基-2-苯并噻唑基次磺酰胺，2-（4-吗啉基硫代）苯并噻唑次磺酰胺

结构式：

$$\text{C}_6\text{H}_4\text{(N)(S)}\text{C—S—N}\langle^{\text{CH}_2\text{—CH}_2}_{\text{CH}_2\text{—CH}_2}\rangle\text{O}$$

分子式：$C_{11}H_{12}N_2S_2O$，相对分子质量：252.30，CAS号：102-77-2，淡黄色或橙黄色晶型颗粒，无毒，微有氨味，熔点：86～88℃，相对密度：1.34～1.40 g/cm³，受热50℃以上逐渐分解，溶于苯、丙酮、氯仿，不溶于水、稀酸、稀碱。

本品为次磺酰胺类促进剂，是一种后效高速硫化促进剂。可用作大多数橡胶硫化的促进剂，但不宜用于氯丁橡胶；易分散，硫化后的产品不喷霜、颜色变化小，可用于轮胎、内胎、胶鞋、胶带等制品。用量0.5～2.5份。硫化临界温度138℃以上。

《硫化促进剂NOBS》（GB/T 8829—2006）对应于ISO 11235：1999《橡胶配合剂　次磺酰胺类促进剂　试验方法》（非等效），适用于2-硫醇基苯并噻唑［硫化促进剂MBT（M）］和吗啉制得的硫化促进剂NOBS。促进剂NOBS的技术要求见表1.3.4-49。

表1.3.4-49　促进剂NOBS的技术要求

项目	指标		
	优等品	一等品	合格品
外观	淡黄色或橙黄色颗粒		
初熔点（≥）/℃	81.0	80.0	78.0
加热减量的质量分数（≤）/%	0.40	0.50	0.50
灰分的质量分数（≤）/%	0.20	0.30	0.40
甲醇不溶物的质量分数（≤）/%	0.50	0.50	0.80
纯度[a]的质量分数（≤）/%	97.0		—
游离胺[a]的质量分数（≤）/%	0.50		

注：a. 根据用户需要测定的项目。

促进剂NOBS的供应商见表1.3.4-50。

表1.3.4-50　促进剂NOBS的供应商

供应商	规格型号	外观	初熔点(≥)/℃	灰分(≤)/%	加热减量(≤)/%	甲醇不溶物(≤)/%	游离胺(≤)/%	说明
濮阳蔚林化工股份有限公司			80	0.3	0.3			
天津市东方瑞创橡胶助剂有限公司		淡黄色或橙色颗粒	80	0.30	0.30	0.50	0.50	
锐巴化工	NOBS-80 GS	淡黄色颗粒	80	0.30	0.30	0.30	0.50	
阳谷华泰	MBS-80	粉红色颗粒						EPDM/EVM为载体

4.5.3　促进剂 DCBS（DZ），化学名称：N，N-二环己基-2-苯并噻唑基次磺酰胺

结构式：

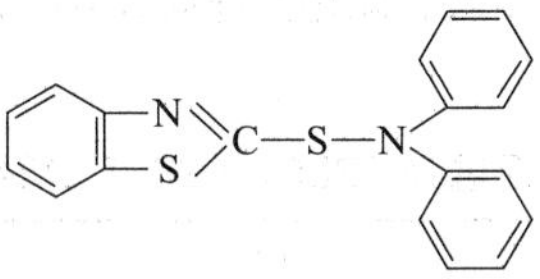

分子式：$C_{19}H_{26}N_2S_2$，相对分子质量：346.56，CAS 号：4979-32-2，相对密度：1.26 g/cm³，米色粉状或颗粒，溶于丙酮等有机溶剂，不溶于水。

本品是 NR、BR、SBR 和 IR 的后效性促进剂。在次磺酰胺类促进剂中，DCBS（DZ）的基团最大、数量最多，所以防焦烧最好，焦烧时间最长；其硫化胶物理性能和动态性能均较好；有利于改善橡胶与镀黄铜钢丝帘线的黏合性能，因此，促进剂 DCBS（DZ）被广泛应用于子午线轮胎的胎体帘布胶和胎圈补强带附胶等配方中。一般用量为 0.5～2.0 份。

《硫化促进剂 DCBS》（HG/T 4140—2010）适用于由二环己胺、硫化促进剂 MBT 经氧化制成的促进剂 DCBS。促进剂 DCBS 的技术要求见表 1.3.4-51。

表 1.3.4-51　促进剂 DCBS 的技术要求

项目	指标
外观	浅黄色至粉红色粉末或颗粒
初熔点（≥）/℃	97.0
加热减量的质量分数（≤）/%	0.40
灰分的质量分数（≤）/%	0.40
环己烷不溶物的质量分数（≤）/%	0.50
游离胺[a]的质量分数（≤）/%	0.40
纯度[a]的质量分数（≤）/%	98.0

注：a. 根据用户要求检验项目。

促进剂 DCBS（DZ）的供应商见表 1.3.4-52。

表 1.3.4-52　促进剂 DCBS（DZ）的供应商

供应商	规格型号	熔点（≥）/℃	灰分（≤）/%	游离胺含量（≤）/%	游离 MBTS（≤）/%	加热减量（≤）/%	筛余物（60 目）（≤）/%	纯度/%	密度/（g·cm⁻³）	备注
宁波硫华	DCBS-80GE F140	98	0.4	0.4		0.5	63 μm 筛余物≤0.1%	98		EPDM/EVM 为载体
青岛华恒	粉状	99	0.4	0.4	0.4	0.4	10	97		
	圆柱状颗粒	98	0.4	0.4	0.4	0.4		97		
山东尚舜	粉状、粒状	97.0	0.40	0.40		0.40	环己烷不溶物≤0.50%	98.0	1.26～1.32	
阳谷华泰	DCBS-80	80	灰白色颗粒							EPDM/EVM 为载体

促进剂 DCBS（DZ）的供应商还有：天津市科迈化工有限公司、天津市东方瑞创橡胶助剂有限公司等。

4.5.4　促进剂 TBBS（NS），化学名称：N-叔丁基-2-苯并噻唑基次磺酰胺

结构式：

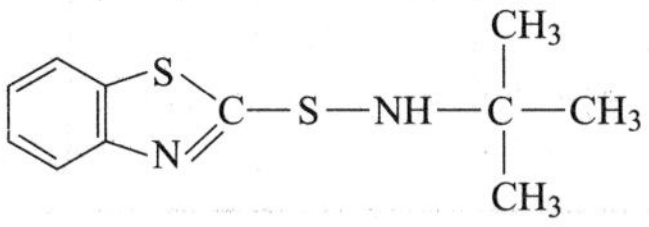

分子式：$C_{11}H_{14}N_2S_2$，分子量：238.37，CAS 号：95-31-8，奶白色或淡黄褐色粉末，相对密度 1.26～1.32 g/cm³，溶于苯、氯仿、二硫化碳、丙酮、甲醇、乙醇，难溶于汽油，不溶于水、稀酸、稀碱。

本品是 NR、BR、IR、SBR 及其并用胶的后效性促进剂，尤其适用于含碱性较强的炭黑胶料。本品低毒高效，操作温度下安全，抗焦烧性强、硫化速率快，定伸应力高，是 NOBS 理想的替代品，具有优异的综合性能，被称为标准促进剂。广泛用于子午线轮胎的生产；可同醛胺、胍类、秋兰姆类促进剂并用；与防焦剂 PVI 并用时，构成良好的硫化体系。主要

用于轮胎、胶鞋、胶管、胶带、电缆的制造生产。NR 中用量为 0.5～1.0 份与 2.5～3.5 份硫黄并用；SBR 中用量为 1.0～1.4 份与 0.2 份秋兰姆类促进剂、1.5～2.5 份硫黄并用。

《硫化促进剂 TBBS》(GB/T 21840—2008) 对应于 JIS K 6220 - 2：2001《橡胶用配合剂 试验方法 第 2 部分：有机硫化促进剂及有机硫化剂》(非等效)，适用于由叔丁胺、硫化促进剂 MBT 经氧化制成的硫化促进剂 TBBS。TBBS 的技术要求见表 1.3.4 - 53。

表 1.3.4 - 53 《硫化促进剂 TBBS》(GB/T 21840—2008) 的技术要求

项目	指标	项目	指标
外观	白色或黄色粉末、粒状	筛余物[a]的质量分数 (150 μm) (≤)/%	0.10
初熔点 (≥)/℃	104.0	甲醇不溶物的质量分数 (≤)/%	1.0
加热减量的质量分数 (≤)/%	0.40	游离胺[b]的质量分数 (≤)/%	0.50
灰分的质量分数 (≤)/%	0.30	纯度[b]的质量分数 (≥)/%	96.0

注：a. 筛余物不适用于粒状产品。
b. 指标为根据用户要求检测项目。

《硫化促进剂 TBBS》(GB/T 21840—2008) 规定，TBBS 自生产之日起贮存期 6 个月。ISO 相关技术要求 TBBS 的最初不溶物含量应小于 0.3%，该材料应在室温下贮存于密闭容器中，每 6 个月检查一次不溶物含量，若超过 0.75%，则废弃或重结晶。

促进剂 TBBS (NS) 的供应商见表 1.3.4 - 54。

表 1.3.4 - 54 促进剂 TBBS (NS) 的供应商

供应商	规格型号	初熔点 (≥)/℃	灰分 (≤)/%	添加剂/%	甲醇不溶物 (≤)/%	加热减量 (≤)/%	筛余物 (≤)/% (63 μm)	红外光谱 ≥	密度/ (g·cm^{-3})	含量 (≥)/%	说明
阳谷华泰	NS	104	0.3		1	0.4				96	游离胺≤0.5%
	TBBS - 80									80	EPDM/EVM 为载体
	TBBS - 80/SBR									80	SBR 为载体
宁波硫华	TBBS - 80GE F200	106	0.3			0.3	0.5		1.08	98	EPDM/EVM 为载体
濮阳蔚林	粉料	105.0	0.30			0.3	0.50				
	加油粉料	105.0	0.30	0.1～2.0		0.5	0.50	85.0			
	颗粒	104.0	0.30			0.3	—				
山东尚舜	粉状、粒状	104.0	0.40		1.0	0.40	0.10 (150 μm)		1.26～1.32	96	
天津市东方瑞创	粉料	105.0	0.30		1.0	0.30					
	加油粉料		0.30	0.1～2.0		0.50					
	颗粒		0.30			0.30			粒径：1.0～3.0 mm		
锐巴化工	TBBS - 80 GE	106.0	0.30						1.08	98	
	TBBS - 80 GS	105.0	0.30		1.0	0.3	0.5		1.08	98	
苏州硕宏	TBBS - 75GE	106	0.3	活性含量 75%		0.3	0.5		约 1.15	98	EPDM 载体门尼黏度约 55
	TBBS - 80GE	106	0.3	活性含量 80%		0.3	0.5		约 1.20	98	NBR 载体门尼黏度约 50

4.5.5 促进剂 OTOS，化学名称：N - 氧联二亚乙基硫代氨基甲酰 - N′ - 氧联二亚乙基次磺酰胺

结构式：

O⟨ ⟩N—C(=S)—S—N⟨ ⟩O

分子式：$C_9H_{16}N_2O_2S_2$，相对分子质量：248.4，CAS号：13752-51-7，灰白色结晶粉末，相对密度：1.35 g/cm³，微溶于水。本品是NR、SBR、EPDM和其他通用橡胶的主促进剂，硫化后效性和加工安全性比促进剂MBT（M）、MDB等苯并噻唑、次磺酰胺类促进剂好。硫化临界温度为149℃。使用本品高温硫化NR时，有很好的抗返原性能，制品的耐热性高。

促进剂OTOS的供应商见表1.3.4-55。

表1.3.4-55 促进剂OTOS的供应商

供应商	规格型号	初熔点（≥）/℃	灰分（≤）/%	添加剂/%	加热减量（≤）/%	筛余物（840 μm）（≤）/%
濮阳蔚林	粉料	130.0	0.50		0.50	0
	加油粉料	130.0	0.50	0.1～2.0	0.50	0

4.5.6 促进剂TBSI，化学名称：N-叔丁基-双（2-苯并噻唑）次磺酰胺

结构式：

分子式：$C_{18}H_{17}N_3S_4$，相对分子质量：403.56，CAS号：3741-80-8，白色粉末，相对密度1.35 g/cm³，熔点大于128℃。由促进剂N-叔丁基-2-苯并噻唑次磺酰胺（简称硫化促进剂TBBS）与醋酸酐在催化剂存在下缩合制得。

本品是一种伯胺基类促进剂，在硫化过程中不会产生亚硝胺类致癌物质，可以替代NOBS、DIBS和DZ，与仲胺类次磺酰胺类和TBBS（NS）相比，它具有更好的焦烧安全性、较慢的硫化速率、较好的硫化平坦性；硫化胶的模量高，动态性能好，生热低。促进剂TBSI具有以下优点：1）耐焦烧性能好，硫化速度平稳，可取代常用的含有仲胺基团的次磺酰胺类促进剂，还可取代传统的硫化促进剂TBBS和防焦剂PVI（CTP）的复合体。2）遇水稳定，易于贮藏。传统的次磺酰胺类促进剂在贮藏期间容易水解，放出有机胺，而促进剂TBSI即使在长期高温、高湿的贮藏条件下也可长期贮藏。3）可以提高天然橡胶的抗硫化返原性和热空气老化稳定性。4）可提高钢丝与胶料黏合的耐热性和耐久性。除应用性能优异外，TBSI和CBBS产品的气味明显比NS、CBS、DZ、NOBS等要低，可显著降低加工过程中的气味，改善工作环境，减少危害。因此这类硫化促进剂特别适用于高度不饱和的聚合物，其用量与其他次磺酰胺类的促进剂相当，主要用于轮胎、胶管、电缆工业中，也可用于橡胶制品，尤其适用于抗硫化返原要求较高的厚制品，如巨型工程轮胎等。

拟定中的行业标准《硫化促进剂N-叔丁基-双（2-苯并噻唑）次磺酰胺（TBSI）》提出的促进剂TBSI的技术要求见表1.3.4-56。

表1.3.4-56 促进剂TBSI的技术要求

项目	指标
外观	白色粉末
纯度（HPLC法）（≥）/%	87.50
加热减量（45℃±2 ℃）（≤）/%	0.50
灰分（750℃±25 ℃）（≤）/%	0.50
初熔点（≤）/℃	128.0
筛余物（150 μm）（≤）	0.30

促进剂TBSI的供应商见表1.3.4-57。

表1.3.4-57 促进剂TBSI的供应商

供应商	规格型号	外观	纯度（≥）/%	初熔点（≥）/℃	灰分（≤）/%	加热减量（≤）/%	筛余物（150 μm）（≤）/%	说明
阳谷华泰	TBSI	淡黄色粉末或颗粒		128	0.5	0.5		
	TBSI-80	米色至灰白色颗粒	80					SBR为载体

续表

供应商	规格型号	外观	纯度 (≥)/%	初熔点 (≥)/℃	灰分 (≤)/%	加热减量 (≤)/%	筛余物 (150 μm) (≤)/%	说明
海城市化工助剂厂	TBSI			128.0	0.50	0.50	0.3	
伊士曼	TBSI	Off white	87.5	128	0.50	0.50	0.1	

4.5.7 促进剂 CBSA（CBBS、ESVE），化学名称：N，N-双（2-苯并噻唑硫代）环己胺，N-环己基-双（2-苯并噻唑）次磺酰胺

结构式为：

N，N-bis（2-benzothiazolelethio）cyclohexylamine

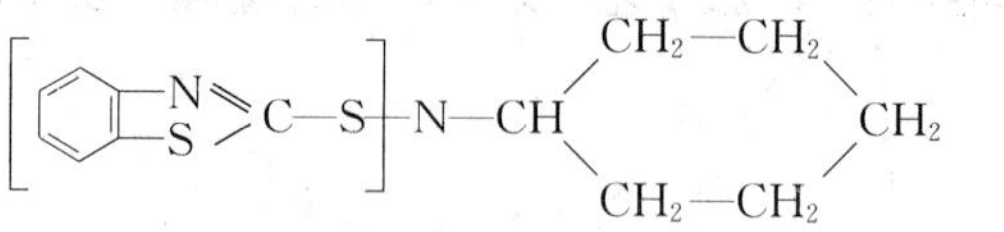

$$\left[\text{C}_6\text{H}_4 \begin{matrix} \text{N} \\ \text{S} \end{matrix} \text{C—S} \right] \text{N—CH} \begin{matrix} \text{CH}_2\text{—CH}_2 \\ \\ \text{CH}_2\text{—CH}_2 \end{matrix} \text{CH}_2$$

本品为无色结晶粉末，比重 1.135，熔点 133～134℃。

CBBS 具有焦烧安全性好、抗硫化返原性强、硫化速度慢、模量高、生热低等特点，可以提高天然橡胶的抗硫化返原性和热空气老化稳定性，并在橡胶与镀铜钢丝的黏接中有良好性能。其硫化胶与 CBS、TBBS 硫化胶的物理机械性能相当，其焦烧性能和胶料与钢丝的黏合性能等同于 DCBS，且耐热性和抗硫化返原性能优异，可以替代 NOBS、DIBS 和 DZ。在橡胶硫化时，不会产生致癌性亚硝胺化合物。本品可作为天然胶，合成胶用迟效性慢速促进剂，主要用于轮胎、胶管、电缆工业中，也可用于其他橡胶制品。

促进剂 CBBS 的供应商见表 1.3.4-58。

表 1.3.4-58 促进剂 CBBS 的供应商

供应商	规格型号	外观	纯度 (≥)/%	初熔点 (≥)/℃	灰分 (≤)/%	加热减量 (≤)/%	说明
阳谷华泰	CBBS	灰白色粉末或颗粒		118	0.5	0.5	
	CBBS-80/SBR	米色颗粒					SBR 为载体

4.6 胍类

用作促进剂的胍类化合物见表 1.3.4-59。

表 1.3.4-59 用作促进剂的胍类化合物

名称	化学结构	性状		
		外观	相对密度	熔点/℃
二苯胍（促进剂 DPG）	详见本节 4.6.1			
三苯胍（促进剂 TPG）	triphenyl guanidine 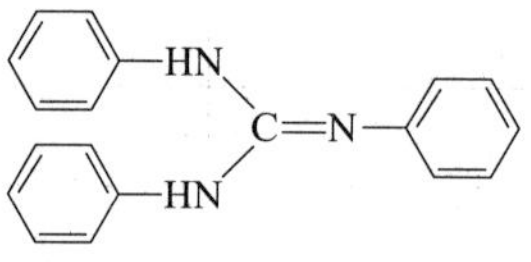 $(C_6H_5NH)_2C{=}N{-}C_6H_5$	白色粉末	1.10	141～142
二邻甲苯胍（促进剂 DOTG）	详见本节 4.6.2			
邻甲苯基二胍（BG、OTBG）	详见本节 4.6.3			
N-苯基-N′-甲苯基-N′-二甲苯基胍（PTX）	N-phenyl-N′-tolyl-N″-xylylguanidine 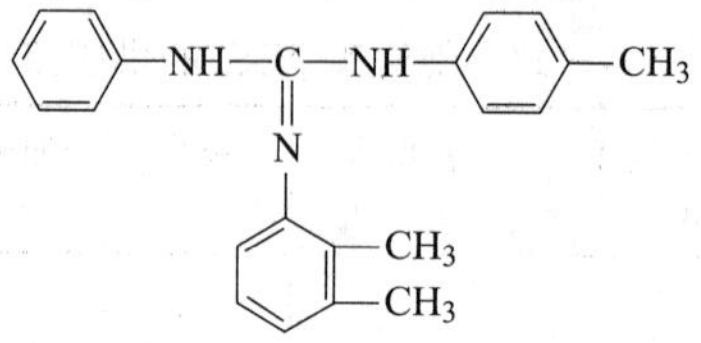 $C_6H_5{-}NH{-}C({=}N{-}C_6H_3(CH_3)_2){-}NH{-}C_6H_4{-}CH_3$	褐色树脂状物		
苯基邻甲苯基胍（POTG）	phenyl-o-tolylguanidine 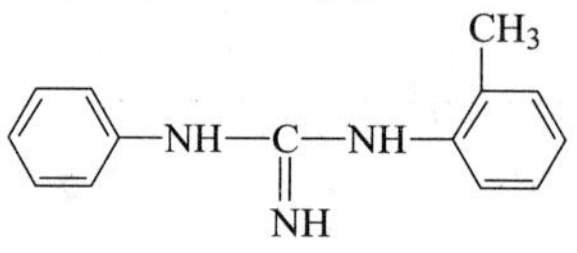 $C_6H_5{-}NH{-}C({=}NH){-}NH{-}C_6H_4CH_3$	白色粉末	1.10	

续表

名称	化学结构	性状		
		外观	相对密度	熔点/℃
邻苯二酚硼酸二邻甲苯基胍盐（BX）	di - *o* - tolylguanidine salt of dicatechol borate 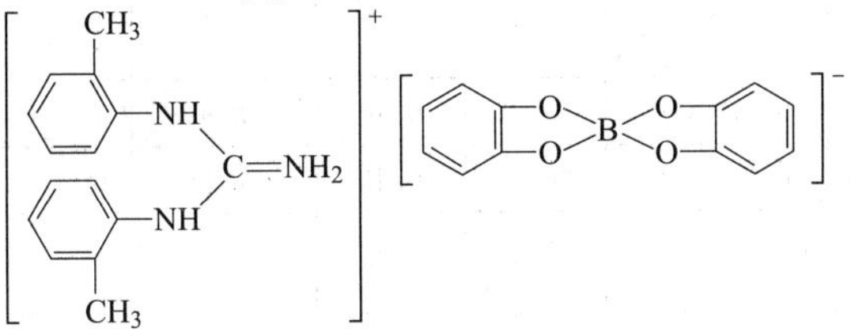	浅棕色结晶粉末	1.14	16.5
苯二甲酸二苯胍（P）	diphenyl guanidine phthalate 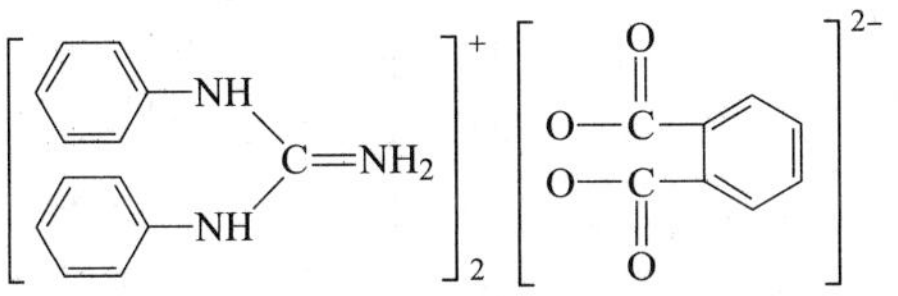	白色粉末	1.20～1.23	178

胍类促进剂活性较低，促进作用较慢，适用于厚制品。通常用作第二促进剂，对噻唑类促进剂的活化作用很强，并用后对硫化胶的性能有较大改善；对二硫代氨基甲酸盐类促进剂也有一定的活化作用，但很少并用；对次磺酰胺类促进剂的活化作用很小。

胍类促进剂做主促进剂时用量为 1.0～1.5 份，作噻唑类促进剂的第二促进剂时用量为 0.1～0.5 份。需配用氧化锌作活性剂，硬脂酸多于 1 份时，能迟延硫化，降低拉伸强度。

胍类促进剂在氯丁橡胶中兼有增塑作用。

4.6.1　促进剂 DPG（D），化学名称：二苯胍

结构式：

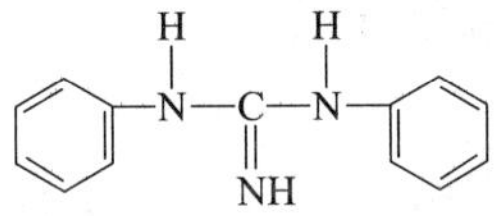

分子式：$C_{13}H_{13}N_3$，相对分子质量：211.27，CAS 号：102 - 06 - 7，比重：1.08～1.19 g/cm^3，灰白色或灰白色粉末，无味，无毒，易溶于丙酮、乙酸乙酯，溶于苯、乙醇，微溶于四氯化碳，不溶于水和汽油。

在 NR 和 SBR 的配料中，DPG 与噻唑类以及次磺酰胺类促进剂并用作副促进剂；DPG 贮存稳定性优于二硫代氨基甲酸盐类及秋兰姆类促进剂，但不那么活泼；DPG 的焦烧时间很长，硫化速率较慢，它会导致轻微变色因而不能用于浅色制品中，除非用作活性剂；单独使用 DPG 时其硫化胶的抗热氧老化性较差（需要使用有效防老剂）；DPG 能有效地活化硫醇类促进剂；DPG 对丁基橡胶 IIR 和 乙丙橡胶 EPDM 没有硫化促进效果；在采用氟硅化物发泡工艺的乳胶中，DPG 用作辅助凝胶剂（泡沫稳定剂）。用量：作主促进剂时 1～2 份与 2.5～3.5 份硫黄并用；用作第二促进剂时 0.1～0.25 份与 0.75～1 份硫醇类促进剂和 2.5 份硫黄并用。临界温度 141℃。本品只用于含有白色填料的橡胶制品。

《硫化促进剂 DPG》（HG/T 2342—2010）适用于由二苯硫脲、氧气、氨水，在稀乙醇介质或水介质下制成的硫化促进剂 DPG。促进剂 DPG 的技术要求见表 1.3.4 - 60。

表 1.3.4 - 60　促进剂 DPG 的技术要求

项目	指标
外观	白色或灰白色粉末或颗粒
初熔点（≥）/℃	144.0
加热减量的质量分数（≤）/%	0.30
灰分的质量分数（≤）/%	0.30
筛余物[a]（150 μm）的质量分数（≤）/%	0.10
纯度[b]的质量分数（≥）/%	97.0

注：a. 筛余物不适用于粒状产品。
b. 指标为根据用户要求检测项目。

促进剂 DPG 的供应商见表 1.3.4 - 61。

表 1.3.4-61　促进剂 DPG 的供应商

供应商	规格型号	纯度(≥)/%	初熔点(≥)/℃	终熔点(≥)/℃	灰分(≤)/%	加热减量(≤)/%	筛余物(63 μm)(≤)/%	油含量/%	20℃时的密度/(g·cm⁻³)	堆积密度或备注/(g·cm⁻³)
宁波硫华	DPG 80GE F140	96	145		0.4	0.3	0.1		1.05	EPDM/EVM 为载体
鹤壁联昊	粉料	97.0	144.0	146.0～150.0	0.40	0.40	0.50	—	1.180	0.405～0.450
	防尘粉料	96.0	144.0	146.0～150.0	0.40	0.40	0.50	1.0～2.0	1.180	0.405～0.450
	直径 2 mm 颗粒	96.0	144.0	146.0～150.0	0.40	0.40	—	—	1.180	0.405～0.450
苏州硕宏	DPG-75GE	96	145	活性含量：75%	0.4	0.3	0.1		约 1.12	EPDM 载体 门尼黏度约 55
山东尚舜	粉状、粒状、油粉	97.0	144.0		0.30	0.30	0.10 (150 μm)		1.08～1.19	
	预分散 DPG (D)-7								1.10±0.05	75%DPG、25% EPDM 载体和表面活性剂
天津市东方瑞创	粉料		145.0		0.30	0.30				
	加油粉料				0.40	0.40		1.0～2.0		
	颗粒				0.30	0.30		粒径：1.5～2.0 mm		
锐巴化工	DPG-80GE	97.0	144.0		0.40	0.40				
阳谷华泰	DPG-80	80	紫色颗粒					EPDM/EVM 为载体		
	DPG-80	80	米色至灰白色颗粒					EPDM/EVM 为载体		

4.6.2　促进剂 DOTG，化学名称：二邻甲苯胍

结构式：

$$\text{o-}CH_3C_6H_4-NH-\underset{\underset{NH}{\parallel}}{C}-NH-C_6H_4CH_3\text{-o}$$

分子式：$C_{15}H_{17}N_3$，相对分子质量：239.32，CAS 号：97-39-2，灰白色粉末，味微苦，无臭，相对密度：1.01～1.02 g/cm³，溶于氯仿、丙酮、乙醇，微溶于苯，不溶于汽油和水。

本品活性与促进剂 D 极为相似，硫化临界温度为 141℃，硫化起步很慢，硫化速率也相对较慢。单独使用 DOTG 会引起严重的硫化返原，因此需要并用有效的防老剂。本品是酸性促进剂，与硫醇类、次磺酰胺类、秋兰姆类以及二硫代氨基甲酸盐类促进剂并用时能获得协同效应和二次促进效应，尤其是噻唑类、次磺酰胺类促进剂的重要活性剂，与促进剂 MBT (M) 并用有超促进剂的效果，交联密度和硫化速率都有所提高，硫化胶力学性能和抗老化性能良好。DOTG 在硫化胶中没有喷霜现象。主要用于厚壁制品、胎面胶、缓冲胶、胶辊覆盖胶等。

用量：NR 中 0.8～1.2 份与 2.5～4 份硫黄并用；SBR 中 0.1～0.4 份与 1～1.5 份硫醇类及 1.5～2.5 份硫并用；NBR 中 0.05～0.4 份 与 0.8～1.5 份次磺酰胺促进剂和 1.5～2.4 份硫黄并用。

促进剂 DOTG 的供应商见表 1.3.4-62。

表 1.3.4-62　促进剂 DOTG 的供应商

供应商	商品名称	外观	密度/(g·cm⁻³)	熔点/℃	含量(≥)/%	活性含量/%	灰分(≤)/%	加热减量(≤)/%	63 μm 筛余物(≤)/%	备注(添加剂/%)
宁波硫华	DOTG-75GA F140	灰白色颗粒	1.10	175～178	96	75	0.5	0.5	0.5	ACM/EVM 为载体
苏州硕宏	DOTG-70GA	灰色颗粒	约 1.16	175～178	96	70	0.5	0.5	0.5	ACM 载体 门尼黏度约 60
天津市东方瑞创	粉料	灰白色粉末		170.0			0.30	0.30		—
	加油粉料						0.40	0.40		1.0～2.0

4.6.3　促进剂 BG（OTBG），化学名称：邻甲苯基二胍，1-邻甲苯双胍

结构式：

o-tolylbiguanidine

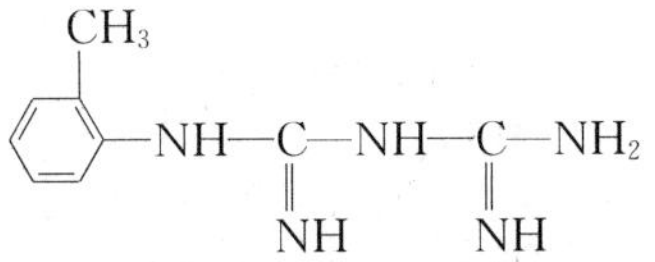

CH_3 —NH—C(=NH)—NH—C(=NH)—NH_2

分子式：$C_9H_{13}N_5$，CAS 号：93-69-6，分子量：191.23，比重：1.17，熔点：140℃。本品为白色粉末，溶于二氯甲烷、乙醇，不易溶于丙酮、乙酸乙酯和水，不溶于苯、四氯化碳和汽油。常温干燥条件下存储稳定，放置几年后在硫化温度下仍能快速硫化。无臭无毒，可用于与食物接触的制品。

促进剂 BG（OTBG）的供应商见表 1.3.4-63。

表 1.3.4-63　促进剂 BG（OTBG）的供应商

供应商	商品名称	外观	密度/($g\cdot cm^{-3}$)	熔点/℃	灰分(≤)/%	加热减量(≤)/%	75 μm 筛余物(≤)/%
广州卓治化工有限公司	促进剂 BG	浅红褐色粉状	1.26	140 以上	0.3	0.3	0.5

4.7　硫脲类

硫脲类促进剂见表 1.3.4-64。

表 1.3.4-64　用作促进剂的硫脲类化合物

名称	化学结构	性状		
		外观	相对密度	熔点/℃
1，2-亚乙基硫脲（促进剂 ETU）	详见本节 4.7.1			
N，N′-二乙基硫脲（促进剂 DETU）	详见本节 4.7.2			
N，N′-二异丙基硫脲	N，N′-diisopropyl thiourea 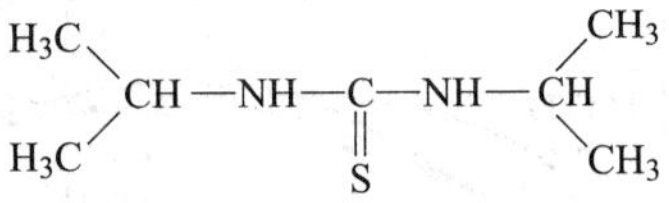 $(H_3C)_2CH$—NH—C(=S)—NH—$CH(CH_3)_2$	白色结晶粉末		143～145
N，N′-二正丁基硫脲（促进剂 DBTU）	详见本节 4.7.3			
N，N′-二月桂基硫脲（促进剂 LUR）	N，N′-dilauryl thiourea 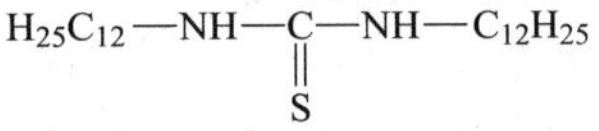 $H_{25}C_{12}$—NH—C(=S)—NH—$C_{12}H_{25}$	淡黄色片状固体		54
N，N′-二苯基硫脲（促进剂 CA、DPTU）	详见本节 4.7.4			
N，N′-二邻甲苯基硫脲（促进剂 A-22 或促进剂 DOTU）	N，N′-diorthotolylthiourea 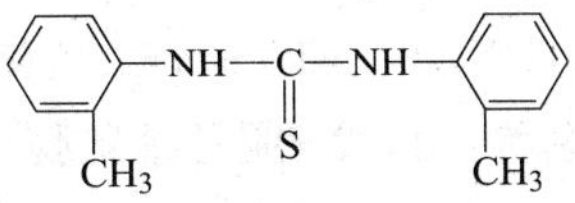 (CH_3-苯基)—NH—C(=S)—NH—(苯基-CH_3)	白色粉末		149～153
N，N′-二糠基硫脲（促进剂 DFTU）	N，N′-difurfuryl thiourea 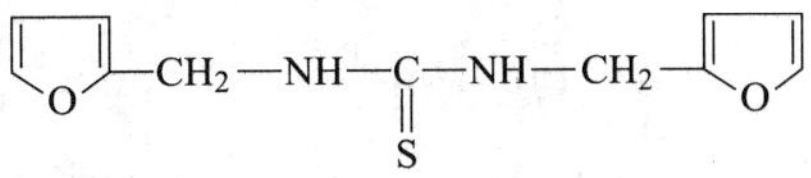 (呋喃基)—CH_2—NH—C(=S)—NH—CH_2—(呋喃基)	棕色蜡状固体	1.23	67～72
N，N，N′-三甲基硫脲（促进剂 TMU 或促进剂 EF_2）	N，N，N′-trimethyl thiourea 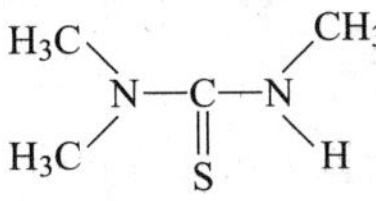 $(H_3C)_2N$—C(=S)—N(H)CH_3	白色至淡黄粉末	1.20～1.26	68～78
二甲基硫脲（促进剂 DMTU）	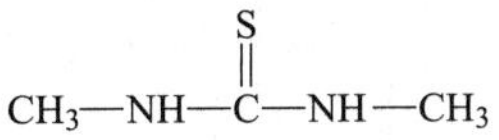 CH_3—NH—C(=S)—NH—CH_3 二甲基硫脲（DMTU）		1.03～1.07	

续表

名称	化学结构	性状		
		外观	相对密度	熔点/℃
四甲基硫脲（Na-101）	tetramethyl thiourea $(H_3C)_2N-C(=S)-N(CH_3)_2$	片状固体	1.2	70
N，N′-二甲基-N′-乙基硫脲（促进剂B）	N，N′-dimethyl-N′-ethyl thiourea $(H_5C_2)(H)N-C(=S)-N(CH_3)_2$	红褐色液体	1.03～1.07	
改性硫脲	modified thiourea	乳白粉末	1.40	240
二烷基硫脲	dialkyl thiourea $RNH-C(=S)-NHR'$ R，R′为烷基	琥珀色液体	1.01	

硫脲类促进剂是氯丁橡胶、氯磺化聚乙烯、氯醚橡胶、丙烯酸酯橡胶的优良促进剂，硫化剂宜配用氧化镁或氧化锌等金属氧化物。硫脲类促进剂在一般制品中用量为0.25～1.5份；在耐水氯丁橡胶制品中用0.2～0.5份配以氧化铅10～20份；在耐高温氯丁橡胶制品中用量可增加到4.0份。

硫脲类促进剂促进作用慢且易焦烧，在一般胶料中很少使用。在天然橡胶、丁苯橡胶中可用作第二促进剂，一般用量为0.3～1.5份，配以0.3～1.5份促进剂MBTS（DM），以改善抗焦烧性能。

图1.3.4-13为几种硫脲类促进剂在丁基橡胶中的硫化效果示意图。

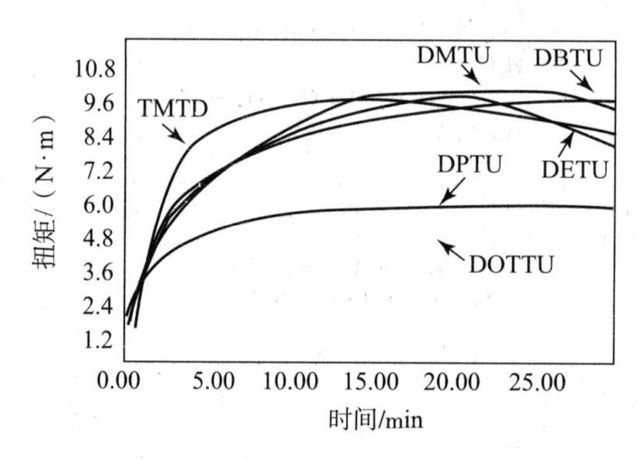

图1.3.4-13 180℃下的硫化曲线图

配合：丁基橡胶100、TMTD 1.0、MBTS 0.5、硫黄2.0、硫脲类促进剂4.0

4.7.1 促进剂ETU（Na-22），化学名称：1，2-亚乙基硫脲、2-硫醇基咪唑啉、乙烯硫脲、乙撑硫脲

结构式：

$$\begin{array}{l} CH_2-NH \\ | \qquad\qquad\quad \rangle C=S \\ CH_2-NH \end{array}$$

分子式：$C_3H_6N_2S$，相对分子质量：102.17，CAS号：96-45-7，相对密度2.00 g/cm^3，白色粉末，溶于乙醇，微溶于水。味苦，致癌，生殖毒性，致畸。对制品不污染，贮存稳定。本品是氯丁橡胶CH型和W型以及氯乙醇橡胶、聚丙烯酸醋橡胶制品的专用促进剂。用于电线、电缆、管带、胶鞋、雨鞋、雨衣等制品，也用于生产抗氧剂、杀虫剂、染料药物和合成树脂的化学品中间体。通常用量0.1～2份。

《硫化促进剂ETU》（HG/T 2343—2012）适用于以二硫化碳和乙二胺为主要原料反应制得的硫化促进剂ETU。促进剂ETU的技术要求和试验方法见表1.3.4-65。

表 1.3.4－65　促进剂 ETU 的技术要求和试验方法

项目		指标	合格品
外观		白色粉末	目测
初熔点（≥）/℃		195.0	GB/T 11409—2008
加热减量的质量分数（≤）/%		0.30	
灰分的质量分数（≤）/%		0.30	
筛余物[a]的质量分数/%	150 μm（≤）	0.10	
	63 μm（≤）	0.50	
纯度[a]的质量分数（≥）/%		95.0	HG/T 2343—2012

注：a. 根据用户要求检验项目。

促进剂 ETU 的供应商见表 1.3.4－66。

表 1.3.4－66　促进剂 ETU 的供应商

供应商	规格型号	纯度（≥）/%	初熔点（≥）/℃	终熔点（≥）/℃	灰分（≤）/%	加热减量（≤）/%	筛余物（63 μm）（≤）/%	油含量/%	20℃时的密度/（g·cm^{-3}）	堆积密度或备注/（g·cm^{-3}）
宁波硫华	ETU－80GE F140	98	195		0.4	0.3	0.3		1.15	EPDM/EVM 为载体
鹤壁联昊	粉料	97.0	195.0	198.0～200.0	0.30	0.30	0.50	—	1.430	0.350～0.420
	防尘粉料	96.0	194.0	198.0～200.0	0.30	0.30	0.50	1.0～2.0	1.430	0.350～0.420
	直径 2 mm 颗粒	96.0	194.0	198.0～200.0	0.30	0.30	—	—	1.430	0.350～0.420
山东尚舜	白色结晶粉末		193.0		0.30	0.30	0.1（150 μm）		2.00	
	预分散 ETU－75									75%ETU、25% EPDM 载体和表面活性剂
锐巴化工	ETU－80 GE	98.0	195		0.5	0.3	0.3		1.14	80%ETU、20% EPDM 载体和表面活性剂
苏州硕宏	ETU－75GE	98	195	活性含量：75%	0.4	0.3	0.3		约 1.28	EPDM 载体 门尼黏度约 50
	ETU－80GE	98	195	活性含量：80%	0.4	0.3	0.3		约 1.20	EPDM 载体 门尼黏度约 45
阳谷华泰	ETU－70/ECO	70	白色颗粒							ECO 为载体
	ETU－75	75	米色颗粒							EPDM/EVM 为载体
	ETU－80	80	米色颗粒							EPDM/EVM 为载体
	ETU－80	80	白色片状							EPDM/EVM 为载体

4.7.2　促进剂 DETU，化学名称：N，N′-二乙基硫脲

分子式：$C_5H_{12}N_2S$，分子量：132.2272，CAS 号：105－55－5。二乙基硫脲为白色或淡黄色细颗粒或粉末，相对密度 1.100 g/cm^3，熔点 70℃以上，有吸湿性，易溶于乙醇、丙酮，可溶于水，难溶于汽油。该物质具刺激性。对眼睛、黏膜和皮肤有刺激作用。遇明火、高热可燃。

结构式：

N，N′－diethyl thioures

$$H_5C_2—NH—\underset{\displaystyle \| \atop \displaystyle S}{C}—NH—C_2H_5$$

二乙基硫脲在橡胶工业中广泛用作促进剂。这类促进剂的促进效力低且抗焦烧性能差，故对二烯类橡胶来说现已很少使用，但在某些特殊情况下，如用秋兰母硫化物等硫黄给予体硫化时，具有活性剂的作用。硫脲类促进剂对于氯丁胶的硫化具有独特的效能，可制得抗张强度、硬度、压缩变形等性能良好的氯丁硫化胶。二乙基硫脲与 Na-22 相比，焦烧及硫化均快，但硫化平坦性较好。本品易分散，不喷霜。用量较大时，可进行高温高速硫化，特别适用于压出制品的连续硫化。本品也是丁基橡胶用促进剂，三元乙丙橡胶的硫化活性剂。在天然胶和丁苯胶中能活化噻唑类和次磺酰胺类促进剂，对天然胶、氯丁胶、丁腈胶和丁苯胶有抗氧化作用。

二乙基硫脲还可用作黑色金属在酸溶液中的高效缓蚀剂。二乙基硫脲在化学清洗时的另一大用途是作为铜溶解促进剂：锅炉系统的凝汽器和给水加热器往往由铜合金制成，当铜合金被腐蚀时，在比铜更活泼的钢材表面会析出金属铜而结垢。这种金属铜用通常的酸溶液清洗，几乎不能去除。这时，若有二乙基硫脲之类的铜离子掩蔽剂与酸共存，就可以明显改善酸清洗液的除铜效果。可以单独加入酸溶液中用作黑色金属的缓蚀剂，也可与氨基磺酸和柠檬酸配合，制成固体清洗剂。

促进剂 DETU 的供应商见表 1.3.4-67。

表 1.3.4-67　促进剂 DETU 的供应商

供应商	型号规格	外观	初熔点(≥)/℃	加热减量(≤)/%	灰分(≤)/%	筛余物(≤)/%(250 μm)	添加剂/%	说明
阳谷华泰	DETU-80	米色颗粒	—	—	—	—	—	EPDM/EVM 为载体
喜润化学工业｜上海雷虹工贸有限公司	—	白色粉末	74	0.5	0.3	0.5	—	—
天津市东方瑞创橡胶助剂有限公司	晶型料	白色晶型料	74.0	0.30	0.30	—	—	—
	加油粉料		74.0	0.40	0.40	—	1.0～2.0	—

4.7.3　促进剂 DBTU，化学名称：N，N′-二正丁基硫脲

结构式：

N，N′-dibutyl thiourea

$$CH_3(CH_2)_3-NH-\underset{\underset{S}{\|}}{C}-NH-(CH_2)_3CH_3$$

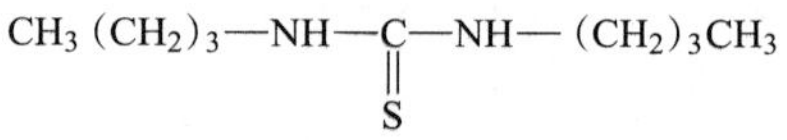

分子式：$C_9H_{20}N_2S$，分子量：188.3，CAS 号：109-46-6，相对密度：1.061 g/cm³，熔点 63～65℃，白色至淡黄色结晶粉末，溶于酒精、乙醇，微溶于二乙醚，难溶于乙醚，不溶于水。

本品系氯丁胶用快速硫化促进剂，性能与 ETU 和 DETU 相近，适用于硫化温度较低的胶料，制品物理性能较好。对天然胶、丁苯胶、丁基胶、三元乙丙胶的硫化亦有促进作用。也是天然胶、氯丁胶、丁腈胶和丁苯胶的抗臭氧剂。不污染、不变色。主要用于电线、工业制品和海绵制品等。

促进剂 DBTU 的供应商见表 1.3.4-68。

表 1.3.4-68　促进剂 DBTU 的供应商

供应商	型号规格	外观	初熔点(≥)/℃	加热减量(≤)/%	灰分(≤)/%	筛余物（≤）/%(840 μm)	添加剂
天津市东方瑞创	粉料	白色晶型粉末	60.0	0.30	0.30	0.00	—
	加油粉料			0.50	0.30	0.00	0.1～2.0
苏州硕宏	预分散 DBTU-70GE	白色颗粒	60	活性含量：70%		EPDM 载体，比重约 1.00，门尼黏度约 45	

4.7.4　促进剂 CA（DPTU），化学名称：N，N′-二苯基硫脲

结构式：

N，N′-diphenyl thiourea

$$C_6H_5-NH-\underset{\underset{S}{\|}}{C}-NH-C_6H_5$$

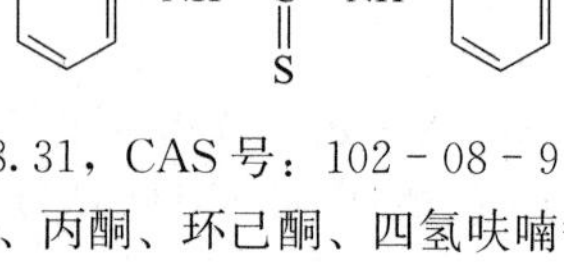

分子式/结构式：$C_{13}H_{12}N_2S$，分子量：228.31，CAS 号：102-08-9，相对密度：1.32 g/cm³，熔点：154～156℃。片状结晶（从乙醇中重结晶），易溶于醇、乙醚、丙酮、环己酮、四氢呋喃等，微溶于 PVC 用的各种增塑剂，不溶于二硫化碳，碱性水溶液中溶解，在酸性水溶液中析出。非常苦。摩擦时发光。

本品系硫化速率较快的一种促进剂，硫化临界温度80℃，温度在100℃以上时活性较高，混炼时需注意避免早期硫化。所得制品坚韧，抗张强度和抗曲疲劳性能优良，但制品受光变色。主要用于天然胶乳、氯丁胶乳制品和天然胶胶浆，亦可用于制造水胎、补胎胶、工业制品、胶鞋等。本品也用作乳液聚合法聚氯乙烯的热稳定剂，特别适用于软质PVC制品，不能与铅、镉等稳定剂并用，否则会导致制品变色。

促进剂CA的供应商见表1.3.4-69。

表1.3.4-69　促进剂CA的供应商

供应商	型号规格	外观	纯度(≥)/%	初熔点(≥)/℃	加热减量(≤)/%	灰分(≤)/%	筛余物(≤)/%(63 μm)	杂质/(个·g^{-1})	添加剂
天津市东方瑞创	粉料	白色粉末		148.0	0.30	0.30	0.50		—
	加油粉料				0.50	0.30	0.50		0.1～2.0
鹤壁市荣鑫助剂有限公司		白色粉末	98.0	148.0	0.30	0.30	0.30	20	

4.8　醛胺类

醛胺类促进剂见表1.3.4-70。

表1.3.4-70　用作促进剂的醛胺类化合物

名称	化学结构	性状		
		外观	相对密度	熔点/℃
六亚甲基四胺（促进剂H）	详见本节4.8.1			
乙醛氨（1-氨基乙醇、α-氨基乙醇、乙醛氨、促进剂AA、促进剂AC）	acetaldehyde-ammonia condensate $CH_3-CH(OH)-NH_2$	白色结晶粉末	1.6	93～97
丁醛丁胺缩合物（促进剂833）	butylaldehyde-butylamine condensate $(CH_3-CH-N-C_4H_9)_n$	琥珀色半透明液体	0.86	115.6（闪点）
三亚丁烯基四胺（CT-N）	tricrotonylidene tetramine $NH_2-CH(CH=CH-CH_3)-NH-CH(CH=CH-CH_3)-NH-CH(CH=CH-CH_3)-NH_2$	棕色黏稠油状液体	1.02	
三乙基三亚甲基三胺（EFA）	triethyl trimethylene triamine $(C_2H_5N=CH_2)_3$	深褐色黏稠液体	1.10	
甲醛苯胺缩合物（A-10）	formaldehyde-*p*-toluidine condensate 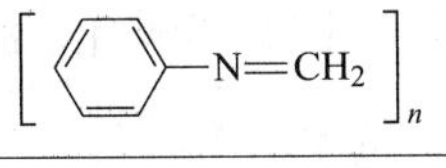 $[C_6H_5-N=CH_2]_n$	棕色黏稠物	1.12～1.16	51
甲醛对甲苯胺缩合物（A-17）	formaldehyde-*p*-toluidine condensate 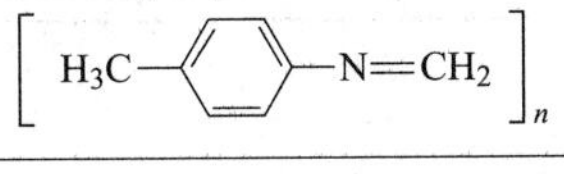 $[H_3C-C_6H_4-N=CH_2]_n$	灰白色粉末	1.11～1.17	178～204
乙醛苯胺缩合物（A-77）	acetaldehyde-aniline condensate 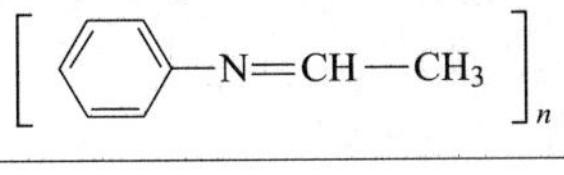 $[C_6H_5-N=CH-CH_3]_n$	深棕色黏性液体		55～85
正丁醛苯胺缩合物（促进剂808）	详见本节4.8.2			
庚醛苯胺反应产物（A-20）	heptaldehyde-aniline reaction product 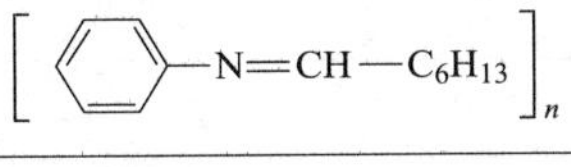 $[C_6H_5-N=CH-C_6H_{13}]_n$	深棕色液体	0.93～0.94	
丁醛和亚丁基苯胺反应产物（A-32）	butyraldehyde-butylidene-aniline reaction product	琥珀色半透明液体	1.01	

续表

名称	化学结构	性状		
		外观	相对密度	熔点/℃
乙醛甲醛苯胺缩合物（A-19）	acetaldehyde-formaldehyde-aniline condensate	棕色 树脂状粉末	1.17	75～85
丁醛乙醛苯胺反应产物（A-16）	butyraldehyde- acetaldehyde-aniline reaction product	红棕色 油状液体	1.01～1.07	85 （闪点）
α-乙基-β-丙基丙烯醛与苯胺缩合物（促进剂576）	α-ethyl-β-propylacnolein-aniline condensate $\left[C_6H_5-N=CH-C(C_2H_5)=CH-C_3H_7 \right]_n$	深琥珀色 液体	0.99～1.02	
多亚乙基多胺（促进剂TR）	polyethylene polyamine $H_2\!-\!\!\left[(CH_2)_2-NH\right]_n(CH_2)_2-NH_2$	黄色至红棕色 液体	0.99	
醛胺缩合物	aldehyde-amine condensate	浅色或橘黄色 液体		

醛胺与醛氨类促进剂常用作噻唑类、秋兰姆类和二硫代氨基甲酸盐类的第二促进剂，配方用量一般为0.5～5份，通常用量为1～1.5份。

醛胺缩合物有特殊气味，需在隔绝空气下贮存。

有微毒，不宜用于与食物接触的制品。

4.8.1 促进剂HMT（H、乌洛托品），化学名称：六亚甲基四胺、六次甲基四胺

结构式：

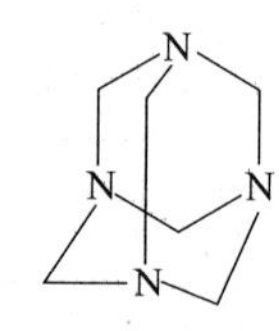

分子式：$(CH_2)_6N_4$，相对分子质量：140.19，CAS号：100-97-0，白色吸湿性结晶粉末或无色有光泽的菱形结晶体，可燃。熔点263℃，如超过此熔点即升华并分解，但不熔融。升温至300℃时放出氰化氢，温度再升高时，则分解为甲烷、氢和氮。相对密度1.331（20/4℃），闪点250℃。有挥发性，几乎无臭，味甜而苦，有毒有害。可溶于水、氯仿、乙醇，难溶于四氯化碳、丙酮、苯和乙醚，不溶于石油醚、汽油。在弱酸溶液中分解为氨及甲醛。与火焰接触时，立即燃烧并产生无烟火焰。其粉尘与空气混合物有爆炸危险。

本品主要用作第二促进剂，在胶料中易分散，不污染、不变色，氧化锌可增加其活性，陶土和炭黑对它有抑制作用，主要用于透明和厚壁制品；用作亚甲基给予体，可以与各种间苯二酚给予体和白炭黑组成各种HRH直接黏合体系，用于橡胶与钢丝或纤维的黏合；做酚醛树脂的固化剂时，用量为10%。临界温度140℃。

《工业六次甲基四胺》(GB/T 9015—1998) 适用于由氨和甲醛生产的工业六次甲基四胺，工业六次甲基四胺的技术指标见表1.3.4-71。

表1.3.4-71 工业六次甲基四胺的技术指标

项目	优等品	一级品	合格品
纯度（≥）/%	99.3	99.0	98.0
水分（≤）/%	0.5		1.0
灰分（≤）/%	0.03	0.05	0.08
水溶液外观	合格		—
重金属（以Pb计）（≤）/%	0.001		—
氯化物（以Cl计）（≤）/%	0.015		—
硫酸盐（以SO_4计）（≤）/%	0.02		—
铵盐（以NH_4计）（≤）/%	0.001		—

促进剂 HMT 的供应商见表 1.3.4－72。

表 1.3.4－72 促进剂 HMT 的供应商

供应商	规格型号	外观	纯度(≥)/%	灰分(≤)/%	水分(≤)/%	重金属(≤)/%(以Pb计)	氯化物(≤)/%(以Cl计)	硫酸盐(≤)/%(以SO_4^{2-}计)	铵盐(≤)/%(以NH_4^+计)	说明
宜兴国立		白色粉末	94	0.6～2.5	0.5					
济南正兴		白色结晶粉末	98.0	0.5	2					
阳谷华泰	HMT－80	米色颗粒	80							EPDM/EVM为载体

4.8.2 促进剂 808，化学组成：正丁醛苯胺缩合物

结构式：$C_6H_5—N=CH—CH_2—CH_2—CH_3$

分子式：$nC_{10}H_{13}N$，相对分子质量：147×n，CAS 号：6841－20－1，棕红色或琥珀色黏稠油状液体，有特殊气味。不溶于水，溶于乙醇，甲苯，丙酮，乙醚等有机溶剂。隔绝空气时贮藏稳定，否则贮藏过久，色泽变深，相对密度增加，但不影响促进效力。

本品主要用于含卤聚合物如氯化聚乙烯、聚氯乙烯、氯醇橡胶、氯丁橡胶、氯磺化聚乙烯橡胶、氯化丁基橡胶，在硫化过程中与噻二唑硫化交联剂配合使用，添加比例为促进剂 808：噻二唑硫化交联剂 0.8：2.5；本品也可单独使用在乳胶丝的生产配方中以及厌氧胶固化过程中作为促进剂。本品硫化临界温度为 120℃，最宜硫化温度范围为 120～160℃。

促进剂 808 的供应商见表 1.3.4－73。

表 1.3.4－73 促进剂 808 的供应商

供应商	密度（20℃）/(g·cm^{-3})	闪点/℃	折射率（20℃）
烟台恒鑫	1.004～1.009	≥170	1.500～1.510

4.9 胺类

用作促进剂的胺类化合物见表 1.3.4－74。

表 1.3.4－74 用作促进剂的胺类化合物

名称	化学结构	性状		
		外观	相对密度	熔点/℃
二正丁胺（PF）	di－n－butyl amine $CH_3—(CH_2)_3—NH—(CH_2)_3—CH_3$	无色液体	0.767	159（沸点）
N-环己基乙胺（HX）	cyclohexylethyl amine 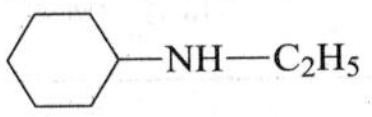 (环己基)—$NH—C_2H_5$	无色至淡黄色液体	0.873	174.6（沸点）
二苄基胺（DBA）	dibenzylamine 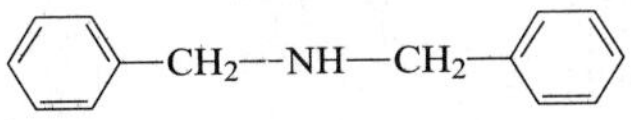 (苯基)—$CH_2—NH—CH_2$—(苯基)	无色至淡黄色液体	1.02～1.03	300（沸点）
对，对′-二氨基二苯甲烷（促进剂 Na－11、防老剂 DDM）	p，p'－diamino diphenyl methane 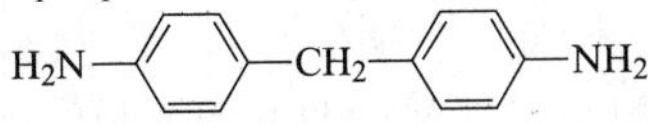 H_2N—(苯环)—CH_2—(苯环)—NH_2	银白色片状结晶	1.15	92～93
糠胺（FA）	furfurylamine 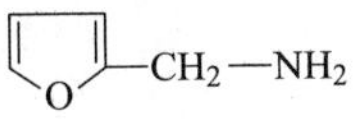 (呋喃环)—$CH_2—NH_2$	无色至淡黄色液体	1.049	145（沸点）
四氢糠胺（THFA）	tetrahydro furfurylamine 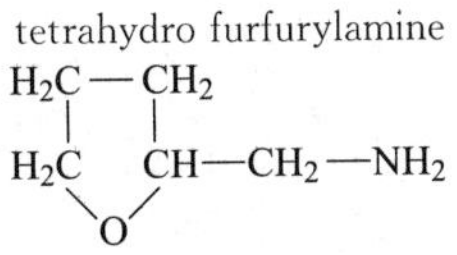 $H_2C—CH_2$ / H_2C $CH—CH_2—NH_2$ / O（四氢呋喃环）	无色至淡黄色液体	0.9748	63（闪点）

续表

名称	化学结构	性状		
		外观	相对密度	熔点/℃
N-甲基糠胺（MFA）	N-methyl furfurylamine (呋喃环)—CH_2—NH—CH_3	无色至淡黄色液体	0.988	—
N-甲基四氢糠胺（MTFA）	N-methyl tetrahydro furfurylamine H_2C—CH_2 H_2C CH—CH_2—NH—CH_3 O	无色至淡黄色液体	0.929	59（闪点）
亚甲基二苯二胺（MDDA）	methylene diphenyl diamine (苯环)—NH—CH_2—NH—(苯环)	棕色树脂状固体	1.15	55～60
三（1，2-亚乙基）二胺（TEDA）	triethylene diamine CH_2—CH_2 N—CH_2—CH_2—N CH_2—CH_2	无色或白色晶体，相对密度为 1.14 g/cm^3，熔点 158～159℃。在叔胺类催化剂中，三亚乙基二胺是最重要的一个品种，可广泛地用于各种聚氨酯泡沫塑料（包括软质、半硬质、硬质聚氨酯泡沫塑料、微孔弹性体）、涂料、弹性体等。在一步法发泡工艺中，三亚乙基二胺的重要性尤其显著。一方面由于它的活性高，用量较小；另一方面是它对凝胶反应和发泡反应都有较强的催化作用，尤以对聚氨酯与羟基的催化作用（氨酯形成反应、凝胶反应）选择性更强		
促进剂 STAG	仲胺络合物	浅蓝色粉末	1.26	130
甲苯二胺络合物（MPDA）	m-pnenylennediamine salt complex	乳白色液体	1.11	—
间苯二甲酸氢二甲胺（CPA）	demethylammonium hydrogen isophthalate	白色粉末	1.35	190
硫代二嗪（NP）	thiadiazine	白色粉末	1.35	90～105
氧杂二嗪硫酮和相关物络合物（DATU）	complex oxadiazine thione and related materials	棕黄色片状物	1.25	73～77
烷基胺（PA）	alkylamine	浅黄色黏性液体	0.93	215～225（沸点）

胺类是最早使用的促进剂，弱碱性。如今一般不单独使用，常用作第二促进剂或硫化活性剂，对噻唑类、二硫代氨基甲酸盐类和黄原酸类促进剂有活化作用；槽法炭黑、陶土和脂肪酸对其有抑制作用。一般用量为 0.5～2.0 份。

有变色性，不宜用于白色或浅色制品。

4.10 其他

4.10.1 复配型促进剂

复配型促进剂，如促进剂 F，由促进剂 MBTS（DM）、D 和 H 组成的混合物；促进剂 V，由促进剂 D 和 DBM（2，4-二硝基苯硫代苯并噻唑）组成的混合物，美国、日本、中国均有生产。

（一）三元乙丙橡胶专用复配促进剂

三元乙丙橡胶专用复配促进剂的供应商见表 1.3.4-75。

表 1.3.4-75　三元乙丙橡胶专用复配促进剂的供应商

供应商	商品名称	化学组成	产地等	外观	熔点/℃	特点	说明
金昌盛	ACCEL EM33	各种促进剂混合物	日本川口	淡黄色粉末	≥65	不喷霜，较好的焦烧与硫化特性，硫化速率中等偏上	用量 1～2 份；模压制品 2～3 份，第三单体含量低的 EPDM 和浅色及连续硫化制品需用 2～5 份
	EG-4/EG-5	高效率促进剂混合物	锐巴化工	淡黄色粉末		不喷霜，环保，亚硝胺含量低	用量 2～6 份，EG-5 比 EG-4 稍快，硫化胶气味小
	EG-75 GE	二苄基二硫代氨基甲酸锌、环保型秋兰姆类、次磺酰胺类促进剂混合物	锐巴化工	淡黄色颗粒		低 VOC，不喷霜，环保，无亚硝胺，焦烧安全性好，流速中等偏上，低压缩变形	ML（1+4）50℃：30～60，EPDM/EVM 载体。用量按照粉体换算：一般 3～7.5 份
苏州硕宏	Sovbond EP33-75GE	复配型混合促进剂	活性含量：75%	灰白至淡黄色颗粒	比重：1.32	低气味型，不吐霜，硫化速度快，焦烧安全性好	EPDM 载体门尼黏度约 55
	Sovlink EP37	复配型混合促进剂	活性含量：100%	灰白至淡黄色粉末	松密度：0.55	EPDM 专用的环保型综合促进剂，可通过 FDA、NSF 等相关认证，本品不会产生任何有毒的亚硝胺物质，可提供胶料在硫化速度、焦烧性以及物理性能间的平衡	
宁波硫华	LHG-80GE F140	二硫代磷酸锌、苯并噻唑、次磺酰胺类促进剂的增效组合	密度：1.12 g/cm³	淡黄色颗粒，以 EPDM/EVM 为载体		不喷霜，低焦烧危险；不产生亚硝胺；较高的交联密度，低压缩永久变形；适用于快速硫黄硫化体系	挤出制品用量 4～7 份，并用硫黄 0.8～1.5 份；其他制品用量 3～6 份，并用硫黄 0.8～1.5 份；硫化胶气味小；适用于挤出制品，例如，型材和密封条
	EG3M-75GE F140	二硫代氨基甲酸盐、苯并噻唑、秋兰姆和硫脲类传统促进剂的增效组合	密度：1.20 g/cm³	淡黄色颗粒，以 EPDM/EVM 为载体		能提高 EPDM 的硫化速率在橡胶制品中可以避免喷霜的现象	用量 2～6 份；尤其适用于挤出制品，例如型材和密封条；硫化胶具有较低的异味
阳谷华泰	EM33-80			米色颗粒，以 EPDM/EVM 为载体			
中山市涵信橡塑材料厂	EG3H-75GEF150		门尼黏度 ML（1+4）50℃：40±15，密度 g/cm³：1.25±0.04	淡黄色粒状		硫化制品物性好，不喷霜	本品在加工过程中进行 100 目过滤处理。在 EPDM配方中为中快速促进剂，硫化速率可根据 EPDM中第三单体含量适当调整。建议用量：2～6 phr

元庆国际贸易有限公司代理的德国 D. O. G 三元乙丙橡胶专用复配促进剂有：

1. EG-3 EPDM 促进剂（不喷霜）

成分：高效率促进剂的混合物，外观：淡黄色粉末，比重：1.4（20℃），污染性：无，贮存性：原封室温至少一年。

本品在胶料中易掺合及分散，硫化时不会引起表面喷霜现象；在高温加硫能缩短硫化时间，并可提高 EPDM 的硫化效率；可降低制品压缩变形，提高耐高温老化性能。可应用于过氧化物及硫黄并用体系。

用法：与 1～2 份硫黄同时加入使用。

用量：

胶料组成		EG-3（份）	硫黄（份）
DCP-EPDM	黑色制品	5	2
4%EN-EPDM	黑色制品	4～5	2～1.5
8%EN-EPDM	黑色制品	3～4	2～1
浅色制品		5～6	1.5

注：EN 代表碘值。

2. DEOVULC BG 187V EPDM 促进剂（无亚硝胺/不喷霜）

成分：结合噻唑和二硫代磷酸盐的混合促进剂，外观：米色无粉尘粉末，密度（20℃）：1.34～1.46 g/cm^3，总硫：18.5%～21.5%，贮存性：室温干燥至少二年。

本品应用在不含亚硝胺的硫化制品中（主要为 EPDM），不会产生喷霜且无污染；可以借由添加 ZBEC 或 TBzTD 或 CBS 来缩短硫化时间；不可用于与食品接触的制品。

用量：黑色胶料 4～6 份，浅色胶料 6～8 份；添加硫黄促进剂可以 0.8～2 份，最好 1.2～1.5 份。

3. DEOVULC BG 287 EPDM 促进剂（无亚硝胺/压变好）

成分：协同结合不同的促进剂，外观：米色无粉尘粉末，比重（20℃）：1.42～1.46 g/cm^3，总硫：20.0%～21.6%，贮存性：室温干燥至少二年。

本品适用于无亚硝胺的硫化制品（主要为 EPDM），不会产生喷霜及污染，且提供快速硫化，硫化胶具有良好的热稳定性及压缩变形；可以应用在所有的制造加工技术，如挤压和注射成型。用于连续硫化（无压）时，建议与 Deostab 并用。

用量：黑色胶料 4～6 份，浅色胶料 5～7 份，硫黄用量 0.8～1.5 份。

（二）耐黄变促进剂

1. 元庆国际贸易有限公司代理的台湾 EVERPOWER 公司 MAC 6 耐黄变促进剂的物化指标为：

组成：次磺酰胺类、硫代磷酸锌类、硫代氨基甲酸盐类等的均匀混合物，外观：淡白灰色颗粒，比重：1.23，熔点：>130℃，含水量：<1%，储存期限：一年（室温）。

本品针对白色胶料耐紫外线照射及耐候性的要求，白度可达 4 级以上长期放置亦不会变黄，抗 UV 性佳。适用于任何白色鞋材、鞋底、白色胶板等。

使用说明：与硫黄（S-80）的用量比例为 1∶1.2。

配方实例：SKI-3S 20、SBR 1502 20、BR 60、HI-SIL 40、A-ZnO 5、St. a 1、DEG 3、PEG 1、CPL 1、40/60 0.5、R-103 钛白粉 10。

2. 连云港锐巴化工有限公司生产的 LS-4（A）与 LS-4-50 GE（预分散型）耐黄变促进剂的物化指标为：

成分：高效促进剂混合物，外观：白色粉末，松密度（g-l）：550，贮存期：室温、干燥环境下至少 1 年。

LS-4（A）耐黄变促进剂对白色胶料有较好耐黄变效果，耐黄变性能可达到 4～4.5 级。也可用于彩色胶料，不污染、不变色。本品用于白色及彩色橡胶制品中，耐热性好，不会产生色差；在胶料中溶解度大，用量不超过 6PHR 不喷霜。LS-4（A）用量为 1.5～2PHR，其他促进剂可不加，作为主促进剂和硫黄（1.8～2PHR）、TS（0.1～0.3PHR）并用即可，使用方便。LS-4（A）硫速快，应注意防止焦烧，适当调整活性剂（DEG、PEG）用量。适用于 NR、BR、SBR、NBR、EPDM 胶料中，特别适用于鞋底、橡胶地毯、橡胶地板等彩色橡胶制品行业。

用量：1.5-2PHR（鞋底行业）；2-4PHR（地毯、地板行业）

3. 苏州硕宏高分子材料有限公司研发的耐黄变综合促进剂，针对白色围条及浅色鞋底方面，可以满足低温至 130℃时的快速硫化，同时具有极佳物性，使用该产品的胶料可达到最低 2 周的储存稳定性。苏州硕宏高分子材料有限公司耐黄变综合促进剂的技术指标见表 1.3.4-76。

表 1.3.4-76　苏州硕宏高分子材料有限公司耐黄变综合促进剂的技术指标

供应商	商品名称	外观	活性含量/%	密度/(g·cm^{-3})	说明	
苏州硕宏	预分散 Sovbond SR42	淡黄色颗粒	80	约 1.33	EPDM 载体门尼黏度约 45	鞋材专用耐黄变综合促进剂，方便称量，贮存焦烧优异
苏州硕宏	Sovcure SWR	白色粉末	65	松密度约 0.64	经惰性材料吸附，方便称量，剂量准确，为新一代不吐霜型耐黄变促进剂	

4.10.2　二硫化戊基苯酚聚合物

二硫化戊基苯酚聚合物促进剂见表 1.3.4-77。

表 1.3.4-77　二硫化戊基苯酚聚合物促进剂

牌号	化学名称	分子式	硫含量（wt）/%	软化温度/℃
Vultac 2	苯酚，4（1，1-二甲基丙基）-聚合物和氯化硫	$(C_{11}H_{16}O \cdot Cl_2S_2)_x$	23	55
Vultac 3	苯酚，4（1，1-二甲基丙基）-聚合物和氯化硫	$(C_{11}H_{16}O \cdot Cl_2S_2)_x$	28	85
Vultac 5	二硫化戊基苯酚聚合物	$(C_{11}H_{16}O \cdot Cl_2S_2)_x$	18	85
Vultac 7	苯酚，4（1，1-二甲基丙基）-聚合物和氯化硫	$(C_{11}H_{16}O \cdot Cl_2S_2)_x$	30	120
Vultac 710	苯酚，4（1，1-二甲基丙基）-聚合物、氯化硫和 10%硬脂酸	$(C_{11}H_{16}O \cdot Cl_2S_2)_x$	27	85

二硫化戊基苯酚聚合物主要用作主链饱和的丁基橡胶的副促进剂。尽管二硫化戊基苯酚聚合物中含有硫，但由于苯酚

基团的位阻效应，二硫基团不容易靠近。硫交联键主要是二硫交联键，但三硫交联键、四硫交联键也有报道。二硫化戊基苯酚聚合物促进剂的结构通式和所形成的交联键如下所示：

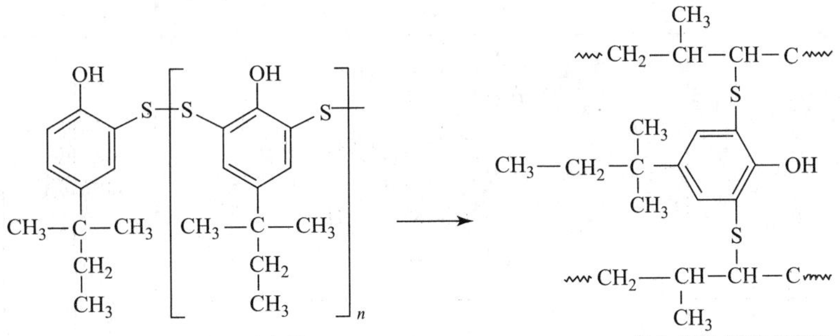

二硫化戊基苯酚聚合物

硫化苯酚交联示意图

二硫化戊基苯酚聚合物促进剂的表观活化能对比见表 1.3.4－78。

表 1.3.4－78 二硫化戊基苯酚聚合物促进剂的表观活化能对比（埃克森美孚化学公司数据）

促进剂	MDR 流变仪 ΔT（dNm）@160℃	表观活化能 Ea（kJ/mol）	形态
TMTD	4.64	81.77	—
Vultac 2	4.79	79.52	玻璃状
Vultac 3	7.23	99.96	玻璃状
Vultac 5	6.66	100.97	粉状
Vultac 7	7.23	92.84	粒子
Vultac 710	7.22	96.41	粒子

尽管二硫化戊基苯酚聚合物促进剂的表观活化能比 TMTD 的高，但流变仪扭矩差 ΔT，与拉伸强度、扯断伸长率和定伸应力相关的硫化程度较高，尤其是 Vultac 3。二硫化戊基苯酚聚合物促进剂在一些并用胶硫化体系中可以改善界面黏合。曾有报道研究了二硫化戊基苯酚聚合物在 NR/NBR 并用胶中的性能，为了使体系具有较高的活性，需要加入高达 4.5 份 Vultac 3。尽管人们对二硫化戊基苯酚聚合物在硫化过程中的硫化机理仍不很清楚，但研究表明，当用二硫化戊基苯酚聚合物取代游离硫黄后，聚合物共混体中的优先硫化现象较轻。业已得出的结论是，二硫化戊基苯酚聚合物提高了硫化中间体在天然橡胶中的溶解度，形成单硫交联键，使胶料具有较好的抗硫化返原性能。

Vultac 系列硫给予体也可以用于要求与天然橡胶或 NR/SBR 并用胶具有良好黏合性能的氯化丁基橡胶轮胎胶料中，这些胶料一般具有较高的硫化程度，硫化程度可以用 MBTS 和 MgO 来控制。但是，使用氧化镁会增加胶料在压延机辊上的黏辊性，也会加重模具污染；对于溴化丁基橡胶而言，使用二硫化戊基苯酚聚合物会使焦烧时间缩短，因而限制了其应用。

4.10.3 其他促进剂

其他促进剂见表 1.3.4－79。

表 1.3.4－79 其他促进剂

名称	化学结构	性状		
		外观	相对密度	熔点/℃
50%邻苯二酚无水甲醇溶液（CM）	50% solution of catechol in anhydrous methano 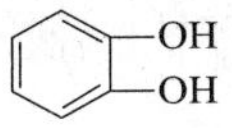 （邻苯二酚结构，-OH，-OH）+ CH_3OH	紫褐色液体	0.985	58 （闪点）
三乙醇胺与妥尔油反应产物（Ridacto）	trietanolamine－tall oil reaction product	褐色液体	1.05	360 （沸点）
哌啶（六氢吡啶）（CW－1015）	piperidine 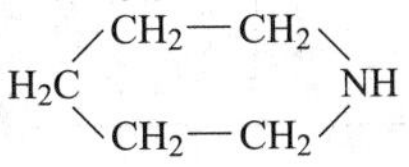 $H_2C(CH_2CH_2)_2NH$	无色 透明液体	0.86	106 （沸点）

续表

名称	化学结构	性状		
		外观	相对密度	熔点/℃
硫氢嘧啶（Thiate A）	thiohydropyrimidine 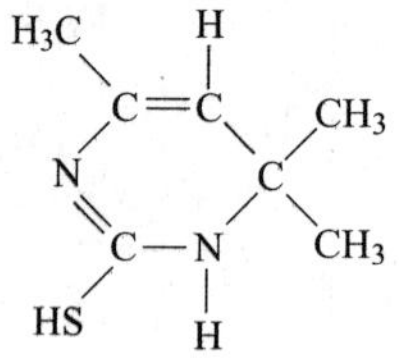	白色 结晶粉末	1.09～1.15	250
糠醛胺（Vulcazol A）	furfuramide 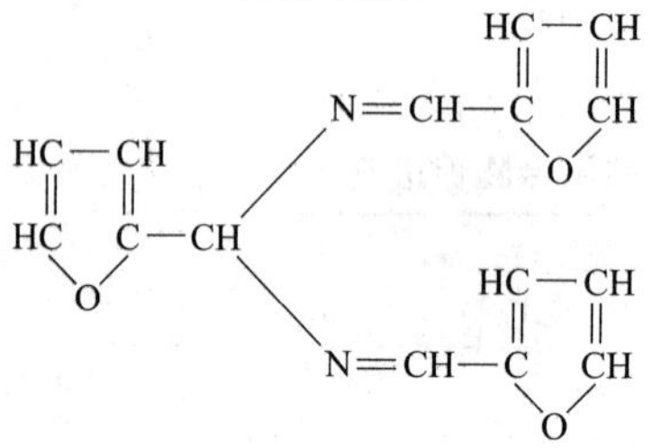	黄褐色粉末	1.15	110

第五节　防焦剂和抗返原剂

5.1　防焦剂

能防止胶料在加工过程中早期硫化（焦烧）的物质称为防焦剂。对防焦剂的要求是能迟延胶料的起硫时间，确保加工的安全性，增加胶料或胶浆的贮存稳定性，但不影响胶料的其他硫化特性和硫化胶的物理机械性能。有机酸类防焦剂在延长焦烧的同时，减慢硫化速率。氮硫类化合物，如N-环己基硫代邻苯二甲酰亚胺［防焦剂PVI（CTP）］，不靠酸性，而靠参与硫化过程，在硫化前俘获促进剂形成潜伏性中间体，从而延缓交联反应的自动催化作用，延长焦烧时间而又不会影响硫化速率。

硬脂酸增大用量也可防止焦烧，并常用于轻度焦烧的NR胶料的回炼再生。

防焦剂见表1.3.5-1。

表1.3.5-1　防焦剂

名称	化学结构	性状		
		外观	相对密度	熔点/℃
N-亚硝基二苯胺（防焦剂NA）	N-nitroso-diphenylamine 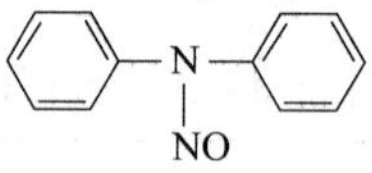	黄色至棕色粉末或片状结晶体	1.24	66.5
邻苯二甲酸酐（苯酐，PA）	phthalic anhydride 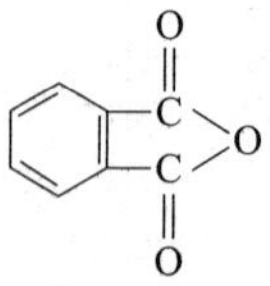	白色 针状晶体	1.53	130.8
苯甲酸（BA）	benzoic acid 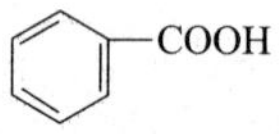	白色结晶	1.27	120
N-环己基硫代邻苯二甲酰亚胺［防焦剂PVI（CTP）］	详见本节5.1.1			

续表

名称	化学结构	性状		
		外观	相对密度	熔点/℃
2-硝基丙烷（2-NTP）	2-nitropropane 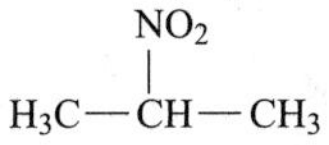 $H_3C—CH(NO_2)—CH_3$	无色透明油状液体	0.99	120.3（沸点）
1-氯-1-硝基丙烷（CNP）	1-chloro-1-nitropropane 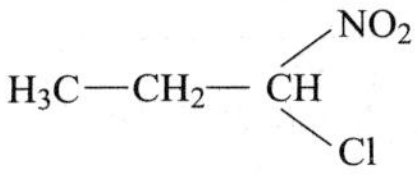 $H_3C—CH_2—CH(NO_2)Cl$		1.21	139～145（沸点）
水杨酸（SA）	详见本节 5.1.2			
乙酰水杨酸（ASA，阿司匹林）	acetylsalicylic acid 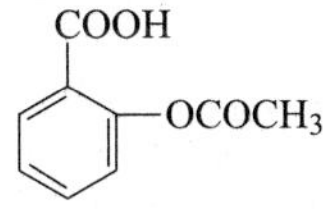 邻位 COOH、$OCOCH_3$ 取代苯	乳白色粉末	1.28	131
邻苯二甲酸（PTA）	o-phthalic acid 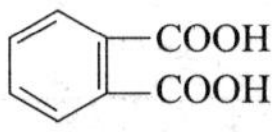 邻位二 COOH 取代苯	无色片状结晶	1.593	234
N-三氯甲基硫代邻苯二甲酰亚胺（TCT）	N-trichloromethy(thiophth hlimide) 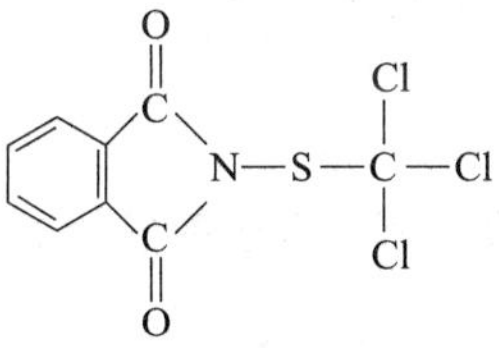 邻苯二甲酰亚胺 N—S—CCl_3	白色结晶		177
苹果酸（BA）	malic acid HOCHCOOH CH_2COOH	白色粉末	1.6	100
乙酸钠（SAT）	sodium acetate $H_3C—COONa$	白色结晶	1.4～1.53	324
1，3-二氯-5，5-二甲基乙内酰脲（DCDD）	1，3-dichloro-5，5-dimethyl hydantoin 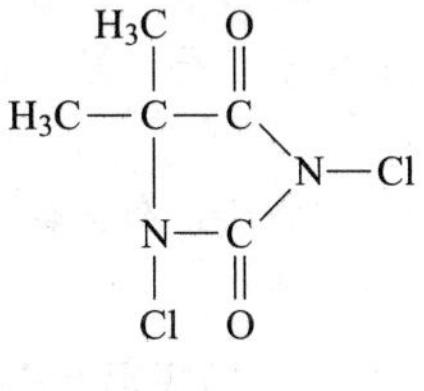 $(H_3C)_2C$—C(=O)—N(Cl)—C(=O)—N(Cl)— 环	白色粉末	1.5	132～134
二苯基硅二醇（DPS）	diphenyl silandiol 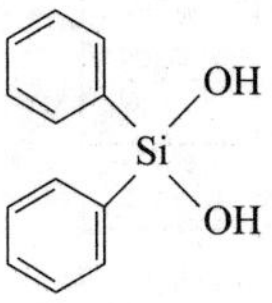 $(C_6H_5)_2Si(OH)_2$	白色针状结晶		140～141（失水分解）
N-吗啉硫代邻苯二甲酰亚胺（MTP）	N-(morpholinothio)phthalimide 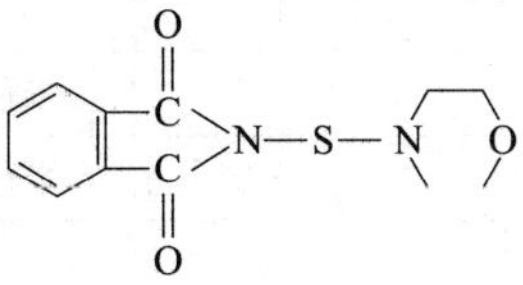 邻苯二甲酰亚胺 N—S—N(吗啉环)	褐色结晶粉末	1.59	136～147

续表

名称	化学结构	性状		
		外观	相对密度	熔点/℃
马来酸（MA）	maleic acid $HO-C(=O)-CH=CH-C(=O)-OH$		1.21	139～145
N-苯基-N-［（三氯甲基）硫代］苯磺酰胺（防焦剂E）	详见本节5.1.3			

目前使用的防焦剂的品种主要是硫氮类。常用的防焦剂为PVI（CTP），其他防焦剂还有有机酸如水杨酸、邻苯二甲酸酐（PA）等。有机酸、酸酐类防焦剂主要品种与特性见表1.3.5-2。

表1.3.5-2 有机酸、酸酐类防焦剂主要品种与特性

名称	用途与特性	名称	用途与特性
邻苯二甲酸酐	用于NR、SBR、NBR，对各种促进剂都有防焦烧作用，在碱性促进剂中特别有效，用量0.1～0.5份；在无硫黄的秋兰姆硫化中无效；非污染，不喷霜（FDA批准）	苯甲酸	效果同邻苯二甲酸酐（FDA批准），有使未硫化橡胶稍稍软化的作用
水杨酸	效果同邻苯二甲酸酐，用量为促进剂的25%～50%（FDA批准）	乙酰水杨酸	用于NR

防焦剂NA、PA、防焦剂PVI（CTP）有轻微污染性，不宜用于浅色、白色制品。NA、PA、防焦剂PVI（CTP）、SA和MA等防焦剂有毒性，不宜用于与食物接触的制品。

防焦剂一般用量0.1～1.0份，但DPS可用到10份。

部分防焦剂可燃，其粉尘与空气的混合物有爆炸危险。

5.1.1 防焦剂PVI（CTP），化学名称：N-环己基硫代邻苯二甲酰亚胺

结构式：

N-(cyclohexylthio)phthalimide

（结构式：邻苯二甲酰亚胺基 $N-S-CH(CH_2-CH_2)_2CH_2$）

分子式：$C_{14}H_{15}O_2SN$，相对分子质量：261.34，CAS号：17796-82-6，白色粉末（颗粒），相对密度1.25～1.35 g/cm^3，熔点93～94℃，溶于丙酮、苯、甲苯、乙醚、乙酸乙酯、热四氯化碳、热醇，微溶于汽油，不溶于煤油和水。本品为非污染助剂，但对白色胶料轻度着色，可提高胶料的贮存稳定性，防止存放时胶料自硫，对已经经受高热或局部焦烧的胶料具有再生复原作用。常用量为0.1～0.25份。

本品用于硫黄硫化体系，对有效、半有效体系效果较小；对次磺酰胺类效果最显著，对噻唑类次之。

防焦剂PVI的供应商见表1.3.5-3。

表1.3.5-3 防焦剂PVI的供应商

供应商	规格型号		纯度(≥)/%	初熔点(≥)/℃	灰分(≤)/%	加热减量(≤)/%	筛余物(63 μm)(≤)/%	20℃时的密度/(g·cm^{-3})	堆积密度或备注/(g·cm^{-3})
阳谷华泰	防焦剂CTP	结晶粉末	96	89	0.1	甲苯不溶物小于0.5%			
		充油粉末	96	88	0.1				充油0.2%～1.0%
		填料隔离		89					惰性填料2%～5%
		湿法造粒	96	88	0.1				有机载体1%
		CTP-80	80	米色颗粒					EPDM/EVM为载体
		CTP-80/SBR	80	米色颗粒					SBR为载体
宁波硫华	CTP-80GE F500		98	85				1.1	EPDM/EVM为载体

续表

供应商	规格型号	纯度（≥）/%	初熔点（≥）/℃	灰分（≤）/%	加热减量（≤）/%	筛余物（63 μm）（≤）/%	20℃时的密度/（g·cm^{-3}）	堆积密度或备注/（g·cm^{-3}）
鹤壁联昊	粉料	96.0	90.0	0.10	0.40	0.50	1.330	0.600～0.650
	防尘粉料	95.0	90.0	0.10	0.40	0.50	1.330	0.600～0.650
	直径 2 mm 颗粒	95.0	90.0	0.10	0.40	—	1.330	0.600～0.650
山东尚舜	白色或淡黄色结晶粉末	96.0	89.0	0.30	0.50			
苏州硕宏	预分散 CTP-75GE	98	85	灰白色颗粒		活性含量：75%	约 1.19	EPDM 载体 门尼黏度约 45

5.1.2 邻羟基苯甲酸（水杨酸、SA）

分子式：$C_7H_6O_3$，相对分子质量：138.12，相对密度：1.443 g/cm^3，结构式：

水杨酸主要用于医药、燃料、香料、橡胶、食品等工业。

《邻羟基苯甲酸（水杨酸）》（HG/T 3398—2003）列示的对水杨酸的技术要求见表 1.3.5-4。

表 1.3.5-4　对水杨酸的技术要求

项目	指标
外观	浅粉红色至浅棕色结晶粉末
干品初熔点（≥）/℃	156.0
邻羟基苯甲酸含量（≥）/%	99.0
苯酚含量（≤）/%	0.20
灰分（≤）/%	0.30

5.1.3 苯磺酰胺类防焦剂

苯磺酰胺类防焦剂的主要品种为 N-苯基-N-［（三氯甲基）硫代］苯磺酰胺，即防焦剂 E，其结构式为：

分子式：$C_{13}H_{10}S_2O_2NCl_3$，分子量：382.5，CAS 号：2280-49-1。熔点：110℃，相对密度：1.68 g/cm^3，不污染，不变色，不产生亚硝胺化合物。

黄色或白色粉末，部分溶于苯、乙酸乙酯，微溶于汽油，不溶于水。

本品可用作天然橡胶、合成橡胶的防焦剂，尤其适用于 EPDM、NBR 和 HNBR，是不饱和橡胶硫黄硫化体系中最有效的防焦剂之一，可显著延长焦烧时间，但不影响硫化速率，同时提高 EPDM 和 NBR 胶料的硫化交联密度，提高定伸应力，减小压缩变形。在硫化过程中不会产生有害物质，也可在要求不含亚硝胺的制品中用作第二促进剂。

本品特别适用于秋兰姆硫化体系，并可作为第二促进剂，减少硫化时间，提高生产效率。

本品不污染、不变色，可用于浅色制品。本品主要用于模压及挤出制品等，如汽车密封条。一般用量 0.6～1.6 份。

苯磺酰胺类防焦剂的供应商见表 1.3.5-5。

表 1.3.5-5　苯磺酰胺类防焦剂的供应商

供应商	型号规格	活性含量/%	颜色	滤网/μm	弹性体	门尼黏度［ML（1+4）50℃］	相对密度	邵尔硬度
元庆国际贸易有限公司（法国 MLPC）	PBS-R	80	P（淡粉红色）	500	E/AA	40	1.15	40
苏州硕宏	预分散 EC-80GE	80	灰白色颗粒	100	EPDM	约 45	约 1.29	

续表

供应商	型号规格	活性含量/%	颜色	滤网/μm	弹性体	门尼黏度[ML（1+4）50℃]	相对密度	邵尔硬度
阳谷华泰	乙丙橡胶等专用防焦剂充油粉末 V. E/C	92	充油 2%，以 6%惰性填料包覆的白色粉末，熔点 110℃。是多种促进剂硫化体系的橡胶，如 EPDM 的有效防焦剂，改善焦烧安全性，但不降低硫化扭矩和硫化胶的定伸应力，改善压缩永久变形，适用于 EPDM 汽车密封条。					
	V. E-80	78～82	米色颗粒，EPDM/EVM 为载体，能显著延迟起始硫化而不明显延长总硫化时间。多种促进剂并用体系的橡胶如 EPDM 的有效防焦剂，改善焦烧安全性，但不降低硫化扭矩和硫化胶的定伸应力，改善压缩永久变形，适用于 EPDM 汽车密封条					

注：N—本色，P—加色料；GA—乙烯丙烯酸酯弹性体颗粒。

苯磺酰胺类防焦剂的供应商还有：三门峡市邦威化工有限公司（防焦剂 E）。

5.1.4 N-氯仿基硫代-4-丙己烯-二甲酰亚胺

白色至灰色结晶粉末，熔点 158～170℃。

本品为有效硫化体系硫化的天然橡胶和合成橡胶，如 NBR、CR 等的硫化防焦剂，在次磺酰胺（酰亚胺）/噻唑/烷基二硫代磷酸锌硫化体系中，改善焦烧安全性，同时提高交联密度和硫化胶的定伸应力，改善压缩永久变形。适用于对耐热和抗硫化返原性能要求高的厚制品胶料，如工程轮胎、工程巨胎、减震橡胶等。

N-氯仿基硫代-4-丙己烯-二甲酰亚胺的供应商有：山东阳谷华泰化工股份有限公司［防焦剂 CTT、母胶粒 CTT-70（米色颗粒，EPDM/EVM 为载体）、母胶粒 CTT-70/SBR（米色颗粒，SBR 为载体）］。

5.2 抗返原剂

硫化平坦期长，耐硫化返原性优，对于厚制品尤其重要。

不饱和碳链橡胶中，噻唑类促进剂硫化平坦期长，而胍类、秋兰姆类、二硫代氨基甲酸盐类均短。

各种促进剂在天然橡胶中的抗硫化返原能力的顺序如下：

MBTS（DM）＞NOBS＞TMTD＞DCBS（DZ）＞CBS（CZ）＞D

有效硫化体系、给硫体硫化，均可大大改进耐硫化返原。总的来说，稳定交联键结构与减少主链改性，保持高温绝氧硫化条件，有利于改善硫化返原。如 IIR 的硫黄硫化体系，ZnO 用量要大于 1 份，以稳定交联键，否则，易出现硫化返原现象；采用 TBSI［N-叔丁基-双（2-苯并噻唑）次磺酰胺］，降低硫黄用量，形成更多的热稳定交联键，提高硫化胶耐热性的同时改进抗硫化返原性。平衡硫化体系（EC）抗硫化返原性相当好，与 Si-69 作为补充交联键的后硫化稳定剂功能相关。六甲撑双硫代硫酸钠二水合物（HTS）参与硫化过程，形成杂合交联键，在交联结构中引入长且柔软的热稳定的烷基。双马来酰亚胺的抗硫化返原性也不逊色于 HTS。1，3-双（柠康酰亚胺甲基）苯在硫化出现返原时进行交联补偿，表现出好的抗硫化返原性。另外，芳族酸锌盐做活化剂，也可改进抗硫化返原性，配合 Si-69、HTS 可大大增进交联的热稳定性。[4]

5.2.1 硫化剂 PDM（HVA-2、HA-8），多功能抗硫化返原剂，化学名称：N，N-间苯撑双马来酰亚胺

结构式：

分子式：$C_{14}H_8N_2O_4$，相对分子质量：268.23，CAS 号：3006-93-7，黄色或棕色粉末，可溶于二氧六环、四氢呋喃和热丙酮中，不溶于石油醚、氯仿、苯和水中。

本品在橡胶加工过程中既可作硫化剂，也可作过氧化物体系的助硫化剂，还可以作为防焦剂和增黏剂；既适用于通用橡胶，也适用于特种橡胶和橡塑并用体系；特别适用于天然橡胶的大规格厚制品及各种橡胶杂品。在天然胶中，与硫黄配合，能防止硫化返原，改善耐热、耐老化，降低生热，提高橡胶与帘线、金属的粘合强度和硫化胶模量；用于斜交载重轮胎的胎肩胶、缓冲层等配方，可缓解轮胎肩空；在过氧化物硫化体系（包括氯化聚乙烯）中，本品能够改善交联程度和耐热性，降低压缩永久变形；本品属无硫硫化剂，用于电缆橡胶，它可代替噻唑类、秋兰姆等含硫硫化剂，缓解铜导线和铜电器因接触含硫硫化剂生成硫化铜污染发黑的问题。作为防焦剂用量 0.5～1.0 份，作为硫化剂为 2～3 份，改善压缩变形为 1.5 份，提高黏合强度为 0.5～5.0 份。

硫化剂 PDM 的供应商见表 1.3.5-6。

表 1.3.5-6 硫化剂 PDM 的供应商

供应商	商品名称	筛余物 (150 μm) (≤)/%	密度/ (g·cm^{-3})	熔点 (≥)/℃	含量 (≥)/%	加热减量 (≤)/% (75-80℃×2 h)	灰份 (≤)/%	说明
金昌盛	HVA-2		1.44	195		0.5	0.5	
阳谷华泰	HVA-2-80				80			EPDM/EVM 为载体
宁波硫华	PDM-75GE F140	0.3 (63 μm)	1.25	195	97	0.5	0.5	EPDM/EVM 为载体
山西省化工研究所	HV-268			195		1.0		相当于美国 HVA-2
鹤壁联昊	硫化剂 PDM	0.1	0.95	198		0.5	0.5	
咸阳三精科技股份有限公司	HA-8		1.44	196		0.5	0.5	

5.2.2 1，3-双（柠康酰亚胺甲基）苯

分子式：$C_{18}H_{16}O_4N_2$，分子量：324，CAS 号：119462-56-5。

结构式：

（结构式：两个 3-甲基马来酰亚胺环的 N 原子经 CH_2 连接于苯环的 1,3 位）

本品是二烯烃橡胶硫黄硫化体系的抗硫化返原助剂。在长时间硫化和高温长时间使用过程中，二烯烃橡胶的多硫交联键由于返原而产生新的共轭二烯烃，本品能够与这些共轭二烯烃反应形成新的、柔顺的 C-C 键而重新“补偿”已被破坏的多硫交联键。

本品适用于硫黄硫化的天然橡胶、异戊橡胶、丁苯橡胶、顺丁橡胶、丁基橡胶等通用及等种合成橡胶，能明显改善过硫情况下的硫化返原现象。本品以耐热稳定的碳-碳交联键补偿因返原而损失的硫黄交联键，保持交联密度，从而使硫化橡胶的物理性能保持不变，提高耐热老化性能，降低动态生热。本品的独特性在于在胶料出现硫化返原的条件下才表现活性，在不影响焦烧、硫化速度和硫化胶性能的条件下解决返原问题。

本品适用于子午线轮胎、斜交胎、实心胎、胶辊、大型制品、耐热制品等橡胶制品，对改善轮胎的耐久性能、高速性能和耐磨性都有着重要作用，尤其适用于抗硫化返原要求较高的厚制品，如全刚轮胎、工程轮胎、巨型工程轮胎、减震橡胶等；对提高橡胶杂件的质量也非常有效。本品也用于高硫帘布胶配方中，降低动态生热，提高耐老化性，使镀黄铜钢丝帘线的黏合性能在使用期间保持良好。本品也可以用于胶囊硫化配方中，减少或不用硫黄，消除模具发臭的问题。使用本品可提高硫化温度，从而提高生产效率，同时不降低橡胶制品的使用性能。本品对胶料的焦烧时间、硫化速率和物理性能无影响，因此使用本品无须调整原来的配方和生产工艺。

推荐用量：普通硫化体系：≤0.75 phr；半有效硫化体系：≤0.5 phr；有效硫化体系：≤0.4 phr；高硫配方：≤0.75 phr。

1，3-双（柠康酰亚胺甲基）苯的供应商见表 1.3.5-7。

表 1.3.5-7 1，3-双（柠康酰亚胺甲基）苯的供应商

供应商	型号规格	外观	活性组分 (≥)/%	初熔点 (≥)/℃	终熔点/ ℃	灰分 (≤)/%	加热减量 (≤)/%
阳谷华泰	HT900 (原 PK900)	灰白色粉末或颗粒	85	75	80～90	0.5	0.5
三门峡邦威化工	BW900	灰白色粉末		75	80～90	0.3	0.5
济南正兴橡胶助剂有限公司	ZXK-900	灰白色粉末	85	75	80～90	0.3	0.5

1，3-双（柠康酰亚胺甲基）苯的国外牌号为 Perkalink-900 等。

5.2.3 六甲撑双硫代硫酸钠二水合物（HTS），化学名称：二水合六亚甲基-1，6-二硫代硫酸二钠盐

结构式为：

$$Na^+ SO_3^- —S—(CH_2)_6—S—SO_3^- Na^+ \cdot 2H_2O$$

分子式：$C_6H_{12}S_4O_6Na_2.2H_2O$，CAS 号：5719-73-3，相对密度：1.39 g/cm^3。

该化合物可以分解，在二硫键或多硫键中插入一个六亚甲基-1，6-二硫基团，形成一种杂合交联键，兼有硫化促进和抗硫化返原的作用。本品分子中含有柔性和耐热性更好的6个碳原子的直链烷烃—$(CH_2)_6$—，在一定的硫化条件下，—$(CH_2)_6$—的两端通过硫原子被接到聚合物主链上，形成R—S_x—$(CH_2)_6$—S_x—R的交联结构；在过硫阶段，或由于产品使用中的热历程积累过程中，多硫化物-六亚甲基交联键发生重排，生成热稳定的弹性单硫交联键；在脱硫情况下，每个—$(CH_2)_6$—的末端至少仍有一个硫原子与聚合物链接。因此，这种交联键的耐屈挠性、撕裂性都能高于单硫键，硫化胶表现出优异的抗硫化返原、耐疲劳和耐热老化性能。

本品为优良的抗硫化返原剂和后硫化稳定剂，具有耐热、耐老化、耐硫黄硫化返原、耐疲劳和动态稳定性，硫化胶具有良好的动静态模量、拉伸强度、撕裂强度、硬度、回弹、压缩变形、生热和固德里奇屈挠试验中的蠕变性能等；也可用作黏合增进剂，提高镀铜钢丝与胶料的黏合性能。本品主要用于轮胎钢丝帘布、子口、三角胶等胶料中：用于钢丝帘布胶时，可以同时改善抗返原性能和黏合性能；用于轮胎侧胶中，可以改善抗返原性能并保持良好的耐屈挠性能；用于厚制品或厚度有变化的制品（特别是动态条件下使用的厚制品），可以使整个制品达到均一的硫化状态；用于半有效硫化体系硫化制品中，可改善制品的耐疲劳性，保持动态稳定性；以及用于对撕裂、黏合性能与抗返原性能要求很高的制品。

本品可应用于常规和半有效硫化体系中，与硫黄和噻唑或次磺酰胺类促进剂一起使用。一般用量：1.0～2.5份，用量在2份以下时，该化合物对胶料的诱导时间、焦烧时间或其他胶料力学性能的影响都很小。

六甲撑双硫代硫酸钠二水合物的供应商见表1.3.5-8。

表1.3.5-8　六甲撑双硫代硫酸钠二水合物的供应商

供应商	型号规格	外观	纯度(≥)/%	熔点/℃	水分/%	氯化物(≤)/%(以NaCl计)	筛余物(≤)/%(150 μm)	灰分/%	说明
三门峡邦威化工	BW901	白色粉末	95		8.5～10.0	1.0	0.05		
济南正兴橡胶助剂有限公司	ZXK-HTS	白色粉末	95	133	8.5～10.0	0.5	0.05		
华奇（中国）化工有限公司	SL-9008	白色粉末	95		8～11				
阳谷华泰	交联剂HT9188	白色粉末	90.0	85.0～95.0	≤0.50			≤0.50	提高胶料的抗硫化返原性能
	交联剂HTS		95.0		8.5～11.0	1.0			提高胶料的抗硫化返原性能，改善钢丝帘线与胶料的结合

六甲撑双硫代硫酸钠二水合物的供应商还有：富莱克斯公司的后硫化稳定剂DURALINK HTS等。

5.2.4　高级脂肪酸锌盐

本品为聚合型高分子有机锌盐，乳白色至灰白色颗粒，熔点90～108℃，密度1.2～1.3 g/cm³，活性结合锌含量16%～20%。

本品具有良好的硫化活性及抗硫化返原性，主要应用于二烯类橡胶（NR、SBR、BR）等，能够改善硫化胶交联键的降解及交联密度，提高交联网络的热稳定性。在硫化温度较高的情况下，可以防止硫化胶力学性能下降；在过硫的情况下可以保持良好的物理机械性能。此外，本品具有内润滑性，可降低混炼胶的门尼黏度，改善胶料流动性和填料的分散性能，提高混炼效率，并可提高胶料的焦烧安全性和加工安全性。含有本产品的硫化胶，其定伸应力、硬度提高，生热或疲劳温升显著降低。动态载荷或高温下的胶料其压缩变形减少，使用寿命显著增加。老化后胶料的定伸应力、拉伸强度、撕裂强度的保持率提高，磨耗减少。通常用量1～3份。

高级脂肪酸锌盐的供应商见表1.3.5-9。

表1.3.5-9　高级脂肪酸锌盐的供应商

供应商	型号规格	外观	密度/(g·cm⁻³)	熔点/℃	氧化锌含量(≤)/%	灰分/%	说明
济南正兴橡胶助剂有限公司	ZXK-1018	乳白色至灰白色粉末	1.1～1.3	96～108	16～20	16～20	
无锡市东材科技	DC-273	白色粉末或粒子	①适用于二烯橡胶，尤其是天然橡胶中，赋予胶料良好的抗硫化返原性，在厚制品的硫化过程中防止过硫，提高定伸应力、减少动态生热，并能明显降低胶料的门尼黏度，可适当减少硬脂酸的用量，具有良好的硫化活性作用，易溶于橡胶中，通过改变胶料硫化时形成的交联键结构，提高胶料耐热氧稳定性，从而			≤16.0	性能相当于国外同类产品Struktol AKTIVATOR-73A

续表

供应商	型号规格	外观	密度/(g·cm⁻³)	熔点/℃	氧化锌含量(≤)/%	灰分/%	说明
			赋予硫化橡胶良好的抗硫化返原性。②本品亦可改善胶料的流动性，可延长硫化还原时间，提高模量，降低高温下的压缩变形率等优点。③本品的使用特别对降低动态生热效果明显，用于轮胎胎面胶配方，硫化胶的压缩生热较低，说明其能有效降低轮胎胶料的动态生热，降低轮胎使用时的内部温度，使轮胎不易出现鼓包、脱层以及爆胎等质量问题。④在使用白炭黑作填充的胶料中，加入本品，可适当减少硅烷偶联剂的用量，硫化胶的物理性能不受影响。⑤在胶料混炼时加炭黑前加入。用量1～5份。				

5.2.5 丙烯酸酯

抗返原剂 Dymalink 1100，成分：丙烯酸酯，外观：透明液体或经干燥浓缩的粉状产品（DLC），颜色（APHA）：50，折射率（25℃）：1.4801，相对密度（25℃）：1.162 g/cm^3，表面张力：39dynes/cm，黏度（25℃）：520 cps。

本品是多官能丙烯酸酯类抗硫化返原的共交联剂，应用于硫黄硫化体系中，是高温硫化的助剂，与 NR、IR、NBR、SBR、BR、EPDM、CIIR 相容，经长时间硫化及老化后物性损失低，对焦烧及硫化速率影响极小，硫化胶具有较小的生热性，对现有配方的硫化胶性能没有影响，可保持制品的定伸强度及抗拉强度。

主要应用于高温硫化制品、模压制品，如引擎底座、汽车的散热冷却管、轮胎等，用量 2～5 份。

抗返原剂 Dymalink 1100 的供应商为：元庆国际贸易有限公司代理的法国 CRAY VALLEY 公司产品。

美国克雷威利公司（Cray Valley）其他丙烯酸酯类抗返原剂产品牌号见表 1.3.5-10。

表 1.3.5-10　美国克雷威利公司（Cray Valley）其他丙烯酸酯类抗返原剂产品牌号

供应商	行业	应用领域	过氧化物硫化体系		硫黄硫化体系	
			推荐产品	描述	推荐产品	描述
金昌盛	轮胎	抗硫化返原剂			SR 534 SR 534D	多官能丙烯酸酯 多官能丙烯酸酯分散体

5.2.6 烷基二硫代磷酸锌

本品为多功能硫化助剂，兼具促进剂、防焦剂、抗硫化返原剂的功能。

烷基二硫代磷酸锌的供应商见表 1.3.5-11。

表 1.3.5-11　烷基二硫代磷酸锌的供应商

供应商	型号规格	外观	化学组成	硫含量/%	振实密度/(g·cm⁻³)	用途	说明
阳谷华泰	DPT	白色自由流动粉末	70%中分子量烷基二硫代磷酸锌盐与30%惰性填料的混合物	10.0～13.0	0.40～0.60	用于天然橡胶和合成橡胶的硫化促进剂，可替代产生有毒有害物质的DPG，用于高填充白炭黑配方中	NR、EPDM及合成烯烃橡胶的特殊促进剂，与次磺酰胺、噻唑、秋兰姆及氨基甲酸盐并用；具有优异的热稳定性和抗硫化返原性；在胶料加工过程中不产生亚硝胺、不喷霜、不污染和无异味；适用于彩色、透明、半透明和黑色胶料；调整配方后可替代 DPG 用于高填充白炭黑配方中
	ZBOP70	自由流动白色粉末	70%中分子量烷基二硫代磷酸锌盐与30%惰性填料的混合物			促进剂、抗硫化返原剂	硫黄硫化的 NR 胶、合成二烯烃橡胶和 EPFM 中的特殊促进剂，作为副促进剂与次磺酰胺、噻唑、秋兰姆、氨基甲酸盐促进剂并用；本品具有优异的热稳定性和抗硫化返原性，加工过程中不产生亚硝胺、不喷霜、不污染、无异味，并且硫化速度快；适用于彩色、透明、半透明和黑色胶料

续表

供应商	型号规格	外观	化学组成	硫含量/%	振实密度/(g·cm^{-3})	用途	说明
阳谷华泰	ZBOP75	自由流动白色粉末	75%中分子量烷基二硫代磷酸锌盐与30%惰性填料的混合物			促进剂	硫黄硫化的天然橡胶，合成二烯烃橡胶和三元乙丙胶中的特殊促进剂，作为副促进剂与次磺酰胺、噻唑秋兰姆、氨基甲酸盐促进剂并用。优异的热稳定性和抗返原性。加工过程中不产生亚硝胺、不喷霜、不污染、无异味，并且硫化速度快。适用于彩色、透明、半透明和黑色胶料
	ZDOP	自由流动白色粉末	70%高分子量烷基二硫代磷酸锌盐与30%惰性填料的混合物			促进剂、防焦剂、抗硫化返原剂	ECO、ACM/AEM/EVM等的防焦剂，适用于这些橡胶的注射硫化和挤出连续硫化；也是硫黄硫化的NR、合成二烯烃橡胶的抗硫化返原促进助剂，作为副促进剂与次磺酰胺、噻唑促进剂并用，具有优异的热稳定性和抗硫化返原性；加工过程中不产生亚硝胺、不喷霜、不污染、无异味，但是焦烧时间很短，并用防焦剂CTT可以改善加工安全性，适用于抗硫化返原要求较高的厚制品，如全钢轮胎、工程轮胎、巨型工程轮胎、减震橡胶等。

此外，常用的抗返原剂还包括：Si-69、1，6-双（N，N′-二苯并噻唑氨基甲酰二硫）己烷、脂肪族羧酸锌和芳香族羧酸锌皂混合物等。其中，在NR中，以S 1.2份/CZ 1.8份为硫化体系时配合Si-69 1.5份，Si-69具有显著的抗硫化返原特性；但对S 2.5份/CZ 1.6份为硫化体系时就不明显了；脂肪族羧酸锌和芳香族羧酸锌皂混合物，是基于烷烃、芳香烃羧酸的锌盐混合物，含有较高活性和极性的芳基时，能够有效抗硫化返原。

本章参考文献：

[1] 王作龄．促进剂的应用技术［J］．世界橡胶工业，2000，27（5）：49-57.
[2] 王作龄．促进剂的应用技术（续）［J］．世界橡胶工业，2000，27（6）：52-57.
[3] 江畹兰．橡胶硫化体系［J］．世界橡胶工业，2006，33（5）：16-21.
[4] 缪桂韶．橡胶配方设计［M］．广州：华南理工大学出版社，2000.
[5] 王作龄．丁腈橡胶配方技术［J］．世界橡胶工业，1998，25（3）：50-57.

第四章　防护体系

第一节　防　老　剂

1.1　概述

橡胶或橡胶制品在加工、贮存和使用过程中，由于受内、外因素的综合作用性能逐渐下降，以至于最后丧失使用价值，这种现象称为橡胶的老化。老化过程是一种不可逆的化学反应，伴随着外观、结构和性能的变化。

橡胶老化的现象多种多样，橡胶品种不同，使用条件不同，表现出的老化现象也不相同。例如：生胶长期贮存后会变硬、变脆或者发黏；天然橡胶的热氧老化、氯醇橡胶的老化使制品变软发黏；聚丁二烯橡胶的热氧老化，丁腈橡胶、丁苯橡胶的老化使制品变硬变脆；不饱和橡胶的臭氧老化、大部分橡胶的光氧老化导致制品龟裂（臭氧老化与光氧老化的龟裂形状有所不同）；制品受到水解的作用发生断裂或受到霉菌作用发霉、出现斑点等。

橡胶老化导致硫化胶在物理化学性能上的变化，包括：密度、导热系数、玻璃化温度、熔点、折射率、溶解性、溶胀性、流变性、相对分子质量、相对分子质量分布的变化；耐热、耐寒、透气、透水、透光等性能的变化；拉伸强度、伸长率、冲击强度、弯曲强度、剪切强度、疲劳强度、弹性、耐磨性出现下降；绝缘电阻、介电系数、介电损耗、击穿电压等电性能的变化，一般导致电绝缘性下降。

橡胶老化首先是一种分子结构上的变化，包括：1）分子间产生交联，分子量增大，在外观上的表现为变硬变脆；2）分子链降解（断裂），相对分子质量降低，在外观上表现为变软变黏；3）分子结构上发生其他变化，如主链或侧链的改性、侧基脱落、弱键断裂等。因此，橡胶及其制品的老化，既与橡胶的化学组成与分子结构相关联，又与硫化形成的交联键类型及其分布相关联。如使用二元酸硫化的 ENR-50，即使不使用防老剂，其拉伸强度与伸长率的保持率都比有防老剂、用硫黄硫化的好。[1]

导致橡胶老化的内因包括：1）橡胶的分子结构中存在双键及活泼氢原子易参与反应；2）橡胶大分子链中的弱键，就氧化稳定性来说，各种取代基团按下列顺序排列：$CH<CH_2<CH_3$，薄弱环节越多越易老化；3）支化的大分子比线型的大分子更容易氧化；4）交联键有—S—、—S_2—、—S_x—、—C—C—等类型，交联键不同，硫化胶耐老化性不同，其中—S_x—最差；5）橡胶中常存在变价金属，如 Fe、Co、Ni 等，若超过 3 ppm 就会大大加快橡胶的老化。导致橡胶老化的外因包括：1）热、电、光、机械力、高能辐射等物理因素；2）氧、臭氧、空气中的水汽、酸、碱、盐等化学因素；3）生物因素，如细菌、真菌等微生物，白蚁、蟑螂等昆虫，牡蛎、石灰虫、海藻、海草等海生物会蛀食高分子材料。在实际中往往是上述几个因素同时发挥作用，且使用条件、地区不同这些因素的作用也不同，因此橡胶的老化是一个复杂的过程。其中最常见、影响最大、破坏性最强的因素是热、氧、光、机械力、臭氧，归结起来就是热氧老化、光氧老化、臭氧老化、疲劳老化，其中热氧老化是主因。

1.1.1　老化机理

（一）吸氧曲线与自催化氧化

橡胶氧化的最初产物是过氧化物，根据 A. H. 巴赫的理论，过氧化物的生成是由于参与反应的化合物双键的自由能活化了氧分子，“O=O” 转化为“·O-O·”所致。现已确定，不饱和化合物主要是以双键 α-位置上的次甲基碳原子与活化了的氧分子加成，生成了氢过氧化物（ROOH）。这类氢过氧化物在某些条件下可能十分稳定。在低温下用紫外光照射天然橡胶时，被生胶吸收的 80%～90%的氧在氧化最初阶段是以氢过氧化物的形式存在的。氢过氧化物是氧化的主要中间产物，在制造生胶和橡胶加工的过程中，也会积累氢过氧化物，氢过氧化物是链式氧化反应的自动催化剂。氢过氧化物的生成和积聚是有机高分子材料降解的最关键步骤。

橡胶制品仅被 1%～2%氧侵蚀便会失去使用价值。图 1.4.1-1 是橡胶的吸氧量-时间关系曲线。A 阶段为反应初期，吸氧速度很高，但很快降到一个非常小的恒定值而进入 B 阶段（恒速吸氧阶段），其吸氧量与全过程的吸氧量相比很小，对橡胶性质的变化来说也影响不大。A、B 阶段合称为诱导期，以比较小的恒定速度吸收氧化，在此期间橡胶的性能虽有所下降，但不显著，是橡胶的使用期。同时，氢过氧化物（ROOH）量增加，在该阶段末期，ROOH 浓度几乎达到最高值，因此，也称为氢过氧化物的累积期。C 阶段，也称为自加速阶段（自催化反应阶段），该阶段吸氧速度激烈增加，比诱导期大几个数量级，到该阶段末期，橡胶已深度氧化变质，丧失使用价值。D 阶段，后期恒速反应期，此时橡胶已深度老化，反应的活性点没有了，处于相对稳定期。由吸氧曲线可见，吸氧的过程是时间的函数，且呈现出自动催化反应的 S 形曲线特征。所以说元素氧对橡胶等高聚物的氧化，称为自动氧化。它是一个自动催化过程。在其中作为主要反应产物的氢过氧化物分解，产生游离基而开始游离基链式反应，因此反应开始缓慢，当产生的氢过氧化物分解引起引发作用时，速度不断增加，直到最大值。然后当橡胶等被深度氧化而变性时，氧化速度缓慢降下来。

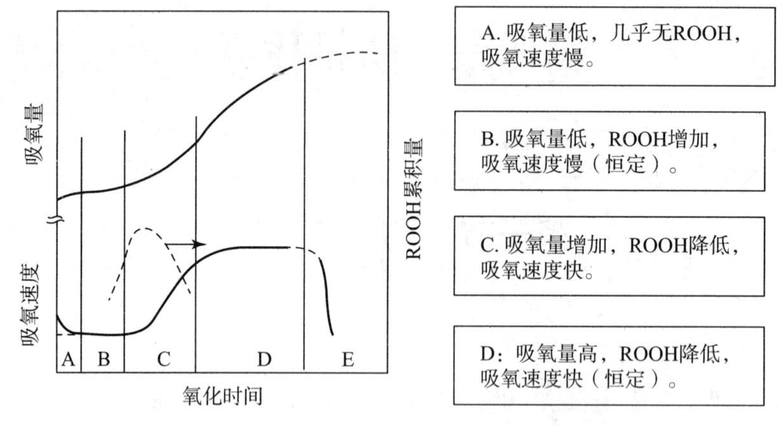
吸氧量
吸氧速度
ROOH累积量
A B C D E
氧化时间
A. 吸氧量低，几乎无ROOH，吸氧速度慢。
B. 吸氧量低，ROOH增加，吸氧速度慢（恒定）。
C. 吸氧量增加，ROOH降低，吸氧速度快。
D：吸氧量高，ROOH降低，吸氧速度快（恒定）。

图 1.4.1-1 橡胶的吸氧量-时间关系曲线

氢过氧化物可按均解和杂解方式分解。氢过氧化物均解即生成橡胶大分子自由基，氢过氧化物杂解为离子型反应。由于均解成自由基的活化能较低，在室温下，氢过氧化物总是均解成自由基。因此，橡胶烃的热氧老化是自由基连锁反应，A、B 阶段，其反应过程为：

引发：

$$RH \xrightarrow{\triangle} R\cdot + H\cdot$$
$$RH + O_2 \rightarrow R\cdot + HOO\cdot$$

增长：

$$R\cdot + O_2 \rightarrow ROO\cdot$$
$$ROO\cdot + RH \rightarrow ROOH + R\cdot$$

终止：

$$R\cdot + R\cdot \rightarrow R-R$$
$$ROO\cdot + R\cdot \rightarrow ROOR$$
$$ROO\cdot + ROO\cdot \rightarrow \text{稳定产物}$$

当 ROOH 积累到一定量时发生双分子快速分解，引发自催化氧化，在 C 阶段，其反应过程为：

引发：

单分子分解：$ROOH \rightarrow RO\cdot + \cdot OH$　　分解速度较慢

双分子分解：$ROOH + ROOH \rightarrow RO\cdot + ROO\cdot + H_2O$　　分解速度很快

增长：

$$RO\cdot + RH \rightarrow ROH + R\cdot$$
$$ROO\cdot + RH \rightarrow ROOH + R\cdot$$
$$HO\cdot + RH \rightarrow H_2O + R\cdot$$
$$R\cdot + O_2 \rightarrow ROO\cdot$$
$$ROO\cdot + RH \rightarrow ROOH + R\cdot$$

自催化氧化反应是 ROOH 积累并分解的结果。

终止：

$$R\cdot + R\cdot \rightarrow R-R$$
$$RO\cdot + RO\cdot \rightarrow ROOR$$
$$R\cdot + RO\cdot \rightarrow ROR$$
$$ROO\cdot + ROO\cdot \rightarrow \text{稳定产物}$$

（二）橡胶烃的热氧化特征

吸氧量-时间关系曲线表征橡胶耐氧化老化的水平，吸氧快者耐氧化老化性差。橡胶的吸氧量大小顺序为：NR>BR>CR>SBR>IIR>PU、Q。图 1.4.1-2 所示为几种橡胶在 130℃下的吸氧曲线。

1. 异戊二烯均聚物与其共聚物

NR、IR、IIR 等橡胶由于其异戊二烯单元中的双键上连有供电子的侧甲基，使得分子链中的双键和 α-H 的活性提高，反应能力加强，氧化时分子链断裂，生成稳定的低分子物质如醛、酮、醇、羧酸、内酯及 CO_2 等，橡胶平均分子量下降，表现出拉伸强度下降，变软、发黏。

NR 的氧化过程如下：

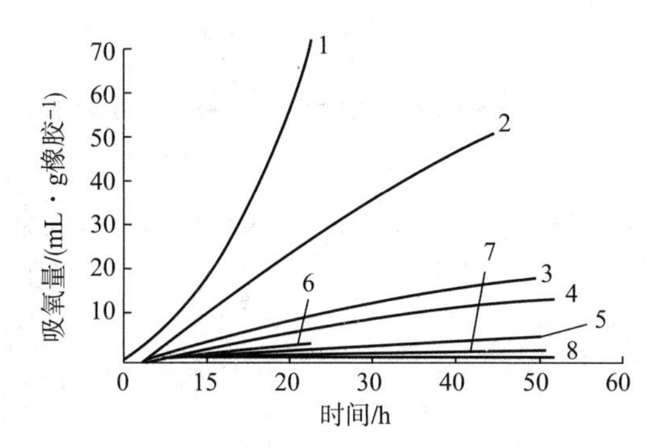

图 1.4.1-2　几种橡胶在 130℃下的吸氧曲线

1—天然橡胶；2—聚丁二烯橡胶；3—氯丁橡胶；4—丁苯橡胶；5—丁基橡胶；6—聚硫橡胶；7—聚氨酯橡胶；8—硅橡胶

$$\sim CH_2-\overset{\overset{CH_3}{|}}{C}=CH-CH_2-CH_2-\overset{\overset{CH_3}{|}}{C}=CH-CH_2\sim \xrightarrow{\triangle} \sim CH_2-\overset{\overset{CH_3}{|}}{C}=CH-CH_2-CH_2-\overset{\overset{CH_3}{|}}{C}=CH-\dot{C}H\sim + H\cdot$$

$$\Big\Updownarrow \text{结构重排}$$

$$\sim CH_2-\overset{\overset{CH_3}{|}}{C}=CH-CH_2-CH_2-\underset{\underset{OO\cdot}{|}}{\overset{\overset{CH_3}{|}}{C}}-CH=CH\sim \xleftarrow{O_2} \sim CH_2-\overset{\overset{CH_3}{|}}{C}=CH-CH_2-CH_2-\overset{\overset{CH_3}{|}}{\dot{C}}-CH=CH\sim$$

$$\Big\downarrow$$

$$\sim CH_2-\overset{\overset{CH_3}{|}}{\dot{C}}-\underset{\underset{O}{|}}{CH}-CH_2-CH_2-\underset{\underset{O}{|}}{\overset{\overset{CH_3}{|}}{C}}-CH=CH\sim \ (\text{两 O 相连}) \xrightarrow{O_2} \sim CH_2-\underset{\underset{OO\cdot}{|}}{\overset{\overset{CH_3}{|}}{C}}-\underset{\underset{O}{|}}{CH}-CH_2-CH_2-\underset{\underset{O}{|}}{\overset{\overset{CH_3}{|}}{C}}-CH=CH\sim \ (\text{两 O 相连})$$

$$\Big\downarrow RH$$

$$\sim CH_2-\underset{\underset{O\cdot}{|}}{\overset{\overset{CH_3}{|}}{C}}-\underset{\underset{O}{|}}{CH}-CH_2-CH_2-\underset{\underset{O}{|}}{\overset{\overset{CH_3}{|}}{C}}-CH=CH\sim \ (\text{两 O 相连})$$

$$\xrightarrow{\text{氧化裂解}} \sim CH_2-\underset{\underset{O}{\|}}{C}-CH_3 + \underset{\underset{O}{\|}}{CH}-CH_2-CH_2-\underset{\underset{O}{\|}}{\overset{\overset{CH_3}{|}}{C}} + CH_2O + HOOC\sim$$

$$\downarrow \qquad\qquad \downarrow$$

$$CH_3COOH + CO_2 \qquad HCOOH$$

由此可以看出，此过程为一链断裂过程。

天然橡胶在老化过程中拉伸强度及扯断伸长率的变化如图 1.4.1-3 所示。

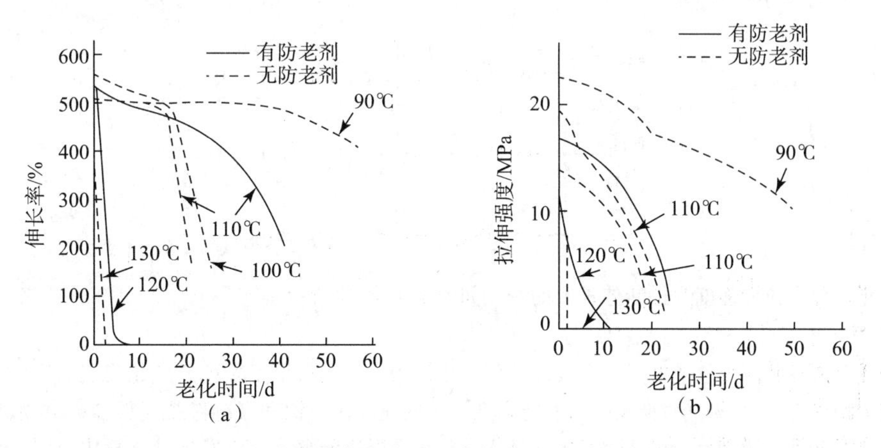

图 1.4.1-3　天然橡胶在老化过程中拉伸强度及扯断伸长率的变化

2. 丁二烯均聚物与其共聚物

以丁二烯单体均聚或共聚所制得的橡胶，如 BR、NBR、SBR、CR 等橡胶，一般认为在热氧化过程中，分子链的降解与交联两种反应同时存在，无论哪一种含有丁二烯链节的聚合物或共混物，对氧化降解都是敏感的，这是因为各种丁二烯链节结构中都有不饱和键的存在。老化的初期降解占优势，到达反应后期，交联反应占优势。总体来说，以丁二烯均聚或其他单体共聚的橡胶，如 SBR、NBR 在热氧老化时以交联反应为主，使橡胶表面层的交联密度显著增大，外观表现为变硬、发脆。

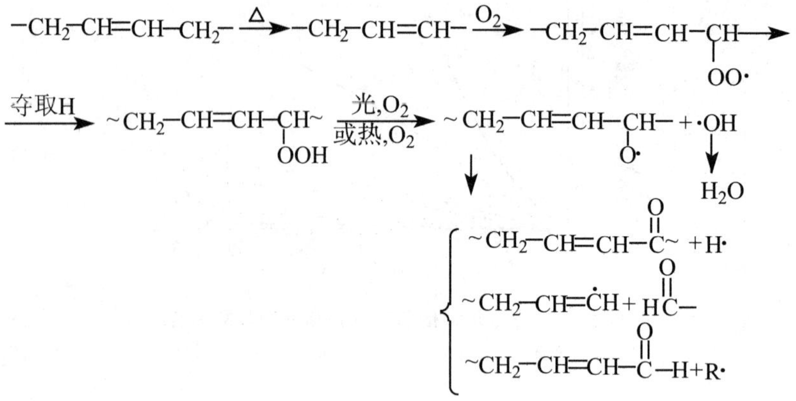

$$-CH_2-CH=CH-CH_2- \xrightarrow{\Delta} -CH_2-CH=CH- \xrightarrow{O_2} -CH_2-CH=CH-\underset{OO\cdot}{CH}\longrightarrow$$

$$\xrightarrow{夺取H} \sim CH_2-CH=CH-\underset{OOH}{CH}\sim \xrightarrow[或热,O_2]{光,O_2} \sim CH_2-CH=CH-\underset{O\cdot}{CH}- + \cdot OH \;(\rightarrow H_2O)$$

$$\downarrow\quad\begin{cases} \sim CH_2-CH=CH-\overset{O}{\overset{\|}{C}}\sim + H\cdot \\ \sim CH_2-CH=\dot{C}H + H\overset{O}{\overset{\|}{C}}- \\ \sim CH_2-CH=CH-\overset{O}{\overset{\|}{C}}-H + R\cdot \end{cases}$$

交联为主：

$$\left.\begin{matrix}\sim CH_2-CH=CH-\dot{C}H\sim \\ \sim CH_2-CH=CH-CH_2\sim\end{matrix}\right\}\longrightarrow \begin{matrix}\sim CH_2-CH=CH-CH\sim \\ | \\ \sim CH_2-\dot{C}H-CH-CH_2\sim\end{matrix}$$

$$\downarrow (n-1)\sim CH_2-CH=CH-CH_2\sim$$

$$\begin{matrix}\sim CH_2-CH=CH-CH\sim \\ | \\ \leftarrow\!(CH_2-CH-CH-CH_2)\!\rightarrow_{n-1} \\ | \\ \sim CH_2-CH-CH-CH_2\sim\end{matrix}$$

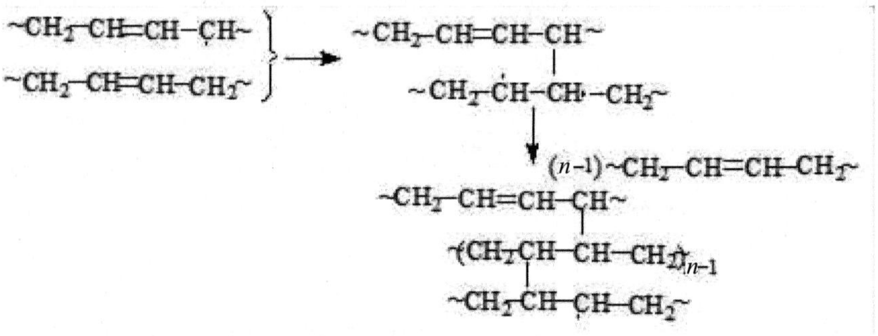

1，2 结构氧化降解机理不同：

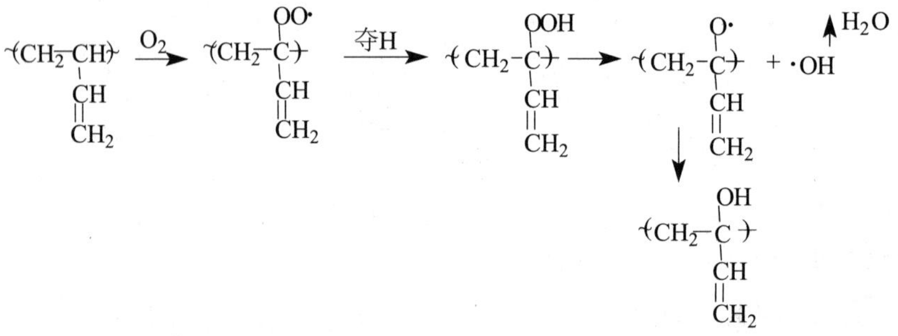

$$\leftarrow\!(CH_2-\underset{\underset{CH_2}{\overset{\|}{CH}}}{CH})\!\rightarrow \xrightarrow{O_2} \leftarrow\!(CH_2-\overset{OO\cdot}{\underset{\underset{CH_2}{\overset{\|}{CH}}}{C}})\!\rightarrow \xrightarrow{夺H} \leftarrow\!(CH_2-\overset{OOH}{\underset{\underset{CH_2}{\overset{\|}{CH}}}{C}})\!\rightarrow \longrightarrow \leftarrow\!(CH_2-\overset{O\cdot}{\underset{\underset{CH_2}{\overset{\|}{CH}}}{C}})\!\rightarrow + \cdot OH\;(\rightarrow H_2O)$$

$$\downarrow \quad \leftarrow\!(CH_2-\overset{OH}{\underset{\underset{CH_2}{\overset{\|}{CH}}}{C}})\!\rightarrow$$

其中，烷氧基可以以下列方式断裂：

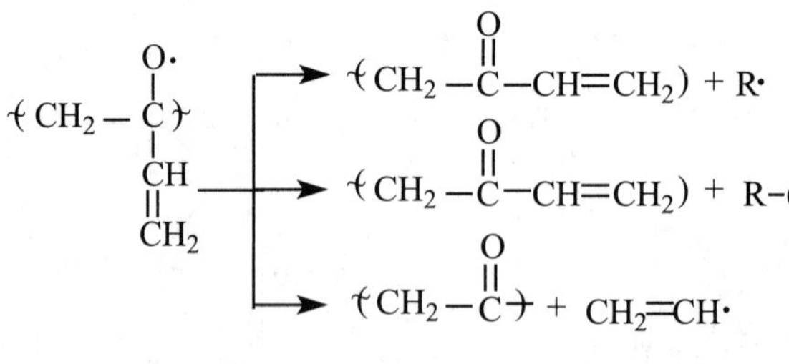

$$\leftarrow\!(CH_2-\overset{O\cdot}{\underset{\underset{CH_2}{\overset{\|}{CH}}}{C}})\!\rightarrow \longrightarrow \begin{cases} \leftarrow\!(CH_2-\overset{O}{\overset{\|}{C}}-CH=CH_2) + R\cdot \\ \leftarrow\!(CH_2-\overset{O}{\overset{\|}{C}}-CH=CH_2) + R-CH_2\cdot \\ \leftarrow\!(CH_2-\overset{O}{\overset{\|}{C}})\!\rightarrow + CH_2=CH\cdot \end{cases}$$

丁苯橡胶在老化过程中拉伸强度及扯断伸长率的变化如图 1.4.1-4 所示。

3. 饱和碳链橡胶和杂链橡胶

饱和碳链橡胶和杂链橡胶因吸氧速度慢，有较好的耐氧化作用，一般只限于颜色的变化或表面产生裂纹、裂口或电性能下降，其热氧老化特点为：1）氧气对橡胶的引发能力低，引发速度比不饱和碳链橡胶慢得多；2）饱和碳链橡胶的热氧化反应必须在较高的温度下才能进行，但这时产生的氢化过氧化物很快分解，不能发挥催化氧化作用，没有明显的自催化氧化反应阶段；3）氧化断链反应机理与不饱和碳链橡胶相似，常常分子量下降，但由于化学结构不同，也常产生其他的异构化反应，或生成低分子挥发物，如聚异丁烯热氧老化时发生激烈分解，生成大量低分子物质如水、乙醛和酸类物质；乙丙橡胶氧化后产生羟基、羧基或酮基基团；乙丙橡胶和硅橡胶热氧老化也有交联。

杂链橡胶的热氧化反应较慢，但其热氧化过程仍具有链反应的特征，但自催化作用很不明显。它除了具有链反应特征的裂解交联等一般规律外，还具有其他类型的反应。它的氧化反应温度比一般橡胶要高得多，在 280℃以上开始有低分子挥发物产生，裂解产物经分析证明是一氧化碳、甲醛、甲醇等。

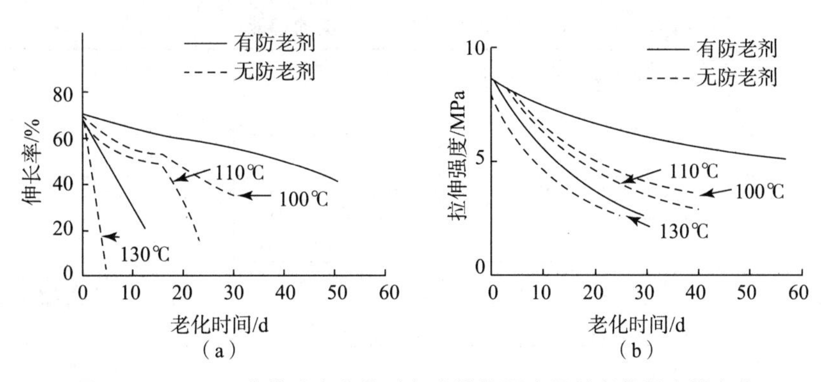

图 1.4.1-4　丁苯橡胶在老化过程中拉伸强度及扯断伸长率的变化

聚有机硅氧烷热氧化反应机理表述如下：

(1) 氧与接在硅原子上的甲基作用生成过氧化物

$$\sim O-\underset{CH_3}{\overset{CH_3}{Si}}-O\sim + O_2 \longrightarrow \sim O-\underset{CH_3}{\overset{CH_2OOH}{Si}}-O\sim$$

(2) 过氧化物迅速裂解生成甲醛和 · OH

$$\sim O-\underset{CH_3}{\overset{CH_2OOH}{Si}}-O\sim \longrightarrow \sim O-\underset{CH_3}{\overset{\cdot}{Si}}-O\sim + HCHO + \cdot OH$$

(3) · OH 与大分子链上具有未成对电子的硅原子结合，进而产生交联

$$\sim O-\underset{CH_3}{\overset{\cdot}{Si}}-O\sim + \cdot OH \longrightarrow \sim O-\underset{CH_3}{\overset{OH}{Si}}-O\sim$$

$$\sim O-\underset{CH_3}{\overset{O}{Si}}-OH + HO-\underset{CH_3}{\overset{O}{Si}}-O\sim \longrightarrow \sim O-\underset{CH_3}{\overset{O}{Si}}-O-\underset{CH_3}{\overset{O}{Si}}-O\sim + H_2O$$

4. 影响橡胶热氧老化的因素

影响橡胶热氧老化的因素，包括：

(1) 橡胶种类的影响。

橡胶的品种不同，耐热氧老化的程度不同，这主要是由过氧自由基从橡胶分子链上夺取 H 的速度不同所造成的。活泼 H 的电子性质受分子链中的双键及取代基影响。

1) 双键的影响。

橡胶分子链上存在着双键时，由于双键很活泼，容易发生加成或其他反应，同时由于双键的存在，使其与双键相邻的 α-亚甲基上的氢原子特别活泼，容易被其他物质夺去，引起取代反应或形成大分子的游离基。因此，含有大量双键的橡胶（即不饱和橡胶），如 NR、SBR、BR 等都易于受氧的袭击而不耐老化；不饱和度很小的 IIR 要比高不饱和度的橡胶稳定得多。另外，双键所在位置不同，它们的活泼性也有很大差别，如 SBR 中分布在乙烯基侧链上的不饱和端（即 1，2-结构）常称为外双键，又比分布在主链上的双键（即 1，4-结构，称为内双键）要稳定得多。

2) 双键取代基的影响。

橡胶在氧化过程中，无论是受热光氧等的引发，还是链增长阶段的传递反应（$RO_2\cdot + RH \rightarrow ROOH + R\cdot$）都牵涉到 RH 的脱氢反应。RH 是电子给予体，脱氢难易受电子效应的影响，因此也影响到橡胶老化的难易和速度。常见的极性和非极性橡胶中，这种电子效应的影响是较明显的。

Ⅰ. 吸电子效应。

CR 在它的双键处有一极性基团—Cl，因为—Cl 在双键邻近，吸引双键的活泼的 π 电子，降低了双键的活性与反应能力，同时也降低了 α-H 的活性，所以 CR 在温度不太高时氧化作用进行得较为缓慢，比较耐氧老化。NBR 虽然在分子结构中也含有负电性基团（—CN），但因为它不是直接分布在双键的碳原子上，所以它对双键的反应能力不能起到多大影响。

氟橡胶分子链中含有键能很高的碳氟（C—F）共价键，这种键能随碳原子氟化程度的提高而提高；同时，分子中氟原子的存在，既增加碳碳键（C—C）的能量，也使氟化碳原子与别的元素结合的键能提高，见表 1.4.1-1。这就使氟橡胶具有很高的耐热、耐氧、耐辐射和化学腐蚀性。

表 1.4.1-1　部分化学键的键能

化合物	化学键	键能/(kcal·mol^{-1})	化合物	化学键	键能/(kcal·mol^{-1})
$F_3C—F$	C—F	116	$—H_2C—CH_2—$	C—C	80
$XF_2C—F$	C—F	112	$—F_2C—CF_2—$	C—C	86
$X_2FC—F$	C—F	108	$X_3C—Cl$	C—Cl	66.3
$X_3C—F$	C—F	104	$F_3C—Cl$	C—Cl	80
			$H_3C—H$	C—H	97
			$F_3C—H$	C—H	103

注：X 为电负性比氟小的原子。

氟原子的半径（0.64 Å），接近碳-碳键（C—C）长（1.84 Å）的一半；同时碳-氟键（C—F）的键长（1.54 Å）较大，这就使它对碳-碳键产生了很好的屏蔽作用，从而保证碳-碳键具有很高的热稳定性和化学惰性。氟橡胶的耐热老化性能可以和硅橡胶媲美，而优于其他橡胶。26 型氟橡胶可在 250℃下长期工作，在 300℃下短期工作；23 型氟橡胶经 200℃×1 000 h 老化后，仍有较高的强度，也能经受 250℃短期高温作用。氟橡胶是属于耐中等剂量辐射的材料。高能射线的辐射作用会引起氟橡胶发生裂解和结构化。对 26 型氟橡胶表现为硬度增加，伸长率下降，主要是结构化，交联占优势；对 23 型氟橡胶，裂解为主，表现为硬度、强力和伸长率均下降。26 型 FKM 允许辐射剂量为（5～10）$\times10^8$伦琴，23 型 FKM 允许辐射剂量为 10^6～10^7拉德。γ-射线与β-射线剂量相当（如γ-射线 10^8拉德相当于β-射线 1.1×10^8伦琴）时，对氟橡胶的作用是相近的，但在辐射过程中，β-射线引起试样温度迅速上升（如辐射 100 s 温度即升至 82～99℃），而γ-射线则无此效应（如辐射 32 h 以上，温度几乎无变化）。

Ⅱ. 推电子效应。

NR 分子结构中双键的碳原子上有$—CH_3$ 基团，它是推电子的基团，由于$—CH_3$ 的存在及所处位置，就使得 NR 分子中的双键和α-H 更加活泼，使 NR 更易与氧起作用，不耐氧老化。

3）位阻效应。

无论是 RH 的脱氢还是活泼双键受到袭击，都要受到它们在分子结构中所处位置的影响，密集大的侧基能阻止氧气对主链双键的攻击，从而提高耐热氧老化性能。如聚乙烯基甲基醚和聚氧化丙烯是一对异构体，它们的叔氢原子有着相同的电子环境，但是聚氧化丙烯的氧化速度却比聚乙烯基甲基醚快 3.5 倍。

聚苯乙烯有着庞大的侧基——苯环，且又是刚性的，所以它能起到屏蔽主链，阻碍氧扩散的作用，即起到位阻效应，防正氧袭击主链上的薄弱点，这也是 PS 耐热氧老化较好的主要原因之一，而 SBR 由于侧基苯环较少，分布稀疏，不能起到有影响的位阻效应。

CR 的侧基氯原子，也屏蔽着主链上的双键，加上氯原子的吸电子作用，使双键和α-亚甲基上的氢都较稳定，这也使得 CR 在不饱和橡胶中比较耐老化。

4）主链结构的影响。

Ⅰ. 主链硅氧键（Si—O）结构。

硅橡胶分子链为硅氧链节，硅氧键（Si—O）的键能较高（89.3 kcal/mol），因此硅橡胶具有很高的热稳定性。例如适当配合的甲基乙烯基硅橡胶，经 250℃数千小时或 300℃数百小时热空气老化后，仍能保持橡胶状特性，硅橡胶用于火箭喷管内壁防热涂层时，可以耐瞬时数千度的高温。硅橡胶由于 Si—O 结构，具有优异的耐臭氧老化、热氧老化、光老化和天候老化的性能，硅橡胶硫化胶于自由状态在室外曝晒数年后，性能无显著变化。硅橡胶与其他橡胶的耐臭氧老化性能比较见表 1.4.1-2。

表 1.4.1-2　部分橡胶的耐臭氧老化性能的比较

橡胶类型	在常温和张力作用下 150 ppm 臭氧中	橡胶类型	在常温和张力作用下 150 ppm 臭氧中
丁苯橡胶	立即破坏	氯丁橡胶	24 h
丁腈橡胶	1 h	丁基橡胶	148 h
丙烯酸酯橡胶	1 h	CSM	296 h
聚硫橡胶	8 h	氟橡胶	296 h
聚氨酯橡胶	8 h	硅橡胶	3 600 h

Ⅱ. 氨基甲酸酯结构。

聚氨酯橡胶分子链中含的氨基甲酸酯链节不易发生氧化反应，在常温下不怕氧、臭氧的攻击，所以这种橡胶具有很高的耐老化性能。主要表现在耐氧、耐臭氧、耐紫外线辐射。但是含有—HN—COO—结构的橡胶，易发生水解，是它的一个最大的缺点，也是橡胶老化的另一种形式。在38℃以上的湿空气中，聚氨酯橡胶就发生水解，使其强度下降，同样水蒸气、热水、强酸碱也对它有分解作用。

Ⅲ. 醚基结构。

氯醚橡胶属于聚醚型橡胶，化学结构是以碳原子为主链，并结合有醚基团，所以它具有良好的耐天候和耐臭氧老化性。

Ⅳ. —S—C—或—S—S—结构。

聚硫橡胶是一种分子链饱和的橡胶，在主链上含有硫原子（—S—C—或—S—S—），使其具有良好的耐老化性。聚硫橡胶的耐氧、耐臭氧的性能与其含硫量有一定的关系。含硫量越高，耐老化性就会越好。聚硫橡胶制品的使用寿命，一般在10年以上。这种橡胶对紫外线及高能辐射也有一定的低抗能力。在通常条件下（70℃×144 h）老化，聚硫橡胶的拉伸强度老化系数为0.91，伸长率的老化系数为1.10。

5）橡胶的结晶性的影响。

聚集态结构对热氧老化性也有影响，如在常温下古塔波胶的氧化反应性比NR低，因为前者在室温下是结晶的，后者是非结晶的。

当聚合物产生结晶时，分子链在晶区内产生有序排列，使其活动性降低，聚合物的密度增大，氧在聚合物中的渗透率降低。因此聚合物的耐热氧老化性能随着结晶度及密度的提高而增大。

（2）温度。

在橡胶的热氧化中，热起了促进氧化的作用，因此温度越高越易热氧老化。

（3）氧的浓度。

橡胶发生氧化，必须有足够的氧供给反应，研究表明：氧压高于100 mmHg时，氧的浓度与热氧老化性无关。氧压低于100 mmHg，或者橡胶的碳氢链非常活泼，或者在较高的温度下，氧化反应都与氧的浓度有关。

（4）金属离子（也称变价金属离子）。

在橡胶的合成及加工过程中，往往残留或混入一些变价金属离子，它们对橡胶的氧化反应具有强烈的催化作用，能迅速使橡胶氧化破坏，尽管它们在橡胶中的含量很微小，但其破坏作用惊人，这些变价金属离子包括Cu、Co、Mn、Fe、Ni和Al等。微量（0.001%～0.04%）变价金属（Fe、Cu、Mn、Co等）和有些无机或有机盐类，通过变价金属的单原子氧化还原反应加速了大分子氢过氧化物以均解方式分解成自由基，从而加速橡胶的氧化过程。其反应历程为：

$$M^{n+} + ROOH \rightarrow M^{(n+1)+} + OH^- + RO\cdot$$

$$M^{(n+1)+} + ROOH \rightarrow M^{n+} + H^+ ROO\cdot$$

$$RO\cdot + RH \rightarrow ROH + R\cdot$$

$$ROO\cdot + RH \rightarrow ROOH + R\cdot$$

$$R\cdot + O_2 \rightarrow ROO\cdot$$

变价金属离子有两个作用：它既加速了氧化的引发反应，又催化氢化过氧化物分解成自由基。变价金属离子的这种作用与它的化合物性质相关，如Mn的氧化物、氯化物，万分之几已危害极大；而$MnCO_3$，含量为0.02%～0.04%仍无害；$FeSO_4$加入0.8%无害，但$FeCl_3$含量为0.02%则破坏力强烈。不溶于橡胶的硅酸盐几乎无作用；溶于橡胶的硬脂酸盐和树脂酸盐（如硬脂酸铁）可以大大加快橡胶的吸氧与结合氧的进程，即使原来溶解性差的，也会与脂肪酸反应变得较易溶解。变价金属离子的这种作用，合成橡胶比NR稳定得多，即使最差的SBR也比NR好20～40倍；对合成侧乙烯基较多的聚丁二烯橡胶来说，对变价金属的催化氧化作用较为稳定；含极性取代基的CR、NBR则更好。对NR而言，稳定性的顺序为：Cu、Co>Mn、Ni、Fe。必要时，如铜线电缆，加入与变价金属离子活性盐形成络合物或螯合物的防老剂，如对苯二胺类的4010、4010 NA、防老剂H，二硫代氨基甲酸盐如NBC，二水杨酸醛乙二胺、草酸替邻羟基苯胺等，使之络合，生成的金属络合物价键稳定以至于不能转移，金属离子也就失去催化氧化的作用了。

（三）硫化胶的热氧化特征

橡胶的硫化减少了橡胶中的薄弱环节，减少了老化反应点，且硫化胶的网络结构阻止O_2的扩散、渗透，硫交联键有使ROOH分解生成稳定化合物的倾向，因而硫化胶的耐热氧老化性要比未硫化胶好。

1. 硫化胶的热氧化与其橡胶烃热氧化的比较

橡胶烃所发生的热氧化反应及其特征，在其硫化胶中同样发生。但橡胶硫化后，一方面，硫化反应使橡胶网络结构中能与氧反应的部位（双键或α-H）减少，因而老化反应点减少；另一方面，硫化胶的网络结构随交联密度的增大，分子运动性降低，氧扩散困难，耐热氧稳定性提高。此外，交联结构及硫化网外物对其热氧化也会产生影响。

2. 不同交联键对热氧化的影响

单硫和双硫交联结构的硫化胶具有较好的耐氧化作用，而多硫交联的耐氧化作用最差。交联硫键是在氢过氧化物或过氧化物游离基存在下被氧化的，不同的交联键作用如下：

（1）单硫键。

$$\begin{array}{l}-\overset{CH_3}{\overset{|}{C}}{=}CH-CH-CH_2- \\ \qquad\qquad\quad | \\ \qquad\qquad\quad S \\ \qquad\qquad\quad | \\ -\underset{}{\overset{CH_3}{\overset{|}{C}}}{=}CH-CH-CH_2-\end{array} \xrightarrow[\text{或 }ROO\cdot]{ROOH} \begin{array}{l}-\overset{CH_3}{\overset{|}{C}}{=}CH-CH-CH_2- \\ \qquad\qquad\quad | \\ \qquad\qquad\quad S{=}O \\ \qquad\qquad\quad | \\ -\overset{CH_3}{\overset{|}{C}}{=}CH-CH-CH_2-\end{array} \xrightarrow{\text{热分解}} \begin{array}{l}-\overset{CH_3}{\overset{|}{C}}{=}CH-CH{=}CH-\overset{CH_3}{\overset{|}{C}}{=}CH-\text{（共轭三烯）} \\ -\overset{CH_3}{\overset{|}{C}}{=}CH-\overset{SOH}{\overset{|}{CH}}-CH_2- \qquad \text{（次磺酸）}\end{array}$$

在无氧化情况下，次磺酸的两个分子合并，可部分地恢复被破坏的交联键。

$$2\sim\overset{CH_3}{\overset{|}{C}}{=}CH-\overset{SOH}{\overset{|}{CH}}-CH_2\sim \longrightarrow \begin{array}{l}\sim\overset{CH_3}{\overset{|}{C}}{=}CH-CH-CH_2\sim \\ \qquad\qquad\quad | \\ \qquad\qquad\quad S{=}O \\ \qquad\qquad\quad | \\ \sim\overset{CH_3}{\overset{|}{C}}{=}CH-CH-CH_2\sim\end{array}$$

试验证明：次磺酸是一个有效的终止剂。

$$ROO\cdot + R'SOH \rightarrow ROOH + R'\dot{S}O \qquad 2R'\dot{S}O \xrightarrow{\text{歧化}} R'-\underset{\underset{O}{\|}}{\overset{\overset{O}{\|}}{S}}-SR'$$

次磺酸终止动力学可能是大多数硫化胶在氧化时产生诱导期的原因。在以后氧化过程中起到强烈的抑制作用，则与由次磺酸产生的路易斯酸有关。路易斯酸可能是 SO_2 或 SO_3，在环境温度下是分解氢过氧化物的有效催化剂，也是一种强防老剂。次磺酸转变成路易斯酸的方式如下：

$$R-O-\overset{\overset{O}{\|}}{C}-CH_2-SOH \xrightarrow{ROOH} R-O-\overset{\overset{O}{\|}}{C}-CH_2-CH_2-\overset{\overset{O}{\|}}{S}-OH$$

$$\downarrow ROOH$$

$$R-O-\overset{\overset{O}{\|}}{C}-CH_2-CH_2-\overset{\overset{O}{\|}}{S}-O\cdot + RO\cdot + H_2O$$

$$\downarrow$$

$$R-O-\overset{\overset{O}{\|}}{C}-CH_2-\dot{C}H_2 + SO_2 \xrightarrow{O_2} SO_3$$

(2) 双硫交联键。

双硫交联键在相同条件下也与氢过氧化物作用生成硫代次磺酸盐，在过氧化物存在下将继续进行游离基的再分配，以及产生交联键的交换，这种情况若是在应力作用下，就将导致硫化胶的蠕变和永久变形。

$$R-S-S-R \xrightarrow{ROOH} S-S-O-R \xrightarrow[\text{或 }RRO\cdot]{ROOH} 1/2\ RSSR + 1/2\ RSO_2SR$$

(3) 多硫交联键。

通常认为，多硫交联键的氧化作用是多硫交联键分裂出自由基，然后引发自动氧化的过程。

$$R-S_m-S_n-R \rightarrow R-S_m\cdot + R-S_n$$

$$R-S_m\cdot + \sim CH_2-\overset{CH_3}{\overset{|}{C}}{=}CH-CH_2\sim \xrightarrow{O_2} \sim CH_2-\overset{CH_3}{\overset{|}{C}}{=}CH-CH_2\sim$$

$$\rightarrow \sim CH_2-\underset{\underset{\underset{\underset{O\cdot}{|}}{O}}{|}}{\overset{CH_3}{\overset{|}{C}}}-\underset{\underset{\underset{\underset{R}{|}}{S_m}}{|}}{CH}-CH_2\sim \xrightarrow[\text{催化氧化反应}]{\text{继续进行自动}}$$

多硫交联键的研究早已受到各方面的注意，但还不能完全了解多硫交联键在氧化时的变化规律，特别是氧化机理。

过氧化物硫化的二烯类橡胶，在老化过程中先分解出游离基，然后与橡胶分子中的双键进行交联反应，这种橡胶受氧的攻击老化时开始比较缓慢，但接着就是加速老化，表现出自动催化氧化的特征。辐射硫化的橡胶，在老化过程中也是游离基与橡胶分子中的游离基发生交联反应，辐射硫化橡胶的老化特征与过氧物硫化橡胶的相同。

不同硫化体系硫化的天然橡胶在100℃、0.1 MPa氧压下测定的吸氧曲线如图1.4.1-5所示。

一般情况下，交联键的键能越大，硫化胶的耐热氧老化性能越好，不同硫化体系形成的交联键，其氧化断链的倾向性为：纯硫黄硫化体系＞硫黄/促进剂硫化体系＞硫载体硫化体系＞过氧化物硫化体系＞醌肟硫化体系＞树脂硫化体系。

3. 硫化胶分子链的变异对热氧化的影响

硫化过程中由于各种因素的影响，导致橡胶分子链某些部分产生了变异，如生成了环硫化物、促进剂-硫黄侧挂基团、

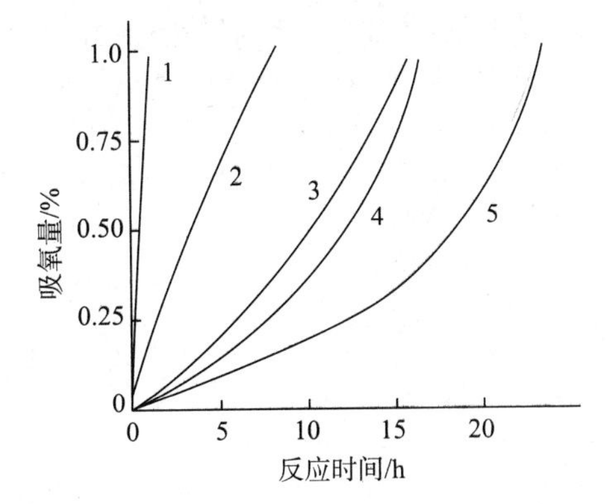

图 1.4.1-5　不同硫化体系硫化的天然橡胶在 100℃、0.1 MPa 氧压下测定的吸氧曲线

1—纯硫黄硫化（S 10.0 份）；2—硫黄/促进剂硫化（S 2.5/CZ 0.6）；3—无硫硫化（TMTD 4.0 份）；4—EV 硫化（S 0.4/CZ 6.0）；5—过氧化物硫化（DCP 2.0 份）

共轭三烯、顺反异构化、主链断裂等，这些变异对硫化胶的老化具有不同的影响。

好的耐老化性与环状硫化物有关。环状硫化物可以降低老化速度，EV 硫化体系的总结合硫量要比 TMTD 无硫硫化体系多一倍，TMTD 无硫硫化体系的硫化胶含有较大的环硫化物，而 EV 硫化体系网中含环硫化物和促进剂-硫黄侧挂基团。

4. 硫化胶网外物对热氧化的影响

硫化胶网外物比硫键更易与氢过氧化物反应，从而防护了硫化胶。未经抽提的 TMTD 无硫硫化胶的耐老化性能较好，是由于促进剂秋兰姆与氧化锌相互作用生成四甲基二硫代氨基甲酸锌（ZDMC），它起着强烈的钝化氢过氧化物的抗氧剂作用，未经抽提的 TMTD 硫化胶中有相当数量的 ZDMC 存在，所以很耐老化。TMTD 无硫硫化胶经过热丙酮抽提 8 h 后，胶中所含 ZMDC 被抽提出来，这种硫化胶就不是耐老化的硫化胶。不仅 ZDMC 是良好的氢过氧化物分解剂，其他许多金属的二烷基二硫代氨基甲酸盐，如镉盐、铅盐、铜盐、铋盐等也都有良好的抗氧性能，甚至比锌盐的抗氧效果还要好许多。

（四）其他老化机理

1. 纯热老化

外部加热或制品反复伸缩变形使内部生热，氧老化温度升高，大分子氢过氧化物更易形成自由基，其引发链反应速率的增长比终止链反应得快，氧化过程加剧。如 70～100℃烘箱老化，以拉伸强度下降 50%所需时间计测氧化温度系数，每升高 10℃，氧化速率增快的倍数为：NR 2.65～2.73，SBR 1.97～2.09；60℃时，1.2%的结合氧使常规硫化的 NR 拉伸强度下降 50%；而 110℃时，0.65%的结合氧即可使 NR 拉伸强度下降 50%。[1]另外，升高氧化温度使抗氧剂分解，反而会引发氧化。分子量大而挥发性小的防老剂的热稳定性好，酮胺缩合物 AW、RD 以及 MB 适合于较高温度下使用。

纯热老化与热氧老化不同，无氧条件下，NR、SBR 生胶在 200℃也可以稳定较长时间，200～300℃才裂解出低分子化合物；而它们的硫化胶则因交联键裂解，在 200℃以下就会断链，但在 110℃无氧气存在时观察不到拉伸强度下降。由此可见，保持高温绝氧条件下的硫化胶物性，选择硫化体系使硫化胶具有适当的交联键类型与交联网络相当重要，如 IIR 耐热配方最好选用酚醛树脂/$SnCl_2$ 硫化体系等。使用硫化仪，考察一定温度下硫化平坦期后扭矩开始下降的时间，可以快速判断硫化胶的耐热性能。一般来说，硫化胶在温度 T 时热空气中的热氧降解速率相当于油中 $T+$（60℃～100℃）时的纯热降解速率。[1]

2. 光老化

光，尤其是波长为 290～400 nm 的紫外线，有氧时会催化橡胶的自动氧化过程，加速氧化。NR 硫化胶，40～50℃紫外线照射比黑暗条件 70℃氧化快 2 倍。丁基橡胶光催化氧化的速度见图 1.4.1-6。

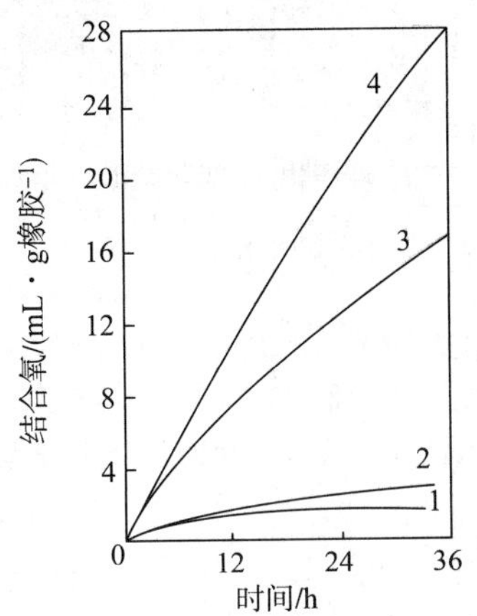

图 1.4.1-6　丁基橡胶光催化氧化的速度

1—在 55℃黑暗之中；2—在 95℃黑暗之中；3—在 55℃光照之下；4—在 95℃光照之下

太阳光对聚合物材料的危害作用是紫外光和氧参与下的一系列复杂反应所造成的。高分子材料受紫外光照射会发生光降解，波长 290～400 μm 的紫外光具有很高的能量，如 290～350 μm 波长的紫外光，能量达 97～82 kcal/g 分子，足以切断有机物的化学键，所以这一过程被称为光氧化降解。若在无氧状态下进行光化学反应，称为光老化。橡胶的光氧化降解一般只限于表面层，表面开始发黏，后来变脆、变色或增厚，并生成无规则裂纹。

橡胶光老化的机理为：橡胶在紫外线照射下，橡胶吸收光子后被激发，生成游离基；特别是，橡胶的氢过氧化物也可吸收光子生成过氧化自由基。由光子所引发的反应如下：

引发：$R—R \xrightarrow{hr} 2R\cdot$　　　$ROOH \xrightarrow{hr} RO\cdot + \cdot OH$

$R—H \xrightarrow{hr} R\cdot + \cdot H$　　　$ROOH \xrightarrow{hr} ROO\cdot + \cdot H$

传递：$R\cdot + O_2 \rightarrow ROO\cdot$　　　$ROO\cdot + RH \rightarrow ROOH + R\cdot$

聚合物在含氧环境中受紫外光照射后会发生各种物理变化。虽然在早期阶段人们很难察觉出这种光氧化作用，但实际上，聚合物的细微化学变化确实一直不停的缓慢积累着，以致最后产生明显的物理效应，如变色、表面龟裂、机械性能和电气性能的恶化等。包括：1）机械性能和光学性能变化。如 PS 的氧化降解能引起颜色变黄，而 PVC 光降能的颜色变化则由黄—红—棕色。伴随着光化学变化的发生，常有表面龟裂和脆化现象出现，致使韧性和拉伸强度剧烈下降，以致最后机械性能破坏。2）化学变化。光氧老化经常引起聚合物的断裂或交联，并伴随着形成一些含氧官能团，如酮、羧酸、过氧化物和醇。3）电气性能。聚烯烃及其他许多聚合物都具有良好的电气性能，被广泛用作绝缘材料。但是由于光氧化能导致极性基团的积累，聚合物的介电系数和表面电阻率会产生剧烈变化，最后造成电气性能的破坏。

应指出的是，橡胶中存在的杂质或结构缺陷吸收光也将引发降解反应。一般有两种引起光降解的杂质，一种是添加进去的，如某些助剂、填料等，尤其是合成中的催化剂残余，如齐格勒-纳塔催化剂中的一些过渡金属，如铬、铝、钒等和金属有机化合物如烷基铝；另一种杂质是橡胶在储存、加工和使用中转变的一些产物，如过氧化物、烷基化合物等。

橡胶中除使用 UV－9、UV327 等紫外光吸收剂抑制或阻止光老化外，炭黑吸收可见光，反射白光的 91%；TiO_2 吸收 360 nm 以上紫外线及大部分反射光；锌钡白可屏蔽光对橡胶的破坏作用；制品配色用的一些颜料（如红色、橙黄色）也会削弱紫外光的破坏效力。

3. 疲劳老化

凡是机械应力引起或加速橡胶聚合物化学过程的转化都属于力化学过程。机械应力可以影响聚合物的降解和结构化两个过程的速度比，并使聚合物中生成的化学键在机械应力作用下重排。伸长橡胶臭氧龟裂也属于力化学过程，虽然此处的机械应力仅对微观裂缝的形成和扩展发生影响，这一过程也是应力对橡胶的损坏。

（1）疲劳老化的机理。

橡胶的疲劳老化指在多次变形条件下，橡胶大分子发生断链或者氧化，结果使橡胶的物性及其他性能变差，最后完全丧失使用价值。发生疲劳老化最突出的地方是轮胎的胎侧，轮胎每转一圈，胎侧胶经历压缩、伸张的高频周期性变形，发生疲劳老化。

典型的胎面胶胎肩部位疲劳老化如图 1.4.1－7 所示。

图 1.4.1－7　典型的胎面胶胎肩部位疲劳老化

解释橡胶疲劳老化的机理有应力引发与应力活化两种理论。

1）应力引发（机械破坏理论）。

当橡胶受到机械力作用时，由于橡胶网络结构的不均匀性，产生应力分布不均匀的现象，使局部产生应力集中，结果造成局部的分子链被扯断。这种情况尤其当橡胶处于周期性的变形时更为突出。因为这时橡胶分子链来不及松弛，应变对应力有一滞后角，在分子链中总是保持着一定的应力梯度，从而使分子链容易发生断裂，当分子链被扯断后，生成游离基，引发产生氧化链反应。

$$R—R \xrightarrow{力} 2R\cdot \qquad R\cdot + O_2 \rightarrow ROO\cdot$$

$$ROO\cdot + RH \rightarrow ROOH + R\cdot$$

橡胶的低温塑炼也属于这种情况，在机械力的作用下，分子链断裂，可引发氧化作用。

2）应力活化（力化学理论）。

当橡胶分子链处于应力作用时，由于机械力作用于分子链中原子的价力使其减弱，结果使橡胶氧化反应活化能降低，活化了氧化过程。

$$RH \xrightarrow{力} ROOH$$

未受应力时，橡胶大分子活化能为 21.0 kcal/g 分子。受应力时，振幅为 50%，频率为 250 Hz 的应力时，氧化活化能为 18.1 kcal/g 分子。

橡胶的机械疲劳破坏是一个综合多种因素的破坏过程。在多次变形条件下，既可发生应力引发，又可发生应力活化，但二者发生的情况不同：一般来说，温度高、振幅小、频率低、O_2 浓度大的条件下，以应力活化为主；温度低、振幅大、频率高而 O_2 浓度小时，主要是应力引发大分子断链为主。

（2）影响疲劳老化的因素。

1）频率与振幅越高，越易疲劳老化。

频率越高，应力松弛能力下降，易产生应力集中，导致应力引发，易疲劳老化。振幅增加，易应力活化，容易疲劳老化。

在 123～143℃、250 Hz 条件下，应变振幅对应力活化能的影响见表 1.4.1－3。

表 1.4.1－3　应变振幅对应力活化能的影响

变形振幅/%	0	25	50	75
应力活化能 kcal/g 分子 kJ · mol^{-1}	 21.0 88.28	 20.1 84.10	 18.1 75.73	 13.6 56.90

从以上数据与图 1.4.1－8 可以看出，振幅增加，应力活化能越下降，越易疲劳老化，并加快防老剂的消耗，如图 1.4.1－9 所示。

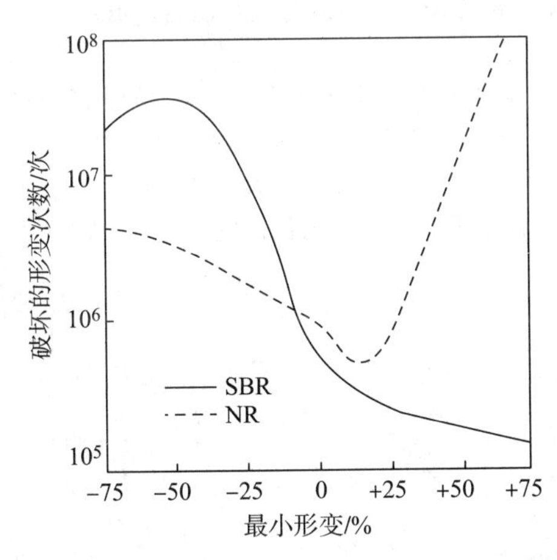

图 1.4.1－8　橡胶疲劳寿命与最低变形量的关系

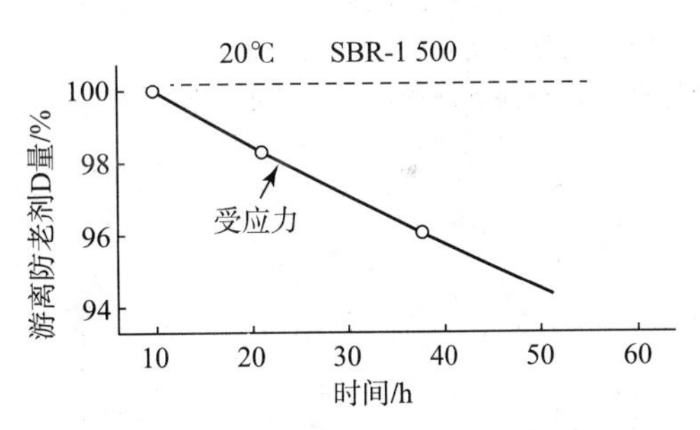

图 1.4.1－9　应力对防老剂 D 消耗的效应

疲劳试验证明：靠近夹具的应力集中处，稳定游离基的防老剂消耗速度最大，试样主要就是在这些地方损坏；在试样中部，防老剂消耗最少。如图 1.4.1－10 所示。

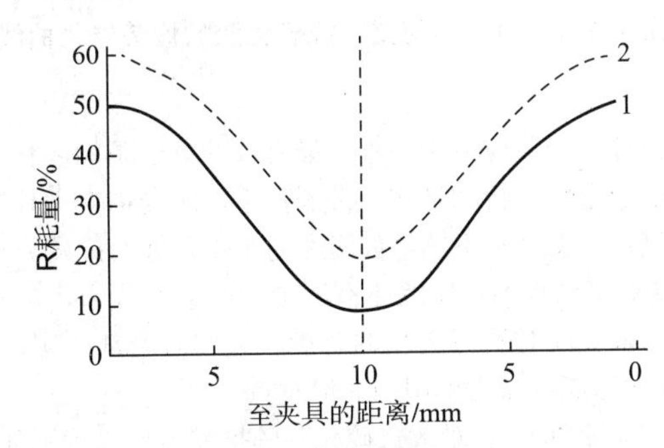

图 1.4.1－10　硫化试样疲劳过程中稳定剂游离基 R · 耗量与夹具距离的关系

1—空气中；2—氩气中

2）温度。

温度的影响可分为两个方面：a）温度越高，分子的活动性越强，应力松弛速度越快（应力集中情况下降），不易产生应力集中，引起断链机会下降，不易发生疲劳老化。b）温度升高，疲劳生热的散出就困难，使温度进一步升高，更易产生热机械破坏，热氧化提高，疲劳老化加快。温度低时，以 a）为主；温度高时，以 b）为主。总的看来，温度升高，加剧疲劳老化。

3）空间介质。

如氧气，易导致疲劳老化；惰性气体和氮气，减缓疲劳老化。温度和介质对硫化胶耐疲劳性能的影响见表 1.4.1-4。

表 1.4.1-4 温度和介质对硫化胶耐疲劳性能的影响

温度/℃	在 O_2 中，kc（千周数）		在 N_2 中，kc（千周数）		工作寿命的相对倍数（N_2/O_2）
	损坏前	损坏后	损坏前	损坏后	
20	90	1.4	180	—	2
40	45	—	190	0.98	4
60	20	1.5	200	0.98	10
80	7	1.7	195	1.00	28
100	2	1.91	210	0.97	105

在氧气介质中，硫化胶的工作寿命随温度的上升而急剧下降；而在氮气介质中，则随温度的升高稍有增加。从 60℃起，应力活化大大加速氧化裂解的发展，使硫化胶在两种介质中的工作寿命产生极大的差别（达数十倍），这与塑炼时的热-机械活化的氧化过程也是一致的。

4）填料及补强剂的活性。

活性越大的填料对橡胶分子吸附作用越强，在粒子表面形成一层致密结构（结合橡胶），使体系中大分子运动性下降，应力松弛能力下降，易产生应力集中，容易导致疲劳老化。所以应根据制品使用情况选用填料，若在多次变形条件下使用，则选用活性低的填料、补强剂。

5）橡胶的结晶性。

结晶性橡胶耐拉伸变形的疲劳老化较好，如 NR；非结晶性橡胶耐压缩变形的疲劳老化较好，如 SBR。

6）交联键的结构。

硫交联键中，硫原子数越少，交联键的刚性越大，则交联结构的活动性越小，橡胶分子链段受到的束缚力越大，耐疲劳老化越差。在多硫交联键为主的硫化橡胶的疲劳过程中，网络结构中交联键密度有增大的趋势，这是由于多硫交联键中分裂出的硫原子又参与了硫化作用，生成了新的交联键，低硫交联键为主的硫化橡胶几乎没有这种现象。

不同交联键硫化胶的疲劳老化曲线如图 1.4.1-11 所示。不同硫化体系下，耐疲劳老化性的顺序为：CV>SEV>EV。轮胎是在动态条件下使用，所以基本上使用 CV 硫化体系。

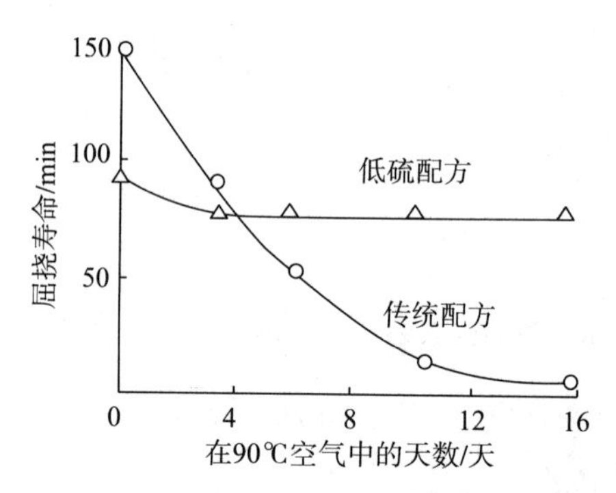

图 1.4.1-11 不同交联键硫化胶的疲劳老化曲线

（3）疲劳老化的防护。

对疲劳老化的防护，除制品结构设计应避免应力集中外，最有效的方法是加入化学防老剂。防护疲劳老化防老剂的主要作用是提高橡胶疲劳过程结构变化的稳定性，特别是在高温条件下，防老剂有力地阻碍了机械活化氧化反应的进行。一般来说，好的抗疲劳剂通常是好的抗氧剂；反之则不然，如酚类通常不是好的抗疲劳剂。防老剂可以使用 BLE、H、4010、4010NA、H/D 等，防护效果最好的是对苯二胺类，原因还不清楚。有学者认为，对苯二胺类防老剂是通过终止、切断自由基链式反应，同时防老剂不断再生，来实现对疲劳老化的防护。采用防老剂并用，可获得协同效应，如对于 SBR/海泡石（180 份），采用 BLE/4010NA 并用的屈挠寿命为单用的 3 倍左右。

值得注意的是，IIR 中使用 NBC、BLE/4010 也难改进硫化胶的抗疲劳性，远不如并用 BIIR 或调整硫化体系组合的效果好。[1] 另外，还应从橡胶填料的活性、橡胶的结晶性、制品使用条件来考虑防护疲劳老化。

4. 臭氧老化

（1）臭氧老化机理。

橡胶在大气中老化变质，臭氧的作用也是一个很重要的原因。臭氧（O_3）有高活性，在-50℃的阴暗处几个月内就可使不饱和橡胶出现龟裂，失去使用价值。据测定，当大气中臭氧浓度达到 $1\times10^{-11}\%\sim3\times10^{-11}\%$（体积）时，橡胶制品在这样的大气中放几天就会出现裂纹，并且会由此而引发其他形式的破坏。而实际上地球表面的臭氧平均平衡浓度为 1.2×

10^{-8}%～1.4×10^{-8}%（体积），所以大气中的臭氧已足够引发橡胶聚合物的自动氧化反应，使得橡胶制品易于遭受臭氧的破坏，特别是不饱和橡胶制品，在应力的作用下，受臭氧的破坏作用十分明显。

不饱和橡胶最不耐臭氧，如 NR、BR、SBR、NBR、CR 等二烯类橡胶，容易受到外界臭氧的攻击，臭氧与主链上的双键迅速发生亲电子加成反应，其反应活化能很低，这也说明臭氧对不饱和橡胶的老化反应是在橡胶暴露的表面进行的，当表面的双键被消耗掉后，臭氧才与橡胶内部的不饱和键反应。臭氧与橡胶作用一般仅在厚度约 10^{-5} mm 的表面层，特别容易在应力集中处或配合粒子与橡胶的界面处产生，通常先生成薄膜。橡胶未受应力作用变形时，这层臭氧化的表面层阻止臭氧进一步深入，臭氧与橡胶大分子双键形成的臭氧化物进一步分解成氧化物，泛白于表面，类似喷霜。湿热的外部环境下更易出现喷霜。橡胶受力变形处于应变状态下时（压缩变形影响不大，拉伸变形作用最大），应力激发臭氧化物转化成两性离子分解，导致橡胶大分子断链，表面层破裂使臭氧分子深入橡胶内部并与变形状态下的橡胶大分子反应，使之分解并逐渐发展成明显的龟裂。特别是在动态条件下使用时，薄膜更易不断破裂而露出新鲜表面，使得臭氧老化不断向纵深发展，直到完全破坏。

$$>C=C< + O_3 \longrightarrow >C\overset{O_3}{—}C< \longrightarrow —\underset{}{CH}—\overset{OO^-\ O^+}{CH}— \longrightarrow >\overset{\oplus}{C}—O—O^- + >C=O$$

（很不稳定）

臭氧从垂直于拉伸应力的方向上攻击橡胶表面，与双键发生化学反应，使得橡胶表面龟裂产生裂纹，并沿纵深破坏，如图 1.4.1－12 所示：

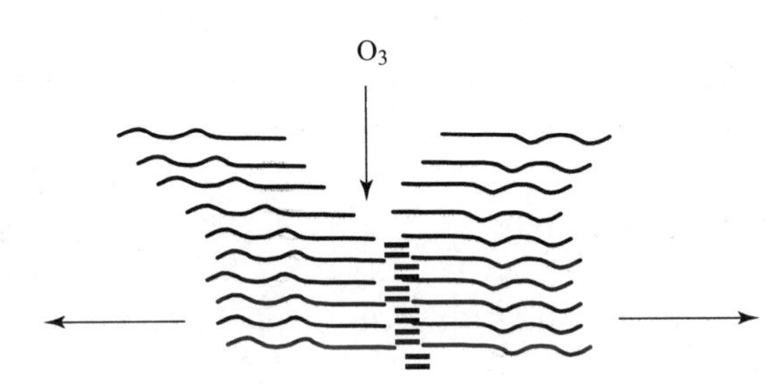

图 1.4.1－12　橡胶表面龟裂产生裂纹

臭氧老化的特征为：1）橡胶的臭氧老化是一个表面反应；2）橡胶发生臭氧龟裂需要一定的应力或应变条件，未受拉伸的橡胶臭氧老化后表面形成类似喷霜状的灰白色的硬脆膜，在应力或应变作用下，薄膜发生臭氧龟裂；3）臭氧龟裂的裂纹方向垂直于受力方向。

关于橡胶臭氧老化后龟裂的机理存在两种观点：分子链断裂学说和表面层破坏学说。

分子链断裂学说认为，处于拉伸状态的橡胶暴露在臭氧中时，臭氧与不饱和键发生反应使分子链断裂，分子链断裂并分离后，臭氧又与下层新的不饱和键发生类似的反应。这一过程的连续发生，导致臭氧龟裂的产生和增长。通过实验发现当施加于橡胶样品上的应力超过某一值时才产生臭氧龟裂，若低于这一值则无臭氧龟裂产生。臭氧龟裂应与臭氧浓度和橡胶分子链的运动性有关。当分子链的运动性较强时，臭氧使橡胶表面的分子链断裂速度很快，露出底层新的分子链继续受臭氧的攻击，因而臭氧龟裂增长速度受臭氧与橡胶的反应速度控制，即在橡胶确定的情况下龟裂增长速度与臭氧浓度成正比。当分子链的运动性较弱时，底层分子暴露速度很慢，而且暴露出来的新表面不一定都含有双键。因此臭氧对双键的连续攻击受分子链的运动性控制。分子链的运动性提高龟裂增长速度。

SBR 的臭氧龟裂增长速度与 $T-T_g$ 的关系见图 1.4.1－13。

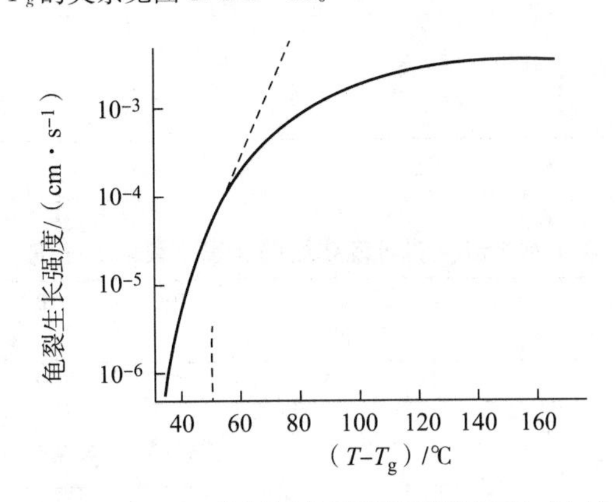

图 1.4.1－13　SBR 的臭氧龟裂增长速度与 $T-T_g$ 的关系

由图 1.4.1－13 可见，当温度低于 T_g＋50℃时，龟裂速度随温度的提高而增大，说明龟裂速度随分子运动性而增大。当温度高于 T_g＋60℃时，龟裂速度随温度变化不大，并趋于一平衡值，说明此时分子运动性相当强，龟裂速度取决于臭氧浓度。对 IIR 的研究发现，在 T_g＋180℃的范围内，龟裂速度与温度的升高成正比。因此，按照分子链断裂学说，影响分子链运动性的因素必将影响龟裂速度。

表面层破坏学说认为，臭氧龟裂并非橡胶伸长使分子链断裂引起，而根据橡胶臭氧老化过程中表面所形成的臭氧化层的物性与未老化前的橡胶的物性不同，认为主要是在应力的作用下使表面产生臭氧龟裂并增长。

（2）影响橡胶臭氧老化的因素。

橡胶发生臭氧龟裂需要一定的临界应力或应变。应力（或伸长率）小于临界应力 σ_c 时，臭氧龟裂增长速度大约仅略大于 σ_c 时的 1/100，而临界应力仅为 0.045～0.09 MPa（伸长为 5%～10%）。研究单一龟裂生长的试验表明，材料的弹性贮能大于临界扯断能 E_0（龟裂创生两个新表面需要的）时，如动态变形，龟裂的增长以机械性的断裂起主导作用；当小于 E_0 时，如静态或极低频率的动态变形时，O_3 浓度起主导作用。

1）橡胶种类的影响。

首先，橡胶含不饱和双键（C=C）是橡胶臭氧龟裂的必要条件。如 NR、SBR 臭氧化薄膜脆、易断，裂口成锐角，应力集中而易破坏。而 CR 因邻近双键的碳原子上含有吸电子基团- Cl，双键活性低。其次，CR 与臭氧反应的初级臭氧化物分解形成的是酰氯，酰氯与水反应在其表面上形成了一层软而有韧性的膜，不因变形或受力而破坏，对其内层免受臭氧攻击有很好的保护作用。最后，出现裂口时，其裂口呈圆形使应力分散，龟裂增长需要的能量大，相对耐臭氧老化。一般来说，有：a）双键的含量越高，耐臭氧老化性越差；b）双键碳原子上的吸电子取代基降低了双键的反应活性，降低了臭氧反应能力；供电子取代基增加了电子云密度，提高了双键的反应活性，提高了臭氧反应能力。

另外，增大大分子链的柔顺性，会加快龟裂增长。这是因为在臭氧浓度一定的情况下，若分子链段的运动性高，则当臭氧使表面分子链断裂后，断裂的两端将以较快的速度相互分离，露出底层新的分子链继续受臭氧的攻击，因而加快了裂口增长。反之，则不易发生臭氧龟裂，而裂口增长得慢。NBR 的丙烯腈含量从 18%增至 40%，除降低不饱和度外，增大了大分子链的刚性，臭氧龟裂增长速度从 0.22 mm/min 降至 0.04 mm/min。3，4 -链节占 75%或以上的异戊橡胶，具有高的耐臭氧性能，也是与链段活动性偏低相关。配方中加入软化剂，会加快臭氧龟裂。

臭氧与饱和橡胶的反应很缓慢，同样按自由基机理反应，不会导致橡胶的臭氧龟裂。尽管聚硫橡胶不含双键，但由于臭氧与硫化物也可产生较慢的反应，因而它与聚硫橡胶也发生反应，并导致臭氧龟裂。可利用臭氧处理 PP、PE，进行表面改性，提高表面活性，改善黏合力。

橡胶耐臭氧老化性的顺序有：EPM>EPDM>IIR>CR>NBR>SBR>BR≫NR/IR。不同硫化胶在大气中的耐臭氧龟裂性见表 1.4.1 - 5。

表 1.4.1 - 5　不同硫化胶在大气中的耐臭氧龟裂性

橡胶	出现龟裂的时间/d			
	在阳光下伸长		在暗处伸长	
	伸长 10%	伸长 50%	伸长 10%	伸长 50%
二甲基硅橡胶	>1 460	>1 460	>1 460	>1 460
氯磺化聚乙烯	>1 460	>1 460	>1 460	>1 460
26 型氟橡胶	>1 460	>1 460	>1 460	>1 460
乙丙橡胶	>1 460	800	>1 460	>1 460
丁基橡胶	>768	752	>768	>768
氯丁橡胶	>1 460	456	>1 460	>1 460
氯丁橡胶/丁腈橡胶共混物	44	23	79	23
天然橡胶	46	11	32	32
丁苯橡胶	34	10	22	22
异戊橡胶	23	3	9	56
充油低温乳聚丁苯橡胶（充油 15%）	18	3	—	15
丁腈橡胶- 26	7	4	4	4

各种硫化胶的臭氧龟裂增长速度见表 1.4.1 - 6。

表 1.4.1 - 6　各种硫化胶的臭氧龟裂增长速度

橡胶	增长速度/($mm \cdot min^{-1}$)（臭氧浓度为 1.15 mg/L）
NR	0.22
SBR（S/B=30/70）	0.37
IIR	0.02
NBR（B/AN=60/40）	0.04
NBR（B/AN=70/30）	0.06
NBR（B/AN=82/18）	0.22
CR	0.01

各种硫化胶产生龟裂的时间与臭氧浓度的关系如图 1.4.1 - 14 所示。

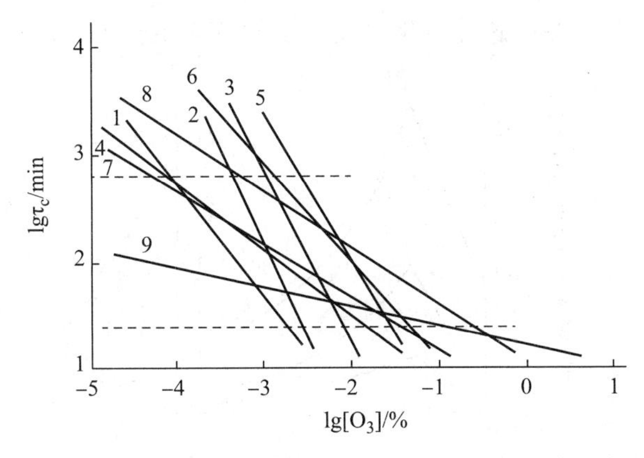

图 1.4.1-14　各种硫化胶产生龟裂的时间与臭氧浓度的关系

1—18%ACN 的 NBR，2—26%ACN 的 SNBR；3—30%苯乙烯的 SBR；4—NR；5—丁二烯和 α-甲基苯乙烯共聚物+50 份炭黑的硫化胶；6—丁二烯和 α-甲基苯乙烯共聚物的硫化胶（不含炭黑）；7—50%苯乙烯 SBR；8—CR；9—90%苯乙烯 SBR

由图 1.4.1-14 可见，各种橡胶的龟裂时间均随臭氧浓度的提高而显著缩短，但因橡胶的品种不同，程度有差别。在同一臭氧浓度下，由于 NR 与 SBR、BR 及 NBR 的结构不同，臭氧老化特性也不同伸长的 NR 在臭氧环境中短时间内产生龟裂，但龟裂增长的速度慢，龟裂的数量多且浅小。与此相反，SBR、BR 及 NBR 产生龟裂的时间要长一些，单龟裂的增长速度快，有变成较大龟裂的倾向。

2）臭氧浓度的影响。

臭氧的浓度越高，耐臭氧老化性越差；同一臭氧浓度下，橡胶结构不同，臭氧老化特性不同。如 NR 短时间产生龟裂，但龟裂增长速度慢；SBR、BR、NBR 产生龟裂所需时间长，但龟裂增长速度快。NR 及 SBR 的龟裂增长与臭氧浓度的关系如图 1.4.1-15 所示。

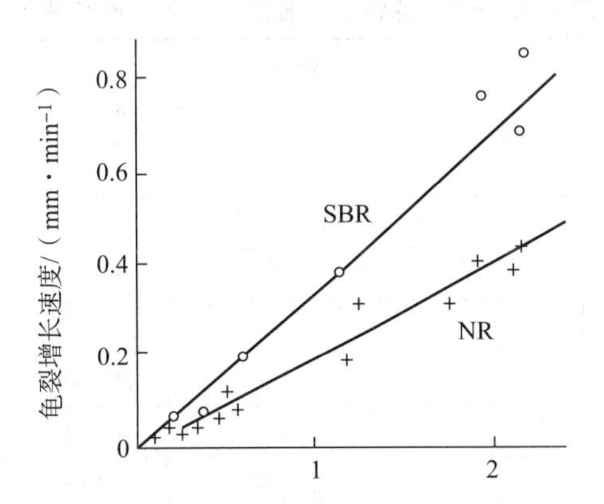

图 1.4.1-15　NR 及 SBR 的龟裂增长速度与臭氧浓度的关系

由图 1.4.1-15 可见，臭氧浓度也影响着龟裂增长速率。

3）应力应变的影响。

臭氧进攻橡胶的表面，在表面老化，表面形成臭氧化膜，臭氧化膜比较硬、脆，可以阻止臭氧向内部渗透，但在动态条件下，老化膜易破裂，臭氧不断与橡胶反应，最终使橡胶断裂。

因橡胶种类不同，龟裂产生时间与伸长率的关系也不一样，如图 1.4.1-16 所示。

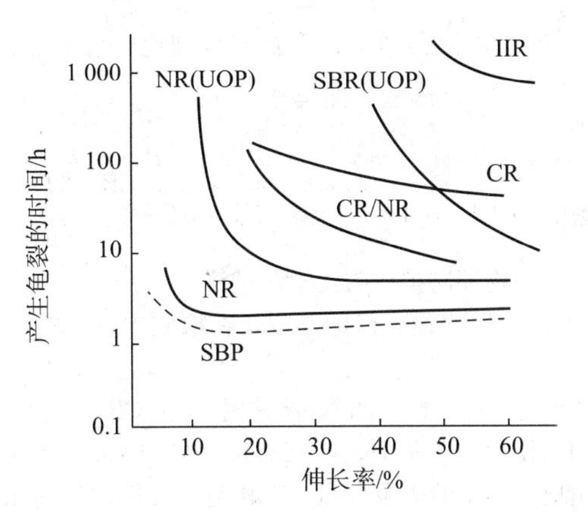

图 1.4.1-16　不同橡胶的产生龟裂时间与伸长率的关系

未填充SBR（S，30%）在不同臭氧浓度下的龟裂增长速率与应变的关系见图1.4.1-17。

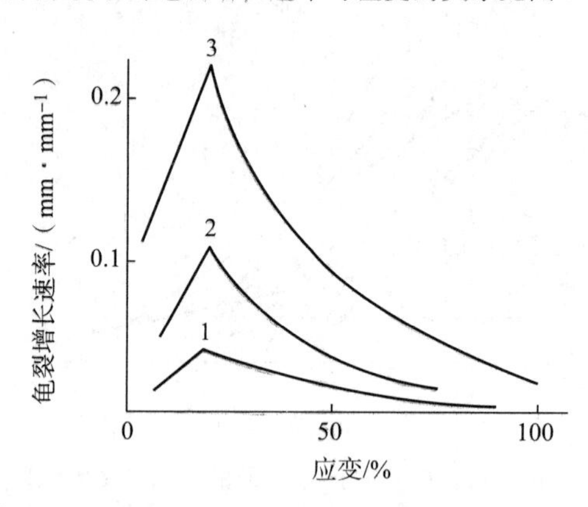

图1.4.1-17 未填充SBR（30%S）在不同臭氧浓度下的龟裂增长速率与应变的关系

$[O_3]$：1—2.2×10^{-7} mol/L；2—11.0×10^{-7} mol/L；3—16.5×10^{-7} mol/L

由图1.4.1-17可见，龟裂增长速度与应变有关，当在某一应变值时龟裂速率最大。一般的结论是，在应变值相当低时龟裂速率最大。研究表明，龟裂增长速率在称为"临界伸长"的状态下最大，试样完全断裂所需要的时间最短。低伸长下产生的裂纹数量少，龟裂增长速率快，裂纹深；高伸长下产生的裂纹数量多，龟裂增长速率慢，裂纹浅。因为，在低伸长时被臭氧打断的分子链不能完全分离形成不可逆的微细裂纹，而是有选择地在有缺陷的部位首先形成小的裂纹，使应力在此处集中，龟裂增长速率增大，龟裂变大。由此也可理解，橡胶表面的缺陷少、光泽度好，耐臭氧性将会提高。

在动态条件下，由于臭氧老化与其他老化相重叠，使得龟裂的产生及增长比静态条件下快得多。

4）温度的影响。

温度升高，臭氧老化速度加快。各种硫化胶在不同温度下的龟裂增长速度见表1.4.1-7。

表1.4.1-7 各种硫化胶的臭氧龟裂增长速度

橡胶	增长速度/（mm · min⁻¹）（臭氧浓度为1.15 mg/L）		
	2℃	20℃	50℃
NR	0.15	0.22	0.19
SBR（S，25%）	0.13	0.37	0.34
NBR（AN，18%）	—	0.22	—
NBR（AN，30%）	—	0.06	—
NBR（AN，40%）	0.004	0.04	0.23
IIR	—	0.02	0.16
CR	—	0.01	—

对臭氧龟裂时间与温度关系研究表明，龟裂时间随温度的降低而显著增长。实际吸收臭氧的速率基本不变。按照臭氧龟裂的分子链断裂学说，凡影响橡胶分子运动性的因素都能影响龟裂的增长速率。对于各种不同的聚合物，低温时的龟裂速率是不同的，但随温度的升高而增大且都趋近于一个相同的界限值。如SBR、NR和IIR。造成这种现象的原因是龟裂增长速率取决于橡胶与臭氧的反应速率及橡胶分子链的运动性，低温时，橡胶分子运动能力是有区别的，温度到某一值后，橡胶分子运动能力趋近一致。

（3）臭氧老化的防护。

臭氧防护的理论，有清除剂理论、单纯防护膜理论、重新键合理论、自愈合膜理论、清除剂与单纯防护膜共存理论等。

重新键合理论的作用机理如下式所示：

2R—CHO（橡胶分子链端基）+R—NH—⟨苯环⟩—NH—R′→ R—CH(OH)—N(R′)—⟨苯环⟩—N(R′)—CH(OH)—R

实践中，臭氧老化的防护方法可以分为物理防护法与化学防护法。

1）物理防护法：主要包括覆盖或涂刷橡胶表面，橡塑共混、在橡胶中加入蜡。其中在橡胶中加入蜡最常用，防止橡胶臭氧老化的蜡分为石蜡和微晶蜡。

不饱和橡胶并用CR或饱和橡胶可改进耐臭氧性，如NBR并用25份CR，可使臭氧龟裂增长速度降为原来的1/10。

对于静态使用的橡胶制品，可使用蜡作为物理防护剂，其防护效果与蜡的喷出特性（迁移性）、成膜结晶性和膜与橡胶的黏附性有关；其性能取决于化学组成，即蜡的碳数分布、正构与含支链烷烃的比例。石蜡由直链烷烃组成，分子量较低，结晶度较高，形成大的结晶，熔点范围为38～74℃，其特点是迁移速度快、易成膜，但膜容易脱落。微晶蜡为高分子量石油的残余物，主要由支化烷烃或异构链烷烃组成，形成小而不规整的结晶，熔点57～100℃，其特点是迁移速度慢，膜不易脱落。蜡的功效应着重对0℃、35～45℃两个臭氧侵蚀敏感区的防护。另外，改性防护蜡的效能比一般的防护蜡高1.5～3倍，同时，要注意蜡的分子量、支化度、熔点与环境温度的相配，一般地，微晶蜡/石蜡并用的效果好。

蜡类是比较脆的物质，在动态情况下，蜡膜容易产生动态破裂，所以在动态情况下应使用蜡类与抗臭氧剂并用等办法。

2）化学防护法：在橡胶中加入化学抗臭氧剂，在动静态下都可使用化学防老剂。抗臭氧剂用量一般为1.5～3.0份，几乎都是含氮化合物，常用的是对苯二胺类。

抗臭氧剂，一类在于减小龟裂生长速率，但不改变临界应力σ_c，如喹啉类防老剂AW，龟裂增长速率随AW量从迅速下降变为缓慢下降；另一类增大出现龟裂生长的临界能量E_c，如N，N′-二取代的对苯二胺类（如二烷基、芳基烷基、二芳基取代）。纯NR硫化胶，在大气臭氧浓度下，3%DOPPD（N，N′-二辛基对苯二胺）使应变从6%升至100%，两年未见龟裂（无者仅7d便破坏）。临界应力σ_c为0.05 MPa时，从图1.4.1-18可以看出，DOPPD的质量分数为6%、7.5%、10%时的极限抗臭氧浓度分别为0.4 mg/L、0.75 mg/L、12 mg/L。依次可推断大气臭氧浓度下，只用2.5%的DOPPD就足够。就对苯二胺类防老剂来说，含二烷基者如DOPPD更适宜于静态或轻微间隙动态使用条件的抗臭氧，尤以取代基为3～8个碳原子的效果为佳；含芳基者如DPPD（防老剂H）更适宜于动态使用条件下的抗臭氧，但在橡胶中的溶解度小易喷霜；含芳基烷基［如IPPD（4010NA）、CPPD（4010）、6PPD（4020）等］的，综合性能好，抗动态臭氧老化性能好，与石蜡并用时抗静态臭氧老化也好，是市场主要的抗臭氧剂，尤以取代基带异丙基者效果佳。对于NR，N，N′-二取代的对苯二胺类抗臭氧的顺序有：二烷基>芳基烷基>二芳基。[1]临界应力σ_c对O_3浓度的关系如图1.4.1-18所示。

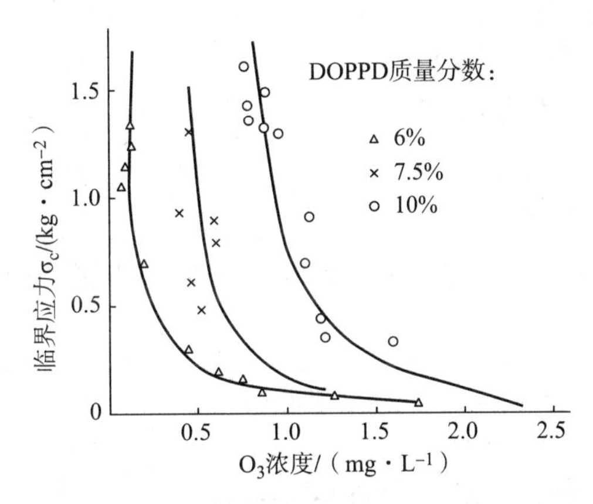

图1.4.1-18　临界应力σ_c对O_3浓度的关系

防老剂AW与对苯二胺类防老剂IPPD（4010NA）并用可产生协同效应。此外，二硫代氨基甲酸镍（NBC）、硫脲（如Na-22）、硫代双酚（如2246-S）也有一定的抗臭氧老化性，但效能不如胺类防老剂。

需要注意的是，CR使用对苯二胺类的情况与上述情况有所不同，对非硫调节型的CR，40℃下臭氧质量分数为3×10^{-6}%时，动态条件下达到同级裂口的时间，含二芳基者为118 h，含烷基芳基者为84 h，含二烷基者仅为49 h。此外，并用蜡类时，NR的动态耐臭氧变坏，CR则变好。[1]

另外需要注意的是聚醚橡胶CO、ECO以及NBR。对CO、ECO而言，40℃下臭氧质量分数为80×10^{-6}%时，伸长率40%达到同级裂口的时间为120 h，无抗臭氧剂与含NBC或MB的均无裂口。对于NBR、NBC的抗臭氧效能优于4010 NA。可见，要明确抗臭氧的机理，还需在实践中进一步探索。

5．生物老化

橡胶生物老化的外因包括细菌、真菌等微生物，白蚁、蟑螂等昆虫，牡蛎、石灰虫、海藻、海草等海生物蛀食高分子材料，以及温度和湿度等气候因素；内因包括天然橡胶中的非橡胶烃成分、某些橡胶助剂尤其是增塑剂或软化剂等为霉菌提供养分。

生物老化的防护，主要是添加防霉剂与防蚁剂。防霉剂主要是一些有机氯化物、有机铜化合物、有机锡化合物，可以破坏霉菌的细胞结构或活性，从而起到杀死或抑制霉菌生长和繁殖的作用。防蚁剂主要是一些有机氯化物等农业杀虫剂。

1.1.2　老化防护

常用的橡胶老化防护方法有：

（1）物理防护法，如橡塑共混（减少双键和α-H浓度）、橡胶表面镀层或涂覆（减少与氧接触）、在橡胶中加入石蜡（在制品表面形成蜡膜从而减少与氧接触）、加入光屏蔽剂（减少对光的吸收）等，由于空气中氧的浓度较高，许多制品的动态下使用，因此物理防护法对热氧老化的防护效果并不理想。

关于表面镀层或涂覆防护，有人研究了NBR硫化胶表面的溴化和氟化处理，其耐热性有明显提高，而与材料整体内部结构有关的强伸性能基本不受影响；还有研究将交联剂（硫黄、二枯基过氧化物）涂在橡胶表层进行热处理，使NBR表层进行补充交联，也能提高NBR的热稳定性。

（2）化学防护法，通过加入化学防老剂，参与老化反应，终止自由基连锁反应或破坏老化过程产生的ROOH生成稳定化合物，对热氧老化有较好的防护效果，能够延缓橡胶老化反应的进行。尤其是终止自由基连锁反应效果显著，是橡胶热氧老化的主要防护方法。

一切能防止氧对聚合物氧化破坏的试剂均称为抗氧剂，即防老剂。防老剂按防护效果可分为抗氧、抗臭氧、抗疲劳、抗有害金属（金属离子钝化剂）和抗紫外线等防老剂。防老剂按抗氧化机理可分为链终止型防老剂，又称为主抗氧剂，如胺类、酚类等；氢过氧化物破坏型防老剂，又称为预防型防老剂、辅助型防老剂，如二烷基硫化物（秋兰姆类）、硫代酯类、磷酸酯类与亚磷酸酯类、二硫代有机酸盐与二硫代磷酸盐类等。

（一）链终止型防老剂

链终止型防老剂按反应机理又可分为自由基捕捉体型防老剂、电子给予体型防老剂、氢给予体型防老剂。

（1）自由基捕捉体型防老剂，能与自由基反应，生成不再引发链式氧化反应的稳定产物，常用的品种有醌类化合物、稳定的二烷基氮氧自由基等。

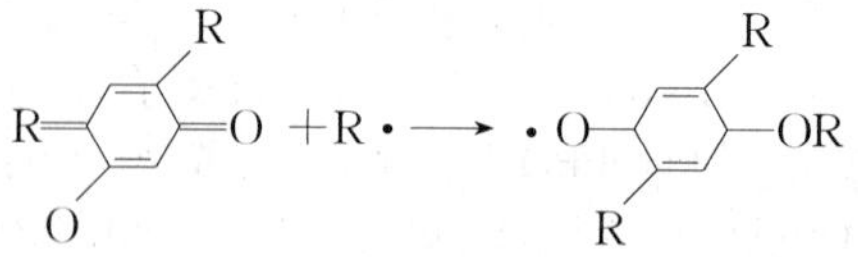

[醌类化合物与 R· 反应生成 ·O–C₆H₂(R)₂–OR 的结构式反应图]

$$R_2NO\cdot + R\cdot \rightarrow R_2NO—R$$

稳定的二烷基氮氧化物自由基 $R_2NO\cdot$，如二特丁基氮氧化物自由基和 2，2，6，6-四甲基-4-吡啶酮氮氧化物自由基等，将这类物质加入到橡胶中，在橡胶中进行热氧化时，能够与 R· 和 $RO_2\cdot$ 反应，生成稳定的分子产物，终止链增长。

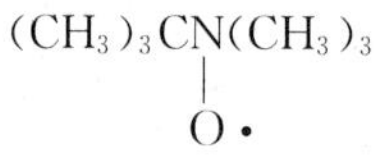

$(CH_3)_3CN(CH_3)_3$（N 上连 O·）

二特丁基氮氧化物自由基

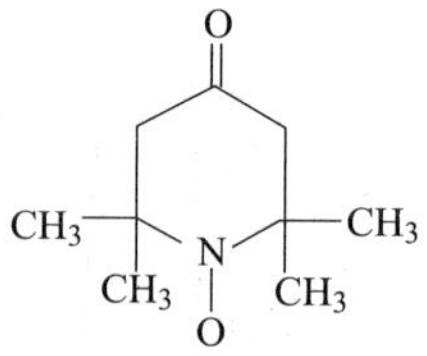

[结构式：4-吡啶酮环，2、6 位各有两个 CH_3，N 上连 O]

2,2,6,6-四甲基-4-吡啶酮氮氧化物自由基

实际上，醌基与 R· 的反应活性比氧低，所以防护效能低，意义不大。炭黑的表面上有醌基和多核芳烃结构存在，它们能捕捉活性自由基，使动力学链终止。

（2）电子给予体型防老剂通过电子转移机理将自身的电子转移给自由基，生成离子化合物，不再引发链式氧化反应，常用的品种有不含有活性氢的叔胺类化合物 N，N-二甲基苯胺等：

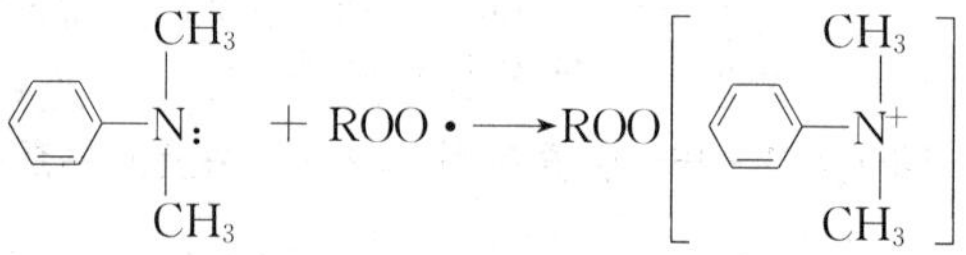

$$C_6H_5N(CH_3)_2: + ROO\cdot \longrightarrow ROO^-[C_6H_5N^+(CH_3)_2]$$

（3）氢给予体型防老剂通过活泼氢的转移使自由基链式反应终止，常用的品种有含有活泼氢的胺类和酚类化合物，是橡胶中使用最广泛的一种防老剂：

$$A—H + ROO\cdot \rightarrow ROOH + \cdot A$$

$$\left.\begin{array}{l} A\cdot + ROO\cdot \rightarrow ROOA \\ A\cdot + R\cdot \rightarrow RA \\ A\cdot + A\cdot \rightarrow AA \end{array}\right\}\text{稳定产物}$$

氢给予体型防老剂应具备的条件：具有活泼的氢原子，而且比橡胶主链的氢原子更易脱出；防老剂本身应较难被氧化；防老剂的游离基活性要小，以减少它对橡胶引发的可能性，又要有可能参与终止反应。

（二）氢过氧化物破坏型防老剂

从橡胶的自动氧化机理可以看到，大分子的氢过氧化物是引发氧化的游离基的主要来源。所以，只要能够破坏氢过氧化物，使它们不生成活性游离基，也能延缓自动催化的引发过程。能起到这种作用的化合物又称为氢过氧化物分解剂。又因为这类防老剂要等到氢过氧化物生成后才能发挥作用，所以一般不单独使用，而是与胺类、酚类等抗氧剂并用，因此称为辅助防老剂。

常见的氢过氧化物破坏型防老剂有：含硫脂或含亚磷酸酯的长链脂肪烃，此外还有硫醇化合物和二烷基二硫代氨基甲酸盐等，它们的作用机理分别叙述如下：

1. 二烷基硫化物

如常用的 DLTP（3，3′-硫代二丙酸二月桂酯）$H_{25}C_{12}OOC—CH_2CH_2—S—CH_2—CH_2—COOC_{12}H_{25}$ 的作用机理为：

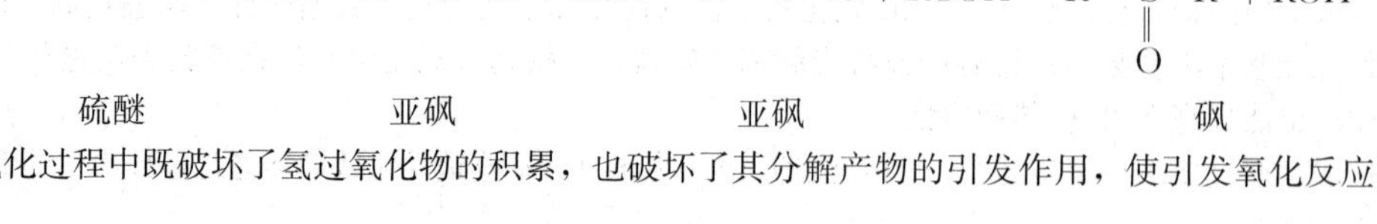

$$\underset{\text{硫醚}}{R'—S—R'} + ROOH \rightarrow \underset{\text{亚砜}}{R'—S(=O)—R'} + ROH \qquad \underset{\text{亚砜}}{R'—S(=O)—R'} + ROOH \rightarrow \underset{\text{砜}}{R'—S(=O)_2—R'} + ROH$$

DLTP 在氧化过程中既破坏了氢过氧化物的积累，也破坏了其分解产物的引发作用，使引发氧化反应的活性中心大大

减少，因此削弱了自催化过程。1 mol 的硫酯类化合物可以分解 2 mol 的氢过氧化物。

2. 亚磷酸酯类化合物

如 TNP［三（壬基苯基）亚磷酸酯］和 TPP（亚磷酸三苯酯）等，其作用机理为：

$$(R'O)_3-P \text{ 或 } (R')_3-P+ROOH \rightarrow (R'O)_3-P=O \text{ 或 } (R')_3-P=O+ROH$$

1mol 的含亚磷酸酯的长链脂肪烃化合物可以分解 1 mol 的氢过氧化物。

3. 二硫代有机酸盐和二硫代磷酸盐类

二硫代有机酸盐和二硫代磷酸盐类也是非常有效的氢过氧化物分解剂，代表产品为 NBC，其作用机理为：

$$R'_2N\overset{S}{\overset{\|}{C}}-S-M-S-\overset{S}{\overset{\|}{C}}NR'_2+ROOH \longrightarrow R'_2N-\overset{S}{\overset{\|}{C}}-S\cdot+R'_2N\overset{S}{\overset{\|}{C}}-S-M-OH+RO\cdot$$

$$\xrightarrow{\text{转化}} R'_2N\overset{S}{\overset{\|}{C}}-SH+MO$$

这类化合物之所以效果显著是因为这些反应产物可以分别连续与多量的氢过氧化物再反应，1 mol 的二烷基二硫代氨基甲酸盐化合物可以分解 7 mol 的氢过氧化物，副产物 SO_2 又可以有效地促进 ROOH 分解。

$$R'_2N\overset{S}{\overset{\|}{C}}-S\cdot+3ROOH \longrightarrow R'_2N-\overset{S}{\overset{\|}{C}}-\underset{\underset{O}{\|}}{\overset{O}{\overset{\|}{S}}}OH+2ROH+RO\cdot \xrightarrow{\text{转化}} R'-N=C=S+R'OH+SO_2$$

$$R'_2N\overset{S}{\overset{\|}{C}}-SH+3ROOH \longrightarrow R'_2N-\overset{S}{\overset{\|}{C}}-\underset{\underset{O}{\|}}{\overset{O}{\overset{\|}{S}}}OH+3ROH \xrightarrow{\text{转化}} R'-N=C=S+R'OH+SO_2$$

4. 硫醇类化合物

这类化合物也可以促使 ROOH 分解，代表产品为 MB，其作用机理为：

$$\underset{\text{硫醇}}{2R'-SH}+ROOH \rightarrow R'-S-S-R'+ROH+H_2O$$

$$R'-S-S-R'+2ROOH \longrightarrow R'-\underset{\underset{O}{\|}}{\overset{O}{\overset{\|}{S}}}-S-R'+2ROH \xrightarrow{\text{转化}} \underset{\text{硫醚}}{R'-S-R'}+SO_2$$

$$\underset{\text{硫醚}}{R'-S-R'}+ROOH \rightarrow \underset{\text{亚砜}}{R'-\overset{O}{\overset{\|}{S}}-R'}+ROH$$

$$\underset{\text{亚砜}}{R'-\overset{O}{\overset{\|}{S}}-R'}+ROOH \rightarrow \underset{\text{砜}}{R'-\underset{\underset{O}{\|}}{\overset{O}{\overset{\|}{S}}}-R'}+ROH$$

2 mol 的硫醇最多可以分解 5 mol 的氢过氧化物，自身经过硫醚、亚砜，最后变为砜。

（三）金属离子钝化剂

微量的二价或三价以上的重金属离子如 Cu、Mn、Fe、Co 等对橡胶的氧化具有强烈的催化作用。这些变价金属离子常常加速破坏生胶和硫化胶。但它们的危害性在很大程度上取决于这些金属存在于什么样的化合物中，主要与这些化合物在橡胶中的溶解度有关。

金属离子钝化剂是辅助防老剂，常为酰胺类、醛胺缩合物等，它们能与酚类和胺类防老剂有效地并用。主要是铜抑制剂和铁抑制剂。最早使用的铜抑制剂是水杨醛和乙二胺缩合物——水杨叉乙二胺，其他如己二胺和水杨醛、糠醛或肉桂醛的缩合物。酰胺类有苯甲酰肼等。

金属离子钝化剂的作用特点是：a）能以最大配位数强烈地络合重金属离子；b）能降低重金属离子的氧化还原电位；c）所生成的新络合物必须难溶于橡胶；d）有大的位阻效应。

$$C_6H_4(OH)-CH=N-CH_2-CH_2-N=CH-C_6H_4(OH)+2Me^+ \longrightarrow C_6H_4(-CH_2-N(-Me)-O-)-CH=CH-N(-Me-O-)-CH_2-C_6H_4$$

1.1.3 防老剂的分类与运用

（一）防老剂的分类及其性质

防老剂按化学结构可分为胺类、酚类、杂环类及其他类；按照防护机理与防护效能，还可以分为防老剂（即链终止型防老剂、主抗氧剂）、预防型防老剂（即氢过氧化物破坏型防老剂、辅助型抗氧剂）、反应性防老剂、物理防老剂等。

防老剂分类表

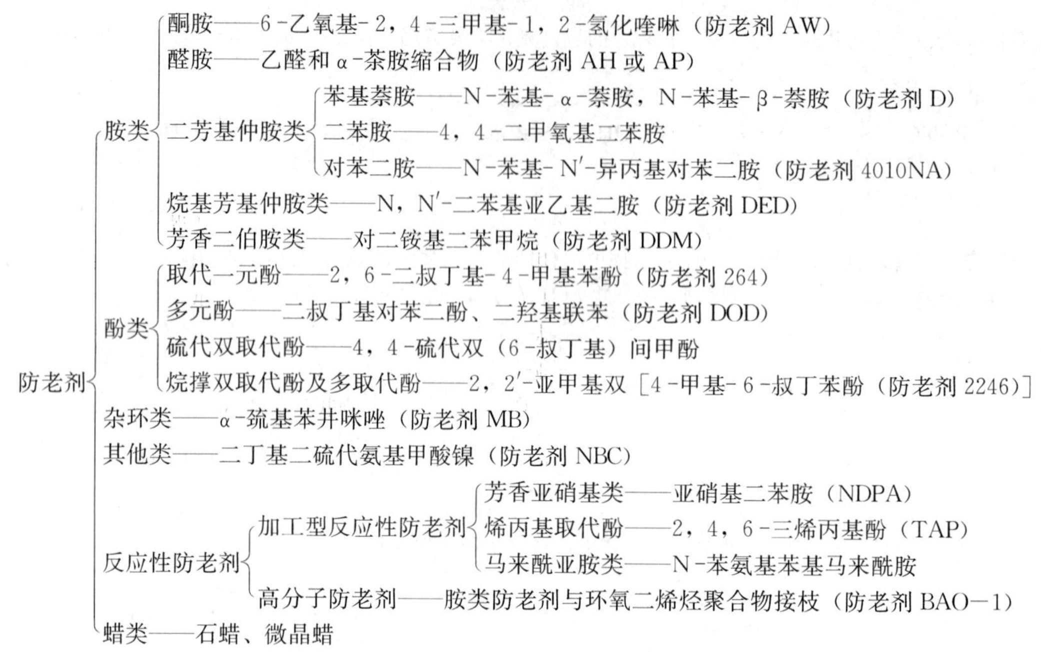

主抗氧剂（AH，如酚类、胺类）与橡胶大分子氧化形成的自由基（R·、RO·）结合成稳定化合物或低活性自由基（A·），终止自由基反应的传递，阻止链的进一步断裂或增长；辅助型抗氧剂（如亚磷酸酯类、硫代酯类）使老化过程中生成的大分子氢过氧化物分解成稳定化合物，阻止连锁反应历程。鉴于自由基A·在适当条件下有引发链反应的能力，故主抗氧剂的防老效能取决于终止链反应与引发链反应两者速率之比。酚类，一方面，在羟基邻位引入推电子基团如—CH_3、—C（CH_3）$_3$、—OCH_3，在羟基对位引入吸电子基团如—Cl、—F，使之容易放出氢原子，使终止链反应的活性提高；另一方面，增多烷基取代基数目，或者邻位取代基分支，空间位阻增大，使芳氧自由基（A·）更稳定，引发链反应能力降低，两者均使酚类抗氧化能力提高。如，丙烯酰胺酚类防老剂N-（4-羟基苯基）-丙烯酰胺，酚氢原子在对位，易使抗氧化自由基产生共振稳定性，大大降低自由基反应性转移到别的大分子链上的概率，抗氧化能力比IPPD好，而邻位者就不如IPPD了；酚类防老剂2246中引入三嗪结构，可以使聚丙烯耐热氧（150℃）老化升高7倍。胺类防老剂，萘胺类在胺基邻、对位的苯环上引入—OH、—OCH_3、—Cl等极性基团，其防老化效果就提高；对苯二胺类（R_1—NH—⟨苯环⟩—NH—R_2）的R_1、R_2如全为芳基（如防老剂H、NPPD），其抗氧老化性能优良。[1]

所有防老剂中，胺类防老剂防护效果最突出，品种最多，对热氧老化、臭氧老化、重金属及紫外线的催化氧化以及疲劳老化都有显著的防护效果。这类防老剂的防护效果是酚类防老剂不可比拟的，远优于酚类防老剂。其缺点是有污染性，不宜用于白色或浅色橡胶制品。胺类防老剂又可细分为酮胺类、醛胺类、二芳仲胺类、二苯胺类、对苯二胺类以及烷基芳基仲胺类六个类型。综合性能最好的是对苯二胺类防老剂，又称为"4000"系防老剂，其代表性品种为IPPD（4010NA）、6PPD（4020）和77PD（4030）等，这类防老剂不仅抗氧、抗臭氧，也抗屈挠龟裂。

防老剂的污染性与其迁移相关，高效酚类防老剂污染小。酚类防老剂的优点是无污染性、不变色，适用于浅色或彩色橡胶制品，其缺点是防护效果差。酚类防老剂可分为取代一元酚类，多元酚类，硫化二取代酚类以及烷撑二取代酚类等。

杂环及其他类防老剂中主要品种是苯并咪唑型和二硫代氨基甲酸盐类，最重要的是防老剂MB及其锌盐MBZ，主要用于防止热氧老化，也能有效地防止铜害，不具有污染性，常用于浅色、彩色及透明的橡胶制品，泡沫胶乳制品等。

反应性防老剂、高分子防老剂统称为非迁移性防老剂。非迁移性防老剂是指在橡胶中能够持久地发挥防护效能的防老剂，其特点是难抽出、难迁移、难挥发。反应性防老剂，是防老剂分子以化学键的形式结合在橡胶的网构之中，使防老剂分子不能自由迁移，也就不发生挥发或抽出现象，因而提高了防护作用的持久性，包括：1）在加工过程中防老剂与橡胶化学键合。在热硫化过程中，某些基团（如亚硝基、烯丙基以及马来酰亚胺基等）能够与链烯烃橡胶发生化学反应，若将这些基团事先连接在防老剂分子结构上，则通过这些基团就可把防老剂分子结合于橡胶网构之中。2）在加工前将防老剂接枝到橡胶上。这类防老剂由胺类或酚类防老剂与液体橡胶反应，使防老剂分子接枝在大分子上；也可将胺类防老剂与含有活泼基团的聚合物（如环氧聚合物或亚磷酸酯化的烯烃聚合物）反应制得。如胺类防老剂与环氧二烯烃聚合物化学接枝（称为BAO-1），它的化学结构类似于防老剂IPPD（4010 NA）。与一般防老剂比较，这种高分子防老剂在BR或SBR中有突出的防护效果，原因是在高分子防老剂结构中含有羟基，它直接处于活性芳香仲胺基团附近，产生了抗氧的协同效应；

同时在橡胶结构中的高分子防老剂使两种聚合物的自由基有机会进行再结合。3）在橡胶合成过程中，将具有防护功能的单体与橡胶单体共聚。

溶解度同防老剂的化学结构、橡胶类别、温度相关。溶解度低者易喷霜，使用量受限制。防老剂 D 0.8 份、防老剂 H 0.3 份，便可能喷霜。橡胶的臭氧老化，如前所述，是“表面”化学反应，选用的抗臭氧防老剂应溶于橡胶，又能迁移至橡胶表面发挥作用还不应喷霜。

分子量大的防老剂挥发性小，但分子类型比分子量更重要，如受阻酚的挥发性比某些胺类（防老剂 246 对比防老剂 H）高许多[1]，对高温下使用的制品（如 ACM、ANM）要加以注意。如图 1.4.1－19 所示。

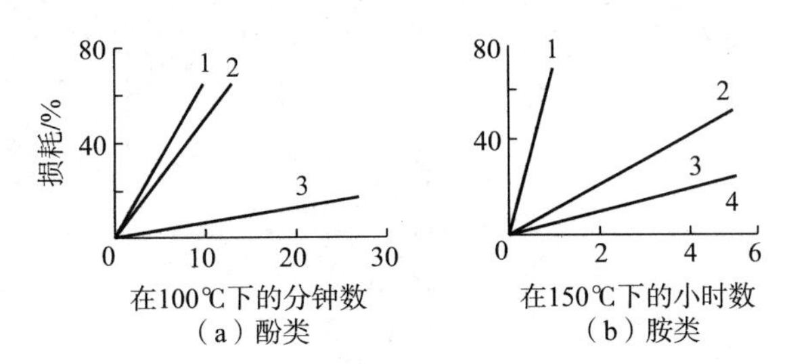

图 1.4.1－19　各种防老剂的挥发性

（a）1：2，6－二叔丁基－4－甲基苯酚

2—2，6－双（1，6－二甲基丁基）－4－甲基苯酚　3—N－异丙基－N′－苯基对苯二胺

（b）1：二苯胺

2—聚合型受阻酚　3—N－（1，3－二甲基丁基）对苯二胺　4—N，N′－二苯基对苯二胺

稳定性指防老剂对热、光、氧、水、溶剂的直接作用可长期保持防护作用的效能。受阻酚类在有酸性介质存在下受热可能发生脱烷基化反应而失效；烷基化二苯胺对直接氧化最不敏感，而对苯二胺类最敏感。防老剂贮存时应予以注意。

常用防老剂类型的特性比较见表 1.4.1－8。

表 1.4.1－8　常用防老剂类型的特性

类别	自然老化	抗氧活性	抗臭氧活性	热老化	屈挠老化	铜害老化	变色性	污染性	挥发性	溶解度	化学稳定性	典型代表
酮胺类	4			4～6	1～4	2		1～3				BLE
丙酮二苯胺反应产物		5	3		5～6		2	2	3	不喷霜	氧化	
醛胺类	2～4			4	1～2	1		1～3				AH
仲胺类	4			4	4	1		2				D
对苯二胺类	4			4	1～4	4～5		1～2				IPPD (4010 NA)
二烷基对苯二胺		5	5～6		3～5		1	1	5～6	不喷霜	氧化程度大	
芳基烷基对苯二胺		6	5～6		6		1	1～2	3～6	不喷霜	氧化	
二芳基对苯二胺		6	3～6		6		1	2	3～6	不喷霜	氧化	
烷基化二苯胺类		3～5	0～1		3		2～3	3	5～6	不喷霜	轻微氧化	
芳基萘胺类		5	0～1		5		2	2～3	5～6	不喷霜	氧化	
聚合的二氢喹啉类		3	3		3		3	5	5	不喷霜	氧化	
一元受阻酚类		3～5	0		3		3～5	3～5	3～5	不喷霜	稳定	
双酚类		3～6	0～1		3		3	3	5～6	不喷霜	轻微氧化	
多元酚类		3～6	0～1		3		3～5	5	6	不喷霜		
苯酚硫化物		3～5	0～1		3		3	3	5～6	不喷霜	轻微氧化	
取代酚类	2～3			1～3	1～2	1		5～6				SP
亚烷基二取代酚	4			4	2～3	2～3		4～5				2246
亚磷酸酯		3～5	0		3		5	5	5～6	不喷霜	水解	

注：1. 详见梁星宇．橡胶工业手册·第三分册·配方与基本工艺［M］．北京：化学工业出版社，1989：184、187.

2. 1—最差；2—差；3—中等、不良；4—良好；5—优良；6—最好。

各种抗氧剂抗氧效能的比较见表 1.4.1－9。实际上，按伸长率计算的老化系数是测评热氧老化的更有效参数。

表 1.4.1－9　各种抗氧剂的抗氧效能[a]

防老剂	老化箱老化 70℃×72 h[b] 拉伸强度[c]/MPa	氧弹老化 70℃×1.334 KNO_3×48 h 拉伸强度[c]/MPa	防老剂	老化箱老化 70℃×72 h[b] 拉伸强度[c]/MPa	氧弹老化 70℃×1.334 KNO_3×48 h 拉伸强度[c]/MPa
无抗氧剂	12.0	5.0	N，N′-二-β-萘基对苯二胺	24.0	20.0
β-萘酚	12.5	6.8	N，N′-二苯基对苯二胺	24.5	22.0
对苯二酚	16.0	12.5	苯基-β-萘基亚硝基胺	17.6	18.5
对苯二酚-苯胺	17.0	17.5	对氨基酚	16.0	12.0
联苯胺	13.5	13.5	N-苯基-α-萘胺	20.0	19.0
间苯二胺	17.5	6.5	N-苯基-β-萘胺	19.0	17.5
对，对′-二胺二苯甲烷	13.5	6.5	硫代二苯胺	22.0	18.0
乙醛-苯胺缩合物	14.0	12.0	对羟基二苯胺	21.5	20.0
3-羟基丁醛-苯胺缩合物	18.0	14.5			

注：a. 详见梁星宇．橡胶工业手册·第三分册·配方与基本工艺。
b. 原文为 7 h，按 GB/T 3512 的规定，老化时间一般选为 24、48、72、96、168 h 或者 168 h 的倍数，此处暂修改为 72 h。
c. 实验胶料为天然橡胶，抗氧剂用量 0.5%，未经老化的硫化胶拉伸强度为 24～25 MPa。

（二）防老剂的并用

考虑到老化因素的多样性、各种因素的作用机理不同以及制品常处于多种因素下使用而老化，应该采用综合防护的方案。此外，考虑到使用介质溶解度的限制与喷霜的避免，以及可能出现引发链反应的后果，所以常常采用防老剂并用，以求发挥各自的优点。如，轮胎配方中 4010 NA/D/H 及 4020/RD/H 的使用，对臭氧、热氧、屈挠疲劳等老化做综合防护等。

两种或两种以上防老剂并用，往往可以产生对抗效应、加和效应和协同效应。

1. 对抗效应

对抗效应，是指两种防老剂并用时的防护效果小于单独使用时的防护效果之和，即对抗效应，也就是一种防老剂对另一种防老剂产生负面影响的现象，又称为“反协同效应”。

2. 加和效应

加和效应，是指两种防老剂并用时的防护效果等于单独使用时的防护效果之和，称为加和效应。如将链断裂型防老剂芳胺或酚类化合物与金属离子钝化剂、过氧化物分解剂和紫外线吸收剂等预防型抗氧剂并用时，它能对聚合物起抗热氧和防止其光氧化的作用，如果再加入一种抗臭氧剂，则还可以提高聚合物的耐臭氧性；又如采用不同挥发度或不同空间位阻程度的两种酚类化合物并用时，可以在很宽广的范围内，发挥它们抗氧化的加和效果；有时在配方中使用一种高浓度防老剂时，会引起氧化强化效应（助氧化效应），而当采用几种低浓度的防老剂并用时，既可以避免氧化强化效应，又可以发挥加和的抗氧作用。

3. 协同效应

协同效应，当防老剂并用时，它们的总效能超过它们各自单独使用时的加和效能时，称为协同效应或超加和效应，如主/副抗氧剂并用、高活性/低活性防老剂并用等。协同效应又分为均协同效应、杂协同效应与自协同效应。

（1）均协同效应。

均协同效应，是指几种稳定机理相同，但活性不同的防老剂并用时所产生的协同效应，如两种活性不同的防老剂并用时，其中高活性防老剂给出氢原子，捕捉自由基终止老化链反应，而低活性的防老剂可以将氢原子供给高活性的防老剂使之再生，从而提高了并用效果。

下列反应式表示不同取代酚并用时的协同机理。

（2）杂协同效应。

杂协同效应，是指几种稳定机理不同的防老剂并用时产生的协同效应，如链反应终止型防老剂与氢过氧化物破坏型防老剂的并用。由于氢过氧化物破坏型防老剂在反应过程中破坏了氢过氧化物，使体系中难以生成引发老化反应的自由基，从而减缓了老化链增长反应，因此减少了链反应终止型防老剂的消耗。同时，链反应终止型防老剂能够减少反应过程氢过氧化物的生成量，从而又减少了氢过氧化物破坏型防老剂的消耗，实现两者的相互保存。

另外，有些化合物在单独使用时没有抗氧效能，但它是一个再生体，可以和其他抗氧剂配合使用，发挥协同作用，如酚类防老剂和烷基磷酸酯的协同效应：

（3）自协同效应。

自协同效应，是指对于同一分子具有两种或两种以上的稳定机理者，如某些胺类防老剂还具有金属离子钝化剂的作用；二烷基二硫代氨基甲酸盐衍生物，既是氢过氧化物分解剂，又是金属离子钝化剂；炭黑既是游离基抑制剂，也是光屏蔽剂。此外，抗氧剂和紫外光吸收剂，炭黑和含硫抗氧剂并用时，都可以产生协同效应。

（三）防老剂的选用

防护体系的选定，一要看所针对的引发橡胶老化的外界因素，包括其类别与强弱；二要看橡胶的种类以及橡胶制品使用性能与寿命的要求，结合防老剂的防老效能、变色与污染性、挥发性、溶解度及稳定性来选定防老剂品种、用量及其组合。

抗氧剂的功效在于它终止链引发速度与引发链反应速度之比，抗氧剂通常有个恰宜用量。

常用橡胶与防老剂举例见表 1.4.1-10。

表 1.4.1-10　常用橡胶与防老剂举例[a]

胶种	耐热老化防老剂	耐臭氧老化防老剂	抗疲劳老化防老剂	抗紫外线防老剂	抗有害金属防老剂
NR	防老剂 AH、D、DNP、TMQ（RD）、IPPD（4010NA）、264	防老剂 AW、防老剂 IPPD（4010NA）、防老剂 AW 或 IPPD（4010NA）+1%～2% 蜡、2% TMQ（RD）+1% H、TMQ（RD）+CPPD（4010）	1. 防老剂 AW、TMQ（RD）、H、IPPD（4010NA）、CPPD（4010），1 份左右，易喷霜； 2. 2 份 AW 或 TMQ（RD）+1 份 H、7 份 BA+0.5 份 H、1 份 D+0.5 份 H，无喷霜； 3. 1 份 DBH+0.5 份 SP，非污染	1. 防老剂 DBH、DAPD、NBC 及双酚类防老剂，用量 1～2 份； 2. 紫外线吸收剂 UV-9、UV-P，用量 0.1～0.5 份	1. 防老剂 AP、DNP、AW、TMQ（RD），效果较好； 2. 防老剂 264，非污染，效果一般
SBR	防老剂 AH、DNP、D、CPPD（4010）、TMQ（RD）、425、XW[b]				
NBR	同上	NBC、IPPD（4010NA）、DBH、酮-芳胺缩合物			

续表

胶种	耐热老化防老剂	耐臭氧老化防老剂	抗疲劳老化防老剂	抗紫外线防老剂	抗有害金属防老剂
CR	防老剂 AH、D、TMQ（RD）、50%D+25%4，4-二甲氧基二苯胺+25%防老剂 H、65%D+35%N，N′-二苯基对苯二胺、425	防老剂 IPPD（4010NA）、CPPD（4010）或与蜡并用、DAPP 或与蜡并用、NPC、DBH 或与蜡并用			
IIR		烷基萘-甲醛缩合物（10%～20%）			

注：a. 详见梁星宇．橡胶工业手册·第三分册·配方与基本工艺［M］. 北京：化学工业出版社，1989：185-186.

b. 原文如此，4，4-硫代双（3-甲基-6-叔丁基苯酚），一般称为防老剂 BPS、防老剂 WX。

对于 NR、CR，以 RD 更耐较苛刻的热老化；BR 以 RD、AW 较优，MB/4010NA 并用也优异，BLE 次之；NBR 中，防老剂 A、D、RD、4010NA 以及 NBC 在 100℃时有差异，在 120℃时便几乎无差别了，较高使用温度下以 MB 1.6 份/RD 0.4 份组合效果好。

IIR、EPDM、CM、CSM、CO、ECO、ACM、AEM 通常对热氧老化不配用防老剂。IIR 配用 4010 反而损害交联程度，2246 用作 IIR 防老剂可耐 130℃热氧老化。BIIR 通常在使用温度达 175℃以上时，配用 4010、NBC、MB，以三（烷基化苯基）亚磷酸酯（TNP）为优；此外，BLE/MB/MgO 并用，其耐热性可与树脂硫化的 IIR 媲美。在 150℃以上使用的 EPDM 制品，可以加入防老剂 124、RD、RD/MB。CSM 制品在 120～150℃使用的才加防老剂，且需加入 MgO 或 MgO/PbO 抑制 HCl 的释放（硫化时作为硫化剂与吸酸剂）；所使用的防老剂，150℃时使用的制品以 2246 为优，150℃以上使用的制品以 NBC 为优（含 NBC 的 EPDM 硫化胶，180℃×12 h 老化后仍有弹性，而其他均失去弹性）。CM 的耐热老化也需要抑制 HCl 的释放，胺类防老剂无效，常用的为酯类防老剂如硫代二丙酸二月桂酸酯（DLTP）、硫代二丙酸二（十八酯）（DSTP）或环氧树脂、RD、NBC 等，以硬脂酸铅 1 份/碱式邻苯二甲酸铅 4 份/环氧树脂 2 份的综合效果较好。FKM 是不加防老剂的，其耐热性同吸酸体的选用关系密切，如 MgO 比 CaO 好。ACM 由于引入了高活性的交联单体，在高温下使用时才使用难挥发的防老剂，如 BLE、RD 等。CO、ECO 为抗老化时的软化，必须加入防老剂 MB，有时也可并用 RD。[1]

由于防老剂能够抑制橡胶的氧化性降解，在天然橡胶混炼过程中，应当晚些加入；而对合成橡胶，早些加入防老剂可以避免环化反应的发生。

炭黑可降低抗氧剂效能；多硫化物降低芳胺、酚类的防护效果，多硫交联键不耐热氧老化的原因之一就在于它削弱防老剂的功效——对抗效应。

防老剂的加入方式与工艺会影响防老剂效能。如，对于非极性橡胶并用，防老剂先全部加入到其中一橡胶组分中，再按常规方法与其他橡胶组分合炼成混炼胶，使防老剂在一组分中过饱和，从而随后能填满微区相界面，所得并用胶的耐热氧老化性能比常规掺合混炼法好许多。另外，鉴于臭氧的攻击作用有选择性，选用与 EPDM 不相容而与 SBR 有限相容的 DBP，与防老剂 IPPD、邻乙酰苯胺制成混溶物，再加入到 SBR 90/EPDM 10 中，使抗臭氧剂富集微区相界面处，可大大提高并用胶的抗臭氧能力。[1]实践中，NR 并用 EPDM 改进抗臭氧能力，除要选用分子量高、乙叉降冰片烯含量高及乙烯含量高的 EPDM 外，关键在于两胶相的良好混合，微区要小于 1 μm，否则，作胎侧时还会产生疲劳龟裂。[1]

（四）防老剂的临界浓度和适宜用量[9]

橡胶氧化与防老剂的抗氧化存在着以下反应竞争：

$$\mathrm{R-H+ROO\cdot \xrightarrow{K_1} ROOH+\cdot R}$$

$$\mathrm{A-H+ROO\cdot \xrightarrow{K_2}}\text{非活性产物}$$

以上两式中，RH、AH 分别代表橡胶与防老剂，K_1、K_2 分别为橡胶氧化与防老剂终止自由基链增长反应的化学反应速率常数，可知当［AH］>K_1/K_2·［RH］时，橡胶的氧化过程是恒定的，防老剂能抑制氧化过程，使不至于加速氧化；当［AH］<K_1/K_2·［RH］时，自由基浓度增大，是氧化反应加速的非恒定状态；当［AH］=K_1/K_2·［RH］时，求得的防老剂浓度称为临界浓度。这是防老剂取得良好抗氧效能的最低浓度。

实验中还发现防老剂的浓度超过某一数值时，不但不能延长氧化诱导期，反而加速了橡胶氧化时的吸氧速率，这种现象称为强化氧化效应。这是由于防老剂用量超过适宜用量后，增加了该防老剂与氧相互作用的概率，其结果是防老剂本身被氧化而产生各种活性自由基，从而加速了橡胶的氧化。

此外，从式［AH］·K_2=K_1·［RH］中还可以看到，同一种橡胶（K_1 和［RH］相同），不同的防老剂（K_2 不同，即反应活性不同），其临界浓度不同，适宜用量也不同；不同的橡胶（K_1 和［RH］不同），同一种防老剂（K_2 不同），其临界浓度和适宜用量也不同。对于反应活性较大的二烯类橡胶，可以使用较大用量的高活性防老剂，以增强抗氧效果；对于反应活性小或低不饱和度的橡胶，可使用活性较低的防老剂并适当提高用量，以延长抗氧效能的周期。

防老剂的临界浓度和适宜用量可以通过简单的变量试验来确定。各种不同活性和效能的多种防老剂并用，可以在更广阔的温度、周期范围内发挥抗氧效能，是最理想的选择。

1.1.4　防老剂的发展趋势[2]

随着人们对产品品质、性能要求的提高，环保意识的增强及“节能、减排、降耗”目标的提出，开发高效、无害化的多功能橡胶助剂已成为助剂行业发展的主流方向，橡胶防老剂也将沿着高效、多功能、复合化、绿色无毒的方向发展，国内外大公司、科研机构都在加强这方面的研究开发工作。

（一）抗氧剂的发展趋势

近年来，国内外抗氧剂发展较快，新品种不断推出，其发展趋势表现为环境无害化、高分子量化、多功能化、高性能化、复合化与专用化及反应性防老剂等方面。

1. 环境无害化

随着环境保护、安全与健康的发展主题越来越在全球范围内得到认同，不仅是橡胶助剂，环境无害化已越来越成为所有化学品的第一性要求。2006 年欧盟在以往一系列法规的基础上又颁布了 REACH 指令，提出对进口量超过 1 t 的化学物质进行注册，对其危害性和释放物进行检测和健康、环境评价。在橡胶防老剂环境无害化方面，值得注意的研究进展包括：

维生素 E 是生物体内不可缺少的抗衰老物质，是公认的卫生安全性抗氧剂，它是生育酚和生育三烯酚类的混合物，其中，α-生育酚（ATP）是具有抗氧活性的重要组分。研究表明，以维生素 E 为主的防老化体系在溶聚丁苯橡胶（SSBR）中的质量分数大于 0.06%后，SSBR 的氧化诱导时间趋于恒定。同时还发现，维生素 E 与抗氧剂 168 之间存在着对抗效应，与抗氧剂 1076 之间存在着加和效应。

从天然产物中提取抗氧剂也反映了抗氧剂向绿色环境无害化发展的趋势。研究表明，从稻壳中提取香草、芥子对羟基苯甲酸、水杨酸和吲哚乙酸等酚类混合物作为抗氧剂在 NR 中应用，与苯乙烯化苯酚具有相似的性能。

2. 高分子量化

高分子量化对于防止防老剂在制品加工和应用中的挥发、萃取、逸散损失具有重要意义。早在 20 世纪 80 年代末期，日本住友公司等联合推出的 Mark AO－80 就具有较高的分子量，可有效防止抽提和迁移损失，提高了抗氧化持久效果。其中日本住友公司的牌号为 Sumilizer GA－80，化学名称为二缩三乙二醇双［β-（3-叔丁基-4-羟基-5-甲基苯基）-丙酸酯］。在防老剂的高分子量化这方面，国内外均已经取得相当的进展，如山西省化工研究院开发的 KY－1330 等。

但是分子量过高会影响助剂与橡胶的相容性，同时妨碍其向制品表面迁移，这对于发挥防老剂的作用是不利的。因此，高分子量抗氧剂一般其分子量都控制在 1 000 左右。

3. 多功能化

随着对与橡胶物化性能有关的各种有机化学反应机理的认识的深化与分子设计技术的进一步发展，橡胶防老剂的多功能化成为一个显著的趋势。助剂的多功能化就是在分子内引入具有多种作用的官能团，或直接发挥作用，或通过分子内的协同作用最大限度地发挥各官能团的效能。

如化学名称为 N－（1，3-二甲基丁基-N′-苯基对醌二亚胺）（简称对醌二亚胺）的新型橡胶助剂 6－QDI，就是一种典型的多功能化助剂。1）研究发现，在 NR 或合成橡胶硫化过程中，对醌二亚胺一方面可以起到使其他防老剂与聚合物结合的作用，一部分抗降解剂不能再从橡胶中提取出来；另一方面，其余的对醌二亚胺被还原成常用的抗臭氧剂对苯二胺（PPD）。2）对醌二亚胺还是一种防焦剂，对醌二亚胺与其他化合物对含次磺酰胺类促进剂 NR 防护性能的比较研究表明，对醌二亚胺表现出较好的抗焦性能，不过其作用没有防焦剂 PVI（CTP）那么强。3）对醌二亚胺具有降低混炼胶黏度的独特性能，高温下在炭黑和 NR 中加入对醌二亚胺比加入 PPD 或二者都不加所得混炼胶的黏度要低。

4. 高性能化

抗氧剂的高性能化最主要的表现是提高防老剂的耐高温性能及降低污染性的要求上。

如防老剂 Nonf lex LAS 是日本精工化学公司推出的一种具有苯乙烯化二苯胺结构的产品，可长期赋予 NR 以及氯丁橡胶、丁腈橡胶、三元乙丙橡胶等多种合成橡胶优异的耐热性能。这种防老剂的主要化学成分是对苯乙烯化二苯胺和对，对′-二苯乙烯化二苯胺的混合物，其优异的耐热性是通过在二苯胺的对位上进行苯乙烯配位以提高捕捉自由基能力而获得的。该防老剂外观为浅黄至深褐色的黏稠液体，相对密度 1.05～1.15（15℃），黏度 150～400 MPa·s（40℃），它虽属于胺类，但其污染性相当小，其污染性与防老剂 Naugard 445 大体相同，比防老剂 BA 及 RD 要好。

5. 复合化与专用化

橡胶防老剂的复合化与专用化实际上是实现高性能化的另一种途径。抗氧剂的复配不是性能的简单加和，而是利用组分之间的协同作用使助剂性能得到最大限度地发挥。复合化与专用化也可以理解为是对防老剂协同效应长期应用研究成果的总结。如针对 NR 的耐热氧老化，华南理工大学已开发出在 100℃×168 h 热氧老化条件下，拉伸强度保持在 18 MPa 以上，伸长率保持在 400%以上的复配防老剂，在采用适当的补强剂并用、优化的硫化体系和适量的助剂共同作用下，可将 NR 的耐热温度提高到 120℃。所研制的 NR 硫化橡胶邵尔 A 硬度 60°，拉伸强度 26.3 MPa，扯断伸长率 655%，70℃×22 h 压变 20%；100℃×70 h 热氧老化后，邵尔 A 硬度 64°，拉伸强度 23.6 MPa，扯断伸长率 515%；100℃×168 h 热氧老化后，邵尔 A 硬度 54°，拉伸强度 22.2 MPa，扯断伸长率 482%。

鉴于抗氧剂复配的剂量比例往往限定在极狭窄的范围内，因此推出商品化的复配防老剂也成为一个重要的发展方向。

6. 反应性防老剂

详见本节 1.7。

（二）抗臭氧剂的发展趋势

抗臭氧剂的开发利用也具有抗氧剂的上述发展趋势。如在高性能化方面，英国的 Flexsys 公司一直致力于缓慢扩散抗臭氧剂的开发，其最近开发的新产品 6PPD - C18 是一种 6PPD 与硬脂酸的盐，应用研究结果表明，将 6PPD 与 6PPD - C18 并用比普通抗臭氧剂 IPPD 和 6PPD 更能使胶料较好地保持其物理和动态性能，从而赋予轮胎黑胎侧更好、更持久的外观，研究还发现 6PPD - C18 具有比 IPPD 和 6PPD 更慢的迁移速率。

1.2 胺类防老剂

胺类防老剂的作用机理为：

链引发：$ROOH \rightarrow RO^{*}$ 或 $RO_2{}^{*}$ 等

$RH+O_2 \rightarrow R^{*}+HO_2{}^{*}$

$R^{*}+O_2 \rightarrow RO_2{}^{*}$

$AH+O_2 \rightarrow A^{*}+HO_2{}^{*}$

链增长：$RO_2{}^{*}+RH \rightarrow ROOH+R^{*}$

$R^{*}+O_2 \rightarrow RO_2{}^{*}$

$RO_2{}^{*}+AH \rightarrow ROOH+A^{*}$

$A^{*}+RH \rightarrow AH+R^{*}$

链终止：$2RO_2{}^{*} \rightarrow ROOR+O_2$

$2A^{*} \rightarrow A—A$

$A^{*}+RO_2{}^{*} \rightarrow ROOA$

$A^{*}+R^{*} \rightarrow RA$

式中，* = ·。

因此，较理想的胺类防老剂，要求容易脱氢，阻止活性中心 ROO·与 RH 作用；脱氢后本身形成的防老剂游离基 A·不活泼。

甲基苯胺对位取代基对防护效果的影响见表 1.4.1 - 11a，在对位上连有供电子基团（如 $CH_3O—$）时，防护效能提高；当对位上连有吸电子基团时，随着其吸电子能力的提高，防护效能降低。

表 1.4.1 - 11a 取代基对甲基苯胺防护效能的影响

不同取代基的甲基苯胺	防氧化效率	不同取代基的甲基苯胺	防氧化效率
$C_6H_5—NHCH_3$	0.67	$Br—C_6H_4—NHCH_3$	0.45
$CH_3O—C_6H_4—NHCH_3$	4.60	$NO_2—C_6H_4—NHCH_3$	0.01
$CH_3—C_6H_4—NHCH_3$	1.42		

不同取代基的对苯二胺对汽油热氧化的防护效能，见表 1.4.1 - 11b。与一元胺的情况相似，当取代基为吸电性基团时，防护效能降低，为供电性基团时，防护效能提高。这是因为供电性基团有利于氨基中活泼氢的转移，使链转移自由基终止的缘故。就丁基取代基而言，防护效果的顺序为：叔丁基、1-甲基丙基≥异丁基>正丁基，这说明空间位阻对防护效能也产生影响，即空间位阻越大，防护效能越高。

表 1.4.1 - 11b 取代基对甲基苯胺防护效能的影响

取代基 R 的种类	摩尔效率/%（$R—NH—C_6H_4—NH—R$）	取代基 R 的种类	摩尔效率/%（$R—NH—C_6H_4—NH—R$）
H	25	$(CH_3)_3C—$	96
$CH_3CH_2CH_2CH_2—$	38	$(CH_3)_2N—CH_2CH_2—C(CH_3)—$	137

续表

取代基R的种类	摩尔效率/% R—NH—⟨C_6H_4⟩—NH—R	取代基R的种类	摩尔效率/% R—NH—⟨C_6H_4⟩—NH—R
CH_3—CH(CH_3)—CH_2—	40	NC—C(CH_3)(CH_3)—	31
CH_3—CH_2CH(CH_3)—	100		

为了说明仲胺类防老剂的催化抑制机理，有人测定了它们的化学计量抑制系数 f（每摩尔防老剂消除的自由基数），见表 1.4.1－11c。在二苯胺中，当苯环的对位氢原子被叔碳烷基取代时，防老剂捕捉自由基的数量提高；当苯环上有吸电子基团时，降低了防老剂清除自由基的能力，甚至完全破坏了催化抑制活性，如 5、7、8。

表 1.4.1－11c　部分仲胺、羟胺及氮氧自由基在 130℃石蜡油中的化学计量抑制系数 f（1）

序号	化合物	f	序号	化合物	f	序号	化合物	f
1	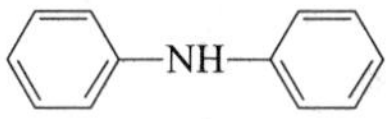 ⟨C_6H_5⟩—NH—⟨C_6H_5⟩	41	6	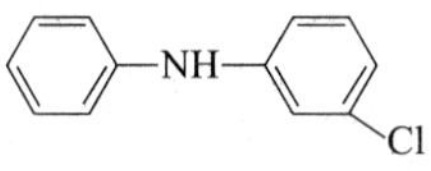 ⟨C_6H_5⟩—NH—⟨C_6H_4⟩—Cl（间位）	17	11	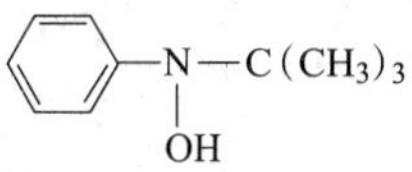 ⟨C_6H_5⟩—N(OH)—C(CH_3)$_3$	95
2	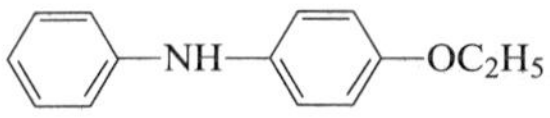 ⟨C_6H_5⟩—NH—⟨C_6H_4⟩—OC_2H_5	36	7	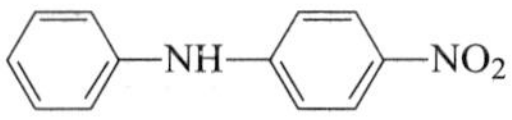 ⟨C_6H_5⟩—NH—⟨C_6H_4⟩—NO_2	0	12	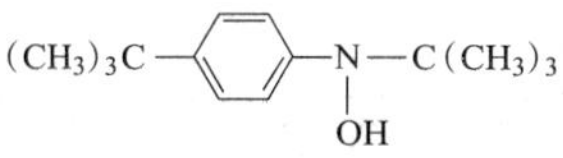 (CH_3)$_3$C—⟨C_6H_4⟩—N(OH)—C(CH_3)$_3$	250
3	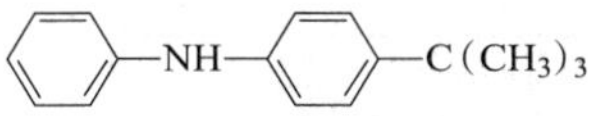 ⟨C_6H_5⟩—NH—⟨C_6H_4⟩—C(CH_3)$_3$	53	8	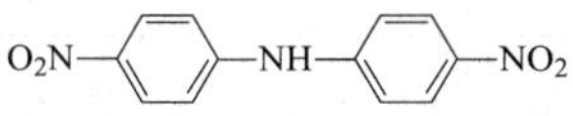 O_2N—⟨C_6H_4⟩—NH—⟨C_6H_4⟩—NO_2	0	13	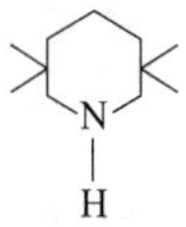 2,2,6,6-四甲基哌啶（N—H）	420
4	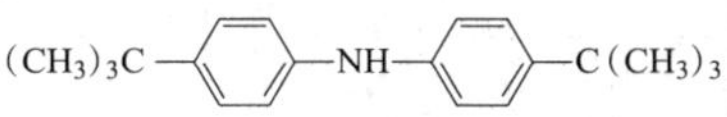 (CH_3)$_3$C—⟨C_6H_4⟩—NH—⟨C_6H_4⟩—C(CH_3)$_3$	52	9	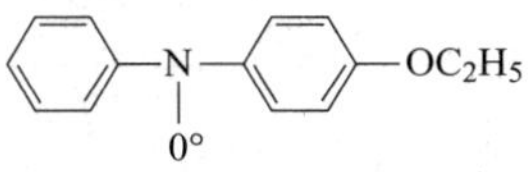 ⟨C_6H_5⟩—N(0°)—⟨C_6H_4⟩—OC_2H_5	26	14	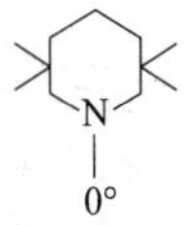 2,2,6,6-四甲基哌啶（N—0°）	510
5	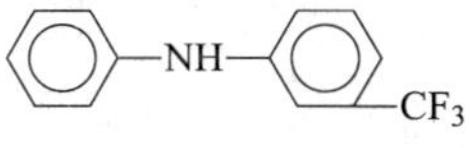 ⟨C_6H_5⟩—NH—⟨C_6H_4⟩—CF_3（间位）	0	10	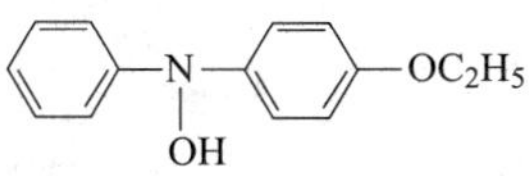 ⟨C_6H_5⟩—N(OH)—⟨C_6H_4⟩—OC_2H_5	35	15	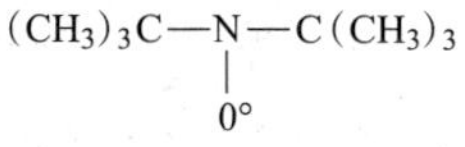 (CH_3)$_3$C—N(0°)—C(CH_3)$_3$	225

注：表 1.4.1－11a、表 1.4.1－11b、表 1.4.1－11c 详见杨清芝．现代橡胶工艺学．

不同结构的几种胺类防老剂的抗氧化效能的顺序为：

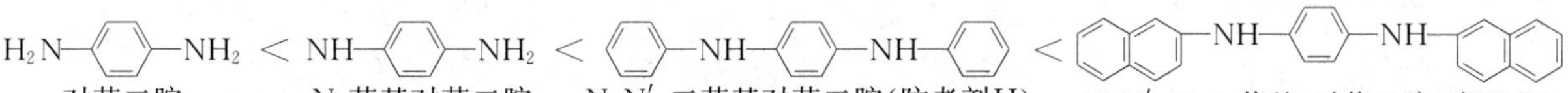

H_2N—⟨C_6H_4⟩—NH_2（对苯二胺）＜ ⟨C_6H_5⟩—NH—⟨C_6H_4⟩—NH_2（N-苯基对苯二胺）＜ ⟨C_6H_5⟩—NH—⟨C_6H_4⟩—NH—⟨C_6H_5⟩（N,N′-二苯基对苯二胺(防老剂H)）＜ ⟨萘基⟩—NH—⟨C_6H_4⟩—NH—⟨萘基⟩（N,N′-二-β-萘基-对苯二胺(防DMP)）

1.2.1 胺类防老剂

胺类防老剂见表 1.4.1－12。

表 1.4.1-12 胺类防老剂

名称	化学结构	性状		
		外观	相对密度	熔点/℃
N-苯基-α-萘胺（防老剂 A）	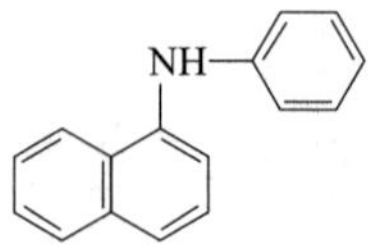 NH—	黄褐色至紫色结晶块状	1.16～1.17	52
N-苯基-β-萘胺（防老剂 D）	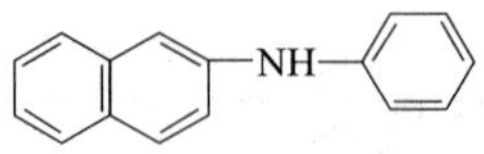 —NH—	浅灰色至棕色粉末	1.18	104
N-对羟基苯基-β-萘胺	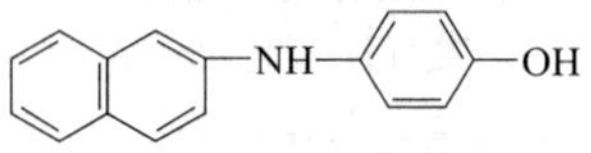 —NH— —OH	浅灰色结晶粉末		128～135
N-对甲氧基苯基-α-萘胺（防老剂 102）	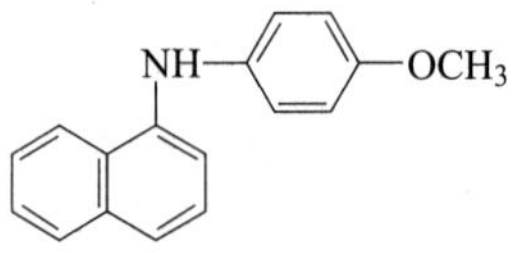 NH— —OCH_3	褐色粉末		100.5
辛基化二苯胺（防老剂 ODA）	详见本节（十四）			
壬基化二苯胺	nonylated diphenylamine	褐色液体	0.95	
二苯胺与二异丁烯的反应产物	reaction product of diphenylamine and diisobutylene	白色结晶粉末		92～103
二烷基化二苯胺（防老剂 WH-DI）	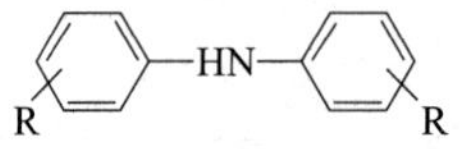 R —HN— R $R=C_7H_{15}\sim C_9H_{19}$	结晶或红褐色液体	0.97	150～223（沸点）
对异丙基二苯胺	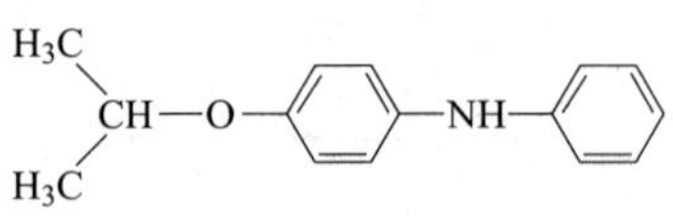 H_3C CH—O— —NH— H_3C	灰色至黄褐色片状	1.12～1.18	80～86
4，4′-双（α，α′-二甲基苄基）二苯胺（防老剂 KY-405）	详见本节（十三）			
苯乙烯化二苯胺的缩合物	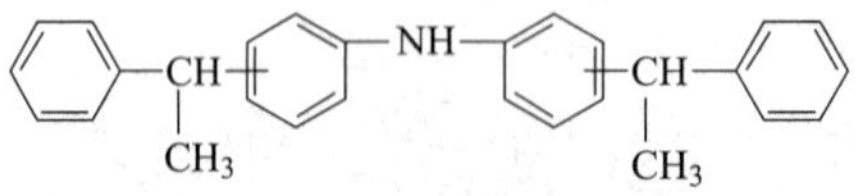 —CH— CH_3 —NH— —CH— CH_3	红褐色黏性液体	0.95～1.09	190～320（沸点）
对羟基二苯胺	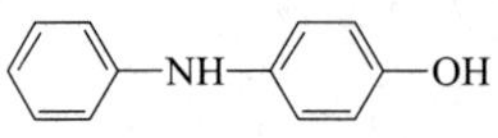 —NH— —OH	白色结晶粉末		74
对，对′-二甲氧基二苯胺	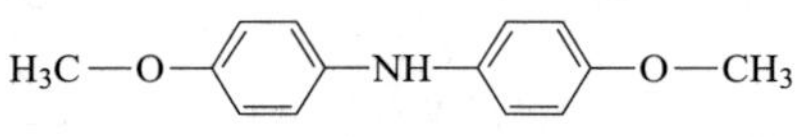 H_3C—O— —NH— —O—CH_3	褐色粉末	1.25	103

续表

名称	化学结构	性状		
		外观	相对密度	熔点/℃
2-羟基-1，3-双(4-苯氨基苯氧基）丙烷（C-47）	Ph—NH—C_6H_4—O—CH_2—CH(OH)—CH_2—O—C_6H_4—NH—Ph	白色结晶粉末		145
二甲基双（4-苯氨基苯氧基）硅烷（C-1）	Ph—NH—C_6H_4—O—Si(CH_3)$_2$—O—C_6H_4—NH—Ph	白色结晶粉末		107
2-羟基-1，3-双[4-(β-萘氨基）苯氧基]丙烷（C-49）	$C_{10}H_7$—NH—C_6H_4—O—CH_2—CH(OH)—CH_2—O—C_6H_4—NH—$C_{10}H_7$	浅灰色结晶粉末		163～164
二甲基双[4-(β-萘氨基）苯氧基]硅烷（C-41）	$C_{10}H_7$—NH—C_6H_4—O—Si(CH_3)$_2$—O—C_6H_4—NH—$C_{10}H_7$	白色或浅玫瑰色结晶		141～142
对，邻-二氨基二苯胺	(NH_2)C_6H_4(邻位)—NH—C_6H_4—NH_2		1.29	125～129
*N，N′-二（β-萘基）对苯二胺（防老剂DNP）	详见本节（七）			
*N，N′-二仲丁基对苯二胺（防老剂DBPD）	H_3C—CH_2—CH(CH_3)—NH—C_6H_4—NH—CH(CH_3)—CH_2—CH_3	红色透明液体	0.94	15
*N，N′-双（1，4-二甲基丁基）对苯二胺（66）	H_3C—CH(CH_3)—CH_2—CH(CH_3)—NH—C_6H_4—NH—CH(CH_3)—CH_2—CH(CH_3)—CH_3	深红色黏液或蜡状物	0.92	212～217（沸点）
*N，N′-双（1，4-二甲基戊基）对苯二胺（防老剂77PD、4030）	详见本节（十）			
*N-(1，3-二甲基丁基）-N′-苯基对苯二胺[防老剂 6PPD（4020)]	详见本节（三）			
*N-环己基-N′-苯基对苯二胺[防老剂CPPD（4010)]	详见本节（一）			
*N-异丙基-N′-苯基对苯二胺[防老剂IPPD（4010NA)]	详见本节（二）			
*N-异丙基-N′-对甲苯基对苯二胺[甲基防老剂IPPD（4010NA)]	(H_3C)$_2$CH—NH—C_6H_4—NH—C_6H_4—CH_3	灰紫色结晶粉末		

续表

名称	化学结构	性状		
		外观	相对密度	熔点/℃
* N，N′-双（1-甲基庚基）对苯二胺（防老剂288）	$H_3C—(CH_2)_5—CH(CH_3)—NH—C_6H_4—NH—CH(CH_3)—(CH_2)_5—CH_3$	棕红色黏性液体	0.912	25.5（结晶点）
* N，N′-双（1-乙基-3-甲基戊基）对苯二胺（防老剂88）	$H_3C—CH_2—CH(CH_3)—CH_2—CH(C_2H_5)—NH—C_6H_4—NH—CH(C_2H_5)—CH_2—CH(CH_3)—CH_2—CH_3$	红褐色液体	0.87～0.93	390（沸点）
* N，N′-二苯基对苯二胺（防老剂H）	详见本节（六）			
* N-异丁基-N′-苯基对苯二胺（防老剂BPPD）	$(H_3C)_2CH—CH_2—NH—C_6H_4—NH—C_6H_5$	浅黑色固体	1.049	43.3
* N-己基-N′-苯基对苯二胺（防老剂HPPD）	$H_{13}C_6—NH—C_6H_4—NH—C_6H_5$	红色固体	1.015	40～50
* N-苯基-N′-β-萘基对苯二胺（Polnox 66）	$(2\text{-}C_{10}H_7)—NH—C_6H_4—NH—C_6H_5$	银灰色粉末	1.2	165
* N-仲辛基-N′-苯基对苯二胺（防老剂688）	详见本节（九）			
* N-（对甲苯基磺酰基）-N′-苯基对苯二胺（防老剂TPPD）	详见本节（八）			
* N，N′-二甲基-N，N′-二（1-甲基丙基）对苯二胺（32）	$H_3C—CH_2—CH(CH_3)—N(CH_3)—C_6H_4—N(CH_3)—CH(CH_3)—CH_2—CH_3$	红褐色液体	0.933	
* N-苯基-N′-（3-甲基丙烯酰氧基-2-羟基丙基）对苯二胺（防老剂G-1）	$C_6H_5—NH—C_6H_4—NH—CH_2—CH(OH)—CH_2—O—C(=O)—C(CH_3)=CH_2$	紫灰色粉末	1.29	>115
* N-辛基-N′-苯基对苯二胺与防老剂TMQ（RD）的复配物（防老剂8PPD）	详见本节（十一）			
* 对苯二胺烷基和芳基衍生物的混合物（混Ⅰ）	blend of alkyl and derivatives of p-phenylene diamine			
* 二芳基对苯二胺混合物（混Ⅱ）	mixed diaryl p-phenylene diamine			

续表

名称	化学结构	性状		
		外观	相对密度	熔点/℃
* N-环己基对甲氧基苯胺（防老剂 CMA）	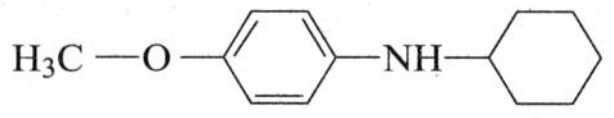 H_3C—O—⟨苯环⟩—NH—⟨环己基⟩	白色结晶粉末		40（凝固）
* N-环己基对乙氧基苯胺（防老剂 CEA）	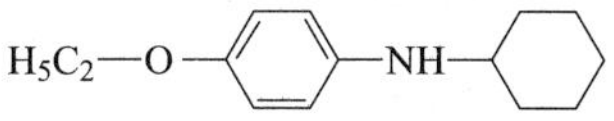 H_5C_2—O—⟨苯环⟩—NH—⟨环己基⟩	白色结晶粉末		56
N-烷基-N′-苯基对苯二胺（C-789）	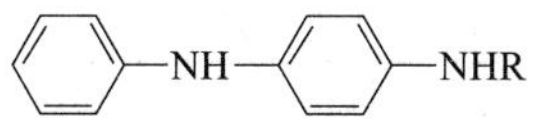 ⟨苯环⟩—NH—⟨苯环⟩—NHR $R=C_7H_{15}\sim C_9H_{19}$	黄绿色至红褐色油状黏性液体		170～312（沸点）
N-（4-苯氨基苯基）甲基丙烯酰胺（防老剂 NAPM）	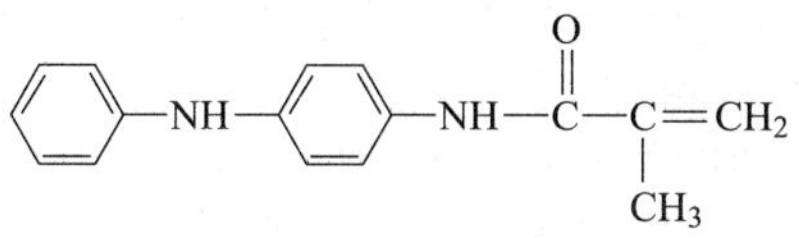 ⟨苯环⟩—NH—⟨苯环⟩—NH—C(=O)—C(—CH_3)=CH_2	浅灰色粉末		100～106
* N，N′-二（甲苯基）对苯二胺（防老剂 3100、DTPD）	详见本节（五）			
N，N，N′，N′-四苯基-二氨基甲烷（防老剂 350）	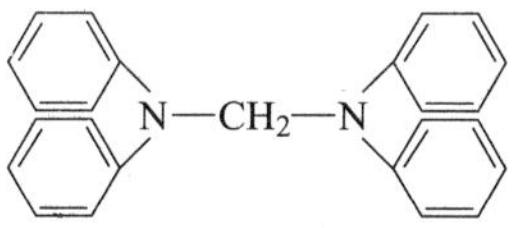 $(C_6H_5)_2N$—CH_2—$N(C_6H_5)_2$	白色粉末	1.04～1.06	26～36
* 二乙酰二苯脎	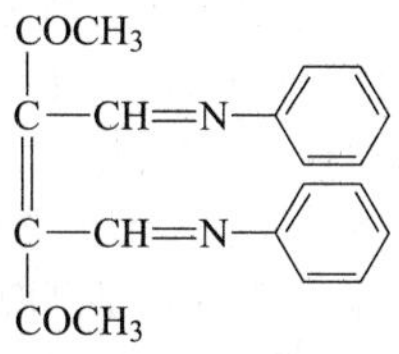 CH_3CO—C(—CH=N—⟨苯环⟩)=C(—CH=N—⟨苯环⟩)—$COCH_3$	黄白色粉末	1.12	200～215
N-甲苯基-N′-二甲苯基对苯二胺与N，N′-双（二甲苯基）对苯二胺的混合物（防老剂 PPD-B）	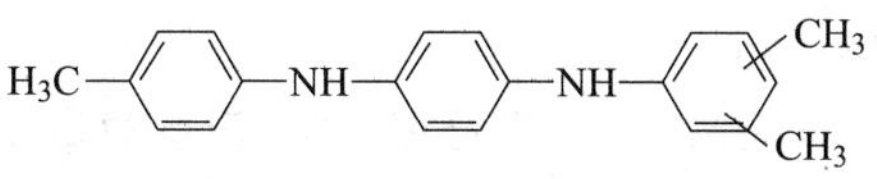 H_3C—⟨苯环⟩—NH—⟨苯环⟩—NH—⟨苯环(—CH_3)₂⟩ 与 ⟨苯环(—CH_3)₂⟩—NH—⟨苯环⟩—NH—⟨苯环(—CH_3)₂⟩ 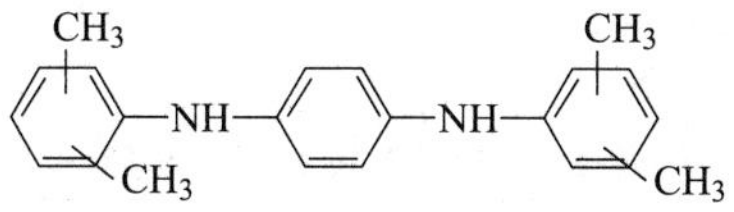			
防老剂 D、防老剂 H 和 4，4′-二甲氧基二苯胺的混合物	blend of antioxidant D、antioxidant H and 4，4′- dimethyloxy diamine	灰色细粉		83
N，N′-二苯基乙二胺（防老剂 DED）	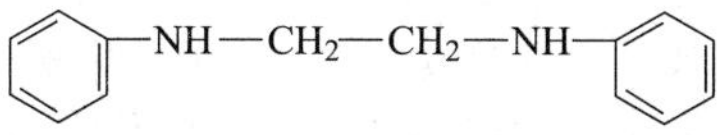 ⟨苯环⟩—NH—CH_2—CH_2—NH—⟨苯环⟩	浅棕色粒状	1.14～1.21	55
N，N′-二邻甲苯基乙二胺（防老剂 DTD）	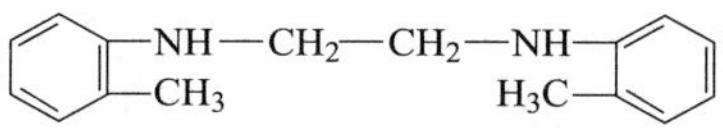 ⟨苯环(—CH_3)⟩—NH—CH_2—CH_2—NH—⟨苯环(—CH_3)⟩	紫褐色粒状	1.25	64.4

续表

名称	化学结构	性状		
		外观	相对密度	熔点/℃
N，N′-二苯基丙二胺（防老剂 DPD）	C_6H_5—NH—$(CH_2)_3$—NH—C_6H_5	红棕色黏稠液体	1.05～1.07	25（流动点）
聚亚甲基聚苯胺（PA-65）	polymethylene polyphenylamine	深琥珀色固体		71
对，对′-二氨基二苯甲烷（防老剂 DDM）	H_2N—C_6H_4—CH_2—C_6H_4—NH_2	银白色片状结晶	1.14	92～93

注：* 防老剂具有抗臭氧作用；于清溪，吕百龄．橡胶原材料手册．

本类防老剂，按照分子结构可以进一步细分为二芳基仲胺类、二苯胺类、对苯二胺类、烷基芳基仲胺类。本类防老剂遇光变色，属污染型防老剂，不宜用于白色或浅色制品。

防老剂 A（N-苯基-α-萘胺，即防老剂甲），具有全面的防护效果，对热、氧和屈挠疲劳老化有较好的防护效果，对有害金属亦有一定的抑制作用，但抗臭氧能力差，一般用量为 1～2 份；防老剂 D（N-苯基-β-萘胺，即防老剂丁），对热、氧、屈挠龟裂均有良好的防护作用，并稍优于防老剂 A，对有害金属离子也有防护作用，对臭氧防护作用差，有污染性，广泛应用于天然橡胶及各种合成橡胶制造的黑色橡胶制品中。防老剂 A、防老剂 D 均属于二芳仲胺类防老剂，均已禁止使用，如防老剂 D 中的游离 β-萘胺有致癌性。

防老剂A　　防老剂D

二苯胺类防老剂品种少，性能不太突出，较少应用。二苯胺本身是一种良好的防老剂，但很容易挥发，通常是采用它的衍生物（取代二苯胺）作防老剂，主要品种有 4，4-二甲氧基二苯胺，具有突出的耐疲劳老化的性能。取代二苯胺类防老剂有较好的抗屈挠疲劳性能，用于胶乳也有很好的稳定作用。

对苯二胺类是目前最新而且是最重要的一类防老剂，这类防老剂对各种类型的老化均有较优秀的防护效能，主要防止臭氧、疲劳及热氧老化，尤其在防止臭氧、疲劳老化方面是其他防老剂无法相比的。其中 4000 系列防老剂与萘胺类防老剂以及微晶石蜡并用能产生很强的协同效应。4000 系列抗臭氧效能最好、用途最广的是 IPPD（4010NA），但易被水抽出，而 6PPD（4020）不会被抽出，所以凡与水有可能接触的制品，已更多地使用 6PPD（4020）。

烷基和芳基置换的联氨（腙和脎，烷基芳基仲胺类）是非污染型防老剂，也具有一定的抗臭氧作用，但其效能远不及对苯二胺类防老剂，由于具有不污染的特性，仍有实用意义，主要品种有防老剂 DPD（N，N′-二苯基丙二胺）、防老剂 CMA（N-环己基对甲氧基苯胺）等。其中防老剂 DPD 为棕红色黏稠液体，具有耐热、氧、日光疲劳老化，常用于胶乳制品；防老剂 CMA 为白色结晶粉末，抗臭氧性能好，对热老化也有防护作用，常用于胶乳制品。

一般用量为 0.5～5.0 份，通常用量为 1.0～2.5 份。

（一）防老剂 CPPD（4010），化学名称：N-环己基-N′-苯基对苯二胺

结构式：

C_6H_5—NH—C_6H_4—NH—C_6H_{11}

分子式：$C_{18}H_{22}N_2$，相对分子质量：266.38，相对密度：1.29 g/cm³，熔点：110℃，CAS 号：202-984-9，本品纯品为白色粉末，暴露在空气中或日光下颜色逐渐变深，但不影响性能。

本品属于对苯二胺类橡胶防老剂，是一种高效防老剂。对臭氧、风蚀和机械应力引起的屈挠疲劳有卓越的防护性能，对氧、热、高能辐射和铜害等也有显著的防护作用，比防老剂 A 和 D 的效果均好，但用量超过 1 份时会产生喷霜。对硫化无影响，分散性良好，适用于深色的天然橡胶和合成橡胶制品，最好与防老剂 TMQ（RD）并用，强化其防老性能。可用于制造飞机、汽车的外胎、胶带、电缆和其他工业橡胶制品中；还可用作聚丙烯、聚酰胺的热稳定剂；亦可用于燃料油中。本品有污染性，不宜用于浅色及艳色制品，对皮肤和眼睛有一定刺激性。

防老剂 CPPD 的供应商见表 1.4.1-13。

表 1.4.1－13 防老剂 CPPD（4010）的供应商

供应商	外观	纯度（≥）/%	干品初熔点（≥）/℃	加热减量（≤）/%	灰分（≤）/%	筛余物（100 目）（≤）/%	说明
中国石化集团南京化学工业有限公司	浅灰色至青灰色粉末		108	0.40	0.30	0.50	

（二）防老剂 IPPD（4010NA），化学名称：N－异丙基－N′－苯基对苯二胺

结构式：

CH_3
—NH—〈苯环〉—NH—CH
CH_3

分子式：$C_{15}H_{18}N_2$，相对密度：1.17 g/cm^3，熔点：70℃，相对分子质量：226.32，灰紫色至紫褐色片状或粒状固体，溶于油类、丙酮、苯、四氯化碳、二硫化碳和乙醇，难溶于汽油，不溶于水。暴露于空气及阳光下会变色，有污染性。

本品是天然橡胶、合成橡胶通用型优良防老剂。对臭氧和屈挠疲劳老化有卓越的防护效能，对热氧老化、光氧老化具有良好的防护作用，同时还有钝化重金属离子的作用，其防护效能比 4010 更全面，应用范围更广。4010NA/BLE 复配使用可比单独使用大大改进 NR 之类橡胶的耐屈挠疲劳，对高填充胶料尤其显著。

本品在 NR、SBR、BR、CR、ZR 及胶乳中均适用，常用于制造承受动态和静态应力较高的制品，如制造航空汽车轮胎、电缆、胶管、胶带、胶辊等。

《防老剂 IPPD（4010NA）》（GB/T 8828—2003）对应于 JIS K 6220－3：2001《橡胶用配合剂 试验方法 第 3 部分：防老剂》（非等效），适用于由 RT 培司（4－氨基二苯胺）与丙酮缩合而制得的防老剂 IPPD（4010NA）。防老剂 IPPD 的技术要求见表 1.4.1－14。

表 1.4.1－14 防老剂 IPPD（4010 NA）的技术要求

项目	指标	
	优等品	一等品
纯度（≥）/%（面积归一）	95.0	92.0
熔点（≥）/℃	71.0	70.0
加热减量（≤）/%	0.50	
灰分（≤）/%	0.30	

防老剂 4010 NA 的供应商见表 1.4.1－15。

表 1.4.1－15 防老剂 4010 NA 的供应商

供应商	外观	纯度（≥）/%（面积归一法）	熔点（≥）/℃	加热减量（≤）/%	灰分（≤）/%	说明
黄岩浙东	灰紫色至紫褐色粒状	95.0	70.0	0.50	0.30	
山东尚舜	紫褐色至黑褐色颗粒或片状	96.0	45.0（凝固点）	0.50	0.15	

（三）防老剂 6PPD（4020），化学名称：N－（1，3－二甲基丁基）－N′－苯基对苯二胺

结构式：

CH_3 CH_3
—NH—〈苯环〉—NH—CH—CH_2—CH—CH_3

分子式：$C_{18}H_{24}N_2$，相对密度：0.986～1.00，熔点：40～45℃，溶于苯、丙酮、乙酸、乙酸乙酯、二氯乙烷及甲苯，不溶于水。纯品 6PPD 为白色固体，置于空气中会逐渐氧化成褐色固体。工业品为紫褐色至黑褐色颗粒或片状，温度超过 35～40℃时会慢慢结块。本品是天然橡胶、合成橡胶通用型优良防老剂；对臭氧、屈挠龟裂、日晒龟裂的防护性能特佳；也是热、氧、光等和一般老化的优良防护剂，对铜锰等有害金属有较强的抑制作用。本品与橡胶的相溶性较好，不易喷霜，不易挥发，毒性低，适用于各类合成橡胶和天然橡胶。在胶料中分散性好，对胶料有软化作用，对硫化影响不大。可用于轮胎等各类橡胶制品，也可作为聚乙烯、聚丙烯、丙烯酸树脂的热氧稳定剂。注意防潮，避免与皮肤直接接触。胶乳制品慎用。

防老剂 6PPD（4020）的供应商见表 1.4.1－16。

表 1.4.1-16　防老剂 6PPD（4020）的供应商

供应商	外观	纯度（≥）/%（面积归一法）	结晶点（≥）/℃	加热减量（≤）/%	灰分（≤）/%	说明
黄岩浙东	紫褐色至黑褐色颗粒状或片状	95.0	44.0	0.50	0.30	
山东尚舜	紫褐色至黑褐色颗粒状或片状	96.0	45.0（凝固点）	0.50	0.10	

（四）防老剂 7PPD，化学名称：N-（1，4-二甲基戊基）-N′-苯基对苯二胺

结构式：

$$\text{C}_6\text{H}_5\text{—NH—C}_6\text{H}_4\text{—NH—CH(CH}_3\text{)—CH}_2\text{—CH}_2\text{—CH(CH}_3\text{)—CH}_3$$

防老剂 7PPD 由 4-氨基二苯胺与甲基异戊基甲酮在催化剂存在下，加氢烷基化制得。分子式：$C_{19}H_{26}N_2$，相对分子质量：282.40，CAS 号：3081-01-4。

本品为天然橡胶及各种合成橡胶制品的有效抗臭氧老化防护助剂，由于其分子量较防老剂 IPPD（4010NA）和 6PPD（4020）高，基本不溶于水，抗水溶性方面，明显优于防老剂 IPPD（4010NA）和 6PPD（4020）。防老剂 7PPD 是液体，易于分散，在橡胶中的溶解度非常高，浓度较高也不会出现喷霜，也不容易从胶料析出。7PPD 具有毒性小，性能优异，几乎不溶于水的特点，非常适合乳聚丁苯胶的生产、储存和加工。可以单独使用于环境潮湿、臭氧老化性能要求苛刻的场合，如电线电缆、橡胶减震、汽车用橡胶制品中具有良好的应用前景。

由于 7PPD 价格奇高，国内外主要用于与防老剂 6PPD 复配成（6PPD/7PPD 复配物）EPPD（国内）、BLEND、Santoflex134PD 等使用，既可以发挥 7PPD 优异的耐抽提性能，又可以降低成本。

防老剂 7PPD 的技术要求见表 1.4.1-17。

表 1.4.1-17　防老剂 7PPD 的技术要求

项目	指标
外观	暗红色液体
纯度（GC 法）（≥）/%	95.0
4-氨基二苯胺含量（≤）/%	1.0
加热减量 68℃±2℃（≤）/%	0.50
灰分 750℃±25℃（≤）/%	0.10

防老剂 7PPD 的供应商有：安徽圣奥化学科技有限公司、江苏圣奥化学科技有限公司等。

（五）防老剂 DTPD（3100），化学名称：N，N′-二苯基对苯二胺、N，N′-二甲苯基对苯二胺、N-苯基-N′-甲苯基对苯二胺混合物

分子结构式：

$$\text{R—C}_6\text{H}_4\text{—NH—C}_6\text{H}_4\text{—NH—C}_6\text{H}_4\text{—R}$$

（R=H，CH_3）

CAS 号：68953-84-4，相对密度：1.085～1.2。DTPD 在两边的苯环上引进一个或两个甲基后，在橡胶中的溶解度增加，喷霜性降低，允许在胶料中有较大的用量；其碱性较小，对硫化和焦烧基本无影响，是对苯二胺类中污染性及变色性最低的防老剂。

防老剂 DTPD 抗臭氧、抗曲挠龟裂性能远好于防老剂 A、D，初始抗曲挠龟裂作用弱于 IPPD（4010NA）或 6PPD（4020），但长期抗屈挠龟裂好；抗金属毒害性优于 IPPD（4010NA）或 6PPD（4020）；是氯丁橡胶的优良抗臭氧剂。与防老剂 IPPD（4010NA）或 6PPD（4020）1∶1 并用，一方面可减轻 IPPD（4010NA）或 6PPD（4020）使制品外观发红的趋势；另一方面，由防老剂 IPPD（4010NA）或 6PPD（4020）提供制品早期的短期防护作用，DTPD 则起长期的防护作用，是提高轮胎使用寿命最好的抗臭氧体系之一，特别适合于使用条件苛刻的载重胎、越野胎以及各种子午线轮胎及斜交胎中应用，用量 1～3 份。

《防老剂 DTPD（3100）》（HG/T 4233—2011）适用于以对苯二酚、邻甲苯胺和苯胺缩合制成的防老剂 DTPD（3100），防老剂 DTPD 的技术要求见表 1.4.1-18。

表 1.4.1-18　防老剂 DTPD 的技术要求

项目	指标	试验方法
外观	棕灰色至黑色片状或颗粒状	目测
初熔点（≥）/℃	92.0～98.0	GB/T 11409—2008
加热减量（≤）/%	0.30	GB/T 11409—2008
灰分（≤）/%	0.30	GB/T 11409—2008
含量（GC）（≥）/%	90.0	HG/T 4233—2011

防老剂 DTPD 的供应商见表 1.4.1-19。

表 1.4.1-19　防老剂 DTPD 的供应商

供应商	商品名称	外观	熔点/℃	加热减量（65℃）/%	灰分（750℃）/%
金昌盛	防老剂 DTPD	棕灰色颗粒	90～100	≤0.5	≤0.3
宜兴国立	防老剂 DTPD（3100）	棕灰色颗粒	90～100	≤0.5（65℃×3 h）	≤0.3 800℃±25℃

（六）防老剂 H（PPD、DPPD），化学名称：N，N′-二苯基对苯二胺、二苯基四苯基二胺、1，4-二苯胺基苯、1，4-二苯氨基苯

分子结构式：

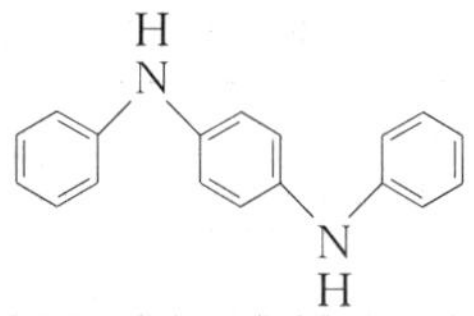

分子式：$C_{18}H_{16}N_2$，相对分子质量：260.34，CAS 号：74-31-7，熔点：130～152 ℃，沸点：220 ～225 ℃，密度：1.18～1.22 g/cm^3，灰色粉末状或片状，暴露于空气中或日光下易氧化变色，遇热稀盐酸变绿，与硝酸、二氧化氮和亚硫酸钠作用变成葡萄红及深红色。可燃，无毒，与皮肤接触可能致敏。对水生生物有害，可能对水体环境产生长期不良影响。

本品对臭氧和屈挠疲劳老化有较好的防护效能，对热氧老化和有害金属催化老化也有良好的防护作用，并有抗龟裂作用，主要用于 NR、SBR、NBR、BR、IIR、IR 等橡胶及胶乳中，用于制造轮胎及各种工业橡胶制品。本品对硫化无影响，可提高硫化胶的定伸应力，有污染性，会使胶料变色，参考用量 0.2～0.3 份，不单独使用。常与防老剂 A、CPPD（4010）、IPPD（4010NA）等并用；与防老剂 D 并用可解决深色橡胶制品的多种老化问题。此外，也用作聚乙烯、聚丙烯等塑料的抗氧剂。

防老剂 H 的供应商见表 1.4.1-20。

表 1.4.1-20　防老剂 H 的供应商

供应商	外观	初熔点/℃	密度/（g·cm^{-3}）	加热减量（≤）/%	灰分（≤）/%	说明
青岛正好助剂有限公司	浅褐色至浅棕色粉末	130～140		0.40	0.40～0.50	

本品国外牌号有：Vulkanox DPPD（德国）、Antage DP（日本）。

（七）防老剂 DNP（DNPD），化学名称：N，N′-二（β-萘基）对苯二胺

结构式：

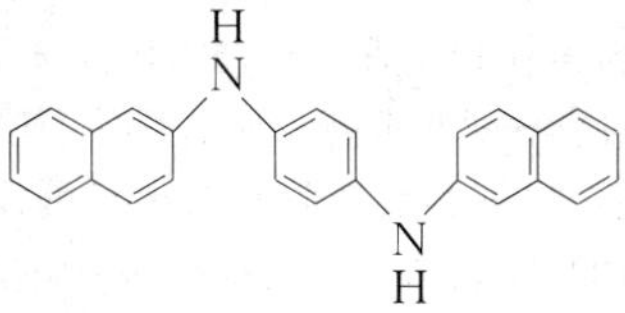

分子式：$C_{26}H_{20}N_2$，相对分子质量：360.46，相对密度：1.26，熔点：235℃，灰色粉末晶体，长久遇光颜色逐渐变为暗灰色。本品是橡胶、乳胶和塑料的抗氧剂。有优越的耐热老化、耐天然老化和抗铜、锰等有害金属作用，在丁苯胶中有防紫外光的功能。本品既可单用，也可与其他防老剂并用。亦可用作 ABS、聚甲醛、聚酰胺类工程塑料的耐热防老剂。

防老剂 DNP 的供应商见表 1.4.1-21。

表 1.4.1-21　防老剂 DNP 的供应商

供应商	外观	熔点（≥）/℃	相对密度/（g·cm^{-3}）	加热减量（≤）/%	灰分（≤）/%	筛余物（150 μm）（≤）/%	说明
黄岩浙东	灰色粉末	225	1.26	0.50	0.50	0.01	

（八）防老剂 TPPD，化学名称：N-（对甲苯基磺酰基）-N′-苯基对苯二胺

结构式：

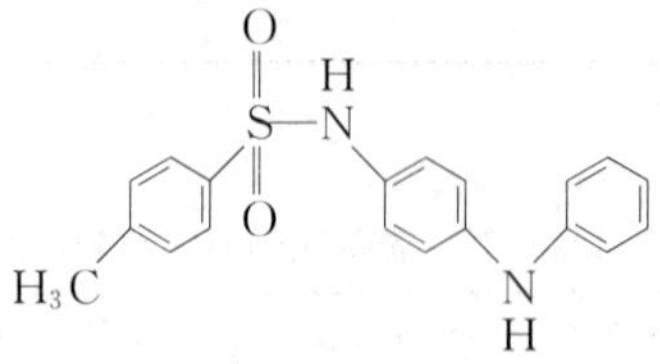

分子式：$C_{19}H_{18}N_2O_2S$，相对分子质量：338.4，相对密度：1.32 g/cm^3，熔点：135℃，灰色粉末，无毒，贮藏稳定。

本品是 CR、NR、BR、SBR 等橡胶及其胶乳用防老剂，对臭氧、氧老化的防护作用良好，亦能抑制铜害和锰害，特别适用于防护 CR 老化期间所释放的氯对纤维材料的破坏作用。本品易分散，可直接加入橡胶，亦可制成水分散体加入胶乳。本品用于 CR 橡胶时，若与防老剂 ODA 并用，耐热性能最佳，也可降低未硫化 CR 的塑性，使压延时的收缩率减少，因而有助于调整半成品的尺寸。本品主要用于制造胶布，电绝缘制品和浅色工业制品，在 CR 橡胶中一般用量为 1～2 份。

防老剂 TPPD 的供应商见表 1.4.1-22。

表 1.4.1-22　防老剂 TPPD 的供应商

供应商	外观	熔点（≥）/℃	相对密度/（g·cm^{-3}）	加热减量（≤）/%	灰分（≤）/%	筛余物（150 μm）（≤）/%	说明
华星（宿迁）化学有限公司	灰色粉末或颗粒	135	1.32	0.30	0.50		

（九）防老剂 OPPD（688），化学名称：N-仲辛基-N′-苯基对苯二胺

结构式：

C_6H_5—NH—C_6H_4—NH—CH(CH_3)—CH_2—CH_2—CH_2—CH_2—CH_2—CH_3

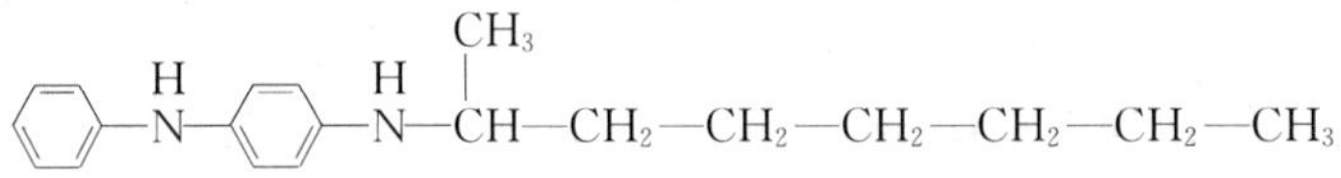

暗棕褐色黏稠液体，密度：1.003 g/cm^3，凝固点：10℃，沸点：430℃。

本品生产销售时一般添加固体填料，以降低其黏度，可以与白炭黑、碳酸钙等混配使用。本品是 NR、合成橡胶通用型胺类防老剂，抗臭氧效果等同于防老剂 6PPD（4020）和 IPPD（4010NA），抗氧化效果强于防老剂 TMQ（RD）。国内开发出的 8PPD 就是防老剂 688 与防老剂 TMQ（RD）复配产品，在轮胎、电缆中应用性能优于防老剂 TMQ（RD）。对屈挠龟裂亦有良好的防护作用。与橡胶的相容性良好，挥发性低。适用于轮胎、密封胶条、胶管、胶带及各种工业橡胶制品。

（十）防老剂 77PD（防老剂 4030），化学名称：N，N′-双（1，4-二甲基戊基）对苯二胺

结构式：

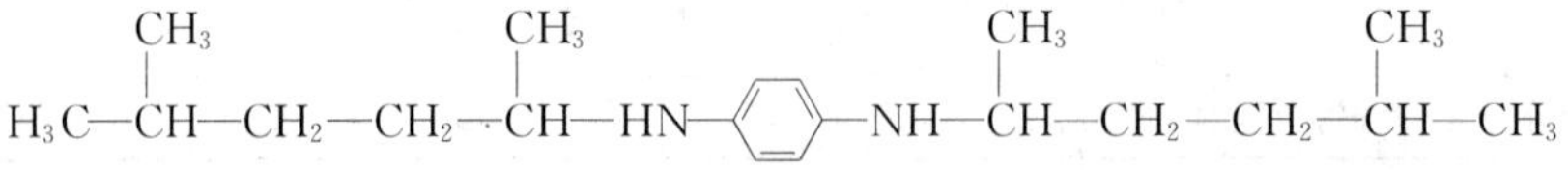

H_3C—CH(CH_3)—CH_2—CH_2—CH(CH_3)—HN—C_6H_4—NH—CH(CH_3)—CH_2—CH_2—CH(CH_3)—CH_3

分子式：$C_{20}H_{36}N_2$，相对分子质量：304.50，CAS 号：3081-14-9，相对密度：0.894～0.906 g/cm^3，红褐色液体，沸点 237℃。

本品为天然橡胶及各种合成橡胶的有效抗臭氧老化防护助剂，静态下抗臭氧老化效果极佳，明显优于抗臭氧老化性能优异的防老剂 IPPD（4010NA）和 6PPD（4020），但是抗动态屈挠作用不大。因而特别适用于长时间在低速、静态条件下工作的胶料，如航空轮胎、工程轮胎、高铁和桥梁橡胶减震器、农用装备车胎以及车用结构支架、固定胶管、密封条等。

防老剂 77PD 是液体，易于分散，在橡胶的溶解度非常高，加上其分子量较高，要比防老剂 IPPD（4010NA）和 6PPD（4020）要高，因而即使高浓度也不会出现喷霜，也不容易从胶料析出。可以单独使用于抗静态臭氧老化性能要求苛刻的某些橡胶制品。在电线电缆、橡胶减震、汽车用橡胶制品和一些特殊环境下的橡胶制品中应用具有良好的市场前景。

防老剂 77PD 的技术要求见表 1.4.1-23。

表 1.4.1-23　防老剂 77PD 的技术要求

项目	指标
外观	棕红色油状液体
纯度（≥）/%	94.0

续表

项目	指标
加热减量（≤）/%	0.50
灰分（≤）/%	0.10
黏度，mPa·s（25℃）	56～85

防老剂77PD的供应商有：安徽圣奥化学科技有限公司、江苏圣奥化学科技有限公司等。

（十一）防老剂8PPD，化学名称：N-辛基-N′-苯基对苯二胺

结构式：

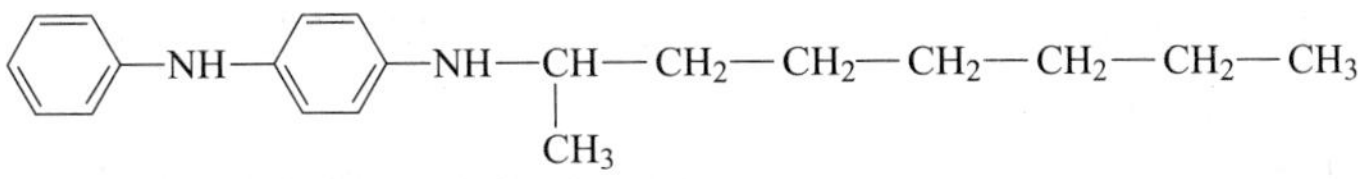

C_6H_5—NH—C_6H_4—NH—CH(CH_3)—CH_2—CH_2—CH_2—CH_2—CH_2—CH_3

防老剂8PPD由4-氨基二苯胺（4-APDA）与2-辛酮缩合还原制得。分子式：$C_{20}H_{28}N_2$，相对分子质量：296.43，CAS号：15233-47-3。

本品是一种性能优异的对苯二胺类防老剂，与橡胶相溶性好，挥发性低，有促进硫化的作用。本品用于天然胶和合成胶生产过程中，也可用于轮胎、汽车门窗的密封胶条、胶管、胶带及其他黑色工业制品和润滑油中，具有良好的抗臭氧和耐屈挠老化性能。国外主要应用在丁苯橡胶合成工业中，国内主要用于与防老剂TMQ复配使用。防老剂8PPD是液体，易于分散，在橡胶的溶解度非常高，其分子量较防老剂IPPD（4010NA）和6PPD（4020）高，即使浓度较高也不会出现喷霜，也不容易从胶料析出。

防老剂8PPD不含亚硝基化合物，是新一代绿色环保型橡胶防老剂，针对丁苯橡胶生产工艺现状开发，克服了丁苯橡胶后处理过程中低温掺混助剂相溶性问题，解决了胶料生成过程中稀酸水溶液抽提防老剂损失和污染问题，解决了使用有毒有害防老剂的安全问题。防老剂8PPD几乎不溶于水，非常适合乳聚丁苯胶的生产、储存和加工。

防老剂8PPD的技术要求见表1.4.1-24。

表1.4.1-24　防老剂8PPD的技术要求

项目	指标
外观	暗褐色黏稠液体
纯度（≥）/%	96.0
4-ADPA含量（≤）/%	0.6
加热减量（≤）/%	0.50
灰分（≤）/%	0.10

防老剂8PPD的供应商有：安徽圣奥化学科技有限公司、江苏圣奥化学科技有限公司等。

（十二）抗氧剂DAPD，化学组成：二芳基对苯二胺混合物

国外商品名：Antigene DTP Wingstay100 AZ

长期抗臭氧剂，氯丁胶的特佳抗臭氧剂；抗金属毒害性是对苯二胺类防老剂中最强的；对疲劳裂口有抑制作用，无迁移污染性，对硫化和焦烧几乎无影响；允许在胶料中有较大的用量。与防老剂OD并用，是提高轮胎使用寿命理想的抗臭氧体系，是轮胎工业用高效防老剂，特别适用于载重胎、越野胎。

抗氧剂DAPD的供应商见表1.4.1-25。

表1.4.1-25　抗氧剂DAPD的供应商

供应商	外观	熔点（≥）/℃	加热减量（≤）/%	灰分（≤）/%	筛余物（150 μm）（≤）/%	说明
华星（宿迁）化学有限公司	棕灰色颗粒	90	0.50	0.30		

（十三）防老剂405（KY-405、445、HS-911），化学名称：4，4′-二苯异丙基二苯胺，4，4′-双（α，α′-二甲基苄基）二苯胺

结构式：

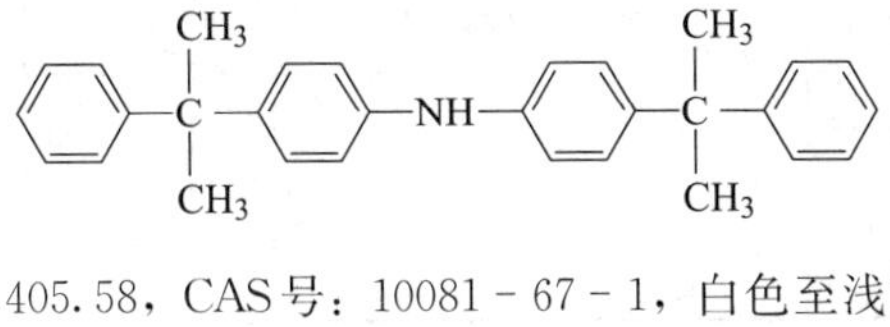

C_6H_5—C(CH_3)$_2$—C_6H_4—NH—C_6H_4—C(CH_3)$_2$—C_6H_5

分子式：$C_{30}H_{31}N$，相对分子质量：405.58，CAS号：10081-67-1，白色至浅灰色粉末或晶体小颗粒，密度：1.11～

1.18 g/cm³，熔点：90～95℃（纯品熔点101℃），热分解温度：272℃。易溶于橡胶和各种有机溶剂，微溶于水和酒精，热分解温度280℃，是胺类防老剂中为数不多的几种无毒、无味、色浅的品种之一。由于具有分子量高和挥发性低的特性，其抗氧化持久性明显优于SP、1010、BHT（264）等酚类抗氧剂，是非污染酚类抗氧剂的理想替代品。

本品高效无毒，是取代有致癌作用的防老剂A、防老剂D和TMQ（RD）等品种理想的防老剂。适用于NR、IR、SBR、NBR、IIR、CR、PU等橡胶制品与胶黏剂的非污染型胺类防老剂，对因热、光、臭氧等引起的老化防护效能好，可以代替防老剂D、MB、TMQ（RD）、264等，对于CR效果特别显著。本品防护氯丁胶、丙烯酸酯橡胶、聚醚多元醇等因高热、光等引起的老化特别有效，在氯丁胶彩色电缆护套中其耐热、耐光、抗老化性能尤其显著。还可应用于聚乙烯、聚丙烯和聚氯乙烯等塑料色母粒；可以作为聚氨酯泡沫塑料、食品包装材料、胶黏剂的抗氧剂；在聚醚及其泡沫塑料中作耐光抗老化抗氧化剂；也可作为润滑油抗氧化剂。本品不仅对硫化胶热老化、光老化、臭氧老化以及在多次变形条件下的破坏具有防护作用，而且对变价金属、重金属起一定的钝化作用；由于污染较轻微，可应用于一般彩色电线电缆的绝缘和护套橡皮及一般彩色橡胶制品，代替防老剂264、SP、2264、MB、DNP等非污染性防老剂。本品可单独使用，亦可与其他防老剂配合使用，与含硫的抗氧剂有良好的协同效应。

本品一般用量0.5份即可替代1.5份防老剂D或1.0份防老剂MB，在橡胶中的通常用量为1～3份，在胶料中易分散，对胶料的硫化特性无明显影响，在炭黑胶料中不喷霜。

本品虽为非污染性抗氧剂，但在日光曝晒和长期暴露在空气的条件下会轻微变色，但不发生迁移。保存时应遮光、密封、防潮、防晒、防雨淋，保存于阴凉干燥处。

防老剂405（445、HS-911）的供应商见表1.4.1-26。

表1.4.1-26　防老剂405（445、HS-911）的供应商

供应商	外观	商品名称	熔点/℃	有效含量(≥)/%	加热减量(≤)/%	灰分(≤)/%	筛余物（150 μm）(≤)/%
青岛正好助剂有限公司	白色或灰白色粉末	抗氧剂KY-405	≥90		0.10	0.08	
华星（宿迁）化学有限公司	近白色或淡灰色粉末或颗粒状	防老剂HS-911		34	0.7		

防老剂405（445、HS-911）国外的供应商有：科聚亚的Naugard 445、大内（日）的Nocrac CD、Permanax CD（英国）、Permanax 49（法国）等。

（十四）防老剂ODA（OD、ODPA），化学组成：辛基化二苯胺，二苯胺取代衍生物

分子结构式：

$$(CH_3)_3C-CH_2-\overset{CH_3}{\underset{CH_3}{C}}-C_6H_4-NH-C_6H_4-\overset{CH_3}{\underset{CH_3}{C}}-CH_2-C(CH_3)_3$$

浅棕色或灰色蜡状颗粒，密度：0.98～1.12 g/cm³，熔点：85～90℃。低毒。

国外牌号有Pennox A（美国）、Permanax ODPA（德国）、Nonox OD（英国）、Antage OD（日本）。

本品主要用作CR、NBR、NR、SBR等橡胶与聚烯烃、润滑油的抗氧剂和胶黏剂的防老剂，对热氧屈挠、龟裂有防护作用。耐热性优于其他防老剂，在氯丁胶中应用有更突出的耐热作用，若与防老剂TPPD并用，耐热性能更佳，能降低氯丁橡胶的门尼黏度，因而有助于调整半成品的尺寸并能提高氯丁胶在储藏运输过程中的稳定性；也是氯丁橡胶胶黏剂首选的防老剂之一。主要用于制造轮胎、内胎、电缆、橡胶地板、热圈及海绵制品等。用量0.5～2.0份。

防老剂ODA的供应商见表1.4.1-27。

表1.4.1-27　防老剂ODA的供应商

供应商	商品名称	化学组成	外观	密度/(g·cm⁻³)	熔点/℃	灰分(≤)/%	加热减量(≤)/%	说明
上海敦煌化工厂	防老剂ODA	辛基化二苯胺						
宜兴市日新化工有限公司			灰色或浅棕色粉末	0.99	75～85		1.3	
华星（宿迁）化学有限公司	ODA		浅白色粉末或颗粒状		85	0.3	0.5	
	ODA		褐色蜡状物或颗粒		75	0.5	1.3	
	ODA-40	60%碳酸钙	棕褐色粉末或颗粒			32.5～34.7	7.0	
金昌盛（美国Chemtura公司）	防老剂445	二苯胺取代衍生物	白灰色到白色粉末	1.14				防紫外线老化引起的变色效果显著，适用于EPDM、CR、NBR、ACM胶种

（十五）防老剂 DFC-34，化学组成：34%的 4，4-二苯乙烯化二苯胺+66%轻钙

本品系二苯胺类衍生物，与美国固特异的 Wingstay-29 属同类型产品，具有高效、无毒、无污染，防老化性能优良和价格低廉的优点。本品对硫化胶热氧老化、臭氧氧化及在曲挠条件下的破坏具有保护作用，并能钝化变价的有害金属，挥发性小等优点，是取代防老剂 A、防老剂 D、SP、BLE 等防老剂的理想品种。通过胎面胶性能对比试验证明，耐老化性能与防老剂 A、防老剂 D 相似，对混炼胶的硫化性能无影响，抗天候老化性能优良。可广泛用于 SBR、NBR、BR 等各种合成橡胶和 NR 制品中，也是塑料加工的良好抗氧剂。通常用量为 1～5 份。

防老剂 DFC-34 的供应商见表 1.4.1-28。

表 1.4.1-28　防老剂 DFC-34 的供应商

供应商	外观	有效含量（≥）/%	堆积密度/(g·cm⁻³)	筛余物（20 μm）/%	说明
黄岩浙东	浅褐色粉末	34	0.68±0.05	全部通过	

（十六）防老剂 D-50，化学名称：N-羟基-苯乙烯化二苯胺-甲基苯基酮

本品存放时外观颜色会逐渐变深，但效能不变。本产品不含萘胺物质，是传统型防老剂 D 的换代产品。

防老剂 D-50 的供应商见表 1.4.1-29。

表 1.4.1-29　防老剂 D-50 的供应商

供应商	商品名称	外观	密度/(g·cm⁻³)	初熔点(≥)/℃	灰分(≤)/%	加热减量(≤)/%	说明
山东迪科化学科技有限公司	防老剂 D-50	灰白色至棕色粉末			33.0	2.0	

（十七）橡胶防老剂复合三号，化学名称：N-羟基-苯乙烯化二苯胺

本品存放时外观颜色会逐渐变深，但效能不变。本产品不含萘胺物质，是防老剂甲的替代品。

橡胶防老剂复合三号的供应商见表 1.4.1-30。

表 1.4.1-30　橡胶防老剂复合三号的供应商

供应商	商品名称	外观	密度/(g·cm⁻³)	初熔点(≥)/℃	灰分(≤)/%	加热减量(≤)/%	盐酸不溶物(≤)/%	说明
山东迪科化学科技有限公司	防老剂复合三号	灰白色至棕色粉末				2.0	1.50	

（十八）防老剂 CEA，化学名称：N-环己基对乙氧基苯胺

结构式：

$$C_6H_5-NH-C_6H_4-OC_2H_5$$

熔点：58.5～60.5℃，白色粉末。本品主要用作橡胶防老剂，耐臭氧老化和耐热、耐氧、耐屈挠等性能较好，适用于天然橡胶、合成橡胶和胶乳的各种浅色工业橡胶制品。污染性极小，制品经日光曝晒后不变色。

防老剂 CEA 的供应商有：黄岩浙东橡胶助剂化工有限公司等。

（十九）防老剂 6PPD 和 7PPD 复配物，化学组成：防老剂 6PPD 和防老剂 7PPD 按规定比例加热复合制得的产品

橡胶防老剂 6PPD 与 7PPD 复配物是一种复合型橡胶防老剂，用作合成聚合物稳定剂，也可用于天然和合成橡胶中的高活性抗氧剂。对热、氧、臭氧、天候老化均有防护效果，对金属的催化氧化有抑制作用，同时又具有优良耐曲挠龟裂性，在静态应用中配合混合蜡，选择适当的温度，可用作长效防老剂。在橡胶制品和轮胎生产过程中，不影响纺织品或钢帘线黏合。本品具有强效抗臭氧和抗氧化特性，故胶料有极好的抗高温疲劳和抗屈挠性能，与橡胶相溶性好，挥发性和迁移性小，可阻止铜、锰等有害金属的催化降解。

防老剂 6PPD 与 7PPD 复配物是 R-芳基-对苯二胺和 R′-芳基-对苯二胺按一定比例复配而成的。由于引进了有效的 R 和 R′基团，使该产品在加入橡胶中不含产生亚硝基化合物的伯胺，是新一代绿色环保型橡胶防老剂。防老剂 6PPD 与 7PPD 复配物具有价格低，毒性小，性能优异，几乎不溶于水的特性。本品室温为液体，故用于合成橡胶后处理时，易于分散，配制与使用操作十分简便。本品在橡胶的溶解度非常高，不易喷出，非常适合乳聚丁苯胶的生产、储存和加工。橡胶防老剂 6PPD 与 7PPD 复配物克服了丁苯橡胶后处理过程中低温掺混助剂相溶性问题，解决了胶料生成过程中稀酸水溶液抽提防老剂损失和污染问题，解决了使用其他防老剂有毒有害的安全问题。

防老剂 6PPD 与 7PPD 复配物的技术要求见表 1.4.1-31。

表 1.4.1-31 防老剂 6PPD 与 7PPD 复配物的技术要求

项目	指标
外观	黑色液体
有效组分（≥）/%	96.00
6PPD 含量（≥）/%	36.67
7PPD 含量（≥）/%	55.10
灰分（≤）/%	0.10
加热减量（≤）/%	0.30
黏度（75℃），SUS	70～85

防老剂 6PPD 和 7PPD 复配物的供应商有：安徽圣奥化学科技有限公司、江苏圣奥化学科技有限公司等。

（二十）防老剂 8PPD 与 TMQ（RD）的复配物，化学组成：N-辛基-N′-苯基对苯二胺与防老剂 TMQ（RD）的复配物

结构式：

$$C_6H_5-NH-C_6H_4-NH-CH(CH_3)-C_6H_{13} \quad +RD$$

本品为暗棕色黏稠液体，相对密度 1.024。橡胶防老剂 8PPD 与 TMQ 复配物是一种复合型橡胶防老剂，主要应用在合成橡胶工业中，本品为多组分复合型产品，具有酮胺类防老剂和对苯二胺类防老剂特性，并能发挥出两种防老剂的协同作用，对热、氧、臭氧、天候老化均有防护效果，对金属的催化氧化有抑制作用，同时又是优良有抗臭氧和曲挠龟裂的防老剂，它被广泛用作橡胶防老剂，特别是丁苯橡胶中作稳定剂。也可在橡胶制品中如电线、电缆中使用，可等量代替防老剂 A、防老剂 D 和 TMQ（RD），但后期老化性能接近 IPPD（4010NA）和 6PPD（4020）。

防老剂 8PPD 与 TMQ 的复配物的技术要求见表 1.4.1-32。

表 1.4.1-32 防老剂 8PPD 与 TMQ 的复配物的技术要求

项目	指标
外观	暗褐色黏稠液体
8PPD 纯度（≥）/%	73
黏度（25℃）（mPa·s）	1700～2200
加热减量（≤）/%	0.50
灰分（≤）/%	0.10

防老剂 8PPD 与 TMQ 的复配物的供应商见表 1.4.1-33。

表 1.4.1-33 防老剂 8PPD 与 TMQ 的复配物的供应商

供应商	外观	4-ADPA 含量（≤）/%	加热减量（≤）/%（70±2℃）	灰分（≤）/%	密度/(g·cm^{-3})（25℃）	黏度（mPa·s）（25℃）
江苏圣奥化学科技有限公司	暗褐色黏稠状液体	0.8	0.50	0.10	1.000～1.031	1700～2200

防老剂 8PPD 与 TMQ 的复配物的供应商还有：安徽圣奥化学科技有限公司等。

（二十一）防老剂 TAPPD，化学名称：2，4，6-三-（1，4-二甲基戊基-对苯二胺）-1，3，5-三嗪

结构式：

$$H_3C-CH(CH_3)-CH_2-CH_2-CH(CH_3)-NH-C_6H_4-NH-$$ (1,3,5-三嗪环) $$-[NH-C_6H_4-NH-CH(CH_3)-CH_2-CH_2-CH(CH_3)-CH_3]_2$$

防老剂 TAPPD 由 N-（1，4-二甲基戊基）-对苯二胺与三氯三嗪在催化剂存在下合成制得。分子式：$C_{42}H_{63}N_9$，相对分子质量：693.92，CAS 号：121246-28-4。

本品具有以下特点：①迁移性小，挥发性低，不易损耗，作用持久；②对接触面不会产生污染和变色；③不溶于水，在酸性溶液中也几乎是不会抽出；④在各种溶剂等液体中长时间浸渍后仍可保持橡胶制品的特性；⑤长期耐热性优良，与现在广泛使用的6PPD相比，热老化后的伸长率较高；⑥TAPPD具有优异的静态臭氧防护性能，可延长屈挠疲劳寿命，同时还是一种优异的抗氧剂。

防老剂TAPPD最突出的特点是具有不变色性、抗老化持久和环保性能。由于三嗪环的特征结构，氮含量高，防老剂TAPPD还具有优异的耐热性。防老剂TAPPD被认为是动态和静态橡胶制品抗氧和抗臭氧的理想防老剂，TAPPD赋予硫化胶的静态臭氧防护效果比6PPD好。在轮胎炭黑胎侧胶料中，TAPPD赋予胶料焦烧安全性，而6PPD则降低了胶料焦烧安全性。

TAPPD另外一个优秀的性能是非污染型，由于大部分抗臭氧剂都以对苯二胺类为基础，对胶料污染严重。以三嗪为基础的TAPPD的独特之处在于它具有优异的臭氧防护性能并且不污染。三嗪类抗臭氧剂性能与烷基—芳基对苯二胺类抗臭氧剂相似，而且这种抗臭氧剂的臭氧化机理也与烷基—芳基对苯二胺类抗臭氧剂相似。三嗪类抗臭氧剂的一个特点是与臭氧反应活性很大，而且由于它们的分子尺寸大大限制了其迁移性，因此具有优异的长时间防护效果。

防老剂TAPPD的技术要求见表1.4.1－34。

表1.4.1－34　防老剂TAPPD的技术要求

项目	指标
外观	深紫色至黑色颗粒
纯度（HPLC法）（≥）/%	91.0
加热减量（68±2）℃（≤）/%	0.70
灰分（825℃±25℃）（≤）/%	0.70
初熔点/℃	63.0～73.0

防老剂TAPPD的供应商有：安徽圣奥化学科技有限公司、江苏圣奥化学科技有限公司等。

（二十二）防老剂44PD，化学名称：N，N′-双（1-甲基丙基）对苯二胺

结构式：

$$H_3C-CH_2-\underset{\displaystyle CH_3}{\underset{|}{CH}}-NH-C_6H_4-NH-\underset{\displaystyle CH_3}{\underset{|}{CH}}-CH_2-CH_3$$

分子式：$C_{14}H_{24}N_2$，相对分子质量：220.33，CAS号：101－96－2。

本品属于性能优良的对苯二胺类防老剂，在石油产品中和天然胶及合成胶中使用起到优异的抗氧化效果，具有优异的自由基和脱硫性能，是天然胶、合成胶的通用型抗氧剂。它也是植物油的特效抗氧剂，广泛应用于矿物油、加氢油、合成油和植物油等。

拟定中的行业标准《橡胶防老剂N，N′-双（1-甲基丙基）对苯二胺（44PD）》提出的防老剂44PD的技术要求见表1.4.1－35。

表1.4.1－35　防老剂44PD的技术要求

项目	指标
外观	深褐色液体
纯度（GC法）（≥）/%	96.0
加热减量（70℃±2℃）（≤）/%	0.50
灰分（750℃±25℃）（≤）/%	0.10

防老剂44PD的供应商见表1.4.1－36。

表1.4.1－36　防老剂44PD的供应商

供应商	外观	纯度（≥）/%	加热减量（≤）/%	灰分（≤）/%
安徽圣奥	深褐色液体	96.0	0.50	0.10
朗盛	红棕色清澈液体	96.0	0.50	0.10
伊斯曼	Clear，red－brown liquid	97.0	—	—

1.2.2　醛胺反应生成物

醛胺反应生成物类防老剂见表1.4.1－37。

表 1.4.1-37 醛胺反应生成物类防老剂

名称	化学结构	性状		
		外观	相对密度	熔点/℃
3-羟基丁醛-α-萘胺（高分子量）（防老剂 AH）	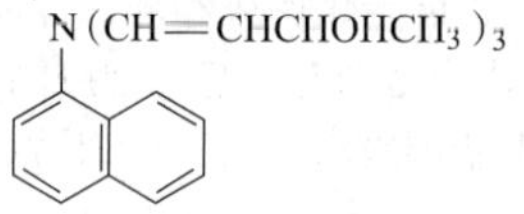 N(CH=CHCHOHCH$_3$)$_3$（连于萘环α位）	淡黄色至红棕色脆性树脂	1.15～1.16	65～75（软化点）
3-羟基丁醛-α-萘胺（低分子量）（防老剂 AP）	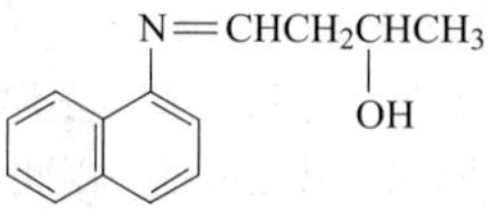 N=CHCH$_2$CHCH$_3$（OH）（连于萘环α位）	棕黄色粉末	0.98	143
乙醛和苯胺反应产物（防老剂 AA）	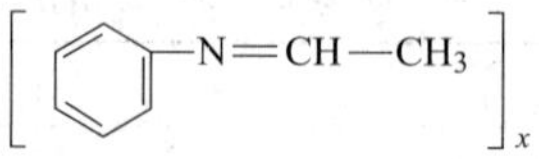 [C$_6$H$_5$—N=CH—CH$_3$]$_x$	棕色树脂状粉末	1.15	60～80
丁醛和苯胺的反应产物（防老剂 BA）	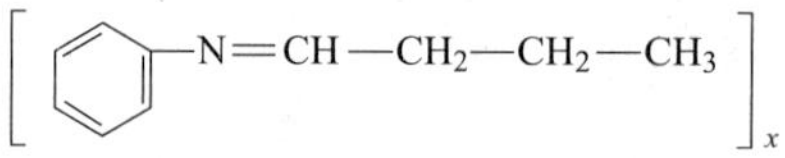 [C$_6$H$_5$—N=CH—CH$_2$—CH$_2$—CH$_3$]$_x$	琥珀色液体	1.00～1.04	150（闪点）
丁醛与α-萘胺的反应产物	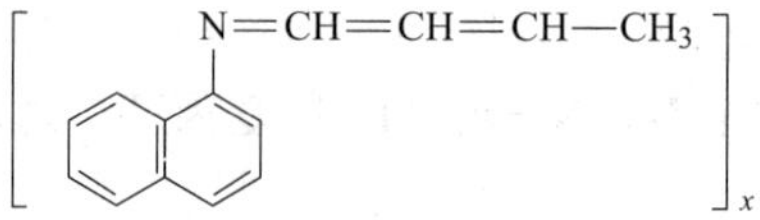 [N=CH=CH=CH—CH$_3$（连于萘环α位）]$_x$ n=2~4	褐色树脂		85～90

醛胺类防老剂不易喷霜，对臭氧、屈挠龟裂没有防护作用；遇光变色，属污染型防老剂，不宜用于白色的或浅色制品。在天然橡胶、合成橡胶和胶乳中抗热、氧性能良好。可单用，也可与防老剂 A、防老剂 MB、防老剂 IPPD（4010NA）并用。单用时一般用量为 0.5～5.0 份，最好 1.0～2.5 份。

其中，防老剂 AH 具有优良的防护热氧老化的效果，具有钝化铜、铁、锰等重金属离子的作用，污染较严重，制成的硫化胶中有一种难闻的气味；防老剂 AP 具有良好的抗热氧老化性，用于制造电线、电缆、胶鞋、工业制品等。

微有毒性，不宜用于与食物接触的制品。

1.2.3 酮胺反应生成物

酮胺反应生成物类防老剂见表 1.4.1-38。

表 1.4.1-38 酮胺反应生成物类防老剂

名称	化学结构	性状		
		外观	相对密度	熔点/℃
2，2，4-三甲基-1，2-二氢化喹啉聚合物［防老剂 TMQ（RD）］（树脂状）	详见本节（三）			
*6-乙氧基-2，2，4-三甲基-1，2-二氢化喹啉（防老剂 AW）	详见本节（一）			
2，2，4′-三甲基-1，2-二氢化喹啉聚合物（防老剂 124）（粉末状）	polymerized 2，2，4′-trimethyl-1，2-dihydroquinoline 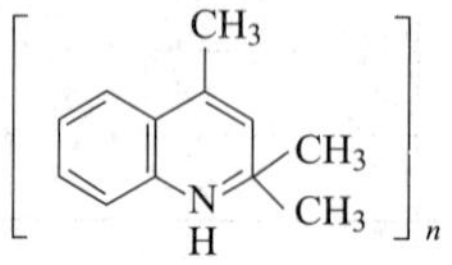 [2，2，4-三甲基-1，2-二氢喹啉结构（4-CH$_3$，2-CH$_3$，2-CH$_3$，N-H）]$_n$	灰白色粉末	1.01～1.08	114

续表

名称	化学结构	性状		
		外观	相对密度	熔点/℃
6-苯基-2，2，4-三甲基-1，2-二氢化喹啉（PTMDQ）	6-phenyl-2，2，4-trimethyl-1，2-dihydroquinoline 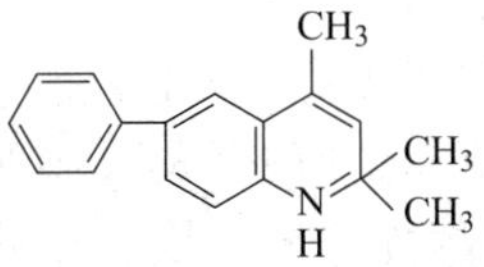	暗褐色蜡状物	1.04～1.11	80
6-十二烷基-2，2，4-三甲基-1，2-二氢化喹啉（DTMDQ）	6-dodecyl-2，2，4-trimethyl-1，2-dihy droquinoline 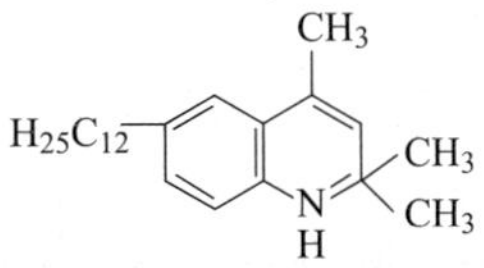	深色黏稠液体	0.90～0.96	121（闪点）
丙酮和二苯胺低温反应产物（AM）	low temperature reacion product of aoetone and diphenylamine 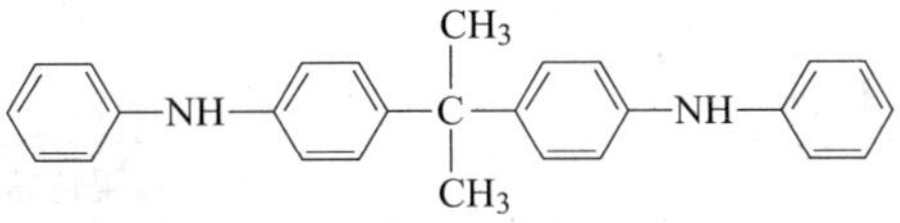	淡黄色或深褐色树脂粉末	1.13	85～95
丙酮和二苯胺高温缩合物（防老剂 BLE）	详见本节（二）			
丙酮和苯基-β-萘胺低温反应产物（防老剂 APN）	low temperature reaction product of acetone and phenyl-β-naphthylamine	灰黄褐色粉末	1.16	120
二苯胺、丙酮、醛反应产物（防老剂 BXA）	reactionproduct of diphenylamine、ketone and aldehyde	褐色粉末	1.10	85～95

注：* 防老剂具有抗臭氧作用.

酮胺反应生成物类防老剂有污染性，但不显著，在浅色制品中可少量使用。

（一）防老剂 AW，化学名称：6-乙氧基-2，2，4-三甲基-1，2-二氢化喹啉

结构式：

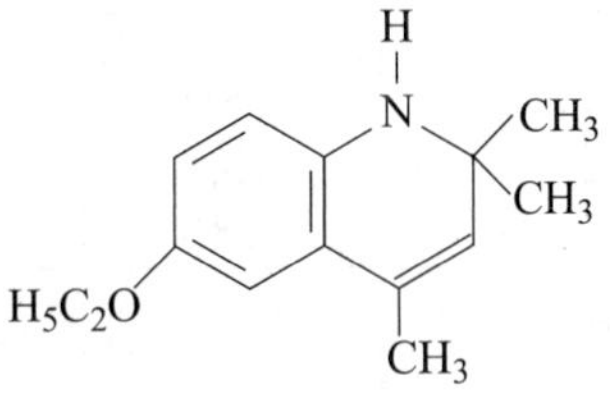

本品为丙酮与对胺基苯乙醚的反应产物，分子式：$C_{14}H_{19}ON$，相对分子质量：217.31，褐色黏稠液体，相对密度 1.029～1.031 g/cm^3，沸点 169℃，无毒，较稳定，长期保存不变质。本品主要用于防止臭氧老化和疲劳老化，同时具有良好的耐热氧老化性能，特别适用于动态条件下使用的橡胶制品。与防老剂 H、防老剂 D、防老剂 CPPD（4010）等配合使用，可增强其效能；与蜡类防老剂配合使用可增强抗氧化的效能。适用于 SBR，用于制造汽车轮胎、胶鞋和其他橡胶制品；但有污染性，不适用于浅色、艳色的制品。本品对脂肪食品亦有较好的抗氧化酸败作用。

防老剂 AW 的供应商见表 1.4.1-39。

表 1.4.1-39　防老剂 AW 的供应商

供应商	规格型号	外观	软化点/℃	密度/(g·cm^{-3})	加热减量(≤)/%	灰分(≤)/%
黄岩浙东	防老剂 AW（液）	深褐色粘性物			0.30	0.10
	防老剂 AW（粉）	棕褐色粉末				

（二）防老剂 BLE，化学组成：丙酮和二苯胺高温缩合物，9，9-二甲基吖啶

结构式：

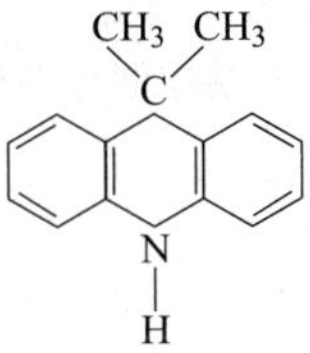

+ 不稳定结构产物

分子式：$C_{15}H_{15}N$，相对分子质量：209.3，无毒，相对密度：1.09 g/cm^3。易溶于丙酮、苯、氯仿、二硫化碳、乙醇等有机溶剂，微溶于汽油，不溶于水。

本品是一种通用的橡胶防老剂，对热氧和屈挠、疲劳老化有良好的防护效能，对臭氧老化及天候老化也有一定的防护作用。对硫化无影响，在胶料中易分散，对胶料流动性有好处，制品的耐磨和耐热性好。防老剂 BLE 加入到胶料中，不仅能够起到防老化的效果，还能增进橡胶与金属的黏合。

适用于天然橡胶及丁苯、丁腈、氯丁、顺丁等合成橡胶及其胶乳，广泛用作轮胎胎面、胎侧及内胎，也可用于胶带、胶管及其他一般工业橡胶制品。本品有污染性，在光照下的制品不宜使用，不适用于白色或艳色制品。本品在丁苯橡胶中的防护效能类似于防老剂 J，用量为 2 份；也可在聚烯烃塑料中应用，用量 1.5～2 份；4010NA/BLE 复配使用可比单独使用大大改进 NR 之类橡胶的耐屈挠疲劳，对高填充胶料尤其显著。本品毒性极低，美国食品和药物管理局许可用于接触食品的橡胶制品，最大用量不超过 5 份。

《防老剂 BLE》（HG/T 2862—1997）适用于丙酮与二苯胺经常压法高温缩合的产物防老剂 BLE。防老剂 BLE 的技术要求见表 1.4.1－40。

表 1.4.1－40　防老剂 BLE 的技术要求

项目	指标	
	一等品	合格品
外观	深褐色黏稠体，无结晶析出	
黏度，Pa·s（30℃）	2.5～5.0	5.1～7.0
密度（ρ）/(g·cm^{-3})（20℃）	1.08～1.10	1.08～1.12
灰分（≤）/%	0.3	0.3
挥发分（≤）/%	0.4	0.4

防老剂 BLE 的供应商见表 1.4.1－41。

表 1.4.1－41　防老剂 BLE 的供应商

供应商	规格型号	外观	黏度/(Pa·s)(30℃)	密度/(g·cm^{-3})(20℃)	加热减量(≤)/%	灰分(≤)/%	BLE 含量(≤)/%	载体类型
黄岩浙东	BLE－C	浅棕色粉末			3.0		33.1	
	BLE－W	棕色粉末			3.0		66.1	
	液体 BLE	深褐色黏稠体	2.5～7.0	1.08～1.12	0.30			
天津市东方瑞创	液体	深褐色黏稠体	2.5～5.0	1.08～1.10	0.4	0.3	99.9	—
	BLE－C				2.0		33.0	碳酸钙
	BLE－W				2.0		66.0	白炭黑
	BLE－75				3.0		75.0	活性载体

（三）防老剂 TMQ（RD），化学名称：2，2，4－三甲基－1，2－二氢化喹啉聚合物

结构式：

分子式：$(C_{12}H_{15}N)_n$，n=2～4，相对分子质量：(173.26)×n，CAS 号：26780－96－1，相对密度：1.05，琥珀色至浅棕色片状或粒状固体，能溶于苯、氯仿、二硫化碳及丙酮中，不溶于水。本品毒性小，污染性低，在胶料中相容性好，不易喷出，有轻微的污染性，对热氧老化具有优秀的防护效果，对臭氧老化和疲劳老化防护效果差。防老剂 TMQ（RD）/2402 酚醛树脂组配可减少 RD 的迁移污染。

本品可燃，贮运时注意防火、防潮。

《橡胶防老剂 TMQ》（GB/T 8826—2011）适用于由苯胺和丙酮在催化剂存在下缩聚而成的防老剂 TMQ。防老剂 TMQ（RD）的技术要求和试验方法见表 1.4.1－42。

表 1.4.1-42 防老剂 TMQ（RD）的技术要求和试验方法

项目	指标		试验方法
	优等品	一等品	
外观	琥珀色至浅棕色片状或粒状		目测
软化点/℃	80～100		GB/T 11409—2008
加热减量的质量分数（≤）/%	0.30	0.50	
灰分的质量分数（≤）/%	0.30	0.50	
乙醇不溶物质量分数（≤）/%	0.20	0.30	GB/T 8826—2011
异丙基二苯胺含量[a]（≤）/%	0.50	—	
二、三、四聚体总量[a]（≥）/%	40	—	

注：a. 根据用户要求检测项目。

防老剂 TMQ（RD）的供应商见表 1.4.1-43。

表 1.4.1-43 防老剂 TMQ（RD）的供应商

供应商	外观	软化点/℃	密度/($g \cdot cm^{-3}$)	加热减量（≤）/%	灰分（≤）/%	说明
黄岩浙东	琥珀色片状	80～100	1.05	0.50	0.50	
山东尚舜	琥珀至棕色片状	80～100	1.05	0.50	0.50	

1.3 酚类防老剂

酚类防老剂的作用机理为：

链增长：$RO_2 \cdot + ArO-H \rightarrow ROOH + ArO \cdot$

链终止：$ArO \cdot + RO_2 \cdot \rightarrow$ 稳定产物

因此，较理想的酚类防老剂，要求分子结构上有适当的空间位阻；要有高度的共轭效应，才能使 ArO·稳定；从脱氢角度来看，要求在苯环上的对位取代基应为给电子基团，以-CH_3 为最好。

几种不同结构的 ArO·游离基的稳定性顺序为：

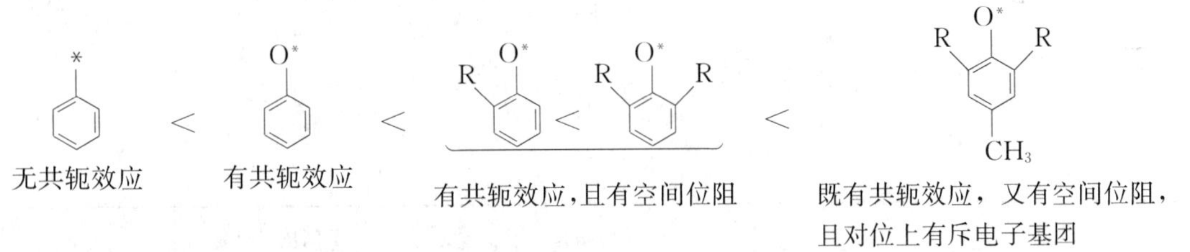

无共轭效应 < 有共轭效应 < 有共轭效应，且有空间位阻 < 既有共轭效应，又有空间位阻，且对位上有斥电子基团

酚类防老剂的优点是无污染性、不变色，适用于浅色或彩色橡胶制品，其缺点是防护效果较差。这类防老剂可分为：取代一元酚类，多元酚类，硫化二取代酚类以及烷撑二取代酚类等。

酚类防老剂中的取代基不同，对其抑制氧化的能力有很大的影响：推电子取代基（甲基、叔丁基、甲氧基等）的导入，可显著提高其抑制氧化的能力；吸电子取代基（硝基、羧基、卤素等）的导入，可降低其抑制氧化的能力。取代基位置及体积不同，防护效能也有很大差别：位阻效应大的，防护效能好，受阻酚可以终止两个过氧自由基；受阻作用小的苯酚只能终止 1.2 个过氧自由基；未受阻苯酚所产生的稳定性较差的苯氧自由基，除发生各种副反应外，还会引发新的链反应，加速老化过程。

苯酚对位的烷基取代基，随着从正烷基到异烷基、叔烷基支化程度的提高，防护效能下降，如表 1.4.1-44 所示。

表 1.4.1-44 对位取代基的支化对受阻酚防护效能的影响

OH[a] … R	R	相对效能[b]
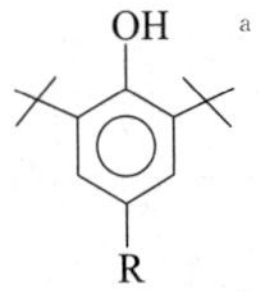	正丁基	100
	异丁基	61
	叔丁基	26

注：a. 苯环上的×表示叔丁基，后文同。

b. 在 100℃的油中，含量为 0.1%（质量份）时的评价。

近来的研究表明，表 1.4.1-43 的差异不是由苯氧自由基的稳定性不同引起的，而是可能与烷基苯酚氧化的自由基反应过程中产生的邻烷基过氧环己二烯酮有关，这种化合物比它的对位异构体——对烷基过氧环己二烯酮容易产生分解，形成新的引发自由基。2-甲基-4，6-叔丁基苯酚形成的邻烷基过氧环己二烯酮在75℃分解，对烷基过氧环己二烯酮在125℃分解。烷基苯酚氧化形成的邻、对位烷基过氧环己二烯酮之比，与取代基的支化程度及取代位置相关，支化程度大，邻位烷基过氧环己二烯酮比例高。

受阻酚通常指在两个邻位上有叔碳烷基取代基的苯酚。取代基的体积稍小时，通常认为是部分受阻酚。不同取代基受阻酚对未硫化聚异戊二烯橡胶的防护效能如表1.4.1-45所示。由于受阻酚防老剂可产生稳定的苯氧自由基，消除2 mol过氧自由基并主要生成稳定的对烷基过氧环己二烯酮，因而它们对所有的聚合物都是有效的防老剂，广泛使用于聚烯烃塑料及油的防老化与稳定，只有少数的受阻酚使用于橡胶的防老化，主要原因之一是它们的高挥发性。

表1.4.1-45 受阻酚对未硫化聚异戊二烯橡胶的防护效能[a]

R	门尼黏度保持率/%	颜色	R	门尼黏度保持率/%	颜色
无添加	<20	—	$—CH_2SH$	85	黄色
$—CH_3$（防老剂264）	91	很轻微褐色	$—CH_2P(O)(OC_{18}H_{35})_2$	65	很轻微褐色
$—CH_2ph$	53	褐色	$—CH_2SCH_2—$	90	很轻微褐色
$—CH(CH_3)ph$	<20	褐色	$—CH_2—$	88	黄色
$—C(CH_3)_2ph$	<20	轻微褐色	$—CH_2P(O)(OC_{18}H_{35})_2$	100	嫩黄色
—t-Bu	<20	轻微褐色	$—\{CH_2CH_2C(O)OCH_2\}_4C$	80	很轻微褐色
$—CH_2N(Bu)_2$	82	黄色	$—CH_2CH_2C(O)OC_{18}H_{37}$	65	很轻微褐色

注：a. 添加1份，在温度为70℃，老化10 d后测得。

2-叔丁基苯酚、2，4-二叔丁基苯酚、2，4-二（1-甲基苯甲基）苯酚、2，4-二（1-甲基苯甲基）-6-甲基苯酚、2-叔丁基-4-甲基苯酚等部分受阻酚对未硫化的聚异戊二烯橡胶来说是较差的防老剂，但却是丁苯橡胶和丁腈橡胶的有效防老剂，尤其是与亚磷酸酯并用时效果更好，广泛地使用于鞋、海绵等浅色橡胶制品中。

由烷基化苯酚缩合成的双酚，连接双酚的基团按下列顺序使双酚在硫化NR及未硫化IR中的防护效能降低：邻亚甲基>对亚甲基≥硫代>对亚烷基>对亚异丙基。

邻亚甲基连接的双酚，由于苯环上的取代基不同及亚甲基上的氢原子被取代与否，对其防护效能有很大的影响，详见表1.4.1-46。

表1.4.1-46 邻亚甲基双酚上的取代基对其在硫化NR及未硫化IR中防护效能的影响

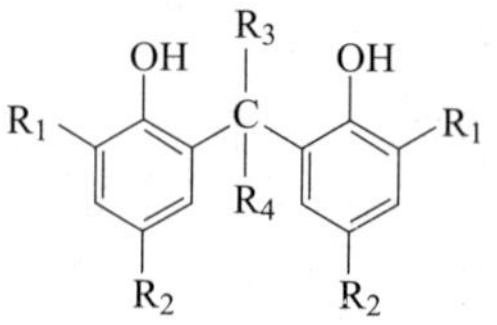

在双酚上的取代基				相对防护效能[a]	变色程度[b]	门尼黏度保持率/%[c]	颜色
R_1	R_2	R_3	R_4				
叔丁基	甲基	H	H	100	100	92	带粉红的褐色
叔丁基	乙基	H	H	87	60	—	—
叔丁基	甲基	正丙基	H	77	100	41	褐色
叔丁基	甲基	甲基	甲基	13	0	<20	很轻微褐色
环己基	甲基	H	H	73	60	—	—
环己基	叔丁基	H	H	20	0	—	—
1，1-二甲基苯甲基	甲基	H	H	50	30	—	—
甲基	甲基	H	H	57	120	60	—
甲基	甲基	甲基	H	67	20	—	—
甲基	甲基	异丙基	H	93	0	—	—
叔丁基	甲基	甲基	H	—	—	<20	中褐色
叔丁基	甲基	乙基	H	—	—	<20	中褐色
叔丁基	甲基	异丙基	H	—	—	47	浅褐色

续表

在双酚上的取代基				相对防护效能[a]	变色程度[b]	门尼黏度保持率/%[c]	颜色
R_1	R_2	R_3	R_4				
叔丁基	甲基	苯基	H	—	—	<20	浅黄色
叔辛基	叔辛基	H	H	—	—	<20	浅黄色
叔丁基	甲基	C（R_3，R_4）=S		—	—	<20	暗褐色

注：a. 基于 70℃，2.1 MPa 氧压的氧弹中老化 6 d、11 d、16 d 后的拉伸强度及回弹保持率，并以防老剂 2246 的效果为 100。
b. 未添加的作为 0，添加防老剂 2246 的作为 100。
c. 在 70℃老化 10 d 后测得。

由表 1.4.1-46 可见，当双酚上的烷基取代基按如下规律变化时：1）提高对位取代基的体积；2）降低邻位取代基的体积；3）链接双酚亚甲基上氢原子被取代，其防护效能降低。

取代基对亚甲基双酚在硫化 NR 及未硫化 IR 中防护效能的影响见表 1.4.1-47。

表 1.4.1-47 对亚甲基双酚上的取代基对其在硫化 NR 及未硫化 IR 中防护效能的影响

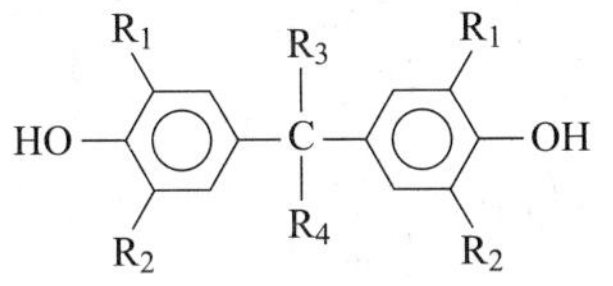

（a） 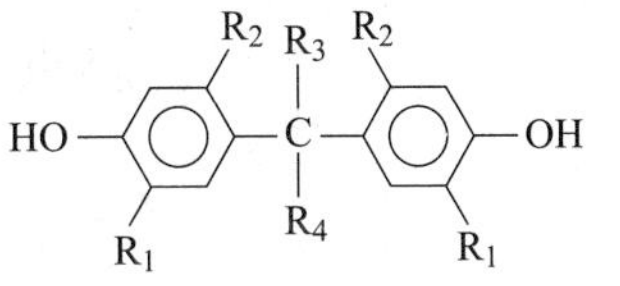 （b）

R_1	R_2	R_3	R_4	相对防护效能[a]	变色程度[b]	门尼黏度保持率/%[c]	颜色
在（a）上的取代基							
叔丁基	甲基	H	H	77	170	80	黄色
叔丁基	叔丁基	H	H	63	230	87	黄色
甲基	甲基	H	H	57	200	—	—
甲基	甲基	异辛基	H	27	100	—	—
叔丁基	H	H	H	60	0	<20	浅褐色
叔丁基	叔丁基	H	H	—	—	43	褐色
叔丁基	叔丁基	H	H	—	—	<20	浅褐色
叔丁基	叔丁基	H	H	—	—	<20	浅褐色
叔丁基	甲基	甲基	H	—	—	35	黄色
在（b）上的取代基							
叔丁基	甲基	丙基	H	67	30	<20	很轻微的褐色
叔丁基	甲基	异丙基	H	60	60	—	—
叔丁基	甲基	C（R3、R4）=S		67	0	88	很轻微的褐色

注：a、b、c 同表 1.4.1-45。

1.3.1 取代酚类

取代酚类防老剂见表 1.4.1-47。

表 1.4.1-47 取代酚类防老剂

名称	化学结构	性状		
		外观	相对密度	熔点/℃
对叔丁基苯酚（PTBP）	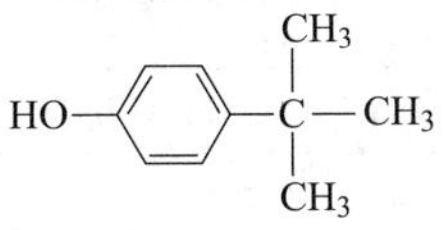 CH_3 HO—⟨苯环⟩—C—CH_3 CH_3	白色片状	0.916 （100℃时）	97 （凝固点）

续表

名称	化学结构	性状		
		外观	相对密度	熔点/℃
3-甲基-6-叔丁基苯酚（MTBP）	OH；$(H_3C)_3C$—；—CH_3	透明液体	0.960～0.966	237～245（沸点）155.5（闪点）
2，6-二叔丁基苯酚	OH；$(H_3C)_3C$—；—$C(CH_3)_3$	淡黄色结晶	0.914	37
2，4-二甲基-6-叔丁基苯酚	OH；$(CH_3)_3C$—；—CH_3；CH_3	黄橙色液体		250（沸点）
2，6-二叔丁基-4-甲基苯酚（防老剂264）	详见本节（二）			
2，4，6-三叔丁基苯酚	OH；$(CH_3)_3C$—；—$C(CH_3)_3$；$C(CH_3)_3$	黄白色结晶粉末		135
2-甲基-4，6-二壬基苯酚	OH；$H_{19}C_9$—；—CH_3；C_9H_{19}	浅褐色粉末		
2，6-二（十八烷基）-4-甲基苯酚（防老剂DOPC）	OH；$H_{37}C_{18}$—；—$C_{18}H_{37}$；CH_3	黄色黏稠液体		
2-（α-甲基环己基）-4，6-二甲基苯酚（WSL）	OH；H_3C—；CH_3；CH_3	透明无色液体	1.00	
丁基化羟基苯甲醚（BHA）	butylated hydroxyanisol	白色蜡状物		48
丁基化羟基甲苯	butylated hydroxytoluene	白色结晶	1.048	69～72

续表

名称	化学结构	性状		
		外观	相对密度	熔点/℃
2，6-二叔丁基-α-甲氧基对甲酚（防老剂 762）	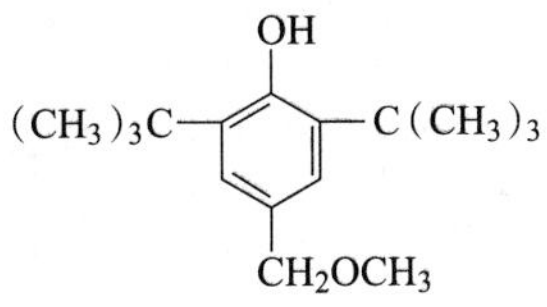 OH; $(CH_3)_3C$; $C(CH_3)_3$; CH_2OCH_3	白色粉末	1.073	101
壬烯基-2，4-二甲基苯酚（WSO）	nonylene-2，4-xylonol	白色结晶粉末	1.00	168
对苯基苯酚	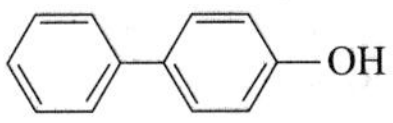 OH	白色粉末	1.20	165
苯乙烯化苯酚（防老剂 SP）	详见本节（一）			
2，6-二（α-甲基苄基）-4-甲基苯酚（PCS）	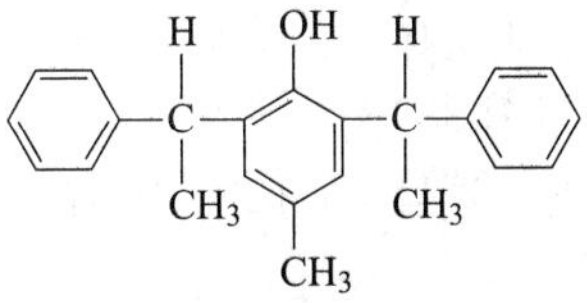 H; OH; H; C; C; CH_3; CH_3; CH_3	浅棕色油状液体		242（沸点）
三叔丁基对苯基苯酚（Zalba）	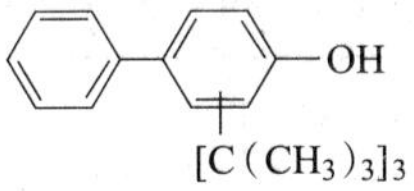 OH; $[C(CH_3)_3]_3$	白黄色粉末	1.27～1.29	
2，6-二叔丁基-4-苯基苯酚	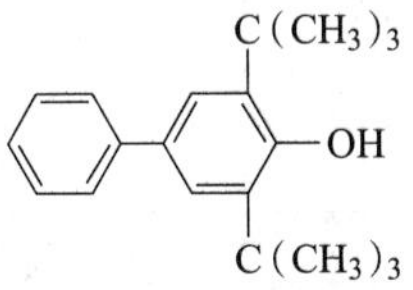 $C(CH_3)_3$; OH; $C(CH_3)_3$	白色结晶粉末	1.27	102～103
4-羟甲基-2，6-二叔丁基苯酚	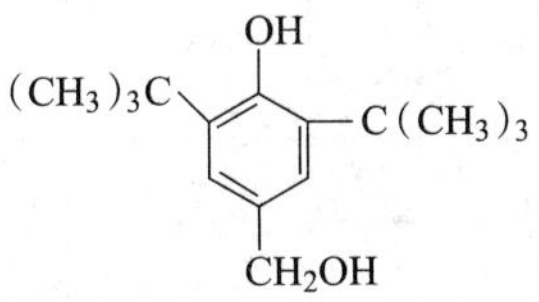 OH; $(CH_3)_3C$; $C(CH_3)_3$; CH_2OH	白色结晶粉末		140～141
2，6-二叔丁基-α-二甲氨基对甲酚（AN-3）	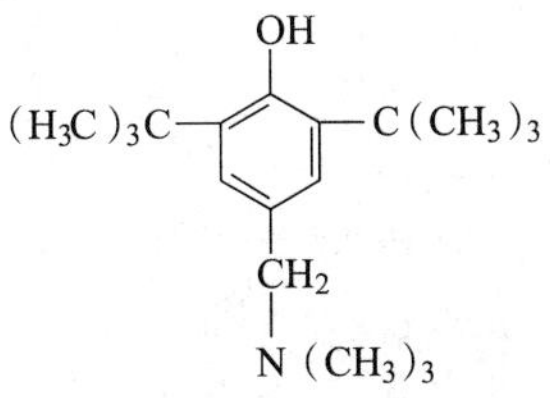 OH; $(H_3C)_3C$; $C(CH_3)_3$; CH_2; $N(CH_3)_3$	白黄色结晶粉末	0.970	94
3-（3，5-二叔丁基-4-羟基苯基）丙酸十八酯（防老剂 1076）	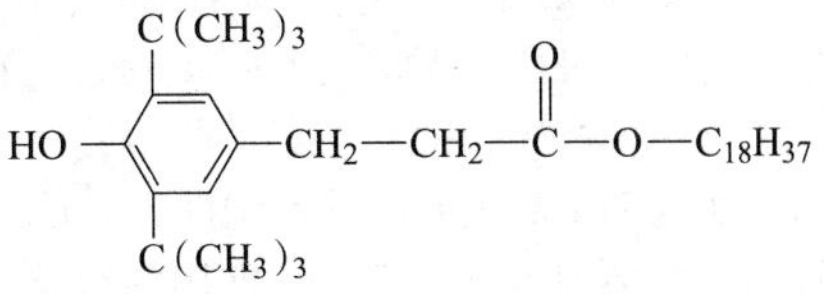 $C(CH_3)_3$; HO; $CH_2—CH_2—C(=O)—O—C_{18}H_{37}$; $C(CH_3)_3$	白色结晶粉末		49～52

续表

名称	化学结构	性状		
		外观	相对密度	熔点/℃
四[3-(3，5-二叔丁基-4-羟基苯基)丙酸]季戊四醇酯（防老剂1010）	$\left[HO-C_6H_2(C(CH_3)_3)_2-CH_2-CH_2-\overset{O}{\overset{\Vert}{C}}-O-CH_2\right]_4C$	白色粉末		120

本类防老剂防护效能弱，一般用于对耐老化要求不高的制品。通常用量为0.5～3.0份。

（一）防老剂SP，化学名称：苯乙烯化苯酚

结构式：

$$HO-C_6H_4-\left[CH(CH_3)-C_6H_5\right]_n \quad (n=1\sim3)$$

分子式：$C_{22}H_{22}O_n$（$n=2$时），淡黄色黏稠液体，相对密度：1.07～1.09 g/cm³，闪点>180℃，沸点>250℃，溶于乙醇、丙酮、脂肪烃、芳烃、二氯乙烷等有机溶剂，不溶于水，易乳化。本品为非污染不变色防老剂，防止硫化胶变色，能提高制品的耐热氧化性能，特别适用于白色、浅色、彩色橡塑制品，一般用量0.5～4.0份。在塑料工业中，为聚烯烃、聚甲醛的抗氧剂，用量一般为0.01～0.5份。

防老剂SP的供应商见表1.4.1-48。

表1.4.1-48　防老剂SP的供应商

供应商	商品名称	外观	折射率（25℃）	密度/（g·cm⁻³）（20℃）	黏度/（mPa·s）（30℃）	SP含量（≥）/%	载体类型	水分（≤）/%	灰分（≤）/%
金昌盛	防老剂SP	浅黄色透明黏稠液体	1.598 5～1.602 0	1.07～1.09	30～50				
	防老剂SP-P	白色粉末				70			
黄岩浙东	防老剂SP-C	白色至灰色颗粒或粉末				30			
天津市东方瑞创橡胶助剂有限公司	防老剂SP	微黄色透明黏稠液体	1.599 0～1.601 5	1.065～1.088		99.99	—	1.5	0.05
	防老剂SP-C	白色粉末				33.0	碳酸钙	0.8	
	防老剂SP-65					65.0	白炭黑	3.0	

（二）防老剂264（抗氧剂T501、BHT），化学名称：2，6-二叔丁基-4-甲基苯酚、二丁基羟基甲苯

结构式：

$$2,6-((CH_3)_3C)_2-4-CH_3-C_6H_2-OH$$

分子式：$C_{15}H_{24}O$，相对分子质量：220.36，CAS号：128-37-0，密度：1.048 g/cm³，熔点：70～71℃，沸点：257～265℃，闪点：126.6℃，折射率：1.4859，黏度（80℃）：3.47 mPa·s，本品微溶于苯、甲苯、丙酮、乙醇、四氯化碳、乙酸乙酯和汽油，不溶于水及稀烧碱溶液，可燃，无毒，无臭、无味，挥发性较大。纯品为白色结晶，遇光颜色变黄，并逐渐加深，影响使用效果。

本品是通用型酚类抗氧剂，是非污染防老剂中的重要品种，能抑制或延缓塑料或橡胶的氧化降解而延长使用寿命，在橡胶中易分散，可以直接混入橡胶或作为分散体加入胶乳中，是常用的橡胶防老剂，广泛用于NR、各种合成胶及其胶乳中。本品对热、氧老化有一定的防护作用，也能抑制铜害；单独使用没有抗臭氧能力，但与抗臭氧剂及蜡并用可防护气候的各种因素对硫化胶的损害；在丁苯胶中亦可作为胶凝抑制剂；本品不变色，亦不污染，可用于制造轮胎的白胎侧、胶

鞋、雨衣等白色、艳色和透明的各种橡胶及其胶乳制品，以及日用、医疗卫生、胶布、胶鞋等橡胶制品。在橡胶中一般用量 0.5～3 份，当用量增至 3～5 份时亦不会喷霜。本品还可作为合成橡胶后的处理和贮存时的稳定剂。

本品在 PE、PVC（用量 0.01%～0.1%）及聚乙烯基醚中是有效的稳定剂；在 PS 及其共聚物中有防止变色和机械强度损失的作用；在赛璐珞塑料中，对于热和光引起的纤维素酯及纤维素醚的老化有防护效能，用量 1%；在合成纤维中，本品是丙纶的热稳定剂。

本品在油品中溶解度高，不产生沉淀、不易挥发、无毒无腐蚀，有较高的抗氧化性能，能有效地改善油品的抗氧化安定性，阻止氧化酸性产物、沉淀物的形成，防止润滑油、燃料油的酸值或黏度的上升，对绝缘油、透平油、新油、再生油、劣化不严重的运行油均有效；在电器用油中亦不会影响油品介电性能；是国标 GB/T7595—2000 和 GB/T7596—2000 中的法定添加剂，用量一般为 0.3%～0.5%。

本品还可用于动植物油脂以及含动植物油脂的食品中，作为食品添加剂延迟食物的酸败；还可应用于油墨、黏合剂、皮革、铸造、印染、涂料和电子工业中；也是化妆品、医药等的稳定剂。

防老剂 264 的供应商见表 1.4.1-49。

表 1.4.1-49　防老剂 264 的供应商

供应商	规格型号	外观	含量/%	密度/(g·cm^{-3})	初熔点(≥)/℃	游离酚(≤)/%	灰分(≤)/%	加热减量(≤)/%	硫酸盐含量(≤)/%	重金属含量(≤)/(mg·kg^{-1})	砷含量(≤)/(mg·kg^{-1})
连云港宁康化工有限公司		白色晶体		1.048	69.0	0.01	0.005	0.05	0.002	5	1
天津市东方瑞创橡胶助剂有限公司	工业级	白色结晶	99.0	1.048	69.0～70.5	0.012	0.01	0.5	0.002	—	—
	食品级		99.9				0.01	0.5	0.002	0.0004	0.0001

国外牌号有洋樱（德国）、拜耳（德国）等。

1.3.2　硫代双取代酚

硫代双取代酚类防老剂见表 1.4.1-50。

表 1.4.1-50　硫代双取代酚类防老剂

名称	化学结构	性状		
		外观	相对密度	熔点/℃
2，2′-硫代双（4-甲基-6-叔丁基苯酚）（防老剂 2246-S）	详见本节（一）			
4，4′-硫代双（3-甲基-6-叔丁基苯酚）（抗氧剂 300R、BTH）	详见本节（二）			
2，2′-硫代双（4-特辛基苯酚）（抗氧剂 2244S）	详见本节（三）			
硫代双（3，5-二叔丁基-4-羟基苄）（防老剂亚甲基-4426-S）	thio bis（3，5-di-*tert*-butyl-4-benzyl phenol） $(H_3C)_3C$　$C(CH_3)_3$ HO—⟨苯环⟩—CH_2—S—CH_2—⟨苯环⟩—OH $(H_3C)_3C$　$C(CH_3)_3$	白色结晶粉末		143
4，4′-硫代双（2-甲基-6-叔丁基苯酚）（防老剂 736）	4，4′-thio bis（2-methyl-6-*tert*-butyl phenol） CH_3　CH_3 HO—⟨苯环⟩—S—⟨苯环⟩—OH $C(CH_3)_3$　$C(CH_3)_3$	白黄色结晶粉末	1.084	124

续表

名称	化学结构	性状		
		外观	相对密度	熔点/℃
硫代双（二仲戊基苯酚）(L)	thio-bis (di-*sec*-amyl phenol)	浅黑色黏稠液体	0.96～1.02	
2，2′-硫代双［4-甲基-6(α-甲基苄基）苯酚］	2，2′-thio bis［4-methyl-6-(α-methyl benzyl) phenol］	浅红色结晶粉末		99～114
3，3′-硫代双（2，6-二叔丁基-4-丙酸乙酯）(GIA 08-288)	3，3′-thio bis (2，6-di-*tert*-butyl-4-ethyl propionate)	白色结晶粉末		67
1，1′-硫代双（2-萘酚）(CAO-30)	1，1′-thio bis (2-naphthol)	白色结晶粉末		215
二邻甲酚-硫化物（CM）	di-α-cresol monosulfide			
二烷基苯酚硫化物（E）	dialkyl phenolic sulfide			
苯酚硫化物（CC）	phenolic sulfide			

硫代双取代酚类防老剂防护效能较取代酚及多元酚类防老剂高，属于非污染型防老剂，但是在丁基橡胶中如用量较大且曝晒则颜色略变深。

一般用量1.0～2.0份。

（一）防老剂2246-S（抗氧剂LK-1081），化学名称：2，2′-硫代双（4-甲基-6-叔丁基苯酚）

结构式：

分子式：$C_{22}H_{30}O_2S$，相对分子质量：358.5，CAS号：90-66-4，白色或米色结晶粉末，熔点79～84℃，无味，溶于常用有机溶剂，不溶于水。

防老剂2246-S属于硫代双酚类主抗氧剂，是一种受阻酚类抗氧剂，防护效果较防老剂264、防老剂2246好。本品对抗热氧老化、疲劳老化有良好效果，亦有抗臭氧作用，可破坏氢过氧化物，具有自协同效应，是一种多用途、无污染、不着色性抗氧剂，可单独使用或与硫醚协同并用。本品是BR、SBR、CR、NBR等合成橡胶和PE、PB、PS、ABS树脂等塑料的通用抗氧剂；也是EPM、EPDM、交联PE的加工和长效热稳定剂。本品与炭黑、烷基酚或亚磷酸酯类并用有协同效果。

防老剂2246-S的供应商见表1.4.1-51。

表 1.4.1－51　防老剂 2246－S 的供应商

供应商	外观	熔点（≥）/℃	密度/（$g \cdot cm^{-3}$）	加热减量（≤）/%	灰分（≤）/%	说明
北京化工三厂	深绿色粉末	85.0	1.26	0.50	20	

（二）防老剂 BPS（WX、BTH、抗氧剂 300R、抗氧剂 300），化学名称：4，4′-硫代双（3－甲基-6－叔丁基苯酚），硫双（3－甲基- 6－叔丁基苯酚），4，4′-硫代双（6－特丁基间甲酚），4，4′-硫双（2－叔丁基-5－甲基苯酚）

结构式：

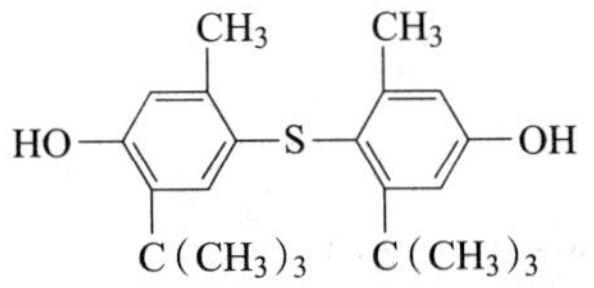

相对分子质量：358.55，相对密度：1.06～1.12，熔点：161～164℃，白色或灰白色粉末，毒性低。

本品主要用作 NR、二烯类合成橡胶及聚烯烃的防老剂。不着色、不污染，对硫化基本无影响。耐热、耐候性优良，常用于一般制品及胶乳，特别适用于白色、艳色及透明制品。将本品加入到 PE 及 PB 中，可防止树脂在混炼、挤出及注射成型等工序中发生老化，并能改进制品耐候性。

防老剂 BPS 的供应商见表 1.4.1－52。

表 1.4.1－52　防老剂 BPS 的供应商

供应商	外观	熔点（≥）/℃	密度/（$g \cdot cm^{-3}$）	加热减量（≤）/%	灰分（≤）/%	说明
广州合成材料研究院有限公司	灰白色粉末	85.0	1.26	0.50	20	
三门峡市邦威化工有限公司	类白色粉末	160～165		0.5		

本品国外类似产品牌号有：Santonox BM，Santowhite crystals 等。

（三）防老剂 2244S，化学名称：2，2′-硫代双（4－特辛基苯酚），2，2′-硫代双［4－（1，1，3，3－四甲基丁基）苯酚］

分子式：$C_{28}H_{42}O_2S$，分子量：442.70，CAS 号：3294－03－9，类白色粉末。

结构式：

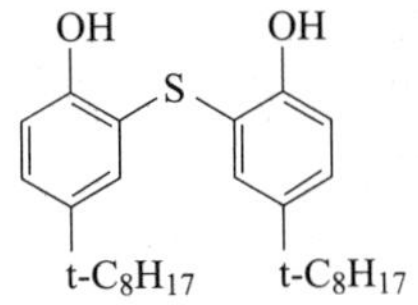

防老剂 2244S 的供应商见表 1.4.1－53。

表 1.4.1－53　防老剂 2244S 的供应商

供应商	外观	熔点（≥）/℃	密度/（$g \cdot cm^{-3}$）	加热减量（≤）/%	灰分（≤）/%	说明
三门峡市邦威化工有限公司	类白色粉末	133～136		0.5		

1.3.3　亚烷基取代酚及多取代酚

亚烷基取代酚类及多取代酚类防老剂见表 1.4.1－54。

表 1.4.1－54　亚烷基取代酚类及多取代酚类防老剂

名称	化学结构	性状		
		外观	相对密度	熔点/℃
4，4′－二羟基联苯（防老剂 DOD）	4，4′—dihydroxy diphenyl 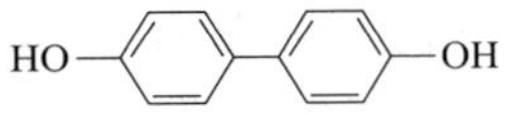	灰色粉末	1.37	260

续表

名称	化学结构	性状		
		外观	相对密度	熔点/℃
4，4'-双（2，6-二叔丁基苯酚）(EA712)	4，4'-bis（2，6-di-tertbutyl phenol） $C(CH_3)_3$ $C(CH_3)_3$ HO— —OH $C(CH_3)_3$ $C(CH_3)_3$	淡黄色结晶粉末	1.029	186
2，2'-亚甲基双（4，6-二甲基苯酚）(BMP)	2，2'-methylene bis（4，6-dimethyl phenol） CH_3 OH HO CH_3— —CH_2— CH_3 CH_3	白色结晶粉末	1.1	127
2，2'-亚甲基双（4-甲基-6-叔丁基苯酚）（防老剂2246）	详见本节（一）			
2，2'-亚甲基双（4，6-二叔丁基苯酚）聚合物（防老剂2246A）	详见本节（二）			
2，2'-亚甲基双（4-乙基-6-叔丁基苯酚）（防老剂425）	2，2'-methylene bis（4-ethyl-6-*tert*-butyl phenol） OH OH $(H_3C)_3C$— —CH_2— —$C(CH_3)_3$ C_2H_5 C_2H_5	白黄色粉末	1.10	125
4，4'-亚甲基双（6-叔丁基邻甲苯酚）(EA720)	4，4'-methylene bis（6-*tert*-butyl-*o*-cresol） $C(CH_3)_3$ $C(CH_3)_3$ HO— —CH_2— —OH CH_3 CH_3	白黄色结晶粉末	1.087	102
4，4'-亚甲基双（2，6-二叔丁基苯酚）(AN-2)	4，4'-methylene bis（2，6-di-*tert*-butyl phenol） $C(CH_3)_3$ $C(CH_3)_3$ HO— —CH_2— —OH $C(CH_3)_3$ $C(CH_3)_3$	淡黄色结晶粉末	0.990	154
2，2'-亚甲基双（4-甲基-6-壬基苯酚）(NX-101)	2，2'-methylene bis（4-methyl-6-nonyl phenol） $H_{19}C_9$ OH HO C_9H_{19} —CH_2— CH_3 CH_3	琥珀色黏稠液体	0.96	126（沸点）
2，2'-亚甲基双（4-甲基-6-环己基苯酚）(ZKF)	2，2'-methylene bis（4-methyl-6—cyclohexyl phenol） OH OH —CH_2— CH_3 CH_3	白色结晶粉末	1.08	118

续表

名称	化学结构	性状		
		外观	相对密度	熔点/℃
2，2′-亚甲基双［4-甲基-6-(α-甲基环己基）苯酚］（防老剂WSP）	2，2′-methylene bis［4-methyl-6-（α-methly cyclohexyl）phenol］ 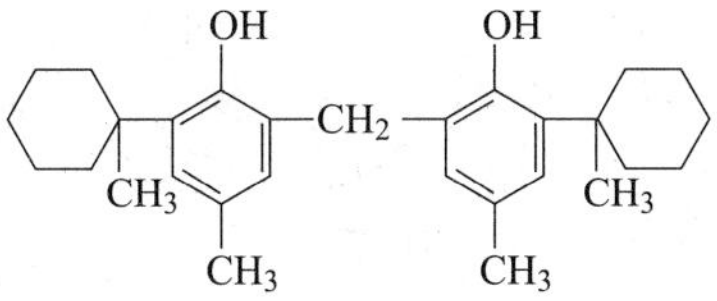	白色结晶粉末	1.17	130
1，1′-亚甲基双（2-萘酚）（防老剂112）	1，1′-methylene bis（2-naphthol） 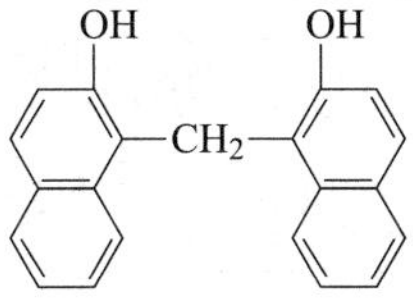	白色结晶粉末		198
二羟苯基丙烷（双酚A）	dihydroxyphenyl propane 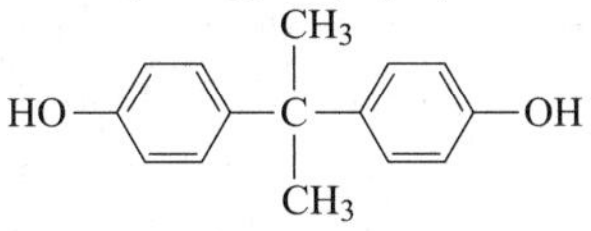	无色结晶粉末		156～157
2，2′-双（3-甲基-4-羟基苯基）丙烷（双酚C）	2，2′-bis（3-methyl-4-hydroxyphenyl）propane 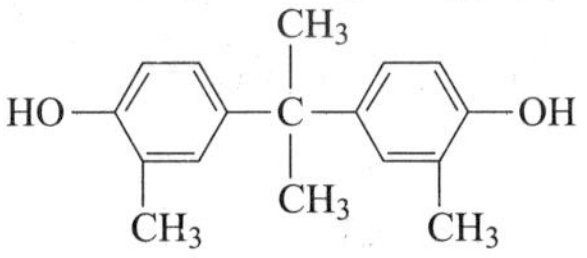			
2-甲基-3，3-双（3，5-二甲基-2-羟基苯基）丙烷（NKF）	2-methyl-3，3-bis（3，5-dimethyl-2hydroxyphenyl）propene 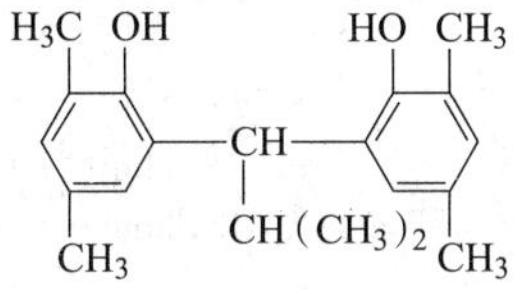	白色结晶粉末	1.2	162
4，4′-亚丁基双（3-甲基-6-叔丁基苯酚）（W-300）	4，4′-butylidene-bis（3-methyl-6-*tert*-butyl phenol） 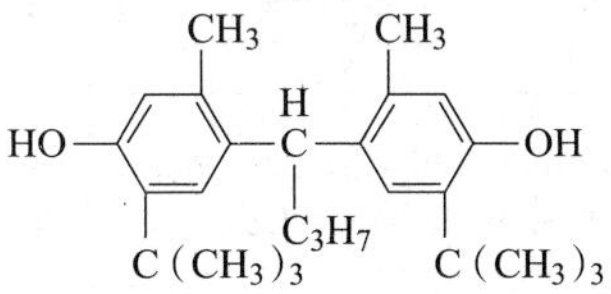	白色粉末	1.08～1.09	208～212
双（4-羟基苯基）环己烷（W）	bis（4-hydroxy phenyl）cyclohexane 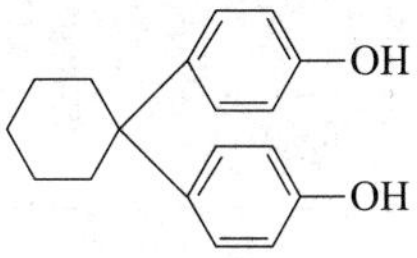	白色粉末	1.23～1.27	175

续表

名称	化学结构	性状		
		外观	相对密度	熔点/℃
1，1，3-三（2-甲基-4-羟基-5-叔丁基苯基）丁烷（CA）	1，1，3-tris（2-mcthyl-4-hydroxy-5-*tert*-butyl phenol）butane 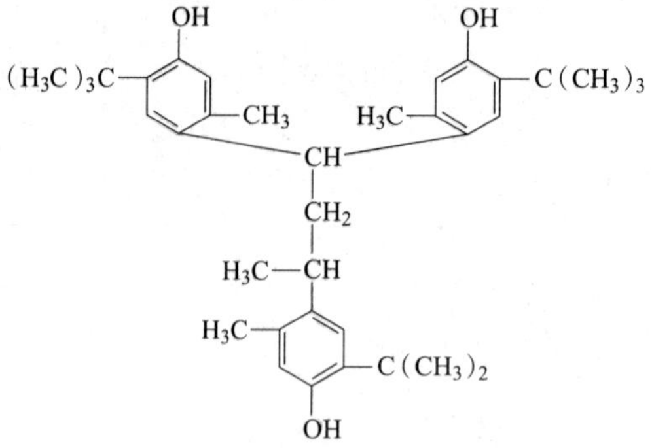	白色结晶粉末	0.5	185～188
1，3，5-三甲基-2，4，6-三（3，5-二叔丁基-4-羟基苄基）苯（抗氧剂 1330）	详见本节（三）			
三（3，5-二叔丁基-4-羟基苯基）异氰尿酸酯（抗氧剂 3114）	tri（3，5-di-*tert*-butyl-4-hydroxy benzyl）isoeyanurate 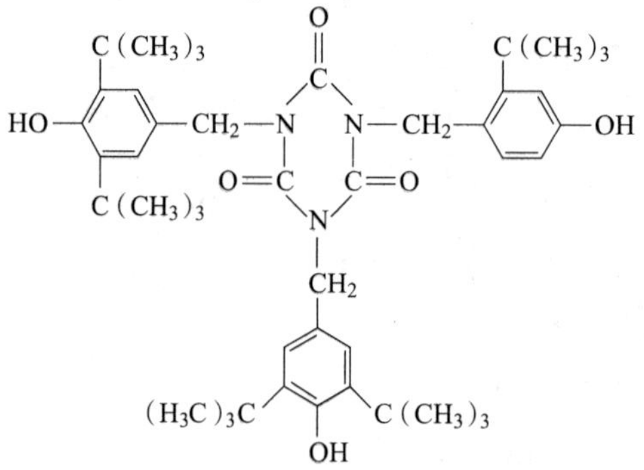	白色粉末	1.03	221
N，N′-双（3，5-二叔丁基-4-羟基苄基）甲胺	N，N-bis（3，5-di-*tert*-butyl-4-hydroxybenzyl）methylamine 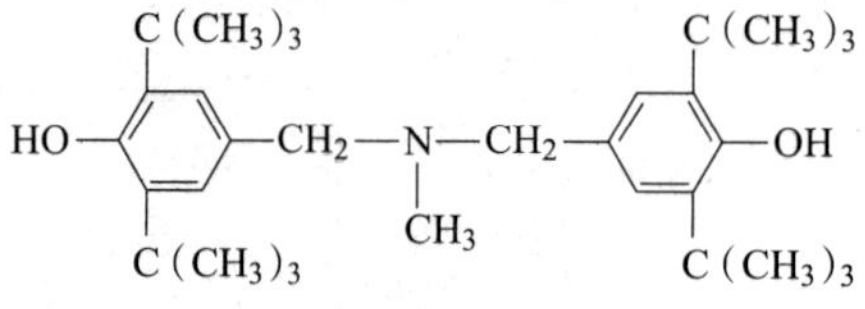	白色结晶粉末		176～178
烷基苯酚与六亚甲基四胺的反应产物（BC-1）	reaction product of alky lated phenol and bexamethylene tetramine 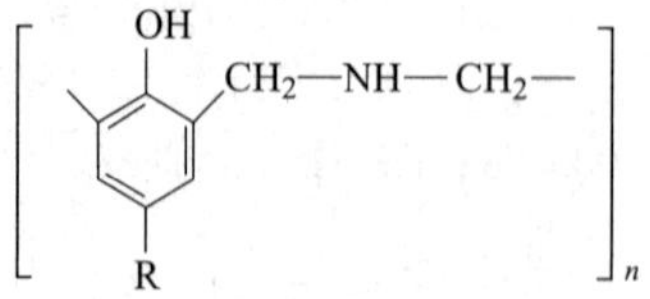 R烷基	黄褐色液体		
多丁基双酚 A 混合物	polybutylated bis phenol A blend	琥珀色液体	0.945～0.965	
一烷基化双酚的混合物（防老剂 651）	monoalkylated bis phenol blend	白色黏稠物		

亚烷基取代酚类及多取代酚类防老剂属于非污染型防老剂，但不变色性不及取代酚类防老剂；具有优良的抗氧性能，防护效能介于取代酚和胺类防老剂之间，有的甚至不低于苯基萘胺类防老剂；抗屈挠龟裂性能较差；热水蒸煮制品时会被抽出，丧失防护效能。

一般用量为 0.5～2.0 份，通常用量为 0.75～1.5 份。

（一）防老剂 2246（BKF、抗氧剂 2246），化学名为 2，2′-亚甲基双（4-甲基-6-叔丁基苯酚）

结构式：

$$(H_3C)_3C-C_6H_2(OH)(CH_3)-CH_2-C_6H_2(OH)(CH_3)-C(CH_3)_3$$

化学式：$C_{23}H_{32}O_2$，相对分子质量：340.5，CAS 号：119-47-1，白色或乳白色结晶粉末，熔点：125～133℃，密度：1.04～1.09 g/cm^3，稍有酚味，无毒。本品在橡胶中溶解度高于 2%，在有机溶剂（如甲醇、乙醇、苯、丙酮、乙酸乙酯、氯仿）中溶解优良。由于其受阻酚结构而使化学性质惰性，贮存稳定性好，长期放置呈微红色，但不影响其在油品、橡胶、塑料使用中的抗氧防老性能。

本品属于受阻酚类抗氧剂，是酚类抗氧剂中较优良的品种之一，对几乎所有聚合物的热降解均有良好的稳定作用，对热、氧、金属离子老化有特好的防护效能，对防护疲劳和日光老化也有效，其防护效能稍次于胺类防老剂。防老剂 2246 提高了分子量，挥发性极低，不喷霜，对制品无污染、不着色，对热氧、天候老化、屈挠老化及对变价金属的防护作用优良，尤其是对日光下的橡胶制品老化起了最大的防护效能，适用于白色或艳色橡胶制品。在塑料工业中，对氯化聚醚、耐冲击 PS、ABS 树脂、聚甲醚、纤维树脂的热老化和光老化有防护作用。美国、日本等国许可本品用于食品包装材料。日本的最高允许用量为：聚乙烯和聚丙烯 0.1%、聚苯乙烯 0.4%、AS 树脂 0.6%、ABS 树脂 2%、聚氯乙烯 2%。美国 FDA 规定本品用于聚烯烃用量不得超过 0.1%，制品不得接触表面含有油脂的食品。

本品的抗氧防老化性能优越，与同系列产品抗氧剂 264（BHT、T501）相比，通过对比试验得出，在原使用抗氧剂 264（BHT、T501）的配方中，只需使用抗氧剂 264（BHT、T501）三分之一量的抗氧剂 2246，即可达到甚至超过原使用抗氧剂 264（BHT、T501）的效果。若能与紫外线吸收剂 UV-326 并用，将与其发挥优越的协同效应。本品也可作为石油产品的抗氧添加剂，油溶性好，不易挥发损失。

本品应用于聚丙烯、聚乙烯、聚苯乙烯、聚氯乙烯、氯化聚醚、聚甲醛、聚酰胺等行业中，通常用量为 0.1%～1.0%；在聚丙烯造粒时若与抗氧剂 DLTP 并用，用量为 0.075%；在 ABS 塑料中用量为 0.12%～3%；在橡塑制品中，用量为 3%～5%。

防老剂 2246 的供应商见表 1.4.1-55。

表 1.4.1-55　防老剂 2246 的供应商

供应商	外观	含量/%	初熔点(≥)/℃	密度/(g·cm^{-3})	加热减量(≤)/%	灰分(≤)/%	筛余物（100 目）(≤)/%
山东迪科化学科技有限公司	深绿色粉末		85.0	1.26	0.50	20	
天津市东方瑞创橡胶助剂有限公司	白色结晶粉末	99.0	124.0		0.50	0.10	0.20

（二）防老剂 2246A（抗氧剂 2246A），化学名称：2，2′-亚甲基双（4，6-二叔丁基苯酚）聚合物

本品为白色粉末，无味无毒，不溶于水。抗氧剂 2246A 为性能卓越的酚类高效非污染型抗氧剂，在橡胶工业中，抗氧剂 2246A 是合成橡胶和天然胶的理想抗氧剂。加入抗氧剂 2246A 的橡胶制品可抗热氧老化，防止光照臭氧老化和多次变形的破坏，并能钝化可变价金属的盐类。常用于浅色和有色橡胶制品。

防老剂 2246 的供应商见表 1.4.1-56。

表 1.4.1-56　防老剂 2246 的供应商

供应商	外观	熔点（≥）/℃	密度/(g·cm^{-3})	加热减量（≤）/%	灰分（≤）/%	说明
三门峡市邦威化工有限公司	白色粉末			1.0	27	

（三）抗氧剂 1330（KY-1330），化学名称：1，3，5-三甲基-2，4，6-三（3，5-二叔丁基-4-羟基苄基）苯

结构式：

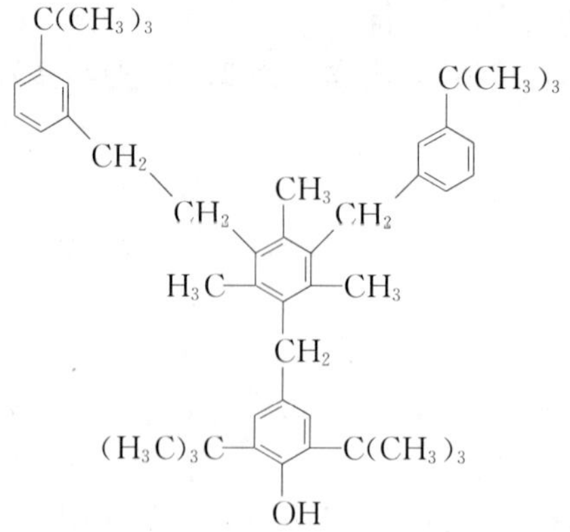

分子式：$C_{54}H_{78}O_3$，分子量：775.2，CAS号：1709－70－2，白色或淡黄色结晶粉末，熔点：240～245℃，透光率：425 nm≥96%、500 nm≥98%。

本品为一种高分子量的受阻酚抗氧剂，具有低挥发、耐萃取、不着色、抗氧效率高、电绝缘性及与聚合物树脂相容性好等优点，特别是与亚磷酸酯、硫代酯类、苯并呋喃酮、碳自由基捕获剂等辅助抗氧剂配合具有良好的协同效果。适用于聚烯烃、PET/PBT、PA、PU、苯乙烯类树脂、天然橡胶等弹性体材料，特别适用于高温加工的工程塑料等制品。聚烯烃树脂≥0.3%；热熔黏合剂≥0.4%；合成增黏树脂≥0.2%，具体加入量根据制品使用要求并通过试验及测试确定。

抗氧剂1330（KY－1330）的供应商有山西省化工研究院等。

1.3.4　多元酚

多元酚类防老剂见表1.4.1－57。

表1.4.1－57　多元酚类防老剂

名称	化学结构	性状		
		外观	相对密度	熔点/℃
2，5－二叔丁基对苯二酚（DBH）	2，5－di－*tert*－butyl hydroquinone 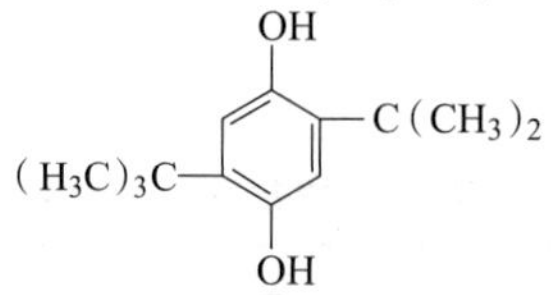	灰白色结晶粉末	1.09	200
2，5－二叔戊基对苯二酚（防老剂DAH）	2，5－di－*tert*－amyl hydroquinmone 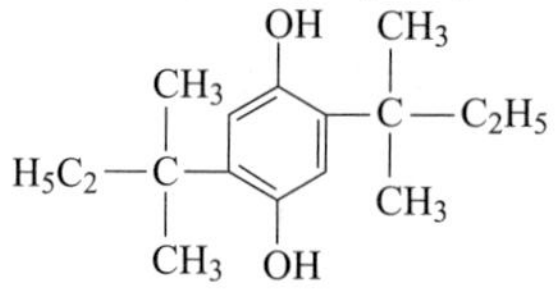	灰白色粉末	1.02～1.08	172
对苯二酚-甲基醚（HMM）	hydroquinone mono methyl ether（*p*－Methoxy phenol） 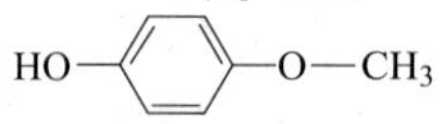	白色结晶		54
2－叔丁基－4－羟基苯甲醚与3－叔丁基－4－羟基苯甲醚的混合物（防老剂BHA）	aminture of 2，and 3－*tert*－butyl－4－hydroxyanisole 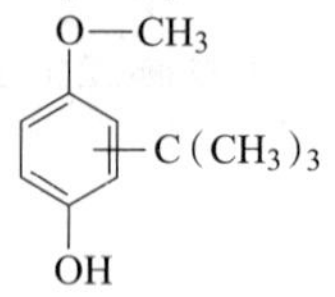	白红棕色蜡状片		48（凝固点）
对二甲氧基苯	p－dimethyoxy benzene 	浅褐色片状		58（凝固点）
邻苯二酚	catechol 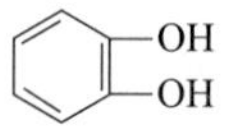	白色片状		103.5

续表

名称	化学结构	性状		
		外观	相对密度	熔点/℃
对苯二酚-苄醚（防老剂 MBH）	hydroquinone mono benzylether 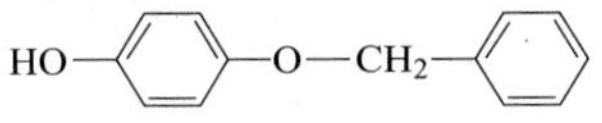 HO—⟨苯环⟩—O—CH_2—⟨苯环⟩	浅褐色粉末	1.23～1.29	108～115
对苯二酚二苄醚（防老剂 DBH）	详见本节（一）			
3，4，5-三羟基苯甲酸丙酯（PG）	propyl gallate 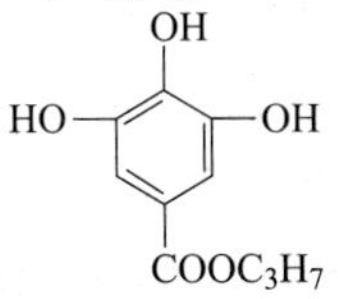 3,4,5-(OH)$_3$—苯环—$COOC_3H_7$	白色或乳白色结晶粉末，分子式：$C_{10}H_{12}O_5$，CAS 号：121-79-9，分子量：212.20，熔点：146～150℃，食品用抗氧剂没食子酸丙酯，详见 GB 3263-2008		

多元酚类防老剂属非污染型防老剂，但其不变色能力不及取代酚；对热氧老化有效，抗氧防护效能高于取代酚；也能抑制金属离子的作用。这类物质通常仅在未硫化橡胶中具有防护活性，而在硫黄硫化的橡胶中没有防护效能，主要用于保持未硫化橡胶薄膜及黏合剂的黏性。

一般用量为 0.5～1.0 份。

（一）防老剂 DBH，化学名称：1，4-二苄氧基苯、对苯二酚二苄醚、对二苄氧基苯、二苯甲氧基苯、氢醌二苄醚

结构式：

⟨苯环⟩—CH_2—O—⟨苯环⟩—O—CH_2—⟨苯环⟩

分子式：$C_{20}H_{18}O_2$，相对分子质量：290.36，CAS 号：621-91-0，白色至土白色粉末；难溶于乙醇、汽油和水，溶于丙酮、苯及氯苯；熔点：125～130℃，纯度：≥98.0%。

本品主要用作中等程度的防老剂，主要用于制造海绵橡胶制品。

防老剂 DBH 的供应商有：郑州四季化工产品有限公司等。

（二）抗氧剂 CPL，化学组成：聚合型受阻酚化合物

酚类防老剂中较优良的品种之一，属于多酚类，CAS 号：68610-51-5。适用于 NR、IR、BR、SBR、NBR、CR 以及乳胶行业和塑料行业。本品分子量大，不易挥发，在橡胶中不喷霜、不污染，保护效力持久；含本品的浅色橡胶制品即使长时间光照，颜色也基本保持不变。本品通过 FDA 认证，可用于人体长时间接触及食品级橡胶制品。

抗氧剂 CPL 的供应商见表 1.4.1-58。

表 1.4.1-58　抗氧剂 CPL 的供应商

供应商	商品名称	产地	外观	分子量	密度/(g·cm^{-3})	灰分/%	说明
金昌盛	抗氧剂 CPL	美国 chemtura	乳白色粉末	600～700	1.04	≤0.5	用量 0.5～1.5 份

（三）防老剂 WL，化学组成：苯酚共聚物

外观：白色粉状，比重（20℃）：1.2，无污染性，无变色性，在低温干燥处至少可贮存一年。

本品为一种具有极佳热安定性，挥发性甚低，无污染性的防老剂，有抗氧化、耐臭氧、耐热及耐屈挠龟裂的功能，分散性良好，对硫化特性无影响，可应用于 NR、SBR、BR、IR、CR、NBR、IIR 等胶料中，适用于耐高温制品，如鞋类、球类、色胎及轮胎胎侧等。

用量 1～3 份。

防老剂 WL 的供应商有元庆国际贸易有限公司代理的台湾 EVERPOWER 公司等。

1.4　杂环及其他防老剂

杂环及其他防老剂见表 1.4.1-59。

表 1.4.1-59　杂环及其他防老剂

名称	化学结构	性状		
		外观	相对密度	熔点/℃
2-硫醇基苯并咪唑（防老剂 MB）	详见本节 1.4.1			
2-硫醇基苯并咪唑锌盐（防老剂 MBZ）	详见本节 1.4.3			
2-萘硫酚	2-thionaphthol (萘环)—SH	淡黄色粉末		76
*二乙基二硫代氨基甲酸镍（NEC）	nickel diethyl dithiocarbamate $(H_5C_2)_2N-C(=S)-S-Ni-S-C(=S)-N(C_2H_5)_2$	绿色粉末		230
*二叔丁基二硫代氨基甲酸镍（防老剂 NBC）	详见本节 1.4.5			
1，5-亚戊基二硫代氨基甲酸镍（Ni. P. D.）	nickel pentamethylene dithiocarbamate $H_2C(CH_2CH_2)_2N-C(=S)-S-Ni-S-C(=S)-N(CH_2CH_2)_2CH_2$	淡绿色粉末	1.42	
*异丙基黄原酸镍（NPX）	nickel isopropyl xanthate $(H_3C)_2CHO-C(=S)-S-Ni-S-C(=S)-OHC(CH_3)_2$	黄绿色粉末		110
*三丁基硫脲（TBTU）	tri-butyl thiourea $(H_9C_4)_2N-C(=S)-NH-C_4H_9$	琥珀色液体	0.938	
亚磷酸三苯酯（TPP）	triphenyl phosphite $[C_6H_5-O]_3P$	透明油状或结晶		25
三（壬基苯基）亚磷酸酯（防老剂 TNP）	详见本节 1.4.7			
α-甲基苄基苯基亚磷酸酯混合物	mixture of α-methyl benzylated phenyl phosphite $[(C_6H_4-O-)(HC[C_6H_4-CH_3])_{1\sim3}]_3P$	黄色黏稠液体		-5（凝固点）
3，5-二叔丁基-4-羟基苄基磷酸二乙酯（抗氧剂 1222）	diethyl 3，5-di-*tert*-butyl-4-hydroxy benzyl phosphonate $HO-C_6H_2(C(CH_3)_3)_2-CH_2-P(=O)(OC_2H_5)-OC_2H_5$	白黄色粉末		117～119

续表

名称	化学结构	性状		
		外观	相对密度	熔点/℃
双（对壬基苯酚）苯酚亚磷酸酯（T-215）	bis (p-nonylated phenol) phenol phosphite 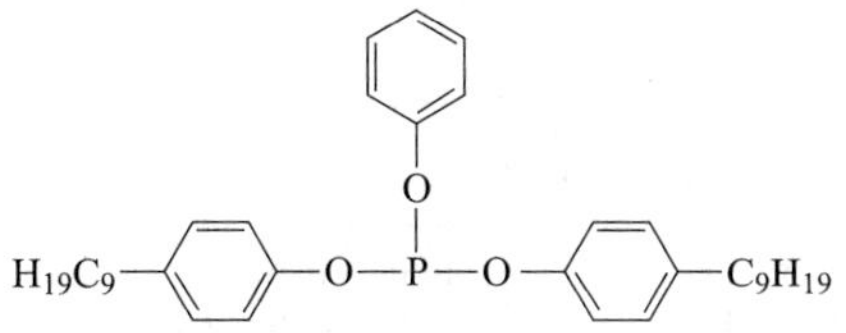	透明液体	1.025	-5（凝固点）
单水杨酸甘油酯	glyceryl salicylate 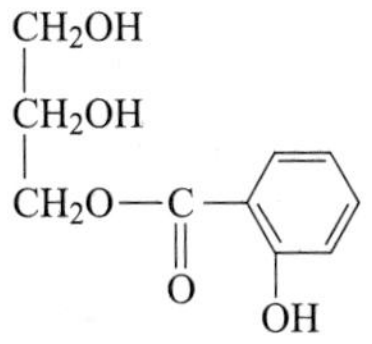	透明黏稠液体	1.28	
硫代二丙酸二月桂酯（防老剂 DLTP、DLTDP）	详见下节 1.5.7			
硫代二丙酸双十八醇（抗剂 DSTP、DSDTP）	详见下节 1.5.9			
2-（4-羟基-3，5-叔丁基苯胺）-4，6-双（正辛硫）-1，3，5-三嗪（565）	2-(4-hydroxy-3, 5-di-tert-butyl aniline)-4, 6-bis (n-octyl thio)-1, 3, 5-triazine 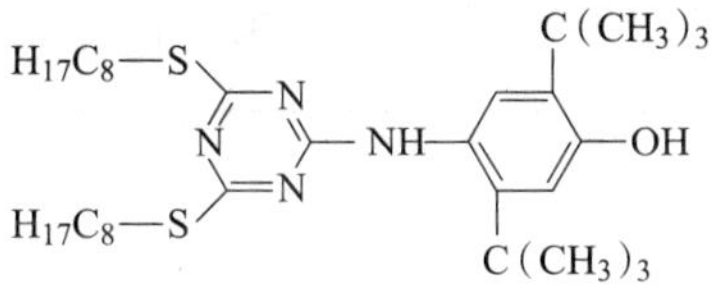	白色粉末		94～97
4，6-双（4-羟基-3，5-二叔丁基苯氧基）-2-正辛硫基-1，3，5-三嗪（858）	4, 6-bis (4-hydroxy-3, 5-di-tert-butyl phenoxy)-2-n-octylthio-1, 3, 5-triazine 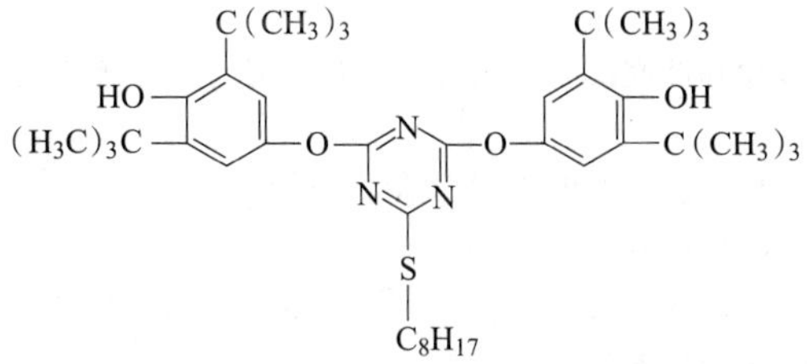	白色粉末		135～140
聚碳化二亚胺（防老剂 PCD）	polycarbodiimide [HN=C=NH]	棕色粉末	1.05	70～80（软化点）
碳化二亚胺（防老剂 CD）	carbodiimide HN=C=NH	黄褐色结晶	0.95	40
二苯胺与二异丁烯反应产物	reaction product of diphenylamine and diisobutylene	浅褐色蜡状颗粒	0.99	75～85
苯乙酮肟	acetophenone oxime 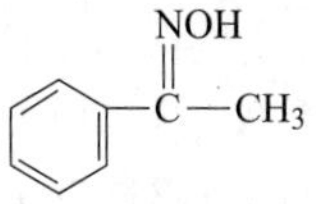	无色结晶		60～61
* 乙醛肟	acetaldehyde oxime $CH_3CH=NOH$	无色液体		115～116（沸点）
* 丁醛肟	butyraldehyde oxime $H_2C_3CH=NOH$	无色液体		149～150（沸点）
* 丙酮肟	acetone oxime $(CH_3)_2C=NOH$	白色结晶		61

续表

名称	化学结构	性状		
		外观	相对密度	熔点/℃
＊甲基异丁基酮肟	methyl isobutyl ketoxime 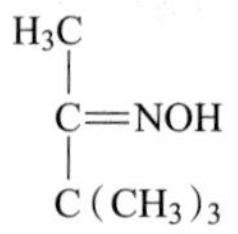 $H_3C-C(=NOH)-C(CH_3)_3$	无色液体		178～179 （沸点）
＊5-甲基-3-庚酮肟	5-methyl-3-heptanone oxime 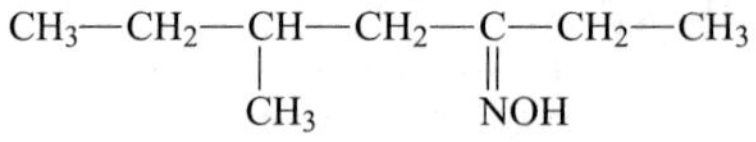 $CH_3-CH_2-CH(CH_3)-CH_2-C(=NOH)-CH_2-CH_3$	无色液体		95～97 （沸点）
＊5-甲基-2-己酮肟	5-methyl-2-hexanone oxime 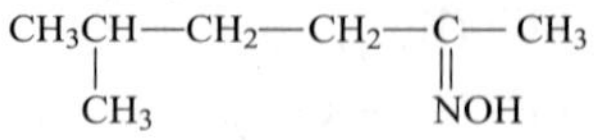 $CH_3CH(CH_3)-CH_2-CH_2-C(=NOH)-CH_3$	无色液体		196～198 （沸点）
对亚硝基二苯胺（NDPA）	p-nitroso-diphenylamine 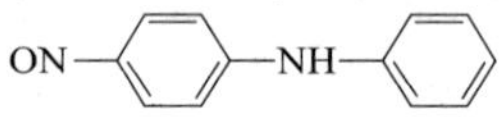 $ON-C_6H_4-NH-C_6H_5$			
N，N′-二乙基对亚硝基苯胺（DENA）	N，N′-diethyl-p-nitroso-phenylamine 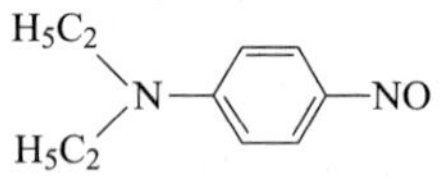 $(H_5C_2)_2N-C_6H_4-NO$			
聚羟基对苯二甲酸锌（防老剂998）	详见本节 1.4.9			

注：＊ 防老剂具有抗臭氧作用；于清溪，吕百龄．橡胶原材料手册．

杂环类防老剂中主要品种是苯并咪唑型、二硫代氨基甲酸盐类、亚磷酸酯类和脂类防老剂等，最重要的是防老剂MB及其锌盐MBZ。防老剂MB主要用于防止热氧老化，也能有效地防止铜害，不具有污染性，常用于浅色、彩色及透明的橡胶制品，泡沫胶乳制品等。其锌盐MBZ也是一种防老剂，与MB有相似的防护效果。

苯并咪唑类防老剂是不污染、不变色，抗氧、耐热性能优良的防老剂，在天然橡胶、合成橡胶和胶乳中防护效能中等。

金属镍的二硫代氨基甲酸盐和黄原酸盐除能起抗氧作用外，还有一定的抗臭氧效能，特别是防老剂NBC，是丁腈橡胶的特效抗臭氧剂。

亚磷酸酯类防老剂有良好的抗氧、耐热效能，主要用作丁苯橡胶的稳定剂。

脂类防老剂与酚类防老剂并用有良好的协同效应。

NDPA和DENA是反应性防老剂，加入胶料后能与橡胶分子产生化学结合，成为橡胶网络结构的一部分，不会被水或溶剂抽出，也不会因高温挥发，故能在制品中长期起防护作用。

1.4.1　防老剂MB（MBI），化学名称：2-巯基苯并咪唑、2-硫醇基苯并咪唑

结构式：

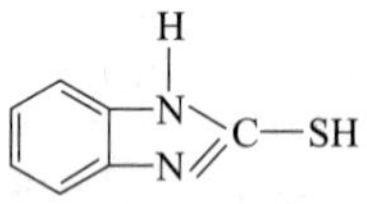

$$C_6H_4<(NH)(N)>C-SH$$

分子式：$C_7H_6N_2S$，相对分子质量：105.19，CAS号：583-39-1，相对密度：1.40～1.44，熔点：285℃，以邻苯二胺、二硫化碳等为主要原料制得，溶于乙醇、丙酮和乙酸乙酯，难溶于石油醚，不溶于四氯化碳、苯及水。本品为白色粉末，无毒，无臭，但有苦味，在橡胶中易分散，是贮存安定性良好、不污染的第二防老剂。

本品用作天然橡胶、二烯烃类合成橡胶及胶乳的抗氧剂，也可用于聚乙烯等塑料。对氧、天候老化及静态老化等具有防护效能，也能较有效地防护铜害和克服制品硫化时过硫所致的性能下降；本品可单独使用，也可与其他防老剂（如DNP、AP及其他非污染性防老剂）并用，可获得明显的协同效果；特别适合于含有超速促进剂的胶料以及不含有硫黄但含有TMTD的耐热胶料，不含硫黄但含较多TMTD的胶料会被MBI活化；MBI并用促进剂CBS或MBT或者秋兰姆类，二硫代氨基甲酸盐类促进剂时起防焦剂的作用，提高胶料的加工安全性和储存稳定性。本品在橡胶中易分散，在阳光下不变色，略有污染性，常用于电线、电缆、透明浅色制品，也用作聚乙烯、聚丙烯的热稳定剂。单独使用时用量一般为0.6～1.5份，改善耐热时用量1.5～2份，当用量超过2份时，会产生喷霜现象；在乳胶发泡制品中的用量为0.5份。

拟定中的行业标准《橡胶防老剂　2-巯基苯并咪唑（MBI）》（HG/T 5262—2017）提出的防老剂MBI的技术要求见表1.4.1-60。

表 1.4.1-60　防老剂 MB 的技术要求

项目		指标
外观		白色粉末
加热减量（100℃±2℃）（≤）/%		0.30
灰分（800℃±25℃）（≤）/%		0.30
筛余物	（150 μm）（≤）/%	0.10
	（63 μm）（≤）/%	0.50
纯度（HPLC）（≥）/%		98.0

防老剂 MB 的供应商见表 1.4.1-61。

表 1.4.1-61　防老剂 MB 的供应商

供应商	规格型号	外观	纯度（≥）/%	初熔点（≥）/℃	灰分（≤）/%	加热减量（≤）/%	油含量（添加剂）/%	筛余物（63 μm）（≤）/%	20℃时的密度/（g·cm^{-3}）	堆积密度或备注/（g·cm^{-3}）
宁波硫华	MBI-80GE F140	白色颗粒	98	292	0.25	0.3			1.17	EPDM/EVM 为载体
鹤壁联昊	粉料	白色粉末	96.0	295.0	0.40	0.40		0.50	1.400	0.400～0.450
	防尘粉料		95.0	295.0	0.40	0.40	1.0～2.0	0.50	1.400	0.400～0.450
	直径 2 mm 颗粒		95.0	295.0	0.40	0.40		—	1.400	0.400～0.450
黄岩浙东		淡黄色或白色粉末		285～290	0.4～0.5	0.4～0.5		0.1（150 μm）		
天津瑞创	粉料	白色粉末		290	0.30	0.30		0.10（150 μm）		
	加油粉料			290	0.40	0.40	1.0～2.0			
德国朗盛		白色粉末	98.0		0.30	0.30	NaOH 不溶物≤0.30%			
阳谷华泰	MBI-80	白色至灰色颗粒	80							EPDM/EVM 为载体

1.4.2　防老剂 MMB（MMBI），化学名称：2-硫醇基甲基苯并咪唑，2-巯基-4（或 5）-甲基苯并咪唑

结构式：

HS—(N, NH 苯并咪唑环)—CH3

分子式：$C_8H_8N_2S$，相对分子质量 164.22，CAS 号：53988-10-6，相对密度 1.25 g/cm^3，以甲基邻苯二胺、二硫化碳等为主要原料制得。本品溶于乙醇、丙酮和乙酸乙酯，难溶于石油醚，不溶于四氯化碳、苯及水。纯品为白色粉状结晶，无毒，无臭，有苦味，贮藏稳定。

本品为非污染性防老剂重要品种，可用于白色及浅色制品，主要用于 NR、SBR、BR、NBR 及胶乳中。在橡胶中易分散，但溶解度不大，在日光下不变色，略有污染性。与其他防老剂并用有协同作用；应用于无硫硫化时，能得到良好的耐热性；也可用作氯丁胶硫化促进剂及胶料的热敏剂。单独使用时用量一般为 1～1.5 份，当用量超过 2 份时，会产生喷霜现象。在乳胶泡沫橡胶中的用量为 0.5 份。因本品有苦味，不宜用于与食品接触的橡胶制品中。

拟定中的行业标准《橡胶防老剂 2-巯基-4（或 5）-甲基苯并咪唑（MMBI）》提出防老剂 MMBI 的技术要求见表 1.4.1-62。

表 1.4.1-62　防老剂 MMBI 的技术要求

项目	指标
外观	灰白色粉末
加热减量（100℃±2℃）（≤）/%	0.30
灰分（800℃±25℃）（≤）/%	0.50

续表

项目		指标
筛余物	(150 μm)(≤)/%	0.10
	(63 μm)(≤)/%	0.50
纯度(HPLC)(≥)/%		97.0

防老剂 MMB 的供应商见表 1.4.1-63。

表 1.4.1-63　防老剂 MMB 的供应商

供应商	规格型号	外观	含量(≥)/%	初熔点(≤)/℃	加热减量(≤)/%	灰分(≤)/%	密度/(g·cm^{-3})	筛余物(150 μm)(≤)/%	说明
宁波硫华	MMBI-70GE F200	灰白色颗粒	97	273	0.30	0.25	1.17		EPDM/EVM 为载体
苏州硕宏	预分散 MMB-75GE	灰白色颗粒	97	273	0.30	0.25	1.20	EPDM 载体，门尼黏度约 65	
黄岩浙东		淡黄色或灰白色结晶粉末		250～270	0.40～0.50	0.40～0.50		0.10	
天津市东方瑞创	粉料	淡黄色或灰白色结晶粉末		≥250	0.40	0.40		0.0	
	加油粉料			≥250	0.50	0.50		0.1	添加剂 1～2
德国朗盛		白色粉末	97.0		0.3	0.5	NaOH 不溶物≤0.3%		
阳谷华泰	MMBI-70	米色颗粒							EPDM/EVM 为载体

1.4.3　防老剂 MBZ(ZMBI)，化学名称：2-硫醇基苯并咪唑锌盐

结构式：

分子式：$C_{14}H_{10}N_4S_2Zn$，相对分子质量：363.77，CAS 号：3030-80-6，相对密度：1.63～1.64，熔点：300℃，可溶于丙酮、乙醇，不溶于苯、汽油、水，本品为灰白色粉末，无毒、无臭，有苦味，贮藏稳定。

本品为非污染性防老剂品种之一，在性能上和防老剂 MB 相似，用于 NR、SBR、BR、NBR 等橡胶，抗热老化作用明显，通常和胺类、酚类防老剂并用，具有协同效应。与促进剂 MBT(M)、MBTS(DM)一起使用时，可以抑制有害金属的加速老化作用。通常用于透明橡胶制品，浅色和艳色橡胶制品。

防老剂 MBZ 的供应商见表 1.4.1-64。

表 1.4.1-64　防老剂 MBZ 的供应商

供应商	规格型号	纯度(≥)/%	初熔点(≥)/℃	灰分(≤)/%	加热减量(≤)/%	锌含量(≤)/%	油含量/%	筛余物(≤)/%(150 μm)	20℃时的密度(g·cm^{-3})
鹤壁联昊	粉料		300.0		1.50	18.0～20.0		0.50	1.100
	防尘粉料		300.0		1.50	18.0～20.0	1.0～2.0	0.50	1.100
天津市东方瑞创	粉料		240		0.50	18.0～20.0		0.50	
	加油粉料		240		0.50	18.0～20.0		0.50	添加剂 1～2

1.4.4　防老剂 MMBZ(ZMTI、ZMMBI)，化学名称：2-硫醇基甲基苯并咪唑锌盐

结构式：

分子式：$C_{16}H_{16}N_4S_2Zn$，分子量：391.38，CAS 号：61617-00-3。本品为白色粉末，无毒、无臭，有苦味。可溶于丙酮、乙醇，不溶于苯、汽油、水。贮藏稳定。

本品为非污染性防老剂品种之一，在性能上和防老剂 MBZ 相似，用作天然胶、丁苯胶、顺丁胶、丁腈胶等合成橡胶，抗热老化作用明显，通常和胺类、酚类防老剂并用具有协同效应，提高耐热氧老化性能，可用于丁腈橡胶。与促进剂 MBT（M）、MBTS（DM）一起使用时，具有抑制有害金属的加速老化作用。通常用于透明橡胶制品，浅色和艳色橡胶制品。

本品在橡胶中易分散，无污染，是浅色、艳色及透明橡胶制品防护助剂的最佳选择品种之一。对混炼胶硫化特性的影响明显小于防老剂 MB，通常不必因使用本品而调整硫化体系。本品在天然胶乳发泡制品中可作辅助敏化剂使用，泡沫结构均匀，效果比 MB 好。

防老剂 MMBZ 的供应商见表 1.4.1-65。

表 1.4.1-65　防老剂 MMBZ 的供应商

供应商	规格型号	外观	初熔点（≥）/℃	加热减量（≤）/%	锌含量/%	筛余物（≤）/%（150 μm）	添加剂
范县蔚华化工		白色粉末	270.0	0.5	16～18	0.1	
天津市东方瑞创	粉料	白色粉末	300	1.25	18～20	0.10（200 目）	—
	加油粉料		300	1.25	18～20		1.0～2.0
阳谷华泰	ZMMBI	米色颗粒					50%EPDM/EVM 为载体

1.4.5　防老剂 NBC，化学名称：二叔丁基二硫代氨基甲酸镍

结构式：

$$(H_9C_4)_2N-\overset{\overset{S}{\|}}{C}-S-Ni-S-\overset{\overset{S}{\|}}{C}-N(C_4H_9)_2$$

分子式：$C_{18}H_{36}N_2S_4Ni$，相对分子质量：467.5，CAS 号：13927-77-0，相对密度约 1.26，熔点 83℃，深绿色粉末，贮藏稳定。本品主要用作 NBR、CR、CSM、CO、SBR、IR 抗臭氧剂。本品在 NBR、SBR 中对臭氧和天候老化龟裂及屈挠龟裂有较好的防护作用，是 NBR 的特效抗臭氧剂，但无抗氧化效能，需与优良的抗氧剂并用；在氯丁橡胶中能提高胶料耐热性能，减少胶料在阳光下的变色现象，对硫化稍有迟缓作用；在用金属氧化物硫化的 CSM 胶料中也是一种热稳定剂。本品在胶料中易分散，可使胶料着绿色，但不污染。在 CR 橡胶中一般用量为 1～2 份，在 NBR、SBR 中为 0.5～3 份。

本品也可在大多数硫黄硫化弹性体中用作助促进剂。本品硫化时会产生亚硝胺类致癌化合物。

防老剂 NBC 的供应商见表 1.4.1-66。

表 1.4.1-66　防老剂 NBC 的供应商

供应商	规格型号	外观	初熔点（≥）/℃	密度/（g·cm^{-3}）	锌含量/%	加热减量（≤）/%	添加剂%	灰分（≤）/%
黄岩浙东		深绿色粉末	85.0	1.26		0.50		20
华星宿迁		深绿色粉末或颗粒	83			0.30		20
天津市东方瑞创	粉料	橄榄绿色粉末	86.0		11.8～13.2	0.50	—	
	加油粉料		86.0		11.8～13.2	0.50	0.1～2.0	
阳谷华泰	NDBC-70/ECO	暗绿色颗粒	以 ECO 为载体					

1.4.6　橡胶稳定剂 NDMC，化学名称：二甲基二硫代氨基甲酸镍

结构式：

$$(CH_3)_2N-C-\underset{\underset{S}{\|}}{C}-S-Ni-S-\underset{\underset{S}{\|}}{C}-N(CH_3)_2$$

分子式：$C_6H_{12}N_2S_4Ni$，分子量：298.7，CAS 号：15521-65-0。

本品主要在氯醇橡胶中用作抗氧剂；对于过氧化物硫化体系，本品也是一种优良的抗氧剂。本品硫化时会产生亚硝胺类致癌化合物。

本品应储存在阴凉干燥、通风良好的地方。包装好的产品应避免阳光直射，托与托之间不能重叠堆放，重叠堆放或温度超过 35℃，会导致产品非正常压缩；有效期 1 年。

防老剂 NDMC 的供应商见表 1.4.1-67。

表 1.4.1-67　防老剂 NDMC 的供应商

供应商	规格型号	外观	初熔点 (≥)/℃	密度/ (g·cm⁻³)	锌含量/ %	加热减量 (≤)/%	添加剂/ %	63 μm 筛余物 (≤)/%
濮阳蔚林化工	粉料	绿色粉末	290.0		18.0～19.5	0.50	—	0.50
	加油粉料		290.0		18.0～19.5	0.50	0.1～2.0	0.50

1.4.7　防老剂 TNP（TNPP），化学名称：亚磷酸三壬基苯酯、三（壬基苯基）亚磷酸酯、亚磷酸三（壬基苯酯）

结构式为：

$$\left[C_9H_{19}-C_6H_4-O-\right] + \left[C_9H_{19}-C_6H_3(C_9H_{19})-O-\right]_3P$$

分子式：$C_{99}H_{177}O_3P$，相对分子质量：1446.4366，相对密度：0.97～0.995，CAS 号：3050-88-2，琥珀色黏稠液体。无臭无味。

本品为非污染性耐热抗氧化防老剂，且能防止聚合物产生凝胶和黏度上升的现象，用于天然橡胶、合成橡胶、胶乳、塑料作稳定剂和抗氧剂，尤其适用于 SBR。通常用量 0.3～1 份。

防老剂 TNP 的供应商有河北坤源塑胶材料有限公司、常州市武进雪堰万寿化工有限公司、上海朗瑞精细化学品有限公司、衢州市瑞尔丰化工有限公司等。

1.4.8　抗氧化剂 TH-CPL（防老剂 616，抗氧剂 Wingstay-L），化学名称：对甲酚和双环戊二烯共聚物、4-甲基-苯酚与二环戊二烯和异丁烯的反应产物、对甲苯酚和双环戊二烯的丁基化反应物

结构式为：

（结构式：含 OH、CH_3 及叔丁基的酚环与双环戊二烯单元重复，下标 n）

分子式：$C_{10}H_{12}\cdot C_7H_8O\cdot C_4H_8$，CAS 号：68610-51-5，本品为淡乳色粉末或淡黄色至褐色透明片状物，易溶于苯，甲苯等有机溶剂，不溶于水，熔点：105℃，密度：1.1 g/mL。

本品不脱色、无污染，主要应用于浅色橡胶制品与乳胶制品中，FDA 批准本品可以接触食品。

本品作为防老剂，在橡胶中通常用量为 2～3 份。

抗氧化剂 TH-CPL 的供应商见表 1.4.1-68。

表 1.4.1-68　抗氧化剂 TH-CPL 的供应商

供应商	外观	密度/ (g·cm⁻³)	初熔点 (≥)/℃	游离酚 (≤)/%	灰分 (≤)/%	加热减量 (≤)/%	说明
广州黎昕贸易	灰白色粉末	1.1	115		0.5		

元庆国际贸易有限公司代理的台湾 EVERPOWER 公司防老剂 EPNOX HPL 的物化指标如下。

成分：对甲酚和双环戊二烯共聚物，外观：乳白色至微黄色颗粒，分子量：600～700，松密度：360（pw）/600（pel）kg/m³，比重（20℃）：约 1.04 g/cm³（固体熔化）。产品储存于阴凉、干燥且通风良好处，在妥善保存情况下可保存 4 年。

本品是一种不变色、无污染的抗氧化剂，易分散于水溶液系统中，加工时具高活性及低挥发性，对异戊二烯和丁二烯聚合物具有防护作用。应用于增黏剂、黏合剂及密封剂时，可作为天然橡胶、乳胶、丁苯橡胶、羧酸丁苯乳胶、ABS、ASA、MBS、SBS、SIS、CR、NBR 及 BR 的稳定剂；用于橡胶丝、地毯背乳胶制品和发泡制品，可耐抽出及耐蒸煮。可用于与食品接触的制品。

建议使用合适的保护设备，避免过量接触本品，使用本品后，应彻底洗净。

1.4.9　防老剂 998，化学名称：聚羟基对苯二甲酸锌

本品为一种性能优良的抗氧剂，具有不变色，不污染、无毒害，耐热氧老化、耐热水萃取、不挥发等特点。该品可广泛地应用于各种天然橡胶、合成橡胶、浅色橡胶（氟橡胶除外）或塑料中，吸收紫外线光的能力较强，防止光对橡胶或制品的催化氧化作用，在起到抗氧化作用的同时，又可起到其他防老化的效果，并可用作有机物质的稳定剂。特别适用于浅色橡胶制品，与防老剂 1010 性能相当。

防老剂998的供应商有三门峡市邦威化工有限公司。

1.4.10　防老剂 PTNP（TPS－2）

结构式：

$$\left[\text{(R-substituted 2-hydroxyphenyl)}\text{—O—} \right]_3 P$$

淡黄色黏稠液体或白色粉末，比重为0.970～0.995，溶于丙酮、甲苯、乙醇等有机溶剂，不溶于水，储存稳定，不变色、不污染、廉价，是橡胶制品适应环保要求的新型防老剂。

本品可作为天然胶、合成胶及其胶乳的防老剂和稳定剂，不仅可提高橡胶的耐热性、耐油性、耐寒性、抗焦烧性，与橡胶的相容性和加工工艺性能也很好。在PVC及其橡塑并用材料中作增塑剂使用效果极佳。已用于轮胎、胶管、胶布、食品胶、彩色透明胶、PVC制品及各类油封。用法与用量：0.5～0.8份TPS－2在天然胶中相当于1份TMQ（RD）和1份MB并用；在丁苯胶中相当于0.5份CPPD（4010）和2份TMQ（RD）并用；在丁腈胶中，相当于1.5份CPPD（4010）；在顺丁胶中相当于1.5份264。

防老剂PTNP的供应商见表1.4.1－69。

表1.4.1－69　防老剂PTNP的供应商

供应商	外 观	加热减量 75～80℃×2 h（≤）/%	酸 值 mgKOH/g ≤
咸阳三精科技	白色粉末	0.5	0.5
陕西杨晨新材料科技	白色粉末	0.5	0.5

1.4.11　抗臭氧防喷霜剂

元庆国际贸易有限公司代理的台湾EVERPOWER公司的抗臭氧防喷霜剂有以下几种。

1. EP－9抗臭氧防喷霜剂

成分：预分散综合抗臭氧剂与聚合物载体复配，外观：棕色颗粒，比重（20℃）：1.2，熔点＞65℃，含水量：＜0.3%，门尼黏度ML（1+4）100℃：≤31，储存性：正常状态下1年。

本品能有效降低雨季喷霜发生概率，在抗臭氧测试中有显著效果。本品有轻微变色性，适用于黑色与深色系中，不适用于浅色系中。

用量1～2份。

2. EP－10抗臭氧防喷霜剂

成分：聚合型酚类衍生物与二氧化硅混合物，外观：白色半透明颗粒，比重（20℃）：1.12，熔点＞65℃，含水量：＜0.2%，储存性：正常状态下1年。

本品作为天然橡胶、合成橡胶的抗氧剂，具有耐热、耐氧化、耐臭氧、耐紫外线、耐水解、不污染等特性，可与酚类防老剂并用。在合成橡胶中用作不变色的稳定剂，对硫化无影响；能防止橡胶加工过程中产生树脂化现象。本品不喷霜，适合于各种艳色制品。

用量2～4份。

1.5　预防型防老剂

防老剂按化学结构可分为五大类，包括胺类（芳胺）、酚类（受阻酚）、硫醚和硫醇类（硫代酯）、磷酸酯类和亚磷酸酯类、杂环类及其他。其中受阻酚和芳胺是两类最有效的防老剂，但由于芳胺的毒性（致癌、不孕）、颜色污染和对聚烯烃较差的相容性，仅限于用于不大考虑毒性和颜色污染的橡胶制品。

防老剂根据其作用机理又可以分为主防老剂和预防型防老剂，两者配合使用效果优于使用单一防老剂。主防老剂如胺类和受阻酚类是通过与自由基发生化学反应从而阻止有机材料的降解。预防型防老剂，也称辅助抗氧剂，包括二烷基硫化物（秋兰姆类）、磷酸酯类与亚磷酸酯、二硫代有机酸盐和二硫代磷酸盐类、硫代酯等，可以分解有机材料降解时形成的氢过氧化物。由于辅助抗氧剂总是和主防老剂配合使用，因此也常被称为“增效剂”。

有文献报道，1mol的硫代酯类抗氧剂，可分解2mol氢过氧化物；1mol的亚磷酸酯类抗氧剂，可分解1mol氢过氧化物。

1.5.1　抗氧剂CA，化学名称：1，1，3－三（2－甲基－4－羟基－5－叔丁基苯基）丁烷

结构式：（见下页）

分子式：$C_{37}H_{52}O_3$，相对分子质量：544.82，CAS号：1843－03－4，白色粉末。相对分子质量：544，熔点：181℃，能溶于乙醇、甲醇、丙酮或乙酸乙酯等溶剂。

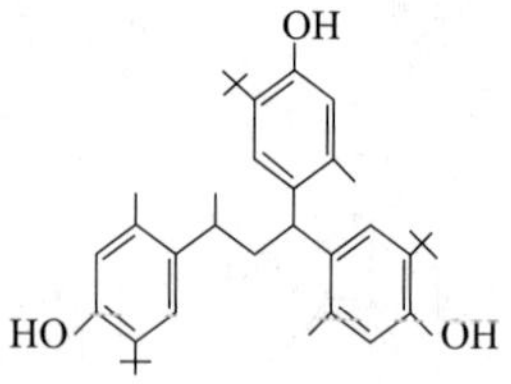

本品为高效酚类抗氧剂，适用于PP、PE、PVC，聚酰胺、ABS树脂、聚苯乙烯和纤维素塑料。挥发性低，热稳定性高，不污染、不着色，高温加工不分解，可显著改变制品的耐热及抗氧性能。本品还具有抑制铜害作用，亦应用于聚烯烃的电缆制品。与DLTDP、DSTDP和紫外线吸收剂并用有良好的协同效应。一般用量为0.02%～0.5%。

抗氧剂CA的供应商见表1.4.1-70。

表1.4.1-70 抗氧剂CA的供应商

供应商	商品名称	外观	粒径/mm	初熔点/℃	铁含量(≤)/PPM	灰分(≤)/%	加热减量(≤)/%
天津市力生化工	抗氧剂CA	白色粉末	1	181	10	0.05	1.0

1.5.2 抗氧剂1010，化学名称：四[β-(3，5-二叔丁基-4-羟基苯基)]丙酸季戊四醇酯

分子式：$C_{73}H_{108}O_{12}$，相对分子质量：1177.63，结构式：

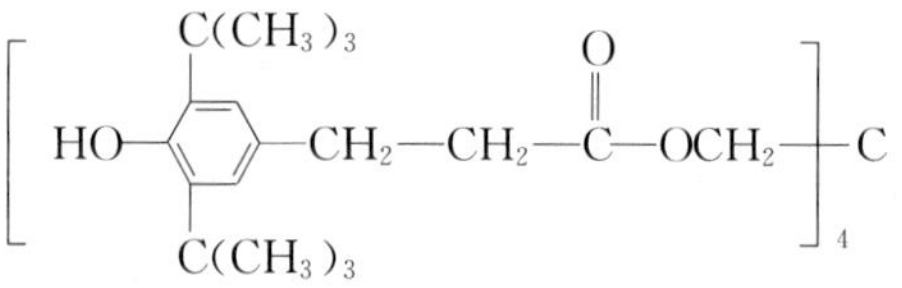

$$\left[HO-C_6H_2(C(CH_3)_3)_2-CH_2-CH_2-\overset{O}{\overset{\|}{C}}-OCH_2 \right]_4 C$$

HG/T 3713-2010《抗氧剂1010》适用于以2，6-二叔丁基酚为原料，经对位加成后再进行酯交换反应所制备的含锡(以下称为A型)和不含锡(以下称为B型)抗氧剂1010。抗氧剂1010的技术要求见表1.4.1-71。

表1.4.1-71 抗氧剂1010的技术要求

项目		指标(A型)	指标(B型)
外观		白色粉末或颗粒	白色粉末或颗粒
熔点范围/℃		110.0～125.0	110.0～125.0
加热减量(≤)/%		0.50	0.50
灰分(≤)/%		0.10	0.10
溶解性		清澈	清澈
透光率	425 nm(≥)/%	96.0	95.0
	500 nm(≥)/%	98.0	97.0
主含量(≥)/%		94.0	94.0
有效组分(≥)/%		98.0	98.0
锡含量[a]，$\times 10^{-6}$(≤)/%		—	2

注：a. 锡含量为型式检验。

抗氧剂1010的供应商有上海金海雅宝精细化工有限公司、天津力生化工有限公司、天津市晨光化工有限公司、山东省临沂市三丰化工有限公司、营口市风光化工有限公司、上海汽巴高桥化学有限公司、北京极易化工有限公司、青岛丰华灏龙化工助剂有限公司、北京迪龙化工有限公司等。

1.5.3 抗氧剂3114，化学名称：异氰脲酸(3，5-二叔丁基-4-羟基苄基酯)

分子式：$C_{48}H_{69}O_6N_3$，相对分子质量：784.08，CAS号：27676-62-6，结构式：

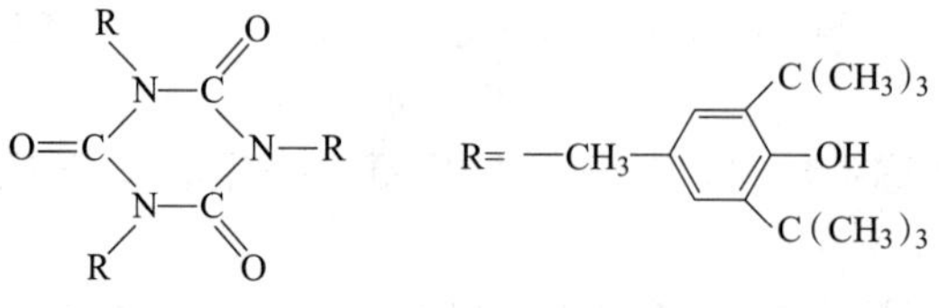

R= —CH_2—C_6H_2(C$(CH_3)_3$)$_2$—OH

本品为三官能团大分子型受阻酚类抗氧剂，能溶于丙酮、氯仿、二甲基聚酰胺苯及乙醇等溶剂中。适用于PP、PE、

PS、PVC，聚酰胺、ABS树脂、聚苯乙烯和纤维素塑料。挥发性低，热稳定性高，不污染、不着色，耐抽出，可显著改变制品的耐热氧老化性能。与DLTDP、DSTDP和紫外线吸收剂并用有良好的协同效应。一般用量为0.01～0.25份。

《抗氧剂3114》(HG/T 3975—2007) 适用于以2，6-二叔丁基苯酚、多聚甲醛、氰尿酸为主要原料合成制得的抗氧剂3114。抗氧剂3114的技术要求见表1.4.1-72。

表1.4.1-72　抗氧剂3114的技术要求

项目		指标
外观		白色粉末
熔点范围/℃		218.0～225.5
挥发分 (≤)/%		0.30
灰分 (≤)/%		0.05
溶解性		清澈
透光率	425 nm (≥)/%	95.0
	500 nm (≥)/%	97.0
含量 (≥)/%		98.0

抗氧剂3114的供应商见表1.4.1-73。

表1.4.1-73　抗氧剂3114的供应商

供应商	商品名称	外观	熔点范围/℃	灰分 (≤)/%	加热减量 (≤)/%	透光率 (≥)/%	
						425 nm	500 nm
天津市合成材料工业研究所	抗氧剂3114	白色粉末	218～221	0.10	0.10	95.0	97.0

抗氧剂3114的供应商还有宁波金海雅宝化工有限公司、天津市力生化工有限公司等。

1.5.4　抗氧剂1076，化学名称：β-(3，5-二叔丁基-4-羟基苯基) 丙酸十八碳醇酯

分子式：$C_{35}H_{62}O_3$，相对分子质量：530.86，CAS号：2082-79-3。结构式：

$$HO-C_6H_2(C(CH_3)_3)_2-CH_3CH_2\overset{O}{\overset{|}{C}}-OC_{18}H_{37}$$

《抗氧剂1076》(HG/T 3795—2005) 适用于以2，6-叔丁基苯酚，十八碳醇为主要原料合成的抗氧剂1076。抗氧剂1076的技术要求见表1.4.1-74。

表1.4.1-74　抗氧剂1076的技术要求

项目		指标
外观		白色
挥发分 (≤)/%		0.20
熔点范围/℃		50.0～55.0
灰分 (≤)/%		0.10
溶液澄清度		澄清
透光率	425 nm (≥)/%	97.0
	500 nm (≥)/%	98.0
含量 (≥)/%		98.0

抗氧剂1076的供应商有上海汽巴高桥化学有限公司、宁波金海雅宝化工有限公司、天津市力生化工有限公司、天津市晨光化工有限公司、山东省临沂市三丰化工有限公司、营口市风光化工有限公司等。

1.5.5　抗氧剂1135，化学名称：β-(3，5-二叔丁基-4-羟基苯基) 丙酸 C_7～C_9醇酯

分子式：$C_{24\sim26}H_{40\sim44}O_3$，相对分子质量：376.57～404.62，结构式：

$$HO-C_6H_2(C(CH_3)_3)_2-CH_2CH_2\overset{O}{\overset{\|}{C}}-O-C_{7\sim9}H_{15\sim19}$$

《抗氧剂1135》(HG/T 4141—2010)适用于以2,6-叔丁基苯酚为原料,经与丙烯酸甲酯加成后再和C_7~C_9醇进行酯交换反应所制备的抗氧剂1135。抗氧剂1135的技术要求见表1.4.1-75。

表1.4.1-75 抗氧剂1135的技术要求

项目	指标
外观	无色或淡黄色透明液体
色度,(Pt-Co)号(≤)	100
溶解性	清澈
水分(≤)/%	0.1
酸值(≤)/(mgKOH·g^{-1})	1.0
纯度(GC法)(≥)/%	98.0

抗氧剂1135的供应商有:上海金海雅宝精细化工有限公司、青岛丰华灏龙化工助剂有限公司、山东省临沂市三丰化工有限公司、天津市海佳科技有限公司、上海汽巴高桥化学有限公司等。

1.5.6 抗氧剂1098,化学名称:N,N′-双-[3-(3,5-二叔丁基-4-羟基苯基)丙酰基]己二胺

结构式:

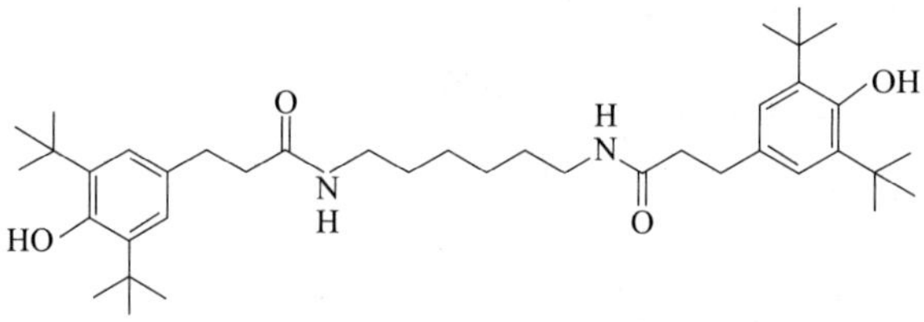

分子式:$C_{40}H_{64}N_2O_4$,相对分子质量:636.96,CAS号:23128-74-7,本品是一种不变色,不污染,耐热氧化,耐萃取的高性能通用抗氧剂,主要用于聚酰胺、聚烯烃、聚苯乙烯、ABS树脂、缩醛类树脂、聚氨酯以及橡胶等聚合物中,特别适用于聚酰胺聚合物和纤维。本品与亚磷酸酯类、硫代酯类抗氧剂及受阻胺类光稳定剂配合使用,有良好的协同效应,用量在0.05%~1.0%之间。

抗氧剂1098的供应商见表1.4.1-76。

表1.4.1-76 抗氧剂1098的供应商

供应商	商品名称	外观	纯度(≥)/%	熔点范围/℃	灰分(≤)/%	加热减量(≤)/%	透光率(≥)/%	
							425 nm	500 nm
天津市力生化工	抗氧剂1098	白色粉末或颗粒	98	155.0~161.0	0.1	0.5	97	98

1.5.7 抗氧剂DLTDP(DLTP),化学名称:硫代二丙酸双十二醇酯,硫代二丙酸二月桂酯

结构式:

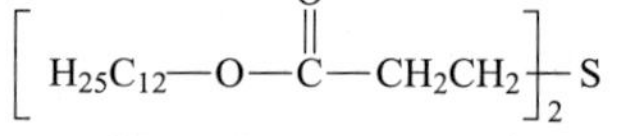

$$\left[H_{25}C_{12}-O-\overset{O}{\overset{\|}{C}}-CH_2CH_2\right]_2 S$$

分子式:$C_{30}H_{58}O_4S$,相对分子质量:514.84,CAS号:123-28-4,白色粉末或晶状物,本品具有分解氢过氧化物功能,同时使与之并用的酚类主抗氧剂再生。可作为PE、PP、PVC、ABS树脂、PVC等的辅助抗氧剂。不污染、不着色,高温加工不分解,可显著改变制品的耐热及抗氧性。与酚类抗氧剂(如1010、1076、CA等)和紫外线吸收剂并用,具有良好的协同效应。一般用量0.05~0.5份。

《抗氧剂DLTDP》(HG/T 2564—2007)适用于以硫代二丙酸和十二醇为原料生产的抗氧剂DLTDP。抗氧剂DLTDP的技术要求见表1.4.1-77。

表1.4.1-77 抗氧剂DLTDP的技术要求

项目	指标
外观	白色颗粒或粉末
结晶点/℃	39.5~41.5
酸值(以KOH计)(≤)/(mg·g^{-1})	0.05
灰分(≤)/%	0.01

续表

项目	指标
熔融色度，(Pt－Co) 号 (≤)	60
铁含量（以 Fe 计）(≤)	3×10^{-4}
挥发分 (≤)/%	0.05

抗氧剂 DLTDP 的供应商见表 1.4.1－78。

表 1.4.1－78　抗氧剂 DLTDP 的供应商

供应商	商品名称	外观	纯度 (≥)/%	结晶点/℃	酸值 (≤)/($mgKOH\cdot g^{-1}$)	铁含量 (≤)/PPM	灰分 (≤)/%	加热减量 (≤)/%	熔融颜色 (Pt－Co) 号 (≤)
天津力生化工	抗氧剂 DLTDP	白色颗粒或粉末		39.5～41.5	0.05	3	0.10	0.05	

1.5.8　抗氧剂 DTDTP，化学名称：硫代二丙酸双十三醇酯

结构式：

$$\left[H_{27}C_{13}—O—\overset{\overset{\displaystyle O}{\|}}{C}—CH_2CH_2\right]_2 S$$

分子式：$C_{32}H_{62}O_4S$，相对分子质量：542.9，CAS 号：10595－72－9，本品熔点：≤－24℃，沸点：265℃，为液体辅助抗氧剂，与树脂相容性好，适用于聚烯烃、ABS 及 PVC 等，与酚类抗氧剂并用具有协同效应。毒性极小，大白鼠经口 LD50＞10 g/kg。一般用量 0.05～0.5 份。

抗氧剂 DTDTP 的供应商见表 1.4.1－79。

表 1.4.1－79　抗氧剂 DTDTP 的供应商

供应商	商品名称	外观	密度/($g\cdot cm^{-3}$)	酸值 (≤)/($mgKOH\cdot g^{-1}$)
天津力生化工	抗氧剂 DTDTP	无色或浅黄色液体	0.931～0.941	0.05

1.5.9　抗氧剂 DSTDP (DSTP)，化学名称：硫代二丙酸双十八醇酯

分子式：$C_{42}H_{82}O_4S$，相对分子质量：683.15，CAS 号：693－36－7，结构式：

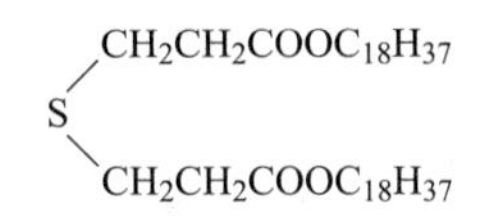

本品溶于苯、甲苯等，微溶于乙醇，不溶于水，不污染，不着色，挥发性低，加工时热损失小。

本品为优良的硫酯类辅助抗氧剂，其抗氧化效能比 DLTP 高，但与树脂的相容性较 DLTP 略差，常与主抗氧剂 1076、1010、CA 等并用，有极好的协同效应。本品广泛用于 PP、PE、PVC、高冲击聚苯乙烯、ABS 树脂、合成橡胶和油脂中。美国、日本等国家允许本品用于食品包装材料。聚烯烃推荐用量为 0.05%～0.1%，高冲击聚苯乙烯及 ABS 树脂推荐用量 0.2%～1%，有效期 36 个月。

《抗氧剂 DSTDP》(HG/T 3741—2004) 适用于以硫代二丙酸和十八醇为原料生产的抗氧剂 DSTDP。抗氧剂 DSTDP 的技术要求见表 1.4.1－80。

表 1.4.1－80　抗氧剂 DSTDP 的技术要求

项目	指标
外观	白色颗粒或粉末
熔点范围/℃	63.5～68.5
酸值 (≤)/($mgKOH\cdot g^{-1}$)	0.05
皂化值 (≤)/($mgKOH\cdot g^{-1}$)	160～170
色度，(Pt－Co) 号 (≤)	60
灰分 (≤)/%	0.01
加热减量 (≤)/%	0.05
筛余物 (2mm) (≤)/%	2.0

抗氧剂 DSTDP 的供应商有天津市力生化工有限公司等。

国外同类商品名称为：Irganox PS802。

1.5.10 抗氧剂 TPP，化学名称：亚磷酸三苯酯

分子式：$C_{18}H_{15}O_3P$，相对分子质量：310.28，结构式：

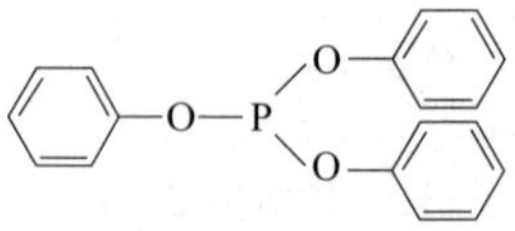

《抗氧剂 TPP》（HG/T 3876—2006）适用于以苯酚和三氯化磷反应而生成，并经真空蒸馏提纯的抗氧剂 TPP。抗氧剂 TPP 的技术要求见表 1.4.1-81。

表 1.4.1-81 抗氧剂 TPP 的技术要求

项目	指标
外观	浅黄色透明液体
色度，(Pt-Co) 号 (≤)	50
密度 (25℃)/($g \cdot mL^{-1}$)	1.180 0～1.190 0
折射率/n_D (25)	1.586 0～1.590 0
酸值 (≤)/($mgKOH \cdot g^{-1}$)	0.5

抗氧剂 TPP 的供应商有深圳泛胜塑胶助剂有限公司、艾迪科精细化工（常熟）有限公司等。

1.5.11 抗氧剂 TNPP，化学名称：亚磷酸三壬基苯酯

分子式：$C_{45}H_{69}O_3P$，相对分子质量：689.00，结构式：

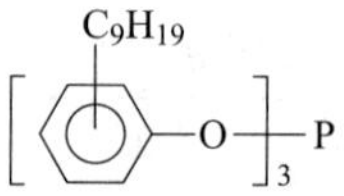

《抗氧剂 TNPP》（HG/T 3877—2006）适用于以壬基酚和三氯化磷反应而生成的抗氧剂 TNPP。抗氧剂 TNPP 的技术要求见表 1.4.1-82。

表 1.4.1-82 抗氧剂 TNPP 的技术要求

项目	指标
外观	浅黄色透明液体
色度，(Pt-Co) 号 (≤)	100
密度 (25℃)/($g \cdot mL^{-1}$)	0.980 0～0.994 0
折射率/n_D25	1.525 5～1.528 0
酸值 (≤)/($mgKOH \cdot g^{-1}$)	0.15
黏度 (25℃)/($mPa \cdot s$)	3 500～7 000
磷含量/%	4.1～4.5

抗氧剂 TNPP 的供应商有深圳泛胜塑胶助剂有限公司、艾迪科精细化工（常熟）有限公司、淄博市淄博峰泉化工有限公司等。

1.5.12 抗氧剂 626，化学名称：双（2，4-二叔丁基苯基）季戊四醇二亚磷酸酯

分子式：$C_{33}H_{50}O_6P_2$，相对分子质量：604.69，结构式：

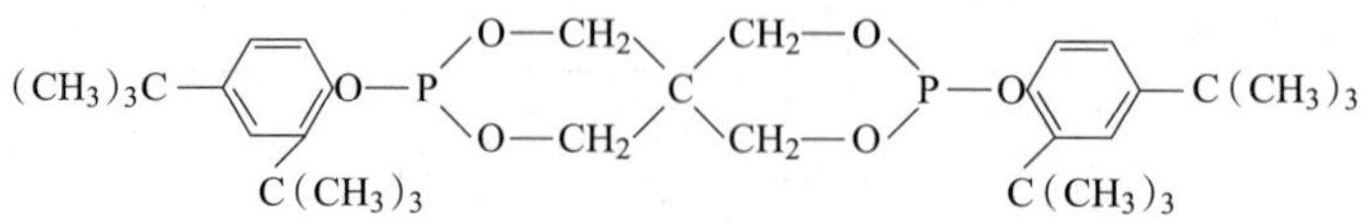

《抗氧剂 626》（HG/T 3974—2007）适用于以 2，4-二叔丁基苯酚、季戊四醇与三氯化磷合成法制得的抗氧剂 626。抗氧剂 626 的技术要求见表 1.4.1-83。

表 1.4.1-83　抗氧剂 626 的技术要求

项目	指标
外观	白色粉末或颗粒
熔点范围/℃	170.0～180.0
加热减量（80℃）（≤）/%	1.0
酸值（以 KOH 计）（≤）/(mg·g^{-1})	1.0
游离 2，4-二叔丁基苯酚（≤）/%	1.0
主含量（≥）/%	95.0

注：抗氧剂 626 通常含≤1%的抗水剂。

1.5.13　抗氧剂 618，化学名称：二亚磷酸季戊四醇硬脂醇酯

分子式：$C_{41}H_{82}O_6P_2$，相对分子质量：733.00，结构式：

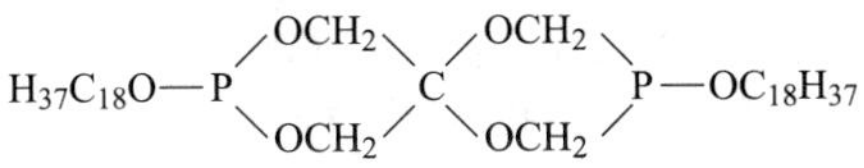

$$H_{37}C_{18}O-P\begin{matrix}OCH_2\\OCH_2\end{matrix}C\begin{matrix}OCH_2\\OCH_2\end{matrix}P-OC_{18}H_{37}$$

《抗氧剂 618》（HG/T 3878—2006）适用于以季戊四醇、十八醇和亚磷酸三苯酯为原料，通过酯交换反应而生成的抗氧剂 618。抗氧剂 618 的技术要求见表 1.4.1-84。

表 1.4.1-84　抗氧剂 618 的技术要求

项目	指标
外观	白色片状或粉状固体
酸值计（≤）/(mgKOH·g^{-1})	0.5
磷含量/%	7.3～8.2

抗氧剂 618 的供应商有：深圳泛胜塑胶助剂有限公司、艾迪科精细化工（常熟）有限公司等。

1.5.14　抗氧剂 168，化学名称：亚磷酸三（2，4-叔丁基苯基）酯

分子式：$C_{42}H_{63}O_3P$，相对分子质量：646.92，结构式：

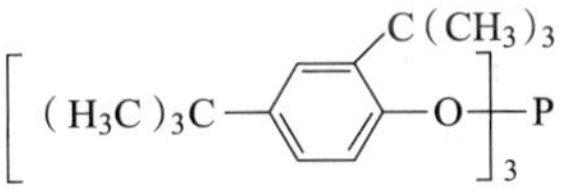

$$\left[(H_3C)_3C-C_6H_3(C(CH_3)_3)-O\right]_3P$$

《抗氧剂 168》（HG/T 3712—2010）适用于以 2，4-叔丁基苯酚与三氯化磷合成法制得的抗氧剂 168。抗氧剂 168 的技术要求见表 1.4.1-85。

表 1.4.1-85　抗氧剂 168 的技术要求

项目		指标
外观		白色粉末或颗粒
熔点范围/℃		183.0～187.0
加热减量（≤）/%		0.30
溶解性		清澈
透光率	425 nm（≥）/%	98.0
	500 nm（≥）/%	98.0
酸值（≤）/(mgKOH·g^{-1})		0.30
主含量（≥）/%		99.0
游离 2，4-叔丁基苯酚含量（≤）/%		0.20
抗水解性能		合格

抗氧剂 168 的供应商有上海金海雅宝精细化工有限公司、天津力生化工有限公司、天津市晨光化工有限公司、山东省临沂市三丰化工有限公司、营口市风光化工有限公司、上海汽巴高桥化学有限公司、北京极易化工有限公司、青岛丰华灏龙化工助剂有限公司、北京迪龙化工有限公司等。

1.5.15　抗氧剂 MD－1024，化学名称：1，2－双［β－（3，5－二叔丁基－4－羟基苯基）丙酰］肼

相对分子质量：552.78，CAS 号：32687－78－8。

本品为金属离子钝化剂（金属螯合剂）或抗氧剂，适用于聚烯烃、锦纶、聚酯、纤维素树脂和合成橡胶等。在 HDPE 中效果尤为明显。可单独使用或与抗氧剂 1010 并用。

抗氧剂 MD－1024 的供应商见表 1.4.1－86。

表 1.4.1－86　抗氧剂 MD－1024 的供应商

供应商	商品名称	外观	纯度（≥）/%	粒径	熔点范围/℃	灰分（≤）/%	加热减量（≤）/%	透光率（≥）/%	
								425 nm	500 nm
天津市合成材料工业研究所	MD－1024		98.0	≥120 目	≥224℃	0.10	0.50	96.0	98.0

抗氧剂的国外供应商主要有：美国雅宝公司、美国阿彻丹尼尔斯米德兰公司、巴斯夫公司、拜耳公司（Bayer）、嘉吉公司、汽巴特种化学品公司（Ciba）、科宁公司、康普顿公司（Crompton）、氰特工业公司、丹尼斯克科特公司、伊立欧公司（Eliokem）、Fairmount、富兰克斯（Flexsys）美国分部、固特异轮胎和橡胶、大湖化学品公司（Great Lakes Chemical）、Hampshire 公司、Merisol 公司、诺誉公司（Noveon）、PMP 发酵品公司、罗氏公司、斯克耐克塔迪公司、十拿公司、R. T. 范德比尔特（R. T. Vanderbilt）公司、哈威克（Harwick）化学公司、阿克隆（Akron）化学公司、孟山都（Monsanto）、阿克苏-诺贝尔（Akso－Nobel）、罗姆哈斯公司等。

1.6　物理防老剂

1.6.1　概述

蜡是化学性质稳定的饱和烷烃，分子式可表示为 C_nH_{2n+2}，橡胶防护蜡由石蜡和微晶蜡组成。石蜡主要由直链的 C18 至 C50 的混合饱和烷烃组成。微晶蜡较少直链烷烃，含比较复杂的支链结构，由 C25 至 C85 的混合饱和烷烃组成。

石蜡的结构示意图：

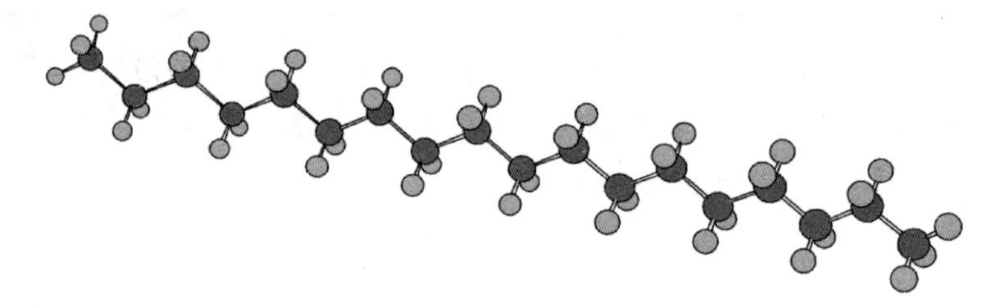

微晶蜡的结构示意图：

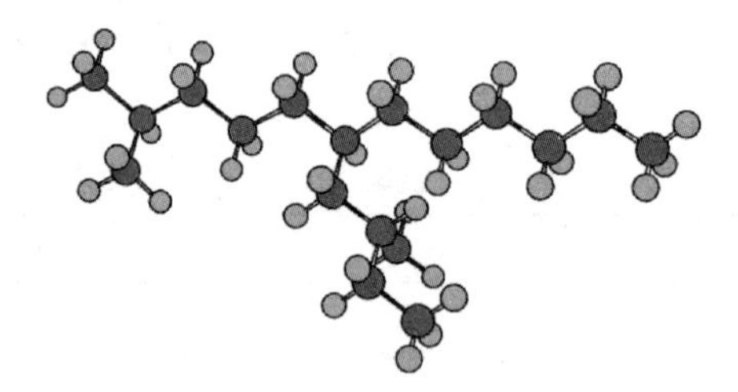

石蜡和微晶蜡的物化性质异同见表 1.4.1－87。

表 1.4.1－87　石蜡和微晶蜡的物化性质异同

石蜡	微晶蜡
低熔点（48～70℃）	高熔点（>70℃）
白色	颜色较深
比较硬	比较软
比较脆	韧性较好
半透明	不透明

防护蜡对臭氧的防护机理是：经混炼、硫化的高温，防护蜡溶解在橡胶中；硫化后冷却，在橡胶内部形成过饱和蜡溶液。橡胶内部与表面间的浓度梯度导致蜡分子向橡胶表面不断迁移，在橡胶表面形成一层厚度均匀、结构紧密、较强韧性和黏附力薄膜，能起到使橡胶不与臭氧气体接触的屏障作用，从而延缓臭氧老化。

防护蜡仅在其含量高于溶解度时才会迁移。影响防护蜡防护性能的主要因素有蜡的碳原子数分布、正异构烷烃比例、使用温度、交联度、配合剂、胶料种类、载荷、填料和软化剂等。迁移速率 α 与温度成正比，与分子量（碳数）成反比，

与分子结构复杂程度成反比。其中，碳原子数分布和正异构烷烃比例是关键因素。晶型对蜡膜的影响见图 1.4.1－20。

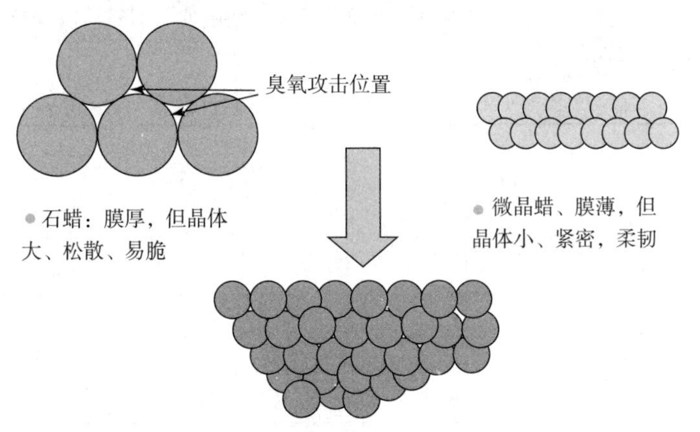

图 1.4.1－20　晶型对蜡膜的影响

一般认为，当橡胶制品使用温度低于－5℃时，由于活化分子稀少，臭氧不会对硫化胶发生化学作用；使用温度在 55℃以上时，臭氧分解成氧气。因此橡胶制品的使用温度在－5～55℃时，臭氧才会对橡胶具有老化作用。蜡成膜的最佳温度范围为 10～50℃，正好在臭氧有破坏能力的温度范围之内。在 0℃时，只有 C18～C26 碳数较小的烷烃才能出现在橡胶表面；高碳数烷烃因可动性差而未能有效迁移至表面。在 40 ℃以上时，析出在橡胶表面的基本为 C30 以上的烷烃，此时其具有良好的可动性；低碳数烷烃因可动性很高而溶解于橡胶基体中。在－5～10 ℃，蜡的迁移速率慢，由低碳数直链烷烃形成的蜡膜致密性较差；45～55 ℃蜡的溶解度大，迁移到橡胶表面的量少，导致成膜效果不佳，且由于温度过高，防护蜡容易融化。因此这两个温度范围臭氧防护效果较差。

0～50℃迁移速率最大的烷烃碳原子数见表 1.4.1－88。

表 1.4.1－88　不同温度下迁移速率最大的烷烃碳原子数

温度/℃	具有最大迁移速率的烷烃碳原子数	温度/℃	具有最大迁移速率的烷烃碳原子数	温度/℃	具有最大迁移速率的烷烃碳原子数
0	23～24	25	27～28	50	38～39
10	25～26	40	32～33		

在不同温度的环境下，防护蜡防护效果并不相同，所以应选用不同牌号的防护蜡，以适合使用需求。轮胎用防护蜡碳原子分布要求碳数全（C20～C40）；一般是“双峰”式的，可适应热带和寒带的不同使用条件。

为了能够更好地对臭氧的攻击提供防护，迁移至表面的蜡膜必须符合如下特性：持续性、不易渗透、均匀性、柔韧性、美观。要达到如上的特性，防护蜡需要良好平衡的配方组成，并能提供较宽温度的防护。防护蜡与普通石蜡的对比见表 1.4.1－89。

表 1.4.1－89　防护蜡与普通石蜡的对比

	防护蜡	普通石蜡
温度保护范围	宽	窄
表面外观	好	差
迁移性	持续稳定迁移至表面	迅速迁移至表面
蜡膜特征	致密/柔韧	松散/脆

防护蜡使用中常与化学抗氧剂并用，用量宜超过在橡胶中的溶解度，通常用量为 1.0～1.5 份。防护蜡一般对静态的臭氧龟裂有防护效果，但由于化学抗臭氧剂在蜡中的溶解度较在橡胶中高，而且蜡的迁移速率又较化学抗臭氧剂快，胶料加入防护蜡后有助于化学抗臭氧剂的扩散，因此防护蜡与化学抗臭氧剂并用时，制品动态条件下的抗臭氧龟裂的性能也有显著提高。

1.6.2　石蜡

（一）粗石蜡

CAS 号：8002－74－2，软化点：47～64℃，密度约 0.9 g/cm^3，无臭无味，为白色或淡黄色半透明固体，是非晶体，但具有明显的晶体结构。

石蜡是以石油、页岩油或其他沥青矿物油的减压馏分油为原料，经过溶剂精制、溶剂脱蜡脱油、精制、成型和包装制得的一种固态高级烷烃混合物，主要成分的分子式为 C_nH_{2n+2}，其中 n=17～35。主要组分为直链烷烃，还有少量带个别支链的烷烃和带长侧链的单环烷烃；直链烷烃中主要是正二十二烷（$C_{22}H_{46}$）和正二十八烷（$C_{28}H_{58}$）。

GB/T 1202—1987《粗石蜡》适用于以含油蜡为原料，经发汗或溶剂脱油，不经精制脱色所得到的粗石蜡，适用于橡胶制品、蓬帆布、火柴及其他工业原料，其技术要求见表 1.4.1-90。

表 1.4.1-90 粗石蜡技术要求和试验方法

项目		质量指标						试验方法
		50 号	52 号	54 号	56 号	58 号	60 号	
熔点/℃	不低于	50	52	54	56	58	60	GB/T 2539—2008
	低于	52	54	56	58	60	62	
含油量（≤）/%		2.0						GB/T 3554—2008
色度（≥）/号		-10						GB/T 3555—1992
嗅味（≤）/号		3						SH/T 0414—1992
机械杂质及水分		无						注

注：机械杂质及水分测定：将约 10 g 蜡放入容积为 100～250 mL 的锥形瓶内，加入 50 mL 初馏点不低于 70℃的无水直馏汽油，并在振荡下于 70℃水浴内加热，直到石蜡熔解为止，将该溶液在 70℃的水浴内放置 15 min 后，溶液中不应呈现眼睛可以看见出的浑浊、沉淀或水分。允许溶液有轻微乳光。

（二）半精炼石蜡

半精炼石蜡为颗粒状白色固体，其相对密度随熔点的上升而增加。产品化学稳定性好，含油量适中，具有良好的防潮和绝缘性能，可塑性好。半精炼石蜡生产的蜡烛火焰集中，无烟，不流泪。用于制蜡烛，蜡笔，蜡纸，一般电讯器材以及轻工、化工原料等。《半精炼石蜡》（GB/T 254—2010）适用于以含油蜡为原料，经发汗或溶剂脱油，再经白土或加氢精制所得到的半精炼石蜡，主要用于制造蜡烛、蜡笔、包装用纸、文教用品、一般电讯材料及木材加工、轻工、化工原料等方面，其技术要求见表 1.4.1-91。

表 1.4.1-91 半精炼石蜡技术要求和试验方法

项目		质量指标											试验方法
		50 号	52 号	54 号	56 号	58 号	60 号	62 号	64 号	66 号	68 号	70 号	
熔点/℃	不低于	50	52	54	56	58	60	62	64	66	68	70	GB/T 2539—2008
	低于	52	54	56	58	60	62	64	66	68	70	72	
含油量（≤）/%		2.0											GB/T 3554—2008
颜色，赛波特颜色（≥）		+18											GB/T 3555—1992
光安定性（≤）/号		6				7							SH/T 0404—2008
针入度	(100 g，25℃)，1/10 mm（≤）	23											GB/T 4985—2010
	(100 g，35℃)，1/10 mm	报告											
运动黏度（100℃）/($mm^2\cdot s^{-1}$)		报告											GB/T 265—1988
嗅味（≤）/号		2											SH/T 0414—2004
水溶性酸或碱		无											NB/SH/T 0407—2013
机械杂质及水		无											目测[a]

注：a. 将约 10 g 蜡放入容积为 100～250 ml 的锥形瓶内，加入 50 ml 初馏点不低于 70℃的无水直馏汽油馏分，并在振荡下于 70℃水浴内加热，直到石蜡熔解为止，将该溶液在 70℃水浴内放置 15 min 后，溶液中不应呈现眼睛可以看到的浑浊、沉淀或水。允许溶液有轻微乳光。

（三）全精炼石蜡

纯石蜡是很好的绝缘体，其电阻率为 1 013～1 017 Ω·m，比除某些塑料（尤其是特氟龙）外的大多数材料都要高；石蜡也是很好的储热材料，其比热容为 2.14～2.9 $J/g^{-1}\cdot K^{-1}$，熔化热为 200～220 J/g^{-1}。根据加工精制程度不同，可分为全精炼石蜡、半精炼石蜡和粗石蜡 3 种。每类蜡又按熔点，一般每隔 2℃，分成 50、52、54、56、58、60、62 共 7 个牌号。

《全精炼石蜡》(GB/T 446—2010) 适用于以含油蜡为原料，经发汗或溶剂脱油，再经加氢精制或白土精制所得到的全精炼石蜡，主要用于高频瓷、复写纸、铁笔蜡纸、精密铸造、装饰吸音板等用蜡，其技术要求见表 1.4.1-92。

表 1.4.1-92　全精炼石蜡技术要求和试验方法

项目		质量指标										试验方法
		52 号	54 号	56 号	58 号	60 号	62 号	64 号	66 号	68 号	70 号	
熔点/℃	不低于	52	54	56	58	60	62	64	66	68	70	GB/T 2539—2008
	低于	54	56	58	60	62	64	66	68	70	72	
含油量（≤）/%		0.8										GB/T 3554—2008
颜色，赛波特颜色（≥）		+27				+25						GB/T 3555—1992
光安定性（≤）/号		4				5						SH/T 0404—2008
针入度（25℃），1/10mm（≤）		19				17						GB/T 4985—2010
运动黏度（100℃）/（$mm^2 \cdot g^{-1}$）		报告										GB/T 265—1988
嗅味（≤）/号		1										SH/T 0414—2004
水溶性酸或碱		无										NB/SH/T 0407—2013
机械杂质及水		无										目测[a]

注：a. 将约 10 g 蜡放入容积为 100～250 mL 的锥形瓶内，加入 50 mL 初馏点不低于 70℃的无水直馏汽油馏分，并在振荡下于 70℃水浴内加热，直到石蜡熔解为止，将该溶液在 70℃水浴内放置 15 min 后，溶液中不应呈现眼睛可以看到的浑浊、沉淀或水。允许溶液有轻微乳光。

（四）微晶石蜡

微晶石蜡是一种比较细小的晶体，以减压残渣油为原料，经过溶剂脱沥青、溶剂精制、溶剂脱蜡脱油、精制、成型和包装制得，主要由环烷烃和一些直链烃组成，相对分子质量范围是 500～1 000。相比石蜡，其正构烷烃的质量分数较小、异构烷烃和长侧链烷烃质量分数较大。微晶蜡化学性质相对活泼，可以与发烟硫酸、氯磺酸发生反应，而石蜡不会。微晶蜡作为橡胶防护剂时，其迁移到橡胶表面的速率较慢，形成的蜡膜较薄，但蜡膜韧性好、致密、附着性好且不易脱落。若石蜡与微晶蜡按一定比例混合（如正构烷烃：异构烷烃≈25：45），可形成无定型的、致密的、较厚的蜡膜，可以达到良好的防护臭氧的目的。微晶蜡溶于非极性溶剂，不溶于极性溶剂，按滴熔点分为 11 个牌号，可用于食品。《微晶蜡》（SH/T 0013—2008）对应于日本工业标准 JIS K 2235—1991（2006 年确认）《石油蜡》中的微晶蜡技术指标（非等效），适用于由石油的重馏分或减压渣油的溶剂脱沥青油经过溶剂精制、脱蜡、脱油，再经白土或加氢精制得到的微晶蜡，用于军工、电子、冶金和化工等行业的用蜡，主要用于防潮、防腐、黏结、上光、绝缘、钝感、铸模和橡胶防护等，其技术要求见表 1.4.1-93。

表 1.4.1-93　微晶蜡的技术要求和试验方法

项目		质量指标					试验方法
		70	75	80	85	90	
滴熔点/℃	不低于	67	72	77	82	87	GB/T 8026
	低于	72	77	82	87	92	
针入度（1/10 mm）	35℃，100 g	报告					GB/T 4985—2010
	25℃，100 g，≤	30	30	20	18	14	
含油量（≤）/%		3.0					SH/T 0638
颜色（≤）/号		3.0					GB/T 6540
运动黏度（100℃）n/（$mm^2 \cdot s^{-1}$）		6.0	10				GB/T 265—1988
水溶性酸或碱		无					NB/SH/T 0407—2013

（五）聚乙烯蜡

聚乙烯蜡简称 ACPE，聚乙烯蜡指相对分子质量为 1 500～25 000 的低相对分子质量聚乙烯或部分氧化的低相对分子质量聚乙烯。其呈颗粒状、白色粉末、块状以及乳白色蜡状。具有优良的流动性、电性能、脱模性。

（六）氯化石蜡

含氯量 35%以下的氯化石蜡为金黄色或琥珀色黏稠液体，含氯量 50%～70%的为固体粉末，本品不燃、不爆炸、挥发性极微。能溶于大部分有机溶剂，不溶于水和乙醇。加热至120℃以上徐徐自行分解，能放出氯化氢气体，铁、锌等金属的氧化物会促进其分解。氯化石蜡为聚氯乙烯的辅助增塑剂。挥发性低，不燃、无臭、无毒。本品取代一部分主增塑剂，可降低制品成本，并降低燃烧性。主要用于聚氯乙烯电缆料及水管、地板料、薄膜、人造革等，详见本手册第一部分第四章第三节。

1.6.3　石蜡的供应商

石蜡、晶型蜡的供应商见表1.4.1-94、表1.4.1-95。

表1.4.1-94　石蜡、晶型蜡的供应商（一）

供应商	商品名称	化学组成	含油量(≤)/%	滴溶点/℃	凝固点/℃	运动黏度(100℃)/($mm^2 \cdot s^{-1}$)	灰分(≤)/%	针入度dmm@25℃	说明
连云港锐巴化工	LSB20龟裂防止剂	精炼石蜡和微晶蜡混合物	1.5		60～66	5.8～6.5 cst	0.1		双峰保护，用量1～3份
	RW156鞋材防护蜡	同上			61～65	8～12 cst			常温保护
	RW158鞋材防护蜡	同上			62～67	5.5～7.0 cst			中温保护
	RW590鞋材防护蜡	同上			60～66	5.1～7.2 cst			典型的双峰结构
	RW220轮胎防护蜡	同上			61～67	6.3～7.5 cst			中高温保护
	RW287轮胎防护蜡	同上			63～69	6.3～8.2 cst			防止喷霜，宽温保护
	RW216轮胎防护蜡	同上		80					高温保护
	RW217轮胎防护蜡	同上							
	RW391轮胎防护蜡	同上			62～68	5.4～6.6 cst			中温保护
抚顺宏伟特种蜡有限公司	MaxProt 1026				63～69	6.0～8.5		14.0～20.0	
	MaxProt 1028				64.5～69	5.5～7.0		10.0～18.0	
	MaxProt 1031				≥65				
	MaxProt 1032				63～67	5.5～7.0			
	MaxProt 1036				70～75				
	MaxProt 1077			81～87					
	MaxProt 1109							50.0～82.0	
	MaxProt 1201				61～65	5.0～7.0		12.0～20.0	
	MaxProt 1206				61～65	9.0～11.0		25.0～40.0	
	MaxProt 1268				58～64				
	MaxProt 2013				61～67	6.0～7.5			
	MaxProt 2015				63～73	6.0～7.5			
	MaxProt 2016				65～71	6.5～8.5			
	MaxProt 2059				63～69	5.5～7.5			
	MaxProt 2106			≥68					
	MaxProt 2130				65～71	6.0～8.5			
	MaxProt 2133				59～66	5.0～6.0			
	MaxProt 2176				64～68	5.0～7.5		14.0～19.0	
	MaxProt 2179				65～75				
	MaxProt 2188			69～76	56～59	5.0～7.0		14.0～18.0	
	MaxProt 2203			65～70					
	MaxProt 2204				58～63				
	MaxProt 2212				67.5～72.5				

续表

供应商	商品名称	化学组成	含油量(≤)/%	滴溶点/℃	凝固点/℃	运动黏度(100℃)/($mm^2 \cdot s^{-1}$)	灰分(≤)/%	针入度 dmm@25℃	说明
抚顺宏伟特种蜡有限公司	MaxProt 2213				66～72				
	MaxProt 2215			72～80				12.0～17.0	
	MaxProt 2652				63～69	6.0～7.5			
	MaxProt 2675				64～69	5.5～8.5		12.0～20.0	

表 1.4.1-95　石蜡、晶型蜡的供应商（二）

供应商	牌号规格	化学组成	正构含量	凝固点/℃	外观	应用特点
阳谷华泰	H7075	精炼石蜡和加宽分子量分布微晶蜡的混合物	55/45	70～75	白色至浅黄色片粒	含油量：≤2.0%，运动黏度（100℃）mm²/s：6.5～10.0，灰分：≤0.1%；高温防护蜡，薄膜形成的速率很慢，对动态应力有很好的稳定性，出现峰值的碳数在C35～C37，能为轮胎/橡胶制品提供较高温度、更长时间的臭氧防护
	H7075M	精炼石蜡和加宽分子量分布微晶蜡的混合物	50±5	70～75	白色至浅黄色片粒	高温防护蜡，薄膜形成的速率很慢，对动态应力有很好的稳定性，正构烷烃出现峰值的碳数在C35～C37，能为轮胎/橡胶制品提供较高温度、更长时间的臭氧防护
	HB10	精炼石蜡和宽分子量分布微晶蜡的混合物	52/48	66～72	白色片粒	保护橡胶制品，防止由于受臭氧和气候影响造成龟裂，适合于橡胶制品的长效性抗臭氧防护
	H3841	精炼石蜡和加宽分子量分布微晶蜡的混合物	59/41	64～69	浅蓝色片粒	薄膜形成的速率很慢，对动态应力有很好的稳定性，出现峰值的碳数在C38，能为轮胎和其他橡胶制品提供长期有效的保护
	H2122	精炼石蜡和宽分子量分布微晶蜡的混合物	72/28	60～67	白色片粒	含油量：≤1.5%，运动黏度（100℃）mm²/s：5.5～7.5，灰分：≤0.1%；双峰结构微晶石蜡，以中等速度形成的保护膜对动态应力有较好的稳定性，出现峰值的碳数在C32，能为轮胎和其他橡胶制品提供长期有效的保护
	H2122A	精炼石蜡和宽分子量分布微晶蜡和聚乙烯的混合物	68±5	60～66	白色片粒	双峰结构微晶石蜡，薄膜形成的速率慢，对动态应力有很好的稳定性，出现峰值的碳数在C27和C32，能为轮胎和其他橡胶制品提供长期有效的保护
	H2122B	精炼石蜡和宽分子量分布微晶蜡的混合物	75±5	63～68	白色片粒	双峰结构微晶石蜡，薄膜形成的速率慢，对动态应力有很好的稳定性，出现峰值的碳数在C27和C32，能为轮胎和其他橡胶制品提供长期有效的保护
	H2122X	精炼石蜡和宽分子量分布微晶蜡的混合物	75±5	60～66	白色片粒	正构烷烃双峰结构，有特殊的碳数分布要求，对动态应力有很好的稳定性，出现峰值的碳数在C27和C32，能为轮胎和其他橡胶制品提供长期有效的保护
	H3241	精炼石蜡和宽分子量分布微晶蜡的混合物	59/41	63～68	浅绿色片粒	含油量：≤1.5%，运动黏度（100℃）mm²/s：5.8～7.6，灰分：≤0.1%；薄膜形成的速率很慢，对动态应力有很好的稳定性，出现峰值的碳数在C32，能为轮胎和其他橡胶制品提供长期有效的保护
	H3241A	精炼石蜡和宽分子量分布微晶蜡和聚乙烯的混合物	59/41	63～69	浅绿色片粒	在H3241基础上，提高了自由流动的特性，避免了该产品高温储存或运输过程中的结块现象，适合于热带地区
	H3241H	精炼石蜡和宽分子量分布微晶蜡和聚乙烯的混合物	60±5	72～80	白色至浅黄色片粒	薄膜形成的速率很慢，对动态应力有很好的稳定性，出现峰值的碳数在C32，能为轮胎和其他橡胶制品提供长期有效的保护
	H3240	精炼石蜡和宽分子量分布微晶蜡的混合物	60/40	62～67	白色至浅黄色片粒	该品分子量分布范围较宽（C20～C50），且出现峰值的碳数在C32，能为轮胎/橡胶制品提供长期有效的保护

续表

供应商	牌号规格	化学组成	正构含量	凝固点/℃	外观	应用特点
阳谷华泰	H3240A	精炼石蜡和宽分子量分布微晶蜡和聚乙烯的混合物	60±5	62～67	白色至浅黄色片粒	在H3240基础上，提高了自由流动的特性，避免了该产品高温储存或运输过程中的结块现象，适合于热带地区
	H3236	精炼石蜡和中宽分子量分布微晶蜡的混合物	64/36	61～67	白色至浅黄色片粒	含油量：≤1.5%，运动黏度（100℃）mm²/s：5.0～6.6，灰分：≤0.1%；碳数峰值为C32，以中等速度形成的保护膜具有极好的抗动态应力稳定性，用于保护轮胎和其他橡胶制品，防止受臭氧和气候老化造成的龟裂
	H3236A	精炼石蜡和中宽分子量分布微晶蜡和聚乙烯的混合物	64/36	62～68	白色至浅黄色片粒	在H3236基础上，提高了自由流动的特性，避免了该产品高温储存或运输过程中的结块现象，适合于热带地区
	微晶石蜡HG系列			65～73	白色至浅黄色片状颗粒	含油量：≤1.5%，灰分：≤0.1%；适合各种温度防护，效果均非常优良，且兼具抗喷霜效果

宁波汉圣化工有限公司经营的抗臭氧防护蜡产品见表1.4.1－96，其他供应商见表1.4.1－97。

表1.4.1－96　石蜡、晶型蜡的供应商（三）

项目	产品种类	凝点	针入度（25℃）	运动黏度（100℃）	含油量	正构烷烃含量	性能特点	用途
单位	抗臭氧防护蜡	℃	℃	mm²/s	wt/%	wt/%	满足高/低温使用要求、特别设计的碳数分布、石蜡与微晶蜡的混合物，提供均衡长效的物理抗臭氧防护	橡胶轮胎、橡胶制品、硫化胶鞋等二烯类不饱和橡胶产品的物理抗臭氧防护剂
测试方法		ASTM D938	ASTM D1321	ASTM D445	ASTM D721	ASTM D5442		
NEGOZONE 220 F		63.5	11	6.2	0.6	53		
NEGOZONE 9332 F		63.0	12	5.6	0.4	65		
NEGOZONE 3509 F		63.5	12	5.8	0.5	65		
NEGOZONE 3457 F		66.0	14	6.8	0.7	62		
NEGOZONE 9326 F		64.6	14	5.2	0.5	80		
NEGOZONE 9345 F		62.0	12	4.7	0.3	75		
NEGOZONE 9347 F		73.0	11	10.5	1.7	45		
NEGOZONE 9349		65.0	13	6.8	0.7	63		

表1.4.1－97　石蜡、晶型蜡的供应商（四）

供应商	项目	XM－128	XM－158	XM－208	XM－108	XM－118
浙江杭州兴茂蜡业有限公司	密度/(g·cm⁻³)	0.925～0.935	0.925～0.935	0.925～0.935	0.925～0.935	0.925～0.935
	黏度/(mm²·s⁻¹)	6.5～8.0	5.0～6.5	5.0～6.5	5.5～7.0	6.5～8.5
	凝固点/℃	64～65	60～69	60～69	60～66	64～69
	折射率 n (80℃)	1.420～1.440	1.420～1.440	1.420～1.440	1.420～1.430	1.420～1.430
	含油量/%	≤1.5	≤1.5	≤1.5	≤1.5	≤1.5
	灰分/%	≤0.1	≤0.3	≤0.3	≤0.1	≤0.1
	色值	本白或浅黄	本白或浅黄	本白或浅黄	本白或浅黄	本白或浅黄
	最大峰值	C29～C31	C30～C35	C30～C35	C30～C33	C30～C33

续表

<table>
<tr><th>供应商</th><th>项目</th><th>XM-128</th><th>XM-158</th><th>XM-208</th><th>XM-108</th><th>XM-118</th></tr>
<tr><td rowspan="5">浙江杭州兴茂蜡业有限公司</td><td rowspan="3">碳数分布</td><td>C23～C28：26%～38%</td><td>C23～C28：7.0%～26%</td><td rowspan="3">C20～C40</td><td>C25～C29：18%～26%</td><td>C25～C29：28.1%～43.6%</td></tr>
<tr><td>C29～C38：31%～45%</td><td>C29～C38：25%～48%</td><td>C30～C33：36%～48%</td><td>C30～C33：25.6%～42%</td></tr>
<tr><td>C32～C38：16%～28%</td><td>C32～C38：6.5%～28%</td><td>C34～C37：18%～26%</td><td>C34～C37：7.4%～26.8%</td></tr>
<tr><td>特性</td><td colspan="2">本品是多种精选石蜡和宽分子量精制微晶蜡的混合物，具有快速分散性，碳数分布均匀、合理，对温度适应性强，具有均衡的迁移性，密闭性和黏附性强，能在橡胶制品表面形成均匀、密闭、坚韧的保护膜，保护橡胶制品免受由臭氧和气候引起的老化、龟裂，有效延长橡胶制品的寿命</td><td>本品是多种精选石蜡和宽分子量精制微晶蜡的混合物，其特征是碳分布呈双峰，具有全方位、全天候遏制臭氧对橡胶制品表面侵蚀的作用</td><td colspan="2">本品是多种精选石蜡和宽分子量精制微晶蜡的混合物，具有快速分散性、碳数分布均匀、合理，对温度适应性强，具有均衡的迁移性，密闭性和黏附性强，能在橡胶制品表面形成均匀、密闭、坚韧的保护膜，保护橡胶制品免受由臭氧和气候引起的老化、龟裂，有效延长橡胶制品的寿命</td></tr>
<tr><td>使用方法</td><td colspan="5">在混炼初期加入；建议在密炼机上使用，开炼机的炼胶温度要高于其熔点；轮胎1～4份，输送带2～6份，其他根据胶种不同而定，最高用量10份；臭氧实验温度为45～50℃。</td></tr>
</table>

鞋材行业基本属于常温保护，一般情况下，推荐使用LSB20、RW287，防护效果好，不易喷霜。LSB20具有宽广的分子量分布和典型的双峰结构，一个在C27，另一个在C31，扩散速率中等，属于宽温保护，具有优良的低温和高温保护性能，推荐使用温度范围-5～-50℃。

较高端的鞋材，推荐使用RW156和RW158。RW156等同于OK1956，黄色至棕色块状软蜡，折光指数@100℃（ASTM D1747）：1.425～1.435，碳数分布宽，峰值为C29，属于常温保护，推荐使用温度范围10～40℃。RW158是RW156的同类产品，但是RW158为颗粒状，使用更加方便，碳数分布较宽，峰值为C31，属于常温保护，推荐使用温度范围10～45℃。在正常添加情况下，RW156与RW158不仅可以起到防护作用而且可以避免喷霜，同时可以降低防老剂的使用量。

RW287折光指数@100℃（ASTM D1747）：1.426～1.435，碳数分布较宽，峰值为C33，属于中高温保护，推荐使用温度范围5～45℃。

防护蜡在鞋材中的应用配方举例见表1.4.1-98。

表1.4.1-98　防护蜡在鞋材中的应用配方举例

配方材料与项目	RW287	RW158	RW156	LSB20
SVR-3L	30.0	30.0	30.0	30.0
BR9000	50.0	50.0	50.0	50.0
SBR1502	20.0	20.0	20.0	20.0
白炭黑 Hisil-255	50.0	50.0	50.0	50.0
环烷油	10.0	10.0	10.0	10.0
ZnO	5.0	5.0	5.0	5.0
硬脂酸	1.0	1.0	1.0	1.0
PEG-4000	5.0	5.0	5.0	5.0
防护蜡	1.0	1.0	1.0	1.0
BHT264	1.0	1.0	1.0	1.0
MBT（M）	0.3	0.3	0.3	0.3
MBTS（DM）	1.5	1.5	1.5	1.5
TS	0.3	0.3	0.3	0.3
S	2.0	2.0	2.0	2.0
门尼黏度 ML（1+4）100℃	32	35	35	33

续表

配方材料与项目		RW287	RW158	RW156	LSB20
硫化特性 （160℃×10 min）	ML，dN·m	1·13	1.17	1.14	1.70
	MH，dN. m	12.63	12.57	12.72	12.55
	t_{20}，sec	134	139	125	137
	t_{90}，sec	243	235	227	231
邵尔A硬度/度		61	61	62	61
拉伸强度/MPa		16.5	16.4	16.2	16.1
扯断伸长率/%		602	647	641	636
100%定伸应力/MPa		0.8	0.7	0.8	0.8
300%定伸应力/MPa		14.6	13.7	14.4	13.8
永久变形/%		23	21	25	24

元庆国际贸易有限公司代理的法国MLPC公司的防护蜡产品有：

（1）Sasol-B21，防雾剂。

成分：精炼石蜡和微晶蜡的混合物。

本品包含大范围的碳数分布，极适用于轮胎，有非常广泛的温度使用范围；蜡类硫化后可在橡胶制品表面形成一物理保护膜，能有效防止臭氧龟裂。符合食品法规FDA，21CFR 172.886，21CFR 178.3710。

用量2～4份。

防雾剂Sasol-B21的理化指标见表1.4.1-99。

表1.4.1-99　防雾剂Sasol-B21的理化指标

	测试方法	单位	规格值	典型值
熔点	ASTM D87	℃	—	71.6
含油量	ASTM D721	%	≤2.0	1.78
针入度（43.3℃）	ASTM D1321	0.1mm	50～82	60
灰分（800℃）	ASTM D5667	%	≤0.01	ND
碳数分布 N-paraffin，Iso-paraffin	ASTM D5442	% %	37～53 47～63	41 59

（2）Sasol-B10，龟裂防止剂。

成分：精炼石蜡和微晶蜡的混合物。

本品包含大范围的碳数分布，极适用于轮胎、鞋底，有非常广泛的温度使用范围；蜡类硫化后可在橡胶制品表面形成一物理保护膜，能有效防止臭氧龟裂。符合食品法规FDA，21CFR 172.886，21CFR 178.3710。

用量2～4份。

龟裂防止剂Sasol-B10的理化指标见表1.4.1-100。

表1.4.1-100　龟裂防止剂Sasol-B10的理化指标

	测试方法	单位	规格值	典型值
熔点	ASTM D87	℃	60～65	63.3
含油量	ASTM D721	%	≤1.0	0.38
折射率（80℃）	ASTM D1747			1.43
黏度（100℃）	ASTM D445	cSt		5.7
非石蜡含量		%	58～68	67

1.7　反应性防老剂

1.7.1　概述

早有报道指出，在高温下防老剂的挥发是严重的，并加快了老化过程；水浸洗出自行车胎的防老剂从而降低了制品的耐老化性能；丁腈橡胶密封件中的防老剂在油介质中被抽出；聚乙烯板中的胺和酚类防老剂在水中很快损失；而对苯二胺特别是IPPD（N-异丙基-N′-苯基对苯二胺）从橡胶制品的表面上溶解出来；有机酸和盐能浸提出防老剂；痕量的防老剂腐蚀密封圈管；在制造浅色橡胶制品，以及白色或彩色的轮胎胎侧时，防老剂的迁移造成污染，损害商品价值，所有这些事实都说明研制在橡胶中不挥发、不抽出的防老剂具有重要的实际意义。

反应性防老剂中不仅含有能与橡胶大分子反应的活性基团，又兼有抑制橡胶老化功能的基团，在混炼和硫化过程中反应性防老剂与橡胶发生化学反应，以化学键键合在橡胶大分子网络中，成为橡胶网络结构的一部分，因而不会被水或有机溶剂抽出，也不会因高温挥发而损失。反应性防老剂具有非迁移、不挥发及不抽出特性，延长了橡胶制品的使用寿命。在充分考虑成本的前提下，大力发展反应性防老剂，对于橡胶制品性能的提高，延长使用寿命，乃至保护环境方面都有重要的意义。

反应性防老剂可以分为加工型反应性防老剂与高分子防老剂两大类。加工型反应性防老剂是在混炼、硫化过程中与橡胶发生化学反应，结合在硫化网络中起防护作用；高分子防老剂由胺类或酚类防老剂与液体橡胶等反应，接枝在大分子链上，使用时兼具增塑剂的作用。反应性防老剂按参与橡胶大分子反应的基团又可分为亚硝基类、烯丙基类、马来酰亚胺基类和甲基丙烯酰胺基类等。

但由于存在安全、健康、环保、成本等多方面的因素，能够进入产业化应用的反应性防老剂品种仍然有限。

（一）加工型反应性防老剂

1. 亚硝基类

该类反应性防老剂以对亚硝基二苯胺（NDPA）和 N，N -二乙基对亚硝基苯胺为代表，其结构式为：

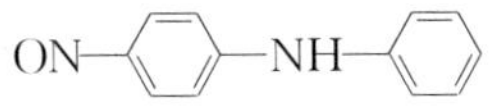

ON—⟨苯环⟩—NH—⟨苯环⟩　　$(C_2H_5)_2$N—⟨苯环⟩—NO

亚硝基二苯胺 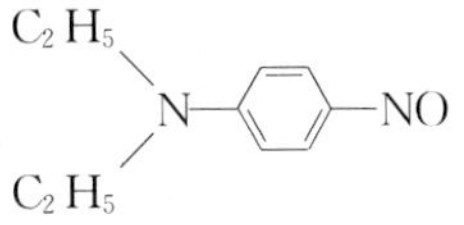　　N,N-二乙基对亚硝基苯胺

属于橡胶网络键合型防老剂。亚硝基与不饱和橡胶（以异戊二烯单元为例）的反应机理如下：

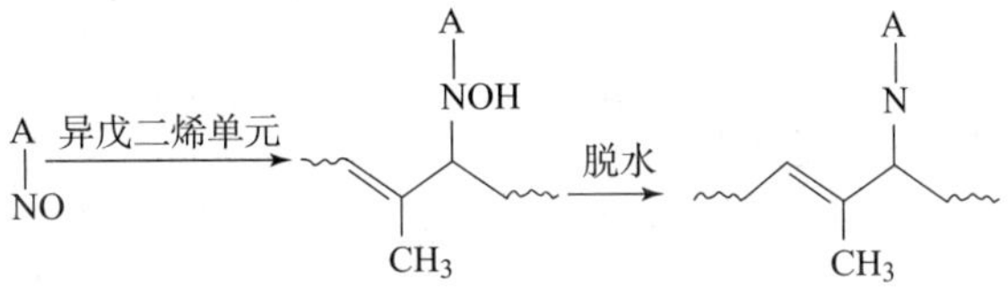

A—NO —(异戊二烯单元)→ ～CH=C(CH_3)—CH(N(OH)A)～ —(脱水)→ ～CH=C(CH_3)—C(=N—A)～

橡胶与 NDPA 反应后，硫化胶在经水或有机溶剂抽提前其耐老化性能与一般防老剂相似，抽提后其老化性能下降幅度不大，而一般防老剂在抽提后防护效能大大降低。使用 NDPA 对胶料的混炼和硫化没有不利影响，可用于轮胎胎面、工业制品（如下水道密封圈）、乳胶制品和其他生产或使用过程用水或溶剂冲刷、与水或溶剂接触的橡胶制品领域。

NDPA 与 IPPD 在不同橡胶中吸 O_2 1%所需的时间对比见表 1.4.1 - 101。

表 1.4.1 - 101　NDPA 与 IPPD 在不同橡胶中吸 O_2 1%所需的时间对比

胶料	防老剂	吸 O_2 1%所需的时间/h	
		未抽提	已抽提
SBR	IPPD	36	16
	NDPA	38	33
BR	IPPD	25	11
	NDPA	25	31
CR	IPPD	91	23
	NDPA	55	50
NBR	IPPD	48	15
	NDPA	84	39
IR	IPPD	69	10
	NDPA	59	54

如图 1.4.1 - 21 所示，丁腈橡胶硫化胶经抽提后其性能得到了较好的保持。

NDPA 能和天然橡胶、丁苯橡胶、顺丁橡胶、丁腈橡胶以及氯丁橡胶等不饱和弹性体结合得到橡胶网络键合型防老剂。而至今在低不饱和弹性体，例如丁基或乙丙橡胶中没有得到这种网络键合型防老剂。目前得到的这种防老剂的防老效率在抽提前，往往比优良的低分子防老剂差。

2. 烯丙基类

含有烯丙基的防老剂在硫化过程中，由引发剂（主要为有机过氧化物）作用使橡胶分子生成自由基，与烯丙基的双键作用而连接在橡胶大分子网络中。烯丙基类防老剂如图 1.4.1 - 22 所示。

有文献指出，加入 2，4，6 -三烯丙基酚的硫化胶比加入非反应性防老剂（如 2，6 -二丙基- p -甲酚）硫化胶的抗老化

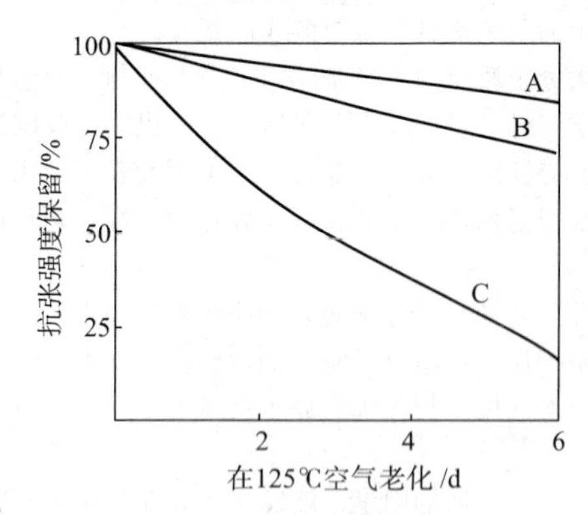

图 1.4.1-21　丁腈橡胶硫化胶经共沸溶剂抽提后抗老化性能的变化

A—NDPA 或丁间醇醛 α 萘胺缩合物 2 份；B—NDPA 抽提；C—丁间醇醛 α 萘胺缩合物抽提

2，4，6-三烯丙基酚　　2，6-二烯丙基对甲酚

图 1.4.1-22　烯丙基类防老剂

性能优异得多，因为在硫化过程中防老剂 2，4，6-三烯丙基酚被键合到了橡胶基质中，从而使硫化制品具有优异的抗老化效能。用丙酮抽提后制品的抗老化性能不会受到影响。

有研究将丁苯橡胶（JSR 1502）100 份（质量，下同）、硬脂酸 1 份、氧化锌 5 份、ULTRASIL VN3 40 份、二甘醇 3 份、二氧化钛 10 份、二硫化四甲基秋兰姆 0.3 份、巯基苯并噻唑 1.0 份、硫黄 2 份及 0.0l mol 的 2，6-二烯丙基对甲酚在 150℃下硫化 60 min，硫化胶在 110℃下经 168 h 老化后其拉伸强度和扯断伸长率的保持率分别为 63%和 64%。相对而言，使用非反应性防老剂 2，6-二丙基-p-甲酚时的保持率分别为 50%和 49%；不加防老剂硫化制品的两项指标分别仅有 44%和 39%。

3. 马来酰亚胺基类

马来酰亚胺及其衍生物如单马来酰亚胺，在游离基引发剂存在下易与含双键的橡胶加成。在引发剂作用下，先生成马来酰亚胺自由基，这种自由基又与橡胶相互作用而形成稳定的马来酰亚胺基耐热键。含马来酰亚胺的反应性防老剂包括 N-（4-苯胺基苯基）马来酰亚胺（BPM）和 N-（苯甲酸-3，5-二叔丁基羟苯甲酯）马来酰亚胺，结构式如下：

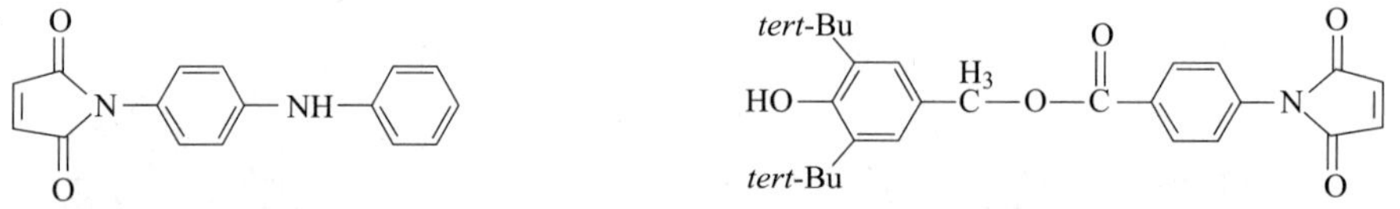

N-(4-苯胺基苯基)马来酰亚胺　　N-(苯甲酸-3，5-二叔丁基羟甲酯)马来酰亚胺

N-（4-苯胺基苯基）马来酰亚胺对于丁腈橡胶而言，采用硫黄硫化体系时 N-（4-苯胺基苯基）马来酰亚胺的硫化速率较慢，硫化程度较低，而采用过氧化物硫化体系时其硫化速率、硫化程度和力学性能均高于使用防老剂 6PPD（4020）。N-（4-苯胺基苯基）马来酰亚胺可赋予丁腈橡胶更好的耐 ASTM 3＃油的性能，对氧老化的防护效果持久，但耐臭氧性能则逊于防老剂 6PPD（4020）。

将 N-（苯甲酸-3，5-二叔丁基羟苯甲酯）马来酰亚胺在一些活性引发剂（如过氧化二异丙苯、过氧化苯甲酰及偶氮二异丁腈）存在下接枝到了聚乙烯和聚丙烯上，在 120℃下老化 5d，接枝后的聚乙烯和聚丙烯显示出了优异的热氧稳定性能，该防老剂多用于树脂。

4. 甲基丙烯酰胺基类

该类反应性防老剂的分子内含有甲基丙烯酰胺，防老化机理同烯丙基类相似，主要品种结构式如下：

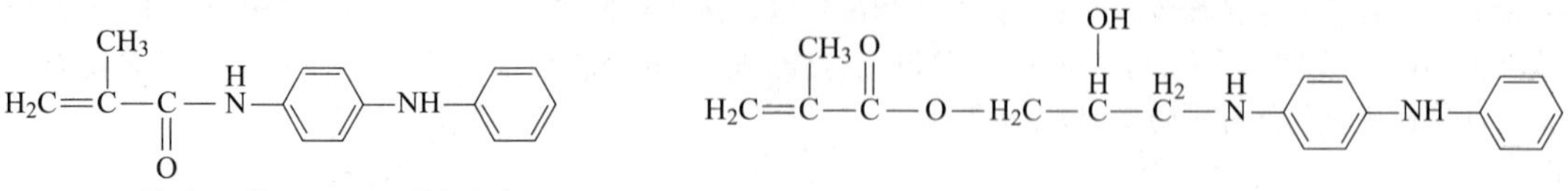

N-(4-苯胺基苯基)甲基丙烯酰胺　　Nocrac G-1

有文献指出，N-（4-苯胺基苯基）甲基丙烯酰胺对于胶料的混炼和硫化工艺没有不良影响，某些方面还会得到改善；硫化胶的物理机械性能与使用其他防老剂类似，扯断伸长率则具有明显优势，防护效果明显优于防老剂 OD、4010 NA 及

RD与MB的并用体系等。在轮胎胎面胶中使用该防老剂后，经里程试验发现轮胎的耐雨水浸泡、抗油污抽提以及耐磨耗、耐热老化性能均有提高，轮胎行驶里程得以增加。

有研究认为，尽管使用Nocrace G－1［即N－(3－甲基丙烯酰氧代－2－羟甲基)－N′－苯基对苯二胺］后橡胶的耐寒性有些许降低，但能够有效地提高丁腈橡胶的耐热、耐油、耐燃料及耐其他碳氢类介质性能，抗O_3性能优于4010NA。

5．巯基类

含巯基的反应性防老剂包括2－(N－异丙基－N′－苯基－对苯二胺基)－4，6－二巯基－均三嗪和4－巯基－乙酰胺基二苯胺，结构式如下：

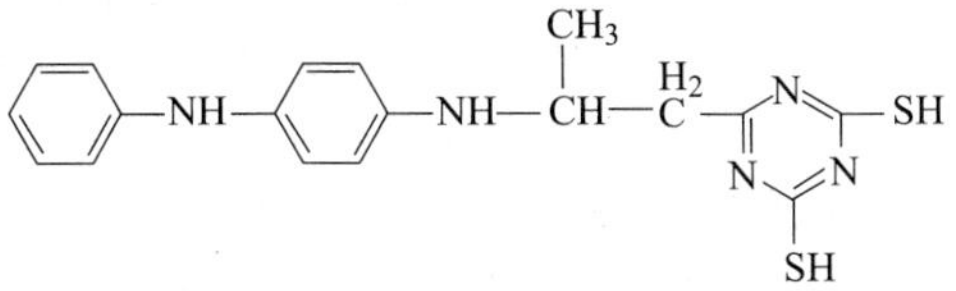

2-(N-异丙基-N′-苯基-对苯二胺基)-4，6-二巯基-均三嗪

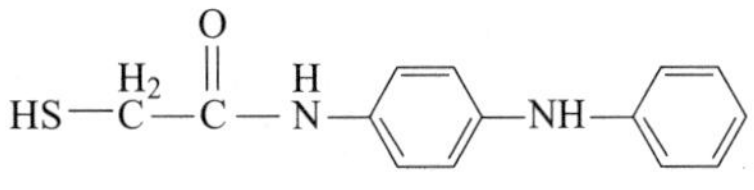

4-巯基-乙酰胺基二苯胺

巯基与不饱和橡胶（以异戊二烯单元为例）的反应机理如下：

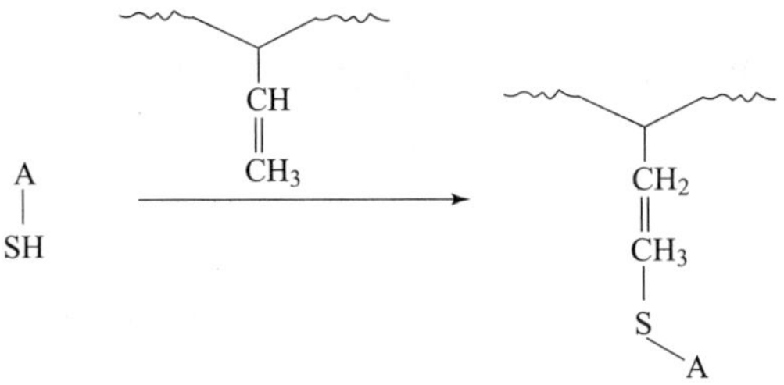

有文献指出，分别采用硫黄、过氧化物及高效硫化体系研究2－(N－异丙基－N′－苯基－对苯二胺基)－4，6－二巯基－均三嗪与顺丁橡胶的作用，证实其对顺丁橡胶具有良好的反应性、防老化性和耐油性。通过分析硫化胶物理机械性能和化学流变学方程的推算，当100 g丁腈橡胶中2－(N－异丙基－N′－苯基－对苯二胺基)－4，6－二巯基－均三嗪为7 mmol时，结合率可达72.8%；从Brabender转矩图及核磁共振谱图推测，在硫黄体系中2－(N－异丙基－N′－苯基－对苯二胺基)－4，6－二巯基－均三嗪与橡胶的反应属于离子型反应，而在过氧化物体系中属于自由基反应；用硫黄和低硫硫化体系时2－(N－异丙基－N′－苯基－对苯二胺基)－4，6－二巯基－均三嗪在丁腈橡胶中具有优良的反应性、防老性及耐抽出性，而4010NA则没有反应性。

有研究指出，含硫醇的抗氧剂，如4－巯基－乙酰胺基二苯胺可以将巯基键合到二烯烃橡胶的双键上，使橡胶的抗热氧老化能力得以提高，反应可以在高顺式异戊二烯橡胶和丁基橡胶分子上进行，并且橡胶的物理化学性能（如特性黏数、微观结构等）不受影响。吸氧量测试和差示扫描量热分析均证实该防老剂具有防老效果。热空气老化和抽提试验结果显示，只要用少量的4－巯基－乙酰胺基二苯胺（1份）就可使橡胶获得优异的抗热氧老化性能，而对其他性能无影响，但其用量过多时会使橡胶发生顺-反式异构化。

6．腈类

腈类能与肼反应水解生成酰肼的氨基腙，因此可结合到聚合物链上，利用具有稳定剂基团的取代肼制取含有化学结合防老剂的聚合物。用异辛烷-甲苯混合液（70/30）萃取丁腈橡胶的硫化胶，再进行72 h热空气老化，测定其物理机械性能。结果显示，在对添加了各种防老剂的胶料老化后，4－羟基－3，5－二特丁基苯基肼的防护效果不亚于有致癌可能的防老剂D。萃取后再进行的老化试验显示添加了该类防老剂的胶料具有更高的稳定性，表明活性基团－$NHNH_2$能够与丁腈橡胶的CN基相互作用而使防老剂不至于被抽出。

（二）高分子防老剂

高分子防老剂按制备方法，可以分为：1）原料单体和具有共聚合性的防老剂共聚成高分子防老剂；2）含有聚合基的防老剂，聚合成高分子防老剂；3）原料高分子和防老剂化学接枝的高分子防老剂。由上述方法制得的高分子防老剂，其本身是一种高聚物，所以不挥发也不抽出。

高分子防老剂主要有胺类或酚类防老剂与液态橡胶的反应产物、胺类防老剂与环氧化聚合物的反应产物、胺类防老剂与亚磷酸酯化的聚烯烃的反应产物，以及原料单体和具有共聚合性的防老剂聚合得到的高分子防老剂等。该类防老剂以低分子量液体丁腈橡胶与二苯胺（防老剂5301）的化学接枝产物和与防老剂D的化学接枝产物为代表，主要用于丁腈橡胶的防护，胶料除具有耐油、耐抽出及较好的耐热老化性能外，亦能改善其低温性能。如胺类防老剂与环氧二烯烃聚合物化学接枝，反应时先将不饱和聚合物环氧化，再用胺类防老剂进行化学接枝：

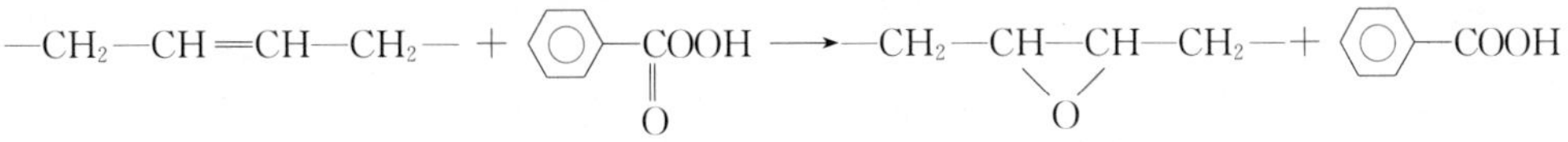

$$-CH_2-CH=CH-CH_2- + C_6H_5-C(=O)OOH \longrightarrow -CH_2-\overset{O}{CH-CH}-CH_2- + C_6H_5-COOH$$

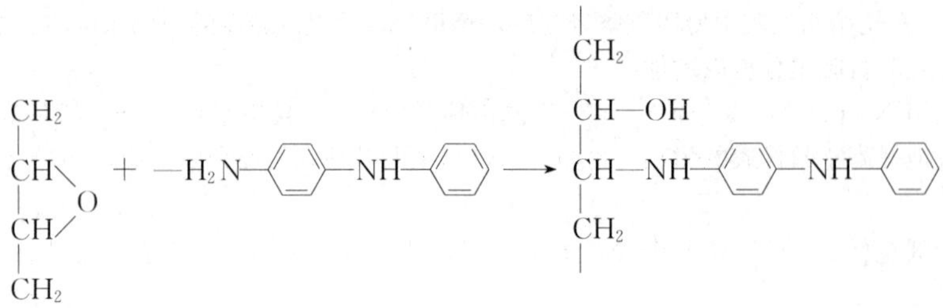

这种高分子防老剂称为BAO-1，它的化学结构类似于防老剂IPPD（4010NA）。与一般防老剂比较，这种高分子防老剂在BR或SBR中有突出的防护效果，原因一是在高分子防老剂结构中含有羟基，它直接处于活性芳香仲胺基团附近，产生了抗氧的协同效应；二是在橡胶结构中的高分子防老剂使两种聚合物的自由基有机会进行再结合。

在以过氧化物、低硫及硫黄硫化的胶料中，高分子防老剂对过氧化物硫化胶料的防护效果最好，其次为低硫配合胶料，在常用硫黄配合胶料中也有作用。该类防老剂较单独使用二苯胺防老剂时的防护效果更突出，但其混炼时的分散性不好，易黏辊，提高混炼温度可以解决这些问题。

目前，人们致力于发展含硫、磷的大分子多官能团防老剂，以求改进与橡胶的相容性，提高稳定性与综合防护的效能。

1.7.2　反应性防老剂MC（MF、SF-98），化学名称：N-4（苯胺基苯基）马来酰亚胺

结构式：

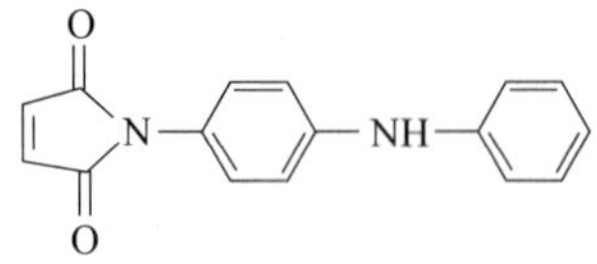

N-4（苯胺基苯基）马来酰亚胺

分子式：$C_{16}H_{12}N_2O_2$，分子量：264.28，CAS号：32099-65-3，红色结晶粉末，熔点：161～163℃，密度：1.346±0.06 g/cm^3（20℃ 760 Torr），溶于丙酮、乙醇和苯，不溶于水。

本品是一种反应性不抽出防老剂，可用于各种二烯类橡胶，替代防老剂IPPD（4010NA）、6PPD（4020），是一种反应性耐热老化、介质抽提、无迁移污染性防老剂。马来酰亚胺在引发剂作用下，先生成马来酰亚胺自由基，这种自由基又与橡胶相互作用形成稳定的马来酰亚胺基耐热键；另外，马来酰亚胺的N位取代基衍生物又可做硫化剂，如在硫化时加入过氧化物引发产生自由基，然后引起接枝聚合又产生交联，这样形成的大分子也不易抽出。本品具有耐油、耐热老化、不抽出的特点，可替代4010NA、4020等防老剂。

在丁腈橡胶中，采用硫黄硫化体系时，防老剂MC降低了胶料的硫化速率和硫化程度；采用过氧化物硫化体系时，含防老剂MC胶料的硫化速率、硫化程度和力学性能明显高于含防老剂6PPD（4020）胶料。含防老剂MC的硫化胶具有良好的耐ASTM 3#油老化性能。防老剂MC的抗臭氧老化作用差于防老剂6PPD（4020）。

本品用量及硫化条件和IPPD（4010NA）类防老剂相同，一般为2份。

反应性防老剂MC（MF）的供应商见表1.4.1-102。

表1.4.1-102　反应性防老剂MC（MF）的供应商

供应商	商品名称	外观	熔点（≥）/℃	灰分（≤）/%	加热减量（75～80℃×2 h）（≤）/%
咸阳三精科技股份有限公司	防老剂MC	红色粉末	145	0.5	0.5
陕西岐山县宝益橡塑助剂有限公司	反应性不抽出防老剂MF	—	120	—	—
陕西杨晨新材料科技有限公司	防老剂MC	红色粉末	140	0.5	0.5

1.7.3　反应性防老剂NAPM

化学名称：N-（4-苯胺基苯基）甲基丙烯酰胺，结构式：

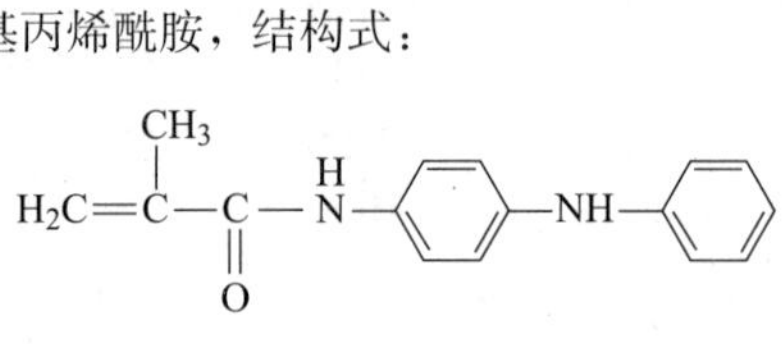

N-（4-苯胺基苯基）甲基丙烯酰胺

本品是灰色的碎石棉状固体，易溶于甲醇、乙醇、丙酮、微溶于醚、苯、甲苯。熔点：104～106.5℃，含氮量10.91%（理论含氮量11.11%）。

本品是反应性橡胶防老剂之一，具有耐热老化和耐介质性能，可以提高橡胶制品在保存和使用时的寿命，主要用作生胶或橡胶单体共聚时所使用的防老剂。可用于轮胎、胶管、胶带、密封油封制品和各种杂品。

本品应贮存于干燥、防潮、通风、阴凉处，离地面 0.5 m 以上存放。运输时扎紧袋口，不能倒置、防水、隔绝火源。

反应性防老剂 NAPM 的供应商见表 1.4.1－103。

表 1.4.1－103　反应性防老剂 NAPM 的供应商

供应商	商品名称	外观	熔点(≥)/℃	灰分(≤)/%	加热减量(≤)/%
西安天长化工有限公司	N－（4－苯胺基苯基）甲基丙烯酰胺	灰蓝色粉末	100～104	—	—
陕西岐山县宝益橡塑助剂有限公司	反应性不抽出防老剂 NAPM	灰色	100～106	0.5	0.5

第二节　重金属防护剂、光稳定剂、热稳定剂与防霉剂

由于聚合物降解通常由 UV 辐射、金属杂质（残留在聚合物中的催化剂）、热等引起，因此其他添加剂如 UV 稳定剂、金属螯合剂及热稳定剂与主、辅抗氧剂一并使用可以进一步阻止材料氧化降解。

2.1　重金属防护剂

可以抑制胶料中微量金属对橡胶催化老化作用的物质，称为重金属防护剂。大多数重金属防护剂同时兼有抗氧或抗臭氧的功能。

重金属防护剂的分类见表 1.4.2－1。

表 1.4.2－1　重金属防护剂的分类

类别	重金属防护剂名称	类别	重金属防护剂名称
醛胺生成物	防老剂 AH	对苯二胺衍生物	防老剂 CPPD（4010）
酮胺生成物	防老剂 TMQ（RD）		防老剂 TPPD
苯基萘胺	防老剂 A	烷基芳基仲胺	防老剂 DED
取代二苯胺	防老剂 D	取代酚	防老剂 DOD
对苯二胺衍生物	二烷基化二苯胺	咪唑	ZKF
	防老剂 H	亚磷酸酯	防老剂 WSP
	防老剂 DNP		防老剂 MB
	防老剂 IPPD（4010NA）		防老剂 MBZ
	防老剂 6PPD（4020）		TPP

注：于清溪，吕百龄．橡胶原材料手册［M］．北京：化学工业出版社，2007：494.

抗铜剂 MDA－5

抗铜剂 MDA－5 主要应用于以聚烯烃（聚乙烯、聚丙烯、乙烯-醋酸乙烯共聚物等）、橡胶为绝缘材料的铜芯电线电缆，添加无机填料及颜料的塑料制品以及石油制品，防止重金属的催化老化作用，延长制品的使用寿命。添加量为 0.1～0.5 份，使用时与抗氧剂 CA、1010 及 DLTP、168 配合效果更好。

抗铜剂 MDA－5 的供应商见表 1.4.2－2。

表 1.4.2－2　抗铜剂 MDA－5 的供应商

供应商	商品名称	外观	纯度(≥)/%	粒径	熔点范围/℃	灰分(≤)/%	挥发分(≤)/%	加热减量(≤)/%	透光率(≥)/%	
									425 nm	500 nm
天津市合成材料工业研究所	MDA－5	白色粉末	98.0	≥120 目	≥240	0.10	0.50	0.50	96.0	98.0

2.2　紫外线吸收剂与光稳定剂

实践中，通常是采用添加稳定剂的方法来阻止聚合物的光氧化。能有效屏蔽或吸收紫外线，防止光照尤其是紫外线照射引起的高分子材料老化的物质称为光稳定剂。常用的光稳定剂有三大类：光屏蔽剂、紫外线吸收剂和紫外光猝灭剂。

1. 光屏蔽剂

能在聚合物与光辐射源之间起到屏蔽作用的物质称为光屏蔽剂。其功能为：在有害的光辐射源到达聚合物表面之前将其吸收，限制其穿透到聚合物体内。

光屏蔽剂包括外部涂层如油漆，聚合物内渗出的防护性膜，以及各种助剂，主要是颜料。严格地说，只有颜料的外部涂层才能算是光屏蔽剂，而在聚合物内部的颜料主要是靠吸收光发挥防护作用。炭黑和其他颜料虽然可归类于光屏蔽剂类，但它们也能吸收有害的光辐射。

2. 紫外光吸收剂

紫外光吸收剂的功能是吸收并消散能引发聚合物降解的紫外线辐射。紫外光吸收剂能有选择地强烈吸收紫外线，并把被吸收的能量转变成热能或次级辐射（荧光）消散出去，它本身不会因吸收紫外线而发生化学变化，因而使材料避免与紫外线直接作用，从而免予遭受紫外线的破坏，起了保护材料的作用。紫外光吸收剂按其结构不同可分为三种：邻羟基二苯甲酮类、水杨酸酯类、邻羟基苯并三唑类。

（1）邻羟基二苯甲酮类。

在羰基的邻位必须含有一个羟基，羰基和羟基之间形成羟基螯合环，这类化合物具有羟类吸收紫外线的特征。邻羟基二苯甲酮类化合物当受光照吸收能量后就发生螯合环开环，当它将所吸收的能量以其他无害能量转移时，如转化为热能，螯合环又闭环。所以如果形成的氢键越稳定，则开环所需的能量越多，因此传递给高分子材料的能量就越少，光稳定效果越佳。

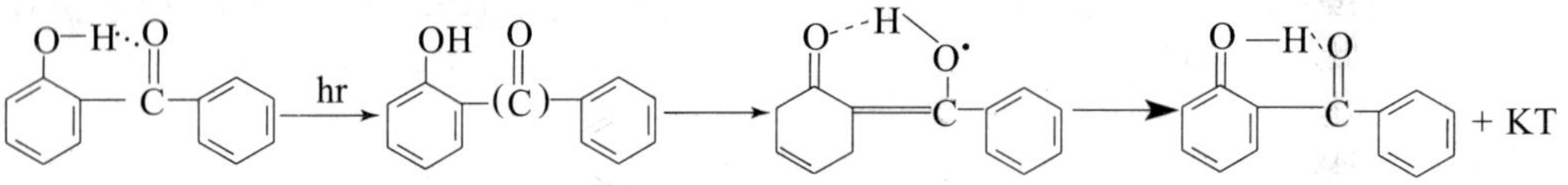

如果在羰基邻位不含羟基，该化合物虽然也有吸收紫外线的能力，但它受光照后会引起自身分解，故不适宜做紫外线吸收剂。

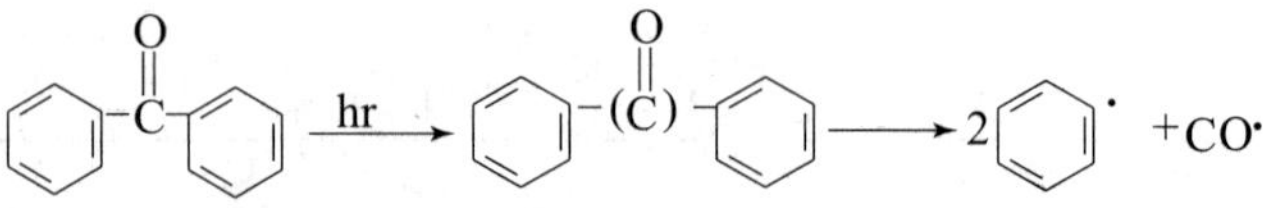

这类紫外线吸收剂常用的品种有：UV-9、UV-24、UV-531、DOBP等。

（2）水杨酸酯类。

水杨酸酯类常称为先驱型紫外线吸收剂。这类化合物含有酚基芳酯的结构，它本身起初并不能吸收紫外线，但经光照后其分子内部发生重排，生成二苯甲酮结构，从而强烈地吸收紫外线。

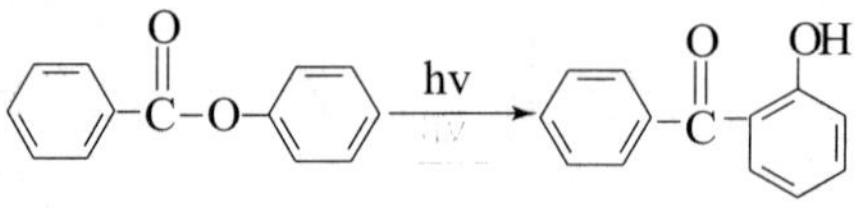

这类紫外线吸收剂的生产工艺比二苯酮类简单，且原料易得，价廉，与高分子材料的相容性好，无味低毒。适用于PVC、聚烯烃、聚氨酯、聚酯、纤维素酯和合成橡胶及油漆中。这类紫外线吸收剂常用品种有：TBS、OPS、BAD、Salol等。

（3）邻羟基苯并三唑类。

在这类化合物中，羟基和三唑环之间形成氢键，可将激发能量转移。

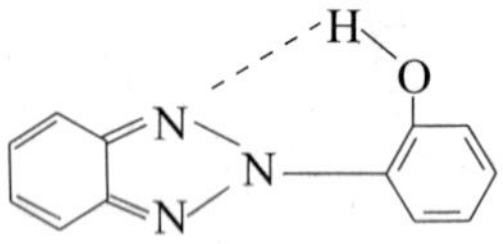

这类紫外光吸收剂用量少（添加量0.01～0.1phr），而效果非常优良，有宽广的吸收范围，能强烈地吸收300～385 mμ的紫外光，几乎不吸收可见光，而且它们热稳定性高，挥发性小，常用的品种有：UV-P、UV-327、UV-326等。其中UV-327和UV-326是最主要的品种，它们广泛用于聚烯烃、聚碳酸酯、聚酯、ABS以及涂料中，但目前价格较贵。

3. 紫外光猝灭剂

这类化合物的稳定作用主要不在于吸收紫外线，而是通过分子间的作用把能量转移掉。即能够在瞬间把受到紫外光照射后处于激发态分子的激发能转移，使分子再回到稳定的基态，因而避免了高聚物的光氧化老化。这种猝灭作用可有两种形式进行。

（1）激发态分子将能量转移给一个非反应性的猝灭剂分子。

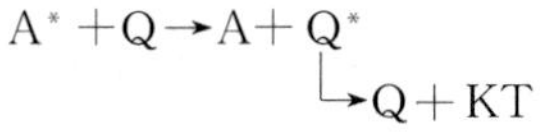

$$A^{*}+Q \rightarrow A+Q^{*}$$
$$Q^{*} \rightarrow Q+KT$$

(2) 激发态分子与猝灭剂形成激发态的络合物，该络合物再经过其他光物理过程如发射萤光、内部转变等将能量消散。

$$A^* + O \rightarrow [A\cdots\cdots Q]^* \rightarrow \text{光物理过程（荧光，内部转换）}$$

目前用得最广泛的猝灭剂是二价镍的络合物或盐，如硫代烷基酚镍络合物、二硫代氨基甲酸镍盐、磷酸单酯镍络合物、硫代酚氧基肟的镍络合物等。这些镍络合物多是带有绿色或浅绿色，常用的品种有：AM-101，2002；NBC；UV-1084 等。这类光稳定剂特别适用于纤维和薄膜制品，很少用于厚制品。

上述各类光稳定剂都有各自不同的作用机理，在实际应用中，常常是两种或几种不同作用原理的光稳定剂合并使用。可以取长补短，得到增效光稳定剂。如将几种紫外线吸收剂复合使用其效果比单一使用时有很大提高；有紫外线吸收剂常与猝灭剂并用，光稳定效果显著提高，因为紫外线吸收剂不可能把有害的紫外线全部吸收掉，这时猝灭剂可消除这部分未被吸收的紫外线对材料的破坏。

填充大量白色填料的合成橡胶硫化橡胶，在臭氧、紫外光或光氧的老化作用下，表面会出现白色并易脱落的粉末，这种情况称为发白或露白。这种情况在塑料和涂料行业称为粉化。这是因为覆盖在白色填料表面的橡胶分子因氧化断链，而失去了对粉料的覆盖作用，使粉料显露出来。为防止这种发白现象的过早发生，可以在胶料中加入适量的防老剂、石蜡和紫外线吸收剂。钛白粉（金红石型）可遮挡和吸收光线，迟缓发白现象的产生，但在光氧老化的初期也可能出现喷霜现象，并可能转化为红色喷霜。

常用的光稳定剂主要包括：水杨酸酯类，如 BAD、TBS 等；邻羟基二苯甲酮类，如 UV-531 等；苯并三唑类，如 UV-327、UV-326 等；此外还有三嗪类、镍盐、取代丙烯酸类等。炭黑、钛白粉等也是广义的光稳定剂。

光稳定剂多用于制造浅色、透明的橡胶制品。一般用量 0.05～1.0 份，通常用量 0.1～0.5 份。可以在聚合时加入，也可以在混炼时加入，聚合时加入则成为聚合物的一部分，不被抽出、不迁移，具有长效性。

光稳定剂见表 1.4.2-3。

表 1.4.2-3　光稳定剂

名称	化学结构	性状		
		外观	相对密度	熔点/℃
水杨酸苯酯（Salol）	phenyl salicylate 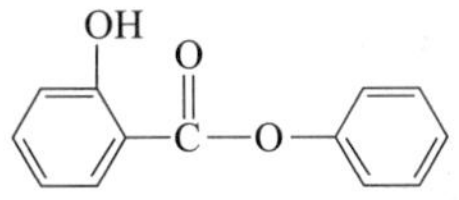 OH, O; C—O	白色结晶粉末		42～43
水杨酸对叔丁基苯酯（TBS）	p-tert-butyl-phenyl salicylate 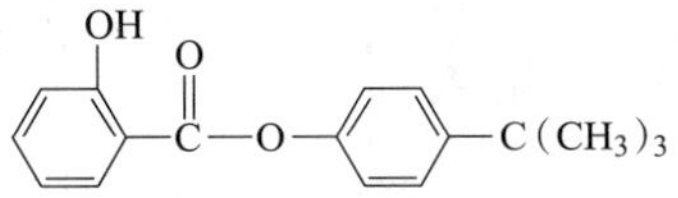 OH, O; C—O—, —$C(CH_3)_3$	白色结晶粉末		64
对，对′-亚异丙基双酚双水杨酸酯（BAD）	p，p′-isopropy lidene bisphenol salicylate 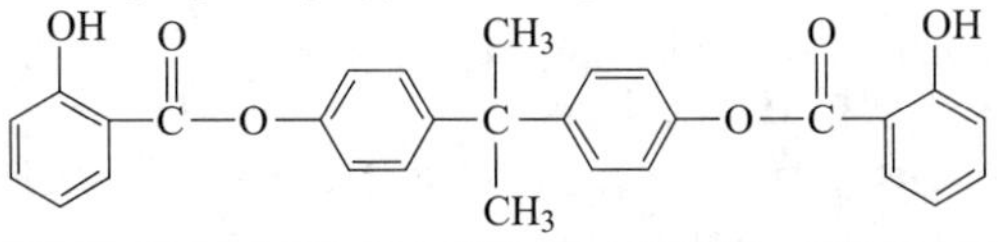 OH, O, CH_3, O, OH; C—O—, —C—, —O—C; CH_3	白色粉末		158～161
2-羟基-4-甲氧基二苯甲酮（UV-9）	2-hydroxy-4-metboxy-benzophenone 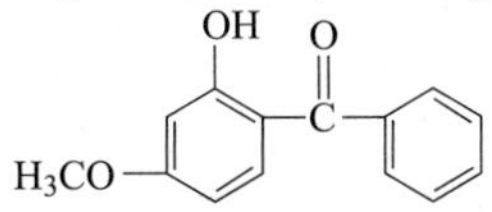 OH, O; C; H_3CO—	白黄色结晶	1.324	62～65
2-羟基-4-庚氧基二苯甲酮（U-247）	2-hydroxy-4-heptoxy-benzophenone 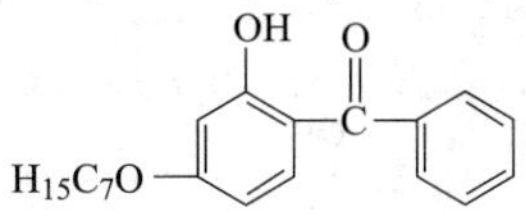 OH, O; C; $H_{15}C_7O$—	淡黄色粉末		62.5～65
2-羟基-4-正辛氧基二苯甲酮（UV-531）	详见本节 2.2.3			
2-羟基-4-十二烷氧基二苯甲酮（DOBP）	2-hydroxy-4-do-decyloxy benzophenone 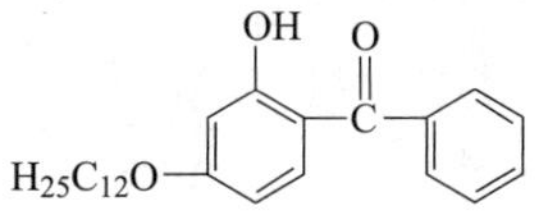 OH, O; C; $H_{25}C_{12}O$—	淡黄色片状		43（凝固点）

续表

名称	化学结构	性状		
		外观	相对密度	熔点/℃
4-烷氧基-2-羟基二苯甲酮（OA）	2-hydroxy-4-alkyloxy-benzophenone 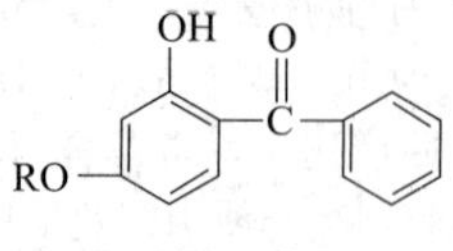 $R=C_7H_{15}\sim C_9H_{18}$	淡黄色黏性液体		140～210（沸点）
2-羟基-4-（2-乙基己氧基）二苯甲酮（242）	2-hydroxy-4-（2-ethyl hexyoxy）benzophenone 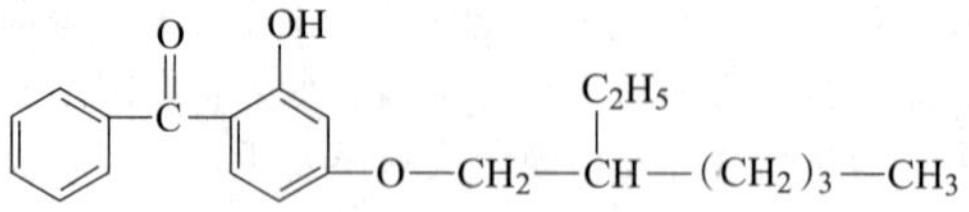	淡黄色黏性液体	1.04～1.05	230～235（沸点）
2-羟基-4-（2-羟基-3-丙烯酰氧基丙氧基）二苯甲酮（A）	2-hydroxy-4-（2-hydroxy-3-acryloxy propyloxy）benzophenone 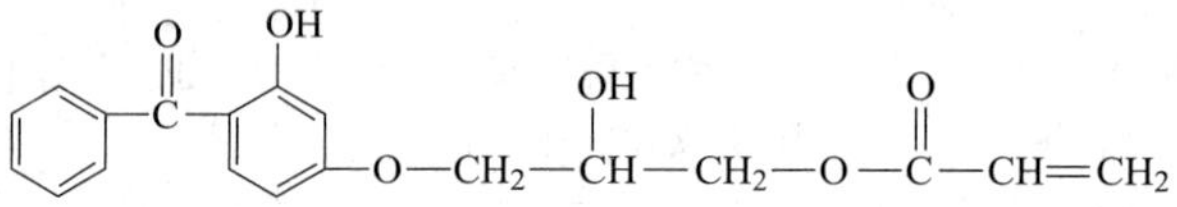	黄色黏性液体		
2-羟基-4-（2-羟基-3-甲基丙烯酰氧基丙氧基）二苯甲酮（MA）	2-hydroxy-4-（2-hydroxy-3-methacryloxy propyloxy）benzophenone 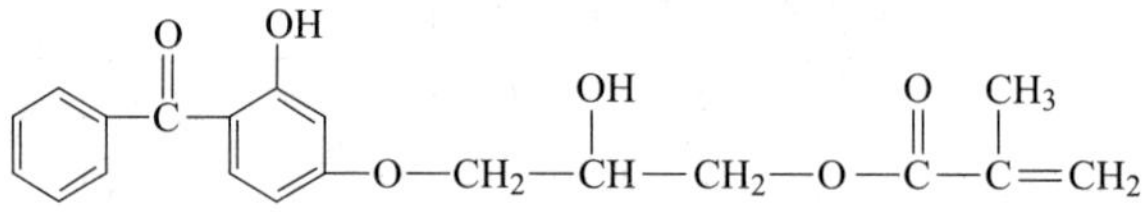	淡黄色黏性液体	1.23	
2，4-二羟基二苯甲酮（UV-0）	2，4-dihydroxy benzophenone 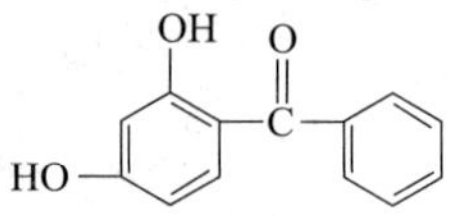	淡黄色针状结晶		138～143
2，2′，4，4′-四羟基二苯甲酮（D-50）	2，2′，4，4′-tetrahydroxy benzophenone 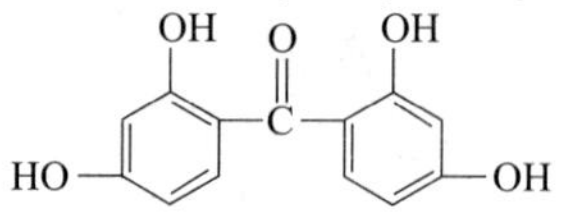	粉末	1.2162	195
2，2′-二羟基-4-甲氧基二苯甲酮（UV-24）	2，2′-dihydroxy-4-methoxy benzophenone 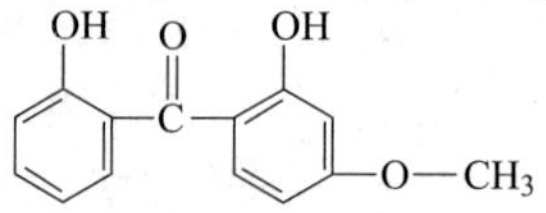	灰黄色结晶		60～70
2，2′-二羟基-4-辛氧基二苯甲酮（UV-314）	2，2′-dihydroxy-4-octyloxy benzophenone 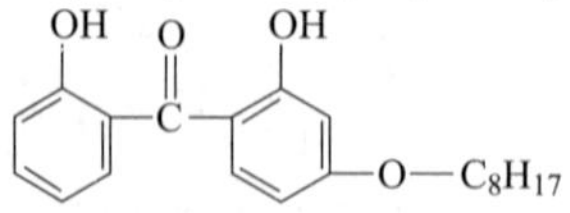	淡黄色结晶粉末		92
2，2′-二羟基-4，4′-二甲氧基二苯甲酮（UV-12）	2，2′-dihydroxy-4，4′-dimethoxy benzophenone 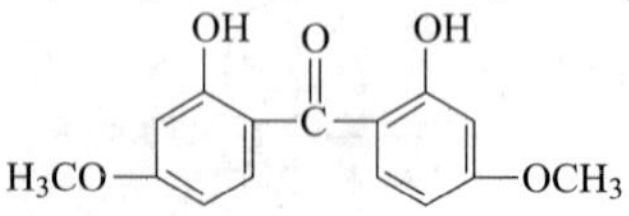	粉末	1.3448	130
2-羟基-4-甲氧基-5-磺基二苯甲酮（三水合物）（UV-284）	2-hydroxy-4-methoxy-5-solfon benzophenone 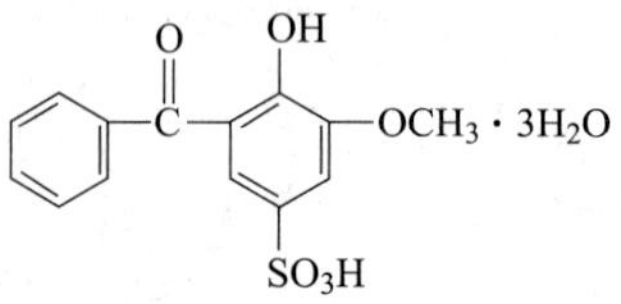 $\cdot 3H_2O$	黄色粉末		109～110

续表

名称	化学结构	性状		
		外观	相对密度	熔点/℃
2，2′-二羟基-4，4′-二甲氧基-5-磺酸钠二苯甲酮（DC-49）	2，2′-dihydroxy-4，4′-dimethoxy-5-sodium sulfonate benzophenone 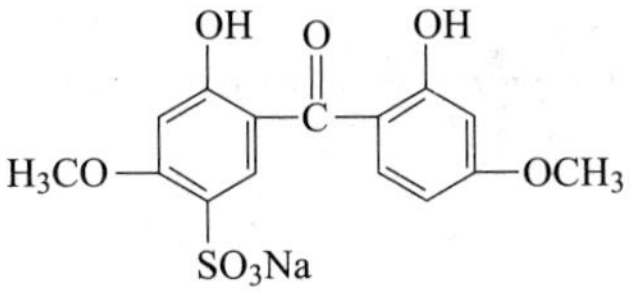	粉末		350
1，3-双（3-羟基-4-苯甲酰基苯氧基）-2-丙醇（C-67）	1，3-bis（3-hydroxy-4-benzoyl phenoxy）propanol-2 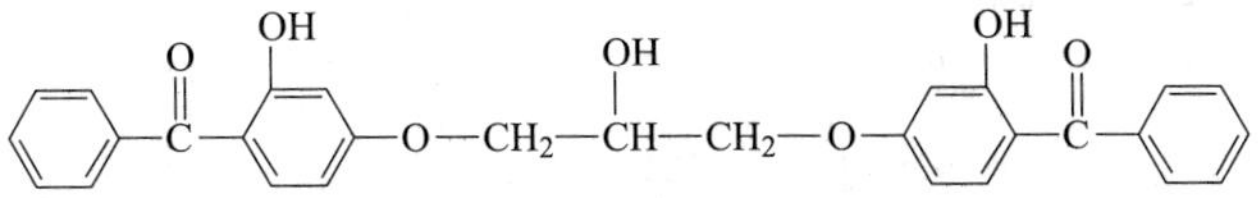	淡黄色结晶粉末		150～151
2-氰基-3，3-二苯基丙烯酸乙酯（N-35）	ethyl-2-Cyano-3，3-diphenyl acrylate 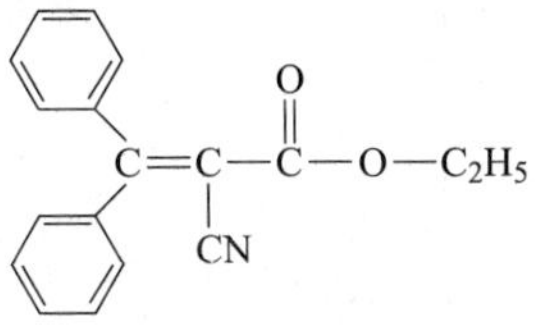	白色结晶粉末	1.1642	96
2-氰基-3，3-二苯基丙烯酸-2′-乙基乙酯（N-539）	2′-ethylhexyl-2-cyano-3，3-diphenyl acrylate 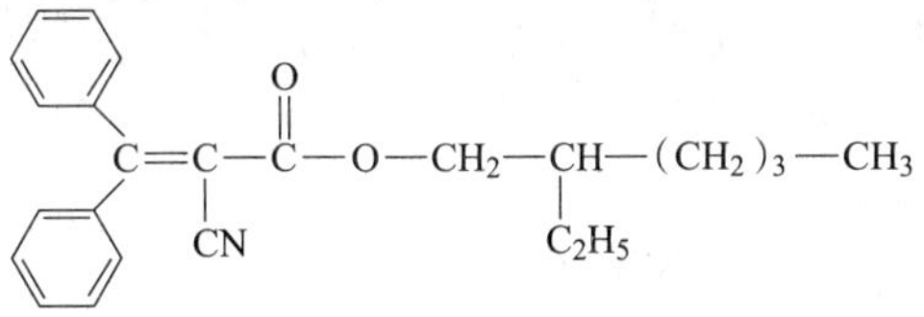	淡黄色液体	1.0478	200（沸点） -10（熔点）
2-（2-羟基-5-甲基苯基）苯并三唑（UV-P）	详见本节 2.2.4			
2-（2-羟基-3，5-二叔丁基苯基）苯并三唑（320）	2-（2-hydroxy-3，5-di-*tert*-butyl phcnyl）benzotriazole 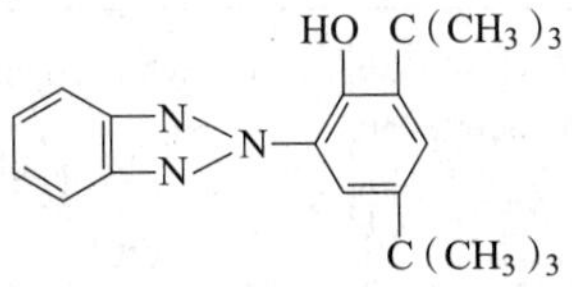	淡黄色结晶粉末		155
2-（2-羟基-3，5-二异戊基苯基）苯并三唑（328）	2-(2-hydroxy-3，5-di-isopentyl phenyl）benzotriazole 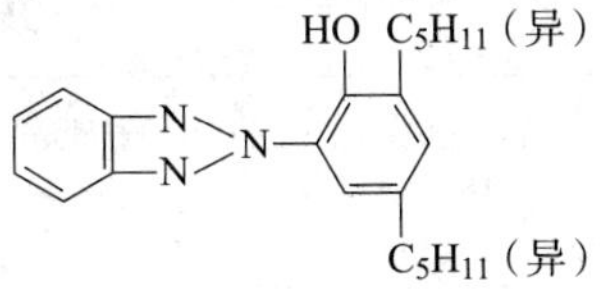	淡黄色粉末		83
2-（2-羟基-3-叔丁基-5-甲基苯基）-5-氯代苯并三唑（UV-326）	详见本节 2.2.1			
2-（2-羟基-3，5-二叔丁基苯基）-5-氯苯并三唑（UV-327）	2-（2-hydroxy-3，5-di-*tert*-butyl phenyl）-5-chlorobenzotriazole 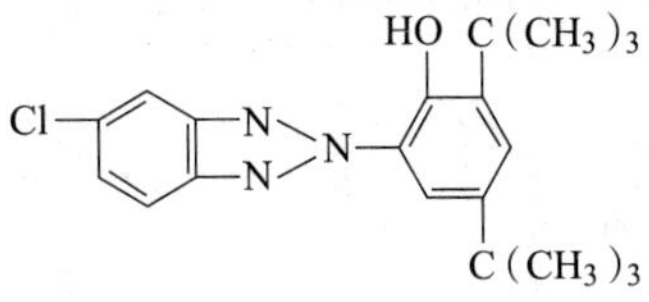	淡黄色粉末		151

续表

名称	化学结构	性状		
		外观	相对密度	熔点/℃
2，4，6-三（2，4-二羟基苯基）-1，3，5-三嗪	2，4，6-tri（2，4-dihydroxy phenyl）-1，3，5-triazine 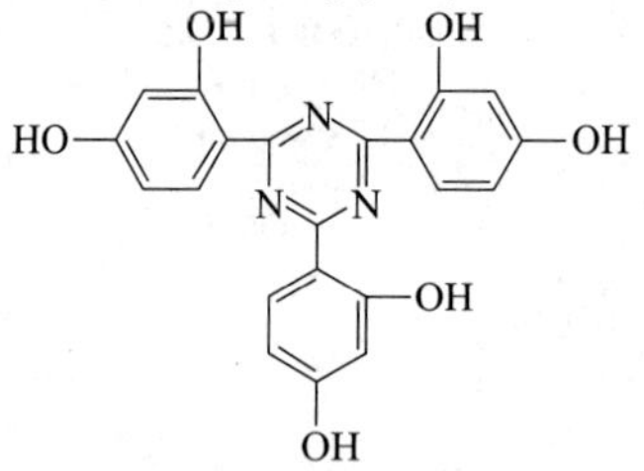	淡黄色粉末		200
2，4，6-三（2-羟基-4-正丁氧基苯基）-1，3，5-三嗪	2，4，6-tris（2-hydroxy-1-*n*-butoxyphenyl）-1，3，5-triazine 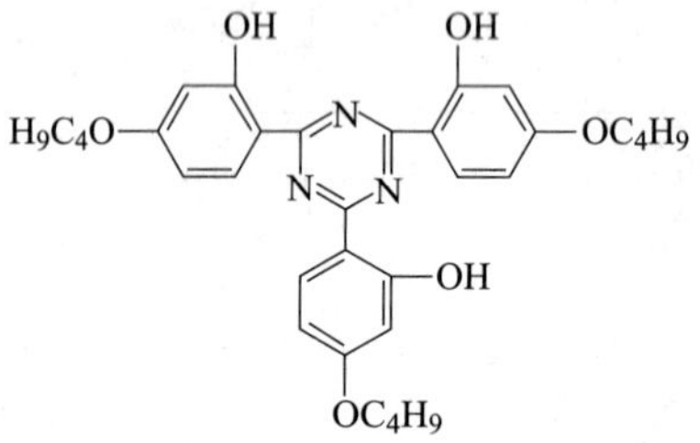	淡黄色粉末		165～166
2，4，6，-三（防老基团）-1，3，5-三吖嗪	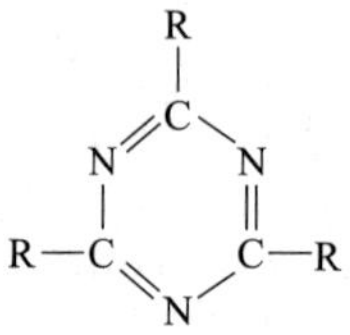 （Ⅰ）R_1为$NHC_6H_4NHC_6H_5$ （Ⅱ）R_2为$OC_6H_4NHC_6H_5$	黑色或淡褐色		（Ⅰ）200 （Ⅱ）198
双（N，N′-二正丁基二硫代氨基甲酸）镍（防老剂 NBC）	见前面相关章节			
双（3，5-二叔丁基-4-羟基苄基磷酸单乙酯）镍盐（光稳定剂 2002）	nickel 3，5-di-*tert*-butyl-4-hydroxybenzylphosphonate monoethylate 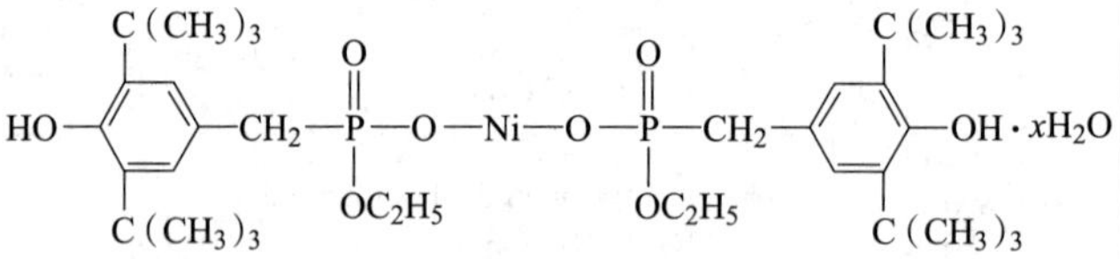	淡黄绿色粉末		180～200
双［2，2′-硫化双（4-叔丁基苯酚）］络镍（NBPS）	nickel complex of 2，2′-thio-bis（4-*tert*-octylphenol） 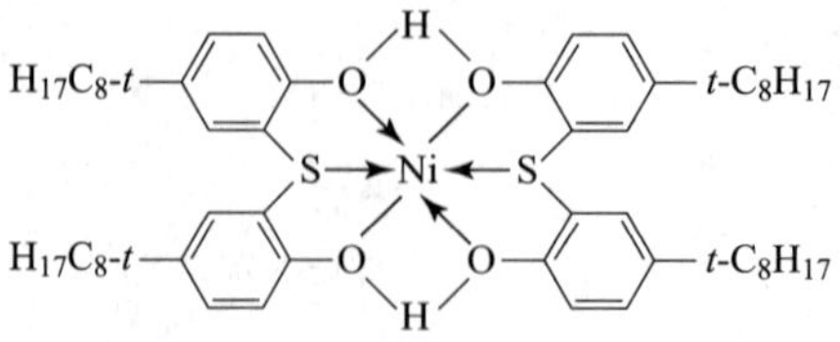	绿色粉末		
2，2′-硫双（4-叔丁基苯酚）与正丁基胺的镍络盐（UV-1084）	nickel complex salt of 2，2′-thio-bis（4-tert-octyl phenol）and *n*-buty lanine 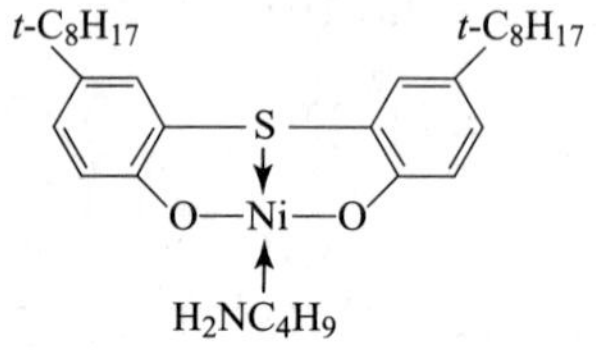	绿色粉末		261

续表

名称	化学结构	性状		
		外观	相对密度	熔点/℃
三异吲哚基苯基四胺络铜（C_T-9）	copper complex of trisoindole benzcne tetra—amine 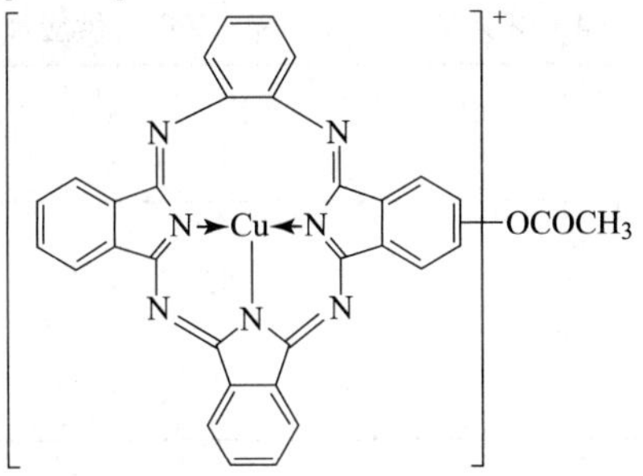	深紫色结晶粉末		400
二（2，2，6，6-四甲基-4-哌啶基）葵二酸酯（光稳定剂770）	详见本节2.2.5			
3，5-二叔丁基-4-羟基苯甲酸-2，4-二叔丁基苯酯（光稳定剂120）	2，4-di-*tert*-butylphenyl-3，5-di-*tert*-buryl-4-hydroxybenzoate 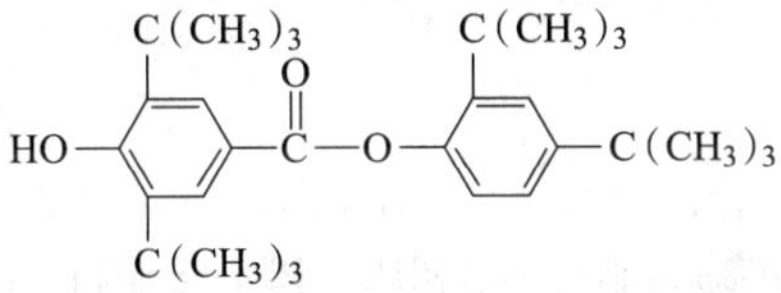	微黄粉末		192～197
间苯二酚单苯甲酸酯（RMB）	reorcinol monobenzoate 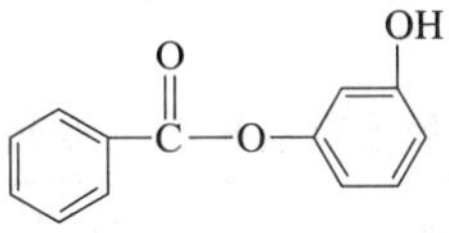	白色结晶粉末		132～135
六甲基磷酸三胺（HPT）	hexamethyl phosphoric triamide 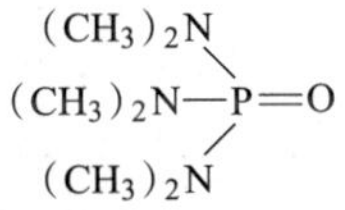	无色透明液体	1.0253	235（沸点）
4-（甲基丙烯酸）-2，2，6，6-四甲基哌啶酯与苯乙烯共聚物（光稳定剂PDS）	（2，2，6，6-tetra methyl-4-*p*-peridine）methy acrylated styrene copolymer 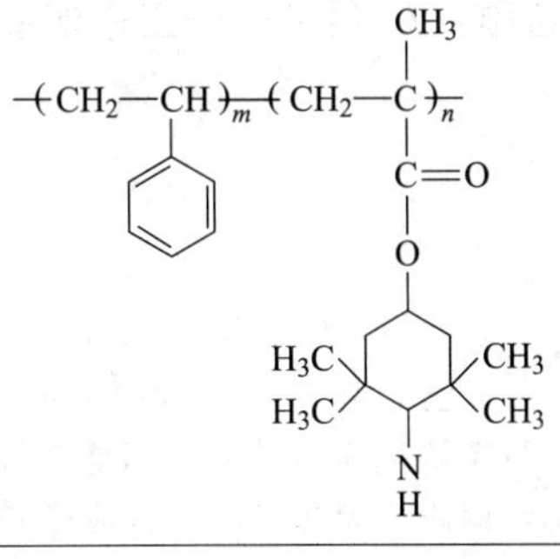	白黄色粉末		110～130
三-（1，2，2，6，6-五甲基哌啶基）-4-亚磷酸酯（光稳定剂GW-540）	tris(1，2，2，6，6-pewtamethyl piperidyl）phosphite $C_{33}H_{45}N_3O_2P$	白色结晶粉末		122～124

注：于清溪，吕百龄．橡胶原材料手册［M］．北京：化学工业出版社，2007：495-499.

2.2.1 紫外线吸收剂UV-326，化学名称：2-（2-羟基-3-叔丁基-5-甲基苯基）-5-氯代苯并三唑

结构式：

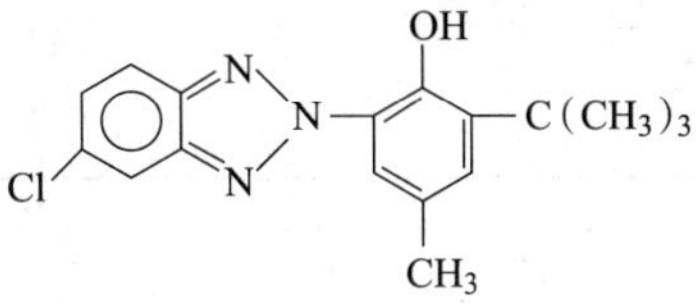

分子式：$C_{17}H_{18}ON_3Cl$，相对分子质量：315.8，淡黄色结晶粉末，熔点：140～141℃，CAS 号：3896－11－5，本品能有效地吸收 270～380 nm 的紫外光。挥发性小，与树脂相容性好，主要用于聚烯烃、聚氯乙烯、不饱和聚酯、聚酰胺、聚氨酯、环氧树脂、ABS 树脂及纤维素树脂，也适用于天然橡胶、合成橡胶。一般用量为 0.1～0.5 份。

紫外线吸收剂 UV－326 的供应商见表 1.4.2－4。

表 1.4.2－4　紫外线吸收剂 UV　326 的供应商

供应商	商品名称	外观	纯度(≥)/%	熔点范围/℃	灰分(≤)/%	加热减量(≤)/%	透光率(≥)/%	
							450 nm	500 nm
天津市力生化工有限公司	UV－326	浅黄色粉末	99.0	137～141	0.10	0.50	93.0	96.0
南京华立明化工有限公司	UV－326	淡黄色结晶粉末						

2.2.2　紫外线吸收剂 UV－329，化学名称：2－(2－羟基－5－叔辛基苯基)苯并三唑

结构式：

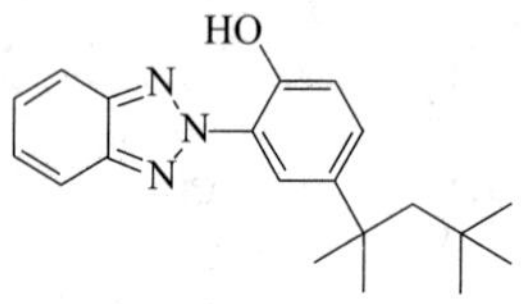

分子式：$C_{20}H_{25}N_3O$，相对分子质量：323.43，CAS 号：3147－75－9，本品能有效地吸收 270～340 nm 的紫外光，广泛用于 PE、PVC、PP、PS、PC、丙纶纤维、ABS 树脂、环氧树脂、树脂纤维和乙烯-醋酸乙烯酯等方面，并可用于食品包装盒等包装材料。用量：薄制品 0.1～0.5 份，厚制品为 0.05～0.2 份。

紫外线吸收剂 UV－329 的供应商见表 1.4.2－5。

表 1.4.2－5　紫外线吸收剂 UV－329 的供应商

供应商	商品名称	外观	纯度(≥)/%	熔点范围/℃	灰分(≤)/%	加热减量(≤)/%	透光率(≥)/%	
							450 nm	500 nm
天津市力生化工有限公司	UV－329	白色或浅黄色粉末	99.0	101～106	0.10		97.0	98.0
南京华立明化工有限公司		白色粉末						

2.2.3　紫外线吸收剂 UV－531，化学名称：2－羟基－4－正辛氧基二苯甲酮

结构式：

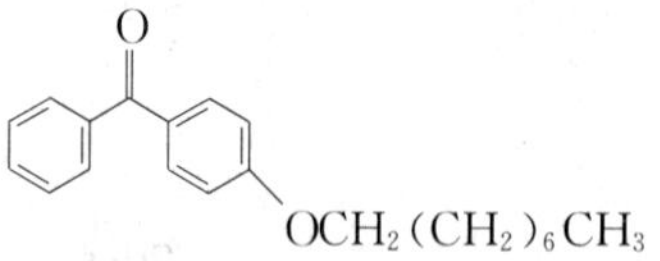

$OCH_2(CH_2)_6CH_3$

分子式：$C_{21}H_{26}O_3$，相对分子质量：326.44，白黄色结晶粉末，熔点：48～49℃，CAS 号：1843－05－6，本品能强烈地吸收 270～330 nm 波段的紫外光。挥发性极小，与聚烯烃相容性好，耐加工温度高。特别适用于 PE、PP、PVC、聚甲基丙烯酸甲酯、聚甲醛、不饱和聚酯、聚氨酯、ABS 树脂、天然橡胶、合成橡胶、乳胶和油漆等。与抗氧剂特别是 DLTDP、2246 并用有显著的协同作用。一般用量为 0.1～0.3 份。

紫外线吸收剂 UV－531 的供应商见表 1.4.2－6。

表 1.4.2－6　紫外线吸收剂 UV－531 的供应商

供应商	商品名称	外观	熔点范围/℃	灰分(≤)/%	加热减量(≤)/%	透光率(≥)/%	
						450 nm	500 nm
天津市力生化工有限公司	UV－531	浅黄色粉末	47.0～49.0	0.1	0.50	90.0	95.0
南京华立明化工有限公司	UV－531	淡黄色针状结晶粉末					

2.2.4 紫外线吸收剂 UV-P，化学名称：2-(2-羟基-5-甲基苯基) 苯并三唑

结构式：

分子式：$C_{13}H_{11}N_3O$，相对分子质量：225.25，淡黄色结晶粉末，相对密度：1.38 g/cm^3，熔点：128～130℃，CAS号：2240-22-4，本品能有效吸收 270～340 nm 的紫外光，几乎不吸收可见光，初期着色小，特别适用于无色或浅色制品。广泛用于 PVC、PS、PC、PMMA PE、ABS 树脂、不饱和聚酯、环氧树脂、天然橡胶、合成橡胶等。还可用于涂料和合成纤维，一般用量为 0.1～0.5 份。

紫外线吸收剂 UV-P 的供应商见表 1.4.2-7。

表 1.4.2-7 紫外线吸收剂 UV-P 的供应商

供应商	商品名称	外观	熔点范围/℃	灰分(≤)/%	加热减量(≤)/%	说明
天津市力生化工有限公司	UV-P	浅黄色粉末	128～132	0.1	0.1	
南京华立明化工有限公司	UV-P	白色至淡黄色粉末				

2.2.5 紫外线吸收剂 770DF (光稳定剂 770)，双 (2，2，6，6-四甲基-4-哌啶基) 葵二酸酯

结构式：

分子式：$C_{28}H_{52}O_4N_2$，相对分子质量：481，淡黄色结晶粉末，熔点：79～86℃。作为紫外线吸收剂（特别是光谱范围在 300～400 nm 的光线），可防止橡胶或塑料制品因阳光照射而出现泛黄、龟裂、物理力学性能与电性能下降现象。操作时避免皮肤和眼睛接触，建议戴眼罩和手套。应避光保存。

本品与大多数橡胶和塑料有较好的相容性，能均匀分散于胶料中。本品挥发性低，加工使用时损耗较小；耐热性好，在加工使用过程中不会因温度高而分解或挥发；对制品颜色无任何不良影响。与酚类抗氧化剂并用，效果更好。

适用于鞋底、地板、脚垫、彩色轮胎、浅色橡胶制品和透明橡胶制品，以及 PP、PVC、PC、PE、ACM、EVA、PS、PU 等塑料制品。

用量：橡胶行业，0.2～0.5 份；塑料行业，0.2%～2%。

紫外线吸收剂 770DF 的供应商见表 1.4.2-8。

表 1.4.2-8 紫外线吸收剂 770DF 的供应商

供应商	商品名称	产地	外观	软化温度/℃	密度/(g·cm^{-3})	说明
金昌盛	紫外线吸收剂 770DF	瑞士汽巴	白色结晶颗粒	81～85	1.05	橡胶制品用量 0.2～0.5 份，塑料制品 0.2～2 份

2.3 含卤聚合物的热稳定剂

本类产品主要用于 PVC、CPE、CM、CSM、CIIR、BIIR 等含卤聚烯烃与含卤橡胶的热稳定剂。所有含铅类稳定剂均受相关环保法规的限制，读者应谨慎使用。

2.3.1 三盐基硫酸铅 (三碱式硫酸铅)

分子式：$3PbO \cdot PbSO_4 \cdot H_2O$，相对分子质量：990.87，白色至微黄色粉末，密度：7.10 g/cm^3，味甜有毒易吸湿，不溶于水，无腐蚀性，受阳光变色且自行分解。HG/T2340-2005《三盐基硫酸铅》适用于氧化铅悬浮法加硫酸直接合成的粉状三盐基硫酸铅，三盐基硫酸铅的技术要求见表 1.4.2-9。

表 1.4.2-9 三盐基硫酸铅的技术要求

项目	指标		
	优等品	一等品	合格品
外观	白色粉末无明显机械杂质	白色粉末无明显机械杂质	白色至微黄色粉末无明显机械杂质
铅含量（以 PbO 计)/%	88.0～90.0	88.0～90.0	87.5～90.5
三氧化硫（SO_3）含量/%	7.5～8.5	7.5～8.5	7.0～9.0
加热减量（≤)/%	0.30	0.40	0.60
筛余物（0.075mm）(≤)/%	0.30	0.40	0.80
白度（≥)/%	90.0	90.0	—

三盐基硫酸铅的供应商见表 1.4.2-10。

表 1.4.2-10 三盐基硫酸铅的供应商

供应商	商品名称	外观	PbO 含量/%	SO_3 含量/%	加热减量（<)/%	筛余物（250 目)/%
川君化工	三盐基硫酸铅	白色或微黄色粉末	87.5～90.5	7.0～9.0	0.30～0.60	<0.30～0.80

三盐基硫酸铅的供应商还有：靖江市天龙化工有限公司、青岛红星化工集团、沈阳皓博实业有限公司、南金金陵化工厂有限责任公司等。

2.3.2 二盐基亚磷酸铅（二碱式亚磷酸铅）

分子式：$2PbO \cdot PbHPO_3 \cdot 1/2H_2O$，相对分子质量：742.59，白色至微黄色粉末，密度：6.94 g/cm^3，味甜有毒，不溶于水和有机溶剂，溶于盐酸、硝酸。在 200℃左右变成黑色，450℃变成黄色。

《二盐基亚磷酸铅》(HG/T 2339—2005）适用于氧化铅悬浮法加亚磷酸直接合成的粉状二盐基亚磷酸铅，二盐基亚磷酸铅的技术要求见表 1.4.2-11。

表 1.4.2-11 二盐基亚磷酸铅的技术要求

项目	指标		
	优等品	一等品	合格品
外观	白色粉末无明显机械杂质	白色粉末无明显机械杂质	白色至微黄色粉末无明显机械杂质
铅含量（以 PbO 计)/%	89.0～91.0	89.0～91.0	88.5～91.5
亚磷酸（H_3PO_3）含量/%	10.0～12.0	10.0～12.0	9.0～12.0
加热减量（≤)/%	0.30	0.40	0.60
筛余物（0.075mm）(≤)/%	0.30	0.40	0.80
白度（≥)/%	90.0	90.0	—

二盐基亚磷酸铅的供应商见表 1.4.2-12。

表 1.4.2-12 二盐基亚磷酸铅的供应商

供应商	商品名称	外观	PbO 含量/%	H_3PO_3 含量/%	加热减量/%	筛余物（75 μm)/%
川君化工	二盐基亚磷酸铅	白色细微结晶粉末	88.5～91.5	9.0～12.0	<0.30～0.60	<0.30～0.80

二盐基亚磷酸铅的供应商还有：靖江市天龙化工有限公司、青岛红星化工集团、沈阳皓博实业有限公司、南金金陵化工厂有限责任公司等。

2.3.3 硬脂酸盐

（一）硬脂酸铅

硬脂酸铅既可作为热稳定剂，也可作为润滑剂，润滑脂的增厚剂，油漆的平光剂等。溶于热的乙醇和乙醚，不溶于水。欧盟的 REACH 已将铅及其化合物列入 SVHC 清单，读者应当谨慎使用。《硬脂酸铅（轻质）》［HG/T 2337—1992(2004)］适用于工业硬脂酸经皂化后与铅盐进行复分解反应而制得的硬脂酸铅，主要用作聚氯乙烯的稳定剂和润滑剂。硬脂酸铅的技术要求见表 1.4.2-13。

表 1.4.2-13　硬脂酸铅的技术要求

项目	指标		
	优等品	一等品	合格品
外观	白色粉末，无明显机械杂质		
铅含量/%	27.5±0.5	27.5±1.0	27.5±1.5
游离酸（以硬脂酸计）（≤）/%	0.8	1.0	1.5
加热减量（≤）/%	0.3	1.0	1.7
熔点/℃	103～110	100～110	98～110
细度（通过 0.075mm 筛）（≥）/%	99.0	98.0	95.0

（二）硬脂酸钡

硬脂酸钡既可作为热稳定剂，也可在机械上用作高温润滑剂，在橡胶制品中用作耐高温脱模剂。不溶于水和乙醇，溶于苯。《硬脂酸钡（轻质）》[HG/T 2338-1992（2004）] 适用于工业硬脂酸经皂化后与钡盐进行复分解反应而制得的硬脂酸钡，主要用作聚氯乙烯的稳定剂和润滑剂。硬脂酸钡的技术要求见表 1.4.2-14。

表 1.4.2-14　硬脂酸钡的技术指标

项目	指标		
	优等品	一等品	合格品
外观	白色粉末，无明显机械杂质		
钡含量/%	20.0±0.4	20.0±0.7	20.0±1.5
游离酸（以硬脂酸计）（≤）/%	0.5	0.8	1.0
加热减量（≤）/%	0.5	0.5	1.0
熔点（≥）/℃	210	205	200
细度（通过 0.075mm 筛）（≥）/%	99.5	99.5	99.0

（三）硬脂酸钙

硬脂酸钙既可作为热稳定剂，也可广泛用于聚酯增强塑料制品的润滑剂和脱模剂，以及润滑脂的增厚剂、纺织品的防水剂、油漆的平光剂等。不溶于水，溶于热的苯。《硬脂酸钙》（HG/T 2424—2012）适用于工业硬脂酸与钙化合物反应制得的硬脂酸钙，结构式为 RCOOCaOOCR（R 为工业硬脂酸中的混合烷基），CAS 号：1592-23-0。硬脂酸钙的技术指标与试验方法见表 1.4.2-15。

表 1.4.2-15　硬脂酸钙的技术指标与试验方法

项目	指标			试验方法
	优等品	一等品	合格品	HG/T 2424—2012
外观	白色粉末			
钙含量/%	6.5±0.5	6.5±0.6	6.5±0.7	
游离酸（以硬脂酸计）（≤）/%	0.5			
加热减量（≤）/%	2.0	3.0		
熔点/℃	149～155	≥140	≥125	
细度（通过 0.075mm 筛）（≥）/%	99.5	99.0		

（四）硬脂酸锌

硬脂酸锌结构式 RCOOZnOOCR（R 为工业硬脂酸中的混合烷基），CAS 号：557-05-1，相对密度：1.05～1.10 g/cm^3。硬脂酸锌既可作为热稳定剂，又可用作橡胶隔离剂、塑料制品的润滑剂和脱模剂。不溶于水、乙醇和乙醚，溶于酸。《硬脂酸锌》（HG/T 3667—2012）适用于工业硬脂酸与锌化合物反应制得的硬脂酸锌，根据用途的不同将硬脂酸锌分为两型，其中Ⅰ型主要用于橡胶、塑料等的加工，Ⅱ型主要用于涂料、油漆等。硬脂酸锌技术指标与试验方法见表 1.4.2-16。

表 1.4.2－16 硬脂酸锌的技术指标与试验方法

项目	Ⅰ型		Ⅱ型	
	指标	试验方法	指标	试验方法
外观	白色粉末	HG/T 3667—2012	白色粉末	HG/T 3667—2012
锌含量/%	10.3～11.3		10.3～11.3	
游离脂肪酸（以硬脂酸计）(≤)/%	0.8		—	
加热减量 (≤)/%	1.0		—	
熔点/℃	120±5		—	
细度（0.075mm 筛通过）(≥)/%	99.0		≤40 μm	GB/T 6753.1—2007
分散性（级）	—		8	GB/T 6753.3—1986
附着力（级）	—		2	GB/T 9286—1998
防沉性（级）	—		3	HG/T 3667—2012
透明性（级）	—		2	
消泡性（级）	—		3	

钙、钡、镁均为元素周期表中ⅡA 族元素，而锌为ⅡB 族元素，硬脂酸锌一般不宜用作含卤弹性体的稳定剂。主要原因是：含卤弹性体的交联主要通过交联剂对大分子链上的卤素发生取代反应进行，反应过程中先脱卤素再交联，但是 Zn^{2+} 的活性较大，导致脱卤素反应快于交联反应，最终导致 CM、PVC 的降解与 CR 的焦烧。Zn^{2+} 也可来源于活性剂 ZnO，所以在 CR 配方中，如果使用 ZnO 与 MgO，均应作为硫化剂后加。

硬脂酸盐的供应商见表 1.4.2－17。

表 1.4.2－17 硬脂酸盐的供应商

供应商	商品名称	外观	密度/($g\cdot cm^{-3}$)	毒性	Pb、Ba、Ca、Zn 的含量/%	游离酸含量（St. a 计）/%	加热减量 (<)/%	熔点/℃	筛余物（75 μm）(<)/%
川君化工	硬脂酸铅	白色粉末	1.37	有毒	27.5±1.5	9.0～12.0	0.3～1.7	98～110	1～5
	硬脂酸钡	白色粉末	—	有毒	20.0±1.5	<0.5～1.0	0.5～1.0	200～210	0.5～1.5
	硬脂酸钙	白色粉末	1.08	无毒	6.5±0.7	<0.5	2.0～3.0	125～155	0.5～1
	硬脂酸锌	白色粉末	1.095	无毒	9.5～11.5	<2	2	118～125	1（325 目）

硬脂酸盐的供应商还有：南京金陵化工厂有限责任公司、中山市华明泰化工材料科技有限公司、江苏中鼎化学有限公司、东莞市汉维新材料科技有限公司等。

2.3.4 硬脂酰苯甲酰甲烷

结构式：

$$C_{17}H_{35}-\overset{O}{\overset{\|}{C}}-CH_2-\overset{O}{\overset{\|}{C}}-C_6H_5$$

硬脂酰苯甲酰甲烷以苯乙酮、硬脂酸甲酯为主要原材料经缩合、酸化制得，分子式：$C_{26}H_{42}O_2$，相对分子质量：386.60，CAS 号：58461－52－9。

本品为白色或淡黄色晶体粉末，可溶于苯、甲苯、二甲苯、甲醇、乙醚，不溶于水。本品属有机 PVC 辅助热稳定剂，主要配合复合钙锌/复合稀土类热稳定剂使用，能抑制初期着色，防止“锌烧”和提高 PVC 制品热稳定性。

硬脂酰苯甲酰甲烷的技术要求见表 1.4.2－18。

表 1.4.2－18 硬脂酰苯甲酰甲烷的技术要求

项目	指标
外观	白色或淡黄色粉末或颗粒
初熔点 (≥)/℃	56.0
加热减量 (110±2)℃ (≤)/%	0.30
灰分 (800±25)℃ (≤)/%	0.20
纯度（以 β-二酮总量计）(GC 法) (≥)/%	96.0

硬脂酰苯甲酰甲烷的供应商有：安徽佳先功能助剂股份有限公司、上海石化西尼尔化工科技有限公司等。

2.4 防霉剂

能有效防止橡胶制品霉菌滋生，达到延长制品使用寿命效果的物质，称为防霉剂。

防霉剂的化学结构及性状见表 1.4.2－19。

表 1.4.2－19 防霉剂的化学结构及性状

名称	化学结构	性状		
		外观	相对密度	熔点/℃
邻苯基苯酚	o－phenyl phenol 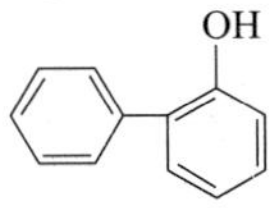	白色粒状结晶	1.21	55.5～57
邻苯基苯酚钠盐	sodium o－phcnyl phcnolate 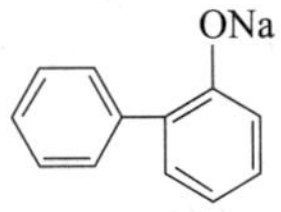	淡黄色粒状	1.29	
N－水杨酸苯胺	salicylamilide 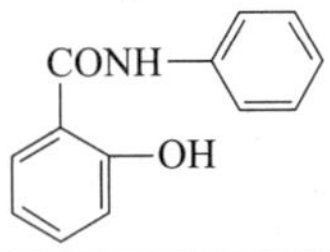	暗红色粉末		132
3，4，5－三溴水杨酸苯胺	3，4，5－tribromosalicylanilide 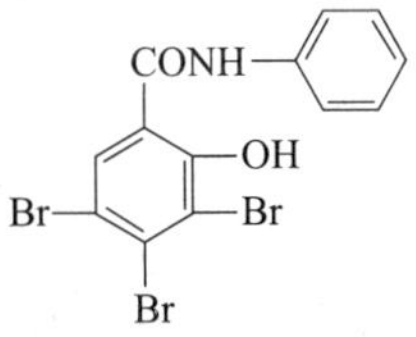	白色粉末		226
5，6－二氯苯并唑啉酮（防霉剂 O）	5，6－dichlorobenzoxazolinone 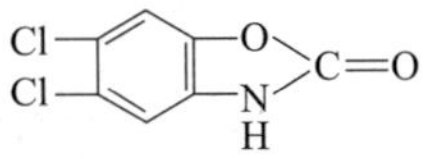	白色粉末		185～192
2，2′－二羟基－5，5′－二氯二苯甲烷	2，2′－dihydroxy－5，5′－dichloro diphenylmethane 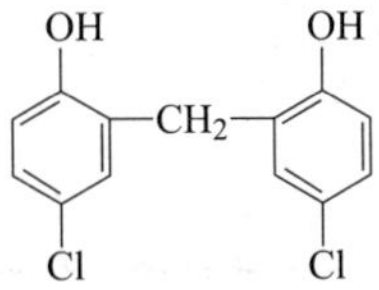	浅灰色粉末	1.40	
2－乙基－2′－乙氧基草酸替苯胺	2－ethyl－2′－ethoxyamido－xalylaniline 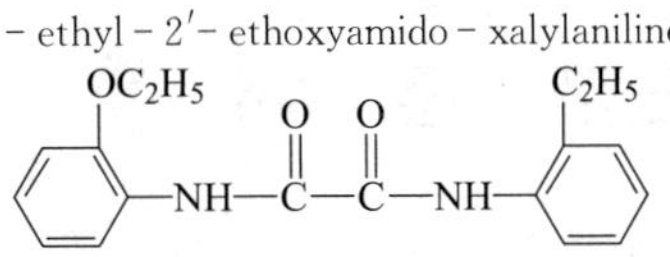	白色结晶粉末		27
5－叔丁基－3－乙氧基－2′－乙基草酸替苯胺	5－*tert*－butyl－3－ethoxy－2′－ethylamidoxaylaniline 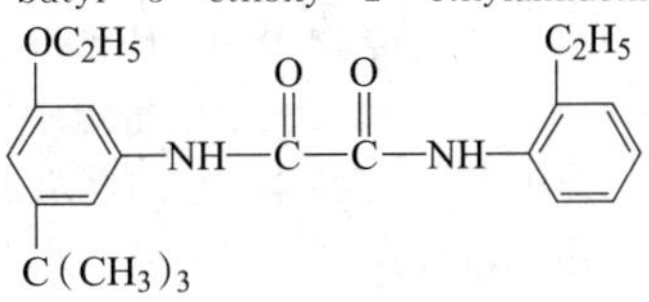	淡灰色粉末		124

续表

名称	化学结构	性状		
		外观	相对密度	熔点/℃
促进剂 PZ 和促进剂 MZ 的混合物	blend of zinc dimethyl dithiocarbamate and zinc satf of 2 - mercaptobenzothiazole $[(H_3C)_2N-C(=S)-S]_2Zn + [C_6H_4(N=C-S-)S]_2Zn$	白色粉末		
五氯苯酚钠	sodium pentachlorophenate Cl_5C_6-ONa	白色 结晶粉末		170～174
五氯苯酚（PCP）	pentachlorophenol Cl_5C_6-OH	白色粉末		190.2
五氯苯酚月硅酸酯	pentachlorophenol laurate $Cl_5C_6-OCOC_{12}H_{25}$	褐色油状物	1.28	
4-氯-2-苯基苯酚	4 - chloro - 2 - phenyl phenol OH, Cl	淡黄色 黏性液体	1.23	162～178 （沸点）
2，3-二甲基环戊烷乙酸	2，3 - dimethylcyclopentane acetie acid $H_2C-CHCH_2COOH$ $H_2C-CHCH_3$ CH CH_3	绿色固体		

第三节 阻 燃 剂

凡能起到使易燃材料的点燃时间增长、点燃自熄、难以点燃等作用的物质称为阻燃剂。阻燃剂的应用可以追溯到 1820 年，Gay. Lussac 在系统地研究了多种可供实用的具有阻燃性能的化合物后，发现了某些铵盐（如硫酸铵、氯化铵）及这些铵盐与硼砂的混合物可用来阻燃纤维素织物。1913 年，著名化学家 W. H. Perkin 采用锡酸盐（或钨酸盐）与硫酸铵的混合物处理织物，使织物获得了较好的耐久阻燃性能。1930 年，人们发现了卤素阻燃剂（如卤化石蜡）与氧化锑的协同阻燃效应。这三项阻燃领域的重要成果被誉为阻燃技术三个划时代的里程碑，它们奠定了现代阻燃化学的基础。

阻燃机理通常可分为三种类型：①蒸气相机理：阻燃过程在蒸气相中起作用。材料中的阻燃剂在受热情况下释放气相化学剂，这种化学剂能阻止包含在火焰形成和蔓延中的游离基反应，例如卤素阻燃剂的阻燃机理。②凝聚相机理：阻燃主要作用在凝聚相中。在凝聚相中，阻燃剂改变高分子材料的分解化学反应，使其有利于高分子材料转变为残余炭，而不是形成可燃物。例如磷系阻燃剂的阻燃机理。③混杂机理：阻燃剂也可能以许多其他方式混杂起作用。包括阻燃剂可能产生大量非燃烧气体冲淡供给火焰的氧或冲淡维持火焰所需的可燃气体浓度；阻燃剂的吸热分解可以降低高分子材料的表面温度和阻滞高分子材料的降解；阻燃剂可以增加燃烧体系的热容或者降低可燃物质含量到低于可燃性最低限度的水平，例如氢氧化铝。

橡胶制品采用的阻燃方法主要有：①采用由多种阻燃剂组成的复合协效阻燃系统，在蒸气相或凝聚相或同时在两相发挥阻燃功效；②加入成炭剂及成炭催化剂，以提高橡胶在高热下的成炭率；③与其他难燃高聚物共混改性；④以物理或化学手段，提高橡胶的交联密度；⑤与纳米无机物复配成橡胶/无机物纳米复合材料；⑥在橡胶大分子中引入阻燃元素（卤、磷、氮等）制备本质阻燃橡胶。

在所有阻燃化学物质中，能够对高分子材料起到阻燃作用的主要是元素周期表中Ⅴ族的 N、P、As、Sb、Bi 和Ⅶ族的 F、Cl、Br、I 以及 B、Al、Mg、Ca、Zn、Sn、Mn、Ti 等的化合物。阻燃剂按是否参与合成高分子材料的化学反应划分，可分为添加型和反应型。

添加型阻燃剂以物理分散状态与高分子材料进行共混而发挥阻燃作用，由于其操作方便且阻燃性能良好，广泛用于高分子材料的阻燃，在塑料工业中成为仅次于增塑剂的第二大助剂。添加型阻燃剂根据其化学组成又可分为无机阻燃剂、有机阻燃剂；添加型有机阻燃剂主要包括卤系阻燃剂（有机氯化物和有机溴化物）、磷系阻燃剂（磷酸酯及卤代磷酸酯等）、磷氮系和氮系阻燃剂等，无机阻燃剂主要是红磷、三氧化二锑、氢氧化镁、氢氧化铝、硅系阻燃剂等。此外，具有抑烟作用的钼化合物、锡化合物和铁化合物等亦属阻燃剂的范畴。有机阻燃剂与无机阻燃剂相比有阻燃效率高、用量少，对材料的物性和加工性能影响较小的优点，但是热稳定性不好，易析出，易挥发，价格贵，且毒性大，在燃烧时产生大量的黑烟，造成二次污染。无机阻燃剂一般具有热稳定好，不产生腐蚀性气体，不挥发，效果持久，价格低廉等特点，因而得到了广泛的应用。目前，氢氧化铝在无机阻燃剂中占据着主导地位，其他还有氧化铝、三氧化二锑、硼化物、红磷等。氢氧化铝的阻燃机理是基于脱水吸热，在材料燃烧温度下能分解释放出结晶水，吸收热量，降低材料表面温度，减慢了材料的燃烧降解速率；同时结晶水挥发，稀释了火焰区气体反应物的浓度。

反应型阻燃剂多为含反应性官能团的有机卤和有机磷的单体。反应型阻燃剂主要是先使参加反应的原料带上阻燃元素，然后在聚合或者缩聚反应过程中参加反应，从而结合到高分子材料的主链或者侧链中去，起到阻燃作用。其特点是阻燃稳定性好，对材料性能影响较小，但操作和加工工艺较复杂，较多用于热固性树脂。目前，全球中 85%为添加型阻燃剂，15%为反应型阻燃剂。

各类橡胶的氧指数及其适用的阻燃剂见表 1.4.3－1。

表 1.4.3－1　各类橡胶的氧指数及其适用的阻燃剂

橡胶种类	氧指数	适用的阻燃剂
丁苯橡胶	19～21	氯化石蜡/Sb_2O_3
乙丙橡胶	19～21	Sb_2O_3、氧化锆、Al（OH）$_3$、$CaCO_3$、卤类
氯丁橡胶	26～32	Sb_2O_3、硼酸锌、Al（OH）$_3$、$CaCO_3$、TCP
氯磺化聚乙烯	26～30	Sb_2O_3、Dechlorane515、Al（OH）$_3$
氯化聚乙烯	26～30	Sb_2O_3、磷类、Al（OH）$_3$、卤类
丁腈橡胶	20～22	Sb_2O_3、TCP、氯化石蜡
氟橡胶	65	
天然橡胶	19～21	氯化石蜡/Sb_2O_3
硅橡胶	23～26	硅类填充剂

国内外对橡胶的阻燃，相当大部分仍采用卤-锑阻燃系统，所用卤系阻燃剂主要为氯化石蜡－70、氯化石蜡－50、十溴二苯醚、六溴环十二烷、四溴双酚 A、十溴二苯基乙烷等。卤-锑系统主要是通过在气相捕获活泼自由基与覆盖效应而发挥阻燃功效，阻燃效率高，性价比优异。但此系统由于烟和有毒气体生成量高，特别是由于二噁英（dioxin）问题，加上有些卤系阻燃剂本身也危害人类健康和环境，所以卤-锑系统正为人们审慎对待。

无机金属水合物也是橡胶使用最多的阻燃剂之一，其中最主要的是氢氧化铝（ATH）和氢氧化镁（MH）。氢氧化铝作为目前使用量最大的无机阻燃剂，具有无毒、稳定性好，高温下不产生有毒气体，还能减少高分子材料燃烧时的发烟量等优点，且脱水吸热温度较低，为 200～250℃，因此在高分子材料刚开始燃烧时的阻燃效果显著。研究发现，氢氧化铝在添加量为 40%时，可显著减缓 PE（聚乙烯）、PP（聚丙烯）、PVC（聚氯乙烯）及 ABS（丙烯腈/丁二烯/苯乙烯共聚物）等的热分解温度，具有良好的阻燃及降低发烟量的效果。但其阻燃效率较低，需要的添加量大。对聚烯烃橡胶，欲使其氧指数达 40%，应加入 170 份的 MH。对三元乙丙橡胶，加入 150～200 份的 ATH 或 MH 时，可具有 UL－94 V－0 阻燃级。但如在阻燃橡胶中采用 ATH 或 MH 作为消烟剂，则 15～30 份即可奏效。为了有效发挥 ATH 及 MH 在橡胶中的阻燃效能，通常采取如下措施：①阻燃剂的高效化或复配产生协同效应以减少阻燃剂的用量。例如 5～10 份的红磷（包覆型）即可较大幅度提高 ATH 及 MH 的阻燃效率。在某些情况下，ATH 与 MH 间也存在协效作用，如在乙烯-丙烯酸酯弹性体中加入 50 份的 ATH 及 50 份的 MH，材料的生烟量低，具 UL－94 V－O 阻燃级。通常采用的增效剂有 Ni、Zn、Mn、Al、Zr、Sb、Fe、Ti 的氧化物，硼酸锌（ZB）、硼酸铵等硼化物，磷化物尤其是红磷、有机硅、卤素等。红磷除了作为氢氧化铝的增效剂外，它自己单独还可以用作阻燃剂，其阻燃机理是促进炭化作用，但是它的用量不能过多，而且生烟严重。例如，对于天然橡胶，加入 75 份的 MH 和 5 份的红磷，硫化胶的氧指数可达 35%，UL－94 阻燃性达 V－O 级。②对阻燃剂进行超细化、表面处理、包覆改性和与高分子材料交联、接枝以增强阻燃剂与橡胶的结合，且对不同的橡胶宜采用不同的表面改性剂。③应有适当的粒径及粒径分布。④用于阻燃橡胶电缆配方时，要特别注意少量杂质对材料电气性能的影响。目前，美国、欧洲及日本ATH阻燃剂的用量分别达阻燃剂总用量的50%～55%、40%～45%及30%。

磷系阻燃剂主要有红磷、聚磷酸铵（APP）、三芳基磷酸酯、三烷基磷酸酯、卤代磷酸酯等。单质磷是易燃物，但是在树脂中，红磷和其他含磷添加剂在燃烧过程中却不是单纯的氧化。对含有磷系阻燃剂的聚合物燃烧后的蒸气相进行质谱分析表明，其中氢原子浓度大大降低，表明PO·捕获了H·，即有：PO·＋H·＝HPO。含磷阻燃剂受热分解发生如下变化：磷系阻燃剂→偏磷酸→磷酸→聚偏磷酸，聚偏磷酸是不易挥发的稳定化合物，具有强脱水性，其脱水过程吸收大量的热，同时阻止CO氧化为CO_2，抑制了碳氧化过程，降低了氧气扩散和气相与凝聚相之间的热量和质量传递。所以含磷添加剂的阻燃作用主要在凝聚相中，其阻燃机理为：形成磷酸作为脱水剂，并促进生成碳，碳的生成降低了从火焰到凝聚相的热传导。APP同时含磷及氮，它可单独用于阻燃橡胶（但效果欠佳），但更常作为酸组分构成膨胀型阻燃剂用于阻燃橡胶。例如，70%乙丙胶、20%APP、8%三嗪化合物及2%其他助剂组成的系统，具有UL-94 V-O阻燃级。在橡胶中以APP为阻燃剂时，常将其包覆，且宜采用长键Ⅱ型APP，并常与其他阻燃剂（如ATH等）并用，例如APP＋ATH系统是丁基橡胶有效的低毒、低烟阻燃剂。无卤磷酸酯还是橡胶的阻燃增塑剂，用它们阻燃橡胶时，其中芳基能赋予橡胶较好的阻燃性，但材料低温柔顺性降低，烷基的作用则相反，而烷基芳基磷酸酯则能兼顾橡胶的阻燃及低温性能。一般而言，上述磷酸酯用于阻燃橡胶时，挥发性和迁移性均较大，与橡胶相容性也欠佳，用量不宜过大。为了使橡胶达到所需的阻燃级别，很少用单一的磷酸酯，通常是与其他阻燃组分并用。含卤磷酸酯的阻燃作用甚优，因为其中的卤含量很高（30%～50%），磷含量也有10%左右，不过正在对它们的危害性进行评估。近年来，已经工业化生产一些新型的双磷酸酯及其齐聚物，它们在挥发性、迁移性、热稳定性及水解稳定性方面均较优，且有的已在橡胶中试用，但尚未成熟的结果。

膨胀型阻燃剂（IFR）受高热或燃烧时，可在硫化胶表面形成膨胀炭层，因而具有优异的阻燃性能，且成炭率与阻燃性呈一定的线性关系。而且，含IFR的橡胶在燃烧时，不易产生熔滴，烟量和有毒气体生成量也大幅度降低，有时甚至可低于未阻燃的基材。IFR通常以磷-氮为活性组分，不含卤，也无须与锑化合物并用。IFR含有酸源、炭源及发泡源三个组分，各组分单独用于橡胶时，阻燃效能不佳，但三源共同使用时，可显著提高橡胶的氧指数及UL-94阻燃等级。以IFR阻燃橡胶时，用量比较大，否则不能形成表面全部被覆盖的炭层。所以，对很薄的橡胶制品，IFR的使用受到局限。现在已开发出了一系列可用于橡胶的IFR，其中最普通的酸源是APP（常为包覆型），其他还有磷酸酯、磷酸、硼酸等；最常见的炭源是季戊四醇或双季戊四醇，其他还有淀粉、糖、糊精、某些高聚物等；最方便的发泡源是蜜胺，其他还有脲、双氰胺、聚酰胺等，但三源必须有适宜的比例。IFR有一定的水溶性（特别是当APP的聚合度较低时），被阻燃材料的阻燃性往往不易通过耐水性试验。如果采用聚磷酸蜜胺或焦磷酸蜜胺代替一部分APP，IFR的耐水性及耐热性均得以提高。因为聚磷酸蜜胺与焦磷酸蜜胺的氮含量远高于APP，所以前两者与APP及季戊四醇或双季戊四醇即可形成IFR，而无须另外加入发泡源。如果在被阻燃材料中已有炭源存在，则IFR中有时也不必加入炭源。市售的IFR都是几种组分的混合物，还有一些所谓单分子IFR，系集三源于同一分子内。此类IFR还多处于实验室研制阶段，只有极小量的工业生产，如季戊四醇双磷酸酯双蜜胺盐即为一例。但即使是单分子IFR，其中三源的比例也很难正好适合，所以使用时还需与其他有关组分复配。膨胀石墨也常用于橡胶中，与APP构成IFR，如APP/膨胀石墨（4/1，m/m）已用于阻燃丁基橡胶和聚丁二烯橡胶，单一的膨胀型石墨也已用于阻燃天然橡胶与乙烯-醋酸乙烯酯共聚物。

硅系阻燃剂主要有带官能团的聚硅氧烷、聚硅氧烷共聚物及硅氧烷复合材料等，这类阻燃剂都是最近才成为商品销售的，如美国的RM4系列，日本的XC-99-B5654系列等，它们受高热或燃烧时，可形成含-Si-O-键和/或-Si-C-键的无机保护层，达到高阻燃、低发烟的目的。硅系阻燃剂如与IFR并用，可使阻燃显著增效。硅系阻燃剂能赋予材料优良的低温冲击韧性和良好的加工性，已用于某些塑料，也可考虑用于橡胶，但价格较高。

20世纪80年代及90年代兴起的聚合物/无机物纳米复合材料，开辟了阻燃高分子材料的新途径，被国外有的文献誉为阻燃技术的革命。含3%～5%改性蒙脱土的很多高聚物，以锥形量热仪测得的释热速率可降低50%～70%，质量损失速率可降低40%～60%，因而大大降低了小火发展成大火的危险（释热速率是评价材料可燃性的一个重要指标），成为阻燃塑料及橡胶的一个新方向。不过，上述纳米复合材料的氧指数及UL-94阻燃等级的改善并不显著。为了使材料达到一定的氧指数和UL-94阻燃等级，可在纳米复合材料中添加一定量的常规阻燃剂，此时所需的阻燃剂可比不含纳米蒙脱土的高聚物所需量降低，即可在达到所需阻燃性的前提下，保持材料较佳的综合性能。

阻燃剂用量一般为3.0～30.0份，特殊情况下可达50.0～70.0份。

3.1　无机阻燃剂

3.1.1　氧化锑

分子式：Sb_2O_3，相对分子质量：219.5，白色粉末，无毒，熔点：656℃，沸点：1425℃，不溶于水，溶于盐酸、浓硫酸。主要作为阻燃协效剂与含卤化合物配合使用。

少量氧化锑与磷酸三甲苯酯并用，五溴乙苯、氯化石蜡与氧化锑并用，2，2-双（四溴-4-羟基苯基）丙烷、十溴二苯醚与氧化锑并用，能产生协同效应，显著改善阻燃效果。

氧化锑的供应商见表1.4.3-2。

表 1.4.3-2　氧化锑的供应商

供应商	规格型号	成分/%						白度/%	平均粒径/μm	说明
		Sb_2O_3	As_2O_3	PbO	Fe_2O_3	CuO	Se			
川君化工	高纯型	99.80	0.05	0.08	0.005	0.002	0.004	95	0.3～2.5	—
	专用型	99.50	0.06	0.10	0.006	0.002	0.005	93	0.3～2.5	—
	通用型	99.00	0.12	0.20	—	—	—	91	—	—

3.1.2　氢氧化铝

分子式：Al（OH)$_3$ 或 $Al_2O_3 \cdot 3H_2O$，相对分子质量：77.99 或 155.98，白色粉末，密度：2.42 g/cm^3，粒径 0.4～20 μm，不溶于水，溶于酸、强碱。230℃开始明显脱水，900℃失去水总重的35%终止；既能阻燃，又可防止发烟。

《氢氧化铝阻燃剂》（HG/T 4530—2013）适用于以铝土矿为原料制得的氢氧化铝阻燃剂，用于橡胶、塑料、化工、电线电缆、建材等领域。氢氧化铝阻燃剂按产品的粒径不同分为 ATH-1、ATH-2、ATH-3、ATH-4 四种。氢氧化铝阻燃剂的技术要求见表 1.4.3-3。

表 1.4.3-3　氢氧化铝阻燃剂的技术要求

项目	指标							
	ATH-1		ATH-2		ATH-3		ATH-4	
	一等品	合格品	一等品	合格品	一等品	合格品	一等品	合格品
氧化铝（Al_2O_3）w（≥）/%	64.0	63.5	64.0	63.5	64.0	63.5	64.0	63.5
三氧化二铁（Fe_2O_3）w（≤）/%	0.02							
氧化钠（Na_2O）w（≤）/%	0.4							
灼烧减量 w/%	34.0～35.0							
附着水 w（≤）/%	0.3	0.8	0.3	0.8	0.3	0.8	0.3	0.8
白度（≥）/度	93	90	93	90	93	90	93	90
pH（100 g/L 悬浮液）	8.5～10.5							
重金属（Cd+Hg+Pb+Cr^{6+}+As）w（≤）/%	0.010							
粒径（D_{50}）/μm	1～4		5～10		11～15		16～20	

氢氧化铝的供应商见表 1.4.3-4。

表 1.4.3-4　氢氧化铝的供应商

供应商	规格型号	成分/%				其他指标			
		Al_2O_3 ≥	SiO_2 ≤	Fe_2O_3 ≤	Na_2O ≤	灼烧减量（≤）/%	活化度/%	白度/%	平均粒径/μm
川君化工	ATH-1	64.5	0.02	0.02	0.4	35			325～3 000 目
	ATH-2	64	0.04	0.03	0.5	35			
	ATH-3	63.5	0.08	0.05	0.6	35			
	活性氢氧化铝	64	0.04	0.03	0.5	35	98	96	

氢氧化铝阻燃剂的供应商还有：济南泰星精细化工有限公司、合肥中科阻燃新材料有限公司等。

3.1.3　氢氧化镁

分子式：Mg（OH)$_2$，相对分子质量：58.32，白色粉末，密度：2.36 g/cm^3，脱水温度：350℃，不溶于水，溶于酸。既能阻燃，又可消烟。

《阻燃剂用氢氧化镁》（HG/T 4531—2013）适用于阻燃用氢氧化镁，用于橡胶、塑料、化工、电线电缆、建材等领域。阻燃用氢氧化镁按生产方法分为两类：一类是 MP（物理法），以水镁石为原料，经过筛选、粉碎分级、表面处理后的产品；另一类是 MC（化学法），通过含镁溶液与沉淀剂的常温合成（或氧化镁水合工艺）、水热处理、表面改性等过程生产的产品。阻燃用氢氧化镁的技术要求见表 1.4.3-5。

表 1.4.3-5　阻燃用氢氧化镁的技术要求

项目	指标									
	MP-1-3	MP-1-5	MP-1-10	MP-1-15	MP-2-3	MP-2-5	MP-2-10	MP-2-15	MC-1-2	MC-2-15
氧化镁 [Mg (OH)$_2$] w (≥)/%	94.0				91.0				98.0	95.0
干燥减量 w (≤)/%	0.5				1.0				0.5	1.0
灼烧失量 w (≥)/%	30.0				28.0				30.0	29.0
盐酸不溶物 w (≤)/%	2.0				3.0				0.1	0.2
氧化钙 (CaO) w (≤)/%	1.5				2.0				0.1	0.2
氯化物 (以 Cl 计) w (≤)/%	—				—				0.08	0.15
铁 (Fe) w (≤)/%	0.15				0.25				0.005	0.02
比表面积 (BET)/(m^2·g^{-1})	—				—				10	20
粒径 (D$_{50}$)/μm	3	5	10	15	3	5	10	15	2	15

氢氧化镁的供应商见表 1.4.3-6。

表 1.4.3-6　氢氧化镁的供应商

供应商	规格型号	成分/%									说明
		Mg (OH)$_2$ (≥)/%	SiO$_2$ (≤)/%	Fe$_2$O$_3$ (≤)/%	CaO (≤)/%	硫酸根 (≤)/%	灼烧减量 (≤)/%	活化度 (≥)/%	白度 (≥)/%	平均粒径/μm	
川君化工	氢氧化镁	92	1.6	0.2	0.8		30±2		88	325～3 000 目	
	活性氢氧化镁	92	0.2	0.2	0.8		30±2	98	88		偶联剂改性
连云港市海水化工有限公司	高纯超细氢氧化镁	97～99.6		0.10～0.01 (Fe)	0.65～0.08	0.25～0.35	31			3 000 目到纳米	分 4 级
	氢氧化镁								95	10 000 目	
元庆国际贸易有限公司	氢氧化镁 S-7	68.6 (MgO)			0.1		30.6		97	1.1	硅烷偶联剂载体

阻燃剂用氢氧化镁的供应商还有：合肥中科阻燃新材料有限公司、丹东松元化学有限公司等。

3.1.4　硼酸锌

分子式：xZnO·yB$_2$O$_3$·zH$_2$O，既能阻燃又能消烟，可部分替代 Sb$_2$O$_3$。脱结晶水温度为 250～300℃。

硼酸锌的供应商见表 1.4.3-7。

表 1.4.3-7　硼酸锌的供应商

供应商	商品名称	外观	成分/%		游离水/%	灼烧失重 (400℃)/%	筛余物/%	说明
			B$_2$O$_3$	ZnO				
川君化工	3.5 水硼酸锌	白色粉末	48.0±1.5	37.0±1.5	≤1.0	13.5～15.5	按照客户要求	无机阻燃剂，可替代 Sb$_2$O$_3$，无毒
	7 水硼酸锌		41.0±1.5	32.0±1.5	≤1.0	24.0～26.5		
	改性硼酸锌		≥48.0	≥37.0	≤1.0	≥24		
	无水硼酸锌		52.0～56.0	42.0～44.0	≤0.5	≤1.5		

3.1.5　硼酸钡

分子式 2BaO·3B$_2$O$_3$·nH$_2$O，n 约为 3，白色粉末，300℃时析出水。

3.1.6　微胶囊化红磷

红磷有毒性，存在火灾隐患。此外，在高温高湿环境下的制品中使用红磷，易氧化为磷酸，当制品紧贴在有电压差的两个金属导体上时，磷酸会造成金属原子游离为金属离子，使位于两个金属导体之间的绝缘制品具有一定的导电性，造成电气绝缘产品的品质与安全问题。利用胶囊包覆技术，采用不同的囊才、采取多重包覆的工艺技术，可以克服红磷易吸潮、易氧化的问题。

微胶囊化红磷阻燃剂又称高效包覆红磷阻燃剂，简称 CRP。红磷含量≥85%，红磷细度 5～10 μm。紫红色粉末，相对密度 2.1，堆积密度 0.6 g/cm³。较难吸湿，吸水性<1.2%，自燃点≥300℃。与树脂和橡胶混合性好，不影响固化或硫化工艺，不放出氨气。电气性能优良。无毒。

本品主要用作胶黏剂和密封剂的添加型无卤阻燃剂，是一种无卤、高效、低烟、无害的阻燃剂，阻燃效果达 UL-94 V-0 级。适用于 PET、PC、PBT、PE、PA、PP、EVA 等热塑性树脂，环氧树脂、酚醛树脂、不饱和聚酯等热固性树脂以及聚丁二烯橡胶、乙丙橡胶、纤维制品，参考用量 5～10 份。若与 Al（OH）$_3$ 配合使用，阻燃效果更佳。

微胶囊化红磷的典型技术指标见表 1.4.3-8。

表 1.4.3-8　微胶囊化红磷的典型技术指标

项目	红磷含量（≥）/%	白磷含量（≤）/%	游离酸（≤）/%	pH 值（5%水悬浮液）	干燥失量（25℃，真空）（≤）/%	筛余物（325 目）（≤）/%
典型值	85	0.005	0.7	9.5～10.0	0.28	10

微胶囊化红磷的供应商见表 1.4.3-9。

表 1.4.3-9　微胶囊化红磷的供应商

供应商	商品名称	外观	粒度	挥发分（≤）/%	燃点（≥）/℃	红磷含量（≥）/%	pH 值	囊堆密度/（g·cm³）	吸湿量（≤）/%	囊芯	囊才	磷化氢释放量
深圳市宏泰基实业有限公司	FR-515A 红磷阻燃剂	浅紫色流动性粉末	D100≤25 μm D50≤11 μm	1.0	300	30	中性	0.6	1.2	红磷（P4），分子量 123.85，晶位≥98.5%	本身亦具阻燃性能的有机、无机复合材料	<1PPM
广州喜嘉化工有限公司	微胶囊化红磷阻燃剂 MRP-56	浅红色流动性粉末	≤6 μm	1.0	300	≥80	中性	0.6	1.2			<1PPM

3.2　有机阻燃剂

3.2.1　氮系阻燃剂

（一）高氮阻燃剂 MCA（MPP），化学名称：蜜胺氰尿酸、蜜胺氰尿酸盐（酯）、蜜胺三聚氰酸、三聚氰胺氰尿酸酯、氰尿酸三聚氰胺

化学式：$C_6H_9N_9O_3$，相对分子质量：255.2，CAS 号：37640-57-6，白色粉末，密度：1.6～1.7 g/cm³，300℃以下稳定，600℃以上分解，动摩擦系数（室温）：0.1～0.16，不吸湿，难溶于水和其他有机溶剂，但能较好地分散于油类介质中，无毒、无污染、无臭、无味。

本品是兼有阻燃和润滑性能的多功能助剂，其特点是：含氮量高（30%），在橡胶、塑料，特别是在锦纶中适量添加即可起到明显的阻燃作用，加工烟雾小，发烟量少、阻燃等级可达到 UL-94 V-O 级；热稳定性好，在 300℃下长期加热，热损失很低；具有与石墨相似的层状结构，润滑性能良好，可在高温、高压、高载荷、冲击载荷条件下使用，在高温、高速、低温、低速或温差急剧变化的条件下具有稳定的润滑特性。

本品与锦纶树脂相容性好，对机械性能影响小，加工中不易发生黏膜，发泡与结霜等现象，依据对锦纶制品的要求加入量为 20%左右。使用时按一定比例与锦纶混合均匀，在 110℃以下，真空干燥 8 h，使含水量低于 0.1%，干燥后的物料应防止重新吸湿。适宜的注射温度 240～260℃，模温 60～70℃，注射压力 600～800 MPa，主要应用于 PE、EVA 电缆，热收缩管及 TPV 电缆，对硅橡胶亦有良好阻燃效果。

本品作为阻燃剂应用于橡胶、锦纶、酚醛树脂、环氧树脂、丙烯酸乳液、聚四氟乙烯树脂和其他烯烃树脂中，制造阻燃绝缘等级较高的制品。也可用于配制皮肤化妆品；亦可用作涂料消光剂；其涂膜可以作为防锈润滑膜，钢材拉丝、冲压的脱膜剂，以及普通机械传动部件的润滑膜；还可与聚四氟乙烯、酚醛树脂、环氧树脂、聚苯硫醚树脂等组成复合材料，应用于特殊要求的润滑材料中。

氮系阻燃剂的供应商见表 1.4.3-10～表 1.4.3-11。

表 1.4.3-10　氮系阻燃剂的供应商（一）

供应商	商品名称	纯度(≥)/%	水分(≤)/%	外观	pH 值	粒径/≤	密度/(g·cm⁻³)	升华温度/℃	热失重/%		说明
									300℃	350℃	
金昌盛	LS001	99.5		白色粉末	5～7	2 μm	1.5	450	0	3	在 300℃时热失重为 0，350℃时热失重为 3%，加工过程中耐温性能高，热稳定性好，不褪色、不喷霜、不污染产品。特别适用于不加填料的聚酰胺 PA6 和 PA66，阻燃性能可达到 UL-94 V-0 级。PA 中用 12～15 份，环氧树脂、合成橡胶中用 15～80 份
河北兴达	阻燃剂 MCA	99.0	0.2	≥95.0（白度/%）	5～7.5	5 μm					

表 1.4.3-11　阻燃剂 MCA 的供应商（二）

供应商	商品名称	纯度(≥)/%	残余氰尿酸(≤)/%	残留三聚氰胺(≤)/%	磷含量(>)/%	氮含量(>)/%	pH 值水悬浮液	密度/(g·cm⁻³)	动摩擦系数（室温）	水溶性(≤)/%	筛余物/%	分解温度
连云港海水化工	MPP				14	38	5.0～6.0	1.80		0.15	≤1（400 目）	>300℃
濮阳银太源实业	MCA	99.5	0.1	0.001			6.5～7.5	1.7	0.1～0.16	0.002	≤2（1 500 目）	350℃稳定，440℃升华而不分解

3.2.2　磷系和磷氮系阻燃剂

磷酸酯类阻燃剂有低毒，应谨慎使用。

（一）阻燃剂 TCEP，化学名称：磷酸三（2-氯乙基）酯、三氯乙基磷酸酯阻燃增塑剂、磷酸三（β-氯乙酯）、2-氯乙基磷酸双（2-氯乙基）酯、三（β-氯乙基）磷酸酯、磷酸三（2-氯乙基）酯、磷酸三氯乙酯

tris（β-chloroethyl）phosphate

$$\left[\underset{\displaystyle Cl}{\underset{|}{CH_2}}-CH_2-O \right]_3 P=O$$

结构式：$(Cl-CH_2-CH_2O)_3P=O$

分子式：$C_6H_{12}O_4Cl_3P$，相对分子质量：285.38，CAS 号：115-96-8，密度：1.426 g/cm³，凝固点：-64℃，沸点：194℃，折射率：1.470～1.479，黏度：34～47MPa·s，热分解温度 240～280℃，闪点（开杯）：232℃。理论氯含量 37.3%，磷含量 10.8%，无色或浅黄色油状液体，具有淡奶油味，水解稳定性良好，在 NaOH 水溶液中少量分解，无明显腐蚀性，低毒。

本品结合了磷和氯，是塑料、橡胶制品优良的阻燃剂、增塑剂，广泛用于酚醛树脂、聚氯乙烯、聚丙烯酸酯、聚氨酯软硬发泡制品［刚性聚氨酯泡沫氧指数（OI.）可达 26］、醋酸纤维素、硝基纤维漆、乙基纤维漆及难燃橡胶；橡胶运输带中，所得制品除具有自熄性外，还可改善耐水性、耐酸性、耐候性、耐寒性、抗静电性；作为胶黏剂的添加型阻燃剂，具有优异的阻燃性，优良的低温性和耐紫外光性；还可作为润滑油的特压添加剂，汽油添加剂及金属镁的热冷却剂等。用量为 5～10 份。

阻燃剂 TCEP 的供应商见表 1.4.3-12。

表 1.4.3-12　阻燃剂 TCEP 的供应商

供应商	商品名称	外观	酸值(≤)/(mgKOH·g⁻¹)	磷含量/%	氯含量/%	水分(≤)/%	密度/(g·cm⁻³)	折射率[$n_D(20)$]
浙江鸿浩	TCEP	无色或淡黄色油状透明液体	0.20				1.420～1.440	1.470～1.479
淳安千岛湖龙祥			0.20	10.8	36.7	0.10		

（二）阻燃剂 TCPP，化学名称：磷酸三（2-氯丙基）酯

分子式：$C_9H_{18}O_4C_{l3}P$，相对分子质量：327.4。

纯净的磷酸三（2-氯丙基）酯是无色透明油状液体，密度：1.29 g/cm^3，折射率：1.460～1.466，闪点（开口杯法）：220℃，黏度：85 MPa·s，氯含量：32.5%，磷含量：9.46%，溶于乙醇、氯仿等有机溶剂，不溶于脂肪烃类，水溶性小于1%。

本品主要用于软（硬）质聚氨酯泡沫、环氧树脂、聚苯乙烯、聚丙烯酸酯、聚醋酸乙烯酯、醋酸纤维素、乙基纤维素树脂和酚醛塑料，及枪式泡沫填缝剂的生产；用于刚性聚氨酯泡沫中，具有优异的热导及水解稳定性，特别适合于 ASTM E84（Ⅱ级）；本品用于聚氨酯泡沫、不饱和聚酯树脂及酚醛塑料时，还具有增塑剂的功能。

阻燃剂 TCPP 的供应商见表 1.4.3-13。

表 1.4.3-13　阻燃剂 TCPP 的供应商

供应商	商品名称	外观	酸值（≤）/(mgKOH·g^{-1})	磷含量/%	氯含量/%	水分（≤）/%	密度/(g·cm^{-3})	折射率[n_D(20)]
浙江鸿浩	TCPP	无色或淡黄色油状透明液体	≤0.05			0.08		
淳安千岛湖龙祥			0.06	9.5	32.5	0.10		

（三）阻燃剂 TDCPP，化学名称：磷酸三（2，3-二氯丙基）酯、2，3-二氯-1-丙醇磷酸酯

分子式：$C_9H_{15}O_4C_{l6}P$，相对分子质量：430.76，CAS 号：13674-87-8。

结构式：

tri（2，3-dichloropropyl）phosphate

$$\left[Cl-CH_2-CHCl-CH_2-O\right]_3P=O$$

纯净的磷酸三（2，3-二氯丙基）酯是无色透明油状液体，密度（20℃）：1.504 g/cm^3，折射率［n_D（20）］：1.498，闪点（开口杯法）：251℃，凝固点：-6℃，开始分解温度：230℃，水中溶解度：0.01%（30℃），磷含量：7.2%，氯含量：49.4%；本品溶于乙醇、氯仿等有机溶剂，不溶于脂肪烃类。

本品是磷氯系阻燃剂中阻燃性及持久性最好的品种之一。可广泛用于软、硬质聚氨酯泡沫塑料、聚氯乙烯、环氧树脂、不饱和树脂、聚酯纤维及橡胶、运输带生产中，所得制品除具有自熄性外，还可改善耐光性、耐水性、抗静电及改善制品光泽等性能。

本品一般添加量为：软、硬质聚氨酯泡沫塑料中添加 10%～15%，阻燃效果优于 TCEP；聚氯乙烯中添加 10%，制品可在 1 s 内自熄；聚酯纤维整理剂中加入 5%，通过浸渍，制品可达离火自熄。

阻燃剂 TDCPP 的供应商见表 1.4.3-14。

表 1.4.3-14　阻燃剂 TDCPP 的供应商

供应商	商品名称	外观	酸值（≤）/(mgKOH·g^{-1})	磷含量/%	氯含量/%	水分（≤）/%	密度/(g·cm^{-3})	折射率[n_D(20)]	黏度（25℃）/MPa·s
浙江鸿浩	TDCPP	无色或淡黄色油状透明液体	0.10			0.10	1.50±0.01	1.498±0.03	1 600～1 900
淳安千岛湖龙祥			0.20	7.2	49.4	0.10			

（四）阻燃剂 IPPP，化学名称：磷酸三异丙基苯酯、异丙基苯酚磷酸酯、异丙基磷酸酯、磷酸三异丙基苯酯、异丙基三芳基磷酸酯

分子式：$C_{18}H_{15}R_3PO_4$，相对分子质量：390，CAS 号：68937-41-7，密度：1.3 g/cm^3，熔点：-12～-26℃，沸点：364.7℃，闪点：174.3℃，本品为无色或微黄色透明油状液体，具有很好的抗氧性、热稳定性、防腐作用，可提高制品的耐磨性、耐候性。具有低黏度、低毒、无味、无污染等特点。

本品是磷酸三甲苯（酚）酯（TCP）的换代产品。广泛用作橡胶和 PVC 阻燃输送带、皮革、篷布、农用地膜、地板材料、电缆、氯丁橡胶制品、丁腈橡胶制品的阻燃增塑剂；环氧树酯的阻燃剂；可用作切削油、齿轮油、压延油的抗压添加剂；用于硝基纤维素、醋酸纤维素、乙基纤维素、聚醋酸乙烯、聚烯烃、聚酯、聚氨酯泡沫塑料、酚醛树酯的阻燃增塑剂；还可以用作汽油、润滑油、液压油添加剂以及金属萃取剂，聚酰亚胺加工改性剂。

阻燃剂 IPPP 的供应商见表 1.4.3-15。

表 1.4.3－15　阻燃剂 IPPP 的供应商

供应商	商品名称	外观	酸值/($mgKOH \cdot g^{-1}$)	磷含量/%	氯含量/%	水分(≤)/%	密度/($g \cdot cm^{-3}$)	折射率[$n_D(20)$]	黏度（25℃）/MPa · s
浙江鸿浩	IPPP								
淳安千岛湖龙祥			≤0.20			0.10			

（五）阻燃剂 RDP，化学名称：间苯二酚双（二苯基磷酸酯）

结构式：

分子式：$C_{30}H_{24}O_8P_2$，相对分子质量：620，CAS 号：57583－54－7，无色或浅黄色透明液体，本品具有低挥发性和高热阻抗性的特点，主要用于 PU、PC、ABS、PPE、SAN、PP 和 PET 树脂等工程塑料中作阻燃剂。

阻燃剂 RDP 的供应商见表 1.4.3－16。

表 1.4.3－16　阻燃剂 RDP 的供应商

供应商	商品名称	磷含量/%	水分/%	密度/($g \cdot cm^{-3}$)	折射率[$n_D(20)$]	黏度（25℃）/MPa · s
连云港市海水化工有限公司	RDP	10－12	0.1	1.296～1.316		600～800

磷系阻燃剂还有磷酸三甲苯酯、磷酸三苯酯、磷酸三辛酯、磷酸三（1，3－二氯丙基）酯、磷酸三（2，3－二溴丙基）酯等，详见增塑剂相关章节。

3.2.3　卤系阻燃剂

国际电工委员会（IEC）提出的无卤指令（Halogen－free）中，其对卤素的要求为：氯的浓度低于 900 ppm，溴的浓度低于 900 ppm，氯和溴的总浓度低于 1 500 ppm。本类阻燃剂中，多溴联苯（PBB）、多溴联苯醚（PBDE）包括八溴醚、四溴醚、十溴二苯醚等均被列入欧盟《关于在电子电气设备中限制使用某些有害物质的第 2002/95/EC 号指令》（RoHS 指令）而限制使用，读者应当谨慎使用。

（一）六溴环十二烷

结构式：

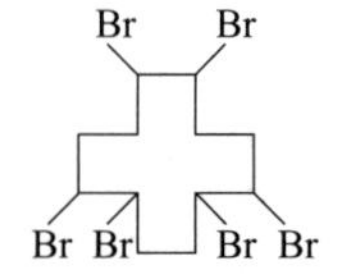

分子式：$C_{12}H_{18}Br_6$，相对分子质量：641.73，CAS 号：25637－99－4，白色或浅灰色粉末。

本品主要作为阻燃剂用于 EPS、XPS、黏结剂、涂料及纺织品上，也可用于 HIPS、橡胶、环氧树脂等材料，热稳定化产品可用于阻燃 HIPS、PP 及 PE 等多种热塑性和热固性聚合物中。

六溴环十二烷的供应商见表 1.4.3－17。

表 1.4.3－17　六溴环十二烷的供应商

供应商	商品名称	溴含量(≥)/%	熔点(≥)/℃	加热减量(≤)/%(105℃，2 h)	色度(≤)	筛余物(325 目)(≤)/%
连云港海水化工	普通六溴环十二烷	73	175～185	0.5	40	
	热稳定六溴环十二烷	70	180～195			

（二）八溴醚

结构式：

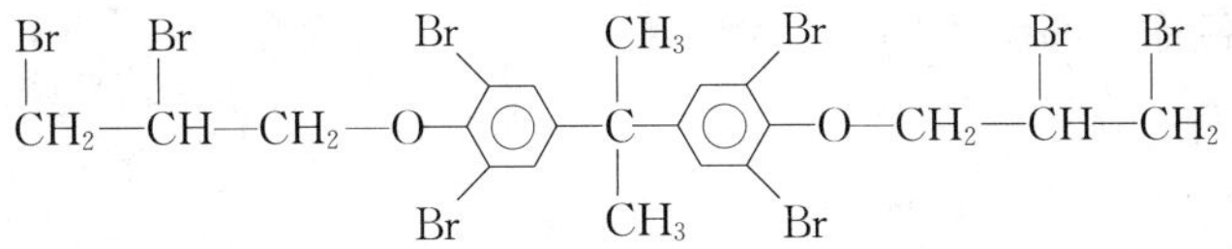

分子式：$C_{21}H_{20}Br_8O_2$，相对分子质量：943.8，CAS 号：21850-44-2，白色粉末或颗粒。

本品主要作为阻燃剂用于 PP、ABS、AS 及 PVC 树脂中，也可以用于丙纶、涤纶、棉纤维及橡胶中，与三氧化二锑并用有协同效应。

八溴醚的供应商见表 1.4.3-18。

表 1.4.3-18　八溴醚的供应商

供应商	商品名称	溴含量（≥）/%	熔点（≥）/℃	丙酮不溶物（≤）/%	密度/（g·cm⁻³）	加热减量（≤）/%（105℃，2 h）	色度（≤）	筛余物（325 目）（≤）/%
连云港海水化工	八溴醚	67	102～110	0.06		0.3		

（三）溴代三嗪

结构式：

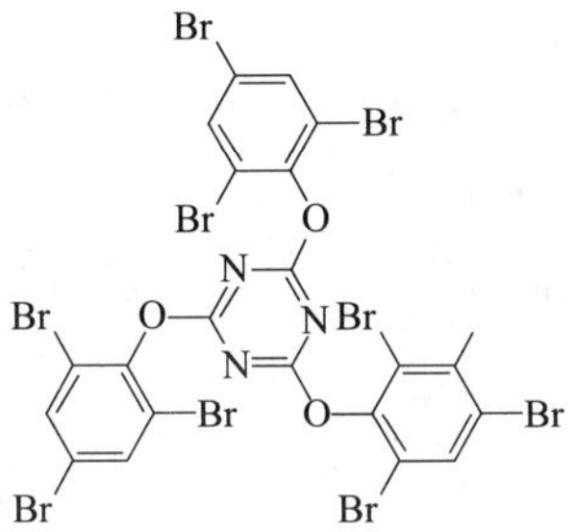

分子式：$C_{21}H_6Br_9N_3O_3$，相对分子质量：1067，CAS 号：25713-60-4，白色流动性粉末。

本品是一种含溴、氮的添加型阻燃剂，主要用于 ABS、PS、HIPS、PC、PC/ABS、PBT、PET、PE、PVC 中，具有很好的抗冲击、抗迁移及优异的抗紫外线能力。

溴代三嗪的供应商见表 1.4.3-19。

表 1.4.3-19　溴代三嗪的供应商

供应商	商品名称	溴含量（≥）/%	氮含量（≥）/%	熔点（≥）/℃	加热减量（≤）/%（105℃，2 h）	5%热失重（≥）/℃	色度（≤）	粒径（≤）/μm
连云港海水化工	溴代三嗪	67	4.5	220～230	0.5	380		25

（四）四溴醚

结构式：

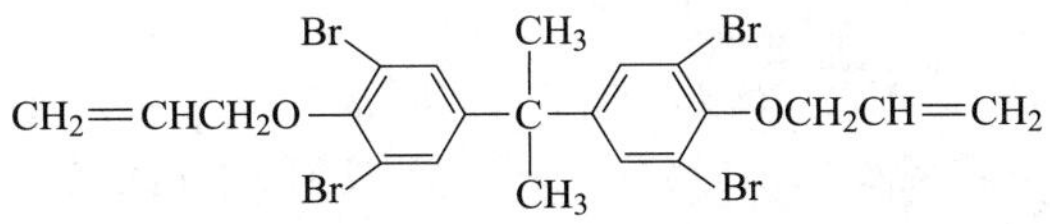

分子式：$C_{21}H_{20}Br_4O_2$，相对分子质量：624，CAS 号：25327-89-3，白色粉末。

本品为反应型阻燃剂，主要用于发泡聚苯乙烯、不饱和聚酯、发泡聚酯等材料阻燃，也可与六溴环十二烷配合使用，有协同效应。

四溴醚的供应商见表 1.4.3-20。

表 1.4.3-20　四溴醚的供应商

供应商	商品名称	溴含量（≥）/%	熔点（≥）/℃	加热减量（≤）/%（105℃，2 h）	密度/（g·cm⁻³）	说明
连云港海水化工	四溴醚	51	115～120	0.3		

（五）四溴苯酐，化学名称：四溴代邻苯二甲酸酐

结构式：

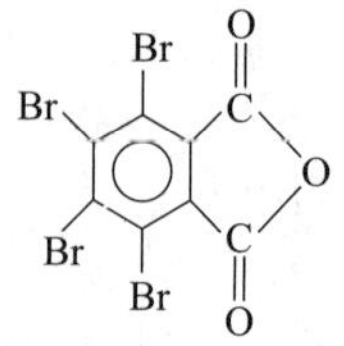

分子式：$C_8Br_4O_3$，相对分子质量：464，CAS号：632-79-1，熔点：279～280℃，白色粉末。

本品为反应型阻燃剂，主要用于聚酯、不饱和聚酯、环氧树脂，也可作为添加型阻燃剂用于聚苯乙烯、聚丙烯、聚乙烯和ABS树脂。

四溴苯酐的供应商见表1.4.3-21。

表1.4.3-21 四溴苯酐的供应商

供应商	商品名称	溴含量（≥）/%	熔点（≥）/℃	加热减量（≤）/%（105℃，2 h）	说明
连云港市海水化工有限公司	四溴苯酐	67	270	0.2	

（六）四溴双酚A，化学名称：4，4′-亚异丙基双（2，6-二溴苯酚）

结构式：

4，4′-isopropyliden bis（2，6-dibromophenol）

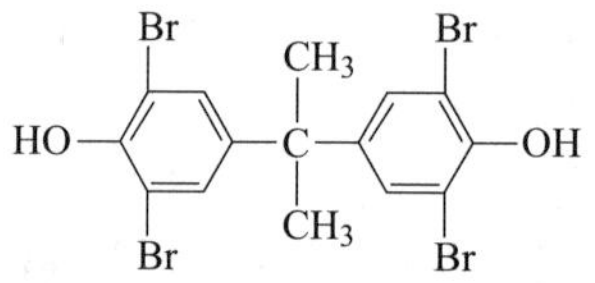

分子式：$C_{15}H_{12}Br_4O_2$，相对分子质量：543.8，CAS号：79-94-7，白色粉末或颗粒。

作为反应型阻燃剂，可用于环氧树脂、聚碳酸酯、酚醛树脂；作为添加型阻燃剂，可用于环氧树脂、酚醛树脂、抗冲聚苯乙烯、ABS树脂、AS树脂、不饱和聚酯、聚氨酯等，同时还可以作为纸张、纤维的阻燃处理剂。

四溴双酚A的供应商见表1.4.3-22。

表1.4.3-22 四溴双酚A的供应商

供应商	商品名称	溴含量（≥）/%	初熔点（≥）/℃	加热减量（≤）/%（105℃，2 h）	说明
连云港市海水化工有限公司	四溴双酚A	58	180	0.3	

（七）十溴二苯醚（十溴联苯醚）

结构式：

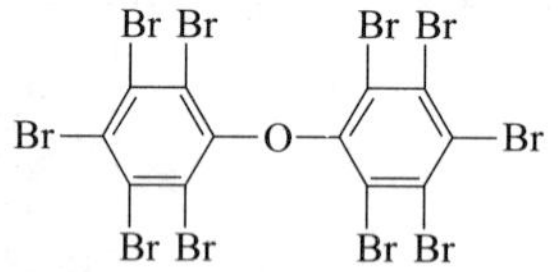

分子式：$C_{12}OBr_{10}$，相对分子质量：959.22，熔点：285℃，溴含量：67%～83%。

本品为添加型阻燃剂，溴含量大、阻燃效能高、热稳定性好、用途广泛。适用作PE、PP、ABS、PBT、环氧树脂、硅橡胶、三元乙丙橡胶及聚酯纤维、棉纤维等纤维的阻燃及后整理剂。

十溴二苯醚的供应商见表1.4.3-23。

表1.4.3-23 十溴二苯醚的供应商

供应商	规格型号	外观	溴含量（≥）/%	挥发分（≤）/%	熔点（≥）/℃	游离溴（≤）/ppm	白度（≥）/ppm	平均粒径（≤）/mm
济南晨旭化工有限公司	优级品	白色或淡黄色粉末	82.5	0.2	300	20	92	5
	一级品					50	90	10

（八）氯化石蜡、氯化聚乙烯

氯化石蜡、氯化聚乙烯的含氯量在35%～70%，除具阻燃性外，还有良好的电绝缘性，并能增加制品的光泽。随着氯含量的增加，其耐燃性、互溶性和耐迁移性增大。氯化石蜡的主要缺点是耐寒性、耐热稳定性和耐候性较差。

本品既可作为增塑剂、物理防老剂，也可作为阻燃协效剂使用。

低分子量（短链）氯化石蜡已列入 REACH 指令第一至第四批高关注物质清单（SVHC）中，碳原子数为 14～17 的中链型氯化石蜡（MCCP）则列入了挪威 PoHS 指令中的受限物质，读者应当谨慎使用。

《氯化石蜡-42》（HG/T 2091—1991）适用于石蜡经氯化、精制后得到的含氯量为 40%～44%的工业氯化石蜡，主要用作聚氯乙烯辅助增塑剂；《氯化石蜡-52》（HG/T 2092—1991）适用于以平均碳原子数约为 15 的正构液体石蜡经氯化、精制后得到的含氯量为 50%～54%的工业氯化石蜡，主要用作聚氯乙烯辅助增塑剂。氯化石蜡-42 的含氯量为 42%，平均分子量为 595，主链碳原子数为 25；氯化石蜡-52 的含氯量为 52%，平均分子量为 416，主链碳原子数为 15。

氯化石蜡的技术要求见表 1.4.3-24。

表 1.4.3-24　氯化石蜡的技术要求

项目	氯化石蜡-42			氯化石蜡-52		
	优等品	一等品	合格品	优等品	一等品	合格品
外观	黄色或橙黄色黏稠液体			水白色或黄色黏稠液体		
色泽（碘）（≤）/号	3	15	30	100	250	600
密度（50℃）/($g \cdot cm^{-3}$)	1.13～1.16	1.13～1.17	1.13～1.18	1.23～1.25	1.23～1.27	1.22～1.27
氯含量/%	41～43	40～44		51～53	50～54	50～54
黏度（50℃）/MPa·S	140～450	≤500	≤650	150～250	≤300	—
折射率 [$n_D(20)$]	1.500～1.508		—	1.510～1.513	1.505～1.513	—
加热减量（130℃，2 h）（≤）/%	0.3		—	0.3	0.5	0.8
热稳定指数[1] HCl%，≤（175℃，4 h，氮气 10 L/h）	0.20		0.30	0.10	0.15	0.20

注：1）至少半年检验一次。

氯化石蜡、氯化聚乙烯的供应商见表 1.4.3-25。

表 1.4.3-25　氯化石蜡、氯化聚乙烯的供应商

供应商	商品名称	外观	氯含量/%	密度/($g \cdot cm^{-3}$)(50℃)	50℃黏度 MPa·s ≤	软化点/℃	热稳定指数(≤)/%	折射率	加热减量(130℃×2 h)/%	粒径
川君化工	氯化石蜡-52	淡黄色黏稠液体	52±2	1.23～1.27	300		0.15	1.505～1.513	≤0.5	
	氯化石蜡-70	白色粉末	70±2			95	0.2		≤1	100 目

卤系阻燃剂还有：

四氯代邻苯二甲酸酐，Cl 含量：49.6%，熔点：256℃，分子结构式：

tetrachlorophthalic anhydride

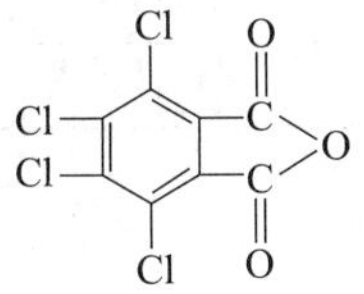

六氯桥亚甲基四氢邻苯二甲酸酐，白色结晶，Cl 含量：57.4%，熔点：240～241℃，分子结构式：

hexachloro-endo-methylene-tetsa hydro phthalic anhydride

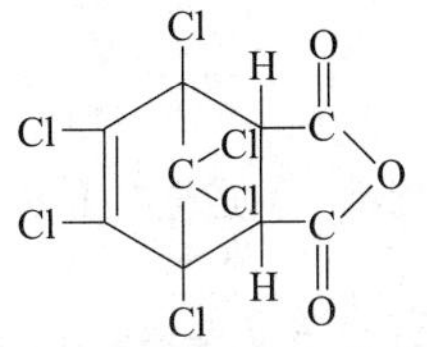

双（2，3-二溴丙基）反丁烯二酸酯（阻燃剂 FR-2），白色结晶粉末，熔点：68～68.5℃，分子结构式：

bis（2，3-dibromopropyl）trans-mateate

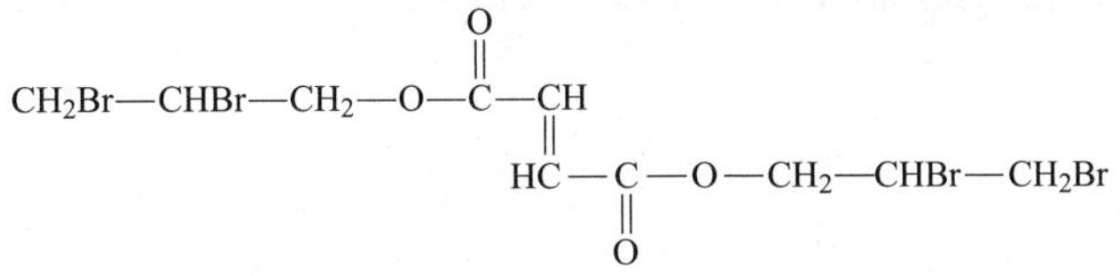

$$CH_2Br—CHBr—CH_2—O—\overset{O}{\overset{\|}{C}}—CH=CH—\underset{O}{\underset{\|}{C}}—O—CH_2—CHBr—CH_2Br$$

四溴乙烷，淡黄色油状液体，沸点 243.5℃，有低毒，应谨慎使用。

四溴丁烷，白色粉末，Br 含量大于 85%，分解温度 150℃，分子式：$C_4H_6Br_4$。

2，2-双（四溴-4-羟基苯基）丙烷，白色结晶粉末，熔点 181℃，有低毒，应谨慎使用。其分子结构式为：

2，2-bis（tetra bromo-4-hydroxy phenyl）propeme

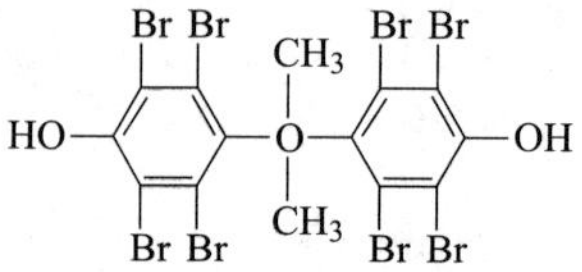

五溴乙苯，白色结晶粉末，Br 含量 79.8%，熔点 136～138℃，分子结构式：

pentabromoethyl benzene

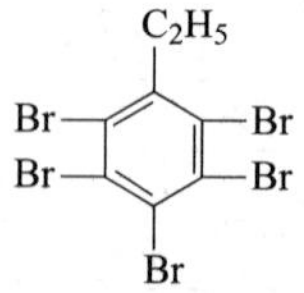

六溴联苯，鳞片状物，Br 含量 75%，熔点 67～68℃，分子结构式：

hexabromobiphenyl

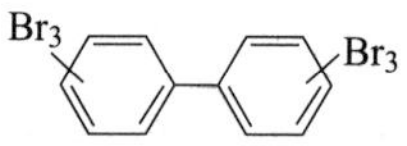

六溴苯，白色结晶粉末，Br 含量 86.9%，熔点 315～320℃，分子结构式：

hexabromo-benzene

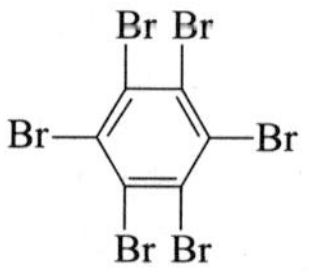

全氟环五癸烷，白色结晶粉末，熔点 485℃，相对密度 2.015～2.025 g/cm³。

3.2.4 复合阻燃剂

复合阻燃剂的供应商见表 1.4.3-26。

表 1.4.3-26 复合阻燃剂的供应商

供应商	商品名称	外观	有效成分/(≥)/%	水分/(≤)/%	筛余物（325 目）/(≤)/%	说明
川君化工	复合阻燃剂	灰白色粉末	30	1.0	1.0	无机阻燃剂，可替代 Sb_2O_3，无毒

本章参考文献：

[1] 缪桂韶．橡胶配方设计 [M]. 广州：华南理工大学出版社，2000：26-31.

[2] 季振青，郭睿．橡胶用抗氧剂及抗臭氧剂的发展趋势 [J]. 合成橡胶工业，2010，33（1）：77-80.

[3] 王丹萍，陈朝晖，王迪珍．橡胶反应性防老剂 [J]. 合成橡胶工业，2008，31（1）：75-78.

[4] 逯云玲．防老剂 N-4-苯胺基苯基-甲基丙烯酰胺的制备及其在天然橡胶中的应用 [J]. 合成橡胶工业，2008，31（4）：298-301.

[5] 陈朝晖，王迪珍，孙仙平．反应性防老剂 MC 与防老剂 4020 的对比研究 [J]. 特种橡胶制品，2006，27（2）：13-16.

[6] 王文福，李伍民．反应型不抽出防老剂 NAPM 在丁腈橡胶中的应用 [J]. 特种橡胶制品，2002，23（5）：24-26.

[7] 吴同锴，刘长杰．反应性防老剂研究的进展与动向 [J]. 橡胶参考资料，1974（9）：4-40.

[8] 李昂．橡胶的老化与寿命估算 [J]. 橡胶参考资料，2009，39（3）：2-74.

[9] 吴向东．橡胶、配合剂的基团反应活性对橡胶加工和使用性能的影响 [J]. 广东省橡胶工业科技信息中心站编印的《橡胶配方设计》.

第五章　补强填充材料

第一节　概　　述

填料，即填充材料，是橡胶工业的主要原料之一，它能赋予橡胶许多优异的性能。例如，大幅度提高橡胶的力学性能，使橡胶具有磁性、导电性、阻燃性、色彩等特殊的性能，赋予橡胶良好的加工性能，降低成本等。含有填料的橡胶是一种多相的复合材料。橡胶对填料的要求，包括：①具有化学惰性，不影响硫化胶的耐候性、耐酸碱性和耐水性；②不明显降低硫化胶的力学性能；③在橡胶中易混入、易分散，可大量填充；④价廉易得。填料按来源可以分为有机填料和无机填料，有机填料包括炭黑、果壳粉、软木粉、木质素、煤粉、树脂等，无机填料包括陶土、碳酸钙、硅铝炭黑等。填料按形状可以分为粉状、粒状、纤维状等，其中炭黑及绝大多数无机填料为粉状或粒状，纤维状填料包括石棉、短纤维、碳纤维、金属晶须等。

填料还可以按其作用可分为补强型和非补强型两类。补强型填料能改善橡胶的力学性能，使硫化胶的耐磨性、抗撕裂强度、拉伸强度、模量、抗溶胀性等性能获得较大提高，从而改善橡胶制品的使用性能，延长制品的使用寿命；非补强型填料，主要起增容、节约成本、改善压延压出等加工性能的作用，而又不明显影响橡胶制品性能。补强型填料主要包括炭黑、白炭黑及某些有机物，简称补强剂；非补强型填料主要包括硅酸盐、碳酸盐、天然无机矿物材料及其改性产品、金属氧化物和氢氧化物等，简称填充剂。填料具有补强抑或填充效能，有时也依橡胶而定，例如，几乎全部白色填料对 CM 都像炭黑与白炭黑一样能提高拉伸强度。

补强剂填料的补强效能总是相对于填料品种、橡胶品种以及具体的性能而言的。结晶型橡胶不加补强剂已有较高的拉伸强度，具有自补强作用，如 NR、IR、CR、PU、FKM 以及金属氧化物硫化的 CSM；而硅橡胶、SBR、BR、EPM 与 EP-DM、CO 与 ECO、ACM 与 ANM 以及环氧树脂硫化的 CSM、CM 纯胶硫化胶的拉伸强度低，要加入补强剂才能获得使用价值。补强型填料在橡胶加工中具有重要而又独特的作用。它可以提高橡胶的力学性能，对非自补强型胶种如丁苯橡胶（SBR）、丁腈橡胶（NBR）等更是不可或缺；可以满足胶料加工工艺要求，减小胶料的收缩率，有利于成型，并有助于胶料在硫化后的形状和尺寸保持稳定；有些品种还具有其他作用，如阻燃、导电、耐热等；可以降低胶料成本。橡胶对补强型填料的要求为：①表面化学活性较强，能与橡胶良好结合，改善硫化胶的物理性能、耐老化性能和黏合性能；②化学纯度较高，粒子均匀，对橡胶有良好的湿润性和分散性；③不易挥发，无臭、无味、无毒，有较好的贮存稳定性；④用于白色、浅色和彩色橡胶制品的填料要求不污染、不变色；⑤价廉易得。

一般的，粉状补强型填料多通过与橡胶形成结合橡胶而对橡胶进行补强，树脂主要通过共混改性赋予橡胶/树脂共混物较好的物理机械性能，短纤维补强则主要借助于短纤维在橡胶基体中的有规取向而使复合材料得到增强。

用作橡胶填料的固体粉料分无定型和结晶型两类，结晶型又分异轴结晶和等轴结晶两种。异轴结晶（片形或针形等）三轴有显著差异，各向异性；等轴结晶（球形）三轴相似，各向同性。在常用填料中，陶土、石墨属异轴结晶，碳酸钙属等轴结晶。颗粒形状以球形较好，片形或针形填料在硫化胶拉伸时容易产生定向排列，导致硫化胶永久变形增大，抗撕裂、耐磨性能下降。粉体填料混入橡胶中，粒子被橡胶分子包围，粒子表面被橡胶湿润的程度对补强效果有很大影响。不易湿润的颗粒在橡胶中不易分散，容易结团，降低其补强效能，可以通过表面改性得以解决。

橡胶用树脂补强，应用比较成熟的主要有酚醛树脂、高苯乙烯树脂、木质素、石油树脂、古马隆树脂等。橡胶和树脂的共混要求为：①溶解度参数相近，一般要求橡胶与树脂的溶解度参数之差不大于 1；②共混温度不低于树脂的软化点；③共混设备以密炼机或双螺杆挤出机为宜，因为它们能满足共混时的温度要求。

近年来，短纤维补强橡胶应用范围逐步扩大，发展迅速。

橡胶用填料的发展，主要表现为粒径微细化、表面活性化、结构形状多样化三个方面。从填料来源看，利用工业废料加工制造橡胶用填料成为一个重要的方向，突出的是以造纸制浆废弃物黑液制造木质素的工作。

1.1　影响填料补强因子的因素

橡胶加入补强剂后的性能与纯胶性能（包括胶料加工性能、硫化胶物理机械性能）之比，称作补强因子，记为 R. F。

补强剂与填充剂对胶料加工性、硫化胶物理化学性能的效应，主要由它们的化学组成与化学结构、物理化学性质决定；此外，填料的用量也起着十分重要的作用。填料的物理化学性质主要有填料粒子的大小及其分布、结构性、表面化学性质（表面活性）等。一般来说，补强填料粒径越小，比表面积越大，和橡胶的接触面积也越大，补强效果越好。如图 1.5.1－1 所示。

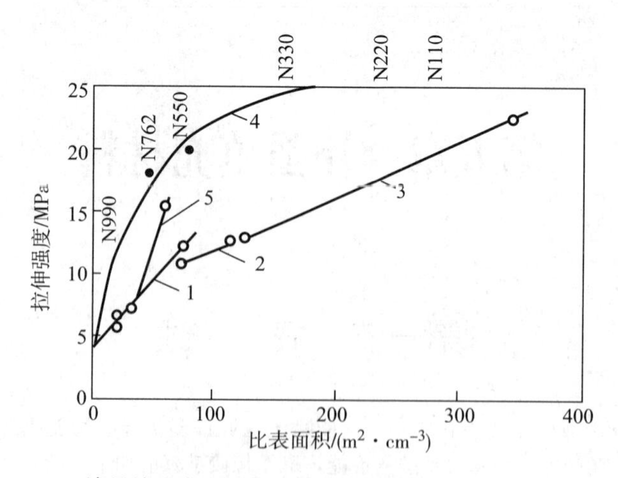

图 1.5.1-1　填料的比表面积与拉伸强度的关系（试验胶种：SBR 1500）

1—55 份碳酸钙；2—25 份硅酸盐；3—25 份沉淀法白炭黑；4—27 份炭黑；5—30 份陶土

1.1.1　填料粒径的影响

几种补强填充材料的粒子平均直径、比表面积的典型值见表 1.5.1-1。

表 1.5.1-1　补强填充材料的粒子平均直径、比表面积的典型值

项目	N330	N660	气相法白炭黑	沉淀法		高岭土的粒径分布			碳酸钙的粒径范围				
				白炭黑	硅酸铝	粒径 w/%	硬质陶土	软质陶土	项目	白艳华 O	白艳华 A	轻钙	重钙
低温氮吸附测定的比表面积/($m^2 \cdot g^{-1}$)	78	35	100～500	40～250	60～180	>5 μm	3	20	粒径 μm	<0.02	0.1～1	1～5	25
粒径（算术平均）/nm	26～30	49～60	7～16	15～100	20～50	2～5 μm	7	20	其他				
DBP 吸油值/[$cm^3 \cdot (100\ g)^{-1}$]	102	90	—	175～285	170～220	<2 μm	90	60	项目	滑石粉	天然硫酸钡	沉淀硫酸钡	
pH 值	—	—	3.6～4.3 在 4% 水溶液中	6～9 在 5% 水溶液中	10～12 在 5% 水溶液中	—	—	—	粒径/μm	2～6	15	0.2～5	

注：详见梁星宇，等．橡胶工业手册 · 第三分册 · 配方与基本工艺［M］.

在保证填料均匀分散、不结团的前提下，粒子小有利于发挥填料的补强效能。气相法白炭黑（7～16 nm）对硅橡胶即具有沉淀法白炭黑（15～100 nm）有难以比拟的补强效果。炭黑比表面积与耐磨指数的关系见表 1.5.1-2。

表 1.5.1-2　炭黑比表面积与耐磨指数的关系

炭黑	比表面积/($m^2 \cdot g^{-1}$)	耐磨指数	炭黑	比表面积/($m^2 \cdot g^{-1}$)	耐磨指数
MT（中粒子热裂法炭黑）	8	21	HAF（高耐磨炉法炭黑）	80	100
FT（细粒子热裂法炭黑）	17	28	ISAF（中超耐磨炉法炭黑）	115	110
SRF（半补强炉法炭黑）	25	46	SAF（超耐磨炉法炭黑）	140	125
HMF（高定伸炉法炭黑）	30	63	EPC（易混槽黑）	115	45
FEF（快压出炉黑）	45	75	MPC（可混槽黑）	150	88
			ACET（乙炔炭黑）	60	61

炭黑的粒子越小（不小于 17 nm），那么耐磨性、撕裂强度就增大；定伸应力、硬度、拉伸强度常常从增大走向相对稳定；疲劳生热及滞后损失增大；回弹性与伸长率常常下降。压缩永久变形通常以中等粒径的炭黑为较好。就同种炭黑而言，平均比表面积相近，若缩窄粒子大小分布，补强因子 R.F 值（尤其是耐磨性）便会提高。

白炭黑的情况也大致如此，但压缩永久变形随粒径减小而有所增大，且粒径对伸长率的影响小。值得注意的是，白炭黑通常明显改善橡胶的撕裂强度，增大滞后（故可改进轮胎的抗湿滑性），轮胎胎面胶中加入少量白炭黑，即可改进耐磨、耐刺扎，也可减缓屈挠龟裂的裂口增长。

补强能力不大的填料，如绢英粉填充 EPDM，1 500 目与 325 目相比，对硫化胶力学性能的增益不大，从成本考虑，有

325 目就足够了。

图 1.5.1－2 表明填充量为 50 份的炭黑比表面积与以剪切黏度求算的补强因子［记为 $(R.F)_\eta$］的关系。由图 1.5.1－2 可知，粒子越小，$(R.F)_\eta$就越大；一旦比表面积达到 64 m^2/g 以上，相当于粒径为 32 nm，$(R.F)_\eta$快速增大。实际上，炭黑粒径小的，挤出时的拉伸黏度 η_t 也相应增大，挤出收缩也较大，如图 1.5.1－3 所示。

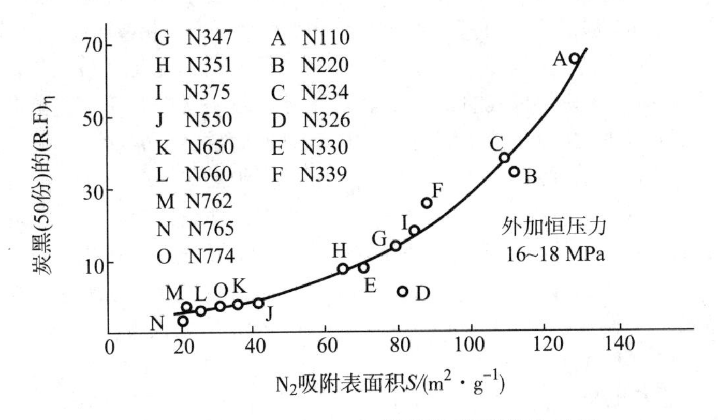

图 1.5.1－2　$(R.F)_\eta$与炭黑比表面积的关系

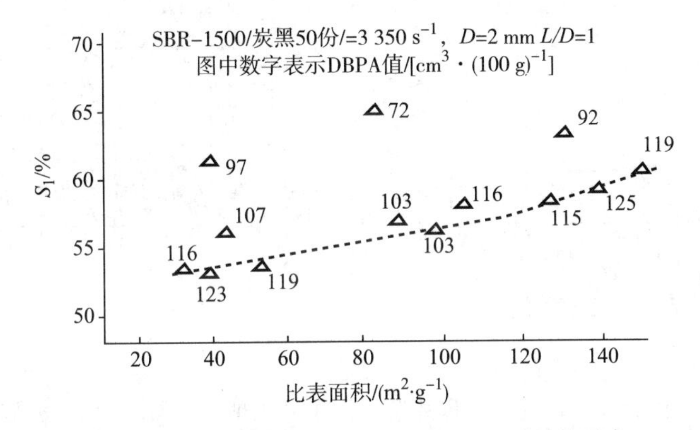

图 1.5.1－3　炭黑粒径、结构性对挤出收缩的影响

而粒径大、补强性小的各种填料，对剪切黏度影响的差异可以忽略不计。

1.1.2　填料结构性的影响

高结构性炭黑的开发是随着 BR 的应用展开的，结构性高的炭黑容易在胶料中分散，有利于发挥炭黑的补强效能。胶料的挤出收缩 S 可以用来评价炭黑的结构性，结构性大的，挤出收缩小，如图 1.5.1－3 所示。

炭黑结构性增大，导电性、硬度、定伸应力、疲劳生热量皆增大；耐磨性，尤其是苛刻条件下的耐磨性以及耐老化性能大有改善。低结构同组炉法炭黑的明显优点在于拉伸强度、撕裂强度、伸长率均高，可与粒子大小相近的槽黑相媲美，耐磨性与耐屈挠疲劳性则比槽黑好。但需注意的是，高温使用条件下还是高结构炭黑拉伸强度高。

白炭黑的结构性也影响补强效能，但不如炭黑那样显著。有研究认为，球状白炭黑的吸油值表示白炭黑凝集体内部空隙的容积大小，吸油值超出形成结合橡胶的临界值才有足够容积形成结合橡胶。炭黑结构性对 $(R.F)_\eta$的影响则存在一个上限，如图 1.5.1－4 所示。

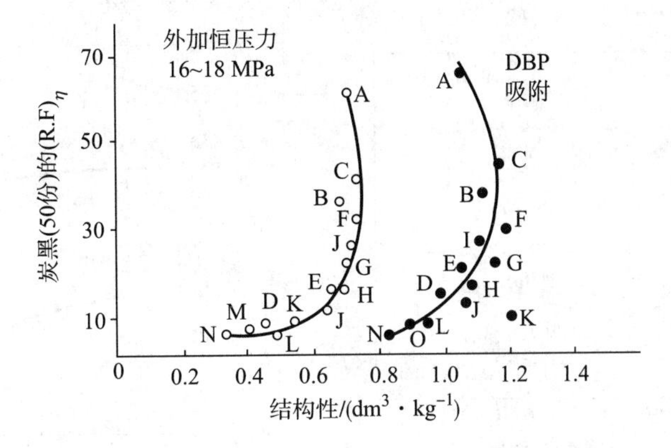

图 1.5.1－4　炭黑结构性与 $(R.F)_\eta$的关系图

由图 1.5.1－4 可见，炭黑的 DBP 吸收值大于 1.18 dm^3/kg 之后，$(R.F)_\eta$便与结构性无关了。

1.1.3　填料化学成分、表面化学性质的影响

填料化学成分、表面化学性质涉及填料与橡胶的亲和性、湿润性、相容性、物理吸附、化学结合、填料在橡胶中的分散度，关系到橡胶/填料、填料/填料之间的相互作用，是橡胶补强的关键因素之一。此外，填料的酸碱性对硫化速度也有相应影响，如槽黑呈酸性，炉黑呈碱性，酸性条件有利于自交联型的丙烯酸酯橡胶硫化，因此常使用槽黑、陶土。

一个炭黑粒子含有成千个微晶体，微晶体由 3～5 个层面（六角形网状平面）相叠而成。微晶体相对不严格围绕炭黑中心圆形排列，层面不齐整。另外，层面类似于多苯环芳香化合物，但氢原子不足，层面边缘缺氢，有许多未配对电子，化学性质活泼。橡胶若有活泼氢原子，如不饱和碳链橡胶的 α－H，在炼胶时的力-化学作用下，炭黑借助层面边缘的活性点与橡胶大分子发生化学吸附，结合成强化学键，生成不溶于溶剂（如甲苯）的结合橡胶（凝胶），发挥补强作用。热裂法炭黑，微晶体围绕同一中心排列最规整，裸露的活性点少；SRF、GRF 等粗粒子炉黑围绕多个中心排列，裸露的活性点最多；槽黑比粒子大小相同的炉黑规整许多，裸露的活性点次之。炭黑粒子裸露的活性点数量，与炭黑晶种的补强效能顺序一致。化学处理炭黑，如氧化、接枝、石墨化等，都降低炭黑的补强效能。如在无氧条件下采用高温（1 000～3 000℃）处理炭黑，使炭黑石墨化，炭黑微晶体扩大，排列更为规整，则炭黑表面活性降低。以 N200 为例，炭黑石墨化后，结合橡胶量下降 47%，定伸应力大大下降，耐磨性下降 20%，60℃的 tanδ 增大，补强效能大大损失。如图 1.5.1－5、图 1.5.1－6 所示。

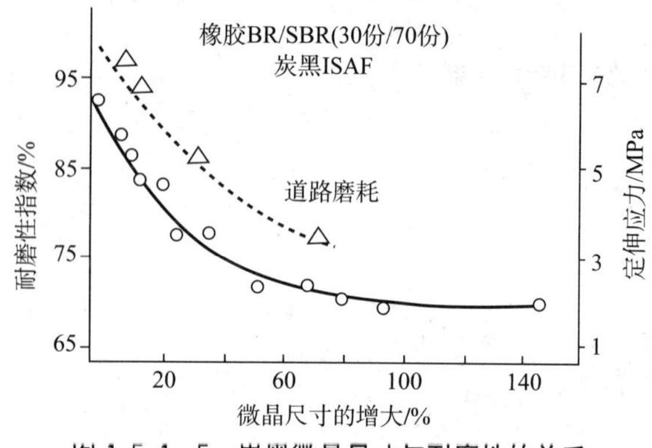

图 1.5.1－5　炭黑微晶尺寸与耐磨性的关系

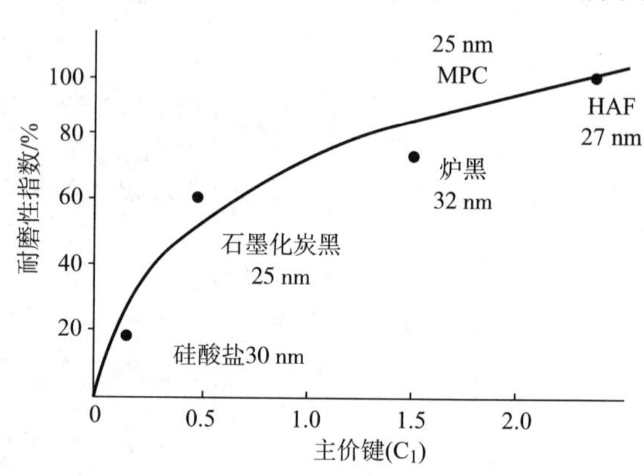

图 1.5.1－6　化学结合与耐磨性的关系

炭黑除碳元素外，还有 H、O 原子形成的羧基、酚基、醌基、内脂等含氧基团，它们对饱和度高、缺少活泼氢原子的 IIR、EPDM 等橡胶的补强极为重要。如 IIR 采用槽黑补强，160℃热处理 30 min，炼胶 5 min，反复几次，利用炭黑中的含氧基团加上升温提高炭黑活性，可以强化大分子与炭黑的结合，有利于炭黑的分散，同时大大改进耐磨性、撕裂强度、定伸应力、弹性性能；如加入的是炉黑，因含氧基团少，效果甚微。但是，如将炉黑在大气中研磨氧化，或进行臭氧处理，或添加 N－4－二亚硝基－N－甲基苯胺（不少于 0.2 份），于 140℃热处理几分钟，可以明显改善补强效能。如用 N200 经 400℃×24 h 氧化后，结合橡胶将增加 39%。

由此可见，填料对橡胶补强效应的大小很大程度上在于其表面活性。此外，比表面积大者吸附力强，可借助范德华力吸附橡胶大分子形成弱键，对补强有辅助作用。

填料表面能的分散单元 γ_a^d 可表征橡胶-填料的相互作用。粒子大小相近的白炭黑与炭黑（N110）相比，150℃时两者的 γ_a^d 分别为 9.2 MJ/m^2 和 34.7 MJ/m^2，表明白炭黑与橡胶的相互作用不及 N110 强烈；相互作用因素 S_f 可表征填料-填料相互作用（形成填料网的能力），两者（150℃的乙腈）的 S_f 分别为 3.58 MJ/m^2 和 1.64 MJ/m^2，表明填料间的相互作用以白炭黑更为强烈。这也就使得白炭黑有更低的（室温）tanδ，动态弹性模量 E 随应变振幅的增大的下降（Payne 效应）比 N110 更快。

可用填料与庚烷的吸附能表征烃类橡胶与填料的相互作用，用填料与乙腈的吸附能表征填料之间的相互作用，炭黑与白炭黑的区别如图 1.5.1－7 所示。由图 1.5.1－8 可见，白炭黑的佩恩效应也较炭黑的大，其填料-填料之间的相互作用较强。

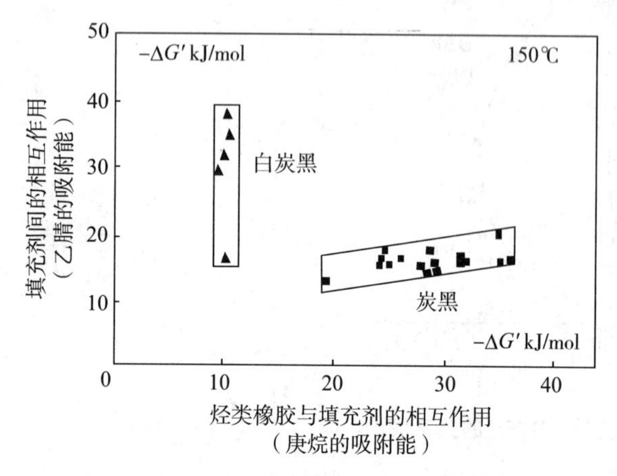

图 1.5.1－7　乙腈和庚烷对填料的吸附能

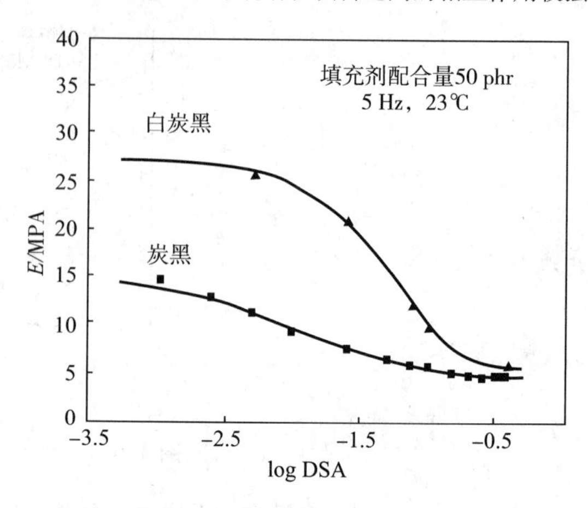

图 1.5.1－8　佩恩（Payne）效应的差别

一般来说，炭黑补强的硫化胶 300%定伸应力较白炭黑补强的高，大概是因为炭黑与橡胶之间的相互作用较强之故。如图 1.5.1－9 所示。

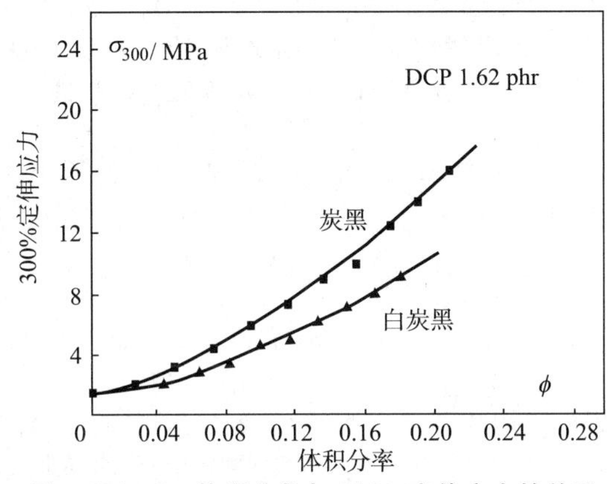

图 1.5.1－9　体积分数与 300%定伸应力的关系

白炭黑表面含有非极性的硅氧烷基（疏水型）和极性的羟基（亲水性），白炭黑的表面性质对橡胶性能的效应主要在于其羟基（也称硅醇基）含量与吸附水。这种表面羟基可以部分水解，呈弱酸性（路易斯酸），可以吸附有机物分子，又可与某些有机硅烷反应；混炼时，白炭黑与橡胶形成凝胶，生成凝胶的能力随表面羟基含量的增大而增大。

白炭黑表面羟基容易吸附带不成对电子的物质，如防老剂、促进剂，而且还会加速被吸附的促进剂的分解，使之失效。海泡石、陶土也表现出与白炭黑同样的对防老剂、促进剂的吸附性，海泡石对此的影响甚至比白炭黑还要严重。炭黑的表面基团也使之对防老剂、促进剂具有吸附作用，但不及白炭黑强烈。

白炭黑表面羟基使白炭黑加入橡胶后聚集体之间产生氢键结合，形成立体网络结构，称作结构化现象，胶料黏度大增。如图 1.5.1－10 所示，填料浓度（体积分数）低时，炭黑和白炭黑之间无明显区别；但随着填料浓度的增加，白炭黑的相对门尼黏度变得非常高。可以认为，这是由于白炭黑聚集体的聚集形成了网络结构。

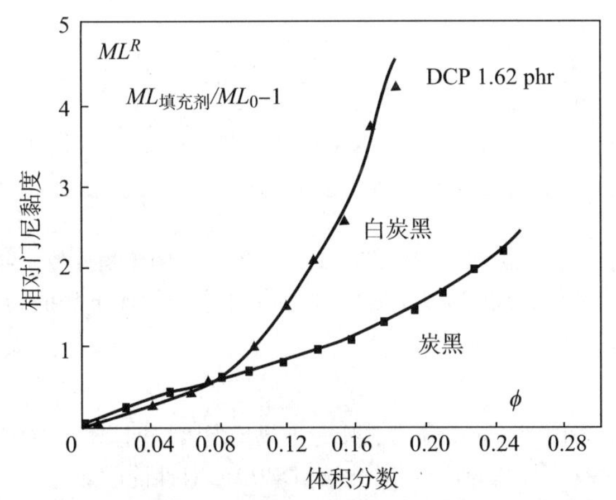

图 1.5.1－10　填充剂的体积分数与相对门尼黏度的关系

通常配合三乙醇胺、甘油、二苯基硅二醇等羟基活性剂来减弱白炭黑的以上两种倾向，优先让其被白炭黑的表面羟基吸附，可屏蔽表面羟基作用，并减少白炭黑酸性的迟延硫化作用，因此三乙醇胺等也称为结构控制剂。白炭黑表面吸附水可使表面羟基钝化，吸水量影响羟基含量，就强伸性能而言，沉淀法白炭黑含水量的最佳范围有：NR 为 7.1%～9.5%，合成胶为 8%。同理，含水量适度有利于白炭黑胶料的混炼与返炼。

采用结构控制剂处理白炭黑、陶土、海泡石等有表面羟基的填料，封闭其羟基，以提高填料表面疏水性，改进与橡胶的浸润和相容性，减少结团，改进分散，改进胶料加工性能及硫化胶物性。通式为 R—Si—OR′的烷氧基硅烷（偶联剂），烷氧基—OR′遇水容易分解形成羟基，再与白炭黑表面羟基缩合。如果 R 具有与橡胶大分子相互化学反应的官能团，就可以加强橡胶-填料的结合，改进硫化胶性能，常见的官能团有乙烯基（适合过氧化物硫化）、硫醇基（适合硫黄硫化体系）、环氧基以及含硫硅烷偶联剂（如 Si－69），均可以与橡胶大分子形成结合橡胶以至形成化学键合。例如，每 100 份 N330 添加 2.1 份 Si－69，结合橡胶可从 29%升至 37%。当然，这种化学反应应避免在成型硫化前发生。

采用结构控制剂处理白炭黑等填料，实质上也是对填料表面的改性。填料的化学组成与结构不同，适用的改性剂不尽相同。如前所述，轮胎胎面胶中加入 10～25 份白炭黑，可以改进硫化胶的撕裂强度、抗切割及花纹裂口，改善抓着性，但生热大；按白炭黑用量加入 1%～3%的 Si－69，滞后损失、生热明显下降，硫化胶的耐磨性也比不用白炭黑的高 30%。陶土、海泡石采用 Si－69、KH－590（硫醇基）改性，也使耐磨性大大改进。胺基苯磺酰叠氮化合物（Amine－BSA），其胺基与炭黑的羟基作用，叠氮基与橡胶大分子作用，可以增强填料-橡胶的结合，改进胎面胶磨耗、抗湿滑与滚动阻力等性能。陶土采用天甲胶乳进行湿法改性，强化陶土与 NR 的界面作用，可改善硫化胶的整体网络结构，其拉伸强度、撕裂强度和定伸应力均得到提高。碳酸钙的改性，采用硅烷偶联剂不如用钛酸酯偶联剂，有论者认为，对碳酸钙唯有羧基化聚丁二烯作表面改性剂时才真正呈现出偶联作用；活性碳酸钙，是指表面包覆有脂肪酸、树脂酸的碳酸钙，有机酸的包覆改善了碳酸钙的表面疏水性，使其在橡胶中分散得更好，补强效能得到提高，尤其是动态性能的改善更明显，这种“活性”与炭黑等导致填料-橡胶结合的表面活性是完全不同的。此外，羟基乙酸铝等也可改进填料分散并增进填料-橡胶的相互作用。

人们常用公式（1-5-1）或（1-5-2）预测加入填料引起橡胶黏度增大的效应。

Einstein-Guth 公式：

$$(R.F)_\eta = 1 + 2.5\varphi \qquad (1-5-1)$$

Guth-Gold 对炭黑填充橡胶黏度的修正公式：

$$(R.F)_\eta = 1 + 2.5\varphi + 14.1\varphi^2 \qquad (1-5-2)$$

对于热裂法炭黑/聚丁二烯体系，填料体积分数 φ 大于 20%时，式（1-5-2）适用。对于带侧基的链烯烃、表面活性大的炭黑（如 HAF），实际测定的 $(R.F)_\eta$ 比式（1-5-2）预计的高许多，即使用有效体积分数（等于炭黑体积分数与结合橡胶体积分数之和）φ_t 取代 φ，依然是 $[(R.F)_\eta]_{实际} > [(R.F)_\eta]_{预测}$。用硫醇基硅烷偶联剂（KH-590）处理的陶土填充 SBR，由于 KH-590 在炼胶温度下已与 SBR 大分子“缔合”形成陶土结合橡胶，使黏度大增，在相当低剪切速率时具有式（1-5-1）预测的黏度水平，如图 1.5.1-11 所示。考察多种碳酸钙填充（填充量 100 份）SBR 的流变行为，即使在低剪切速率（20 s^{-1}）下，也难达到式（1-5-1）预测的黏度水平，其中用脂肪酸或树脂酸处理的碳酸钙比普通碳酸钙的黏度要低。硅烷偶联剂 Si-69 处理白炭黑及季铵盐处理陶土也是这样，尤以季铵盐处理陶土黏度下降大。由此可知，填料经改性，在炼胶过程中未能与橡胶形成结合橡胶时，仅仅改进相容性以及分散性，将使黏度相对下降，使流动性得到改进。

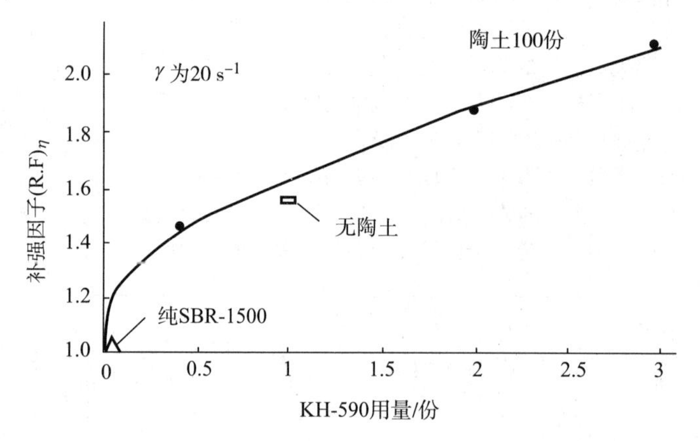

图 1.5.1-11　KH-590 对 $(R.F)_\eta$ 的效应

炭黑等在混炼时与橡胶形成结合橡胶的填料，活性越大或粒子越小，则体积分数 φ 相同者的 φ_t 越大，越有利于大分子在剪切流动场定向，黏度对剪切速率的依赖性就越大，黏度随剪切速率增大而下降的趋势就越大，在具有较好的挺性下，在高速挤出时可望获得更好的流动性。

1.1.4　填料用量的影响

一般的，对炭黑而言，用量增大，硬度、定伸应力、疲劳生热均增大，回弹性、伸长率皆下降，拉伸强度、撕裂强度、耐磨性通常有最佳用量。需要注意的是，炭黑的特性参数（如 DBPA）对性能的效应往往因填充量 φ 而异，而 φ 又与橡胶品种相关：填料在橡胶中集聚成填料网络有个临界聚集体间距（δ_{aa}），从而有个临界填料用量 φ_c，不同炭黑的 φ_c 不同，而 δ_{aa} 相近，100℃时约为 36 nm。白炭黑比炭黑 N110 更易集聚，其 φ_c 为 0.093，N110 为 0.134。填料网络的强弱及其受外力作用下的破坏与重生，无疑关系到硫化胶的动态性能。

填料用量增多，胶料的 $(R.F)_\eta$ 增大。值得注意的是，炭黑体积分数 φ 与 $(R.F)_\eta$ 关系中存在一个临界体积分数 φ_0，当 $\varphi > \varphi_0$ 时，$(R.F)_\eta$ 迅速增大，如图 1.5.1-12 所示。炭黑粒子越大，φ_0 值也越大。填料的加入一般不改变橡胶假塑性流体行为的特征，但填料用量相当大时会出现屈服应力 τ_y，剪切应力小于 τ_y，流体不流动，恰似宾汉流体。

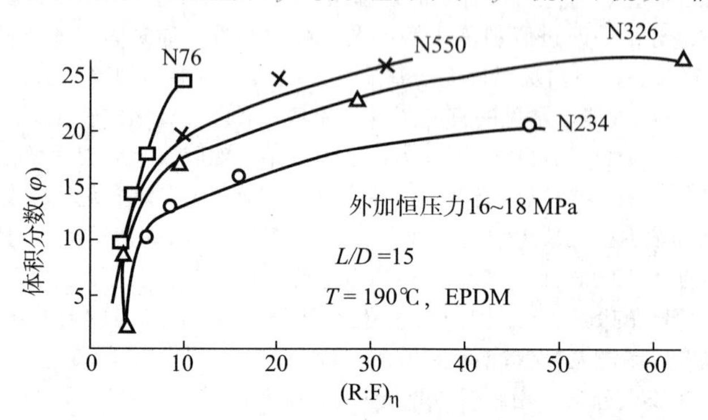

图 1.5.1-12　炭黑的 $(R.F)_\eta$ 与体积分数 φ 的关系

填料的加入有利于减小橡胶的口模膨大，改善挤出物的外观，减缓以至消除熔体断裂。填料用量增大，一般使膨大比B减小，使出现熔体断裂的临界剪切速率 γ_c 移向更大值，有利于采用更高的生产速率。但也有研究发现，对NR来说，不同炭黑的 φ 与挤出收缩的关系很不相同，如N100/NR、N330/NR，在炭黑用量40～60份时，挤出收缩随 φ 增大而增大；而N762/NR，随 φ 增大挤出收缩下降。

1.1.5　橡胶品种与填料选用

填料和橡胶的相互作用随橡胶极性的强弱而异。NBR的白炭黑补强胶料和炭黑补强胶料之间的门尼黏度差，比NR的小，如表1.5.1－3所示，在NR中，炭黑与橡胶的结合橡胶含量较多，且炭黑与白炭黑相比结合橡胶含量有较大差异；在NBR中，炭黑与橡胶的结合橡胶含量少，且炭黑与白炭黑相比结合橡胶含量的差异减小。这是因为NBR中的—CN基团和白炭黑表面的硅烷醇基之间的极性作用导致填料-橡胶之间的相互作用增大，填料-填料之间的相互作用减小。

表1.5.1－3　炭黑补强胶料和白炭黑补强胶料中结合橡胶含量的比较（填充量50份）

项目	炭黑（N 110）	白炭黑（P1）
比表面积/（$m^2\cdot g^{-1}$）		
CTAB法	127.0	140.0
氮吸附法	140.0	134.0
结合橡胶含量/%		
NR	52.0	31.8
NBR（34%ACN）	26.3	22.6

几乎全部白色填料对CM、CSM都像炭黑与白炭黑一样提高了拉伸强度。对于CSM橡胶，喷雾炭黑耐热性好，但无补强作用；而CM橡胶则以MT、SRF为好。

对于FKM橡胶，一般不使用槽黑，因其酸性迟延硫化；炉黑流动性差也不用；白炭黑耐热性、耐磨性与高温压缩永久变形差，因此也不用。通常使用MT与喷雾炭黑可促进胺类硫化体系的硫化；要耐高温时，使用氟化钙；要低的压缩永久变形使用硫酸钡；要降低成品收缩率，则加入石墨、陶土、云母等。

CO橡胶常用FEF，其次是HAF与SRF。

ACM橡胶中由于炭黑补强效果不及二烯类橡胶，所以常使用HMF、HAF、FEF等高结构性的炭黑。

对于IIR橡胶，使用白色填料废次品多，压出时于口模处易结皮，不如用炭黑好。

1.2　不同填料的特殊性能

填料在降低制品成本的同时，可普遍提高胶料的硬度和耐热性。对有些填料而言，还可赋予硫化胶以其他特殊性能，例如，云母和石墨在胶料中能减少透气性；加适量的MgO具有很好的耐热空气老化性和耐热油老化性，但加工性能变差；硫酸钙、碳酸钙、硅藻土、滑石粉能改善加工性能；石棉粉和云母粉还能增加胶料的耐热性等。

不同填料具有的特殊性能见表1.5.1－4所示。

表1.5.1－4　不同填料具有的特殊性能

性能	填料品种
耐热	铝矾土（水合氧化铝）、石棉、硅灰石、碳酸钙、硅酸钙、炭黑、玻璃纤维、硅酸铝纤维、高岭土、煅烧陶土、云母、氮化硅、氮化硼及滑石粉等
耐化学药品	铝矾土、石棉、云母、滑石粉、高岭土、玻璃纤维、炭黑、硅灰石、煤粉等，其中硫酸钡、二氧化硅可增加耐酸性
电绝缘	石棉、硅灰石、煅烧高岭土、α-纤维素、棉纤维、玻璃纤维、云母、二氧化硅、滑石粉及木粉等
抗冲击	纤维素、棉纤维、中空玻璃微珠及黄麻纤维等
减震	云母、石墨、铁素体、钛酸钾、硬硅钙石、石墨纤维
润滑	滑石粉、二硫化钼、氮化硼（六方晶形）、聚四氟乙烯粉末、锦纶粉末、石墨、氟化石墨等
导热	炭黑、石墨、碳纤维（沥青系）、铝粉、硫酸钡、硫化铝、氧化铝、氧化铜、氧化镁、氧化铍（高毒）、氮化硼、氮化铝、青铜粉（铜锡合金复合体）等
导电	导电炭黑、石墨、碳纤维、金属粉及纤维、镀金属纤维、镀金属玻璃微珠、导电性氧化物（SnO_2 及 ZnO、氧化钼）等
电磁性	钡铁氧体、锶铁氧体及钐钴类（Sm－Co）、钕铁硼（Nd－Fe－B）、钐铁氮类（SmFeN）、镍钴类（ALNiFe和AL－Ni－Co－Fe）稀土等
压电性	钛酸钡、锆钛酸铅（PZT）、酒石酸钾钠、磷酸二氢铵、人工石英、碘酸锂、铌酸锂、氧化锌及水晶等
阻燃	三氧化二锑、氧化钼、氧化铜、氧化锌、氢氧化铝、氢氧化镁、硼酸锌及水滑石等
脱臭	活性白土、沸石等

续表

性能	填料品种
防辐射	铅粉、铝粉、硫酸钡、无水硼酸等
吸湿	氧化钙和氧化镁等
消光	二氧化硅、滑石粉、云母等
增重	金属及其化合物、硫酸钡（重晶石）等
隔音	石棉、氧化铁、铅粉、硫酸钡（重晶石）
光散射、反射	小玻璃珠、玻璃片、铝箔
磨料	白炭黑、浮石等无机填料（用于擦字橡皮、砂轮、抛光轮等）

部分导热填料的导热系数见表 1.5.1-5。

表 1.5.1-5 部分导热填料的导热系数

填料	导热系数 W/(m·K)	填料	导热系数 W/(m·K)	填料	导热系数 W/(m·K)
$\alpha-Al_2O_3$	29.3	$\beta-Si_3N_4$	20.9	Al	234.5
BeO	251.2	h-BN	28.9	Fe	67.0
AlN	209.3	Ag	418.7	玻璃	1.17
SiC	268.0	Cu	355.9	云母	0.59
MgO	41.9	Au	297.3		

部分导电填料的体积电阻率见表 1.5.1-6。

表 1.5.1-6 部分导电填料的体积电阻率

填料	体积电阻率/(Ω·cm)	填料	体积电阻率/(Ω·cm)	填料	体积电阻率/(Ω·cm)
炭黑	0.10～10	金粉	1.72×10^{-6}	铝薄片	2.9×10^{-6}
超细植物炭黑（EC）粉	0.102	镍粉	7.24×10^{-6}	碳纤维	$(0.7\sim1.8)\times10^{-3}$
乙炔炭黑	0.170	不锈钢粉	7.20×10^{-6}	铝丝	2.9×10^{-6}
石墨粉 C	0.03	TiO_2-SnO_2	1～100	黄铜纤维	$(5\sim7)\times10^{-6}$
银粉 O	1.62×10^{-6}	导电氧化锌	$\geqslant10^2$		

1.3 填料的光学性质

复合固体材料的反射率：

$$R=[(n_1-n_2)/(n_1+n_2)]^2$$

式中，n_1、n_2 分别为材料 1、材料 2 的折射率。

制造高透光率的橡胶制品，选用填料时需选用与橡胶折射率相近的填料，这样硫化胶中反射、折射较少，透明性好。表 1.5.1-7 中列示了部分填料的折射率。

表 1.5.1-7 部分填料的折射率

填料名称	折射率	填料名称	折射率	填料名称	折射率	填料名称	折射率
沉淀法白炭黑	1.44～1.50	硅酸钙（含水）	1.47～1.50	滑石	1.54～1.59	氢氧化镁	1.54
陶土	1.55～1.57	石棉	1.60～1.71	氧化锌	2.01～2.03	硫化锌	2.37～2.43
轻钙	1.53～1.69	三氧化二铝	1.56	氧化锆	2.4	碱式碳酸锌	1.7
白云石	1.51～1.68	二氧化钛	2.52-2.76	三氧化二锑	2.09～2.29	氧化镁	1.64～1.74
叶腊石	1.53～1.60	立德粉	1.94-2.09	硅藻土	1.52		
云母	1.55～1.59	硫酸钡	1.64-1.65	碱式碳酸镁	1.50～1.53		

1.4 填料在并用体系中的分布

部分文献提到，在多胶种并用的体系中，炭黑、白炭黑等橡胶配合剂在各胶相中的分布是不均衡的，它们会因橡胶种类、黏度与配合剂的亲和性，以及配合剂种类、用量以及混炼条件等不同而异，并对共混胶的性能产生重要影响。沉淀法白炭黑，因表面含—OH较多，易与天然橡胶中蛋白质成分结合，而集中于天然橡胶中。聚丁二烯橡胶因柔软性大和不饱和度高与炭黑的结合力最强；丁基橡胶因不饱和度低与炭黑的结合力最弱。橡胶与炭黑的亲和性按下列顺序递减：

聚丁二烯橡胶＞丁苯橡胶＞氯丁橡胶＞丁腈橡胶＞天然橡胶＞三元乙丙橡胶＞丁基橡胶

但是，BR与炭黑的亲和力比NR与炭黑的亲和力大在理论上是站不住脚的，NR主链上的甲基为推电子基团，双键上的电子云密度增大，和炭黑表面的氧化基团以及空穴具有更大的亲和力；从溶解度参数上比较，也是NR极性较BR强；从混炼胶的凝分析中也可以看到，同样条件下NR的炭黑凝胶要比BR的大得多。橡胶与炭黑亲和力大小的排位顺序也缺乏严格的实验支持。

填料在不同橡胶相中的分散更多取决于橡胶的门尼黏度、相对分子质量、非橡胶成分等因素，单纯以材料亲和性解释填料在不同橡胶相中的分散性是不合理的。根据共混的理论和电镜观察，BR/NR共混胶中，门尼黏度小的BR成为海相，门尼黏度高的NR成为岛相，炭黑加入共混胶中，当然是先进入海相的BR中，然后进入岛相的NR中。

1.5　填料的纳米改性技术

纳米材料已在许多科学领域引起了广泛的重视，成为材料科学研究的热点。炭黑、白炭黑、木质素之所以能够补强橡胶，本质上都是因其在橡胶中分散后具有纳米尺度，具有纳米材料的大多数特性，如强吸附效应、自由基效应、电子隧道效应、不饱和价效应等。橡胶的纳米增强及纳米复合技术正在日益引起人们浓厚的兴趣。

纳米复合材料（nanocomposite）被定义为：补强剂（分散相）至少有一维尺寸小于100 nm。与传统的复合材料相比，由于纳米粒子带来的纳米效应和纳米粒子与基体间强的界面相互作用，橡胶纳米复合材料具有优于相同组分常规聚合物复合材料的力学性能、热学性能，为制备高性能、多功能的新一代复合材料提供了可能。近年来，见诸报道的对橡胶用填料的纳米改性技术包括插层复合法、溶胶-凝胶法、原位聚合增强法等。

1.5.1　插层复合法

（一）原理和分类

插层复合法是制备聚合物/层状硅酸盐纳米复合材料的方法。首先将单体或聚合物插入经插层剂处理的层状硅酸盐片层之间，进而破坏硅酸盐的片层结构，使其剥离成厚为1 nm、面积为100 nm×100 nm的层状硅酸盐基本单元，并均匀分散在聚合物基体中，以实现高分子与黏土类层状硅酸盐在纳米尺度上的复合。

按照复合过程，插层复合法可分为两大类。

（1）插层聚合（intercalation polymerization）。先将聚合物单体分散、插层进入层状硅酸盐片层中，然后原位聚合，利用聚合时放出的大量热量克服硅酸盐片层间的作用力，使其剥离，从而使硅酸盐片层与聚合物基体以纳米尺度相复合。

（2）聚合物插层（polymer intercalation）。将聚合物熔体或溶液与层状硅酸盐混合，利用力化学或热力学作用使层状硅酸盐剥离成纳米尺度的片层并均匀分散在聚合物基体中。

按照聚合反应类型的不同，插层聚合可以分为插层缩聚和插层加聚两种。聚合物插层又可分为聚合物溶液插层和聚合物熔融插层两种。

从结构的观点来看，聚合物/层状硅酸盐纳米复合材料可分为插层型（intercalated）和剥离型（exfolicated）纳米复合材料两种类型，其结构示意图如图1.5.1－13所示。

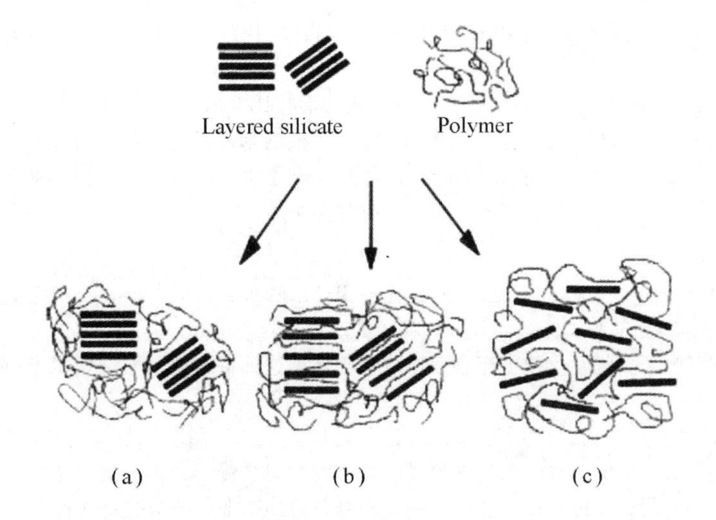

图1.5.1－13　聚合物/层状硅酸盐复合材料的结构示意图

（a）相分离型微米复合材料；（b）插层型纳米复合材料；（c）剥离型纳米复合材料

在插层型聚合物/层状硅酸盐纳米复合材料中，聚合物插层进入硅酸盐片层间，硅酸盐的片层间距虽有所扩大，但片层仍然具有一定的有序性。在剥离型纳米复合材料中，硅酸盐片层被聚合物打乱，无规分散在聚合物基体中的是一片一片的硅酸盐单元片层，此时硅酸盐片层与聚合物实现了纳米尺度上的均匀混合。由于高分子链在层间受限空间与层外自由空间有很大的差异，因此插层型聚合物/层状硅酸盐纳米复合材料可作为各向异性的功能材料，而剥离型聚合物/层状硅酸盐纳米复合材料具有很强的增强效应。

（二）层状硅酸盐

具有层状结构的黏土矿物包括高岭土、滑石、膨润土、云母四大类。目前研究较多并具有实际应用前景的层状硅酸盐是 2∶1 型黏土矿物，如钠蒙脱土、锂蒙脱土和海泡石等，其单元晶层结构如图 1.5.1－14 所示。

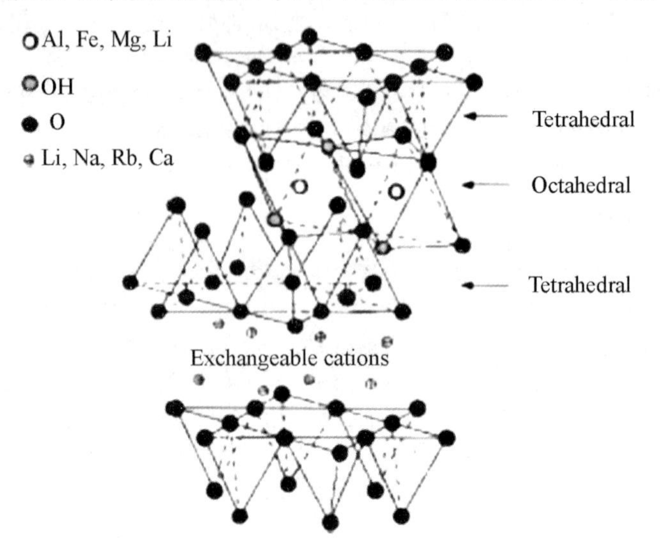

图 1.5.1－14　2∶1 型页硅酸盐单元晶层的结构

（片层的厚度约为 1 nm，层间距也约为 1 nm，片层的直径范围为 30 nm 到几个微米之间）

层状硅酸盐的层间有可交换性阳离子，如 Na＋、Ca2＋、Mg2＋等，它们可与无机金属离子、有机阳离子型表面活性剂等进行阳离子交换进入黏土层间。通过离子交换作用导致层状硅酸盐层间距增加。在适当的聚合条件下，单体在片层之间聚合可能使层间距进一步增大，甚至解离成单层，使黏土以 1 nm 厚的片层均匀分散在聚合物基体中。

（三）插层剂的选用原则

插层剂的选择在制备聚合物/层状硅酸盐纳米复合材料的过程中是极其重要的一个环节，需要根据聚合物基体的种类以及复合工艺的具体条件来选择。

选择合适的插层剂需要重点考虑以下几个方面的因素：

（1）容易进入层状硅酸盐晶片间的纳米空间，并能显著增大黏土晶片间片层间距。

（2）插层剂分子应与聚合物单体或高分子链具有较强的物理或化学作用，以利于单体或聚合物插层反应的进行，并且可以增强黏土片层与聚合物两相间的界面黏结，有助于提高复合材料的性能。

（3）价廉易得，最好是现有的工业品。

目前在制备聚合物/层状硅酸盐纳米复合材料时常用的插层剂有烷基铵盐、季铵盐、吡啶类衍生物和其他阳离子型表面活性剂等。

层状硅酸盐/橡胶纳米复合材料的性能特点是：纳米分散相为形状比（面积/厚度比）非常大的片层填料，限制大分子变形的能力比球形增强剂更强（但弱于常规短纤维），因而橡胶/黏土纳米复合材料具有较高的模量、硬度、强度等高增强性和其他特殊性能，如：优异的气体阻隔性能和耐小分子溶胀和透过性能，耐油、耐磨、减震、阻燃、耐热、耐化学腐蚀。适用于轮胎内胎、气密层、薄膜、胶管、胶辊、胶带、胶鞋等制品。

1.5.2　溶胶-凝胶法

胶体（Colloid）是一种分散相粒径很小的分散体系，分散相粒子的重力可以忽略，粒子之间的相互作用主要是短程作用力。溶胶（Sol）是具有液体特征的胶体体系，分散的粒子大小在 1～100 nm。凝胶（Gel）是具有固体特征的胶体体系，被分散的物质形成连续的网状骨架，骨架空隙中充有液体或者气体，这种特殊的网架结构赋予凝胶很高的比表面积；凝胶中分散相的含量很低，一般在 1％～3％。

简单地讲，溶胶-凝胶法就是用含高化学活性组分的化合物作前驱体，在液相下将这些原料均匀混合，并进行水解、缩合等化学反应，在液相中形成稳定的溶胶体系，溶胶经陈化，胶粒间缓慢聚合，形成三维空间网络结构的凝胶，凝胶网络间充满了失去流动性的溶剂。凝胶经过干燥、烧结、固化，制备得到纳米亚结构的新材料。

溶胶-凝胶法制备纳米材料可以分为三个阶段：

（1）前驱体经水解、缩合，生成溶胶粒子（原生粒子，粒径为 2 nm 左右）。

（2）溶胶粒子聚集生长为次级粒子，粒径为 6 nm 左右。

（3）次级粒子相互连接成链，进而在整个液相中扩展成三维网络结构，形成凝胶。

根据分散质和基质（分散介质）形态以及生成步骤的不同，可将溶胶-凝胶法分为：①基质为硫化胶，分散质原位生成；②基质为线型大分子，分散质原位生成；③基质和分散质同时原位生成。

溶胶-凝胶法制备纳米材料的优势主要体现在：可制备微观上均匀的材料；所得纳米材料具有较高的纯度；组分组成易于控制，尤其适于制备多组分材料；可以控制材料的尺寸及其分布、表面特性、孔隙度等。其缺点是：原料成本较高；需要较长的反应时间；使用的各种有机溶剂往往对人体、环境有一定的危害性，且溶剂在所得材料中会有一定的残留。

用溶胶-凝胶法原位生成 SiO_2 增强橡胶是橡胶的纳米增强领域最为活跃的课题，其原理是将二氧化硅的某些反应前体，如四乙氧基硅烷（TEOS）等引入橡胶基质中，然后通过水解和缩合直接生成均匀分散的纳米尺度的 SiO_2 粒子，从而对橡胶产生优异的增强作用。这种复合技术通常是在硫化胶中完成，TEOS 最终在硫化胶网络中形成了粒径为 10～50 nm 的 SiO_2 粒子，该粒子直径分布窄，分散非常均匀，性能明显超过了直接填充沉淀法 SiO_2 增强的橡胶。用此技术已制备了 SBR、BR、聚二甲基硅氧烷（PDMS）、NBR、IIR 等为基质的纳米复合材料。

橡胶/纳米 SiO_2 复合材料中的分散相分散非常均匀，分散相的化学成分及结构、尺寸及其分布、表面特性等均可以控制，这不但为橡胶增强的分子设计提供了可能性，也为橡胶增强理论的研究提供了对象和素材。用该方法制备的纳米复合材料具有很高的拉伸强度和撕裂强度，优异的滞后生热和动/静态压缩性能，在最优化条件下的综合性能明显超过炭黑和白炭黑增强的橡胶纳米复合材料。限于技术的成熟性和产品的成本，该方法在橡胶工业中的广泛应用仍需进一步探讨。

1.5.3 原位聚合增强法

近十年来，不饱和羧酸盐/橡胶纳米复合材料的研究日益受到人们的关注。这是一种利用原位自由基聚合生成分散相的纳米复合材料。所谓“原位聚合”增强，是指在橡胶基体中“生成”增强剂，典型的方法如在橡胶中混入一些与基体橡胶有一定相容性的带有反应性官能团的单体物质，然后通过适当的条件使其“就地”聚合成微细分散的粒子，并在橡胶中形成网络结构，从而产生增强作用。不饱和羧酸金属盐增强橡胶就是“原位聚合”增强的典型例子。

（一）不饱和羧酸盐的制备

不饱和羧酸盐的通式可用 M^{n+} （RCOO－）$_n$ 表示，其中 M 为价态为 n 的金属离子，R 为不饱和烯烃。RCOO－可以是丙烯酸（AA）、甲基丙烯酸（MAA）和马来酸等的羧酸根离子，其中 AA 和 MAA 等 α，β－不饱和羧酸最为常见。不饱和羧酸盐的制备一般是通过金属氧化物或氢氧化物与不饱和羧酸进行中和反应制得的。不饱和羧酸盐也可在橡胶中原位制得，即将金属氧化物和不饱和羧酸直接加入橡胶中，让中和反应在橡胶中原位发生。一般是在密炼机中将金属氧化物和橡胶混合均匀，再加入不饱和羧酸。

商品化的不饱和羧酸盐有甲基丙烯酸镁（MDMA）、甲基丙烯酸锌（ZDMA）和丙烯酸锌（ZDAA）等。

（二）不饱和羧酸盐补强橡胶的特点

早期不饱和羧酸盐作为过氧化物的活性交联助剂，提高交联效率。20 世纪 80 年代后，不饱和羧酸盐在橡胶中的应用得到重视，发现不饱和羧酸盐不仅可以改善硫化特性，而且直接用不饱和羧酸盐补强的橡胶也具有较高的硬度和强度，逐渐用于一些产品的制造，如用于高尔夫球芯。日本 ZEON 公司也开发了商品名为 ZSC 的复合材料，应用于汽车零部件、油田开采等领域。

与传统的炭黑补强相比，不饱和羧酸盐补强橡胶有以下特点：

（1）在相当宽的硬度范围内都有着很高的强度。

（2）随着不饱和羧酸盐用量的增加，胶料黏度变化不大，具有良好的加工性能。

（3）在高硬度时仍具有较高的伸长率。

（4）较高的弹性。

（三）不饱和羧酸盐补强橡胶的机理

不饱和羧酸盐补强的橡胶中存在着大量的离子交联键并分散着纳米粒子，这种结构特点使硫化胶具有独特的性能：①离子交联键具有滑移特性，能最大限度地将应力松弛掉，并产生较大的变形，因此能够赋予硫化胶高强度、高的断裂伸长率；②不饱和羧酸盐在橡胶基体中发生聚合反应，生成的聚盐以纳米粒子的形式存在在橡胶中，并有一部分不饱和羧酸盐接枝到橡胶大分子上，从而改善了橡胶与填料粒子间的相容性。

（四）不饱和羧酸盐补强橡胶的应用

1. 高尔夫球

高尔夫球的覆盖层是由离聚物树脂和二烯烃橡胶制成的。高尔夫球的覆盖层通常用的橡胶是二烯烃橡胶，其中以 BR 为最佳，尤其是 1，4－顺式含量高的 BR（最少为 80%，最好 95%）；加入不饱和羧酸盐的混合物，最常用的是乙烯和丙烯酸或甲基丙烯酸的共聚物，金属离子通常是钠、锌、铝等碱金属。制得的高尔夫球硬度高、弹跳能力大、离开球棒时的初始速度快、飞行能力好，而且持久耐用。

2. 坦克履带垫

挂胶履带板是坦克等装甲车辆履带板结构的一个发展方向，由于过度磨耗、崩花掉块、爆裂等原因，胶垫的使用寿命较短。20 世纪 80 年代末，美国军方将 ZDMA 补强 HNBR 用于挂胶履带板，发现 ZDMA 能极大地提高 HNBR 的撕裂强度、耐磨性和耐高温性能，是制造挂胶履带板的优良材料。

特别是，ZDMA 补强 HNBR 胶料具有优异的机械强度、耐热氧老化性能、耐化学药品性能和均衡的耐油耐寒性能，因此特别适用于极端苛刻环境下使用的橡胶制品，如胶带、胶管、密封件、衬垫、油井橡胶制品、各种工业胶辊、工业机械用制动器或离合器衬片等摩擦材料、椅子用脚轮、机器用滑动片、减振橡胶等。

3. 电缆线外包胶

EPM和EPDM具有良好的耐热、耐臭氧和耐极性溶剂溶解的性能，但其强度和阻燃性不能令人满意。有专利报道，用ZDMA、氢氧化铝、氢氧化镁填充补强的EPM和EPDM具有传统配合难以获得的极高强度和阻燃性，可用作电缆线外包胶、密封圈、建筑绝缘板和隔热层等。

4. 其他

不饱和羧酸盐补强的胶料，应用于轮胎防滑链，即使在无雪路面上拖行其磨损也很小，因此可大幅度提高行驶里程。此外，不饱和羧酸盐的晶体可以在力的作用下，沿着橡胶大分子的取向而取向，因此还可用来制造具有强度各向异性的橡胶制品；有专利报道，用ZDMA补强的NR、NR/BR或NR/EPDM胶料，具有较强的耐刺穿性能与刚性，可用于制造跑气安全轮胎。

橡胶，特别是合成橡胶的增强一直是橡胶领域的重要研究课题，发展价格低廉的新型纳米增强剂，寻找更科学、适用的纳米复合技术，利用纳米复合技术开发特种和功能性新型纳米复合材料，以填补炭黑和白炭黑增强弹性体的性能空缺，是橡胶纳米增强研究的重要方向，原位纳米复合技术的高分散性、可设计性（物理化学结构、界面、形状、尺寸及其分布等）是橡胶技术追求的理想境界之一。

第二节 炭　　黑

2.1 概述

2.1.1 炭黑的性质

炭黑是由烃类化合物（固态、液态或气态）经不完全燃烧或裂解生成的，主要由碳元素组成，其微晶具有准石墨结构，且呈同心取向，其粒子是近乎球形的粒子，这些粒子大都熔结成聚集体，以近似于球体的胶体粒子及具胶体大小的聚集体形式存在的物质。炭黑是准石墨晶体，晶格中碳原子有很小的对称结构，其结晶很不完整，晶体小、缺陷多，甚至有的炭黑中还有单个层面及无定形碳存在；炭黑也不像石墨晶体那样整齐排列，其晶体的平行层面间距稍大于石墨晶体，层面间距C为7.0 Å左右（石墨晶体的C为6.70 Å，C值是两倍层面间距），各层面有不规则排列，3～5个层面组成一个微晶体。将炭黑在没有氧的情况下加热到1 000℃以上，则炭黑微晶尺寸会逐渐增加，而层面距离则减小，即提高了微晶结构的规整性；将炭黑在没有氧的情况下加热至2 700℃时，炭黑则转变成石墨。炭黑石墨化后，粒子直径和结构形态无大变化，微晶的尺寸变大，化学活性下降，与橡胶的结合能力下降，补强能力下降。

碳元素的各种同素异形体如图1.5.2-1所示。

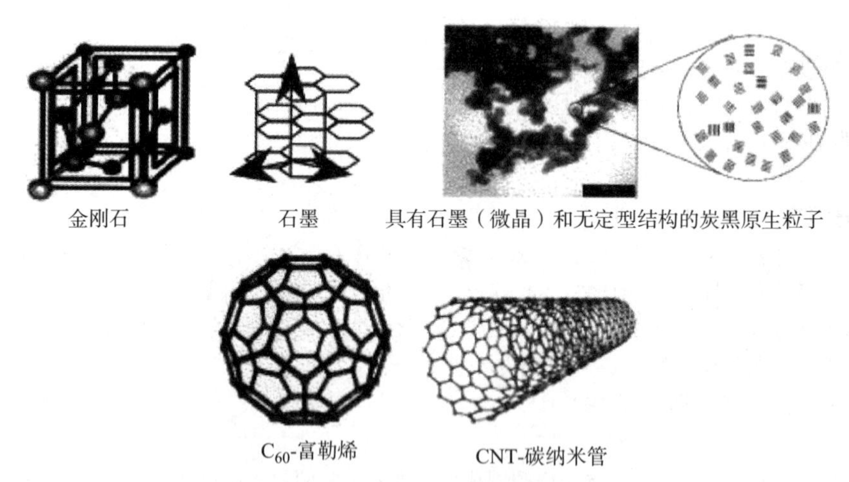

图1.5.2-1　碳元素的各种同素异形体

炭黑按制造方法可以分为：①接触法炭黑：包括槽法炭黑、滚筒法炭黑和圆盘法炭黑，含氧量大（平均可达3%），呈酸性，灰分较少（一般低于0.1%）；②油炉法炭黑：是以油为烃类化合物来源，喷入到高速燃烧气体流中，裂解生成的一类炭黑，其含氧量少（约1%），呈碱性，灰分较多（一般为0.2%～0.6%）；③热裂法炭黑：是指在受控状态下，烃类化合物在隔绝空气和无火焰的情况下，热裂解生成的一类炭黑，包括天然气和乙炔的热裂解法炭黑，其粒子粗大，补强性低，含氧量低（不到0.2%），含碳量达99%以上，主要用于制造导电聚合物和电池；④新工艺炭黑：通过调整传统炭黑的粒径分布、聚集体结构、表面化学性质，促进炭黑的可加工性、补强性和其他性能的平衡，N375、N339、N352、N234、N299等均为新工艺炭黑。

炭黑还可以按其作用分为：①硬质炭黑：平均比表面积范围为70 m^2/g以上的炉法炭黑，补强性高的炭黑，如超耐磨炭黑、中超耐磨炭黑、高耐磨炭黑等，也称为胎面用炭黑、补强炭黑；②软质炭黑：平均比表面积范围为21～69 m^2/g的炉法炭黑，也称为胎体用炭黑、半补强炭黑。

橡胶用炭黑的主要生产原料为煤焦油、乙烯焦油、蒽油、天然气、高炉煤气等。炭黑的生产工艺有炉法、喷雾法、灯烟法、槽法、滚筒法、混气法、热裂法、乙炔法和等离子体法，其中炉法、喷雾法、灯烟法、槽法、滚筒法、混气法为不完全燃烧法，热裂法、乙炔法和等离子体法为热裂解法。目前灯烟法炭黑主要用作涂料着色剂，滚筒法和混气法炭黑主要用于油漆和油墨用色素炭黑，乙炔法炭黑主要用于干电池生产，其他生产工艺方法均在生产橡胶用炭黑中应用。

炉法是在 1 300～1 650℃的反应炉内，原料烃（液态烃、气态烃或其混合物）与适量空气形成密闭湍流系统，通过部分原料烃与空气燃烧产生高温使另一部分原料烃裂解生成炭黑，在燃烧区域的裂解区下游处采用水急冷来迅速下降温度和终止反应，然后将悬浮在烟气中的炭黑冷却、过滤、收集、造粒成成品炭黑的方法。其中，以气态烃（天然气或煤层气）为主要原料的制造方法称为气炉法（主要产品为软质炭黑），以液态烃（芳烃重油，包括催化裂化澄清油、乙烯焦油、煤焦油馏出物等）为主要原料的制造方法称为油炉法。油炉法由于具有工艺调节方法多、热能利用率高、能耗小及成本低等特点，已成为主要的炭黑制造方法。改变工艺过程参数，如反应器尺寸、原料熔入反应器的方式、原料流速、空气流速、反应温度、加入添加剂和急冷位置，可以获得基本性能各异的炭黑。如图 1.5.2－2 所示。

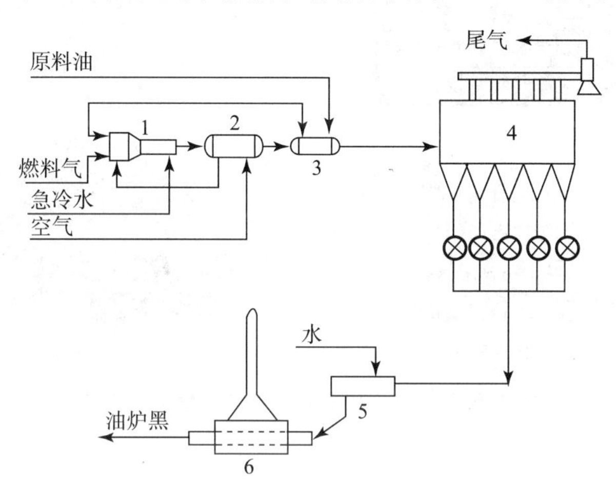

图 1.5.2－2　炉法炭黑生产工艺流程

1—反应炉；2—空气预热器；3—油预热器；4—袋滤器；5—造粒机；6—干燥机

喷雾法的原料油是从反应炉的上游端用机械雾化喷嘴喷入的，这种制造方法由苏联开发。喷雾炭黑具有粒子大、结构极高、填充胶料强度中等和永久变形很小的特点，特别适用于橡胶密封制品。

槽法是在自然通风的火房内，天然气或煤层气通过数以千计的瓷质火嘴与空气进行不完全燃烧而形成鱼尾形扩散火焰，通过火焰还原层与缓慢往复运动的槽钢接触使裂解生成的炭黑沉积在槽钢表面，然后由漏斗上的刮刀将炭黑刮入漏斗内，经螺旋输送器输出、造粒而制成成品炭黑的方法。槽法炭黑补强性能优异，特别适用于 NR，曾在橡胶工业中大量应用。但由于燃料气涨价及生产造成的环境污染问题严重，其已在 20 世纪 70 年代基本停产。但槽法炭黑是唯一可用于与食品接触的橡胶用炭黑品种，目前在亚美尼亚还有一家工厂生产。槽法炭黑转化率大约为 5%。

热裂法是一种不连续的炭黑制造方法，每条生产线设置 2 个内衬耐火材料的反应炉。生产时，先在一个反应炉内通入天然气和空气并燃烧，待反应炉达到一定温度后停止通入空气，使天然气在温度为 1 200～1 400℃且隔绝空气的条件下热裂解生成炭黑。在该反应炉进行裂解反应时另一个反应炉开始燃烧。每个反应炉均在完成裂解反应且温度降到一定程度后再燃烧加热，如此循环生产。生产出的炭黑与烟气一起冷却，然后将收集到的炭黑进行造粒处理。热裂法炭黑是粒子最大、结构最低的炭黑品种。热裂法炭黑填充的胶料强伸性能较低，但弹性高、硬度和生热低、电导率小，且热裂法炭黑的填充量大，其适用于轨枕垫等要求弹性高、生热低和绝缘性能好的橡胶制品。另外，热裂法炭黑的碳含量大和纯度高，可用于硬质合金、碳素制品的生产。热裂法炭黑转化率为 30%～47%。

等离子体法是用等离子体发生器加热反应炉，使其达到极高温度来裂解原料烃（气态烃、液态烃或固态烃）以连续生产炭黑的方法。该法具有以下优点：①不用原料和燃料加热反应炉，原料烃的利用率高，且可以使用芳烃含量不高的油，能缓解燃料和原料短缺的问题；②裂解产生的氢气可作化工原料或汽车清洁燃料；③不产生和不排放一氧化碳、二氧化碳、二氧化硫、一氧化氮和二氧化氮等有害废气，有利于环境保护；④裂解反应生成的尾气少，可以降低炭黑收集系统的投资和运转费用；⑤反应炉可达到的温度高且范围宽，有利于产品的多样化。但等离子体法生成炭黑的氛围和产品性质与常规方法相差较大，此法尚处于研发阶段。目前已开发出氮吸附比表面积为 $52\times10^{3}\sim90\times10^{3}$ m^2/kg、DBP 吸收值为 $90\times10^{-5}\sim250\times10^{-5}$ m^3/kg、表面没有孔隙且填充胶料物理性能接近常规炭黑的等离子体法炭黑。等离子体法有可能成为今后炭黑生产技术的发展方向之一。

炭黑造粒是经济运输炭黑并使炭黑在散装容器和输送设备中顺畅流动的需要。造粒后的炭黑颗粒必须具有足够的强度，以防止在运输和搬运过程中发生破碎；但同时炭黑颗粒又必须脆弱易碎，以便在胶料的混炼过程中被粉碎并分散。炭黑团块强度（ASTM D 1937）反映了炭黑在散装运输过程中的流动性。炭黑按造粒方法可以分为干法造粒炭黑和湿法造粒炭黑，其中干法造粒工艺造粒效率低，高结构炭黑造粒困难，颗粒坚牢度差，细粉含量多，污染严重，已被逐步淘汰；炭黑湿法造粒是将粉状炭黑与适量的水和黏结剂（少量木质素）在造粒机中搅拌使之粒化，然后将湿法炭黑粒子送入回转干燥机进行干燥，除去水分后制得，湿法造粒粒子便于运输和解决污染。

炭黑的粒径（或比表面积）、结构性和表面活性，一般认为是炭黑的三大基本性质，通常称为补强三要素。

炭黑粒子的大小通常用平均粒径或比表面积表示。炭黑的粒径是指单颗炭黑原生粒子的粒径大小，单位常为 nm，如图 1.5.2－3 所示。炭黑原生粒子简称炭黑粒子，是炭黑聚集体的一种小球状（次晶态的、连续的）组成部分，只有通过破碎才能从聚集体中分离出来，炭黑原生粒子内部呈平形态薄层结构。炭黑原生粒子尺寸和聚集体的尺寸与给定的炭黑品种关系极大，在单个聚集体中，原生粒子尺寸基本上一致。如图 1.5.2－4 所示。

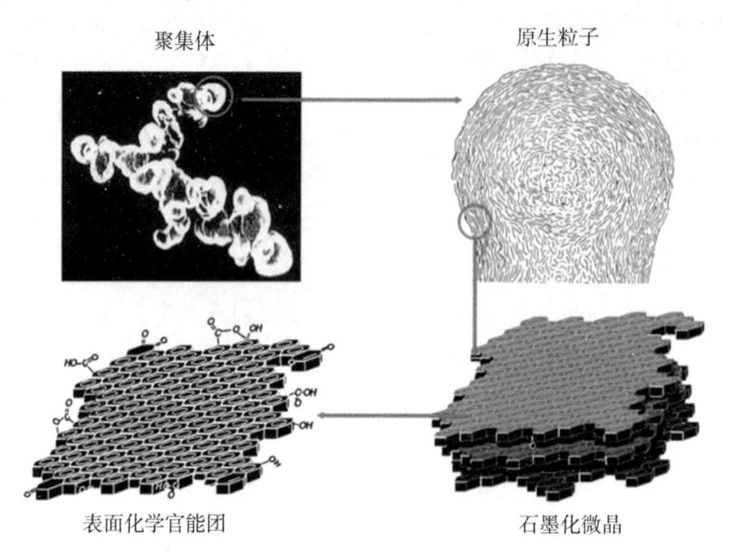

图 1.5.2－3　炭黑原生粒子与聚集体的形态

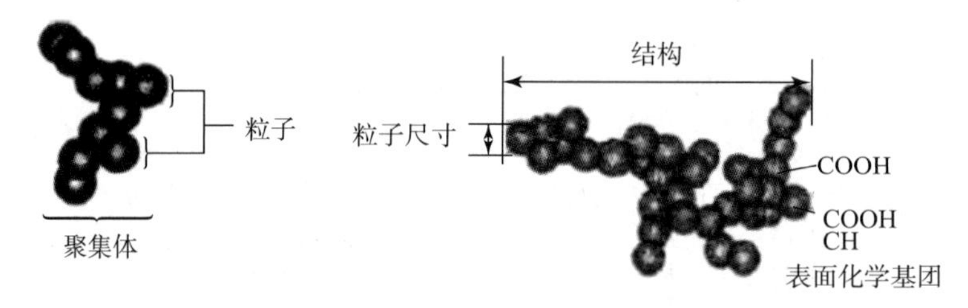

图 1.5.2－4　炭黑原生粒子的粒径、聚集体、结构与表面化学基团

炭黑聚集体是由多个炭黑原生粒子聚集或延伸而成的离散的、刚性的胶体物质，是炭黑的最小可分散单元。

通常用平均粒径来表示炭黑的粒子大小，炭黑工业常用的平均粒径有算术平均粒径和表面平均粒径两种。

算术平均粒径$\overline{d_{\mathrm{n}}}$是一种最常用的平均粒径定义如下：

$$\overline{d_{\mathrm{n}}} = \frac{1}{N}\sum_{i=1}^{h} d_i f_i^* = \sum_{i=1}^{h} d_i f_i \tag{1-5-3}$$

表面平均直径$\overline{d_{\mathrm{S}}}$有时也称为几何平均直径，它的定义如下：

$$\overline{d_{\mathrm{S}}} = \frac{\sum f_i^* d_i^3}{\sum f_i^* d_i^3} \tag{1-5-4}$$

表面平均直径常大于算术平均直径，它与粒径分布大小有关，故可用$\overline{d_{\mathrm{S}}}/\overline{d_n}$的比值判断炭黑粒径的分散程度，比值越小，粒径分布越窄，反之则分布越宽。粒径分散程度对补强作用有一定影响，一般希望分布窄些好。

橡胶用炭黑的平均粒径一般在 11～500 nm。炭黑的粒径越小（比表面积越大），补强性能越好。测定方法主要有电子显微镜法、低温氮吸附法（BET）、统计层厚度法（STSA）、碘吸附法、大分子吸附法（CTAB）、润湿热法、表面孔性测定法以及着色强度法。对于经过挥发分（837℃×1 h）的炭黑来说，碘吸附法所测得的比表面积与其他方法测得的结果一致；如果炭黑未经挥发分，则所得结果会受残留在炭黑表面上的油的影响。一般来说，非特种炭黑其氮吸附法测得的比表面积与由电镜显微照片测得的粒子大小之间存在对应关系，由于氮吸附法测定比表面积容易且准确，因此常用它来替代粒子大小的测定。橡胶用炭黑粒径范围在 11～500 nm，比表面积的数值范围为 10～150 m^2/g。

炭黑粒子直径可以由显微照片直接测得，为了得到具有代表性的平均值，必须测量许多粒子，它们的定义常常含糊不清，而且，这样的测量也极为费时。因此，常采用测定着色强度等方法来估算粒子大小。着色强度测定是将炭黑样品与氧化锌及环氧化大豆油相混合，制成黑色或灰色糊状物，然后将此糊状物展开成适于用光电反射仪测量混合物反射率的表面，然后再将测得的反射率与含工业着色参比炭黑糊状物的反射率相比较。着色强度随比表面积的增加而增加；当粒子大小一定时，高结构炭黑的着色强度较低；随聚集体大小分布变宽，着色强度降低。从着色强度和炭黑结构与由电子显微照片测得的粒子大小相关联的统计公式中，可求得平均粒子的大小。

炭黑表面积是指单位质量或单位体积（真实体积）中炭黑粒子的总表面积，单位为 m^2/g 或 m^2/cm^3。设 S 为单位质量炭黑的比表面积（m^2/g），ρ 为密度（g/cm^3）。对于球形粒子，则 S 与d_S 有下列关系式：

$$S=\frac{\pi\overline{d_S^2}}{\frac{1}{6}\pi\rho\overline{d_S^3}}=\frac{6}{\rho\overline{d_S}} \tag{1-5-5}$$

炭黑的比表面积也称为炭黑补强的容量因子，有外表面积、内表面积和总表面积（外表面积和内表面积之和）之分，由此也引入了炭黑的表面粗糙度的概念。炭黑粒子在形成过程中，因粒子表面受高温氧化侵蚀形成极细的微孔，这种微孔可以延伸到炭黑粒子的内部。微孔使炭黑的比表面积提高，但由于微孔极细，橡胶分子难以进入。炭黑表面所形成的微孔的多少，定义为炭黑粒子的空隙度（即表面粗糙程度），通常用 BET 法（即低温氮吸附法）测得的总比表面积与用 CTAB 法（即大分子吸附法，溴化十六烷基三甲基铵）测得的外比表面积之比值（表面粗糙度系数 K）来表征。通常要求炭黑表面粗糙度小些，即微孔少些，表面光滑些，对补强有利。一般炉黑表面粗糙度小于槽黑，新工艺炭黑小于普通工艺炭黑。

GB/T 3778—2011《橡胶用炭黑》参考美国材料与试验协会标准 ASTM D1765—2005《橡胶用炭黑标准分类系统》，规定橡胶用炭黑命名系统由四个字符组成。第一个字符为 N 或 S，表示炭黑在标准胶料中对硫化速率的影响。N 表示炉法炭黑典型的正常硫化速率，炭黑未经过改变胶料硫化速率的特殊处理；而 S 表示缓慢硫化速率，用于槽法炭黑或已经过降低胶料硫化速率的改性处理的炉法炭黑。N 及 S 符号后有三个数，其中第二位和第三位是任意指定的阿拉伯数字，代表各系列中不同牌号间的区别。第一位数字表示用氮吸附表面积方法测定的炭黑的平均表面积，炭黑按表面积被分成十个组，每组指定一个数字代表，详见表 1.5.2-1。

表 1.5.2-1　炭黑分组

组号	平均氮吸附表面积/($\times10^3$ $m^2\cdot kg^{-1}$)
0	>150
1	121～150
2	100～120
3	70～99
4	50～69
5	40～49
6	33～39
7	21～32
8	11～20
9	0～10

注：某些炭黑在建立表面积分类系统之前已经被命名，因而其表面积有可能落在指定范围之外。

在炭黑粒子的生产过程中，炭黑粒子在火焰中碰撞、黏结、与化学键结合，因此炭黑粒子以链枝状、葡萄状的聚集体形式存在。炭黑结构是指炭黑聚集体的不规则性和偏离球体的一种形状特征。炭黑的结构度则是指炭黑链枝结构的发达程度，也就是炭黑粒子连接成长链并熔结在一起成为聚集体的倾向。通常用单位质量炭黑中聚集体之间的空隙体积来描述炭黑的结构性，炭黑的结构性反映的是炭黑聚集体的不规则性，因此也称为炭黑补强的几何因子，包括炭黑聚集体的形状及其分布、炭黑聚集体的大小及其分布，其中聚集体的形状及其分布又引入了炭黑聚集体的不对称性与疏密度的概念。炭黑结构的测定方法有多种，如电镜法及图像分析法、吸油值法（DBP 吸收值法）、离心法、视比容法（压缩体积法）、水银压入法（压汞法）、光散射法等。吸油值法是通过测定填充这一空隙所需要的邻苯二甲酸二丁酯（DBP）的体积，即 DBP 吸油值来表征；视比容法即压缩体积法，是通过测定其可压缩性来予以表征，如空隙容积试验。DBP 吸油值的测定结果受造粒机中对炭黑所做功的大小不同而有所变化，一般来说，增大造粒机的速率，可降低 DBP 吸油值。受压 DBP 试验和空隙容积试验，其试验结果则很少受造粒机工作速率的影响。所谓空隙容积试验，是对经过计算的一定量的炭黑进行恒压压缩，由压缩后的尺寸来计算炭黑颗粒的比容积，然后再减去被碳所占据的容积（由氦密度确定），得到空隙容积。炭黑的 DBP 吸油值范围为 0.3～1.5 cm^3/g，DBP 值越高，表示炭黑结构越高，胶料定伸应力和硬度增加，混炼工艺性能改善。

炭黑的结构性通常是指炭黑的一次结构，但也含二次结构的问题。炭黑的一次结构称为聚集体，又称为基本聚熔体或原生结构，是炭黑的最小结构单元，通过电子显微镜可以观察到这种结构。这种结构在橡胶的混炼及加工过程中，除小部分外，大部分被保留，所以可视其为在橡胶中最小的分散单位，因此又称为炭黑的稳定结构。这种一次结构对橡胶的补强及工艺性能有着本质的影响。炭黑的二次结构又称为附聚体或次生结构，在炭黑的收集和造粒过程中形成，是炭黑聚集体间以物理吸附（范德华力）和缠绕相互聚集形成的松散的空间网状结构的一种群聚体，这种结构不太牢固，受剪切力便分开，相接触又易结合，在与橡胶混炼时易被碾压粉碎成为聚集体。如图 1.5.2-5 所示。根据石墨结晶模型来描述炭黑的结构，附聚体的结构层次为：

元素碳→碳核（六边形）→多核层面→炭黑微晶→炭黑原生粒子→炭黑的一次结构（聚集体）→炭黑的二次结构（附聚体、次生结构）

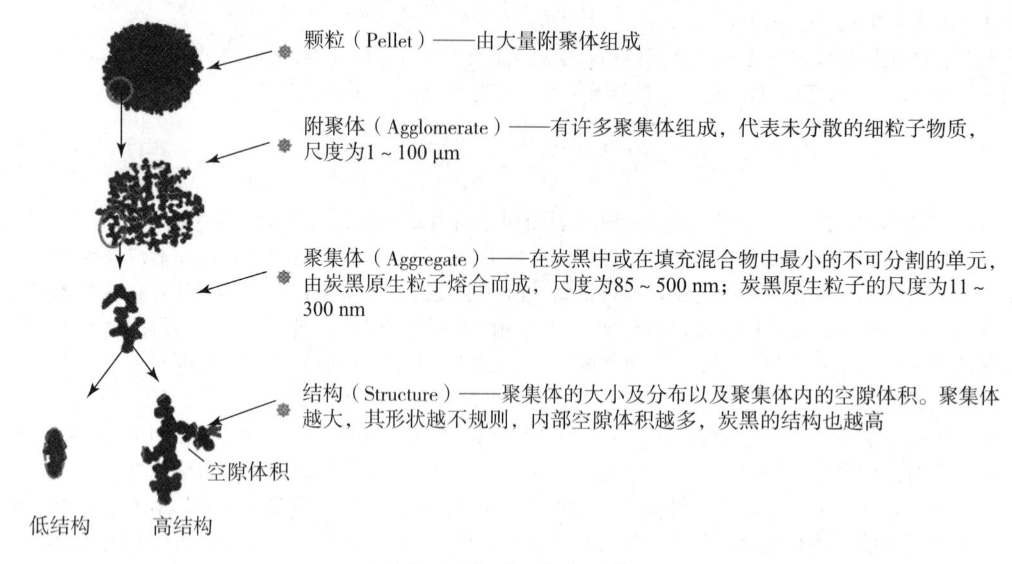

颗粒（Pellet）——由大量附聚体组成
附聚体（Agglomerate）——有许多聚集体组成，代表未分散的细粒子物质，尺度为1～100 μm
聚集体（Aggregate）——在炭黑中或在填充混合物中最小的不可分割的单元，由炭黑原生粒子熔合而成，尺度为85～500 nm；炭黑原生粒子的尺度为11～300 nm
结构（Structure）——聚集体的大小及分布以及聚集体内的空隙体积。聚集体越大，其形状越不规则，内部空隙体积越多，炭黑的结构也越高
空隙体积
低结构
高结构

图 1.5.2-5　炭黑结构

炭黑的结构性与炭黑的品种及生产方法有关，乙炔炭黑结构性最高；采用高芳香烃油类生产的高耐磨炉黑（油炉法炉黑），有较高的结构性；气基法炉黑与槽黑的结构性比油炉法炉黑低，瓦斯槽黑只有 2～3 个粒子熔聚在一起；而热裂法炭黑几乎没有熔聚现象，其粒子呈单个状态存在，结构性最低。同一类炭黑（比表面积属同一组），可按炭黑结构性分为低结构、正常结构和高结构三种，如高耐磨炭黑有 N326（低结构）、N330（正常结构）、N347（高结构）之分。如图 1.5.2-6 所示。低结构炭黑的每个聚集体可能平均包含 30 个炭黑原生粒子，而高结构炭黑每个聚集体（横向分布）平均含有的炭黑原生粒子数可多达 200 个。一般高结构炭黑 DBP 吸油值大于 120 cm^3/100 g，低结构炭黑低于 80 cm^3/100 g。

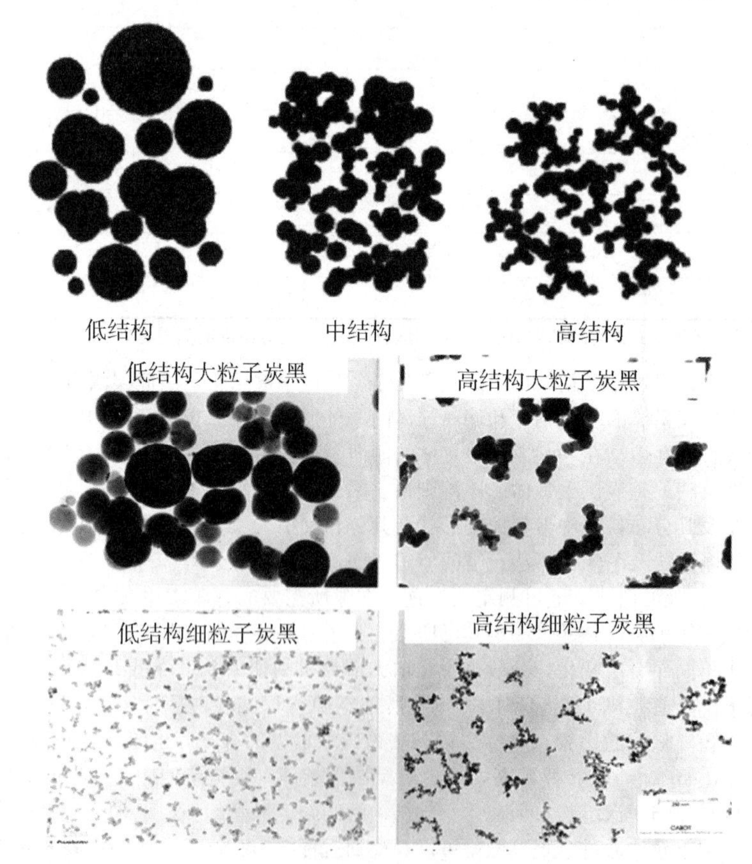

图 1.5.2-6　具有不同结构性的炭黑

炭黑根据其分散性可被分为三类，分别对应着 DBP 吸收值-比表面积图中的 3 个区域，如图 1.5.2-7 所示。

高结构炭黑含有较多可被橡胶渗入的空隙，因此。混合需要较长时间，但一旦混入，其分散速率较低结构炭黑快。如图 1.5.2-7 所示，比表面积小而结构度高的炭黑（区域Ⅲ）在混炼中容易分散，区域Ⅱ中的炭黑的分散性明显降低，区域Ⅰ中的低结构、高比表面积炭黑采用常规工艺很难分散。

炭黑的 DBP 吸油值是控制胶料耐磨性能最关键的参数之一。

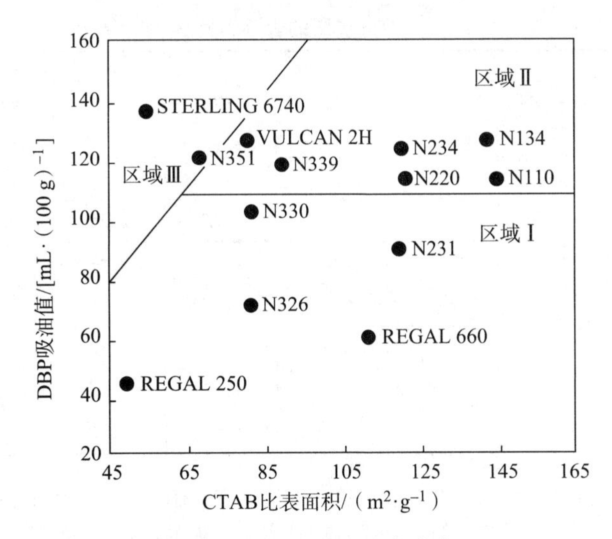

图 1.5.2-7　炭黑形态分布

炭黑表面活性是指炭黑表面与橡胶或其他分子之间通过物理的、化学的或二者兼有的相互作用的一种固有性能。炭黑粒子表面活性也称为炭黑补强的强度因子，包括炭黑粒子的表面化学性质与表面物理化学性质，其中表面化学性质用于表征炭黑粒子的化学反应性，与炭黑的化学组成和炭黑粒子的表面状态有关，测定炭黑表面化学性质的方法有挥发分测定、pH 值测定、化学分析等；表面物理化学包括炭黑粒子的表面能、表面吸附特性等，测定炭黑表面物理化学性质的方法有结合橡胶测定、润湿热、吸附热、接触角、反相色谱等。炭黑主要是由碳元素组成的，含碳量为 90%～99%，还有少量氧、氢、氮和硫等元素，其他还有少许挥发分和灰分，构成了炭黑的化学组成。因为碳原子以共价键结合成六角形层面，所以炭黑具有芳香族的一些性质。炭黑表面上有自由基、氢基、羟基、羧基、内酯基、醌基等，这些基团估计主要在层面的边缘。如图 1.5.2-8 所示。

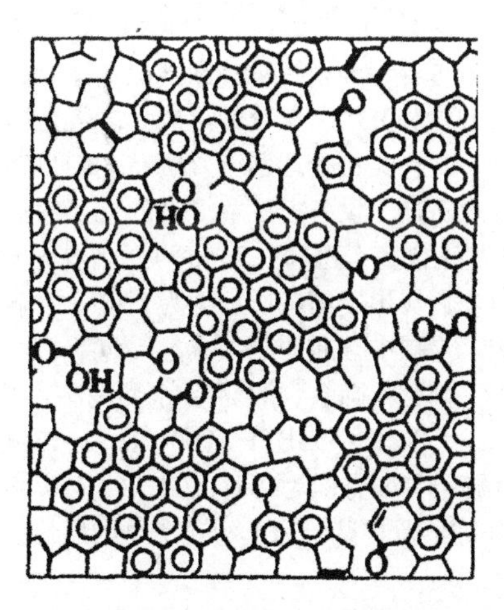

图 1.5.2-8　炭黑的表面基团示意图

炭黑中氢的含量一般为 0.3%～0.7%，是由芳香族多环化合物缩合不完全剩下的。其中一部分以烯烃或烷烃的形式结合在炭黑准石墨化微晶边缘的碳原子上，另一部分则与氧结合形成官能团存在于炭黑颗粒表面。通常，氢的含量越低，炭黑的导电性越好；结合在炭黑准石墨化微晶边缘的碳原子上的氢越少，炭黑的结构越高。

炭黑表面的含氧基团有羟基、羧基、酯基及醌基。这些基团含量对炭黑水悬浮液的 pH 值有重要作用，如图 1.5.2-9 所示。基团含量高，pH 值小，可延长焦烧时间，减慢硫化速率并使最佳硫化状态下的模量较小，反之亦然。例如，槽法炭黑水悬浮液的 pH 值在 2.9～5.5，炉法炭黑 pH 值一般在 7～10。

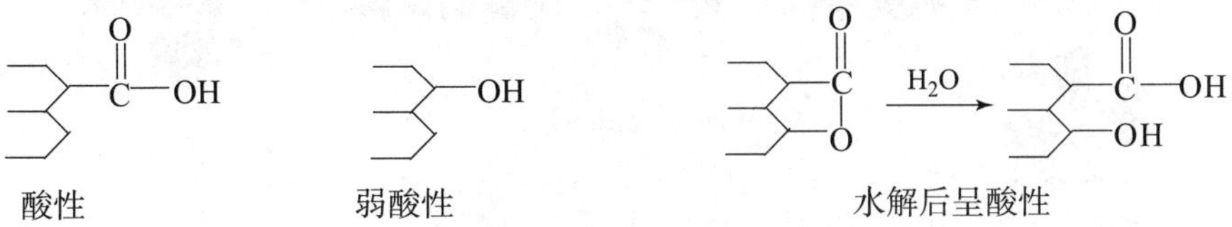

酸性　　弱酸性　　水解后呈酸性（H_2O）

图 1.5.2-9　炭黑表面基团与炭黑水悬浮液 pH 值的关系

部分炭黑的表面官能团测定结果见表 1.5.2-2。

表 1.5.2-2 部分炭黑的表面官能团测定结果

ASTM NO.	比表面积/($m^2 \cdot g^{-1}$)	≻H	≻OH	≻O	≻CO_2H	≻CO_2—	总量	≻H 以外的官能团	总量/100 m^2	≻H 以外的官能团/100 m^2
S300	110	5.25	0.88	0.48	0.07	0.28	6.96	1.71	4.77	1.55
N110	135	1.50	0.59	0.01	0.03	0.17	2.30	0.80	1.70	0.59
N220	122	1.70	0.61	0.03	0.01	0.12	2.47	0.77	2.03	0.63
N330	76	1.94	0.55	0.00	0.01	0.17	2.67	0.73	3.51	0.96
N440	45	3.50	0.31	0.02	0.03	0.07	3.93	0.43	8.73	0.96
N770	23	3.79	0.18	0.02	0.01	0.05	4.05	0.26	17.6	1.13
N990	7	3.82	0.10	0.01	0.00	0.02	3.95	0.13	56.4	1.86

炭黑的表面基团具有一定的反应性，可以发生氧化反应、取代反应、还原反应、离子交换反应、接枝反应等，是炭黑表面改性的基础；在混炼过程中，也会与橡胶反应，使结合橡胶增加，从而对硫化胶的某些性能产生影响。

炭黑的其他性质包括炭黑的光学性质、炭黑的密度、导电性等。

炭黑着色强度是炭黑混入白色颜料后反射力降低的程度，它是炭黑的重要光学性质，并与炭黑的粒径、结构等因素有关。炭黑粒径小，着色强度高；炭黑结构高，着色强度低。着色强度是测定橡胶用炭黑光学性质的标准方法，常用于研究新工艺炭黑的光学性质及质量控制。

炭黑密度是指单位体积炭黑的质量，有真密度和视密度之分，单位为 g/cm^3 或 kg/m^3。炭黑的倾注密度为视密度，大多数品种在 0.3～0.5 g/cm^3（或 300～500 kg/m^3）之间，对炭黑的加工及贮运有实际意义。

炭黑是一种半导体材料，常用电导率或电阻率表示它的电性能，炭黑的导电性与其微观结构、粒子大小、结构、表面性质等密切相关。一般来说，粒子越小，结构度越高，导电性能越好，所以高结构炭黑较正常结构或低结构炭黑具有更好的导电性；炭黑表面粗糙度也影响炭黑的导电性，表面粗糙的炭黑其导电性增加。若通过在惰性气体环境中加热炭黑去除含氧基团，则会使导电性明显减小。

炭黑的纯度通常通过甲苯脱色试验、灰分试验、筛余物试验和含硫量试验判别。甲苯脱色试验可粗略估计炭黑中的可萃取物质的含量，这类萃取物主要为无侧链的稠环芳烃。灰分的形成大多数是因急冷用水和造粒用水中的盐和炭黑原料中的非烃类杂质所致。筛余物（或称筛留残渣）是一类粒径达到能残留在 325 目筛网上的杂质，其主要来源是反应器中形成的焦炭，反应器中浸蚀下来的难熔碎片，以及从加工设备上脱落下来的金属碎屑。炉黑中的硫来自于炭黑原料，硫含量最高可达 2%，大多数以化学结合的形式存在，硫含量不超过 1.5%的炭黑不影响橡胶的硫化速率。氧以化学结合的方式存在于炭黑的表面，而氢则分布在整个炭黑颗粒中。炭黑中的杂质也称为不可分散杂质（NDM），NDM 对表面缺陷要求较高的精密密封件、印刷胶辊等的质量有重要影响。炭黑中杂质的测试方法，包括 GB/T 3780.12—2007《炭黑 第 12 部分：杂质的检查 》、GB/T 3780.21—2016《炭黑 第 21 部分：筛余物的测定 水冲洗法》及 ASTM D1514、ASTM D7724《炭黑测试标准 使用机械冲刷方式测试不可分散杂质》等，其中 GB/T 3780.12—2007 规定：称取一定量炭黑，检查有无通不过 850 μm 筛的非炭黑物质（硬炭、沙砾、铁锈等），如有即为杂质；GB/T 3780.21—2016 规定：控制水流压力冲洗已知质量的炭黑，使之通过试验筛（325 目），干燥并称量留在试验筛上的残余物的质量。

2.1.2 炭黑补强橡胶的影响因素

（一）结合橡胶与吸留橡胶

1. 结合橡胶

结合橡胶也称为炭黑凝胶（bound-rubber），是指炭黑混炼胶中不能被它的良溶剂溶解的那部分橡胶。结合橡胶实质上是填料表面上吸附的橡胶，也就是填料与橡胶间的界面层中的橡胶。通常采用结合橡胶来衡量炭黑和橡胶之间相互作用力的大小，结合橡胶多则补强性高，所以结合橡胶是衡量炭黑补强能力的标尺，如图 1.5.2-10 所示。

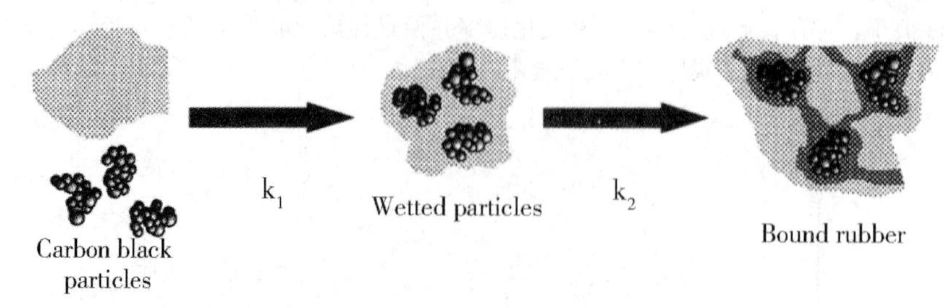

图 1.5.2-10 炭黑的浸润、分散和结合橡胶的形成的简易模型

核磁共振研究已证实，炭黑结合橡胶层的厚度大约为 5.0 nm，紧靠炭黑表面一层的厚度约为 0.5 nm，这部分是玻璃态的。在靠近橡胶母体这一面的呈亚玻璃态，厚度大约为 4.5 nm。如图 1.5.2-11 所示。

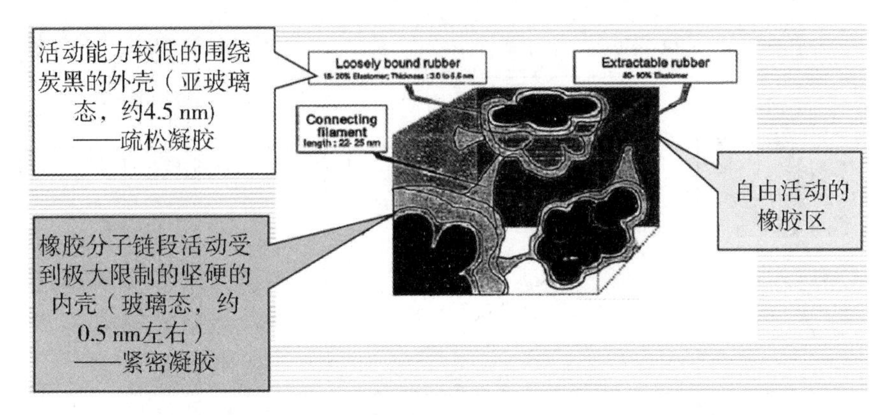

图 1.5.2－11　Kaufman 等证实了炭黑混炼胶内存在橡胶大分子链活动能力不同的 3 个区

结合橡胶量虽然很重要，但测试方法及表示方法并不统一。

$$结合橡胶=\frac{W_3-W_2-W_1\times 混炼胶中炭黑质量分数}{W_1\times 混炼胶中炭黑质量分数}(g/g) \qquad (1-5-6)$$

结合橡胶的生成有两个原因：一是吸附在炭黑表面上的橡胶分子链与炭黑的表面基团结合，或者橡胶在加工过程中经过混炼和硫化产生大量橡胶自由基或离子与炭黑结合，发生化学结合，这是生成结合橡胶的主要原因；二是橡胶大分子链在炭黑粒子表面上的那些大于溶解力的物理吸附，要同时解脱所有被炭黑吸附的大分子链并不是很容易的，只要有一两个被吸附的链节没有除掉，就有可能使整个分子链成为结合橡胶。

Villars 指出，炭黑表面上吸附橡胶的区域面积对于 NR 大约在 30 nm^2，相当于 1/5NR 大分子的大小（800 个异戊二烯结构单元）。

由于结合橡胶和炭黑对橡胶补强的线性关系，结合橡胶被认为是橡胶强度增加的重要因素，故常常通过结合橡胶来判断填料的表面活性。目前，有些学者认为通过结合橡胶含量的多少来判断填料颗粒表面活性具有误导性。主要是因为一部分未能被橡胶良溶剂溶解的橡胶可能被填料有效的吸附了，使实际的填料表面活性被高估；也可能一个橡胶分子跟填料发生多次连接，使测得的表面活性低于实际表面活性。而事实上，对于一个给定的橡胶弹性体来说，在填料的份数固定的情况下，结合橡胶的含量取决于一系列的因素，比如填料的比表面积、填料结构和填料的表面活性；此外，聚合物的混炼过程和停放时间对结合橡胶的影响也不可忽略；甚至是弹性体本身的化学结构和宏观分子特性（如分子量、聚合物极性、支链结构等）。

2. 吸留橡胶

吸留橡胶（或称包容橡胶）是在炭黑聚集体链枝状结构中屏蔽（包藏）的那部分橡胶，它的数量由炭黑的结构性决定，炭黑的结构性高，吸留橡胶多。吸留橡胶的活动性受到极大的限制，所以在一些问题的处理中常把它看成是炭黑的一部分。但是，当剪切力增大或温度升高时，这部分橡胶还是有一定的橡胶大分子的活动性的。

Medalia 根据炭黑聚集体的电镜观测、模型、计算等大量研究工作提出下列经验公式：

$$\varphi'=\varphi(1+0.021\,39DBPA)/1.46 \qquad (1-5-7)$$

所以 DBP 吸油值越高，也就是炭黑聚集体结构度越高，即聚集体枝杈越发达，则吸留橡胶越多。

3. 影响结合橡胶的因素

结合橡胶是由于炭黑表面对橡胶的吸附产生的，所以任何影响这种吸附的因素均会影响结合橡胶的生成量，其主要影响因素如下：

（1）炭黑性质的影响。

填料填充橡胶形成结合橡胶有一个临界的填充浓度 $C_{临界}$，$C_{临界}$ 随着炭黑比表面积的增加而下降，如图 1.5.2－12 所示。

低填充时，橡胶-填料之间通过单点或双点吸附形成分散的凝胶，炭黑超过临界用量时，一个橡胶分子连接两个或多个炭黑粒子，即形成粒子间连接，如图 1.5.2－13 所示。

结合橡胶几乎随炭黑的比表面积成正比增加。随着炭黑比表面积的增大，吸附量增加，结合橡胶增加；炭黑石墨化后，表面的活性基团数量减少，形成结合橡胶的能力变差。如图 1.5.2－14 所示。

高结构炭黑混炼过程中炭黑附聚体较易被打破，因此高结构炭黑的结合橡胶含量较高，如图 1.5.2－15 所示。

炭黑的粗糙度越高，表面的微孔越多，可与橡胶分子接触的表面积越少，形成的结合橡胶越少。

（2）混炼薄通次数的影响。

天然橡胶是一种很容易产生氧化降解的物质，那些只有一两点吸附的大分子链的自由链部分可能存在于玻璃态层及亚玻璃态层外面，这部分橡胶分子链薄通时同样会产生力学断链及氧化断链，这种断链可能切断了与吸附点的连接，这样就会使结合橡胶量下降。对于 NR，结合橡胶约在薄通 10 次时最高，之后有所下降，约在 30 次后趋于平衡，如图 1.5.2－16 所示。

50 份炭黑填充的氯丁橡胶、丁苯橡胶和丁基橡胶随薄通次数的变化如下：氯丁橡胶、丁苯橡胶结合橡胶随薄通次数增加而增加，大约到 30 次后趋于平衡；而丁基橡胶一开始就下降，也是约 30 次后趋于平衡，丁基橡胶下降的原因类似于天然橡胶。

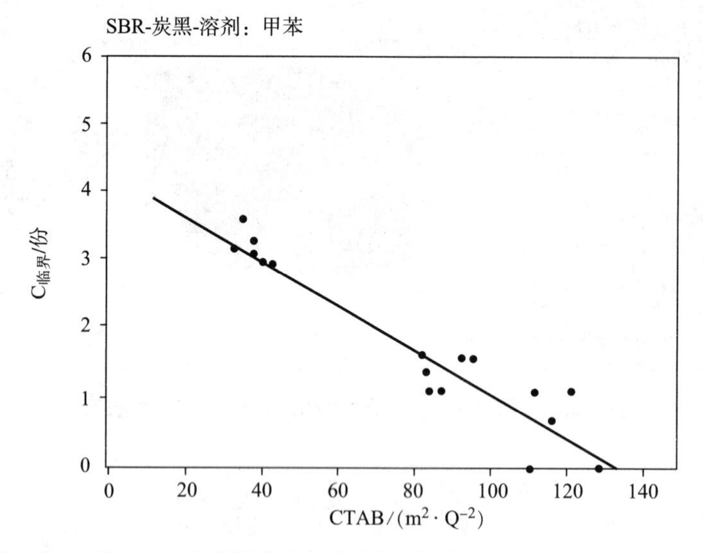

图 1.5.2-12　SBR 中炭黑产生凝胶的临界用量与 CTAB 比表面积的关系

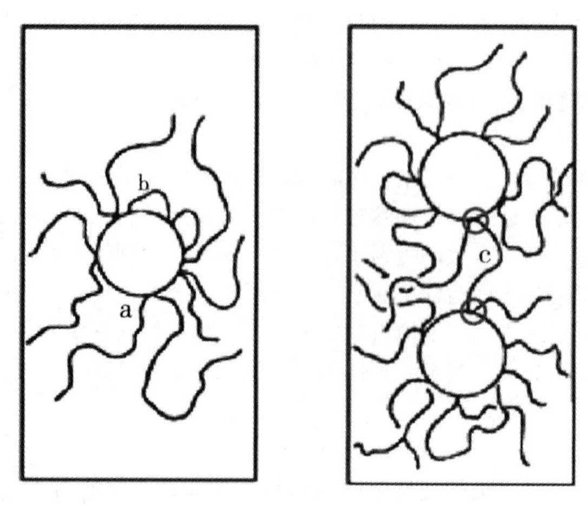

图 1.5.2-13　填料临界填充浓度示意图

a—单点吸附；b—双点吸附；c—粒子间连接

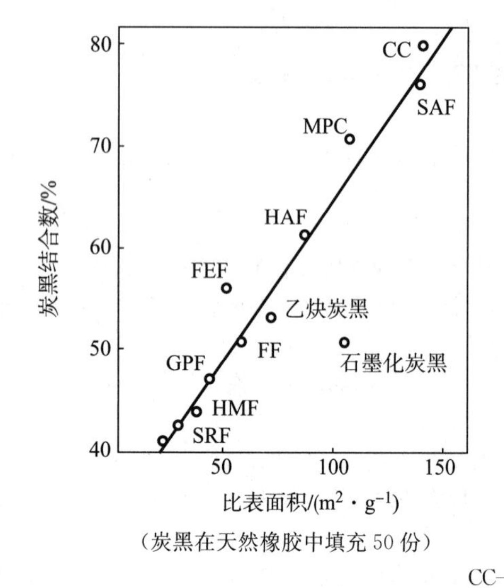

（炭黑在天然橡胶中填充 50 份）

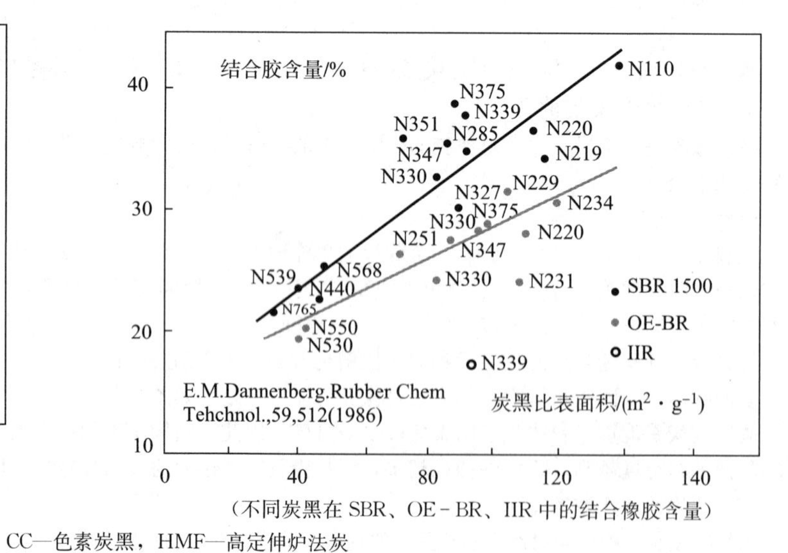

（不同炭黑在 SBR、OE-BR、IIR 中的结合橡胶含量）

CC—色素炭黑，HMF—高定伸炉法炭

图 1.5.2-14　结合橡胶含量与比表面积的关系

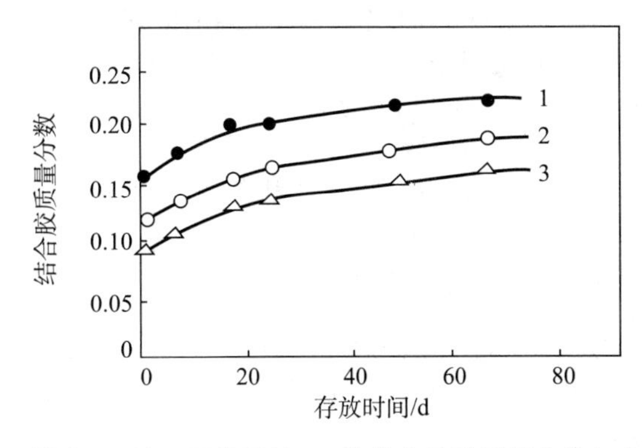

图 1.5.2-15 填充 40 份不同炭黑的 BR 的结合橡胶质量分数与存放时间的关系

1—N347；2—N330；3—N326

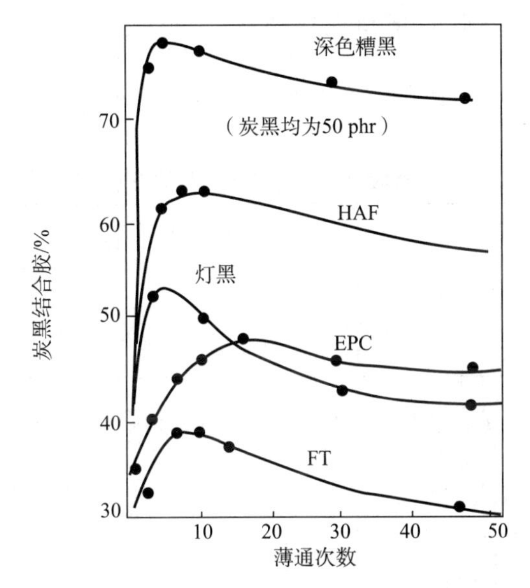

图 1.5.2-16 NR 结合橡胶含量与薄通次数关系

（3）温度的影响。

结合橡胶具有可逆性。Wolff 等人在室温下将结合橡胶加热到 100℃，在温度低于 70℃时，结合橡胶含量只有微量下降，而当温度大于 80℃时，结合橡胶含量开始大量下降，但是仍有部分橡胶分子附着在填料颗粒上。说明在结合橡胶的形成过程中仍存在一些非物理的吸附作用，如图 1.5.2-17 所示。Kida 等人用炭黑 N220 填充橡胶，证明了当温度从 25℃增加到 110℃时，结合橡胶含量下降了 45%，这说明结合橡胶中大部分是物理作用，而剩下不能分离的结合橡胶则是化学吸附。

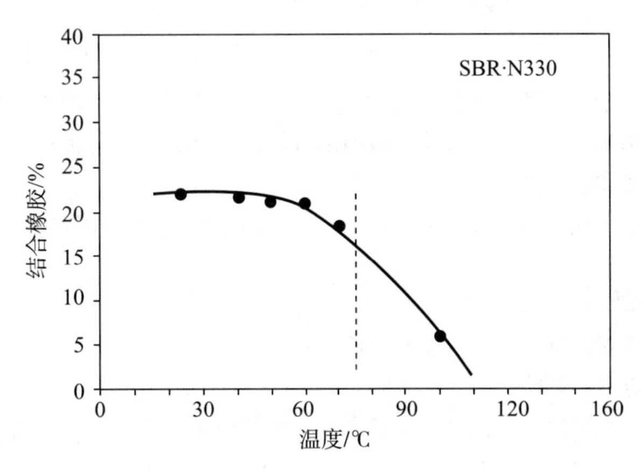

图 1.5.2-17 SBR-N330（50 份）中结合橡胶含量与处理温度的关系

混炼温度对结合橡胶的影响也是混炼温度越高则结合橡胶越少。这可能是因为温度升高，橡胶变得柔软而不易被机械力破坏断链形成大分子自由基，炭黑在这样柔软的橡胶环境中也不易产生断链形成自由基，因此在高温炼胶时由于这种作用形成的结合橡胶会比低温下炼胶的少。

（4）不同转子转速的影响。

有报道研究了不同加工转速对 N220、白炭黑分别填充的 SBR 胶料的结合橡胶的含量影响以及流变学分析，力学性能测试表明，拉伸强度、100%定伸应力、300%定伸应力以及 DIN 磨耗的性能随着填料结构度的提高而改善。对于 SBR/炭黑系统来说，其性能分别在加工转速为 40 rpm，加工时间为 15 min 时达到最佳值；而对于白炭黑，加工转速为 30 rpm 或者加工时间为 15 min 的时候，白炭黑混炼胶的性能最好。

RPA（橡胶加工分析仪）的测试结果表明，不同结构度的填料填充的 SBR 混炼胶佩恩效应大小顺序是 N220>N330>N550>N774。对于炭黑为填料的体系：40 rpm>30 rpm>20 rpm>50 rpm；不同加工时间的顺序为：15 min>10 min >5 min>20 min。对于白炭黑填充的橡胶体系来说，不同加工转速的佩恩效应大小顺序是：30 rpm>20 rpm>40 rpm>50 rpm；不同加工时间的顺序为：15 min>10 min>5 min>20 min。

DMA（动态热机械分析仪）的测试结果表明，对于炭黑填充体系，在加工转速为 40 rpm 时，tanδmax 值最小，模量最大；在加工时间为 15 min 时，tanδmax 值最小，模量最大。对于白炭黑填充橡胶体系，tanδmax 值既与填料-橡胶分子链的相互作用有关，又与有效的体积份数有关。

SEM（扫描电镜）的观察结果表明，对于 SBR/N220 体系，在加工时间为 15 min 或者在转速为 40 rpm 时，填料被橡胶浸润的最好，拉伸破坏时形成的断面的平整度最差。对于 SBR/白炭黑体系，在加工时间为 15 min 或者在转速为 30 rpm 时，填料被橡胶浸润的最好，拉伸破坏时形成的断面的平整度最差。

（5）橡胶性质的影响。

结合橡胶量与橡胶的不饱和度和分子量有关，不饱和度高、分子量大的橡胶，生成的结合橡胶多；对于槽法炭黑，饱和橡胶的亲和力更强。见表 1.5.2-3。

表 1.5.2-3　橡胶分子量对结合橡胶的影响（HAF 炭黑）

SBR 分子量 M_t	$M_t/M2\ 000$	结合橡胶/(mg·g^{-1})	结合橡胶比率（以 M_v=2 000 的为 1）
2 000	1	45.7	1
13 400	6.7	60.9	1.3
300 000	150	145.0	3.2

结合橡胶是大分子游离基与炭黑粒子表面相互作用的产物。大多数橡胶只在施加机械应力时才能产生结合橡胶，这与橡胶分子链的力学活化有关。橡胶分子链的力学活化现象，存在极限分子量，若低于分子量的极限值，分子链就不会被力学活化。分子量为 20 万～25 万的 BR 含炭黑胶料，在开炼机上混炼时，不产生结合橡胶；但是若用分子量 40 万的 BR，就会产生相当数量的结合橡胶，如图 1.5.2-18 所示。

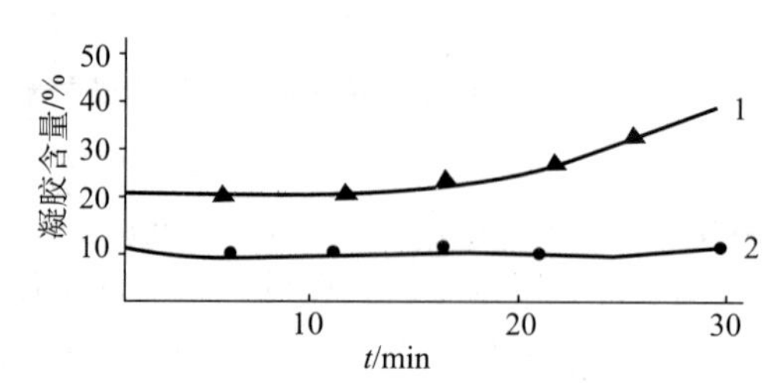

图 1.5.2-18　不同分子量 BR/炭黑胶料在开炼机混炼时结合橡胶的累积量

1—Mw=40 万；2—Mw=20～25 万

（6）陈化时间的影响

试验表明，混炼后随停放时间增加，结合橡胶量增加，大约一周后趋于平衡。因为固体炭黑对固体橡胶大分子的吸附不像固体填料对气体或小分子吸附那么容易。另外化学吸附部分较慢，也需要一定时间。

（二）炭黑对橡胶加工性能的影响

炭黑的粒径、结构和表面性质等性能对橡胶的加工性能有重要的影响，表现在混炼、压延、压出和硫化各工艺过程中及混炼胶的流变性能上。

1. 炭黑性质对混炼的影响

炭黑的粒径、结构和表面性质对混炼过程和混炼胶性质均有影响。

（1）炭黑性质对混炼吃料及分散的影响。

炭黑的粒径越细混炼越困难，吃料慢，耗能高，生热高，分散越困难。这主要是因为粒径小，比表面积大，需要湿润的面积大。

炭黑结构对分散的影响也很明显。高结构比低结构吃料慢，但分散快。这是因为结构高，其中空隙体积比较大，排除其中的空气需要较多的时间，而一旦吃入后，结构高的炭黑易分散开。

（2）炭黑性质对混炼胶黏度的影响。

混炼胶的黏流性在加工过程中十分重要。一般炭黑粒子越细、结构度越高、填充量越大、表面活性越高，则混炼胶黏度越高，流动性越差。

炭黑粒径越小，填充量越高，混炼胶的黏度越高，结合胶量也越多；炭黑的结构度越高，吸留橡胶量越多，炭黑的有效填充体积分数增大，混炼胶黏度也提高。

2. 炭黑性质对压出的影响

炭黑对压出工艺的影响主要是指对胶料挤出断面膨胀率（或称口型膨胀）、挤出速度和挤出外观的影响。而胶料的挤出断面膨胀率、挤出速度和挤出外观主要与胶料的弹性有关。

FEF 等快压出炭黑适用于挤出胶料。一般来说，炭黑的结构性高，混炼胶的挤出工艺性能较好，口型膨胀率小，半成品表面光滑，挤出速度快。炭黑用量的影响也很重要，用量多，膨胀率小。

3. 炭黑性质对硫化的影响

（1）炭黑表面性质的影响。

炭黑表面酸性基团含量多，pH 值低，对于硫化剂、促进剂等的吸附量大，相应地减少了硫化剂、促进剂的用量，因而会迟延硫化；另外，炭黑表面酸性基团能阻碍自由基的形成，又能在硫化初期抑制双基硫的产生，所以会迟延硫化，起到较好的防焦烧作用。而 pH 值高的炉法炭黑一般无迟延现象。

（2）炭黑的结构和粒径的影响。

炭黑粒径越小，焦烧越快。这是因为粒径越小，比表面积越大，结合橡胶越多，自由胶中硫化剂浓度较大的原因。

（三）炭黑对硫化胶性能的影响

炭黑的性质对硫化胶的性能有决定性的影响，因为有了炭黑的补强作用才使那些非自补强橡胶的力学性能得到了很大的提高，才具有了使用价值。就总体来说，炭黑的粒径对硫化胶的拉伸强度、撕裂强度、耐磨耗性的作用是主要的，而炭黑的结构性对硫化胶模量的作用是主要的，炭黑表面活性则对各种性能都有影响。

1. 炭黑的性质对硫化胶一般技术性能的影响

（1）炭黑粒径的影响。

炭黑粒径对硫化胶的拉伸强度、撕裂强度、耐磨性都有决定性作用。

粒径小，撕裂强度、定伸应力、硬度均提高，而弹性和伸长率下降，压缩永久变形变化很小。这是因为粒径小，比表面积大，使橡胶与炭黑之间的界面积大，两者之间相互作用产生的结合橡胶多。

（2）炭黑结构的影响。

炭黑的结构对定伸应力和硬度均有较大的影响。因为填料的存在就减少了硫化胶中弹性橡胶大分子的体积分数，结构高的炭黑更大程度地减少了橡胶大分子的体积分数。结构对耐磨耗性只有在苛刻的磨耗条件下才表现出一定的改善作用。结构对其他性能也有一定的影响。

（3）炭黑表面性质对硫化胶性能的影响。

a）炭黑粒子的表面形态的影响。

炭黑粒子表面的粗糙程度及炭黑的结晶状态对补强作用有一定的影响。例如，将 ISAF 在较低温度下（850～1 000℃）加热，控制加热时间，这时炭黑粒子表面石墨化，而微晶尺寸增大，结果使炭黑的补强作用下降。

炭黑粒子的表面粗糙度对橡胶性能的影响也很大。随着粗糙度的增大，硫化胶的定伸应力、拉伸强度、耐磨性和耐屈挠龟裂性下降，而回弹性、伸长率则增大。这主要是因为炭黑表面的孔隙度增加后，橡胶大分子很难接近这些微孔，使它不能与橡胶相互作用而起到补强效果。

b）炭黑粒子表面化学基团的影响。

炭黑表面的含氧基团对不饱和橡胶的补强作用影响不大，而对象 IIR 这类近于饱和的弹性体来说，含氧官能团对炭黑的补强作用非常重要，含氧基团多的槽法炭黑补强性高。

2. 炭黑的性质对硫化橡胶动态性能的影响

橡胶作为轮胎、运输带和减震制品时，受到的力往往是交变的，即应力呈周期性变化，因此有必要研究橡胶的动态力学性质。橡胶制品动态条件下使用的特点是变形（或振幅）不大，一般小于 10%，频率较高，基本上是处于平衡状态下的，是一种非破坏性的性质。而静态性质，如拉伸强度、撕裂强度、定伸应力等都是在大变形下，与橡胶抗破坏性有关的性质。

（1）填充炭黑和振幅对动态性能的影响。

橡胶的动态模量受炭黑的影响，加入炭黑使 G'（弹性模量）、G''（损耗模量）均增加。炭黑的比表面积大、活性高、结构高均使 G'、G''增加，同时受测试条件（如温度、频率和振幅）的影响。

a）填充炭黑和振幅对 G'的影响。

填充炭黑的 G'高于纯胶的 G'，且随炭黑填充量增加而提高。填充炭黑的 G'受振幅的影响，随振幅增大而减弱，到大约 10%时趋于平稳。

用 G'_0 表示低振幅模量，G'_∞ 表示高振幅模量，则 $G'_0 - G'_\infty$ 可以作为表示炭黑二次结构的参数。

b）填充炭黑和振幅对 G''和 $\tan\delta$ 的影响。

炭黑的加入使胶料的 G''和 $\tan\delta$ 增大也就会使胶料生热增高，阻尼性提高。这种作用对于作为减振橡胶制品是很需要的，因为它能减少振动、降低噪声。另外，这种作用可以增加材料的韧性，提高抵抗外力破坏的能力，增加轮胎对路面的抓着力。其缺点是增加了轮胎的滚动阻力，使汽车耗油量增加，温升还促进轮胎老化。

(2) 炭黑性质对动态性能的影响。

炭黑的比表面积大，硫化胶的 E' 大，且随振幅的增大，下降程度也大。若比表面积接近，结构高的 E' 大，但对振幅变化不敏感。

3. 炭黑的性质对硫化胶导电性的影响

炭黑填充胶会使胶料电阻率下降，其炭黑胶料的电性能受炭黑结构影响最明显，其次受炭黑的比表面积、炭黑表面粗糙度、表面含氧基团浓度的影响。前两个因素高则胶料的电阻率低，另外均匀的分散使电阻率提高，若需要高电阻的制品应使用大粒子、低结构、表面挥发分大的炭黑。炭黑用量增大，降低电阻率。

(四) 炭黑填充橡胶补强机理的研究进展[6]

在橡胶中，尤其是在合成橡胶中，加入炭黑能够显著增强硫化橡胶的定伸应力、拉伸强度、撕裂强度和耐磨性，延长橡胶制品的使用寿命，这种现象通常被称为补强。这是由填料与橡胶之间强相互作用造成的，结合橡胶现象证明了这种强相互作用的存在。填料粒径、结构性和表面活性对补强作用有较大影响。炭黑补强作用使橡胶的力学性能提高，同时也使橡胶在黏弹变形中由黏性作用而产生的损耗因素提高，如 tanδ、生热、损耗模量、应力软化效应（Mullins 效应）和 Payne 效应的提高。

应力软化效应是指硫化橡胶两次拉伸曲线不能重合，样品拉伸后经长时间存放或热处理后拉伸曲线可与初次拉伸曲线重合的现象；Payne 效应是指随填料用量的增加，在低频条件下随应变的增加混炼胶模量下降的现象，填料用量越大 Payne 效应越明显，如图 1.5.2-19 所示。

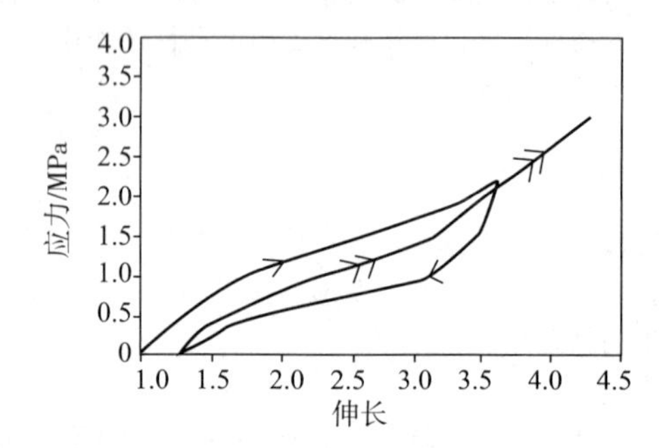

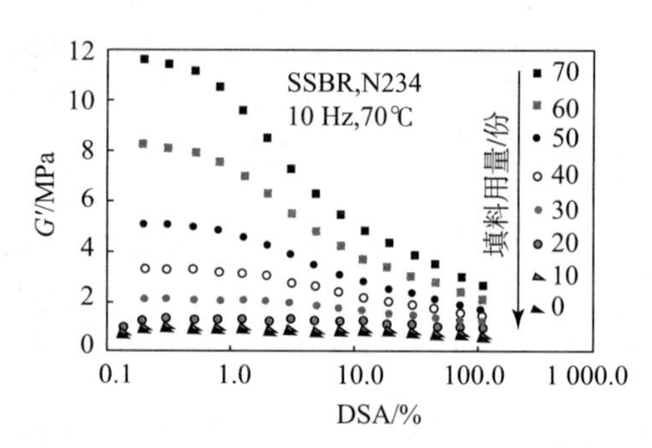

图 1.5.2-19 Mullins 效应与 Payne 效应示意图

应力软化效应用拉伸至给定应变所造成的应变能下降百分率 ΔW 表示。

$$\Delta W=\frac{W_1-W_2}{W_1}\times 100\% \tag{1-5-8}$$

式中，W_1 为第一次拉伸至给定应变时所需要的应变能；W_2 为第一次拉伸恢复后，第二次（或更多次数）再拉伸至同样应变时所需的应变能。

应力软化效应代表一种黏性的损耗因素，所以凡是影响黏弹行为的因素对它均有影响。填料及其性质对应力软化效应有决定性作用。总的来说，补强性高的炭黑应力软化效应比较高，反之亦然。应力软化有恢复性，但在室温下停放几天，损失的应力恢复很少，而在 100℃×24 h 真空中能恢复大部分损失的应力。因为炭黑的吸附是动态的，在恢复条件下，橡胶大分子会在炭黑表面重新分布，断的分子链可被新链代替。剩下的不能恢复的部分称为永久性应力软化作用。

橡胶增强理论及模型一直是橡胶学科领域的重要课题，理论发展过程中力求涵括：①充分考虑炭黑自身结构及粒子之间的相互作用及其在应力作用下的变形；②进一步明晰填充橡胶中的聚集体、基体、填料网络等各复杂结构对其性能的贡献；③模拟高填充状态下内部复杂微观结构并建立适当模型。目前已被广泛接受的橡胶增强理论及模型有：分子链滑动模型、结合橡胶模型（壳层模型理论）、填料相互作用模型、流体动力学模型、橡胶自洽模型等。其中，分形学在补强理论中的应用以及利用细观力学建立的橡胶自洽模型（self-consistentmodel）引起了广泛关注。

1. 分子链滑动模型

该理论认为橡胶大分子能在炭黑表面滑动。炭黑粒子表面的活性不均一，有少量强的活性点以及一系列的能量不同的吸附点。吸附在炭黑表面上的橡胶分子链可以有各种不同的结合能量，多数为弱的范德华力的吸附以及少量的化学吸附。

分子链滑动模型的基本概念可用图 1.5.2-20 表示。

(1) 表示胶料原始状态，长短不等的橡胶分子链被吸附在炭黑粒子表面上。

(2) 随着外界应力的增加，最短的分子链不是断裂而是沿炭黑表面滑动，原始状态吸附的长度用点标出，可看出滑移的长度。此时应力由多数伸直的橡胶分子链承担，起到均匀分布应力的作用。缓解应力集中为补强的第一个重要因素。

(3) 当应力再次增大，分子链再次滑动，使橡胶分子链高度取向，承担较大应力，具有较高模量，为补强的第二个重要因素。滑动摩擦使胶料产生滞后损耗，耗去一部分外力功，化为热量，使橡胶不受破坏，为补强的第三个因素。

(4) 收缩后胶料的状况表明再伸长时的应力软化效应，胶料回缩后炭黑粒子间橡胶分子链的长度差不多一样，再伸长就不需要再滑动一次，所需应力下降。在适宜的情况（如膨胀）下，经过长时间，由于橡胶分子链的热运动，吸附与解吸附的动态平衡，粒子间分子链长度的重新分布，胶料又恢复至接近原始状态。但是如果初次伸长的变形量大，恢复常不超过 50%。

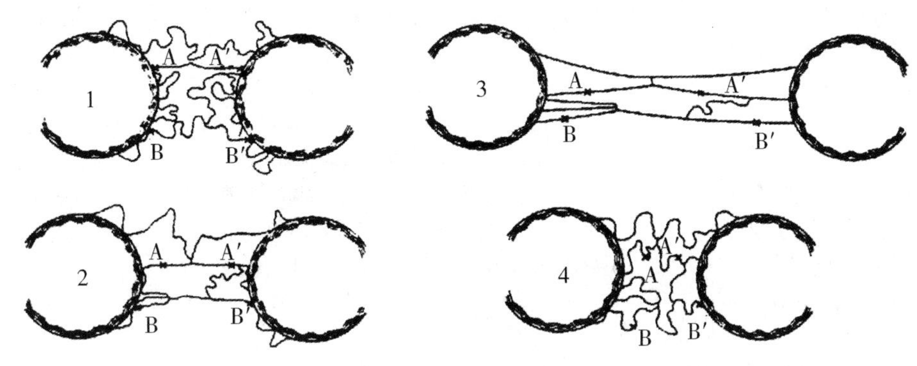

图 1.5.2-20　橡胶大分子滑动学说补强机理模型

1—原始状态；2—中等拉伸，AA′在滑移，BB′也发生滑移；3—全部分子链高度取向，高定伸，缓解应力集中，应力均匀，滑动耗能；4—恢复，炭黑粒子间的分子链有相等的长度，应力软化

分子链滑动模型因其较为直观地解释了结合橡胶现象与应力软化现象而被广泛接受，不足之处是不能说明 Payne 效应，作为一种唯象模型不能定量说明补强效应。

2. 填料相互作用模型

在橡胶中，当填料浓度超过一定阈值后会出现 Payne 效应。一般认为这种效应是因炭黑表面活性而发生吸附，相互交叠形成填料网络；在大应变下网络被破坏导致模量下降，且填料份数越高，这种效应越明显。研究发现，填料之间的相互作用能够对硫化胶模量产生贡献。利用透射电镜研究、分析填充橡胶中的炭黑网络结构，表明填充橡胶在经历疲劳过程后，其炭黑的晶体结构几乎没有发生变化，而炭黑网络的分散状态明显改变，由均匀分散态变为局部团聚态，从侧面说明了填料网络对疲劳寿命的作用。对聚合物/炭黑复合薄膜的纳米断裂行为的研究发现，纳米粒子链不会从聚合物基体中拔出，而是像单一纳米粒子链那样断链，由此认为纳米粒子链与聚合物之间的界面强度大于链中粒子与粒子之间相互作用强度，说明炭黑对橡胶的增强来源于填料粒子对分开作用的反抗。此外，炭黑粒子链在高填充浓度下与结合橡胶形成互穿网络结构，炭黑粒子链模量小，附聚体具有可变形性，因此受外力作用时，一方面可通过附聚体将应力分散到结合橡胶分子链上，使橡胶网络不会迅速破坏；另一方面，当橡胶基体变形时，附聚体发生屈服变形，并相互交错搭接，形成整体屈服变形，体系的断裂为可吸收大量变形功的韧性断裂，延缓了复合材料的破坏。

3. 结合橡胶模型

结合橡胶模型理论又称为壳层模型理论。结合橡胶含量与炭黑补强性能之间有很好的相关性，结合橡胶现象早在 80 多年前已被人们所注意并不断进行研究。

核磁共振研究已证实，在炭黑表面有一层由两种运动状态的橡胶大分子构成的吸附层。在紧邻着炭黑表面的大约 0.5 nm（相当于大分子直径）的内层，呈玻璃态；离开炭黑表面 0.5～5.0 nm 范围内的橡胶有点运动性，呈亚玻璃态，这层叫外层。这两层构成了炭黑表面上的双壳层。结合橡胶的形成是因炭黑粒子与橡胶大分子之间强烈的相互作用，大分子被紧紧地吸附在炭黑表面形成一种硬壳，从而限制了这部分大分子的活动性，在其外围则是较软、松散的吸附层，并具有聚合物细丝结构（connectingfila-ment）与被其他炭黑粒子束缚的吸附层橡胶大分子相连，如图 1.5.2-21 所示。关于双壳层的厚度 $\Delta\gamma_c$，报道不一，不过基本上是上述范围。这个双壳的界面层内中的结合能必定从里向外连续下降，即炭黑表面对大分子运动性的束缚不断下降，最后到橡胶分子不受炭黑粒子束缚的状态。

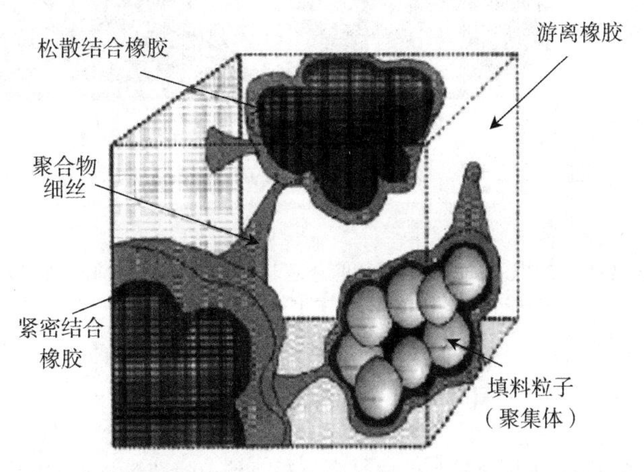

图 1.5.2-21　炭黑填充橡胶的不均质结构示意图

结合橡胶模型理论认为，炭黑填充的硫化胶微观非均质，大致可分为不受炭黑粒子束缚进行微布朗运动的橡胶分子链 A 相、交联结构 B 相与被炭黑粒子束缚的双壳层 C 相，C 相起着骨架作用联结 A 相和 B 相，构成一个橡胶大分子与填料的

整体三维网络结构。在橡胶发生变形时，靠聚合物细丝连接的网络结构将应力均匀分布，提高了橡胶的综合性能，体现了补强作用。

结合橡胶模型是一种填料-橡胶界面模型。最近，YoshihideFukahori 在结合橡胶模型的基础上，考虑到大变形状况下橡胶体积扩张的事实，基于应力分析结果提出了一个新的界面模型。该模型实质为结合胶双层模型，如图 1.5.2－22（a）、（b）所示。即炭黑外围吸附的结合胶由两部分无交联结构、模量不同的橡胶层组成，内层为处于玻璃态的聚合物玻璃化硬层（Glassyhardlayer，GH），厚度约 2 nm；外层为聚合物分子运动受到限制的黏性硬层（Stickyhardlayer，SH），厚度为 3～8 nm。对于炭黑精细粒子，2 层厚度约为 5 nm；粗糙炭黑粒子，外围 2 层厚度为 10 nm。GH 层的作用仅仅增大了炭黑粒子的有效直径，在所有应变幅度下对应力的贡献均为常数，即 GH 层与大应变幅度下应力的急剧增加无关。SH 层在小应变下的表现和基体类似，对模量贡献不大；随应变的增大，SH 层能够发生取向，对模量增大起着重要作用，此时 GH 层由于分子链活动能力差而不能发生取向，对模量增大无贡献，如图 1.5.2－22（d）所示。在填料高浓度下，不同粒子之间的 SH 层能够发生交叠，形成超网络结构，如图 1.5.2－22（c）所示。在大应变下，这种超网络结构发生取向变硬对模量产生贡献，由于分子链成束状排列，在束与束之间形成微小孔洞可吸收部分能量，延缓了分子链的破坏，如图 1.5.2－22（e）所示。这些孔洞造成了聚合物体积在拉伸状态下的膨胀。该模型也可很好地解释了应力软化现象，在第 1 个循环的应力加载过程中由于分子取向而形成分子束，在相互邻近的填料表面多条分子束形成相扣结构，在应力卸载过程中这种分子束结构没有被破坏，如图 1.5.2－22（f）所示，因其很难保持体系的应力状态，此时应力主要由交联聚合物基体承担。第 2 次应力加载时由于分子束的收缩需要一定时间，故所需应力要稍微大于第 1 阶段的卸载过程。当伸长接近第 1 次加载时，由于相扣的分子束重新达到第 1 次伸长状态，应力增长则重新依赖于最初的应力、应变关系。经长时间停放或高温处理，这种分子束结构得到充分松弛而破坏，回到无序状态。重新拉伸时应力曲线与第 1 次拉伸时的曲线相符合。

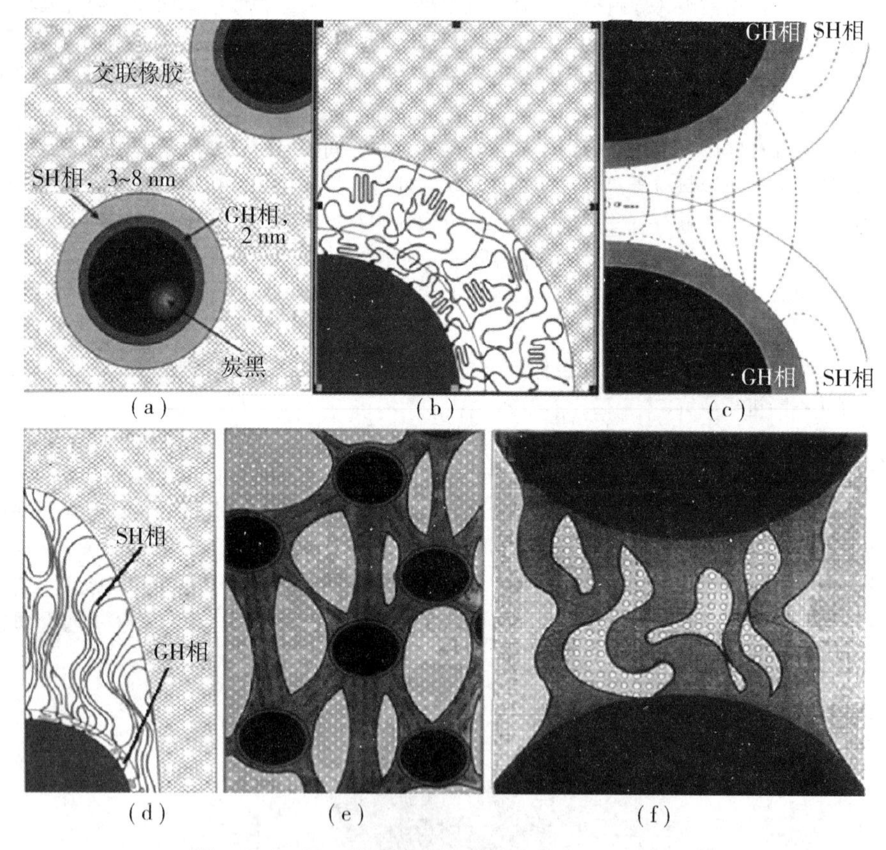

图 1.5.2－22　炭黑填充橡胶的不均质结构示意图

4. 流体动力学补强理论

早期的流体动力学补强理论也称为容积效应理论，该理论是基于炭黑填充橡胶中橡胶相的变形比单纯橡胶的变形大，炭黑填充橡胶的模量要明显高于纯橡胶模量而提出的，起源于 Einstein 黏度方程：

$$\frac{E}{E_{\mathrm{m}}}=1-\frac{15(1-v_{\mathrm{m}})\left(1-\frac{E_{\mathrm{f}}}{E_{\mathrm{m}}}\right)}{7-5v_{\mathrm{m}}+2(4-5v_{\mathrm{m}})\frac{E_{\mathrm{f}}}{E_{\mathrm{m}}}} \tag{1-5-9}$$

式中，m 表示聚合物基体；f 表示填料，未标下标则表示复合材料；E 为弹性模量；v 为材料泊松比；U 为填料体积分数。Smallwood 假定填料为理想刚性粒子（E_{f}远大于 E_{m}）且基体不可压缩（$v_{\mathrm{m}}=1/2$），将其修正为：

$$\frac{E}{E_{\mathrm{m}}}=1+\frac{5}{2}U \tag{1-5-10}$$

Guth 和 Gold 考虑到填料高浓度下粒子之间的相互扰动而对方程做了进一步修正：

$$\frac{E}{E_m}=1+\frac{5}{2}U+14.1U^2 \tag{1-5-11a}$$

也可以写为：

$$a'=a(1+2.5\phi+14.1\phi^2) \tag{1-5-11b}$$

其中，a'为炭黑填充橡胶中橡胶相的有效变形；a为单纯橡胶的变形；ϕ为炭黑的体积分数。这种补强作用称为"容积放大效应"，这种现象是基于橡胶大分子链在炭黑表面吸附呈现特殊的平面取向状态，增加了分子间作用力，从而提高了橡胶强力，能够承受较大的变形。如果橡胶与炭黑的吸附结合比较弱，橡胶拉伸时出现"空隙现象"，如图 1.5.2－23 所示，在空隙处形成应力集中，当应变增大时产生橡胶和炭黑粒子的剥离，进而使强度破坏；橡胶与炭黑结合强时，"空隙现象"减少甚至消除，填充橡胶将有较高的强度。

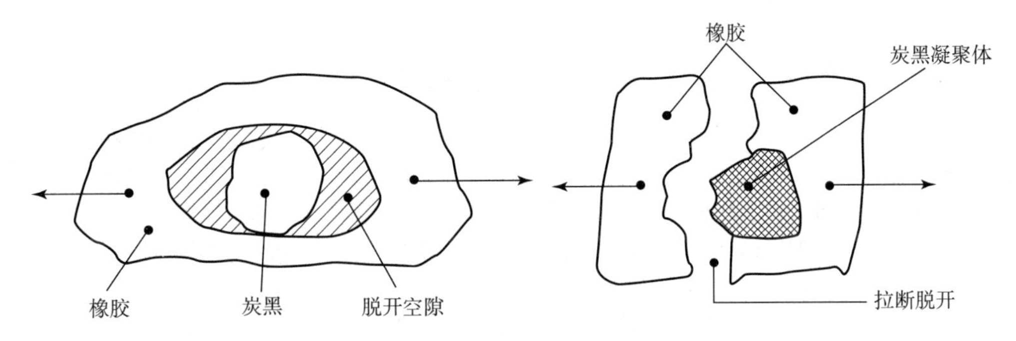

图 1.5.2－23　空隙现象

根据以上观点，若要取得良好的补强效果，则必须：①炭黑粒子的分散性要好，这样被定向排列的二维状态的橡胶增加了，从而提高了填充橡胶的机械强度；②炭黑粒子的表面吸附能应该比较大，容易被橡胶所湿润。从这个角度出发，可以对炭黑进行活性处理，如硬脂酸活化处理，以改变湿润能力。

对于活性填料如炭黑，混炼过程中会产生"吸留橡胶"，即渗入到炭黑聚集体内部被其屏蔽、不能参与变形的那部分橡胶，吸留橡胶使得填料的有效体积增大。Medalia 考虑到这种情况，认为此时填料体积分数应当使用有效体积 U_{eff}，将方程修正为：

$$\frac{E}{E_m}=1+\frac{5}{2}U_{eff}+14.1U_{eff}^2 \tag{1-5-12a}$$

式中，有效体积分数 U_{eff} 可通过炭黑的 DBP 值计算得到。通过将炭黑压缩试样的 DBP 吸收终点值与聚集体的等效小球内部和之间的孔隙容积关联来加以简化，并假设这些小球是随机堆积的，王梦蛟等人导出了用于计算炭黑有效体积分数的公式如下：

$$\varphi_{eff}=\varphi(0.0181\times \mathrm{CDBPA}+1)/1.59 \tag{1-5-12b}$$

式中，CDBPA 是炭黑压缩试样的 DBP 吸收值。

由于以上推导均假设填料粒子为完全刚性，填料在橡胶中充分分散且未考虑炭黑粒子的复杂结构，而事实上炭黑聚集体粒子间并非完全刚性连接且具有一定的弹性，因此 Felderhof 等人提出的公式则能更好地模拟补强作用：

$$\frac{E}{E_m}=1+\frac{LU}{1-\frac{2}{5}LU} \tag{1-5-13}$$

式中考虑了填料本身的模量，引入了填料固有模量（intrinsicmodulus）系数 L，通过流体静力学静力平衡方程可计算出在低浓度球形刚性粒子填充状态下 $L=5/2$，此时方程（1－5－13）与方程（1－5－10）吻合。该方程的提出为解决复杂粒子填充橡胶提供了一个框架，即对不同状态的填料，仅需计算出填料固有模量系数即可对模量进行数值模拟。对炭黑填充橡胶来说，由于结合胶及吸留橡胶的产生，可将填料状态简化成一种核壳结构，如图 1.5.2－24 所示，其中核层和壳层具有不同模量。填料固有模量系数 L 依赖于基体与壳层模量的比值 E_m/E_{shell} 及壳层与核层半径的比值 r_{shell}/r_{core}，Gerg-orHuber 等人通过数值方法分别计算了硬核/软壳结构与硬壳/软核结构的填料固有模量系数 L，该表达式较为复杂，详见参考文献。

以上的流体动力学理论在处理问题时均忽略了炭黑自身结构的影响，实际上填料结构会对补强效果产生很大影响。众所周知，炭黑在混炼胶中呈聚集体分散状态，炭黑聚集体由近似球体的原生粒子连接成树枝状结构，这种结构具有普遍的分形结构特征，可用质量分形维度 $\mathrm{d}f$ 和衡量聚集体连接状态的光谱维数 D 这两个分形学参数来描述。GergorHu－be 等人从广泛应用于细观材料力学的有效介质理论出发，利用分形学对炭黑粒子进行描述，假定：①聚合物基体不可压缩且有理想弹性；②聚合物与粒子表面完美结合；③小变形下原生粒子之间的相互作用可忽略不计。从而推导出了橡胶模量与填料体积分数以及填料结构之间的关系：

$$\frac{E-E_m}{E_m}\sim\begin{Bmatrix}R^{-1/4}U & \text{for} & U<U_c\,(\mathrm{A})\\ R^{5/4}U & \text{for} & U<U_c\,(\mathrm{B})\end{Bmatrix}$$

$$U_c=(R/b)^{-1/2} \tag{1-5-14}$$

式中，R 是描述炭黑聚集体的参数，可看成炭黑聚集体的流体动力学等效半径；U 为填料体积分数；U_c 为填料形成逾

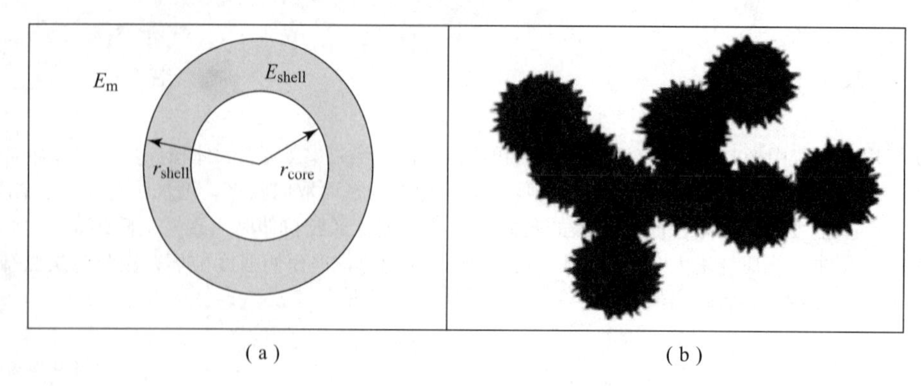

图 1.5.2-24　填料核/壳结构及炭黑附聚体结构示意图

渗网络时的临界体积分数。由式（1-5-14）可看出，在A区域时内，模量对聚集体结构的依赖性不强，方程类似于Smallwood方程，模量正比于填料体积分数；在B区域，模量对聚集体的结构非常敏感，几乎呈线性关系。该模型的缺点在于适用范围太小，且推导条件太过于理想化；优点是通过数学模型揭示了填料结构与性能之间的关系，具有普遍适用性，能够适用于具有树枝状结构的填料。有学者指出，该模型与实际的偏差主要是由于未考虑聚集体、炭黑原生粒子之间的相互作用，将原生粒子之间的作用考虑在内时可对此模型进行优化。

流体动力学理论作为一种最早提出的橡胶补强理论，若干年来有了很大发展，能够较为普遍地预测填料增强橡胶体系的模量，但总体来说适用范围仍然较为有限，有待进一步深入研究和完善。

5. 广义自洽模型理论

广义自洽模型是细观材料力学中常用的一种方法。细观材料力学通过采用连续介质和材料科学的一些理论，对材料显微结构进行力学描述，从材料显微结构出发，利用弹性力学理论，建立材料组成成分的局部性能、填料体积分数及空间分布与材料宏观有效性能之间的定量关系，揭示材料显微结构与宏观性能之间的内在关系。橡胶本质上属于固体填料高填充的聚合物基复合材料，因此可用自洽模型来研究其结构与性能的关系。广义自洽模型的原理是将夹杂及其包围的介质嵌入性能均一的无限大介质中，在其边界施加相应的边界条件，通过应力场的求解获得复合材料的等效性能。

炭黑补强天然橡胶的理想微观结构如图1.5.2-25所示。橡胶基体中存在分散的炭黑聚集体，该聚集体由炭黑和吸留橡胶组成，在其外围还包覆一层结合橡胶。此外，在炭黑含量超过一定阈值后还会形成逾渗网络，如图1.5.2-25（a）所示。B. Omns等研究了炭黑填充天然橡胶的性质，考虑了炭黑填充下形态学的影响，建立了适应于天然橡胶的广义自洽模型，如图1.5.2-25（b）所示。

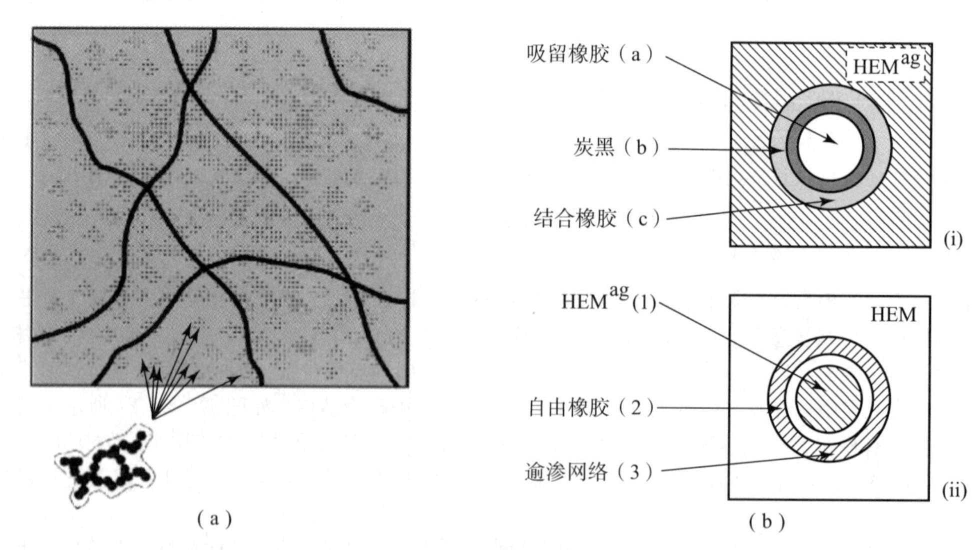

图 1.5.2-25　炭黑填充天然橡胶自洽模型结构示意图

该自洽模型分两个层次：①由炭黑（b）夹杂吸留橡胶（a）组成两相结构，镶嵌于炭黑和基体胶之间的结合橡胶（c），形成均一等同介质；②从更大尺度上看，将这3部分看为一个整体（HEM^{ag}），同时被未被炭黑结合的自由橡胶夹杂，镶嵌于逾渗网络中形成等同介质。

从自洽模型出发，计算复合材料的模量仅需知道相应组分的体积分数及模量即可，具体数学推导过程详见参考文献，相关组分的体积分数计算可按方程组（1-5-15）进行：

$$\left\{\begin{array}{ll} f_a=U-U & U=\frac{1}{2}[1+(1+0.021\,39DBP)/1.46]U \\ f_b=U & f_c=eUQ_{CB}S_p \\ f^{ag}=f_1=f_a+f_b+f_c & f_1+f_2+f_3=1 \\ f_2/f_1=(f_{mbber-f_a-f_c})/(f_a+f_b+f_c) & \end{array}\right\} \quad (1-5-15)$$

式中，f 指体积分数，下标代表模型中相应组分；U_e指有效填料体积分数；e 指结合胶层厚度；S_p指填料的比表面积。需要说明的是：(1) 计算 f_c时所用结合胶层厚度并非精确值且假定炭黑原生粒子为球形；(2) 基于 Payne 效应仅仅破坏了网络结构而对其他组分结构无影响的假定，则 f_3 与 Payne 效应中模量下降幅度成比例，故可通过试验来确定；(3) f_2 与 f_1 比值近似为常数，在此做常数处理。

各组分模量可通过以下方法计算：吸留橡胶因其运动受到屏蔽，故其模量与结合橡胶相等，均等于纯橡胶的模量；炭黑模量难以测定，近似认为等同于石墨模量；结合橡胶模量可认为与纯胶模量的比值为常数；逾渗网络的模量可以通过 Payne 效应测定。实验证明，利用该模型对橡胶杨氏模量的预测与实验值非常接近。

总体来说，对炭黑填充橡胶增强机理及模型的研究一直在不断深入地进行；与此同时，由于填充橡胶结构的复杂性，理论模型的适用范围十分有限。

2.2　普通工艺炭黑

N100 系列炭黑也称超耐磨炉黑，粒径为 11～19 nm，在橡胶用炭黑中其粒径最小，比表面积最大，着色强度最高，补强作用最显著，能赋予硫化胶最好的耐磨性，属于硬质炭黑。缺点是混炼能耗高，分散困难，压延压出不易，抗龟裂和耐热性能不好，加上成本高，应用受到限制，通常仅用于轮胎胎面及其他耐磨橡胶制品。

N200、S200 系列炭黑也称中超耐磨炭黑，粒径为 20～25 nm，在橡胶用炭黑中其粒径比较小，比表面积比较大，着色强度比较高，补强作用比较好，属于硬质炭黑。缺点是混炼能耗比较高，不易分散，胶料升温快。主要用于轮胎胎面及输送带覆盖胶等要求耐磨的制品。S212 也称为中超耐磨代槽炉黑，其粒径为 20～25 nm，pH 值为 3.5～5.5，用油炉法生产，具有槽黑性质，故称为“代槽炉黑”。S212 用法类似槽黑，在丁基橡胶和其他不饱和度低的橡胶中补强性能优于一般炉黑，用于黏合胶料有利于橡胶和钢丝帘线的黏合。

N300、S300 系列炭黑也称高耐磨炭黑，粒径为 26～30 nm，属于硬质炭黑，能兼顾耐磨性和加工性能的要求，是应用最广泛的炭黑品种。主要用于轮胎胎面。其中 S300 为易混槽黑（EPC），S301 为可混槽黑（MPC）。与炉黑相比，槽黑呈酸性，挥发分较高，对硫化有迟延作用。槽黑加工性能不如炉黑，但有较高的拉伸强度和伸长率，抗撕裂和抗割口性能较好，定伸应力和耐磨性不如炉黑，老化性能也比炉黑差。槽黑多用于越野车轮胎胎面和高性能橡胶制品。S315 也称为高耐磨型代槽炉黑，其粒径为 26～30 nm，pH 值为 3.5～5.5，用油炉法生产，具有槽黑性质，故称为“代槽炉黑”。S315 用法类似槽黑，在丁基橡胶和其他不饱和度低的橡胶中补强性能优于一般炉黑，用于黏合胶料有利于橡胶和钢丝帘线的黏合。

N400 系列炭黑也称导电炭黑，粒径为 31～39 nm。该系列中的 N472 是强导电炭黑，具有很高的比表面积和结构，补强作用不是很好。适用于飞机轮胎、导电元件及需要消除静电的橡胶制品。该系列炭黑在新的国标中不再列入橡胶用炭黑。

N500 系列炭黑粒径为 40～48 nm，具有中等补强性能和很好的加工性能，特别是赋予胶料较好的挺性和良好的压出性能，故称为快压出炉黑。补强性能优于其他软质炭黑，耐磨性能比槽黑好，胶料耐高温性能及导热性能良好，特别是弹性和复原性好。常用于轮胎帘布层胶、胎侧胶、内胎及压延压出制品，特别是丁基内胎胶料。

N600 系列炭黑也称通用炉黑，粒径为 49～60 nm，具有中等补强性能和较好的工艺性能，在胶料中易分散，硫化胶撕裂强度和定伸应力较高，耐屈挠、弹性好，但伸长率稍低。主要用于轮胎帘布层胶、内胎、胶管等橡胶制品。

N700 系列炭黑也称半补强炉黑，粒径为 61～100 nm，具有中等补强性能和良好的工艺性能，赋予胶料良好的动态性能和较低的生热性，大量填充时不会明显降低胶料的弹性。适用于轮胎帘布层胶、内胎、自行车轮胎、减震制品及压出制品。

热裂解法炭黑分为细粒子热裂解法炭黑和中粒子热裂解法炭黑两种，其区别见表 1.5.2-4。

表 1.5.2-4　细粒子热裂解法炭黑（FT）与中粒子热裂解法炭黑（MT）的区别

类别	英文简称	粒径范围/nm	氮吸附比表面积/($m^2 \cdot g^{-1}$)	所属类别
细粒子热裂解法炭黑	FT	100～200	11～20	N800 系列
中粒子热裂解法炭黑	MT	200～500	7～12	N900 系列

N900 系列炭黑，粒径为 200～500 nm，也称为中粒子热裂法炭黑，由天然气隔绝空气加热到 1 300℃时裂解生成，由大量的球形粒子、椭圆形粒子和少量熔接粒子组成，在橡胶用炭黑中粒径最大（平均粒径 280 nm），比表面积最小（7～12 m^2/g），结构最低，纯度高。其特点是可以大量填充，胶料加工性能好，硬度低、弹性高、生热低、变形小，耐屈挠、耐老化性能好，但拉伸强度低。广泛应用于需要良好分散、耐气透、耐热、耐油、耐化学介质和具有良好动态性能的制品中，适用于丁基内胎、减震制品、电缆及耐油、耐热制品。

天然气半补强炭黑，pH 值为 8.0～10.5，是除热裂法炭黑之外粒径最大（80～170 nm），结构最低的炭黑品种。其硫化胶伸长率高、生热低、弹性高、耐老化性能良好，多用于轮胎胎体的缓冲层和帘布层胶料以及胶管、电线电缆等压出制品，在胶料中可以大量填充，可代替热裂法炭黑使用。

混气炭黑，pH 值为 2.9～3.5，是以粗蒽油或蒽油、防腐油为原料，经熔化、汽化后和经预热的焦炉煤气（或发生炉煤气、天然气、煤层气）混合，然后进入和槽法炭黑生产相似的火房中燃烧、裂解，生成炭黑，部分炭黑从槽钢冷却面上收集，另一部分悬浮在烟气中用袋滤器收集，再经混合造粒制得。混气炭黑硫化胶的拉伸强度、伸长率稍低于天然气槽法炭黑，耐磨性与之相当，定伸应力略高。混气炭黑主要用于以天然橡胶和异戊橡胶为主的大型轮胎和越野轮胎胎面胶料，以及其他需要较高强伸性能的橡胶制品中，也可作为着色剂用于油墨、涂料和塑料中。

喷雾炭黑，pH 值为 8.0～10.0，是以页岩原油为原料，经喷嘴雾化后，供以适量的空气，在特制的反应炉内，于一定的高温下燃烧、裂解制得。喷雾炭黑具有粒子大、结构极高、填充胶料强度中等和永久变形很小的特点，特别适用于橡胶密封制品。

不同胶种通常选用的炭黑品种见表 1.5.2-5。

表 1.5.2-5　胶种与炭黑品种的选用

胶种	SAF	ISAF	HAF	槽黑	FEF	SRF	GPF	热裂法炭黑	FF	HMF
天然橡胶	△	△	△	△	△	△	△	△	△	△
丁苯橡胶	△	△	△	△	△	△	△	△	△	△
丁基橡胶				△	△	△	△			
氯丁橡胶				△	△	△	△	△		
丁腈橡胶				△	△	△	△	△		
丙烯酸酯橡胶					△	△	△			
氯磺化聚乙烯				△	△	△				
顺丁橡胶		△	△	△	△	△				
异戊橡胶		△	△	△	△	△				
聚醚橡胶					△					
乙丙橡胶	△	△	△	△	△	△	△			
聚氨酯橡胶			△			△				
氟橡胶			△	△				△		

注：△为通常选用。

细粒子炭黑能够提高胶料的强伸性能和耐磨性；槽法炭黑的胶料有较好的拉伸强度、伸长率、耐撕裂性和耐磨性，而定伸应力、弹性和老化性能较差；高耐磨炭黑的胶料定伸应力、老化性能和弹性较优；软质炭黑使得胶料具有较好的弹性。橡胶制品物化性能、加工性能与炭黑品种选用的一般关系如图 1.5.2-26 所示。

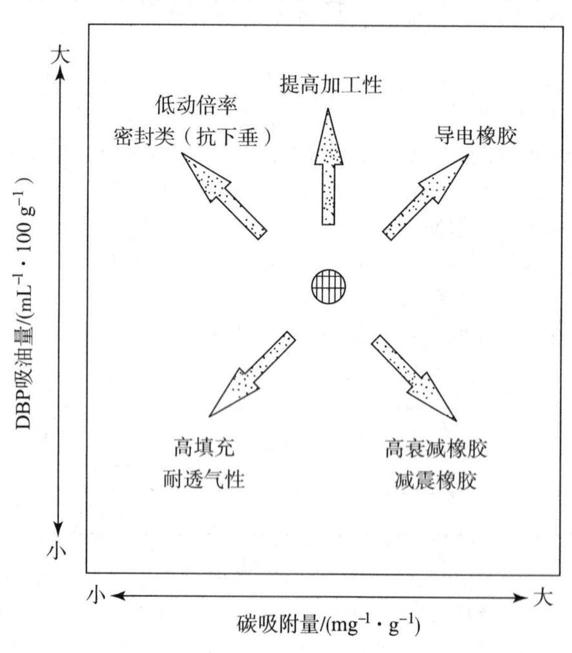

图 1.5.2-26　橡胶制品物化性能、加工性能与炭黑品种选用的一般关系

2.3　新工艺炭黑

炭黑的补强性不仅使它得到广泛的应用，而且也促进了汽车工业的发展。第二次世界大战前槽黑占统治地位；20 世纪 50

年代后用炉黑代替槽黑、灯烟炭黑，满足了轮胎工业发展的要求；20 世纪 70 年代在炉黑生产工艺基础上进行改进，又出现了新工艺炭黑。

新工艺炭黑的主要特点是在比表面积和传统炭黑相同的条件下，耐磨性提高了 5%～20%，进一步满足了子午线轮胎生产的要求。新工艺炭黑主要包括低滞后炭黑、反向炭黑、低吸碘值高耐磨炭黑、CRX™1436 炭黑和炭黑/白炭黑双相填料、欧励隆工程炭公司的“转化炭黑”等。

2.3.1　低滞后炭黑

低滞后炭黑的特征是聚集体粒径分布相对较宽，结构较高，着色强度较低，主要品种有美国 Sid Richardson 公司生产的胎面用炭黑（SR129）和非胎面用炭黑品种（SR401），大陆炭公司生产的 LH10、LH20、LH30 等品种，以及中橡集团炭黑工业研究设计院的 DZ－11、DZ－13、DZ－14。低滞后炭黑补强的橡胶胶料，其特点是拉伸性和耐磨性能相当于 N110、N220、N330 的水平，定伸应力和弹性较高，滞后和生热较低，混合比较容易，具有良好加工性能。

部分高性能低滞后新工艺炭黑如 N134、N358 等已列入 GB 3778 与 ASTM D1765 中。低滞后炭黑与常规炭黑的比较见表 1.5.2－6、图 1.5.2－27、图 1.5.2－28。

表 1.5.2－6　低滞后炭黑与常规炭黑的比较

项目	SR129	N121	N234	SR401	N330	N550
吸碘值/($g \cdot kg^{-1}$)	117	121	120	58	82	43
吸油值/($cm^3 \cdot g^{-1}$)	1.40	1.32	1.25	1.70	1.02	1.21
氮吸附/($m^2 \cdot g^{-1}$)	112	122	119	62	78	40

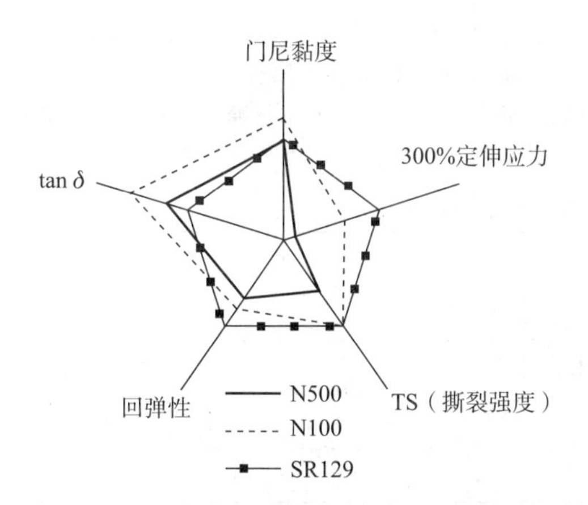

图 1.5.2－27　低滞后炭黑 SR129 与常规炭黑的比较

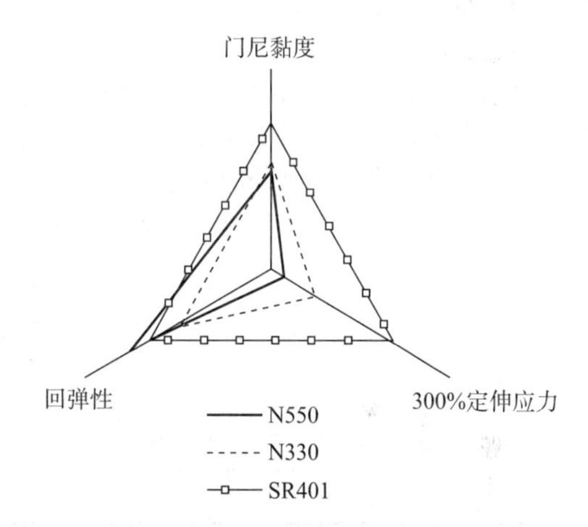

图1.5.2－28　低滞后炭黑 SR401 与常规炭黑的比较

2.3.2　反向炭黑

填充胶料的耐磨性主要取决于聚合物-填料的相互作用，这种相互作用与填料的特性，特别是表面活性、形态以及填料在聚合物中的分散有关。普通炭黑的耐磨性能和滞后损失存在着折中平衡，一方面，高表面积的炭黑在填料和聚合物之间的界面积大，与橡胶基体的相互作用强；另一方面，高表面积炭黑由于聚集体之间平均距离短、引力大，因此无论在宏观上还是在微观上的分散都差，更容易形成填料网络，增大滞后损失。

反向炭黑也称为纳米结构炭黑或转化炭黑。反向炭黑与其物理化学性能相近的传统 ASTM 炭黑相比，其着色强度较低，聚集体尺寸分布较宽，具有更高的表面粗糙度和更大的表面活性。其构成炭黑原生粒子的石墨微晶高度无序化且具有大量的棱边，使其成为具有特别高表面能的活性场，使炭黑与聚合物之间产生很强的机械/物理化学作用。由于反向炭黑的 DBP 值较低，所以硫化胶的 300%定伸应力稍低。反向炭黑在 SBR/BR 胶料中具有以下特点：①滚动阻力下降了几个百分点；②耐磨性提高了几个百分点；③抗湿滑性能保持不变。主要品种有德国德固赛公司生产的 Ecorax、美国卡博特公司生产的 Ecoblack 等。

CRX™1436 炭黑由美国卡博特公司开发的 Ecoblack 系列中的一个牌号，是一种具有优化形态的炭黑，与普通炭黑相比具有比表面积小、结构较高且聚集体尺寸分布较宽的特点。CRX™1436 炭黑因其表面积较小使填料聚集体的平均距离增大，填料网络化程度较低，因而具有较低的滞后损失，在相同填充量下 CRX™1436 的滞后损失比大表面积炭黑 N134 损失低约 15%。而其耐磨性方面的缺点由其高结构得到补偿，由于聚合物在炭黑聚集体中的吸附作用使高结构炭黑的有效容积较大，聚合物-填料相互作用也较强，在使用填充量范围内随着炭黑用量的增大，耐磨性能得到进一步改善，在苛刻磨耗条件下尤为符合实际情况。因此，CRX™1436 可以改善载重轮胎滚动阻力与耐磨性能的平衡。

图 1.5.2－29 为用 Grosch 磨耗和摩擦试验机（GAFT）测试的填充炭黑、白炭黑和 Ecoblack 的胎面胶在不同负荷下的抗湿滑性能。

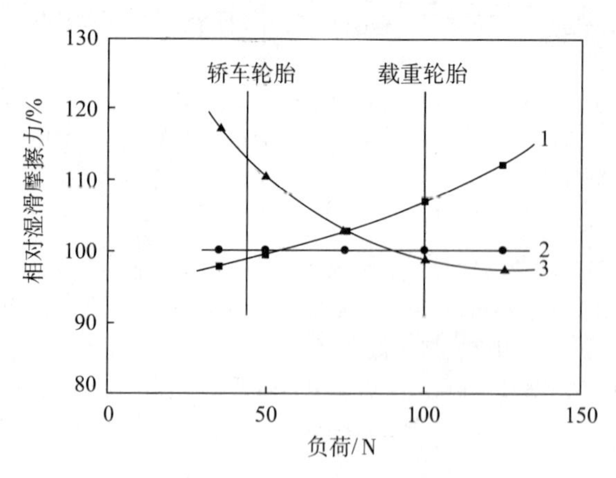

图 1.5.2-29　GAFT 测量的加入不同填料胶料的抗湿滑性能与负荷的关系（条件：温度 3℃，速度 1.44 km/h，偏离角 25°，以光滑的磨砂玻璃作摩擦衬底）

1—Ecoblack 炭黑 CRX2000；2—炭黑；3—白炭黑

在以界面润滑相对为主的载重轮胎对应的高负荷下，炭黑的湿滑摩擦因素与白炭黑类似，而 Ecoblack 要好得多，这可能是由于其动态性能与流体动力学润滑之间有较好的平衡。在以微观弹性-流体动力学润滑起主导作用的轿车轮胎对应的负荷下，白炭黑明显优于炭黑和 Ecoblack。

2.3.3　低吸碘值高耐磨炭黑

低吸碘值高耐磨炭黑最先由印度 Hi - Tech Carbon 公司开发。其目的是使之具有比软质炭黑 N660 小但是又比 N330 大的粒径，与通常用于轮胎胎体的 N660 炭黑相比，其补强性能较为适中。低吸碘值高耐磨炭黑补强的胶料具有以下特点：①焦烧安全性得到加强，有助于提高生产效率；②定伸应力更高，抗屈挠疲劳性能更好，但生热略有升高；③黏着性能更好，老化后的应力-应变性能保持率提高。低吸碘值高耐磨炭黑与常规炭黑的比较见表 1.5.2-7。

表 1.5.2-7　低吸碘值高耐磨炭黑与常规炭黑的比较

项目	低吸碘值高耐磨炭黑	N330	N660
吸碘值/($g \cdot kg^{-1}$)	58～76	82	36
吸油值/($cm^3 \cdot g^{-1}$)	1.02	1.02	0.90
氮吸附/($m^2 \cdot g^{-1}$)	70～77	82	36
CTAB 表面积/($m^2 \cdot g^{-1}$)	62～70	78	35

2.3.4　炭黑/白炭黑双相填料

炭黑/白炭黑双相填料即 CSDPF，在炭黑生成阶段，以少量白炭黑对炭黑进行表面改性，采用共烟化工艺生产，是美国卡博特公司专门为轮胎研发的补强填充材料。炭黑/白炭黑双相填料有 CRX2124 和 CRX4210 两种牌号，其中 CRX2124 中白炭黑微区精细地分散于填料的附聚体中，CRX4210 中的白炭黑在附聚体表面从而具有较高的白炭黑覆盖率。CRX2124 适用于载重轮胎胎面胶，在大幅度降低滚动阻力的同时保持耐磨性；CRX4210 专为轿车轮胎设计，主要用于改善抗湿滑性能。

两种 CSDPF 的共同特点是具有混杂表面后，填料-填料相互作用弱，而聚合物-填料相互作用强，填料的微观分散得到显著改善。CSDPF 中的白炭黑微区对耐磨性能的负面影响部分地被炭黑微区的高表面活性所抵消，用磨耗试验机在 7%滑动率下测得的填充 CRX2124 胶料的磨耗指数仅比对应的炭黑低 13%；CRX4210 因填料附聚体上的白炭黑的覆盖率要大得多，需要加入较多的偶联剂来屏蔽白炭黑表面的反应性硅醇基团。尽管 CRX2124、CRX4210 胶料的耐磨性不能达到炭黑胶料的水平，但显著优于添加了高剂量偶联剂的白炭黑胶料。见表 1.5.2-8、表 1.5.2-9。

表 1.5.2-8　沉淀法白炭黑、CSDFP 与炭黑的比较

项目	沉淀法白炭黑	CSPDF	炭黑
w（硅）/%	47	4～10	—
w（碳）/%	—	80～90	96～99
表面积/($m^2 \cdot g^{-1}$)	130～170	120～170	120～150
吸碘值/($g \cdot kg^{-1}$)		60～120	120～140
吸油值/($cm^3 \cdot g^{-1}$)		1.10～1.60	1.00～1.25

表 1.5.2-9 SBR/BR 乘用车轮胎胎面配方中使用 CSPDF 与炭黑（相同用量）的比较

测试温度/℃	tanδ	
	炭黑	CSPDF
-30	以炭黑配方各相关测试值为 100	127
0		93
20		80
70		60

此外，欧励隆工程炭公司（即原德国德固赛公司）也开发出新一代低滚动阻力炭黑，称之为“转化炭黑”。牌号有EB118、EB122、EB111 和 EB123。特点是：物理化学性能与常规炭黑相似，但着色强度低，聚集体大小分布宽，这样不仅可以减小滚动阻力，而且不会改变其耐磨性和对湿路面的抗滑性。

近年来，在炭黑生成期间或者生成之后进行表面改性，以获得独特性能的研究还包括：(1) 将马来酸酐接枝于炭黑表面，以提高天然橡胶胶料对聚酰胺帘布的黏着力。(2) 通过甲基苯胺的原位干法或者湿法聚合对炭黑进行改性。(3) 通过苯胺的原位湿法聚合对炭黑进行改性。(4) 通过醌、醌亚胺或二醌亚胺对炭黑进行改性。(5) 通过氨丙基三乙氧基硅烷和甲酰胺对炭黑进行改性。(6) 在有丁二烯、乙炔或丙烯酸存在的情况下进行射频等离子体处理。(7) 卡博特公司采用二硫化-(4-氨基苯酚)(APDS，一类来自分解取代的芳族胺或脂族胺衍生的重氮化合物）改性炭黑，取代芳环或芳链附着在炭黑表面上，可使炭黑表面能的弥散分量急剧减小，使炭黑附聚的驱动力下降，从而获得更好的微观分散结果；另一方面，胶料受热时，硫化基团能与橡胶分子反应，使得硫化过程中能产生橡胶和炭黑间的偶联反应，从而增强橡胶-炭黑相互作用。[13]

2.4 乙炔炭黑

GB/T 3782—2016《乙炔炭黑》参考 JIS K1469—2003《乙炔炭黑》(非等效）制定。

乙炔炭黑是由乙炔气制成的一种热裂解炭黑。GB/T 3782—2016《乙炔炭黑》将乙炔炭黑分为：①粉状品；②50%压缩品（将粉状乙炔炭黑压缩，使它的视比容达到粉状时的二分之一左右)；③75%压缩品（将粉状乙炔炭黑压缩，使它的视比容达到粉状时的四分之一左右)；④100%压缩（将粉状乙炔炭黑压缩，使它的视比容达到粉状时的五分之一左右)。

各等级乙炔炭黑技术指标见表 1.5.2-10。

表 1.5.2-10 各等级乙炔炭黑技术指标

项目	粉状	50%压缩品		75%压缩品	100%压缩品	试验方法
	合格品	优等品	合格品	合格品	合格品	
视比容/($cm^3 \cdot g^{-1}$)	30～50	14～17	13～17	9～12	6～9	GB/T 3781.6
吸碘值/($g \cdot kg^{-1}$)	≥80	≥90	≥80	≥80	≥80	GB/T 3780.1
盐酸吸液量（≥)/($cm^3 \cdot g^{-1}$)	3.9	3.9	3.7	2.9	—	GB/T 3781.8
电阻率（≤)/(Ω·m)	3.0	2.5	3.5	5.5	—	GB/T 3781.9
粉体电阻率（≤)/(Ω·cm)	—	—	—	—	0.25	GB/T 3782
pH 值	6.8～10	6～810	6～810	6～810	10	GB/T 3780.7
加热减量（≤)/%	0.4	0.3	0.4	0.4	0.4	GB/T 3780.8
灰分（≤)/%	0.3	0.2	0.3	0.3	0.3	GB/T 3780.10
粗粒分（≤)/%	0.03	0.02	0.03	0.03	0.03	GB/T 3781.5
杂质	无	无	无	无	无	GB/T 3780.12

注：产品用于无线电元件时才考核 pH 值，“—”为不考核技术指标。

乙炔炭黑的供应商有：焦作市和兴化学工业有限公司等。

2.5 其他碳元素橡胶用补强填充剂

2.5.1 石墨粉

由天然石墨或人造石墨经粉碎加工制得，是炭的片状结晶物，相对密度为 1.9～2.3 g/cm³，粒径为 1～38 μm（325～12 500 目)，能传热、导电、耐高温，用作橡胶填充剂能改善胶料的加工性能和动态力学性能，显著提高阻尼性能。

2.5.2 碳纳米管

碳纳米管，又名巴基管，是一种具有特殊结构（径向尺寸为纳米量级，轴向尺寸为微米量级，管子两端基本上都封口）的一维量子材料。如图 1.5.2-30 所示，碳纳米管主要由呈六边形排列的碳原子构成数层到数十层的同轴圆管。层与层之间保持固定的距离，约 0.34 nm，直径一般为 2～20 nm，长度一般在微米量级，长径比可达 1 000 以上，因此碳纳米管是典型的一维纳米材料。碳纳米管根据碳六边形沿轴向的不同取向可以将其分成锯齿型、扶手椅型和螺旋型三种。其中螺旋型的碳纳米管具有手性，而锯齿型和扶手椅型碳纳米管没有手性。

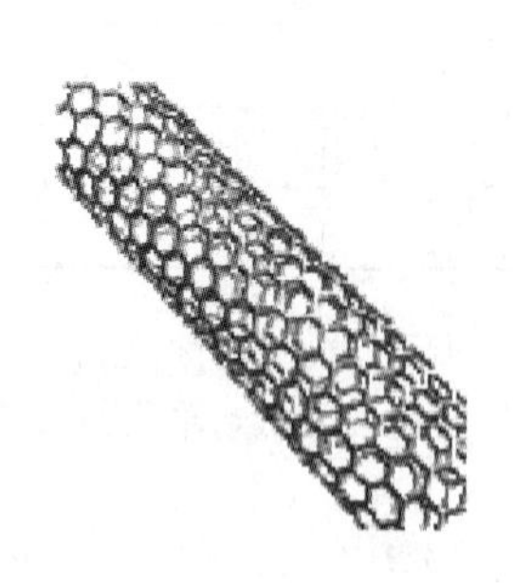

单壁碳纳米管

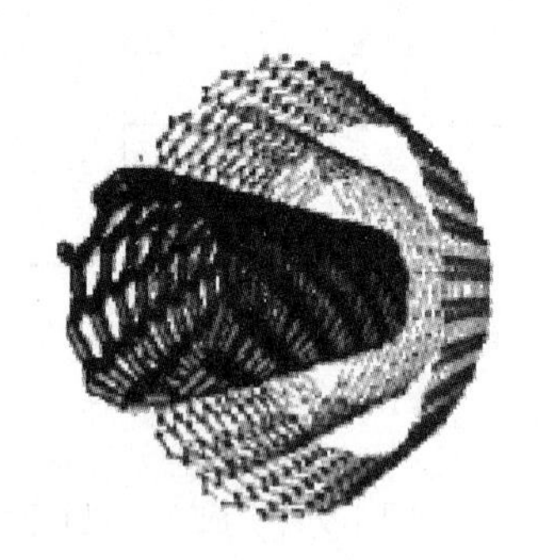

多壁碳纳米管

图 1.5.2-30　碳纳米管

碳纳米管的模量达 1 TPa，拉伸强度为 10～60 GPa；电导率为 10^6 S/m，可通过高电流密度；热导率大于 3 000 W/(m·K)，具有良好的传热性能。

碳纳米管的比表面积要比炭黑和白炭黑大，典型的碳纳米管比表面积和吸油值见表 1.5.2-11。

表 1.5.2-11　碳纳米管比表面积和吸油值与白炭黑、炭黑的比较

	白炭黑 1 165 MP	炭黑 N234	碳纳米管 CNT/GT300
比表面积/($m^2 \cdot g^{-1}$)	165	119	289
吸油值/[$cm^3 \cdot (100\ g)^{-1}$]	170	125	462

有文献报道，在天然胶配方中，添加 1 份碳纳米管可提高拉伸强度 1 MPa；添加 1.5 份碳纳米管可降低阿克隆磨耗指数 25%；添加 1.6 份碳纳米管可提高撕裂强度 21%。在 SBR/BR 并用配方中，添加 1 份碳纳米管可提高拉伸强度 2 MPa；添加 1.5 份碳纳米管可降低阿克隆磨耗指数 20%；添加 3 份碳纳米管硫化胶电阻率可降低 5 个数量级。在 EPDM 中添加 3 份碳纳米管硫化时间缩短 17%，拉伸强度提高 9.5%，撕裂强度提高 17%，硬度提高幅度为 11%。

碳纳米管应用于橡胶制品，可提高胶辊的使用寿命，改进雨刮器的耐磨性，提高输送带覆盖层胶的寿命。

2.5.3　石墨烯

石墨烯 2004 年由英国物理学家安德烈·海姆和康斯坦丁·诺沃肖洛夫共同发现，是一种由碳原子以 sp2 杂化轨道组成六角型呈蜂巢晶格的平面薄膜，只有一个碳原子厚度的二维材料，是自然界最薄却也是最坚硬的纳米材料，是已知强度最高的物质，比钻石还坚硬，强度比世界上最好的钢铁还要高出 10 倍以上，而密度只有钢材的六分之一。

石墨烯厚度仅为 0.335 nm，拉伸强度高达 130 GPa，高于碳纳米管（60 GPa）；石墨烯具有高导电性，其电阻率仅 10^{-6} Ω·cm，常温下其电子迁移率超过 15 000 cm^2/(V·s)；单层石墨烯的导热系数高达 5 300 W/(m·K)，高于碳纳米管 [3 000～3 500 W/(m·K)]，更高于金刚石 [1 000～2 200 W/(m·K)]。此外，石墨烯的比表面积理论值高达 2 630 m^2/g，单层石墨烯具有高透光度，具有良好的化学稳定性，其堆积密度只有 0.08 g/cm^3，滚珠效应明显。

石墨烯具有很大的比表面积，如果能在橡胶中达到分子级分散，可与聚合物形成较强的界面作用，从而显著改善界面载荷传递，达到较好的增强效果。石墨烯表面含有羟基、羧基等官能团，与极性聚合物具有较好的相容性。

有文献报道，在 EPDM 中添加 0.8 份石墨烯，硫化时间缩短 27%，拉伸强度提高 30%，撕裂强度提高 9%，175℃×72 h 老化后邵尔 A 硬度变化从 4 度降低到 2 度，150℃×72 h 压缩 25%B 型试样压缩永久变形从 26%减小到 21.9%。在 HNBR 中添加 0.8 份石墨烯，硫化时间缩短 30%，拉伸强度提高 15%，150℃×168 h 老化后邵尔 A 硬度变化从 6 度降低到 4 度，150℃×72 h 压缩 25%A 型试样压缩永久变形从 19%减小到 15%。

石墨烯具有超强的导热性，可提高胶料的硫化速率、缩短硫化时间；石墨烯的分子滚珠效应，可提高胶料的流动性，明显改善模压制品的撕边效果；石墨烯稳定的单层碳大苯环晶格分子结构，具有极强的自由基捕捉能力，有利于提高胶料的抗辐射能力，可当特殊防老剂使用。此外，石墨烯具有强大的电子输送结构，可赋予胶料极好的导电性（可达光速的 1/300）；应用于橡胶减振材料中，可起到改善产品动态性能和提高使用寿命的作用。

工业和信息化部编制的《重点新材料首批次应用示范指导目录（2017 年版）》中的石墨烯薄膜，要求可见光区平均透过率优于 85%，面电阻值<10 Ω，面电阻稳定且分布均匀，具有弯曲性能，在 ITO 膜失效的情况下，可以承受超过 10 000 次的循环弯曲实验，以满足微电子、新能源领域的应用要求；石墨烯改性防腐涂料，要求附着力 1 级，耐盐雾≥2 500 小时，耐盐水≥2 000 小时，耐水≥2 000 小时，以满足电力装备、海工、石化等领域的应用要求；石墨烯导电发热纤维及石墨烯发热织物，要求纤维性能包括电阻率<1 000 Ω·cm、断裂强度>3 cN/tex、干摩擦色牢度>3、熔点>250℃，织物性能包括电热辐射转换效率>68%、表面温度不均匀度<±5℃，以满足电子信息、汽车等领域的要求；石墨烯导静电轮胎，

要求导电率达 5～10 S/m，其中普通轿车轮胎胎面复合石墨烯后，抗撕裂强度提升 50%、模量提升 50%以上，湿地刹车距离缩短 1.82 m、滚阻降低 6%、使用里程增加 1.5 倍以上。

石墨烯的供应商有：宁波墨西科技有限公司、常州第六元素材料科技股份有限公司、美国 XG Sciences、美国 Angstron Material 等。

2.6　炭黑的技术标准与工程应用

2.6.1　炭黑的检验配方

GB/T 3780.18—2007《炭黑第 18 部分：在天然橡胶（NR）中的鉴定方法》修改采用 ASTM D 3192：2005《炭黑在天然橡胶中的鉴定方法》，适用于鉴定各种类型的橡胶用炭黑；GB/T 9579—2006《橡胶配合剂　炭黑　在丁苯橡胶中的鉴定方法》修改采用 ISO 3257—1992《橡胶配合剂 炭黑 在丁苯橡胶中的鉴定方法》，适用于炭黑在丁苯橡胶中物理机械性能的鉴定；GB/T 15339—2008《橡胶配合剂　炭黑　在丁腈橡胶中的鉴定方法》修改采用 ASTM D3187—2006《橡胶的试验方法 NBR（丙烯腈丁二烯橡胶）的评定》，适用于各种类型的橡胶用炭黑在丁腈橡胶中的鉴定。

炭黑的检验配方见表 1.5.2－12。

表 1.5.2－12　炭黑的检验配方[1]

在天然橡胶（NR）中的鉴定方法		在丁苯橡胶中的鉴定方法		在丁腈橡胶中的鉴定方法	
材料[a]	质量分数	材料	质量分数	材料	质量分数
1 号烟片（GB 8089）	100	SBR1500[a]（一级）	100	丁腈橡胶（NBR 2707）	100
氧化锌［X1（GB/T 3494）］	5.00	氧化锌（一级）	3.00	氧化锌（GB/T 3185 一级）	3.00
硬脂酸［2000 型（GB 9103）］	3.00	硬脂酸（一级）	1.00	硬脂酸（GB 9103 一级）	1.00
促进剂 MBTS（DM）优级品（GB 11408）	0.60	促进剂 TBBS（NS）[c]（一级）	1.00	促进剂 TBBS（HG/T 2744 一级）[a]	0.70
硫黄优等品（GB 2449）	2.50	硫黄（一级）	1.75	硫黄（GB/T 2449 一级）	1.50
炭黑[b]	50	炭黑（N700 系列除外）[b]	50	炭黑	40
批次因子： 试验方法 A—开炼机　3.00 试验方法 B—密炼机　6.00 试验方法 C—微型密炼机　0.40		a. 门尼黏度［50ML（1+4）100℃］按 GB/T 1232.1 测量，作为标准检验用材料的门尼值的绝对值范围应在 48～52 之间，测量精度限定在±1 个门尼单位，黏度最好是在 50～51 门尼。 b. 如果使用 N700 系列炭黑，质量分数采用 80 份，总量变为 186.75。 c. N-叔丁基-2-苯并噻唑次磺酰胺，该试验应使用粉料，其最初的醚或乙醇不溶解物含量应低于 0.3%（质量分数）。该试剂应在室温下密封保存。每 6 个月应对其中的醚或乙醇不溶解物含量进行检查，如果发现超出了 0.73%（质量分数），该试剂应废弃或重结晶		批量因子： 开炼机[b]　3.00 密炼机（Cam head）[c]　0.50 密炼机（Banbury head）[c]　0.43	
a. 炭黑和橡胶的称量准确至 1 g，硫黄和促进剂的称量准确至 0.02 g，氧化锌和硬脂酸称量准确至 0.1 g。 b. 鉴定 N800 系列和 N900 系列炭黑时，炭黑重量分为 75.00				a. N-叔丁基-2-苯并噻唑次磺酰胺。 b. 用开炼机和实验室大密炼机称量时，橡胶和炭黑的称量准确至 1.0 g，硫黄和促进剂的称量准确至 0.02 g，其他配合剂的称量准确至 0.1 g。 c. 使用微型密炼机时，橡胶和材料混合后称量准确至 0.1 g。如采用单独配料，则需称量准确至 0.001 g。采用微型密炼机时，推荐对除炭黑之外需进行混合的配料先进行预处理，以提高对这些材料的称量精度。混合时将需混合的材料按比例称量后倒入干粉混合器中，如双锥形搅拌器或 V 形搅拌器，也可用研钵会槌钵来混合	
硫化条件					
145±1℃×30 min（S 系列炭黑硫化时间为 50 min）		145±1℃×50 min		150±1℃×20 min、40 min、60 min	

注 1：详见 GB/T 3780.18—2007《炭黑第 18 部分：在天然橡胶（NR）中的鉴定方法》、GB/T 9579—2006《橡胶配合剂　炭黑　在丁苯橡胶中的鉴定方法》、GB/T 15339—2008《橡胶配合剂　炭黑　在丁腈橡胶中的鉴定方法》。

2.6.2　硫化试片制样程序

炭黑的硫化试片制样程序见表 1.5.2－13。

表 1.5.2－13　炭黑的硫化试片制样程序[1]

在天然橡胶（NR）中的鉴定方法

概述：混炼设备应符合 GB/T 6038 规定。

混炼程序	操作时间/min	累积时间/min
开炼机法——试验方法 A （1）混炼时两挡板间操作距离为（200±10）mm，辊筒温度控制在（70±5）℃。混炼时将开炼机辊距调至 0.8 mm，生胶不包辊破料 1 次。	0	0
（2）将开炼机辊距调至 1.4 mm，加入天然胶包于前辊，割刀两次，割刀宽度为辊筒的 3/4，从两端交替割刀 1 次为 1 刀，每刀间隔时间约 20 s。	2.0	2.0
（3）调辊距至 1.65 mm，加硬脂酸，割刀 1 次。	2.5	4.5
（4）加入硫黄、促进剂和氧化锌，割刀 2 次。	2.0	6.5
（5）加入全部炭黑，自由散落到料盘中，胶料表面无明显粉剂后割刀 2 次。再将辊距调至 1.9 mm，把散落在接料盘中的炭黑全部混入后，割刀 3 次。 注：混炼胶料上有明显粉剂时不准割刀，落到料盘中的粉料应保证全部被混入到胶料中。	7.5	14.0
（6）调辊距至 0.8 mm，将打卷胶料不包辊竖立通过辊隙 6 次。	2.0	16.0
（7）调辊距使胶料片厚度不小于 6 mm，将折叠的胶料片在辊隙间通过 4 次。	1.0	17.0
（8）步骤（1）～（7）操作时间为（17.0±0.5）min。 （9）复核胶料重量并记录，混炼后的胶料质量如果超出（480.9～485.7）g 范围，则此辊胶料作废。如果需要按试验方法 GB/T 9869 进行硫化特性测量，从混炼后的胶料中切出足够的胶料。 （10）调辊距按胶料片厚度约 2.2 mm 下片。 （11）将胶片放在平整、干燥、洁净的金属板上，在（23±3）℃条件下放置（1～24）h。相对湿度控制在（50±5）%，否则应将胶片存放在阴凉的密封容器中保存，以防吸潮		

在丁苯橡胶中的鉴定方法

概述：（1）配料、混炼和硫化的设备和操作程序按 GB/T 6038 规定。
（2）炭黑按 GB 3778 规定采样。
（3）炭黑在混炼前应置于（105±2）℃的烘箱中干燥 1 h。加热时盛装炭黑试样的敞口器皿尺寸应保证炭黑层厚度大于 10 mm。干燥后的炭黑试样置于一个密封的防潮容器中冷却至室温，直至试验时为止。
（4）标准试验室混炼批量以克计，其质量分数为标准配方的 4 倍（见表 1）。在整个混炼过程中辊距表面的温度应控制在（50±5）℃。
（5）在混炼过程中应调整好辊距，使辊筒间维持良好的堆积胶

混炼程序	操作时间/min	累积时间/min
（1）调辊距至 1.1 mm，加入丁苯橡胶包于前辊，每 30 s 从作 3/4 割刀，从辊筒两端交替进行，时间为 2 min。		
（2）慢慢地加入硫黄，并均匀地覆盖在橡胶上，时间为 2 min。		
（3）加入硬脂酸，两端交替作 1 次 3/4 割刀，时间为 2 min。		
（4）匀速地将炭黑加到包辊胶上，当混入约一半炭黑时，调辊距至 1.4 mm，作 3/4 割刀 1 次，再添加剩余的炭黑。当全部炭黑混入后，调辊距至 1.8 mm，两端交替作 1 次 3/4 割刀，落在接料盘中的炭黑应全部被加入，时间为 10 min。		
（5）在辊距为 1.8 mm 时，加氧化锌和促进剂 TBBS（NS），时间为 3 min。		
（6）两端交替作 3 次 3/4 割刀，时间为 3 min。		
（7）从辊筒上割下胶料，调辊距为 0.8 mm，将胶料打卷在辊隙间纵向不包辊通过 6 次，时间为 2 min。以上操作时间总计为 24 min。		
（8）调辊距使胶料片厚度约 6 mm 下片，并复核胶料质量。混炼后的胶料质量如果超出（623.86～630.14）g 范围，则此辊胶料作废。重新混炼，取足够量的胶料在摆动式圆盘硫化仪上进行测量。 注：不同添加量时以胶料总量的±0.5%为可损失量的上限。		
（9）调辊距使胶料片厚约 2.2 mm 下片，或按 GB/T 528—1998 中环状试样或其他试片厚度下片。		
（10）混炼后的胶片，硫化前在（23±2）℃停放 2～24 h。 注：混炼后的胶料应置于一块平整、干燥、洁净的金属板上冷却至室温。冷却后胶料应用铝箔或其他合适材料包好以防污染		

在丁腈橡胶中的鉴定方法

概述：（1）混炼、硫化设备与一般混炼程序与 GB/T 6038 一致。
（2）炭黑按 GB 3778 规定采样。
（3）炭黑在混炼前应置于（125±2）℃的烘箱中干燥 1 h。加热干燥时盛装炭黑试样的敞口器皿尺寸应保证炭黑层厚度不大于 10 mm。烘干后的炭黑试样应置于一个密闭防潮的容器中，冷却至室温

混炼程序	操作时间/min	累积时间/min
开炼机法——试验方法 A （1）调辊温至（50±5）℃，辊距为 0.8 mm，将丁腈胶不包辊破料 1 次。		
（2）调辊距为 1.4 mm，加丁腈橡胶使之包于前辊上。	2	2
（3）在包辊胶上缓慢、均匀地添加硬脂酸和氧化锌，然后再添加硫黄和促进剂，不割刀。	3	5
（4）从两端交替割刀 3 次，割刀宽度为辊筒的 3/4，从两端交替割刀 1 次为 1 刀，每刀间隔时间约 20 s。	2	7
（5）以均匀地速度添加一半炭黑。	5	12
（6）当这部分炭黑完全混入后，调辊距为 1.65 mm，割 3 刀。	2	14
（7）均匀的添加剩余的炭黑。	5	19
（8）当所有的炭黑混入后，割 3 刀。	2	21
（9）调辊距到 0.8 mm，将胶料打卷并竖立通过辊隙薄通 6 次。	3	24
（10）调辊距使胶料片厚度为 6 mm，胶料打叠滚压 4 次。 注：混炼胶料上有明显粉剂时不准割刀，落到料盘中的物料应保证全部被混入胶料中。	1	25
（11）复核胶料的质量并记录，若混炼后的胶料质量与理论值之差超过 0.5%，即超出（436.4～440.8）g 范围，则此辊胶料作废。 （12）调节辊距，使胶料下片厚度约为 2.2 mm，按 GB/T 6038 规定停放		

续表

在天然橡胶（NR）中的鉴定方法			在丁苯橡胶中的鉴定方法	在丁腈橡胶中的鉴定方法		
密炼机法——试验方法 B （1）调整密炼机温度，使（8）出料时的温度在 110～125℃。关闭出料口，启动电机，提起上顶栓，加入所需的材料，在完成每次操作后放下上顶栓。 （2）加入橡胶。 （3）加入促进剂 MBTS（DM）。 （4）加入硬脂酸。 （5）加入氧化锌和一半炭黑。 （6）加入余下炭黑。 （7）加入硫黄，清理密炼机进料口和上顶栓顶部。 （8）在第 7 min 时出料。 小计 （9）将开炼机辊距调至 0.8 mm，并维持温度为 70±5℃，将密炼后胶料不包辊薄通 6 次。 （10）调整开炼机辊距为 6 mm 以上，将折叠胶料片在辊隙间通过 4 次。 合计 （11）复核胶料重量并记录，如果胶料的质量超出 961.8～971.4g，废弃该胶料重新混炼。如果需要，从保留的胶料中切出足够的胶料，并根据试验方法 GB/T 9869 进行硫化特性测量。 （12）启动开炼机，按 2.2 mm 厚度下片。 （13）将胶片放在平整、干燥的金属板上，在（23±3）℃条件下放置 1～24h。相对湿度控制在 50±5%，否则应将胶片贮存在阴凉的密封容器中保存，以防吸潮	0 0.5 0.5 1.0 1.5 1.5 1.0 1.0 2.0 1.0	0 0.5 1.0 2.0 3.5 5.0 6.0 7.0 7.0 9.0 10.0 10.0		微型密炼机法——试验方法 B （1）微型密炼机的混炼程序见使用设备的说明书。 （2）微型密炼机混炼的起始温度控制在（60±3）℃，转速控制在（60～63）r/min。 （3）密炼前将橡胶在（50±5）℃的开炼机上薄通 1 次，下片厚度约为 5 mm，胶料切成约 25 mm 宽的胶条。 （4）用橡胶条填充密炼室，放下上顶栓，开始计时。 （5）塑炼橡胶。 （6）提起上顶栓，仔细加入全部已预混好的氧化锌、硫黄、硬脂酸和 TBBS，再加入炭黑，清理干净加料口，放下上顶栓。 （7）开始密炼。如有需要立即提起上顶栓，将物料扫进混炼室。 （8）关闭电机，提起上顶栓，打开混炼室，卸料。如有需要，立即记录胶料的最高温度。 （9）将胶料用温度（50±5）℃，辊距为 0.5 mm 的开炼机薄通 1 次，再用 3 mm 辊距过两次。为获得良好分散，则需对胶料用辊距为 0.8 mm，温度为（50±5）℃的开炼机薄通 6 次。 （10）复核胶料质量并记录，若混炼后胶料质量与理论值之差超过 0.5%，放弃此胶料。 （11）如需进行强伸性能测试，胶料按约 2.2 mm 下片，按 GB/T 6038 规定停放	0 1.0 1.0 7.0	0 1.0 2.0 9.0
微型密炼机法——试验方法 C （1）母胶准备（开炼机混合），（批次因子 4.00）将开炼机辊距调整为 1.4 mm，并将辊温调整、保持在（70±5）℃。 （2）加入橡胶并包在前辊上，每边作 2 次 3/4 割刀。 （3）调整辊距为 1.65 mm，加入硬脂酸，每边作 1 次 3/4 割刀。 （4）加入硫黄、促进剂和氧化锌，每边作 2 次 3/4 割刀。 （5）将辊距调至 0.8 mm，母胶打卷后竖直立通过辊筒 6 次。	0 2.0 2.5 2.0 2.0	0 2.0 4.5 6.5 8.5		密炼机法——试验方法 C 初混 （1）按（5）的要求设定密炼机的卸料温度，关闭卸料门，将转子的转速调整为 77 r/min，提起上顶栓。 （2）加入一半橡胶和全部氧化锌、炭黑和硬脂酸。再加入另一半橡胶，放下上顶栓密炼。 （3）密炼胶料。 （4）提起上顶栓，清扫密炼机进料口和上顶栓。再压下上顶栓。 （5）密炼温度达到 170℃时，或密炼时间达到 6 min 时，都应立即卸料。		

续表

在天然橡胶（NR）中的鉴定方法			在丁苯橡胶中的鉴定方法	在丁腈橡胶中的鉴定方法		
（6）复核母胶质量并记录，如果母胶质量超出 442.2～446.6g，废弃该母胶重新混炼。	0.5	9.0				
（7）把开炼机辊距调为 1.5 mm，将母胶压成片状出片。	1.0	10.0				
合计		10.0				
（8）在（23±3）℃条件下将母胶放置在平整、干燥的金属板上冷却，相对湿度控制在（50±5）%，否则要将冷却后的母胶储存在阴凉的密封容器中保存，以防吸潮。				（6）复核胶料质量并记录，若混炼后胶料质量与理论值之差超过 0.5%，放弃此胶料。		
注：这部分母胶要在 6 周内使用，否则要废弃重新准备。						
（9）加炭黑（微型密炼机混合）：混合时，微型密炼机起始温度控制在（60±3）℃，空转时的电机转速为（60～63）r/min。				（7）立即将密炼后胶料通过温度（40±5）℃，辊距为 6.0 mm 的标准实验室开炼机 3 次。		
（10）从（1）准备的母胶中割下质量为 44.44 g，宽约 20 mm 的胶条。				（8）将胶料停放 1～24 h。 终混		
（11）称取出 20.00 g 炭黑样品。				（9）将密炼机的温度调整到（40±5）℃，关闭通入转子的蒸汽，全量开启转子的冷却水，以 77 r/min 的速度启动转子，提起上顶栓。		
（12）将母胶胶条填充到密炼室内，并开始计时。	0			（10）加入 1/2 胶料和已混合的全部硫黄、促进剂，再加入余下的胶料，放下上顶栓。		
（13）密炼母胶胶条。	0.5	0				
（14）加入炭黑，用上顶栓将所有样品加入密炼室中，清理加料口，放下上顶栓。	1.0	0.5 1.5		（11）当密炼胶料温度达到（110±5）℃，或总时间为 3 min 时，立即卸料。		
（15）密炼。	1.5	3.0				
合计		3.0		（12）立即将密炼后胶料通过温度（40±5）℃，辊距为 0.8 mm 的标准实验室开炼机薄通 6 次。		
（16）关闭电机，提起上顶栓，从密炼室卸料。如果需要，记录胶料温度。				（13）调整辊距到 6 mm 以上，沿同一方向不包辊通过辊筒 4 次。		
（17）在室温下将开炼机辊距调为 0.8 mm，将胶料折叠通过开炼机 5 次以上，并保持每次的压延方向一致。				（14）复核胶料质量并记录，若混炼后胶料质量与理论值之差超过 0.5%，放弃此胶料。		
（18）复核胶料质量并记录，如果胶料质量超出 64.12～64.76g，舍弃该胶料。				（15）如需进行强伸性能测试，胶料按约 2.2mm 下片，按 GB/T 6038 规定停放		
（19）若需进行应力应变试验，胶料下片厚度控制在 2.2 mm。						
（20）若需按 GB/T 9869 试验方法进行硫化特性试验，胶料下片厚度至少控制在 6 mm。						
（21）将胶片放在平整、干燥的金属板上，在（23±3）℃条件下放置 1～24h，相对湿度控制在（50±5）%，否则应将胶片冷却后储存在阴凉的密封容器中保存，以防吸潮						

注 1：详见 GB/T 3780.18—2007《炭黑第 18 部分：在天然橡胶（NR）中的鉴定方法》、GB/T 9579—2006《橡胶配合剂　炭黑　在丁苯橡胶中的鉴定方法》、GB/T 15339—2008《橡胶配合剂　炭黑　在丁腈橡胶中的鉴定方法》。

2.6.3　国产炭黑的技术指标

所有产品的 500 μm 筛余物应≤10 mg/kg；所有产品的 45 μm 筛余物应≤1 000 mg/kg；混气炭黑的灰分的质量分数应≤0.2%，干法造粒炭黑的灰分的质量分数应≤0.5%，湿法造粒炭黑的灰分的质量分数应≤0.7%。

散装湿法造粒炭黑的细粉含量（w）宜≤7%，袋装湿法造粒炭黑的细粉含量（w）宜≤10%。

国产炭黑的典型指标见表 1.5.2-14，详见 GB/T 3778—2011。

表 1.5.2-14　国产炭黑的典型指标

中文名称	ASTM名称	英文缩写	粒径范围/mm	吸碘值/(g·kg⁻¹)	DBP吸收值/(10^{-5} m³·kg⁻¹)	压缩样吸油值/(10^{-5} m³·kg⁻¹)	着色强度/%	比表面积(CTAB)/(10^3m²·kg⁻¹)	外表面积/(10^3m²·kg⁻¹)	总表面积/(10^3m²·kg⁻¹)	加热减量(≤)/%	倾注密度/(kg·cm⁻³)	300%定伸应力差值[a]/MPa
超耐磨炉黑	N110	SAF	11-19	145±8	113±6	91～103	115～131	112～128	107～123	120～134	3.0	345±40	-3.1±1.5
	N115			160±8	113±6	91～103	115～131	121～137	116～132	129～145	3.0	345±40	-3.0±1.5
	N120			122±7	114±6	93～105	121～137	110～126	105～120	119～133	3.0	345±40	-0.3±1.5
新工艺高结构超耐磨炉黑	N121	SAF-HS-NT		121±7	132±7	105～117	111～127	111～127	107～121	115～129	3.0	320±40	0.0±1.5
	N125			117±7	104±6	83～95	117～133	118～134	113～129	115～129	3.0	370±40	-2.5±1.5
新工艺高结构低滞后超耐磨炉黑	N134			142±8	127±7	97～109	123～139	134～150	128～146	135～151	3.0	320±40	-1.4±1.5
	N135			151±8	135±8	110～124	111～127	119～135	—	133～149	3.0	320±40	-0.3±1.5
代槽炉黑（中超耐磨炉黑型）	S212	ISAF-LS-SC	20-25	—	85±6	76～88	107～123	103～119	100～114	113～127	3.0	415±40	-6.3±1.5
	N219			118±7	78±6	69～81	115～131	100～114	—	109～123	2.5	440±40	-3.5±1.5
中超耐磨炉黑	N220	ISAF		121±7	114±6	92～104	108～124	103～117	99～113	107～121	2.5	355±40	-1.9±1.5
低定伸中超耐磨炉黑	N231	ISAF-LM		121±7	92±6	80～92	112～128	104～118	100～114	104～118	2.5	400±40	-4.5±1.5
新工艺高结构中超耐磨炉黑	N234	ISAF-HS-NT		120±7	125±7	96～108	115～131	109～125	105～119	112～126	2.5	320±40	-0.0±1.5
导电炭黑	N293	CF		145±8	100±6	82～94	112～128	109～123	104～118	115～129	2.5	380±40	-5.1±1.5
通用胎面炉黑	N299	GPT		108±6	124±7	98～110	105～121	94～108	90～104	97～111	2.5	335±40	+0.8±1.5
代槽炉黑（超耐磨炉黑型）	S315	HAF-LS-SC	26-30	—	79±6	71～83	109～125	84～96	80～92	83～95	2.5	425±40	-6.3±1.5
低结构高耐磨炉黑	N326	HAF-LS		82±6	72±6	62～74	103～119	74～86	70～82	72～84	2.0	455±40	-3.5±1.5
高耐磨炉黑	N330	HAF		82±6	102±6	82～94	96～112	73～85	69～81	72～84	2.0	380±40	-0.5±1.5
	N335			92±6	110±6	88～100	102～118	83～95	79～91	79～91	2.0	345±40	0.3±1.5
新工艺高结构高耐磨炉黑	N339	HAF-HS-NT		90±6	120±7	93～105	103～119	86～98	82～94	85～97	2.0	345±40	1.0±1.5
	N343			92±6	130±7	98～110	104～120	90～102	85～99	89～103	2.0	320±40	1.5±1.5
高结构高耐磨炉黑	N347	HAF-HS		90±6	124±7	93～105	97～113	81～93	77～89	79～91	2.0	335±40	0.6±1.5
新工艺高结构高耐磨炉黑	N351	T-NT		68±6	120±7	89～101	93～107	68～80	64～76	65～77	2.0	345±40	1.2±1.5
	N356			92±6	154±8	106～118	98～114	85～97	81～93	85～97	2.0	—	1.5±1.5
新工艺超高结构高耐磨炉黑	N358	HAF-VHS-NT		84±6	150±8	102～114	91～105	76～88	72～84	74～86	2.0	305±40	2.4±1.5
新工艺高结构高耐磨炉黑	N375	HAF-HS-NT		90±6	114±6	90～102	107～121	89～101	85～97	86～100	2.0	345±40	0.5±1.5

续表

中文名称	ASTM 名称	英文缩写	粒径范围/mm	吸碘值/(g·kg^{-1})	DBP吸收值/(10^{-5} m^3·kg^{-1})	压缩样吸油值/(10^{-5} m^3·kg^{-1})	着色强度/%	比表面积(CTAB)/($10^3 m^2$·kg^{-1})	外表面积/($10^3 m^2$·kg^{-1})	总表面积/($10^3 m^2$·kg^{-1})	加热减量(≤)/%	倾注密度/(kg·cm^{-3})	300%定伸应力差值[a]/MPa
低结构快压出炉黑	N539	FEF - LS	40 - 48	43±5	111±6	76～86	—	35～47	33～43	34～44	1.5	385±40	-1.2±1.5
快压出炉黑	N550	FEF		43±5	121±7	80～90	—	36～48	34～44	35～45	1.5	360±40	-0.5±1.5
	N582			100±6	180±8	108～120	61～73	70～82	—	74～86	1.5	—	-1.7±1.5
低结构通用炉黑	N630	GPF - LS	49 - 60	36±5	78±5	57～67	—	29～41	27～37	27～37	1.5	500±40	-4.3±1.5
新工艺低结构炉黑	N642	GPF - LS - NT		36±5	64±5	57～67	—	28～40	—	34～44	1.5	—	-5.3±1.5
高结构通用炉黑	N650	GPF - HS		36±5	122±7	79～89	—	32～44	30～40	31～41	1.5	370±40	-0.6±1.5
通用炉黑	N660	GPF		36±5	90±5	69～79	—	31～43	29～39	30～40	1.5	440±40	-2.2±1.5
全用炉黑	N683	APF		35±5	133±7	80～90	—	31～43	29～39	31～41	1.5	355±40	-0.3±1.5
低结构半补强炉黑	N754	SRF - LS	61 - 100	〗 24	58±5	52～62	—	21～33	19～29	20～30	1.5	—	-6.5±1.5
非污染低定伸半补强炉黑	N762	SRF - LMNS		27±5	65±5	54～64	—	25～37	23～33	24～34	1.5	515±40	-4.5±1.5
高结构半补强炉黑	N765	SRF - HS		31±5	115±7	76～86	—	29～41	27～37	29～39	1.5	370±40	-0.2±1.5
	N772			30±5	65±5	54～64	—	27～39	25～35	27～37	1.5	520±40	-4.6±1.5
非污染高定伸半补强炉黑	N774	SRF - HMNS		29±5	72±5	58～66	—	26～38	24～34	25～35	1.5	490±40	-3.7±1.5
高定伸半补强炉黑	N787	SRF - HM		30±5	80±5	65～75	—	29～41	27～37	27～37	1.5	440±40	-4.1±1.5
非污染中粒子热裂法炭黑	N907	MTNS	201 - 500	—	34±5	—	—	7～17	5～13	5～13	1.0	640±40	-9.3±1.5
	N908			—	34±5	—	—	7～17	5～13	5～13	1.0	355±40	-10.1±1.5
中粒子热裂法炭黑	N990	MT		—	43±5	32～42	—	6～16	4～12	4～12	1.0	640±40	-8.5±1.5
低结构中粒子热裂法炭黑	N991	MT - LS		—	35±5	32～42	—	6～16	4～12	4～12	1.0	355±40	-10.1±1.5
天然气半补强				14±5	47±6	—	—	—	11～19	11～19	1.5	—	-8.5±1.5
喷雾炭黑				15±5	120±7	—	—	—	11～19	11～19	2.5	—	-5.4±1.5
混气炭黑					100±6	—	—	68～80	—	84～96	3.5	—	-4.0±1.5

注 a：与国产 4 号工业参比炭黑（IRC4）300%定伸应力的差值。硫化温度：145±1℃；硫化时间：S 系列炭黑和混气炭黑为 50 min，其余炭黑为 30 min。

其中高耐磨炭黑 N330、N375、中超耐磨炭黑 N220、N234 等多用于轮胎胎面胶；高耐磨炭黑 N326、N351 等，多用于轮胎带束层胶、胎圈胶、三角胶等；快压出炭黑 N550、通用炭黑 N660 等，多用于轮胎帘布胶、钢丝胶、气密层（内衬层）、胎侧胶、冠带层胶等。

2.7　炭黑的供应商

2.7.1　炭黑的供应商

主要生产企业包括：中昊黑元化工研究设计院有限公司（原中橡集团炭黑工业研究设计院）、大石桥市辽滨碳黑厂、龙星化工股份有限公司、焦作龙星化工有限公司、河北大光明实业集团有限公司、石家庄市新星化炭黑有限公司、江西黑猫炭黑股份有限公司、山西立信化工有限公司、山西焦化股份有限公司、山西恒大化工有限公司、宁波德泰化学有限公司、青州市博奥炭黑有限责任公司、金能科技股份有限公司、江西云维飞虎化工有限公司、云南云维飞虎化工有限公司、东营贝斯特化工科技有限公司、东营市广北炭黑有限责任公司、嘉峪关大友嘉能化工有限公司、曲靖众一精细化工股份有限公司、山东华东橡胶材料有限公司、山东联科新材料有限公司、山东耐斯特炭黑有限公司、无锡双诚炭黑有限公司、苏州宝化炭黑有限公司、新疆峻新化工有限公司、山西安伦化工有限公司、山西永东化工股份有限公司、山西三强炭黑有限公司、河南东泰科技有限公司、河津市津龙化工有限公司、卡博特化工（天津）有限公司、卡博特化工（邢台）有限公司、上海卡博特化工有限公司、尼铁隆（江苏）化工有限公司、科伦比恩化工有限公司、新疆久泰化工有限公司、喀什德力克石油工程技术有限公司、中橡（马鞍山）化学工业有限公司、中橡（鞍山）化学工业有限公司、中橡（重庆）化学工业有限公司、攀枝花市前进化工有限公司、茂名环星炭黑有限公司、丰城黑豹炭黑有限公司、杭州中策清泉实业有限公司、焦作市和兴化学工业有限公司、上海焦化化工发展商社、蜀南气矿泸州炭黑厂等。

2.7.2　碳纳米管的供应商

碳纳米管的供应商见表 1.5.2－15。

表 1.5.2－15　碳纳米管的供应商

供应商	商品名称	规格型号	纯度（≥）/%	内径/nm	长度/μm	模量/TPa	拉伸强度/GPa	电导率（$S \cdot m^{-1}$）	导热（>）/（$w \cdot m^{-1} \cdot k^{-1}$）	说明
山东大展纳米材料有限公司	多壁碳纳米管	Goldtube－300～600	95～98	12～60	0.5～12	1	10～60	106	3 000	分 4 级

碳纳米管的供应商还有：深圳纳米港有限公司、美国 Unidym. Inc（Arrowhead Research 子公司）、美国 SouthWest Nano Techonologies Inc、美国 Cnano Technology Limited、美国 Hyperion Catalysis International，Inc、加拿大 Kleancarbon，Inc、日本东丽（Toray Industries，Inc）、日本三菱丽阳（Mitsubishi Rayon Co. Ltd.）、日本 K. K 昭和电工、比利时 Nanocyl S. A.、德国 Bayer MaterialScience AG、法国 Arkema Inc 等。

2.7.3　石墨的供应商

石墨的供应商有：湖南鲁塘石墨矿、青岛晨阳石墨有限公司、美国 Asbury Graphite Mills 等。

第三节　橡胶用非炭黑补强填料

3.1　白炭黑

3.1.1　概述

（一）白炭黑的类别

橡胶用二氧化硅是多孔性物质，其组成可用 $SiO_2 \cdot nH_2O$ 表示，其中 nH_2O 是以表面羟基的形式存在，CAS 号：10279－57－9，有吸湿性，能溶于苛性碱和氢氟酸，不溶于水、溶剂和酸（氢氟酸除外）。二氧化硅耐高温、不燃、无味、无嗅、具有很好的电绝缘性。由于二氧化硅在橡胶中具有最接近炭黑的补强作用，故称为白炭黑。

白炭黑因制备方法不同可分为气相法白炭黑和沉淀法白炭黑。

气相法白炭黑，主要为化学气相沉积（CAV）法，又称热解法、干法或燃烧法生产。其原料一般为四氯化硅、氧气（或空气）和氢气，高温下反应而成。

$$SiCl_4 + H_2 + O_2 \xrightarrow{1\,000 \sim 1\,200℃} SiO_2 \cdot nH_2O + HCl$$

气相法白炭黑不含结晶水，又称为无水二氧化硅，其二氧化硅含量为 99.8%以上，平均粒径为 8～19 nm，比表面积为 130～400 m^2/g，DBP 吸油值为 1.50～2.00 cm^3/g，相对密度为 2.10 g/cm^3，pH 值为 3.9～4.0，水分为 1.0%～1.5%。气相法白炭黑杂质少，补强性好，但制备复杂且成本高，飞扬性极大，主要用于硅橡胶中，所得产品为透明、半透明状，产品的物理机械性能和介电性能良好，耐水性优越。

GB/T 20020—2013《气相二氧化硅》适用于将卤代硅烷在高温火焰中水解而生成的非晶质二氧化硅及其表面改性产品。气相二氧化硅一般分为亲水型的A类和疏水型的B类两类产品。A类气相二氧化硅表面没有覆盖有机物；B类气相二氧化硅由A类产品经有机物表面改性而制成。气相二氧化硅的产品名称以类型代号（A/B）加典型的氮吸附比表面积（NSA）构成，典型分类名称见表1.5.3-1。

表1.5.3-1 气相二氧化硅的典型分类名称

A类	B类	NSA典型值/($m^2 \cdot g^{-1}$)
A90	B90	90
A110	B110	110
A150	B150	150
A200	B200	200
A250	B250	250
A300	B300	300
A380	B380	380

沉淀法白炭黑，又称为硅酸钠酸化法，采用水玻璃溶液与酸反应，经沉淀、过滤、洗涤、干燥和煅烧而得到白炭黑。

$$Na_2O \cdot nSiO_2 + HCl \rightarrow SiO_2 \cdot nH_2O \downarrow + NaCl$$

沉淀法白炭黑其二氧化硅含量为87～95%，白度为95%左右，平均粒径为11～100 nm，比表面积为45～380 m^2/g，DBP吸油值为1.6～2.4 cm^3/g，相对密度为1.93～2.05 g/cm^3，水分为4.0%～8.0%。沉淀法白炭黑粒径较大，纯度较低，补强性比气相法差，胶料的介电性能特别是受潮后的介电性能较差，但价格便宜，工艺性能好。可单用于NR、SBR等通用橡胶中，也可与炭黑并用，以改善胶料的抗屈挠龟裂性，使裂口增长减慢。

HG/T 3061—2009《橡胶配合剂 沉淀水合二氧化硅》修改采用ISO 5794-1—2005（E）附录《橡胶配合剂 沉淀水合二氧化硅 第一部分：非橡胶试验 二氧化硅的分类和物理、化学性能》，将沉淀水合二氧化硅按比表面积分为六类，见表1.5.3-2。

表1.5.3-2 沉淀水合二氧化硅的分类

类别	比表面积/($m^2 \cdot g^{-1}$)	类别	比表面积/($m^2 \cdot g^{-1}$)
A	≥191	D	106～135
B	161～190	E	71～105
C	136～160	F	≤70

高分散性白炭黑是通过硅烷偶联剂、磷酸酯、钛酸酯等处理的沉淀法白炭黑。

GB/T 32678—2016《橡胶配合剂 高分散沉淀水合二氧化硅》适用于在一定条件下通过硅酸盐溶液与酸进行中和、沉淀反应得到的、以无定型粒子形式存在的白色无机材料 $SiO_2 \cdot nH_2O$。高分散沉淀水合二氧化硅在橡胶中的分散度达到9.5级以上。高分散沉淀水合二氧化硅采用6字符命名，第一、第二个字符为字母“HD”，取自“Highly dispersible”首字母，代表高分散；第三、第四、第五个字符为阿拉伯数字，代表产品CTAB吸附比表面积典型值；第六个字符为字母，代表产品形态，用“M”代表微粒形，用“G”代表块形，用“P”代表粉状。高分散沉淀水合二氧化硅典型产品分类命名见表1.5.3-3。

表1.5.3-3 高分散沉淀水合二氧化硅典型产品分类命名

产品名称			CTAB吸附比表面积典型值/($\times 10^3 m^2 \cdot kg^{-1}$)
微粒形	块形	粉状	
HD115M	HD115G	HD115P	115
HD145M	HD145G	HD145P	145
HD175M	HD175G	HD175P	175
HD200M	HD200G	HD200P	200

（二）白炭黑的结构

白炭黑的结构像炭黑，它的基本粒子呈球形。在生产过程中，这些基本粒子在高温状态下相互碰撞而形成了以化学键相连接的链枝状结构，这种结构称为基本聚集体。链枝状结构彼此以氢键吸附又形成了附聚体结构，这种附聚体在加工混炼时易被破坏。

白炭黑的95%～99%的成分是 SiO_2，经X射线衍射证实，气相法白炭黑内部结构几乎完全是排列紧密的硅酸三维网状结构，这种结构使粒子吸湿性小，表面吸附性强，补强作用强；而沉淀法白炭黑的结构内除了生成三维结构的硅酸外，还残存有较多的二维结构硅酸，致使结构疏松，有很多毛细管结构，很易吸湿，以致降低了它的补强活性。

白炭黑的表面模型如图 1.5.3－1 所示。

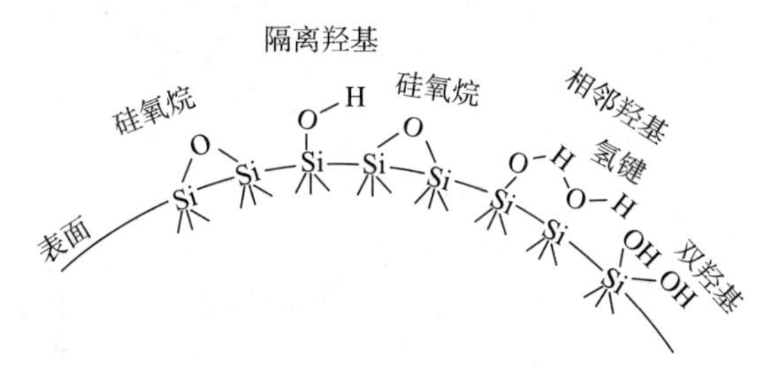

图 1.5.3－1 白炭黑的表面模型

白炭黑表面有很强的化学吸附活性，这与其表面羟基有关。白炭黑的表面羟基可以分为：①相邻羟基（在相邻的硅原子上），它对极性物质的吸附作用十分重要；②隔离羟基，主要存在于脱除水分的白炭黑表面上，隔离羟基的含量，气相法白炭黑比沉淀法的要多，在升高温度时不易脱除；③双羟基，在一个硅原子上连有两个羟基。

白炭黑的表面羟基具有一定的反应性，可以发生的表面反应包括：与失水及水解反应、与酰氯反应、与活泼氢反应、形成氢键等。白炭黑的表面羟基可以和水以氢键形式结合形成多分子吸附层，还可与许多有机小分子物质发生吸附作用，如图 1.5.3－2 所示。多官能团的胺类或醇类的吸附性高于单官能团的，所以 SiO_2 胶料中常用乙醇胺、乙二醇、三乙醇胺等多官能团化合物做活性剂。

将白炭黑加热就会放出水分，随温度升高，放出水分量增加，如图 1.5.3－3 所示。在 150～200℃之前，放出水最多，200℃以后趋向平缓，有明显的转折点。转折点以前主要是吸附水脱附，转折点以后是表面羟基缩水反应。

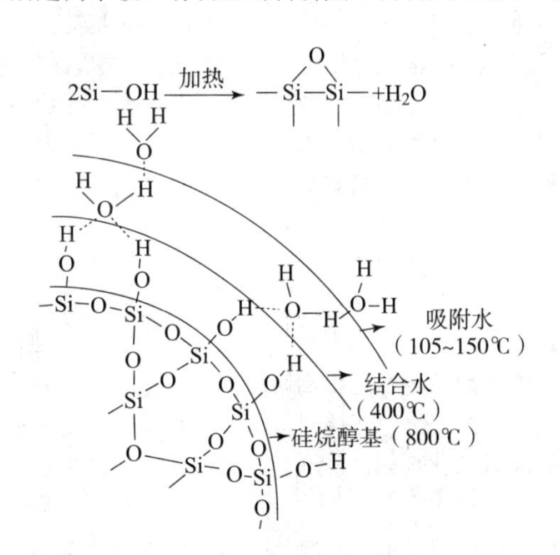

图 1.5.3－2 沉淀法白炭黑表面吸附水和结合水脱附示意图

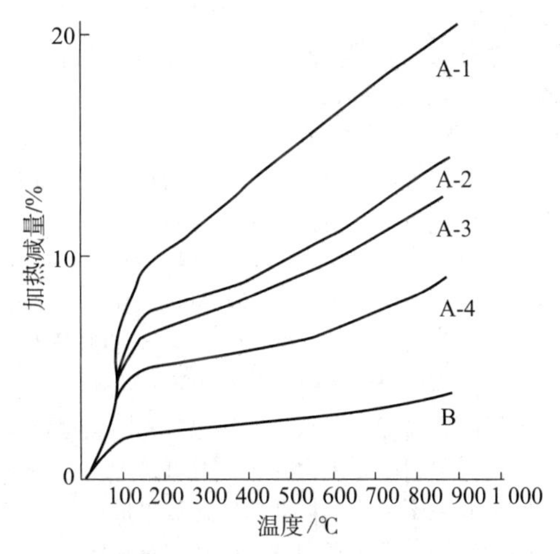

图 1.5.3－3 白炭黑加热减量曲线图

A—沉淀法白炭黑；B—气相法白炭黑

（三）白炭黑的应用特点

白炭黑是炭黑的一种重要替代品。与炭黑相比，白炭黑粒径更小，比表面积更大，故其硫化胶的拉伸强度、撕裂强度和耐磨性较高。虽然由于白炭黑的表面极性及亲水性使其补强效果及加工性能不如炭黑，且易产生静电，但使用双官能团硅烷偶联剂不仅可以降低胶料的门尼黏度、改善加工性能，而且可以降低生热和滚动阻力、提高耐磨性能及抗湿滑性能。添加白炭黑作为补强剂制成的轮胎不但抓着力大，耐磨性能和抗湿滑性能优秀，而且轮胎滚动阻力比一般轮胎减小 30%，节省燃油 7%～9%，由此产生了低滚动阻力的“绿色轮胎”概念。此外，使用白炭黑补强胶料可以生产透明橡胶制品、彩色轮胎，进一步扩展了其在橡胶工业中的应用范围。

用改进型英国便携式抗滑试验机（BPST）在平滑的湿玻璃表面上测量的抗湿滑性能与轿车轮胎胎面胶中白炭黑-聚合物界面面积密切相关，界面面积越大，抗湿滑性能越好。BPST 指数与轿车轮胎在湿路面上抗湿滑性能试验中获得的最大摩擦因素存在着良好的相关性，如图 1.5.3－4 所示。抗湿滑性能随胶料中白炭黑界面面积线性提高，而与动态性能无关。

白炭黑的另一重要用途是用于直接黏合体系。由于它具有活性硅烷醇表面，是间甲白黏合体系的重要组分，能显著提高橡胶与骨架材料的黏合强度和热老化后黏合强度的保持率。

（四）白炭黑对胶料工艺性能的影响

白炭黑内部的聚硅氧和外表面存在的活性硅醇基 $\left(\text{Si—OH},\ \text{Si}\begin{matrix}\text{OH}\\ \text{OH}\end{matrix}\right)$ 及其吸附水使其呈亲水性，在有机相中难以湿润和分散，而且由于其表面存在羟基，表面能较大，聚集体总倾向于凝聚，因而产品的应用性能受到影响。

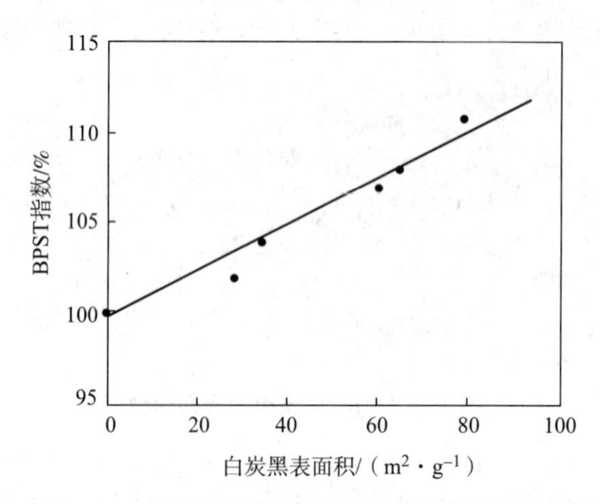

图 1.5.3-4　填料中白炭黑表面积对胶料抗湿滑性能的影响

白炭黑由于比表面积很大，趋向于二次聚集，在空气中极易吸收水分，致使白炭黑表面的羟基间易产生很强的氢键缔合，提高了颗粒间的凝聚力，使其混炼与分散要比炭黑困难得多，还容易生成凝胶，使胶料硬化，混炼时生热大。为此，混炼时白炭黑应分批少量加入，以降低生热；适当提高混炼温度，有利于除掉一部分白炭黑表面吸附水分，降低粒子间的凝聚力；混炼时加入某些可以与白炭黑表面羟基发生反应的物质，如羟基硅油、二苯基硅二醇、硅氮烷等偶联剂；预先将白炭黑表面改性，先屏蔽其表面的部分羟基，均有助于白炭黑在胶料中的分散。

白炭黑混炼胶硬化，尤其是气相法白炭黑补强硅橡胶混炼胶硬化的问题，一般称为"结构化效应"。其结构化随胶料停放时间延长而增加，甚至严重到无法返炼、报废的程度。对此有两种解释：一种认为是硅橡胶端基与白炭黑表面羟基缩合；另一种认为是硅橡胶硅氧链节与白炭黑表面羟基形成氢键。防止结构化有两个途径：其一是混炼时加入某些可以与白炭黑表面羟基发生反应的物质，如羟基硅油、二苯基硅二醇、硅氮烷等，当使用二苯基硅二醇时，混炼后应在160～200℃下处理0.5～1 h，这样就可以防止白炭黑填充硅橡胶的结构化；另一途径是预先将白炭黑表面改性，先去掉部分表面羟基，从根本上消除结构化。

白炭黑的表面改性是利用一定的化学物质通过一定的工艺方法使白炭黑的表面羟基与化学物质发生反应，消除或减少其表面活性硅醇基，使其由亲水性变为疏水性，提高白炭黑与胶料的结合，增大其在聚合物中的分散性。为提高白炭黑与胶料的结合，目前最常用的方法是将白炭黑与硅烷偶联剂一起使用，通过偶联作用使白炭黑与橡胶之间产生键合。偶联剂使白炭黑填料网络化程度大幅度减轻，弹性模量和损耗模量变小，Payne效应大大减弱，增大了胶料的流动性，改善了加工性能。硅烷偶联剂Si-69改性白炭黑的最佳温度为140℃。

白炭黑生成凝胶的能力与炭黑不相上下，因此在混炼白炭黑时，胶料的门尼黏度提高，以至于恶化了加工性能，故在含白炭黑的胶料配方中软化剂的选择和用量很重要。在IIR中往往加入石蜡烃类、环烷烃类和芳香烃类，用量视白炭黑用量多少及门尼黏度大小而异，一般可达15%～30%。在NR中，以植物性软化剂如松香油、妥尔油等软化效果最好，合成的软化剂效果不大，矿物油的软化效果最低。

白炭黑粒子表面有大量的微孔，对硫化促进剂有较强的吸附作用，因此明显地迟延硫化。为了避免这种现象，一方面可适当地提高促进剂的用量；另一方面可采用活性剂，使活性剂优先吸附在白炭黑表面，这样就减少了它对促进剂的吸附。活性剂一般是含氮或含氧的胺类、醇类、醇胺类低分子化合物。对NR来说胺类更适合，如二乙醇胺、三乙醇胺、丁二胺、六亚甲基四胺等；对SBR来说，醇类更适合，如己三醇、二甘醇、丙三醇、聚乙二醇等。活性剂用量要根据白炭黑用量、pH值和橡胶品种而定，一般用量为白炭黑的1%～3%。

未来，橡胶用白炭黑三大类产品将进一步系列化：一是"标准"传统白炭黑（LDS）；二是易分散白炭黑（EDS）；三是高分散白炭黑（HDS）。当前，白炭黑的发展向高分散性、造粒化、复合化等方面发展。例如，自绿色轮胎问世以来，白炭黑/硅烷偶联剂体系开始用于胎面，对炭黑工业也提出了挑战，迫使炭黑生产商加大开发力度，研制新型填充剂。炭黑/白炭黑双相填充剂是用卡博特公司开发的独特技术生产的，这种新型填充剂由炭黑相和分散在炭黑相中的白炭黑相构成，其主要特点是提高了烃类弹性体中橡胶与填充剂的相互作用，而降低了填充剂与填充剂的相互作用。该填充剂可改善胶料尤其是轮胎胎面胶的滞后损失与温度之间的关系，大大降低滚动阻力，提高牵引力，同时未降低耐磨性能。

3.1.2　白炭黑的技术标准与工程应用

（一）白炭黑的检验配方

白炭黑的检验配方见表1.5.3-4和表1.5.3-5。

表 1.5.3-4　沉淀法白炭黑的检验配方[a]（一）

材料	技术规格	配方（质量份）	
		1号	2号
丁苯橡胶（SBR）1500[a]	GB/T 8655—2006	100	100
沉淀水合二氧化硅（A、B、C、D类）	HG/T 3061—2009	50	—

续表

材料	技术规格	配方（质量份）	
		1号	2号
沉淀水合二氧化硅（E、F类）	HG/T 3061—2009	—	50
氧化锌	GB/T 3185（间接法）—2016	5	5
硬脂酸	200型（GB/T 9103—2013）	1	1
聚乙二醇（PEG）4000[b]	分析纯	3	1.5
促进剂 MBTS（DM）[c]	GB/T 11408—2013	1.2	1.2
促进剂 MBT（M）[d]	GB/T 11407—2013	0.7	0.7
促进剂 DPG[e]	HG/T 2342—2010	0.5	0.5
硫黄	GB/T 2449—2014	2	2
合计		163.4	161.9
注：沉淀水合二氧化硅和橡胶的称量准确至1 g，硫黄和促进剂的称量准确至0.02 g，氧化锌、硬脂酸和聚乙二醇的称量准确至0.1 g			
a. SBR1500吉林化学工业公司产，只要能得出相同的值，也可使用等效的产品； b. 聚乙二醇（相对分子质量4 000）； c. 二硫化二苯并噻唑； d. 2-硫醇基苯并噻唑； e. 二苯胍			
硫化条件：160℃×15 min			

表 1.5.3-5　沉淀法白炭黑的检验配方（二）

乙烯基硅橡胶和氟硅橡胶检验配方[a]					丁腈橡胶检验配方[b]		天然橡胶检验配方[c]	
乙烯基硅橡胶（110-2）	100	100	100	3	丁腈橡胶26	100	天然橡胶	100
氟硅橡胶	—	—	—	100	白炭黑	40	硬脂酸	2.0
沉淀白炭黑	40～60	—	—	—	喷雾炭黑	80	氧化锌	5.0
2号气相白炭黑	—	45～60	—	40～45	己二酸二丁酯	20	凡士林	4.0
4号气相白炭黑	—	—	40～50	—	邻苯二甲酸二丁酯	10	促进剂 MBTS（M）	0.5
二苯基硅二醇	—	3～6	—	—	硬脂酸	1	促进剂 D	0.7
六甲基环三硅氮烷和八甲基环四硅氧烷混合物	—	—	8～10	—	过氧化二异丙苯	1.7	硫黄	3
羟基氟硅油	—	—	—	2～3			白炭黑	60
三氧化二铁	3～5	3～5	—	3～5				
有机过氧化物	0.5～1	0.5～1	0.5～1	0.5～1				
硫化条件	一段硫化：135℃×10 min，压力≥5 MPa；二段硫化：150℃×2 h→200℃×4 h，中间升温半小时				(150±1)℃×40 min		143℃×(30～80) min	

注a：详见HG/T 2404—2008《橡胶配合剂 沉淀水合二氧化硅在丁苯胶中的鉴定》表1。

以上配方无胶黏剂、无氧化锌、无填料活化剂，影响白炭黑在胶料中的分散，硫化也不充分，与实用配方相距甚远，难以检验白炭黑的真实补强能力，读者应当谨慎使用。

（二）白炭黑的硫化试片制样程序

白炭黑的硫化试片制样程序见表1.5.1-6，详见HG/T 2404—2008《橡胶配合剂 沉淀水合二氧化硅在丁苯胶中的鉴定》MOD ISO 5794-2—1998（E）《橡胶配合剂 沉淀水合二氧化硅 第二部分：在丁苯橡胶中的鉴定》。

表 1.5.3-6　白炭黑的硫化试片制样程序

概述：（1）准备、混炼、硫化的设备按GB/T 6038进行。 （2）标准的实验室一次混炼量是试验配方量的四倍量，以克1 g为单位。混炼前适当冷却辊筒，使表面起始温度为25±5℃。混合后的质量与混炼前总质量之差不超过+0.5%～-1.5%。

续表

程序	操作时间/min	累计时间/min
(1) 将辊距调整为0.5～0.8 mm，不包辊破料一次。调整辊距为1 mm，将橡胶包在辊筒上。 (2) 均匀地慢慢加入硫黄，当硫黄被混合后，每隔30 s从辊筒两端交替作一次3/4割刀，割6刀。 (3) 均匀地加入氧化锌，每隔20 s从辊筒两端交替做一次3/4割刀，割2刀。 (4) 均匀地加入硬脂酸，每隔20 s从辊筒两端交替做一次3/4割刀，割2刀。 (5) 加入1/3的沉淀水合二氧化硅，每隔20 s从辊筒两端交替做一次3/4割刀，割4刀。 (6) 加入1/3的沉淀水合二氧化硅，每隔20 s从辊筒两端交替做一次3/4割刀，割4刀。 (7) 加入1/3的沉淀水合二氧化硅后，加入活性剂PEG，每隔20 s从辊筒两端交替作一次3/4割刀，割6刀。 (8) 慢慢地将促进剂均匀覆盖在橡胶上加入，当全部材料混入后，每隔15 s从辊筒两端交替作一次3/4割刀，割4刀。 (9) 从炼胶机上割下胶片，将辊距调到0.8～1 mm之间，不包辊薄通3次。 (10) 从炼胶机上割下胶料，调整辊距为3～3.5 mm之间，不包辊通过辊间3次。 (11) 用刚炼好的胶料制备厚6 mm的试片进行硫化特性测量，并将胶料压成2.2 mm的胶片，为强伸性能试验作准备。 (12) 硫化前将胶料停放18～24 h，如有可能，在GB/T 2941要求的标准温度和湿度条件下停放		

(三) 白炭黑的技术标准

1. 气相法白炭黑

气相二氧化硅的技术指标见表1.5.3-7，详见GB/T 20020—2013。

表1.5.3-7 气相二氧化硅的技术指标

项目	要求	
	A类	B类
氮吸附比表面积/(m^2·g^{-1})	典型值±30	典型值±30
灼烧减量/%	≤2.5	≤10.0
二氧化硅含量/%	≥99.8	≥99.8
三氧化二铝含量/(mg·kg^{-1})	≤400	≤400
二氧化钛含量/(mg·kg^{-1})	≤200	≤200
三氧化二铁含量/(mg·kg^{-1})	≤30	≤30
碳含量/%	≤0.2	≥0.3
氯化物含量/(mg·kg^{-1})	≤250	≤250
悬浮液pH值	3.7～4.5	≥3.5
105℃挥发物/%	≤3.0	≤1.0
振实密度/(g·dm^{-3})	30～60	30～60
45 μm筛余物/(mg·kg^{-1})	≤250	—

注1：碳含量可以是灼烧减量的一部分。
注2：疏水性产品碳含量可根据不同产品由相关方协商。
注3：用1+1的甲醇水溶液，相关方协商一致也可使用1+1的乙醇水溶液。
注4：振实密度亦可根据包装型式由相关方协商。
注5：压缩产品和氮吸附比表面积低于90 m^2/g的特殊型号由相关方协商。

其他气相法白炭黑的典型技术指标见表1.5.3-8。

表1.5.3-8 其他气相法白炭黑的典型技术指标

项目	1号	2号	3号	4号	5号
比表面积/(m^2·g^{-1})	—	75～105	—	≥150	150～200
吸油值/(cm^3·g^{-1})	<2.0	2.60～2.90	≥2.90	≥3.46	2.60～2.80
表观密度(≤)/(g·cm^{-3})	—	0.05	—	0.04	0.04～0.05
pH值	4～6	4～6	3.5～6	3.5～5.5	4～6
加热减量(110℃×2 h)(≤)/%	3	3	3	3	1.5

续表

项目	1号	2号	3号	4号	5号
灼烧减量（900℃×2 h）（⩽）/%	5	5	5	5	3
机械杂质（⩽）/（个数·2 g^{-1}）	30	20	30	15	20
氧化铝（Al_2O_3）（⩽）/%	—	—	—	0.03	—
氧化铁（Fe_2O_3）（⩽）/%	—	—	—	0.01	—
铵盐（以 NH_4^+计）（⩽）/%	—	0.03	—	微量	—

表 1.5.3－8 中气相法白炭黑除 2 号和 5 号可用于硅橡胶外，其余 3 种仅用于涂料、电子及其他工业部门。

2. 沉淀水合二氧化硅

沉淀水合二氧化硅的技术要求和测试方法见表 1.5.3－9，详见 HG/T 3061—2009。

表 1.5.3－9　沉淀水合二氧化硅的技术要求和测试方法

项目	指标		测试方法
	粒/粉状	块状	
二氧化硅含量（干品）（⩾）/%	90	90	HG/T 3062
颜色	不次于标样		HG/T 3063
45 μm 筛余物（⩽）/%	0.5	0.5	HG/T 30642
加热减量/%	4.0～8.0	5.0～8.0	HG/T 3065
灼烧减量（干品）（⩽）/%	7.0	7.0	HG/T 3066
pH 值	5.0～8.0	6.0～8.0	HG/T 3067
总铜含量（⩽）/（mg·kg^{-1}）	10	30	HG/T 3068
总锰含量（⩽）/（mg·kg^{-1}）	40	50	HG/T 3069
总铁含量（⩽）/（mg·kg^{-1}）	500	1 000	HG/T 3070
邻苯二甲酸二丁酯吸收值/（cm^3·g^{-1}）	2.00～3.50	—	HG/T 3072
水可溶物（⩽）/%	2.5	2.5	HG/T 3748
300%定伸应力（⩾）/MPa	5.5	5.5	HG/T 2404
500%定伸应力（⩾）/MPa	13.0	13.0	
拉伸强度（⩾）/MPa	19.0	19.0	
拉断伸长率（⩾）/%	550	550	

注 1：颜色比较用标样由供需双方共同商定。
注 2：300%定伸应力、500%定伸应力、拉伸强度、拉断伸长率采用 GB/T 528 中规定的Ⅰ型哑铃型裁刀。
注 3：拉断伸长率高于 600%时，只考核 500%定伸应力；否则，只考核 300%定伸应力。

3. 高分散沉淀水合二氧化硅

高分散沉淀水合二氧化硅的技术指标、典型值和测试方法见表 1.5.3－10，详见 GB/T 32678—2016。

表 1.5.3－10　高分散沉淀水合二氧化硅的技术指标、典型值和测试方法

检验项目		产品名称				测试方法
		HD115	HD145	HD175	HD200	
技术指标	中位粒径 D_{50}/μm[a]	3.4±1.5	4.3±1.0	5.6±1.0	6.2±0.9	GB/T 32698
	颗粒占比 R_{18}/%[b]	⩽3	⩽5	⩽7	⩽10	GB/T 32698
典型值	总表面积/（×$10^3 m^2$·kg^{-1}）	120±15	150±15	180±15	200±15	GB/T 10722
	CTAB 吸附比表面积/（×$10^3 m^2$·kg^{-1}）	115±15	145±15	175±15	195±15	GB/T 23656
	分散度/级[c]	⩾9.5				GB/T 6030

注 a：中位粒径 D_{50}，指样品的激光粒度分布累计数达到 50%时所对应的粒径，单位为微米（μm）。
注 b：颗粒占比 R_{18}，指样品在激光粒度分布曲线中，直径大于 18 μm 的颗粒所占累计百分比，以%表示。
注 c：分散度测定用橡胶试片采用 HG/T 2404 制备。

橡胶制品喷粉（喷白）的主要喷出物为轻质碳酸钙和沉淀白炭黑。实验证实，容易喷出的沉淀白炭黑 pH 值通常为 6.5～7，正常的沉淀白炭黑 pH 值应为 4～5。这类填料含水量较高，在潮湿的天气存放时，含水量会更大。在较高温度硫化时，填料中的水分会被蒸发，填料中的水溶性成分会随着水分的蒸发而溶出硫化橡胶的表面，或随后沿着水分蒸发而形成的毛细管通道迁移至表面，形成白色的粉末。

3.1.3　白炭黑的供应商

（一）气相法白炭黑

国产气相法白炭黑供应商见表 1.5.3-11。

表 1.5.3-11　国产气相法白炭黑供应商

供应商	技术指标						技术参考数据		
	SiO_2 含量（≥）/%	比表面积/($m^2 \cdot g^{-1}$)（BET）	加热减量/%（105℃×2 h）	烧蚀减量（≤）/%（以干基计）（1 000℃）	pH 值（4%水悬浮液）	平均原生粒径/nm	堆积密度/($g \cdot L^{-1}$)	DOP 吸油，值/[$cm^3 \cdot (100\ g)^{-1}$]	筛余物（≤）/% 45 μm
赢创固赛	99.8	200±25	1.5	1.0	3.7～4.7	12	约 50		

国产气相法白炭黑供应商还有：广州吉必盛科技实业有限公司、卡博特蓝星（九江）化工有限公司、德山化工（浙江）有限公司、德国威凯化学品有限公司（张家港）、上海氯碱化工股份有限公司、山东瑞阳硅业有限公司等。

气相法白炭黑国外品牌有：迪高沙（Degussa，德国）和卡博特（Cabot，美国）等。

（二）沉淀法白炭黑

沉淀法白炭黑供应商见表 1.5.3-12。

表 1.5.3-12　沉淀法白炭黑供应商

供应商		规格型号	技术指标							
			SiO_2 含量（≥）/%	比表面积/($m^2 \cdot g^{-1}$) CTAB	加热减量/%（105℃×2 h）	烧蚀减量（≤）/%（以干基计）（1 000℃）	pH 值（5%水悬浮液）	可溶盐（≤）/%（硫酸钠）	DBP 吸油/[$cm^3 \cdot (100\ g)$]	筛余物（≤）/% 45 μm
无锡恒诚硅业		高分散性白炭黑	98	105～215	4.0～8.0	7	5.5～7.5	2.0	1.5～3.5	0.5
		普通型白炭黑	98	165～205（BET）	4.0～8.0	7	6.0～7.5	2.0	1.5～3.5	0.5
确成硅化学股份有限公司		HD115MP	90	115±15（BET）	4.0～8.0	7.0	5.0～8.0	2.0	2.0～3.5	0.5
		HD165MP	90	165±15（BET）	4.0～8.0	7.0	5.0～8.0	2.0	2.0～3.5	0.5
		HD200MP	90	200±15（BET）	4.0～8.0	7.0	5.0～8.0	2.0	2.0～3.5	0.5
福建省三明正元化工有限公司	粉状	ZL-355	97.0	161～190（BET）	4.0～8.0	6.0	6.0～7.5	1.5	2.2～2.8	0.5
	微珠	ZL-355MP							2.2～2.8	
	条粒	ZL-355GR							2.2～2.6	
	粉状	ZL-353	97.0	100～160（BET）	4.0～8.0	6.0	6.0～7.5	1.5	2.2～2.8	0.5
	微珠	ZL-353MP							2.2～2.8	
	条粒	ZL-353GR							2.2～2.6	

沉淀法白炭黑供应商还有：通化双龙化工股份有限公司等。

高分散沉淀法白炭黑的供应商有：确成硅化学股份有限公司、无锡恒诚硅业有限公司、福建省沙县金沙白炭黑制造有限公司、通化双龙化工股份有限公司、福建省三明正元化工有限公司、株洲兴隆新材料股份有限公司、福建正盛无机材料股份有限公司、山东联科白炭黑有限公司、福建远翔化工有限公司等。

3.2　硅酸盐

硅酸盐主要包括陶土、水合硅酸铝、水合硅酸钙、滑石粉、硅灰石粉、云母粉、石棉、长石粉、煤矸石粉、海泡石粉、硅藻土、活性硅粉、硅微粉、粉煤灰等。

3.2.1　硅酸盐填料

（一）陶土

陶土包括高岭土、瓷土、白土、皂土、蒙脱土、膨润土、凹凸土等，是橡胶工业中用量最大的无机填料，主要成分为氧化铝和二氧化硅的结晶水合物，化学式为 $Al_2O_3 \cdot 2SiO_2 \cdot 2H_2O$。

陶土按粒径大小可分为：①硬质陶土，粒径≤2 μm 的占 80%以上，粒径≥5 μm 的占 4%～8%，比表面积为 22～26 m²/g，在橡胶中有半补强作用；②软质陶土，粒径≤2 μm 的占 50%～74%，粒径≥5 μm 的占 8%～30%，比表面积为 9～17 m²/g，在橡胶中无补强作用。陶土按生产方法可分为水洗与煅烧两种，水洗陶土又按细度和颜色分级。根据经验，我国南方的水洗陶土偏酸性，而北方的水洗陶土偏碱性；煅烧陶土都是偏碱性的。

用硬脂酸、硫醇基硅烷、乙烯基硅烷、氨基硅烷、钛酸酯等偶联剂对陶土进行改性，能提高硫化胶的物理机械性能和耐老化性能。近年研究发现，黏土中具有丰富天然资源的蒙脱土和凹凸土等无机填料经适当处理后与橡胶复合，可制成具有优异性能的新型橡胶纳米复合材料。黏土是黏土矿物的聚合体，黏土矿物是具有无序过渡结构的含水层状硅酸盐矿物。黏土具有独特的晶层重叠结构，相邻晶层带有负电荷，因此黏土层间一般吸附着阳离子。与常规聚合物基复合材料相比，新型纳米橡胶复合材料具有以下特点：①只需很少的补强填料即可使复合材料具有较高的强度、弹性模量和韧性；②具有优良的热稳定性及尺寸稳定性；③力学性能有望优于纤维增强聚合物体系，因为黏土可以在二维上起补强作用；④由于硅酸盐呈片层平面取向，因此膜材有很高的阻隔性；⑤我国黏土资源丰富且价格低廉。由于插层型聚合物/黏土纳米复合材料具有较好的综合性能，发展迅速，其应用将越来越广泛。

已有报道的聚合物/黏土纳米复合材料制备方法主要有 4 种：①单体嵌入到黏土片层中，然后在外加作用如氧化剂、光、热、引发剂或电子作用下使其聚合；②主体材料强有力的氧化还原特性使嵌入与原位聚合同步进行，也称自动聚合；③把聚合物直接嵌入到黏土中；④通过溶胶-凝胶法可以在聚合物溶液中就地形成黏土层，沉淀干燥后得到嵌入纳米复合材料。总之，制备聚合物/黏土纳米复合材料的方法多种多样。但鉴于黏土的片层结构，制备聚合物/黏土纳米复合材料的有效方法为插层复合法，它是当前材料科学领域研究的热点。其特点是将单体（预聚体）或聚合物插入层状结构的黏土片层中，进而破坏硅酸盐的片层结构，剥离成厚为 1 nm，长、宽各为 100 nm 的基本单元，并使其均匀分散在聚合物基体中，实现高分子与黏土片层在纳米尺度上的复合。

（二）水合硅酸铝

水合硅酸铝化学式为 $xSiO_2 \cdot Al_2O_3 \cdot nH_2O$，又称沉淀硅酸铝，粒径范围由纳米级到微米级，对橡胶有半补强性能，可高填充，胶料有很好的挺性、良好的耐磨性和耐屈挠性能。

水合硅酸铝的典型技术指标见表 1.5.3－13。

表 1.5.3－13　水合硅酸铝的典型技术指标

相对密度/(g·cm⁻³)	表观密度/(g·cm⁻³)	SiO_2 含量/%	Al_2O_3 含量/%	加热减量/%	灼烧减量/%
2.0～2.1	0.25～0.35	45～75	5～21	3～8	5～10

水合硅酸铝的供应商有：上海延达橡塑工程材料公司等。

（三）水合硅酸钙

水合硅酸钙化学式为 $xSiO_2 \cdot CaO \cdot nH_2O$，又称沉淀硅酸钙。白色粉末，无毒无味，不溶于水、乙醇和碱、能溶于酸。

本品补强性能仅次于白炭黑，胶料挺性好，有较高的拉伸强度、撕裂强度和耐磨性能，缺点是生热大。

水合硅酸钙作颜料时可替代部分钛白粉。

水合硅酸钙的典型技术指标见表 1.5.3－14。

表 1.5.3－14　水合硅酸钙的典型技术指标

表观密度/(g·cm⁻³)	DBP 吸收值/(g·cm⁻³)	pH 值	SiO_2 含量/%	CaO 含量/%	加热减量(≤)/%	灼烧减量/%
0.25～0.35	2.2	8～9	55～65	15～20	1	5～20

（四）滑石粉

滑石粉是一种含水的镁硅酸盐矿物，理论化学式为 $3MgO \cdot 4SiO_2 \cdot H_2O$，由天然滑石经干法、湿法或高温煅烧而得，是六方或菱形结晶颗粒，质软，具滑腻感，相对密度为 2.7～2.8 g/cm³。粉碎筛选后的颜色有白色、灰白色或淡绿色几种，视其杂质含量而异，以白色为优。主要用作橡胶填充剂、隔离剂及表面处理剂。

GB/T 15342—2012《滑石粉》按滑石粉粉碎粒度的大小，分为磨细滑石粉、微细滑石粉和超细滑石粉三类；按用途将滑石粉分为 9 个品种，其中用于橡胶工业的滑石粉代号为 XJ。磨细滑石粉是指试验筛孔径在 1 000～38 μm 范围内，通过率在 95%以上的滑石粉；微细滑石粉是指粒径在 30 μm 以下的累计含量在 90%以上的滑石粉；超细滑石粉是指粒径在 10 μm 以下的累计含量在 90%以上的滑石粉。

橡胶用滑石粉的理化性能要求见表 1.5.3－15。

表 1.5.3-15 橡胶用滑石粉的理化性能要求

项目		一级品	二级品	三级品
细度	磨细滑石粉	明示粒径相应试验筛通过率≥98.0%		
	微细滑石粉和超细滑石粉	小于明示粒径的含量≥90.0%		
水分（≤）/%		0.50		1.00
烧失量（1 000℃）（≤）/%		7.00	9.00	18.0
水萃取液 pH 值		8.0～10.0		
酸溶物（≤）/%		6.0	15.0	20.0
酸溶性铁（以 Fe_2O_3 计），（≤）/%		1.00	2.00	3.00
铜（Cu）（≤）/(mg·kg^{-1})		50		
锰（Mn）（≤）/（mg·kg^{-1}）		500		

滑石粉的供应商有：山东省平度市滑石矿业有限公司、桂林桂广滑石开发有限公司、辽宁艾海滑石有限公司、广西龙广滑石开发有限公司、广西龙胜华美滑石开发有限公司、莱州市滑石工业有限责任公司等。

（五）硅灰石粉

硅灰石粉的化学成分主要是偏硅酸钙（$CaSiO_3$），由天然硅灰石经选矿、粉碎制得，粒径为 3.5～7.5 μm，相对密度为 2.3～2.9 g/cm^3。主要用作橡胶填充剂和白色颜料。

JC/T 535—2007《硅灰石》适用于陶瓷、涂料、摩擦材料、密封材料、电焊条等领域使用的硅灰石。硅灰石产品按粒径分为块粒、普通粒、细粉、超细粉和针状粉五类，在橡胶领域使用的是细粉、超细粉，粒径分别为＜38 μm 和＜10 μm；针状粉长径比≥8∶1，可以用于汽车刹车片。

硅灰石产品理化性能要求见表 1.5.3-16。

表 1.5.3-16 硅灰石产品理化性能要求

项目	一级品	二级品	三级品	四级品
硅灰石含量（≥）/%	90	80	60	40
二氧化硅含量/%	48～52	46～54	41～59	≥40
氧化钙含量/%	45～48	42～50	38～50	≥30
三氧化二铁含量（≤）/%	0.5	1.0	1.5	—
烧失量（≤）/%	2.5	4.0	9.0	—
白度（≥）/%	90	85	75	—
吸油量/%	18～30（粒径小于 5 μm，18～35）			—
水萃取液 pH 值	4.6			—
105℃挥发物含量（≤）/%	0.5			
细度	细粉、超细粉大于粒径含量≤8.0%			

（六）云母粉

云母粉化学成分为硅酸钾盐，化学式为 $K_2Al_4(Al_2Si_6O_{20})(OH)_4$，相对密度 2.76～3.10 g/cm^3。云母粉属于单斜晶系，其结晶呈薄片状，能提高橡胶的阻尼性能，有良好的耐热、耐酸碱和电绝缘性能，还有防护紫外线和防射线的功能，无补强能力，但绢云母有补强作用。云母粉可用于特种橡胶制造耐热、耐酸碱及高绝缘制品，也可用于通用橡胶制造与食品接触的制品。

JC/T 595—1995《干磨云母粉》适用于碎白云母在不加水介质的情况下，经机械破碎磨制而成的云母粉。橡胶用干磨云母粉的粒径应为 45 μm（325 目），其技术性能指标见表 1.5.3-17。

表 1.5.3-17 橡胶用干磨云母粉的技术性能指标

规格	粒度分布	含铁量（≤）/%×10^{-6}	含砂量（≤）/%	松散密度/（≤）/(g·cm^{-3})	含水量（≤）/%	白度（≥）/%
45 μm（325 目）	大于 45 μm，含量小于 2%	400	1.0	0.34	1.0	50

（七）石棉

石棉是指具有高抗张强度、高挠性、耐化学、热侵蚀、电绝缘和具有可纺性的硅酸盐类矿物产品，是天然的纤维状的硅酸盐类矿物质的总称，下辖 2 类共计 6 种矿物，有蛇纹石石棉、角闪石石棉、阳起石石棉、直闪石石棉、铁石棉、透闪石石棉等。石棉由纤维束组成，而纤维束又由很长很细的能相互分离的纤维组成。石棉具有高度耐火性、电绝缘性和绝热性，是重要的防火、绝缘和保温材料。但是由于石棉纤维能引起石棉肺、胸膜间皮瘤等疾病，许多国家选择了全面禁止使用这种危险性物质。

GB/T 8071—2008《温石棉》定义：温石棉是一种含水硅酸镁矿物，矿物学称之为纤维蛇纹石，化学式为 $2SiO_2 \cdot 3MgO \cdot 2H_2O$，理论成分 MgO43.64%、$SiO_2$43.36%、$H_2$13.00%。石棉对橡胶有一定的补强作用，突出的优点是隔音、隔热、耐酸碱和绝缘。也可用作隔离剂。

（八）长石粉

长石粉的化学组成是含钠、钾、钙的无水硅酸铝，化学式为 0.9（Na，K）（$AlSi_3O_8$）0.09Ca（$Al_2Si_2O_8$），由天然花岗石经浮选，除去二氧化硅、云母后再经研磨制得。长石粉按钠、钾、钙含量不同可分为钠长石、钾长石、钙长石，用于胶乳不破坏胶体性质，能防止胶粒的附聚作用。也可用于丁苯橡胶和聚氨酯橡胶的填充剂。

（九）海泡石粉

由天然海泡石矿经精选、粉碎和分级制得，其化学成分为氧化硅和氧化镁的水合物，化学式为 $Mg_8(H_2O)_4[Si_6O_{16}]_2(OH)_4 \cdot 8H_2O$，其中 SiO_2 含量一般在 54%～60%之间，MgO 含量多在 21%～25%范围内，密度为 2～2.5 g/cm³，具有非金属矿物中最大的比表面积（最高可达 900 m²/g）和独特的内容孔道结构，是公认的吸附能力最强的黏土矿物。海泡石粉具有极强的吸附、脱色和分散等性能，亦有极高的热稳定性，耐高温性可达 1 500～1 700℃。

（十）凹凸棒土粉

凹凸棒土粉由凹凸棒石矿物精选加工制得，为一种晶质水合镁铝硅酸盐，相对密度为 2.05～2.32 g/cm³，比表面积为 9.6～36 m²/g，SiO_2 含量为 55.8%～61.4%，Al_2O_3 含量为 12.3%～14.3%。凹凸棒土粉具有介于链状结构和层状结构之间的中间结构，晶体呈针状、纤维状或纤维集合状，表面有凹凸沟槽。凹凸棒土粉具有独特的分散、耐高温、抗盐碱等性质和较高的吸附脱色能力，能使压延压出胶料表面光滑。

（十一）硅藻土

以天然硅藻土为原料，经粉碎、煅烧，除去有机杂质制得，有高温煅烧硅藻土与助熔煅烧硅藻土之分。硅藻土主要成分为二氧化硅，SiO_2 含量超过 70%，通常占 80%以上，最高可达 94%。优质硅藻土的氧化铁含量一般为 1%～1.5%，氧化铝含量为 3%～6%。硅藻土粒径为 1.1～40 μm，相对密度为 1.9～2.35 g/cm³。硅藻土是多孔性物质，孔隙度大、吸收性强、化学性质稳定，耐磨、耐热、绝缘、绝热性好，具有较强的消光性和吸油性，可有效防止橡胶中低分子物质析出对橡胶表面的污染。在橡胶中主要用作填充剂、隔离剂，具有易分散、不飞扬、胶料挺性好等特点，适用于制造绝缘、发泡保温制品等。

硅藻土可以参照的工业标准包括 GB/T 14936—2012《食品安全国家标准 食品添加剂 硅藻土》与 GB/T 24265—2014《工业用硅藻土助滤剂》。

硅藻土典型技术性能指标见表 1.5.3-18。

表 1.5.3-18　硅藻土典型技术性能指标

供应商	日本昭和公司
牌号	RADIOLITE F30
外观	粉红色粉末
150 目筛余物/%	0
300 目筛余物/%	0.5
中值粒径/μm	8.5
pH 值	7
比表面积/($m^2 \cdot g^{-1}$)	25
吸油值	120
水分/%	0.5
SiO_2/%	92.8
Al_2O_3/%	4.2
Fe_2O_3/%	1.6
CaO/%	0.6
MgO/%	0.3
其他氧化物/%	0.5

硅藻土的供应商还有：青岛川一硅藻土有限公司、青岛三星硅藻土有限公司等。

（十二）活性硅粉

以含有20%SiO_2的稻壳为原料，经筛选、漂洗、焙烧、球磨、筛分制得。成品SiO_2含量≥86%，非晶质、多微孔，相对密度1.8～2.3 g/cm³，平均粒径约为6 μm。活性硅粉具有易分散、胶料挺性好、压出表面光滑、焦烧安全性好、硫化曲线平坦的特点，硫化胶弹性、耐老化性能较好。

（十三）硅微粉

硅微粉也称石英粉，由天然石英矿物经粉碎加工制得，SiO_2含量可达96%～99.4%，白色或浅灰色粉末，有无定型、微晶型和晶型三种类型。无定型硅微粉相对密度为2.1 g/cm³，平均粒径约为0.1 μm；微晶型硅微粉相对密度为2.65 g/cm³，平均粒径为1.5～9.0 μm；晶型硅微粉相对密度为2.65 g/cm³，平均粒径为8～25 μm。

硅微粉具有耐温性好、耐酸碱腐蚀、导热性差、高绝缘、低膨胀、化学性能稳定等特点。无定型硅微粉表面活性高，补强性能接近于热裂法炭黑；微晶型硅微粉主要用作硅橡胶、胶乳的填充剂；晶型硅微粉主要用作天然橡胶、合成橡胶的填充剂。

（十四）粉煤灰

粉煤灰是煤燃烧后从烟气中收捕在锅炉灰池中的沉积物，经粉碎、干燥、筛分制得，灰色细粉，主要成分为硅酸铝，SiO_2含量为50%～60%，Al_2O_3含量为20%～30%，还含有少量其他金属氧化物、硫、碳等，相对密度为2.1～2.5 g/cm³。

粉煤灰外观类似水泥，颜色在乳白色到灰黑色之间变化。粉煤灰的颜色可以反映含碳量的多少和差异，在一定程度上也可以反映粉煤灰的细度，颜色越深粉煤灰粒度越细，含碳量越高。粉煤灰有低钙粉煤灰和高钙粉煤灰之分。通常高钙粉煤灰的颜色偏黄，低钙粉煤灰的颜色偏灰。粉煤灰颗粒呈多孔型蜂窝状组织，孔隙率高达50%～80%，比表面积较大，具有较高的吸附活性、很强的吸水性，适合在橡胶中使用的粒径范围为0.5～50 μm。

（十五）硅铝炭黑

硅铝炭黑（SAC）也称煤矸石粉，指以煤矸石为原料，经筛选、粉碎、焙烧（包括活性改性）等工艺制造的，以硅、铝、碳等元素为主要成分，在橡胶中具有一定填充性能的粉状物质。其化学组成类似高岭土，SiO_2含量为46%，Al_2O_3占27%，相对密度为1.5～2.5 g/cm³。HG/T 2880—2007《硅铝炭黑》将硅铝炭黑分为SAC－Ⅰ和SAC－Ⅱ两个品种，其技术指标见表1.5.3－19。

表1.5.3－19　硅铝炭黑的技术指标

项目	指标	
	SAC－Ⅰ	SAC－Ⅱ
吸碘值（≥）/(g·kg^{-1})	20	30
邻苯二甲酸二丁酯吸收值/10^{-5}（m³·kg^{-1}）	30～50	40～60
加热减量（≤）/%	2.0	1.0
150 μm筛余物（≤）/(mg·kg^{-1}）	200	200
杂质	无	无
pH值	7～10	7～10
倾注密度（≤）/(kg·m^{-3})	625	610

硅铝炭黑的供应商有：徐州市江苏省煤矸石综合利用研究所等。

（十六）细煤粉

由褐煤、烟煤、无烟煤或石油焦为原料制得。制备微细煤粉有两种方法：干法和湿法。干法粉碎，即首先将煤炭放在氮气（防止爆炸）保护下破碎、研磨，然后再筛选、分级，并用硬脂酸或其钠盐活化处理。湿法粉碎的特点是，煤炭在水介质中破碎、研磨，同时加入硬脂酸或其钠盐作为抑泡剂，重质焦油（其中的油成分）作为消泡剂，煤粉浮选后，这些添加剂仍残留在煤粉中，可起到偶联活化作用。

相对密度为1.2～1.8 g/cm³。具有密度小、易分散的特点，主要用作填充剂，所得硫化胶永久变形小，生热低。

此外，还有沸石粉、次石墨、透闪石、伊利石等硅酸盐无机矿物材料也可用作橡胶填料。

3.2.2　硅酸盐的技术标准与工程应用

（一）硅酸盐的检验配方

陶土的检验配方见表1.5.3－20。

表1.5.3－20　陶土的检验配方

组分	A法	B法
1号烟片胶	100	100
氧化锌	5	5

续表

组分	A 法	B 法
促进剂 MBT（M）	0.98	1.2
促进剂 D	0.44	0.5
硫黄	2.30	2.20
陶土	100	100
硫化温度/℃ 硫化时间/min	143±1 7.5、10、15、20、25、30	

注：详见梁星宇．橡胶工业手册・第三分册・配方与基本工艺［M］.

（二）硅酸盐的技术标准

GB/T 14563—2008《高岭土及其试验方法》适用于造纸、搪瓷、橡胶、陶瓷和涂料工业用软质、砂质、煤系高岭土、煅烧高岭土。高岭土产品按工业用途分为造纸工业用高岭土、搪瓷工业用高岭土、橡塑工业用高岭土、陶瓷工业用高岭土和涂料行业用高岭土五类。橡塑工业用高岭土产品类别、代号及主要用途见表 1.5.3－21。

表 1.5.3－21　橡塑工业用高岭土产品类别、代号及主要用途

产品代号	类别	等级	主要用途
XT－0	橡塑工业用	优级高岭土	白色或浅色橡塑制品半补强填料
XT－1		一级高岭土	
XT－2		二级高岭土	一般橡塑制品半补强填料
XT－（D）0		煅烧优级高岭土	白色或浅色橡塑制品半补强填料
XT－（D）1		煅烧一级高岭土	
XT－（D）2		煅烧二级高岭土	

橡塑工业用高岭土粉和煅烧高岭土粉化学成分和物理性能见表 1.5.3－22。

表 1.5.3－22　橡塑工业用高岭土粉和煅烧高岭土粉化学成分和物理性能

项目		高岭土粉			煅烧高岭土粉		
		XT－0	XT－1	XT－2	XT－（D）0	XT－（D）1	XT－（D）2
外观质量要求		白色	灰白色、微黄色及其他浅色	米黄、浅灰等色	白色，无可见杂质，色泽均匀		浅白色，无可见杂质，色泽均匀
白度（≥）/度		78.0	65.0	—	90.0	86.0	80.0
二苯胍吸着率/%		6.0～10.0		4.0～10.0	—	—	—
pH 值		5.0～8.0					
沉降体积（≥）/（ml・g⁻¹）		4.0	3.0	—	—	—	—
细度 w/%	125 μm（≤）	0.02		0.05	—	—	—
	45 μm（≤）	—	—	—	0.03	0.05	0.10
	小于 2 μm（≥）	—	—	—	80	70	60
铜（Cu）w（≤）/%		0.005			—	—	—
锰（Mn）w（≤）/%		0.01			—	—	—
水分 w（≤）/%		1.50			1.00		
SiO_2 w（≤）/%		—	—	—	55.00		
Al_2O_3 w（≥）/%		—	—	—	42.00		
SiO_2/Al_2O_3 w（≤）/%		1.5		1.8	—	—	—

3.2.3　硅酸盐的供应商

硅酸盐供应商见表 1.5.3－23。

表 1.5.3-23　硅酸盐供应商

供应商	商品名称	化学组成	成份/%						外观	加热减量%	平均粒径	pH 值	说明
			SiO_2	Al_2O_3	Fe_2O_3	FeO	TiO_2	P_2O_5					
川君化工	白炭黑	—	≥90			—	—	—	—	4.0～8.0	2～3.5 cm^3/g（DBP 吸收值）	5～8	—
金昌盛	NCL-302	硅烷改性高岭土	47.7	33.7	0.2	0.3	1.38	0.36	浅白色粉末	—	200～300 nm	6.5～7.5	白度大，可用于彩色制品
宁波卡利特	E1	—	≥70	≥20	灼烧减量≤7%；吸油值 30～50 g/100 g				白度≥80 度	≤0.7	8～12 μm	7～8	专用于汽车密封条
	E2	—	≥80	≥10	灼烧减量≤7%；吸油值 30～50 g/100 g				白度≥75 度	≤0.7	9～14 μm	7～8	专用于力车胎、胶管、胶带、胶鞋
	E3	—	≥70	≥25	灼烧减量≤5%；吸油值 50～70 g/100 g				白度≥75 度	≤0.7	2～6 μm	7～8	专用于密封条
	E5	—	≥61	≥31	灼烧减量≤7%；吸油值 30～50 g/100 g				白度≥85 度	≤0.7	5～15 μm	8～10	多功能橡塑增强剂
	E6	—	≥80	≥10					白度≥70 度	≤0.7	10～15 μm	7～8	多功能橡塑增强剂
宁波嘉和	JH-200	改性硅酸盐	83-86		灼烧减量≤7%				白色粉末	≤0.8	筛余物≤8%（1250 目）	6～8	相当于半补强炭黑
	JH-100									≤1			

硅酸盐的供应商还有：茂名高岭土科技有限公司、龙岩高岭土有限公司、淮北金岩高岭土开发有限责任公司、兖矿北海高岭土有限公司、蒙西高岭粉体股份有限公司、山西金洋煅烧高岭土有限公司等。

3.3　碳酸盐

3.3.1　碳酸钙

（一）概述

碳酸钙是橡胶工业中用量仅次于陶土的无机填料，橡胶用碳酸钙按制取方法、粒径大小可以分为重质碳酸钙（包括重质活性碳酸钙）、沉淀碳酸钙、活性沉淀碳酸钙与微细沉淀碳酸钙（包括微细沉淀碳酸钙与微细活性沉淀碳酸钙）。

重质碳酸钙又称重钙，由天然大理石、石灰石、白垩、方解石、白云石或牡蛎、贝壳等经粉碎、研磨、筛分制得，其粒径在 400～2 000 目，主要用作填充剂。所谓重钙，与其他碳酸钙在真密度上并无明显区别，其“重”反应在表观密度或堆积密度等视密度上。

沉淀法碳酸钙是将石灰石溶解，生产时，在氢氧化钙溶液中通入 CO_2 生成细小的 $CaCO_3$ 粒子沉淀析出，或者是用 Na_2CO_3 或碳酸铵来生成 $CaCO_3$ 粒子沉淀析出，成品是球状的粒子或者几个球状粒子的附聚体。

未经表面处理的碳酸钙颗粒表面亲水疏油，呈强极性，不能与橡胶等高分子有机物发生化学交联，在橡胶中难以均匀分散，因此不能起到功能填料的作用，相反因界面缺陷在某种程度上会降低制品的部分物理性能。活性碳酸钙的成功应用使碳酸钙的性能发生了质的飞跃，尤其是活性超细碳酸钙具有功能填料的特点，从而大大拓宽了其应用范围，其增韧补强效果极大地改善和提高了产品的性能和质量。

粒径在纳米范围（≤100 nm）的碳酸钙又称之为纳米碳酸钙，是一种最廉价的纳米材料，其具有的特殊量子尺寸效应、小尺寸效应、表面效应等，使其与常规粉体材料相比在补强性、透明性、分散性、触变性等方面都显示出明显的优势，与其他材料微观结合情况也发生变化，从而引起胶料宏观性能的变化。与普通碳酸钙相比，纳米碳酸钙具有表面能高、表面亲水疏油、极易聚集成团的特点，难以在非极性或弱极性的橡胶/树脂体系中均匀分散，随着纳米碳酸钙填充量的增大，这些缺点更加明显，过量填充甚至会使制品无法使用。为了降低纳米碳酸钙表面的高势能，提高分散性，并增强其与聚合物的湿润性和亲和力，在使用前往往用脂肪酸对纳米碳酸钙进行活化处理，在其表面形成脂肪酸钙，增加与橡胶/树脂体系接触表面的可湿润性，改善在橡胶/树脂体系中的分散性。这种经表面活化处理的纳米碳酸钙，也称为“白艳华”，其粒径范围为 0.03～0.08 μm，比表面积为 22～50 m^2/g 以上，补强性能有显著提高。

注：白艳华是日本的表面处理纳米碳酸钙产品，而白燕华是广东恩平广平化工实业有限公司引进日本技术生产的表面处理纳米碳酸钙，其中，AA 为树脂酸活化，CC 为硬脂酸活化。

各种不同碳酸钙对丁苯橡胶拉伸强度的影响如图 1.5.3-5 所示：

陶土呈酸性，对硫化有延迟作用，考虑硫化速率的场合，更多地使用碳酸钙作为填料；但是陶土的化学性质相对碳酸钙更为惰性，尤其是在制品需要耐酸碱的场合，一般使用陶土作为填料。

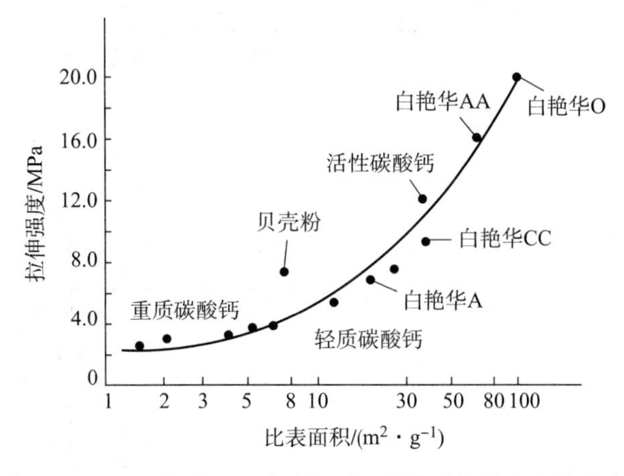

图 1.5.3-5　各种不同碳酸钙对丁苯橡胶拉伸强度的影响

橡胶制品喷粉（喷白）的主要喷出物为轻质碳酸钙和沉淀白炭黑。实验证实，容易喷出的碳酸钙 pH 值为 9～10，由于碳化不完全，其中含有少量氢氧化钙和残存的-OH 基。这类填料含水量较高，在潮湿的天气存放时，含水量会更大。在较高温度硫化时，填料中的水分会被蒸发，填料中的水溶性成分会随着水分的蒸发而溶出硫化橡胶的表面，或随后沿着水分蒸发而形成的毛细管通道迁移至表面，形成白色的粉末。

（二）沉淀碳酸钙的检验配方

沉淀碳酸钙（轻质）的检验配方见表 1.5.3-24。

表 1.5.3-24　沉淀碳酸钙（轻质）的检验配方

沉淀碳酸钙（轻质）的检验配方				
组分	A 法	B 法	ASTM D-15-71	
1 号烟片胶	100	100	天然橡胶	100
氧化锌	5	5	氧化锌	5
硬脂酸	2	3	硬脂酸	3
促进剂 MBT（M）	0.90	—	促进剂 MBTS（DM）	1
促进剂 D	0.30	0.50	促进剂 D	1
硫黄	2.30	2.20	硫黄	3
碳酸钙	100	100	碳酸钙	75
硫化温度/℃ 硫化时间/min	134±1 5、7.5、10、15、20、25		140 10、20、40、80	

（三）碳酸钙的技术标准与供应商

1. 重质碳酸钙和活性重质碳酸钙

HG/T 3249.4—2013《橡胶工业用重质碳酸钙》适用于以方解石、大理石或石灰石为原料经研磨制得的橡胶工业用重质碳酸钙和经表面处理制得的橡胶工业用活性重质碳酸钙，在橡胶工业中用作填充剂。橡胶工业用重质碳酸钙分为六种型号：Ⅰ型为 2 000 目，Ⅱ型为 1 500 目，Ⅲ型为 1 000 目，Ⅳ型为 800 目，Ⅴ型为 600 目，Ⅵ型为 400 目。其技术要求见表 1.5.3-25。

表 1.5.3-25　橡胶工业用重质碳酸钙技术要求

指标项目			Ⅰ型 2 000 目	Ⅱ型 1 500 目	Ⅲ型 1 000 目	Ⅳ型 800 目	Ⅴ型 600 目	Ⅵ型 400 目
碳酸钙（$CaCO_3$）（以干基计）w（⩾）/%			95.0	95.0	95.0	95.0	95.0	95.0
白度（⩾）/度			94	93.5	93.5	93	93	91
细度	粒度	D_{50}，μm（⩽）	2.5	3.0	3.5	4.5	—	—
		D_{97}，μm（⩽）	6.0	8.0	11.0	13.0	—	—
	通过率（45 μm）		—	—	—	—	97	97
吸油值（⩽）/[g·(100 g)$^{-1}$]			39	37	37	35	33	30

续表

指标项目	Ⅰ型 2 000 目	Ⅱ型 1 500 目	Ⅲ型 1 000 目	Ⅳ型 800 目	Ⅴ型 600 目	Ⅵ型 400 目
比表面积（≥）/($m^2 \cdot g^{-1}$)	5.0	3.2	2.5	2.0	1.5	—
活化度 w（≥）/%	95			90		
盐酸不溶物 w（≤）/%	0.25			0.5		
105℃下挥发物 w（≤）/%	0.5					
铅（Pb）w（≤）/%	0.0010					
六价铬［Cr（Ⅵ）］w（≤）/%	0.0005					
汞（Hg）w（≤）/%	0.0001					
砷（As）w（≤）/%	0.0002					
镉（Cd）w（≤）/%	0.0002					

注：制造高压锅或电气密封圈用控制铅、六价铬、汞、砷、镉五项有害金属指标。

橡胶工业用重质碳酸钙的供应商有：广西贺州市科隆粉体有限公司、东南新材料股份有限公司等。

2. 普通沉淀碳酸钙

HG/T 2226—2010《普通工业沉淀碳酸钙》适用于以石灰石为原料，用沉淀法制得的普通工业碳酸钙，主要用于橡胶、塑料、造纸和涂料等工业中的填充剂。普通工业沉淀碳酸钙按用途分为橡胶和塑料用、造纸用、涂料用三类。普通工业沉淀碳酸钙技术要求见表 1.5.3-26。

表 1.5.3-26 普通工业沉淀碳酸钙技术要求

项目		指标					
		橡胶和塑料用		涂料用		造纸用	
		优等品	一等品	优等品	一等品	优等品	一等品
碳酸钙（$CaCO_3$）w（≥）/%		98.0	97.0	98.0	97.0	98.0	97.0
pH 值（10%悬浮物）（≤）		9.0～10.0	9.0～10.5	9.0～10.0	9.0～10.5	9.0～10.0	9.0～10.5
105℃下挥发物 w（≤）/%		0.4	0.5	0.4	0.6	1.0	
盐酸不溶物 w（≤）/%		0.10	0.20	0.10	0.20	0.10	0.20
沉降体积（≥）/($ml \cdot g^{-1}$)		2.8	2.4	2.8	2.6	2.8	2.6
锰（Mn）w（≤）/%		0.005	0.008	0.006	0.008	0.006	0.008
铁（Fe）w（≤）/%		0.05	0.08	0.05	0.08	0.05	0.08
细度（筛余物）w/%（≤）	125 μm	全通过	0.005	全通过	0.005	全通过	0.005
	45 μm	0.2	0.4	0.2	0.4	0.2	0.4
白度（≥）/度		94.0	92.0	95.0	93.0	94.0	92.0
吸油值（≤）/[$g \cdot (100\ g)^{-1}$]		80	100	—	—	—	—
黑点（≤）/($个 \cdot g^{-1}$)		5					
铅（Pb）w（≤）/%[a]		0.001 0					
铬（Cr）w（≤）/%[a]		0.000 5					
汞（Hg）w（≤）/%[a]		0.000 2					
镉（Cd）w（≤）/%		0.000 2					
砷（As）w（≤）/%[a]		0.000 3					

注 a：使用在食品包装纸、儿童玩具和电子产品填料生产上时需控制这些指标。

普通沉淀碳酸钙供应商有：福建省三农碳酸钙公司、常州碳酸钙有限公司、湖北科隆粉体有限公司、建德市天石碳酸钙有限责任公司、建德市正发实业公司等。

3. 活性沉淀碳酸钙

HG/T 2567—2006《工业活性沉淀碳酸钙》适用于采用干法或湿法对沉淀碳酸钙进行表面活化处理生产的工业活性沉淀碳酸钙，主要用作塑料、橡胶、有机树脂等工业的填充剂。工业活性沉淀碳酸钙技术要求见表 1.5.3-27。

表 1.5.3-27　工业活性沉淀碳酸钙技术要求

项目		指标	
		一等品	合格品
碳酸钙质量分数（以干基计）(≥)/%		96.0	95.0
pH 值（100 g/l 悬浮物）		8.0～10.0	8.0～11.0
105℃下挥发物质量分数（≤)/%		0.40	0.60
盐酸不溶物质量分数（≤)/%		0.15	0.30
筛余物质量分数（≤)/%	75 μm 试验筛	0.005	0.01
	45 μm 试验筛	0.2	0.3
铁（Fe）质量分数（≤)/%		0.08	
锰（Mn）质量分数（≤)/%		0.006	0.008
白度（≥)/度		92.0	90.0
吸油值（≤)/[ml·(100 g)$^{-1}$]		60	70
活化度质量分数（≥)/%		96	90

活性沉淀碳酸钙供应商有：常州碳酸钙有限公司、广西桂林金山化工有限责任公司、浙江菱化集团有限公司等。

4. 微细沉淀碳酸钙和微细活性沉淀碳酸钙

HG/T 2776—2010《工业微细沉淀碳酸钙和工业微细活性沉淀碳酸钙》适用于以石灰石为原料，沉淀法生产的工业微细沉淀碳酸钙和采用活性剂进行表面处理、特殊加工而成的工业微细活性沉淀碳酸钙，主要用于塑料、橡胶、纸张等的填充剂，其技术要求见表 1.5.3-28。

表 1.5.3-28　工业微细沉淀碳酸钙和工业微细活性沉淀碳酸钙技术要求

项目	指标			
	工业微细沉淀碳酸钙		工业微细活性沉淀碳酸钙	
	优等品	一等品	优等品	一等品
碳酸钙（$CaCO_3$）w（≥)/%	98.0	97.0	95.0	94.0
pH 值（10%悬浮物）(≤)	8.0～10.004			
105℃下挥发物 w（≤)/%	0.4	0.6	0.3	0.5
盐酸不溶物 w（≤)/%	0.1	0.2	0.1	0.2
铁（Fe）w（≤)/%	0.05	0.08	0.05	0.08
白度（≥)/度	94.0	92.0	94.0	92.0
吸油值（≤)/[ml·(100 g)$^{-1}$]	100		70	
黑点（≤)/(个·g^{-1})	5			
堆积密度（松密度）/(g·cm^{-3})	0.3～0.5			
比表面积/(m^2·g^{-1})	12	6	12	6
平均粒径/μm	0.1～1.0	1.0～3.0	0.1～1.0	1.0～3.0
铅（Pb）w（≤)/%[a]	0.001 0			
铬（Cr）w（≤)/%[a]	0.000 5			
汞（Hg）w（≤)/%[a]	0.000 1			
镉（Cd）w（≤)/%	0.000 2			
砷（As）w（≤)/%[a]	0.000 3			
活化度，w（≥)/%	—		96	

注 a：使用在食品包装纸、儿童玩具和电子产品填料生产上时需控制这些指标。

微细沉淀碳酸钙和微细活性沉淀碳酸钙供应商有：建德市天石碳酸钙有限责任公司、常州碳酸钙有限公司、福建省三农碳酸钙公司、湖北科隆粉体有限公司、建德市正发实业公司、建德市兴隆钙粉有限公司等。

3.3.2　碳酸镁

水合碱式碳酸镁的分子式为 $x\text{MgCO}_3 \cdot y\text{Mg(OH)}_2 \cdot z\text{H}_2\text{O}$。碳酸镁的折射率为 1.525～1.530，与天然橡胶非常接近，故适宜于制作透明制品，常用量为 40～100 份。

HG/T 2959—2010《工业水合碱式碳酸镁》修改采用美国军用标准 MIL-DTL-11361（E）（2007）《碳酸镁》，适用于白云石、卤水和碳酸钠等为原料制得的工业水合碱式碳酸镁，主要用于橡胶、保温材料、塑料和颜料等工业中，作填充剂和补强剂。工业水合碱式碳酸镁的技术要求见表 1.5.3-29。

表 1.5.3-29　工业水合碱式碳酸镁的技术要求

项目		指标	
		优等品	一等品
氧化镁（MgO）w（≥）/%		40.0～43.5	
氧化钙（CaO）w（≤）/%		0.20	0.70
盐酸不溶物 w（≤）/%		0.10	0.15
水分 w（≤）/%		2.0	3.0
灼烧减量 w/%		54～58	
氯化物（以 Cl 计）w（≤）/%		0.10	
铁（Fe）w（≤）/%		0.01	0.02
锰（Mn）w（≤）/%		0.004	0.004
硫酸盐（以 SO_4 计）w（≤）/%		0.10	0.15
细度	0.15mm w（≤）/%	0.025	0.03
	0.075mm w（≤）/%	1.0	—
堆积密度（≤）/(g · ml^{-1})		0.12	0.2

注：水分指标仅适用于产品包装时检验用。

水合碱式碳酸镁的供应商有：寿光市辉煌化工有限责任公司等。

3.3.3　白云石粉

由天然白云石经选矿、粗碎、中碎、磨粉、分级制得，化学成分为碳酸钙镁，白色或浅灰白色粉末，是碳酸钙与碳酸镁的天然复盐，分子式 $CaMg(CO_3)_2$，相对密度为 2.80～2.99 g/cm³，在橡胶中主要用作填充剂。

3.4　硫酸盐

3.4.1　硫酸钡

沉淀硫酸钡可赋予橡胶和塑料制品对 X 射线的不透过性。主要用作橡胶的填充剂及着色剂，其耐酸性较好，多用于耐酸制品。

（一）工业沉淀硫酸钡

GB/T 2899—2008《工业沉淀硫酸钡》修改采用 ISO 3262-3—1998《涂料用填料 规格及试验方法 第 3 部分：硫酸钡粉》，适用于工业沉淀硫酸钡，主要用于涂料、油墨、颜料、橡胶、蓄电池、塑料和铜版纸等行业。

工业沉淀硫酸钡技术指标见表 1.5.3-30。

表 1.5.3-30　工业沉淀硫酸钡技术指标

项目		指标		
		优等品	一等品	合格品
硫酸钡（$BaSO_4$）含量（以干基计）（≥）/%		98.0	97.0	95.0
105℃挥发物（≤）/%		0.30	0.30	0.50
水溶物含量（≤）/%		0.30	0.30	0.50
铁（Fe）含量（≤）/%		0.004	0.006	—
白度（≥）/度		94.0	92.0	88.0
吸油量/[g · (100 g)$^{-1}$]		10～30	10～30	—
pH 值（100 g/L 悬浮液）		6.5～9.0	5.5～9.5	5.5～9.5
细度（45 μm 试验筛筛余物）（≤）/%		0.2	0.2	0.5
粒径分布	小于 10 μm（≥）/%	80	—	—
	小于 5 μm（≥）/%	60	—	—
	小于 2 μm（≥）/%	25	—	—

工业沉淀硫酸钡的供应商有：南风化工集团股份有限公司钡业分公司、株洲天隆化工实业有限公司、河北辛集化工集

团有限责任公司、陕西富化化工有限责任公司等。

（二）工业改性超细沉淀硫酸钡

HG/T 2774—2009《工业改性超细沉淀硫酸钡》规定的工业改性超细沉淀硫酸钡，主要用于涂料、油墨、蓄电池和铜版纸等行业。

工业改性超细沉淀硫酸钡技术指标见表 1.5.3－31。

表 1.5.3－31　工业改性超细沉淀硫酸钡技术指标

项目		指标	
		优等品	一等品
外观		无定型白色粉末	
硫酸钡（$BaSO_4$）（以干基计）w（≥）/%		97.0	95.0
105℃挥发物 w（≤）/%		0.20	0.30
水溶物含量 w（≤）/%		0.50	0.50
铁（Fe）w（≤）/%		0.004	0.006
白度（≥）/度		95	92
吸油量/[g·(100 g)$^{-1}$]		20～30	20～35
pH 值（100 g/L 悬浮液）		6.5～9.0	5.5～9.5
粒径	中位粒径 D_{50}（≤）/μm	0.5	0.6
	小于 20 μm c[a]（≥）/%	99.2	99.0

注 a：c—颗粒体积分数，%（见 GB/T 19077.1—2003 的 3.2 条）。

3.4.2　重晶石粉

由天然重晶石经研磨、水洗、干燥、筛分制得，主要成分为硫酸钡，相对密度为 4.0～4.6 g/cm^3，主要用于橡胶填充剂、着色剂。由于它耐酸碱、相对密度高、隔音效果好，可用于制造耐化学药品、要求高密度的隔音制品。

HG/T 3588—1999《化工用重晶石》对重晶石中硫酸钡含量的测定非等效采用苏联国家标准 ГОСТ 4682—84（90）《重晶石精矿》，对重晶石中二氧化硅含量的测定（钼蓝分光光度法）非等效采用 ISO 6382：1981《硅含量测定通用方法 还原钼硅酸盐分光光度法》，该标准适用于生产钡盐和立德粉等化工产品用重晶石。

化工用重晶石的技术要求见表 1.5.3－32。

表 1.5.3－32　化工用重晶石技术指标

项目	指标			
	优等品		一等品	合格品
	优-1	优-2		
硫酸钡（$BaSO_4$）含量（≥）/%	95.0	92.0	88.0	83.0
二氧化硅（SiO_2）含量（≤）/%	3.0		5.0	—
爆烈度（≥）/%	60			—

注 1：各组分含量以干基计。
注 2：合格品的二氧化硅含量和爆烈度指标按供需合同执行。

化工用重晶石的供应商有：河北辛集钡盐集团有限责任公司、湖南省衡阳重晶石矿等。

3.4.3　立德粉

立德粉，又名锌钡白，白色结晶性粉末，密度为 4.136～4.34 g/cm^3，是白色颜料的一种，为硫化锌和硫酸钡的混合物，含硫化锌越多，遮盖力越强，品质也越高。酸能溶解硫化锌而不溶解硫酸锌，对碱及硫化氢稳定，故立德粉遇酸易分解产生硫化氢气体，受日光中的紫外线照射 6～7 h 变成淡灰色，放在暗处仍恢复原色。在空气中易氧化，受潮后结块变质。

立德粉不影响硫化，但相对密度大，不易分散。可与碳酸钙并用，用于天然橡胶编织胶管；也可应用于医疗制品和食品包装材料中。

GB/T 1707—2012《立德粉》修改采用 ISO 473—1982《色漆用锌钡白颜料 规格和试验方法》，适用于近似等分子比的硫化锌和硫酸钡共沉淀物经煅烧而成的白色颜料，主要用于涂料、油墨、橡胶和塑料等工业。根据硫化锌含量的不同，产品分为 20%立德粉和 30%立德粉两类。20%立德粉对应的品种为 C201；30%立德粉根据表面处理方式的不同分为四个品种，分别为 B301、B302（表面处理）、B311 和 B312（表面处理）。

立德粉的技术要求见表 1.5.3－33。

表 1.5.3-33　立德粉的技术要求

项目	B301	B302	B311	B312	C201
以硫化锌计的总锌和硫酸钡的总和的质量分数（≥）/%	99				93
以硫化锌计的总锌的质量分数（≥）/%	28		30		18
氧化锌的质量分数（≤）/%	0.8	0.3	0.3	0.2	0.5
105℃挥发分的质量分数（≤）/%	0.3				
水溶物的质量分数（≤）/%	0.5				
筛余物（63 μm 筛孔）的质量分数（≤）/%	0.1			0.05	0.1
颜色	与商定的参照颜料相近				
水萃取液酸碱度	与商定的参照颜料相近				
吸油量/[g·(100 g)$^{-1}$]	商定				
消色力（与商定的参照颜料比）/%	商定				
遮盖力（对比率）	商定				

立德粉的供应商有：湖南京燕化工有限公司、湘潭红燕化工有限公司等。

3.4.4　石膏粉

白色结晶粉末，由天然石膏经粉碎、加工、筛分制得，化学成分为硫酸钙，化学式 $CaSO_4 \cdot 2H_2O$，相对密度为 2.36 g/cm^3，主要用作橡胶和胶乳的填充剂，适用于制造透明橡胶制品和与食物接触的橡胶制品。

3.5　其他无机物

3.5.1　冰晶石粉

由天然冰晶石经粉碎、研磨制得，主要化学成分为氟铝酸钠，分子式为 Na_3AlF_6，相对密度为 2.9～3.0 g/cm^3，主要用作橡胶与胶乳的耐磨填充剂。

3.5.2　氧化铁

橡胶用氧化铁作红色着色剂和填充剂。含氧化铁的胶料耐高温、耐酸、耐碱，还能改善橡胶与金属的黏合。

3.5.3　磁粉

磁粉包括钡铁氧体、锶铁氧体及钐钴类（Sm-Co）、钕铁硼（Nd-Fe-B）、钐铁氮类（SmFeN）、镍钴类（ALNiFe 和 AL-Ni-Co-Fe）稀土等，主要用作磁性填充剂，制品磁性随磁粉填充量增加而提高。

其余橡胶用无机填充剂见本章表 2.5.1-2。

3.6　有机物

橡胶用有机补强剂包括合成树脂和天然树脂，但并非所有树脂都可用作补强剂。用作补强剂的树脂多为合成产品，如酚醛树脂、石油树脂及古马隆树脂。天然树脂有木质素等。许多树脂在胶料中同时兼有多种功能，如酚醛树脂可用作补强剂、增黏剂、纤维表面黏接剂、交联剂及加工助剂，由于其补强效能不及炭黑，仅在特殊情况下使用。石油树脂、高苯乙烯树脂也有多种功能。

3.6.1　补强酚醛树脂

一般橡胶专用补强酚醛树脂的聚合必须加入第三单体，并通过油或胶乳改性合成的酚醛树脂，使其具有高硬度、高补强、耐磨、耐热及加工安全和与橡胶相容性好的特征。通用橡胶补强酚醛树脂主要有间苯-甲醛二阶酚醛树脂、贾树油或妥尔油改性二阶酚醛树脂和胶乳改性酚醛树脂。

酚醛树脂的化学结构特征如图 1.5.3-6 所示。

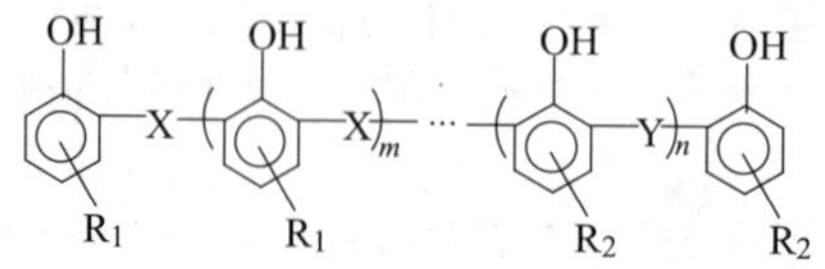

图 1.5.3-6　酚醛树脂的化学结构特征

R_1，R_2-不同的烷基；X，Y-非金属原子或烷基

酚醛树脂相对密度为 1.14～1.21 g/cm^3，用于补强橡胶时，在硫化前起增塑和分散作用，硫化后能在胶料中形成与胶料网络相互作用的三维网络结构，可提高硫化胶硬度、模量，提高耐磨、耐老化和耐化学腐蚀性能，但压缩变形增大，伸长率与弹性降低。酚醛树脂主要用于刚性和硬度要求很高，仅仅通过增大炭黑用量会带来加工困难的胶料中，尤其常用于

胎面部位（胎冠和胎面基部）和胎圈部位（三角胶和耐磨胶料）。

线型酚醛树脂的甲醛/苯酚摩尔比为0.75～0.85，在酸性介质中反应生成，数均分子量约为2 000，用作橡胶补强剂时必须加入固化剂，如HMT（六亚甲基四胺）、三聚甲醛、多聚甲醛或其他亚甲基给予体。近年来，在轮胎行业中逐渐用三聚氰胺树脂取代HMT，可使胶料具有加工安全性并防止钢帘线腐蚀。

（一）改性酚醛树脂

该类树脂分为非自固化树脂与内含固化剂的树脂，前者如补强树脂205，后者如补强树脂206。非自固化的补强树脂需并用HMT、HMMM等固化剂；改性酚醛树脂在混炼前段加入，固化剂在混炼终炼时加入。内含固化剂的改性酚醛树脂，需在混炼终炼时加入。改性酚醛树脂供应商见表1.5.3-34、表1.5.3-35。

表1.5.3-34　改性酚醛树脂供应商（一）

供应商	商品名称	外观	软化点/℃	加热减量/%	灰分(≤)/%	动态黏度/(MPa·s)	游离酚含量/%	熔点/℃	密度/(g·cm^{-3})	说明
莱芜润达	PF-7103	黄色颗粒	90～115	≤0.5	0.5	—	—	—	—	本品需要在混炼前加入HMT固化剂10%，用量5～15份
山西省化工研究所	补强树脂206	浅黄色粉末	—	—	1.0	—	—	—	—	用量6～15份。内含固化剂(7.5±1.0)%
宜兴国立	GL-205	黄色至浅褐色片状物或粒状	92～108	≤0.5 (65℃)	0.5	—	≤1.0	—	—	用量8～10份，并用固化剂1份
金昌盛	抗撕裂树脂 Alnovol VPN1132 (美国氰特)	浅黄色颗粒	115～145 (环球法)	—	—	300～600 (溶解于50%MOP溶液23℃)	≤1.0	约100 (毛细管法)	1.15	非自固化，用量3～20份，需并用HMT(9∶1)、HMMM(7∶3)等固化剂

表1.5.3-35　改性酚醛树脂供应商（二）

供应商	规格型号	化学组成	外观	软化点/℃	加热减量/% (65℃)	灰分/% (550±25℃)	说明
华奇(中国)化工有限公司	补强树脂SL-2005	非改性的热塑性酚醛树脂	无色至淡黄色颗粒	92～116	—	≤0.1	主要应用于轮胎三角胶及其他橡胶制品
	补强树脂SL-2101	改性的热塑性酚醛树脂	棕褐色颗粒	90～100	≤0.5	≤0.5	
	补强树脂SL-2200	改性的热塑性酚醛树脂	黄色至棕褐色颗粒	90～110	≤0.5	≤0.5	
	补强树脂SL-2201	改性的热塑性酚醛树脂	棕褐色颗粒	80～100	≤0.5	≤0.5	

（二）油改性酚醛补强树脂

油改性酚醛补强树脂供应商见表1.5.3-36。

表1.5.3-36　油改性酚醛补强树脂供应商

供应商	商品名称	化学组成	外观	软化点/℃	加热减量/%	固化剂含量/%	灰分(≤)/%	说明
莱芜润达	PF-7101	腰果油改性酚醛树脂	棕红色颗粒	85～105	≤0.5	—	0.5	本品需要在混炼前加入HMT固化剂10%；用量5～15份
	PF-7102	妥尔油改性酚醛树脂	黄色颗粒	85～105	≤0.5	—	0.5	本品需要在混炼前加入HMT固化剂10%；用量5～15份

续表

供应商	商品名称	化学组成	外观	软化点/℃	加热减量/%	固化剂含量/%	灰分(≤)/%	说明
山西省化工研究所	HY-2000	热塑型腰果油改性酚醛补强树脂	—	—	—	—	—	本品增硬效果优于 HY-2001，其余性能和使用方法与 HY-2001 相同，性能相当于美国 SⅡ公司的 SP-6700
	HY-2001	热塑型妥尔油改性酚醛补强树脂	棕红色片状或颗粒	90～100	—	—	0.5	用量 6～15 份，与非改性树脂相比，硬度提高 5%～10%，焦烧延迟。本品需并用树脂量 5%～10% 的固化剂，固化温度 150℃以上；本品在混炼前段加入，固化剂在终炼时加入。性能相当于美国 SⅡ公司的 SP-6701
	HY-2002	热固型腰果油改性酚醛树脂	褐色粉末	—	—	7.5	—	用量 6～15 份，150℃以上时发生交联反应，相当于国外同类产品 DUREZ 12687
宜兴国立	GL-2511	腰果油改性酚醛树脂	棕褐色块状或片状	85～100	≤0.5 (65℃)	—	—	用量 8 份，并用固化剂 1 份；在同样用量下比未改性酚醛树脂硬度提高 3～4 个值
	GL-2521	妥尔油改性酚醛树脂	黄色至红褐色粒状	90～100	≤0.5	—	—	用量 8 份，并用固化剂 1 份；硫化胶抗撕裂性能优异，可应用于轮胎三角胶中
金昌盛	ZY205	妥尔油松香改性热塑性酚醛树脂	黄棕色块（片）状物	92～105	—	—	0.5	本品需并用 HMT、HMMM（10∶1）等固化剂，固化温度 150℃以上；本品在混炼前段加入，固化剂在终炼时加入；用量 5～15 份
	ZY2000	腰果油改性酚醛树脂	褐色或黑褐色片状或粒状物	91～101	—	—	0.5	本品需并用 HMT、HMMM（10∶1）等固化剂，是增硬效果最好的树脂之一。因含有长链脂肪烃链段，较好地改善了固化物的脆性

补强酚醛树脂国外品牌有：美国 Occidental 公司的 Durez 系列、Schenectady 公司的 SP 系列、Summit 公司的 Duphene 系列、Polymer Applications 公司的 PA53 系列、德国 BASF 公司的 Koreforte 系列、法国 CECA 公司的 R 系列等。

3.6.2 烃类树脂

（一）高苯乙烯树脂

常用的高苯乙烯树脂由苯乙烯和丁二烯共聚制得，有橡胶状、粒状和粉状。高苯乙烯树脂与 SBR 的相容性很好，可用于 NR、NBR、BR、CR，但不宜在不饱和度低的橡胶中使用，一般多用于各种鞋类部件、电缆胶料及胶辊。高苯乙烯树脂的耐冲击性能良好，能改善硫化胶力学性能和电性能，但伸长率、压缩永久变形、耐热性能下降。高苯乙烯树脂的补强性能与其苯乙烯含量有关，苯乙烯含量增加，胶料强度、刚度和硬度增加。苯乙烯含量 70%的软化温度为 50～60℃；苯乙烯含量 85%～90%的软化温度为 90～100℃。

高苯乙烯树脂供应商见表 1.5.3-37。

表 1.5.3-37 高苯乙烯树脂供应商

供应商	商品名称	产地	组成	外观	密度/(g·cm^{-3})	灰分(≤)/%	软化温度/℃	说明
金昌盛	S6H	NITRIFLEX	苯乙烯/丁二烯=82.5/17.5	白色脆屑状	1.04	0.5	45	注射成型制品中硬脂酸添加量不大于 0.5 份方能降低对模具的污染

（二）α-甲基苯乙烯树脂

本品可用作天然橡胶、合成橡胶、EVA 热熔胶、油漆涂料及乳胶用之增黏剂、软化剂、增韧剂、补强剂，也是炭黑的分散剂。适用于彩色轮胎、透明胶带、胶管、橡胶鞋底、辊轮、球类及医疗橡胶制品、热熔胶、油漆涂料等行业。

本品能增进胶料表面黏性，以利于未硫化胶在成型过程中的黏合；能提高硫化胶的拉伸强度、撕裂强度、耐磨性及耐屈挠性能，使胶料加工容易、收缩小。在油漆涂料及聚氨酯抽出薄膜中能提高成膜硬度、完度、光泽度、耐磨性，更好的抗冲击韧性，有较好保色保光效果。在热熔胶中能增加黏性和提高强度，增加与基材的附着力。能提高 EVA 注射成型的光泽度持久性及抗压缩性。可用于 EVA 发泡增加坚挺性，并可用作流动助剂提高胶料流动性，适用于轻量化的 EVA 发泡，不影响硬度。

本品通过美国 FDA 认证。

用法：在橡胶制品中与补强剂一起加入。用量 3～5 份。α-甲基苯乙烯树脂的物化指标见表 1.5.3-38。

表 1.5.3-38　α-甲基苯乙烯树脂的物化指标

供应商型号规格	项目	规格	测试方法
元庆国际贸易有限公司（法国 CRAY VALLEY）W100 α-甲基苯乙烯树脂	软化点（Softening Point）	95～105℃	R&B（ASTM E28）
	色度（Color Gardner）	<1	ASTM D1544
	碘值（Iodine Number）	<10	ASTM D1959
	酸值（Acid Number）	0.1	DIN53402
	皂化值（Saponification Number）	<1	DIN51559
	密度（Density）	1.05～1.07	DIN51757
	灰分（Ash Content）	< 0.1%	ASTM D2415

（三）其他烃类树脂

其他烃类树脂的供应商见表 1.5.3-39 与表 1.5.3-40。

表 1.5.3-39　其他烃类树脂供应商（一）

供应商	商品名称	组成	外观	密度/(g·cm^{-3})	灰分(≤)/%	软化温度/℃	说明
上海橡瑞新材料科技有限公司	CREMONE™ 260 树脂	特殊官能基团改性烃类树脂	淡黄色颗粒至琥珀色颗粒	1.06～1.10	0.1	95～110	可有效改善轮胎胎面花纹沟的抗开裂性和抗断裂性，提高橡胶制品老化后的撕裂强度，明显改善拉断伸长率、提高抗疲劳和抗冲击能力，同时起到增强胶料黏性的作用，提高胶料分散的均匀性，延长混炼的焦烧时间，有利于加工安全。用量 2～3 份
	CREMONE™ AO 树脂		淡黄色颗粒	—	0.1	95～105	可与其他类型的防老剂共同使用，AO 树脂的主要功效是在橡胶产品使用过程中出现热老氧化的情况时，保证橡胶产品的拉伸强度和硬度，使橡胶产品在使用中不会出现撕裂、扯断、崩块的情况，保持橡胶产品的正常使用。用量 0.8～1.2 份
无锡市东材科技	匀化抗撕裂剂	带功能基团的烃类树脂	淡黄色粒状	—	≤2	90～120	缩短混炼时间，降低能耗，对胶料起均匀和增黏作用；可明显提高制品老化后的撕裂强度，提高制品老化后的拉断伸长率；可明显改善轮胎胎面花纹沟的抗开裂性和抗断裂性；能延长混炼焦烧时间，对加工安全有利；能有效提高制品的抗疲劳、冲击能力；适用于轮胎外胎配方、胶带、胶管、运输带、鞋底配方、缓冲胶芯等。用量 2～5 份

表 1.5.3-40　其他烃类树脂供应商（二）

供应商	规格型号	化学组成	外观	pH 值	软化点/℃	酸值/(mgKOH·g^{-1})	灰分/%	加热减量/%	说明
华奇（中国）化工有限公司	抗撕裂树脂 SL-6903	天然树脂与石油树脂的混合物	棕色片状或颗粒		95～110	100～110	≤0.5	≤2.0	抗撕裂、抗崩花或掉块，主要用于胎面
	模量增硬剂 SL-5190	芳烃衍生物与无机载体的混合物	灰白色至粉红色粉末	7～9		—	—	≤2.0	提高模量、增硬，主要用于轮胎胎面、子口、三角胶等及其他橡胶制品

元庆国际贸易有限公司代理的台湾 EVERPOWER 公司 DK－8000 耐磨高弹补强剂的物化指标为：

成分：改性之烯烃高分子聚合物；外观：乳白色颗粒；本品具有优异的耐磨性和回弹性能。贮存期 2 年，置于室温下、通风干燥处。用量及用法参照见表 1.5.3－41。

表 1.5.3－41　DK－8000 耐磨高弹补强剂的物化指标

配方			
原材料	A 号	B 号	C 号
EVA（VA 28%）	100	100	100
ZnO	1.0	1.0	1.0
$CaCO_3$	5.0	5.0	5.0
BIBP	0.6	0.6	0.6
St. a	0.5	0.5	0.5
AC 发泡剂	2.0	2.0	2.0
耐磨剂	—	5.0	—
DK－8000	—	—	7.5
测试结果			
项目	A 号	B 号	C 号
发泡成型条件	175℃/350～400S	175℃/350～400S	175℃/350～400S
硬度（C 型）	54～56	54～56	54～56
比重/($g \cdot cm^{-3}$)	0.249	0.251	0.248
发泡倍率/%	150	150	150
拉力/($N \cdot mm^{-2}$)	3.3	3.2	3.4
延伸率/%	295	282	292
撕裂/(N·mm)	4.5	4.7	4.3
回弹/%	54	49	55
DIN 值，mm^3	415	141	138
压缩率/%	56	55	57
热收缩率/%	1.35	1.45	1.21

3.6.3　木质素

详见本手册第一部分第一章 · 第六节 · 6.2.2。

此外，随着干燥、研磨技术的进步，也有报道国外利用鸡蛋壳、番茄皮等食品工业废弃物作为橡胶填充剂的研究。

3.7　短纤维

3.7.1　概述

橡胶中使用长纤维做骨架材料的主要目的在于提高制品的力学强度和模量，限制其在外力作用下的变形。但是长纤维与橡胶的复合，制造工艺通常比较复杂。短纤维与橡胶的复合，其强度虽不及长纤维橡胶复合体，但通过控制纤维定向等使复合体具有较高的强度、弹性模量，仍可在一定条件下具有保持橡胶制品形状的性能；特别是，短纤维与橡胶复合在加工方面不像橡胶-长纤维复合体那样复杂，用开炼机、密炼机、挤出机等通用橡胶机械即可便捷地加工成型。

（一）短纤维的特点

橡胶工业用来补强橡胶的短纤维多是不可纺纤维，即纺织工业中的下料和再生胶工业（废轮胎、废胶带中的织物）中的废纤维。

1. 短纤维的种类

橡胶复合材料用的短纤维按化学组成可以分为有机纤维、无机纤维和金属纤维，有机纤维包括天然纤维与合成纤维。

- 有机纤维
  - 天然纤维：丝纤维、麻纤维、椰子纤维、木材纤维素纤维、木浆纤维、黄麻纤维等
  - 合成纤维：聚酯纤维、维纶纤维、人造丝纤维、芳纶纤维等
- 无机纤维：碳纤维、玻璃纤维、石棉纤维、碳化硅纤维、钛酸钾纤维、石墨纤维等
- 金属纤维：钢纤维等

2. 短纤维的长度

短纤维的长度及与其相应的长径比对短纤维-橡胶复合材料的性能影响很大。橡胶工业用的短纤维一般指纤维断面尺寸在1到几十微米之间（比如玻璃纤维为9 μm），长径比（L/D）在250以下，长度在35 mm以下的各类纤维。根据Boustany的观点，补强用短纤维的长径比最好是100～200。长径比小于40时，短纤维呈球形粒子状，不能发挥短纤维特有的作用；而长径比大于250时，纤维彼此间缠绕，不易分散于橡胶中。关于短纤维长度，也有人认为直径20～30 μm的纤维，要获得长径比100～200，则其长度要求为3～5 mm，但该长度的纤维因过长而彼此之间纠缠，有碍于向橡胶中的分散；纤维即使容易混入胶料中，压延出片时也不一定得到很均匀的胶片，而且在操作中往往产生胶片撕裂现象，因此，切割纤维时将其切割成长度为0.4 mm左右混入橡胶更为实用。

短纤维补强胶料在用开炼机、密炼机、捏炼机等橡胶加工机械进行混炼时，像玻璃纤维、碳纤维等较脆的短纤维在加工过程中容易断裂、粉碎。短纤维混炼后的破碎程度随所用橡胶种类、配方、短纤维种类和直径而异。橡胶-短纤维复合体加工前后纤维长度的变化见表1.5.3-42。

表1.5.3-42　橡胶-短纤维复合体加工前后纤维长度的变化

纤维名称	纤维直径/μm	混炼前的纤维		复合体中的纤维	
		长度/mm	长径比（L/D）	长度/mm	长径比（L/D）
玻璃纤维	13	6.35	488	0.22	17
碳纤维	8	6.35	794	0.18	22
纤维素纤维	8	2.00	167	1.20	100
芳纶纤维	12	6.35	529	1.33	111
锦纶纤维	25	6.35	254	4.51	180

有研究表明，聚酯、维尼纶、聚间苯撑间苯二甲酰胺纤维并未因混炼中受到弯曲而折断；锦纶和人造丝纤维混炼后的长度比原长度短，长度分布较宽。碳纤维和玻璃纤维混炼后的长度变得极短（150 μm），长度分布很窄，长径比显著降低，因此将其作为橡胶补强材料不太适宜。

芳纶纤维刚直的高分子具有高结晶性，其表面无活性，但是将芳纶短纤维混入橡胶后，芳纶纤维产生原纤化，这种原纤化的芳纶短纤维如同棉短纤维表面的毛绒，会极大地增进它与橡胶的黏附作用，增进芳纶短纤维与橡胶基质间的亲和性。使纤维微细化的其他方法，已知有预先将纤维切断，而后用粉碎器对纤维进行湿法破碎，干燥后用干式粉碎机处理的方法。日本AKZO公司用该法处理的纤维，其表面状态如图1.5.3-7所示。由该法进行原纤化的芳纶纤维称为芳纶纤维浆粕。

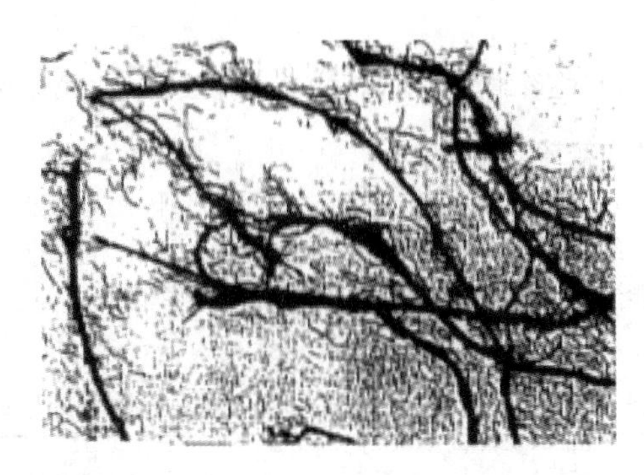

图1.5.3-7　芳纶纤维浆粕的显微镜照片

（二）短纤维增强的受力分析

短纤维增强橡胶是一种多相体系，其中橡胶为连续相，短纤维为分散相，两相间形成界面层。为了使该复合材料具有优良的性能，橡胶基质、纤维和界面层必须各自达到一定的性能要求。

纤维的作用是增强作用，赋予复合材料高强度、高模量。

橡胶的作用是基体，将个体的纤维按一定取向牢固地黏结成整体，将应力传递并分配到各个纤维上，保护纤维不受环境侵蚀和磨损，复合材料的最高使用温度往往取决于橡胶。

界面层是决定复合材料性能的重要因素，界面区起到传递应力、承受由于热收缩系数不同而产生的应力的作用。若界面不牢固，就是复合材料的薄弱环节，所以短纤维大多需要进行与长纤维类似的预处理，以增强界面结合。

在短纤维橡胶复合材料中，当受到拉应力作用时，连续相的橡胶通过相界面把应力传递到纤维上，应力沿纤维轴的分布并不均匀。张应力在纤维末端较中间要小，中间最大。若纤维有足够的长度，其中间张应力与长纤维受到的张应力相同。而在纤维的端部，纤维与橡胶的界面处剪切应力达到最大值，如图1.5.3-8所示。

短纤维补强橡胶的典型应力-应变曲线如图1.5.3-9所示。

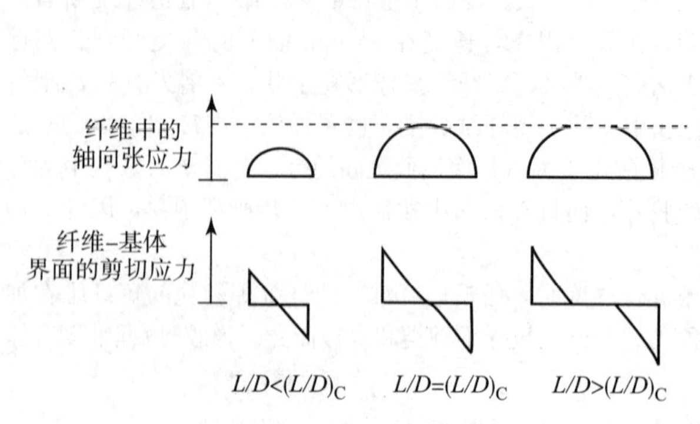

图 1.5.3-8　短纤维复合材料中张应力和剪切应力的分布

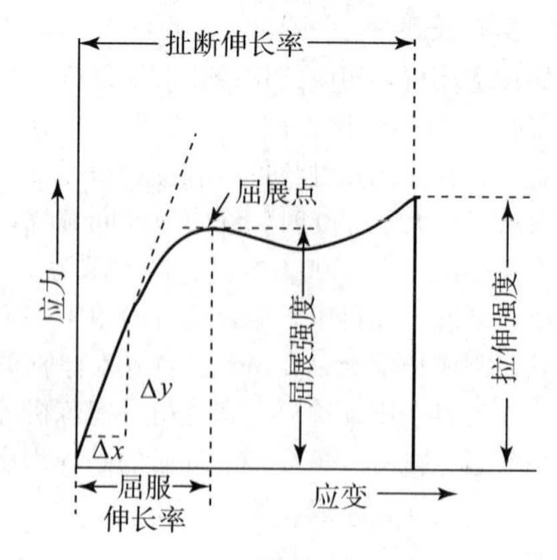

图 1.5.3-9　短纤维补强橡胶的典型应力应变曲线

短纤维-橡胶复合材料中短纤维有个最低用量问题，只有达到该用量才有明显增强作用。对于塑料至少要加 10%，主要是为了减少纤维末端的应力集中。在 100 份橡胶中，短纤维用量在 15～30 份，其硫化胶具有较高的硬度、定伸应力、撕裂强度和拉伸强度，较小的拉断永久变形，但伸长率降低。短纤维补强橡胶的拉伸强度，随着短纤维用量增加，起始先降低，而后直线上升，达到最大值后又开始降低，如图 1.5.3-10 所示。

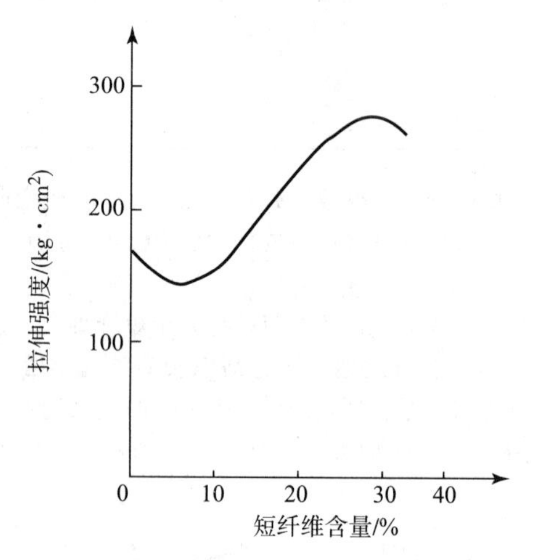

图 1.5.3-10　短纤维含量对 NR/SBR 并用胶复合体拉伸强度的影响

短纤维用量少时，橡胶基质的行为不受所存在纤维的影响，因此，即使在低应力下也表现出高的伸长率，所以纤维不附随橡胶，而与橡胶脱离产生空隙。一旦出现这种缺陷，橡胶-纤维复合体的强度就降低。短纤维的用量增加到某个数值以上时，就可能支配橡胶基质的行为，纤维的影响显然存在，橡胶-短纤维复合体的整体拉伸强度得以提高。但是，短纤维用量过大时，就会使橡胶基质变得不能流动，造成纤维定向困难，从而降低了拉伸强度。表 1.5.3-43 为短纤维用量对橡胶-短纤维复合体物理性能的影响。

表 1.5.3-43　短纤维用量对橡胶-短纤维复合体物理性能的影响

橡胶	短纤维用量	橡胶-短纤维复合体物理性能	
		拉伸强度/MPa	杨氏模量/MPa
三元乙丙橡胶	0	18.5	31.5
	5	17.8	37.9
	10	14.3	121.5
	15	17.8	235.9
	20	20.0	300.0
NR/SBR 橡胶	30	14.0	85.0
	50	17.0	140.0
	70	21.5	222.0

一般短纤维补强复合材料的抗张强度仅为连续长纤维-橡胶复合材料的 55%～86%，其模量为长纤维的 90%～95%。关于纤维长度对复合体物理性能的影响，芦田道夫的研究在国际上受到高度评价。他首先用 RFL（酚醛树脂浸渍剂）对长度为 0.5～8 mm 的聚酯短纤维进行处理，使其涂覆约 9%的 RFL，然后将经处理的相当于橡胶体积 10%的短纤维和硫化剂

用密炼机混入氯丁橡胶中，排胶后用开炼机压成约 2 mm 厚的胶片，硫化后切取试样，而后沿胶片压延方向测定应力-应变数值并绘制曲线。同时，对未经处理的聚酯纤维也按同法进行测定，以用作对比。测定结果如图 1.5.3－11 所示。配有未经 RFL 处理的聚酯短纤维的橡胶复合体的屈服应力都出现在伸长率 10%左右。配有经 RFL 处理的聚酯短纤维的复合体（长度 1 mm 以下短纤维）试样的拉伸应力随纤维长度增长而增加，当伸长率达到一定值时出现应力屈服，表现出与基质橡胶相同的倾向；配有长度 4 mm 以上短纤维复合体的试样的拉伸应力随伸长率增大而呈直线增长倾向直到最后断裂，显示出与纤维同样的影响力；配有长度 2 mm 的短纤维增强弹性体试样，其短纤维体积填充率为 5%时，应力屈服呈现与橡胶基质同样的状态，短纤维体积填充率为 15%时，拉伸应力呈直线性增大直至断裂，呈现与纤维同样的行为。由此可见，橡胶-短纤维复合体的补强效果，也就是说，短纤维对橡胶的补强效果视短纤维的长度和填充率而各异。

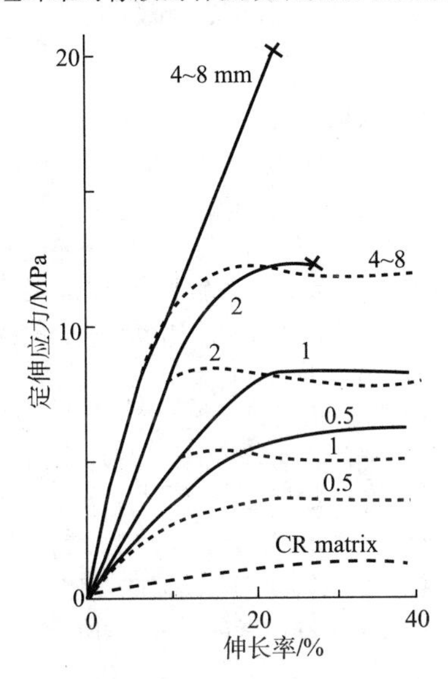

图 1.5.3－11　不同长度聚酯短纤维-氯丁橡胶复合体的应力-应变曲线（短纤维体积填充率 10%）

——经 RFL 处理，----未经 RFL 处理

（三）短纤维的应用

1. 短纤维应用的工艺要点

影响短纤维补强橡胶的因素包括短纤维的长径比、用量，短纤维在橡胶基质中的分散、取向，短纤维与橡胶基质的黏合，短纤维与胶料的混炼等加工方法。

（1）短纤维的表面处理。

短纤维-橡胶复合材料的纤维与橡胶的黏合性和相互作用对复合材料性能有很大影响。短纤维的表面一般呈惰性，与橡胶的黏合性差，为改善纤维与橡胶的黏合性和分散性，可考虑以下方法：①短纤维表面进行处理；②橡胶本身进行改性；③添加直接黏合体系助剂；④对橡胶进行纤维接枝等。实际加工中主要采用上述①、③的处理方法。

（2）短纤维在橡胶中的取向。

纤维的取向有三个方向，即与压延方向一致的轴向（L）、与 L 处于同一平面并垂直于压延方向（T）和垂直 $L-T$ 平面的方向（Y），如图 1.5.3－12 所示。

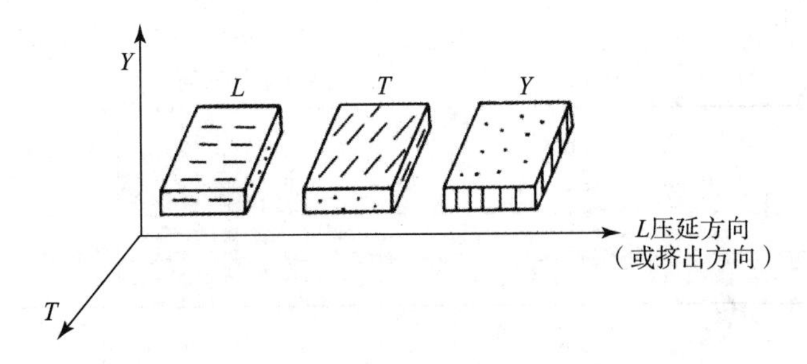

图 1.5.3－12　短纤维取向示意图

影响短纤维在橡胶中取向的最重要因素是复合材料制造过程中的最后成型工序，包括流道的尺寸、形状、温度、压力和速度等工艺条件。

混炼工艺对取向也有影响，混炼过程中如果能注意取向方向，对制取高度取向材料有利。为了使短纤维在橡胶中分散均匀，断裂少且有一定的取向，宜先用密炼机短时间混炼，再在开炼机上调节辊距至 1.5 mm 并提高辊温补充混炼一段时间，有利于短纤维的分散，提高各向异性，所得硫化胶的纵向（L）物理机械性能优于横向（T）。

2. 短纤维在橡胶制品中的应用

利用短纤维补强橡胶，起到了简化工艺、降低成本、提高经济效益的作用；硫化胶具有较高的弹性模量、硬度、抗撕裂强度、耐溶胀性和减振等性能，所以国内外橡胶工业把短纤维-橡胶复合材料用于制造中低压胶管、胶带、轮胎胎面以及一些结构复杂的橡胶制品。

(1) 胶管中应用。

胶管采用挤出成型，采用不同的口型挤出后便可以有不同的取向：周向取向提高耐压能力；径向取向提高胶管的挺性，可在无芯棒条件下连续生产胶管。因此，短纤维-橡胶复合材料在胶管领域的应用最为适宜。

利用短纤维增强技术制造汽车用异型管，可以提高生产效率。目前，短纤维-橡胶复合材料主要用于制造耐中低压胶管，如农田和园艺灌溉胶管、汽车中低压油管、一般水管等。

(2) 胶带中应用。

在三角带的压缩层中使用5～20份短纤维，可明显提高三角带的横向刚度，具有较好的纵向挠性、较低的弯曲模量，提高侧向摩擦力，提高传动效率，不易打滑；在表面层中使用，可以增大胶带与槽轮的摩擦力，降低噪声，保护胶带磨损；伸张层中使用可有效地提高横向刚度。

(3) 轮胎中应用。

短纤维提高耐磨耗性、耐刺穿性、耐撕裂性的特点在工程胎胎面胶方面的应用很有意义，在胎面胶中掺用2.5份就可以明显地表现出其优越性；在胎体、三角胶条、胎圈包布胶中应用也有一定的技术经济价值。

(4) 短纤维补强技术在其他橡胶制品中的应用。

在耐高压的夹布密封件中，用短纤维代替夹布，可大大简化工艺，节约人力物力；在防水片材中使用短纤维，可提高制品的抗刺穿、抗割裂能力；利用短纤维胶料吸能的特点，可用于橡胶减振制品；高度各向异性的短纤维-橡胶复合材料能够在不降低弹性的情况下极好地限制溶胀，因此，短纤维-橡胶复合材料耐油制品显示出优异的使用性能；用短纤维补强的橡胶筛网具有缓冲性好、不易变形、耐磨和不堵塞的优点；短纤维-橡胶复合材料还被用来制作中空圆形船坞和护舷。短纤维补强技术在其他橡胶制品中的应用，还包括纤维素短纤维补强热塑性聚异戊二烯橡胶用做鞋底材料，纤维素短纤维补强EPDM用于制造汽车零部件；用碳纤维作补强剂制作高定伸应力的氟橡胶密封件。此外，短纤维-橡胶复合材料也被应用于胶鞋、汽车仪表盘、矿工帽、板片等橡胶制品中。

(四) 短纤维-橡胶复合材料的进展

早在20世纪70年代，Getson及Adama等就报道了在自由基引发剂作用下，在有机硅氧烷上原位接枝纤维状有机聚合物；Keller报道了在硅橡胶中原位生成聚丙烯纤维的技术。20世纪80年代，山本新治、谷渊照夫等提出在天然橡胶中原位生成超细锦纶短纤维的技术，用这种技术生成的短纤维母炼胶的加工性能非常优异，在许多橡胶制品都可以使用。使用原位增强技术，可以克服传统短纤维-橡胶复合材料加工过程中短纤维难分散、易断裂及纤维与橡胶黏合不好等问题，而且原位增强纤维的特性还使材料具有优异的物理性能。因此，原位增强技术是复合材料可能的一个发展方向。

3.7.2 木质纤维素

木质纤维素是天然可再生木材经过化学处理、机械法加工得到的有机絮状纤维物质，无毒、无味、无污染、无放射性，具有优良的柔韧性及分散性。

木质纤维素不溶于水、弱酸和碱性溶液，pH值呈中性，可提高混炼胶的抗腐蚀性。木质纤维素比重小、比表面积大，具有优良的保温、隔热、隔声、绝缘和透气性能，热膨胀均匀不起壳、不开裂。当制品工作温度达到150℃能隔热数天，达到200℃能隔热数十小时，超过220℃也能隔热数小时。

木质纤维素还可以用作增稠剂、吸收剂、稀释剂或载体和填料。

木质纤维素的供应商见表1.5.3-44。

表1.5.3-44 木质纤维素的供应商

供应商	规格型号	外观	晶粒尺寸/μm	密度/(g·cm^{-3})	灼烧残渣/(850℃×4 h)	pH值	纤维素含量/%	筛余物(≤)/%		
								250 μm	100 μm	32 μm
元庆国际贸易有限公司	E140	黄色粉末状	60～140	1.05～1.45	约0.5%	5.5±1	约75	0.5	0.55	0.85

3.7.3 棉短纤维

(一) 棉粉

棉粉短纤维主体成分是棉，具有棉纤维的理化性能，加入后对胶料的硫化特性基本没有影响，能够提高橡胶传动带的抗湿滑性和降低噪声等。与合成纤维并用可代替其用量的1/3～1/2，在基本不影响性能的基础上降低成本，减轻制品重量。适用于传动带等多种橡胶制品。

CR标准检测配方硫化胶的拉伸力学性能参考指标见表1.5.3-45。填充不同用量棉粉的CR硫化胶拉伸应力-应变曲线如图1.5.3-13所示。

表 1.5.3-45　CR 标准检测配方硫化胶的拉伸力学性能参考指标

产品规格	纤维用量	纤维取向方向拉伸性能指标				垂直纤维取向方向直角撕裂强度/(kN·m⁻¹)
		TSmax/MPa	TSy/MPa	εy/%	TS20/MPa	
棉粉	0	18.2	—	—	1.0	35.1
	10	10.3	4.7	90	1.7	46.1
	20	8.8	7.2	60	3.5	42.3
	30	9.6	9.6	35	7.6	39.2

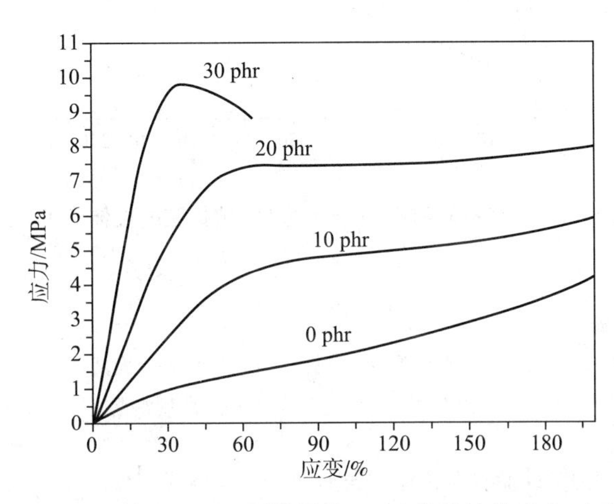

图 1.5.3-13　填充不同用量棉粉的 CR 硫化胶拉伸应力-应变曲线

棉粉的供应商见表 1.5.3-46。

表 1.5.3-46　棉粉的供应商

供应商	产品规格	纤维长度/mm	含水率/%	外观
黑龙江弘宇短纤维新材料股份有限公司	棉粉	0.3～0.5	≤8.5	灰色纤维状絮团
	白棉粉	0.3～0.5	≤8.5	白色纤维状絮团

（二）棉短切纤维

棉短切纤维主体成分是棉，具有棉纤维的理化性能，多用于低温使用的橡胶制品中，对胶料的硫化特性基本没有影响，能够提高传动型橡胶制品的抗湿滑性能，在农用机械传动带等橡胶制品中应用较多。

CR 标准检测配方硫化胶的拉伸力学性能参考指标见表 1.5.3-47。

表 1.5.3-47　CR 标准检测配方硫化胶的拉伸力学性能参考指标

产品规格	纤维用量	纤维取向方向拉伸性能指标				垂直纤维取向方向直角撕裂强度/(kN·m⁻¹)
		TSmax/MPa	TSy/MPa	εy/%	TS20/MPa	
LM-3	0	18.2	—	—	1.0	35.1
	10	6.8	—	—	1.2	37.1
	20	6.5	5.8	70	2.7	40.2
	30	7.2	7.2	42	5.2	43.4
LM-5	20	6.6	6.6	48	3.6	49.3

棉短切纤维的供应商见表 1.5.3-48。

表 1.5.3-48　棉短切纤维的供应商

供应商	产品规格	纤维长度/mm	含水率/%	外观
黑龙江弘宇短纤维新材料股份有限公司	LM-3	3.0±1.0	≤8.5	黑色或蓝色短直纤维
	LM-5	5.0±1.0	≤8.5	

填充不同用量 LM-3 的 CR 硫化胶的拉伸应力-应变曲线如图 1.5.3-14 所示。

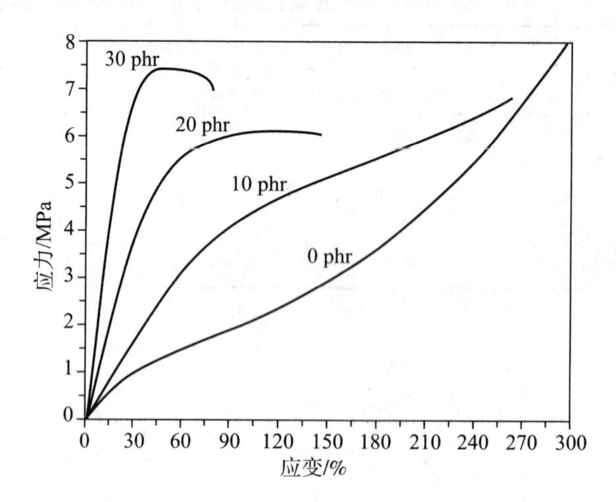

图 1.5.3-14 填充不同用量 LM-3 的 CR 硫化胶的拉伸应力-应变曲线

3.7.4 锦纶短纤维

（一）预处理锦纶 66 短纤维

预处理锦纶 66 短纤维主体成分是锦纶 66，经过预处理制得，可按照常规橡胶混炼工艺进行加工，建议首先采用少量生胶（生胶量的 1/5～1/3）与短纤维制备母胶进行预分散，然后再进行常规混炼。在切边带、多楔带、胶管、密封件等橡胶制品中应用较多。

CR 标准检测配方硫化胶的拉伸力学性能参考指标见表 1.5.3-49。

表 1.5.3-49 CR 标准检测配方硫化胶的拉伸力学性能参考指标

产品规格	纤维用量	纤维取向方向拉伸性能指标				垂直纤维取向方向直角撕裂强度/(kN·m^{-1})
		TSmax/MPa	TSy/MPa	εy/%	TS20/MPa	
DN66-1	0	18.2	—	—	1.0	35.1
	10	7.8	7.8	50	4.6	50.2
	20	9.8	9.8	41	6.2	55.4
	30	11.6	11.6	32	9.1	59.7
DN66-2	20	10.2	10.2	39	6.6	56.7
DN66-3	20	14.1	14.1	34	9.5	67.6

填充不同用量 DN66-1 的 CR 硫化胶拉伸应力-应变曲线如图 1.5.3-15 所示。

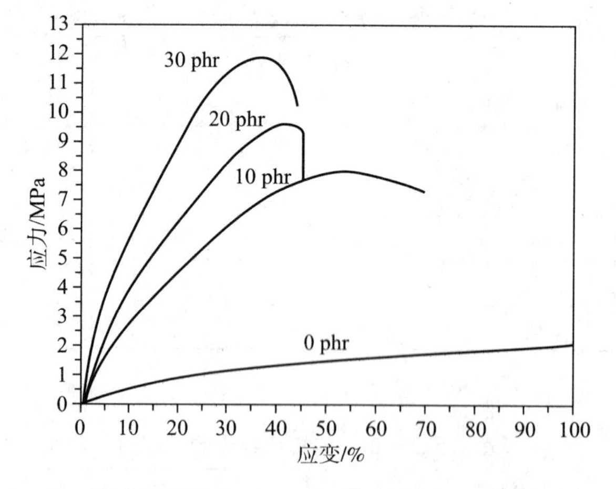

图 1.5.3-15 填充不同用量 DN66-1 的 CR 硫化胶拉伸应力-应变曲线

预处理锦纶 66 短纤维的供应商见表 1.5.3-50。

表 1.5.3-50　预处理锦纶 66 短纤维的供应商

供应商	产品规格	纤维长度/mm	含水率/%	附胶量/%	外观
黑龙江弘宇短纤维新材料股份有限公司	DN66-1	1±0.5	≤4.5	≥7	灰黑色絮状
	DN66-2	2±0.5	≤4.5	≥7	
	DN66-3	3±0.5	≤4.5	≥7	

（二）锦纶 66 短纤维

锦纶 66 短纤维主体成分是锦纶 66，可按照常规橡胶混炼工艺进行加工，在生胶加入后即可加入，在胶料中的分散性很好，对胶料的硫化性能基本没有影响。在切边带、多楔带、胶管、密封件等橡胶制品中应用较多。

CR 标准检测配方硫化胶的拉伸力学性能参考指标见表 1.5.3-51。

表 1.5.3-51　CR 标准检测配方硫化胶的拉伸力学性能参考指标

产品规格	纤维用量	纤维取向方向拉伸性能指标				垂直纤维取向方向直角撕裂强度/(kN·m^{-1})
		TSmax/MPa	TSy/MPa	εy/%	TS20/MPa	
FN66-1	0	18.2	—	—	1.0	35.1
	10	9.8	9.8	90	2.7	51.2
	20	13.5	13.5	60	5.8	60.8
	30	18.1	18.1	45	10.4	70.0
FN66-3	20	22.2	22.2	38	11.2	90.4
FN66-6	20	27.1	27.1	30	20.1	101.4

填充不同用量 FN66-1 的 CR 硫化胶拉伸应力-应变曲线如图 1.5.3-16 所示。

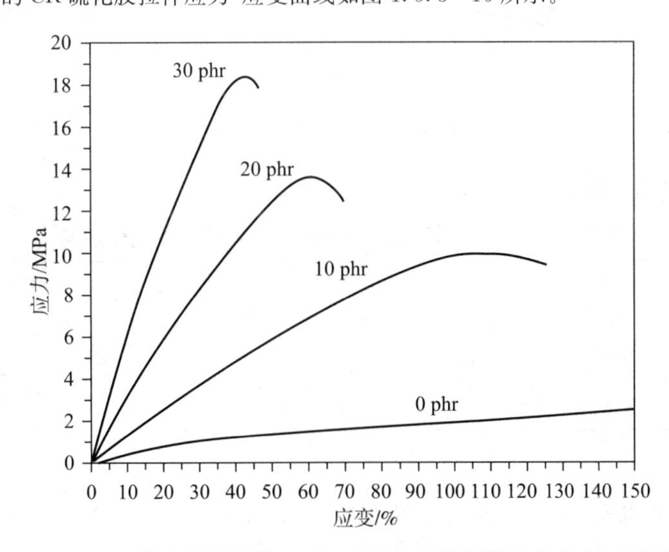

图 1.5.3-16　填充不同用量 FN66-1 的 CR 硫化胶拉伸应力-应变曲线

锦纶 66 短纤维的供应商见表 1.5.3-52。

表 1.5.3-52　锦纶 66 短纤维的供应商

供应商	产品规格	纤维长度/mm	含水率/%	附胶量	外观
黑龙江弘宇短纤维新材料股份有限公司	FN66-1	1.0±0.5	≤4.5	可调	棕红色
	FN66-3	3.0±0.5	≤4.5		
	FN66-6	6.0±1.0	≤4.5		

（三）乙丙橡胶专用型锦纶 66 短纤维

乙丙橡胶专用型锦纶 66 短纤维主体成分是锦纶 66，经特殊处理后在 EPDM 中具有较好的分散性和补强性能，非常适合于 EPDM 基传动带和 EPDM 基的其他橡胶制品的增强。按常规 EPDM 混炼工艺进行加工即可，对胶料的硫化性能基本上没有影响。

EPDM 标准检测配方硫化胶的拉伸力学性能参考指标见表 1.5.3-53。

表 1.5.3－53 EPDM 标准检测配方硫化胶的拉伸力学性能参考指标

产品规格	纤维用量	纤维取向方向拉伸性能指标				垂直纤维取向方向直角撕裂强度/(kN·m^{-1})
		TSmax/MPa	TSy/MPa	εy/%	TS20/MPa	
FN66 乙丙-1	0	12.1	—	—	1.1	29.4
	10	11.5	11.5	50	5.1	48.7
	20	15.5	15.5	40	7.5	60.6
	30	17.5	17.5	35	13.2	71.3
FN66 乙丙-3	20	19.6	19.6	28	14.5	81.1
FN66 乙丙-6	20	19.4	19.4	27	15.8	97.2

填充不同用量 FN66 乙丙-1 的 EPDM 硫化胶拉伸应力-应变曲线如图 1.5.3－17 所示。

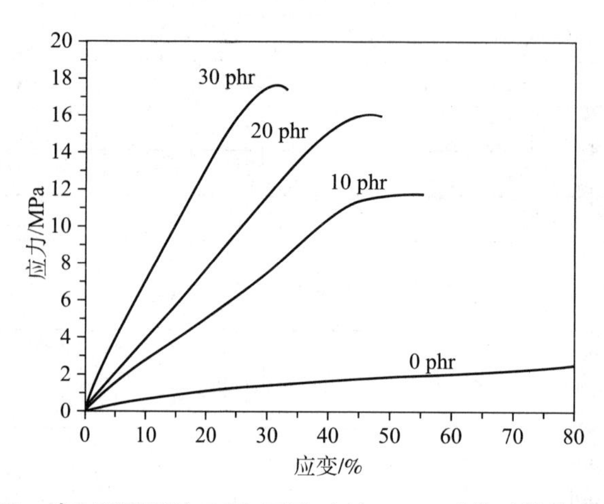

图 1.5.3－17 填充不同用量 FN66 乙丙-1 的 EPDM 硫化胶拉伸应力-应变曲线

乙丙橡胶专用型锦纶 66 短纤维的供应商见表 1.5.3－54。

表 1.5.3－54 乙丙橡胶专用型锦纶 66 短纤维的供应商

供应商	产品规格	纤维长度/mm	含水率/%	附胶量/%	外观
黑龙江弘宇短纤维新材料股份有限公司	FN66 乙丙-1	1.0±0.5	≤4.5	可调	棕红色
	FN66 乙丙-3	3.0±0.5	≤4.5		
	FN66 乙丙-6	6.0±1.0	≤4.5		

（四）锦纶短纤维

锦纶短纤维可按照常规橡胶混炼工艺进行加工，在生胶加入后即可加入，在胶料中的分散性很好，对胶料的硫化性能基本没有影响。在切边带、多楔带、胶管、密封件等橡胶制品中应用较多。

CR 标准检测配方硫化胶的拉伸力学性能参考指标见表 1.5.3－55。

表 1.5.3－55 CR 标准检测配方硫化胶的拉伸力学性能参考指标

产品规格	纤维用量	纤维取向方向拉伸性能指标				垂直纤维取向方向直角撕裂强度/(kN·m^{-1})
		TSmax/MPa	TSy/MPa	εy/%	TS20/MPa	
NQ	0	18.2	—	—	1.0	35.1
	10	14.2	5.4	100	1.9	48.1
	20	13.5	8.2	62	4.2	57.8

填充不同用量 NQ 的 CR 硫化胶拉伸应力-应变曲线如图 1.5.3－18 所示。

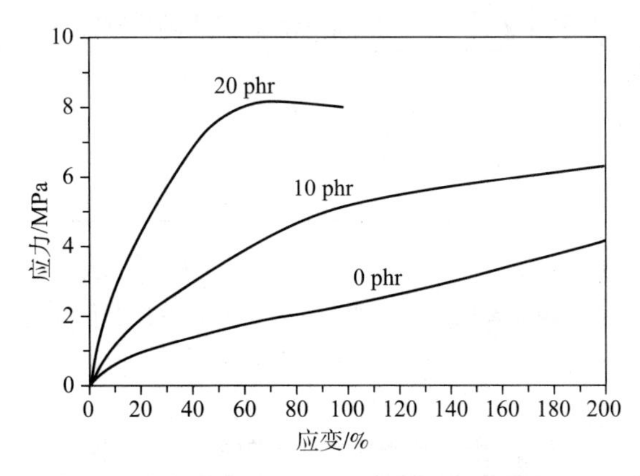

图 1.5.3-18　填充不同用量 NQ 的 CR 硫化胶拉伸应力-应变曲线

锦纶短纤维的供应商见表 1.5.3-56。

表 1.5.3-56　锦纶短纤维的供应商

供应商	产品规格	纤维长度/mm	含水率/%	外观
黑龙江弘宇短纤维新材料股份有限公司	NQ	0.3～0.6	≤4.5	棕红色

3.7.5　聚酯短纤维

（一）预处理聚酯短纤维

预处理聚酯短纤维主体成分是聚酯纤维，具有聚酯的理化性能，在氯丁橡胶中具有很好的分散性和黏合性能，按常规橡胶混炼工艺进行加工即可。在切边带、多楔带、胶管、密封件等橡胶制品中应用较多。

CR 标准检测配方硫化胶的拉伸力学性能参考指标见表 1.5.3-57。

表 1.5.3-57　CR 标准检测配方硫化胶的拉伸力学性能参考指标

产品规格	纤维用量	纤维取向方向拉伸性能指标				垂直纤维取向方向直角撕裂强度/(kN·m^{-1})
		TSmax/MPa	TSy/MPa	εy/%	TS20/MPa	
FD-1	0	18.2	—	—	1.0	35.1
	10	10.8	10.8	42	6.1	49.1
	20	18.8	18.8	29	15.1	61.9
	30	24.9	24.9	23	21.2	82.0
FD-3	20	23.3	23.3	19	—	68.9
FD-6	20	19.0	19.0	18	—	74.1

填充不同用量 FD-1 的 CR 硫化胶拉伸应力-应变曲线如图 1.5.3-19 所示。

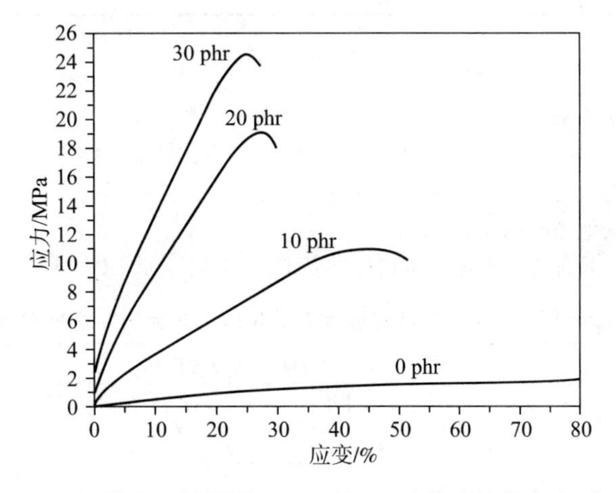

图 1.5.3-19　填充不同用量 FD-1 的 CR 硫化胶拉伸应力-应变曲线

预处理聚酯短纤维的供应商见表 1.5.3-58。

表 1.5.3-58 预处理聚酯短纤维的供应商

供应商	产品规格	纤维长度/mm	含水率/%	附胶量/%	外观
黑龙江弘宇短纤维新材料股份有限公司	FD-1	1.0±0.5	≤3.0	可调	棕红色
	FD-3	3.0±0.5	≤3.0		
	FD-6	6.0±1.0	≤3.0		

（二）聚酯短纤维

聚酯短纤维主体成分是聚酯纤维，具有聚酯的理化性能，在氯丁橡胶中具有很好的分散性和黏合性能，按常规橡胶混炼工艺进行加工即可。在切边带、多楔带、胶管、密封件等橡胶制品中应用较多。

CR 标准检测配方硫化胶的拉伸力学性能参考指标见表 1.5.3-59。

表 1.5.3-59 CR 标准检测配方硫化胶的拉伸力学性能参考指标

产品规格	纤维用量	纤维取向方向拉伸性能指标				垂直纤维取向方向直角撕裂强度/(kN·m^{-1})
		TSmax/MPa	TSy/MPa	εy/%	TS20/MPa	
DQ	0	18.2	—	—	1.0	35.1
	10	17.3	6.7	65	3.0	46.2
	20	16.9	9.2	42	6.3	56.5

填充不同用量 DQ 的 CR 硫化胶拉伸应力-应变曲线如图 1.5.3-20 所示。

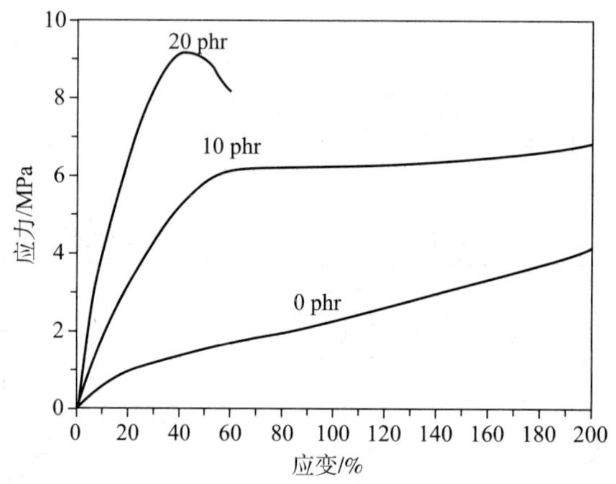

图 1.5.3-20 填充不同用量 DQ 的 CR 硫化胶拉伸应力-应变曲线

聚酯短纤维的供应商见表 1.5.3-60。

表 1.5.3-60 聚酯短纤维的供应商

供应商	产品规格	纤维长度/mm	含水率/%	外观
黑龙江弘宇短纤维新材料股份有限公司	DQ	0.3～0.6	≤3.0	棕红色

3.7.6 芳纶短纤维

（一）预处理芳纶 1414 短纤维

预处理芳纶 1414 短纤维主体成分是芳纶 1414，具有芳纶 1414 的理化性能，使用 3～10 份 PAF 的胶料具有良好的加工性能和力学性能，硫化胶经特殊的磨削加工后，可在表面形成毛感，大大提高了抗湿滑能力。PAF 适用于使用条件较苛刻以及高温使用场合下的传动带及其他橡胶制品。

EPDM 标准检测配方硫化胶的拉伸力学性能参考指标见表 1.5.3-61。

表 1.5.3-61 EPDM 标准检测配方硫化胶的拉伸力学性能参考指标

产品规格	纤维用量	纤维取向方向拉伸性能指标				垂直纤维取向方向直角撕裂强度/(kN·m^{-1})
		TSmax/MPa	TSy/MPa	εy/%	TS20/MPa	
PAF-1	0	12.1	—	—	1.1	29.4
	5	8.1	8.1	27	6.6	46.1
	10	13.6	13.6	17	—	55.5
	15	15.8	15.8	15	—	63.4
PAF-3	10	13.2	13.2	16	—	62.8
PAF-6	10	10.7	10.7	14	—	62.1

预处理芳纶 1414 短纤维的供应商见表 1.5.3-62。

表 1.5.3-62　预处理芳纶 1414 短纤维的供应商

供应商	产品规格	纤维长度/mm	含水率/%	附胶量/%	外观
黑龙江弘宇短纤维新材料股份有限公司	PAF-1	1.0±0.5	≤3.0	可调	棕黄色
	PAF-3	3.0±1.0	≤3.0		
	PAF-6	6.0±1.0	≤3.0		

填充不同用量 PAF-1 的 EPDM 硫化胶拉伸应力-应变曲线如图 1.5.3-21 所示。

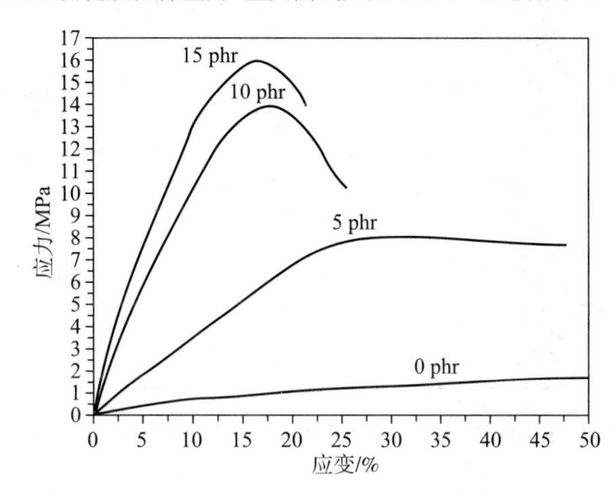

图 1.5.3-21　填充不同用量 PAF-1 的 EPDM 硫化胶拉伸应力-应变曲线

（二）芳纶 1414 短纤维

芳纶 1414 短纤维主体成分是芳纶 1414，具有芳纶 1414 的理化性能，使用 3～10 份 PAFD 的胶料具有良好的加工性能和力学性能，硫化胶经特殊的磨削加工后，可在表面形成强烈毛感，大大提高了抗湿滑能力。PAFD 适用于使用条件较苛刻以及高温使用场合下的传动带及其他橡胶制品。

EPDM 标准检测配方硫化胶的拉伸力学性能参考指标见表 1.5.3-63。

表 1.5.3-63　EPDM 标准检测配方硫化胶的拉伸力学性能参考指标

产品规格	纤维用量	纤维取向方向拉伸性能指标				垂直纤维取向方向直角撕裂强度/(kN·m^{-1})
		TSmax/MPa	TSy/MPa	εy/%	TS20/MPa	
PAFD-1	0	9.8	—	—	1.0	28.6
	5	5.6	5.6	22.0	5.5	46.2
	10	8.0	8.0	18.0	—	51.5
	15	12.6	12.6	13.5	—	61.8
PAFD-3	10	15.3	15.3	8.5	—	74.3

填充不同用量 PAFD-1 的 EPDM 硫化胶拉伸应力-应变曲线如图 1.5.3-22 所示。

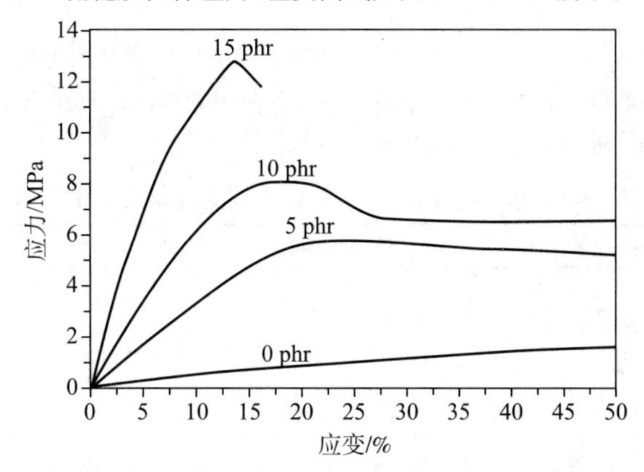

图 1.5.3-22　填充不同用量 PAFD-1 的 EPDM 硫化胶拉伸应力-应变曲线

芳纶 1414 短纤维的供应商见表 1.5.3-64。

表 1.5.3-64　芳纶 1414 短纤维的供应商

供应商	产品规格	纤维长度/mm	含水率/%	附胶量/%	外观
黑龙江弘宇短纤维新材料股份有限公司	PAFD-1	1.0±0.5	≤3.0	可调	棕黄色
	PAFD-3	3.0±1.0	≤3.0		
	PAFD-6	6.0±1.0	≤3.0		

（三）预处理芳纶 1313 短纤维

预处理芳纶 1313 短纤维主体成分是芳纶 1313，具有芳纶 1313 的理化性能。经过预处理的 MAF 在 CR 中具有很好的分散和黏合性能，对胶料的硫化性能基本没有影响。适用于高温条件下应用的传动带及其他橡胶制品。

CR 标准检测配方硫化胶的拉伸力学性能参考指标见表 1.5.3-65。

表 1.5.3-65　CR 标准检测配方硫化胶的拉伸力学性能参考指标

产品规格	纤维用量	纤维取向方向拉伸性能指标				垂直纤维取向方向直角撕裂强度/(kN·m⁻¹)
		TSmax/MPa	TSy/MPa	εy/%	TS20/MPa	
MAF-1	0	18.2	—	—	1.0	35.1
	5	17.8	5.1	112	1.6	44.7
	10	17.8	8.4	65	3.2	48.9
	15	18.7	13.5	38	7.8	53.4
MAF-3	10	16.5	11.4	32	8.4	57.2

填充不同用量 MAF-1 的 CR 硫化胶拉伸应力-应变曲线如图 1.5.3-23 所示。

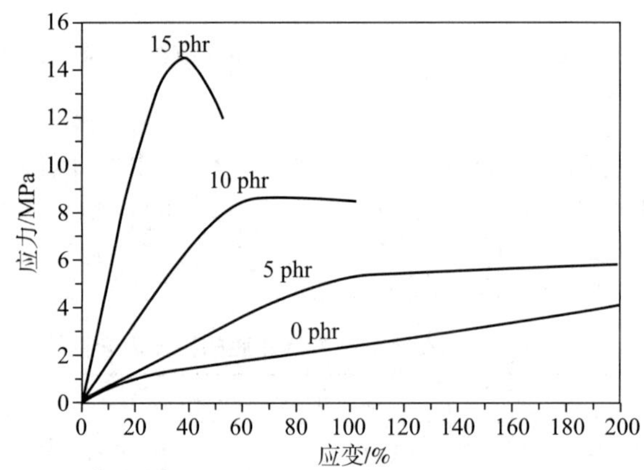

图 1.5.3-23　填充不同用量 MAF-1 的 CR 硫化胶拉伸应力-应变曲线

预处理芳纶 1313 短纤维的供应商见表 1.5.3-66。

表 1.5.3-66　预处理芳纶 1313 短纤维的供应商

供应商	产品规格	纤维长度/mm	含水率/%	外观
黑龙江弘宇短纤维新材料股份有限公司	MAF-1	1.0±0.5	≤5.0	白色
	MAF-3	3.0±1.0	≤5.0	

（四）芳纶 1313 短纤维

芳纶 1313 短纤维主体成分是芳纶 1313，具有芳纶 1313 的理化性能。经过预处理的 SAF 在 EDPM 中具有很好的分散和黏合性能，对胶料的硫化性能基本没有影响。适用于高温条件下应用的传动带及其他橡胶制品。

EPDM 标准检测配方硫化胶的拉伸力学性能参考指标见表 1.5.3-67。

表 1.5.3-67　EPDM 标准检测配方硫化胶的拉伸力学性能参考指标

产品规格	纤维用量	纤维取向方向拉伸性能指标				垂直纤维取向方向直角撕裂强度/(kN·m⁻¹)
		TSmax/MPa	TSy/MPa	εy/%	TS20/MPa	
SAF-1	0	12.1	—	—	1.1	29.4
	5	9.1	7.0	60	4.6	42.7
	10	10.2	10.2	45	7.5	43.3
	15	12.2	12.2	40	9.2	50.5
SAF-3	10	10.2	10.2	42	8.0	44.8
SAF-6	10	10.1	10.1	40	8.3	41.7

芳纶 1313 短纤维的供应商见表 1.5.3－68。

表 1.5.3－68　芳纶 1313 短纤维的供应商

供应商	产品规格	纤维长度/mm	含水率/%	附胶量/%	外观
黑龙江弘宇短纤维新材料股份有限公司	SAF－1	1.0±0.5	≤5.0	可调	棕红色
	SAF－3	3.0±1.0	≤5.0		
	SAF－6	6.0±1.0	≤5.0		

填充不同用量 SAF－1 的 EPDM 硫化胶拉伸应力-应变曲线如图 1.5.3－24 所示。

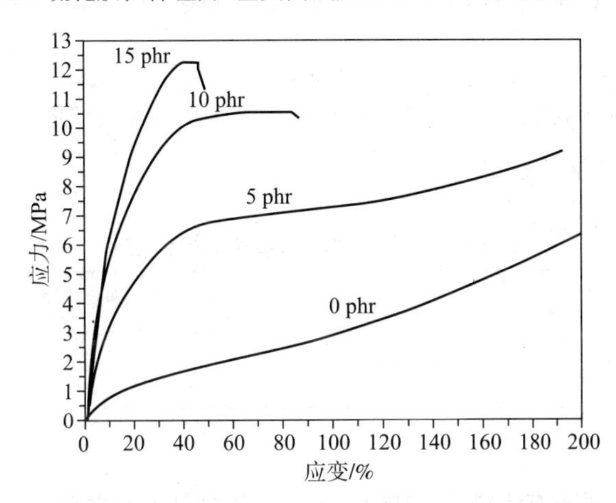

图 1.5.3－24　填充不同用量 SAF－1 的 EPDM 硫化胶拉伸应力-应变曲线

（五）预分散芳纶浆粕母胶

预分散芳纶浆粕母胶是高性能超细芳纶浆粕纤维预分散复合物产品，在胶料中加入 3～10 份可明显提高硫化胶的模量和小变形下的定伸应力，是橡胶传动带及其他橡胶制品的有效模量改性助剂。APM 预分散芳纶浆粕，对天然橡胶、合成橡胶（NR/EPDM/CR/NBR/HNBR）及热塑性橡胶起到补强作用，应用于传动带、胶管、垫圈、轮胎等橡胶制品中。

EPDM 标准检测配方硫化胶的拉伸力学性能参考指标见表 1.5.3－69。

表 1.5.3－69　EPDM 标准检测配方硫化胶的拉伸力学性能参考指标

产品规格	APM 用量	纤维取向方向拉伸性能指标				垂直纤维取向方向直角撕裂强度/(kN·m⁻¹)
		TSmax/MPa	TSy/MPa	εy/%	TS20/MPa	
APM40	0	9.8	—	—	1.0	28.6
	5	12.2	5.5	40	3.0	47.2
	10	10.1	7.7	30	7.0	53.1
	20	12.8	12.8	23	12.6	55.7

填充不同用量 APM 的 EPDM 硫化胶拉伸应力-应变曲线如图 1.5.3－25 所示。

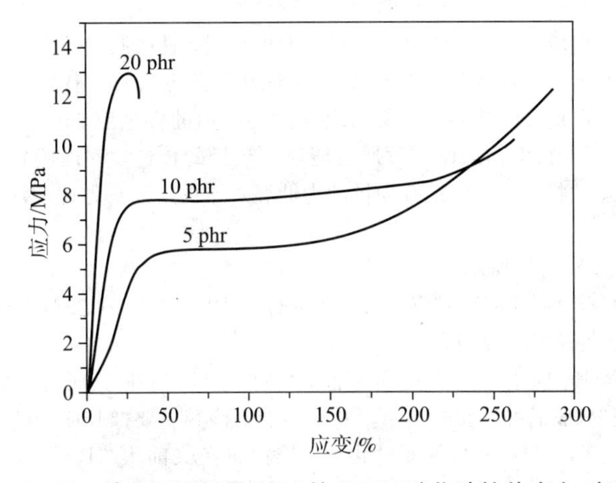

图 1.5.3－25　填充不同用量 APM 的 EPDM 硫化胶拉伸应力-应变曲线

预分散芳纶浆粕母胶的供应商见表 1.5.3－70。

表 1.5.3－70 预分散芳纶浆粕母胶的供应商

供应商	产品规格	纯芳纶浆粕纤维含量/%	含水率/%	外观
黑龙江弘宇短纤维新材料股份有限公司	APM40	40	≤3.0	黄色颗粒纤维

3.7.7 橡胶耐磨耗剂

橡胶耐磨耗剂的化学组成为双异丙基硼氧烷聚碳酸酯短纤维。

双异丙基硼氧烷聚碳酸酯短纤维是一种多功能橡胶新材料，应用双异丙基硼氧烷聚碳酸酯短纤维能较大幅度提高胎面胶的耐磨耗性、抗屈挠性，撕裂强度亦有所提高；显著、有效地提高补强剂的分散均匀度，降低混炼胶的初始门尼黏度，显著改善胶料的加工流变性能。

主要用于各种轮胎的胎面、胎侧、帘布、胎芯胶中，还可应用于运输带等其他动态橡胶制品中。在混炼胶料配方中以10份为宜或根据实际情况上调，并按双异丙基硼氧烷聚碳酸酯短纤维的用量增加硫黄份数4%，为保证力学性能，减少配方胶料中的操作油2.5份。

橡胶耐磨耗剂的供应商见表 1.5.3－71。

表 1.5.3－71 橡胶耐磨耗剂的供应商

供应商	规格型号	外观（目测）	加热减量（105±2)℃×2 h	pH 值
山东迪科化学科技股份有限公司	橡胶耐磨耗剂 SD1513 粒	灰白色至微淡黄色粒状	≤2.0	7.0～9.0
	橡胶耐磨耗剂 SD1513 粉	灰白色至微淡黄色粉状		

第四节 再生胶、胶粉与胶粒

4.1 概述

4.1.1 再生胶

橡胶制品中使用再生胶的主要目的是降低成本，获得良好的加工性能。

废旧橡胶的再生理论上有多种方法，包括：物理再生法、化学再生法、微生物脱硫法、力化学再生法等。(1) 物理再生法是利用外加能量，如力、热-力、冷-力、微波、超声、电子束等，使交联橡胶的三维网络被破碎为低分子的碎片。除微波和超声能造成真正的橡胶再生外，其余的物理方法是一种粉碎技术，即制作胶粉，只能作为非补强性填料来应用。(2) 化学再生法是利用化学助剂，如有机二硫化物硫醇、碱金属等，在升温条件下，借助于机械力作用，使橡胶交联键被破坏，达到再生目的。主要的再生剂包括：①De－link，再生剂 De－link 与 S－S 键反应而不破坏 C－C 键；②R. V 再生剂法，通过机械剪切作用，使 R. V 橡胶再生剂均匀包裹在废胶粉颗粒表面，经过浸润作用渗入胶粉颗粒中，以降低 S－S 交联键的键能，可有效地在短时间内解开 S－S 交联键而不破坏 S－C 键和 C－C 键，从而使废胶粉部分恢复橡胶物性；③TCR 再生法，在低温粉碎胶粉中混入少量的增塑剂和再生剂，然后送入粉末混合机中于室温或稍高的温度下进行短时间处理即可。化学再生过程中，要使用大量的化学品，在高温和高压下这些化学品几乎都是难闻的和有害的。(3) 微生物脱硫法在日本和德国已有专利报道，是将废橡胶粉碎到一定粒度后，将其放入含有噬硫细菌的溶液中，使其在空气中进行生化反应。在噬硫细菌的作用下，橡胶粒子表面的硫键断裂，呈现再生胶的性能。(4) 力化学再生法，不使用化学药剂，通过给予废胶热能、压力、剪断力，使硫化胶的硫键（交联点）发生断裂，使废胶粉部分恢复橡胶物性。

成熟的再生胶生产工艺主要有油法（直接蒸气静态法）、水油法（蒸煮法）、高温动态脱硫法、压出法、化学处理法、微波法等。油法、水油法由于污染严重，已被淘汰。我国现在主要应用的再生胶制造方法为高温动态脱硫法（无废水排放），高温动态脱硫法是在高温高压和再生剂的作用下通过能量与热量的传递，完成脱硫过程，此法不仅脱硫温度高，而且在脱硫过程中，物料始终处于运动状态。其他还有少量的为低温（加再生剂）力化学法，另有使用双螺杆挤出机的高温力化学法。

再生橡胶生产工艺流程如图 1.5.4－1 所示。

GB/T 13460—2016《再生橡胶 通用规范》对应于日本工业标准 JIS K6313—2006《再生橡胶》（非等效），按照 GB/T 13460—2016 的规定，国产再生橡胶命名的规则为：

再生橡胶分为两组，对于明确其主要橡胶成分的再生橡胶，即 A 组，依据其所含主要橡胶成分进行分类，并以表示“再生”含义的英文前缀“R－”和橡胶品种的符号表示；对于不能明确其主要橡胶成分的再生橡胶，即 B 组，依据其所使用的材料来源，即废旧橡胶制品进行分类，并以表示“再生”含义的英文前缀“R－”和表示废旧橡胶制品的英文字母表示。见表 1.5.4－1。

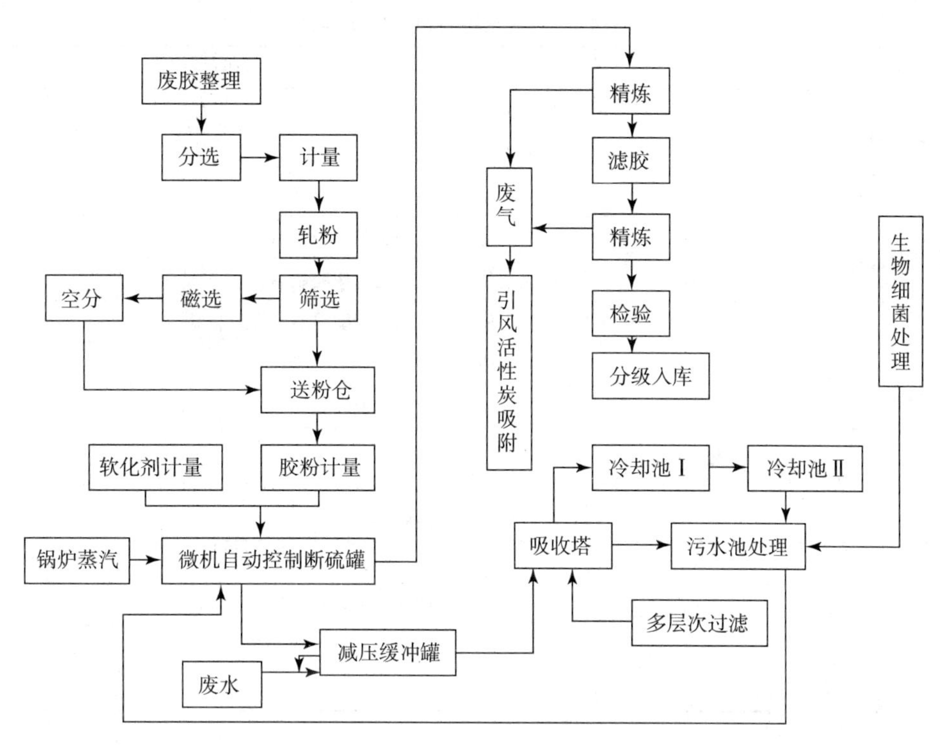

图 1.5.4-1　再生橡胶生产工艺流程

表 1.5.4-1　再生橡胶分类

组别	类别	代号	所用材料
A组	再生天然橡胶	R-NR	天然橡胶为主体的各种废旧橡胶制品的橡胶部分
	再生丁基橡胶	R-IIR	丁基橡胶为主体的废汽车内胎、胶囊、水胎、密封条、瓶塞及其他丁基橡胶制品的橡胶部分
	再生丁腈橡胶	R-NBR	丁腈橡胶为主体的各种废旧橡胶制品的橡胶部分
	再生乙丙橡胶	R-EPDM	乙丙橡胶为主体的各种废旧橡胶制品的橡胶部分
	再生丁苯橡胶	R-SBR	丁苯橡胶为主体的各种废旧橡胶制品的橡胶部分
B组	轮胎再生橡胶	R-T	废轮胎混合料或整胎
	胎面再生橡胶	R-TT	废轮胎胎面
	内胎再生橡胶	R-TI	废轮胎内胎
	胶鞋再生橡胶	R-S	废旧胶面鞋、布面鞋橡胶部分
	杂胶再生橡胶	R-M	废旧橡胶制品混合料
	浅色再生橡胶	R-N	非黑色废旧橡胶

当橡胶成分和材料来源都明确时，A组和B组之间用"/"隔开，只保留第一个前缀"R-"。如R-NR/TT，表示以废轮胎胎面制取的再生天然橡胶，命名为胎面再生天然橡胶。

4.1.2　胶粉与胶粒

胶粉指废旧橡胶制品经粉碎加工处理得到的粉末状橡胶填料。胶粉按制法可以分为常温胶粉、冷冻胶粉及超微细胶粉；按原料来源可以分为轮胎胶粉及鞋胶粉；按活化与否可分为活化胶粉及未活化胶粉；按粒径大小可分为超细胶粉和一般胶粉。

用常温法制得的胶粉，由于是利用机械剪切力进行粉碎，所以胶粉粒子表面有无数的凹凸呈毛刺状态，而用低温冷冻粉碎的胶粉主要是冲击力的作用，胶粉表面比较光滑。冷冻粉碎胶粉与常温粉碎胶粉相比，平均粒径较小，热老化和氧化现象小，故性能略高于常温粉碎法制得的胶粉。但相同粒径的同一种类的这两种胶粉和生胶配合，常温粉碎胶粉由于表面有很多凹凸，表面积较大，对胶粉的表面处理和活化有利，总的来说，两者分别填充的硫化胶物理机械性能相近。

胶粉可以按原料和用途进行分类。GB/T 19208—2008《硫化橡胶粉》对应于ASTM D5603—2001《再利用硫化颗粒橡胶》(非等效)，适用于由各种硫化橡胶为原料，采用符合国家循环经济要求工艺制造的不同粒径的硫化橡胶粉，硫化橡胶粉依据所用原料的类别和胶粉的特殊用途进行分类，见表 1.5.4-2。

表 1.5.4-2　按胶粉原料和用途的分类

品种	代号	所用材料
轮胎类硫化橡胶粉	A_1	已失去使用价值的子午线轮胎
	A_2	已失去使用价值的斜交轮胎
非轮胎类硫化橡胶粉	B_1	已失去使用价值的丁基橡胶制品
	B_2	已失去使用价值的丁腈橡胶制品
	B_3	已失去使用价值的乙丙橡胶制品
	B_4	已失去使用价值的聚氨酯甲酸酯橡胶制品
公路改性沥青用硫化橡胶粉	C_1	已失去使用价值的全钢子午线轮胎
	C_2	已失去使用价值的其他轮胎类

胶粉也可以按制备方法与粒径进行分类，见表 1.5.4-3。

表 1.5.4-3　胶粉分类

粉碎方法	粒径	表面情况	加工设备
常温胶粉	300～1 400 μm，12～48 目	凹凸不平，有毛刺，利于与胶结合	细碎机
冷冻胶粉	75～300 μm，48～200 目	较平滑	冷冻粉碎装置
超微细胶粉	75 μm 以下，200 目以上	—	磨盘式胶体碾磨机

不同粒径胶粉对胶料性能的影响见表 1.5.4-4。

表 1.5.4-4　不同粒径胶粉对胶料性能的影响

项目	常温法制得的胶粉[a]					冷冻法制得的胶粉[b]					
粒径 μm	无胶粉	＜130	＜160	＜200	＜320	无胶粉	＜63	＜100	＜160	＜200	＜250
粒径 目数		100	80	60	40		200	120	80	60	50
硬度（邵尔 A）	69	70	69	69	69	64[c]	66[c]	66[c]	65[c]	64[c]	64[c]
300%定伸应力/MPa	11.67	10.59	10.95	11.08	10.88	12.5	12.2	12.1	11.4	11.2	11.0
拉伸强度/MPa	30.40	27.85	26.67	27.56	26.28	18.7	18.5	18.0	17.5	17.1	16.8
拉断伸长率/%	611	600	574	581	564	485	475	470	465	455	460
撕裂强度/($kN \cdot m^{-1}$)	101.0	101.0	94.1	105.9	106.9	55	65	63	62	60	58
回弹率/%	38	37	37	38	37	32	31	32	32	32	32
生热（ΔT）/℃	37	38	37.5	38	37	—	—	—	—	—	—
阿克隆磨耗（1.61 km）/($cm \cdot 3^{-1}$)	0.267	0.310	0.312	0.308	0.290	—	—	—	—	—	—
曲挠龟裂/万次	16	6	11	12	7	—	—	—	—	—	—
曲挠裂口（45 千次）/mm	11.4	—	—	9.1	—	—	—	—	—	—	—
拉伸疲劳（ε = 150%）/千次	—	—	—	—	—	9.1	30.5	26.4	22	17.4	15
弯曲疲劳/千次	—	—	—	—	—	100	300	240	113	100	90
抗裂口增长/千次	—	—	—	—	—	36.5	105	90	74	58	48
磨耗量[d]/($cm^3 \cdot J^{-1}$)	—	—	—	—	—	19.2	19.5	19.8	19.8	20.1	20.3

注 a：配方为天然橡胶 100，中超耐磨炭黑 33，槽黑 15，胎面胶粉 10，硫化条件为 143℃×30 min。
注 b：配方为 SBR 75，BR 25，冷冻胎面胶胶粉 40，硫化条件为 143℃×40 min。
注 c：TM-2。
注 d：指采用杜邦-格拉西里磨耗机进行的试验，以橡胶体积减量与所耗摩擦功之比表示。

在胎面胶中掺用 10 份 100 目以上的胶粉可提高轮胎的行驶里程。胶粉主要用于低档橡胶制品中，如在鞋的中底掺用 100 份以上，胶粉的应用领域包括建材、沥青改性、减振降噪等，可用于轮胎、力车胎、胶管胶带、胶板、防水卷材、屋面材料以及道路胶粉改性沥青和铁路轨枕等产品。

胶粒是以废旧橡胶制品经粉碎制成的10目左右的颗粒，主要用作再生胶的原料，也可用于工程橡胶制品、人造草垫层、铺设球场地面及体育跑道等。

4.2　再生胶与胶粉的技术标准与工程应用

4.2.1　再生胶与胶粉的试验配方

再生胶与胶粉的试验配方见表1.5.4-5，详见GB/T 13460—2016《再生橡胶 通用规范》、GB/T 19208—20088《硫化橡胶粉》。

表1.5.4-5　再生胶与硫化橡胶粉的试验配方

再生胶的试验配方						硫化橡胶粉的试验配方			
原材料名称	再生橡胶[a]	再生丁基橡胶	再生丁腈橡胶	再生乙丙橡胶	执行标准	原材料名称	基本配合	试验配方	执行标准
再生橡胶（塑炼后）	300	300	300	300	—	1＃烟片	100	300	GB/T 8089—2007
促进剂TBBS（NS）	2.4	—	2.0	—	GB/T 21840	硫化橡胶粉	50	150	
促进剂MBT（M）	—	0.8	—	1.5	GB/T 11407	氧化锌（间接法一级）	7.5	22.5	GB/T 3185—1992
促进剂TMTD	—	1.7	—	3.0	HG/T 2334	硫黄	3.5	10.5	GB/T 2449—2006
氧化锌（间接法一级）	7.5	8.5	9.0	15.0	GB/T 3185	硬脂酸	1.5	4.5	GB/T 9103—1998
硬脂酸	1.0	—	3.0	3.0	GB/T 9103	促进剂MBT（M）	1.5	4.5	GB/T 11407—2003
硫黄	3.5	3.5	4.5	4.5	GB/T 2449	促进剂NOBS	0.5	1.5	GB/T 8829—2006
合计	314.4	314.5	318.5	327.0	—	3＃芳烃操作油	3	9	

注a：除了有特殊规定要求的再生橡胶，都采用本配方。

拟定中的国家标准《再生天然橡胶评价方法》（修改采用ISO/TS 16095—2014）提出的再生天然橡胶的标准试验配方见表1.5.4-6。

表1.5.4-6　再生天然橡胶的标准试验配方

材料	质量份
再生天然橡胶	$100.00+x^1+y^2+z^3$
硬脂酸[a]	2.00
氧化锌[a]	5.00
硫黄[a]	3.00
巯基苯并噻唑（MBT）	0.50
二苯基胍（DPG）	0.20
总计	$110.70+x^1+y^2+z^3$

注1：x是100分再生天然橡胶中炭黑的份数。
注2：y是100分再生天然橡胶中丙酮萃取物的份数。
注3：z是100分再生天然橡胶中灰分的份数。
注a：使用粉末状物质（工业用标准硫化剂）。

拟定中的国家标准《再生丁基橡胶评价方法》（修改采用ISO/TS 16095—2014）提出的再生丁基橡胶标准试验配方见表1.5.4-7。

表1.5.4-7　再生丁基橡胶的标准试验配方

材料	质量份
再生异丁二烯-异戊二烯橡胶（IIR）	$100.00+x^1+y^2+z^3$
氧化锌[a]	5.00
硫黄[a]	2.00
ZBEC（二苄基二硫代氨基甲酸锌）	1.50
巯基苯并噻唑（MBT）	1.00
总计	$110.70+x^1+y^2+z^3$

注1：x是100分再生异丁二烯-异戊二烯橡胶中炭黑的份数。
注2：y是100分再生异丁二烯-异戊二烯橡胶中丙酮萃取物的份数。
注3：z是100分再生异丁二烯-异戊二烯橡胶中灰分的份数。
注a：使用粉末状物质（工业用标准硫化剂）。

4.2.2 再生胶与硫化橡胶粉硫化试样制样程序

1. 再生胶硫化试样制样程序

(1) GB/T 13460—2016《再生橡胶 通用规范》的规定。

a) 塑炼。

调节符合 GB/T 6038—2006 标准规定的开放式炼胶机辊温为(40±5)℃、辊距为(1.50±0.10)mm、两挡板之间距离为(150±20)mm(除辊距外炼胶的其他程序的辊温与两挡板之间距离均按此设置)。

取符合标准规定的样品不小于 310 g,将样品投入到炼胶机中完全通过辊筒 3 次,塑炼后胶料应放置在平整、清洁、干燥的金属表面冷却至室温。

b) 混炼。

概述:按 GB/T 6038—2006 标准规定的开放式炼胶机炼胶手法对再生橡胶样品及配合剂进行混炼均匀并出片。

混炼程序:

称取 300 g 塑炼后的再生橡胶样品投入炼胶机,反复做 3/4 割刀、折叠下片再过辊动作,使样品分布均匀包裹在辊筒上。

陆续加入配制好的配合剂,每加一种配合剂反复交替做 3/4 割刀,并在连续割刀允许间隔 20 s 的时间内将洒落地盘的配合剂回收到堆积胶中。当堆积胶或辊筒表面上没有明显游离粉时,做全割并折叠下片,用折叠状的试样擦洗、吸附炼胶机底盘散落的配合剂,再竖向投入炼胶机中。待配合剂混炼均匀后薄通、出片。混炼的配合剂加入顺序、辊距要求以及折叠下片参考次数、炼胶持续参考时间见表 1.5.4-8。

表 1.5.4-8 再生橡胶混炼顺序

配合剂名称	折叠下片参考次数/次	炼胶持续参考时间/min	辊距/mm
促进剂	1	1.0	1.50±0.10
氧化锌	1	2.0	
硬脂酸	1	1.0	
硫黄	2	1.5	
薄通	3	1.5	0.80±0.20
出片	1	1.0	1.50~2.00
合计	9	8.0	—

混炼后胶料应放置在平整、清洁、干燥的金属表面冷却至室温,冷却后的胶料应用铝箔或其他合适材料包好以防被其他物料污染。

c) 硫化。

按 GB/T 6038—2006 标准哑铃状试样标准硫化试片的制备方法进行,硫化条件见表 1.5.4-9。

表 1.5.4-9 硫化条件

分类	硫化温度/℃	硫化时间/min
再生橡胶[a]	145±1	10、15、20
再生丁基橡胶	160±1	40、50、60
再生乙丙橡胶	160±1	10、20、30
再生丁腈橡胶	150±1	20、30、40

注 a:除了有特殊规定要求的再生橡胶,其他都采用此条件。

d) 测定。

按 GB/T 2941—2006 进行调节,按 GB/T 528—2006 用 I 型试样测定拉伸性能、拉伸强度、拉断伸长率,取 3 个硫化时间中最佳硫化时间的数值。

(2)《再生天然橡胶评价方法》的规定。

拟定中的国家标准《再生天然橡胶评价方法》(修改采用 ISO/TS 16095—2014)提出的再生天然橡胶用实验室开炼机混炼的混炼程序为:

标准实验室投料量,以克(g)计,应足以形成包辊。混炼过程中辊温应保持在 40±5℃。

在混炼过程中要在辊隙间保持良好滚动的堆积胶。如果按下列辊距不能形成堆积胶,则宜调小辊距。

投料量可为基础配方的两倍。但在这种情况下,辊距应调大。

a) 称量再生天然橡胶,精确至 1 mg。

b) 根据上述试验配方按与所用再生橡胶的比例,称量活化剂和硫化剂,精确至 0.02 mg。

	混炼时间 mm	累积时间 mm
c）天然橡胶包辊，辊距调至 1.2 mm。	1.0	1.0
d）将氧化锌和硬脂酸沿辊筒匀速加入。当所有氧化锌和硬脂酸都混入时，做两侧 3/4 割刀。 当堆积胶上或混炼表面明显有粉末时，不要割刀。确保混炼过程中任何散落的材料都回收混入胶料中。	1.0	2.0
e）沿辊筒匀速加入 MBT。当所有粉末都混入时，做两侧 3/4 割刀。	1.0	3.0
f）沿辊筒匀速加入 DPG。当所有粉末都混入时，做两侧 3/4 割刀。	1.0	4.0
g）沿辊筒匀速加入硫黄。当所有粉末都混入时，做两侧 3/4 割刀。	1.0	5.0
h）下料（将胶料从开炼机上割下）。	2.0	7.0
i）将辊距调为 1.2 mm，打卷风过辊 6 次。	3.0	10.0
总时间	10.0	

j）压延方向出片，约厚 6 mm；称量胶料（见 ISO 2393）。如果胶料质量偏离理论值大于+0.5% 或-1.5%，这批胶料弃用，重新混炼。

k）留取足够量的胶料，用于硫化试验。

l）压延方向出片，约厚 2.2 mm，用于制备试片，或适当厚度制备符合 ISO 37 的 ISO 环形试样或哑铃状试样。

m）混炼后，调节胶料至少 2 h，但不超过 24 h，如可能应置于 ISO 23529—2010 界定的标准实验室温度和湿度下。在 140℃下 20 min 模制试片。大于 6 mm 的纽扣试样，增加额外 2 mm。

(3)《再生丁基橡胶评价方法》的规定。

拟定中的国家标准《再生丁基橡胶评价方法》(修改采用 ISO/TS 16095—2014）提出的再生丁基橡胶用实验室开炼机混炼的混炼程序为：

标准实验室投料量，以克（g）计，应足以形成包辊。混炼过程中辊温应保持在（50±5)℃。

在混炼过程中要在辊隙间保持良好滚动的堆积胶。如果按下列辊距不能形成堆积胶，则有必要调小辊距。

投料量可为基础配方的两倍。但在这种情况下，辊距应调大。

	混炼时间 mm	累积时间 mm
a）设置辊距为 1.2 mm，让再生橡胶包辊。	1.0	1.0
b）将氧化锌沿辊筒匀速加入。当所有氧化锌都混入时，做两侧 3/4 割刀。 当堆积胶上或混炼表面明显有粉末时，不要割刀。确保混炼过程中任何散落的材料都回收混入胶料中。	1.0	2.0
c）沿辊筒匀速加入 MBT。当所有粉末都混入时，做两侧 3/4 割刀。	1.0	3.0
d）沿辊筒匀速加入 ZBEC。当所有粉末都混入时，做两侧 3/4 割刀。	1.0	4.0
e）沿辊筒匀速加入硫黄。当所有粉末都混入时，做两侧 3/4 割刀。	1.0	5.0
f）下料（将胶料从开炼机上割下）。	2.0	7.0
g）将辊距调为 1.2 mm，打卷、竖向卷过辊 12 次。	3.0	10.0
总时间	10.0	

h）压延方向出片，约厚 6 mm；称量胶料（见 ISO 2393）。如果胶料质量偏离理论值大于+0.5% 或-1.5%，这批胶料弃用，重新混炼。

i）留取足够量的胶料，用于硫化试验。

j）出片，约厚 2.2 mm，用于制备试片，或适当厚度制备符合 ISO 37 的环形试样或哑铃形试样。

k）混炼后，调节胶料至少 2 h，但不超过 24 h，如可能应置于 ISO 23529 界定的标准实验室温度和湿度下。

2. 硫化橡胶粉硫化试样制样程序

(1）天然橡胶塑炼、硫化橡胶粉试验配方混炼工艺要求见表 1.5.4 - 10，用符合 GB/T 6038 的混炼机进行混炼，混炼胶停放按 GB/T 6038 的规定进行。

表 1.5.4-10　天然橡胶塑炼、硫化橡胶粉试验配方混炼工艺要求

天然橡胶塑炼工艺要求				
试样名称	试样质量/g	辊距/mm	辊温/℃	塑炼时间/min
1 号烟片胶	800	1.0±0.1	50±5	10
硫化橡胶粉试验配方混炼工艺要求				
原材料名称	辊距/mm	加料时间/min	挡板距离/mm	辊温/℃
1 号烟片胶	1.5	2	150±20	50±5
硫化橡胶粉	1.5	2		
促进剂	1.5	1		
氧化锌	1.5	1		
硬脂酸	1.5	1		
芳烃操作油	1.5	1.5		
硫黄	1.5	1.5		
薄通	0.8±0.1	2		
出片	2.5±0.2	1		
总计	—	13	—	—

(2) 硫化条件：(142±1)℃×8 min、10 min、15 min。

(3) 按 GB/T 2941 进行调节，按 GB/T 528 用Ⅰ型试样测定定伸应力、拉伸强度、拉断伸长率，取三个硫化时间中最佳硫化时间的数值。

4.2.3　再生胶与胶粉的技术标准

1. 再生橡胶

再生橡胶的技术要求见表 1.5.4-11，详见 GB/T 13460—2016。

表 1.5.4-11　再生橡胶的技术要求

性能	要求								
	R-TW	R-NR/TI	R-TT	R-S	R-M	R-N	R-IIR	R-NBR	R-EPDM
外观	再生橡胶应质地均匀，不得含有金属片、木片、沙粒及细小纤维等杂质								
灰分 (≤)/%	12	25	10	38	30	48	10	12	20
丙酮抽出物 (≤)/%	26	25	19	21	21	26	16	31	31
门尼黏度 [ML (1+4) 100℃] (≤)	85	80	95	80	70	80	70	70	65
密度 (≤)/($Mg \cdot m^{-3}$)	1.26	1.35	1.18	2.00	1.35	2.00	1.24	1.35	1.35
拉伸强度 (≥)/MPa	8.0	5.5	12.0	4.6	3.8	4.0	6.8	7.5	5.5
拉断伸长率 (≥)/%	330	220	400	200	180	240	460	280	260

注：当有要求时，炭黑含量、橡胶总烃含量、铅 (Pb)、汞 (Hg)、镉 (Cd)、六价铬 (Cr^{+6})、多溴联苯 (PBB)、多溴二苯醚 (PBDE)、多环芳烃含量等可由供需双方共同商定；有害物质含量分别由 GB/T 26125、GB/T 29614 测量。

2. 再生丁基橡胶

再生丁基橡胶的技术要求见表 1.5.4-12。

表 1.5.4-12　再生丁基橡胶的技术要求

项目	要求			
	A 级	B 级	C 级	D 级
灰分 (≤)/%	7.0	8.0	9.0	10.0
丙酮抽提物 (≤)/%	11.0	12.0	13.0	14.0
密度 (≤)/($g \cdot cm^{-3}$)	1.20	1.20	1.20	1.20
拉伸强度 (≥)/MPa	8.5	8.0	7.5	7.0
拉断伸长率 (≥)/%	490	480	460	450
门尼黏度 [ML (1+4) 100℃] (≤)	55	60	65	65

3. 浅色精细再生橡胶

HG/T 4609—2014《浅色精细再生橡胶》规定了浅色精细再生橡胶的材料与分类、要求、试验方法、检验规则、包装、标志、运输与贮存等内容。

4. 硫化橡胶粉

硫化橡胶粉粒径标识、筛余物及体积密度技术要求见表 1.5.4-13，详见 GB/T 19208—2008。

表 1.5.4-13　硫化橡胶粉粒径标识、筛余物及体积密度技术要求

标称产品标号	分类标识 X	零筛孔/μm（对应目数）	筛孔粒径/μm（对应目数）	筛余物（≤）/%	倾注密度/(kg·m^{-3})	
					轮胎类	非轮胎类
10 目	10-X	2 360（8 目）	2 000（10 目）	5		
20 目	20-X	2 000（10 目）	850（20 目）	5		
30 目	30-X	850（20 目）	600（30 目）	10		
40 目	40-X	600（30 目）	425（40 目）	10		
50 目	50-X	425（40 目）	300（50 目）	10		
60 目	60-X	300（50 目）	250（60 目）	10		
70 目	70-X	250（60 目）	212（70 目）	10	260～460	270～480
80 目	80-X	212（70 目）	180（80 目）	10		
100 目	100-X	180（80 目）	150（100 目）	10		
120 目	120-X	150（100 目）	128（120 目）	15		
140 目	140-X	128（120 目）	106（140 目）	15		
170 目	170-X	106（140 目）	90（170 目）	15		
200 目	200-X	90（170 目）	75（200 目）	15		

注：分类标识中的“-X”表示不同生产原料的种类。

硫化橡胶粉技术指标见表 1.5.4-14。

表 1.5.4-14　硫化橡胶粉技术指标

项目	轮胎类		非轮胎类				公路改性沥青		试验方法
	A_1	A_2	B_1	B_2	B_3	B_4	C_1	C_2	
加热减量（≤）/%	1.0	1.0	1.2	1.2	1.2	1.0	1.0	1.0	GB/T 19208—2008
灰分（≤）/%	8	8	12	28	18	15	6	7	GB/T 4498—1997
丙酮抽出物（≤）/%	8	10	10	12	12	12	8	10	GB/T 3516—2006
橡胶烃含量（≥）/%	42	42	45	40	35	45	48	48	GB/T 14837—1993
炭黑含量（≥）/%	26	26	28	—	20	—	28	28	GB/T 14837—1993
铁含量（≤）/%	0.03	0.02	0.05	0.05	0.08	0.03	0.03	0.02	GB/T 19208—2008
纤维含量（≤）/%	0	0.5		0.6	0	1	0.5	1	GB/T 19208—2008
拉伸强度（≥）/MPa	15		—						GB/T 528
拉断伸长率（≥）/%	500		—						GB/T 528

4.3 再生胶、胶粉与胶粒的供应商

4.3.1 再生胶的供应商

本品以废旧胶鞋橡胶部分、各种废旧橡胶制品为原料制成，适用于胶鞋以及其他低档橡胶制品。再生胶的供应商见表 1.5.4-15。

表 1.5.4-15　再生胶的供应商

供应商	规格型号	水分（≤）/%	灰分（≤）/%	丙酮抽出物（≤）/%	拉伸强度（≥）/MPa	拉断伸长率（≥）/%	密度/(g·cm^{-3})	门尼黏度［ML（1+4）100℃］（≤）	说明
南通回力橡胶有限公司	内胎再生胶	1.2	20～32	20～25	6～8	250～280	—	75～80	按目数分 3 级
	胶鞋再生胶	1.2	38	20	4	220～230	—	80～85	按目数分 2 级
	乳胶再生胶	1.2	20	20	8	500	—	75	

续表

供应商	规格型号	水分(≤)/%	灰分(≤)/%	丙酮抽出物(≤)/%	拉伸强度(≥)/MPa	拉断伸长率(≥)/%	密度/(g·cm^{-3})	门尼黏度[ML(1+4)100℃](≤)	说明
广州华盈五金	102 系列	—	—	—		—	—	—	按目数分 3 级
	104 系列	—	—	—	—	—	—	—	按目数分 3 级
广州市河宏橡胶材料有限公司	102 再生胶	—	—	—	9	300	—	—	60 目

4.3.2 浅色再生橡胶的供应商

本品以各类废旧彩色橡胶制品为原料，经分色、整理、加工制成，可用于制造彩色、浅色橡胶制品。浅色再生橡胶供应商见表 1.5.4－16。

表 1.5.4－16 浅色再生橡胶供应商

供应商	规格型号	水分(≤)/%	灰分(≤)/%	丙酮抽出物(≤)/%	拉伸强度(≥)/MPa	拉断伸长率(≥)/%	门尼黏度[ML(1+4)100℃](≤)
南通回力橡胶有限公司	乳胶再生胶	1.2	20	20	5	500	75
	白胶再生胶	1.2	43	20	4	360	70

4.3.3 轮胎再生胶的供应商

本品以废旧轮胎外胎为原料制成，适用于制造轮胎、胶带、胶鞋等橡胶制品；低污染再生胶是以轮胎为原料，使用低污染再生胶和加入污染消除剂生产的再生橡胶。轮胎再生胶供应商见表 1.5.4－17。

表 1.5.4－17 轮胎再生胶供应商

供应商	规格型号	水分(≤)/%	灰分(≤)/%	丙酮抽出物(≤)/%	拉伸强度(≥)/MPa	拉断伸长率(≥)/%	门尼黏度[ML(1+4)100℃](≤)	密度/(g·cm^{-3})	橡胶烃含量/%	炭黑含量/%	说明
南通回力橡胶有限公司	无味再生胶	1.2	8.5～15	20～25	6～11	260～350	70～85	1.2～1.3	45～57	26±3	按目数分 5 级
	高强力再生胶	1.2	10～12	20	10～16	330～440	85～90	1.2～1.22	47～57	26±3	按目数分 4 级
	普通再生胶	1.2	10～12	20～25	7～9	280～330	75～80	1.22	47～57	26±3	按目数分 4 级
河北瑞威科技有限公司	环保再生橡胶	在常温常压或高温常压条件下将轮胎胶粉再生，环保指标达到欧盟要求									
广州市河宏橡胶材料有限公司	高强力再生胶	—	—	—	13	420	—	—	—	—	60 目
	环保再生胶	—	—	—	8	280	—	—	—	—	60 目

4.3.4 合成橡胶再生胶的供应商

合成橡胶再生胶包括：(1) 丁基再生橡胶。本品以废旧丁基内胎、丁基胶囊为原料，经 60～100 目筛网两次过滤，适用于轮胎气密层、丁基内胎、丁基胶囊、防水卷材以及其他丁基橡胶制品。(2) 氯化丁基再生橡胶。本品是由氯化丁基橡胶制品（如医用瓶塞 CIIR、BIIR 等）为原料制成，基本保持了氯化丁基橡胶的化学特性。(3) 三元乙丙再生橡胶。本品是由 EPDM 废橡胶（如汽车密封条、集装箱密封条等）为原料制成，基本保持了 EPDM 的化学特性。

合成橡胶再生胶供应商见表 1.5.4－18。

表 1.5.4-18 合成橡胶再生胶供应商

供应商	规格型号	水分(≤)/%	灰分(≤)/%	丙酮抽出物(≤)/%	拉伸强度(≥)/MPa	拉断伸长率(≥)/%	门尼黏度[ML(1+4)100℃](≤)	密度/(g·cm^{-3})	橡胶烃含量/%	炭黑含量/%	最大滤网目数	PAHs含量(≤)/ppm	说明
河北瑞威科技有限公司	丁基瓶塞再生胶	1.0～1.2	8.0～30.0	15～20	5.5～7.5	360～480	60～85	1.2～1.3					
南通回力橡胶有限公司	丁基再生胶	0.5	9.0～11.0	10	6.8～8.2	450～480	50±5	1.2～1.2	45～57	32±3	60	400～1 000	按目数分4级
	氯化丁基再生胶	0.5	48	20	4	500	50±10	1.45	40±5	0	100	200	
	三元乙丙再生胶	1	20	20	6	300	50±15	1.35	30±5	30±5	100	200	

4.3.5 胶粉、胶粒的供应商

硫化胶粉、胶粒供应商见表 1.5.4-19。

表 1.5.4-19 硫化橡胶粉、胶粒供应商

供应商	规格型号	水分(≤)/%	灰分(≤)/%	丙酮抽出物(≤)/%	拉伸强度(≥)/MPa	拉断伸长率(≥)/%	铁含量(≤)/%	纤维含量(≤)/%	密度/(g·cm^{-3})	橡胶烃含量(≥)/%	炭黑含量(≥)/%	说明
南通回力	轮胎胶粉	1.02	8	8.0	10～16	450～500	0.03	0.1	1.25	50	26	按目数分4级
河北瑞威科技有限公司	沥青改性胶粉Ⅰ	胶粉内核保持了硫化胶粉的高弹性，表面经再生剂还原，其比表面积较大、活性较高，提高了胶粉与沥青界面间的亲和性和均匀性，削弱了应力集中效应，缩短了胶粉在沥青中的熔化时间，适用于公路胶粉改性沥青和防水卷材改性沥青										
	沥青改性胶粉Ⅱ	可以完全替代SBS改性沥青，适合道路和防水卷材										
广州华盈五金	全轮胎胶粉											按目数分3级

本章参考文献：

[1] 缪桂韶，橡胶配方设计 [M]. 广州：华南理工大学出版社，2000.

[2] 朱永康，橡胶用补强炭黑发展的新动向 [J]. 橡胶参考资料，2009，39 (1)：13-17.

[3] 王梦蛟，等. 轮胎用新补强材料的发展 [J]. 轮胎工业，2004，24 (8)：482-488.

[4] 王梦蛟，炭黑分散技术的新进展 [J]. 杨富祥，译. 炭黑工业，2006 (6)：14-23.

[5] S. Wolffs，等. 填料表面能对动态性能的影响 [J]. 冯建敏，译. 橡胶译丛，1995，(6)：45-54.

[6] 关兵峰，等. 炭黑填充橡胶补强机理的研究进展 [J]. 特种橡胶制品，2010，31 (2)：59-64.

[7] [美] Gregor Huber，Thomas A. Vilgis. On the Mechanism of Hydrodynamic Reinforcement in Elastic Composites [J]. Macromolecules，2002，35：9204-9210.

[8] [美] Richard D. Sudduth，Ray Seyfarth. Characteristics of the intrinsic modulus as applied to particulate composites with both soft and hard particulates utilizing the generalized viscosity/modulus equation [J]. Journal of Applied Polymer Science，2000，77 (9)：1954-1963.

[9] [美] Omne'sB，Thuillier B，PilvinP. Non-linear mechanical behavior of carbon black reinforced elastomers：experiments and multiscale modeling [J]. Plastics，Rubber and Composites，2008，37 (5)：251-257.

[10] [美] Omne'sB，ThuillierS，PilvinP. Effective properties of carbon black filled nature rubber Experiments and modeling [J]. Composites Part A，2008，39：1141-1149.

[11] [美] Herve Eveline，Zaoui Andre. N-layered inclusion-based micromechanical modeling [J]. International Journal of Engineering Science，1993，31 (1)：1-10.

[12] 黄守政，加工工艺对橡胶体系中结合橡胶形成及性能影响的研究 [D]. 广州：华南理工大学材料科学与工程学院，2015.

[13] 王作龄，短纤维补强橡胶配方技术 [J]. 世界橡胶工业，2001，28 (4)：49-58.

第六章　增塑剂与软化剂

1.1　概述

凡是能削弱聚合物分子间的范德华力，降低聚合物分子链的结晶性，增加聚合物分子链的运动性，从而降低其玻璃化转变温度以及未硫化胶黏度和硫化胶硬度的物质称为增塑剂。增塑剂可以改善胶料的加工性能，使高填充胶料的混炼更为容易，并改善填料的分散性，还可以改善硫化橡胶的屈挠和弹性性能，某些增塑剂还可以提供良好的热空气阻抗或提高导电性。

增塑剂和软化剂，其用途目的都是使橡胶塑性增加，传统上用于非极性橡胶的称为软化剂，用于极性橡胶的称为增塑剂，目前通常认为它们是同义词。石油系增塑剂中的石蜡油、环烷油、芳烃油统称为操作油，但有时也将配方用量超过15份的软化剂称之为操作油。合成橡胶工业中，也将用于充油橡胶生产的操作油称为橡胶填充油，简称橡胶油。非极性的增塑剂（软化剂）和极性增塑剂都可以在各种橡胶中应用。

增塑剂是橡胶制品中多环芳烃（PAHs）的主要来源之一，欧盟2005/69/EC指令《关于某些危险物质和配置品（填充油和轮胎中多环芳烃）投放市场和使用的限制》列出了8种PAH；德国ZEK 01－08《GS认证过程中PAHs的测试和验证》（2008－01－22）与美国EPA标准列出了16种PAH，其中与2005/69/EC指令有6种重合，共计18种。法规修订案（EU）No 1272/2013提出，将PAHs的检测范围扩大至对包含橡胶或塑料部件的多种消费品中的PAHs含量进行限制。

欧盟《关于在电子电气设备中限制使用某些有害物质的第2002/95/EC号指令》（RoHS指令），要求从2006年7月1日起，各成员国应确保在投放于市场的电子和电气设备中限制使用铅、汞、镉、六价铬、多溴联苯和多溴二苯醚6种有害物质；2015年6月4日，欧盟官方公报（OJ）发布RoHS2.0修订指令（EU）2015/863，正式将4种邻苯二甲酸酯类增塑剂DEHP、BBP、DBP、DIBP列入附录II限制物质清单中。

此外，还有相当部分增塑剂列入欧洲化学品管理局（ECHA）依据REACH法规（《化学品注册、评估、许可和限制》）公布的高关注物质清单，读者应当谨慎使用。

橡胶与增塑剂的相容性很重要，判断橡胶与增塑剂是否相容的第一个原则是比较橡胶与增塑剂的溶解度参数（δ）是否相近。溶解度参数也称溶度参数，定义为内聚能密度的平方根，即：

$$\delta(\mathrm{SP})=(\Delta E/V)^{1/2}$$

式中，δ、SP分别为溶解度参数；ΔE为内聚能；V为体积。

对于非极性非结晶聚合物，可以用溶解度参数相近原则来判断聚合物能否溶于某种溶剂。当$|\delta_p-\delta_s|<2$时，聚合物可溶于溶剂，否则不溶。前式中δ_p为聚合物的溶解度参数，δ_s为溶剂的溶解度参数。对于非极性结晶高分子，这一原则也适用，但前提是往往要加热到接近聚合物的熔点，首先使聚合物结晶结构破坏后才能观察到溶解。

这一原则不适用于极性高分子，但经过修正后也可以适用。方法是采用广义溶解度参数的概念，假定内聚能是色散力、偶极力和氢键力3种力之和，即：

$$E=E_{\mathrm{d}}+E_{\mathrm{p}}+E_{\mathrm{h}}$$

则溶解度参数由三个分量组成，即：

$$\delta^2=\delta_{\mathrm{d}}{}^2+\delta_{\mathrm{p}}{}^2+\delta_{\mathrm{h}}^2$$

式中，下标d、p、h分别代表色散力分量、偶极力分量和氢键力分量。

溶解度参数的两种单位的换算关系是：1 $(\mathrm{MPa})^{1/2}=0.49\ (\mathrm{cal/cm^3})^{1/2}$。

第二个原则是溶剂化效应。一般认为，当橡胶与增塑剂两者之间形成氢键，或者当两者之间能产生亲电和亲核作用时，即能产生溶剂化作用。不饱和橡胶的双键为亲核基团，酯类增塑剂的酯基为亲电基团，因此酯类增塑剂在不饱和的天然橡胶、丁苯橡胶中也有一定的相容性。

常用增塑剂溶解度参数（SP）见表1.6.1－1。

表 1.6.1-1　常用增塑剂溶解度参数（SP）

类别	增塑剂	溶解度参数（SP）	类别	增塑剂	溶解度参数（SP）
己二酸酯类	己二酸二辛酯	8.46	脂肪酸酯类	丁氧基乙基月桂酸酯	8.39
	己二酸 8～10 酯	8.79		硬脂酸丁酯	8.25
	己二酸二丁氧乙酯	8.79	磷酸酯类	磷酸三辛酯	8.23
壬二酸酯类	壬二酸二辛酯	8.44		磷酸三丁氧基乙酯	8.57
	壬二酸二-2-乙基丁酯	8.62	邻苯二甲酸酯类	邻苯二甲酸二丁酯	9.41
戊二酸酯类	戊二酸二异癸酯	8.2		邻苯二甲酸丁苄酯	9.88
环氧类	环氧化豆油	8.9		邻苯二甲酸二辛酯	8.23
烃类	石油	7.3		邻苯二甲酸二丁氧乙酯	9.21
	环烷油	7.5～7.9	聚酯聚醚类	己二酸酯	9.3
	芳香油	8.0～9.5		壬二酸酯	9.0
	煤油	7.2		戊二酸酯	9.4
	ASTM 1#油	7.2		癸二酸酯	8.9
	ASTM 3#油	8.1	脂肪二元酸酯类	己二酸二（丁氧基乙氧基乙）酯（TP-95）	8.9
	氯化石蜡	10.09		己二酸二辛脂	8.5
偏苯三酸酯类	偏苯三酸三辛酯	9.00		癸二酸二丁酯	8.68
乙二醇酯类	三甘醇酯-C_3C_{10}	8.64		癸二酸二辛脂	8.45
	三甘醇二己酸乙酯	8.51	松焦油		8.4
	四甘醇二己酸乙酯	8.58	N，N-二甲基油酰胺		
液体丁腈橡胶		8.8	植物油		8.4
生物降解型增塑剂		8.5～9.0	松香酯		7.9～8.6

注：溶解度参数，单位（MPa）$^{1/2}$。

NBR 和 HNBR 最常用的增塑剂为各种合成酯类增塑剂。但由于各种丁腈橡胶的丙烯腈含量不同，其极性不同，各种酯类增塑剂在丁腈橡胶中的最大用量不同，对硫化胶的影响也不同。表 1.6.1-2 是通过硫化胶在各种酯类增塑剂中的平衡溶胀，求出的最大吸油量。超过最大用量，则极易引起喷出。

表 1.6.1-2　不同增塑剂在 HNBR 中的可使用量

增塑剂	HNBR 中丙烯腈含量	
	36%	44%
邻苯二甲酸二甲酯（DHP）	235	285
邻苯二甲酸二乙酯（DEP）	254	271
邻苯二甲酸二丁酯（DBP）	246	213
邻苯二甲酸二辛酯（DOP）	105	28
邻苯二甲酸二异癸酯（DIDP）	58	12
己二酸二辛酯（DOA）	36	11
癸二酸二辛酯（DOS）	20	4
磷酸三辛酯（TOP）	27	4
磷酸三甲苯酯（TCP）	215	188
己二酸二丁氧基乙氧基己酯（DBEEA）	50	33
环氧化大豆油（EBO）	17	4

非极性增塑剂对非极性橡胶的增塑作用与极性增塑剂对极性橡胶的增塑作用机理不同。非极性增塑剂溶于非极性橡胶中，使橡胶大分子链之间的距离增大，从而使橡胶大分子链之间的作用力减弱，链段间相对运动的摩擦力减弱，使原来无增塑剂时无法运动的链段也能运动，因而玻璃化温度降低，使橡胶高弹态在较低温度下出现。增塑剂的体积越大其隔离作用越大，而且长链分子比环状分子与橡胶大分子链的接触机会多，因而所起的增塑作用也较为显著。非极性增塑剂对非极性橡胶的玻璃化温度降低的数值，与增塑剂的体积分数成正比；长链化合物比同分子量的环状化合物的增塑作用大。

在极性橡胶中，由于极性基团或氢键的强烈相互作用，在分子链间形成了许多物理交联点。增塑剂分子进入大分子链之间，其极性基团与橡胶大分子链的极性基团相互作用，定向地排列于橡胶的极性部位，对大分子链的极性基团起到包围的作用，削弱了极性橡胶分子链之间的作用力，从而破坏了橡胶大分子间的物理交联，使链段运动得以实现。因此，极性增塑剂对极性橡胶的玻璃化温度降低的数值，与增塑剂的摩尔分数成正比，与其体积无关。如果某种增塑剂分子中含有2个以上可以破坏橡胶大分子链之间的物理交联点的极性基团，则增塑效果更好，用量只要普通增塑剂的一半。

经验告诉我们，在极性橡胶中加入低极性或半相容的增塑剂，或在酯类增塑剂中并用少量非极性软化剂，可以显著地降低硫化胶的脆性温度。同样，在非极性橡胶中，加入少量的低极性增塑剂，也可以较大幅度地降低非极性橡胶的脆性温度。

增塑剂根据作用机理可以分为：(1) 物理增塑剂：增塑分子进入橡胶分子内，增大分子间距、减弱分子间作用力，分子链易滑动；(2) 化学增塑剂：又称塑解剂，通过力化学作用，使橡胶大分子断链，增加可塑性，大部分为芳香族硫酚的衍生物，如2-萘硫酚、二甲苯基硫酚、五氯硫酚等。

增塑剂按来源与化学结构的不同可以分为：石油系增塑剂、煤焦油系增塑剂、植物油系增塑剂、松油系增塑剂、脂肪油系增塑剂、合成增塑剂。植物油系增塑剂、松油系增塑剂、脂肪油系增塑剂。虽然都来源于非化石的动植物资源，但化学结构上存有明显区别，植物油系增塑剂是一类以甘油衍生物为主的混合物，松油系增塑剂是一类以树脂酸、松香酸等杂环化合物为主的混合物，脂肪油系增塑剂是一类以脂肪酸为主的混合物。

在不考虑氢键和极化的影响下，一般橡胶与增塑剂的溶解度参数相近，相容性好，增塑效果好。

除少数植物油、液体橡胶、聚酯类增塑剂外，增塑剂一般都是饱和的。在不饱和橡胶中使用增塑剂时，增塑剂的不饱和性对其与橡胶的相容性有一定影响。增塑剂的不饱和性越高，增塑剂与不饱和橡胶的相容性越好。测定增塑剂不饱和度的方法是测碘值。增塑剂的碘值越高（大），其不饱和程度就越大；反之增塑剂的碘值越小，其饱和程度就越高。

苯胺点，即同体积的苯胺与增塑剂混合时混合液呈均匀透明时的温度，主要用于反映各种油类增塑剂对橡胶的溶胀性能或者说相容性。石油系增塑剂的苯胺点越高，其所含芳香烃越少，说明增塑剂与苯胺的相容性越差，也即意味着该增塑剂与橡胶的相容性越差；反之，石油系增塑剂的苯胺点越低，其所含芳香烃越多，说明增塑剂与苯胺的相容性越好，也即意味着该增塑剂与橡胶的相容性越好。换句话说，石油系增塑剂苯胺点的高低与它与橡胶的相容性成正比。测试苯胺点的油品对象是各种石油基油品，如润滑油、液压油等。ASTM 1#油的苯胺点指标为（124±1)℃，模拟高黏度润滑油；ASTM 2#油的苯胺点指标为（93±3)℃，可模拟多数液压油；ASTM 3#油的苯胺点指标为（70±1)℃，可模拟煤油、轻柴油等。ASTM D2000-05（2005年修订版）原ASTM NO.2油和NO.3油由IRM 902号和IRM 903号油代替，实验测试表明，IRM 902油和IRM 903油对硫化橡胶的溶胀（体积膨胀率）比ASTM NO.2油和ASTM NO.3油略小。其他燃油、增塑酯、制动液等无所谓苯胺点。苯胺点越高，说明增塑剂与苯胺的相容性越差。烷烃苯胺点最高，环烷烃次之，芳香烃最低。最好使用相对分子质量在235以上，苯胺点在35～115℃范围内的增塑剂。各种石油基油的苯胺点可参考：杨翠萍．耐高、中、低苯胺点油胶料配方的研究［J］．特种橡胶制品，1986.7（2）：17～23。苯胺点低的油类与二烯类橡胶有较好的相溶性，大量加入而无喷霜现象；苯胺点高的油类，需要在高温时才能与生胶互溶，所以在温度降低时就易喷出表面。

人们通过多年的研究，发现可以通过对石油烃分子的碳链形状结构的描述，来区分石油烃的类型，通常称之为碳型分析数据。其中Ca表示芳烃结构中的含碳量，Cn表示环烷烃结构中的含碳量，Cp表示链烷烃结构中的含碳量。如果Cn%≥40%，该油品就是环烷油；如果Cn%≥50%，该油品就是高纯度的环烷油，如克拉玛依炼油厂的环烷油KN4010 Cn=50%；如果Cp%≥55%，该油品就是石蜡油，如克拉玛依炼油厂的石蜡基油KP6030 Cp=70%。

增塑剂的沸程表明油内各组分的沸点，其（最低）沸点越高，挥发性就越低，硫化后的橡胶制品性能就越稳定。一般来说，增塑剂的沸点（包括闪点）均应高于橡胶的硫化温度。增塑剂在热空气（特别是高温、长时间）期间挥发损失引起的硫化胶（特别是饱和及低不饱和度橡胶）硬度升高、伸长率下降，有时候可能比氧化老化所引起的变化更大，应予以充分重视。增塑剂的挥发损失，首先与它们的分子量、闪点有关，其次也与橡胶的硫化程度、油品与橡胶的相容性有关。部分增塑剂的挥发特性见表1.6.1-3。如果油品和橡胶相容性高，硫化程度越高，油品从橡胶内部向表面迁移得越慢，因而挥发损失也越小；反之，相容性差的，随硫化程度的提高，油品的挥发损失就越多。如前所述，相容性差的增塑剂可以改善硫化胶的低温性能和动态力学性能，但是在要求耐高低温性能的场合，增塑剂的选择应顾及其挥发性。合成酯类增塑剂如TP-95、Plasticiser OS-2是兼有挥发性低又同时赋予橡胶制品低温柔软性的增塑剂。

表1.6.1-3　部分增塑剂的挥发特性

增塑剂类型	质量损失时的温度/℃	
	50%时	显效时
C_5～C_9脂肪酸与季戊四醇的合成酯	288	241
癸二酸二辛酯（DOS）	268	235
邻苯二甲酸二辛酯（DOP）	266	234
己二酸二辛酯（DOA）	256	224
三氯乙基磷酸酯	248	232

续表

增塑剂类型	质量损失时的温度/℃	
	50%时	显效时
邻苯二甲酸二丁酯（DBP）	240	217
三氯乙基亚磷酸酯	200	144
三丁基磷酸酯	178	150
二（双乙二醇丁醚）醇缩醛	170	140

通常情况下，芳烃油相对密度大于烷烃油和环烷烃油的相对密度。增塑剂的相对密度随着芳香烃含量及相对分子质量的增加而增加，是区别链烷烃、环烷烃、芳香烃的大致标准，相对密度越大，与橡胶的相容性也越好，一般不应小于0.95。在石油工业中通常是测定60℃以下的相对密度。橡胶加工油常常是按体积出售，而在橡胶加工中则按重量进行配料，当橡胶制品按重量出售时橡胶加工油的相对密度就显得十分重要。

流体内部阻力的量度称为黏度，黏度值随温度的升高而降低。大多数润滑油是根据黏度来分牌号的。在某一恒定温度下，测定一定体积的液体在重力作用下流过一个标定好的玻璃毛细管黏度计的时间，黏度计的毛细管常数与流动时间的乘积即为该温度下所测定液体的运动黏度。一般油品物性报告会提供40℃和100℃的运动黏度指标，单位是mm^2/s。增塑剂的黏度越高，说明油的平均相对分子质量越高，挥发性也越小。V.G.C称为黏度-密度常数，表示液体在重力作用下流动时内部阻力的量度，其值为相同温度下液体的动力黏度与其密度之比，用以表明密度和黏度的关系，也可以反映出油的成分，一般V.G.C值在0.79～0.85为石蜡油，0.85～0.90为环烷油，0.90以上为芳香油。橡胶油的黏度对橡胶的混炼或者密炼是一个重要参数；同时，黏度与硫化胶的拉伸强度、加工性、弹性和低温性能都有重要的关系。采用黏度低的操作油，润滑作用好，耐寒性提高，但在加工时挥发损失大。操作油的黏度与温度有很大关系，高芳烃油的黏度对温度的依赖性比烷烃油大，采用低温下黏度（在-18℃的运动黏度）变化较小的油，能使硫化胶的低温性能得到改善。硫化胶的拉伸强度和伸长率随操作油黏度的提高而有所增大，曲挠性变好，但定伸应力变小；相同黏度的油，如以等体积加入，则芳烃油比环烷油、石蜡油得到更高的伸长率。操作油的黏度与硫化胶的生热也有关，使用高黏度油的橡胶制品生热就高，在相同黏度的情况下芳烃油的生热低。

倾点也称流动点，是指石油产品在规定的实验仪器和条件下，冷却到液体不移动后缓慢加温到开始流动时的最低温度。凝点是指石油产品在规定的实验仪器和条件下，冷却到液面不移动时的最高温度。倾点（凝点）均反应橡胶油的低温使用性能和储运条件，是进行泵油和管道输送的一项重要参数。环烷油倾点（凝点）最低，低温性能最好。

在规定的条件下，将油品加热，随油温的升高，油蒸气在空气中的浓度也随之增加，当升到某一温度时，油蒸气和空气组成的混合物中，油蒸气含量达到可燃浓度，若明火接近这种混合物，它就会闪火，把产生这种现象的最低温度称为石油产品的闪点。闪点是橡胶混炼、加工以及储存时应注意的温度条件，是安全管理上的一个重要指标。闪点越高，生产安全就越有保障。当闪点低于180℃时，胶料加工过程中的挥发损失较大，应特别注意。

折射率与油的组分及相对分子质量有关，可作为衡量精炼程度的大致标准。链烷烃类折光率最小，芳香烃类的折光率最大，而环烷烃介于两者之间；分子量越大，折光率越大。不同类型的橡胶油之间，只有它们的分子量大致接近的情况下，相互之间才有比较意义。

油品色度用赛波特（Saybolt）颜色号（简称赛氏号）表示，赛氏号是通过这样测试得出的：当透过试样液柱与标准色板观测对比时，测得的与三种标准色板之一最接近时的液柱高度数值。赛氏号规定为：-16（最深）～+30（最浅）。按照规定的方法调整试样的液柱高度，直到试样明显地浅于标准色板的颜色为止。无论颜色较深、可疑或匹配，均报告试样的上一个液柱高度所对应的赛波特颜色号。色度高的油品，说明未脱除的小分子物更少，对充油材料通过VOC检测更有帮助。色度值高的油品并不能说明油品的耐高温老化和耐光照好，耐高温老化、耐光照好主要还是取决于氢化度，氢化度越高，材料的耐高温老化、耐光照越好。通常环烷油通过氢化更容易达到耐高温老化要求，而石蜡油则氢化度要非常高才能耐高温老化。但氢化度只要不高，不管是石蜡油还是环烷油，一般经3～5天阳光照射，色度就从20以上降低到5左右。通常黏度高的油品，提高氢化度相对来说比较困难，所以我们很少看到黏度高、色度也高的油品。

除此之外，每种油都有一定的相对密度，可用来判断是否混有其他油类；每种油都有一定范围的折射率，可用来检查油的纯度，如掺有其他油，折射率就会发生变化；皂化值用以检验油中杂质含量，皂化值低即表示油中杂质多，其可利用率低，另外，皂化值越低，也说明油的平均分子量越大；油类的酸值用以检查油中游离酸含量，用以判断是否贮存过久发生酸败。

近年来，环保型增塑剂的研究和开发是增塑剂领域的一个重点，已商品化的环保型新型增塑剂包括：（1）生物降解型增塑剂。生物降解植物油基型增塑剂是一类高效、无毒增塑剂，商品名为Gringsted Soft-N-Safe增塑剂已获欧盟许可，可用于制造与人体密切接触的口腔呼吸道方面的橡胶制品。工业和信息化部编制的《重点新材料首批次应用示范指导目录（2017年版）》中的生物基增塑剂，要求可100%替代邻苯类增塑剂，抗老化性能>1 200 h（ASTM G-154），环保指标达到欧盟REACH法规要求，绿色安全无毒。（2）柠檬酸酯类增塑剂。以植物经发酵产生的柠檬酸为原料合成的柠檬酸酯增塑剂是无毒无味的新型环保增塑剂，如乙酰基柠檬酸三丁酯ATBC，可用于信用卡、口香糖的包装。（3）环氧类增塑剂。环氧类增塑剂的主要品种有环氧大豆油、环氧乙酰亚麻油酸甲酯、环氧糠油酸丁酯、环氧大豆油酸辛酯等。可用于冷冻设备、机动车、食品包装领域的橡塑制品等。(4) 聚酯类增塑剂是一类性能优异的新型增塑剂，既能提高硫化胶的耐热性、耐油性、抗溶胀性和耐迁移性，又能改善胶料加工工艺性能。

各种橡胶常用的增塑剂及其用量见表 1.6.1-4。

表 1.6.1-4　各种橡胶常用的增塑剂及其用量

橡胶	增塑剂品种	用量/份	作用特点
天然橡胶	硬脂酸	2	增塑效果强，对炭黑有很好的分散作用
	松焦油	2～6	能提高黏性，对炭黑有很好的分散作用
	古马隆	4～5	增塑效果强，提高黏性及物理性能
	油膏	10	提高塑性，利于压出，提高弹性及柔软性
	沥青、精制沥青	5	提高胶料的塑性与弹性等物理性能
	生物降解型增塑剂	6～20	与天然橡胶有优异的相容性，可改善填料分散性
丁苯橡胶	石油系增塑剂	2～50	含 20 个左右或以上碳的馏分最有效
	古马隆	5～2	软化点为 35～75℃
	松焦油	5～10	—
	生物降解型增塑剂	6～20	与丁苯橡胶有良好的相容性，可改善填料分散性
	沥青	5～10	增塑效果强，能提高耐撕裂性，但降低回弹性及定伸应力
	酯类		磷酸三甲苯酯、DBP 均能增加胶料的耐疲劳性
聚丁二烯橡胶	石油系操作油	8～15	超过 15 份即喷出
丁腈橡胶	酯类	15～30	增塑及耐寒效果最好的是己二酸二辛酯、癸二酸二辛酯
	古马隆	10	与丁腈橡胶相容性良好，能提高黏性及物性
	油膏	5～20	适于压出及模型制品，但使物性与耐热、耐老化性不好
	液体丁腈	5～10	相容性最好，不抽出
	生物降解型增塑剂	6～15	与丁腈橡胶有良好的相容性，可改善填料分散性
氯丁橡胶	石油系操作油（轻）	5～20	苯胺点 60～80℃相容性好
	油膏	10	可代替部分酯类增塑剂
	酯类	10～15	耐寒制品
	硬脂酸	0.5～2	防止黏辊用
	古马隆	10	综合性能良好
三元乙丙橡胶	石油系操作油	10～15	有良好的工艺性能、自黏性和物性
	生物降解型增塑剂	6～25	相容性好，可改善填料分散性
氯磺化聚乙烯	凡士林或石蜡	3	主要改善工艺性能
聚氨酯橡胶	酯类	5～10	有一定增塑效果，但使性能下降
丁基橡胶	石油系操作油	5～20	改善工艺性能
	生物降解型增塑剂	3～10	相容性好，可改善填料分散性
	酯类	10	己二酸二辛酯、癸二酸二辛酯最耐寒
	沥青、蜡类、凡士林	5	改善工艺性能
氯醚橡胶	酯类	10～15	己二酸二辛酯、癸二酸二辛酯最佳
	古马隆/机油	5/2	—
氟橡胶	氟蜡	5～20	不影响交联，相容性好
聚丙烯酸酯橡胶	聚酯		可改进低温性能，但不耐热抽出

多数增塑剂是双效甚至多效的，既是加工助剂，又可以提高胶料的伸长率、降低或者提高硫化胶的硬度、改善黏性等，见表 1.6.1-5。

表 1.6.1-5　各种增塑剂的性能

类别	增塑剂	性能	类别	增塑剂	性能
脂肪酸系增塑剂	棉籽脂酸	1	合成酯类增塑剂	邻苯二甲酸二辛脂	3、7、13
	蓖麻油酸	1		枯茗酸丁酯	9
	月桂酸	1		邻苯二甲酸二丁酯	3、7、9
植物油系增塑剂	生物降解型增塑剂	3、6、14、15		乳酸丁酯	10
	胶凝油（磺化油）	1、6、11、13		甘油氯苯甲酸酯	10
	固体豆油	4		碳酸氯代二丁酯	13
	妥尔油	3、4、5、13、16		蓖麻酸甲酯	2
石油系增塑剂	大豆聚酯	13		油酸丁酯	3、7、13
	不饱和物	1		葵二酸二丁酯	3、7、13、14
	矿物油	3、4、6、7、9、11		油酸甲酯	1、3、7
	不饱和沥青	3		磷酸三甲苯酯	2、7、17
	某些沥青	7、10、11			
煤焦油系增塑剂	煤焦油沥青	1	树脂类增塑剂	古马隆树脂	2、5、7、15
	液体古马隆树脂	3		酚醛树脂	2、3
	烟煤焦油	5、6		紫胶树脂	8
	古马隆树脂	5、11	其他	胺	6
松油系增塑剂	粗制脂松节油	2、4、5、11、13		羊毛脂	7
	松香油	2、5、6		木沥青	8、11
	松香	2、8、11		二苯醚	9
	松焦油	3、4、5、6、7		苯甲酸	8、10
	双戊烯	6、13		苄多硫醚	10
	某些松香	13		石蜡	11
	松香酯	2、14、15			

注：1-改善压出性能；2-提高黏性；3-增加塑性；4-低定伸应力；5-提高拉伸强度；6-改善伸长率；7-软化硫化胶；8-硬化硫化胶；9-提高回弹性；10-抗撕裂性能好；11-滞后损失小；13-改善抗屈挠寿命；14-改善加工性能；15-改善分散性；16-脱模剂；17-阻燃。

一般来说，软化剂降低耐磨性、拉伸强度、撕裂强度、定伸应力与硬度，改进动态生热与耐寒性。但是，古马隆加入SBR中可使硫化胶拉伸强度增大，还可改进IIR的撕裂强度；1，2-PRD用作过氧化物硫化EPM、EPDM的软化剂时，还可提高定伸应力与抗蠕变性。

软化剂对橡胶物化性能的效应视橡胶品种、软化剂品种与用量以及具体的性能而异。例如，芳烃油比环烷油更能改进炭黑在SBR中的分散，硫化胶屈挠疲劳寿命与撕裂强度相对好些；就改进BR的耐磨性而论，DBP、10＃机油、锭子油比古马隆、松焦油好；黏度高而又含芳烃量大的生热大，黏度低的石蜡油生热低回弹好；对NBR而言，酯类增塑剂大都改进回弹性，芳烃油则使其回弹性下降。此外，含不饱和双键的软化剂，如松焦油系软化剂使橡胶耐老化性能下降。

软化剂的选用要与橡胶的使用环境以及相应的硫化条件相匹配。例如，CO或ECO，为求得低的压缩永久变形，常采用二次硫化，要求软化剂挥发性小，适用聚酯、聚醚类增塑剂；ACM常用于高温热油下，涉及软化剂的挥发、迁移、抽出，一般不用软化剂；CSM使用软化剂的目标之一是改进低温弹性，多用耐寒性优良的葵二酸二辛酯等酯类增塑剂；FKM要求耐热与化学稳定性，二段硫化过程中热失重将使制品的收缩大，一般不用软化剂，或者配用较低分子量的氟橡胶来改进工艺性能，收缩率要求不高的制品才使用磷酸三苯酯、高沸点聚酯或葵二酸二辛酯。EPM与EPDM采用过氧化物硫化体系，适宜采用石蜡油、环烷油、液体低分子量1，2-PRD，液体低分子量1，2-PRD既可作软化剂，又可在交联时作共交联剂；CM采用过氧化物硫化体系，常使用石蜡油、环烷油，也可使用酯类、环氧类增塑剂与芳烃油；松焦油、煤焦油系软化剂含有有机酸基团，可迟缓硫化；但松焦油对噻唑类促进剂有活化作用。

1.2　石油系增塑剂

1.2.1　概述

（一）石油系增塑剂的化学组成

本类增塑剂是橡胶加工中使用最多的增塑剂之一，因其由原油蒸馏制得，也统称为矿物油。

石油系增塑剂根据油品与不同浓度硫酸的反应产物在正戊烷中的溶解性为基础，将油品分成五种化学成分来表征，即沥青质、氮碱、第一亲酸物、第二亲酸物和饱和烃。沥青质是油品中不溶于正戊烷的含少量S、O、N的树脂状高分子化合物，不能分馏；其能提高混炼胶的黏度，用量在40份以上时具有补强作用，分散性差，黑色，有污染性。氮碱是除去沥青质后，用85%冷硫酸处理的不溶于正戊烷的含有吡啶、硫醇、羧酸、醌等极性化合物，分子量比较大的树脂部分，为黏度高的暗褐色黏性流体；对胶料有软化、增黏效果，对硫化有弱促进作用，有污染性。第一亲酸物是除去沥青质、氮碱后用97%冷硫酸处理的不溶于正戊烷的部分，它是不饱和度较高的、复杂的芳香族化合物，碘值为65～100；第一亲酸物与橡胶的相容性好，是有效的增塑剂，适于充油用；也是硫化时消耗硫黄的主要成分，因此迟延硫化；含量在15%以下时没有污染。第二亲酸物是除去沥青质、氮碱、第一亲酸物后与发烟硫酸作用不溶于正戊烷的部分，是低不饱和度的烃类物质，碘值为5～12；第二亲酸物与各种橡胶的相容性良好，没有污染，不影响硫化。饱和烃是不与发烟硫酸作用的最稳定部分，为链烷烃和环烷烃的混合物。油品的不同组成对SBR的性能影响见表1.6.1-6。

表1.6.1-6　油品的不同组成对SBR的性能影响

组成	沥青质	氮碱	第一亲酸物	第二亲酸物	饱和烃	空白
沥青质	53.4	0.0	0.0	0.0	0.0	—
氮碱	32.4	85.5	8.9	1.6	0.0	—
第一亲酸物	4.5	7.0	85.5	3.7	0.0	—
第二亲酸物	9.7	7.5	5.6	94.7	0.0	—
饱和烃	—	—	—	—	100.0	—
可塑性（Soott）	165	235	249	260	235	160
硬度（邵尔A）	61	52	44	44	43	54
300%定伸应力/MPa	4.9	3.3	2.2	2.6	2.6	5.6
500%定伸应力/MPa	8.3	7.6	6.0	6.6	6.7	13.4
拉伸强度/MPa	16.0	14.6	12.8	12.0	7.8	15.0
扯断伸长率/%	640	660	740	710	570	550
回弹性/%	67	70	69	69	69	71

（二）石油系增塑剂的分类

石油系增塑剂主要品种有操作油、三线油、变压器油、机油、轻化重油、石蜡、凡士林、沥青及石油树脂等，其中最常用的是操作油，用于充油橡胶生产所添加的操作油则称为橡胶填充油，简称橡胶油或填充油。

1. 操作油

操作油是石油的高沸点馏分，由分子量在300～600的复杂烃类化合物组成，分子量分布宽。操作油按矿物油本身分子结构、组成方面的差异不同，分为石蜡基橡胶油、环烷基橡胶油、芳香基橡胶油等。

（1）芳烃油（芳香基橡胶油）：以芳烃为主，一般芳香烃碳原子数超过总碳原子数的35%，褐色的黏稠状液体，与橡胶的相容性最好，加工性能好，吸收速率快，适用于天然橡胶和SBR、CR、BR等合成橡胶的深色橡胶制品中。

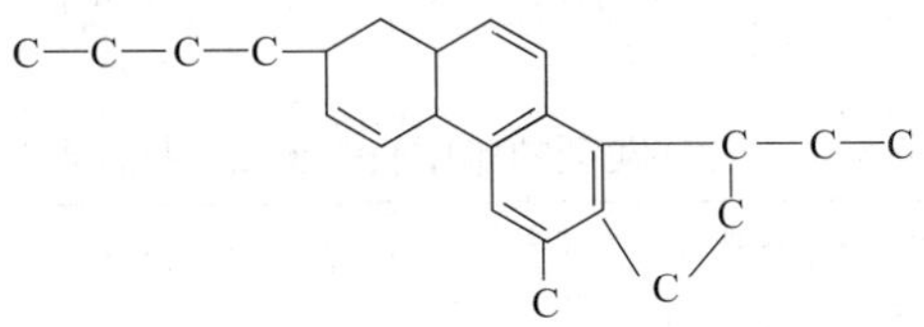

芳香基橡胶油包括粗制芳烃油、处理芳烃油、残余芳烃抽提油。(1) 粗制芳烃油（Distillate Aromatic Extract，缩写为DAE）：芳烃含量高，与橡胶的相容性好，缺点是含有大量多环芳烃（PCA），对环境有污染性，已被欧盟列入禁止使用，被中国列入限制使用（替代品）目录中；(2) 处理芳烃油（Treate Dstillate Aromatic Extract，缩写为TDAE）：TDAE是对芳烃油进行再精制，除去多环芳族化合物后而成，TDAE能满足环保要求，相对芳烃含量高，性能与DAE接近，是DAE的主流替代品。C) 残余芳烃抽提油（Residual Aromatic Extract，缩写为RAE）：RAE通常以石蜡基或者中间基原油的减压渣油为原料，采用溶剂脱沥青—溶剂脱蜡—溶剂精制工艺。RAE芳烃含量高、运动黏度高，精制后也能满足环保要求，性能接近DAE。

（2）环烷油（环烷基橡胶油）：以环烷烃为主，一般环烷链碳原子数超过总碳原子数的35%，浅黄色或透明液体，与橡胶的相容性较芳烃油差，但污染性比芳烃油小，适用于NR和SBR、EPDM、BR、IIR、CR等多种合成橡胶。

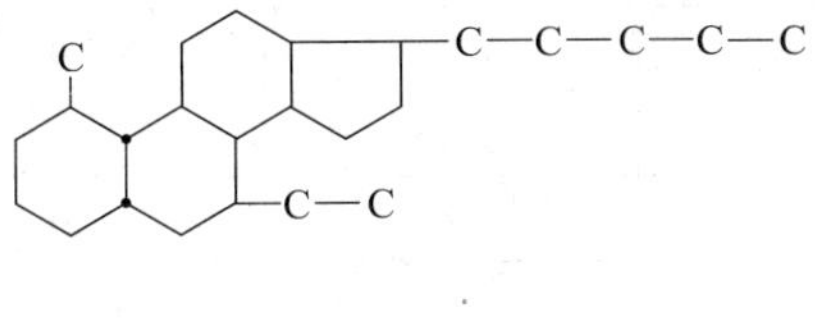

环烷基橡胶油的主要品种是重质环烷油（Heavy Naphthenic Oil，缩写为 NAP），NAP 是以环烷基原油馏分油经溶剂精制或适当条件下加氢精制而成的。NAP 也能满足环保要求，目前也是芳烃油替代品。

（3）石蜡油（石蜡基橡胶油）：又称为链烷烃油，以直链或支化链烷烃为主，一般石蜡烃碳原子数超过总碳原子数的 55%。无色透明液体，黏度低，与橡胶的相容性差，加工性能差，吸收速率慢，适用于 EPDM、IIR 等饱和性橡胶中，污染性小或无污染，宜用于浅色橡胶制品中。

—C—C—C—C—C—C—

石蜡基橡胶油的主要品种是浅度溶剂抽提油（Mildly Extract Solvate，缩写为 MES），MES 是馏分油经溶剂浅度精制或采用加氢工艺浅度精制而成，如果原料为石蜡基，则还需经过脱蜡精制。MES 是无毒的石蜡油，但其与橡胶的相容性差。

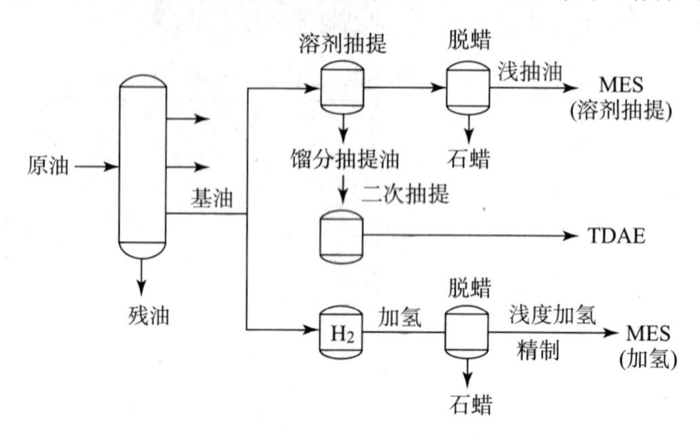

图 1.6.1－1　TDAE 和 MES 的生产方法

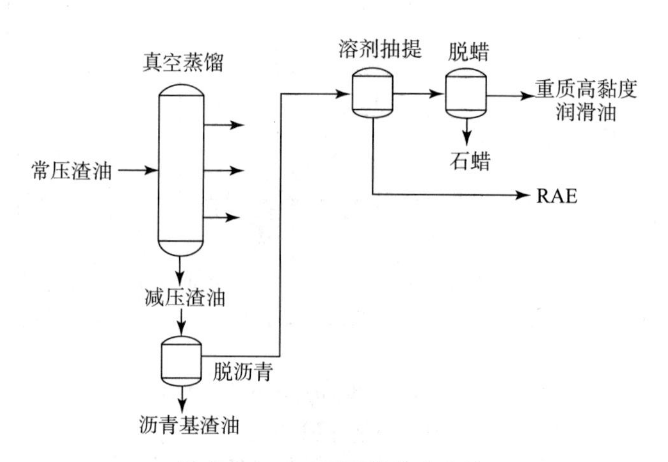

图 1.6.1－2　RAE 的生产方法

TDAE 和 MES 的生产方法、RAE 的生产方法分别如图 1.6.1－1、图 1.6.1－2 所示。典型的操作油的组成及技术参数见表 1.6.1－7。

表 1.6.1－7　典型的操作油的组成及技术参数

类别	石蜡烃碳原子分数 (C_P)/%	环烷烃碳原子分数 (C_N)/%	芳香烃碳原子分数 (C_A)/%	苯胺点/℃	赛波特黏度 (37.8℃)	比重
石蜡油	64～69	28～33	2～3	90～121	100～500	0.86～0.88
环烷油	41～46	35～40	18～20	66～82	100～2 100	0.92～0.95
芳烃油	35～41	11～29	36～48	32～49	2 600～15 000	0.95～1.05

填充油代表性牌号的特性数据见表 1.6.1－8。

表 1.6.1－8　填充油代表性牌号的特性数据

填充油牌号	DAE	TDAE Vivatec 500 (H&R)	MES Catenex SNR (Shell)	NAP Nytex 4700 (Nynas)	RAE Flavex 595 (Shell)
密度（15℃）/($Mg \cdot m^{-3}$)	1.002	0.950	0.909	0.940	0.980
折光率 n_D^{20}	1.57	1.53	1.50	1.51	1.55
闪点（开）/℃	240	270	240	220	240

续表

填充油牌号	DAE	TDAE Vivatec 500 (H&R)	MES Catenex SNR (Shell)	NAP Nytex 4700 (Nynas)	RAE Flavex 595 (Shell)
倾点/℃	27	24	-6	-15	15
运动黏度/ ($mm^2 \cdot s^{-1}$)					
40℃	1500	410	175		3300
100℃	30	19	14	28	62.5
VGC	0.96	0.89	0.85	0.87	0.92
苯胺点/℃	50	68	93	90	66
碳原子所占比例					
C_A	43	25	12	15	29
C_N	31	30	30	36	15
C_P	26	45	58	49	56
Tg/℃	-40	-50	-61	约-60	-45
PCA 质量分数（IP 346）[a]	0.20	<0.025	0.020	<0.025	不适用
苯并（a）芘质量分数×10^6	25	约 0.2	0.2	0.4	0.2
8 种 PAHs 总质量分数×10^6	280	1	1.5	5	2~4
w（H_{Bay}）(ISO 21461)[b]/%	—	—	—	—	0.3
MI（ASTM E 1687）[c]	—	—	—	—	0~0.8

注 a：PCA 是指 PAHs 加上以 S、N、O 取代的芳族化合物构成的化学物质，它们可被二甲基亚砜（DMSO）从油中抽提出来。IP 346 法是英国石油学会在 Shell 公司开发的试验方法基础上制定的标准试验方法，它利用 DSMO 可以萃取油品中 3~7 环 PCA 的特性，通过折光计测定折光指数来计算 DSMO 抽提物质量分数，以此作为 PCA 的含量。按 IP 346 方法测出的 DMSO 抽提物含量表示 PCA 质量分数，以表征油品的芳香度。PCA 质量分数大于 0.03 的油品需要贴标识，表明有致癌倾向，称为“标志油”或“有毒油”。PCA 质量分数小于 0.03 的油品称为“无标志油”，又称“环保油”“安全油”“无毒油”。

注 b：湾区质子又叫湾区氢（缩写为 H_{Bay}或 BRHs），按国际癌症研究中心（IARC）分类的致癌 PAHs 都有湾区，虽然含有湾区的 PAHs 不一定是致癌的，如图 1.6.1-3 所示。研究表明，用 ISO 21461-NMR 法对溶剂抽提物测定湾区氢在多环芳烃分子中的量，可以直接评估其致癌性。$w(H_{Bay})=I_2/(I_1+I_3)$，其中 $w(H_{Bay})$ 为湾区质子百分数，I_1 为纯芳烃区域的磁场强度，I_2 为以 $(8.3\sim9.5)\times10^{-6}$定义的湾区的磁场强度，$I_3$ 为以 $(0.2\sim5.8)\times10^{-6}$定义的链烃和烯烃区的磁场强度。

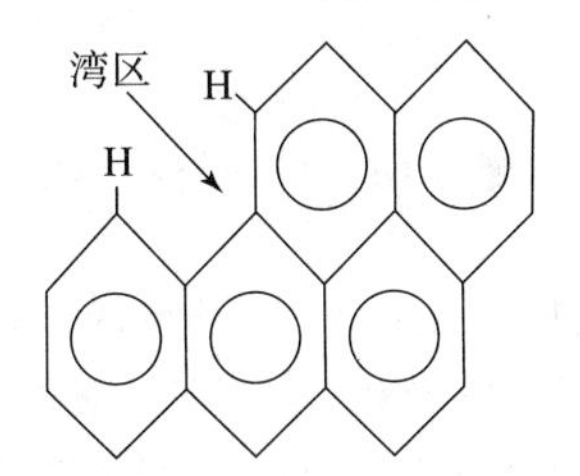

苯并（a）芘（致癌物质）

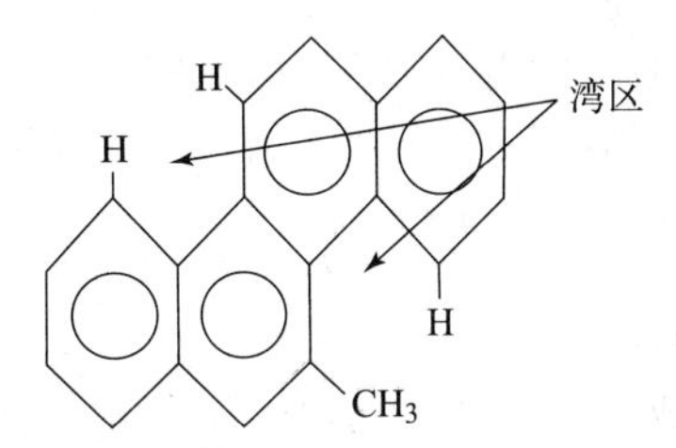

5-甲基䓛（未列入致癌物质）

图 1.6.1-3　具有湾区质子的 PAHs

注 c：大多数填充油生产商以 PCA 质量分数小于 0.03 为目标，有些公司还增加按修正 AMES 试验的诱变性指数（Mutagenicity Index，简称 MI）。MI 值小于 1 时无诱变性，MI 值为 1~3 时诱变性不明，MI 值大于 3 时有诱变性。

详见谢忠麟．多环芳烃与橡胶制品 [J]. 橡胶工业，58（6）：359-376.

操作油在各种橡胶中的用量范围见表 1.6.1-9。

表 1.6.1-9　操作油在各种橡胶中的用量范围

黏度 98.9℃（SUS）	链烷烃油 30~750		环烷烃油 30~200		芳香烃油 30~800	
橡胶	配合量/份	适应性	配合量/份	适应性	配合量/份	适应性
天然橡胶	5~10	良好	5~15	良好	5~15	非常良好
丁苯橡胶	5~10	良好	5~15	非常良好	5~50	非常良好
聚丙烯酸酯橡胶	—	良	—	良好	—	非常良好
丁腈橡胶	不适宜	不良	不适宜	不良	5~30	良好
聚硫橡胶	不适宜	不良	不适宜	不良	5~25	良好

续表

黏度 98.9℃（SUS）	链烷烃油 30～750		环烷烃油 30～200		芳香烃油 30～800	
橡胶	配合量/份	适应性	配合量/份	适应性	配合量/份	适应性
聚丁二烯橡胶（丁基橡胶）	10～25	良好	10～25	良好	不使用	良
聚异戊二烯橡胶	5～10	良好	5～15	良好	5～15	良
二元乙丙橡胶	10～50	良好	10～50	非常良好	10～50	良
三元乙丙橡胶	10～50	良好	10～50	非常良好	10～50	良
氯丁橡胶	不适宜	不良	5～15	非常良好	10～50	非常良好
特征						
低温性能	良好～非常良好		良好		良～不良	
加工性能	良～良好		良好		非常良好	
不污染性	极良好		极良好		不良	
硫化速率	延迟		中间		快	
回弹性	良好～非常良好		良好		良～良好	
弹性	良好～非常良好		良好		良～良好	
拉伸强度	良好		良好		良好	
定伸应力	良好		良好		良好	
硬度	良好		良好		良好	
生热	低～中间		中间		高	

操作油对橡胶加工性能的影响，主要包括：(1) 混炼时加入操作油，可减小生热、降低能耗。橡胶对操作油的吸收速度与操作油的组成、黏度、混炼条件有关，一般黏度低、芳烃含量高、温度高，吸收得快。但操作油用量多时，炭黑在橡胶中的分散性变差，必须分批加入。(2) 胶料中加入适量的操作油，可使胶料软化，压延压出半成品表面光滑，口模膨胀小，压延压出速度快。(3) 随着胶料中操作油填充量的增加，硫化剂、促进剂在橡胶中的浓度降低，使硫化速度减缓；含芳烃油多的操作油，有促进胶料焦烧和加速硫化的作用。

与橡胶相容性好的操作油，用量多时也不会喷出。如对于 CR，石蜡油用 5 份即有喷出的危险，而环烷油可以用到 20～25 份，芳烃油可以用到 50 份以上。

一般的，SBR 中芳烃油最好，可以使拉伸强度、伸长率提高，定伸应力下降，硫化胶的耐屈挠性好；BR 中，由于炭黑填充量大，操作油的用量多些，对性能的影响不显著；CR 中选用芳烃油最好，其次是环烷油，不能用石蜡油；NBR 中一般不用操作油，多用合成增塑剂；IIR 中应使用低黏度的油，多用环烷油或石蜡油，不用芳烃油；EPDM 中一般不使用芳烃油，多用石蜡油和环烷油。

填充油对轮胎胎面胶料动态力学性能的影响见表 1.6.1－10。

表 1.6.1－10　填充油对轮胎胎面胶料动态力学性能的影响

项目		生胶	补强体系	DAE	TDAE	NAP	MES1	MES2	RAE
tanδ	0℃	ESBR/BR/NR	炭黑	0.291	0.248	0.243	0.222	0.226	—
		SSBR/BR	白炭黑	0.458	0.429	0.471	0.396	0.400	—
		ESBR	炭黑	0.242	0.253	0.238	0.250	—	—
		SSBR/BR	白炭黑	0.337	0.283	—	—	—	0.362
	60℃	ESBR/BR/NR	炭黑	0.170	0.143	0.139	0.130	0.135	—
		SSBR/BR	白炭黑	0.150	0.133	0.138	0.129	0.131	—
		ESBR	炭黑	0.232	0.224	0.203	0.214	—	—
		SSBR/BR	白炭黑	0.126	0.125	—	—	—	0.124
Tg/℃		ESBR	炭黑	－33.9	－37.9	－38.0	－40.0	—	—

乘用车要求轮胎路面抓着性高（保证安全）、滚动阻力小（油耗低）和耐磨（使用寿命）。实验室一般以动态力学分析仪（DMA）评估：以 0℃下的 tanδ 值表征胶料的抗湿滑性能，其值高者抗湿滑性能好；以 60℃下的 tanδ 值表征胶料的滚

动阻力，其值低者滚动阻力小；以玻璃化温度（*Tg*）表征耐磨性能，其值低者耐磨性能好。从表 1.6.1-10 可以看出，与 DAE 相比，环保油的抗湿滑性能较差，滚动阻力小，耐磨性能好；TDAE 要优于 NAP 和 MES，与 DAE 较为接近，因此目前使用 TDAE 作为轮胎填充油居多；RAE 在保持与 DAE 和 TDAE 相当的滚动阻力的情况下，抗湿滑性能优于 TDAE，是 TDAE 的强有力竞争对手。

2. 石油系其他增塑剂

石油系其他增塑剂主要为三线油、变压器油、机油、轻化重油、石蜡、凡士林、沥青及石油树脂等，物化性能见表 1.6.1-11。

表 1.6.1-11　石油系其他增塑剂的物化性能

名称	主要来源及成分	外观	物理性质	性能
机油	系石油的润滑油馏分经脱蜡（酸碱处理），再经白土精制处理制得，为含 C_{16}～C_{20}的饱和烃类	棕褐色油状液体	相对密度为 0.91～0.93，恩氏黏度（50℃）为 1.85～7.20，闪点（开杯）为 165～200℃	可用作增塑剂的机油共有 HJ-10、20、30、40、50 五个牌号，号数越高，黏度越大；工艺性能较好，不污染；一般用量为5～15 份，多用于 BR
合成锭子油	由含烯烃的轻质石油馏分经 $AlCl_3$ 催化而成	淡黄色液体	相对密度为 0.888～0.896（20℃），凝固点≤-45℃，恩氏黏度（50℃）为 2.05～2.26，闪点（开杯）>163℃	有较好的工艺性能和低温性能，不污染，适用于浅色制品
变压器油	由石油润滑油馏分经脱蜡、酸碱洗涤或用白土处理制得	浅黄色液体	凝固点为-25℃，恩氏黏度>1.8，闪点（闭杯）>135℃	耐氧化，有较好的耐寒性及绝缘性，无污染，主要用于绝缘橡胶制品
凡士林	由石油残油精制而得，由 C_{18}～C_{22}的液体和固体饱和烃组成	淡褐色至深褐色膏状物	相对密度为 0.88～0.89，恩氏黏度（60℃）为 2.99，滴点为 54℃	压出性能好，能提高橡胶与金属的黏合力，污染性较小，可用于浅色制品，会影响硫化胶的硬度和拉伸强度，一般用量为 3～15 份，特别适用于 IIR
石蜡	由石油的含蜡馏分经加工制得，主要为含 C_{20}～C_{43}的饱和链烷烃	白色或浅黄色固体或晶体	熔点为 50～62℃，相对密度 0.9 以下	对橡胶有润滑作用，使胶料容易压延压出和脱模，并能改善制品的外观；还可用作物理防老剂，能提高制品的耐臭氧、耐水、耐日光老化性能，一般用量为 0.5～2 份（IIR 可用至 6 份），过多会喷霜、降低胶料的黏着性
沥青、矿质橡胶	由石油蒸馏残余物或由沥青经过氧化制得，是一种由各种复杂烃类组成的混合物；其中矿质橡胶，一种精制的石油沥青，稍具弹性，形状似橡胶	黑色固体或半固体物质	相对密度为 1.0～1.15，软沥青软化点为 36～41℃，普通沥青软化点为 70～120℃，矿质橡胶软化点为 120～150℃	增塑、增黏性软化剂，兼具补强作用，能提高胶料挺性，改善压出性能与硫化胶的耐水膨胀性能，污染性大，一般用量为5～10 份；软沥青主要作为增黏性软化剂用于绝缘胶布中
重油	为石油蒸馏时截取的重油馏分中的一段	暗黑色黏稠状物	相对密度为 0.90～0.96，恩氏黏度甲型为 6～8，乙型为 24～28	通用软化剂，价格便宜，颜色深，不适宜浅色制品

1.2.2 石油系增塑剂的技术标准

（一）芳香基矿物油

GB/T 33322—2016《橡胶增塑剂 芳香基矿物油》适用于由天然石油生产的芳香基矿物油型橡胶增塑剂，该标准所属产品适用于 SBR、BR、IR 等橡胶合成中的充油，以及橡胶轮胎加工的增塑、软化用油。

芳香基矿物油的产品标记为：

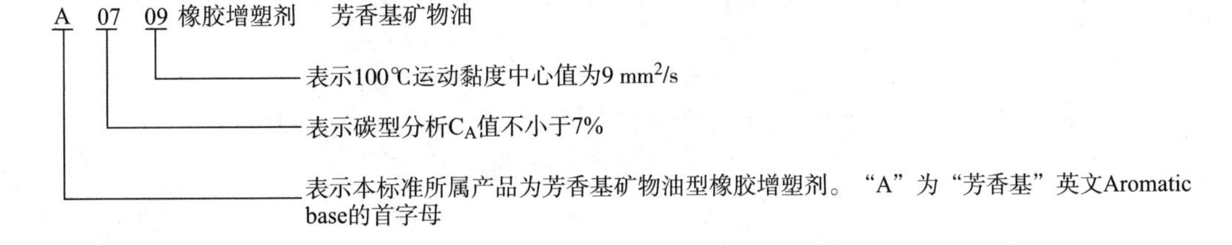

A　07　09 橡胶增塑剂　芳香基矿物油
表示100℃运动黏度中心值为9 mm²/s
表示碳型分析C_A值不小于7%
表示本标准所属产品为芳香基矿物油型橡胶增塑剂。"A"为"芳香基"英文Aromatic base的首字母

橡胶增塑剂芳香基矿物油的技术要求和试验方法见表 1.6.1-12，详见 GB/T 33322—2016 的规定。

表 1.6.1-12　橡胶增塑剂芳香基矿物油的技术要求和试验方法

项目	指标							试验方法
	A0709	A1004	A1020	A1220	A1426	A1820	A2530	
密度（20℃）/(kg·m^{-3})	报告	报告	报告	报告	报告	报告	报告	GB/T 1884 GB/T 1885
运动黏度/(mm^2·s^{-1}) 40℃ 100℃	 报告 7～11	 报告 3～5	 报告 16～26	 报告 16～26	 报告 22～30	 报告 16～26	 报告 ≥30	GB/T 265
闪点（≥）/℃	190	165	210	210	210	220	230	GB/T 3536
倾点（≤）/℃	15	-10[a]	15	15	15	20	20	GB/T 3535
苯胺点（≤）/℃	90	85	99	95	95	85	75	GB/T 262
色度（≤）/号	1.5	0.5	—	—	—	—	—	GB/T 6540
酸值（以 KOH 计）(≤)/(mg·g^{-1})	0.5	0.5	报告	报告	报告	报告	报告	GB/T 4945
折射率 n_D^{20}	报告	报告	报告	报告	报告	报告	报告	SH/T 0724
黏重常数（VGC）	报告	报告	报告	报告	报告	报告	报告	NB/SH/T 0835
硫含量[b]/(mg·kg^{-1}) 硫含量（质量分数）[b]/%	报告	报告	报告	报告	报告	报告	报告	SH/T 0689 GB/T 17040
机械杂质（质量分数）/%	无	无	无	无	无	无	无	GB/T 511
水分（体积分数）/%	痕迹	痕迹	痕迹	痕迹	痕迹	痕迹	痕迹	GB/T 260
稠环芳烃（PCA）含量（<）/%	3	3	3	3	3	3	3	NB/SH/T 0838
碳型分析[c]/% C_A C_N C_P	 7 报告 报告	 10 报告 报告	 10 报告 报告	 12 报告 报告	 14 报告 报告	 18 报告 报告	 25 报告 报告	SH/T 0725 SH/T 0729
八种多环芳烃（PAHs）之和/(≤)(mg·kg^{-1}) 其中：(1) 苯并（a）芘（BaP）(≤) (2) 苯并（e）芘（BeP） (3) 苯并（a）蒽（BaA） (4) 䓛（CHR） (5) 苯并（b）荧蒽（BbF） (6) 苯并（j）荧蒽（BjF） (7) 苯并（k）荧蒽（BkF） (8) 二苯并（a，h）蒽（DBA）	10 1 报告 报告 报告 报告 报告 报告 报告	10 1 报告 报告 报告 报告 报告 报告 报告	10 1 报告 报告 报告 报告 报告 报告 报告	10 1 报告 报告 报告 报告 报告 报告 报告	10 1 报告 报告 报告 报告 报告 报告 报告	10 1 报告 报告 报告 报告 报告 报告 报告	10 1 报告 报告 报告 报告 报告 报告 报告	SN/T 1877.3—2007 第一法

注 a：经用户同意，该指标可由供需双方确定。
注 b：根据油品实际硫含量选用其中一种检测方法即可。
注 c：如有争议时，加氢精制产品以 SH/T 0729 为仲裁方法；非加氢精制产品以 SH/T 0725 为仲裁方法。

（二）变压器油

GB/T 2536—2011《电工流体 变压器和开关用的未使用过的矿物绝缘油》修改采用 IEC 60296—2003《电工流体 变压器和开关用的未使用过的矿物绝缘油》，适用于以石油馏分为原料，经精制后得到的未使用过的含和不含添加剂的矿物绝缘油，不包括由再生油制得的矿物绝缘油，主要用于变压器、开关及需要用油作绝缘和传热介质的类似电气设备。

变压器油的产品标记为：

品种代号　最低冷态投运温度　产品名称　标准号

标记示例：

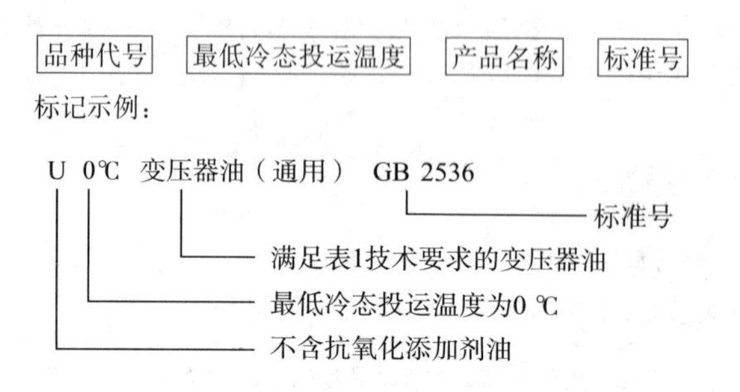

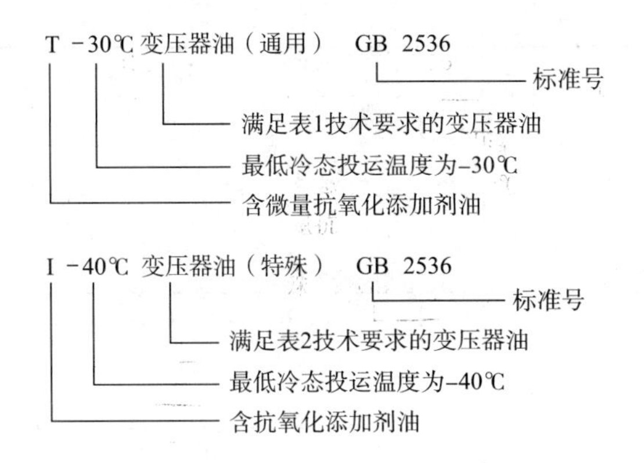

1. 通用变压器油

变压器油（通用）技术要求和试验方法见表 1.6.1-13（即表 1）。

表 1.6.1-13　变压器油（通用）技术要求和试验方法

项目	质量指标					试验方法
最低冷态投运温度（LCSET）/℃	0	-10	-20	-30	-40	
1. 功能特性[a]						
倾点/℃，不高于	-10	-20	-30	-40	-50	GB/T 3535
运动黏度（≤）/($mm^2 \cdot s^{-1}$) 40℃ 0℃ -10℃ -20℃ -30℃ -40℃	 12 1 800 — — — —	 12 — 1 800 — — —	 12 — — 1 800 — —	 12 — — — 1 800 —	 12 — — — — 2 500[b]	GB/T 265 NB/SH/T 0837
水含量[c]（≤）/($mg \cdot kg^{-1}$)	30/40					GB/T 7600
击穿电压（满足下列要求之一）（≥）/kV 未处理油 经处理油[d]	 30 70					GB/T 507
密度（20℃）（≤）/($kg \cdot m^{-3}$)	895					GB/T 1884、GB/T 1885[e]和 SH/T 0604
介质损耗因素（90℃）（≤）	0.005					GB/T 5654[f]、GB/T 21216
2. 精制/稳定特性[g]						
外观	清澈透明、无沉淀物和悬浮物					目测[h]
酸值（≤）/($mgKOH \cdot g^{-1}$)	0.01					NB/SH/T 0836
水溶性酸或碱	无					GB/T 259
界面张力（≥）/($mN \cdot m^{-1}$)	40					GB/T 6541
总硫含量 w/%	无通用要求					GB/T 11140、GB/T 17040、SH/T 0253、SH/T 0689、ISO 14596
腐蚀性硫	非腐蚀性					SH/T 0804
抗氧化添加剂含量 w/% 不含抗氧化添加剂油（U） 含微量抗氧化添加剂油（T）（≤） 含抗氧化添加剂油（I）	 测不出 0.08 0.08～0.40					SH/T 0802[j]、SH/T 0792
2-糠醛含量（≤）/($mg \cdot kg^{-1}$)	0.1					NB/SH/T 0812

续表

项目		质量指标					试验方法
最低冷态投运温度（LCSET）/℃		0	-10	-20	-30	-40	
3. 运行特性[k]							
氧化安定性（120℃）		1.2					NB/SH/T 0811
U型 164 h	总酸值（≤）/(mgKOH·g^{-1})						
T型 332 h	油泥 w（≤）/%	0.8					
I型 500 h	介质损耗因素（90℃）（≤）	0.500					GB/T 5654[f]、GB/T 21216
析气性/(m^3·min^{-1})		无通用要求					NB/SH/T 0810
4. 健康、安全和环保特性[l]							
闪点（闭口）/℃，不低于		135					GB/T 261
稠环芳烃（PCA）含量 w（≤）/%		3					NB/SH/T 0838
多氯联苯（PCB）含量 w（≤）/%		检测不出[m]					SH/T 0803

注 a：对绝缘和冷却有影响的性能。
注 b：运动黏度（-40℃）以第一个黏度值为测定结果。
注 c：当环境湿度不大于50%时，水含量不大于30 mg/kg适用于散装交货；水含量不大于40 mg/kg适用于桶装或复合中型集装容器（IBC）交货。当环境湿度大于50%时，水含量不大于35 mg/kg适用于散装交货；水含量不大于45 mg/kg适用于桶装或复合中型集装容器（IBC）交货。
注 d：经处理油指试验样品在60℃下通过真空（压力低于2.5 kPa）过滤流过一个孔隙度为4的烧结玻璃过滤器的油。
注 e：有争议时，以GB/T 1884和GB/T 1885测定结果为准。
注 f：有争议时，以GB/T 5654测定结果为准。
注 g：受精制深度和类型及添加剂影响的性能。
注 h：将样品注入100 mL量筒中，在（20±5）℃下目测。有争议时，按GB/T 511测定机械杂质含量为无。
注 i：有争议时，以SH/T 0802测定结果为准。
注 j：在使用中和/或在高电场强度和温度影响下与油品长期运行有关的性能。
注 k：与安全和环保有关的性能。
注 l：检测不出指PCB含量小于2 mg/kg，其单峰检出限为0.1 mg/kg。

2. 特殊变压器油

变压器油（特殊）技术要求和试验方法见表1.6.1-14（即表2）。

表1.6.1-14　变压器油（特殊）技术要求和试验方法

项目	质量指标					试验方法
最低冷态投运温度（LCSET）/℃	0	-10	-20	-30	-40	
1. 功能特性[a]						
倾点/℃，不高于	-10	-20	-30	-40	-50	GB/T 3535
运动黏度（≤）/(mm^2·s^{-1})						GB/T 265
40℃	12	12	12	12	12	
0℃	1 800	—	—	—	—	
-10℃	—	1 800	—	—	—	
-20℃	—	—	1 800	—	—	
-30℃	—	—	—	1 800	—	
-40℃	—	—	—	—	2 500[b]	NB/SH/T 0837
水含量[c]（≤）/(mg^2·kg^{-1})	30/40					GB/T 7600
击穿电压（满足下列要求之一），kV						GB/T 507
未处理油	30					
经处理油[d]	70					
密度（20℃）（≤）/(kg·m^{-3})	895					GB/T 1884、GB/T 1885[e]和SH/T 0604
苯胺点/℃	报告					GB/T 262
介质损耗因素（90℃）（≤）	0.005					GB/T 5654[f]、GB/T 21216

续表

项目	质量指标					试验方法
最低冷态投运温度（LCSET）/℃	0	-10	-20	-30	-40	
2. 精制/稳定特性[g]						
外观	清澈透明、无沉淀物和悬浮物					目测[h]
酸值（≤）/(mgKOH·g^{-1})	0.01					NB/SH/T 0836
水溶性酸或碱	无					GB/T 259
界面张力（≥）/(mN·m^{-1})	40					GB/T 6541
总硫含量 w（≤）/%	0.15					GB/T 11140、GB/T 17040、SH/T 0253、SH/T 0689[i]、ISO 14596
腐蚀性硫	非腐蚀性					SH/T 0804
抗氧化添加剂含量 w/% 含抗氧化添加剂油（I）	0.08～0.40					SH/T 0802[k]、SH/T 0792
2-糠醛含量（≤）/(mg·kg^{-1})	0.05					NB/SH/T 0812
3. 运行特性[l]						
氧化安定性（120℃）						NB/SH/T 0811
I型 500 h　总酸值（≤）/(mgKOH·g^{-1})	0.3					NB/SH/T 0811
I型 500 h　油泥 w（≤）/%	0.05					NB/SH/T 0811
I型 500 h　介质损耗因素（90℃）（≤）	0.050					GB/T 5654[f]、GB/T 21216
析气性/(m^3·min^{-1})	报告					NB/SH/T 0810
带电倾向（ECT）/(μC·m^{-3})	报告					DL/T 385
4. 健康、安全和环保特性[m]						
闪点（闭口）/℃，不低于	135					GB/T 261
稠环芳烃（PCA）含量 w（≤）/%	3					NB/SH/T 0838
多氯联苯（PCB）含量 w（≤）/%	检测不出[n]					SH/T 0803

注 a：对绝缘和冷却有影响的性能。
注 b：运动黏度（-40℃）以第一个黏度值为测定结果。
注 c：当环境湿度不大于 50%时，水含量不大于 30 mg/kg 适用于散装交货；水含量不大于 40 mg/kg 适用于桶装或复合中型集装容器（IBC）交货。当环境湿度大于 50%时，水含量不大于 35 mg/kg 适用于散装交货；水含量不大于 45 mg/kg 适用于桶装或复合中型集装容器（IBC）交货。
注 d：经处理油指试验样品在 60℃下通过真空（压力低于 2.5 kPa）过滤流过一个孔隙度为 4 的烧结玻璃过滤器的油。
注 e：有争议时，以 GB/T 1884 和 GB/T 1885 测定结果为准。
注 f：有争议时，以 GB/T 5654 测定结果为准。
注 g：受精制深度和类型及添加剂影响的性能。
注 h：将样品注入 100 mL 量筒中，在 20±5℃下目测。有争议时，按 GB/T 511 测定机械杂质含量为无。
注 i：有争议时，以 SH/T 0689 测定结果为准。
注 j：有争议时，以 SH/T 0802 测定结果为准。
注 k：在使用中和/或在高电场强度和温度影响下与油品长期运行有关的性能。
注 l：与安全和环保有关的性能。
注 m：检测不出指 PCB 含量小于 2 mg/kg，其单峰检出限为 0.1 mg/kg。

3. 低温开关油技术要求和试验方法

（略）

（三）凡士林

SH/T 0039—1990（1998）《工业凡士林》适用于由高黏度润滑油馏分，经脱蜡所得的蜡膏掺和机械油经白土精制后加入防腐蚀添加剂而得的工业凡士林，该标准将工业凡士林分为 1 号和 2 号两个牌号，主要作为橡胶软化剂、金属器件防锈、防锈脂原料使用。

工业凡士林的技术要求和试验方法见表 1.6.1-15。

表 1.6.1-15　工业凡士林的技术要求和试验方法

项目	质量指标		试验方法
	1号	2号	
外观	淡褐色至深褐色均质无块软膏		目测
滴熔点/℃	45～80		GB/T 8026
酸值（≤）/(mgKOH · g^{-1})	0.1		GB/T 264
腐蚀[1]（钢片、铜片，100℃，3 h）	合格		SY 2710
水溶性酸或碱	无		GB 259
闪点（开口）（≥）/℃	190		GB/T 3536
运动黏度（100℃）/(mm^2 · s^{-1})	10～20	15～30	GB/T 265
锥入度（150 g，25℃）/0.1 mm	140～210	80～140	ZB E42 009
机械杂质（≤）/%	0.03	0.03	GB/T 511
水分/%	无	无	GB/T 512

注1：腐蚀试验用45号钢片和T2铜片进行。

（四）锭子油

SH/T 0111—1992（1998）《合成锭子油》适用于含烯烃轻质石油馏分，经三氯化铝催化迭合等工艺制得的合成润滑油，主要用于某些机械设备的润滑、冶金工艺用油、润滑脂的原料或其他特殊用途。

合成锭子油的技术要求和试验方法见表 1.6.1-16。

表 1.6.1-16　合成锭子油的技术要求和试验方法

项目	质量指标	试验方法
运动黏度/(mm^2 · s^{-1}) 20℃（≤） 50℃	 49 12.0～14.0	GB/T 265
酸值（≤）/(mgKOH · g^{-1})	0.07	GB/T 264
灰分（≤）/%	0.005	GB/T 508
腐蚀试验（钢片）	合格	SH/T 0328[1]
水溶性酸或碱	无	GB/T 259
机械杂质（≤）/%	无	GB/T 511
水分/%	无	SH/T 0257
闪点（开口）（≥）/℃	163	GB/T 267
凝点/℃不高于	-45	GB/T 510
密度（20℃）/(kg · m^{-3})	888～896	GB/T 1884 或 GB/T 1885

注1：做腐蚀试验时，以40号或45号、50号钢片二块置入试料中6 h，然后取出悬于空气中6 h，如此重复试验三遍。

（五）液体石蜡

蜡类对橡胶有润滑作用，可以改善胶料的压延压出性能，模压制品硫化后容易脱模，本身又是物理防老剂，对光、臭氧和水有防护作用，但易喷出制品表面。详见物理防老剂相关章节。

液体石蜡的种类很多，其润滑效果也各不相同。在挤出加工中初期润滑效果良好，热稳定性也较好。但因相溶性差，用量过多时制品易发黏。NB-SH-T 0416—2014《重质液体石蜡》适用于由原油生产的柴油馏分，经尿素脱蜡而制取的重质液体石蜡，主要用于生产加酯剂、增塑剂、合成洗涤剂等产品的原料，其技术要求和试验方法见表 1.6.1-17。

表 1.6.1-17　重质液体石蜡的技术要求和试验方法

项目	质量指标	试验方法
馏程： 初馏点（≥）/℃ 98%馏出温度/℃，不高于	 195 310	GB/T 6536
颜色/赛波特号（≥）	+15	GB/T 3555
芳香烃含量 w（≤）/%	1.0	SH/T 0411
正构烷烃含量 w（≤）/%	92	NB-SH-T 0416—2014

续表

项目	质量指标	试验方法
溴值（≤）/[gBr·(100 g)$^{-1}$]	2.0	SH/T 0236
闪点（闭口）（≥）/℃	80	GB/T 261
水溶性酸或碱	无	GB/T 259
水分及机械杂质	无	目测[a]

注 a：将样品注入 100mL 量筒中，在 (20±5)℃时观察，应当是透明的，不应有悬浮物和机械杂质及水。遇有争议时须按 GB/T 511 及 GB/T 260 测定。

1.2.3　石油系增塑剂的供应商

石油系增塑剂的供应商见表 1.6.1-18～表 1.6.1-19。

表 1.6.1-18　石油系增塑剂供应商（一）

供应商	规格型号	产品名称	用途	技术参数								性能特点
				运动黏度/($mm^2 \cdot s^{-1}$)		闪点/℃	密度/($g \cdot cm^{-3}$)	凝固点/℃	碳型分析/%			
				100℃	40℃				CA	CN	CP	
广州大港石油科技有限公司	AL-09	芳烃油	适用于深色制品	10.07	—	218	0.981	-5	42.9	36.2	20.9	符合欧盟 RoHS、REACH
	AM-18	芳烃油	适用于深色制品	21.63	—	238	1.004	11	41.1	25.4	33.5	符合欧盟 RoHS、REACH
	NL-45	环烷油	适用于浅色、透明橡胶制品，特别适用于热塑性弹性体（TPR.SBS）生产的制品，是浅色鞋底材料的优良软化油（操作油）	—	46.72	180	0.906	<-20	6	49.4	44.6	符合欧盟 RoHS、REACH、PAHS 第三类要求
	NM-125	环烷油	适用于胶黏剂、黏胶带、烯烃类（SBS、SIS、SEBS 等）的热熔胶黏剂、胶黏带等胶粘制品	—	152.65	234	0.908 5	<-20	4.7	44.8	50.5	符合欧盟 RoHS、REACH、PAHS 第二类要求
	NM-130	环烷油		—	168.05	218	0.906 3	<-20	0.3	50	49.7	符合欧盟 RoHS、REACH、PAHS 第一类要求
	PM-100	石蜡油	适用于浅色透明橡胶制品，是乙丙橡胶（EPDM）、丁基橡胶（IIR）的首选操作油和填充油	—	81.43	258	0.878	-14	3.7	31.1	65.2	符合欧盟 RoHS、REACH、PAHS 第二类要求
	PH-500	石蜡油		—	506.81	283	0.881 8	-19	0	27	73	符合欧盟 RoHS、REACH、PAHS 第一类要求
	30#	石蜡油	可用于白色、无色透明的特种橡胶制品，也可作为化妆品专用油、黏合剂工业与玻璃密封胶用油等	—	28.16	232	0.837 5	<-20	0	23	77	符合欧盟 RoHS、REACH、PAHS 第一类要求
	DY-19	环保增塑剂	适用于食用保鲜膜、儿童玩具、电线电缆等环保型 PVC 制品的增塑剂；同时也可用于氯丁橡胶、丁腈橡胶的环保型增塑剂	—	20.01	210	1.047 5	<-40	—	—	—	可代替邻苯二甲酸酯类的环保增塑剂
	ZL2-322	环保橡胶油	产品 PAHs 指标符合欧盟的环保指令要求，填补国内轮胎环保油的市场空白	21.07	—	242	0.941 9	-4	12.8	46.5	40.7	中海沥青股份有限公司第一家授权的总经销商

续表

供应商	规格型号	产品名称	用途	技术参数								性能特点
				运动黏度/($mm^2 \cdot s^{-1}$)		闪点/℃	密度/($g \cdot cm^{-3}$)	凝固点/℃	碳型分析/%			
				100℃	40℃				CA	CN	CP	
元庆国际贸易有限公司	低多环芳烃橡胶油 EXTENSOIL 1996 (TDAE)	—	—	—	—	220	0.950 (15℃)	—	—	—	—	符合欧盟 2005/69/EC 指令

表 1.6.1-19 石油系增塑剂的供应商（二）

供应商	项目	环烷油 NA-80 典型值	测试标准	高黏度石蜡油 P-150 典型值	测试标准
元庆国际贸易有限公司（TOTAL）	外观	清澈	IEC PUB 296	清澈	IEC PUB 296
	颜色	+19	ASTM D1500	+1.0	ASTM D1500
	比重	0.884 6	ASTM D1298	0.875	ASTM D1298
	闪点/℃	148	ASTM D92	220	ASTM D92
	倾点（Pour Point）/℃	≤-45	ASTM D97	≤-12	ASTM D97
	运动黏度/cst	—	ASTM D445	—	ASTM D445
	40℃	8.96		47.0	
	100℃	2.30		6.8	
	苯胺点/℃	75.5	ASTM D611	102	ASTM D611
	硫黄含量/%	—	—	0.18	ASTM D4294
	残碳量/%	—	—	0.06	ASTM D524
	酸值/($mgKOH \cdot g^{-1}$)	0.006	ASTM D974	0.01	ASTM D974
	水含量/ppm	58.0	ASTM D1533	—	—
	黏度比重常数	0.8562	ASTM D2501	0.01	—
	折射率	1.0405	ASTM D2159	—	—
	碳型分析	—	ASTM D2140	—	ASTM D2140
	芳香族 Ca/%	3.0		4.0	
	环烷族 Cn/%	53.0		34.0	
	石蜡族 Cp/%	44.0		62.0	

宁波汉圣化工有限公司经营的石油系增塑剂产品见表 1.6.1-20，环保橡胶油产品见表 1.6.1-21。

表 1.6.1-20　石油系增塑剂产品（三）

项目	产品种类	运动黏度（40℃）	运动黏度（100℃）	密度（15℃）	黏度比重常数	倾点	闪点	碳型分析			苯胺点	性能特点	用途
单位		mm²/s		kg/m³	—	℃	℃	Ca	Cn	Cp	℃		
测试方法		ASTM D445	ASTM D445	ASTM D4052	ASTM D2501	ASTM D6749	ASTM D92	ASTM D2140			ASTM D611		
TUDALEN 11	石蜡油	30	5.2	869.2	0.815	-12	208	4	32	64	100	低芳烃含量、良好的颜色稳定性、优异的耐温性、低挥发损失和良好的加工安全性	EP（D）M、IIR 饱和非极性橡胶制品
TUDALEN 13	石蜡油	103	11	885	0.813	-12	252	5	30	65	110		
TUDALEN 16	石蜡油	480	32	900	0.812	-6	306	8	25	67	120		EP（D）M、IIR 饱和非极性橡胶制品，尤其适用于低压变、高耐热要求的橡胶制品
TUDALEN 4529	石蜡油	680	38.0	904	0.812	-9	308	4	30	66	124		
TUDALEN 4645	环烷油	29	4.8	884	0.834	-10	206	4	41	55	96	与聚合物良好的相容性、优异的低温性、低挥发损失	作为烯烃类弹性体热熔胶及 NR、SBR、BR 等橡胶制品的加工油
TUDALEN 3370	环烷油	115	9.1	926	0.869	-12	220	13	42	44	82		
TUDALEN 3367	环烷油	352	16.9	933	0.865	-8	240	14	40	46	90		
PIONIER 1535	石蜡基白油	87	11	873	0.801	-18	258	0	34	66	—	无色无味，优异的耐黄变性能和耐低温性，高闪点和良好的加工安全性	浅色或彩色橡胶制品，低气味、低 VOC 要求的 EP（D）M 橡胶制品，尤其适用于过氧化物硫化的耐热低压变橡胶制品以及苯乙烯类热塑性弹性体
PIONIER 2158	石蜡基白油	294	24.4	876	0.784	-30	286	0	29	71			浅色或彩色橡胶制品，低气味、低 VOC 要求的 EP（D）M 橡胶制品，尤其适用于过氧化物硫化的耐热低压变橡胶制品以及苯乙烯类热塑性弹性体
PIONIER 2164	环烷基白油	100	10.6	885	0.812	-28	242	0	40	60			浅色或彩色橡胶制品，聚烯烃类热熔胶制品

表 1.6.1-21　石油系增塑剂供应商（四）

项目	产品种类	运动黏度（40℃）	运动黏度（100℃）	密度（15℃）	倾点	闪点	黏度比重常数	碳型分析			苯胺点	PCA 含量	B（a）P	8 PAHs	玻璃化转变温度	性能特点	用途
单位		mm²/s		kg/m³	℃	℃	—	Ca	Cn	Cp	℃	Mass. %	ppm	ppm	℃		
测试方法		ASTM D445		ASTM D4052	ASTM D6749	ASTM D92	ASTM D2501	ASTM D2140			ASTM D611	IP 346	DIN EN 16143	DIN EN 16143			
VIVATEC 200	环保橡胶加工油	213	16.5	913	-6	250	0.843	15	27	58	97	<3.0	<1.0	<10.0	—	与非极性二烯类橡胶良好的相容性；低挥发损失和优异的耐温性能	高性能轮胎胎面胶的增塑剂，低 PAHs 要求的 NR、IR、CR、BR、SBR 等橡胶制品
VIVATEC 500		410	19.8	942	24	271	0.887	25	30	45	71	<3.0	<1.0	<10.0	—		
VIVATEC 600		843.4	30	955	-3	240	0.888	26	30	44	—	—	<1.0	<10.0	—		
VIVATEC 700		1 020	30	952	3	250	0.882	22	34	44	83	—	<1.0	<10.0	—		
PIONIERTP 130 B	植物基增塑剂	9	3	872	-30	228	—	—	—	—	—	—	—	—	-111	植物基增塑剂，不含邻苯二甲酸酯类，低玻璃化温度	NBR 胶料中邻苯二甲酸酯类增塑剂的替代品及轮胎胶料增塑剂
PIONIERTP 130 C		17	4	911	-9	231	—	—	—	—	—	—	—	—	-94		炭黑吸油值测试中 DBP 的环保替代品
PIONIERTP 130 J		165	20	998	-3	310	—	—	—	—	—	—	—	—	-64		PVC 加工中优异的环保增塑剂

石油系增塑剂的供应商还有：中石油克拉玛依石化有限责任公司、中海油气开发利用公司、中国石油天然气股份有限公司辽河石化分公司、苏州久泰集团有限公司等。

1.3　煤焦油系增塑剂

煤焦油系增塑剂与橡胶相容性好，改善胶料的加工性能作用明显。能溶解硫黄，阻止硫黄喷出。缺点是会提高脆性温度，对硫化胶屈挠性能有不利影响。煤焦油系增塑剂多环芳烃含量高，在再生胶或橡胶制品生产中已限制使用，读者应谨慎使用该类增塑剂。

煤焦油系增塑剂主要品种有煤焦油、古马隆、煤焦油沥青、氧化沥青等。其中氧化沥青是为了获得更高的固化点而将沥青进行氧化制得，常用于难处理的高浓度聚丁烯胶料中。煤焦油系增塑剂的物化性能见表 1.6.1-22。

表 1.6.1-22　煤焦油系增塑剂的物化性能

名称	主要来源及成分	外观	物理性质	性能
固体古马隆树脂	由煤焦油的 160～185℃馏分（主要含苯并呋喃和茚）经催化聚合制得	淡黄至棕褐色脆性固体	相对密度为 1.06～1.10，软化点 75～135℃	改善胶料压延压出及黏合等工艺性能；有助于炭黑分散；能溶解硫黄，帮助硫黄均匀分散，减少喷霜及焦烧现象；对橡胶有一定补强作用，能显著改善硫化胶的拉伸强度、撕裂强度和耐屈挠龟裂性能；用量 6 份以上即具有补强效果，最多可达 20～25 份
液体古马隆树脂	同固体古马隆，聚合度较低者	黄至棕黑色黏稠液体	软化点为 5～35℃	软化、增黏剂工艺性能优于固体古马隆，但补强性略低；使用前一般需进行加热脱水处理，以除去水分和低分子物质；一般用量 3～6 份，作胶浆增粘剂 5～10 份，丁腈橡胶中用量可达 10～15 份
RX-80 树脂	以煤焦油系产物二甲苯甲醛树脂与多元醇作用，并经松香改性制得	棕色固体	软化点为 70～90℃	对合成橡胶与天然橡胶均有优异的相容性，兼具软化、增黏、补强作用，对提高制品弹性、耐屈挠性及克服合成橡胶黏性差的缺点均有良好效果，不污染，可增加彩色胶料光泽，因呈微酸性，略有迟延硫化及防焦作用

煤焦油系增塑剂最常使用的是古马隆树脂，它既是增塑剂，又是增黏剂，特别适合于合成橡胶，详见本手册第一部分.第七章.5.3。

YB/T 5075—2010《煤焦油》适用于高温炼焦时从煤气中冷凝所得的煤焦油，煤焦油的技术要求见表 1.6.1-23。

表 1.6.1-23　煤焦油的技术要求

指标名称	指标	
	1号	2号
密度（ρ_{20}）/(g·cm^{-3})	1.15～1.21	1.13～1.22
水分（≤）/%	3.0	4.0
灰分（≤）/%	0.13	0.13
黏度（E_{80}）（≤）	4.0	4.2
甲苯不溶物（无水基）/%	3.5～7.0	≤9
萘含量（无水基）(≥)/%	7.0	7.0

1.4　松油系增塑剂

松焦油是干馏松根、松干除去松节油后的残留物质。主要品种有松焦油、松香、松香油、妥尔油等，最常用的包括松焦油、脂松香。松香多用于胶浆和与布面结合的胶料中。

松油系增塑剂在橡胶中易分散，能提高胶料的黏着性、耐寒性，有助于配合剂分散、迟延硫化，对噻唑类促进剂有活化作用，但有污染性，动态生热大。

松油系增塑剂的物化性能见表 1.6.1-24。

表 1.6.1－24　松油系增塑剂的物化性能

名称	主要来源及成分	外观	物理性质	性能
松焦油	松根、松干的干馏油除去松节油后的残留物质，主要成分为萜烯和松香酸，还含有酚类、脂肪酸、沥青等物质	深褐色黏稠液体	相对密度为 1.01～1.06，沸点为 204～400℃	对胶料的软化、增黏作用强，助分散作用好，加工温度下有防焦烧的作用，污染性大，迟延硫化，用量 5～10 份
松香	松脂蒸馏除去松节油后的剩余物质，再经精制而得，主要成分为松香酸和萜烯	浅黄至棕红色透明固体	相对密度为 1.1～1.5	增黏性软化剂，主要用于擦布胶与胶浆中，因属于不饱和酸性物质，有促进老化和迟延硫化作用，不宜多用，一般用量 1～2 份
歧化松香	松香在催化条件下加热，使松香酸转化为脱氢松香酸、二氢松香酸和四氢松香酸的混合物	浅黄色脆性固体	相对密度为 1.045，软化点为 75℃	增塑、增黏作用同松香，较大程度克服了松香不耐老化的缺点，有迟延硫化作用，特别适用于 SBR
萜烯树脂	以优质松节油为原料，经催化聚合制得的聚-α-蒎烯树脂	浅黄色透明脆性固体	相对密度为 0.961～0.968，软化点为 80℃以上	增黏性软化剂，分子结构具有异戊二烯骨架特征，与天然橡胶和各种合成橡胶有很好的相容性，不污染，耐老化性好，价格较贵

1.4.1　脂松香与妥尔油

（一）脂松香

脂松香（简称松香）是从活立木松树采集的松脂经过蒸馏加工蒸除松节油后得到的，是一种无定形透明玻璃状固体树脂，是有机物的混合物，主要化学成分是一元树脂酸，分子式：$C_{20}H_{30}O_2$。松香混合物中大部分为含有两个双键的不饱和酸，如枞酸和海松酸以及它们的衍生物，其酸性对硫化有轻度的迟延效应，可提高丁苯胶的耐磨性。为了降低它们对橡胶老化的负面影响，常进行氢化或者歧化处理。松香因其乳化特性，还广泛应用于合成橡胶丁苯的生产中。其化学组成如图 1.6.1－4 所示。

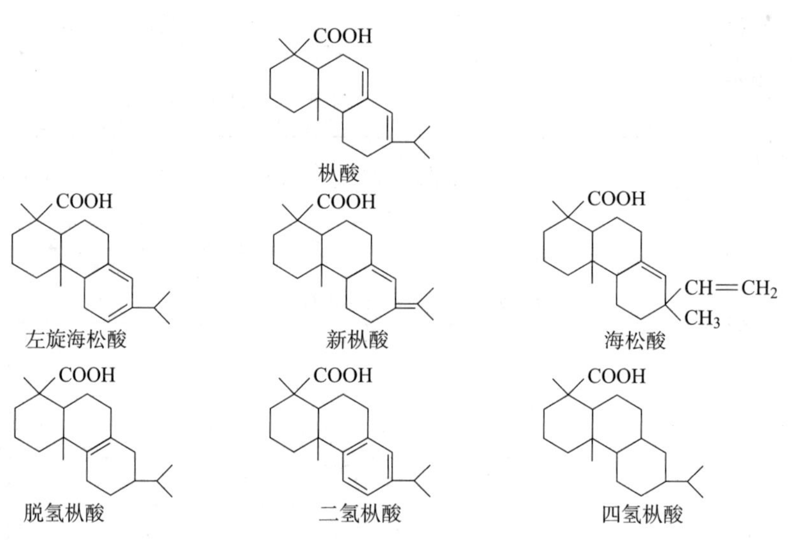

图 1.6.1－4　松香的化学组成

GB/T 8145—2003《脂松香》将松香分为特级、1 级、2 级、3 级、4 级、5 级，共六个级别，除此以外的松香产品均为等外品。该标准规定的各级别分别近似于 ASTM D509—1998 规定的以 X、WW、WG、N、M、K 表示的相应级别，但是两者不等同，可作为参考。各级别松香的技术要求见表 1.6.1－25。

表 1.6.1－25　各级别松香的技术要求

<table>
<tr><th>级别</th><th>外观</th><th colspan="2">颜色</th><th>软化点（≥）/℃（环球法）</th><th>酸值[a]（≥）/(mg·g⁻¹)</th><th>不皂化物[b]（≤）/%</th><th>乙醇不溶物（≤）/%</th><th>灰分（≤）/%</th></tr>
<tr><td>特</td><td rowspan="6">透明</td><td>微黄</td><td rowspan="6">符合松香色度标准块的颜色要求</td><td rowspan="2">76.0</td><td rowspan="2">166.0</td><td rowspan="2">5.0</td><td rowspan="2">0.030</td><td rowspan="2">0.020</td></tr>
<tr><td>1</td><td>淡黄</td></tr>
<tr><td>2</td><td>黄色</td><td rowspan="3">75.0</td><td rowspan="3">165.0</td><td rowspan="3">5.0</td><td rowspan="3">0.030</td><td rowspan="3">0.030</td></tr>
<tr><td>3</td><td>深黄</td></tr>
<tr><td>4</td><td>黄棕</td></tr>
<tr><td>5</td><td>黄红</td><td>74.0</td><td>164.0</td><td>6.0</td><td>0.040</td><td>0.040</td></tr>
</table>

注 a：南亚松松香由于含有部分二元树脂酸，其酸值较高。

注 b：湿地松松香由于含有比较多的二萜中性物质，其不皂化物含量比较高。

元庆国际贸易有限公司代理的德国 D. O. G 松香 DEOTACK LRE 环保天然增黏树脂的物化指标为：

成分：液体松香酯；外观：高黏度液体；黏度（25℃）：约 35 000 m·Pa·s；酸值：约 10 mgKOH/g；颜色（Gardner DGF C-IV 4c）：4～7；本品溶于酯、脂肪族溶剂、丙酮、石油，但不溶于水和醇；储存性：室温干燥至少一年。

本品在涂层的应用，能改善对基材的黏合和对颜料润湿的效果，适用于黏合剂、包装、地板、PSA 或热熔体等领域中的应用。本品通过 FDA 175.105 指令，是合成和天然橡胶的环保增黏剂，便于加工，并能改善炭黑和浅色填料的分散，亦适用于以 SEBS 或 EVA 为基材的热塑性聚合物。

连云港锐巴化工有限公司生产的 RT101 抗撕裂树脂的物化指标为：

成分：松香及脂肪族树脂改性物；外观：浅黄色粒状；软化点：75～95℃；灰分≤5%；加热减量≤1%。

主要用于增加胶料黏性，改善填料分散，提高胶料加工工艺性能；可有效提高硫化胶撕裂强度和耐切割性能。适用于载重轮胎、工程轮胎胎面胶及其他橡胶制品。用量 1～3 份。

（二）妥尔油

妥尔油又称妥尔油沥青或浮油沥青，由粗妥尔油经真空精馏精制而成，主要成分为脂肪酸和松香酸的混合物。

（三）脂松香、妥尔油的供应商

脂松香、妥尔油供应商见表 1.6.1-26。

表 1.6.1-26　脂松香、妥尔油供应商

供应商	商品名称	颜色	软化点（环球法）(≥)/℃	酸值 (≥)/(mg·g^{-1})	松香酸含量 (>)/%	脂肪酸含量 (>)/%	不皂化物 (≤)/%	乙醇不溶物 (≤)/%	灰分 (≤)/%	说明
湖南华亿创新科技发展有限公司	妥尔油	≤10	—	40	40	36	10	—	—	分 2 级
	松香	—	74～76	164～166	—	—	5.0～6.0	0.030～0.040	0.020～0.040	分 6 级
北京中海顺达科技有限公司	妥尔油（特级）	≤10	—	40～55	15～35	5～15	≤5	—	—	进口

1.4.2　松焦油

松焦油含有多环芳烃，读者应当谨慎使用。本品为树脂酸、松香酸、酚类和松沥青等的混合物，沸点范围：180～400℃，深褐色至亮黑色黏稠液体或半固体。松焦油供应商见表 1.6.1-27。

表 1.6.1-27　松焦油供应商

供应商	商品名称	密度/(g·cm^{-3})	外观	恩氏黏度/s (85℃，100 mL)	挥发分 (≤)/% (150℃×90′)	水分 (≤)/%	灰分 (≤)/%	机械杂质 (≤)/%	闪点/℃	说明
湖南华亿创新科技发展有限公司	松焦油	1.02～1.04	棕褐色粘稠液体	250～500	5.0～6.0	0.3	0.3	0.03	77.72	分 3 级

1.5　植物油系增塑剂

生物降解型增塑剂

生物降解植物油基型增塑剂是一类高效、无毒增塑剂。北京中海顺达科技有限公司研发生产的 SD 系列生物质油基环保型增塑剂，是由核桃壳、松子壳、花生壳等经生物发酵、生物降解、蒸馏提纯得到的生物质降解油，辅以植物来源改性剂，经高温高压精制而成，是具有长链烷烃结构的脂肪酸酯类混合物，平均分子量为 800～1 100，可 100%替代邻苯类增塑剂，抗老化性能>1 200 h（ASTM G-154），环保指标达到欧盟 REACH 法规要求，绿色安全无毒。SD 系列增塑剂技术指标见表 1.6.1-28。

表 1.6.1-28　SD 系列增塑剂技术指标

项目指标	SD-01	SD-02	SD-03
外观	黄色至红棕色油状物		
密度（20℃）/(g·cm^{-3})	0.95～1.05	0.93～1.03	0.91～1.01
黏度（20℃）/101.325 kPa/(mPa·s)	80～150	50～100	40～80
闪点/℃	260	280	270

续表

项目指标	SD-01	SD-02	SD-03
热失重初始温度（≥）/℃	220	250	235
挥发分/%	0.012～0.015	0.010～0.012	0.010～0.013
水分/%	未检出 N.D.	未检出 N.D.	未检出 N.D.
倾点/℃	-18～-12	-22～-18	-28～-20
铅（Pb）、汞（Hg）、镉（Cd）/（mg·kg^{-1}）	未检出 N.D.	未检出 N.D.	未检出 N.D.
六价铬［Cr（VI）］/（mg·kg^{-1}）	未检出 N.D.	未检出 N.D.	未检出 N.D.
18 项多环芳烃总量/（mg·kg^{-1}）	未检出 N.D.	未检出 N.D.	未检出 N.D.
适用胶种	适用于 NR、SBR、BR、IR 等非极性不饱和橡胶	适用于丁腈橡胶、氯丁橡胶、氯化聚乙烯橡胶、氯磺化聚乙烯橡胶、聚醚橡胶、聚氨酯橡胶等极性橡胶与 PVC 等塑料	适用于乙丙橡胶、丁基橡胶等非极性橡胶与聚乙烯、聚丙烯等塑料
建议用量/phr	6～60	6～35	6～80

SD 系列增塑剂的应用特点为：（1）SD-02 系列增塑剂的增塑效果与邻苯类增塑剂相当，每一份 SD-02 可降低邵尔 A 硬度 0.67～0.80；（2）SD-02 增塑剂无毒无害，无特殊异臭味，无高挥发性 VOCs 排放，生产橡胶制品时不会刺激眼鼻，环保指标符合欧盟 REACH 法规要求，显著改善了工厂工人的劳动环境和周边居民的生活环境，为环保型增塑剂；（3）低温性能略优于 DOS 或与 DOS 相当，耐高温性能优于 TP-95；（4）热失重起始温度高，尤其适用于高温加工的场合，如聚砜（PSF）、锦纶、PVC 等的注塑、模压、挤出、吹塑成型；（5）使用 SD 系列增塑剂生产浅色橡胶制品，颜色稳定、纯正，不迁移、不变色，橡胶制品表面光洁。

SD-02 与 TP-95 的性能对比见表 1.6.1-29。

表 1.6.1-29　SD-02 与 TP-95 的性能对比

测试项目	SD-02		TP-95
配方用量/份	30	35	35
硬度（邵尔 A）	48	44	51
拉伸强度/MPa	10.5	10.8	8.9
扯断伸长率/%	350	420	330
300%定伸应力/MPa	7.9	6.5	8.0
配方：NBR 230S 100、硬脂酸 1、N330 炭黑 30、N770 炭黑 40、高强粉 20、白燕华 20、氧化锌 3、TT 1、CZ 1、S 1.75、RD 3，增塑剂见本表。			

SD-02 用于耐低温丁腈橡胶密封制品中 SD-02 与 DOS 的性能对比见表 1.6.1-30。

表 1.6.1-30　耐低温丁腈橡胶密封制品中 SD-02 与 DOS 的性能对比

序号	测试项目		单位	试验方法与条件	SD-02	DOS
1	拉伸强度		MPa	（500±50）mm/min，Ⅰ型	16.9	15.8
2	扯断伸长率		%		369.3	310.1
3	硬度（邵尔 A）		度	厚度至少 6 mm	67	69
4	直角型无缺口撕裂强度		kN/m	（500±50）mm/min	42	43.8
5	压缩永久变形		%	100℃×22 h	6	5
6	脆性温度		℃	试验温度：-70～0℃ 冲击速度：（2±0.2）m/s	-52	-50
7	耐动态臭氧		—	（40±2）℃，（100±10）pphm，（20±2）%，72 h	无龟裂	无龟裂
8	热空气老化	拉伸强度变化率	%	100℃×24 h	-7.8	7.6
		扯断伸长率变化率			-11.5	10.4
		硬度变化（邵尔 A）	度		2.3	1.6

续表

序号	测试项目		单位	试验方法与条件	SD-02	DOS
9	耐介质	拉伸强度变化率	%	1＃标准油，100℃×72 h	0.2	1.8
		扯断伸长率变化率			-12.1	-12.8
		体积变化率			-4.2	-5
		硬度变化（邵尔 A）	度		2.5	-0.2
10		拉伸强度变化率	%	MObil SHC 460WT 润滑油脂 100℃×72 h	-4.4	0.2
		扯断伸长率变化率			-14.2	-9.5
		体积变化率			0.4	-1.1
		硬度变化（邵尔 A）	度		-1.6	-2.3

SD-01、SD-02 与部分增塑剂的热失重对比如图 1.6.1-5 所示。

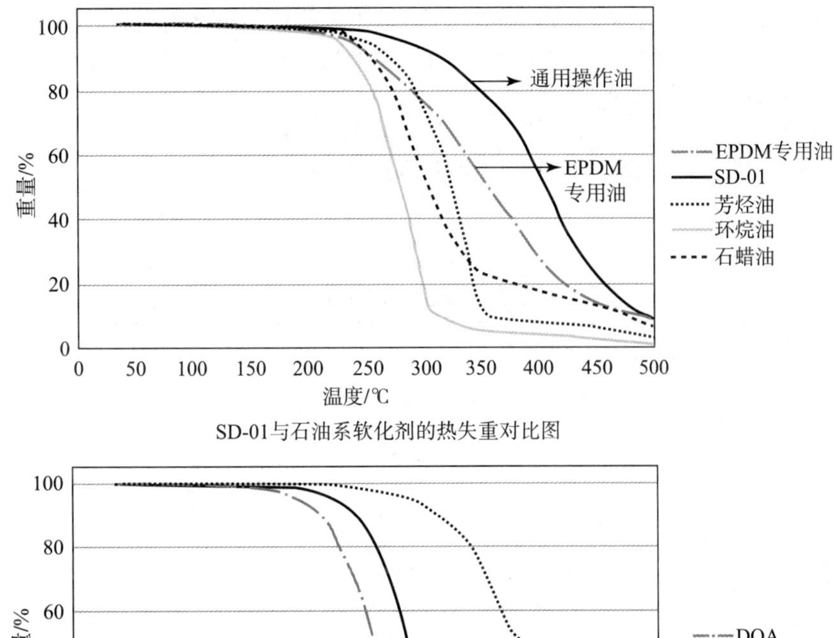

SD-01与石油系软化剂的热失重对比图

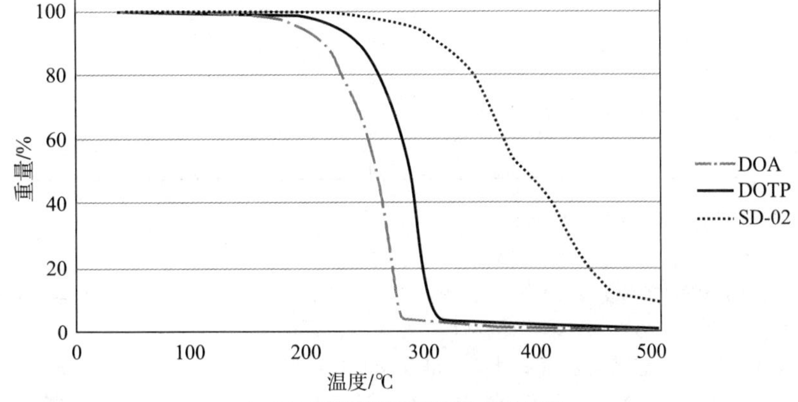

SD-02与部分增塑剂的热失重对比图

图 1.6.1-5　SD-01、SD-02 与部分增塑剂的热失重对比

1.6　脂肪油系增塑剂

脂肪油系增塑剂是由植物油及动物油制取的硬脂酸等脂肪酸、油膏、甘油、蓖麻油、大豆油、硬脂酸锌等。脂肪油系增塑剂能促进填料在橡胶中的分散，使胶料表面光滑，压延压出收缩率小，挺性好，能抑制硫黄喷出，耐光、耐臭氧和电绝缘性能良好。

油膏的物化性能见表 1.6.1-31。

表 1.6.1-31　油膏的物化性能

名称	主要来源及成分	外观	物理性质	性能
黑油膏	不饱和植物油与硫黄共热制得	黑褐色半硬黏性固体	相对密度为 1.08～1.20，游离硫≤1.0%	可促使填料在橡胶中快速分散，有助于压延压出操作，使半成品表面光滑，收缩率小，挺性大，硫化时易脱模，产品表面洁净，柔软性好，具有防止喷硫和耐日光、耐臭氧龟裂作用；因含游离硫，使用时应减少硫黄、促进剂用量；略有污染；作软化剂用量一般 10 份以下，作增容剂用量可达 30～60 份以上

续表

名称	主要来源及成分	外观	物理性质	性能
白油膏	不饱和植物油与一氯化硫在常温下反应制得	白色松散固体	相对密度为1.0～1.36，游离硫≤1.0%，灰分≤8%和40%	不污染，工艺性能同黑油膏，因制造时为中和产生的氯化氢气体而加入较多的碳酸钙等物质，用量多时会使硫化胶的物理机械性能下降，灰分为40%的主要用于擦字橡皮中

油膏主要是菜籽油、蓖麻油、大豆油等植物油脂与硫黄、氯化硫、硫化氢、过氧化物或二异氰酸酯等反应而制得的，其中也可能添加其他如矿物油、石蜡油、无机填充剂和无机稳定剂等。通过不同配比的原材料与交联剂在不同温度下反应，制造出不同类型、牌号的油膏。

油膏可提高橡胶制品表面光滑度，改善制品外观，易打磨，触感好；在高弹性胶料中，增加弹性，在填料量增加的情况下，可保持弹性；改善胶料流动性，降低混炼温度，缩短炼胶时间，使胶料均匀填充模具；减少冷流现象，对于挤出成型可减少口型膨胀，降低产品收缩率；对橡胶制品耐曲挠龟裂性能有提高。

油膏可吸收增塑剂或软化剂，抑制喷油，不易挥发、迁移，耐抽出，特别适合生产低硬度制品。挤出制品挤出挺性好，挤出尺寸稳定，易排气，减少气泡生成，应用于丁基胶内胎行业，可改善丁基胶加工性能，改善气密性。用于模压或挤出发泡橡胶，可提高尺寸稳定性，同时改善泡孔均匀性。油膏对磨耗和压缩永久变形有负面影响；不耐碱。可应用于胶辊、发泡橡胶、橡皮擦、内胎等低硬度制品。

一般而言，2份油膏可取代1份增塑剂或软化油，添加量在15份以内，对物性影响较小，可维持制品的低硬度和柔软性。若油膏使用量大，而油膏游离硫黄含量又较多，应根据配方，适当减少硫黄使用量。

油膏

油膏供应商见表1.6.1-32。

表1.6.1-32　油膏供应商

供应商	商品名称	外观	丙酮萃取量/%	灰分/%	游离硫/%	加热减量/%	密度/(g·cm^{-3})	说明
金昌盛	FW02白色油膏	淡黄色蓬松粉体	8～13	2～6	≤2	5.0	1.04	用量5～30份
	FW01白色油膏	浅黄色蓬松粉体	12～17	36～42	≤2	5.0	1.29	
	FB01棕色油膏	棕色蓬松粉体	25～33	≤0.5	3～5	5.0	1.04	
济南正兴	白油膏	白色海绵状固体	≤25	≤40	≤1.0	2.5～4.0	1.0～1.36	总硫量22%以下，加锭子油可得半透明油膏，相对密度为1.01～1.04 g/cm^3

元庆国际贸易有限公司代理的德国D.O.G的油膏有：

(1) FACTICE AN泛用型软化剂。

成分：脂肪油以硫黄硫化并附加矿物油；丙酮抽出物：35%～40%；矿物油：15%；灰分：最高1.5%；游离硫：2.0%～3.0%；外观：暗棕色；比重(20℃)：1.0；储存性：原封、室温至少一年。

本品可改善胶料压出速率、尺寸安定性及表面光滑；可得较佳的黏结气密性，尤其适用于制造自行车和汽车内胎；可增加回弹性、抗拉强度，改善耐压缩变形性等；发泡制品中可改善排气性及发泡均匀性；可避免因高软化油用量而造成之喷油现象。本品适用于低硬度及发泡制品。

应用：适用于黑色橡胶制品，与OE-SBR有很好的相容性。

表1.6.1-33　FACTICE AN在橡胶制品中的用量

橡胶/制品	油膏用量/份		
	压出制品	压延制品	模压制品（压出、注射、传递）
NR、IR、SBR	15～30	15～25	10～20
EPDM、IIR	10～20	10～15	3～10
胶辊外层胶			
邵尔A硬度60～70	10		
邵尔A硬度50～60	10～20		
邵尔A硬度20～50	20～70		
邵尔A硬度低于20	70～100		
发泡橡胶制品（CR、NBR、EPDM）			10～20
硬质胶（胶木）			5～25

（2）FACTICE WP 过氧化物专用软化剂（耐温 230℃）。

成分：与过氧化物交联之调整型蓖麻油；丙酮抽出物：15%～22%；矿物油：0%；灰分：最高 0.2%；外观：白色；比重（20℃）：1.0；储存性：原封、室温至少一年。

本品抗热性高，特别适合高温硫化的胶料；可增加挤出速率，减低橡胶冷流性；提高混炼胶质量，并可用作不可抽出的耐热增塑剂；改善胶料压出速率、尺寸安定性及表面光滑；增加回弹性、抗拉强度，改善压缩变形性等；发泡制品中可改善排气性及发泡均匀性；可避免因高软化油用量而造成之喷油现象。本品适用于低硬度及发泡制品。

应用：本品适用于 EPDM、IIR、NBR、CSM 等各种过氧化物、异氰酸酯或胺类硫化之低硬度橡胶制品；适于避免配方中含有硫和/或氯的胶料。

用量：

a）EPDM、IIR、NBR、CSM 等各种过氧化物硫化橡胶，a）挤出制品：5～15 份；b）模压制品：5～10 份。

b）在各种橡胶制品中的用量见表 1.6.1－34。

表 1.6.1－34　过氧化物专用软化剂 FACTICE WP 在各种橡胶制品中的用量

橡胶/制品	压出制品	压延制品	模压制品（压模、注射、传递成型）
ACM	5～10		5～10
CR/NBR	10～20	10～15	10～5
EC0	5～10		5～10
透明橡胶制品	10～50	10～50	10～50

（3）FACTICE NC 12 NBR 专用软化剂。

成分：菜籽油与氯化硫交联，不含矿物油；丙酮抽出物：7%～10%；灰分：3%～5%；游离硫：≤0.1%；外观：象牙白色；比重（20℃）：1.1；储存性：原封、室温至少一年。

本品可以显著改善胶料挤出流动性能、尺寸安定性及制品表面触感；可增进硫化胶的抗臭氧性能，尤其适用于 CR 及 NBR 制品；可增加回弹性、改善抗屈挠龟裂性等；发泡制品中可改善排气性及发泡均匀性；可避免因高软化油用量而造成之喷油现象。本品适用于低硬度及发泡制品。FACTICE NC 12 NBR 专用软化剂在橡胶制品中的用量见表 1.6.1－35。

表 1.6.1－35　FACTICE NC 12 NBR 专用软化剂在橡胶制品中的用量

橡胶/制品	油膏用量/份		
	压出制品	压延制品	模压制品（压出、注射、传递）
CR、NBR	10～20	10～15	10～15
CSM	—	10	5～10
胶辊外层胶			
邵尔 A 硬度 60～70	10	—	—
邵尔 A 硬度 50～60	10～20	—	—
邵尔 A 硬度 20～50	20～70	—	—
邵尔 A 硬度低于 20	70～100	—	—
纺织物覆胶/发泡橡胶制品（CR、NBR）	10～20	—	—

应用：适用于 CR 及 NBR，生产对耐油性要求一般或者较低的橡胶制品，主要是要增进硫化胶的抗臭氧性能。

元庆国际贸易有限公司代理的台湾 EVERPOWER 公司 RA－101 白油膏的物化指标为：

成分：以食用天然植物油、蓖麻油等加工而成；外观：白色；储存性：原封、室温至少一年。

本品作为橡胶加工增塑剂，可促进填充剂在胶料中的分散，使胶料表面光滑，收缩小（尺寸安定性佳）。本品可改善胶料压延压出和注射性能，还能减少胶料中硫黄的喷出；具有耐日光、耐臭氧龟裂和电绝缘性能；能促进丁苯橡胶硫化，减少促进剂用量；可作为氯丁橡胶（CR）的填充剂，一般用于浅色橡胶制品；增加回弹性、抗拉强度及耐曲挠龟裂等性能；改善发泡制品的排气性及发泡均匀性；可避免因高软化油用量而造成的喷霜现象。

本品主要应用于擦字橡皮、内胎、胶辊、密封圈、鞋底、橡胶杂件等制品。

在各种橡胶制品中的用量见表 1.6.1－36。

表 1.6.1－36　RA－101 白油膏在橡胶制品中的用量

橡胶/制品	油膏用量/份		
	压出制品	压延制品	模压制品（压出、注射、传递）
NR、IR、SBR	15～30	15～25	10～20
CR	10～20	10～15	10～15

续表

橡胶/制品	油膏用量/份		
	压出制品	压延制品	模压制品（压出、注射、传递）
CSM	10	10	5～10
EPDM、IIR	10～20	10～15	3～10
胶辊外层胶			
邵尔 A 硬度 60～70	10		—
邵尔 A 硬度 50～60	10～20		—
邵尔 A 硬度 20～50	20～70		—
邵尔 A 硬度低于 20	70～100		—

1.7　合成增塑剂

合成增塑剂主要用于极性较强的橡胶或塑料中，如 NBR、CR。合成增塑剂能赋予胶料柔软性、弹性和加工性能。还可提高制品的耐寒性、耐油性、耐燃性等。合成增塑剂按结构分有以下几种：酯类、环氧类、含氯类和反应性增塑剂。

1.7.1　酯类

本类增塑剂具有较高的极性，多用于极性橡胶。随着用量的增大，橡胶的物理机械性能下降。

一般来说，酯类增塑剂分子结构中含有苯基、烷基支链多时，由于极性与位阻效应均大，不易被汽油等油类溶剂抽出，因此有较好的耐油性，但耐寒性较差；相反，具有直链脂肪烃结构的酯类增塑剂，则具有较好的耐寒性，较差的耐油性。分子量越大，极性越大，分子间作用力越大，则沸点越高，挥发性越小，受热时不易从硫化胶中挥发逃逸，因此具有较好的耐热性；分子量较小，极性较小的增塑剂则耐热性差。

NBR 中常用 DOP、TCP 等，作耐寒制品时可用 DOA、DOZ、DBS 等，耐油时可选用聚酯类增塑剂；CR 通常使用 5～10 份石油系增塑剂，但作耐寒制品时，应选用酯类增塑剂，作耐油制品时可选用聚酯类增塑剂；SBR 改善加工性能时，使用石油系增塑剂；提高耐寒性时，可使用脂肪酸类及脂肪二元酸酯类增塑剂；IIR 提高耐寒性时，可选用 DOA、DOS 增塑剂，提高耐油性时，选用聚酯类增塑剂。

（一）邻苯二甲酸酯类

邻苯二甲酸酯类增塑剂与橡胶相容性好，能缩短混炼时间，胶料黏着性和耐水性良好，缺点是易挥发，低温易结晶。

该类增塑剂包括邻苯二甲酸二（2-乙基己基）酯（DEHP）、邻苯二甲酸甲苯基丁酯（BBP）、邻苯二甲酸二丁酯（DBP）、邻苯二甲酸二异丁酯（DIBP）四种列入 RoHS2.0 修订指令（EU）2015/863 附录 II 限制物质清单中。

结构式：

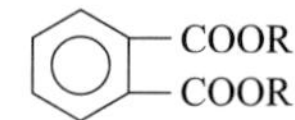

式中，R 为烷基、芳基、环己基等。

1. 邻苯二甲酸二丁酯

GB/T 11405—2006《工业邻苯二甲酸二丁酯》适用于以邻苯二甲酸酐与正丁醇经酯化法制得的 DBP，其分子式：$C_{16}H_{22}O_4$，相对分子质量：278.34（按 2001 年国际相对原子质量）。工业邻苯二甲酸二丁酯技术要求见表 1.6.1-37。

表 1.6.1-37　工业邻苯二甲酸二丁酯技术要求

项目	指标		
	优等品	一等品	合格品
外观	透明、无可见杂质的油状液体		
色度（铂-钴）(≤)/号	20	25	60
纯度（≥）/%	99.5	99.0	98.0
密度（ρ_{20}）/(g·cm^{-3})	1.044～1.048		
酸值（以 KOH 计）(≤)/(mg·g^{-1})	0.07	0.12	0.20
水分（≤）/%	0.10	0.15	0.20
闪点（≥）/℃	—	160	—

2. 邻苯二甲酸二异丁酯

HG/T 4071—2008《工业邻苯二甲酸二异丁酯》适用于以邻苯二甲酸酐与异丁醇经酯化法制得的 DIBP，其分子式：$C_{16}H_{22}O_4$，相对分子质量：278.32（按 2005 年国际相对原子质量）。结构式：

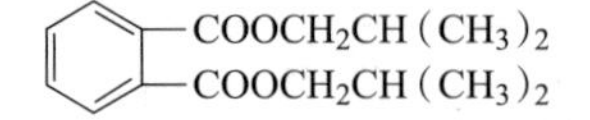

工业邻苯二甲酸二异丁酯技术要求见表 1.6.1－38。

表 1.6.1－38　工业邻苯二甲酸二异丁酯技术要求

项目	指标		
	优等品	一等品	合格品
外观	透明、无可见杂质的油状液体		
色度（铂-钴）（≤）/号	25	35	60
纯度（≥）/%	99.5	99.0	98.5
密度（20℃）/($g \cdot cm^{-3}$)	1.037～1.044		
酸值（≤）/($mgKOH \cdot g^{-1}$)	0.06	0.12	0.20
水分（≤）/%	0.10	0.15	0.20
闪点（开口杯法）（≥）/℃	160	155	155

3. 邻苯二甲酸二辛酯

GB/T 11406—2001《工业邻苯二甲酸二辛酯》适用于以邻苯二甲酸酐与辛醇（2－乙基己醇）经酯化法制得的 DOP，其分子式：$C_{24}H_{38}O_4$，相对分子质量：390.52。工业邻苯二甲酸二辛酯技术要求见表 1.6.1－39。

表 1.6.1－39　工业邻苯二甲酸二辛酯技术要求

项目	指标		
	优级品	一级品	合格品
外观	透明、无可见杂质的油状液体		
色度（铂-钴）（≤）/号	30	40	60
纯度（≥）/%	99.5	99	
密度（20℃）/($g \cdot cm^{-3}$)	0.982～0.988		
酸度（以苯二甲酸计）（≤）/%	0.010	0.015	0.030
水分（≤）/%	0.10	0.15	
闪点（≥）/℃	196	192	
体积电阻率（≥）/$\times 10^9$ $\Omega \cdot m$	1.0	[1]	—

注 1：根据用户需要，由供需双方协商，可增加体积电阻率指标。

4. 邻苯二甲酸二（2－丙基庚）酯（DPHP）

结构式：

$$
\begin{array}{l}
\quad\quad O \quad\quad\quad\quad\quad C_3H_7 \\
\quad\quad \| \quad\quad\quad\quad\quad\quad | \\
C_6H_4\!-\!C\!-\!OCH_2\!-\!CH(CH_2)_4CH_3 \\
\quad\quad\;\, C\!-\!OCH_2\!-\!CH(CH_2)_4CH_3 \\
\quad\quad \| \quad\quad\quad\quad\quad\quad | \\
\quad\quad O \quad\quad\quad\quad\quad C_3H_7
\end{array}
$$

邻苯二甲酸二（2－丙基庚）酯（DPHP）以苯酐和 2－丙基庚醇为原料合成，分子式：$C_{28}H_{46}O_4$，相对分子质量：446.65，CAS 号：53306－54－0。

本品是美国和欧盟认可的环保增塑剂，具有与 PVC 的相容性好，挥发性低，耐久性、耐热性好和增塑剂效率高的特点，可替代 DOP 作为主增塑剂。应用范围广泛，主要应用于汽车内饰、电线电缆、人造革、薄膜等 PVC 制品的加工。

工业邻苯二甲酸二（2－丙基庚）酯的技术要求见表 1.6.1－40。

表 1.6.1－40　工业邻苯二甲酸二（2－丙基庚）酯的技术要求

项目	指标	
	优等品	一等品
外观	透明无可见杂质的油状液体	
色 度（铂-钴）（≤）/号	25	40
纯度（GC 法）（≥）/%	99.5	99.0
闪点（开口杯法）（≥）/℃	210	205
酸值（≤）/($mgKOH \cdot g^{-1}$)	0.07	0.10
密度（20℃）/($g \cdot cm^{-3}$)	0.957～0.965	
水分（≤）/%	0.10	0.15
体积电阻率（$\times 10^9$）（≥）/$\Omega \cdot m$	10	5

5. 邻苯二甲酸二异壬酯（DINP）

结构式：

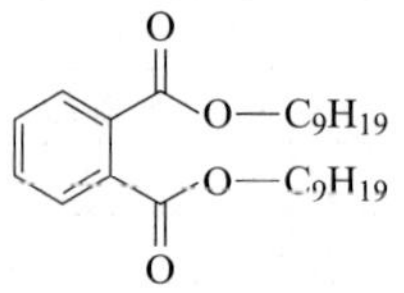

$$\text{C}_6\text{H}_4(\text{COO}-\text{C}_9\text{H}_{19})_2$$

邻苯二甲酸二异壬酯（DINP）以苯酐、异壬醇为主要原料制得，分子式：$C_{26}H_{42}O_4$，相对分子质量：418.60，CAS号：68515-48-0。

DINP作为一种主要的增塑剂，广泛地应用于各类的软质PVC产品。如电线电缆、薄膜、PVC皮革、PVC地板革、玩具、鞋材、封边条、护套、假发、桌布等。

工业邻苯二甲酸二异壬酯的技术要求见表1.6.1-41。

表 1.6.1-41　工业邻苯二甲酸二异壬酯（DINP）的技术要求

项目	指标
外观	无色至淡黄色无可见杂质的透明油状液体
色度（铂-钴）（≤）/号	20
纯度（GC法）（≥）/%	99.0
闪点（≥）/℃	210
酸值（≤）/(mgKOH·g^{-1})	0.06
密度（20℃）/(g·cm^{-3})	0.971～0.977
水分（≤）/%	0.10
体积电阻率（×10^{9}）（≥）/(Ω·m)	3.0

6. 对苯二甲酸二辛酯

HG/T 2423—2008《工业对苯二甲酸二辛酯》适用于以对苯二甲酸酐与辛醇（2-乙基己醇）经酯化法制得的DOTP，其分子式：$C_{24}H_{38}O_4$，相对分子质量：390.52。工业对苯二甲酸二辛酯技术要求见表1.6.1-42。

表 1.6.1-42　工业对苯二甲酸二辛酯技术要求

项目	指标		
	优等品	一等品	合格品
外观	透明、无可见杂质的油状液体		
色度（铂-钴）（≤）/号	30	50	100
纯度（≥）/%	99.5	99.0	98.5
密度（20℃）/(g·cm^{-3})	0.981～0.985		
酸值（≤）/(mgKOH·g^{-1})	0.02	0.03	0.04
水分（≤）/%	0.03	0.05	0.10
闪点（开口杯法）（≥）/℃	210		205
体积电阻率[a]（≥）/(Ω·m)	2×10^{10}	1×10^{10}	0.5×10^{10}

注 a：根据用户要求检测项目。

（二）脂肪二元酸酯类

脂肪二元酸酯类增塑剂耐热性好，有优良的低温性能，耐光、耐水、抗静电性能良好，缺点是迁移性大，易被水抽出。

结构通式：

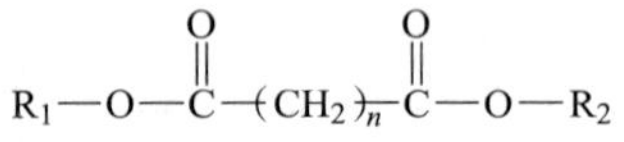

$$R_1-O-\overset{O}{\overset{\|}{C}}-(CH_2)_n-\overset{O}{\overset{\|}{C}}-O-R_2$$

主要作为耐寒性增塑剂，主要品种有：

已二酸二辛酯（DOA）：具有优异的耐寒性，但耐油性不够好，挥发性大。

壬二酸二辛酯（DOZ）：具有优良的耐寒性，挥发性低，耐热、耐光、电绝缘性好。

癸二酸二辛酯（DOS）：优良的耐寒性、低挥发性及优异的电绝缘性，但耐油性差。

癸二酸二丁酯（DBS）：耐寒性好，但挥发性大，易迁移，易抽出。

1. 己二酸二辛酯

HG/T 3873—2006《己二酸二辛酯》适用于以己二酸与2-乙基己醇为原料经酯化法制得的DOA，其分子式：$C_{22}H_{42}O_4$，相对分子质量：370.57，结构式：

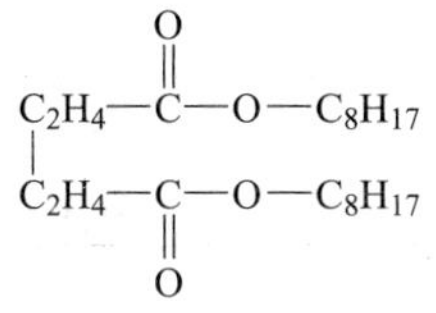

$$\begin{array}{l} C_2H_4-\overset{\overset{\displaystyle O}{\|}}{C}-O-C_8H_{17} \\ | \\ C_2H_4-\underset{\underset{\displaystyle O}{\|}}{C}-O-C_8H_{17} \end{array}$$

工业己二酸二辛酯技术要求见表1.6.1-43。

表1.6.1-43　工业己二酸二辛酯技术要求

项目	指标		
	优等品	一等品	合格品
外观	透明、无可见杂质的油状液体		
色度（铂-钴）（⩽）/号	20	50	120
纯度（⩾）/%	99.5	99.0	98.0
酸值（⩽）/($mgKOH\cdot g^{-1}$)	0.07	0.15	0.20
水分（⩽）/%	0.10	0.15	0.20
密度（20℃）/($g\cdot cm^{-3}$)	0.924～0.929		
闪点（⩾）/℃	190	190	190

2. 己二酸二异壬酯（DINA）

结构式：

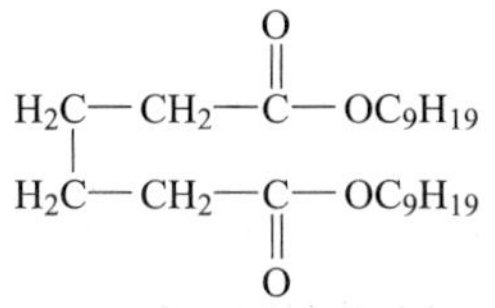

$$\begin{array}{l} H_2C-CH_2-\overset{\overset{\displaystyle O}{\|}}{C}-OC_9H_{19} \\ | \\ H_2C-CH_2-\underset{\underset{\displaystyle O}{\|}}{C}-OC_9H_{19} \end{array}$$

己二酸二异壬酯（DINA）由异壬醇和己二酸为原料合成。分子式：$C_{24}H_{46}O_4$，相对分子质量：398.61，CAS号：33703-08-1。

己二酸二异壬酯具有高稳定性且溶于大部分有机溶剂，是耐寒的增塑剂，它的耐寒性相当于DOA。在PVC制品加工过程中的发烟量比DOA低，挥发损失相当小，符合日益严峻的环保要求。己二酸二异壬酯广泛应用于低温环境下的PVC电线电缆、胶皮胶布、手套、水管、胶鞋等制品的生产，是美国FDA认可的食品包装用增塑剂。

工业己二酸二异壬酯（DINA）的技术要求见表1.6.1-44。

表1.6.1-44　工业己二酸二异壬酯（DINA）的技术要求

项目	指标
外观	透明、无可见杂质的油状液体
色度（铂-钴）（⩽）/号	30
纯度（GC法）（⩾）/%	99.0
酸值（⩽）/($mgKOH\cdot g^{-1}$)	0.10
密度（20℃）/($g\cdot cm^{-3}$)	0.918～0.926
水分（⩽）/%	0.10

3. 癸二酸二辛酯

HG/T 3502—2008《工业癸二酸二辛酯》适用于以癸二酸与辛醇（2-乙基己醇）为原料制得的DOS，其分子式：$C_8H_{16}(COOC_8H_{17})_2$，相对分子质量：426.62，主要用作耐寒增塑剂。工业癸二酸二辛酯技术要求见表1.6.1-45。

表 1.6.1-45　工业癸二酸二辛酯技术要求

项目	指标		
	优等品	一等品	合格品
外观	透明、无可见杂质的油状液体		
色度（铂-钴）（≤）/号	20	30	60
纯度（≥）/%	99.5	99.0	99.0
密度（20℃）/(g·cm^{-3})	0.913～0.917		
酸值（≤）/(mgKOH·g^{-1})	0.04	0.07	0.10
水分（≤）/%	0.05		0.1
闪点（开口杯法）（≥）/℃	215	210	205

4. 己二酸二［2-（2-丁氧基乙氧基）乙酯］

分子量：435；浅琥珀色液体；酸值：6.0；颜色（Gardner）：2.0（最大）；折射率（25℃）：1.445；相对密度（25℃）：1.010～1.015 g/cm^3；黏度（22℃）：10cps；凝固点：-25℃；沸点：350℃；水含量：0.14%（最大）；体积电阻率：1.80×10^8 Ω·cm；介电常数（1 kHz）：11.9；介电损耗（1 kHz）：0.368。

本品是一种高相容、耐低温的增塑剂，应用于高丙烯腈含量的丁腈橡胶、聚氨酯、聚丙烯酸酯橡胶、环氧氯丙烷橡胶、含卤橡胶、EPDM等，也可单独或者与其他增塑剂并用于乙烯基橡胶或者树脂配方中，也与硝酸纤维素树脂等相容。由于其分子量大，挥发性低，耐抽出性好，在广泛的温度范围内仍可保持增塑效果。可替代 DOP、DBP、DOA、DOS，增塑效果接近，但无致癌物，根据 FDA CFR 177.2600 美国食品安全法规，本品不超过 30 份量即可用于与食品接触的制品。

本品主要用于汽车注塑件、食品软管、园艺软管、垫圈、密封垫圈、工业软管、PVC 电线电缆和其他 PVC 制品。

己二酸二［2-（2-丁氧基乙氧基）乙酯］在各种橡胶中的最大添加量见表 1.6.1-46。

表 1.6.1-46　己二酸二［2-（2-丁氧基乙氧基）乙酯］在各种橡胶中的最大添加量

胶种	最大添加量（PHR）	胶种	最大添加量（PHR）
NBR	30	EPM/EPDM	15
PU	30	CR	10
ECO	30	NR	10
ACM	25	SBR	10
聚硫橡胶	15	IIR	5

己二酸二［2-（2-丁氧基乙氧基）乙酯］在橡胶中的增塑效果（以丁腈橡胶中的应用为例）见表 1.6.1-47。

表 1.6.1-47　己二酸二［2-（2-丁氧基乙氧基）乙酯］在丁腈橡胶中的应用

增塑剂用量/份	30.0
拉伸强度/MPa	15.7
扯断伸长率/%	570
邵尔 A 硬度	50
低温（Gehman T10000 PSI）/℃	-57

己二酸二［2-（2-丁氧基乙氧基）乙酯］的供应商有：元庆国际贸易有限公司代理的美国 HallStar 公司的 HALLSTAR TP-95 产品等。

（三）脂肪酸酯类

脂肪酸酯类增塑剂耐寒性极好，耐油、耐水、耐光性良好，还有一定的抗霉作用，挥发性低，无毒。主要品种有油酸酯、季戊四醇脂肪酸酯、柠檬酸酯类。常用品种有油酸丁酯（BO），具有优越的耐寒性、耐水性，但耐候性、耐油性差。

1. 柠檬酸三丁酯

HG/T 4615—2014《增塑剂 柠檬酸三丁酯》适用于以柠檬酸和正丁醇经酯化法制得的 TBC，分子式：$C_{18}H_{32}O_7$，相对分子质量：360.40，CAS 号：77-94-1。

结构式：

$$\begin{array}{l} \quad\quad\quad CH_2COOCH_2CH_2CH_2CH_3 \\ \quad\quad\quad | \\ HO-CCOOCH_2CH_2CH_2CH_3 \\ \quad\quad\quad | \\ \quad\quad\quad CH_2COOCH_2CH_2CH_2CH_3 \end{array}$$

柠檬酸三丁酯技术要求见表 1.6.1－48。

表 1.6.1－48　柠檬酸三丁酯技术要求

项目	指标		
	优等品	一等品	合格品
外观	无色或淡黄色透明均匀液体		
色度（铂-钴）（≤）/号	30	50	50
纯度（≥）/%	99.5	99.0	98.0
密度（20℃）/($g \cdot cm^{-3}$)	1.037 0～1.045 0		
酸值（≤）/($mgKOH \cdot g^{-1}$)	0.050		0.10
水分（≤）/%	0.20		
闪点[a]（开口杯法）（≥）/℃	180		

注 a：根据用户要求检测项目。

2. 乙酰柠檬酸三丁酯

HG/T 4616—2014《增塑剂 乙酰柠檬酸三丁酯》适用于以柠檬酸和正丁醇经酯化，用乙酸酐乙酰法制得的 ATBC，分子式：$C_{20}H_{34}O_8$，相对分子质量：402.43，CAS 号：77－90－7。

结构式：

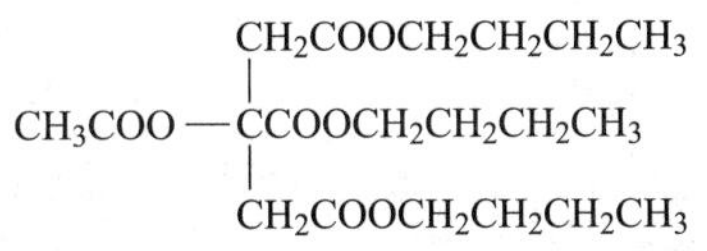

$$\begin{array}{l} \qquad\qquad\qquad CH_2COOCH_2CH_2CH_2CH_3 \\ \qquad\qquad\qquad | \\ CH_3COO-CCOOCH_2CH_2CH_2CH_3 \\ \qquad\qquad\qquad | \\ \qquad\qquad\qquad CH_2COOCH_2CH_2CH_2CH_3 \end{array}$$

乙酰柠檬酸三丁酯技术要求见表 1.6.1－49。

表 1.6.1－49　乙酰柠檬酸三丁酯技术要求

项目	指标		
	优等品	一等品	合格品
外观	无色或淡黄色透明均匀液体		
色度（铂-钴）（≤）/号	30	50	50
纯度（≥）/%	99.0	98.0	97.0
密度（20℃）/($g \cdot cm^{-3}$)	1.045 0～1.055 0		
酸值（≤）/($mgKOH \cdot g^{-1}$)	0.050		0.10
水分（≤）/%	0.20		
闪点[a]（开口杯法）（≥）/℃	195		

注 a：根据用户要求检测项目。

（四）磷酸酯类

磷酸酯类增塑剂有优良的耐寒性、耐光性和阻燃性，耐油、耐水性良好，缺点是挥发性大，易迁移。

结构式：

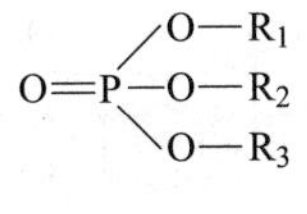

$$O{=}P\begin{cases} O-R_1 \\ O-R_2 \\ O-R_3 \end{cases}$$

式中，R1、R2、R3 分别代表烷基、氯代烷基、芳基。

主要用作阻燃增塑剂，用量越大，阻燃性越好；分子中烷基成分越少，耐燃性越好。

常用品种有：磷酸三甲苯酯（TCP）：良好的耐燃、耐热、耐油性及电绝缘性，耐寒性差；磷酸三辛酯（TOP）：耐寒性好，挥发性小，但易迁移，耐油性差。

1. 磷酸三甲苯酯

HG/T 2689—2005《磷酸三甲苯酯》对应于日本工业标准 JIS K 6750：1999《磷酸三甲苯酯（TCP）试验方法》（非等效），适用于混合甲酚与三氯化磷反应，再经氯化水解，或混合甲酚与三氯氧磷反应，真空蒸馏而制得的磷酸三甲苯酯，其分子式：$(CH_3C_6H_4O)_3PO$，相对分子质量：368.36。

结构式：

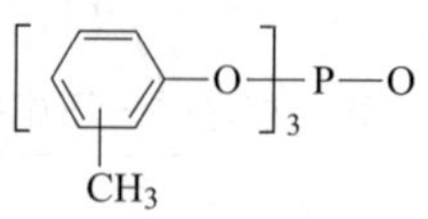

磷酸三甲苯酯技术要求见表 1.6.1－50。

表 1.6.1－50　磷酸三甲苯酯技术要求

项目	指标		
	优等品	一等品	合格品
外观	黄色透明油状液体		
色度（铂-钴）（≤）/号	80	150	250
密度（≤）/(g·cm^{-3})	1.180	1.180	1.190
酸值（以 KOH 计）（≤）/(mg·g^{-1})	0.05	0.10	0.25
加热减量（≤）/%	0.10	0.10	0.20
闪点（≥）/℃	230	230	220
游离酚（以苯酚计）（≤）/%	0.05	0.10	0.25
体积电阻率[a]（≥）/(Ω·m)	1×10^9	1×10^9	—
热稳定性[a]（铂-钴）（≤）/号	100	—	—

注 a：根据用户要求检测项目。

2. 异丙苯基苯基磷酸酯

HG/T 2425—1993《异丙苯基苯基磷酸酯》适用于以苯酚、丙烯、三氯氧磷合成的异丙苯基苯基磷酸酯，也适用于以异丙苯酚、三氯氧磷合成的异丙苯基苯基磷酸酯，分子式：$C_{21}H_{21}O_4P$，相对分子质量：368.37，主要用作阻燃增塑剂。

异丙苯基苯基磷酸酯技术要求见表 1.6.1－51。

表 1.6.1－51　异丙苯基苯基磷酸酯技术要求

项目	指标		
	优级品	一级品	合格品
外观（目测）	无色、浅黄色透明液体	浅黄色透明液体	透明液体
色度（≤）/APHA	100		
相对密度（d^{2020}）	1.166～1.182	1.167～1.185	
折射率（25℃）	1.550～1.555	1.550～1.556	—
黏度（25℃）/(Pa·s×10^{-3})	53.5～63.0	45.0～63.0	45.0～80.0
闪点（≥）/℃	220		
酸值（≤）/(mgKOH·g^{-1})	0.1	0.4	0.6
加热减量（≤）/%	0.1	0.2	0.5

（五）偏苯三酸酯类

1. 偏苯三酸三辛酯（增塑剂 TOTM）

HG/T 3874—2006《偏苯三酸三辛酯》适用于以偏苯三酸酐与 2－乙基己醇经酯化法制得的偏苯三酸三辛酯，其分子式：$C_{33}H_{54}O_6$，相对分子质量：546.78，结构式：

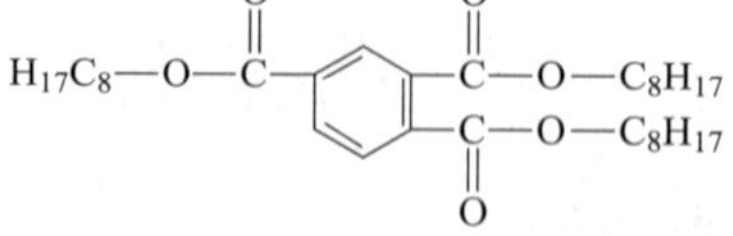

偏苯三酸三辛酯的技术要求见表 1.6.1－52。

表 1.6.1－52　偏苯三酸三辛酯的技术要求

项目	指标		
	优等品	一等品	合格品
外观	透明、无可见杂质的油状液体		
色度（铂-钴）（≤）/号	50	80	120

续表

项目	指标		
	优等品	一等品	合格品
密度/(g · cm^{-3})	0.984～0.991		
酸值（≤）/(mgKOH · g^{-1})	0.15	0.20	0.30
酯含量（≥）/%	99.5	99.0	98.0
体积电阻率（≥）/(10^9Ω · m)	5	3	3
水分（≤）/%	0.10	0.15	0.20
闪点（≥）/℃	240		

（六）酯类增塑剂的供应商

酯类增塑剂的供应商见表 1.6.1－53。

表 1.6.1－53　酯类增塑剂的供应商

供应商	商品名称	化学名称	外观	折射率（20℃）	分子量	相对密度（25℃）/(g · cm^{-3})	黏度（25℃）/(MPa · s)	纯度（≥）/%	闪点（≥）/℃	酸度（≤）/%	水分（≤）/%	说明
川君化工	DOP	邻苯二甲酸二辛脂	透明	1.486～14.487	390.3	0.983～0.985	77～82（20℃）	99.0	205	0.020	0.25	
	DEDB	二乙二醇二苯甲酸酯	淡黄	—	314.3	1.165～1.175	—	—	200	—	—	毒性低于 DOP、DBP
	DPGDB	二丙二醇二苯甲酸酯	淡黄	—	342.3	1.01～1.12	—	—	206	—	—	毒性低于 DOP、DBP
	DOTP	对苯二甲酸二辛酯	透明	—	390.6	0.981～0.986	—	—	205	—	—	增塑效能高于 DOP，适宜用作 PVC 树脂增塑剂
		复合增塑剂	淡黄	1.484～1.488	—	0.963～0.977	78～82（20℃）	—	210	—	—	挥发性、迁移性、低毒性优于 DOP
	DINP	邻苯二甲酸二异壬酯	透明	1.484～1.488	—	0.963～0.977	78～82（20℃）	—	210	—	—	挥发性、迁移性、低毒性优于 DOP
	DBP	邻苯二甲酸二丁酯	透明	—	278.4	1.044～1.048	—	—	160	—	—	
	DINA	己二酸二异壬酯	—	—	398	0.917～0.935	37 cps（20℃）	—	218	—	—	可用于食品包装的耐寒增塑剂（还需加 10 份环氧亚麻籽油），低温柔软性与 DOA 大致相当
	ATBC	乙酰柠檬酸三丁酯	透明	—	402.5	1.040～1.058	—	—	—	—	—	适用于食品包装、儿童玩具、医用制品等
金昌盛、广州英珀图化工有限公司（Hallstar）	TP-95	己二酸二（丁氧基乙氧基乙）酯	琥珀	—	435	1.010～1.015	10 cps（22℃）	—	沸点：354℃	—	—	凝固点-25℃，可替代 DOP、DOA 等，达到 REACH 的限值要求；通过 FDA 认证（Part 177.2600（C）（4）（Ⅳ），用于重复使用的橡胶制品），用量不超过制品 30% 重量可用于食品级产品

酯类增塑剂的供应商还有：河南安庆化工高科技股份有限公司、山东宏信化工股份有限公司、山东齐鲁增塑剂股份有限公司、浙江建业化工股份有限公司、江苏天音化工有限公司、淮南瑞盈环保材料有限公司、上海彭浦化工厂、淄博蓝帆化工股份有限公司、巢湖香枫塑胶助剂有限公司、合肥市恒康生产力促进中心有限公司、江苏森禾化工科技有限公司、昆

山合峰化工有限公司、安徽世华化工股份有限公司等。

1.7.2 聚酯、聚醚类

聚酯类增塑剂可通过阳离子聚合、阴离子聚合或者缩聚反应制得，齐聚酯是专指一类通过阴离子聚合且聚合过程中两种单体聚合度相同或接近的聚酯。相对分子质量在1 000～8 000的聚酯，主要作耐油增塑剂，挥发性小，迁移性小，耐油、耐水、耐热。主要品种有：癸二酸系列、己二酸系列、邻苯二甲酸系列等。其中癸二酸系列增塑效果好，邻苯二甲酸系列的增塑效果差。

（一）HALLSTAR TP-90B

化学名称：双（2-（2-丁氧基乙氧基）乙氧基）甲烷

浅琥珀色液体，相对分子量336，酸值：0.05，颜色（Gardner）：5.0，纯度：99.0%，折射率（25℃）：1.435，密度（25℃）：0.975 g/cm³，黏度（25℃）：10 cps，含水量：0.1%，体积电阻率：3.47×10⁹ Ω/cm，介电系数（1 kc）：6.6，介质损耗角（1 kc）：0.062。

本品是一种高相容性、耐低温的聚醚增塑剂，应用在多种弹性体中，包括天然橡胶、SBR、IIR、CR、NBR、HNBR、环氧氯丙烷橡胶、含卤橡胶以及PVC等。具有快速增塑能力，对胶料的最终性能影响不大，使用中等浓度（通常为20～30份）可有效发挥作用，不会严重降低橡胶的物理机械性能，在NBR中最大用量为50份。本品也可用做抗静电液；可缓解轻微的焦烧现象，有助于稍微软化焦烧的胶料；亦可作为CR橡胶制品的抗菌剂。用于电泳漆时，是一种低VOC的稀释剂。

本品主要应用于汽车注塑件、刹车片、行李箱、燃油管、园艺软管、工业软管、垫圈、密封垫圈、工业围裙、电线护套、多孔橡胶制品、擦胶胶料和各种模压挤出制品，硫化胶具有优异的低温性能。

其典型的应用参数见表1.6.1-54。

表1.6.1-54 双（2-（2-丁氧基乙氧基）乙氧基）甲烷的典型应用参数

丁腈橡胶中的应用		丁苯橡胶中的应用	
增塑剂/份	30	增塑剂/份	30
拉伸强度/MPa	14.3	拉伸强度/MPa	10.3
扯断伸长率/%	370	扯断伸长率/%	380
硬度（邵尔A）	58	硬度（邵尔A）	45
低温（Geham T10000 PSI）/℃	-54	低温（Geham T10000 PSI）/℃	-70

HALLSTAR TP-90B在各种橡胶中的最大添加量见表1.6.1-55。

表1.6.1-55 HALLSTAR TP-90B在各种橡胶中的最大添加量

胶种	最大添加量（PHR）	胶种	最大添加量（PHR）
NBR	50	NR	40
CR	50	EPM/EPDM	20
SBR	40	BR	10

HALLSTAR TP-90B的代理商有：广州金昌盛科技有限公司、广州英珀图化工有限公司、元庆国际贸易有限公司。

（二）HALLSTAR TP-759 混合性醚酯

琥珀色液体，酸值：1.0，颜色（Gardner）：5.0，羟值：15.0 mgKOH/g，含水率：0.2%，折射率（25℃）：1.45，密度（25℃）：1.020～1.050 g/cm³，黏度（25℃）：20～35 cps，闪点170℃，燃点192℃。

本品分子量大，是一种具低挥发性、耐热耐寒更好的混合醚酯型增塑剂，与丙烯酸酯橡胶、含氯橡胶、环氧氯丙烷橡胶、HNBR、NBR、PP等具有良好的相容性。耐高温较酯类增塑剂更好，可长期在165℃下使用。可替代DOP、DBP、DOA、DOS，增塑效果接近，与胶料相容性好，但无致癌物，通过PAHs认证，符合欧盟环保标准。使用本品的胶料，硫化胶具有优异的低温性能，在经过热老化后仍可维持其物性。

本品主要应用于汽车发动机舱内的橡胶零部件、燃油管、汽车安全带、汽车注塑件、刹车片、行李箱、电线护套、园艺软管、工业软管、传动密封件、垫圈、密封垫圈、工业围裙以及多种模压和注射制品中。

用量：5～30份。

其典型的应用参数见表1.6.1-56。

表 1.6.1-56　HALLSTAR TP-759 混合性醚酯的典型应用参数

Vamac 中的应用		丁腈橡胶中的应用	
增塑剂/份	20.0	增塑剂/份	20
100%定伸应力/MPa	2.1	100%定伸应力/MPa	1.4
拉伸强度/MPa	12.4	拉伸强度/MPa	11.6
扯断伸长率/%	480	扯断伸长率/%	410
硬度（邵尔 A）	69	硬度（邵尔 A）	68
脆性温度/℃	-37	脆性温度/℃	-42
		热空气老化，120℃×70 h	
		重量改变/%	-6.0
老化后扯断伸长率/%	200	老化后扯断伸长率/%	150

HALLSTAR TP-759 混合性醚酯的代理商有：广州金昌盛科技有限公司、广州英珀图化工有限公司、元庆国际贸易有限公司。

HALLSTAR 增塑剂应用配方举例见表 1.6.1-57。

表 1.6.1-57　HALLSTAR 增塑剂应用配方举例

配方材料与项目	TP-95	TP-90B	TP-759
NBR 3345F	100	100	100
Vamac G	?	?	?
增塑剂	20	20	20
N 550	—	—	68
N 660	65	65	—
Nauga 445	—	—	2.0
ST1801	1.0	1.0	1.5
Armeen18D	—	—	0.5
Kadox 920	5.0	5.0	—
Vanfrevam	—	—	1.0
S	0.4	0.4	—
Vulcofac ACT	—	—	1.8
Diak 1#	—	—	1.5
CBS（CZ）	1.5	1.5	—
MBTS（DM）	2.0	2.0	—
门尼黏度 ML（1+4）121℃	28.37	27.43	22
硫化胶物化性能			
硬度（邵尔 A）	60	61	76
拉伸强度/MPa	13.8	14.4	14.2
扯断伸长率/%	495	490	205
Tg/℃	-44.8	-49.2	-43.8
热失重/%	-3.5	-11	-5.4
	100℃×70 h		175℃×168 h
耐油溶剂			
	ASTM 1#，125℃×70 h		ASTM 1#，150℃×168 h
体积变化/%	-11.3	-12.1	0.2
重量变化/%	-10.5	-10.9	-1.2
	IRM 903，125℃×70 h		IRM 903，150℃×168 h
体积变化/%	0.5	0.5	50
重量变化/%	-0.8	-0.5	37

（三）EOTACK 0DL 耐抽出增塑剂

成份：芳香族聚醚之衍生物；外观：白色粉状；比重：1.3（20℃）；灰分：27.5±1%；储存性：原封室温至少一年以上。

本品为食品级增塑剂，适用于各种橡胶如 NR、SBR、NBR、CR、IIR、CM、CSM 等；可提高胶料之成型黏着性，可帮助炭黑及浅色填充剂分散；特别适用于 NBR、CR 等，可大量添加，可降低增塑剂抽出；可提高橡胶的耐油性，不会被一般燃料油及矿物油抽出，可改善溶胀性能，特别适用于耐油制品。

用量：5～25 份，与橡胶一起加入。

德国 D. O. G 公司 EOTACK 0DL 耐抽出增塑剂的代理商有：元庆国际贸易有限公司。

（四）其他聚酯、聚醚类增塑剂

其他聚酯、聚醚类增塑剂的供应商见表 1.6.1 - 58。

表 1.6.1 - 58　其他聚酯、聚醚类增塑剂的供应商

供应商	商品名称	化学组成	外观	密度/(g·cm^{-3})(25℃)	物性	说明
金昌盛	LF - 30		无色透明液体	0.983～0.985	色泽：≤50 总酯含量：≥99.0% 酸值：≤0.15 mgKOH/g 闪点：≥210℃ 水分：≤0.15% 折光指数：1.487～1.490 重金属（以 Pb 计）：≤3 ppm 砷（As）：≤3 ppm 黏度（25℃）：65 mPa·s 体积电阻率：≥1.0×10^{10} Ω·m	本品不含“邻苯甲酸酯类”的环保无毒增塑剂，符合欧美最新环保要求。作为合成橡胶的主增塑剂。如 NBR、CR、CSM、CPE、ECO 等，可用于制作食品包装材料、儿童软质玩具、医用制品等产品，其电性能优良，具有良好的耐寒性、耐热性、耐抽出性，增塑效率高。电性能优良

广州金昌盛科技有限公司代理的其他美国 HALLSTAR 公司部分增塑剂牌号见表 1.6.1 - 59。

表 1.6.1 - 59　美国 HALLSTAR 公司部分增塑剂牌号

代理商	规格型号	用途	备注
金昌盛	环保 TegMer812	用于丙烯酸酯橡胶的超高温增塑剂	适用于极性橡胶
	环保 Paraplex A - 8200	适用于 NBR、NBR/PVC 等胶辊，对于极性溶剂有很好的耐寒性能	
	Paraplex A - 8000/226	通用型耐燃油增塑剂	
	PlastHall p - 900	改善 NBR、NBR/PVC 胶辊表面性能，改善水性油墨附着力	
	PlastHall p - 7046	NBR 胶辊高耐油增塑剂	
	PlastHall100/425	适用于低极性胶（NR、SBR、BR、EPDM）的超低温度高效增塑剂	适用于 SBR、SSBR、BR、NR、IIR 等低极性胶种
	PlastHall DTDA/185	耐黄变增塑剂	
	StarTrack A - 900	耐湿滑产品	

StarTrack A - 900 与传统的环烷油增塑剂相比湿表面阻力高出 50%，如图 1.6.1 - 6 所示。

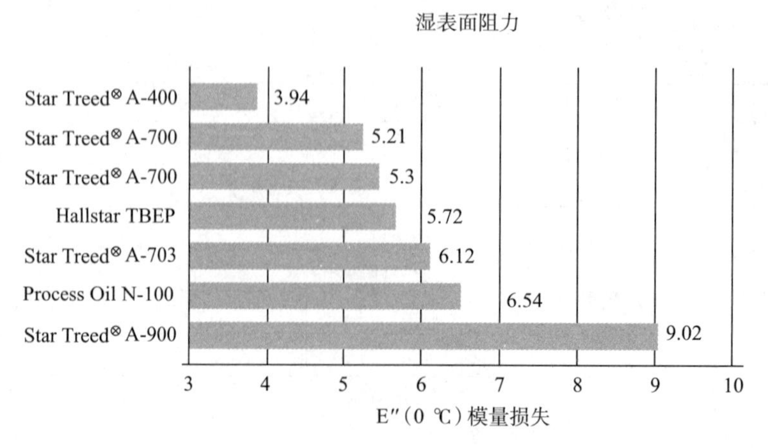

图 1.6.1 - 6　StarTrack A - 900 与传统的环烷油增塑剂相比湿表面阻力高出 50%

广州英珀图化工有限公司代理的其他美国 HALLSTAR 公司部分增塑剂牌号见表 1.6.1 - 60。

表 1.6.1-60　美国 HALLSTAR 公司部分增塑剂牌号

代理商	规格型号	备注	用途
广州英珀图化工有限公司	Plasthall 226	化学名称：己二酸乙二醇醚，挥发性低，抗烃类性能极佳，类似于 TP-95 产品，具有耐高温、耐高压、极好的耐低温、耐抽出等性能，通过 FDA 认证，性价比高	在宽广的温度范围内是 NBR、CR、HNBR、ECO、CPE、ACM、AEM 等的有效增塑剂。主要应用于胶管、密封件、电缆、胶带、护套等行业
	Plasthall 209	极好的耐低温性能，抗静电，符合美国军标 MIL-E-5272C ASC，具杀菌作用。类似于 TP-90 产品	适用胶种：NBR、XNBR、CR、ECO、HNBR、ACM、CM 等。主要应用于纺织橡胶、胶管、密封件、空气弹簧、石油橡胶、胶辊等行业
	Plasthall 4141	一种单体增塑剂，分子量 430，与所有合成橡胶都表现出极佳的相容性。本品将低挥发性与高功效相结合，用于氯丁胶中可赋予产品很好的耐低温性能（低温脆性温度可达-60℃）。本品通过 FDA 认证	适用胶种：NBR、HNBR、CR、CM、CSM、聚丙烯酸酯橡胶等。主要应用于军用鞋靴、输送带、燃油软管、水封条等
	Plasthall 7050	一种单体增塑剂，分子量 450，与所有的天然和合成橡胶都表现出极佳的相容性。与其他单体增塑剂相比，本品对油和溶剂的抵抗力极佳	
	TegMeR 809/812	优良的耐高低温性能、高耐抽出性，尤其适用于特种橡胶。同其他增塑剂相比，在热老化后重量损失较低，低温冲击性能大大改善，压缩变形率低，在介质老化试验中重量、体积改变等同于其他类似产品	适用胶种：NBR、ACM、AEM、HNBR、ECO、VAMAC 等。主要应用于密封件、汽车胶管等行业
	Paraplex A-8000/A-8200/A-9000	一种高分子量聚酯。与其他聚合体增塑剂相比，具有最佳的低温性能。还可提供比单体增塑剂更佳的抗挥发性和抗迁移性能。耐高低温、耐油及耐溶剂性能良好，并有极好的耐潮湿环境能力	适用胶种：NBR、NBR/PVC、CPE、CR、ECO、ACM、HNBR 等。主要应用于密封件、印刷胶辊、汽车胶管等行业
	Paraplex G-25	超高分子量癸二酸类聚酯增塑剂，提供极佳的抗化学介质（汽油、清洁剂、肥皂水等）萃取性，以及对各种基材的无迁移性；良好的耐热性，在高温环境下长期连续使用能够持久地保持材料的物理机械性能	适用胶种：NBR、CPE、CR、ECO、ACM、HNBR 等。主要应用于高温制品、石油橡胶、胶辊、密封件等行业
	Paraplex G-30	是一种低分子量高分子型增塑剂，在很广阔的环境范围中（特别是高湿度、高温和暴露在户外）与各类乙烯基树脂具有卓越的相容性。具有典型的低分子量增塑剂性能：快速稀释、优良的干混合特征、低黏度和良好的周期属性。添加本品的胶料在户外暴露情况下具有优异的耐久性和电性能，适合于高温绝缘电线电缆	

1.7.3　环氧类

本类增塑剂主要包括环氧化油、环氧化脂肪酸单酯和环氧化四氢邻苯二甲酸酯等。环氧增塑剂在它们的分子中都含有环氧结构，具有良好的耐热、耐寒、耐光性能，迁移性、挥发性低，电性能良好。

环氧化油类包括环氧化大豆油、环氧化亚麻子油等，环氧值较高，一般为 6%～7%，其耐热、耐光、耐油和耐挥发性能好，但耐寒性和增塑效果较差；环氧化脂肪酸单酯包括环氧油酸丁酯、辛酯、四氢糠醇酯等，环氧值大多为 3%～5%，一般耐寒性良好，且塑化效果较 DOA 好，多用于需要耐寒和耐候的制品中；环氧化四氢邻苯二甲酸酯的环氧值较低，一般仅为 3%～4%，但它们却同时具有环氧结构和邻苯二甲酸酯结构，因而改进了环氧油相容性不好的缺点，具有和 DOP 一样的比较全面的性能，热稳定性比 DOP 好。

注：环氧值定义为 100 g 试样中环氧基的摩尔数，可以利用环氧基与氯化氢或溴化氢的加成反应来测定。

（一）环氧大豆油（ESO）

HG/T 4386—2012《增塑剂 环氧大豆油》适用于以大豆油和双氧水为原料，经环氧化制得的环氧大豆油，平均相对分子质量为 1 000，其结构式：

$$
\begin{array}{l}
R^1—\underset{\diagdown O \diagup}{CH—CH}—R^2—COOCH_2 \\
\qquad\qquad\qquad\qquad\qquad\quad | \\
R^1—\underset{\diagdown O \diagup}{CH—CH}—R^2—COOCH \\
\qquad\qquad\qquad\qquad\qquad\quad | \\
R^1—\underset{\diagdown O \diagup}{CH—CH}—R^2—COOCH_2
\end{array}
$$

注：R^1、R^2 为C原子数6～10的烃。

环氧大豆油的技术要求和试验方法见表1.6.1-61。

表1.6.1-61 环氧大豆油的技术要求和试验方法

	指标	试验方法
外观	淡黄色透明液体	目测
色度（铂-钴）(≤)/号	170	GB/T 1664—1995
酸值（≤）/(mgKOH·g^{-1})	0.6	GB/T 1668—2008
环氧值（≥）/%	6.0	GB/T 1677—2008中盐酸-丙酮法
碘值（≤）/%	5.0	GB/T 1676—2008
加热减量（≥）/%	0.2	GB/T 1669—2001
密度（20℃）/(g·cm^{-3})	0.988～0.999	GB/T 4472—1984中2.3.1
闪点（≥）/℃	280	GB/T 1671—2008

（二）环氧脂肪酸甲酯

HG/T 4390—2012《增塑剂 环氧脂肪酸甲酯》适用于以脂肪酸甲酯和双氧水为原料，在催化剂存在下，经环氧化制得的环氧脂肪酸甲酯，其结构式：

$$R^1—\underset{\diagdown O \diagup}{CH—CH}—R^2—COOCH_3$$

注：R^1、R^2 为C原子数6～10的烃。

环氧脂肪酸甲酯的技术要求和试验方法见表1.6.1-62。

表1.6.1-62 环氧脂肪酸甲酯的技术要求和试验方法

	指标	试验方法
外观	浅黄色透明液体	目测
色度（铂-钴）(≤)/号	170	GB/T 1664—1995
酸值（≤）/(mgKOH·g^{-1})	0.7	GB/T 1668—2008
环氧值（≥）/%	3.7	GB/T 1677—2008中盐酸-丙酮法
碘值（≤）/%	7.0	GB/T 1676—2008
加热减量（≥）/%	0.5	GB/T 1669—2001
密度（20℃）/(g·cm^{-3})	0.910～0.930	GB/T 4472—1984中2.3.1
闪点（≥）/℃	280	GB/T 1671—2008

环氧类增塑剂的供应商有：浙江嘉澳环保科技股份有限公司、广州市海珥玛植物油脂有限公司、广州市新锦龙塑料助剂有限公司、桐乡市化工有限公司、江阴市向阳科技有限公司、江苏卡特新能源有限公司等。

1.7.4 含氯类

含氯类增塑剂也是阻燃增塑剂。本类增塑剂主要包括氯化石蜡、氯化脂肪酸酯和氯化联苯。氯化脂肪酸酯类增塑剂多为单酯增塑剂，因此，其互容性和耐寒性比氯化石蜡好。随氯含量的增加阻燃性增大，但会造成定伸应力升高和耐寒性下降；氯化联苯除阻燃性外，对金属无腐蚀作用，遇水不分解，挥发性小，混合性和电绝缘性好，并有耐菌性；氯化石蜡详见本手册第一部分·第四章·第三节·（八）。

低分子量（短链）氯化石蜡已列入REACH指令第一至第四批高关注物质清单（SVHC）中，碳原子数为14～17的中链型氯化石蜡（MCCP）则列入了挪威PoHS指令中的受限物质，读者应当谨慎使用。

1.8 反应性增塑剂

物理增塑剂易挥发、易迁移、易抽出，使制品体积收缩，反应性增塑剂是增塑剂的发展方向之一。本类增塑剂主要为液体橡胶，在硫化温度下可与橡胶大分子反应，或本身聚合，如端基含有乙酸酯基的丁二烯、分子量在2 000～10 000之间的异戊二烯低聚物、液体NBR、低分子量CR等；由CCl_4、$CHBr_3$作调节剂合成的苯乙烯低聚物，可作IR、NBR、SBR、BR的增塑剂；氟蜡（低分子量偏氟氯乙烯和六氟丙烯聚合物）可作氟橡胶的增塑剂。详见液体橡胶相关章节。

1.9 塑解剂

塑解剂可以缩短塑炼时间，减少能耗，降低共混成本（时间和能耗可以节省多达50%）；提高不同批次混炼胶间的均一性；促进不同橡胶基体之间的混合，提高分散性。好的塑解剂不影响胶料的硫化特性和硫化胶的物理机械性能，在胶料中易分散，无毒、无味、无污染、不变色。

塑解剂包括化学塑解剂与物理塑解剂。常用的化学塑解剂大部分是芳香族硫醇衍生物及其锌盐与二硫化物，噻唑类促进剂 MBT（M）、MBTS（DM）以及二枯基过氧化物等对天然橡胶也有一定的塑解作用，一般来说，随温度升高塑解作用增强。不饱和脂肪酸皂盐是重要的物理塑解剂，不改变橡胶分子碳链的长度，通过其润滑效果部分替代化学塑解剂，且在橡胶中具有更好的溶解性。

橡胶在机械力与热、氧的作用下的塑解过程如图 1.6.1－7 所示。

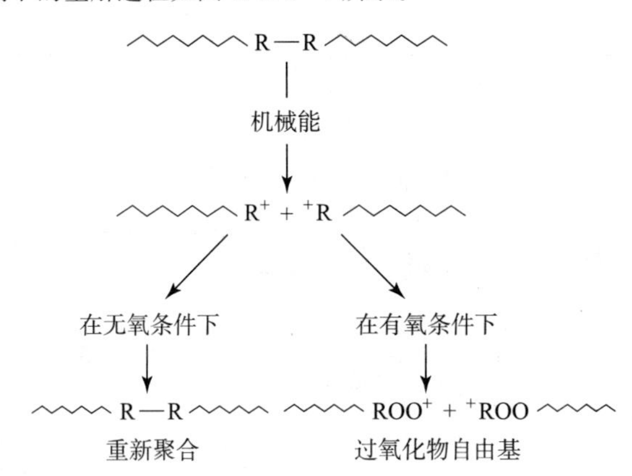

图 1.6.1－7 橡胶在机械力与热、氧的作用下的塑解过程

所有塑解剂都可以降低橡胶热氧化裂解的反应温度，在低温时充当自由基的接受体，或者通过生成伯碳自由基促进橡胶分子链的断裂。为了改善可操作性并使塑解剂在胶料中获得更好的分散，塑解剂一般均以蜡或脂肪酸衍生物为载体制成粒状。部分塑解剂中会加入活化剂，使裂解在更低的温度下进行，并可以加速裂解反应速率。活化剂为酮肟、酞菁蓝或乙酰丙酮与金属（铁、钴、镍、铜等）形成的螯合物。这些螯合物通过在金属原子与氧分子之间形成不稳定的共价键，使 O—O 键的活化能降低，使氧原子变得活泼。由于活化剂的活性较高，与塑解剂并用时用量极少。

塑解剂也可以制成分散体加入到天然橡胶胶乳中，同样具有良好的分散性，使橡胶裂解至干燥时所需的黏度。生产低黏或者恒黏天然橡胶系列产品时，也使用塑解剂制成分散体加入到天然橡胶原乳中。

由于合成橡胶的双键数目较少（SBR、NBR），在碳链中存在着能够稳定双键的吸电子官能团（CR、SBR、NBR），在温度较高时乙烯基侧链官能团会阻滞塑解反应循环（NBR、SBR、CR），由于缺乏结晶性而使得生胶强度较低（SBR），与天然橡胶相比较难发生塑解，需要增加塑解剂的用量并提高塑炼温度。正因如此，大多数合成橡胶以不饱和脂肪酸皂盐进行物理塑解，聚合物碳链同时也不受破坏。

塑解剂应当在混炼的初始阶段加入到胶料中，待塑解剂溶入橡胶中再加入填料。

1.9.1 化学塑解剂

化学塑解剂见表 1.6.1－63。

表 1.6.1－63 化学塑解剂

名称	化学结构	性状		
		外观	相对密度	熔点/℃
2-萘硫酚（2－TN）	2－thionaphthod SH	淡黄色片状	0.92	50
二甲苯基硫酚（TX）	thio xylenol SH CH_3 CH_3	淡黄色 荧光液体	0.9～1.0	74～82 （闪点）
三氯硫酚（TCTP）	trichlorothiophenol Cl Cl Cl SH	淡黄色颗粒 或片状	—	75～96
五氯硫酚（PCTP）	详见本节（一）			
五氯硫酚锌盐（PCTPZ）	详见本节（一）			

续表

名称	化学结构	性状		
		外观	相对密度	熔点/℃
4-叔丁基邻甲苯硫酚（BTC）	4-tert-butyl-o-thiocresol 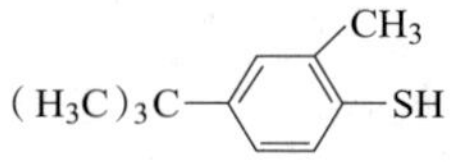 $(H_3C)_3C$—⟨苯环⟩(—CH_3)—SH	无色低黏度液体	0.87～0.90	—
4-叔丁基硫酚锌（BTPZ）	zinc tert-butyl-thiopenate 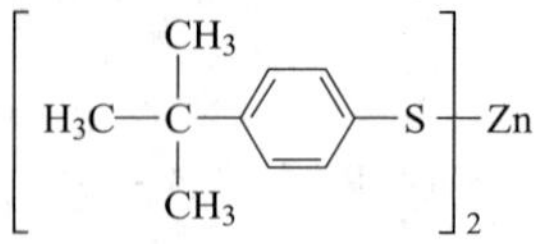 $[H_3C—C(CH_3)_2$—⟨苯环⟩—S$]_2$Zn	白色粉末	1.41～1.80	—
2，2′-二苯甲酰氨基二苯基二硫化物（DBMD、DBD）	详见本节（二）			
硫代苯甲酸锌（TBZ）	zinc thiobenzate	淡黄色粉末		110～113
2-苯甲酰氨基硫酚锌盐（BTPZ）	zinc 2-benzamido-thiophenate 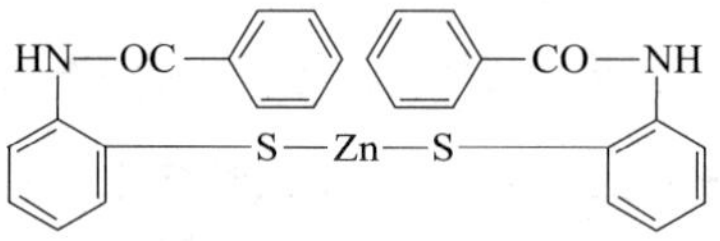 HN—OC—⟨苯环⟩ ⟨苯环⟩—CO—NH ⟨苯环⟩—S—Zn—S—⟨苯环⟩	灰白至黄色粉末	—	190
二甲苯基二硫化物混合物（DDM）	dixylene disulfide ixture	黄棕色液体	1.12	
2，4-二亚硝基间苯二酚（DTRC）	2，4-aintroso resorcinol 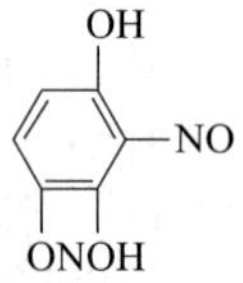 OH, —NO, ONOH 取代苯环	暗黄色粉末	—	—
高分子量油溶性磺酸（SSAO）	oil solution sulfonic acid，hihg moleculer weight	红褐色液体	0.90～0.93	—
磺化石油产品混合物（以石油作载体）（MSPP）	mixture of sulfonated petroleum products in a petroleum oil carrier	液体	—	—

注：详见于清溪，吕百龄．橡胶原材料手册［M］.2版．北京：化学工业出版社，2007.

硫酚及其锌盐对天然橡胶和合成橡胶有塑解作用，对胶浆有稳定作用，对噻唑类、秋兰姆类促进剂有活化作用。

除塑解剂DBD外，其余硫酚及其锌盐塑解剂是低温塑解剂，可用于开炼机混炼，其中SSAO是高效塑解剂，还有防止焦烧的作用。

塑解剂在天然橡胶中的一般用量少于1.0份；在合成橡胶用量为1.0～6.0份，通常用量为1.0～3.0份。

塑解剂有刺激作用，应避免与皮肤和眼睛接触。

（一）五氯苯硫酚与其锌盐

五氯苯硫酚（Pentachlorphenol）已列入挪威PoHS指令即《挪威产品法典·消费性产品中禁用特定有害物质》中，读者应当谨慎使用。

结构式：

pentachlorothiophenol

Cl—（五氯取代苯环）—SH

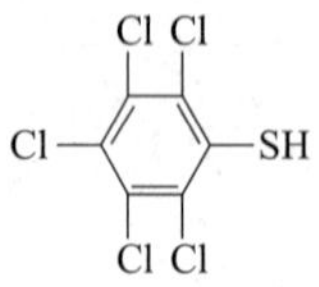

五氯苯硫酚

zinc salf of pentachlorothiophenol

[Cl—（五氯取代苯环）—S]$_2$Zn

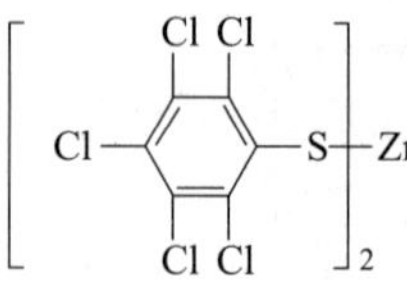

五氯苯硫酚锌盐

五氯苯硫酚的分子式：C_6HCl_5S，相对分子质量：282.402 1，CAS号：133-49-3，熔点：200～210℃，相对密度：1.83 g/cm^3，有松节油气味的灰色或灰黄色粉末。五氯苯硫酚锌盐相对分子质量：628.16，CAS号：117-97-5，为灰白色粉末，无臭味，相对密度：2.38 g/cm^3，分解温度：335～340℃。

本品为 NR、CR、NBR、SBR 和 IR 的化学塑解剂，以及含合成胶成分较高的废橡胶的再生剂。适用于高温塑炼和低温塑炼，在 100～180℃温度范围下能充分发挥其效能，硫黄可终止其塑解作用。本品毒性小，不污染，硫化胶无臭味，对胶料的物性和老化性能无影响。五氯苯硫酚与其锌盐塑解剂供应商见表 1.6.1－64。

表 1.6.1－64　五氯苯硫酚与其锌盐塑解剂供应商

供应商	规格型号	外观	含量(≥)/%	加热减量(≤)/%	灰分(≤)/%	筛余物(≤)/%	说明
莱芜市瑞光橡塑助剂厂	五氯苯硫酚	灰白色至灰黄色粉末	96.0	0.5	0.5	0.5	—
	五氯苯硫酚锌盐	灰白色至灰黄色粉末	96.0	0.5	0.5	0.5	用量 0.1～0.4 份
河北瑞威科技有限公司	—	棕褐色粒状或片状，微弱气味	—	—	—	—	用量 0.1～0.3 份

（二）塑解剂 DBD（SS、P－22）

化学组成：2，2′-二苯甲酰氨基二苯基二硫化物及其与活性剂、惰性载体、有机分散剂的混合物。

结构式：

2，2′—dibenzamido diphenyl disulfide

分子式：$C_{26}H_{20}N_{2}O_{2}S_{2}$，相对分子质量：456.6，CAS 号：135－57－9，比重：1.35～1.39，熔点：136～143℃，常温下为浅黄色至浅绿色固体粉末，毒性低，无污染，易溶于氯仿和乙醇，溶于苯、丙酮和其他有机溶剂，不溶于水、汽油。与皮肤接触会引起皮炎。具有很好的贮存稳定性，干燥凉爽条件下保存，有效期 4 年。

DBD 为天然橡胶、丁苯橡胶、异戊橡胶和顺丁橡胶用高温塑解剂，无毒，在生胶中易分散，加工安全，不影响胶料的硫化速度和硫化胶的机械性能，本品不喷霜，对橡胶制品的老化性能亦无影响。本品是高温塑解剂，塑炼温度 70℃以上时有效，150～160℃时性能最佳。

用量 0.05～0.5 份，在 150～160℃有良好的塑解效果。用量 0.1～0.3 份，可使塑炼时间缩短一半，生产效率提高一倍。

塑解剂 DBD 供应商见表 1.6.1－65。

表 1.6.1－65　塑解剂 DBD 供应商

供应商	商品名称	外观	含量/%	初熔点/℃	灰分(≤)/%	密度/(kg·m^{-3})	加热减量(≤)/%	筛余物(≤)/%	说明
阳谷华泰	环保型塑解剂 DBD	浅黄色至浅绿色固体粉末	≥97.5	137	0.5		0.5		
	A86	蓝灰色至墨绿色颗粒	DBD 含量 12.0～14.0	熔点范围 40.0～60.0	16.0～18.0	约 1.26	主要替代含有毒、有害物质和有刺激性气味的五氯硫酚及其锌盐等塑解剂。本品在 70℃以上有塑炼效果，在 140～160℃塑炼效果最佳。可在塑炼时单独加入，也可与促进剂 M、DM 同时加入；在一段混炼制备炭黑母炼胶混炼初期加入，或者天然胶或不饱和合成胶在开炼机或密炼机上进行塑炼时加入。本品可用于轮胎和其他橡胶制品的加工		
	A89		DBD 含量 38.0～42.0	熔点范围 40.0～60.0	8.0～11.0	约 1.2			
	A11		DBD 含量 38.0～42.0		24.0～32.0	0.45～0.65			
沈阳有机化工二厂	劈通 22								
金昌盛	RP－66 化学塑解剂	蓝色无尘颗粒	—	60（滴落点）	19	1300	—	—	金属络合物和 DBD 混合物，对 NR 起化学塑解作用，用量少，成本低。NR 用量为 0.1～0.5 份，不饱和合成橡胶为 1.5～3 份
	RP－68 环保化学塑解剂	蓝色粒状	—	55（滴落点）	—	1800	—	—	DBD 含量 40%，符合欧盟 REACH，NR 用量 0.1～0.5 份

续表

供应商	商品名称	外观	含量/%	初熔点/℃	灰分(≤)/%	密度/(kg·m^{-3})	加热减量(≤)/%	筛余物(≤)/%	说明
莱芜市瑞光橡塑助剂厂	环保塑解剂A-86	蓝灰色或绿色颗粒	—	—	18	—	1.0	—	—
	塑解剂P-22（DBD）	白色或浅黄色粉末	—	136～150	0.5	—	0.5	0.5	—
天津市东方瑞创	DBD	白色或淡黄色粉末	98.0	136～142	0.50	—	0.50	0.50	—
	DBD-50	蓝灰色柱状固体	50.0	55（软化点）	1.0	—	0.50	—	—
	DBD-40	蓝灰色柱状固体	40.0		1.0	—	0.50	—	—
无锡市东材科技有限公司	塑解剂A86	蓝灰色锭剂	—	50-60	16-18	—	0.5	—	用量为0.1-0.5份

1.9.2　物理塑解剂

（一）金属络合物

本品主要成分为锌皂盐，无毒、无臭、无污染，不易燃，对胶料物理性能无影响。金属络合物塑解剂供应商见表1.6.1-66。

表1.6.1-66　金属络合物塑解剂供应商

供应商	商品名称	外观	水分/%	分解温度/%	温度范围	说明
金昌盛	PC塑解剂	灰色或青灰色粉末	≤2	>200	较高与较低温度均适合	宜在生胶破料后第一次薄通时慢慢加入；NR用量为0.2～0.3份，NBR为0.5～1.0份，IIR为1.0份；与五氯硫酚效果接近
无锡市东材科技有限公司	塑解剂DS-T-1	浅灰至墨绿色粉末	≤3	—	—	通用型复合化学塑解剂，由于它不含五氯硫酚，故无毒，对人体无害。它在橡胶塑炼时可有效促进橡胶分子链的断裂，并保护断裂所生成自由基不再重新结合形成大分子，因而可以有效地提高生胶的塑炼效果，并提高胶料可塑性的稳定性，并有利于其他配合剂在胶中的分散性，保证同批混炼胶料各部位塑炼的均匀性。对天然胶推荐用料为0.2～0.3份（取决于要求塑炼程度）；对合成橡胶用量应适当加大，一般用量为佳0.5～1.0份

（二）高分子脂肪酸锌皂混合物

作为增塑剂用于NR、SBR、NBR、IR；对发泡制品可改善泡孔的均匀性。高分子脂肪酸锌皂混合物供应商见表1.6.1-67、表1.6.1-68。

表1.6.1-67　高分子脂肪酸锌皂混合物供应商（一）

供应商	商品名称	外观	熔点/℃	灰分/%	ZnO含量/%	碘值 $gI_2/100$ g	游离酸含量/%	说明
连云港锐巴化工	物理塑解剂RF-50	米黄色片状	96～105	≤13	—	40～50	—	用量为1～5份
	低熔点物理塑解剂RF-50	?	?	?	?	?	?	低熔点（85℃）起物理塑解作用，适用于开炼机塑炼
宜兴国立	增塑剂A		96～103	12～14.5	12～14	40～50	≤0.1	用量为2～3份
莱芜瑞光	分散剂FS-200	浅黄色颗粒	98～108	12～14	12～14	40～50	—	—
无锡市东材科技	塑解剂DC-W	米色粒状固体	90～103	12～14.5	—	—	—	同Struktol© A50，用量一般为2～3份

表 1.6.1-68　高分子脂肪酸锌皂混合物供应商（二）

供应商	规格型号	化学组成	外观	熔点/℃	滴落点/℃	锌含量/%	灰分/%	碘值	说明
华奇（中国）化工有限公司	增塑剂 SL-5050	高分子量脂肪酸金属皂盐的混合物	白色至黄色粒状	95～105	—	8～12	12～14	—	—
	物理塑解剂 SL-5055	高分子量脂肪酸金属皂盐的混合物	白色至浅黄色粒状	95～105	—	8～12	12～14	40～50	—
	物理塑解剂 SL-5060	高分子量脂肪酸金属皂盐的混合物	类白色粒状	—	75～95	—	18.5～21.5	—	—

由元庆国际贸易有限公司代理的德国 D. O. G 物理塑解剂的物化指标：

(1) DISPERGUM 24 环保型咀嚼剂（半化学性）。

成分：高活性氧化催化剂以脂肪酸锌盐为载体之混合物。

外观：淡棕色颗粒。

比重：1.1（20℃）。

滴熔点：(110±5)℃。

储存性：室温、干燥至少一年。

本品能快速溶于橡胶中，迅速地掺合及分散；可在不同温度范围下使用于开炼机或密炼机；含有高效的氧化催化剂及锌皂，可急速降低橡胶门尼黏度，大大缩短塑炼时间，降低成本、工时及能源消耗，有突出的经济效益；可减少密炼机的损耗。须单独和生胶使用，若加入其他配合剂，即停止塑解，因此易于控制门尼黏度。本品适用于 NR、IR、SBR、BR、NBR、IIR 及并用胶等，但不适用于 CR。

用法：与橡胶一起加入，用量：1～3 份。

应用效果举例：

a) 对开炼机 80℃塑炼天然橡胶所需时间比较见表 1.6.1-69。

表 1.6.1-69　环保型咀嚼剂 DISPERGUM 24 对开炼机 80℃塑炼天然橡胶所需时间比较

门尼黏度［ML (1+4) 100℃］	加 1.0 份 D-24	未加
黏度降至 50 所需时间	3 min	9 min

b) 对密炼机 120℃塑炼（60%NR、40%BR）的门尼黏度比较见表 1.6.1-70。

表 1.6.1-70　环保型咀嚼剂 DISPERGUM 24 对密炼机 120℃塑炼（60%NR、40%BR）的门尼黏度比较

门尼黏度［ML (1+4) 100℃］	加 1.5 份 D-24	未加
塑炼前	62	62
过 4 min	34	—
过 8 min	—	57

(2) DISPERGUM 36 环保型咀嚼剂（全化学性）。

成份：高活性氧化催化剂与有机和无机添加剂之结合物。

外观：灰绿色颗粒。

比重：1.3（20℃）。

滴熔点（Dropping point）：60℃。

储存性：室温、干燥至少一年。

本品能快速溶于橡胶中，迅速地掺合及分散；可在不同温度范围下使用于开炼机或密炼机；含有高效的氧化催化剂及锌皂，可急速降低橡胶门尼黏度，大大缩短塑炼时间，降低成本、工时及能源消耗，有突出的经济效益；适用于天然橡胶及合成橡胶等。

用量：0.05～1 份，与橡胶一起加入。

DISPERGUM 36 和 DISPERGUM 24 在开炼机塑炼天然橡胶之比较见表 1.6.1-71。

表 1.6.1-71　DISPERGUM 36 和 DISPERGUM 24 在开炼机塑炼天然橡胶之比较

门尼黏度［ML (1+4) 100℃］	塑解作用（80℃）			塑解作用（120℃）		
经过	纯 NR	D-24	D-36	纯 NR	D-24	D-36
0 min	99	—	—	99	—	—

续表

门尼黏度［ML（1+4）100℃］	塑解作用（80℃）			塑解作用（120℃）		
经过	纯 NR	D-24	D-36	纯 NR	D-24	D-36
3 min	73	65	53	72	60	53
6 min	64	60	46	72	51	43
9 min	59	55	43	73	48	35
12 min	56	53	39	72	47	29

（3）DISPERGUM 40 环保型咀嚼剂（全化学性、不含锌）。

成分：高活性氧化催化剂与有机和无机添加剂之结合物（不含锌、五氯硫酚等致癌物）。

外观：蓝黑色颗粒。

比重：1.2（20℃）。

滴熔点（Dropping point）：87～100℃。

储存性：室温、干燥至少一年。

本品在混炼或塑炼的第一分钟即能快速溶于橡胶中，迅速地掺合及分散；可在不同温度范围下使用于开炼机或密炼机；含有高效的氧化催化剂及锌皂，可急速降低橡胶门尼黏度，大大缩短塑炼时间，降低成本、工时及能源消耗，有突出的经济效益；本品尤适用于温度 90～150℃时密炼机之塑炼；适用于天然橡胶及合成橡胶等黑色胶料配方中，特别是轮胎；可避免因任何半化学及全化学塑解剂所引起的物理性能下降现象，并可提高天然橡胶混炼后的回弹性。

用量：0.1～0.5 份，与橡胶一起加入。

第七章 加工型橡胶助剂

添加低用量就能明显改善胶料的加工性能，但并不显著影响产品物性的称为橡胶的加工助剂。早在橡胶加工初始阶段，硬脂酸、硬脂酸锌、羊毛脂就已被看作是有效改善橡胶胶料流动性的物质。由于硬脂酸在合成橡胶中的溶解度有限，以及某些产品需要解决复杂的加工工艺问题，促进了更多加工助剂的开发、应用。

加工助剂的名目、种类繁多，作用于混炼阶段加工助剂的功能主要是降低黏度、生热、能耗，缩短混炼时间，抑制凝胶和焦烧，帮助配合剂分散、混炼均匀等；作用于压延、压出阶段加工助剂的功能主要是提高挤出与压延流动性、减小口型膨胀、改善胶片平整光滑性、黏着性、返炼性等；作用于硫化阶段加工助剂的功能主要是提高模压、注压、注射、挤出连续硫化流动性、快速充模、抗返原、易脱模、减少模具污染等；作用于后工序阶段加工助剂的功能主要是抑制喷霜，保证制品的尺寸精度，提高物性指标，改善外观质量，提高制品的批次稳定性等。

现代加工助剂多为两亲的脂肪酸及其衍生物，其结构通式可以表示为：

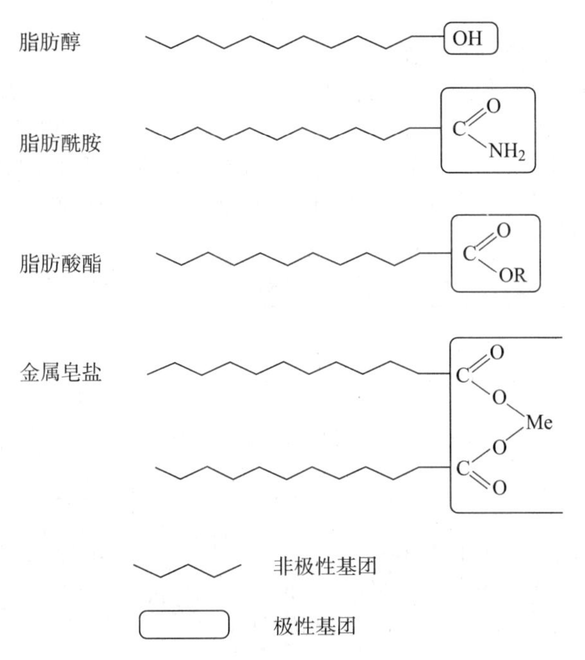

常用的脂肪酸见表 1.7.1-1。

表 1.7.1-1 常用的脂肪酸

脂肪酸	碳链长度	双键数	脂肪酸	碳链长度	双键数
棕榈酸	16	0	蓖麻油酸	18	1
硬脂酸	18	0	亚油酸	18	2
油酸	18	1	亚麻酸	18	3
芥酸	22	1			

蓖麻油、椰油、鲱鱼油、橄榄油、棕榈核油、豆油、动物脂油、棉花籽油、花生油、亚麻油、棕榈油、菜籽油、葵花油等均为脂肪酸的原料来源。

金属皂盐是通过脂肪酸盐（如钾）与金属盐（如二氯化锌）在水溶液中反应沉降生成。金属皂盐也可以通过将脂肪酸与金属氧化物、氢氧化物和碳酸化合物直接反应制得。6～8 个碳原子的脂肪酸皂盐在水中具有适当的溶解度，主要作为表面活性剂使用；8～10 个碳原子的脂肪酸皂盐主要作为抗硫化返原剂使用；C16～C18 饱和与不饱和的脂肪酸皂盐主要作为改善胶料流动性的加工助剂使用。为了在橡胶中取得更好的溶解性以及更低的熔点，多采用不饱和脂肪酸为原料。最重要的金属皂盐是锌和钙的皂盐。钙皂盐较少影响交联反应和焦烧，多用于含卤橡胶配方。硬脂酸锌具有高结晶性，在橡胶中的溶解性低，需要注意喷霜，常用作隔离剂。金属皂盐同时也是一种良好的浸润剂，在高剪切速率下可改善胶料的流动性，在未受剪切时可保持胶料较高的黏度。饱和和不饱和脂肪酸皂盐可通过其润滑效果部分替代化学塑解剂，且在橡胶中具有更好的溶解性，当与传统的塑解剂（如五氯硫酚等）混合使用时，可以起到协同作用，比起传统的化学塑解剂，以锌皂塑解的橡胶其撕裂强度和回弹性较高。锌皂作为表面活性剂，可以提高炭黑、白炭黑和其他配合剂在胶料的分散，因此它又是一种分散剂。脂肪酸和脂肪酸皂在橡胶中的溶解度不同，亦作内外润滑剂使用。脂肪酸锌，特别是芳族酸锌是一种比较特殊的加工助剂，它具有分散剂、均匀剂、硫化活性剂、热稳定剂（抗硫化返原剂）的效能和一定的耐热老化作用。

脂肪酸酯加工助剂有助于提高胶料流动性而不影响硫化胶的物理性能。脂肪酸酯通过脂肪酸与不同的醇反应制得，原料所用的酸和醇的碳链长度在C20～C34，其产物的物理状态和熔点可以通过反应程度加以控制。此外，通过将脂肪酸酯悬浮于细小的白炭黑颗粒中，可以制得易于操作、易于添加到胶料中的自由流动粉末。脂肪酸酯加工助剂加入混炼胶复合材料后，起了润滑剂的作用，使复合材料更易流动。通常剪切速率越高，加工助剂的效果越好。脂肪酸酯除润滑效果好外，还有助于改善炭黑和非炭黑填料在胶料中的分散性和浸润性，改善制品的表面光泽，提高耐磨性，而不会削弱黏接性能。

多官能团的脂肪醇，比脂肪酸酯和金属皂在橡胶中的相容性更好。脂肪醇通过脂肪酸还原得到，主要用作内润滑剂，减小黏度，也可作为分散剂和隔离剂用于专用产品中。硬脂酸醇易喷霜。

在天然脂中，从棕榈叶中提取的棕榈蜡传统上用作氟橡胶的润滑剂，也是合成上光剂的一种原料；褐煤蜡是一种化石蜡，由褐煤通过萃取得到。其他蜡状加工助剂还有聚乙烯蜡、石油蜡和微晶蜡。聚乙烯蜡熔点较高（90～110℃），用量较少时不影响低极性聚合物的物理性能，亦不会迁移出表面。石油蜡为熔点44～66℃的固体直链烃混合物。微晶蜡的熔点在63～93℃之间，相对分子质量为580～700，支化度高（长链支化），用量稍大时会出现喷蜡现象，且影响硫化胶的物理性能。

酰胺在橡胶中可作为防静电剂、润滑剂和防黏剂。主要的酰胺是硬脂酸酰胺、油酸酰胺和芥酸酰胺。由于其在大多橡胶中溶解度有限，它能及时地迁移到聚合物的表面形成一层薄层，从而减少了摩擦力（润滑作用）和黏着力（防黏作用），减少模具污染和磨损。脂肪酸酰胺由脂肪酸或它们的脂与氨或者酰胺反应制得。脂肪酸酰胺会影响焦烧安全性，需特别注意。硬脂酸、油酸和芥酸的酰胺往往用作热塑性体系的润滑剂。芥酸酰胺可减少丁苯硫化胶的摩擦系数。

某些阳离子表面活性剂兼有分散剂、硫化活性剂、促进剂和内脱模剂等多项功能。

有代表性的加工助剂种类及其特性见表1.7.1-2。

表1.7.1-2　主要助剂的特性与在胶料中的效果

种类		溶解性	助剂的特性	胶料的特性	加工上的优点	典型的助剂
流动助剂	内润滑剂	可溶～部分不溶	（1）与橡胶的相容性好；（2）对橡胶的润滑作用大；（3）可溶胀橡胶	（1）门尼黏度下降；（2）配合剂的分散性提高；（3）变形减小	（1）混合时间缩短；（2）流动性改善；（3）可塑性增大	（1）脂肪酸；（2）脂肪酸金属盐；（3）脂肪酸酯；（4）脂肪族醇
	外润滑剂	不溶～部分可溶	（1）与橡胶不相容；（2）会迁移到橡胶表面	（1）门尼黏度略有下降；（2）胶料润滑性改善；（3）对金属表面的减磨作用大	（1）挤出和注射成型性改善；（2）成型时间缩短；（3）尺寸稳定性、表面光滑性提高	（1）脂肪酸金属盐；（2）脂肪酸酯；（3）脂肪酸酰胺；（4）低分子碳氢化合物
均匀剂		双重亲合性	（1）具有疏水、亲水双重性；（2）在异种共混胶界面有“锚固”作用	（1）改善了异种橡胶间的相容性；（2）分散性的微细化	（1）成品尺寸稳定性提高；（2）表面光滑性提高	（1）改性酚醛树脂；（2）古马隆-茚树脂；（3）石油类烃树脂
分散剂		可溶	（1）被填料吸附；（2）可降低填料表面张力；（3）填料结构破坏	（1）门尼黏度下降；（2）填料的分散性提高；（3）体积电阻增大；（4）表面光泽改善	（1）混合时间缩短；（2）可塑性增大；（3）流动性改善	（1）脂肪酸；（2）脂肪酸金属盐；（3）脂肪酸酯；（4）操作油
增黏剂		可溶～部分不溶	（1）与橡胶的相容性好；（2）可提高橡胶的玻璃化转变温度；（3）橡胶的凝聚力增大	（1）自粘性增大；（2）与被黏物的相容性提高	（1）自粘及黏合性提高；（2）初始黏合性提高	（1）苯酚-萜烯类树脂；（2）古马隆-茚树脂；（3）石油类烃树脂；（4）松香衍生物

这些加工助剂对不同橡胶表现出不同的行为，主要原因是由于分子结构、极性基与非极性基的平衡，以及对橡胶或配合剂相对的亲和性或双重亲和性的程度而引起的。因此，特定的加工助剂因橡胶的种类其功能也各有差异。例如，低分子碳氢化合物在IIR中是内润滑剂，但对NBR就成了外润滑剂；脂肪酸、脂肪酸金属皂、脂肪酸酯和脂肪酸酰胺也可分别作为内外润滑剂使用。关键的问题是它们在该胶种中的溶解性（或相容性）。脂肪酸、脂肪醇和脂肪酸酯在不同橡胶中的相

容性见表 1.7.1－3。

表 1.7.1－3　脂肪酸、脂肪醇和脂肪酸酯在不同橡胶中的相容性

化合物种类	EPDM	NR	CR	NBR
脂肪醇	0	1	7	7
脂肪酸	2	3	5	8
脂肪酸酯	2	3	5	8

注：相容性分为 0～10 级，0 表示完全不溶，10 表示完全可溶。

实际使用的通用型加工助剂都是多种化合物的混合物。加工助剂的用量一般为 1～5 份，多数情况下为 2 份，用量多时，易喷霜。某些增塑剂可能会减少加工助剂在橡胶中的溶解度，并使加工助剂喷霜。为了获得最佳的效果，加工助剂必须在混炼周期的正确时段加入：塑解剂通常随橡胶在混炼刚开始时加入；均匀剂在两胶合并塑炼时加入；分散剂和填料一起加入；流动助剂则可以在混炼的较后期加入。

1.1　均匀剂

均匀剂的主要作用是改善不同黏度和不同极性聚合物的相容性，化学成分上大多是脂肪烃树脂、环烷烃树脂和芳香烃树脂等不同极性的低分子树脂的混合物，或由芳烃单体、环烷烃单体和脂肪烃单体共热聚合而成，有的商品是高分子量增塑剂与不同比例树脂的混合物（降低软化温度）。均匀剂中含有与弹性体相容的脂肪烃片断、环烷烃片断和芳香烃片断，它们具有浸润作用，因而能降低各种不同成分混合到弹性体中所需要的能量，通过软化和浸润聚合物的界面来促进混合，同时也能促进对填料的吃粉与分散，避免填料结块，有助于胶料中各种差异较大的配合剂与胶料结合，并混合形成均一的、便于加工的胶料。当用均匀剂部分替代增塑剂时，还能增加生胶强度，减少增塑剂的迁移和喷霜。

用作均匀剂的树脂原料主要包括烃类树脂和酚类树脂。

烃类树脂，包括：苯并呋喃-茚树脂、石油树脂、萜类树脂、沥青、焦油及其共聚物。如高苯乙烯和松香以及它们的盐、酯与其他衍生物。高苯乙烯、聚辛烷等也用来作主要起增硬作用的补强剂。聚辛烷由环辛烯的复分解反应制得，具有高度结晶性，熔融时具有低黏度，可提高胶粒的流动性，因其热塑性特性，易于加工，目前已经在生胶强度及挤出的尺寸稳定性十分重要的场合有所应用。

酚类树脂，如烷基酚、甲醛树脂、烷基酚与乙炔缩合后的产物、木质素以及一些改性产品等。

对于部分单组分橡胶胶料，比如难加工的丁基橡胶，使用均匀剂可以帮助填料分散，改善黏着性等物理特性，还可获得较低的气体渗透性。

均匀剂通常在混炼的初始阶段加入，用量为 4～5 份，对于难混炼的聚合物则需加入 7～10 份。

均匀剂的供应商见表 1.7.1－4～表 1.7.1－5。

表 1.7.1－4　均匀剂的供应商（一）

供应商	商品名	化学组成	软化点/℃	密度/(g·cm⁻³)	灰分(≤)/%	形态	说明
连云港锐巴化工	均匀剂增黏剂 RH－100	深色芳香及脂肪族树脂混合物	100.0	1.1	2.0	黑棕色，粒状	只适用于深色或黑色橡胶制品。用于轮胎气密层、内胎及胶囊，可提高制品气密性。用量为 1～10 份，通过 PAHs18 项认证
	浅色均匀剂增黏剂 RH－150	浅色脂肪烃树脂混合物	100.0	1.0	0.5	浅黄色，粒状	用量为 1～5 份，无污染性，适用于浅色胶料
青岛昂记	胶匀素 Q502	改性石油树脂之混合物	—	—	—	无尘棕黄色粉剂	用量为 4～10 份
济南正兴	ZXJ－40	—	95～105	—	2	黑色颗粒	—
	ZXJ－3010	—	95～110	—	2	黑色块状	—
	ZXJ－3020	—	85～105	—	0.5	浅黄色颗粒	又名 60NS、60NSF
	ZXJ－3030	—	90～105	—	0.5	黄色颗粒	又名 51NS
阳谷华泰	H100	—	95～105	1.1	2.0	深棕色至黑色颗粒	适用于黑色制品
	H40MSF	—	95～106	1.1	2.0	深棕色至黑色颗粒	环保型均匀剂
	HT88	—	98～106	1.1	2.0	深棕色至黑色颗粒	环保型均匀剂
	H602	—	95～105	1.0	0.2	浅黄色颗粒	环保型均匀剂

表 1.7.1-5 均匀剂的供应商（二）

供应商	规格型号	化学组成	外观	软化点/℃	灰分/%	说明
华奇（中国）化工有限公司	均匀剂 SL-100	烃类树脂的混合物（普通型）	深黑色锭剂	96～109	≤2.0	主要应用于轮胎气密层及其他橡胶制品
	均匀剂 SL-400	烃类树脂的混合物（环保型）	深黑色锭剂	96～109	≤2.0	

元庆国际贸易有限公司代理的台湾 EVERPOWER 公司环保均匀增黏剂 RH-100AN 的物化指标为：

成分：脂肪族碳氢化合物之聚合体；外观：浅黄颗粒；色度：6；软化点：100±4℃；储存性：室温及正常干燥条件下储存期至少为两年。本品符合欧盟及德国关于多环芳烃（PAHs）可允许限值的规定。

本品为低分子量均匀增黏剂，能有效增进不同黏度或不同极性橡胶（如 CR、SBR 等）间的均匀混合。在高填充配方中，能有效改善填料在橡胶中的混合与分散，经过短时间混炼后胶料的显微镜照片即显示极佳的分散效果；可提供生胶适当的黏性及加工性，以便混炼、压出和压延时的操作；可缩短胶料混炼时间，减少能源的消耗；加入 2 份本品抗张强度约提高 5%，加入 4 份抗张强度约提高 15%，伸长率提高 10%；溶解在橡胶中呈半透明状，不影响原有色系。

本品应用于运动鞋底和鞋面黏合时，如鞋底采用红外线处理，本品为指定的免打粗剂；广泛应用于各型轮胎胎面，提高胎面耐磨 20%以上；也可用作橡塑并用时的均匀增黏剂，如应用于 NBR 与 PVC 共混；应用于 EVA、PVC 造粒，可提高塑料的回弹性及表面平坦性；在热熔胶与热熔压敏胶黏剂中可用作增黏剂，如应用于路标漆的配方中。

用法：混炼时与填充剂一起加入，用量为 3～5 份。

均匀剂的供应商还有：嘉拓（上海）化工贸易有限公司、美国耀星公司代理的 Schill & Seilacher Struktol AG 公司等。

1.2 分散剂

分散剂的作用是解决混炼中粉料的分散，即粉粒之间、粉粒与弹性体之间的分散，减少混炼时间。分散剂主要为脂肪酸酯、金属皂盐、脂肪醇或其混合物，通过润湿粉粒与弹性体的表面，使不同性质的粉粒之间或粉粒与弹性体之间减小相对位移的阻力，达到粉粒均匀分散到胶料中的目的。加入分散剂还能消除黏辊现象，改善脱模效果，特别适用于复杂模具的制品。

1.2.1 炭黑分散剂

化学组成：金属皂类混合物、表面活性剂与金属皂类混合物。

炭黑分散剂的供应商见表 1.7.1-6。

表 1.7.1-6 炭黑分散剂的供应商

供应商	商品名称	密度/(kg·m^{-3})	滴落点（或熔点）/℃	ZnO/%	形态	pH 值	灰分(≤)/%	说明
连云港锐巴化工	RF-40	1100	95	8.5	浅黄色粒状	—	—	FDA 产品，用量为 1～5 份
宜兴卡欧	AT-B	?	?	?	?	?	?	?
青岛昂记	胶易素 T-78	—	—	—	淡褐色、黄棕色颗粒	—	—	用量 1.5～2.5 份
济南正兴	ZXF-1010	—	96～106	10	浅黄色颗粒	—	10.5	不适用于含卤素橡胶
	ZXF-1013	—	96～106	12～13	浅黄色颗粒	—	14	
	ZXF-1016	—	105～115	12～14	白色或者灰白色颗粒	6～8	14	
	ZXF-1020	—	100～115	12～13	浅灰色粉末	—	25	
	ZXF-1030	—	100	12～13	浅灰色颗粒	6～8	30	
	ZXF-2010 A/B	—	—	—	浅灰白至浅黄色	—	10	用于含卤素橡胶
	ZXF-2020 A/B	—	—	—		—	25	
	ZXF-2030 A/B	—	—	—		—	30	

续表

供应商	商品名称	密度/(kg·m⁻³)	滴落点(或熔点)/℃	ZnO/%	形态	pH值	灰分(≤)/%	说明
无锡市东材科技	FS-210A	—	—	—	白色或微黄色粒子	—	20.0	(1)对硫化体系不发生干扰，并可有效防止喷霜，可明显改善硫化胶的耐磨性及耐屈挠性能，大幅提高制品品质；(2)胶料混炼时在加炭黑前加入效果更佳，用量为1～5份；(3)适用于NR和各类合成胶（除氟橡胶和硅橡胶）
	FS-210B	—	—	—	白色或灰白色粒子	—	20.0	
青岛昂记	黏合分散剂AJ-II	合成表面活性剂之金属皂基、官能高分子树脂、有机酚及活性无机物之混合物等			白色粉状	既具有帮助炭黑等材料在橡胶中均匀分散的功能，又具有增加胶料与锦纶帘线等骨架材料黏合的作用。用量为3～8份		

1.2.2　白炭黑分散剂

化学组成：高分子饱和脂肪酸锌盐、表面活性剂与金属皂类混合物。

白炭黑分散剂的供应商见表1.7.1-7～表1.7.1-8。

表1.7.1-7　白炭黑分散剂的供应商（一）

供应商	商品名称	熔点/℃	化学组成	形态	灰分/%	说明
连云港锐巴化工	RF-70	≥58	脂肪酸锌皂和脂肪酸酯	浅白色粉状或片状	≤17	用量为1～2份，CR胶种为2～6份
青岛昂记	胶富丽B-52	—	表面活性剂之金属皂基混合物	浅黄色粉粒	—	生胶用量的1.5%～2.5%
	胶富丽B-52A	—	表面活性剂之金属皂基混合物	白色无飞扬粉粒	—	用量为1.5～3.0份
	白炭黑分散剂W-225	—	金属皂盐、脂肪醇及无机载体等混合物	白色或淡黄色粉状	—	建议使用2～3份，推荐用量2.5份
无锡市东材科技	DST100	—	脂肪酸金属皂、表面活性剂的混合物	浅黄色粒子	≤20	在胶料混炼初期加白炭黑前加入。用量为2～5份
	DST200	—	不含锌的脂肪酸皂和酯类的复合物	浅黄色或黄色粒子	≤12	
元庆国际贸易有限公司(德国D.O.G)	DISPERGUM GT	95～110(滴熔点)	锌皂类和脂肪酸酯及无机分散剂的混合物	米黄色或米色颗粒	15.5～17.5(950℃×2 h)	比重：1.1(20℃)，污染性：无。本品可以改善白色和黑色填充剂的分散性，适用于胎面胶；由于锌的含量减少，本品比一般锌皂类更能加速改善流动性能，在混炼操作中更节省能源；有润滑剂作用，并可降低胶料门尼黏度；减少胶料黏辊现象；提高压出及压延速率，并使表面光滑；增加注射成型产量，减少不良率；能延长加工安全时间，因此允许提高硫化温度，可得较高产量；本品在SBR、BR、NR胶料中效果最显著。用量3～5份，与橡胶及填充剂一起加入

表 1.7.1-8 白炭黑分散剂的供应商（二）

供应商	规格型号	化学组成	外观	滴落点/℃	锌含量/%	加热减量/%	有机物含量/%
华奇（中国）化工有限公司	白炭黑分散剂 SL-5044	脂肪酸锌皂盐混合物	黄色颗粒	91～101	≤8.5	—	—
	白炭黑分散剂 SL-5046	不含锌盐的新型白炭黑活性剂	白色至浅黄色粉末	—	—	≤2.5	≥50

1.2.3 其他无机填料分散剂

其他无机填料分散剂的供应商见表 1.7.1-9。

表 1.7.1-9 其他无机填料分散剂的供应商

供应商	商品名称	熔点/℃	化学组成	形态	说明
河北瑞威科技有限公司	RWF-R			白色颗粒，微弱气味	用量为1～5份；可促进填料的分散，改善胶料流动性，快速降低门尼黏度，缩短混炼时间，提高加工效率
青岛昂记	塑固金 RT-602		无机材料复合多种有机材料	白色或淡黄色粉体	100目筛余物≤1.0%，105℃游离水分≤1.0%，pH值7.5～10.5，吸油值（50±20）ml/100 g。本品能增进辅料与胶料的相容性，显著改善硫化胶的力学性能。用量为4～8份

山东阳谷华泰化工股份有限公司生产的分散与润滑助剂见表 1.7.1-10。

表 1.7.1-10 山东阳谷华泰化工股份有限公司生产的分散与润滑助剂

牌号规格	熔点/℃	其他技术指标	外观	应用特点
加工助剂 HPP	97.0～105.0	灰分：12.0%～14.0% 密度：约 1.08 g/cm³	白色至浅黄色颗粒	多用于橡胶加工助剂，兼有内、外润滑及分散功能。可改善橡胶的加工工艺，提高橡胶产品的合格率和尺寸稳定性。具有对天然胶和丁苯胶等的物理增塑功能，加入硫黄后物理增塑作用不会终止。应用于硫化橡胶时可提高硫化胶的抗硫化返原性和耐热性。本品与橡胶具有极好的相容性，对填料或粉末助剂具有表面活性改性作用，提高填料与粉状助剂在橡胶的分散程度和均匀性
加工助剂 HA50	97.0～109.0	灰分：12.0%～14.0% 密度：约 1.08 g/cm³	白色至浅黄色颗粒	
加工助剂 HTX	70.0～94.0	灰分：18.0%～22.0% 密度：约 1.15 g/cm³	浅棕色颗粒	可溶于橡胶的锌皂，能使天然胶物理增塑作用加快。此锌皂在胶料温度尚低时就开始作用，因此适用于一段式混炼工艺，可使填料快速混入胶体，并缩短混炼时间，而成品的硬度不受影响。在硫化过程中不会喷霜，可减少原来配方中的硬脂酸或石蜡的用量。用于除卤化橡胶和丁基橡胶以外的所有橡胶。本品与橡胶具有极好的相容性，对填料或粉末助剂具有表面活性改性作用，提高填料与粉状助剂在橡胶的分散程度和均匀性
加工助剂 HA60	85.0～95.0	灰分：18.5%～21.5% 密度：约 1.15 g/cm³	浅棕色颗粒	
加工助剂 HT	75.0～90.0	灰分：12.0%～14.0% 密度：约 1.05 g/cm³	浅棕色颗粒	
加工助剂 HST	85.0%105.0	灰分：15.5%～18.5% 密度：约 1.10 g/cm³	浅棕色颗粒	本品为高填充合成二烯类橡胶胶料的分散剂和润滑剂，尤其适用于含高活性白炭黑的胶料。可以降低胶料的黏度，使填充白炭黑的丁苯胶、顺丁胶并用的胎面胶易于加工，可以改善填料、粉体助剂在胶料中的分散均匀性和胶料物理机械性能，可以延迟焦烧，促进硫化，改善胶料的抗湿滑性能。本品与橡胶具有极好的相容性，对填料或粉末助剂具有表面活性改性作用，提高填料与粉状助剂在橡胶的分散程度和均匀性
加工助剂 H60EF	90.0～100.0	灰分：13.5%～15.5% 密度：约 1.07 g/cm³ 锌含量：8.0%～9.0%	琥珀色颗粒	改善高填充白色填料的分散均匀性，使胶料具有优异的流动性能，有益于批次均一性。降低白炭黑填料再团聚的趋势，适用于不含卤素的橡胶。本品与橡胶具有极好的相容性，对填料或粉末助剂具有表面活性改性作用，提高填料与粉状助剂在橡胶的分散程度和均匀性
加工助剂 HT12	50.0～60.0	灰分：18.5%～21.5% 密度：约 1.20 g/cm³	浅色颗粒	本品为天然橡胶与合成橡胶的加工助剂。可以改善配合剂在胶料中的分散，缩短混炼时间，降低能耗。避免胶料黏混炼设备，使半成品加工更加容易，如改善高填充胶料的挤出和压延，对胶料表面结构和尺寸稳定性均无不良影响。本产品可改善胶料的流动性，当胶料用在移模或注射成型工艺时可低压快速充模，改善橡胶制品脱模性。对过氧化物交联无影响，可用于注压成型。用于各种模压和挤出制品。本品与橡胶具有极好的相容性，对填料或粉末助剂具有表面活性改性作用，提高填料与粉状助剂在橡胶的分散程度和均匀性

续表

牌号规格	熔点/℃	其他技术指标	外观	应用特点
加工助剂 HT222	45.0～55.0	密度：约 0.95 g/cm³	白色颗粒	本品能显著改善配合剂在胶料中的分散，便于加工和快速混合，明显减少胶料对混炼设备的黏着污染。能降低胶料的黏度，改善胶料的流动性，当胶料用在移模或注射成型工艺时可低压快速充模，改善橡胶制品脱模性，对胶料表面结构和尺寸稳定性均无不良影响。用于各种模压和挤出制品。对过氧化物交联无影响。本品与橡胶具有极好的相容性，对填料或粉末助剂具有表面活性改性作用，提高填料与粉状助剂在橡胶的分散程度和均匀性
加工助剂 HT16	85.0～105.0	灰分：18.5%～21.5% 密度：约 1.20 g/cm³	浅棕色颗粒	通过降低黏度和改善胶料与金属界面间的滑动来提高胶料的流动性。其结果表现为挤出速率更高，尺寸稳定性好及口型膨胀小。注模时，本产品能改善胶料在模型中的流动性，防止胶料与金属表面黏连，产品容易脱模且不污染模具。当产品具有复杂的几何形状时，建议使用本产品。在混炼阶段，本产品可以防止胶料黏连密炼机转子或开炼机辊筒。对用硫黄硫化的胶料，本产品可提高交联速度。在氯丁胶配方中使用本产品可增加胶料的稳定性，提高加工安全性。特别适用于三元乙丙橡胶和丁基橡胶。用于模压、压延和挤出制品。本品与橡胶具有极好的相容性，对填料或粉末助剂具有表面活性改性作用，提高填料与粉状助剂在橡胶的分散程度和均匀性
加工助剂 HT254	45.0～55.0	密度：约 0.95 g/cm³	浅棕色颗粒	本品为高填充合成二烯类橡胶胶料的分散剂和润滑剂，专为白炭黑高量填充配方定做，减少填料颗粒的重结团现象，改善白色填料和粉体助剂在胶料中的分散性。保持胶料低门尼黏度，付与良好的挤出效果，对硫化胶动态黏弹性能无影响，改善胶料的抗湿滑性能

元庆国际贸易有限公司代理的德国 D. O. G 填料分散剂 DEOSOLH 的物化性能指标为：

成分：脂肪酸酯及高分子蜡与惰性填料之乳化混合物；外观：淡灰色片状；比重：1.1（20℃）；污染性：无；储存性：原封、室温至少一年。

本品在混炼过程中，对橡胶大分子有很好的润滑作用，降低了聚合物分子之间的摩擦生热，可显著降低炼胶耗能；适量的惰性填充剂避免了白色填料结块而导致的填料分散不均，显著提高分散性能；对炭黑和轻质填料有好的分散作用，压延、压出时便利了胶料加工；乳化增塑剂在高温下分解产生的少量水汽降低了胶料的内部生热，以防焦烧，产生的少量水分在混炼过程中被蒸发；可防止橡胶胶料黏辊；优秀的润滑性提高了胶料的挤出速率，降低了生产成本。

用量：1～10 份，混合时与填料一起加入。

分散剂的供应商还有：嘉拓（上海）化工贸易有限公司、美国耀星公司代理的 Schill & Seilacher Struktol AG 公司等。

1.3　流动助剂

流动助剂可以分为两类：一类称为流动排气剂，通过降低橡胶与加工设备金属表面之间摩擦力，改善挤出成型橡胶制品的加工性能，其成分主要为低相对分子质量聚乙烯和聚丙烯。压延、压出时，部分流动排气剂从胶料中迁出至表面，在加工设备表面与胶料之间形成润滑薄膜，减小胶料与腔壁的摩擦，发生滑壁现象。如图 1.7.1-1 所示。

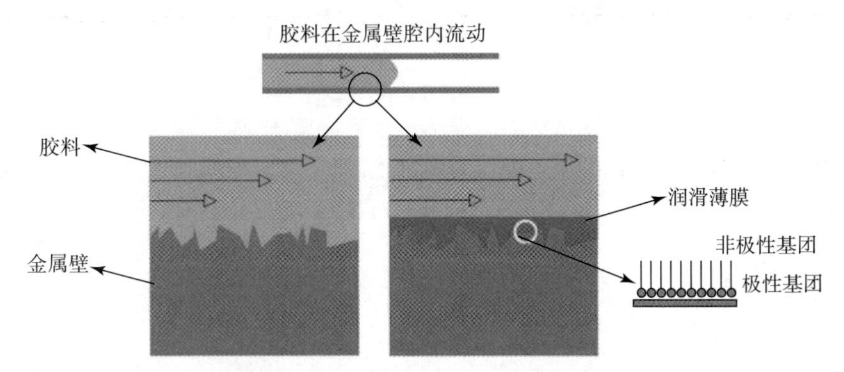

图 1.7.1-1　流动排气剂作用原理示意图

另一类称为流动分散剂，其成分主要为羊毛脂、脂肪酸、金属皂盐、脂肪酸酯、脂肪酸酰胺和脂肪酸醇等。流动分散剂的作用机理包括内润滑和帮助填料分散。内润滑是流动分散剂与橡胶相容性存在一定差异，由于溶解度有限而发生微观相分离，聚集形成层状或多层状胶束结构。如图 1.7.1-2 所示，与层状的润滑剂（如石墨）结构相似，层状胶束间弱的分子间作用力易于破坏，在剪切力的作用下会产生相互间的滑动，使胶料黏度降低，流动性提高。

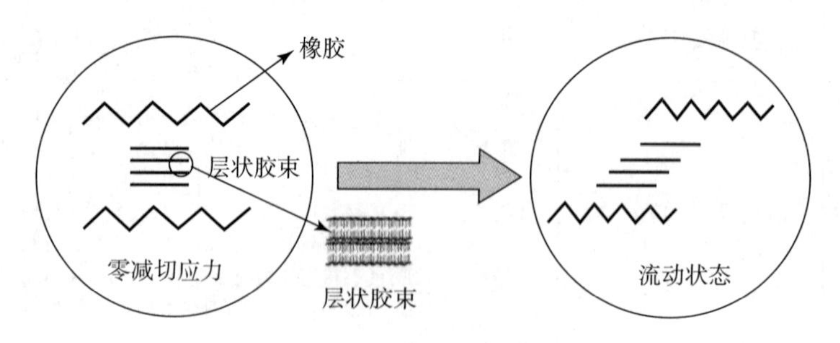

图 1.7.1-2 流动分散剂的内润滑作用原理示意图

另一方面，如图 1.7.1-3 所示，流动分散剂极性基团吸附在极性填料表面，非极性端伸至橡胶中，减小填料与橡胶之间的界面张力，使填料更容易分散在橡胶之中，同时降低了填料粒子之间的相互作用，不易聚集，填料网络结构降低。

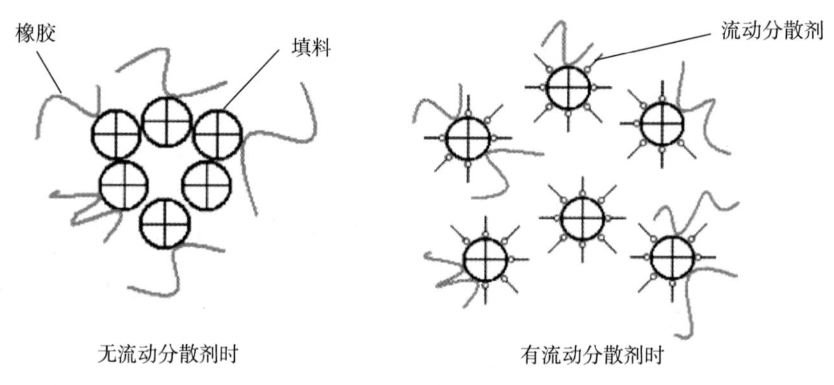

图 1.7.1-3 流动分散剂对填料网络结构的影响

好的流动分散剂，添加 5 份左右于 NR 或 SBR 中，可获得表 1.7.1-11 所示效果。

表 1.7.1-11 流动分散剂的性能

应用工艺	应用效果	NR	SBR
混合	混炼能量节约	17%	—
传递模压	注射量增加	57%	14%
压出	压出能量节约	15%	16%
	压出量提高	180%	150%
	压出表面质量提升	—	压出表面质量提升
注射、模压	注射量约增加	200%	70%
	注射作业时间节省	30%	40%

流动助剂的供应商见表 1.7.1-12。

表 1.7.1-12　流动助剂的供应商

供应商	商品名称	化学组成	外观	密度/(g·cm^{-3})	加热减量(≤)/%	挥发分(≤)/%	灰分(≤)/%	变色性	说明
锐巴化工	PW流动排气剂	碳氢化物及表面活性剂之混合物	白色粉末(颗粒)	0.95	3	5		75	用量为2～5份
	RL-10	饱和脂肪酸衍生物的混合物	白色粒状	1.150	3	5	25	65	通用型流动分散剂，适用胶种广，省成本
	RL-12	饱和脂肪酸酯的衍生物	浅白色粒状	1.100	3	5	20	61	通用型流动助剂，适用胶种广
	RL-16	脂肪酸酰胺和脂肪酸皂的混合物	浅黄色粒状	1.000	3	5	15	100	适用于CR/IIR，改善加工时黏辊，提高流动分散性；后段加入时作为内脱模剂，改善脱模性能
	RL-20	脂肪酸衍生物的混合物	乳白色粒状	1.000	3	5	20	90	适用于EPDM高填充配方，提高挤出和流动分散性能
	RL-22	饱和脂肪酸酯	白色粒状	1.000	3	5	25	60	适用于NBR/HNBR/ACM/CSM，改善极性胶料的流动分散性
	RL-28	特殊化合物	灰色粒状	1.100	3	5	25	60	适用于氟胶，改善流动和脱模性能
河北瑞威	RWL-R	—	乳白色或淡黄色颗粒，微弱气味	—	—	—	—	—	用量为1～6份。
宜兴卡欧	AT-P流动排气剂	表面活性剂、脂肪酸衍生物和烃类润滑剂的混合物	浅黄色或黄色颗粒		3	4	16±2	—	用量为2～5份
三门华迈化工产品有限公司	通用型流动分散剂HM-4	高分子量脂肪酸酯和高分散物料的混合物	白色或浅黄色颗粒	1.15	滴落点：55℃				用量2份左右。混炼前段加入，可以达到较佳的分散效果；在混炼后段加入，可以达到较佳的脱模效果
	爽滑剂HM-18	以植物油为原料加工制得	白色颗粒	—	本品与树脂相容性较好，对热氧、紫外线较稳定，具有典型的极性与非极性结构，能在物质界面形成单分子膜，具有抗黏结、爽滑、流平、防水、防湿、放沉淀、抗污损、抗静电及分散等功效。可提高挤出效率及外观质量，增加橡胶制品表面的光洁度，防止灰尘在制品表面的附积，用于CR/ACM/CSM/FKM可改善胶料混炼黏辊特性，用于热塑性弹性体及其他橡胶产品可防止产品互相黏连。建议用量为0.5～2份				
	流动排气剂HM-617	高分散物料及表面活性剂的混合物	白色微珠或粉末状	1.00	滴落点：100℃				用量3份左右，混炼前段加入

续表

供应商	商品名称	化学组成	外观	密度/(g·cm^{-3})	加热减量(≤)/%	挥发分(≤)/%	灰分(≤)/%	变色性	说明
无锡市东材科技	DOFLOW系列	高碳醇类、酯类以及脂肪酸及其衍生物的混合物	白色或浅黄色颗粒	灰分：≤30%，加热减量：≤3.0%，用量：2～5份 本品可改善橡胶胶料的流动及分散，降低胶料门尼黏度；明显改善胶料的压延、挤出等加工工艺性能，使胶料表面光滑无气孔并缩短挤出时间，明显改善模具制品脱模性能；改善成品尺寸稳定性、发泡制品之均匀性以及减少收缩；缩短胶料的混合时间，可避免胶料黏着在混合机及压延机的滚筒上，可减少焦烧的危险。DOFLOW系列适用于NR和各种合成胶，广泛应用于轮胎及各种橡胶制品					
	DL24	碳氢化合物之混合物	白色粒状	灰分：≤12% 加热减量：≤3.0% 用量：1～5份					可防止胶料黏筒，减少焦烧现象，尤其是在高填料配方中，有很好的增塑效果，在挤出和转模时，模具在低压下就能快速充模，改善了脱模性
	DL12	高分子量脂肪酸盐和碳氢化合物之混合物	白色颗粒	灰分：≤20% 加热减量：≤3.0% 用量：1～5份					对炭黑、白炭黑、碳酸钙等补强填充剂及各种促进剂、防老剂在胶料中具有高效混合与分散作用。可快速降低门尼黏度，缩短混炼时间，并提高胶料流动性及脱模性。本产品为中性，不影响加硫胶硫化速率，也可用于过氧化物硫化
	DL18	高分子量脂肪酸盐和碳氢化合物之混合物	棕黄色颗粒	灰分：≤20% 加热减量：≤3.0% 用量：1～3份					可迅速降低黏度，改善填料分散，使各个批次间胶料质量均匀稳定，特别适合于挤出的胶料配方，而且对于传模和注模硫化也有许多益处。因含有"锌"可作为硫化活性剂而减少硬脂酸与氧化锌的用量
	流动剂DC-L10	脂肪酸及其衍生物、优化润滑剂的混合物	乳白色或微黄色粒子	灰分：≤12.0% 加热减量：≤3.0% 用量：2～5份					在配方中适量添加，可改善制品的物理机械性能，不会影响黏合。在胶料混炼初期和其他小料一起加入。可用于天然橡胶和各类合成橡胶的加工生产，亦可用于氟橡胶
	流动剂DC-L11	脂肪酸及其衍生物、润滑剂、表面活性剂的复合物		灰分：≤10.0% 加热减量：≤3.0% 用量：2～5份					
	排气剂DC236	碳氢化物及表面活性剂之混合物	白色粉状或细粒状	熔点：(100±5)℃				无	用量：2～5份
	排气剂DC-P85	优化的表面活性剂、脂肪酸衍生物和润滑剂等之混合物	黄色或淡黄色粒子	灰分：≤20.0% 加热减量：≤3.0%					

续表

供应商	商品名称	化学组成	外观	密度/(g·cm⁻³)	加热减量(≤)/%	挥发分(≤)/%	灰分(≤)/%	变色性	说明
元庆国际贸易有限公司（德国D. O. G）	流动分散剂DISPERGUM PT	浓缩饱和及不饱和脂肪酸锌盐混合物	灰棕色或米色颗粒	比重：1.1（20℃）；灰分：12%～14%（950℃×2h）；滴熔点（Dropping point）：95～110℃；污染性：无。 本品有润滑剂作用，并可降低胶料门尼黏度，因此可以节约能源、改善填充剂和其他配合剂的分散；由于含有脂肪酸锌盐成分，故可减少硬脂酸及氧化锌的用量；减少胶料黏辊现象；提高压出及压延速率，并使表面光滑；增加注射成型产量，减少不良率；能延长加工安全时间，因此允许提高硫化温度，可得较高产量；本品在SBR、BR、NR胶料中效果最显著					用量2～5份，与其他配合剂一起加入，适用于轮胎胶料混炼、压出成型、复杂模压、发泡橡胶及注射成型等
	流动咀嚼剂DISPERGUM R	不饱和脂肪酸锌盐与润滑剂结合物	灰棕色至棕色颗粒	比重：1.0（20℃）；滴熔点（Dropping point）：(97±5)℃；污染性：无。 本品具有润滑剂作用，使混炼和加工便利，且有助于配合剂的分散；由于降低了操作温度而有助于节约能源及减少机械磨损。由于含有脂肪酸锌盐成分，故可减少硬脂酸及氧化锌的用量；减少胶料黏辊现象；提高压出及压延速率，并使表面光滑；增加注射成型产量，减少不良率；能延长加工安全时间，因此允许提高硫化温度，可得较高产量；可改善CR之储存安定性及发泡橡胶之均匀性					用量：一般橡胶2～5份，CR中2～3份，过氧化物硫化体系中2份。与其他配合剂一起加入，适用于压出成型、复杂模压、发泡橡胶及注射成型等
	流动分散剂（食品级）DISPERGUM ZK	特定的脂肪酸锌和钾盐组合	浅灰色或米色颗粒	灰分：13.0%～14.4%（950℃×2 h）；滴熔点：90～100℃；密度：1.1 g/cm³（20℃）。 本品是锌和钾皂的组合，适用于轻质填料和炭黑填充体系；对高金属填料的填充也能达到优异的分散性，缩短混炼时间；在模压过程中，可改善混炼胶的流动性；本品适用于所有标准弹性体如NR、SBR、EPDM和NBR					用量2～5份，德国食品法规（BFR recommendation XXI）允许，美国联邦法规规范FDA－CFR Title 21，Part177.2600已登记
	分散剂和外部润滑剂DEOGUM 379	甲基－12－羟基硬脂酸	白色片状	酸值：10 mgKOH/g；熔点：45～52℃。 本品添加低剂量可用作内部润滑剂；在高剂量时提供一个干的润滑薄膜，可以减小摩擦系数，在挤出成型时通常可以观察到高光泽度					用量2～10份，适用于TPE和PVC
	流动分散剂DEOFLOW AP	脂肪酸酯结合润滑剂之混合物	米色粒状	密度：1.0 g/cm³（20℃）；灰分：＜0.5%（950℃×2 h）；软化点：96～108℃。 本品对填充剂有分散作用，在没有咀嚼剂或活性剂作用的硫化过程中，可以改善胶料的流动和挤出性能					用于会造成干扰的含水和锌的加工助剂，会影响加工的合成橡胶制品。用量2～6份
元庆国际贸易有限公司（台湾EVERPOWER）	流动排气剂CH 236	碳氢化合物及表面活性剂之混合物	白色细粒状	比重：0.86（25℃），无变色性，在低温干燥处贮存无限制。 用法：混合时与药品一起加入，用量2～5份。适用于NR、SBR、BR、CR、EPDM、NBR等各种橡胶及TPR、EVA及各种塑料（如PVC、PE、PP、ABS等）					本品可降低胶料门尼黏度，增加胶料流动性及分散性；帮助制品离模及气泡之排除，降低复杂模具中制品之缺胶现象，且不影响黏接；减少不良率，降低人工成本，亦可节省电力；增加压出速率及成品之表面光滑性；改善成品尺寸安定性、发泡均匀性，减少收缩

续表

供应商	商品名称	化学组成	外观	密度/(g·cm⁻³)	加热减量(≤)/%	挥发分(≤)/%	灰分(≤)/%	变色性	说明
青岛昂记橡塑科技有限公司	胶易素T-78	合成表面活性剂之金属皂基混合物	淡褐色/黄棕色颗粒	适用胶种：NR、IR、BR、SBR、NBR、CR、IIR、EPDM、FKM、CSM、ACM等，可广泛应用于轮胎、胶带、胶管、压出注射橡胶制品、发泡橡胶制品及模压橡胶制品等。 推荐用量：以炭黑用量及表面积大小决定添加量，例以HAF用量之(3.0±1.0)%使用；以SRF用量之(2.05±1.0)%使用。以生胶用量的1.5%～2.5%使用。于CR之应用宜以一般量的2～3倍使用					本品兼具化学及物理塑解作用，提高混炼效率，缩短混炼周期；改善胶料的流动性与填料分散性，尤其适用于冷喂料挤出工艺；改善炭黑的分散性，可适当增加炭黑的用量，降低原材料的成本；改善各配方材料的相容性，有助于减少喷霜现象的发生；提高胶料批次间质量稳定性；降低胶料门尼黏度，改善压延、压出工艺性能，对门尼焦烧时间、硫化特性、硬度、定伸应力、拉伸强度等物理机械性能和老化性能均无影响，且能明显改善耐磨耗性能；用量仅为其他同类产品用量的一半；用于阻燃橡胶制品，可提高阻燃指标
	胶易素T-78A	合成表面活性剂之金属皂基、官能高分子之混合物	淡褐色/黄棕色粉末或颗粒	本品为复合型高效能分散助剂，可迅速降低混炼胶的门尼黏度，提高胶料可塑性，增加炭黑及无机填料的分散度，提高胶料的均一性，缩短混炼周期，提高压延压出速率，达到既提高了设备利用率，也提高了产品质量，并降低了生产成本。 适用胶种：NR、IR、BR、SBR、NBR、CR、IIR、EPDM等，可广泛用于轮胎胎面、内胎、气密层、胶管、胶带等各种胶料配方中，尤其是高填充胶料配方中作用明显。 一般推荐用量：100份生胶用1.5～2.5份					
	胶易素T-78E	合成表面活性剂之金属皂基、官能高分子之混合物	淡褐色/黄棕色颗粒	本品为经济型高效能分散助剂，对硫化系统不发生干扰并对物理机械性能均无影响。 适用胶种：NR、IR、BR、SBR、NBR、CR、IIR、EPDM等，可广泛用于各种轮胎胎面、内胎、气密层等各种轮胎胶料配方中。 一般推荐用量：以生胶用量的1.5%～2.5%为好					本品是一种对炭黑及无机填料具有双重分散作用的分散助剂，不仅具有内部和外部润滑作用，还具有官能高分子的化学键合作用，是一种复合型高效能分散助剂，用以改善胶料中粉剂的分散性，尤其是对炭黑的分散性；可有效地缩短混炼时间、提高压延、压出速率，降低压出温度，提高设备利用系数、降低能耗、降低成本；可降低压延、压出温度，提高加工操作的安全性，提高压出、压延半成品的合格率，提高压出、压延制品的致密性、光洁性，减少成品缺陷，提高产品合格率，提高产品质量；适量加入可有效抑制胶料喷霜；可提高混炼胶的均一性，提高成品的耐磨性能、屈挠性能等，提高产品质量稳定性

1.4　消泡剂

常温常压下连续硫化的橡胶制品，如密封胶条等，需要在配方中加入消泡剂（干燥剂）。消泡剂的主要成分通常是CaO，相对分子质量为56.08。CaO吸收水汽生成CaOH，这使得橡胶制品可在无压条件下连续挤出硫化时，避免由于水蒸气的存在使胶料出现海绵性缺陷，因此该产品特别适合用于需要在热空气、硫化床、盐浴或微波设备中连续硫化的挤出胶料中，如汽车或建筑用密封条。也可用于防止在PVC（尤其干式）混合时气泡的形成。由于可使泡孔结构更均一，CaO还可用于发泡制品，特别是微孔海绵橡胶制品。

HG/T 4183—2011《工业氧化钙》主要适用于化工合成、电石制造、塑料橡胶制造以及烟气脱硫等行业的工业氧化钙。工业氧化钙分为四个类别：Ⅰ类产品为化工合成用；Ⅱ类产品为电石用；Ⅲ类产品为塑料橡胶用；Ⅳ类产品为烟气脱硫用。工业氧化钙的技术要求见表1.7.1-13。

表1.7.1-13　工业氧化钙的技术要求

项目	指标			
	Ⅰ类	Ⅱ类	Ⅲ类	Ⅳ类
外观	白色、灰白色粉末			白色、黄褐色50～120 mm块状固体
氧化钙（CaO）w（≥）/%	92.0	90.0	85.0	82.0
氧化镁（MgO）w（≥）/%	1.5	—	—	1.6
盐酸不溶物 w（≤）/%	1.0	0.5	—	1.8
氧化物 w（≤）/%	—	—	—	1.8
铁（Fe）w（≤）/%	0.1	—	—	—
硫（S）w（≤）/%	—	—	—	0.18
磷（P）w（≤）/%	—	—	—	0.02
二氧化硅（SiO_2）w（≤）/%	—	—	—	1.2
灼烧减量 w（≤）/%	4.0	4.0	—	—
细度：（0.038 mm试验筛筛余物）w（≤）/% （0.045 mm试验筛筛余物）w（≤）/% （0.075 mm试验筛筛余物）w（≤）/%	 5.0 1.0	2.0	用户协商	—
生烧过烧 w（≤）/%	—	—	—	6.0

储存后如发现CaO颗粒已经吸水、膨胀，应停止使用。

消泡剂的供应商见表1.7.1-14。

表1.7.1-14　消泡剂的供应商

供应商	商品名	化学组成	外观	CaO含量（≥）/%	加热减量（≤）/%	水分吸收率（≥）/%	筛余物38 μm（≤）/%	说明
金昌盛（韩国HWASUNG）	除湿消泡剂AN 200/600	CaO与精制去氧特种油和表面活性剂的混合物	灰白颗粒/粉末	75	25	20	≤0.5 400目	海绵橡胶用量3～5份；PVC产品用2～5份；固体橡胶产品用5～10份
宁波硫华	CaO-80GE F200	以EPDM/EVM等为载体	灰白颗粒	96	—	—	0.1	用量2～10份
锐巴化工	CaO-80 GE	EPDM载体	灰白颗粒	97	20	20	0.1	挤出、模压均可
阳谷华泰	CaO-80	EPDM/EVM为载体	白色至灰色颗粒	80	—	—	—	橡胶微波、热空气连续硫化的吸湿剂，防止连续硫化橡胶中的泡孔

元庆国际贸易有限公司代理的德国D.O.G公司的DEOSEC PD-F除湿消泡剂（食品级）的物化指标为：

成分：氧化钙和最高5%的矿物油；外观：淡灰色粉末；灰分（950℃×2 h）：92%～98%；密度（20℃）：3.2 g/cm³；CaO残留量（0.063 mm）：<0.05%；储存性：室温、干燥至少一年。

本品中的矿物油可以抑制粉尘的产生，本品与胶料的相容性良好，分散性佳；胶料中的水分可以用本品来化合，避免加工过程因水分所产生的气孔现象。已获德国食品法规（BgW Recommendation XXI）认可、美国联邦法规（FDA-CFR

Title 21，Part177）登记。

用量：2～12 份，主要应用在连续注射和无压硫化加工（如 UHF、热空气、LCM 等）的制品上。

元庆国际贸易有限公司代理的德国 D. O. G 公司的硫化稳定剂 DEOSTAB 适用于氧化钙配方，可改善配方中因添加氧化钙而产生的不利影响。其物化指标为：

成分：交联之脂肪油添加特殊之稳定剂；外观：白色研磨粉末；比重（20℃）：1.1；灰分：5.0%～7.0%；储存性：原封室温至少一年以上。

本品适用于含氧化钙之配方中，可改善因添加氧化钙而产生之负面影响，并可改善抗压缩变形，使硫化曲线稳定。

用量：0.5～2 份，与橡胶一起加入。

氧化钙的供应商还有：杭州稳健钙业有限公司、新疆天业（集团）有限公司、内蒙古白雁湖化工股份有限公司、建德市天石碳酸钙有限责任公司、常数大众钙化物有限公司、建德市云峰碳酸钙有限公司、建德市鑫伟钙业有限公司、建德市兴隆钙粉有限公司等。

1.5　增黏剂

与天然橡胶相比，大多数合成橡胶黏度都较低，增黏剂能够改善未硫化胶各接触表面的相互融合，从而改善成型时胶料的自黏性，也可同时改善胶料的流动性。在高填充的天然橡胶配方中也会用到增黏剂。

增黏剂用量一般不低于 2.0 份。

1.5.1　天然增黏树脂

（一）萜烯树脂及其衍生物

本品是用松节油 α-蒎烯和 β-蒎烯，在路易斯酸催化剂的作用下，经阳离子聚合而得到的从液体到固体的一系列线型颗粒或者片状的聚合物，淡黄色透明、脆性的热塑性颗粒状或者片状固体，无毒、无臭。聚合时，α-蒎烯和 β-蒎烯的环丁烷开环，形成聚烷基化合物。如图 1.7.1-4 所示。

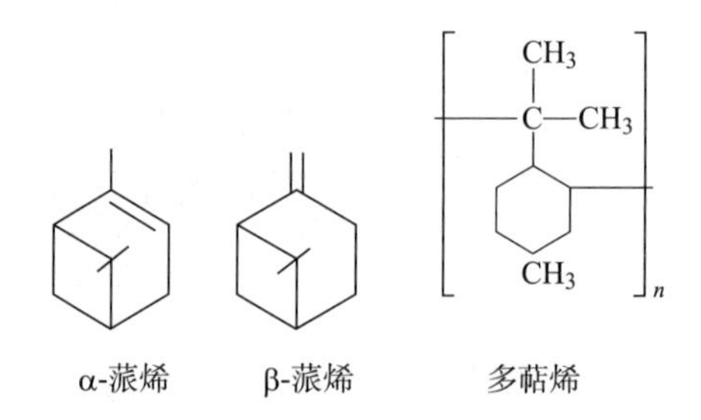

图 1.7.1-4　α-蒎烯、β-蒎烯与多萜烯

α-蒎烯和 β-蒎烯也可与其他单体（如苯乙烯、苯酚、甲醛等）进行阳离子共聚合生成萜烯——苯乙烯、萜烯苯酚等萜烯基树脂。萜烯树脂的分子式（$C_{10}H_{16}$）n，平均分子量 650～1 250。本品是一种优良的增黏剂，具有黏接力强、抗老化性能好、内聚力高、耐热、耐光、耐酸、耐碱、耐臭、无毒等优良性能。

本品对氧、热、光比较稳定，电绝缘性强，耐稀酸、耐碱。易溶于苯，如甲苯、松节油、汽油等，不溶于水、甲醇和乙醇。萜烯树脂是一种新型优良的增黏剂，增黏性能优于松香及松香改性物和石油树脂等。萜类树脂具有一定的抗氧化能力，可改善橡胶的老化特性。

热塑性萜烯酚醛树脂能改善氯丁橡胶及其胶黏剂的黏着性，可产生很高的黏结强度，并有极好的稳定性。

萜烯树脂的供应商见表 1.7.1-15。

表 1.7.1-15　萜烯树脂的供应商

供应商	规格型号	外观	软化点/℃	酸值（≤）/（mgKOH·g^{-1}）	碘值/[gBr·(100 g)$^{-1}$]	皂化值（≤）/（mgKOH·g^{-1}）	密度/（g·cm^{-3}）	熔融黏度（≤）/（mpa·s）	灰分（≤）/%
濮阳市昌誉石油树脂有限公司	TR90－120	淡黄色透明颗粒	80～120	0.5	40～65	1.5	1.02～1.12	90	0.03

元庆国际贸易有限公司代理的韩国 KOLON 公司 KPT－1520G 抗湿滑树脂的物化指标为：

外观：浅棕色颗粒状；软化点（环球法）：110～120℃。

本品是一种萜烯酚树脂，可以强化轮胎的抓地性能。当在天然橡胶或合成橡胶的胎面胶中使用本品时，在高温或低温环境下皆可以改善抓地性能。

用量与用法：建议使用密炼机采用高温（≥130℃）混炼。用于胎面胶的用量为 2～10 份，若树脂用量高于 10 份，硫化胶的耐磨性将会迅速下降。

颗粒状的树脂在炎热的气候或储存在近热源的环境下会产生结块现象。建议储存在室内，并保持温度不要超过 40℃。

本品应在生产后的一年内使用完毕。

（二）松香及其衍生物

用作增黏树脂的松香及其衍生物，包括线型木松香、松香酯、松香甘油酯、脱氢松香酸、松香季戊四醇酯等。

详见本手册第一部分．第六章．4.1。

1.5.2　石油树脂

石油树脂相对密度为 0.97～1.08 g/cm^3，一般可分为 C_5（脂族类）、C_9（芳香烃类）、DCPD（环脂二烯类，如双环戊二烯）、脂肪族/芳香族共聚树脂（C_5/C_9）、C_5加氢石油树脂、C_9加氢石油树脂及纯单体等七种型态，其组成分子皆是碳氢化合物，故又称之为碳氢树脂。

C_5石油树脂还可进一步分为通用型、调和型和无色透明型三种；C_5石油树脂软化点多在100℃左右，主要作为黏粘剂用于 NR 和 IR 胶料中。C_9石油树脂按原材料预处理（精馏与粗馏）及软化点分为 PR1 和 PR2 两种型号和多种规格；低软化点的C_9石油树脂主要用作轮胎和其他橡胶制品的增黏剂，软化点在 120℃以上的C_9石油树脂还可用作橡胶补强剂。DCPD 石油树脂又有普通型、氢化型和浅色型三种之分，软化点为 80～100℃，用于轮胎、涂料和油墨。C_5/C_9石油树脂软化点为 90～100℃，主要用于 NR 和 SBR 等橡胶和苯乙烯型热塑性弹性体。氢化的 DCPD 树脂软化点可高达 100～140℃，主要用于各种苯乙烯型热塑性弹性体和塑料中。

若以 2 份石油树脂代替 1 份松香，则可改善硫化橡胶的动态性能，耐磨性也可得到改善，它们在橡胶中的用量一般为 3～5 份。

（一）C_5树脂

本品主要由五个碳原子的双烯烃，如间戊二烯、异戊二烯等通过一定的温度压力和在催化剂作用下经聚合反应而成的低相对分子质量聚合物，平均相对分子质量为 1 000～2 500，淡黄色或浅棕色片状或粒状固体，密度为 0.97～1.07 g/cm^3，软化点为 70～140℃，折射率为 1.512。溶于丙酮、甲乙酮、醋酸乙酯、三氯乙烷、环已烷、甲苯、溶剂汽油等。具有良好的增黏性、耐热性、安定性、耐水性、耐酸碱性，增黏效果一般优于 C9 树脂。与酚醛树脂、萜烯树脂、古马隆树脂、天然橡胶、合成橡胶，尤其与丁苯橡胶相容性好。可燃、无毒。本品主要用于轮胎等橡胶制品的混炼，也可作为补强剂、软化剂、填充剂等，还用作配制压敏胶、热熔压敏胶、热熔胶和橡胶型胶黏剂的增黏树脂。

C_5树脂的供应商见表 1.7.1－16。

表 1.7.1－16　C_5树脂的供应商

供应商	规格型号	外观	软化点/℃	酸值（≤）/(mgKOH·g^{-1})	溴值/[gBr·(100 g)$^{-1}$]	蜡雾点（≤）/℃	密度/(g·cm^{-3})	熔融黏度（≤）/(mPa·s)	灰分（≤）/%
濮阳市昌誉石油树脂有限公司	CY1102	淡黄色颗粒状	85～108	1.00	30～50	138	0.96～0.98	250	0.03
天津市东方瑞创橡胶助剂有限公司	PR－80	片状或颗粒状棕色固体	70～80	0.50	—	—	0.97～1.07	—	0.10
	PR－90		80～90	0.50	—	—		—	0.10
	PR－90		90～100	0.50	—	—		—	0.10

元庆国际贸易有限公司代理的法国 CRAY VALLEY 公司 Wingtack 纯C_5树脂的物化指标为：

灰分：0.0；颜色（Gardner，50%甲苯溶液）：1.7；烯烃比（远红外线 FTIR）：0.23；分子量 Mn：1 100；分子量 Mw：170；软化点：98℃；比重：0.94（25℃）；玻璃化温度 Tg（中间值）：55℃；玻璃化温度 Tg（起点）：49℃。

热稳定性（10 g×5 h×177℃）：老化后颜色值：8；结皮：0%；重量损失：2.3%。

一种低色度的片状浅黄色脂肪族树脂，其黏性、剥离强度和黏结强度等参数做到了出色的平衡。颜色浅，气味和挥发性低。另外，产品还具有熔融黏度低、比重低和在混合温度下色彩稳定性好的特点。

本品与大部分橡胶、聚烯烃及石蜡的相容性极佳，和氯化丁基橡胶、丁腈橡胶、聚丁二烯橡胶、聚异丁烯、SBS、SBR、PVC、EVA（VA>28%）、压敏黏合剂（PSAs）亦可相容，通常溶于低至中极性的溶剂。

本品主要用于黏合剂、热熔胶、压敏黏合剂、马路黄白线等涂料、密封胶、轮胎、输送带、胶管、鞋底、球类、滚轮等橡胶制品。

元庆国际贸易有限公司代理的韩国 KOLON 公司 SU100S 氢化C_5树脂的物化指标为：

本品为由C_5/循环碳氢水聚合的白色热塑性树脂，主要用途为热熔黏接剂（HMA）、热熔压力感应粘接剂（HMPSA）的增黏剂，因为其良好的耐热性与基础聚合物的黏合剂有良好的相容性，如乙烯-乙酸乙烯酯（EVA）、苯乙烯-异戊二烯-嵌段共聚物（SIS）等。本品透明度佳，不会影响色泽，可降低 EVA 发泡硬度，适用于吸振材料。本品可用于与食品接触的制品。

本品在炎热气候或存放靠近热源，可能会集结成块状，应室内存放，保持温度不超过 30℃。

本品的技术指标见表 1.7.1－17。

表 1.7.1-17　SU100S 氢化 C_5 树脂的技术指标

项目	指标值	实测值	测试方法
软化点（环球法）/℃	97～06	100	ASTM E28
颜色（50%甲苯溶液，HAZEN）	≤50	25	ASTM D1209
相对密度（20℃）/(g·cm^{-3})	1.08		ASTM D71
酸值/(mgKOH·g^{-1})	0.04		ASTM D974
BRF（160℃）/cps BRF（180℃）/cps	680 190		
分子量（GPC，Mw）	540		G.P.C.

（二）C_9 树脂

C_9 石油树脂又称芳烃石油树脂，由乙烯装置副产物的碳九馏分为原料，经聚合反应而生成的分子量介于 300～3 000 的低相对分子质量聚合物，具有酸值低，混溶性好，耐水、耐乙醇和耐化学品、绝缘等特性，对酸碱具有化学稳定，并有调节黏性和热稳定性好的特点。C_9 石油树脂分为热聚、冷聚、焦油等类型，其中冷聚法产品颜色浅、质量好，平均相对分子质量为 2 000～5 000，淡黄色至浅褐色片状、粒状或块状固体，透明而有光泽，密度为 0.97～1.04 g/cm^3，软化点为 80～140℃，折射率为 1.512，闪点为 260℃，酸值为 0.1～1.0，碘值为 30～120。

轮胎和橡胶主要使用低软化点的 C_9 石油树脂，对橡胶硫化过程没有大的影响，起到增黏、补强、软化的作用。

HG/T 2231—1991《石油树脂》适用于以石油裂解 C_9 馏分为原料经催化聚合生产的芳烃石油树脂，将石油树脂按原料预处理工艺分为两类：PR-1，精馏；PR-2，粗馏。石油树脂软化点用阿拉伯数字表示，其代号和温度范围见表 1.7.1-18。

表 1.7.1-18　石油树脂的代号和温度范围

代号	软化点/℃	代号	软化点/℃
90	>80～90	120	>110～120
100	>90～100	130	>120～130
110	>100～110	140	>130～140

PR-1 石油树脂的理化性能见表 1.7.1-19。

表 1.7.1-19　PR-1 石油树脂的理化性能

项目		PR1-90			PR1-100			PR1-110			PR1-120			PR1-130			PR1-140		
		优等品	一等品	合格品	优等品	一等品	合格品	优等品	一等品	合格品	优等品	一等品	合格品	优等品	一等品	合格品	优等品	一等品	合格品
软化点/℃		>80～90			>90～100			>100～110			>110～120			>120～130			>130～140		
颜色号	试样：甲苯=1∶1（≤）	10	11	12	10	11	12	10	11	12	11	12	14	11	12	14	11	12	14
	试样：甲苯=1∶8.5（≤）	6	7	8	6	7	8	6	7	8	7	8	10	7	8	10	7	8	10
酸值（≤）/(mgKOH·g^{-1})		0.1	0.5	1.0	0.1	0.5	1.0	0.1	0.5	1.0	0.1	0.5	1.0	0.1	0.5	1.0	0.1	0.5	1.0
灰分（≤）/%		0.1																	
溴值/[gBr·(100 g)$^{-1}$]		根据用户需要协商确定																	

PR-2 石油树脂的理化性能见表 1.7.1-20。

表 1.7.1-20　PR-2 石油树脂的理化性能

项目		PR 2-90		PR 2-100		PR 2-110		PR 2-120		PR 2-130	
		一等品	合格品	一等品	合格品	一等品	合格品	一等品	合格品	一等品	合格品
软化点/℃		>80～90		>90～100		>100～110		>110～120		>120～130	
颜色号	树脂：甲苯=1∶1（≤）	17	—	17	—	17	—	17	—	17	—
	树脂：甲苯=1∶8.5（≤）	12	—	12	—	12	—	12	—	12	—
酸碱度（pH）		6～8									
灰分（≤）/%		0.1	0.5	0.1	0.5	0.1	0.5	0.1	0.5	0.1	0.5

C_9树脂的供应商见表 1.7.1-21。

表 1.7.1-21 C_9树脂的供应商

供应商	规格型号	化学组成	外观	软化点/℃	酸值（≤）/（mgKOH·g⁻¹）	溴值/[gBr·(100 g)⁻¹]	正庚烷值 25℃/mL	熔融黏度（≤）/（mPa·s）	灰分（≤）/%	说明
濮阳昌誉	CYH80（热聚）	—	淡黄色颗粒	75-80	0.5	70～155（I值）	20	400～800	0.03	—
	CYL100（冷聚）	—	淡黄色颗粒	90-100	0.1～0.5	25～50	20	400～600	0.1	—
金昌盛	P90 增黏树脂	改性芳香树脂	淡黄色颗粒	95±5	<0.1	≤30	—	—	—	用量 2～8 份，适用于开炼机混炼
	P110S 增黏树脂	改性芳香树脂	淡黄色颗粒	110±5	<0.1	<30	—	—	—	用量 2～8 份
	SU100 透明树脂	氢化芳香树脂	乳白色粒状	100±5	<0.05	—	—	—	0.01	用量 2～8 份
	LS506 增黏树脂	改性脂肪烃树脂	浅黄色颗粒	100±4	≤1	密度：0.95～1.05 g/cm³ 色度（号）：≤5				适用于载重和工程轮胎胎面及鞋底。用量1～8份
	LS509 抗撕裂树脂	二氢、四氢二十酸及石油树脂改性物	浅黄色粒状或块状	75～95	加热减量≤1%	本品可增加胶料黏性，改善填料分散，提高胶料工艺性能；有效提高硫化胶撕裂强度和耐切割性能；显著提高鞋底抗湿滑性能			5	
山东一诺	C_9石油树脂	—	—	110～140	0.5	—	—	—	0.1	—
天津市东方瑞创	PR-80	—	棕色固体	80～90	0.50	—	—	—	0.10	—
	PR-90	—		90～100	0.50	—	—	—	0.10	—
	PR-90	—		100～110	0.50	—	—	—	0.10	—

1.5.3 古马隆-茚树脂

古马隆-茚树脂简称古马隆，又称苯并呋喃-茚树脂、香豆酮树脂、氧茚树脂、煤焦油树脂，相对密度为 1.05～1.10 g/cm³，是第一种用作加工助剂的合成树脂，主要由聚合茚组成，由煤焦油、碳九馏分重组分和乙烯焦油为原料，经聚合反应而生成的低相对分子质量的聚合物。其共聚物的结构单元有二甲基茚、苯并呋喃、甲基苯并呋喃、苯乙烯以及甲基苯乙烯。如图 1.7.1-5 所示。

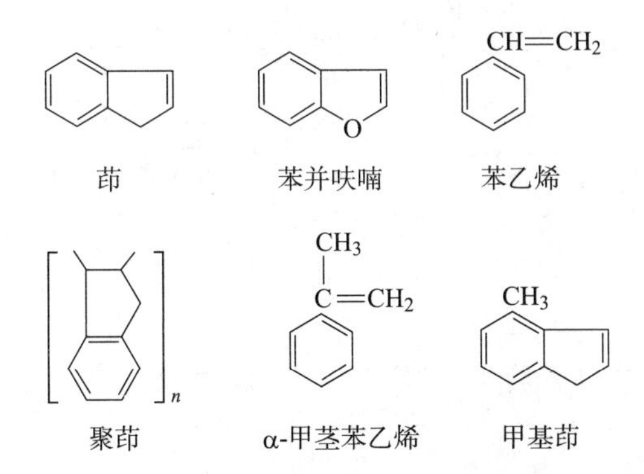

图 1.7.1-5 古马隆-茚树脂共聚物的结构单元

古马隆具有良好的溶解性、互溶性、耐水性、绝缘性、对酸碱有化学稳定性，还具有黏接性能好、导热性能低等特点。软化点为 5～30℃的黏稠状液体古马隆，在除丁苯橡胶以外的合成橡胶和天然橡胶中做增塑剂、黏着剂及再生橡胶的再生剂；软化点在 35～75℃的黏性淡黄色到深褐色颗粒状、块状、片状热塑性的固体树脂，主要可用做增塑剂、黏着剂或辅助补强剂；软化点在 75～135℃的脆性固体古马隆树脂，可用作增塑剂和补强剂。

轮胎和橡胶主要使用低软化点的古马隆树脂，起到增黏、补强、软化、分散的作用。

古马隆树脂在各种橡胶中的用量范围见表 1.7.1-22。

表 1.7.1-22　古马隆树脂在各种橡胶中的用量范围

胶种	用量/份	备注	胶种	用量/份	备注
天然橡胶	4～5	—	天然橡胶/氯丁橡胶	4～6	并用 DBP
天然橡胶/聚丁二烯橡胶	5～7	最好与油类并用	天然橡胶/丁苯橡胶	3～5	并用松焦油
丁腈橡胶	10～25	—	氯丁橡胶	10	—

注：详见梁星宇．橡胶工业手册·第三分册·配方与基本工艺［M］．北京：化学工业出版社，1989.

YB/T 5093—2005《固体古马隆-茚树脂》适用于由重苯、精重苯或脱酚酚油为原料经聚合、蒸馏或经聚合、蒸吹所得的固体古马隆-茚树脂。固体古马隆-茚树脂的技术要求见表 1.7.1-23。

表 1.7.1-23　固体古马隆-茚树脂的技术要求

指标名称	指标		
	特级	一级	二级
外观颜色（按标准比色液），不深于	3	3	7
软化点（环球法）/℃	80～100		
酸碱度（酸度计法），pH	5.0～9.0	5.0～9.0	4.0～10.0
水分（≤）/%	0.3	0.3	0.4
灰分（≤）/%	0.15	0.5	1.0

古马隆树脂的供应商见表 1.7.1-24。

表 1.7.1-24　古马隆树脂的供应商

供应商	规格型号	外观	软化点/℃	酸值（≤）/（mgKOH·g^{-1}）	碘值/［gI·(100 g)$^{-1}$］	PH 值	密度/（g·cm^{-3}）	灰分（≤）/%	水分（≤）/%
濮阳市昌誉石油树脂有限公司	古马隆树脂	淡黄色到深褐色颗粒	70～80	1.00	80～160		1.02～1.12	0.1	

古马隆树脂的供应商还有：上海宝钢化工有限公司等。

1.5.4　酚醛增黏树脂

酚醛树脂增黏剂是具有热塑性的聚烷基化线型酚醛清漆树脂，其对位取代基通常是 C4～C12 的烷基基团，绝大多数情况下是叔基的 C8～C9 烷烃基团，取代基的大小与构型决定树脂与橡胶的相容性，相容性越高，胶料的黏度就越低，未硫化胶接触表面的流动就得到更大改善。酚醛树脂增黏剂的相对分子质量一般为 600～1 800，熔点为 80～110℃，通常用量为 3～15 份。高熔点的树脂应在混炼的早期加入，确保其熔融并在橡胶中充分分散；低熔点的树脂可以与填料一并加入，以便充分利用其对填料的浸润与分散性能。增黏树脂相对较晚加入，有助于获得更好的成型黏着。

本类产品包括增黏树脂 203，化学组成：对叔辛基苯酚甲醛树脂；增黏树脂 204，化学组成：叔丁基酚醛增黏树脂；改性烷基酚增黏树脂，化学组成：不同结构烷基酚与甲醛和改性剂经多步缩合制得的热塑性树脂等。

叔丁基酚醛增黏树脂（增黏树脂 204）的分子结构为：

tert butyl phenolic resin

OH

CH_2

$H_3C—C—CH_3$

CH_3

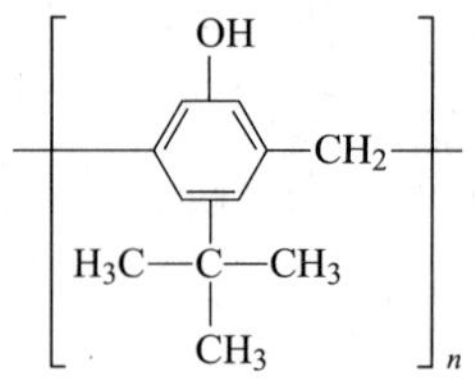

n=0,1,2,3

对叔辛基苯酚甲醛树脂（增黏树脂 203）的分子结构为：

octyl phenolic resin

OH

CH_2

$H_3C—C—CH_3$

CH_2

$H_3C—C—CH_3$

CH_3

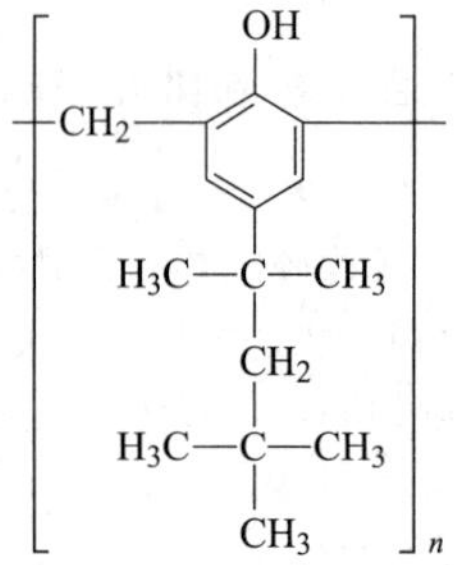

n=0,1,2,3

酚醛增黏树脂的供应商见表 1.7.1 - 25、表 1.7.1 - 26。

表 1.7.1 - 25　酚醛增黏树脂的供应商（一）

供应商	商品名称	外观	软化点/℃	酸值/(mgKOH·g^{-1})	羟甲基含量/%	游离酚/%	加热减量/%	灰分/%	说明
山西省化工研究所	HY - 203	浅黄色或浅褐色粒状物	85～104	55±10	—	—	—	≤0.5	辛基酚醛增黏树脂，用量 2～10 份，相当于美国 SP1068
	HY - 209 乙丙胶增黏树脂	黄色至棕色粒状物	60～85	—	—	—	≤1.0	≤1.0	烷基酚醛树脂，提高 EPDM、SBR、BR 等合成橡胶的自黏性，改善 EPDM 的加工性能，相当于美国 SP1077
宜兴国立	增黏树脂 203	浅黄色至浅褐色粒状	86～99	55±10	≤1.0	—	—	≤0.5	—
	增黏树脂 204	黄色至褐色块状或粒状	118～144	≤60	—	≤2.0	—	≤1.0	—
	增黏剂 GLR	棕褐色粒状	120～140（环球法）	—	—	—	≤0.5 65℃×2 h	≤0.5 (550±25)℃	用量 2～5 份，增黏性能优于叔丁基苯酚甲醛树脂，与叔丁基苯酚乙炔树脂相当
金昌盛	增黏树脂 203/204	黄色至褐色块状或粒状	118～144	≤60	—	≤2.0	—	≤1.0	非常适合不饱和二烯烃胶种

表 1.7.1 - 26　酚醛增黏树脂的供应商（二）

供应商	规格型号	化学组成	外观	软化点/℃	加热减量(105℃)/%	灰分/%(550±25℃)	说明
华奇（中国）化工有限公司	超级增黏树脂 SL - T421	对叔丁基酚醛树脂	棕色颗粒	135～150	≤0.5	—	主要应用于轮胎，包括胎面、胎侧、胎肩、子口、三角胶、胎体、带束等，及其他橡胶制品的胶黏剂
	超级增黏树脂 SL - 1401	对叔丁基苯酚甲醛树脂	黄色至棕褐色颗粒	125～145	≤0.5	≤0.5	
	增黏树脂 SL - 1402	对叔丁基苯酚甲醛树脂	黄色至棕褐色颗粒	120～140	≤0.5	≤0.5	
	增黏树脂 SL - 1403	改性对叔丁基苯酚甲醛树脂	黄色至黄褐色颗粒	130～145	≤0.5	≤0.5	
	增黏树脂 SL - 1405	改性对叔丁基苯酚甲醛树脂	黄色至黄褐色颗粒	118～132	≤0.5	≤0.5	
	增黏树脂 SL - 1408	烷基酚醛树脂	淡黄色至琥珀色颗粒	130～145	≤0.5	≤0.5	
	增黏树脂 SL - 1410	对叔丁基苯酚甲醛树脂	黄色至黄褐色颗粒	120～145	≤0.5	—	
	增黏树脂 SL - 1801	特辛基苯酚甲醛树脂	白色至浅黄色颗粒	80～105	—	≤0.2	
	增黏树脂 SL - 1805	烷基苯酚甲醛树脂	浅黄色至琥珀色颗粒	120～140	—	≤0.2	
	增黏树脂 SL - 1806	烷基苯酚甲醛树脂	白色至浅黄色颗粒	110～120	≤1.0	≤0.5	

元庆国际贸易有限公司代理的韩国 KOLON 公司长效酚醛树脂 KPT - F1360 的物化指标为：

外观：浅褐色锭片；软化点（环球法）：130～145℃；比重（25℃）：1.00 - 1.06；酸值：60～90 mgKOH/g；灰分(800℃×1 h)：≤0.1%。

本品是一种油溶性、非热反应性烷基苯酚树脂，可提供胶料优越的初黏性及优越的持续黏着性。本品和标准辛基酚醛树脂比较，可提供未硫化的合成或天然橡胶胶料优越的黏着性。特别推荐使用于需求成型黏着性之物品，如轮胎、输送带、三角皮带、滚筒、胶管、橡胶/纺织品等。

用量：2～10 份，详见表 1.7.1-27。

表 1.7.1-27 长效酚醛树脂 KPT-F1360 的物化指标

胶料配方		KPT-F1360	空白组
SBR（Buna SL 751，充芳烃油 37.5 份）		137.50	137.50
N330		70.00	70.00
ZnO		3.00	3.00
St. a		1.00	1.00
防护蜡		2.00	2.00
6PPD		3.00	3.00
硫黄		2.00	2.00
CBS		1.00	1.00
KPT-F1360		5.00	—
测试结果			
门尼黏度［ML（1+4）100℃］		54.7	55.2
焦烧时间（125℃）	t_2	5.45	6
	t_{50}	14.2	12.5
	t_{90}	16.7	14.5
黏着性	2 h	4.7	2.1
	1 d	4.95	2.3
	3 d	4.7	2.2

1.5.5 烷基酚乙炔树脂

烷基酚乙炔树脂适用于天然胶和各种合成橡胶，增加胶料之间黏性，黏性保持时间久（数周），优于一般酚醛树脂和石油树脂，特别适合潮湿、高温、特低温等恶劣环境下，胶料黏性保持好，利于半成品的储存加工。

本品可以增加轮胎胎面在干燥、湿滑及冰雪覆盖路面上的摩擦系数，可减少弹性模量和增加损耗角正切 Loss tangent（tanδ），在弹性模数、硬度减少的同时，磨耗损失保持几乎不变，可增加地面抓地力。用于翻胎行业，即使胶料经过长时间停放后，仍可保持良好的黏性，改善翻胎加工中因黏接不佳而造成的产品缺陷。本品对橡胶与金属、纤维的黏接有增进作用。

用量为 2～5 份时，对胶料硫化特性几乎不影响。本品分子量大，软化点较高，最好在混炼初期加入。粉状较适合溶于汽油中制成固含量 2%～50%的汽油胶浆，涂刷或擦拭在不黏的胶片表面以增加黏性。

可适用于轮胎（特别是子午线轮胎）、胶管、胶带、翻胎、防腐蚀衬里等行业。

烷基酚乙炔树脂的供应商见表 1.7.1-28。

表 1.7.1-28 烷基酚乙炔树脂的供应商

供应商	商品名称	化学组成	外观	软化点/℃（环球法）	灰分/%（550℃±25℃）	溶解性	说明
莱芜润达	PF-7001	对叔丁基苯酚聚乙炔树脂	棕红色颗粒	135～150	—	可溶于烃类溶剂	产品组成、性能与 Koresin 相同。对混炼胶能提供显著长效增黏效果；对硫化无影响；几乎不影响硫化胶的物理特性；可提高橡胶产品在高温和动态负荷下的抗老化性能。用量为 2～5 份
金昌盛（LONGSUN STR）	超级增黏树脂	对叔丁基苯酚聚乙炔树脂	褐色片状或颗粒	120～140	≤0.5	可溶于烃类溶剂	用量为 2～5 份
山西省化工研究所	HY-2006 超级增黏树脂	热塑性多元烷基苯酚-甲醛树脂	棕黄至黄褐色粒状或片状	120～140	≤0.5	—	增黏性能与乙炔增黏树脂水平相当

元庆国际贸易有限公司代理的德国 D. O. G 烷基酚增黏树脂的物化指标为：

DEOTACK RS 高效增黏剂，成分：烷基酚树脂；外观：微黄色颗粒；软化点：107～117℃；储存性：室温、干燥至少两年。本品的类似产品有 KORESIN。

本品对于 NR、SBR、BR 等有极好之相容性，可改善压出特性，同时促进填料的分散，提高硫化胶的强度和耐磨性；对橡胶分子有很强的湿润能力，通过表面或内部的扩散，赋予橡胶之间、半成品之间极高的黏接特性，用量 3 份时，所获得之高黏着性可达 96 h，故胶料长时间储存仍保持可用状态；较低的软化点解决了其他同类产品因软化点过高而可能引起的分散不均问题；超级增黏树脂优秀的耐水蚀性，提高了轮胎在高速旋转情况下的安全性；改善加工中因折痕气泡造成不良的问题。本品适用于所有需要高黏度的物品，如输送带、滚筒、软管、胶管、橡胶/纺织品、V 型皮带及轮胎等。

用量：2～6 份，与补强剂一起加入。

烷基酚乙炔树脂国外品牌还有：德国巴斯夫生产的 KORESIN 树脂。

1.5.6　其他增黏剂

其他增黏剂还有：

树脂酸胺树脂，微红棕色固体，相对密度为 1.075～1.085 g/cm^3，软化点为 57.2～65.6℃，本品对噻唑类和秋兰姆类促进剂有活化作用。

树脂酸锌树脂，固体，相对密度为 1.15～1.162 g/cm^3，熔点为 133～160℃。

烷基酚硫化物，琥珀色脆性固体，软化点为 (105±3)℃，分子结构为：

alkyl phenol sulfide

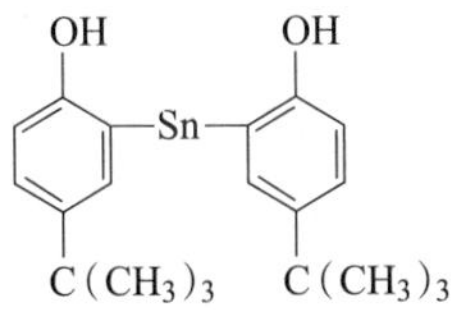

OH　　OH

Sn

$C(CH_3)_3$　　$C(CH_3)_3$

以及氯化石蜡油等。

山东阳谷华泰化工股份有限公司生产的非反应性热塑性增黏树脂，通过增大橡胶的内聚力，提高初黏性，增加橡胶的黏性和不同橡胶之间的黏合力，提高胶料在高湿热环境下黏合力的持久性，同时降低操作或加工黏度。山东阳谷华泰化工股份有限公司生产的非反应性热塑性增黏树脂见表 1.7.1-29。

表 1.7.1-29　山东阳谷华泰化工股份有限公司生产的非反应性热塑性增黏树脂

规格型号	外观	软化点/℃	加热减量/%	灰分/%	说明
增黏树脂 HT-4	黄色至棕红色颗粒	100.0～140.0	≤0.50	≤0.50	本品为非反应性热塑性树脂，适用于天然胶、丁苯胶、顺丁胶、三元乙丙胶等橡胶及其混合胶中，相对于石油树脂、松香树脂等具有长效增黏作用，同时还具有润滑和增塑作用。与橡胶相容性和焦烧性能好，不影响橡胶的硫化特性，胶料物理机械性能良好
增黏树脂 HT-8	黄色至棕褐色颗粒	85.0-120.0	≤0.50	≤0.50	
超级增黏树脂 HT-Y	棕红色颗粒	120.0～150.0	≤0.50	≤0.50	本品为非反应性热塑性树脂，适用于生产轮胎、输送带、胶管、胶辊及电缆等橡胶中，对于橡胶制品加工过程中胶料在高温、高湿度和长时间存放其初始黏合力及其持久性好，胶料的动态生热低，物理机械性能优异
超级增黏树脂 HT-M	浅黄色颗粒	115.0～135.0	≤0.50	≤0.50	
超级增黏树脂 HT-Q	亮黑色颗粒	135.0～150.0	≤0.50	≤0.50	

第八章　其他功能助剂

1.1　偶联剂

对于橡胶工业，补强是非常重要的，否则许多非自补强橡胶便失去了使用价值。但多数无机填充剂的补强性能不如炭黑好，主要原因是无机填料具有亲水性，与橡胶的亲和性不好，小粒径填料具有自身团聚倾向，在橡胶中不易分散。因此降低表面亲水性是提高填料分散性能是提高硫化胶性质的关键。填料的表面改性，一般有下述几种方法：(1) 亲水基团调节；(2) 偶联剂或表面活性剂改性无机填料表面；(3) 粒子表面接枝聚合物，引发活性点吸附单体聚合接枝；(4) 粒子表面离子交换，改变表面离子，自然改变了表面的性质；(5) 粒子表面聚合物胶囊化，即用聚合物把填料包一层，但互相无化学作用。这些方法中目前工业上广泛采用的是第二种即用偶联剂及表面活性剂改性无机填料，填料通过改性，可以降低混炼胶黏度，改善加工流动性；改善填料的分散性和表面亲和性；提高橡胶的冲击弹性，降低生热等。

填料改性剂主要包括偶联剂和表面活性剂两类。偶联剂有硅烷类、钛酸酯类、铝酸酯类和叠氮类等；表面活性剂主要有脂肪酸和树脂酸类、官能化齐聚物类，其他还有阳离子、阴离子、非离子等类。

表面活性剂大多为有机化合物，具有不对称的分子结构，由亲水和疏水两部分基团所组成，根据基团的特征和在水中离解状态可分为非离子型和离子型两种。常用的非离子型表面活性剂有：脂肪酸、树脂酸、烷醇类和长链胺等物质；常用的离子型表面活性剂有：阳离子型的季铵化合物、阴离子型的十二烷基苯磺酸钠等。填料改性剂工业上获得广泛应用的主要有高级脂肪酸，如硬脂酸、树脂酸，以及官能化的齐聚物如羧基化的液体聚丁二烯等。

增进无机粉体填料和橡胶基体结合的助剂称为偶联剂，也常用作无机粉体填料的表面改性剂。经偶联剂表面改性处理的无机粉体填料，在橡胶、塑料中易分散，补强能力得到提高，胶料的工艺性能和产品的物理机械性能也可以得到改善。

偶联剂是一类具有两种不同性质官能团的物质，其分子结构的最大特点是分子中含有化学性质不同的两种基团，一种是亲无机物的基团，易与无机物表面起化学反应；另一种是亲有机物的基团，能与合成树脂或其他聚合物发生化学反应或生成氢键溶于其中。按偶联剂的化学结构及组成可以分为硅烷类（包括叠氮硅烷类等）、酯类（包括锆酸酯、磷酸酯、铝酸酯）、胺类和有机铬络合物四大类，此外还有镁类偶联剂和锡类偶联剂。

硅烷类偶联剂是目前品种最多、用量较大的一类偶联剂，通式为 $X_3—Si—R$。X 为能水解的烷氧基，如甲氧基、乙氧基、氯等，3 表示基团个数为 3 个。水解后生成硅醇基与填料表面羟基缩合而产生化学结合。R 为有机官能团，如巯基、氨基、乙烯基、甲基丙烯酰氧基、环氧基等，往往它们可以与橡胶在硫化时产生化学结合。选择什么基团的硅烷主要取决于橡胶中硫化体系和填充体系。硅烷偶联剂用量为填充剂用量的 1%～3%。最好将偶联剂与填充剂预混合后加入胶料为好，使偶联剂在填充剂表面以均匀的薄层覆盖最为理想。

硅烷偶联剂中巯基硅烷在橡胶中使用较多，巯基硅烷的作用机理如图 1.8.1－1 所示。

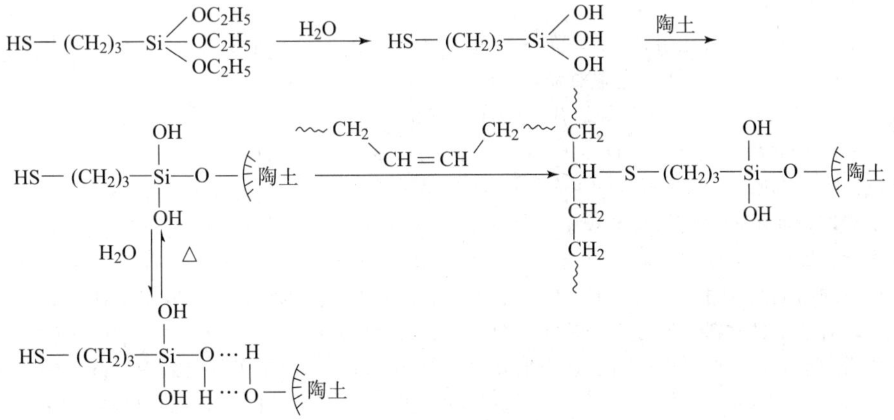

$$HS—(CH_2)_3—Si(OC_2H_5)_3 \xrightarrow{H_2O} HS—(CH_2)_3—Si(OH)_3 \xrightarrow{陶土}$$

$$HS—(CH_2)_3—Si(OH)_2—O—陶土 \xrightarrow{\sim CH_2—CH=CH—CH_2\sim} \sim CH_2—CH(—S—(CH_2)_3—Si(OH)_2—O—陶土)—CH_2—CH_2\sim$$

$$HS—(CH_2)_3—Si(OH)_2—O—陶土 \underset{\triangle}{\overset{H_2O}{\rightleftharpoons}} HS—(CH_2)_3—Si(OH)_2—O\cdots H—O—陶土 \ (H\cdots O)$$

图 1.8.1－1　巯基硅烷的作用机理

为了解决硅烷偶联剂对聚烯烃等热塑性塑料缺乏偶联效果的问题，20 世纪 70 年代中期发展了钛酸酯类偶联剂。钛酸酯偶联剂的品种很多，主要有以下五类：(1) 单烷氧基型；(2) 单烷氧基磷酸酯型；(3) 单烷氧基焦磷酸酯型；(4) 螯合型；(5) 配位型。后四种钛酸酯偶联剂克服了单烷氧基钛酸酯偶联剂对水敏感的缺点。如图 1.8.1－2 所示。

典型的钛酸酯偶联剂有五种官能团，如下式所示：

$$\overset{①}{R}—\overset{②}{O}—Ti\,[\overset{③}{—O}—\overset{④}{X—R'}—\overset{⑤}{(Y)_n}]_3$$

官能团①可与填料表面的羟基反应，形成偶联剂的单分子层，从而起到化学偶联作用；官能团②能发生各种类型的酯

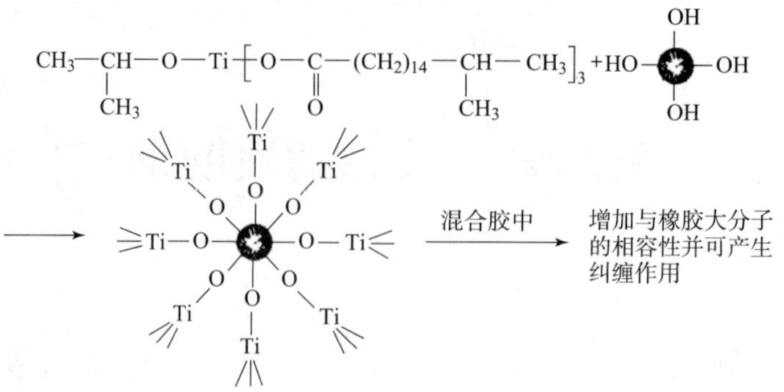

$CH_3—CH(CH_3)—O—Ti[O—C(=O)—(CH_2)_{14}—CH(CH_3)—CH_3]_3$ + HO—(OH)(OH)—OH

→ 混合胶中 → 增加与橡胶大分子的相容性并可产生纠缠作用

图 1.8.1-2　钛酸酯偶联剂的作用机理

基转化反应，由此可使钛酸酯偶联剂、聚合物、填料产生交联；官能团③—O—X为与钛原子连接的原子团，也称黏合基团，可以为烷氧基、羧基、硫酰氧基、磷氧基、亚磷酰氧基、焦磷酰氧基等，这个基团决定钛酸酯偶联剂的特性；官能团④为钛酸酯偶联剂的长链部分，它的主要作用是保证与聚合物大分子的缠结和相容性，提高复合材料的抗冲击强度，降低填料的表面能，使体系的黏度显著降低且有良好的内润滑性和流变性能；官能团⑤是钛酸酯偶联剂进行交联的官能团，有不饱和的双键、胺基、羟基等，含丙烯酰氧基的钛酸酯偶联剂可提供较高的交联度。

钛酸酯偶联剂在橡胶中的应用，远不如在塑料树脂中应用成熟与广泛，但已显示出很大的特点。如在胶料中加入钛酸酯偶联剂后，由于白色填料表面被活化，增加了与橡胶分子的亲和力，使胶料的拉伸强度和撕裂强度得到改善。钛酸酯类具有一定的增塑作用，因此可增加填充剂用量，或减少增塑剂用量。

锆酸酯类偶联剂是含铝酸锆的低分子量的无机聚合物，不仅可以促进不同物质之间的黏合，而且可以改善复合材料体系的性能，特别是流变性能，该类偶联剂既适用于多种热固性树脂，也适用于多种热塑性树脂。

铬络合物偶联剂开发于世纪50年代初期，是由不饱和有机酸与三价铬离子形成的金属铬络合物，合成及应用技术均较成熟，而且成本低，但品种比较单一。

1.1.1　硅烷偶联剂

硅烷偶联剂是一类在分子中同时含有两种不同化学性质基团的有机硅化合物，其经典产物可用通式 Y—R—Si—X_3 表示。式中，Y为非水解基团，包括链烯基（主要为乙烯基），以及末端带有 Cl、NH_2、SH、环氧、N_3、（甲基）丙烯酰氧基、异氰酸酯基等官能团的烃基，即碳官能基；X为可水解基团，包括 Cl、OMe、OEt、$OC_2H_4OCH_3$、$OSiMe_3$ 及 OAc 等。由于这一特殊结构，在其分子中同时具有能和无机质材料（如白炭黑等含硅化合物、金属等）化学结合的反应基团及与有机质材料（橡胶、树脂等）化学结合的反应基团，可以用于表面处理。

硅烷必须与水反应后才能起偶联剂作用：首先硅烷的硅氧基部分水解产生三硅醇基，然后三硅醇基再与无机粉体材料表面缩聚形成化学键或氢键，实现偶联，如图 1.8.1-3 所示。所有硅烷都能与水或醇反应，反应速率取决于硅烷的种类。

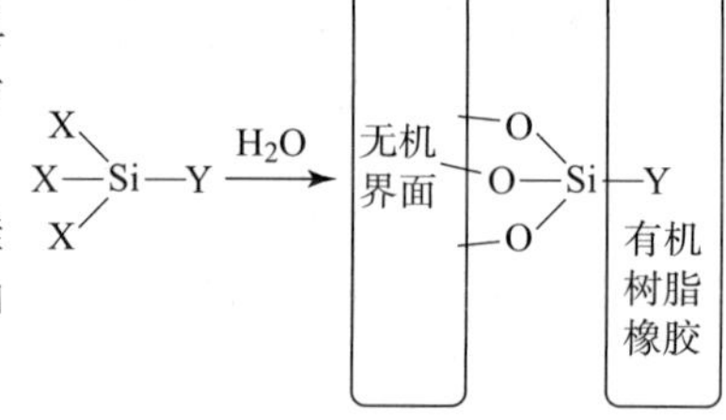

偶联剂作用机理：水解以在无机与有机界面间形成键合，促进界面整合，增强性能

图 1.8.1-3　硅烷偶联剂作用机理

1. 选用硅烷偶联剂的一般原则

硅烷偶联剂的水解速率取于硅官能团 Si-X，而与有机聚合物的反应活性则取于碳官能团 C-Y。因此，对于不同基材或处理对象，选择适用的硅烷偶联剂至关重要。选择的方法主要通过试验，预选并应在既有经验或规律的基础上进行。例如，在一般情况下，不饱和聚酯多选用含 CH_2=CMeCOOVi 及 CH_2-$CHOCH_2O$ 的硅烷偶联剂；环氧树脂多选用含 CH_2CHCH_2O 及 H_2N 硅烷偶联剂；酚醛树脂多选用含 H_2N 及 H_2NCONH 硅烷偶联剂；聚烯烃多选用乙烯基硅烷；使用硫黄硫化的橡胶则多选用烃基硅烷等。由于异种材料间的黏接强度受到一系列因素的影响，诸如润湿、表面能、界面层及极性吸附、酸碱的作用、互穿网络及共价键反应等，因而，光靠试验预选有时还不够精确，还需综合考虑材料的组成及其对硅烷偶联剂反应的敏感度等。为了提高水解稳定性及降低改性成本，硅烷偶联剂中可掺入三烃基硅烷使用；对于难黏材料，还可将硅烷偶联剂交联的聚合物共用。

硅烷偶联剂用作增黏剂时，主要是通过与聚合物生成化学键、氢键，润湿及表面能效应，改善聚合物结晶性、酸碱反应以及互穿聚合物网络的生成等而实现的。增黏主要围绕三种体系：（1）无机材料对有机材料；（2）无机材料对无机材料；（3）有机材料对有机材料。对于第一种黏接，通常要求将无机材料黏接到聚合物上，故需优先考虑硅烷偶联剂中Y与聚合物所含官能团的反应活性。

各种硅烷偶联剂适用的树脂类型见表 1.8.1-1。

表 1.8.1-1　各种硅烷偶联剂适用的树脂类型

官能团的种类	有效	效果优异
氨基	聚乙烯、聚丙烯、聚碳酸酯、氨基甲酸乙酯、PBT.PET、ABS、氨基甲酸乙酯、聚酰亚胺、EPMS架桥、聚丙烯腈树脂、氯丁二烯树脂、丁基树脂、聚硫化合物、氨基甲酸乙酯树脂	聚苯乙烯、丙烯、聚氯乙烯、锦纶、三聚氰胺、苯酚、环氧烷、呋喃

续表

官能团的种类	有效	效果优异
巯基	聚乙烯、聚丙烯、聚苯乙烯、聚氯乙烯、氨基甲酸乙酯、ABS、苯酚、环氧烷、氨基甲酸乙酯、聚酰亚胺、聚丁二烯树脂、聚异戊间二烯树脂、EPDMPO架桥、SBN、聚丙烯腈树脂、环氧树脂、氯丁二烯树脂	EPMS架桥、聚硫化合物、氨基甲酸乙酯树脂
异丁基	丙烯、聚碳酸酯、氨基甲酸乙酯、酞酸二烯丙酯、EPMS架桥	聚乙烯、聚丙烯、聚苯乙烯、ABS、不饱和聚酯、EPDMPO架桥
环氧基	聚乙烯、聚丙烯、聚苯乙烯、聚氯乙烯、聚碳酸酯、锦纶、苯酚、氨基甲酸乙酯、聚酰亚胺、不饱和聚酯、SBN、聚丙烯腈树脂、环氧树脂、丁基树脂、聚硫化合物、酞酸二烯丙酯	丙烯、氨基甲酸乙酯、PBT. PET、ABS、三聚氰胺、环氧烷、呋喃、氨基甲酸乙酯树脂
丙烯基	聚乙烯、聚丙烯、聚苯乙烯、丙烯、聚碳酸酯、氨基甲酸乙酯、酞酸二烯丙酯、EPMS架桥	ABS、不饱和聚酯、EPDMPO架桥
氯丙基	ABS、环氧烷	
脲基	苯酚、氨基甲酸乙酯、聚酰亚胺	锦纶
硫化基	SBN、聚丙烯腈树脂、环氧树脂、氯丁二烯树脂、聚硫化合物、氨基甲酸乙酯树脂	EPMS架桥
异氰酸	聚碳酸酯、锦纶、PBT. PET、ABS、三聚氰胺、苯酚、环氧烷、聚酰亚胺、呋喃、氨基甲酸乙酯树脂	氨基甲酸乙酯、氨基甲酸乙酯
乙烯基	酞酸二烯丙酯、不饱和聚酯、EPMS架桥、EPDMPO架桥	聚乙烯、聚丙烯

硅烷偶联剂对各种无机原材料的有效性见表1.8.1-2。

表1.8.1-2 硅烷偶联剂对各种无机原材料的有效性

有效程度	无机原材料
效果优异	玻璃、二氧化硅、氧化铝
相当有效	滑石粉、白陶土、铝、氢氧化铝、铁、云母
稍微有效	石棉、氧化钛、氢化锌、氧化铁
完全无效	石墨、炭黑、碳酸钙

2. 硅烷偶联剂的用途

硅烷偶联剂的主要应用领域之一是处理有机聚合物使用的无机填料。后者经硅烷偶联剂处理，即可将其亲水性表面，转变成亲有机表面，既可避免体系中粒子集结及聚合物急剧稠化，还可提高有机聚合物对补强填料的润湿性，通过碳官能团硅烷还可使补强填料与聚合物实现牢固键合。硅烷偶联剂的使用效果，主要与硅烷偶联剂的种类及用量、基材的性质以及偶联剂处理方法及条件等有关。

3. 硅烷偶联剂的用量计算

被处理物（基体）单位比表面积所占的反应活性点数目以及硅烷偶联剂覆盖表面的厚度是决定基体表面硅基化所需偶联剂用量的关键因素。为获得单分子层覆盖，需先测定基体的SiOH含量。多数硅质基体的SiOH含量为4～12个/m^2，因而均匀分布时，1 mol硅烷偶联剂可覆盖约7 500 m^2的基体。具有多个可水解基团的硅烷偶联剂，由于自身缩合反应，多少要影响计算的准确性。此外，基体表面的SiOH数，也随加热条件而变化。例如，常态下SiOH数为5.3个/m^2的硅质基体，经在400℃或800℃下加热处理后，则SiOH值可相应降为2.6个/m^2或1个/m^2。使用湿热盐酸处理基体，则可得到高SiOH含量；使用碱性洗涤剂处理基体表面，则可形成硅醇阴离子。

硅烷偶联剂的使用方法包括表面处理法及整体掺混法。前法是用硅烷偶联剂稀溶液处理基体表面；后法是将硅烷偶联剂原液或溶液，直接加入由聚合物及填料配成的混合物中，因而特别适用于需要搅拌混合的物料体系。

4. 表面处理法

表面处理法需将硅烷偶联剂配制成稀溶液，以利与被处理表面进行充分接触。所用溶剂多为水、醇或水醇混合物，并以不含氟离子的水及价廉无毒的乙醇、异丙醇为宜。除氨烃基硅烷外，由其他硅烷配制的溶液均需加入醋酸作为水解催化剂，并将pH值调至3.5～5.5。长链烷基及苯基硅烷由于稳定性较差，不宜配成水溶液使用。氯硅烷及乙酰氧基硅烷水解过程中，将伴随严重的缩合反应，也不适于制成水溶液或水醇溶液使用。对于水溶性较差的硅烷偶联剂，可先加入0.1%～0.2%质量分数的非离子型表面活性剂，而后再加入水加工成乳液使用。为了提高产品的水解稳定性与经济效益，硅烷偶联剂中还可掺入一定比例的非碳官能团硅烷。处理难黏材料时，可使用混合硅烷偶联剂或配合使用碳官能团硅氧烷。

配好处理液后，可通过浸渍、喷雾或刷涂等方法处理。一般说，块状材料、粒状物料及玻璃纤维等多用浸渍法处理；粉末物料多采用喷雾法处理；基体表面需要整体涂层的，则采用刷涂法处理。

5. 整体掺混法

整体掺混法是在填料加入前，将硅烷偶联剂原液混入树脂或聚合物内。因而，要求树脂或聚合物不得过早与硅烷偶联剂反应，以免降低其增黏效果。此外，物料固化前，硅烷偶联剂必须从聚合物迁移到填料表面，随后完成水解缩合反应。为此，可加入金属羧酸酯作为催化剂，以加速水解缩合反应。此法对于宜使用硅烷偶剂表面处理的填料，或在成型前树脂及填料需经混匀搅拌处理的体系，尤为方便有效，还可克服填料表面处理法的某些缺点。在大多数情况下，整体掺混法效果不亚于表面处理法。整体掺混法的作用过程是硅烷偶剂从树脂迁移到纤维或填料表面，然后再与填料表面作用。因此，硅烷偶联掺入树脂后，须放置一段时间，以完成迁移过程，而后再进行固化，方能获得较佳的效果。从理论上推测，硅烷偶联剂分子迁移到填料表面的量，仅相当于填料表面生成单分子层的量，故硅烷偶联剂用量仅需树脂质量的 0.5%～1.0%。在复合材料配方中，当使用与填料表面相容性好且摩尔质量较低的添加剂时，要特别注意投料顺序，须先加入硅烷偶联剂而后加入添加剂，才能获得较佳的结果。

部分硅烷贮存时会有少许沉淀，使用前稍加振荡，不影响使用效果。

国产硅烷偶联剂 20 世纪 60 年代最早由辽宁盖县化工厂生产，所以硅烷偶联剂采用 KH 代号，生产的品种为 KH-550、KH-560、KH-590，这三种代号沿用至今。目前在国内主要有 KH-845-4、Si996、RSi-b、Si996-b、KH-590 等几种型号。

硅烷产品各供应商有不同的命名与牌号，其对照表见表 1.8.1-3。

表 1.8.1-3 硅烷产品牌号对照表

CAS 号	化学名称	前道康宁	德固赛	威科	信越	联合化学	南京辰工
3069-21-4	十二烷基三甲氧基硅烷	—	—	—	—	—	CG-1231
2530-83-8	十二烷基三乙氧基硅烷	—	—	—	—	—	CG-1232
1185-55-3	甲基三甲氧基硅烷	—	—	A-163	—	—	CG-8030
4253-34-3	甲基三乙氧基硅烷	—	—	—	—	—	CG-8031
78-08-0	乙烯基三乙氧基硅烷	L-6518	VTEO	A-151	KBE1003	V4910	CG-151
2768-02-7	乙烯基三甲氧基硅烷	Z-6300	VTMO	A-171	KBM1003	V4917	CG-171
1067-53-4	乙烯基三（β-甲氧基乙氧基硅烷）	—	—	—	—	—	CG-172
5089-70-3	γ-氯丙基三乙氧基硅烷	L-6376	—	A-143	K4351	—	CG-230
2530-87-2	γ-氯丙基三甲氧基硅烷	Z-6076	—	—	KBM703	C3300	CG-231
18171-19-2	γ-氯丙基甲基二甲氧基硅烷	TBD	—	—	—	—	CG-221
40372-72-3	双-［γ-（三乙氧基硅）丙基］四硫化物	Z-6940	Si69	A-1289	—	B2494	CG-619
4420-74-0	γ-巯丙基三甲氧基硅烷	Z-6032	MTMO	A-189	KBM803	M8500	CG-590
14814-09-6	γ-巯丙基三乙氧基硅烷	—	—	A-1891	—	—	CG-580
919-30-2	γ-氨丙基三乙氧基硅烷	Z-6011	AMEO	A-1100	KBE903	A0750	CG-550
1760-24-3	N-（β-氨乙基）-γ-氨丙基三甲氧基硅烷	Z-6020	DAMO	A-1120	KBM603	A0700	CG-792
5089-72-5	N-（β-氨乙基）-γ-氨丙基三乙氧基硅烷	Z-6021	—	—	KBE603	—	CG-791
3069-29-2	N-（β-氨乙基）-γ-氨丙基甲基二甲氧基硅烷	—	1411	A-2120	KBM602	A0699	CG-602
13822-56-5	γ-氨丙基三甲氧基硅烷	Z-6094	AMMO	A-1110	KBM903	A0800	CG-551
3179-76-8	γ-氨丙基甲基二乙氧基硅烷	Z-6015	1505	—	—	A0742	CG-902
2530-83-8	γ-［（2，3）-环氧丙氧］丙基三甲氧基硅烷	SH-6040	GLYMO	A-187	KBM403	—	CG-560
65799-47-5	γ-［（2，3）-环氧丙氧］丙基甲基二甲氧基硅烷	Z-6044	—	—	—	—	CG-561
3388-04-3	2-（3，4-环氧环己基）乙基三甲氧基硅烷	—	—	—	—	—	CG-186
2530-85-0	γ-（甲基丙烯酰氧）丙基三甲氧基硅烷	Z-6030	MEMO	A-174	KBM503	M8550	CG-570
14513-34-9	γ-（甲基丙烯酰氧）丙基甲基二甲氧基硅烷	—	—	—	—	—	CG-571
21142-29-0	γ-甲基丙烯酰氧基丙基三乙氧基硅烷	—	—	—	—	—	CG-572

（一）氨基硅烷偶联剂

氨基硅烷偶联剂由烷氧基硅烷、液氨、乙二胺等为主要原料经置换反应制得。包括：

γ-氨丙基三甲氧基硅烷，CAS 号：13822-56-5，结构简式：$(CH_3O)_3Si(CH_2)_3NH_2$，相对分子质量：179.29。

γ-氨丙基三乙氧基硅烷，CAS 号：919-30-2，结构简式：$(CH_3CH_2O)_3Si(CH_2)_3NH_2$，相对分子质量：221.37。

γ-氨丙基甲基二乙氧基硅烷，CAS 号：3179-76-8，结构简式：$(CH_3CH_2O)_2CH_3Si(CH_2)_3NH_2$，相对分子质

量：191.35。

N-（β-氨乙基）-γ-氨丙基三甲氧基硅烷（KH-792），CAS号：1760-24-3，结构简式：$(CH_3O)_3Si(CH_2)_3NH(CH_2)_2NH_2$，相对分子质量：222.36。

N-（β-氨乙基）-γ-氨丙基甲基二甲氧基硅烷（KBM-602），CAS号：3069-29-2，结构简式：$(CH_3O)_2CH_3Si(CH_2)_3NH(CH_2)_2NH_2$，相对分子质量：206.36。结构式为：

N—β—（aminoethyl）—γ—aminopropyl methyl dimethoxy silane

$$H_2NCH_2CH_2NH—CH_2CH_2CH_2—\overset{CH_3}{\overset{|}{Si}}—(OCH_3)_2$$

氨基硅烷偶联剂为通用型硅烷偶联剂，应用十分广泛，主要有：用于处理无机填料填充塑料和橡胶，能改善填料在树脂中的分散性及黏接力，改善工艺性能和提高填充塑料和橡胶的机械、电气和耐候性能；适用于玻璃纤维的表面处理，能大大提高玻璃纤维复合材料的强度和湿态下的机械性能；用做增黏剂，能提高密封剂、胶黏剂和涂料的黏接强度、耐水性、耐高温、耐气候等；用作纺织助剂，与有机硅乳液并用可提高毛纺织物的使用性能，使之穿着舒适、防皱、防刮、防水、防静电、耐洗等；用于生化、环保方面，可制备硅树脂固胰酶载体，使固胰酶附着到玻璃基材表面，并得以继续使用，提高了生物酶的利用率，避免了污染和浪费。

随着塑料、橡胶、玻璃纤维、胶黏剂和助剂行业的不断发展，氨基硅烷偶联剂在塑料、橡胶、玻璃纤维、胶黏剂和助剂产品中的作用不断提高，特别是在绿色、环保、节能的塑料行业中的应用不断扩大，能大幅度增强塑料的干湿态抗弯强度、抗压强度、剪切强度等物理力学性能，能够满足塑料、玻璃纤维、胶黏剂和助剂行业对一些特殊性能的需要。

氨基硅烷偶联剂的技术要求见表1.8.1-4。

表1.8.1-4　氨基硅烷偶联剂的技术要求

项目	指标				
	γ-氨丙基三甲氧基硅烷	γ-氨丙基三乙氧基硅烷	γ-氨丙基甲基二乙氧基硅烷	N-（β-氨乙基）-γ-氨丙基三甲氧基硅烷	N-（β-氨乙基）-γ-氨丙基甲基二甲氧基硅烷
外观	无色至淡黄色透明液体				
色度（Pt-Co）（≤）/号	50				
密度（20℃）/(g·cm^{-3})	1.007～1.027	0.935～0.955	0.905～0.925	1.010～1.030	0.960～0.980
折射率/n_D^{25}	1.416 5-1.426 5	1.413 5-1.423 5	1.420 0-1.430 0	1.438 0-1.448 0	1.440 0-1.455 0
纯度（GC）（≥）/%	95.0				

氨基硅烷偶联剂的供应商还有：南京曙光硅烷化工有限公司等。

硅烷偶联剂KH-550（Si1100）

结构式：

γ-aminopropyl trietboxy silane

$$H_2NCH_2CH_2CH_2Si(OC_2H_5)_3$$

化学名称：γ-氨丙基三乙氧基硅烷，CAS号：919-30-2，无色至淡黄色透明液体，相对密度为0.94 g/cm^3，沸点为217℃。

本品主要用于矿物填充的酚醛、聚酯、环氧、PBT、聚酰胺、碳酸酯等热塑性和热固性树脂；也可用于聚氨酯、环氧、腈类、酚醛胶黏剂和密封材料；也适用于聚氨酯、环氧和丙烯酸乳胶涂料。

本品国外牌号有：A-1100（美国威科）、Z-6011（前美国道康宁公司）、KBE-903（日本信越化学工业株式会社）、Dynasylan © ameo（德国德固赛）等。

（二）不饱和硅烷偶联剂

不饱和硅烷偶联剂主要为以甲基丙烯酸盐、烷氧基硅烷等为主要原料，经取代反应制得的甲基丙烯酰氧基官能团的不饱和硅烷偶联剂；以乙炔、含氢氯硅烷等为主要原料，经加成、取代等反应制得的乙烯基官能团的不饱和硅烷偶联剂。包括：

γ-甲基丙烯酰氧基丙基三甲氧基硅烷，CAS号：2530-85-0，结构式：$CH_2=C(CH_3)COO(CH_2)_3Si(OCH_3)_3$，相对分子质量：248.35。

γ-甲基丙烯酰氧基丙基三乙氧基硅烷，CAS号：21142-29-0，结构式：$CH_2=C(CH_3)COO(CH_2)_3Si(OCH_2CH_3)_3$，相对分子质量：290.43。

乙烯基三甲氧基硅烷（A-171），CAS号：2768-02-7，结构式：$CH_2=CHSi(OCH_3)_3$，相对分子质量：148.23，相对密度：0.965 g/cm^3，无色透明液体。可用作玻璃纤维的表面处理剂，经处理的玻璃纤维与橡胶和树脂有良好的黏合性能。

乙烯基三乙氧基硅烷（A-151），CAS号：78-08-0，结构式：$CH_2=CHSi(OCH_2CH_3)_3$，相对分子质量：190.31。

乙烯基三（2-甲氧基乙氧基）硅烷，CAS号：1067-53-4，结构式：$CH_2=CHSi(OCH_2CH_2OCH_3)_3$，相对分子质量：280.4。

乙烯基三甲氧基硅烷低聚物，CAS号：131298-48-1，结构式：$CH_3O(C_3H_6O_2Si)_nCH_3$，相对分子质量：$102.15n+46.06$。

乙烯基三乙酰氧基硅烷（A-151），无色透明液体，相对密度为0.894 g/cm³，沸点为160.5℃。可用作玻璃纤维的表面处理剂，经处理的玻璃纤维与橡胶和树脂有良好的黏合性能。结构式为：

vinyltriacetoxy silane

$$CH_2{-}CH{-}Si(OOCCH_3)_3$$

乙烯基三氯硅烷（A-150），无色或淡黄色液体，相对密度为1.264 g/cm³，沸点为91℃。结构式为：

vinyltrichloro silane

$$CH_2=CHSiCl_3$$

不饱和类硅烷偶联剂是用途较广泛、用量也较大的一类硅烷偶联剂产品。广泛运用于：（1）用作特种橡胶（硅橡胶、乙丙橡胶、氯丁橡胶、氟橡胶）的黏接促进剂，用于室温固化的丙烯酸系涂料的交联剂，可提高光纤涂料憎水性和黏接性；（2）由于硅烷交联聚乙烯具有优异的电性能，良好的耐热性和耐应力开裂性，因此被广泛地用于制造电缆、耐热管材、耐热软管及薄膜；（3）用于提高无机填料在塑料、橡胶及涂料的浸润及分散性，主要用于不饱和聚酯、聚乙烯、聚丙烯树脂、玻璃纤维增强塑料的玻纤表面处理，使用经不饱和硅烷偶联剂处理过的玻璃纤维，能改善其与树脂的黏接性能，大大提高玻璃纤维增强复合材料的机械强度、电气、耐水、耐候等性能；（4）还可用于乙烯-醋酸乙烯共聚物、氯化聚乙烯、乙烯-丙烯酸-乙醋共聚物的交联；也可与丙烯酸系涂料共聚，制成特种外墙涂料，称之为硅丙外墙涂料；也可与多种单体（如乙烯、丙烯、丁烯等）共聚，或与相应树脂接枝聚合，制成特种用途的改性高聚物。

不饱和硅烷偶联剂的技术要求见表1.8.1-5。

表1.8.1-5 不饱和硅烷偶联剂的技术要求

项目	指标					
	γ-甲基丙烯酰氧基丙基三甲氧基硅烷	γ-甲基丙烯酰氧基丙基三乙氧基硅烷	乙烯基三甲氧基硅烷	乙烯基三乙氧基硅烷	乙烯基三（2-甲氧基乙氧基）硅烷	乙烯基三甲氧基硅烷低聚物
外观	无色至淡黄色液体					
色度（Pt-Co）（≤）/号	35					—
密度（20℃）/(g·cm⁻³)	1.040～1.060	0.975～0.995	0.960～0.980	0.895～0.915	1.030～1.050	1.050～1.070
折射率/n_D^{25}	1.425 0～1.435 0	1.420 0～1.430 0	1.388 0～1.398 0	1.391 5～1.401 5	1.421 0～1.431 0	1.415 0～1.425 0
黏度（20℃）（≤）/(mPa·s)	—					10.0
游离氯（≤）/(mg·kg⁻¹)	25	—				
纯度（≥）/%	95.0					—
二氧化硅含量/%	—					53-55

不饱和硅烷偶联剂的供应商有：南京曙光硅烷化工有限公司等。

1. 硅烷偶联剂A172

化学名称：乙烯基三（2-甲氧基乙氧基）硅烷，分子式：$CH_2=CHSi(OCH_2CH_2OCH_3)$，相对分子质量：280.39，CAS号：1067-53-4，相对密度：1.04 g/cm³，沸点：285℃，无色透明液体。

本品可提高无机填料填充的EPDM、交联聚乙烯或树脂的电气性能和机械强度，特别是在湿态下其效果更显著；可做陶土和含硅无机填料的表面处理剂，以共混法加入；用本品改性氢氧化铝、氢氧化镁无机阻燃剂，可缓解粒子聚结现象，改善表面改性不充分、分散不均匀问题；提高交联、无机填料填充聚酯等复合材料在干湿态下的机械强度，并降低交联聚酯模压料的吸湿性；本品可提高纤维单丝与树脂的干湿态下黏结力。

本品适用于各种橡胶（如BR、SBR、EPDM）、聚烯烃（Polyolefin）、热固性和热塑性树脂（如TPR、EVA）及纤维素（Cellulosics），可应用于透明鞋底、电线电缆等橡胶制品、TPR与EVA制品及印刷油墨等。

硅烷偶联剂A172的供应商见表1.8.1-6。

表 1.8.1-6　硅烷偶联剂 A172 的供应商

供应商	商品名称	外观	沸点/℃	密度/($g\cdot cm^{-3}$)	凝固点/℃	蒸气压(20℃)/mmHg	折射率	水溶性	污染性	变色性	说明
金昌盛	偶联剂 A172	无色透明液体	285	1.04	<70	<5		溶解很慢	无	无	用量为 1～2 份
南京品宁偶联剂有限公司	偶联剂 A172	无色透明液体	285	1.033	—	—	1.427 0	溶解度 5%	—	—	—

2. 硅烷偶联剂 KH-570（Si174）

结构式：

γ-（methacryloxy）propyltrimethoxy zilane

$$CH_2=C(CH_3)-C(=O)-O-CH_2CH_2CH_2Si(OCH_3)_3$$

化学名称：γ-甲基丙烯酰氧基丙基三甲氧基硅烷，CAS 号：2530-85-0，无色至淡黄色透明液体，相对密度：1.045 g/cm^3，沸点：255℃。

本品主要用于提高玻纤增强聚酯树脂的强度及湿态的机械强度和电气性能；应用于电线电缆行业，改善消耗因子及比电感容抗；用于交联丙烯酸型树脂提高黏接剂和涂料的黏接性与耐久性。

本品国外牌号有：A-174（美国威科）、Z-6030（前美国道康宁公司）、KBM-503（日本信越化学工业株式会社）、Dynasylan© memo（德国德固赛）等。

（三）环氧硅烷偶联剂

环氧硅烷偶联剂以烯丙基缩水甘油醚、1，2-环氧-4-乙烯基环己烷、含氢硅烷等为主要原料经硅氢加成反应制得，包括：

3-（2，3-环氧丙氧）丙基三甲氧基硅烷，CAS 号：2530-83-8，结构简式：$(CH_2OCH)\ CH_2O\ (CH_2)_3Si\ (OCH_3)_3$，相对分子质量：236.34。

3-（2，3-环氧丙氧）丙基三乙氧基硅烷，CAS 号：2602-34-8，结构简式：$(CH_2OCH)\ CH_2O\ (CH_2)_3Si\ (OCH_2CH_3)_3$，相对分子质量：278.39。

3-（2，3-环氧丙氧）丙基甲基二甲氧基硅烷，CAS 号：65799-47-5，结构简式：$(CH_2OCH)\ CH_2O\ (CH_2)_3SiCH_3\ (OCH_3)_2$，相对分子质量：220.34。

3-（2，3-环氧丙氧）丙基甲基二乙氧基硅烷，CAS 号：2897-60-1，结构简式：$(CH_2OCH)\ CH_2O\ (CH_2)_3SiCH_3\ (OCH_2CH_3)_2$，相对分子质量：248.37。

2-（3，4-环氧环己烷）乙基三甲氧基硅烷（A-186），CAS 号：3388-04-3，结构简式：$(C_6H_9O)\ (CH_2)_2Si\ (OCH_3)_3$，相对分子质量：246.35，沸点：310℃。结构式：

β—（3，4—epoxycyclohexyl）ethyl trimethoxy silane

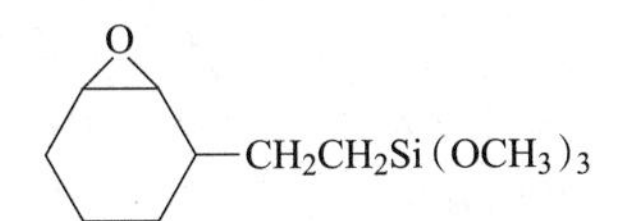

本品在水性体系中表现出长期储存稳定性，是硅烷偶联剂中的主要品种之一，广泛用于硫化硅橡胶、塑料、电子元件密封胶和胶黏剂行业，适用于多种聚酯塑料、密封剂、涂料等材料，特别适用于环氧树脂类材料，它可以改善双组分环氧密封剂、丙烯酸胶乳、密封剂、聚氨酯塑料、环氧涂料的黏合力。也用于制取含环氧烃基的黏底涂料、合成环氧烃基硅油等。

随着橡胶、塑料、电子元件等行业的不断发展，产品在胶料、塑料和电子元件中的作用不断提高，特别是在绿色、环保、节能的环氧树脂、酚醛树脂、聚氨酯等聚酯材料行业中的应用不断扩大，通过自身的基团作用，在黏接界面形成强力较高的化学键，大大改善了黏接强度，增加了无机材料的填充量，降低了生产成本，提高了聚酯材料的耐水性和耐候性，从而减少了环境污染。

环氧硅烷偶联剂的技术要求见表 1.8.1-7。

表 1.8.1-7 环氧硅烷偶联剂的技术要求

项目	指标				
	3-(2，3-环氧丙氧)丙基二甲氧基硅烷	3-(2，3-环氧丙氧)丙基三乙氧基硅烷	3-(2，3-环氧丙氧)丙基甲基二甲氧基硅烷	3-(2，3-环氧丙氧)丙基甲基二乙氧基硅烷	2-(3，4-环氧环己烷)乙基三甲氧基硅烷
外观	无色透明液体				
色度（铂-钴）(≤)/号	50				
密度（20℃）/($g \cdot cm^{-3}$)	1.060～1.080	0.995～1.015	1.010～1.030	0.970～0.990	1.057～1.077
折射率/n_D^{25}	1.422 0～1.432 0	1.422 0～1.432 0	1.425 0～1.435 0	1.426 0～1.436 0	1.443 0～1.453 0
游离氯（≤)/($mg \cdot kg^{-1}$)	100	—			
纯度（≥)/%	95.0				

环氧硅烷偶联剂的供应商有：南京曙光硅烷化工有限公司、荆州江汉精细化工有限公司、湖北武大有机硅新材料有限公司、金坛樊氏有机硅有限公司等。

1. 硅烷偶联剂 KH-560（Si187）

结构式：

γ-glycidylpropyltrimethoxy silane

$$\underset{\diagdown O \diagup}{CH_2—CH}CH_2OCH_2CH_2CH_2Si(OCH_3)_3$$

化学名称：γ-缩水甘油基丙基三甲氧基硅烷、γ-（2，3-环氧丙氧）丙基三甲氧基硅烷，CAS 号：2530-83-8，无色至淡黄色透明液体，相对密度：1.06 g/cm^3，沸点：290℃。

本品主要应用于胶黏剂行业，可提高胶黏剂的附着力。

本品国外牌号有：A-187（美国威科）、Z-6040（前美国道康宁公司）、KBM-403（日本信越化学工业株式会社）、Dynasylan© glymo（德国德固赛）等。

（四）氯烃基硅烷偶联剂

氯烃基硅烷偶联剂以含氢硅烷、氯丙烯和醇等为主要原料经反应制得。包括：

3-氯丙基三甲氧基硅烷（A-143），CAS 号：2530-87-2，结构简式：$Cl(CH_2)_3Si(OCH_3)_3$，相对分子量：198.7，沸点：192℃。

3-氯丙基甲基二甲氧基硅烷，CAS 号：18171-19-2，结构简式：$Cl(CH_2)_3Si(OCH_3)_2CH_3$，相对分子量：182.7。

3-氯丙基三乙氧基硅烷，CAS 号：5089-70-3，结构简式：$Cl(CH_2)_3Si(OCH_2CH_3)_3$，相对分子量：240.8。

3-氯丙基甲基二乙氧基硅烷，CAS 号：13501-76-3，结构简式：$Cl(CH_2)_3Si(OCH_2CH_3)_2CH_3$，相对分子量：210.8。

氯烃基硅烷偶联剂在橡塑、纺织、印刷以及军事等行业中有广泛应用。主经包括：(1) 是制备硅烷偶联剂如含硫硅烷偶联剂、氨基硅烷偶联剂、甲基丙烯酸酰氧类硅烷偶联剂等多种产品的绿色环保工艺中的主要原料。(2) 作为一种橡胶加工助剂，用来偶联各种卤代橡胶中的无机填料，如氯丁橡胶、氯磺化聚乙烯等卤代橡胶，以改善它们的物理性能和机械性能；用于合成具有较低渗透性、滚动阻力及较高弹性、伸长率的硫化橡胶中，在军事上可用作防弹实心轮胎。(3) 可用于制备特种硅油。(4) 用在塑料工业中，可有效地抑制聚氯乙烯（PVC）增塑剂的渗析，使 PVC 长期保持清洁、卫生。(5) 还可以用作聚氨酯泡沫塑料的吸收剂，提高泡沫塑料的耐候性。(6) 在纺织工业中，用来合成含季铵盐阳离子有机硅化合物，用作防霉菌、防臭整理剂，具有特殊的杀菌、防臭、抗静电及表面活性，使织物柔软、具有弹性，防止织物发黄，提高织物的染色性能。(7) 在印刷工业中，可制成负电性调色剂，用于静电复印、图像显影等方面。

氯烃基硅烷偶联剂的技术指标见表 1.8.1-8。

表 1.8.1-8 氯烃基硅烷偶联剂的技术指标

项目	指标			
	3-氯丙基三甲氧基硅烷	3-氯丙基甲基二甲氧基硅烷	3-氯丙基三乙氧基硅烷	3-氯丙基甲基二乙氧基硅烷
外观	无色至淡黄色透明液体			
色度（铂-钴）(≤)/号	30			
密度（20℃）/($g \cdot cm^{-3}$)	1.072～1.086	1.019～1.029	0.990～1.007	0.973～0.983
折射率/n_D^{25}	1.414 0～1.424 0	1.419 0～1.429 0	1.415 0～1.420 0	1.418 0～1.428 0
纯度（≥)/%	98.0	97.0	98.0	97.0
可水解氯（≤)/(10^{-4})%				

氯烃基硅烷偶联剂的供应商有：南京曙光硅烷化工有限公司、荆州市江汉精细化工有限公司、淄博市临淄齐泉工贸有限公司、江西晨光新材料有限公司、日照岚星化工工业有限公司、曲阜晨光化工有限公司等。

（五）巯基硅烷偶联剂

巯基硅烷偶联剂以含硫化合物、硅氧烷等为主要原料经反应制得，包括：

3-巯丙基三甲氧基硅烷，CAS号：4420-74-0，结构简式：$HS(CH_2)_3Si(OCH_3)_3$，相对分子量：196.3。

3-巯丙基三乙氧基硅烷，CAS号：14814-09-6，结构简式：$HS(CH_2)_3Si(OCH_2CH_3)_3$，相对分子量：238.4。

巯基硅烷偶联剂属于通用型硅烷偶联剂，应用十分广泛，主要有：(1) 在橡胶和塑料工业中，常用于处理白炭黑、炭黑、玻璃纤维、云母等无机填料，能有效提高制品的力学性能和耐磨性能。如应用在白炭黑作为补强剂的硫化橡胶体系中，有相当好的补强效果，可提高胶料的机械性能，尤其是耐磨性，降低永久变形。在轮胎胎面胶中应用时，硅烷中的烷氧基与白炭黑表面的硅羟基结合，而硫则与橡胶结合，形成牢固的网络结构，可显著降低轮胎的滚动阻力，提高轮胎抗老化性、耐磨性和耐候性等。(2) 用于金、银、铜等金属表面处理，可增强其表面的耐腐蚀性、抗氧化性以及增强其与树脂等高分子的黏接性，对金属表面具有优异的保护性能，如用作黏合促进剂，用于将橡胶组合物黏合到如玻璃和金属之类的基质上。(3) 用于交联聚乙烯中，其效果比乙烯基类的硅烷偶联剂效果更好。(4) 用于纺织上，可用于织物的防皱防缩整理剂。

巯基硅烷偶联剂的技术要求见表 1.8.1-9。

表 1.8.1-9　巯基硅烷偶联剂的技术要求

项目	指标	
	3-巯丙基三甲氧基硅烷	3-巯丙基三乙氧基硅烷
外观	无色透明液体	无色透明液体
色度（铂-钴）(≤)/号	25	25
密度 (20℃)/($g \cdot cm^{-3}$)	1.040～1.060	0.980～1.000
折射率/n_D^{25}	1.430 0～1.450 0	1.428 0～1.438 0
纯度 (≥)/%	95.0	95.0

巯基硅烷偶联剂的供应商有：湖北武大有机硅新材料股份有限公司、荆州江汉精细化工有限公司、南京曙光硅烷化工有限公司、江西晨光新材料有限公司等。

硅烷偶联剂 KH-590

结构式：

γ-mercaptopropyl trimetboxy silane

$HSCH_2CH_2CH_2Si(OCH_3)_3$

化学名称：γ-巯丙基三甲氧基硅烷，分子式：$HS(CH_2)_3Si(OCH_3)_3$，相对分子质量：238.4，CAS号：4420-74-0，相对密度：1.06 g/cm^3，沸点：219℃，无色或淡黄色透明液体，本品常用于处理 SiO_2 等无机填料，在橡胶中起填料活化剂、偶联剂、交联剂、补强剂的作用。

硅烷偶联剂 KH-590 的供应商见表 1.8.1-10。

表 1.8.1-10　硅烷偶联剂 KH-590 的供应商

供应商	商品名称	外观	沸点/℃	密度/($g \cdot cm^{-3}$)	折射率	黏度/cst
南京曙光化工集团	Si189	无色或淡黄色透明液体				
南京品宁偶联剂有限公司	KH-590	淡黄色至黄色透明液体	93	1.040±0.005	1.440 0±0.000 5	2

本品国外牌号有：A-189（美国威科）、Z-6062（前美国道康宁公司）、KBM-803（日本信越化学工业株式会社）、Dynasylan© mtmo（德国德固赛）等。

（六）烃基硅烷偶联剂

烃基硅烷偶联剂以丙基三氯硅烷、辛基三氯硅烷（或十二烷基三氯硅烷、十六烷基三氯硅烷）为主要原料，经酯化反应制得。包括：

丙基三甲氧基硅烷，CAS号：1067-25-0，结构简式：$CH_3CH_2CH_2Si(OCH_3)_3$，相对分子量：164.27。

丙基三乙氧基硅烷，CAS号：2550-02-9，结构简式：$CH_3CH_2CH_2Si(OCH_2CH_3)_3$，相对分子量：206.35。

辛基三甲氧基硅烷，CAS号：3069-40-7，结构简式：$CH_3(CH_2)_7Si(OCH_3)_3$，相对分子量：234.41。

辛基三乙氧基硅烷，CAS号：2943-75-1，结构简式：$CH_3(CH_2)_7Si(OCH_2CH_3)_3$，相对分子量：276.49。

十二烷基三甲氧基硅烷，CAS号：3069-21-4，结构简式：$CH_3(CH_2)_{11}Si(OCH_3)_3$，相对分子量：290.51。

十六烷基三甲氧基硅烷，CAS号：16415-12-6，结构简式：$CH_3(CH_2)_{15}Si(OCH_3)_3$，相对分子量：346.62。

甲基三甲氧基硅烷（A-163），无色透明液体，相对密度：0.950～0.954 g/cm³。结构式为：

methyl trimethoxy silane

$$CH_3Si(OCH_3)_3$$

烃基硅烷偶联剂属于通用型硅烷偶联剂，其应用十分广泛，主要有：用于处理无机填料填充塑料和橡胶，能改善填料在树脂、橡胶及塑料中的分散性及黏接力，改善前述高分子材料的工艺加工性能、提高填充塑料和橡胶的机械、电气及耐候性能；应用于玻璃纤维的表面处理，能大大提高玻璃纤维复合材料的强度和湿态下的机械性能；用做黏接促进剂，能提高密封剂、胶黏剂和油漆涂料的黏接强度、耐水性及耐候性等；与有机硅乳液并用可用于纺织物整理助剂，并赋予纺织物柔软、抗静电、防水、挺括等特异性能；用于建筑材料的防水、防腐、防渗及防污；用于金属表面处理能够提高金属的防腐及增加与表面涂层的结合力，减少环境污染和加工成本。

烃基硅烷偶联剂的技术要求见表1.8.1-11。

表1.8.1-11 烃基硅烷偶联剂的技术要求

项目	指标					
	丙基三甲氧基硅烷	丙基三乙氧基硅烷	辛基三甲氧基硅烷	辛基三乙氧基硅烷	十二烷基三甲氧基硅烷	十六烷基三甲氧基硅烷
外观	无色透明液体					
色度（铂-钴）(≤)/号	20					
密度（20℃）/(g·cm⁻³)	0.933 0～0.943 0	0.887～0.897	0.902 0～0.912 0	0.874 0～0.884 0	0.885 0～0.895 0	0.884 0～0.894 0
折射率/n_D^{25}	1.386 0～1.396 0	1.391 0～1.401 0	1.412 0～1.422 0	1.409 0～1.419 0	1.422 0～1.432 0	1.435 0～1.445 0
纯度（≥）/%	97.0	97.0	96.0	95.0	95.0	95.0
可水解率（≤）/10-4%	30	30	30	30	30	30

烃基硅烷偶联剂的供应商有：荆州市江汉精细化工有限公司、南京曙光硅烷化工有限公司、江西晨光新材料有限公司、曲阜晨光化工有限公司、淄博市临淄齐泉工贸有限公司、日照岚星化工工业有限公司等。

（七）硅烷偶联剂KH-845-4（Si-69）

化学名称：双-[丙基三乙氧基硅烷]-四硫化物、双-（γ-三乙氧基硅基丙基）四硫化物。

结构式：

$$(C_2H_5O)_3—Si—CH_2CH_2CH_2—S_4—CH_2CH_2CH_2—Si—(OC_2H_5)_3$$

分子式：$C_{18}H_{42}Si_2O_6S_4$，相对分子质量：538.95，CAS号：40372-72-3，略带乙醇气味的黄色透明液体。平均硫链长3.6～3.9，结合硫含量大于88%，游离硫含量小于2%。本品在改善无机填料与橡胶相容性的同时，还可以改善胶料的加工性能，提高硫化胶的力学性能，减小轮胎滚动阻力、压缩生热、磨耗和永久变形等。

HG/T 3742—2004《双-[丙基三乙氧基硅烷]-四硫化物硅烷偶联剂》适用于以γ-氯丙基三乙氧基硅烷、硫氢化钠、硫黄、工业合成乙醇等为原料合成的双-[丙基三乙氧基硅烷]-四硫化物硅烷偶联剂。

双-[丙基三乙氧基硅烷]-四硫化物硅烷偶联剂的技术指标见表1.8.1-12。

表1.8.1-12 双-[丙基三乙氧基硅烷]-四硫化物硅烷偶联剂的技术指标

项目	指标
外观	黄色透明液体
密度（20℃）/(g·cm⁻³)	1.080～1.090
闪点（≥）/℃	100
总硫含量/%	22.7±0.8
氯含量（≤）/%	0.4
杂质含量（≤）/%	4.0

本品适用的填料包括白炭黑、滑石粉、黏土、云母粉、陶土等含羟基填料，适用的橡胶包括NR、IR、SBR、BR、NBR、EPDM等含双键的聚合物。一般用量为白炭黑添加量的5%～13%，陶土、云母粉等添加量的3%～6%。

硅烷偶联剂KH-845-4的供应商见表1.8.1-13。

表 1.8.1-13　硅烷偶联剂 KH-845-4 的供应商

供应商	商品名称	外观	闪点(≥)/℃	密度/(g·cm^{-3})	折光率	总硫含量/%	氯含量/%	杂质含量(≤)/%	说明
宁波硫华聚合物有限公司	Si69-50GE F200	淡黄色半透明颗粒	100	1.30	—	≥22.5	≤0.6	—	EPDM/EVM为载体
南京曙光化工集团	Si1289	黄色透明液体	—	—	—	—	—	—	—
南京品宁偶联剂有限公司	KH-845-4	黄色至褐色透明液体	—	1.08	1.49	—	—	—	—
浙江金茂橡胶助剂品有限公司	JM-Si69	黄色透明液体	100	1.080-1.090	—	22.7±0.8	—	4.0	—
天津市东方瑞创	Si69	淡黄色透明液体	100	1.080±0.020	—	22.5±0.8	0.4	4.0	—
锐巴化工	Si-69-50 GS	淡黄色	100	1.30	—	22.5	≤0.5	—	EPDM 载体

本品国外牌号有：A-1289（美国威科）、Z-6940（前美国道康宁公司）、Si69（德国德固赛）等。

天津市东方瑞创橡胶助剂有限公司的硅烷偶联剂 Si69F、中山市涵信橡塑材料厂的 Si69-50，为双-（γ-三乙氧基硅基丙基)-四硫化物与有机分散剂或载体的共混物，与 Si69 同效，但操作更加便捷，属于液体 Si69 的浅色预分散体。其技术指标见表 1.8.1-14。

表 1.8.1-14　硅烷偶联剂 Si69F、Si69-50 的技术指标

供应商	商品名称	外观	Si69含量/%	加热减量(105℃)/（≤）/%	灼烧残余物/%	说明
天津市东方瑞创	Si69F	淡黄色固体粉末	33.0	2.0	24.0±2.0	—
中山涵信	Si69-50	金黄色透明颗粒	50	—	—	含硫硅烷偶联剂，用于橡胶白色填料改性，密封保存保质期 1 年以上

（八）硅烷偶联剂 Si996（Si1589）

化学名称：双-［丙基三乙氧基硅烷］-二硫化物、双（三乙氧基硅基丙基）二硫化物。

结构式：

$$(C_2H_5O)_3—Si—CH_2CH_2CH_2—S_2—CH_2CH_2CH_2—Si—(OC_2H_5)_3$$

分子式：$C_{18}H_{42}Si_2O_6S_2$，相对分子质量：474.82，CAS 号：56706-10-6，淡黄色透明液体，本品适用的填料包括白炭烟、硅酸盐、白垩等含羟基填料，适用的橡胶包括 NR、IR、SBR、BR、NBR、EPDM 等含双键的聚合物。本品可改善无机填料与橡胶相容性，提高填料的补强作用，显著改善硫化胶的力学性能，减小滚动阻力、压缩生热、磨耗及永久变形等；消除填料对硫化速率、交联程度的影响；降低胶料的门尼黏度，改善胶料的加工性能；同时对硫化返原也有一定的缓解作用。与 KH-845-4 相比，由于本品具有较低活性的二硫烷官能团，因此可以提供更可靠的焦烧安全性。

HG/T 3740—2004《双-［丙基三乙氧基硅烷］-二硫化物硅烷偶联剂》适用于以 γ-氯丙基三乙氧基硅烷、硫氢化钠、硫黄、工业合成乙醇等为原料合成的双-［丙基三乙氧基硅烷］-二硫化物硅烷偶联剂。

双-［丙基三乙氧基硅烷］-二硫化物硅烷偶联剂的技术指标见表 1.8.1-15。

表 1.8.1-15　双-［丙基三乙氧基硅烷］-二硫化物硅烷偶联剂的技术指标

项目	指标
外观	黄色透明液体
密度（20℃）/(g·cm^{-3})	1.025～1.045
闪点（≥)/℃	100
总硫含量/%	13.5～15.5
氯含量（≤)/%	0.4
杂质含量（≤)/%	4.0

硅烷偶联剂 Si996 的供应商见表 1.8.1-16。

表 1.8.1-16 硅烷偶联剂 Si996 的供应商

供应商	商品名称	外观	闪点(≥)/℃	密度/(g·cm^{-3})	总硫含量/%	氯含量/%	杂质含量(≤)/%
南京曙光化工集团	Si1289	黄色透明液体	—	—	—	—	—
浙江金茂橡胶助剂品有限公司	JM-Si75	黄色透明液体	100	1.025～1.045	13.5～15.5	≤0.4	4.0
天津市东方瑞创	Si75	淡黄色透明液体	100	1.040±0.020	15.0±1.0	0.4	4.0

本品国外牌号有：A-1589（美国威科）、Z-6820（前美国道康宁公司）、Si75/X266（德国德固赛）等。

（九）硅烷偶联剂 RSi-b（Si1289cb50）

化学组成：双-［丙基三乙氧基硅烷］-四硫化物与 N330 炭黑的混合物（1∶1），黑色固体颗粒，适用的填料包括白炭黑、滑石粉、黏土、云母粉、陶土等含羟基填料，适用的聚合物包括 NR、IR、SBR、BR、NBR、EPDM 等含有双键的橡胶及它们的并用胶。本品能改善填料与橡胶的相容性，提高填料的补强能力，显著改善硫化胶的机械性能、耐磨性能，减小滞后损失、压缩生热、永久变形等；消除填料对硫化速率、交联程度的影响；降低胶料的门尼黏度，改善加工性能；同时对硫化返原也有一定的抑制作用。

HG/T 3739—2004《双-［丙基三乙氧基硅烷］-四硫化物与 N-300 炭黑的混合物硅烷偶联剂》适用于双-［丙基三乙氧基硅烷］-四硫化物与炭黑复配制成的硅烷偶联剂。

双-［丙基三乙氧基硅烷］-四硫化物与 N-300 炭黑的混合物硅烷偶联剂的技术指标见表 1.8.1-17。

表 1.8.1-17 双-［丙基三乙氧基硅烷］-四硫化物与 N-300 炭黑的混合物硅烷偶联剂的技术指标

项目	指标
外观	黑色粒状固体
总硫含量/%	11.0～13.0
加热减量（≤）/%	2.0
灰分/%	11.0～12.0
丁酮不溶物/%	49.0～55.0

硅烷偶联剂 RSi-b 的供应商见表 1.8.1-18。

表 1.8.1-18 硅烷偶联剂 RSi-b 的供应商

供应商	商品名称	外观	丁酮不溶物/%	加热减量/%	总硫含量/%	灰分/%
浙江金茂橡胶助剂品有限公司	JM-Si69C	黑色固体颗粒	49.0～55.0	≤2.0	11.0～13.0	11.0～12.0

本品国内供应商还有：南京曙光化工集团有限公司、天津市东方瑞创橡胶助剂有限公司等。

国外牌号有：X50-s（德国德固赛）、Z-6945（前美国道康宁）等。

（十）硅烷偶联剂 Si996-b（Si1589cb50）

化学组成：双-（γ-三乙氧基硅基丙基）二硫化物与炭黑的混合物（1∶1），黑色固体颗粒，适用的填料包括白炭烟、硅酸盐、白垩等，适用的聚合物包括橡胶包括 NR、IR、SBR、BR、NBR、EPDM 等。

硅烷偶联剂 Si996-b 的供应商见表 1.8.1-19。

表 1.8.1-19 硅烷偶联剂 Si996-b 的供应商

供应商	商品名称	外观	丁酮不溶物/%	加热减量/%	总硫含量/%	灰分/%
浙江金茂橡胶助剂品有限公司	JM-Si75C	黑色固体颗粒	49.0～55.0	≤2.0	7.0～8.5	12.0～13.5

本品国外牌号有：Si75-s/X266-s（德国德固赛）等。

（十一）双-［丙基三乙氧基硅烷］-四硫化物与白炭黑的混合物硅烷偶联剂

化学组成：双-［丙基三乙氧基硅烷］-四硫化物与白炭黑的混合物硅烷偶联剂。

HG/T 3743—2004《双-［丙基三乙氧基硅烷］-四硫化物与白炭黑的混合物硅烷偶联剂》适用于双-［丙基三乙氧基硅烷］-四硫化物与白炭黑复配制得的硅烷偶联剂。双-［丙基三乙氧基硅烷］-四硫化物与白炭黑的混合物硅烷偶联剂的技术指标见表 1.8.1-20。

表 1.8.1-20　双-［丙基三乙氧基硅烷］-四硫化物与白炭黑的混合物硅烷偶联剂的技术指标

项目	指标
外观	白色粉末
总硫含量/%	11.0～13.0
加热减量（≤）/%	2.0
灰分/%	52.0～62.0
丁酮不溶物/%	49.0～55.0

本品供应商有：南京曙光化工集团有限公司等。

（十二）硅烷偶联剂 MTPS（A-1010）

化学名称：甲基三叔丁基过氧基硅烷，分子式：$CH_3Si(OOC_4H_9)_3$，相对分子质量：310，无色或淡黄色透明液体，相对密度：0.944 8 g/cm^3，折射率：0.944 8，沸点：50℃，分解温度：147.5℃，使用时不得加热到100℃以上，达到其分解温度时会剧烈分解发生爆炸。结构式为：

methyltri-tert-butylperoxy silane

$$CH_3-\underset{\underset{OOC(CH_3)_3}{|}}{\overset{\overset{OOC(CH_3)_3}{|}}{Si}}-OOC(CH_3)_3$$

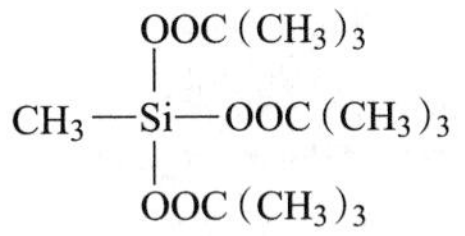

本品适用于酚醛树脂、合成橡胶、聚乙（丙烯）等。贮存于阴凉、通风、干燥的库房内，温度不高于30℃，防热、防潮、避光，贮存期1年。

（十三）其他硅烷偶联剂

常用其他硅烷偶联剂还有：

苯胺甲基三甲氧基硅烷，透明黄色液体，结构式为：

anilinomethyl trimethoxy silane

$$C_5H_5NHCH_2Si(OCH_3)_3$$

苯胺甲基三乙氧基硅烷，淡黄色油状液体，结构式为：

anilinomethyl triethoxy silane

$$C_5H_5NHCH_2Si(OC_2H_5)_3$$

甲基三乙酰氧基硅烷，无色透明液体，相对密度为1.077 g/cm^3，沸点为40.5℃。结构式为：

methyltriacetoxy silane

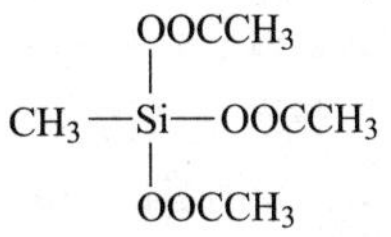

$$CH_3-\underset{\underset{OOCCH_3}{|}}{\overset{\overset{OOCCH_3}{|}}{Si}}-OOCCH_3$$

γ-脲基丙基三乙氧基硅烷（A-1160），相对密度为0.91 g/cm^3，结构式为：

γ-urcidopropyl triethoxy silane

$$H_2N-\overset{\overset{O}{\|}}{C}-NHCH_2-CH_2CH_2Si(OC_2H_5)_3$$

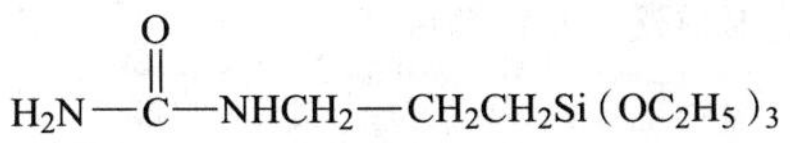

γ-脲基硫代丙基三羟基硅烷（QZ-8-5456），无色或淡黄色，市售商品为50%的水溶液，相对密度为1.190 g/cm^3，结构式为：

γ-amidnothiopropyltrihydroxy silane

$$H_2N-\overset{\overset{NH}{\|}}{C}-S-CH_2CH_2CH_2Si(OH)_3$$

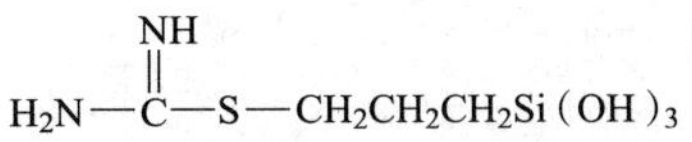

盐酸 N′-（3-乙烯基苄基）-β-氨基-γ-三甲基硅烷丙基胺（QZ-8-5069），市售商品为含硅烷50%的甲醇溶液，相对密度为0.93 g/cm^3，结构式为：

N′-（3-vinyl-benzyl）-β-amino ethyl-γ-trimethoxy silylpropylamine hydrochloride

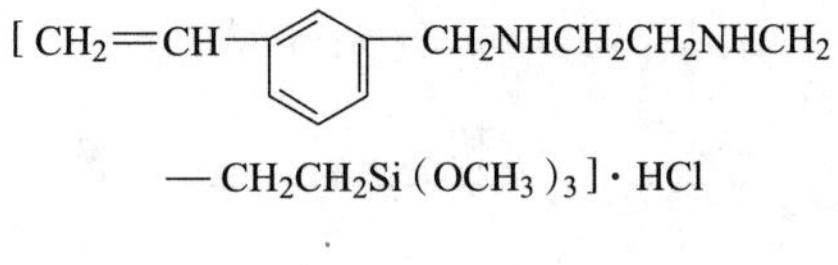

$$[CH_2{=}CH-C_6H_4-CH_2NHCH_2CH_2NHCH_2$$
$$-CH_2CH_2Si(OCH_3)_3]\cdot HCl$$

γ-（多亚乙基氨基丙基三甲氧基硅烷）（SH-6050），售商品为含硅烷50%的液体，相对密度为0.91 g/cm³，结构式为：

γ-（polyethyleneamino）propyl trimethoxy silane

$$H_2N\ (CH_2CH_2NH)_nCH_2CH_2CH_2Si\ (OCH_3)_3$$

1.1.2　钛酸酯类偶联剂

钛酸酯类偶联剂包括四种基本类型：（1）单烷氧基型，这类偶联剂适用于多种树脂基复合材料体系，尤其适合于不含游离水、只含化学键合水或物理水的填充体系；（2）单烷氧基焦磷酸酯型，该类偶联剂适用于树脂基多种复合材料体系，特别适合于含湿量高的填料体系；（3）螯合型，该类偶联剂适用于树脂基多种复合材料体系，由于它们具有非常好的水解稳定性，这类偶联剂特别适用于含水聚合物体系；（4）配位体型，该类偶联剂用在多种树脂基或橡胶基复合材料体系中都有良好的偶联效果，它克服了一般钛酸酯偶联剂用在树脂基复合材料体系的缺点。

钛酸酯及钛酸酯偶联剂还可以根据产品结构不同分为原钛酸酯、烷氧基含磷钛酸酯偶联剂、烷氧基脂肪酸钛酸酯偶联剂和烷基苯磺酸钛酸酯偶联剂四大类。

原钛酸酯为钛烷氧化合物结构，由于其特殊的结构被应用在很多行业中，其中最出众的用途是作为酯化反应的绿色催化剂。酯化反应催化剂在酯产品的生产中起着核心作用，它不仅能影响酯化或酯交换和缩聚反应的速度，而且还能对副反应及切片的热稳定性和性能方面有很大影响。与其他催化剂相比，该催化剂具有较高的催化活性、不含重金属且安全环保等优点；而且添加量小，又可缩短酯化或酯交换和缩聚反应时间，相比其他催化剂生产成本低；对人体健康及生态环境均无影响，从安全、成本、环境等诸多角度都可称其为优秀的聚酯催化剂，因而受到众多酯类产品生产商的青睐。原钛酸酯主要包括钛酸四异丙酯、钛酸四正丙酯、钛酸四正丁酯、聚钛酸正丁酯、钛酸四异辛酯、钛酸四（2-乙基-3-羟基己酯）等。

烷氧基脂肪酸钛酸酯偶联剂具有单烷氧基和脂肪酸酯基结构。应用于改性无机填料中，由于分子中存在大量碳长链，提高了改性后的无机填料和高分子体系的相溶性，引起无机物界面上表面能的变化，具有柔韧性及应力转移的功能，产生自润滑作用，导致黏度大幅度下降，改善加工工艺，增加制品的延伸率和撕裂强度，提高制品的抗冲击性能等。主要应用包括：用于钙塑行业，增加无机填料的填充量，大大降低了塑料制品的生产成本，并通过改善和提高塑料制品的物理性能扩大其应用领域，促进和带动了塑料制品的快速发展；用于生产环氧树脂、聚酯树脂油墨的触变剂；用于复合新材料中处理炭黑、粉煤灰、陶土等，解决了以前一些不能克服的制品性能缺陷问题，大大提高了无机材料的应用范围。烷氧基脂肪酸钛酸酯主要包括异丙基三油酸酰氧基钛酸酯、异丙基三正硬脂酸酰氧基钛酸酯等。

烷氧基含磷钛酸酯偶联剂具有单烷氧基和含磷烷氧基结构，该结构赋予了它优良的偶联性能和其他的如抗氧、耐燃烧性等特殊性能。应用于无机填料填充的橡塑、胶黏剂、玻璃纤维、磁性材料、涂料、油墨等行业中，可使填料得到活化处理，从而提高填充量，减少树脂用量，降低制品成本，同时改善加工性能和制品的应用性能；用于各种水溶性、油溶性涂料、油墨中具有分散和防沉作用；在聚酯漆中具有交联剂作用；另外，螯合型的产品可用来处理含湿量高的填料和耐水性好的填料，以及适用于湿法处理无机填料表面。烷氧基含磷钛酸酯主要包括异丙基二油酸酰氧基（二异辛基磷酸酰氧基）钛酸酯、异丙基三（二异辛基磷酸酰氧基）钛酸酯、异丙基三（二异辛基焦磷酸酰氧基）钛酸酯、双（二异辛基焦磷酸酰氧基）亚乙基钛酸酯、四异丙基二（二异辛基亚磷酸酰氧基）钛酸酯等。

烷基苯磺酸钛酸酯偶联剂具有烷基苯磺酸酰氧基和烷氧基结构，分子结构中的苯环带有长链，故该类产品的分解温度很高，有的高达290℃以上，可适用于较高温的加工工艺和制造耐高温成品。该类产品处理过的填料能用在所有树脂和塑料中作为填充改性，适用于聚苯乙烯、聚氯乙烯、丙烯酸树脂、醇酸树脂、聚酯、橡胶等大部分聚合物，特别适用于需要较高温的加工工艺和耐高温成品的制造。在无机填料方面，适用于大部分干燥的无机填料，如碳酸钙、滑石粉、高岭土、硅灰石、玻璃纤维、二氧化硅、钛白粉等，尤其对炭黑特别有效。在涂料工业中，也可作环氧树脂和聚酯的触变剂。烷基苯磺酸钛酸酯主要包括异丙基三（十二烷基苯磺酰基）钛酸酯等。

钛酸酯类偶联剂见表1.8.1-21。

表1.8.1-21　钛酸酯类偶联剂

名称	化学结构	性状		
		外观	相对密度	闪点/℃
三异硬脂酰基钛酸异丙酯（NDZ-101）	isopropyl trisostearcyl titanate 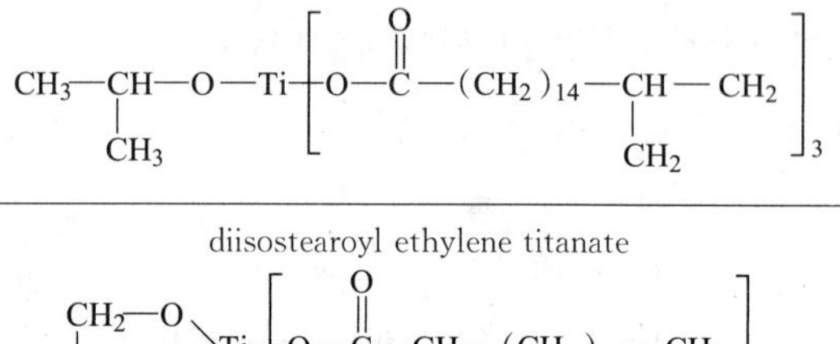 $CH_3-\underset{CH_3}{\underset{\mid}{CH}}-O-Ti-\left[O-\overset{O}{\overset{\parallel}{C}}-(CH_2)_{14}-\underset{CH_2}{\underset{\mid}{CH}}-CH_2\right]_3$	红棕色油状液体	0.989 7	179
二异硬脂酰基钛酸亚乙酯（KR-201）	diisostearoyl ethylene titanate 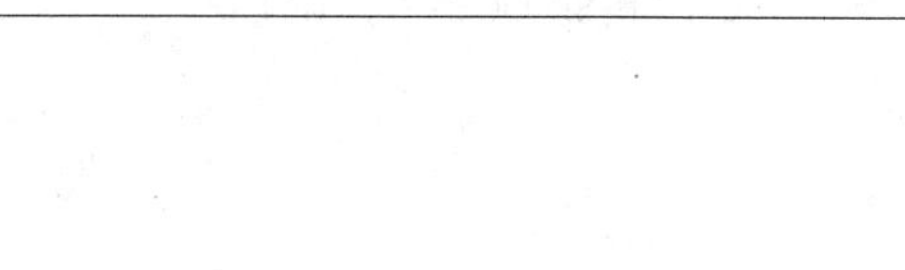 $\begin{matrix}CH_2-O\\ \mid\\ CH_2-O\end{matrix}\!\!>Ti-\left[O-\overset{O}{\overset{\parallel}{C}}-\underset{CH_3}{\underset{\mid}{CH}}-(CH_2)_{14}-CH_3\right]_2$			

续表

名称	化学结构	性状		
		外观	相对密度	闪点/℃
二油酰基钛酸亚乙酯（OL-T 671）	dioleoyl ethylene titanate $(CH_2)_2Ti[O-C(=O)-(CH_2)_7-CH=CH-(CH_2)_7-CH_3]_2$	红棕色油状液体	0.979 6	120
二（亚磷酸二辛酯基）钛酸四异丙酯（KR-41B）	tetraisopropyl di（dioctylpho-sphito）titanate $[(CH_3)_2CH-O]_4Ti \cdot 2[H_{17}C_8-O-P(OH)-O-C_8H_{17}]$	—	—	—
三油酰基钛酸异丙酯（NDZ-105）	isopropyl trioleoy titanate $C_3H_7O-Ti[O-C(=O)-(CH_2)_7-CH=CH-(CH_2)_7-CH_3]_3$	红色液体	0.984	197
三（二辛基磷酰氧基）钛酸异丙酯（NDZ-102）	isopropyl tri（dioctylphosphato）titanate $CH_3-CH(CH_3)-Ti[O-P(=O)(O-C_8H_{17})-O-C_8H_{17}]_3$	米黄色高黏度液体	1.03	150
三（二辛基焦磷酰氧基）钛酸异丙酯（NDZ-201）	isopropyl tri（dioctylpyrophosphato）titanate $CH_3-CH(CH_3)-O-Ti[O-P(=O)(OH)-O-P(=O)(O-C_8H_{17})_2]_3$	黄色至琥珀色半透明黏稠液体	1.05	210（分解）
三（十二烷基苯磺酰基）钛酸异丙酯（KR-95）	isopropyl tridodecylbenzesulfonyl titanate $CH_3-CH(CH_3)-O-Ti[O-S(=O)_2-C_6H_4-C_{12}H_{25}]_3$	—	—	—
4-氨基苯磺酰基二（十二烷基苯磺酰基）钛酸异丙酯（KR-26s）	isopropyl 4－aminobenzenesulfonyl di（dodecylbenzenesulfonyl）titanate $CH_3-CH(CH_3)-O-Ti[O-S(=O)_2-C_{12}H_{25}]_2(O-S(=O)_2-C_6H_4-NH_2)$	灰色液体	1.12	24
二（二辛基磷酸氧基）钛酸亚乙酯（KR-212）	di（dioctylphosphato）ethylene titanate $(CH_2-O)_2Ti[O-P(=O)(OC_8H_{17})-OC_8H_{17}]_2$	橘红色液体	1.08	21

续表

名称	化学结构	性状		
		外观	相对密度	闪点/℃
二（二辛基焦磷酰氧基）钛酸羟基乙酸交酯盐（KR－138s）	titanium di（dioctylpyrophosphato）oxyacetate 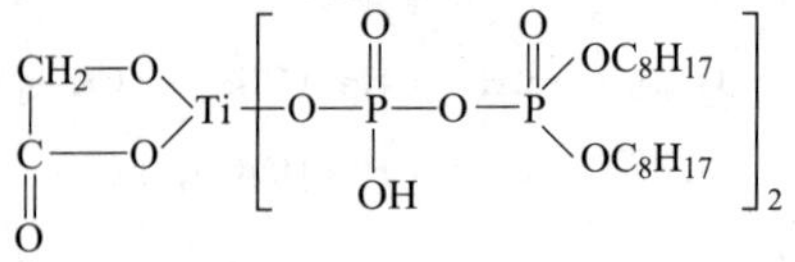 CH_2—O、C(=O)—O 螯合 Ti—[O—P(=O)(OH)—O—P(=O)(OC_8H_{17})(OC_8H_{17})]$_2$	黄色液体	1.12	38
二（双十三烷基亚磷酸酯）四辛氧基酞	tetraoctyloxytitanium di（ditridecylphosphite） 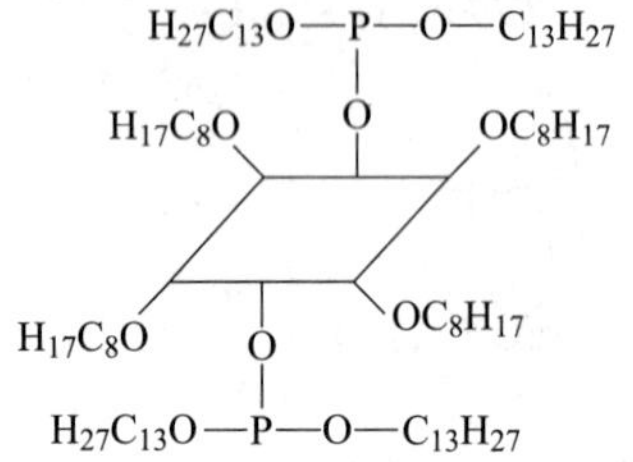 $H_{27}C_{13}O$—P—O—$C_{13}H_{27}$ O $H_{17}C_8O$ OC_8H_{17} $H_{17}C_8O$ OC_8H_{17} O $H_{27}C_{13}O$—P—O—$C_{13}H_{27}$	溶液	0.92	82
二（二月桂酸亚磷酸酯）四辛氧基酞	tetroctyloxytitanium di（dilaurylphosphite） 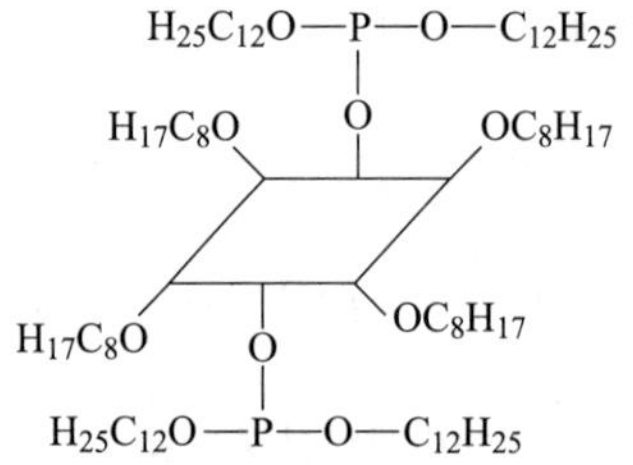 $H_{25}C_{12}O$—P—O—$C_{12}H_{25}$ O $H_{17}C_8O$ OC_8H_{17} $H_{17}C_8O$ OC_8H_{17} O $H_{25}C_{12}O$—P—O—$C_{12}H_{25}$			

注：详见于清溪，吕百龄．橡胶原材料手册［M］.2版．北京：化学工业出版社，2007.

单烷氧基型钛酸酯偶联剂（如NDZ－101）易水解，做改性剂时要求粉体材料含水率低于0.4%；焦磷酸酯型钛酸酯偶联剂（如NDZ－201）适合于处理具有物理或化学结合水的粉体材料；螯合剂型钛酸酯偶联剂（如KR－212、KR－138s）具有高的水解稳定性，可用于很潮湿的物料及聚合物的水溶液体系中。

（一）原钛酸酯

原钛酸酯主要包含以下六个产品，详见表1.8.1－22。

表1.8.1－22 原钛酸酯偶联剂

化学名称	结构式	相对分子质量（按2016年国际相对原子质量）
钛酸四异丙酯（CAS号：546－68－9）	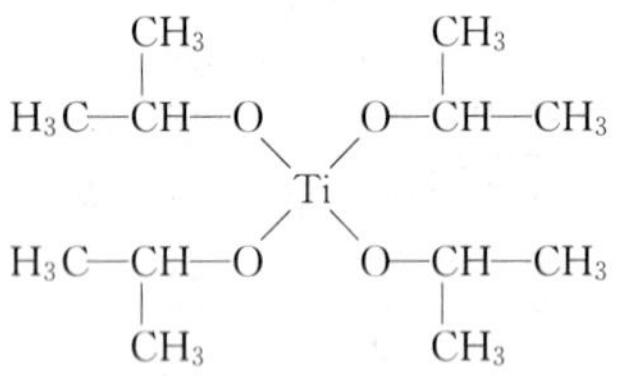 $[(CH_3)_2CH—O]_4Ti$ H_3C—CH(CH_3)—O、O—CH(CH_3)—CH_3 Ti H_3C—CH(CH_3)—O、O—CH(CH_3)—CH_3	284.22
钛酸四正丙酯（CAS号：3087－37－4）	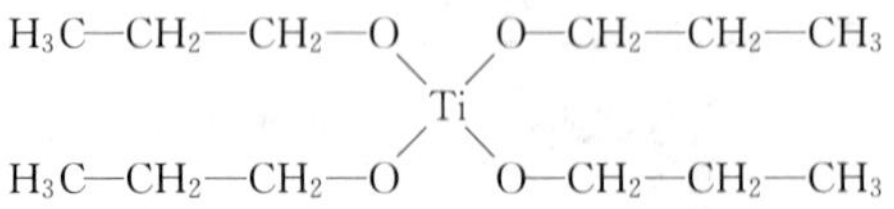 $H_3C—CH_2—CH_2—O$、$O—CH_2—CH_2—CH_3$ Ti $H_3C—CH_2—CH_2—O$、$O—CH_2—CH_2—CH_3$	284.22
钛酸四正丁酯（CAS号：5593－70－4）	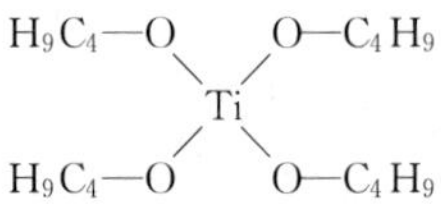 $H_9C_4—O$、$O—C_4H_9$ Ti $H_9C_4—O$、$O—C_4H_9$	340.32

续表

化学名称	结构式	相对分子质量（按 2016 年国际相对原子质量）
聚钛酸正丁酯（CAS 号：9022-96-2）	$C_4H_9-[O-Ti(OC_4H_9)_2]_n-OC_4H_9$	—
钛酸四异辛酯（CAS 号：1070-10-6）	$[C_4H_9-CH(C_2H_5)-CH_2-O]_4Ti$	564.75
钛酸四（2-乙基-3-羟基己酯）（CAS 号：5575-43-9）	$Ti[O-CH_2-CH(C_2H_5)-CH(OH)-C_3H_4]_4$	628.74

拟定中的国家标准《钛酸酯及钛酸酯偶联剂》提出的原钛酸酯的技术要求见表 1.8.1-23。

表 1.8.1-23　原钛酸酯的技术要求

项目	指标					
	钛酸四异丙酯	钛酸四正丙酯	钛酸四正丁酯	聚钛酸正丁酯	钛酸四异辛酯	钛酸四（2-乙基-3-羟基己酯）
外观	无色至淡黄色透明液体	淡黄色至黄色透明液体	无色至淡黄色透明液体	淡黄色至黄色透明液体	淡黄色至黄色透明液体	淡黄色至黄色透明液体
密度（20℃）/(g·cm^{-3})	0.950～0.970	1.040～1.060	0.990～1.010	1.100～1.170	0.927～0.947	1.025～1.045
折光率 /n_D^{20}	1.460 0～1.470 0	1.490 0～1.510 0	1.485 0～1.495 0	—	1.475 0～1.490 0	—
黏度（20℃）/(mPa·s)	—	—	—	2 000～6 000	—	3 000～4 000
氯含量(≤)/(mg·kg^{-1})	50	100	50	100	150	50
Ti 含量/%	16.3～17.2	16.3～17.2	13.5～14.4	19.5～21.4	8.1～9.0	7.2～8.1
结晶点（≥）/℃	15.0	—	—	—	—	—

原钛酸酯的供应商见表 1.8.1-24～表 1.8.1-28。

表 1.8.1-24　钛酸四异丙酯的供应商（一）

项目	钛酸四异丙酯		
	南京曙光	和瑞东	杜邦
色度	—	70	—
外观	无色至淡黄色透明液体	—	无色至淡黄色
密度（20℃）/(g·cm^{-3})	0.950～0.970	0.95～0.96	0.95
折光率 /n_D^{20}	1.460 0～1.469 0	—	—
黏度（20℃）(/mPa·s)	—	—	3.5
氯含量（≤）/(mg·kg^{-1})	50	50	—
TiO_2 含量/%	27.6～28.6	27.9～28.2	28.1
Ti 含量/%		16.70～16.90	—
结晶点（≥）/℃	15.0	—	19

注：Ti 含量折算系数 79.87/47.87=1.668。

表 1.8.1-25 钛酸四正丙酯的供应商（二）

项目	钛酸四正丙酯		
	南京曙光	和瑞东	杜邦
色度	—	100	—
外观	淡黄色至黄色透明液体	—	无色至黄色
密度（20℃）/(g · cm^{-3})	1.040～1.060	1.02～1.05	1.05
折光率 /n_D^{20}	1.490 0～1.510 0	—	1.5
黏度（20℃）/(mPa · s)	—	—	190
氯含量（≤）/(mg · kg^{-1})	100	100	—
TiO_2 含量/%	27.2～28.6	27.9 - 28.5	28.1
Ti 含量/%		16.75～17.10	—
结晶点（≥）/℃	—	—	—

注：Ti 含量折算系数 79.87/47.87=1.668。

表 1.8.1-26 钛酸四正丁酯的供应商（三）

项目	钛酸四正丁酯		
	南京曙光	和瑞东	杜邦
色度	—	150	—
外观	无色至淡黄色透明液体	—	无色至淡黄色液体
密度（20℃）/(g · cm^{-3})	0.990～1.010	0.99 - 1.00	0.99
折光率 /n_D^{20}	1.485 0～1.495 0	—	—
黏度（20℃）/(mPa · s)	—	—	—
氯含量（≤）/(mg · kg^{-1})	50	50	—
TiO_2 含量/%	23.0～24.0	23.18 - 23.69	23.5
Ti 含量/%		13.90 - 14.20	—
结晶点（≥）/℃	—		- 70

注：Ti 含量折算系数 79.87/47.87=1.668。

表 1.8.1-27 钛酸四异辛酯的供应商（四）

项目	钛酸四异辛酯		
	南京曙光	和瑞东	杜邦
色度	—	100	—
外观	淡黄色至黄色透明液体	—	无色至淡黄色液体
密度（20℃）/(g · cm^{-3})	0.927～0.947	0.93 - 0.94	0.92
折光率 /n_D^{20}	1.475 0～1.490 0	—	—
黏度（20℃）/(mPa · s)	—	—	140
氯含量（≤）/(mg · kg^{-1})	150	50	—
TiO_2 含量/%	13.5～14.5	14.18～14.43	14.4
Ti 含量/%		8.50～8.65	—
结晶点（≥）/℃	—	—	—

注：Ti 含量折算系数 79.87/47.87=1.668。

表 1.8.1-28 钛酸四（2-乙基-3-羟基己酯）与聚钛酸正丁酯的供应商（五）

项目	钛酸四（2-乙基-3-羟基己酯）		聚钛酸正丁酯	
	南京曙光	杜邦	南京曙光	杜邦
色度	—	—	—	—
外观	淡黄色至黄色透明液体	无色至黄色	淡黄色至黄色透明液体	黄色
密度（20℃）/(g · cm^{-3})	1.025～1.045	1.03	1.100～1.170	1.12

续表

项目	钛酸四（2-乙基-3-羟基己酯）		聚钛酸正丁酯	
	南京曙光	杜邦	南京曙光	杜邦
折光率 /n_D^{20}	—	—	—	—
黏度（20℃）/(mPa·s)	3 000～4 000	3 500	2 000～6 000	2 000～6 000
氯含量（≤）/(mg·kg^{-1})	50	—	100	—
TiO_2 含量/%	12.0～13.5	12.7	32.5～35.0	34.5
结晶点（≥）/℃	—	—	—	—

（二）烷氧基含磷钛酸酯偶联剂

烷氧基含磷钛酸酯偶联剂主要包含以下五个产品，详见表 1.8.1-29。

表 1.8.1-29 烷氧基含磷钛酸酯偶联剂

化学名称	结构式	相对分子质量（按 2016 年国际相对原子质量）
异丙基二油酸酰氧基（二异辛基磷酸酰氧基）钛酸酯（CAS 号：无）	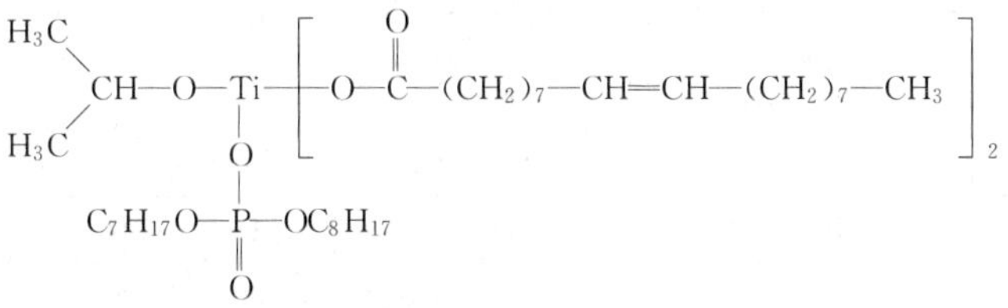 $(H_3C)_2CH-O-Ti[O-C(=O)-(CH_2)_7-CH=CH-(CH_2)_7-CH_3]_2$，Ti—O—P(=O)($C_7H_{17}O$)—$OC_8H_{17}$	991.20
异丙基三（二异辛基磷酸酰氧基）钛酸酯（CAS 号：65345-34-8）	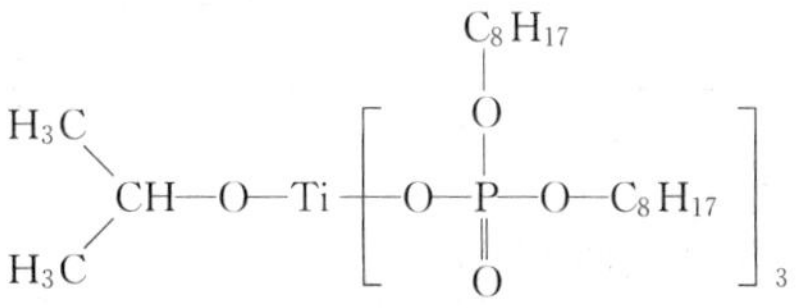 $(H_3C)_2CH-O-Ti[O-P(=O)(O-C_8H_{17})-O-C_8H_{17}]_3$	1 071.10
异丙基三（二异辛基焦磷酸酰氧基）钛酸酯（CAS 号：67691-13-8）	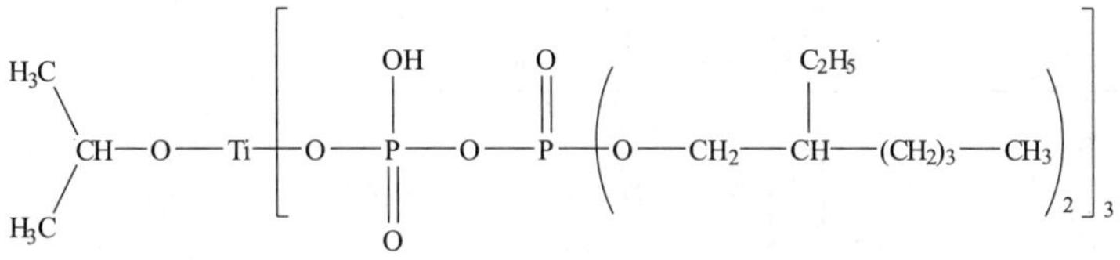 $(H_3C)_2CH-O-Ti[O-P(OH)(=O)-O-P(=O)(O-CH_2-CH(C_2H_5)-(CH_2)_3-CH_3)_2]_3$	1 310.99
双（二异辛基焦磷酸酰氧基）亚乙基钛酸酯（CAS 号：65467-75-6）	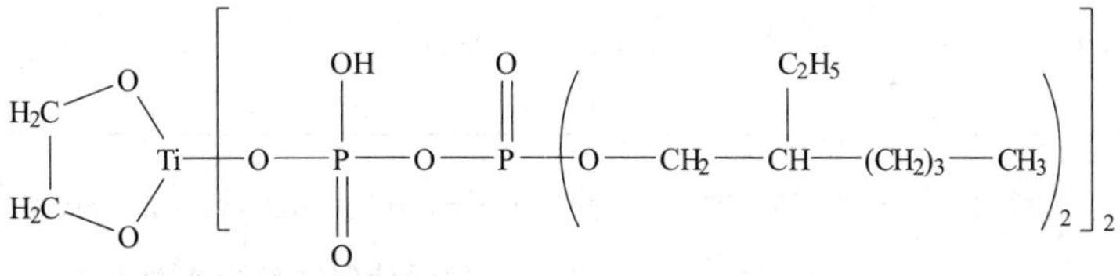 $(H_2C-O)(H_2C-O)Ti[O-P(OH)(=O)-O-P(=O)(O-CH_2-CH(C_2H_5)-(CH_2)_3-CH_3)_2]_2$	910.60
四异丙基二（二异辛基亚磷酸酰氧基）钛酸酯（CAS 号：65460-52-8）	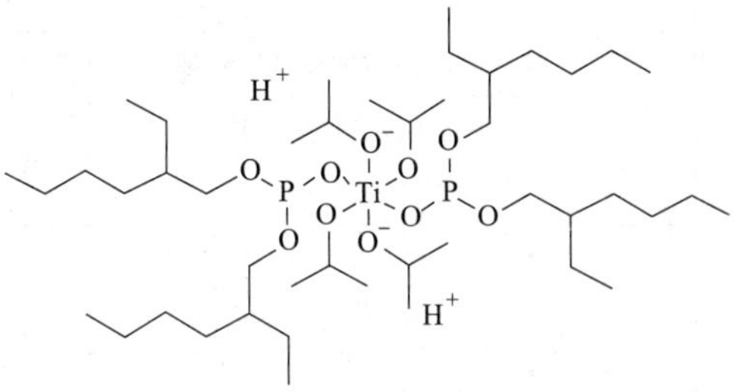 H^+ H^+ Ti O^- O^- P P O	896.98

拟定中的国家标准《钛酸酯及钛酸酯偶联剂》提出的烷氧基含磷钛酸酯偶联剂的技术要求见表 1.8.1-30。

表 1.8.1-30　烷氧基含磷钛酸酯偶联剂的技术要求

项目	指标				
	异丙基二油酸酰氧基（二异辛基磷酸酰氧基）钛酸酯	异丙基三（二异辛基磷酸酰氧基）钛酸酯	异丙基三（二异辛基焦磷酸酰氧基）钛酸酯	双（二异辛基焦磷酸酰氧基）亚乙基钛酸酯	四异丙基二（二异辛基亚磷酸酰氧基）钛酸酯
外观	黄色至红色透明液体	黄色至棕黄色透明液体	黄色透明液体		
密度（20℃）/($g \cdot cm^{-3}$)	0.955～0.970	1.005～1.020	1.060～1.075	1.060～1.085	0.930～0.945
折光率 /n_D^{20}	1.475 0～1.485 0	1.461 5～1.467 5	1.459 0～1.469 0	1.467 0～1.475 0	1.455 0～1.465 0
黏度（20℃）/(mPa · s)	60～90	1 800～2 500	800～1 800	1 000～2 500	15～30
氯含量（≤）/($mg \cdot kg^{-1}$)	—	50	100	50	100
pH 值	3～4	3～4	2～4	3～5	4～6

烷氧基含磷钛酸酯偶联剂的供应商见表 1.8.1-31。

表 1.8.1-31　烷氧基含磷钛酸酯偶联剂的供应商

项目	南京曙光				
外观	黄色至红色透明液体	黄色至棕黄色透明液体	黄色透明液体		
密度（20℃）/($g \cdot cm^{-3}$)	0.955～0.970	1.005～1.020	1.060～1.080	1.060～1.085	0.930～0.960
折光率 /n_D^{20}	1.475 0～1.485 0	1.461 5～1.467 5	1.459 0～1.469 0	1.467 0～1.475 0	1.455 0～1.465 0
黏度（20℃）/(mPa · s)	60～90	1 800～2 500	800～1 800	1 000～2 500	15～30
氯含量（≤）/($mg \cdot kg^{-1}$)	—	50	100	50	100
pH 值	3～4	3～4	2～4	3～5	4～6

（三）烷氧基脂肪酸钛酸酯偶联剂

烷氧基脂肪酸钛酸酯偶联剂主要包含以下两个产品，详见表 1.8.1-32。

表 1.8.1-32　烷氧基脂肪酸钛酸酯偶联剂

化学名称	结构式	相对分子质量（按 2016 年国际相对原子质量）
异丙基三油酸酰氧基钛酸酯（CAS 号：136144-62-2）	$(H_3C)_2CH-O-Ti\left[O-\overset{O}{\overset{\|}{C}}-(CH_2)_7-CH=CH-(CH_2)_7-CH_3\right]_3$	951.25
异丙基三正硬脂酸酰氧基钛酸酯（CAS 号：无）	$(H_3C)_2CH-O-Ti\left[O-\overset{O}{\overset{\|}{C}}-C_{17}H_{35}\right]_3$	957.30

拟定中的国家标准《钛酸酯及钛酸酯偶联剂》提出的烷氧基脂肪酸钛酸酯偶联剂的技术要求见表 1.8.1-33。

表 1.8.1-33　烷氧基脂肪酸钛酸酯偶联剂的技术要求

项目	指标	
	异丙基三油酸酰氧基钛酸酯	异丙基三正硬脂酸酰氧基钛酸酯
外观	黄色至红色透明液体	乳白色至粉红色蜡状固体
密度（20℃）/($g \cdot cm^{-3}$)	0.930～0.945	—
折光率 /n_D^{20}	1.470 0～1.485 0	—
黏度（20℃）/(mPa · s)	40～60	—
Ti 含量/%	4.2～5.4	4.2～5.4
pH 值	3～5	—
皂化值/($mg \cdot g^{-1}$)	—	180～240

烷氧基脂肪酸钛酸酯偶联剂的供应商见表 1.8.1-34。

表 1.8.1-34　烷氧基脂肪酸钛酸酯偶联剂的供应商

项目	南京曙光	
	异丙基三油酸酰氧基钛酸酯	异丙基三正硬脂酸酰氧基钛酸酯
外观	黄色至红色透明液体	乳白色至粉红色蜡状固体
密度（20℃）/($g \cdot cm^{-3}$)	0.930～0.945	—
折光率 /n_D^{20}	1.480 0～1.486 0	—
黏度（20℃）/(mPa・s)	40～60	—
TiO_2 含量/%	7.0～9.0	7.0～9.0
pH 值	3～5	—
皂化值/($mg \cdot g^{-1}$)	—	180～240

（四）烷基苯磺酸钛酸酯偶联剂

烷基苯磺酸钛酸酯偶联剂主要是异丙基三（十二烷基苯磺酰基）钛酸酯，详见表 1.8.1-35。

表 1.8.1-35　烷基苯磺酸钛酸酯偶联剂

化学名称	结构式	相对分子质量（按 2016 年国际相对原子质量）
异丙基三（十二烷基苯磺酰基）钛酸酯（CAS 号：61417-55-8）	$(H_3C)_2CH-O-Ti-[O-S(=O)_2-C_6H_4-C_{12}H_{25}]_3$	1 083.34

拟定中的国家标准《钛酸酯及钛酸酯偶联剂》提出的烷基苯磺酸钛酸酯偶联剂的技术要求见表 1.8.1-36。

表 1.8.1-36　烷基苯磺酸钛酸酯偶联剂的技术要求

项目	指标
	异丙基三（十二烷基苯磺酰基）钛酸酯
外观	褐色至红褐色透明液体
密度（20℃）/($g \cdot cm^{-3}$)	?
黏度（20℃）/(mPa・s)	6 000～10 000
pH 值	1～3

烷基苯磺酸钛酸酯偶联剂的供应商见表 1.8.1-37。

表 1.8.1-37　烷基苯磺酸钛酸酯偶联剂的供应商

项目	南京曙光
	异丙基三（十二烷基苯磺酰基）钛酸酯
外观	褐色至红褐色透明液体
密度（20℃）/($g \cdot cm^{-3}$)	1.070～1.090
黏度（20℃）/(mPa・s)	6 000～10 000
pH 值	1～3

1.1.3　其他填料活化剂

（一）聚乙二醇

分子式：HO（CH_2CH_2O）nH，CAS 号：25322-68-3，蜡状物或粉末，熔点：55～61℃。

橡胶中一般使用较高相对分子质量的聚乙二醇，主要作为酸性填料如白炭黑、陶土的活化剂使用。本品可屏蔽填料如白炭黑表面的-OH，改善填料分散性；中和酸性填料，提高硫化速率。本品活性较 DEG（二甘醇）柔和，不易焦烧；三乙醇胺类易引起变色，而 PEG-4000 不会引起变色，是白炭黑活性剂中较好品种。也可作为各种硫化促进剂的活性剂，特别是对噻唑类促进剂有很好的活化作用，可提高硫化胶的拉伸强度，降低压缩永久变形；并可帮助制品离模，改善产品外观。

聚乙二醇的供应商见表 1.8.1-38。

表 1.8.1-38 聚乙二醇的供应商

供应商	商品名称	产地	相对分子质量	外观	有效含量/%	密度/(g·cm⁻³)	说明
金昌盛	PEG 4000	韩国	3 000～3 700	白色片状，无毒无味	99	1.03～1.12	白炭黑用量的1/10～1/12
	PEG 6000	韩国	5 500～7 000	白色片状，无毒无味	99	1.01～1.10	白炭黑用量的1/10
三门华迈	PEG 4000	中国	4 000～4 500	白色片状	99	1.03～1.12	—

（二）三乙醇胺

分子式：$C_6H_{15}NO_3$；相对分子质量：149.188 2；沸点：360℃；熔点：21.2℃；密度：1.124 2 ～1.125 8 g/cm³；折射率：1.482～1.485。

结构式：

triethanolamine

$$N\begin{cases}CH_2-CH_2-OH\\CH_2-CH_2-OH\\CH_2-CH_2-OH\end{cases}$$

无色至淡黄色透明黏稠微有氨味液体，有刺激性，低温时成为无色至淡黄色立方晶系晶体，露置于空气中时颜色渐渐变深，易溶于水。具吸湿性，能吸收二氧化碳及硫化氢等酸性气体。纯三乙醇胺对钢、铁、镍等材料不起作用，而对铜、铝及其合金有较大腐蚀性。

HG/T 3268—2002《工业用三乙醇胺》适用于以环氧乙烷与氨水反应制得的工业用三乙醇胺，Ⅰ型产品主要用于医药中间体及日用化工行业，Ⅱ型产品主要用于金属加工、皮革加工、表面活性剂及水泥增强剂等。HG/T 3268—2002《工业用三乙醇胺》中的Ⅰ型产品等效采用美国军用标准（美军标）A-A-59231（1998）《工业用乙醇胺（一乙醇胺和三乙醇胺）技术规格》。

本品在橡胶中主要用作白炭黑、陶土等酸性填料的酸碱调节剂，一般用量为填料的3%左右。本品也用作酸性促进剂的活化剂。易引起变色。

三乙醇胺的指标见表 1.8.1-39。

表 1.8.1-39 三乙醇胺的技术指标

项目	指标	
	Ⅰ型	Ⅱ型
三乙醇胺含量（≥）/%	99.0	75.0
一乙醇胺含量（≤）/%	0.50	由供需双方协商确定
二乙醇胺含量（≤）/%	0.50	由供需双方协商确定
水分（≤）/%	0.20	由供需双方协商确定
色度（≤）/(Pt-Co 色号)	50	80
密度 ρ_{20}/(g·cm⁻³)	1.122～1.127	—

（三）活化剂 ZTS（TM、ZBS）

化学名称：对甲苯亚磺酸锌。

结构式：

分子式：$C_{14}H_{14}O_4S_2Zn$；相对分子质量：375.78；CAS号：24345-02-6。

主要用于农药、塑料、橡胶等。用作填料、阻燃剂、AC发泡剂的活化剂，可明显改善制品性能。一般用量为1.5～2.0份，与发泡剂一起加入。

活化剂 ZTS 的供应商见表 1.8.1-40。

表 1.8.1-40 活化剂 ZTS 的供应商

供应商	外观	含量（≥）/%	初熔点（≥）/℃	加热减量（≤）/%	铁含量（≤）/ppm	重金属（≤）/ppm	密度/(g·cm⁻³)	筛余物（≤）/%（63 μm）
三门华迈	白色粉末	98	215	0.30	5	10	1.2	0.5

（四）醇类与胺类混合物

本品对白炭黑和白土有很好的分散作用和活化效果，可提高硫化速率。可作为二次促进剂使用，缩短硫化时间，提高物理性能。可替代 PEG 4000（聚乙二醇）和 DEG（二甘醇）等白炭黑活性剂，也可并用。

用法：炼胶前段与白炭黑等填充料一起加入。

醇类与胺类混合物的供应商见表 1.8.1-41。

表 1.8.1-41　醇类与胺类混合物的供应商

供应商	商品名称	化学组成	外观	密度/(g·cm⁻³)	说明
金昌盛	白炭黑活性剂 LS 450	高沸点醇类与胺类混合物	白色粉末	1.4	白炭黑用量的 3%～6%
中山涵信	518 白烟活性剂	灰分%：31.5±2 有效含量%：65±1.5	白色粉末		本品可全部或部分取代 DEG，使用本品的硫化胶能维持正常物性，无 DEG 用量增加时物性出现下降的现象。本品称量方便，硫化速率中等，无迁移、焦烧现象。建议用量为白烟用量的 2%～8%
苏州硕宏	Activator AT	有机胺类、高沸点醇类的惰性填料吸附产品，有效含量约 65%	白色粉末	松密度：约 0.53	可调节大量添加白炭黑时胶料的酸碱值，避免白炭黑因酸性或吸附性而对硫化速度产生的延迟；本品还可以避免因为单独使用醇类活性剂而导致的喷霜、吐油等不良状况

元庆国际贸易有限公司代理的中国台湾 EVERPOWER 公司填料活化剂 AL 450 的物化指标为：

成分：高沸点醇类及胺类混合物之衍生物；外观：白色之粉末；比重（20℃）：1.39；污染性：无；变色性：无；储存性：在低温、干燥处无限制。

本品可提高加工安全性，延长焦烧时间，防止焦烧；对白炭黑和白土有很好的活化效果和分散作用；可作为第二促进剂使用，缩短硫化时间；可提高硫化胶的物性（如撕裂强度、定伸强度、硬度及弹性）；在橡胶中可形成特殊之网状结构，防止物料迁移造成喷霜；能稳定高硬度胶料的硬度及有防水功能。

本品主要用于天然橡胶、合成橡胶、TPR 及 EVA 等作为为白炭黑的活化剂和分散剂，在 TPR 及 EVA 发泡制品中可帮助发泡剂均匀发泡。

在混炼初期与白炭黑等一起加入效果尤佳。做活化剂使用时是补强剂（白炭黑、白土）用量之 3%～6%；做第二促进剂使用时，用量为 1～2 份。

1.2　黏合增进剂

纯橡胶的橡胶制品往往难以满足实际使用需要，多数橡胶制品需要使用骨架材料作为主要受力部分复合制造，骨架材料同时也对橡胶制品在使用中形状的稳定起着重要作用。橡胶与骨架材料的牢固结合，不仅可以保护骨架材料，骨架材料的增强作用也才能得到充分的发挥。

橡胶制品对骨架材料的要求各异，以材质分主要有金属、天然纤维和合成纤维，以结构分主要有帆布、绳、帘线等。不同的复合制品应选择不同的黏合剂。橡胶黏合剂的种类见表 1.8.1-42。

表 1.8.1-42　橡胶黏合剂的种类

类型		工艺特征	典型品种	黏合材料
胶黏剂		喷、贴、刷	异氰酸酯橡胶胶黏剂 天然橡胶胶黏剂 丁苯橡胶胶黏剂 丁腈橡胶胶黏剂 氯丁橡胶胶黏剂 丁基橡胶胶黏剂	金属、木材 橡胶、织物 混凝土
浸渍黏合体系[a]		浸渍	RFL 体系	橡胶、织物
直接黏合体系	间-甲-白体系	混炼、配合	黏合剂 A、黏合剂 RS 等	橡胶、黄铜、锌、织物
	钴盐体系		硼酰化钴、新癸酸钴、环烷酸钴、硬脂酸钴、金属复盐等	
	改性木质素体系		改性木质素 LTN 150	
	三嗪体系		2-氯-4-氨基-6（间羟基苯氧基）-1，3，5 均三嗪（SW）等	
	其他		CaO	用于氟橡胶与金属的直接黏合
			Fe_2O_3	用于橡胶与金属的直接黏合，也可用于硅橡胶硫化胶之间的黏合
			单磺酰硫脲	用于丁腈橡胶与金属的直接黏合
			防老剂 BLE	用于硫黄硫化的丁腈橡胶、氯丁橡胶与镀铜钢丝的直接黏合

注 a：《国家鼓励的有毒有害原料（产品）替代品目录（2016 年版）》（工信部联节〔2016〕398 号）将用于轮胎帘子布、橡胶用输送带帆布等浸渍处理与用于各类线绳的浸渍处理的酚醛树脂（RFL）浸渍剂的替代品帘帆布 NF 浸渍剂（主要成分六亚甲基四胺络合物（RH）和六甲氧基甲基密胺的缩合物）、无溶剂纤维线绳浸渍剂（主要成分多亚甲基多苯基多异氰酸酯（聚合 MDI）、聚氨酯、液体橡胶（HT-PB））列入研发类目录，其中无溶剂纤维线绳浸渍剂当前最有效的为聚氨酯水分散液或聚氨酯乳液，羟甲基化改性、氨基化改性木质素也是一个可能的重要方向。

骨架材料的表面处理及与橡胶基质的黏合是十分重要的问题。在过去的几十年里，人们对橡胶黏合机理进行了很多研究，但至今尚没有达成统一的认识。对橡胶与骨架材料黏合机理的研究主要有以下几种：

（1）吸附理论。

吸附理论是最为流行的黏合理论。这种理论认为黏接物和被黏物之间是通过吸附作用黏接在一起的。黏合力主要是由黏合界面附近的黏合体系分子或是原子相互吸附，产生范德华力而黏合在一起的。黏合的过程主要分为两个方面：首先，黏合剂分子通过分子运动，迁移到被黏物的分子表面，加压和高温有利于该过程的进行；其次，当分子运动到被黏物表面达到足够小的距离时，范德华力就开始起作用，并随着距离的减少逐渐增大。吸附理论将黏合看作是一个以分子间力为基础的表面过程，该理论认为分子间作用力是黏合力的主要形式之一。但是吸附理论并不是普遍适用的，不能解释橡胶与镀铜钢丝的直接黏合体系的黏合。

（2）机械理论。

机械理论认为黏合是通过黏合剂渗透到被黏物粗糙的表面，在被黏物的表面生成钩合、锚合等机械力使得黏合剂与被黏物结合在一起。黏合剂黏接经过表面处理的材料的效果比表面光滑的材料的效果要好得多。但是，机械理论无法解释表面光滑的材料，如玻璃、金属的黏接。

（3）化学键理论。

化学键理论是目前最系统、最古老的理论。化学键理论是指两相材料之间通过在黏合界面处形成化学键获得的牢固的黏合。化学键力远远大于分子间作用力，能够产生很好的黏合强度。化学键理论已经被多种实验事实所证实，如橡胶与镀铜钢丝黏合。

（4）扩散理论。

扩散理论又称为分子渗透理论，是指两相材料的相互黏接是通过分子扩散的作用完成的，扩散使得两相界面相差致密的黏合层，进而将两相材料结合起来。这种扩散作用是在黏合界面处相互渗透进行的。扩散导致两相材料之间没有明显的黏合界面，只有一个过渡区的存在，黏合体系能够借助扩散获得良好的黏合性能。该理论能够很好地解释具有良好相容性的高分子之间的黏合，但是无法解释橡胶-金属之间的黏合。

（5）静电理论。

静电理论又称双电层理论，是指在干燥的环境下，两相材料在界面处有放电和发光的现象。但是很多科学家认为这种理论并没有直指黏合的本质。而且通过静电产生的黏合力只占总黏合力的很少一部分，对黏合的作用是微不足道的。另外，静电理论无法解释属性相同或相近两相材料之间的黏合。

橡胶与金属的黏合最早可以追溯到1850年，主要经历了硬质橡胶法、酚醛树脂法、镀黄铜法或黄铜法、卤化橡胶法等。目前，在橡胶制品中橡胶与金属黏合的方法主要是在橡胶的硫化过程中将橡胶与金属黏接起来。至今，国内外已开发出多种性能优异的胶黏剂，如Chemlok、Tylok、Metalok、Thixon、Chemosil（汉高）系列、Megum（麦固姆）系列等。特别是Chemlok系列胶黏剂，在橡胶工业黏合领域有较广泛的应用。

（1）硬质橡胶法是人们在1860年前后发现的，主要是在金属的表面贴一层硫黄用量较高的硬质橡胶，然后在其表面黏上复合材料进行硫化即可。这种方法至今在大型胶辊中还具有广泛的应用。虽然这种方法制造的产品有着较好的黏合效果，但是使用温度一般不能超过70℃。而且这种工艺需要较长时间的硫化，与铜或铜合金不能很好地黏合。

（2）镀黄铜法是一种不需要黏合剂就可以实现橡胶与金属黏合的一种黏合方法，是英国查理斯等人在1862年对橡胶与镀黄铜黏合进行研究之后才逐渐发展起来的。最初这种方法主要是应用在发动机的减振橡胶上。现在在轮胎的钢丝帘线上也在采用这种方法。镀黄铜法最主要的特点就是在硫化温度下，橡胶与镀铜钢丝的黏合与橡胶的硫化同时发生，而且不需要在钢丝的表面涂布黏合剂。其缺点主要是受到钢丝的表面性质决定的，而且有些大型制品的表面镀铜困难。

（3）酚醛树脂法是在第二次世界大战后发展起来的。酚醛树脂法橡胶与金属的黏合被认为是通过金属表面的化学吸附发生的，即黏结物与被黏物之间发生黏合时，金属键或离子键形成键合，发生特殊的反应。这种吸附一般认为是酚类有机化合物的络合反应或是类似的反应。

（4）卤化橡胶法是雷蒙德·瓦纳在1932年对溴化橡胶的黏合实验进行了研究而发展起来的。卤化橡胶黏合体系被认为是有着良好的热可塑性，并且随着硫化自身不发生固化反应。最显著的优点是其可以以液体的状态长时间贮存，使用范围广泛。

（5）橡胶与金属黏合的直接黏合法。

橡胶与金属的直接黏合法是指橡胶胶料在硫化过程中，橡胶与金属在界面处实现黏合的方法。目前，常用的直接黏合体系主要有间-甲-白黏合体系、有机钴盐、木质素、有机钴盐/白炭黑及三嗪黏合体系等。

到目前为止，在橡胶与镀铜钢丝黏合过程中产生的硫化层如何增强橡胶与镀铜钢丝之间的黏合强度仍然不是很清楚，普遍接受的观点是在橡胶与镀铜钢丝的黏合过程中，在黏合界面处形成Cu_xS层，x值为1.90～1.97。有机钴盐促进橡胶与镀铜钢丝黏合如图1.8.1-4所示。

橡胶与镀铜钢丝的黏合过程主要经历黏合界面的形成、稳定和黏合三个过程[1]。在橡胶的硫化前，胶料与镀铜钢丝之间只是物理上的接触，形成单调的接触界面。随着橡胶的硫化，橡胶中的硫黄向镀铜钢丝迁移，在橡胶与镀铜钢丝的界面处形成非计量系数的Cu_xS，并且形成的Cu_xS向橡胶层迁移，与硫化的橡胶形成互锁的结构，提高了橡胶与镀铜钢丝的黏合。

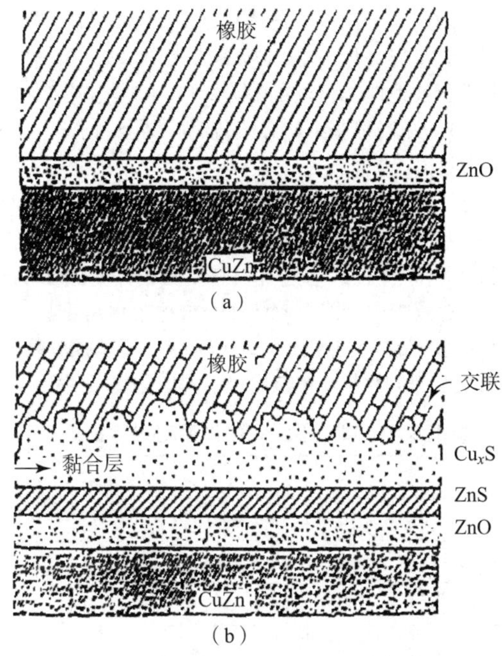

图 1.8.1-4　橡胶与镀铜钢丝黏合的机理

(a) 硫化前；(b) 硫化后

在橡胶与镀铜钢丝的黏合过程中，橡胶硫化与黏合界面形成的反应是相互协同、相互促进的。橡胶与硫黄的反应过程：

$$Rub+Sy \rightarrow Rub-Sy$$

$$Rub-Sy+Rub \rightarrow Rub-Sy-Rub$$

橡胶与镀铜钢丝的黏合过程：

$$CuZn+2S \rightarrow Cu_xS+ZnS$$

$$Cu_xS+Rub-Sy \rightarrow Cu_x-S-Sy-Rub$$

两种反应的协同进行是由硫黄的用量、Cu_xS 的产生速率和黄铜层的厚度决定的。在胶料配方中必须要加大硫黄的用量，以满足橡胶的硫化过程和黏合过程中硫黄的消耗。同时要在胶料配方中要配用迟效性促进剂，防止硫化反应过早进行，影响黏合界面的生成。

Van Ooij[2]在早期的研究中指出，橡胶与镀铜钢丝之间的黏合主要是通过 Cu_xS 层的建立，而且其黏合强度取决于硫化物层的厚度，即取决于镀黄铜层中铜的含量。随着橡胶硫化的进行，Cu_xS 层逐渐向橡胶层增长，与胶料形成强烈的机械互锁结构。Hotaka 等人[3]通过在橡胶硫化的过程中，在橡胶与镀铜钢丝的黏合界面处放入一张滤纸，将橡胶与黏合界面分开。研究发现在硫化之前，在钢丝的表面有 CuS 的形成，随着硫化的进行，CuS 逐渐脱硫形成具有黏合能力的 Cu_xS；他们还发现在产生 Cu_xS 的过程中，会有 FeS 和 ZnS 的生成，这两者对与黏合是没有贡献的，但是 ZnS 对于保持 Cu_xS 的黏合效果有着巨大的贡献。

另一方面，有相关文献报道，在橡胶的硫化交联的过程中，在黏合界面处能够形成 Cu－Sy－R 化学键，增强了橡胶与镀铜钢丝之间的黏合强度。在黏合的过程中，橡胶的硫化与黏合界面的形成过程中，都有硫黄的参与，因此橡胶的硫化与黏合界面的形成必须是同步进行的。如果硫化时间过短，橡胶的硫化过程中，硫黄被过多地消耗，导致黏合过程中的硫黄的量减少，降低了黏合强度；同样的，如果硫化过程中黏合消耗的硫黄过多，橡胶就有可能存在硫化不熟的现象。因此，与镀铜钢丝黏合的胶料要有较长的硫化时间，确保橡胶的硫化与黏合界面的形成过程同步进行[4]。

a) 间-甲-白直接黏合体系。

间-甲-白直接黏合体系是由亚甲基的给予体 HMMM（六甲氧基甲基密胺）或甲醛给予体 HMT（六亚甲基四胺）、间苯二酚单体或树脂型的间苯二酚给予体和白炭黑组成，又被称作 HRH 黏合体系。HRH 黏合体系适用于多种骨架材料的黏合，如合成纤维、天然纤维及镀黄铜、镀铜等。最典型的 HRH 黏合体系的组成是间苯二酚 2.5～3.8 份，HMT1.5～2.5 份，白炭黑 15 份[5]。其黏合机理被认为是间苯二酚作为甲醛或是亚甲基的接受体，在硫化温度下，与亚甲基发生低聚缩合，形成酚醛型黏合树脂，该树脂能够继续发生反应。

当橡胶与金属表面进行黏合的时候，酚醛树脂中含有的羟基和羟甲基有着较强的极性，能够与金属表面的极性分子产生键合，从而将橡胶与金属黏接起来[6]。组分中的白炭黑作为一种黏合增进剂，而且白炭黑表面的硅羟基结构能够吸附橡胶基体中的自由水，减少了水对黏合界面的破坏，同时白炭黑的酸性表面能够延迟橡胶的硫化时间，使得橡胶能够保持较长时间的流动，增大了橡胶与金属的接触面积，提高了橡胶与金属的黏合[7][8]。

HRH 黏合体系的主要优点是可以控制橡胶与骨架材料黏合反应的历程，使得橡胶的硫化、橡胶与骨架材料之间的黏合同步发生。但是，由于间-甲-白体系有着较强的极性，在橡胶基体中较难分散，容易喷霜；高温时，间苯二酚升华，有刺激型气味，危害人体健康，对环境有一定的污染[9]。为了解决这一问题，国内外研究了一些新型的黏合剂，如 RE（间苯二酚与乙醛的低聚物，摩尔比为 2∶1)、RA-65（65%的六甲氧基甲基蜜胺 HMMM 与加载体复配而成)、RS（间苯二酚与硬脂酸的共融物，摩尔比为 1∶1)、RS-11、R-80、RC 等。其中 RA-65 的黏合效果较好，而且适用于天然橡胶、聚丁二烯橡胶和丁苯橡胶与镀铜钢丝帘线及各种裸露钢丝的黏合[10]；由黏合剂 A 和多元酚缩合制得的预缩聚树脂型的新型黏合剂 AB-30，含有大量的甲氧基、酚基和羟甲基结构，硫化时，黏合剂 AB-30 能够与橡胶发生交联，形成三维网络结构，迁移到材料表面，有着良好的黏合效果[11]。

间-甲-白直接黏合体系用于白胚锦纶和人造丝均可得到较好的黏合水平，用于棉纤维黏合水平则更高。但是对于聚酯来说，六甲撑四胺（HMT）组分中的剩余胺会以化学腐蚀的方式使聚酯产生相当大的降解，使用聚酯作为骨架材料时，最好采用六甲基蜜胺（HMMM）作为次甲基给予体，因为这种材料对聚酯的有害影响几乎可以忽略不计。同样的，因为天然橡胶中存在蛋白质，所以聚酯纤维在天然橡胶中的降解趋势比合成橡胶更厉害。在实验室试验中，聚酯帘线埋入橡胶中在 175℃的温度下加速老化 2 h，天然橡胶胶料黏合强度损失高达 50%，丁苯橡胶胶料黏合强度仅损失 20%～25%。

硫化体系对间-甲-白直接黏合体系的黏合性能有显著影响。不同硫化体系对黏合的影响见表 1.8.1-43。

表 1.8.1-43　不同硫化体系对黏合的影响

硫化体系		硫化时间（153℃）/min	黏合剥离[b]/(kN·m^{-1})
配合剂	份数/phr		
MBTS S	0.6 2.5	15	21.0
CBS S	0.5 2.5	12.5	18.7
MBTS DPG S	0.4 0.2 2.5	12.5	18.0
NOBS S	0.5 2.5	15.0	19.0
MBTS TMTD S	0.4 0.1 2.5	10.0	13.7
CBS S	4.0 0.5	15.0	10.5
CBS S BDTPTS[a]	2.0 1.0 1.0	12.0	12.0
TMTD	3.0	12.0	2.1
CBS BDTPTS	2.0 3.0	15.0	1.7

注 a：BDTPTS——双-（二乙基硫代磷酰）三硫化合物，Vulnax 公司。

注 b：用浸渍过的锦纶织物与天然橡胶胶料两层剥离试验。

在硫黄—促进剂体系中，MBTS 促进剂的黏合强度最高。如果使用噻唑类做第二促进剂，无论并用次磺酰胺类或者是仲胺类（DPG 等）促进剂，黏合强度都会降低。降低硫黄浓度会大幅度降低黏合强度，以促进剂 CBS 为挤出的 EV（高效硫化）体系，仅获得硫黄普通用量 60%左右的黏合强度；使用秋兰姆低硫体系或用硫黄给予体，几乎没有黏合。

间-甲-白体系黏接强度比钴盐体系高，附胶量高二级，但耐老化性能偏低。

b）有机钴盐增黏体系。

有机钴盐是橡胶与镀铜钢丝或是钢丝帘线黏合的专用黏合增进剂，可以单独用于橡胶与镀铜钢丝的黏合。目前，国内外常用的有机钴盐主要有硼酰化钴、葵酸钴、硬脂酸钴、环烷酸钴等。在有机钴盐的增黏过程中，起黏合作用的主要是钴离子。

关于有机钴盐增进黏合的机理，较为普遍的观点是有机钴盐的加入能够促进活性产物 Cu_xS 的生成，调整 Cu_xS 的生成速率。不同有机钴盐的调节能力是不同的，各种有机钴盐的反应活性为：硼酰化钴>新癸酸钴>环烷酸钴>硬脂酸钴[12]。在钴盐体系黏合剂中，硼酰化钴和新癸酸钴由于钴的质量分数相对比较高，有着较高的活性，得到了广泛的应用，特别是硼酰化钴还具有良好的防老化效果[13]。一般来说，在 100 份的橡胶中，金属钴的含量应该为 0.3 份左右[14]。若钴离子的量过大，会加速形成大量的非活性的硫化铜，黏合强度下降，而且会加速橡胶老化。如果加入的钴离子量过小，在黏合界面处很难生成硫化亚铜层，使得黏合性能下降[15~17]。

镀层中铜锌的比例也是决定黏合效果的重要因素。金属铜是相对比较活泼的金属，如果使用纯金属铜，反应非常剧烈，迅速产生硫化亚铜，难以与橡胶的硫化速率匹配。镀层中的锌能够有效抑制铜的活性，使得生成硫化亚铜的速率降低；同时，锌能够与硫黄发生反应形成硫化锌，也起到增强黏合效果的作用[18]；最后，锌能够与钢丝形成原电池的形式，有效地保护了钢丝不被腐蚀[19]。

钴盐黏合体系对天然橡胶最佳，异戊橡胶和顺丁橡胶其次，丁基橡胶、丁腈橡胶和氯丁橡胶较差。

c）木质素黏合体系。

木质素的结构单元为愈疮木基苯丙烷、紫丁香基苯丙烷、对羟基苯丙烷。分子式如下：

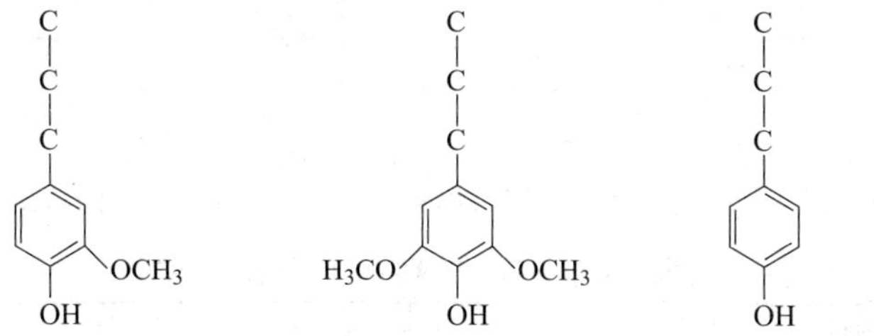

愈疮木基苯丙烷　　紫丁香基苯丙烷　　对羟基苯丙烷

木质素经羟甲基化改性，其分子结构类似于固化的三维网状酚醛树脂，其黏合机理类似于间-甲-白体系，具有无毒、无污染，老化后黏合强度保持率高等特点，可单用，也可与白炭黑并用。

d）三嗪体系。

三嗪体系是一种单组分直接黏合体系，是在 20 世纪 70 年代逐渐发展起来的。相比于有机钴盐，有着较好的耐老化效果，比间-甲-白黏合体系简单，在胶料加工过程中不易喷霜，容易分散，加工过程中不冒白烟，具有良好的焦烧安全性。用于橡胶与镀铜钢丝和聚酯帘线的黏合，可以作为制造轮胎、胶管、密封件等的黏合剂。

用作黏合体系三嗪衍生物的化学结构如下：

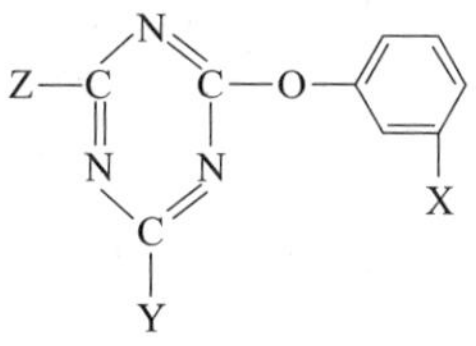

式中，X 为氨基、羟基、卤素原子；Y 为氯原子或是巯基；Z 为氨基。具有代表性的是 2 -氯- 4 -氨基- 6（间羟基苯氧基）- 1，3，5 均三嗪（SW）。均三嗪的结构与苯环结构非常相似，分子可以形成共轭结构；同时苯氧基上的氧原子使得苯环上的电子云密度升高，胶料或金属表面的亲电试剂容易在苯氧基的临对位发生亲电反应，从而使得橡胶与镀铜钢丝发生黏合。三嗪黏合体系中，硫黄的用量一般为 3 份左右，而且三嗪组分要在炼胶的初期加入[20]。

e）其他黏合体系。

（a）氧化物。

氧化钙主要用于氟橡胶，可与金属直接黏合，一般配合为：氟橡胶 100 份、炉法炭黑 60 份、氢氧化钙 6 份、氧化镁 3 份、氧化钙 5 份。黏接前金属表面应经喷砂处理并烘干。

氧化铁主要用于橡胶与金属的直接黏合，详见本手册第一部分第五章．第二节．6.2 与第二章．第一节．3.1。氧化铁也可用于硅橡胶硫化胶之间的黏合，常用的胶黏剂配方举例如下：乙烯基硅橡胶 100 份、气相法白炭黑 35 份、三氧化二铁 5 份、硼酸正丁酯 3 份、膏状硫化剂 DCBP 3 份。

（b）单磺酰硫脲为硫脲衍生物，结构通式为 $RSO_2NHSNHC_6H_5$（R 为芳基或烷基），可用作促进剂与黏合增进剂，室温下由硫酰胺钠盐与硫氰酸苯酯反应制得，无毒，可用于药品制剂，主要用于丁腈橡胶与金属的直接黏合。

（c）BLE 既是防老剂，也可用于硫黄硫化的丁腈橡胶或氯丁橡胶与镀铜钢丝的直接黏接，黏接水平与间-甲-白体系相近，在过氧化物交联体系中则无效。

1.2.1　间-甲-白体系黏合剂

间-甲-白黏合体系黏合剂中，黏合剂 A、黏合剂 RA 和黏合剂 RH 等为“亚甲基给予体”，在硫化过程中释放出亚甲基；间苯二酚、黏合剂 RS、黏合剂 RE 和黏合剂 RS - 11 等为“亚甲基接受体”，在硫化过程中能和“亚甲基给予体”释放出来的亚甲基进行树脂化反应。黏合剂 RL、黏合剂 RH、黏合剂 SW 和黏合剂 AB - 30 的分子结构中同时包含有亚甲基给予体和亚甲基接受体。

黏合剂 RP 和黏合剂 RP - L 是聚酯帘布、线绳的浸渍剂。

（一）间苯二酚（R - 80）及其混合物

本品属于亚甲基接受体，需与 2.5 份黏合剂 A、黏合剂 RA 树脂等亚甲基给予体配合使用，本品应在混炼前段投入，亚甲基给予体应在混炼终炼时投入。本品比纯间苯二酚在胶料中易分散，减少冒烟，遇空气颜色变暗，但不影响黏合性能。

上海安诺芳胺化学品有限公司企业标准对间苯二酚的技术要求见表 1.8.1 - 44。

表 1.8.1-44　间苯二酚的质量要求

指标	单位	标准值
外观	—	白色至浅棕色片状，储存时允许颜色变深
干品结晶点	℃	≥109.0
间苯二酚含量（化学法）	%	≥99.00
间苯二酚含量（HPLC）	%	≥99.70
对苯二酚含量（HPLC）	%	≤0.05
邻苯二酚含量（HPLC）	%	≤0.10
苯酚含量（HPLC）	%	≤0.10

HG/T 2188-1991《橡胶用胶粘剂 RS》适用于间苯二酚与硬脂酸共熔制得的间苯二酚给予体黏合剂。本品比纯间苯二酚在胶料中易分散，减少冒烟，遇空气颜色变暗，但不影响黏合性能。胶黏剂 RS 的技术要求见表 1.8.1-45。

表 1.8.1-45　胶黏剂 RS 的技术要求

项目	指标
外观	灰色或浅褐色片状
间苯二酚含量（≤）/%	58.0～62.0
灰分（≤）/%	0.10
密度/(g・cm^{-3})	1.102～1.160

间苯二酚及其混合物的供应商见表 1.8.1-46。

表 1.8.1-46　间苯二酚及其混合物的供应商

供应商	商品名称	化学组成	外观	间苯二酚含量/%	灰分(≤)/%	密度/(g・cm^{-3})	分解温度/℃	说明
上海安诺	间苯二酚	间苯二酚（HPLC 含量≥99.5%）	白色片状，外观在贮存时允许颜色变深					间苯二酚是间一甲一白黏合体系中的关键核心原材料，在橡胶混炼中以纯间苯二酚、间苯二酚预分散体（R－80）以及间苯二酚甲醛、乙醛预缩合树脂等应用形式出现。
宜兴国立	黏合剂 RS	间苯二酚-硬脂酸 2∶1 共熔体	灰色或浅褐色片状	58～62	0.10	1.102～1.160		用量为 2～5 份
	黏合剂 RK	间苯二酚衍生物与活性填料的 1∶1 混合物	白色或浅棕色粉末，有醋酸味	—	—	1.55	140	用量为 8 份，黏合剂 A2.3～4.6 份，白炭黑 10～30 份，最适合 CR 制品
	黏合剂 RL	间苯二酚与黏合剂 A 的混合物	高黏性棕色液体	—	—	1.2	—	用量 3～5 份或更高，与白炭黑组成间-甲-白黏合体系；存放后有甲醛气味说明已失效
常州曙光	黏合剂 RS-11	间苯二酚与无机或有机载体的复合物	灰白色至红棕褐色粉末	—	42～48	—	—	无粉尘，易分散。贮存时间长，会因空气氧化由白色变成棕色，但不影响黏合性能
	黏合剂 RS	间苯二酚和硬脂酸按一定比例的熔体	白色至红棕色片状	58～62	0.10	1.102～1.160	—	
	黏合剂 RL	间苯二酚与黏合剂 A 按一定比例的复合物	棕红色高黏度液体	43～47	—	1.15～1.25	—	RL 是间甲双组分复合黏合剂，在任何温度下混炼，都容易在胶料中均一分散。在 20℃ 下贮存 6 个月，高温时有树脂化的危险
锐巴化工	R-80 GS	80%间苯二酚	白色颗粒	65～75	0.10	1.15	—	橡胶和钢丝黏合

续表

供应商	商品名称	化学组成	外观	间苯二酚含量/%	灰分(≤)/%	密度/(g·cm^{-3})	分解温度/℃	说明
阳谷华泰	R-80	80%间苯二酚	乳白色至棕色颗粒	—	—	—	—	EPDM/EVM 载体
	R-80/SBR	80%间苯二酚	乳白色至棕色颗粒	—	—	—	—	SBR 载体

（二）黏合剂 RF

化学组成：间苯二酚甲醛预缩合树脂

本品替代间苯二酚，用作橡胶与钢丝帘线或纤维的黏合增进剂，游离苯酚含量低于1%，可减轻升华现象及烟雾，减少刺激性气味的产生，减轻对环境的污染。

硫化胶表现出比间苯二酚更好的耐老化特性，特别是热老化后的氢抽出有一定改善。

黏合剂 RF 的供应商见表 1.8.1-47～表 1.8.1-48。

表 1.8.1-47　黏合剂 RF 的供应商（一）

供应商	商品名称	化学组成	外观	软化点/℃	熔点/℃	动态黏度/(mPa·s)	游离苯酚/%	密度/(g·cm^{-3})	说明
金昌盛(ALLNEX 美国)	ALLNEX PN759 酚醛树脂	改性苯酚酚醛树脂	淡黄色粒状	83～118(环球法)	62～82(毛细管法)	500～1 500(溶解于50% MOP溶液，23℃)	<1	1.25	用量为2～5份；与固化剂 HMMM 1∶1并用，本品在混炼前段加入，HMMM在混炼后段加入
宜兴国立	GLR-20	改性间苯二酚甲醛树脂	棕黑色粒状	99～109	—	—	—	—	用量为2～5份，并用2～5份的黏合剂 RA、RA-65 或其他亚甲基给予体
常州曙光	黏合剂 RFS-20	—	深红棕色粒状	95.0～109.0	—	—	—	1.220～1.260	—

表 1.8.1-48　黏合剂 RF 的供应商（二）

供应商	规格型号	化学组成	外观	软化点/℃	湿气含量/%	游离酚/%	说明
华奇(中国)化工有限公司	黏合剂 SL-3020	改性间苯二酚甲醛树脂	红棕色颗粒	99～109	≤0.7	≤5.0	主要应用于轮胎如胎体、带束、过渡层及其他橡胶制品
	黏合剂 SL-3022	改性间苯二酚甲醛树脂	红棕色颗粒	95～109	≤1.0	≤6.0	
	黏合剂 SL-3023	改性间苯二酚甲醛树脂	红棕色颗粒	95～109	≤1.0	≤8.0	
	黏合剂 SL-3030	改性间苯二酚甲醛树脂	红棕色至棕褐色颗粒	95～110	≤1.0	≤8.0	
	黏合剂 SL-3090	改性间苯二酚甲醛树脂	红棕色颗粒	90～105	≤1.0(加热减量)	—	
	黏合剂 SL-3061	间甲酚甲醛树脂	黄色至琥珀色颗粒	92～107	≤2.0	—	
	黏合剂 SL-3062	改性间苯二酚甲醛树脂	橙色至红棕色颗粒	90～110	≤2.0	—	
	黏合剂 SL-3005	改性酚醛黏合树脂	无色至淡黄色颗粒	95～105	≤0.7(加热减量)	—	
	黏合剂 SL-3006	改性酚醛黏合树脂	无色至橙色颗粒	95～115	—	≤1.0	
阳谷华泰	AR1005	改性间苯二酚甲醛树脂	红棕色颗粒	95～105	—	<3	与亚甲基给予体 HEXA-80 或 HMMM-55 等配合使用，广泛地用于提高橡胶与钢丝、帘线、锦纶等骨架材料的黏合力。不会出现升华发烟现象

续表

供应商	规格型号	化学组成	外观	软化点/℃	湿气含量/%	游离酚/%	说明
上海安诺	黏合树脂 AN-220	改性间苯二酚甲醛树脂	红棕色或深棕色颗粒	99～109	≤1.0	≤5.0	间苯二酚甲醛树脂系列产品与亚甲基给予体A、RA等配合使用，应用在轮胎带束层、胎体等部位
	黏合树脂 AN-2102	间苯二酚预缩合树脂	红褐色颗粒	101～112	≤0.7	≤11.0	
	黏合树脂 AN-230	改性间苯二酚甲醛树脂	褐色颗粒	99～110	≤2.0	≤8.2	
	黏合树脂 AN-240	改性间苯二酚甲醛树脂	深红棕色片状	100～110		≤0.5	

（三）黏合剂 RE

化学组成：间苯二酚乙醛预缩合树脂，也称6#树脂，主要用做酚醛树脂类型黏合体系的次甲基接受体；也可单独使用作为胶料的增黏剂，提高胶料黏性。

本品由过量的间苯二酚与含量为40%的乙醛水溶液在酸性条件下缩合，脱水后制得。本品易溶于水、丙酮，不溶于苯、甲苯、正庚烷，易吸湿，应贮存于干燥风凉处。本品是一种亚甲基接受体，需与2.5份黏合剂A、黏合剂RA树脂等亚甲基给予体配合使用，本品应在混炼前段投入，次甲基给予体应在混炼终炼时投入。

黏合剂RE与黏合剂A并用，可提高间-甲-白体系的耐热老化、抗动态疲劳和耐湿性能。

HG/T 2189—1991《橡胶用胶黏剂RE》适用于间苯二酚与乙醛在酸催化条件下缩合而得的产物黏合剂RE。黏合剂RE的技术要求见表1.8.1-49。

表 1.8.1-49　黏合剂 RE 的技术要求

项目	指标
外观	暗红棕色半透明琥珀状固体
软化点/℃	60～85
密度/($g \cdot cm^{-3}$)	1.295～1.335

黏合剂RE的供应商见表1.8.1-50。

表 1.8.1-50　黏合剂 RE 的供应商

供应商	商品名称	外观	软化点/℃	密度/($g \cdot cm^{-3}$)	说明
常州曙光	黏合剂 RE	暗红棕色半透明琥珀状固体	65～80	1.295～1.335	—
宜兴国立	黏合剂 RE	暗红棕色半透明琥珀状固体	60～85	1.295～1.335	用量为2～5份

（四）黏合剂 RH

化学组成：间苯二酚-六次甲基四胺络合物；分子式：$C_6H_4(OH)_2 \cdot (CH_2)_6N_4$；相对分子质量：250.31；分解温度：120℃。

结构式：

OH — O···H⁺···N—CH₂—N (CH₂, N, CH₂, CH₂, N, CH₂, CH₂)

间苯二酚与六亚甲基四胺水溶液在50℃下络合，过滤、洗涤、干燥后即得成品。本品主要用做酚醛树脂类型黏合体系的次甲基给予体；也可单独使用，做胶料增硬剂。本品微溶于水，几乎不溶于有机溶剂，在110～120℃会发生缩合反应，放出胺生成不溶性树脂。本品可单组分使用，或作为亚甲基给予体和亚甲基接受体使用，一般在混炼后期胶温90℃以下加入。

HG/T 2190—1991《橡胶用黏合剂RH》适用于间苯二酚与六次甲基四胺络合而得的产物——黏合剂RH，黏合剂RH的技术要求见表1.8.1-51。

表 1.8.1-51 黏合剂 RH 的技术要求

项目	指标
外观	粉红色或淡褐色粉末
加热减量（≤）/%	1.0
细度（80 目筛筛余物）（≤）/%	1.0
氮含量/%	21.5±1.0

黏合剂 RH 的供应商见表 1.8.1-52。

表 1.8.1-52 黏合剂 RH 的供应商

供应商	商品名称	外观	加热减量/%	氮含量/%	筛余物/%（80 目）	说明
宜兴国立	黏合剂 RH	粉红色或淡褐色粉末	≤1.0	21.5±1.0	≤1.0	用量 2～3 份
常州曙光	黏合剂 RH	白色至微黄色或微红色	≤1.0	20.5-22.5%	≤1.0	用量 4 份左右

（五）橡胶黏合剂 A（黏合剂 HMMM、密胺树脂）

化学名称：六甲氧基甲基密胺、六羟甲基三聚氰胺六甲醚、2，4，6-三［双（甲氧基甲基）氨基］-1，3，5-三嗪、2，4，6-三［双（甲氧基甲基）氨基］-1，3，5-三嗪六甲氧基甲基蜜胺。

结构式：

hexamethoxy lmethy lmelamine

$H_3COH_2C—N—CH_2OCH_3$

H_3COH_2C　　　　　CH_2OCH_3

N—C（三嗪环：C、N、C、N、C、N）C—N

H_3COH_2C　　　　　CH_2OCH_3

分子式：$C_{15}H_{30}N_6O_6$；相对分子质量：390.435 3；CAS 号：3089-11-0；密度：1.205～1.220 g/cm³；沸点：487℃；闪点：248.3℃；蒸气压：1.23E-09 mmHg。

黏合剂 A 由三聚氰胺在甲醛水溶液中溶解，制得六羟甲基蜜胺，再与甲醇缩合，经脱水分离制得。本品是一种亚甲基给予体，需与 2～5 份 GLR-18、GLR-19、GLR-20、RE 树脂等亚甲基接受体配合使用，亚甲基接受体应在混炼前段投入，本品应在混炼终炼时投入。本品在胶料中易分散，比六甲基四胺加工性能优异。

HG/T 2191—1991《橡胶用黏合剂 A》适用于通过密胺的羟甲基化和醚化后制得的六甲氧基甲基密胺型次甲基给予体黏合剂，橡胶用黏合剂 A 的技术要求见表 1.8.1-53。

表 1.8.1-53 橡胶黏合剂 A 的技术要求

项目	指标
外观	无色透明液体或蜡状体
游离甲醛含量（≤）/%	5.0
结合甲醛含量（≥）/%	40.0
密度/(g·cm⁻³)	1.205～1.220

黏合剂 A（黏合剂 HMMM）的供应商见表 1.8.1-54。

表 1.8.1-54 黏合剂 A（黏合剂 HMMM）的供应商

供应商	商品名称	化学组成	外观	灰分/%（850℃）	水分/%（共沸蒸馏法）	结合甲醛含量/%	游离甲醛含量/%	筛余物/%（325 目湿法）	说明
宜兴国立	黏合剂 A	—	无色透明液体或蜡状	—	—	≥40	≤5.0	—	用量为 1.5～3 份
常州曙光	黏合剂 A	—	—	—	—	≥40	≤5.0	—	
	RA-65	65%的黏合剂 A 与载体复配	白色粉末	29～35	≤5.0	≥40	≤0.1	≤0.3	用量为 2～5 份

续表

供应商	商品名称	化学组成	外观	灰分/%（850℃）	水分/%（共沸蒸馏法）	结合甲醛含量/%	游离甲醛含量/%	筛余物/%（325目湿法）	说明
常州曙光	黏合剂RA	黏合剂A与无机或有机载体复配	白色粉末	30～38	≤4.5	≥40	≤0.1	≤0.3	用量为2～5份
	黏合剂HMMM72	黏合剂A与无机或有机载体复配	白色粉末	24.0～30.0	≤5.0	≥40.0	≤0.1	≤1.0	—
	黏合剂CS963	多甲氧基甲基三聚氰胺树脂	无色透明黏稠状液体	—	—	≥43.0	≤0.1	—	比黏合剂A易分散，具有更低的游离甲醛，更高的黏合活性，更好的贮存稳定性和环保性能
	黏合剂CS964	CS963与无机或有机载体的复合物	白色流动性粉末	29.0～35.0	≤4.5	—	≤0.1	≤0.3	同RA-65相比具有更好的操作性和分散性，更低的粉尘量，可避免局部或短时温度过高引起的黏合剂提前固化；同橡胶有更好的相容性，减少喷霜现象；固化时有更高的交联度；具有更低的游离醛，对皮肤无刺激性
阳谷华泰	黏合促进剂HMMM	—	无色透明液体或蜡状	—	—	≥40	≤3.0	—	低游离甲醛含量
	HMMM-55	55%HMMM	白色颗粒	—	—	—	—	—	SBR为载体
	黏合促进剂RA65	—	白色粉末	29～35	≤5.0	≥40	≤0.1	≤0.3	—
	RA65-80	80%RA65	白色颗粒	—	—	—	—	—	SBR为载体
宁波硫华聚合物有限公司	HMMM-50GE	—	—	—	—	—	—	—	—
	HMMM-50								

（六）黏合剂RC

本品由AB-30（以三聚氰胺树脂为母体经接枝共聚而反应生成的复杂化合物）与无机或有机载体按一定比例混合制得。本品兼具甲醛给予体及甲醛接受体的双重功能，属间-甲-白黏合体系，适用于橡胶与各种骨架材料包括镀锌钢丝、镀铜钢丝、聚酯等的黏合，也特别适用于氟橡胶与帆布、锦纶、芳纶的黏合，使用时可并用白炭黑10～15份，或并用钴盐0.5份。

黏合剂RC的供应商见表1.8.1-55。

表1.8.1-55　黏合剂RC的供应商

供应商	商品名称	外观	加热减量/%	灰分/%	筛余物（80目）/%	说明
黄岩东海	黏合剂RC	白色粉末	≤6.0	21.5±1.0	≤1.0	用量为3～5份
常州曙光	黏合剂RC	白色至微黄色粉末	≤4.5	30.0～38.0	—	用量为4～6份

（七）三聚氰胺化合物

本品为六甲氧甲基蜜胺与多元酚的衍生物，是黏合剂A与多元酚加热熔融，搅拌排料，冷至室温得到的蜡状体。适用于橡胶与镀铜钢丝、玻璃纤维、人造丝、聚酯及聚酰胺等骨架材料的黏合，特别是应用于氟橡胶与帆布、锦纶、芳纶的黏合，效果更为突出。本品在胶料中易分散，可提高胶料的塑性，生热低，不污染胶料，老化后具有良好的黏合保持性；本品具有亚甲基接受体与给予体双重功能，单组分使用，并用白炭黑10～15份，如与钴盐体系并用，黏合效果更佳。

三聚氰胺化合物的供应商见表1.8.1-56。

表 1.8.1-56　三聚氰胺化合物的供应商

供应商	商品名称	外观	有效含量/%	加热减量/%	pH 值	密度/($g\cdot cm^{-3}$)	说明
宜兴国立	黏合剂 AS-88	白色蜡状固体	—	—	6.5-7.5	1.20±0.04	高温不变色；老化后黏合性能保持良好；溶于汽油，可加入汽油胶浆中使用。一般用量为 1～3 份，强烈的刺激性气味
	黏合剂 EA	白色粉状	≥65.0	≤6.0 (80℃×1 h)	—	—	一般用量为 3～53 份，特别适用于氟胶与骨架材料的黏合
常州曙光	AB-30	白色蜡状固体	—	≤1.0	—	1.160～1.260	用量 4 份左右。在胶料中易分散，可提高胶料的塑性，生热低，不污染胶料，老化后具有良好的黏合保持性

（八）间苯二酚及苯乙烯与甲醛的反应产物（SL-3020 树脂）

结构式：

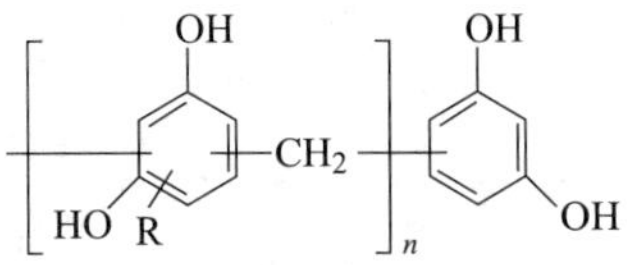

式中，R 为氢或芳烷基或苯乙烯。

由于橡胶一段混炼的温度有时可高达 160～180℃，间苯二酚在这个温度下会产生显著的冒烟现象（R-80 开始大量失重温度为 150℃），所以通常情况下，间苯二酚一般在二段混炼时加入。因 SL-3020 树脂经预缩合改性，开始失重温度接近 200℃，所以 SL-3020 树脂可以在一段混炼时加入；SL-3020 树脂相比 R-80 具有更好的动态性能；焦烧安全性比 R-80 高，硫化时间较长，能获得更好的黏合性能、更高的硬度和动态模量。

SL-3020 树脂用于间-甲黏合体系的用量为 1.5～2.0 份，与 HMMM 的比例为 1∶1.0～1.5，过多的 HMMM 会延长硫化时间。一般应在二段混炼时加入。

SL-3020 树脂的供应商见表 1.8.1-57。

表 1.8.1-57　SL-3020 树脂的供应商

供应商	商品名称	外观	软化点/℃（环球法）	加热减量(≤)/%	pH 值（50%乙醇溶液）	游离酚含量(≤)/%
华奇（中国）化工有限公司	SL-3020 树脂	红棕色颗粒	99～109	0.7	4～6	5

属于间-甲-白黏合体系的黏合剂还有：

黏合剂 RA，是六甲氧基甲基密胺与活性填料的混合物。

黏合剂 RP，化学名称为 2，6-二（2，4-二羟苯甲基）-4-氯苯酚，白色粉末，熔点 180～200℃，分子结构式：

2，6—bis（2，4—dihydroxy benzyl）—4—chlorophenlo

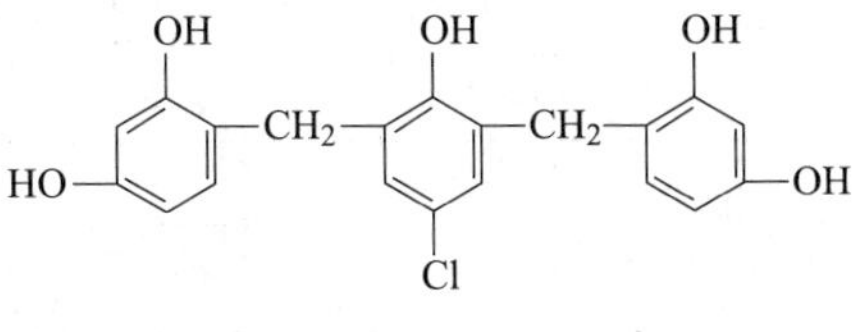

黏合剂 RP-L，是对氯酚、间苯二酚与甲醛的共聚物，褐色液体。

黏合剂 SW，化学名称为 2-氨基-4-氯-6-间羟基苯氧基三嗪，灰白色或淡黄色粉末，相对密度为 1.28 g/cm^3，熔点为 200℃，分子结构式：

2—aemino—4—chloro—hydroxy triazine

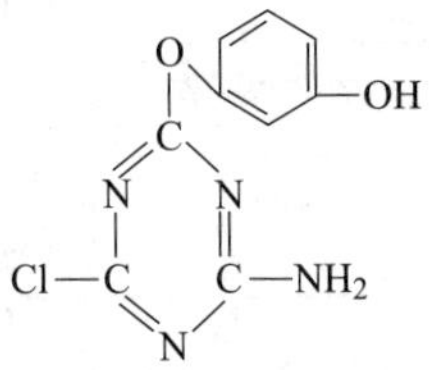

1.2.2　钴盐黏合体系

钴盐体系黏合剂对促进剂类型十分敏感，通常与次磺酰胺类促进剂配合，与间-甲-白体系能产生协同效应。

在钴盐体系黏合剂中，综合性能最好的是硼酰化钴和新癸酸钴，特别是硼酰化钴还具有良好的防老化效果。

钴盐体系黏合剂一般用量为 0.15～1.0 份。

（一）环烷酸钴 RC－N10

环烷酸钴 RC－N10 又名萘酸钴、石油酸钴、环己烷酸钴、六氢苯甲酸钴。

结构式：

$$\left[\begin{matrix}\mathrm{RCH{-}CHR} \\ | \\ \mathrm{RCH{-}CHR}\end{matrix}\!\!>\mathrm{CH(CH_2)}_n\mathrm{COO}\right]_2\mathrm{Co}$$

式中，R 为（CH）H 或 H。

通式：$(CnH_{2}n_{-1}COO)_2Co$，式中 n 为 7～18，CAS 号：61789－51－3。

钴是一种可变价金属，具有离子高低价态的迁移所需能量相近和较易从环烷酸的羧基中脱离的特性。本品主要用作橡胶与镀铜、镀锌钢丝的黏合增进剂。

环烷酸钴 RC－N10 的供应商见表 1.8.1－58。

表 1.8.1－58　环烷酸钴 RC－N10 的供应商

供应商	商品名称	外观	软化点/℃	钴含量/%	加热减量(105℃×2 h)/%	庚烷不溶物/%	酸值/(mgKOH · g^{-1})(按萃取环烷酸)	说明
上海长风化工厂	固体环烷酸钴 CF－N10	褐紫蓝色粒状固体	70	10±0.5	≤1.0	—	—	用量为 2.6～3.5 份
浙江金茂橡胶助剂品有限公司	固体环烷酸钴 JM－N10	蓝紫色粒状	80～100	10±0.5	≤1.5	≤0.2	190～245	—

（二）新癸酸钴

分子通式：$C_9H_{19}CO_2CoCO_2C_nH_{2n+1}$（2≤$n$≤13），CAS 号：27253－31－2。

结构通式：

$$\mathrm{C_9H_{19}{-}\overset{\overset{\displaystyle C}{\|}}{C}{-}O{-}Co{-}O{-}\overset{\overset{\displaystyle O}{\|}}{C}{-}C_nH_{2n+1}}$$

本品为直接黏合增进剂，用量为 1～2 份。

HG/T 4073—2008《新癸酸钴》适用于亚钴碱性化合物与以新癸酸为主的混合羧酸进行皂化反应而制得的以新癸酸钴为主的羧酸钴盐混合物产品。新癸酸钴根据用户对产品检测项目的不同要求分为两种类型：A 型产品测软化点；B 型产品测终熔点。新癸酸钴的技术要求见表 1.8.1－59。

表 1.8.1－59　新癸酸钴的技术要求

项目	指标	
	A 型	B 型
外观	蓝紫色粒状	
钴含量/%	20.5±0.5	20.5±0.5
加热减量（≤）/%	1.0	1.0
终熔点/℃	—	80～110
软化点/℃	80～100	—

新癸酸钴的供应商见表 1.8.1－60。

表 1.8.1－60　新癸酸钴的供应商

供应商	商品名称	外观	软化点/℃	钴含量/%	加热减量（105℃×2 h)/%
上海长风化工厂	CF－D20	蓝紫色粒状	85～100	20.5±0.5	≤1.0
浙江金茂橡胶助剂品有限公司	JM－D20L	蓝紫色粒状	80～100	20.5±0.5	≤1.0
	JM－D20H		100～120		

新癸酸钴的供应商还有：江阴市三良化工有限公司、镇江迈特新材料化工有限公司等。

（三）硼酰化钴

分子通式：$(C_nH_{2n+1}O_3Co)_3B$（3≤n≤13），CAS 号：68457－13－6，相对密度：1.1～1.4 g/cm^3。

结构通式：

$$B—(O—Co—O—\overset{\overset{O}{\|}}{C}—C_nH_{2n+1})_3$$

本品为橡胶与镀铜、镀锌钢丝的黏合促进剂，具有黏合力强，耐热、耐蒸汽、耐盐水和防止金属腐蚀，抗老化性好，使用方便的特点。适用于 NR、BR、SBR 及其并用胶，是子午线轮胎、钢丝增强输送带和钢丝编织或缠绕胶管及其他橡胶和金属复合制品的直接黏合增进剂。用量为 0.8～1.0 份。

HG/T 4072—2008《硼酰化钴》适用于亚钴碱性化合物与以新癸酸为主的混合羧酸进行皂化反应后再进行硼酰化反应制得的钴盐混合物。硼酰化钴根据钴含量的不同分为两种类型：BCo23 型表示钴含量为 22.5±0.7 的产品；BCo16 型表示钴含量为 15.5±0.5 的产品。硼酰化钴的技术要求见表 1.8.1-61。

表 1.8.1-61　硼酰化钴的技术要求

项目	指标	
	BCo23 型	BCo16 型
外观	蓝紫色粒状	
钴含量/%	22.5±0.7	15.5±0.5
加热减量（≤）/%	1.5	—
庚烷不溶物/%	8.0±1.0	—
硼（定性鉴别）	有	有

硼酰化钴的供应商见表 1.8.1-62。

表 1.8.1-62　硼酰化钴的供应商

供应商	商品名称	外观	钴含量/%	加热减量（105℃×2 h）/%	庚烷不溶物/%
川君化工	硼酰化钴	蓝紫色颗粒	22.5±0.5	≤1.5	≤9.0
上海长风化工厂	CF—B23	蓝紫色粒状	22.5±0.7	≤1.5	8±1
浙江金茂橡胶助剂品有限公司	—	蓝紫色粒状	22.5±0.5	≤1.5	8.0±1.0

硼酰化钴的供应商还有：江阴市三良化工有限公司、镇江迈特新材料化工有限公司等。

（四）硬脂酸钴

分子结构式为：

$$CH_3(CH_2)_{16}\overset{\overset{O}{\|}}{C}—O—Co—O—\overset{\overset{O}{\|}}{C}(CH_2)_{16}CH_3$$

硬脂酸钴（RC-S95）由亚钴碱性化合物与硬脂酸中和反应制得。分子式：$C_{36}H_{70}CoO_4$，相对分子质量：578.32，CAS 号：1002-88-6，红紫色颗粒，软化点：80～100℃。

硬脂酸钴可用作聚氯乙烯、陶瓷颜料等的热稳定剂；在有机合成中用作有机物的氧化催化剂；还可用作涂料的活性催干剂；但主要是钢帘线和橡胶黏合的一种钴盐黏合促进剂。

硬脂酸钴的技术要求见表 1.8.1-63。

表 1.8.1-63　硬脂酸钴的技术要求

项目	指标
外观	红紫色颗粒
钴含量/%	9.60± 0.22
加热减量（105±2)℃（≤）/%	1.5
终熔点/℃	80～100
灰分（700±25)℃（≤）/%	13.4
密度/(g·cm^{-3})	1.05± 0.22

硬脂酸钴的供应商见表 1.8.1-64。

表 1.8.1-64　硬脂酸钴的供应商

供应商	商品名称	外观	软化点/℃	钴含量/%	加热减量/%（105℃×2 h）	灰分/%（550℃）
浙江金茂橡胶助剂品有限公司	JM-S95 硬脂酸钴	紫红色粒状	80～100	9.5±0.6	≤2.0	≤13.8

硬脂酸钴的供应商还有：江阴市三良化工有限公司、大连爱柏斯化工有限公司等。

钴盐体系黏合剂还有：

M 钴盐（Co－MBT），青绿色粉末，分子结构式为：

cobalf salf of MBT

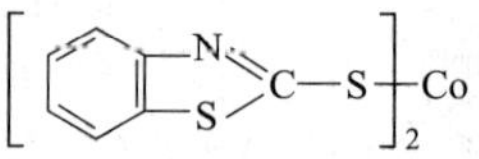

促进剂 CZ 与氯化钴的络合物［$CoCl_2$－CBS（CZ）］，淡红紫色结晶粉末，分子结构式为：

accelerator CZ—Co balt chloride complex

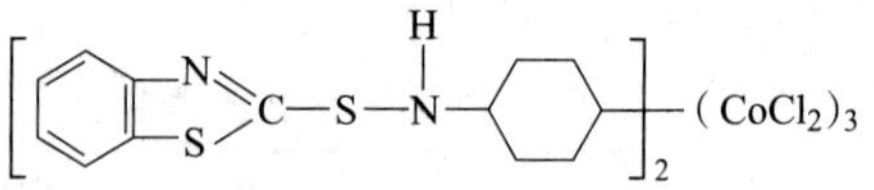

促进剂 CZ 与硝酸钴的络合物，［Co（NO_3）$_2$－CBS（CZ）］，淡红紫色结晶粉末，分子结构式为：

accelerator CZ—Co balt nitrate complex

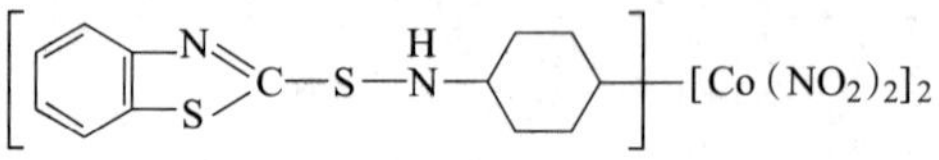

促进剂 CZ 与乙酸钴的络合物，［Co（CH_3COO）$_2$－CBS（CZ）］，紫色结晶粉末，分子结构式为：

accelerator CZ—Cobalt acetate complex

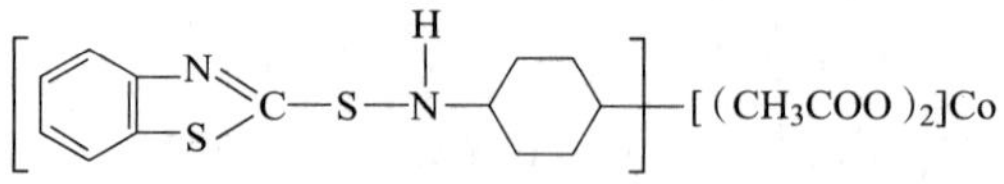

二甲基二硫代氨基甲酸钴，深黄绿色粉末，分子结构式为：

clbalt dimethyl dithiocar bamat

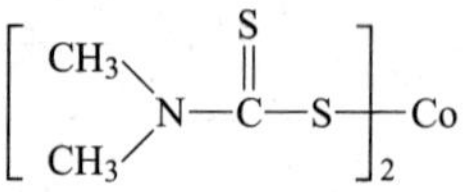

二丁基二硫代氨基甲酸钴，黄绿色粉末，分子结构式为：

cobalt dibutyl dithiocarbamate

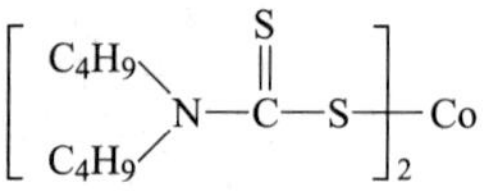

树脂酸钴（RC－R9），褐色片状。

1.2.3 改性木质素

木质素的结构单元为愈疮木基苯丙烷、紫丁香基苯丙烷、对羟基苯丙烷，经羟甲基化改性，其分子结构类似于固化的三维网状酚醛树脂，是一种无毒无害、新型的橡胶黏合增进剂，可单用，也可与白炭黑并用。木质素还可以作为轻质半补强填充剂、无机填料活化剂、协同阻燃剂使用。

改性木质素的供应商见表 1.8.1－65。

表 1.8.1－65 改性木质素的供应商

供应商	商品名称	外观	密度/（g·cm^{-3}）	筛余物（47 μm）（≤）/%	加热减量（≤）/%	pH 值	Fe 含量（≤）/（mg·kg^{-1}）	多环芳烃甲醛含量	说明
广州林格高分子材料科技有限公司	LTN 150	黄色至棕色粉末	1.7	0.5	6.0	5.8～6.5	800	不得检出	用量为 10～15 份，具有 6 份以上间苯二酚-甲醛树脂或者 0.8～1 份钴盐的黏合作用

1.2.4 对亚硝基苯

分子结构式：

O=N—C_6H_4—N=O

分子式：$C_6H_4ON_2$，相对分子质量：138；CAS 号：9003－34－3。

本品为橡胶与金属、棉纤维的黏合增进剂，也可作为低温硫化 CR 的促进剂、IIR 的活性剂。本品会产生轻微的变色，几乎无味，不会喷霜。

对亚硝基苯的供应商见表 1.8.1-66。

表 1.8.1-66　对亚硝基苯的供应商

供应商	规格型号	活性含量/%	剂型	颜色	备注
元庆国际贸易有限公司（法国 MLPC）	PPDN 30 DX	30	二甲苯溶剂	棕色	有害物质
	PPDN 50 HU	50	水基	棕色	有害物质

1.2.5　橡胶-金属热硫化黏合剂

胶黏剂就是由于界面的黏附和物质的内聚等作用，而使两种或两种以上的制件（或材料）连接在一起的天然的或合成的、有机的或无机的一类物质，也叫黏合剂、黏接剂。胶黏剂必须满足如下要求：

（1）不论是何种状态，在涂布时应呈现液态；（2）对被黏物表面能够充分浸润；（3）在施工条件下，能从液体向固体进行状态转变，形成坚韧的胶层；（4）固化后有一定的强度，可以传递应力，抵抗破坏；（5）能够经受一定的时间考验。

胶黏剂的组成因其来源不同而有很大差异，有一些单纯的树脂或橡胶溶于溶剂中，就能将两种或两种以上同质或异质的制件连接在一起，这类物质即可以称为黏合剂。但是作为一类商品或制品，为满足综合性能的要求，尚需加入一系列辅助成分。总的来说，胶黏剂的组成包括黏料、固化剂、促进剂、增塑剂、增韧剂、稀释剂、溶剂、填料、偶联剂、防老剂、阻燃剂、增黏剂、阻聚剂等。除了黏料是不可缺少的外，其余的组分则要视性能要求决定加入与否。

迄今为止，已经问世的胶黏剂牌号纷杂、品种繁多，尚无统一的分类方法。常见的分类方法有以下几种：（1）按基料或主成分分类，包括无机黏合剂和有机黏合剂，有机黏合剂又分为天然与合成两大类；（2）按物理形态分类，有胶液、胶糊、胶粉、胶棒、胶膜、胶带等；（3）按固化方式分类，有水基蒸发型、溶剂挥发型、热熔型、化学反应型、压敏型；（4）按受力情况分类，有结构黏合剂、非结构黏合剂。（5）按用途分类，有通用黏合剂、高强度黏合剂、软质材料用黏合剂、热熔型黏合剂、压敏胶及胶黏带、特种黏合剂。

其中，水性胶黏剂是以树脂为黏料，以水为溶剂或分散剂，取代对环境有污染的有毒有机溶剂，而制备成的一种环境友好型胶黏剂。现有水基胶黏剂并非 100%无溶剂的，可能含有有限的挥发性有机化合物作为其水性介质的助剂，以便控制黏度或流动性。优点主要是无毒害、无污染、不燃烧、使用安全、易实现清洁生产工艺等，缺点包括干燥速率慢、耐水性差、防冻性差。使用水性胶黏剂的注意事项一般包括：（1）水性胶粘剂必须避光存放在 5～40℃通风的室内环境中；（2）水性胶黏剂无味、不燃烧、耐黄变达 4.5 级以上，适合浅色及对耐黄变要求较高的材料，胶刷可以用温水清洗；（3）水性胶黏剂除 PE 与 PP 材料外，适合于目前鞋类使用的所有材料之间的贴合；（4）水性胶黏剂可以兑不超过 5%的水，但要充分搅拌均匀，否则胶水分层会影响胶着效果，兑水后的胶水必须当天用完；（5）水性胶黏剂要用塑料容器装，不可用铁制容器装，否则会影响胶水的耐黄变系数；（6）水性胶黏剂因为挥发较慢，一定要加 5%的水性固化剂，而且要搅拌 5～8 min，使其充分混合均匀，加了固化剂的胶水必须在 4 h 内用完，隔天不可使用；（7）水性胶黏剂烘干温度在 50～60℃，烘干时间 3～5 min；（8）水性胶黏剂不可添加油性固化剂，否则易造成死胶或胶水结块，不能使用；（9）水性胶黏剂涂刷时要薄而均匀，不可太厚，烘干后可以清晰地看到材料底层，如果看到的是白白的一层，那说明胶水刷得太厚了；（10）如果经烘干后贴合的胶水有拉丝现象，则说明胶水没有干透，可能是温度不够，烘干时间太短，以及固化剂加太少或者搅拌不够均匀；（11）水性胶黏剂一般只要涂刷一道胶，如果是疏松多孔结构材料，可以薄薄地上两道胶，每道胶必须干透后再上第二遍胶，否则底胶没有干透影响胶着性能，反而容易引起开胶；（12）开胶的鞋子最好使用专用的补胶胶水，小面积补胶室温自干 5 min 可以用手压合，大面积要过烘箱，经压机压合；（13）使用水性胶黏剂要配备以下工具：气动或电动搅拌器、塑料调胶容器或塑料盛胶容器。

厌氧胶黏剂（anaerobe）简称厌氧胶，是利用氧对自由基阻聚原理制成的单组分密封黏合剂，既可用于黏接又可用于密封，又名绝氧胶、嫌气胶、螺纹胶、机械胶。厌氧胶与氧气或空气接触时不会固化，当涂胶面与空气隔绝并在催化的情况下便能在室温快速聚合而固化，所谓“厌氧”是指这种胶使用时不需要氧。厌氧胶的组成成分比较复杂，以不饱和单体为主要组成成分，还会有芳香胺、酚类、芳香肼、过氧化物等。近年来，国外厌氧胶的配方不断推陈出新，日臻完善，受到机械行业的青睐。其特点为：（1）大多数为单体型，黏度变化范围广，品种多，便于选择；（2）不需称量、混合、配胶，使用极其方便，容易实现自动化作业；（3）室温固化，速率快，强度高、节省能源、收缩率小、密封性好，固化后可拆卸；（4）性能优异，耐热、耐压、耐低温、耐药品、耐冲击、减震、防腐、防雾等性能良好；（5）胶缝外溢胶不固化，易于清除；（6）无溶剂，毒性低，危害小，无污染。厌氧胶用途广泛，密封、锁紧、固持、黏接、堵漏等均可，在航空航天、军工、汽车、机械、电子、电气等行业有着很广泛的应用。厌氧胶贮存稳定，胶液贮存期一般为三年。

厌氧胶黏剂由多种成分组成，特别是单体千变万化，其中每种成分的变化都有可能获得新的性能，因此厌氧胶的品种甚多，其分类方法也不统一。一般情况下可按单体的结构、单体的类别和强度、黏度分类，也有按用途分类的。较常见的分类方法是按单体的结构和用途可分为四类：（1）醚型，以双甲基丙烯酸三缩四乙二醇酯为代表的结构；（2）醇酸酯，常见的有双甲基丙烯酸多缩乙二醇酯、甲基丙烯酸羟乙酯或羟丙酯等；（3）环氧酯，为各种结构的环氧树脂与甲基丙烯酸反应的产物，常见的有双酚 A 环氧酯（如国产 Y-150、GY-340 等是环氧酯与多缩乙二醇酯的混合物）；（4）聚氨酯，由异氰酸酯、甲基丙烯酸羟烷基酚和多元醇的反应产物（如美国的乐泰 372、国产的 GY-168、铁锚 352 和 BN-601 等）。实际上厌氧胶的产品很多是混合物或是复杂的组成物，是难以简单分类的。

厌氧胶的使用步骤为：（1）表面处理，包括：除锈→除油污→清洗→干燥，除锈可用机械或化学方法进行，除油污、清洗使用适当的有机溶剂（如丙酮、溶剂汽油）浸泡清洗两至三次即可；（2）涂厌氧胶，施以足量的厌氧胶以填满空隙；（3）装配，应尽快定位，定位后不能再移动工件；（4）固化，一般 1 h 厌氧胶可达到使用强度，24 h 达到最大强度。

使用厌氧胶的注意事项：（1）厌氧胶不能用金属、玻璃等不透气的容器盛装，而需用透气性（低密度聚乙烯）的容器，并且最多只能装 2/3 瓶。（2）厌氧胶应贮存在阴凉、干燥的地方，不能曝晒。（3）适合于金属之间的黏接，不适合塑料、木、纸等多孔性材料。对于钢铁、铜及其合金等活性金属表面黏接固化决、强度高。对于不锈钢、锌、镉等惰性金属表面固化慢、强度低。（4）固化条件须满足下面两个条件：隔绝氧气，间隙一般要求＜0.2 mm；活性引发中心，如金属、促进剂。（5）拆除时若黏接力过大，可将部件加热到 200～300℃趁热拆卸；也可用厌氧胶专用清除剂或丙酮中浸泡长时间后进行拆卸。

市售的橡胶-金属热硫化黏合剂，其硫化前施工一般程序包括：

1. 金属表面的预处理

正确处理金属表面对于获得坚固的优黏接是最重要的因素。首先通过碱液洗涤或溶剂脱脂除去污物，对铁类金属表面用 40 号或 50 号钢砂进行喷砂处理，对于非铁类金属用石英砂或铝砂进行喷砂处理，最后用溶剂对金属脱脂。

金属表面也可采用磷酸铁或磷酸锌、铬酸盐处理以及酸或碱液清洗的方法进行处理。

保证清洗溶剂的清洁。黏接失败常常是因为采用了不清洁的清洗溶剂。请仔细按照生产商的说明操作。清洗溶液脏了要及时更换。保持清洗溶液在规定的浓度和温度。同时金属浸渍的时间长短要符合规定的要求。

2. 混合与稀释

首先用桨式搅拌器充分搅拌胶黏剂，如需稀释，则在连续搅拌下将稀释剂缓慢加至胶黏剂中。溶剂型胶黏剂一般采用丁酮（MEK）或甲基异丁基甲酮（MIBK）作为稀释剂。水性胶黏剂一般使用去离子水或蒸馏水作为稀释剂。

采用喷涂或浸涂工艺，要保证持续搅拌稀释后的胶黏剂，以防止分散的固体沉入罐底。黏度越低，固体越容易沉入罐底。

3. 胶黏剂的涂覆

涂刷——对于涂刷操作，一般使用不稀释的胶黏剂。为获得所需膜厚度，刷上较厚的一层湿膜而不过多地涂刷。

浸涂——一般使用不稀释的胶黏剂或按生产商说明用稀释剂按比例稀释胶黏剂。

喷涂——一般需稀释，使胶黏剂黏度达到 17～22 s（2 号蔡氏杯）。

4. 干燥

胶黏剂涂胶后一般在 15～26℃下充分干燥，温度越低，干燥时间越长。或在 82℃下强制干燥 5 min。干燥温度一般不得超过 121℃。

橡胶-金属热硫化黏合剂的供应商见表 1.8.1-67～表 1.8.1-71。各表仅列出部分牌号胶黏剂的部分操作要点，使用胶黏剂时应按照供应商提供的技术资料实施。其中美国陶氏罗门哈斯橡胶-金属热硫化黏合剂 Thixon®、Megum® 产品应用指南见表 1.8.1-67。

表 1.8.1-67 美国陶氏罗门哈斯橡胶-金属热硫化黏合剂 Thixon®、Megum® 产品应用指南

橡胶	Curing Processing of rubber Special properties	底涂	面涂	单涂
天然橡胶（NR） 丁苯橡胶（SBR） 聚异戊二烯橡胶（IR） 顺丁橡胶（BR） 及其并用胶	标准型	Megum 3276 Thixon P-II-EF	Thixon 520-PEF Megum 538	Thixon 2000
	耐乙二醇或热溶剂	Thixon P-6-EF	Megum 538	—
氯丁橡胶（CR）	—	Megum 3276 Thixon P-II-EF Thixon P-6-EF	Thixon 520-PEF Megum 538	Thixon 2000
氢化丁腈橡胶（H-NBR）	硫黄硫化	Megum 3276 Thixon P-II-EF Thixon P-6-EF	Thixon 520-PEF Megum 538	Megum 3276 Thixon 715 A/B
	过氧化物硫化			Thixon 715 A/B
丁腈橡胶（NBR）	标准型 耐高温及耐油	Megum 3276 Thixon P-II-EF	Thixon 520-PEF Megum 538	Megum 3276 Thixon 715 A/B
丁腈与聚氯乙烯并用（NBR/PVC） 羧化丁腈橡胶（XNBR）	—	Megum 3276 Thixon P-11-EF	Thixon 715A Megum 538	—
三元乙丙橡胶（Copolymers and Terpolymers）	硫黄硫化	Thixon P-11-EF	Megum 538	Thixon 2000
	过氧化物硫化		Thixon 511	

续表

橡胶	Curing Processing of rubber Special properties	底涂	面涂	单涂
丁基橡胶（IIR）	—	Megum 3276 Thixon P－11－EF	Megum 538	Thixon 2000
氯磺化聚乙烯橡胶（CSM）	—	Megum 3276 Thixon P－11－EF	Megum 538	Thixon 2000
丙烯酸酯橡胶（ACM）	—	Megum 3276 Thixon P－11－EF	Megum 538	Megum 3276 Thixon 715 A/B
Vamac ®（AEM） 乙烯基丙烯酸弹性体（杜邦产品）	—	Thixon P－6－EF Thixon P－11－EF	Thixon OSN－2－EF－V	Thixon 715 A/B
氟橡胶（FKM）	胺、双酚硫化	—	—	Megum 3290－1 Thixon 300/301
	过氧化物硫化			
硅橡胶（VMQ）	—	—	—	Thixon 305 Thixon 304－EF
氯醚、氯醇橡胶（ECO、CO）	—	Megum 3270	Megum 538	Thixon 715 A/B
混炼型聚氨酯（PU）	—	—	—	Thixon 715 A/B
浇注型聚氨酯（PU）	—	—	—	Thixon 422 Thixon 403/404
热塑型聚氨酯（TPU）	—	—	—	Thixon 403/404
Hytrel® 热塑性弹性体 TPEE	—	—	—	Thixon 403/404 (withpreheating)

表 1.8.1－68　橡胶-金属热硫化黏合剂的供应商（一）

供应商	商品名称	特性与使用方法
上海康克诗化工有限公司、广州金昌盛科技有限公司（代理美国陶氏罗门哈斯国际贸易（上海）有限公司 Thixon® 、Megum® 产品）	Thixon P－20－EF	一种热硫化型底涂胶黏剂，与 Thixon 面涂组成双涂体系用于大部分弹性体与各类基材之间的黏接。本品也可用作为黏接丁腈橡胶的单涂层胶黏剂。本品可黏合的金属基材包括热轧和冷轧钢、不锈钢合金、黄铜、铝和镀锌金属。 本品适用于所有通用的模压和硫化技术。所用硫化温度为 100～205℃。涂胶后的金属件可在 162℃下预固化 5 min 而不会影响黏接质量。干燥后的胶膜在转移模工艺和注射模工艺过程中，耐冲刷性能佳。 干膜厚度为 8 μm 时本品大约可覆盖 18 m^2/kg。本品的配方中不含有高于检出限的铅（或其他重金属）、氯化溶剂和破坏臭氧的化学物质。黏接件耐热、盐雾、油和水浸
	MEGUM 3276	一种热硫化型底涂胶黏剂，与 Thixon 面涂组成双涂体系用于大部分弹性体与各类基材之间的黏接。本品也可用作为黏接丁腈橡胶和丙烯酸酯橡胶的单涂层胶黏剂。本品可黏合的金属基材包括热轧和冷轧钢、不锈钢合金、黄铜、铝和镀锌金属。 本品具有优异的干膜稳定性。涂有本品的金属件如果未受到污染可以储存几周。 本品适用于所有通用的模压和硫化技术。所用硫化温度为 100～205℃。涂胶后的金属件可在 162℃下预固化 5 min 而不会影响黏接质量。干燥后的胶膜在转移模工艺和注射模工艺过程中，耐冲刷性能佳。 干膜厚度为 8 μm 时大约可覆盖 18 m^2/kg。本品配方中不含有高于检出限的铅（或其他重金属）、氯化溶剂和破坏臭氧的化学物质
	Thixon 2000－EF	一种溶剂型胶黏剂，可以单独用作面涂，也可以与 Thixon P－11－EF 或 P－6－EF 底涂组成双涂体系。本品黏接适用范围很广，包括天然橡胶、丁苯橡胶、氯丁橡胶、三元乙丙橡胶、丁基橡胶和丁腈橡胶。 本品配方中不含有高于检出限的铅（或其他重金属）、氯化溶剂和破坏臭氧的化学物质
	Thixon P－11－EF	一种热硫化型底涂胶黏剂，与 Thixon 面涂组成双涂体系用于大部分弹性体与各类基材之间的黏接。也可用作为黏接丁腈橡胶和聚丙烯酸酯橡胶的单涂层胶黏剂。可黏合的金属基材包括热轧和冷轧钢、不锈钢合金、黄铜、铝和镀锌金属。 本品具有优异的干膜稳定性。涂有本品的金属件如果未受到污染可以储存几周。 本品适用于所有通用的模压和硫化技术。所用硫化温度为 100～205℃。涂胶后的金属件可在 162℃下预固化 5 min 而不会影响黏接质量。干燥后的胶膜在转移模工艺和注射模工艺过程中，耐冲刷性能佳。 干膜厚度为 8 μm 时 1 gal 本品大约可覆盖 636 ft^2。本品配方中不含有高于检出限的铅（或其他重金属）、氯化溶剂和破坏臭氧的化学物质。黏接件耐热、盐雾、油和水浸

续表

供应商	商品名称	特性与使用方法
上海康克诗化工有限公司、广州金昌盛科技有限公司（代理美国陶氏罗门哈斯国际贸易（上海）有限公司 Thixon®、Megum® 产品）	Thixon P-7-6-EF	一种金属预涂的底涂胶黏剂。当干膜厚度为 2.54 μm（0.1 mil）时，每加仑本品可涂覆 297 m^2（3 200 ft^2/gal）。 最高金属板温度：199℃/390 ℉。 耐丁酮双面擦拭：小于 4
	MEGUM 3340-A/B	一种双组分单涂层胶黏剂，由反应性聚合物、颜料、甲基异丁基甲酮（MIBK）和丁酮（MEK）组成。本品不含需要申报浓度的铅和其他有毒的重金属。推荐用于极性弹性体与金属和其他刚性材的硫化黏合。适用的弹性体包括：NBR、HNBR、ACM 等，用于黏合热和冷钢辊、不锈钢、铝和黄铜与热塑性弹性体如聚酰胺和聚酯。 在 20℃/68℉下的干燥时间大约为 30 min。提高干燥温度可以缩短干燥时间，如在 80℃/176℉温度下强制干燥可缩短干燥时间为 5 min。 本品适用于所有常用的成型和固化方式，推荐固化温度为 120～205℃（250～400℉）。 本品有优异的干膜稳定性，涂有本品的金属件如果未受到污染可以储存几周。本品与 MEGUM 3340-1 相比较，双组分体系的最大优点在于改善了单组分产品的储存时间。当产品储存于较高温度的环境下，该优点尤其重要。 使用本品的干膜厚度为 3～15 μm（0.1～0.6 mil），干膜厚度为 10 μm（0.4 mil）时，一加仑本品大约可覆盖 530 平方英尺（14 m^2/kg）
	RoBond TR-3295	一种水性单涂胶黏剂，推荐用于氟橡胶和聚丙烯酸酯与金属或其他的固体材料的热硫化黏结。使用去离子水或蒸馏水作为稀释剂。不要剧烈搅拌胶水以避免空气侵入。空气侵入会带来泡沫，使胶水使用时变得困难。 浸涂施工时，先用一份 RoBond TR-3295 加一份水稀释（至约 3.5%的固体含量），也可以进一步地用一份 RoBond TR-3295 加两份水稀释（至约 2%的固体含量）。需要做试验来决定符合施工要求的最佳稀释比例。必须注意浸涂容器中的胶水寿命不等同于实际产品保质期，它与不同的工艺参数和工厂周围环境有关。金属表面温度不超过 100℉（37℃）。特别注意：胶黏剂溶液的温度千万不要超过 85℉（29℃）。 喷涂施工时，用一份的 RoBond TR-3295 加最多 8 份的去离子水稀释，喷涂后立刻在 68～78℉（20～25℃）温度下干燥 30 min 后。注意不要使干燥温度超过 250℉（121℃）。 1 gal RoBond TR-3295 在得到干膜厚度为 0.75 mil（19.05 μm）时，可涂覆大约 111 ft^2。
	Thixon 814-2	本品适合于 EPDM（硫黄硫化或过氧化物硫化）或丁基橡胶与金属的热硫化黏接。Thixon 814-2 需要添加特殊的底胶 Thixon P-6-EF。 本品也能用于硫化或非硫化黏接 EPDM、丁基橡胶、天然橡胶或丁苯橡胶。这种情况下，推荐涂一层 Thixon 814-2 在底物上。 使用指南： （1）表面预处理：最好的表面预处理方式包括砂纸打磨（0.3～0.4 mm 砂纸）或金刚砂（120 min）喷砂处理，预先和事后在四氯乙烷中蒸气脱脂。施工前，室内干燥 30 min。 （2）Thixon 814-2 施工： 在使用前和稀释时，Thixon 814-2 必须很好地搅拌。 首先，金属上必须涂一层 Thixon P-6-EF 底胶（参见 Thixon P-6-EF 技术指标），室温下干燥 30～60 min。然后，用任何一种通常的方法涂上一层 Thixon 814-2。 * 刷涂施工：不稀释或用 25 份芳烃（沸点 120～130℃）稀释 100 份 Thixon 814-2。 * 浸涂施工：无须稀释。 * 喷涂施工：用 50 份二甲苯稀释 100 份 Thixon 814-2。 建议干燥薄膜的厚度为 10～12microns。例如，由非稀释的 Thixon 814-2 获得。 （3）预烘：Thixon 814-2 不需要预烘
	Thixontm 715-A/B	一种半透明状双组分单涂层胶黏剂，推荐用于低或高丙烯腈含量的丁腈橡胶（NBR）与聚丙烯酸酯、混炼型聚氨酯（硫黄或过氧化物硫化）和氯醚橡胶（ECO 和 CO）弹性体之间的黏合。也可用于与大多数已经过机械或化学处理的金属或塑料基材黏合。 用 Thixon 715 获得的黏合件具有优异的耐热、水、溶液和油性能。 使用指南： （1）表面预处理： 金属表面的最佳处理方法包括用粒径 0.3～0.4 mm 的砂粒喷砂或用 120 目金刚砂喷砂，喷砂前后均需在三氯乙烯中进行蒸气脱脂。建议有色金属采用有色金属砂粒（如氧化铝）喷砂。金属表面也可采用适当的化学处理法处理。 对于塑料表面，可酌情采用化学或机械处理方法。 （2）混合： 将 100 份质量的 Thixon 715-A 与 3 份质量的 Thixon 715-B 混合。B 组分完全溶解后获得的混合物如果在室温下储存可使用 1 个月，如果冷冻储存使用期甚至更长一些。 （3）涂覆： 涂覆的干膜厚度取决于特定的用途。一般来说，干膜厚度为 3～4 μm 效果最佳。Thixon 715 混合物可通过涂刷或浸渍涂覆；对于喷涂，用 1 份稀释剂（1 份丁酮和 1 份乙醇的混合物）稀释 1 份 Thixon 715-A+Thixon 715-B 混合物。 （4）干燥： Thixon 715 胶膜至少应在室温下干燥 30 min。还必须在 130℃下预焙 10～15 min（由蓝色转为浅绿色），以避免在转移模和注射模压过程中被冲刷。 对于辊涂之类的静态模压，不一定要预焙。

续表

供应商	商品名称	特性与使用方法
上海康克诗化工有限公司、广州金昌盛科技有限公司（代理美国陶氏罗门哈斯国际贸易（上海）有限公司 Thixon®、Megum® 产品）	Thixon 520－P－EF	溶剂型胶黏剂，与 Thixon 底涂一起使用的面涂胶黏剂，用于天然橡胶、丁苯橡胶、氯丁橡胶、丁基橡胶和丁腈橡胶与金属之间的黏接。 本品以芳香溶剂，如甲苯或二甲苯作为稀释剂。 本品可以通过涂刷、浸渍或喷涂的方式涂敷。涂覆本品时应控制干膜厚度在 8～13 μm。 涂刷：对于涂刷操作，不稀释。 浸渍：对于浸渍操作，用 1 份稀释剂稀释 3 或 4 份 Thixon 520－P－EF。 常规空气喷涂：用 1 份稀释剂稀释 2 份 Thixon 520－P－EF，使其黏度达到 22 s（2 号蔡氏杯）。 胶膜的干燥：在继续操作之前在 60～80℉下充分干燥胶膜 30 分钟。温度越低，干燥时间越长。在 180℉下强制干燥 5 min 可缩短胶膜干燥时间。干燥温度不得超过 250℉。 膜压和硫化：可与所有普通的模压和硫化技术一起使用。所用硫化温度为 250～450℉。 预焙：涂膜后的芯件可在 320℉下预焙 5 min 不会影响黏接质量。 本品具有优异的干膜稳定性。涂有本品的芯件如果不受到污染可以储存几个月。本品在传递模塑和注射模压过程中无卷翘倾向。干膜厚度为 0.4 mil 时，1 gal 本品大约可覆盖 639 ft^2。本品的配方中不含有高于检出限的铅（或其他重金属）、氯化溶剂和破坏臭氧的化学物质。黏接件能耐盐雾和水浸
	Thixon™－511－EF	一种与 Thixon P－11－EF 底涂一起使用的热硫化型面涂胶黏剂，用于黏合天然橡胶、丁苯橡胶、三元乙丙橡胶、氯丁橡胶、Hypalon1、丁基橡胶和丁腈橡胶。本品也可用于未硫化的橡胶与已硫化的橡胶之间的黏接。本品可用于开放式蒸汽或高压硫化罐的硫化工艺。 使用指南： （1）稀释剂。采用甲苯或二甲苯作为稀释剂。 （2）胶粘剂的涂覆。 涂刷——对于涂刷操作不稀释。为获得所需的膜厚度，一次涂上较厚的湿膜而不要过多地涂刷。 浸渍——为使胶膜厚度达到 12～18 μm，用 1 份稀释剂稀释 3 份 Thixon 511－EF 以使黏度达到 25 s（2 号蔡氏杯）。 常规空气喷涂——对于喷涂操作，用 1 份稀释剂稀释 2 份 Thixon 511－EF，以使黏度达到 20 s（2 号蔡氏杯）。 （3）胶膜的干燥。 在继续操作以前先对胶膜进行干燥。在 16～27℃下干燥 30 min，温度越低则干燥时间越长。在 82℃下强制干燥 5 min 可缩短干燥时间。干燥温度不得超过 121℃。 （4）模压和硫化。 本品适用于常用的模压和硫化方法。涂胶件可在 160℃下预焙 5 min 而不会影响黏接性能。 本品具有优异的干膜稳定性，涂覆本品的涂胶件，不被污染的情况下可以储存几个月。本品胶膜在传递模塑和注射模压过程中，耐冲刷性能好。干膜厚度为 12.7 μm 时 1 gal 本品大约可覆盖 40 m^2。本品的配方中不含有高于检出限的铅（或其他重金属）、氯化溶剂和破坏臭氧的化学物质。正确制备的黏合件能耐热、盐雾和水浸
	Thixon 422	一种将浇注型聚氨酯黏合到金属基材上的单组分胶黏剂。本品具有极优异的耐高温性能。正确制备的黏合件能耐油、盐雾和水浸。 使用指南： （1）采用丙二醇醚醋酸酯或 Thixon 917 混合溶剂作为稀释剂。 （2）胶黏剂的涂覆。 本品可以通过涂刷、浸渍或喷涂的方式涂覆。厚厚地涂沫 Thixon 422 以使干膜厚度达到 0.5～1.5 mil。 常规空气喷涂——对于喷涂操作，用最多 4 份（按体积计）乙酸苯汞稀释 2 份 Thixon 422，以使其黏度达到 18～20 s（2 号蔡氏杯）。采用其他溶剂会产生裂纹。 （3）胶膜的干燥。 在继续操作之前在室温（60～80℉）下充分干燥胶膜 30～50 min。 （4）烘箱预焙。 为了获得最佳黏合效果，将覆膜后的芯件放入通风良好的强制空气对流烘箱内于 200～220℉下预焙 0.5～3 h。本品可在 220℉下预焙 8 h 而不会影响黏合质量。 （5）膜压和硫化。 本品可与所有普通的模压和硫化技术一起使用。所用硫化温度为 190～220℉。制备聚氨酯时，将预聚物和硫化剂预热至推荐温度。在 5 mmHg 真空下对预聚物脱气。将硫化剂和聚氨酯倒在一块，充分混合。然后浇注聚氨酯。并根据聚氨酯聚合物所需的时间和温度周期在烘箱内硫化零件。 干膜厚度为 0.5 mil 时，1 gal Thixon 422 大约可覆盖 448 ft^2。本品具有优异的干膜稳定性，覆有本品的零件如果不受到污染，使用之前可以储存 2 周

续表

供应商	商品名称	特性与使用方法
上海康克诗化工有限公司、广州金昌盛科技有限公司（代理美国陶氏罗门哈斯国际贸易（上海）有限公司 Thixon®、Megum® 产品）	Thixon 403/404	一种双组分胶黏剂，可作为单涂用于浇注型及热塑性聚氨酯与金属的在低温条件下的黏接。也可以作为底涂，配合面涂 Thixon 405、Thixon 423 或 412/514 使用。Thixon 430/404 可黏接广泛的各种基材：金属、木材、锦纶塑料、密度板、环氧树脂、水泥及各种金属合金。 使用指南： （1）以二甲苯、甲苯或丁酮作为稀释剂。 （2）混合。 Thixon 403 与 Thixon 404 按 1∶1 体积比混合 1～2 min。室温下，为暗琥珀色的均匀溶液。 （3）胶黏剂的涂覆。 刷涂：不稀释直接刷涂。为保证膜厚，建议刷两遍。 浸涂：用稀释剂稀释，Thixon 403/404 混合物∶丁酮或甲苯 ＝ 3 或 4∶1。浸涂几次，以保证干膜厚度达到 25.4～50.8 μm。 常规空气喷涂：3 份胶黏剂，2 份稀释剂，黏度 17～19 s（2 号蔡氏杯）。 （4）胶膜的干燥。 在室温下（15～26℃）充分干燥 20～0 min，然后涂胶第二遍。温度越低，干燥时间越长。50℃干燥 10～20 min。 （5）预固化。 100℃下预固化 3 h，不会影响黏接强度；在 100℃下预固化超过 3 h，可涂刷 Thixon 405 作为面涂。 （6）模压和硫化。 本品适用于通用硫化工艺，硫化温度为室温至 120℃。 本品具有优异的干膜稳定性，涂胶件如果不受到污染使用之前可以停放 2 周，不会影响黏接。干膜厚度为 25.4 μm 时，涂覆面积为 6.7 m^2/kg。黏合件能耐磨、耐油和耐溶剂
	Thixon 305	一种溶剂型单涂胶黏剂，用于硅橡胶（有机硅化合物）与金属的热硫化黏接。 使用指南： （1）表面预处理。 注意保持处理液的清洁，黏接失败常常是由于采用了被污染的处理液。请遵照供应商提供的说明操作，处理液一旦受污染请立即更换，请保持处理液指定的浓度和温度。另外，金属浸入的时间长短要符合规定地要求。该产品是对湿度敏感，只允许大约 0.1%的湿度。如果产品混浊，请不要使用！ （2）混合和稀释。 稀释剂使用 VM&P 石脑油（芳香烃溶剂，沸点为 120～135℃）或无水乙醇作为稀释剂。在持续搅拌下慢慢地将稀释剂加入到胶黏剂中。 （3）涂胶。 本品可以用刷涂、浸涂或喷涂等涂胶工艺。 刷涂：为了获得需要的干膜厚度，1 份（体积份，下同）Thixon 305 要用 5～10 份的稀释剂稀释。 浸涂：1 份 Thixon 305 要用 10 份稀释剂稀释。 常规气动喷涂：1 份 Thixon 305 要用 5 份稀释剂稀释。 （4）Thixon 305 的着色。 首先，稀释 Thixon 305；然后，加入定量的染料混合均匀。混合好即可以使用。 （5）胶膜的干燥。 室温下（15～27℃）放置约 20～30 min，Thixon 305 膜就会完全干燥。温度越低，干燥时间越长。在 82℃下干燥，只需要 5 min。注意：干燥温度不要高于 120℃/250℉。 （6）预固化。 涂层可以在 160℃/320℉下烘烤时间可以达到 10 min，这不影响黏接质量。 （7）成型和固化。 Thixon 305 适用于所有的常见成型和固化方法，推荐固化温度为 121～204℃（250～400℉）。 Thixon 305 有优异的干膜稳定性，如果不受污染，Thixon 305 的涂层可以停放好几周。Thixon 305 膜耐冲刷性能好。正确使用，黏接件可以耐油温高达 300℉（149℃）的润滑油
	Mor-Flock 6007	一种单组分湿气固化型胶黏剂，用于绒毛和未硫化弹性体的黏结。本品对 EPDM 弹性体的黏结效果特别好。 本品在使用前，必须储存于密闭容器中，远离湿气。任何未使用的胶水必须用氮气或干空气完全覆盖并密闭容器来防止胶水的早期硫化。必须用密闭系统将胶水用泵打入使用点来保证胶水在使用前不与湿气接触。 必须保证弹性体表面不被油、脱模剂、灰尘或其他的污染物沾污。 在使用前，罐内的黏合剂应该混合搅拌 1 h。在使用过程中，该胶黏剂应该以一个很低的速率继续搅拌来保持产品的均匀性。 用二甲苯、甲苯或 PMA 作为稀释剂。用刷涂、喷涂方法施工于挤出条。建议最小湿膜厚度为 2～4 mil（50.8～101.6 μm）。 黏胶剂应该在烘箱温度大于 350 ℉（176℃）下烘烤 3～4 min

续表

供应商	商品名称	特性与使用方法
上海康克诗化工有限公司、广州金昌盛科技有限公司（代理美国陶氏罗门哈斯国际贸易（上海）有限公司 Thixon®、Megum® 产品）	CATALYSEUR ® CA 07	植绒胶水催化剂与单组分植绒胶水混合使用，以此使之加速固化。本品可用于湿气固化和加热固化系统。它被推荐与 Mor－Flock 6007 和 Polyflock 98UK 共同使用，用于 TPO/TPE/TPV 基材。 本品催化剂非常活泼，只有在需要时才加入混合。当使用单组分胶水如 Mor－Flock 6007，产品必须冲氮气保护后盖紧容器。容器开盖后必须在 24 h 内用完。一段时间后，产品黏度会增加 50% 或更多，但黏接强度不受影响。 加入量视烘箱条件而定。先加入 1%（重量比）本产品至需要加速固化的胶水中，然后搅拌 15 min。然后在生产流水线上做试验以具体确定增加或减少的量。注意不要使本产品的加入量大于 2%。 储存于未开封原始状态容器中的产品保质期为 6 个月。储存温度为 65 ～95℉。储存于阴凉、干燥和通风良好的场所，远离热源、发火装置和太阳直射。不使用时要盖好盖子密封。容器在打开、取料、混合、倾倒和出空之前，应放置在地面并固定好
	POLYFLOCKP 893A/B	聚氨酯双组分植绒胶黏剂。主要用于汽车密封的弹性体（主要为 EPDM）。 使用本产品前，组分 A 和 B 在 20℃左右必须分别混合均匀。然后按配比分别称重组分 A 和 B，将它们混合在一起完全搅拌均匀。 本产品可以用刷涂的方法施于基材上，然后进行植绒（聚酰胺或聚酯绒毛），胶膜在红外下或通过热空气烘道时发生交联。当植绒产品冷却后，绒毛与基材会黏接的很好；然而，2～3 天后才能达到最佳效果。 使用后的设备必须用类似丁酮的溶剂清洗
广州诺倍捷化工科技有限公司	溶剂型热硫化黏合剂 CILBOND 24	可实现橡胶与各种基材单涂黏合，黏接性能媲美双涂

表 1.8.1－69　橡胶-金属热硫化黏合剂的供应商（二）

供应商	牌号	用途	固含量/%	黏度/(10^{-3} Pa·s)	相对密度/(g·cm^{-3})
洛德橡胶化学（上海）有限公司（开姆洛克、Chemlok ®）	CH205	NBR 与金属热硫化黏接及作为金属表面之底涂胶黏剂	22.0～26.0	85～165	0.92～0.97
	CH218	浇注型聚氨酯与金属热硫化黏接	18.5～20.5	750～1 050	0.95～0.99
	CH220	NR、通用合成橡胶与金属热硫化黏接	23.0～27.0	135～300	1.00～1.10
	CH234B	NR、通用合成橡胶与金属热硫化黏接	23.0～26.5	450～800	1.066～1.102
	CH236A	NR、通用合成橡胶与金属热硫化黏接	16.0～19.0	300～700	0.99～1.03
	CH238	EPDM、通用合成橡胶与金属热硫化黏接	16.0～19.0	200～800	0.90～0.95
	CH250	NR、通用合成橡胶与金属热硫化黏接	23.5～27.5	200～550	1.11～1.16
	CH252	NR、通用合成橡胶与金属热硫化黏接	17.5～20.5	250～850	1.26～1.32
	CH402	NR、通用合成橡胶与织物热硫化黏接	13.5～16.5	100～350	1.18～1.26

表 1.8.1－70　橡胶-金属热硫化黏合剂的供应商（三）

供应商	类型	应用工艺或胶种	CILBOND 牌号	用途	特点
上海乐瑞固化工有限公司（CILBOND）	胶管与传动带黏合剂	同步带 V 带、多楔带	12、83、62、89	锦纶布涂上黏合剂	其强力和耐热老化、动态疲劳性能提高很多，可黏 HNBR、CR、EPDM
		线绳、纤维、钢丝	83、80、89	有 RFL 或没有	适于锦纶、聚酯、芳纶、玻纤、钢丝其黏合力、耐溶剂、耐热及柔韧性更好
		输送带、履带	89、80	接头，修补，硫化	可以低温黏接已硫化橡胶或未硫化橡胶相互之间的黏接
		帘线增强胶管	83、80、89	浸涂于帘线表面	橡胶和帘线黏合强度提高，即使在高温高压下。同时耐高温、耐溶剂等
		硅氟胶管	36、65	涂于织布表面	耐高温，耐热介质，黏合强力高

续表

供应商	类型	应用工艺或胶种	CILBOND 牌号	用途	特点
上海乐瑞固化工有限公司（CILBOND）	模压制品中的运用	NR、SBR、CR、BR、ECO、CSM、ACM AND Vamac	24、23、1424 单涂黏合剂	减震橡胶、轴套、实芯轮胎、液压减振、护舷、阀门、疏浚管业、履带、桥梁房屋支座、止水带	耐 200℃高温；模具零污染；抗动态和静态抗疲劳，可折弯；耐乙二醇：160℃，1 000 h，耐沸水、耐盐雾，也可用于后硫化
		IIR、EPDM、NR、MPU、TPE、EVA、ECO、CPE、ACM、NBR、AMC	89 单涂黏合剂	防腐衬里、阀门、胶辊、扭力减振器、汽罐垫、车窗密封条	可以低温硫化，60℃以上就能反应耐溶剂，不但适用常规硫化，对于后硫化效果也非常好，胶黏剂膜柔韧性好
		NR、IIR、EPDM、CSM、AMC、ECO、CPE、ACM、NBR	80、83 高性能面涂	液压轴套、扭力减振器（TVD's）和其他联轴器、泵的衬里、胶辊、油封及汽缸垫	和底涂 12、62 配合应用，各种物理和化学性能可以获得最佳的耐热、耐油脂、耐乙二醇、耐盐雾及耐沸水性能。耐乙二醇可以至 160℃
		VMQ、FKM、NBR、ACM、AEM	36 单涂	硅胶制品油封、汽缸垫、轴封阀门、胶辊	黏合力强、耐环境、耐高温，黏合剂耐冲刷
		VMQ、FKM、HNBR、ACM、AEM	65 单涂	硅胶制品、氟胶制品	耐热好，和 12 配合使用更耐高温、耐热的乙二醇
		各种型号氟胶	33A/B 双组分单涂黏合剂	油封、轴封、汽缸垫、阀门、胶辊	各种硬度及双酚硫化或胺类硫化，以及过氧化物硫化，特别适合后硫化
		NBR、ACM、AEM、ECO	62 单涂黏合剂，也可作为高性能底涂	油封、密封制品，常和面涂配合 70、80、89、36 一起使用	水基环保，适用于所有基材耐盐雾，也可以用于极性橡胶的后硫化，优异的耐溶剂及耐高温
			10、12 底涂	作为底涂和面涂，80、89、70、24 配合应用	耐冲刷，耐预固化 160℃ × 30 min，无模具污染，适合于各种基材的黏接
	刹车片（摩擦材料）黏合剂		62	盘式刹车片	真正的水基黏合剂，优异的耐热性能，酚类化合物与金属之间的黏接，在 300℃时，进行剪切测试，可获得很好的黏接效果，瞬间耐高温 750℃
			6895	鼓式刹车片	各种黏度可调适用于喷涂、辊涂、刷涂、耐油、耐柴油、合成燃料及盐雾

表 1.8.1-71　橡胶-金属热硫化黏合剂的供应商（四）

供应商	规格型号	产地	用途	备注
金昌盛	硅胶黏合剂 34T	日本信越	用于黏合硅橡胶与金属、塑胶、玻璃纤维。有机硅产品为防黏、易脱模，要与底材黏合，必须使用硅橡胶黏合剂。 应用：（1）以扫或浸涂方法，将本品涂于底材上，在室温下放置 30～45 min 待完全固化；（2）如加温至 105～150℃，放置 10～30 min 即可固化。一定要黏合剂完全固化后再包胶	用于胶辊行业中硅橡胶与金属铁芯黏合，效果较好，不会出现一般黏合剂用于硅橡胶中所出现的脱层、起泡或粗细不均等问题，且硅橡胶与金属黏性保持时间长久
	热硫化型胶黏剂 Megum™ 538	美国 DOW 公司	适用弹性体：NR、SBR、IR、BR、EPDM、IIR、NBR、CR 等；适用基材：钢、不锈钢、铝及铝合金、铜及铜合金等金属，聚酰胺、聚缩醛和聚酯等塑料。	一种通用型的面涂胶黏剂，与 Megum 或 Thixon 底涂胶黏剂组成双涂体系，用于橡胶与金属或其他硬质基材之间的热硫化黏接。特别适用于难黏橡胶及低硬度橡胶的黏接。Megum 538 的配方中不含有高于检出限的铅或其他有毒重金属
	Thixon™ P-11-EF		如前述	如前述
	Thixon™520-P-EF			
	Thixon™-511-EF			

1.3　发泡剂与助发泡剂

1.3.1　概述

（一）发泡机理

所有橡胶均可用于制造海绵橡胶。海绵橡胶按成型方法可分为挤出制品、模压制品和板（片）材。发泡硫化方法见表 1.8.1－72。

表 1.8.1－72　海绵橡胶硫化发泡方法

硫化发泡方法	特征
直接蒸汽罐硫化法	表皮厚，微闭孔型均质
间接蒸汽罐硫化法	表皮薄，混合型泡稍不均匀
二段平板硫化法	成功率高，但尺寸和发泡度不一致
一段平板硫化法	限于低发泡，适用尺寸正确和形状复杂制品，胶料填充量控制一般
连续压出硫化法	限于闭孔低发泡，压缩变形较大
热空气法	限于氯丁橡胶、三元乙丙橡胶等耐热氧老化聚合物，表皮和发泡良好（低速硫化型）
液体介质法（LCM 法）	采用液压，异常发泡少（高速硫化型）
沸腾床法（HFB 法）	复杂形状稍困难（高速硫化型）
超高频法（UHF 法）	内部先生热的特殊发泡，最适宜复杂形状，表皮良好，但配合受限制
注射成型硫化法	限于硬质微闭孔发泡，软质较难
特殊海绵硫化法	?
同时发泡（罐硫化）	特殊表面加热后的低温发泡（酰肼类发泡剂）
水中加热罐硫化	先发泡后硫化，过去开孔海绵硫化专用
高压气硫化	过去的 Pfleumer 法微闭孔型发泡体硫化

在塑料的挤出发泡成型过中，泡孔的形成主要经历了 3 个阶段：聚合物/气溶胶体系的形成、泡孔成核及气孔生长和固化。

成核对整个发泡过程非常重要，理论上，泡孔成核数量决定泡孔密度，在温度和压力一定的情况下决定泡孔直径，最终决定制品的密度和发泡倍率。成核机理主要分为经典成核机理和剪切成核机理。成核动力学经典理论是在 Volmer（1926）、Farkas（1927）/Becker 和 Doring（1935）以及 Zeldovich（1943）几位研究者的共同努力下发展而来的。经典成核理论认为成核过程主要有均相成核过程和非均相成核过程。1975 年 Milton Blander 和 Joseph L · Karz 综述了均相成核和异相成核的理论和实验研究。认为气体在熔体中成核的机理可分为 3 种模式：均相成核、非均相成核和混合成核模式。而剪切成核机理是对经典成核理论的一个发展。

泡孔生长理论有两种描述：一种是气泡核成长为模型的泡孔生长机理；一种是从细胞模型为基础建立起来的黏弹性聚合物中泡孔生长模型。这种理论是在 20 世纪八九十年代建立和完善的。“细胞”模型较好地解决了相互邻近的气泡在膨胀过程中的相互作用问题，因而得到人们的普遍接受。气泡的生长受很多因素的影响，如温度、成核数量和气体的损失。温度影响气体的扩散速率和熔体的黏度，在成核前应精确控制温度。气体扩散对气泡生长影响也很显著，在熔体温度较高、扩散速度很大且熔体黏度很低时，气体的逃逸可能很剧烈，这会使泡孔膨胀率显著下降，而无法得到发泡倍率较高的泡沫。

橡胶的发泡过程比塑料的发泡过程更加复杂，过程控制更加困难，但基本原理是一样的。一是混炼胶是一个多组分的复合体，并经历复杂的化学反应（发泡剂的分解反应和聚合物的交联反应），发泡和交联过程会相互促进或干扰，如 AC 比 H 迟缓硫黄硫化体系的硫化。二是橡胶、塑料两类材料中气泡长大历程不同，塑料从机头口模挤出时是一种熔体，其气泡的长大受熔体黏度和冷却速度的影响，当气泡内的气压不足以使固态壳体膨胀变形时，气泡的膨胀过程结束；橡胶海绵由于生产工艺不同，其气泡长大所受的影响要比塑料复杂得多。热塑性弹性体的注射发泡和塑料挤出发泡相似；橡胶的连续挤出发泡、膜压法中的充模法和降压法，与塑料挤出发泡相比，其初期的气泡长大过程比较接近，主要受混炼胶的黏度影响。中后期的膨大过程受到交联密度（或交联程度或硫化橡胶的模量）的影响。对于模压法中的膨胀法，可能有两种情况：纯橡胶的海绵橡胶，其膨胀受橡胶的模量影响；橡塑并用时，以硫黄促进剂体系硫化的海绵橡胶，由于塑料不掺与交联，当开模膨胀时，其膨胀同时受到熔体黏度和硫化橡胶模量两种因素的影响。

海绵橡胶硫化速率和发泡速率的平衡非常重要，见表 1.8.1－73。

表 1.8.1－73　硫化速度与海绵结构

硫化条件与状态	海绵结构
发泡先于硫化	易变成开孔，气泡不均匀，表皮粗糙
硫化先于发泡	易变成闭孔，微气泡，表面良好
发泡和硫化同时进行	较理想，但实施困难
硫化不足	发泡不均，物理性能差，易变形

续表

硫化条件与状态	海绵结构
最佳硫化	发泡均匀，物理性能良好
硫化过度	发泡度降低，表面硬化或软化
低温长时间低速硫化	表皮薄，一般开孔多
高温短时间高速硫化	表皮厚，一般闭孔多

发泡过早于硫化时，气体由橡胶表面跑掉，造成发泡不足和表面不光滑；若硫化过早于发泡时，胶料黏度增大，发泡困难，造成发泡不足。因此，适当调节硫化速度很重要，因它对海绵橡胶的密度（发泡倍率）、吸水率（开孔气泡增加而吸水率增大）和表皮状态是否良好有极大影响。

（二）发泡剂的分类

发泡剂可以分为物理发泡剂与化学发泡剂，化学发泡剂包括有机发泡剂和无机发泡剂。无机发泡剂主要有碳酸铵、碳酸钠、碳酸氢钠、氯化铵和亚硝酸钠等，除少量使用在皮球类空心制品外，现已不再大量应用。有机发泡剂主要有以下几类：(1) 偶氮化合物，如发泡剂 AC、偶氮二异丁腈等；(2) 磺酰肼类化合物，如苯磺酰肼、对甲苯磺酰肼等；(3) 亚硝基化合物，如发泡剂 H 等；(4) 脲基化合物，如尿素、对甲苯磺酰基脲等。

在发泡过程中，凡与发泡剂并用，能调节发泡剂分解温度和分解速率的物质，或能改进发泡工艺、稳定泡沫结构和提高发泡质量的物质，是助发泡剂。助发泡剂的化学成分一般为尿素、氨水、硬脂酸、甘油、油酸的复合物或者尿素衍生物、表面改性尿素、有机硅衍生物、明矾等。

物理发泡剂主要为可膨胀微球等。化学发泡剂因易于产生胺类等致癌物，其使用正逐步受到限制。目前发泡制品行业已开始倾向于采用物理发泡剂，孔径均匀，对于橡胶制品的硬度影响小。

（三）影响发泡质量的因素

1. 橡胶基体的影响

海绵橡胶的配方设计除需考虑孔眼类型（闭孔、开孔、混合孔）、大小及均匀性外，还需综合考虑海绵的密度、硬度、手感、柔软度、表面状况、使用条件要求的物化性能等。

橡胶品种的选用首先由制品物化性能的要求来决定：耐油者选用 NBR、CR 等；耐热者选用硅橡胶等；胶鞋普通中底大量使用再生胶，高级无臭鞋垫使用 EVA/橡胶并用；轻质（比重小于 1）且高硬度（不小于 80 绍尔 A）、弯折回弹性优异的发泡片材常要用塑料/橡胶并用，单靠 SBS 或橡胶难以达到此综合要求。

橡胶/橡胶、橡胶/塑料并用中的并用比及橡胶品种与孔眼性状、制品表面状况、密度密切相关。例如，HDPE 并用 EPDM、IIR，孔细而均匀，表观好，橡胶占 15%～25%时最好；并用 BR、SBR，则内孔不匀，表面常有不同程度的开裂。EVA/NR 中，NR 质量分数大于 30%，发泡倍率下降；小于 20%时，则效果较好。EVA/EPDM 中，不同牌号的 EPDM 孔眼形状也不相同，国产 EPDM 不及 EPT 4045（日本三井），更不及 Royalene 535（美国狮子化学）的孔眼细密均匀、密度小、柔软。EVA/EPDM/IR 三元并用不及 EVA/EPDM/IR/BIIR 四元并用具有的孔细而均匀、柔软，密度小、收缩小，也是 EVA 仅并用 NR、BR、PE 等难以媲美的。

含胶率相对大些有利于发泡，低于 30%就相对困难了。橡胶适度的可塑性关系到流动充模与发泡倍率，不同的发泡-硫化方法对胶料的可塑性要求不尽相同。

2. 发泡剂

(1) 发泡剂本身化学物理性质的影响。

橡胶的孔眼类型同发泡剂分解的气体与橡胶的透过性相关，透过性大者容易穿透胶膜散逸，也就容易形成开孔；发泡剂释放出 N_2 者容易形成闭孔。

图 1.8.1-5 和图 1.8.1-6 和表 1.8.1-74 显示了发泡剂 H 在天然橡胶生胶和发泡胶料中，温度对 H 分解速度和发气量的影响。

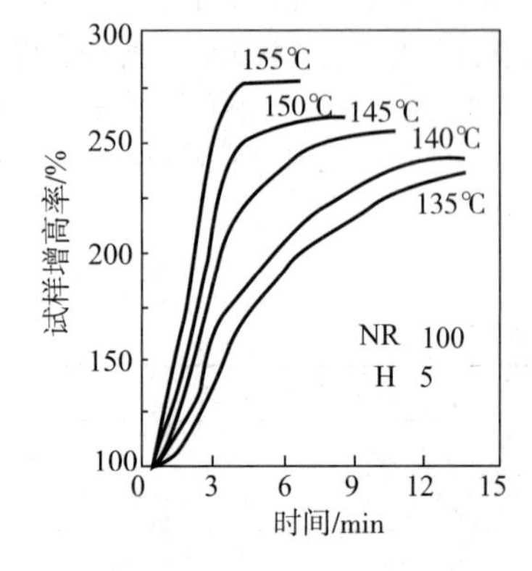

图 1.8.1-5 不同温度下 NR/H（100·s^{-1}）的发泡曲线

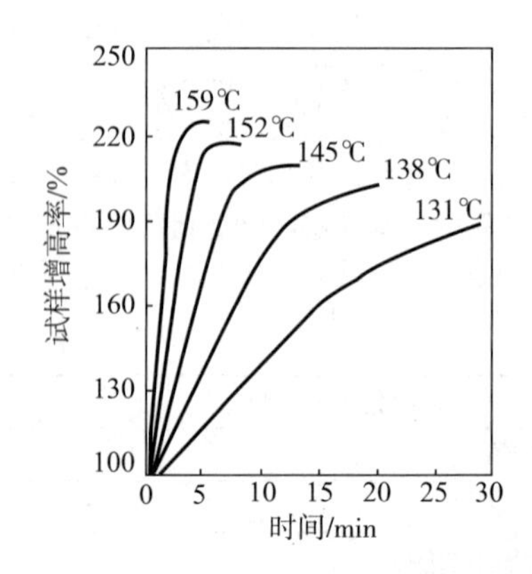

图 1.8.1-6 不同温度下 NR 实用发泡胶料的发泡曲线

表 1.8.1-74　发泡剂 H 在 NR 生胶、实用胶料中的恒温分解特征参数

发泡剂 H 在 NR 生胶中的恒温分解特征参数					发泡剂 H 在实用胶料中的恒温分解特征参数				
温度/℃	t_5/min	t_{90}/min	分解速率/(mL·min·g^{-1})	发气量/(mL·g^{-1})	温度/℃	t/min	t_{90}/min	分解速率/(mL·min·g^{-1})	发气量/(mL·g^{-1})
135	1.7	10.8	18.9	203	131	3.8	22.5	6.5	143
140	1.4	8.5	25.5	210	138	1.8	12.6	12.7	162
145	1.2	6.0	39.2	226	145	1.2	6.9	25.8	173
150	0.9	4.2	60.4	235	152	0.8	4.0	48.1	181
155	0.6	3.4	80.5	255	159	0.4	2.2	89.3	189

注：t_5为发泡剂分解 5%所用时间；t_{90}为发泡剂分解 90%所用时间。

利用不同发泡剂的分解温度不同，选用不同的发泡剂并用。例如，OBSH 的最低分解温度为 110℃，发泡剂 H 与尿素等量并用的最低分解温度为 125℃，而 AC 的最低分解温度为 148℃，调节不同发泡剂的并用比，就可以控制胶料在不同温度下的膨胀率。如美国、韩国等国的商品发泡剂常常是两种或以上的发泡剂复合或配合不同类型的发泡助剂及其他成分（如分散剂、表面活性剂、钛酸酯等）的复合发泡剂，以满足某些特定应用领域，当然，复合发泡剂也不可能达到完全理想化的程度，只是尽可能地使发泡剂的综合性能更贴近工艺要求。

发泡剂粒子细度与直径直接关系到发泡剂的分解速率，泡孔的细密程度和海绵结构的均匀度。由于发泡剂粒度影响自身的表面效应以及粒子间的传热传质，粒子越细，分解速度越快，而且分解温度随粒径的减少而降低。同时由于发泡剂的活化过程发生在多相系统，活化剂（助发泡剂）与发泡剂粒子表面接触反应直接与表面积大小有关。粒子越细，活化效果越明显，即分解温度越低，分解速度更快。国外不同牌号 AC 发泡剂的粒径分为 2 μm 至 15μm 等多个等级。不同牌号的复合发泡剂并用，也可以达到使胶料发泡温度差异化的目的。

某些化学助剂对发泡剂的分解有抑制作用，这些化合物有马来酸、硬脂酰氯、马来酸酐、对苯二酚、甘油、脂肪族胺、酰胺、磷酸盐等。

(2) 助发泡剂对发泡剂的影响。

最常用的有机发泡剂 OBSH、H（DFT）和 AC（ADCA），在无发泡助剂的情况下，热分解曲线如图 1.8.1-7 所示。

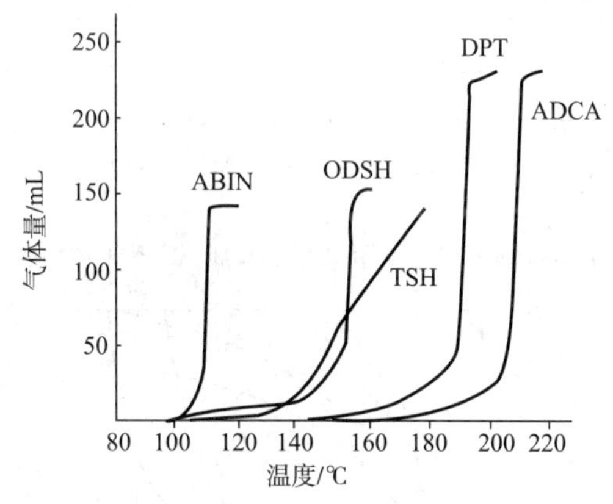

图 1.8.1-7　常用发泡剂分解曲线图（样品 1.0 克）

发泡剂 OBSH 一般不用另加入助发泡剂；发泡剂 H、AC 的分解温度高，为与硫化温度相适应，常配用助发泡剂调节分解温度。加入不同发泡助剂后，发泡剂的分解温度和分解速度发生了变化，如图 1.8.1-8～图 1.8.1-10 所示。

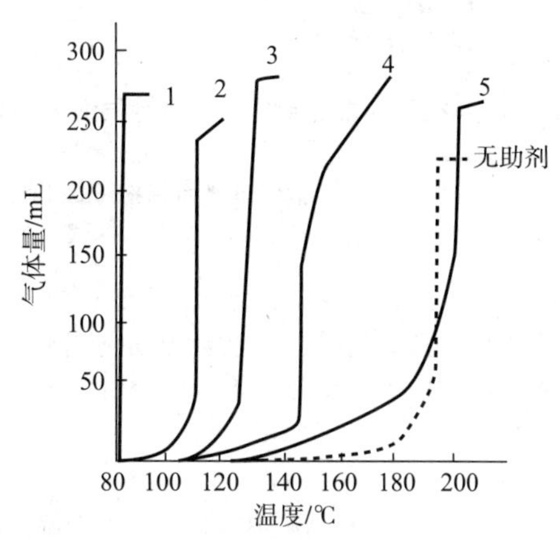

图 1.8.1-8　发泡助剂对发泡剂 H 分解的促进作用（试样：发泡剂 H+助剂共 1.0 克）

1—水杨酸；2—苯甲酸；3—尿素；4—二乙基胍；5—硬脂酸；6—无助剂

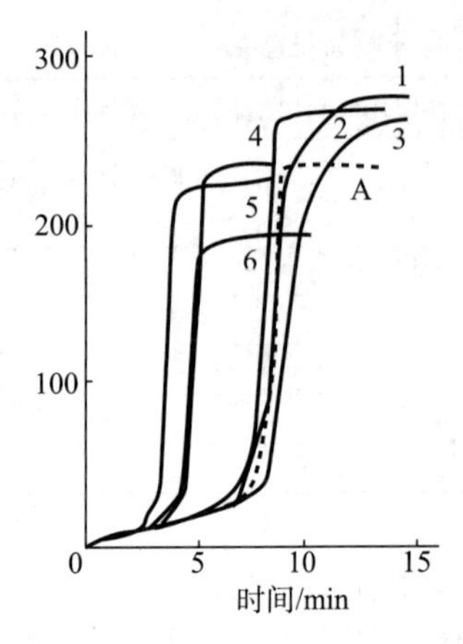

图 1.8.1-9 使用硬脂酸盐时 AC 的分解曲线（200℃）

1—Ca-St；2—Mg-St；3—Ba-St；4—Zn-St；5—Cd-St；6—Pb-St

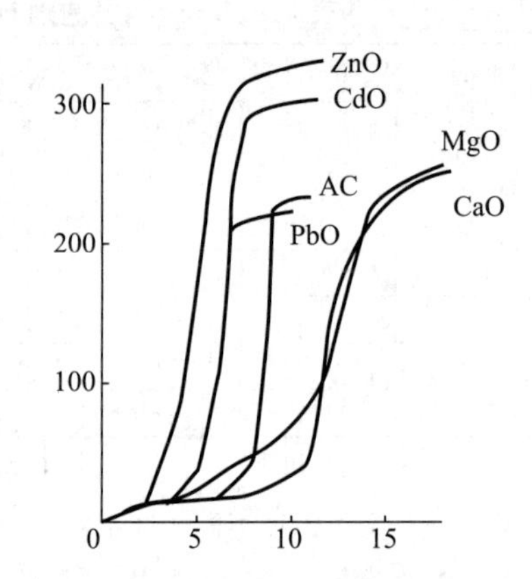

图 1.8.1-10 使用金属氧化物时 AC 的分解曲线（200℃）

微波硫化的 CR 海绵，含 H 5 份，分别配用 2.5 份的 St、苯甲酸、尿素，起发率［（$\rho_{实心}-\rho_{海绵}$）/$\rho_{海绵}$］分别为 150%、175%、107%。其中，含 St 的，表面光滑、孔细密且壁厚；含苯甲酸的，表面光滑、孔大又多、壁薄；含尿素的表面粗糙、孔少又不匀、壁厚，而且尿素难均匀分散。H 配用 ZnO、ZnSt、明矾都可以降低分解温度，发气量差异不大。

助发泡剂对 AC 的效能见表 1.8.1-75。

表 1.8.1-75 助发泡剂对 AC 的效能

助发泡剂	空白	三盐基硫酸盐	ZnSt	ZnO	YA-202
用量（相对于 AC 为 1 的比例）		0.453	0.442	0.436	0.464
分解温度/℃	201	159	160	157	162.5
发气量/(mL·g^{-1})	235	147	221.6	210	232

在 EVA/EPDM 或 EVA/NR 并用体系中，ZnO 单用不及 ZnO/ZnSt 的孔细、发泡率高、柔软；三盐基硫酸铅难分散。实际上，采用 BaSt 作为助发泡剂的效果也相当好；明矾也可增大 AC 的发气量；AC/过氧化锌/偏苯三酸（1 份/0.5 份/0.1 份）的配合可使发气量提高 2 倍。

图 1.8.1-11、图 1.8.1-12 显示了不同助发泡剂及用量对发泡剂 AC 和 H 的分解温度和速度的影响。

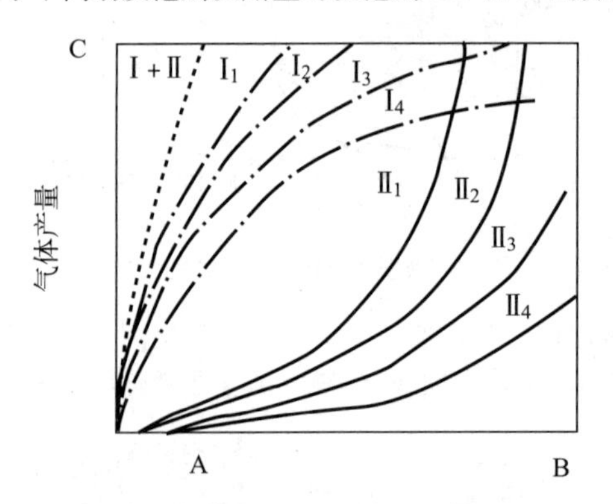

图 1.8.1-11 不同类型助发泡剂作用下等量发泡剂 AC 分解曲线

助发泡剂份数 $Ⅰ_1>Ⅰ_2>Ⅰ_3>Ⅰ_4$（尿素类），$Ⅱ_1>Ⅱ_2>Ⅱ_3>Ⅱ_4$（氧化锌类）；A—生产中挤出机物料留机时间（45 s）；B—实验挤出机可调物料留机时间（5.5 min）；C—要求发泡剂达到的产气量；挤出机各段温度为：130℃、150℃、160℃、170℃

图 1.8.1-11 中，Ⅰ型，如尿素、缩二脲、乙醇胺等，促使 AC 分解而自耗，随后 AC 分解减缓；Ⅱ型，如 ZnO、CaSt、AlSt、CdSt、硼砂等，起初 AC 分解慢，一段时间后 AC 被激发而迅速分解。两类助发泡剂的并用可起协同效应。

由上可见，可以选用合适的助发泡剂品种和用量来调节发泡剂的分解温度和分解速度，以适应胶料的硫化温度和时间。

（3）橡胶基体对发泡剂的影响。

图 1.8.1-13 表明含 5 份发泡剂 H 的各种橡胶的绝对增高值（Δh）与发泡温度的关系。

文献报道 H 的分解温度为 195～200℃，但由图 1.8.1-13 可知，H 在各种橡胶中的分解温度实际分别为：NBR（JSR 220S）105℃，SBR 110℃，NR 136℃，EPDM（EPT 4045）185℃，BR 200℃，NBR（JSR 230S）135℃，EPDM（JSR

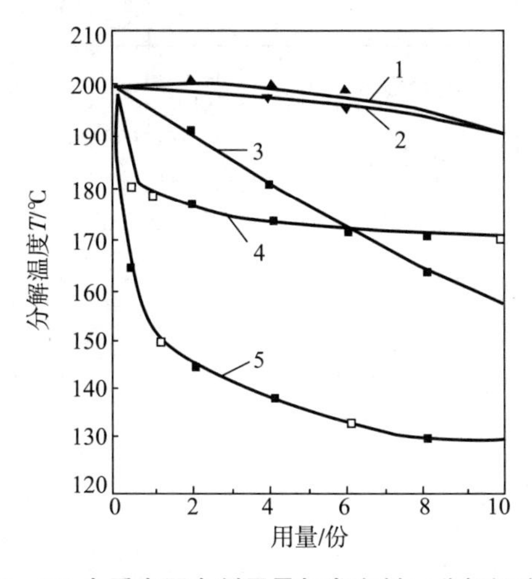

图 1.8.1-12　BR 介质中配合剂用量与发泡剂 H 分解温度的关系曲线

配方：BR（100）、发泡剂 H（5）、配合剂（0～10）

1—氧化锌；2—硬脂酸；3—硬脂酸锌；4—季戊四醇；5—尿素

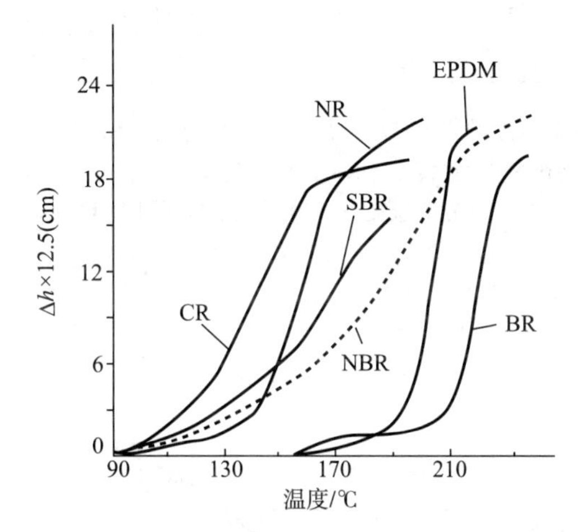

图 1.8.1-13　H 在不同橡胶介质中的升温发泡曲线

EP35）185℃。对于乳液聚合的 NBR、CR、SBR，其乳液聚合过程残留的乳化剂、分散剂、凝聚剂，以及 NR 中的非橡胶成分均活化 H 的热分解，以至可以不用助发泡剂来调节分解温度；采用溶聚法的 EPDM、BR 则影响较少；不同牌号的 NBR、EPDM 之间的差异也可以很显著。BR/NR 并用胶中的 NR 并用比只要不少于 40%，H 的分解温度就接近于单用 NR 的水平了。另外，助发泡剂 ZnO、ZnSt 等对发泡剂 H 的辅助作用在 NR 中也不明显。

（4）促进剂对发泡剂分解温度的影响。

促进剂也有降低发泡剂分解温度的作用。发泡剂 H、发泡剂 AC 和发泡剂 OBSH 与不同促进剂混合的分解温度见表 1.8.1-76。

表 1.8.1-76　不同促进剂对发泡剂分解温度的影响

促进剂名称	发泡剂 H 分解温度/℃	促进剂名称	发泡剂 AC 分解温度/℃	促进剂名称	发泡剂 OBSH 分解温度/℃
用量比 1∶1		用量比 AC/促进剂=1∶0.5		用量比 OBSH/促进剂=1∶0.5	
PZ	146	BZ	148	硫黄	149
EZ	172	PZ	148	M	146
BZ	172	DPTT	198	D	118
TT	150	M	193	DM	122
TMTM	156	—	—	TT	116
DPTT	160	—	—	DPTT	124
N，N，N′-三甲基硫脲	142	—	—	TMTM	136
TDEC	158	—	—	TETD	120

续表

促进剂名称	发泡剂 H 分解温度/℃	促进剂名称	发泡剂 AC 分解温度/℃	促进剂名称	发泡剂 OBSH 分解温度/℃
用量比 1∶1		用量比 AC/促进剂=1∶0.5		用量比 OBSH/促进剂=1∶0.5	
CZ	151	—	—	PZ	133
DM	159	—	—	BZ	136
M	123	—	—	EZ	131
				CZ	117
				PX	151
				TDEC	121
				N，N′-二正丁基硫脲（BUR）	139
				N，N，N′-三甲基硫脲（TMU）	126
				Na-22	112
				苯甲酸铵	135
				H	112

发泡剂 H 和发泡剂 AC 单用时分解温度约 200℃，但与促进剂混合后分解温度大大降低。如发泡剂 H 与促进剂 M 混合后的分解温度为 123℃，酸性强的促进剂 M 对发泡剂 H 分解温度降低幅度最大。含锌的促进剂 BZ 和促进剂 PZ 可降低发泡剂 AC 的分解温度。发泡剂 OBSH 单用时分解温度约 160℃，而与促进剂 D 和促进剂 H 等碱性促进剂混合后分解温度大大降低。

3. 胶料的发泡速度和硫化速度的匹配

严格控制硫化速度（转矩值）、发泡起始温度及发泡气体压力，以使加工工艺稳定，对于制造尺寸稳定性（发泡倍率）高的海绵橡胶十分重要。硫化过程与发泡的关系如图 1.8.1-14 所示。

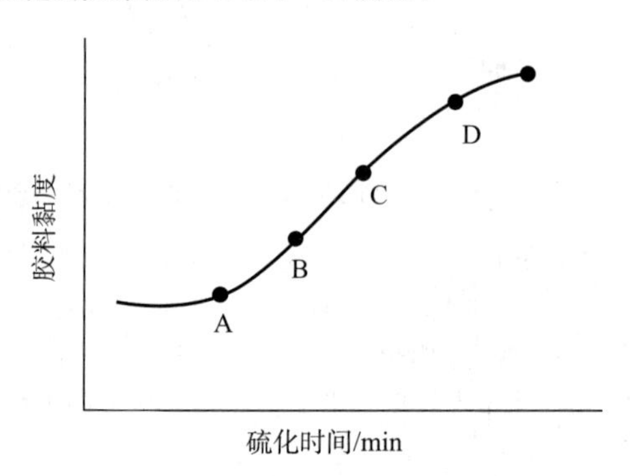

图 1.8.1-14　硫化过程与发泡的关系

硫化曲线分为四段，A 点以前为焦烧时间，AB 段为热硫化的前期，BC 段为热硫化的中期，CD 段为热硫化的后期，D 点以后为正硫化。不同的工艺方法，所要求的胶料发泡速度和硫化速度的匹配内容不同。一般认为发泡剂在 A 点开始分解，到 C 点发泡剂分解完毕是适宜的。

模型发泡的膨胀法中，在开模之前并不存在发泡的问题，只有发泡剂的分解、聚合物/气体溶胶体系和泡核的形成。开模后才有泡孔长大（发泡）、海绵成型的问题。并不存在发泡速度与硫化速度相匹配的问题，只要保证胶料在正硫化之前发泡剂完全分解即可。海绵橡胶的膨胀倍率可以通过调节胶料的门尼黏度、硫化胶的交联密度、发泡剂的用量、硫化温度等因素去控制。如果硫化胶硬度过高或交联密度过高（高模量）、发泡剂用量过小、硫化温度较低，即使硫化仪做出的两条曲线很匹配，亦无法得到理想的发泡材料的。

在采用二段硫化工艺（或降压发泡）中，第一段硫化至 B 点定型，由于一段硫化温度较低，发泡剂尚未分解或只有少量分解，移至大模（或无压）用较高温度硫化，发泡剂在 BC 硫化阶段分解发泡是比较合理，如布面胶鞋的海绵中底发泡。

在连续挤出发泡工艺中，发泡剂在胶料内的焦烧时间过后即开始分解，只要发泡剂的分解速度和硫化速度相匹配，即可得到表面光洁，发泡型材尺寸较稳定的产品。这种工艺方法在很短时间内即使胶料的表皮交联，气体不易逃逸，由于硫化早期的交联网络不完整，胶料的松弛速度较快，内应力很快消除，硫化定型后，海绵的收缩率小，尺寸稳定性好。

充模法发泡时，则要求发泡剂在胶料热硫化的早期阶段即基本分解完毕，使胶料尚为熔体时即充满模型，胶料有稍短的焦烧时间（焦烧时间长更易充满模型，但表面破孔较多），但硫化早期阶段速度很慢，使胶料尚为熔体时即充满模型。

通常可以用以促进剂DM硫化天然橡胶的硫化曲线作为基准曲线，其较为平缓的硫化速度使得发泡剂分解的曲线容易与其匹配。当要求较快的硫化速度时，可以用促进剂M和DM并用；要求较短的焦烧时间的话，可以增大M的用量，或加入少量的TS或D；要求较长的焦烧时间时，可以加入少量CZ等后效性促进剂。这种促进剂的组合，比较适合于二烯类合成橡胶和天然橡胶。对于其他胶种，可用此硫化曲线作为基准。硫黄的用量主要用于控制交联密度，膨胀法发泡时硫黄宜用少点，充模法发泡时硫黄可用多点。不同发泡剂配合胶料的硫化曲线如图1.8.1-15所示。

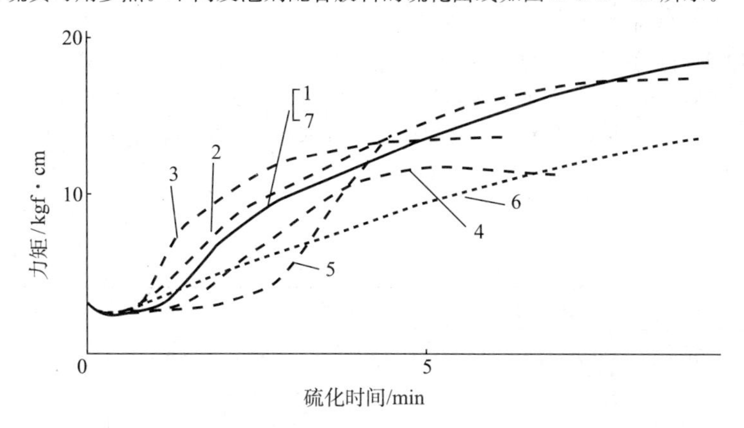

图1.8.1-15　不同发泡剂配合胶料的硫化曲线（JSR-Ⅲ型硫化仪，150℃）

（配方：EPDM 100、硬脂酸1、氧化锌5、快压出炉黑70、重质碳酸钙40、石蜡油40、氧化钙5、硫黄1.5、促进剂PZ 1.0、促进剂M 1.5、促进剂BZ 1.5、促进剂DPTT 0.7）

1—无发泡剂；2—发泡剂H 5份；3—发泡剂H 5份/发泡剂BK（尿素）4份；

4—发泡剂AC 5份；5—发泡剂AC 5份/发泡剂BK 4份；6—发泡剂OBSH 5份；7—内含低沸点烃微胶囊发泡剂5份

由图1.8.1-15可见，内含低沸点烃微胶囊发泡剂的硫化曲线与不添加发泡剂的硫化曲线相同，对硫化行为无影响。发泡剂H、发泡剂AC和发泡剂OBSH与发泡剂BK（尿素）并用，其硫化曲线与不添加发泡剂的都不相同，即对硫化行为有影响。发泡剂H分解副产物是有促进剂功能的六亚甲基四胺，因此发泡剂H和发泡剂H/发泡剂BK并用胶料的硫化起步速度快。发泡剂AC对硫化起步速度有延缓倾向，而发泡剂AC/发泡剂BK并用时硫化起步速度更慢，这是因为并用的助发泡剂BK加速了发泡剂AC的分解，由这种分解的副产物作用的结果。发泡剂OBSH会显著降低硫化速度和硫化密度（转矩值），这是因为发泡剂OBSH的分解副产物为酸性物质，并且与硫化体系化学药品（硫黄、促进剂等）相互反应从而降低了硫化体系化学药品的效能所致。由于发泡剂对硫化行为的影响很大，所以在调整海绵橡胶配方的硫化速度时（通过选择促进剂等），必须以发泡剂配合的最终胶料进行研讨。

4. 生产海绵橡胶的设备、工艺及其他影响因素

以模压成型中的膨胀法为例，其影响因素包括：

（1）模具。

膨胀法发泡的模具一般不要开流胶槽，要开的话，最好离制品边缘远点，余胶槽小点，合模面加工精度要高，以免在内压较高时泄胶引起的泄压而影响膨胀倍率、烂边等。为了便于开模时产品的迅速弹出，内模边要有一定的斜度。模具内表面最好喷涂特氟龙或电镀处理，防止因黏模而影响产品的弹出、扭曲和发泡倍率不一致。

（2）填胶量。

填胶量一般为模具内腔体积的101%～103%，制件大时取小值，制件小时取大值。小量的余胶可以起密封的作用。余胶量太多可能会使飞边太厚（平板压力不够时），引起密封不良而泄压，或由于余胶黏模使产品弹出不畅而扭曲变形。填胶量小于模腔容积，同样会造成密封不良而泄压。

（3）模压机的开启速度和温度控制。

用于模压发泡的平板硫化机要求能迅速开启，温度控制精度要高。以上两点要求是基于以下的原理：①根据理想气体状态方程式，一定量的理想气体的体积与温度成正比，与压力成反比，即温度的高低和压力的高低影响海绵的发泡倍率。②气体的热力学性质，即气体被压缩时生热，膨胀时吸热。海绵橡胶在开模膨胀时会吸收大量的热量，使海绵体的温度快速降低。温度的降低影响气泡内气体压力的降低，并使海绵橡胶的模量增高。③橡胶材料的模量随温度的变化而变化，高温时硫化橡胶的模量低（限制膨胀的外压低，气体膨胀的内压高），有利于海绵的膨大；温度降低时，硫化橡胶的模量高（限制膨胀的外压升高，气体膨胀内压降低），海绵橡胶的膨胀率变小。特别是在橡塑并用时（塑料熔体的存在），其影响更加明显。

此外，发泡剂的用量及发气量对海绵橡胶膨胀的影响是显而易见的。交联密度影响硫化橡胶的模量（决定外部压力大小）。

一般的，增大填料用量，可以使产品表面平整，减少后续加热时的收缩，但也有的会出现孔眼变粗的弊病。SRF、HAF对CR的发泡倍率、表面状况、孔眼细度与均匀性都比碳酸钙好；硅灰石可在EVA/NA海绵中代替TiO_2使用，发泡倍率更高些，也比碳酸钙好。在海绵橡胶配方中适量加入石墨、滑石粉等片状、扁平状填料，隔阻气体渗透，有利于外观质量。白炭黑、陶土等填料，比重大，不利于制取低密度制品。

树脂、内外润滑剂等会影响胶料的流变性质和胶料的松弛速度，同样影响海绵橡胶的膨胀率和收缩率。对于丁腈海绵，仅用 DBP、DOP，量多便喷霜，而采用松焦油/DOP 就不喷霜。白油膏常用于海绵配方，但对弹性、柔软度、强度不利。三乙醇胺对 CR 的起发率机油、氯化石蜡都好。需要注意的是，用软化剂调整胶料可塑度，降低胶料强度，从而降低孔壁强度，既有利于发泡的一面，也有穿透孔壁不利于发泡的一面。对膨胀发泡来说，软化剂用量对发泡倍率、硬度、柔软程度往往并不重要。

防老剂的用量，海绵橡胶制品通常要比实心橡胶制品大些。

除配方因素外，海绵橡胶胶料的混炼、停放、翻炼均影响其质量。混炼胶适度停放有利，超出停放期则变差；翻炼能提高发泡倍率等。发泡-硫化后的边角料，薄通破碎，排除气体，可以重新掺用，节约成本；薄通时适当加入 St、树脂、填料等配合剂，常常可获得更佳的效果。严格工艺历程的控制常常是获得优质海绵橡胶制品的关键。

1.3.2　无机发泡剂

无机发泡剂见表 1.8.1－77。

表 1.8.1－77　无机发泡剂

<table>
<tr><th>项目</th><th>碳酸铵</th><th>碳酸氢铵</th><th>碳酸氢钠</th><th>碳酸钠</th><th>亚硝酸钠</th><th>氯化铵</th></tr>
<tr><td>外观</td><td>半透明白色结晶粉末</td><td>白色结晶粉末</td><td>白色粉末</td><td rowspan="6">与碳酸氢钠类似，但效率低。有强吸湿性，吸水后成硬块。主要用于制造橡皮球一类空心橡胶制品</td><td>白色至淡黄色结晶粉末</td><td>白色结晶粉末</td></tr>
<tr><td>分解温度</td><td>30℃左右开始分解，55℃以上分解加剧</td><td>36～60℃</td><td>100℃左右缓慢分解，140℃迅速分解</td><td>320℃</td><td>—</td></tr>
<tr><td>分解产物</td><td>NH_3、CO_2、H_2O</td><td>NH_3、CO_2、H_2O</td><td>CO_2</td><td>N_2、H_2O</td><td>—</td></tr>
<tr><td>发气量/($cm^3 \cdot g^{-1}$)</td><td>700～980</td><td>700～850</td><td>267</td><td></td><td>—</td></tr>
<tr><td>用量 w/%</td><td>5～15</td><td>5～15</td><td>5～15；需配入5%～10%的硬脂酸作助发泡剂</td><td>—</td><td>—</td></tr>
<tr><td rowspan="2">特点</td><td>与橡胶不易混合；开孔，气泡孔径不均匀；碱性，会加快硫化速率</td><td>微孔，气泡均匀；对硫化速率无影响</td><td>细小、均匀的微孔</td><td rowspan="2">易氧化成硝酸钠；常与氯化铵并用；主要用于制造橡皮球一类空心橡胶制品</td><td rowspan="2">在空气中易潮解，350℃升华。不单独做发泡剂使用，常与碳酸氢钠、碳酸钠、亚硝酸钠并用</td></tr>
<tr><td colspan="4">由于分解温度较低，分散不良，一般用来制造开孔和粗孔的海绵制品</td></tr>
</table>

无机发泡剂价格低，分解时吸热，分解温度不稳定，发气量也不稳定，分解产生 CO_2、NH_3、H_2O 等气体，对胶膜的穿透力大，形成开孔，孔粗且不匀，发泡倍率也不高，制品手感硬实，柔软性差。

（一）碳酸氢铵

碳酸氢铵是灰白色粉末，比重为 2.2，能溶于水，在干燥状态下无氨味，有潮气味，在 60℃左右就开始缓慢分解，生成氨、二氧化碳和水。反应如下：

$$NH_4HCO_3 \rightarrow NH_3\uparrow + CO_2\uparrow + H_2O\uparrow$$

理论上它的发气量可高达 850 mL/g，但实际上它远不能达到此发气量。碳酸氢铵售价低廉，易于购到。热分解出来的气体是 NH_3 和 CO_2 以及水蒸气，这些气体在橡胶中渗透性大，难以制造闭孔的海绵胶，适于制造孔眼较粗大，而且是开孔结构的海绵胶。制得的产品海绵胶孔眼大，气孔壁强度低，收缩率大，变形亦大。

GB/T 6275—1986《工业用碳酸氢铵》适用于以氨水吸收二氧化碳制得的工业碳酸氢铵，主要用于制药、日用化工、皮革、橡胶、电镀以及试剂等工业的原料。

工业用碳酸氢铵的技术指标见表 1.8.1－78。

表 1.8.1－78　工业用碳酸氢铵的技术指标

指标名称	指标
外观	白色粉状结晶
碳酸氢铵含量/%	99.2～101.0
氯化物 (Cl) 含量 (≤)/%	0.007
硫化物 (S) 含量 (≤)/%	0.000 2
硫酸盐 (SO_4) (≤)/%	0.007

续表

指标名称	指标
灰分含量（≤）/%	0.008
铁（Fe）含量（≤）/%	0.002
砷（As）含量（≤）/%	0.000 2
重金属（以Pb计）含量（≤）/%	0.000 5

注：产品中允许有防结块剂。

（二）碳酸氢钠

碳酸氢钠为无毒、无臭的白色粉末，比重为2.2，溶于水，在100℃左右能缓慢分解，产生CO_2气体，在140℃迅速分解，反应如下：

$$2NaHCO_3 \rightarrow Na_2CO_3 + H_2O\uparrow + CO_2\uparrow$$

如果化学反应全部生成气体和水，而水又全部变为蒸气时，其发气量可高达270 mL/g，但实际只有理论上的50%左右。为提高发气量，可在胶料中加入弱酸性物质，如硬脂酸、油酸等，作为助发泡剂。

GB/T 1606—2008《工业碳酸氢钠》对应于俄罗斯国家标准 ГОСТ 2156：1976（1992）《碳酸氢钠的技术条件》（非等效），将工业碳酸氢钠分为三类：Ⅰ类用于化妆品行业；Ⅱ类用于日化、印染、鞣革、橡胶等行业；Ⅲ类用于金属表面处理行业。

橡胶用碳酸氢钠的技术指标见表1.8.1-79。

表1.8.1-79　橡胶用碳酸氢钠的技术指标

指标名称	指标
总碱量（以$NaHCO_3$计）w（≥）/%	99.0
干燥减量w（≤）/%	0.15
pH值（10 g/L水溶液）	8.5
氯化物（以Cl计）w（≤）/%	0.20
铁（Fe）w（≤）/%	0.002
水不溶物w（≤）/%	0.02
硫酸盐（以SO_4计）w（≤）/%	0.05
钙（Ca）w（≤）/%	0.03
砷（As）w（≤）/%	0.000 1
重金属（以Pb计）w（≤）/%	0.000 5

碳酸氢钠的供应商有：锡林郭勒苏尼特碱业有限公司、青岛碱业股份有限公司、自贡鸿鹤化工股份有限公司、桐柏博源新型化工有限公司、湖北宜化集团有限责任公司、山东海化集团有限公司小苏打厂等。

1.3.3　有机发泡剂

有机发泡剂见表1.8.1-80。

表1.8.1-80　有机发泡剂

名称	化学结构	性状		
		外观	相对密度	发气量 $cm^3\cdot g^{-1}$
偶氮氨基苯（发泡剂DAB）	azoaminobenzene C_6H_5—HN—N=N—C_6H_5	具有特殊气味的棕色粉末，比重为1.17，热分解温度为94℃，分解时产生氮气，发气量约为113 mL/g。与橡胶相容性好，易于分散均匀；应用时不需加助发泡剂。其缺点是变色严重，对人体皮肤有刺激作用		
偶氮二甲酰胺（发泡剂AC、ADC）	详见本节（一）			

续表

名称	化学结构	性状		
		外观	相对密度	发气量 $cm^3 \cdot g^{-1}$
偶氮二异丁腈（发泡剂 AZIB、AZDN、ABIN、N2）	azo—isobutyric dinitrile $NC-C(CH_3)_2-N=N-C(CH_3)_2-CN$	白色结晶粉末，比重为 1.13，熔点为 105℃，在 95℃就能发生热分解，发气量为 130 mL/g。分解出的氮气对橡胶的渗透性小，适于制造闭孔结构的海绵，成品孔眼大小均匀，不易塌陷。热分解时，有微量的氢氰酸伴生；分解后的残渣四甲基丁二腈是有毒物质		
偶氮二甲酸二异丙酯	azo—isobutyric dinitrile $CH_3-CH(CH_3)-O-C(=O)-N=N-C(=O)-O-CH(CH_3)-CH_3$	橙色油状液体		200～350
偶氮二甲酸二乙酯	diisopropyl azodiformate $C_2H_5O-C(=O)-N=N-C(=O)-O-C_2H_5$	红色油状液体		190
偶氮二羧酸钡	barium azodiformate $Ba\langle O-C(=O)-N=N-C(=O)-O\rangle$（环状）	淡黄色粉末		177
苯磺酰肼（发泡剂 BSH）	benzenesulpboyl hydrazide $C_6H_5-SO_2-NHNH_2$	白色至淡黄色结晶粉末	1.43	115～130
对甲苯磺酰肼（发泡剂 TSH）	详见本节（二）			
甲苯-2，4-二磺酰肼	toluene—2，4—disulphonyl hydrazide $CH_3C_6H_3(SO_2NHNH_2)_2$（2，4-位）	微细结晶粉末		190
苯基-1，3-二磺酰肼（发泡剂 BDSH）	phenylene—1，3—disulphonyl hydrazide $C_6H_4(SO_2NHNH_2)_2$（1，3-位）	白色结晶粉末		170
二苯磺酰肼醚（发泡剂 OBSH）	详见本节（二）			
二亚硝基五亚甲基四胺（发泡剂 H、DPT、BN）	详见本节（三）			
N，N′-二甲基-N，N′-二亚硝基对苯二甲酰胺（发泡剂 BL-353）	N，N′—dimethyl—N，N′—dinitrosotelephthalamide $ON-N(CH_3)-C(=O)-C_6H_4-C(=O)-N(CH_3)-NO$	淡黄色结晶粉末	1.14	180
尿素	urea $H_2N-C(=O)-NH_2$	白色结晶	1.34	187

续表

名称	化学结构	性状		
		外观	相对密度	发气量 $cm^3 \cdot g^{-1}$
对甲苯磺酰氨基脲（发泡剂 RA）	详见本节（四）			
对，对-氧双（苯磺酰氨基脲）（发泡剂 BH）	p，p′—oxybis（benzensulfomyl semicarbazide） $[H_2N-C(=O)-HN-HN-SO_2-C_6H_4]_2O$	粉末		145
缩二脲和脲	biuret and urea $(NH_2CO)_2NH$ 和 NH_2CONH_2	白色 细微粉末	1.45	
对甲苯磺酰叠氮（发泡剂 TSAZ）	toluene—p—sulfonyl azide $CH_3-C_6H_4-SO_2N_3$	淡橙色液体		220
苯磺酰叠氮（发泡剂 SAZ）	sulfonyl azide $C_6H_5-SO_2N_3$	油状液体		131.6
对甲苯磺酰丙酮胺（发泡剂 TSAH）	toluene—p—sulfonyl acetone hydrazone $H_3C-C_6H_4-SO_2NHN=C(CH_3)_2$			150
3，3′-二磺酸肼二苯砜	diphenyl sulfon—3，3′—disulfonyl hydrazide $SO_2[C_6H_4-SO_2-NHNH_2]_2$	白色 结晶粉末		276
噻三唑衍生物（发泡剂 TR），如：5-氨基-1，2，3，4-噻三唑吗啉衍生物	thiatriazde derivative $(R)(R^1)N-C$（N—N，C，S 五元环）			130
三肼基三嗪	trihydrazinotriazine H_2NHN-C、$C-NHNH_2$、$C-NHNH_2$（三嗪环）	无色结晶		180～200

注：详见于清溪，吕百龄．橡胶原材料手册［M］．北京：化学工业出版社，2007.

偶氮类发泡剂在受热分解时均释放出 N_2，磺酰肼类发泡剂释放出 N_2 和水蒸气，亚硝基化合物释放出 N_2、CO 和 CO_2，脲基化合物释放出 NH_3 和 CO_2。此外，高温缩合产生水的二甘醇也有用作发泡剂的例子。有机发泡剂分解温度相对稳定，分解时放热，释出的气体以 N_2 为主，发气量大，容易形成闭孔或混合孔（如 H），尤以 OBSH 的孔细均匀、收缩率小，AC 次之。

使用时应注意：偶氮类发泡剂有中等毒性，对皮肤有刺激作用，其粉尘/空气混合物有爆炸危险。磺酰肼类发泡剂一般无毒，也无污染性。亚硝基化合物在胶料中易分散，工艺操作安全，对胶料性能无影响；但易燃，与酸雾接触亦能着火，属于弱性炸药，在冲击与摩擦时易爆炸，应注意操作安全，避免与无机酸和明火接近。脲基类发泡剂无污染，能加速硫化，使用时应调整硫化体系。

有机类发泡剂一般用量为配方总量的 0.5%～10%。

多数发泡剂对皮肤有刺激作用，使用时应避免与皮肤接触。

（一）偶氮化合物（Blowing agents Azodicarbonamide）

发泡剂 ADC（AC），化学名称：偶氮二甲酰胺。

结构式：

$$H_2N-C(=O)-N=N-C(=O)-NH_2$$

分子式：$C_2H_4N_4O_2$，相对分子质量：116.08，相对密度：1.65 g/cm³，CAS号：123-77-3，黄色粉末，不溶于一般的有机溶剂和增塑剂，粒子细小，易于在橡胶中混炼均匀。

ADC发泡剂（尿素法）的生产主要是以尿素、氯气和烧碱为原料合成水合肼，其中尿素为氮源，氯气和烧碱生成的次氯酸钠为氧化剂。水合肼在酸性条件下进行缩合反应生成联二脲中间体，然后将其氧化制备ADC发泡剂。目前国内ADC发泡剂主要的生产企业均采用尿素法。

可用于各种橡胶如CR、EPDM、IIR、NBR（NBR/PVC）和SBR的发泡，特别是用于微小均匀的细孔发泡。粉状发泡剂ADC具有相对较高的发泡温度（200～210℃），加入少量的发泡活化剂，可以使ADC的发泡温度有效降低。常用的助发泡剂有硬脂酸、尿素、苯甲酸、氧化锌、氧化镁、氧化铅、明矾、乙二胺、二苯胍等，热分解反应产生氮气、一氧化碳和氨。例如，低温ADC发泡剂（145～150℃分解）是ADC与尿素类助发泡剂的混合物；中温ADC发泡剂（160～170℃分解）是ADC与硬脂酸锌等的混合物。此外，还有不同粒径的ADC混合物，如2～5 μm和10 μm左右的；ADC与分散剂如DBP的糊状混合物等。本品不会增加发泡产品的异味。因为热分解反应中有逸出，气体在橡胶中易渗透，制出的海绵胶收缩率较大。

本品属于第八批高关注物质（SVHC）候选清单中的物质之一，应谨慎使用。

HG/T 2097—2008《发泡剂ADC》适用于以尿素、水合肼为原料经缩合、氧化而制得的发泡剂ADC。发泡剂ADC的技术要求见表1.8.1-81。

表1.8.1-81　发泡剂ADC的技术要求

项目		指标		
		优等品	一等品	合格品
外观		淡黄色粉末		
发气量（20℃，101 325 Pa）(≥)/(ml·g⁻¹)		222	215	210
细度	筛余物（筛孔38 μm）(≤)/%	0.03	0.05	
	平均粒径（以D_{50}表示）/μm	用户协商指标		
分解温度（≥）/℃		200		
加热减量（≤）/%		0.15	0.20	
灰分（≤）/%		0.10	0.20	
pH值		6.5～7.5		
纯度（≥）/%		97.0		

注：筛余物（筛孔75 μm）；纯度指标为抽检指标。

偶氮化合物的供应商见表1.8.1-82。

表1.8.1-82　偶氮化合物的供应商

供应商	商品名称	化学组成	外观	纯度(≥)/%	灰分(≤)/%	发气量(20℃，760 mmHg)/(mL·g⁻¹)	分解温度/℃	粒径/μm	筛余物(38 μm)(≤)/%	说明
杭州海虹精细化工有限公司	TPR-H	AC与碳酸氢钠的混合物	淡黄色粉末	—	—	200±5	210±4℃	9～14	—	—
	HH138	AC与碳酸氢钠的混合物	淡黄色粉末	—	—	180±5	136±4℃	9～14	—	—
宁波硫华	Actmix ® ADC-75GE	偶氮二甲酰胺	黄色颗粒	98	0.1	—	200～210	6～8	0.1	1～10份
锐巴化工	AC-3000-75 GE	AC与EPDM混合物	黄色颗粒	98	0.1	200±5	200±4℃	9～14	—	—
阳谷华泰	ADC-75	—	黄色片状	75	—	—	—	—	—	EPDM/EVM载体
	ADC-75	—	黄色颗粒	75	—	—	—	—	—	EPDM/EVM载体

国外发泡剂ADC的供应商及其技术指标见表1.8.1-83。

表 1.8.1-83　国外发泡剂 ADC 的供应商及其技术指标

指标		日本三协化成株式会社	日本大冢化学公司	美国阿乐斯
外观		黄色微粉末	赤黄色粉末	黄色粉末
发气量（20℃，101 325 Pa）（≥）$(mL \cdot g^{-1})$		270	225±10	220
细度	筛余物（筛孔 38 μm）（≤）/%	—	—	—
	平均粒径（以 D50 表示）μm	10	13	—
分解温度（≥）/℃		200	197.5±2.5	203
加热减量（≤）/%		0.3	0.4	0.2
灰分（≤）/%		—	2.0	0.2
pH 值		6.0	5.5～6.5	4.5～7.0
纯度（≥）/%		—	—	—
碱不溶物（≤）/%		—	—	0.2
溶解性		不溶于普通溶剂	—	—
毒性		无毒、无臭	—	—

发泡剂 ADC 的供应商还有：宜宾天原集团股份有限公司、江苏索普（集团）有限公司、元庆国际贸易有限公司代理的 SOPO 公司 AC 发泡剂等。

（二）磺酰肼类化合物

（1）发泡剂 OBSH，化学名称：4，4-氧代双苯磺酰肼，二苯磺酰肼醚。

结构式：

dibenzene sulphonyl hydrazide ether

$$NH_2NHSO_2-C_6H_4-O-C_6H_4-SO_2NHNH_2$$

分子式：$C_{12}H_{14}O_5N_4S_2$，相对分子质量：358.39，相对密度：1.52 g/cm³，CAS 号：80-51-3，本品为白色无臭细微晶体。在 120℃温度下就可以开始发泡，释放出 N_2，150℃时能迅速分解，无须助发泡剂也能在通常的硫化温度 140℃左右下发泡，热分解产物残渣是一个具有硫醇气味的不挥发性聚合物；相对毒性较小，不污染制品，可制得白色海绵橡胶，是磺酰肼常用发泡剂，能与其他发泡剂并用，由于用途广泛，又称为万能发泡剂。它的发气量较少，约为 125 mL/g，添加 Pb 盐、Cd 盐、Zn 盐可以降低其分解温度。因为分解出来的气体是氮气，所以在胶料中渗透性小，形成闭孔或联孔的气孔结构，收缩率小，制得的微孔橡胶气孔细致均匀，变形亦较少，孔眼不塌陷。

单用本品时，可产生细微、优质、均匀的气孔结构，且发泡制品无臭、无味、无污染、不脱色，特别适用于要求无气味及浅色发泡制品。在一定情况下，在固化机制中既可起发泡剂，又可起交联剂的作用。

可适用于天然橡胶和各种合成橡胶（如 EPDM、SBR、CR、FKM、IIR、NBR）和热塑性产品（如 PVC、PE、PS、ABS），也可于橡胶-树脂混合料中使用。所得发泡制品具有良好的绝缘性，可应用于电线、电缆的制造。OBSH 不受水分影响，因此它特别适用于三元乙丙橡胶的挤出硫化发泡。OBSH 的缺点是发气量小，用量多时会显著延缓硫化，并引起跑气，因此用量再大也不能制得高发泡倍率的海绵胶。此外，该发泡剂有一定吸湿性，分散性较差。

通常用量为 2～15 份。

发泡剂 OBSH 的供应商见表 1.8.1-84。

表 1.8.1-84　发泡剂 OBSH 的供应商

供应商	商品名称	外观	初熔点（≥）/℃	加热减量（≤）/%	灰分（≤）/%	纯度（≥）/%	发气量（20℃，760 mmHg）/$(mL \cdot g^{-1})$	分解温度/℃	粒径/μm	说明
宁波硫华	OBSH-75GE	白色颗粒	161	0.3	0.3	98	—	—	63 μm 筛余物≤0.1%	EPDM/EVM 载体
金昌盛	OBSH	白色粉末	—	0.5	—	98	120～130	140～160	300 目	用量为 1～6 份
	OBSH-75 GE	—	155	0.3	0.5	75	—	—	—	EPDM 载体
杭州海虹	发泡剂 OBSH	白色无臭细微晶体	—	0.5	—	—	130±5	150±4	10	—
阳谷华泰	OBSH-75	白色片状	—	—	—	—	—	—	—	EPDM/EVM 载体
	OBSH-75	白色颗粒	—	—	—	—	—	—	—	EPDM/EVM 载体

(2) 发泡剂 TSH，化学名称：对甲苯磺酰肼。

结构式：

tolune—p—sulfonyl hydrazide

$H_3C-C_6H_4-SO_2NHNH_2$

本品为白色结晶粉末，比重为 1.43，热分解温度为 104℃，发气量为 110～125 cm^3/g，反应过程中产生氮气。

本品为低温发泡剂，适用于做聚乙烯等多种塑料和天然合成橡胶的发泡剂。本品发泡特点：分解相当缓慢，在硫化温度 140℃下，无须加入助发泡剂也能发泡，易于使硫化与发泡同步进行；分解出的氮气在橡胶中渗透性小，适于制造闭孔结构海绵制品，成品气孔细密均匀，制品收缩率小；具有较大发气量，发泡效率高，撕裂强度大。

发泡剂 TSH 的供应商有：山东阳谷华泰化工股份有限公司（TSH-75，以 EPDM/EVM 为载体的灰白色颗粒）。

（三）亚硝基化合物

发泡剂 H（DPT），化学名称：二亚硝基五次甲基四胺。

结构式：

dinitroso—pentamethylene—tetramine

```
      CH2—N—CH2
      |     |   |
ON—N      CH2 N—NO
      |     |   |
      CH2—N—CH2
```

分子式：$C_5H_{10}N_6O_2$，相对密度：1.4～1.45 g/cm^3，相对分子质量：186，CAS 号：101-25-7，淡黄色粉末。在常温下发泡剂对助发泡剂硬脂酸、氧化锌等很稳定，当温度升至某一程度时它能迅速分解，热分解反应中产生氮气和氨以及甲醛。因氨气在橡胶中的渗透性大，海绵胶微孔的孔壁易破裂而形成联孔结构，孔径也较大；又因为氨能与甲醛反应，生成固态的六次甲基四胺，导致海绵胶内的气体内压减少，使海绵产品收缩率大。

发泡剂 H 广泛应用于橡胶发泡，如天然橡胶、丁苯橡胶、丁腈橡胶等，不变色、不污染；发泡剂 H 在增塑 PVC 模压制品、吹塑发泡中也有广泛应用。发泡时通常添加一些助剂，如经表面处理的尿素、缩二脲、水杨酸、邻苯二甲酸、多元醇等，来降低发泡剂 H 的分解温度，使其在 120～190 ℃范围内产生气体。发泡剂 H 分解时会放出大量热，用于厚制品时需小心处理。通常用量为 1～10 份。

亚硝基化合物发泡剂的供应商见表 1.8.1-85。

表 1.8.1-85 亚硝基化合物发泡剂的供应商

供应商	商品名称	密度/($g \cdot cm^{-3}$)	外观	纯度(≥)/%	发气量/($ml \cdot g^{-3}$)	分解温度/℃	熔点/℃	灰分(≤)/%	加热减量(≤)/%	63 μm 筛余物(≤)/%	说明
宁波硫华聚合物有限公司	DPT40/PE	1.25	淡黄色片状	98	—	—	207	0.3	0.3	0.1	EPDM/EVM 为载体
杭州海虹精细化工有限公司	发泡剂 H	—	微黄色结晶性固体粉末	—	280±5	209±4	—	—	—	—	不变色，无污染

（四）脲基化合物

发泡剂 RA，化学名称：对甲苯磺酰氨基脲。

结构式：

p—toluene sulfonylsemicarbazide

$H_3C-C_6H_4-SO_2NHNH-C(=O)-NH_2$

分子式：$C_8H_{11}N_3O_3S$，CAS 号：10396-10-8。

发泡剂 H 分解温度高，与本品配合使用，能够使发泡剂 H 分解温度下降至 120～125℃，并能有效去除发泡剂 H 分解残留的气味。本品用量和发泡剂 H 用量的比例达到 1∶1 时，所得制品基本无发泡剂 H 分解所产生的味道，可以改善泡孔均匀性，不变色、无污染。与发泡剂 AC 配合使用，可改善泡孔均匀性。本品无臭味，吸湿性低，在胶料中分散性良好。

适用于 NR、SBR、EPDM、NBR、高苯乙烯与橡胶共混胶的发泡。

发泡剂 RA 的供应商见表 1.8.1-86。

表 1.8.1-86　发泡剂 RA 的供应商

供应商	商品名称	外观	发气量/(ml·g⁻¹)	分解温度/℃	熔点/℃	说明
杭州海虹精细化工有限公司	发泡剂 RA	白色无臭结晶性粉末	140±5	240±4	41～42	分解残物对物料无污染
金昌盛	发泡助剂 LONGSUN FA	白色粉末，无臭味	—	—	—	用量为 1～5 份

1.3.4　可膨胀微球发泡剂

（一）EXPANCEL ® 可膨胀微球

EXPANCEL ® 可膨胀微球是瑞典阿克苏诺贝尔公司产品，是一种微小的球状塑料颗粒。微球由一种聚合物的壳体和它包裹着的气体组成。当加热时，热塑性壳体软化，壳体中的气体膨胀，使微球的体积增大，如图 1.8.1-16 所示。

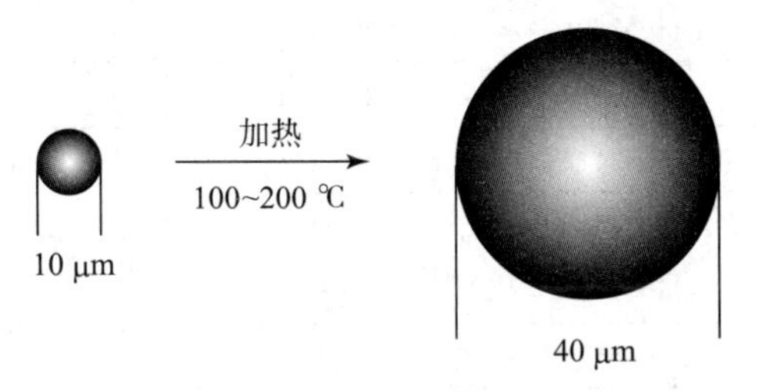

图 1.8.1-16　可膨胀微球

膨胀后的微球尺寸可达 20～150 μm。微球具有高的回弹性，已膨胀的微球容易压缩，当压力释放后，微球又恢复到原有的体积。微球的回弹性，使它可承受多次循环加压/卸压而不破裂，故 EXPANCEL ® 微球也是一种优秀的吸收冲击材料。

EXPANCEL ® 微球有温度范围从 80～190℃的各种不同膨胀温度等级的产品，各种等级的微球有不同的热机械性能。EXPANCEL ® 微球应避免在很高温度下存放。

可膨胀微球的应用领域包括：

（1）发泡剂。

EXPANCEL ® WU 和 DU 是未膨胀的微球，可作为一种发泡剂。加热微球，可使其体积胀大，达到原先的 30～50 倍。

该特性可以应用在网丝印刷和凹版印刷的油墨中，在纸张、壁纸和织物上获得一种三维的图形。

在挤出和注塑加工时，EXPANCEL ® 微球提供一个可控制和确定的发泡过程。发泡后微球是一种 100%的封闭体，其大小约 100 μm。

其他领域的应用，包括有汽车工业用的修补涂料和密封胶、纸张、纸板、染料、织物、无纺织物的喷染和浸渍。

（2）减轻重量。

EXPANCEL ® WE 和 DE 微球，膨胀后的密度低至 30 kg/m³（114 g/gal），兼备低密度和回弹性，使它们与其他轻质填料相比，在减轻重量和改进性能方面尤为出色。

在人造大理石中，少量的 EXPANCEL ® 微球（1.5%的重量份）能减轻制品的重量，减少破碎的风险和降低加工成本。在聚酯胶泥中添加 1%重量份的微球，可使胶泥的密度从 1 800 kg/m³ 降至 1 100 kg/m³，胶泥的打磨性也得以改进。采用加入 EXPANCEL ® 微球来降低密度的其他应用，有聚氨酯浇铸聚合物、油漆、丙烯酸密封胶和嵌缝料。

（3）性能改进剂。

在热固性聚合物固化前加入未膨胀的微球，能减少空隙、空洞和表面的缺陷。由于固化过程中，微球的膨胀可保持内部的压力，而使制品表面的性能得以改善。

在各种聚酯胶泥配方中加入预膨胀的 EXPANCEL ® 微球后，呈现奶油状或膏状，令使用上更为方便。

在聚氨酯模型的填缝材料中添加微球后，改进了打磨性。

在人造大理石材料中添加很少量的 EXPANCEL ® 微球后，使它成为稍有弹性的材料，能够耐更长时间的冷/热循环。

可膨胀微球发泡剂的牌号见表 1.8.1-87。

表 1.8.1-87　可膨胀微球发泡剂的牌号

供应商	品名	粒径 D(0.5)/μm	热分解性能			抗溶剂性能
			起始发泡温度 Tstart/℃	最大发泡温度 Tmax/℃	TMA 密度/(kg·m⁻³)	
金昌盛（瑞典阿克苏诺贝尔公司）	551 DU 40	10～16	95～100	139～147	≤17	3
	461 DU 20	6～9	100～106	137～145	≤30	4
	461 DU 40	9～15	98～104	142～150	≤20	4

续表

供应商	品名	粒径 D(0.5)/μm	热分解性能			抗溶剂性能
			起始发泡温度 Tstart/℃	最大发泡温度 Tmax/℃	TMA 密度/(kg · m^{-3})	
金昌盛（瑞典阿克苏诺贝尔公司）	051 DU 40	9～15	108～113	142--1501	≤25	4
	031 DU 40	10～16	80～95	120～135	≤12	3
	053 DU 40	10～16	96～103	138～146	≤20	3
	093 DU 120	28～38	120～130	188～203	≤6.5	5
	909 DU 80	18～24	120～130	175～190	≤10	5
	920 DU 40	10～16	123～133	170～180	≤17	5
	920 DU 80	18～24	123～133	180～195	≤14	5
	920 DU 120	28～38	122～132	194～206	≤14	5
	930 DU 120	28～38	122～132	191～204	≤6.5	5
	950 DU 80	18～24	138～148	188～200	≤12	5
	951 DU 120	28～38	133～143	190～205	≤9	5
	980 DUX 120	25～40	158～173	215～235	≤14	5
	007 WUF 40	10～16	91～99	138～143	≤15	3
	031 WUF 40	10～16	80～95	120～135	≤12	3
	461 WE 20d36	20～30	15±2	36±4	4.2±0.45	3
	461 WE 40d36	30～35	15±2	36±4	4.2±0.45	3
	921 WE 40d24	35～55	10±1.5	24±3	4.2±0.45	5
	461 DET 40d25	35～55	—	—	25±3	4
	920 DET 40d25	35～55	—	—	25±3	5
锐巴化工	EXPANCEL - 50 GE	—	—	—	—	—

（二）橡胶微球发泡剂 GL120

GL120 可膨胀微球发泡剂是温州格雷化工有限公司生产的一种新型的特种发泡剂，外观为乳白色的微小球状塑料颗粒，直径为 10～45 μm。GL120 可膨胀微球发泡剂具有核壳结构，外壳为热塑性丙烯酸聚合物，内核为低沸点烷烃气体。聚合物壳体的厚度在 2～15 μm，壳体有良好的弹性并可承受较大压力，在加热膨胀之后发泡剂自身并不破裂，同时保持自身的良好性能。当加热到一定温度时，热塑性壳体软化，壳体里面的烷烃气体在很短时间内膨胀为原来体积的 20～50 倍，发泡剂的体积可以增大到自身的几十倍，同时核壳结构并不破坏，仍保持为一个完整的密封球体，从而达到发泡的效果。

微球有较高的回弹性，容易压缩，当压力释放后，微球又会回到原来的体积。

可膨胀微球发泡剂使用简单，在配方中添加，混合搅拌均匀即可，不需要对原有工艺进行调整，添加量根据行业及所达到的效果不同一般为 1%～3%。

本品应贮存于阴凉、干燥处，原包装密封存放保质贮存期 1 年。

1.3.5 助发泡剂

助发泡剂有尿素类助发泡剂、聚硅氧烷与聚烷氧基醚共聚物和明矾等。

尿素类助发泡剂包括 A 型助发泡剂、N 型助发泡剂、M 型助发泡剂等尿素衍生物。

A 型助发泡剂化学成分为尿素复合体。在加热条件下，依次将氨水、硬脂酸、甘油等加入到尿素的水溶液中，充分搅拌制成，尿素与硬脂酸的用量比为 2∶1。N 型助发泡剂制法同 A 型助发泡剂，但未加工粉碎，为无规则条状物，氮含量 27%～31%。M 型助发泡剂组分中以油酸代替硬脂酸。

A 型助发泡剂为极细粉末，无毒，相对密度为 1.13～1.15 g/cm^3，用作发泡剂 H 的助发泡剂，分散性良好，对硫化有促进作用。用量于发泡剂 H 大体相同，用量加大时，发泡效果增加，促进作用明显。N 型、M 型的用途、用法与 A 型助发泡剂相同。

聚硅氧烷与聚烷氧基醚共聚物即发泡灵 L - 520，用作聚醚型聚氨酯橡胶发泡的泡沫稳定剂，用量为 1%，其分子结构式为：

$$\left[-\underset{CH_3}{\overset{CH_3}{Si}}-O-\underset{\underset{|}{O}}{\overset{CH_3}{Si}}-O-\right]_r\left[-\underset{CH_3}{\overset{CH_3}{Si}}-O-\underset{C_2H_5}{\overset{CH_3}{Si}}-O-\right]_p\left[-\underset{CH_3}{\overset{CH_3}{Si}}-O-\underset{C_2H_5}{\overset{CH_3}{Si}}-O-\right]_q[(OC_3H_6)(OC_2H_4)]_nC_4H_9$$

明矾用作助发泡剂时，与发泡剂 H 及小苏打并用，并用比为 25∶11∶45 时效果最好。

（一）EVA 发泡专用快熟助剂

元庆国际贸易有限公司代理的台湾 EVERPOWER 公司 FS-300L EVA 发泡专用快熟助剂的物化指标为：

成分：纳米级氧化锌、交联助剂、发泡助剂与 EVA 胶粒的复合体，外观：白色颗粒，比重：约 1.23，熔点：>90℃，含水量：<0.5%，门尼黏度 ML（1+4）100℃：≤26，储存期：正常环境下 1 年。

本品针对 EVA 中高温发泡剂具有有效缩短发泡成型时间，提高生产效率与物性的作用。建议用量：2～3 份。

FS-300L EVA 发泡专用快熟助剂测试配方见表 1.8.1-88。

表 1.8.1-88　FS-300L EVA 发泡专用快熟助剂测试配方

材料	配方 A	配方 B
EVA 7350	100	100
$CaCO_3$	20	20
ZnO	0.8	0.8
St.a	0.5	0.5
DCP	0.7	0.7
AC-发泡剂	3.5	3.5
FS-300L	—	2
测试结果（160℃×10 min）		
ML（lb-in）	0.16	0.16
MH（lb-in）	1.42	1.72
ts_1	5.41	2.46
tc_{50}	3.45	2.17
tc_{90}	7.00	4.41

1.3.6　发泡剂的供应商

化学发泡剂的其他供应商见表 1.8.1-89。

表 1.8.1-89　化学发泡剂的其他供应商

供应商	牌号	成分	比重	分解温度/℃	发气量/（$mL \cdot g^{-1}$）	用途
镇江宏马精细化工有限公司	Acticell ® U	经特殊处理的尿素	1.34	—	—	发泡剂的活化剂
	Celogen ® AZ	偶氮二甲酰胺（按不同粒径可分为 120、130、150、9370、1901 和 2500 等不同规格）	1.66	190～220	220	通用型化学发泡剂，适用于海绵橡胶、泡沫塑料等，可产生均匀、细密的闭孔结构
	Celogen ® OT Celogen ® OB	4，4′-氧代双苯磺酰肼（OT 为油处理品，OB 为普通品）	1.53	153～167	130	通用型低温化学发泡剂，适用于海绵橡胶、泡沫塑料等，可产生均匀、细密的闭孔结构
	Celogen ® 754A	活化的偶氮二甲酰胺	1.68	165～180	200	专用于橡胶、热塑性弹性体、EVA、鞋底和车用型材的化学发泡剂，辅助发泡剂
	Celogen ® 760A	无沉积的偶氮二甲酰胺	2.06	200～205	160	用于塑料发泡时，可防止在螺杆、冲模、模具中的沉积。发气量依聚合物种类可调节
	Celogen ® 765A	活化的偶氮二甲酰胺	1.65	152～160	180	特别适用于模压闭孔海绵、鞋底和车用型材的化学发泡剂，辅助发泡剂

续表

供应商	牌号	成分	比重	分解温度/℃	发气量/(mL·g^{-1})	用途
镇江宏马精细化工有限公司	Celogen ® 780	活化的偶氮二甲酰胺	1.78	142～154	190	硅橡胶模压和挤出成型以及胶管的专用低温发泡剂。海绵橡胶和泡沫塑料的辅助发泡剂
	Celogen ® AZRV	改性偶氮二甲酰胺	1.67	200～205	200	硬质聚烯烃的发泡剂
	Celogen ® TSH	对甲苯磺酰肼	0.64	143 -	120	无毒、无色、无味、无污染的低温发泡剂，特别适用于白色 PVC 制品的发泡

1.4　抗静电剂

由于聚合物的体积电阻率一般高达 10^{10}～10^{20} Ω/cm^2，易积蓄静电而发生危险。抗静电剂多系表面活性剂，可使聚合物表面亲水化，离子型表面活性剂还有导电作用，因而可以将静电及时导出。

抗静电剂按化学性质可以分为阳离子型、阴离子型和非离子型表面活性抗静电剂；按使用方式可以分为外涂型和内混型。外涂型抗静电剂是指涂在高分子材料表面所用的一类抗静电剂，多为阳离子型抗静电剂，也有一些为两性型和阴离子型抗静电剂，一般使用前先用水或乙醇等将其调配成质量分数为 0.5%～2.0%的溶液，然后通过涂布、喷涂或浸渍等方法使之附着在高分子材料表面，再经过室温或热空气干燥而形成抗静电涂层。内混型抗静电剂是指在制品的加工过程中添加到树脂内的一类抗静电剂，以非离子型和高分子永久型抗静电剂为主，阴、阳离子型在某些树脂品种中也可以添加使用，使用时按质量分数为 0.3%～3.0%的比例将抗静电剂与树脂机械混合后再加工成型。各种抗静电剂分子除可赋予高分子材料表面一定的润滑性、降低摩擦系数、抑制和减少静电荷产生外，不同类型的抗静电剂不仅化学组成和使用方式不同，作用机理也不同。

阳离子抗静电剂通常是些长链的烷基季铵衍生物，在极性高分子材料如硬质聚氯乙烯和苯乙烯类聚合物中效果很好，但对热稳定性有不良影响，这类抗静电剂通常不得用于与食物接触的制品中。

阴离子抗静电剂通常是些烷基磺酸、磷酸或二硫代氨基甲酸的碱金属盐，如烷基磺酸钠，主要用于聚氯乙烯、苯乙烯类树脂、聚对苯二甲酸乙二醇酯和聚碳酸酯中，应用效果与阳离子抗静电剂相似。

非离子型抗静剂是用量最大的一类抗静电剂，如乙氧基化脂肪族烷基胺、乙氧基化烷基酸胺及甘油一硬脂酸酯(GMS)。乙氧基化烷基胺可用于与食物接触的制品中，市售的乙氧基化烷基胺区别在于烷基链的长度和不饱和度的大小。

1.4.1　季铵盐类

（一）抗静电剂 SN

化学名称：十八烷酰胺乙基、二甲基、β-羟乙基铵的硝酸盐

CAS 号：86443 - 82 - 5；分子结构式为：

stearamido ethyldimethyl—β—hydroxyethyl—ammoniumnitrate

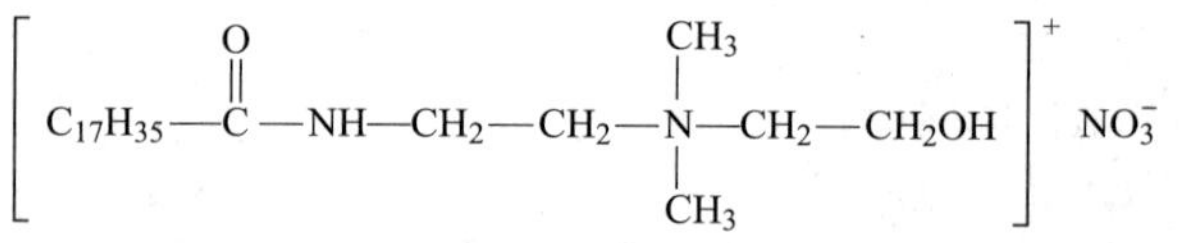

$$\left[C_{17}H_{35}-\overset{\overset{\large O}{\|}}{C}-NH-CH_2-CH_2-\underset{\underset{\large CH_3}{|}}{\overset{\overset{\large CH_3}{|}}{N}}-CH_2-CH_2OH \right]^+ NO_3^-$$

本品为阳离子表面活性剂，浅黄色至棕色油状黏稠物，pH 值为 6.0～8.0（1%水溶液，20 ℃），在室温下易溶于水和丙酮、丁醇、苯、氯仿、二甲基甲酰胺、二氧六环、乙二醇、甲基（乙基或丁基）等，在 50℃时可溶于四氯化碳、二氯乙烷、苯乙烯等。对 5%的稀酸稀碱稳定，当温度提高到 180℃以上时会分解。

本品可作为聚氯乙烯、聚乙烯薄膜及塑料制品的静电消除剂，使用前应将抗静电剂 SN 溶于适当的溶剂中后与少量塑料原料混合、干燥，推荐用量为塑料重量的 0.5%～2%；也可用作为丁腈橡胶制造纺丝皮辊的静电消除剂。

抗静电剂 SN 的供应商见表 1.8.1 - 90。

表 1.8.1 - 90　抗静电剂 SN 的供应商

供应商	商品名称	外观	季铵盐含量/%	说明
海安县国力化工有限公司	抗静电剂 SN	红棕色透明黏稠液体	48±2	

季铵盐类抗静电剂还有：

十八酰胺丙基、二甲基、β-羟乙基铵三磷酸二氢盐（抗静电剂 SP），淡黄色液体，分子结构式为：

stearamido propyl—dimethyl—β—hydroxyethyl—ammonium dihydrogen phosphate

$$\left[H_{35}C_{17}-\overset{O}{\overset{\|}{C}}-NH-(CH_2)_3-\overset{CH_3}{\overset{|}{\underset{CH_3}{\underset{|}{N}}}}-C_2H_5OH \right]^+ H_2PO_4^-$$

季铵盐和丁醇的混合物（抗静电剂 P-6629），橘黄色液体。

十八烷基三甲基氯化铵（三甲基十八烷基氯化铵、十八烷基三甲基铵三氯化物），分子结构式为：

octadecyl trimethyl ammonium chloride

$$[C_{18}H_{37}N(CH_3)_3]^+Cl^-$$

1.4.2　合成酯类或脂肪酯

合成酯类或脂肪酯抗静电剂的供应商见表 1.8.1-91。

表 1.8.1-91　合成酯类或脂肪酯抗静电剂的供应商

供应商	商品名称	化学组成	产地	外观	闪点/℃	密度/(g·cm^{-3})	黏度（20℃）/(mPa·s)	说明
金昌盛	抗静电液 AW-1	合成酯类或脂肪酯	德国 SSCS	淡黄色液体	215	1.10	140	适用于矿物质做填料的 NBR、SBR 和 NR 制品，NBR 硫化胶表面电阻可达 $10^6\Omega$；与脂肪烃、油类不相容；用量大时，会降低硫化胶硬度。用量为 3～15 份

合成酯类或脂肪酯抗静电剂还有：

硬脂酸聚氧化乙烯酯（抗静电剂 PES）等，其分子结构式为：

polgoxyetbylene stearate

$$C_{17}H_{35}COO(CH_2CH_2O)_3H$$

1.4.3　乙氧基化脂肪族烷基胺类

乙氧基化脂肪族烷基胺类抗静电剂的供应商见表 1.8.1-92。

表 1.8.1-92　乙氧基化脂肪族烷基胺类抗静电剂的供应商

供应商	商品名称	外观	密度/(g·cm^{-3})	黏度（20℃）/(mPa·s)	说明
浙江省临安市永盛塑料化工厂	HBS-160	淡黄色至黄色黏稠液体			用量为 2～6 份，可用于 PVC 输送带、胶管、胶布、胶辊等

1.4.4　其他

其他复合类型的抗静电剂的供应商见表 1.8.1-93。

表 1.8.1-93　其他复合类型的抗静电剂的供应商

供应商	商品名称	外观	堆积密度/(g·cm^{-3})	应用特点	说明
中山市涵信橡塑材料厂	K01 抗静电剂	白色粉末	0.53±0.05	本品尤其适用于浅色和白色制品，抗静电效果持久且稳定，不会出现电阻值不稳定且衰减的现象	本品为非离子型、离子型抗静电剂与金属导电液混合物，在橡塑材料中有极佳的抗静电效果，还具有与橡胶相容性良好、易分散、易加工等特点。因含有金属导电液，所以抗静电效果持久。一般添加 3～8 表面电阻可以达到 10^4～10^8 Ω

1.5　再生剂

再生剂指能使废橡胶再生的物质，包括软化剂和活化剂两种。

软化剂又称膨胀剂或增塑剂，它是可以起增塑作用的低沸点物质，如双戊烯、双萜烯等；或是可以起膨胀作用的高沸点物质，如古马隆、松焦油、妥尔油等。

活化剂是对再生起催化作用的物质，它能缩短再生时间，减少软化剂用量并能改善再生胶性能。应用最广的有硫酚及其锌盐和芳香二硫化物等。

再生剂的供应商见表 1.8.1-94。

表 1.8.1-94　再生剂的供应商

供应商	商品名称	外观	软化点/℃	加热减量(≤)/%	灼烧余量(≤)/%	备注
河北瑞威科技有限公司	RV1101	白色或浅黄色粒状、片状、粉状，微弱气味				可将废胶边还原为混炼胶状态，无须添加硫黄和促进剂可直接硫化成型；适用于 NR、BR、SBR、NBR、EPDM、IIR 等硫黄硫化体系的浅色制品
	RV2101	深灰色粒状、粉状，微弱气味				RV1101 的升级产品
	RV3101	浅灰色粉状，微弱气味				RV2101 的升级产品；相比 RV2101 的用量小，效率更高
	PTC-R	土黄色粉状，微弱气味	74～87	11	23	适合 NR、BR、SBR、NBR、EPDM、IIR 等硫黄硫化体系和其他硫化体系的橡胶制品，硫化时需要添加硫化剂和促进剂；常温、高温再生条件均可
	PTC-R（Ⅱ）					PTC-R 的升级产品
	RDS-R	浅黄色粉状，微弱气味				非硫黄硫化橡胶再生还原剂，可将过氧化物硫化体系的橡胶再生还原
	RDS-IIR	黄褐色粉粒状，微弱气味				丁基橡胶再生还原剂，工艺简单，无污染，不喷霜，可保持原胶较高的物化性能
	RDS-FKM	白色粉状，微弱气味				氟橡胶再生还原剂，常温常压下，用开炼机或精炼机将氟橡胶再生还原
	RDS-ACM	黑色粉状，微弱气味				聚丙烯酸酯橡胶再生剂，常温常压下，用开炼机或精炼机将聚丙烯酸酯橡胶再生还原
	RDSiR	浅黄色粉状，微弱气味				硅橡胶再生剂，常温常压下，用开炼机或精炼机将硅橡胶再生还原
	RW1000	粉状				环保型橡胶高温再生活化剂，加速解交联和稳定橡胶结构，多环芳烃含量 0.13 ppm
	RW2000	粉状				绿色橡胶高温再生活化剂，加速解交联和稳定橡胶结构，不含多环芳烃
阳谷华泰	无味环保 HA03	白色透明液体	无硫无氮碳氢氧烃类化合物，适合各种废橡胶的再生，特别是通过加热和高压蒸气再生工艺，本品不含任何硫和氮，适合于环保脱硫工艺和生产高强度再生胶的脱硫活性剂			
	无味环保 HA03P	白色自由流动粉末	70%无硫无酚碳氢氧烃类化合物+30%白炭黑载体，适合各种废橡胶的再生，特别是通过加热和高压蒸气再生工艺，本品不含任何硫和酚，适合于环保脱硫工艺和生产高强度再生胶的脱硫活性剂			

1.6　除味剂或芳香剂

1.6.1　化学除味剂

该类助剂带有螯合低分子的功能团，降低各种溶剂、助剂及树脂单体的挥发性，可迅速消除不愉快臭味。

化学除味剂的供应商见表 1.8.1-95。

表 1.8.1-95　化学除味剂的供应商

供应商	商品名称	产地	可处理的气味来源	说明
金昌盛	CS-1	美国	氯、增塑剂、硫醇、硫黄、汽油、煤焦油、树脂及单体	（1）与增塑剂或溶剂混合搅拌均匀后，再添加到体系中； （2）在再生胶中添加，混炼时加入再生胶用量的 3‰； （3）CS-1 用量为 0.01～0.015%；CS-15 用量为 1‰
	CS-15		苯、酯、酮、醇、甲醛等	

1.6.2　物理吸附剂

本类产品一般为具有单孔结构的无机硅酸盐材料加工而成，通过吸附吸收刺激性化学品的挥发分达到去除异味的功能，特别适用于一些使用再生料二次加工的产品。

物理吸附剂的供应商见表1.8.1-96。

表1.8.1-96　物理吸附剂的供应商

供应商	商品名称	外观或组成	可处理的气味来源	说明
宁波嘉和新材料科技有限公司	JH-100A	白色粉末	游离苯、氨、甲醛、氯等	用量为0.3%～0.8%
宁波卡利特新材料科技有限公司	除味富氧剂E4	硅铝酸盐	苯、二甲苯、TVOC等吸附率达90%	也可用作补强填充材料
三门华迈化工产品有限公司	除味剂HM-86	经表面特殊处理的单孔结构的无机硅酸盐	水分、苯、氨、甲醛、氯等废气	用量为0.8%，混炼后段与硫化剂一起加入
青岛昂记	塑固金RT-500	白色或淡黄色粉体	能显著吸收各种橡胶或再生胶制品所散发出的异味	用量为0.4～0.8份，主要适用于轮胎、输送带、胶管及橡胶杂件等

1.6.3　芳香剂

芳香剂能掩盖橡胶和配合剂的特殊气味，常用的芳香剂有甲基紫罗兰酮、二甲苯麝香、酮麝香、癸子麝香、氧杂萘邻酮、3-甲氧基-4-羟基苯甲醛、水杨酸苯酯、水杨酸甲酯等，分别具有紫罗兰香气、麝香气、香茅香气、香草豆香气等。芳香剂应在混炼结束前与硫黄同时加入胶料，一般用量为0.1～0.5份。

水杨酸苯酯除能散发冬青油气味外，还能吸收紫外线。

1.7　色母与色浆

物质的颜色都是其反光的结果。白光是混合光，由各种色光按一定的比例混合而成。如果某物质在白光的环境中呈现黄色（比如纳米氧化锌），那是因为此物体吸收了部分或者全部的蓝色光。物质的颜色是由于其对不同波长的光具有选择性吸收作用而产生的。不同颜色的光线具有不同的波长，而不同的物质会吸收不同波长的色光。物质也只能选择性地吸收那些能量相当于该物质分子振动能变化、转动能变化及电子运动能量变化的总和的辐射光。换句话说，即使是同一物质，若其内能处在不同的能级，其颜色也会不同。

良好的橡胶着色剂应有强的着色力和遮盖力，还要有强的耐候性和良好的分散性，对制品的力学性能和老化性能无不良影响。着色剂通常分为无机着色剂和有机着色剂两大类。无机着色剂耐热、耐晒性能好，遮盖力强，耐溶剂性能优良；有机着色剂品种多、色泽鲜艳、着色力强、透明性好、用量少，但耐热、耐有机溶剂性能差。

着色剂的性能包括：

（1）着色力，表示着色剂本身的色彩影响整个混合物颜色的能力，着色力越大，着色剂的用量愈少，着色成本愈低。着色力与着色剂本身的特性相关，还与颜料在基体中的分散程度相关。分散程度主要指颜料细化程度，分散程度越大，着色力越高，但有极大值，超过此值着色力下降。

（2）遮盖力，是颜料涂于物体表面时，遮盖该物体表面底色的能力，遮盖力愈大，透明性愈差。无机着色剂的遮盖力比较大，仅用于不透明制品；有机颜料和染料的遮盖力小，适合用于透明制品。

（3）耐热性，是指在橡胶加工温度下着色剂的颜色或性能的变化，大多数无机着色剂的耐热性都比较好，能够较好地满足加工需求；有机着色剂一般耐热性稍差，使用时必须依据加工条件选择适宜的品种。

（4）分散性，将颜料加工成色母料，主要是为了改善颜料的分散性及操作性。

（5）耐光性和耐候性，耐光性通常指着色剂本身的光稳定性（耐晒性），也称耐光牢度。无机着色剂的耐光性通常要比有机着色剂好，在有机着色剂中，酞菁系、喹吖啶酮系、二恶嗪、异吲哚满酮等有机颜料的耐光性堪与无机颜料近似；对于长期在户外使用的橡胶制品，耐候性是选择着色剂的重要依据。耐光性和耐候性互有联系，虽然有时着色剂耐光性较好，但当日光与大气中的水分同时作用时则抗褪色性差，如镉黄。这一般是由着色剂的化学结构决定的，但在一定程度上依赖于其在聚合物中的浓度。颜料耐光性与颜料使用浓度的关系遵循下面的经验法则，即随有机颜料浓度的下降（特别是淡色）耐光性也降低；无机颜料则相反，浓色易变黑，淡色不易发生变化。

GB/T 730—2008将有关颜料的耐晒牢度分为8级，详见表1.8.1-97。

表1.8.1-97　颜料的耐晒牢度

1级	2级	3级	4级	5级	6级	7级	8级
特劣	劣	可	中	良	优	超	特超

（6）耐迁移性，是指着色橡胶制品与其他固、液、气态物质接触时，着色剂有可能和上述物质发生的物理和化学作用，表现为着色剂从橡胶内部移动到制品的自由表面上或被抽提到与之接触的物质中。着色剂的迁移有下述三种类型：①溶剂抽出，即在水和有机溶剂中渗色；②接触迁移，造成对相邻物体的污染；③表面喷霜。着色剂的迁移性与其溶解度参数密切相关。如果着色剂在聚合物中溶解度小，而在水、有机溶剂或相邻物质中的溶解度大，就容易被抽出和产生接触迁移。表面喷霜则是由于着色剂热加工时在聚合物中的溶解度较大，而常温下溶解度较小，因而逐渐结晶析出造成的。

无机颜料由于不溶于聚合物，也不溶于水和有机溶剂，它们在聚合物中的分散是非均匀相的，不会产生上述各种迁移现象。与此相反，有机颜料在聚合物和其他有机物中都有程度不等的溶解性，比较容易发生迁移。对有机颜料而言，它在各种聚合物中的耐迁移性必须一一进行实验才能确定。一般地说，有机酸的无机盐（色淀颜料）迁移性比较小；相对分子质量较高者比较低者迁移性小。例如，低分子的单偶氮颜料的迁移性比双偶氮或缩合偶氮颜料要大得多。

（7）化学稳定性，主要指它们的耐酸性、耐碱性、耐醛性等。

（8）电气性能，对于着色剂而言，导致制品电绝缘性降低的原因主要是由于颜料表面的残余电解质，而并非颜料本身。因此，某些含可溶性盐的颜料不适用于电缆。通常炭黑、钛白粉、铬黄、酞菁蓝等颜料的电气性能较好，常用于电线电缆料中。

（9）1993 年美国约 22 个州限制使用重金属（主要包括镉、铅、硒等）着色剂；欧共体于 1995 年也颁发了禁令。尽管如此，重金属颜料仍然在一定领域内使用。事实上，要完全废弃重金属颜料仍面临着技术和成本方面的挑战。替代品 HMF（无重金属）着色剂的应用性能差距尤为突出。

橡胶调色基本配合见表 1.8.1－98。

表 1.8.1－98　橡胶调色基本配合

颜色	生胶基本配合	颜料品种与数量
白色	1＃NR 80、BR 20	A100 钛白粉 20～25
大红色	1＃NR 100	橡胶大红 LC 2～5
红色	1＃NR 100	立索尔宝红 1.5～3、氧化铁红 5～8
粉红色	1＃NR 100	立德粉 20～30、橡胶大红 LC 0.1～0.3
绿色	1＃NR 100	酞青绿 3～6
绿色带蓝光	1＃NR 80、BR20	酞青蓝 0.2～0.4、酞青绿 0.5～1.2、胺黄 0.5
草绿色	1＃NR 80、BR20	立德粉 10～15、铬黄 1.5～2、群青 4～5
啡色	1＃NR 100	联苯胺黄 0.5、氧化铁红 4～8、炭黑 0.1～0.5
灰色	1＃NR100	立德粉 15～20、炭黑 0.2～0.5、群青 0.1～0.3
米色	1＃NR 100	立德粉 15～20、氧化铁红 0.15～0.3、铬黄 0.2
黄色	1＃NR 100	立德粉 10～20、联苯胺黄 0.2～0.5
黑色	1＃NR 100	N660 炭黑 8～15
墨绿色	1＃NR 100	酞青蓝 2.5～3、酞青绿 2.5～3
玫瑰红色	1＃NR 100	橡胶大红 LC 0.15、立索尔宝红 1.0
红棕色	1＃NR 100	橡胶大红 LC 2.0、立索尔宝红 3.0
橄榄色	1＃NR 100	铬黄 2.4、N660 炭黑 0.5、立索尔宝红 2.5
橙色	1＃NR 100	橡胶大红 3118 0.5、耐晒黄 4.5
蓝色	1＃NR 100	立德粉 15～20、酞青蓝 1～2.5
天蓝色	1＃NR 100	立德粉 15～30、酞青蓝 0.1～0.6

实践中，一般使用用途与使用方法分为色母、色浆、与乳胶着色剂。

高浓度复合型橡胶色母供应商见表 1.8.1－99。

表 1.8.1－99　高浓度复合型橡胶色母供应商

供应商	商品名称	颜色	耐光性/级	耐热性/℃	耐迁移性/级	耐酸性/级	耐碱性/级	耐水性/级	耐油性/级	备注
上海三元橡塑色材有限公司	红 R－2158	艳红	7	200	4	5	5	4	4	红相
	红 R－2366	玫红	7	250	5	5	5	5	5	蓝相
	黄 Y－2310	黄色	7	200	4	5	5	5	5	红相
	黄 Y－2006	黄色	7	200	5	5	5	5	5	红相
	蓝 B－8905	纯蓝	7	200	5	5	5	5	5	红相
	蓝 B－2063	蓝色	7	200	5	5	5	5	5	绿相
	绿 G－8910	绿色	7	200	5	5	5	5	5	黄相
	绿 G－8919	草绿	6	200	5	5	5	5	5	黄相

续表

供应商	商品名称	颜色	耐光性/级	耐热性/℃	耐迁移性/级	耐酸性/级	耐碱性/级	耐水性/级	耐油性/级	备注
上海三元橡塑色材有限公司	棕 BR-8963	红棕	7	200	5	5	5	5	5	红相
	棕 BR-2053	黄棕	6	180	4	4	4	4	4	黄相
	灰 GR-2355	蓝灰	7	200	5	5	5	4	5	蓝相
	紫 P-9003	紫色	7	200	5	5	5	5	5	红相
	黑 BL-2510	黑色	8	200	5	5	5	5	5	环保型

高浓度复合型橡胶色母——乳胶着色剂供应商见表 1.8.1-100。

表 1.8.1-100　高浓度复合型橡胶色母——乳胶着色剂供应商

供应商	商品名称	颜色	耐光性/级	耐热性/℃	耐迁移性/级	耐酸性/级	耐碱性/级	耐水性/级
上海三元橡塑色材有限公司	红 7672	玫红	8	250	4～5	5	5	5
	黄 7309	金黄	7	200	4	4	4	4
	蓝 7311	深蓝	8	200	5	5	5	5
	紫 7310	深紫	8	200	5	5	5	5
	绿 7305	深绿	8	200	5	5	5	5
	黑 7331	黑	8	200	5	5	5	5
	白 9204	白	7	180	5	5	5	5

1.8　橡胶制品表面处理剂

1.8.1　变色抑制剂

橡胶制品的变色，按来源与机理可分为两类：

（1）由材料组分相分离带来的材料的不同折射率导致的虹移现象，典型的如再生胶中各组分微观相分离导致的变色，硫化胶因选用增塑剂不当使用时析出导致的宏观相分离等。处理因虹移导致的变色现象，除了提高混炼均匀性、选用合适的增塑剂外，还可以加入具有漫反射作用的粒径较大的多孔性填料，如加入 2 份硅微粉予以抑制。

（2）制品中助剂的生色基团与助色基团的影响。

分子结构中的某些基团吸收某种波长的光，而不吸收另外波长的光，从而使人觉得好像这一物质“发出颜色”似的，因此把这些基团称为“发色基团或发色团”。发色基团或发色团是指分子中含有的，能对光辐射产生吸收、具有跃迁的不饱和基团或其他化学键。这些不饱和基团或化学键，能够在紫外及可见光区域内（200～800 nm）产生吸收，且吸收系数较大，这种吸收具有波长选择性，吸收某种波长（颜色）的光，而不吸收另外波长（颜色）的光，从而使物质显现颜色。

有机化合物的不饱和键基团分子吸收通常表现为 $n\rightarrow\pi$ 和 $\pi\rightarrow\pi$ 跃迁，因而吸收范围多在 200～800 nm。如果分子中含有两个或多个共轭的生色基团时，分子对光的吸收移向长波方向，共轭体系越长，吸收光的波长越长，当物质吸收光的波长移至可见光区域时，该物质就有了颜色。有机化合物分子结构中的发色基团还可以分为生色基团与助色基团。生色基团通常指直接提供 π 电子的基团，这类基团与不含非键电子的饱和基团成键后，使该分子的最大吸收位于 200 nm 或 200 nm 以上，摩尔吸光系数较大（一般不小于 5 000）。简单的生色基团由双键或叁键体系组成，一般为共轭双键、不饱和醛酮等，如>C=C<、>C=O、—N=N—、—C≡C—、—C N—、$—NO_2$ 等。助色基团与生色基团上的不饱和键作用，使颜色加深。助色基团通常是含孤对电子的基团，不提供 π 电子但通过极性等因素影响 π 电子能级从而改变吸收波长的基团，如氨基（$—NH_2$）、羟基（—OH）、—OR、—SH、卤代基（—Cl、—Br、—I）、苯环上不与苯环共轭但影响苯环电子云密度的取代基等。如果在同一分子内有几个发色基团，或有助色基团存在时，则颜色往往较深。

橡胶制品产生发红、发蓝、变黄等变色现象的另一机理，就是发色基团吸收光波后的反射光线发生红移、蓝移等所致，与前述混合体系因折射率不同导致虹移现象产生的机理不同。一般来讲，配方中含有的对苯二胺类防老剂，喷出、迁移到橡胶制品表面后，氧化生成含硝基或亚硝基等生色基团的化合物，与其他生色基团或助色基团相互作用，使橡胶制品出现变色现象，如与未充分结合、表面含有较多“未屏蔽”羟基、羰基的炭黑粒子作用时，可使橡胶制品发蓝。一般来讲，填充较大量的导电炭黑、超耐磨炭黑、中超耐磨炭黑会导致发蓝，高耐磨炭黑可能发蓝、发红或者不变色，粒径大于快压出炭黑的不会变色。如果必须选用导电炭黑和小粒径炭黑的情况下，掺用部分粒径较大的沉淀白炭黑（消光剂）或陶土、钛白粉（遮盖作用）等，亦可使蓝光消除或减弱。

抑制红移、蓝移等现象导致橡胶制品的变色，主要通过调整橡胶制品的配合及工艺实现，或使用本《手册》在各章节中列明的具有耐色变功能的各类助剂，如《手册》第一部分．第六章．5.1、生物降解型增塑剂。

1.8.2　亮光处理剂

为了使橡胶制品表面美观，延长制品储存时间和使用寿命，某些产品（如雨靴等）在成型后需在其表面喷涂亮油等涂料，硫化后涂料在橡胶制品的表面形成一层强韧的薄膜，在使橡胶制品外观鲜丽光亮的同时具有耐寒、耐热、耐日光老化和耐化学药品等性能。常用的表面处理剂一般使用脂肪烃或芳香烃溶剂，配合颜料、防护体系等制成。对橡胶制品表面处理剂的要求为：(1) 涂膜生成迅速，与橡胶结合牢固；(2) 涂膜的膨胀系数与橡胶制品相近，富有弹性，使用时不发生涂膜龟裂、起皱、剥落等现象；(3) 涂膜本身耐老化。

目前使用的橡胶制品表面处理剂主要有三种：(1) 油类涂料＋催干剂＋着色剂＋溶剂，如亚麻仁油 100、硫黄 0.5、氧化铅 4.5、油溶黑 9、200＃溶剂汽油 100、120＃工业汽油 666.70；(2) 橡胶型透明亮油，其配合为：顺丁橡胶 100、硬脂酸锌 2、防老剂 2246 3、促进剂 D 1、促进剂 TMTD 1、硫黄 1、工业汽油 3000；(3) 树脂型亮油，其配合为：389＃醇酸树脂 100、515＃三聚氰胺树脂 2.381、二甲苯 16.666、汽油 714.28。

在三种表面处理剂中，目前以油性涂料为主，其主要成分是各种干性油，大部分为不饱和脂肪酸，常用的有亚麻仁油（主要成分为亚麻油酸，即顺-3，12-十八碳二烯酸）、梓油［即青油，主要成分为亚麻酸（9，12，15-十八碳三烯酸）、亚油酸（顺-9，12-十八碳二烯酸）和油酸（顺-9-十八碳烯酸）］、桐油［主要成分是桐油酸（9，11，13-十八碳三烯酸）的甘油酯］等，其不饱和度越高，干燥越快。亚麻仁油的干性稍次于梓油、桐油，制成的亮油漆膜柔韧、弹性好，不易老化，耐久性比桐油好，但耐光性较差，漆膜容易变黄，原因是亚麻仁油中含蛋白质等杂质较多，故使用前需先经漂洗。梓油碘值较高，干性比亚麻仁油快。桐油因含有三个共轭双键，易被氧化和聚合，制成的亮油具有快干，漆膜坚韧、耐光、耐碱等优点，但易起皱失光、早期老化失去弹性，因此常与其他干性油并用。

催干剂用以改善干燥效果，常用的有 Co、Mn、Pb 的树脂酸和环烷酸盐。

注：本节引自于清溪，吕百龄．橡胶原材料手册［M］.2 版．北京：化学工业出版社，2007 年。

1.9　其他

1.9.1　硅胶耐热剂

硅胶耐热剂的供应商见表 1.8.1-101。

表 1.8.1-101　硅胶耐热剂的供应商

供应商	商品名称	化学组成	外观	烧蚀量（1 000℃×1 h）/%	溶解性	说明
金昌盛	耐热剂	氧化铈混合物	浅黄色粉末	＜1	不溶于水，难溶于无机酸	可使硅胶制品的耐高温性能提高到 250～300℃，且高温老化后物理性能优良；硅胶产品热挥发性小，不产生明显雾气；每 10 份增加硬度值 1，对硬度影响小；可显著降低制品的压缩永久变形。用量为 3～5 份

1.9.2　硅橡胶结构控制剂

（一）三氟丙基三甲基环三硅氧烷（D3F）的齐聚物

本品主要用于氟硅混炼胶生产时缩短白炭黑、石英粉等填料混入时间，减轻氟硅混炼胶储存时的结构化现象。

三氟丙基三甲基环三硅氧烷（D3F）的齐聚物的供应商见表 1.8.1-102。

表 1.8.1-102　三氟丙基三甲基环三硅氧烷（D3F）的齐聚物的供应商

供应商	项目	单位	技术指标	
			HFS-A-01	HFS-A-02
福建永泓高新材料有限公司	外观		无色或淡黄色透明液体	
	比重		1.25～1.27	1.10～1.15
	黏度	Pa·s	0.1～0.15	1～10
	pH 值		中性	
	折光率	℃	1.372～1.376	1.396～1.402

（二）羟基封端低分子量氟硅均聚物

结构式：

$$HO\!\left(\begin{array}{c}CH_3\\ |\\ Si\\ |\\ CH_2CH_2CF_3\end{array}\!-O\right)_n\!H$$

羟基封端低分子量氟硅均聚物可用做氟硅橡胶加工的结构控制剂，本品具有优异的憎水憎油性，闪点高，不易燃烧。羟基封端低分子量氟硅均聚物的供应商见表 1.8.1－103。

表 1.8.1－103　羟基封端低分子量氟硅均聚物的供应商

供应商	项目	单位	技术指标	
			L－1001	L－1002
福建永泓高新材料有限公司	外观		无色或淡黄色透明液体	
	比重		1.27	1.28
	黏度	Pa·s	0.1～0.5	0.5～5
	pH 值		中性	
	闪点	℃	＞101	＞101
	用途		用作氟硅橡胶加工的结构控制剂，也用于其他聚合物聚合时的改性剂	用作氟橡胶和自润滑硅橡胶的加工助剂

1.9.3　N－苯基马来酰亚胺（NPMI）

分子式：$C_{10}H_7NO_2$，相对分子质量：173.17，CAS 号：941－69－5，黄色粉末，有较强的刺激性气味，难溶于水、石油醚，溶于一般有机溶剂，特别易溶于丙酮、乙酸乙酯、苯。

NPMI 主要应用于高分子材料（ABS、PVC、PMMA 等）中作为耐热改性剂；也可作为聚丙烯、聚氯乙烯的交联剂使用；含有 NPMI 的黏合剂，能够改善金属和橡胶的黏合作用；还可以作为涂料、感光树脂、橡胶促进剂、绝缘漆的原料使用，是重要的医药、农药、燃料中间体。

NPMI 作为一种热塑性树脂的优良耐热改性剂，已广泛应用于先进复合材料基体树脂和胶黏剂的研制，具有可加工性、易成型性、热熔性、强韧性、耐冲击性等优良特性。ABS 和 15％的 NPMI 共混，可制得超耐热 ABS，耐热性提高 35℃以上。在聚氯乙烯中添加 NPMI 25％，热变形温度可提高 50℃；在聚酯酸乙烯中添加 NPMI 25％，可提高到 70℃以上。NPMI 与聚苯乙烯、聚甲基丙烯酸甲酯、聚酰胺等热塑性树脂制成塑料合金，都可以有效地提高各类树脂的性能。

另外，NPMI 是一种水中生物回避剂，用含 15％的涂料喷涂的钢制品，放在海水中 8 个月不长海蛎子和海藻。同时，作为广谱杀菌剂，在农药领域也有很好的应用前景，在胶黏剂橡胶助剂等领域亦有广阔用途。

N－苯基马来酰亚胺的供应商见表 1.8.1－104。

表 1.8.1－104　N－苯基马来酰亚胺的供应商

供应商	外观	含量（≥）/％	初熔点（≥）/℃	加热减量（≤）/％	灰分（≤）/％
三门峡邦威化工	黄色粉末	99	87	0.3	0.3

1.9.4　气密性增进剂

化学名称：双异丙基氧化物——碳素。

气密性增进剂为双异丙基氧化物与层片碳素的复合物。主要适用于轿车子午线轮胎、无内胎全钢载重子午线轮胎溴化或氯化丁基胶气密层，丁基胶内胎、天然胶/丁苯胶并用胶内胎，以及密封圈、密封条、密封件、密封防水材料等各类气密性橡胶制品中。可增强胶料气密性，延长轮胎和各类气密性橡胶制品的使用寿命，并降低胶料成本。配合使用后，与原配方相比，各项物理机械性能相当，定伸应力、撕裂强度有所提高。

本品为粒状，无粉尘飞扬，易称量，且无毒、无污染。与其他配合剂有很好的相容性。本品在混炼初期加入。在轿车子午线轮胎和全钢载重子午线轮胎气密层胶中加入 10 份气密性增进剂 SD1517，同时减去 2.5 份操作油。

气密性增进剂的供应商见表 1.8.1－105。

表 1.8.1－105　气密性增进剂的供应商

供应商	规格型号	外观	加热减量（105±2）℃×2 h	pH 值	盐酸不溶物含量
山东迪科化学科技股份有限公司	SD1517	黑色粒状	≤2.0％	7.0～9.5	≤10

1.9.5　EVA 专用耐磨剂

元庆国际贸易有限公司代理的 DIN－150A EVA 专用耐磨剂的物化指标为：

成份：硅烷类偶联剂与聚合物载体，外观：白色颗粒，比重：大约 1.1，软化点：＞50℃，门尼黏度：≤22，储存期：1 年。

本品可有效提高 EVA 发泡制品的耐磨性，在 DIN NBS 耐磨测试中具有显著效果。对过氧化物交联体系有效，对硫黄硫化体系效果不显著。

用量及用法：配方加入 3～8 份，通常用量为 6 份。

1.9.6 喷霜抑制剂

青岛昂记橡塑科技有限公司生产的抑霜胶 T-16，其组成为经表面活化均匀剂处理之特殊氧化延迟剂，外观为黄褐色块状，适用胶种有 NR、BR、SBR、NBR、IR、EPDM、IIR 等。

抑霜胶 T-16 具有优异的防止喷霜效果；同时，可以降低胶料门尼黏度，改善胶料流动性，增加制品表面光泽度。

一般推荐用量：1～5 份。

本章参考文献：

[1] 吴绍吟．橡胶黏合机理的基本见解 [J]. 世界橡胶工业，1995 (6)：28-34.

[2] W. J. van Ooij. Surf. Sci. 68，1 (1977).

[3] T. Hotaka，Y. Ishikawa. RUBBER CHEM TECHNOL. 80，61 (2007).

[4] 刘豫皖，等．黏合体系对全钢载重子午线轮胎胎体钢丝黏合性能的影响 [J]. 轮胎工业，2010，30 (5)：283-286.

[5] 齐景霞，高红．提高钢丝编织胶管黏合性能的胶料制备 [J]. 天津化工，2010，24 (3)：40-43.

[6] 蒲启君．橡胶与骨架材料的黏合机理 [J]. 橡胶工业，1999，46 (11)：683-695.

[7] Kaelble D H. Rheology of adhesion [J]. RUBBER CHEM TECHNOL，1972，45 (6)：1604.

[8] Ooij W. J. V. Mechanism of rubber-brass adhesion，Part 1：X-ray photoelectron spectroscopy study of the rubber-to-brass interface. Kautschuk Gummi Kunststoffe，1997，30 (10)：739.

[9] 李庄，李强．褚夫强．增黏剂 PN759 在橡胶与钢丝帘线黏合中的应用研究 [J]. 世界橡胶工业，2010，37 (11)：11-14.

[10] 王宇翔，罗之祥，徐炳强．黏合剂 RA-65 在子午线轮胎中的应用性能研究 [J]. 轮胎工业，2005，25 (2)：90-92.

[11] 薛广智，徐川大．新橡胶黏合剂 AB-30 [J]. 橡胶工业，1994，41 (4)：214.

[12] 江畹兰．钴、镍含水硅酸盐对橡胶-镀铜钢丝帘线体系增黏作用的研究 [J]. 世界橡胶工业，2009，36 (11)：16-18.

[13] 张建勋，李盈彩．钴盐在钢丝帘线黏合体系中的应用 [J]. 轮胎工业，2003，23 (1)：23-28.

[14] 盖雪峰．钴盐用量对橡胶与钢丝帘线粘合性能的影响 [J]. 轮胎工业，1997，17 (9)：531-534.

[15] 蒲启君，等．钴盐黏合剂 RC 系列的特性及其应用 [J]. 橡胶工业，1991，38 (5)：260.

[16] Ooij W. J. V. Fundamental aspects of rubber adhesion to brass-plated steel tire cords [J]. RUBBER CHEM and TECHNOL，1979，52 (3)：605.

[17] Ooij W. J. V. Mechanism and theories of rubber adhesion to steel tire cords [J]. An Overview，1984，57 (3)：421.

[18] 张卫昌．增强橡胶与金属骨架材料的黏合技术 [J]. 橡胶科技市场，2009 (5)：20-24.

[19] W. S. Fulton，RUBBER CHEM. TECHNOL. 79，790 (2006).

[20] R. F. Seibert. 单一体系氯三嗪黏合增黏剂替代以钴为基础的黏合体系 [J]. 黄小安，译．轮胎工业，1995，15 (10)：595-600.

[21] 缪桂韶．橡胶配方设计 [M]. 广州：华南理工大学出版社，2000.

[22] 吴向东．也谈谈橡胶海绵的制造 [J]. 广东橡胶，2011 (3)：1-6.

[23] 王作龄．海绵橡胶 [J]. 世界橡胶工业，2000，27 (2)：22-30.

第九章　受限化学品及其替代品

近年来，橡胶工业面临巨大的环保压力，例如，世界卫生组织国际癌症研究机构已将“橡胶制造业”列入一类致癌物清单；“橡胶制品生产”与“轮胎制造”分别属于“含VOCs产品的使用环节”和“以VOCs为原料的工艺过程”，工业和信息化部和财政部于2016年7月8日颁布了《重点行业挥发性有机物削减行动计划》，要求2018年“低（无）VOCs”轮胎产品比例达到40%以上；包括米其林、普利司通等在内的十一家轮胎公司也已共同组建项目组，对轮胎和道路磨损的颗粒（TRWP）对环境与健康的影响开展研究；在环保部最新公开《环境保护综合名录（2017年版）（征求意见稿）》中，橡胶工业原材料包括氯化橡胶、促进剂MBT、防老剂TMQ等也被列入“高污染、高环境风险”产品名录中。橡胶工业亟需进一步承担社会责任，深入开展清洁生产。

本章主要述及与橡胶研发、生产、贸易、消费有关的受限化学品及其替代品，特别是生橡胶原料、橡胶配合剂列于限制物质清单、授权物质清单、高关注物质（SVHC）清单中的有害物质与挥发性有机物（VOCs）。一般不涉及生产、储存、使用、经营和运输过程具有毒害、腐蚀、爆炸、燃烧、助燃等性质，对人体、设施、环境具有危害，列入《危险化学品目录》中的易制爆、易制毒、剧毒化学品和其他化学品。

SVHC、VOCs对人体造成的潜在危害已引起人们的高度重视。生橡胶中高关注物质包括丙烯腈残留单体、多环芳烃（PAHs）、壬基酚、N-亚硝基化合物、壬基酚聚氧乙烯基醚、有害金属元素等；橡胶配合剂中的高关注物质包括含PAHs的各种助剂、橡胶硫化促进剂（PZ、BZ、EZ等）、橡胶硫化剂DTDM、产生N-亚硝基化合物的仲胺类防老剂、邻苯二甲酸酯、重金属及其化合物、酚醛树脂（RFL）浸渍剂等。

对VOCs有限制要求的橡胶工业领域，既包括橡胶制品生产与轮胎制造等工艺过程，也包括部分橡胶制品。橡胶制品的异味来源于VOCs，但是其组成复杂，区分各种组成对橡胶制品异味的贡献并制定限值标准是困难的，就制品的单个VOC组分甚至VOCs的总和来讲，往往低于检测仪器的检出值下限，目前采取的办法主要是依靠人体感官予以辨别、分类。对VOCs有限制要求的橡胶制品，大体可以分为室内橡胶制品，如汽车车厢内橡塑部件，铺装于室内的各种橡胶地板、地毯背衬、地毯胶黏剂、装饰材料、涂料等；室外橡胶制品，如体育运动与儿童游乐场所的室内外铺装地板、缓冲材料、轮胎等；适用于特定人群的橡胶制品，如婴幼儿、儿童、学生的用品、用具等。

第一节　化学品管理法规与标准

为了满足人类大量生产、大量消费、大量废弃的生活方式，各种化学物质层出不穷。1942年人类所知道的化学物质仅60万种，1977年时已增至400万种，2004年增至7 000万种。在这短短的62年的时间里，化学物质的种类增加了100多倍。随着科技越来越发达，以及人类对于物质资源的渴望刺激化学物质的生产，可以预想在将来化学物质的品种和数量更是不可计数。

但化学物质的发展犹如一柄“双刃剑”。一方面其品种繁多、产量巨大，给人类带来了便利、丰富的物质生活；另一方面又给人类社会带来了巨大的风险，化学物质特别是一些有毒有害的化学物质的广泛使用，使人类深受其害。从20世纪70年代开始，各工业国和一些国际组织纷纷制定有关法规、标准和公约，旨在有效预防和控制化学品危害。“化学品管理”一词的含义非常广泛，涵盖了新化学物质和现存工业化学品的申报和检测、采掘、运输、生产、贸易、消费、废物处理、职业卫生、公共安全、环境保护的各个方面与各个环节，相关管理法规以及具有法律效力或者准法律效力的标准卷帙浩繁。化学品管理，主要是要回应：（1）采取预防措施，落实1992年里约热内卢可持续发展峰会声明：“为了保护环境，各国应根据其能力广泛采取预防措施，在可能发生严重或不可逆转破坏的地方，不应将缺乏科学上的完全确定性作为理由，来推迟采取符合成本效益原则的防止环境恶化的措施”；（2）将风险管理作为化学品管理的基础，同时满足公众知情权的要求并传播来源可靠的科学数据与正确建议；（3）解决“历史负担”，即解决那些已经列入化学品目录，但还没有按新化学物质申报程序审查的化学物质；（4）促进替代，规定相关的分析替代物质的义务，在找到适当替代物质时提出替代计划。

化学物质所带来的风险可以说是由两方面构成的：一方面是化学物质的毒性，需要大量的实验数据予以证明；另一方面则是化学物质的暴露量，即能进入到自然环境或人体中的化学物质的量。即使是毒性非常强的化学物质，如果暴露量非常小，其风险应该很小；反之，毒性较小的化学物质，如果暴露量大，其风险也就应该比较大。由此，暴露量小的化学物质风险必然也小，所以暴露量小的化学物质审查豁免制度应运而生。暴露可能性受到产量限制，较容易评估；而毒性则无任何限制，通常是审查的重点。

化学物质审查的直接目的是对有毒有害的化学物质采取一定的规制手段，限制或禁止其使用，以达到防患于未然之目的。通常原则上对于有害性较大的化学物质采取禁止的措施，但由于化学物质具有一定的社会有用性，在没有替代物质出现的前提下，会允许在一定范围内区别用途（如与食品接触材料）、特定人群（如儿童玩具）、接触时间（如RoHS的规定）对用量、浓度等进行限制。

化学物质的相关信息从产业链的上游传递至产业链的下游，对于预防化学物质环境风险起着关键作用。下游用户乃至于消费者如果清楚地知道化学物质或者产品中所含有的化学物质的特性、污染预防措施等信息，就能够正确处理该化学物质，减少环境风险。同时，如果下游用户或者消费者在使用或处理化学物质的过程中，发现更好或者更有效的污染预防经验，并告知上游制造者或者相关供应商，也使“源头治理”更加完善。这样就要求在供应链的上游和下游之间，形成一种信息共享的体系，使得化学物质在“从摇篮到坟墓”的整个过程中，都能不断完善污染预防措施，以削减化学物质所带来的环境风险。所以，化学物质信息是化学物质审查的重要内容，在审查完毕之后，将信息以某种形式固定下来，传递给产业链上的下游用户已经成为化学物质审查制度的重要组成部分。如 REACH 一方面要求化学物质的供应者应该为接受者提供符合要求的安全数据册，并且在危险化学物质销售给普通大众时，应提供能保护环境和人体健康的必要措施的信息；另一方面，则要求下游用户就未被确认的使用方法传递给上游的供应商或生产者，以使这种使用方法获得确认，同时还可以将控制风险的建议传递给上游以减少相关风险。

1.1 相关国际公约与国内立法

1.1.1 相关国际公约

涉及化学品管理的国际公约是国际贸易的重要内容之一，其效力及于参加订立的每一个国家，对订立的每一个国家都有同样的拘束力，且国际公约具有优先适用的效力。

类似国际劳工组织、经济协作和发展组织（OECD）、联合国环境规划署（UNEP）等国际组织与机构在化学品管理的国际协调方面发挥着越来越重要的作用。国际劳工组织于 1990 年 6 月讨论通过了第 170 号公约《作业场所安全使用化学品公约》和第 177 号建议书《作业场所安全使用化学品建议书》，公约和建议书的中心内容是在化学品安全管理各个方面，规定缔约国政府、企业、员工的职责和义务，通过政府、企业、员工三方的努力，采取尽可能的措施以保护员工在化学品作业场所的安全和健康。2002 年 2 月，哥伦比亚卡塔赫召开的 UNEP 理事会第 7 次特别会议上，提出有必要拟定一项 SAICM（国际化学品管理战略方针），全面推动国际层面化学品管理进程，这一决定在同年 8 月召开的约翰内斯堡可持续发展世界首脑会议（WSSD）得到支持；2003 年 2 月，UNEP 理事会会议决定启动 SAICM 的磋商过程；2006 年 2 月，第一届国际化学品管理大会暨 UNEP 理事会第 9 次特别会议和全球环境部长会议正式通过了《关于国际化学品管理的迪拜宣言》和《整体政策战略》，并建议进一步制订《全球行动计划》，这三项文件共同构成了 SAICM，目标是：到 2020 年，对化学品整个生命周期进行良性的管理，将化学品的使用和生产对人类健康和环境的影响减至最小。

国际社会还建立了《化学品有效管理机构间项目（IOMC）》，并统一了化学品的分类和标签国际标准（GHS）。《全球化学品统一分类和标签制度》（Globally Harmonized System of Classfication and Labelling of Chemicals，简称 GHS，又称“紫皮书”）是由联合国于 2003 年出版的指导各国建立统一化学品分类和标签制度的规范性文件，现行版本为 2015 年第六次修订版。GHS 制度包括两方面内容：一、化学品危害性的统一分类。GHS 制度将化学品的危害大致分为 3 大类 28 项：（1）物理危害（如易燃液体、氧化性固体等 16 项）；（2）健康危害（如急性毒性、皮肤腐蚀/刺激等 10 项）；3）环境危害（水体、臭氧层等 2 项）。二、化学品危害性的统一公示。GHS 制度采用两种方式公示化学品的危害信息：（1）标签，在 GHS 制度中一个完整的标签至少含有 5 个部分：信号词、危险说明、象形图、防范说明等；（2）安全数据单（safety data sheet，简称 SDS），在我国的标准中常称为“物质安全数据表”（MSDS），SDS 包括下面 16 方面的内容：标识、危害标识、成分构成/成分信息、急救措施、消防措施、意外泄漏措施、搬运和存储、接触控制/人身保护、物理和化学性质、稳定性和反应性、毒理学信息、生态学信息、处置考虑、运输信息、管理信息、其他信息。

此外，中国也是《关于在国际贸易中对某些危险化学品和农药采用事先知情同意程序的鹿特丹公约》《关于持久性有机污染物的斯德哥尔摩公约》等国际公约的缔约国，需要履行相关国际义务。

国际公约通常是主权国家的法律渊源之一，其在一国的适用，通常需要依一国立法程序转化为国内法。为了保证能与联合国 GHS 保持一致，各国颁布了相应的法规。其中，欧盟在联合国 GHS 基础上，结合 REACH 法规实施进程，于 2009 年 1 月 20 日推出了《欧盟物质和混合物的分类、标签和包装法规》，简称 EU - CLP 法规；美国于 2012 年正式发布 HCS 标准；中国于 2011 年起正式实施中国 GHS。

1.1.2 中国国内立法

中国 GHS 是由《危险化学品安全管理条例》《危险化学品登记管理办法》，以及如何进行分类（包括 GB/T 13690—2009《化学品分类和危险性公示通则》等）、如何制作 SDS 和标签（包括 GB/T 30000—2013《化学品分类和标签规范》、GB/T 15258—2009《化学品安全标签编写规定》、GB/T 16483—2008《化学品安全技术说明书 内容和项目顺序》、GB/T 17519—2013《化学品安全技术说明书编写指南》）、如何制作包装标志（包括 GB/T 190—2009《危险货物包装标志》）等国标组成的法规体系。其中，《危险化学品安全管理条例》是管理中国 GHS 的最高法律，规定“《危险化学品目录（2015 版）》中的化学品、经危险性鉴定后属于危险化学品的化学品、企业掌握危害数据且根据 28 项国际确认为有危害分类的化学品”需要应对中国 GHS。中国 GHS 下企业的义务包括：所有危险化学品需制作 SDS 和标签；危险化学品生产和进口企业还需进行危险化学品登记（NRCC）。

欧盟、中国、美国 GHS 对比，见表 1.9.1 - 1。

表 1.9.1-1　欧盟、中国、美国 GHS 对比

分类对比	联合国 GHS 和欧盟 CLP 法规共 28 项危险分类；中国 GHS 共 28 项，新增加吸入性危害和对臭氧层的危害；美国 HCS 分类共 26 项，未采用对水环境的危害和对臭氧层的危害，但仍保留原标准下的三项未被 GHS 涵盖的危害：单纯窒息剂、可燃性粉尘和自然性气体，若物质有这 3 项分类也是危害物质，也需要 SDS 和标签
SDS 内容对比	欧盟和中国都采用了联合国的 16 个部分内容；美国 HCS 只强制要求了 12 个部分内容
标签对比	中国 GHS 下的标签要求相比较欧盟 CLP、美国 HCS 下的标签要求多了很多特殊规定，如：排版上的顺序/位置、紧急电话、参阅提示语、尺寸、颜色等

其他国内法方面，为贯彻 170 公约，1996 年 12 月，原劳动部和原化工部联合颁布了《工作场所安全使用化学品规定》以及 GBZ 2.1—2007《工作场所有害因素职业接触限值 第 1 部分：化学有害因素》等。与 RoHS 对应的由信息产业部、环保总局等七部委联合制定的《电子信息产品污染控制管理办法》也于 2007 年 3 月 1 日实施，相关的配套标准包括 SJ/T 11363《电子信息产品中有毒有害物质的限量要求》、SJ/T 11364《电子电气产品有害物质限制使用标识要求》、SJ/T 11365《电子信息产品中有毒有害物质的检测方法》。国务院还制修订了《化学品环境风险防控“十二五”规划》《新化学物质环境管理办法》《危险化学品环境管理登记办法（试行）》等国内重要化学品管理法规及政策文件。

其中，《新化学物质环境管理办法》的审查内容包括化学物质的持久性、生物蓄积性、生态环境和人体健康危害特性。在审查对象方面，1 吨以下化学物质豁免常规申报（但需进行简易申报）；为了防止高进口量或高产量化学物质的环境风险，规定“申报数量级别越高、测试数据要求越高”的原则，对高进口量或高产量化学物质提出更为严格的数据要求。在审查过程方面，规定登记证持有人发现获准登记新化学物质有新的危害特性时，应当立即向登记中心提交该化学物质危害特性的新信息并接受相关处理；要求危险类新化学物质用途变更时应重新申报的制度。在信息管理方面，规定了信息传递的相关制度。

《中国现有化学物质名录》（IECSC）收录了自 1992 年 1 月 1 日至 2003 年 10 月 15 日期间，为了商业目的已在中国境内生产、加工、销售、使用或从国外进口的化学物质，由中国环境保护部化学品登记中心（CRC-MEP）发布，收录物质 45 602 种，其中保密物质 3 166 种。IECSC 最近一次更新是 2010 年。企业在中国生产或进口化学物质之前，应先确认是否收录于 IECSC（可委托查询保密的物质名录），如果未收录于该目录，需依据《新化学物质环境管理办法》提前办理新化学物质申报。

1.2　主要工业国化学品管理立法概况

目前，世界各主要国家基本都建立了化学物质审查制度。其中欧盟的 REACH、美国的《有毒物质控制法》（TSCA）、日本的《化学物质审查与制造管理法》最具代表性、最为完善，它们既有相同之处，又各有特色。

1.2.1　欧盟化学品管理与立法状况

1967 年，欧盟（EC）的前身欧共体（EEC）制定了第一部欧共体指令 67/548/EEC，随着化学品工业的发展和重大事故的增多，为使欧盟各国在化学品管理上保持一致，欧盟制定了一系列安全管理制度和法规，并于 2001 年 2 月发布了《未来化学品政策战略白皮书》。欧盟关于化学品管理的整个法规体系比较复杂，包括条例（Regulations）、指令（Directive）、决定（Decisions）、建议和意见（Recommendations andavice），其中以指令为最多。大体可分为以下几个方面：

（1）67/548/EEC、1995/45/EC 与 EU-CLP。

67/548/EEC，即《关于协调各成员国法律、法规和行政规章有关危险物质分类、包装和标识规定的理事会指令》（DSD），主要内容是危险货物危险性的分类、包装及标注方法。DSD 指令 1979 年的修订，确立了化学物质审查制度。该指令规定了欧洲现有商业化学品目录，要求加盟国规定化学物质上市前申报的义务，并对化学物质风险进行评价，以减少化学物质给人类和环境带来的风险。

1995/45/EC，即《混合物分类、包装与标注指令》（DPD），规定了混合物的分类、包装与标注方法。

新的欧盟化学品分类、标签和包装法规（EU-CLP：Regulation（EC）1272/2008）已于 2009 年 1 月 20 日开始执行，EU-CLP 贯彻了联合国全球化学品分类与标签统一协调制度（GHS），DSD 指令（2010 年 12 月 1 日）与 DPD 指令（2015 年 6 月 1 日）已被其取代并废止，同时修订了第 1907/2006 号法规（REACH 法规）。EU-CLP 规定：物质和混合物在投放欧盟市场前，不论吨位大小，必须按 CLP 法规的要求重新进行分类，企业必须提供同时符合 REACH 法规和 CLP 法规要求的安全数据表（SDS）。EU-CLP 法规几乎涉及了所有输欧的物质和混合物的生产和出口企业：（1）出口欧盟的量大于 1 吨/年的化学品才受到 REACH 影响，而在 EU-CLP 中，即使出口欧盟的量低于 1 吨/年的化学品也受到管辖；（2）部分被 REACH 豁免不需要注册的物质在 EU-CLP 下并不受豁免，如农药（杀虫剂和植物保护剂等）、原料药等；（3）在 REACH 法规中聚合物是不需要注册的，只需要注册聚合物中的单体；而 EU-CLP 法规的要求却恰好相反，主要是对聚合物本身而不是聚合物单体进行管辖。总之，几乎所有的物质和混合物，不论吨位多少，只要出口欧盟，都将受 EU-CLP 的管辖，都需履行 EU-CLP 规定的义务。EU-CLP 法规下企业义务包括：对产品重新进行分类、更新产品标签和包装、更新 SDS、向欧洲化学品管理局（ECHA）进行 CLP 通报（Notification）等。

CLP 法规和 REACH 法规是直接相关联的两部法规。REACH 法规第二章第Ⅺ篇关于化学品分类与标签的部分直接被 CLP 法规所替代。欧盟委员会在 2009 年明确了 CLP 法规的官方管理机构也和 REACH 法规一样同属在芬兰赫尔辛基的

ECHA。欧盟各个成员国的CLP执法机构也基本都和REACH执法机构相同，如在爱尔兰，CLP和REACH的执法机构均为HSE（爱尔兰健康安全部门）；执法措施也是在很大程度上一致，如输欧企业未完成以上工作，产品将不能投放欧盟市场，否则将受到欧盟各个成员国执法当局的检查，如高额比例的罚款、没收货物、甚至监禁等。

（2）1907/2006号（REACH法规）、793/99/EEC、76/769/EEC、89/428/EEC与EINECS。

1907/2006号法规，即欧盟《化学品注册、评估、授权与限制条例》，简称REACH法规。793/99/EEC，即《现有物质指令》，用于对现有物质的危险性进行评价和控制，在随后的指令中，对793/99/EEC有关条款进行了细化；76/769/EEC，即《销售和使用指令》，规定了禁止销售和使用的危险化学品及制品名单；89/428/EEC，即《进出口指令》，对某些化学品的进口做了规定。

2006年12月18日，欧洲议会和理事会批准实施《化学品注册、评估、授权与限制条例》，对新化学物质和现有化学物质采取一致规定，构建总括式的、统一的化学物质管理体系。REACH法规取代了欧盟已有的40多部有关化学品管理的条例和指令，包括793/99/EEC指令、76/769/EEC指令、89/428/EEC指令、79/117/EEC指令（关于禁止含有某些活性物质的植物保护产品投放市场和使用的指令）与前述67/548/EEC指令等，成为一个全面统一的化学品注册、评估、授权和许可的管理立法，内容涵盖化学品生产、贸易及使用安全的方方面面。REACH法规是欧盟化学品管理法律制度发展历程中的一座里程碑，同时也被认为是欧盟有史以来最复杂、牵涉各方利益最广的法律。

EINECS，即《欧洲现有商业化学品目录》，产量在1吨以上的化学物质都已列入该目录。除了该目录以外的化学物质，在欧盟生产或向欧盟出口超过1吨均需要注册。REACH规定豁免的情形包括：有充分信息证明仅产生微小风险的物质、不影响REACH目标实现的化学物质、中间体等。

REACH的化学物质安全评估包括：人体健康危害，物理化学特性相关的有害性评价，环境危害评价，持久性、生物蓄积性和有害性物质（PBT）或者非常持久和非常具有生物蓄积性物质（vPvB）评价。REACH在评估的过程中分为“档案评估”和“物质评估”两类。在档案评估方面，规定了优先审查的化学物质：PBT、vPvB、CMR（敏感或致癌物质或者生育毒性物质）、每年100吨以上可以导致广泛和弥漫式暴露的危险物质。在物质评估方面，规定欧洲化学品管理局和成员国协作，从促进评估工作的角度，开发优先物质的评价标准，该标准主要有三个方面：物质结构与已知的有毒物质结构类似性、暴露信息、产量信息。

特别需要强调的一点是：只有通过经济合作发展组织（OECD）国家认可的GLP（Good Laboratory Practice）实验室的检测报告才能获得欧盟的认可，目前在我国设有检测机构的GLP有瑞士SGS和德国TÜV NORD等。

REACH法规提出的关于化学品的注册、评估、许可和限制等要求影响包括橡胶制品在内的几乎所有产品，其主要限制是集中反映在附件ⅩⅦ（生产、销售和使用某些危险化学物质、配制品和物品的限制）、附件ⅩⅣ（需取得授权的化学物质清单）和作为附件ⅩⅣ备选物质由ECHA公布的高关注物质清单（即SVHC清单）。REACH附件ⅩⅦ中的限制物质即在某些产品中限制用量的物质，主要是那些会对人体健康或环境造成不可接受风险的物质。附件ⅩⅣ需取得授权的化学物质清单的上市在原则上是被禁止的，只有适用于特定用途，制造者、进口者对该化学物质实行了适当管理，或者证明化学物质的社会经济效益大于所引起的对人体健康和环境的危害风险且没有合适的替代物质或技术时，授权才能被同意。作为附件ⅩⅣ候选物质的SVHC主要可以分为四类：CMR（致癌性、变异性、生殖毒性）、PBT、vPvB、与以上三种物质类似对人和环境有着深刻的、不可逆的影响的物质（如内分泌干扰物质）。

欧盟的REACH注册与SVHC检测通报制度已运行多年，橡胶制品企业在产品出口欧盟之前，需与欧盟的进口商进行充分沟通，了解是否需要进行相应的REACH注册或者SVHC检测通报。对纳入REACH法规的物质，欧盟的管理要求日趋严格，特别是儿童用品、家用塑胶制品等。REACH体现了如下三大理念和管理原则：

预防原则：即在对某种化学物质的特性和将产生的风险不了解的情况下，该物质被认为是有害的，有可能对人的安全与健康、动植物的生命和健康以及环境带来风险，因此要做试验研究和风险分析，证明该物质无害时，才被认为是安全的。可以说，REACH提出预防原则是将化学品的安全使用，提高到了药品使用的要求。通常作为非药品使用的化学品，传统的观点认为：“一种化学物质，只要没有证据表明它是危险的，它就是安全的。”REACH则与上述观点相反：“一种化学物质，在尚未证明其是否存在危险之前，它就是不安全的。”基于上述观点，欧盟对化学品采取严格的“预防”措施，其严格程度，可称得上“苛刻”，但更科学。

谨慎责任：化学物质本身或作为配制品或物品的成分，其制造商、进口商和下游用户在制造、进口或使用该化学物质（或投入市场）时，应保证在合理可预见的情况下，不得危害人类健康或环境。应尽一切努力预防、限制或弥补这种影响，对其风险提供信息和技术支持。

举证倒置原则：REACH改变了现行制度中由政府举证为由产业部门举证，不仅化学物质的制造商或进口商，而且整个供应链中的所有参与者都有责任来保证安全使用化学物质。庞大的检测费要全部由生产、经营者负担，据欧盟估算，每一种化学物质的基本检测费约为8.5万欧元，每一种新物质的检测费用约需57万欧元。有报道指出，中国95%以上的企业在进行欧盟REACH注册时都是被动接受欧盟的定价，支付高达20万欧元以上的数据引用费。这个现象的产生主要有两个原因：一是中国企业自己几乎不掌握产品数据，不得不依赖于持有数据的国外企业；二是中国企业由于信息滞后，未能在法规实施初期参与到数据分摊规则制定的工作中。

（3）重大事故危害指令——82/501/EEC，是防止化学事故的塞维索指令，该指令关心特别的重大事故，如火灾、爆炸或重大排放危害，要求采取措施防止和控制这些事故及其后果，要求对工厂的重大危险源进行辨识和评价。1996年12月制定了重大化学危害控制指令96/82/EC，用之代替82/501/EEC。

（4）作业人员安全指令——80/1107/EEC，目的在于保护作业人员免于化学、物理和生物制剂的侵害。随后对某些条款又做了具体规定，如指令82/605/EEC增加了金属铅及其离子化合物的防护方法；指令96/94/EC建立了作业人员防护中的另一份接触限值表，是对80/1107/EEC的进一步完善。

（5）实验室安全操作指令——87/18/EEC，目前最新版为1999/11/EC。

（6）危险货物运输指令——93/75/EEC，规定了危险货物运输的最低要求，94/55/EC是有关道路运输的有关规定，96/49/EC是铁路运输的有关规定。

（7）破坏臭氧层物质指令——2000/22/EC。

（8）2002/95/EC、2006/66/EC等行业指令

2002/95/EC，即《电气、电子设备中限制使用某些有害物质指令》（RoHS指令），针对电子电气设备，以降低电子电气设备中的有害物质在废弃和处理过程中对人类健康和环境安全造成的危险，是一个行业特定指令。RoHS指令在电子电气设备中限制使用某些有害物质，不影响REACH法规的适用，反之亦然。若两者出现重叠要求，则应适用较严格的要求。另外，在对RoHS指令的定期审查中，欧盟环境委员会还会对其与REACH法规的一致性进行分析，以确保RoHS指令与REACH之间的一致性。

（9）2006/66/EC指令

2006/66/EC，即《电池及蓄电池、废弃电池及蓄电池以及废止91/157/EEC的指令》，要求电池及蓄电池不得含有汞超过总重的0.000 5%、镉超过总重0.002%，但纽扣电池的水银含量不得大于2%；另外，若电池、蓄电池及纽扣电池的汞含量超过0.000 5%，镉含量超过0.002%，铅含量超过0.004%，则须有重金属含量及分类处理之标示。

对于其他可能带来类似问题的产品，欧盟也有类似立法管控，如汽车报废指令、包装指令等。

1.2.2　美国化学品管理与立法状况

（一）TSCA、FHSA与PPPA

1. 有毒物质控制法（Toxic Substances Controls Act，TSCA）

TSCA于1976年制定，用于管理有毒化学品，赋予美国环保局（EPA）管理那些“可能造成健康或环境危害”的化学品或混合物的权力。该法要求对上市前的新化学物质进行审查，同时兼顾对已上市流通的化学物质的风险评估。与其他管制已经进入商业销售的化学物质的风险的联邦制定法不一样，TSCA的主要目标是描述并理解某种化学物质在进入商业销售之前对人类和环境造成的风险。在该法制定以前，除有害生物防除剂、医药品、食物添加剂领域外，政府无权要求化学物质在上市前提交相关实验数据。而该法的制定，使得对化学物质风险进行全面审查成为可能。

TSCA所要求的评估内容是以“制造前申报”（PMN）的形式提交给EPA。要求申报者提供预计产量或进口量、预定的用途，以及暴露情况和向环境释放的情况等。在毒性评估方面，则要求提交化学物质对人体健康或环境的影响相关的检测数据，这些数据包括致癌、基因变异、畸形、行为紊乱、蓄积或协同效应，以及其他任何可能导致健康或环境损害的不合理风险的影响。

TSCA授权EPA一旦发现存在不合理的风险，可以选择多种管制方法，包括：禁止或限制化学物质的生产、加工、销售、商业使用或处置；禁止或限制使用超过规定浓度的化学物质；要求设置关于化学物质的使用、商业销售或处置的充分的警示标志和说明；要求保存记录；禁止或用其他方法管制化学物质的处置；要求把有关的风险告知购买者或公众，并应要求替换或召回该化学物质或化学混合物。EPA在选择足以防止确定的风险的限制措施时，应考虑风险收益比较。

TSCA的豁免情形包括：无害环境的试销，低产量（10吨）制造、研究与开发，中间体，不会暴露于环境与人体的物质。

2. 联邦有害物质管理法（Federal Hazardous Substances Act，FHSA）

该法要求对有害物质必须提供安全标签以警示用户产品的潜在危害及防护措施。对任何属于毒害品、腐蚀品、可燃物或易燃物、刺激物、强氧化剂或产品在分解、受热或其他方式导致压力升高的物品，必须进行标签标注。若产品对人体有潜在伤害，包括可能被小孩误食，也要进行标注。

3. 有毒物质包装危害预防法（Poisonous Packaging Prevention Act，PPPA）

（二）职业安全卫生法（Occupational Safety &Health Act，OSHA）

该法于1970年由美国总统尼克松签署发布，主要目的是保证劳动者的劳动条件尽可能安全与卫生，向劳动者提供全面福利设施，保护人力资源。该法涉及国会、劳工部、各州职业安全卫生复查委员会、咨询委员会、工人补偿全国委员会、卫生教育和福利部长、雇主、雇员等各方面在职业安全与卫生事业上的责任与权利分配关系。

（三）危险物品运输法（Hazardous Materials Transportation Act，HMTA）

立法的目的是增强运输部长的立法和执行权力，以充分保护国民在运输危险货物时免受生命或财产危害。

（四）联邦杀虫剂、杀菌剂和杀鼠剂法（Federal Insecticide Fungicide &Rodenticide Act，FIFRA）

FIFRA要求EPA对目前已在美国登记注册的21 000种杀虫剂的销售和使用进行管理。法规要求EPA在兼顾各方利益的前提下，尽可能限制那些对人体或环境有害的杀虫剂。FIFRA要求在美国销售的任何杀虫剂必须登记注册并对其使用和限制条件进行标注，否则禁止销售。此外，制造厂每年要接受政府执法部门的检查，并且每5年登记一次。

（五）食品、药物和化妆品法（Food Drug&Cosmetic Act，FDCA）

（六）消费产品安全法（Consumer Product Safety Act，CPSA）

CPSA于1972年颁布。该法设立了联邦政府的独立机构——消费产品安全委员会（CPSC），负责消费产品方面的研究

和立法。

（七）空气净化法（Clean Air Act，CAA）

该法要求EPA制定全国空气质量健康标准，防止如臭氧、一氧化碳、二氧化硫、二氧化氮、铅和灰尘等的污染。此外，EPA还制定了新的主要污染源，如汽车、发电厂废气等的健康标准。同时，该机构还对治理或控制如苯等有毒物进行收费。

（八）联邦水污染控制法（Federal Water Pollution Cotrol Act，FWPCA）

本法规授权公共卫生部，在其他联邦、州和地方管理部门的配合下，消除或减少对跨州水域的污染，提高地面水或地下水的卫生条件。

（九）联邦环境污染控制法（Federal Environmental Pollution Cotrol Act，FEPCA）

（十）安全饮水法（Safety Drinking Water Act，SDWA）与加州65号提案

美国国会于1974年通过SDWA，确保公共饮水源免受有害污染物的危害，以立法的方式建立了饮用水的标准和处理要求，控制可能污染水源废料的地下埋藏，以保护地下水。

美国加州65号提案，即《1986年饮用水安全与毒性物质强制执行法》，于1986年11月颁布，其宗旨是保护美国加州居民及该州的饮用水水源，使水源不含已知可能导致癌症、出生缺陷或其他生殖发育危害的物质，并在出现该类物质时如实通知居民。加州65号提案负责监管加州已知可能导致癌症或生殖毒性的化学品。目前已有700多种化学品被列为该类化学品并受到监管。根据该法规规定，化学品清单至少每年修订和再版一次。

（十一）资源保护和回收法（Resources Conversation &Recovery Act，RCRA）

该法要求EPA对危险废料实行从"摇篮"到"坟墓"的全程监控。同时还负责全美国近355万个地下储罐的设置、建造和监控。

（十二）《超级基金修改和再授权法》（Superfund Amendments and Reauthorization Act of 1986/SARA）

该法涉及化学品泄漏导致的土壤污染治理防控。

（十三）SARA法

其中，美国环保局负责CWA、SDWA、CAA、TSCA、SARA和RCRA等法规的管理和执行，美国职业安全卫生管理局负责OSHA的管理和执行，美国运输部则负责HMTA法规的管理和执行。

1.2.3 加拿大化学品管理与立法状况

（一）加拿大的国内物质列表（DSL）与工作场所危险材料信息系统（Workplace Hazardous Material Information System，WHMIS）

WHMIS是为在工作场所使用的有害物质提供信息的全国系统，为减少由工作场所危险物品引起的职业伤害而建立。WHMIS由三个关键要素组成：（1）危险物品及其容器上要粘贴标签，用以警告雇主及其工人有关产品的危险性和应采取的安全防护措施；（2）安全技术说明书（MSDS），提供有关产品详细的危险和预防措施的资料；（3）工人教育，提供有关危险说明和操作培训的程序。

WHMIS的目的是提供在工作场所使用的危险物品的有关信息；简化工作场所危害识别方法；保证在加拿大的所有工作场所的危害信息的一致性。

（二）危险产品法（Hazardous Product Act，HPA）

危险产品法是一项禁止危险产品做广告、销售和进口的法规。该法规管理三类危险产品：禁止性产品、限制性产品和受控产品。禁止性产品和限制性产品主要指民用消费品，而受控产品主要指工业化学品，即在工作场所使用的化学品。

根据危险产品法，不允许禁止性产品在加拿大做广告、销售或进口到加拿大。对限制性产品，除了依照法规批准的产品外，不应做广告、销售或进口到加拿大。

HPA规定，凡属于禁止性和限制性产品，要求制造商申报该产品的化学式、组成、化学成分和危险性资料。对特许的属于商业机密的资料可免于申报。当一产品属受控产品时，则要求制造、加工、进口、包装和销售该产品、材料或物质的人员申报有关该产品、材料和物质的化学式、组成、化学成分、危险性质或为确定该产品、材料或物质是否危害人体健康和安全所需要的其他信息，如果是特许的商业机密可免于申报。

（三）受控产品管理法（CPR）

CPR是根据HPA发布的，规定了供应商标签的形式和内容；要求在MSDS上提供信息；确定和分类受控产品的标准等。

（四）成分申报条例（IDL）

该条例根据HPA制定。其目的是帮助确定必须在MSDS上列出的包含在受控产品中的成分。IDL规定了1 736种申报物质及其浓度，只要某一种化学品的某一成分包括在条例名单中并超过规定浓度，销售商或进口商需将该物品作为危险产品对待，并被要求编制标签和MSDS。

（五）危险物品资料审核法（HMIRA）

根据HMIRA建立危险物品资料审核委员会。该委员会负责对免于申报商业机密的申请和上诉作出规定，以确保遵守危险物品资料审核法。该规则是平衡工人有了解危险信息的权利和供应商有保护商业机密的权利和方法。

（六）危险物品资料审核条例（HMIRR）

HMIRR主要规定了危险物品资料审核委员会评审商业机密资料的标准，也规定了申请保护机密和上诉判决的费用。

（七）危险物品资料审核上诉条例

本申诉条例是依据HMIRA对免除申报的申请做出的判决提出申诉的规定。

另外，加拿大各省还有职业安全卫生法等地方法规。

1.2.4 日本化学品管理与立法状况

（一）日本《化学物质审查与制造管理法》及现有及新化学物质目录（ENCS）

《化学物质审查与制造管理法》于1973年通过，1975年生效，2009年最新修订，以下简称《化审法》。《化审法》对化学物质实行总括式的管理，要求对所有新化学物质在制造或进口时实行事前审查制度，如果新化学物质没有接受安全性审查，则禁止其在日本国内制造或进口。该法是世界上第一个对化学物质引入事前审查制度的法律，具有划时代的意义。

该法审查的标准主要在三个方面：难分解性、蓄积性（在生物体内蓄积）和慢性毒性（长期持续、微量摄取会损害人体健康）。经审查，如果发现该化学物质与多氯联苯一样具有难分解性、蓄积性和慢性毒性，则会指定为"特定化学物质"，对制造和进口采取许可制，严格限制用途并要求使用者提出申报。《化审法》最初要求三种性质全部具备，可以采取措施。但后来发现有一些有难分解性和慢性毒性，却不具有蓄积性的化学物质（如三氯乙烯）也会对人体造成损害，对于这类物质也应纳入管制范围；同时，"毒性"也不仅仅局限于对人体健康的损害，从生态平衡的角度来看，对于生态环境和动植物的损害也被纳入其中。至于难分解性，如果排放量超过了可以分解的量，也会在环境中产生残留，危害到人体或者动植物，这类物质也成为管理的对象。

《化审法》原则上禁止"第一种特定化学物质"（PBT）的制造、进口，但在代替困难，且不可能造成人或生活环境及动植物损害的情况下，可以获得特定用途上的使用许可；同时，还要求制造量、进口量应符合化学物质的需要量，制造设备符合相关技术标准。对"第二种特定化学物质"（具有慢性毒性、在环境中有相当的环境残留）的制造、进口则采取一定的限制措施，其制造量和进口量（预计量和实际量）都必须申报，且不允许超出申报的量；有可能危害人体健康或动植物时，可以命令限制制造量和进口量；还可以对制造者和使用者发布预防污染的技术指南，要求其采取必要的预防措施。

该法规定豁免的情形包括：试验研究、试剂（指用于化学方法检测或者定量、物质合成实验或者检测物质的物理特性的化学物质）、无害于环境的中间体、一年制造进口总数量在1吨以下的化学物质、无害环境的高分子化合物。

（二）其他相关法律法规

其他相关法律法规包括：（1）劳动安全卫生法（1972）；（2）有毒有害物质控制法（1950）；（3）高压气体控制法（1951）；（4）爆炸物品控制法（1950）；（5）消费产品安全法（1973）；（6）废弃物法；（7）环境基本法；（8）危险货物船舶运输及储存规则；（9）航空危险货物运输法等。

1.2.5 韩国化学品管理与立法状况

韩国对化学品进行管理的法规主要包括韩国的《有毒化学品控制法》、《韩国化学品注册与评估法案》（K-REACH）及韩国现有化学品列表（ECL）等。2015年1月1日正式实施的《韩国化学品注册与评估法案》（K-REACH），是欧盟REACH法规以外又一部具有国际影响力的化学品管理法案，包括注册、评估、授权、限制等几方面内容。

K-REACH的主管机构为韩国环境部（MOE）。根据K-REACH法规规定，生产或者进口企业当满足如下条件时，必须在每年6月30日之前向韩国地方环境机构递交年度报告，包括：所有出口至韩国的新化学物质（不论吨位大小）或出口超过1吨/年的现有化学物质都必须进行年报或注册，含有危害物质的产品还需要履行通报的义务。2015年7月1日，韩国MOE公布了第一批510个需要联合注册的现有物质（PEC），注册截止期为2018年6月30日。

据不完全统计，第一批510个PEC物质中，常用橡胶助剂有16个，详见表1.9.1-2。

表1.9.1-2 K-REACH下第一批需注册的常用橡胶助剂

助剂类型	助剂名称	CAS号	KE号	领头注册人LR
橡胶硫化剂	CHMI	1631-25-0	05-0386	Chem-tech
橡胶硫化促进剂	DM（MBTS）	120-78-5	09887	韩国三元公司
	CZ	95-33-0	09219	韩国三元公司
	TMTD	137-26-8	33632	韩国三元公司
	ETU	96-45-7	20941	Achema
	ZDMC（PZ）	137-30-4	03058	韩国三元公司
	MBT（M）	149-30-4	02723	韩国三元公司
	TETD	97-77-8	03026	韩国三元公司
	BZ	136-23-2	03004	韩国三元公司
	ZDMC（PZ）	137-30-4	03058	韩国三元公司
	ZDEC（ZDC、EZ）	14324-55-1	03024	韩国三元公司
	HMTA	100-97-0	18615	三洋化学

续表

助剂类型	助剂名称	CAS 号	KE 号	领头注册人 LR
橡胶防老剂	IPPD	101 - 72 - 4	24103	韩国三元公司
	6PPD	793 - 24 - 8	11272	保密未公开
	PAN	90 - 30 - 2	28408	朗盛（韩国）
功能性橡胶助剂	间苯二酚给予体黏合剂	108 - 46 - 3	02557	SCAS Korea

K - REACH 下的注册流程为：

（1）首先加入联合注册系统 CICO 中，经官方确认后成为联合注册成员，也就是类似于欧盟 REACH 下的 SIEF 成员。

（2）购买领头注册人的 LoA，完成联合注册。包括参与 LR 的物质同一性确认（只有企业的物质与领头注册人的物质保持一致才能参与领头注册人的联合注册），了解 LoA 购买流程及费用情况、LoA 是否包含 CSR 及安全使用引导等。待 LR 完成卷宗提交后，尽快购买 LoA 用于制作联合提交卷宗。需注意，必须在截止日期前完成注册。

（3）注册完成后，将注册登记证编号更新在 SDS 及 eSDS 中，向下游传递。

1.3 其他国际组织与国家的相关要求与法规

1.3.1 挪威的 PoHS 指令

PoHS 指令即《消费性产品中禁用特定有害物质》，由挪威（非欧盟成员）于 2007 年 6 月 8 日提出并通报 WTO，这一法规后成为《挪威产品法典》中针对消费品的一章。

1.3.2 德国卫生组织 TRGS 552 号《危险物质技术规则》

N -亚硝基化合物是带有含碳基团的氮类化合物。大量的动物实验已确认，N -亚硝基化合物是强致癌物，并能通过胎盘和乳汁引发后代肿瘤。N -亚硝基化合物还有致畸形和致突变作用，流行病学调查表明，人类某些癌症，如胃癌、食道癌、肝癌、结肠癌和膀胱癌等可能与亚硝胺有关。

TRGS 552 号《危险物质技术规则》所允许的 N -亚硝基化合物在工作场所的大气中的最高浓度仅为 1 $\mu g/m^3$，汽车驾驶室的空间现在也在法规限制范围之内，该区域所涉及的橡胶件包括门窗密封条。

1.3.3 其他

其他重要的化学品管理法规还有：国际电工委员会提出的无卤指令（Halogen-free）、澳大利亚化学物质目录（AICS）、菲律宾的（PICCS）等化学品管理与控制法规等。

第二节 橡胶领域受限化学品及其替代品

2.1 受限化学品

欧盟及各国的各项有关化学品管理的指令，其包含的化学物质、相关限值目前均处于变动之中，具体要求应当向专业咨询机构咨询。

2.1.1 REACH 中的限制物质清单与 SVHC 清单

REACH 法规正文部分分为十五篇 141 条，包括第Ⅰ篇：目标及范围，第Ⅱ篇：化学物质的注册，第Ⅲ篇：数据共享与避免不必要的动物试验，第Ⅳ篇：供应链中的信息，第Ⅴ篇：下游用户，第Ⅵ篇：评估，第Ⅶ篇：授权（许可），第Ⅷ篇：对于某些危险物质和配制品的生产、营销和使用的限制，第Ⅸ篇：费用，第Ⅹ篇：管理局，第Ⅺ篇：分类标签目录，第Ⅻ篇：信息，第ⅩⅢ篇：主管机构，第ⅩⅣ篇：生效实施，第ⅩⅤ篇：过渡性措施和最终条款。

附件 17 个，包括附件Ⅰ：物质评估和编制化学安全报告的一般规定，附件Ⅱ：编写安全数据单指南，附件Ⅲ：数量在 1 至 10 吨的物质登记标准，附件Ⅳ：根据第 2 条第 7 款 a 免于注册的物质，附件Ⅴ：根据第 2 条第 7 款 b 免于注册的物质类，附件Ⅵ：注册基本信息要求，附件Ⅶ：1 吨及以上附加信息要求，附件Ⅷ：10 吨及以上附加信息要求，附件Ⅸ：100 吨及以上附加信息要求，附件Ⅹ：1 000 吨及以上附加信息要求，附件Ⅺ：附件Ⅶ至Ⅹ中试验标准的一般规则，附件Ⅻ：下游用户评估物质和准备化学安全报告的一般规定，附件ⅩⅢ：持久性、生物蓄积性和有毒物质以及高持久性和高生物蓄积性物质鉴别标准，附件ⅩⅣ：需取得授权（许可）的化学物质清单，附件ⅩⅤ：档案，附件ⅩⅥ：社会-经济损益分析，附件ⅩⅦ：生产、销售和使用某些危险化学物质、配制品和物品的限制。

需要注意的是，附件ⅩⅦ本身还有 10 个附录，里面所列出的涉嫌物质的数量远远超过附件ⅩⅦ中的 65 个大类及其涵盖的数百种物质。这 10 个附录是作为原欧盟指令 76/769/EEC 附件Ⅰ中的附录，一起被转为了 REACH 法规附件ⅩⅦ的附录，它们分别是附录 1：第 1 类致癌物质，附录 2：第 2 类致癌物质，附录 3：第 1 类致基因突变物质（REACH 法规发布时尚为空白），附录 4：第 2 类致基因突变物质，附录 5：第 1 类生殖毒性物质，附录 6：第 2 类生殖毒性物质，附录 7：对含石棉物品的标记的特别规定，附录 8：偶氮着色剂 · 芳香胺，附录 9：偶氮着色剂 · 偶氮染料（注：蓝色素），附录 10：

第43点·偶氮化合物·检测方法列表。

欧盟的REACH法规自2006年12月获得通过并发布以来，有关REACH法规的补充和修订就一直没有停止过，主要涉及四个方面：一是有关REACH法规的实施及指南；二是与REACH法规相关的其他法规的修订；三是对原欧盟指令76/769/EEC废止后，转入REACH法规附件XⅦ的某些被列入限制使用范畴的有害物质及其技术要求进行补充、修改和说明；四是针对REACH法规发布时尚属空白的附件XⅣ，即需要授权才能使用的有害物质清单进行“填充”。其中，附件XⅦ至2017年6月15日进行了26次修订，限制物质也从初期的52类增加到65类（附件XⅦ中共有68类，但部分类目在修订过程中被删除）；附件XⅣ中的物质来自于候选清单（SVHC），从被列入授权物质清单起，制造商要使用该物质必须对其用途进行授权申请，日落之日后，被批准的授权申请物质可以继续使用在申请的用途，否则，将被限制使用，附件XⅣ经过3次增补，目前有31项。

根据规定，最终列入REACH法规附件XⅣ的需授权才能使用的物质，首先要由欧盟成员国提议，然后经过一个规定的程序，被确认为高关注物质（Substances of Very High Concern，SVHC）并列入候选清单，再递交欧盟委员会进行审议，通过后方能列入。近年来，REACH法规不断完善和分阶段实施的过程中，这些被不断提议和确认的SVHC，受到了世界各国和相关业界的广泛关注。2017年7月7日，ECHA发布第十七批SVHC清单（1项），共计174项，其中正式确定列入REACH法规附件XⅣ的为31种。而根据最初的预期，最终被列入REACH法规附件XⅣ的SVHC可能高达1 500种，显然，这个进程还在初始阶段。SVHC、授权物质清单、限制物质清单之间的区别见表1.9.2-1所示。

表1.9.2-1　SVHC、授权物质清单、限制物质清单之间的区别

	SVHC清单	授权物质清单	限制物质清单
在REACH中的章节	无	附件XⅣ	附件XⅦ
物质特性	CMR 1A/1B； PBT；vPvB； 有证据表明有同样危害的物质，比如内分泌干扰物质	同SVHC	对人体健康或环境有不可接受的风险的物质
物质数量（截止至2017年6月15日）	共计17批174项	共计4批31项	65项
物品中含有该物质时企业的义务	满足条件的情况下，需向ECHA通报；或在供应链上传递所含SVHC的信息	没有任何责任义务	需符合REACH法规附件XⅦ中的相关要求
与其他清单的关系	是授权物质的候选物质	授权物质在日落之日后，可能被考虑加入限制物质清单	

REACH法规附件XⅣ和附件XⅦ所涉及的物质具有紧密的关联性，且有相当部分重叠，只是因风险控制和监管方式和要求不同而分列。事实上，在目前的实际操作中，由于被纳入REACH法规附件XⅦ的物质都有具体的限制要求，因而在政府和市场监管及国际贸易中，都已被作为普遍实施的绿色贸易监管措施。而对SVHC的法律要求，除了与REACH法规附件XⅦ有重叠的部分之外，仍以通报为主，其虽然不会面临直接的法律后果，但事前的检测和事中的监管却也已经开始实施。因此，各国工业与研发主要聚焦于REACH法规附件XⅦ中限制使用的化学物质和ECHA公布的作为REACH法规附件XⅣ备选的SVHC。

2.1.2　消费品化学危害限制要求

由全国消费品安全标准化技术委员会（SAC/TC 508）归口，中国标准化研究院等单位共同起草的国家标准《消费品化学危害 限制要求》征求意见稿（下称“意见稿”）于2017年发布，对103种物质提出了限制要求，被称为中国版的REACH。该意见稿提出“限制要求”而非“限量要求”，因为意见稿中列出的某些化学物质有“禁止使用”等要求，而非完全的“限量要求”。意见稿考虑了我国国情、消费品行业发展现状等因素，有害化学物质限制要求为企业应遵循的最低安全要求，并与现有消费品相关标准保持一致。详见本手册附录一。

意见稿以欧盟“REACH法规（（EC）NO 1907/2006）”为蓝本，根据《消费品分类》国家标准中对于消费品的定义，剔除工业用途化学物质，选取与消费品相关的有害化学物质；根据我国现有的各类消费品标准和技术要求，增加了“REACH法规”中未包括的有害化学物质，如2-巯基苯并噻唑（MBT）（CAS号149-30-4）和抗氧化剂（2，6-二叔丁基对甲苯酚（抗氧剂264）和2，2′-亚甲基-双（4-甲基-6-叔丁基苯酚）（防老剂2246））等，意见稿总共列出了103种有害化学物质。

对于国内已有消费品中限制要求的有害化学物质，意见稿的限制要求采用国内标准的限制要求；对于国内消费品中没有限制要求的有害化学物质，意见稿参考欧盟“REACH法规（（EC）NO 1907/2006）”、“EN 71-9玩具中有机化合物通用要求”、“EN 71-12：2013玩具安全-第12部分N-亚硝胺和N-亚硝基化合物”以及“生态纺织品标准Oeko-tex100-2017”等国外标准的限制要求，提出本标准的限制要求。

意见稿中涉及的有害化学物质种类繁杂，因此大体按重金属类、烷、卤代烷、烯、苯类、多环芳烃类、酚、醛、醚、醇、酯及盐类、胺类、染料类以及其他无法归类的化学物质这样由简单到复杂的次序来排序。

拟制的新标准对新增有害化学物质和消费品具有开放性。如果新产品的使用人群、使用方式以及使用环境与某一现有产品种类类似，有害化学物质限制要求可参照现有产品的相关限制要求。

2.1.3　与食品接触材料中的受限规定

食品包装、食品器皿以及用于加工和制备食品的辅助材料、设备、工具等一切与食品接触的材料和制品统称为食品接触材料（Food Contact Materials，简称 FCM）。

FCM 从材料上来讲，可以分为以下几类：塑料、金属（包含表面涂覆涂层）、玻璃、陶瓷、搪瓷、橡胶、纸质及植物纤维类和竹木类等。世界各国特别是美国、欧盟、德国、法国等发达国家的分析与研究结果表明：与食品接触的器皿、餐厨具和包装容器以及包装材料中有害元素、有害物质已经成为食品污染的重要来源之一，已成为人们对食品安全一个新的关注点。

与食品接触制品材料（FCM）的选用，各国一般采取发布化学品限制与准用的规范进行管控，如欧盟 1935/2004/EC 法规、德国《食品、烟草制品、化妆品和其他日用品管理法》（LFGB）、法国 French DGCCRF、美国 FDA 等。

（一）中华人民共和国食品接触材料相关法律法规

我国食品接触材料卫生标准中规定的检测项目总体来讲，一般包括以下几类项目：

不同食品模拟液中的蒸发残渣、高锰酸钾消耗量、重金属（以铅计）、脱色试验、重金属溶出试验（如铅、镉、砷、锑、镍等）、有毒有害单体残留量（如氯乙烯单体、丙烯腈单体等）、微生物检测。

（二）欧盟相关法律法规-1935/2004/EC

（EC）No. 1935/2004（Regulation NO. 1935/2004/EC of The European Parliament And of The Council of 27 October 2004）是欧盟关于食品接触材料和制品的基本框架法规，对食品接触材料的迁移物质总量提出了严格限定。2002/72/EC 指令，即《关于与食品接触的塑料材料和制品的指令》中，明确规定了食品包装材料中添加剂向食品中的特定迁移限量（SML），其中酚类抗氧化剂邻苯二酚、间苯二酚、对苯二酚的 SML 值分别为 6、2.4、0.6 mg/kg（食品）。关于双酚 A，（EU）No 10/2011，附件 I 中 151 号物质规定食品相关的塑料产品中，该物质的迁移量不得高于 0.6 mg/kg；欧盟在向 WTO 的通报中公布的法规草案 G/TBT/N/EU/370 中拟修订该物质的迁移量不得高于 0.05 mg/kg。

法令 1935/2004/EC 要求与食品接触的产品或物质必须符合良好制造规范（Good Manufacturing Practice，GMP），并必须符合以下的条件：产品接触食品时，不可释放出对人体健康构成危险的成分；不可导致食品成分不能接受的改变；不可降低食品所带来的感官特性（使食品的味道、气味、颜色等改变）。

（三）德国食品接触材料相关法律法规——《食品、烟草制品、化妆品和其他日用品管理法》（LFGB）

LFGB 是德国食品卫生管理方面最重要的基本法律文件，是其他专项食品卫生法律、法规制定的准则和核心。与食品接触的日用品通过测试，可以得到授权机构出具的 LFGB 检测报告证明为"不含有化学有毒物质的产品"，方能在德国市场销售。

LFGB 第三十和三十一条一般包括以下测试项目：（1）样品及材料的初检；（2）气味及味道转移的感官评定；（3）塑料样品：可转移成分测试及可析出重金属的测试；（4）金属：成分及可析出重金属的测试；（5）硅树脂：可转移或可挥发有机化合物测试；（6）特殊材料：根据德国化学品法检验化学危害。

LFGB 第三十和三十一条要求塑料制品需进行全面迁移和感官测试，如：（1）PVC 塑料制品：全面迁移测试、氯乙烯单体测试、过氧化值测试和感官测试；（2）PE 塑料制品：全面迁移测试、过氧化值测试、铬含量测试、钒含量测试、锆含量测试、感官测试；（3）PS、ABS、SAN、Acrylic 塑料制品：全面迁移测试、过氧化值测试、（VOM）有机挥发物总量、感官测试；（4）PA、PU 塑料制品：全面迁移测试、过氧化值测试、芳香胺迁移测试、感官测试；（5）PET 塑料制品：全面迁移测试、过氧化值测试、锌含量测试、铅含量测试、全面迁移测试、过氧化值测试；（6）硅橡胶制品：全面迁移测试、（VOM）有机挥发物含量、过氧化值测试、有机锡化合物测试、感官测试；（7）纸制品：五氯苯酚（PCP）测试、重金属（铅、镉、汞、六价铬）释出量、抗菌成分迁移测试、甲醛含量测试、带颜色的纸制品附加偶氮染料测试；（8）带不黏涂层制品（不黏锅）：全面迁移测试、苯酚溶出量测试、甲醛溶出量测试、芳香胺溶出量测试、六价铬溶出量测试、三价铬溶出量测试、PFOA 全氟辛酸铵测试、感官测试；（9）金属、合金及电镀制品：重金属溶出量（铅、镉、铬、镍）测试、感官测试；（10）PP 塑料制品：全面迁移测试、铬含量测试、钒含量测试、锆含量测试、感官测试；（11）烘焙纸制品：外观、热稳定性、抗菌成分迁移测试、多氯联苯（PCBs）测试、甲醛溶出量测试、感官测试；（12）木制品：五氯苯酚（PCP）测试、感官测试；（13）陶瓷、玻璃、搪瓷制品与食品接触部分：铅、镉溶出量测试。

相应的标准还可查看 DIN EN 13130《接触食品的材料和物品》。

（四）法国食品接触材料相关法律法规——French DGCCRF

French DGCCRF 是法国食品级安全法规的英文简写。销往法国的这类产品，除符合欧盟 Regulation（EC）No 1935/2004 法规要求外，还应符合法国国内法的要求，包括：French DGCCRF 2004-64 and French Décret No. 92-631。

法国法规不仅对与食品接触的塑料橡胶制品有特殊要求，对金属产品也有特殊的分类和要求，例如，带有机涂层的炊具，除涂层表面需测试外，对作为基材的金属也有对应的要求。测试项目的特殊之处在于法国要求镀层和里面的材料需分开进行测试。

（五）美国食品接触材料相关法律法规——美国 FDA

美国食品药品管理局（FDA）隶属于美国卫生教育福利部，负责美国药品、食品、生物制品、化妆品、兽药、医疗器械以及诊断用品等的管理。在美国，FDA 主要通过食品添加剂申报程序（FAP）来控制大多数与食品接触的产品。如果一种食品添加剂或与食品接触的材料经 FAP 程序规定为可以使用，这种材料便会录入 US FDA CFR 21 PARTS 170～189 中相应的法规。制造商应按照相应法规，生产合格的与食品接触的产品和材料。US FDA CFR 21 PARTS 170～189 部分相关章节标题见表 1.9.2-2。

表 1.9.2-2 US FDA CFR 21 PARTS 170～189 部分相关章节标题

	章节	标题
	-Part 177.1520	烯烃类聚合物，如聚乙烯/聚丙烯
	-Part 177.1580	聚碳酸酯
	-Part 177.1640	聚苯乙烯
	-Part 180.22 & 181.32	丙烯腈-丁二烯-苯乙烯等
其他食品容器	-7117.05	银/镀银器皿
	-7117.06 & 7117.07	玻璃器皿/陶瓷制品/搪瓷器皿
	-加利福尼亚提案 65	玻璃器皿/陶瓷制品/搪瓷器皿
	-SGCD 唇边区域自愿标准（陶瓷制品）等	
其他测试项目（部分）	-Part 175.300	Organic coating，metal and electroplating（except silver plated）有机涂层、金属和电镀制品要求
	-Part 177.1010	Acrylic 丙烯酸树脂要求
	-Part 177.1900	Urea-formaldehyde resin 脲醛树脂要求
	-Part 177.1975	PVC additive requirement PVC 附加要求
	-Part 177.2420	Polyester resin 聚酯树脂要求
	-Part 177.2450	Polyamide-imide resin 聚酰胺-酰亚胺树脂
	-Part 177.2600	用于重复使用的橡胶制品，如 SBS、PR、TPE 等
	-U.S. FDA CPG 7117.05	Silver plated 镀银制品要求
	U.S. FDA CPG 7117.06，07	Ceramic，glass，enamel food ware 玻璃、陶瓷、搪瓷食品器皿要求
	77.1520 Olefin Copolymer（OC）	乙烯共聚物等
	-Part 175.105	黏合剂
	-Part 175.125	压力感应黏合剂
	-Part 175.320	聚烯烃薄膜的树脂和聚合物涂料
	-Part 176.170	与水和脂肪类食品接触的纸和纸板的组成部分
	-Part 176.180	与干燥食品接触的纸和纸板的组成部分
	-Part 177.1210	食品容器的密封垫圈的闭包

2.2 与橡胶有关的受限化学品

2.2.1 含有或混有重金属及其化合物的配合剂

（一）相关限制

1. RoHS 指令

早在 1972 年，世界卫生组织国际癌症研究中心（IARC）的《化学物质致癌危险性评价专题论文集》（1～20 卷）的第 1 卷中就已确定铅和铅化合物的致癌性。欧盟《关于在电子电气设备中限制使用某些有害物质的第 2002/95/EC 号指令》（RoHS 指令），要求从 2006 年 7 月 1 日起，各成员国应确保在投放于市场的电子和电气设备中限制使用铅、汞、镉、六价铬、多溴联苯和多溴二苯醚六种有害物质。电子电器设备配套的橡胶制品，同样要满足指令要求。2015 年 6 月 4 日，欧盟官方公报（OJ）发布 RoHS2.0 修订指令（EU）2015/863，正式将 DEHP、BBP、DBP、DIBP 列入附录Ⅱ限制物质清单中，至此附录Ⅱ共有十项强制管控物质，详见表 1.9.2-3。

表 1.9.2-3 RoHS 十项限用物质

限制物质	限量（质量分数）/%	限制物质	限量（质量分数）/%
铅（Pb）	0.1	多溴联苯醚（PBDE）	0.1
汞（Hg）	0.1	邻苯二甲酸二（2-乙基己基）酯（DEHP）	0.1
镉（Cd）	0.01	邻苯二甲酸甲苯基丁酯（BBP）	0.1
六价铬（Cr Ⅵ）	0.1	邻苯二甲酸二丁酯（DBP）	0.1
多溴联苯（PBB）	0.1	邻苯二甲酸二异丁酯（DIBP）	0.1

此修订指令发布后，欧盟各成员国需在 2016 年 12 月 31 日前将此指令转为各国的法规并执行。且 2019 年 7 月 22 日起所有输欧电子电器产品（除医疗和监控设备）均需满足该限制要求；2021 年 7 月 22 日起，医疗设备（包括体外医疗设备）和监控设备（包括工业监控设备）也将纳入该管控范围。

欧盟 RoHS2.0 规定，投放欧盟市场的 11 类电子电气设备应张贴 CE 标识、准备 RoHS 符合性声明（Doc）和技术文档（TDF），且将 RoHS 要求纳入 CE 框架之下。有关指令要求，加贴 CE 标识的产品如果没有张贴 CE 标识，不得上市销售；已加贴 CE 标识进入市场的产品若发现不符合相关技术要求的，将责令从市场收回；持续违反指令有关 CE 标识规定的，将被限制/禁止进入欧盟市场或被迫退出市场。此外，已属 REACH 附件ⅩⅦ第 51 条邻苯管控的玩具产品将不受此指令中 DEHP、BBP、DBP 的管控。

2. PoHS 指令

挪威 PoHS 指令提出的受限制的 18 种物质为：HBCDD（六溴环十二烷）、TBBPA（四溴双酚 A）、C_{14}～C_{17} MCCP（碳原子数为 14～17 的氯化石蜡）、As（砷及其化合物）、Pb（铅及其化合物）、Cd（镉及其化合物）、TBT（三丁基锡）、TPT（三苯基锡）、DEHP（邻苯二甲酸二己酯）、Pentachlorphenol（五氯苯酚）、muskxylene（二甲苯麝香）、muskketone（酮麝香）、DTDMAC（双（氢化牛油烷基）二甲基氯化铵）、DODMAC/DSDMAC（二硬脂基二甲基氯化铵）、DHTDMAC（二（硬化牛油）二甲基氯化铵）、BisphenolA（BPA）（双酚 A，即二酚基丙烷）、PFOA（全氟辛酸铵）、Triclosan（三氯生，即三氯羟基二苯醚）。

PoHS 与 RoHS 的区别包括：（1）挪威 PoHS 法规覆盖的产品范围比 RoHS 更大，包括的产品类别除电子电气类消费品外，还包括衣服、箱包、建筑、玩具等；（2）PoHS 法规限制物质的种类有 18 种之多，而欧盟的 RoHS 指令限制的物质种类为 10 种；（3）PoHS 法规比欧盟 RoHS 指令对有害物质的限制更为严格，如铅的限量要求，欧盟 RoHS 指令要求的铅限值浓度为 0.1%（1 000 ppm），而 PoHS 法规要求铅限值浓度为 0.01%（100 ppm）；（4）PoHS 法规也有豁免清单，但豁免清单与欧盟 RoHS 不同；（5）欧盟 RoHS 排除的监视和控制设备在挪威 PoHS 中并不排除，也需要满足。PoHS 法规遵从以前存在的大多数规则，包括欧盟 RoHS 中已有的电池和蓄电池指令和包装指令。这意味着欧盟 RoHS 指令范围内的电气和电子产品不需要符合更加严格的铅含量要求，但是它们一定要符合 RoHS 没有要求限制的 16 种物质使用的要求。以上内容可以看出，PoHS 的要求比 RoHS 更加严格。

3. EN 71-3：2013 与 GB/T 6675—2014

EN 71-3：2013《玩具安全 第 3 部分：元素的迁移》规定了 19 种从玩具材料和玩具部件中转移的元素的详细要求和测试方法，包括：铝、锑、砷、钡、硼、镉、铬（3+）、铬（6+）、钴、铜、铅、锰、汞、镍、硒、锶、锡、有机锡和锌。玩具种类包括：（1）干燥、易碎、粉末状或柔软的玩具材料；（2）液体状/黏稠性玩具材料；（3）玩具表面刮出物。

GB/T 6675.4—2014《玩具安全 第 4 部分 特定元素的迁移》与 EN 71-3：2013 的限值对比见表 1.9.2-4。

表 1.9.2-4　EN 71-3：2013 标准与 GB/T 6675.4—2014 标准有害物质限值对比

元素	EN 71-3：2013 迁移量限值/(mg·kg^{-1})			GB 6675.4—2014 可迁移元素的最大限量要求/(mg·kg^{-1})	
	第一类 干燥、易碎、粉末状或柔韧的玩具材料	第二类 液体或黏性玩具材料	第三类 可以刮去的玩具材料	造型黏土	其他玩具材料 （除造型黏土和指画颜料）
铝	5 625	1 406	70 000	—	—
锑	45	11.3	560	60	60
砷	3.8	0.9	47	25	25
钡	1 500	375	18 750	250	1 000
硼	1 200	300	15 000	—	—
镉	1.3	0.3	17	50	75
三价铬	37.5	9.4	460	25	60
六价铬	0.02	0.005	0.2		
钴	10.5	2.6	130	—	—
铜	622.5	156	7 700	—	—
铅	13.5	3.4	160	90	90
锰	1 200	300	15 000	—	—
汞	7.5	1.9	94	25	60
镍	75	18.8	930	—	—
硒	37.5	9.4	460	500	500
锶	4 500	1 125	56 000	—	—
锡	15 000	3 750	180 000	—	—
有机锡	0.9	0.2	12	—	—
锌	3 750	938	46 000	—	—

有机锡化合物 Organic Tin Compounds，REACH 附件ⅩⅦ中包括一丁基锡化合物 MBT、二丁基锡化合物 DBT、三丁基锡化合物 TBT、二辛基锡化合物 DOT、三苯基锡化合物 TPT 等。其中 DBT、DOT 在橡胶中用于单组分和双组分室温硫化密封胶（RTV－1 和 RTV－2 密封胶）和黏合剂、油漆和涂料的催化剂，DBT 还在 PVC 型材和织物 PVC 涂层等中用作稳定剂。

4. 2005/20/EC 指令

2005/20/EC 指令，即《包装与包装废弃物指令》，要求所有流通于欧洲市场的包装及其材料中的铅、镉、汞和六价铬的含量总和不超过下列标准：在成员国将本国的法律、法规和管理规定遵从了包装指令要求后的 2 年内按重量计为 600 ppm；3 年内按重量计为 250 ppm；5 年内按重量计为 100 ppm。

此外，2000/53/EC 指令，即《关于报废车辆的指令》（ELV 指令），同样涉及铅、镉、汞和六价铬。

与欧盟 RoHS 对应的由信息产业部、发改委、商业部、海关总署、工商总局、质检总局和环保总局联合制定颁布的《电子信息产品污染控制管理办法》及其相关配套标准，也已于 2007 年 3 月 1 日实施。

（二）应对措施

橡胶制品中重金属的含量并不只来源于一种或两种重点的原材料，是所有的原材料（包括生胶）重金属含量的总和，橡胶制品原材料的型号、品级都会影响重金属的含量。

1. 采用无铅硫化体系

作为丁腈橡胶耐热硫化体系使用 CdO 的镉镁硫化体系，现在已经有了耐热更好的氢化丁腈橡胶，镉镁体系已不必使用。

含氯的聚合物，如 CR、CM、PVC、CSM、CO、ECO 等过去常用 PbO、Pb_3O_4 等作为硫化剂。硫化剂 TCY（2，4，6－三巯基均三嗪）和 CaO/MgO 吸酸稳定剂组成的体系、噻二唑硫化剂（ECHO）/$BaCO_3$ 吸酸剂组成的体系、硫化剂 XL－21［即（2，3）－二巯基氨基甲酸盐甲基喹啉］/Ca（OH）$_2$ 吸酸剂组成的体系等都是氯醚橡胶的无铅硫化体系，已取代 Na－22/Pb_3O_4 或“二盐”的有铅硫化体系在汽车燃油胶管中应用。另外，氯磺化聚乙烯橡胶（CSM）的一氧化铅硫化体系存在严重的环保问题，可用无铅硫化体系（如季戊四醇）代替，或在生产中用氯化聚乙烯橡胶（CM）取代 CSM。

2. 氧化锌等助剂与白色矿物填料

根据 RoHS 指令，除了不可使用含铅硫化体系外，橡胶制品配方材料中，某些无机助剂在生产过程中会混有其他杂质，氧化锌因此规定不可使用普通氧化锌，只能使用低铅氧化锌。此外锌、镉往往伴生，因此需使用超细粒子活性氧化锌以降低氧化锌用量，或者使用氧化锌替代品。

关于含锌化合物的限制问题，德国的 DIN 18035－6：2014《运动场地-第 6 部分：合成面层》、DIN 18035－7—2014《运动场地第 7 部分：合成草坪地面》中提出的限量要求为≤0.5 mg/L 和≤1.0 mg/L，韩国的 KS F 3888－2—2016《室外体育设施弹性填料》提出 Zn 作为“重金属释放”的限量要求为≤46 000 mg/kg，对于惯常的 ZnO 用法与用量并不产生影响。

汽车胶管中，大众 TL52361 标准要求 150℃级冷水管中锌含量≤0.02%，因为胶管中的锌与冷却液中的金属防蚀添加剂反应生成不溶性沉淀物，会堵塞发动机中的“毛细”结构，使发动机和冷却系统的温度越来越高。

此外，还需谨慎使用其他白色矿物填料，有些原材料虽然重金属含量极微（如白炭黑和高岭土），但亦要留意“积少成多”。

3. 部分促进剂、防老剂与含卤聚合物的稳定剂

促进剂二甲基二硫代氨基甲酸铅（LMD）、二戊基二硫代氨基甲酸铅（LDAC）、1，5－亚戊基二硫代氨基甲酸铅（LPD）等含铅，防老剂 NBC、橡胶稳定剂 NDMC 为含有重金属镍的化合物，因此受到限制。

含氯的聚合物，如 CR、CM、PVC、CSM、CO、ECO 等的配合中往往使用含铅的助剂，如作为稳定剂的二盐基亚磷酸铅、三盐基硫酸铅、硬脂酸铅。这些含铅助剂应该替换，如用硬脂酸钡或硬脂酸钙等代替二盐基亚磷酸铅、三盐基硫酸铅等。

4. 无机颜料

作为无机着色剂的镉黄（CdS）、镉钡黄（CdS·$BaSO_4$）、镉红（CdS·CdSe）、含六价铬的锌铬黄等，应尽量不使用。胶鞋行业要注意纺织物和皮革染料的重金属限制值，限用含铜、镉、铬、镍等的金属络合染料。

5. 取消胶管包铅硫化工艺

胶管与线缆硫化用包塑［如 TPX 树脂（聚－4－甲基－1－戊烯）、锦纶、聚丙烯或锦纶/聚丙烯］替代包铅硫化工艺，不仅符合环保要求，同时胶管制品的耐老化性能也得到提高。

6. 使用环保黏合剂

某些橡胶/金属热硫化黏合剂（如开姆洛克 220、250、252）的组分中含有铅化合物，会造成制品铅超标。目前已开发出英国西邦的 CILBOND 24C 属于符合国际原材料资料系统（IMDS）要求，不含铅、无毒性溶剂型的高性能胶黏剂，可用于各类橡胶与金属、塑料及其他硬质基材之间的热硫化黏接。环保型的黏合剂，还有洛德公司的开姆洛克 6000 系列、罗门哈斯公司带 EF 后缀的牌号等。

7. 其他含重金属配合剂

橡胶配合剂中含重金属的原材料还有防老剂 NBC（含镍）等、阻燃剂氧化锑等。此外，模具和骨架的镀铬层也会将铬

元素带到胶料中来。

2.2.2　增塑剂与增黏剂

（一）邻苯二甲酸酯类

邻苯二甲酸酯类化合物主要用在密封圈，如针筒输液器活塞封圈、电动牙刷密封圈、血液透析管、输氧器、鼻饲管等。研究表明：邻苯二甲酸酯对人体多个系统均有毒性，是一种环境内分泌干扰因子，对患者具有更大的危害性，尤其是处于发育早期和分化发育敏感阶段的儿童和孕妇。邻苯二甲酸酯干扰神经细胞的DNA代谢，直接抑制PC12细胞生长，降低过氧化酶活性，产生氧化应激，对肝脏、心血管、睾丸、淋巴膜和内分泌影响较大，诱导神经细胞死亡。

欧盟第2005/84/EC号指令要求所有玩具或儿童护理用品的塑料所含的DEHP、DBP及BBP浓度超过0.1%的不得在欧盟市场出售；对可放进口中的玩具及儿童护理塑料中所含的另三种邻苯二甲酸盐（DINP、DIDP及DNOP）进行限制，浓度不得超过0.1%。此外，欧盟REACH法规、WEEE指令（即《废弃电子电气设备指令》，WEEE－2002/96/EC）、RoHS指令中关于邻苯二甲酸酯类有详细的限制明细说明。RoHS指令对邻苯二甲酸酯类增塑剂的限制见表1.9.2－2。

美国、瑞士、加拿大、韩国等也相继出台法律法规限制邻苯二甲酸酯的使用。美国食品药品管理局FDA、美国环境保护总局根据国家癌症研究所（NCI）的研究结果，已经限制了6种邻苯二甲酸。

限制一：DOP、DBP、BBP、DINP、DIDP、DNOP加入量不超过0.1%。

限制二：DOP（DEHP）、DBP、BBP三种增塑剂已被禁止添加在玩具和儿童用品塑料。

限制三：DINP、DIDP、DNOP三种增塑剂禁用范围为可能被3岁和3岁以下幼儿放入口中的玩具和儿童用品塑料。

限制四：肉类包装必须使用其他无毒增塑剂产品来代替。

（二）含多环芳烃（PAHs）增塑剂与增黏剂

欧盟2005/69/EC指令《关于某些危险物质和配制品（填充油和轮胎中多环芳烃）投放市场和使用的限制》规定，直接投放市场的填充油或用于制造轮胎的填充油、轮胎和翻新轮胎胎面的填充油应符合以下技术参数：苯并芘（BaP）含量不得超过1 mg/kg，同时8种PAH的总含量应低于10 mg/kg。德国对电动工具等产品也加强了PAHs的管控要求，规定获取德国安全认证（GS认证）标志，必须通过ZEK 01－08《GS认证过程中PAHs的测试和验证》（2008－01－22），该规定与美国EPA标准规定的对16种PAH进行检测的品种和限量相同。

2005/69/EC指令所列8种PAH的和ZEK 01－08所列16种PAH，其中有6种重合，共计18种。法规修订案（EU）No 1272/2013提出，将PAHs的检测范围扩大至对包含橡胶或塑料部件的多种消费品中的PAHs含量进行限制。

美国EPA早在1979年就从当时的7万余种有机化合物中筛选出65类、129种优先控制的污染物，其中就有16种PAH为优先监测污染物。国标GB/T 5085.6—2007（危险废物鉴别标准·毒性物质含量鉴别）中规定致癌致突变的PAH为：苯并（a）蒽，BaA；苯并（b）荧蒽，BbFA；苯并（k）荧蒽，BkFA；苯并（a）芘，BaP；苯并（j）荧蒽，BjFA；二苯并（a，h）蒽，DBAhA，共6种，限量≤0.1%。

橡胶制品中PAHs的主要来源是填充油（操作油）、炭黑、煤焦油、再生胶及胶粉和某些石油下游化工产品，如古马隆、沥青、石蜡、芳烃树脂等。由于再生胶和胶粉使用的胶源可能含有高芳烃油、高PAHs炭黑或再生油，生产过程也常用煤焦油作为增塑剂，因此要慎用再生胶、胶粉。

1. 炭黑

炭黑目前尚无强制性的PAHs限量法规，科学界存有不同的看法：（1）以国际癌症研究中心（IARG）为代表，认为炭黑对人类有致癌危险性，1996年IARG将炭黑从第3类致癌物质提升到第2B类致癌物质；（2）不列入致癌物质的机构有美国政府工业卫生学家会议、美国国家毒物学计划和美国职业安全和健康署。一项由国际炭黑协会（ICBA）支持的德国杜塞尔多夫大学的研究认为，在通常的工业生产条件下PAHs不易从炭黑中抽提出来，因而炭黑表面的PAHs不是“生物有效”的。

几种主要炉法炭黑的多环芳烃含量见表1.9.2－5。

表1.9.2－5　几种主要炉法炭黑的多环芳烃含量

炭黑品种	N472	N376	N375	N326	N330	N351	N660	N762	LCF4
丙酮抽出物含量/ppm	400	2 100	1 400	250	290	1 300	310	800	700

目前尚未出台轮胎及非轮胎橡胶用炭黑的PAHs限制法规，但对于接触食品的材料和制品用的作为着色剂的炭黑，欧盟及FDA都有严格规定：

（1）欧盟2007/19/EC指令规定：①按ISO 6209，甲苯抽提物质量分数最大为0.001；②环已烷抽提物的UV吸收光谱(波长为380 nm处：1cm比色池——小于0.02AU，5cm比色池——小于0.1AU；③BaP质量分数最大为0.25×10^{-6}；④炭黑在聚合物中的最大质量分数为0.025。

（2）美国FDA 21CFR178.3297规定：①炭黑中PAHs总质量分数不超过0.5×10^{-6}，BaP质量分数不超过5 ppb；②炭黑在聚合物中的质量分数不超过0.025。

2. 芳烃油（DAE）的替代品

芳烃油（DAE）的替代品包括TDAE、MES、NAP、RAE等。其中，TDAE为对原芳烃油再精制，通过加氢、溶剂抽提两种途径除去有毒多环芳烃制得。MES 是以石蜡基原油馏分油为原料，溶剂浅度精制后再脱蜡精制而成，或者采用加氢工艺浅度精制而成。NAP 为以环烷基原油馏分油经溶剂精制或者加氢精制而成。RAE 为以常压残油为原料，经真空蒸馏、脱沥青、溶剂抽提精制而成。

国产环保油产品还有：中石油克拉玛依石化公司和辽河石化公司以环烷基馏分为原料，采用三段高压加氢技术和深度精制生产的 KN 系列环烷油；采用三段高压加氢生产适当环烷烃含量的润滑油组分再与含有较高链烷烃含量的组分调制而成的 KP 系列石蜡油。

部分国外环保充油橡胶的牌号见表 1.9.2-6，其中 ESBR 1778 主要用于浅色或彩色非轮胎橡胶制品。

表 1.9.2-6　部分国外环保充油橡胶的牌号

品种	牌号	结合苯乙烯质量分数/%	乙烯基质量分数/%	油		替代目标	制造商
				品种	用量/份		
ESBR	1723	0.235		TDAE	37.5	1712	
	1712TE	0.235		T2RAE	37.5	1712	阿朗新科
	17212HN	0.235		H2NAP	37.5	1712	阿朗新科
	O122	0.37		TDAE	37.5		JSR
	1732	0.32		MES	32.5	1712	
	1739	0.40		TDAE	37.5	1721	
	1740	0.40		MES	32.5	1721	
	1721TE	0.40		T2RAE	37.5	1721	阿朗新科
	1721HN	0.40		H2NAP	37.5	1721	阿朗新科
	9548	0.35		TDAE	37.5		瑞翁
	1778	0.235		NAP	37.5		
SSBR	243822HM	0.38	0.24	TDAE	37.5		阿朗新科
	502522	0.25	0.50	TDAE	37.5		阿朗新科
	502522HM	0.25	0.50	TDAE	37.5		阿朗新科
	502822	0.28	0.52	TDAE	37.5		阿朗新科
	72612	0.67	0.25	MES	36.8	R72026	Europrene SOL R
	C25642T	0.64	0.25	TDAE	37.5	RC25642A	Europrene SOL R
NBR	29			MES	37.5		阿朗新科
EPDM	4551A			加氢石蜡油	100	509@100	DSM
	4331A			加氢石蜡油	50	512@50	DSM
	6531A			加氢石蜡油	15	708@15	DSM
	5459CL			加氢石蜡油	100	5459	阿朗新科

详见：谢忠麟．多环芳烃与橡胶制品［J］．橡胶工业，2011，58（6）：359－376．

2.2.3　N－亚硝基化合物

N－亚硝基化合物是带有含碳基团的氮类化合物。N－亚硝基化合物种类众多，德国卫生组织 TRGS 552 号《危险物质技术规则》已认定在橡胶制品中生成的具有致癌性的 N－亚硝基化合物主要有以下 12 种：N－亚硝基二甲基胺（NDMA）、N－亚硝基甲基乙基胺（NMEA）、N－亚硝基二乙基胺（NDEA）、N－亚硝基吡咯烷（NPYR）、N－亚硝基－N－甲基苯胺（NMPhA）、N－亚硝基吗啉（NMOR）、N－亚硝基二丙基胺（NDPA）、N－亚硝基哌啶（NDIP）、N－亚硝基－N－乙基苯胺（NEPhA）、N－亚硝基二丁基胺（NDBA）、N－亚硝基二苯基胺、N－亚硝基二苄胺。

经调查不能证实有任何致癌作用的 N－N－亚硝基化合物类化合物有：N－亚硝基甲基叔丁基胺、N－亚硝基二环己胺、N－亚硝基乙基叔丁基胺、N－亚硝基正丁基叔丁基胺、N－亚硝基脯氨酸、N－甲基－N－亚硝基－3－氨基吡啶、N－甲基－N－亚硝基－4－氨基吡啶、二亚硝基五甲基四胺等。

促进剂，如秋兰姆、二硫代氨基甲酸盐和一些次磺酰胺中的仲胺可以在空气中与氮氧化物反应生成亚硝胺。

$$R_2NH—NO_x \rightarrow R_2N—N=O$$

仲胺　氮氧化物　　亚硝胺

TRGS 552 号《危险物质技术规则》所允许的 N－亚硝基化合物在工作场所的大气中的最高浓度仅为 1 μg/m³，汽车驾驶室的空间现在也在法规限制范围之内，该区域所涉及的橡胶件包括门窗密封条。汽车制造商对消除其车辆所有部件中的N-亚硝基化合物的要求也越来越高，其中橡胶件包括垫片、发动机座和胶管。

其他各国与地区，如欧盟《EN 71-12：2013 玩具安全-第 12 部分 N-亚硝胺和 N-亚硝基化合物》也有相关规定，并增列了 N-亚硝基-N-甲基苯（CAS 号：614-00-6）、N-亚硝基二苄基胺（CAS 号：5336-53-8）、N-亚硝基-N，N-二（3，5，5-三甲基己基）胺（CAS 号：1207995-62-7）三种 N-亚硝基化合物。GB/T 30585—2014《儿童鞋安全技术规范》、GB/T 25038—2010《胶鞋健康安全技术规范》中将 N-硝基苯胺也列入限制物质。各国允许的最高 N-亚硝基化合物含量列于表 1.9.2-7。

表 1.9.2-7　制药、食品器具中的亚硝胺限制值

国家或地区	N-亚硝基化合物最大 ppb 值	可产生 N-亚硝基化合物的物质最大 ppb 值
澳大利亚	20	400
丹麦	5	100
荷兰	1	100
加拿大	60	N/A
瑞士	10	200
德国	10	200
英国	30	100
美国	60	N/A

乳液聚合生产丁苯橡胶所用终止剂一般含有二硫代氨基甲酸盐、二烷基羟胺、亚硝酸钠等，二硫代氨基甲酸盐、二烷基羟胺在胶乳凝聚过程的酸性环境中，易形成仲胺，仲胺与硝基化试剂如亚硝酸钠、空气中存在的氮氧化物（NO_x）反应生成亚硝酸铵。国产不含 N-亚硝基化合物环保型丁苯橡胶牌号有：SBR1712E、SBR1500E、SBR1502E。

橡胶加工中，N-亚硝基化合物主要在硫化过程中产生，仲胺类促进剂硫化中形成仲胺，再与硝基化试剂反应生成 N-亚硝基化合物。欧盟指令 93/11/EEC 对用于某些食品应用场合的可抽出 N-亚硝基化合物进行了限制。被认为会产生 N-亚硝基化合物的促进剂与化学发泡剂如下：TMTD、TMTM、TETD、TBTD、DPTT、DTDM、ZDMC、ZDEC、ZDBC 等及发泡剂 H（DPT，二亚硝基五次甲基四胺）。

但伯胺（包括 CBS、TBBS 等）和叔胺类促进剂与氮氧化合物难以生成稳定的亚硝胺，不具危害性。由于基于伯胺或不含氮从而不会产生 N-亚硝基化合物的促进剂有：CBS、TBBS、DOTG、DPG、MBT、MBTS、ZMBT、黄原酸盐等。

尽管二硫化四苄基秋兰姆（TBzTD）和二苄基二硫代氨基甲酸锌（ZBEC）促进剂在有些情况下也会产生 N-亚硝基化合物，但认为它们不在法规限制的范围内。对秋兰姆和二硫代氨基甲酸盐位阻因素对 N-亚硝基化合物形成的影响的研究发现，由具有较大位阻的胺（如二异丁胺）制备的秋兰姆和二硫代氨基甲酸盐所产生的 N-亚硝基化合物的量要比二硫化四甲基秋兰姆（TMTD）产生的 N-亚硝基化合物的量低几个数量级。

按照所产生的亚硝胺类化合物分类的部分橡胶助剂及其替代品见表 1.9.2-8。

表 1.9.2-8　按照所产生的亚硝胺类化合物分类的部分橡胶助剂及其替代品

分类	助剂举例	替代品举例
N-亚硝基二甲胺	促进剂 TMTD、TMTM	促进剂 TBzTD、TATD、IT[a]、IU[a]等（A）
	促进剂 PZ（ZDMC）、TTCU（CDD）、TTFE	促进剂 ZBEC（ZBDC、DBZ）、IZ[a]、 二硫代磷酸盐（如 ZDTP）等（B）
N-亚硝基二乙胺	促进剂 TETD	同 A
	促进剂 EZ（ZDC、ZDEC）、SDC、CED、TL	同 B
N-亚硝基二正丙胺	—	—
N-亚硝基二异丙胺	促进剂 DIBS	促进剂 TBSI、CBBS（CBSA、ESVE）
N-亚硝基二丁胺	促进剂 TBTD	同 A
	促进剂 BZ（ZDBC）、TP（SDBC）	同 B
	防老剂 NBC	—
N-亚硝基二乙醇胺[a]	—	—
N-亚硝基甲基乙胺	—	—
N-亚硝基甲基苯胺	促进剂 ZMPC	同 B
N-亚硝基乙基苯胺	促进剂 PX（ZEPC）	同 B
N-亚硝基二苯胺	防焦剂 NA	防焦剂 CTP（PVI）等

续表

分类	助剂举例	替代品举例
N-亚硝基吗啉	硫化剂 DTDM、TTDM[a]	硫化剂 DTDC
	促进剂 NOBS	促进剂 NS（TBBS）、CBBS（CBSA、ESVE）、AMZ、TBSI、CZ
	促进剂 OTOS	促进剂 OTTBS[a]（OTTOS）
	促进剂 MDB	—
N-亚硝基哌啶	促进剂 DPTT（TRA）	同 A
	促进剂 ZP[a]	同 B
	促进剂 PPD	—

注：促进剂 BZ（ZDBC），化学名称：二丁基二硫代氨基甲酸锌；促进剂 CBBS（CBSA、ESVE），化学名称：N-环己基-双（2-苯并噻唑）次磺酰胺；促进剂 CDD，化学名称：二甲基二硫代氨基甲酸铜；促进剂 CKD，化学名称：二乙基二硫代氨基甲酸镉；防焦剂 PVI（CTP），化学名称：N-环己基硫代邻苯二甲酰亚胺；促进剂 CZ，化学名称：N-环己基-2-苯并噻唑次磺酰胺；促进剂 DIBS，化学名称：N，N-二异丙基-2-苯并噻唑次磺酰胺；硫化剂 DTDC，化学名称：二硫化-N，N′-二己内酰胺；促进剂 EZ，化学名称：二乙基二硫代氨基甲酸锌；促进剂 IT，化学名称：二硫化四异丁基秋兰姆；促进剂 IU，化学名称：一硫化四异丁基秋兰姆；促进剂 IZ，化学名称：二异丁基二硫代氨基甲酸锌；促进剂 MDB，化学名称：2-（4-吗啡啉基二硫代）苯并噻唑；防焦剂 NA，化学名称：N-亚硝基二苯胺；促进剂 NOBS，化学名称：N-氧联二亚乙基-1-苯并噻唑次磺酰胺；促进剂 NS，化学名称：N-叔丁基-2-苯并噻唑次磺酰胺；促进剂 OTOS，化学名称：N-氧联二亚乙基硫代氨基甲酰-N′-氧联二亚乙基次磺酰胺；促进剂 OTTBS（OTTOS），化学名称：N-氧联二亚乙基硫代氨基甲酰-N′-叔丁基次磺酰胺；促进剂 PPD，化学名称：N-五亚甲基二硫代氨基甲酸哌啶。

注 a：存疑；详见谢忠麟．我国橡胶工业环保和节能问题的思考二 [J]. 世界橡胶工业，2007，34（3）：49-54。

除谨慎使用仲胺类促进剂，如用促进剂 TBBS（NS）替代 NOBS 外，改变反应条件、阻隔氧气等氧化剂，也可以阻止、减少 N-亚硝基化合物的生成，如轮胎硫化采用氮气硫化等。

2.2.4　β-萘胺

β-萘胺是防老剂 D、防老剂 A、防老剂 AP（3-羟基丁醛-α-萘胺（低分子量））中的痕量副产物，致癌，1952 年英国通过动物实验找到了它致膀胱癌的机理并停用，REHCH 等法规、指令对 β-萘胺有限制要求。现在已经有了大量无毒或低毒而且性能好的防老剂，这类防老剂已基本淘汰。

2.2.5　含卤化合物

欧盟对卤素（F、Cl、Br、I）的总含量要求不超过 1 500 ppm，测试方法由 EN14582 method B 规定。

国际电工委员会（IEC）提出的无卤指令（Halogen-free），其对卤素的要求为：氯的浓度低于 900 ppm，溴的浓度低于 900 ppm，氯和溴的总浓度低于 1 500 ppm；GB/T 26526—2011《热塑性弹性体 低烟无卤阻燃材料规范》与无卤指令的要求相同。

按照 REACH 法规，有机氯化合物 Chlorinated Organic Compounds，包括氯代烷烃 CPs、多氯联苯 PCBs、灭蚁灵 Mirex 及其他有机氯化合物 Other organochlorine compounds，如短链型氯化石蜡（C_{10}～C_{13}）均属于禁/限用之列；碳原子数为 14～17 的中链型氯化石蜡（MCCP）则列入了挪威 PoHS 指令中的受限物质。此外，日本《有毒有害物质控制法》对多氯化萘 PCN（Cl>3）也有限制要求。

阻燃剂中的多溴联苯（PBB）和多溴二苯醚（PBDE）包括十溴联苯醚（DecaBDE），均属于禁/限用之列；另一种常用的阻燃剂四溴双酚 A，欧盟也正在进行“危险评估”。

2.2.6　含磷化合物

含磷化合物主要为部分阻燃增塑剂，包括三（2，3-二溴丙基）磷酸盐、磷酸三（2-氯乙基酯）、磷酸三（二甲苯）酯、磷酸三苯酯等。

2.2.7　特定胺

（一）相关限制

偶氮化合物（azo compound）是分子结构中含有偶氮基（-N＝N-）的一类有机化合物，在染料分子结构中，凡是含有偶氮基的统称为偶氮染料。

欧盟指令 2002/61/EC（即《欧盟禁用有害偶氮染料令》）和国际性民间组织“国际生态纺织品研究和检验协会”于 1992 年制定并颁布的《生态纺织品标准 100》（即《Oeko-Tex Standard 100》），限制了危险物质偶氮染料的销售和使用。欧盟在该指令附件中列出了包括 4-氨基联苯、联苯基胺、对二氨基联苯、四氯甲苯胺等在内的 24 种有害芳胺，即“特定胺”。所谓“特定胺”是指在特定（即还原）条件下从偶氮染料中分解产生的可致癌的芳胺。如果使用了含有偶氮染料的纺织品或皮革制品被检测出上述有害芳族胺的含量超过 30 ppm，那么该纺织品在欧盟市场上将被禁止销售。

GB/T 18401—2010《国家纺织产品基本安全技术规范》中同样规定了有 24 种禁用芳香胺（早期版本比 2002/61/EC 指令少一种胺即 4-氨基偶氮苯，限量为 20 mg/kg）。

EN 71-9《玩具中有机化合物通用要求》中规定：联苯胺、2-萘胺、3，3′-二甲氧基联苯胺和 3，3′-二甲基联苯胺在玩具中该物质含量应≤5 mg/kg。

4-氨基联苯、对氨基偶氮苯、邻氨基偶氮甲苯、4，4′-二氨基二苯醚、4，4′-二氨基二苯甲烷（MDA，染料及橡胶的环氧树脂固化剂）、2，4-二氨基甲苯等也列入了SVHC清单中。

（二）应对措施

橡胶制品中属于偶氮化合物的主要是有机染料与化学发泡剂。偶氮染料主要涉及纺织品和皮革用的染料，鞋类产品要特别注意使用的布料和革料是否有禁用染料，现在已有300多种环保型染料可供选择；发泡剂方面，以采用物理发泡剂为最好。

此外，4，4′-二氨基二苯甲烷是环氧树脂的一种固化剂；防老剂BLE中含有微量的4-氨基联苯，为降低或避免其毒性，应控制防老剂BLE中的4-氨基联苯质量分数。

2.2.8　直接黏合体系与浸渍剂

直接黏合体系与浸渍剂中的间-甲-白体系与RFL浸渍体系，含有游离间苯二酚与游离甲醛，其中EN 71-9《玩具中有机化合物通用要求》、《消费品化学危害 限制要求》等对游离甲醛有限制要求；游离间苯二酚具有中等毒性。

EN 71-3对钴盐中的钴元素有限制要求，乙酸钴等也已列入REACH的SVHC清单。

2.2.9　聚合物中的残留单体

丙烯腈是可能致癌的物质，IARC将其列为致癌物质2B组，可使肺癌和结肠癌的发生率增大3～4倍。此外，REACH对制品中氯乙烯单体残留，EN 71-9对丙烯酰胺、双酚A、甲醛、苯酚、苯乙烯等单体残留均有限值要求。

2.2.10　其他有限值要求的化学品

其他有限值要求的化学品主要包括：

（1）溶剂

橡胶工厂许多工序工人都接触溶剂，主要有汽油、苯、甲苯、二甲苯、醋酸乙酯和氯苯（某些品牌黏合剂用）等。

预防溶剂中毒的措施：采用无毒或低毒溶剂或无溶剂的黏合剂，如无“三苯”的胶黏剂、热熔胶、水基黏合剂等；在作业场所设置排风系统，可把含苯类空气经排风系统送至燃烧炉，在800℃温度下进行燃烧，苯类被氧化成无害的CO_2和H_2O，冷却后排至大气；对于有机溶剂品种单一而且空气中溶剂含量较高的作业点（如静电喷涂、涂胶工序），可采取活性炭吸附、再生等办法回收溶剂。

（2）PFOS/APFO（全氟辛烷磺酰基化合物/全氟辛酸铵）是氟橡胶聚合使用的经典分散剂；全氟辛酸（PFOA）是聚四氟乙烯（PTFE）和聚偏二氟乙烯（PVDF）的加工助剂，均已列入SVHC清单。

（3）石棉

石棉致癌是众所周知的，IARC将石棉列入致癌物质1组。有充分的事实证明，石棉可使人患肺癌、胸膜间和腹膜间皮瘤、胃肠道癌及喉癌。

含石棉的橡胶制品主要为石棉橡胶密封件和含石棉的摩擦制品（如刹车片）。其中，石棉橡胶密封件已被柔性石墨密封件、纤维化聚四氟乙烯密封垫片完全取代；以合成树脂、橡胶、石墨、金属或非金属纤维为主要原材料生产半金属基（或非金属基）非石棉摩擦材料是发展的必然趋势。

（4）苯并三唑类紫外线吸收剂，如UV-320、UV-328等。

（5）其他。

其他还有壬基酚/APEO（烷基酚聚氧乙烯醚）/苯酚等。此外，橡胶配方在选用配合剂方面，关于化学品限制性的规定还可参阅美国防癌协会手册（OSHA）是否把此材料列为可能致癌物。

2.3　橡胶领域有毒有害原料（产品）的替代品

2.3.1　有毒有害原料（产品）替代品目录

为进一步引导企业开发、使用低毒低害和无毒无害原料，削减生产过程中有毒有害物质的产生和污染物排放，工业和信息化部会同科技部、环境保护部制定发布了《国家鼓励的有毒有害原料（产品）替代品目录（2016年版）》（工信部联节〔2016〕398号），详见附录二。

2.3.2　其他有毒有害原料（产品）及其替代品

部分有毒有害或导致有毒有害化学物质产生的橡胶助剂及其替代品见表1.9.2-9。

表 1.9.2-9　按照助剂类别分类的部分有毒有害或导致有毒有害物质产生的橡胶助剂及其替代品

类别		问题材料	替代材料	涉及的法规
合成橡胶生产	残留单体	1，3-丁二烯、丙烯腈、氯乙烯、丙烯酰胺、双酚 A、甲醛、苯酚、苯乙烯、环氧丙烷、游离二异氰酸酯（TDI）、二甲苯烷二异氰酸酯（MDI）等单体		IARC、REACH、EN 71-9、GB/T 19250—2013、GB/T 18581—2009 等，其中 1，3-丁二烯列入《优先控制化学品名录（第一批）》
	残留聚合反应助剂	壬基酚、壬基酚聚氧乙烯基醚、有害金属元素（催化剂）、二硫代氨基甲酸盐与二烷基羟胺（乳聚合丁苯终止剂）、全氟辛烷磺酰基化合物/全氟辛酸铵（PFOS/APFO）（生产不粘涂层炊具时使用的乳化剂）等		REACH、TRGS 552 与 EN 71-12、EN 71-3、PoHS 指令等，其中全氟辛基磺酸及其盐类和全氟辛基磺酰氟、壬基酚及壬基酚聚氧乙烯基醚列入《优先控制化学品名录（第一批）》
	含 PAHs 的填充油	DAE 等	TDAE、MES、NAP、RAE 等	2005/69/EC 指令及修订案（EU）No 1272/2013
	有机锡化合物	二丁基锡化合物 DBT、二辛基锡化合物 DOT（用于单组分和双组分室温硫化密封胶和黏合剂、油漆和涂料的催化剂）		REACH 等
	合成橡胶制造	氯化橡胶		《环境保护综合名录（2017 年版）（征求意见稿）》
	其他	3-乙基-2-甲基-2-（3-甲基丁基）-1，3-恶唑烷（除水剂，替换多元醇组分，用于氨基甲酸酯预聚物的反应性稀释剂）		REACH 等
硫化交联助剂	硫黄	易燃固体，属于易制爆化学品		EN 71-3 及《优先控制化学品名录（第一批）》对砷及砷化合物均有限制；已列入《易制爆危险化学品名录》（2017 年版）
	硫给予体	4，4′-二硫代二吗啉（DTDM）	二硫化己内酰胺（CLD、DTDC），可引起皮肤过敏肿胀对叔丁基苯酚二硫化物（TB-710）	TRGS 552、EN 71-12 等
	过氧化物	产生 VOCs；易燃易爆化学品，在特殊的橡胶中，适应特殊的性能要求与加工条件下有限使用		《危险化学品安全管理条例》
	含铅与镉的硫化体系	氧化铅、氧化镉等		RoHS 指令等
	环氧树脂固化剂	4，4′-二氨基二苯甲烷（MDA）、双酚 A		REACH、（EU）No 10/2011、G/TBT/N/EU/370 等
	活性剂	氧化锌	低铅氧化锌	RoHS 指令等
		碱式碳酸铅		REACH 等，《优先控制化学品名录（第一批）》对铅化合物也有限制要求

续表

类别		问题材料	替代材料	涉及的法规
硫化交联助剂	次磺酰胺类促进剂	N-环己基-2-苯并噻唑次磺酰胺（CBS） 2-吗啉基苯并噻唑次磺酰胺（MBS、NOBS） N，N-二环己基-2-苯并噻唑基次磺酰胺（DCBS、DZ） N，N-二异丙基-2-苯并噻唑基次磺酰胺（DIBS） 2-吗啉基二硫代苯并噻唑（MBSS、MDB） N-氧联二亚乙基硫代氨基甲酰-N′-氧联二亚乙基次磺酰胺（OTOS） N-氧联二亚乙基硫代氨基甲酰-N′-叔丁基次磺酰胺（OTTBS）	N-叔丁基-2-苯并噻唑基次磺酰胺（TBBS、NS） N-叔丁基-双（2-苯并噻唑）次磺酰胺（TBSI） N-环己基-双（2-苯并噻唑）次磺酰胺（CBBS） N-叔戊基-2-苯并噻唑次磺酰胺（AMZ）	TRGS 552、EN 71-12 等，其中促进剂 CBS、促进剂 DCBS、促进剂 NOBS（MBS）列入《环境保护综合名录（2017 年版）（征求意见稿）》“高污染、高环境风险”产品目录
	二硫代氨基甲酸盐类促进剂	二甲基二硫代氨基甲酸铜（CDD、CuMDC、CDMC） 二乙基二硫代氨基甲酸碲（TDEC） 二甲基二硫代氨基甲酸锌（ZDMC、PZ） 二丁基二硫代氨基甲酸锌（BZ、ZDBC） 二乙基二硫代氨基甲酸锌（EZ、ZDC、ZDEC） 二甲基二苯基二硫代氨基甲酸锌（ZMPC） 乙基苯基二硫代氨基甲酸锌（PX、ZEPC） 二戊基二硫代氨基甲酸锌（DAZ） 二甲基二硫代氨基甲酸铅（LMD） 二戊基二硫代氨基甲酸铅（LDAC） 1，5-亚戊基二硫代氨基甲酸铅（LPD） 二乙基二硫代氨基甲酸镉（CED） 1，5-亚戊基二硫代氨基甲酸镉（CPD）	二苄基二硫代氨基甲酸锌（ZBEC） 4-甲基哌嗪-二硫代氨基甲酸锌（ZMP）（致癌作用未确定） 二异壬基二硫代氨基甲酸盐类（致癌性试验结果未知） 二硫代磷酸盐类［包括 O，O-二丁基二硫代磷酸锌（ZBPD）、二异辛基二硫代磷酸锌（ZOPD）、二异辛基二硫代磷酸十二烷铵（AOPD）等］	TRGS 552 与 EN 71-12、RoHS 指令等
	秋兰姆类促进剂	二硫化四甲基秋兰姆（TMTD） 一硫化四甲基秋兰姆（TMTM） 二硫化四乙基秋兰姆（TETD） 二硫化四丁基秋兰姆（TBTD） 二硫化二甲基二苯基秋兰姆（DDTS、J-75、MPhTD） 四硫化双（1，5-亚戊基）秋兰姆（DPTT、TRA） 六硫化双五亚甲基秋兰姆（DPTH）	二硫化四苄基秋兰姆（TBzTD） 双（4-甲基哌嗪）二硫化秋兰姆 二烷基二硫代磷酸锌（ZDTP、ZBOP） O，O-二丁基二硫代磷酸锌（促进剂 ZBPD）	TRGS 552、EN 71-12 等
	噻唑类促进剂	2-巯基苯并噻唑（促进剂 MBT（M））		《消费品化学危害 限制要求》建议稿 《环境保护综合名录（2017 年版）（征求意见稿）》
	胍类促进剂	DOTG 有毒 DPG 有毒	二烷基二硫代磷酸锌（ZDTP、ZBOP-70） Vulcofac ACT55（Safic Alcan 公司） XLA-60（朗盛化学）	
	硫脲类促进剂	1，2-亚乙基硫脲（ETU、Na-22）致畸 N，N′-二正丁基硫脲（DBTU）可能在硫化中生成芥子气 N，N′-二乙基硫脲（DETU）可能在硫化中生成芥子气 N，N′-二苯基硫脲（CA、DPTU）可能在硫化中生成芥子气	3-甲基四氢噻唑-2-硫酮（MTT）是在氯丁橡胶中的替代品	REACH 等

续表

类别		问题材料	替代材料	涉及的法规
塑解剂		塑解剂 SJ－103 硫酚类塑解剂	二苯甲酰氨二苯基二硫化物（塑解剂 DBD）、有机金属螯合物、有机及无机分散剂之混合物等	
防护助剂	防老剂	二丁基二硫代氨基甲酸镍（防老剂 NBC、NDBC） 二甲基二硫代氨基甲酸镍（橡胶稳定剂 NDMC）		EN 71－3、EN 71－12、TRGS 552 号
		防老剂 A、防老剂 D、3－羟基丁醛－α－萘胺（防老剂 AP）	含有痕量 β－萘胺，致癌，已淘汰	RECH、EN 71－9 等
	含卤聚合物的稳定剂	2，6－二叔丁基对甲苯酚（抗氧剂 264） 2，2′－亚甲基－双（4－甲基－6－叔丁基苯酚）（防老剂 2246）		《消费品化学危害 限制要求》建议稿
	苯并三唑类紫外线吸收剂	防老剂 BLE	可能含有微量 4－氨基联苯	RECH、002/61/EC 指令、《生态纺织品标准 100》及 GB 18401 等
		2，2，4－三甲基－1，2－二氢化喹啉聚合体（防老剂 TMQ（RD）） 防老剂 6PPD（4020） 防老剂 IPPD（4010NA） N，N′－二甲苯基－对苯二胺		《环境保护综合名录（2017 年版）（征求意见稿）》，其中 N，N′－二甲苯基－对苯二胺（防老剂 DTPD（3100）的有效成分之一，CAS 号为 27417－40－9）列入《优先控制化学品名录（第一批）》
		二盐基亚磷酸铅、三盐基硫酸铅（碱式硫酸铅）、二盐基邻苯二甲酸铅、C_{16}～C_{18}脂肪酸铅盐、硬脂酸铅等 二丁基锡化合物 DBT（用于 PVC 型材和织物 PVC 涂层） 硫代甘醇酸异辛酯二正辛基锡（兼做增塑剂）		RoHS 指令、REACH 等
		UV－320、UV－328 UV－327、UV－350		SVHC
补强填充剂	炭黑	或影响制品的 PAHs 含量		2005/69/EC 指令及修订案（EU）No 1272/2013
	再生胶和胶粉	或影响制品的 PAHs 及重金属含量		
	白色填料	矿物中可能伴生有铅、镉等	尽量使用沉淀法生产的白色填料	RoHS 指令、EN 71－3 等
	石棉纤维			REACH 等

续表

类别		问题材料	替代材料	涉及的法规
增塑剂	邻苯二甲酸类增塑剂	邻苯二甲酸二（2-乙基己基）酯（DEHP） 邻苯二甲酸甲苯基丁酯（BBP） 邻苯二甲酸二丁酯（DBP） 邻苯二甲酸二异丁酯（DIBP） 邻苯二甲酸苯基丁酯（DINP） 邻苯二甲酸正戊基异戊基酯 邻苯二甲酸二异戊酯（DIPP） 邻苯二甲酸二（支链与直链）己酯 邻苯二甲酸二辛酯（DOP） 邻苯二甲酸二异壬酯（DIDP） 邻苯二甲酸二异癸酯（DNOP） 邻苯二甲酸二（C_6～C_{10}）烷基酯 邻苯二甲酸二（C_6～C_8支链与直链），富C_7链（DIHP） 邻苯二甲酸二（C_7～C_{11}支链与直链）烷基酯（DHNUP） 邻苯二甲酸二甲氧乙酯	乙酰化环氧大豆油酸甘油酯 对苯二甲酸二辛酯 柠檬酸酯类增塑剂 生物质增塑剂等	RoHS、FDA、REACH 等
		支链和直链 1，2-苯二羧二戊酯 全氟己烷磺酸及其盐类（PFHxS）、全氟辛酸（PFOA）与全氟辛酸铵（APFO）、全氟壬酸及其钠盐和铵盐、全氟癸酸（PFDA）及其钠盐和铵盐		REACH 等
	含 PAHs 增塑剂	18 种	生物质增塑剂等	2005/69/EC 指令及修订案（EU）No 1272/2013
增黏剂		蒽油、煤焦油、沥青、固/液体古马隆、芳烃石油树脂		2005/69/EC 指令及修订案（EU）No 1272/2013
直接黏合体系		间苯二酚-甲醛	改性木质素等	EN 71-9 等
		钴盐	改性木质素等	EN 71-3、《Oeko-Tex-2017》等
热硫化胶黏剂		含铅胶黏剂		RoHS 指令等
		溶剂型氯丁橡胶胶黏剂		《环境保护综合名录（2017 年版）（征求意见稿）》
着色剂	无机着色剂	镉黄（CdS）、镉钡黄（CdS · BaSO4）、镉红（CdS · CdSe）、含六价铬的锌铬黄、铅铬黄、铬酸铅、钼铬红、铬红、铬绿、硫化汞（银珠）		RoHS 指令等，其中镉及镉化合物、汞及汞化合物、六价铬化合物也列入了《优先控制化学品名录（第一批）》
	有机着色剂	偶氮类染料（特定芳胺，24 种）		002/61/EC 指令、《生态纺织品标准 100》及 GB 18401 等

续表

类别		问题材料	替代材料	涉及的法规
阻燃剂		氧化锑		EN 71－3 等
		七水合四硼酸钠、无水四硼酸钠、三氧化二硼、硼酸 多溴二苯醚、多溴联苯、五溴联苯醚、八溴联苯醚、十溴联苯醚 六溴环十二烷 磷酸三（2-氯乙基酯）、三（2，3-二溴丙基）磷酸盐、磷酸三（二甲苯）酯、磷酸三苯酯、磷酸三（邻-甲苯）酯、磷酸三（间甲苯）酯、磷酸三（对-甲基苯基）酯等 短链型氯化石蜡（C_{10}～C_{13}）		REACH、RoHS 指令、EN 71－9 等，其中短链型氯化石蜡、六溴环十二烷、十溴二苯醚等列入《优先控制化学品名录（第一批）》
		碳原子数为 14～17 的中链型氯化石蜡（MCCP）		挪威 PoHS 指令等
发泡剂		偶氮二甲酰胺（ADCA）		SVHC
		发泡剂 H（DPT）		GB/T 28482—2012、GB/T 30585—2014 等
防腐剂、防霉剂		苯酚、1，2-苯并异噻唑基-3-酮、2-甲基-3（2H）-异噻唑啉酮、5-氯-2-甲基-异噻唑啉-3-酮、5-氯-2-甲基-异噻唑啉-3-酮+2-甲基-异噻唑啉-3-酮、游离甲醛、五氯苯酚（PCP）		EN 71－9、REACH、PoHS 指令等
浸渍剂		酚醛树脂（RFL）浸渍剂	六亚甲基四胺络合物（RH）和六甲氧基甲基密胺的缩合物 多亚甲基多苯基多异氰酸酯（聚合 MDI）、聚氨酯、液体橡胶（HTPB）、改性木质素等	
溶剂	可迁移溶剂	2-甲氧基乙酸乙酯、2-乙氧基乙醇、2-乙氧基乙酸乙酯、2-甲氧基乙基醚、乙酸 2-甲基丙酯、甲醇、甲醛、乙醛		EN 71－9 等，其中甲醛、乙醛、二氯甲烷、三氯甲烷、三氯乙烯、四氯乙烯等列入《优先控制化学品名录（第一批）》
	可吸入溶剂	甲苯、乙苯、二甲苯、1，3，5-三甲苯、三氯乙烯、四氯乙烯、二氯甲烷、三氯甲烷、正己烷、硝基苯、环己酮、3，5，5-三甲基-2-环己烯酮		
工艺、工器具		胶管的包铅硫化、盐浴硫化中的亚硝酸盐、镀铬模具等		RoHS 指令、GB/T 28482—2012、GB/T 30585—2014 等

第三节 VOCs 要求与应对

VOC（Volatile Organic Compounds）即挥发性有机物，被证明是形成 PM2.5 和 O_3 的关键前体物，是复合型大气污染的重要诱因。VOC 有多种定义，美国 ASTM D3960 - 98 标准定义为：任何能参加大气光化学反应的有机化合物；美国联邦环保署（EPA）的定义为：除 CO、CO_2、H_2CO_3、金属碳化物、金属碳酸盐和碳酸铵外任何参加大气光化学反应的碳化合物；欧盟的定义为：20℃下，蒸气压大于 0.01 kPa 的所有有机化合物；澳大利亚国家污染物清单（Australian National-Pollution Inventory）对 VOC 的定义为：在 25℃条件下蒸气压大于 0.27 kPa 的所有有机物。通常认为，沸点高于 260℃的化合物的挥发排放速率可以忽略不计，不考虑在 20℃条件下蒸气压的下限（0.01 kPa）也是可以的，因此世界卫生组织将其简明定义为：熔点低于室温（20℃）而沸点在 50～260℃的有机化合物。

TVOC 是指一定温度、时间内挥发出的挥发性有机物的总和，一般是指所有保留时间在 C1 和 C20 的保留时间之间出现的所有挥发性和半挥发性有机化合物。GB/T 18883—2002《室内空气质量标准》对 TVOC 的定义为：利用 Tenax GC 或 Tenax TA 采样，非极性色谱柱（极性指数小于 10）进行分析，保留时间在正已烷和正十六烷之间的挥发性有机化合物。《室内装饰装修材料内墙涂料中有害物质限量》中的定义是：涂料中总挥发物含量扣减水分含量，即为涂料中挥发性有机化合物含量。《R 炼油与石油化学工业大气污染物排放标准》（DB11/447—2007）定义为：在 20℃条件下蒸气压大于或等于 0.01 kPa，或者特定适用条件下具有相应挥发性的全部有机化合物的统称。

VOCs 代指所有有挥发性有机物。VOCs 主要成分有烃类（如苯系物、烷烃等）、醛酮类（如甲醛、乙醛等）。常见的 VOC 种类有：（1）苯（Benzene）；（2）甲苯（Toluene）；（3）二甲苯（Xylene）；（4）对-二氯苯（para - dichlorobenzene）；（5）乙苯（Ethylbenzene）；（6）苯乙烯（Styrene）；（7）甲醛（Formaldehyde）；（8）乙醛（Acetaldehyde）；（9）正丁醇（n - Butanol）；（10）苯乙酮（Acetophenone）；（11）甲乙酮（methylethyl ketone）；（12）甲醇（Methanol）；（13）乙醇（Ethanol）；（14）醋酸正丁酯（n - Butyl acetate）；（15）硝基苯（Nitrobenzene）；（16）三氯乙烯（Trichloroethylene）；（17）二氯甲烷（Dichloromethane）等。

世界卫生组织根据沸点对有机物进行了分类，见表 1.9.3 - 1。

表 1.9.3 - 1 有机物按照沸点的分类

沸点/℃	名称	VOCs 举例（沸点）
沸点＜50	高挥发性有机物（VVOC）	甲烷（-162℃）、甲醛（-20℃）、甲硫醇（6℃）、乙醛（21℃）、二氯甲烷（40℃）
50≤沸点＜260	挥发性有机物（VOC）	乙酸乙酯（77℃）、乙醇（78℃）、苯（80℃）、甲乙酮（80℃）、甲苯（110℃）、三氯乙烷（114℃）、二甲苯（139℃）、苧烯（178℃）、烟碱（247℃）
260≤沸点＜400	半挥发性有机物（SVOC）	2，6-二叔丁基-4-甲基苯酚（265℃）、毒死蜱（290℃）、邻苯二甲酸二丁酯（340℃）、邻苯二甲酸二（2-乙基己）酯（387℃）
400≤沸点	颗粒状有机物（POM）	多氯联苯、苯并芘

有文献报道，VOCs 对人体可能引发的各种不同程度的危害，依 TVOC 的浓度可分成 4 个等级，见表 1.9.3 - 2 所示。

表 1.9.3 - 2 TVOC 的浓度对健康的影响

浓度/（mg · m^{-3}）	对健康的影响
＜0.20	没有任何烦躁或不舒适的症状
0.20～3.0	有可能产生烦躁或不舒适的症状
3.0～25.0	有可能产生咳嗽、皮肤瘙痒、喉咙不适、头痛或感冒等症状
＞25.0	有可能产生毒害神经的作用或恶性肿瘤、癌症等疾病

当 VOC 超过一定浓度时，在短时间内人们会感到头痛、恶心、呕吐、四肢乏力。如不及时离开现场，会感到以上症状加剧，严重时会抽搐、昏迷，导致记忆力减退。VOC 伤害人的肝脏、肾脏、大脑和神经系统，甚至会导致人体血液出问题，患上白血病等其他严重的疾病。其中苯、甲苯、卤代烯烃（三氯乙烯、二氯乙烯）等已被怀疑或确定为致癌物质。

VOCs 的来源分为自然源和人为源。与传统大气污染物相比，VOCs 的污染来源广泛，涉及多行业不同的污染物，组分复杂，且以无组织排放为主，排放量的核算程序复杂。日本环境省 2010 年对 VOC 排放组成及总量的推算如图 1.9.3 - 1 所示。

我国空气中的 VOCs 主要来自于人为源。工业是 VOCs 排放的重点领域，排放量占总排放量的 50%以上。工业排放源复杂，主要涉及生产、使用、储存和运输等诸多环节，其中，石油炼制与石油化工、涂料、油墨、胶黏剂、农药、汽车、

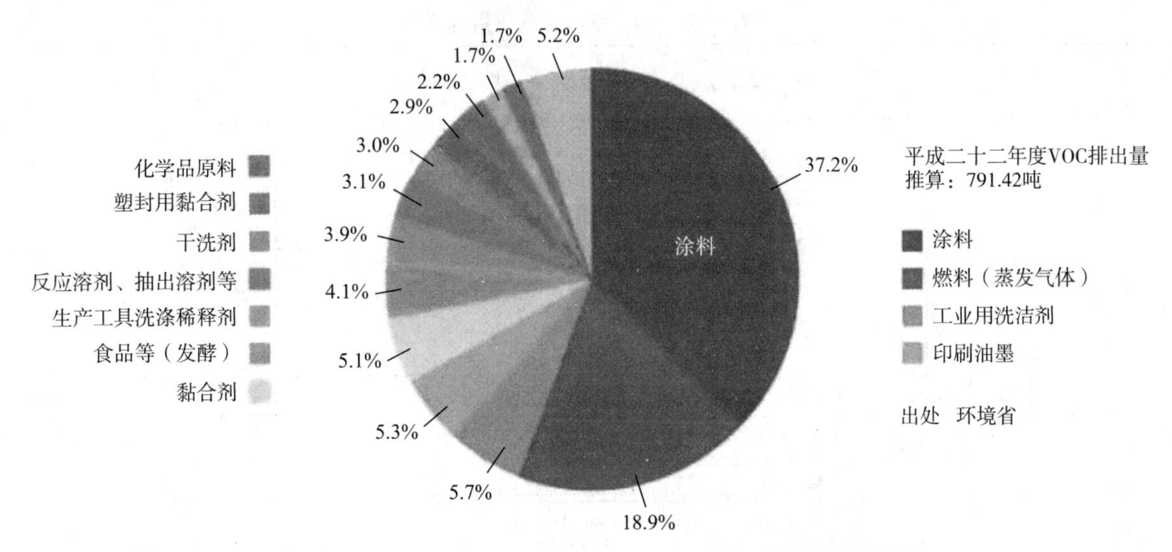

图 1.9.3-1　日本环境省 2010 年对 VOC 排放组成及总量的推算

包装印刷、橡胶制品、合成革、家具、制鞋等行业 VOCs 排放量占工业排放总量的 80%以上。由于我国并未开始对 VOCs 进行大规模监测，因此相关数据缺失。有研究表明，根据测算，2010 年我国工业源 VOCs 排放量约为 1 335.6 万吨，其中 VOCs 的生产环节排放 VOCs 约为 263.0 万吨，油品和溶剂储存和运输行业排放了 129.5 万吨 VOCs 污染物，以 VOCs 为原料的工艺过程排放量为 176.9 万吨，含 VOCs 产品的使用环节则排放了 766.63 万吨，详见表 1.9.3-3。如按照目前的控制水平发展，预测 2020 年我国 VOCs 排放量将达到 1 785.31 万吨。

表 1.9.3-3　我国工业源 VOCs 排放来源

来源	主要行业	所占比例
含 VOCs 产品的使用环节	工业涂装、半导体与电子设备生产、包装印刷、医药化工、塑料和橡胶制品生产、人造革生产、人造板生产、造纸、纺织印染	53.21%
以 VOCs 为原料的工艺过程	涂料生产、油墨生产、高分子合成、胶黏剂生产、食品生产、日用品生产、医药化工、轮胎制造	20.40%
VOCs 的储运环节	原油、成品油、溶剂、生产原材料和产品的储存/转运/销售	17.11%
VOCs 的生产环节	石油炼制、石油化工、煤化工、有机化工	8.62%

注：相关统计数据的来源、预测等口径差异很大，以上数据意义有限。

为贯彻落实《中国制造 2025》（国发〔2015〕28 号）和《大气污染防治行动计划》（国发〔2013〕37 号），工业和信息化部和财政部于 2016 年 7 月 8 日颁布了《重点行业挥发性有机物削减行动计划》，以推进重点行业减少挥发性有机物（以下简称 VOCs）的产生和排放，改善大气环境质量，提升制造业绿色化水平。主要目标为：到 2018 年，工业行业 VOCs 排放量比 2015 年削减 330 万吨以上，减少苯、甲苯、二甲苯、二甲基甲酰胺（DMF）等溶剂、助剂使用量 20%以上，低（无）VOCs 的绿色农药制剂、涂料、油墨、胶黏剂和轮胎产品比例分别达到 70%、60%、70%、85%和 40%以上。

对 VOCs 有限制要求的橡胶工业领域，既包括橡胶制品生产与轮胎制造等工艺过程，也包括部分橡胶制品。对 VOCs 有限制要求的橡胶制品，大体可以分为室内橡胶制品，如汽车车厢内橡塑部件，铺装于室内的各种橡胶地板、地毯背衬、地毯胶黏剂、装饰材料、涂料等；室外橡胶制品，如体育运动与儿童游乐场所的室内外铺装地板、缓冲材料、轮胎等；适用于特定人群的橡胶制品，如婴幼儿、儿童、学生的用品、用具等。

3.1　室内橡胶制品

3.1.1　室内空气质量要求

（一）室内空气质量标准

GB/T 18883—2002《室内空气质量标准》由国家质量监督检验检疫总局、卫生部、国家环境保护总局批准发布，规定了室内空气质量参数及检验方法，该标准适用于住宅和办公建筑物，其他室内环境可参照本标准执行。

室内空气质量参数（indoor air quality parameter）指室内空气中与人体健康有关的物理、化学、生物和放射性参数。GB/T 18883—2002 规定的室内空气质量标准见表 1.9.3-4。

表 1.9.3-4　室内空气质量标准

序号	参数类别	参数	单位	标准值	备注
1	物理性	温度	℃	22～28	夏季空调
				16～24	冬季采暖
2		相对湿度	%	40～80	夏季空调
				30～60	冬季采暖
3		空气流速	m/s	0.3	夏季空调
				0.2	冬季采暖
4		新风量	m^3（h·人）	30[a]	
5	化学性	二氧化硫（SO_2）	mg/m^3	0.50	1 h 平均值
6		二氧化氮（NO_2）	mg/m^3	0.24	1 h 平均值
7		一氧化碳（CO）	mg/m^3	10	1 h 平均值
8		二氧化碳（CO_2）	%	0.10	1 h 平均值
9		氨（NH_3）	mg/m^3	0.20	1 h 平均值
10		臭氧（O_3）	mg/m^3	0.16	1 h 平均值
11		甲醛（HCHO）	mg/m^3	0.10	1 h 平均值
12		苯（C_6H_6）	mg/m^3	0.11	1 h 平均值
13		甲苯（C_7H_8）	mg/m^3	0.20	1 h 平均值
14		二甲苯（C_8H_{10}）	mg/m^3	0.20	1 h 平均值
15		苯并[a]芘（BaP）	mg/m^3	1.0	1 h 平均值
16		可吸入颗粒（PM_{10}）	mg/m^3	0.15	1 h 平均值
17		总挥发性有机物（TVOC）	mg/m^3	0.60	1 h 平均值
18	生物性	菌落总数	cfu/m^3	2 500	依据仪器定[b]
19	放射性	氡^{222}（Rn）	Bq/m^3	400	年平均值（行动水平）[c]

注 a：新风量要求不小于标准值，除温度、相对湿度外的其他参数要求不大于标准值。
注 b：见该标准附录 D。
注 c：行动水平即达到此水平建议采取干预行动以降低室内氡浓度。

日本厚生劳动省 2002 年 1 月规定的 13 种物质室内浓度指导值见表 1.9.3-5。

表 1.9.3-5　日本厚生劳动省 2002 年 1 月规定的 13 种物质室内浓度指导值

物质名称	室内浓度指导值	主要来源
甲醛	100 ug/m^3（0.08 ppm）	胶合板、壁纸等的黏合剂
甲苯	260 ug/m^3（0.07 ppm）	室内装修材料、家具等的黏合剂、涂料
二甲苯	870 ug/m^3（0.20 ppm）	
对二氯苯	240 ug/m^3（0.04 ppm）	衣物防虫剂、厕所芳香剂
乙苯	3 800 ug/m^3（0.88 ppm）	胶合板、家具等的黏合剂、涂料
苯乙烯	220 ug/m^3（0.05 ppm）	隔热材料、浴室组件、榻榻米里材
O，O-二乙基-O-（3，5，6-三氯-2-吡啶基）硫代磷酸（毒死蜱、氯蜱硫磷）	1 ug/m^3（0.07 ppb） 儿童：0.1 ug/m^3（0.007 ppb）	防蚁剂
邻苯二甲酸二丁酯	220 ug/m^3（0.02 ppm）	涂料、颜料、黏合剂
十四烷	330 ug/m^3（0.04 ppm）	煤油、涂料
邻苯二甲酸二（2-乙基）己酯	120 ug/m^3（7.6 ppb）	壁纸、地板材料、电线护套
二嗪磷	0.29 ug/m^3（0.02 ppb）	杀虫剂
乙醛	48 ug/m^3（0.03 ppm）	建材、壁纸等的黏合剂
仲丁威（BPMC）	33 ug/m^3（3.8 ppb）	白蚁驱虫剂

（二）技术要求

影响室内空气质量的橡塑制品，主要为各种涂料、地毯及地毯背衬，部分室内橡塑制品的相关技术要求见表 1.9.3－6。

表 1.9.3－6　部分室内橡塑制品的技术要求

要求		相关标准
挥发性有机物（VOC）	A 类聚氨酯防水涂料产品中该物质含量应≤50 g/L；B 类聚氨酯防水涂料产品中，该物质含量应≤200 g/L	GB/T 19250—2013 聚氨酯防水涂料，条款 5.3
	溶剂型木器涂料中，聚氨酯类涂料面漆：光泽（60o）≥80，该物质的含量应≤580 g/L；光泽（60o）<80，该物质的含量应≤670 g/L；底漆中该物质的含量应≤670 g/L；硝基类涂料中该物质的含量应≤720 g/L；醇酸类涂料中该物质的含量应≤500 g/L；腻子中该物质的含量应≤550 g/L	GB 18581—2009 室内装饰装修材料溶剂型木器涂料中有害物质限量，条款 4
	水性墙面涂料中该物质的含量应≤120 g/L，水性墙面腻子中该物质的含量应≤15 g/kg	GB 18582—2008 室内装饰装修材料内墙涂料中有害物质限量，条款 4
总挥发性有机物（TVOC）	A 级地毯产品中，该物质的释放量应≤0.5 mg/(m^2·h)；B 级地毯产品和衬垫中，该物质的释放量应≤0.6 mg/(m^2·h)；A 级地毯衬垫中，该物质的释放量应≤1.0 mg/(m^2·h)；B 级地毯产品和衬垫中，该物质的释放量应≤1.2 mg/(m^2·h)	GB/T 18587—2001 室内装饰装修材料地毯、地毯衬垫及地毯胶黏剂有害物质释放限量，条款 4.1

对 VOCs 进行检测的方法，主要的标准有美国 ASTM D3960－2005《涂料及相关涂层中挥发性有机化合物含量测定的标准实施规范》、德国 DIN 55649－2001《涂料和清漆·水稀释乳胶涂料中挥发性有机化合物含量的测定》等。

3.1.2　汽车内饰橡胶制品

经实验研究表明，汽车内部大约有 162 种 VOCs，包含大量的脂肪烃和芳烃，其中危害性较大的主要有苯、丙酮、甲苯、乙苯、二甲苯、1，3－丁二烯、乙烯乙二醇丁基醚（Ethyleneglycol butyl ether）、游离甲醛（HCHO）、多溴化二苯醚（PBDEs）、邻苯二甲酸酯等，其中苯、甲苯、甲醛和二甲苯对人体伤害最大。汽车玻璃门窗所占面积较大，长时间暴露在阳光下，车内温度变化幅度较大，高温下车内零部件及装饰材料中的有害物质更易挥发出来。兼之汽车内空间狭小，密闭性强，在多数情况下门窗关闭不利于有害气体的扩散；车内人口密度又大，加重了污染。从国际车内环境污染控制来看，世界卫生组织已明确将车内环境污染与高血压、艾滋病等共同列为人类健康的十大威胁之一。

（一）汽车 VOCs 的来源

汽车车厢内 VOC 的来源主要为化学品、化学溶剂、汽车尾气和燃烧废气等。各种材质汽车零部件对汽车车厢内 VOC 的贡献大致见表 1.9.3－7。

表 1.9.3－7　各种材质汽车零部件对汽车车厢内 VOC 的贡献

车厢内 VOC 来源	甲醛	苯	甲苯	二甲苯	TVOC
橡胶类	低	低	高	低	中
纺织类	高	低	高	低	中
地毯	中	低	高	低	中
黏合剂	高	低	高	中	高
密封胶	低	低	高	低	中
塑料件	低	低	高	低	中
发泡件	低	低	高	低	低
薄膜	低	低	高	低	低
皮革	高	低	高	低	高

车内使用的地毯、内饰毛毯和顶篷毡的 VOC 挥发量较高，这与其制造过程中使用的黏结材料——酚醛树脂直接相关，酚醛树脂胶黏剂采用的合成原料为甲醛，若反应不完全，胶黏剂中会含有游离甲醛，因此在使用过程中会释放出甲醛。

汽车内纺织品，为了达到防皱、防缩、阻燃等效果，或者为了保持印花、染色的耐久性以及改善手感，都需在纺织品生产助剂中添加甲醛。甲醛也应用于皮革制造的各个阶段，皮革中大多数甲醛产生于鞣制和复鞣阶段。当纺织品、皮革长时间暴露在空气中时，就会不断释放甲醛污染车内环境。

汽车内饰使用多种溶剂型胶黏剂，如壁纸胶黏剂、地毯胶黏剂、密封胶黏剂、塑料胶黏剂等。胶黏剂使用过程中会释放甲醛、苯、甲苯、二甲苯及其他挥发性有机物。

附着力促进剂用于聚氨酯类、环氧类、酚醛类胶黏剂和密封材料，改善填料和颜料在聚合物中润湿性和分散性并提高对玻璃、塑钢、铜、铝、铁、锦纶等基材的附着力。附着力促进剂使用时要用一些有机稀释剂，是 VOC 的主要来源。

涂料既起到装饰作用，又能够防风化、仿腐蚀，延长各种材料的使用寿命，同时还具有一些特殊功能。涂料中的成膜物质主要是合成树脂，为了完成涂装过程必须使用溶剂，将成膜物质溶解或分散为液态，并在涂膜形成过程中挥发掉。挥发的气体中最常见的有脂肪烃、芳香烃（甲苯、二甲苯）、醇、酯等。同时，为了满足涂料生产、储存、涂装和成膜不同阶段的工艺和性能要求，必须使用涂料助剂，涂料助剂也同样会释放挥发性有机物。

汽车内饰清洗剂用于清洁汽车内饰中的化纤、木质、皮革、布艺、丝绒、工程塑料制品。清洗剂可分为水性清洗剂、有机清洗剂、油脂清洗剂。对于不溶于水的油污需采用有机清洗剂进行清洗，有机清洗剂的主要成分是有机溶剂，包括汽油、煤油、甲苯、二甲苯、三氯乙烯、四氯化碳等，是 VOC 的主要来源。

塑料件是汽车内饰的主要组成部分，主要材质为 PP、ABS、PC/ABS，每辆汽车塑料内饰件约为 80 kg，约占整车内饰件总重量的 70%，约占车厢内暴露面积的 50%，其 VOCs 挥发量对于整车 TVOC 的影响不容小觑。其中 PP 制品通常需要有橡胶、玻璃纤维、矿物来增韧、补强、填充，加之 PP 降解后会产生乙醛，所以，PP 的总碳含量和醛类物质含量较之 PC/ABS 合金都会有较大的提高，详见表 1.9.3-8。

表 1.9.3-8　PP 制品与 ABS、PC/ABS 制品对 VOC 的影响对比

项目	PP+T16	PP+T20	塑可净 PC/ABS	塑可净 ABS
总碳/($\mu gC \cdot g^{-1}$)	42	45	8	12
乙醛/($\mu g \cdot m^{-3}$)	49	41	10	10

此外，在塑料生产、成型过程中使用的再生料、增塑剂、阻燃剂、脱模剂等，含有大量苯、甲苯等有害物质，极易残留在塑料制品内部并释放出来，是车内空气污染物的重要来源之一。目前，汽车内饰塑料件正朝着绿色、环保、健康的方向发展，免喷涂塑料、生物塑料、有机-无机纳米复合材料由于其本身具有低 VOC、耐盐碱、耐磨等性能，将会得到更广泛的应用。

与车厢内 VOC 有关的橡胶制品，主要为聚氨酯（PU）制品、车窗 EPDM 密封胶条、橡塑制品生产过程残留的脱模剂等。聚氨酯（PU）是一种重要的合成材料，汽车内坐垫、头枕、隔音、仪表盘、遮阳板、门板、顶棚衬里等内饰件大多由 PU 制造，目前大量被使用的仍以溶剂型 PU 为主，也是 VOC 的主要来源。车窗 EPDM 密封胶条中，产生 VOCs 的来源主要为合成过程中的单体与聚合助剂残留、再生胶、配方中的填充油或软化剂等各种加工助剂、促进剂与防老剂的分解产物、阻燃剂、配方外混入的设备润滑油等。

脱模剂是能使橡塑制品易于脱模的物质。脱模剂既可加入配方中，亦可覆于模具表面。前者称内脱模剂，后者称外脱模剂。脱模剂用于玻璃纤维增强塑料、聚氨酯泡沫和弹性体、注塑热塑性塑料、真空发泡片材和挤压型材等各种模压制品中。脱模剂稀释溶剂常采用苯、甲苯、二甲苯等有机溶剂，是 VOC 的主要来源。可选用水性脱模剂，用水稀释或直接使用，减少 VOC 排放。

（二）相关标准

1. 车内空气质量标准

德国最早开始关注车内环境污染控制，并颁布相关法规政策。日本从 2007 年开始，将销售的新型轿车车内 VOCs 浓度加以限制。美国环保局要求汽车制造厂所使用的材料必须申报，并必须经过环保部门审查以确保对环境和人体危害程度达到最低点后才能使用。

通常，汽车车厢内的空气质量标准以住宅室内空气质量标准为目标制定。如日本汽车工业协会制定的《降低汽车内 VOC 的自主举措》中，对照表 1.9.3-2 中除毒死蜱、二嗪磷、仲丁威、对二氯苯因属于防虫剂与防蚁剂，在车厢内不存在外，制定了相应的检测标准与方法。拟定中的国标《长途客车内空气质量检测方法》也主要参考了 GB/T 18883—2002《室内空气质量标准》。

国际组织与各国颁布的标准主要有：ISO/DIS 12219-1《道路车辆内部空气　第一部分：整体车辆检测室车辆内部挥发性有机物测定的规范和方法》、日本汽车工业协会《小轿车车内空气污染治理指南》与 JASO MO 902：2007《汽车零部件 · 内饰材料 · 挥发性有机化合物（VOC）散发测定方法》、韩国建设部《新规则制作汽车的室内空气质量管理标准》等。

2010 年 1 月 1 日起，我国开始实施 GB/T 17729—2009《长途客车内空气质量要求》；2011 年，国家环保部及国家质检总局联合发布 GB/T 27630—2011《乘用车内空气质量评价指南》。国标 VOC 限值与其他标准的对比见表 1.9.3-9。

表 1.9.3-9　国标 VOC 限值与其他标准的对比

控制物质	KOR	JAMA（日本汽车工业协会）	GB/T 27630	GB/T 17729	WHO 限值	上海大众 SVW 零部件 VOC 限值要求（橡胶密封条（EPDM 等））
	mg/m³					μg/m³
氧气（≥）/%	—	—	—	20	—	—
二氧化碳（≤）/%	—	—	—	0.20	—	—
一氧化碳（≤）	—	—	—	10	—	—

续表

控制物质	KOR	JAMA（日本汽车工业协会）	GB/T 27630	GB/T 17729	WHO 限值	上海大众 SVW 零部件 VOC 限值要求（橡胶密封条（EPDM 等））
	mg/m³					μg/m³
甲醛（≤）	0.25	0.10	0.10（0.10）	0.12	0.10	20
乙醛（≤）	—	0.048	0.05（0.20）	—	0.05	10
丙烯醛（≤）	—	—	0.05（0.05）	—	0.05	10
苯（≤）	0.03	—	0.11（0.06）	—	—	2
甲苯（≤）	1.00	0.26	1.10（1.00）	0.24	—	10
乙苯（≤）	1.60	3.80	1.50（1.00）		22（1 year）	10
二甲苯（≤）	0.87	0.87	1.50（1.00）	0.24	4.8（24 hr）	10
苯乙烯（≤）	0.30	0.26	0.26（0.26）		0.26	10
TVOC（≤）	—	—	—	0.60	—	—
备注						需要报告丙醛、丙酮、丁酮及 TVOC 结果

注意：括号内为可能于近期实施的新标准的限值要求；乙醛的限值可能由原来的 0.05 mg/m³ 调整为 0.20 mg/m³，标准意见稿编制说明给出的解释是，乙醛对人的健康影响较甲醛小，且车内空气中乙醛浓度存在很大的不确定性，限值有所放宽，但仍低于国际上广泛认可的 0.30 mg/m³ 安全阈值。

2. 检验检测方法

检测车内空气质量的标准，比较重要的有德国汽车工业联合会（VDA）的 VDA270（嗅觉对气味评分）、VDA275（气瓶法测甲醛）、VDA276（箱式法测有机物排放）、VDA277（气相顶空法测 TVOC）、VDA278（热脱附气相质谱测 VOC），以及 DIN 75201A（光泽度法测雾化）、DIN 75201B（重量法测雾化），日本的《车内 VOC 试验方法》，俄罗斯的 GOST R 51206—2004《汽车运输工具乘客室和驾驶室内空气有害物质含量测定规范和方法》等。2007 年，国家环境保护总局发布 HJ/T 400《车内挥发性有机物和醛酮类物质采样测定方法》，规定了测量机动车乘员舱内挥发性有机物和醛酮类物质的采样点设置、采样环境条件技术要求、采样方法和设备、相应的测量方法和设备、数据处理、质量保证等内容；此外，国家标准《车内非金属部件挥发性有机物和醛酮类物质检测方法》及《长途客车内空气质量检测方法》正在征求意见，准备实施。

车内 VOCs 控制针对零部件最主要的控制方法有气味、雾化（Fogging）、TVOC 与 VOCs、醛酮类物质（Carbonyl Compounds）四项测试。

a）气味是指能够引起人的嗅觉感知的有机挥发物，分为干态和湿态，主观性比较强。通常的方法是六个实验员用鼻子闻，打一个气味等级，去掉最高分和最低分求平均值。

b）雾化主要是指有机挥发物中的高沸点物质，测量方法有称重法和反射率法。前者使用铝箔；后者使用玻璃片，用光泽计来判定试验前后的光泽变化而不是指光线透过率。根据车内的不同要求试验的温度也会有所不同，一般为 90℃/100℃/110℃/120℃。称重法可能是未来的趋势，但是其缺点是实验的周期较长。

c）TVOC 是指总的挥发物的量。目前的测试方法有很多种，使用的仪器主要有 GC-FID、GC-MS 等。GC-FID 用丙酮作标准物质，只能测 TVOC，也就是只能定量。GC-MS 能够对 TVOC 中的每种物质即 VOCs 进行定性，如果配标准曲线还能进行定量，相对来说这种方法更科学更有针对性。

d）醛酮类物质主要为甲醛，一般用 HPLC 和紫外分光光度计来定量定性。汽车内饰零件中塑料件甲醛一般不会超标（除了 POM、PF 的零件），其主要来源为皮革油漆面料等。

（1）采样方法。

各国、各汽车主机厂的采样方法各不相同。

德国大众 PV 3938《汽车整体放射情况 · 汽车内部空间气体》采样测试条件：23℃、50% RH；测试方法：静态测试；采样方法：使用红外灯同时照射车内不同部位使其表面温度达到 65℃，封闭一定时间后采集车内空气样品。

《车内 VOC 试验方法》采样测试条件为：23℃、50% RH；测试方法：半动态测试；采样方法：温度调整到 40℃（客车为 35℃），保持 4.5 h 后使用 DNPH 采样管采集车内空气 30 min，测定封闭放置模式下的甲醛浓度；采集结束后启动汽车发动机，使其空调正常工作，在此状态下采集车厢内空气 15 min（货车 30 min/客车 120 min），测定 VOC（甲醛除外）。

GOST R 51206—2004 标准采样测试条件为：23℃、50% RH；测试方法：动态测试；模式一：以速度 50 km/h 匀速行驶，行驶速度稳定 20 min 后采样测试；模式二：以制造厂家规定的最小稳定转速空转 20 min 后采样测试。

HJ/T 400—2007 标准采样测试条件为：环境温度：25.0±1.0℃；相对湿度：(50 ±10)%；环境气流速度≤0.3 m/s；

环境污染物背景浓度值：甲苯≤0.02 mg/m³、甲醛≤0.02 mg/m³。测试方法：(1) 受检车辆放入符合规定的车辆测试环境中；(2) 内部构件表面无覆盖物；(3) 车窗、门打开，静止放置时间不小于 6 h；(4) 准备期间车辆测试条件应符合规定，安装好采样装置；(5) 关闭所有门窗，受检车辆保持封闭状态 16 h，开始进行采集。

(2) VOCs 检测技术。

VOCs 检测技术，汽车行业内主要分为三类：材料法、袋式法、箱式法。

a) 材料法。

材料法主要依据采用德国汽车工业协会发布的 VDA 标准，涉及 VDA275 (甲醛的测定)、VDA277 (TVOC——总碳的测定)，这两个测试方法标准主要以材料为检测对象，分别采用分光光度法及顶空法测试手段，测试目标为甲醛、TVOC 两项指标。

测试方法具体为：

甲醛：60℃下保温 3 h，3 h 后将试验瓶从通风保温箱中取出，室温下置放 1 h；测定溶液中的甲醛含量，使用乙酰丙酮方法的光度测定法。

TVOC：将装有小块试样的小玻璃瓶放入顶空进样器中，在 120℃下保温 5 h 后，将污染物采集到 FID 中记录数据分析。

国内汽车行业：大众品牌 (如 PV 3341 标准)、奇瑞品牌、通用品牌等在使用。

b) 袋式法。

袋式法主要从日本引入，通过将材料或零部件装入特制袋子中，根据不同的企业要求，选用不同的测试条件，最终以 Tenax 管及 DNPH 管采集，通过在 GC-MS 和 HPLC 分析设备上分析，从而得出污染物量化值。

国内外汽车行业：东风日产、丰田、本田、吉利、长城在借鉴使用。

袋式法控制对象为材料或者零部件，具有灵活操作性，且可对中国法规要求的污染物进行量化测试，可直接模拟整车与测试零部件之间的关系条件。

c) 箱式法。

箱式法是参考 VDA276、ISO 12219-4 等标准要求，在 1 m³ 测试箱体中对零部件进行测试。

国内外汽车行业：宝马、沃尔沃主要在使用。

缺点：由于设备及配套设施的特殊性要求，测试费用较昂贵，在中国第三方检测机构中使用量较小。

优点：可直接模拟整车与零部件环境条件，气体中的污染物浓度散发均匀。

从以上分析来看，袋式法与箱式法更能真实的模拟整车与零部件或材料之间的测试条件，且测试对象符合中国汽车行业发展现状，可借鉴作为此次标准的统一性测试手段，对行业在车内环境污染控制方面具有必要性及指导意义。

3. 主机厂标准

对车内空气质量进行管控，涉及各汽车主机厂的核心竞争能力，各主机厂基本建立有企业自身的质量标准与测试方法标准。部分主机厂车内空气质量测试项目与测试方法见表 1.9.3-10。

车内气味来源途径多种多样，气味测试是汽车主机厂最常用于判断汽车内饰件气味的方法，气味等级以人体的感官判定划分。包括：(1) 测试原材料的气味等级；(2) 测试零部件或整车气味等级。气味测试过程首先对制件进行预处理，放入气味瓶，在经过一定的温度和气候时效处理后，由专业的气味测试人员对被测材料进行气味等级判定。

通过感官辨别、描述并判定气味的等级，各主机厂采纳最多的分等方法为 6 级和 10 级。6 级与 10 级本质是一致的，不过 6 级比 10 级多了一个 0.5 级的差异。其中 6 级标准中福特汽车对气味等级描述的感官表现最为详细；10 级标准则以通用汽车对气味等级的划分最为通用化，详见表 1.9.3-11。5 级等其他等级的划分，与 6 级、10 级的划分其区别主要是感官描述的详细程度不一样。

各个主机厂的气味测试标准原理基本相同，但模拟使用状态下的温度、湿度等测试条件和对结果等级的划分存在差异。部分汽车主机厂气味测试标准见表 1.9.3-12。

表 1.9.3-10　汽车车内空气污染部分测试项目与标准

测试项目	VOC 测试					气味测试	雾化测试	甲醛挥发量	总碳挥发量
测试目的	对整车厂的供应商所提供的内饰材料的管控，保证其挥发性有机物挥发量控制在一定水平。VOC 测试并不是测零部件的 VOC 含量，而是测试其在一定条件下的静态挥发量					对 VOC 检测的补充	当零部件和材料的雾化量比较大时，会在前后窗玻璃和车灯玻璃上形成薄雾，这将影响驾驶员的视线和车灯的透射性，增加行车的不安全因数。因此车厂要求其供应商对零部件和材料进行可雾化组分控制		反映汽车内饰件散发挥发性物质的趋势
测试方法	袋式法	热脱附法	VOC 整车测试	其他方法					
测试原理	试件放在密封的采样袋里，往采样袋通入一定量高纯氮气，经过加热让试件的 VOC 挥发到袋子里，通过导气管和恒流采样器将 VOC 物质采集到吸附管中，烃类由 TENAX 捕集，醛酮类由 DNPH 捕集，最后用 ATD-GC/MS 和 HPLC 分析其挥发量	样品放解吸管中 90℃ 热脱附 30 min，对出峰时间在 C20 以内的全部色谱峰进行半定量分析得到总的 VOC 值或单个物质定量。将已经经过 VOC 分析的解吸管放在 ATD 上 120℃ 60 分钟再次热脱附 60 min，对出峰时间在 C16 到 C32 之间色谱质谱图上的全部色谱峰进行半定量分析得到总的雾化挥发量	车辆放入采样标准环境舱，车辆封闭状态 16 h 后用 TENAX 管和 DNPH 管采集车内气体，用 GC /MS 和 HPLC 分析	①烃类取一定量样品放解吸管中 90℃热脱附 30 min，进 GC/MS 分析，根据甲苯的标准曲线对欲测物进行半定量分析。②醛酮类取一定量样品悬挂在装有蒸馏水的广口瓶中（60 ℃），加热 3 h，等水吸收后在一定条件下与 DNPH 衍生化反应，用 HPLC 分析	①烃类取一定量的样品于顶空加热一定时间达到气固平衡后，由自动进样器吸取一定量挥发气体进 GC/MS 分析。以保留时间和质谱图定性，各自的校准曲线外标法定量。 ②醛酮类同雪铁龙醛酮测试法	基于人嗅觉感官和舒适度的主观评价	试件放在雾化烧杯的底部，并用玻璃板或铝箔将烧杯盖上，加热烧杯，同时冷却玻璃板或铝箔，使挥发物在玻璃板或铝箔上冷凝，用光泽度仪测玻璃的反射系数或用分析天平称冷凝成分的重量	将尺寸一定的试样固定在紧闭的装有去离子水的聚乙烯瓶中，试样位于水上方，60℃ 下加热 3 h，待冷却后，用紫外分光光度计或 HPLC 测定被水所吸收的甲醛	称取一定量剪成小于 15 mg 的试样于顶空瓶放入顶空进样器中，在 120℃ 下保温 5 h 达气固平衡后，通进样针取挥发出的气体进入 GC/FID 系统检测

续表

测试项目	VOC 测试					气味测试	雾化测试	甲醛挥发量	总碳挥发量
测试标准	丰田 TSM0508G、日产 NES M0402、本田 0094Z - SNA - 0000、长安集团	VDA 278	HT - T400 - 2007			大众 PV3900、奇瑞 Q/SOR. 04. 103 - 2004、通用 GME60276、福特 BO131 - 01、丰田 TSM0505G、德国汽车协会 VDA 270、马自达 MES CF 055A、日产 M0160、长城汽车 Q/CCJT001、神龙 D105517、沃尔沃 VCS 1027、2729	大众 PV3015、奇瑞 Q/SQR. 04. 097 - 2004、通用 GMW3235、丰田 TSM0503G、日产 NES M0161、英国比阿准 BS AU 168—1978、德国 DIN75201、美国 SAEJ1756、神龙 D45 1727、三菱 ES - X83217、国标 GB/T 2410	德国汽车协会 VDA275、大众 PV3925、奇瑞 Q/SQR. 04. 096、通用 GME60271、沃尔沃 VCS1027. 2739	
备注	主要应用在日系车厂	欧美主要用此法		PSA 标致-雪铁龙集团	福特			欧美系车厂都有单独测甲醛挥发量的标准，而日系车厂将甲醛列入 VOC 测试方法中	主要为欧美车厂的企业标准

表 1.9.3-11　福特汽车与通用汽车对气味等级的划分

通用汽车对气味等级的划分	福特汽车对气味等级的划分
10 级　odorless 无气味	1 级　未感觉到的
9 级　Just noticeable 略可察觉	1.5 级　轻微感觉到的
8 级　Noticeable，trace 可察觉	2 级　可感觉到，不刺鼻
7 级　Clearly noticeable，but not objectionable 明显但不反感	2.5 级　清楚感觉到，但不刺鼻
6 级　Tolerable 可容忍的	3 级　很明显感觉到，但不刺鼻
5 级　Borderline tolerable 快无法容忍	3.5 级　强烈感觉到，轻微刺鼻
4 级　Objectionable 讨厌的气味	4 级　刺鼻
3 级　Annoying 恶心的气味	4.5 级　非常刺鼻
2 级　Severe 恶劣的气味	5 级　强烈刺鼻
1 级　Intolerable 无法忍受	5.5 级　非常强烈地刺鼻
	6 级　极度刺鼻

表 1.9.3-12　部分汽车主机厂气味测试标准

主机厂及标准号	取样（容器体积）	测试条件 温度×时间（℃×h）	等级
福特 FLTM BO 131-03	A：30 g（3 L） B：90 mm×200 mm（3 L） C：90 mm×200 mm×3（3 L）	23×24（湿） 40×24（湿） 65×2（干）	1～6 级
沃尔沃 VSC 1027，2729	A：10 g（1 L）、30 g（3 L） B：20 cm³（3 L）、60 cm³（3 L） C：50 cm³（1 L）、150 cm³（3 L）	40×24（干湿都测）	1～6 级
通用 GMW 3205	体积法：容器体积×(1/20)（1/50、1/100、1/500、1/1000）	A：70×24（湿） B：70×24（干） C：105×24（干）	1～10 级
丰田 TSM 0505G	面积法和质量法，（1～20 L）袋子、瓶子均可	100×1（干，湿） 80×1（干，湿） 60×1（干，湿）	强度：0～5 级 不愉快/愉快：-3～3 级
现代	体积法（长×宽×组装厚度）（4 L）	100×2（干） 80×2（干） 60×2（干） 23×1（湿）	1～6 级
大众 PV 3900-2000（VDA 270）	A：10 g（1 L）、30 g（3 L） B：20 cm³（3 L）、60 cm³（3 L） C：50 cm³（1 L）、150 cm³（3 L）	23×24（湿） 40×24（湿） 80×2（干）	1～6 级
神龙 PSA D10 5517	A：20 cm³（1 L） B：20 cm³（1 L） C：50 cm³（1 L）	80×2（干）	1～6 级
吉利 Q/JLY J7110538B-2015	A：10 g B：30 g C：50 cm³	105×2（干） 70×24（湿）	1～10 级
长安 VS-01.00-T-14004-A1-2014	A：(10±1) g（1 L） B：(20±2) cm³（1 L） C：厚度<3 mm 为（200±20）cm³（1 L）；厚度≥3 mm 为（50±5）cm³（1 L）	40×24（湿） 65×2（干） 80×2（干）	1～6 级

续表

主机厂及标准号	取样（容器体积）	测试条件 温度×时间（℃×h）	等级
菲亚特 SAE - J1351 - 2008	样品表面积（250±25）cm²	65×2（干）	1～6 级
广汽 QJ/GAC 1510.006	A：20 cm³（1 L） B：20 cm³（1 L） C：50 cm³（1 L）	80×2（干）	1～6 级

主机厂在制定气味测试条件时，分为多个温度与干态和湿态条件，主要是为了模拟汽车内饰的不同使用环境。一种是正常使用环境在太阳直射的情况下，如干燥的 65℃、70℃、80℃等；另一种则是湿热情况（包括雨季）下，如含有少量蒸馏水湿态下的 23℃、40℃、70℃等。也有主机厂还会再分出模拟热带沙漠气候环境（105℃，干燥）的试验条件等。

在测试过程前和测试过程中，外界因素都有可能导致最后的气味结果有差异性，所以对于样品的各类处理也是气味测试重要的一部分。

（1）时间要求。由于 VOC 的散发是一个持续的过程，要反映实际出厂样品的状态，需要对生产时间、取样时间和测试时间三者的间隔进行规定。一般规定取样时间为生产后 15 日内或 30 日内，测试在取样后立即进行，特殊情况下，样品应密封低温避光保存。

（2）包装要求。为减少生产线到检测实验室之间运输过程中样品本身散发及其他物质的干扰，降低光照影响，样品需要采用铝箔和 PE 膜密封包装，或是使用铝箔袋密封包装。

（3）预处理要求。部分标准针对特殊样品规定了样品的预处理条件，如东风日产公司 NES M 0160 对真皮等易吸水材料进行了高湿环境下的预处理。

（4）样品量要求。常规测试方法的测试对象为原材料和零部件，因此样品量的选取有两种不同的方法，即：（1）按照原材料进行测试，这种方式不论什么材料均使用同样的取样方案，如美国汽车工业协会标准 SAE J1351 等；（2）按照零部件进行测试，这种方式按照大小对零部件分类，每类对应相应的取样方案，如德国汽车工业协会的 VDA 270 以及绝大部分车厂标准。此外，也有主机厂制订了更为细致的取样方案——按照实际车内用量计算样品量，如通用汽车 GMW 3205、丰田汽车 TSM 0505G 等。

通用汽车（GM）气味试验标准为 GMW 3205，测试条件方面分为三种：干法（70℃，干燥）、湿法（70℃＋瓶底少量蒸馏水）、高温气温法（105℃，干燥），以模拟正常使用情况、湿热情况以及热带沙漠气候区域。评判等级为 10 级，从 1 到 10 级气味强烈程度依次从高到低。

大众汽车（VW）气味试验标准为 PV 3900。试验方法按照测试温度分为：23±2℃、40±2℃、80±2℃，前面两种均为湿态，在容器中加入定量的去离子水，将试验容器从加热箱取出后直接进行评价；后一种为干态，在容器中冷却至 60±5℃后再进行鉴定。评判等级分为 6 级，与 GM 的表述相反，PV 3900 判定级数越高样品气味越强烈。

福特汽车（Ford）气味试验标准为 FLTM BO 131，与 PV 3900 测试条件略有不同，试验方法按照测试温度分为：23±2℃、40±2℃、65±2℃。前面两种均为湿态，在容器中加入定量的去离子水，将试验容器从加热箱取出后直接进行评价；后一种为干态，在容器中冷却至 60±5℃后再进行鉴定。评定等级同样是从 1～6 级，级别越高气味越浓，但是 Ford 可能是在六级评定里分的最仔细的，出现了 1.5 级、2.5 级、3.5 级、4.5 级、5.5 级这种更为细致的分级描述，供检测人员选择。这样的划分可以使多个结果差距减小从而使对样品的最终定级更为准确。

沃尔沃汽车（Volvo）气味试验标准为 VCS 1027，2729。Volvo 检测时更多地是考虑正常驾驶情况下的车内空气问题，其测试条件为 40℃（24±1 h），并规定每种材料在干态和湿态两种条件下均要通过测试。评判等级与福特和大众相同分为 6 级，判定级数越高样品气味越强烈。

比亚迪汽车（BYD）气味试验标准为 BYDQ - A1901.404 - 2015。其测试条件为：23±2℃、80±2℃。前一种室温环境下为湿态，在容器中加 50 mL 去离子水，时间为 24±1 h；后一种为干态。评判等级也为 6 级。BYD 的气味标准类似于大众标准，但是大众 PV 3900 比 BYDQ - A1901.404 - 2015 多了一个 40±2℃的条件，大众的评判标准比 BYD 也相对更为严格一点。

长安汽车（Changan）气味标准为 VS - 01.00 - T - 14004 - A1 - 2014。长安在以往测试的基础上，在气味测试标准中增加了一项“舒适度”的评价标准，但“舒适度”评价暂时还没有作为影响结果的具体因素。其测试条件为：40±2℃、65±2℃、80±2℃。第一种为湿态环境，加入适量的去离子水；后面两种为干态环境。长安汽车的气味评判标准也为 6 级，类似于大众和 BYD 等，但是在测试过程中，长安汽车标准在 80±2℃的环境中取出后可以测试的条件温度为 30±2℃，与大众和 BYD 等 60±2℃的条件测试有明显的差异性。

气味等级的高低取决于在不同温湿度条件下，气味测试人员对于材料中挥发性气味的感知程度。不同温湿度条件下的气味等级是不能够互相比较的。以 PC/ABS 材料为例，见表 1.9.3 - 13。

表 1.9.3-13　不同测试条件下 PC/ABS 材料的气味等级

材料	气味测试条件	等级范围
PC/ABS	23℃×24 h（上汽）	2.5～3.0
	40℃×24 h（大众）	2.5～3.0
	80℃×2 h（神龙）	3.0～3.5
	105℃×2 h（吉利）	4.0～4.5

由表 1.9.3-13 可以看到，23℃和 40℃两个条件分别采用 24 h，气味等级相同。而在相同的 2 h 内，80℃和 105℃两个结果差异却较大。这主要是在不同温度下，一方面高温促使挥发性有机物从制品内部迁移至表面蒸发，产生更大的气味；另一方面，在较高的温度下，易引发或加速热氧老化反应产生新的低分子（挥发性）有机物，而在较低的温度下，热氧老化反应的速度很慢或根本不发生反应。

（三）除味减味措施

日本汽车工业协会将汽车空间视为居住空间的一部分，集合行业整体的力量开展研究，并从汽车不同于住宅的特点出发，制定了《降低汽车内 VOC 的自主举措》。其列举的举措主要是与零部件厂商、材料厂商合作，减少挥发性化学物质的使用，推动黏合剂、涂料的水性化和无溶剂化。

汽车橡胶制品减轻 VOC 污染的措施主要包括：

（1）使用低气味、低 VOC 的基材，如 EPDM 橡胶以茂金属催化技术填充无色石蜡油的品种气味较小。

（2）在配方中不使用不环保的各种助剂，例如，使用过氧化物硫化剂尤其是 DCP 的产品气味最大，硫黄硫化体系的气味较小，使用综合促进剂的气味最小。

聚氨酯泡沫生产过程中所用到的催化剂叔胺常常会带来很强的气味，同时还会在汽车内窗上结雾，可以使用多羟基化合物替代。

含有 PVC 组分的橡塑制品的酚类稳定剂可以用低气味的稳定剂所替代，如热稳定剂辛酸锡具有低气味和低雾化的特性而常用于车用 PVC 制品中。

（3）填料采用天然气为原料的炭黑品种或无机填料气味较小，采用热失重起始温度高、沸点高的软化剂，再生胶应谨慎使用。

（4）使用物理吸附剂或除味剂。

在聚合物中填充少量多孔性的沸石、硅藻土等，可起到去除材料气味的作用。物理吸附剂也可以作为吸潮剂加入橡塑材料中以除去游离水，这些游离水产生的水汽也会使橡塑制品产生异味。

物理吸附剂已经成功应用于聚烯烃挤出管材、注射和挤出吹塑容器、隔离包装材料、挤出成型的外包装材料和密封用聚合物中。

（5）使用防霉剂或抗菌剂。

在橡塑制品中加入防霉剂、抗菌剂不仅可以减少其散发的气味，还可以延缓制品表面老化、变色和变脆。最常用的抗菌剂有 10，10′-氧代双吩恶砒（OBPA）、三氯羟基二苯醚（Triclosan）、异噻唑啉酮（OIT）、羟基吡啶硫酮（Pyrithione）等。含有锡和银的有机金属化合物有时也用作抗菌剂。

（6）加入芳香剂。

芳香剂多应用于玩具、日用商品、化妆品容器、日用电器和园艺设备中。在橡塑制品中加入芳香剂并不能消除难闻的气味，但是可以遮盖这些气味，很多情况下这就是以达到目的了。芳香剂保留时间并不一定等同于制品的寿命，其保留时间决定于其聚集程度、体积表面积比、是否暴露于受热或潮湿环境，还有制品是否进行了严密的隔绝空气包装等因素。

（7）在制造工艺过程中，还需谨慎选用脱模剂、胶黏剂、模具用防锈剂等。

有文献报道，EPDM 采用 150℃×3 h 二次硫化工艺可以明显减小橡胶制品气味；一些以水为工作介质的制品，如给排水管等，将制品浸入水中煮沸半小时，可以取得令人满意的除味效果，但水煮沸的方法因为温度较低，不适于处理过氧化物硫化的产品。

3.2　室外橡胶制品

有 VOC 要求的室外橡胶制品，比较典型的是运动场地铺装材料与人造草皮。运动场地铺装材料按材质可以分为水泥地板、木质运动地板、合成材料地板。运用合成材料面层作为运动场地的，包括颗粒橡胶场地、聚氨酯场地、聚丙烯酸酯场地、聚脲场地、PVC 场地、聚丙烯悬浮式拼装地板场地等。

3.2.1　运动场地铺装材料与人造草皮的相关标准

（一）国外运动场地铺装材料与人造草皮的标准

比较有代表性的国外运动场地铺装材料技术标准有德国的 DIN 18035-6：2014《运动场地第 6 部分：合成面层》、DIN 18035-7：2014《运动场地第 7 部分：合成草坪地面》，韩国的 KS F 3888-2：2016《室外体育设施-弹性填料》，美国的 ASTM F 3012-2014《运动设施下和周围的操场安全表面的松散填充橡胶的标准规范》。部分国外运动场地铺装材料与人造草皮中的有害物质限量要求见表 1.9.3-14。

表 1.9.3-14 部分国外运动场地铺装材料与人造草皮中的有害物质限量要求

DIN 18035-6：2014 与 DIN 18035-7：2014

序号	项目	指标	检测方法
1	溶解性有机碳(DOC)	≤50 mg·L^{-1}[a] ≤100 mg·L^{-1}[a]	DOC 分析仪
2	有机卤素化合物(EOX)	≤100 mg/kg	库伦分析
3	Pb	≤0.025 mg·L^{-1}	ICP/原子吸收
4	Cd	≤0.005 mg·L^{-1}	
5	Cr	≤0.05 mg·L^{-1}	
6	Cr（Ⅵ）	≤0.008 mg·L^{-1}	
7	Zn	≤0.5 mg·L^{-1}[b] ≤1.0 mg·L^{-1}[b]	
8	Sn	≤0.04 mg·L^{-1}	
9	Hg	≤0.001 mg·L^{-1}	原子吸收
10	气味描述		
11	氯化石蜡	—[c]	GC-MS
12	邻苯二甲酸酯	—[c]	GC-MS

注 a：24 h 提取溶液中 DOC 超过 100 mg·L^{-1}不满足要求。如果 24 h 提取溶液中 DOC 为 50～100 mg·L^{-1}可以执行 48 h 提取液中 DOC 小于等于 50 mg·L^{-1}的标准。

注 b：24 h 提取溶液中锌浓度超过 1.0 mg·L^{-1}不满足要求。如果 24 h 提取溶液中锌浓度为 0.5 mg·L^{-1}～1.0 mg·L^{-1}可以执行 48 h 提取液中锌浓度小于等于 0.5 mg·L^{-1}的标准。

注 c：目前没有限制氯化石蜡与邻苯二甲酸酯的浓度。

KS F 3888-2：2016				ASTM F 3012-2014		
序号	项目		指标	序号	项目	限量值/(mg·L^{-1})
1	18 种多环芳烃(PAHs)(mg·kg^{-1})		≤10	1	Sb	60
2	重金属(含量)/(mg·kg^{-1})	Pb	≤90	2	As	25
3		Cd	≤50	3	Ba	1 000
4		Cr（Ⅵ）	≤25	4	Cd	75
5	重金属(释放)/(mg·kg^{-1})	Hg	≤25	5	Cr	60
6		Al	≤70 000	6	Pb	90
7		Sb	≤560	7	Hg	60
8		As	≤47	8	Se	500
9		Ba	≤18 750	—	—	—
10		B	≤15 000	—	—	—
11		Cr	≤460	—	—	—
12		Co	≤130	—	—	—
13		Cu	≤7 700	—	—	—
14		Mn	≤15 000	—	—	—
15		Ni	≤930	—	—	—
16		Se	≤460	—	—	—
17		Sr	≤50 000	—	—	—
18		Sn	≤180 000	—	—	—
19		Zn	≤46 000	—	—	—
20	邻苯二甲酸增塑剂总和/%	DBP	≤0.1	—	—	—
		BBP		—	—	—
		DEHP		—	—	—
		DINP		—	—	—
		DNOP		—	—	—
		DIDP		—	—	—

（二）国内部分省市标准中的有害物质限量要求

1. 固体原材料有害物质限量要求

国内部分省市标准对运动场地铺装材料固体原材料有害物质的限量要求见表 1.9.3-15。

表 1.9.3-15 国内部分省市标准对运动场地铺装材料固体原材料有害物质的限量要求

序号	项目	湖南	上海	福建	江苏	深圳			山东	
						预制卷材、块材	防滑颗粒、透气性面层和人造草皮用填充颗粒	非透气型面层用填充颗粒	预制卷材、块材、模拟试样	弹性颗粒
1	苯/(g·kg^{-1})	≤0.05	—	—	≤0.05	≤0.05	≤0.05	≤0.05	不得检出(<0.2)	≤0.05

续表

序号	项目		湖南	上海	福建	江苏	深圳			山东	
							预制卷材、块材	防滑颗粒、透气性面层和人造草皮用填充颗粒	非透气型面层用填充颗粒	预制卷材、块材、模拟试样	弹性颗粒
2	甲苯+甲苯总和/(g·kg^{-1})		≤0.05	—	—	≤0.05	≤0.05	≤0.05	≤0.05	≤0.05	≤0.05
3	游离甲苯二异氰酸酯(TDI)/(g·kg^{-1})		≤0.2	—	—	≤0.2	≤0.2	≤0.2	≤0.2	不得检出(<0.1)	≤0.2
4	总挥发性有机物(TVOC)		≤60 g·L^{-1}	—	≤1.0%	—	—	≤1.0%	≤1.0%	—	—
5	18种多环芳烃总和/(mg·kg^{-1})		<50(16种)	≤50	接触≤50 非接触≤100	≤50	≤50	≤50	≤500	≤50	非渗水≤200 渗水≤50
6	苯并[a]芘/(mg·kg^{-1})		≤1.0	≤1.0	≤1.0	≤1.0	≤1.0	≤1.0	≤30	≤1.0	≤1.0
7	邻苯二甲酸酯类/%		≤0.2	—	—	—	≤0.2	≤0.2	≤0.2	≤0.2	≤0.2
8	短链氯化石蜡/%		—	—	—	—	≤0.15	≤0.15	≤0.15	≤0.15	≤0.15
9	4，4′-二氨基-3，3′-二氯二苯甲烷(MOCA)/%		≤0.1	—	—	—	—	≤0.1	≤0.1	≤0.1	≤0.1
10	重金属/(mg·kg^{-1})	可溶性铅	≤90	≤30	≤50	≤90	≤50	≤50	≤50	≤50	
		可溶性镉	≤10	≤10	≤10	≤10	≤10	≤10	≤10	≤10	
		可溶性铬	≤10	≤10	≤10	≤10	≤10	≤10	≤10	≤10	
		可溶性汞	≤2	≤2	≤2	≤2	≤2	≤2	≤2	≤2	
		可溶性砷	≤25	—	—	—	—	—	—	—	

2. 面层成品有害物质限量要求

国内部分省市标准对运动场地铺装材料面层成品有害物质的限量要求见1.9.3-16。

表1.9.3-16　国内部分省市标准对运动场地铺装材料面层成品有害物质的限量要求

序号	项目		湖南	上海	福建	江苏	深圳		山东
							非透气型现浇型	透气型现浇型	
1	苯/(g·kg^{-1})		≤0.05	不得检出(<0.02)	不得检出(<0.02)	≤0.05	≤0.05		不得检出(<0.02)
2	甲苯+甲苯总和/(g·kg^{-1})		≤0.05	≤0.05	≤0.05	≤0.05	≤0.05		≤0.05
3	游离甲苯二异氰酸酯(TDI)/(g·kg^{-1})		≤0.2	不得检出(<0.01)	不得检出(<0.01)	≤0.2	≤0.2		不得检出(<0.01)
4	总挥发性有机物(TVOC)		≤35 g·m^{-2}	—	—	<5 g·L^{-1}	—		释放量≤50.0 mg·kg^{-1}
5	18种多环芳烃总和/(mg·kg^{-1})		—	—	≤50	≤50	≤200	≤50	≤50
6	苯并[a]芘/(mg·kg^{-1})		—	—	≤1.0	≤1.0	≤20	≤1.0	≤1.0
7	邻苯二甲酸酯类/%		≤0.2	—	≤0.2	≤0.2	≤0.2		≤0.2
8	短链氯化石蜡/%		—	—	≤0.15	≤0.15	≤0.15		≤0.15
9	4，4′-二氨基-3，3′-二氯二苯甲烷(MOCA)/%		—	—	≤0.1	—	≤0.1		≤0.1
10	聚氯乙烯面层中氯乙烯单体/(mg·kg^{-1})		—	—	≤5.0	—	—		—
11	重金属/(mg·kg^{-1})	可溶性铅	≤90	≤30	≤50	≤50	≤50		≤90
		可溶性镉	≤10	≤10	≤10	≤10	≤10		≤10
		可溶性铬	≤10	≤10	≤10	≤10	≤10		≤10
		可溶性汞	≤2	≤2	≤2	≤2	≤2		≤2
		可溶性砷	≤25	—	—	—	—		—

国内部分省市标准对运动场地铺装材料面层成品有害物质释放速率限量要求见 1.9.3－17。

表 1.9.3－17　国内部分省市标准对运动场地铺装材料面层成品有害物质释放速率限量要求（mg·m^{-2}·h^{-1}）

序号	项目	湖南（环境舱23℃）有害物质释放限量/(mg·m^{-3})		上海（环境舱60℃）	福建（环境舱60℃）	深圳（环境舱23℃）		山东（环境舱60℃）
						非透气型现浇型	透气型现浇型	
1	总挥发性有机物（TVOC）	≤1.0		—	≤5.0	≤2.0		≤5.0
2	游离甲醛	≤0.10		≤0.10	≤0.10	≤0.05		≤0.10
3	苯	≤0.11		不得检出（<0.005）	不得检出（<0.005）	—		不得检出（<0.005）
4	甲苯＋甲苯＋乙苯总和	甲苯≤0.20	二甲苯≤0.20	≤1.0	≤1.0	—		≤1.0
5	游离甲苯二异氰酸酯（TDI）	≤0.036		不得检出（<0.001）	—	—		不得检出（<0.001）
6	游离二苯基甲烷二异氰酸酯（MDI）	—		≤0.01	≤0.01	—		—

3. 人造草皮有害物质限量要求

国内部分省市标准对人造草皮有害物质的限量要求见表 1.9.3－18。

表 1.9.3－18　国内部分省市标准对人造草皮有害物质的限量要求

序号	项目		福建		深圳	
			指标	检测方法	指标	检测方法
1	总挥发性有机物（TVOC）释放速率/(mg·m^{-2}·h^{-1})		≤5.0	环境舱 60℃	≤1.0	环境舱 60℃
2	游离甲醛释放速率/(mg·m^{-2}·h^{-1})		≤0.10		≤0.05	
1	苯/(g·kg^{-1})		不得检出（<0.02）	GB/T 18583—2008	≤0.05	GB/T 18583—2008
2	甲苯＋甲苯总和/(g·kg^{-1})		≤0.05		≤0.05	
3	游离甲苯二异氰酸酯（TDI）/(g·kg^{-1})		不得检出（<0.1）		≤0.2	
4	挥发物含量/(g·m^{-2})		—	—	—	
5	邻苯二甲酸酯类/%		≤0.2	GB/T 29608—2013		GB/T 29608—2013
6	短链氯化石蜡/%		—	—	—	—
7	4，4′-二氨基-3，3′-二氯二苯甲烷（MOCA)/%		—	—	—	—
8	18 种多环芳烃总和/(mg·kg^{-1})		≤50	GC－MS	≤50	GB/T 29614—2013
9	苯并［a］芘/(mg·kg^{-1})		≤1.0	GC－MS	≤1.0	GB/T 29614—2013
10	重金属/(mg·kg^{-1})	可溶性铅	≤50	GB/T 23991—2009	≤50	GB/T 9758—1988
		可溶性镉	≤10		≤10	
		可溶性铬	≤10		≤10	
		可溶性汞	≤2		≤2	

3.2.2　除味减味措施

我国合成材料面层的环保发展方向是胶剂水性化和无溶剂化、原材料控制常态化以及现场施工规范化。

山东省地方标准 DB 37 T 2904.1—2017《运动场地合成材料面层第一部分：原材料使用规范》规定了中小学及幼儿园运动场地合成材料面层原材料及半成品使用物质清单，见表 1.9.3－19。

表 1.9.3-19　DB 37 T 2904.1 规定的中小学及幼儿园运动场地面层原材料及半成品使用物质清单

进场原材料及半成品	分类		说明或缩写词
弹性颗粒	橡胶颗粒	天然橡胶	NR
		三元乙丙橡胶	EPDM
		聚氨酯橡胶	UR
聚氨酯胶体主料	聚醚多元醇类预混料、异氰酸酯类预聚体、水性聚氨酯		—
胶黏剂	水基型胶黏剂、本体型胶黏剂		—
助剂类	催化剂、面漆		适量添加，成品应符合要求

其他运动场地合成材料面层原材料及半成品使用物质清单见表 1.9.3-20。

表 1.9.3-20　DB 37 T 2904.1 规定的其他运动场地面层原材料及半成品使用物质清单

进场原材料及半成品	分类		说明或缩写词
弹性颗粒	橡胶颗粒	天然橡胶	NR
		丁苯橡胶	SBR
		丁腈橡胶	NBR
		顺丁橡胶	BR
		丁基橡胶	IIR
		异戊橡胶	IR
		硅胶	SI
		三元乙丙橡胶	EPDM
		聚氨酯橡胶	UR
	热塑性弹性体		TPE
聚氨酯胶体主料	聚醚多元醇类预混料、异氰酸酯类预聚体、水性聚氨酯		—
聚丙烯酸酯胶体主料	—		—
聚脲胶体主料	—		—
胶黏剂	溶剂型胶黏剂、水基型胶黏剂、本体型胶黏剂		—
助剂类	催化剂、稀释剂、面漆		适量添加，成品应符合要求

其中，弹性颗粒铺装材料中，三元乙丙橡胶与聚氨酯橡胶材料的总橡胶烃含量要求大于 15%；其他如 NR、SBR、SI 等的总橡胶烃含量要求大于 40%。

此外，聚丙烯悬浮式拼装地板可能是未来运动场地合成材料面层的发展方向之一。悬浮式拼装地板具有以下特点：

(1) 真正的安全环保。

与发泡 EPDM、发泡 EVA、XPE（化学交联聚乙烯发泡材料）、EPE（物理发泡聚乙烯，俗称珍珠棉）等地垫不同，悬浮式拼装地板不采用发泡技术而采用独特的悬浮式结构设计，因而无甲酰胺类物质残留；不需胶黏剂即可铺装，固不会引入甲苯等有机溶剂；悬浮式拼装地板所用材料由食品级聚丙烯经特殊改性制成，所以悬浮式拼装地板的挥发性有机化合物（VOC）从本质上得到减少，无毒安全，环境友好。

(2) 具有优异的运动性能。

悬浮式拼装地板接近于水泥地面的承载强度（承重负荷可达 2 500 N），不影响篮球架等物品的地面运输。在保证适中的垂直及平面变形的同时，还可以有效降低运动过程中产生的地面摩擦噪声。面对各种运动鞋、运动器材、工具的移动具有良好的耐磨性，相比于其他橡塑地面材料，具有更好的运动感觉。

(3) 具有柔韧性、回弹性与防滑等特性。

采用悬浮式的结构设计加上坚固的加强型支撑脚结构，创造卓越的垂直减振效果（振动吸收超过 53%），防滑的表面（表面防滑系数在 0.5 和 0.8 之间）可有效防止运动损伤，降低了幼儿、学生、运动员等在运动时由于意外冲击而受到伤害的可能性，提高了运动人员的安全性，减少了对运动人员的膝盖、脚踝、背部和筋骨的伤害。

(4) 采用部件“拼装”安装方式。

悬浮式拼装地板的成品为块状，可直接铺装在水泥或沥青的基础表面，无须黏接，每一块地板之间用独特的锁扣进行连接，安装简单快捷，铺装过程不受天气影响，还可以随意拆卸。

悬浮式拼装地板还具有独特的自排水系统，场地不再积水，雨停后可以迅速投入使用。

(5) 具有非常优异的耐候性。

悬浮式拼装地板材料中含有环保的耐候老化成分，提高了产品的耐候性能，可以在户外长期使用。经大量使用验证，悬浮式拼装地板还具有良好的耐寒性和耐热性，在我国极限湿热环境、极限干热环境和寒冷环境中，均取得良好的使用效果，物理性能及颜色保持率高，使用年限可达 8 年以上。

（6）食品级聚丙烯可着色性强，所制得的地板具有丰富鲜艳的色彩，可广泛应用于幼儿室内外活动场所，包括轮滑场地在内的室内外运动场、体操房、文艺舞台、健身中心等商业地板，以及室内泳池等涉水区域周围、人行通道、屋顶平台及私家停车库等。

3.3 其他橡胶制品

其他有 VOC 要求的橡胶制品及其技术要求见表 1.9.3-21。

表 1.9.3-21 其他有 VOC 要求的橡胶制品及其技术要求

要求		相关标准
挥发性有机物（VOC）	婴幼儿安抚奶嘴中，该物质的含量应≤500 mg/kg	GB/T 28482—2012 婴幼儿安抚奶嘴安全要求，条款 8.4
总挥发性有机物（TVOC）	学生用品胶粘剂中该物质的含量应≤50 g/L	GB/T 21027—2007 学生用品的安全通用要求，条款 3.3

本章参考文献：

[1] 叶从胜，李运才．国外化学品管理法规概况 [J]. 安全、环境和健康，2002，2（3）：31-33.

[2] 裴敬伟，化学物质审查制度比较研究 [J]. 华北电力大学学报（社会科学版），2010（4）：60-64.

[3] 王建平，等．REACH 法规的最新发展（三）[J]. 印染，2014（22）：37-39.

[4] 邓名煊．由 WEE&RoHS 引起的环保指令对橡胶制品加工的影响 [J]. 广东橡胶，2007（10）：20-25.

[5] 杨清芝，张殿荣．试述橡胶与环保 [J]. 特种橡胶制品，2008，29（4）：51-60.

[6] 谢忠麟，关于我国橡胶工业环保和节能问题的思考（一）[J]. 世界橡胶工业，2007，34（2）：44-49.

[7] 谢忠麟，关于我国橡胶工业环保和节能问题的思考（二）[J]. 世界橡胶工业，2007，34（3）：49-54.

[8] 谢忠麟，关于我国橡胶工业环保和节能问题的思考（三）[J]. 世界橡胶工业，2007，34（3）：44-50.

[9] 谢忠麟，多环芳烃与橡胶制品 [J]. 橡胶工业，2011，58（6）：359-376.

[10] 部分内容来源：上海锦湖日丽塑料有限公司．

第二部分　工艺耗材与外购件

第一章　通用工艺耗材

1.1　低熔点橡胶配料袋

低熔点橡胶配料袋的供应商见表 2.1.1-1。

表 2.1.1-1　低熔点橡胶配料袋的供应商

供应商	类型	熔点/℃	用途	特点
青岛文武港橡塑有限公司	EVA	69～95	盛装炭黑与其他化工药品	
	RB	69～95	盛装白炭黑与其他化工药品	RB 物理性能接近橡胶，包装袋与橡胶有更好的相容性，熔解耗能更低
	低熔点阀口包装袋		盛装炭黑、白炭黑与其他化工药品	材质为 EVA
	多层阀口袋（带排气孔）			盛好物料后，可自动关闭阀口，并通过袋身排气孔排出空气，提高了称量过程的自动化程度
连云港锐巴化工有限公司	EVA	≤84		熔点≤76℃或≤70℃，颜色、尺寸、厚度可根据用户要求定制

1.2　垫布

垫布，也称衬布，用于保存未硫化胶料，防止粉尘污染胶料，使胶料表面保持新鲜。垫布有织物型和薄膜型两种。织物型垫布由棉垫布、丙纶垫布、维纶垫布、涤纶垫布；薄膜型垫布由聚乙烯薄膜压成表面凹凸形状制成，厚度为 0.1～0.2 mm。

橡胶工业对垫布的性能要求包括：(1) 有较高的强度和耐磨性，表面光滑，防皱折性能好；(2) 回潮率低；(3) 与各种橡胶有优良的隔离性；(4) 静电效应小；(5) 耐热性能好。

1.2.1　垫布

各种垫布规格与性能指标见表 2.1.1-2。

表 2.1.1-2　垫布规格与性能指标

品种	规格/tex	组织	幅宽/cm	密度根/cm	干重/(g·m^{-2})	断裂强度/[N·(2.5 cm)$^{-1}$]		断裂伸长率/%		磨平次数/次	厚度/mm
						经向	纬向	经向	纬向		
棉	28/2×2	平纹	160	21×16	230	444	368	20.8	12.6	303.2	0.61
维纶	28/2×2	平纹	170	22×16	245	727	513	27.4	15.0	445.6	0.59
涤纶	16.7/2×4	平纹	160	44×12	250	1 302	762	31.7	22.8	1 477.5	0.49
丙纶 12011 11521 11022 1264 1363 1464 16022-3 9023-3 9033-3 16035-3	16.7/1×1	平纹	120	22×20	100	549	371	27.0	32.9	180.2	0.29
	16.7/2×1	平纹	115	22×18	120	829	332	36.6	34.4	277.4	0.39
	16.7/2×2	平纹	110	22×18	150	795	558	41.5	26.7	406.0	0.45
	16.7/2×4	平纹	160	22×12	180						
	16.7/3×3	平纹	160	22×12	210	1 078	647	56.0	29.2	1 059.8	0.62
	16.7/4×4	平纹	160	22×12	260	1 570	638	42.7	34.0	2 297.4	0.69
	23.3/2×2	提花	160	22×18	200	991.5	622	45.9	21.6	811.6	0.64
	23.3/2×3	提花	90	22×14	220	520	1 032	76.3	20.2	238.6	0.59
	23.3/3×3	提花	90	22×14	280	1 516	925	50.3	31.5	1 104.8	0.88
	16.7/3×5	提花	160	22×12	250	1 167	1 093	42.6	34.1	674	0.83

1.2.2 聚乙烯薄膜垫布

用作垫布的聚乙烯薄膜应当柔软、挺括，能与橡胶半成品充分贴合、防尘，并易于剥离。其拉伸强度、断裂伸长率、撕裂强度、熔点、铜含量、锰含量与丙酮抽出物均应符合一定的要求。重复使用型还需具有耐折性，保证复卷时垫布舒展平整，没有褶皱。聚乙烯薄膜垫布的供应商见表 2.1.1－3。

表 2.1.1－3 聚乙烯薄膜垫布的供应商

供应商	类型		规格型号	应用场合	特点
青岛文武港橡塑有限公司	PE 隔离保护膜	一次型	亚光	纯胶部件、纤维帘布、钢丝帘布生产工序	
			菱形表面花纹		
			立方体表面花纹		
		重复使用型		钢丝帘布压延工序	
	PE/PET/PE 复合隔离膜			内衬层、带束层生产工序	
	网格复合膜			钢丝帘布压延、内衬层、胎圈包布生产工序	耐折、耐曲挠性能好，纵向、横向拉伸强度大，不收缩、不变形

1.3 喷码液、划线液与相关设备

1.3.1 轮胎喷码机、划线装置

轮胎喷码机、划线装置的供应商见表 2.1.1－4。

表 2.1.1－4 轮胎喷码机、划线装置的供应商

供应商	规格型号	产品描述	模式	喷头	特性	安装定位	操作界面
上海锐炽化工科技有限公司	TMI－150 系列	专门为轮胎生产及加工商提供产品标识及过程质量控制的喷码设备	手动型：TMI－150 全自动型：TMI－150－A	三种喷头： 7 点（字高最大 28 mm）、16 点（字高最大 64 mm）、32 点（字高最大 128 mm）。 其特点为： （1）合适的喷头喷嘴直径为 150 μm，节省油墨 20% 以上；（2）不需要经常更换和清洗喷头，节省 80%清洗剂用量；（3）设计合理，电磁阀阀杆胶头不易损坏	（1）与半成品部件无接触式喷印，标识更美观；（2）（电脑、PLC）通信连接，无限扩展存储信息，真正实现自动喷码标识；（3）喷码机的喷嘴直径为 150 μm，油墨用量少，成本低，可以有效控制每条胎的印刷成本；（4）无需工人任何操作，减少因胎面标识问题产生的回收料，实现零误差成功标识；（5）喷嘴设计先进，操作稳定，没有易损件；（6）配套油墨具有快速干燥的特点，在高温下不变色、不黏模；（7）可连接两个喷头，实现双胎面同时打印，打印信息可以不同	安装位置：落地式（独立安装）、配套式（安装在生产线上），可以根据不同高度、宽度的生产线进行配套。 手动定位：根据各规格的喷码位置，采用手动方式定位，由高精度、可逆性和高效率的滚珠丝杠实现。	操作界面采用中文操作系统的电脑式键盘，可输入及调用 200 条常用型号文字。可在一个喷印周期喷印不同大小的文字（型号及班别）。 操作界面：图标、文字、中文的混合界面，功能强大。（1）喷印信息：中文、英文、数字、日期及时间、计数器、班次、图形等；（2）字符格式：粗体、反字、倒字、反显字；（3）界面语言：中文和英文随意切换；（4）信息存储量：200 条，每条信息 50 个字符，每条信息长度 4 000 列
	TMI－150012	专门为轮胎生产及加工商提供产品划线标识及过程质量控制的划线设备			（1）操作更便利，定位更准确；（2）设备停机不会漏墨，现场更清洁美观；（3）可根据客户标识线宽度要求进行配置划线轮；（4）色线宽度均匀美观	安装位置：安装在所需要生产线，根据生产线的不同宽度进行调整； 定位方式：手动移动到胎面（或其他）需要划线的位置，划线位置固定，能够避免划线过程中出现位置偏移； 支架样式：单划线桶（一套支架上只能安装一个划线桶）和双划线桶（可安装两个划线桶，并可以分别定位）	

1.3.2 喷码液、划线液

喷码液、划线液的供应商见表 2.1.1－5。

表 2.1.1－5 喷码液、划线液的供应商

供应商	规格型号	产品描述	黏度	技术指标	特点
上海锐炽化工科技有限公司	TMI 轮胎喷码油墨	轮胎企业专用喷码油墨，可以完全代替传统的胎面标识油墨（划线和辊轮滚压）。本油墨是专门为喷码机设计和开发，以达到最佳的喷印效果	≤20 mPa·s（旋转式转子黏度计）	导电率：≤20；色差：国际标准色卡；细度：≤20 μ；密封检查：静置 1 h	（1）无沉淀油墨；（2）不会堵塞喷头，不易造成配件（阀杆和橡胶堵头）的损坏，完全可以满足企业连续生产的要求，大幅度减少清洗剂用量，降低使用成本；（3）与橡胶等高分子材料有很好的相容性和附着性，硫化后不黏模具，成品美观大方；（4）快速干燥，可以满足工艺要求；（5）超细研墨，三级过滤；（6）不易变色，易于储存和清洗
	TML 水性标识油墨	用于橡胶、塑料等高分子材料的标识的黏稠液体	涂 4 杯、秒：40～80	固体含量：0.55%；密度：0.90～1.30 g/cm³；pH 值：7～9	（1）高固含量（更好地附着力），不含有机溶剂，安全环保；（2）降低成本，是一般溶剂型色浆用量 1/5 到 1/10；（3）无味，无挥发性有机物（VOCs），满足客户追求低排放要求，满足国家对环保的要求；（4）外观亮丽，耐高温不变色，不黏模；（5）易于存储和清洗；（6）与橡胶有优异的附着性和相容性

1.4 隔离剂、脱模剂、模具清洗剂

隔离剂用来减小未硫化橡胶的黏性，使加工过程中的物料具有良好的操作性，按组成与来源可以分为无机和有机两种，常用品种有滑石粉、云母粉、黏土、甘油、硬脂酸锌、硬脂酸铵、油酸胺（油酸酰胺）、N，N′-亚乙基双硬脂酸铵、油脂丙烷二胺二油酸盐、硬脂酸丁酯、磺化植物油、石蜡、凡士林、油酸钠皂、十二烷基磺酸钠、肥皂的水溶性悬浮液、玉米淀粉、聚乙二醇、有机硅氧烷、低分子量聚乙烯等。大多数隔离剂都是混合型产品，其中一个组分能够使薄膜黏附于模具表面，而另外一个组分真正发挥着隔离和脱模的作用，如由表面活性剂（皂类）及成型材料（甲基纤维素、聚乙烯醇等）构成的易于分散的混合物等。为了避免设备的腐蚀和皂类的降解，可以在其中加入防腐蚀剂和抗菌剂；有时为了避免起泡现象，还需加入防起泡剂。隔离剂形成的薄膜应该稳定，但是在炼胶、压型等后续工序中，能够被轻易地吸收，并且不影响成型及硫化等步骤。

脱模剂应易涂布、成膜性好，不污染，具有化学惰性与耐化学药品性，在与不同化学成分接触时不反应、不溶解，不腐蚀模具；在模具表面形成的吸附膜应具有耐热性能且有一定的强度，不易分解或磨损；转移到被加工制品上的脱模剂不吸附粉尘，对后续加工，如电镀、热压模、印刷、涂饰、黏合等无不良影响。

脱模剂按使用方法分为内脱模剂与外脱模剂。

常用的内脱模剂包括脂肪酸盐、聚乙二醇、氟碳化合物、低分子聚乙烯、胺及酰胺类衍生物等。

外脱模剂包括：

（1）氟系脱模剂，配制成脱模剂时，含氟化合物的用量极小。能够显著降低模具的表面能，使其难浸润、不黏着，对热固性树脂、热塑性树脂和各种橡胶制品均适用，模制品表面光洁，二次加工性能优良，特别适合于精细电子零部件的脱模。

氟系脱模剂的使用方法：

a. 模具准备：用有机溶剂、喷沙、洗模胶、洗模液等常用方法，将模具表面的污垢杂质清洗干净，有助于 PTFE 薄膜同干净模具表面黏合紧密。

b. 脱模剂准备：氟系脱模剂不是纯溶液，很容易沉淀，应用前或应用中必须要搅拌均匀成乳白色液体。另外有的乐瑞固脱模剂为浓缩液，可以根据 MSDS 和 PDS，用有机溶剂或纯净水稀释达到最高的性价比，但必须要按时搅拌均匀防止 PTFE 氟树脂沉降。

c. 涂刷方式：散装液体最好用喷涂方式，喷嘴离模具表面为 10～15 cm，也可用浸涂、刷涂、滚涂及喷雾罐，但涂刷脱模剂时，最好薄而均匀地分布在模具表面，不要喷涂过多。

a）可用常用方法如涂刷、浸渍、喷涂等，涂上一层薄而均匀的乐瑞固脱模剂在模具表面，待其溶剂、水分挥发掉以后，再用同样的方法于垂直或相反方向上涂薄而均匀的一层，当溶剂、水分挥发掉以后就可以硫化使用，有时需要固化时

间。二次交叉喷涂主要让脱模剂布满整个表面。

b）为了提高脱模周期次数，最好于第二个固化周期，重复步骤，用同样的方法涂刷两层乐瑞固脱模剂，让模具表面达到理想状态。

c）三个周期以后不用再涂刷，脱模周期即可达到多次，具体次数受生产工艺、胶种、增塑剂影响。

d）多次脱模后，当脱模性能不好时，只须补涂一层即可，又能多次脱模。

氟系脱模剂与其他脱模剂的区别见表 2.1.1-6。

表 2.1.1-6　氟系脱模剂与其他脱模剂的区别

项目	氟系脱模剂	其他脱模剂
活性物质	氟化物及其他树脂化合物	硅油、蜡、脂肪酸盐
脱模原理	光滑惰性特氟龙薄膜	一次性隔离膜
薄膜特性	同干净模具表面化学黏合紧密	大部分迁移到制品表面
成品质量	没有质量问题	有麻坑、流痕、表面油迹
二次工艺	不影响黏合、二次硫化、喷漆	有一定影响
脱模次数	半永久型多次脱模	1～2 次
模具温度	常温至 600℃高温都可以	有局限性
工艺条件	高压注射、转移模、旋转、浇注等	有局限性
适用聚合物种类	橡胶、聚氨酯、树脂、塑料	
模具清洗时间	1～2 个月	4～8 天
热稳定性	硫化温度下稳定、不分解	分解出小分子气体
化学稳定性	惰性无反应，提高胶料模腔内流动	有可能与助剂反应

（2）硅系脱模剂，以有机硅氧烷为原料制备而成，其优点是耐热性好，表面张力适中，易成均匀的隔离膜，使用寿命长。缺点是脱模后制品表面有一层油状面，制品二次加工前必须进行表面清洗，有时会阻碍抗臭氧化保护膜在制品表面的形成；能与过氧化物反应，不适用于过氧化物硫化的配方。常用的有甲基支链硅油、甲基含氢硅油、二甲基硅油（聚二甲基硅氧烷）、1＃与 2＃树脂型有机硅脱模剂、293＃～295＃油膏状有机硅脱模剂、溶剂型有机硅脱模剂、水乳化有机硅脱模剂、甲基苯基硅油、乙基硅油（聚二乙基硅氧烷）、102＃甲基硅橡胶、甲基乙烯基硅橡胶等，常与其他脱模剂配合使用，在聚氨酯、橡胶等的加工中均有广泛应用。

（3）蜡（油）系脱模剂，特点是价格低廉，黏敷性能好，缺点是污染模具，其主要品种有：a）工业用凡士林，直接用作脱模剂；b）石蜡，直接用作脱模剂；c）磺化植物油，直接用作脱模剂；d）印染油（土耳其红油、太古油），在 100 份沸水中加 0.9～2 份印染油制成的乳液，比肥皂水脱模效果好；e）聚乙二醇（相对分子质量为 200～1 500），直接用于橡胶制品的脱模。

（4）表面活性剂系脱模剂，包括脂肪酸酯、金属皂盐、牛磺胆酸酰胺等脂肪酸酰胺、链烷烃磷酸酯、乙氧基醇类、聚醚类等，特点是隔离性能好，但对模具有污染，主要有以下几种：a）肥皂水，用肥皂配成一定浓度的水溶液，可作模具的润滑剂，也可作为胶管的脱芯剂；b）油酸钠，将 22 份油酸与 100 份水混合，加热至近沸，再慢慢加入 3 份苛性钠，并搅拌至皂化，控制 pH 值为 7～9，使用时按 1∶1 的水稀释，用作外胎硫化脱模时，需在 200 份上述溶液中加入 2 份甘油；c）甘油，可直接用作脱模剂或水胎润滑剂；d）脂肪酸铝溶液，将脂肪酸铝溶于二氯乙烷中配成 1%溶液，适用于聚氨酯制品，涂 1 次，可重复用多次，脱模效果好；e）硬脂酸锌是透明塑料制品的脱模剂，也是一种隔离剂；f）硬脂酸钙也一直被用作隔离剂和脱模剂。

隔离剂与脱模剂均应在涂刷或喷涂、干燥后进入下一道工艺，如未干燥，会使制品产生气泡、重皮、疤痕等，影响外观质量。

1.4.1　隔离剂

隔离剂一般应无味、无毒，可在水中快速分散后，短期内沉积；不影响胶料的加工性能、硫化性能，特别是不影响橡胶与骨架材料之间的黏合。

隔离剂的供应商见表 2.1.1-7。

表 2.1.1-7　隔离剂的供应商

供应商	规格型号	产品名称	化学组成	pH 值	灰分/%	使用方法	性能特点
广州诺倍捷化工科技有限公司	LUBKO N98	隔离剂	水基型精细高分子				可稀释、无泡沫、无沉淀，不影响胶料性能

续表

供应商	规格型号	产品名称	化学组成	pH值	灰分/%	使用方法	性能特点
济南正兴橡胶助剂有限公司	XJ7101	隔离剂	无机硅酸盐、脂肪酸盐、表面活性剂和高分子材料的混合物	10～12		用水稀释到3%左右，搅拌30～60 min，溶液混合均匀后即可使用	水胎、内胎、轮胎胶片隔离
	XJ7103	隔离剂		8～10	70～85		轮胎、胶管胶片隔离
	XJ7105	隔离剂		8～10	55～65		含卤素橡胶制品胶片隔离
	XJ7107	隔离剂		8～10	55～65		钢丝胎、斜交胎胶片隔离
威海天宇新材料科技有限公司	粉状胶片隔离剂		无机填料和活性剂	8～11	60±3	用水稀释	推荐使用浓度（3.5±1）%，无泡沫
	膏状胶片隔离剂		特细无机填料的膏状体	8～11		兑水比例1∶10～1∶20	活性物含量为25%～30%，无气味，适用于浅色和透明制品
	胶囊隔离剂		反应性硅聚合物的乳状液体	5～7	先将胶囊用酒精清洁，然后用胶囊隔离剂原液将胶囊均匀涂刷一遍，充分干燥（>24 h）。硫化时胶囊隔离剂可兑一定量的水稀释，用雾化装置喷在胶囊表面。前10次要求1～2次硫化即均匀喷刷在胶囊上一次，10次以后根据情况每班一次或两次在胶囊上喷涂即可		半永久性胶囊脱模剂，活性物含量为10%～20%。使胶囊与生胎之间有良好的滑移性能及硫化后良好的隔离性能，轮胎硫化后内侧光亮、平滑、干燥；具有用量少、干燥快、即时可用、脱模次数多，延长胶囊使用寿命的特点
元庆国际贸易有限公司（EVER-POWER）	胶片隔离剂/TPE造粒防黏剂AT 95		特别微细的硬脂酸锌及乳化活性剂悬浮液，白色膏状		本品有极好之分散于水的溶解性，无污染性，无变色性，在低温干燥处贮存无限制。 用法：直接按1∶20的比例用水稀释。在使用本品时前，先在水槽中搅拌约30 s，可使隔离效果更佳，可节省用量并保持隔离的持久性		本品的水溶液可以在未加硫的橡胶表面形成一层非常薄的硬脂酸锌膜，防止胶料相互黏合；本品非常适合用于浅色及透明制品，对色泽不会造成影响；可以快速分散于水中，对胶料有很好的润湿效果，不论含水或干的状态下皆能有很好的隔离效果；本品所含的硬脂酸锌可溶于热的橡胶；在硅胶中有明显的离模效果，是一种极佳的内脱模剂，用法为添加2～5份同橡胶一起混炼；本品比粉状隔离剂更容易溶于水中，并不造成水槽内水管的阻塞及沉积水槽底，对极低硬度的特种混炼胶（如卤化丁基橡胶）有更明显防黏效果
连云港锐巴化工有限公司	DIR-3白色胶料防黏剂		特别微细的硬脂酸锌及乳化剂混合物，白色膏状		极易分散于水中。 用法：DIR-3可以直接稀释成所需浓度加入水槽中。DIR-3水溶液为悬浮液，需定期搅拌。 用量：通常建议使用量为5%，亦即DIR-3加入20倍水中		非常适用于浅色及透明制品，对色泽不会造成影响DIR-3的水分散体可以在未加硫的橡胶表面形成一层非常薄的硬脂酸锌薄膜，可以防止胶料相互黏连；水分散体或干的状态下皆有很好的分离效果；DIR-3所含的硬脂酸锌，可溶于热的橡胶，终炼胶的表面看不到防黏剂的痕迹

续表

供应商	规格型号	产品名称	化学组成	pH值	灰分/%	使用方法	性能特点
连云港锐巴化工有限公司	DIR－1胶片水溶性隔离剂		脂肪酸盐及衍生物，棕色液体	7.5－9.5		固含量（25±2）%，无污染，完全溶解于水，不凝结，不起泡。 用法：DIR－1的黏度较低，可以直接稀释成所需的浓度加入水槽中。 用量：通常建议使用量为1/30～1/20，亦可DIR－1加入20～30倍水中；夏天使用时应适当加大浓度。 只适用于轮胎及黑色橡胶制品	DIR－1的水溶液可以在未加硫的橡胶表面形成一层非常薄的硬脂酸盐类薄膜，可以防止胶料相互黏连；可以快速且容易的分散于水中，对胶料有良好的分离效果；DIR－1所含的硬脂酸类物质，可溶于热的橡胶，终炼胶的表面看不到防黏剂的痕迹；具有较强的润滑、乳化、去污能力；与传统使用的肥皂水对比，不需加热，常温下即可使用。具有使用方便，能减轻劳动强度，不污染环境等优点，且具有不影响胶与胶、胶与帘线、胶与钢丝黏合的性能，能有效防止水槽内水管的阻塞
阳谷华泰	粉状隔离剂SSSF－1		无机填料、脂肪酸盐和表面活性剂的混合物			灰色至米色粉末，水中使用浓度为2%～4%	混炼过程，用于胶片接取装置和各类型浸渍槽。快速干燥，非常容易分散
	粉状隔离剂SSSF－2		无机填料和表面活性剂的混合物			灰白色粉末，水中使用浓度为2%～4%	与橡胶相容性好，不影响橡胶的硫化速度和硫化性能，对钢丝和橡胶的结合力无影响。易于在水中分散，在橡胶成膜均匀，不腐蚀设备
	膏状隔离剂ZNST		分散在水中的特细硬脂酸锌（28%的活性组分）			白色稳定悬浮液，水中使用浓度为4%～10%	混炼过程，用于浸渍槽和胶片接取装置，制备挤出机的胚料。由于黏度低，可被直接稀释到所需浓度
中山涵信	305防黏剂		以硬脂酸锌为主要成分的白色无分层均匀膏状体，用作未硫化橡胶的隔离剂			按3%～8%浓度用水稀释，具体浓度可根据胶料硬度及黏性适当调节。本品经轻微搅拌即可快速分散于水中，胶片浸渍后形成均匀的硬脂酸锌膜层黏附在胶片表面，发挥其防黏效果	305防黏剂中所含的硬脂酸锌，可被橡胶吸收，硫化后的制品表面看不到任何残余的防黏剂痕迹。用于浅色及透明制品，对色泽不会造成影响

1.4.2 脱模剂

（一）内脱模剂

内脱模剂加入胶料后，不必再喷涂外脱模剂即能有效脱模，避免胶料对模具产生污损及腐蚀现象，延长模具使用寿命。

1. 表面活性剂和脂肪酸钙皂混合物

表面活性剂和脂肪酸钙皂混合物的供应商见表2.1.1－8。

表2.1.1－8 表面活性剂和脂肪酸钙皂混合物的供应商

供应商	商品名称	化学组成	外观	熔点/℃	灰分/%	密度/(g·cm^{-3})	说明
连云港锐巴化工	IM－1	脂肪酸钙皂和多种表面活性剂的混合物	乳白色圆柱状颗粒	75～95	≤8.5		用量为1～3份
	RL－16	脂肪酸酰胺和脂肪酸皂的混合物	浅黄色粒状	100		1.0	流动脱模剂
	RL－28	特殊化合物与脂肪酸酯的混合物	灰色粒状	60		1.1	氟胶流动脱模剂

续表

供应商	商品名称	化学组成	外观	熔点/℃	灰分/%	密度/(g·cm^{-3})	说明
河北瑞威科技有限公司	RWT－R		白色颗粒，微弱气味				用量为1～5份
	RWG－R		白色膏状乳液，微弱气味				隔离剂稀释比例一般为1∶30～1∶50
济南正兴	内脱模剂XNT5010	饱和脂肪酸、高分子量有机硅树脂及高碳醇的混合物	白色粉末		10～15		瓶塞内脱模
	内脱模剂XNT5020		白色片状	60～65（软化点）	≤0.5		各类制品特别是轮胎
	脱模剂XNT5030		白色乳液				胶囊脱模
三门华迈	HM－395	脂肪酸钙皂和多种表面活性剂的混合物	乳白色圆柱状颗粒	75～95		1.1	适用于NBR、SBR、BR、EPDM、CR、ACM及其并用胶。用量为2～3份，混炼后段加入
	光亮剂HM－20		白色碎片状	115±5		0.95	多功能表面处理剂，可提高橡胶制品的表面光泽度，提高脱模、抗静电、防水等功效；具有良好的润滑性能，可提高胶料的流动性；并可提高制品的抗撕裂强度与耐磨性。用量为4～5份，混炼时加入
无锡市东材科技	DC313－A	表面活性剂和脂肪酸钙皂的混合物	白色或略黄色粒子		≤9		在压出成型、复杂模具、微孔发泡橡胶时可提高脱气性、离模性，并可得较佳之尺寸安定性；改善焦烧，降低生胶黏度，有润滑及分散作用，与金属面接触时滑动摩擦减小，提高橡胶之流动性；在射出成型加工中，可增加射出量，制品表面光洁度好，花纹清晰，在特殊形状模具有很好的效果；适用于轮胎胎面及胎侧，减少轮胎的外观缺陷，提高成品合格率；改善因使用外用脱模剂所引起的模具污染及模内排气不良现象；可适用于NR、SBR、BR、EPDM、CR、ACM和TPR等胶种。 在混炼初期加入时，可消除胶料黏在混炼装置上的现象及获得最佳分散效果。在混炼末期或加热成品胶料时加入，可得最佳脱模效果。用量1～5份
	DC313－B	多种表面活性剂和脂肪酸钙皂的混合物			≤20		
	DC313－C	脂肪酸锌皂、表面活性剂、润滑剂与烃类的混合物			≤20		
	DC313－D	脂肪酸锌皂、优化润滑剂等的混合物			≤50		
	DC314－Ⅰ	活性剂、各种优化脂肪酸多元醇酯之混合物			≤12		
	DC314－Ⅱ	优化脂肪酸酯混合物	乳白色或略带黄色粒子				主要用于丁基橡胶（IIR）、丙烯酸酯橡胶（ACM）、氢化丁腈橡胶（H－NBR）、氯磺化聚乙烯橡胶（CSM）、氟橡胶（F）及过氧化物硫化型三元乙丙胶等合成橡胶制品。用量为1～5份

续表

供应商	商品名称	化学组成	外观	熔点/℃	灰分/%	密度/(g·cm⁻³)	说明
青岛昂记橡塑科技有限公司	模得丽935P	合成表面活性剂之金属皂基混合物	白色无尘粉粒				兼具分散、改善流动的功能，能提高压出速度，并可增加压出胶料的表面光滑度，尤其适用于复杂口型的压出，使用1～2份，即可得到尺寸精确、外观细腻的制品；无污染，与胶料有很好的相容性，在一般胶料配合中使用至5份仍不会发生喷霜现象，还可以防止胶料高温情况出现的自硫现象，防止胶料黏辊；按照适当比例添加，不影响硫化胶的硬度、拉伸强度、300%定伸等物理性能，能改善硫化胶的耐酸碱、耐水、耐油、耐氧化等化学特性，增强橡胶制品的韧度、强度、耐磨性并能改善外观、消除污点；与胶富丽B-52橡胶白炭黑分散剂配合用于浅色橡胶制品，具有增艳作用；在高温加工中安定性好，特别推荐用于高温硫化（180～220℃）模具成型的胶料中，可节省30%以上的硫化操作时间；在橡胶注射、模压工艺中，加入1.5～2.5份，可以大幅降低压出螺杆的扭矩，使每一批次制品硫化的时间、温度变动幅度减小，产品质量可维持较高的稳定性；无毒，毒性指标完全符合医药橡胶制品原材料的指标要求
	模得乐985P	合成表面活性剂之金属皂基混合物	白色无尘粉状				与胶料有很好的相容性，兼有分散功能，可以帮助填料有效分散，改善胶料流动性，提高制品表面光洁度；按照适当比例添加，不会影响橡胶制品的物理机械性能，且对橡胶与金属的黏合无影响；在硫化加工中安定性好，适合于130～180℃加热硫化的模压制品及挤出制品，不但提高制品的外观合格率，而且有效地提高生产效率；在挤出、模压工艺中，可以降低挤出螺杆的扭矩，使制品质量维持较高的稳定性。 用量：一般生胶，按生胶量1.5%～2.5%添加；卤化橡胶（氯、溴、氟），按生胶量2.0%～3.0%添加
	内脱模剂995A	合成表面活性剂之金属皂基混合物	白色无尘粉状				本品具有较高性价比，可提高脱模效益，加强外观质量、保持模具清洁，尤其适用于轮胎企业。 一般推荐用量：按生胶量2.0%添加。 注意事项：硫化温度低于130℃时可能会影响995 A性能的发挥；如在开炼机中使用，因辊温低，硫化制品有时有轻微白线产生，解决的方法是增加薄通次数；存放在通风干燥处，避免受潮

2. 低分子量聚乙烯

低分子量聚乙烯用作天然橡胶和合成橡胶制品的内脱模剂，熔点低、熔融黏度低，具有良好的相容性和化学惰性，能提供良好的润滑性能，使制品较易脱模，不影响橡胶硫化速度和物理机械性能。

低分子量聚乙烯在炼胶过程中，可以保证胶料不黏辊；改善填料的分散性，特别是炭黑；改善胶料的流动性能和脱模性能，对挤出性能有改善，也可改善胶料表面光洁度。与石蜡、硬脂酸不同，低分子量聚乙烯不会喷霜或析出，不会导致早期硫化（硬脂酸盐则会）。

适用于输送带、软管、垫圈、瓶塞、鞋底等行业，适用于NR、NBR、SBR、IIR、CR、BR、EPDM等胶种。

低分子聚乙烯的供应商见表2.1.1-9。

表2.1.1-9　低分子聚乙烯的供应商

供应商	商品名	产地	外观	滴熔点/℃	硬度/dmm	密度/(g·cm⁻³)	黏度（140℃）/cps	说明
金昌盛	加工助剂AC617A	美国霍尼韦尔	白色粉末/颗粒	101	7.0	0.91	180	用量为3～5份，高填充胶料可用到10份

3. 酰胺类衍生物

能快速迁移到橡胶表面，起到降低摩擦系数，改善橡胶抗滑动磨耗，减轻橡胶与机械金属表面磨损的润滑剂的作用，也可起到脱模剂的作用。橡胶中的用量为1～15份，超过10份本品即可持续喷至制品表面；聚烯烃薄膜制品中添加量为0.05%～0.3%，在加工中需以母粒的形式添加。

油酸酰胺迁移速度比其他酰胺蜡类快，用量超过10份会长期持续喷出至制品表面，NR、NBR、CR及SBR等一般用量为1.5～2.5份，EPDM一般用量为3.0～5.0份。

芥酸酰胺是一种精炼的蔬菜油，与油酸酰胺相比具有较长的碳链，迁移至制品表面的速率较慢，适用于打印和密封加工膜等，主要应用于 LDPE、LLDPE 和 PP 薄膜。

酰胺类衍生物的供应商见表 2.1.1-10。

表 2.1.1-10 酰胺类衍生物的供应商

供应商	商品名	成分	外观	酸值	熔点/℃	色度	碘值 I_2 /[mg·(100 g)$^{-1}$]	水分/%	纯度/%
金昌盛	润滑剂 LUBE-2	—	白色粉末或颗粒	≤1	72～77	≤2	80～88	≤0.2	≥98
元庆国际贸易有限公司	爽滑剂 FINAID-182	油酸酰胺	乳黄色细珠状	<1	73±5	—	—	—	—
	爽滑剂 FINAWAX-ER	芥酸酰胺	粒状	≤4.0	76～86	≤4.0	70～80	≤0.25	≥95

元庆国际贸易有限公司代理的德国 D.O.G 内脱模剂有：

(1) DEOGUM 80 防模具污染脱模剂

成分：脂肪醇与脂肪酸盐结合润滑剂之衍生物，外观：微黄色片状或粒状，比重：0.9 (20℃)，灰分：2.0%～3.5%，储存性：原封室温至少二年以上。

本品作为内润滑剂适用于各种橡胶如 HNBR、EPDM、NR、SBR 等；特别适用于 EPDM (P)，可防模具污染；可增加胶料的压出速率，使制品易脱模及表面光滑平整；对最终制品之物性无不良影响。

用量：2～5 份，与橡胶一起加入。

(2) DEOGUM 194 HNBR/ACM 黏辊离模流动剂

成分：有机硅化合物和有机润滑剂之混合物，外观：白色颗粒状，比重：0.93～0.98 (20℃)，滴熔点 (Dropping point)：110～124℃，储存性：原封包装、室温干燥储存至少一年。

本品可改善特种橡胶（如 HNBR、ACM、EC0、EPDM）的加工性，降低门尼黏度，增进胶料流动性及模具充填性；可使制品易脱模及表面光滑平整；能消除开炼机及其他混炼机上的胶料黏辊现象；对硫化胶之硫化特性及物性无不良影响；较小的添加量即可有明显效果；不喷霜；所含有机硅成分与各特种橡胶有很好的兼容性，提供流动性和脱模性，并不像传统硅油或含硅酮加工助剂有不易和橡胶相容的问题。

用量：0.5～3 份，在密炼机混炼时与填充剂同时加入。

(3) DEOGUM 294 FKM/HNBR 离模流动剂

成分：有机硅化合物和有机润滑剂之混合物，外观：深黄色/浅棕色颗粒状，比重：0.95～1.00 (20℃)；滴熔点 (Dropping point)：99～109℃，储存性：原封包装、室温干燥储存至少一年。

本品可改善特种橡胶（如 FKM、HNBR、ACM、EC0、EPDM）的加工性，可降低门尼黏度，增进胶料流动性及模具充填性；可使制品易脱模及表面光滑平整；能消除开炼机及其他混炼机上的胶料黏辊现象；对硫化胶之硫化特性及物性无不良影响；较小的添加量即可有明显效果；不喷霜。

用量：0.5～3 份，与橡胶一起加入。

(4) DEOGUM 384 AEM/ACM 专用防黏脱模剂

成分：结合有机硅烷之磷酸酯，外观：白色至淡黄色颗粒状，比重：0.9 (20℃)，滴熔点 (Dropping point)：97～111℃，储存性：原封包装、室温干燥储存至少一年。

本品是一种用于特种橡胶（AEM 和 ACM）的加工助剂，可以用在密炼机和开炼机，降低门尼黏度以获得更好的流动性和填模性；本品容易脱模且可以提供更平滑的表面，目前尚未观察到本品有喷霜的现象。

用量：0.5～5 份，与填料一起加入密炼机。

(5) DEOGUM 400 FKM 离模流动剂

成分：脂肪酸衍生物和异烷烃蜡的混合物，外观：黄色颗粒，滴熔点：74～84℃，密度：0.95 g/cm^3 (20℃)，储存性：室温干燥至少一年。美国联邦法规规范 FDA-CFR Title 21，Part177.2600 已登记（最高添加量为 5%）。

本品被发展使用在双酚 A 及过氧化物硫化的 FKM 胶来降低胶料的黏度，即使在低剂量下，在增加挤出和注塑的速度方面有优异的润滑效果；本品可以使胶料脱模更容易。需注意的是在高剂量下，可能会增加硬度和压缩变形。

用量：0.5～1.5 份，用于 CM、TM、IM 等的挤出（如成型）。

(6) DEOFLOW S 离模流动剂

成分：饱和脂肪酸钙盐，外观：乳白色细片状，比重：1.0 (20℃)，滴熔点：105±5℃，污染性：无，储存性：室温干燥至少 2 年。

本品在压出成型、复杂模具、微孔发泡橡胶时可提高脱气性、离模性，并可得较佳之尺寸安定性；可降低生胶黏度，有润滑及分散作用，与金属面接触时滑动摩擦减少，提高橡胶之流动性；在注射成型加工中，可增加注射量，特殊形状模具有很好的效果；针对 EPDM 胶在 150 bar 压力下，添加 3 份本品可使挤出速率提高 10 倍；在 EPDM 胶中添加本品可以缩短混炼周期，因为它对填充剂具有良好的分散作用，在高压高剪切速率工艺中可减少 18%的能源消耗；改善因使用外脱模剂所引起的模具污染及模内排气不良现象。

用量：1～5份；混炼初期时加入，可消除胶料黏辊现象并获得最佳分散效果；在混炼末期加入，可得最佳脱模效果。

(7) DEOFLOW 821 特种胶专用离模流动剂

成分：硬脂酸季戊四醇，外观：淡黄色细片状，比重：1.0（20℃），滴熔点：（65±5)℃。储存性：室温干燥至少二年。

本品可使过氧化物硫化型 HNBR 门尼黏度下降约 27%，使混炼时间及能源消耗缩减 25%；可提高胶料的压出速率，使制品易脱模及表面光滑平整；能消除开炼机及其他混炼机上的胶料黏辊现象；可增加注射量，传递成型之注射量提高 25%，注射成型之注射量提高 7 倍；对硫化胶之硫化特性及物性无不良影响；较小的添加量即可有明显效果。

用量：0.3～2份，混合时与药品或补强剂同时加入。适用于氟橡胶、丙烯酸酯橡胶（ACM）、氢化丁腈橡胶（HNBR）及过氧化物硫化的三元乙丙橡胶（EPDM (p)）等。

（二）外脱模剂与模具清洗剂

本类产品主要是水溶性硅油与水在乳化剂的作用下乳化制得，使用时首先需要稀释。对铜铁铸模，为防止铸模锈蚀，稀释时可加入 0.02%～0.1%的亚硝酸钠（对水质量）。模具喷涂、涂刷脱模剂后，铸模应当在 100℃以上除尽水分方可使用。

HG/T 2366—1992 (2004)《二甲基硅油》参照采用美国联邦规范 VV-D-1078B《聚二甲基硅氧烷》，适用于 25℃下运动黏度 10～10 000 m^2/s 的二甲基硅油。二甲基硅油型号由硅油代号、甲基代号和黏度规格三部分组成，该标准包括以下黏度规格：10、20、50、100、200、315、400、500、800、1 000、2 000、5 000、10 000 m^2/s，型号规格表示如图 2.1.1-1 所示。

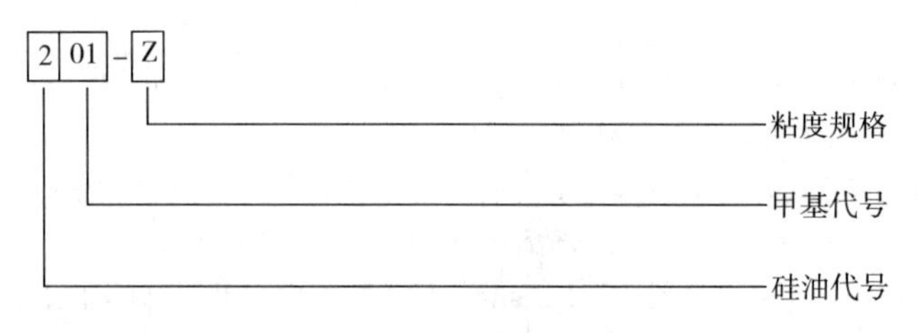

图 2.1.1-1　二甲基硅油型号规格

二甲基硅油的技术要求见表 2.1.1-11。

1. 乳胶制品用脱模剂

线上线下聚合物涂层的供应商有：上海强睿博化工有限公司、斯塔尔精细涂料（苏州）有限公司、中化国际（控股）股份有限公司新材料事业总部等。

2. 轮胎内外喷涂剂

供应商有：上海科佳化工助剂公司、余姚市远东化工有限公司、余姚市嘉禾化工有限公司等。

3. 半永久性脱模剂

类似于退火喷漆，是基于硅烷基树脂的脱模剂喷洒到模具表面后，模具预热、硫化过程中脱模剂树脂发生交联反应并与模具表面发生物理或化学键合，被“烧”入其中，牢牢地黏附在模具表面。半永久脱模剂除能更方便脱模外，还能显著降低模具污染。

半永久脱模剂需在模具经机械清洗（如微粒喷射等）、溶剂（如乙醇）去脂化、蒸气清洗或碱清洗后，才能均匀喷洒到热的模具上。在至少 140～160℃下，每隔 15 min 涂敷两到三层薄而均匀的涂层，可获得最理想的隔离膜。温度越高，隔离膜的交联密度越大，耐磨损程度也越高。损坏的隔离膜可以微粒喷射等机械方法清除，也可通过浸泡在碱性溶液（乙醇中 5%氢氧化钾溶液）中以化学方法清除。

半永久脱模剂供应商有：德国 Schill+Seilacher 有限公司等。

4. 橡胶模具清洗剂

清洁模具的方法包括使用洗模胶、干冰喷砂、使用模具清洗剂。模具清洗剂类产品一般为碱性络合物水溶液。

外脱模剂、模具清洗剂的供应商见表 2.1.1-12～表 2.1.1-18。

表 2.1.1-11　二甲基硅油的技术要求

项目	201-10			201-20			201-50			201-100			201-200			201-315			201-400		
	优等品	一等品	合格品	优等品	一等品	合格品	优等品	一等品	合格品	优等品	一等品	合格品	优等品	一等品	合格品	优等品	一等品	合格品	优等品	一等品	合格品
运动黏度(25℃)/($m^2 \cdot s^{-1}$)	10±1		10±2	20±2		20±4	50±5		50±8	100±5		100±8	200±10		200±16	315±15		315±25	400±20		400±25
黏温系数	0.55～0.59		—	0.56～0.60		—	0.57～0.61		—	0.58～0.62		—	0.58～0.62		—	0.58～0.62		—	0.58～0.62		—
倾点(≤)/℃	-60			-55			-52						-50						-50		
闪点(≤)/℃	165	160	150	220	210	200	280	270	260	310	300	290	310	300	290	310	300	290	315	305	295
密度(25℃)/($g \cdot cm^{-3}$)	0.931～0.939			0.946～0.955			0.956～0.964			0.961～0.969			0.964～0.972			0.965～0.973			0.965～0.973		
折光率(25℃)	1.3970～1.4010			1.3980～1.4020			1.4000～1.4040			1.4005～1.4045			1.4013～1.4053			1.4013～1.4053			1.4013～1.4053		
相对介电常数(25℃，50 Hz)	2.62～2.68		—	2.65～2.71		—	2.69～2.75		—	2.70～2.76		—	2.72～2.78		—	2.72～2.78		—	2.72～2.78		—
挥发分(150℃，3 h)(≤)/%	—						—			0.5	1.0	1.5	0.5	1.0	1.5	0.5	1.0	1.5	0.5	1.0	1.5
酸值(≤)/($mgKOH \cdot g^{-1}$)	0.03	0.05	0.10	0.03	0.05	0.10	0.03	0.05	0.10	—			—						—		

项目	201-500			201-800			201-1000			201-2000			201-5000			201-10000		
	优等品	一等品	合格品	优等品	一等品	合格品	优等品	一等品	合格品	优等品	一等品	合格品	优等品	一等品	合格品	优等品	一等品	合格品
运动黏度(25℃)/($m^2 \cdot s^{-1}$)	500±25		500±30	800±40		800±50	1 000±50		1 000±80	2 000±100		2 000±160	5 000±250		5 000±400	10 000±500		10 000±800
黏温系数	0.58～0.62		—	0.58～0.62		—	0.58～0.62		—	0.58～0.62		—	0.59～0.63		—	0.59～0.63		—
倾点(≤)/℃	-47			-47						-47			-45			-45		
闪点(≤)/℃	315	305	295	320	310	300	320	310	300	325	315	305	330	320	310	330	320	310
密度(25℃)/($g \cdot cm^{-3}$)	0.966～0.974			0.966～0.974			0.967～0.975			0.967～0.975						0.967～0.975		
折光率(25℃)	1.4013～1.4053			1.4013～1.4053			1.4013～1.4053			1.4013～1.4053			1.4015～1.4055			1.4015～1.4055		
相对介电常数(25℃，50 Hz)	2.72～2.78		—	2.72～2.78		—	2.72～2.78		—	2.72～2.78		—	2.72～2.78		—	2.73～2.79		—
挥发分(150℃，3 h)(≤)/%	0.5	1.0	1.5	0.5	1.0	1.5	0.5	1.0	1.5	0.5	1.0	1.5	0.5	1.0	1.5	0.5	1.0	1.5
酸值(≤)/($mgKOH \cdot g^{-1}$)	—			—						—						—		

表 2.1.1-12　外脱模剂、模具清洗剂的供应商（一）

	脱模剂类型	特性 / 型号	非硅	A 普通橡胶或者易于脱模的成型形状			B 强黏结性橡胶或者难于脱模的成型形状			C 过氧化物硫化类型的橡胶			稀释剂	※最佳稀释倍率	代表例
				脱模性和脱模持续特性	模具防污性	二次加工性	脱模性和脱模持续特性	模具防污性	二次加工性	脱模性和脱模持续特性	模具防污性	二次加工性			
大金工业株式会社氟系脱模剂DAI-FREE	水性	GW-250	*			◎				○	◎	○	去离子水	原液～10倍	硅橡胶键盘
		GW-200		○	◎	○									NBR的O型圈
		GW-251	*			◎				◎	○	◎			氟橡胶密封件
		GW-201		◎	◎	○	○	○	○	○					氟橡胶密封件、H-NBR传动带
		GW-280		◎			○	×	×						半硬质和硬质聚氨酯橡胶
		GW-4000		◎	○	○	○	○	○					原液30～50倍	EPDM减振件
		GW-4500	*	◎	○	◎				◎	○	○			硅胶密封件/过氧硫化氟橡胶
	溶剂型	GF-501		○	◎	◎	○	◎	○				石油类	原液～5倍	氟橡胶油封
		GF-500		◎	○	○	◎	◎	○						环氧树脂绝缘部件
		GF-550	*	○	◎	◎				○	○	○			EPDM电容器密封件
		GF-350	*	○	○	◎				○	○	○			硅橡胶辊
		MS-175		○	○	◎				○	○	◎			
		MS-600		◎	◎	◎				○	○	○	IPA和石油类		EPDM密封材料
	喷雾剂	GA-7500		◎	○	○	◎	◎	○						NBR的O型圈
		GA-7550	*	○	◎	◎				○	○	○	—	—	氟橡胶密封件
		GA-7550B	*	○	◎	◎				○	○	○	—	—	
		GA-3000		◎	◎	◎				○	○	○			EPDM密封件
	内脱模剂	FB-962	*	○						○			—	—	氟橡胶、EPDM密封件等

A普通橡胶　：SBR、EPDM、CR、BR以及ACM等比较易于脱模的橡胶
易于脱模的成型形状　：O型圈、平板以及密封件等平面脱模为主的成型件
B强黏结性橡胶　：氢化NBR和聚氨酯橡胶等脱模困难的橡胶
难于脱模的成型形状　：带齿传动带和橡胶管等形状复杂、需要拉拔脱模的成型件
C过氧化物硫化橡胶　：氟橡胶和硅橡胶等过氧化物硫化橡胶

* 非硅类型
※建议“稀释方法”

注：◎—特别好，○—好。

表 2.1.1-13　外脱模剂、模具清洗剂的供应商（二）

供应商	应用场合	剂型	应用特性	规格型号	外观	作业温度/℃	室温固化时间/min	100℃固化时间	热稳定性	特点	说明
汉高乐泰公司乐泰® Frekote®	橡胶及环氧树脂、聚氨酯等	溶剂基	作业温度低于 150℃	810-NC	清澈液体	60～230	15	NA	可达 400℃	无含氯溶剂产生；最大化模具利用率；最低不合格率	适用于模具橡胶部件的半永久性脱模剂。多种脱模应用系统与模具表面相黏结以形成超薄涂层。在清洁的模具表面上喷涂 3～4 层又薄又光滑的均匀涂层。仅可使用干燥物质并确保在表面上已形成一个连续的、湿润的薄膜。在继续涂施前应确保下一层的薄膜已经干燥并固化
			作业温度高于 150℃	800-NC	清澈液体	150～204	NA	30 s	可达 400℃		
		水基	高润滑	R-150	白色乳剂	60～205	30	4 min	可达 315℃	快速固化；无污染转移；高热稳定性	可滑动性能大大增强（易脱模），没有污染物的转移—橡胶与金属间模具污垢减少。在暖和的模具上（温度在 60～120℃）应当至少喷涂 4 层；在高温模具（温度在 120～205℃）或全新的模具上应当至少喷涂 6 层。在生产前应当确保产品已经固化
	硅橡胶	水基		S-50-E	黄色液体	104～199	存储：0～40℃，特别注意不能结冻。			在规定的温度范围内，无须固化时间；优秀的滑动性；不可燃；结垢现象不明显；可以多次脱模；可以降低次品率；低 VOC 含量	具有良好的脱模效果和滑动性，可以广泛地使用在硅橡胶成型工艺中。当产品应用在表面加热的模具表面时，可以形成一层惰性的具有耐热性的脱模剂层，可以离型大部分的硅橡胶。不含酒精，全部为水基，化学特性类似于 3M Dynamar，在高温下不需专门的固化时间，不是真正的半永久型，但能够多次脱模
	橡胶-金属黏接	水基		R-120						快速固化；无污染转移；高热稳定性	半永久性水性脱模剂，适用于通用橡胶零件及金属件胶合的部件，快速固化，无污染转移，高热稳定性。出色的润滑性能，以最大化脱模性能。在已预热至高于 60℃ 的干净模具表面上喷涂本产品，在暖和的模具上（温度在 60～120℃）应当至少喷涂 4 层；在高温模具（温度在 120～205℃）或全新的模具上应当至少喷涂 6 层。在生产前应当确保产品已经固化

表 2.1.1-14　外脱模剂、模具清洗剂的供应商（三）

供应商	应用场合	应用特性	规格型号	产品描述	外观	作业温度/℃	施工方式	说明
江阴凯曼科技发展有限公司（乐模 LEM 系列）	橡胶管（异形管、直管）	EPDM 硫黄及过氧化物硫化胶管	4822K 2548K	水性非硅脱模剂	透明或浅色液体	无特别说明	涂刷浸蘸	适合运用于低温或高温硫化罐硫化的普通橡胶胶管脱模剂，产品具有良好的可触变性及热稳定性。产品不含硅，水性环保，常温下容易清洗，不影响后续加工，套芯及脱模方便，芯棒结垢少
		特种胶管（AEM/ECO）	2 400 NK 2 400 K	水性可生物降解	透明或浅色液体	无特别说明	涂刷浸蘸	针对高温高压过氧化物硫化体系胶管开发，产品不含硅，具有卓越的润滑性和耐高温抗老化功能。产品水性环保并容易清洗，附着在胶管内部的残余可以水清洗干净，无须使用清洗助剂。若使用硅系脱模剂，残留物较难除去，影响胶管产品质量。本品耐热性和抗氧化性能好，对 ECO、AEM 橡胶不发生反应或吸收，具有良好的脱模、隔离效果
		EPDM 胶管内喷涂脱模剂	487LK 2544K	膏状非硅脱模剂	白色膏状黏稠体	50～80	设备辅助内喷	针对人工操作不规范和差异性造成制品质量不均一的情况，本品设计成自动内喷涂工艺，节省了人力、材料，减少了作业现场环境污染
	橡胶骨架黏接	减振器	8170 8176	水性半永久型脱模剂	白色乳液	60～200	低压高分散喷枪	树脂型半永久型脱模剂，在高温下能在模具表面形成均匀的树脂膜，降低模具表面能达到脱模方便并可持续多次脱模的效果，对于高度复杂结构制品有优异的脱模润滑作用，同时不影响橡胶和金属骨架的黏接性能。建议第一次使用喷3～4层，并在120℃以上固化5 min后使用
		油封、密封件	H-3 81H	溶剂型脱模剂	透明乳液	无特别说明	喷涂	喷雾罐树脂型半永久型脱模剂，在高温下能在模具表面形成均匀的树脂膜，使用方便，一次喷涂并可持续多次脱模，对于高度复杂结构制品有优异的脱模润滑作用，同时不影响橡胶和金属骨架的黏接性能。建议第一次使用喷3～4层，并在120℃以上固化5 min后使用
	硅橡胶制品		317 318	水性脱模剂	透明乳液	60～200	低压高分散喷枪	针对硅橡胶制品脱模，在高温下能在模具表面形成均匀的树脂膜，本品可以直接使用或者高倍兑水使用，对于高度复杂结构制品有优异的脱模润滑作用，不影响制品的二次加工。建议兑水10倍以上使用，2～5模喷涂一次
	特种橡胶杂件	氟橡胶制品	F-305 820-NC	溶剂型脱模剂	透明液体	无特别说明	喷涂	氟橡胶制品脱模剂，在高温下能在模具表面形成均匀的树脂膜，产品做成喷罐可以直接使用，对于过氧化物硫化体系和高度复杂结构制品有优异的脱模润滑作用，不影响制品的二次加工，一次喷涂可多次脱模
		HNBR/AEM/PU 制品	415 418	水性可高倍稀释型脱模剂	白色乳液	≥60	低压高分散喷枪	高浓缩型橡胶制品脱模剂。在高温下能在模具表面形成均匀的隔离润滑膜，对于高度复杂结构和精密度要求高的制品有优异的脱模润滑作用

续表

供应商	应用场合	应用特性	规格型号	产品描述	外观	作业温度/℃	施工方式	说明
江阴凯曼科技发展有限公司（乐模 LEM 系列）	传动带、输送带		588－2 588－6	溶剂型脱模剂	半透明液体	无特别说明	涂刷	本品是溶剂型反应性脱模剂，能在皮带模具表面形成优异的滑爽膜，可以很好的离型包胶套袋硫化的皮带。本品转移率极低，能很好地控制内壁线痕的产生，提高制品的整体合格率
	洗模水		C－990 C－995	水性碱性清洗剂	浅黄色液体	≥150	浸泡或涂刷	热模清洗橡胶模具
	防锈剂		C－60	长效油膜防锈	浅绿色液体	常温	喷涂	能很好地置换模具表面的水分，在模具表面形成比较致密的油膜

表 2.1.1-15　外脱模剂、模具清洗剂的供应商（四）

供应商	规格型号	产品名称	化学组成	用途	性能特点
广州诺倍捷化工科技有限公司	LUBKO 1325	脱模剂	溶剂型 PTFE	胶管脱模	可稀释、清洁度高，芯棒保护
	LUBKO 1423	脱模剂	溶剂型 PTFE	胶带脱模	可稀释、清洁度高，硫化鼓保护
	LUBKO 1165C	脱模剂	水基型 PTFE	模压脱模	可稀释、清洁度高，胶料流动好，半永久性脱模
	LUBKO 1425	脱模剂	喷雾型 PTFE	橡胶脱模	应用在各种橡胶模压，半永久性脱模，模具保护
	LUBKO N98	隔离剂	水基型精细高分子	橡胶隔离	可稀释、无泡沫、无沉淀，不影响胶料性能
	LUBKO 1428	保护剂	喷雾型 PTFE	模具保护	干膜防锈，防锈效果好，存放后启用无须再清洗
	LUBKO 2119	洗模水	水基型活化物	模具清洗	强力去除模具表面各种污渍，安全环保不损害模具
青岛德慧精细化工有限公司	DH-9802		橡胶大底、杂品、板带		水基浓缩乳液、非硅类脱模剂。制品表面洁净无油，不影响二次加工
	DH-E563A		多种异型橡胶管、高压管、空调管和电缆管等的隔离、润滑和脱模		黏稠液体。脱模润滑性好，不含有机硅成分，防止芯棒生锈，残留物可用水清洗干净
	DH-E563		多种异型橡胶管、高压管、空调管和电缆管等的隔离、润滑和脱模		水溶性黏稠液体。脱模润滑性好，不含有机硅成分，残留物可用水清洗干净
	DH-E770		各种橡胶管，特别是使用过氧化物硫化机的橡胶制品		异型胶管专用脱模剂，由多种无毒、无味、无腐蚀性的高分子表面活性材料聚合而成
	DH-E863		适用于多种异型橡胶管、高压管、空调管和电缆管等的隔离、润滑和脱模		由多种无毒、无味、无腐蚀性的高分子表面活性材料聚合而成。具有良好的润滑性、水溶性和抗氧性
	DH-9816		硅橡胶制品、精密配件		水溶性非硅类脱模剂。该品具有良好的高温稳定性和优异的脱模性能。能赋予模压制品一个光洁的表面；由于涂层超薄，故可用于高精度制品；同时，对模具防污有特效，可减少模具清洗次数
	DH-F380		各种橡塑热模压制品；特别是硅橡胶制品		溶剂型的非硅脱模剂，具有极强的润滑和隔离性，本品性能优良，一次喷涂可多次脱模，能替代同类进口产品
	DH-E527		橡胶大底、杂品、氟胶制品、轮胎及精密不易脱模的热模压制品		溶剂型的半永久性脱模剂，具有极强的润滑和隔离性，对热模压制品的表面无迁移，不影响后继工序的操作，如黏接、彩涂等。本品性能优良，一次喷涂可多次脱模，能替代同类进口产品
	DH-E588		橡胶杂品、氟胶制品、轮胎及精密不易脱模的热模压制品		溶剂型的半永久性脱模剂，具有极强的润滑和隔离性，热模压制品表面洁净亮丽；一次喷涂可多次脱模，能替代同类进口产品
	DH-L335		橡胶轮胎、杂品、管件和板带等热模压制品		高分子材料乳化浓缩液，含有特殊的润滑隔离成分，具有表面张力小、膜层延展性好、抗氧化、耐高温、无毒不燃、脱模持久性好和保护模具等特点。能赋予模压制品一个光洁亮丽的表面，一次喷涂可多次脱模
	DH-L336		橡胶杂品、胶板、胶带、V 型带、轮胎		高分子材料乳化浓缩液，含有特殊的润滑隔离成分，具有表面张力小、膜层延展性好、抗氧化、耐高温、无毒不燃和保护模具等特点。能赋予模压制品一个光洁亮丽的表面，一次喷涂可多次脱模
	DH-L350		适用于橡胶胶管、轮胎、杂品、胶板、胶带和 EVA 制品等热模压制品的脱模、隔离和润滑		高分子材料乳化浓缩液，含有特殊的润滑隔离成分，具有表面张力小、膜层延展性好、抗氧化、耐高温、无毒不燃、脱模持久性好和保护模具等特点。能赋予模压制品一个光洁亮丽的表面，一次喷涂可多次脱模

续表

供应商	规格型号	产品名称	化学组成	用途	性能特点
青岛德慧精细化工有限公司	DH-M122			橡胶杂品、轮胎等	由多种优质高分子材料聚合而成。具有喷雾均匀、使用方便、润滑隔离性能好，对模具不污染、不腐蚀，并且有良好的保护作用。一次喷涂可多次脱模
	DH-1055			各种水胎、胶囊的隔离润滑	水基乳液，耐高温，润滑隔离性能好
	DH-C-55			各种胶囊的隔离润滑	水基乳液，耐高温，润滑隔离性能好
	DH-749A				水基乳液，耐高温，脱模性能好，不影响二次加工
	DH-N031			轮胎动平衡专用润滑液	水溶性，透明均一
上海珍义实业有限公司	RH-1			轮胎动平衡测试润滑液	淡黄色液体或白色液体，密度为（1.00±0.10）g/cm³，固含量为（17±3）%。主要成分为聚醚多元醇、棕榈酸酯，润滑性适中，对轮胎和设备无污染和不良影响，同时具有防锈功能

表 2.1.1-16　外脱模剂、模具清洗剂的供应商（五）

供应商	商品名称	外观	pH 值	乳化剂类型	污染性	灰分(≤)/%	密度/(g·cm⁻³)	说明
连云港锐巴化工	MC-300	浅黄色液体	13	水性	非污染		1.1～1.2	用于清洗橡胶制品模具表面的硫化沉积物，不损伤模具。喷洒于 130～150℃的模具上，作用 2～5 min，污垢会自动软化脱落。洗涤后须在模具清洗剂未干之前用清水冲洗干净模具表面
阳谷华泰	轮胎外喷涂液 HT08	黑色低黏性悬浮液	填料和表面活性剂的水性悬浮液，活性组分约 15%					水基轮胎胎胚外喷涂剂
	轮胎外喷涂液 HT18	黑色低黏性悬浮液	填料、表面活性剂和胶乳的水性悬浮液，活性组分约 15%					高黏着性水基胎胚外喷涂剂
	轮胎内喷涂液 HT2W	灰白色高黏性悬浮液	无机填料、硅油和表面活性剂的水性悬浮液，活性组分约 50%					轮胎内部润滑剂，排气和隔离性能好，润滑性能优良，用量少。产品是白色的，使用时易检查控制
	轮胎内喷涂液 HT95	白色中等黏性乳液	反应性硅聚合物和表面活性剂的水性乳液，活性组分约 8%					无填料、无硅油半透明轮胎内润滑剂。用量少，干燥快，保持轮胎内表面和喷涂设备清洁，无污染
青岛昂记橡塑科技有限公司	洗模宝 KR-532	含有特殊活化成分配方的碱性模具专用洗模剂。使用方法：①散布法，使用少量的原液或稀释液散布或涂抹在高温的模具上，2～3 min 后污垢物就会软化游离，未干前立即用水清洗即可；②浸渍法，槽内盛装原液或稀释液，加温约 95℃后，浸渍 2～3 min，或以高温模具直接投入常温的溶液中，浸渍 2～3 min，取出后水洗即可。 注意事项：①为防止模具生锈请清洗后即涂防锈油，或烘干至生产温度，喷涂乳化硅油直接生产；②本品适用于炭钢、铸钢、不锈钢等各种模具，不适用于电镀镍、铝模具						
三门华迈	洗模液 HM-303	黄色液体	13 以上	①新一代环保型洗模水，洗模时无难闻的刺激性气味，经酸性中和后可生物降解，对环境友好；②热模可直接洗模，不需待其冷却，提高工效；③无臭、无毒、无公害，符合环保要求；④用量少、成本低，去污力特强，可节省成本；⑤沸点高且会产生异常丰富的泡沫，不易在接触高温模具时沸腾飞溅而灼伤操作工人；⑥不损坏模具，可延长使用寿命；⑦清洗时间短，整个清洗过程只需 5 min			1.22	①保持模具温度 90℃以上；②先将清水喷淋模具，然后用 HM-303 洗模液直接喷淋在模具上；③待 1 min 后，使用铜丝刷刷洗，加快清除顽固污渍；④用自来水冲洗干净，然后将水吹干或擦干，即可上硫化机正常生产（生产第一模前，建议模具型腔喷一次脱模剂），模具如放置，建议立即涂上防锈剂保护；⑤HM-303 洗模液也可用于浸洗模具；建议将洗模水加热至 70～90℃，把热模具完全浸入洗模液中，后续操作按③、④进行；⑥使用 HM-303 洗模液时，根据模具的脏污程度，可用自来水进行 1～4 倍的稀释；⑦整个清洗过程中，建议戴上防护眼镜和橡胶手套。如不慎溅到人体，请立即用大量清水冲洗

表 2.1.1-17　外脱模剂、模具清洗剂的供应商（六）

供应商	应用领域	类型	溶剂高效型	水基环保型	特点
上海乐瑞固化工有限公司	橡胶模压制品脱模剂	减振橡胶/衬套/油封脱模剂	1425，1325，1403	1165，1337，1650	①不影响黏合剂与骨架材料的黏接；②延长模具清洗周期；③干膜润滑，无油迹，制品表面没有流痕；④一次喷涂，多次脱模
		注射/转移模/模压脱模剂	1425，1325，1501	1105，1165，1510	
		高尔夫球类脱模剂	1422，1268，1414	1310，1330，1510	
		硅橡胶绝缘子/按键脱模剂	1425，1501，1603	1512，1165，1510	
		易污染橡胶模具脱模剂/保护剂	1425，1325，1509	1165，1337，1510	
		医药瓶塞/车窗密封条脱模剂	1425，1414，1421	1330，1508，1515	
		油封/气缸垫/O 型圈润滑剂	1665，1205	1370，1330，1510	
		乳胶浸渍制品手模脱模剂	1325，1524	1337，1330	
		特种氟素防黏剂/润滑剂/防锈剂	1425，1414，1421	1330，1337	
		洗模剂及模具保护剂	1414，1425，1509	2118	
	胶管工业脱模剂	刹车胶管铁芯轴/锦纶芯棒脱模剂	1423，1808，1403	1495，1330，1496，	①内壁无油，无残留杂质，清洁度高；②胶管内壁无麻坑、砂眼；③延长芯棒使用寿命；④脱模容易，易抽芯；⑤芯棒表面形成致密的耐高温干膜
		空调胶管橡胶/锦纶/PP 芯轴	1423，1808，1208	1495，1658，1306	
		钢丝液压胶管橡胶/铁/锦纶/PP 棒	1423，1808，1207	1495，3195，1330	
		旧芯轴及芯棒表面不光滑	1207，1208，1808	1495，1306，1496	
		异形胶管芯轴脱模剂	1423，1808	1220，1250	
		装盘硫化、裸硫化外胶防黏剂	1425	1330，1310，3195	
		包铅、包塑外胶防黏剂	1414，1207，1208	1108，1658	
		锦纶包布隔离剂		1495，1330，3195	
		食品胶管脱模剂/电缆防黏剂	1524	1105，1330	
		胶管半成品防黏、隔离剂		97	
	胶带工业脱模剂	传动带硫化铁鼓脱模剂	1325，1423，1425	1353，1330，3105	①脱模顺利，模具上残留少；②干膜无油迹，胶带表面无线痕印；③不影响后续喷码；④保护模具，不易生锈
		传动带硫化胶囊防黏剂	1205，1403，1509	1353，1330，3105	
		输送带冷模板区防黏剂	1425，1414，1808		
		输送带硫化模具脱模剂	1425，1414，1808	1165，1337，1658	
		扶手模压脱模剂/口型防黏剂	1425，1414	1105，1330	
		模压 V 带模具脱模剂	1425，1414，	1165，1337，1508	
	轮胎工业脱模剂	压延、挤出口型防黏剂	1425，1414，1421	1105，1658，1370	①一次喷涂多次脱模；②促进胶料流动；③外观有亮光和哑光
		全钢成型胶囊防黏剂	1425，1414	1105，1370	
		轮胎硫化模具脱模剂	1423，1425	1165，1310，1337	
		工程轮胎/冬季轮胎离型剂	1425，1403	1337，1165	
		试验室、混炼胶快检脱模剂	1325，1425	1165，1337	
		硫化胶囊脱模隔离剂		1330，1510，1508	
		气门嘴脱模剂、装配润滑剂	1425，1414	1370，1310，1330	
		混炼胶胶片隔离剂		1000，2000	
		模具封闭剂、保护剂	1425，1414		
	复合材料脱模剂体系	自行车架、网球拍、渔具离型剂	1328，1403，1425，	1129，1330，1495	
		滑雪板、赛车鞋脱模剂	1328，1524，1425	1129，1658	
		绝缘子、互感器、高压开关	2036，2035	1129，1306	
		刹车片、摩擦制品脱模剂	1396，1325	3247，3295	
		玻璃棉保温管/搪塑	1362，1325，1506	1330，1508	
		聚合物（模温超过 300～600℃）	1362，1393（食品级）		

续表

供应商	应用领域	类型	溶剂高效型	水基环保型	特点
上海乐瑞固化工有限公司		SMC/BMC/手糊/旋转滚塑	1425，1403	1165，1337	
		IC/LED电子封装/精密塑料	1325，1425		
		电子产品氟素松动剂	1425，1414		
		特种氟素润滑剂、防黏剂	1205，1414，1425	1508，1330，1370	
	聚氨酯工业脱模剂体系	高温浇注弹性体	2025，2026，2028	3121，1129	
		TPU、TPE弹性体	1425，1325	1512，1510	
		橡胶混炼型PU	1414，1425，1325	1165，1337	
		自结皮方向盘（模内漆，亮/亚光）	2028，2026，2025	1326，3210	
		冷模塑	2112，2118		
		硬泡、半硬泡	2028，2025	1108，1168	
		玩具、慢回弹	2038，2048		
		玻璃包边	2025，2028，2018	1326，1330	
		汽车顶棚		1310，3128，1330	
		RIM反应注射成型	1325，1524，1425	3129，1326，1310	

表 2.1.1-18　外脱模剂、模具清洗剂的供应商（七）

供应商	类型	型号	产品说明	应用	工艺
上海乐瑞固化工有限公司（SPC系列脱模剂）	可视自洁型半永久	SPC5	可视操作，高效封孔，膜层致密坚硬	聚酯，环氧，酚醛	适合各种的开模和闭膜工艺
		SPC15	可视操作，抑制积垢，光滑，亮光，脱模效果好	聚酯，环氧，聚酰亚胺	手糊，模压，RTM，真空辅助，缠绕，离心等
		SPC25	可视操作，高光滑，高光亮，易脱模	聚酯，环氧，酚醛	手糊，模压，RTM，真空辅助，缠绕，层压等
	高效耐热型半永久	SPC8	高效封孔，膜层致密坚硬	聚酯，环氧，酚醛	适合各种的开模和闭膜工艺
		SPC18	中等润滑，膜层坚硬，脱模次数多，耐高温	聚酯，环氧，聚碳酸酯	手糊，模压，RTM，真空辅助，缠绕，离心等
		SPC28	封孔脱模双重功效，固化迅速，高润滑，耐高温	热固型和热塑型树脂	手糊，模压，RTM，真空辅助，缠绕，离心，层压，反应注射等
	水基环保型半永久	SPC10	水性环保，高效封孔，膜层光滑坚硬	聚酯，环氧，酚醛	适合各种的开模和闭膜工艺
		SPC20	水性环保，固化快速，脱模高效	聚酯，环氧，酚醛	手糊，模压，RTM，真空辅助，缠绕，离心等
		SPC30	水性环保，单层涂覆，高润滑耐高温	热固型和热塑型树脂	模压，滚塑等
	蜡型脱模剂	SPC80	精品脱模蜡	成膜快，操作简便，高光泽，无污染	
		SPC80H	高温脱模蜡	成膜快，易操作，高光泽，无污染，能耐115℃高温，适合高放热树脂	
		SPC100	无硅脱模蜡	不含硅，膜层坚硬，光滑，光泽度高	
		SPC250	高效脱模蜡	通用型，操作简便，成膜快，无迁移	
		SPC280	液态脱模蜡	自洁型，膜层均匀致密，节省操作时间，适用于聚酯树脂等	
		SPC280H	高温液脱模蜡	自洁型，成膜快，耐高温，节省操作时间，适用于聚酯树脂等	
		SPC300	边沿脱模蜡	操作简单，通用型，低成本	
		SPC400	柔性脱模蜡	柔软，操作简便，低成本	
		SPC500	无硅蜡脱模剂	不含蜡和硅，能耐200℃高温，适用环氧和聚氨酯等	

续表

供应商	类型	型号	产品说明	应用	工艺
上海乐瑞固化工有限公司（SPC系列脱模剂）	特殊脱模剂	SPC600	万能脱模剂	PVA薄膜，色泽透明，混合用能绝对脱模，也可做聚酯类隔离剂	
		SPC800	内脱模剂	内脱模剂应用面广，不含硅，黏度合适，能均匀溶于树脂	
	苯乙烯抑制剂	SPC1000	抛光剂	水基环保，快速消除模具表面刮痕、皱皮、氧化层、污染物等	
		SPC2000	抛光剂	快速清除半永久残留物，用量减半，能达到镜面效果	
		SPC3000	洗模剂	快速溶解清洗模具表面残留污染物，不损伤模具光泽度	
		SPC5000	抛光封孔剂	快速消除条纹，增加表面光泽，具有抛光封孔双重功效	
		SPC900	除味剂	不凝固，不喷霜，不影响聚酯间的反应，消除50%的有害气体的挥发	
		SPC950	除味剂	SPC900的浓缩版，无害，100%活性	
		SPC290	抑制剂	用在胶衣或聚酯树脂中的有害气体抑制	

1.5　外观修饰剂、光亮剂与防护剂

外观修饰剂与防护剂供应商见表2.1.1-19。

表2.1.1-19　外观修饰剂与防护剂供应商

供应商	规格型号	产品描述	外观	密度/(g·cm^{-3})	pH值	乳化剂类型	特性
上海珍义实业有限公司	TF-18	成品轮胎裸包装存放及运输过程中易出现“喷霜”“发霉”及其他变色现象，使用轮胎防护剂可使轮胎长时间内保持光亮及均匀的质感，且不易附着灰尘。喷涂后的轮胎无油腻感	淡黄色液体	1.0±0.1	8±1	非离子	水性喷涂剂，无毒，施工简便，固化于轮胎表面后，形成的防护层不会被雨水冲掉，可取消外包装材料
	TF-19		白色液体	1.0±0.1	7±1	不含乳化剂	
	WX-1	外观修饰液用于修饰轮胎制造和贮存过程中因各种原因引起的外观缺陷和变色	黑色液体	固含量：11%～16%		非离子	外观修饰液能有效地吸附在轮胎表面，涂层干燥后形成一层永久性的弹性膜，在弯曲或拉伸情况下，能有效地防止开裂和剥离。使用本品修饰后的轮胎呈亚光效果，色泽均匀，不易沾染灰尘
	WX-2		各种彩色液体	固含量：20%±2%		非离子	
	BT-4	白胎侧保护剂专门用于白字、白胎侧的防污	蓝色黏状液体	密度：1.0±0.1；黏度：80～300 mPa·s		非离子和阴离子	水基型，不含溶剂等对轮胎有腐蚀性的材料；黏度稳定，不会在冬季出现果冻现象；与轮胎附着性强，不起皮，无脱落现象；颜色稳定

1.6　辊筒、螺杆与堆焊用合金焊条

辊筒、螺杆与堆焊用合金焊条供应商见表2.1.1-20。

表 2.1.1-20　辊筒、螺杆与堆焊用合金焊条供应商

供应商	机械轧辊	辊筒、螺杆	堆焊用合金焊条
邢台华冶	√		
浙江栋斌橡机螺杆有限公司		①冷、热喂料挤出机机筒、衬套、螺杆、销钉螺杆； ②销钉机筒冷喂料挤出机螺杆：主副螺纹螺杆、全销钉螺杆、销钉＋主副螺纹螺杆、喂料段锥形塑化段错棱螺杆、大导程塑化螺杆；机筒：螺旋水槽、环形水槽、钻孔； ③挤出机配件：旁压辊总成、销钉、花键套、轴承座、喂料座、锥形喂料座； ④双金属机筒、螺杆； ⑤锥形双螺杆机筒、螺杆； ⑥注塑机机筒、螺杆。 技术参数：调质硬度 240～280HB；氮化硬度为 950～1 000HV；氮化层厚度为 0.55～0.70 mm；氮化脆度≤一级；表面粗糙度为 Ra0.4；螺杆直线度为 0.015 mm；氮化后表面镀铬层硬度≥900HB；镀铬层厚度为 0.05～0.10 mm；双合金硬度为 C55～62HR；双合金深度为 1.5～2.0 mm。 材料选用优质 38CrMoAlA、优质双相不锈钢、锌 3＃钢等。	

1.7　转移色带、标贴

转移色带、标贴的供应商见表 2.1.1-21。

表 2.1.1-21　转移色带、标贴的供应商

供应商	规格型号	产品描述	技术参数	特点
上海珍义实业有限公司	轮胎硫化标签 GN100	产品结构： 印刷物质 聚酯基材(100 μm) 橡胶型黏合剂(50 μm) 格拉辛离型纸(60 μm) ①白色聚酯面材可防水、微酸、盐及碱、大多数石油油渍、油及低脂肪溶剂；②特殊处理的表面涂层，配合专用树脂碳带，在轮胎制造过程中可以更好的防摩擦及防化学反应；③标签可用于自动贴标机进行大规模的自动化应用、标签也可以用于无复膜标签的打印	基材：聚酯 基材厚度：100 μm 颜色：哑白 辅助材料：格拉辛底纸 专用碳带：T121	最低贴标温度为 5℃，使用温度为 35～200℃；贮存在温度 30℃、相对湿度为 90％的环境下可保存两年；轮胎贴标硫化后在温度为 50℃、相对湿度为 90％的集装箱中海运 60 天无影响
	胎面标签 GN201	产品结构： 印刷物质 纸张、PET、PP 橡胶型特黏胶黏剂 格拉辛底纸 柔性版印刷，胶版印刷，凸版印刷，凹印和丝网印刷。热烫金。可以用于热转印，需用蜡基/树脂基碳带，建议先行测试	表面基材：轮胎胶面纸 胶黏剂：轮胎特强胶黏剂 底纸：74 g 蓝色格拉辛/100 g 米黄 CCK	轮胎胎面标签主要作为醒目的装饰性标签，同时它还包含了产品在安全、物流和使用方面的相关重要信息，是一种带有橡胶基压敏胶和适合多种印刷方式的白色纸张、PET、PP 型标签，该标签胶水的选择是非常关键的，因为标签必须能从轮胎上轻易的除去而不残留胶水，同时胶水必须在粗糙的、带有油性物质的轮胎表面上有着极好的黏性，且不受热天和冷天的温度变化以及各类运输环境的影响
	胎面标签 GN202		表面基材：珠光镀铝 PET 胶黏剂：轮胎特强胶黏剂 底纸：74 g 蓝色格拉辛/100 g 米黄 CCK	
	胎面标签 GN203		表面基材：PP 膜 胶黏剂：轮胎特强胶黏剂 底纸：80 g 白色格拉辛	

续表

供应商	规格型号	产品描述	技术参数	特点
广州粤骏新型包装材料有限公司	转移色带			
	塑料标贴			
沈阳市科文转移技术研究所	转移色带			

第二章 橡胶制品工艺耗材与外购件

1.1 轮胎用工艺耗材与外购件

1.1.1 胶囊

胶囊供应商见表 2.2.1－1。

表 2.2.1－1 胶囊供应商

供应商	成型胶囊	轮胎硫化胶囊	预硫化翻胎胶囊
天津市大津轮胎胶囊有限公司		√	
山东西水永一橡胶有限公司		√	
东营金泰轮胎胶囊有限公司		√	
无锡玮泰橡胶工业有限公司		√	
乐山市亚轮模具			√

1.1.2 气门嘴

1.2 胶带用工艺耗材与外购件

胶带用金属配件供应商见表 2.2.1－2。

表 2.2.1－2 胶带用金属配件供应商

供应商	商品名称	用途	特点	说明
孚乐率	铆钉穿销式带扣及配套工器具	输送带接驳、修补		

1.3 胶管用工艺耗材与外购件

1.3.1 芯棒与软轴

胶管的尺寸控制要求主要来源于主机厂与总成加工企业，尺寸控制主要为内径、外径、最外层钢丝直径。以液压胶管为例，标准中，胶管的内、外径尺寸的公差要求为±0.5 mm，通常总成加工企业希望尺寸控制的公差达到±0.2 mm；汽车刹车管为了保证尺寸精度，芯棒采用金属管。

胶管尺寸控制的关键在于芯轴尺寸控制、胶料可塑度控制与挤出尺寸控制。为此，胶料应当混炼均匀，且保证具有工艺要求的停放时间。

胶管的软轴材料需要具有耐高温、韧性好、低蠕变、尺寸稳定性好、耐磨性好、自润滑、耐酸碱、密度低等特点，通常采用 PP、EPDM、PA、TPX（聚-4-甲基-1-戊烯）等材料。胶管生产过程中使用软轴的特点包括：胶管经常需要带软轴裁切而使长度会越来越短，使用过程中易老化变形，拉拔等各种机械力导致尺寸不合格不能再投入使用。

使用 PP 材料的软轴通常称为芯棒。用 EPDM 制作橡胶软轴，橡胶软轴中心加有钢丝绳，防止橡胶软轴使用过程中拉伸变形，其配方中一般需并用 CR 5 份，以提高与钢丝绳的黏合力。

用作软轴的锦纶树脂通常为锦纶 6、锦纶 11，裁切、变形后的锦纶软轴可再生利用，全寿命过程中大约再生 4 次，每次再生后硫化 30～50 根胶管。

TPX 即可以作为软轴材料，也可以作为硫化包塑材料，一般使用 30～60 次，作为一般胶管生产的工艺耗材，其使用价格过于昂贵，供应商为日本三井石化等。使用 TPX 作为软轴材料的胶管企业一般制定有严格的技术规范，其软轴因胶管裁切而裁断部分作焊接处理，并规定具有一定技术水平的技术工人才可执行规定规格以上的软轴焊接工作。

芯棒、软轴供应商见表 2.2.1－3。

表 2.2.1－3 芯棒、软轴供应商

供应商	锦纶软轴	三元乙丙软轴	PP 芯棒	说明
景县鑫泰橡塑制品有限公司			√	
江阴市龙丰塑业有限公司	√			

1.3.2　硫化锦纶布、包塑材料、高压钢丝编织胶管专用网格布

软芯法制造的胶管可采用包水布或者包塑硫化工艺。包塑一般采用具有自熄性的锦纶材料 PA21（或者用 PP 共混改性降低锦纶的吸水性）、TPX 等。其中 PA21 具有韧性好、低蠕变、成型收缩率适中、热稳定性好、耐磨性好、自润滑、耐酸碱、密度低等优点，重复使用率高，其比重为 1.103～1.105，熔点范围为 195～240℃，强度≥50 MPa，拉断伸长率≥100%，抗弯强度≥70 MPa，使用过程中可不添加热稳定剂与防老剂。

锦纶树脂含有极性吸水基团，原材料应采用沸腾烘箱干燥，控制含水率低于 0.3%。

包锦纶胶管硫化工艺如图 2.2.1－1 所示。

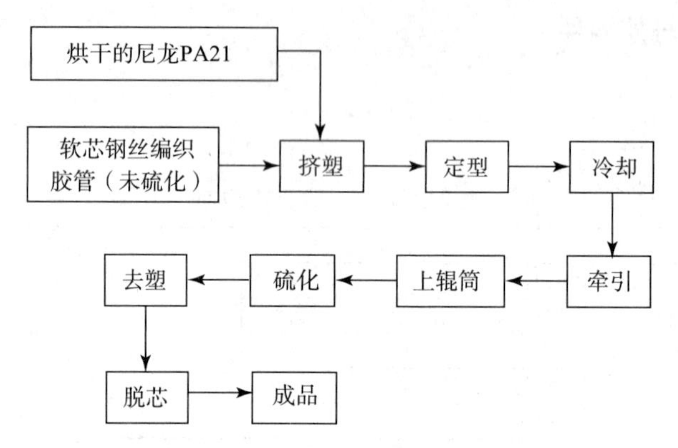

图 2.2.1－1　包锦纶胶管硫化工艺

ϕ10 mm 钢丝编织胶管包锦纶胶管硫化工艺技术条件见表 2.2.1－4。

表 2.2.1－4　ϕ10 mm 钢丝编织胶管包锦纶硫化工艺技术条件

项目	参数值
挤出机型号	SJ260
机筒加热区段温度/℃ 1 区段 2 区段 3 区段	 195 227 236
机头温度/℃	225
口模温度/℃	224
主机转速/($r \cdot min^{-1}$)	900
牵引机转速/($r \cdot min^{-1}$)	820
包塑厚度/mm	2.50±0.15

包塑用挤出机选用长径比为 25∶1、压缩比为 3.5 的单螺杆挤出机，螺杆宜选用突变型，螺杆宜长，均化段螺槽宜浅。挤塑定型后宜缓慢冷却，通过 50℃左右的冷却水槽，使胶管包塑材料均匀冷却结晶，保证收缩均匀。需要指出的是，超高压液压胶管的生产仍以包锦纶水布硫化为宜。

胶管、胶辊硫化用锦纶布的供应商有：沈阳辰宇纺织品有限公司、吴兴新江润纺织厂、故城县金光工业用布有限公司、河南省汝南县鹏达麻塑纺织品有限公司、辽宁省调兵山市嘉丰工业用布有限公司等。

1.3.3　胶管硫化包塑用工程塑料

1.4　胶鞋用工艺耗材与外购件

胶鞋用配件供应商见表 2.2.1－5。

表 2.2.1－5　胶鞋用配件供应商

供应商	商品名称	用途	特点	说明
厦门厦晖橡胶金属工业有限公司				
常州市雄鹰鞋眼有限公司	鞋眼、鞋扣、锌合金标牌、气眼、鞋搭扣、撞钉、四合扣、登山扣	硫化鞋配件		

附　录

附录一 《消费品化学危害 限制要求》国家标准征求意见稿

由全国消费品安全标准化技术委员会（SAC/TC 508）归口，中国标准化研究院等单位共同起草的国家标准《消费品化学危害 限制要求》征求意见稿于2017年发布，其中对103种物质提出了限制要求。

（1）本标准选取化学物质的原则

本标准以欧盟“REACH法规（（EC）NO 1907/2006）”为蓝本，根据《消费品分类》国家标准中对于消费品的定义，剔除工业用途化学物质，选取与消费品相关的有害化学物质。根据我国现有的各类消费品标准和技术要求，增加了“REACH法规”中未包括的有害化学物质，如2-巯基苯并噻唑（MBT）（CAS号149-30-4）、抗氧化剂（2，6-二叔丁基对甲苯酚（抗氧剂264）和2，2′-亚甲基-双（4-甲基-6-叔丁基苯酚）（防老剂2246））等，本标准总共列出了103类有害化学物质。

（2）本标准提出限制要求的原则

本标准提出“限制要求”而非“限量要求”，因为本标准列出的某些化学物质有“禁止使用”等要求，而非完全的“限量要求”。

对于国内已有消费品中限制要求的有害化学物质，本标准的限制要求采用国内标准的限制要求；对于国内消费品中没有限制要求的有害化学物质，本标准参考欧盟“REACH法规（（EC）NO 1907/2006）”“EN71-9—2005玩具中有机化合物通用要求”“EN71-12—2013玩具安全　第12部分　N-亚硝胺和N-亚硝基化合物”以及“生态纺织品标准Oeko-tex100—2017”等国外标准的限制要求，提出本标准的限制要求。

（3）有害化学物质排序原则

本标准中涉及的有害化学物质种类繁杂，因此大体按重金属类、烷、卤代烷、烯、苯类、多环芳烃类、酚、醛、醚、醇、酯及盐类、胺类、染料类以及其他无法归类的化学物质这样由简单到复杂的次序来排序。

（4）对新增有害化学物质和消费品具有开放性

本标准中充分考虑了我国国情、消费品行业发展现状等因素，有害化学物质限制要求为企业应遵循的最低安全要求，并与现有消费品相关标准保持一致。如果新产品的使用人群、使用方式以及使用环境与某一现有产品种类类似，有害化学物质限制要求可参照现有产品的相关限制要求。

主要参考标准

本标准主要参考的国内外与消费品中有害化学物质相关的标准如下：

GB 6675.1—2014 玩具安全　第1部分　基本规范

GB 6675.4—2014 玩具安全　第4部分　特定元素的迁移

GB 11887—2002 首饰、贵金属纯度的规定及命名方法

GB 18401—2010 国家纺织产品基本安全技术规范

GB 18580—2001 室内装饰装修材料人造板及其制品中甲醛释放限量

GB 18581—2009 室内装饰装修材料溶剂型木器涂料中有害物质限量

GB 18584—2001 室内装饰装修材料木家具中有害物质限量

GB 18585—2001 室内装饰装修材料壁纸中有害物质限量

GB 18586—2001 室内装饰装修材料聚氯乙烯卷材地板中有害物质限量

GB 18587—2001 室内装饰装修材料地毯、地毯衬垫及地毯胶黏剂有害物质释放限量

GB 21027—2007 学生用品的安全通用要求

GB 21550—2008 聚氯乙烯人造革有害物质限量

GB 24427—2009 碱性及非碱性锌-二氧化锰电池中汞、镉、铅含量的限制要求

GB 25038—2010 胶鞋健康安全技术规范

GB 28007—2011 儿童家具通用技术条件

GB 28480—2012 饰品有害元素限量的规定

GB 28481—2012 塑料家具中有害物质限量

GB 28482—2012 婴幼儿安抚奶嘴安全要求

GB 30002—2013 儿童牙刷

GB 30585—2014 儿童鞋安全技术规范
GB 31701—2015 婴幼儿及儿童纺织产品安全技术规范
GB/T 18885—2009 生态纺织品技术要求
GB/T 19250—2013 聚氨酯防水涂料
GB/T 22727.1—2008 通信产品有害物质安全限值及测试方法　第 1 部分：电信终端产品
QB 2548—2002 空气清新气雾剂
JC 1066—2008 建筑防水涂料中有害物质限量
EN71 - 9—2005 玩具中有机化合物通用要求
EN71 - 12—2013 玩具安全　第 12 部分　N -亚硝胺和 N -亚硝基化合物
欧盟 REACH 法规（（EC）NO 1907/2006）
欧盟 2014/81/EU 指令
生态纺织品标准 Oeko - tex100—2017

附表 1.1　安全要求

序号	化学危害	CAS 号	限制要求	备注
1	铅	7439 - 92 - 1	1. 婴幼儿安抚奶嘴中，该物质的迁移量应≤25 mg/kg	GB 28482—2012 婴幼儿安抚奶嘴安全要求，条款 8.4
			2. 儿童牙刷中该物质的迁移量应≤90 mg/kg	GB 30002—2013 儿童牙刷，条款 4.2.3
			3. 婴幼儿纺织品中，非纺织附件以及涂层和涂料印染织物中该物质总含量应≤90 mg/kg；婴幼儿及儿童纺织产品的面料、里料、附件所用织物中该物质总含量应≤90 mg/kg	GB 31701—2015 婴幼儿及儿童纺织产品安全技术规范，条款 4.2
			4. 指画颜料中该物质的迁移量应≤25 mg/kg，造型黏土和其他玩具材料（除造型黏土和指画颜料）中该物质的迁移量应≤90 mg/kg	GB 6675.4—2014 玩具安全　第 4 部分　特定元素的迁移，条款 8.4
			5. 饰品中该物质的总含量应≤1 000 mg/kg；儿童首饰中该物质的总含量应≤300 mg/kg，迁移量应≤90 mg/kg	GB 28480—2012 饰品有害元素限量的规定，条款 4.2
			6. 内墙涂料中可溶性铅的含量应≤90 mg/kg	GB 18582—2008 室内装饰装修材料内墙涂料中有害物质限量，条款 4
			7. 溶剂型木器涂料和水性木器涂料中可溶性铅的含量应≤90 mg/kg；家具及建筑装饰装修材料中（包括壁纸）该物质的含量应≤90 mg/kg	GB 18581—2009 室内装饰装修材料溶剂型木器涂料中有害物质限量，条款 4； GB 24410—2009 室内装饰装修材料水性木器涂料中有害物质限量，条款 4
			8. 塑料家具、儿童家具和室内装饰装修材料木家具中该物质的溶出量应≤90 mg/kg	GB 18584—2001 室内装饰装修材料木家具中有害物质限量，条款 4； GB 28007—2011 儿童家具通用技术条件，条款 5.2.3； GB 28481—2012 塑料家具中有害物质限量，条款 4
			9. 聚氨酯防水涂料该物质的含量应≤90 mg/kg	GB/T 19250—2013 聚氨酯防水涂料，条款 5.3
			10. 壁纸中该物质的含量应≤90 mg/kg	GB 18585—2001 室内装饰装修材料壁纸中有害物质限量，条款 4
			11. 聚氯乙烯人造革中该物质的含量应≤90 mg/kg	GB 21550 —2008 聚氯乙烯人造革有害物质限量，条款 3.2
			12. 卷材地板中不得使用铅盐助剂；作为杂质，卷材地板中可溶性铅含量应≤20 mg/m²	GB 18586—2001 室内装饰装修材料聚氯乙烯卷材地板中有害物质限量，条款 3.2
			13. 能进一步拆分的小型零部件或材料的产品信息技术产品中该物质的含量应≤1 000 mg/kg；电信终端产品中各部件的金属镀层不得有意添加该物质	GB/T 22727.1—2008 通信产品有害物质安全限值及测试方法第 1 部分电信终端产品，条款 4.2
			14. 碱性锌-二氧化锰电池中该物质的含量应≤40 mg/kg，非碱性锌-二氧化锰电池中该物质的含量应≤2 000 mg/kg。构成电信终端产品的各均匀材料和电信终端产品中现有条件不	GB 24427 - 2009 碱性及非碱性锌-二氧化锰电池中汞、镉、铅含量的限制要求，条款 5

续表

序号	化学危害	CAS号	限制要求	备注
2	汞	7439-97-6	1. 婴幼儿安抚奶嘴中，该物质的迁移量应≤10 mg/kg	GB 28482—2012 婴幼儿安抚奶嘴安全要求，条款8.4
			2. 皮肤接触类儿童纺织品中，该物质含量应≤90 mg/kg	GB 31701—2015 婴幼儿及儿童纺织产品安全技术规范，条款4.2
			3. 指画颜料中的迁移量应≤10 mg/kg；造型黏土中该物质迁移量应≤25 mg/kg；其他玩具材料中该物质迁移量应≤60 mg/kg	GB 6675.4—2014 玩具安全第4部分特定元素的迁移，条款8.4
			4. 饰品中该物质的含量应≤1 000 mg/kg；儿童首饰中该物质的迁移量≤60 mg/kg	GB 28480—2012 饰品有害元素限量的规定，条款4.2
			5. 塑料家具、儿童家具和室内装饰装修材料木家具中该物质的含量应≤60 mg/kg	GB 28481—2012 塑料家具中有害物质限量，条款4； GB 28007—2011 儿童家具通用技术条件，条款5.2.3； GB 18584—2001 室内装饰装修材料木家具中有害物质限量，条款4
			6. 溶剂型木器涂料和水性木器涂料中该物质的迁移量应≤60 mg/kg	GB 18581—2009 室内装饰装修材料溶剂型木器涂料中有害物质限量，条款4； GB 24410—2009 室内装饰装修材料水性木器涂料中有害物质限量，条款4
			7. 内墙涂料中可溶性汞的含量应≤60 mg/kg	GB 18582—2008 室内装饰装修材料内墙涂料中有害物质限量，条款4
			8. 聚氨酯防水涂料该物质的含量应≤60 mg/kg	GB/T 19250—2013 聚氨酯防水涂料，条款5.3
			9. 壁纸中该物质的含量应≤20 mg/kg	GB 18585—2001 室内装饰装修材料壁纸中有害物质限量，条款4
			10. 构成电信终端产品的各均匀材料和电信终端产品中现有条件不能进一步拆分的小型零部件或材料的产品信息技术产品中该物质的含量应≤1 000 mg/kg；电信终端产品中各部件的金属镀层不得有意添加该物质	GB/T 22727.1—2008 通信产品有害物质安全限值及测试方法　第1部分　电信终端产品，条款4.2
			11. 碱性锌-二氧化锰电池中镉含量应≤40 mg/kg，非碱性锌-二氧化锰电池中镉含量应≤2 000 mg/kg；无汞电池中该物质的含量应＜1 mg/kg；低汞电池中该物质的含量应＜250 mg/kg	GB 24427—2009 碱性及非碱性锌-二氧化锰电池中汞、镉、铅含量的限制要求，条款5
3	铬	7440-47-3	1. 婴幼儿安抚奶嘴中，该物质迁移量应≤10 mg/kg	GB 28482—2012 婴幼儿安抚奶嘴安全要求，条款8.4
			2. 婴幼儿纺织品中该物质溶出量应≤1 mg/kg，其他纺织品中该物质溶出量应≤2 mg/kg；纺织品消解后该物质的含量应≤90 mg/kg	生态纺织品标准 Oeko-Tex—2017
			3. 儿童牙刷中该物质的迁移量应≤60 mg/kg	GB 30002—2013 儿童牙刷，条款4.2.3
			4. 指画颜料和造型黏土中该物质迁移量应≤25 mg/kg；其他玩具（除指画颜料和造型黏土）中该物质的迁移量应≤60 mg/kg	GB 6675.4—2014 玩具安全　第4部分　特定元素的迁移，条款8.4
			5. 儿童首饰中该物质的迁移量应≤60 mg/kg	GB/T 1.1—2009，饰品有害元素限量的规定
			6. 塑料家具、儿童家具和室内装饰装修材料木家具中该物质的含量应≤60 mg/kg	GB 18584—2001 室内装饰装修材料木家具中有害物质限量，条款4； GB 28007—2011 儿童家具通用技术条件，条款5.2.3； GB 28481—2012 塑料家具中有害物质限量，条款4
			7. 壁纸中该物质的含量应≤25 mg/kg	GB18585—2001 室内装饰装修材料壁纸中有害物质限量，条款4

续表

序号	化学危害	CAS号	限制要求	备注
3	铬	7440-47-3	8. 溶剂型木器涂料和水性木器涂料中可溶性铬的含量应≤60 mg/kg	GB 18581—2009 室内装饰装修材料溶剂型木器涂料中有害物质限量，条款 4；GB 24410—2009 室内装饰装修材料水性木器涂料中有害物质限量，条款 4
			9. 聚氨酯防水涂料该物质的含量应≤60 mg/kg。	GB/T 19250-2013 聚氨酯防水涂料，条款 5.3。
			10. 内墙涂料中可溶性铬的含量应≤60 mg/kg	GB 18582—2008 室内装饰装修材料内墙涂料中有害物质限量，条款 4
4	六价铬	18540-29-9	1. 儿童鞋产品的皮革和皮毛用品中，该物质的含量应≤10 mg/kg	GB 30585—2014 儿童鞋安全技术规范，条款 5.3
			2. 纺织品中该物质溶出量应<0.5 mg/kg	生态纺织品标准 Oeko-Tex—2017
			3. 接触皮肤的皮革产品和带有皮革的产品，其皮革部分中该物质浓度（以皮革干重计）应≤3 mg/kg	欧盟 REACH 法规（（EC）NO 1907/2006）
			4. 饰品中该物质的总含量≤1 000 mg/kg	GB 28480—2012 饰品有害元素限量的规定，条款 4.2
			5. 构成电信终端产品的各均匀材料和电信终端产品中现有条件不能进一步拆分的小型零部件或材料的产品信息技术产品中该物质的含量应≤1 000 mg/kg；电信终端产品中各部件的金属镀层不得有意添加该物质。家具及建筑装饰装修材中该物质的含量应≤1 g/kg	GB/T 22727.1—2008 通信产品有害物质安全限值及测试方法第 1 部分电信终端产品，条款 4.2
5	镍	7440-02-0	1. 婴幼儿纺织品中该物质溶出量应≤1 mg/kg，其他纺织品中该物质溶出量应≤4 mg/kg	生态纺织品标准 Oeko-Tex—2017
			2. 与皮肤有直接或长期接触的产品中，该物质的释放率不得大于 0.5 μg/cm²/周；用于人体部位穿刺使用的产品中该物质的释放率不得≥0.2 μg/cm²/周，在穿孔伤口愈合过程中摘除或保留的产品，该物质的含量必须<50 mg/kg	GB 11887—2002 首饰贵金属纯度的规定及命名方法，条款 4.3
6	锡	7440-31-5	纺织品中该物质的溶出量应≤30 mg/kg	生态纺织品标准 Oeko-Tex—2017
7	锑	7440-36-0	1. 婴幼儿安抚奶嘴中，该物质的迁移量应≤15 mg/kg	GB 28482—2012 婴幼儿安抚奶嘴安全要求，条款 8.4
			2. 儿童牙刷中该物质的迁移量应≤60 mg/kg	GB 30002—2013 儿童牙刷，条款 4.2.3
			3. 指画颜料中该物质的迁移量应≤100 mg/kg；造型黏土和其他玩具中（除指画颜料和造型黏土）该物质的迁移量应≤60 mg/kg	GB 6675.4—2014 玩具安全第 4 部分特定元素的迁移，条款 8.4
			4. 儿童首饰中该物质的迁移量应≤60 mg/kg	GB 28480—2012 饰品有害元素限量的规定，条款 4.2
			5. 儿童家具中该物质的迁移量应≤60 mg/kg	GB 28007—2011 儿童家具通用技术条件，条款 5.2.3
			6. 壁纸中该物质的含量应≤20 mg/kg	GB 18585—2001 室内装饰装修材料壁纸中有害物质限量，条款 4
8	镉	7440-43-9	1. 婴幼儿安抚奶嘴中，该物质的迁移量应≤20 mg/kg	GB 28482—2012 婴幼儿安抚奶嘴安全要求，条款 8.4
			2. 儿童牙刷中该物质的迁移量应≤75 mg/kg	GB 30002—2013 儿童牙刷，条款 4.2.3
			3. 婴幼儿及儿童纺织产品的面料、里料、附件所用织物中，该物质的含量应≤100 mg/kg	GB 31701—2015 婴幼儿及儿童纺织产品安全技术规范，条款 4.2
			4. 儿童鞋中该物质的含量应≤100 mg/kg	GB 30585—2014 儿童鞋安全技术规范，条款 5.3

续表

序号	化学危害	CAS号	限制要求	备注
8	镉	7440-43-9	5. 指画颜料中该物质迁移量应≤15 mg/kg；造型黏土中该物质迁移量应≤50 mg/kg；其他玩具（除指画颜料和造型黏土）中该物质迁移量应≤75 mg/kg	GB 6675.4—2014 玩具安全　第4部分　特定元素的迁移，条款8.4
			6. 饰品中该物质的总含量应≤100 mg/kg；儿童首饰中该物质的迁移量应≤75 mg/kg	GB 28480—2012 饰品有害元素限量的规定，条款4.2
			7. 溶剂型木器涂料和水性木器涂料中可溶性镉的含量应应≤75 mg/kg	GB 18581—2009 室内装饰装修材料溶剂型木器涂料中有害物质限量，条款4； GB 24410—2009 室内装饰装修材料水性木器涂料中有害物质限量，条款4
			8. 塑料家具、儿童家具和室内装饰装修材料木家具中该物质的溶出量应≤75 mg/kg	GB 18584—2001 室内装饰装修材料木家具中有害物质限量，条款4； GB 28007—2011 儿童家具通用技术条件，条款5.2.3； GB 28481—2012 塑料家具中有害物质限量，条款4
			9. 内墙涂料中可溶性铬的含量应≤75 mg/kg	GB 18582—2008 室内装饰装修材料内墙涂料中有害物质限量，条款4
			10. 聚氨酯防水涂料该物质的含量应≤75 mg/kg	GB/T 19250—2013 聚氨酯防水涂料，条款5.3
			11. 塑料制品中，该物质的含量应≤100 mg/kg	欧盟REACH法规（（EC）NO 1907/2006）
			12. 壁纸中该物质的含量应≤25 mg/kg	GB 18585—2001 室内装饰装修材料壁纸中有害物质限量，条款4
			13. 聚氯乙烯人造革中该物质的含量应≤75 mg/kg	GB 21550 —2008 聚氯乙烯人造革有害物质限量
			14. 构成电信终端产品的各均匀材料和电信终端产品中现有条件不能进一步拆分的小型零部件或材料的产品中该物质的含量应≤100 mg/kg；电信终端产品中各部件的金属镀层不得有意添加该物质	GB/T 22727.1—2008 通信产品有害物质安全限值及测试方法第1部分电信终端产品，条款4.2
			15. 壁纸中该物质的含量应≤25 mg/kg；卷材地板中可溶性镉含量应≤20 mg/m²；聚氯乙烯人造革中可溶性铅含量应≤75 mg/kg。 16. 锌-二氧化锰电池中，该物质的含量应≤20 mg/kg；非碱性锌-二氧化锰电池中该物质的含量应≤200 mg/kg	GB 24427—2009 碱性及非碱性锌-二氧化锰电池中汞、镉、铅含量的限制要求，条款5
9	钡	7440-39-3	1. 婴幼儿安抚奶嘴中，该物质的迁移量应≤100 mg/kg	GB 28482—2012 婴幼儿安抚奶嘴安全要求，条款8.4
			2. 儿童牙刷中该物质的迁移量应≤1 000 mg/kg	GB 30002—2013 儿童牙刷，条款4.2.3
			3. 指画颜料中该物质的迁移量应≤350 mg/kg，除造型黏土中该物质的迁移量应≤250 mg/kg；儿童首饰和其他玩具材料（除造型黏土和指画颜料）中该物质的迁移量应≤1 000 mg/kg	GB 6675.4—2014 玩具安全第4部分特定元素的迁移，条款8.4
			4. 儿童首饰中该物质的迁移量应≤1 000 mg/kg	GB 28480—2012 饰品有害元素限量的规定，条款4.2
			5. 儿童家具中该物质的迁移量应≤1 000 mg/kg	GB 28007—2011 儿童家具通用技术条件，条款5.2.3
			6. 壁纸中该物质的总含量应≤1 000 mg/kg	GB 18585—2001 室内装饰装修材料壁纸中有害物质限量，条款4

续表

序号	化学危害	CAS 号	限制要求	备注
10	硒	7782-49-2	1. 婴幼儿安抚奶嘴中，该物质的迁移量应≤100 mg/kg	GB 28482—2012 婴幼儿安抚奶嘴安全要求，条款 8.4
			2. 儿童牙刷中该物质的迁移量应≤500 mg/kg	GB 30002—2013 儿童牙刷，条款 4.2.3
			3. 儿童首饰中该物质的迁移量应≤500 mg/kg	GB 28480—2012 饰品有害元素限量的规定，条款 4.2
			4. 儿童家具中该物质的迁移量应≤500 mg/kg	GB 28007—2011 儿童家具通用技术条件，条款 5.2.3
			5. 儿童玩具材料中硒的迁移量应≤500 mg/kg	GB 6675.4—2014 玩具安全第 4 部分特定元素的迁移，条款 8.4
			6. 壁纸中该物质的含量应≤165 mg/kg	GB 18585—2001 室内装饰装修材料壁纸中有害物质限量，条款 4
11	有机锡化合物		1. 三取代有机锡化合物： 三丁基锡（TBT）和三苯基锡（TPT）化合物，在 2010 年 7 月 1 日后不得在物品中或作为物品中的一部分使用，以锡的重量计含量不得超过 0.1%。 2. 二辛基锡化合物： 以下物品中含有或部分含有二辛基锡（DOT）的化合物，按照锡的重量计，如超过 0.1%时不得使用。 — 直接接触到皮肤的纺织制品； — 手套； — 鞋类或鞋类接触到皮肤的部分； — 墙壁和地板覆盖物； — 儿童护理用品； — 女性卫生用品； — 尿布	欧盟 REACH 法规（（EC）NO 1907/2006）
12	钴	7440-48-4	婴幼儿纺织品中该物质溶出量应≤1 mg/kg，其他纺织品中该物质溶出量应≤4 mg/kg	生态纺织品标准 Oeko-Tex—2017
13	砷	7440-38-2	1. 婴幼儿鞋中该物质含量应≤100 mg/kg	GB 30585—2014 儿童鞋安全技术规范，条款 5.3
			2. 儿童牙刷中该物质的迁移量应≤25 mg/kg	GB 30002—2013 儿童牙刷，条款 4.2.3
			3. 婴幼儿纺织品中该物质含量应≤0.2 mg/kg，其他纺织品中该物质含量应≤1 mg/kg	GB 31701—2015 婴幼儿及儿童纺织产品安全技术规范，条款 4.2
			4. 指画颜料中该物质迁移量应≤10 mg/kg；造型黏土和其他玩具中（除指画颜料和造型黏土）该物质迁移量应≤25 mg/kg	GB 6675.4—2014 玩具安全　第 4 部分　特定元素的迁移，条款 8.4
			5. 儿童家具中该物质的迁移量应≤25 mg/kg	GB 28007—2011 儿童家具通用技术条件，条款 5.2.3
			6. 饰品中该物质的总含量≤1 000 mg/kg；儿童首饰中该物质的迁移量≤25 mg/kg	GB 28480—2012 饰品有害元素限量的规定，条款 4.2
			7. 壁纸中该物质的含量应≤8 mg/kg	GB18585—2001 室内装饰装修材料壁纸中有害物质限量，条款 4
14	铜	7440-50-8	婴幼儿纺织品中该物质溶出量应≤25 mg/kg，其他纺织品中该物质溶出量应≤50 mg/kg	生态纺织品标准 Oeko-Tex—2017
15	环已烷	110-82-7	1. 作为包装尺寸大于 350 g 的氯丁橡胶基胶黏剂的组成成分，其浓度不得大于等于 0.1%。 2. 含有环已烷的氯丁橡胶基胶黏剂，加入不符合第 1 条要求，不得投放市场供给公众。 3. 对于投放市场上销售给公众的含有环已烷并且浓度大于或等于 0.1%的氯丁胶，供应商应该确保在投放市场之前，其包装必须显示清晰可见难擦掉的如下字样： — 在通风条件差的时候，本品不得使用； — 本品不得用于地毯铺设	欧盟 REACH 法规（（EC）NO 1907/2006）

续表

序号	化学危害	CAS号	限制要求	备注
16	二氯甲烷	75-09-2	脱漆剂中二氯甲烷含量等于或大于0.1%时，不得被从业人员使用	欧盟REACH法规（(EC) NO 1907/2006）
18	氯仿	67-66-3	在表面清洗剂、纺织品清洗剂产品中，该物质的重量浓度应低于0.1%	欧盟REACH法规（(EC) NO 1907/2006）
19	1，1，2-三氯乙烷	79-00-5		
20	1，1，2，2-四氯乙烷	79-34-5		
21	1，1，1，2-四氯乙烷	630-20-6		
22	五氯乙烷	76-01-7		
23	1，1-二氯乙烯	75-35-4		
24	氯代烃		学生用品——涂改制品（修正液、修正带、修正笔）中，不得含有该物质	GB 21027—2007 学生用品的安全通用要求，条款3
25	氯-1-乙烯（单体氯乙烯）	75-01-4	1. 壁纸中该物质的含量应≤1.0 mg/kg	GB18585—2001 室内装饰装修材料壁纸中有害物质限量，条款4
			2. 聚氯乙烯人造革中该物质的含量应≤5 mg/kg	GB 21550—2008 聚氯乙烯人造革有害物质限量，条款3.2
			3. 卷材地板聚氯乙烯层中该物质单体含量应≤5 mg/kg	GB 18586—2001 室内装饰装修材料聚氯乙烯卷材地板中有害物质限量，条款3.1
			4. 不可用于任何用途的气雾抛射剂	欧盟REACH法规（(EC) NO 1907/2006）
26	短链氯化石蜡（C10-C13）（SCCP）	85535-84-8	不允许该物质或以重量浓度高于1%的其他物质或混合物的组成分的形式用于皮革油脂浸泡液等产品中	欧盟REACH法规（(EC) NO 1907/2006）
27	苯	71-43-2	1. 不得用于玩具或玩具部件中，玩具或玩具部件中游离态苯的浓度应≤5 mg/kg。 2. 学生用品中，有机溶剂苯的含量≤10 mg/kg，学生用品的胶黏剂产品中，苯的含量应≤0.2 g/kg；甲苯和二甲苯含量的总和应≤10 g/kg。 3. 溶剂型木器涂料中，苯含量应≤0.3%。 4. 聚氨酯防水涂料中苯的含量应≤200 mg/kg；A类聚氨酯防水涂料中甲苯、乙苯和二甲苯的总含量应≤1 000 mg/kg；B类聚氨酯防水涂料中甲苯、乙苯和二甲苯的总含量应≤5 000 mg/kg。 5. 聚氨酯类、硝基涂料和腻子中甲苯、乙苯、二甲苯含量的总和应≤30%；醇酸类涂料中甲苯、乙苯、二甲苯含量的总和应≤5%。 6. 内墙涂料中苯、甲苯、乙苯、二甲苯含量的总和应≤300 mg/kg	1. 欧盟REACH法规（(EC) NO 1907/2006）。 2. GB 21027—2007 学生用品的安全通用要求，条款3.1。 3. GB 18581—2009 室内装饰装修材料溶剂型木器涂料中有害物质限量，条款4。 4. G B/T 19250—2013 聚氨酯防水涂料，条款5.3。 5. GB 18581—2009 室内装饰装修材料溶剂型木器涂料中有害物质限量，条款4。 6. GB 18582—2008 室内装饰装修材料内墙涂料中有害物质限量，条款4
28	甲苯	108-88-3		
29	乙苯	100-41-4		
30	二甲苯	1330-20-7		
31	1，4-二氯苯	106-46-7	作为物质本身或混合物组分中该物质的浓度大于或等于1%，用于洗手间、家庭、办公室或者其他室内公共场所的空气清新剂或除臭剂中时，禁止投放市场或使用	欧盟REACH法规（(EC) NO 1907/2006）
32	多溴联苯（PBBs）	59536-65-1	1. 与皮肤直接接触的纺织品中不得含有该物质	欧盟REACH法规（(EC) NO 1907/2006）
			2. 申明具有阻燃性能的塑料家具中该物质含量应≤1 000 mg/kg	GB 28481—2012 塑料家具中有害物质限量，条款4
			3. 构成电信终端产品的各均匀材料和电信终端产品中现有条件不能进一步拆分的小型零部件或材料的产品信息技术产品中该物质的含量应≤1 000 mg/kg	GB/T 22727.1-2008 通信产品有害物质安全限值及测试方法第1部分电信终端产品，条款4.2

续表

序号	化学危害	CAS号	限制要求	备注
33	丁基羟基甲苯（2，6-二叔丁基-4-甲基苯酚）	128-37-0	地毯衬垫中该物质的含量均应≤0.03 mg/(m^2·h)	地毯产品中该物质的含量均应≤0.05 mg/(m^2·h)
34	苯乙烯	100-42-5	1. 玩具中该物质的迁移量应≤0.75 mg/L	EN71-9 玩具中有机化合物通用要求
			2. A级地毯产品中，该物质的释放限量应≤0.400 mg/(m^2·h)；B级地毯产品中，该物质的释放限量应≤0.500 mg/(m^2·h)	GB 18587—2001 室内装饰装修材料地毯、地毯衬垫及地毯胶黏剂有害物质释放限量，条款4.1
35	4-苯基环己烯	4994-16-5	地毯产品及其衬垫中该物质的含量均应≤0.05 mg/(m^2·h)	GB 18587—2001 室内装饰装修材料地毯、地毯衬垫及地毯胶黏剂有害物质释放限量，条款4.1
36	多环芳烃类（16种）萘	91-20-3	塑料家具中，该物质的总含量应≤10 mg/kg	GB 28481-2012 塑料家具中有害物质限量，条款4
	苊烯	208-96-8		
	苊	83-32-9		
	芴	86-73-7		
	菲	85-01-8		
	蒽	120-12-7		
	荧蒽	206-44-0		
	芘	129-00-0		
	苯并（a）蒽	56-55-3		
	屈	218-V01-9		
	苯并（b）荧蒽	205-99-2		
	苯并（k）荧蒽	207-08-9		
	苯并（g，h，i）二萘嵌苯	191-24-2		
	苯并（a）芘	50-32-8		
	苯并（1，2，3-cd）芘	193-39-5		
37	苯并[a]芘	50-32-8	塑料家具中该物质的含量应≤1.0 mg/kg	GB 28481—2012 塑料家具中有害物质限量，条款4
38	蒽	120-12-7	聚氨酯防水涂料中该物质的含量应≤10 mg/kg	GB/T 19250—2013 聚氨酯防水涂料，条款5.3

续表

序号	化学危害	CAS号	限制要求	备注
39	萘	91-20-3	聚氨酯防水涂料中该物质的含量应≤200 mg/kg	GB/T 19250—2013 聚氨酯防水涂料，条款5.3
40	苯酚	108-95-2	1. 玩具中该物质的迁移量应≤15 mg/L	EN71-9 玩具中有机化合物通用要求
			2. 聚氨酯防水涂料产品中，该物质的含量应≤100 mg/kg	GB/T 19250—2013 聚氨酯防水涂料，条款5.3
41	一氯苯酚（总量）		婴幼儿纺织品中该物质的含量应≤0.5 mg/kg，其他纺织品中该物质的含量应≤3 mg/kg	GB 31701—2015 婴幼儿及儿童纺织产品安全技术规范，条款4.2
42	二氯苯酚（总量）			
43	三氯苯酚（总量）		婴幼儿纺织品中该物质的含量应≤0.2 mg/kg，其他纺织品中该物质的含量应≤2 mg/kg	GB 31701—2015 婴幼儿及儿童纺织产品安全技术规范，条款4.2
44	四氯苯酚（总量）		婴幼儿纺织品中该物质的含量应≤0.05 mg/kg，其他纺织品中该物质的含量应≤0.5 mg/kg	GB 31701—2015 婴幼儿及儿童纺织产品安全技术规范，条款4.2
45	2，3，5，6-四氯苯酚	935-95-5	胶鞋产品中该物质不应检出，合格限量值为0.5 mg/kg	GB 25038—2010 胶鞋健康安全技术规范，条款5
46	五氯苯酚	87-86-5	1. 婴幼儿纺织品中该物质的含量应≤0.05 mg/kg，其它纺织品中该物质的含量应≤0.5 mg/kg	GB 31701—2015 婴幼儿及儿童纺织产品安全技术规范，条款4.2
			2. 胶鞋产品鞋面、鞋里和内底鞋（纺织材料、合成革、人造革）中，该物质不应检出，合格限量值为0.5 mg/kg	GB 25038—2010 胶鞋健康安全技术规范
47	邻苯基苯酚（OPP）	90-43-7	婴幼儿纺织品中该物质的含量应≤50 mg/kg，其他纺织品中该物质的含量应≤100 mg/kg	GB 31701—2015 婴幼儿及儿童纺织产品安全技术规范，条款4.2
48	2，6-二叔丁基对甲苯酚	128-37-0	婴幼儿安抚奶嘴中，该物质释放量应≤30 ug/(100 mL)或60 ug/dm^2	GB 28482—2012 婴幼儿安抚奶嘴安全要求，条款8.8
49	2，2′-亚甲基-双（4-甲基-6-叔丁基苯酚）	119-47-1	婴幼儿安抚奶嘴中，该物质释放量应≤15 ug/(100 mL)或30 ug/dm^2	GB 28482—2012 婴幼儿安抚奶嘴安全要求，条款8.8
50	双酚A	80-05-7	1. 婴幼儿安抚奶嘴产品中，该物质的迁移量应≤0.1 mg/L	GB 28482-2012 婴幼儿安抚奶嘴安全要求，条款8.4
			2. 供3岁以下儿童玩耍的玩具及可放入口中的玩具中，该物质的迁移量不得高于0.1 mg/L	欧盟2014/81/EU指令，条款1
			3. 在聚碳酸酯婴儿奶瓶的生产制造中不得使用该物质	(EU) No 21/2011，条款1
			4. 玩具中该物质的迁移量应≤0.02 mg/L	EN 71-9 玩具中有机化合物通用要求
			5. 食品相关塑料产品中，该物质的迁移量应≤0.05 mg/kg	(EU) No 10/2011，附件Ⅰ中151号物质规定食品相关的塑料产品中，该物质的迁移量不得高于0.6 mg/kg。欧盟在向WTO的通报中公布的法规草案G/TBT/N/EU/370中拟修订该物质的迁移量不得高于0.05 mg/kg。该草案拟于2016年9月批准

续表

序号	化学危害	CAS 号	限制要求	备注
51	甲醛	50-00-0	1. 婴幼儿纺织品中该物质的含量应≤20 mg/kg；直接接触皮肤的纺织产品中该物质的含量应≤75 mg/kg；非直接接触皮肤的纺织产品中该物质的含量应≤300 mg/kg	GB 18401—2010 国家纺织产品基本安全技术规范，条款 5.1
			2. 婴幼儿鞋产品中该物质的含量应≤20 mg/kg；直接接触皮肤的纺织产品中，该物质的含量应≤75 mg/kg；非直接接触皮肤的纺织品中，该物质含量应≤300 mg/kg	GB 30585—2014 儿童鞋安全技术规范
			3. 玩具中该物质的迁移量应≤0.02 mg/L；专为 3 岁以下儿童设计的玩具中，可接触材料的甲醛的含量需要符合以下标准：纺织品中应≤30 mg/kg，纸制品中应≤30 mg/kg，胶合木板部中应≤80 mg/kg	EN 71-9 玩具中有机化合物通用要求
			4. A 类服用、装饰用和家用纺织产品中，该物质含量不得超过 20 mg/kg；B 类服用、装饰用和家用纺织产品中，该物质含量不得超过 75 mg/kg；C 类服用、装饰用和家用纺织产品中，该物质含量不得超过 300 mg/kg	GB 18401—2010 国家纺织产品基本安全技术规范，条款 4.2
			5. 学生用品胶黏剂中游离甲醛的含量应≤1 000 mg/kg	GB 21027—2007 学生用品的安全通用要求，条款 3.3
			6. 地毯产品及衬垫中该物质的含量均应≤0.05 mg/(m^2·h)	GB 18587—2001 室内装饰装修材料地毯、地毯衬垫及地毯胶黏剂有害物质释放限量，条款 4.1
			7. 竹编制品中该物质的含量应≤75 mg/kg	GB/T 23114—2008 竹编制品，条款 5.4
			8. 室内装饰装修材料木家具中该物质的释放量应≤1.5 mg/L	GB 18584—2001 室内装饰装修材料木家具中有害物质限量，条款 4
			9. 内墙涂料中游离甲醛的含量应≤300 mg/kg	GB 18582—2008 室内装饰装修材料内墙涂料中有害物质限量，条款 4
			10. 水性木器涂料中游离甲醛的含量应≤100 mg/kg	GB 24410—2009 室内装饰装修材料水性木器涂料中有害物质限量，条款 4
			11. 可直接用于室内的中密度纤维板、高密度纤维板、刨花板、定向刨花板等，利用穿孔萃取法测试时该物质的含量应≤0.9 mg/kg；必须饰面处理后可允许用于室内的度纤维板、高密度纤维板、刨花板、定向刨花板等，利用穿孔萃取法测试时该物质的含量应≤3 mg/kg	GB 18580—2001 室内装饰装修材料人造板及其制品中甲醛释放限量，条款 5
			12. 可直接用于室内的胶合板、装饰单板贴面胶合板、细木工板等利用干燥器法测试时，该物质含量应该≤1.5 mg/L；必须饰面处理后可允许用于室内的胶合板、装饰单板贴面胶合板、细木工板等利用干燥器法测试时，该物质含量应该≤5.0 mg/L	GB 18585—2001 室内装饰装修材料壁纸中有害物质限量，条款 4
			13. 可直接用于室内的饰面人造板（包括浸渍纸层压木质地板、实木复合地板、竹地板、浸渍胶膜纸饰面人造板等）利用气候想法测试时，该物质含量应≤0.12 mg/m^3；利用干燥器法测试时，该物质含量应≤0.12 mg/L	
			14. 壁纸中该物质的含量应≤120 mg/kg	
52	多溴二苯醚		1. 构成电信终端产品的各均匀材料和电信终端产品中现有条件不能进一步拆分的小型零部件或材料的产品信息技术产品中该物质（不含十溴二苯醚）的含量应≤1 000 mg/kg	GB/T 22727.1—2008 通信产品有害物质安全限值及测试方法 第 1 部分 电信终端产品，条款 4.2
			2. 申明具有阻燃性能的塑料家具中多溴二苯醚含量应≤1 g/kg	GB 28481—2012 塑料家具中有害物质限量，条款 4

续表

序号	化学危害	CAS号	限制要求	备注
53	壬基酚	25154-52-3	不允许该物质或质量分数高于0.1%的物质或混合物组分的形式投放市场或使用，用于以下目的： （1）家用清洗； （2）纺织品和皮革加工，以下情况除外： — 不排入废水乩加工； — 专业加工系统，其加工用水在有机废水处理前，静预处理完全除去有机成分（羊毛脱脂）。 （3）乳化剂，农用乳头浸沾消毒液； （4）纸浆和纸张的制造； （5）化妆品； （6）其他个人护理用品，以下除外： —杀精子剂	欧盟REACH法规（（EC）NO 1907/2006）
54	壬基酚聚氧乙烯醚	9016-45-9		
55	二乙二醇单甲醚（DEGME）	111-77-3	该物质作为染料、除漆剂、清洁剂及光亮漆、地板密封剂中的成分，浓度大于等于0.1%时，不得投放市场	欧盟REACH法规（（EC）NO 1907/2006）
56	二乙二醇丁醚（DEGBE）	112-34-5	喷漆、喷雾式清洁剂中该物质含量超过3%，不得投放市场	欧盟REACH法规（（EC）NO 1907/2006）
57	N-甲基吡咯烷酮	872-50-4	纺织品中该物质的含量应≤0.1 %	生态纺织品标准Oeko-Tex-2017
58	N，N-二甲基乙酰胺	127-19-5	纺织品中该物质的含量应≤0.1 %	
59	N，N-二甲基甲酰胺	68-12-2	纺织品中该物质的含量应≤0.1 %	
60	甲醇	67-56-1	1. 空气清新气雾剂产品中，该物质的含量应≤2 000 mg/kg	QB 2548—2002空气清新气雾剂，条款3.4
			2. 硝基类涂料中该物质的含量应≤0.3%	GB 18581—2009室内装饰装修材料溶剂型木器涂料中有害物质限量，条款4
61	2-（2-甲氧基乙氧基）乙醇	111-77-3	油漆、油漆清除和清洁剂、光亮乳液、地板密封胶中该物质的重量含量应<1 000 mg/kg	欧盟REACH法规（（EC）NO 1907/2006）
62	全氟辛烷磺酸盐（PFOS）（PFOS）	1763-23-1	结构或微结构中明确含有PFOS，质量含量等于或超过0.1%的半成品、部件或组分，或纺织品和其他涂层材料中含有PFOS含量等于或超过1 μg/m² 的涂层物质，不能投入市场	欧盟REACH法规（（EC）NO 1907/2006）
63	三（2，3-二溴丙基）磷酸盐	126-72-7	不可用于纺织品，例如，服装、内衣及亚麻布制品如被单等会与皮肤发生接触的物品	欧盟REACH法规（（EC）NO 1907/2006）

续表

序号	化学危害	CAS号	限制要求	备注
64	邻苯二甲酸酯类 a）邻苯二甲酸二丁酯 b）邻苯二甲酸丁苄酯 c）邻苯二甲酸二（2-乙基）己酯 d）邻苯二甲酸二正辛酯 e）邻苯二甲酸二异壬酯 f）邻苯二甲酸二异癸酯	a）84-74-2 b）85-68-7 c）93951-87-2 d）117-84-0 e）20548-62-36 f）8515-49-1	1. 婴儿安抚奶嘴中，a）、b）、c）、d）、e）、f）六种增塑剂总含量应≤0.1%（重量百分比）	GB 28482—2012 婴幼儿安抚奶嘴安全要求，条款 8.8
			2. 婴幼儿及儿童纺织产品中，a）、b）、c）三种物质的总含量应≤0.1%（重量百分比），d）、e）、f）三种物质的总含量应≤0.1%（重量百分比）	GB 31701—2015 婴幼儿及儿童纺织产品安全技术规范，条款 4.2
			3. 婴幼儿鞋产品的橡胶部件中，a）、b）、c）三种物质的总含量应≤0.1%，d）、e）、f）三种物质的总含量应≤0.1%；儿童鞋产品的橡胶部件中 a）、b）、c）的总含量应≤0.1%	GB 30585—2014 儿童鞋安全技术规范，条款 5.3
			4. 塑料家具中，a）、b）、c）、d）、e）、f）六种物质的含量均应≤0.1%（重量百分比）	GB 28481—2012 塑料家具中有害物质限量，条款 4
65	磷酸三（邻-甲苯）酯	78-30-8	玩具中该物质的含量应≤50 mg/kg。	EN 71-9 玩具中有机化合物通用要求
66	磷酸三（2-氯乙基）酯	115-96-8		
67	磷酸三苯酯	115-86-6	玩具中该物质的迁移量应≤0.03 mg/L。	EN 71-9 玩具中有机化合物通用要求
68	磷酸三（邻-甲苯）酯	78-30-8		
69	磷酸三（间甲苯酯）	563-04-2		
70	磷酸三（对-甲基苯基）酯	78-32-0		
71	富马酸二甲酯	624-49-7	1. 纺织品中该物质的含量应≤0.1 %	生态纺织品标准 Oeko-Tex—2017
			2. 儿童鞋中该物质的含量应≤0.1 mg/kg	GB 30585—2014 儿童鞋安全技术规范，条款 5.3
			3. 物品及物品中任一成分该物质的含量应≤0.1 mg/kg，否则不得投放市场	欧盟 REACH 法规（（EC）NO 1907/2006）
72	游离二异氰酸酯（TDI）	584-84-9	1. A 类聚氨酯防水涂料产品中，该物质的含量应≤3 000 mg/kg；B 类聚氨酯防水涂料产品中，该物质的含量应≤7 000 mg/kg	GB/T 19250—2013 聚氨酯防水涂料，条款 5.3
			2. 室内装饰装修材料溶剂型木器涂料（按产品明示的施工配比混合后测定）中该物质含量应≤0.4%	GB 18581—2009 室内装饰装修材料溶剂型木器涂料中有害物质限量，条款 4
73	二甲苯烷二异氰酸酯（MDI）	26447-40-5	1. 对二甲苯烷二异氰酸酯（MDI）过敏的人使用该产品时可能引起过敏反应	欧盟 REACH 法规（（EC）NO 1907/2006）
			2. 患有哮喘、湿疹，或有皮肤问题的人应避免接触，包括皮肤接触该产品	

续表

序号	化学危害	CAS号	限制要求	备注
74	挥发性有机物（VOC）		1. 婴幼儿安抚奶嘴中，该物质的含量应≤500 mg/kg	GB 28482—2012 婴幼儿安抚奶嘴安全要求，条款8.4
			2. A类聚氨酯防水涂料产品中，该物质含量应≤50 g/L；B类聚氨酯防水涂料产品中，该物质含量应≤200 g/L	GB/T 19250—2013 聚氨酯防水涂料，条款5.3
			3. 溶剂型木器涂料中，聚氨酯类涂料面漆：光泽（60°）≥80，该物质的含量应≤580 g/L；光泽（60°）<80，该物质的含量应≤670 g/L；底漆中该物质的含量应≤670 g/L；硝基类涂料中该物质的含量应≤720 g/L；醇酸类涂料中该物质的含量应≤500 g/L；腻子中该物质的含量应≤550 g/L	GB 18581—2009 室内装饰装修材料溶剂型木器涂料中有害物质限量，条款4
			4. 水性墙面涂料中该物质的含量应≤120 g/L，水性墙面腻子中该物质的含量应≤15 g/kg	GB 18582—2008 室内装饰装修材料内墙涂料中有害物质限量，条款4
75	总挥发性有机物（TVOC）		1. 学生用品胶黏剂中该物质的含量应≤50 g/L	GB 21027—2007 学生用品的安全通用要求，条款3.3
			2. A级地毯产品中，该物质的释放量应≤0.5 mg/(m²·h)；B级地毯产品和衬垫中，该物质的释放量应≤0.6 mg/(m²·h)；A级地毯衬垫中，该物质的释放量应≤1.0 mg/(m²·h)；B级地毯产品和衬垫中，该物质的释放量应≤1.2 mg/(m²·h)	GB 18587—2001 室内装饰装修材料地毯、地毯衬垫及地毯胶黏剂有害物质释放限量，条款4.1
76	芳香胺类物质：4-氨基联苯	92-67-1	1. 纺织品中禁用该类物质。 2. 联苯胺、2-萘胺、3，3′-二甲氧基联苯胺和3，3′-二甲基联苯胺在玩具中该物质含量应≤5 mg/kg	1. GB 18401—2010 国家纺织产品基本安全技术规范，条款5.1。 2. EN 71-9 玩具中有机化合物通用要求
	联苯胺	92-875		
	4-氯-邻甲苯胺	95-69-2		
	2-萘胺	91-59-8		
	邻氨基偶氮甲苯	97-56-3		
	2-氨基-4-硝基甲苯	99-55-8		
	对氯苯胺	106-47-8		
	2，4-二氨基苯甲醚	615-05-4		
	4，4′-二氨基二苯甲烷	101-77-9		
	3，3′-二氯联苯胺	91-94-1		
	3，3′-二甲氧基联苯胺	119-90-4		
	3，3′-二氯联苯胺	119-93-7		
	3，3′-二甲基-4，4′-二氨基二苯甲烷	838-88-0		

续表

序号	化学危害	CAS号	限制要求	备注
76	2-甲氧基-5-甲基苯胺	120-71-8		
	4，4′-亚甲基-二-(2-氯苯胺)	101-14-4		
	4，4′-二氨基二苯醚	101-80-4		
	4，4′-二氨基二苯硫醚	139-65-1		
	邻甲苯胺	95-53-4		
	2，4-二氨基甲苯 3，3′-二甲氧基 3，3′-二甲基联苯胺	95-80-7		
	2，4，5-三甲基苯胺	137-17-7		
	邻氨基苯甲醚	90-04-0		
	2，4-二甲基苯胺	95-68-1		
	2，6-二甲基苯胺	87-62-7		
	4-氨基偶氮苯	60-09-3		
77	4-氯苯胺	106-47-8	玩具中该物质含量应≤5 mg/kg	EN 71-9 玩具中有机化合物通用要求
78	3，3′-二氯联苯胺	91-94-1		
79	邻甲基苯胺	95-53-4		
80	邻氨基甲苯醚	90-04-0		
81	苯胺	62-53-3		
82	N-亚硝胺		1. 婴幼儿安抚奶嘴中，该物质的释放量≤0.01 mg/kg（分析允许差 0.01 mg/kg）	GB 28482—2012 婴幼儿安抚奶嘴安全要求，条款 8.4
			2. 供 36 个月以下儿童使用的由（橡胶等）弹性体材料制造的玩具或玩具部件和可入口的玩具或玩具部件（如气球、出牙器等）中该物质的含量应≤0.05 mg/kg。供 36 个月以下儿童使用的指画颜料中该物质的含量应≤0.02 mg/kg	EN 71-12：2013 玩具安全　第 12 部分　N-亚硝胺和 N-亚硝基化合物
			3. 儿童鞋橡胶部件中禁止使用该物质	GB 30585—2014 儿童鞋安全技术规范，条款 5.3

续表

序号	化学危害	CAS 号	限制要求	备注
83	N-亚硝基类物质 N-亚硝基二丁胺	924-16-3	供36个月以下儿童使用的由（橡胶等）弹性体材料制造的玩具或玩具部件和可入口的玩具或玩具部件（如气球、出牙器等）以及指画颜料中该类物质的含量应≤1.0 mg/kg	EN 71-12：2013 玩具安全　第12部分　N-亚硝胺和N-亚硝基化合物
	N-亚硝基二乙基胺	55-18-5		
	N-亚硝基二甲胺	62-75-9		
	N-亚硝基二正丙胺	621-64-7		
	N-亚硝基吗啉	59-89-2		
	N-亚硝基哌啶	100-75-4		
	N-亚硝基-N-甲基苯	614-00-6		
	N-亚硝基-N-乙基苯胺 CAS 号	612-64-6		
	N-亚硝基二苄基胺 CAS 号	5336-53-8		
	N-亚硝基二异丙胺 CAS 号	601-77-4		
	N-亚硝基-二乙醇胺 CAS 号	1116-54-7		
	N-亚硝基-N，N-二（3，5，5-三甲基己基）胺	1207995-62-7		
	N-亚硝基二异丁胺	997-95-5		
84	N-硝基苯胺		1. 儿童鞋中含量应<0.5 mg/kg	GB 30585—2014 儿童鞋安全技术规范
			2. 胶鞋橡胶部分中不应被检出	GB 25038—2010 胶鞋健康安全技术规范，条款5
85	甲酰胺	75-12-7	纺织品中该物质的含量应≤0.02%	生态纺织品标准 Oeko-Tex—2017
86	丙烯酰胺	79-06-1	玩具中该物质的迁移量应≤0.02 mg/L	EN 71-9 玩具中有机化合物通用要求

续表

序号	化学危害	CAS 号	限制要求	备注
87	致癌染料：酸性红 26	3761 - 53 - 3	1. 生态纺织品中禁止使用致癌染料（限量值≤50 mg/kg） 2. 玩具中该物质含量应≤10 mg/kg。	1. GB/T 18885—2009 生态纺织品技术要求，条款 5。 2. EN 71 - 9—2005 玩具中有机化合物通用要求
	碱性红 9	569 - 61 - 9		
	直接黑 38	1937 - 37 - 7		
	直接蓝 6	2602 - 46 - 2		
	直接红 28	573 - 58 - 0		
	分散蓝 1	2475 - 45 - 8		
	分散黄 3	2832 - 40 - 8		
	碱性紫 14	632 - 99 - 5		
	分散橙 11	82 - 28 - 0		
88	致敏染料：分散蓝 1	2475 - 45 - 8	1. 生态纺织品中禁止使用致敏染料（限量值≤50 mg/kg） 2. 玩具中该物质含量应≤10 mg/kg。	1. GB/T 18885—2009 生态纺织品技术要求，条款 5。 2. EN 71 - 9—2005 玩具中有机化合物通用要求
	分散蓝 3	2475 - 46 - 9		
	分散蓝 7	3179 - 90 - 6		
	分散蓝 26	3860 - 63 - 7		
	分散蓝 35	12222 - 75 - 2		
	分散蓝 102	68516 - 81 - 4		
	分散蓝 106	104573 - 53 - 7、68516 - 81 - 4、12223 - 01 - 7		
	分散蓝 124	61951 - 51 - 7		
	分散橙 1	2581 - 69 - 3		
	分散橙 3	730 - 40 - 5		
	分散橙 37	13301 - 61 - 6		
	分散橙 76	13301 - 61 - 6		
	分散红 1	2872 - 52 - 8		
	分散红 11	2872 - 48 - 2		

续表

序号	化学危害	CAS号	限制要求	备注
88	分散红 17	3179-89-3		
	分散黄 1	119-15-3		
	分散黄 3	2832-40-8		
	分散黄 9	6373-73-5		
	分散黄 39	12236-29-2		
	分散黄 49	54824-37-2		
	分散棕 1	23355-64-8		
89	分散橙 149	85136-74-9	生态纺织品中禁止使用该物质	GB/T 18885—2009 生态纺织品技术要求，条款 5
90	分散黄 23	6250-23-3	生态纺织品中禁止使用该物质	GB/T 18885—2009 生态纺织品技术要求，条款 5
91	N-亚硝基物质		1. 婴幼儿安抚奶嘴中，该物质的释放量应≤0.1 mg/kg（分析允许差 0.1 mg/kg）	GB 28482—2012 婴幼儿安抚奶嘴安全要求，条款 8.4
			2. 儿童鞋橡胶部件中不得检出该物质	GB 30585—2014 儿童鞋安全技术规范，条款 5.3
92	3-吖丙啶基-磷化氢的氧化物	5455-55-1	与皮肤直接接触的纺织品中不得含有该物质	欧盟 REACH 法规（(EC) NO 1907/2006)
93	2-巯基苯并噻唑（MBT）	149-30-4	婴幼儿安抚奶嘴中，该物质释放量应≤8 mg/kg	GB 28482—2012 婴幼儿安抚奶嘴安全要求，条款 8.7
94	抗氧化剂 2，6-二叔丁基对甲苯酚	128-37-0	婴儿安抚奶嘴的弹性部件测试时，该物质的释放量不得超过 30 μg/(100 mL) 或 60 μg/dm²	GB 28482-2012 婴幼儿安抚奶嘴安全要求，条款 8.8
95	2，2′-亚甲基-双（4-甲基-6-叔丁基苯酚）	119-47-1	婴儿安抚奶嘴的弹性部件测试时，该物质的释放量不得超过 15 μg/(100 mL) 或 30 μg/dm²	GB 28482-2012 婴幼儿安抚奶嘴安全要求，条款 8.8
96	三（1-吖丙啶）膦氧化物（TEPA）	545-55-1	禁止用于直接接触皮肤的纺织品	欧盟 REACH 法规（(EC) NO 1907/2006)
97	三（2-羧乙基）膦（TCEP）	51805-45-9	纺织品中该物质的含量应≤0.1 %	生态纺织品标准 Oeko-Tex—2017

续表

序号	化学危害	CAS号	限制要求	备注
98	石棉纤维 a）青石棉 b）铁石棉 c）直闪石 d）阳起石 e）透闪石 f）温石棉	a）12001-28-4 b）12172-73-5 c）77536-67-5 d）77536-66-4 e）77536-68-6 f）12001-29-5、132207-32-0	1. 禁止此类纤维及故意添加此类纤维物品的制造、投放市场及使用。 2. 生态纺织品中禁止使用该物质	欧盟REACH法规（（EC）NO 1907/2006） GB/T 18885—2009 生态纺织品技术要求，条款5
99	2-（2′-羟基-3′，5′-二叔丁基苯基）-苯并三唑（UV-320）	3846-71-7	纺织品中该物质的含量应≤0.1%	生态纺织品标准Oeko-Tex—2017
100	2-（2′-羟基-3′，5′-二叔丁基苯基）-5-氯苯并三唑（UV-327）	3864-99-1		
101	2-（2′-羟基-3′，5′-二特戊基苯基）苯并三唑（UV-328）	25973-55-1		
102	2-（2′-羟基-3′-异丁基-5′-叔丁基苯基）苯并三唑（UV-350）	36437-37-3		
103	三吖啶基氧化磷	545-55-1	1. 不可用于会与皮肤发生接触的物品纺织品，如服装、内衣以及被单等。 2. 不符合第1条规定的物品不得投放市场	欧盟REACH法规（（EC）NO 1907/2006）

附录二　《国家鼓励的有毒有害原料（产品）替代品目录（2016年版）》

为进一步引导企业开发、使用低毒低害和无毒无害原料，削减生产过程中有毒有害物质的产生和污染物排放，工业和信息化部会同科技部、环境保护部制定发布了《国家鼓励的有毒有害原料（产品）替代品目录（2016年版）》（工信部联节〔2016〕398号），详见附表2.1。

附表 2.1　国家鼓励的有毒有害原料（产品）替代品目录（2016 年版）

序号	替代品名称	被替代品名称	替代品主要成分	适用范围
一、研发类				
（一）重金属替代				
1	无汞催化剂	含汞催化剂	贵金属/非贵金属	乙炔法氯乙烯合成
2	三价铬硬铬电镀工作液	六价铬电镀液	三价铬	汽车减振器，液压部件等
3	稀土脱硝催化剂	钒基脱硝催化剂	镧、铈、钇等稀土元素的无机和有机化合物	电厂、窑炉等工业脱硝，机动车尾气净化，石油裂化裂解，有机废气处理
4	环保稀土颜料	铅基和镉基颜料	硫化铈等稀土硫化物	塑料、陶瓷、油漆、锦纶以及化学品等领域
（二）有机污染物替代				
5	全氟聚醚乳化剂	全氟辛酸及其铵盐（PFOA）	全氟-2，5-二甲基-3，6-二氧壬酸及其胺盐	含氟树脂合成
6	帘帆布 NF 浸渍剂	酚醛树脂（RFL）浸渍剂	六亚甲基四胺络合物（RH）和六甲氧基甲基密胺的缩合物	轮胎帘子布、橡胶用输送带帆布等浸渍处理
7	无溶剂纤维线绳浸渍剂	酚醛树脂（RFL）浸渍剂	多亚甲基多苯基多异氰酸酯（聚合 MDI）、聚氨酯、液体橡胶（HTPB）	各类线绳的浸渍处理
8	水性油墨	溶剂型油墨	水性高分子乳液、颜料	PVC 膜及卷材印刷
二、应用类				
（一）重金属替代				
9	无铅防锈颜料	含铅防锈颜料	亚磷酸钙	防锈、防腐涂料
（二）有机污染物替代				
10	多不饱和脂肪酸衍生物类表面活性剂	烷基酚聚氧乙烯醚类（APEO）表面活性剂	多不饱和脂肪酸，及其取代物	日化、纺织、农业等
11	脂肪醇聚氧乙烯醚（FEO）	烷基酚聚氧乙烯醚类（APEO）表面活性剂	脂肪醇聚氧乙烯醚	日化、纺织、农业等
12	全氟丁基类织物三拒整理剂	全氟辛基磺酰氟（PFOS）	全氟丁基磺酰氟	纺织品
13	水性木器涂料	溶剂型木器涂料	丙烯酸、聚氨酯	木器家具、家庭装修
14	水性与无溶剂聚氨酯	溶剂型聚氨酯树脂	聚氨酯	皮革加工及合成革制造
15	丁二烯-苯乙烯溴化共聚物	六溴环十二烷	丁二烯-苯乙烯溴化共聚物	聚苯乙烯发泡阻燃
16	甲基碳酸酯胺	氯代季铵盐	碳酸二甲酯	消毒杀菌剂、防霉、杀藻剂
17	甲基碳酸酯酯基季铵盐	甲基硫酸酯酯基季铵盐	碳酸二甲酯	织物柔软剂
18	氧化法醇醚羧酸盐	羧甲基法醇醚羧酸盐（AEC）	主要原料：醇醚、氢氧化钠和氧气	日化、纺织、金属清洗
19	无 PAHs 芳烃油	含 PAHs 芳烃油	分为环烷油、植物沥青和芳烃抽出油	橡胶制品
20	橡胶硫化促进剂 ZBEC	橡胶硫化促进剂（PZ、BZ、EZ）	二苄基二硫代氨基甲酸锌	橡胶制品
21	硫黄给予体 TB710	橡胶硫化促进剂 DTDM	对叔丁基苯酚二硫化物，不产生亚硝酸胺	橡胶制品
22	青霉素酰化酶和左旋苯甘氨酸甲酯盐酸盐	二氯甲烷和特戊酰氯	青霉素酰化酶、树脂、左旋苯甘氨酸甲酯	头孢氨苄生产工艺
23	全植物油基胶印油墨	矿物油基胶印油墨	植物油、树脂、着色剂	食品包装印刷

续表

序号	替代品名称	被替代品名称	替代品主要成分	适用范围
三、推广类				
（一）重金属替代				
24	无铅易切削黄铜	含铅易切削黄铜	铜、锌、铋、硅、锑、锡、钙、镁等	电子接插件和五金卫浴产品
25	无铬耐火砖	含铬耐火砖	主要成分为氧化镁、氧化铁或氧化铝	水泥、钢铁、有色等行业的高温窑炉
26	钨基合金镀层	铬镀层	铁、钴、钨	石油开采领域
27	高覆盖能力的硫酸盐三价黑铬电镀液	六价铬电镀液	硫酸盐体系、发黑剂	军工领域
28	三价铬电镀液	六价铬电镀液	三价铬	汽车、电子、机械、仪器仪表
29	彩色三价铬常温钝化液	高浓度六价铬彩色钝化液	三价铬	镀锌钝化
30	铝合金锆钛系无铬钝化剂	铝合金六价铬钝化剂	氟锆酸及高分子化合物	汽车零部件、建材、卷材等行业
31	无铬达克罗涂液	达克罗涂液	锌、铝、钛	汽车零部件抗腐蚀应用
32	电解锰无铬钝化剂	电解锰重铬酸钾钝化剂	复合碳酸盐、磷化合物	电解锰行业钝化工艺
33	无铅电子浆料	含铅电子浆料	氧化锌、氧化硼、二氧化硅等	混合电路、热敏电阻、太阳能电池
34	锂离子电池	铅蓄电池	锂	电动自行车、通信备用电源、光伏发电等储能系统
35	无汞扣式碱性锌锰电池	含汞扣式碱性锌锰电池	锌、锰（不含重金属汞）	便携式仪表
36	氢镍电池、锂离子电池	镉镍电池	镍、稀土元素、锂（不含重金属镉）	电动工具、便携式电器电池
37	钙基复合稳定剂	铅盐稳定剂	硬脂酸锌、多羟基钙、水滑石、抗氧剂等	PVC 塑料门窗异型材专用
38	钙锌复合稳定剂	铅盐稳定剂	硬脂酸钙、硬脂酸锌等	PVC 管材
39	稀土稳定剂	铅盐稳定剂	镧、铈元素的有机或无机盐类	PVC 制品
40	锌基复合热稳定剂	钡镉锌热稳定剂	有机酸锌盐、水滑石等	PVC 压延膜制品
41	低汞催化剂（氯化汞含量为 4%～6.5%）	含汞催化剂（氯化汞含量为 10%～12.5%）	氯化汞含量 4%～6.5%	乙炔法氯乙烯合成
42	多元复合稀土钨电极	放射性钍钨电极	镧、铈、钇稀土氧化物	焊接、切割、冶金等
（二）有机污染物替代				
43	N 烷基葡萄糖酰胺（AGA）	烷基酚聚氧乙烯醚类（APEO）表面活性剂	N 烷基葡萄糖酰胺（AGA）	日化、纺织、农业等
44	烷基多糖苷（APG）	烷基酚聚氧乙烯醚类（APEO）表面活性剂	烷基多糖苷（APG）	日化、纺织、农业等
45	无烷基酚聚氧乙烯醚类（APEO）的建筑涂料乳液	含烷基酚聚氧乙烯醚类（APEO）的建筑涂料乳液	烷基聚氧乙烯醚	建筑物内外墙涂料
46	水性高弹性防水涂料	溶剂型聚氨酯防水涂料	丙烯酸酯乳液、填料、助剂	建筑物和钢筋水泥构件的防水
47	水性环氧树脂涂料	溶剂型环氧树脂涂料	水性环氧乳液、水性环氧固化剂	防腐涂料中的主要成膜物
48	水性塑料涂料	溶剂型塑料涂料	丙烯酸、聚氨酯	塑料制品涂装
49	水性或无溶剂型紫外光（UV）固化涂料	溶剂型涂料	紫光引发剂外光固化树脂、功能性单体	木器家具、塑料、纸品、汽车及粉末涂料涂装
50	水性醇酸树脂	溶剂型醇酸树脂	多元醇、多元酸、植物油（酸）或其他脂肪酸、有机胺、醇醚类	涂料

续表

序号	替代品名称	被替代品名称	替代品主要成分	适用范围
51	醇酯型无苯无酮油墨	溶剂型含苯含酮油墨	颜料、正丙酯、醋酸乙酯	塑料薄膜及复合材料的印刷
52	水性或无溶剂型紫外光(UV)固化油墨	溶剂型油墨	紫外光固化树脂、预聚物、非挥发性功能单体等	印刷包装
53	金属表面硅烷处理剂	磷化液	硅烷偶联剂	家用电器表面涂装
54	二氧化氯	液氯	二氧化氯	造纸
55	柠檬酸酯类增塑剂	邻苯二甲酸类增塑剂	柠檬酸三丁酯(TBC)、乙酰柠檬酸三丁酯(ATBC)	医疗器械、食品包装、儿童玩具
56	对苯二甲酸二辛酯	邻苯二甲酸类增塑剂	对苯二甲酸二辛酯	PVC 制品用增塑剂
57	二乙酰环氧植物油酸甘油酯	邻苯二甲酸类增塑剂	乙酰化环氧大豆油酸甘油酯	医疗器械、食品包装、儿童玩具
58	植物源增效剂	化学合成增效剂	改性植物油、生物活化剂、非离子表面活性剂等	叶面喷雾使用的各类农药制剂
59	松脂基油溶剂	甲苯、二甲苯溶剂	松脂油提取物、萜烯类、脂肪酸单烷基酯类	乳油加工
60	C23－29 链烷烃类溶剂	甲苯、二甲苯溶剂	C23－29 直链、支链烷烃、脂肪酸甲酯等	农药乳油、水乳剂加工
61	不含异氰脲酸三缩水甘油酯(TGIC)的粉末涂料	含异氰脲酸三缩水甘油酯(TGIC)的粉末涂料	环氧树脂、羟烷基酰胺等	家用电器、金属构件的表面涂装
62	橡胶硫化促进剂 TBzTD	橡胶硫化促进剂 TMTD	二硫化四苄基秋兰姆	橡胶制品
63	塑解剂(A86,A89)	塑解剂 SJ－103	塑解剂 DBD、有机金属螯合物、有机及无机分散剂之混合物	橡胶制品
64	塑解剂 DBD	硫酚类塑解剂	二苯甲酰氨二苯基二硫化物	橡胶制品
65	促进剂 ZBOP70	硫化促进剂 DPG	二烷基二硫代磷酸锌	橡胶制品
66	间苯二酚甲醛树脂 HT1005	间苯二酚	间苯二酚-苯乙烯-甲醛树脂	橡胶制品
67	绿色环保颗粒再生胶	再生胶	天然橡胶、合成橡胶、炭黑、硫黄等,其中多环芳烃浓度≤122.7 mg/kg	橡胶制品
68	橡胶硫化剂促进剂 DTDC	橡胶硫化促进剂 DTDM	N,N-二硫代二己内酰胺	橡胶制品
69	全氟己基乙基化合物	全氟辛基磺酸及其盐类(PFOS)	全氟己基乙基化合物 F(CF2)6CH2CH2－R	水成膜泡沫灭火剂、水系灭火剂
70	间苯二胺	间二硝基苯	间苯二胺	染料中间体,环氧树脂的固化剂和水泥的促凝剂
71	防水透湿膜	含聚四氟乙烯的透气性薄膜	对苯二甲酸二甲酯与1,4-丁二醇、二羧酸二甲酯和聚醚的聚合物	纺织行业用薄膜材料
72	低 VOC 散发 PC/ABS 合金	PC/ABS 合金	聚碳酸酯、丙烯腈-丁二烯-苯乙烯共聚物	汽车内使用塑料
73	木塑复合材料	浸渍纸层压木质地板	PVC、木粉、钙锌复合稳定剂、助剂	室内外装饰
74	茶粕催化剂	氢氧化钠	茶粕、蒽醌催化剂	公共纺织品洗涤、印染前处理

附录三　硫化胶密度、硬度、定伸强度、扯断强度、伸长率的预测方法

3.1　硫化胶密度的预测方法

3.1.1　各种橡胶助剂的密度

部分常用橡胶助剂的密度见附表 3.1。

附表 3.1　部分常用橡胶助剂的密度　　单位：g/cm³

硫化剂	密度	促进剂	密度	防老剂	密度	补强填充剂	密度
硫黄粉	1.96～2.07	ZBX	1.40	OD	0.98～1.12	木质素	1.2～1.3
VA-7	1.42～1.47	CPB	1.17	DNP	1.26	改性木质素	1.65～1.75
DCP	1.082	TMTM	1.37～1.40	4010NA（IPPD）	1.14	炭黑	1.75～1.90
MOCA	1.390	TBTS	0.98	BPPD	1.049	硅铝炭黑	2.1～2.4
TDI	1.224	PMTM	1.38	HPPD	1.015	气相法白炭黑	2.00～2.20
TODI	1.197	TMTD（TT）	1.29	4020（DMBPPD）	0.986	沉淀法白炭黑	1.93～2.05
DMMDI	1.20	TETD	1.17～1.30	688（OPPD）	1.003	石墨	2.25
PAPI	1.20	TBTD	1.05	4010（CPPD）	1.29	硅藻土	2.0～2.6
DADI	1.20	PTD	1.39	DED	1.14～1.21	沸石	2.1～2.2
		M	1.42	DTD	1.250	氢氧化镁	2.4
活性剂	密度	DM	1.50	DPD	1.05～1.07	氢氧化铝	2.4
氧化锌	5.55～5.60	MZ	1.63～1.64	DDM（NA-11）	1.11～1.14	硅酸盐	2.5～2.6
碱式碳酸锌	4.42	DBM	1.61	MB	1.40～1.44	硅酸钙	2.9
氧化镁	3.20～3.23	NS	1.29	MBZ	1.63～1.64	石英粉	2.5～2.6
碱式碳酸镁	2.17～2.30	AZ	1.17～1.18	NBC	1.26	陶土、高岭土	2.5～2.6
氢氧化钙	2.24	DIBS	1.21～1.23	TNP	0.97～0.99	白艳华	2.42～2.45
一氧化铅	9.1～9.7	CZ	1.31～1.34			轻钙	2.5～2.6
四氧化三铅	8.3～9.2	DZ	1.20	增塑剂与增黏剂	密度	重钙（白垩）	2.6～2.7
碱式碳酸铅	6.5～6.8	NOBS	1.34～1.40	工业凡士林	0.87～0.90	滑石粉	2.6～2.9
碱式硅酸铅	5.80	H	1.30	TPPD	1.32	硅灰石	2.9
硬脂酸	0.90	AA	1.60	变压器油	0.895	白云石	2.8～2.9
油酸	0.89～0.90	D	1.13～1.19	锭子油	0.896	叶腊石	2.7～2.9
硬脂酸锌	1.05～1.10	TPG	1.10	石油沥青	1.04～1.16	云母粉	2.8～3.2
油酸铅	1.34	DOTG	1.10～1.22	石蜡	0.87～0.92	碳酸镁	3.0～3.1
		Na-22	1.43	微晶石蜡	0.89～0.94	三氧化二铝	3.7～3.9
促进剂	密度	DETU	1.10	煤焦油	1.13～1.22	重晶石粉	4.3～4.6
SDC	1.30～1.37	DBTU	1.061	固体古马隆	1.05～1.10	沉淀硫酸钡	4.45
TP	1.09	CA	1.26～1.32	妥尔油	0.95～1.00	碳酸钡	4.3～4.4
SPD	1.42	U	1.25	松香	1.08～1.10	钛酸钡	5.5～5.6
CDD	1.70～1.78	F	1.31	松焦油	1.01～1.06	硫酸锆	4.7
PZ（ZDMC）	1.65～1.74	E	1.27	白油膏	1.06～1.09	二硫化钼	4.8
EZ（ZDC）	1.45～1.51	SIP	1.10	黑油膏	1.05～1.08	三氧化二铁	5.2
BZ	1.18～1.24	ZEX	1.10～1.55	C_5石油树脂	0.96～0.98	三氧化二锑	5.5～5.9
DBZ	1.14	ZIP	1.56	C_9石油树脂	0.97～1.04		

续表

促进剂	密度	防老剂	密度	增塑剂	密度	着色剂	密度
ZPD	1.55	AH	1.15～1.16	烷基酚醛树脂	1.00～1.04	钛白粉	3.9～4.2
ZMPD	1.55～1.60	AP	0.98	聚异丁烯	0.92	立德粉	4.2
PX	1.46	AA	1.15	聚丁烯	0.88	石膏	2.36
CED	1.36～1.42	BA	1.00～1.04	乙二醇	1.113	铁红	4.8～5.2
CPD	1.82	RD	1.05	二甘醇	1.13	朱砂	8.0～8.12
LMD	2.43	124	1.01～1.08	甘油	1.26	铅丹	8.6～9.1
LPD	2.29	AW	1.029～1.031	三乙醇胺	1.126	镉黄	2.8～3.4
		DD	0.90～0.96	DBP	1.044～1.048	铬黄	5.8
		BLE	1.09	DOP	0.982～0.988	群青	2.4
		APN	1.16	DOA	0.93	柏林蓝	1.85
		BXA	1.10	O-130P	1.00	铬绿	4.9～5.2
		甲（A）	1.16～1.17	P-300	1.18	着色炭黑	7.5
		丁（D）	1.18	G-25	1.06		
				TP-95	1.02		
				TP-90B	0.97		
				#88	1.07		

3.1.2 密度预测

预测硫化胶的密度对生产实践具有重要的指导意义。高松主编的《最新橡胶配方优化设计与配方 1 000 例及鉴定测试实用手册》（北方工业出版社，2006 年，P77～78），指出硫化胶的密度与结合硫黄的量、混炼时间、硫化压力、硫化温度均存在相关性；方昭芬编著的《橡胶工程师手册》（机械工业出版社，2011 年 12 月，P24）给出了一个从混炼胶到硫化胶密度变化的修正方法：结合硫黄的体积按全部硫黄体积的 75%计算。无论如何，从配方原材料推算硫化胶密度，是一个取得近似数值的方法。

混炼胶、硫化胶的密度预测计算举例见附表 3.2。

附表 3.2 混炼胶、硫化胶的密度预测计算举例

项目		配方一		配方二		配方三		配方四	
材料名称	密度/(g·cm^{-3})	质量份	体积份	质量份	体积份	质量份	体积份	质量份	体积份
丁腈橡胶 NBR 3355	0.98	100	102.04	100	102.04	100	102.04	100	102.04
硬脂酸	0.90	1	1.11	1	1.11	1	1.11	1	1.11
氧化锌	5.57	5	0.90	5	0.90	5	0.90	5	0.90
防老剂 4010NA	1.14	1	0.88	1	0.88	1	0.88	1	0.88
炭黑 N 600	1.80	60	33.33	90	50.00	100	55.56	100	55.56
陶土	2.55	25	9.80	25	9.80	50	19.61	70	27.45
DOP	0.985	7	7.11	10	10.15	15	15.23	20	20.30
硫黄	2.01	2	1.00	2	1.00	2	1.00	2	1.00
促进剂 CBS	1.33	1.5	1.13	1.5	1.13	1.5	1.13	1.5	1.13
合计		205.5	157.30	235.5	177.01	275.5	197.46	300.5	210.37
含胶率/%		48.66		42.46		36.30		33.28	
混炼胶密度/(g·cm^{-3})		1.306		1.330		1.395		1.428	
硫化胶体积修正		-0.25		-0.25		-0.25		-0.25	
硫化胶体积		157.05		176.76		197.21		210.12	
硫化胶密度/(g·cm^{-3})		1.308		1.332		1.397		1.430	

3.2 硫化胶邵尔 A 硬度、定伸强度、扯断强度、伸长率的预测方法

3.2.1 部分补强填充剂、增塑剂（软化剂）对邵尔 A 硬度的贡献值

橡胶、塑料制品通常具有的硬度范围及邵尔 A、C、D 硬度值的对应关系见附表 3.3。

附表 3.3 邵尔 A、C、D 硬度值对照表

邵尔 D 硬度	邵尔 C 硬度	邵尔 A 硬度	
90			硬塑
86			
83			中等硬度塑料
80			
77			
74			
70			
65	95		
60	93	98	软塑
55	89	96	
50	80	94	
42	70	90	
38	65	86	橡胶
35	57	85	
30	50	80	
25	43	75	
20	36	70	
15	27	60	
12	21	50	
10	18	40	
8	15	30	
6.5	11	20	
4	8	10	

实践中可以考察到，影响硫化胶硬度的主要因素是生胶品种与用量、补强填充剂品种与用量、软化剂品种与用量。附表 3.4 列出了部分补强填充剂、增塑剂（软化剂）对邵尔 A 硬度的贡献值。

附表 3.4 部分补强填充剂、增塑剂（软化剂）对邵尔 A 硬度的贡献值

补强填充剂的硬度贡献值		补强填充剂的硬度贡献值		增塑剂（软化剂）的硬度贡献值	
热裂法炭黑	+0.25	低结构中超耐磨炭黑 ISAF－LS	+2.1	白油膏	－0.25
低结构半补强炭黑 SRF－LS	+0.31	中超耐磨炭黑 ISAF	+2.5	芳烃油	－0.48
半补强炭黑 SRF	+0.35	气相法白炭黑	+2.5	固体古马隆	－0.48
通用炭黑 GPF	+0.36	沉淀法白炭黑	+0.4	石油树脂	－0.49
高结构半补强炭黑 SRF－HS	+0.38	乳液共沉木质素	+0.7～0.8	环烷油	－0.50
细粒子炉黑 FF	+0.48	改性木质素 LTN 150	+0.3～0.4	锭子油	－0.50
低结构快压出炭黑 FEF－LS	+0.45	硬质陶土	+0.25	液体古马隆	－0.50
快压出炭黑 FEF、MAF	+0.50	轻钙	+0.17	煤焦油	－0.50
高结构快压出炭黑 FEF－HS	+0.52	表面处理碳酸钙	+0.14	黑（棕）油膏	－0.50
高耐磨炭黑 HAF	+0.67			变压器油	－0.51
低结构新工艺高耐磨（N375）	+0.47			石蜡油	－0.52
新工艺高耐磨炭黑（N332）	+0.50			酯类增塑剂	－0.67
高结构新工艺高耐磨（N339）	+0.51			生物质增塑剂	－0.67

注：橡胶 100 份时，1 份填料对硬度的贡献值。

3.2.2 硫化胶邵尔A硬度、定伸强度、扯断强度、伸长率的预测

方昭芬编著的《橡胶工程师手册》（机械工业出版社，2011年12月，P49～57）给出了硫化胶定伸强度、扯断强度、伸长率的估算方法，对硫化胶的性能进行粗略的走势判断时，有一定的参考价值。

（1）300%定伸强度和生胶品种与用量、硫黄用量、含胶率存在以下经验关系：

$$M=H\times(A1\times C1+A2\times C2+\cdots\cdots)+20\times S+16\times N$$

式中：M为硫化胶300%定伸强度估算值，N/m^2（kgf/cm^2）；H为硫化胶估算硬度；S为硫化胶中硫黄用量；N为硫化胶含胶率；$A1$、$A2$……为硫化胶中各胶种对300%定伸强度的贡献值；$C1$、$C2$……为硫化胶中各胶种占生胶总量的质量百分数。

（2）扯断强度和生胶品种与用量、硫黄用量、含胶率存在以下经验关系：

$$T=H\times(F1\times C1+F2\times C2+\cdots\cdots)+30\times S+16\times N$$

式中：T为硫化胶扯断强度估算值，N/m^2（kgf/cm^2）；H为硫化胶估算硬度；S为硫化胶中硫黄用量；N为硫化胶含胶率；$F1$、$F2$……为硫化胶中各胶种对扯断强度的贡献值；$C1$、$C2$……为硫化胶中各胶种占生胶总量的质量百分数。

（3）扯断伸长率和生胶品种与用量、硫黄用量、含胶率存在以下经验关系：

$$E=[N\times 100\times(N1\times C1+N2\times C2+\cdots\cdots)-(0.2\times H)-(30\times S)]\%$$

式中：E为硫化胶扯断伸长率估算值/%；H为硫化胶估算硬度；S为硫化胶中硫黄用量；N为硫化胶含胶率；$N1$、$N2$……为硫化胶中各胶种对扯断伸长率的贡献值；$C1$、$C2$……为硫化胶中各胶种占生胶总量的质量百分数。

硫化胶的邵尔A硬度、定伸强度、扯断强度、伸长率的预测计算举例见附表3.5。

附表3.5　硫化胶的邵尔A硬度、定伸强度、扯断强度、伸长率的预测计算举例

项目	配方一					配方二				
材料名称	质量份	硬度贡献值	300%定伸贡献值	扯断强度贡献值	扯断伸长率贡献值	质量份	硬度贡献值	300%定伸贡献值	扯断强度贡献值	扯断伸长率贡献值
丁腈橡胶 NBR 3355	100	44	1.10	2.20	12.4	100	44	1.10	2.20	12.4
硬脂酸	1					1				
氧化锌	5					5				
防老剂 4010NA	1					1				
炭黑 N 600	60	+0.36×60				90	+0.36×90			
陶土	25	+0.25×25				25	+0.25×25			
DOP	7	-0.67×7				10	-0.67×10			
硫黄	2		+20×2	+30×2	-30×2	2		+20×2	+30×2	-30×2
促进剂 CBS	1.5					1.5				
合计	205.5					235.5				
含胶率/%	48.7		+16×0.487	+16×0.487		42.5		+16×0.425	+16×0.425	
硫化胶硬度估算值	44+0.36×60+0.25×25-0.67×7=67.16					44+0.36×90+0.25×25-0.67×10=75.95				
硫化胶300%定伸强度估算值/(kgf·cm⁻²)	67.16×(1.10×1)+20×2+16×0.487=121.67					75.95×（1.10×1）+20×2+16×0.425=130.35				
硫化胶扯断强度估算值/(kgf·cm⁻²)	67.16×(2.20×1)+30×2+16×0.487=215.54					75.95×（2.20×1）+30×2+16×0.425=233.89				
硫化胶伸长率估算值/%	0.487×100×(12.4×1)-(67.16×0.2)-30×2=530.45					0.425×100×(12.4×1)-(75.95×0.2)-30×2=451.81				

注1：以上估算，只适用于邵尔A硬度为40～80的硫化胶，不适用于特软、发泡、硬质的硫化胶。

注2：只限于常用生胶品种，不包括硅橡胶、氟橡胶等特种橡胶。

注3：只适用于常用的原材料品种，而非一切橡胶原材料。

附录四　配方设计与混炼胶工艺性能硫化橡胶物理性能的关系

4.1　配方设计与硫化橡胶物理性能的关系

配方设计与硫化橡胶物理性能的关系见附表 4.1。

附表 4.1　配方设计与硫化橡胶物理性能的关系

一、与橡胶分子结构的关系	
扯断强度	1. 相对分子质量应大于临界值才有较高的扯断强度，一般至少在（3.0～3.5）×10^5以上； 2. 相对分子质量相同时，相对分子质量分布窄的比相对分子质量分布宽的扯断强度高，相对分子质量分布一般以 Mw/Mn=2.5～3 为宜； 3. 凡对分子间作用力有影响的因素，对扯断强度都有影响，例如，主链上有极性取代基团，分子间次价力提高，扯断强度随之提高； 4. 微观结构规整的线性橡胶，拉伸时结晶和取向的橡胶，扯断强度较高，例如，天然橡胶、氯丁橡胶属于拉伸结晶的自补强橡胶，生胶强度较高； 5. 橡胶与某些树脂共混，如 NR/SBR/HPS、NR/PE、NBR/PVC、EPR/PB，可提高硫化胶的扯断强度，但会损害硫化胶的高低温性能
撕裂强度	1. 撕裂强度与扯断强度之间没有直接的关系，通常撕裂强度随扯断伸长率和滞后损失的增大而增大，随定伸应力和硬度的增加而降低，配方因素和工艺因素对撕裂强度的影响，要大于对扯断强度的影响； 2. 相对分子质量增大，撕裂强度增大，当相对分子质量增高到一定程度时，撕裂强度不再增大； 3. 结晶橡胶在常温下的撕裂强度比非结晶橡胶高
定伸强度和硬度	1. 相对分子质量越大，橡胶大分子链游离末端数越少，定伸应力越大；对相对分子质量较小的橡胶，可以通过提高硫化程度提高定伸应力； 2. 随相对分子质量分布的加宽，硫化胶的定伸应力和硬度均下降； 3. 凡是能增加分子间作用力的结构因素，都可以提高硫化胶网络抵抗形变的能力。例如，主链上有极性取代基团的氯丁橡胶、丁腈橡胶、聚氨酯橡胶等，分子间作用力大，硫化胶的定伸应力也大；拉伸结晶型的橡胶，其定伸应力也较高
耐磨性	1. 在通用的二烯类橡胶中，硫化胶的耐磨耗性能按下列顺序递减：聚丁二烯橡胶＞溶聚丁苯橡胶＞乳聚丁苯橡胶＞天然橡胶＞异戊橡胶； 2. 硫化胶耐磨性一般随生胶的玻璃化转变温度（Tg）降低而提高，聚丁二烯橡胶耐磨性好的主要原因是它的分子链柔软性好，玻璃化转变温度较低（-90～-105℃），其磨耗形式以疲劳磨耗为主；但是聚丁二烯橡胶的缺点是抗掉块能力差，工艺性能也不好，实践中常与丁苯橡胶、天然橡胶并用以改善上述性能； 3. 丁苯橡胶的弹性、扯断强度、撕裂强度都不如天然橡胶，玻璃化转变温度为-57℃，也比天然橡胶高，但其耐磨性却优于天然橡胶，磨耗形式以卷曲磨耗为主； 4. 丁腈橡胶的耐磨耗性比异戊橡胶好，其耐磨耗性能随丙烯腈含量的增加而提高，其中羧基丁腈橡胶的耐磨性较好；丙烯酸酯橡胶比丁腈橡胶稍差一点； 5. 乙丙橡胶的耐磨性和丁苯橡胶相当； 6. 丁基橡胶的耐磨性在 20℃时和异戊橡胶相近，但温度上升至 100℃时，耐磨性急剧下降；丁基橡胶采用高温混炼时，硫化胶的耐磨性显著提高； 7. 氯磺化聚乙烯橡胶具有较好的高、低温耐磨性； 8. 聚氨酯橡胶是所有橡胶中耐磨性最好的一种，摩擦中有“自润滑”现象
弹性	1. 相对分子质量大有利于弹性的提高； 2. 相对分子质量分布窄或者高相对分子质量级分布多，对弹性有利； 3. 分子链的柔顺性越好，弹性越好； 4. 在通用橡胶中，聚丁二烯橡胶、天然橡胶的弹性最好；丁苯橡胶和丁基橡胶，由于空间位阻效应大，阻碍分子链的运动，故弹性较低；丁腈橡胶、氯丁橡胶等极性橡胶，由于分子间作用力大，弹性较差
抗疲劳	1. 在低应变疲劳条件下，由于橡胶分子的松弛特性因素起决定作用，橡胶的玻璃化转变温度越低，分子链越柔顺、易于活动，耐疲劳性能越好； 2. 在高应变疲劳条件下，防止微破坏扩散的因素起决定作用，具有拉伸结晶性质的橡胶耐疲劳性能较好； 3. 橡胶分子主链上有极性取代基团、庞大基团或者侧链多的橡胶，因分子间作用力大或者空间位阻大，均阻碍分子链沿轴向排列，耐疲劳性较差； 4. 不同橡胶并用可提高硫化胶的耐疲劳特性
扯断伸长率	1. 具有较高的扯断强度是具有较高扯断伸长率的必要条件； 2. 一般随定伸强度和硬度的增大，扯断伸长率急剧下降； 3. 分子链柔顺性高的，扯断伸长率就高

续表

二、与硫化体系的关系	
扯断强度	1. 扯断强度与交联密度曲线上有一个最大值； 2. 不同的交联键有不同的扯断强度：多硫键＞双硫键＞单硫键＞C—C； 3. 硬脂酸用量增加会导致交联密度、单硫和双硫键增加；氧化锌用量的增加有助于提高胶料的交联密度及抗返原性，改善动态疲劳性能和耐热性能； 4. 在过氧化物硫化体系中加入0.3份硫黄做共硫化剂，可以防止交联过程中分子断链，提高硫化效率，改善硫化胶的物理机械性能
撕裂强度	1. 撕裂强度与交联密度曲线上有一个最大值；达到最佳撕裂强度的交联密度比扯断强度达到最佳值的交联密度要低； 2. 多硫键具有较高的撕裂强度； 3. 植膜型纳米氧化锌具有优异的撕裂强度，可比99.7%氧化锌高出58.2%
定伸强度和硬度	1. 随交联密度的增加而增加； 2. 交联键类型对定伸应力的影响与对扯断强度的影响相反，即：C—C＞单硫键＞双硫键＞多硫键； 3. 各种促进剂含有不同的官能基团，活性基团（胺基）多的促进剂，如秋兰姆类、胍类和次磺酰胺类促进剂的活性较高，其硫化胶的定伸应力也较高；促进剂TMTD具有多种功能，兼有活化、促进及交联的作用，因此促进剂TMTD可以有效地提高定伸应力；将具有不同官能基团的促进剂并用可增强或抑制其活性，在一定范围内对定伸应力和硬度进行调整
耐磨性	1. 磨耗量与交联密度曲线上有一个最大值； 2. 单硫键含量越多，硫化胶的耐磨耗性能越好
弹性	1. 回弹值与交联密度曲线上有一个最大值； 2. 多硫键含量越多，硫化胶的弹性越好
抗疲劳	多硫键抗疲劳性能好于单硫键
扯断伸长率	随交联密度的增加而下降
三、与填充体系的关系	
扯断强度	填料粒径越小，比表面积越大，结构性越高，表面活性越大，补强效果越好
撕裂强度	1. 填料粒径减小，撕裂强度提高； 2. 撕裂强度达到最佳值时所需的补强剂用量，比扯断强度达到最佳值所需的补强剂用量高
定伸强度和硬度	1. 填充剂的品种和用量是影响硫化胶定伸应力和硬度的主要原因，其影响程度比橡胶结构及交联密度、交联键类型大得多； 2. 在填料的粒径、结构性、表面活性三者中，填料的结构性对硫化胶定伸应力和硬度的影响最为显著
耐磨性	1. 炭黑的用量与硫化胶的耐磨性的关系有一最佳值，炭黑对各种橡胶的最佳填充量为：NR（45～50质量份，下同）、IIR（50～55）、不充油SBR（50～55）、充油SBR（60～70）、BR（90～100）； 2. 填充新工艺炭黑的硫化胶耐磨性比普通炭黑提高5%
弹性	1. 提高含胶率是提高弹性最直接、最有效的方法； 2. 填料粒径越小、表面活性越大、补强性能越好的炭黑、白炭黑，对硫化胶的弹性越是不利； 3. 三元乙丙橡胶的硫化胶，表现出与上述2相反的关系
抗疲劳	1. 填料应尽可能选用补强性小的品种； 2. 填料用量尽可能的少
扯断伸长率	粒径小、结构性高的填料，可以显著降低扯断伸长率
四、与软化体系的关系	
扯断强度	总的来说，加入软化剂会降低硫化胶的扯断强度，但软化剂的用量不超过5份时，硫化胶的扯断强度还可能增大，因为胶料中含有少量软化剂，可改善炭黑的分散性。软化剂对扯断强度的影响与软化剂的种类、用量及胶种相关： 1. 芳烃油对非极性的不饱和橡胶硫化胶的扯断强度影响较小，而石蜡油影响较大，环烷油的影响介于两者之间，芳烃油的用量为5～15份； 2. 对饱和的非极性橡胶如丁基橡胶、乙丙橡胶，最好使用不饱和度低的石蜡油和环烷油，用量分别为10～25份和10～50份； 3. 对极性不饱和橡胶如丁腈橡胶、氯丁橡胶，最好使用芳烃油和脂类软化剂，用量分别为5～30份和10～50份； 4. 选用高黏度油、古马隆等树脂和高分子低聚物类的软化剂，有利于提高扯断强度
撕裂强度	1. 加入软化剂会使硫化胶的撕裂强度降低； 2. 石蜡油对丁苯橡胶硫化胶的撕裂强度极为不利，而芳烃油则可使丁苯橡胶具有较高的撕裂强度； 3. 采用石油系软化剂作为丁腈橡胶和氯丁橡胶的软化剂时，应使用芳烃含量高于50%～60%的高芳烃油，而不宜使用石蜡环烷烃油
定伸强度和硬度	尽量减少软化剂的用量是有利的

续表

耐磨性	尽量减少软化剂的用量是有利的
弹性	1. 软化剂与橡胶的相容性越小，硫化胶的弹性也越差； 2. 高弹性橡胶制品，应尽可能不加或少加软化剂
抗疲劳	一般来说，软化剂可减少橡胶分子间的相互作用力，耐疲劳性能提高
扯断伸长率	增加软化剂的用量，可以获得较大的扯断伸长率
五、提高定伸强度和硬度的其他方法	
通常提高硫化胶的定伸应力和硬度的方法，就是增加炭黑和其他填充剂的用量。但是，炭黑的填充量受到混炼、压延压出、贴合等工艺条件的限制，而且硫化胶的硬度也很难达到90°。以下是一些常用的其他方法： 1. 在通用的二烯类橡胶中使用苯甲酸增硬； 2. 使用烷基酚醛树脂/硬化剂并用体系增硬，邵尔A硬度可达到90°，常用的酚醛树脂有苯酚甲醛树脂、烷基间苯二酚甲醛树脂、烷基间苯二酚环氧树脂；常用的硬化剂有六次甲基四胺、RU型改性剂和无水甲醛苯胺等含氮的杂环化合物； 3. 使用高苯乙烯/C8树脂（叔辛基酚醛树脂）并用体系，可使硫化胶的邵尔A硬度提高15°； 4. 使用树脂RE/粘合剂A/钴盐RC-16并用体系，可使硫化胶的硬度达到85°； 5. 在胶料中加入树脂RS/促进剂H并用体系，可使硫化胶的硬度提高10°，但硫化胶的物理机械性能有所降低，且门尼焦烧时间缩短，不利于加工； 6. 在三元乙丙橡胶中添加液态二烯类橡胶和多量硫黄，可以得到硫化特性和加工性能优良的高硬度胶料； 7. 在丁腈橡胶中采用多官能丙烯酸酯齐聚物与热熔性酚醛树脂并用，可以有效提高硫化胶的硬度	
六、改善耐磨性的其他方法	
1. 添加少量含硝基化合物的改性剂作为炭黑分散剂，可改善炭黑与橡胶的相互作用，降低硫化胶的滞后损失，可使轮胎的耐磨性提高3%～5%； 2. 使用含卤素化合物的溶液或气体，对丁腈橡胶硫化胶的表面进行处理，可以降低制品的摩擦系数、提高耐磨性； 3. 应用硅烷偶联剂和表面活性剂作为改性填料； 4. 采用橡塑并用的共混体系； 5. 添加固体润滑剂或减磨材料，如在丁腈橡胶中添加石墨、二硫化钼、氮化硅、碳纤维等，可使硫化胶的摩擦系数降低	

4.2　配方设计与混炼胶工艺性能的关系

工艺性能主要包括如下几个方面：

(1) 生胶和胶料的黏弹性，如黏度（可塑度）、压出性、压延性、收缩率、冷流性（挺性）；

(2) 混炼性，如分散性、包辊性；

(3) 自黏性；

(4) 硫化特性，如焦烧性、硫化速度、硫化程度、抗硫化返原性。

配方设计与混炼胶工艺性能的关系见附表4.2。

附表4.2　配方设计与与混炼胶工艺性能的关系

一、与橡胶分子结构的关系	
胶料的黏度（可塑度）	1. 生胶的黏度主要取决于橡胶的相对分子质量和相对分子质量分布，相对分子质量越大，相对分子质量分布越窄，则橡胶的黏度越大； 2. 门尼黏度是橡胶相对分子质量的表征，门尼黏度在50～60以下的生胶，一般不需塑炼； 3. 促进剂M、DM具有塑解剂功能，M比DM的塑解效果好，化学塑解剂如迪高沙的A86更好； 4. 低温塑炼用的化学塑解剂主要有β-萘硫酚、二苯甲酰一硫化物、二邻苯甲酰二苯二硫化物（Pepten 22）、五氯硫酚（Renacit Ⅴ）等，其中雷那西（Renacit）系列的塑解剂，塑解效果最好； 5. 某些合成橡胶，如丁苯橡胶、硫黄调节型氯丁橡胶、低顺式聚丁二烯橡胶，采用高温塑炼时，有产生凝胶的倾向，亚硝基-2-苯酚有抑制丁苯橡胶产生凝胶的作用，雷那西和DM有抑制氯丁橡胶产生凝胶的作用
压出性	1. 分子链柔性大、分子间作用力小的橡胶，黏度小、松弛时间短，出口膨胀比小；NR的膨胀比小于SBR、CR、NBR，SBR、CR、NBR的压出半成品比NR的粗糙； 2. 相对分子质量大、相对分子质量分布宽，则黏度大、流动性差，恢复流动过程中产生的弹性形变所需的松弛时间也长，故出口膨胀比大； 3. 支化度高，特别是长支链的支化度高时，出口膨胀比大； 4. 压出胶料的含胶率一般在30%～50%时较适宜
压延性	通常压延胶料的门尼黏度应控制在60以下，其中压片胶料为50～60；贴胶胶料为40～50；擦胶胶料为30～40； 1. NR的高相对分子质量级分较多，加上本身具有自补强性，生胶强度大，所以包辊性好；低相对分子质量级分又起到内增塑剂的作用，保证了压延所需的流动性；另外，NR的分子链柔顺性好，松弛时间段，收缩率较低，因此，NR的综合性能最好，是较好的压延胶种； 2. SBR侧基较大，分子链比较僵硬，柔顺性差，松弛时间长，流动性不是很好，收缩率也明显比NR大，用作压延胶料时，应充分塑炼，在胶料中增加填充剂和软化剂的用量，或与NR并用； 3. BR仅次于NR，压延时半成品的表面比SBR光滑，流动性比SBR好，收缩率也低于SBR，但生胶强度低，包辊性

续表

压延性	不好，用作压延胶料最好与 NR 并用； 4. CR 虽然包辊性不好，但对温度敏感性大，通用型 CR 在 75～95℃时易黏辊，难于压延，需要高于或低于这个温度范围才能获得较好的压延效果；在压延胶料中加入少量的石蜡、硬脂酸或并用少量的 BR，能减少黏辊现象； 5. NBR 黏度高，热塑性小，流动性欠佳，收缩率在 10%左右，压延性能不够好；用作压延胶料时，要特别注意生胶塑炼、压延辊温及热炼的工艺条件； 6. IIR 生胶强度低，无填充剂时不能压延，只有填料含量多时才能进行压延，而且胶片表面易产生裂纹，易包冷辊
焦烧性	1. 胶料的焦烧性通常用 120℃时的门尼焦烧时间 ts 表示，各种胶料的焦烧时间，视其工艺过程、工艺条件和胶料硬度而定，一般软的胶料为 10′～15′，大多数胶料为 20′～35′，高填充的硬胶料或者加工温度很高的胶料为 35′～80′； 2. 生胶的不饱和度小的，焦烧倾向小
抗返原性	生胶的不饱和度小的，返原性小
包辊性	1. 随相对分子质量增加，λb（断裂伸长比）值增大，黏流温度升高，所以从第Ⅱ区到第Ⅲ区以及从第Ⅲ区到第Ⅳ区的转变温度也随之提高，从而改善了包辊性； 2. 当相对分子质量分布宽时，λb 值增大，使第Ⅱ区到第Ⅲ区的转变温度提高，因而包辊性好的第Ⅱ区范围扩大；同时黏流温度降低，使第Ⅲ区向第Ⅳ区过渡的转变温度降低，因而使包辊性不好的第Ⅲ区范围缩小； 3. 生胶的自补强作用是提高生胶强度最有利的因素，所以 NR 与 CR 的包辊性均较好； 4. 玻璃化温度的影响：NR 与 SBR 混炼时只出现Ⅰ区和Ⅱ区，一般操作温度下没有明显的Ⅲ区，所以其包辊性和混炼性能较好；BR 包辊性不好的主要原因是它的玻璃化温度低、模量低、生胶强度小，BR 在 40～50℃下处于Ⅱ区状态包辊，超过 50℃即转变到Ⅲ区，出现脱辊现象难以炼胶，此时即使把辊距减到最小提高切变速率，也难以回到Ⅱ区，但温度升高到 120～130℃时包辊性又会好转，所以 BR 在低温和高切变速率（小辊距）条件下炼胶为宜； 5. 减少凝胶含量和支化度可改善包辊性
自黏性	影响胶料自黏性的两个因素是生胶强度和分子链段的扩散，而以后者为主。 1. 一般来说，分子链段的活动能力越大，扩散越容易，自黏强度越大；当分子链上有庞大侧基时，阻碍分子热运动，其分子扩散过程缓慢，自黏性就差； 2. 极性橡胶因分子间的吸引能量密度（内聚能）大，分子难以扩散，自黏性较差； 3. 含有双键的不饱和橡胶比饱和橡胶更容易扩散； 4. 结晶性好的橡胶自黏性差；要提高结晶橡胶的自黏性，可通过提高接触表面温度来实现
喷霜	1. 喷霜是指溶于橡胶的液体或固体配合剂由内部迁移到表面的现象，常见的喷霜有三种形式，即“喷粉”“喷油”“喷蜡”。“喷粉”是胶料中的硫化剂、促进剂、活性剂、防老剂、填充剂等粉状配合剂析出胶料（或硫化胶）表面，形成一层类似霜状的粉层；“喷油”是胶料中的软化剂、润滑剂、增塑剂等液态配合剂析出表面而形成一层油状物；“喷蜡”是胶料中的蜡类助剂析出表面形成一层蜡膜； 2. 喷霜本质上的原因是配合剂用量超过其在橡胶中的溶解度导致析出，因同一配合剂在不同的生胶中有不同的溶解度，应选用与生胶极性相近、溶解度大的同种功能的配合剂； 3. 在某些情况下，喷霜是有利的，如臭氧老化是一种表面化学反应，需要抗臭氧剂析出到制品表面才能发生阻断臭氧老化的作用；石蜡是物理防老剂，其防老机理是通过析出而堵塞制品被损伤形成的微孔，阻断制品内渗水通道的形成； 4. 将溶于橡胶的配合剂转变为不溶于橡胶的物质形态，可有效抑制喷霜，如使用不溶性硫黄代替普通硫黄，使用微晶石蜡代替普通石蜡等
注压	1. NR 门尼黏度高，注压时生热量较大，硫化速度快；注压制品比模压制品好；容易产生硫化返原现象； 2. IR 与 NR 相似，在 180℃时易产生气泡，所以最高硫化温度不宜超过 180℃，可采用与 SBR 或 BR 并用的方法解决； 3. SBR 注射压力较低时流动性差，注射时间长；当注射压力超过一定数值时，流动速度和生热显著提高，注射时间缩短；充油 SBR 的流动性比较好，生热量较小； 4. 高丙烯腈含量的 NBR 硫化速度快，不易过硫，适于高温快速硫化；由于快速硫化交联网络不完全稳定，所以高温下的压缩永久变形大于模压制品； 5. CR 生胶黏度高，容易焦烧，需较大的注射压力，控制好注射温度和硫化温度； 6. EPDM 硫化时间长、加工安全，适于注压，但很难实现快速硫化； 7. IIR 硫化速度很慢、加工安全，需选用快速硫化体系
二、填充剂的影响	
胶料的黏度（可塑度）	1. 填充剂的性质和用量，对胶料黏度的影响很大；炭黑的用量对乙丙橡胶的影响较小； 2. 炭黑用量超过 50 份时，炭黑的结构性的影响比较显著； 3. 在高剪切速率下，炭黑的粒径对胶料的黏度影响较大； 4. 提高炭黑的分散程度，也可使胶料黏度降低
压出性	1. 加入填充剂降低含胶率后，可减少胶料的弹性形变，从而使压出膨胀比降低； 2. 一般来说，随着炭黑用量的增加，压出膨胀比减小； 3. 炭黑的粒径的影响比结构性的影响要小，结构性高的炭黑，压出膨胀比小；在结构性相同的情况下，粒径小、活性大的炭黑比活性小的炭黑影响大

续表

压延性	1. 加入补强性填充剂能提高胶料硬度，改善包辊性，减少胶料的弹性形变，使胶料的收缩率降低；一般结构性高、粒径小的填料，其压延收缩率小； 2. 不同类型的压延工艺对填料的品种与用量有不同的要求，如： A. 压型时，要求填料用量大，以保证花纹清晰； B. 擦胶时，含胶率高达40%以上；厚擦胶时使用软质炭黑、软质陶土之类的填料较好；薄擦胶时，以硬质炭黑、硬质陶土、轻钙等较好； 3. 为消除压延效应，压延胶料尽可能不使用各向异性的填料，如碳酸镁、滑石粉等
焦烧性	1. 一般来说，使用过多碱性填料胶料易焦烧；酸性填料，可迟延硫化，降低焦烧； 2. 炭黑的粒径越小，结构性越高，胶料的焦烧时间越短； 3. 表面带有羟基的填料，如白炭黑，可使胶料的焦烧时间延长
抗返原性	
包辊性	大多数合成橡胶的生胶强度很低，对包辊不利，其中BR最为明显。 1. 添加活性高和结构性高的填料可改善包辊性；其中增加胶料强度的填料有炭黑、白炭黑、木质素、硬质陶土、碳酸镁、碳酸钙等；降低胶料强度的填料有氧化锌、硫酸钡、钛白粉等非补强性填料；加入滑石粉，会使脱辊倾向加剧； 2. NR中加入炭黑后，其混炼胶强度提高的幅度很大，因此，在合成胶中，特别是BR和IR中，并用少量的NR，即可有效改善它们的包辊性
自黏性	1. 补强性好的，胶料的自黏性也好，其中无机填料填充的NR胶料的自黏性，依下列顺序递减：白炭黑＞氧化镁＞氧化锌＞陶土； 2. NR和BR中，随炭黑用量增加，胶料的自黏性出现最大值
填料分散性	1. 一般来说，白炭黑在合成橡胶中的分散性优于天然橡胶；而陶土在天然橡胶中的分散性优于合成橡胶； 2. 硬度偏高的白炭黑胶料，往往因掺用黏度小的软化剂而分散不良； 3. 陶土与立德粉并用、陶土与碳酸钙并用、陶土与白炭黑并用，都比单用一种分散性好
注压	填充剂对胶料的流动性影响较大，粒径越小、结构性越高、填充量越大，则胶料的流动性越差
三、软化剂的影响	
胶料的黏度（可塑度）	1. 软化剂是影响胶料黏度的主要因素之一； 2. 不同类型的软化剂，对各种橡胶胶料黏度的影响不同。 NR、IR、BR、SBR、EPDM和IIR等非极性橡胶，以石油基类软化剂较好； NBR、CR等极性橡胶，以酯类增塑剂较好；要求阻燃的氯丁橡胶，还经常使用液体氯化石蜡
压出性	1. 压出胶料中加入适量的软化剂，可降低胶料的压出膨胀比，使压出半成品规格精确； 2. 但软化剂用量过大或添加黏性较大的软化剂时，有降低压出速度的倾向； 3. 对于需要和其他部件、材料黏合的压出半成品，要尽量避免使用易喷出的软化剂
压延性	胶料加入软化剂可以减少分子间作用力，缩短松弛时间，使胶料的流动性增加，收缩率减小。 1. 当要求压延胶料有一定的挺性时，应选用油膏、古马隆树脂等黏度较大的软化剂； 2. 对于贴胶或擦胶，因要求胶料的流动性好，能渗透到帘线之间，则应选用增塑作用大、黏度小的软化剂
焦烧性	胶料中加入软化剂一般都有延迟焦烧的作用，其影响程度视胶种和软化剂的品种而定，如： 1. EPDM胶料中，使用芳烃油的耐焦烧性，不如石蜡油和环烷油； 2. 在金属氧化物硫化的CR胶料中，加入20份的氯化石蜡或葵二酸二丁酯时，其焦烧时间可增加1～2倍；而在NBR胶料中，只增加20%～30%
抗返原性	
包辊性	1. 硬脂酸、硬脂酸盐、蜡类、石油基类软化剂、油膏类软化剂，容易使胶料脱辊； 2. 高芳烃操作油、松焦油、古马隆树脂、烷基酚醛树脂等可提高胶料的包辊性
自黏性	软化剂虽然能降低胶料黏度，有利于橡胶分子扩散，但它对胶料有稀释作用，使胶料强度降低，胶料的自黏性下降
喷霜	
注压	1. 软化剂可以显著提高胶料的流动性，缩短注射时间，但因此生热量降低，相应降低了注射温度，从而延长了硫化时间； 2. 由于注压硫化温度较高，宜选用分解温度较高的软化剂，避免软化剂的挥发
四、硫化体系的影响	
胶料的黏度（可塑度）	
压出性	

续表

压延性	压延胶料的硫化体系应首先考虑胶料有足够的焦烧时间，能经受热炼、多次薄通和高温压延，通常压延胶料 120℃的焦烧时间，应在 20′～35′
焦烧性	1. 尽量选用后效性或临界温度较高的促进剂； 2. 也可添加防焦剂来进一步改善，防焦剂的用量不宜超过 0.5 份； 3. 各种促进剂的焦烧时间按下列顺序递增：ZDC<TMTD<M<DM<CZ<NS<NOBS<DZ
抗返原性	1. 为了提高 NR 和 IR 的抗返原性，最好减少硫黄用量，用 DTDM 代替部分硫黄； 2. 对于 IR 来说，采用 S（0～0.5 份）、DTDM（0.5～1.5 份）、CZ 或 NOBS（1～2 份）、TMTD（0.5～1.5 份），在 170～180℃下硫化的返原性较小； 3. IIR 胶料采用 S/M/TMTD 或 S/DM/ZDC 作为硫化体系时，在 180℃下产生强烈返原，如采用树脂或 TMTD/DTDM 作硫化体系时，则无返原现象； 4. SBR、NBR、EPDM 等合成橡胶的硫化体系对硫化温度不像 NR 那样敏感，但硫化温度超过 180℃时，会导致硫化胶性能恶化； 5. 当 NR 与 BR、SBR 并用时，可减少其返原程度
包辊性	
自粘性	对易焦烧的二硫代氨基甲酸盐类、秋兰姆类等促进剂的使用要严格控制
喷霜	采用 DTDM 部分代替硫黄，或者使用不溶性硫黄，均可降低硫黄的喷霜
注压	有效硫化体系在高温硫化下的抗返原性优于传统硫化体系和半有效硫化体系，故有效硫化体系对注压硫化较为适宜，如： 1. 以硫黄给予体二硫代吗啉和次磺酰胺类促进剂组成的有效硫化体系； 2. 氨基甲酸酯（商品名 Novor 硫化剂）并用二硫代氨基甲酸盐的有效硫化体系，几乎完全没有硫化返原现象

附录五　引用国家标准、行业标准一览

生胶	电磁屏蔽用硫化橡胶通用技术要求
GB 5577—1985 合成橡胶牌号规定	乳液和溶液聚合型苯乙烯-丁二烯橡胶（SBR）评价方法
GB/T 14647—2008 氯丁二烯橡胶 CR121、CR122	ISO 2004：2010 浓缩天然胶乳氨保存离心或膏化胶乳规格
GB/T 14797.1—2008 浓缩天然胶乳硫化胶乳	HG/T 4622—2014 耐二甲醚橡胶密封材料
GB/T 19188—2003 天然生胶和合成生胶贮存指南	液体硅橡胶分类与系统命名法
GB/T 21462—2008 氯丁二烯橡胶（CR）评价方法	热塑性弹性体电线电缆用苯乙烯类材料
GB/T 25260.1—2010 合成胶乳第 1 部分：羧基丁苯胶乳（XSBRL）56C、55B	GBT 26526—2011 热塑性弹性体低烟无卤阻燃材料规范
GB/T 27570—2011 室温硫化甲基硅橡胶	溶聚丁苯橡胶（SSBR）
GB/T 28610—2012 甲基乙烯基硅橡胶	苯乙烯-丁二烯橡胶（SBR）1500、1502
GB/T 30920—2014 氯磺化聚乙烯（CSM）橡胶	丁二烯橡胶（BR）9000
GB/T 30922—2014 异丁烯-异戊二烯橡胶（IIR）	合成胶乳第 2 部分：羧基丁腈胶乳（XNBRL）
GB/T 5576—1997 橡胶与胶乳命名法	溶液聚合型丁二烯橡胶（BR）评价方法
GB/T 5577—2008 合成橡胶牌号规范	SH/T 1626—2017 苯乙烯-丁二烯橡胶（SBR）1712
GB/T 8081—2008 天然生胶技术分级橡胶（TSR）规格导则	SH/T 1813—2017 低稠环芳烃充油苯乙烯-丁二烯橡胶（SBR）1723
GB/T 8089—2007 天然生胶烟胶片、白绉胶片和浅色绉胶片	SH/T 1812—2017 热塑性弹性体苯乙烯-异戊二烯嵌段共聚物（SIS）
GB/T 8660—2008 溶液聚合型丁二烯橡胶（BR）评价方法	
GB/T 8289—2008 浓缩天然胶乳氨保存离心或膏化胶乳规格	骨架材料
H/GT 4123—2009 预硫化胎面	FZ/T 13010—1998 橡胶工业用合成纤维帆布
H/GT 4124—2009 预硫化缓冲胶	FZ/T 55001—2012 锦纶 6 浸胶力胎帘子布
HG/T 2196—2004 汽车用橡胶材料分类系统	GB/T 11181—2003 子午线轮胎用钢帘线
HG/T 2405—2005 乙酸乙烯酯-乙烯共聚乳液	GB/T 11182—2006 橡胶软管增强用钢丝
HG/T 2704—2010 氯化聚乙烯	GB/T 12753—2008 输送带用钢丝绳
HG/T 3080—2009 防震橡胶制品用橡胶材料	GB/T 12756—1991 胶管用钢丝绳

续表

NY/T 1813—2009 浓缩天然胶乳氨保存离心低蛋白质胶乳生产技术规程	GB/T 14450—2008 胎圈用钢丝
NY/T 1811—2009 天然生胶凝胶标准橡胶生产技术规程	GB/T 19390—2003 轮胎用聚酯浸胶帘子布
NY/T 229—2009 天然生胶胶清橡胶	GB/T 2909—1994 橡胶工业用棉帆布
NY/T 459—2011 天然生胶子午线轮胎橡胶	GB/T 9101—2002 锦纶 66 浸胶帘子布
NY/T 733—2003 天然生胶航空轮胎标准橡胶	GB/T 9102—2003 锦纶 6 轮胎浸胶帘子布
NY/T 735—2003 天然生胶子午线轮胎橡胶生产工艺规程	HG/T 2821.1—2013 V 带和多楔带用浸胶聚酯线绳第 1 部分硬线绳
NY/T 923—2004 浓缩天然胶乳薄膜制品专用氨保存高心胶乳	HG/T 2821.2—2012 V 带和多楔带用浸胶聚酯线绳第 2 部分软线绳
SH/T 1500—1992 合成胶乳命名及牌号规定	HG/T 2821—2008 V 带和多楔带用浸胶聚酯线绳
动态全硫化三元乙丙橡胶聚丙烯型热塑性弹性体	HG/T 3781—2014 同步带用浸胶玻璃纤维绳
硅橡胶混炼胶电线电缆用	HG/T 4235—2011 输送带用浸胶涤棉帆布
硅橡胶混炼胶一般用途	HG/T 4393—2012 V 带和多楔带用浸胶芳纶线绳
硅橡胶混炼胶高抗撕、高强度	HG/T 4772—2014 耐热多楔带用浸胶聚酯线绳
硅橡胶混炼胶分类与系统命名法	涤纶浸胶帆布技术条件和评价方法
聚丙烯酸酯橡胶通用规范和评价方法	浸胶芳纶直经直纬帆布技术条件和评价方法
卤化异丁烯-异戊二烯橡胶评价方法	耐热多楔带用浸胶聚酯线绳
异戊二烯橡胶（IR）	耐热浸胶帆布高温黏 合性能测试方法
中分子量聚异丁烯	普通输送带用整体织物带芯
橡胶软管用浸胶芳纶线	HG/T 2572—2012 活性氧化锌
输送带用锦纶和涤锦浸胶帆布	HG/T 2572—2012 活性氧化锌
橡胶软管用高强度高模量聚乙烯醇缩甲醛浸胶线	HG/T 2573—2012 工业轻质氧化镁
锦纶 66 浸胶帘子布技术条件和评价方法	HG/T 3268—2002 工业用三乙醇胺
锦纶 6 浸胶帘子布技术条件和评价方法	HG/T 3398—2003 邻羟基苯甲酸（水杨酸）
GB/T 32105—2015 浸胶聚酯帘子布技术条件和评价方法	HG/T 3667—2012 硬脂酸锌
GB/T 27691—2017 钢帘线用盘条	HG/T 3711—2012 聚氨酯橡胶硫化剂 MOCA
GB/T 24242.1—2009 制丝用非合金钢盘条第 1 部分：一般要求	HG/T 3712—2010 抗氧剂 168
GB/T 24242.2—2009 制丝用非合金钢盘条第 2 部分：一般用途盘条	HG/T 3713—2010 抗氧剂 1010
GB/T 24242.4—2014 制丝用非合金钢盘条第 4 部分：特殊用途盘条	HG/T 3741—2004 抗氧剂 DSTDP
GB/T 11181—2016 子午线轮胎用钢帘线	HG/T 3795—2005 抗氧剂 1076
GB/T 30830—2014 工程子午线轮胎用钢帘线	HG/T 3876—2006 抗氧剂 TPP
GB/T14450—2016 胎圈用钢丝	HG/T 3877—2006 抗氧剂 TNPP
GB/T 9102—2016 锦纶 6 浸胶帘子布	HG/T 3878—2006 抗氧剂 618
GB/T 19390—2014 轮胎用聚酯浸胶帘子布	HG/T 3974—2007 抗氧剂 626
GB/T 33331—2016 锦纶 66 浸胶帘子布技术条件和评价方法	HG/T 3974—2007 抗氧剂 626
GB/T 2909—2014 橡胶工业用棉本色帆布	HG/T 3975—2007 抗氧剂 3114
	HG/T 4140—2010 硫化促进剂 DCBS
硫化与防护助剂	HG/T 4141—2010 抗氧剂 1135
GB 13658—1992 多亚甲基多苯基异氰酸酯	HG/T 4228—2011 聚氨酯扩链剂 HQEE
GB/T 11407—2013 硫化促进剂 2-巯基苯骈噻唑（MBT）	HG/T 4229—2011 聚氨酯扩链剂 HER
GB/T 11408—2013 硫化促进剂二硫化二苯骈噻唑（MBTS）	HG/T 4230—2011 聚氨酯扩链剂 MCDEA
GB/T 1202—1987 粗石蜡	HG/T 4233—2011 防老剂 DTPD3100

续表

GB/T 21840—2008 硫化促进剂 TBBS	HG/T 4234—2011 硫化促进剂 TBzTD
GB/T 2449—2006 工业硫黄	HG/T 4503—2013 工业四氧化三铅
GB/T 254—2010 半精炼石蜡	HG/T 4530—2013 氢氧化铝阻燃剂
GB/T 446—2010 全精炼石蜡	HG/T 4531—2013 阻燃剂用氢氧化镁
GB/T 8826—2011 橡胶防老剂 TMQ	SH/T 0013—2008 微晶蜡
GB/T 8828—2003 防老剂 4010NA	防老剂 6PPD 和 7PPD 复配物
GB/T 8829—2006 硫化促进剂 NOBS	防老剂 77PD
HG/T 2091—1991 氯化石蜡-42	防老剂 7PPD
HG/T 2092—1991 氯化石蜡-52	防老剂 8PPD
HG/T 2096—2006 硫化促进剂 CBS	防老剂 8PPD 和 TMQ 复配物
HG/T 2334—2007 硫化促进剂 TMTD	防老剂 TAPPD
HG/T 2337—1992 硬脂酸铅（轻质）	硅烷交联剂
HG/T 2338—1992 硬脂酸钡（轻质）	硫化促进剂 DPTT
HG/T 2339—2005 二盐基亚磷酸铅	硫化促进剂 N-环己基-2-苯并噻唑次磺酰胺（CBS）
HG/T 2340—2005 三盐基硫酸铅	硫化促进剂二苄基二硫代氨基甲酸锌（ZBEC）
HG/T 2342—2010 硫化促进剂 DPG	硫化促进剂二丁基二硫代氨基甲酸锌（ZDBC）
HG/T 2343—2012 硫化促进剂 ETU	硫化促进剂二乙基二硫代氨基甲酸锌（ZDEC）
HG/T 2424—2012 硬脂酸钙	硫化促进剂一硫代四甲级秋兰姆（TMTM）
HG/T 2526—2007 工业氯化亚锡	硫化促进剂 2-巯基苯并噻唑锌（ZMBT）
HG/T 2564—2007 抗氧剂 DLTDP	硫化促进剂 DPTT
硫化促进剂 N-环己基-2-苯并噻唑次磺酰胺（CBS）	
硬脂酰苯甲酰甲烷	操作油和增塑剂
橡胶配合剂硫黄及试验方法	GB/T 11405—2006 工业邻苯二甲酸二丁酯
硫化促进剂二硫化四异丁基秋兰姆（TIBTD）	GB/T 11406—2001 工业邻苯二甲酸二辛酯
硫化促进剂 N-叔丁基-双（2-苯并噻唑次磺酰胺）（TBSI）	HG/T 2423—2008 工业对苯二甲酸二辛酯
橡胶防老剂 2-巯基苯并咪唑（MBI）	HG/T 2425—1993 异丙苯基苯基磷酸酯
橡胶防老剂 N，N′-双（1-甲基丙基）对苯二胺（44PD）	HG/T 2689—2005 磷酸三甲苯酯
橡胶防老剂 2-巯基-4（或 5）-甲基苯并咪唑（MMBI）	HG/T 3502—2008 工业癸二酸二辛酯
GBT 2449.1—2014 工业硫磺第 1 部分：固体产品	HG/T 3873—2006 已二酸二辛酯
	HG/T 3874—2006 偏苯三酸三辛酯
补强填充剂	HG/T 4071—2008 工业邻苯二甲酸二异丁酯
GB 14936—2012 食品安全国家标准食品添加剂硅藻土	HG/T 4386—2012 增塑剂环氧大豆油
GB 3778—2011 橡胶用炭黑	HG/T 4390—2012 增塑剂环氧脂肪酸甲酯
GB 29225—2012 食品安全国家标准食品添加剂凹凸棒粘土	HG/T 4615—2014 增塑剂柠檬酸三丁酯
GB/T 14563—2008 高岭土及其试验方法	HG/T 4616—2014 增塑剂乙酰柠檬酸三丁酯
GB/T 15342—2012 滑石粉	SH/T 0039—1990（1998）工业凡士林
GB/T 15339—2008 橡胶配合剂炭黑在丁腈橡胶中的鉴定方法	SH/T 0111—1992 合成锭子油
GB/T 18736—2002 高强高性能混凝土用矿物外加剂	SH/T 0416—2014 重质液体石蜡
GB/T 19208—2008 硫化橡胶粉	YB/T 5075—2010 煤焦油
GB/T 24265—2014 工业用硅藻土助滤剂	变压器油标准 GB2536—2011
GB/T 2899—2008 工业沉淀硫酸钡	工业已二酸二异壬酯（DINA）
GB/T 8071—2008 温石棉	工业邻苯二甲酸二（2-丙基庚）酯（DPHP）
GB/T 3780.18—2007 炭黑第 18 部分：在天然橡胶（NR）中的鉴定方法	工业邻苯二甲酸二异壬酯（DINP）

续表

GB/T 9579—2006 橡胶配合剂炭黑在丁苯橡胶中的鉴定方法	
HG/T 2226—2010 普通工业沉淀碳酸钙	加工与功能助剂
HG/T 2404—2008 橡胶配合剂沉淀水合二氧化硅在丁苯胶中的鉴定	GB 6275—86 工业用碳酸氢铵
HG/T 2567—2006 工业活性沉淀碳酸钙	GB/T 1606—2008 工业碳酸氢钠
HG/T 2776—2010 工业微细沉淀碳酸钙和工业微细活性沉淀碳酸钙	GB/T 1707—2012 立德粉
HG/T 2880—2007 硅铝炭黑	GB/T 8145—2003 脂松香
HG/T 2959—2010 工业水合碱式碳酸镁	HG/T 2097—2008 发泡剂 ADC
HG/T 3061—2009 橡胶配合剂沉淀水合二氧化硅	HG/T 2188—1991 橡胶用胶粘剂 RS
HG/T 3249.4—2013 橡胶工业用重质碳酸钙	HG/T 2189—1991 橡胶用胶粘剂 RE
HG/T 3588—1999 化工用重晶石	HG/T 2190—1991 橡胶用粘合剂 RH
JC/T 535—2007 硅灰石	HG/T 2191—1991 橡胶用粘合剂 A
JC/T 595—1995 干磨云母粉	HG/T 2231—1991 石油树脂
乙炔炭黑	HG/T 2705—95 210 松香改性酚醛树脂
再生丁基橡胶	HG/T 2366—1992 二甲基硅油
再生橡胶通用规范	HG/T 3739—2004 双-［丙基三乙氧基硅烷］-四硫化物与 N-300 炭黑的混合物硅烷偶联剂
GB/T 20020—2013 气相二氧化硅	
GB/T 32678—2016 橡胶配合剂高分散沉淀水合二氧化硅	HG/T 3740—2004 双-［丙基三乙氧基硅烷］-二硫化物硅烷偶联剂
GBT 13460—2016 再生橡胶通用规范	HG/T 3742—2004 双-［丙基三乙氧基硅烷］-四硫化物硅烷偶联剂
再生丁基橡胶评价方法	HG/T 3743—2004 双-［丙基三乙氧基硅烷］-四硫化物与白炭黑的混合物硅烷偶联剂
再生天然橡胶评价方法	
HG/T 4073—2008 新癸酸钴	HG/T 4072—2008 硼酰化钴
HG/T 4183—2011 工业氧化钙	
YB/T 5093—2005 固体古马隆-茚树脂	
氨基硅烷偶联剂	
不饱和硅烷偶联剂	
环氧硅烷偶联剂	
氯烃基硅烷偶联剂	
巯基硅烷偶联剂	
烃基硅烷偶联剂	
硬脂酸钴	
发泡剂偶氮二甲酰胺（ADC）	
钛酸酯及钛酸酯偶联剂	
其他	
橡胶配合剂符号及缩略语	

注：无标准号的国标或行标，为正在制修订中的标准，尚未公开发布，读者引用时须谨慎。

附录六　橡胶配合剂 符号及缩略语

6.1　促进剂和硫化剂

表 6.1　促进剂和硫化剂

序号	缩略语	化学名称、IUPAC 名称和 CAS RN
1	AB	ammonium benzoate 苯甲酸胺 IUPAC：same 同上 CAS RN：863-63-4
2	BA	butyraldehyde-aniline condensate 丁醛苯胺缩合物 IUPAC：not possible 不存在 CAS RN：68411-20-1
3	BiDMC	bismuth dimethyldithiocarbamate 二甲基二硫代氨基甲酸铋 IUPAC：bismuth bis（dimethyldithiocarbamate） 双（二甲基二硫代氨基甲酸）铋 CAS RN：21260-46-8
4	BPO	benzoyl peroxide 过氧化苯甲酰 IUPAC：dibenzoyl peroxide 过氧化二苯甲酰 CAS RN：94-36-0
5	BPV	n-butyl bis（4，4-tert-butylperoxy）valerate n-丁基-二（4，4-叔丁基过氧化）戊酸酯 3，3-bis（tert-butylperoxy）butane carboxylic acid n-butyl ester 3，3-双（叔丁基过氧化）丁烷羧酸正丁基酯 IUPAC：butyl 4，4-bis（tert-butyldioxy）valerate 丁基 4，4-双（叔丁基二氧化）戊酸酯 CAS RN：995-33-5
6	BQD	p-benzoquinone dioxime 对苯醌二肟 IUPAC：same 同上 CAS RN：105-11-3
7	CBS	N-cyclohexylbenzothiazole-2-sulfenamide N-环己基-2-苯并噻唑次磺酰胺 N-cyclohexylbenzothiazyl sulfenamide N-环己基苯并噻唑次磺酰胺 IUPAC：N-cyclohexyl-1，3-benzothiazole-2-sulfenamide N-环己基-1，3-苯并噻唑-2-次磺酰胺 CAS RN：95-33-0
8	CdDEC	cadmium diethyldithiocarbamate 二乙基二硫代氨基甲酸镉 IUPAC：cadmium bis（diethyldithiocarbamate） 双（二乙基二硫代氨基甲酸）镉 CAS RN：14239-68-0

续表

序号	缩略语	化学名称、IUPAC 名称和 CAS RN
9	CdDMC	cadmium dimethyldithiocarbamate 二甲基二硫代氨基甲酸镉 IUPAC：cadmium bis（dimethyldithiocarbamate） 双（二甲基二硫代氨基甲酸）镉 CAS RN：14949-60-1
10	CuDMC	copper dimethyldithiocarbamate 二甲基二硫代氨基甲酸铜 IUPAC：copper bis（dimethyldithiocarbamate） 双（二甲基二硫代氨基甲酸）铜 CAS RN：137-29-1
11	CLD	caprolactam disulfide N，N′-己内酰胺二硫醚 IUPAC：1，1′-dithiobis（hexahydro-2H-azepin-2-one） 1，1′-二硫代双己内酰胺 CAS RN：23847-08-7
12	CMBT	dicyclohexylammonium 1，3-benzothiazole-2-thiolate 2-巯基-1，3-苯并噻唑亚硝酸二环己胺 IUPAC：same 同上 CAS RN：37437-20-0
13	DBA	dibenzylamine 二苄胺 IUPAC：same 同上 CAS RN：103-49-1
14	DBPC	1，1-bis（tert-butylperoxy）-3，5，5-trimethylcyclohexane； 1，1-二（叔丁基过氧化）-3，5，5-三甲基环己烷 1，3，3-trimethyl-5，5-di-tert-butylperoxycyclohexane 1，3，3-三甲基-5，5-二叔丁基过氧化环己烷 IUPAC：di-tert-butyl 3，3，5-trimethylcyclohexylidene diperoxide 二叔丁基 3，3，5-三甲基环己烯二过氧化物 CAS RN：6731-36-8
15	DBQD	p，p，-dibenzoyl-p-benzoquinone dioxime 对，对，-二苯甲酰-对-苯醌-二肟 quinone dioxime dibenzoate 苯醌二肟二苯甲酸酯 IUPAC：p-benzoquinone bis（O-benzoyloxime） 对-苯醌双（邻-苯甲酰肟） CAS RN：120-52-5
16	DBTU	1，3-dibutylthiourea 1，3-二丁基硫脲 IUPAC：1，3-dibutyl-2-thiourea 1，3-二丁基-2-硫脲 CAS RN：109-46-6
17	DBXD	dibutylxanthogen disulfide 二丁基黄原酸二硫化物 IUPAC：O，O-dibutyl dithiobis（thioformate） 邻，邻-二丁基二硫代双（硫代甲酸酯） CAS RN：105-77-1
18	DCBP	2，4-dichlorobenzoyl peroxide 2，4-二氯化苯甲酰过氧化物 IUPAC：bis（2，4-dichlorobenzoyl）peroxide 双（2，4-二氯化苯甲酰）过氧化物 CAS RN：133-14-2

续表

序号	缩略语	化学名称、IUPAC 名称和 CAS RN
19	DCBS	N，N－dicyclohexylbenzothiazole－2－sulfenamide； N，N－二环己基苯并噻唑－2－次磺酰胺 N，N－dicyclohexylbenzothiazyl sulfenamide N，N－二环己基苯并噻唑次磺酰胺 IUPAC：N，N－cyclohexyl－1，3－benzothiazole－2－sulfenamide N，N－环己基－1，3－苯并噻唑－2－次磺酰胺 CAS RN：4979－32－2
20	DCP	dicumyl peroxide 过氧化二异丙苯 IUPAC：bis（1－methyl－1－phenylethyl）peroxide 双（1－甲基－1－苯乙基）过氧化物 CAS RN：80－43－3
21	DETU	1，3－diethylthiourea 1，3－二乙基硫脲 IUPAC：1，3－diethyl－2－thiourea 1，3－二乙基－2－硫脲 CAS RN：105－55－5
22	DIBS	N，N′－diisopropylbenzothiazole－2－sulfenamide N，N′－二异丙基苯并噻唑－2－次磺酰胺 N，N′－diisopropylbenzothiazoyl　sulfenamide N，N′－二异丙基苯并噻唑次磺酰胺 IUPAC：N，N′，－diisopropyl－1，3－benzothiazole－2－sulfenamide N，N′－二异丙基－1，3－苯并噻唑－2－次磺酰胺 CAS RN：95－29－4
23	DMBHa	2，5－dimethyl－2，5－di－（tert－butylperoxy）－hexane； 2，5－二甲基－2，5－二（叔丁基过氧化）－己烷 2，5－di－（tert－butylperoxy）－2，5－dimethylhexane 2，5－二（叔丁基过氧化）－2，5－二甲基己烷 IUPAC：di－tert－butyl－1，1，4，4－tetramethyltetramethylene diperoxide 二叔丁基－1，1，4，4－四甲基四亚甲基－二过氧化物 CAS RN：78－63－7
24	DMBPHy	2，5－dimethyl－2，5－di－（tert－butylperoxy）－hexyne－3 2，5－di－（tert－butylperoxy）－2，5－dimethylhexyne－3 2，5－二甲基－2，5－二（叔丁基过氧化）－己炔－3 2，5－二（叔丁基过氧化）－2，5－二甲基－己炔－3 IUPAC：di－tert－butyl－1，1，4，4－tetramethylbut－2－ynylene diperoxide 二叔丁基－1，1，4，4－四甲基丁炔－2－二过氧化物 CAS RN：1068－27－5
25	DMTU	1，3－dimethylthiourea 1，3－二甲基硫脲 IUPAC：1，3－dimethyl－2－thiourea N，N′－二甲基硫脲 CAS RN：534－13－4
26	DOTG	di－o－tolylguanidine 二邻甲苯胍 IUPAC：1，3－di－o－tolylguanidine 1，3－二邻甲苯胍 CAS RN：97－39－2
27	DPG	diphenylguanidine 二苯胍 IUPAC：1，3－diphenylguanidine 1，3－二苯胍 CAS RN：：102－06－7

续表

序号	缩略语	化学名称、IUPAC 名称和 CAS RN
28	DPTD	dipentamethylenethiuram disulfide 二环戊亚甲基二硫化四烷基秋兰姆 二次戊基秋兰姆二硫化物 IUPAC：bis [piperidino (thiocarbonyl)] disulfide 双 [哌啶（硫代羰基）] 二硫化物 CAS RN：94 - 37 - 1
29	DPTH	dipentamethylenethiuram hexasulfide 六硫化双五亚甲基秋兰姆 IUPAC：bis [piperidino (thiocarbonyl)]　hexasulfide 双 [哌啶基（硫代羰基）] 六硫化物 CAS RN：971 - 15 - 3
30	DPTM	dipentamethylenethiuram monosulfide 单硫化双五亚甲基秋兰姆 IUPAC：di - (piperidino - 1 - carbothioic) thioanhydride 二（哌啶子基- 1 -羧硫代）硫（代）酸酐 CAS RN：725 - 32 - 6
31	DPTT	dipentamethylenethiuram tetrasulfide 四硫化双五亚甲基秋兰姆 IUPAC：bis [piperidino (thiocarbonyl)] tetrasulfide 双 [哌啶子基（硫羰基）] 四硫化物 CAS RN：120 - 54 - 7
32	DPTU	1，3 - diphenylthiourea 1，3 -二苯基硫脲 IUPAC：1，3 - diphenyl - 2 - thiourea 1，3 -二苯基- 2 -硫脲 CAS RN：102 - 08 - 9
33	DTBP	di - tert - butyl peroxide 二叔丁基过氧化物 IUPAC：same 同上 CAS RN：110 - 05 - 4
34	DTBPC	1，1 - bis (tert - butylperoxyl) cyclohexane 1，1 -双（叔丁基过氧化氢）环己烷 IUPAC：di - tert - butyl cyclohexylidene diperoxide 二叔丁基亚环己基双过氧化物 CAS RN：3006 - 86 - 8
35	DTDM	4，4，- dithiodimorpholine 4，4，-二硫代二吗啉 IUPAC：4 - (morpholinodithio) morpholine 4 -（吗啉代二硫代）吗啉 CAS RN：103 - 34 - 4
36	DTGCB	1，3 - di - o - tolylguanidinium bis [benzene - 1，2 - diolato (2 -) - O，O'] borate 二邻甲苯胍二苯酚硼酸盐 IUPAC：same 同上 CAS RN：16971 - 82 - 7
37	DTTU	1，3 - di - o - tolylthiourea 1，3 -二邻甲苯基硫脲 IUPAC：1，3 - di - o - tolyl - 2 - thiourea 1，3 -二邻甲苯基- 2 -硫脲 CAS RN：137 - 97 - 3
38	EBPB	ethyl 3，3 - bis (tert - butylperoxy) - butyrate 乙基- 3，3 -二（叔丁基二氧化）丁酸酯 IUPAC：ethyl 3，3 - bis (tert - butyldioxy) butyrate 乙基 3，3 -二（叔丁基二氧化）丁酸酯 CAS RN：55794 - 20 - 2

续表

序号	缩略语	化学名称、IUPAC 名称和 CAS RN
39	FeDMC	iron（Ⅲ）N，N－dimethyldithiocarbamate 二甲基二硫代氨基甲酸铁 IUPAC：same 同上 CAS RN：14484－64－1
40	EFA	ethyl chloride，formaldehyde and ammonia reaction product 氯乙烷、甲醛和氨的反应产（聚合）物 IUPAC：not possible 不存在 CAS RN：63512－71－0
41	EPTD	N，N′－diethyl－N，N′－diphenylthiuram disulfide N，N′-二乙基-N，N′-二苯基秋兰姆二硫化物 IUPAC：same 同上 CAS RN：41365－24－6
42	ETU	ethylene thiourea 亚乙基硫脲 IUPAC：imidazoline－2－thione 咪唑啉-2-硫酮 CAS RN：96－45－7
43	HMD	hexamethylenediamine 六亚甲基二胺 IUPAC：same 同上 CAS RN：124－09－4
44	HMDC	hexamethylenediamine carbamate 六亚甲基二氨基甲酸酯 IUPAC：N－carboxy－1，6－hexanediamine N-羧基-1，6-己二胺 CAS RN：143－06－6
45	HMMA	N，N′－hexamethylene－bis－methacrylamine N，N′-六亚甲基-双甲基丙烯酰胺 IUPAC：N，N′－hexamethylenedimethacrylamide N，N′-六亚甲基-二甲基丙烯酰胺 CAS RN：16069－15－1
46	HMT	hexamethylenetetramine 六亚甲基四胺 IUPAC：1，3，5，7－tetraazatricyclo［3.3.1.13.7］decane 1，3，5，7-四三环化（四氮杂环）［3.3.1.13.7］癸烷 CAS RN：100－97－0
47	MbOCA	4，4′－methylene－bis（o－chloroaniline） 4，4′-亚甲基-二（邻氯化苯胺） IUPAC：2，2′－dichloro－4，4，－methylenedianiline） 2，2′-二氯基-4，4′-亚甲基二苯胺 CAS RN：101－14－4
48	pMBPO	di－（4－methylbenzoyl）peroxide 二（4-甲基苯甲酰）过氧化物 IUPAC：bis（4－methylbenzoyl）peroxide 双（4-甲基苯甲酰）过氧化物 CAS RN：895－85－2
49	MBPP	4－methyl－2，2－bis（tert－butylperoxy）－pentane 4-甲基-2，2-二（叔丁基过氧化）-戊烷 IUPAC：di－tert－butyl 1，3－dimethylbutylidene diperoxide 二叔丁基 1，3-二甲基丁烯双过氧化物 CAS RN：36799－28－7

续表

序号	缩略语	化学名称、IUPAC名称和CAS RN
50	MBS	N - oxydiethylenebenzothiazole - 2 - sulfenamide； N -羟基二乙基苯并噻唑- 2 -次磺酰胺 2 - morpholinothiobenzothiazole 2 -吗啉基硫代苯并噻唑 IUPAC：2 - morpholino - 1，3 - benzothiazole 2 -吗啉- 1，3 -苯并噻唑 CAS RN：102 - 77 - 2
51	MBSS	2 - morpholinodithio - 1，3 - benzothiazole； 2 -吗啉二硫代- 1，3 -苯并噻唑 4 - morpholino - 2 - benzothiazyl disulfide 4 -吗啉- 2 -苯并噻唑二硫化物 IUPAC：2 - morpholinodithio - 1，3 - benzothiazole 2 -吗啉二硫代- 1，3 -苯并噻唑 CAS RN：95 - 32 - 9
52	MBT	2 - mercaptobenzothiazole； 2 -巯基苯并噻唑 2 - benzothiazolinethione 2 -苯并噻唑啉硫酮 IUPAC：1，3 - benzothiazole - 2 - thiol（enol form） 1，3 -苯并噻唑- 2 -硫醇（烯醇式） 1，3 - benzothiazole - 2（3H）- thione（keto form） 1，3 -苯并噻唑- 2（3H）-硫酮（酮基式） CAS RN：149 - 30 - 4
53	MBTS	benzothiazole disulfide； 二硫化苯并噻唑 benzothiazyl disulfide 二硫化苯并噻唑 IUPAC：bis（1，3 - benzothiazol - 2 - yl）disulfide 双（1，3 -苯并噻唑- 2）二硫化物 CAS RN：120 - 78 - 5
54	MPBM	N，N，- m - phenylene - bis - maleimide N，N，-间苯撑-双马来酰亚胺 IUPAC：N，N，- m - phenylenedimaleimide N，N，-间苯撑二马来酰亚胺 CAS RN：3006 - 93 - 7
55	MPTD	N，N′- dimethyl - N，N′- diphenylthiuram disulfide N，N′-二甲基- N，N′-二苯基秋兰姆二硫化物 IUPAC：same 同上 CAS RN：10591 - 84 - 1
56	MTT	3 - methylthiazolidine - thione - 2 3 -甲基四氢噻唑-硫酮- 2 IUPAC：3 - methylthiazolidine - 2 - thione 3 -甲基四氢噻唑- 2 -硫酮 CAS RN：1908 - 87 - 8
57	OTBG	o - tolylbiguanide 邻甲苯基缩二胍 IUPAC：1 - o - tolylbiguanide 1 -邻甲苯基缩二胍 CAS RN：93 - 69 - 6
58	OTOS	N - oxydiethylene thiocarbamyl - N，- oxydiethylenesulfenamide N -氧化二乙基硫代氨基甲酰- N，- 氧联二乙基次磺酰胺 IUPAC：4 - [morpholino（thiocarbonyl）thio] - morpholine 4 - [吗啉-（硫代羧基）硫代] -吗啉 CAS RN：13752 - 51 - 7

续表

序号	缩略语	化学名称、IUPAC 名称和 CAS RN
59	PAX	potassium amylxanthate 正戊基黄原酸钾 IUPAC：O-pentyl ester carbonodithioic acid，potassium salt（1：1） 二硫代乙酸-O-戊酯钾盐（1：1） CAS RN：2720-73-2
60	PbDAC	Lead diamyldithiocarbamate 二烷基二硫代氨基甲酸铅 IUPAC：lead bis（dipentyldithiocarbamate） 双（二戊基二硫代氨基甲酸）铅 CAS RN：36501-84-5
61	PbDMC	Lead dimethyldithiocarbamate 二甲基二硫代氨基甲酸铅 IUPAC：lead bis（dimethyldithiocarbamate） 双（二甲基二硫代氨基甲酸）铅 CAS RN：19010-66-3
62	PEX	potassium ethylxanthate 乙基黄原酸钾 IUPAC：O-ethyl ester carbonodithioic acid，potassium salt（1：1） 二硫代乙酸-O-乙酯钾盐（1：1） CAS RN：140-89-6
63	PIBX	potassium isobutylxanthate 异丁基黄原酸钾 IUPAC：O-（2-methylpropyl）ester carbonodithioic acid，potassium salt（1：1） 二硫代乙酸-o-2-甲基丙酯钾盐（1：1） CAS RN：13001-46-2
64	PMPDC	2-methy-1-pieridinium 2-methylpiperidine-1-carbodithiolate 2-甲基哌啶二硫代氨基甲酸-2-甲基哌啶酯 IUPAC：same 同上 CAS RN：69039-25-4
65	PPDC	piperidinium pentamethylendithiocarbamate 哌啶二硫代甲酸哌啶盐 piperidine pentamethylendithiocarbamate 哌啶二硫代甲酸哌啶盐 IUPAC：piperidinium piperidine-1-carbodithioate 1-哌啶二硫代甲酸哌啶盐 CAS RN：98-77-1
66	SDBC	sodium dibutyldithiocarbamate 二丁基二硫代氨基甲酸钠 IUPAC：same 同上 CAS RN：136-30-1
67	SDBzC	sodium dibenzyldithiocarbamate 二苄基二硫代氨基甲酸钠 IUPAC：N，N-bis（phenylmethyl）-carbamodithioic acid，sodium salt（1：1） N，N-二苄基-二硫代甲酸，钠盐（1：1） CAS RN：55310-46-8
68	SDEC	sodium diethyldithiocarbamate 二乙基二硫代氨基甲酸钠 IUPAC：same 同上 CAS RN：148-18-5

续表

序号	缩略语	化学名称、IUPAC 名称和 CAS RN
69	SDMC	sodium dimethyldithiocarbamate 二甲基二硫代氨基甲酸钠 IUPAC：same 同上 CAS RN：128-04-1
70	SeDEC	selenium diethyldithiocarbamate 二乙基二硫代氨基甲酸硒 IUPAC：selenium tetrakis（diethyldithiocarbamate） 四（二乙基二硫代氨基甲酸）硒 CAS RN：136-92-5
71	SeDMC	selenium dimethyldithiocarbamate 二甲基二硫代氨基甲酸硒 IUPAC：selenium tetrakis（dimethyldithiocarbamate） 四（二甲基二硫代氨基甲酸）硒 CAS RN：144-34-3
72	SIBX	sodium isobutylxanthate 异丁基黄原酸钠 IUPAC：O-（2-methylpropyl）ester carbonodithioic acid，sodium salt（1：1） O-（2-甲基丙基）黄原酸，钠盐（1：1） CAS RN：25306-75-6
73	SIX	sodium isopropylxanthate 异丙基黄原酸钠 IUPAC：sodium O-isopropyl dithiocarbonate o-异丙基二硫代碳酸钠盐 CAS RN：140-93-2
74	SMBT	sodium 2-mercaptobenzothiazole 巯基苯并噻唑钠 IUPAC：2（3H）-benzothiazolethione，sodium salt（1：1） 2（3H）-巯基苯并噻唑，钠盐（1：1） CAS RN：2492-26-4
75	TAC	triallylcyanurate 三聚氰酸三烯丙酯 IUPAC：2，4，6-triallyloxy-1，3，5-triazine 2，4，6-三烯丙基氧代-1，3，5-三嗪 CAS RN：101-37-1
76	TAIC	trially isocyanurate 三烯丙基异氰酸盐 IUPAC：1，3，5-triallyl-1，3，5-triazine-2，4，6-trione 1，3，5-三烯丙基-1，3，5-三嗪-2，4，6-三酮 CAS RN：1025-15-6
77	TBBS	N-tert-butylbenzothiazole-2-sulfenamide N-叔丁基苯并噻唑-2-次磺酰胺 N-tert-butylbenzothiazyl sulfenamide N-叔丁基苯并噻唑次磺酰胺 IUPAC：N-tert-butyl-1，3-benzothiazole-2-sulfenamide N-叔丁基-1，3-苯并噻唑-2-次磺酰胺 CAS RN：95-31-8
78	TBCP	tert-butyl cumyl peroxide 叔丁基异丙苯基过氧化物 tert-butylperoxyisopropylbenzene 叔丁基过氧化异丙基苯 IUPAC：tert-butyl 1-methyl-1-phenylethyl peroxide 叔丁基-1-甲基-1-苯乙基过氧化物 CAS RN：3457-61-2

续表

序号	缩略语	化学名称、IUPAC 名称和 CAS RN
79	TBPB	tert - butyl perbenzoate 叔丁基过氧化苯甲酸酯 IUPAC：same 同上 CAS RN：614 - 45 - 9
80	TBSI	N - tert - butyl - bis - 2 - benzothiazole sulfenamide N -叔丁基-双（2 -苯并噻唑）次磺酰亚胺 IUPAC：N - 2（- benzothiazolylthio）- N - 1，1 -（dimethylethyl）- 2 - benzothiazolesulfenamide N - 2 -苯并噻唑- N - 1，1 -二甲基乙基- 2 -苯并噻唑次磺酰亚胺 CAS RN：3741 - 80 - 8
81	TBTD	tetrabutylthiuram disulfide 二硫代四丁基秋兰姆 IUPAC：same 同上 CAS RN：1634 - 02 - 2
82	TBzTD	tetrabenzylthiuram disulfide 二硫代四苄基秋兰姆 IUPAC：same 同上 CAS RN：10591 - 85 - 2
83	TeDEC	tellurium diethyldithiocarbamate 二乙基二硫代氨基甲酸碲 IUPAC：tellurium tetrakis（diethyldithiocarbamate） 四（二乙基二硫代氨基甲酸）碲 CAS RN：20941 - 65 - 5
84	TESPT	bis -（3 - triethoxysilylpropyl）tetrasulfide 双（3 -三乙氧基丙基硅烷）四硫化物 IUPAC：bis [3 -（triethoxysilyl）propyl] tetrasulfide 双 [3 -（三乙氧基甲硅烷基丙基）] 四硫化物 CAS RN：40372 - 72 - 3
85	TETD	tetraethylthiuram disulfide 二硫化四乙基秋兰姆 IUPAC：same 同上 CAS RN：97 - 77 - 8
86	TIBTD	tetraisobuylthiuram disulfide 二硫代四异丁基秋兰姆 IUPAC：same 同上 CAS RN：3064 - 73 - 1
87	TMPTM	trimethylolpropane trimethacrylate 三羟甲基丙烷三丙烯酸甲酯 IUPAC：2 - ethyl - 2 -（methacryloyloxymethyl）trimethylene dimethacrylate 2 -乙基- 2 -（异丁烯酰羟甲基）三亚甲基二丙烯酸甲酯 CAS RN：3290 - 92 - 4
88	TMTD	tetramethylthiuram disulfide 二硫化四甲基秋兰姆 IUPAC：same 同上 CAS RN：137 - 26 - 8
89	TMTM	tetramethylthiuram monosulfide 单硫化四甲基秋兰姆 IUPAC：same 同上 CAS RN：97 - 74 - 5

续表

序号	缩略语	化学名称、IUPAC 名称和 CAS RN
90	TMU	1，1，3 - trimethyl - 2 - thiourea 1，1，3 -三甲基- 2 -硫脲 IUPAC：same 同上 CAS RN：2489 - 77 - 2
91	TU	thiourea 硫脲 IUPAC：2 - thiourea 2 -硫脲 CAS RN：62 - 56 - 6
92	ZBX	zinc butylxanthate 丁基黄原酸锌 IUPAC：zinc di - o - butyl bis（dithiocarbonate） 二邻丁基双（二硫代碳酸）锌 CAS RN：150 - 88 - 9
93	ZDBC	zinc dibutyldithiocarbamate 二丁基二硫代氨基甲酸锌 IUPAC：zinc bis（dibutyldithiocarbamate） 双（二丁基二硫代氨基甲酸）锌 CAS RN：136 - 23 - 2
94	ZDBzC	zinc dibenzyldithiocarbamate 二苯甲基二硫代氨基甲酸锌 IUPAC：zinc bis（dibenzyldithiocarbamate） 双（二苯甲基二硫代氨基甲酸）锌 CAS RN：14726 - 36 - 4
95	ZDBP	zinc dibutyldithiophosphate 二丁基二硫代磷酸锌 IUPAC：zinc bis（O，O - dibutyl phosphorodithioate） 双（邻，邻-二丁基二硫代磷酸）锌 CAS RN：6990 - 43 - 8
96	ZDEC	zinc diethyldithiocarbamate 二乙基二硫代氨基甲酸锌 IUPAC：zinc bis（diethyldithiocarbamate） 双（二乙基二硫代氨基甲酸）锌 CAS RN：14324 - 55 - 1
97	ZDIBC	zinc diisobutyldithiocarbamate 二异丁基二硫代氨基甲酸锌 IUPAC：zinc diisobutyl bis（dithiocarbamate） 二异丁基-双二硫代氨基甲酸锌 CAS RN：36190 - 62 - 2
98	ZDMC	zinc dimethyldithiocarbamate 二甲基二硫代氨基甲酸锌 IUPAC：zinc bis（dimethyldithiocarbamate） 双（二甲基二硫代氨基甲酸）锌 CAS RN：137 - 30 - 4
99	ZDNC	zinc dinonyldithiocarbamate 二壬基二硫代氨基甲酸锌 IUPAC：zinc bis（dinonyldithiocarbamate） 双（二壬基二硫代氨基甲酸）锌 CAS RN：14244 - 40 - 7
100	ZDINC	zinc diisononyldithiocarbamate 二异壬基二硫代氨基甲酸锌 IUPAC：bis - [N，N - bis（3，5，5 - trimethylhexyl）carbamodithioato - κS，κS] - zinc 二- [N，N -二（3，5，5 -三甲基己基）二硫代氨基甲酸- κS，κS] -锌 CAS RN：84604 - 96 - 6

续表

序号	缩略语	化学名称、IUPAC 名称和 CAS RN
101	ZEHBP	zinc ethylhexyl - butyldithiophosphate 乙基己基-丁基二硫代磷酸锌 IUPAC：zinc bis [O - butyl - O - (2 - ethylhexyl) phosphorodithioate] 双［邻丁基-邻（2-乙基己基）二硫代磷酸］锌 CAS RN：26566 - 95 - 0
102	ZEPC	zinc ethylphenyldithiocarbamate 乙基苯基二硫代氨基甲酸锌 IUPAC：zinc bis [ethyl (phenyl) dithiocarbamate] 双［乙基（苯基）二硫代氨基甲酸］锌 CAS RN：14634 - 93 - 6
103	ZEX	zinc ethylxanthate 乙基黄原酸锌 IUPAC：zinc di - o - ethyl bis (dithiocarbonate) 二邻乙基双（二硫代甲酸）锌 CAS RN：13435 - 48 - 8
104	ZIX	zinc isopropylxanthate 异丙基黄原酸锌 IUPAC：zinc di - isopropyl bis (dithiocarbonate) 双（二异丙基二硫代碳酸）锌 CAS RN：1000 - 90 - 4
105	ZMBT	zinc 2 - mercaptobenzothiazole 2-巯基苯并噻唑锌 IUPAC：zinc bis (1，3 - benzothiazole - 2 - thiolate) 双（1，3-苯并噻唑-2-硫醇）锌 CAS RN：155 - 04 - 4
106	ZPMC	zinc pentamethylenedithiocarbamate 环戊烷甲基二硫代氨基甲酸锌 IUPAC：zinc bis (piperidino - 1 - carbodithioate) 双（哌啶基-1-二硫代甲酸）锌 CAS RN：13878 - 54 - 1

6.2　活化剂及加工助剂

表 6.2　活化剂及加工助剂

序号	缩略语	化学名称、IUPAC 名称和 CAS RN
1	DBDPD	O，O′- bis (benzamido) diphenyldisulfane O，O′-二苯甲酰氨基二苯基二硫化物 IUPAC：same 同上 CAS RN：135 - 57 - 9
2	DEA	diethanolamine 二乙醇胺 IUPAC：2，2′，- iminodiethanol 2，2′-亚胺基二乙醇 CAS RN：111 - 42 - 2
3	DEG	diethylene glycol 二乙基二醇 IUPAC：2，2′- oxydiethanol 2，2′-氧代二乙醇（一缩二乙二醇） CAS RN：111 - 46 - 6
4	PEG	polyethylene glycol 聚乙烯乙二醇 IUPAC：α - hydro - ω - hydroxypoly (oxyethylene) α-氢-ω-羟基聚（氧代乙烯） CAS RN：25322 - 68 - 3

续表

序号	缩略语	化学名称、IUPAC 名称和 CAS RN
5	PPG	polypropylene glycol 聚丙烯乙二醇 IUPAC：α-hydro-ω-hydroxypoly (oxypropylene) α-氢-ω-羟基聚（氧代丙烯） CAS RN：25322-69-4
6	PVME	polyvinyl methyl ether 聚乙烯基甲基醚 IUPAC：poly (methoxyethylene) 聚（甲氧基乙烯） CAS RN：9003-09-2
7	SPCP	sodium pentachlorophenate 五氯苯酚钠盐 IUPAC：sodium pentachlorophenoxide 五氯苯酚钠盐 CAS RN：131-52-2
8	TEA	triethanolamine 三乙醇胺 IUPAC：2，2，2-nitrilotriethanol 2，2，2-氮基三乙醇 CAS RN：102-71-6
9	ZBTP	zinc 2-benzamidobenzenethiolate 2-苯甲酰胺苯二硫醇锌 IUPAC：same 同上 CAS RN：30429-79-9
10	ZEH	zinc 2-ethylhexanoate； 2-乙基己酸锌； Zine octanoate 辛酸锌 IUPAC：zinc bis (2-ethylhexanoate) 双（2-乙基己酸）锌 CAS RN：136-53-8

6.3　防焦剂

表 6.3　防焦剂

序号	缩略语	化学名称、IUPAC 名称和 CAS RN
1	CTP	N-cyclohexylthiophthalimide N-环己基硫代邻苯二甲酰亚胺 IUPAC：N-(cyclohexylthio) phthalimide N-（环己基硫代）邻苯二甲酰亚胺 CAS RN：17796-82-6
2	HITM	hexaisopropylthiomelamine 六异丙基硫代蜜胺 IUPAC：hexakis (isopropylthio)-1，3，5-triazine-2，4，6-triamine 六（异丙基硫代）-1，3，5-三嗪-2，4，6-三胺 CAS RN：86098-92-2
3	NDPA	N-nitrosodiphenylamine N-亚硝基二苯胺 IUPAC：same 同上 CAS RN：86-30-6
4	PHT	phthalic anhydride 邻苯二甲酸酐 IUPAC：same 同上 CAS RN：85-44-9

6.4 防老剂、抗氧剂和抗臭氧剂

6.4.1 双酚抗降解剂的命名

双酚抗降解剂的缩略语由一个字母和数字的组合。

表 6.4 双酚抗降解剂的命名规定

命名规定	缩写词	描述
酚环上桥原子的位置	o-	邻位
	m-	间位
	p-	对位
连接两个苯酚分子的性质	M	亚甲基
	B	亚丁基
	IB	异亚丁基
	IP	异亚丙基
	T	巯基
双酚结构的识别	Bp	双酚结构
酚环的烷基取代基，用数字来标记里面的碳原子	1	甲基
	2	乙基
	4	叔丁基
	9	壬基
	C	环己基

6.4.2 抗降解剂、抗氧剂和抗臭氧剂的缩略语和名称

表 6.5 抗降解剂、抗氧剂和抗臭氧剂

序号	缩略语	化学名称、IUPAC 名称和 CAS RN
1	AANA	aldol-α-naphthylamine 2-醇醛-α-萘胺 IUPAC：not possible 不存在 CAS RN：现没有
2	ADPA	acetone-diphenylamine condensate 丙酮-二苯胺缩合物 IUPAC：not possible 不存在 CAS RN：68412-48-6
3	APPD	N-alkyl-N，-phenyl-p-phenylenediamine N-烷基-N，-苯基对苯二胺 IUPAC：not possible，generic name，not a single compound 不存在，通常名称不是单个的化合物 CAS RN：现没有
4	p-BBp14	4，4′-butylidene-bis（6-tert-butyl-m-cresol） 4，4′-亚丁基-双（6-叔丁基间甲酚） IUPAC：6，6′，-di-tert-butyl-4，4′-butylidenedi（m-cresol） 6，6′-二叔丁基-4，4′-亚丁基二（间甲酚） CAS RN：85-60-9
5	o-1BBPp11	2，2′isobutylidene-bis-（4，6-dimethylphenol） 2，2′-亚异丁基-双-（4，6-二甲基苯酚） IUPAC：2，2′isobutylidene-4，4′，6，6′-tetramethyldiphenol 2，2′-亚异丁基-4，4，′6，6′-四甲基二苯酚 CAS RN：33145-10-7

续表

序号	缩略语	化学名称、IUPAC 名称和 CAS RN
6	BHA	butyl hydroxyanisole 丁基羟基苯甲醚 IUPAC：a mixture of 2 - tert - butyl - 4 - hydroxyanisole and 3 - tert - butyl - 4 - hydroxyanisolc 2 -叔丁基- 4 -羟基苯甲醚和 3 -叔丁基- 4 -羟基苯甲醚的混合物 CAS RN：25013 - 16 - 5
7	BHT	2，6 - di - tert - butyl - 4 - methylphenol； 2，6 -二叔丁基- 4 -甲基苯酚 butylated hydroxytoluene 丁基羟基甲苯 IUPAC：2，6 - di - tert - butyl - p - cresol 2，6 -二叔丁基对甲酚 CAS RN：128 - 37 - 0
8	CPPD	N - cyclohexyl - N，- phenyl - p - phenylenediamine N -环己基- N，-苯基对苯二胺 IUPAC：same 同上 CAS RN：101 - 87 - 1
9	DAHQ	2，5 - di - tert - amylhydroquinone 2，5 -二叔戊基对苯二酚（氢醌） IUPAC：2，5 - di - tert - pentylhydroquinone 2，5 -二叔戊基对苯二酚（氢醌） CAS RN：79 - 74 - 3
10	DBHQ	2，5 - di - tert - butylhydroquinone 2，5 -二叔丁基对苯二酚（氢醌） IUPAC：same 同上 CAS RN：88 - 58 - 4
11	DCD	4，4′- bis（1 - methyl - 1 - phenylethyl）- diphenylamine 4，4′-二（1 -甲基- 1 -苯乙基）二苯胺 IUPAC：same 同上 CAS RN：10081 - 67 - 1
12	DLTDP	dilauryl thiodipropionate 硫代二丙酸二月桂酯 IUPAC：didodecyl - 3，3′- thiodipropionate 双十二烷基- 3，3′-硫代二丙酸酯 CAS RN：123 - 28 - 4
13	DMHPD	N，N，- bis（1 - methylheptyl）- p - phenylenediamine N，N，-双（1 -甲基庚基）-对苯二胺 IUPAC：same 同上 CAS RN：103 - 96 - 8
14	DNPD	N，N，- di - naphthyl - p - phenylenediamine N，N，-二萘基对苯二胺 IUPAC：same 同上 CAS RN：93 - 46 - 9
15	DPA	diphenylamine 二苯胺 IUPAC：same 同上 CAS RN：122 - 39 - 4

续表

序号	缩略语	化学名称、IUPAC 名称和 CAS RN
16	DPPD	N，N，- diphenyl - p - phenylenediamine N，N，-二苯基对苯二胺 IUPAC：same 同上 CAS RN：74 - 31 - 7
17	DSTDP	distearyl thiodipropionate 硫代二丙酸双十八醇酯 IUPAC：dioctadecyl - 3，3′- thiodipropionate 双十八烷基- 3，3′-硫代二丙酸酯 CAS RN：693 - 36 - 7
18	DTPD	N，N′- ditolyl - p - phenylenediamine N，N′-二甲苯基对苯二胺 IUPAC：N，N′- di - x - tolyl - p - phenylenediamine；where x denotes o，m，p or mixture N，N′-二- x -甲苯基对苯二胺，式中 x 代表 o、m、p 或其混合 CAS RN：27417 - 40 - 9
19	ETMQ	6 - ethoxy - 1，2 - dihydro - 2，2，4 - trimethylquinoline 6 -乙氧基- 1，2 -二氢（化）- 2，2，4 -三甲基喹啉 IUPAC：same 同上 CAS RN：91 - 53 - 2
20	p - IPBp（4）n	polybutylated bisphenol A 聚丁酯双酚 A IUPAC：not possible 不存在 CAS RN：68784 - 69 - 0
21	IPDPA	p - isopropoxydiphenylamine 对异丙氧基二苯胺 IUPAC：4 - isopropoxy - N - phenylaniline 4 -异丙氧基- N -苯基苯胺 CAS RN：101 - 73 - 5
22	IPPD	N - isopropyl - N，- phenyl - p - phenylenediamine N -异丙基- N，-苯基对苯二胺 IUPAC：same 同上 CAS RN：101 - 72 - 4
23	MBI	2 - mercaptobenzimidazole 2 -巯基苯并咪唑 IUPAC：benzimidazole - 2 - thiol 苯并咪唑- 2 -硫醇 CAS RN：583 - 39 - 1
24	o - MBp1C	2，2′- methylene - bis（4 - methyl - 6 - cyclohexylphenol） 2，2′-亚甲基-双（4 -甲基- 6 -环己基苯酚） IUPAC：　6，6′- dicyclohexyl - 2，2′- methylenedi（p - cresol） 6，6′-二环己基- 2，2′-亚甲基二（对甲酚） CAS RN：4066 - 02 - 8
25	o - MBp1（1C）	2，2′- methylene - bis [6 -（1 - methyl cyclohexyl）- p - cresol] 2，2′-亚甲基-双 [6 -（1 -甲基环己基）-对甲酚] IUPAC：6，6′- bis（1 - methylcyclohexyl）- 2，2′- methylenedi（p - cresol） 6，6′-双（1 -甲基环己基）- 2，2′-亚甲基二（对甲酚） CAS RN：77 - 62 - 3
26	o - MBp14	2，2′- methylene - bis（4 - methyl - 6 - tert - butylphenol） 2，2′-亚甲基-双（4 -甲基- 6 -叔丁基苯酚） IUPAC：6，6′- di - tert - butyl - 2，2′- methylenedi（p - cresol） 6，6′-二叔丁基- 2，2′-亚甲基二（对甲酚） CAS RN：119 - 47 - 1

续表

序号	缩略语	化学名称、IUPAC 名称和 CAS RN
27	o－MBp19	2，2′－methylene－bis（4－methyl－6－nonylphenol） 2，2′-亚甲基-双（4-甲基-6-壬基苯酚） IUPAC：6，6′－dinonyl－2，2′－methylenedi（p－cresol） 6，6′-二壬基-2，2′-亚甲基二（对甲酚） CAS RN：7786－17－6
28	o－MBp24	2，2′－methylene－bis（4－ethyl－6－tert－butylphenol） 2，2′-亚甲基-双（4-乙基-6-叔丁基苯酚） IUPAC：6，6′－di－tert－butyl－4，4′－diethyl－2，2′－methylenediphenol 6，6′-二叔丁基-4，4′-二乙基-2，2′-亚甲基二苯酚 CAS RN：88－24－4
29	o－MBp44	4，4′－methylene－bis（2，6－di－tert－butylphenol） 4，4′-亚甲基-双（2，6-二叔丁基苯酚） IUPAC：2，2，′6，6′－tetra－tert－butyl－4，4′－methylenediphenol 2，2，′6，6′-四叔丁基-4，4′-亚甲基二苯酚 CAS RN：118－82－1
30	MMBI	2－mercapto－4（or 5）－methylbenzimidazole 2-巯基-4（或 5）-甲基苯并咪唑 IUPAC：4－methylbenzimidazole－2－thiol 4-甲基苯并咪唑-2-硫醇 5－methylbenzimidazole－2－thiol 5-甲基苯并咪唑-2-硫醇 CAS RN：27231－33－0（4－methyl） 27231－33－0（4-甲基）； 27231－36－3（5－methyl） 27231－36－3（5-甲基）
31	NDIBC	nickel dibutyldithiocarbamate 二丁基二硫代氨基甲酸镍 IUPAC：nickel bis（dibutyldithiocarbamate） 双（二丁基二硫代氨基甲酸）镍 CAS RN：13927－77－0
32	NDINC	nickel diisononyldithiocarbamate 双壬基二硫代氨基甲酸镍 IUPAC：bis－（N，N－diisononylcarbamodithioato－κS，κS）－nickel 双（N，N′-二壬基二硫代氨基甲酸）镍 CAS RN：85604－95－5；85298－61－9
33	NDMC	nickel dimethyldithiocarbamate 二甲基二硫代氨基甲酸镍 IUPAC：bis－（N，N－dimethylcarbamodithioato－κS，κS）－nickel－（SP－4－1） 双（N，N′-二甲基二硫代氨基甲酸）镍 CAS RN：15521－65－0
34	ODPA	octylated diphenylamine 辛基化二苯胺 IUPAC：not possible 不存在 CAS RN：106－67－7； 68411－46－1
35	PAN	N－phenyl－α－naphthylamine N-苯基-α-萘胺 IUPAC：N－（1－naphthyl）aniline N－（1-萘基）苯胺 CAS RN：90－30－2
36	PBN	N－phenyl－β－naphthylamine N-苯基-β-萘胺 IUPAC：N－（2－naphthyl）aniline N－（2-萘基）苯胺 CAS RN：135－88－6

续表

序号	缩略语	化学名称、IUPAC 名称和 CAS RN
37	SDPA	styrenated diphenylamine 苯乙烯化二苯胺 IUPAC：not possible 不存在 CAS RN：68442-68-2
38	SPH	styrenated phenol 苯乙烯化苯酚 IUPAC：not possible 不存在 CAS RN：61788-44-1
39	p-TBp14	4，4′-thio-bis（2-tert-butyl-m-cresol） 4，4′-硫代-双（2-叔丁基间甲酚） IUPAC：2，2′-di-tert butyl-4，4′-thiodi（m-cresol） 2，2′-二叔丁基-4，4′-硫代二（间甲酚） CAS RN：96-69-5
40	TMQ	Polymerized 2，2，4-trimethyl-1，2-dihydroquinoline 2，2，4-三甲基-1，2-二氢化喹啉聚合物 IUPAC：not possible 不存在 CAS RN：26780-96-1
41	TNPP	tri（nonylphenyl）phosphite 三（壬基苯基）亚磷酸酯 IUPAC：tris（x-nonylphenyl）phosphite，where x denotes o，m，p or mixture 三（x-壬基苯基）亚磷酸酯，其中 x 表示 o、m、p 或其混合 CAS RN：26523-78-4
42	TSDPA	4-（4-toluenesulfonylamido）-diphenylamine 4-（4-甲苯磺酰胺）-二苯胺 IUPAC：same 同上 CAS RN：100-93-6
43	ZMBI	zinc 2-mercaptobenzimidazole 2-巯基苯并咪唑锌 IUPAC：zinc bis（benzimidazole-2-thiolate） 双（苯并咪唑-2-硫醇）锌 CAS RN：3030-80-6
44	ZMMBI	zinc 2-mercapto-4（or 5）-methylbenzimidazole 2-巯基-4（或 5）-甲基苯并咪唑锌 IUPAC：zinc bis（4-methylbenzimidazole-2-thiolate） 双（4-甲基苯并咪唑锌-2-硫醇）锌 zinc bis（5-methylbenzimidazole-2-thiolate） 双（5-甲基苯并咪唑锌-2-硫醇）锌 CAS RN：61617-00-3
45	6PPD	N-1，3-dimethylbutyl-N′-phenyl-p-phenylenediamine N-1，3-二甲基丁基-N′-苯基对苯二胺 IUPAC：same 同上 CAS RN：793-24-8
46	7PPD	N-1，4-dimethylpentyl-N′-phenyl-p-phenylenediamine N-1，4-二甲基戊基-N′-苯基对苯二胺 IUPAC：same 同上 CAS RN：3081-01-4

续表

序号	缩略语	化学名称、IUPAC 名称和 CAS RN
47	77PD	N，N，- bis（1，4 - dimethylpentyl）- p - phenylenediamine N，N，-双（1，4 -二甲基戊基）-对苯二胺 IUPAC：same 同上 CAS RN：3081 - 14 - 9
48	8HPPD	N - ethylhexyl - N′- phenyl - p - phenylenediamine N-乙基己基- N′-苯基对苯二胺 IUPAC：N -（2 - ethylhexyl）- N′- phenyl - p - phenylenediamine N -（2 -乙基己基）- N′-苯基对苯二胺 CAS RN：82209 - 88 - 9
49	8PPD	N - octyl - N，- phenyl - p - phenylenediamine N-辛基- N，-苯基-对苯二胺 IUPAC：N -（1 - methylheptyl）- N，- phenyl - p - phenylenediamine N -（1 -甲基庚基）- N，-苯基-对苯二胺 CAS RN：15233 - 47 - 3
50	88PD	N，N′- dioctyl - p - phenylenediamine N，N′-二辛基-对苯二胺 IUPAC：N，N′- bis（1 - ethyl - 3 - methylpentyl）- p - phenylenediamine N，N′-双（1 -乙基- 3 -甲基戊基）-对苯二胺 CAS RN：1241 - 28 - 7 鼓励使用 IUPAC 中给出具体辛基异构体，以避免混淆 DMHPD 1 - methylheptyl 异构体

6.5 增塑剂

6.5.1 命名

（1）表 6.6 中列出的是橡胶配料中最常用的增塑剂，其他的增塑剂缩略语在 ISO 1043 - 3 中。

（2）除非另有说明，烷基是正烷基，邻苯二甲酸盐类是指邻苯二甲酸酯。

（3）在缩略语中不用字母符号（n -）表示直链醇，支链的（异）醇用字母 I 代替，但有一个例外：字母 O 被广泛用来表示 2 -乙基己基（例如，在 DOA 和 DOP），这种用法可以在国际标准中看到。因为这个双重用法，在 7.1.2 规定的应用是最重要的。

（4）对于相同醇类的二酯类增塑剂，缩写词的第一个字母是 D。

（5）混合增塑剂在本标准不考虑。

（6）用“异”命名的增塑剂表示支链可能包括多种异构体。因此，没有单一的 IUPAC 名称可以描述每个增塑剂的具体化学组分。

6.5.2 增塑剂和软化剂的缩略语和名称

表 6.6 增塑剂和软化剂的缩略语和名称

序号	缩略语	化学名称、IUPAC 名称和 CAS RN
1	BBP	benzyl butyl phthalate 邻苯二甲酸丁苄酯 IUPAC：same 同上 CAS RN：85 - 68 - 7
2	BOA	benzyl octyl adipate 己二酸辛苄酯 IUPAC：benzyl 2 - ethylhexyl adipate 己二酸 2 -乙基己基苄酯 CAS RN：3089 - 55 - 2
3	BOP	butyl octyl phthalate 邻苯二甲酸辛丁酯 IUPAC：butyl 2 - ethylhexyl phthalate 邻苯二甲酸 2 -乙基己基丁酯 CAS RN：85 - 69 - 8

续表

序号	缩略语	化学名称、IUPAC 名称和 CAS RN
4	DBP	dibutyl phthalate 邻苯二甲酸二丁酯 IUPAC：same 同上 CAS RN：84-74-2
5	DBS	dibutyl sebacate 癸二酸二丁酯 IUPAC：same 同上 CAS RN：109-43-3
6	DEP	diethyl phthalate 邻苯二甲酸二乙酯 IUPAC：same 同上 CAS RN：84-66-2
7	DIBA	diisobutyl adipate 己二酸二异丁酯 IUPAC：same 同上 CAS RN：141-04-8
8	DIBP	diisobutyl phthalate 邻苯二甲酸二异丁酯 IUPAC：same 同上 CAS RN：84-69-5
9	DIDA	diisodecyl adiate 己二酸二异癸酯 IUPAC：见 7.1.6 CAS RN：27178-16-1
10	DIDP	diisodecyl phthalate 邻苯二甲酸二异癸酯 IUPAC：见 7.1.6 CAS RN：26761-40-0
11	DIOA	diisooctyl adipate 己二酸二异辛酯 IUPAC：见 7.1.6 CAS RN：1330-86-5
12	DIOP	diisooctyl phthalate 邻苯二甲酸二异辛酯 IUPAC：见 7.1.6 CAS RN：27554-26-3
13	DMP	dimethyl phthalate 邻苯二甲酸二甲酯 IUPAC：same 同上 CAS RN：131-11-3
14	DMS	dimethyl sebacate 癸二酸二甲酯 IUPAC：same 同上 CAS RN：106-79-6

续表

序号	缩略语	化学名称、IUPAC 名称和 CAS RN
15	DOA	dioctyl adipate 己二酸二辛酯 IUPAC：bis（2－ethylhexyl）adipate 己二酸二（2-乙基己基）酯 CAS RN：103－23－1
16	DOP	dioctyl phthalate 邻苯二甲酸二辛酯 IUPAC：bis（2－ethylhexyl）phthalate 邻苯二甲酸二（2-乙基己基）酯 CAS RN：117－81－7
17	DOS	dioctyl sebacate 癸二酸二辛酯 IUPAC：bis（2－ethylhexyl）sebacate 癸二酸二（2-乙基己基）酯 CAS RN：122－62－3
18	DOTP	dioctyl terephthalate： 对苯二甲酸二辛酯 bis（2－ethylhexyl）terephthalate 对苯二甲酸二（2-乙基己基）酯 IUPAC：bis（2－ethylhexyl）terephthalate 对苯二甲酸二（2-乙基己基）酯 CAS RN：6422－86－2
19	DOZ	dioctyl azelate 壬二酸二辛酯 IUPAC：bis（2－ethylhexyl）azelate 壬二酸二（2-乙基己基）酯 CAS RN：2064－80－4；103－24－2
20	DPP	diphenyl phthalate 邻苯二甲酸二苯酯 IUPAC：same 同上 CAS RN：84－62－8
21	DUP	diundecyl phthalate 邻苯二甲酸十一烷基酯 IUPAC：same 同上 CAS RN：3648－20－2
22	ELO	epoxidized linseed oil 环氧化亚麻籽油 IUPAC：not possible 不存在 CAS RN：8016－11－3
23	ESO	epoxidizde soya bean oil 环氧大豆油 IUPAC：not possible 不存在 CAS RN：8013－07－8
24	ODA	octyl decyl adipate 己二酸辛癸酯 IUPAC：decyl octyl adipate 己二酸癸辛酯 CAS RN：110－29－2

续表

序号	缩略语	化学名称、IUPAC 名称和 CAS RN
25	TCEP	trichloroethyl phosphate 三氯乙基磷酸酯 IUPAC：tri－（2－chloroethyl）orthophosphate 三（2-氯乙基）正磷酸酯 CAS RN：115－96－8
26	TCP	tricresyl phosphate 磷酸三甲酚酯 IUPAC：tri－x－tolyl orthophosphate，where x denotes o，m，p or mixtuee 正磷酸三-x-甲苯基酯，其中 x 表示邻、间、对或其混合物 CAS RN：1330－78－5；
27	TOP	trioctyl phosphate； 磷酸三辛酯 tri－（2－ethylhexyl）orthophosphate 三-（2-乙基己基）正磷酸酯 IUPAC：tris（2－ethylhexyl）orthophosphate 三（2-乙基己基）正磷酸酯 CAS RN：78－42－2
28	TOTM	trioctyl trimellitate； 偏苯三酸三辛酯 tri（2－ethylhexyl）trimellitate； 三（2-乙基己基）偏苯三酸酯 IUPAC：tris（2－ethylhexyl）benzene－1，2，4－tricarboxylate 1，2，4-苯三甲酸三（2-乙基己基）酯 CAS RN：3319－31－1

6.6　发泡剂

表 6.7　发泡剂

序号	缩略语	化学名称、IUPAC 名称和 CAS RN
1	ADC	azodicarbonamide 偶氮二甲酰胺 IUPAC：C，C′－azodi（formamide） C，C′-偶氮二（甲酰胺） CAS RN：123－77－3
2	BDSH	benzene－1，3－disulfonylhydrazide 1，3 二磺酰肼苯 IUPAC：benzene－1，3－di（sulfonohydrazide） 1，3-二（磺酰肼）苯 CAS RN：4547－70－0
3	BSH	benzene sulfonylhydrazide 苯磺酰肼 IUPAC：benzenesulfonohydrazide 苯磺酰肼 CAS RN：80－17－1
4	DNPT	dinitrosopentamethylenetetramine 二亚硝基五亚甲基四胺 IUPAC：3，7－dinitroso－1，3，5，7－tetraazabicyclo [3，3，1] nonane 3，7-二亚硝基-1，3，5，7-四二环 [3，3，1] 壬烷 CAS RN：101－25－7
5	OBSH	4，4′－oxybis（benzenesulfonylhydrazide） 4，4′-氧代双苯磺酰肼 IUPAC：same 同上 CAS RN：80－51－3

续表

序号	缩略语	化学名称、IUPAC 名称和 CAS RN
6	TSH	p－toluenesulfonylhydrazide 对甲苯磺酰肼 IUPAC：bis（4－tolylsulfonylhydrazide） 双（4－甲苯基磺酰肼） CAS RN：1576－35－8
7	TSS	p－toluenesulfonylsemicarbazide 对甲苯磺酰氨基脲 IUPAC：4－toluenesulfonylsemicarbazide 4－甲苯磺酰氨基脲 CAS RN：10396－10－8

6.7 异氰酸酯

表 6.8 中列出的异氰酸酯不作为橡胶配合剂，尽管某些二聚和多聚物有这样的用途。下列的缩略语都因在聚氨酯橡胶的制备中使用而列出，并避免这些缩略语用于其他配合剂。

表 6.8 异氰酸酯

序号	缩略语	化学名称、IUPAC 名称和 CAS RN
1	CHDI	1，4－cyclohexane diisocyanate 1，4－环己基二异氰酸酯 IUPAC：cyclohex－1，4－ylene diisocyanate 环己基－1，4－二异氰酸酯 CAS RN：2556－36－7
2	HDI	1，6－hexamethylene diisocyanate 1，6－六亚甲基二异氰酸酯 IUPAC：hexamethylene diisocyanate 六亚甲基二异氰酸酯 CAS RN：822－06－0
3	HMDI	4，4′－dicyclohexylmethane diisocyanate 4，4′－二环己基甲烷二异氰酸酯 IUPAC：methylenedicyclohex－1，4－ylene diisocyanate 1，4－亚甲基二环己基二异氰酸酯 CAS RN：5124－30－1
4	IPDI	isophorone diisocyanate 异佛尔酮二异氰酸酯 IUPAC：3－isocyanatomethyl－3，5，5－trimethylcyclohexyl isocyanate 3－异氰酸酯甲基－3，5，5－三甲基环己基异氰酸酯 CAS RN：4098－71－9
5	MDI	4，4′－diphenylmethane diisocyanate 4，4′－二苯甲烷二异氰酸酯 IUPAC：methylenedi－p－phenylene diisocyanate 亚甲基二对苯基二异氰酸酯 CAS RN：101－68－8
6	NDI	naphthalene－1，5－diisocyanate 萘－1，5－二异氰酸酯 IUPAC：naphthalene－1，5－diyl diisocyanate 萘－1，5－二异氰酸酯 CAS RN：3173－72－6
7	PMPPI	polymethylene polyphenyl isocyanate 聚亚甲基聚苯基异氰酸酯 IUPAC：not possible 不存在 CAS RN：9016－87－9

续表

序号	缩略语	化学名称、IUPAC 名称和 CAS RN
8	PPDI	p-phenylene diisocyanate 对亚苯二异氰酸酯 IUPAC：sane 同上 CAS RN：104-49-4
9	TDI	toluene diisocyanate 甲苯二异氰酸酯 IUPAC：x-methyl—y-phenylene diisocyanate，where x is a number and y denotes o，m or p x-甲基-y-亚苯基二异氰酸酯，其中 x 表示数字，y 表示邻、间或对 CAS RN：1321-38-6（完全不指定的 TDI） 26471-62-5（普通 TDI） 584-84-9（2，4 异构体） 91-08-7（2，6 异构体）
10	TIPT	tris（p-isocyanatophenyl）-thiophosphate 三（对异氰酸苯基）-硫代磷酸酯 IUPAC：tris（4-isocyanatophenyl）thiophosphate 三（4-异氰酸苯基）硫代磷酸酯 CAS RN：4151-51-3
11	TMDI	2，2，4-and 2，4，4-trimethyl hexamethylene diisocyanate 2，2，4-和 2，4，4-三甲基六亚甲基二异氰酸酯 IUPAC：2，2，4-trimethylhexamethylene diisocyanate 2，2，4-三甲基六亚甲基二异氰酸酯 2，4，4-trimethylhexamethylene diisocyanate 2，4，4-三甲基六亚甲基二异氰酸酯 CAS RN：16938-22-0（2，2，4-三甲基） CAS RN：15646-96-5（2，4，4-三甲基）
12	TMXDI	m-tetramethylxylylene diisocyanate 间四甲基亚二甲苯基二异氰酸酯 IUPAC：bis（isocyanatodimethyl-2-propyl）-benzene 双（异氰酸根二甲基-2-丙基）苯 CAS RN：2778-42-9
13	TTI	4，4，'4，'-triphenylmethane triisocyanate 4，4，'4，'-三苯基甲基三异氰酸酯 IUPAC：methylidyne-tris（p-phenylene）triisocyanate 亚甲基-三（对亚苯基）三异氰酸酯 CAS RN：2422-91-5

附录七　本手册参考文献

[1] 谢遂志，等．橡胶工业手册 [M]. 北京：化学工业出版社，1989.

[2] 中国化工学会橡胶专业委员会．橡胶助剂手册 [M]. 北京：化学工业出版社，2002.

[3] 于清溪．橡胶原材料手册 [M]. 2 版．北京：化学工业出版社，2007.

[4] 朱敏．橡胶化学与物理 [M]. 北京：化学工业出版社，1984.

[5] 朱敏庄．橡胶工艺学 [M]. 广州：华南理工大学出版社，1993.

[6] [美] M·D·贝贾尔．塑料聚合物科学与工艺学 [M]. 贾德民，等，译．广州：华南理工大学出版社，1991.

[7] 杨清芝．现代橡胶工艺学 [M]. 北京：中国石化出版社，2004.

[8] [美] M. Morton，等．橡胶工艺学 [C]. 上海：上海橡胶函授中心，2006.

[9] [美] A·N·詹特．橡胶工程：如何设计橡胶配件 [M]. 张立群，田明，译．北京：化学工业出版社，2002.

[10] 霍玉云．橡胶制品设计与制造 [M]. 北京：化学工业出版社，1998.

[11] 谢忠麟，杨敏芳．橡胶制品实用配方大全 [M]. 北京：化学工业出版社，2004.

[12] 缪桂韶．橡胶配方设计 [M]. 广州：华南理工大学出版社，2000.

[13] 幸松民，王一璐．有机硅合成工艺及产品应用 [M]. 北京：化学工业出版社，2000.

[14] 黄立本，等．粉末橡胶 [M]. 北京：化学工业出版社，2000.

[15] [英] W·C·韦克，D·B·伍顿．橡胶的织物增强 [M]．北京：化学工业出版社，1988.
[16] 俞淇，等．子午线轮胎结构设计与制造技术 [M]．北京：化学工业出版社，2006.
[17] 罗孝良，戴元声．化学反应速度常数手册．第三分册 [M]．成都：四川科学出版社，1985.
[18] 张先亮，唐红定，廖俊．硅烷偶联剂：原理、合成与应用 [M]．北京：化学工业出版社，2012.
[19] [美] E·P·普鲁特曼，等．硅烷和钛酸酯偶联剂 [M]．梁发恩，谢世杰，译．上海：上海科学技术文献出版社，1987.
[20] 吕柏源．橡胶工业手册·橡胶机械·上册 [M]．3 版．北京：化学工业出版社，2014.
[21] 汪传生，等．橡胶机械设计教学课件 [C]．山东：青岛科技大学，2007.
[22] 巫静安，李木松．橡胶加工机械 [M]．北京：化学工业出版社，2006.
[23] 刘希春，刘巨源．橡胶加工设备与模具 [M]．2 版．北京：化学工业出版社，2014.
[24] 罗权焜，刘维锦．高分子材料成型加工设备 [M]．北京：化学工业出版社，2007.
[25] 董锡超．橡胶制品生产设备使用维护技术讲座 [J]．橡塑技术与装备，2009，35 (1-7).
[26] 罗权焜．橡胶塑料模具设计 [M]．广州：华南理工大学出版社，1996.
[27] 高松．最新橡胶配方优化设计与配方 1 000 例及鉴定测试实用手册 [M]．北京：北方工业大学出版社，2006.
[28] 方昭芬．橡胶工程师手册 [M]．北京：机械工业出版社，2011.
[29] 董炎明．高分子分析手册 [M]．北京：中国石化出版社，2004.
[30] 张美珍．聚合物研究方法 [M]．北京：轻工业出版社，2000.
[31] 王慧敏，游长江．橡胶分析与检验 [M]．北京：化学工业出版社，2012.
[32] 刘书成．试验设计与数据处理教案 [C]．湛江：广东海洋大学，2011.
[33] 徐应麟，王元宏，夏国梁．高聚物材料的实用阻燃技术 [M]．北京：化学工业出版社，1987.
[34] 傅明源，孙酣经．聚氨酯弹性体及其应用 [M]．3 版．北京：化学工业出版社，2006.